CW01334907

A2 ALTITUDE CORRECTION TABLES 10°-90°—SUN, STARS, PLANETS

SUN OCT.—MAR. App. Alt.	Lower Limb	Upper Limb	SUN APR.—SEPT. App. Alt.	Lower Limb	Upper Limb	STARS AND PLANETS App. Alt.	Corrⁿ	DIP Ht. of Eye	Corrⁿ	Ht. of Eye
° ′	′	′	° ′	′	′	° ′	′	m	′	ft.
9 33	+10.8	−21.5	9 39	+10.6	−21.2	9 55	−5.3	2.4	−2.8	8.0
9 45	+10.9	−21.4	9 50	+10.7	−21.1	10 07	−5.2	2.6	−2.9	8.6
9 56	+11.0	−21.3	10 02	+10.8	−21.0	10 20	−5.1	2.8	−3.0	9.2
10 08	+11.1	−21.2	10 14	+10.9	−20.9	10 32	−5.0	3.0	−3.1	9.8
10 20	+11.2	−21.1	10 27	+11.0	−20.8	10 46	−4.9	3.2	−3.2	10.5
10 33	+11.3	−21.0	10 40	+11.1	−20.7	10 59	−4.8	3.4	−3.3	11.2
10 46	+11.4	−20.9	10 53	+11.2	−20.6	11 14	−4.7	3.6	−3.4	11.9
11 00	+11.5	−20.8	11 07	+11.3	−20.5	11 29	−4.6	3.8	−3.5	12.6
11 15	+11.6	−20.7	11 22	+11.4	−20.4	11 44	−4.5	4.0	−3.6	13.3
11 30	+11.7	−20.6	11 37	+11.5	−20.3	12 00	−4.4	4.3	−3.7	14.1
11 45	+11.8	−20.5	11 53	+11.6	−20.2	12 17	−4.3	4.5	−3.8	14.9
12 01	+11.9	−20.4	12 10	+11.7	−20.1	12 35	−4.2	4.7	−3.9	15.7
12 18	+12.0	−20.3	12 27	+11.8	−20.0	12 53	−4.1	5.0	−4.0	16.5
12 36	+12.1	−20.2	12 45	+11.9	−19.9	13 12	−4.0	5.2	−4.1	17.4
12 54	+12.2	−20.1	13 04	+12.0	−19.8	13 32	−3.9	5.5	−4.2	18.3
13 14	+12.3	−20.0	13 24	+12.1	−19.7	13 53	−3.8	5.8	−4.3	19.1
13 34	+12.4	−19.9	13 44	+12.2	−19.6	14 16	−3.7	6.1	−4.4	20.1
13 55	+12.5	−19.8	14 06	+12.3	−19.5	14 39	−3.6	6.3	−4.5	21.0
14 17	+12.6	−19.7	14 29	+12.4	−19.4	15 03	−3.5	6.6	−4.6	22.0
14 41	+12.7	−19.6	14 53	+12.5	−19.3	15 29	−3.4	6.9	−4.7	22.9
15 05	+12.8	−19.5	15 18	+12.6	−19.2	15 56	−3.3	7.2	−4.8	23.9
15 31	+12.9	−19.4	15 45	+12.7	−19.1	16 25	−3.2	7.5	−4.9	24.9
15 59	+13.0	−19.3	16 13	+12.8	−19.0	16 55	−3.1	7.9	−5.0	26.0
16 27	+13.1	−19.2	16 43	+12.9	−18.9	17 27	−3.0	8.2	−5.1	27.1
16 58	+13.2	−19.1	17 14	+13.0	−18.8	18 01	−2.9	8.5	−5.2	28.1
17 30	+13.3	−19.0	17 47	+13.1	−18.7	18 37	−2.8	8.8	−5.3	29.2
18 05	+13.4	−18.9	18 23	+13.2	−18.6	19 16	−2.7	9.2	−5.4	30.4
18 41	+13.5	−18.8	19 00	+13.3	−18.5	19 56	−2.6	9.5	−5.5	31.5
19 20	+13.6	−18.7	19 41	+13.4	−18.4	20 40	−2.5	9.9	−5.6	32.7
20 02	+13.7	−18.6	20 24	+13.5	−18.3	21 27	−2.4	10.3	−5.7	33.9
20 46	+13.8	−18.5	21 10	+13.6	−18.2	22 17	−2.3	10.6	−5.8	35.1
21 34	+13.9	−18.4	21 59	+13.7	−18.1	23 11	−2.2	11.0	−5.9	36.3
22 25	+14.0	−18.3	22 52	+13.8	−18.0	24 09	−2.1	11.4	−6.0	37.6
23 20	+14.1	−18.2	23 49	+13.9	−17.9	25 12	−2.0	11.8	−6.1	38.9
24 20	+14.2	−18.1	24 51	+14.0	−17.8	26 20	−1.9	12.2	−6.2	40.1
25 24	+14.3	−18.0	25 58	+14.1	−17.7	27 34	−1.8	12.6	−6.3	41.5
26 34	+14.4	−17.9	27 11	+14.2	−17.6	28 54	−1.7	13.0	−6.4	42.8
27 50	+14.5	−17.8	28 31	+14.3	−17.5	30 22	−1.6	13.4	−6.5	44.2
29 13	+14.6	−17.7	29 58	+14.4	−17.4	31 58	−1.5	13.8	−6.6	45.5
30 44	+14.7	−17.6	31 33	+14.5	−17.3	33 43	−1.4	14.2	−6.7	46.9
32 24	+14.8	−17.5	33 18	+14.6	−17.2	35 38	−1.3	14.7	−6.8	48.4
34 15	+14.9	−17.4	35 15	+14.7	−17.1	37 45	−1.2	15.1	−6.9	49.8
36 17	+15.0	−17.3	37 24	+14.8	−17.0	40 06	−1.1	15.5	−7.0	51.3
38 34	+15.1	−17.2	39 48	+14.9	−16.9	42 42	−1.0	16.0	−7.1	52.8
41 06	+15.2	−17.1	42 28	+15.0	−16.8	45 34	−0.9	16.5	−7.2	54.3
43 56	+15.3	−17.0	45 29	+15.1	−16.7	48 45	−0.8	16.9	−7.3	55.8
47 07	+15.4	−16.9	48 52	+15.2	−16.6	52 16	−0.7	17.4	−7.4	57.4
50 43	+15.5	−16.8	52 41	+15.3	−16.5	56 09	−0.6	17.9	−7.5	58.9
54 46	+15.6	−16.7	56 59	+15.4	−16.4	60 26	−0.5	18.4	−7.6	60.5
59 21	+15.7	−16.6	61 50	+15.5	−16.3	65 06	−0.4	18.8	−7.7	62.1
64 28	+15.8	−16.5	67 15	+15.6	−16.2	70 09	−0.3	19.3	−7.8	63.8
70 10	+15.9	−16.4	73 14	+15.7	−16.1	75 32	−0.2	19.8	−7.9	65.4
76 24	+16.0	−16.3	79 42	+15.8	−16.0	81 12	−0.1	20.4	−8.0	67.1
83 05	+16.1	−16.2	86 31	+15.9	−15.9	87 03	0.0	20.9	−8.1	68.8
90 00			90 00			90 00		21.4		70.5

STARS AND PLANETS — App. Alt. / Additional Corrⁿ

2024

VENUS

Jan. 1–Nov. 30	
°	′
0	+0.1
60	

Dec. 1–Dec. 31	
°	′
0	+0.2
41	+0.1
76	

MARS

Jan. 1–Nov. 6	
°	′
0	+0.1
60	

Nov. 7–Dec. 31	
°	′
0	+0.2
41	+0.1
76	

DIP

Ht. of Eye	Corrⁿ
m	′
1.0	−1.8
1.5	−2.2
2.0	−2.5
2.5	−2.8
3.0	−3.0
See table ←	
m	′
20	−7.9
22	−8.3
24	−8.6
26	−9.0
28	−9.3
30	−9.6
32	−10.0
34	−10.3
36	−10.6
38	−10.8
40	−11.1
42	−11.4
44	−11.7
46	−11.9
48	−12.2
ft.	′
2	−1.4
4	−1.9
6	−2.4
8	−2.7
10	−3.1
See table ←	
ft.	′
70	−8.1
75	−8.4
80	−8.7
85	−8.9
90	−9.2
95	−9.5
100	−9.7
105	−9.9
110	−10.2
115	−10.4
120	−10.6
125	−10.8
130	−11.1
135	−11.3
140	−11.5
145	−11.7
150	−11.9
155	−12.1

App. Alt. = Apparent altitude = Sextant altitude corrected for index error and dip.

ALTITUDE CORRECTION TABLES 0°-10°—SUN, STARS, PLANETS A3

App. Alt.	OCT.—MAR. SUN Lower Limb	OCT.—MAR. SUN Upper Limb	APR.—SEPT. SUN Lower Limb	APR.—SEPT. SUN Upper Limb	STARS PLANETS
° ′	′	′	′	′	′
0 00	−17·5	−49·8	−17·8	−49·6	−33·8
0 03	16·9	49·2	17·2	49·0	33·2
0 06	16·3	48·6	16·6	48·4	32·6
0 09	15·7	48·0	16·0	47·8	32·0
0 12	15·2	47·5	15·4	47·2	31·5
0 15	14·6	46·9	14·8	46·6	30·9
0 18	−14·1	−46·4	−14·3	−46·1	−30·4
0 21	13·5	45·8	13·8	45·6	29·8
0 24	13·0	45·3	13·3	45·1	29·3
0 27	12·5	44·8	12·8	44·6	28·8
0 30	12·0	44·3	12·3	44·1	28·3
0 33	11·6	43·9	11·8	43·6	27·9
0 36	−11·1	−43·4	−11·3	−43·1	−27·4
0 39	10·6	42·9	10·9	42·7	26·9
0 42	10·2	42·5	10·5	42·3	26·5
0 45	9·8	42·1	10·0	41·8	26·1
0 48	9·4	41·7	9·6	41·4	25·7
0 51	9·0	41·3	9·2	41·0	25·3
0 54	− 8·6	−40·9	− 8·8	−40·6	−24·9
0 57	8·2	40·5	8·4	40·2	24·5
1 00	7·8	40·1	8·0	39·8	24·1
1 03	7·4	39·7	7·7	39·5	23·7
1 06	7·1	39·4	7·3	39·1	23·4
1 09	6·7	39·0	7·0	38·8	23·0
1 12	− 6·4	−38·7	− 6·6	−38·4	−22·7
1 15	6·0	38·3	6·3	38·1	22·3
1 18	5·7	38·0	6·0	37·8	22·0
1 21	5·4	37·7	5·7	37·5	21·7
1 24	5·1	37·4	5·3	37·1	21·4
1 27	4·8	37·1	5·0	36·8	21·1
1 30	− 4·5	−36·8	− 4·7	−36·5	−20·8
1 35	4·0	36·3	4·3	36·1	20·3
1 40	3·6	35·9	3·8	35·6	19·9
1 45	3·1	35·4	3·4	35·2	19·4
1 50	2·7	35·0	2·9	34·7	19·0
1 55	2·3	34·6	2·5	34·3	18·6
2 00	− 1·9	−34·2	− 2·1	−33·9	−18·2
2 05	1·5	33·8	1·7	33·5	17·8
2 10	1·1	33·4	1·4	33·2	17·4
2 15	0·8	33·1	1·0	32·8	17·1
2 20	0·4	32·7	0·7	32·5	16·7
2 25	− 0·1	32·4	− 0·3	32·1	16·4
2 30	+ 0·2	−32·1	0·0	−31·8	−16·1
2 35	0·5	31·8	+ 0·3	31·5	15·8
2 40	0·8	31·5	0·6	31·2	15·4
2 45	1·1	31·2	0·9	30·9	15·2
2 50	1·4	30·9	1·2	30·6	14·9
2 55	1·7	30·6	1·4	30·4	14·6
3 00	+ 2·0	−30·3	+ 1·7	−30·1	−14·3
3 05	2·2	30·1	2·0	29·8	14·1
3 10	2·5	29·8	2·2	29·6	13·8
3 15	2·7	29·6	2·5	29·3	13·6
3 20	2·9	29·4	2·7	29·1	13·4
3 25	3·2	29·1	2·9	28·9	13·1
3 30	+ 3·4	−28·9	+ 3·1	−28·7	−12·9

App. Alt.	OCT.—MAR. SUN Lower Limb	OCT.—MAR. SUN Upper Limb	APR.—SEPT. SUN Lower Limb	APR.—SEPT. SUN Upper Limb	STARS PLANETS
° ′	′	′	′	′	′
3 30	+ 3·4	−28·9	+ 3·1	−28·7	−12·9
3 35	3·6	28·7	3·3	28·5	12·7
3 40	3·8	28·5	3·6	28·2	12·5
3 45	4·0	28·3	3·8	28·0	12·3
3 50	4·2	28·1	4·0	27·8	12·1
3 55	4·4	27·9	4·1	27·7	11·9
4 00	+ 4·6	−27·7	+ 4·3	−27·5	−11·7
4 05	4·8	27·5	4·5	27·3	11·5
4 10	4·9	27·4	4·7	27·1	11·4
4 15	5·1	27·2	4·9	26·9	11·2
4 20	5·3	27·0	5·0	26·8	11·0
4 25	5·4	26·9	5·2	26·6	10·9
4 30	+ 5·6	−26·7	+ 5·3	−26·5	−10·7
4 35	5·7	26·6	5·5	26·3	10·6
4 40	5·9	26·4	5·6	26·2	10·4
4 45	6·0	26·3	5·8	26·0	10·3
4 50	6·2	26·1	5·9	25·9	10·1
4 55	6·3	26·0	6·1	25·7	10·0
5 00	+ 6·4	−25·9	+ 6·2	−25·6	− 9·8
5 05	6·6	25·7	6·3	25·5	9·7
5 10	6·7	25·6	6·5	25·3	9·6
5 15	6·8	25·5	6·6	25·2	9·5
5 20	7·0	25·3	6·7	25·1	9·3
5 25	7·1	25·2	6·8	25·0	9·2
5 30	+ 7·2	−25·1	+ 6·9	−24·9	− 9·1
5 35	7·3	25·0	7·1	24·7	9·0
5 40	7·4	24·9	7·2	24·6	8·9
5 45	7·5	24·8	7·3	24·5	8·8
5 50	7·6	24·7	7·4	24·4	8·7
5 55	7·7	24·6	7·5	24·3	8·6
6 00	+ 7·8	−24·5	+ 7·6	−24·2	− 8·5
6 10	8·0	24·3	7·8	24·0	8·3
6 20	8·2	24·1	8·0	23·8	8·1
6 30	8·4	23·9	8·2	23·6	7·9
6 40	8·6	23·7	8·3	23·5	7·7
6 50	8·7	23·6	8·5	23·3	7·6
7 00	+ 8·9	−23·4	+ 8·7	−23·1	− 7·4
7 10	9·1	23·2	8·8	23·0	7·2
7 20	9·2	23·1	9·0	22·8	7·1
7 30	9·3	23·0	9·1	22·7	6·9
7 40	9·5	22·8	9·2	22·6	6·8
7 50	9·6	22·7	9·4	22·4	6·7
8 00	+ 9·7	−22·6	+ 9·5	−22·3	− 6·6
8 10	9·9	22·4	9·6	22·2	6·4
8 20	10·0	22·3	9·7	22·1	6·3
8 30	10·1	22·2	9·9	21·9	6·2
8 40	10·2	22·1	10·0	21·8	6·1
8 50	10·3	22·0	10·1	21·7	6·0
9 00	+10·4	−21·9	+10·2	−21·6	− 5·9
9 10	10·5	21·8	10·3	21·5	5·8
9 20	10·6	21·7	10·4	21·4	5·7
9 30	10·7	21·6	10·5	21·3	5·6
9 40	10·8	21·5	10·6	21·2	5·5
9 50	10·9	21·4	10·6	21·2	5·4
10 00	+11·0	−21·3	+10·7	−21·1	− 5·3

Additional corrections for temperature and pressure are given on the following page.

For bubble sextant observations ignore dip and use the star corrections for Sun, planets and stars.

ADDITIONAL REFRACTION CORRECTIONS FOR NON-STANDARD CONDITIONS

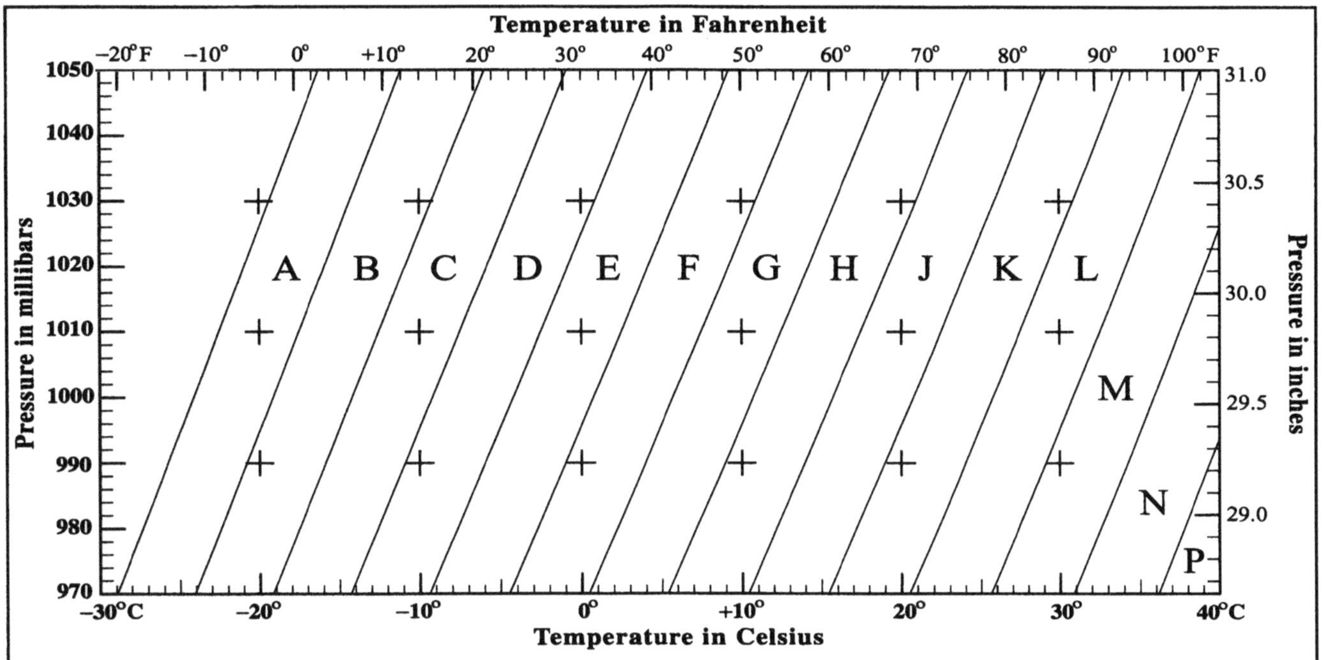

App. Alt.	A	B	C	D	E	F	G	H	J	K	L	M	N	P	App. Alt.
° ′	′	′	′	′	′	′	′	′	′	′	′	′	′	′	° ′
00 00	−7·3	−5·9	−4·6	−3·4	−2·2	−1·1	0·0	+1·0	+2·0	+3·0	+4·0	+4·9	+5·9	+6·9	00 00
00 30	5·5	4·5	3·5	2·6	1·7	0·8	0·0	0·8	1·6	2·3	3·1	3·8	4·5	5·3	00 30
01 00	4·4	3·5	2·8	2·0	1·3	0·7	0·0	0·6	1·2	1·8	2·4	3·0	3·6	4·2	01 00
01 30	3·5	2·9	2·2	1·7	1·1	0·5	0·0	0·5	1·0	1·5	2·0	2·5	2·9	3·4	01 30
02 00	2·9	2·4	1·9	1·4	0·9	0·4	0·0	0·4	0·8	1·3	1·7	2·0	2·4	2·8	02 00
02 30	−2·5	−2·0	−1·6	−1·2	−0·8	−0·4	0·0	+0·4	+0·7	+1·1	+1·4	+1·7	+2·1	+2·4	02 30
03 00	2·1	1·7	1·4	1·0	0·7	0·3	0·0	0·3	0·6	0·9	1·2	1·5	1·8	2·1	03 00
03 30	1·9	1·5	1·2	0·9	0·6	0·3	0·0	0·3	0·5	0·8	1·1	1·3	1·6	1·8	03 30
04 00	1·6	1·3	1·1	0·8	0·5	0·3	0·0	0·2	0·5	0·7	0·9	1·2	1·4	1·6	04 00
04 30	1·5	1·2	0·9	0·7	0·5	0·2	0·0	0·2	0·4	0·6	0·8	1·0	1·3	1·5	04 30
05 00	−1·3	−1·1	−0·9	−0·6	−0·4	−0·2	0·0	+0·2	+0·4	+0·6	+0·8	+0·9	+1·1	+1·3	05 00
06	1·1	0·9	0·7	0·5	0·3	0·2	0·0	0·2	0·3	0·5	0·6	0·8	0·9	1·1	06
07	1·0	0·8	0·6	0·5	0·3	0·1	0·0	0·1	0·3	0·4	0·5	0·7	0·8	0·9	07
08	0·8	0·7	0·5	0·4	0·3	0·1	0·0	0·1	0·2	0·4	0·5	0·6	0·7	0·8	08
09	0·7	0·6	0·5	0·4	0·2	0·1	0·0	0·1	0·2	0·3	0·4	0·5	0·6	0·7	09
10 00	−0·7	−0·5	−0·4	−0·3	−0·2	−0·1	0·0	+0·1	+0·2	+0·3	+0·4	+0·5	+0·6	+0·7	10 00
12	0·6	0·5	0·4	0·3	0·2	0·1	0·0	0·1	0·2	0·2	0·3	0·4	0·5	0·5	12
14	0·5	0·4	0·3	0·2	0·1	0·1	0·0	0·1	0·1	0·2	0·3	0·3	0·4	0·5	14
16	0·4	0·3	0·3	0·2	0·1	0·1	0·0	0·1	0·1	0·2	0·2	0·3	0·3	0·4	16
18	0·4	0·3	0·2	0·2	0·1	−0·1	0·0	+0·1	0·1	0·2	0·2	0·3	0·3	0·4	18
20 00	−0·3	−0·3	−0·2	−0·2	−0·1	0·0	0·0	0·0	+0·1	+0·1	+0·2	+0·2	+0·3	+0·3	20 00
25	0·3	0·2	0·2	0·1	0·1	0·0	0·0	0·0	0·1	0·1	0·1	0·2	0·2	0·2	25
30	0·2	0·2	0·1	0·1	0·1	0·0	0·0	0·0	+0·1	0·1	0·1	0·1	0·2	0·2	30
35	0·2	0·1	0·1	0·1	−0·1	0·0	0·0	0·0	0·0	0·1	0·1	0·1	0·1	0·2	35
40	0·1	0·1	0·1	−0·1	0·0	0·0	0·0	0·0	0·0	+0·1	0·1	0·1	0·1	0·1	40
50 00	−0·1	−0·1	−0·1	0·0	0·0	0·0	0·0	0·0	0·0	0·0	+0·1	+0·1	+0·1	+0·1	50 00

The graph is entered with arguments temperature and pressure to find a zone letter; using as arguments this zone letter and apparent altitude (sextant altitude corrected for index error and dip), a correction is taken from the table. This correction is to be applied to the sextant altitude in addition to the corrections for standard conditions (for the Sun, stars and planets from page A2-A3 and for the Moon from pages xxxiv and xxxv).

2024
Nautical Almanac
COMMERCIAL EDITION

NOTE

Every care is taken to prevent errors in the production of this publication. As a final precaution it is recommended that the sequence of pages in this copy be examined on receipt. If faulty, it should be returned for replacement.

All rights reserved. No part of this publication may be reproduced, stored in a retrieval system or transmitted in any form by any means, electronic, mechanical, photocopying, recording or otherwise without prior permission of Perigee Trade.

© Copyright 2023 by Perigee Trade

perigeetrade@proton.me

Include United States government works

We gratefully acknowledge the United Kingdom Hydrographic Office and the United States Naval Observatory for permission to use the material contained in the almanac section of this publication.

DISCLAIMER

Whilst Perigee Trade has endeavored to ensure that the material supplied is suitable for the purpose, it accepts no liability (to the maximum extent permitted by law) for any damage or loss of any nature arising from its use. The material supplied is used entirely at the Recipient's own risk.

LIST OF CONTENTS

RELIGIOUS CALENDARS

Epiphany	Jan. 6	Low Sunday	Apr. 7
Septuagesima Sunday	Jan. 28	Rogation Sunday	May 5
Quinquagesima Sunday	Feb. 11	Ascension Day—Holy Thursday	May 9
Ash Wednesday	Feb. 14	Whit Sunday—Pentecost	May 19
Quadragesima Sunday	Feb. 18	Trinity Sunday	May 26
Palm Sunday	Mar. 24	Corpus Christi	May 30
Good Friday	Mar. 29	First Sunday in Advent	Dec. 1
Easter Day	Mar. 31	Christmas Day (Wednesday)	Dec. 25
First Day of Passover (Pesach)	Apr. 23	Day of Atonement (Yom Kippur)	Oct. 12
Feast of Weeks (Shavuot)	June 12	First day of Tabernacles (Succoth)	Oct. 17
Jewish New Year 5785 (Rosh Hashanah)	Oct. 3		
Ramadân, First day of (tabular)	Mar. 11	Islamic New Year (1446)	July 8

The Jewish and Islamic dates above are tabular dates, which begin at sunset on the previous evening and end at sunset on the date tabulated. In practice, the dates of Islamic fasts and festivals are determined by an actual sighting of the appropriate new moon.

CIVIL CALENDAR—UNITED KINGDOM

St David (Wales)	Mar. 1	Birthday of the Prince of Wales	June 21
Commonwealth Day	Mar. 11	Birthday of Camilla, Queen Consort	July 17
St Patrick (Ireland)	Mar. 17	Accession of King Charles III	Sept. 8
St George (England)	Apr. 23	Remembrance Sunday	Nov. 10
Coronation Day	May 6	Birthday of King Charles III	Nov. 14
The King's Official Birthday†	June 8	St Andrew (Scotland)	Nov. 30

PUBLIC HOLIDAYS

England and Wales—Jan. 1, Mar. 29, Apr. 1, May 6, May 27, Aug. 26, Dec. 25, Dec. 26
Northern Ireland—Jan. 1, Mar. 18, Mar. 29, Apr. 1, May 6, May 27, July 12, Aug. 26, Dec. 25, Dec. 26
Scotland—Jan. 1, Jan. 2, Mar. 29, May 6, May 27, Aug. 5, Dec. 25, Dec. 26

CIVIL CALENDAR—UNITED STATES OF AMERICA

New Year's Day	Jan. 1	Labor Day	Sept. 2
Martin Luther King's Birthday	Jan. 15	Columbus Day	Oct. 14
Washington's Birthday	Feb. 19	General Election Day	Nov. 5
Memorial Day	May 27	Veterans Day	Nov. 11
Juneteenth National Independence Day	June 19	Thanksgiving Day	Nov. 28
Independence Day	July 4		

†Dates subject to confirmation

PHASES OF THE MOON

New Moon	d	h	m	First Quarter	d	h	m	Full Moon	d	h	m	Last Quarter	d	h	m
												Jan.	4	03	30
Jan.	11	11	57	Jan.	18	03	53	Jan.	25	17	54	Feb.	2	23	18
Feb.	9	22	59	Feb.	16	15	01	Feb.	24	12	30	Mar.	3	15	23
Mar.	10	09	00	Mar.	17	04	11	Mar.	25	07	00	Apr.	2	03	15
Apr.	8	18	21	Apr.	15	19	13	Apr.	23	23	49	May	1	11	27
May	8	03	22	May	15	11	48	May	23	13	53	May	30	17	13
June	6	12	38	June	14	05	18	June	22	01	08	June	28	21	53
July	5	22	57	July	13	22	49	July	21	10	17	July	28	02	52
Aug.	4	11	13	Aug.	12	15	19	Aug.	19	18	26	Aug.	26	09	26
Sept.	3	01	56	Sept.	11	06	06	Sept.	18	02	34	Sept.	24	18	50
Oct.	2	18	49	Oct.	10	18	55	Oct.	17	11	26	Oct.	24	08	03
Nov.	1	12	47	Nov.	9	05	55	Nov.	15	21	29	Nov.	23	01	28
Dec.	1	06	21	Dec.	8	15	27	Dec.	15	09	02	Dec.	22	22	18
Dec.	30	22	27												

DAYS OF THE WEEK AND DAYS OF THE YEAR

	JAN.	FEB.	MAR.	APR.	MAY	JUNE	JULY	AUG.	SEPT.	OCT.	NOV.	DEC.
Day	Wk Yr	Wk Yr	Wk Yr	Wk Yr	Wk Yr	Wk Yr	Wk Yr	Wk Yr	Wk Yr	Wk Yr	Wk Yr	Wk Yr
1	M. 1	Th. 32	F. 61	M. 92	W. 122	Sa. 153	M. 183	Th. 214	Su. 245	Tu. 275	F. 306	Su. 336
2	Tu. 2	F. 33	Sa. 62	Tu. 93	Th. 123	Su. 154	Tu. 184	F. 215	M. 246	W. 276	Sa. 307	M. 337
3	W. 3	Sa. 34	Su. 63	W. 94	F. 124	M. 155	W. 185	Sa. 216	Tu. 247	Th. 277	Su. 308	Tu. 338
4	Th. 4	Su. 35	M. 64	Th. 95	Sa. 125	Tu. 156	Th. 186	Su. 217	W. 248	F. 278	M. 309	W. 339
5	F. 5	M. 36	Tu. 65	F. 96	Su. 126	W. 157	F. 187	M. 218	Th. 249	Sa. 279	Tu. 310	Th. 340
6	Sa. 6	Tu. 37	W. 66	Sa. 97	M. 127	Th. 158	Sa. 188	Tu. 219	F. 250	Su. 280	W. 311	F. 341
7	Su. 7	W. 38	Th. 67	Su. 98	Tu. 128	F. 159	Su. 189	W. 220	Sa. 251	M. 281	Th. 312	Sa. 342
8	M. 8	Th. 39	F. 68	M. 99	W. 129	Sa. 160	M. 190	Th. 221	Su. 252	Tu. 282	F. 313	Su. 343
9	Tu. 9	F. 40	Sa. 69	Tu. 100	Th. 130	Su. 161	Tu. 191	F. 222	M. 253	W. 283	Sa. 314	M. 344
10	W. 10	Sa. 41	Su. 70	W. 101	F. 131	M. 162	W. 192	Sa. 223	Tu. 254	Th. 284	Su. 315	Tu. 345
11	Th. 11	Su. 42	M. 71	Th. 102	Sa. 132	Tu. 163	Th. 193	Su. 224	W. 255	F. 285	M. 316	W. 346
12	F. 12	M. 43	Tu. 72	F. 103	Su. 133	W. 164	F. 194	M. 225	Th. 256	Sa. 286	Tu. 317	Th. 347
13	Sa. 13	Tu. 44	W. 73	Sa. 104	M. 134	Th. 165	Sa. 195	Tu. 226	F. 257	Su. 287	W. 318	F. 348
14	Su. 14	W. 45	Th. 74	Su. 105	Tu. 135	F. 166	Su. 196	W. 227	Sa. 258	M. 288	Th. 319	Sa. 349
15	M. 15	Th. 46	F. 75	M. 106	W. 136	Sa. 167	M. 197	Th. 228	Su. 259	Tu. 289	F. 320	Su. 350
16	Tu. 16	F. 47	Sa. 76	Tu. 107	Th. 137	Su. 168	Tu. 198	F. 229	M. 260	W. 290	Sa. 321	M. 351
17	W. 17	Sa. 48	Su. 77	W. 108	F. 138	M. 169	W. 199	Sa. 230	Tu. 261	Th. 291	Su. 322	Tu. 352
18	Th. 18	Su. 49	M. 78	Th. 109	Sa. 139	Tu. 170	Th. 200	Su. 231	W. 262	F. 292	M. 323	W. 353
19	F. 19	M. 50	Tu. 79	F. 110	Su. 140	W. 171	F. 201	M. 232	Th. 263	Sa. 293	Tu. 324	Th. 354
20	Sa. 20	Tu. 51	W. 80	Sa. 111	M. 141	Th. 172	Sa. 202	Tu. 233	F. 264	Su. 294	W. 325	F. 355
21	Su. 21	W. 52	Th. 81	Su. 112	Tu. 142	F. 173	Su. 203	W. 234	Sa. 265	M. 295	Th. 326	Sa. 356
22	M. 22	Th. 53	F. 82	M. 113	W. 143	Sa. 174	M. 204	Th. 235	Su. 266	Tu. 296	F. 327	Su. 357
23	Tu. 23	F. 54	Sa. 83	Tu. 114	Th. 144	Su. 175	Tu. 205	F. 236	M. 267	W. 297	Sa. 328	M. 358
24	W. 24	Sa. 55	Su. 84	W. 115	F. 145	M. 176	W. 206	Sa. 237	Tu. 268	Th. 298	Su. 329	Tu. 359
25	Th. 25	Su. 56	M. 85	Th. 116	Sa. 146	Tu. 177	Th. 207	Su. 238	W. 269	F. 299	M. 330	W. 360
26	F. 26	M. 57	Tu. 86	F. 117	Su. 147	W. 178	F. 208	M. 239	Th. 270	Sa. 300	Tu. 331	Th. 361
27	Sa. 27	Tu. 58	W. 87	Sa. 118	M. 148	Th. 179	Sa. 209	Tu. 240	F. 271	Su. 301	W. 332	F. 362
28	Su. 28	W. 59	Th. 88	Su. 119	Tu. 149	F. 180	Su. 210	W. 241	Sa. 272	M. 302	Th. 333	Sa. 363
29	M. 29	Th. 60	F. 89	M. 120	W. 150	Sa. 181	M. 211	Th. 242	Su. 273	Tu. 303	F. 334	Su. 364
30	Tu. 30		Sa. 90	Tu. 121	Th. 151	Su. 182	Tu. 212	F. 243	M. 274	W. 304	Sa. 335	M. 365
31	W. 31		Su. 91		F. 152		W. 213	Sa. 244		Th. 305		Tu. 366

ECLIPSES

There are two eclipses of the Sun.

1. *A total eclipse of the Sun,* April 8. See map page 6. The eclipse begins at $15^h\ 42^m$ and ends at $20^h\ 52^m$; the total phase begins at $16^h\ 39^m$ and ends at $19^h\ 55^m$. The maximum duration of totality is $4^m\ 32^s$.

2. *An annular eclipse of the Sun,* October 2. See map on page 7. The eclipse begins at $15^h\ 43^m$ and ends at $21^h\ 47^m$; the annular phase begins at $16^h\ 52^m$ and ends at $20^h\ 37^m$. The maximum duration of annularity is $7^m\ 20^s$.

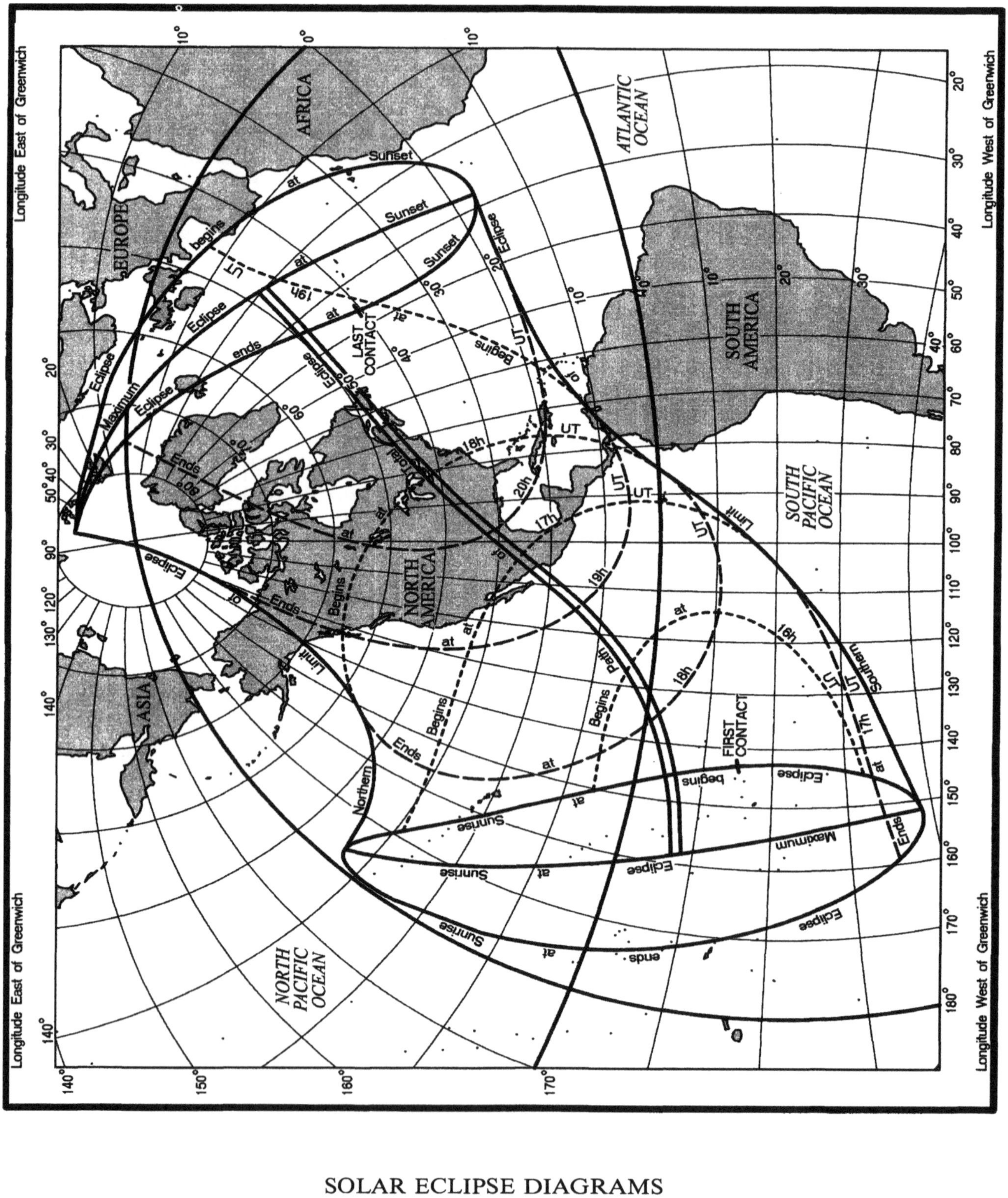

SOLAR ECLIPSE DIAGRAMS

The principal features shown on the above diagrams are: the paths of total and annular eclipses; the northern and southern limits of partial eclipse; the sunrise and sunset curves; dashed lines which show the times of beginning and end of partial eclipse at hourly intervals.

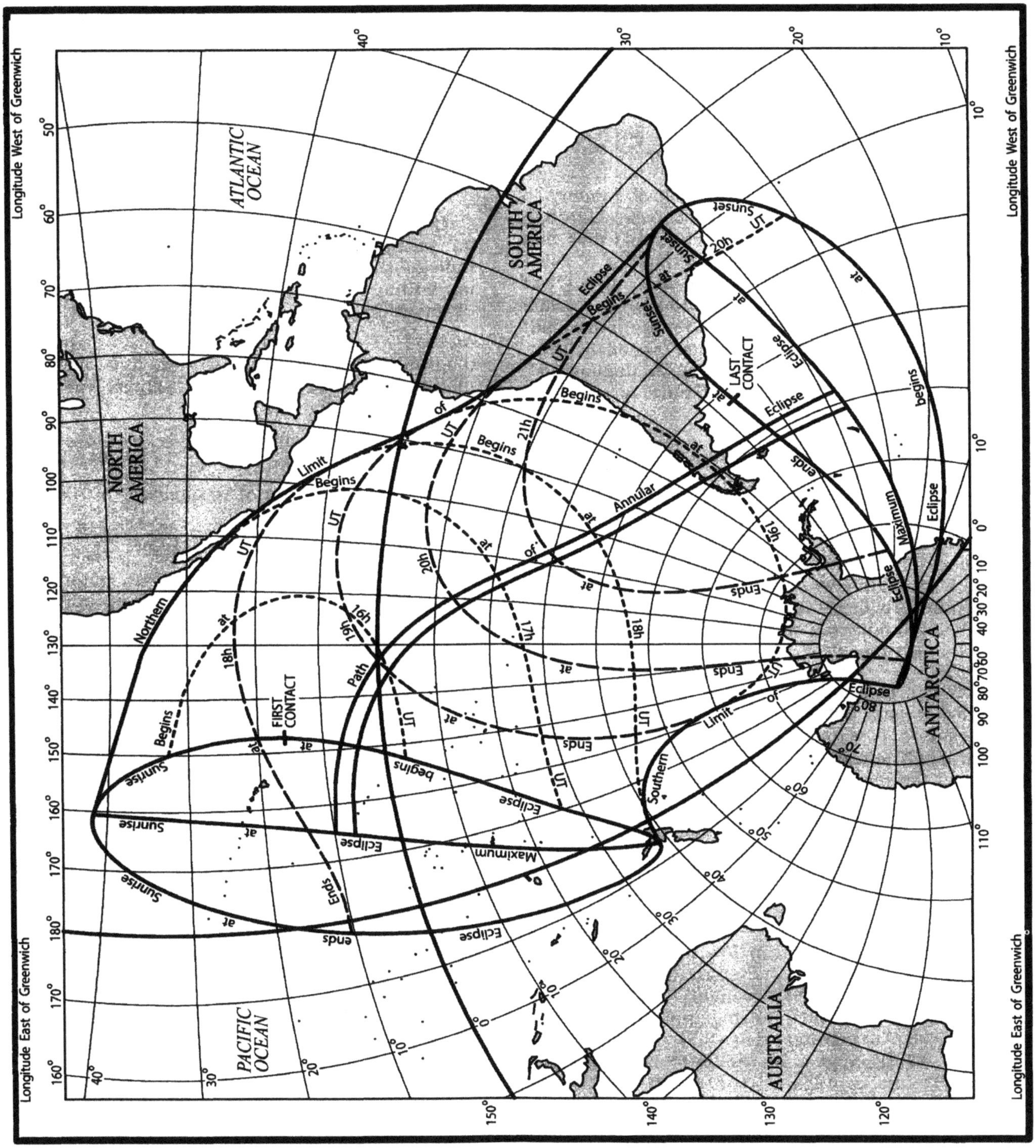

SOLAR ECLIPSE DIAGRAMS

Further details of the paths and times of central eclipse are given in *The Astronomical Almanac*.

VISIBILITY OF PLANETS

VENUS is a brilliant object in the morning sky from the beginning of the year until late April when it becomes too close to the Sun for observation. It reappears in the second week of July in the evening sky where it stays until the end of the year. Venus is in conjunction with Mars on February 22, with Saturn on March 22 and with Mercury on April 18 and August 6.

MARS can be seen in the second week of January in the morning sky in Sagittarius then it passes through Capricornus, Aquarius, Pisces, briefly into Cetus and back into Pisces, on to Aries, Taurus (passing 5° N of *Aldebaran* on August 5) and Gemini (passing 6° S of *Pollux* on October 21). It passes into Cancer in late October by which time it can be seen for more than half the night and where it remains for the rest of the year. Mars is in conjunction with Mercury on January 27, with Venus on February 22, with Saturn on April 11 and with Jupiter on August 14.

JUPITER is in Aries at the beginning of the year. From late January it can only be seen in the evening sky until early May when it becomes too close to the Sun for observation. It reappears in the morning sky in Taurus in early June remaining in this constellation for the rest of the year. Its westward elongation gradually increases (passing 5° N of *Aldebaran* on July 13) until opposition on December 7 when it is visible throughout the night. Jupiter is in conjunction with Mercury on June 4 and with Mars on August 14.

SATURN can be seen in the evening sky in Aquarius until mid-February then it becomes too close to the Sun for observation. It reappears in the morning sky in mid-March still in Aquarius, in which constellation it remains throughout the year. Its westward elongation gradually increases until it is at opposition on September 8 when it is visible throughout the night. Its eastward elongation then gradually decreases until early December when it can only be seen in the evening sky. Saturn is in conjunction with Venus on March 22 and with Mars on April 11.

MERCURY can only be seen low in the east before sunrise, or low in the west after sunset (about the time of beginning or end of civil twilight). It is visible in the mornings between the following approximate dates: January 1 (+0·5) to February 16 (−0·8), April 20 (+3·2) to June 7 (−1·4), August 27 (+2·2) to September 20 (−1·3) and December 12 (+1·5) to December 31 (−0·4); the planet is brighter at the end of each period. It is visible in the evenings between the following approximate dates: March 9 (−1·4) to April 4 (+2·5), June 22 (−1·4) to August 12 (+3·0) and October 15 (−0·7) to November 30 (+1·6); the planet is brighter at the beginning of each period. The figures in parentheses are the magnitudes.

PLANET DIAGRAM

General Description. The diagram on the opposite page shows, in graphical form for any date during the year, the local mean time of meridian passage of the Sun, of the five planets Mercury, Venus, Mars, Jupiter, and Saturn, and of each 30° of SHA; intermediate lines corresponding to particular stars, may be drawn in by the user if desired. It is intended to provide a general picture of the availability of planets and stars for observation.

On each side of the line marking the time of meridian passage of the Sun a band, 45^m wide, is shaded to indicate that planets and most stars crossing the meridian within 45^m of the Sun are too close to the Sun for observation.

Method of use and interpretation. For any date, the diagram provides immediately the local mean times of meridian passage of the Sun, planets and stars, and thus the following information:

(a) whether a planet or star is too close to the Sun for observation;

(b) some indication of its position in the sky, especially during twilight;

(c) the proximity of other planets.

When the meridian passage of an outer planet occurs at midnight, the body is in opposition to the Sun and is visible all night; a planet may then be observable during both morning and evening twilights. As the time of meridian passage decreases, the body eventually ceases to be observable in the morning, but its altitude above the eastern horizon at sunset gradually increases; this continues until the body is on the meridian during evening twilight. From then onwards, the body is observable above the western horizon and its altitude at sunset gradually decreases; eventually the body becomes too close to the Sun for observation. When the body again becomes visible it is seen low in the east during morning twilight; its altitude at sunrise increases until meridian passage occurs during morning twilight. Then, as the time of meridian passage decreases to 0^h, the body is observable in the west during morning twilight with a gradually decreasing altitude, until it once again reaches opposition.

DO NOT CONFUSE

Mercury with Mars from mid-January to early February when Mercury is the brighter object.

Venus with Mars from mid-February to early March, with Saturn in the second half of March and with Mercury in the second half of April, on all occasions Venus is the brighter object.

Mars with Saturn in the first half of April when Saturn is the brighter object.

Jupiter with Mercury in early June and with Mars in mid-August; on both occasions Jupiter is the brighter object.

LOCAL MEAN TIME OF MERIDIAN PASSAGE

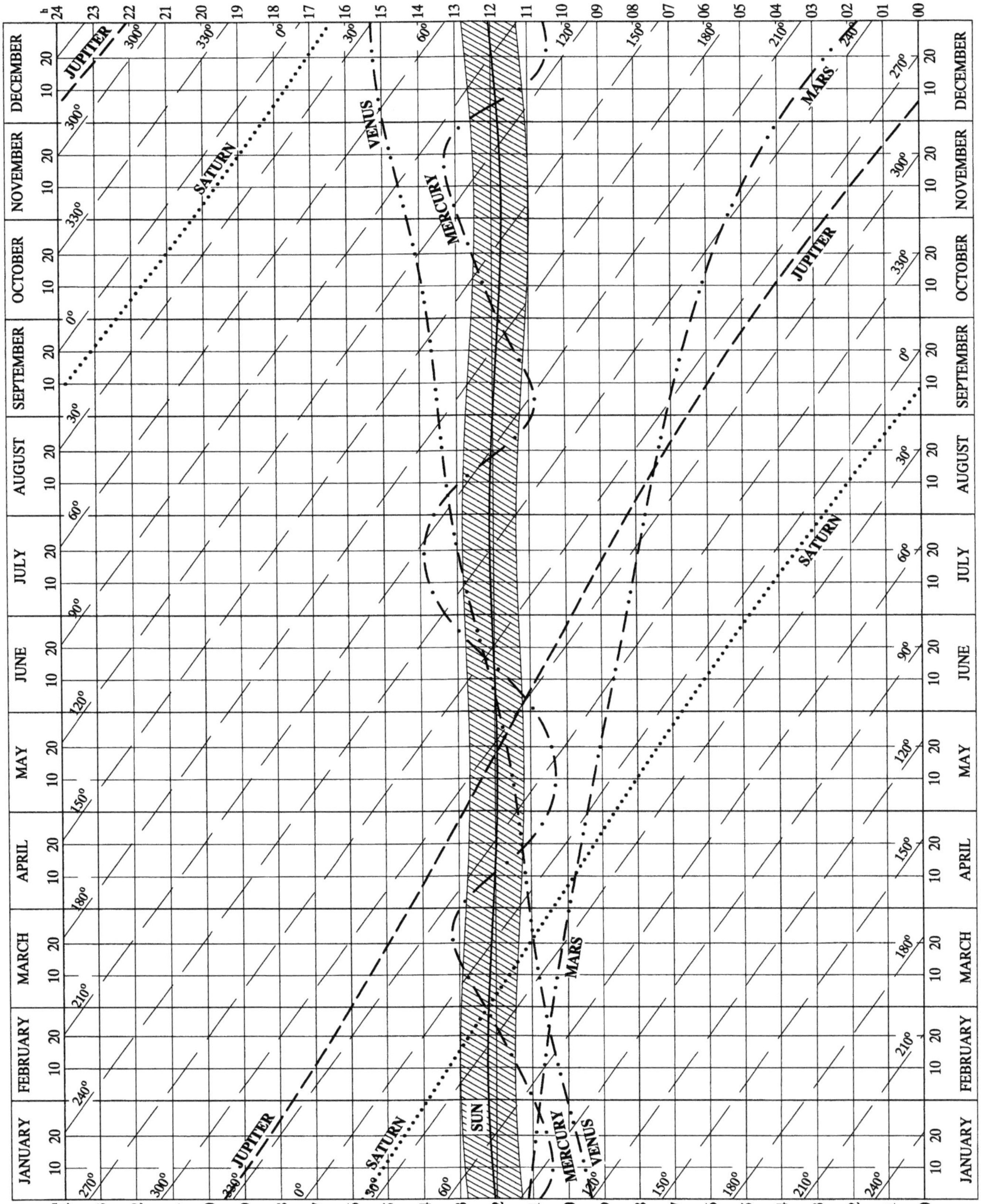

LOCAL MEAN TIME OF MERIDIAN PASSAGE

© British Crown Copyright 2023. All rights reserved.

Day	UT d h	ARIES GHA ° ′	VENUS −4·0 GHA ° ′	VENUS Dec ° ′	MARS +1·4 GHA ° ′	MARS Dec ° ′	JUPITER −2·6 GHA ° ′	JUPITER Dec ° ′	SATURN +0·9 GHA ° ′	SATURN Dec ° ′
MONDAY	1 00	100 09.1	219 12.0	S18 46.2	193 05.8	S23 57.7	66 27.9	N12 15.8	124 22.4	S11 50.3
	01	115 11.5	234 11.3	46.8	208 06.2	57.7	81 30.4	15.9	139 24.6	50.3
	02	130 14.0	249 10.7	47.5	223 06.7	57.8	96 32.9	15.9	154 26.9	50.2
	03	145 16.5	264 10.0	. . 48.1	238 07.1	. . 57.9	111 35.3	. . 15.9	169 29.1	. . 50.1
	04	160 18.9	279 09.3	48.8	253 07.6	57.9	126 37.8	15.9	184 31.4	50.0
	05	175 21.4	294 08.7	49.4	268 08.0	58.0	141 40.2	15.9	199 33.6	49.9
	06	190 23.9	309 08.0	S18 50.1	283 08.4	S23 58.0	156 42.7	N12 15.9	214 35.9	S11 49.8
	07	205 26.3	324 07.3	50.8	298 08.9	58.1	171 45.2	15.9	229 38.2	49.8
	08	220 28.8	339 06.6	51.4	313 09.3	58.2	186 47.6	16.0	244 40.4	49.7
	09	235 31.3	354 06.0	. . 52.1	328 09.7	. . 58.2	201 50.1	. . 16.0	259 42.7	. . 49.6
	10	250 33.7	9 05.3	52.7	343 10.2	58.3	216 52.5	16.0	274 44.9	49.5
	11	265 36.2	24 04.6	53.4	358 10.6	58.3	231 55.0	16.0	289 47.2	49.4
	12	280 38.6	39 04.0	S18 54.0	13 11.0	S23 58.4	246 57.5	N12 16.0	304 49.4	S11 49.3
	13	295 41.1	54 03.3	54.7	28 11.5	58.5	261 59.9	16.0	319 51.7	49.3
	14	310 43.6	69 02.6	55.3	43 11.9	58.5	277 02.4	16.1	334 53.9	49.2
	15	325 46.0	84 01.9	. . 56.0	58 12.3	. . 58.6	292 04.8	. . 16.1	349 56.2	. . 49.1
	16	340 48.5	99 01.2	56.6	73 12.8	58.6	307 07.3	16.1	4 58.4	49.0
	17	355 51.0	114 00.6	57.3	88 13.2	58.7	322 09.7	16.1	20 00.7	48.9
	18	10 53.4	128 59.9	S18 57.9	103 13.7	S23 58.7	337 12.2	N12 16.1	35 02.9	S11 48.8
	19	25 55.9	143 59.2	58.5	118 14.1	58.8	352 14.6	16.1	50 05.2	48.8
	20	40 58.4	158 58.5	59.2	133 14.5	58.8	7 17.1	16.2	65 07.4	48.7
	21	56 00.8	173 57.9	18 59.8	148 15.0	. . 58.9	22 19.5	. . 16.2	80 09.7	. . 48.6
	22	71 03.3	188 57.2	19 00.5	163 15.4	58.9	37 22.0	16.2	95 12.0	48.5
	23	86 05.7	203 56.5	01.1	178 15.8	59.0	52 24.5	16.2	110 14.2	48.4
TUESDAY	2 00	101 08.2	218 55.8	S19 01.8	193 16.3	S23 59.1	67 26.9	N12 16.2	125 16.5	S11 48.3
	01	116 10.7	233 55.1	02.4	208 16.7	59.1	82 29.4	16.2	140 18.7	48.3
	02	131 13.1	248 54.4	03.0	223 17.1	59.2	97 31.8	16.3	155 21.0	48.2
	03	146 15.6	263 53.8	. . 03.7	238 17.6	. . 59.2	112 34.3	. . 16.3	170 23.2	. . 48.1
	04	161 18.1	278 53.1	04.3	253 18.0	59.3	127 36.7	16.3	185 25.5	48.0
	05	176 20.5	293 52.4	04.9	268 18.4	59.3	142 39.2	16.3	200 27.7	47.9
	06	191 23.0	308 51.7	S19 05.6	283 18.9	S23 59.4	157 41.6	N12 16.3	215 30.0	S11 47.8
	07	206 25.5	323 51.0	06.2	298 19.3	59.4	172 44.1	16.3	230 32.2	47.8
	08	221 27.9	338 50.3	06.8	313 19.7	59.5	187 46.5	16.4	245 34.5	47.7
	09	236 30.4	353 49.7	. . 07.5	328 20.2	. . 59.5	202 49.0	. . 16.4	260 36.7	. . 47.6
	10	251 32.9	8 49.0	08.1	343 20.6	59.5	217 51.4	16.4	275 39.0	47.5
	11	266 35.3	23 48.3	08.7	358 21.0	59.6	232 53.9	16.4	290 41.2	47.4
	12	281 37.8	38 47.6	S19 09.4	13 21.5	S23 59.6	247 56.3	N12 16.4	305 43.5	S11 47.3
	13	296 40.2	53 46.9	10.0	28 21.9	59.7	262 58.8	16.5	320 45.7	47.2
	14	311 42.7	68 46.2	10.6	43 22.3	59.7	278 01.2	16.5	335 48.0	47.2
	15	326 45.2	83 45.5	. . 11.3	58 22.8	. . 59.8	293 03.7	. . 16.5	350 50.2	. . 47.1
	16	341 47.6	98 44.8	11.9	73 23.2	59.8	308 06.1	16.5	5 52.5	47.0
	17	356 50.1	113 44.2	12.5	88 23.6	59.9	323 08.6	16.5	20 54.7	46.9
	18	11 52.6	128 43.5	S19 13.1	103 24.1	S23 59.9	338 11.0	N12 16.6	35 57.0	S11 46.8
	19	26 55.0	143 42.8	13.8	118 24.5	24 00.0	353 13.4	16.6	50 59.2	46.7
	20	41 57.5	158 42.1	14.4	133 24.9	00.0	8 15.9	16.6	66 01.5	46.7
	21	57 00.0	173 41.4	. . 15.0	148 25.3	. . 00.0	23 18.3	. . 16.6	81 03.7	. . 46.6
	22	72 02.4	188 40.7	15.6	163 25.8	00.1	38 20.8	16.6	96 06.0	46.5
	23	87 04.9	203 40.0	16.2	178 26.2	00.1	53 23.2	16.7	111 08.2	46.4
WEDNESDAY	3 00	102 07.4	218 39.3	S19 16.9	193 26.6	S24 00.2	68 25.7	N12 16.7	126 10.5	S11 46.3
	01	117 09.8	233 38.6	17.5	208 27.1	00.2	83 28.1	16.7	141 12.7	46.2
	02	132 12.3	248 37.9	18.1	223 27.5	00.3	98 30.6	16.7	156 15.0	46.1
	03	147 14.7	263 37.2	. . 18.7	238 27.9	. . 00.3	113 33.0	. . 16.7	171 17.2	. . 46.1
	04	162 17.2	278 36.5	19.3	253 28.4	00.3	128 35.4	16.8	186 19.5	46.0
	05	177 19.7	293 35.8	20.0	268 28.8	00.4	143 37.9	16.8	201 21.7	45.9
	06	192 22.1	308 35.1	S19 20.6	283 29.2	S24 00.4	158 40.3	N12 16.8	216 24.0	S11 45.8
	07	207 24.6	323 34.4	21.2	298 29.7	00.4	173 42.8	16.8	231 26.2	45.7
	08	222 27.1	338 33.7	21.8	313 30.1	00.5	188 45.2	16.8	246 28.5	45.6
	09	237 29.5	353 33.0	. . 22.4	328 30.5	. . 00.5	203 47.7	. . 16.9	261 30.7	. . 45.5
	10	252 32.0	8 32.3	23.0	343 31.0	00.6	218 50.1	16.9	276 33.0	45.5
	11	267 34.5	23 31.7	23.6	358 31.4	00.6	233 52.5	16.9	291 35.2	45.4
	12	282 36.9	38 31.0	S19 24.2	13 31.8	S24 00.6	248 55.0	N12 16.9	306 37.5	S11 45.3
	13	297 39.4	53 30.3	24.8	28 32.2	00.7	263 57.4	17.0	321 39.7	45.2
	14	312 41.8	68 29.6	25.5	43 32.7	00.7	278 59.9	17.0	336 42.0	45.1
	15	327 44.3	83 28.9	. . 26.1	58 33.1	. . 00.7	294 02.3	. . 17.0	351 44.2	. . 45.0
	16	342 46.8	98 28.1	26.7	73 33.5	00.8	309 04.7	17.0	6 46.5	44.9
	17	357 49.2	113 27.4	27.3	88 34.0	00.8	324 07.2	17.0	21 48.7	44.9
	18	12 51.7	128 26.7	S19 27.9	103 34.4	S24 00.8	339 09.6	N12 17.1	36 50.9	S11 44.8
	19	27 54.2	143 26.0	28.5	118 34.8	00.9	354 12.1	17.1	51 53.2	44.7
	20	42 56.6	158 25.3	29.1	133 35.2	00.9	9 14.5	17.1	66 55.4	44.6
	21	57 59.1	173 24.6	. . 29.7	148 35.7	. . 00.9	24 16.9	. . 17.1	81 57.7	. . 44.5
	22	73 01.6	188 23.9	30.3	163 36.1	01.0	39 19.4	17.2	96 59.9	44.4
	23	88 04.0	203 23.2	30.9	178 36.5	01.0	54 21.8	17.2	112 02.2	44.3
	Mer. Pass.	h m 17 12.6	v −0.7	d 0.6	v 0.4	d 0.0	v 2.4	d 0.0	v 2.3	d 0.1

STARS

Name	SHA ° ′	Dec ° ′
Acamar	315 12.2	S40 12.7
Achernar	335 20.6	S57 07.2
Acrux	173 01.0	S63 13.6
Adhara	255 06.1	S29 00.2
Aldebaran	290 40.3	N16 33.5
Alioth	166 13.7	N55 49.5
Alkaid	152 52.8	N49 11.3
Alnair	27 34.3	S46 50.9
Alnilam	275 38.3	S 1 11.2
Alphard	217 48.3	S 8 45.7
Alphecca	126 04.7	N26 37.9
Alpheratz	357 35.7	N29 13.5
Altair	62 01.1	N 8 55.8
Ankaa	353 08.0	S42 10.8
Antares	112 17.2	S26 29.0
Arcturus	145 48.8	N19 03.3
Atria	107 12.7	S69 04.1
Avior	234 14.5	S59 35.0
Bellatrix	278 23.5	N 6 22.3
Betelgeuse	270 52.7	N 7 24.7
Canopus	263 52.2	S52 42.5
Capella	280 22.7	N46 01.4
Deneb	49 26.8	N45 22.0
Denebola	182 25.7	N14 26.2
Diphda	348 48.1	S17 51.5
Dubhe	193 41.7	N61 37.0
Elnath	278 02.6	N28 37.7
Eltanin	90 43.1	N51 29.0
Enif	33 39.9	N 9 59.1
Fomalhaut	15 15.6	S29 29.9
Gacrux	171 52.6	S57 14.5
Gienah	175 44.4	S17 40.4
Hadar	148 37.5	S60 29.0
Hamal	327 52.0	N23 34.6
Kaus Aust.	83 34.1	S34 22.4
Kochab	137 20.4	N74 03.1
Markab	13 30.9	N15 20.1
Menkar	314 06.8	N 4 11.0
Menkent	147 58.8	S36 29.1
Miaplacidus	221 37.7	S69 48.7
Mirfak	308 29.1	N49 56.9
Nunki	75 49.2	S26 16.1
Peacock	53 07.6	S56 39.6
Pollux	243 18.0	N27 58.0
Procyon	244 51.4	N 5 09.8
Rasalhague	95 59.7	N12 32.5
Regulus	207 35.1	N11 51.0
Rigel	281 04.4	S 8 10.5
Rigil Kent.	139 41.8	S60 55.8
Sabik	102 04.1	S15 45.3
Schedar	349 32.0	N56 40.4
Shaula	96 11.9	S37 07.2
Sirius	258 26.6	S16 44.9
Spica	158 23.3	S11 17.1
Suhail	222 46.6	S43 31.6
Vega	80 34.2	N38 48.3
Zuben'ubi	136 57.2	S16 08.4

	SHA ° ′	Mer. Pass. h m
Venus	117 47.6	9 25
Mars	92 08.0	11 07
Jupiter	326 18.7	19 27
Saturn	24 08.2	15 37

Day	UT	SUN GHA	SUN Dec	MOON GHA	MOON *v*	MOON Dec	MOON *d*	MOON HP
	d h	° ′	° ′	° ′	′	° ′	′	′
	1 00	179 13.7	S23 03.5	301 02.0	16.0	N12 37.7	12.8	54.2
	01	194 13.4	03.3	315 37.0	16.2	12 24.9	12.8	54.2
	02	209 13.1	03.1	330 12.2	16.1	12 12.1	12.8	54.2
	03	224 12.8	. . 02.9	344 47.3	16.3	11 59.3	12.8	54.2
	04	239 12.5	02.7	359 22.6	16.2	11 46.5	12.9	54.2
	05	254 12.2	02.5	13 57.8	16.3	11 33.6	13.0	54.2
	06	269 11.9	S23 02.3	28 33.1	16.4	N11 20.6	13.0	54.2
	07	284 11.6	02.1	43 08.5	16.4	11 07.6	13.0	54.2
	08	299 11.3	01.9	57 43.9	16.5	10 54.6	13.0	54.2
M	09	314 11.0	. . 01.7	72 19.4	16.5	10 41.6	13.1	54.2
O	10	329 10.7	01.5	86 54.9	16.5	10 28.5	13.1	54.2
N	11	344 10.4	01.3	101 30.4	16.6	10 15.4	13.2	54.2
D	12	359 10.1	S23 01.1	116 06.0	16.6	N10 02.2	13.2	54.2
A	13	14 09.8	00.9	130 41.6	16.7	9 49.0	13.2	54.2
Y	14	29 09.5	00.7	145 17.3	16.6	9 35.8	13.3	54.2
	15	44 09.2	. . 00.5	159 52.9	16.8	9 22.5	13.3	54.2
	16	59 08.9	00.3	174 28.7	16.7	9 09.2	13.3	54.2
	17	74 08.6	23 00.1	189 04.4	16.8	8 55.9	13.4	54.2
	18	89 08.3	S22 59.9	203 40.2	16.9	N 8 42.5	13.4	54.2
	19	104 08.1	59.7	218 16.1	16.8	8 29.1	13.4	54.2
	20	119 07.8	59.5	232 51.9	16.9	8 15.7	13.5	54.2
	21	134 07.5	. . 59.3	247 27.8	17.0	8 02.2	13.4	54.2
	22	149 07.2	59.1	262 03.8	16.9	7 48.8	13.5	54.2
	23	164 06.9	58.9	276 39.7	17.0	7 35.3	13.6	54.2
	2 00	179 06.6	S22 58.7	291 15.7	17.0	N 7 21.7	13.5	54.2
	01	194 06.3	58.5	305 51.7	17.0	7 08.2	13.6	54.2
	02	209 06.0	58.2	320 27.7	17.1	6 54.6	13.6	54.2
	03	224 05.7	. . 58.0	335 03.8	17.1	6 41.0	13.7	54.2
	04	239 05.4	57.8	349 39.9	17.1	6 27.3	13.6	54.2
	05	254 05.1	57.6	4 16.0	17.1	6 13.7	13.7	54.2
	06	269 04.8	S22 57.4	18 52.1	17.1	N 6 00.0	13.7	54.2
	07	284 04.5	57.2	33 28.2	17.2	5 46.3	13.7	54.2
T	08	299 04.2	57.0	48 04.4	17.2	5 32.6	13.8	54.2
U	09	314 03.9	. . 56.7	62 40.6	17.2	5 18.8	13.8	54.2
E	10	329 03.7	56.5	77 16.8	17.2	5 05.0	13.7	54.2
S	11	344 03.4	56.3	91 53.0	17.2	4 51.3	13.9	54.2
D	12	359 03.1	S22 56.1	106 29.2	17.2	N 4 37.4	13.8	54.2
A	13	14 02.8	55.9	121 05.4	17.3	4 23.6	13.8	54.2
Y	14	29 02.5	55.6	135 41.7	17.2	4 09.8	13.9	54.2
	15	44 02.2	. . 55.4	150 17.9	17.3	3 55.9	13.9	54.2
	16	59 01.9	55.2	164 54.2	17.3	3 42.0	13.9	54.2
	17	74 01.6	55.0	179 30.5	17.3	3 28.1	13.9	54.2
	18	89 01.3	S22 54.7	194 06.8	17.3	N 3 14.2	13.9	54.3
	19	104 01.0	54.5	208 43.1	17.3	3 00.3	13.9	54.3
	20	119 00.7	54.3	223 19.4	17.3	2 46.4	14.0	54.3
	21	134 00.5	. . 54.1	237 55.7	17.3	2 32.4	13.9	54.3
	22	149 00.2	53.8	252 32.0	17.3	2 18.5	14.0	54.3
	23	163 59.9	53.6	267 08.3	17.3	2 04.5	14.0	54.3
	3 00	178 59.6	S22 53.4	281 44.6	17.3	N 1 50.5	14.0	54.3
	01	193 59.3	53.1	296 20.9	17.3	1 36.5	14.0	54.3
	02	208 59.0	52.9	310 57.2	17.3	1 22.5	14.0	54.3
	03	223 58.7	. . 52.7	325 33.5	17.3	1 08.5	14.0	54.3
	04	238 58.4	52.5	340 09.8	17.2	0 54.5	14.1	54.3
	05	253 58.1	52.2	354 46.0	17.3	0 40.4	14.0	54.4
	06	268 57.8	S22 52.0	9 22.3	17.3	N 0 26.4	14.1	54.4
W	07	283 57.6	51.7	23 58.6	17.2	N 0 12.3	14.0	54.4
E	08	298 57.3	51.5	38 34.8	17.3	S 0 01.7	14.1	54.4
D	09	313 57.0	. . 51.3	53 11.1	17.2	0 15.8	14.0	54.4
N	10	328 56.7	51.0	67 47.3	17.3	0 29.8	14.1	54.4
E	11	343 56.4	50.8	82 23.6	17.2	0 43.9	14.1	54.4
S	12	358 56.1	S22 50.6	96 59.8	17.2	S 0 58.0	14.1	54.4
D	13	13 55.8	50.3	111 36.0	17.1	1 12.1	14.0	54.5
A	14	28 55.5	50.1	126 12.1	17.2	1 26.1	14.1	54.5
Y	15	43 55.2	. . 49.8	140 48.3	17.1	1 40.2	14.1	54.5
	16	58 55.0	49.6	155 24.4	17.1	1 54.3	14.1	54.5
	17	73 54.7	49.4	170 00.5	17.1	2 08.4	14.1	54.5
	18	88 54.4	S22 49.1	184 36.6	17.1	S 2 22.5	14.0	54.5
	19	103 54.1	48.9	199 12.7	17.1	2 36.5	14.1	54.5
	20	118 53.8	48.6	213 48.8	17.0	2 50.6	14.1	54.6
	21	133 53.5	. . 48.4	228 24.8	17.0	3 04.7	14.1	54.6
	22	148 53.2	48.1	243 00.8	17.0	3 18.8	14.0	54.6
	23	163 52.9	47.9	257 36.8	16.9	S 3 32.8	14.1	54.6
		SD 16.3	*d* 0.2	SD 14.8		14.8		14.8

Lat.	Twilight Naut.	Twilight Civil	Sunrise	Moonrise 1	Moonrise 2	Moonrise 3	Moonrise 4
°	h m	h m	h m	h m	h m	h m	h m
N 72	08 23	10 41	▬	20 47	22 46	24 43	00 43
N 70	08 05	09 49	▬	21 00	22 49	24 37	00 37
68	07 49	09 16	▬	21 10	22 51	24 32	00 32
66	07 37	08 53	10 27	21 18	22 53	24 28	00 28
64	07 26	08 34	09 49	21 25	22 55	24 25	00 25
62	07 17	08 18	09 22	21 31	22 56	24 22	00 22
60	07 09	08 05	09 02	21 36	22 58	24 19	00 19
N 58	07 02	07 54	08 45	21 41	22 59	24 17	00 17
56	06 55	07 44	08 31	21 45	23 00	24 15	00 15
54	06 50	07 35	08 19	21 48	23 01	24 13	00 13
52	06 44	07 28	08 08	21 51	23 01	24 12	00 12
50	06 39	07 20	07 58	21 54	23 02	24 10	00 10
45	06 28	07 05	07 38	22 01	23 04	24 07	00 07
N 40	06 18	06 52	07 22	22 06	23 05	24 05	00 05
35	06 08	06 40	07 08	22 11	23 06	24 02	00 02
30	06 00	06 30	06 56	22 15	23 07	24 00	00 00
20	05 44	06 11	06 35	22 21	23 09	23 57	24 46
N 10	05 28	05 54	06 17	22 27	23 11	23 54	24 39
0	05 11	05 38	06 00	22 33	23 12	23 51	24 32
S 10	04 53	05 20	05 43	22 39	23 14	23 49	24 25
20	04 31	05 00	05 24	22 45	23 15	23 46	24 18
30	04 02	04 35	05 03	22 51	23 17	23 43	24 09
35	03 44	04 20	04 50	22 55	23 18	23 41	24 05
40	03 21	04 03	04 35	22 59	23 19	23 39	23 59
45	02 52	03 41	04 18	23 05	23 20	23 36	23 53
S 50	02 08	03 12	03 56	23 11	23 22	23 33	23 46
52	01 42	02 57	03 45	23 13	23 23	23 32	23 42
54	01 02	02 40	03 33	23 16	23 24	23 31	23 39
56	////	02 19	03 19	23 20	23 25	23 29	23 35
58	////	01 51	03 03	23 23	23 25	23 28	23 30
S 60	////	01 08	02 44	23 27	23 27	23 26	23 25

Lat.	Sunset	Twilight Civil	Twilight Naut.	Moonset 1	Moonset 2	Moonset 3	Moonset 4
°	h m	h m	h m	h m	h m	h m	h m
N 72	▬	13 27	15 45	12 25	11 51	11 20	10 48
N 70	▬	14 19	16 03	12 11	11 45	11 21	10 57
68	▬	14 52	16 18	11 58	11 40	11 22	11 04
66	13 41	15 15	16 31	11 48	11 35	11 23	11 10
64	14 19	15 34	16 41	11 40	11 32	11 23	11 15
62	14 45	15 49	16 51	11 33	11 28	11 24	11 20
60	15 06	16 02	16 59	11 26	11 26	11 25	11 24
N 58	15 23	16 14	17 06	11 21	11 23	11 25	11 27
56	15 37	16 24	17 12	11 16	11 21	11 26	11 30
54	15 49	16 32	17 18	11 11	11 19	11 26	11 33
52	16 00	16 40	17 24	11 07	11 17	11 26	11 36
50	16 09	16 47	17 29	11 03	11 15	11 27	11 38
45	16 29	17 03	17 40	10 55	11 12	11 27	11 43
N 40	16 46	17 16	17 50	10 48	11 08	11 28	11 48
35	17 00	17 28	17 59	10 42	11 06	11 28	11 51
30	17 12	17 38	18 08	10 37	11 03	11 29	11 55
20	17 32	17 56	18 24	10 28	10 59	11 30	12 01
N 10	17 50	18 13	18 40	10 20	10 55	11 30	12 06
0	18 08	18 30	18 56	10 12	10 52	11 31	12 10
S 10	18 25	18 48	19 15	10 05	10 48	11 31	12 15
20	18 43	19 08	19 37	09 56	10 44	11 32	12 20
30	19 05	19 32	20 05	09 47	10 40	11 33	12 26
35	19 17	19 47	20 23	09 41	10 38	11 33	12 30
40	19 32	20 05	20 46	09 35	10 35	11 34	12 34
45	19 50	20 27	21 15	09 28	10 31	11 34	12 38
S 50	20 11	20 55	21 59	09 19	10 27	11 35	12 44
52	20 22	21 10	22 24	09 15	10 25	11 35	12 46
54	20 34	21 27	23 03	09 10	10 23	11 36	12 49
56	20 47	21 48	////	09 05	10 21	11 36	12 52
58	21 04	22 15	////	09 00	10 18	11 36	12 55
S 60	21 23	22 58	////	08 53	10 16	11 37	12 59

Day	SUN Eqn. of Time 00^h	SUN Eqn. of Time 12^h	SUN Mer. Pass.	MOON Mer. Pass. Upper	MOON Mer. Pass. Lower	MOON Age	MOON Phase
d	m s	m s	h m	h m	h m	d %	
1	03 05	03 19	12 03	04 03	16 23	20 74	
2	03 33	03 47	12 04	04 42	17 02	21 65	
3	04 01	04 15	12 04	05 21	17 41	22 56	

UT d	h	ARIES GHA	VENUS −4·0 GHA	VENUS Dec	MARS +1·4 GHA	MARS Dec	JUPITER −2·6 GHA	JUPITER Dec	SATURN +0·9 GHA	SATURN Dec
		° ′	° ′	° ′	° ′	° ′	° ′	° ′	° ′	° ′
4 THURSDAY	00	103 06.5	218 22.5	S19 31.5	193 37.0	S24 01.0	69 24.2	N12 17.2	127 04.4	S11 44.3
	01	118 09.0	233 21.8	32.1	208 37.4	01.1	84 26.7	17.2	142 06.7	44.2
	02	133 11.4	248 21.1	32.7	223 37.8	01.1	99 29.1	17.2	157 08.9	44.1
	03	148 13.9	263 20.4	. . 33.3	238 38.3	. . 01.1	114 31.5	. . 17.3	172 11.2	. . 44.0
	04	163 16.3	278 19.7	33.9	253 38.7	01.2	129 34.0	17.3	187 13.4	43.9
	05	178 18.8	293 19.0	34.5	268 39.1	01.2	144 36.4	17.3	202 15.7	43.8
	06	193 21.3	308 18.3	S19 35.1	283 39.5	S24 01.2	159 38.8	N12 17.3	217 17.9	S11 43.7
	07	208 23.7	323 17.6	35.7	298 40.0	01.2	174 41.3	17.4	232 20.2	43.7
	08	223 26.2	338 16.9	36.2	313 40.4	01.3	189 43.7	17.4	247 22.4	43.6
	09	238 28.7	353 16.2	. . 36.8	328 40.8	. . 01.3	204 46.1	. . 17.4	262 24.7	. . 43.5
	10	253 31.1	8 15.4	37.4	343 41.2	01.3	219 48.6	17.4	277 26.9	43.4
	11	268 33.6	23 14.7	38.0	358 41.7	01.3	234 51.0	17.5	292 29.1	43.3
	12	283 36.1	38 14.0	S19 38.6	13 42.1	S24 01.4	249 53.4	N12 17.5	307 31.4	S11 43.2
	13	298 38.5	53 13.3	39.2	28 42.5	01.4	264 55.9	17.5	322 33.6	43.1
	14	313 41.0	68 12.6	39.8	43 43.0	01.4	279 58.3	17.5	337 35.9	43.1
	15	328 43.5	83 11.9	. . 40.4	58 43.4	. . 01.4	295 00.7	. . 17.6	352 38.1	. . 43.0
	16	343 45.9	98 11.2	41.0	73 43.8	01.5	310 03.2	17.6	7 40.4	42.9
	17	358 48.4	113 10.5	41.5	88 44.2	01.5	325 05.6	17.6	22 42.6	42.8
	18	13 50.8	128 09.7	S19 42.1	103 44.7	S24 01.5	340 08.0	N12 17.6	37 44.9	S11 42.7
	19	28 53.3	143 09.0	42.7	118 45.1	01.5	355 10.5	17.7	52 47.1	42.6
	20	43 55.8	158 08.3	43.3	133 45.5	01.6	10 12.9	17.7	67 49.3	42.5
	21	58 58.2	173 07.6	. . 43.9	148 45.9	. . 01.6	25 15.3	. . 17.7	82 51.6	. . 42.4
	22	74 00.7	188 06.9	44.4	163 46.4	01.6	40 17.7	17.7	97 53.8	42.4
	23	89 03.2	203 06.2	45.0	178 46.8	01.6	55 20.2	17.8	112 56.1	42.3
5 FRIDAY	00	104 05.6	218 05.5	S19 45.6	193 47.2	S24 01.6	70 22.6	N12 17.8	127 58.3	S11 42.2
	01	119 08.1	233 04.7	46.2	208 47.7	01.7	85 25.0	17.8	143 00.6	42.1
	02	134 10.6	248 04.0	46.7	223 48.1	01.7	100 27.5	17.8	158 02.8	42.0
	03	149 13.0	263 03.3	. . 47.3	238 48.5	. . 01.7	115 29.9	. . 17.9	173 05.1	. . 41.9
	04	164 15.5	278 02.6	47.9	253 48.9	01.7	130 32.3	17.9	188 07.3	41.8
	05	179 17.9	293 01.9	48.5	268 49.4	01.7	145 34.7	17.9	203 09.5	41.7
	06	194 20.4	308 01.1	S19 49.0	283 49.8	S24 01.8	160 37.2	N12 17.9	218 11.8	S11 41.7
	07	209 22.9	323 00.4	49.6	298 50.2	01.8	175 39.6	18.0	233 14.0	41.6
	08	224 25.3	337 59.7	50.2	313 50.6	01.8	190 42.0	18.0	248 16.3	41.5
	09	239 27.8	352 59.0	. . 50.8	328 51.1	. . 01.8	205 44.4	. . 18.0	263 18.5	. . 41.4
	10	254 30.3	7 58.3	51.3	343 51.5	01.8	220 46.9	18.1	278 20.8	41.3
	11	269 32.7	22 57.5	51.9	358 51.9	01.8	235 49.3	18.1	293 23.0	41.2
	12	284 35.2	37 56.8	S19 52.5	13 52.3	S24 01.9	250 51.7	N12 18.1	308 25.3	S11 41.1
	13	299 37.7	52 56.1	53.0	28 52.8	01.9	265 54.1	18.1	323 27.5	41.0
	14	314 40.1	67 55.4	53.6	43 53.2	01.9	280 56.6	18.2	338 29.7	41.0
	15	329 42.6	82 54.6	. . 54.2	58 53.6	. . 01.9	295 59.0	. . 18.2	353 32.0	. . 40.9
	16	344 45.1	97 53.9	54.7	73 54.0	01.9	311 01.4	18.2	8 34.2	40.8
	17	359 47.5	112 53.2	55.3	88 54.5	01.9	326 03.8	18.3	23 36.5	40.7
	18	14 50.0	127 52.5	S19 55.8	103 54.9	S24 01.9	341 06.2	N12 18.3	38 38.7	S11 40.6
	19	29 52.4	142 51.7	56.4	118 55.3	01.9	356 08.7	18.3	53 41.0	40.5
	20	44 54.9	157 51.0	57.0	133 55.7	02.0	11 11.1	18.3	68 43.2	40.4
	21	59 57.4	172 50.3	. . 57.5	148 56.2	. . 02.0	26 13.5	. . 18.4	83 45.4	. . 40.3
	22	74 59.8	187 49.6	58.1	163 56.6	02.0	41 15.9	18.4	98 47.7	40.3
	23	90 02.3	202 48.8	58.6	178 57.0	02.0	56 18.3	18.4	113 49.9	40.2
6 SATURDAY	00	105 04.8	217 48.1	S19 59.2	193 57.4	S24 02.0	71 20.8	N12 18.4	128 52.2	S11 40.1
	01	120 07.2	232 47.4	19 59.7	208 57.9	02.0	86 23.2	18.5	143 54.4	40.0
	02	135 09.7	247 46.6	20 00.3	223 58.3	02.0	101 25.6	18.5	158 56.6	39.9
	03	150 12.2	262 45.9	. . 00.9	238 58.7	. . 02.0	116 28.0	. . 18.5	173 58.9	. . 39.8
	04	165 14.6	277 45.2	01.4	253 59.1	02.0	131 30.4	18.6	189 01.1	39.7
	05	180 17.1	292 44.5	02.0	268 59.6	02.0	146 32.9	18.6	204 03.4	39.6
	06	195 19.6	307 43.7	S20 02.5	284 00.0	S24 02.1	161 35.3	N12 18.6	219 05.6	S11 39.6
	07	210 22.0	322 43.0	03.1	299 00.4	02.1	176 37.7	18.7	234 07.9	39.5
	08	225 24.5	337 42.3	03.6	314 00.8	02.1	191 40.1	18.7	249 10.1	39.4
	09	240 26.9	352 41.5	. . 04.2	329 01.3	. . 02.1	206 42.5	. . 18.7	264 12.3	. . 39.3
	10	255 29.4	7 40.8	04.7	344 01.7	02.1	221 44.9	18.7	279 14.6	39.2
	11	270 31.9	22 40.1	05.2	359 02.1	02.1	236 47.4	18.8	294 16.8	39.1
	12	285 34.3	37 39.3	S20 05.8	14 02.5	S24 02.1	251 49.8	N12 18.8	309 19.1	S11 39.0
	13	300 36.8	52 38.6	06.3	29 02.9	02.1	266 52.2	18.8	324 21.3	38.9
	14	315 39.3	67 37.9	06.9	44 03.4	02.1	281 54.6	18.9	339 23.5	38.8
	15	330 41.7	82 37.1	. . 07.4	59 03.8	. . 02.1	296 57.0	. . 18.9	354 25.8	. . 38.8
	16	345 44.2	97 36.4	08.0	74 04.2	02.1	311 59.4	18.9	9 28.0	38.7
	17	0 46.7	112 35.7	08.5	89 04.6	02.1	327 01.8	19.0	24 30.3	38.6
	18	15 49.1	127 34.9	S20 09.0	104 05.1	S24 02.1	342 04.3	N12 19.0	39 32.5	S11 38.5
	19	30 51.6	142 34.2	09.6	119 05.5	02.1	357 06.7	19.0	54 34.7	38.4
	20	45 54.0	157 33.4	10.1	134 05.9	02.1	12 09.1	19.1	69 37.0	38.3
	21	60 56.5	172 32.7	. . 10.7	149 06.3	. . 02.1	27 11.5	. . 19.1	84 39.2	. . 38.2
	22	75 59.0	187 32.0	11.2	164 06.7	02.1	42 13.9	19.1	99 41.5	38.1
	23	91 01.4	202 31.2	11.7	179 07.2	02.1	57 16.3	19.1	114 43.7	38.0
Mer. Pass.		h m 17 00.8	v −0.7	d 0.6	v 0.4	d 0.0	v 2.4	d 0.0	v 2.2	d 0.1

STARS

Name	SHA	Dec
	° ′	° ′
Acamar	315 12.2	S40 12.7
Achernar	335 20.7	S57 07.2
Acrux	173 00.9	S63 13.6
Adhara	255 06.1	S29 00.3
Aldebaran	290 40.3	N16 33.5
Alioth	166 13.7	N55 49.5
Alkaid	152 52.8	N49 11.3
Alnair	27 34.3	S46 50.9
Alnilam	275 38.3	S 1 11.2
Alphard	217 48.3	S 8 45.7
Alphecca	126 04.7	N26 37.9
Alpheratz	357 35.7	N29 13.5
Altair	62 01.1	N 8 55.8
Ankaa	353 08.0	S42 10.8
Antares	112 17.2	S26 29.0
Arcturus	145 48.8	N19 03.3
Atria	107 12.7	S69 04.1
Avior	234 14.5	S59 35.0
Bellatrix	278 23.5	N 6 22.3
Betelgeuse	270 52.7	N 7 24.7
Canopus	263 52.2	S52 42.5
Capella	280 22.7	N46 01.4
Deneb	49 26.8	N45 22.0
Denebola	182 25.7	N14 26.2
Diphda	348 48.2	S17 51.5
Dubhe	193 41.7	N61 37.0
Elnath	278 02.6	N28 37.7
Eltanin	90 43.1	N51 29.0
Enif	33 39.9	N 9 59.1
Fomalhaut	15 15.6	S29 29.9
Gacrux	171 52.5	S57 14.6
Gienah	175 44.4	S17 40.4
Hadar	148 37.4	S60 29.0
Hamal	327 52.0	N23 34.6
Kaus Aust.	83 34.0	S34 22.4
Kochab	137 20.4	N74 03.1
Markab	13 30.9	N15 20.1
Menkar	314 06.8	N 4 11.0
Menkent	147 58.8	S36 29.1
Miaplacidus	221 37.7	S69 48.7
Mirfak	308 29.1	N49 56.9
Nunki	75 49.2	S26 16.1
Peacock	53 07.6	S56 39.6
Pollux	243 18.0	N27 58.0
Procyon	244 51.4	N 5 09.8
Rasalhague	95 59.7	N12 32.5
Regulus	207 35.1	N11 50.9
Rigel	281 04.4	S 8 10.5
Rigil Kent.	139 41.8	S60 55.8
Sabik	102 04.1	S15 45.3
Schedar	349 32.0	N56 40.4
Shaula	96 11.9	S37 07.2
Sirius	258 26.6	S16 44.9
Spica	158 23.2	S11 17.1
Suhail	222 46.5	S43 31.6
Vega	80 34.2	N38 48.3
Zuben'ubi	136 57.1	S16 08.4

	SHA	Mer. Pass.
	° ′	h m
Venus	113 59.8	9 28
Mars	89 41.6	11 05
Jupiter	326 17.0	19 15
Saturn	23 52.7	15 26

© British Crown Copyright 2023. All rights reserved.

Day	UT	SUN GHA	SUN Dec	MOON GHA	v	MOON Dec	d	HP
	d h	° ′	° ′	° ′	′	° ′	′	′
THURSDAY	4 00	178 52.7	S22 47.6	272 12.7	16.9	S 3 46.9	14.1	54.6
	01	193 52.4	47.4	286 48.6	16.9	4 01.0	14.0	54.6
	02	208 52.1	47.1	301 24.5	16.8	4 15.0	14.1	54.7
	03	223 51.8	.. 46.9	316 00.3	16.8	4 29.1	14.0	54.7
	04	238 51.5	46.6	330 36.1	16.8	4 43.1	14.1	54.7
	05	253 51.2	46.4	345 11.9	16.8	4 57.2	14.0	54.7
	06	268 50.9	S22 46.1	359 47.7	16.7	S 5 11.2	14.0	54.7
	07	283 50.7	45.9	14 23.4	16.6	5 25.2	14.0	54.7
	08	298 50.4	45.6	28 59.0	16.6	5 39.2	14.0	54.8
	09	313 50.1	.. 45.4	43 34.6	16.6	5 53.2	14.0	54.8
	10	328 49.8	45.1	58 10.2	16.6	6 07.2	14.0	54.8
	11	343 49.5	44.8	72 45.8	16.4	6 21.2	13.9	54.8
	12	358 49.2	S22 44.6	87 21.2	16.5	S 6 35.1	14.0	54.8
	13	13 48.9	44.3	101 56.7	16.4	6 49.1	13.9	54.9
	14	28 48.7	44.1	116 32.1	16.3	7 03.0	13.9	54.9
	15	43 48.4	.. 43.8	131 07.4	16.3	7 16.9	13.9	54.9
	16	58 48.1	43.5	145 42.7	16.3	7 30.8	13.9	54.9
	17	73 47.8	43.3	160 18.0	16.2	7 44.7	13.9	54.9
	18	88 47.5	S22 43.0	174 53.2	16.1	S 7 58.6	13.8	55.0
	19	103 47.2	42.8	189 28.3	16.1	8 12.4	13.8	55.0
	20	118 47.0	42.5	204 03.4	16.1	8 26.2	13.8	55.0
	21	133 46.7	.. 42.2	218 38.5	16.0	8 40.0	13.8	55.0
	22	148 46.4	42.0	233 13.5	15.9	8 53.8	13.8	55.1
	23	163 46.1	41.7	247 48.4	15.8	9 07.6	13.7	55.1
FRIDAY	5 00	178 45.8	S22 41.4	262 23.2	15.8	S 9 21.3	13.8	55.1
	01	193 45.5	41.2	276 58.0	15.8	9 35.1	13.7	55.1
	02	208 45.3	40.9	291 32.8	15.6	9 48.8	13.6	55.2
	03	223 45.0	.. 40.6	306 07.4	15.7	10 02.4	13.7	55.2
	04	238 44.7	40.3	320 42.1	15.5	10 16.1	13.6	55.2
	05	253 44.4	40.1	335 16.6	15.5	10 29.7	13.6	55.2
	06	268 44.1	S22 39.8	349 51.1	15.4	S10 43.3	13.5	55.3
	07	283 43.9	39.5	4 25.5	15.3	10 56.8	13.6	55.3
	08	298 43.6	39.3	18 59.8	15.3	11 10.4	13.5	55.3
	09	313 43.3	.. 39.0	33 34.1	15.2	11 23.9	13.4	55.3
	10	328 43.0	38.7	48 08.3	15.1	11 37.3	13.5	55.4
	11	343 42.7	38.4	62 42.4	15.1	11 50.8	13.4	55.4
	12	358 42.5	S22 38.2	77 16.5	14.9	S12 04.2	13.3	55.4
	13	13 42.2	37.9	91 50.4	14.9	12 17.5	13.4	55.4
	14	28 41.9	37.6	106 24.3	14.8	12 30.9	13.3	55.5
	15	43 41.6	.. 37.3	120 58.1	14.8	12 44.2	13.2	55.5
	16	58 41.3	37.0	135 31.9	14.6	12 57.4	13.2	55.5
	17	73 41.1	36.8	150 05.5	14.6	13 10.6	13.2	55.5
	18	88 40.8	S22 36.5	164 39.1	14.5	S13 23.8	13.1	55.6
	19	103 40.5	36.2	179 12.6	14.4	13 36.9	13.1	55.6
	20	118 40.2	35.9	193 46.0	14.3	13 50.0	13.1	55.6
	21	133 39.9	.. 35.6	208 19.3	14.2	14 03.1	13.0	55.7
	22	148 39.7	35.3	222 52.5	14.1	14 16.1	13.0	55.7
	23	163 39.4	35.1	237 25.6	14.1	14 29.1	12.9	55.7
SATURDAY	6 00	178 39.1	S22 34.8	251 58.7	13.9	S14 42.0	12.8	55.7
	01	193 38.8	34.5	266 31.6	13.9	14 54.8	12.9	55.8
	02	208 38.5	34.2	281 04.5	13.8	15 07.7	12.7	55.8
	03	223 38.3	.. 33.9	295 37.3	13.7	15 20.4	12.7	55.8
	04	238 38.0	33.6	310 10.0	13.5	15 33.1	12.7	55.9
	05	253 37.7	33.3	324 42.5	13.5	15 45.8	12.6	55.9
	06	268 37.4	S22 33.0	339 15.0	13.4	S15 58.4	12.6	55.9
	07	283 37.2	32.7	353 47.4	13.3	16 11.0	12.5	56.0
	08	298 36.9	32.5	8 19.7	13.2	16 23.5	12.4	56.0
	09	313 36.6	.. 32.2	22 51.9	13.1	16 35.9	12.4	56.0
	10	328 36.3	31.9	37 24.0	12.9	16 48.3	12.3	56.1
	11	343 36.0	31.6	51 55.9	12.9	17 00.6	12.3	56.1
	12	358 35.8	S22 31.3	66 27.8	12.8	S17 12.9	12.2	56.1
	13	13 35.5	31.0	80 59.6	12.6	17 25.1	12.1	56.2
	14	28 35.2	30.7	95 31.2	12.6	17 37.2	12.1	56.2
	15	43 34.9	.. 30.4	110 02.8	12.5	17 49.3	12.0	56.2
	16	58 34.7	30.1	124 34.3	12.3	18 01.3	11.9	56.3
	17	73 34.4	29.8	139 05.6	12.2	18 13.2	11.9	56.3
	18	88 34.1	S22 29.5	153 36.8	12.1	S18 25.1	11.8	56.3
	19	103 33.8	29.2	168 07.9	12.0	18 36.9	11.7	56.3
	20	118 33.6	28.9	182 38.9	11.9	18 48.6	11.6	56.4
	21	133 33.3	.. 28.6	197 09.8	11.8	19 00.3	11.6	56.4
	22	148 33.0	28.3	211 40.6	11.7	19 11.9	11.5	56.5
	23	163 32.7	28.0	226 11.3	11.5	S19 23.4	11.4	56.5
		SD 16.3	d 0.3	SD 14.9		15.1		15.3

Lat.	Twilight Naut.	Twilight Civil	Sunrise	Moonrise 4	Moonrise 5	Moonrise 6	Moonrise 7
°	h m	h m	h m	h m	h m	h m	h m
N 72	08 20	10 31	▬	00 43	02 48	05 29	▬
N 70	08 02	09 44	▬	00 37	02 31	04 45	▬
68	07 47	09 13	11 33	00 32	02 18	04 17	06 58
66	07 35	08 50	10 21	00 28	02 07	03 55	06 04
64	07 25	08 32	09 45	00 25	01 58	03 38	05 32
62	07 16	08 17	09 20	00 22	01 50	03 24	05 08
60	07 08	08 04	09 00	00 19	01 43	03 13	04 49
N 58	07 01	07 53	08 44	00 17	01 38	03 03	04 34
56	06 55	07 43	08 30	00 15	01 33	02 54	04 21
54	06 49	07 35	08 18	00 13	01 28	02 46	04 09
52	06 44	07 27	08 07	00 12	01 24	02 39	03 59
50	06 39	07 20	07 58	00 10	01 20	02 33	03 50
45	06 28	07 05	07 38	00 07	01 12	02 20	03 32
N 40	06 18	06 52	07 22	00 05	01 05	02 09	03 16
35	06 09	06 41	07 08	00 02	01 00	02 00	03 03
30	06 01	06 30	06 57	00 00	00 55	01 52	02 52
20	05 45	06 12	06 36	24 46	00 46	01 38	02 33
N 10	05 29	05 56	06 18	24 39	00 39	01 26	02 17
0	05 13	05 39	06 01	24 32	00 32	01 15	02 02
S 10	04 55	05 22	05 44	24 25	00 25	01 04	01 47
20	04 33	05 02	05 26	24 18	00 18	00 52	01 31
30	04 05	04 38	05 05	24 09	00 09	00 39	01 12
35	03 47	04 23	04 52	24 05	00 05	00 31	01 02
40	03 24	04 05	04 38	23 59	24 22	00 22	00 49
45	02 55	03 44	04 21	23 53	24 12	00 12	00 35
S 50	02 13	03 15	03 59	23 46	24 00	00 00	00 18
52	01 48	03 01	03 49	23 42	23 54	24 10	00 10
54	01 11	02 44	03 37	23 39	23 48	24 01	00 01
56	////	02 24	03 24	23 35	23 41	23 51	24 06
58	////	01 57	03 08	23 30	23 34	23 39	23 50
S 60	////	01 17	02 49	23 25	23 25	23 26	23 31

Lat.	Sunset	Twilight Civil	Twilight Naut.	Moonset 4	Moonset 5	Moonset 6	Moonset 7
°	h m	h m	h m	h m	h m	h m	h m
N 72	▬	13 40	15 51	10 48	10 08	08 59	▬
N 70	▬	14 27	16 09	10 57	10 28	09 44	▬
68	12 38	14 58	16 23	11 04	10 43	10 15	09 12
66	13 50	15 21	16 35	11 10	10 56	10 37	10 07
64	14 25	15 39	16 46	11 15	11 06	10 56	10 41
62	14 51	15 54	16 55	11 20	11 15	11 10	11 05
60	15 11	16 07	17 02	11 24	11 23	11 23	11 25
N 58	15 27	16 17	17 09	11 27	11 30	11 34	11 41
56	15 41	16 27	17 16	11 30	11 36	11 44	11 55
54	15 53	16 36	17 21	11 33	11 42	11 52	12 07
52	16 03	16 43	17 27	11 36	11 47	12 00	12 18
50	16 13	16 51	17 32	11 38	11 51	12 07	12 27
45	16 32	17 06	17 43	11 43	12 01	12 22	12 47
N 40	16 48	17 19	17 53	11 48	12 09	12 34	13 04
35	17 02	17 30	18 01	11 51	12 16	12 44	13 18
30	17 14	17 40	18 10	11 55	12 22	12 54	13 30
20	17 34	17 58	18 26	12 01	12 33	13 10	13 51
N 10	17 52	18 15	18 41	12 06	12 43	13 24	14 09
0	18 09	18 31	18 57	12 10	12 52	13 37	14 26
S 10	18 26	18 49	19 16	12 15	13 01	13 50	14 43
20	18 44	19 08	19 37	12 20	13 11	14 04	15 01
30	19 05	19 32	20 05	12 26	13 22	14 20	15 23
35	19 18	19 47	20 23	12 30	13 28	14 30	15 35
40	19 32	20 05	20 45	12 34	13 36	14 41	15 50
45	19 49	20 26	21 14	12 38	13 44	14 54	16 07
S 50	20 11	20 54	21 57	12 44	13 55	15 10	16 28
52	20 21	21 08	22 21	12 46	14 00	15 17	16 38
54	20 33	21 25	22 57	12 49	14 05	15 25	16 50
56	20 46	21 45	////	12 52	14 11	15 35	17 03
58	21 02	22 12	////	12 55	14 18	15 45	17 19
S 60	21 20	22 50	////	12 59	14 25	15 58	17 37

Day	SUN Eqn. of Time 00ʰ	SUN Eqn. of Time 12ʰ	SUN Mer. Pass.	MOON Mer. Pass. Upper	MOON Mer. Pass. Lower	MOON Age	MOON Phase
d	m s	m s	h m	h m	h m	d	%
4	04 29	04 43	12 05	06 01	18 21	23	47
5	04 56	05 10	12 05	06 42	19 03	24	37
6	05 23	05 36	12 06	07 26	19 49	25	28

© British Crown Copyright 2023. All rights reserved.

UT d	h	ARIES GHA	VENUS −4·0 GHA	VENUS Dec	MARS +1·3 GHA	MARS Dec	JUPITER −2·5 GHA	JUPITER Dec	SATURN +0·9 GHA	SATURN Dec
		° ′	° ′	° ′	° ′	° ′	° ′	° ′	° ′	° ′
7 SUNDAY	00	106 03.9	217 30.5	S20 12.3	194 07.6	S24 02.1	72 18.7	N12 19.2	129 45.9	S11 38.0
	01	121 06.4	232 29.7	12.8	209 08.0	02.1	87 21.1	19.2	144 48.2	37.9
	02	136 08.8	247 29.0	13.3	224 08.4	02.1	102 23.5	19.2	159 50.4	37.8
	03	151 11.3	262 28.3	. . 13.9	239 08.9	. . 02.1	117 26.0	. . 19.3	174 52.7	. . 37.7
	04	166 13.8	277 27.5	14.4	254 09.3	02.1	132 28.4	19.3	189 54.9	37.6
	05	181 16.2	292 26.8	14.9	269 09.7	02.1	147 30.8	19.3	204 57.1	37.5
	06	196 18.7	307 26.0	S20 15.4	284 10.1	S24 02.1	162 33.2	N12 19.4	219 59.4	S11 37.4
	07	211 21.2	322 25.3	16.0	299 10.5	02.1	177 35.6	19.4	235 01.6	37.3
	08	226 23.6	337 24.6	16.5	314 11.0	02.1	192 38.0	19.4	250 03.8	37.2
	09	241 26.1	352 23.8	. . 17.0	329 11.4	. . 02.1	207 40.4	. . 19.5	265 06.1	. . 37.2
	10	256 28.5	7 23.1	17.5	344 11.8	02.1	222 42.8	19.5	280 08.3	37.1
	11	271 31.0	22 22.3	18.1	359 12.2	02.1	237 45.2	19.5	295 10.6	37.0
	12	286 33.5	37 21.6	S20 18.6	14 12.7	S24 02.1	252 47.6	N12 19.6	310 12.8	S11 36.9
	13	301 35.9	52 20.8	19.1	29 13.1	02.1	267 50.0	19.6	325 15.0	36.8
	14	316 38.4	67 20.1	19.6	44 13.5	02.0	282 52.4	19.6	340 17.3	36.7
	15	331 40.9	82 19.3	. . 20.1	59 13.9	. . 02.0	297 54.8	. . 19.7	355 19.5	. . 36.6
	16	346 43.3	97 18.6	20.7	74 14.3	02.0	312 57.3	19.7	10 21.8	36.5
	17	1 45.8	112 17.8	21.2	89 14.8	02.0	327 59.7	19.7	25 24.0	36.4
	18	16 48.3	127 17.1	S20 21.7	104 15.2	S24 02.0	343 02.1	N12 19.8	40 26.2	S11 36.4
	19	31 50.7	142 16.4	22.2	119 15.6	02.0	358 04.5	19.8	55 28.5	36.3
	20	46 53.2	157 15.6	22.7	134 16.0	02.0	13 06.9	19.8	70 30.7	36.2
	21	61 55.7	172 14.9	. . 23.2	149 16.4	. . 02.0	28 09.3	. . 19.9	85 32.9	. . 36.1
	22	76 58.1	187 14.1	23.8	164 16.9	02.0	43 11.7	19.9	100 35.2	36.0
	23	92 00.6	202 13.4	24.3	179 17.3	02.0	58 14.1	19.9	115 37.4	35.9
8 MONDAY	00	107 03.0	217 12.6	S20 24.8	194 17.7	S24 01.9	73 16.5	N12 20.0	130 39.7	S11 35.8
	01	122 05.5	232 11.9	25.3	209 18.1	01.9	88 18.9	20.0	145 41.9	35.7
	02	137 08.0	247 11.1	25.8	224 18.5	01.9	103 21.3	20.0	160 44.1	35.6
	03	152 10.4	262 10.4	. . 26.3	239 19.0	. . 01.9	118 23.7	. . 20.1	175 46.4	. . 35.5
	04	167 12.9	277 09.6	26.8	254 19.4	01.9	133 26.1	20.1	190 48.6	35.5
	05	182 15.4	292 08.8	27.3	269 19.8	01.9	148 28.5	20.1	205 50.8	35.4
	06	197 17.8	307 08.1	S20 27.8	284 20.2	S24 01.9	163 30.9	N12 20.2	220 53.1	S11 35.3
	07	212 20.3	322 07.3	28.3	299 20.6	01.9	178 33.3	20.2	235 55.3	35.2
	08	227 22.8	337 06.6	28.8	314 21.1	01.8	193 35.7	20.3	250 57.5	35.1
	09	242 25.2	352 05.8	. . 29.3	329 21.5	. . 01.8	208 38.1	. . 20.3	265 59.8	. . 35.0
	10	257 27.7	7 05.1	29.8	344 21.9	01.8	223 40.5	20.3	281 02.0	34.9
	11	272 30.2	22 04.3	30.3	359 22.3	01.8	238 42.9	20.4	296 04.3	34.8
	12	287 32.6	37 03.6	S20 30.8	14 22.7	S24 01.8	253 45.3	N12 20.4	311 06.5	S11 34.7
	13	302 35.1	52 02.8	31.3	29 23.2	01.8	268 47.7	20.4	326 08.7	34.6
	14	317 37.5	67 02.1	31.8	44 23.6	01.7	283 50.1	20.5	341 11.0	34.6
	15	332 40.0	82 01.3	. . 32.3	59 24.0	. . 01.7	298 52.5	. . 20.5	356 13.2	. . 34.5
	16	347 42.5	97 00.5	32.8	74 24.4	01.7	313 54.9	20.5	11 15.4	34.4
	17	2 44.9	111 59.8	33.3	89 24.8	01.7	328 57.3	20.6	26 17.7	34.3
	18	17 47.4	126 59.0	S20 33.8	104 25.3	S24 01.7	343 59.7	N12 20.6	41 19.9	S11 34.2
	19	32 49.9	141 58.3	34.3	119 25.7	01.6	359 02.1	20.6	56 22.1	34.1
	20	47 52.3	156 57.5	34.8	134 26.1	01.6	14 04.5	20.7	71 24.4	34.0
	21	62 54.8	171 56.8	. . 35.3	149 26.5	. . 01.6	29 06.9	. . 20.7	86 26.6	. . 33.9
	22	77 57.3	186 56.0	35.8	164 26.9	01.6	44 09.3	20.8	101 28.8	33.8
	23	92 59.7	201 55.2	36.3	179 27.3	01.6	59 11.7	20.8	116 31.1	33.7
9 TUESDAY	00	108 02.2	216 54.5	S20 36.8	194 27.8	S24 01.5	74 14.1	N12 20.8	131 33.3	S11 33.6
	01	123 04.7	231 53.7	37.2	209 28.2	01.5	89 16.4	20.9	146 35.5	33.6
	02	138 07.1	246 52.9	37.7	224 28.6	01.5	104 18.8	20.9	161 37.8	33.5
	03	153 09.6	261 52.2	. . 38.2	239 29.0	. . 01.5	119 21.2	. . 20.9	176 40.0	. . 33.4
	04	168 12.0	276 51.4	38.7	254 29.4	01.4	134 23.6	21.0	191 42.2	33.3
	05	183 14.5	291 50.7	39.2	269 29.9	01.4	149 26.0	21.0	206 44.5	33.2
	06	198 17.0	306 49.9	S20 39.7	284 30.3	S24 01.4	164 28.4	N12 21.1	221 46.7	S11 33.1
	07	213 19.4	321 49.1	40.1	299 30.7	01.4	179 30.8	21.1	236 49.0	33.0
	08	228 21.9	336 48.4	40.6	314 31.1	01.3	194 33.2	21.1	251 51.2	32.9
	09	243 24.4	351 47.6	. . 41.1	329 31.5	. . 01.3	209 35.6	. . 21.2	266 53.4	. . 32.8
	10	258 26.8	6 46.8	41.6	344 31.9	01.3	224 38.0	21.2	281 55.7	32.7
	11	273 29.3	21 46.1	42.1	359 32.4	01.3	239 40.4	21.3	296 57.9	32.6
	12	288 31.8	36 45.3	S20 42.5	14 32.8	S24 01.2	254 42.8	N12 21.3	312 00.1	S11 32.6
	13	303 34.2	51 44.5	43.0	29 33.2	01.2	269 45.2	21.3	327 02.4	32.5
	14	318 36.7	66 43.8	43.5	44 33.6	01.2	284 47.5	21.4	342 04.6	32.4
	15	333 39.2	81 43.0	. . 44.0	59 34.0	. . 01.2	299 49.9	. . 21.4	357 06.8	. . 32.3
	16	348 41.6	96 42.2	44.4	74 34.4	01.1	314 52.3	21.4	12 09.1	32.2
	17	3 44.1	111 41.5	44.9	89 34.9	01.1	329 54.7	21.5	27 11.3	32.1
	18	18 46.5	126 40.7	S20 45.4	104 35.3	S24 01.1	344 57.1	N12 21.5	42 13.5	S11 32.0
	19	33 49.0	141 39.9	45.8	119 35.7	01.0	359 59.5	21.6	57 15.8	31.9
	20	48 51.5	156 39.2	46.3	134 36.1	01.0	15 01.9	21.6	72 18.0	31.8
	21	63 53.9	171 38.4	. . 46.8	149 36.5	. . 01.0	30 04.3	. . 21.6	87 20.2	. . 31.7
	22	78 56.4	186 37.6	47.2	164 37.0	00.9	45 06.6	21.7	102 22.4	31.6
	23	93 58.9	201 36.9	47.7	179 37.4	00.9	60 09.0	21.7	117 24.7	31.6
Mer. Pass.		h m 16 49.0	v −0.8	d 0.5	v 0.4	d 0.0	v 2.4	d 0.0	v 2.2	d 0.1

STARS

Name	SHA	Dec
	° ′	° ′
Acamar	315 12.2	S40 12.7
Achernar	335 20.7	S57 07.2
Acrux	173 00.9	S63 13.6
Adhara	255 06.1	S29 00.3
Aldebaran	290 40.3	N16 33.5
Alioth	166 13.7	N55 49.5
Alkaid	152 52.8	N49 11.3
Alnair	27 34.3	S46 50.9
Alnilam	275 38.3	S 1 11.2
Alphard	217 48.3	S 8 45.7
Alphecca	126 04.7	N26 37.9
Alpheratz	357 35.7	N29 13.5
Altair	62 01.1	N 8 55.8
Ankaa	353 08.0	S42 10.8
Antares	112 17.2	S26 29.0
Arcturus	145 48.8	N19 03.3
Atria	107 12.6	S69 04.0
Avior	234 14.5	S59 35.0
Bellatrix	278 23.5	N 6 22.3
Betelgeuse	270 52.7	N 7 24.7
Canopus	263 52.2	S52 42.5
Capella	280 22.7	N46 01.4
Deneb	49 26.8	N45 22.0
Denebola	182 25.7	N14 26.2
Diphda	348 48.2	S17 51.5
Dubhe	193 41.7	N61 37.0
Elnath	278 02.6	N28 37.7
Eltanin	90 43.1	N51 29.0
Enif	33 39.9	N 9 59.1
Fomalhaut	15 15.6	S29 29.9
Gacrux	171 52.5	S57 14.6
Gienah	175 44.4	S17 40.4
Hadar	148 37.4	S60 29.0
Hamal	327 52.0	N23 34.6
Kaus Aust.	83 34.0	S34 22.4
Kochab	137 20.3	N74 03.1
Markab	13 30.9	N15 20.1
Menkar	314 06.9	N 4 11.0
Menkent	147 58.7	S36 29.1
Miaplacidus	221 37.6	S69 48.7
Mirfak	308 29.1	N49 56.9
Nunki	75 49.2	S26 16.1
Peacock	53 07.6	S56 39.6
Pollux	243 17.9	N27 58.0
Procyon	244 51.4	N 5 09.8
Rasalhague	95 59.6	N12 32.5
Regulus	207 35.1	N11 50.9
Rigel	281 04.4	S 8 10.5
Rigil Kent.	139 41.7	S60 55.8
Sabik	102 04.1	S15 45.3
Schedar	349 32.1	N56 40.4
Shaula	96 11.9	S37 07.2
Sirius	258 26.6	S16 45.0
Spica	158 23.2	S11 17.1
Suhail	222 46.5	S43 31.6
Vega	80 34.2	N38 48.2
Zuben'ubi	136 57.1	S16 08.4

	SHA	Mer. Pass.
	° ′	h m
Venus	110 09.6	9 32
Mars	87 14.7	11 03
Jupiter	326 13.4	19 04
Saturn	23 36.6	15 15

© British Crown Copyright 2023. All rights reserved.

UT d	h	SUN GHA ° ′	SUN Dec ° ′	MOON GHA ° ′	v ′	MOON Dec ° ′	d ′	HP ′
7 (SUNDAY)	00	178 32.5	S22 27.7	240 41.8	11.5	S19 34.8	11.3	56.5
	01	193 32.2	27.4	255 12.3	11.3	19 46.1	11.3	56.6
	02	208 31.9	27.1	269 42.6	11.2	19 57.4	11.2	56.6
	03	223 31.7	. . 26.8	284 12.8	11.1	20 08.6	11.1	56.6
	04	238 31.4	26.4	298 42.9	10.9	20 19.7	11.0	56.7
	05	253 31.1	26.1	313 12.8	10.8	20 30.7	10.9	56.7
	06	268 30.8	S22 25.8	327 42.6	10.8	S20 41.6	10.8	56.7
	07	283 30.6	25.5	342 12.4	10.6	20 52.4	10.8	56.8
	08	298 30.3	25.2	356 42.0	10.4	21 03.2	10.6	56.8
	09	313 30.0	. . 24.9	11 11.4	10.4	21 13.8	10.6	56.8
	10	328 29.7	24.6	25 40.8	10.2	21 24.4	10.4	56.9
	11	343 29.5	24.3	40 10.0	10.1	21 34.8	10.4	56.9
	12	358 29.2	S22 24.0	54 39.1	10.0	S21 45.2	10.3	56.9
	13	13 28.9	23.6	69 08.1	9.8	21 55.5	10.2	57.0
	14	28 28.7	23.3	83 36.9	9.7	22 05.7	10.0	57.0
	15	43 28.4	. . 23.0	98 05.6	9.6	22 15.7	10.0	57.0
	16	58 28.1	22.7	112 34.2	9.5	22 25.7	9.8	57.1
	17	73 27.8	22.4	127 02.7	9.4	22 35.5	9.8	57.1
	18	88 27.6	S22 22.1	141 31.1	9.2	S22 45.3	9.6	57.2
	19	103 27.3	21.7	155 59.3	9.1	22 54.9	9.6	57.2
	20	118 27.0	21.4	170 27.4	8.9	23 04.5	9.4	57.2
	21	133 26.8	. . 21.1	184 55.3	8.9	23 13.9	9.3	57.3
	22	148 26.5	20.8	199 23.2	8.7	23 23.2	9.2	57.3
	23	163 26.2	20.5	213 50.9	8.5	23 32.4	9.1	57.3
8 (MONDAY)	00	178 26.0	S22 20.1	228 18.4	8.5	S23 41.5	8.9	57.4
	01	193 25.7	19.8	242 45.9	8.3	23 50.4	8.9	57.4
	02	208 25.4	19.5	257 13.2	8.2	23 59.3	8.7	57.4
	03	223 25.2	. . 19.2	271 40.4	8.1	24 08.0	8.6	57.5
	04	238 24.9	18.8	286 07.5	7.9	24 16.6	8.4	57.5
	05	253 24.6	18.5	300 34.4	7.8	24 25.0	8.4	57.6
	06	268 24.4	S22 18.2	315 01.2	7.7	S24 33.4	8.2	57.6
	07	283 24.1	17.8	329 27.9	7.6	24 41.6	8.0	57.6
	08	298 23.8	17.5	343 54.5	7.4	24 49.6	8.0	57.7
	09	313 23.5	. . 17.2	358 20.9	7.3	24 57.6	7.8	57.7
	10	328 23.3	16.9	12 47.2	7.2	25 05.4	7.7	57.7
	11	343 23.0	16.5	27 13.4	7.0	25 13.1	7.5	57.8
	12	358 22.7	S22 16.2	41 39.4	7.0	S25 20.6	7.4	57.8
	13	13 22.5	15.9	56 05.4	6.8	25 28.0	7.2	57.9
	14	28 22.2	15.5	70 31.2	6.6	25 35.2	7.1	57.9
	15	43 22.0	. . 15.2	84 56.8	6.6	25 42.3	7.0	57.9
	16	58 21.7	14.9	99 22.4	6.4	25 49.3	6.8	58.0
	17	73 21.4	14.5	113 47.8	6.4	25 56.1	6.7	58.0
	18	88 21.2	S22 14.2	128 13.2	6.2	S26 02.8	6.5	58.0
	19	103 20.9	13.8	142 38.4	6.0	26 09.3	6.4	58.1
	20	118 20.6	13.5	157 03.4	6.0	26 15.7	6.2	58.1
	21	133 20.4	. . 13.2	171 28.4	5.9	26 21.9	6.0	58.1
	22	148 20.1	12.8	185 53.3	5.7	26 27.9	5.9	58.2
	23	163 19.8	12.5	200 18.0	5.6	26 33.8	5.8	58.2
9 (TUESDAY)	00	178 19.6	S22 12.1	214 42.6	5.5	S26 39.6	5.6	58.3
	01	193 19.3	11.8	229 07.1	5.4	26 45.2	5.4	58.3
	02	208 19.0	11.5	243 31.5	5.3	26 50.6	5.2	58.3
	03	223 18.8	. . 11.1	257 55.8	5.2	26 55.8	5.1	58.4
	04	238 18.5	10.8	272 20.0	5.1	27 00.9	4.9	58.4
	05	253 18.3	10.4	286 44.1	4.9	27 05.8	4.8	58.4
	06	268 18.0	S22 10.1	301 08.0	4.9	S27 10.6	4.6	58.5
	07	283 17.7	09.7	315 31.9	4.7	27 15.2	4.4	58.5
	08	298 17.5	09.4	329 55.6	4.7	27 19.6	4.2	58.5
	09	313 17.2	. . 09.0	344 19.3	4.6	27 23.8	4.1	58.6
	10	328 16.9	08.7	358 42.9	4.4	27 27.9	3.9	58.6
	11	343 16.7	08.3	13 06.3	4.4	27 31.8	3.7	58.6
	12	358 16.4	S22 08.0	27 29.7	4.3	S27 35.5	3.5	58.7
	13	13 16.2	07.6	41 53.0	4.2	27 39.0	3.3	58.7
	14	28 15.9	07.3	56 16.2	4.1	27 42.3	3.2	58.7
	15	43 15.6	. . 06.9	70 39.3	4.0	27 45.5	3.0	58.8
	16	58 15.4	06.6	85 02.3	4.0	27 48.5	2.8	58.8
	17	73 15.1	06.2	99 25.3	3.8	27 51.3	2.6	58.8
	18	88 14.9	S22 05.9	113 48.1	3.8	S27 53.9	2.4	58.9
	19	103 14.6	05.5	128 10.9	3.7	27 56.3	2.3	58.9
	20	118 14.3	05.2	142 33.6	3.7	27 58.6	2.0	58.9
	21	133 14.1	. . 04.8	156 56.3	3.5	28 00.6	1.9	59.0
	22	148 13.8	04.4	171 18.8	3.5	28 02.5	1.7	59.0
	23	163 13.6	04.1	185 41.3	3.4	S28 04.2	1.4	59.0
		SD 16.3	*d* 0.3	SD 15.5		15.8		16.0

Lat. °	Twilight Naut. h m	Twilight Civil h m	Sunrise h m	Moonrise 7 h m	8 h m	9 h m	10 h m
N 72	08 16	10 21	■	■	■	■	■
N 70	07 58	09 37	■	■	■	■	■
68	07 44	09 08	11 12	06 58	■	■	■
66	07 33	08 46	10 14	06 04	■	■	■
64	07 23	08 29	09 41	05 32	07 54	■	■
62	07 14	08 15	09 16	05 08	07 04	09 20	■
60	07 07	08 02	08 57	04 49	06 33	08 18	09 40
N 58	07 00	07 52	08 42	04 34	06 10	07 45	09 01
56	06 54	07 42	08 28	04 21	05 51	07 20	08 34
54	06 48	07 34	08 16	04 09	05 36	07 00	08 12
52	06 43	07 26	08 06	03 59	05 22	06 43	07 54
50	06 38	07 19	07 57	03 50	05 10	06 29	07 39
45	06 28	07 04	07 38	03 32	04 46	06 00	07 08
N 40	06 18	06 52	07 22	03 16	04 27	05 37	06 45
35	06 09	06 41	07 09	03 03	04 10	05 19	06 25
30	06 01	06 31	06 57	02 52	03 56	05 03	06 08
20	05 46	06 13	06 37	02 33	03 33	04 36	05 40
N 10	05 30	05 57	06 19	02 17	03 13	04 12	05 15
0	05 14	05 40	06 03	02 02	02 54	03 51	04 53
S 10	04 56	05 23	05 46	01 47	02 35	03 30	04 30
20	04 35	05 04	05 28	01 31	02 15	03 07	04 06
30	04 07	04 40	05 07	01 12	01 52	02 40	03 38
35	03 50	04 26	04 55	01 02	01 39	02 25	03 21
40	03 28	04 08	04 41	00 49	01 23	02 07	03 02
45	02 59	03 47	04 24	00 35	01 05	01 45	02 38
S 50	02 18	03 20	04 03	00 18	00 43	01 18	02 08
52	01 54	03 06	03 53	00 10	00 32	01 04	01 53
54	01 21	02 49	03 41	00 01	00 20	00 49	01 36
56	////	02 30	03 28	24 06	00 06	00 31	01 15
58	////	02 04	03 13	23 50	24 09	00 09	00 49
S 60	////	01 28	02 55	23 31	23 42	24 13	00 13

Lat. °	Sunset h m	Twilight Civil h m	Twilight Naut. h m	Moonset 7 h m	8 h m	9 h m	10 h m
N 72	■	13 53	15 58	■	■	■	■
N 70	■	14 36	16 15	■	■	■	■
68	13 01	15 05	16 29	09 12	■	■	■
66	14 00	15 27	16 41	10 07	■	■	■
64	14 33	15 44	16 50	10 41	10 08	■	■
62	14 57	15 59	16 59	11 05	10 59	10 46	■
60	15 16	16 11	17 07	11 25	11 31	11 47	12 37
N 58	15 32	16 22	17 13	11 41	11 54	12 21	13 16
56	15 45	16 31	17 19	11 55	12 14	12 46	13 43
54	15 57	16 40	17 25	12 07	12 30	13 06	14 04
52	16 07	16 47	17 30	12 18	12 44	13 23	14 22
50	16 16	16 54	17 35	12 27	12 56	13 38	14 37
45	16 36	17 09	17 46	12 47	13 21	14 07	15 08
N 40	16 51	17 21	17 55	13 04	13 42	14 30	15 32
35	17 05	17 32	18 04	13 18	13 59	14 50	15 51
30	17 16	17 42	18 12	13 30	14 13	15 06	16 08
20	17 36	18 00	18 27	13 51	14 38	15 34	16 36
N 10	17 54	18 16	18 42	14 09	15 00	15 58	17 01
0	18 10	18 33	18 59	14 26	15 20	16 20	17 23
S 10	18 27	18 50	19 16	14 43	15 41	16 42	17 46
20	18 45	19 09	19 38	15 01	16 03	17 06	18 10
30	19 05	19 33	20 05	15 23	16 28	17 34	18 37
35	19 18	19 47	20 23	15 35	16 43	17 51	18 54
40	19 32	20 04	20 45	15 50	17 00	18 10	19 13
45	19 49	20 25	21 13	16 07	17 21	18 33	19 36
S 50	20 10	20 53	21 54	16 28	17 48	19 03	20 06
52	20 20	21 06	22 17	16 38	18 01	19 18	20 20
54	20 31	21 22	22 50	16 50	18 16	19 35	20 37
56	20 44	21 42	////	17 03	18 33	19 55	20 57
58	20 59	22 07	////	17 19	18 54	20 21	21 22
S 60	21 17	22 42	////	17 37	19 22	20 57	21 56

Day	SUN Eqn. of Time 00h	SUN Eqn. of Time 12h	SUN Mer. Pass.	MOON Mer. Pass. Upper	MOON Mer. Pass. Lower	MOON Age	Phase
d	m s	m s	h m	h m	h m	d %	
7	05 50	06 03	12 06	08 14	20 40	26 19	
8	06 16	06 28	12 06	09 07	21 35	27 11	
9	06 41	06 54	12 07	10 05	22 36	28 5	

© British Crown Copyright 2023. All rights reserved.

UT d	h	ARIES GHA ° ′	VENUS −4·0 GHA ° ′	VENUS Dec ° ′	MARS +1·3 GHA ° ′	MARS Dec ° ′	JUPITER −2·5 GHA ° ′	JUPITER Dec ° ′	SATURN +0·9 GHA ° ′	SATURN Dec ° ′
10	00	109 01.3	216 36.1	S20 48.2	194 37.8	S24 00.9	75 11.4	N12 21.8	132 26.9	S11 31.5
	01	124 03.8	231 35.3	48.6	209 38.2	00.8	90 13.8	21.8	147 29.1	31.4
	02	139 06.3	246 34.6	49.1	224 38.6	00.8	105 16.2	21.8	162 31.4	31.3
	03	154 08.7	261 33.8	. . 49.6	239 39.0	. . 00.8	120 18.6	. . 21.9	177 33.6	. . 31.2
	04	169 11.2	276 33.0	50.0	254 39.5	00.7	135 21.0	21.9	192 35.8	31.1
	05	184 13.6	291 32.2	50.5	269 39.9	00.7	150 23.3	22.0	207 38.1	31.0
	06	199 16.1	306 31.5	S20 50.9	284 40.3	S24 00.7	165 25.7	N12 22.0	222 40.3	S11 30.9
W	07	214 18.6	321 30.7	51.4	299 40.7	00.6	180 28.1	22.0	237 42.5	30.8
E	08	229 21.0	336 29.9	51.9	314 41.1	00.6	195 30.5	22.1	252 44.8	30.7
D	09	244 23.5	351 29.1	. . 52.3	329 41.5	. . 00.6	210 32.9	. . 22.1	267 47.0	. . 30.6
N	10	259 26.0	6 28.4	52.8	344 42.0	00.5	225 35.3	22.2	282 49.2	30.5
E	11	274 28.4	21 27.6	53.2	359 42.4	00.5	240 37.6	22.2	297 51.5	30.4
S	12	289 30.9	36 26.8	S20 53.7	14 42.8	S24 00.4	255 40.0	N12 22.3	312 53.7	S11 30.4
D	13	304 33.4	51 26.0	54.1	29 43.2	00.4	270 42.4	22.3	327 55.9	30.3
A	14	319 35.8	66 25.3	54.6	44 43.6	00.4	285 44.8	22.3	342 58.2	30.2
Y	15	334 38.3	81 24.5	. . 55.0	59 44.0	. . 00.3	300 47.2	. . 22.4	358 00.4	. . 30.1
	16	349 40.8	96 23.7	55.5	74 44.4	00.3	315 49.6	22.4	13 02.6	30.0
	17	4 43.2	111 22.9	55.9	89 44.9	00.2	330 51.9	22.5	28 04.8	29.9
	18	19 45.7	126 22.2	S20 56.4	104 45.3	S24 00.2	345 54.3	N12 22.5	43 07.1	S11 29.8
	19	34 48.1	141 21.4	56.8	119 45.7	00.2	0 56.7	22.5	58 09.3	29.7
	20	49 50.6	156 20.6	57.3	134 46.1	00.1	15 59.1	22.6	73 11.5	29.6
	21	64 53.1	171 19.8	. . 57.7	149 46.5	. . 00.1	31 01.5	. . 22.6	88 13.8	. . 29.5
	22	79 55.5	186 19.0	58.1	164 46.9	00.0	46 03.8	22.7	103 16.0	29.4
	23	94 58.0	201 18.3	58.6	179 47.4	24 00.0	61 06.2	22.7	118 18.2	29.3
11	00	110 00.5	216 17.5	S20 59.0	194 47.8	S23 59.9	76 08.6	N12 22.8	133 20.5	S11 29.2
	01	125 02.9	231 16.7	59.5	209 48.2	59.9	91 11.0	22.8	148 22.7	29.2
	02	140 05.4	246 15.9	20 59.9	224 48.6	59.9	106 13.3	22.8	163 24.9	29.1
	03	155 07.9	261 15.1	21 00.3	239 49.0	. . 59.8	121 15.7	. . 22.9	178 27.2	. . 29.0
	04	170 10.3	276 14.4	00.8	254 49.4	59.8	136 18.1	22.9	193 29.4	28.9
	05	185 12.8	291 13.6	01.2	269 49.9	59.7	151 20.5	23.0	208 31.6	28.8
	06	200 15.3	306 12.8	S21 01.6	284 50.3	S23 59.7	166 22.8	N12 23.0	223 33.8	S11 28.7
	07	215 17.7	321 12.0	02.1	299 50.7	59.6	181 25.2	23.1	238 36.1	28.6
T	08	230 20.2	336 11.2	02.5	314 51.1	59.6	196 27.6	23.1	253 38.3	28.5
H	09	245 22.6	351 10.4	. . 02.9	329 51.5	. . 59.5	211 30.0	. . 23.2	268 40.5	. . 28.4
U	10	260 25.1	6 09.7	03.4	344 51.9	59.5	226 32.4	23.2	283 42.8	28.3
R	11	275 27.6	21 08.9	03.8	359 52.3	59.4	241 34.7	23.2	298 45.0	28.2
S	12	290 30.0	36 08.1	S21 04.2	14 52.8	S23 59.4	256 37.1	N12 23.3	313 47.2	S11 28.1
D	13	305 32.5	51 07.3	04.7	29 53.2	59.3	271 39.5	23.3	328 49.4	28.0
A	14	320 35.0	66 06.5	05.1	44 53.6	59.3	286 41.8	23.4	343 51.7	27.9
Y	15	335 37.4	81 05.7	. . 05.5	59 54.0	. . 59.2	301 44.2	. . 23.4	358 53.9	. . 27.9
	16	350 39.9	96 04.9	05.9	74 54.4	59.2	316 46.6	23.5	13 56.1	27.8
	17	5 42.4	111 04.2	06.4	89 54.8	59.1	331 49.0	23.5	28 58.4	27.7
	18	20 44.8	126 03.4	S21 06.8	104 55.2	S23 59.1	346 51.3	N12 23.6	44 00.6	S11 27.6
	19	35 47.3	141 02.6	07.2	119 55.7	59.0	1 53.7	23.6	59 02.8	27.5
	20	50 49.8	156 01.8	07.6	134 56.1	59.0	16 56.1	23.6	74 05.0	27.4
	21	65 52.2	171 01.0	. . 08.0	149 56.5	. . 58.9	31 58.4	. . 23.7	89 07.3	. . 27.3
	22	80 54.7	186 00.2	08.5	164 56.9	58.9	47 00.8	23.7	104 09.5	27.2
	23	95 57.1	200 59.4	08.9	179 57.3	58.8	62 03.2	23.8	119 11.7	27.1
12	00	110 59.6	215 58.6	S21 09.3	194 57.7	S23 58.8	77 05.6	N12 23.8	134 14.0	S11 27.0
	01	126 02.1	230 57.8	09.7	209 58.1	58.7	92 07.9	23.9	149 16.2	26.9
	02	141 04.5	245 57.1	10.1	224 58.6	58.7	107 10.3	23.9	164 18.4	26.8
	03	156 07.0	260 56.3	. . 10.5	239 59.0	. . 58.6	122 12.7	. . 24.0	179 20.6	. . 26.7
	04	171 09.5	275 55.5	10.9	254 59.4	58.5	137 15.0	24.0	194 22.9	26.6
	05	186 11.9	290 54.7	11.4	269 59.8	58.5	152 17.4	24.1	209 25.1	26.6
	06	201 14.4	305 53.9	S21 11.8	285 00.2	S23 58.4	167 19.8	N12 24.1	224 27.3	S11 26.5
	07	216 16.9	320 53.1	12.2	300 00.6	58.4	182 22.1	24.1	239 29.5	26.4
	08	231 19.3	335 52.3	12.6	315 01.0	58.3	197 24.5	24.2	254 31.8	26.3
F	09	246 21.8	350 51.5	. . 13.0	330 01.5	. . 58.3	212 26.9	. . 24.2	269 34.0	. . 26.2
R	10	261 24.3	5 50.7	13.4	345 01.9	58.2	227 29.2	24.3	284 36.2	26.1
I	11	276 26.7	20 49.9	13.8	0 02.3	58.1	242 31.6	24.3	299 38.5	26.0
D	12	291 29.2	35 49.1	S21 14.2	15 02.7	S23 58.1	257 34.0	N12 24.4	314 40.7	S11 25.9
A	13	306 31.6	50 48.3	14.6	30 03.1	58.0	272 36.3	24.4	329 42.9	25.8
Y	14	321 34.1	65 47.5	15.0	45 03.5	58.0	287 38.7	24.5	344 45.1	25.7
	15	336 36.6	80 46.7	. . 15.4	60 03.9	. . 57.9	302 41.1	. . 24.5	359 47.4	. . 25.6
	16	351 39.0	95 46.0	15.8	75 04.4	57.8	317 43.4	24.6	14 49.6	25.5
	17	6 41.5	110 45.2	16.2	90 04.8	57.8	332 45.8	24.6	29 51.8	25.4
	18	21 44.0	125 44.4	S21 16.6	105 05.2	S23 57.7	347 48.2	N12 24.7	44 54.0	S11 25.3
	19	36 46.4	140 43.6	17.0	120 05.6	57.6	2 50.5	24.7	59 56.3	25.2
	20	51 48.9	155 42.8	17.4	135 06.0	57.6	17 52.9	24.8	74 58.5	25.1
	21	66 51.4	170 42.0	. . 17.8	150 06.4	. . 57.5	32 55.3	. . 24.8	90 00.7	. . 25.0
	22	81 53.8	185 41.2	18.2	165 06.8	57.5	47 57.6	24.9	105 02.9	25.0
	23	96 56.3	200 40.4	18.6	180 07.2	57.4	63 00.0	24.9	120 05.2	24.9
Mer. Pass.	h m	16 37.2	v −0.8	d 0.4	v 0.4	d 0.0	v 2.4	d 0.0	v 2.2	d 0.1

STARS

Name	SHA ° ′	Dec ° ′
Acamar	315 12.2	S40 12.7
Achernar	335 20.7	S57 07.2
Acrux	173 00.8	S63 13.6
Adhara	255 06.1	S29 00.3
Aldebaran	290 40.3	N16 33.5
Alioth	166 13.6	N55 49.5
Alkaid	152 52.7	N49 11.3
Alnair	27 34.3	S46 50.9
Alnilam	275 38.3	S 1 11.2
Alphard	217 48.3	S 8 45.7
Alphecca	126 04.7	N26 37.8
Alpheratz	357 35.7	N29 13.5
Altair	62 01.1	N 8 55.8
Ankaa	353 08.0	S42 10.8
Antares	112 17.1	S26 29.0
Arcturus	145 48.8	N19 03.3
Atria	107 12.6	S69 04.0
Avior	234 14.4	S59 35.1
Bellatrix	278 23.5	N 6 22.3
Betelgeuse	270 52.6	N 7 24.7
Canopus	263 52.2	S52 42.5
Capella	280 22.7	N46 01.4
Deneb	49 26.8	N45 22.0
Denebola	182 25.7	N14 26.2
Diphda	348 48.2	S17 51.5
Dubhe	193 41.6	N61 37.0
Elnath	278 02.6	N28 37.7
Eltanin	90 43.1	N51 29.0
Enif	33 39.9	N 9 59.1
Fomalhaut	15 15.6	S29 29.9
Gacrux	171 52.5	S57 14.6
Gienah	175 44.3	S17 40.4
Hadar	148 37.3	S60 29.0
Hamal	327 52.0	N23 34.6
Kaus Aust.	83 34.0	S34 22.4
Kochab	137 20.3	N74 03.1
Markab	13 30.9	N15 20.1
Menkar	314 06.9	N 4 11.0
Menkent	147 58.7	S36 29.1
Miaplacidus	221 37.6	S69 48.7
Mirfak	308 29.1	N49 57.0
Nunki	75 49.2	S26 16.1
Peacock	53 07.6	S56 39.6
Pollux	243 17.9	N27 58.0
Procyon	244 51.4	N 5 09.8
Rasalhague	95 59.6	N12 32.4
Regulus	207 35.1	N11 50.9
Rigel	281 04.4	S 8 10.5
Rigil Kent.	139 41.7	S60 55.8
Sabik	102 04.0	S15 45.3
Schedar	349 32.1	N56 40.4
Shaula	96 11.9	S37 07.2
Sirius	258 26.6	S16 45.0
Spica	158 23.2	S11 17.2
Suhail	222 46.5	S43 31.6
Vega	80 34.2	N38 48.2
Zuben'ubi	136 57.1	S16 08.4

	SHA ° ′	Mer. Pass. h m
Venus	106 17.0	9 35
Mars	84 47.3	11 01
Jupiter	326 08.1	18 52
Saturn	23 20.0	15 04

© British Crown Copyright 2023. All rights reserved.

Day	UT d h	SUN GHA ° ′	SUN Dec ° ′	MOON GHA ° ′	v ′	MOON Dec ° ′	d ′	HP ′
10	00	178 13.3	S22 03.7	200 03.7	3.4	S28 05.6	1.3	59.1
	01	193 13.0	03.4	214 26.1	3.3	28 06.9	1.1	59.1
	02	208 12.8	03.0	228 48.4	3.3	28 08.0	0.9	59.1
	03	223 12.5	. . 02.6	243 10.7	3.2	28 08.9	0.7	59.2
	04	238 12.3	02.3	257 32.9	3.1	28 09.6	0.5	59.2
	05	253 12.0	01.9	271 55.0	3.1	28 10.1	0.3	59.2
	06	268 11.8	S22 01.5	286 17.1	3.0	S28 10.4	0.2	59.3
WEDNESDAY	07	283 11.5	01.2	300 39.1	3.0	28 10.6	0.1	59.3
	08	298 11.2	00.8	315 01.1	3.0	28 10.5	0.3	59.3
	09	313 11.0	. . 00.5	329 23.1	2.9	28 10.2	0.5	59.4
	10	328 10.7	22 00.1	343 45.0	2.9	28 09.7	0.7	59.4
	11	343 10.5	21 59.7	358 06.9	2.9	28 09.0	0.9	59.4
	12	358 10.2	S21 59.3	12 28.8	2.8	S28 08.1	1.1	59.4
	13	13 10.0	59.0	26 50.6	2.8	28 07.0	1.2	59.5
	14	28 09.7	58.6	41 12.4	2.8	28 05.8	1.5	59.5
	15	43 09.5	. . 58.2	55 34.2	2.8	28 04.3	1.7	59.5
	16	58 09.2	57.9	69 56.0	2.7	28 02.6	1.9	59.6
	17	73 08.9	57.5	84 17.7	2.7	28 00.7	2.1	59.6
	18	88 08.7	S21 57.1	98 39.4	2.8	S27 58.6	2.3	59.6
	19	103 08.4	56.7	113 01.2	2.7	27 56.3	2.5	59.6
	20	118 08.2	56.4	127 22.9	2.7	27 53.8	2.7	59.7
	21	133 07.9	. . 56.0	141 44.6	2.7	27 51.1	2.9	59.7
	22	148 07.7	55.6	156 06.3	2.7	27 48.2	3.1	59.7
	23	163 07.4	55.2	170 28.0	2.7	27 45.1	3.3	59.7
11	00	178 07.2	S21 54.9	184 49.7	2.8	S27 41.8	3.6	59.8
	01	193 06.9	54.5	199 11.5	2.7	27 38.2	3.7	59.8
	02	208 06.7	54.1	213 33.2	2.7	27 34.5	3.9	59.8
	03	223 06.4	. . 53.7	227 54.9	2.8	27 30.6	4.1	59.8
	04	238 06.2	53.3	242 16.7	2.8	27 26.5	4.3	59.9
	05	253 05.9	53.0	256 38.5	2.8	27 22.2	4.6	59.9
	06	268 05.7	S21 52.6	271 00.3	2.8	S27 17.6	4.7	59.9
	07	283 05.4	52.2	285 22.1	2.9	27 12.9	4.9	59.9
THURSDAY	08	298 05.2	51.8	299 44.0	2.9	27 08.0	5.1	60.0
	09	313 04.9	. . 51.4	314 05.9	2.9	27 02.9	5.3	60.0
	10	328 04.7	51.1	328 27.8	2.9	26 57.6	5.5	60.0
	11	343 04.4	50.7	342 49.7	3.0	26 52.1	5.7	60.0
	12	358 04.2	S21 50.3	357 11.7	3.1	S26 46.4	6.0	60.0
	13	13 03.9	49.9	11 33.8	3.1	26 40.4	6.1	60.1
	14	28 03.7	49.5	25 55.9	3.1	26 34.3	6.2	60.1
	15	43 03.4	. . 49.1	40 18.0	3.2	26 28.1	6.5	60.1
	16	58 03.2	48.7	54 40.2	3.2	26 21.6	6.7	60.1
	17	73 02.9	48.3	69 02.4	3.3	26 14.9	6.9	60.1
	18	88 02.7	S21 47.9	83 24.7	3.3	S26 08.0	7.0	60.2
	19	103 02.4	47.6	97 47.0	3.4	26 01.0	7.3	60.2
	20	118 02.2	47.2	112 09.4	3.5	25 53.7	7.4	60.2
	21	133 01.9	. . 46.8	126 31.9	3.5	25 46.3	7.7	60.2
	22	148 01.7	46.4	140 54.4	3.6	25 38.6	7.8	60.2
	23	163 01.4	46.0	155 17.0	3.7	25 30.8	8.0	60.2
12	00	178 01.2	S21 45.6	169 39.7	3.7	S25 22.8	8.1	60.3
	01	193 00.9	45.2	184 02.4	3.8	25 14.7	8.4	60.3
	02	208 00.7	44.8	198 25.2	3.8	25 06.3	8.5	60.3
	03	223 00.5	. . 44.4	212 48.0	4.0	24 57.8	8.7	60.3
	04	238 00.2	44.0	227 11.0	4.0	24 49.1	8.9	60.3
	05	253 00.0	43.6	241 34.0	4.1	24 40.2	9.1	60.3
	06	267 59.7	S21 43.2	255 57.1	4.2	S24 31.1	9.3	60.3
	07	282 59.5	42.8	270 20.3	4.2	24 21.8	9.4	60.4
	08	297 59.2	42.4	284 43.5	4.4	24 12.4	9.6	60.4
FRIDAY	09	312 59.0	. . 42.0	299 06.9	4.4	24 02.8	9.7	60.4
	10	327 58.7	41.6	313 30.3	4.5	23 53.1	9.9	60.4
	11	342 58.5	41.2	327 53.8	4.6	23 43.2	10.1	60.4
	12	357 58.3	S21 40.8	342 17.4	4.7	S23 33.1	10.3	60.4
	13	12 58.0	40.4	356 41.1	4.8	23 22.8	10.4	60.4
	14	27 57.8	40.0	11 04.9	4.8	23 12.4	10.6	60.4
	15	42 57.5	. . 39.6	25 28.7	5.0	23 01.8	10.7	60.4
	16	57 57.3	39.2	39 52.7	5.0	22 51.1	10.9	60.5
	17	72 57.0	38.8	54 16.7	5.2	22 40.2	11.0	60.5
	18	87 56.8	S21 38.3	68 40.9	5.2	S22 29.2	11.2	60.5
	19	102 56.6	37.9	83 05.1	5.4	22 18.0	11.4	60.5
	20	117 56.3	37.5	97 29.5	5.4	22 06.6	11.5	60.5
	21	132 56.1	. . 37.1	111 53.9	5.5	21 55.1	11.6	60.5
	22	147 55.8	36.7	126 18.4	5.7	21 43.5	11.8	60.5
	23	162 55.6	36.3	140 43.1	5.7	S21 31.7	12.0	60.5
		SD 16.3	*d* 0.4	SD		16.2	16.4	16.5

Lat. °	Twilight Naut. h m	Twilight Civil h m	Sunrise h m	Moonrise 10 h m	Moonrise 11 h m	Moonrise 12 h m	Moonrise 13 h m
N 72	08 10	10 09	■	■	■	■	■
N 70	07 54	09 30	■	■	■	■	12 45
68	07 41	09 03	10 55	■	■	■	12 00
66	07 30	08 42	10 06	■	■	12 30	11 30
64	07 20	08 25	09 35	■	■	11 29	11 07
62	07 12	08 12	09 12	■	11 03	10 54	10 48
60	07 05	08 00	08 54	09 40	10 17	10 29	10 33
N 58	06 58	07 49	08 39	09 01	09 46	10 09	10 20
56	06 52	07 40	08 26	08 34	09 23	09 52	10 09
54	06 47	07 32	08 14	08 12	09 04	09 37	09 59
52	06 42	07 25	08 05	07 54	08 48	09 25	09 50
50	06 37	07 18	07 56	07 39	08 34	09 14	09 42
45	06 27	07 04	07 37	07 08	08 06	08 50	09 25
N 40	06 18	06 51	07 21	06 45	07 43	08 32	09 10
35	06 09	06 41	07 08	06 25	07 25	08 16	08 58
30	06 01	06 31	06 57	06 08	07 09	08 02	08 48
20	05 46	06 14	06 37	05 40	06 42	07 39	08 30
N 10	05 32	05 58	06 20	05 15	06 18	07 18	08 14
0	05 16	05 42	06 04	04 53	05 57	06 59	07 59
S 10	04 58	05 25	05 48	04 30	05 35	06 40	07 44
20	04 37	05 06	05 30	04 06	05 11	06 20	07 28
30	04 10	04 43	05 10	03 38	04 44	05 56	07 09
35	03 53	04 29	04 58	03 21	04 28	05 42	06 58
40	03 31	04 12	04 44	03 02	04 09	05 25	06 45
45	03 04	03 51	04 27	02 38	03 46	05 06	06 30
S 50	02 24	03 24	04 07	02 08	03 17	04 41	06 12
52	02 02	03 11	03 57	01 53	03 03	04 29	06 03
54	01 31	02 55	03 46	01 36	02 46	04 16	05 54
56	00 25	02 36	03 33	01 15	02 26	04 00	05 43
58	////	02 12	03 18	00 49	02 02	03 41	05 30
S 60	////	01 39	03 01	00 13	01 28	03 18	05 15

Lat. °	Sunset h m	Twilight Civil h m	Twilight Naut. h m	Moonset 10 h m	Moonset 11 h m	Moonset 12 h m	Moonset 13 h m
N 72	■	14 07	16 06	■	■	■	■
N 70	■	14 46	16 22	■	■	■	16 03
68	13 21	15 13	16 35	■	■	■	16 47
66	14 10	15 34	16 46	■	■	14 13	17 15
64	14 41	15 51	16 56	■	■	15 13	17 37
62	15 04	16 04	17 04	■	13 28	15 47	17 54
60	15 22	16 16	17 11	12 37	14 14	16 12	18 08
N 58	15 37	16 26	17 18	13 16	14 44	16 31	18 20
56	15 50	16 36	17 23	13 43	15 07	16 47	18 31
54	16 01	16 44	17 29	14 04	15 26	17 01	18 40
52	16 11	16 51	17 34	14 22	15 41	17 13	18 48
50	16 20	16 58	17 38	14 37	15 55	17 24	18 55
45	16 39	17 12	17 49	15 08	16 22	17 46	19 11
N 40	16 54	17 24	17 58	15 32	16 44	18 03	19 23
35	17 07	17 35	18 06	15 51	17 02	18 18	19 34
30	17 19	17 45	18 14	16 08	17 18	18 31	19 43
20	17 38	18 02	18 29	16 36	17 44	18 52	19 59
N 10	17 55	18 18	18 44	17 01	18 06	19 11	20 13
0	18 11	18 34	19 00	17 23	18 27	19 28	20 25
S 10	18 28	18 50	19 17	17 46	18 47	19 45	20 38
20	18 45	19 09	19 38	18 10	19 09	20 03	20 51
30	19 05	19 32	20 05	18 37	19 35	20 24	21 06
35	19 17	19 47	20 22	18 54	19 50	20 36	21 15
40	19 31	20 03	20 43	19 13	20 07	20 50	21 25
45	19 48	20 24	21 11	19 36	20 27	21 06	21 37
S 50	20 08	20 50	21 50	20 06	20 53	21 26	21 50
52	20 18	21 04	22 12	20 20	21 05	21 36	21 57
54	20 29	21 19	22 42	20 37	21 19	21 46	22 04
56	20 41	21 38	23 39	20 57	21 36	21 58	22 12
58	20 56	22 01	////	21 22	21 55	22 12	22 21
S 60	21 13	22 34	////	21 56	22 19	22 27	22 31

Day	SUN Eqn. of Time 00^h	SUN Eqn. of Time 12^h	SUN Mer. Pass.	MOON Mer. Pass. Upper	MOON Mer. Pass. Lower	MOON Age	MOON Phase
d	m s	m s	h m	h m	h m	d	%
10	07 06	07 19	12 07	11 08	23 40	29	2
11	07 31	07 43	12 08	12 12	24 43	00	0 ●
12	07 55	08 07	12 08	13 14	00 43	01	2

© British Crown Copyright 2023. All rights reserved.

	UT	ARIES	VENUS −4·0		MARS +1·3		JUPITER −2·5		SATURN +0·9	
		GHA	GHA	Dec	GHA	Dec	GHA	Dec	GHA	Dec
	d h	° ′	° ′	° ′	° ′	° ′	° ′	° ′	° ′	° ′
SATURDAY	13 00	111 58.8	215 39.6	S21 19.0	195 07.7	S23 57.3	78 02.3	N12 25.0	135 07.4	S11 24.8
	01	127 01.2	230 38.8	19.4	210 08.1	57.3	93 04.7	25.0	150 09.6	24.7
	02	142 03.7	245 38.0	19.7	225 08.5	57.2	108 07.1	25.0	165 11.8	24.6
	03	157 06.1	260 37.2	. . 20.1	240 08.9	. . 57.1	123 09.4	. . 25.1	180 14.1	. . 24.5
	04	172 08.6	275 36.4	20.5	255 09.3	57.1	138 11.8	25.1	195 16.3	24.4
	05	187 11.1	290 35.6	20.9	270 09.7	57.0	153 14.1	25.2	210 18.5	24.3
	06	202 13.5	305 34.8	S21 21.3	285 10.1	S23 56.9	168 16.5	N12 25.2	225 20.7	S11 24.2
	07	217 16.0	320 34.0	21.7	300 10.6	56.9	183 18.9	25.3	240 23.0	24.1
	08	232 18.5	335 33.2	22.1	315 11.0	56.8	198 21.2	25.3	255 25.2	24.0
	09	247 20.9	350 32.4	. . 22.4	330 11.4	. . 56.7	213 23.6	. . 25.4	270 27.4	. . 23.9
	10	262 23.4	5 31.6	22.8	345 11.8	56.6	228 25.9	25.4	285 29.6	23.8
	11	277 25.9	20 30.8	23.2	0 12.2	56.6	243 28.3	25.5	300 31.9	23.7
	12	292 28.3	35 30.0	S21 23.6	15 12.6	S23 56.5	258 30.7	N12 25.5	315 34.1	S11 23.6
	13	307 30.8	50 29.2	24.0	30 13.0	56.4	273 33.0	25.6	330 36.3	23.5
	14	322 33.3	65 28.4	24.3	45 13.4	56.4	288 35.4	25.6	345 38.5	23.4
	15	337 35.7	80 27.6	. . 24.7	60 13.9	. . 56.3	303 37.7	. . 25.7	0 40.8	. . 23.4
	16	352 38.2	95 26.8	25.1	75 14.3	56.2	318 40.1	25.7	15 43.0	23.3
	17	7 40.6	110 26.0	25.5	90 14.7	56.1	333 42.4	25.8	30 45.2	23.2
	18	22 43.1	125 25.1	S21 25.8	105 15.1	S23 56.1	348 44.8	N12 25.8	45 47.4	S11 23.1
	19	37 45.6	140 24.3	26.2	120 15.5	56.0	3 47.1	25.9	60 49.7	23.0
	20	52 48.0	155 23.5	26.6	135 15.9	55.9	18 49.5	25.9	75 51.9	22.9
	21	67 50.5	170 22.7	. . 26.9	150 16.3	. . 55.9	33 51.9	. . 26.0	90 54.1	. . 22.8
	22	82 53.0	185 21.9	27.3	165 16.7	55.8	48 54.2	26.0	105 56.3	22.7
	23	97 55.4	200 21.1	27.7	180 17.2	55.7	63 56.6	26.1	120 58.6	22.6
SUNDAY	14 00	112 57.9	215 20.3	S21 28.0	195 17.6	S23 55.6	78 58.9	N12 26.1	136 00.8	S11 22.5
	01	128 00.4	230 19.5	28.4	210 18.0	55.5	94 01.3	26.2	151 03.0	22.4
	02	143 02.8	245 18.7	28.8	225 18.4	55.5	109 03.6	26.2	166 05.2	22.3
	03	158 05.3	260 17.9	. . 29.1	240 18.8	. . 55.4	124 06.0	. . 26.3	181 07.5	. . 22.2
	04	173 07.7	275 17.1	29.5	255 19.2	55.3	139 08.3	26.4	196 09.7	22.1
	05	188 10.2	290 16.3	29.9	270 19.6	55.2	154 10.7	26.4	211 11.9	22.0
	06	203 12.7	305 15.5	S21 30.2	285 20.0	S23 55.2	169 13.0	N12 26.5	226 14.1	S11 21.9
	07	218 15.1	320 14.7	30.6	300 20.5	55.1	184 15.4	26.5	241 16.3	21.8
	08	233 17.6	335 13.8	30.9	315 20.9	55.0	199 17.7	26.6	256 18.6	21.7
	09	248 20.1	350 13.0	. . 31.3	330 21.3	. . 54.9	214 20.1	. . 26.6	271 20.8	. . 21.6
	10	263 22.5	5 12.2	31.7	345 21.7	54.8	229 22.4	26.7	286 23.0	21.5
	11	278 25.0	20 11.4	32.0	0 22.1	54.8	244 24.8	26.7	301 25.2	21.5
	12	293 27.5	35 10.6	S21 32.4	15 22.5	S23 54.7	259 27.1	N12 26.8	316 27.5	S11 21.4
	13	308 29.9	50 09.8	32.7	30 22.9	54.6	274 29.5	26.8	331 29.7	21.3
	14	323 32.4	65 09.0	33.1	45 23.3	54.5	289 31.8	26.9	346 31.9	21.2
	15	338 34.9	80 08.2	. . 33.4	60 23.7	. . 54.4	304 34.2	. . 26.9	1 34.1	. . 21.1
	16	353 37.3	95 07.4	33.8	75 24.2	54.3	319 36.5	27.0	16 36.4	21.0
	17	8 39.8	110 06.5	34.1	90 24.6	54.3	334 38.9	27.0	31 38.6	20.9
	18	23 42.2	125 05.7	S21 34.5	105 25.0	S23 54.2	349 41.2	N12 27.1	46 40.8	S11 20.8
	19	38 44.7	140 04.9	34.8	120 25.4	54.1	4 43.6	27.1	61 43.0	20.7
	20	53 47.2	155 04.1	35.2	135 25.8	54.0	19 45.9	27.2	76 45.2	20.6
	21	68 49.6	170 03.3	. . 35.5	150 26.2	. . 53.9	34 48.3	. . 27.2	91 47.5	. . 20.5
	22	83 52.1	185 02.5	35.8	165 26.6	53.8	49 50.6	27.3	106 49.7	20.4
	23	98 54.6	200 01.7	36.2	180 27.0	53.8	64 53.0	27.4	121 51.9	20.3
MONDAY	15 00	113 57.0	215 00.9	S21 36.5	195 27.5	S23 53.7	79 55.3	N12 27.4	136 54.1	S11 20.2
	01	128 59.5	230 00.0	36.9	210 27.9	53.6	94 57.7	27.5	151 56.3	20.1
	02	144 02.0	244 59.2	37.2	225 28.3	53.5	110 00.0	27.5	166 58.6	20.0
	03	159 04.4	259 58.4	. . 37.5	240 28.7	. . 53.4	125 02.3	. . 27.6	182 00.8	. . 19.9
	04	174 06.9	274 57.6	37.9	255 29.1	53.3	140 04.7	27.6	197 03.0	19.8
	05	189 09.4	289 56.8	38.2	270 29.5	53.2	155 07.0	27.7	212 05.2	19.7
	06	204 11.8	304 56.0	S21 38.6	285 29.9	S23 53.1	170 09.4	N12 27.7	227 07.5	S11 19.6
	07	219 14.3	319 55.1	38.9	300 30.3	53.0	185 11.7	27.8	242 09.7	19.5
	08	234 16.7	334 54.3	39.2	315 30.7	53.0	200 14.1	27.8	257 11.9	19.4
	09	249 19.2	349 53.5	. . 39.5	330 31.2	. . 52.9	215 16.4	. . 27.9	272 14.1	. . 19.3
	10	264 21.7	4 52.7	39.9	345 31.6	52.8	230 18.7	27.9	287 16.3	19.2
	11	279 24.1	19 51.9	40.2	0 32.0	52.7	245 21.1	28.0	302 18.6	19.2
	12	294 26.6	34 51.1	S21 40.5	15 32.4	S23 52.6	260 23.4	N12 28.1	317 20.8	S11 19.1
	13	309 29.1	49 50.2	40.9	30 32.8	52.5	275 25.8	28.1	332 23.0	19.0
	14	324 31.5	64 49.4	41.2	45 33.2	52.4	290 28.1	28.2	347 25.2	18.9
	15	339 34.0	79 48.6	. . 41.5	60 33.6	. . 52.3	305 30.5	. . 28.2	2 27.4	. . 18.8
	16	354 36.5	94 47.8	41.8	75 34.0	52.2	320 32.8	28.3	17 29.7	18.7
	17	9 38.9	109 47.0	42.2	90 34.4	52.1	335 35.1	28.3	32 31.9	18.6
	18	24 41.4	124 46.1	S21 42.5	105 34.9	S23 52.0	350 37.5	N12 28.4	47 34.1	S11 18.5
	19	39 43.8	139 45.3	42.8	120 35.3	51.9	5 39.8	28.4	62 36.3	18.4
	20	54 46.3	154 44.5	43.1	135 35.7	51.8	20 42.1	28.5	77 38.5	18.3
	21	69 48.8	169 43.7	. . 43.4	150 36.1	. . 51.7	35 44.5	. . 28.6	92 40.8	. . 18.2
	22	84 51.2	184 42.9	43.8	165 36.5	51.6	50 46.8	28.6	107 43.0	18.1
	23	99 53.7	199 42.0	44.1	180 36.9	51.5	65 49.2	28.7	122 45.2	18.0
	Mer. Pass.	h m 16 25.4	v −0.8	d 0.4	v 0.4	d 0.1	v 2.3	d 0.1	v 2.2	d 0.1

STARS

Name	SHA	Dec
	° ′	° ′
Acamar	315 12.2	S40 12.7
Achernar	335 20.7	S57 07.2
Acrux	173 00.8	S63 13.6
Adhara	255 06.1	S29 00.3
Aldebaran	290 40.3	N16 33.5
Alioth	166 13.6	N55 49.5
Alkaid	152 52.7	N49 11.3
Alnair	27 34.3	S46 50.9
Alnilam	275 38.2	S 1 11.2
Alphard	217 48.3	S 8 45.8
Alphecca	126 04.6	N26 37.8
Alpheratz	357 35.7	N29 13.5
Altair	62 01.1	N 8 55.8
Ankaa	353 08.0	S42 10.8
Antares	112 17.1	S26 29.1
Arcturus	145 48.7	N19 03.3
Atria	107 12.5	S69 04.0
Avior	234 14.4	S59 35.1
Bellatrix	278 23.5	N 6 22.3
Betelgeuse	270 52.6	N 7 24.7
Canopus	263 52.2	S52 42.5
Capella	280 22.7	N46 01.4
Deneb	49 26.8	N45 21.9
Denebola	182 25.6	N14 26.2
Diphda	348 48.2	S17 51.5
Dubhe	193 41.6	N61 37.0
Elnath	278 02.6	N28 37.7
Eltanin	90 43.1	N51 28.9
Enif	33 39.9	N 9 59.0
Fomalhaut	15 15.6	S29 29.9
Gacrux	171 52.4	S57 14.6
Gienah	175 44.3	S17 40.4
Hadar	148 37.3	S60 29.0
Hamal	327 52.0	N23 34.6
Kaus Aust.	83 34.0	S34 22.4
Kochab	137 20.2	N74 03.0
Markab	13 30.9	N15 20.1
Menkar	314 06.9	N 4 11.0
Menkent	147 58.7	S36 29.1
Miaplacidus	221 37.6	S69 48.7
Mirfak	308 29.2	N49 57.0
Nunki	75 49.1	S26 16.1
Peacock	53 07.6	S56 39.6
Pollux	243 17.9	N27 58.0
Procyon	244 51.3	N 5 09.8
Rasalhague	95 59.6	N12 32.4
Regulus	207 35.0	N11 50.9
Rigel	281 04.4	S 8 10.5
Rigil Kent.	139 41.6	S60 55.8
Sabik	102 04.0	S15 45.3
Schedar	349 32.1	N56 40.4
Shaula	96 11.8	S37 07.2
Sirius	258 26.6	S16 45.0
Spica	158 23.2	S11 17.2
Suhail	222 46.5	S43 31.7
Vega	80 34.2	N38 48.2
Zuben'ubi	136 57.0	S16 08.5

	SHA	Mer. Pass.
	° ′	h m
Venus	102 22.4	9 39
Mars	82 19.7	10 59
Jupiter	326 01.0	18 41
Saturn	23 02.9	14 54

© British Crown Copyright 2023. All rights reserved.

	UT	SUN GHA	SUN Dec	MOON GHA	v	MOON Dec	d	HP
	d h	° ′	° ′	° ′	′	° ′	′	′
	13 00	177 55.4	S21 35.9	155 07.8	5.8	S21 19.7	12.0	60.5
	01	192 55.1	35.5	169 32.6	5.9	21 07.7	12.3	60.5
	02	207 54.9	35.1	183 57.5	6.1	20 55.4	12.3	60.5
	03	222 54.6	· · 34.6	198 22.6	6.1	20 43.1	12.5	60.5
	04	237 54.4	34.2	212 47.7	6.2	20 30.6	12.6	60.5
	05	252 54.2	33.8	227 12.9	6.3	20 18.0	12.8	60.5
	06	267 53.9	S21 33.4	241 38.2	6.5	S20 05.2	12.9	60.5
	07	282 53.7	33.0	256 03.7	6.5	19 52.3	13.0	60.5
S	08	297 53.4	32.6	270 29.2	6.6	19 39.3	13.1	60.5
A	09	312 53.2	· · 32.1	284 54.8	6.8	19 26.2	13.3	60.5
T	10	327 53.0	31.7	299 20.6	6.8	19 12.9	13.4	60.5
U	11	342 52.7	31.3	313 46.4	6.9	18 59.5	13.5	60.5
R	12	357 52.5	S21 30.9	328 12.3	7.1	S18 46.0	13.6	60.5
D	13	12 52.3	30.4	342 38.4	7.1	18 32.4	13.8	60.5
A	14	27 52.0	30.0	357 04.5	7.2	18 18.6	13.8	60.5
Y	15	42 51.8	· · 29.6	11 30.7	7.4	18 04.8	14.0	60.5
	16	57 51.5	29.2	25 57.1	7.4	17 50.8	14.0	60.5
	17	72 51.3	28.8	40 23.5	7.5	17 36.8	14.2	60.5
	18	87 51.1	S21 28.3	54 50.0	7.7	S17 22.6	14.3	60.5
	19	102 50.8	27.9	69 16.7	7.7	17 08.3	14.4	60.5
	20	117 50.6	27.5	83 43.4	7.8	16 53.9	14.5	60.5
	21	132 50.4	· · 27.0	98 10.2	8.0	16 39.4	14.5	60.5
	22	147 50.1	26.6	112 37.2	8.0	16 24.9	14.7	60.5
	23	162 49.9	26.2	127 04.2	8.1	16 10.2	14.8	60.5
	14 00	177 49.7	S21 25.8	141 31.3	8.2	S15 55.4	14.9	60.5
	01	192 49.4	25.3	155 58.5	8.4	15 40.5	14.9	60.5
	02	207 49.2	24.9	170 25.9	8.4	15 25.6	15.1	60.5
	03	222 49.0	· · 24.5	184 53.3	8.5	15 10.5	15.1	60.5
	04	237 48.7	24.0	199 20.8	8.6	14 55.4	15.2	60.5
	05	252 48.5	23.6	213 48.4	8.7	14 40.2	15.3	60.5
	06	267 48.3	S21 23.2	228 16.1	8.7	S14 24.9	15.4	60.4
	07	282 48.0	22.7	242 43.8	8.9	14 09.5	15.4	60.4
	08	297 47.8	22.3	257 11.7	9.0	13 54.1	15.5	60.4
S	09	312 47.6	· · 21.9	271 39.7	9.0	13 38.6	15.6	60.4
U	10	327 47.4	21.4	286 07.7	9.2	13 23.0	15.7	60.4
N	11	342 47.1	21.0	300 35.9	9.2	13 07.3	15.8	60.4
D	12	357 46.9	S21 20.5	315 04.1	9.3	S12 51.5	15.8	60.4
A	13	12 46.7	20.1	329 32.4	9.4	12 35.7	15.8	60.4
Y	14	27 46.4	19.7	344 00.8	9.5	12 19.9	16.0	60.4
	15	42 46.2	· · 19.2	358 29.3	9.5	12 03.9	16.0	60.4
	16	57 46.0	18.8	12 57.8	9.7	11 47.9	16.0	60.3
	17	72 45.7	18.3	27 26.5	9.7	11 31.9	16.2	60.3
	18	87 45.5	S21 17.9	41 55.2	9.8	S11 15.7	16.1	60.3
	19	102 45.3	17.4	56 24.0	9.9	10 59.6	16.3	60.3
	20	117 45.1	17.0	70 52.9	10.0	10 43.3	16.2	60.3
	21	132 44.8	· · 16.6	85 21.9	10.0	10 27.1	16.4	60.3
	22	147 44.6	16.1	99 50.9	10.1	10 10.7	16.3	60.3
	23	162 44.4	15.7	114 20.0	10.2	9 54.4	16.5	60.3
	15 00	177 44.2	S21 15.2	128 49.2	10.3	S 9 37.9	16.4	60.2
	01	192 43.9	14.8	143 18.5	10.3	9 21.5	16.5	60.2
	02	207 43.7	14.3	157 47.8	10.4	9 05.0	16.6	60.2
	03	222 43.5	· · 13.9	172 17.2	10.5	8 48.4	16.6	60.2
	04	237 43.3	13.4	186 46.7	10.5	8 31.8	16.6	60.2
	05	252 43.0	13.0	201 16.2	10.6	8 15.2	16.7	60.2
	06	267 42.8	S21 12.5	215 45.8	10.7	S 7 58.5	16.7	60.1
	07	282 42.6	12.1	230 15.5	10.8	7 41.8	16.7	60.1
	08	297 42.4	11.6	244 45.3	10.8	7 25.1	16.7	60.1
M	09	312 42.1	· · 11.2	259 15.1	10.8	7 08.4	16.8	60.1
O	10	327 41.9	10.7	273 44.9	10.9	6 51.6	16.8	60.1
N	11	342 41.7	10.3	288 14.8	11.0	6 34.8	16.8	60.1
D	12	357 41.5	S21 09.8	302 44.8	11.1	S 6 18.0	16.9	60.0
A	13	12 41.2	09.3	317 14.9	11.0	6 01.1	16.9	60.0
Y	14	27 41.0	08.9	331 44.9	11.2	5 44.2	16.9	60.0
	15	42 40.8	· · 08.4	346 15.1	11.2	5 27.3	16.9	60.0
	16	57 40.6	08.0	0 45.3	11.2	5 10.4	16.9	60.0
	17	72 40.4	07.5	15 15.5	11.3	4 53.5	16.9	59.9
	18	87 40.1	S21 07.1	29 45.8	11.4	S 4 36.6	17.0	59.9
	19	102 39.9	06.6	44 16.2	11.4	4 19.6	16.9	59.9
	20	117 39.7	06.1	58 46.6	11.4	4 02.7	17.0	59.9
	21	132 39.5	· · 05.7	73 17.0	11.5	3 45.7	17.0	59.9
	22	147 39.2	05.2	87 47.5	11.6	3 28.7	17.0	59.8
	23	162 39.0	04.7	102 18.1	11.5	S 3 11.7	16.9	59.8
		SD 16.3	*d* 0.4	SD		16.5	16.5	16.4

Lat.	Twilight Naut.	Twilight Civil	Sunrise	Moonrise 13	Moonrise 14	Moonrise 15	Moonrise 16
°	h m	h m	h m	h m	h m	h m	h m
N 72	08 04	09 58	▬	▬	12 01	11 12	10 34
N 70	07 49	09 22	▬	12 45	11 38	11 03	10 34
68	07 36	08 57	10 40	12 00	11 20	10 55	10 34
66	07 26	08 37	09 57	11 30	11 06	10 49	10 34
64	07 17	08 21	09 29	11 07	10 54	10 43	10 34
62	07 09	08 08	09 07	10 48	10 43	10 39	10 34
60	07 02	07 57	08 50	10 33	10 34	10 34	10 34
N 58	06 56	07 47	08 35	10 20	10 26	10 31	10 34
56	06 51	07 38	08 23	10 09	10 20	10 27	10 34
54	06 45	07 30	08 12	09 59	10 13	10 24	10 34
52	06 41	07 23	08 02	09 50	10 08	10 22	10 34
50	06 36	07 17	07 54	09 42	10 02	10 19	10 34
45	06 26	07 03	07 35	09 25	09 51	10 14	10 34
N 40	06 17	06 51	07 21	09 10	09 42	10 09	10 34
35	06 09	06 40	07 08	08 58	09 34	10 05	10 34
30	06 02	06 31	06 57	08 48	09 27	10 02	10 34
20	05 47	06 14	06 38	08 30	09 15	09 56	10 34
N 10	05 32	05 58	06 21	08 14	09 04	09 50	10 34
0	05 17	05 43	06 05	07 59	08 54	09 45	10 34
S 10	05 00	05 27	05 49	07 44	08 44	09 40	10 34
20	04 39	05 08	05 32	07 28	08 33	09 35	10 34
30	04 13	04 45	05 12	07 09	08 20	09 28	10 34
35	03 56	04 32	05 01	06 58	08 13	09 25	10 34
40	03 35	04 15	04 47	06 45	08 04	09 21	10 34
45	03 08	03 55	04 31	06 30	07 55	09 16	10 35
S 50	02 30	03 29	04 11	06 12	07 43	09 10	10 35
52	02 09	03 16	04 02	06 03	07 37	09 08	10 35
54	01 41	03 01	03 51	05 54	07 31	09 05	10 35
56	00 53	02 43	03 39	05 43	07 24	09 01	10 35
58	////	02 20	03 25	05 30	07 16	08 58	10 35
S 60	////	01 50	03 08	05 15	07 08	08 54	10 35

Lat.	Sunset	Twilight Civil	Twilight Naut.	Moonset 13	Moonset 14	Moonset 15	Moonset 16
°	h m	h m	h m	h m	h m	h m	h m
N 72	▬	14 21	16 15	▬	18 43	21 20	23 43
N 70	▬	14 57	16 30	16 03	19 03	21 26	23 38
68	13 38	15 22	16 42	16 47	19 19	21 30	23 34
66	14 21	15 41	16 53	17 15	19 32	21 34	23 30
64	14 49	15 57	17 01	17 37	19 42	21 37	23 27
62	15 11	16 10	17 09	17 54	19 51	21 40	23 24
60	15 28	16 22	17 16	18 08	19 58	21 42	23 22
N 58	15 43	16 31	17 22	18 20	20 05	21 44	23 20
56	15 55	16 40	17 28	18 31	20 11	21 46	23 18
54	16 06	16 48	17 33	18 40	20 16	21 48	23 17
52	16 16	16 55	17 38	18 48	20 20	21 49	23 15
50	16 24	17 01	17 42	18 55	20 25	21 51	23 14
45	16 43	17 15	17 52	19 11	20 34	21 54	23 11
N 40	16 57	17 27	18 01	19 23	20 41	21 56	23 09
35	17 10	17 38	18 09	19 34	20 47	21 58	23 07
30	17 21	17 47	18 16	19 43	20 53	22 00	23 05
20	17 40	18 04	18 31	19 59	21 03	22 03	23 02
N 10	17 57	18 19	18 45	20 13	21 11	22 06	22 59
0	18 13	18 35	19 01	20 25	21 19	22 08	22 57
S 10	18 28	18 51	19 18	20 38	21 26	22 11	22 54
20	18 45	19 10	19 38	20 51	21 34	22 14	22 51
30	19 05	19 32	20 04	21 06	21 43	22 17	22 48
35	19 17	19 46	20 21	21 15	21 48	22 18	22 46
40	19 30	20 02	20 42	21 25	21 54	22 20	22 44
45	19 46	20 22	21 08	21 37	22 01	22 22	22 42
S 50	20 06	20 48	21 46	21 50	22 09	22 25	22 39
52	20 15	21 01	22 07	21 57	22 13	22 26	22 38
54	20 26	21 15	22 34	22 04	22 17	22 27	22 37
56	20 38	21 33	23 18	22 12	22 21	22 29	22 35
58	20 52	21 55	////	22 21	22 26	22 30	22 33
S 60	21 09	22 25	////	22 31	22 32	22 32	22 31

Day	SUN Eqn. of Time 00^h	SUN Eqn. of Time 12^h	SUN Mer. Pass.	MOON Mer. Pass. Upper	MOON Mer. Pass. Lower	Age	Phase
d	m s	m s	h m	h m	h m	d	%
13	08 18	08 30	12 08	14 12	01 44	02	6
14	08 41	08 52	12 09	15 06	02 40	03	13
15	09 03	09 14	12 09	15 57	03 32	04	21

© British Crown Copyright 2023. All rights reserved.

Day	UT (d h)	ARIES GHA	VENUS −4·0 GHA	VENUS Dec	MARS +1·3 GHA	MARS Dec	JUPITER −2·5 GHA	JUPITER Dec	SATURN +0·9 GHA	SATURN Dec
		° ′	° ′	° ′	° ′	° ′	° ′	° ′	° ′	° ′
TUESDAY	16 00	114 56.2	214 41.2	S21 44.4	195 37.3	S23 51.5	80 51.5	N12 28.7	137 47.4	S11 17.9
	01	129 58.6	229 40.4	44.7	210 37.7	51.4	95 53.8	28.8	152 49.6	17.8
	02	145 01.1	244 39.6	45.0	225 38.1	51.3	110 56.2	28.8	167 51.9	17.7
	03	160 03.6	259 38.7	. . 45.3	240 38.6	. . 51.2	125 58.5	. . 28.9	182 54.1	. . 17.6
	04	175 06.0	274 37.9	45.6	255 39.0	51.1	141 00.8	29.0	197 56.3	17.5
	05	190 08.5	289 37.1	46.0	270 39.4	51.0	156 03.2	29.0	212 58.5	17.4
	06	205 11.0	304 36.3	S21 46.3	285 39.8	S23 50.9	171 05.5	N12 29.1	228 00.7	S11 17.3
	07	220 13.4	319 35.4	46.6	300 40.2	50.8	186 07.9	29.1	243 02.9	17.2
	08	235 15.9	334 34.6	46.9	315 40.6	50.7	201 10.2	29.2	258 05.2	17.1
	09	250 18.3	349 33.8	. . 47.2	330 41.0	. . 50.6	216 12.5	. . 29.2	273 07.4	. . 17.0
	10	265 20.8	4 33.0	47.5	345 41.4	50.4	231 14.9	29.3	288 09.6	16.9
	11	280 23.3	19 32.2	47.8	0 41.8	50.3	246 17.2	29.4	303 11.8	16.8
	12	295 25.7	34 31.3	S21 48.1	15 42.3	S23 50.2	261 19.5	N12 29.4	318 14.0	S11 16.7
	13	310 28.2	49 30.5	48.4	30 42.7	50.1	276 21.9	29.5	333 16.3	16.6
	14	325 30.7	64 29.7	48.7	45 43.1	50.0	291 24.2	29.5	348 18.5	16.5
	15	340 33.1	79 28.8	. . 49.0	60 43.5	. . 49.9	306 26.5	. . 29.6	3 20.7	. . 16.4
	16	355 35.6	94 28.0	49.3	75 43.9	49.8	321 28.9	29.6	18 22.9	16.4
	17	10 38.1	109 27.2	49.6	90 44.3	49.7	336 31.2	29.7	33 25.1	16.3
	18	25 40.5	124 26.4	S21 49.9	105 44.7	S23 49.6	351 33.5	N12 29.8	48 27.4	S11 16.2
	19	40 43.0	139 25.5	50.2	120 45.1	49.5	6 35.9	29.8	63 29.6	16.1
	20	55 45.5	154 24.7	50.5	135 45.5	49.4	21 38.2	29.9	78 31.8	16.0
	21	70 47.9	169 23.9	. . 50.8	150 46.0	. . 49.3	36 40.5	. . 29.9	93 34.0	. . 15.9
	22	85 50.4	184 23.1	51.1	165 46.4	49.2	51 42.8	30.0	108 36.2	15.8
	23	100 52.8	199 22.2	51.4	180 46.8	49.1	66 45.2	30.1	123 38.4	15.7
WEDNESDAY	17 00	115 55.3	214 21.4	S21 51.6	195 47.2	S23 49.0	81 47.5	N12 30.1	138 40.7	S11 15.6
	01	130 57.8	229 20.6	51.9	210 47.6	48.9	96 49.8	30.2	153 42.9	15.5
	02	146 00.2	244 19.7	52.2	225 48.0	48.8	111 52.2	30.2	168 45.1	15.4
	03	161 02.7	259 18.9	. . 52.5	240 48.4	. . 48.6	126 54.5	. . 30.3	183 47.3	. . 15.3
	04	176 05.2	274 18.1	52.8	255 48.8	48.5	141 56.8	30.3	198 49.5	15.2
	05	191 07.6	289 17.2	53.1	270 49.2	48.4	156 59.1	30.4	213 51.7	15.1
	06	206 10.1	304 16.4	S21 53.4	285 49.7	S23 48.3	172 01.5	N12 30.5	228 54.0	S11 15.0
	07	221 12.6	319 15.6	53.6	300 50.1	48.2	187 03.8	30.5	243 56.2	14.9
	08	236 15.0	334 14.8	53.9	315 50.5	48.1	202 06.1	30.6	258 58.4	14.8
	09	251 17.5	349 13.9	. . 54.2	330 50.9	. . 48.0	217 08.5	. . 30.6	274 00.6	. . 14.7
	10	266 19.9	4 13.1	54.5	345 51.3	47.9	232 10.8	30.7	289 02.8	14.6
	11	281 22.4	19 12.3	54.8	0 51.7	47.8	247 13.1	30.8	304 05.0	14.5
	12	296 24.9	34 11.4	S21 55.0	15 52.1	S23 47.6	262 15.4	N12 30.8	319 07.3	S11 14.4
	13	311 27.3	49 10.6	55.3	30 52.5	47.5	277 17.8	30.9	334 09.5	14.3
	14	326 29.8	64 09.8	55.6	45 52.9	47.4	292 20.1	30.9	349 11.7	14.2
	15	341 32.3	79 08.9	. . 55.9	60 53.3	. . 47.3	307 22.4	. . 31.0	4 13.9	. . 14.1
	16	356 34.7	94 08.1	56.1	75 53.8	47.2	322 24.7	31.1	19 16.1	14.0
	17	11 37.2	109 07.3	56.4	90 54.2	47.1	337 27.1	31.1	34 18.3	13.9
	18	26 39.7	124 06.4	S21 56.7	105 54.6	S23 46.9	352 29.4	N12 31.2	49 20.6	S11 13.8
	19	41 42.1	139 05.6	56.9	120 55.0	46.8	7 31.7	31.2	64 22.8	13.7
	20	56 44.6	154 04.8	57.2	135 55.4	46.7	22 34.0	31.3	79 25.0	13.6
	21	71 47.1	169 03.9	. . 57.5	150 55.8	. . 46.6	37 36.4	. . 31.4	94 27.2	. . 13.5
	22	86 49.5	184 03.1	57.7	165 56.2	46.5	52 38.7	31.4	109 29.4	13.4
	23	101 52.0	199 02.3	58.0	180 56.6	46.4	67 41.0	31.5	124 31.6	13.3
THURSDAY	18 00	116 54.4	214 01.4	S21 58.3	195 57.0	S23 46.2	82 43.3	N12 31.6	139 33.9	S11 13.2
	01	131 56.9	229 00.6	58.5	210 57.5	46.1	97 45.6	31.6	154 36.1	13.1
	02	146 59.4	243 59.7	58.8	225 57.9	46.0	112 48.0	31.7	169 38.3	13.0
	03	162 01.8	258 58.9	. . 59.0	240 58.3	. . 45.9	127 50.3	. . 31.7	184 40.5	. . 12.9
	04	177 04.3	273 58.1	59.3	255 58.7	45.8	142 52.6	31.8	199 42.7	12.8
	05	192 06.8	288 57.2	59.6	270 59.1	45.6	157 54.9	31.9	214 44.9	12.7
	06	207 09.2	303 56.4	S21 59.8	285 59.5	S23 45.5	172 57.2	N12 31.9	229 47.1	S11 12.6
	07	222 11.7	318 55.6	22 00.1	300 59.9	45.4	187 59.6	32.0	244 49.4	12.5
	08	237 14.2	333 54.7	00.3	316 00.3	45.3	203 01.9	32.1	259 51.6	12.4
	09	252 16.6	348 53.9	. . 00.6	331 00.7	. . 45.1	218 04.2	. . 32.1	274 53.8	. . 12.3
	10	267 19.1	3 53.1	00.8	346 01.1	45.0	233 06.5	32.2	289 56.0	12.2
	11	282 21.5	18 52.2	01.1	1 01.6	44.9	248 08.8	32.2	304 58.2	12.1
	12	297 24.0	33 51.4	S22 01.3	16 02.0	S23 44.8	263 11.2	N12 32.3	320 00.4	S11 12.0
	13	312 26.5	48 50.5	01.6	31 02.4	44.7	278 13.5	32.4	335 02.7	12.0
	14	327 28.9	63 49.7	01.8	46 02.8	44.5	293 15.8	32.4	350 04.9	11.9
	15	342 31.4	78 48.9	. . 02.1	61 03.2	. . 44.4	308 18.1	. . 32.5	5 07.1	. . 11.8
	16	357 33.9	93 48.0	02.3	76 03.6	44.3	323 20.4	32.6	20 09.3	11.7
	17	12 36.3	108 47.2	02.6	91 04.0	44.1	338 22.7	32.6	35 11.5	11.6
	18	27 38.8	123 46.3	S22 02.8	106 04.4	S23 44.0	353 25.1	N12 32.7	50 13.7	S11 11.5
	19	42 41.3	138 45.5	03.1	121 04.8	43.9	8 27.4	32.7	65 15.9	11.4
	20	57 43.7	153 44.7	03.3	136 05.2	43.8	23 29.7	32.8	80 18.2	11.3
	21	72 46.2	168 43.8	. . 03.5	151 05.7	. . 43.6	38 32.0	. . 32.9	95 20.4	. . 11.2
	22	87 48.7	183 43.0	03.8	166 06.1	43.5	53 34.3	32.9	110 22.6	11.1
	23	102 51.1	198 42.1	04.0	181 06.5	43.4	68 36.6	33.0	125 24.8	11.0
	Mer. Pass.	h m 16 13.6	*v* −0.8	*d* 0.3	*v* 0.4	*d* 0.1	*v* 2.3	*d* 0.1	*v* 2.2	*d* 0.1

STARS

Name	SHA	Dec
	° ′	° ′
Acamar	315 12.2	S40 12.7
Achernar	335 20.8	S57 07.2
Acrux	173 00.8	S63 13.7
Adhara	255 06.1	S29 00.3
Aldebaran	290 40.3	N16 33.5
Alioth	166 13.5	N55 49.5
Alkaid	152 52.6	N49 11.3
Alnair	27 34.3	S46 50.9
Alnilam	275 38.3	S 1 11.2
Alphard	217 48.2	S 8 45.8
Alphecca	126 04.6	N26 37.8
Alpheratz	357 35.8	N29 13.5
Altair	62 01.1	N 8 55.8
Ankaa	353 08.1	S42 10.8
Antares	112 17.1	S26 29.1
Arcturus	145 48.7	N19 03.3
Atria	107 12.5	S69 04.0
Avior	234 14.4	S59 35.1
Bellatrix	278 23.5	N 6 22.3
Betelgeuse	270 52.7	N 7 24.7
Canopus	263 52.2	S52 42.6
Capella	280 22.7	N46 01.4
Deneb	49 26.8	N45 21.9
Denebola	182 25.6	N14 26.2
Diphda	348 48.2	S17 51.5
Dubhe	193 41.5	N61 37.1
Elnath	278 02.6	N28 37.7
Eltanin	90 43.0	N51 28.9
Enif	33 39.9	N 9 59.0
Fomalhaut	15 15.6	S29 29.9
Gacrux	171 52.4	S57 14.6
Gienah	175 44.3	S17 40.5
Hadar	148 37.3	S60 29.0
Hamal	327 52.1	N23 34.6
Kaus Aust.	83 34.0	S34 22.4
Kochab	137 20.1	N74 03.0
Markab	13 30.9	N15 20.1
Menkar	314 06.9	N 4 11.0
Menkent	147 58.6	S36 29.1
Miaplacidus	221 37.6	S69 48.8
Mirfak	308 29.2	N49 57.0
Nunki	75 49.1	S26 16.1
Peacock	53 07.6	S56 39.6
Pollux	243 17.9	N27 58.0
Procyon	244 51.3	N 5 09.8
Rasalhague	95 59.6	N12 32.4
Regulus	207 35.0	N11 50.9
Rigel	281 04.4	S 8 10.5
Rigil Kent.	139 41.6	S60 55.8
Sabik	102 04.0	S15 45.3
Schedar	349 32.1	N56 40.4
Shaula	96 11.8	S37 07.2
Sirius	258 26.6	S16 45.0
Spica	158 23.1	S11 17.2
Suhail	222 46.5	S43 31.7
Vega	80 34.2	N38 48.2
Zuben'ubi	136 57.0	S16 08.5

	SHA	Mer. Pass.
	° ′	h m
Venus	98 26.1	9 43
Mars	79 51.9	10 57
Jupiter	325 52.2	18 30
Saturn	22 45.4	14 43

© British Crown Copyright 2023. All rights reserved.

UT d h	SUN GHA ° ′	SUN Dec ° ′	MOON GHA ° ′	v ′	MOON Dec ° ′	d ′	HP ′
16 00 (TUESDAY)	177 38.8	S21 04.3	116 48.6	11.6	S 2 54.8	17.0	59.8
01	192 38.6	03.8	131 19.2	11.7	2 37.8	17.0	59.8
02	207 38.4	03.3	145 49.9	11.7	2 20.8	17.0	59.8
03	222 38.2	. . 02.9	160 20.6	11.7	2 03.8	17.0	59.7
04	237 37.9	02.4	174 51.3	11.8	1 46.8	17.0	59.7
05	252 37.7	01.9	189 22.1	11.8	1 29.8	16.9	59.7
06	267 37.5	S21 01.5	203 52.9	11.8	S 1 12.9	17.0	59.7
07	282 37.3	01.0	218 23.7	11.9	0 55.9	17.0	59.7
08	297 37.1	00.5	232 54.6	11.9	0 38.9	16.9	59.6
09	312 36.8	21 00.1	247 25.5	11.9	0 22.0	16.9	59.6
10	327 36.6	20 59.6	261 56.4	11.9	S 0 05.1	17.0	59.6
11	342 36.4	59.1	276 27.3	12.0	N 0 11.9	16.9	59.6
12	357 36.2	S20 58.7	290 58.3	12.0	N 0 28.8	16.9	59.5
13	12 36.0	58.2	305 29.3	12.0	0 45.7	16.8	59.5
14	27 35.8	57.7	320 00.3	12.0	1 02.5	16.9	59.5
15	42 35.6	. . 57.2	334 31.3	12.1	1 19.4	16.8	59.5
16	57 35.3	56.8	349 02.4	12.1	1 36.2	16.8	59.4
17	72 35.1	56.3	3 33.5	12.1	1 53.0	16.8	59.4
18	87 34.9	S20 55.8	18 04.6	12.1	N 2 09.8	16.8	59.4
19	102 34.7	55.3	32 35.7	12.1	2 26.6	16.7	59.4
20	117 34.5	54.8	47 06.8	12.1	2 43.3	16.7	59.3
21	132 34.3	. . 54.4	61 37.9	12.2	3 00.0	16.7	59.3
22	147 34.1	53.9	76 09.1	12.1	3 16.7	16.6	59.3
23	162 33.8	53.4	90 40.2	12.2	3 33.3	16.6	59.3
17 00 (WEDNESDAY)	177 33.6	S20 52.9	105 11.4	12.2	N 3 49.9	16.6	59.3
01	192 33.4	52.4	119 42.6	12.1	4 06.5	16.6	59.2
02	207 33.2	52.0	134 13.7	12.2	4 23.1	16.5	59.2
03	222 33.0	. . 51.5	148 44.9	12.2	4 39.6	16.5	59.2
04	237 32.8	51.0	163 16.1	12.2	4 56.1	16.4	59.1
05	252 32.6	50.5	177 47.3	12.2	5 12.5	16.4	59.1
06	267 32.4	S20 50.0	192 18.5	12.2	N 5 28.9	16.3	59.1
07	282 32.2	49.5	206 49.7	12.2	5 45.2	16.3	59.1
08	297 32.0	49.1	221 20.9	12.1	6 01.5	16.3	59.0
09	312 31.7	. . 48.6	235 52.0	12.2	6 17.8	16.2	59.0
10	327 31.5	48.1	250 23.2	12.2	6 34.0	16.2	59.0
11	342 31.3	47.6	264 54.4	12.2	6 50.2	16.1	59.0
12	357 31.1	S20 47.1	279 25.6	12.1	N 7 06.3	16.1	58.9
13	12 30.9	46.6	293 56.7	12.2	7 22.4	16.0	58.9
14	27 30.7	46.1	308 27.9	12.1	7 38.4	16.0	58.9
15	42 30.5	. . 45.6	322 59.0	12.1	7 54.4	15.9	58.9
16	57 30.3	45.1	337 30.1	12.2	8 10.3	15.9	58.8
17	72 30.1	44.6	352 01.3	12.1	8 26.2	15.8	58.8
18	87 29.9	S20 44.2	6 32.4	12.0	N 8 42.0	15.7	58.8
19	102 29.7	43.7	21 03.4	12.1	8 57.7	15.7	58.8
20	117 29.5	43.2	35 34.5	12.1	9 13.4	15.6	58.7
21	132 29.3	. . 42.7	50 05.6	12.0	9 29.0	15.6	58.7
22	147 29.0	42.2	64 36.6	12.0	9 44.6	15.5	58.7
23	162 28.8	41.7	79 07.6	12.0	10 00.1	15.5	58.7
18 00 (THURSDAY)	177 28.6	S20 41.2	93 38.6	11.9	N10 15.6	15.3	58.6
01	192 28.4	40.7	108 09.5	12.0	10 30.9	15.4	58.6
02	207 28.2	40.2	122 40.5	11.9	10 46.3	15.2	58.6
03	222 28.0	. . 39.7	137 11.4	11.9	11 01.5	15.2	58.5
04	237 27.8	39.2	151 42.3	11.9	11 16.7	15.1	58.5
05	252 27.6	38.7	166 13.2	11.8	11 31.8	15.0	58.5
06	267 27.4	S20 38.2	180 44.0	11.8	N11 46.8	15.0	58.5
07	282 27.2	37.7	195 14.8	11.8	12 01.8	14.9	58.4
08	297 27.0	37.2	209 45.6	11.7	12 16.7	14.8	58.4
09	312 26.8	. . 36.7	224 16.3	11.8	12 31.5	14.8	58.4
10	327 26.6	36.2	238 47.1	11.6	12 46.3	14.6	58.4
11	342 26.4	35.7	253 17.7	11.7	13 00.9	14.6	58.3
12	357 26.2	S20 35.2	267 48.4	11.6	N13 15.5	14.5	58.3
13	12 26.0	34.7	282 19.0	11.6	13 30.0	14.5	58.3
14	27 25.8	34.1	296 49.6	11.5	13 44.5	14.3	58.3
15	42 25.6	. . 33.6	311 20.1	11.5	13 58.8	14.3	58.2
16	57 25.4	33.1	325 50.6	11.5	14 13.1	14.2	58.2
17	72 25.2	32.6	340 21.1	11.4	14 27.3	14.1	58.2
18	87 25.0	S20 32.1	354 51.5	11.4	N14 41.4	14.0	58.1
19	102 24.8	31.6	9 21.9	11.4	14 55.4	13.9	58.1
20	117 24.6	31.1	23 52.3	11.3	15 09.3	13.9	58.1
21	132 24.4	. . 30.6	38 22.6	11.2	15 23.2	13.7	58.1
22	147 24.2	30.1	52 52.8	11.2	15 36.9	13.7	58.0
23	162 24.0	29.6	67 23.0	11.2	N15 50.6	13.5	58.0
	SD 16.3	*d* 0.5	SD 16.2		16.1		15.9

Lat. °	Twilight Naut. h m	Twilight Civil h m	Sunrise h m	Moonrise 16 h m	Moonrise 17 h m	Moonrise 18 h m	Moonrise 19 h m
N 72	07 57	09 45	▬	10 34	09 58	09 12	07 37
N 70	07 43	09 13	11 53	10 34	10 06	09 34	08 41
68	07 31	08 50	10 26	10 34	10 14	09 50	09 18
66	07 21	08 31	09 48	10 34	10 20	10 04	09 44
64	07 13	08 16	09 22	10 34	10 25	10 15	10 04
62	07 06	08 04	09 02	10 34	10 30	10 25	10 21
60	06 59	07 53	08 45	10 34	10 34	10 34	10 35
N 58	06 53	07 44	08 31	10 34	10 37	10 41	10 47
56	06 48	07 35	08 19	10 34	10 40	10 48	10 57
54	06 43	07 28	08 09	10 34	10 43	10 54	11 06
52	06 39	07 21	08 00	10 34	10 46	10 59	11 15
50	06 34	07 15	07 51	10 34	10 48	11 04	11 22
45	06 25	07 01	07 34	10 34	10 54	11 14	11 38
N 40	06 16	06 50	07 19	10 34	10 58	11 23	11 51
35	06 09	06 40	07 07	10 34	11 02	11 31	12 03
30	06 01	06 31	06 56	10 34	11 05	11 38	12 13
20	05 47	06 14	06 38	10 34	11 11	11 49	12 30
N 10	05 33	05 59	06 22	10 34	11 17	12 00	12 45
0	05 18	05 44	06 06	10 34	11 22	12 10	12 59
S 10	05 02	05 28	05 51	10 34	11 27	12 20	13 13
20	04 42	05 10	05 34	10 34	11 32	12 30	13 29
30	04 16	04 48	05 15	10 34	11 39	12 43	13 47
35	04 00	04 35	05 03	10 34	11 42	12 50	13 57
40	03 39	04 19	04 50	10 34	11 46	12 58	14 09
45	03 13	03 59	04 35	10 35	11 51	13 08	14 24
S 50	02 37	03 34	04 16	10 35	11 57	13 19	14 41
52	02 17	03 22	04 06	10 35	12 00	13 25	14 49
54	01 51	03 07	03 56	10 35	12 03	13 31	14 59
56	01 12	02 50	03 44	10 35	12 06	13 37	15 09
58	////	02 29	03 31	10 35	12 10	13 45	15 21
S 60	////	02 01	03 15	10 35	12 14	13 54	15 35

Lat. °	Sunset h m	Twilight Civil h m	Twilight Naut. h m	Moonset 16 h m	Moonset 17 h m	Moonset 18 h m	Moonset 19 h m
N 72	▬	14 35	16 24	23 43	26 11	02 11	05 31
N 70	12 27	15 08	16 38	23 38	25 53	01 53	04 28
68	13 55	15 31	16 49	23 34	25 38	01 38	03 54
66	14 32	15 49	16 59	23 30	25 26	01 26	03 29
64	14 58	16 04	17 07	23 27	25 17	01 17	03 10
62	15 19	16 17	17 15	23 24	25 08	01 08	02 54
60	15 35	16 27	17 21	23 22	25 01	01 01	02 41
N 58	15 49	16 37	17 27	23 20	24 55	00 55	02 30
56	16 01	16 45	17 32	23 18	24 50	00 50	02 21
54	16 11	16 53	17 37	23 17	24 45	00 45	02 12
52	16 21	16 59	17 42	23 15	24 40	00 40	02 05
50	16 29	17 06	17 46	23 14	24 36	00 36	01 58
45	16 46	17 19	17 55	23 11	24 28	00 28	01 44
N 40	17 01	17 30	18 04	23 09	24 21	00 21	01 32
35	17 13	17 40	18 11	23 07	24 14	00 14	01 22
30	17 24	17 49	18 19	23 05	24 09	00 09	01 13
20	17 42	18 06	18 33	23 02	24 00	00 00	00 58
N 10	17 58	18 21	18 47	22 59	23 52	24 45	00 45
0	18 14	18 36	19 01	22 57	23 44	24 33	00 33
S 10	18 29	18 52	19 18	22 54	23 37	24 21	00 21
20	18 46	19 10	19 38	22 51	23 29	24 08	00 08
30	19 05	19 31	20 03	22 48	23 20	23 53	24 30
35	19 16	19 45	20 20	22 46	23 15	23 45	24 19
40	19 29	20 00	20 40	22 44	23 09	23 35	24 05
45	19 44	20 20	21 05	22 42	23 02	23 24	23 50
S 50	20 03	20 45	21 41	22 39	22 54	23 11	23 31
52	20 13	20 57	22 01	22 38	22 50	23 04	23 22
54	20 23	21 11	22 26	22 37	22 46	22 57	23 12
56	20 34	21 28	23 03	22 35	22 42	22 50	23 01
58	20 48	21 49	////	22 33	22 37	22 41	22 48
S 60	21 03	22 16	////	22 31	22 31	22 31	22 33

Day d	SUN Eqn. of Time 00h m s	SUN Eqn. of Time 12h m s	SUN Mer. Pass. h m	MOON Mer. Pass. Upper h m	MOON Mer. Pass. Lower h m	MOON Age d	MOON Phase %
16	09 24	09 35	12 10	16 45	04 21	05	32
17	09 45	09 55	12 10	17 33	05 09	06	43
18	10 05	10 15	12 10	18 21	05 57	07	54

© British Crown Copyright 2023. All rights reserved.

	UT	ARIES	VENUS −4·0		MARS +1·3		JUPITER −2·4		SATURN +0·9	
	d h	GHA ° ′	GHA ° ′	Dec ° ′	GHA ° ′	Dec ° ′	GHA ° ′	Dec ° ′	GHA ° ′	Dec ° ′
	19 00	117 53.6	213 41.3	S22 04.2	196 06.9	S23 43.2	83 38.9	N12 33.1	140 27.0	S11 10.9
	01	132 56.0	228 40.5	04.5	211 07.3	43.1	98 41.3	33.1	155 29.2	10.8
	02	147 58.5	243 39.6	04.7	226 07.7	43.0	113 43.6	33.2	170 31.4	10.7
	03	163 01.0	258 38.8	. . 05.0	241 08.1	. . 42.9	128 45.9	. . 33.3	185 33.6	. . 10.6
	04	178 03.4	273 37.9	05.2	256 08.5	42.7	143 48.2	33.3	200 35.9	10.5
	05	193 05.9	288 37.1	05.4	271 08.9	42.6	158 50.5	33.4	215 38.1	10.4
	06	208 08.4	303 36.2	S22 05.6	286 09.4	S23 42.5	173 52.8	N12 33.4	230 40.3	S11 10.3
	07	223 10.8	318 35.4	05.9	301 09.8	42.3	188 55.1	33.5	245 42.5	10.2
	08	238 13.3	333 34.6	06.1	316 10.2	42.2	203 57.4	33.6	260 44.7	10.1
F	09	253 15.8	348 33.7	. . 06.3	331 10.6	. . 42.1	218 59.8	. . 33.6	275 46.9	. . 10.0
R	10	268 18.2	3 32.9	06.6	346 11.0	41.9	234 02.1	33.7	290 49.1	09.9
I	11	283 20.7	18 32.0	06.8	1 11.4	41.8	249 04.4	33.8	305 51.4	09.8
D	12	298 23.2	33 31.2	S22 07.0	16 11.8	S23 41.7	264 06.7	N12 33.8	320 53.6	S11 09.7
A	13	313 25.6	48 30.3	07.2	31 12.2	41.5	279 09.0	33.9	335 55.8	09.6
Y	14	328 28.1	63 29.5	07.4	46 12.6	41.4	294 11.3	34.0	350 58.0	09.5
	15	343 30.5	78 28.6	. . 07.7	61 13.0	. . 41.2	309 13.6	. . 34.0	6 00.2	. . 09.4
	16	358 33.0	93 27.8	07.9	76 13.5	41.1	324 15.9	34.1	21 02.4	09.3
	17	13 35.5	108 27.0	08.1	91 13.9	41.0	339 18.2	34.2	36 04.6	09.2
	18	28 37.9	123 26.1	S22 08.3	106 14.3	S23 40.8	354 20.5	N12 34.2	51 06.8	S11 09.1
	19	43 40.4	138 25.3	08.5	121 14.7	40.7	9 22.9	34.3	66 09.1	09.0
	20	58 42.9	153 24.4	08.8	136 15.1	40.6	24 25.2	34.4	81 11.3	08.9
	21	73 45.3	168 23.6	. . 09.0	151 15.5	. . 40.4	39 27.5	. . 34.4	96 13.5	. . 08.8
	22	88 47.8	183 22.7	09.2	166 15.9	40.3	54 29.8	34.5	111 15.7	08.7
	23	103 50.3	198 21.9	09.4	181 16.3	40.1	69 32.1	34.6	126 17.9	08.6
	20 00	118 52.7	213 21.0	S22 09.6	196 16.7	S23 40.0	84 34.4	N12 34.6	141 20.1	S11 08.5
	01	133 55.2	228 20.2	09.8	211 17.1	39.9	99 36.7	34.7	156 22.3	08.4
	02	148 57.7	243 19.3	10.0	226 17.6	39.7	114 39.0	34.8	171 24.5	08.3
	03	164 00.1	258 18.5	. . 10.2	241 18.0	. . 39.6	129 41.3	. . 34.8	186 26.8	. . 08.2
	04	179 02.6	273 17.6	10.4	256 18.4	39.4	144 43.6	34.9	201 29.0	08.1
	05	194 05.0	288 16.8	10.6	271 18.8	39.3	159 45.9	35.0	216 31.2	08.0
	06	209 07.5	303 15.9	S22 10.8	286 19.2	S23 39.1	174 48.2	N12 35.0	231 33.4	S11 07.9
S	07	224 10.0	318 15.1	11.0	301 19.6	39.0	189 50.5	35.1	246 35.6	07.8
	08	239 12.4	333 14.2	11.2	316 20.0	38.9	204 52.8	35.2	261 37.8	07.7
A	09	254 14.9	348 13.4	. . 11.4	331 20.4	. . 38.7	219 55.1	. . 35.2	276 40.0	. . 07.6
T	10	269 17.4	3 12.5	11.6	346 20.8	38.6	234 57.4	35.3	291 42.2	07.5
U	11	284 19.8	18 11.7	11.8	1 21.3	38.4	249 59.7	35.4	306 44.4	07.4
R	12	299 22.3	33 10.8	S22 12.0	16 21.7	S23 38.3	265 02.0	N12 35.4	321 46.7	S11 07.3
D	13	314 24.8	48 10.0	12.2	31 22.1	38.1	280 04.3	35.5	336 48.9	07.2
A	14	329 27.2	63 09.1	12.4	46 22.5	38.0	295 06.6	35.6	351 51.1	07.1
Y	15	344 29.7	78 08.3	. . 12.6	61 22.9	. . 37.8	310 08.9	. . 35.6	6 53.3	. . 07.0
	16	359 32.1	93 07.4	12.8	76 23.3	37.7	325 11.2	35.7	21 55.5	06.9
	17	14 34.6	108 06.6	13.0	91 23.7	37.5	340 13.5	35.8	36 57.7	06.8
	18	29 37.1	123 05.7	S22 13.2	106 24.1	S23 37.4	355 15.8	N12 35.8	51 59.9	S11 06.7
	19	44 39.5	138 04.9	13.4	121 24.5	37.2	10 18.1	35.9	67 02.1	06.6
	20	59 42.0	153 04.0	13.6	136 24.9	37.1	25 20.4	36.0	82 04.3	06.5
	21	74 44.5	168 03.2	. . 13.8	151 25.4	. . 36.9	40 22.7	. . 36.1	97 06.5	. . 06.4
	22	89 46.9	183 02.3	13.9	166 25.8	36.8	55 25.0	36.1	112 08.8	06.3
	23	104 49.4	198 01.5	14.1	181 26.2	36.6	70 27.3	36.2	127 11.0	06.2
	21 00	119 51.9	213 00.6	S22 14.3	196 26.6	S23 36.5	85 29.6	N12 36.3	142 13.2	S11 06.1
	01	134 54.3	227 59.8	14.5	211 27.0	36.3	100 31.9	36.3	157 15.4	06.0
	02	149 56.8	242 58.9	14.7	226 27.4	36.2	115 34.2	36.4	172 17.6	05.9
	03	164 59.3	257 58.1	. . 14.9	241 27.8	. . 36.0	130 36.5	. . 36.5	187 19.8	. . 05.8
	04	180 01.7	272 57.2	15.0	256 28.2	35.9	145 38.8	36.5	202 22.0	05.7
	05	195 04.2	287 56.4	15.2	271 28.6	35.7	160 41.1	36.6	217 24.2	05.6
	06	210 06.6	302 55.5	S22 15.4	286 29.1	S23 35.6	175 43.4	N12 36.7	232 26.4	S11 05.5
	07	225 09.1	317 54.7	15.6	301 29.5	35.4	190 45.7	36.7	247 28.6	05.4
	08	240 11.6	332 53.8	15.7	316 29.9	35.3	205 48.0	36.8	262 30.9	05.3
S	09	255 14.0	347 53.0	. . 15.9	331 30.3	. . 35.1	220 50.3	. . 36.9	277 33.1	. . 05.2
U	10	270 16.5	2 52.1	16.1	346 30.7	34.9	235 52.6	37.0	292 35.3	05.1
N	11	285 19.0	17 51.2	16.2	1 31.1	34.8	250 54.9	37.0	307 37.5	05.0
D	12	300 21.4	32 50.4	S22 16.4	16 31.5	S23 34.6	265 57.2	N12 37.1	322 39.7	S11 04.9
A	13	315 23.9	47 49.5	16.6	31 31.9	34.5	280 59.5	37.2	337 41.9	04.8
Y	14	330 26.4	62 48.7	16.8	46 32.3	34.3	296 01.8	37.2	352 44.1	04.7
	15	345 28.8	77 47.8	. . 16.9	61 32.7	. . 34.2	311 04.1	. . 37.3	7 46.3	. . 04.6
	16	0 31.3	92 47.0	17.1	76 33.2	34.0	326 06.4	37.4	22 48.5	04.5
	17	15 33.8	107 46.1	17.3	91 33.6	33.8	341 08.7	37.4	37 50.7	04.4
	18	30 36.2	122 45.3	S22 17.4	106 34.0	S23 33.7	356 11.0	N12 37.5	52 53.0	S11 04.3
	19	45 38.7	137 44.4	17.6	121 34.4	33.5	11 13.3	37.6	67 55.2	04.2
	20	60 41.1	152 43.6	17.7	136 34.8	33.4	26 15.5	37.7	82 57.4	04.1
	21	75 43.6	167 42.7	. . 17.9	151 35.2	. . 33.2	41 17.8	. . 37.7	97 59.6	. . 04.0
	22	90 46.1	182 41.8	18.1	166 35.6	33.0	56 20.1	37.8	113 01.8	03.9
	23	105 48.5	197 41.0	18.2	181 36.0	32.9	71 22.4	37.9	128 04.0	03.8
	Mer. Pass.	h m 16 01.9	v −0.8	d 0.2	v 0.4	d 0.1	v 2.3	d 0.1	v 2.2	d 0.1

STARS

Name	SHA ° ′	Dec ° ′
Acamar	315 12.2	S40 12.7
Achernar	335 20.8	S57 07.2
Acrux	173 00.7	S63 13.7
Adhara	255 06.1	S29 00.3
Aldebaran	290 40.3	N16 33.5
Alioth	166 13.5	N55 49.5
Alkaid	152 52.6	N49 11.3
Alnair	27 34.3	S46 50.9
Alnilam	275 38.3	S 1 11.2
Alphard	217 48.2	S 8 45.8
Alphecca	126 04.6	N26 37.8
Alpheratz	357 35.8	N29 13.5
Altair	62 01.1	N 8 55.8
Ankaa	353 08.1	S42 10.8
Antares	112 17.1	S26 29.1
Arcturus	145 48.7	N19 03.3
Atria	107 12.4	S69 04.0
Avior	234 14.4	S59 35.1
Bellatrix	278 23.5	N 6 22.3
Betelgeuse	270 52.7	N 7 24.7
Canopus	263 52.2	S52 42.6
Capella	280 22.7	N46 01.4
Deneb	49 26.8	N45 21.9
Denebola	182 25.6	N14 26.1
Diphda	348 48.2	S17 51.5
Dubhe	193 41.5	N61 37.1
Elnath	278 02.6	N28 37.7
Eltanin	90 43.0	N51 28.9
Enif	33 39.9	N 9 59.0
Fomalhaut	15 15.7	S29 29.9
Gacrux	171 52.4	S57 14.6
Gienah	175 44.3	S17 40.5
Hadar	148 37.2	S60 29.0
Hamal	327 52.1	N23 34.6
Kaus Aust.	83 34.0	S34 22.4
Kochab	137 20.1	N74 03.0
Markab	13 30.9	N15 20.0
Menkar	314 06.9	N 4 11.0
Menkent	147 58.6	S36 29.1
Miaplacidus	221 37.6	S69 48.8
Mirfak	308 29.2	N49 57.0
Nunki	75 49.1	S26 16.0
Peacock	53 07.6	S56 39.6
Pollux	243 17.9	N27 58.0
Procyon	244 51.3	N 5 09.8
Rasalhague	95 59.6	N12 32.4
Regulus	207 35.0	N11 50.9
Rigel	281 04.4	S 8 10.5
Rigil Kent.	139 41.5	S60 55.8
Sabik	102 04.0	S15 45.3
Schedar	349 32.2	N56 40.4
Shaula	96 11.8	S37 07.2
Sirius	258 26.6	S16 45.0
Spica	158 23.1	S11 17.2
Suhail	222 46.5	S43 31.7
Vega	80 34.2	N38 48.2
Zuben'ubi	136 57.0	S16 08.5

	SHA ° ′	Mer. Pass. h m
Venus	94 28.3	9 47
Mars	77 24.0	10 55
Jupiter	325 41.7	18 19
Saturn	22 27.4	14 33

© British Crown Copyright 2023. All rights reserved.

UT (d h)	SUN GHA (° ′)	SUN Dec (° ′)	MOON GHA (° ′)	v (′)	MOON Dec (° ′)	d (′)	HP (′)
19 00 FRIDAY	177 23.8	S20 29.0	81 53.2	11.1	N16 04.1	13.5	58.0
01	192 23.6	28.5	96 23.3	11.1	16 17.6	13.4	58.0
02	207 23.4	28.0	110 53.4	11.1	16 31.0	13.3	57.9
03	222 23.2	. . 27.5	125 23.5	10.9	16 44.3	13.2	57.9
04	237 23.0	27.0	139 53.4	11.0	16 57.5	13.1	57.9
05	252 22.8	26.5	154 23.4	10.9	17 10.6	12.9	57.9
06	267 22.7	S20 25.9	168 53.3	10.8	N17 23.5	12.9	57.8
07	282 22.5	25.4	183 23.1	10.8	17 36.4	12.8	57.8
08	297 22.3	24.9	197 52.9	10.8	17 49.2	12.7	57.8
09	312 22.1	. . 24.4	212 22.7	10.7	18 01.9	12.6	57.8
10	327 21.9	23.9	226 52.4	10.6	18 14.5	12.5	57.7
11	342 21.7	23.4	241 22.0	10.6	18 27.0	12.4	57.7
12	357 21.5	S20 22.8	255 51.6	10.6	N18 39.4	12.3	57.7
13	12 21.3	22.3	270 21.2	10.4	18 51.7	12.1	57.7
14	27 21.1	21.8	284 50.6	10.5	19 03.8	12.1	57.6
15	42 20.9	. . 21.3	299 20.1	10.4	19 15.9	11.9	57.6
16	57 20.7	20.7	313 49.5	10.3	19 27.8	11.9	57.6
17	72 20.5	20.2	328 18.8	10.3	19 39.7	11.7	57.5
18	87 20.3	S20 19.7	342 48.1	10.2	N19 51.4	11.6	57.5
19	102 20.1	19.2	357 17.3	10.2	20 03.0	11.5	57.5
20	117 20.0	18.6	11 46.5	10.1	20 14.5	11.4	57.5
21	132 19.8	. . 18.1	26 15.6	10.0	20 25.9	11.3	57.4
22	147 19.6	17.6	40 44.6	10.1	20 37.2	11.1	57.4
23	162 19.4	17.0	55 13.7	9.9	20 48.3	11.1	57.4
20 00 SATURDAY	177 19.2	S20 16.5	69 42.6	9.9	N20 59.4	10.9	57.4
01	192 19.0	16.0	84 11.5	9.8	21 10.3	10.8	57.3
02	207 18.8	15.5	98 40.3	9.8	21 21.1	10.7	57.3
03	222 18.6	. . 14.9	113 09.1	9.8	21 31.8	10.5	57.3
04	237 18.4	14.4	127 37.9	9.6	21 42.3	10.5	57.3
05	252 18.3	13.9	142 06.5	9.7	21 52.8	10.3	57.2
06	267 18.1	S20 13.3	156 35.2	9.5	N22 03.1	10.2	57.2
07	282 17.9	12.8	171 03.7	9.5	22 13.3	10.0	57.2
08	297 17.7	12.3	185 32.2	9.5	22 23.3	10.0	57.2
09	312 17.5	. . 11.7	200 00.7	9.4	22 33.3	9.8	57.1
10	327 17.3	11.2	214 29.1	9.4	22 43.1	9.7	57.1
11	342 17.1	10.7	228 57.5	9.3	22 52.8	9.5	57.1
12	357 17.0	S20 10.1	243 25.8	9.2	N23 02.3	9.4	57.1
13	12 16.8	09.6	257 54.0	9.2	23 11.7	9.3	57.1
14	27 16.6	09.0	272 22.2	9.1	23 21.0	9.2	57.0
15	42 16.4	. . 08.5	286 50.3	9.1	23 30.2	9.0	57.0
16	57 16.2	08.0	301 18.4	9.0	23 39.2	8.9	57.0
17	72 16.0	07.4	315 46.4	9.0	23 48.1	8.7	57.0
18	87 15.9	S20 06.9	330 14.4	8.9	N23 56.8	8.7	56.9
19	102 15.7	06.3	344 42.3	8.9	24 05.5	8.5	56.9
20	117 15.5	05.8	359 10.2	8.8	24 14.0	8.3	56.9
21	132 15.3	. . 05.2	13 38.0	8.8	24 22.3	8.2	56.9
22	147 15.1	04.7	28 05.8	8.7	24 30.5	8.1	56.8
23	162 14.9	04.2	42 33.5	8.7	24 38.6	7.9	56.8
21 00 SUNDAY	177 14.8	S20 03.6	57 01.2	8.7	N24 46.5	7.8	56.8
01	192 14.6	03.1	71 28.9	8.5	24 54.3	7.7	56.8
02	207 14.4	02.5	85 56.4	8.6	25 02.0	7.5	56.7
03	222 14.2	. . 02.0	100 24.0	8.5	25 09.5	7.3	56.7
04	237 14.0	01.4	114 51.5	8.4	25 16.8	7.3	56.7
05	252 13.9	00.9	129 18.9	8.4	25 24.1	7.0	56.7
06	267 13.7	S20 00.3	143 46.3	8.4	N25 31.1	7.0	56.7
07	282 13.5	19 59.8	158 13.7	8.3	25 38.1	6.8	56.6
08	297 13.3	59.2	172 41.0	8.3	25 44.9	6.6	56.6
09	312 13.1	. . 58.7	187 08.3	8.2	25 51.5	6.5	56.6
10	327 13.0	58.1	201 35.5	8.2	25 58.0	6.4	56.6
11	342 12.8	57.6	216 02.7	8.2	26 04.4	6.2	56.5
12	357 12.6	S19 57.0	230 29.9	8.1	N26 10.6	6.0	56.5
13	12 12.4	56.5	244 57.0	8.1	26 16.6	5.9	56.5
14	27 12.3	55.9	259 24.1	8.0	26 22.5	5.8	56.5
15	42 12.1	. . 55.4	273 51.1	8.1	26 28.3	5.6	56.4
16	57 11.9	54.8	288 18.2	7.9	26 33.9	5.4	56.4
17	72 11.7	54.2	302 45.1	8.0	26 39.3	5.4	56.4
18	87 11.6	S19 53.7	317 12.1	7.9	N26 44.7	5.1	56.4
19	102 11.4	53.1	331 39.0	7.9	26 49.8	5.0	56.4
20	117 11.2	52.6	346 05.9	7.9	26 54.8	4.9	56.3
21	132 11.0	. . 52.0	0 32.8	7.8	26 59.7	4.7	56.3
22	147 10.9	51.5	14 59.6	7.8	27 04.4	4.5	56.3
23	162 10.7	50.9	29 26.4	7.8	N27 08.9	4.4	56.3
	SD 16.3	*d* 0.5	SD 15.7		15.6		15.4

Lat.	Twilight Naut.	Twilight Civil	Sunrise	Moonrise 19	Moonrise 20	Moonrise 21	Moonrise 22
°	h m	h m	h m	h m	h m	h m	h m
N 72	07 49	09 33	■	07 37	□	□	□
N 70	07 36	09 04	11 09	08 41	□	□	□
68	07 25	08 42	10 12	09 18	□	□	□
66	07 16	08 25	09 39	09 44	09 08	□	□
64	07 09	08 11	09 15	10 04	09 48	09 06	□
62	07 02	07 59	08 56	10 21	10 16	10 11	10 03
60	06 56	07 49	08 40	10 35	10 38	10 46	11 06
N 58	06 50	07 40	08 27	10 47	10 56	11 11	11 41
56	06 45	07 32	08 16	10 57	11 11	11 32	12 06
54	06 41	07 25	08 06	11 06	11 24	11 49	12 26
52	06 36	07 18	07 57	11 15	11 35	12 03	12 43
50	06 32	07 12	07 49	11 22	11 45	12 16	12 57
45	06 23	06 59	07 32	11 38	12 07	12 42	13 27
N 40	06 15	06 48	07 18	11 51	12 24	13 03	13 50
35	06 08	06 39	07 06	12 03	12 39	13 21	14 09
30	06 01	06 30	06 56	12 13	12 52	13 36	14 26
20	05 47	06 14	06 38	12 30	13 14	14 01	14 53
N 10	05 34	06 00	06 22	12 45	13 33	14 24	15 17
0	05 20	05 45	06 07	12 59	13 51	14 45	15 40
S 10	05 03	05 30	05 52	13 13	14 09	15 05	16 02
20	04 44	05 12	05 36	13 29	14 28	15 28	16 26
30	04 19	04 51	05 17	13 47	14 51	15 54	16 54
35	04 03	04 38	05 06	13 57	15 04	16 10	17 11
40	03 44	04 23	04 54	14 09	15 20	16 28	17 30
45	03 19	04 04	04 39	14 24	15 38	16 50	17 54
S 50	02 44	03 40	04 20	14 41	16 02	17 18	18 24
52	02 25	03 28	04 12	14 49	16 13	17 32	18 40
54	02 02	03 14	04 02	14 59	16 26	17 47	18 57
56	01 28	02 58	03 51	15 09	16 40	18 06	19 19
58	////	02 38	03 38	15 21	16 58	18 30	19 46
S 60	////	02 13	03 23	15 35	17 19	19 00	20 24

Lat.	Sunset	Twilight Civil	Twilight Naut.	Moonset 19	Moonset 20	Moonset 21	Moonset 22
°	h m	h m	h m	h m	h m	h m	h m
N 72	■	14 50	16 34	05 31	□	□	□
N 70	13 13	15 19	16 47	04 28	□	□	□
68	14 11	15 40	16 57	03 54	□	□	□
66	14 44	15 58	17 06	03 29	05 52	□	□
64	15 08	16 12	17 14	03 10	05 12	07 46	□
62	15 27	16 23	17 21	02 54	04 45	06 41	08 44
60	15 42	16 34	17 27	02 41	04 24	06 07	07 41
N 58	15 55	16 42	17 32	02 30	04 07	05 42	07 07
56	16 07	16 50	17 37	02 21	03 52	05 22	06 42
54	16 17	16 57	17 42	02 12	03 40	05 05	06 22
52	16 25	17 04	17 46	02 05	03 29	04 51	06 05
50	16 33	17 10	17 50	01 58	03 20	04 39	05 51
45	16 50	17 23	17 59	01 44	02 59	04 13	05 21
N 40	17 04	17 34	18 07	01 32	02 43	03 53	04 59
35	17 16	17 43	18 14	01 22	02 29	03 36	04 40
30	17 26	17 52	18 21	01 13	02 18	03 22	04 24
20	17 44	18 08	18 34	00 58	01 57	02 57	03 56
N 10	18 00	18 22	18 48	00 45	01 40	02 36	03 33
0	18 14	18 37	19 02	00 33	01 23	02 16	03 11
S 10	18 29	18 52	19 18	00 21	01 07	01 57	02 49
20	18 45	19 09	19 38	00 08	00 50	01 36	02 26
30	19 04	19 30	20 02	24 30	00 30	01 12	01 59
35	19 15	19 43	20 18	24 19	00 19	00 57	01 43
40	19 27	19 59	20 37	24 05	00 05	00 41	01 24
45	19 42	20 17	21 02	23 50	24 22	00 22	01 02
S 50	20 01	20 41	21 36	23 31	23 57	24 33	00 33
52	20 09	20 53	21 54	23 22	23 46	24 19	00 19
54	20 19	21 06	22 17	23 12	23 33	24 03	00 03
56	20 30	21 22	22 50	23 01	23 17	23 44	24 27
58	20 43	21 42	////	22 48	22 59	23 20	24 00
S 60	20 58	22 06	////	22 33	22 37	22 49	23 21

Day	SUN Eqn. of Time 00h	SUN Eqn. of Time 12h	SUN Mer. Pass.	MOON Mer. Pass. Upper	MOON Mer. Pass. Lower	Age	Phase
d	m s	m s	h m	h m	h m	d	%
19	10 24	10 34	12 11	19 11	06 46	08	65
20	10 43	10 52	12 11	20 03	07 37	09	74
21	11 01	11 09	12 11	20 58	08 30	10	83

© British Crown Copyright 2023. All rights reserved.

UT (d h)	ARIES GHA	VENUS −4·0 GHA	VENUS Dec	MARS +1·3 GHA	MARS Dec	JUPITER −2·4 GHA	JUPITER Dec	SATURN +0·9 GHA	SATURN Dec
	° ′	° ′	° ′	° ′	° ′	° ′	° ′	° ′	° ′
22 00 MONDAY	120 51.0	212 40.1	S22 18.4	196 36.4	S23 32.7	86 24.7	N12 37.9	143 06.2	S11 03.7
01	135 53.5	227 39.3	18.5	211 36.9	32.6	101 27.0	38.0	158 08.4	03.6
02	150 55.9	242 38.4	18.7	226 37.3	32.4	116 29.3	38.1	173 10.6	03.5
03	165 58.4	257 37.6	18.8	241 37.7	32.2	131 31.6	38.2	188 12.8	03.4
04	181 00.9	272 36.7	19.0	256 38.1	32.1	146 33.9	38.2	203 15.0	03.3
05	196 03.3	287 35.8	19.1	271 38.5	31.9	161 36.2	38.3	218 17.2	03.2
06	211 05.8	302 35.0	S22 19.3	286 38.9	S23 31.7	176 38.5	N12 38.4	233 19.5	S11 03.1
07	226 08.3	317 34.1	19.4	301 39.3	31.6	191 40.7	38.5	248 21.7	03.0
08	241 10.7	332 33.3	19.6	316 39.7	31.4	206 43.0	38.5	263 23.9	02.9
09	256 13.2	347 32.4	19.7	331 40.1	31.2	221 45.3	38.6	278 26.1	02.8
10	271 15.6	2 31.6	19.9	346 40.6	31.1	236 47.6	38.7	293 28.3	02.7
11	286 18.1	17 30.7	20.0	1 41.0	30.9	251 49.9	38.7	308 30.5	02.6
12	301 20.6	32 29.8	S22 20.2	16 41.4	S23 30.7	266 52.2	N12 38.8	323 32.7	S11 02.5
13	316 23.0	47 29.0	20.3	31 41.8	30.6	281 54.5	38.9	338 34.9	02.4
14	331 25.5	62 28.1	20.4	46 42.2	30.4	296 56.8	39.0	353 37.1	02.3
15	346 28.0	77 27.3	20.6	61 42.6	30.2	311 59.0	39.0	8 39.3	02.2
16	1 30.4	92 26.4	20.7	76 43.0	30.1	327 01.3	39.1	23 41.5	02.1
17	16 32.9	107 25.5	20.9	91 43.4	29.9	342 03.6	39.2	38 43.7	02.0
18	31 35.4	122 24.7	S22 21.0	106 43.8	S23 29.7	357 05.9	N12 39.3	53 45.9	S11 01.9
19	46 37.8	137 23.8	21.1	121 44.3	29.6	12 08.2	39.3	68 48.1	01.8
20	61 40.3	152 23.0	21.3	136 44.7	29.4	27 10.5	39.4	83 50.4	01.6
21	76 42.8	167 22.1	21.4	151 45.1	29.2	42 12.8	39.5	98 52.6	01.5
22	91 45.2	182 21.2	21.5	166 45.5	29.0	57 15.0	39.5	113 54.8	01.4
23	106 47.7	197 20.4	21.6	181 45.9	28.9	72 17.3	39.6	128 57.0	01.3
23 00 TUESDAY	121 50.1	212 19.5	S22 21.8	196 46.3	S23 28.7	87 19.6	N12 39.7	143 59.2	S11 01.2
01	136 52.6	227 18.7	21.9	211 46.7	28.5	102 21.9	39.8	159 01.4	01.1
02	151 55.1	242 17.8	22.0	226 47.1	28.4	117 24.2	39.8	174 03.6	01.0
03	166 57.5	257 16.9	22.2	241 47.5	28.2	132 26.5	39.9	189 05.8	00.9
04	182 00.0	272 16.1	22.3	256 48.0	28.0	147 28.7	40.0	204 08.0	00.8
05	197 02.5	287 15.2	22.4	271 48.4	27.8	162 31.0	40.1	219 10.2	00.7
06	212 04.9	302 14.4	S22 22.5	286 48.8	S23 27.7	177 33.3	N12 40.1	234 12.4	S11 00.6
07	227 07.4	317 13.5	22.6	301 49.2	27.5	192 35.6	40.2	249 14.6	00.5
08	242 09.9	332 12.6	22.8	316 49.6	27.3	207 37.9	40.3	264 16.8	00.4
09	257 12.3	347 11.8	22.9	331 50.0	27.1	222 40.1	40.4	279 19.0	00.3
10	272 14.8	2 10.9	23.0	346 50.4	26.9	237 42.4	40.4	294 21.2	00.2
11	287 17.3	17 10.0	23.1	1 50.8	26.8	252 44.7	40.5	309 23.5	00.1
12	302 19.7	32 09.2	S22 23.2	16 51.2	S23 26.6	267 47.0	N12 40.6	324 25.7	S11 00.0
13	317 22.2	47 08.3	23.3	31 51.7	26.4	282 49.3	40.7	339 27.9	10 59.9
14	332 24.6	62 07.5	23.5	46 52.1	26.2	297 51.5	40.7	354 30.1	59.8
15	347 27.1	77 06.6	23.6	61 52.5	26.1	312 53.8	40.8	9 32.3	59.7
16	2 29.6	92 05.7	23.7	76 52.9	25.9	327 56.1	40.9	24 34.5	59.6
17	17 32.0	107 04.9	23.8	91 53.3	25.7	342 58.4	41.0	39 36.7	59.5
18	32 34.5	122 04.0	S22 23.9	106 53.7	S23 25.5	358 00.7	N12 41.0	54 38.9	S10 59.4
19	47 37.0	137 03.1	24.0	121 54.1	25.3	13 02.9	41.1	69 41.1	59.3
20	62 39.4	152 02.3	24.1	136 54.5	25.2	28 05.2	41.2	84 43.3	59.2
21	77 41.9	167 01.4	24.2	151 54.9	25.0	43 07.5	41.3	99 45.5	59.1
22	92 44.4	182 00.5	24.3	166 55.4	24.8	58 09.8	41.3	114 47.7	59.0
23	107 46.8	196 59.7	24.4	181 55.8	24.6	73 12.0	41.4	129 49.9	58.9
24 00 WEDNESDAY	122 49.3	211 58.8	S22 24.5	196 56.2	S23 24.4	88 14.3	N12 41.5	144 52.1	S10 58.8
01	137 51.7	226 58.0	24.6	211 56.6	24.2	103 16.6	41.6	159 54.3	58.7
02	152 54.2	241 57.1	24.7	226 57.0	24.1	118 18.9	41.7	174 56.5	58.6
03	167 56.7	256 56.2	24.8	241 57.4	23.9	133 21.1	41.7	189 58.7	58.5
04	182 59.1	271 55.4	24.9	256 57.8	23.7	148 23.4	41.8	205 00.9	58.4
05	198 01.6	286 54.5	25.0	271 58.2	23.5	163 25.7	41.9	220 03.2	58.3
06	213 04.1	301 53.6	S22 25.1	286 58.7	S23 23.3	178 28.0	N12 42.0	235 05.4	S10 58.2
07	228 06.5	316 52.8	25.2	301 59.1	23.1	193 30.2	42.0	250 07.6	58.1
08	243 09.0	331 51.9	25.3	316 59.5	22.9	208 32.5	42.1	265 09.8	58.0
09	258 11.5	346 51.0	25.4	331 59.9	22.8	223 34.8	42.2	280 12.0	57.9
10	273 13.9	1 50.2	25.5	347 00.3	22.6	238 37.1	42.3	295 14.2	57.8
11	288 16.4	16 49.3	25.6	2 00.7	22.4	253 39.3	42.3	310 16.4	57.7
12	303 18.9	31 48.4	S22 25.7	17 01.1	S23 22.2	268 41.6	N12 42.4	325 18.6	S10 57.6
13	318 21.3	46 47.6	25.7	32 01.5	22.0	283 43.9	42.5	340 20.8	57.5
14	333 23.8	61 46.7	25.8	47 01.9	21.8	298 46.1	42.6	355 23.0	57.4
15	348 26.2	76 45.8	25.9	62 02.4	21.6	313 48.4	42.7	10 25.2	57.3
16	3 28.7	91 45.0	26.0	77 02.8	21.4	328 50.7	42.7	25 27.4	57.2
17	18 31.2	106 44.1	26.1	92 03.2	21.2	343 53.0	42.8	40 29.6	57.1
18	33 33.6	121 43.2	S22 26.2	107 03.6	S23 21.0	358 55.2	N12 42.9	55 31.8	S10 57.0
19	48 36.1	136 42.4	26.2	122 04.0	20.9	13 57.5	43.0	70 34.0	56.9
20	63 38.6	151 41.5	26.3	137 04.4	20.7	28 59.8	43.0	85 36.2	56.7
21	78 41.0	166 40.6	26.4	152 04.8	20.5	44 02.0	43.1	100 38.4	56.6
22	93 43.5	181 39.8	26.5	167 05.2	20.3	59 04.3	43.2	115 40.6	56.5
23	108 46.0	196 38.9	26.5	182 05.7	20.1	74 06.6	43.3	130 42.8	56.4
Mer. Pass. (h m)	15 50.1	v −0.9	d 0.1	v 0.4	d 0.2	v 2.3	d 0.1	v 2.2	d 0.1

STARS

Name	SHA	Dec
	° ′	° ′
Acamar	315 12.3	S40 12.7
Achernar	335 20.8	S57 07.2
Acrux	173 00.7	S63 13.7
Adhara	255 06.1	S29 00.3
Aldebaran	290 40.3	N16 33.5
Alioth	166 13.5	N55 49.5
Alkaid	152 52.6	N49 11.3
Alnair	27 34.3	S46 50.9
Alnilam	275 38.3	S 1 11.2
Alphard	217 48.2	S 8 45.8
Alphecca	126 04.6	N26 37.8
Alpheratz	357 35.8	N29 13.4
Altair	62 01.1	N 8 55.8
Ankaa	353 08.1	S42 10.8
Antares	112 17.0	S26 29.1
Arcturus	145 48.7	N19 03.2
Atria	107 12.4	S69 04.0
Avior	234 14.4	S59 35.1
Bellatrix	278 23.5	N 6 22.3
Betelgeuse	270 52.6	N 7 24.7
Canopus	263 52.2	S52 42.6
Capella	280 22.7	N46 01.4
Deneb	49 26.8	N45 21.9
Denebola	182 25.6	N14 26.1
Diphda	348 48.2	S17 51.5
Dubhe	193 41.5	N61 37.1
Elnath	278 02.6	N28 37.7
Eltanin	90 43.0	N51 28.9
Enif	33 39.9	N 9 59.0
Fomalhaut	15 15.7	S29 29.9
Gacrux	171 52.3	S57 14.6
Gienah	175 44.2	S17 40.5
Hadar	148 37.2	S60 29.1
Hamal	327 52.1	N23 34.6
Kaus Aust.	83 33.9	S34 22.4
Kochab	137 20.0	N74 03.0
Markab	13 30.9	N15 20.0
Menkar	314 06.9	N 4 11.0
Menkent	147 58.6	S36 29.1
Miaplacidus	221 37.5	S69 48.8
Mirfak	308 29.2	N49 57.0
Nunki	75 49.1	S26 16.0
Peacock	53 07.6	S56 39.5
Pollux	243 17.9	N27 58.0
Procyon	244 51.3	N 5 09.8
Rasalhague	95 59.6	N12 32.4
Regulus	207 35.0	N11 50.9
Rigel	281 04.4	S 8 10.5
Rigil Kent.	139 41.5	S60 55.8
Sabik	102 03.9	S15 45.3
Schedar	349 32.2	N56 40.4
Shaula	96 11.8	S37 07.2
Sirius	258 26.6	S16 45.0
Spica	158 23.1	S11 17.2
Suhail	222 46.5	S43 31.7
Vega	80 34.2	N38 48.2
Zuben'ubi	136 57.0	S16 08.5

	SHA	Mer. Pass.
	° ′	h m
Venus	90 29.4	9 51
Mars	74 56.2	10 53
Jupiter	325 29.5	18 08
Saturn	22 09.0	14 22

© British Crown Copyright 2023. All rights reserved.

UT d	UT h	SUN GHA ° ′	SUN Dec ° ′	MOON GHA ° ′	MOON *v* ′	MOON Dec ° ′	MOON *d* ′	MOON HP ′
22	00	177 10.5	S19 50.3	43 53.2	7.8	N27 13.3	4.2	56.3
	01	192 10.3	49.8	58 20.0	7.8	27 17.5	4.1	56.2
	02	207 10.2	49.2	72 46.8	7.7	27 21.6	3.9	56.2
	03	222 10.0	. . 48.7	87 13.5	7.7	27 25.5	3.8	56.2
	04	237 09.8	48.1	101 40.2	7.7	27 29.3	3.6	56.2
	05	252 09.7	47.5	116 06.9	7.7	27 32.9	3.5	56.1
	06	267 09.5	S19 47.0	130 33.6	7.6	N27 36.4	3.3	56.1
	07	282 09.3	46.4	145 00.2	7.7	27 39.7	3.1	56.1
	08	297 09.1	45.8	159 26.9	7.7	27 42.8	3.0	56.1
MONDAY	09	312 09.0	. . 45.3	173 53.6	7.6	27 45.8	2.9	56.1
	10	327 08.8	44.7	188 20.2	7.6	27 48.7	2.7	56.0
	11	342 08.6	44.1	202 46.8	7.6	27 51.4	2.5	56.0
	12	357 08.5	S19 43.6	217 13.4	7.7	N27 53.9	2.4	56.0
	13	12 08.3	43.0	231 40.1	7.6	27 56.3	2.2	56.0
	14	27 08.1	42.4	246 06.7	7.6	27 58.5	2.0	56.0
	15	42 08.0	. . 41.9	260 33.3	7.6	28 00.5	1.9	55.9
	16	57 07.8	41.3	274 59.9	7.6	28 02.4	1.8	55.9
	17	72 07.6	40.7	289 26.5	7.7	28 04.2	1.6	55.9
	18	87 07.5	S19 40.1	303 53.2	7.6	N28 05.8	1.4	55.9
	19	102 07.3	39.6	318 19.8	7.6	28 07.2	1.3	55.9
	20	117 07.1	39.0	332 46.4	7.7	28 08.5	1.1	55.8
	21	132 07.0	. . 38.4	347 13.1	7.6	28 09.6	0.9	55.8
	22	147 06.8	37.8	1 39.7	7.7	28 10.5	0.8	55.8
	23	162 06.6	37.3	16 06.4	7.7	28 11.3	0.7	55.8
23	00	177 06.5	S19 36.7	30 33.1	7.7	N28 12.0	0.5	55.8
	01	192 06.3	36.1	44 59.8	7.7	28 12.5	0.3	55.7
	02	207 06.1	35.5	59 26.5	7.7	28 12.8	0.2	55.7
	03	222 06.0	. . 35.0	73 53.2	7.8	28 13.0	0.0	55.7
	04	237 05.8	34.4	88 20.0	7.8	28 13.0	0.1	55.7
	05	252 05.6	33.8	102 46.8	7.8	28 12.9	0.3	55.7
	06	267 05.5	S19 33.2	117 13.6	7.8	N28 12.6	0.4	55.7
	07	282 05.3	32.6	131 40.4	7.9	28 12.2	0.6	55.6
TUESDAY	08	297 05.2	32.1	146 07.3	7.8	28 11.6	0.7	55.6
	09	312 05.0	. . 31.5	160 34.1	8.0	28 10.9	0.9	55.6
	10	327 04.8	30.9	175 01.1	7.9	28 10.0	1.1	55.6
	11	342 04.7	30.3	189 28.0	8.0	28 08.9	1.2	55.6
	12	357 04.5	S19 29.7	203 55.0	8.0	N28 07.7	1.3	55.5
	13	12 04.4	29.1	218 22.0	8.1	28 06.4	1.6	55.5
	14	27 04.2	28.6	232 49.1	8.0	28 04.8	1.6	55.5
	15	42 04.0	. . 28.0	247 16.1	8.2	28 03.2	1.8	55.5
	16	57 03.9	27.4	261 43.3	8.1	28 01.4	2.0	55.5
	17	72 03.7	26.8	276 10.4	8.3	27 59.4	2.1	55.5
	18	87 03.6	S19 26.2	290 37.7	8.2	N27 57.3	2.2	55.4
	19	102 03.4	25.6	305 04.9	8.3	27 55.1	2.4	55.4
	20	117 03.2	25.0	319 32.2	8.4	27 52.7	2.6	55.4
	21	132 03.1	. . 24.5	333 59.6	8.4	27 50.1	2.7	55.4
	22	147 02.9	23.9	348 27.0	8.4	27 47.4	2.8	55.4
	23	162 02.8	23.3	2 54.4	8.5	27 44.6	3.0	55.3
24	00	177 02.6	S19 22.7	17 21.9	8.6	N27 41.6	3.1	55.3
	01	192 02.5	22.1	31 49.5	8.6	27 38.5	3.3	55.3
	02	207 02.3	21.5	46 17.1	8.6	27 35.2	3.4	55.3
	03	222 02.1	. . 20.9	60 44.7	8.7	27 31.8	3.6	55.3
	04	237 02.0	20.3	75 12.4	8.8	27 28.2	3.7	55.3
	05	252 01.8	19.7	89 40.2	8.8	27 24.5	3.8	55.2
	06	267 01.7	S19 19.1	104 08.0	8.9	N27 20.7	4.0	55.2
WEDNESDAY	07	282 01.5	18.5	118 35.9	9.0	27 16.7	4.2	55.2
	08	297 01.4	17.9	133 03.9	9.0	27 12.5	4.2	55.2
	09	312 01.2	. . 17.3	147 31.9	9.1	27 08.3	4.4	55.2
	10	327 01.1	16.7	162 00.0	9.1	27 03.9	4.6	55.2
	11	342 00.9	16.1	176 28.1	9.2	26 59.3	4.6	55.1
	12	357 00.8	S19 15.5	190 56.3	9.3	N26 54.7	4.9	55.1
	13	12 00.6	14.9	205 24.6	9.4	26 49.8	4.9	55.1
	14	27 00.4	14.3	219 53.0	9.4	26 44.9	5.1	55.1
	15	42 00.3	. . 13.7	234 21.4	9.5	26 39.8	5.2	55.1
	16	57 00.1	13.1	248 49.9	9.5	26 34.6	5.3	55.1
	17	72 00.0	12.5	263 18.4	9.6	26 29.3	5.5	55.0
	18	86 59.8	S19 11.9	277 47.0	9.7	N26 23.8	5.6	55.0
	19	101 59.7	11.3	292 15.7	9.8	26 18.2	5.7	55.0
	20	116 59.5	10.7	306 44.5	9.9	26 12.5	5.9	55.0
	21	131 59.4	. . 10.1	321 13.4	9.9	26 06.6	6.0	55.0
	22	146 59.2	09.5	335 42.3	10.0	26 00.6	6.1	55.0
	23	161 59.1	08.9	350 11.3	10.0	N25 54.5	6.2	55.0
		SD 16.3	*d* 0.6	SD 15.3		15.1		15.0

Lat. °	Twilight Naut. h m	Twilight Civil h m	Sunrise h m	Moonrise 22 h m	Moonrise 23 h m	Moonrise 24 h m	Moonrise 25 h m
N 72	07 41	09 20	■	□	□	□	□
N 70	07 29	08 54	10 44	□	□	□	□
68	07 19	08 34	09 59	□	□	□	□
66	07 11	08 18	09 29	□	□	□	□
64	07 04	08 05	09 07	□	□	□	13 44
62	06 57	07 54	08 49	10 03	□	12 31	14 23
60	06 52	07 44	08 34	11 06	11 55	13 17	14 50
N 58	06 47	07 36	08 22	11 41	12 32	13 46	15 12
56	06 42	07 28	08 11	12 06	12 58	14 09	15 29
54	06 38	07 21	08 02	12 26	13 19	14 27	15 44
52	06 34	07 15	07 53	12 43	13 37	14 43	15 56
50	06 30	07 10	07 46	12 57	13 51	14 56	16 07
45	06 22	06 57	07 29	13 27	14 21	15 24	16 31
N 40	06 14	06 47	07 16	13 50	14 45	15 45	16 49
35	06 07	06 38	07 05	14 09	15 04	16 03	17 05
30	06 00	06 29	06 55	14 26	15 21	16 19	17 18
20	05 47	06 14	06 38	14 53	15 49	16 45	17 41
N 10	05 34	06 00	06 22	15 17	16 13	17 07	18 00
0	05 21	05 46	06 08	15 40	16 35	17 28	18 19
S 10	05 05	05 31	05 54	16 02	16 57	17 49	18 37
20	04 46	05 14	05 38	16 26	17 21	18 11	18 56
30	04 22	04 54	05 20	16 54	17 49	18 37	19 18
35	04 07	04 41	05 10	17 11	18 06	18 52	19 32
40	03 48	04 26	04 57	17 30	18 25	19 10	19 47
45	03 24	04 08	04 43	17 54	18 48	19 31	20 04
S 50	02 51	03 45	04 25	18 24	19 18	19 58	20 26
52	02 34	03 34	04 17	18 40	19 33	20 10	20 37
54	02 12	03 21	04 07	18 57	19 50	20 25	20 48
56	01 42	03 05	03 57	19 19	20 10	20 42	21 02
58	00 49	02 47	03 45	19 46	20 36	21 03	21 18
S 60	////	02 24	03 30	20 24	21 11	21 29	21 36

Lat. °	Sunset h m	Twilight Civil h m	Twilight Naut. h m	Moonset 22 h m	Moonset 23 h m	Moonset 24 h m	Moonset 25 h m
N 72	■	15 05	16 44	□	□	□	□
N 70	13 40	15 31	16 56	□	□	□	□
68	14 26	15 50	17 05	□	□	□	□
66	14 55	16 06	17 14	□	□	□	□
64	15 17	16 19	17 21	□	□	□	10 39
62	15 35	16 30	17 27	08 44	□	10 04	09 59
60	15 50	16 40	17 33	07 41	08 47	09 18	09 31
N 58	16 02	16 48	17 38	07 07	08 10	08 49	09 09
56	16 13	16 56	17 42	06 42	07 44	08 26	08 51
54	16 22	17 03	17 46	06 22	07 23	08 07	08 36
52	16 31	17 09	17 50	06 05	07 06	07 51	08 23
50	16 38	17 14	17 54	05 51	06 51	07 37	08 11
45	16 54	17 26	18 02	05 21	06 21	07 09	07 47
N 40	17 08	17 37	18 10	04 59	05 57	06 47	07 28
35	17 19	17 46	18 17	04 40	05 38	06 29	07 12
30	17 29	17 54	18 23	04 24	05 21	06 13	06 58
20	17 46	18 09	18 36	03 56	04 53	05 46	06 33
N 10	18 01	18 23	18 49	03 33	04 29	05 23	06 13
0	18 15	18 37	19 03	03 11	04 06	05 01	05 53
S 10	18 30	18 52	19 18	02 49	03 44	04 39	05 33
20	18 45	19 09	19 37	02 26	03 20	04 16	05 12
30	19 03	19 29	20 01	01 59	02 51	03 48	04 47
35	19 13	19 42	20 16	01 43	02 35	03 32	04 33
40	19 25	19 56	20 35	01 24	02 15	03 13	04 16
45	19 40	20 14	20 58	01 02	01 51	02 50	03 55
S 50	19 57	20 37	21 31	00 33	01 21	02 21	03 30
52	20 06	20 48	21 48	00 19	01 06	02 06	03 17
54	20 15	21 01	22 09	00 03	00 48	01 49	03 03
56	20 25	21 16	22 37	24 27	00 27	01 29	02 46
58	20 37	21 34	23 25	24 00	00 00	01 03	02 25
S 60	20 51	21 57	////	23 21	24 28	00 28	02 00

Day	SUN Eqn. of Time 00^h	SUN Eqn. of Time 12^h	SUN Mer. Pass.	MOON Mer. Pass. Upper	MOON Mer. Pass. Lower	MOON Age	MOON Phase
d	m s	m s	h m	h m	h m	d	%
22	11 18	11 26	12 11	21 53	09 25	11	90
23	11 34	11 42	12 12	22 48	10 21	12	95 ○
24	11 49	11 57	12 12	23 41	11 15	13	98

© British Crown Copyright 2023. All rights reserved.

UT d h	ARIES GHA ° ′	VENUS −4·0 GHA ° ′	Dec ° ′	MARS +1·3 GHA ° ′	Dec ° ′	JUPITER −2·4 GHA ° ′	Dec ° ′	SATURN +0·9 GHA ° ′	Dec ° ′
25 00	123 48.4	211 38.0	S22 26.6	197 06.1	S23 19.9	89 08.8	N12 43.4	145 45.0	S10 56.3
01	138 50.9	226 37.2	26.7	212 06.5	19.7	104 11.1	43.4	160 47.2	56.2
02	153 53.4	241 36.3	26.8	227 06.9	19.5	119 13.4	43.5	175 49.4	56.1
03	168 55.8	256 35.4	. . 26.8	242 07.3	. . 19.3	134 15.7	. . 43.6	190 51.6	. . 56.0
04	183 58.3	271 34.6	26.9	257 07.7	19.1	149 17.9	43.7	205 53.8	55.9
05	199 00.7	286 33.7	27.0	272 08.1	18.9	164 20.2	43.8	220 56.0	55.8
06	214 03.2	301 32.8	S22 27.0	287 08.5	S23 18.7	179 22.5	N12 43.8	235 58.3	S10 55.7
07	229 05.7	316 32.0	27.1	302 09.0	18.5	194 24.7	43.9	251 00.5	55.6
T 08	244 08.1	331 31.1	27.2	317 09.4	18.3	209 27.0	44.0	266 02.7	55.5
H 09	259 10.6	346 30.2	. . 27.2	332 09.8	. . 18.1	224 29.3	. . 44.1	281 04.9	. . 55.4
U 10	274 13.1	1 29.4	27.3	347 10.2	17.9	239 31.5	44.2	296 07.1	55.3
R 11	289 15.5	16 28.5	27.4	2 10.6	17.7	254 33.8	44.2	311 09.3	55.2
S 12	304 18.0	31 27.6	S22 27.4	17 11.0	S23 17.5	269 36.0	N12 44.3	326 11.5	S10 55.1
D 13	319 20.5	46 26.8	27.5	32 11.4	17.3	284 38.3	44.4	341 13.7	55.0
A 14	334 22.9	61 25.9	27.5	47 11.8	17.1	299 40.6	44.5	356 15.9	54.9
Y 15	349 25.4	76 25.0	. . 27.6	62 12.3	. . 16.9	314 42.8	. . 44.6	11 18.1	. . 54.8
16	4 27.9	91 24.2	27.6	77 12.7	16.7	329 45.1	44.6	26 20.3	54.7
17	19 30.3	106 23.3	27.7	92 13.1	16.5	344 47.4	44.7	41 22.5	54.6
18	34 32.8	121 22.4	S22 27.8	107 13.5	S23 16.3	359 49.6	N12 44.8	56 24.7	S10 54.5
19	49 35.2	136 21.6	27.8	122 13.9	16.1	14 51.9	44.9	71 26.9	54.4
20	64 37.7	151 20.7	27.9	137 14.3	15.9	29 54.2	45.0	86 29.1	54.3
21	79 40.2	166 19.8	. . 27.9	152 14.7	. . 15.7	44 56.4	. . 45.0	101 31.3	. . 54.2
22	94 42.6	181 18.9	28.0	167 15.2	15.5	59 58.7	45.1	116 33.5	54.1
23	109 45.1	196 18.1	28.0	182 15.6	15.3	75 00.9	45.2	131 35.7	54.0
26 00	124 47.6	211 17.2	S22 28.1	197 16.0	S23 15.1	90 03.2	N12 45.3	146 37.9	S10 53.9
01	139 50.0	226 16.3	28.1	212 16.4	14.9	105 05.5	45.4	161 40.1	53.8
02	154 52.5	241 15.5	28.1	227 16.8	14.7	120 07.7	45.4	176 42.3	53.7
03	169 55.0	256 14.6	. . 28.2	242 17.2	. . 14.5	135 10.0	. . 45.5	191 44.5	. . 53.6
04	184 57.4	271 13.7	28.2	257 17.6	14.3	150 12.2	45.6	206 46.7	53.4
05	199 59.9	286 12.9	28.3	272 18.0	14.1	165 14.5	45.7	221 48.9	53.3
06	215 02.4	301 12.0	S22 28.3	287 18.5	S23 13.9	180 16.8	N12 45.8	236 51.1	S10 53.2
07	230 04.8	316 11.1	28.3	302 18.9	13.7	195 19.0	45.8	251 53.3	53.1
08	245 07.3	331 10.3	28.4	317 19.3	13.4	210 21.3	45.9	266 55.5	53.0
F 09	260 09.7	346 09.4	. . 28.4	332 19.7	. . 13.2	225 23.5	. . 46.0	281 57.7	. . 52.9
R 10	275 12.2	1 08.5	28.5	347 20.1	13.0	240 25.8	46.1	296 59.9	52.8
I 11	290 14.7	16 07.6	28.5	2 20.5	12.8	255 28.1	46.2	312 02.1	52.7
D 12	305 17.1	31 06.8	S22 28.5	17 20.9	S23 12.6	270 30.3	N12 46.3	327 04.3	S10 52.6
A 13	320 19.6	46 05.9	28.5	32 21.4	12.4	285 32.6	46.3	342 06.5	52.5
Y 14	335 22.1	61 05.0	28.6	47 21.8	12.2	300 34.8	46.4	357 08.7	52.4
15	350 24.5	76 04.2	. . 28.6	62 22.2	. . 12.0	315 37.1	. . 46.5	12 10.9	. . 52.3
16	5 27.0	91 03.3	28.6	77 22.6	11.8	330 39.3	46.6	27 13.1	52.2
17	20 29.5	106 02.4	28.7	92 23.0	11.6	345 41.6	46.7	42 15.3	52.1
18	35 31.9	121 01.5	S22 28.7	107 23.4	S23 11.3	0 43.9	N12 46.8	57 17.5	S10 52.0
19	50 34.4	136 00.7	28.7	122 23.8	11.1	15 46.1	46.8	72 19.7	51.9
20	65 36.8	150 59.8	28.7	137 24.3	10.9	30 48.4	46.9	87 21.9	51.8
21	80 39.3	165 58.9	. . 28.8	152 24.7	. . 10.7	45 50.6	. . 47.0	102 24.1	. . 51.7
22	95 41.8	180 58.1	28.8	167 25.1	10.5	60 52.9	47.1	117 26.3	51.6
23	110 44.2	195 57.2	28.8	182 25.5	10.3	75 55.1	47.2	132 28.5	51.5
27 00	125 46.7	210 56.3	S22 28.8	197 25.9	S23 10.1	90 57.4	N12 47.3	147 30.7	S10 51.4
01	140 49.2	225 55.4	28.8	212 26.3	09.8	105 59.6	47.3	162 32.9	51.3
02	155 51.6	240 54.6	28.9	227 26.7	09.6	121 01.9	47.4	177 35.1	51.2
03	170 54.1	255 53.7	. . 28.9	242 27.1	. . 09.4	136 04.1	. . 47.5	192 37.3	. . 51.1
04	185 56.6	270 52.8	28.9	257 27.6	09.2	151 06.4	47.6	207 39.5	51.0
05	200 59.0	285 52.0	28.9	272 28.0	09.0	166 08.7	47.7	222 41.7	50.9
06	216 01.5	300 51.1	S22 28.9	287 28.4	S23 08.8	181 10.9	N12 47.8	237 43.9	S10 50.8
07	231 04.0	315 50.2	28.9	302 28.8	08.5	196 13.2	47.8	252 46.1	50.6
S 08	246 06.4	330 49.3	28.9	317 29.2	08.3	211 15.4	47.9	267 48.3	50.5
A 09	261 08.9	345 48.5	. . 28.9	332 29.6	. . 08.1	226 17.7	. . 48.0	282 50.5	. . 50.4
T 10	276 11.3	0 47.6	28.9	347 30.0	07.9	241 19.9	48.1	297 52.7	50.3
U 11	291 13.8	15 46.7	28.9	2 30.5	07.7	256 22.2	48.2	312 54.9	50.2
R 12	306 16.3	30 45.9	S22 29.0	17 30.9	S23 07.4	271 24.4	N12 48.3	327 57.1	S10 50.1
D 13	321 18.7	45 45.0	29.0	32 31.3	07.2	286 26.7	48.3	342 59.3	50.0
A 14	336 21.2	60 44.1	29.0	47 31.7	07.0	301 28.9	48.4	358 01.5	49.9
Y 15	351 23.7	75 43.2	. . 29.0	62 32.1	. . 06.8	316 31.2	. . 48.5	13 03.7	. . 49.8
16	6 26.1	90 42.4	29.0	77 32.5	06.6	331 33.4	48.6	28 05.9	49.7
17	21 28.6	105 41.5	29.0	92 33.0	06.3	346 35.7	48.7	43 08.1	49.6
18	36 31.1	120 40.6	S22 29.0	107 33.4	S23 06.1	1 37.9	N12 48.8	58 10.3	S10 49.5
19	51 33.5	135 39.8	29.0	122 33.8	05.9	16 40.2	48.9	73 12.5	49.4
20	66 36.0	150 38.9	28.9	137 34.2	05.7	31 42.4	48.9	88 14.7	49.3
21	81 38.5	165 38.0	. . 28.9	152 34.6	. . 05.4	46 44.7	. . 49.0	103 16.9	. . 49.2
22	96 40.9	180 37.1	28.9	167 35.0	05.2	61 46.9	49.1	118 19.1	49.1
23	111 43.4	195 36.3	28.9	182 35.4	05.0	76 49.1	49.2	133 21.3	49.0
Mer. Pass. (h m)	15 38.3	v −0.9	d 0.0	v 0.4	d 0.2	v 2.3	d 0.1	v 2.2	d 0.1

STARS

Name	SHA ° ′	Dec ° ′
Acamar	315 12.3	S40 12.7
Achernar	335 20.8	S57 07.2
Acrux	173 00.6	S63 13.7
Adhara	255 06.1	S29 00.4
Aldebaran	290 40.3	N16 33.5
Alioth	166 13.4	N55 49.5
Alkaid	152 52.5	N49 11.3
Alnair	27 34.3	S46 50.9
Alnilam	275 38.3	S 1 11.3
Alphard	217 48.2	S 8 45.8
Alphecca	126 04.5	N26 37.8
Alpheratz	357 35.8	N29 13.4
Altair	62 01.1	N 8 55.8
Ankaa	353 08.1	S42 10.8
Antares	112 17.0	S26 29.1
Arcturus	145 48.6	N19 03.2
Atria	107 12.3	S69 04.0
Avior	234 14.4	S59 35.1
Bellatrix	278 23.5	N 6 22.3
Betelgeuse	270 52.6	N 7 24.7
Canopus	263 52.3	S52 42.6
Capella	280 22.7	N46 01.4
Deneb	49 26.8	N45 21.9
Denebola	182 25.5	N14 26.1
Diphda	348 48.2	S17 51.5
Dubhe	193 41.4	N61 37.1
Elnath	278 02.6	N28 37.7
Eltanin	90 43.0	N51 28.9
Enif	33 39.9	N 9 59.0
Fomalhaut	15 15.7	S29 29.9
Gacrux	171 52.3	S57 14.6
Gienah	175 44.2	S17 40.5
Hadar	148 37.1	S60 29.1
Hamal	327 52.1	N23 34.6
Kaus Aust.	83 33.9	S34 22.4
Kochab	137 19.9	N74 03.0
Markab	13 30.9	N15 20.0
Menkar	314 06.9	N 4 11.0
Menkent	147 58.5	S36 29.1
Miaplacidus	221 37.5	S69 48.8
Mirfak	308 29.2	N49 57.0
Nunki	75 49.1	S26 16.0
Peacock	53 07.5	S56 39.5
Pollux	243 17.9	N27 58.1
Procyon	244 51.3	N 5 09.8
Rasalhague	95 59.5	N12 32.4
Regulus	207 35.0	N11 50.9
Rigel	281 04.4	S 8 10.5
Rigil Kent.	139 41.4	S60 55.8
Sabik	102 03.9	S15 45.3
Schedar	349 32.2	N56 40.4
Shaula	96 11.7	S37 07.2
Sirius	258 26.6	S16 45.0
Spica	158 23.1	S11 17.2
Suhail	222 46.4	S43 31.7
Vega	80 34.1	N38 48.1
Zuben'ubi	136 56.9	S16 08.5

	SHA ° ′	Mer. Pass. h m
Venus	86 29.6	9 55
Mars	72 28.4	10 51
Jupiter	325 15.6	17 57
Saturn	21 50.3	14 11

© British Crown Copyright 2023. All rights reserved.

UT		SUN GHA	SUN Dec	MOON GHA	v	MOON Dec	d	HP
d	h	° ′	° ′	° ′	′	° ′	′	′
25	00	176 58.9	S19 08.3	4 40.3	10.2	N25 48.3	6.4	54.9
	01	191 58.8	07.7	19 09.5	10.2	25 41.9	6.5	54.9
	02	206 58.7	07.1	33 38.7	10.3	25 35.4	6.6	54.9
	03	221 58.5	. . 06.5	48 08.0	10.4	25 28.8	6.7	54.9
	04	236 58.4	05.9	62 37.4	10.5	25 22.1	6.9	54.9
	05	251 58.2	05.3	77 06.9	10.5	25 15.2	6.9	54.9
	06	266 58.1	S19 04.7	91 36.4	10.6	N25 08.3	7.1	54.8
T	07	281 57.9	04.1	106 06.0	10.7	25 01.2	7.2	54.8
H	08	296 57.8	03.5	120 35.7	10.8	24 54.0	7.3	54.8
U	09	311 57.6	. . 02.8	135 05.5	10.9	24 46.7	7.5	54.8
R	10	326 57.5	02.2	149 35.4	10.9	24 39.2	7.5	54.8
S	11	341 57.3	01.6	164 05.3	11.0	24 31.7	7.7	54.8
D	12	356 57.2	S19 01.0	178 35.3	11.2	N24 24.0	7.7	54.8
A	13	11 57.0	19 00.4	193 05.5	11.1	24 16.3	7.9	54.7
Y	14	26 56.9	18 59.8	207 35.6	11.3	24 08.4	8.0	54.7
	15	41 56.8	. . 59.2	222 05.9	11.4	24 00.4	8.1	54.7
	16	56 56.6	58.5	236 36.3	11.4	23 52.3	8.2	54.7
	17	71 56.5	57.9	251 06.7	11.5	23 44.1	8.3	54.7
	18	86 56.3	S18 57.3	265 37.2	11.7	N23 35.8	8.4	54.7
	19	101 56.2	56.7	280 07.9	11.6	23 27.4	8.6	54.7
	20	116 56.0	56.1	294 38.5	11.8	23 18.8	8.6	54.7
	21	131 55.9	. . 55.5	309 09.3	11.9	23 10.2	8.7	54.6
	22	146 55.8	54.8	323 40.2	11.9	23 01.5	8.8	54.6
	23	161 55.6	54.2	338 11.1	12.0	22 52.7	9.0	54.6
26	00	176 55.5	S18 53.6	352 42.1	12.2	N22 43.7	9.0	54.6
	01	191 55.3	53.0	7 13.3	12.1	22 34.7	9.1	54.6
	02	206 55.2	52.4	21 44.4	12.3	22 25.6	9.2	54.6
	03	221 55.1	. . 51.7	36 15.7	12.4	22 16.4	9.3	54.6
	04	236 54.9	51.1	50 47.1	12.4	22 07.1	9.4	54.6
	05	251 54.8	50.5	65 18.5	12.6	21 57.7	9.5	54.5
	06	266 54.6	S18 49.9	79 50.1	12.6	N21 48.2	9.6	54.5
	07	281 54.5	49.2	94 21.7	12.7	21 38.6	9.7	54.5
	08	296 54.4	48.6	108 53.4	12.7	21 28.9	9.8	54.5
F	09	311 54.2	. . 48.0	123 25.1	12.9	21 19.1	9.8	54.5
R	10	326 54.1	47.4	137 57.0	12.9	21 09.3	10.0	54.5
I	11	341 54.0	46.7	152 28.9	13.0	20 59.3	10.0	54.5
D	12	356 53.8	S18 46.1	167 00.9	13.2	N20 49.3	10.1	54.5
A	13	11 53.7	45.5	181 33.1	13.1	20 39.2	10.2	54.4
Y	14	26 53.6	44.9	196 05.2	13.3	20 29.0	10.3	54.4
	15	41 53.4	. . 44.2	210 37.5	13.3	20 18.7	10.4	54.4
	16	56 53.3	43.6	225 09.8	13.5	20 08.3	10.4	54.4
	17	71 53.2	43.0	239 42.3	13.5	19 57.9	10.5	54.4
	18	86 53.0	S18 42.3	254 14.8	13.5	N19 47.4	10.7	54.4
	19	101 52.9	41.7	268 47.3	13.7	19 36.7	10.6	54.4
	20	116 52.7	41.1	283 20.0	13.7	19 26.1	10.8	54.4
	21	131 52.6	. . 40.4	297 52.7	13.9	19 15.3	10.8	54.4
	22	146 52.5	39.8	312 25.6	13.9	19 04.5	10.9	54.4
	23	161 52.4	39.2	326 58.5	13.9	18 53.6	11.0	54.3
27	00	176 52.2	S18 38.5	341 31.4	14.1	N18 42.6	11.1	54.3
	01	191 52.1	37.9	356 04.5	14.1	18 31.5	11.1	54.3
	02	206 52.0	37.3	10 37.6	14.2	18 20.4	11.2	54.3
	03	221 51.8	. . 36.6	25 10.8	14.3	18 09.2	11.3	54.3
	04	236 51.7	36.0	39 44.1	14.3	17 57.9	11.3	54.3
	05	251 51.6	35.4	54 17.4	14.4	17 46.6	11.4	54.3
	06	266 51.4	S18 34.7	68 50.8	14.5	N17 35.2	11.5	54.3
	07	281 51.3	34.1	83 24.3	14.6	17 23.7	11.5	54.3
S	08	296 51.2	33.4	97 57.9	14.6	17 12.2	11.7	54.3
A	09	311 51.0	. . 32.8	112 31.5	14.7	17 00.5	11.6	54.3
T	10	326 50.9	32.2	127 05.2	14.8	16 48.9	11.7	54.2
U	11	341 50.8	31.5	141 39.0	14.8	16 37.2	11.8	54.2
R	12	356 50.7	S18 30.9	156 12.8	14.9	N16 25.4	11.9	54.2
D	13	11 50.5	30.2	170 46.7	15.0	16 13.5	11.9	54.2
A	14	26 50.4	29.6	185 20.7	15.0	16 01.6	12.0	54.2
Y	15	41 50.3	. . 29.0	199 54.7	15.2	15 49.6	12.0	54.2
	16	56 50.2	28.3	214 28.9	15.1	15 37.6	12.1	54.2
	17	71 50.0	27.7	229 03.0	15.3	15 25.5	12.1	54.2
	18	86 49.9	S18 27.0	243 37.3	15.3	N15 13.4	12.2	54.2
	19	101 49.8	26.4	258 11.6	15.3	15 01.2	12.3	54.2
	20	116 49.7	25.7	272 45.9	15.5	14 48.9	12.3	54.2
	21	131 49.5	. . 25.1	287 20.4	15.5	14 36.6	12.3	54.2
	22	146 49.4	24.4	301 54.9	15.5	14 24.3	12.4	54.2
	23	161 49.3	23.8	316 29.4	15.6	N14 11.9	12.5	54.1
		SD 16.3	d 0.6	SD 14.9		14.8		14.8

Lat.	Twilight Naut.	Twilight Civil	Sunrise	Moonrise 25	26	27	28
°	h m	h m	h m	h m	h m	h m	h m
N 72	07 31	09 07	11 52	▭	▭	15 45	18 15
N 70	07 21	08 43	10 24	▭	▭	16 25	18 32
68	07 12	08 25	09 45	▭	14 31	16 52	18 45
66	07 04	08 11	09 19	▭	15 16	17 13	18 56
64	06 58	07 58	08 58	13 44	15 45	17 29	19 04
62	06 52	07 48	08 42	14 23	16 06	17 42	19 12
60	06 47	07 39	08 28	14 50	16 24	17 54	19 19
N 58	06 42	07 31	08 17	15 12	16 39	18 03	19 24
56	06 38	07 24	08 06	15 29	16 51	18 12	19 29
54	06 34	07 18	07 57	15 44	17 02	18 19	19 34
52	06 31	07 12	07 49	15 56	17 12	18 26	19 38
50	06 27	07 07	07 42	16 07	17 20	18 32	19 42
45	06 19	06 55	07 27	16 31	17 38	18 45	19 50
N 40	06 12	06 45	07 14	16 49	17 53	18 55	19 56
35	06 06	06 36	07 03	17 05	18 05	19 05	20 02
30	05 59	06 28	06 54	17 18	18 16	19 12	20 07
20	05 47	06 14	06 37	17 41	18 35	19 26	20 15
N 10	05 35	06 00	06 23	18 00	18 51	19 38	20 23
0	05 22	05 47	06 09	18 19	19 05	19 49	20 30
S 10	05 07	05 33	05 55	18 37	19 20	20 00	20 37
20	04 48	05 16	05 40	18 56	19 36	20 12	20 44
30	04 25	04 57	05 23	19 18	19 54	20 25	20 53
35	04 10	04 45	05 13	19 32	20 04	20 33	20 58
40	03 52	04 30	05 01	19 47	20 16	20 41	21 03
45	03 29	04 13	04 47	20 04	20 30	20 52	21 09
S 50	02 58	03 51	04 30	20 26	20 47	21 04	21 17
52	02 42	03 40	04 22	20 37	20 55	21 09	21 20
54	02 22	03 28	04 13	20 48	21 04	21 16	21 24
56	01 56	03 13	04 03	21 02	21 14	21 22	21 28
58	01 16	02 56	03 52	21 18	21 25	21 30	21 33
S 60	////	02 35	03 38	21 36	21 38	21 39	21 38

Lat.	Sunset	Twilight Civil	Twilight Naut.	Moonset 25	26	27	28
°	h m	h m	h m	h m	h m	h m	h m
N 72	12 33	15 19	16 55	▭	▭	11 53	10 51
N 70	14 02	15 42	17 05	▭	▭	11 11	10 32
68	14 40	16 01	17 14	▭	11 32	10 43	10 16
66	15 07	16 15	17 21	▭	10 46	10 21	10 04
64	15 27	16 27	17 28	10 39	10 17	10 04	09 54
62	15 44	16 38	17 33	09 59	09 54	09 49	09 45
60	15 57	16 47	17 39	09 31	09 35	09 37	09 37
N 58	16 09	16 54	17 43	09 09	09 20	09 26	09 30
56	16 19	17 01	17 47	08 51	09 07	09 17	09 24
54	16 28	17 08	17 51	08 36	08 55	09 09	09 19
52	16 36	17 14	17 55	08 23	08 45	09 01	09 14
50	16 43	17 19	17 58	08 11	08 36	08 55	09 09
45	16 59	17 30	18 06	07 47	08 17	08 40	09 00
N 40	17 11	17 40	18 13	07 28	08 01	08 28	08 52
35	17 22	17 49	18 20	07 12	07 48	08 18	08 45
30	17 31	17 57	18 26	06 58	07 36	08 09	08 38
20	17 48	18 11	18 38	06 33	07 16	07 53	08 28
N 10	18 02	18 24	18 50	06 13	06 58	07 40	08 18
0	18 16	18 38	19 03	05 53	06 42	07 27	08 09
S 10	18 30	18 52	19 18	05 33	06 25	07 14	08 00
20	18 45	19 08	19 36	05 12	06 07	07 00	07 50
30	19 02	19 28	19 59	04 47	05 46	06 44	07 39
35	19 12	19 40	20 14	04 33	05 34	06 34	07 33
40	19 23	19 54	20 32	04 16	05 20	06 23	07 25
45	19 37	20 11	20 54	03 55	05 03	06 11	07 16
S 50	19 54	20 33	21 25	03 30	04 42	05 55	07 06
52	20 01	20 43	21 41	03 17	04 32	05 48	07 01
54	20 10	20 56	22 00	03 03	04 21	05 39	06 55
56	20 20	21 10	22 26	02 46	04 08	05 30	06 49
58	20 31	21 26	23 03	02 25	03 53	05 20	06 43
S 60	20 45	21 47	////	02 00	03 35	05 07	06 35

Day	SUN Eqn. of Time 00h	12h	Mer. Pass.	MOON Mer. Pass. Upper	Lower	Age	Phase
d	m s	m s	h m	h m	h m	d %	
25	12 04	12 11	12 12	24 30	12 06	14 100	○
26	12 18	12 24	12 12	00 30	12 54	15 99	
27	12 31	12 37	12 13	01 16	13 38	16 97	

© British Crown Copyright 2023. All rights reserved.

	UT d h	ARIES GHA ° ′	VENUS −3·9 GHA ° ′	VENUS Dec ° ′	MARS +1·3 GHA ° ′	MARS Dec ° ′	JUPITER −2·4 GHA ° ′	JUPITER Dec ° ′	SATURN +0·9 GHA ° ′	SATURN Dec ° ′
	28 00	126 45.8	210 35.4	S22 28.9	197 35.9	S23 04.8	91 51.4	N12 49.3	148 23.5	S10 48.9
	01	141 48.3	225 34.5	28.9	212 36.3	04.5	106 53.6	49.4	163 25.7	48.8
	02	156 50.8	240 33.7	28.9	227 36.7	04.3	121 55.9	49.4	178 27.9	48.7
	03	171 53.2	255 32.8	. . 28.9	242 37.1	. . 04.1	136 58.1	. . 49.5	193 30.1	. . 48.6
	04	186 55.7	270 31.9	28.9	257 37.5	03.9	152 00.4	49.6	208 32.3	48.5
	05	201 58.2	285 31.0	28.9	272 37.9	03.6	167 02.6	49.7	223 34.5	48.3
	06	217 00.6	300 30.2	S22 28.8	287 38.3	S23 03.4	182 04.9	N12 49.8	238 36.7	S10 48.2
	07	232 03.1	315 29.3	28.8	302 38.8	03.2	197 07.1	49.9	253 38.9	48.1
	08	247 05.6	330 28.4	28.8	317 39.2	02.9	212 09.4	50.0	268 41.1	48.0
S	09	262 08.0	345 27.5	. . 28.8	332 39.6	. . 02.7	227 11.6	. . 50.1	283 43.3	. . 47.9
U	10	277 10.5	0 26.7	28.8	347 40.0	02.5	242 13.8	50.1	298 45.5	47.8
N	11	292 12.9	15 25.8	28.7	2 40.4	02.3	257 16.1	50.2	313 47.7	47.7
D	12	307 15.4	30 24.9	S22 28.7	17 40.8	S23 02.0	272 18.3	N12 50.3	328 49.9	S10 47.6
A	13	322 17.9	45 24.1	28.7	32 41.3	01.8	287 20.6	50.4	343 52.1	47.5
Y	14	337 20.3	60 23.2	28.7	47 41.7	01.6	302 22.8	50.5	358 54.3	47.4
	15	352 22.8	75 22.3	. . 28.6	62 42.1	. . 01.3	317 25.1	. . 50.6	13 56.5	. . 47.3
	16	7 25.3	90 21.4	28.6	77 42.5	01.1	332 27.3	50.7	28 58.7	47.2
	17	22 27.7	105 20.6	28.6	92 42.9	00.9	347 29.5	50.7	44 00.9	47.1
	18	37 30.2	120 19.7	S22 28.5	107 43.3	S23 00.6	2 31.8	N12 50.8	59 03.1	S10 47.0
	19	52 32.7	135 18.8	28.5	122 43.8	00.4	17 34.0	50.9	74 05.3	46.9
	20	67 35.1	150 17.9	28.5	137 44.2	23 00.2	32 36.3	51.0	89 07.5	46.8
	21	82 37.6	165 17.1	. . 28.5	152 44.6	22 59.9	47 38.5	. . 51.1	104 09.7	. . 46.7
	22	97 40.1	180 16.2	28.4	167 45.0	59.7	62 40.8	51.2	119 11.9	46.6
	23	112 42.5	195 15.3	28.4	182 45.4	59.5	77 43.0	51.3	134 14.1	46.5
	29 00	127 45.0	210 14.5	S22 28.3	197 45.8	S22 59.2	92 45.2	N12 51.4	149 16.3	S10 46.4
	01	142 47.4	225 13.6	28.3	212 46.3	59.0	107 47.5	51.4	164 18.5	46.3
	02	157 49.9	240 12.7	28.3	227 46.7	58.7	122 49.7	51.5	179 20.7	46.1
	03	172 52.4	255 11.8	. . 28.2	242 47.1	. . 58.5	137 51.9	. . 51.6	194 22.9	. . 46.0
	04	187 54.8	270 11.0	28.2	257 47.5	58.3	152 54.2	51.7	209 25.1	45.9
	05	202 57.3	285 10.1	28.1	272 47.9	58.0	167 56.4	51.8	224 27.3	45.8
	06	217 59.8	300 09.2	S22 28.1	287 48.3	S22 57.8	182 58.7	N12 51.9	239 29.5	S10 45.7
	07	233 02.2	315 08.3	28.1	302 48.7	57.6	198 00.9	52.0	254 31.7	45.6
	08	248 04.7	330 07.5	28.0	317 49.2	57.3	213 03.1	52.1	269 33.9	45.5
M	09	263 07.2	345 06.6	. . 28.0	332 49.6	. . 57.1	228 05.4	. . 52.2	284 36.1	. . 45.4
O	10	278 09.6	0 05.7	27.9	347 50.0	56.8	243 07.6	52.2	299 38.3	45.3
N	11	293 12.1	15 04.8	27.9	2 50.4	56.6	258 09.8	52.3	314 40.5	45.2
D	12	308 14.6	30 04.0	S22 27.8	17 50.8	S22 56.3	273 12.1	N12 52.4	329 42.6	S10 45.1
A	13	323 17.0	45 03.1	27.8	32 51.3	56.1	288 14.3	52.5	344 44.8	45.0
Y	14	338 19.5	60 02.2	27.7	47 51.7	55.9	303 16.6	52.6	359 47.0	44.9
	15	353 21.9	75 01.4	. . 27.6	62 52.1	. . 55.6	318 18.8	. . 52.7	14 49.2	. . 44.8
	16	8 24.4	90 00.5	27.6	77 52.5	55.4	333 21.0	52.8	29 51.4	44.7
	17	23 26.9	104 59.6	27.5	92 52.9	55.1	348 23.3	52.9	44 53.6	44.6
	18	38 29.3	119 58.7	S22 27.5	107 53.3	S22 54.9	3 25.5	N12 53.0	59 55.8	S10 44.5
	19	53 31.8	134 57.9	27.4	122 53.8	54.6	18 27.7	53.0	74 58.0	44.4
	20	68 34.3	149 57.0	27.4	137 54.2	54.4	33 30.0	53.1	90 00.2	44.3
	21	83 36.7	164 56.1	. . 27.3	152 54.6	. . 54.2	48 32.2	. . 53.2	105 02.4	. . 44.1
	22	98 39.2	179 55.2	27.2	167 55.0	53.9	63 34.4	53.3	120 04.6	44.0
	23	113 41.7	194 54.4	27.2	182 55.4	53.7	78 36.7	53.4	135 06.8	43.9
	30 00	128 44.1	209 53.5	S22 27.1	197 55.8	S22 53.4	93 38.9	N12 53.5	150 09.0	S10 43.8
	01	143 46.6	224 52.6	27.0	212 56.3	53.2	108 41.1	53.6	165 11.2	43.7
	02	158 49.0	239 51.8	27.0	227 56.7	52.9	123 43.4	53.7	180 13.4	43.6
	03	173 51.5	254 50.9	. . 26.9	242 57.1	. . 52.7	138 45.6	. . 53.8	195 15.6	. . 43.5
	04	188 54.0	269 50.0	26.8	257 57.5	52.4	153 47.8	53.8	210 17.8	43.4
	05	203 56.4	284 49.1	26.8	272 57.9	52.2	168 50.1	53.9	225 20.0	43.3
	06	218 58.9	299 48.3	S22 26.7	287 58.3	S22 51.9	183 52.3	N12 54.0	240 22.2	S10 43.2
	07	234 01.4	314 47.4	26.6	302 58.8	51.7	198 54.5	54.1	255 24.4	43.1
T	08	249 03.8	329 46.5	26.5	317 59.2	51.4	213 56.7	54.2	270 26.6	43.0
U	09	264 06.3	344 45.6	. . 26.5	332 59.6	. . 51.2	228 59.0	. . 54.3	285 28.8	. . 42.9
E	10	279 08.8	359 44.8	26.4	348 00.0	50.9	244 01.2	54.4	300 31.0	42.8
S	11	294 11.2	14 43.9	26.3	3 00.4	50.7	259 03.4	54.5	315 33.2	42.7
	12	309 13.7	29 43.0	S22 26.2	18 00.9	S22 50.4	274 05.7	N12 54.6	330 35.4	S10 42.6
D	13	324 16.2	44 42.1	26.1	33 01.3	50.2	289 07.9	54.7	345 37.6	42.5
A	14	339 18.6	59 41.3	26.1	48 01.7	49.9	304 10.1	54.8	0 39.8	42.3
Y	15	354 21.1	74 40.4	. . 26.0	63 02.1	. . 49.7	319 12.3	. . 54.8	15 41.9	. . 42.2
	16	9 23.5	89 39.5	25.9	78 02.5	49.4	334 14.6	54.9	30 44.1	42.1
	17	24 26.0	104 38.7	25.8	93 02.9	49.2	349 16.8	55.0	45 46.3	42.0
	18	39 28.5	119 37.8	S22 25.7	108 03.4	S22 48.9	4 19.0	N12 55.1	60 48.5	S10 41.9
	19	54 30.9	134 36.9	25.6	123 03.8	48.6	19 21.3	55.2	75 50.7	41.8
	20	69 33.4	149 36.0	25.6	138 04.2	48.4	34 23.5	55.3	90 52.9	41.7
	21	84 35.9	164 35.2	. . 25.5	153 04.6	. . 48.1	49 25.7	. . 55.4	105 55.1	. . 41.6
	22	99 38.3	179 34.3	25.4	168 05.0	47.9	64 27.9	55.5	120 57.3	41.5
	23	114 40.8	194 33.4	25.3	183 05.5	47.6	79 30.2	55.6	135 59.5	41.4
	Mer. Pass.	h m 15 26.5	v −0.9	d 0.1	v 0.4	d 0.2	v 2.2	d 0.1	v 2.2	d 0.1

STARS

Name	SHA ° ′	Dec ° ′
Acamar	315 12.3	S40 12.8
Achernar	335 20.9	S57 07.2
Acrux	173 00.6	S63 13.7
Adhara	255 06.1	S29 00.4
Aldebaran	290 40.3	N16 33.5
Alioth	166 13.4	N55 49.5
Alkaid	152 52.5	N49 11.3
Alnair	27 34.3	S46 50.9
Alnilam	275 38.3	S 1 11.3
Alphard	217 48.2	S 8 45.8
Alphecca	126 04.5	N26 37.8
Alpheratz	357 35.8	N29 13.4
Altair	62 01.0	N 8 55.8
Ankaa	353 08.1	S42 10.8
Antares	112 17.0	S26 29.1
Arcturus	145 48.6	N19 03.2
Atria	107 12.3	S69 04.0
Avior	234 14.4	S59 35.2
Bellatrix	278 23.5	N 6 22.3
Betelgeuse	270 52.7	N 7 24.7
Canopus	263 52.3	S52 42.6
Capella	280 22.7	N46 01.4
Deneb	49 26.8	N45 21.9
Denebola	182 25.5	N14 26.1
Diphda	348 48.2	S17 51.5
Dubhe	193 41.4	N61 37.1
Elnath	278 02.6	N28 37.7
Eltanin	90 43.0	N51 28.9
Enif	33 39.9	N 9 59.0
Fomalhaut	15 15.7	S29 29.9
Gacrux	171 52.2	S57 14.7
Gienah	175 44.2	S17 40.5
Hadar	148 37.1	S60 29.1
Hamal	327 52.1	N23 34.6
Kaus Aust.	83 33.9	S34 22.4
Kochab	137 19.9	N74 03.0
Markab	13 30.9	N15 20.0
Menkar	314 06.9	N 4 11.0
Menkent	147 58.5	S36 29.2
Miaplacidus	221 37.5	S69 48.8
Mirfak	308 29.2	N49 57.0
Nunki	75 49.1	S26 16.0
Peacock	53 07.5	S56 39.5
Pollux	243 17.9	N27 58.1
Procyon	244 51.3	N 5 09.7
Rasalhague	95 59.5	N12 32.4
Regulus	207 35.0	N11 50.9
Rigel	281 04.4	S 8 10.5
Rigil Kent.	139 41.4	S60 55.8
Sabik	102 03.9	S15 45.3
Schedar	349 32.2	N56 40.3
Shaula	96 11.7	S37 07.2
Sirius	258 26.6	S16 45.0
Spica	158 23.0	S11 17.2
Suhail	222 46.4	S43 31.7
Vega	80 34.1	N38 48.1
Zuben'ubi	136 56.9	S16 08.5

	SHA ° ′	Mer. Pass. h m
Venus	82 29.5	10 00
Mars	70 00.9	10 49
Jupiter	325 00.2	17 46
Saturn	21 31.3	14 01

© British Crown Copyright 2023. All rights reserved.

UT d	h	SUN GHA	SUN Dec	MOON GHA	v	MOON Dec	d	HP
		° ′	° ′	° ′	′	° ′	′	′
28	00	176 49.2	S18 23.1	331 04.0	15.7	N13 59.4	12.5	54.1
	01	191 49.0	22.5	345 38.7	15.7	13 46.9	12.6	54.1
	02	206 48.9	21.8	0 13.4	15.8	13 34.3	12.6	54.1
	03	221 48.8	. . 21.2	14 48.2	15.8	13 21.7	12.6	54.1
	04	236 48.7	20.5	29 23.0	15.9	13 09.1	12.7	54.1
	05	251 48.5	19.9	43 57.9	16.0	12 56.4	12.7	54.1
	06	266 48.4	S18 19.2	58 32.9	16.0	N12 43.7	12.8	54.1
	07	281 48.3	18.6	73 07.9	16.0	12 30.9	12.9	54.1
	08	296 48.2	17.9	87 42.9	16.1	12 18.0	12.8	54.1
SUNDAY	09	311 48.1	. . 17.3	102 18.0	16.2	12 05.2	12.9	54.1
	10	326 47.9	16.6	116 53.2	16.2	11 52.3	13.0	54.1
	11	341 47.8	16.0	131 28.4	16.2	11 39.3	13.0	54.1
	12	356 47.7	S18 15.3	146 03.6	16.4	N11 26.3	13.0	54.1
	13	11 47.6	14.7	160 39.0	16.3	11 13.3	13.1	54.1
	14	26 47.5	14.0	175 14.3	16.4	11 00.2	13.1	54.1
	15	41 47.3	. . 13.4	189 49.7	16.4	10 47.1	13.2	54.1
	16	56 47.2	12.7	204 25.1	16.5	10 33.9	13.1	54.1
	17	71 47.1	12.0	219 00.6	16.6	10 20.8	13.3	54.1
	18	86 47.0	S18 11.4	233 36.2	16.5	N10 07.5	13.2	54.1
	19	101 46.9	10.7	248 11.7	16.6	9 54.3	13.3	54.1
	20	116 46.8	10.1	262 47.3	16.7	9 41.0	13.3	54.1
	21	131 46.6	. . 09.4	277 23.0	16.7	9 27.7	13.4	54.1
	22	146 46.5	08.7	291 58.7	16.7	9 14.3	13.3	54.0
	23	161 46.4	08.1	306 34.4	16.8	9 01.0	13.4	54.0
29	00	176 46.3	S18 07.4	321 10.2	16.8	N 8 47.6	13.5	54.0
	01	191 46.2	06.8	335 46.0	16.8	8 34.1	13.5	54.0
	02	206 46.1	06.1	350 21.8	16.9	8 20.6	13.4	54.0
	03	221 45.9	. . 05.4	4 57.7	16.9	8 07.2	13.6	54.0
	04	236 45.8	04.8	19 33.6	17.0	7 53.6	13.5	54.0
	05	251 45.7	04.1	34 09.6	16.9	7 40.1	13.6	54.0
	06	266 45.6	S18 03.4	48 45.5	17.0	N 7 26.5	13.6	54.0
	07	281 45.5	02.8	63 21.5	17.1	7 12.9	13.6	54.0
	08	296 45.4	02.1	77 57.6	17.0	6 59.3	13.7	54.0
MONDAY	09	311 45.3	. . 01.4	92 33.6	17.1	6 45.6	13.6	54.0
	10	326 45.2	00.8	107 09.7	17.1	6 32.0	13.7	54.0
	11	341 45.0	18 00.1	121 45.8	17.2	6 18.3	13.8	54.0
	12	356 44.9	S17 59.4	136 22.0	17.1	N 6 04.5	13.7	54.0
	13	11 44.8	58.8	150 58.1	17.2	5 50.8	13.7	54.0
	14	26 44.7	58.1	165 34.3	17.2	5 37.1	13.8	54.0
	15	41 44.6	. . 57.4	180 10.5	17.3	5 23.3	13.8	54.0
	16	56 44.5	56.7	194 46.8	17.2	5 09.5	13.8	54.0
	17	71 44.4	56.1	209 23.0	17.3	4 55.7	13.9	54.0
	18	86 44.3	S17 55.4	223 59.3	17.3	N 4 41.8	13.8	54.0
	19	101 44.2	54.7	238 35.6	17.3	4 28.0	13.9	54.1
	20	116 44.1	54.1	253 11.9	17.3	4 14.1	13.8	54.1
	21	131 43.9	. . 53.4	267 48.2	17.3	4 00.3	13.9	54.1
	22	146 43.8	52.7	282 24.5	17.4	3 46.4	13.9	54.1
	23	161 43.7	52.0	297 00.9	17.3	3 32.5	13.9	54.1
30	00	176 43.6	S17 51.4	311 37.2	17.4	N 3 18.6	14.0	54.1
	01	191 43.5	50.7	326 13.6	17.4	3 04.6	13.9	54.1
	02	206 43.4	50.0	340 50.0	17.4	2 50.7	14.0	54.1
	03	221 43.3	. . 49.3	355 26.4	17.4	2 36.7	13.9	54.1
	04	236 43.2	48.7	10 02.8	17.4	2 22.8	14.0	54.1
	05	251 43.1	48.0	24 39.2	17.4	2 08.8	14.0	54.1
	06	266 43.0	S17 47.3	39 15.6	17.4	N 1 54.8	14.0	54.1
	07	281 42.9	46.6	53 52.0	17.4	1 40.8	14.0	54.1
	08	296 42.8	45.9	68 28.4	17.4	1 26.8	14.0	54.1
TUESDAY	09	311 42.7	. . 45.3	83 04.8	17.5	1 12.8	14.0	54.1
	10	326 42.6	44.6	97 41.3	17.4	0 58.8	14.0	54.1
	11	341 42.5	43.9	112 17.7	17.4	0 44.8	14.0	54.1
	12	356 42.4	S17 43.2	126 54.1	17.4	N 0 30.8	14.0	54.1
	13	11 42.3	42.5	141 30.5	17.5	0 16.8	14.1	54.1
	14	26 42.2	41.8	156 07.0	17.4	N 0 02.7	14.0	54.1
	15	41 42.1	. . 41.2	170 43.4	17.4	S 0 11.3	14.0	54.1
	16	56 42.0	40.5	185 19.8	17.4	0 25.3	14.0	54.2
	17	71 41.9	39.8	199 56.2	17.4	0 39.3	14.1	54.2
	18	86 41.8	S17 39.1	214 32.6	17.4	S 0 53.4	14.0	54.2
	19	101 41.7	38.4	229 09.0	17.4	1 07.4	14.0	54.2
	20	116 41.6	37.7	243 45.4	17.3	1 21.4	14.1	54.2
	21	131 41.5	. . 37.0	258 21.7	17.4	1 35.5	14.0	54.2
	22	146 41.4	36.4	272 58.1	17.3	1 49.5	14.0	54.2
	23	161 41.3	35.7	287 34.4	17.4	S 2 03.5	14.0	54.2
		SD 16.3	*d* 0.7	SD 14.7		14.7		14.7

Lat.	Twilight Naut.	Twilight Civil	Sunrise	Moonrise 28	Moonrise 29	Moonrise 30	Moonrise 31
°	h m	h m	h m	h m	h m	h m	h m
N 72	07 22	08 54	11 01	18 15	20 17	22 13	24 13
N 70	07 12	08 33	10 05	18 32	20 23	22 10	24 00
68	07 04	08 16	09 32	18 45	20 28	22 08	23 50
66	06 58	08 03	09 08	18 56	20 32	22 06	23 42
64	06 52	07 52	08 50	19 04	20 35	22 04	23 35
62	06 47	07 42	08 35	19 12	20 38	22 03	23 29
60	06 42	07 34	08 22	19 19	20 41	22 02	23 24
N 58	06 38	07 26	08 11	19 24	20 43	22 01	23 19
56	06 34	07 20	08 01	19 29	20 45	22 00	23 15
54	06 31	07 14	07 53	19 34	20 47	21 59	23 12
52	06 27	07 08	07 45	19 38	20 48	21 58	23 09
50	06 24	07 03	07 38	19 42	20 50	21 57	23 06
45	06 17	06 52	07 24	19 50	20 53	21 56	22 59
N 40	06 10	06 43	07 12	19 56	20 56	21 55	22 54
35	06 04	06 35	07 01	20 02	20 58	21 53	22 50
30	05 58	06 27	06 52	20 07	21 00	21 53	22 46
20	05 47	06 13	06 36	20 15	21 03	21 51	22 39
N 10	05 35	06 01	06 23	20 23	21 07	21 49	22 33
0	05 22	05 48	06 09	20 30	21 09	21 48	22 28
S 10	05 08	05 34	05 56	20 37	21 12	21 47	22 22
20	04 51	05 18	05 42	20 44	21 15	21 46	22 16
30	04 28	04 59	05 25	20 53	21 19	21 44	22 10
35	04 14	04 48	05 16	20 58	21 21	21 43	22 06
40	03 57	04 34	05 05	21 03	21 23	21 42	22 02
45	03 35	04 18	04 52	21 09	21 26	21 41	21 57
S 50	03 06	03 57	04 35	21 17	21 29	21 40	21 51
52	02 50	03 46	04 28	21 20	21 30	21 39	21 49
54	02 32	03 35	04 19	21 24	21 32	21 39	21 46
56	02 08	03 21	04 10	21 28	21 33	21 38	21 43
58	01 35	03 05	03 59	21 33	21 35	21 37	21 39
S 60	////	02 46	03 47	21 38	21 37	21 36	21 35

Lat.	Sunset	Twilight Civil	Twilight Naut.	Moonset 28	Moonset 29	Moonset 30	Moonset 31
°	h m	h m	h m	h m	h m	h m	h m
N 72	13 27	15 33	17 06	10 51	10 12	09 41	09 09
N 70	14 22	15 54	17 15	10 32	10 04	09 39	09 15
68	14 55	16 11	17 23	10 16	09 56	09 38	09 20
66	15 18	16 24	17 29	10 04	09 50	09 37	09 25
64	15 37	16 35	17 35	09 54	09 45	09 37	09 28
62	15 52	16 45	17 40	09 45	09 40	09 36	09 31
60	16 05	16 53	17 45	09 37	09 36	09 35	09 34
N 58	16 16	17 01	17 49	09 30	09 33	09 35	09 37
56	16 25	17 07	17 53	09 24	09 30	09 34	09 39
54	16 34	17 13	17 56	09 19	09 27	09 34	09 41
52	16 41	17 19	18 00	09 14	09 24	09 34	09 43
50	16 48	17 23	18 03	09 09	09 22	09 33	09 44
45	17 03	17 34	18 10	09 00	09 17	09 32	09 48
N 40	17 15	17 44	18 16	08 52	09 12	09 32	09 51
35	17 25	17 52	18 22	08 45	09 08	09 31	09 54
30	17 34	17 59	18 28	08 38	09 05	09 31	09 56
20	17 50	18 13	18 39	08 28	08 59	09 30	10 00
N 10	18 04	18 26	18 51	08 18	08 54	09 29	10 04
0	18 17	18 38	19 04	08 09	08 49	09 28	10 07
S 10	18 30	18 52	19 18	08 00	08 44	09 27	10 10
20	18 44	19 07	19 35	07 50	08 39	09 26	10 14
30	19 00	19 26	19 57	07 39	08 33	09 25	10 18
35	19 10	19 38	20 11	07 33	08 29	09 25	10 20
40	19 21	19 51	20 28	07 25	08 25	09 24	10 23
45	19 34	20 07	20 50	07 16	08 20	09 23	10 26
S 50	19 50	20 28	21 19	07 06	08 15	09 22	10 30
52	19 57	20 38	21 34	07 01	08 12	09 22	10 32
54	20 05	20 50	21 52	06 55	08 09	09 21	10 34
56	20 15	21 03	22 14	06 49	08 06	09 21	10 36
58	20 25	21 19	22 46	06 43	08 02	09 20	10 38
S 60	20 38	21 38	23 50	06 35	07 58	09 20	10 41

Day	SUN Eqn. of Time 00^h	SUN Eqn. of Time 12^h	SUN Mer. Pass.	MOON Mer. Pass. Upper	MOON Mer. Pass. Lower	MOON Age	MOON Phase
d	m s	m s	h m	h m	h m	d	%
28	12 43	12 49	12 13	01 59	14 20	17	93
29	12 55	13 00	12 13	02 40	14 59	18	88
30	13 05	13 10	12 13	03 19	15 38	19	81

© British Crown Copyright 2023. All rights reserved.

UT d	UT h	ARIES GHA	VENUS −3·9 GHA	VENUS Dec	MARS +1·3 GHA	MARS Dec	JUPITER −2·3 GHA	JUPITER Dec	SATURN +0·9 GHA	SATURN Dec	STARS Name	SHA	Dec
d	h	° ′	° ′	° ′	° ′	° ′	° ′	° ′	° ′	° ′		° ′	° ′
31	00	129 43.3	209 32.5	S22 25.2	198 05.9	S22 47.4	94 32.4	N12 55.7	151 01.7	S10 41.3	Acamar	315 12.3	S40 12.8
	01	144 45.7	224 31.7	25.1	213 06.3	47.1	109 34.6	55.8	166 03.9	41.2	Achernar	335 20.9	S57 07.2
	02	159 48.2	239 30.8	25.0	228 06.7	46.8	124 36.8	55.9	181 06.1	41.1	Acrux	173 00.6	S63 13.7
	03	174 50.6	254 29.9	24.9	243 07.1	46.6	139 39.1	56.0	196 08.3	41.0	Adhara	255 06.1	S29 00.4
	04	189 53.1	269 29.1	24.8	258 07.6	46.3	154 41.3	56.0	211 10.5	40.9	Aldebaran	290 40.3	N16 33.5
	05	204 55.6	284 28.2	24.7	273 08.0	46.1	169 43.5	56.1	226 12.7	40.8			
	06	219 58.0	299 27.3	S22 24.6	288 08.4	S22 45.8	184 45.7	N12 56.2	241 14.9	S10 40.6	Alioth	166 13.4	N55 49.5
WEDNESDAY	07	235 00.5	314 26.4	24.5	303 08.8	45.6	199 48.0	56.3	256 17.1	40.5	Alkaid	152 52.5	N49 11.3
	08	250 03.0	329 25.6	24.4	318 09.2	45.3	214 50.2	56.4	271 19.3	40.4	Alnair	27 34.3	S46 50.8
	09	265 05.4	344 24.7	24.3	333 09.7	45.0	229 52.4	56.5	286 21.5	40.3	Alnilam	275 38.3	S 1 11.3
	10	280 07.9	359 23.8	24.2	348 10.1	44.8	244 54.6	56.6	301 23.7	40.2	Alphard	217 48.2	S 8 45.8
	11	295 10.4	14 23.0	24.1	3 10.5	44.5	259 56.9	56.7	316 25.8	40.1			
	12	310 12.8	29 22.1	S22 24.0	18 10.9	S22 44.2	274 59.1	N12 56.8	331 28.0	S10 40.0	Alphecca	126 04.5	N26 37.8
	13	325 15.3	44 21.2	23.9	33 11.3	44.0	290 01.3	56.9	346 30.2	39.9	Alpheratz	357 35.8	N29 13.4
	14	340 17.8	59 20.3	23.8	48 11.8	43.7	305 03.5	57.0	1 32.4	39.8	Altair	62 01.0	N 8 55.8
	15	355 20.2	74 19.5	23.7	63 12.2	43.5	320 05.7	57.1	16 34.6	39.7	Ankaa	353 08.1	S42 10.8
	16	10 22.7	89 18.6	23.5	78 12.6	43.2	335 08.0	57.2	31 36.8	39.6	Antares	112 17.0	S26 29.1
	17	25 25.1	104 17.7	23.4	93 13.0	42.9	350 10.2	57.3	46 39.0	39.5			
	18	40 27.6	119 16.8	S22 23.3	108 13.4	S22 42.7	5 12.4	N12 57.3	61 41.2	S10 39.4	Arcturus	145 48.6	N19 03.2
	19	55 30.1	134 16.0	23.2	123 13.9	42.4	20 14.6	57.4	76 43.4	39.3	Atria	107 12.2	S69 04.0
	20	70 32.5	149 15.1	23.1	138 14.3	42.1	35 16.8	57.5	91 45.6	39.2	Avior	234 14.4	S59 35.2
	21	85 35.0	164 14.2	23.0	153 14.7	41.9	50 19.1	57.6	106 47.8	39.1	Bellatrix	278 23.5	N 6 22.2
	22	100 37.5	179 13.4	22.8	168 15.1	41.6	65 21.3	57.7	121 50.0	38.9	Betelgeuse	270 52.7	N 7 24.7
	23	115 39.9	194 12.5	22.7	183 15.5	41.3	80 23.5	57.8	136 52.2	38.8			
1	00	130 42.4	209 11.6	S22 22.6	198 16.0	S22 41.1	95 25.7	N12 57.9	151 54.4	S10 38.7	Canopus	263 52.3	S52 42.6
	01	145 44.9	224 10.7	22.5	213 16.4	40.8	110 27.9	58.0	166 56.6	38.6	Capella	280 22.7	N46 01.4
	02	160 47.3	239 09.9	22.4	228 16.8	40.5	125 30.2	58.1	181 58.8	38.5	Deneb	49 26.8	N45 21.9
	03	175 49.8	254 09.0	22.2	243 17.2	40.3	140 32.4	58.2	197 00.9	38.4	Denebola	182 25.5	N14 26.1
	04	190 52.3	269 08.1	22.1	258 17.6	40.0	155 34.6	58.3	212 03.1	38.3	Diphda	348 48.2	S17 51.5
	05	205 54.7	284 07.3	22.0	273 18.1	39.7	170 36.8	58.4	227 05.3	38.2			
	06	220 57.2	299 06.4	S22 21.9	288 18.5	S22 39.4	185 39.0	N12 58.5	242 07.5	S10 38.1	Dubhe	193 41.4	N61 37.1
THURSDAY	07	235 59.6	314 05.5	21.7	303 18.9	39.2	200 41.2	58.6	257 09.7	38.0	Elnath	278 02.6	N28 37.7
	08	251 02.1	329 04.6	21.6	318 19.3	38.9	215 43.5	58.7	272 11.9	37.9	Eltanin	90 42.9	N51 28.8
	09	266 04.6	344 03.8	21.5	333 19.7	38.6	230 45.7	58.8	287 14.1	37.8	Enif	33 39.9	N 9 59.0
	10	281 07.0	359 02.9	21.3	348 20.2	38.4	245 47.9	58.9	302 16.3	37.7	Fomalhaut	15 15.7	S29 29.9
	11	296 09.5	14 02.0	21.2	3 20.6	38.1	260 50.1	59.0	317 18.5	37.6			
	12	311 12.0	29 01.2	S22 21.1	18 21.0	S22 37.8	275 52.3	N12 59.0	332 20.7	S10 37.5	Gacrux	171 52.2	S57 14.7
	13	326 14.4	44 00.3	20.9	33 21.4	37.5	290 54.5	59.1	347 22.9	37.3	Gienah	175 44.2	S17 40.5
	14	341 16.9	58 59.4	20.8	48 21.8	37.3	305 56.8	59.2	2 25.1	37.2	Hadar	148 37.0	S60 29.1
	15	356 19.4	73 58.6	20.7	63 22.3	37.0	320 59.0	59.3	17 27.3	37.1	Hamal	327 52.1	N23 34.6
	16	11 21.8	88 57.7	20.5	78 22.7	36.7	336 01.2	59.4	32 29.5	37.0	Kaus Aust.	83 33.9	S34 22.4
	17	26 24.3	103 56.8	20.4	93 23.1	36.5	351 03.4	59.5	47 31.7	36.9			
	18	41 26.7	118 55.9	S22 20.2	108 23.5	S22 36.2	6 05.6	N12 59.6	62 33.8	S10 36.8	Kochab	137 19.8	N74 03.0
	19	56 29.2	133 55.1	20.1	123 24.0	35.9	21 07.8	59.7	77 36.0	36.7	Markab	13 30.9	N15 20.0
	20	71 31.7	148 54.2	19.9	138 24.4	35.6	36 10.0	59.8	92 38.2	36.6	Menkar	314 06.9	N 4 11.0
	21	86 34.1	163 53.3	19.8	153 24.8	35.3	51 12.2	12 59.9	107 40.4	36.5	Menkent	147 58.5	S36 29.2
	22	101 36.6	178 52.5	19.6	168 25.2	35.1	66 14.5	13 00.0	122 42.6	36.4	Miaplacidus	221 37.5	S69 48.9
	23	116 39.1	193 51.6	19.5	183 25.6	34.8	81 16.7	00.1	137 44.8	36.3			
2	00	131 41.5	208 50.7	S22 19.4	198 26.1	S22 34.5	96 18.9	N13 00.2	152 47.0	S10 36.2	Mirfak	308 29.3	N49 57.0
	01	146 44.0	223 49.9	19.2	213 26.5	34.2	111 21.1	00.3	167 49.2	36.1	Nunki	75 49.0	S26 16.0
	02	161 46.5	238 49.0	19.1	228 26.9	34.0	126 23.3	00.4	182 51.4	36.0	Peacock	53 07.5	S56 39.5
	03	176 48.9	253 48.1	18.9	243 27.3	33.7	141 25.5	00.5	197 53.6	35.8	Pollux	243 17.9	N27 58.1
	04	191 51.4	268 47.2	18.7	258 27.8	33.4	156 27.7	00.6	212 55.8	35.7	Procyon	244 51.3	N 5 09.7
	05	206 53.9	283 46.4	18.6	273 28.2	33.1	171 29.9	00.7	227 58.0	35.6			
	06	221 56.3	298 45.5	S22 18.4	288 28.6	S22 32.8	186 32.1	N13 00.8	243 00.2	S10 35.5	Rasalhague	95 59.5	N12 32.4
	07	236 58.8	313 44.6	18.3	303 29.0	32.6	201 34.4	00.9	258 02.3	35.4	Regulus	207 34.9	N11 50.9
	08	252 01.2	328 43.8	18.1	318 29.4	32.3	216 36.6	01.0	273 04.5	35.3	Rigel	281 04.4	S 8 10.5
FRIDAY	09	267 03.7	343 42.9	18.0	333 29.9	32.0	231 38.8	01.1	288 06.7	35.2	Rigil Kent.	139 41.4	S60 55.8
	10	282 06.2	358 42.0	17.8	348 30.3	31.7	246 41.0	01.2	303 08.9	35.1	Sabik	102 03.9	S15 45.3
	11	297 08.6	13 41.2	17.6	3 30.7	31.4	261 43.2	01.3	318 11.1	35.0			
	12	312 11.1	28 40.3	S22 17.5	18 31.1	S22 31.1	276 45.4	N13 01.4	333 13.3	S10 34.9	Schedar	349 32.2	N56 40.3
	13	327 13.6	43 39.4	17.3	33 31.6	30.9	291 47.6	01.5	348 15.5	34.8	Shaula	96 11.7	S37 07.2
	14	342 16.0	58 38.6	17.1	48 32.0	30.6	306 49.8	01.6	3 17.7	34.7	Sirius	258 26.6	S16 45.0
	15	357 18.5	73 37.7	17.0	63 32.4	30.3	321 52.0	01.6	18 19.9	34.6	Spica	158 23.0	S11 17.2
	16	12 21.0	88 36.8	16.8	78 32.8	30.0	336 54.2	01.7	33 22.1	34.4	Suhail	222 46.4	S43 31.8
	17	27 23.4	103 35.9	16.6	93 33.3	29.7	351 56.4	01.8	48 24.3	34.3			
	18	42 25.9	118 35.1	S22 16.5	108 33.7	S22 29.4	6 58.6	N13 01.9	63 26.5	S10 34.2	Vega	80 34.1	N38 48.1
	19	57 28.4	133 34.2	16.3	123 34.1	29.2	22 00.9	02.0	78 28.6	34.1	Zuben'ubi	136 56.9	S16 08.5
	20	72 30.8	148 33.3	16.1	138 34.5	28.9	37 03.1	02.1	93 30.8	34.0			
	21	87 33.3	163 32.5	16.0	153 34.9	28.6	52 05.3	02.2	108 33.0	33.9			
	22	102 35.7	178 31.6	15.8	168 35.4	28.3	67 07.5	02.3	123 35.2	33.8			
	23	117 38.2	193 30.7	15.6	183 35.8	28.0	82 09.7	02.4	138 37.4	33.7			
Mer. Pass.	h m	15 14.7	v −0.9	d 0.1	v 0.4	d 0.3	v 2.2	d 0.1	v 2.2	d 0.1			

	SHA (° ′)	Mer. Pass. (h m)
Venus	78 29.2	10 04
Mars	67 33.6	10 47
Jupiter	324 43.3	17 36
Saturn	21 12.0	13 50

© British Crown Copyright 2023. All rights reserved.

UT		SUN GHA	SUN Dec	MOON GHA	v	MOON Dec	d	HP
d	h	° ′	° ′	° ′	′	° ′	′	′
31	00	176 41.2	S17 35.0	302 10.8	17.3	S 2 17.5	14.1	54.2
	01	191 41.1	34.3	316 47.1	17.3	2 31.6	14.0	54.2
	02	206 41.0	33.6	331 23.4	17.2	2 45.6	14.0	54.2
	03	221 40.9	. . 32.9	345 59.6	17.3	2 59.6	14.0	54.2
	04	236 40.8	32.2	0 35.9	17.2	3 13.6	14.0	54.3
	05	251 40.7	31.5	15 12.1	17.3	3 27.6	14.0	54.3
	06	266 40.6	S17 30.8	29 48.4	17.2	S 3 41.6	14.0	54.3
W	07	281 40.5	30.1	44 24.6	17.1	3 55.6	13.9	54.3
E	08	296 40.4	29.5	59 00.7	17.2	4 09.5	14.0	54.3
D	09	311 40.3	. . 28.8	73 36.9	17.1	4 23.5	13.9	54.3
N	10	326 40.2	28.1	88 13.0	17.1	4 37.4	14.0	54.3
E	11	341 40.1	27.4	102 49.1	17.1	4 51.4	13.9	54.3
S	12	356 40.0	S17 26.7	117 25.2	17.0	S 5 05.3	13.9	54.4
D	13	11 39.9	26.0	132 01.2	17.0	5 19.2	13.9	54.4
A	14	26 39.8	25.3	146 37.2	17.0	5 33.1	13.9	54.4
Y	15	41 39.7	. . 24.6	161 13.2	16.9	5 47.0	13.9	54.4
	16	56 39.6	23.9	175 49.1	16.9	6 00.9	13.9	54.4
	17	71 39.5	23.2	190 25.0	16.9	6 14.8	13.8	54.4
	18	86 39.4	S17 22.5	205 00.9	16.9	S 6 28.6	13.8	54.4
	19	101 39.4	21.8	219 36.8	16.8	6 42.4	13.8	54.4
	20	116 39.3	21.1	234 12.6	16.7	6 56.2	13.8	54.5
	21	131 39.2	. . 20.4	248 48.3	16.7	7 10.0	13.8	54.5
	22	146 39.1	19.7	263 24.0	16.7	7 23.8	13.8	54.5
	23	161 39.0	19.0	277 59.7	16.7	7 37.6	13.7	54.5
1	00	176 38.9	S17 18.3	292 35.4	16.6	S 7 51.3	13.7	54.5
	01	191 38.8	17.6	307 11.0	16.5	8 05.0	13.7	54.5
	02	206 38.7	16.9	321 46.5	16.5	8 18.7	13.7	54.6
	03	221 38.6	. . 16.2	336 22.0	16.5	8 32.4	13.6	54.6
	04	236 38.5	15.5	350 57.5	16.4	8 46.0	13.6	54.6
	05	251 38.5	14.8	5 32.9	16.3	8 59.6	13.6	54.6
	06	266 38.4	S17 14.1	20 08.2	16.4	S 9 13.2	13.6	54.6
T	07	281 38.3	13.4	34 43.6	16.2	9 26.8	13.5	54.6
H	08	296 38.2	12.7	49 18.8	16.2	9 40.3	13.6	54.7
U	09	311 38.1	. . 12.0	63 54.0	16.2	9 53.9	13.4	54.7
R	10	326 38.0	11.2	78 29.2	16.1	10 07.3	13.5	54.7
S	11	341 37.9	10.5	93 04.3	16.0	10 20.8	13.4	54.7
D	12	356 37.8	S17 09.8	107 39.3	16.0	S10 34.2	13.4	54.7
A	13	11 37.8	09.1	122 14.3	15.9	10 47.6	13.4	54.8
Y	14	26 37.7	08.4	136 49.2	15.9	11 01.0	13.3	54.8
	15	41 37.6	. . 07.7	151 24.1	15.8	11 14.3	13.3	54.8
	16	56 37.5	07.0	165 58.9	15.7	11 27.6	13.3	54.8
	17	71 37.4	06.3	180 33.6	15.7	11 40.9	13.2	54.8
	18	86 37.3	S17 05.6	195 08.3	15.6	S11 54.1	13.2	54.9
	19	101 37.2	04.9	209 42.9	15.5	12 07.3	13.2	54.9
	20	116 37.2	04.1	224 17.4	15.5	12 20.5	13.1	54.9
	21	131 37.1	. . 03.4	238 51.9	15.4	12 33.6	13.1	54.9
	22	146 37.0	02.7	253 26.3	15.3	12 46.7	13.0	54.9
	23	161 36.9	02.0	268 00.6	15.3	12 59.7	13.0	55.0
2	00	176 36.8	S17 01.3	282 34.9	15.2	S13 12.7	13.0	55.0
	01	191 36.8	17 00.6	297 09.1	15.1	13 25.7	12.9	55.0
	02	206 36.7	16 59.9	311 43.2	15.0	13 38.6	12.9	55.0
	03	221 36.6	. . 59.1	326 17.2	15.0	13 51.5	12.8	55.1
	04	236 36.5	58.4	340 51.2	14.9	14 04.3	12.8	55.1
	05	251 36.4	57.7	355 25.1	14.8	14 17.1	12.8	55.1
	06	266 36.3	S16 57.0	9 58.9	14.7	S14 29.9	12.7	55.1
	07	281 36.3	56.3	24 32.6	14.7	14 42.6	12.6	55.2
	08	296 36.2	55.6	39 06.3	14.5	14 55.2	12.6	55.2
F	09	311 36.1	. . 54.8	53 39.8	14.5	15 07.8	12.6	55.2
R	10	326 36.0	54.1	68 13.3	14.4	15 20.4	12.5	55.2
I	11	341 36.0	53.4	82 46.7	14.3	15 32.9	12.4	55.3
D	12	356 35.9	S16 52.7	97 20.0	14.3	S15 45.3	12.4	55.3
A	13	11 35.8	52.0	111 53.3	14.1	15 57.7	12.3	55.3
Y	14	26 35.7	51.2	126 26.4	14.1	16 10.0	12.3	55.3
	15	41 35.6	. . 50.5	140 59.5	13.9	16 22.3	12.2	55.4
	16	56 35.6	49.8	155 32.4	13.9	16 34.5	12.2	55.4
	17	71 35.5	49.1	170 05.3	13.8	16 46.7	12.1	55.4
	18	86 35.4	S16 48.3	184 38.1	13.7	S16 58.8	12.1	55.4
	19	101 35.3	47.6	199 10.8	13.6	17 10.9	12.0	55.5
	20	116 35.3	46.9	213 43.4	13.5	17 22.9	11.9	55.5
	21	131 35.2	. . 46.2	228 15.9	13.4	17 34.8	11.8	55.5
	22	146 35.1	45.4	242 48.3	13.3	17 46.6	11.8	55.6
	23	161 35.0	44.7	257 20.6	13.2	S17 58.4	11.8	55.6
		SD 16.3	*d* 0.7	SD 14.8		14.9		15.1

Lat.	Twilight Naut.	Twilight Civil	Sunrise	Moonrise 31	Moonrise 1	Moonrise 2	Moonrise 3
°	h m	h m	h m	h m	h m	h m	h m
N 72	07 11	08 41	10 31	24 13	00 13	02 32	■
N 70	07 03	08 22	09 48	24 00	00 00	02 02	04 55
68	06 56	08 07	09 19	23 50	25 41	01 41	03 54
66	06 51	07 54	08 58	23 42	25 24	01 24	03 20
64	06 45	07 44	08 41	23 35	25 10	01 10	02 56
62	06 41	07 35	08 27	23 29	24 59	00 59	02 37
60	06 37	07 28	08 15	23 24	24 49	00 49	02 21
N 58	06 33	07 21	08 05	23 19	24 41	00 41	02 08
56	06 30	07 15	07 56	23 15	24 34	00 34	01 56
54	06 26	07 09	07 48	23 12	24 27	00 27	01 46
52	06 23	07 04	07 41	23 09	24 21	00 21	01 38
50	06 21	06 59	07 34	23 06	24 16	00 16	01 30
45	06 14	06 49	07 20	22 59	24 05	00 05	01 13
N 40	06 08	06 40	07 09	22 54	23 55	25 00	01 00
35	06 02	06 33	06 59	22 50	23 48	24 48	00 48
30	05 57	06 26	06 51	22 46	23 41	24 38	00 38
20	05 46	06 13	06 36	22 39	23 29	24 21	00 21
N 10	05 35	06 00	06 22	22 33	23 18	24 06	00 06
0	05 23	05 48	06 10	22 28	23 09	23 53	24 41
S 10	05 09	05 35	05 57	22 22	22 59	23 39	24 24
20	04 53	05 20	05 44	22 16	22 49	23 25	24 05
30	04 31	05 02	05 28	22 10	22 37	23 08	23 44
35	04 18	04 51	05 19	22 06	22 31	22 59	23 32
40	04 01	04 38	05 08	22 02	22 23	22 48	23 18
45	03 41	04 22	04 56	21 57	22 15	22 35	23 01
S 50	03 13	04 03	04 41	21 51	22 04	22 20	22 41
52	02 59	03 53	04 34	21 49	21 59	22 13	22 31
54	02 42	03 42	04 26	21 46	21 54	22 05	22 20
56	02 20	03 29	04 17	21 43	21 48	21 56	22 08
58	01 52	03 14	04 07	21 39	21 42	21 46	21 54
S 60	01 05	02 56	03 55	21 35	21 35	21 35	21 37

Lat.	Sunset	Twilight Civil	Twilight Naut.	Moonset 31	Moonset 1	Moonset 2	Moonset 3
°	h m	h m	h m	h m	h m	h m	h m
N 72	13 57	15 48	17 17	09 09	08 34	07 42	■
N 70	14 40	16 06	17 25	09 15	08 49	08 13	06 53
68	15 09	16 21	17 32	09 20	09 01	08 36	07 56
66	15 30	16 34	17 38	09 25	09 11	08 54	08 31
64	15 47	16 44	17 43	09 28	09 19	09 09	08 57
62	16 01	16 53	17 47	09 31	09 27	09 22	09 17
60	16 13	17 00	17 51	09 34	09 33	09 33	09 33
N 58	16 23	17 07	17 55	09 37	09 39	09 42	09 47
56	16 32	17 13	17 58	09 39	09 44	09 50	09 59
54	16 40	17 19	18 01	09 41	09 48	09 58	10 10
52	16 47	17 24	18 04	09 43	09 52	10 04	10 19
50	16 53	17 28	18 07	09 44	09 56	10 10	10 28
45	17 07	17 38	18 14	09 48	10 04	10 23	10 46
N 40	17 18	17 47	18 19	09 51	10 11	10 34	11 01
35	17 28	17 55	18 25	09 54	10 17	10 43	11 13
30	17 37	18 02	18 30	09 56	10 22	10 51	11 24
20	17 52	18 15	18 41	10 00	10 31	11 05	11 43
N 10	18 05	18 27	18 52	10 04	10 39	11 18	12 00
0	18 17	18 39	19 04	10 07	10 47	11 29	12 15
S 10	18 29	18 52	19 17	10 10	10 55	11 41	12 31
20	18 43	19 06	19 34	10 14	11 03	11 54	12 48
30	18 58	19 24	19 55	10 18	11 12	12 08	13 07
35	19 08	19 35	20 08	10 20	11 17	12 16	13 18
40	19 18	19 48	20 25	10 23	11 23	12 26	13 31
45	19 30	20 04	20 45	10 26	11 31	12 37	13 47
S 50	19 45	20 23	21 13	10 30	11 39	12 51	14 06
52	19 52	20 33	21 26	10 32	11 43	12 57	14 15
54	20 00	20 43	21 43	10 34	11 48	13 05	14 26
56	20 09	20 56	22 04	10 36	11 53	13 13	14 37
58	20 19	21 10	22 31	10 38	11 58	13 22	14 51
S 60	20 30	21 28	23 13	10 41	12 04	13 32	15 06

Day	SUN Eqn. of Time 00h	SUN Eqn. of Time 12h	SUN Mer. Pass.	MOON Mer. Pass. Upper	MOON Mer. Pass. Lower	Age	Phase
d	m s	m s	h m	h m	h m	d	%
31	13 15	13 20	12 13	03 58	16 17	20	73
1	13 24	13 28	12 13	04 37	16 58	21	64
2	13 33	13 36	12 14	05 19	17 41	22	55

© British Crown Copyright 2023. All rights reserved.

UT d h	ARIES GHA	VENUS −3·9 GHA	VENUS Dec	MARS +1·3 GHA	MARS Dec	JUPITER −2·3 GHA	JUPITER Dec	SATURN +0·9 GHA	SATURN Dec
	° ′	° ′	° ′	° ′	° ′	° ′	° ′	° ′	° ′
3 00	132 40.7	208 29.9	S22 15.4	198 36.2	S22 27.7	97 11.9	N13 02.5	153 39.6	S10 33.6
01	147 43.1	223 29.0	15.3	213 36.6	27.4	112 14.1	02.6	168 41.8	33.5
02	162 45.6	238 28.1	15.1	228 37.1	27.1	127 16.3	02.7	183 44.0	33.4
03	177 48.1	253 27.3	. . 14.9	243 37.5	. . 26.8	142 18.5	. . 02.8	198 46.2	. . 33.3
04	192 50.5	268 26.4	14.7	258 37.9	26.6	157 20.7	02.9	213 48.4	33.2
05	207 53.0	283 25.5	14.5	273 38.3	26.3	172 22.9	03.0	228 50.6	33.0
06	222 55.5	298 24.7	S22 14.3	288 38.8	S22 26.0	187 25.1	N13 03.1	243 52.8	S10 32.9
07	237 57.9	313 23.8	14.2	303 39.2	25.7	202 27.3	03.2	258 54.9	32.8
S 08	253 00.4	328 22.9	14.0	318 39.6	25.4	217 29.5	03.3	273 57.1	32.7
A 09	268 02.8	343 22.1	. . 13.8	333 40.0	. . 25.1	232 31.7	. . 03.4	288 59.3	. . 32.6
T 10	283 05.3	358 21.2	13.6	348 40.5	24.8	247 33.9	03.5	304 01.5	32.5
U 11	298 07.8	13 20.3	13.4	3 40.9	24.5	262 36.1	03.6	319 03.7	32.4
R 12	313 10.2	28 19.5	S22 13.2	18 41.3	S22 24.2	277 38.3	N13 03.7	334 05.9	S10 32.3
D 13	328 12.7	43 18.6	13.0	33 41.7	23.9	292 40.5	03.8	349 08.1	32.2
A 14	343 15.2	58 17.7	12.8	48 42.2	23.6	307 42.7	03.9	4 10.3	32.1
Y 15	358 17.6	73 16.9	. . 12.6	63 42.6	. . 23.3	322 44.9	. . 04.0	19 12.5	. . 32.0
16	13 20.1	88 16.0	12.4	78 43.0	23.0	337 47.1	04.1	34 14.7	31.9
17	28 22.6	103 15.1	12.2	93 43.4	22.8	352 49.3	04.2	49 16.8	31.8
18	43 25.0	118 14.3	S22 12.0	108 43.9	S22 22.5	7 51.5	N13 04.3	64 19.0	S10 31.6
19	58 27.5	133 13.4	11.8	123 44.3	22.2	22 53.7	04.4	79 21.2	31.5
20	73 30.0	148 12.5	11.6	138 44.7	21.9	37 55.9	04.5	94 23.4	31.4
21	88 32.4	163 11.7	. . 11.4	153 45.1	. . 21.6	52 58.1	. . 04.6	109 25.6	. . 31.3
22	103 34.9	178 10.8	11.2	168 45.6	21.3	68 00.3	04.7	124 27.8	31.2
23	118 37.3	193 10.0	11.0	183 46.0	21.0	83 02.5	04.8	139 30.0	31.1
4 00	133 39.8	208 09.1	S22 10.8	198 46.4	S22 20.7	98 04.7	N13 04.9	154 32.2	S10 31.0
01	148 42.3	223 08.2	10.6	213 46.8	20.4	113 06.9	05.0	169 34.4	30.9
02	163 44.7	238 07.4	10.4	228 47.3	20.1	128 09.1	05.1	184 36.6	30.8
03	178 47.2	253 06.5	. . 10.2	243 47.7	. . 19.8	143 11.3	. . 05.2	199 38.8	. . 30.7
04	193 49.7	268 05.6	10.0	258 48.1	19.5	158 13.5	05.3	214 40.9	30.6
05	208 52.1	283 04.8	09.8	273 48.5	19.2	173 15.7	05.4	229 43.1	30.5
06	223 54.6	298 03.9	S22 09.6	288 49.0	S22 18.9	188 17.9	N13 05.5	244 45.3	S10 30.3
07	238 57.1	313 03.0	09.4	303 49.4	18.6	203 20.1	05.6	259 47.5	30.2
08	253 59.5	328 02.2	09.2	318 49.8	18.3	218 22.3	05.7	274 49.7	30.1
S 09	269 02.0	343 01.3	. . 08.9	333 50.2	. . 18.0	233 24.5	. . 05.8	289 51.9	. . 30.0
U 10	284 04.5	358 00.4	08.7	348 50.7	17.7	248 26.7	05.9	304 54.1	29.9
N 11	299 06.9	12 59.6	08.5	3 51.1	17.4	263 28.9	06.0	319 56.3	29.8
D 12	314 09.4	27 58.7	S22 08.3	18 51.5	S22 17.1	278 31.1	N13 06.1	334 58.5	S10 29.7
A 13	329 11.8	42 57.9	08.1	33 52.0	16.8	293 33.3	06.2	350 00.6	29.6
Y 14	344 14.3	57 57.0	07.9	48 52.4	16.5	308 35.5	06.3	5 02.8	29.5
15	359 16.8	72 56.1	. . 07.6	63 52.8	. . 16.1	323 37.7	. . 06.4	20 05.0	. . 29.4
16	14 19.2	87 55.3	07.4	78 53.2	15.8	338 39.8	06.5	35 07.2	29.3
17	29 21.7	102 54.4	07.2	93 53.7	15.5	353 42.0	06.6	50 09.4	29.2
18	44 24.2	117 53.5	S22 07.0	108 54.1	S22 15.2	8 44.2	N13 06.7	65 11.6	S10 29.0
19	59 26.6	132 52.7	06.7	123 54.5	14.9	23 46.4	06.8	80 13.8	28.9
20	74 29.1	147 51.8	06.5	138 54.9	14.6	38 48.6	06.9	95 16.0	28.8
21	89 31.6	162 51.0	. . 06.3	153 55.4	. . 14.3	53 50.8	. . 07.0	110 18.2	. . 28.7
22	104 34.0	177 50.1	06.0	168 55.8	14.0	68 53.0	07.1	125 20.4	28.6
23	119 36.5	192 49.2	05.8	183 56.2	13.7	83 55.2	07.2	140 22.5	28.5
5 00	134 38.9	207 48.4	S22 05.6	198 56.7	S22 13.4	98 57.4	N13 07.4	155 24.7	S10 28.4
01	149 41.4	222 47.5	05.3	213 57.1	13.1	113 59.6	07.5	170 26.9	28.3
02	164 43.9	237 46.7	05.1	228 57.5	12.8	129 01.8	07.6	185 29.1	28.2
03	179 46.3	252 45.8	. . 04.9	243 57.9	. . 12.5	144 04.0	. . 07.7	200 31.3	. . 28.1
04	194 48.8	267 44.9	04.6	258 58.4	12.1	159 06.1	07.8	215 33.5	28.0
05	209 51.3	282 44.1	04.4	273 58.8	11.8	174 08.3	07.9	230 35.7	27.9
06	224 53.7	297 43.2	S22 04.2	288 59.2	S22 11.5	189 10.5	N13 08.0	245 37.9	S10 27.7
07	239 56.2	312 42.3	03.9	303 59.7	11.2	204 12.7	08.1	260 40.1	27.6
08	254 58.7	327 41.5	03.7	319 00.1	10.9	219 14.9	08.2	275 42.2	27.5
M 09	270 01.1	342 40.6	. . 03.4	334 00.5	. . 10.6	234 17.1	. . 08.3	290 44.4	. . 27.4
O 10	285 03.6	357 39.8	03.2	349 00.9	10.3	249 19.3	08.4	305 46.6	27.3
N 11	300 06.1	12 38.9	03.0	4 01.4	10.0	264 21.5	08.5	320 48.8	27.2
D 12	315 08.5	27 38.0	S22 02.7	19 01.8	S22 09.6	279 23.7	N13 08.6	335 51.0	S10 27.1
A 13	330 11.0	42 37.2	02.5	34 02.2	09.3	294 25.9	08.7	350 53.2	27.0
Y 14	345 13.4	57 36.3	02.2	49 02.7	09.0	309 28.0	08.8	5 55.4	26.9
15	0 15.9	72 35.5	. . 02.0	64 03.1	. . 08.7	324 30.2	. . 08.9	20 57.6	. . 26.8
16	15 18.4	87 34.6	01.7	79 03.5	08.4	339 32.4	09.0	35 59.7	26.7
17	30 20.8	102 33.8	01.5	94 03.9	08.1	354 34.6	09.1	51 01.9	26.5
18	45 23.3	117 32.9	S22 01.2	109 04.4	S22 07.8	9 36.8	N13 09.2	66 04.1	S10 26.4
19	60 25.8	132 32.0	01.0	124 04.8	07.4	24 39.0	09.3	81 06.3	26.3
20	75 28.2	147 31.2	00.7	139 05.2	07.1	39 41.2	09.4	96 08.5	26.2
21	90 30.7	162 30.3	. . 00.4	154 05.7	. . 06.8	54 43.3	. . 09.5	111 10.7	. . 26.1
22	105 33.2	177 29.5	22 00.2	169 06.1	06.5	69 45.5	09.6	126 12.9	26.0
23	120 35.6	192 28.6	S21 59.9	184 06.5	06.2	84 47.7	09.7	141 15.1	25.9
Mer. Pass.	h m 15 02.9	v −0.9	d 0.2	v 0.4	d 0.3	v 2.2	d 0.1	v 2.2	d 0.1

STARS Name	SHA ° ′	Dec ° ′
Acamar	315 12.3	S40 12.8
Achernar	335 20.9	S57 07.2
Acrux	173 00.5	S63 13.7
Adhara	255 06.1	S29 00.4
Aldebaran	290 40.3	N16 33.5
Alioth	166 13.3	N55 49.5
Alkaid	152 52.5	N49 11.3
Alnair	27 34.3	S46 50.8
Alnilam	275 38.3	S 1 11.3
Alphard	217 48.2	S 8 45.8
Alphecca	126 04.5	N26 37.8
Alpheratz	357 35.8	N29 13.4
Altair	62 01.0	N 8 55.8
Ankaa	353 08.1	S42 10.8
Antares	112 16.9	S26 29.1
Arcturus	145 48.6	N19 03.2
Atria	107 12.2	S69 04.0
Avior	234 14.4	S59 35.2
Bellatrix	278 23.5	N 6 22.2
Betelgeuse	270 52.7	N 7 24.7
Canopus	263 52.3	S52 42.6
Capella	280 22.7	N46 01.4
Deneb	49 26.8	N45 21.8
Denebola	182 25.5	N14 26.1
Diphda	348 48.2	S17 51.5
Dubhe	193 41.3	N61 37.1
Elnath	278 02.6	N28 37.7
Eltanin	90 42.9	N51 28.8
Enif	33 39.9	N 9 59.0
Fomalhaut	15 15.7	S29 29.9
Gacrux	171 52.2	S57 14.7
Gienah	175 44.2	S17 40.5
Hadar	148 37.0	S60 29.1
Hamal	327 52.1	N23 34.6
Kaus Aust.	83 33.8	S34 22.4
Kochab	137 19.7	N74 03.0
Markab	13 30.9	N15 20.0
Menkar	314 06.9	N 4 11.0
Menkent	147 58.5	S36 29.2
Miaplacidus	221 37.5	S69 48.9
Mirfak	308 29.3	N49 57.0
Nunki	75 49.0	S26 16.0
Peacock	53 07.5	S56 39.5
Pollux	243 17.9	N27 58.1
Procyon	244 51.3	N 5 09.7
Rasalhague	95 59.5	N12 32.4
Regulus	207 34.9	N11 50.9
Rigel	281 04.4	S 8 10.5
Rigil Kent.	139 41.3	S60 55.8
Sabik	102 03.9	S15 45.3
Schedar	349 32.3	N56 40.3
Shaula	96 11.7	S37 07.2
Sirius	258 26.6	S16 45.1
Spica	158 23.0	S11 17.2
Suhail	222 46.4	S43 31.8
Vega	80 34.1	N38 48.1
Zuben'ubi	136 56.9	S16 08.5

	SHA ° ′	Mer. Pass. h m
Venus	74 29.3	10 08
Mars	65 06.6	10 45
Jupiter	324 24.9	17 25
Saturn	20 52.4	13 40

© British Crown Copyright 2023. All rights reserved.

	UT	SUN GHA	SUN Dec	MOON GHA	v	MOON Dec	d	HP
	d h	° ′	° ′	° ′	′	° ′	′	′
	3 00	176 35.0	S16 44.0	271 52.8	13.1	S18 10.2	11.6	55.6
	01	191 34.9	43.3	286 24.9	13.0	18 21.8	11.6	55.6
	02	206 34.8	42.5	300 56.9	12.9	18 33.4	11.6	55.7
	03	221 34.7	. . 41.8	315 28.8	12.8	18 45.0	11.4	55.7
	04	236 34.7	41.1	330 00.6	12.7	18 56.4	11.4	55.7
	05	251 34.6	40.4	344 32.3	12.6	19 07.8	11.3	55.8
	06	266 34.5	S16 39.6	359 03.9	12.5	S19 19.1	11.3	55.8
	07	281 34.5	38.9	13 35.4	12.3	19 30.4	11.1	55.8
S	08	296 34.4	38.2	28 06.7	12.3	19 41.5	11.1	55.9
A	09	311 34.3	. . 37.4	42 38.0	12.2	19 52.6	11.0	55.9
T	10	326 34.3	36.7	57 09.2	12.0	20 03.6	10.9	55.9
U	11	341 34.2	36.0	71 40.2	12.0	20 14.5	10.9	55.9
R	12	356 34.1	S16 35.2	86 11.2	11.8	S20 25.4	10.8	56.0
D	13	11 34.0	34.5	100 42.0	11.7	20 36.2	10.6	56.0
A	14	26 34.0	33.8	115 12.7	11.7	20 46.8	10.6	56.0
Y	15	41 33.9	. . 33.0	129 43.4	11.5	20 57.4	10.5	56.1
	16	56 33.8	32.3	144 13.9	11.3	21 07.9	10.5	56.1
	17	71 33.8	31.6	158 44.2	11.3	21 18.4	10.3	56.1
	18	86 33.7	S16 30.8	173 14.5	11.2	S21 28.7	10.2	56.2
	19	101 33.6	30.1	187 44.7	11.0	21 38.9	10.2	56.2
	20	116 33.6	29.4	202 14.7	10.9	21 49.1	10.1	56.2
	21	131 33.5	. . 28.6	216 44.6	10.8	21 59.2	9.9	56.3
	22	146 33.4	27.9	231 14.4	10.7	22 09.1	9.9	56.3
	23	161 33.4	27.1	245 44.1	10.6	22 19.0	9.7	56.3
	4 00	176 33.3	S16 26.4	260 13.7	10.4	S22 28.7	9.7	56.4
	01	191 33.2	25.7	274 43.1	10.4	22 38.4	9.6	56.4
	02	206 33.2	24.9	289 12.5	10.2	22 48.0	9.4	56.5
	03	221 33.1	. . 24.2	303 41.7	10.1	22 57.4	9.4	56.5
	04	236 33.0	23.4	318 10.8	9.9	23 06.8	9.3	56.5
	05	251 33.0	22.7	332 39.7	9.9	23 16.1	9.1	56.6
	06	266 32.9	S16 22.0	347 08.6	9.7	S23 25.2	9.1	56.6
	07	281 32.9	21.2	1 37.3	9.6	23 34.3	8.9	56.6
	08	296 32.8	20.5	16 05.9	9.5	23 43.2	8.8	56.7
S	09	311 32.7	. . 19.7	30 34.4	9.3	23 52.0	8.7	56.7
U	10	326 32.7	19.0	45 02.7	9.3	24 00.7	8.6	56.7
N	11	341 32.6	18.2	59 31.0	9.1	24 09.3	8.5	56.8
D	12	356 32.5	S16 17.5	73 59.1	9.0	S24 17.8	8.3	56.8
A	13	11 32.5	16.8	88 27.1	8.9	24 26.1	8.3	56.9
Y	14	26 32.4	16.0	102 55.0	8.7	24 34.4	8.1	56.9
	15	41 32.4	. . 15.3	117 22.7	8.6	24 42.5	8.0	56.9
	16	56 32.3	14.5	131 50.3	8.5	24 50.5	7.8	57.0
	17	71 32.2	13.8	146 17.8	8.4	24 58.3	7.8	57.0
	18	86 32.2	S16 13.0	160 45.2	8.3	S25 06.1	7.6	57.0
	19	101 32.1	12.3	175 12.5	8.1	25 13.7	7.5	57.1
	20	116 32.1	11.5	189 39.6	8.0	25 21.2	7.4	57.1
	21	131 32.0	. . 10.8	204 06.6	7.9	25 28.6	7.2	57.2
	22	146 32.0	10.0	218 33.5	7.8	25 35.8	7.1	57.2
	23	161 31.9	09.3	233 00.3	7.6	25 42.9	6.9	57.2
	5 00	176 31.8	S16 08.5	247 26.9	7.5	S25 49.8	6.8	57.3
	01	191 31.8	07.8	261 53.4	7.4	25 56.6	6.7	57.3
	02	206 31.7	07.0	276 19.8	7.3	26 03.3	6.6	57.4
	03	221 31.7	. . 06.3	290 46.1	7.2	26 09.9	6.3	57.4
	04	236 31.6	05.5	305 12.3	7.0	26 16.2	6.3	57.4
	05	251 31.6	04.8	319 38.3	7.0	26 22.5	6.1	57.5
	06	266 31.5	S16 04.0	334 04.3	6.8	S26 28.6	6.0	57.5
	07	281 31.4	03.3	348 30.1	6.7	26 34.6	5.8	57.5
	08	296 31.4	02.5	2 55.8	6.6	26 40.4	5.6	57.6
M	09	311 31.3	. . 01.7	17 21.4	6.4	26 46.0	5.5	57.6
O	10	326 31.3	01.0	31 46.8	6.4	26 51.5	5.4	57.7
N	11	341 31.2	16 00.2	46 12.2	6.2	26 56.9	5.2	57.7
D	12	356 31.2	S15 59.5	60 37.4	6.2	S27 02.1	5.0	57.7
A	13	11 31.1	58.7	75 02.6	6.0	27 07.1	4.9	57.8
Y	14	26 31.1	58.0	89 27.6	5.9	27 12.0	4.8	57.8
	15	41 31.0	. . 57.2	103 52.5	5.8	27 16.8	4.5	57.9
	16	56 31.0	56.4	118 17.3	5.7	27 21.3	4.4	57.9
	17	71 30.9	55.7	132 42.0	5.6	27 25.7	4.3	57.9
	18	86 30.9	S15 54.9	147 06.6	5.5	S27 30.0	4.0	58.0
	19	101 30.8	54.2	161 31.1	5.4	27 34.0	4.0	58.0
	20	116 30.8	53.4	175 55.5	5.3	27 38.0	3.7	58.1
	21	131 30.7	. . 52.6	190 19.8	5.2	27 41.7	3.6	58.1
	22	146 30.7	51.9	204 44.0	5.1	27 45.3	3.4	58.1
	23	161 30.6	51.1	219 08.1	5.0	S27 48.7	3.2	58.2
		SD 16.3	*d* 0.7	SD 15.3		15.5		15.7

Lat.	Twilight Naut.	Twilight Civil	Sunrise	Moonrise 3	Moonrise 4	Moonrise 5	Moonrise 6
°	h m	h m	h m	h m	h m	h m	h m
N 72	07 00	08 27	10 07	■	■	■	■
N 70	06 54	08 10	09 32	04 55	■	■	■
68	06 48	07 57	09 07	03 54	■	■	■
66	06 43	07 46	08 47	03 20	06 05	■	■
64	06 38	07 36	08 32	02 56	04 59	■	■
62	06 35	07 28	08 19	02 37	04 25	06 28	■
60	06 31	07 21	08 08	02 21	03 59	05 43	07 19
N 58	06 28	07 15	07 58	02 08	03 40	05 14	06 40
56	06 25	07 09	07 50	01 56	03 23	04 52	06 13
54	06 22	07 04	07 43	01 46	03 10	04 34	05 51
52	06 19	07 00	07 36	01 38	02 57	04 18	05 33
50	06 17	06 55	07 30	01 30	02 47	04 05	05 18
45	06 11	06 46	07 17	01 13	02 25	03 37	04 48
N 40	06 05	06 38	07 06	01 00	02 07	03 16	04 24
35	06 00	06 30	06 57	00 48	01 52	02 58	04 04
30	05 55	06 24	06 49	00 38	01 39	02 43	03 47
20	05 45	06 12	06 35	00 21	01 17	02 17	03 19
N 10	05 35	06 00	06 22	00 06	00 58	01 55	02 55
0	05 24	05 49	06 10	24 41	00 41	01 34	02 33
S 10	05 11	05 36	05 58	24 24	00 24	01 14	02 10
20	04 55	05 22	05 46	24 05	00 05	00 52	01 46
30	04 34	05 05	05 31	23 44	24 27	00 27	01 18
35	04 22	04 55	05 22	23 32	24 12	00 12	01 02
40	04 06	04 42	05 12	23 18	23 55	24 43	00 43
45	03 46	04 27	05 00	23 01	23 35	24 20	00 20
S 50	03 20	04 08	04 46	22 41	23 09	23 51	24 49
52	03 07	03 59	04 39	22 31	22 57	23 36	24 34
54	02 51	03 49	04 32	22 20	22 43	23 19	24 17
56	02 32	03 37	04 23	22 08	22 27	22 59	23 56
58	02 07	03 23	04 14	21 54	22 07	22 35	23 29
S 60	01 31	03 07	04 03	21 37	21 43	22 01	22 51

Lat.	Sunset	Twilight Civil	Twilight Naut.	Moonset 3	Moonset 4	Moonset 5	Moonset 6
°	h m	h m	h m	h m	h m	h m	h m
N 72	14 22	16 02	17 29	■	■	■	■
N 70	14 57	16 19	17 36	06 53	■	■	■
68	15 22	16 32	17 41	07 56	■	■	■
66	15 41	16 43	17 46	08 31	07 29	■	■
64	15 57	16 52	17 50	08 57	08 35	■	■
62	16 10	17 00	17 54	09 17	09 10	09 00	■
60	16 21	17 07	17 58	09 33	09 36	09 45	10 13
N 58	16 30	17 13	18 01	09 47	09 56	10 15	10 53
56	16 38	17 19	18 04	09 59	10 13	10 37	11 20
54	16 46	17 24	18 07	10 10	10 28	10 56	11 42
52	16 52	17 29	18 09	10 19	10 40	11 12	12 00
50	16 58	17 33	18 12	10 28	10 52	11 26	12 15
45	17 11	17 42	18 17	10 46	11 15	11 54	12 46
N 40	17 22	17 50	18 23	11 01	11 34	12 16	13 10
35	17 31	17 58	18 28	11 13	11 49	12 34	13 29
30	17 39	18 04	18 33	11 24	12 03	12 50	13 46
20	17 53	18 16	18 42	11 43	12 26	13 17	14 15
N 10	18 06	18 27	18 53	12 00	12 47	13 40	14 39
0	18 17	18 39	19 04	12 15	13 06	14 02	15 02
S 10	18 29	18 51	19 17	12 31	13 25	14 23	15 25
20	18 42	19 05	19 32	12 48	13 45	14 47	15 49
30	18 57	19 22	19 53	13 07	14 09	15 14	16 17
35	19 05	19 32	20 05	13 18	14 23	15 30	16 34
40	19 15	19 45	20 21	13 31	14 40	15 48	16 54
45	19 27	19 59	20 40	13 47	14 59	16 11	17 18
S 50	19 41	20 18	21 06	14 06	15 24	16 40	17 48
52	19 47	20 27	21 19	14 15	15 36	16 54	18 03
54	19 55	20 37	21 34	14 26	15 49	17 11	18 21
56	20 03	20 49	21 53	14 37	16 05	17 30	18 42
58	20 12	21 02	22 17	14 51	16 24	17 55	19 09
S 60	20 23	21 18	22 51	15 06	16 47	18 28	19 46

Day	SUN Eqn. of Time 00h	SUN Eqn. of Time 12h	SUN Mer. Pass.	MOON Mer. Pass. Upper	MOON Mer. Pass. Lower	Age	Phase
d	m s	m s	h m	h m	h m	d	%
3	13 40	13 43	12 14	06 04	18 28	23	45
4	13 47	13 50	12 14	06 53	19 20	24	35
5	13 53	13 55	12 14	07 48	20 17	25	25

© British Crown Copyright 2023. All rights reserved.

	UT	ARIES	VENUS −3·9		MARS +1·3		JUPITER −2·3		SATURN +0·9		STARS		
		GHA	GHA	Dec	GHA	Dec	GHA	Dec	GHA	Dec	Name	SHA	Dec
	d h	° ′	° ′	° ′	° ′	° ′	° ′	° ′	° ′	° ′		° ′	° ′
	6 00	135 38.1	207 27.7	S21 59.7	199 06.9	S22 05.9	99 49.9	N13 09.8	156 17.3	S10 25.8	Acamar	315 12.3	S40 12.8
	01	150 40.6	222 26.9	59.4	214 07.4	05.5	114 52.1	09.9	171 19.4	25.7	Achernar	335 20.9	S57 07.2
	02	165 43.0	237 26.0	59.1	229 07.8	05.2	129 54.3	10.0	186 21.6	25.6	Acrux	173 00.5	S63 13.8
	03	180 45.5	252 25.2	. . 58.9	244 08.2	. . 04.9	144 56.5	. . 10.1	201 23.8	. . 25.5	Adhara	255 06.1	S29 00.4
	04	195 47.9	267 24.3	58.6	259 08.7	04.6	159 58.6	10.3	216 26.0	25.3	Aldebaran	290 40.3	N16 33.5
	05	210 50.4	282 23.5	58.3	274 09.1	04.3	175 00.8	10.4	231 28.2	25.2			
	06	225 52.9	297 22.6	S21 58.1	289 09.5	S22 03.9	190 03.0	N13 10.5	246 30.4	S10 25.1	Alioth	166 13.3	N55 49.5
	07	240 55.3	312 21.8	57.8	304 10.0	03.6	205 05.2	10.6	261 32.6	25.0	Alkaid	152 52.4	N49 11.3
T	08	255 57.8	327 20.9	57.5	319 10.4	03.3	220 07.4	10.7	276 34.8	24.9	Alnair	27 34.3	S46 50.8
U	09	271 00.3	342 20.0	. . 57.3	334 10.8	. . 03.0	235 09.6	. . 10.8	291 36.9	. . 24.8	Alnilam	275 38.3	S 1 11.3
E	10	286 02.7	357 19.2	57.0	349 11.3	02.6	250 11.7	10.9	306 39.1	24.7	Alphard	217 48.2	S 8 45.8
S	11	301 05.2	12 18.3	56.7	4 11.7	02.3	265 13.9	11.0	321 41.3	24.6			
	12	316 07.7	27 17.5	S21 56.5	19 12.1	S22 02.0	280 16.1	N13 11.1	336 43.5	S10 24.5	Alphecca	126 04.4	N26 37.8
D	13	331 10.1	42 16.6	56.2	34 12.5	01.7	295 18.3	11.2	351 45.7	24.4	Alpheratz	357 35.8	N29 13.4
A	14	346 12.6	57 15.8	55.9	49 13.0	01.3	310 20.5	11.3	6 47.9	24.3	Altair	62 01.0	N 8 55.8
Y	15	1 15.1	72 14.9	. . 55.6	64 13.4	. . 01.0	325 22.6	. . 11.4	21 50.1	. . 24.1	Ankaa	353 08.1	S42 10.8
	16	16 17.5	87 14.1	55.4	79 13.8	00.7	340 24.8	11.5	36 52.3	24.0	Antares	112 16.9	S26 29.1
	17	31 20.0	102 13.2	55.1	94 14.3	00.4	355 27.0	11.6	51 54.4	23.9			
	18	46 22.4	117 12.3	S21 54.8	109 14.7	S22 00.0	10 29.2	N13 11.7	66 56.6	S10 23.8	Arcturus	145 48.5	N19 03.2
	19	61 24.9	132 11.5	54.5	124 15.1	21 59.7	25 31.4	11.8	81 58.8	23.7	Atria	107 12.1	S69 04.0
	20	76 27.4	147 10.6	54.2	139 15.6	59.4	40 33.5	11.9	97 01.0	23.6	Avior	234 14.4	S59 35.2
	21	91 29.8	162 09.8	. . 53.9	154 16.0	. . 59.1	55 35.7	. . 12.0	112 03.2	. . 23.5	Bellatrix	278 23.5	N 6 22.2
	22	106 32.3	177 08.9	53.7	169 16.4	58.7	70 37.9	12.1	127 05.4	23.4	Betelgeuse	270 52.7	N 7 24.6
	23	121 34.8	192 08.1	53.4	184 16.9	58.4	85 40.1	12.3	142 07.6	23.3			
	7 00	136 37.2	207 07.2	S21 53.1	199 17.3	S21 58.1	100 42.3	N13 12.4	157 09.8	S10 23.2	Canopus	263 52.3	S52 42.7
	01	151 39.7	222 06.4	52.8	214 17.7	57.8	115 44.4	12.5	172 11.9	23.1	Capella	280 22.7	N46 01.5
	02	166 42.2	237 05.5	52.5	229 18.2	57.4	130 46.6	12.6	187 14.1	22.9	Deneb	49 26.8	N45 21.8
	03	181 44.6	252 04.7	. . 52.2	244 18.6	. . 57.1	145 48.8	. . 12.7	202 16.3	. . 22.8	Denebola	182 25.5	N14 26.1
	04	196 47.1	267 03.8	51.9	259 19.0	56.8	160 51.0	12.8	217 18.5	22.7	Diphda	348 48.2	S17 51.5
	05	211 49.6	282 03.0	51.6	274 19.5	56.4	175 53.1	12.9	232 20.7	22.6			
	06	226 52.0	297 02.1	S21 51.3	289 19.9	S21 56.1	190 55.3	N13 13.0	247 22.9	S10 22.5	Dubhe	193 41.3	N61 37.1
W	07	241 54.5	312 01.3	51.0	304 20.3	55.8	205 57.5	13.1	262 25.1	22.4	Elnath	278 02.6	N28 37.7
E	08	256 56.9	327 00.4	50.7	319 20.8	55.4	220 59.7	13.2	277 27.2	22.3	Eltanin	90 42.9	N51 28.8
D	09	271 59.4	341 59.6	. . 50.4	334 21.2	. . 55.1	236 01.8	. . 13.3	292 29.4	. . 22.2	Enif	33 39.9	N 9 59.0
N	10	287 01.9	356 58.7	50.1	349 21.6	54.8	251 04.0	13.4	307 31.6	22.1	Fomalhaut	15 15.7	S29 29.9
E	11	302 04.3	11 57.9	49.9	4 22.1	54.4	266 06.2	13.5	322 33.8	22.0			
S	12	317 06.8	26 57.0	S21 49.5	19 22.5	S21 54.1	281 08.4	N13 13.6	337 36.0	S10 21.8	Gacrux	171 52.1	S57 14.7
	13	332 09.3	41 56.2	49.2	34 22.9	53.8	296 10.5	13.8	352 38.2	21.7	Gienah	175 44.1	S17 40.5
D	14	347 11.7	56 55.3	48.9	49 23.4	53.4	311 12.7	13.9	7 40.4	21.6	Hadar	148 36.9	S60 29.1
A	15	2 14.2	71 54.5	. . 48.6	64 23.8	. . 53.1	326 14.9	. . 14.0	22 42.6	. . 21.5	Hamal	327 52.1	N23 34.6
Y	16	17 16.7	86 53.6	48.3	79 24.2	52.8	341 17.1	14.1	37 44.7	21.4	Kaus Aust.	83 33.8	S34 22.4
	17	32 19.1	101 52.8	48.0	94 24.7	52.4	356 19.2	14.2	52 46.9	21.3			
	18	47 21.6	116 51.9	S21 47.7	109 25.1	S21 52.1	11 21.4	N13 14.3	67 49.1	S10 21.2	Kochab	137 19.7	N74 03.0
	19	62 24.1	131 51.1	47.4	124 25.5	51.8	26 23.6	14.4	82 51.3	21.1	Markab	13 30.9	N15 20.0
	20	77 26.5	146 50.2	47.1	139 26.0	51.4	41 25.8	14.5	97 53.5	21.0	Menkar	314 06.9	N 4 11.0
	21	92 29.0	161 49.4	. . 46.8	154 26.4	. . 51.1	56 27.9	. . 14.6	112 55.7	. . 20.9	Menkent	147 58.4	S36 29.2
	22	107 31.4	176 48.5	46.5	169 26.8	50.7	71 30.1	14.7	127 57.9	20.7	Miaplacidus	221 37.5	S69 48.9
	23	122 33.9	191 47.7	46.2	184 27.3	50.4	86 32.3	14.8	143 00.0	20.6			
	8 00	137 36.4	206 46.8	S21 45.9	199 27.7	S21 50.1	101 34.5	N13 14.9	158 02.2	S10 20.5	Mirfak	308 29.3	N49 57.0
	01	152 38.8	221 46.0	45.5	214 28.1	49.7	116 36.6	15.0	173 04.4	20.4	Nunki	75 49.0	S26 16.0
	02	167 41.3	236 45.1	45.2	229 28.6	49.4	131 38.8	15.2	188 06.6	20.3	Peacock	53 07.5	S56 39.5
	03	182 43.8	251 44.3	. . 44.9	244 29.0	. . 49.0	146 41.0	. . 15.3	203 08.8	. . 20.2	Pollux	243 17.9	N27 58.1
	04	197 46.2	266 43.4	44.6	259 29.4	48.7	161 43.1	15.4	218 11.0	20.1	Procyon	244 51.3	N 5 09.7
	05	212 48.7	281 42.6	44.3	274 29.9	48.4	176 45.3	15.5	233 13.2	20.0			
	06	227 51.2	296 41.7	S21 43.9	289 30.3	S21 48.0	191 47.5	N13 15.6	248 15.3	S10 19.9	Rasalhague	95 59.5	N12 32.4
	07	242 53.6	311 40.9	43.6	304 30.7	47.7	206 49.6	15.7	263 17.5	19.8	Regulus	207 34.9	N11 50.9
T	08	257 56.1	326 40.0	43.3	319 31.2	47.3	221 51.8	15.8	278 19.7	19.7	Rigel	281 04.4	S 8 10.5
H	09	272 58.6	341 39.2	. . 43.0	334 31.6	. . 47.0	236 54.0	. . 15.9	293 21.9	. . 19.5	Rigil Kent.	139 41.3	S60 55.8
U	10	288 01.0	356 38.4	42.6	349 32.0	46.7	251 56.2	16.0	308 24.1	19.4	Sabik	102 03.8	S15 45.3
R	11	303 03.5	11 37.5	42.3	4 32.5	46.3	266 58.3	16.1	323 26.3	19.3			
S	12	318 05.9	26 36.7	S21 42.0	19 32.9	S21 46.0	282 00.5	N13 16.2	338 28.5	S10 19.2	Schedar	349 32.3	N56 40.3
D	13	333 08.4	41 35.8	41.7	34 33.4	45.6	297 02.7	16.4	353 30.6	19.1	Shaula	96 11.6	S37 07.2
A	14	348 10.9	56 35.0	41.3	49 33.8	45.3	312 04.8	16.5	8 32.8	19.0	Sirius	258 26.6	S16 45.1
Y	15	3 13.3	71 34.1	. . 41.0	64 34.2	. . 44.9	327 07.0	. . 16.6	23 35.0	. . 18.9	Spica	158 23.0	S11 17.3
	16	18 15.8	86 33.3	40.7	79 34.7	44.6	342 09.2	16.7	38 37.2	18.8	Suhail	222 46.4	S43 31.8
	17	33 18.3	101 32.4	40.3	94 35.1	44.2	357 11.3	16.8	53 39.4	18.7			
	18	48 20.7	116 31.6	S21 40.0	109 35.5	S21 43.9	12 13.5	N13 16.9	68 41.6	S10 18.5	Vega	80 34.1	N38 48.1
	19	63 23.2	131 30.8	39.7	124 36.0	43.6	27 15.7	17.0	83 43.8	18.4	Zuben'ubi	136 56.8	S16 08.5
	20	78 25.7	146 29.9	39.3	139 36.4	43.2	42 17.8	17.1	98 45.9	18.3			
	21	93 28.1	161 29.1	. . 39.0	154 36.8	. . 42.9	57 20.0	. . 17.2	113 48.1	. . 18.2			
	22	108 30.6	176 28.2	38.6	169 37.3	42.5	72 22.2	17.3	128 50.3	18.1			
	23	123 33.0	191 27.4	38.3	184 37.7	42.2	87 24.3	17.4	143 52.5	18.0			
	Mer. Pass.	h m 14 51.1	*v* −0.9	*d* 0.3	*v* 0.4	*d* 0.3	*v* 2.2	*d* 0.1	*v* 2.2	*d* 0.1			

	SHA	Mer. Pass.
	° ′	h m
Venus	70 30.0	10 12
Mars	62 40.1	10 43
Jupiter	324 05.0	17 15
Saturn	20 32.5	13 29

© British Crown Copyright 2023. All rights reserved.

Day	UT (d h)	SUN GHA (° ′)	SUN Dec (° ′)	MOON GHA (° ′)	v (′)	MOON Dec (° ′)	d (′)	HP (′)
TUESDAY	6 00	176 30.6	S15 50.4	233 32.1	4.9	S27 51.9	3.0	58.2
	01	191 30.5	49.6	247 56.0	4.8	27 54.9	2.9	58.3
	02	206 30.5	48.8	262 19.8	4.7	27 57.8	2.7	58.3
	03	221 30.4	. . 48.1	276 43.5	4.7	28 00.5	2.5	58.4
	04	236 30.4	47.3	291 07.2	4.5	28 03.0	2.4	58.4
	05	251 30.3	46.5	305 30.7	4.5	28 05.4	2.1	58.4
	06	266 30.3	S15 45.8	319 54.2	4.4	S28 07.5	2.0	58.5
	07	281 30.2	45.0	334 17.6	4.3	28 09.5	1.8	58.5
	08	296 30.2	44.2	348 40.9	4.2	28 11.3	1.6	58.6
	09	311 30.1	. . 43.5	3 04.1	4.1	28 12.9	1.5	58.6
	10	326 30.1	42.7	17 27.2	4.1	28 14.4	1.2	58.6
	11	341 30.1	41.9	31 50.3	4.0	28 15.6	1.1	58.7
	12	356 30.0	S15 41.2	46 13.3	4.0	S28 16.7	0.8	58.7
	13	11 30.0	40.4	60 36.3	3.8	28 17.5	0.7	58.8
	14	26 29.9	39.6	74 59.1	3.8	28 18.2	0.5	58.8
	15	41 29.9	. . 38.9	89 21.9	3.8	28 18.7	0.3	58.8
	16	56 29.8	38.1	103 44.7	3.7	28 19.0	0.1	58.9
	17	71 29.8	37.3	118 07.4	3.6	28 19.1	0.1	58.9
	18	86 29.7	S15 36.6	132 30.0	3.6	S28 19.0	0.3	59.0
	19	101 29.7	35.8	146 52.6	3.5	28 18.7	0.4	59.0
	20	116 29.7	35.0	161 15.1	3.5	28 18.3	0.7	59.0
	21	131 29.6	. . 34.2	175 37.6	3.4	28 17.6	0.9	59.1
	22	146 29.6	33.5	190 00.0	3.4	28 16.7	1.0	59.1
	23	161 29.5	32.7	204 22.4	3.4	28 15.7	1.3	59.1
WEDNESDAY	7 00	176 29.5	S15 31.9	218 44.8	3.3	S28 14.4	1.5	59.2
	01	191 29.5	31.2	233 07.1	3.2	28 12.9	1.6	59.2
	02	206 29.4	30.4	247 29.3	3.3	28 11.3	1.9	59.3
	03	221 29.4	. . 29.6	261 51.6	3.2	28 09.4	2.0	59.3
	04	236 29.3	28.8	276 13.8	3.2	28 07.4	2.3	59.3
	05	251 29.3	28.1	290 36.0	3.1	28 05.1	2.4	59.4
	06	266 29.3	S15 27.3	304 58.1	3.2	S28 02.7	2.7	59.4
	07	281 29.2	26.5	319 20.3	3.1	28 00.0	2.8	59.4
	08	296 29.2	25.7	333 42.4	3.1	27 57.2	3.1	59.5
	09	311 29.1	. . 24.9	348 04.5	3.1	27 54.1	3.2	59.5
	10	326 29.1	24.2	2 26.6	3.0	27 50.9	3.5	59.6
	11	341 29.1	23.4	16 48.6	3.1	27 47.4	3.6	59.6
	12	356 29.0	S15 22.6	31 10.7	3.1	S27 43.8	3.9	59.6
	13	11 29.0	21.8	45 32.8	3.0	27 39.9	4.0	59.7
	14	26 29.0	21.1	59 54.8	3.1	27 35.9	4.3	59.7
	15	41 28.9	. . 20.3	74 16.9	3.0	27 31.6	4.5	59.7
	16	56 28.9	19.5	88 38.9	3.1	27 27.1	4.6	59.8
	17	71 28.9	18.7	103 01.0	3.1	27 22.5	4.9	59.8
	18	86 28.8	S15 17.9	117 23.1	3.1	S27 17.6	5.0	59.8
	19	101 28.8	17.1	131 45.2	3.1	27 12.6	5.3	59.9
	20	116 28.8	16.4	146 07.3	3.1	27 07.3	5.4	59.9
	21	131 28.7	. . 15.6	160 29.4	3.1	27 01.9	5.7	59.9
	22	146 28.7	14.8	174 51.5	3.2	26 56.2	5.8	60.0
	23	161 28.7	14.0	189 13.7	3.2	26 50.4	6.1	60.0
THURSDAY	8 00	176 28.6	S15 13.2	203 35.9	3.2	S26 44.3	6.2	60.0
	01	191 28.6	12.4	217 58.1	3.2	26 38.1	6.5	60.1
	02	206 28.6	11.7	232 20.3	3.3	26 31.6	6.6	60.1
	03	221 28.5	. . 10.9	246 42.6	3.3	26 25.0	6.8	60.1
	04	236 28.5	10.1	261 04.9	3.3	26 18.2	7.1	60.2
	05	251 28.5	09.3	275 27.2	3.4	26 11.1	7.2	60.2
	06	266 28.4	S15 08.5	289 49.6	3.4	S26 03.9	7.4	60.2
	07	281 28.4	07.7	304 12.0	3.4	25 56.5	7.6	60.3
	08	296 28.4	06.9	318 34.4	3.5	25 48.9	7.8	60.3
	09	311 28.3	. . 06.2	332 56.9	3.6	25 41.1	8.0	60.3
	10	326 28.3	05.4	347 19.5	3.6	25 33.1	8.2	60.4
	11	341 28.3	04.6	1 42.1	3.6	25 24.9	8.3	60.4
	12	356 28.3	S15 03.8	16 04.7	3.7	S25 16.6	8.6	60.4
	13	11 28.2	03.0	30 27.4	3.8	25 08.0	8.7	60.4
	14	26 28.2	02.2	44 50.2	3.8	24 59.3	8.9	60.5
	15	41 28.2	. . 01.4	59 13.0	3.9	24 50.4	9.1	60.5
	16	56 28.1	15 00.6	73 35.9	3.9	24 41.3	9.3	60.5
	17	71 28.1	14 59.8	87 58.8	4.0	24 32.0	9.5	60.6
	18	86 28.1	S14 59.0	102 21.8	4.1	S24 22.5	9.6	60.6
	19	101 28.1	58.2	116 44.9	4.1	24 12.9	9.8	60.6
	20	116 28.0	57.4	131 08.0	4.2	24 03.1	10.0	60.6
	21	131 28.0	. . 56.7	145 31.2	4.2	23 53.1	10.2	60.7
	22	146 28.0	55.9	159 54.4	4.4	23 42.9	10.3	60.7
	23	161 28.0	55.1	174 17.8	4.4	S23 32.6	10.6	60.7
		SD 16.2	*d* 0.8	SD 16.0		16.2		16.5

Lat. (°)	Twilight Naut. (h m)	Twilight Civil (h m)	Sunrise (h m)	Moonrise 6 (h m)	Moonrise 7 (h m)	Moonrise 8 (h m)	Moonrise 9 (h m)
N 72	06 49	08 14	09 46	▬	▬	▬	▬
N 70	06 44	07 59	09 16	▬	▬	▬	▬
68	06 39	07 47	08 54	▬	▬	▬	10 57
66	06 35	07 37	08 37	▬	▬	▬	10 01
64	06 31	07 28	08 22	▬	▬	10 13	09 28
62	06 28	07 21	08 11	▬	▬	09 11	09 03
60	06 25	07 15	08 00	07 19	08 16	08 36	08 43
N 58	06 22	07 09	07 52	06 40	07 40	08 11	08 26
56	06 20	07 04	07 44	06 13	07 13	07 51	08 12
54	06 17	06 59	07 37	05 51	06 52	07 34	08 00
52	06 15	06 55	07 31	05 33	06 35	07 19	07 49
50	06 13	06 51	07 25	05 18	06 20	07 07	07 40
45	06 07	06 42	07 13	04 48	05 50	06 40	07 19
N 40	06 03	06 35	07 03	04 24	05 26	06 19	07 03
35	05 58	06 28	06 54	04 04	05 07	06 02	06 49
30	05 54	06 22	06 47	03 47	04 50	05 47	06 36
20	05 44	06 11	06 33	03 19	04 22	05 21	06 15
N 10	05 35	06 00	06 22	02 55	03 57	04 59	05 57
0	05 24	05 49	06 11	02 33	03 35	04 38	05 40
S 10	05 12	05 37	05 59	02 10	03 12	04 17	05 22
20	04 57	05 24	05 47	01 46	02 48	03 55	05 04
30	04 37	05 08	05 33	01 18	02 20	03 29	04 42
35	04 25	04 58	05 25	01 02	02 03	03 13	04 30
40	04 10	04 46	05 16	00 43	01 43	02 55	04 15
45	03 52	04 32	05 05	00 20	01 20	02 34	03 57
S 50	03 27	04 14	04 51	24 49	00 49	02 06	03 36
52	03 15	04 06	04 45	24 34	00 34	01 53	03 25
54	03 00	03 56	04 38	24 17	00 17	01 37	03 13
56	02 43	03 45	04 30	23 56	25 19	01 19	03 00
58	02 21	03 32	04 22	23 29	24 57	00 57	02 44
S 60	01 51	03 17	04 11	22 51	24 27	00 27	02 25

Lat. (°)	Sunset (h m)	Twilight Civil (h m)	Twilight Naut. (h m)	Moonset 6 (h m)	Moonset 7 (h m)	Moonset 8 (h m)	Moonset 9 (h m)
N 72	14 43	16 16	17 41	▬	▬	▬	▬
N 70	15 13	16 31	17 46	▬	▬	▬	▬
68	15 35	16 43	17 51	▬	▬	▬	13 10
66	15 53	16 52	17 55	▬	▬	▬	14 05
64	16 07	17 01	17 58	▬	▬	11 44	14 38
62	16 19	17 08	18 01	▬	▬	12 46	15 01
60	16 29	17 14	18 04	10 13	11 27	13 20	15 20
N 58	16 37	17 20	18 07	10 53	12 04	13 45	15 36
56	16 45	17 25	18 09	11 20	12 30	14 04	15 49
54	16 52	17 30	18 12	11 42	12 51	14 21	16 00
52	16 58	17 34	18 14	12 00	13 08	14 35	16 11
50	17 04	17 38	18 16	12 15	13 23	14 47	16 19
45	17 16	17 46	18 21	12 46	13 53	15 12	16 38
N 40	17 26	17 54	18 26	13 10	14 16	15 32	16 54
35	17 34	18 00	18 31	13 29	14 35	15 49	17 06
30	17 42	18 07	18 35	13 46	14 52	16 03	17 17
20	17 55	18 18	18 44	14 15	15 19	16 28	17 36
N 10	18 07	18 28	18 53	14 39	15 43	16 48	17 53
0	18 18	18 39	19 04	15 02	16 05	17 08	18 08
S 10	18 29	18 50	19 16	15 25	16 27	17 27	18 23
20	18 41	19 04	19 31	15 49	16 50	17 47	18 39
30	18 54	19 20	19 50	16 17	17 17	18 11	18 57
35	19 03	19 30	20 02	16 34	17 33	18 24	19 07
40	19 12	19 41	20 17	16 54	17 52	18 40	19 19
45	19 23	19 55	20 35	17 18	18 14	18 59	19 33
S 50	19 36	20 12	20 59	17 48	18 42	19 22	19 50
52	19 42	20 21	21 12	18 03	18 56	19 33	19 58
54	19 49	20 30	21 26	18 21	19 12	19 45	20 07
56	19 56	20 41	21 43	18 42	19 30	19 59	20 17
58	20 05	20 54	22 04	19 09	19 53	20 16	20 28
S 60	20 15	21 08	22 32	19 46	20 23	20 36	20 41

Day	SUN Eqn. of Time 00^h	SUN Eqn. of Time 12^h	SUN Mer. Pass.	MOON Mer. Pass. Upper	MOON Mer. Pass. Lower	Age	Phase
d	m s	m s	h m	h m	h m	d	%
6	13 58	14 00	12 14	08 47	21 18	26	16
7	14 02	14 04	12 14	09 50	22 21	27	9
8	14 05	14 07	12 14	10 53	23 24	28	3

© British Crown Copyright 2023. All rights reserved.

UT	ARIES	VENUS −3·9		MARS +1·3		JUPITER −2·3		SATURN +0·9	
	GHA	GHA	Dec	GHA	Dec	GHA	Dec	GHA	Dec
d h	° ′	° ′	° ′	° ′	° ′	° ′	° ′	° ′	° ′
9 00	138 35.5	206 26.5	S21 38.0	199 38.2	S21 41.8	102 26.5	N13 17.6	158 54.7	S10 17.9
01	153 38.0	221 25.7	37.6	214 38.6	41.5	117 28.7	17.7	173 56.9	17.8
02	168 40.4	236 24.9	37.3	229 39.0	41.1	132 30.8	17.8	188 59.0	17.7
03	183 42.9	251 24.0	. . 36.9	244 39.5	. . 40.8	147 33.0	. . 17.9	204 01.2	. . 17.6
04	198 45.4	266 23.2	36.6	259 39.9	40.4	162 35.2	18.0	219 03.4	17.4
05	213 47.8	281 22.3	36.2	274 40.3	40.1	177 37.3	18.1	234 05.6	17.3
06	228 50.3	296 21.5	S21 35.9	289 40.8	S21 39.7	192 39.5	N13 18.2	249 07.8	S10 17.2
07	243 52.8	311 20.6	35.5	304 41.2	39.4	207 41.6	18.3	264 10.0	17.1
08	258 55.2	326 19.8	35.2	319 41.7	39.0	222 43.8	18.4	279 12.2	17.0
F 09	273 57.7	341 19.0	. . 34.8	334 42.1	. . 38.7	237 46.0	. . 18.6	294 14.3	. . 16.9
R 10	289 00.2	356 18.1	34.5	349 42.5	38.3	252 48.1	18.7	309 16.5	16.8
I 11	304 02.6	11 17.3	34.1	4 43.0	38.0	267 50.3	18.8	324 18.7	16.7
D 12	319 05.1	26 16.4	S21 33.8	19 43.4	S21 37.6	282 52.5	N13 18.9	339 20.9	S10 16.6
A 13	334 07.5	41 15.6	33.4	34 43.8	37.3	297 54.6	19.0	354 23.1	16.5
Y 14	349 10.0	56 14.8	33.1	49 44.3	36.9	312 56.8	19.1	9 25.3	16.3
15	4 12.5	71 13.9	. . 32.7	64 44.7	. . 36.5	327 58.9	. . 19.2	24 27.5	. . 16.2
16	19 14.9	86 13.1	32.4	79 45.2	36.2	343 01.1	19.3	39 29.6	16.1
17	34 17.4	101 12.3	32.0	94 45.6	35.8	358 03.3	19.4	54 31.8	16.0
18	49 19.9	116 11.4	S21 31.6	109 46.0	S21 35.5	13 05.4	N13 19.6	69 34.0	S10 15.9
19	64 22.3	131 10.6	31.3	124 46.5	35.1	28 07.6	19.7	84 36.2	15.8
20	79 24.8	146 09.7	30.9	139 46.9	34.8	43 09.7	19.8	99 38.4	15.7
21	94 27.3	161 08.9	. . 30.5	154 47.4	. . 34.4	58 11.9	. . 19.9	114 40.6	. . 15.6
22	109 29.7	176 08.1	30.2	169 47.8	34.0	73 14.1	20.0	129 42.7	15.5
23	124 32.2	191 07.2	29.8	184 48.2	33.7	88 16.2	20.1	144 44.9	15.4
10 00	139 34.7	206 06.4	S21 29.4	199 48.7	S21 33.3	103 18.4	N13 20.2	159 47.1	S10 15.2
01	154 37.1	221 05.6	29.1	214 49.1	33.0	118 20.5	20.3	174 49.3	15.1
02	169 39.6	236 04.7	28.7	229 49.6	32.6	133 22.7	20.4	189 51.5	15.0
03	184 42.0	251 03.9	. . 28.3	244 50.0	. . 32.3	148 24.9	. . 20.6	204 53.7	. . 14.9
04	199 44.5	266 03.1	28.0	259 50.4	31.9	163 27.0	20.7	219 55.8	14.8
05	214 47.0	281 02.2	27.6	274 50.9	31.5	178 29.2	20.8	234 58.0	14.7
06	229 49.4	296 01.4	S21 27.2	289 51.3	S21 31.2	193 31.3	N13 20.9	250 00.2	S10 14.6
07	244 51.9	311 00.6	26.8	304 51.8	30.8	208 33.5	21.0	265 02.4	14.5
S 08	259 54.4	325 59.7	26.4	319 52.2	30.5	223 35.6	21.1	280 04.6	14.4
A 09	274 56.8	340 58.9	. . 26.1	334 52.6	. . 30.1	238 37.8	. . 21.2	295 06.8	. . 14.2
T 10	289 59.3	355 58.1	25.7	349 53.1	29.7	253 40.0	21.3	310 09.0	14.1
U 11	305 01.8	10 57.2	25.3	4 53.5	29.4	268 42.1	21.5	325 11.1	14.0
R 12	320 04.2	25 56.4	S21 24.9	19 54.0	S21 29.0	283 44.3	N13 21.6	340 13.3	S10 13.9
D 13	335 06.7	40 55.6	24.5	34 54.4	28.6	298 46.4	21.7	355 15.5	13.8
A 14	350 09.2	55 54.7	24.2	49 54.8	28.3	313 48.6	21.8	10 17.7	13.7
Y 15	5 11.6	70 53.9	. . 23.8	64 55.3	. . 27.9	328 50.7	. . 21.9	25 19.9	. . 13.6
16	20 14.1	85 53.1	23.4	79 55.7	27.5	343 52.9	22.0	40 22.1	13.5
17	35 16.5	100 52.2	23.0	94 56.2	27.2	358 55.0	22.1	55 24.2	13.4
18	50 19.0	115 51.4	S21 22.6	109 56.6	S21 26.8	13 57.2	N13 22.2	70 26.4	S10 13.2
19	65 21.5	130 50.6	22.2	124 57.1	26.4	28 59.4	22.4	85 28.6	13.1
20	80 23.9	145 49.7	21.8	139 57.5	26.1	44 01.5	22.5	100 30.8	13.0
21	95 26.4	160 48.9	. . 21.4	154 57.9	. . 25.7	59 03.7	. . 22.6	115 33.0	. . 12.9
22	110 28.9	175 48.1	21.1	169 58.4	25.3	74 05.8	22.7	130 35.2	12.8
23	125 31.3	190 47.2	20.7	184 58.8	25.0	89 08.0	22.8	145 37.3	12.7
11 00	140 33.8	205 46.4	S21 20.3	199 59.3	S21 24.6	104 10.1	N13 22.9	160 39.5	S10 12.6
01	155 36.3	220 45.6	19.9	214 59.7	24.2	119 12.3	23.0	175 41.7	12.5
02	170 38.7	235 44.8	19.5	230 00.2	23.9	134 14.4	23.2	190 43.9	12.4
03	185 41.2	250 43.9	. . 19.1	245 00.6	. . 23.5	149 16.6	. . 23.3	205 46.1	. . 12.3
04	200 43.6	265 43.1	18.7	260 01.0	23.1	164 18.7	23.4	220 48.3	12.1
05	215 46.1	280 42.3	18.3	275 01.5	22.8	179 20.9	23.5	235 50.4	12.0
06	230 48.6	295 41.4	S21 17.9	290 01.9	S21 22.4	194 23.0	N13 23.6	250 52.6	S10 11.9
07	245 51.0	310 40.6	17.5	305 02.4	22.0	209 25.2	23.7	265 54.8	11.8
08	260 53.5	325 39.8	17.1	320 02.8	21.7	224 27.3	23.8	280 57.0	11.7
S 09	275 56.0	340 39.0	. . 16.7	335 03.3	. . 21.3	239 29.5	. . 24.0	295 59.2	. . 11.6
U 10	290 58.4	355 38.1	16.3	350 03.7	20.9	254 31.6	24.1	311 01.4	11.5
N 11	306 00.9	10 37.3	15.8	5 04.1	20.5	269 33.8	24.2	326 03.5	11.4
D 12	321 03.4	25 36.5	S21 15.4	20 04.6	S21 20.2	284 35.9	N13 24.3	341 05.7	S10 11.3
A 13	336 05.8	40 35.7	15.0	35 05.0	19.8	299 38.1	24.4	356 07.9	11.1
Y 14	351 08.3	55 34.8	14.6	50 05.5	19.4	314 40.2	24.5	11 10.1	11.0
15	6 10.8	70 34.0	. . 14.2	65 05.9	. . 19.0	329 42.4	. . 24.6	26 12.3	. . 10.9
16	21 13.2	85 33.2	13.8	80 06.4	18.7	344 44.5	24.8	41 14.5	10.8
17	36 15.7	100 32.4	13.4	95 06.8	18.3	359 46.7	24.9	56 16.6	10.7
18	51 18.1	115 31.5	S21 13.0	110 07.3	S21 17.9	14 48.8	N13 25.0	71 18.8	S10 10.6
19	66 20.6	130 30.7	12.6	125 07.7	17.5	29 51.0	25.1	86 21.0	10.5
20	81 23.1	145 29.9	12.1	140 08.1	17.2	44 53.1	25.2	101 23.2	10.4
21	96 25.5	160 29.1	. . 11.7	155 08.6	. . 16.8	59 55.3	. . 25.3	116 25.4	. . 10.3
22	111 28.0	175 28.2	11.3	170 09.0	16.4	74 57.4	25.4	131 27.5	10.1
23	126 30.5	190 27.4	10.9	185 09.5	16.0	89 59.6	25.6	146 29.7	10.0
Mer. Pass.	h m 14 39.3	*v* −0.8	*d* 0.4	*v* 0.4	*d* 0.4	*v* 2.2	*d* 0.1	*v* 2.2	*d* 0.1

STARS Name	SHA	Dec
	° ′	° ′
Acamar	315 12.4	S40 12.8
Achernar	335 21.0	S57 07.2
Acrux	173 00.5	S63 13.8
Adhara	255 06.1	S29 00.4
Aldebaran	290 40.4	N16 33.5
Alioth	166 13.3	N55 49.5
Alkaid	152 52.4	N49 11.3
Alnair	27 34.3	S46 50.8
Alnilam	275 38.3	S 1 11.3
Alphard	217 48.2	S 8 45.8
Alphecca	126 04.4	N26 37.7
Alpheratz	357 35.8	N29 13.4
Altair	62 01.0	N 8 55.7
Ankaa	353 08.1	S42 10.8
Antares	112 16.9	S26 29.1
Arcturus	145 48.5	N19 03.2
Atria	107 12.0	S69 04.0
Avior	234 14.4	S59 35.2
Bellatrix	278 23.5	N 6 22.2
Betelgeuse	270 52.7	N 7 24.6
Canopus	263 52.3	S52 42.7
Capella	280 22.7	N46 01.5
Deneb	49 26.8	N45 21.8
Denebola	182 25.4	N14 26.1
Diphda	348 48.2	S17 51.5
Dubhe	193 41.3	N61 37.1
Elnath	278 02.6	N28 37.7
Eltanin	90 42.9	N51 28.8
Enif	33 39.9	N 9 59.0
Fomalhaut	15 15.7	S29 29.9
Gacrux	171 52.1	S57 14.7
Gienah	175 44.1	S17 40.6
Hadar	148 36.9	S60 29.1
Hamal	327 52.1	N23 34.6
Kaus Aust.	83 33.8	S34 22.4
Kochab	137 19.6	N74 03.0
Markab	13 30.9	N15 20.0
Menkar	314 06.9	N 4 11.0
Menkent	147 58.4	S36 29.2
Miaplacidus	221 37.5	S69 48.9
Mirfak	308 29.3	N49 57.0
Nunki	75 49.0	S26 16.0
Peacock	53 07.5	S56 39.5
Pollux	243 17.9	N27 58.1
Procyon	244 51.3	N 5 09.7
Rasalhague	95 59.4	N12 32.3
Regulus	207 34.9	N11 50.9
Rigel	281 04.4	S 8 10.5
Rigil Kent.	139 41.2	S60 55.8
Sabik	102 03.8	S15 45.3
Schedar	349 32.3	N56 40.3
Shaula	96 11.6	S37 07.2
Sirius	258 26.6	S16 45.1
Spica	158 22.9	S11 17.3
Suhail	222 46.4	S43 31.8
Vega	80 34.1	N38 48.1
Zuben'ubi	136 56.8	S16 08.5

	SHA	Mer. Pass.
	° ′	h m
Venus	66 31.7	10 16
Mars	60 14.0	10 40
Jupiter	323 43.7	17 04
Saturn	20 12.5	13 19

© British Crown Copyright 2023. All rights reserved.

Day	UT (h)	SUN GHA	SUN Dec	MOON GHA	v	MOON Dec	d	HP
d	h	° ′	° ′	° ′	′	° ′	′	′
9 FRIDAY	00	176 27.9	S14 54.3	188 41.2	4.5	S23 22.0	10.6	60.7
	01	191 27.9	53.5	203 04.7	4.5	23 11.4	10.9	60.7
	02	206 27.9	52.7	217 28.2	4.6	23 00.5	11.0	60.8
	03	221 27.9	. . 51.9	231 51.8	4.7	22 49.5	11.2	60.8
	04	236 27.8	51.1	246 15.5	4.8	22 38.3	11.3	60.8
	05	251 27.8	50.3	260 39.3	4.9	22 27.0	11.6	60.8
	06	266 27.8	S14 49.5	275 03.2	4.9	S22 15.4	11.6	60.9
	07	281 27.8	48.7	289 27.1	5.0	22 03.8	11.9	60.9
	08	296 27.8	47.9	303 51.1	5.2	21 51.9	11.9	60.9
	09	311 27.7	. . 47.1	318 15.3	5.1	21 40.0	12.2	60.9
	10	326 27.7	46.3	332 39.4	5.3	21 27.8	12.3	60.9
	11	341 27.7	45.5	347 03.7	5.4	21 15.5	12.4	60.9
	12	356 27.7	S14 44.7	1 28.1	5.4	S21 03.1	12.6	61.0
	13	11 27.7	43.9	15 52.5	5.5	20 50.5	12.8	61.0
	14	26 27.6	43.1	30 17.0	5.6	20 37.7	12.8	61.0
	15	41 27.6	. . 42.3	44 41.6	5.7	20 24.9	13.1	61.0
	16	56 27.6	41.5	59 06.3	5.8	20 11.8	13.1	61.0
	17	71 27.6	40.7	73 31.1	5.9	19 58.7	13.3	61.0
	18	86 27.6	S14 39.9	87 56.0	5.9	S19 45.4	13.5	61.1
	19	101 27.5	39.1	102 20.9	6.1	19 31.9	13.6	61.1
	20	116 27.5	38.3	116 46.0	6.1	19 18.3	13.7	61.1
	21	131 27.5	. . 37.5	131 11.1	6.2	19 04.6	13.8	61.1
	22	146 27.5	36.7	145 36.3	6.3	18 50.8	14.0	61.1
	23	161 27.5	35.9	160 01.6	6.4	18 36.8	14.1	61.1
10 SATURDAY	00	176 27.5	S14 35.1	174 27.0	6.5	S18 22.7	14.2	61.1
	01	191 27.4	34.3	188 52.5	6.6	18 08.5	14.4	61.1
	02	206 27.4	33.4	203 18.1	6.7	17 54.1	14.4	61.2
	03	221 27.4	. . 32.6	217 43.8	6.7	17 39.7	14.6	61.2
	04	236 27.4	31.8	232 09.5	6.9	17 25.1	14.7	61.2
	05	251 27.4	31.0	246 35.4	6.9	17 10.4	14.8	61.2
	06	266 27.4	S14 30.2	261 01.3	7.0	S16 55.6	15.0	61.2
	07	281 27.4	29.4	275 27.3	7.1	16 40.6	15.0	61.2
	08	296 27.3	28.6	289 53.4	7.2	16 25.6	15.1	61.2
	09	311 27.3	. . 27.8	304 19.6	7.3	16 10.5	15.3	61.2
	10	326 27.3	27.0	318 45.9	7.4	15 55.2	15.4	61.2
	11	341 27.3	26.2	333 12.3	7.4	15 39.8	15.4	61.2
	12	356 27.3	S14 25.4	347 38.7	7.5	S15 24.4	15.6	61.2
	13	11 27.3	24.6	2 05.2	7.7	15 08.8	15.6	61.2
	14	26 27.3	23.7	16 31.9	7.7	14 53.2	15.7	61.2
	15	41 27.3	. . 22.9	30 58.6	7.8	14 37.5	15.9	61.2
	16	56 27.2	22.1	45 25.4	7.8	14 21.6	15.9	61.2
	17	71 27.2	21.3	59 52.2	8.0	14 05.7	16.0	61.2
	18	86 27.2	S14 20.5	74 19.2	8.0	S13 49.7	16.1	61.2
	19	101 27.2	19.7	88 46.2	8.2	13 33.6	16.2	61.2
	20	116 27.2	18.9	103 13.4	8.2	13 17.4	16.2	61.2
	21	131 27.2	. . 18.0	117 40.6	8.2	13 01.2	16.4	61.2
	22	146 27.2	17.2	132 07.8	8.4	12 44.8	16.4	61.2
	23	161 27.2	16.4	146 35.2	8.4	12 28.4	16.5	61.2
11 SUNDAY	00	176 27.2	S14 15.6	161 02.6	8.6	S12 11.9	16.5	61.2
	01	191 27.2	14.8	175 30.2	8.5	11 55.4	16.7	61.2
	02	206 27.2	14.0	189 57.7	8.7	11 38.7	16.7	61.2
	03	221 27.1	. . 13.2	204 25.4	8.8	11 22.0	16.7	61.2
	04	236 27.1	12.3	218 53.2	8.8	11 05.3	16.8	61.2
	05	251 27.1	11.5	233 21.0	8.9	10 48.5	16.9	61.2
	06	266 27.1	S14 10.7	247 48.9	8.9	S10 31.6	17.0	61.2
	07	281 27.1	09.9	262 16.8	9.1	10 14.6	17.0	61.2
	08	296 27.1	09.1	276 44.9	9.1	9 57.6	17.0	61.2
	09	311 27.1	. . 08.2	291 13.0	9.1	9 40.6	17.1	61.2
	10	326 27.1	07.4	305 41.1	9.3	9 23.5	17.2	61.2
	11	341 27.1	06.6	320 09.4	9.3	9 06.3	17.2	61.2
	12	356 27.1	S14 05.8	334 37.7	9.3	S 8 49.1	17.2	61.2
	13	11 27.1	05.0	349 06.0	9.5	8 31.9	17.3	61.1
	14	26 27.1	04.1	3 34.5	9.5	8 14.6	17.4	61.1
	15	41 27.1	. . 03.3	18 03.0	9.5	7 57.2	17.3	61.1
	16	56 27.1	02.5	32 31.5	9.7	7 39.9	17.4	61.1
	17	71 27.1	01.7	47 00.2	9.6	7 22.5	17.5	61.1
	18	86 27.1	S14 00.9	61 28.8	9.8	S 7 05.0	17.5	61.1
	19	101 27.1	14 00.0	75 57.6	9.8	6 47.5	17.5	61.1
	20	116 27.1	13 59.2	90 26.4	9.8	6 30.0	17.5	61.1
	21	131 27.1	. . 58.4	104 55.2	9.9	6 12.5	17.6	61.0
	22	146 27.1	57.6	119 24.1	10.0	5 54.9	17.5	61.0
	23	161 27.1	56.7	133 53.1	10.0	S 5 37.4	17.7	61.0
		SD 16.2	*d* 0.8	SD 16.6		16.7		16.7

Lat.	Twilight Naut.	Twilight Civil	Sunrise	Moonrise 9	Moonrise 10	Moonrise 11	Moonrise 12
°	h m	h m	h m	h m	h m	h m	h m
N 72	06 37	08 00	09 27	■■	10 51	09 43	09 00
N 70	06 33	07 47	09 01	■■	10 14	09 28	08 57
68	06 29	07 36	08 41	10 57	09 48	09 17	08 53
66	06 26	07 28	08 26	10 01	09 27	09 07	08 51
64	06 23	07 20	08 13	09 28	09 11	08 59	08 49
62	06 21	07 14	08 02	09 03	08 57	08 52	08 47
60	06 18	07 08	07 53	08 43	08 45	08 45	08 45
N 58	06 16	07 03	07 45	08 26	08 35	08 40	08 43
56	06 14	06 58	07 38	08 12	08 26	08 35	08 42
54	06 12	06 54	07 31	08 00	08 18	08 30	08 41
52	06 10	06 50	07 26	07 49	08 11	08 26	08 40
50	06 08	06 46	07 20	07 40	08 04	08 23	08 39
45	06 04	06 38	07 09	07 19	07 50	08 15	08 36
N 40	06 00	06 32	07 00	07 03	07 38	08 08	08 34
35	05 56	06 25	06 52	06 49	07 28	08 02	08 33
30	05 52	06 20	06 44	06 36	07 19	07 57	08 31
20	05 43	06 09	06 32	06 15	07 04	07 48	08 29
N 10	05 34	05 59	06 21	05 57	06 51	07 40	08 27
0	05 25	05 49	06 11	05 40	06 38	07 33	08 24
S 10	05 13	05 38	06 00	05 22	06 25	07 25	08 22
20	04 59	05 26	05 49	05 04	06 12	07 17	08 20
30	04 40	05 11	05 36	04 42	05 56	07 08	08 18
35	04 29	05 01	05 28	04 30	05 47	07 03	08 16
40	04 15	04 50	05 19	04 15	05 36	06 57	08 15
45	03 57	04 37	05 09	03 57	05 24	06 50	08 13
S 50	03 34	04 20	04 57	03 36	05 09	06 41	08 10
52	03 23	04 12	04 51	03 25	05 02	06 37	08 09
54	03 09	04 03	04 44	03 13	04 54	06 33	08 08
56	02 53	03 53	04 37	03 00	04 45	06 28	08 07
58	02 34	03 41	04 29	02 44	04 35	06 23	08 06
S 60	02 08	03 27	04 20	02 25	04 23	06 16	08 04

Lat.	Sunset	Twilight Civil	Twilight Naut.	Moonset 9	Moonset 10	Moonset 11	Moonset 12
°	h m	h m	h m	h m	h m	h m	h m
N 72	15 03	16 30	17 53	■■	15 21	18 24	20 57
N 70	15 29	16 43	17 57	■■	15 56	18 35	20 56
68	15 48	16 53	18 00	13 10	16 20	18 44	20 56
66	16 04	17 02	18 04	14 05	16 39	18 52	20 55
64	16 17	17 10	18 06	14 38	16 54	18 58	20 54
62	16 27	17 16	18 09	15 01	17 07	19 03	20 54
60	16 37	17 22	18 11	15 20	17 17	19 08	20 53
N 58	16 45	17 27	18 13	15 36	17 26	19 12	20 53
56	16 52	17 31	18 15	15 49	17 34	19 15	20 53
54	16 58	17 35	18 17	16 00	17 41	19 18	20 52
52	17 04	17 39	18 19	16 11	17 47	19 21	20 52
50	17 09	17 43	18 21	16 19	17 53	19 24	20 52
45	17 20	17 51	18 25	16 38	18 05	19 29	20 51
N 40	17 29	17 57	18 29	16 54	18 15	19 34	20 51
35	17 37	18 03	18 33	17 06	18 23	19 38	20 50
30	17 44	18 09	18 37	17 17	18 31	19 41	20 50
20	17 57	18 19	18 45	17 36	18 43	19 47	20 49
N 10	18 07	18 29	18 54	17 53	18 54	19 53	20 49
0	18 18	18 39	19 04	18 08	19 04	19 57	20 48
S 10	18 28	18 50	19 15	18 23	19 14	20 02	20 48
20	18 39	19 02	19 29	18 39	19 25	20 07	20 47
30	18 52	19 17	19 47	18 57	19 37	20 13	20 46
35	19 00	19 27	19 59	19 07	19 44	20 16	20 46
40	19 08	19 37	20 13	19 19	19 52	20 20	20 45
45	19 18	19 50	20 30	19 33	20 01	20 24	20 45
S 50	19 31	20 07	20 53	19 50	20 12	20 29	20 44
52	19 36	20 15	21 04	19 58	20 16	20 31	20 44
54	19 43	20 23	21 17	20 07	20 22	20 33	20 43
56	19 50	20 33	21 33	20 17	20 28	20 36	20 43
58	19 58	20 45	21 52	20 28	20 35	20 39	20 42
S 60	20 07	20 59	22 16	20 41	20 42	20 42	20 42

Day	SUN Eqn. of Time 00^h	SUN Eqn. of Time 12^h	SUN Mer. Pass.	MOON Mer. Pass. Upper	MOON Mer. Pass. Lower	MOON Age	MOON Phase
d	m s	m s	h m	h m	h m	d	%
9	14 08	14 09	12 14	11 54	24 23	29	0
10	14 10	14 11	12 14	12 51	00 23	01	1
11	14 11	14 12	12 14	13 45	01 19	02	4

© British Crown Copyright 2023. All rights reserved.

UT		ARIES	VENUS −3·9		MARS +1·3		JUPITER −2·3		SATURN +0·9	
		GHA	GHA	Dec	GHA	Dec	GHA	Dec	GHA	Dec
d	h	° ′	° ′	° ′	° ′	° ′	° ′	° ′	° ′	° ′
12	00	141 32.9	205 26.6	S21 10.5	200 09.9	S21 15.7	105 01.7	N13 25.7	161 31.9	S10 09.9
	01	156 35.4	220 25.8	10.0	215 10.4	15.3	120 03.9	25.8	176 34.1	09.8
	02	171 37.9	235 25.0	09.6	230 10.8	14.9	135 06.0	25.9	191 36.3	09.7
	03	186 40.3	250 24.1	. . 09.2	245 11.3	. . 14.5	150 08.1	. . 26.0	206 38.5	. . 09.6
	04	201 42.8	265 23.3	08.8	260 11.7	14.1	165 10.3	26.1	221 40.6	09.5
	05	216 45.2	280 22.5	08.3	275 12.2	13.8	180 12.4	26.3	236 42.8	09.4
	06	231 47.7	295 21.7	S21 07.9	290 12.6	S21 13.4	195 14.6	N13 26.4	251 45.0	S10 09.3
	07	246 50.2	310 20.8	07.5	305 13.0	13.0	210 16.7	26.5	266 47.2	09.1
	08	261 52.6	325 20.0	07.0	320 13.5	12.6	225 18.9	26.6	281 49.4	09.0
M	09	276 55.1	340 19.2	. . 06.6	335 13.9	. . 12.2	240 21.0	. . 26.7	296 51.6	. . 08.9
O	10	291 57.6	355 18.4	06.2	350 14.4	11.9	255 23.2	26.8	311 53.7	08.8
N	11	307 00.0	10 17.6	05.7	5 14.8	11.5	270 25.3	27.0	326 55.9	08.7
D	12	322 02.5	25 16.8	S21 05.3	20 15.3	S21 11.1	285 27.4	N13 27.1	341 58.1	S10 08.6
A	13	337 05.0	40 15.9	04.9	35 15.7	10.7	300 29.6	27.2	357 00.3	08.5
Y	14	352 07.4	55 15.1	04.4	50 16.2	10.3	315 31.7	27.3	12 02.5	08.4
	15	7 09.9	70 14.3	. . 04.0	65 16.6	. . 09.9	330 33.9	. . 27.4	27 04.7	. . 08.3
	16	22 12.4	85 13.5	03.6	80 17.1	09.6	345 36.0	27.5	42 06.8	08.1
	17	37 14.8	100 12.7	03.1	95 17.5	09.2	0 38.2	27.6	57 09.0	08.0
	18	52 17.3	115 11.8	S21 02.7	110 18.0	S21 08.8	15 40.3	N13 27.8	72 11.2	S10 07.9
	19	67 19.7	130 11.0	02.2	125 18.4	08.4	30 42.4	27.9	87 13.4	07.8
	20	82 22.2	145 10.2	01.8	140 18.9	08.0	45 44.6	28.0	102 15.6	07.7
	21	97 24.7	160 09.4	. . 01.4	155 19.3	. . 07.6	60 46.7	. . 28.1	117 17.7	. . 07.6
	22	112 27.1	175 08.6	00.9	170 19.8	07.3	75 48.9	28.2	132 19.9	07.5
	23	127 29.6	190 07.8	00.5	185 20.2	06.9	90 51.0	28.3	147 22.1	07.4
13	00	142 32.1	205 07.0	S21 00.0	200 20.7	S21 06.5	105 53.1	N13 28.5	162 24.3	S10 07.2
	01	157 34.5	220 06.1	20 59.6	215 21.1	06.1	120 55.3	28.6	177 26.5	07.1
	02	172 37.0	235 05.3	59.1	230 21.6	05.7	135 57.4	28.7	192 28.7	07.0
	03	187 39.5	250 04.5	. . 58.7	245 22.0	. . 05.3	150 59.6	. . 28.8	207 30.8	. . 06.9
	04	202 41.9	265 03.7	58.2	260 22.4	04.9	166 01.7	28.9	222 33.0	06.8
	05	217 44.4	280 02.9	57.8	275 22.9	04.5	181 03.8	29.1	237 35.2	06.7
	06	232 46.9	295 02.1	S20 57.3	290 23.3	S21 04.1	196 06.0	N13 29.2	252 37.4	S10 06.6
	07	247 49.3	310 01.3	56.9	305 23.8	03.8	211 08.1	29.3	267 39.6	06.5
T	08	262 51.8	325 00.4	56.4	320 24.2	03.4	226 10.3	29.4	282 41.7	06.4
U	09	277 54.2	339 59.6	. . 55.9	335 24.7	. . 03.0	241 12.4	. . 29.5	297 43.9	. . 06.2
E	10	292 56.7	354 58.8	55.5	350 25.1	02.6	256 14.5	29.6	312 46.1	06.1
S	11	307 59.2	9 58.0	55.0	5 25.6	02.2	271 16.7	29.8	327 48.3	06.0
D	12	323 01.6	24 57.2	S20 54.6	20 26.0	S21 01.8	286 18.8	N13 29.9	342 50.5	S10 05.9
A	13	338 04.1	39 56.4	54.1	35 26.5	01.4	301 20.9	30.0	357 52.7	05.8
Y	14	353 06.6	54 55.6	53.6	50 26.9	01.0	316 23.1	30.1	12 54.8	05.7
	15	8 09.0	69 54.8	. . 53.2	65 27.4	. . 00.6	331 25.2	. . 30.2	27 57.0	. . 05.6
	16	23 11.5	84 54.0	52.7	80 27.8	21 00.2	346 27.4	30.3	42 59.2	05.5
	17	38 14.0	99 53.2	52.2	95 28.3	20 59.8	1 29.5	30.5	58 01.4	05.4
	18	53 16.4	114 52.3	S20 51.8	110 28.7	S20 59.4	16 31.6	N13 30.6	73 03.6	S10 05.2
	19	68 18.9	129 51.5	51.3	125 29.2	59.0	31 33.8	30.7	88 05.7	05.1
	20	83 21.3	144 50.7	50.8	140 29.7	58.6	46 35.9	30.8	103 07.9	05.0
	21	98 23.8	159 49.9	. . 50.4	155 30.1	. . 58.3	61 38.0	. . 30.9	118 10.1	. . 04.9
	22	113 26.3	174 49.1	49.9	170 30.6	57.9	76 40.2	31.1	133 12.3	04.8
	23	128 28.7	189 48.3	49.4	185 31.0	57.5	91 42.3	31.2	148 14.5	04.7
14	00	143 31.2	204 47.5	S20 49.0	200 31.5	S20 57.1	106 44.4	N13 31.3	163 16.6	S10 04.6
	01	158 33.7	219 46.7	48.5	215 31.9	56.7	121 46.6	31.4	178 18.8	04.5
	02	173 36.1	234 45.9	48.0	230 32.4	56.3	136 48.7	31.5	193 21.0	04.3
	03	188 38.6	249 45.1	. . 47.5	245 32.8	. . 55.9	151 50.8	. . 31.7	208 23.2	. . 04.2
	04	203 41.1	264 44.3	47.1	260 33.3	55.5	166 53.0	31.8	223 25.4	04.1
	05	218 43.5	279 43.5	46.6	275 33.7	55.1	181 55.1	31.9	238 27.6	04.0
	06	233 46.0	294 42.7	S20 46.1	290 34.2	S20 54.7	196 57.2	N13 32.0	253 29.7	S10 03.9
W	07	248 48.5	309 41.9	45.6	305 34.6	54.3	211 59.4	32.1	268 31.9	03.8
E	08	263 50.9	324 41.1	45.1	320 35.1	53.9	227 01.5	32.2	283 34.1	03.7
D	09	278 53.4	339 40.2	. . 44.7	335 35.5	. . 53.5	242 03.6	. . 32.4	298 36.3	. . 03.6
N	10	293 55.8	354 39.4	44.2	350 36.0	53.1	257 05.8	32.5	313 38.5	03.5
E	11	308 58.3	9 38.6	43.7	5 36.4	52.7	272 07.9	32.6	328 40.6	03.3
S	12	324 00.8	24 37.8	S20 43.2	20 36.9	S20 52.3	287 10.0	N13 32.7	343 42.8	S10 03.2
D	13	339 03.2	39 37.0	42.7	35 37.3	51.9	302 12.2	32.8	358 45.0	03.1
A	14	354 05.7	54 36.2	42.2	50 37.8	51.5	317 14.3	33.0	13 47.2	03.0
Y	15	9 08.2	69 35.4	. . 41.7	65 38.2	. . 51.1	332 16.4	. . 33.1	28 49.4	. . 02.9
	16	24 10.6	84 34.6	41.2	80 38.7	50.7	347 18.6	33.2	43 51.5	02.8
	17	39 13.1	99 33.8	40.7	95 39.2	50.3	2 20.7	33.3	58 53.7	02.7
	18	54 15.6	114 33.0	S20 40.3	110 39.6	S20 49.9	17 22.8	N13 33.4	73 55.9	S10 02.6
	19	69 18.0	129 32.2	39.8	125 40.1	49.5	32 24.9	33.6	88 58.1	02.4
	20	84 20.5	144 31.4	39.3	140 40.5	49.0	47 27.1	33.7	104 00.3	02.3
	21	99 22.9	159 30.6	. . 38.8	155 41.0	. . 48.6	62 29.2	. . 33.8	119 02.5	. . 02.2
	22	114 25.4	174 29.8	38.3	170 41.4	48.2	77 31.3	33.9	134 04.6	02.1
	23	129 27.9	189 29.0	37.8	185 41.9	47.8	92 33.5	34.0	149 06.8	02.0
Mer. Pass.		h m 14 27.5	v −0.8	d 0.5	v 0.5	d 0.4	v 2.1	d 0.1	v 2.2	d 0.1

STARS

Name	SHA	Dec
	° ′	° ′
Acamar	315 12.4	S40 12.8
Achernar	335 21.0	S57 07.2
Acrux	173 00.4	S63 13.8
Adhara	255 06.2	S29 00.4
Aldebaran	290 40.4	N16 33.5
Alioth	166 13.2	N55 49.5
Alkaid	152 52.4	N49 11.3
Alnair	27 34.3	S46 50.8
Alnilam	275 38.3	S 1 11.3
Alphard	217 48.2	S 8 45.9
Alphecca	126 04.4	N26 37.7
Alpheratz	357 35.8	N29 13.4
Altair	62 01.0	N 8 55.7
Ankaa	353 08.2	S42 10.7
Antares	112 16.8	S26 29.1
Arcturus	145 48.5	N19 03.2
Atria	107 12.0	S69 04.0
Avior	234 14.4	S59 35.3
Bellatrix	278 23.5	N 6 22.2
Betelgeuse	270 52.7	N 7 24.6
Canopus	263 52.4	S52 42.7
Capella	280 22.8	N46 01.5
Deneb	49 26.8	N45 21.8
Denebola	182 25.4	N14 26.1
Diphda	348 48.3	S17 51.5
Dubhe	193 41.3	N61 37.1
Elnath	278 02.6	N28 37.7
Eltanin	90 42.8	N51 28.8
Enif	33 39.9	N 9 59.0
Fomalhaut	15 15.7	S29 29.9
Gacrux	171 52.1	S57 14.7
Gienah	175 44.1	S17 40.6
Hadar	148 36.9	S60 29.1
Hamal	327 52.2	N23 34.6
Kaus Aust.	83 33.8	S34 22.4
Kochab	137 19.5	N74 03.0
Markab	13 30.9	N15 20.0
Menkar	314 07.0	N 4 11.0
Menkent	147 58.4	S36 29.2
Miaplacidus	221 37.5	S69 48.9
Mirfak	308 29.3	N49 57.0
Nunki	75 49.0	S26 16.0
Peacock	53 07.4	S56 39.5
Pollux	243 17.9	N27 58.1
Procyon	244 51.3	N 5 09.7
Rasalhague	95 59.4	N12 32.3
Regulus	207 34.9	N11 50.9
Rigel	281 04.4	S 8 10.5
Rigil Kent.	139 41.2	S60 55.8
Sabik	102 03.8	S15 45.3
Schedar	349 32.3	N56 40.3
Shaula	96 11.6	S37 07.2
Sirius	258 26.6	S16 45.1
Spica	158 22.9	S11 17.3
Suhail	222 46.4	S43 31.8
Vega	80 34.0	N38 48.1
Zuben'ubi	136 56.8	S16 08.5

	SHA	Mer. Pass.
	° ′	h m
Venus	62 34.9	10 20
Mars	57 48.6	10 38
Jupiter	323 21.1	16 54
Saturn	19 52.2	13 08

© British Crown Copyright 2023. All rights reserved.

UT		SUN GHA	SUN Dec	MOON GHA	v	MOON Dec	d	HP
d	h	° ′	° ′	° ′	′	° ′	′	′
12	00	176 27.1	S13 55.9	148 22.1	10.1	S 5 19.7	17.6	61.0
	01	191 27.1	55.1	162 51.2	10.1	5 02.1	17.6	61.0
	02	206 27.1	54.3	177 20.3	10.2	4 44.5	17.7	61.0
	03	221 27.1	. . 53.4	191 49.5	10.2	4 26.8	17.7	61.0
	04	236 27.1	52.6	206 18.7	10.2	4 09.1	17.7	60.9
	05	251 27.1	51.8	220 47.9	10.3	3 51.4	17.7	60.9
	06	266 27.1	S13 51.0	235 17.2	10.4	S 3 33.7	17.7	60.9
	07	281 27.1	50.1	249 46.6	10.4	3 16.0	17.7	60.9
	08	296 27.1	49.3	264 16.0	10.4	2 58.3	17.7	60.9
M	09	311 27.1	. . 48.5	278 45.4	10.5	2 40.6	17.7	60.8
O	10	326 27.1	47.6	293 14.9	10.5	2 22.9	17.7	60.8
N	11	341 27.1	46.8	307 44.4	10.5	2 05.2	17.8	60.8
D	12	356 27.1	S13 46.0	322 13.9	10.6	S 1 47.4	17.7	60.8
A	13	11 27.1	45.1	336 43.5	10.6	1 29.7	17.7	60.8
Y	14	26 27.1	44.3	351 13.1	10.7	1 12.0	17.7	60.7
	15	41 27.1	. . 43.5	5 42.8	10.6	0 54.3	17.7	60.7
	16	56 27.1	42.7	20 12.4	10.8	0 36.6	17.7	60.7
	17	71 27.1	41.8	34 42.2	10.7	0 18.9	17.6	60.7
	18	86 27.1	S13 41.0	49 11.9	10.8	S 0 01.3	17.7	60.6
	19	101 27.1	40.2	63 41.7	10.8	N 0 16.4	17.6	60.6
	20	116 27.1	39.3	78 11.5	10.8	0 34.0	17.7	60.6
	21	131 27.2	. . 38.5	92 41.3	10.8	0 51.7	17.6	60.6
	22	146 27.2	37.7	107 11.1	10.9	1 09.3	17.5	60.6
	23	161 27.2	36.8	121 41.0	10.9	1 26.8	17.6	60.5
13	00	176 27.2	S13 36.0	136 10.9	10.9	N 1 44.4	17.5	60.5
	01	191 27.2	35.2	150 40.8	10.9	2 01.9	17.5	60.5
	02	206 27.2	34.3	165 10.7	11.0	2 19.4	17.5	60.4
	03	221 27.2	. . 33.5	179 40.7	10.9	2 36.9	17.5	60.4
	04	236 27.2	32.6	194 10.6	11.0	2 54.4	17.4	60.4
	05	251 27.2	31.8	208 40.6	11.0	3 11.8	17.4	60.4
	06	266 27.2	S13 31.0	223 10.6	11.0	N 3 29.2	17.3	60.3
	07	281 27.2	30.1	237 40.6	11.0	3 46.5	17.3	60.3
T	08	296 27.3	29.3	252 10.6	11.0	4 03.8	17.3	60.3
U	09	311 27.3	. . 28.5	266 40.6	11.1	4 21.1	17.2	60.3
E	10	326 27.3	27.6	281 10.7	11.0	4 38.3	17.2	60.2
S	11	341 27.3	26.8	295 40.7	11.0	4 55.5	17.1	60.2
D	12	356 27.3	S13 25.9	310 10.7	11.1	N 5 12.6	17.1	60.2
A	13	11 27.3	25.1	324 40.8	11.1	5 29.7	17.1	60.1
Y	14	26 27.3	24.3	339 10.9	11.0	5 46.8	17.0	60.1
	15	41 27.3	. . 23.4	353 40.9	11.1	6 03.8	16.9	60.1
	16	56 27.4	22.6	8 11.0	11.0	6 20.7	16.9	60.0
	17	71 27.4	21.7	22 41.0	11.1	6 37.6	16.9	60.0
	18	86 27.4	S13 20.9	37 11.1	11.0	N 6 54.5	16.7	60.0
	19	101 27.4	20.1	51 41.1	11.1	7 11.2	16.8	60.0
	20	116 27.4	19.2	66 11.2	11.0	7 28.0	16.7	59.9
	21	131 27.4	. . 18.4	80 41.2	11.1	7 44.7	16.6	59.9
	22	146 27.4	17.5	95 11.3	11.0	8 01.3	16.5	59.9
	23	161 27.5	16.7	109 41.3	11.0	8 17.8	16.5	59.8
14	00	176 27.5	S13 15.8	124 11.3	11.0	N 8 34.3	16.4	59.8
	01	191 27.5	15.0	138 41.3	11.0	8 50.7	16.4	59.8
	02	206 27.5	14.2	153 11.3	11.0	9 07.1	16.3	59.7
	03	221 27.5	. . 13.3	167 41.3	11.0	9 23.4	16.2	59.7
	04	236 27.5	12.5	182 11.3	11.0	9 39.6	16.2	59.7
	05	251 27.6	11.6	196 41.3	10.9	9 55.8	16.1	59.6
	06	266 27.6	S13 10.8	211 11.2	11.0	N10 11.9	16.0	59.6
W	07	281 27.6	09.9	225 41.2	10.9	10 27.9	15.9	59.6
E	08	296 27.6	09.1	240 11.1	10.9	10 43.8	15.9	59.5
D	09	311 27.6	. . 08.2	254 41.0	10.9	10 59.7	15.8	59.5
N	10	326 27.7	07.4	269 10.9	10.8	11 15.5	15.7	59.5
E	11	341 27.7	06.5	283 40.7	10.9	11 31.2	15.6	59.4
S	12	356 27.7	S13 05.7	298 10.6	10.8	N11 46.8	15.6	59.4
D	13	11 27.7	04.8	312 40.4	10.8	12 02.4	15.4	59.4
A	14	26 27.7	04.0	327 10.2	10.8	12 17.8	15.4	59.3
Y	15	41 27.8	. . 03.1	341 40.0	10.7	12 33.2	15.3	59.3
	16	56 27.8	02.3	356 09.7	10.7	12 48.5	15.2	59.3
	17	71 27.8	01.4	10 39.4	10.7	13 03.7	15.2	59.2
	18	86 27.8	S13 00.6	25 09.1	10.7	N13 18.9	15.0	59.2
	19	101 27.8	12 59.7	39 38.8	10.6	13 33.9	15.0	59.2
	20	116 27.9	58.9	54 08.4	10.6	13 48.9	14.8	59.1
	21	131 27.9	. . 58.0	68 38.0	10.6	14 03.7	14.8	59.1
	22	146 27.9	57.2	83 07.6	10.6	14 18.5	14.6	59.0
	23	161 27.9	56.3	97 37.2	10.5	N14 33.1	14.6	59.0
		SD 16.2	*d* 0.8	SD 16.6		16.4		16.2

Lat.	Twilight Naut.	Twilight Civil	Sunrise	Moonrise 12	Moonrise 13	Moonrise 14	Moonrise 15
°	h m	h m	h m	h m	h m	h m	h m
N 72	06 25	07 46	09 08	09 00	08 22	07 40	06 31
N 70	06 22	07 35	08 46	08 57	08 28	07 56	07 11
68	06 20	07 26	08 29	08 53	08 32	08 09	07 39
66	06 17	07 18	08 15	08 51	08 36	08 20	08 01
64	06 15	07 11	08 03	08 49	08 39	08 29	08 18
62	06 13	07 06	07 53	08 47	08 42	08 37	08 32
60	06 12	07 01	07 45	08 45	08 44	08 44	08 44
N 58	06 10	06 56	07 38	08 43	08 47	08 50	08 55
56	06 08	06 52	07 31	08 42	08 48	08 55	09 04
54	06 07	06 48	07 25	08 41	08 50	09 00	09 12
52	06 05	06 45	07 20	08 40	08 52	09 05	09 20
50	06 04	06 42	07 15	08 39	08 53	09 09	09 26
45	06 00	06 34	07 05	08 36	08 57	09 18	09 41
N 40	05 56	06 28	06 56	08 34	08 59	09 25	09 53
35	05 53	06 23	06 49	08 33	09 02	09 31	10 03
30	05 49	06 18	06 42	08 31	09 04	09 37	10 12
20	05 42	06 08	06 31	08 29	09 08	09 47	10 28
N 10	05 34	05 59	06 20	08 27	09 11	09 56	10 41
0	05 25	05 49	06 11	08 24	09 14	10 04	10 54
S 10	05 14	05 39	06 01	08 22	09 18	10 12	11 08
20	05 01	05 28	05 50	08 20	09 21	10 21	11 22
30	04 43	05 13	05 38	08 18	09 25	10 32	11 38
35	04 32	05 04	05 31	08 16	09 28	10 38	11 48
40	04 19	04 54	05 23	08 15	09 30	10 45	11 59
45	04 03	04 42	05 13	08 13	09 33	10 53	12 11
S 50	03 41	04 26	05 02	08 10	09 37	11 03	12 27
52	03 30	04 19	04 57	08 09	09 39	11 07	12 35
54	03 18	04 10	04 51	08 08	09 41	11 12	12 43
56	03 03	04 01	04 44	08 07	09 43	11 18	12 53
58	02 46	03 50	04 36	08 06	09 45	11 24	13 03
S 60	02 23	03 37	04 28	08 04	09 48	11 31	13 16

Lat.	Sunset	Twilight Civil	Twilight Naut.	Moonset 12	Moonset 13	Moonset 14	Moonset 15
°	h m	h m	h m	h m	h m	h m	h m
N 72	15 22	16 44	18 05	20 57	23 28	26 24	02 24
N 70	15 44	16 55	18 08	20 56	23 15	25 46	01 46
68	16 01	17 04	18 10	20 56	23 04	25 20	01 20
66	16 15	17 12	18 12	20 55	22 56	25 00	01 00
64	16 26	17 18	18 14	20 54	22 48	24 44	00 44
62	16 36	17 24	18 16	20 54	22 42	24 31	00 31
60	16 44	17 29	18 18	20 53	22 37	24 20	00 20
N 58	16 52	17 33	18 20	20 53	22 32	24 11	00 11
56	16 58	17 37	18 21	20 53	22 28	24 03	00 03
54	17 04	17 41	18 23	20 52	22 24	23 55	25 26
52	17 09	17 44	18 24	20 52	22 21	23 49	25 16
50	17 14	17 48	18 26	20 52	22 18	23 43	25 07
45	17 24	17 55	18 29	20 51	22 11	23 30	24 49
N 40	17 33	18 01	18 33	20 51	22 06	23 20	24 33
35	17 40	18 06	18 36	20 50	22 01	23 11	24 21
30	17 47	18 11	18 39	20 50	21 57	23 03	24 10
20	17 58	18 21	18 47	20 49	21 50	22 50	23 51
N 10	18 08	18 30	18 55	20 49	21 44	22 39	23 34
0	18 18	18 39	19 04	20 48	21 38	22 28	23 19
S 10	18 27	18 49	19 14	20 48	21 32	22 17	23 04
20	18 38	19 00	19 27	20 47	21 26	22 06	22 48
30	18 50	19 15	19 44	20 46	21 19	21 53	22 29
35	18 57	19 23	19 55	20 46	21 15	21 45	22 19
40	19 05	19 33	20 08	20 45	21 10	21 37	22 06
45	19 14	19 46	20 25	20 45	21 05	21 27	21 52
S 50	19 25	20 01	20 46	20 44	20 59	21 15	21 34
52	19 31	20 08	20 56	20 44	20 56	21 10	21 26
54	19 36	20 16	21 08	20 43	20 53	21 04	21 17
56	19 43	20 26	21 23	20 43	20 50	20 57	21 07
58	19 50	20 36	21 40	20 42	20 46	20 50	20 55
S 60	19 59	20 49	22 01	20 42	20 41	20 41	20 42

Day	SUN Eqn. of Time 00h	SUN Eqn. of Time 12h	SUN Mer. Pass.	MOON Mer. Pass. Upper	MOON Mer. Pass. Lower	MOON Age	MOON Phase
d	m s	m s	h m	h m	h m	d %	
12	14 12	14 12	12 14	14 36	02 11	03 10	
13	14 11	14 11	12 14	15 26	03 01	04 18	
14	14 10	14 09	12 14	16 16	03 51	05 27	

© British Crown Copyright 2023. All rights reserved.

UT	ARIES	VENUS −3·9		MARS +1·3		JUPITER −2·2		SATURN +0·9	
	GHA	GHA	Dec	GHA	Dec	GHA	Dec	GHA	Dec
d h	° ′	° ′	° ′	° ′	° ′	° ′	° ′	° ′	° ′
15 00	144 30.3	204 28.2	S20 37.3	200 42.3	S20 47.4	107 35.6	N13 34.2	164 09.0	S10 01.9
01	159 32.8	219 27.4	36.8	215 42.8	47.0	122 37.7	34.3	179 11.2	01.8
02	174 35.3	234 26.6	36.3	230 43.2	46.6	137 39.8	34.4	194 13.4	01.7
03	189 37.7	249 25.8	. . 35.8	245 43.7	. . 46.2	152 42.0	. . 34.5	209 15.5	. . 01.6
04	204 40.2	264 25.0	35.3	260 44.2	45.8	167 44.1	34.6	224 17.7	01.4
05	219 42.7	279 24.2	34.8	275 44.6	45.4	182 46.2	34.8	239 19.9	01.3
06	234 45.1	294 23.5	S20 34.3	290 45.1	S20 45.0	197 48.4	N13 34.9	254 22.1	S10 01.2
07	249 47.6	309 22.7	33.8	305 45.5	44.6	212 50.5	35.0	269 24.3	01.1
T 08	264 50.1	324 21.9	33.3	320 46.0	44.2	227 52.6	35.1	284 26.4	01.0
H 09	279 52.5	339 21.1	. . 32.7	335 46.4	. . 43.8	242 54.7	. . 35.3	299 28.6	. . 00.9
U 10	294 55.0	354 20.3	32.2	350 46.9	43.3	257 56.9	35.4	314 30.8	00.8
R 11	309 57.4	9 19.5	31.7	5 47.3	42.9	272 59.0	35.5	329 33.0	00.7
S 12	324 59.9	24 18.7	S20 31.2	20 47.8	S20 42.5	288 01.1	N13 35.6	344 35.2	S10 00.5
D 13	340 02.4	39 17.9	30.7	35 48.3	42.1	303 03.2	35.7	359 37.3	00.4
A 14	355 04.8	54 17.1	30.2	50 48.7	41.7	318 05.4	35.9	14 39.5	00.3
Y 15	10 07.3	69 16.3	. . 29.7	65 49.2	. . 41.3	333 07.5	. . 36.0	29 41.7	. . 00.2
16	25 09.8	84 15.5	29.2	80 49.6	40.9	348 09.6	36.1	44 43.9	00.1
17	40 12.2	99 14.7	28.6	95 50.1	40.5	3 11.7	36.2	59 46.1	10 00.0
18	55 14.7	114 13.9	S20 28.1	110 50.5	S20 40.1	18 13.9	N13 36.3	74 48.2	S 9 59.9
19	70 17.2	129 13.1	27.6	125 51.0	39.6	33 16.0	36.5	89 50.4	59.8
20	85 19.6	144 12.3	27.1	140 51.5	39.2	48 18.1	36.6	104 52.6	59.6
21	100 22.1	159 11.5	. . 26.6	155 51.9	. . 38.8	63 20.2	. . 36.7	119 54.8	. . 59.5
22	115 24.6	174 10.8	26.0	170 52.4	38.4	78 22.3	36.8	134 57.0	59.4
23	130 27.0	189 10.0	25.5	185 52.8	38.0	93 24.5	37.0	149 59.1	59.3
16 00	145 29.5	204 09.2	S20 25.0	200 53.3	S20 37.6	108 26.6	N13 37.1	165 01.3	S 9 59.2
01	160 31.9	219 08.4	24.5	215 53.7	37.2	123 28.7	37.2	180 03.5	59.1
02	175 34.4	234 07.6	23.9	230 54.2	36.7	138 30.8	37.3	195 05.7	59.0
03	190 36.9	249 06.8	. . 23.4	245 54.7	. . 36.3	153 33.0	. . 37.4	210 07.9	. . 58.9
04	205 39.3	264 06.0	22.9	260 55.1	35.9	168 35.1	37.6	225 10.0	58.7
05	220 41.8	279 05.2	22.4	275 55.6	35.5	183 37.2	37.7	240 12.2	58.6
06	235 44.3	294 04.4	S20 21.8	290 56.0	S20 35.1	198 39.3	N13 37.8	255 14.4	S 9 58.5
07	250 46.7	309 03.7	21.3	305 56.5	34.6	213 41.4	37.9	270 16.6	58.4
08	265 49.2	324 02.9	20.8	320 57.0	34.2	228 43.6	38.1	285 18.8	58.3
F 09	280 51.7	339 02.1	. . 20.2	335 57.4	. . 33.8	243 45.7	. . 38.2	300 20.9	. . 58.2
R 10	295 54.1	354 01.3	19.7	350 57.9	33.4	258 47.8	38.3	315 23.1	58.1
I 11	310 56.6	9 00.5	19.2	5 58.3	33.0	273 49.9	38.4	330 25.3	58.0
D 12	325 59.0	23 59.7	S20 18.6	20 58.8	S20 32.6	288 52.0	N13 38.5	345 27.5	S 9 57.9
A 13	341 01.5	38 58.9	18.1	35 59.3	32.1	303 54.2	38.7	0 29.7	57.7
Y 14	356 04.0	53 58.2	17.6	50 59.7	31.7	318 56.3	38.8	15 31.8	57.6
15	11 06.4	68 57.4	. . 17.0	66 00.2	. . 31.3	333 58.4	. . 38.9	30 34.0	. . 57.5
16	26 08.9	83 56.6	16.5	81 00.6	30.9	349 00.5	39.0	45 36.2	57.4
17	41 11.4	98 55.8	15.9	96 01.1	30.4	4 02.6	39.2	60 38.4	57.3
18	56 13.8	113 55.0	S20 15.4	111 01.6	S20 30.0	19 04.8	N13 39.3	75 40.6	S 9 57.2
19	71 16.3	128 54.2	14.8	126 02.0	29.6	34 06.9	39.4	90 42.7	57.1
20	86 18.8	143 53.5	14.3	141 02.5	29.2	49 09.0	39.5	105 44.9	57.0
21	101 21.2	158 52.7	. . 13.8	156 02.9	. . 28.8	64 11.1	. . 39.6	120 47.1	. . 56.8
22	116 23.7	173 51.9	13.2	171 03.4	28.3	79 13.2	39.8	135 49.3	56.7
23	131 26.2	188 51.1	12.7	186 03.9	27.9	94 15.3	39.9	150 51.5	56.6
17 00	146 28.6	203 50.3	S20 12.1	201 04.3	S20 27.5	109 17.5	N13 40.0	165 53.6	S 9 56.5
01	161 31.1	218 49.6	11.6	216 04.8	27.1	124 19.6	40.1	180 55.8	56.4
02	176 33.5	233 48.8	11.0	231 05.2	26.6	139 21.7	40.3	195 58.0	56.3
03	191 36.0	248 48.0	. . 10.5	246 05.7	. . 26.2	154 23.8	. . 40.4	211 00.2	. . 56.2
04	206 38.5	263 47.2	09.9	261 06.2	25.8	169 25.9	40.5	226 02.4	56.1
05	221 40.9	278 46.4	09.3	276 06.6	25.4	184 28.0	40.6	241 04.5	55.9
06	236 43.4	293 45.7	S20 08.8	291 07.1	S20 24.9	199 30.2	N13 40.8	256 06.7	S 9 55.8
07	251 45.9	308 44.9	08.2	306 07.6	24.5	214 32.3	40.9	271 08.9	55.7
S 08	266 48.3	323 44.1	07.7	321 08.0	24.1	229 34.4	41.0	286 11.1	55.6
A 09	281 50.8	338 43.3	. . 07.1	336 08.5	. . 23.6	244 36.5	. . 41.1	301 13.3	. . 55.5
T 10	296 53.3	353 42.5	06.6	351 08.9	23.2	259 38.6	41.3	316 15.4	55.4
U 11	311 55.7	8 41.8	06.0	6 09.4	22.8	274 40.7	41.4	331 17.6	55.3
R 12	326 58.2	23 41.0	S20 05.4	21 09.9	S20 22.4	289 42.8	N13 41.5	346 19.8	S 9 55.2
D 13	342 00.7	38 40.2	04.9	36 10.3	21.9	304 45.0	41.6	1 22.0	55.0
A 14	357 03.1	53 39.4	04.3	51 10.8	21.5	319 47.1	41.8	16 24.2	54.9
Y 15	12 05.6	68 38.7	. . 03.8	66 11.3	. . 21.1	334 49.2	. . 41.9	31 26.3	. . 54.8
16	27 08.0	83 37.9	03.2	81 11.7	20.6	349 51.3	42.0	46 28.5	54.7
17	42 10.5	98 37.1	02.6	96 12.2	20.2	4 53.4	42.1	61 30.7	54.6
18	57 13.0	113 36.3	S20 02.1	111 12.7	S20 19.8	19 55.5	N13 42.3	76 32.9	S 9 54.5
19	72 15.4	128 35.6	01.5	126 13.1	19.3	34 57.6	42.4	91 35.0	54.4
20	87 17.9	143 34.8	00.9	141 13.6	18.9	49 59.7	42.5	106 37.2	54.3
21	102 20.4	158 34.0	20 00.3	156 14.0	. . 18.5	65 01.9	. . 42.6	121 39.4	. . 54.1
22	117 22.8	173 33.3	19 59.8	171 14.5	18.0	80 04.0	42.7	136 41.6	54.0
23	132 25.3	188 32.5	S19 59.2	186 15.0	17.6	95 06.1	42.9	151 43.8	53.9
Mer. Pass. (h m)	14 15.7	v −0.8	d 0.5	v 0.5	d 0.4	v 2.1	d 0.1	v 2.2	d 0.1

STARS

Name	SHA	Dec
	° ′	° ′
Acamar	315 12.4	S40 12.8
Achernar	335 21.0	S57 07.2
Acrux	173 00.4	S63 13.8
Adhara	255 06.2	S29 00.4
Aldebaran	290 40.4	N16 33.5
Alioth	166 13.2	N55 49.5
Alkaid	152 52.3	N49 11.3
Alnair	27 34.3	S46 50.8
Alnilam	275 38.3	S 1 11.3
Alphard	217 48.2	S 8 45.9
Alphecca	126 04.4	N26 37.7
Alpheratz	357 35.8	N29 13.4
Altair	62 01.0	N 8 55.7
Ankaa	353 08.2	S42 10.7
Antares	112 16.8	S26 29.1
Arcturus	145 48.5	N19 03.2
Atria	107 11.9	S69 04.0
Avior	234 14.5	S59 35.3
Bellatrix	278 23.5	N 6 22.2
Betelgeuse	270 52.7	N 7 24.6
Canopus	263 52.4	S52 42.7
Capella	280 22.8	N46 01.5
Deneb	49 26.8	N45 21.8
Denebola	182 25.4	N14 26.1
Diphda	348 48.3	S17 51.5
Dubhe	193 41.2	N61 37.1
Elnath	278 02.6	N28 37.7
Eltanin	90 42.8	N51 28.8
Enif	33 39.8	N 9 59.0
Fomalhaut	15 15.7	S29 29.9
Gacrux	171 52.1	S57 14.7
Gienah	175 44.1	S17 40.6
Hadar	148 36.8	S60 29.1
Hamal	327 52.2	N23 34.6
Kaus Aust.	83 33.7	S34 22.4
Kochab	137 19.5	N74 03.0
Markab	13 30.9	N15 20.0
Menkar	314 07.0	N 4 11.0
Menkent	147 58.3	S36 29.2
Miaplacidus	221 37.6	S69 49.0
Mirfak	308 29.4	N49 57.0
Nunki	75 48.9	S26 16.0
Peacock	53 07.4	S56 39.4
Pollux	243 17.9	N27 58.1
Procyon	244 51.3	N 5 09.7
Rasalhague	95 59.4	N12 32.3
Regulus	207 34.9	N11 50.9
Rigel	281 04.4	S 8 10.5
Rigil Kent.	139 41.2	S60 55.8
Sabik	102 03.8	S15 45.3
Schedar	349 32.3	N56 40.3
Shaula	96 11.6	S37 07.2
Sirius	258 26.6	S16 45.1
Spica	158 22.9	S11 17.3
Suhail	222 46.4	S43 31.8
Vega	80 34.0	N38 48.1
Zuben'ubi	136 56.8	S16 08.5

	SHA	Mer. Pass.
	° ′	h m
Venus	58 39.7	10 24
Mars	55 23.8	10 36
Jupiter	322 57.1	16 44
Saturn	19 31.8	12 58

© British Crown Copyright 2023. All rights reserved.

UT d h	SUN GHA	SUN Dec	MOON GHA	v	MOON Dec	d	HP
	° ′	° ′	° ′	′	° ′	′	′
15 00	176 28.0	S12 55.5	112 06.7	10.5	N14 47.7	14.5	59.0
01	191 28.0	54.6	126 36.2	10.4	15 02.2	14.4	58.9
02	206 28.0	53.8	141 05.6	10.5	15 16.6	14.3	58.9
03	221 28.0	· · 52.9	155 35.1	10.3	15 30.9	14.2	58.9
04	236 28.1	52.1	170 04.4	10.4	15 45.1	14.0	58.8
05	251 28.1	51.2	184 33.8	10.3	15 59.1	14.0	58.8
06	266 28.1	S12 50.4	199 03.1	10.3	N16 13.1	13.9	58.8
T 07	281 28.1	49.5	213 32.4	10.2	16 27.0	13.8	58.7
H 08	296 28.2	48.6	228 01.6	10.2	16 40.8	13.6	58.7
U 09	311 28.2	· · 47.8	242 30.8	10.2	16 54.4	13.6	58.7
R 10	326 28.2	46.9	257 00.0	10.1	17 08.0	13.5	58.6
S 11	341 28.2	46.1	271 29.1	10.1	17 21.5	13.3	58.6
D 12	356 28.3	S12 45.2	285 58.2	10.1	N17 34.8	13.2	58.5
A 13	11 28.3	44.4	300 27.3	10.0	17 48.0	13.2	58.5
Y 14	26 28.3	43.5	314 56.3	9.9	18 01.2	13.0	58.5
15	41 28.4	· · 42.6	329 25.2	9.9	18 14.2	12.9	58.4
16	56 28.4	41.8	343 54.1	9.9	18 27.1	12.8	58.4
17	71 28.4	40.9	358 23.0	9.9	18 39.9	12.6	58.4
18	86 28.4	S12 40.1	12 51.9	9.8	N18 52.5	12.6	58.3
19	101 28.5	39.2	27 20.7	9.7	19 05.1	12.4	58.3
20	116 28.5	38.4	41 49.4	9.7	19 17.5	12.3	58.3
21	131 28.5	· · 37.5	56 18.1	9.7	19 29.8	12.2	58.2
22	146 28.6	36.6	70 46.8	9.6	19 42.0	12.1	58.2
23	161 28.6	35.8	85 15.4	9.6	19 54.1	11.9	58.2
16 00	176 28.6	S12 34.9	99 44.0	9.6	N20 06.0	11.9	58.1
01	191 28.7	34.1	114 12.6	9.5	20 17.9	11.7	58.1
02	206 28.7	33.2	128 41.1	9.4	20 29.6	11.6	58.1
03	221 28.7	· · 32.3	143 09.5	9.4	20 41.2	11.4	58.0
04	236 28.8	31.5	157 37.9	9.4	20 52.6	11.4	58.0
05	251 28.8	30.6	172 06.3	9.3	21 04.0	11.2	57.9
06	266 28.8	S12 29.7	186 34.6	9.3	N21 15.2	11.0	57.9
07	281 28.9	28.9	201 02.9	9.2	21 26.2	11.0	57.9
08	296 28.9	28.0	215 31.1	9.2	21 37.2	10.8	57.8
F 09	311 28.9	· · 27.1	229 59.3	9.1	21 48.0	10.7	57.8
R 10	326 29.0	26.3	244 27.4	9.1	21 58.7	10.5	57.8
I 11	341 29.0	25.4	258 55.5	9.1	22 09.2	10.5	57.7
D 12	356 29.0	S12 24.6	273 23.6	9.0	N22 19.7	10.2	57.7
A 13	11 29.1	23.7	287 51.6	9.0	22 29.9	10.2	57.7
Y 14	26 29.1	22.8	302 19.6	8.9	22 40.1	10.0	57.6
15	41 29.1	· · 22.0	316 47.5	8.9	22 50.1	9.9	57.6
16	56 29.2	21.1	331 15.4	8.8	23 00.0	9.7	57.6
17	71 29.2	20.2	345 43.2	8.8	23 09.7	9.6	57.5
18	86 29.3	S12 19.4	0 11.0	8.7	N23 19.3	9.5	57.5
19	101 29.3	18.5	14 38.7	8.8	23 28.8	9.3	57.5
20	116 29.3	17.6	29 06.5	8.6	23 38.1	9.2	57.4
21	131 29.4	· · 16.7	43 34.1	8.7	23 47.3	9.1	57.4
22	146 29.4	15.9	58 01.8	8.5	23 56.4	8.9	57.4
23	161 29.4	15.0	72 29.3	8.6	24 05.3	8.8	57.3
17 00	176 29.5	S12 14.1	86 56.9	8.5	N24 14.1	8.6	57.3
01	191 29.5	13.3	101 24.4	8.5	24 22.7	8.5	57.3
02	206 29.6	12.4	115 51.9	8.4	24 31.2	8.3	57.2
03	221 29.6	· · 11.5	130 19.3	8.4	24 39.5	8.2	57.2
04	236 29.6	10.7	144 46.7	8.3	24 47.7	8.0	57.2
05	251 29.7	09.8	159 14.0	8.4	24 55.7	7.9	57.1
06	266 29.7	S12 08.9	173 41.4	8.2	N25 03.6	7.8	57.1
07	281 29.8	08.0	188 08.6	8.3	25 11.4	7.6	57.1
S 08	296 29.8	07.2	202 35.9	8.2	25 19.0	7.4	57.0
A 09	311 29.9	· · 06.3	217 03.1	8.2	25 26.4	7.3	57.0
T 10	326 29.9	05.4	231 30.3	8.1	25 33.7	7.2	57.0
U 11	341 29.9	04.6	245 57.4	8.1	25 40.9	7.0	56.9
R 12	356 30.0	S12 03.7	260 24.5	8.1	N25 47.9	6.9	56.9
D 13	11 30.0	02.8	274 51.6	8.1	25 54.8	6.7	56.9
A 14	26 30.1	01.9	289 18.7	8.0	26 01.5	6.5	56.8
Y 15	41 30.1	· · 01.1	303 45.7	8.0	26 08.0	6.4	56.8
16	56 30.2	12 00.2	318 12.7	8.0	26 14.4	6.3	56.8
17	71 30.2	11 59.3	332 39.7	7.9	26 20.7	6.1	56.8
18	86 30.2	S11 58.4	347 06.6	7.9	N26 26.8	5.9	56.7
19	101 30.3	57.6	1 33.5	7.9	26 32.7	5.8	56.7
20	116 30.3	56.7	16 00.4	7.9	26 38.5	5.7	56.7
21	131 30.4	· · 55.8	30 27.3	7.9	26 44.2	5.4	56.6
22	146 30.4	54.9	44 54.2	7.8	26 49.6	5.4	56.6
23	161 30.5	54.1	59 21.0	7.8	N26 55.0	5.2	56.6
	SD 16.2	*d* 0.9	SD 16.0		15.7		15.5

Lat.	Twilight Naut.	Twilight Civil	Sunrise	Moonrise 15	Moonrise 16	Moonrise 17	Moonrise 18
°	h m	h m	h m	h m	h m	h m	h m
N 72	06 12	07 32	08 51	06 31	□	□	□
N 70	06 11	07 23	08 31	07 11	□	□	□
68	06 09	07 15	08 16	07 39	06 39	□	□
66	06 08	07 08	08 04	08 01	07 30	□	□
64	06 07	07 02	07 53	08 18	08 03	07 32	□
62	06 06	06 57	07 44	08 32	08 27	08 21	08 10
60	06 04	06 53	07 37	08 44	08 46	08 52	09 06
N 58	06 03	06 49	07 30	08 55	09 02	09 15	09 39
56	06 02	06 46	07 24	09 04	09 16	09 34	10 04
54	06 01	06 42	07 19	09 12	09 28	09 50	10 24
52	06 00	06 39	07 14	09 20	09 39	10 04	10 40
50	05 59	06 36	07 10	09 26	09 48	10 16	10 55
45	05 56	06 30	07 00	09 41	10 08	10 42	11 24
N 40	05 53	06 25	06 52	09 53	10 24	11 02	11 47
35	05 50	06 20	06 46	10 03	10 38	11 19	12 06
30	05 47	06 15	06 39	10 12	10 50	11 33	12 22
20	05 41	06 06	06 29	10 28	11 11	11 58	12 49
N 10	05 33	05 58	06 20	10 41	11 29	12 20	13 13
0	05 25	05 49	06 11	10 54	11 47	12 40	13 35
S 10	05 15	05 40	06 02	11 08	12 04	13 01	13 58
20	05 02	05 29	05 52	11 22	12 22	13 23	14 22
30	04 46	05 16	05 41	11 38	12 44	13 48	14 50
35	04 36	05 08	05 34	11 48	12 57	14 04	15 06
40	04 23	04 58	05 27	11 59	13 11	14 21	15 26
45	04 08	04 46	05 18	12 11	13 29	14 43	15 49
S 50	03 48	04 32	05 07	12 27	13 51	15 10	16 20
52	03 38	04 25	05 02	12 35	14 01	15 23	16 35
54	03 26	04 17	04 57	12 43	14 13	15 38	16 52
56	03 13	04 09	04 51	12 53	14 27	15 56	17 14
58	02 57	03 59	04 44	13 03	14 43	16 18	17 41
S 60	02 37	03 47	04 36	13 16	15 02	16 47	18 19

Lat.	Sunset	Twilight Civil	Twilight Naut.	Moonset 15	Moonset 16	Moonset 17	Moonset 18
°	h m	h m	h m	h m	h m	h m	h m
N 72	15 39	16 58	18 18	02 24	□	□	□
N 70	15 58	17 07	18 19	01 46	□	□	□
68	16 14	17 15	18 20	01 20	04 09	□	□
66	16 26	17 21	18 22	01 00	03 18	□	□
64	16 36	17 27	18 23	00 44	02 47	05 09	□
62	16 45	17 32	18 24	00 31	02 24	04 21	06 27
60	16 52	17 36	18 25	00 20	02 05	03 51	05 31
N 58	16 59	17 40	18 26	00 11	01 50	03 28	04 58
56	17 05	17 44	18 27	00 03	01 37	03 09	04 34
54	17 10	17 47	18 28	25 26	01 26	02 54	04 14
52	17 15	17 50	18 29	25 16	01 16	02 40	03 58
50	17 19	17 52	18 30	25 07	01 07	02 29	03 44
45	17 28	17 59	18 33	24 49	00 49	02 04	03 15
N 40	17 36	18 04	18 36	24 33	00 33	01 45	02 53
35	17 43	18 09	18 39	24 21	00 21	01 29	02 34
30	17 49	18 13	18 42	24 10	00 10	01 15	02 18
20	17 59	18 22	18 48	23 51	24 51	00 51	01 51
N 10	18 09	18 30	18 55	23 34	24 31	00 31	01 28
0	18 17	18 39	19 03	23 19	24 12	00 12	01 07
S 10	18 26	18 48	19 13	23 04	23 53	24 45	00 45
20	18 36	18 59	19 25	22 48	23 33	24 22	00 22
30	18 47	19 12	19 41	22 29	23 10	23 56	24 47
35	18 53	19 20	19 51	22 19	22 56	23 40	24 30
40	19 01	19 29	20 04	22 06	22 41	23 22	24 10
45	19 09	19 41	20 19	21 52	22 22	23 00	23 46
S 50	19 20	19 55	20 39	21 34	21 59	22 32	23 16
52	19 25	20 02	20 49	21 26	21 48	22 18	23 01
54	19 30	20 09	21 00	21 17	21 36	22 03	22 43
56	19 36	20 18	21 13	21 07	21 21	21 44	22 22
58	19 43	20 28	21 28	20 55	21 05	21 22	21 54
S 60	19 50	20 39	21 47	20 42	20 45	20 53	21 16

Day	SUN Eqn. of Time 00^h	SUN Eqn. of Time 12^h	SUN Mer. Pass.	MOON Mer. Pass. Upper	MOON Mer. Pass. Lower	Age	Phase
d	m s	m s	h m	h m	h m	d %	
15	14 08	14 07	12 14	17 07	04 41	06 38	◐
16	14 06	14 04	12 14	17 59	05 33	07 49	
17	14 02	14 00	12 14	18 54	06 26	08 59	

© British Crown Copyright 2023. All rights reserved.

UT d h	ARIES GHA ° ′	VENUS −3·9 GHA ° ′	VENUS Dec ° ′	MARS +1·3 GHA ° ′	MARS Dec ° ′	JUPITER −2·2 GHA ° ′	JUPITER Dec ° ′	SATURN +0·9 GHA ° ′	SATURN Dec ° ′
18 00	147 27.8	203 31.7	S19 58.6	201 15.4	S20 17.2	110 08.2	N13 43.0	166 45.9	S 9 53.8
01	162 30.2	218 30.9	58.1	216 15.9	16.7	125 10.3	43.1	181 48.1	53.7
02	177 32.7	233 30.2	57.5	231 16.4	16.3	140 12.4	43.2	196 50.3	53.6
03	192 35.2	248 29.4	. . 56.9	246 16.8	. . 15.9	155 14.5	. . 43.4	211 52.5	. . 53.5
04	207 37.6	263 28.6	56.3	261 17.3	15.4	170 16.6	43.5	226 54.7	53.4
05	222 40.1	278 27.9	55.7	276 17.8	15.0	185 18.7	43.6	241 56.8	53.2
06	237 42.5	293 27.1	S19 55.2	291 18.2	S20 14.6	200 20.9	N13 43.8	256 59.0	S 9 53.1
07	252 45.0	308 26.3	54.6	306 18.7	14.1	215 23.0	43.9	272 01.2	53.0
08	267 47.5	323 25.6	54.0	321 19.2	13.7	230 25.1	44.0	287 03.4	52.9
S 09	282 49.9	338 24.8	. . 53.4	336 19.6	. . 13.3	245 27.2	. . 44.1	302 05.6	. . 52.8
U 10	297 52.4	353 24.0	52.8	351 20.1	12.8	260 29.3	44.3	317 07.7	52.7
N 11	312 54.9	8 23.3	52.3	6 20.6	12.4	275 31.4	44.4	332 09.9	52.6
D 12	327 57.3	23 22.5	S19 51.7	21 21.0	S20 11.9	290 33.5	N13 44.5	347 12.1	S 9 52.4
A 13	342 59.8	38 21.7	51.1	36 21.5	11.5	305 35.6	44.6	2 14.3	52.3
Y 14	358 02.3	53 21.0	50.5	51 22.0	11.1	320 37.7	44.8	17 16.5	52.2
15	13 04.7	68 20.2	. . 49.9	66 22.4	. . 10.6	335 39.8	. . 44.9	32 18.6	. . 52.1
16	28 07.2	83 19.4	49.3	81 22.9	10.2	350 41.9	45.0	47 20.8	52.0
17	43 09.7	98 18.7	48.7	96 23.4	09.8	5 44.0	45.1	62 23.0	51.9
18	58 12.1	113 17.9	S19 48.1	111 23.8	S20 09.3	20 46.1	N13 45.3	77 25.2	S 9 51.8
19	73 14.6	128 17.1	47.5	126 24.3	08.9	35 48.3	45.4	92 27.3	51.7
20	88 17.0	143 16.4	46.9	141 24.8	08.4	50 50.4	45.5	107 29.5	51.5
21	103 19.5	158 15.6	. . 46.4	156 25.2	. . 08.0	65 52.5	. . 45.6	122 31.7	. . 51.4
22	118 22.0	173 14.8	45.8	171 25.7	07.5	80 54.6	45.8	137 33.9	51.3
23	133 24.4	188 14.1	45.2	186 26.2	07.1	95 56.7	45.9	152 36.1	51.2
19 00	148 26.9	203 13.3	S19 44.6	201 26.6	S20 06.7	110 58.8	N13 46.0	167 38.2	S 9 51.1
01	163 29.4	218 12.6	44.0	216 27.1	06.2	126 00.9	46.1	182 40.4	51.0
02	178 31.8	233 11.8	43.4	231 27.6	05.8	141 03.0	46.3	197 42.6	50.9
03	193 34.3	248 11.0	. . 42.8	246 28.0	. . 05.3	156 05.1	. . 46.4	212 44.8	. . 50.8
04	208 36.8	263 10.3	42.2	261 28.5	04.9	171 07.2	46.5	227 47.0	50.6
05	223 39.2	278 09.5	41.6	276 29.0	04.4	186 09.3	46.7	242 49.1	50.5
06	238 41.7	293 08.8	S19 41.0	291 29.4	S20 04.0	201 11.4	N13 46.8	257 51.3	S 9 50.4
07	253 44.1	308 08.0	40.4	306 29.9	03.6	216 13.5	46.9	272 53.5	50.3
08	268 46.6	323 07.2	39.7	321 30.4	03.1	231 15.6	47.0	287 55.7	50.2
M 09	283 49.1	338 06.5	. . 39.1	336 30.9	. . 02.7	246 17.7	. . 47.2	302 57.8	. . 50.1
O 10	298 51.5	353 05.7	38.5	351 31.3	02.2	261 19.8	47.3	318 00.0	50.0
N 11	313 54.0	8 05.0	37.9	6 31.8	01.8	276 21.9	47.4	333 02.2	49.9
D 12	328 56.5	23 04.2	S19 37.3	21 32.3	S20 01.3	291 24.0	N13 47.5	348 04.4	S 9 49.7
A 13	343 58.9	38 03.4	36.7	36 32.7	00.9	306 26.1	47.7	3 06.6	49.6
Y 14	359 01.4	53 02.7	36.1	51 33.2	00.4	321 28.2	47.8	18 08.7	49.5
15	14 03.9	68 01.9	. . 35.5	66 33.7	20 00.0	336 30.3	. . 47.9	33 10.9	. . 49.4
16	29 06.3	83 01.2	34.9	81 34.1	19 59.5	351 32.4	48.0	48 13.1	49.3
17	44 08.8	98 00.4	34.3	96 34.6	59.1	6 34.5	48.2	63 15.3	49.2
18	59 11.3	112 59.7	S19 33.6	111 35.1	S19 58.6	21 36.6	N13 48.3	78 17.5	S 9 49.1
19	74 13.7	127 58.9	33.0	126 35.6	58.2	36 38.7	48.4	93 19.6	49.0
20	89 16.2	142 58.2	32.4	141 36.0	57.7	51 40.8	48.6	108 21.8	48.8
21	104 18.6	157 57.4	. . 31.8	156 36.5	. . 57.3	66 42.9	. . 48.7	123 24.0	. . 48.7
22	119 21.1	172 56.7	31.2	171 37.0	56.8	81 45.0	48.8	138 26.2	48.6
23	134 23.6	187 55.9	30.5	186 37.4	56.4	96 47.1	48.9	153 28.3	48.5
20 00	149 26.0	202 55.2	S19 29.9	201 37.9	S19 55.9	111 49.2	N13 49.1	168 30.5	S 9 48.4
01	164 28.5	217 54.4	29.3	216 38.4	55.5	126 51.3	49.2	183 32.7	48.3
02	179 31.0	232 53.6	28.7	231 38.9	55.0	141 53.4	49.3	198 34.9	48.2
03	194 33.4	247 52.9	. . 28.1	246 39.3	. . 54.6	156 55.5	. . 49.5	213 37.1	. . 48.0
04	209 35.9	262 52.1	27.4	261 39.8	54.1	171 57.6	49.6	228 39.2	47.9
05	224 38.4	277 51.4	26.8	276 40.3	53.7	186 59.7	49.7	243 41.4	47.8
06	239 40.8	292 50.6	S19 26.2	291 40.7	S19 53.2	202 01.8	N13 49.8	258 43.6	S 9 47.7
07	254 43.3	307 49.9	25.5	306 41.2	52.8	217 03.9	50.0	273 45.8	47.6
T 08	269 45.8	322 49.2	24.9	321 41.7	52.3	232 06.0	50.1	288 48.0	47.5
U 09	284 48.2	337 48.4	. . 24.3	336 42.2	. . 51.8	247 08.1	. . 50.2	303 50.1	. . 47.4
E 10	299 50.7	352 47.7	23.7	351 42.6	51.4	262 10.2	50.4	318 52.3	47.3
S 11	314 53.1	7 46.9	23.0	6 43.1	50.9	277 12.3	50.5	333 54.5	47.1
D 12	329 55.6	22 46.2	S19 22.4	21 43.6	S19 50.5	292 14.4	N13 50.6	348 56.7	S 9 47.0
A 13	344 58.1	37 45.4	21.8	36 44.1	50.0	307 16.5	50.7	3 58.8	46.9
Y 14	0 00.5	52 44.7	21.1	51 44.5	49.6	322 18.6	50.9	19 01.0	46.8
15	15 03.0	67 43.9	. . 20.5	66 45.0	. . 49.1	337 20.7	. . 51.0	34 03.2	. . 46.7
16	30 05.5	82 43.2	19.8	81 45.5	48.7	352 22.8	51.1	49 05.4	46.6
17	45 07.9	97 42.4	19.2	96 46.0	48.2	7 24.9	51.3	64 07.6	46.5
18	60 10.4	112 41.7	S19 18.6	111 46.4	S19 47.7	22 27.0	N13 51.4	79 09.7	S 9 46.4
19	75 12.9	127 40.9	17.9	126 46.9	47.3	37 29.1	51.5	94 11.9	46.2
20	90 15.3	142 40.2	17.3	141 47.4	46.8	52 31.2	51.6	109 14.1	46.1
21	105 17.8	157 39.5	. . 16.6	156 47.9	. . 46.4	67 33.3	. . 51.8	124 16.3	. . 46.0
22	120 20.3	172 38.7	16.0	171 48.3	45.9	82 35.4	51.9	139 18.4	45.9
23	135 22.7	187 38.0	15.4	186 48.8	45.4	97 37.5	52.0	154 20.6	45.8
Mer. Pass.	h m 14 03.9	v −0.8	d 0.6	v 0.5	d 0.4	v 2.1	d 0.1	v 2.2	d 0.1

STARS

Name	SHA ° ′	Dec ° ′
Acamar	315 12.4	S40 12.7
Achernar	335 21.0	S57 07.1
Acrux	173 00.4	S63 13.8
Adhara	255 06.2	S29 00.4
Aldebaran	290 40.4	N16 33.5
Alioth	166 13.2	N55 49.5
Alkaid	152 52.3	N49 11.3
Alnair	27 34.3	S46 50.8
Alnilam	275 38.3	S 1 11.3
Alphard	217 48.1	S 8 45.9
Alphecca	126 04.3	N26 37.7
Alpheratz	357 35.8	N29 13.4
Altair	62 00.9	N 8 55.7
Ankaa	353 08.2	S42 10.7
Antares	112 16.8	S26 29.1
Arcturus	145 48.4	N19 03.2
Atria	107 11.9	S69 04.0
Avior	234 14.5	S59 35.3
Bellatrix	278 23.5	N 6 22.2
Betelgeuse	270 52.7	N 7 24.6
Canopus	263 52.4	S52 42.7
Capella	280 22.8	N46 01.5
Deneb	49 26.7	N45 21.8
Denebola	182 25.4	N14 26.1
Diphda	348 48.3	S17 51.5
Dubhe	193 41.2	N61 37.1
Elnath	278 02.6	N28 37.7
Eltanin	90 42.8	N51 28.8
Enif	33 39.8	N 9 59.0
Fomalhaut	15 15.7	S29 29.8
Gacrux	171 52.0	S57 14.8
Gienah	175 44.1	S17 40.6
Hadar	148 36.8	S60 29.1
Hamal	327 52.2	N23 34.6
Kaus Aust.	83 33.7	S34 22.4
Kochab	137 19.4	N74 03.0
Markab	13 30.9	N15 20.0
Menkar	314 07.0	N 4 11.0
Menkent	147 58.3	S36 29.2
Miaplacidus	221 37.6	S69 49.0
Mirfak	308 29.4	N49 57.0
Nunki	75 48.9	S26 16.0
Peacock	53 07.4	S56 39.4
Pollux	243 17.9	N27 58.1
Procyon	244 51.3	N 5 09.7
Rasalhague	95 59.4	N12 32.3
Regulus	207 34.9	N11 50.9
Rigel	281 04.4	S 8 10.6
Rigil Kent.	139 41.1	S60 55.8
Sabik	102 03.7	S15 45.3
Schedar	349 32.3	N56 40.3
Shaula	96 11.5	S37 07.2
Sirius	258 26.7	S16 45.1
Spica	158 22.9	S11 17.3
Suhail	222 46.4	S43 31.9
Vega	80 34.0	N38 48.1
Zuben'ubi	136 56.7	S16 08.5

	SHA ° ′	Mer. Pass. h m
Venus	54 46.4	10 28
Mars	52 59.7	10 34
Jupiter	322 31.9	16 34
Saturn	19 11.3	12 48

© British Crown Copyright 2023. All rights reserved.

UT	SUN GHA	SUN Dec	MOON GHA	v	MOON Dec	d	HP
d h	° ′	° ′	° ′	′	° ′	′	′
18 00	176 30.5	S11 53.2	73 47.8	7.8	N27 00.2	5.0	56.5
01	191 30.6	52.3	88 14.6	7.8	27 05.2	4.9	56.5
02	206 30.6	51.4	102 41.4	7.7	27 10.1	4.7	56.5
03	221 30.7	. . 50.5	117 08.1	7.8	27 14.8	4.5	56.5
04	236 30.7	49.7	131 34.9	7.7	27 19.3	4.4	56.4
05	251 30.8	48.8	146 01.6	7.7	27 23.7	4.3	56.4
06	266 30.8	S11 47.9	160 28.3	7.7	N27 28.0	4.1	56.4
07	281 30.9	47.0	174 55.0	7.7	27 32.1	3.9	56.3
S 08	296 30.9	46.1	189 21.7	7.7	27 36.0	3.8	56.3
U 09	311 31.0	. . 45.3	203 48.4	7.7	27 39.8	3.6	56.3
N 10	326 31.0	44.4	218 15.1	7.7	27 43.4	3.4	56.3
D 11	341 31.1	43.5	232 41.8	7.7	27 46.8	3.4	56.2
A 12	356 31.1	S11 42.6	247 08.5	7.6	N27 50.2	3.1	56.2
Y 13	11 31.2	41.7	261 35.1	7.7	27 53.3	3.0	56.2
14	26 31.2	40.9	276 01.8	7.7	27 56.3	2.8	56.1
15	41 31.3	. . 40.0	290 28.5	7.6	27 59.1	2.7	56.1
16	56 31.3	39.1	304 55.1	7.7	28 01.8	2.5	56.1
17	71 31.4	38.2	319 21.8	7.7	28 04.3	2.4	56.1
18	86 31.4	S11 37.3	333 48.5	7.7	N28 06.7	2.2	56.0
19	101 31.5	36.5	348 15.2	7.7	28 08.9	2.0	56.0
20	116 31.5	35.6	2 41.9	7.7	28 10.9	1.9	56.0
21	131 31.6	. . 34.7	17 08.6	7.7	28 12.8	1.8	56.0
22	146 31.6	33.8	31 35.3	7.7	28 14.6	1.6	55.9
23	161 31.7	32.9	46 02.0	7.8	28 16.2	1.4	55.9
19 00	176 31.7	S11 32.0	60 28.8	7.7	N28 17.6	1.2	55.9
01	191 31.8	31.1	74 55.5	7.8	28 18.8	1.2	55.9
02	206 31.8	30.3	89 22.3	7.8	28 20.0	0.9	55.8
03	221 31.9	. . 29.4	103 49.1	7.8	28 20.9	0.8	55.8
04	236 32.0	28.5	118 15.9	7.8	28 21.7	0.7	55.8
05	251 32.0	27.6	132 42.7	7.8	28 22.4	0.4	55.8
06	266 32.1	S11 26.7	147 09.5	7.9	N28 22.8	0.4	55.7
07	281 32.1	25.8	161 36.4	7.9	28 23.2	0.2	55.7
08	296 32.2	24.9	176 03.3	7.9	28 23.4	0.0	55.7
M 09	311 32.2	. . 24.1	190 30.2	8.0	28 23.4	0.1	55.7
O 10	326 32.3	23.2	204 57.2	8.0	28 23.3	0.3	55.6
N 11	341 32.4	22.3	219 24.2	8.0	28 23.0	0.5	55.6
D 12	356 32.4	S11 21.4	233 51.2	8.0	N28 22.5	0.5	55.6
A 13	11 32.5	20.5	248 18.2	8.1	28 22.0	0.8	55.6
Y 14	26 32.5	19.6	262 45.3	8.1	28 21.2	0.9	55.5
15	41 32.6	. . 18.7	277 12.4	8.2	28 20.3	1.0	55.5
16	56 32.6	17.8	291 39.6	8.2	28 19.3	1.2	55.5
17	71 32.7	16.9	306 06.8	8.2	28 18.1	1.3	55.5
18	86 32.8	S11 16.0	320 34.0	8.2	N28 16.8	1.5	55.5
19	101 32.8	15.2	335 01.2	8.4	28 15.3	1.7	55.4
20	116 32.9	14.3	349 28.6	8.3	28 13.6	1.8	55.4
21	131 32.9	. . 13.4	3 55.9	8.4	28 11.8	1.9	55.4
22	146 33.0	12.5	18 23.3	8.5	28 09.9	2.1	55.4
23	161 33.1	11.6	32 50.8	8.4	28 07.8	2.2	55.3
20 00	176 33.1	S11 10.7	47 18.2	8.6	N28 05.6	2.4	55.3
01	191 33.2	09.8	61 45.8	8.6	28 03.2	2.5	55.3
02	206 33.2	08.9	76 13.4	8.6	28 00.7	2.7	55.3
03	221 33.3	. . 08.0	90 41.0	8.7	27 58.0	2.8	55.3
04	236 33.4	07.1	105 08.7	8.7	27 55.2	3.0	55.2
05	251 33.4	06.2	119 36.4	8.8	27 52.2	3.1	55.2
06	266 33.5	S11 05.3	134 04.2	8.9	N27 49.1	3.2	55.2
07	281 33.6	04.4	148 32.1	8.9	27 45.9	3.4	55.2
T 08	296 33.6	03.6	163 00.0	9.0	27 42.5	3.5	55.2
U 09	311 33.7	. . 02.7	177 28.0	9.0	27 39.0	3.7	55.1
E 10	326 33.8	01.8	191 56.0	9.1	27 35.3	3.8	55.1
S 11	341 33.8	00.9	206 24.1	9.1	27 31.5	3.9	55.1
D 12	356 33.9	S11 00.0	220 52.2	9.3	N27 27.6	4.1	55.1
A 13	11 33.9	10 59.1	235 20.5	9.2	27 23.5	4.2	55.1
Y 14	26 34.0	58.2	249 48.7	9.4	27 19.3	4.4	55.0
15	41 34.1	. . 57.3	264 17.1	9.4	27 14.9	4.5	55.0
16	56 34.1	56.4	278 45.5	9.4	27 10.4	4.6	55.0
17	71 34.2	55.5	293 13.9	9.6	27 05.8	4.7	55.0
18	86 34.3	S10 54.6	307 42.5	9.6	N27 01.1	4.9	55.0
19	101 34.3	53.7	322 11.1	9.6	26 56.2	5.1	55.0
20	116 34.4	52.8	336 39.7	9.8	26 51.1	5.1	54.9
21	131 34.5	. . 51.9	351 08.5	9.8	26 46.0	5.3	54.9
22	146 34.5	51.0	5 37.3	9.9	26 40.7	5.4	54.9
23	161 34.6	50.1	20 06.2	9.9	N26 35.3	5.5	54.9
	SD 16.2	*d* 0.9	SD 15.3		15.1		15.0

Lat.	Twilight Naut.	Twilight Civil	Sunrise	Moonrise 18	19	20	21
°	h m	h m	h m	h m	h m	h m	h m
N 72	05 59	07 18	08 34	□	□	□	□
N 70	05 59	07 10	08 17	□	□	□	□
68	05 59	07 04	08 03	□	□	□	□
66	05 59	06 58	07 52	□	□	□	□
64	05 58	06 53	07 43	□	□	□	11 04
62	05 58	06 49	07 35	08 10	□	10 00	11 58
60	05 57	06 45	07 29	09 06	09 45	10 58	12 31
N 58	05 56	06 42	07 23	09 39	10 23	11 32	12 55
56	05 56	06 39	07 17	10 04	10 51	11 56	13 14
54	05 55	06 36	07 12	10 24	11 12	12 16	13 30
52	05 54	06 34	07 08	10 40	11 30	12 32	13 44
50	05 54	06 31	07 04	10 55	11 45	12 46	13 56
45	05 51	06 26	06 56	11 24	12 15	13 15	14 21
N 40	05 49	06 21	06 48	11 47	12 39	13 38	14 40
35	05 47	06 17	06 42	12 06	12 59	13 56	14 57
30	05 44	06 12	06 37	12 22	13 15	14 12	15 11
20	05 39	06 05	06 27	12 49	13 44	14 39	15 35
N 10	05 32	05 57	06 19	13 13	14 08	15 03	15 56
0	05 25	05 49	06 10	13 35	14 31	15 24	16 15
S 10	05 16	05 41	06 02	13 58	14 53	15 46	16 34
20	05 04	05 31	05 53	14 22	15 18	16 09	16 55
30	04 49	05 18	05 43	14 50	15 46	16 36	17 18
35	04 39	05 11	05 37	15 06	16 03	16 51	17 32
40	04 28	05 02	05 30	15 26	16 22	17 10	17 48
45	04 13	04 51	05 22	15 49	16 46	17 32	18 07
S 50	03 54	04 38	05 12	16 20	17 17	18 00	18 31
52	03 45	04 31	05 08	16 35	17 32	18 13	18 42
54	03 35	04 24	05 03	16 52	17 50	18 29	18 55
56	03 22	04 16	04 57	17 14	18 11	18 48	19 10
58	03 08	04 07	04 51	17 41	18 38	19 11	19 27
S 60	02 50	03 56	04 44	18 19	19 17	19 40	19 48

Lat.	Sunset	Twilight Civil	Twilight Naut.	Moonset 18	19	20	21
°	h m	h m	h m	h m	h m	h m	h m
N 72	15 56	17 11	18 31	□	□	□	□
N 70	16 12	17 19	18 31	□	□	□	□
68	16 26	17 26	18 31	□	□	□	□
66	16 37	17 31	18 31	□	□	□	□
64	16 46	17 36	18 31	□	□	□	09 10
62	16 53	17 40	18 32	06 27	□	08 26	08 15
60	17 00	17 43	18 32	05 31	06 48	07 27	07 42
N 58	17 06	17 47	18 33	04 58	06 09	06 54	07 18
56	17 11	17 50	18 33	04 34	05 42	06 29	06 58
54	17 16	17 52	18 34	04 14	05 21	06 09	06 41
52	17 20	17 55	18 34	03 58	05 03	05 52	06 27
50	17 24	17 57	18 35	03 44	04 48	05 38	06 15
45	17 33	18 03	18 37	03 15	04 17	05 09	05 49
N 40	17 40	18 07	18 39	02 53	03 54	04 46	05 29
35	17 46	18 12	18 41	02 34	03 34	04 27	05 12
30	17 51	18 16	18 44	02 18	03 17	04 10	04 57
20	18 01	18 23	18 49	01 51	02 49	03 43	04 31
N 10	18 09	18 31	18 55	01 28	02 25	03 19	04 10
0	18 17	18 38	19 03	01 07	02 02	02 57	03 49
S 10	18 25	18 47	19 12	00 45	01 39	02 34	03 28
20	18 34	18 57	19 23	00 22	01 15	02 10	03 06
30	18 44	19 09	19 38	24 47	00 47	01 42	02 41
35	18 50	19 16	19 48	24 30	00 30	01 26	02 25
40	18 57	19 25	19 59	24 10	00 10	01 06	02 07
45	19 05	19 36	20 13	23 46	24 43	00 43	01 46
S 50	19 14	19 49	20 32	23 16	24 12	00 12	01 19
52	19 19	19 55	20 41	23 01	23 57	25 05	01 05
54	19 23	20 02	20 51	22 43	23 40	24 50	00 50
56	19 29	20 10	21 03	22 22	23 18	24 32	00 32
58	19 35	20 19	21 17	21 54	22 51	24 09	00 09
S 60	19 42	20 29	21 34	21 16	22 12	23 40	25 16

Day	SUN Eqn. of Time 00^h	SUN Eqn. of Time 12^h	SUN Mer. Pass.	MOON Mer. Pass. Upper	MOON Mer. Pass. Lower	MOON Age	MOON Phase
d	m s	m s	h m	h m	h m	d %	
18	13 58	13 56	12 14	19 49	07 21	09 69	
19	13 53	13 50	12 14	20 44	08 16	10 78	◐
20	13 48	13 45	12 14	21 37	09 11	11 86	

© British Crown Copyright 2023. All rights reserved.

UT	ARIES	VENUS −3·9		MARS +1·3		JUPITER −2·2		SATURN +0·9	
d h	GHA ° ′	GHA ° ′	Dec ° ′	GHA ° ′	Dec ° ′	GHA ° ′	Dec ° ′	GHA ° ′	Dec ° ′
21 00	150 25.2	202 37.2	S19 14.7	201 49.3	S19 45.0	112 39.6	N13 52.2	169 22.8	S 9 45.7
01	165 27.6	217 36.5	14.1	216 49.8	44.5	127 41.7	52.3	184 25.0	45.6
02	180 30.1	232 35.7	13.4	231 50.2	44.1	142 43.8	52.4	199 27.2	45.4
03	195 32.6	247 35.0	. . 12.8	246 50.7	. . 43.6	157 45.9	. . 52.5	214 29.3	. . 45.3
04	210 35.0	262 34.3	12.1	261 51.2	43.1	172 47.9	52.7	229 31.5	45.2
05	225 37.5	277 33.5	11.5	276 51.7	42.7	187 50.0	52.8	244 33.7	45.1
06	240 40.0	292 32.8	S19 10.8	291 52.1	S19 42.2	202 52.1	N13 52.9	259 35.9	S 9 45.0
W 07	255 42.4	307 32.0	10.2	306 52.6	41.8	217 54.2	53.1	274 38.0	44.9
E 08	270 44.9	322 31.3	09.5	321 53.1	41.3	232 56.3	53.2	289 40.2	44.8
D 09	285 47.4	337 30.6	. . 08.9	336 53.6	. . 40.8	247 58.4	. . 53.3	304 42.4	. . 44.7
N 10	300 49.8	352 29.8	08.2	351 54.0	40.4	263 00.5	53.4	319 44.6	44.5
11	315 52.3	7 29.1	07.6	6 54.5	39.9	278 02.6	53.6	334 46.8	44.4
E 12	330 54.7	22 28.4	S19 06.9	21 55.0	S19 39.4	293 04.7	N13 53.7	349 48.9	S 9 44.3
S 13	345 57.2	37 27.6	06.2	36 55.5	39.0	308 06.8	53.8	4 51.1	44.2
D 14	0 59.7	52 26.9	05.6	51 55.9	38.5	323 08.9	54.0	19 53.3	44.1
A 15	16 02.1	67 26.1	. . 04.9	66 56.4	. . 38.0	338 11.0	. . 54.1	34 55.5	. . 44.0
Y 16	31 04.6	82 25.4	04.3	81 56.9	37.6	353 13.0	54.2	49 57.6	43.9
17	46 07.1	97 24.7	03.6	96 57.4	37.1	8 15.1	54.4	64 59.8	43.8
18	61 09.5	112 23.9	S19 02.9	111 57.9	S19 36.6	23 17.2	N13 54.5	80 02.0	S 9 43.6
19	76 12.0	127 23.2	02.3	126 58.3	36.2	38 19.3	54.6	95 04.2	43.5
20	91 14.5	142 22.5	01.6	141 58.8	35.7	53 21.4	54.8	110 06.4	43.4
21	106 16.9	157 21.7	. . 01.0	156 59.3	. . 35.2	68 23.5	. . 54.9	125 08.5	. . 43.3
22	121 19.4	172 21.0	19 00.3	171 59.8	34.8	83 25.6	55.0	140 10.7	43.2
23	136 21.9	187 20.3	18 59.6	187 00.2	34.3	98 27.7	55.1	155 12.9	43.1
22 00	151 24.3	202 19.5	S18 59.0	202 00.7	S19 33.8	113 29.8	N13 55.3	170 15.1	S 9 43.0
01	166 26.8	217 18.8	58.3	217 01.2	33.4	128 31.9	55.4	185 17.2	42.8
02	181 29.2	232 18.1	57.6	232 01.7	32.9	143 33.9	55.5	200 19.4	42.7
03	196 31.7	247 17.4	. . 56.9	247 02.2	. . 32.4	158 36.0	. . 55.7	215 21.6	. . 42.6
04	211 34.2	262 16.6	56.3	262 02.6	31.9	173 38.1	55.8	230 23.8	42.5
05	226 36.6	277 15.9	55.6	277 03.1	31.5	188 40.2	55.9	245 26.0	42.4
06	241 39.1	292 15.2	S18 54.9	292 03.6	S19 31.0	203 42.3	N13 56.1	260 28.1	S 9 42.3
07	256 41.6	307 14.4	54.2	307 04.1	30.5	218 44.4	56.2	275 30.3	42.2
T 08	271 44.0	322 13.7	53.6	322 04.6	30.1	233 46.5	56.3	290 32.5	42.1
H 09	286 46.5	337 13.0	. . 52.9	337 05.0	. . 29.6	248 48.6	. . 56.4	305 34.7	. . 41.9
U 10	301 49.0	352 12.3	52.2	352 05.5	29.1	263 50.6	56.6	320 36.8	41.8
R 11	316 51.4	7 11.5	51.5	7 06.0	28.6	278 52.7	56.7	335 39.0	41.7
S 12	331 53.9	22 10.8	S18 50.9	22 06.5	S19 28.2	293 54.8	N13 56.8	350 41.2	S 9 41.6
D 13	346 56.4	37 10.1	50.2	37 07.0	27.7	308 56.9	57.0	5 43.4	41.5
A 14	1 58.8	52 09.3	49.5	52 07.4	27.2	323 59.0	57.1	20 45.6	41.4
Y 15	17 01.3	67 08.6	. . 48.8	67 07.9	. . 26.8	339 01.1	. . 57.2	35 47.7	. . 41.3
16	32 03.7	82 07.9	48.1	82 08.4	26.3	354 03.2	57.4	50 49.9	41.1
17	47 06.2	97 07.2	47.5	97 08.9	25.8	9 05.2	57.5	65 52.1	41.0
18	62 08.7	112 06.4	S18 46.8	112 09.4	S19 25.3	24 07.3	N13 57.6	80 54.3	S 9 40.9
19	77 11.1	127 05.7	46.1	127 09.8	24.9	39 09.4	57.8	95 56.4	40.8
20	92 13.6	142 05.0	45.4	142 10.3	24.4	54 11.5	57.9	110 58.6	40.7
21	107 16.1	157 04.3	. . 44.7	157 10.8	. . 23.9	69 13.6	. . 58.0	126 00.8	. . 40.6
22	122 18.5	172 03.6	44.0	172 11.3	23.4	84 15.7	58.2	141 03.0	40.5
23	137 21.0	187 02.8	43.3	187 11.8	22.9	99 17.8	58.3	156 05.2	40.4
23 00	152 23.5	202 02.1	S18 42.6	202 12.3	S19 22.5	114 19.8	N13 58.4	171 07.3	S 9 40.2
01	167 25.9	217 01.4	41.9	217 12.7	22.0	129 21.9	58.6	186 09.5	40.1
02	182 28.4	232 00.7	41.3	232 13.2	21.5	144 24.0	58.7	201 11.7	40.0
03	197 30.9	247 00.0	. . 40.6	247 13.7	. . 21.0	159 26.1	. . 58.8	216 13.9	. . 39.9
04	212 33.3	261 59.2	39.9	262 14.2	20.6	174 28.2	58.9	231 16.0	39.8
05	227 35.8	276 58.5	39.2	277 14.7	20.1	189 30.2	59.1	246 18.2	39.7
06	242 38.2	291 57.8	S18 38.5	292 15.2	S19 19.6	204 32.3	N13 59.2	261 20.4	S 9 39.6
07	257 40.7	306 57.1	37.8	307 15.6	19.1	219 34.4	59.3	276 22.6	39.4
08	272 43.2	321 56.4	37.1	322 16.1	18.6	234 36.5	59.5	291 24.8	39.3
F 09	287 45.6	336 55.6	. . 36.4	337 16.6	. . 18.2	249 38.6	. . 59.6	306 26.9	. . 39.2
R 10	302 48.1	351 54.9	35.7	352 17.1	17.7	264 40.7	59.7	321 29.1	39.1
I 11	317 50.6	6 54.2	35.0	7 17.6	17.2	279 42.7	13 59.9	336 31.3	39.0
D 12	332 53.0	21 53.5	S18 34.3	22 18.1	S19 16.7	294 44.8	N14 00.0	351 33.5	S 9 38.9
A 13	347 55.5	36 52.8	33.6	37 18.5	16.2	309 46.9	00.1	6 35.6	38.8
Y 14	2 58.0	51 52.1	32.9	52 19.0	15.7	324 49.0	00.3	21 37.8	38.7
15	18 00.4	66 51.3	. . 32.2	67 19.5	. . 15.3	339 51.1	. . 00.4	36 40.0	. . 38.5
16	33 02.9	81 50.6	31.5	82 20.0	14.8	354 53.1	00.5	51 42.2	38.4
17	48 05.3	96 49.9	30.8	97 20.5	14.3	9 55.2	00.7	66 44.3	38.3
18	63 07.8	111 49.2	S18 30.0	112 21.0	S19 13.8	24 57.3	N14 00.8	81 46.5	S 9 38.2
19	78 10.3	126 48.5	29.3	127 21.5	13.3	39 59.4	00.9	96 48.7	38.1
20	93 12.7	141 47.8	28.6	142 21.9	12.8	55 01.5	01.1	111 50.9	38.0
21	108 15.2	156 47.1	. . 27.9	157 22.4	. . 12.4	70 03.5	. . 01.2	126 53.1	. . 37.9
22	123 17.7	171 46.4	27.2	172 22.9	11.9	85 05.6	01.3	141 55.2	37.8
23	138 20.1	186 45.6	26.5	187 23.4	11.4	100 07.7	01.5	156 57.4	37.6
Mer. Pass.	h m 13 52.1	v −0.7	d 0.7	v 0.5	d 0.5	v 2.1	d 0.1	v 2.2	d 0.1

STARS

Name	SHA ° ′	Dec ° ′
Acamar	315 12.4	S40 12.7
Achernar	335 21.0	S57 07.1
Acrux	173 00.3	S63 13.8
Adhara	255 06.2	S29 00.4
Aldebaran	290 40.4	N16 33.5
Alioth	166 13.1	N55 49.5
Alkaid	152 52.3	N49 11.3
Alnair	27 34.3	S46 50.8
Alnilam	275 38.3	S 1 11.3
Alphard	217 48.1	S 8 45.9
Alphecca	126 04.3	N26 37.7
Alpheratz	357 35.8	N29 13.4
Altair	62 00.9	N 8 55.7
Ankaa	353 08.2	S42 10.7
Antares	112 16.8	S26 29.1
Arcturus	145 48.4	N19 03.2
Atria	107 11.8	S69 04.0
Avior	234 14.5	S59 35.3
Bellatrix	278 23.5	N 6 22.2
Betelgeuse	270 52.7	N 7 24.6
Canopus	263 52.4	S52 42.7
Capella	280 22.8	N46 01.5
Deneb	49 26.7	N45 21.8
Denebola	182 25.4	N14 26.1
Diphda	348 48.3	S17 51.4
Dubhe	193 41.2	N61 37.1
Elnath	278 02.6	N28 37.7
Eltanin	90 42.8	N51 28.8
Enif	33 39.8	N 9 59.0
Fomalhaut	15 15.6	S29 29.8
Gacrux	171 52.0	S57 14.8
Gienah	175 44.1	S17 40.6
Hadar	148 36.7	S60 29.2
Hamal	327 52.2	N23 34.6
Kaus Aust.	83 33.7	S34 22.4
Kochab	137 19.3	N74 03.0
Markab	13 30.9	N15 20.0
Menkar	314 07.0	N 4 11.0
Menkent	147 58.3	S36 29.2
Miaplacidus	221 37.6	S69 49.0
Mirfak	308 29.4	N49 57.0
Nunki	75 48.9	S26 16.0
Peacock	53 07.4	S56 39.4
Pollux	243 17.9	N27 58.1
Procyon	244 51.3	N 5 09.7
Rasalhague	95 59.3	N12 32.3
Regulus	207 34.9	N11 50.9
Rigel	281 04.5	S 8 10.6
Rigil Kent.	139 41.1	S60 55.9
Sabik	102 03.7	S15 45.3
Schedar	349 32.3	N56 40.3
Shaula	96 11.5	S37 07.2
Sirius	258 26.7	S16 45.1
Spica	158 22.9	S11 17.3
Suhail	222 46.4	S43 31.9
Vega	80 34.0	N38 48.0
Zuben'ubi	136 56.7	S16 08.6

	SHA ° ′	Mer. Pass. h m
Venus	50 55.2	10 31
Mars	50 36.4	10 32
Jupiter	322 05.4	16 24
Saturn	18 50.8	12 37

© British Crown Copyright 2023. All rights reserved.

SUN OCT.–MAR. App. Alt.	Lower Limb	Upper Limb	SUN APR.–SEPT. App. Alt.	Lower Limb	Upper Limb	STARS AND PLANETS App. Alt.	Corrⁿ	DIP Ht. of Eye	Corrⁿ	Ht. of Eye
° ′	′	′	° ′	′	′	° ′	′	m	′	ft.
9 33			9 39			9 55		2·4		8·0
	+10·8	−21·5		+10·6	−21·2		−5·3		−2·8	
9 45			9 50			10 07		2·6		8·6
	+10·9	−21·4		+10·7	−21·1		−5·2		−2·9	
9 56			10 02			10 20		2·8		9·2
	+11·0	−21·3		+10·8	−21·0		−5·1		−3·0	
10 08			10 14			10 32		3·0		9·8
	+11·1	−21·2		+10·9	−20·9		−5·0		−3·1	
10 20			10 27			10 46		3·2		10·5
	+11·2	−21·1		+11·0	−20·8		−4·9		−3·2	
10 33			10 40			10 59		3·4		11·2
	+11·3	−21·0		+11·1	−20·7		−4·8		−3·3	
10 46			10 53			11 14		3·6		11·9
	+11·4	−20·9		+11·2	−20·6		−4·7		−3·4	
11 00			11 07			11 29		3·8		12·6
	+11·5	−20·8		+11·3	−20·5		−4·6		−3·5	
11 15			11 22			11 44		4·0		13·3
	+11·6	−20·7		+11·4	−20·4		−4·5		−3·6	
11 30			11 37			12 00		4·3		14·1
	+11·7	−20·6		+11·5	−20·3		−4·4		−3·7	
11 45			11 53			12 17		4·5		14·9
	+11·8	−20·5		+11·6	−20·2		−4·3		−3·8	
12 01			12 10			12 35		4·7		15·7
	+11·9	−20·4		+11·7	−20·1		−4·2		−3·9	
12 18			12 27			12 53		5·0		16·5
	+12·0	−20·3		+11·8	−20·0		−4·1		−4·0	
12 36			12 45			13 12		5·2		17·4
	+12·1	−20·2		+11·9	−19·9		−4·0		−4·1	
12 54			13 04			13 32		5·5		18·3
	+12·2	−20·1		+12·0	−19·8		−3·9		−4·2	
13 14			13 24			13 53		5·8		19·1
	+12·3	−20·0		+12·1	−19·7		−3·8		−4·3	
13 34			13 44			14 16		6·1		20·1
	+12·4	−19·9		+12·2	−19·6		−3·7		−4·4	
13 55			14 06			14 39		6·3		21·0
	+12·5	−19·8		+12·3	−19·5		−3·6		−4·5	
14 17			14 29			15 03		6·6		22·0
	+12·6	−19·7		+12·4	−19·4		−3·5		−4·6	
14 41			14 53			15 29		6·9		22·9
	+12·7	−19·6		+12·5	−19·3		−3·4		−4·7	
15 05			15 18			15 56		7·2		23·9
	+12·8	−19·5		+12·6	−19·2		−3·3		−4·8	
15 31			15 45			16 25		7·5		24·9
	+12·9	−19·4		+12·7	−19·1		−3·2		−4·9	
15 59			16 13			16 55		7·9		26·0
	+13·0	−19·3		+12·8	−19·0		−3·1		−5·0	
16 27			16 43			17 27		8·2		27·1
	+13·1	−19·2		+12·9	−18·9		−3·0		−5·1	
16 58			17 14			18 01		8·5		28·1
	+13·2	−19·1		+13·0	−18·8		−2·9		−5·2	
17 30			17 47			18 37		8·8		29·2
	+13·3	−19·0		+13·1	−18·7		−2·8		−5·3	
18 05			18 23			19 16		9·2		30·4
	+13·4	−18·9		+13·2	−18·6		−2·7		−5·4	
18 41			19 00			19 56		9·5		31·5
	+13·5	−18·8		+13·3	−18·5		−2·6		−5·5	
19 20			19 41			20 40		9·9		32·7
	+13·6	−18·7		+13·4	−18·4		−2·5		−5·6	
20 02			20 24			21 27		10·3		33·9
	+13·7	−18·6		+13·5	−18·3		−2·4		−5·7	
20 46			21 10			22 17		10·6		35·1
	+13·8	−18·5		+13·6	−18·2		−2·3		−5·8	
21 34			21 59			23 11		11·0		36·3
	+13·9	−18·4		+13·7	−18·1		−2·2		−5·9	
22 25			22 52			24 09		11·4		37·6
	+14·0	−18·3		+13·8	−18·0		−2·1		−6·0	
23 20			23 49			25 12		11·8		38·9
	+14·1	−18·2		+13·9	−17·9		−2·0		−6·1	
24 20			24 51			26 20		12·2		40·1
	+14·2	−18·1		+14·0	−17·8		−1·9		−6·2	
25 24			25 58			27 34		12·6		41·5
	+14·3	−18·0		+14·1	−17·7		−1·8		−6·3	
26 34			27 11			28 54		13·0		42·8
	+14·4	−17·9		+14·2	−17·6		−1·7		−6·4	
27 50			28 31			30 22		13·4		44·2
	+14·5	−17·8		+14·3	−17·5		−1·6		−6·5	
29 13			29 58			31 58		13·8		45·5
	+14·6	−17·7		+14·4	−17·4		−1·5		−6·6	
30 44			31 33			33 43		14·2		46·9
	+14·7	−17·6		+14·5	−17·3		−1·4		−6·7	
32 24			33 18			35 38		14·7		48·4
	+14·8	−17·5		+14·6	−17·2		−1·3		−6·8	
34 15			35 15			37 45		15·1		49·8
	+14·9	−17·4		+14·7	−17·1		−1·2		−6·9	
36 17			37 24			40 06		15·5		51·3
	+15·0	−17·3		+14·8	−17·0		−1·1		−7·0	
38 34			39 48			42 42		16·0		52·8
	+15·1	−17·2		+14·9	−16·9		−1·0		−7·1	
41 06			42 28			45 34		16·5		54·3
	+15·2	−17·1		+15·0	−16·8		−0·9		−7·2	
43 56			45 29			48 45		16·9		55·8
	+15·3	−17·0		+15·1	−16·7		−0·8		−7·3	
47 07			48 52			52 16		17·4		57·4
	+15·4	−16·9		+15·2	−16·6		−0·7		−7·4	
50 43			52 41			56 09		17·9		58·9
	+15·5	−16·8		+15·3	−16·5		−0·6		−7·5	
54 46			56 59			60 26		18·4		60·5
	+15·6	−16·7		+15·4	−16·4		−0·5		−7·6	
59 21			61 50			65 06		18·8		62·1
	+15·7	−16·6		+15·5	−16·3		−0·4		−7·7	
64 28			67 15			70 09		19·3		63·8
	+15·8	−16·5		+15·6	−16·2		−0·3		−7·8	
70 10			73 14			75 32		19·8		65·4
	+15·9	−16·4		+15·7	−16·1		−0·2		−7·9	
76 24			79 42			81 12		20·4		67·1
	+16·0	−16·3		+15·8	−16·0		−0·1		−8·0	
83 05			86 31			87 03		20·9		68·8
	+16·1	−16·2		+15·9	−15·9		0·0		−8·1	
90 00			90 00			90 00		21·4		70·5

STARS AND PLANETS — App. Alt. / Additional Corrⁿ

2024

VENUS

Jan. 1–Nov. 30

App. Alt. °	Additional Corrⁿ ′
0	
60	+0·1

Dec. 1–Dec. 31

App. Alt. °	Additional Corrⁿ ′
0	
41	+0·2
76	+0·1

MARS

Jan. 1–Nov. 6

App. Alt. °	Additional Corrⁿ ′
0	
60	+0·1

Nov. 7–Dec. 31

App. Alt. °	Additional Corrⁿ ′
0	
41	+0·2
76	+0·1

DIP — Ht. of Eye / Corrⁿ

Ht. of Eye	Corrⁿ
m	′
1·0	−1·8
1·5	−2·2
2·0	−2·5
2·5	−2·8
3·0	−3·0
See table ←	
m	′
20	−7·9
22	−8·3
24	−8·6
26	−9·0
28	−9·3
30	−9·6
32	−10·0
34	−10·3
36	−10·6
38	−10·8
40	−11·1
42	−11·4
44	−11·7
46	−11·9
48	−12·2
ft.	′
2	−1·4
4	−1·9
6	−2·4
8	−2·7
10	−3·1
See table ←	
ft.	′
70	−8·1
75	−8·4
80	−8·7
85	−8·9
90	−9·2
95	−9·5
100	−9·7
105	−9·9
110	−10·2
115	−10·4
120	−10·6
125	−10·8
130	−11·1
135	−11·3
140	−11·5
145	−11·7
150	−11·9
155	−12·1

App. Alt. = Apparent altitude = Sextant altitude corrected for index error and dip.

INDEX TO SELECTED STARS, 2024

Name	No	Mag	SHA	Dec
			°	°
Acamar	**7**	3·2	315	S 40
Achernar	**5**	0·5	335	S 57
Acrux	**30**	1·3	173	S 63
Adhara	**19**	1·5	255	S 29
Aldebaran	**10**	0·9	291	N 17
Alioth	**32**	1·8	166	N 56
Alkaid	**34**	1·9	153	N 49
Alnair	**55**	1·7	28	S 47
Alnilam	**15**	1·7	276	S 1
Alphard	**25**	2·0	218	S 9
Alphecca	**41**	2·2	126	N 27
Alpheratz	**1**	2·1	358	N 29
Altair	**51**	0·8	62	N 9
Ankaa	**2**	2·4	353	S 42
Antares	**42**	1·0	112	S 26
Arcturus	**37**	0·0	146	N 19
Atria	**43**	1·9	107	S 69
Avior	**22**	1·9	234	S 60
Bellatrix	**13**	1·6	278	N 6
Betelgeuse	**16**	Var.*	271	N 7
Canopus	**17**	−0·7	264	S 53
Capella	**12**	0·1	280	N 46
Deneb	**53**	1·3	49	N 45
Denebola	**28**	2·1	182	N 14
Diphda	**4**	2·0	349	S 18
Dubhe	**27**	1·8	194	N 62
Elnath	**14**	1·7	278	N 29
Eltanin	**47**	2·2	91	N 51
Enif	**54**	2·4	34	N 10
Fomalhaut	**56**	1·2	15	S 29
Gacrux	**31**	1·6	172	S 57
Gienah	**29**	2·6	176	S 18
Hadar	**35**	0·6	149	S 60
Hamal	**6**	2·0	328	N 24
Kaus Australis	**48**	1·9	84	S 34
Kochab	**40**	2·1	137	N 74
Markab	**57**	2·5	14	N 15
Menkar	**8**	2·5	314	N 4
Menkent	**36**	2·1	148	S 36
Miaplacidus	**24**	1·7	222	S 70
Mirfak	**9**	1·8	308	N 50
Nunki	**50**	2·0	76	S 26
Peacock	**52**	1·9	53	S 57
Pollux	**21**	1·1	243	N 28
Procyon	**20**	0·4	245	N 5
Rasalhague	**46**	2·1	96	N 13
Regulus	**26**	1·4	208	N 12
Rigel	**11**	0·1	281	S 8
Rigil Kentaurus	**38**	−0·3	140	S 61
Sabik	**44**	2·4	102	S 16
Schedar	**3**	2·2	350	N 57
Shaula	**45**	1·6	96	S 37
Sirius	**18**	−1·5	258	S 17
Spica	**33**	1·0	158	S 11
Suhail	**23**	2·2	223	S 44
Vega	**49**	0·0	81	N 39
Zubenelgenubi	**39**	2·8	137	S 16

No	Name	Mag	SHA	Dec
			°	°
1	*Alpheratz*	2·1	358	N 29
2	*Ankaa*	2·4	353	S 42
3	*Schedar*	2·2	350	N 57
4	*Diphda*	2·0	349	S 18
5	*Achernar*	0·5	335	S 57
6	*Hamal*	2·0	328	N 24
7	*Acamar*	3·2	315	S 40
8	*Menkar*	2·5	314	N 4
9	*Mirfak*	1·8	308	N 50
10	*Aldebaran*	0·9	291	N 17
11	*Rigel*	0·1	281	S 8
12	*Capella*	0·1	280	N 46
13	*Bellatrix*	1·6	278	N 6
14	*Elnath*	1·7	278	N 29
15	*Alnilam*	1·7	276	S 1
16	*Betelgeuse*	Var.*	271	N 7
17	*Canopus*	−0·7	264	S 53
18	*Sirius*	−1·5	258	S 17
19	*Adhara*	1·5	255	S 29
20	*Procyon*	0·4	245	N 5
21	*Pollux*	1·1	243	N 28
22	*Avior*	1·9	234	S 60
23	*Suhail*	2·2	223	S 44
24	*Miaplacidus*	1·7	222	S 70
25	*Alphard*	2·0	218	S 9
26	*Regulus*	1·4	208	N 12
27	*Dubhe*	1·8	194	N 62
28	*Denebola*	2·1	182	N 14
29	*Gienah*	2·6	176	S 18
30	*Acrux*	1·3	173	S 63
31	*Gacrux*	1·6	172	S 57
32	*Alioth*	1·8	166	N 56
33	*Spica*	1·0	158	S 11
34	*Alkaid*	1·9	153	N 49
35	*Hadar*	0·6	149	S 60
36	*Menkent*	2·1	148	S 36
37	*Arcturus*	0·0	146	N 19
38	*Rigil Kentaurus*	−0·3	140	S 61
39	*Zubenelgenubi*	2·8	137	S 16
40	*Kochab*	2·1	137	N 74
41	*Alphecca*	2·2	126	N 27
42	*Antares*	1·0	112	S 26
43	*Atria*	1·9	107	S 69
44	*Sabik*	2·4	102	S 16
45	*Shaula*	1·6	96	S 37
46	*Rasalhague*	2·1	96	N 13
47	*Eltanin*	2·2	91	N 51
48	*Kaus Australis*	1·9	84	S 34
49	*Vega*	0·0	81	N 39
50	*Nunki*	2·0	76	S 26
51	*Altair*	0·8	62	N 9
52	*Peacock*	1·9	53	S 57
53	*Deneb*	1·3	49	N 45
54	*Enif*	2·4	34	N 10
55	*Alnair*	1·7	28	S 47
56	*Fomalhaut*	1·2	15	S 29
57	*Markab*	2·5	14	N 15

*0·1 — 1·2

UT		SUN GHA	SUN Dec	MOON GHA	v	MOON Dec	d	HP
	d h	° ′	° ′	° ′	′	° ′	′	′
	21 00	176 34.7	S10 49.2	34 35.1	10.1	N26 29.8	5.7	54.9
	01	191 34.8	48.3	49 04.2	10.1	26 24.1	5.8	54.9
	02	206 34.8	47.4	63 33.3	10.1	26 18.3	5.9	54.8
	03	221 34.9	. . 46.5	78 02.4	10.3	26 12.4	6.1	54.8
	04	236 35.0	45.6	92 31.7	10.3	26 06.3	6.1	54.8
	05	251 35.0	44.7	107 01.0	10.4	26 00.2	6.3	54.8
	06	266 35.1	S10 43.8	121 30.4	10.4	N25 53.9	6.4	54.8
W	07	281 35.2	42.9	135 59.8	10.6	25 47.5	6.6	54.8
E	08	296 35.2	42.0	150 29.4	10.6	25 40.9	6.6	54.7
D	09	311 35.3	. . 41.1	164 59.0	10.7	25 34.3	6.8	54.7
N	10	326 35.4	40.2	179 28.7	10.8	25 27.5	6.9	54.7
E	11	341 35.5	39.3	193 58.5	10.8	25 20.6	7.0	54.7
S	12	356 35.5	S10 38.4	208 28.3	11.0	N25 13.6	7.1	54.7
D	13	11 35.6	37.5	222 58.3	11.0	25 06.5	7.3	54.7
A	14	26 35.7	36.6	237 28.3	11.1	24 59.2	7.3	54.7
Y	15	41 35.7	. . 35.7	251 58.4	11.1	24 51.9	7.5	54.6
	16	56 35.8	34.8	266 28.5	11.3	24 44.4	7.6	54.6
	17	71 35.9	33.9	280 58.8	11.3	24 36.8	7.7	54.6
	18	86 36.0	S10 33.0	295 29.1	11.4	N24 29.1	7.8	54.6
	19	101 36.0	32.1	309 59.5	11.5	24 21.3	7.9	54.6
	20	116 36.1	31.2	324 30.0	11.5	24 13.4	8.0	54.6
	21	131 36.2	. . 30.2	339 00.5	11.7	24 05.4	8.1	54.6
	22	146 36.3	29.3	353 31.2	11.7	23 57.3	8.2	54.5
	23	161 36.3	28.4	8 01.9	11.8	23 49.1	8.4	54.5
	22 00	176 36.4	S10 27.5	22 32.7	11.9	N23 40.7	8.4	54.5
	01	191 36.5	26.6	37 03.6	12.0	23 32.3	8.6	54.5
	02	206 36.6	25.7	51 34.6	12.0	23 23.7	8.6	54.5
	03	221 36.6	. . 24.8	66 05.6	12.1	23 15.1	8.8	54.5
	04	236 36.7	23.9	80 36.7	12.2	23 06.3	8.8	54.5
	05	251 36.8	23.0	95 07.9	12.3	22 57.5	8.9	54.5
	06	266 36.9	S10 22.1	109 39.2	12.4	N22 48.6	9.1	54.4
	07	281 36.9	21.2	124 10.6	12.4	22 39.5	9.1	54.4
T	08	296 37.0	20.3	138 42.0	12.6	22 30.4	9.3	54.4
H	09	311 37.1	. . 19.4	153 13.6	12.6	22 21.1	9.3	54.4
U	10	326 37.2	18.5	167 45.2	12.6	22 11.8	9.4	54.4
R	11	341 37.3	17.5	182 16.8	12.8	22 02.4	9.5	54.4
S	12	356 37.3	S10 16.6	196 48.6	12.8	N21 52.9	9.6	54.4
D	13	11 37.4	15.7	211 20.4	13.0	21 43.3	9.7	54.4
A	14	26 37.5	14.8	225 52.4	13.0	21 33.6	9.8	54.4
Y	15	41 37.6	. . 13.9	240 24.4	13.0	21 23.8	9.9	54.3
	16	56 37.6	13.0	254 56.4	13.2	21 13.9	10.0	54.3
	17	71 37.7	12.1	269 28.6	13.2	21 03.9	10.0	54.3
	18	86 37.8	S10 11.2	284 00.8	13.3	N20 53.9	10.1	54.3
	19	101 37.9	10.3	298 33.1	13.4	20 43.8	10.3	54.3
	20	116 38.0	09.3	313 05.5	13.5	20 33.5	10.3	54.3
	21	131 38.0	. . 08.4	327 38.0	13.5	20 23.2	10.3	54.3
	22	146 38.1	07.5	342 10.5	13.7	20 12.9	10.5	54.3
	23	161 38.2	06.6	356 43.2	13.6	20 02.4	10.6	54.3
	23 00	176 38.3	S10 05.7	11 15.8	13.8	N19 51.8	10.6	54.3
	01	191 38.4	04.8	25 48.6	13.8	19 41.2	10.7	54.2
	02	206 38.5	03.9	40 21.4	14.0	19 30.5	10.8	54.2
	03	221 38.5	. . 03.0	54 54.4	13.9	19 19.7	10.8	54.2
	04	236 38.6	02.0	69 27.3	14.1	19 08.9	11.0	54.2
	05	251 38.7	01.1	84 00.4	14.1	18 57.9	11.0	54.2
	06	266 38.8	S10 00.2	98 33.5	14.2	N18 46.9	11.1	54.2
	07	281 38.9	9 59.3	113 06.7	14.3	18 35.8	11.1	54.2
	08	296 39.0	58.4	127 40.0	14.4	18 24.7	11.2	54.2
F	09	311 39.0	. . 57.5	142 13.4	14.4	18 13.5	11.3	54.2
R	10	326 39.1	56.6	156 46.8	14.5	18 02.2	11.4	54.2
I	11	341 39.2	55.6	171 20.3	14.5	17 50.8	11.4	54.2
D	12	356 39.3	S 9 54.7	185 53.8	14.6	N17 39.4	11.5	54.2
A	13	11 39.4	53.8	200 27.4	14.7	17 27.9	11.6	54.2
Y	14	26 39.5	52.9	215 01.1	14.8	17 16.3	11.6	54.1
	15	41 39.6	. . 52.0	229 34.9	14.8	17 04.7	11.7	54.1
	16	56 39.6	51.1	244 08.7	14.9	16 53.0	11.8	54.1
	17	71 39.7	50.1	258 42.6	15.0	16 41.2	11.8	54.1
	18	86 39.8	S 9 49.2	273 16.6	15.0	N16 29.4	11.9	54.1
	19	101 39.9	48.3	287 50.6	15.1	16 17.5	12.0	54.1
	20	116 40.0	47.4	302 24.7	15.1	16 05.5	12.0	54.1
	21	131 40.1	. . 46.5	316 58.8	15.2	15 53.5	12.0	54.1
	22	146 40.2	45.6	331 33.0	15.3	15 41.5	12.2	54.1
	23	161 40.2	44.6	346 07.3	15.3	N15 29.3	12.2	54.1
		SD 16.2	d 0.9	SD 14.9		14.8		14.8

Lat.	Twilight Naut.	Twilight Civil	Sunrise	Moonrise 21	Moonrise 22	Moonrise 23	Moonrise 24
°	h m	h m	h m	h m	h m	h m	h m
N 72	05 46	07 04	08 17	▭	▭	12 36	15 42
N 70	05 47	06 58	08 03	▭	▭	13 46	16 04
68	05 48	06 52	07 51	▭	11 13	14 22	16 21
66	05 49	06 48	07 41	▭	12 41	14 48	16 34
64	05 49	06 44	07 33	11 04	13 19	15 07	16 45
62	05 49	06 41	07 26	11 58	13 45	15 23	16 55
60	05 49	06 37	07 20	12 31	14 05	15 36	17 03
N 58	05 49	06 35	07 15	12 55	14 22	15 47	17 10
56	05 49	06 32	07 10	13 14	14 36	15 57	17 16
54	05 49	06 30	07 06	13 30	14 48	16 06	17 21
52	05 48	06 28	07 02	13 44	14 59	16 13	17 26
50	05 48	06 26	06 58	13 56	15 08	16 20	17 31
45	05 47	06 21	06 51	14 21	15 28	16 35	17 40
N 40	05 45	06 17	06 44	14 40	15 44	16 47	17 48
35	05 44	06 13	06 39	14 57	15 57	16 57	17 55
30	05 42	06 10	06 34	15 11	16 09	17 06	18 01
20	05 37	06 03	06 25	15 35	16 29	17 21	18 11
N 10	05 32	05 56	06 17	15 56	16 46	17 35	18 20
0	05 25	05 49	06 10	16 15	17 03	17 47	18 29
S 10	05 16	05 41	06 03	16 34	17 19	17 59	18 37
20	05 06	05 32	05 55	16 55	17 36	18 12	18 46
30	04 52	05 21	05 45	17 18	17 55	18 27	18 56
35	04 43	05 14	05 40	17 32	18 07	18 36	19 02
40	04 32	05 06	05 34	17 48	18 20	18 46	19 08
45	04 18	04 56	05 26	18 07	18 35	18 57	19 16
S 50	04 01	04 43	05 18	18 31	18 54	19 11	19 25
52	03 52	04 37	05 14	18 42	19 02	19 17	19 29
54	03 43	04 31	05 09	18 55	19 12	19 24	19 34
56	03 31	04 24	05 04	19 10	19 23	19 32	19 39
58	03 18	04 15	04 59	19 27	19 36	19 41	19 44
S 60	03 02	04 05	04 52	19 48	19 51	19 51	19 51

Lat.	Sunset	Twilight Civil	Twilight Naut.	Moonset 21	Moonset 22	Moonset 23	Moonset 24
°	h m	h m	h m	h m	h m	h m	h m
N 72	16 12	17 25	18 44	▭	▭	10 56	09 19
N 70	16 26	17 31	18 42	▭	▭	09 45	08 55
68	16 38	17 36	18 41	▭	10 43	09 07	08 36
66	16 47	17 41	18 40	▭	09 14	08 41	08 21
64	16 55	17 44	18 40	09 10	08 36	08 20	08 09
62	17 02	17 48	18 39	08 15	08 09	08 03	07 58
60	17 08	17 51	18 39	07 42	07 47	07 49	07 49
N 58	17 13	17 53	18 39	07 18	07 30	07 37	07 41
56	17 18	17 56	18 39	06 58	07 15	07 27	07 34
54	17 22	17 58	18 39	06 41	07 03	07 17	07 28
52	17 26	18 00	18 40	06 27	06 52	07 09	07 22
50	17 29	18 02	18 40	06 15	06 42	07 01	07 17
45	17 37	18 07	18 41	05 49	06 21	06 45	07 06
N 40	17 43	18 11	18 42	05 29	06 04	06 32	06 56
35	17 49	18 14	18 44	05 12	05 49	06 21	06 48
30	17 54	18 18	18 46	04 57	05 37	06 11	06 41
20	18 02	18 24	18 50	04 31	05 15	05 54	06 29
N 10	18 10	18 31	18 56	04 10	04 56	05 39	06 18
0	18 17	18 38	19 02	03 49	04 38	05 24	06 07
S 10	18 24	18 46	19 10	03 28	04 21	05 10	05 57
20	18 32	18 55	19 21	03 06	04 01	04 55	05 46
30	18 41	19 06	19 35	02 41	03 39	04 37	05 33
35	18 47	19 13	19 44	02 25	03 26	04 26	05 25
40	18 53	19 21	19 54	02 07	03 11	04 15	05 17
45	19 00	19 30	20 08	01 46	02 53	04 00	05 07
S 50	19 08	19 43	20 25	01 19	02 30	03 43	04 54
52	19 12	19 48	20 33	01 05	02 19	03 35	04 49
54	19 17	19 55	20 43	00 50	02 07	03 25	04 42
56	19 21	20 02	20 54	00 32	01 53	03 15	04 35
58	19 27	20 10	21 06	00 09	01 36	03 03	04 27
S 60	19 33	20 19	21 22	25 16	01 16	02 49	04 18

Day	SUN Eqn. of Time 00^h	SUN Eqn. of Time 12^h	SUN Mer. Pass.	MOON Mer. Pass. Upper	MOON Mer. Pass. Lower	Age	Phase
d	m s	m s	h m	h m	h m	d %	
21	13 41	13 38	12 14	22 27	10 02	12 92	○
22	13 35	13 31	12 14	23 14	10 51	13 96	
23	13 27	13 23	12 13	23 57	11 36	14 99	

© British Crown Copyright 2023. All rights reserved.

Day	UT (d h)	ARIES GHA (° ′)	VENUS −3·9 GHA (° ′)	VENUS Dec (° ′)	MARS +1·3 GHA (° ′)	MARS Dec (° ′)	JUPITER −2·2 GHA (° ′)	JUPITER Dec (° ′)	SATURN +0·9 GHA (° ′)	SATURN Dec (° ′)
SATURDAY	24 00	153 22.6	201 44.9	S18 25.8	202 23.9	S19 10.9	115 09.8	N14 01.6	171 59.6	S 9 37.5
	01	168 25.1	216 44.2	25.1	217 24.4	10.4	130 11.9	01.7	187 01.8	37.4
	02	183 27.5	231 43.5	24.4	232 24.9	09.9	145 13.9	01.9	202 03.9	37.3
	03	198 30.0	246 42.8	. . 23.6	247 25.3	. . 09.4	160 16.0	. . 02.0	217 06.1	. . 37.2
	04	213 32.5	261 42.1	22.9	262 25.8	09.0	175 18.1	02.1	232 08.3	37.1
	05	228 34.9	276 41.4	22.2	277 26.3	08.5	190 20.2	02.3	247 10.5	37.0
	06	243 37.4	291 40.7	S18 21.5	292 26.8	S19 08.0	205 22.2	N14 02.4	262 12.7	S 9 36.8
	07	258 39.8	306 40.0	20.8	307 27.3	07.5	220 24.3	02.5	277 14.8	36.7
	08	273 42.3	321 39.3	20.0	322 27.8	07.0	235 26.4	02.7	292 17.0	36.6
	09	288 44.8	336 38.6	. . 19.3	337 28.3	. . 06.5	250 28.5	. . 02.8	307 19.2	. . 36.5
	10	303 47.2	351 37.9	18.6	352 28.8	06.0	265 30.5	02.9	322 21.4	36.4
	11	318 49.7	6 37.1	17.9	7 29.2	05.5	280 32.6	03.1	337 23.5	36.3
	12	333 52.2	21 36.4	S18 17.2	22 29.7	S19 05.0	295 34.7	N14 03.2	352 25.7	S 9 36.2
	13	348 54.6	36 35.7	16.4	37 30.2	04.5	310 36.8	03.3	7 27.9	36.0
	14	3 57.1	51 35.0	15.7	52 30.7	04.1	325 38.8	03.5	22 30.1	35.9
	15	18 59.6	66 34.3	. . 15.0	67 31.2	. . 03.6	340 40.9	. . 03.6	37 32.2	. . 35.8
	16	34 02.0	81 33.6	14.3	82 31.7	03.1	355 43.0	03.7	52 34.4	35.7
	17	49 04.5	96 32.9	13.5	97 32.2	02.6	10 45.1	03.9	67 36.6	35.6
	18	64 06.9	111 32.2	S18 12.8	112 32.7	S19 02.1	25 47.1	N14 04.0	82 38.8	S 9 35.5
	19	79 09.4	126 31.5	12.1	127 33.1	01.6	40 49.2	04.1	97 41.0	35.4
	20	94 11.9	141 30.8	11.3	142 33.6	01.1	55 51.3	04.3	112 43.1	35.3
	21	109 14.3	156 30.1	. . 10.6	157 34.1	. . 00.6	70 53.4	. . 04.4	127 45.3	. . 35.1
	22	124 16.8	171 29.4	09.9	172 34.6	19 00.1	85 55.4	04.5	142 47.5	35.0
	23	139 19.3	186 28.7	09.1	187 35.1	18 59.6	100 57.5	04.7	157 49.7	34.9
SUNDAY	25 00	154 21.7	201 28.0	S18 08.4	202 35.6	S18 59.1	115 59.6	N14 04.8	172 51.8	S 9 34.8
	01	169 24.2	216 27.3	07.7	217 36.1	58.6	131 01.7	04.9	187 54.0	34.7
	02	184 26.7	231 26.6	06.9	232 36.6	58.1	146 03.7	05.1	202 56.2	34.6
	03	199 29.1	246 25.9	. . 06.2	247 37.1	. . 57.6	161 05.8	. . 05.2	217 58.4	. . 34.5
	04	214 31.6	261 25.2	05.4	262 37.6	57.1	176 07.9	05.3	233 00.6	34.3
	05	229 34.1	276 24.5	04.7	277 38.0	56.7	191 10.0	05.5	248 02.7	34.2
	06	244 36.5	291 23.8	S18 04.0	292 38.5	S18 56.2	206 12.0	N14 05.6	263 04.9	S 9 34.1
	07	259 39.0	306 23.1	03.2	307 39.0	55.7	221 14.1	05.8	278 07.1	34.0
	08	274 41.4	321 22.4	02.5	322 39.5	55.2	236 16.2	05.9	293 09.3	33.9
	09	289 43.9	336 21.7	. . 01.7	337 40.0	. . 54.7	251 18.2	. . 06.0	308 11.4	. . 33.8
	10	304 46.4	351 21.0	01.0	352 40.5	54.2	266 20.3	06.2	323 13.6	33.7
	11	319 48.8	6 20.3	18 00.3	7 41.0	53.7	281 22.4	06.3	338 15.8	33.6
	12	334 51.3	21 19.6	S17 59.5	22 41.5	S18 53.2	296 24.5	N14 06.4	353 18.0	S 9 33.4
	13	349 53.8	36 18.9	58.8	37 42.0	52.7	311 26.5	06.6	8 20.1	33.3
	14	4 56.2	51 18.3	58.0	52 42.5	52.2	326 28.6	06.7	23 22.3	33.2
	15	19 58.7	66 17.6	. . 57.3	67 43.0	. . 51.7	341 30.7	. . 06.8	38 24.5	. . 33.1
	16	35 01.2	81 16.9	56.5	82 43.4	51.2	356 32.7	07.0	53 26.7	33.0
	17	50 03.6	96 16.2	55.8	97 43.9	50.7	11 34.8	07.1	68 28.9	32.9
	18	65 06.1	111 15.5	S17 55.0	112 44.4	S18 50.2	26 36.9	N14 07.2	83 31.0	S 9 32.8
	19	80 08.6	126 14.8	54.3	127 44.9	49.7	41 38.9	07.4	98 33.2	32.6
	20	95 11.0	141 14.1	53.5	142 45.4	49.2	56 41.0	07.5	113 35.4	32.5
	21	110 13.5	156 13.4	. . 52.8	157 45.9	. . 48.7	71 43.1	. . 07.6	128 37.6	. . 32.4
	22	125 15.9	171 12.7	52.0	172 46.4	48.2	86 45.1	07.8	143 39.7	32.3
	23	140 18.4	186 12.0	51.2	187 46.9	47.7	101 47.2	07.9	158 41.9	32.2
MONDAY	26 00	155 20.9	201 11.3	S17 50.5	202 47.4	S18 47.2	116 49.3	N14 08.1	173 44.1	S 9 32.1
	01	170 23.3	216 10.7	49.7	217 47.9	46.7	131 51.4	08.2	188 46.3	32.0
	02	185 25.8	231 10.0	49.0	232 48.4	46.2	146 53.4	08.3	203 48.4	31.9
	03	200 28.3	246 09.3	. . 48.2	247 48.9	. . 45.6	161 55.5	. . 08.5	218 50.6	. . 31.7
	04	215 30.7	261 08.6	47.5	262 49.4	45.1	176 57.6	08.6	233 52.8	31.6
	05	230 33.2	276 07.9	46.7	277 49.9	44.6	191 59.6	08.7	248 55.0	31.5
	06	245 35.7	291 07.2	S17 45.9	292 50.4	S18 44.1	207 01.7	N14 08.9	263 57.2	S 9 31.4
	07	260 38.1	306 06.5	45.2	307 50.8	43.6	222 03.8	09.0	278 59.3	31.3
	08	275 40.6	321 05.8	44.4	322 51.3	43.1	237 05.8	09.1	294 01.5	31.2
	09	290 43.0	336 05.2	. . 43.6	337 51.8	. . 42.6	252 07.9	. . 09.3	309 03.7	. . 31.1
	10	305 45.5	351 04.5	42.9	352 52.3	42.1	267 10.0	09.4	324 05.9	30.9
	11	320 48.0	6 03.8	42.1	7 52.8	41.6	282 12.0	09.5	339 08.0	30.8
	12	335 50.4	21 03.1	S17 41.3	22 53.3	S18 41.1	297 14.1	N14 09.7	354 10.2	S 9 30.7
	13	350 52.9	36 02.4	40.6	37 53.8	40.6	312 16.1	09.8	9 12.4	30.6
	14	5 55.4	51 01.7	39.8	52 54.3	40.1	327 18.2	10.0	24 14.6	30.5
	15	20 57.8	66 01.1	. . 39.0	67 54.8	. . 39.6	342 20.3	. . 10.1	39 16.7	. . 30.4
	16	36 00.3	81 00.4	38.3	82 55.3	39.1	357 22.3	10.2	54 18.9	30.3
	17	51 02.8	95 59.7	37.5	97 55.8	38.6	12 24.4	10.4	69 21.1	30.2
	18	66 05.2	110 59.0	S17 36.7	112 56.3	S18 38.0	27 26.5	N14 10.5	84 23.3	S 9 30.0
	19	81 07.7	125 58.3	36.0	127 56.8	37.5	42 28.5	10.6	99 25.5	29.9
	20	96 10.2	140 57.7	35.2	142 57.3	37.0	57 30.6	10.8	114 27.6	29.8
	21	111 12.6	155 57.0	. . 34.4	157 57.8	. . 36.5	72 32.7	. . 10.9	129 29.8	. . 29.7
	22	126 15.1	170 56.3	33.6	172 58.3	36.0	87 34.7	11.0	144 32.0	29.6
	23	141 17.5	185 55.6	32.9	187 58.8	35.5	102 36.8	11.2	159 34.2	29.5
	Mer. Pass. (h m)	13 40.3	v −0.7	d 0.7	v 0.5	d 0.5	v 2.1	d 0.1	v 2.2	d 0.1

STARS

Name	SHA (° ′)	Dec (° ′)
Acamar	315 12.4	S40 12.7
Achernar	335 21.1	S57 07.1
Acrux	173 00.3	S63 13.9
Adhara	255 06.2	S29 00.5
Aldebaran	290 40.4	N16 33.5
Alioth	166 13.1	N55 49.5
Alkaid	152 52.2	N49 11.3
Alnair	27 34.2	S46 50.8
Alnilam	275 38.3	S 1 11.3
Alphard	217 48.1	S 8 45.9
Alphecca	126 04.3	N26 37.7
Alpheratz	357 35.9	N29 13.4
Altair	62 00.9	N 8 55.7
Ankaa	353 08.2	S42 10.7
Antares	112 16.7	S26 29.1
Arcturus	145 48.4	N19 03.2
Atria	107 11.7	S69 04.0
Avior	234 14.5	S59 35.3
Bellatrix	278 23.5	N 6 22.2
Betelgeuse	270 52.7	N 7 24.6
Canopus	263 52.4	S52 42.7
Capella	280 22.8	N46 01.5
Deneb	49 26.7	N45 21.7
Denebola	182 25.4	N14 26.1
Diphda	348 48.3	S17 51.4
Dubhe	193 41.2	N61 37.2
Elnath	278 02.7	N28 37.7
Eltanin	90 42.7	N51 28.8
Enif	33 39.8	N 9 59.0
Fomalhaut	15 15.6	S29 29.8
Gacrux	171 52.0	S57 14.8
Gienah	175 44.0	S17 40.6
Hadar	148 36.7	S60 29.2
Hamal	327 52.2	N23 34.6
Kaus Aust.	83 33.7	S34 22.4
Kochab	137 19.3	N74 03.0
Markab	13 30.9	N15 20.0
Menkar	314 07.0	N 4 11.0
Menkent	147 58.3	S36 29.3
Miaplacidus	221 37.6	S69 49.0
Mirfak	308 29.4	N49 57.0
Nunki	75 48.9	S26 16.0
Peacock	53 07.3	S56 39.4
Pollux	243 17.9	N27 58.1
Procyon	244 51.3	N 5 09.7
Rasalhague	95 59.3	N12 32.3
Regulus	207 34.9	N11 50.9
Rigel	281 04.5	S 8 10.6
Rigil Kent.	139 41.0	S60 55.9
Sabik	102 03.7	S15 45.3
Schedar	349 32.4	N56 40.3
Shaula	96 11.5	S37 07.2
Sirius	258 26.7	S16 45.1
Spica	158 22.8	S11 17.3
Suhail	222 46.4	S43 31.9
Vega	80 33.9	N38 48.0
Zuben'ubi	136 56.7	S16 08.6

	SHA (° ′)	Mer. Pass. (h m)
Venus	47 06.3	10 35
Mars	48 13.9	10 29
Jupiter	321 37.9	16 14
Saturn	18 30.1	12 27

© British Crown Copyright 2023. All rights reserved.

UT		SUN GHA	SUN Dec	MOON GHA	v	MOON Dec	d	HP
d	h	° ′	° ′	° ′	′	° ′	′	′
24 SATURDAY	00	176 40.3	S 9 43.7	0 41.6	15.4	N15 17.1	12.2	54.1
	01	191 40.4	42.8	15 16.0	15.5	15 04.9	12.3	54.1
	02	206 40.5	41.9	29 50.5	15.5	14 52.6	12.3	54.1
	03	221 40.6	. . 41.0	44 25.0	15.5	14 40.3	12.5	54.1
	04	236 40.7	40.0	58 59.5	15.7	14 27.8	12.4	54.1
	05	251 40.8	39.1	73 34.2	15.7	14 15.4	12.5	54.1
	06	266 40.9	S 9 38.2	88 08.9	15.7	N14 02.9	12.6	54.0
	07	281 41.0	37.3	102 43.6	15.8	13 50.3	12.6	54.0
	08	296 41.0	36.4	117 18.4	15.8	13 37.7	12.6	54.0
	09	311 41.1	. . 35.4	131 53.2	15.9	13 25.1	12.8	54.0
	10	326 41.2	34.5	146 28.1	16.0	13 12.3	12.7	54.0
	11	341 41.3	33.6	161 03.1	16.0	12 59.6	12.8	54.0
	12	356 41.4	S 9 32.7	175 38.1	16.0	N12 46.8	12.9	54.0
	13	11 41.5	31.8	190 13.1	16.1	12 33.9	12.8	54.0
	14	26 41.6	30.8	204 48.2	16.2	12 21.1	13.0	54.0
	15	41 41.7	. . 29.9	219 23.4	16.2	12 08.1	13.0	54.0
	16	56 41.8	29.0	233 58.6	16.2	11 55.1	13.0	54.0
	17	71 41.9	28.1	248 33.8	16.3	11 42.1	13.0	54.0
	18	86 42.0	S 9 27.1	263 09.1	16.4	N11 29.1	13.1	54.0
	19	101 42.1	26.2	277 44.5	16.3	11 16.0	13.2	54.0
	20	116 42.2	25.3	292 19.8	16.5	11 02.8	13.2	54.0
	21	131 42.2	. . 24.4	306 55.3	16.4	10 49.6	13.2	54.0
	22	146 42.3	23.4	321 30.7	16.5	10 36.4	13.2	54.0
	23	161 42.4	22.5	336 06.2	16.6	10 23.2	13.3	54.0
25 SUNDAY	00	176 42.5	S 9 21.6	350 41.8	16.6	N10 09.9	13.4	54.0
	01	191 42.6	20.7	5 17.4	16.6	9 56.5	13.3	54.0
	02	206 42.7	19.7	19 53.0	16.7	9 43.2	13.4	54.0
	03	221 42.8	. . 18.8	34 28.7	16.7	9 29.8	13.5	54.0
	04	236 42.9	17.9	49 04.4	16.7	9 16.3	13.4	54.0
	05	251 43.0	17.0	63 40.1	16.8	9 02.9	13.5	54.0
	06	266 43.1	S 9 16.0	78 15.9	16.8	N 8 49.4	13.5	54.0
	07	281 43.2	15.1	92 51.7	16.9	8 35.9	13.6	54.0
	08	296 43.3	14.2	107 27.6	16.9	8 22.3	13.6	54.0
	09	311 43.4	. . 13.3	122 03.5	16.9	8 08.7	13.6	54.0
	10	326 43.5	12.3	136 39.4	16.9	7 55.1	13.6	54.0
	11	341 43.6	11.4	151 15.3	17.0	7 41.5	13.7	54.0
	12	356 43.7	S 9 10.5	165 51.3	17.0	N 7 27.8	13.7	54.0
	13	11 43.8	09.5	180 27.3	17.0	7 14.1	13.7	54.0
	14	26 43.9	08.6	195 03.3	17.1	7 00.4	13.7	54.0
	15	41 44.0	. . 07.7	209 39.4	17.1	6 46.7	13.8	54.0
	16	56 44.1	06.8	224 15.5	17.1	6 32.9	13.8	54.0
	17	71 44.2	05.8	238 51.6	17.1	6 19.1	13.8	54.0
	18	86 44.3	S 9 04.9	253 27.7	17.2	N 6 05.3	13.8	54.0
	19	101 44.4	04.0	268 03.9	17.1	5 51.5	13.9	54.0
	20	116 44.5	03.0	282 40.0	17.2	5 37.6	13.8	54.0
	21	131 44.6	. . 02.1	297 16.2	17.3	5 23.8	13.9	54.0
	22	146 44.7	01.2	311 52.5	17.2	5 09.9	13.9	54.0
	23	161 44.8	9 00.3	326 28.7	17.3	4 56.0	14.0	54.0
26 MONDAY	00	176 44.9	S 8 59.3	341 05.0	17.2	N 4 42.0	13.9	54.0
	01	191 45.0	58.4	355 41.2	17.3	4 28.1	14.0	54.0
	02	206 45.1	57.5	10 17.5	17.3	4 14.1	13.9	54.0
	03	221 45.2	. . 56.5	24 53.8	17.3	4 00.2	14.0	54.0
	04	236 45.3	55.6	39 30.1	17.4	3 46.2	14.0	54.0
	05	251 45.4	54.7	54 06.5	17.3	3 32.2	14.0	54.0
	06	266 45.5	S 8 53.7	68 42.8	17.4	N 3 18.2	14.1	54.0
	07	281 45.6	52.8	83 19.2	17.4	3 04.1	14.0	54.0
	08	296 45.7	51.9	97 55.6	17.3	2 50.1	14.0	54.0
	09	311 45.8	. . 50.9	112 31.9	17.4	2 36.1	14.1	54.0
	10	326 45.9	50.0	127 08.3	17.4	2 22.0	14.1	54.0
	11	341 46.0	49.1	141 44.7	17.4	2 07.9	14.0	54.0
	12	356 46.1	S 8 48.1	156 21.1	17.4	N 1 53.9	14.1	54.0
	13	11 46.2	47.2	170 57.5	17.5	1 39.8	14.1	54.0
	14	26 46.3	46.3	185 34.0	17.4	1 25.7	14.1	54.0
	15	41 46.4	. . 45.3	200 10.4	17.4	1 11.6	14.1	54.0
	16	56 46.5	44.4	214 46.8	17.4	0 57.5	14.1	54.0
	17	71 46.6	43.5	229 23.2	17.4	0 43.4	14.1	54.0
	18	86 46.7	S 8 42.5	243 59.6	17.5	N 0 29.3	14.1	54.0
	19	101 46.8	41.6	258 36.1	17.4	0 15.2	14.2	54.0
	20	116 46.9	40.7	273 12.5	17.4	N 0 01.0	14.1	54.0
	21	131 47.0	. . 39.7	287 48.9	17.4	S 0 13.1	14.1	54.0
	22	146 47.1	38.8	302 25.3	17.4	0 27.2	14.1	54.0
	23	161 47.2	37.9	317 01.7	17.4	S 0 41.3	14.1	54.0
		SD 16.2	d 0.9	SD 14.7		14.7		14.7

Lat.	Twilight Naut.	Twilight Civil	Sunrise	Moonrise 24	Moonrise 25	Moonrise 26	Moonrise 27
°	h m	h m	h m	h m	h m	h m	h m
N 72	05 32	06 50	08 01	15 42	17 50	19 47	21 45
N 70	05 35	06 45	07 48	16 04	17 59	19 47	21 36
68	05 37	06 41	07 38	16 21	18 06	19 47	21 28
66	05 38	06 37	07 30	16 34	18 12	19 47	21 22
64	05 40	06 34	07 23	16 45	18 17	19 47	21 17
62	05 41	06 32	07 17	16 55	18 22	19 47	21 13
60	05 41	06 29	07 12	17 03	18 26	19 47	21 09
N 58	05 42	06 27	07 07	17 10	18 29	19 47	21 05
56	05 42	06 25	07 03	17 16	18 32	19 47	21 02
54	05 42	06 23	06 59	17 21	18 35	19 47	21 00
52	05 43	06 22	06 56	17 26	18 37	19 47	20 57
50	05 43	06 20	06 53	17 31	18 39	19 47	20 55
45	05 42	06 16	06 46	17 40	18 44	19 47	20 50
N 40	05 41	06 13	06 40	17 48	18 48	19 47	20 46
35	05 40	06 10	06 35	17 55	18 51	19 47	20 43
30	05 39	06 07	06 31	18 01	18 54	19 47	20 40
20	05 35	06 01	06 23	18 11	19 00	19 47	20 35
N 10	05 30	05 55	06 16	18 20	19 04	19 47	20 30
0	05 24	05 49	06 10	18 29	19 08	19 47	20 26
S 10	05 17	05 42	06 03	18 37	19 13	19 47	20 22
20	05 07	05 33	05 56	18 46	19 17	19 47	20 18
30	04 54	05 23	05 48	18 56	19 22	19 47	20 13
35	04 46	05 17	05 43	19 02	19 25	19 47	20 10
40	04 36	05 09	05 37	19 08	19 28	19 48	20 07
45	04 23	05 00	05 31	19 16	19 32	19 48	20 03
S 50	04 07	04 49	05 23	19 25	19 37	19 48	19 59
52	03 59	04 43	05 19	19 29	19 39	19 48	19 57
54	03 50	04 37	05 15	19 34	19 41	19 48	19 55
56	03 40	04 31	05 11	19 39	19 44	19 48	19 52
58	03 28	04 23	05 06	19 44	19 46	19 48	19 50
S 60	03 14	04 14	05 00	19 51	19 49	19 48	19 47

Lat.	Sunset	Twilight Civil	Twilight Naut.	Moonset 24	Moonset 25	Moonset 26	Moonset 27
°	h m	h m	h m	h m	h m	h m	h m
N 72	16 27	17 39	18 57	09 19	08 36	08 02	07 31
N 70	16 39	17 43	18 54	08 55	08 24	07 59	07 34
68	16 49	17 47	18 51	08 36	08 14	07 56	07 38
66	16 58	17 50	18 50	08 21	08 06	07 53	07 40
64	17 05	17 53	18 48	08 09	08 00	07 51	07 42
62	17 10	17 56	18 47	07 58	07 54	07 49	07 44
60	17 16	17 58	18 46	07 49	07 48	07 47	07 46
N 58	17 20	18 00	18 46	07 41	07 44	07 46	07 47
56	17 24	18 02	18 45	07 34	07 40	07 44	07 49
54	17 28	18 04	18 45	07 28	07 36	07 43	07 50
52	17 31	18 06	18 45	07 22	07 33	07 42	07 51
50	17 34	18 07	18 45	07 17	07 30	07 41	07 52
45	17 41	18 11	18 45	07 06	07 23	07 39	07 54
N 40	17 47	18 14	18 45	06 56	07 17	07 37	07 56
35	17 51	18 17	18 46	06 48	07 13	07 35	07 58
30	17 56	18 20	18 48	06 41	07 08	07 34	07 59
20	18 03	18 26	18 51	06 29	07 01	07 31	08 02
N 10	18 10	18 31	18 56	06 18	06 54	07 29	08 04
0	18 16	18 37	19 02	06 07	06 48	07 27	08 06
S 10	18 23	18 44	19 09	05 57	06 42	07 25	08 08
20	18 30	18 52	19 19	05 46	06 35	07 23	08 10
30	18 38	19 03	19 31	05 33	06 27	07 20	08 13
35	18 43	19 09	19 40	05 25	06 22	07 18	08 14
40	18 48	19 16	19 49	05 17	06 17	07 17	08 16
45	18 55	19 25	20 02	05 07	06 11	07 15	08 18
S 50	19 02	19 36	20 18	04 54	06 04	07 12	08 20
52	19 06	19 41	20 25	04 49	06 01	07 11	08 21
54	19 10	19 47	20 34	04 42	05 57	07 10	08 22
56	19 14	19 54	20 44	04 35	05 53	07 08	08 23
58	19 19	20 01	20 56	04 27	05 48	07 07	08 25
S 60	19 24	20 10	21 10	04 18	05 43	07 05	08 26

Day	SUN Eqn. of Time 00h	SUN Eqn. of Time 12h	SUN Mer. Pass.	MOON Mer. Pass. Upper	MOON Mer. Pass. Lower	Age	Phase
d	m s	m s	h m	h m	h m	d %	
24	13 19	13 15	12 13	24 38	12 18	15 100	
25	13 10	13 05	12 13	00 38	12 58	16 99	○
26	13 01	12 56	12 13	01 18	13 37	17 97	

© British Crown Copyright 2023. All rights reserved.

	UT	ARIES	VENUS −3·9		MARS +1·3		JUPITER −2·2		SATURN +0·9		STARS		
		GHA	GHA	Dec	GHA	Dec	GHA	Dec	GHA	Dec	Name	SHA	Dec
	d h	° ′	° ′	° ′	° ′	° ′	° ′	° ′	° ′	° ′		° ′	° ′
	27 00	156 20.0	200 54.9	S17 32.1	202 59.3	S18 35.0	117 38.9	N14 11.3	174 36.3	S 9 29.4	Acamar	315 12.5	S40 12.7
	01	171 22.5	215 54.3	31.3	217 59.8	34.5	132 40.9	11.5	189 38.5	29.2	Achernar	335 21.1	S57 07.1
	02	186 24.9	230 53.6	30.5	233 00.3	34.0	147 43.0	11.6	204 40.7	29.1	Acrux	173 00.3	S63 13.9
	03	201 27.4	245 52.9	. . 29.7	248 00.8	. . 33.5	162 45.0	. . 11.7	219 42.9	. . 29.0	Adhara	255 06.2	S29 00.5
	04	216 29.9	260 52.2	29.0	263 01.3	32.9	177 47.1	11.9	234 45.0	28.9	Aldebaran	290 40.4	N16 33.5
	05	231 32.3	275 51.6	28.2	278 01.8	32.4	192 49.2	12.0	249 47.2	28.8			
	06	246 34.8	290 50.9	S17 27.4	293 02.3	S18 31.9	207 51.2	N14 12.1	264 49.4	S 9 28.7	Alioth	166 13.1	N55 49.5
	07	261 37.3	305 50.2	26.6	308 02.8	31.4	222 53.3	12.3	279 51.6	28.6	Alkaid	152 52.2	N49 11.3
T	08	276 39.7	320 49.5	25.8	323 03.3	30.9	237 55.4	12.4	294 53.8	28.5	Alnair	27 34.2	S46 50.7
U	09	291 42.2	335 48.9	. . 25.0	338 03.8	. . 30.4	252 57.4	. . 12.5	309 55.9	. . 28.3	Alnilam	275 38.4	S 1 11.3
E	10	306 44.6	350 48.2	24.3	353 04.3	29.9	267 59.5	12.7	324 58.1	28.2	Alphard	217 48.2	S 8 45.9
S	11	321 47.1	5 47.5	23.5	8 04.8	29.3	283 01.5	12.8	340 00.3	28.1			
D	12	336 49.6	20 46.8	S17 22.7	23 05.3	S18 28.8	298 03.6	N14 13.0	355 02.5	S 9 28.0	Alphecca	126 04.3	N26 37.7
A	13	351 52.0	35 46.2	21.9	38 05.8	28.3	313 05.7	13.1	10 04.6	27.9	Alpheratz	357 35.9	N29 13.4
Y	14	6 54.5	50 45.5	21.1	53 06.3	27.8	328 07.7	13.2	25 06.8	27.8	Altair	62 00.9	N 8 55.7
	15	21 57.0	65 44.8	. . 20.3	68 06.8	. . 27.3	343 09.8	. . 13.4	40 09.0	. . 27.7	Ankaa	353 08.2	S42 10.7
	16	36 59.4	80 44.1	19.5	83 07.3	26.8	358 11.8	13.5	55 11.2	27.5	Antares	112 16.7	S26 29.1
	17	52 01.9	95 43.5	18.7	98 07.8	26.2	13 13.9	13.6	70 13.3	27.4			
	18	67 04.4	110 42.8	S17 17.9	113 08.3	S18 25.7	28 16.0	N14 13.8	85 15.5	S 9 27.3	Arcturus	145 48.4	N19 03.2
	19	82 06.8	125 42.1	17.1	128 08.8	25.2	43 18.0	13.9	100 17.7	27.2	Atria	107 11.7	S69 04.0
	20	97 09.3	140 41.5	16.3	143 09.3	24.7	58 20.1	14.1	115 19.9	27.1	Avior	234 14.5	S59 35.3
	21	112 11.8	155 40.8	. . 15.6	158 09.8	. . 24.2	73 22.1	. . 14.2	130 22.1	. . 27.0	Bellatrix	278 23.6	N 6 22.2
	22	127 14.2	170 40.1	14.8	173 10.3	23.7	88 24.2	14.3	145 24.2	26.9	Betelgeuse	270 52.7	N 7 24.6
	23	142 16.7	185 39.5	14.0	188 10.8	23.1	103 26.2	14.5	160 26.4	26.7			
	28 00	157 19.1	200 38.8	S17 13.2	203 11.3	S18 22.6	118 28.3	N14 14.6	175 28.6	S 9 26.6	Canopus	263 52.5	S52 42.7
	01	172 21.6	215 38.1	12.4	218 11.8	22.1	133 30.4	14.7	190 30.8	26.5	Capella	280 22.9	N46 01.5
	02	187 24.1	230 37.5	11.6	233 12.3	21.6	148 32.4	14.9	205 32.9	26.4	Deneb	49 26.7	N45 21.7
	03	202 26.5	245 36.8	. . 10.8	248 12.8	. . 21.1	163 34.5	. . 15.0	220 35.1	. . 26.3	Denebola	182 25.4	N14 26.1
	04	217 29.0	260 36.1	10.0	263 13.3	20.5	178 36.5	15.2	235 37.3	26.2	Diphda	348 48.3	S17 51.4
	05	232 31.5	275 35.5	09.2	278 13.8	20.0	193 38.6	15.3	250 39.5	26.1			
	06	247 33.9	290 34.8	S17 08.4	293 14.3	S18 19.5	208 40.6	N14 15.4	265 41.6	S 9 26.0	Dubhe	193 41.2	N61 37.2
W	07	262 36.4	305 34.1	07.5	308 14.8	19.0	223 42.7	15.6	280 43.8	25.8	Elnath	278 02.7	N28 37.7
E	08	277 38.9	320 33.5	06.7	323 15.3	18.5	238 44.8	15.7	295 46.0	25.7	Eltanin	90 42.7	N51 28.8
D	09	292 41.3	335 32.8	. . 05.9	338 15.8	. . 17.9	253 46.8	. . 15.9	310 48.2	. . 25.6	Enif	33 39.8	N 9 59.0
N	10	307 43.8	350 32.1	05.1	353 16.3	17.4	268 48.9	16.0	325 50.4	25.5	Fomalhaut	15 15.6	S29 29.8
E	11	322 46.2	5 31.5	04.3	8 16.8	16.9	283 50.9	16.1	340 52.5	25.4			
S	12	337 48.7	20 30.8	S17 03.5	23 17.3	S18 16.4	298 53.0	N14 16.3	355 54.7	S 9 25.3	Gacrux	171 52.0	S57 14.8
D	13	352 51.2	35 30.2	02.7	38 17.8	15.8	313 55.0	16.4	10 56.9	25.2	Gienah	175 44.0	S17 40.6
A	14	7 53.6	50 29.5	01.9	53 18.3	15.3	328 57.1	16.5	25 59.1	25.0	Hadar	148 36.7	S60 29.2
Y	15	22 56.1	65 28.8	. . 01.1	68 18.8	. . 14.8	343 59.1	. . 16.7	41 01.2	. . 24.9	Hamal	327 52.2	N23 34.6
	16	37 58.6	80 28.2	17 00.3	83 19.3	14.3	359 01.2	16.8	56 03.4	24.8	Kaus Aust.	83 33.6	S34 22.4
	17	53 01.0	95 27.5	16 59.5	98 19.8	13.7	14 03.3	17.0	71 05.6	24.7			
	18	68 03.5	110 26.9	S16 58.7	113 20.3	S18 13.2	29 05.3	N14 17.1	86 07.8	S 9 24.6	Kochab	137 19.2	N74 03.0
	19	83 06.0	125 26.2	57.8	128 20.8	12.7	44 07.4	17.2	101 09.9	24.5	Markab	13 30.9	N15 20.0
	20	98 08.4	140 25.5	57.0	143 21.3	12.2	59 09.4	17.4	116 12.1	24.4	Menkar	314 07.0	N 4 11.0
	21	113 10.9	155 24.9	. . 56.2	158 21.8	. . 11.6	74 11.5	. . 17.5	131 14.3	. . 24.3	Menkent	147 58.3	S36 29.3
	22	128 13.4	170 24.2	55.4	173 22.3	11.1	89 13.5	17.7	146 16.5	24.1	Miaplacidus	221 37.6	S69 49.0
	23	143 15.8	185 23.6	54.6	188 22.8	10.6	104 15.6	17.8	161 18.7	24.0			
	29 00	158 18.3	200 22.9	S16 53.8	203 23.3	S18 10.1	119 17.6	N14 17.9	176 20.8	S 9 23.9	Mirfak	308 29.4	N49 57.0
	01	173 20.7	215 22.3	52.9	218 23.8	09.5	134 19.7	18.1	191 23.0	23.8	Nunki	75 48.9	S26 16.0
	02	188 23.2	230 21.6	52.1	233 24.3	09.0	149 21.7	18.2	206 25.2	23.7	Peacock	53 07.3	S56 39.4
	03	203 25.7	245 20.9	. . 51.3	248 24.8	. . 08.5	164 23.8	. . 18.3	221 27.4	. . 23.6	Pollux	243 17.9	N27 58.1
	04	218 28.1	260 20.3	50.5	263 25.3	08.0	179 25.8	18.5	236 29.5	23.5	Procyon	244 51.4	N 5 09.7
	05	233 30.6	275 19.6	49.7	278 25.9	07.4	194 27.9	18.6	251 31.7	23.3			
	06	248 33.1	290 19.0	S16 48.8	293 26.4	S18 06.9	209 29.9	N14 18.8	266 33.9	S 9 23.2	Rasalhague	95 59.3	N12 32.3
	07	263 35.5	305 18.3	48.0	308 26.9	06.4	224 32.0	18.9	281 36.1	23.1	Regulus	207 34.9	N11 50.9
T	08	278 38.0	320 17.7	47.2	323 27.4	05.8	239 34.1	19.0	296 38.2	23.0	Rigel	281 04.5	S 8 10.6
H	09	293 40.5	335 17.0	. . 46.4	338 27.9	. . 05.3	254 36.1	. . 19.2	311 40.4	. . 22.9	Rigil Kent.	139 41.0	S60 55.9
U	10	308 42.9	350 16.4	45.5	353 28.4	04.8	269 38.2	19.3	326 42.6	22.8	Sabik	102 03.7	S15 45.3
R	11	323 45.4	5 15.7	44.7	8 28.9	04.2	284 40.2	19.5	341 44.8	22.7			
S	12	338 47.8	20 15.1	S16 43.9	23 29.4	S18 03.7	299 42.3	N14 19.6	356 47.0	S 9 22.5	Schedar	349 32.4	N56 40.2
D	13	353 50.3	35 14.4	43.0	38 29.9	03.2	314 44.3	19.7	11 49.1	22.4	Shaula	96 11.5	S37 07.2
A	14	8 52.8	50 13.8	42.2	53 30.4	02.7	329 46.4	19.9	26 51.3	22.3	Sirius	258 26.7	S16 45.1
Y	15	23 55.2	65 13.1	. . 41.4	68 30.9	. . 02.1	344 48.4	. . 20.0	41 53.5	. . 22.2	Spica	158 22.8	S11 17.3
	16	38 57.7	80 12.5	40.6	83 31.4	01.6	359 50.5	20.2	56 55.7	22.1	Suhail	222 46.4	S43 31.9
	17	54 00.2	95 11.8	39.7	98 31.9	01.1	14 52.5	20.3	71 57.8	22.0			
	18	69 02.6	110 11.2	S16 38.9	113 32.4	S18 00.5	29 54.6	N14 20.4	87 00.0	S 9 21.9	Vega	80 33.9	N38 48.0
	19	84 05.1	125 10.5	38.1	128 32.9	18 00.0	44 56.6	20.6	102 02.2	21.8	Zuben'ubi	136 56.7	S16 08.6
	20	99 07.6	140 09.9	37.2	143 33.5	17 59.5	59 58.7	20.7	117 04.4	21.6			
	21	114 10.0	155 09.2	. . 36.4	158 34.0	. . 58.9	75 00.7	. . 20.9	132 06.5	. . 21.5			
	22	129 12.5	170 08.6	35.5	173 34.5	58.4	90 02.8	21.0	147 08.7	21.4			
	23	144 15.0	185 07.9	34.7	188 35.0	57.9	105 04.8	21.1	162 10.9	21.3			
	Mer. Pass.	h m 13 28.5	v −0.7	d 0.8	v 0.5	d 0.5	v 2.1	d 0.1	v 2.2	d 0.1			

	SHA	Mer. Pass.
	° ′	h m
Venus	43 19.6	10 38
Mars	45 52.1	10 27
Jupiter	321 09.2	16 04
Saturn	18 09.4	12 16

© British Crown Copyright 2023. All rights reserved.

UT	SUN GHA	SUN Dec	MOON GHA	v	MOON Dec	d	HP
d h	° ′	° ′	° ′	′	° ′	′	′
27 00 (TUESDAY)	176 47.3	S 8 36.9	331 38.1	17.4	S 0 55.4	14.1	54.1
01	191 47.5	36.0	346 14.5	17.4	1 09.5	14.2	54.1
02	206 47.6	35.0	0 50.9	17.4	1 23.7	14.1	54.1
03	221 47.7	. . 34.1	15 27.3	17.3	1 37.8	14.1	54.1
04	236 47.8	33.2	30 03.6	17.4	1 51.9	14.1	54.1
05	251 47.9	32.2	44 40.0	17.4	2 06.0	14.1	54.1
06	266 48.0	S 8 31.3	59 16.4	17.3	S 2 20.1	14.1	54.1
07	281 48.1	30.4	73 52.7	17.3	2 34.2	14.1	54.1
08	296 48.2	29.4	88 29.0	17.3	2 48.3	14.1	54.1
09	311 48.3	. . 28.5	103 05.3	17.3	3 02.4	14.0	54.1
10	326 48.4	27.5	117 41.6	17.3	3 16.4	14.1	54.1
11	341 48.5	26.6	132 17.9	17.2	3 30.5	14.0	54.1
12	356 48.6	S 8 25.7	146 54.1	17.3	S 3 44.5	14.1	54.1
13	11 48.8	24.7	161 30.4	17.2	3 58.6	14.0	54.1
14	26 48.9	23.8	176 06.6	17.2	4 12.6	14.1	54.1
15	41 49.0	. . 22.9	190 42.8	17.1	4 26.7	14.0	54.2
16	56 49.1	21.9	205 18.9	17.2	4 40.7	14.0	54.2
17	71 49.2	21.0	219 55.1	17.1	4 54.7	13.9	54.2
18	86 49.3	S 8 20.0	234 31.2	17.1	S 5 08.6	14.0	54.2
19	101 49.4	19.1	249 07.3	17.1	5 22.6	14.0	54.2
20	116 49.5	18.2	263 43.4	17.0	5 36.6	13.9	54.2
21	131 49.6	. . 17.2	278 19.4	17.0	5 50.5	13.9	54.2
22	146 49.7	16.3	292 55.4	17.0	6 04.4	13.9	54.2
23	161 49.9	15.3	307 31.4	17.0	6 18.3	13.9	54.2
28 00 (WEDNESDAY)	176 50.0	S 8 14.4	322 07.4	16.9	S 6 32.2	13.9	54.2
01	191 50.1	13.4	336 43.3	16.9	6 46.1	13.8	54.2
02	206 50.2	12.5	351 19.2	16.9	6 59.9	13.9	54.3
03	221 50.3	. . 11.6	5 55.1	16.8	7 13.8	13.8	54.3
04	236 50.4	10.6	20 30.9	16.8	7 27.6	13.8	54.3
05	251 50.5	09.7	35 06.7	16.7	7 41.4	13.7	54.3
06	266 50.6	S 8 08.7	49 42.4	16.7	S 7 55.1	13.8	54.3
07	281 50.8	07.8	64 18.1	16.7	8 08.9	13.7	54.3
08	296 50.9	06.8	78 53.8	16.6	8 22.6	13.7	54.3
09	311 51.0	. . 05.9	93 29.4	16.6	8 36.3	13.6	54.3
10	326 51.1	05.0	108 05.0	16.5	8 49.9	13.7	54.3
11	341 51.2	04.0	122 40.5	16.6	9 03.6	13.6	54.4
12	356 51.3	S 8 03.1	137 16.1	16.4	S 9 17.2	13.5	54.4
13	11 51.4	02.1	151 51.5	16.4	9 30.7	13.6	54.4
14	26 51.6	01.2	166 26.9	16.4	9 44.3	13.5	54.4
15	41 51.7	8 00.2	181 02.3	16.3	9 57.8	13.5	54.4
16	56 51.8	7 59.3	195 37.6	16.3	10 11.3	13.4	54.4
17	71 51.9	58.4	210 12.9	16.2	10 24.7	13.5	54.4
18	86 52.0	S 7 57.4	224 48.1	16.2	S10 38.2	13.4	54.5
19	101 52.1	56.5	239 23.3	16.1	10 51.6	13.3	54.5
20	116 52.3	55.5	253 58.4	16.0	11 04.9	13.3	54.5
21	131 52.4	. . 54.6	268 33.4	16.0	11 18.2	13.3	54.5
22	146 52.5	53.6	283 08.4	16.0	11 31.5	13.3	54.5
23	161 52.6	52.7	297 43.4	15.9	11 44.8	13.2	54.5
29 00 (THURSDAY)	176 52.7	S 7 51.7	312 18.3	15.8	S11 58.0	13.1	54.5
01	191 52.8	50.8	326 53.1	15.8	12 11.1	13.2	54.6
02	206 53.0	49.8	341 27.9	15.7	12 24.3	13.1	54.6
03	221 53.1	. . 48.9	356 02.6	15.7	12 37.4	13.0	54.6
04	236 53.2	47.9	10 37.3	15.6	12 50.4	13.0	54.6
05	251 53.3	47.0	25 11.9	15.5	13 03.4	13.0	54.6
06	266 53.4	S 7 46.1	39 46.4	15.5	S13 16.4	12.9	54.6
07	281 53.5	45.1	54 20.9	15.4	13 29.3	12.9	54.6
08	296 53.7	44.2	68 55.3	15.3	13 42.2	12.8	54.7
09	311 53.8	. . 43.2	83 29.6	15.3	13 55.0	12.8	54.7
10	326 53.9	42.3	98 03.9	15.2	14 07.8	12.7	54.7
11	341 54.0	41.3	112 38.1	15.1	14 20.5	12.7	54.7
12	356 54.1	S 7 40.4	127 12.2	15.1	S14 33.2	12.6	54.7
13	11 54.3	39.4	141 46.3	15.0	14 45.8	12.6	54.8
14	26 54.4	38.5	156 20.3	14.9	14 58.4	12.6	54.8
15	41 54.5	. . 37.5	170 54.2	14.8	15 11.0	12.4	54.8
16	56 54.6	36.6	185 28.0	14.8	15 23.4	12.5	54.8
17	71 54.7	35.6	200 01.8	14.7	15 35.9	12.3	54.8
18	86 54.9	S 7 34.7	214 35.5	14.6	S15 48.2	12.4	54.8
19	101 55.0	33.7	229 09.1	14.6	16 00.6	12.2	54.9
20	116 55.1	32.8	243 42.7	14.5	16 12.8	12.2	54.9
21	131 55.2	. . 31.8	258 16.2	14.3	16 25.0	12.2	54.9
22	146 55.4	30.9	272 49.5	14.3	16 37.2	12.0	54.9
23	161 55.5	29.9	287 22.8	14.3	S16 49.2	12.1	54.9
	SD 16.2	*d* 0.9	SD		14.7	14.8	14.9

Lat.	Twilight Naut.	Twilight Civil	Sunrise	Moonrise 27	Moonrise 28	Moonrise 29	Moonrise 1
°	h m	h m	h m	h m	h m	h m	h m
N 72	05 17	06 35	07 45	21 45	23 55	27 22	03 22
N 70	05 22	06 32	07 34	21 36	23 32	25 56	01 56
68	05 25	06 29	07 26	21 28	23 15	25 18	01 18
66	05 28	06 27	07 19	21 22	23 02	24 51	00 51
64	05 30	06 25	07 13	21 17	22 50	24 31	00 31
62	05 32	06 23	07 08	21 13	22 41	24 15	00 15
60	05 33	06 21	07 03	21 09	22 33	24 01	00 01
N 58	05 34	06 19	06 59	21 05	22 26	23 50	25 19
56	05 35	06 18	06 55	21 02	22 20	23 40	25 04
54	05 36	06 17	06 52	21 00	22 14	23 31	24 52
52	05 36	06 15	06 49	20 57	22 09	23 23	24 41
50	05 37	06 14	06 47	20 55	22 05	23 16	24 31
45	05 37	06 11	06 41	20 50	21 55	23 02	24 11
N 40	05 37	06 09	06 36	20 46	21 47	22 49	23 54
35	05 37	06 06	06 31	20 43	21 40	22 39	23 41
30	05 36	06 04	06 28	20 40	21 34	22 30	23 29
20	05 33	05 59	06 21	20 35	21 24	22 15	23 08
N 10	05 29	05 54	06 15	20 30	21 15	22 01	22 51
0	05 24	05 48	06 09	20 26	21 06	21 49	22 35
S 10	05 17	05 42	06 03	20 22	20 58	21 36	22 18
20	05 09	05 35	05 57	20 18	20 49	21 23	22 01
30	04 57	05 25	05 50	20 13	20 39	21 08	21 42
35	04 49	05 20	05 45	20 10	20 34	21 00	21 30
40	04 40	05 13	05 41	20 07	20 27	20 50	21 17
45	04 28	05 05	05 35	20 03	20 20	20 39	21 02
S 50	04 13	04 54	05 28	19 59	20 11	20 25	20 43
52	04 06	04 49	05 25	19 57	20 07	20 19	20 34
54	03 58	04 44	05 21	19 55	20 02	20 12	20 24
56	03 48	04 38	05 17	19 52	19 57	20 04	20 13
58	03 37	04 31	05 13	19 50	19 52	19 55	20 01
S 60	03 25	04 23	05 08	19 47	19 46	19 45	19 46

Lat.	Sunset	Twilight Civil	Twilight Naut.	Moonset 27	Moonset 28	Moonset 29	Moonset 1
°	h m	h m	h m	h m	h m	h m	h m
N 72	16 42	17 52	19 10	07 31	06 57	06 12	04 15
N 70	16 53	17 55	19 06	07 34	07 09	06 37	05 43
68	17 01	17 58	19 02	07 38	07 18	06 56	06 22
66	17 08	18 00	18 59	07 40	07 27	07 11	06 50
64	17 14	18 02	18 57	07 42	07 33	07 24	07 11
62	17 19	18 04	18 55	07 44	07 39	07 34	07 29
60	17 23	18 05	18 54	07 46	07 45	07 44	07 43
N 58	17 27	18 07	18 52	07 47	07 49	07 52	07 56
56	17 31	18 08	18 51	07 49	07 53	07 59	08 06
54	17 34	18 10	18 51	07 50	07 57	08 05	08 16
52	17 37	18 11	18 50	07 51	08 00	08 11	08 24
50	17 39	18 12	18 49	07 52	08 03	08 16	08 32
45	17 45	18 15	18 49	07 54	08 10	08 28	08 48
N 40	17 50	18 17	18 49	07 56	08 16	08 37	09 02
35	17 54	18 20	18 49	07 58	08 21	08 45	09 13
30	17 58	18 22	18 50	07 59	08 25	08 53	09 23
20	18 04	18 27	18 52	08 02	08 32	09 05	09 41
N 10	18 10	18 31	18 56	08 04	08 39	09 16	09 56
0	18 16	18 37	19 01	08 06	08 45	09 26	10 10
S 10	18 22	18 43	19 08	08 08	08 52	09 37	10 25
20	18 28	18 50	19 16	08 10	08 58	09 48	10 40
30	18 35	18 59	19 28	08 13	09 06	10 01	10 58
35	18 39	19 05	19 35	08 14	09 10	10 08	11 08
40	18 44	19 12	19 45	08 16	09 15	10 17	11 20
45	18 49	19 20	19 56	08 18	09 21	10 27	11 34
S 50	18 56	19 30	20 11	08 20	09 28	10 39	11 52
52	18 59	19 34	20 18	08 21	09 32	10 44	12 00
54	19 03	19 40	20 26	08 22	09 35	10 51	12 09
56	19 06	19 46	20 35	08 23	09 39	10 58	12 20
58	19 11	19 52	20 45	08 25	09 44	11 06	12 32
S 60	19 15	20 00	20 58	08 26	09 49	11 15	12 46

Day	SUN Eqn. of Time 00^h	SUN Eqn. of Time 12^h	SUN Mer. Pass.	MOON Mer. Pass. Upper	MOON Mer. Pass. Lower	MOON Age	MOON Phase
d	m s	m s	h m	h m	h m	d	%
27	12 51	12 46	12 13	01 57	14 16	18	92
28	12 40	12 35	12 13	02 36	14 56	19	87
29	12 29	12 24	12 12	03 16	15 37	20	79

© British Crown Copyright 2023. All rights reserved.

UT d	h	ARIES GHA	VENUS −3·9 GHA	VENUS Dec	MARS +1·3 GHA	MARS Dec	JUPITER −2·2 GHA	JUPITER Dec	SATURN +0·9 GHA	SATURN Dec
		° ′	° ′	° ′	° ′	° ′	° ′	° ′	° ′	° ′
1	00	159 17.4	200 07.3	S16 33.9	203 35.5	S17 57.3	120 06.8	N14 21.3	177 13.1	S 9 21.2
	01	174 19.9	215 06.7	33.0	218 36.0	56.8	135 08.9	21.4	192 15.3	21.1
	02	189 22.3	230 06.0	32.2	233 36.5	56.2	150 10.9	21.6	207 17.4	21.0
	03	204 24.8	245 05.4	. . 31.4	248 37.0	. . 55.7	165 13.0	. . 21.7	222 19.6	. . 20.8
	04	219 27.3	260 04.7	30.5	263 37.5	55.2	180 15.0	21.8	237 21.8	20.7
	05	234 29.7	275 04.1	29.7	278 38.0	54.6	195 17.1	22.0	252 24.0	20.6
	06	249 32.2	290 03.4	S16 28.8	293 38.5	S17 54.1	210 19.1	N14 22.1	267 26.1	S 9 20.5
	07	264 34.7	305 02.8	28.0	308 39.1	53.6	225 21.2	22.3	282 28.3	20.4
	08	279 37.1	320 02.2	27.1	323 39.6	53.0	240 23.2	22.4	297 30.5	20.3
FRIDAY	09	294 39.6	335 01.5	. . 26.3	338 40.1	. . 52.5	255 25.3	. . 22.5	312 32.7	. . 20.2
	10	309 42.1	350 00.9	25.4	353 40.6	52.0	270 27.3	22.7	327 34.8	20.1
	11	324 44.5	5 00.2	24.6	8 41.1	51.4	285 29.4	22.8	342 37.0	19.9
	12	339 47.0	19 59.6	S16 23.8	23 41.6	S17 50.9	300 31.4	N14 23.0	357 39.2	S 9 19.8
	13	354 49.5	34 58.9	22.9	38 42.1	50.3	315 33.5	23.1	12 41.4	19.7
	14	9 51.9	49 58.3	22.1	53 42.6	49.8	330 35.5	23.2	27 43.6	19.6
	15	24 54.4	64 57.7	. . 21.2	68 43.1	. . 49.3	345 37.5	. . 23.4	42 45.7	. . 19.5
	16	39 56.8	79 57.0	20.4	83 43.6	48.7	0 39.6	23.5	57 47.9	19.4
	17	54 59.3	94 56.4	19.5	98 44.2	48.2	15 41.6	23.7	72 50.1	19.3
	18	70 01.8	109 55.8	S16 18.6	113 44.7	S17 47.6	30 43.7	N14 23.8	87 52.3	S 9 19.1
	19	85 04.2	124 55.1	17.8	128 45.2	47.1	45 45.7	23.9	102 54.4	19.0
	20	100 06.7	139 54.5	16.9	143 45.7	46.6	60 47.8	24.1	117 56.6	18.9
	21	115 09.2	154 53.9	. . 16.1	158 46.2	. . 46.0	75 49.8	. . 24.2	132 58.8	. . 18.8
	22	130 11.6	169 53.2	15.2	173 46.7	45.5	90 51.9	24.4	148 01.0	18.7
	23	145 14.1	184 52.6	14.4	188 47.2	44.9	105 53.9	24.5	163 03.1	18.6
2	00	160 16.6	199 51.9	S16 13.5	203 47.7	S17 44.4	120 55.9	N14 24.7	178 05.3	S 9 18.5
	01	175 19.0	214 51.3	12.7	218 48.3	43.8	135 58.0	24.8	193 07.5	18.3
	02	190 21.5	229 50.7	11.8	233 48.8	43.3	151 00.0	24.9	208 09.7	18.2
	03	205 23.9	244 50.0	. . 10.9	248 49.3	. . 42.8	166 02.1	. . 25.1	223 11.9	. . 18.1
	04	220 26.4	259 49.4	10.1	263 49.8	42.2	181 04.1	25.2	238 14.0	18.0
	05	235 28.9	274 48.8	09.2	278 50.3	41.7	196 06.2	25.4	253 16.2	17.9
	06	250 31.3	289 48.1	S16 08.4	293 50.8	S17 41.1	211 08.2	N14 25.5	268 18.4	S 9 17.8
	07	265 33.8	304 47.5	07.5	308 51.3	40.6	226 10.2	25.6	283 20.6	17.7
SATURDAY	08	280 36.3	319 46.9	06.6	323 51.8	40.0	241 12.3	25.8	298 22.7	17.6
	09	295 38.7	334 46.3	. . 05.8	338 52.4	. . 39.5	256 14.3	. . 25.9	313 24.9	. . 17.4
	10	310 41.2	349 45.6	04.9	353 52.9	38.9	271 16.4	26.1	328 27.1	17.3
	11	325 43.7	4 45.0	04.0	8 53.4	38.4	286 18.4	26.2	343 29.3	17.2
	12	340 46.1	19 44.4	S16 03.2	23 53.9	S17 37.8	301 20.5	N14 26.3	358 31.4	S 9 17.1
	13	355 48.6	34 43.7	02.3	38 54.4	37.3	316 22.5	26.5	13 33.6	17.0
	14	10 51.1	49 43.1	01.4	53 54.9	36.8	331 24.5	26.6	28 35.8	16.9
	15	25 53.5	64 42.5	16 00.6	68 55.4	. . 36.2	346 26.6	. . 26.8	43 38.0	. . 16.8
	16	40 56.0	79 41.9	15 59.7	83 56.0	35.7	1 28.6	26.9	58 40.2	16.6
	17	55 58.4	94 41.2	58.8	98 56.5	35.1	16 30.7	27.1	73 42.3	16.5
	18	71 00.9	109 40.6	S15 58.0	113 57.0	S17 34.6	31 32.7	N14 27.2	88 44.5	S 9 16.4
	19	86 03.4	124 40.0	57.1	128 57.5	34.0	46 34.7	27.3	103 46.7	16.3
	20	101 05.8	139 39.4	56.2	143 58.0	33.5	61 36.8	27.5	118 48.9	16.2
	21	116 08.3	154 38.7	. . 55.3	158 58.5	. . 32.9	76 38.8	. . 27.6	133 51.0	. . 16.1
	22	131 10.8	169 38.1	54.5	173 59.1	32.4	91 40.9	27.8	148 53.2	16.0
	23	146 13.2	184 37.5	53.6	188 59.6	31.8	106 42.9	27.9	163 55.4	15.8
3	00	161 15.7	199 36.9	S15 52.7	204 00.1	S17 31.3	121 44.9	N14 28.0	178 57.6	S 9 15.7
	01	176 18.2	214 36.2	51.8	219 00.6	30.7	136 47.0	28.2	193 59.7	15.6
	02	191 20.6	229 35.6	51.0	234 01.1	30.2	151 49.0	28.3	209 01.9	15.5
	03	206 23.1	244 35.0	. . 50.1	249 01.6	. . 29.6	166 51.0	. . 28.5	224 04.1	. . 15.4
	04	221 25.6	259 34.4	49.2	264 02.2	29.1	181 53.1	28.6	239 06.3	15.3
	05	236 28.0	274 33.8	48.3	279 02.7	28.5	196 55.1	28.8	254 08.5	15.2
	06	251 30.5	289 33.1	S15 47.4	294 03.2	S17 28.0	211 57.2	N14 28.9	269 10.6	S 9 15.1
	07	266 32.9	304 32.5	46.6	309 03.7	27.4	226 59.2	29.0	284 12.8	14.9
	08	281 35.4	319 31.9	45.7	324 04.2	26.8	242 01.2	29.2	299 15.0	14.8
SUNDAY	09	296 37.9	334 31.3	. . 44.8	339 04.7	. . 26.3	257 03.3	. . 29.3	314 17.2	. . 14.7
	10	311 40.3	349 30.7	43.9	354 05.3	25.7	272 05.3	29.5	329 19.3	14.6
	11	326 42.8	4 30.0	43.0	9 05.8	25.2	287 07.3	29.6	344 21.5	14.5
	12	341 45.3	19 29.4	S15 42.1	24 06.3	S17 24.6	302 09.4	N14 29.8	359 23.7	S 9 14.4
	13	356 47.7	34 28.8	41.2	39 06.8	24.1	317 11.4	29.9	14 25.9	14.3
	14	11 50.2	49 28.2	40.4	54 07.3	23.5	332 13.5	30.0	29 28.1	14.1
	15	26 52.7	64 27.6	. . 39.5	69 07.9	. . 23.0	347 15.5	. . 30.2	44 30.2	. . 14.0
	16	41 55.1	79 26.9	38.6	84 08.4	22.4	2 17.5	30.3	59 32.4	13.9
	17	56 57.6	94 26.3	37.7	99 08.9	21.9	17 19.6	30.5	74 34.6	13.8
	18	72 00.1	109 25.7	S15 36.8	114 09.4	S17 21.3	32 21.6	N14 30.6	89 36.8	S 9 13.7
	19	87 02.5	124 25.1	35.9	129 09.9	20.7	47 23.6	30.8	104 38.9	13.6
	20	102 05.0	139 24.5	35.0	144 10.4	20.2	62 25.7	30.9	119 41.1	13.5
	21	117 07.4	154 23.9	. . 34.1	159 11.0	. . 19.6	77 27.7	. . 31.0	134 43.3	. . 13.4
	22	132 09.9	169 23.3	33.2	174 11.5	19.1	92 29.7	31.2	149 45.5	13.2
	23	147 12.4	184 22.7	32.3	189 12.0	18.5	107 31.8	31.3	164 47.6	13.1
Mer. Pass.		h m 13 16.7	*v* −0.6	*d* 0.9	*v* 0.5	*d* 0.5	*v* 2.0	*d* 0.1	*v* 2.2	*d* 0.1

STARS

Name	SHA	Dec
	° ′	° ′
Acamar	315 12.5	S40 12.7
Achernar	335 21.1	S57 07.1
Acrux	173 00.3	S63 13.9
Adhara	255 06.2	S29 00.5
Aldebaran	290 40.4	N16 33.5
Alioth	166 13.1	N55 49.5
Alkaid	152 52.2	N49 11.3
Alnair	27 34.2	S46 50.7
Alnilam	275 38.4	S 1 11.3
Alphard	217 48.2	S 8 45.9
Alphecca	126 04.2	N26 37.7
Alpheratz	357 35.9	N29 13.3
Altair	62 00.9	N 8 55.7
Ankaa	353 08.2	S42 10.7
Antares	112 16.7	S26 29.1
Arcturus	145 48.4	N19 03.2
Atria	107 11.6	S69 04.0
Avior	234 14.5	S59 35.3
Bellatrix	278 23.6	N 6 22.2
Betelgeuse	270 52.8	N 7 24.6
Canopus	263 52.5	S52 42.7
Capella	280 22.9	N46 01.5
Deneb	49 26.7	N45 21.7
Denebola	182 25.4	N14 26.1
Diphda	348 48.3	S17 51.4
Dubhe	193 41.2	N61 37.2
Elnath	278 02.7	N28 37.7
Eltanin	90 42.7	N51 28.7
Enif	33 39.8	N 9 59.0
Fomalhaut	15 15.6	S29 29.8
Gacrux	171 52.0	S57 14.8
Gienah	175 44.0	S17 40.6
Hadar	148 36.7	S60 29.2
Hamal	327 52.2	N23 34.6
Kaus Aust.	83 33.6	S34 22.3
Kochab	137 19.2	N74 03.0
Markab	13 30.9	N15 20.0
Menkar	314 07.0	N 4 11.0
Menkent	147 58.2	S36 29.3
Miaplacidus	221 37.6	S69 49.1
Mirfak	308 29.4	N49 57.0
Nunki	75 48.8	S26 16.0
Peacock	53 07.3	S56 39.4
Pollux	243 17.9	N27 58.1
Procyon	244 51.4	N 5 09.7
Rasalhague	95 59.3	N12 32.3
Regulus	207 34.9	N11 50.9
Rigel	281 04.5	S 8 10.6
Rigil Kent.	139 41.0	S60 55.9
Sabik	102 03.6	S15 45.3
Schedar	349 32.4	N56 40.2
Shaula	96 11.4	S37 07.2
Sirius	258 26.7	S16 45.1
Spica	158 22.8	S11 17.3
Suhail	222 46.5	S43 31.9
Vega	80 33.9	N38 48.0
Zuben'ubi	136 56.7	S16 08.6

	SHA	Mer. Pass.
	° ′	h m
Venus	39 35.4	10 41
Mars	43 31.2	10 24
Jupiter	320 39.4	15 54
Saturn	17 48.8	12 06

© British Crown Copyright 2023. All rights reserved.

UT d h	SUN GHA ° ′	SUN Dec ° ′	MOON GHA ° ′	v ′	Dec ° ′	d ′	HP ′
1 00	176 55.6	S 7 29.0	301 56.1	14.1	S17 01.3	11.9	55.0
01	191 55.7	28.0	316 29.2	14.1	17 13.2	11.9	55.0
02	206 55.8	27.1	331 02.3	14.0	17 25.1	11.9	55.0
03	221 56.0	. . 26.1	345 35.3	13.8	17 37.0	11.7	55.0
04	236 56.1	25.2	0 08.1	13.9	17 48.7	11.8	55.0
05	251 56.2	24.2	14 41.0	13.7	18 00.5	11.6	55.1
06	266 56.3	S 7 23.3	29 13.7	13.6	S18 12.1	11.6	55.1
07	281 56.5	22.3	43 46.3	13.6	18 23.7	11.5	55.1
08	296 56.6	21.3	58 18.9	13.4	18 35.2	11.4	55.1
F 09	311 56.7	. . 20.4	72 51.3	13.4	18 46.6	11.4	55.2
R 10	326 56.8	19.4	87 23.7	13.2	18 58.0	11.2	55.2
I 11	341 57.0	18.5	101 55.9	13.2	19 09.2	11.3	55.2
D 12	356 57.1	S 7 17.5	116 28.1	13.1	S19 20.5	11.1	55.2
A 13	11 57.2	16.6	131 00.2	13.0	19 31.6	11.1	55.3
Y 14	26 57.3	15.6	145 32.2	12.9	19 42.7	10.9	55.3
15	41 57.5	. . 14.7	160 04.1	12.8	19 53.6	11.0	55.3
16	56 57.6	13.7	174 35.9	12.7	20 04.6	10.8	55.3
17	71 57.7	12.8	189 07.6	12.6	20 15.4	10.7	55.3
18	86 57.8	S 7 11.8	203 39.2	12.5	S20 26.1	10.7	55.4
19	101 58.0	10.9	218 10.7	12.5	20 36.8	10.6	55.4
20	116 58.1	09.9	232 42.2	12.3	20 47.4	10.5	55.4
21	131 58.2	. . 09.0	247 13.5	12.2	20 57.9	10.4	55.4
22	146 58.3	08.0	261 44.7	12.1	21 08.3	10.3	55.5
23	161 58.5	07.0	276 15.8	12.0	21 18.6	10.3	55.5
2 00	176 58.6	S 7 06.1	290 46.8	12.0	S21 28.9	10.1	55.5
01	191 58.7	05.1	305 17.8	11.8	21 39.0	10.1	55.6
02	206 58.8	04.2	319 48.6	11.7	21 49.1	9.9	55.6
03	221 59.0	. . 03.2	334 19.3	11.6	21 59.0	9.9	55.6
04	236 59.1	02.3	348 49.9	11.5	22 08.9	9.8	55.6
05	251 59.2	01.3	3 20.4	11.4	22 18.7	9.7	55.7
06	266 59.4	S 7 00.3	17 50.8	11.3	S22 28.4	9.6	55.7
07	281 59.5	6 59.4	32 21.1	11.2	22 38.0	9.4	55.7
S 08	296 59.6	58.4	46 51.3	11.1	22 47.4	9.4	55.7
A 09	311 59.7	. . 57.5	61 21.4	10.9	22 56.8	9.3	55.8
T 10	326 59.9	56.5	75 51.3	10.9	23 06.1	9.2	55.8
U 11	342 00.0	55.6	90 21.2	10.8	23 15.3	9.1	55.8
R 12	357 00.1	S 6 54.6	104 51.0	10.6	S23 24.4	9.0	55.9
D 13	12 00.3	53.6	119 20.6	10.6	23 33.4	8.8	55.9
A 14	27 00.4	52.7	133 50.2	10.4	23 42.2	8.8	55.9
Y 15	42 00.5	. . 51.7	148 19.6	10.4	23 51.0	8.7	55.9
16	57 00.7	50.8	162 49.0	10.2	23 59.7	8.5	56.0
17	72 00.8	49.8	177 18.2	10.1	24 08.2	8.4	56.0
18	87 00.9	S 6 48.9	191 47.3	10.0	S24 16.6	8.4	56.0
19	102 01.1	47.9	206 16.3	9.9	24 25.0	8.2	56.1
20	117 01.2	46.9	220 45.2	9.8	24 33.2	8.1	56.1
21	132 01.3	. . 46.0	235 14.0	9.7	24 41.3	7.9	56.1
22	147 01.4	45.0	249 42.7	9.6	24 49.2	7.9	56.2
23	162 01.6	44.1	264 11.3	9.4	24 57.1	7.7	56.2
3 00	177 01.7	S 6 43.1	278 39.7	9.4	S25 04.8	7.7	56.2
01	192 01.8	42.1	293 08.1	9.2	25 12.5	7.5	56.3
02	207 02.0	41.2	307 36.3	9.2	25 20.0	7.3	56.3
03	222 02.1	. . 40.2	322 04.5	9.0	25 27.3	7.3	56.3
04	237 02.2	39.3	336 32.5	8.9	25 34.6	7.1	56.3
05	252 02.4	38.3	351 00.4	8.8	25 41.7	7.0	56.4
06	267 02.5	S 6 37.3	5 28.2	8.7	S25 48.7	6.8	56.4
07	282 02.6	36.4	19 55.9	8.6	25 55.5	6.8	56.4
S 08	297 02.8	35.4	34 23.5	8.5	26 02.3	6.6	56.5
U 09	312 02.9	. . 34.5	48 51.0	8.4	26 08.9	6.4	56.5
N 10	327 03.0	33.5	63 18.4	8.3	26 15.3	6.4	56.5
D 11	342 03.2	32.5	77 45.7	8.2	26 21.7	6.2	56.6
A 12	357 03.3	S 6 31.6	92 12.9	8.0	S26 27.9	6.0	56.6
Y 13	12 03.4	30.6	106 39.9	8.0	26 33.9	5.9	56.6
14	27 03.6	29.7	121 06.9	7.9	26 39.8	5.8	56.7
15	42 03.7	. . 28.7	135 33.8	7.7	26 45.6	5.7	56.7
16	57 03.8	27.7	150 00.5	7.7	26 51.3	5.5	56.8
17	72 04.0	26.8	164 27.2	7.5	26 56.8	5.3	56.8
18	87 04.1	S 6 25.8	178 53.7	7.5	S27 02.1	5.2	56.8
19	102 04.3	24.8	193 20.2	7.4	27 07.3	5.1	56.9
20	117 04.4	23.9	207 46.6	7.2	27 12.4	4.9	56.9
21	132 04.5	. . 22.9	222 12.8	7.2	27 17.3	4.7	56.9
22	147 04.7	22.0	236 39.0	7.0	27 22.0	4.6	57.0
23	162 04.8	21.0	251 05.0	7.0	S27 26.6	4.5	57.0
	SD 16.2	d 1.0	SD 15.0		15.2		15.4

Lat. °	Twilight Naut. h m	Twilight Civil h m	Sunrise h m	Moonrise 1 h m	Moonrise 2 h m	Moonrise 3 h m	Moonrise 4 h m
N 72	05 02	06 21	07 29	03 22	■	■	■
N 70	05 08	06 19	07 20	01 56	■	■	■
68	05 13	06 17	07 13	01 18	■	■	■
66	05 17	06 16	07 07	00 51	03 06	■	■
64	05 20	06 15	07 02	00 31	02 25	05 08	■
62	05 22	06 14	06 58	00 15	01 57	03 53	■
60	05 25	06 13	06 54	00 01	01 36	03 17	04 57
N 58	05 26	06 12	06 51	25 19	01 19	02 51	04 20
56	05 28	06 11	06 48	25 04	01 04	02 31	03 54
54	05 29	06 10	06 45	24 52	00 52	02 14	03 33
52	05 30	06 09	06 43	24 41	00 41	02 00	03 16
50	05 31	06 08	06 40	24 31	00 31	01 47	03 01
45	05 32	06 06	06 35	24 11	00 11	01 22	02 31
N 40	05 33	06 04	06 31	23 54	25 01	01 01	02 08
35	05 33	06 02	06 28	23 41	24 44	00 44	01 49
30	05 33	06 00	06 24	23 29	24 30	00 30	01 32
20	05 31	05 57	06 19	23 08	24 05	00 05	01 05
N 10	05 28	05 52	06 14	22 51	23 44	24 41	00 41
0	05 24	05 48	06 09	22 35	23 25	24 19	00 19
S 10	05 18	05 42	06 04	22 18	23 05	23 57	24 55
20	05 10	05 36	05 58	22 01	22 44	23 34	24 30
30	04 59	05 28	05 52	21 42	22 20	23 07	24 02
35	04 52	05 22	05 48	21 30	22 06	22 51	23 45
40	04 43	05 16	05 44	21 17	21 50	22 32	23 25
45	04 33	05 09	05 39	21 02	21 31	22 10	23 01
S 50	04 19	05 00	05 33	20 43	21 07	21 42	22 31
52	04 13	04 55	05 30	20 34	20 56	21 28	22 15
54	04 05	04 50	05 27	20 24	20 43	21 12	21 58
56	03 56	04 45	05 24	20 13	20 28	20 53	21 36
58	03 47	04 39	05 20	20 01	20 11	20 30	21 09
S 60	03 35	04 32	05 16	19 46	19 49	20 00	20 30

Lat. °	Sunset h m	Twilight Civil h m	Twilight Naut. h m	Moonset 1 h m	Moonset 2 h m	Moonset 3 h m	Moonset 4 h m
N 72	16 57	18 06	19 24	04 15	■	■	■
N 70	17 05	18 07	19 18	05 43	■	■	■
68	17 12	18 09	19 13	06 22	■	■	■
66	17 18	18 10	19 09	06 50	06 12	■	■
64	17 23	18 11	19 06	07 11	06 54	05 57	■
62	17 27	18 12	19 03	07 29	07 22	07 13	■
60	17 31	18 13	19 01	07 43	07 44	07 49	08 05
N 58	17 34	18 14	18 59	07 56	08 02	08 15	08 42
56	17 37	18 15	18 58	08 06	08 18	08 36	09 08
54	17 40	18 15	18 56	08 16	08 31	08 53	09 29
52	17 42	18 16	18 55	08 24	08 42	09 08	09 47
50	17 44	18 17	18 54	08 32	08 52	09 21	10 02
45	17 49	18 19	18 53	08 48	09 14	09 47	10 32
N 40	17 53	18 20	18 52	09 02	09 31	10 08	10 56
35	17 57	18 22	18 52	09 13	09 46	10 26	11 15
30	18 00	18 24	18 52	09 23	09 59	10 41	11 32
20	18 06	18 28	18 53	09 41	10 21	11 07	12 00
N 10	18 11	18 32	18 56	09 56	10 40	11 29	12 24
0	18 15	18 36	19 00	10 10	10 58	11 50	12 47
S 10	18 20	18 41	19 06	10 25	11 16	12 11	13 09
20	18 25	18 48	19 14	10 40	11 35	12 34	13 34
30	18 32	18 56	19 24	10 58	11 58	13 00	14 02
35	18 35	19 01	19 31	11 08	12 11	13 15	14 19
40	18 39	19 07	19 40	11 20	12 26	13 33	14 38
45	18 44	19 14	19 50	11 34	12 45	13 55	15 02
S 50	18 50	19 23	20 03	11 52	13 07	14 23	15 33
52	18 53	19 27	20 10	12 00	13 18	14 36	15 48
54	18 56	19 32	20 17	12 09	13 31	14 52	16 06
56	18 59	19 37	20 26	12 20	13 45	15 10	16 27
58	19 02	19 44	20 35	12 32	14 02	15 33	16 54
S 60	19 06	19 50	20 46	12 46	14 23	16 03	17 33

Day	SUN Eqn. of Time 00^h	SUN Eqn. of Time 12^h	SUN Mer. Pass.	MOON Mer. Pass. Upper	MOON Mer. Pass. Lower	MOON Age	MOON Phase
d	m s	m s	h m	h m	h m	d	%
1	12 18	12 12	12 12	03 59	16 22	21	71
2	12 06	12 00	12 12	04 46	17 11	22	62
3	11 53	11 47	12 12	05 37	18 05	23	52

© British Crown Copyright 2023. All rights reserved.

UT d	h	ARIES GHA	VENUS −3·9 GHA	VENUS Dec	MARS +1·2 GHA	MARS Dec	JUPITER −2·2 GHA	JUPITER Dec	SATURN +0·9 GHA	SATURN Dec
d	h	° ′	° ′	° ′	° ′	° ′	° ′	° ′	° ′	° ′
4	00	162 14.8	199 22.0	S15 31.5	204 12.5	S17 18.0	122 33.8	N14 31.5	179 49.8	S 9 13.0
	01	177 17.3	214 21.4	30.6	219 13.0	17.4	137 35.8	31.6	194 52.0	12.9
	02	192 19.8	229 20.8	29.7	234 13.6	16.8	152 37.9	31.8	209 54.2	12.8
	03	207 22.2	244 20.2	. . 28.8	249 14.1	. . 16.3	167 39.9	. . 31.9	224 56.4	. . 12.7
	04	222 24.7	259 19.6	27.9	264 14.6	15.7	182 41.9	32.0	239 58.5	12.6
	05	237 27.2	274 19.0	27.0	279 15.1	15.2	197 44.0	32.2	255 00.7	12.4
	06	252 29.6	289 18.4	S15 26.1	294 15.6	S17 14.6	212 46.0	N14 32.3	270 02.9	S 9 12.3
	07	267 32.1	304 17.8	25.2	309 16.2	14.0	227 48.0	32.5	285 05.1	12.2
	08	282 34.5	319 17.2	24.3	324 16.7	13.5	242 50.1	32.6	300 07.2	12.1
M	09	297 37.0	334 16.5	. . 23.4	339 17.2	. . 12.9	257 52.1	. . 32.8	315 09.4	. . 12.0
O	10	312 39.5	349 15.9	22.5	354 17.7	12.4	272 54.1	32.9	330 11.6	11.9
N	11	327 41.9	4 15.3	21.6	9 18.3	11.8	287 56.2	33.0	345 13.8	11.8
D	12	342 44.4	19 14.7	S15 20.7	24 18.8	S17 11.2	302 58.2	N14 33.2	0 16.0	S 9 11.7
A	13	357 46.9	34 14.1	19.8	39 19.3	10.7	318 00.2	33.3	15 18.1	11.5
Y	14	12 49.3	49 13.5	18.8	54 19.8	10.1	333 02.3	33.5	30 20.3	11.4
	15	27 51.8	64 12.9	. . 17.9	69 20.3	. . 09.6	348 04.3	. . 33.6	45 22.5	. . 11.3
	16	42 54.3	79 12.3	17.0	84 20.9	09.0	3 06.3	33.8	60 24.7	11.2
	17	57 56.7	94 11.7	16.1	99 21.4	08.4	18 08.3	33.9	75 26.8	11.1
	18	72 59.2	109 11.1	S15 15.2	114 21.9	S17 07.9	33 10.4	N14 34.0	90 29.0	S 9 11.0
	19	88 01.7	124 10.5	14.3	129 22.4	07.3	48 12.4	34.2	105 31.2	10.9
	20	103 04.1	139 09.9	13.4	144 23.0	06.7	63 14.4	34.3	120 33.4	10.7
	21	118 06.6	154 09.3	. . 12.5	159 23.5	. . 06.2	78 16.5	. . 34.5	135 35.5	. . 10.6
	22	133 09.0	169 08.7	11.6	174 24.0	05.6	93 18.5	34.6	150 37.7	10.5
	23	148 11.5	184 08.1	10.7	189 24.5	05.0	108 20.5	34.8	165 39.9	10.4
5	00	163 14.0	199 07.5	S15 09.8	204 25.1	S17 04.5	123 22.6	N14 34.9	180 42.1	S 9 10.3
	01	178 16.4	214 06.9	08.8	219 25.6	03.9	138 24.6	35.1	195 44.3	10.2
	02	193 18.9	229 06.3	07.9	234 26.1	03.3	153 26.6	35.2	210 46.4	10.1
	03	208 21.4	244 05.7	. . 07.0	249 26.6	. . 02.8	168 28.6	. . 35.3	225 48.6	. . 10.0
	04	223 23.8	259 05.1	06.1	264 27.2	02.2	183 30.7	35.5	240 50.8	09.8
	05	238 26.3	274 04.5	05.2	279 27.7	01.6	198 32.7	35.6	255 53.0	09.7
	06	253 28.8	289 03.9	S15 04.3	294 28.2	S17 01.1	213 34.7	N14 35.8	270 55.1	S 9 09.6
	07	268 31.2	304 03.3	03.4	309 28.7	17 00.5	228 36.8	35.9	285 57.3	09.5
T	08	283 33.7	319 02.7	02.4	324 29.3	16 59.9	243 38.8	36.1	300 59.5	09.4
U	09	298 36.2	334 02.1	. . 01.5	339 29.8	. . 59.4	258 40.8	. . 36.2	316 01.7	. . 09.3
E	10	313 38.6	349 01.5	15 00.6	354 30.3	58.8	273 42.8	36.4	331 03.9	09.2
S	11	328 41.1	4 00.9	14 59.7	9 30.8	58.2	288 44.9	36.5	346 06.0	09.0
	12	343 43.5	19 00.3	S14 58.8	24 31.4	S16 57.7	303 46.9	N14 36.6	1 08.2	S 9 08.9
D	13	358 46.0	33 59.7	57.8	39 31.9	57.1	318 48.9	36.8	16 10.4	08.8
A	14	13 48.5	48 59.1	56.9	54 32.4	56.5	333 51.0	36.9	31 12.6	08.7
Y	15	28 50.9	63 58.5	. . 56.0	69 32.9	. . 56.0	348 53.0	. . 37.1	46 14.7	. . 08.6
	16	43 53.4	78 57.9	55.1	84 33.5	55.4	3 55.0	37.2	61 16.9	08.5
	17	58 55.9	93 57.3	54.1	99 34.0	54.8	18 57.0	37.4	76 19.1	08.4
	18	73 58.3	108 56.7	S14 53.2	114 34.5	S16 54.3	33 59.1	N14 37.5	91 21.3	S 9 08.3
	19	89 00.8	123 56.1	52.3	129 35.0	53.7	49 01.1	37.7	106 23.5	08.1
	20	104 03.3	138 55.5	51.4	144 35.6	53.1	64 03.1	37.8	121 25.6	08.0
	21	119 05.7	153 55.0	. . 50.4	159 36.1	. . 52.5	79 05.1	. . 37.9	136 27.8	. . 07.9
	22	134 08.2	168 54.4	49.5	174 36.6	52.0	94 07.2	38.1	151 30.0	07.8
	23	149 10.7	183 53.8	48.6	189 37.2	51.4	109 09.2	38.2	166 32.2	07.7
6	00	164 13.1	198 53.2	S14 47.6	204 37.7	S16 50.8	124 11.2	N14 38.4	181 34.3	S 9 07.6
	01	179 15.6	213 52.6	46.7	219 38.2	50.2	139 13.2	38.5	196 36.5	07.5
	02	194 18.0	228 52.0	45.8	234 38.7	49.7	154 15.3	38.7	211 38.7	07.3
	03	209 20.5	243 51.4	. . 44.9	249 39.3	. . 49.1	169 17.3	. . 38.8	226 40.9	. . 07.2
	04	224 23.0	258 50.8	43.9	264 39.8	48.5	184 19.3	39.0	241 43.1	07.1
	05	239 25.4	273 50.2	43.0	279 40.3	48.0	199 21.3	39.1	256 45.2	07.0
	06	254 27.9	288 49.6	S14 42.1	294 40.9	S16 47.4	214 23.4	N14 39.2	271 47.4	S 9 06.9
W	07	269 30.4	303 49.1	41.1	309 41.4	46.8	229 25.4	39.4	286 49.6	06.8
E	08	284 32.8	318 48.5	40.2	324 41.9	46.2	244 27.4	39.5	301 51.8	06.7
D	09	299 35.3	333 47.9	. . 39.2	339 42.4	. . 45.7	259 29.4	. . 39.7	316 53.9	. . 06.6
N	10	314 37.8	348 47.3	38.3	354 43.0	45.1	274 31.4	39.8	331 56.1	06.4
E	11	329 40.2	3 46.7	37.4	9 43.5	44.5	289 33.5	40.0	346 58.3	06.3
S	12	344 42.7	18 46.1	S14 36.4	24 44.0	S16 43.9	304 35.5	N14 40.1	2 00.5	S 9 06.2
D	13	359 45.2	33 45.5	35.5	39 44.6	43.3	319 37.5	40.3	17 02.7	06.1
A	14	14 47.6	48 45.0	34.6	54 45.1	42.8	334 39.5	40.4	32 04.8	06.0
Y	15	29 50.1	63 44.4	. . 33.6	69 45.6	. . 42.2	349 41.6	. . 40.6	47 07.0	. . 05.9
	16	44 52.5	78 43.8	32.7	84 46.2	41.6	4 43.6	40.7	62 09.2	05.8
	17	59 55.0	93 43.2	31.7	99 46.7	41.0	19 45.6	40.8	77 11.4	05.6
	18	74 57.5	108 42.6	S14 30.8	114 47.2	S16 40.5	34 47.6	N14 41.0	92 13.5	S 9 05.5
	19	89 59.9	123 42.0	29.8	129 47.7	39.9	49 49.6	41.1	107 15.7	05.4
	20	105 02.4	138 41.5	28.9	144 48.3	39.3	64 51.7	41.3	122 17.9	05.3
	21	120 04.9	153 40.9	. . 28.0	159 48.8	. . 38.7	79 53.7	. . 41.4	137 20.1	. . 05.2
	22	135 07.3	168 40.3	27.0	174 49.3	38.1	94 55.7	41.6	152 22.3	05.1
	23	150 09.8	183 39.7	26.1	189 49.9	37.6	109 57.7	41.7	167 24.4	05.0
Mer. Pass.		h m 13 04.9	v −0.6	d 0.9	v 0.5	d 0.6	v 2.0	d 0.1	v 2.2	d 0.1

STARS

Name	SHA	Dec
	° ′	° ′
Acamar	315 12.5	S40 12.7
Achernar	335 21.1	S57 07.1
Acrux	173 00.2	S63 13.9
Adhara	255 06.2	S29 00.5
Aldebaran	290 40.5	N16 33.5
Alioth	166 13.1	N55 49.5
Alkaid	152 52.2	N49 11.3
Alnair	27 34.2	S46 50.7
Alnilam	275 38.4	S 1 11.3
Alphard	217 48.2	S 8 45.9
Alphecca	126 04.2	N26 37.7
Alpheratz	357 35.9	N29 13.3
Altair	62 00.9	N 8 55.7
Ankaa	353 08.2	S42 10.7
Antares	112 16.7	S26 29.1
Arcturus	145 48.3	N19 03.2
Atria	107 11.6	S69 04.0
Avior	234 14.6	S59 35.4
Bellatrix	278 23.6	N 6 22.2
Betelgeuse	270 52.8	N 7 24.6
Canopus	263 52.5	S52 42.7
Capella	280 22.9	N46 01.5
Deneb	49 26.7	N45 21.7
Denebola	182 25.3	N14 26.1
Diphda	348 48.3	S17 51.4
Dubhe	193 41.2	N61 37.2
Elnath	278 02.7	N28 37.7
Eltanin	90 42.6	N51 28.7
Enif	33 39.8	N 9 59.0
Fomalhaut	15 15.6	S29 29.8
Gacrux	171 51.9	S57 14.8
Gienah	175 44.0	S17 40.6
Hadar	148 36.6	S60 29.2
Hamal	327 52.2	N23 34.6
Kaus Aust.	83 33.6	S34 22.3
Kochab	137 19.1	N74 03.0
Markab	13 30.9	N15 20.0
Menkar	314 07.0	N 4 11.0
Menkent	147 58.2	S36 29.3
Miaplacidus	221 37.7	S69 49.1
Mirfak	308 29.5	N49 57.0
Nunki	75 48.8	S26 16.0
Peacock	53 07.3	S56 39.4
Pollux	243 17.9	N27 58.1
Procyon	244 51.4	N 5 09.7
Rasalhague	95 59.3	N12 32.3
Regulus	207 34.9	N11 50.9
Rigel	281 04.5	S 8 10.6
Rigil Kent.	139 40.9	S60 55.9
Sabik	102 03.6	S15 45.3
Schedar	349 32.4	N56 40.2
Shaula	96 11.4	S37 07.2
Sirius	258 26.7	S16 45.1
Spica	158 22.8	S11 17.3
Suhail	222 46.5	S43 31.9
Vega	80 33.9	N38 48.0
Zuben'ubi	136 56.6	S16 08.6

	SHA	Mer. Pass.
	° ′	h m
Venus	35 53.5	10 44
Mars	41 11.1	10 22
Jupiter	320 08.6	15 44
Saturn	17 28.1	11 55

© British Crown Copyright 2023. All rights reserved.

UT d	h	SUN GHA	SUN Dec	MOON GHA	v	MOON Dec	d	HP
		° ′	° ′	° ′	′	° ′	′	′
4	00	177 04.9	S 6 20.0	265 31.0	6.9	S27 31.1	4.3	57.0
	01	192 05.1	19.1	279 56.9	6.7	27 35.4	4.1	57.1
	02	207 05.2	18.1	294 22.6	6.7	27 39.5	4.0	57.1
	03	222 05.3	. . 17.1	308 48.3	6.6	27 43.5	3.9	57.1
	04	237 05.5	16.2	323 13.9	6.5	27 47.4	3.6	57.2
	05	252 05.6	15.2	337 39.4	6.4	27 51.0	3.5	57.2
	06	267 05.8	S 6 14.2	352 04.8	6.3	S27 54.5	3.4	57.3
	07	282 05.9	13.3	6 30.1	6.3	27 57.9	3.2	57.3
	08	297 06.0	12.3	20 55.4	6.1	28 01.1	3.0	57.3
MONDAY	09	312 06.2	. . 11.3	35 20.5	6.1	28 04.1	2.9	57.4
	10	327 06.3	10.4	49 45.6	5.9	28 07.0	2.7	57.4
	11	342 06.5	09.4	64 10.5	5.9	28 09.7	2.5	57.4
	12	357 06.6	S 6 08.5	78 35.4	5.9	S28 12.2	2.4	57.5
	13	12 06.7	07.5	93 00.3	5.7	28 14.6	2.2	57.5
	14	27 06.9	06.5	107 25.0	5.7	28 16.8	2.0	57.6
	15	42 07.0	. . 05.6	121 49.7	5.6	28 18.8	1.8	57.6
	16	57 07.1	04.6	136 14.3	5.5	28 20.6	1.7	57.6
	17	72 07.3	03.6	150 38.8	5.4	28 22.3	1.5	57.7
	18	87 07.4	S 6 02.7	165 03.2	5.4	S28 23.8	1.3	57.7
	19	102 07.6	01.7	179 27.6	5.3	28 25.1	1.2	57.7
	20	117 07.7	6 00.7	193 51.9	5.3	28 26.3	1.0	57.8
	21	132 07.8	5 59.8	208 16.2	5.2	28 27.3	0.8	57.8
	22	147 08.0	58.8	222 40.4	5.1	28 28.1	0.6	57.9
	23	162 08.1	57.8	237 04.5	5.0	28 28.7	0.4	57.9
5	00	177 08.3	S 5 56.9	251 28.5	5.1	S28 29.1	0.3	57.9
	01	192 08.4	55.9	265 52.6	4.9	28 29.4	0.1	58.0
	02	207 08.6	54.9	280 16.5	4.9	28 29.5	0.1	58.0
	03	222 08.7	. . 54.0	294 40.4	4.8	28 29.4	0.3	58.1
	04	237 08.8	53.0	309 04.2	4.8	28 29.1	0.4	58.1
	05	252 09.0	52.0	323 28.0	4.8	28 28.7	0.7	58.1
	06	267 09.1	S 5 51.1	337 51.8	4.7	S28 28.0	0.8	58.2
	07	282 09.3	50.1	352 15.5	4.6	28 27.2	1.0	58.2
TUESDAY	08	297 09.4	49.1	6 39.1	4.7	28 26.2	1.2	58.3
	09	312 09.5	. . 48.1	21 02.8	4.5	28 25.0	1.4	58.3
	10	327 09.7	47.2	35 26.3	4.6	28 23.6	1.6	58.3
	11	342 09.8	46.2	49 49.9	4.5	28 22.0	1.7	58.4
	12	357 10.0	S 5 45.2	64 13.4	4.4	S28 20.3	2.0	58.4
	13	12 10.1	44.3	78 36.8	4.5	28 18.3	2.1	58.5
	14	27 10.3	43.3	93 00.3	4.4	28 16.2	2.3	58.5
	15	42 10.4	. . 42.3	107 23.7	4.4	28 13.9	2.5	58.5
	16	57 10.6	41.4	121 47.1	4.4	28 11.4	2.7	58.6
	17	72 10.7	40.4	136 10.5	4.3	28 08.7	2.9	58.6
	18	87 10.8	S 5 39.4	150 33.8	4.3	S28 05.8	3.1	58.7
	19	102 11.0	38.5	164 57.1	4.3	28 02.7	3.3	58.7
	20	117 11.1	37.5	179 20.4	4.3	27 59.4	3.4	58.7
	21	132 11.3	. . 36.5	193 43.7	4.3	27 56.0	3.7	58.8
	22	147 11.4	35.5	208 07.0	4.3	27 52.3	3.8	58.8
	23	162 11.6	34.6	222 30.3	4.3	27 48.5	4.0	58.8
6	00	177 11.7	S 5 33.6	236 53.6	4.2	S27 44.5	4.2	58.9
	01	192 11.9	32.6	251 16.8	4.3	27 40.3	4.5	58.9
	02	207 12.0	31.7	265 40.1	4.2	27 35.8	4.5	59.0
	03	222 12.1	. . 30.7	280 03.3	4.3	27 31.3	4.8	59.0
	04	237 12.3	29.7	294 26.6	4.2	27 26.5	5.0	59.0
	05	252 12.4	28.7	308 49.8	4.3	27 21.5	5.2	59.1
	06	267 12.6	S 5 27.8	323 13.1	4.3	S27 16.3	5.3	59.1
WEDNESDAY	07	282 12.7	26.8	337 36.4	4.3	27 11.0	5.6	59.2
	08	297 12.9	25.8	351 59.7	4.3	27 05.4	5.7	59.2
	09	312 13.0	. . 24.9	6 23.0	4.3	26 59.7	5.9	59.2
	10	327 13.2	23.9	20 46.3	4.3	26 53.8	6.1	59.3
	11	342 13.3	22.9	35 09.6	4.3	26 47.7	6.3	59.3
	12	357 13.5	S 5 21.9	49 32.9	4.4	S26 41.4	6.5	59.4
	13	12 13.6	21.0	63 56.3	4.4	26 34.9	6.7	59.4
	14	27 13.8	20.0	78 19.7	4.4	26 28.2	6.8	59.4
	15	42 13.9	. . 19.0	92 43.1	4.4	26 21.4	7.1	59.5
	16	57 14.1	18.1	107 06.5	4.5	26 14.3	7.2	59.5
	17	72 14.2	17.1	121 30.0	4.5	26 07.1	7.4	59.5
	18	87 14.3	S 5 16.1	135 53.5	4.5	S25 59.7	7.6	59.6
	19	102 14.5	15.1	150 17.0	4.6	25 52.1	7.8	59.6
	20	117 14.6	14.2	164 40.6	4.5	25 44.3	8.0	59.7
	21	132 14.8	. . 13.2	179 04.1	4.7	25 36.3	8.1	59.7
	22	147 14.9	12.2	193 27.8	4.6	25 28.2	8.3	59.7
	23	162 15.1	11.2	207 51.4	4.7	S25 19.9	8.6	59.8
		SD 16.2	*d* 1.0	SD 15.7		15.9		16.2

Lat.	Twilight Naut.	Twilight Civil	Sunrise	Moonrise 4	Moonrise 5	Moonrise 6	Moonrise 7
°	h m	h m	h m	h m	h m	h m	h m
N 72	04 47	06 06	07 13	▬	▬	▬	▬
N 70	04 55	06 05	07 06	▬	▬	▬	▬
68	05 01	06 05	07 01	▬	▬	▬	▬
66	05 06	06 05	06 56	▬	▬	▬	09 12
64	05 10	06 05	06 52	▬	▬	▬	07 57
62	05 13	06 04	06 48	▬	▬	07 35	07 20
60	05 16	06 04	06 45	04 57	06 12	06 44	06 53
N 58	05 18	06 04	06 43	04 20	05 31	06 12	06 32
56	05 20	06 03	06 40	03 54	05 02	05 48	06 15
54	05 22	06 03	06 38	03 33	04 40	05 29	06 00
52	05 23	06 02	06 36	03 16	04 22	05 12	05 48
50	05 25	06 02	06 34	03 01	04 06	04 58	05 36
45	05 27	06 01	06 30	02 31	03 35	04 29	05 13
N 40	05 28	06 00	06 27	02 08	03 11	04 07	04 54
35	05 29	05 58	06 24	01 49	02 51	03 48	04 37
30	05 29	05 57	06 21	01 32	02 34	03 32	04 24
20	05 29	05 54	06 16	01 05	02 05	03 04	04 00
N 10	05 27	05 51	06 12	00 41	01 41	02 41	03 39
0	05 23	05 47	06 08	00 19	01 18	02 19	03 20
S 10	05 18	05 43	06 04	24 55	00 55	01 57	03 00
20	05 11	05 37	05 59	24 30	00 30	01 33	02 39
30	05 01	05 30	05 54	24 02	00 02	01 05	02 15
35	04 55	05 25	05 51	23 45	24 49	00 49	02 01
40	04 47	05 20	05 47	23 25	24 30	00 30	01 44
45	04 37	05 13	05 43	23 01	24 07	00 07	01 24
S 50	04 25	05 05	05 38	22 31	23 37	24 59	00 59
52	04 19	05 01	05 36	22 15	23 23	24 47	00 47
54	04 12	04 57	05 33	21 58	23 06	24 33	00 33
56	04 04	04 52	05 30	21 36	22 45	24 17	00 17
58	03 55	04 46	05 27	21 09	22 20	23 58	25 46
S 60	03 45	04 40	05 24	20 30	21 44	23 33	25 31

Lat.	Sunset	Twilight Civil	Twilight Naut.	Moonset 4	Moonset 5	Moonset 6	Moonset 7
°	h m	h m	h m	h m	h m	h m	h m
N 72	17 11	18 19	19 39	▬	▬	▬	▬
N 70	17 18	18 19	19 31	▬	▬	▬	▬
68	17 24	18 19	19 24	▬	▬	▬	▬
66	17 28	18 20	19 19	▬	▬	▬	10 11
64	17 32	18 20	19 15	▬	▬	▬	11 26
62	17 36	18 20	19 11	▬	▬	09 40	12 02
60	17 39	18 20	19 08	08 05	08 53	10 30	12 27
N 58	17 41	18 20	19 06	08 42	09 35	11 02	12 47
56	17 44	18 21	19 04	09 08	10 03	11 25	13 04
54	17 46	18 21	19 02	09 29	10 25	11 44	13 18
52	17 48	18 21	19 00	09 47	10 44	12 00	13 30
50	17 49	18 22	18 59	10 02	10 59	12 14	13 41
45	17 53	18 23	18 57	10 32	11 30	12 42	14 04
N 40	17 57	18 24	18 55	10 56	11 54	13 04	14 22
35	17 59	18 25	18 54	11 15	12 14	13 22	14 37
30	18 02	18 26	18 54	11 32	12 31	13 38	14 50
20	18 07	18 29	18 54	12 00	13 00	14 04	15 12
N 10	18 11	18 32	18 56	12 24	13 24	14 27	15 31
0	18 15	18 35	19 00	12 47	13 47	14 48	15 48
S 10	18 19	18 40	19 04	13 09	14 09	15 09	16 06
20	18 23	18 45	19 11	13 34	14 34	15 31	16 24
30	18 28	18 52	19 21	14 02	15 02	15 57	16 45
35	18 31	18 57	19 27	14 19	15 19	16 12	16 58
40	18 35	19 02	19 35	14 38	15 38	16 29	17 12
45	18 39	19 09	19 44	15 02	16 01	16 50	17 28
S 50	18 44	19 17	19 56	15 33	16 31	17 16	17 49
52	18 46	19 20	20 02	15 48	16 46	17 29	17 58
54	18 48	19 25	20 09	16 06	17 03	17 43	18 09
56	18 51	19 29	20 16	16 27	17 24	18 00	18 21
58	18 54	19 35	20 25	16 54	17 50	18 20	18 35
S 60	18 57	19 41	20 35	17 33	18 25	18 45	18 51

Day	SUN Eqn. of Time 00h	SUN Eqn. of Time 12h	SUN Mer. Pass.	MOON Mer. Pass. Upper	MOON Mer. Pass. Lower	MOON Age	MOON Phase
d	m s	m s	h m	h m	h m	d %	
4	11 41	11 34	12 12	06 33	19 02	24 41	
5	11 27	11 20	12 11	07 32	20 03	25 31	
6	11 13	11 06	12 11	08 33	21 04	26 21	

© British Crown Copyright 2023. All rights reserved.

UT		ARIES	VENUS −3·9		MARS +1·2		JUPITER −2·1		SATURN +1·0	
		GHA	GHA	Dec	GHA	Dec	GHA	Dec	GHA	Dec
d	h	° ′	° ′	° ′	° ′	° ′	° ′	° ′	° ′	° ′
7	00	165 12.3	198 39.1	S14 25.1	204 50.4	S16 37.0	124 59.8	N14 41.9	182 26.6	S 9 04.9
	01	180 14.7	213 38.6	24.2	219 50.9	36.4	140 01.8	42.0	197 28.8	04.7
	02	195 17.2	228 38.0	23.2	234 51.5	35.8	155 03.8	42.2	212 31.0	04.6
	03	210 19.6	243 37.4	. . 22.3	249 52.0	. . 35.2	170 05.8	. . 42.3	227 33.1	. . 04.5
	04	225 22.1	258 36.8	21.3	264 52.5	34.7	185 07.8	42.4	242 35.3	04.4
	05	240 24.6	273 36.3	20.4	279 53.1	34.1	200 09.8	42.6	257 37.5	04.3
	06	255 27.0	288 35.7	S14 19.4	294 53.6	S16 33.5	215 11.9	N14 42.7	272 39.7	S 9 04.2
	07	270 29.5	303 35.1	18.5	309 54.1	32.9	230 13.9	42.9	287 41.9	04.1
T	08	285 32.0	318 34.5	17.5	324 54.7	32.3	245 15.9	43.0	302 44.0	04.0
H	09	300 34.4	333 33.9	. . 16.6	339 55.2	. . 31.8	260 17.9	. . 43.2	317 46.2	. . 03.8
U	10	315 36.9	348 33.4	15.6	354 55.7	31.2	275 19.9	43.3	332 48.4	03.7
R	11	330 39.4	3 32.8	14.7	9 56.3	30.6	290 22.0	43.5	347 50.6	03.6
S	12	345 41.8	18 32.2	S14 13.7	24 56.8	S16 30.0	305 24.0	N14 43.6	2 52.7	S 9 03.5
D	13	0 44.3	33 31.7	12.8	39 57.3	29.4	320 26.0	43.8	17 54.9	03.4
A	14	15 46.8	48 31.1	11.8	54 57.9	28.8	335 28.0	43.9	32 57.1	03.3
Y	15	30 49.2	63 30.5	. . 10.8	69 58.4	. . 28.3	350 30.0	. . 44.1	47 59.3	. . 03.2
	16	45 51.7	78 29.9	09.9	84 58.9	27.7	5 32.1	44.2	63 01.5	03.0
	17	60 54.1	93 29.4	08.9	99 59.5	27.1	20 34.1	44.3	78 03.6	02.9
	18	75 56.6	108 28.8	S14 08.0	115 00.0	S16 26.5	35 36.1	N14 44.5	93 05.8	S 9 02.8
	19	90 59.1	123 28.2	07.0	130 00.5	25.9	50 38.1	44.6	108 08.0	02.7
	20	106 01.5	138 27.6	06.0	145 01.1	25.3	65 40.1	44.8	123 10.2	02.6
	21	121 04.0	153 27.1	. . 05.1	160 01.6	. . 24.7	80 42.1	. . 44.9	138 12.4	. . 02.5
	22	136 06.5	168 26.5	04.1	175 02.1	24.2	95 44.2	45.1	153 14.5	02.4
	23	151 08.9	183 25.9	03.2	190 02.7	23.6	110 46.2	45.2	168 16.7	02.3
8	00	166 11.4	198 25.4	S14 02.2	205 03.2	S16 23.0	125 48.2	N14 45.4	183 18.9	S 9 02.1
	01	181 13.9	213 24.8	01.2	220 03.8	22.4	140 50.2	45.5	198 21.1	02.0
	02	196 16.3	228 24.2	14 00.3	235 04.3	21.8	155 52.2	45.7	213 23.2	01.9
	03	211 18.8	243 23.7	13 59.3	250 04.8	. . 21.2	170 54.2	. . 45.8	228 25.4	. . 01.8
	04	226 21.3	258 23.1	58.3	265 05.4	20.6	185 56.2	46.0	243 27.6	01.7
	05	241 23.7	273 22.5	57.4	280 05.9	20.1	200 58.3	46.1	258 29.8	01.6
	06	256 26.2	288 22.0	S13 56.4	295 06.4	S16 19.5	216 00.3	N14 46.3	273 32.0	S 9 01.5
	07	271 28.6	303 21.4	55.4	310 07.0	18.9	231 02.3	46.4	288 34.1	01.4
	08	286 31.1	318 20.8	54.5	325 07.5	18.3	246 04.3	46.5	303 36.3	01.2
F	09	301 33.6	333 20.3	. . 53.5	340 08.0	. . 17.7	261 06.3	. . 46.7	318 38.5	. . 01.1
R	10	316 36.0	348 19.7	52.5	355 08.6	17.1	276 08.3	46.8	333 40.7	01.0
I	11	331 38.5	3 19.1	51.6	10 09.1	16.5	291 10.3	47.0	348 42.9	00.9
D	12	346 41.0	18 18.6	S13 50.6	25 09.7	S16 15.9	306 12.4	N14 47.1	3 45.0	S 9 00.8
A	13	1 43.4	33 18.0	49.6	40 10.2	15.3	321 14.4	47.3	18 47.2	00.7
Y	14	16 45.9	48 17.4	48.6	55 10.7	14.7	336 16.4	47.4	33 49.4	00.6
	15	31 48.4	63 16.9	. . 47.7	70 11.3	. . 14.2	351 18.4	. . 47.6	48 51.6	. . 00.5
	16	46 50.8	78 16.3	46.7	85 11.8	13.6	6 20.4	47.7	63 53.7	00.3
	17	61 53.3	93 15.8	45.7	100 12.4	13.0	21 22.4	47.9	78 55.9	00.2
	18	76 55.8	108 15.2	S13 44.8	115 12.9	S16 12.4	36 24.4	N14 48.0	93 58.1	S 9 00.1
	19	91 58.2	123 14.6	43.8	130 13.4	11.8	51 26.5	48.2	109 00.3	9 00.0
	20	107 00.7	138 14.1	42.8	145 14.0	11.2	66 28.5	48.3	124 02.5	8 59.9
	21	122 03.1	153 13.5	. . 41.8	160 14.5	. . 10.6	81 30.5	. . 48.5	139 04.6	. . 59.8
	22	137 05.6	168 13.0	40.8	175 15.1	10.0	96 32.5	48.6	154 06.8	59.7
	23	152 08.1	183 12.4	39.9	190 15.6	09.4	111 34.5	48.8	169 09.0	59.5
9	00	167 10.5	198 11.8	S13 38.9	205 16.1	S16 08.8	126 36.5	N14 48.9	184 11.2	S 8 59.4
	01	182 13.0	213 11.3	37.9	220 16.7	08.2	141 38.5	49.0	199 13.4	59.3
	02	197 15.5	228 10.7	36.9	235 17.2	07.6	156 40.5	49.2	214 15.5	59.2
	03	212 17.9	243 10.2	. . 36.0	250 17.8	. . 07.0	171 42.5	. . 49.3	229 17.7	. . 59.1
	04	227 20.4	258 09.6	35.0	265 18.3	06.4	186 44.6	49.5	244 19.9	59.0
	05	242 22.9	273 09.1	34.0	280 18.8	05.9	201 46.6	49.6	259 22.1	58.9
	06	257 25.3	288 08.5	S13 33.0	295 19.4	S16 05.3	216 48.6	N14 49.8	274 24.2	S 8 58.8
	07	272 27.8	303 08.0	32.0	310 19.9	04.7	231 50.6	49.9	289 26.4	58.6
S	08	287 30.2	318 07.4	31.0	325 20.5	04.1	246 52.6	50.1	304 28.6	58.5
A	09	302 32.7	333 06.8	. . 30.1	340 21.0	. . 03.5	261 54.6	. . 50.2	319 30.8	. . 58.4
T	10	317 35.2	348 06.3	29.1	355 21.5	02.9	276 56.6	50.4	334 33.0	58.3
U	11	332 37.6	3 05.7	28.1	10 22.1	02.3	291 58.6	50.5	349 35.1	58.2
R	12	347 40.1	18 05.2	S13 27.1	25 22.6	S16 01.7	307 00.6	N14 50.7	4 37.3	S 8 58.1
D	13	2 42.6	33 04.6	26.1	40 23.2	01.1	322 02.6	50.8	19 39.5	58.0
A	14	17 45.0	48 04.1	25.1	55 23.7	16 00.5	337 04.7	51.0	34 41.7	57.9
Y	15	32 47.5	63 03.5	. . 24.1	70 24.3	15 59.9	352 06.7	. . 51.1	49 43.9	. . 57.7
	16	47 50.0	78 03.0	23.1	85 24.8	59.3	7 08.7	51.3	64 46.0	57.6
	17	62 52.4	93 02.4	22.2	100 25.3	58.7	22 10.7	51.4	79 48.2	57.5
	18	77 54.9	108 01.9	S13 21.2	115 25.9	S15 58.1	37 12.7	N14 51.6	94 50.4	S 8 57.4
	19	92 57.4	123 01.3	20.2	130 26.4	57.5	52 14.7	51.7	109 52.6	57.3
	20	107 59.8	138 00.8	19.2	145 27.0	56.9	67 16.7	51.9	124 54.8	57.2
	21	123 02.3	153 00.2	. . 18.2	160 27.5	. . 56.3	82 18.7	. . 52.0	139 56.9	. . 57.1
	22	138 04.7	167 59.7	17.2	175 28.1	55.7	97 20.7	52.2	154 59.1	57.0
	23	153 07.2	182 59.1	16.2	190 28.6	55.1	112 22.7	52.3	170 01.3	56.8
Mer. Pass.		h m 12 53.1	v −0.6	d 1.0	v 0.5	d 0.6	v 2.0	d 0.1	v 2.2	d 0.1

STARS		
Name	SHA	Dec
	° ′	° ′
Acamar	315 12.5	S40 12.7
Achernar	335 21.1	S57 07.1
Acrux	173 00.2	S63 13.9
Adhara	255 06.2	S29 00.5
Aldebaran	290 40.5	N16 33.5
Alioth	166 13.0	N55 49.5
Alkaid	152 52.2	N49 11.3
Alnair	27 34.2	S46 50.7
Alnilam	275 38.4	S 1 11.3
Alphard	217 48.2	S 8 45.9
Alphecca	126 04.2	N26 37.7
Alpheratz	357 35.9	N29 13.3
Altair	62 00.8	N 8 55.7
Ankaa	353 08.2	S42 10.7
Antares	112 16.6	S26 29.1
Arcturus	145 48.3	N19 03.2
Atria	107 11.5	S69 04.0
Avior	234 14.6	S59 35.4
Bellatrix	278 23.6	N 6 22.2
Betelgeuse	270 52.8	N 7 24.6
Canopus	263 52.5	S52 42.7
Capella	280 22.9	N46 01.5
Deneb	49 26.7	N45 21.7
Denebola	182 25.3	N14 26.1
Diphda	348 48.3	S17 51.4
Dubhe	193 41.1	N61 37.2
Elnath	278 02.7	N28 37.7
Eltanin	90 42.6	N51 28.7
Enif	33 39.8	N 9 59.0
Fomalhaut	15 15.6	S29 29.8
Gacrux	171 51.9	S57 14.9
Gienah	175 44.0	S17 40.6
Hadar	148 36.6	S60 29.2
Hamal	327 52.2	N23 34.6
Kaus Aust.	83 33.6	S34 22.3
Kochab	137 19.1	N74 03.0
Markab	13 30.9	N15 20.0
Menkar	314 07.0	N 4 11.0
Menkent	147 58.2	S36 29.3
Miaplacidus	221 37.7	S69 49.1
Mirfak	308 29.5	N49 56.9
Nunki	75 48.8	S26 16.0
Peacock	53 07.2	S56 39.4
Pollux	243 17.9	N27 58.1
Procyon	244 51.4	N 5 09.7
Rasalhague	95 59.2	N12 32.3
Regulus	207 34.9	N11 50.9
Rigel	281 04.5	S 8 10.6
Rigil Kent.	139 40.9	S60 55.9
Sabik	102 03.6	S15 45.4
Schedar	349 32.4	N56 40.2
Shaula	96 11.4	S37 07.2
Sirius	258 26.7	S16 45.1
Spica	158 22.8	S11 17.3
Suhail	222 46.5	S43 31.9
Vega	80 33.8	N38 48.0
Zuben'ubi	136 56.6	S16 08.6

	SHA	Mer. Pass.
	° ′	h m
Venus	32 14.0	10 47
Mars	38 51.8	10 19
Jupiter	319 36.8	15 35
Saturn	17 07.5	11 45

© British Crown Copyright 2023. All rights reserved.

UT	SUN GHA	SUN Dec	MOON GHA	v	MOON Dec	d	HP
d h	° ′	° ′	° ′	′	° ′	′	′
7 00 (THURSDAY)	177 15.2	S 5 10.3	222 15.1	4.8	S25 11.3	8.6	59.8
01	192 15.4	09.3	236 38.9	4.8	25 02.7	8.9	59.8
02	207 15.5	08.3	251 02.7	4.8	24 53.8	9.0	59.9
03	222 15.7	. . 07.4	265 26.5	4.9	24 44.8	9.3	59.9
04	237 15.8	06.4	279 50.4	4.9	24 35.5	9.4	59.9
05	252 16.0	05.4	294 14.3	5.0	24 26.1	9.5	60.0
06	267 16.1	S 5 04.4	308 38.3	5.0	S24 16.6	9.8	60.0
07	282 16.3	03.5	323 02.3	5.1	24 06.8	9.9	60.0
08	297 16.4	02.5	337 26.4	5.1	23 56.9	10.1	60.1
09	312 16.6	. . 01.5	351 50.5	5.2	23 46.8	10.2	60.1
10	327 16.7	5 00.5	6 14.7	5.3	23 36.6	10.4	60.2
11	342 16.9	4 59.6	20 39.0	5.3	23 26.2	10.6	60.2
12	357 17.0	S 4 58.6	35 03.3	5.3	S23 15.6	10.8	60.2
13	12 17.2	57.6	49 27.6	5.4	23 04.8	10.9	60.2
14	27 17.3	56.6	63 52.0	5.5	22 53.9	11.1	60.3
15	42 17.5	. . 55.7	78 16.5	5.5	22 42.8	11.2	60.3
16	57 17.7	54.7	92 41.0	5.6	22 31.6	11.4	60.3
17	72 17.8	53.7	107 05.6	5.7	22 20.2	11.6	60.4
18	87 18.0	S 4 52.7	121 30.3	5.7	S22 08.6	11.7	60.4
19	102 18.1	51.8	135 55.0	5.8	21 56.9	11.9	60.4
20	117 18.3	50.8	150 19.8	5.8	21 45.0	12.1	60.5
21	132 18.4	. . 49.8	164 44.6	5.9	21 32.9	12.1	60.5
22	147 18.6	48.8	179 09.5	6.0	21 20.8	12.4	60.5
23	162 18.7	47.9	193 34.5	6.1	21 08.4	12.5	60.6
8 00 (FRIDAY)	177 18.9	S 4 46.9	207 59.6	6.1	S20 55.9	12.6	60.6
01	192 19.0	45.9	222 24.7	6.1	20 43.3	12.8	60.6
02	207 19.2	44.9	236 49.8	6.3	20 30.5	12.9	60.6
03	222 19.3	. . 43.9	251 15.1	6.3	20 17.6	13.1	60.7
04	237 19.5	43.0	265 40.4	6.4	20 04.5	13.2	60.7
05	252 19.6	42.0	280 05.8	6.4	19 51.3	13.4	60.7
06	267 19.8	S 4 41.0	294 31.2	6.5	S19 37.9	13.5	60.8
07	282 19.9	40.0	308 56.7	6.6	19 24.4	13.6	60.8
08	297 20.1	39.1	323 22.3	6.7	19 10.8	13.8	60.8
09	312 20.3	. . 38.1	337 48.0	6.7	18 57.0	13.9	60.8
10	327 20.4	37.1	352 13.7	6.8	18 43.1	14.0	60.9
11	342 20.6	36.1	6 39.5	6.8	18 29.1	14.2	60.9
12	357 20.7	S 4 35.2	21 05.3	7.0	S18 14.9	14.3	60.9
13	12 20.9	34.2	35 31.3	7.0	18 00.6	14.4	60.9
14	27 21.0	33.2	49 57.3	7.0	17 46.2	14.6	61.0
15	42 21.2	. . 32.2	64 23.3	7.2	17 31.6	14.6	61.0
16	57 21.3	31.2	78 49.5	7.2	17 17.0	14.8	61.0
17	72 21.5	30.3	93 15.7	7.2	17 02.2	14.9	61.0
18	87 21.7	S 4 29.3	107 41.9	7.4	S16 47.3	15.0	61.0
19	102 21.8	28.3	122 08.3	7.4	16 32.3	15.2	61.1
20	117 22.0	27.3	136 34.7	7.5	16 17.1	15.2	61.1
21	132 22.1	. . 26.3	151 01.2	7.5	16 01.9	15.4	61.1
22	147 22.3	25.4	165 27.7	7.6	15 46.5	15.4	61.1
23	162 22.4	24.4	179 54.3	7.7	15 31.1	15.6	61.1
9 00 (SATURDAY)	177 22.6	S 4 23.4	194 21.0	7.8	S15 15.5	15.7	61.2
01	192 22.7	22.4	208 47.8	7.8	14 59.8	15.8	61.2
02	207 22.9	21.5	223 14.6	7.9	14 44.0	15.8	61.2
03	222 23.1	. . 20.5	237 41.5	7.9	14 28.2	16.0	61.2
04	237 23.2	19.5	252 08.4	8.0	14 12.2	16.1	61.2
05	252 23.4	18.5	266 35.4	8.1	13 56.1	16.1	61.2
06	267 23.5	S 4 17.5	281 02.5	8.1	S13 40.0	16.3	61.3
07	282 23.7	16.6	295 29.6	8.2	13 23.7	16.4	61.3
08	297 23.8	15.6	309 56.8	8.3	13 07.3	16.4	61.3
09	312 24.0	. . 14.6	324 24.1	8.3	12 50.9	16.5	61.3
10	327 24.2	13.6	338 51.4	8.3	12 34.4	16.6	61.3
11	342 24.3	12.6	353 18.7	8.5	12 17.8	16.7	61.3
12	357 24.5	S 4 11.7	7 46.2	8.5	S12 01.1	16.8	61.3
13	12 24.6	10.7	22 13.7	8.5	11 44.3	16.8	61.3
14	27 24.8	09.7	36 41.2	8.6	11 27.5	16.9	61.4
15	42 25.0	. . 08.7	51 08.8	8.7	11 10.6	17.0	61.4
16	57 25.1	07.7	65 36.5	8.7	10 53.6	17.1	61.4
17	72 25.3	06.8	80 04.2	8.8	10 36.5	17.1	61.4
18	87 25.4	S 4 05.8	94 32.0	8.8	S10 19.4	17.2	61.4
19	102 25.6	04.8	108 59.8	8.9	10 02.2	17.3	61.4
20	117 25.8	03.8	123 27.7	9.0	9 44.9	17.3	61.4
21	132 25.9	. . 02.8	137 55.7	8.9	9 27.6	17.4	61.4
22	147 26.1	01.9	152 23.6	9.1	9 10.2	17.5	61.4
23	162 26.2	00.9	166 51.7	9.1	S 8 52.7	17.4	61.4
	SD 16.1	*d* 1.0	SD	16.4	16.6		16.7

Lat.	Twilight Naut.	Twilight Civil	Sunrise	Moonrise 7	Moonrise 8	Moonrise 9	Moonrise 10
°	h m	h m	h m	h m	h m	h m	h m
N 72	04 31	05 51	06 58	■	■	08 26	07 33
N 70	04 40	05 52	06 53	■	09 16	08 02	07 24
68	04 48	05 53	06 48	■	08 27	07 44	07 17
66	04 54	05 54	06 45	09 12	07 55	07 29	07 11
64	04 59	05 54	06 42	07 57	07 31	07 17	07 05
62	05 03	05 55	06 39	07 20	07 12	07 06	07 01
60	05 07	05 55	06 36	06 53	06 56	06 57	06 57
N 58	05 10	05 55	06 34	06 32	06 43	06 49	06 53
56	05 12	05 56	06 33	06 15	06 31	06 42	06 50
54	05 15	05 56	06 31	06 00	06 21	06 36	06 47
52	05 17	05 56	06 29	05 48	06 12	06 30	06 44
50	05 18	05 56	06 28	05 36	06 04	06 25	06 42
45	05 22	05 55	06 25	05 13	05 46	06 13	06 36
N 40	05 24	05 55	06 22	04 54	05 32	06 04	06 32
35	05 25	05 54	06 20	04 37	05 20	05 56	06 28
30	05 26	05 54	06 18	04 24	05 09	05 49	06 25
20	05 26	05 52	06 14	04 00	04 50	05 36	06 19
N 10	05 25	05 50	06 11	03 39	04 34	05 25	06 13
0	05 23	05 47	06 07	03 20	04 19	05 15	06 08
S 10	05 18	05 43	06 04	03 00	04 03	05 05	06 03
20	05 12	05 38	06 00	02 39	03 47	04 53	05 58
30	05 04	05 32	05 56	02 15	03 28	04 41	05 52
35	04 58	05 28	05 53	02 01	03 17	04 33	05 48
40	04 51	05 23	05 51	01 44	03 04	04 25	05 44
45	04 42	05 17	05 47	01 24	02 49	04 15	05 40
S 50	04 31	05 10	05 43	00 59	02 30	04 03	05 34
52	04 25	05 07	05 41	00 47	02 21	03 57	05 32
54	04 19	05 03	05 39	00 33	02 11	03 51	05 29
56	04 12	04 59	05 37	00 17	01 59	03 44	05 26
58	04 04	04 54	05 34	25 46	01 46	03 36	05 22
S 60	03 54	04 48	05 31	25 31	01 31	03 27	05 18

Lat.	Sunset	Twilight Civil	Twilight Naut.	Moonset 7	Moonset 8	Moonset 9	Moonset 10
°	h m	h m	h m	h m	h m	h m	h m
N 72	17 26	18 33	19 54	■	■	15 03	17 49
N 70	17 31	18 32	19 44	■	12 13	15 24	17 54
68	17 35	18 30	19 36	■	13 00	15 40	17 58
66	17 38	18 29	19 29	10 11	13 31	15 52	18 02
64	17 41	18 29	19 24	11 26	13 53	16 03	18 05
62	17 44	18 28	19 20	12 02	14 11	16 12	18 07
60	17 46	18 28	19 16	12 27	14 25	16 20	18 09
N 58	17 48	18 27	19 13	12 47	14 38	16 26	18 11
56	17 50	18 27	19 10	13 04	14 49	16 32	18 13
54	17 51	18 27	19 08	13 18	14 58	16 37	18 14
52	17 53	18 27	19 06	13 30	15 06	16 42	18 16
50	17 54	18 27	19 04	13 41	15 14	16 46	18 17
45	17 57	18 27	19 01	14 04	15 29	16 55	18 20
N 40	18 00	18 27	18 58	14 22	15 42	17 03	18 22
35	18 02	18 27	18 57	14 37	15 53	17 09	18 24
30	18 04	18 28	18 56	14 50	16 03	17 15	18 25
20	18 08	18 30	18 55	15 12	16 19	17 24	18 28
N 10	18 11	18 32	18 56	15 31	16 33	17 33	18 31
0	18 14	18 35	18 59	15 48	16 46	17 40	18 33
S 10	18 17	18 38	19 03	16 06	16 59	17 48	18 35
20	18 21	18 43	19 09	16 24	17 12	17 56	18 37
30	18 25	18 49	19 17	16 45	17 28	18 05	18 40
35	18 27	18 53	19 23	16 58	17 37	18 11	18 42
40	18 30	18 57	19 30	17 12	17 47	18 16	18 43
45	18 33	19 03	19 38	17 28	17 58	18 23	18 45
S 50	18 37	19 10	19 49	17 49	18 12	18 31	18 47
52	18 39	19 13	19 55	17 58	18 19	18 35	18 48
54	18 41	19 17	20 01	18 09	18 26	18 39	18 49
56	18 43	19 21	20 07	18 21	18 34	18 43	18 51
58	18 46	19 26	20 15	18 35	18 43	18 48	18 52
S 60	18 48	19 31	20 25	18 51	18 54	18 54	18 53

Day	SUN Eqn. of Time 00^h	SUN Eqn. of Time 12^h	SUN Mer. Pass.	MOON Mer. Pass. Upper	MOON Mer. Pass. Lower	MOON Age	MOON Phase
d	m s	m s	h m	h m	h m	d	%
7	10 59	10 52	12 11	09 34	22 03	27	12
8	10 45	10 37	12 11	10 32	23 00	28	5
9	10 30	10 22	12 10	11 28	23 54	29	1

© British Crown Copyright 2023. All rights reserved.

UT d	h	ARIES GHA	VENUS −3·9 GHA	VENUS Dec	MARS +1·2 GHA	MARS Dec	JUPITER −2·1 GHA	JUPITER Dec	SATURN +1·0 GHA	SATURN Dec
		° ′	° ′	° ′	° ′	° ′	° ′	° ′	° ′	° ′
10	00	168 09.7	197 58.6	S13 15.2	205 29.1	S15 54.5	127 24.7	N14 52.4	185 03.5	S 8 56.7
	01	183 12.1	212 58.0	14.2	220 29.7	53.9	142 26.7	52.6	200 05.6	56.6
	02	198 14.6	227 57.5	13.2	235 30.2	53.3	157 28.8	52.7	215 07.8	56.5
	03	213 17.1	242 56.9	. . 12.2	250 30.8	. . 52.7	172 30.8	. . 52.9	230 10.0	. . 56.4
	04	228 19.5	257 56.4	11.2	265 31.3	52.1	187 32.8	53.0	245 12.2	56.3
	05	243 22.0	272 55.8	10.2	280 31.9	51.5	202 34.8	53.2	260 14.4	56.2
	06	258 24.5	287 55.3	S13 09.2	295 32.4	S15 50.9	217 36.8	N14 53.3	275 16.5	S 8 56.1
	07	273 26.9	302 54.8	08.2	310 33.0	50.3	232 38.8	53.5	290 18.7	55.9
	08	288 29.4	317 54.2	07.2	325 33.5	49.7	247 40.8	53.6	305 20.9	55.8
S	09	303 31.8	332 53.7	. . 06.2	340 34.0	. . 49.1	262 42.8	. . 53.8	320 23.1	. . 55.7
U	10	318 34.3	347 53.1	05.2	355 34.6	48.5	277 44.8	53.9	335 25.3	55.6
N	11	333 36.8	2 52.6	04.2	10 35.1	47.9	292 46.8	54.1	350 27.4	55.5
D	12	348 39.2	17 52.0	S13 03.2	25 35.7	S15 47.3	307 48.8	N14 54.2	5 29.6	S 8 55.4
A	13	3 41.7	32 51.5	02.2	40 36.2	46.7	322 50.8	54.4	20 31.8	55.3
Y	14	18 44.2	47 51.0	01.2	55 36.8	46.1	337 52.8	54.5	35 34.0	55.2
	15	33 46.6	62 50.4	13 00.2	70 37.3	. . 45.5	352 54.8	. . 54.7	50 36.2	. . 55.0
	16	48 49.1	77 49.9	12 59.2	85 37.9	44.9	7 56.8	54.8	65 38.3	54.9
	17	63 51.6	92 49.3	58.2	100 38.4	44.2	22 58.8	55.0	80 40.5	54.8
	18	78 54.0	107 48.8	S12 57.2	115 39.0	S15 43.6	38 00.8	N14 55.1	95 42.7	S 8 54.7
	19	93 56.5	122 48.3	56.2	130 39.5	43.0	53 02.8	55.3	110 44.9	54.6
	20	108 59.0	137 47.7	55.2	145 40.1	42.4	68 04.9	55.4	125 47.1	54.5
	21	124 01.4	152 47.2	. . 54.2	160 40.6	. . 41.8	83 06.9	. . 55.6	140 49.2	. . 54.4
	22	139 03.9	167 46.6	53.2	175 41.2	41.2	98 08.9	55.7	155 51.4	54.3
	23	154 06.3	182 46.1	52.2	190 41.7	40.6	113 10.9	55.9	170 53.6	54.1
11	00	169 08.8	197 45.6	S12 51.2	205 42.2	S15 40.0	128 12.9	N14 56.0	185 55.8	S 8 54.0
	01	184 11.3	212 45.0	50.1	220 42.8	39.4	143 14.9	56.2	200 58.0	53.9
	02	199 13.7	227 44.5	49.1	235 43.3	38.8	158 16.9	56.3	216 00.1	53.8
	03	214 16.2	242 43.9	. . 48.1	250 43.9	. . 38.2	173 18.9	. . 56.5	231 02.3	. . 53.7
	04	229 18.7	257 43.4	47.1	265 44.4	37.6	188 20.9	56.6	246 04.5	53.6
	05	244 21.1	272 42.9	46.1	280 45.0	37.0	203 22.9	56.8	261 06.7	53.5
	06	259 23.6	287 42.3	S12 45.1	295 45.5	S15 36.4	218 24.9	N14 56.9	276 08.9	S 8 53.4
	07	274 26.1	302 41.8	44.1	310 46.1	35.8	233 26.9	57.1	291 11.0	53.2
	08	289 28.5	317 41.3	43.1	325 46.6	35.1	248 28.9	57.2	306 13.2	53.1
M	09	304 31.0	332 40.7	. . 42.0	340 47.2	. . 34.5	263 30.9	. . 57.4	321 15.4	. . 53.0
O	10	319 33.4	347 40.2	41.0	355 47.7	33.9	278 32.9	57.5	336 17.6	52.9
N	11	334 35.9	2 39.7	40.0	10 48.3	33.3	293 34.9	57.6	351 19.8	52.8
D	12	349 38.4	17 39.1	S12 39.0	25 48.8	S15 32.7	308 36.9	N14 57.8	6 21.9	S 8 52.7
A	13	4 40.8	32 38.6	38.0	40 49.4	32.1	323 38.9	57.9	21 24.1	52.6
Y	14	19 43.3	47 38.1	37.0	55 49.9	31.5	338 40.9	58.1	36 26.3	52.5
	15	34 45.8	62 37.5	. . 35.9	70 50.5	. . 30.9	353 42.9	. . 58.2	51 28.5	. . 52.4
	16	49 48.2	77 37.0	34.9	85 51.0	30.3	8 44.9	58.4	66 30.7	52.2
	17	64 50.7	92 36.5	33.9	100 51.6	29.6	23 46.9	58.5	81 32.8	52.1
	18	79 53.2	107 36.0	S12 32.9	115 52.1	S15 29.0	38 48.9	N14 58.7	96 35.0	S 8 52.0
	19	94 55.6	122 35.4	31.9	130 52.7	28.4	53 50.9	58.8	111 37.2	51.9
	20	109 58.1	137 34.9	30.9	145 53.2	27.8	68 52.9	59.0	126 39.4	51.8
	21	125 00.6	152 34.4	. . 29.8	160 53.8	. . 27.2	83 54.9	. . 59.1	141 41.6	. . 51.7
	22	140 03.0	167 33.8	28.8	175 54.3	26.6	98 56.9	59.3	156 43.7	51.6
	23	155 05.5	182 33.3	27.8	190 54.9	26.0	113 58.9	59.4	171 45.9	51.5
12	00	170 07.9	197 32.8	S12 26.8	205 55.5	S15 25.4	129 00.9	N14 59.6	186 48.1	S 8 51.3
	01	185 10.4	212 32.3	25.7	220 56.0	24.7	144 02.9	59.7	201 50.3	51.2
	02	200 12.9	227 31.7	24.7	235 56.6	24.1	159 04.9	14 59.9	216 52.5	51.1
	03	215 15.3	242 31.2	. . 23.7	250 57.1	. . 23.5	174 06.9	15 00.0	231 54.6	. . 51.0
	04	230 17.8	257 30.7	22.7	265 57.7	22.9	189 08.9	00.2	246 56.8	50.9
	05	245 20.3	272 30.2	21.6	280 58.2	22.3	204 10.9	00.3	261 59.0	50.8
	06	260 22.7	287 29.6	S12 20.6	295 58.8	S15 21.7	219 12.9	N15 00.5	277 01.2	S 8 50.7
	07	275 25.2	302 29.1	19.6	310 59.3	21.1	234 14.9	00.6	292 03.4	50.6
T	08	290 27.7	317 28.6	18.6	325 59.9	20.4	249 16.9	00.8	307 05.5	50.4
U	09	305 30.1	332 28.1	. . 17.5	341 00.4	. . 19.8	264 18.9	. . 00.9	322 07.7	. . 50.3
E	10	320 32.6	347 27.5	16.5	356 01.0	19.2	279 20.9	01.1	337 09.9	50.2
S	11	335 35.1	2 27.0	15.5	11 01.5	18.6	294 22.9	01.2	352 12.1	50.1
D	12	350 37.5	17 26.5	S12 14.4	26 02.1	S15 18.0	309 24.9	N15 01.4	7 14.3	S 8 50.0
A	13	5 40.0	32 26.0	13.4	41 02.6	17.4	324 26.9	01.5	22 16.4	49.9
Y	14	20 42.4	47 25.4	12.4	56 03.2	16.7	339 28.9	01.7	37 18.6	49.8
	15	35 44.9	62 24.9	. . 11.3	71 03.8	. . 16.1	354 30.9	. . 01.8	52 20.8	. . 49.7
	16	50 47.4	77 24.4	10.3	86 04.3	15.5	9 32.8	02.0	67 23.0	49.5
	17	65 49.8	92 23.9	09.3	101 04.9	14.9	24 34.8	02.1	82 25.2	49.4
	18	80 52.3	107 23.4	S12 08.2	116 05.4	S15 14.3	39 36.8	N15 02.3	97 27.3	S 8 49.3
	19	95 54.8	122 22.8	07.2	131 06.0	13.7	54 38.8	02.4	112 29.5	49.2
	20	110 57.2	137 22.3	06.2	146 06.5	13.0	69 40.8	02.6	127 31.7	49.1
	21	125 59.7	152 21.8	. . 05.1	161 07.1	. . 12.4	84 42.8	. . 02.7	142 33.9	. . 49.0
	22	141 02.2	167 21.3	04.1	176 07.6	11.8	99 44.8	02.9	157 36.1	48.9
	23	156 04.6	182 20.8	03.1	191 08.2	11.2	114 46.8	03.0	172 38.2	48.8
Mer. Pass.		h m 12 41.3	*v* −0.5	*d* 1.0	*v* 0.6	*d* 0.6	*v* 2.0	*d* 0.1	*v* 2.2	*d* 0.1

STARS

Name	SHA	Dec
	° ′	° ′
Acamar	315 12.5	S40 12.7
Achernar	335 21.1	S57 07.1
Acrux	173 00.2	S63 13.9
Adhara	255 06.3	S29 00.5
Aldebaran	290 40.5	N16 33.5
Alioth	166 13.0	N55 49.5
Alkaid	152 52.1	N49 11.3
Alnair	27 34.2	S46 50.7
Alnilam	275 38.4	S 1 11.3
Alphard	217 48.2	S 8 45.9
Alphecca	126 04.2	N26 37.7
Alpheratz	357 35.9	N29 13.3
Altair	62 00.8	N 8 55.7
Ankaa	353 08.2	S42 10.6
Antares	112 16.6	S26 29.1
Arcturus	145 48.3	N19 03.2
Atria	107 11.4	S69 04.0
Avior	234 14.6	S59 35.4
Bellatrix	278 23.6	N 6 22.2
Betelgeuse	270 52.8	N 7 24.6
Canopus	263 52.6	S52 42.7
Capella	280 22.9	N46 01.5
Deneb	49 26.6	N45 21.7
Denebola	182 25.3	N14 26.1
Diphda	348 48.3	S17 51.4
Dubhe	193 41.1	N61 37.2
Elnath	278 02.7	N28 37.7
Eltanin	90 42.6	N51 28.7
Enif	33 39.8	N 9 58.9
Fomalhaut	15 15.6	S29 29.8
Gacrux	171 51.9	S57 14.9
Gienah	175 44.0	S17 40.7
Hadar	148 36.6	S60 29.2
Hamal	327 52.2	N23 34.6
Kaus Aust.	83 33.5	S34 22.3
Kochab	137 19.0	N74 03.0
Markab	13 30.9	N15 20.0
Menkar	314 07.1	N 4 11.0
Menkent	147 58.2	S36 29.3
Miaplacidus	221 37.7	S69 49.1
Mirfak	308 29.5	N49 56.9
Nunki	75 48.8	S26 16.0
Peacock	53 07.2	S56 39.4
Pollux	243 17.9	N27 58.1
Procyon	244 51.4	N 5 09.7
Rasalhague	95 59.2	N12 32.3
Regulus	207 34.9	N11 50.9
Rigel	281 04.5	S 8 10.6
Rigil Kent.	139 40.9	S60 55.9
Sabik	102 03.6	S15 45.4
Schedar	349 32.4	N56 40.2
Shaula	96 11.3	S37 07.2
Sirius	258 26.7	S16 45.1
Spica	158 22.8	S11 17.3
Suhail	222 46.5	S43 32.0
Vega	80 33.8	N38 48.0
Zuben'ubi	136 56.6	S16 08.6

	SHA	Mer. Pass.
	° ′	h m
Venus	28 36.8	10 49
Mars	36 33.4	10 17
Jupiter	319 04.1	15 25
Saturn	16 47.0	11 35

© British Crown Copyright 2023. All rights reserved.

Day	UT	SUN GHA	SUN Dec	MOON GHA	v	MOON Dec	d	HP
d	h	° ′	° ′	° ′	′	° ′	′	′
10 SUNDAY	00	177 26.4	S 3 59.9	181 19.8	9.1	S 8 35.3	17.6	61.4
	01	192 26.6	58.9	195 47.9	9.2	8 17.7	17.6	61.4
	02	207 26.7	57.9	210 16.1	9.2	8 00.1	17.7	61.4
	03	222 26.9	. . 56.9	224 44.3	9.3	7 42.4	17.7	61.4
	04	237 27.0	56.0	239 12.6	9.3	7 24.7	17.7	61.4
	05	252 27.2	55.0	253 40.9	9.3	7 07.0	17.8	61.4
	06	267 27.4	S 3 54.0	268 09.2	9.4	S 6 49.2	17.8	61.4
	07	282 27.5	53.0	282 37.6	9.5	6 31.4	17.9	61.4
	08	297 27.7	52.0	297 06.1	9.4	6 13.5	17.9	61.4
	09	312 27.8	. . 51.1	311 34.5	9.5	5 55.6	17.9	61.4
	10	327 28.0	50.1	326 03.0	9.6	5 37.7	18.0	61.4
	11	342 28.2	49.1	340 31.6	9.6	5 19.7	18.0	61.4
	12	357 28.3	S 3 48.1	355 00.2	9.6	S 5 01.7	18.0	61.4
	13	12 28.5	47.1	9 28.8	9.7	4 43.7	18.1	61.4
	14	27 28.6	46.1	23 57.5	9.7	4 25.6	18.0	61.4
	15	42 28.8	. . 45.2	38 26.2	9.7	4 07.6	18.1	61.4
	16	57 29.0	44.2	52 54.9	9.7	3 49.5	18.2	61.4
	17	72 29.1	43.2	67 23.6	9.8	3 31.3	18.1	61.4
	18	87 29.3	S 3 42.2	81 52.4	9.8	S 3 13.2	18.1	61.4
	19	102 29.5	41.2	96 21.2	9.8	2 55.1	18.2	61.4
	20	117 29.6	40.3	110 50.0	9.9	2 36.9	18.2	61.4
	21	132 29.8	. . 39.3	125 18.9	9.9	2 18.7	18.1	61.4
	22	147 29.9	38.3	139 47.8	9.9	2 00.6	18.2	61.4
	23	162 30.1	37.3	154 16.7	9.9	1 42.4	18.2	61.4
11 MONDAY	00	177 30.3	S 3 36.3	168 45.6	9.9	S 1 24.2	18.2	61.4
	01	192 30.4	35.3	183 14.5	10.0	1 06.0	18.2	61.3
	02	207 30.6	34.4	197 43.5	10.0	0 47.8	18.2	61.3
	03	222 30.8	. . 33.4	212 12.5	10.0	0 29.6	18.2	61.3
	04	237 30.9	32.4	226 41.5	10.0	S 0 11.4	18.1	61.3
	05	252 31.1	31.4	241 10.5	10.0	N 0 06.7	18.2	61.3
	06	267 31.3	S 3 30.4	255 39.5	10.1	N 0 24.9	18.2	61.3
	07	282 31.4	29.4	270 08.6	10.0	0 43.1	18.1	61.3
	08	297 31.6	28.5	284 37.6	10.1	1 01.2	18.1	61.3
	09	312 31.8	. . 27.5	299 06.7	10.1	1 19.3	18.1	61.2
	10	327 31.9	26.5	313 35.8	10.1	1 37.4	18.1	61.2
	11	342 32.1	25.5	328 04.9	10.1	1 55.5	18.1	61.2
	12	357 32.2	S 3 24.5	342 34.0	10.1	N 2 13.6	18.0	61.2
	13	12 32.4	23.5	357 03.1	10.1	2 31.6	18.1	61.2
	14	27 32.6	22.6	11 32.2	10.1	2 49.7	18.0	61.2
	15	42 32.7	. . 21.6	26 01.3	10.1	3 07.7	17.9	61.1
	16	57 32.9	20.6	40 30.4	10.1	3 25.6	18.0	61.1
	17	72 33.1	19.6	54 59.5	10.1	3 43.6	17.9	61.1
	18	87 33.2	S 3 18.6	69 28.6	10.1	N 4 01.5	17.8	61.1
	19	102 33.4	17.6	83 57.7	10.1	4 19.3	17.9	61.1
	20	117 33.6	16.6	98 26.8	10.1	4 37.2	17.8	61.0
	21	132 33.7	. . 15.7	112 55.9	10.1	4 55.0	17.7	61.0
	22	147 33.9	14.7	127 25.0	10.1	5 12.7	17.7	61.0
	23	162 34.1	13.7	141 54.1	10.1	5 30.4	17.7	61.0
12 TUESDAY	00	177 34.2	S 3 12.7	156 23.2	10.1	N 5 48.1	17.6	61.0
	01	192 34.4	11.7	170 52.3	10.1	6 05.7	17.6	60.9
	02	207 34.6	10.7	185 21.4	10.0	6 23.3	17.5	60.9
	03	222 34.7	. . 09.8	199 50.4	10.1	6 40.8	17.5	60.9
	04	237 34.9	08.8	214 19.5	10.0	6 58.3	17.4	60.9
	05	252 35.1	07.8	228 48.5	10.0	7 15.7	17.3	60.8
	06	267 35.2	S 3 06.8	243 17.5	10.0	N 7 33.0	17.3	60.8
	07	282 35.4	05.8	257 46.5	10.0	7 50.3	17.3	60.8
	08	297 35.6	04.8	272 15.5	10.0	8 07.6	17.1	60.8
	09	312 35.7	. . 03.8	286 44.5	10.0	8 24.7	17.2	60.7
	10	327 35.9	02.9	301 13.5	9.9	8 41.9	17.0	60.7
	11	342 36.1	01.9	315 42.4	9.9	8 58.9	17.0	60.7
	12	357 36.2	S 3 00.9	330 11.3	9.9	N 9 15.9	16.9	60.6
	13	12 36.4	2 59.9	344 40.2	9.9	9 32.8	16.8	60.6
	14	27 36.6	58.9	359 09.1	9.9	9 49.6	16.8	60.6
	15	42 36.8	. . 57.9	13 38.0	9.8	10 06.4	16.7	60.6
	16	57 36.9	56.9	28 06.8	9.8	10 23.1	16.6	60.5
	17	72 37.1	56.0	42 35.6	9.8	10 39.7	16.6	60.5
	18	87 37.3	S 2 55.0	57 04.4	9.7	N10 56.3	16.4	60.5
	19	102 37.4	54.0	71 33.1	9.8	11 12.7	16.4	60.4
	20	117 37.6	53.0	86 01.9	9.7	11 29.1	16.3	60.4
	21	132 37.8	. . 52.0	100 30.6	9.7	11 45.4	16.2	60.4
	22	147 37.9	51.0	114 59.3	9.6	12 01.6	16.2	60.3
	23	162 38.1	50.0	129 27.9	9.6	N12 17.8	16.0	60.3
		SD 16.1	*d* 1.0	SD 16.7		16.7		16.5

Lat.	Twilight Naut.	Twilight Civil	Sunrise	Moonrise 10	Moonrise 11	Moonrise 12	Moonrise 13
°	h m	h m	h m	h m	h m	h m	h m
N 72	04 14	05 35	06 42	07 33	06 53	06 13	05 19
N 70	04 26	05 38	06 39	07 24	06 54	06 23	05 45
68	04 35	05 41	06 36	07 17	06 54	06 32	06 05
66	04 42	05 42	06 33	07 11	06 55	06 39	06 21
64	04 48	05 44	06 31	07 05	06 55	06 45	06 34
62	04 53	05 45	06 29	07 01	06 56	06 50	06 45
60	04 58	05 46	06 28	06 57	06 56	06 55	06 55
N 58	05 01	05 47	06 26	06 53	06 56	06 59	07 03
56	05 05	05 48	06 25	06 50	06 56	07 03	07 11
54	05 07	05 48	06 24	06 47	06 57	07 06	07 18
52	05 10	05 49	06 22	06 44	06 57	07 09	07 24
50	05 12	05 49	06 21	06 42	06 57	07 12	07 29
45	05 16	05 50	06 19	06 36	06 57	07 18	07 41
N 40	05 19	05 50	06 17	06 32	06 58	07 24	07 51
35	05 21	05 50	06 16	06 28	06 58	07 28	08 00
30	05 23	05 50	06 14	06 25	06 59	07 32	08 07
20	05 24	05 49	06 11	06 19	06 59	07 39	08 21
N 10	05 24	05 48	06 09	06 13	07 00	07 45	08 32
0	05 22	05 46	06 07	06 08	07 00	07 51	08 43
S 10	05 19	05 43	06 04	06 03	07 01	07 57	08 54
20	05 13	05 39	06 01	05 58	07 01	08 04	09 06
30	05 06	05 34	05 58	05 52	07 02	08 11	09 20
35	05 01	05 31	05 56	05 48	07 02	08 16	09 28
40	04 54	05 27	05 54	05 44	07 03	08 20	09 38
45	04 46	05 22	05 51	05 40	07 03	08 26	09 48
S 50	04 36	05 15	05 48	05 34	07 04	08 33	10 02
52	04 31	05 12	05 46	05 32	07 05	08 36	10 08
54	04 26	05 09	05 45	05 29	07 05	08 40	10 15
56	04 19	05 05	05 43	05 26	07 05	08 44	10 23
58	04 12	05 01	05 41	05 22	07 06	08 48	10 32
S 60	04 04	04 56	05 39	05 18	07 06	08 53	10 42

Lat.	Sunset	Twilight Civil	Twilight Naut.	Moonset 10	Moonset 11	Moonset 12	Moonset 13
°	h m	h m	h m	h m	h m	h m	h m
N 72	17 40	18 47	20 09	17 49	20 24	23 09	▭
N 70	17 43	18 44	19 57	17 54	20 17	22 45	25 55
68	17 46	18 41	19 48	17 58	20 11	22 28	25 02
66	17 48	18 39	19 40	18 02	20 07	22 14	24 30
64	17 50	18 37	19 34	18 05	20 03	22 02	24 07
62	17 52	18 36	19 28	18 07	20 00	21 52	23 48
60	17 53	18 35	19 24	18 09	19 57	21 44	23 33
N 58	17 55	18 34	19 20	18 11	19 54	21 37	23 20
56	17 56	18 33	19 17	18 13	19 52	21 31	23 09
54	17 57	18 32	19 14	18 14	19 50	21 25	23 00
52	17 58	18 32	19 11	18 16	19 48	21 20	22 51
50	17 59	18 31	19 09	18 17	19 46	21 15	22 44
45	18 01	18 31	19 05	18 20	19 43	21 05	22 27
N 40	18 03	18 30	19 01	18 22	19 40	20 57	22 14
35	18 05	18 30	18 59	18 24	19 37	20 50	22 03
30	18 06	18 30	18 58	18 25	19 35	20 44	21 53
20	18 09	18 31	18 56	18 28	19 31	20 34	21 36
N 10	18 11	18 32	18 56	18 31	19 28	20 24	21 22
0	18 13	18 34	18 58	18 33	19 24	20 16	21 08
S 10	18 16	18 37	19 01	18 35	19 21	20 07	20 55
20	18 18	18 40	19 06	18 37	19 18	19 58	20 41
30	18 21	18 45	19 13	18 40	19 14	19 48	20 24
35	18 23	18 49	19 18	18 42	19 11	19 42	20 15
40	18 25	18 52	19 24	18 43	19 09	19 35	20 04
45	18 28	18 57	19 32	18 45	19 06	19 28	19 52
S 50	18 31	19 03	19 42	18 47	19 02	19 18	19 37
52	18 32	19 06	19 47	18 48	19 01	19 14	19 29
54	18 34	19 09	19 52	18 49	18 59	19 09	19 22
56	18 35	19 13	19 59	18 51	18 57	19 04	19 13
58	18 37	19 17	20 06	18 52	18 55	18 58	19 03
S 60	18 39	19 22	20 14	18 53	18 53	18 52	18 52

Day	SUN Eqn. of Time 00^h	SUN Eqn. of Time 12^h	SUN Mer. Pass.	MOON Mer. Pass. Upper	MOON Mer. Pass. Lower	MOON Age	MOON Phase
d	m s	m s	h m	h m	h m	d	%
10	10 15	10 07	12 10	12 21	24 47	00	0
11	09 59	09 51	12 10	13 12	00 47	01	2 ●
12	09 43	09 35	12 10	14 04	01 38	02	7

© British Crown Copyright 2023. All rights reserved.

UT d h	ARIES GHA ° ′	VENUS −3·9 GHA ° ′	VENUS Dec ° ′	MARS +1·2 GHA ° ′	MARS Dec ° ′	JUPITER −2·1 GHA ° ′	JUPITER Dec ° ′	SATURN +1·0 GHA ° ′	SATURN Dec ° ′
13 00 WEDNESDAY	171 07.1	197 20.3	S12 02.0	206 08.8	S15 10.6	129 48.8	N15 03.2	187 40.4	S 8 48.7
01	186 09.5	212 19.7	12 01.0	221 09.3	09.9	144 50.8	03.3	202 42.6	48.5
02	201 12.0	227 19.2	11 59.9	236 09.9	09.3	159 52.8	03.5	217 44.8	48.4
03	216 14.5	242 18.7	. . 58.9	251 10.4	. . 08.7	174 54.8	. . 03.6	232 47.0	. . 48.3
04	231 16.9	257 18.2	57.9	266 11.0	08.1	189 56.8	03.8	247 49.2	48.2
05	246 19.4	272 17.7	56.8	281 11.5	07.5	204 58.8	03.9	262 51.3	48.1
06	261 21.9	287 17.2	S11 55.8	296 12.1	S15 06.8	220 00.8	N15 04.1	277 53.5	S 8 48.0
07	276 24.3	302 16.6	54.7	311 12.7	06.2	235 02.8	04.2	292 55.7	47.9
08	291 26.8	317 16.1	53.7	326 13.2	05.6	250 04.8	04.4	307 57.9	47.8
09	306 29.3	332 15.6	. . 52.7	341 13.8	. . 05.0	265 06.8	. . 04.5	323 00.1	. . 47.6
10	321 31.7	347 15.1	51.6	356 14.3	04.3	280 08.8	04.7	338 02.2	47.5
11	336 34.2	2 14.6	50.6	11 14.9	03.7	295 10.7	04.8	353 04.4	47.4
12	351 36.7	17 14.1	S11 49.5	26 15.4	S15 03.1	310 12.7	N15 05.0	8 06.6	S 8 47.3
13	6 39.1	32 13.6	48.5	41 16.0	02.5	325 14.7	05.1	23 08.8	47.2
14	21 41.6	47 13.1	47.4	56 16.6	01.9	340 16.7	05.3	38 11.0	47.1
15	36 44.0	62 12.5	. . 46.4	71 17.1	. . 01.2	355 18.7	. . 05.4	53 13.1	. . 47.0
16	51 46.5	77 12.0	45.3	86 17.7	00.6	10 20.7	05.6	68 15.3	46.9
17	66 49.0	92 11.5	44.3	101 18.2	15 00.0	25 22.7	05.7	83 17.5	46.8
18	81 51.4	107 11.0	S11 43.3	116 18.8	S14 59.4	40 24.7	N15 05.9	98 19.7	S 8 46.6
19	96 53.9	122 10.5	42.2	131 19.4	58.7	55 26.7	06.0	113 21.9	46.5
20	111 56.4	137 10.0	41.2	146 19.9	58.1	70 28.7	06.2	128 24.0	46.4
21	126 58.8	152 09.5	. . 40.1	161 20.5	. . 57.5	85 30.7	. . 06.3	143 26.2	. . 46.3
22	142 01.3	167 09.0	39.1	176 21.0	56.9	100 32.7	06.5	158 28.4	46.2
23	157 03.8	182 08.5	38.0	191 21.6	56.2	115 34.7	06.6	173 30.6	46.1
14 00 THURSDAY	172 06.2	197 08.0	S11 37.0	206 22.2	S14 55.6	130 36.6	N15 06.8	188 32.8	S 8 46.0
01	187 08.7	212 07.5	35.9	221 22.7	55.0	145 38.6	06.9	203 35.0	45.9
02	202 11.1	227 07.0	34.9	236 23.3	54.4	160 40.6	07.1	218 37.1	45.7
03	217 13.6	242 06.4	. . 33.8	251 23.8	. . 53.7	175 42.6	. . 07.2	233 39.3	. . 45.6
04	232 16.1	257 05.9	32.7	266 24.4	53.1	190 44.6	07.4	248 41.5	45.5
05	247 18.5	272 05.4	31.7	281 25.0	52.5	205 46.6	07.6	263 43.7	45.4
06	262 21.0	287 04.9	S11 30.6	296 25.5	S14 51.8	220 48.6	N15 07.7	278 45.9	S 8 45.3
07	277 23.5	302 04.4	29.6	311 26.1	51.2	235 50.6	07.9	293 48.0	45.2
08	292 25.9	317 03.9	28.5	326 26.6	50.6	250 52.6	08.0	308 50.2	45.1
09	307 28.4	332 03.4	. . 27.5	341 27.2	. . 50.0	265 54.6	. . 08.2	323 52.4	. . 45.0
10	322 30.9	347 02.9	26.4	356 27.8	49.3	280 56.5	08.3	338 54.6	44.9
11	337 33.3	2 02.4	25.4	11 28.3	48.7	295 58.5	08.5	353 56.8	44.7
12	352 35.8	17 01.9	S11 24.3	26 28.9	S14 48.1	311 00.5	N15 08.6	8 59.0	S 8 44.6
13	7 38.3	32 01.4	23.2	41 29.5	47.4	326 02.5	08.8	24 01.1	44.5
14	22 40.7	47 00.9	22.2	56 30.0	46.8	341 04.5	08.9	39 03.3	44.4
15	37 43.2	62 00.4	. . 21.1	71 30.6	. . 46.2	356 06.5	. . 09.1	54 05.5	. . 44.3
16	52 45.6	76 59.9	20.1	86 31.1	45.6	11 08.5	09.2	69 07.7	44.2
17	67 48.1	91 59.4	19.0	101 31.7	44.9	26 10.5	09.4	84 09.9	44.1
18	82 50.6	106 58.9	S11 18.0	116 32.3	S14 44.3	41 12.5	N15 09.5	99 12.0	S 8 44.0
19	97 53.0	121 58.4	16.9	131 32.8	43.7	56 14.4	09.7	114 14.2	43.9
20	112 55.5	136 57.9	15.8	146 33.4	43.0	71 16.4	09.8	129 16.4	43.7
21	127 58.0	151 57.4	. . 14.8	161 34.0	. . 42.4	86 18.4	. . 10.0	144 18.6	. . 43.6
22	143 00.4	166 56.9	13.7	176 34.5	41.8	101 20.4	10.1	159 20.8	43.5
23	158 02.9	181 56.4	12.6	191 35.1	41.1	116 22.4	10.3	174 23.0	43.4
15 00 FRIDAY	173 05.4	196 55.9	S11 11.6	206 35.7	S14 40.5	131 24.4	N15 10.4	189 25.1	S 8 43.3
01	188 07.8	211 55.4	10.5	221 36.2	39.9	146 26.4	10.6	204 27.3	43.2
02	203 10.3	226 54.9	09.4	236 36.8	39.2	161 28.3	10.7	219 29.5	43.1
03	218 12.8	241 54.4	. . 08.4	251 37.3	. . 38.6	176 30.3	. . 10.9	234 31.7	. . 43.0
04	233 15.2	256 53.9	07.3	266 37.9	38.0	191 32.3	11.0	249 33.9	42.9
05	248 17.7	271 53.4	06.3	281 38.5	37.3	206 34.3	11.2	264 36.0	42.7
06	263 20.1	286 52.9	S11 05.2	296 39.0	S14 36.7	221 36.3	N15 11.3	279 38.2	S 8 42.6
07	278 22.6	301 52.4	04.1	311 39.6	36.1	236 38.3	11.5	294 40.4	42.5
08	293 25.1	316 51.9	03.1	326 40.2	35.4	251 40.3	11.6	309 42.6	42.4
09	308 27.5	331 51.4	. . 02.0	341 40.7	. . 34.8	266 42.3	. . 11.8	324 44.8	. . 42.3
10	323 30.0	346 50.9	11 00.9	356 41.3	34.2	281 44.2	11.9	339 47.0	42.2
11	338 32.5	1 50.5	10 59.8	11 41.9	33.5	296 46.2	12.1	354 49.1	42.1
12	353 34.9	16 50.0	S10 58.8	26 42.4	S14 32.9	311 48.2	N15 12.2	9 51.3	S 8 42.0
13	8 37.4	31 49.5	57.7	41 43.0	32.3	326 50.2	12.4	24 53.5	41.8
14	23 39.9	46 49.0	56.6	56 43.6	31.6	341 52.2	12.5	39 55.7	41.7
15	38 42.3	61 48.5	. . 55.6	71 44.1	. . 31.0	356 54.2	. . 12.7	54 57.9	. . 41.6
16	53 44.8	76 48.0	54.5	86 44.7	30.4	11 56.1	12.8	70 00.1	41.5
17	68 47.3	91 47.5	53.4	101 45.3	29.7	26 58.1	13.0	85 02.2	41.4
18	83 49.7	106 47.0	S10 52.3	116 45.8	S14 29.1	42 00.1	N15 13.1	100 04.4	S 8 41.3
19	98 52.2	121 46.5	51.3	131 46.4	28.5	57 02.1	13.3	115 06.6	41.2
20	113 54.6	136 46.0	50.2	146 47.0	27.8	72 04.1	13.5	130 08.8	41.1
21	128 57.1	151 45.5	. . 49.1	161 47.5	. . 27.2	87 06.1	. . 13.6	145 11.0	. . 41.0
22	143 59.6	166 45.1	48.0	176 48.1	26.5	102 08.0	13.8	160 13.2	40.8
23	159 02.0	181 44.6	47.0	191 48.7	25.9	117 10.0	13.9	175 15.3	40.7
Mer. Pass. h m	12 29.5	v −0.5	d 1.1	v 0.6	d 0.6	v 2.0	d 0.2	v 2.2	d 0.1

STARS

Name	SHA ° ′	Dec ° ′
Acamar	315 12.5	S40 12.7
Achernar	335 21.2	S57 07.0
Acrux	173 00.2	S63 14.0
Adhara	255 06.3	S29 00.5
Aldebaran	290 40.5	N16 33.4
Alioth	166 13.0	N55 49.6
Alkaid	152 52.1	N49 11.3
Alnair	27 34.2	S46 50.7
Alnilam	275 38.4	S 1 11.3
Alphard	217 48.2	S 8 45.9
Alphecca	126 04.1	N26 37.7
Alpheratz	357 35.9	N29 13.3
Altair	62 00.8	N 8 55.7
Ankaa	353 08.2	S42 10.6
Antares	112 16.6	S26 29.1
Arcturus	145 48.3	N19 03.2
Atria	107 11.4	S69 04.0
Avior	234 14.6	S59 35.4
Bellatrix	278 23.6	N 6 22.2
Betelgeuse	270 52.8	N 7 24.6
Canopus	263 52.6	S52 42.8
Capella	280 22.9	N46 01.5
Deneb	49 26.6	N45 21.7
Denebola	182 25.3	N14 26.1
Diphda	348 48.3	S17 51.4
Dubhe	193 41.1	N61 37.2
Elnath	278 02.7	N28 37.7
Eltanin	90 42.6	N51 28.7
Enif	33 39.8	N 9 58.9
Fomalhaut	15 15.6	S29 29.8
Gacrux	171 51.9	S57 14.9
Gienah	175 44.0	S17 40.7
Hadar	148 36.5	S60 29.3
Hamal	327 52.3	N23 34.6
Kaus Aust.	83 33.5	S34 22.3
Kochab	137 19.0	N74 03.0
Markab	13 30.9	N15 19.9
Menkar	314 07.1	N 4 11.0
Menkent	147 58.1	S36 29.3
Miaplacidus	221 37.7	S69 49.1
Mirfak	308 29.5	N49 56.9
Nunki	75 48.7	S26 16.0
Peacock	53 07.2	S56 39.3
Pollux	243 18.0	N27 58.1
Procyon	244 51.4	N 5 09.7
Rasalhague	95 59.2	N12 32.3
Regulus	207 34.9	N11 50.9
Rigel	281 04.6	S 8 10.6
Rigil Kent.	139 40.8	S60 55.9
Sabik	102 03.5	S15 45.4
Schedar	349 32.4	N56 40.2
Shaula	96 11.3	S37 07.2
Sirius	258 26.8	S16 45.1
Spica	158 22.8	S11 17.3
Suhail	222 46.5	S43 32.0
Vega	80 33.8	N38 48.0
Zuben'ubi	136 56.6	S16 08.6

	SHA ° ′	Mer. Pass. h m
Venus	25 01.7	10 52
Mars	34 15.9	10 14
Jupiter	318 30.4	15 16
Saturn	16 26.6	11 24

© British Crown Copyright 2023. All rights reserved.

Day	UT d h	SUN GHA ° ′	SUN Dec ° ′	MOON GHA ° ′	v ′	MOON Dec ° ′	d ′	HP ′
WEDNESDAY	13 00	177 38.3	S 2 49.1	143 56.5	9.6	N12 33.8	16.0	60.3
	01	192 38.4	48.1	158 25.1	9.5	12 49.8	15.8	60.2
	02	207 38.6	47.1	172 53.6	9.6	13 05.6	15.8	60.2
	03	222 38.8	. . 46.1	187 22.2	9.5	13 21.4	15.7	60.2
	04	237 39.0	45.1	201 50.7	9.4	13 37.1	15.5	60.1
	05	252 39.1	44.1	216 19.1	9.4	13 52.6	15.5	60.1
	06	267 39.3	S 2 43.1	230 47.5	9.4	N14 08.1	15.4	60.1
	07	282 39.5	42.2	245 15.9	9.3	14 23.5	15.3	60.0
	08	297 39.6	41.2	259 44.2	9.4	14 38.8	15.2	60.0
	09	312 39.8	. . 40.2	274 12.6	9.2	14 54.0	15.1	60.0
	10	327 40.0	39.2	288 40.8	9.3	15 09.1	14.9	59.9
	11	342 40.2	38.2	303 09.1	9.2	15 24.0	14.9	59.9
	12	357 40.3	S 2 37.2	317 37.3	9.1	N15 38.9	14.8	59.9
	13	12 40.5	36.2	332 05.4	9.1	15 53.7	14.6	59.8
	14	27 40.7	35.3	346 33.5	9.1	16 08.3	14.6	59.8
	15	42 40.8	. . 34.3	1 01.6	9.0	16 22.9	14.4	59.8
	16	57 41.0	33.3	15 29.6	9.0	16 37.3	14.3	59.7
	17	72 41.2	32.3	29 57.6	9.0	16 51.6	14.2	59.7
	18	87 41.4	S 2 31.3	44 25.6	8.9	N17 05.8	14.1	59.6
	19	102 41.5	30.3	58 53.5	8.9	17 19.9	14.0	59.6
	20	117 41.7	29.3	73 21.4	8.8	17 33.9	13.8	59.6
	21	132 41.9	. . 28.3	87 49.2	8.8	17 47.7	13.7	59.5
	22	147 42.0	27.4	102 17.0	8.7	18 01.4	13.7	59.5
	23	162 42.2	26.4	116 44.7	8.7	18 15.1	13.4	59.5
THURSDAY	14 00	177 42.4	S 2 25.4	131 12.4	8.7	N18 28.5	13.4	59.4
	01	192 42.6	24.4	145 40.1	8.6	18 41.9	13.2	59.4
	02	207 42.7	23.4	160 07.7	8.6	18 55.1	13.1	59.3
	03	222 42.9	. . 22.4	174 35.3	8.5	19 08.2	13.0	59.3
	04	237 43.1	21.4	189 02.8	8.5	19 21.2	12.9	59.3
	05	252 43.2	20.4	203 30.3	8.4	19 34.1	12.7	59.2
	06	267 43.4	S 2 19.5	217 57.7	8.4	N19 46.8	12.6	59.2
	07	282 43.6	18.5	232 25.1	8.4	19 59.4	12.5	59.1
	08	297 43.8	17.5	246 52.5	8.3	20 11.9	12.3	59.1
	09	312 43.9	. . 16.5	261 19.8	8.2	20 24.2	12.2	59.1
	10	327 44.1	15.5	275 47.0	8.2	20 36.4	12.0	59.0
	11	342 44.3	14.5	290 14.2	8.2	20 48.4	11.9	59.0
	12	357 44.5	S 2 13.5	304 41.4	8.1	N21 00.3	11.8	59.0
	13	12 44.6	12.5	319 08.5	8.1	21 12.1	11.7	58.9
	14	27 44.8	11.6	333 35.6	8.1	21 23.8	11.5	58.9
	15	42 45.0	. . 10.6	348 02.7	8.0	21 35.3	11.3	58.8
	16	57 45.2	09.6	2 29.7	7.9	21 46.6	11.2	58.8
	17	72 45.3	08.6	16 56.6	8.0	21 57.8	11.1	58.8
	18	87 45.5	S 2 07.6	31 23.6	7.8	N22 08.9	10.9	58.7
	19	102 45.7	06.6	45 50.4	7.9	22 19.8	10.8	58.7
	20	117 45.9	05.6	60 17.3	7.8	22 30.6	10.7	58.6
	21	132 46.0	. . 04.6	74 44.1	7.7	22 41.3	10.5	58.6
	22	147 46.2	03.7	89 10.8	7.7	22 51.8	10.3	58.6
	23	162 46.4	02.7	103 37.5	7.7	23 02.1	10.2	58.5
FRIDAY	15 00	177 46.6	S 2 01.7	118 04.2	7.7	N23 12.3	10.0	58.5
	01	192 46.7	2 00.7	132 30.9	7.5	23 22.3	9.9	58.4
	02	207 46.9	1 59.7	146 57.4	7.6	23 32.2	9.8	58.4
	03	222 47.1	. . 58.7	161 24.0	7.5	23 42.0	9.6	58.4
	04	237 47.3	57.7	175 50.5	7.5	23 51.6	9.4	58.3
	05	252 47.4	56.7	190 17.0	7.5	24 01.0	9.3	58.3
	06	267 47.6	S 1 55.8	204 43.5	7.4	N24 10.3	9.1	58.2
	07	282 47.8	54.8	219 09.9	7.4	24 19.4	9.0	58.2
	08	297 48.0	53.8	233 36.3	7.3	24 28.4	8.8	58.2
	09	312 48.1	. . 52.8	248 02.6	7.3	24 37.2	8.7	58.1
	10	327 48.3	51.8	262 28.9	7.3	24 45.9	8.5	58.1
	11	342 48.5	50.8	276 55.2	7.3	24 54.4	8.4	58.0
	12	357 48.7	S 1 49.8	291 21.5	7.2	N25 02.8	8.1	58.0
	13	12 48.8	48.8	305 47.7	7.2	25 10.9	8.1	58.0
	14	27 49.0	47.8	320 13.9	7.1	25 19.0	7.9	57.9
	15	42 49.2	. . 46.9	334 40.0	7.2	25 26.9	7.7	57.9
	16	57 49.4	45.9	349 06.2	7.1	25 34.6	7.5	57.8
	17	72 49.6	44.9	3 32.3	7.1	25 42.1	7.4	57.8
	18	87 49.7	S 1 43.9	17 58.4	7.0	N25 49.5	7.2	57.8
	19	102 49.9	42.9	32 24.4	7.1	25 56.7	7.1	57.7
	20	117 50.1	41.9	46 50.5	7.0	26 03.8	6.9	57.7
	21	132 50.3	. . 40.9	61 16.5	7.0	26 10.7	6.8	57.6
	22	147 50.4	39.9	75 42.5	7.0	26 17.5	6.6	57.6
	23	162 50.6	39.0	90 08.5	7.0	N26 24.1	6.4	57.6
		SD 16.1	*d* 1.0	SD 16.3		16.1		15.8

Lat. °	Twilight Naut. h m	Twilight Civil h m	Sunrise h m	Moonrise 13 h m	Moonrise 14 h m	Moonrise 15 h m	Moonrise 16 h m
N 72	03 57	05 20	06 27	05 19	▭	▭	▭
N 70	04 10	05 24	06 25	05 45	04 28	▭	▭
68	04 21	05 28	06 23	06 05	05 22	▭	▭
66	04 30	05 31	06 22	06 21	05 55	04 46	▭
64	04 37	05 33	06 21	06 34	06 20	05 57	▭
62	04 43	05 35	06 19	06 45	06 40	06 33	06 23
60	04 48	05 37	06 19	06 55	06 56	06 59	07 09
N 58	04 53	05 39	06 18	07 03	07 09	07 20	07 39
56	04 57	05 40	06 17	07 11	07 21	07 37	08 02
54	05 00	05 41	06 16	07 18	07 32	07 52	08 21
52	05 03	05 42	06 16	07 24	07 41	08 04	08 37
50	05 05	05 43	06 15	07 29	07 49	08 16	08 51
45	05 10	05 44	06 14	07 41	08 07	08 39	09 19
N 40	05 14	05 46	06 13	07 51	08 22	08 58	09 41
35	05 17	05 46	06 12	08 00	08 34	09 14	10 00
30	05 19	05 47	06 11	08 07	08 45	09 28	10 16
20	05 21	05 47	06 09	08 21	09 04	09 52	10 43
N 10	05 22	05 46	06 07	08 32	09 21	10 12	11 06
0	05 21	05 45	06 06	08 43	09 37	10 32	11 28
S 10	05 19	05 43	06 04	08 54	09 52	10 51	11 50
20	05 14	05 40	06 02	09 06	10 09	11 12	12 14
30	05 08	05 36	06 00	09 20	10 29	11 37	12 42
35	05 03	05 33	05 59	09 28	10 41	11 51	12 58
40	04 58	05 30	05 57	09 38	10 54	12 08	13 17
45	04 51	05 26	05 55	09 48	11 10	12 28	13 40
S 50	04 42	05 20	05 53	10 02	11 30	12 54	14 10
52	04 37	05 18	05 52	10 08	11 39	13 06	14 25
54	04 32	05 15	05 51	10 15	11 49	13 21	14 42
56	04 27	05 12	05 49	10 23	12 02	13 37	15 03
58	04 20	05 08	05 48	10 32	12 15	13 57	15 29
S 60	04 12	05 04	05 46	10 42	12 32	14 23	16 06

Lat. °	Sunset h m	Twilight Civil h m	Twilight Naut. h m	Moonset 13 h m	Moonset 14 h m	Moonset 15 h m	Moonset 16 h m
N 72	17 54	19 01	20 25	▭	▭	▭	▭
N 70	17 55	18 56	20 11	25 55	01 55	▭	▭
68	17 57	18 52	20 00	25 02	01 02	▭	▭
66	17 58	18 49	19 51	24 30	00 30	03 34	▭
64	17 59	18 46	19 43	24 07	00 07	02 24	▭
62	18 00	18 44	19 37	23 48	25 49	01 49	03 57
60	18 01	18 42	19 32	23 33	25 24	01 24	03 11
N 58	18 02	18 41	19 27	23 20	25 04	01 04	02 41
56	18 02	18 39	19 23	23 09	24 47	00 47	02 19
54	18 03	18 38	19 20	23 00	24 33	00 33	02 00
52	18 03	18 37	19 17	22 51	24 21	00 21	01 45
50	18 04	18 36	19 14	22 44	24 10	00 10	01 31
45	18 05	18 34	19 09	22 27	23 48	25 03	01 03
N 40	18 06	18 33	19 05	22 14	23 30	24 42	00 42
35	18 07	18 32	19 02	22 03	23 15	24 24	00 24
30	18 08	18 32	19 00	21 53	23 02	24 08	00 08
20	18 09	18 31	18 57	21 36	22 40	23 42	24 42
N 10	18 11	18 32	18 56	21 22	22 21	23 20	24 18
0	18 12	18 33	18 57	21 08	22 03	22 59	23 56
S 10	18 14	18 35	18 59	20 55	21 45	22 38	23 33
20	18 16	18 38	19 03	20 41	21 26	22 16	23 09
30	18 18	18 42	19 10	20 24	21 05	21 50	22 40
35	18 19	18 44	19 14	20 15	20 52	21 35	22 24
40	18 20	18 48	19 19	20 04	20 38	21 17	22 04
45	18 22	18 52	19 26	19 52	20 20	20 56	21 41
S 50	18 24	18 57	19 35	19 37	19 59	20 30	21 10
52	18 25	18 59	19 39	19 29	19 49	20 17	20 55
54	18 26	19 02	19 44	19 22	19 38	20 02	20 38
56	18 28	19 05	19 50	19 13	19 25	19 45	20 17
58	18 29	19 08	19 56	19 03	19 11	19 24	19 51
S 60	18 30	19 12	20 04	18 52	18 53	18 58	19 14

Day	SUN Eqn. of Time 00ʰ m s	SUN Eqn. of Time 12ʰ m s	SUN Mer. Pass. h m	MOON Mer. Pass. Upper h m	MOON Mer. Pass. Lower h m	Age d	Phase %
13	09 27	09 19	12 09	14 56	02 29	03	14
14	09 11	09 02	12 09	15 50	03 22	04	23 ◑
15	08 54	08 46	12 09	16 45	04 17	05	33

© British Crown Copyright 2023. All rights reserved.

UT d	h	ARIES GHA ° ′	VENUS −3·9 GHA ° ′	VENUS Dec ° ′	MARS +1·2 GHA ° ′	MARS Dec ° ′	JUPITER −2·1 GHA ° ′	JUPITER Dec ° ′	SATURN +1·0 GHA ° ′	SATURN Dec ° ′
16 SATURDAY	00	174 04.5	196 44.1	S10 45.9	206 49.2	S14 25.3	132 12.0	N15 14.1	190 17.5	S 8 40.6
	01	189 07.0	211 43.6	44.8	221 49.8	24.6	147 14.0	14.2	205 19.7	40.5
	02	204 09.4	226 43.1	43.7	236 50.4	24.0	162 16.0	14.4	220 21.9	40.4
	03	219 11.9	241 42.6	42.7	251 51.0	23.3	177 18.0	14.5	235 24.1	40.3
	04	234 14.4	256 42.1	41.6	266 51.5	22.7	192 19.9	14.7	250 26.2	40.2
	05	249 16.8	271 41.6	40.5	281 52.1	22.1	207 21.9	14.8	265 28.4	40.1
	06	264 19.3	286 41.2	S10 39.4	296 52.7	S14 21.4	222 23.9	N15 15.0	280 30.6	S 8 40.0
	07	279 21.7	301 40.7	38.4	311 53.2	20.8	237 25.9	15.1	295 32.8	39.9
	08	294 24.2	316 40.2	37.3	326 53.8	20.2	252 27.9	15.3	310 35.0	39.7
	09	309 26.7	331 39.7	36.2	341 54.4	19.5	267 29.9	15.4	325 37.2	39.6
	10	324 29.1	346 39.2	35.1	356 54.9	18.9	282 31.8	15.6	340 39.3	39.5
	11	339 31.6	1 38.7	34.0	11 55.5	18.2	297 33.8	15.7	355 41.5	39.4
	12	354 34.1	16 38.2	S10 32.9	26 56.1	S14 17.6	312 35.8	N15 15.9	10 43.7	S 8 39.3
	13	9 36.5	31 37.8	31.9	41 56.7	16.9	327 37.8	16.0	25 45.9	39.2
	14	24 39.0	46 37.3	30.8	56 57.2	16.3	342 39.8	16.2	40 48.1	39.1
	15	39 41.5	61 36.8	29.7	71 57.8	15.7	357 41.7	16.3	55 50.3	39.0
	16	54 43.9	76 36.3	28.6	86 58.4	15.0	12 43.7	16.5	70 52.4	38.9
	17	69 46.4	91 35.8	27.5	101 58.9	14.4	27 45.7	16.6	85 54.6	38.7
	18	84 48.9	106 35.3	S10 26.4	116 59.5	S14 13.7	42 47.7	N15 16.8	100 56.8	S 8 38.6
	19	99 51.3	121 34.9	25.4	132 00.1	13.1	57 49.7	17.0	115 59.0	38.5
	20	114 53.8	136 34.4	24.3	147 00.7	12.5	72 51.6	17.1	131 01.2	38.4
	21	129 56.2	151 33.9	23.2	162 01.2	11.8	87 53.6	17.3	146 03.4	38.3
	22	144 58.7	166 33.4	22.1	177 01.8	11.2	102 55.6	17.4	161 05.5	38.2
	23	160 01.2	181 32.9	21.0	192 02.4	10.5	117 57.6	17.6	176 07.7	38.1
17 SUNDAY	00	175 03.6	196 32.5	S10 19.9	207 02.9	S14 09.9	132 59.6	N15 17.7	191 09.9	S 8 38.0
	01	190 06.1	211 32.0	18.8	222 03.5	09.2	148 01.5	17.9	206 12.1	37.9
	02	205 08.6	226 31.5	17.7	237 04.1	08.6	163 03.5	18.0	221 14.3	37.7
	03	220 11.0	241 31.0	16.7	252 04.7	07.9	178 05.5	18.2	236 16.5	37.6
	04	235 13.5	256 30.5	15.6	267 05.2	07.3	193 07.5	18.3	251 18.7	37.5
	05	250 16.0	271 30.1	14.5	282 05.8	06.7	208 09.5	18.5	266 20.8	37.4
	06	265 18.4	286 29.6	S10 13.4	297 06.4	S14 06.0	223 11.4	N15 18.6	281 23.0	S 8 37.3
	07	280 20.9	301 29.1	12.3	312 07.0	05.4	238 13.4	18.8	296 25.2	37.2
	08	295 23.4	316 28.6	11.2	327 07.5	04.7	253 15.4	18.9	311 27.4	37.1
	09	310 25.8	331 28.2	10.1	342 08.1	04.1	268 17.4	19.1	326 29.6	37.0
	10	325 28.3	346 27.7	09.0	357 08.7	03.4	283 19.4	19.2	341 31.8	36.9
	11	340 30.7	1 27.2	07.9	12 09.3	02.8	298 21.3	19.4	356 33.9	36.7
	12	355 33.2	16 26.7	S10 06.8	27 09.8	S14 02.1	313 23.3	N15 19.5	11 36.1	S 8 36.6
	13	10 35.7	31 26.3	05.7	42 10.4	01.5	328 25.3	19.7	26 38.3	36.5
	14	25 38.1	46 25.8	04.6	57 11.0	00.8	343 27.3	19.8	41 40.5	36.4
	15	40 40.6	61 25.3	03.5	72 11.5	14 00.2	358 29.2	20.0	56 42.7	36.3
	16	55 43.1	76 24.8	02.5	87 12.1	13 59.5	13 31.2	20.2	71 44.9	36.2
	17	70 45.5	91 24.4	01.4	102 12.7	58.9	28 33.2	20.3	86 47.0	36.1
	18	85 48.0	106 23.9	S10 00.3	117 13.3	S13 58.3	43 35.2	N15 20.5	101 49.2	S 8 36.0
	19	100 50.5	121 23.4	9 59.2	132 13.9	57.6	58 37.1	20.6	116 51.4	35.9
	20	115 52.9	136 22.9	58.1	147 14.4	57.0	73 39.1	20.8	131 53.6	35.8
	21	130 55.4	151 22.5	57.0	162 15.0	56.3	88 41.1	20.9	146 55.8	35.6
	22	145 57.9	166 22.0	55.9	177 15.6	55.7	103 43.1	21.1	161 58.0	35.5
	23	161 00.3	181 21.5	54.8	192 16.2	55.0	118 45.1	21.2	177 00.1	35.4
18 MONDAY	00	176 02.8	196 21.1	S 9 53.7	207 16.7	S13 54.4	133 47.0	N15 21.4	192 02.3	S 8 35.3
	01	191 05.2	211 20.6	52.6	222 17.3	53.7	148 49.0	21.5	207 04.5	35.2
	02	206 07.7	226 20.1	51.5	237 17.9	53.1	163 51.0	21.7	222 06.7	35.1
	03	221 10.2	241 19.7	50.4	252 18.5	52.4	178 53.0	21.8	237 08.9	35.0
	04	236 12.6	256 19.2	49.3	267 19.0	51.8	193 54.9	22.0	252 11.1	34.9
	05	251 15.1	271 18.7	48.2	282 19.6	51.1	208 56.9	22.1	267 13.3	34.8
	06	266 17.6	286 18.2	S 9 47.1	297 20.2	S13 50.5	223 58.9	N15 22.3	282 15.4	S 8 34.7
	07	281 20.0	301 17.8	46.0	312 20.8	49.8	239 00.9	22.4	297 17.6	34.5
	08	296 22.5	316 17.3	44.9	327 21.3	49.2	254 02.8	22.6	312 19.8	34.4
	09	311 25.0	331 16.8	43.8	342 21.9	48.5	269 04.8	22.8	327 22.0	34.3
	10	326 27.4	346 16.4	42.7	357 22.5	47.9	284 06.8	22.9	342 24.2	34.2
	11	341 29.9	1 15.9	41.6	12 23.1	47.2	299 08.8	23.1	357 26.4	34.1
	12	356 32.3	16 15.4	S 9 40.4	27 23.7	S13 46.5	314 10.7	N15 23.2	12 28.5	S 8 34.0
	13	11 34.8	31 15.0	39.3	42 24.2	45.9	329 12.7	23.4	27 30.7	33.9
	14	26 37.3	46 14.5	38.2	57 24.8	45.2	344 14.7	23.5	42 32.9	33.8
	15	41 39.7	61 14.0	37.1	72 25.4	44.6	359 16.6	23.7	57 35.1	33.7
	16	56 42.2	76 13.6	36.0	87 26.0	43.9	14 18.6	23.8	72 37.3	33.5
	17	71 44.7	91 13.1	34.9	102 26.6	43.3	29 20.6	24.0	87 39.5	33.4
	18	86 47.1	106 12.6	S 9 33.8	117 27.1	S13 42.6	44 22.6	N15 24.1	102 41.7	S 8 33.3
	19	101 49.6	121 12.2	32.7	132 27.7	42.0	59 24.5	24.3	117 43.8	33.2
	20	116 52.1	136 11.7	31.6	147 28.3	41.3	74 26.5	24.4	132 46.0	33.1
	21	131 54.5	151 11.3	30.5	162 28.9	40.7	89 28.5	24.6	147 48.2	33.0
	22	146 57.0	166 10.8	29.4	177 29.5	40.0	104 30.5	24.7	162 50.4	32.9
	23	161 59.5	181 10.3	28.3	192 30.0	39.4	119 32.4	24.9	177 52.6	32.8
Mer. Pass.		h m 12 17.7	v −0.5	d 1.1	v 0.6	d 0.6	v 2.0	d 0.2	v 2.2	d 0.1

STARS

Name	SHA ° ′	Dec ° ′
Acamar	315 12.5	S40 12.7
Achernar	335 21.2	S57 07.0
Acrux	173 00.2	S63 14.0
Adhara	255 06.3	S29 00.5
Aldebaran	290 40.5	N16 33.4
Alioth	166 13.0	N55 49.6
Alkaid	152 52.1	N49 11.3
Alnair	27 34.2	S46 50.7
Alnilam	275 38.4	S 1 11.3
Alphard	217 48.2	S 8 45.9
Alphecca	126 04.1	N26 37.7
Alpheratz	357 35.8	N29 13.3
Altair	62 00.8	N 8 55.7
Ankaa	353 08.2	S42 10.6
Antares	112 16.6	S26 29.1
Arcturus	145 48.3	N19 03.2
Atria	107 11.3	S69 04.0
Avior	234 14.7	S59 35.4
Bellatrix	278 23.6	N 6 22.2
Betelgeuse	270 52.8	N 7 24.6
Canopus	263 52.6	S52 42.8
Capella	280 23.0	N46 01.5
Deneb	49 26.6	N45 21.7
Denebola	182 25.3	N14 26.1
Diphda	348 48.3	S17 51.4
Dubhe	193 41.1	N61 37.2
Elnath	278 02.8	N28 37.7
Eltanin	90 42.5	N51 28.7
Enif	33 39.7	N 9 58.9
Fomalhaut	15 15.6	S29 29.8
Gacrux	171 51.9	S57 14.9
Gienah	175 44.0	S17 40.7
Hadar	148 36.5	S60 29.3
Hamal	327 52.3	N23 34.6
Kaus Aust.	83 33.5	S34 22.3
Kochab	137 18.9	N74 03.1
Markab	13 30.9	N15 19.9
Menkar	314 07.1	N 4 11.0
Menkent	147 58.1	S36 29.3
Miaplacidus	221 37.8	S69 49.1
Mirfak	308 29.5	N49 56.9
Nunki	75 48.7	S26 16.0
Peacock	53 07.1	S56 39.3
Pollux	243 18.0	N27 58.1
Procyon	244 51.4	N 5 09.7
Rasalhague	95 59.2	N12 32.3
Regulus	207 34.9	N11 50.9
Rigel	281 04.6	S 8 10.6
Rigil Kent.	139 40.8	S60 56.0
Sabik	102 03.5	S15 45.4
Schedar	349 32.4	N56 40.2
Shaula	96 11.3	S37 07.2
Sirius	258 26.8	S16 45.1
Spica	158 22.7	S11 17.4
Suhail	222 46.5	S43 32.0
Vega	80 33.8	N38 48.0
Zuben'ubi	136 56.6	S16 08.6

	SHA ° ′	Mer. Pass. h m
Venus	21 28.8	10 54
Mars	31 59.3	10 11
Jupiter	317 55.9	15 06
Saturn	16 06.3	11 14

© British Crown Copyright 2023. All rights reserved.

UT	SUN GHA	SUN Dec	MOON GHA	v	MOON Dec	d	HP
d h	° ′	° ′	° ′	′	° ′	′	′
16 00	177 50.8	S 1 38.0	104 34.5	6.9	N26 30.5	6.2	57.5
01	192 51.0	37.0	119 00.4	6.9	26 36.7	6.1	57.5
02	207 51.1	36.0	133 26.3	6.9	26 42.8	6.0	57.4
03	222 51.3	. . 35.0	147 52.2	6.9	26 48.8	5.7	57.4
04	237 51.5	34.0	162 18.1	6.9	26 54.5	5.6	57.4
05	252 51.7	33.0	176 44.0	6.9	27 00.1	5.4	57.3
06	267 51.9	S 1 32.0	191 09.9	6.9	N27 05.5	5.3	57.3
07	282 52.0	31.0	205 35.8	6.9	27 10.8	5.1	57.3
S 08	297 52.2	30.1	220 01.7	6.8	27 15.9	5.0	57.2
A 09	312 52.4	. . 29.1	234 27.5	6.9	27 20.9	4.7	57.2
T 10	327 52.6	28.1	248 53.4	6.8	27 25.6	4.6	57.1
U 11	342 52.8	27.1	263 19.2	6.9	27 30.2	4.5	57.1
R 12	357 52.9	S 1 26.1	277 45.1	6.8	N27 34.7	4.3	57.1
D 13	12 53.1	25.1	292 10.9	6.9	27 39.0	4.1	57.0
A 14	27 53.3	24.1	306 36.8	6.8	27 43.1	3.9	57.0
Y 15	42 53.5	. . 23.1	321 02.6	6.9	27 47.0	3.8	57.0
16	57 53.6	22.1	335 28.5	6.9	27 50.8	3.6	56.9
17	72 53.8	21.2	349 54.4	6.8	27 54.4	3.4	56.9
18	87 54.0	S 1 20.2	4 20.2	6.9	N27 57.8	3.3	56.8
19	102 54.2	19.2	18 46.1	6.9	28 01.1	3.1	56.8
20	117 54.4	18.2	33 12.0	6.9	28 04.2	3.0	56.8
21	132 54.5	. . 17.2	47 37.9	6.9	28 07.2	2.8	56.7
22	147 54.7	16.2	62 03.8	7.0	28 10.0	2.6	56.7
23	162 54.9	15.2	76 29.8	6.9	28 12.6	2.5	56.7
17 00	177 55.1	S 1 14.2	90 55.7	7.0	N28 15.1	2.2	56.6
01	192 55.3	13.3	105 21.7	7.0	28 17.3	2.2	56.6
02	207 55.4	12.3	119 47.7	7.0	28 19.5	1.9	56.6
03	222 55.6	. . 11.3	134 13.7	7.0	28 21.4	1.8	56.5
04	237 55.8	10.3	148 39.7	7.1	28 23.2	1.7	56.5
05	252 56.0	09.3	163 05.8	7.1	28 24.9	1.4	56.5
06	267 56.2	S 1 08.3	177 31.9	7.1	N28 26.3	1.4	56.4
07	282 56.3	07.3	191 58.0	7.1	28 27.7	1.1	56.4
08	297 56.5	06.3	206 24.1	7.2	28 28.8	1.0	56.4
S 09	312 56.7	. . 05.3	220 50.3	7.2	28 29.8	0.8	56.3
U 10	327 56.9	04.4	235 16.5	7.2	28 30.6	0.7	56.3
N 11	342 57.1	03.4	249 42.7	7.3	28 31.3	0.5	56.3
D 12	357 57.2	S 1 02.4	264 09.0	7.3	N28 31.8	0.3	56.2
A 13	12 57.4	01.4	278 35.3	7.3	28 32.1	0.2	56.2
Y 14	27 57.6	1 00.4	293 01.6	7.4	28 32.3	0.0	56.2
15	42 57.8	0 59.4	307 28.0	7.4	28 32.3	0.1	56.1
16	57 58.0	58.4	321 54.4	7.5	28 32.2	0.3	56.1
17	72 58.2	57.4	336 20.9	7.5	28 31.9	0.5	56.1
18	87 58.3	S 0 56.4	350 47.4	7.6	N28 31.4	0.6	56.0
19	102 58.5	55.5	5 14.0	7.6	28 30.8	0.7	56.0
20	117 58.7	54.5	19 40.6	7.6	28 30.1	1.0	56.0
21	132 58.9	. . 53.5	34 07.2	7.7	28 29.1	1.0	55.9
22	147 59.1	52.5	48 33.9	7.8	28 28.1	1.3	55.9
23	162 59.2	51.5	63 00.7	7.8	28 26.8	1.3	55.9
18 00	177 59.4	S 0 50.5	77 27.5	7.8	N28 25.5	1.6	55.9
01	192 59.6	49.5	91 54.3	7.9	28 23.9	1.7	55.8
02	207 59.8	48.5	106 21.2	8.0	28 22.2	1.8	55.8
03	223 00.0	. . 47.5	120 48.2	8.0	28 20.4	2.0	55.8
04	238 00.1	46.6	135 15.2	8.1	28 18.4	2.2	55.7
05	253 00.3	45.6	149 42.3	8.1	28 16.2	2.2	55.7
06	268 00.5	S 0 44.6	164 09.4	8.2	N28 14.0	2.5	55.7
07	283 00.7	43.6	178 36.6	8.3	28 11.5	2.6	55.7
08	298 00.9	42.6	193 03.9	8.3	28 08.9	2.7	55.6
M 09	313 01.1	. . 41.6	207 31.2	8.4	28 06.2	2.9	55.6
O 10	328 01.2	40.6	221 58.6	8.5	28 03.3	3.0	55.6
N 11	343 01.4	39.6	236 26.1	8.5	28 00.3	3.2	55.5
D 12	358 01.6	S 0 38.6	250 53.6	8.6	N27 57.1	3.3	55.5
A 13	13 01.8	37.7	265 21.2	8.6	27 53.8	3.5	55.5
Y 14	28 02.0	36.7	279 48.8	8.8	27 50.3	3.6	55.5
15	43 02.2	. . 35.7	294 16.6	8.8	27 46.7	3.7	55.5
16	58 02.3	34.7	308 44.4	8.8	27 43.0	3.9	55.4
17	73 02.5	33.7	323 12.2	9.0	27 39.1	4.0	55.4
18	88 02.7	S 0 32.7	337 40.2	9.0	N27 35.1	4.2	55.4
19	103 02.9	31.7	352 08.2	9.1	27 30.9	4.3	55.3
20	118 03.1	30.7	6 36.3	9.1	27 26.6	4.4	55.3
21	133 03.3	. . 29.7	21 04.4	9.3	27 22.2	4.6	55.3
22	148 03.4	28.8	35 32.7	9.3	27 17.6	4.7	55.3
23	163 03.6	27.8	50 01.0	9.4	N27 12.9	4.8	55.2
	SD 16.1	*d* 1.0	SD 15.5		15.3		15.1

Lat.	Twilight Naut.	Twilight Civil	Sunrise	Moonrise 16	Moonrise 17	Moonrise 18	Moonrise 19
°	h m	h m	h m	h m	h m	h m	h m
N 72	03 38	05 04	06 11	▭	▭	▭	▭
N 70	03 54	05 10	06 11	▭	▭	▭	▭
68	04 07	05 15	06 11	▭	▭	▭	▭
66	04 17	05 19	06 10	▭	▭	▭	▭
64	04 26	05 23	06 10	▭	▭	▭	▭
62	04 33	05 26	06 10	06 23	▭	▭	09 32
60	04 39	05 28	06 09	07 09	07 37	08 41	10 11
N 58	04 44	05 30	06 09	07 39	08 16	09 18	10 38
56	04 48	05 32	06 09	08 02	08 43	09 44	11 00
54	04 52	05 34	06 09	08 21	09 05	10 05	11 17
52	04 56	05 35	06 09	08 37	09 23	10 22	11 32
50	04 59	05 36	06 08	08 51	09 38	10 37	11 45
45	05 05	05 39	06 08	09 19	10 09	11 07	12 11
N 40	05 09	05 41	06 08	09 41	10 32	11 30	12 32
35	05 13	05 42	06 07	10 00	10 52	11 49	12 50
30	05 15	05 43	06 07	10 16	11 09	12 06	13 05
20	05 19	05 44	06 06	10 43	11 37	12 34	13 30
N 10	05 20	05 45	06 06	11 06	12 02	12 58	13 52
0	05 20	05 44	06 05	11 28	12 25	13 20	14 12
S 10	05 19	05 43	06 04	11 50	12 48	13 42	14 32
20	05 15	05 41	06 03	12 14	13 12	14 06	14 54
30	05 10	05 38	06 02	12 42	13 41	14 33	15 19
35	05 06	05 36	06 01	12 58	13 58	14 50	15 33
40	05 01	05 33	06 00	13 17	14 18	15 09	15 50
45	04 55	05 30	05 59	13 40	14 42	15 32	16 10
S 50	04 47	05 25	05 58	14 10	15 13	16 01	16 36
52	04 43	05 23	05 57	14 25	15 29	16 16	16 48
54	04 39	05 21	05 56	14 42	15 47	16 32	17 02
56	04 33	05 18	05 56	15 03	16 09	16 52	17 18
58	04 28	05 15	05 55	15 29	16 38	17 17	17 37
S 60	04 21	05 12	05 54	16 06	17 20	17 51	18 01

Lat.	Sunset	Twilight Civil	Twilight Naut.	Moonset 16	Moonset 17	Moonset 18	Moonset 19
°	h m	h m	h m	h m	h m	h m	h m
N 72	18 07	19 15	20 43	▭	▭	▭	▭
N 70	18 08	19 09	20 26	▭	▭	▭	▭
68	18 08	19 03	20 12	▭	▭	▭	▭
66	18 08	18 59	20 02	▭	▭	▭	▭
64	18 08	18 56	19 53	▭	▭	▭	▭
62	18 08	18 52	19 46	03 57	▭	▭	06 33
60	18 08	18 50	19 39	03 11	04 42	05 34	05 53
N 58	18 08	18 48	19 34	02 41	04 03	04 57	05 26
56	18 09	18 46	19 30	02 19	03 36	04 30	05 04
54	18 09	18 44	19 26	02 00	03 14	04 09	04 46
52	18 09	18 42	19 22	01 45	02 57	03 52	04 31
50	18 09	18 41	19 19	01 31	02 41	03 37	04 18
45	18 09	18 38	19 13	01 03	02 11	03 07	03 51
N 40	18 09	18 36	19 08	00 42	01 47	02 43	03 29
35	18 10	18 35	19 04	00 24	01 28	02 24	03 11
30	18 10	18 34	19 01	00 08	01 11	02 07	02 56
20	18 10	18 32	18 58	24 42	00 42	01 39	02 29
N 10	18 11	18 32	18 56	24 18	00 18	01 14	02 07
0	18 11	18 32	18 56	23 56	24 52	00 52	01 45
S 10	18 12	18 33	18 58	23 33	24 29	00 29	01 24
20	18 13	18 35	19 01	23 09	24 04	00 04	01 01
30	18 14	18 38	19 06	22 40	23 36	24 34	00 34
35	18 15	18 40	19 10	22 24	23 19	24 18	00 18
40	18 16	18 43	19 14	22 04	22 59	23 59	25 03
45	18 17	18 46	19 20	21 41	22 35	23 37	24 43
S 50	18 18	18 50	19 28	21 10	22 04	23 08	24 19
52	18 18	18 52	19 32	20 55	21 48	22 54	24 07
54	18 19	18 54	19 36	20 38	21 30	22 37	23 54
56	18 20	18 57	19 41	20 17	21 08	22 18	23 38
58	18 20	19 00	19 47	19 51	20 40	21 53	23 19
S 60	18 21	19 03	19 53	19 14	19 58	21 20	22 56

Day	SUN Eqn. of Time 00h	SUN Eqn. of Time 12h	SUN Mer. Pass.	MOON Mer. Pass. Upper	MOON Mer. Pass. Lower	MOON Age	MOON Phase
d	m s	m s	h m	h m	h m	d %	
16	08 37	08 29	12 08	17 42	05 14	06 43	◐
17	08 20	08 11	12 08	18 38	06 10	07 53	
18	08 03	07 54	12 08	19 33	07 06	08 63	

© British Crown Copyright 2023. All rights reserved.

	UT	ARIES	VENUS −3·9		MARS +1·2		JUPITER −2·1		SATURN +1·0	
		GHA	GHA	Dec	GHA	Dec	GHA	Dec	GHA	Dec
	d h	° ′	° ′	° ′	° ′	° ′	° ′	° ′	° ′	° ′
	19 00	177 01.9	196 09.9	S 9 27.2	207 30.6	S13 38.7	134 34.4	N15 25.1	192 54.8	S 8 32.7
	01	192 04.4	211 09.4	26.0	222 31.2	38.0	149 36.4	25.2	207 57.0	32.6
	02	207 06.8	226 08.9	24.9	237 31.8	37.4	164 38.3	25.4	222 59.1	32.4
	03	222 09.3	241 08.5	. . 23.8	252 32.4	. . 36.7	179 40.3	. . 25.5	238 01.3	. . 32.3
	04	237 11.8	256 08.0	22.7	267 32.9	36.1	194 42.3	25.7	253 03.5	32.2
	05	252 14.2	271 07.6	21.6	282 33.5	35.4	209 44.3	25.8	268 05.7	32.1
	06	267 16.7	286 07.1	S 9 20.5	297 34.1	S13 34.8	224 46.2	N15 26.0	283 07.9	S 8 32.0
	07	282 19.2	301 06.6	19.4	312 34.7	34.1	239 48.2	26.1	298 10.1	31.9
T	08	297 21.6	316 06.2	18.3	327 35.3	33.5	254 50.2	26.3	313 12.3	31.8
U	09	312 24.1	331 05.7	. . 17.1	342 35.8	. . 32.8	269 52.1	. . 26.4	328 14.4	. . 31.7
E	10	327 26.6	346 05.3	16.0	357 36.4	32.1	284 54.1	26.6	343 16.6	31.6
S	11	342 29.0	1 04.8	14.9	12 37.0	31.5	299 56.1	26.7	358 18.8	31.5
D	12	357 31.5	16 04.3	S 9 13.8	27 37.6	S13 30.8	314 58.1	N15 26.9	13 21.0	S 8 31.3
A	13	12 34.0	31 03.9	12.7	42 38.2	30.2	330 00.0	27.0	28 23.2	31.2
Y	14	27 36.4	46 03.4	11.6	57 38.8	29.5	345 02.0	27.2	43 25.4	31.1
	15	42 38.9	61 03.0	. . 10.5	72 39.3	. . 28.9	0 04.0	. . 27.4	58 27.6	. . 31.0
	16	57 41.3	76 02.5	09.3	87 39.9	28.2	15 05.9	27.5	73 29.7	30.9
	17	72 43.8	91 02.1	08.2	102 40.5	27.5	30 07.9	27.7	88 31.9	30.8
	18	87 46.3	106 01.6	S 9 07.1	117 41.1	S13 26.9	45 09.9	N15 27.8	103 34.1	S 8 30.7
	19	102 48.7	121 01.1	06.0	132 41.7	26.2	60 11.8	28.0	118 36.3	30.6
	20	117 51.2	136 00.7	04.9	147 42.3	25.6	75 13.8	28.1	133 38.5	30.5
	21	132 53.7	151 00.2	. . 03.7	162 42.8	. . 24.9	90 15.8	. . 28.3	148 40.7	. . 30.4
	22	147 56.1	165 59.8	02.6	177 43.4	24.2	105 17.7	28.4	163 42.9	30.3
	23	162 58.6	180 59.3	01.5	192 44.0	23.6	120 19.7	28.6	178 45.0	30.1
	20 00	178 01.1	195 58.9	S 9 00.4	207 44.6	S13 22.9	135 21.7	N15 28.7	193 47.2	S 8 30.0
	01	193 03.5	210 58.4	8 59.3	222 45.2	22.3	150 23.7	28.9	208 49.4	29.9
	02	208 06.0	225 58.0	58.1	237 45.8	21.6	165 25.6	29.0	223 51.6	29.8
	03	223 08.5	240 57.5	. . 57.0	252 46.3	. . 20.9	180 27.6	. . 29.2	238 53.8	. . 29.7
	04	238 10.9	255 57.1	55.9	267 46.9	20.3	195 29.6	29.4	253 56.0	29.6
	05	253 13.4	270 56.6	54.8	282 47.5	19.6	210 31.5	29.5	268 58.2	29.5
	06	268 15.8	285 56.2	S 8 53.7	297 48.1	S13 19.0	225 33.5	N15 29.7	284 00.3	S 8 29.4
W	07	283 18.3	300 55.7	52.5	312 48.7	18.3	240 35.5	29.8	299 02.5	29.3
E	08	298 20.8	315 55.3	51.4	327 49.3	17.6	255 37.4	30.0	314 04.7	29.2
D	09	313 23.2	330 54.8	. . 50.3	342 49.9	. . 17.0	270 39.4	. . 30.1	329 06.9	. . 29.0
N	10	328 25.7	345 54.3	49.2	357 50.4	16.3	285 41.4	30.3	344 09.1	28.9
E	11	343 28.2	0 53.9	48.0	12 51.0	15.6	300 43.3	30.4	359 11.3	28.8
S	12	358 30.6	15 53.4	S 8 46.9	27 51.6	S13 15.0	315 45.3	N15 30.6	14 13.5	S 8 28.7
D	13	13 33.1	30 53.0	45.8	42 52.2	14.3	330 47.3	30.7	29 15.6	28.6
A	14	28 35.6	45 52.5	44.7	57 52.8	13.6	345 49.2	30.9	44 17.8	28.5
Y	15	43 38.0	60 52.1	. . 43.5	72 53.4	. . 13.0	0 51.2	. . 31.0	59 20.0	. . 28.4
	16	58 40.5	75 51.6	42.4	87 54.0	12.3	15 53.2	31.2	74 22.2	28.3
	17	73 42.9	90 51.2	41.3	102 54.5	11.7	30 55.1	31.4	89 24.4	28.2
	18	88 45.4	105 50.8	S 8 40.1	117 55.1	S13 11.0	45 57.1	N15 31.5	104 26.6	S 8 28.1
	19	103 47.9	120 50.3	39.0	132 55.7	10.3	60 59.1	31.7	119 28.8	28.0
	20	118 50.3	135 49.9	37.9	147 56.3	09.7	76 01.0	31.8	134 31.0	27.8
	21	133 52.8	150 49.4	. . 36.8	162 56.9	. . 09.0	91 03.0	. . 32.0	149 33.1	. . 27.7
	22	148 55.3	165 49.0	35.6	177 57.5	08.3	106 05.0	32.1	164 35.3	27.6
	23	163 57.7	180 48.5	34.5	192 58.1	07.7	121 06.9	32.3	179 37.5	27.5
	21 00	179 00.2	195 48.1	S 8 33.4	207 58.7	S13 07.0	136 08.9	N15 32.4	194 39.7	S 8 27.4
	01	194 02.7	210 47.6	32.2	222 59.2	06.3	151 10.9	32.6	209 41.9	27.3
	02	209 05.1	225 47.2	31.1	237 59.8	05.7	166 12.8	32.7	224 44.1	27.2
	03	224 07.6	240 46.7	. . 30.0	253 00.4	. . 05.0	181 14.8	. . 32.9	239 46.3	. . 27.1
	04	239 10.1	255 46.3	28.8	268 01.0	04.3	196 16.7	33.0	254 48.5	27.0
	05	254 12.5	270 45.8	27.7	283 01.6	03.7	211 18.7	33.2	269 50.6	26.9
	06	269 15.0	285 45.4	S 8 26.6	298 02.2	S13 03.0	226 20.7	N15 33.4	284 52.8	S 8 26.8
	07	284 17.4	300 45.0	25.4	313 02.8	02.3	241 22.6	33.5	299 55.0	26.6
T	08	299 19.9	315 44.5	24.3	328 03.4	01.7	256 24.6	33.7	314 57.2	26.5
H	09	314 22.4	330 44.1	. . 23.2	343 04.0	. . 01.0	271 26.6	. . 33.8	329 59.4	. . 26.4
U	10	329 24.8	345 43.6	22.0	358 04.5	13 00.3	286 28.5	34.0	345 01.6	26.3
R	11	344 27.3	0 43.2	20.9	13 05.1	12 59.7	301 30.5	34.1	0 03.8	26.2
S	12	359 29.8	15 42.7	S 8 19.8	28 05.7	S12 59.0	316 32.5	N15 34.3	15 05.9	S 8 26.1
D	13	14 32.2	30 42.3	18.6	43 06.3	58.3	331 34.4	34.4	30 08.1	26.0
A	14	29 34.7	45 41.9	17.5	58 06.9	57.7	346 36.4	34.6	45 10.3	25.9
Y	15	44 37.2	60 41.4	. . 16.4	73 07.5	. . 57.0	1 38.3	. . 34.7	60 12.5	. . 25.8
	16	59 39.6	75 41.0	15.2	88 08.1	56.3	16 40.3	34.9	75 14.7	25.7
	17	74 42.1	90 40.5	14.1	103 08.7	55.7	31 42.3	35.1	90 16.9	25.6
	18	89 44.6	105 40.1	S 8 13.0	118 09.3	S12 55.0	46 44.2	N15 35.2	105 19.1	S 8 25.4
	19	104 47.0	120 39.6	11.8	133 09.9	54.3	61 46.2	35.4	120 21.3	25.3
	20	119 49.5	135 39.2	10.7	148 10.5	53.6	76 48.2	35.5	135 23.5	25.2
	21	134 51.9	150 38.8	. . 09.5	163 11.0	. . 53.0	91 50.1	. . 35.7	150 25.6	. . 25.1
	22	149 54.4	165 38.3	08.4	178 11.6	52.3	106 52.1	35.8	165 27.8	25.0
	23	164 56.9	180 37.9	07.3	193 12.2	51.6	121 54.0	36.0	180 30.0	24.9
	Mer. Pass.	h m 12 05.9	v −0.5	d 1.1	v 0.6	d 0.7	v 2.0	d 0.2	v 2.2	d 0.1

STARS

Name	SHA	Dec
	° ′	° ′
Acamar	315 12.6	S40 12.7
Achernar	335 21.2	S57 07.0
Acrux	173 00.2	S63 14.0
Adhara	255 06.3	S29 00.5
Aldebaran	290 40.5	N16 33.4
Alioth	166 13.0	N55 49.6
Alkaid	152 52.1	N49 11.3
Alnair	27 34.1	S46 50.6
Alnilam	275 38.4	S 1 11.3
Alphard	217 48.2	S 8 45.9
Alphecca	126 04.1	N26 37.7
Alpheratz	357 35.8	N29 13.3
Altair	62 00.8	N 8 55.7
Ankaa	353 08.2	S42 10.6
Antares	112 16.5	S26 29.1
Arcturus	145 48.2	N19 03.2
Atria	107 11.3	S69 04.0
Avior	234 14.7	S59 35.4
Bellatrix	278 23.6	N 6 22.2
Betelgeuse	270 52.8	N 7 24.6
Canopus	263 52.6	S52 42.8
Capella	280 23.0	N46 01.5
Deneb	49 26.6	N45 21.7
Denebola	182 25.3	N14 26.1
Diphda	348 48.3	S17 51.4
Dubhe	193 41.1	N61 37.3
Elnath	278 02.8	N28 37.7
Eltanin	90 42.5	N51 28.7
Enif	33 39.7	N 9 58.9
Fomalhaut	15 15.6	S29 29.8
Gacrux	171 51.9	S57 14.9
Gienah	175 44.0	S17 40.7
Hadar	148 36.5	S60 29.3
Hamal	327 52.3	N23 34.5
Kaus Aust.	83 33.4	S34 22.3
Kochab	137 18.9	N74 03.1
Markab	13 30.9	N15 19.9
Menkar	314 07.1	N 4 11.0
Menkent	147 58.1	S36 29.3
Miaplacidus	221 37.8	S69 49.1
Mirfak	308 29.5	N49 56.9
Nunki	75 48.7	S26 16.0
Peacock	53 07.1	S56 39.3
Pollux	243 18.0	N27 58.1
Procyon	244 51.4	N 5 09.7
Rasalhague	95 59.1	N12 32.3
Regulus	207 34.9	N11 50.9
Rigel	281 04.6	S 8 10.6
Rigil Kent.	139 40.8	S60 56.0
Sabik	102 03.5	S15 45.4
Schedar	349 32.4	N56 40.2
Shaula	96 11.2	S37 07.2
Sirius	258 26.8	S16 45.1
Spica	158 22.7	S11 17.4
Suhail	222 46.5	S43 32.0
Vega	80 33.7	N38 48.0
Zuben'ubi	136 56.5	S16 08.6

	SHA	Mer. Pass.
	° ′	h m
Venus	17 57.8	10 56
Mars	29 43.5	10 09
Jupiter	317 20.6	14 57
Saturn	15 46.2	11 03

© British Crown Copyright 2023. All rights reserved.

	UT (d h)	SUN GHA (° ′)	SUN Dec (° ′)	MOON GHA (° ′)	v (′)	MOON Dec (° ′)	d (′)	HP (′)
	19 00	178 03.8	S 0 26.8	64 29.4	9.4	N27 08.1	5.0	55.2
	01	193 04.0	25.8	78 57.8	9.6	27 03.1	5.1	55.2
	02	208 04.2	24.8	93 26.4	9.6	26 58.0	5.3	55.2
	03	223 04.4	. . 23.8	107 55.0	9.7	26 52.7	5.3	55.1
	04	238 04.5	22.8	122 23.7	9.8	26 47.4	5.5	55.1
	05	253 04.7	21.8	136 52.5	9.8	26 41.9	5.6	55.1
	06	268 04.9	S 0 20.9	151 21.3	10.0	N26 36.3	5.8	55.1
	07	283 05.1	19.9	165 50.3	10.0	26 30.5	5.9	55.0
TUESDAY	08	298 05.3	18.9	180 19.3	10.1	26 24.6	6.0	55.0
	09	313 05.5	. . 17.9	194 48.4	10.2	26 18.6	6.1	55.0
	10	328 05.6	16.9	209 17.6	10.3	26 12.5	6.2	55.0
	11	343 05.8	15.9	223 46.9	10.3	26 06.3	6.4	55.0
	12	358 06.0	S 0 14.9	238 16.2	10.4	N25 59.9	6.5	54.9
	13	13 06.2	13.9	252 45.6	10.6	25 53.4	6.6	54.9
	14	28 06.4	12.9	267 15.2	10.6	25 46.8	6.7	54.9
	15	43 06.6	. . 12.0	281 44.8	10.6	25 40.1	6.9	54.9
	16	58 06.8	11.0	296 14.4	10.8	25 33.2	6.9	54.9
	17	73 06.9	10.0	310 44.2	10.9	25 26.3	7.1	54.8
	18	88 07.1	S 0 09.0	325 14.1	10.9	N25 19.2	7.2	54.8
	19	103 07.3	08.0	339 44.0	11.0	25 12.0	7.3	54.8
	20	118 07.5	07.0	354 14.0	11.1	25 04.7	7.5	54.8
	21	133 07.7	. . 06.0	8 44.1	11.2	24 57.2	7.5	54.8
	22	148 07.9	05.0	23 14.3	11.3	24 49.7	7.6	54.7
	23	163 08.0	04.1	37 44.6	11.4	24 42.1	7.8	54.7
	20 00	178 08.2	S 0 03.1	52 15.0	11.4	N24 34.3	7.8	54.7
	01	193 08.4	02.1	66 45.4	11.6	24 26.5	8.0	54.7
	02	208 08.6	01.1	81 16.0	11.6	24 18.5	8.1	54.7
	03	223 08.8	S 00.1	95 46.6	11.7	24 10.4	8.2	54.7
	04	238 09.0	N 00.9	110 17.3	11.8	24 02.2	8.3	54.6
	05	253 09.2	01.9	124 48.1	11.9	23 53.9	8.3	54.6
	06	268 09.3	N 0 02.9	139 19.0	11.9	N23 45.6	8.5	54.6
WEDNESDAY	07	283 09.5	03.9	153 49.9	12.1	23 37.1	8.6	54.6
	08	298 09.7	04.8	168 21.0	12.1	23 28.5	8.7	54.6
	09	313 09.9	. . 05.8	182 52.1	12.2	23 19.8	8.8	54.6
	10	328 10.1	06.8	197 23.3	12.3	23 11.0	8.9	54.5
	11	343 10.3	07.8	211 54.6	12.4	23 02.1	9.0	54.5
	12	358 10.5	N 0 08.8	226 26.0	12.5	N22 53.1	9.1	54.5
	13	13 10.6	09.8	240 57.5	12.5	22 44.0	9.2	54.5
	14	28 10.8	10.8	255 29.0	12.6	22 34.8	9.2	54.5
	15	43 11.0	. . 11.8	270 00.6	12.7	22 25.6	9.4	54.5
	16	58 11.2	12.7	284 32.3	12.8	22 16.2	9.5	54.4
	17	73 11.4	13.7	299 04.1	12.9	22 06.7	9.5	54.4
	18	88 11.6	N 0 14.7	313 36.0	13.0	N21 57.2	9.7	54.4
	19	103 11.8	15.7	328 08.0	13.0	21 47.5	9.7	54.4
	20	118 11.9	16.7	342 40.0	13.1	21 37.8	9.8	54.4
	21	133 12.1	. . 17.7	357 12.1	13.2	21 28.0	9.9	54.4
	22	148 12.3	18.7	11 44.3	13.3	21 18.1	10.0	54.4
	23	163 12.5	19.7	26 16.6	13.4	21 08.1	10.1	54.4
	21 00	178 12.7	N 0 20.6	40 49.0	13.4	N20 58.0	10.1	54.3
	01	193 12.9	21.6	55 21.4	13.5	20 47.9	10.3	54.3
	02	208 13.1	22.6	69 53.9	13.6	20 37.6	10.3	54.3
	03	223 13.3	. . 23.6	84 26.5	13.7	20 27.3	10.4	54.3
	04	238 13.4	24.6	98 59.2	13.7	20 16.9	10.5	54.3
	05	253 13.6	25.6	113 31.9	13.9	20 06.4	10.6	54.3
	06	268 13.8	N 0 26.6	128 04.8	13.9	N19 55.8	10.6	54.3
THURSDAY	07	283 14.0	27.6	142 37.7	13.9	19 45.2	10.7	54.3
	08	298 14.2	28.5	157 10.6	14.1	19 34.5	10.8	54.3
	09	313 14.4	. . 29.5	171 43.7	14.1	19 23.7	10.9	54.2
	10	328 14.6	30.5	186 16.8	14.2	19 12.8	11.0	54.2
	11	343 14.7	31.5	200 50.0	14.3	19 01.8	11.0	54.2
	12	358 14.9	N 0 32.5	215 23.3	14.3	N18 50.8	11.1	54.2
	13	13 15.1	33.5	229 56.6	14.4	18 39.7	11.2	54.2
	14	28 15.3	34.5	244 30.0	14.5	18 28.5	11.2	54.2
	15	43 15.5	. . 35.4	259 03.5	14.6	18 17.3	11.3	54.2
	16	58 15.7	36.4	273 37.1	14.6	18 06.0	11.4	54.2
	17	73 15.9	37.4	288 10.7	14.7	17 54.6	11.4	54.2
	18	88 16.1	N 0 38.4	302 44.4	14.8	N17 43.2	11.5	54.2
	19	103 16.2	39.4	317 18.2	14.8	17 31.7	11.6	54.1
	20	118 16.4	40.4	331 52.0	14.9	17 20.1	11.7	54.1
	21	133 16.6	. . 41.4	346 25.9	14.9	17 08.4	11.7	54.1
	22	148 16.8	42.4	0 59.8	15.1	16 56.7	11.7	54.1
	23	163 17.0	43.3	15 33.9	15.0	N16 45.0	11.9	54.1
		SD 16.1	d 1.0	SD 15.0		14.9		14.8

Lat. (°)	Twilight Naut. (h m)	Twilight Civil (h m)	Sunrise (h m)	Moonrise 19 (h m)	Moonrise 20 (h m)	Moonrise 21 (h m)	Moonrise 22 (h m)
N 72	03 18	04 48	05 56	□	□	□	13 05
N 70	03 38	04 56	05 57	□	□	10 54	13 35
68	03 52	05 02	05 58	□	□	11 49	13 56
66	04 04	05 08	05 59	□	09 57	12 21	14 12
64	04 14	05 12	05 59	□	10 51	12 45	14 26
62	04 22	05 16	06 00	09 32	11 23	13 04	14 37
60	04 29	05 19	06 00	10 11	11 47	13 19	14 47
N 58	04 35	05 22	06 01	10 38	12 06	13 32	14 55
56	04 40	05 24	06 01	11 00	12 21	13 43	15 02
54	04 44	05 26	06 01	11 17	12 35	13 53	15 09
52	04 48	05 28	06 02	11 32	12 47	14 01	15 15
50	04 52	05 30	06 02	11 45	12 57	14 09	15 20
45	04 59	05 33	06 02	12 11	13 19	14 26	15 31
N 40	05 04	05 36	06 03	12 32	13 36	14 39	15 41
35	05 08	05 38	06 03	12 50	13 50	14 50	15 49
30	05 12	05 40	06 03	13 05	14 03	15 00	15 56
20	05 16	05 42	06 04	13 30	14 25	15 17	16 08
N 10	05 19	05 43	06 04	13 52	14 43	15 32	16 18
0	05 19	05 43	06 04	14 12	15 00	15 45	16 28
S 10	05 19	05 43	06 04	14 32	15 18	15 59	16 37
20	05 16	05 42	06 04	14 54	15 36	16 14	16 48
30	05 12	05 40	06 04	15 19	15 57	16 30	16 59
35	05 09	05 38	06 03	15 33	16 09	16 40	17 06
40	05 05	05 36	06 03	15 50	16 23	16 51	17 14
45	04 59	05 34	06 03	16 10	16 40	17 03	17 23
S 50	04 52	05 30	06 02	16 36	17 00	17 19	17 33
52	04 49	05 28	06 02	16 48	17 10	17 26	17 38
54	04 45	05 27	06 02	17 02	17 21	17 34	17 44
56	04 40	05 25	06 02	17 18	17 33	17 43	17 50
58	04 35	05 22	06 01	17 37	17 47	17 53	17 56
S 60	04 29	05 19	06 01	18 01	18 04	18 04	18 04

Lat. (°)	Sunset (h m)	Twilight Civil (h m)	Twilight Naut. (h m)	Moonset 19 (h m)	Moonset 20 (h m)	Moonset 21 (h m)	Moonset 22 (h m)
N 72	18 21	19 30	21 01	□	□	□	07 52
N 70	18 20	19 21	20 41	□	□	08 33	07 21
68	18 19	19 15	20 25	□	□	07 37	06 58
66	18 18	19 09	20 13	□	07 52	07 03	06 40
64	18 17	19 05	20 03	□	06 57	06 38	06 25
62	18 16	19 01	19 55	06 33	06 25	06 18	06 13
60	18 16	18 57	19 48	05 53	06 00	06 02	06 02
N 58	18 15	18 54	19 42	05 26	05 41	05 49	05 53
56	18 15	18 52	19 36	05 04	05 24	05 37	05 45
54	18 14	18 50	19 32	04 46	05 10	05 26	05 38
52	18 14	18 48	19 28	04 31	04 58	05 17	05 31
50	18 14	18 46	19 24	04 18	04 47	05 09	05 25
45	18 13	18 42	19 17	03 51	04 25	04 51	05 12
N 40	18 12	18 39	19 11	03 29	04 06	04 36	05 02
35	18 12	18 37	19 07	03 11	03 51	04 24	04 52
30	18 12	18 36	19 03	02 56	03 37	04 13	04 44
20	18 11	18 33	18 59	02 29	03 14	03 54	04 30
N 10	18 11	18 32	18 56	02 07	02 54	03 38	04 18
0	18 11	18 31	18 55	01 45	02 36	03 23	04 06
S 10	18 10	18 31	18 56	01 24	02 17	03 07	03 54
20	18 10	18 32	18 58	01 01	01 57	02 50	03 42
30	18 11	18 34	19 02	00 34	01 33	02 31	03 27
35	18 11	18 36	19 05	00 18	01 19	02 20	03 19
40	18 11	18 38	19 09	25 03	01 03	02 06	03 09
45	18 11	18 40	19 15	24 43	00 43	01 51	02 58
S 50	18 11	18 43	19 21	24 19	00 19	01 32	02 44
52	18 11	18 45	19 25	24 07	00 07	01 23	02 37
54	18 12	18 47	19 28	23 54	25 12	01 12	02 30
56	18 12	18 49	19 33	23 38	25 01	01 01	02 22
58	18 12	18 51	19 38	23 19	24 47	00 47	02 12
S 60	18 12	18 54	19 43	22 56	24 31	00 31	02 02

Day (d)	SUN Eqn. of Time 00^h (m s)	SUN Eqn. of Time 12^h (m s)	SUN Mer. Pass. (h m)	MOON Mer. Pass. Upper (h m)	MOON Mer. Pass. Lower (h m)	MOON Age (d)	MOON Phase (%)
19	07 45	07 36	12 08	20 24	07 59	09	73
20	07 27	07 19	12 07	21 12	08 48	10	81
21	07 10	07 01	12 07	21 56	09 34	11	88

© British Crown Copyright 2023. All rights reserved.

2024 MARCH 22, 23, 24 (FRI., SAT., SUN.)

UT d	h	ARIES GHA	VENUS −3·9 GHA	VENUS Dec	MARS +1·2 GHA	MARS Dec	JUPITER −2·1 GHA	JUPITER Dec	SATURN +1·0 GHA	SATURN Dec	STARS Name	SHA	Dec
		° ′	° ′	° ′	° ′	° ′	° ′	° ′	° ′	° ′		° ′	° ′
22	00	179 59.3	195 37.4	S 8 06.1	208 12.8	S12 51.0	136 56.0	N15 36.1	195 32.2	S 8 24.8	Acamar	315 12.6	S40 12.7
	01	195 01.8	210 37.0	05.0	223 13.4	50.3	151 58.0	36.3	210 34.4	24.7	Achernar	335 21.2	S57 07.0
	02	210 04.3	225 36.6	03.8	238 14.0	49.6	166 59.9	36.4	225 36.6	24.6	Acrux	173 00.2	S63 14.0
	03	225 06.7	240 36.1	. . 02.7	253 14.6	. . 48.9	182 01.9	. . 36.6	240 38.8	. . 24.5	Adhara	255 06.3	S29 00.5
	04	240 09.2	255 35.7	01.6	268 15.2	48.3	197 03.9	36.8	255 41.0	24.4	Aldebaran	290 40.5	N16 33.4
	05	255 11.7	270 35.3	8 00.4	283 15.8	47.6	212 05.8	36.9	270 43.1	24.2			
	06	270 14.1	285 34.8	S 7 59.3	298 16.4	S12 46.9	227 07.8	N15 37.1	285 45.3	S 8 24.1	Alioth	166 13.0	N55 49.6
	07	285 16.6	300 34.4	58.1	313 17.0	46.3	242 09.7	37.2	300 47.5	24.0	Alkaid	152 52.1	N49 11.3
	08	300 19.0	315 33.9	57.0	328 17.6	45.6	257 11.7	37.4	315 49.7	23.9	Alnair	27 34.1	S46 50.6
F	09	315 21.5	330 33.5	. . 55.9	343 18.2	. . 44.9	272 13.7	. . 37.5	330 51.9	. . 23.8	Alnilam	275 38.5	S 1 11.3
R	10	330 24.0	345 33.1	54.7	358 18.7	44.2	287 15.6	37.7	345 54.1	23.7	Alphard	217 48.2	S 8 45.9
I	11	345 26.4	0 32.6	53.6	13 19.3	43.6	302 17.6	37.8	0 56.3	23.6			
D	12	0 28.9	15 32.2	S 7 52.4	28 19.9	S12 42.9	317 19.5	N15 38.0	15 58.5	S 8 23.5	Alphecca	126 04.1	N26 37.7
A	13	15 31.4	30 31.8	51.3	43 20.5	42.2	332 21.5	38.1	31 00.7	23.4	Alpheratz	357 35.8	N29 13.3
Y	14	30 33.8	45 31.3	50.1	58 21.1	41.5	347 23.5	38.3	46 02.8	23.3	Altair	62 00.7	N 8 55.7
	15	45 36.3	60 30.9	. . 49.0	73 21.7	. . 40.9	2 25.4	. . 38.5	61 05.0	. . 23.2	Ankaa	353 08.2	S42 10.6
	16	60 38.8	75 30.5	47.8	88 22.3	40.2	17 27.4	38.6	76 07.2	23.1	Antares	112 16.5	S26 29.1
	17	75 41.2	90 30.0	46.7	103 22.9	39.5	32 29.3	38.8	91 09.4	22.9			
	18	90 43.7	105 29.6	S 7 45.6	118 23.5	S12 38.9	47 31.3	N15 38.9	106 11.6	S 8 22.8	Arcturus	145 48.2	N19 03.2
	19	105 46.2	120 29.2	44.4	133 24.1	38.2	62 33.3	39.1	121 13.8	22.7	Atria	107 11.2	S69 04.0
	20	120 48.6	135 28.7	43.3	148 24.7	37.5	77 35.2	39.2	136 16.0	22.6	Avior	234 14.7	S59 35.4
	21	135 51.1	150 28.3	. . 42.1	163 25.3	. . 36.8	92 37.2	. . 39.4	151 18.2	. . 22.5	Bellatrix	278 23.7	N 6 22.2
	22	150 53.5	165 27.9	41.0	178 25.9	36.2	107 39.1	39.5	166 20.3	22.4	Betelgeuse	270 52.8	N 7 24.6
	23	165 56.0	180 27.4	39.8	193 26.5	35.5	122 41.1	39.7	181 22.5	22.3			
23	00	180 58.5	195 27.0	S 7 38.7	208 27.1	S12 34.8	137 43.0	N15 39.8	196 24.7	S 8 22.2	Canopus	263 52.7	S52 42.8
	01	196 00.9	210 26.6	37.5	223 27.7	34.1	152 45.0	40.0	211 26.9	22.1	Capella	280 23.0	N46 01.5
	02	211 03.4	225 26.1	36.4	238 28.3	33.4	167 47.0	40.2	226 29.1	22.0	Deneb	49 26.5	N45 21.7
	03	226 05.9	240 25.7	. . 35.2	253 28.9	. . 32.8	182 48.9	. . 40.3	241 31.3	. . 21.9	Denebola	182 25.3	N14 26.1
	04	241 08.3	255 25.3	34.1	268 29.5	32.1	197 50.9	40.5	256 33.5	21.8	Diphda	348 48.3	S17 51.4
	05	256 10.8	270 24.8	32.9	283 30.1	31.4	212 52.8	40.6	271 35.7	21.6			
	06	271 13.3	285 24.4	S 7 31.8	298 30.7	S12 30.7	227 54.8	N15 40.8	286 37.9	S 8 21.5	Dubhe	193 41.1	N61 37.3
S	07	286 15.7	300 24.0	30.6	313 31.2	30.1	242 56.8	40.9	301 40.1	21.4	Elnath	278 02.8	N28 37.7
A	08	301 18.2	315 23.6	29.5	328 31.8	29.4	257 58.7	41.1	316 42.2	21.3	Eltanin	90 42.5	N51 28.7
T	09	316 20.6	330 23.1	. . 28.3	343 32.4	. . 28.7	273 00.7	. . 41.2	331 44.4	. . 21.2	Enif	33 39.7	N 9 58.9
U	10	331 23.1	345 22.7	27.2	358 33.0	28.0	288 02.6	41.4	346 46.6	21.1	Fomalhaut	15 15.6	S29 29.7
R	11	346 25.6	0 22.3	26.0	13 33.6	27.4	303 04.6	41.6	1 48.8	21.0			
D	12	1 28.0	15 21.8	S 7 24.9	28 34.2	S12 26.7	318 06.5	N15 41.7	16 51.0	S 8 20.9	Gacrux	171 51.9	S57 15.0
A	13	16 30.5	30 21.4	23.7	43 34.8	26.0	333 08.5	41.9	31 53.2	20.8	Gienah	175 44.0	S17 40.7
Y	14	31 33.0	45 21.0	22.5	58 35.4	25.3	348 10.4	42.0	46 55.4	20.7	Hadar	148 36.4	S60 29.3
	15	46 35.4	60 20.6	. . 21.4	73 36.0	. . 24.6	3 12.4	. . 42.2	61 57.6	. . 20.6	Hamal	327 52.3	N23 34.5
	16	61 37.9	75 20.1	20.2	88 36.6	24.0	18 14.4	42.3	76 59.8	20.5	Kaus Aust.	83 33.4	S34 22.3
	17	76 40.4	90 19.7	19.1	103 37.2	23.3	33 16.3	42.5	92 01.9	20.3			
	18	91 42.8	105 19.3	S 7 17.9	118 37.8	S12 22.6	48 18.3	N15 42.6	107 04.1	S 8 20.2	Kochab	137 18.8	N74 03.1
	19	106 45.3	120 18.9	16.8	133 38.4	21.9	63 20.2	42.8	122 06.3	20.1	Markab	13 30.9	N15 19.9
	20	121 47.8	135 18.4	15.6	148 39.0	21.2	78 22.2	42.9	137 08.5	20.0	Menkar	314 07.1	N 4 11.0
	21	136 50.2	150 18.0	. . 14.5	163 39.6	. . 20.6	93 24.1	. . 43.1	152 10.7	. . 19.9	Menkent	147 58.1	S36 29.4
	22	151 52.7	165 17.6	13.3	178 40.2	19.9	108 26.1	43.3	167 12.9	19.8	Miaplacidus	221 37.8	S69 49.2
	23	166 55.1	180 17.1	12.1	193 40.8	19.2	123 28.0	43.4	182 15.1	19.7			
24	00	181 57.6	195 16.7	S 7 11.0	208 41.4	S12 18.5	138 30.0	N15 43.6	197 17.3	S 8 19.6	Mirfak	308 29.6	N49 56.9
	01	197 00.1	210 16.3	09.8	223 42.0	17.8	153 32.0	43.7	212 19.5	19.5	Nunki	75 48.6	S26 16.0
	02	212 02.5	225 15.9	08.7	238 42.6	17.2	168 33.9	43.9	227 21.7	19.4	Peacock	53 07.1	S56 39.3
	03	227 05.0	240 15.4	. . 07.5	253 43.2	. . 16.5	183 35.9	. . 44.0	242 23.8	. . 19.3	Pollux	243 18.0	N27 58.1
	04	242 07.5	255 15.0	06.4	268 43.8	15.8	198 37.8	44.2	257 26.0	19.2	Procyon	244 51.4	N 5 09.7
	05	257 09.9	270 14.6	05.2	283 44.4	15.1	213 39.8	44.3	272 28.2	19.1			
	06	272 12.4	285 14.2	S 7 04.0	298 45.0	S12 14.4	228 41.7	N15 44.5	287 30.4	S 8 18.9	Rasalhague	95 59.1	N12 32.3
	07	287 14.9	300 13.8	02.9	313 45.6	13.7	243 43.7	44.7	302 32.6	18.8	Regulus	207 34.9	N11 50.9
	08	302 17.3	315 13.3	01.7	328 46.2	13.1	258 45.6	44.8	317 34.8	18.7	Rigel	281 04.6	S 8 10.6
S	09	317 19.8	330 12.9	7 00.6	343 46.8	. . 12.4	273 47.6	. . 45.0	332 37.0	. . 18.6	Rigil Kent.	139 40.7	S60 56.0
U	10	332 22.2	345 12.5	6 59.4	358 47.4	11.7	288 49.5	45.1	347 39.2	18.5	Sabik	102 03.5	S15 45.4
N	11	347 24.7	0 12.1	58.2	13 48.0	11.0	303 51.5	45.3	2 41.4	18.4			
D	12	2 27.2	15 11.6	S 6 57.1	28 48.6	S12 10.3	318 53.5	N15 45.4	17 43.6	S 8 18.3	Schedar	349 32.4	N56 40.1
A	13	17 29.6	30 11.2	55.9	43 49.2	09.6	333 55.4	45.6	32 45.7	18.2	Shaula	96 11.2	S37 07.2
Y	14	32 32.1	45 10.8	54.8	58 49.8	09.0	348 57.4	45.7	47 47.9	18.1	Sirius	258 26.8	S16 45.1
	15	47 34.6	60 10.4	. . 53.6	73 50.4	. . 08.3	3 59.3	. . 45.9	62 50.1	. . 18.0	Spica	158 22.7	S11 17.4
	16	62 37.0	75 10.0	52.4	88 51.0	07.6	19 01.3	46.0	77 52.3	17.9	Suhail	222 46.5	S43 32.0
	17	77 39.5	90 09.5	51.3	103 51.6	06.9	34 03.2	46.2	92 54.5	17.8			
	18	92 42.0	105 09.1	S 6 50.1	118 52.2	S12 06.2	49 05.2	N15 46.4	107 56.7	S 8 17.7	Vega	80 33.7	N38 48.0
	19	107 44.4	120 08.7	48.9	133 52.8	05.5	64 07.1	46.5	122 58.9	17.5	Zuben'ubi	136 56.5	S16 08.6
	20	122 46.9	135 08.3	47.8	148 53.4	04.9	79 09.1	46.7	138 01.1	17.4			
	21	137 49.4	150 07.9	. . 46.6	163 54.0	. . 04.2	94 11.0	. . 46.8	153 03.3	. . 17.3			
	22	152 51.8	165 07.4	45.5	178 54.6	03.5	109 13.0	47.0	168 05.5	17.2			
	23	167 54.3	180 07.0	44.3	193 55.2	02.8	124 14.9	47.1	183 07.7	17.1			
Mer. Pass.		h m 11 54.1	v −0.4	d 1.2	v 0.6	d 0.7	v 2.0	d 0.2	v 2.2	d 0.1			

	SHA	Mer. Pass.
	° ′	h m
Venus	14 28.5	10 59
Mars	27 28.6	10 06
Jupiter	316 44.6	14 47
Saturn	15 26.3	10 53

© British Crown Copyright 2023. All rights reserved.

Day	UT d h	SUN GHA ° ′	SUN Dec ° ′	MOON GHA ° ′	v ′	MOON Dec ° ′	d ′	HP ′
22	00	178 17.2	N 0 44.3	30 07.9	15.2	N16 33.1	11.9	54.1
	01	193 17.4	45.3	44 42.1	15.2	16 21.2	11.9	54.1
	02	208 17.6	46.3	59 16.3	15.3	16 09.3	12.1	54.1
	03	223 17.7	. . 47.3	73 50.6	15.3	15 57.2	12.0	54.1
	04	238 17.9	48.3	88 24.9	15.4	15 45.2	12.2	54.1
	05	253 18.1	49.3	102 59.3	15.5	15 33.0	12.2	54.1
	06	268 18.3	N 0 50.2	117 33.8	15.5	N15 20.8	12.2	54.1
	07	283 18.5	51.2	132 08.3	15.6	15 08.6	12.3	54.1
	08	298 18.7	52.2	146 42.9	15.6	14 56.3	12.4	54.1
F	09	313 18.9	. . 53.2	161 17.5	15.7	14 43.9	12.4	54.1
R	10	328 19.1	54.2	175 52.2	15.7	14 31.5	12.4	54.0
I	11	343 19.2	55.2	190 26.9	15.8	14 19.1	12.6	54.0
D	12	358 19.4	N 0 56.2	205 01.7	15.9	N14 06.5	12.5	54.0
A	13	13 19.6	57.1	219 36.6	15.9	13 54.0	12.7	54.0
Y	14	28 19.8	58.1	234 11.5	15.9	13 41.3	12.6	54.0
	15	43 20.0	0 59.1	248 46.4	16.0	13 28.7	12.7	54.0
	16	58 20.2	1 00.1	263 21.4	16.1	13 16.0	12.8	54.0
	17	73 20.4	01.1	277 56.5	16.1	13 03.2	12.8	54.0
	18	88 20.6	N 1 02.1	292 31.6	16.1	N12 50.4	12.9	54.0
	19	103 20.8	03.1	307 06.7	16.2	12 37.5	12.9	54.0
	20	118 20.9	04.0	321 41.9	16.3	12 24.6	12.9	54.0
	21	133 21.1	. . 05.0	336 17.2	16.3	12 11.7	13.0	54.0
	22	148 21.3	06.0	350 52.5	16.3	11 58.7	13.1	54.0
	23	163 21.5	07.0	5 27.8	16.4	11 45.6	13.1	54.0
23	00	178 21.7	N 1 08.0	20 03.2	16.4	N11 32.5	13.1	54.0
	01	193 21.9	09.0	34 38.6	16.5	11 19.4	13.1	54.0
	02	208 22.1	10.0	49 14.1	16.5	11 06.3	13.2	54.0
	03	223 22.3	. . 10.9	63 49.6	16.5	10 53.1	13.3	54.0
	04	238 22.5	11.9	78 25.1	16.6	10 39.8	13.3	54.0
	05	253 22.6	12.9	93 00.7	16.7	10 26.5	13.3	54.0
	06	268 22.8	N 1 13.9	107 36.4	16.6	N10 13.2	13.3	54.0
S	07	283 23.0	14.9	122 12.0	16.7	9 59.9	13.4	54.0
A	08	298 23.2	15.9	136 47.7	16.8	9 46.5	13.4	54.0
T	09	313 23.4	. . 16.8	151 23.5	16.7	9 33.1	13.5	54.0
U	10	328 23.6	17.8	165 59.2	16.8	9 19.6	13.5	54.0
R	11	343 23.8	18.8	180 35.0	16.9	9 06.1	13.5	54.0
D	12	358 24.0	N 1 19.8	195 10.9	16.8	N 8 52.6	13.6	54.0
A	13	13 24.1	20.8	209 46.7	16.9	8 39.0	13.6	54.0
Y	14	28 24.3	21.8	224 22.6	17.0	8 25.4	13.6	54.0
	15	43 24.5	. . 22.8	238 58.6	16.9	8 11.8	13.6	54.0
	16	58 24.7	23.7	253 34.5	17.0	7 58.2	13.7	54.0
	17	73 24.9	24.7	268 10.5	17.0	7 44.5	13.7	54.0
	18	88 25.1	N 1 25.7	282 46.5	17.1	N 7 30.8	13.7	54.0
	19	103 25.3	26.7	297 22.6	17.0	7 17.1	13.8	54.0
	20	118 25.5	27.7	311 58.6	17.1	7 03.3	13.8	54.0
	21	133 25.7	. . 28.7	326 34.7	17.1	6 49.5	13.8	54.0
	22	148 25.8	29.6	341 10.8	17.2	6 35.7	13.8	54.0
	23	163 26.0	30.6	355 47.0	17.1	6 21.9	13.9	54.0
24	00	178 26.2	N 1 31.6	10 23.1	17.2	N 6 08.0	13.8	54.0
	01	193 26.4	32.6	24 59.3	17.2	5 54.2	14.0	54.0
	02	208 26.6	33.6	39 35.5	17.2	5 40.2	13.9	54.0
	03	223 26.8	. . 34.6	54 11.7	17.2	5 26.3	13.9	54.0
	04	238 27.0	35.5	68 47.9	17.3	5 12.4	14.0	54.0
	05	253 27.2	36.5	83 24.2	17.3	4 58.4	14.0	54.0
	06	268 27.4	N 1 37.5	98 00.5	17.2	N 4 44.4	14.0	54.0
	07	283 27.5	38.5	112 36.7	17.3	4 30.4	14.0	54.0
	08	298 27.7	39.5	127 13.0	17.3	4 16.4	14.0	54.0
S	09	313 27.9	. . 40.5	141 49.3	17.4	4 02.4	14.1	54.0
U	10	328 28.1	41.4	156 25.7	17.3	3 48.3	14.0	54.0
N	11	343 28.3	42.4	171 02.0	17.3	3 34.3	14.1	54.0
D	12	358 28.5	N 1 43.4	185 38.3	17.4	N 3 20.2	14.1	54.0
A	13	13 28.7	44.4	200 14.7	17.3	3 06.1	14.1	54.0
Y	14	28 28.9	45.4	214 51.0	17.4	2 52.0	14.1	54.0
	15	43 29.1	. . 46.4	229 27.4	17.3	2 37.9	14.2	54.0
	16	58 29.3	47.3	244 03.7	17.4	2 23.7	14.1	54.0
	17	73 29.4	48.3	258 40.1	17.4	2 09.6	14.1	54.0
	18	88 29.6	N 1 49.3	273 16.5	17.4	N 1 55.5	14.2	54.0
	19	103 29.8	50.3	287 52.9	17.3	1 41.3	14.2	54.0
	20	118 30.0	51.3	302 29.2	17.4	1 27.1	14.1	54.0
	21	133 30.2	. . 52.2	317 05.6	17.4	1 13.0	14.2	54.0
	22	148 30.4	53.2	331 42.0	17.4	0 58.8	14.2	54.0
	23	163 30.6	54.2	346 18.4	17.4	N 0 44.6	14.2	54.0
		SD 16.1	*d* 1.0	SD 14.7		14.7		14.7

Lat. °	Twilight Naut. h m	Twilight Civil h m	Sunrise h m	Moonrise 22 h m	Moonrise 23 h m	Moonrise 24 h m	Moonrise 25 h m
N 72	02 57	04 31	05 41	13 05	15 22	17 21	19 19
N 70	03 20	04 41	05 43	13 35	15 34	17 24	19 13
68	03 37	04 49	05 45	13 56	15 45	17 27	19 08
66	03 51	04 56	05 47	14 12	15 53	17 29	19 04
64	04 02	05 01	05 49	14 26	16 00	17 30	19 00
62	04 11	05 06	05 50	14 37	16 06	17 32	18 57
60	04 19	05 10	05 51	14 47	16 11	17 33	18 55
N 58	04 26	05 13	05 52	14 55	16 15	17 34	18 52
56	04 31	05 16	05 53	15 02	16 19	17 35	18 50
54	04 36	05 19	05 54	15 09	16 23	17 36	18 48
52	04 41	05 21	05 55	15 15	16 26	17 37	18 47
50	04 45	05 23	05 55	15 20	16 29	17 37	18 45
45	04 53	05 28	05 57	15 31	16 36	17 39	18 42
N 40	04 59	05 31	05 58	15 41	16 41	17 40	18 39
35	05 04	05 34	05 59	15 49	16 45	17 41	18 37
30	05 08	05 36	06 00	15 56	16 49	17 42	18 35
20	05 14	05 39	06 01	16 08	16 56	17 44	18 32
N 10	05 17	05 41	06 02	16 18	17 02	17 45	18 29
0	05 18	05 42	06 03	16 28	17 08	17 47	18 26
S 10	05 19	05 43	06 04	16 37	17 13	17 48	18 23
20	05 17	05 43	06 05	16 48	17 19	17 50	18 20
30	05 14	05 42	06 05	16 59	17 26	17 52	18 17
35	05 11	05 41	06 06	17 06	17 30	17 53	18 15
40	05 08	05 39	06 06	17 14	17 34	17 54	18 13
45	05 03	05 37	06 07	17 23	17 40	17 55	18 10
S 50	04 57	05 35	06 07	17 33	17 46	17 57	18 08
52	04 54	05 34	06 07	17 38	17 48	17 57	18 06
54	04 51	05 32	06 08	17 44	17 51	17 58	18 05
56	04 47	05 31	06 08	17 50	17 55	17 59	18 03
58	04 42	05 29	06 08	17 56	17 58	18 00	18 01
S 60	04 37	05 27	06 08	18 04	18 02	18 01	17 59

Lat. °	Sunset h m	Twilight Civil h m	Twilight Naut. h m	Moonset 22 h m	Moonset 23 h m	Moonset 24 h m	Moonset 25 h m
N 72	18 35	19 45	21 22	07 52	07 01	06 25	05 54
N 70	18 32	19 35	20 57	07 21	06 46	06 19	05 55
68	18 29	19 26	20 39	06 58	06 34	06 14	05 56
66	18 27	19 20	20 25	06 40	06 24	06 10	05 57
64	18 26	19 14	20 13	06 25	06 15	06 06	05 57
62	18 24	19 09	20 04	06 13	06 08	06 03	05 58
60	18 23	19 05	19 56	06 02	06 02	06 00	05 59
N 58	18 22	19 01	19 49	05 53	05 56	05 58	05 59
56	18 21	18 58	19 43	05 45	05 51	05 56	06 00
54	18 20	18 55	19 38	05 38	05 46	05 54	06 00
52	18 19	18 53	19 33	05 31	05 42	05 52	06 01
50	18 18	18 51	19 29	05 25	05 38	05 50	06 01
45	18 17	18 46	19 21	05 12	05 30	05 46	06 02
N 40	18 15	18 43	19 14	05 02	05 23	05 43	06 02
35	18 14	18 40	19 09	04 52	05 17	05 41	06 03
30	18 13	18 37	19 05	04 44	05 12	05 38	06 03
20	18 12	18 34	19 00	04 30	05 03	05 34	06 04
N 10	18 11	18 32	18 56	04 18	04 55	05 30	06 05
0	18 10	18 30	18 54	04 06	04 47	05 27	06 06
S 10	18 09	18 30	18 54	03 54	04 40	05 23	06 06
20	18 08	18 30	18 55	03 42	04 31	05 19	06 07
30	18 07	18 31	18 58	03 27	04 22	05 15	06 08
35	18 06	18 32	19 01	03 19	04 16	05 12	06 08
40	18 06	18 33	19 04	03 09	04 10	05 10	06 09
45	18 05	18 35	19 09	02 58	04 03	05 06	06 09
S 50	18 05	18 37	19 15	02 44	03 54	05 02	06 10
52	18 04	18 38	19 17	02 37	03 49	05 00	06 10
54	18 04	18 39	19 21	02 30	03 45	04 58	06 11
56	18 04	18 41	19 24	02 22	03 40	04 56	06 11
58	18 03	18 42	19 29	02 12	03 34	04 53	06 12
S 60	18 03	18 44	19 34	02 02	03 28	04 50	06 12

Day	SUN Eqn. of Time 00h	SUN Eqn. of Time 12h	SUN Mer. Pass.	MOON Mer. Pass. Upper	MOON Mer. Pass. Lower	MOON Age	MOON Phase
d	m s	m s	h m	h m	h m	d %	
22	06 52	06 43	12 07	22 38	10 17	12 93	○
23	06 34	06 25	12 06	23 17	10 58	13 97	
24	06 15	06 06	12 06	23 56	11 37	14 99	

© British Crown Copyright 2023. All rights reserved.

UT d	h	ARIES GHA	VENUS −3·9 GHA	VENUS Dec	MARS +1·2 GHA	MARS Dec	JUPITER −2·1 GHA	JUPITER Dec	SATURN +1·0 GHA	SATURN Dec
		° ′	° ′	° ′	° ′	° ′	° ′	° ′	° ′	° ′
25	00	182 56.7	195 06.6	S 6 43.1	208 55.8	S12 02.1	139 16.9	N15 47.3	198 09.8	S 8 17.0
	01	197 59.2	210 06.2	42.0	223 56.4	01.4	154 18.8	47.4	213 12.0	16.9
	02	213 01.7	225 05.8	40.8	238 57.1	00.7	169 20.8	47.6	228 14.2	16.8
	03	228 04.1	240 05.3	39.6	253 57.7	12 00.1	184 22.7	47.8	243 16.4	16.7
	04	243 06.6	255 04.9	38.5	268 58.3	11 59.4	199 24.7	47.9	258 18.6	16.6
	05	258 09.1	270 04.5	37.3	283 58.9	58.7	214 26.6	48.1	273 20.8	16.5
	06	273 11.5	285 04.1	S 6 36.1	298 59.5	S11 58.0	229 28.6	N15 48.2	288 23.0	S 8 16.4
	07	288 14.0	300 03.7	35.0	314 00.1	57.3	244 30.5	48.4	303 25.2	16.3
	08	303 16.5	315 03.3	33.8	329 00.7	56.6	259 32.5	48.5	318 27.4	16.2
M	09	318 18.9	330 02.8	32.6	344 01.3	55.9	274 34.4	48.7	333 29.6	16.0
O	10	333 21.4	345 02.4	31.5	359 01.9	55.3	289 36.4	48.8	348 31.8	15.9
N	11	348 23.8	0 02.0	30.3	14 02.5	54.6	304 38.3	49.0	3 34.0	15.8
D	12	3 26.3	15 01.6	S 6 29.1	29 03.1	S11 53.9	319 40.3	N15 49.2	18 36.1	S 8 15.7
A	13	18 28.8	30 01.2	28.0	44 03.7	53.2	334 42.2	49.3	33 38.3	15.6
Y	14	33 31.2	45 00.8	26.8	59 04.3	52.5	349 44.2	49.5	48 40.5	15.5
	15	48 33.7	60 00.4	25.6	74 04.9	51.8	4 46.1	49.6	63 42.7	15.4
	16	63 36.2	74 59.9	24.4	89 05.5	51.1	19 48.1	49.8	78 44.9	15.3
	17	78 38.6	89 59.5	23.3	104 06.1	50.4	34 50.0	49.9	93 47.1	15.2
	18	93 41.1	104 59.1	S 6 22.1	119 06.7	S11 49.7	49 52.0	N15 50.1	108 49.3	S 8 15.1
	19	108 43.6	119 58.7	20.9	134 07.3	49.1	64 53.9	50.2	123 51.5	15.0
	20	123 46.0	134 58.3	19.8	149 07.9	48.4	79 55.9	50.4	138 53.7	14.9
	21	138 48.5	149 57.9	18.6	164 08.5	47.7	94 57.8	50.6	153 55.9	14.8
	22	153 51.0	164 57.5	17.4	179 09.1	47.0	109 59.8	50.7	168 58.1	14.7
	23	168 53.4	179 57.0	16.2	194 09.8	46.3	125 01.7	50.9	184 00.3	14.5
26	00	183 55.9	194 56.6	S 6 15.1	209 10.4	S11 45.6	140 03.7	N15 51.0	199 02.4	S 8 14.4
	01	198 58.3	209 56.2	13.9	224 11.0	44.9	155 05.6	51.2	214 04.6	14.3
	02	214 00.8	224 55.8	12.7	239 11.6	44.2	170 07.6	51.3	229 06.8	14.2
	03	229 03.3	239 55.4	11.6	254 12.2	43.5	185 09.5	51.5	244 09.0	14.1
	04	244 05.7	254 55.0	10.4	269 12.8	42.8	200 11.5	51.6	259 11.2	14.0
	05	259 08.2	269 54.6	09.2	284 13.4	42.2	215 13.4	51.8	274 13.4	13.9
	06	274 10.7	284 54.2	S 6 08.0	299 14.0	S11 41.5	230 15.4	N15 52.0	289 15.6	S 8 13.8
	07	289 13.1	299 53.7	06.9	314 14.6	40.8	245 17.3	52.1	304 17.8	13.7
T	08	304 15.6	314 53.3	05.7	329 15.2	40.1	260 19.3	52.3	319 20.0	13.6
U	09	319 18.1	329 52.9	04.5	344 15.8	39.4	275 21.2	52.4	334 22.2	13.5
E	10	334 20.5	344 52.5	03.3	359 16.4	38.7	290 23.2	52.6	349 24.4	13.4
S	11	349 23.0	359 52.1	02.2	14 17.0	38.0	305 25.1	52.7	4 26.6	13.3
D	12	4 25.5	14 51.7	S 6 01.0	29 17.7	S11 37.3	320 27.1	N15 52.9	19 28.8	S 8 13.2
A	13	19 27.9	29 51.3	5 59.8	44 18.3	36.6	335 29.0	53.0	34 31.0	13.0
Y	14	34 30.4	44 50.9	58.6	59 18.9	35.9	350 30.9	53.2	49 33.1	12.9
	15	49 32.8	59 50.5	57.5	74 19.5	35.2	5 32.9	53.4	64 35.3	12.8
	16	64 35.3	74 50.1	56.3	89 20.1	34.5	20 34.8	53.5	79 37.5	12.7
	17	79 37.8	89 49.6	55.1	104 20.7	33.8	35 36.8	53.7	94 39.7	12.6
	18	94 40.2	104 49.2	S 5 53.9	119 21.3	S11 33.1	50 38.7	N15 53.8	109 41.9	S 8 12.5
	19	109 42.7	119 48.8	52.7	134 21.9	32.5	65 40.7	54.0	124 44.1	12.4
	20	124 45.2	134 48.4	51.6	149 22.5	31.8	80 42.6	54.1	139 46.3	12.3
	21	139 47.6	149 48.0	50.4	164 23.1	31.1	95 44.6	54.3	154 48.5	12.2
	22	154 50.1	164 47.6	49.2	179 23.7	30.4	110 46.5	54.4	169 50.7	12.1
	23	169 52.6	179 47.2	48.0	194 24.4	29.7	125 48.5	54.6	184 52.9	12.0
27	00	184 55.0	194 46.8	S 5 46.8	209 25.0	S11 29.0	140 50.4	N15 54.8	199 55.1	S 8 11.9
	01	199 57.5	209 46.4	45.7	224 25.6	28.3	155 52.4	54.9	214 57.3	11.8
	02	214 59.9	224 46.0	44.5	239 26.2	27.6	170 54.3	55.1	229 59.5	11.7
	03	230 02.4	239 45.6	43.3	254 26.8	26.9	185 56.2	55.2	245 01.7	11.6
	04	245 04.9	254 45.2	42.1	269 27.4	26.2	200 58.2	55.4	260 03.8	11.4
	05	260 07.3	269 44.8	40.9	284 28.0	25.5	216 00.1	55.5	275 06.0	11.3
	06	275 09.8	284 44.4	S 5 39.8	299 28.6	S11 24.8	231 02.1	N15 55.7	290 08.2	S 8 11.2
W	07	290 12.3	299 44.0	38.6	314 29.2	24.1	246 04.0	55.8	305 10.4	11.1
E	08	305 14.7	314 43.5	37.4	329 29.8	23.4	261 06.0	56.0	320 12.6	11.0
D	09	320 17.2	329 43.1	36.2	344 30.5	22.7	276 07.9	56.2	335 14.8	10.9
N	10	335 19.7	344 42.7	35.0	359 31.1	22.0	291 09.9	56.3	350 17.0	10.8
E	11	350 22.1	359 42.3	33.9	14 31.7	21.3	306 11.8	56.5	5 19.2	10.7
S	12	5 24.6	14 41.9	S 5 32.7	29 32.3	S11 20.6	321 13.7	N15 56.6	20 21.4	S 8 10.6
D	13	20 27.1	29 41.5	31.5	44 32.9	19.9	336 15.7	56.8	35 23.6	10.5
A	14	35 29.5	44 41.1	30.3	59 33.5	19.2	351 17.6	56.9	50 25.8	10.4
Y	15	50 32.0	59 40.7	29.1	74 34.1	18.5	6 19.6	57.1	65 28.0	10.3
	16	65 34.4	74 40.3	27.9	89 34.7	17.8	21 21.5	57.2	80 30.2	10.2
	17	80 36.9	89 39.9	26.8	104 35.4	17.1	36 23.5	57.4	95 32.4	10.1
	18	95 39.4	104 39.5	S 5 25.6	119 36.0	S11 16.4	51 25.4	N15 57.6	110 34.6	S 8 10.0
	19	110 41.8	119 39.1	24.4	134 36.6	15.7	66 27.3	57.7	125 36.8	09.9
	20	125 44.3	134 38.7	23.2	149 37.2	15.0	81 29.3	57.9	140 39.0	09.8
	21	140 46.8	149 38.3	22.0	164 37.8	14.4	96 31.2	58.0	155 41.1	09.6
	22	155 49.2	164 37.9	20.8	179 38.4	13.7	111 33.2	58.2	170 43.3	09.5
	23	170 51.7	179 37.5	19.6	194 39.0	13.0	126 35.1	58.3	185 45.5	09.4
Mer. Pass.		h m 11 42.4	v −0.4	d 1.2	v 0.6	d 0.7	v 1.9	d 0.2	v 2.2	d 0.1

STARS

Name	SHA	Dec
	° ′	° ′
Acamar	315 12.6	S40 12.7
Achernar	335 21.2	S57 07.0
Acrux	173 00.2	S63 14.0
Adhara	255 06.3	S29 00.5
Aldebaran	290 40.5	N16 33.4
Alioth	166 13.0	N55 49.6
Alkaid	152 52.1	N49 11.4
Alnair	27 34.1	S46 50.6
Alnilam	275 38.5	S 1 11.3
Alphard	217 48.2	S 8 45.9
Alphecca	126 04.1	N26 37.7
Alpheratz	357 35.8	N29 13.3
Altair	62 00.7	N 8 55.7
Ankaa	353 08.2	S42 10.6
Antares	112 16.5	S26 29.2
Arcturus	145 48.2	N19 03.2
Atria	107 11.2	S69 04.0
Avior	234 14.7	S59 35.4
Bellatrix	278 23.7	N 6 22.2
Betelgeuse	270 52.9	N 7 24.6
Canopus	263 52.7	S52 42.8
Capella	280 23.0	N46 01.5
Deneb	49 26.5	N45 21.7
Denebola	182 25.3	N14 26.1
Diphda	348 48.3	S17 51.4
Dubhe	193 41.2	N61 37.3
Elnath	278 02.8	N28 37.7
Eltanin	90 42.4	N51 28.7
Enif	33 39.7	N 9 58.9
Fomalhaut	15 15.6	S29 29.7
Gacrux	171 51.9	S57 15.0
Gienah	175 44.0	S17 40.7
Hadar	148 36.4	S60 29.3
Hamal	327 52.3	N23 34.5
Kaus Aust.	83 33.4	S34 22.3
Kochab	137 18.8	N74 03.1
Markab	13 30.9	N15 19.9
Menkar	314 07.1	N 4 11.0
Menkent	147 58.1	S36 29.4
Miaplacidus	221 37.9	S69 49.2
Mirfak	308 29.6	N49 56.9
Nunki	75 48.6	S26 16.0
Peacock	53 07.0	S56 39.3
Pollux	243 18.0	N27 58.1
Procyon	244 51.4	N 5 09.7
Rasalhague	95 59.1	N12 32.3
Regulus	207 34.9	N11 50.9
Rigel	281 04.6	S 8 10.6
Rigil Kent.	139 40.7	S60 56.0
Sabik	102 03.4	S15 45.4
Schedar	349 32.4	N56 40.1
Shaula	96 11.2	S37 07.2
Sirius	258 26.8	S16 45.1
Spica	158 22.7	S11 17.4
Suhail	222 46.5	S43 32.0
Vega	80 33.7	N38 48.0
Zuben'ubi	136 56.5	S16 08.6

	SHA	Mer. Pass.
	° ′	h m
Venus	11 00.7	11 01
Mars	25 14.5	10 03
Jupiter	316 07.8	14 38
Saturn	15 06.6	10 42

© British Crown Copyright 2023. All rights reserved.

UT d	UT h	SUN GHA	SUN Dec	MOON GHA	v	MOON Dec	d	HP
		° ′	° ′	° ′	′	° ′	′	′
25	00	178 30.8	N 1 55.2	0 54.8	17.3	N 0 30.4	14.2	54.1
	01	193 31.0	56.2	15 31.1	17.4	0 16.2	14.2	54.1
	02	208 31.1	57.2	30 07.5	17.4	N 0 02.0	14.2	54.1
	03	223 31.3	. . 58.1	44 43.9	17.3	S 0 12.2	14.2	54.1
	04	238 31.5	1 59.1	59 20.2	17.4	0 26.4	14.2	54.1
	05	253 31.7	2 00.1	73 56.6	17.3	0 40.6	14.2	54.1
	06	268 31.9	N 2 01.1	88 32.9	17.4	S 0 54.8	14.2	54.1
	07	283 32.1	02.1	103 09.3	17.3	1 09.0	14.3	54.1
	08	298 32.3	03.0	117 45.6	17.3	1 23.3	14.2	54.1
MONDAY	09	313 32.5	. . 04.0	132 21.9	17.3	1 37.5	14.2	54.1
	10	328 32.7	05.0	146 58.2	17.3	1 51.7	14.2	54.1
	11	343 32.9	06.0	161 34.5	17.3	2 05.9	14.2	54.1
	12	358 33.0	N 2 07.0	176 10.8	17.2	S 2 20.1	14.2	54.1
	13	13 33.2	08.0	190 47.0	17.3	2 34.3	14.2	54.1
	14	28 33.4	08.9	205 23.3	17.2	2 48.5	14.1	54.1
	15	43 33.6	. . 09.9	219 59.5	17.2	3 02.6	14.2	54.1
	16	58 33.8	10.9	234 35.7	17.2	3 16.8	14.2	54.1
	17	73 34.0	11.9	249 11.9	17.2	3 31.0	14.1	54.2
	18	88 34.2	N 2 12.9	263 48.1	17.1	S 3 45.1	14.2	54.2
	19	103 34.4	13.8	278 24.2	17.1	3 59.3	14.1	54.2
	20	118 34.6	14.8	293 00.3	17.1	4 13.4	14.1	54.2
	21	133 34.7	. . 15.8	307 36.4	17.1	4 27.5	14.2	54.2
	22	148 34.9	16.8	322 12.5	17.1	4 41.7	14.1	54.2
	23	163 35.1	17.8	336 48.6	17.0	4 55.8	14.1	54.2
26	00	178 35.3	N 2 18.7	351 24.6	17.0	S 5 09.9	14.0	54.2
	01	193 35.5	19.7	6 00.6	17.0	5 23.9	14.1	54.2
	02	208 35.7	20.7	20 36.6	16.9	5 38.0	14.0	54.2
	03	223 35.9	. . 21.7	35 12.5	16.9	5 52.0	14.1	54.2
	04	238 36.1	22.7	49 48.4	16.9	6 06.1	14.0	54.2
	05	253 36.3	23.6	64 24.3	16.9	6 20.1	14.0	54.3
	06	268 36.5	N 2 24.6	79 00.2	16.8	S 6 34.1	13.9	54.3
	07	283 36.6	25.6	93 36.0	16.8	6 48.0	14.0	54.3
	08	298 36.8	26.6	108 11.8	16.7	7 02.0	13.9	54.3
TUESDAY	09	313 37.0	. . 27.6	122 47.5	16.7	7 15.9	13.9	54.3
	10	328 37.2	28.5	137 23.2	16.7	7 29.8	13.9	54.3
	11	343 37.4	29.5	151 58.9	16.6	7 43.7	13.9	54.3
	12	358 37.6	N 2 30.5	166 34.5	16.6	S 7 57.6	13.8	54.3
	13	13 37.8	31.5	181 10.1	16.6	8 11.4	13.9	54.3
	14	28 38.0	32.5	195 45.7	16.5	8 25.3	13.8	54.3
	15	43 38.2	. . 33.4	210 21.2	16.5	8 39.1	13.7	54.4
	16	58 38.3	34.4	224 56.7	16.4	8 52.8	13.8	54.4
	17	73 38.5	35.4	239 32.1	16.4	9 06.6	13.7	54.4
	18	88 38.7	N 2 36.4	254 07.5	16.3	S 9 20.3	13.6	54.4
	19	103 38.9	37.3	268 42.8	16.3	9 33.9	13.7	54.4
	20	118 39.1	38.3	283 18.1	16.3	9 47.6	13.6	54.4
	21	133 39.3	. . 39.3	297 53.4	16.2	10 01.2	13.6	54.4
	22	148 39.5	40.3	312 28.6	16.1	10 14.8	13.5	54.4
	23	163 39.7	41.3	327 03.7	16.2	10 28.3	13.6	54.4
27	00	178 39.9	N 2 42.2	341 38.9	16.0	S10 41.9	13.4	54.5
	01	193 40.1	43.2	356 13.9	16.0	10 55.3	13.5	54.5
	02	208 40.2	44.2	10 48.9	15.9	11 08.8	13.4	54.5
	03	223 40.4	. . 45.2	25 23.8	15.9	11 22.2	13.4	54.5
	04	238 40.6	46.1	39 58.7	15.9	11 35.6	13.3	54.5
	05	253 40.8	47.1	54 33.6	15.8	11 48.9	13.3	54.5
	06	268 41.0	N 2 48.1	69 08.4	15.7	S12 02.2	13.3	54.5
	07	283 41.2	49.1	83 43.1	15.7	12 15.5	13.2	54.5
	08	298 41.4	50.1	98 17.8	15.6	12 28.7	13.2	54.5
WEDNESDAY	09	313 41.6	. . 51.0	112 52.4	15.5	12 41.9	13.1	54.6
	10	328 41.8	52.0	127 26.9	15.5	12 55.0	13.1	54.6
	11	343 41.9	53.0	142 01.4	15.4	13 08.1	13.0	54.6
	12	358 42.1	N 2 54.0	156 35.8	15.4	S13 21.1	13.0	54.6
	13	13 42.3	54.9	171 10.2	15.3	13 34.1	13.0	54.6
	14	28 42.5	55.9	185 44.5	15.2	13 47.1	12.9	54.6
	15	43 42.7	. . 56.9	200 18.7	15.2	14 00.0	12.8	54.6
	16	58 42.9	57.9	214 52.9	15.1	14 12.8	12.8	54.7
	17	73 43.1	58.8	229 27.0	15.1	14 25.6	12.8	54.7
	18	88 43.3	N 2 59.8	244 01.1	14.9	S14 38.4	12.7	54.7
	19	103 43.5	3 00.8	258 35.0	14.9	14 51.1	12.6	54.7
	20	118 43.7	01.8	273 08.9	14.9	15 03.7	12.6	54.7
	21	133 43.8	. . 02.8	287 42.8	14.7	15 16.3	12.6	54.7
	22	148 44.0	03.7	302 16.5	14.7	15 28.9	12.4	54.7
	23	163 44.2	04.7	316 50.2	14.6	S15 41.3	12.5	54.8
		SD 16.1	*d* 1.0	SD 14.7		14.8		14.9

Lat.	Twilight Naut.	Twilight Civil	Sunrise	Moonrise 25	Moonrise 26	Moonrise 27	Moonrise 28
°	h m	h m	h m	h m	h m	h m	h m
N 72	02 33	04 14	05 25	19 19	21 24	24 02	00 02
N 70	03 01	04 26	05 29	19 13	21 06	23 18	■
68	03 21	04 36	05 33	19 08	20 53	22 49	25 24
66	03 37	04 43	05 36	19 04	20 42	22 28	24 32
64	03 49	04 50	05 38	19 00	20 33	22 11	24 01
62	04 00	04 55	05 40	18 57	20 25	21 57	23 37
60	04 09	05 00	05 42	18 55	20 18	21 46	23 19
N 58	04 16	05 04	05 44	18 52	20 12	21 36	23 03
56	04 23	05 08	05 45	18 50	20 07	21 27	22 50
54	04 28	05 11	05 47	18 48	20 03	21 19	22 39
52	04 33	05 14	05 48	18 47	19 58	21 12	22 29
50	04 38	05 16	05 49	18 45	19 55	21 06	22 20
45	04 47	05 22	05 51	18 42	19 47	20 53	22 01
N 40	04 54	05 26	05 53	18 39	19 40	20 42	21 46
35	05 00	05 29	05 55	18 37	19 34	20 33	21 34
30	05 04	05 32	05 56	18 35	19 29	20 25	21 22
20	05 11	05 36	05 59	18 32	19 20	20 11	21 04
N 10	05 15	05 39	06 00	18 29	19 13	19 59	20 47
0	05 18	05 42	06 02	18 26	19 06	19 47	20 32
S 10	05 19	05 43	06 04	18 23	18 59	19 36	20 17
20	05 18	05 44	06 06	18 20	18 51	19 25	20 01
30	05 16	05 43	06 07	18 17	18 43	19 11	19 43
35	05 14	05 43	06 08	18 15	18 38	19 03	19 32
40	05 11	05 42	06 09	18 13	18 33	18 55	19 20
45	05 07	05 41	06 11	18 10	18 27	18 45	19 06
S 50	05 02	05 40	06 12	18 08	18 19	18 32	18 49
52	04 59	05 39	06 13	18 06	18 16	18 27	18 41
54	04 57	05 38	06 13	18 05	18 12	18 21	18 32
56	04 53	05 37	06 14	18 03	18 08	18 14	18 22
58	04 50	05 36	06 15	18 01	18 03	18 06	18 10
S 60	04 45	05 34	06 16	17 59	17 58	17 57	17 57

Lat.	Sunset	Twilight Civil	Twilight Naut.	Moonset 25	Moonset 26	Moonset 27	Moonset 28
°	h m	h m	h m	h m	h m	h m	h m
N 72	18 49	20 00	21 44	05 54	05 21	04 40	03 30
N 70	18 44	19 48	21 15	05 55	05 30	05 00	04 16
68	18 40	19 38	20 54	05 56	05 37	05 16	04 47
66	18 37	19 30	20 37	05 57	05 43	05 28	05 09
64	18 35	19 23	20 24	05 57	05 49	05 39	05 27
62	18 32	19 17	20 13	05 58	05 53	05 48	05 42
60	18 30	19 13	20 04	05 59	05 57	05 56	05 55
N 58	18 28	19 08	19 57	05 59	06 01	06 03	06 06
56	18 27	19 05	19 50	06 00	06 04	06 09	06 16
54	18 26	19 01	19 44	06 00	06 07	06 15	06 24
52	18 24	18 58	19 39	06 01	06 10	06 20	06 32
50	18 23	18 56	19 34	06 01	06 12	06 24	06 39
45	18 21	18 50	19 25	06 02	06 17	06 34	06 53
N 40	18 19	18 46	19 18	06 02	06 22	06 42	07 06
35	18 17	18 42	19 12	06 03	06 25	06 49	07 16
30	18 15	18 39	19 07	06 03	06 29	06 56	07 25
20	18 13	18 35	19 01	06 04	06 35	07 07	07 41
N 10	18 11	18 32	18 56	06 05	06 40	07 16	07 55
0	18 09	18 29	18 53	06 06	06 45	07 25	08 08
S 10	18 07	18 28	18 52	06 06	06 50	07 35	08 22
20	18 05	18 27	18 53	06 07	06 55	07 44	08 36
30	18 03	18 27	18 55	06 08	07 01	07 56	08 52
35	18 02	18 27	18 57	06 08	07 04	08 02	09 02
40	18 01	18 28	18 59	06 09	07 08	08 09	09 13
45	18 00	18 29	19 03	06 09	07 13	08 18	09 26
S 50	17 58	18 30	19 08	06 10	07 19	08 29	09 41
52	17 57	18 31	19 10	06 10	07 21	08 34	09 49
54	17 57	18 32	19 13	06 11	07 24	08 39	09 57
56	17 56	18 33	19 16	06 11	07 27	08 45	10 06
58	17 55	18 34	19 20	06 12	07 31	08 52	10 17
S 60	17 54	18 35	19 24	06 12	07 34	09 00	10 29

Day	SUN Eqn. of Time 00^h	SUN Eqn. of Time 12^h	SUN Mer. Pass.	MOON Mer. Pass. Upper	MOON Mer. Pass. Lower	MOON Age	MOON Phase
d	m s	m s	h m	h m	h m	d	%
25	05 57	05 48	12 06	24 35	12 16	15	100
26	05 39	05 30	12 05	00 35	12 55	16	99
27	05 21	05 12	12 05	01 16	13 36	17	96

© British Crown Copyright 2023. All rights reserved.

UT d	h	ARIES GHA ° ′	VENUS −3·9 GHA ° ′	VENUS Dec ° ′	MARS +1·2 GHA ° ′	MARS Dec ° ′	JUPITER −2·1 GHA ° ′	JUPITER Dec ° ′	SATURN +1·0 GHA ° ′	SATURN Dec ° ′
28 THURSDAY	00	185 54.2	194 37.1	S 5 18.5	209 39.6	S11 12.3	141 37.1	N15 58.5	200 47.7	S 8 09.3
	01	200 56.6	209 36.7	17.3	224 40.3	11.6	156 39.0	58.7	215 49.9	09.2
	02	215 59.1	224 36.3	16.1	239 40.9	10.9	171 40.9	58.8	230 52.1	09.1
	03	231 01.5	239 35.9	. . 14.9	254 41.5	. . 10.2	186 42.9	. . 59.0	245 54.3	. . 09.0
	04	246 04.0	254 35.5	13.7	269 42.1	09.5	201 44.8	59.1	260 56.5	08.9
	05	261 06.5	269 35.1	12.5	284 42.7	08.8	216 46.8	59.3	275 58.7	08.8
	06	276 08.9	284 34.7	S 5 11.3	299 43.3	S11 08.1	231 48.7	N15 59.4	291 00.9	S 8 08.7
	07	291 11.4	299 34.3	10.2	314 43.9	07.4	246 50.7	59.6	306 03.1	08.6
	08	306 13.9	314 33.9	09.0	329 44.6	06.7	261 52.6	59.7	321 05.3	08.5
	09	321 16.3	329 33.5	. . 07.8	344 45.2	. . 06.0	276 54.5	15 59.9	336 07.5	. . 08.4
	10	336 18.8	344 33.1	06.6	359 45.8	05.3	291 56.5	16 00.1	351 09.7	08.3
	11	351 21.3	359 32.7	05.4	14 46.4	04.6	306 58.4	00.2	6 11.9	08.2
	12	6 23.7	14 32.3	S 5 04.2	29 47.0	S11 03.8	322 00.4	N16 00.4	21 14.1	S 8 08.1
	13	21 26.2	29 31.9	03.0	44 47.6	03.1	337 02.3	00.5	36 16.3	08.0
	14	36 28.7	44 31.5	01.8	59 48.3	02.4	352 04.2	00.7	51 18.5	07.8
	15	51 31.1	59 31.1	5 00.6	74 48.9	. . 01.7	7 06.2	. . 00.8	66 20.7	. . 07.7
	16	66 33.6	74 30.7	4 59.5	89 49.5	01.0	22 08.1	01.0	81 22.9	07.6
	17	81 36.0	89 30.3	58.3	104 50.1	11 00.3	37 10.1	01.1	96 25.0	07.5
	18	96 38.5	104 29.9	S 4 57.1	119 50.7	S10 59.6	52 12.0	N16 01.3	111 27.2	S 8 07.4
	19	111 41.0	119 29.5	55.9	134 51.3	58.9	67 13.9	01.5	126 29.4	07.3
	20	126 43.4	134 29.1	54.7	149 51.9	58.2	82 15.9	01.6	141 31.6	07.2
	21	141 45.9	149 28.7	. . 53.5	164 52.6	. . 57.5	97 17.8	. . 01.8	156 33.8	. . 07.1
	22	156 48.4	164 28.3	52.3	179 53.2	56.8	112 19.8	01.9	171 36.0	07.0
	23	171 50.8	179 27.9	51.1	194 53.8	56.1	127 21.7	02.1	186 38.2	06.9
29 FRIDAY	00	186 53.3	194 27.5	S 4 49.9	209 54.4	S10 55.4	142 23.6	N16 02.2	201 40.4	S 8 06.8
	01	201 55.8	209 27.1	48.7	224 55.0	54.7	157 25.6	02.4	216 42.6	06.7
	02	216 58.2	224 26.7	47.5	239 55.7	54.0	172 27.5	02.6	231 44.8	06.6
	03	232 00.7	239 26.3	. . 46.3	254 56.3	. . 53.3	187 29.5	. . 02.7	246 47.0	. . 06.5
	04	247 03.2	254 25.9	45.2	269 56.9	52.6	202 31.4	02.9	261 49.2	06.4
	05	262 05.6	269 25.5	44.0	284 57.5	51.9	217 33.3	03.0	276 51.4	06.3
	06	277 08.1	284 25.1	S 4 42.8	299 58.1	S10 51.2	232 35.3	N16 03.2	291 53.6	S 8 06.2
	07	292 10.5	299 24.7	41.6	314 58.7	50.5	247 37.2	03.3	306 55.8	06.1
	08	307 13.0	314 24.3	40.4	329 59.4	49.8	262 39.1	03.5	321 58.0	05.9
	09	322 15.5	329 23.9	. . 39.2	345 00.0	. . 49.1	277 41.1	. . 03.6	337 00.2	. . 05.8
	10	337 17.9	344 23.6	38.0	0 00.6	48.4	292 43.0	03.8	352 02.4	05.7
	11	352 20.4	359 23.2	36.8	15 01.2	47.7	307 45.0	04.0	7 04.6	05.6
	12	7 22.9	14 22.8	S 4 35.6	30 01.8	S10 47.0	322 46.9	N16 04.1	22 06.8	S 8 05.5
	13	22 25.3	29 22.4	34.4	45 02.4	46.3	337 48.8	04.3	37 09.0	05.4
	14	37 27.8	44 22.0	33.2	60 03.1	45.6	352 50.8	04.4	52 11.2	05.3
	15	52 30.3	59 21.6	. . 32.0	75 03.7	. . 44.8	7 52.7	. . 04.6	67 13.4	. . 05.2
	16	67 32.7	74 21.2	30.8	90 04.3	44.1	22 54.6	04.7	82 15.6	05.1
	17	82 35.2	89 20.8	29.6	105 04.9	43.4	37 56.6	04.9	97 17.8	05.0
	18	97 37.6	104 20.4	S 4 28.4	120 05.5	S10 42.7	52 58.5	N16 05.1	112 19.9	S 8 04.9
	19	112 40.1	119 20.0	27.2	135 06.2	42.0	68 00.5	05.2	127 22.1	04.8
	20	127 42.6	134 19.6	26.0	150 06.8	41.3	83 02.4	05.4	142 24.3	04.7
	21	142 45.0	149 19.2	. . 24.8	165 07.4	. . 40.6	98 04.3	. . 05.5	157 26.5	. . 04.6
	22	157 47.5	164 18.8	23.6	180 08.0	39.9	113 06.3	05.7	172 28.7	04.5
	23	172 50.0	179 18.4	22.4	195 08.6	39.2	128 08.2	05.8	187 30.9	04.4
30 SATURDAY	00	187 52.4	194 18.0	S 4 21.3	210 09.3	S10 38.5	143 10.1	N16 06.0	202 33.1	S 8 04.3
	01	202 54.9	209 17.7	20.1	225 09.9	37.8	158 12.1	06.1	217 35.3	04.2
	02	217 57.4	224 17.3	18.9	240 10.5	37.1	173 14.0	06.3	232 37.5	04.1
	03	232 59.8	239 16.9	. . 17.7	255 11.1	. . 36.4	188 15.9	. . 06.5	247 39.7	. . 04.0
	04	248 02.3	254 16.5	16.5	270 11.7	35.7	203 17.9	06.6	262 41.9	03.8
	05	263 04.8	269 16.1	15.3	285 12.4	34.9	218 19.8	06.8	277 44.1	03.7
	06	278 07.2	284 15.7	S 4 14.1	300 13.0	S10 34.2	233 21.8	N16 06.9	292 46.3	S 8 03.6
	07	293 09.7	299 15.3	12.9	315 13.6	33.5	248 23.7	07.1	307 48.5	03.5
	08	308 12.1	314 14.9	11.7	330 14.2	32.8	263 25.6	07.2	322 50.7	03.4
	09	323 14.6	329 14.5	. . 10.5	345 14.9	. . 32.1	278 27.6	. . 07.4	337 52.9	. . 03.3
	10	338 17.1	344 14.1	09.3	0 15.5	31.4	293 29.5	07.6	352 55.1	03.2
	11	353 19.5	359 13.7	08.1	15 16.1	30.7	308 31.4	07.7	7 57.3	03.1
	12	8 22.0	14 13.3	S 4 06.9	30 16.7	S10 30.0	323 33.4	N16 07.9	22 59.5	S 8 03.0
	13	23 24.5	29 13.0	05.7	45 17.3	29.3	338 35.3	08.0	38 01.7	02.9
	14	38 26.9	44 12.6	04.5	60 18.0	28.6	353 37.2	08.2	53 03.9	02.8
	15	53 29.4	59 12.2	. . 03.3	75 18.6	. . 27.9	8 39.2	. . 08.3	68 06.1	. . 02.7
	16	68 31.9	74 11.8	02.1	90 19.2	27.1	23 41.1	08.5	83 08.3	02.6
	17	83 34.3	89 11.4	4 00.9	105 19.8	26.4	38 43.0	08.6	98 10.5	02.5
	18	98 36.8	104 11.0	S 3 59.7	120 20.5	S10 25.7	53 45.0	N16 08.8	113 12.7	S 8 02.4
	19	113 39.3	119 10.6	58.5	135 21.1	25.0	68 46.9	09.0	128 14.9	02.3
	20	128 41.7	134 10.2	57.3	150 21.7	24.3	83 48.8	09.1	143 17.1	02.2
	21	143 44.2	149 09.8	. . 56.1	165 22.3	. . 23.6	98 50.8	. . 09.3	158 19.3	. . 02.1
	22	158 46.6	164 09.5	54.9	180 22.9	22.9	113 52.7	09.4	173 21.5	02.0
	23	173 49.1	179 09.1	53.7	195 23.6	22.2	128 54.6	09.6	188 23.7	01.9
Mer. Pass.		h m 11 30.6	v −0.4	d 1.2	v 0.6	d 0.7	v 1.9	d 0.2	v 2.2	d 0.1

STARS Name	SHA ° ′	Dec ° ′
Acamar	315 12.6	S40 12.7
Achernar	335 21.2	S57 07.0
Acrux	173 00.2	S63 14.1
Adhara	255 06.4	S29 00.5
Aldebaran	290 40.6	N16 33.4
Alioth	166 13.0	N55 49.6
Alkaid	152 52.0	N49 11.4
Alnair	27 34.1	S46 50.6
Alnilam	275 38.5	S 1 11.3
Alphard	217 48.2	S 8 45.9
Alphecca	126 04.0	N26 37.7
Alpheratz	357 35.8	N29 13.3
Altair	62 00.7	N 8 55.7
Ankaa	353 08.2	S42 10.6
Antares	112 16.5	S26 29.2
Arcturus	145 48.2	N19 03.2
Atria	107 11.1	S69 04.0
Avior	234 14.8	S59 35.4
Bellatrix	278 23.7	N 6 22.2
Betelgeuse	270 52.9	N 7 24.6
Canopus	263 52.7	S52 42.8
Capella	280 23.0	N46 01.5
Deneb	49 26.5	N45 21.6
Denebola	182 25.3	N14 26.1
Diphda	348 48.3	S17 51.4
Dubhe	193 41.2	N61 37.3
Elnath	278 02.8	N28 37.7
Eltanin	90 42.4	N51 28.7
Enif	33 39.7	N 9 58.9
Fomalhaut	15 15.6	S29 29.7
Gacrux	171 51.9	S57 15.0
Gienah	175 44.0	S17 40.7
Hadar	148 36.4	S60 29.3
Hamal	327 52.3	N23 34.5
Kaus Aust.	83 33.4	S34 22.3
Kochab	137 18.7	N74 03.1
Markab	13 30.9	N15 19.9
Menkar	314 07.1	N 4 11.0
Menkent	147 58.1	S36 29.4
Miaplacidus	221 37.9	S69 49.2
Mirfak	308 29.6	N49 56.9
Nunki	75 48.6	S26 16.0
Peacock	53 07.0	S56 39.3
Pollux	243 18.0	N27 58.1
Procyon	244 51.5	N 5 09.7
Rasalhague	95 59.1	N12 32.3
Regulus	207 34.9	N11 50.9
Rigel	281 04.6	S 8 10.6
Rigil Kent.	139 40.7	S60 56.0
Sabik	102 03.4	S15 45.4
Schedar	349 32.4	N56 40.1
Shaula	96 11.2	S37 07.2
Sirius	258 26.8	S16 45.1
Spica	158 22.7	S11 17.4
Suhail	222 46.6	S43 32.0
Vega	80 33.7	N38 48.0
Zuben'ubi	136 56.5	S16 08.6

	SHA ° ′	Mer. Pass. h m
Venus	7 34.2	11 02
Mars	23 01.1	10 00
Jupiter	315 30.3	14 29
Saturn	14 47.1	10 32

© British Crown Copyright 2023. All rights reserved.

	UT	SUN GHA	SUN Dec	MOON GHA	v	MOON Dec	d	HP
	d h	° ′	° ′	° ′	′	° ′	′	′
	28 00	178 44.4	N 3 05.7	331 23.8	14.6	S15 53.8	12.3	54.8
	01	193 44.6	06.7	345 57.4	14.5	16 06.1	12.4	54.8
	02	208 44.8	07.6	0 30.9	14.4	16 18.5	12.2	54.8
	03	223 45.0	. . 08.6	15 04.3	14.3	16 30.7	12.2	54.8
	04	238 45.2	09.6	29 37.6	14.2	16 42.9	12.1	54.8
	05	253 45.4	10.6	44 10.8	14.2	16 55.0	12.1	54.9
	06	268 45.5	N 3 11.5	58 44.0	14.1	S17 07.1	12.0	54.9
T	07	283 45.7	12.5	73 17.1	14.0	17 19.1	11.9	54.9
H	08	298 45.9	13.5	87 50.1	13.9	17 31.0	11.9	54.9
U	09	313 46.1	. . 14.5	102 23.0	13.9	17 42.9	11.8	54.9
R	10	328 46.3	15.4	116 55.9	13.8	17 54.7	11.7	54.9
S	11	343 46.5	16.4	131 28.7	13.6	18 06.4	11.7	54.9
D	12	358 46.7	N 3 17.4	146 01.3	13.6	S18 18.1	11.6	55.0
A	13	13 46.9	18.4	160 33.9	13.6	18 29.7	11.5	55.0
Y	14	28 47.1	19.3	175 06.5	13.4	18 41.2	11.4	55.0
	15	43 47.2	. . 20.3	189 38.9	13.4	18 52.6	11.4	55.0
	16	58 47.4	21.3	204 11.3	13.2	19 04.0	11.3	55.0
	17	73 47.6	22.3	218 43.5	13.2	19 15.3	11.2	55.1
	18	88 47.8	N 3 23.2	233 15.7	13.1	S19 26.5	11.2	55.1
	19	103 48.0	24.2	247 47.8	13.0	19 37.7	11.0	55.1
	20	118 48.2	25.2	262 19.8	12.9	19 48.7	11.0	55.1
	21	133 48.4	. . 26.1	276 51.7	12.9	19 59.7	10.9	55.1
	22	148 48.6	27.1	291 23.6	12.7	20 10.6	10.8	55.1
	23	163 48.8	28.1	305 55.3	12.6	20 21.4	10.8	55.2
	29 00	178 48.9	N 3 29.1	320 26.9	12.6	S20 32.2	10.6	55.2
	01	193 49.1	30.0	334 58.5	12.5	20 42.8	10.6	55.2
	02	208 49.3	31.0	349 30.0	12.4	20 53.4	10.5	55.2
	03	223 49.5	. . 32.0	4 01.4	12.2	21 03.9	10.3	55.2
	04	238 49.7	33.0	18 32.6	12.2	21 14.2	10.3	55.3
	05	253 49.9	33.9	33 03.8	12.1	21 24.5	10.3	55.3
	06	268 50.1	N 3 34.9	47 34.9	12.0	S21 34.8	10.1	55.3
	07	283 50.3	35.9	62 05.9	12.0	21 44.9	10.0	55.3
F	08	298 50.4	36.8	76 36.9	11.8	21 54.9	9.9	55.3
R	09	313 50.6	. . 37.8	91 07.7	11.7	22 04.8	9.9	55.4
I	10	328 50.8	38.8	105 38.4	11.6	22 14.7	9.7	55.4
D	11	343 51.0	39.8	120 09.0	11.6	22 24.4	9.7	55.4
A	12	358 51.2	N 3 40.7	134 39.6	11.4	S22 34.1	9.5	55.4
Y	13	13 51.4	41.7	149 10.0	11.4	22 43.6	9.4	55.4
	14	28 51.6	42.7	163 40.4	11.2	22 53.0	9.4	55.5
	15	43 51.8	. . 43.6	178 10.6	11.2	23 02.4	9.2	55.5
	16	58 52.0	44.6	192 40.8	11.0	23 11.6	9.2	55.5
	17	73 52.1	45.6	207 10.8	11.0	23 20.8	9.0	55.5
	18	88 52.3	N 3 46.6	221 40.8	10.8	S23 29.8	8.9	55.5
	19	103 52.5	47.5	236 10.6	10.8	23 38.7	8.8	55.6
	20	118 52.7	48.5	250 40.4	10.7	23 47.5	8.7	55.6
	21	133 52.9	. . 49.5	265 10.1	10.6	23 56.2	8.6	55.6
	22	148 53.1	50.4	279 39.7	10.4	24 04.8	8.5	55.6
	23	163 53.3	51.4	294 09.1	10.4	24 13.3	8.4	55.7
	30 00	178 53.5	N 3 52.4	308 38.5	10.3	S24 21.7	8.3	55.7
	01	193 53.6	53.4	323 07.8	10.2	24 30.0	8.1	55.7
	02	208 53.8	54.3	337 37.0	10.1	24 38.1	8.0	55.7
	03	223 54.0	. . 55.3	352 06.1	9.9	24 46.1	8.0	55.7
	04	238 54.2	56.3	6 35.0	9.9	24 54.1	7.7	55.8
	05	253 54.4	57.2	21 03.9	9.8	25 01.8	7.7	55.8
	06	268 54.6	N 3 58.2	35 32.7	9.7	S25 09.5	7.6	55.8
	07	283 54.8	3 59.2	50 01.4	9.6	25 17.1	7.4	55.8
S	08	298 55.0	4 00.1	64 30.0	9.6	25 24.5	7.3	55.9
A	09	313 55.1	. . 01.1	78 58.6	9.4	25 31.8	7.2	55.9
T	10	328 55.3	02.1	93 27.0	9.3	25 39.0	7.0	55.9
U	11	343 55.5	03.1	107 55.3	9.2	25 46.0	7.0	55.9
R	12	358 55.7	N 4 04.0	122 23.5	9.2	S25 53.0	6.8	56.0
D	13	13 55.9	05.0	136 51.7	9.0	25 59.8	6.6	56.0
A	14	28 56.1	06.0	151 19.7	8.9	26 06.4	6.6	56.0
Y	15	43 56.3	. . 06.9	165 47.6	8.9	26 13.0	6.4	56.0
	16	58 56.5	07.9	180 15.5	8.7	26 19.4	6.2	56.1
	17	73 56.6	08.9	194 43.2	8.7	26 25.6	6.2	56.1
	18	88 56.8	N 4 09.8	209 10.9	8.6	S26 31.8	6.0	56.1
	19	103 57.0	10.8	223 38.5	8.5	26 37.8	5.8	56.1
	20	118 57.2	11.8	238 06.0	8.4	26 43.6	5.7	56.2
	21	133 57.4	. . 12.7	252 33.4	8.3	26 49.3	5.6	56.2
	22	148 57.6	13.7	267 00.7	8.2	26 54.9	5.5	56.2
	23	163 57.8	14.7	281 27.9	8.1	S27 00.4	5.3	56.2
		SD 16.0	*d* 1.0	SD	15.0	15.1		15.2

Lat.	Twilight Naut.	Twilight Civil	Sunrise	Moonrise 28	Moonrise 29	Moonrise 30	Moonrise 31
°	h m	h m	h m	h m	h m	h m	h m
N 72	02 06	03 57	05 09	00 02	■	■	■
N 70	02 40	04 11	05 15	■	■	■	■
68	03 04	04 22	05 20	25 24	01 24	■	■
66	03 22	04 31	05 24	24 32	00 32	■	■
64	03 37	04 39	05 28	24 01	00 01	02 15	■
62	03 48	04 45	05 31	23 37	25 28	01 28	03 38
60	03 58	04 51	05 33	23 19	24 57	00 57	02 38
N 58	04 07	04 55	05 35	23 03	24 35	00 35	02 05
56	04 14	05 00	05 37	22 50	24 16	00 16	01 40
54	04 20	05 03	05 39	22 39	24 01	00 01	01 21
52	04 26	05 07	05 41	22 29	23 47	25 04	01 04
50	04 31	05 10	05 42	22 20	23 36	24 50	00 50
45	04 41	05 16	05 46	22 01	23 12	24 21	00 21
N 40	04 49	05 21	05 48	21 46	22 52	23 59	25 02
35	04 55	05 25	05 51	21 34	22 36	23 40	24 42
30	05 00	05 29	05 53	21 22	22 23	23 24	24 25
20	05 08	05 34	05 56	21 04	21 59	22 57	23 56
N 10	05 13	05 38	05 59	20 47	21 39	22 34	23 32
0	05 17	05 41	06 01	20 32	21 20	22 13	23 09
S 10	05 18	05 43	06 04	20 17	21 02	21 52	22 46
20	05 19	05 44	06 06	20 01	20 42	21 29	22 22
30	05 17	05 45	06 09	19 43	20 19	21 03	21 54
35	05 16	05 45	06 11	19 32	20 06	20 47	21 37
40	05 14	05 45	06 12	19 20	19 51	20 29	21 17
45	05 11	05 45	06 14	19 06	19 33	20 08	20 54
S 50	05 07	05 44	06 17	18 49	19 11	19 41	20 23
52	05 05	05 44	06 18	18 41	19 00	19 27	20 08
54	05 02	05 44	06 19	18 32	18 48	19 12	19 51
56	05 00	05 43	06 20	18 22	18 34	18 55	19 30
58	04 56	05 42	06 21	18 10	18 18	18 33	19 03
S 60	04 53	05 41	06 23	17 57	17 59	18 06	18 26

Lat.	Sunset	Twilight Civil	Twilight Naut.	Moonset 28	Moonset 29	Moonset 30	Moonset 31
°	h m	h m	h m	h m	h m	h m	h m
N 72	19 03	20 16	22 12	03 30	■	■	■
N 70	18 56	20 02	21 34	04 16	■	■	■
68	18 51	19 50	21 09	04 47	03 46	■	■
66	18 47	19 41	20 50	05 09	04 39	■	■
64	18 43	19 33	20 35	05 27	05 12	04 40	■
62	18 40	19 26	20 23	05 42	05 36	05 28	05 08
60	18 38	19 20	20 13	05 55	05 55	05 58	06 08
N 58	18 35	19 15	20 04	06 06	06 12	06 22	06 42
56	18 33	19 11	19 57	06 16	06 25	06 41	07 07
54	18 31	19 07	19 50	06 24	06 37	06 57	07 27
52	18 29	19 04	19 45	06 32	06 48	07 10	07 43
50	18 28	19 01	19 40	06 39	06 57	07 22	07 58
45	18 24	18 54	19 29	06 53	07 17	07 47	08 27
N 40	18 22	18 49	19 21	07 06	07 33	08 08	08 50
35	18 19	18 45	19 15	07 16	07 47	08 24	09 09
30	18 17	18 41	19 09	07 25	07 59	08 39	09 26
20	18 14	18 36	19 01	07 41	08 20	09 04	09 53
N 10	18 11	18 32	18 56	07 55	08 38	09 25	10 17
0	18 08	18 29	18 53	08 08	08 55	09 45	10 39
S 10	18 05	18 26	18 51	08 22	09 12	10 05	11 02
20	18 03	18 25	18 50	08 36	09 30	10 27	11 26
30	18 00	18 24	18 51	08 52	09 51	10 52	11 54
35	17 58	18 23	18 53	09 02	10 04	11 07	12 10
40	17 56	18 23	18 54	09 13	10 18	11 24	12 29
45	17 54	18 23	18 57	09 26	10 35	11 45	12 53
S 50	17 52	18 24	19 01	09 41	10 56	12 11	13 23
52	17 51	18 24	19 03	09 49	11 06	12 24	13 38
54	17 49	18 25	19 06	09 57	11 18	12 39	13 55
56	17 48	18 25	19 08	10 06	11 31	12 56	14 16
58	17 47	18 26	19 11	10 17	11 46	13 17	14 42
S 60	17 45	18 26	19 15	10 29	12 04	13 44	15 19

Day	SUN Eqn. of Time 00^h	SUN Eqn. of Time 12^h	SUN Mer. Pass.	MOON Mer. Pass. Upper	MOON Mer. Pass. Lower	MOON Age	MOON Phase
d	m s	m s	h m	h m	h m	d %	
28	05 03	04 54	12 05	01 58	14 20	18 91	
29	04 45	04 36	12 05	02 43	15 08	19 84	
30	04 27	04 18	12 04	03 33	15 59	20 76	

© British Crown Copyright 2023. All rights reserved.

	UT d h	ARIES GHA ° ′	VENUS −3·9 GHA ° ′	VENUS Dec ° ′	MARS +1·2 GHA ° ′	MARS Dec ° ′	JUPITER −2·1 GHA ° ′	JUPITER Dec ° ′	SATURN +1·0 GHA ° ′	SATURN Dec ° ′
	31 00	188 51.6	194 08.7	S 3 52.4	210 24.2	S10 21.5	143 56.6	N16 09.7	203 25.9	S 8 01.8
	01	203 54.0	209 08.3	51.2	225 24.8	20.7	158 58.5	09.9	218 28.1	01.6
	02	218 56.5	224 07.9	50.0	240 25.4	20.0	174 00.4	10.1	233 30.3	01.5
	03	233 59.0	239 07.5	48.8	255 26.1	19.3	189 02.4	10.2	248 32.5	01.4
	04	249 01.4	254 07.1	47.6	270 26.7	18.6	204 04.3	10.4	263 34.7	01.3
	05	264 03.9	269 06.7	46.4	285 27.3	17.9	219 06.2	10.5	278 36.9	01.2
	06	279 06.4	284 06.3	S 3 45.2	300 27.9	S10 17.2	234 08.2	N16 10.7	293 39.1	S 8 01.1
	07	294 08.8	299 06.0	44.0	315 28.6	16.5	249 10.1	10.8	308 41.3	01.0
	08	309 11.3	314 05.6	42.8	330 29.2	15.8	264 12.0	11.0	323 43.5	00.9
S	09	324 13.8	329 05.2	41.6	345 29.8	15.0	279 14.0	11.1	338 45.7	00.8
U	10	339 16.2	344 04.8	40.4	0 30.4	14.3	294 15.9	11.3	353 47.9	00.7
N	11	354 18.7	359 04.4	39.2	15 31.1	13.6	309 17.8	11.5	8 50.1	00.6
D	12	9 21.1	14 04.0	S 3 38.0	30 31.7	S10 12.9	324 19.8	N16 11.6	23 52.3	S 8 00.5
A	13	24 23.6	29 03.6	36.8	45 32.3	12.2	339 21.7	11.8	38 54.5	00.4
Y	14	39 26.1	44 03.3	35.6	60 32.9	11.5	354 23.6	11.9	53 56.7	00.3
	15	54 28.5	59 02.9	34.4	75 33.6	10.8	9 25.6	12.1	68 58.9	00.2
	16	69 31.0	74 02.5	33.2	90 34.2	10.0	24 27.5	12.2	84 01.1	00.1
	17	84 33.5	89 02.1	32.0	105 34.8	09.3	39 29.4	12.4	99 03.3	8 00.0
	18	99 35.9	104 01.7	S 3 30.8	120 35.4	S10 08.6	54 31.4	N16 12.6	114 05.5	S 7 59.9
	19	114 38.4	119 01.3	29.6	135 36.1	07.9	69 33.3	12.7	129 07.7	59.8
	20	129 40.9	134 00.9	28.4	150 36.7	07.2	84 35.2	12.9	144 09.9	59.7
	21	144 43.3	149 00.6	27.2	165 37.3	06.5	99 37.1	13.0	159 12.0	59.6
	22	159 45.8	164 00.2	25.9	180 37.9	05.8	114 39.1	13.2	174 14.2	59.5
	23	174 48.2	178 59.8	24.7	195 38.6	05.0	129 41.0	13.3	189 16.4	59.4
	1 00	189 50.7	193 59.4	S 3 23.5	210 39.2	S10 04.3	144 42.9	N16 13.5	204 18.6	S 7 59.3
	01	204 53.2	208 59.0	22.3	225 39.8	03.6	159 44.9	13.7	219 20.8	59.2
	02	219 55.6	223 58.6	21.1	240 40.5	02.9	174 46.8	13.8	234 23.0	59.0
	03	234 58.1	238 58.2	19.9	255 41.1	02.2	189 48.7	14.0	249 25.2	58.9
	04	250 00.6	253 57.9	18.7	270 41.7	01.5	204 50.7	14.1	264 27.4	58.8
	05	265 03.0	268 57.5	17.5	285 42.3	00.7	219 52.6	14.3	279 29.6	58.7
	06	280 05.5	283 57.1	S 3 16.3	300 43.0	S10 00.0	234 54.5	N16 14.4	294 31.8	S 7 58.6
	07	295 08.0	298 56.7	15.1	315 43.6	9 59.3	249 56.4	14.6	309 34.0	58.5
	08	310 10.4	313 56.3	13.9	330 44.2	58.6	264 58.4	14.7	324 36.2	58.4
M	09	325 12.9	328 55.9	12.7	345 44.9	57.9	280 00.3	14.9	339 38.4	58.3
O	10	340 15.4	343 55.6	11.5	0 45.5	57.2	295 02.2	15.1	354 40.6	58.2
N	11	355 17.8	358 55.2	10.2	15 46.1	56.4	310 04.2	15.2	9 42.8	58.1
D	12	10 20.3	13 54.8	S 3 09.0	30 46.7	S 9 55.7	325 06.1	N16 15.4	24 45.0	S 7 58.0
A	13	25 22.7	28 54.4	07.8	45 47.4	55.0	340 08.0	15.5	39 47.2	57.9
Y	14	40 25.2	43 54.0	06.6	60 48.0	54.3	355 09.9	15.7	54 49.4	57.8
	15	55 27.7	58 53.6	05.4	75 48.6	53.6	10 11.9	15.8	69 51.6	57.7
	16	70 30.1	73 53.3	04.2	90 49.3	52.9	25 13.8	16.0	84 53.9	57.6
	17	85 32.6	88 52.9	03.0	105 49.9	52.1	40 15.7	16.2	99 56.1	57.5
	18	100 35.1	103 52.5	S 3 01.8	120 50.5	S 9 51.4	55 17.7	N16 16.3	114 58.3	S 7 57.4
	19	115 37.5	118 52.1	3 00.6	135 51.1	50.7	70 19.6	16.5	130 00.5	57.3
	20	130 40.0	133 51.7	2 59.4	150 51.8	50.0	85 21.5	16.6	145 02.7	57.2
	21	145 42.5	148 51.4	58.1	165 52.4	49.3	100 23.4	16.8	160 04.9	57.1
	22	160 44.9	163 51.0	56.9	180 53.0	48.5	115 25.4	16.9	175 07.1	57.0
	23	175 47.4	178 50.6	55.7	195 53.7	47.8	130 27.3	17.1	190 09.3	56.9
	2 00	190 49.9	193 50.2	S 2 54.5	210 54.3	S 9 47.1	145 29.2	N16 17.3	205 11.5	S 7 56.8
	01	205 52.3	208 49.8	53.3	225 54.9	46.4	160 31.2	17.4	220 13.7	56.7
	02	220 54.8	223 49.4	52.1	240 55.5	45.7	175 33.1	17.6	235 15.9	56.6
	03	235 57.2	238 49.1	50.9	255 56.2	44.9	190 35.0	17.7	250 18.1	56.5
	04	250 59.7	253 48.7	49.7	270 56.8	44.2	205 36.9	17.9	265 20.3	56.4
	05	266 02.2	268 48.3	48.5	285 57.4	43.5	220 38.9	18.0	280 22.5	56.3
	06	281 04.6	283 47.9	S 2 47.2	300 58.1	S 9 42.8	235 40.8	N16 18.2	295 24.7	S 7 56.2
	07	296 07.1	298 47.5	46.0	315 58.7	42.1	250 42.7	18.3	310 26.9	56.1
T	08	311 09.6	313 47.2	44.8	330 59.3	41.3	265 44.6	18.5	325 29.1	55.9
U	09	326 12.0	328 46.8	43.6	346 00.0	40.6	280 46.6	18.7	340 31.3	55.8
E	10	341 14.5	343 46.4	42.4	1 00.6	39.9	295 48.5	18.8	355 33.5	55.7
S	11	356 17.0	358 46.0	41.2	16 01.2	39.2	310 50.4	19.0	10 35.7	55.6
D	12	11 19.4	13 45.6	S 2 40.0	31 01.9	S 9 38.5	325 52.4	N16 19.1	25 37.9	S 7 55.5
A	13	26 21.9	28 45.3	38.8	46 02.5	37.7	340 54.3	19.3	40 40.1	55.4
Y	14	41 24.4	43 44.9	37.5	61 03.1	37.0	355 56.2	19.4	55 42.3	55.3
	15	56 26.8	58 44.5	36.3	76 03.8	36.3	10 58.1	19.6	70 44.5	55.2
	16	71 29.3	73 44.1	35.1	91 04.4	35.6	26 00.1	19.8	85 46.7	55.1
	17	86 31.7	88 43.7	33.9	106 05.0	34.9	41 02.0	19.9	100 48.9	55.0
	18	101 34.2	103 43.4	S 2 32.7	121 05.7	S 9 34.1	56 03.9	N16 20.1	115 51.1	S 7 54.9
	19	116 36.7	118 43.0	31.5	136 06.3	33.4	71 05.8	20.2	130 53.3	54.8
	20	131 39.1	133 42.6	30.3	151 06.9	32.7	86 07.8	20.4	145 55.5	54.7
	21	146 41.6	148 42.2	29.0	166 07.6	32.0	101 09.7	20.5	160 57.7	54.6
	22	161 44.1	163 41.8	27.8	181 08.2	31.2	116 11.6	20.7	175 59.9	54.5
	23	176 46.5	178 41.5	26.6	196 08.8	30.5	131 13.5	20.9	191 02.1	54.4
	Mer. Pass.	h m 11 18.8	v −0.4	d 1.2	v 0.6	d 0.7	v 1.9	d 0.2	v 2.2	d 0.1

STARS

Name	SHA ° ′	Dec ° ′
Acamar	315 12.6	S40 12.6
Achernar	335 21.2	S57 06.9
Acrux	173 00.2	S63 14.1
Adhara	255 06.4	S29 00.5
Aldebaran	290 40.6	N16 33.4
Alioth	166 12.9	N55 49.6
Alkaid	152 52.0	N49 11.4
Alnair	27 34.1	S46 50.6
Alnilam	275 38.5	S 1 11.3
Alphard	217 48.2	S 8 45.9
Alphecca	126 04.0	N26 37.7
Alpheratz	357 35.8	N29 13.3
Altair	62 00.7	N 8 55.7
Ankaa	353 08.2	S42 10.6
Antares	112 16.4	S26 29.2
Arcturus	145 48.2	N19 03.2
Atria	107 11.0	S69 04.0
Avior	234 14.8	S59 35.5
Bellatrix	278 23.7	N 6 22.2
Betelgeuse	270 52.9	N 7 24.6
Canopus	263 52.8	S52 42.8
Capella	280 23.0	N46 01.5
Deneb	49 26.5	N45 21.6
Denebola	182 25.3	N14 26.1
Diphda	348 48.3	S17 51.4
Dubhe	193 41.2	N61 37.3
Elnath	278 02.8	N28 37.7
Eltanin	90 42.4	N51 28.7
Enif	33 39.7	N 9 58.9
Fomalhaut	15 15.5	S29 29.7
Gacrux	171 51.8	S57 15.0
Gienah	175 43.9	S17 40.7
Hadar	148 36.4	S60 29.3
Hamal	327 52.3	N23 34.5
Kaus Aust.	83 33.3	S34 22.3
Kochab	137 18.7	N74 03.1
Markab	13 30.9	N15 19.9
Menkar	314 07.1	N 4 11.0
Menkent	147 58.0	S36 29.4
Miaplacidus	221 37.9	S69 49.2
Mirfak	308 29.6	N49 56.9
Nunki	75 48.6	S26 16.0
Peacock	53 07.0	S56 39.3
Pollux	243 18.0	N27 58.1
Procyon	244 51.5	N 5 09.7
Rasalhague	95 59.1	N12 32.3
Regulus	207 34.9	N11 50.9
Rigel	281 04.6	S 8 10.6
Rigil Kent.	139 40.7	S60 56.0
Sabik	102 03.4	S15 45.4
Schedar	349 32.4	N56 40.1
Shaula	96 11.1	S37 07.2
Sirius	258 26.8	S16 45.1
Spica	158 22.7	S11 17.4
Suhail	222 46.6	S43 32.0
Vega	80 33.6	N38 48.0
Zuben'ubi	136 56.5	S16 08.6

	SHA ° ′	Mer. Pass. h m
Venus	4 08.7	11 04
Mars	20 48.5	9 57
Jupiter	314 52.2	14 19
Saturn	14 27.9	10 21

© British Crown Copyright 2023. All rights reserved.

	UT	SUN GHA	SUN Dec	MOON GHA	v	MOON Dec	d	HP
	d h	° ′	° ′	° ′	′	° ′	′	′
	31 00	178 57.9	N 4 15.6	295 55.0	8.1	S27 05.7	5.1	56.3
	01	193 58.1	16.6	310 22.1	8.0	27 10.8	5.1	56.3
	02	208 58.3	17.6	324 49.1	7.8	27 15.9	4.8	56.3
	03	223 58.5	. . 18.5	339 15.9	7.8	27 20.7	4.7	56.4
	04	238 58.7	19.5	353 42.7	7.7	27 25.4	4.6	56.4
	05	253 58.9	20.5	8 09.4	7.7	27 30.0	4.4	56.4
	06	268 59.1	N 4 21.4	22 36.1	7.5	S27 34.4	4.3	56.4
	07	283 59.3	22.4	37 02.6	7.5	27 38.7	4.2	56.5
	08	298 59.4	23.4	51 29.1	7.4	27 42.9	3.9	56.5
S	09	313 59.6	. . 24.3	65 55.5	7.3	27 46.8	3.8	56.5
U	10	328 59.8	25.3	80 21.8	7.2	27 50.6	3.7	56.5
N	11	344 00.0	26.3	94 48.0	7.2	27 54.3	3.5	56.6
D	12	359 00.2	N 4 27.2	109 14.2	7.1	S27 57.8	3.4	56.6
A	13	14 00.4	28.2	123 40.3	7.0	28 01.2	3.2	56.6
Y	14	29 00.6	29.2	138 06.3	7.0	28 04.4	3.0	56.7
	15	44 00.7	. . 30.1	152 32.3	6.8	28 07.4	2.9	56.7
	16	59 00.9	31.1	166 58.1	6.8	28 10.3	2.7	56.7
	17	74 01.1	32.1	181 23.9	6.8	28 13.0	2.6	56.8
	18	89 01.3	N 4 33.0	195 49.7	6.7	S28 15.6	2.4	56.8
	19	104 01.5	34.0	210 15.4	6.6	28 18.0	2.3	56.8
	20	119 01.7	35.0	224 41.0	6.5	28 20.3	2.0	56.8
	21	134 01.9	. . 35.9	239 06.5	6.5	28 22.3	1.9	56.9
	22	149 02.0	36.9	253 32.0	6.5	28 24.2	1.8	56.9
	23	164 02.2	37.8	267 57.5	6.4	28 26.0	1.6	56.9
	1 00	179 02.4	N 4 38.8	282 22.9	6.3	S28 27.6	1.4	57.0
	01	194 02.6	39.8	296 48.2	6.2	28 29.0	1.2	57.0
	02	209 02.8	40.7	311 13.4	6.3	28 30.2	1.1	57.0
	03	224 03.0	. . 41.7	325 38.7	6.1	28 31.3	0.9	57.1
	04	239 03.2	42.7	340 03.8	6.1	28 32.2	0.8	57.1
	05	254 03.3	43.6	354 28.9	6.1	28 33.0	0.6	57.1
	06	269 03.5	N 4 44.6	8 54.0	6.0	S28 33.6	0.4	57.1
	07	284 03.7	45.6	23 19.0	6.0	28 34.0	0.2	57.2
	08	299 03.9	46.5	37 44.0	6.0	28 34.2	0.1	57.2
M	09	314 04.1	. . 47.5	52 09.0	5.9	28 34.3	0.1	57.2
O	10	329 04.3	48.4	66 33.9	5.8	28 34.2	0.3	57.3
N	11	344 04.4	49.4	80 58.7	5.8	28 33.9	0.5	57.3
D	12	359 04.6	N 4 50.4	95 23.5	5.8	S28 33.4	0.6	57.3
A	13	14 04.8	51.3	109 48.3	5.8	28 32.8	0.8	57.4
Y	14	29 05.0	52.3	124 13.1	5.7	28 32.0	1.0	57.4
	15	44 05.2	. . 53.3	138 37.8	5.7	28 31.0	1.1	57.4
	16	59 05.4	54.2	153 02.5	5.7	28 29.9	1.4	57.5
	17	74 05.6	55.2	167 27.2	5.6	28 28.5	1.5	57.5
	18	89 05.7	N 4 56.1	181 51.8	5.7	S28 27.0	1.7	57.5
	19	104 05.9	57.1	196 16.5	5.6	28 25.3	1.8	57.6
	20	119 06.1	58.1	210 41.1	5.6	28 23.5	2.1	57.6
	21	134 06.3	4 59.0	225 05.7	5.5	28 21.4	2.2	57.6
	22	149 06.5	5 00.0	239 30.2	5.6	28 19.2	2.4	57.7
	23	164 06.7	00.9	253 54.8	5.5	28 16.8	2.5	57.7
	2 00	179 06.8	N 5 01.9	268 19.3	5.5	S28 14.3	2.8	57.7
	01	194 07.0	02.9	282 43.8	5.5	28 11.5	2.9	57.8
	02	209 07.2	03.8	297 08.3	5.6	28 08.6	3.1	57.8
	03	224 07.4	. . 04.8	311 32.9	5.5	28 05.5	3.3	57.8
	04	239 07.6	05.7	325 57.4	5.5	28 02.2	3.4	57.9
	05	254 07.8	06.7	340 21.9	5.4	27 58.8	3.6	57.9
	06	269 07.9	N 5 07.7	354 46.3	5.5	S27 55.2	3.9	57.9
	07	284 08.1	08.6	9 10.8	5.5	27 51.3	3.9	58.0
T	08	299 08.3	09.6	23 35.3	5.5	27 47.4	4.2	58.0
U	09	314 08.5	. . 10.5	37 59.8	5.5	27 43.2	4.4	58.0
E	10	329 08.7	11.5	52 24.3	5.6	27 38.8	4.5	58.1
S	11	344 08.9	12.5	66 48.9	5.5	27 34.3	4.7	58.1
D	12	359 09.0	N 5 13.4	81 13.4	5.5	S27 29.6	4.8	58.1
A	13	14 09.2	14.4	95 37.9	5.5	27 24.8	5.1	58.2
Y	14	29 09.4	15.3	110 02.4	5.6	27 19.7	5.2	58.2
	15	44 09.6	. . 16.3	124 27.0	5.6	27 14.5	5.4	58.2
	16	59 09.8	17.3	138 51.6	5.6	27 09.1	5.6	58.3
	17	74 10.0	18.2	153 16.2	5.6	27 03.5	5.8	58.3
	18	89 10.1	N 5 19.2	167 40.8	5.6	S26 57.7	5.9	58.3
	19	104 10.3	20.1	182 05.4	5.7	26 51.8	6.1	58.4
	20	119 10.5	21.1	196 30.1	5.6	26 45.7	6.3	58.4
	21	134 10.7	. . 22.0	210 54.7	5.7	26 39.4	6.4	58.4
	22	149 10.9	23.0	225 19.4	5.8	26 33.0	6.7	58.5
	23	164 11.1	24.0	239 44.2	5.7	S26 26.3	6.8	58.5
		SD 16.0	*d* 1.0	SD		15.4	15.6	15.8

Lat.	Twilight Naut.	Twilight Civil	Sunrise	Moonrise 31	Moonrise 1	Moonrise 2	Moonrise 3
°	h m	h m	h m	h m	h m	h m	h m
N 72	01 32	03 38	04 54	■	■	■	■
N 70	02 17	03 55	05 01	■	■	■	■
68	02 46	04 08	05 07	■	■	■	■
66	03 07	04 19	05 13	■	■	■	■
64	03 23	04 27	05 17	■	■	■	06 38
62	03 37	04 35	05 21	03 38	■	■	05 38
60	03 48	04 41	05 24	02 38	04 05	04 49	05 04
N 58	03 57	04 47	05 27	02 05	03 22	04 13	04 38
56	04 05	04 52	05 30	01 40	02 54	03 46	04 18
54	04 12	04 56	05 32	01 21	02 31	03 25	04 02
52	04 18	05 00	05 34	01 04	02 13	03 08	03 47
50	04 24	05 03	05 36	00 50	01 57	02 53	03 34
45	04 35	05 10	05 40	00 21	01 26	02 23	03 08
N 40	04 44	05 16	05 43	25 02	01 02	01 59	02 47
35	04 51	05 21	05 46	24 42	00 42	01 39	02 30
30	04 57	05 25	05 49	24 25	00 25	01 23	02 15
20	05 05	05 31	05 53	23 56	24 55	00 55	01 49
N 10	05 11	05 36	05 57	23 32	24 30	00 30	01 27
0	05 16	05 40	06 00	23 09	24 08	00 08	01 07
S 10	05 18	05 43	06 04	22 46	23 45	24 46	00 46
20	05 20	05 45	06 07	22 22	23 21	24 24	00 24
30	05 19	05 47	06 11	21 54	22 52	23 58	25 07
35	05 18	05 48	06 13	21 37	22 36	23 42	24 54
40	05 17	05 48	06 15	21 17	22 16	23 24	24 39
45	05 15	05 49	06 18	20 54	21 52	23 03	24 22
S 50	05 12	05 49	06 21	20 23	21 22	22 36	24 00
52	05 10	05 49	06 23	20 08	21 06	22 22	23 50
54	05 08	05 49	06 24	19 51	20 49	22 07	23 38
56	05 06	05 49	06 26	19 30	20 27	21 49	23 24
58	05 03	05 49	06 28	19 03	20 00	21 26	23 08
S 60	05 00	05 49	06 30	18 26	19 21	20 57	22 49

Lat.	Sunset	Twilight Civil	Twilight Naut.	Moonset 31	Moonset 1	Moonset 2	Moonset 3
°	h m	h m	h m	h m	h m	h m	h m
N 72	19 17	20 33	22 47	■	■	■	■
N 70	19 09	20 16	21 57	■	■	■	■
68	19 02	20 02	21 26	■	■	■	■
66	18 57	19 51	21 04	■	■	■	■
64	18 52	19 42	20 47	■	■	■	08 14
62	18 48	19 35	20 33	05 08	■	■	09 14
60	18 45	19 28	20 22	06 08	06 40	07 59	09 48
N 58	18 42	19 22	20 12	06 42	07 23	08 36	10 12
56	18 39	19 17	20 04	07 07	07 52	09 02	10 32
54	18 37	19 13	19 57	07 27	08 14	09 22	10 48
52	18 35	19 09	19 51	07 43	08 32	09 40	11 02
50	18 33	19 05	19 45	07 58	08 48	09 54	11 14
45	18 28	18 58	19 33	08 27	09 19	10 24	11 40
N 40	18 25	18 52	19 24	08 50	09 43	10 47	11 59
35	18 22	18 47	19 17	09 09	10 03	11 06	12 16
30	18 19	18 43	19 11	09 26	10 21	11 23	12 30
20	18 14	18 37	19 02	09 53	10 49	11 50	12 54
N 10	18 11	18 32	18 56	10 17	11 14	12 14	13 15
0	18 07	18 28	18 52	10 39	11 37	12 36	13 34
S 10	18 04	18 25	18 49	11 02	12 00	12 58	13 54
20	18 00	18 22	18 48	11 26	12 24	13 21	14 14
30	17 56	18 20	18 48	11 54	12 53	13 48	14 37
35	17 54	18 19	18 48	12 10	13 10	14 04	14 51
40	17 51	18 18	18 50	12 29	13 30	14 22	15 07
45	17 49	18 18	18 52	12 53	13 54	14 45	15 25
S 50	17 45	18 17	18 55	13 23	14 24	15 13	15 48
52	17 44	18 17	18 56	13 38	14 40	15 26	15 59
54	17 42	18 17	18 58	13 55	14 57	15 42	16 12
56	17 40	18 17	19 00	14 16	15 19	16 01	16 26
58	17 38	18 17	19 03	14 42	15 46	16 24	16 42
S 60	17 36	18 17	19 06	15 19	16 26	16 53	17 02

Day	SUN Eqn. of Time 00ʰ	SUN Eqn. of Time 12ʰ	SUN Mer. Pass.	MOON Mer. Pass. Upper	MOON Mer. Pass. Lower	MOON Age	MOON Phase
d	m s	m s	h m	h m	h m	d	%
31	04 09	04 00	12 04	04 26	16 54	21	67
1	03 51	03 42	12 04	05 23	17 52	22	57
2	03 33	03 24	12 03	06 22	18 51	23	46

© British Crown Copyright 2023. All rights reserved.

UT		ARIES	VENUS −3·9		MARS +1·2		JUPITER −2·1		SATURN +1·0	
		GHA	GHA	Dec	GHA	Dec	GHA	Dec	GHA	Dec
d	h	° ′	° ′	° ′	° ′	° ′	° ′	° ′	° ′	° ′
3	00	191 49.0	193 41.1	S 2 25.4	211 09.5	S 9 29.8	146 15.5	N16 21.0	206 04.3	S 7 54.3
	01	206 51.5	208 40.7	24.2	226 10.1	29.1	161 17.4	21.2	221 06.5	54.2
	02	221 53.9	223 40.3	23.0	241 10.7	28.4	176 19.3	21.3	236 08.7	54.1
	03	236 56.4	238 40.0	. . 21.8	256 11.4	. . 27.6	191 21.2	. . 21.5	251 10.9	. . 54.0
	04	251 58.9	253 39.6	20.5	271 12.0	26.9	206 23.2	21.6	266 13.1	53.9
	05	267 01.3	268 39.2	19.3	286 12.6	26.2	221 25.1	21.8	281 15.3	53.8
	06	282 03.8	283 38.8	S 2 18.1	301 13.3	S 9 25.5	236 27.0	N16 21.9	296 17.5	S 7 53.7
W	07	297 06.2	298 38.4	16.9	316 13.9	24.7	251 28.9	22.1	311 19.7	53.6
E	08	312 08.7	313 38.1	15.7	331 14.5	24.0	266 30.9	22.3	326 21.9	53.5
D	09	327 11.2	328 37.7	. . 14.5	346 15.2	. . 23.3	281 32.8	. . 22.4	341 24.1	. . 53.4
N	10	342 13.6	343 37.3	13.3	1 15.8	22.6	296 34.7	22.6	356 26.3	53.3
E	11	357 16.1	358 36.9	12.0	16 16.4	21.8	311 36.6	22.7	11 28.5	53.2
	12	12 18.6	13 36.6	S 2 10.8	31 17.1	S 9 21.1	326 38.5	N16 22.9	26 30.7	S 7 53.1
S	13	27 21.0	28 36.2	09.6	46 17.7	20.4	341 40.5	23.0	41 32.9	53.0
D	14	42 23.5	43 35.8	08.4	61 18.3	19.7	356 42.4	23.2	56 35.1	52.9
A	15	57 26.0	58 35.4	. . 07.2	76 19.0	. . 18.9	11 44.3	. . 23.4	71 37.3	. . 52.8
Y	16	72 28.4	73 35.1	06.0	91 19.6	18.2	26 46.2	23.5	86 39.5	52.7
	17	87 30.9	88 34.7	04.7	106 20.2	17.5	41 48.2	23.7	101 41.7	52.6
	18	102 33.3	103 34.3	S 2 03.5	121 20.9	S 9 16.8	56 50.1	N16 23.8	116 44.0	S 7 52.5
	19	117 35.8	118 33.9	02.3	136 21.5	16.0	71 52.0	24.0	131 46.2	52.4
	20	132 38.3	133 33.5	2 01.1	151 22.1	15.3	86 53.9	24.1	146 48.4	52.3
	21	147 40.7	148 33.2	1 59.9	166 22.8	. . 14.6	101 55.9	. . 24.3	161 50.6	. . 52.2
	22	162 43.2	163 32.8	58.6	181 23.4	13.9	116 57.8	24.5	176 52.8	52.1
	23	177 45.7	178 32.4	57.4	196 24.1	13.1	131 59.7	24.6	191 55.0	52.0
4	00	192 48.1	193 32.0	S 1 56.2	211 24.7	S 9 12.4	147 01.6	N16 24.8	206 57.2	S 7 51.9
	01	207 50.6	208 31.7	55.0	226 25.3	11.7	162 03.5	24.9	221 59.4	51.7
	02	222 53.1	223 31.3	53.8	241 26.0	11.0	177 05.5	25.1	237 01.6	51.6
	03	237 55.5	238 30.9	. . 52.6	256 26.6	. . 10.2	192 07.4	. . 25.2	252 03.8	. . 51.5
	04	252 58.0	253 30.5	51.3	271 27.2	09.5	207 09.3	25.4	267 06.0	51.4
	05	268 00.5	268 30.2	50.1	286 27.9	08.8	222 11.2	25.5	282 08.2	51.3
	06	283 02.9	283 29.8	S 1 48.9	301 28.5	S 9 08.0	237 13.1	N16 25.7	297 10.4	S 7 51.2
T	07	298 05.4	298 29.4	47.7	316 29.1	07.3	252 15.1	25.9	312 12.6	51.1
	08	313 07.8	313 29.0	46.5	331 29.8	06.6	267 17.0	26.0	327 14.8	51.0
H	09	328 10.3	328 28.7	. . 45.3	346 30.4	. . 05.9	282 18.9	. . 26.2	342 17.0	. . 50.9
U	10	343 12.8	343 28.3	44.0	1 31.1	05.1	297 20.8	26.3	357 19.2	50.8
R	11	358 15.2	358 27.9	42.8	16 31.7	04.4	312 22.8	26.5	12 21.4	50.7
S	12	13 17.7	13 27.5	S 1 41.6	31 32.3	S 9 03.7	327 24.7	N16 26.6	27 23.6	S 7 50.6
D	13	28 20.2	28 27.2	40.4	46 33.0	03.0	342 26.6	26.8	42 25.8	50.5
A	14	43 22.6	43 26.8	39.2	61 33.6	02.2	357 28.5	27.0	57 28.0	50.4
Y	15	58 25.1	58 26.4	. . 37.9	76 34.2	. . 01.5	12 30.4	. . 27.1	72 30.2	. . 50.3
	16	73 27.6	73 26.0	36.7	91 34.9	00.8	27 32.4	27.3	87 32.4	50.2
	17	88 30.0	88 25.7	35.5	106 35.5	9 00.0	42 34.3	27.4	102 34.7	50.1
	18	103 32.5	103 25.3	S 1 34.3	121 36.2	S 8 59.3	57 36.2	N16 27.6	117 36.9	S 7 50.0
	19	118 35.0	118 24.9	33.1	136 36.8	58.6	72 38.1	27.7	132 39.1	49.9
	20	133 37.4	133 24.5	31.8	151 37.4	57.9	87 40.0	27.9	147 41.3	49.8
	21	148 39.9	148 24.2	. . 30.6	166 38.1	. . 57.1	102 42.0	. . 28.1	162 43.5	. . 49.7
	22	163 42.3	163 23.8	29.4	181 38.7	56.4	117 43.9	28.2	177 45.7	49.6
	23	178 44.8	178 23.4	28.2	196 39.4	55.7	132 45.8	28.4	192 47.9	49.5
5	00	193 47.3	193 23.0	S 1 27.0	211 40.0	S 8 54.9	147 47.7	N16 28.5	207 50.1	S 7 49.4
	01	208 49.7	208 22.7	25.7	226 40.6	54.2	162 49.6	28.7	222 52.3	49.3
	02	223 52.2	223 22.3	24.5	241 41.3	53.5	177 51.6	28.8	237 54.5	49.2
	03	238 54.7	238 21.9	. . 23.3	256 41.9	. . 52.7	192 53.5	. . 29.0	252 56.7	. . 49.1
	04	253 57.1	253 21.5	22.1	271 42.6	52.0	207 55.4	29.1	267 58.9	49.0
	05	268 59.6	268 21.2	20.9	286 43.2	51.3	222 57.3	29.3	283 01.1	48.9
	06	284 02.1	283 20.8	S 1 19.6	301 43.8	S 8 50.6	237 59.2	N16 29.5	298 03.3	S 7 48.8
	07	299 04.5	298 20.4	18.4	316 44.5	49.8	253 01.1	29.6	313 05.5	48.7
	08	314 07.0	313 20.1	17.2	331 45.1	49.1	268 03.1	29.8	328 07.7	48.6
F	09	329 09.4	328 19.7	. . 16.0	346 45.8	. . 48.4	283 05.0	. . 29.9	343 09.9	. . 48.5
R	10	344 11.9	343 19.3	14.8	1 46.4	47.6	298 06.9	30.1	358 12.1	48.4
I	11	359 14.4	358 18.9	13.5	16 47.0	46.9	313 08.8	30.2	13 14.4	48.3
D	12	14 16.8	13 18.6	S 1 12.3	31 47.7	S 8 46.2	328 10.7	N16 30.4	28 16.6	S 7 48.2
A	13	29 19.3	28 18.2	11.1	46 48.3	45.4	343 12.7	30.6	43 18.8	48.1
Y	14	44 21.8	43 17.8	09.9	61 49.0	44.7	358 14.6	30.7	58 21.0	48.0
	15	59 24.2	58 17.4	. . 08.6	76 49.6	. . 44.0	13 16.5	. . 30.9	73 23.2	. . 47.9
	16	74 26.7	73 17.1	07.4	91 50.2	43.2	28 18.4	31.0	88 25.4	47.8
	17	89 29.2	88 16.7	06.2	106 50.9	42.5	43 20.3	31.2	103 27.6	47.7
	18	104 31.6	103 16.3	S 1 05.0	121 51.5	S 8 41.8	58 22.2	N16 31.3	118 29.8	S 7 47.6
	19	119 34.1	118 15.9	03.8	136 52.2	41.0	73 24.2	31.5	133 32.0	47.5
	20	134 36.6	133 15.6	02.5	151 52.8	40.3	88 26.1	31.7	148 34.2	47.4
	21	149 39.0	148 15.2	. . 01.3	166 53.5	. . 39.6	103 28.0	. . 31.8	163 36.4	. . 47.3
	22	164 41.5	163 14.8	1 00.1	181 54.1	38.8	118 29.9	32.0	178 38.6	47.2
	23	179 43.9	178 14.5	S 0 58.9	196 54.7	38.1	133 31.8	32.1	193 40.8	47.1
Mer. Pass.		h m 11 07.0	v −0.4	d 1.2	v 0.6	d 0.7	v 1.9	d 0.2	v 2.2	d 0.1

STARS

Name	SHA ° ′	Dec ° ′
Acamar	315 12.6	S40 12.6
Achernar	335 21.2	S57 06.9
Acrux	173 00.2	S63 14.1
Adhara	255 06.4	S29 00.5
Aldebaran	290 40.6	N16 33.4
Alioth	166 12.9	N55 49.6
Alkaid	152 52.0	N49 11.4
Alnair	27 34.0	S46 50.6
Alnilam	275 38.5	S 1 11.3
Alphard	217 48.2	S 8 45.9
Alphecca	126 04.0	N26 37.7
Alpheratz	357 35.8	N29 13.3
Altair	62 00.7	N 8 55.7
Ankaa	353 08.2	S42 10.5
Antares	112 16.4	S26 29.2
Arcturus	145 48.2	N19 03.2
Atria	107 11.0	S69 04.1
Avior	234 14.8	S59 35.5
Bellatrix	278 23.7	N 6 22.2
Betelgeuse	270 52.9	N 7 24.6
Canopus	263 52.8	S52 42.8
Capella	280 23.1	N46 01.5
Deneb	49 26.4	N45 21.6
Denebola	182 25.3	N14 26.1
Diphda	348 48.3	S17 51.4
Dubhe	193 41.2	N61 37.3
Elnath	278 02.8	N28 37.7
Eltanin	90 42.3	N51 28.7
Enif	33 39.6	N 9 59.0
Fomalhaut	15 15.5	S29 29.7
Gacrux	171 51.8	S57 15.0
Gienah	175 43.9	S17 40.7
Hadar	148 36.4	S60 29.4
Hamal	327 52.3	N23 34.5
Kaus Aust.	83 33.3	S34 22.3
Kochab	137 18.7	N74 03.1
Markab	13 30.8	N15 19.9
Menkar	314 07.1	N 4 11.0
Menkent	147 58.0	S36 29.4
Miaplacidus	221 38.0	S69 49.2
Mirfak	308 29.6	N49 56.9
Nunki	75 48.5	S26 16.0
Peacock	53 06.9	S56 39.3
Pollux	243 18.0	N27 58.1
Procyon	244 51.5	N 5 09.7
Rasalhague	95 59.0	N12 32.3
Regulus	207 34.9	N11 50.9
Rigel	281 04.6	S 8 10.5
Rigil Kent.	139 40.6	S60 56.0
Sabik	102 03.4	S15 45.4
Schedar	349 32.4	N56 40.1
Shaula	96 11.1	S37 07.2
Sirius	258 26.8	S16 45.1
Spica	158 22.7	S11 17.4
Suhail	222 46.6	S43 32.0
Vega	80 33.6	N38 48.0
Zuben'ubi	136 56.4	S16 08.6

	SHA ° ′	Mer. Pass. h m
Venus	0 43.9	11 06
Mars	18 36.6	9 54
Jupiter	314 13.5	14 10
Saturn	14 09.0	10 11

© British Crown Copyright 2023. All rights reserved.

UT d	h	SUN GHA ° ′	SUN Dec ° ′	MOON GHA ° ′	v ′	Dec ° ′	d ′	HP ′
3	00	179 11.2	N 5 24.9	254 08.9	5.8	S26 19.5	6.9	58.5
	01	194 11.4	25.9	268 33.7	5.8	26 12.6	7.2	58.6
	02	209 11.6	26.8	282 58.5	5.9	26 05.4	7.3	58.6
	03	224 11.8	. . 27.8	297 23.4	5.8	25 58.1	7.5	58.6
	04	239 12.0	28.7	311 48.2	6.0	25 50.6	7.7	58.7
	05	254 12.2	29.7	326 13.2	5.9	25 42.9	7.8	58.7
	06	269 12.3	N 5 30.7	340 38.1	6.0	S25 35.1	8.0	58.7
W	07	284 12.5	31.6	355 03.1	6.1	25 27.1	8.1	58.8
E	08	299 12.7	32.6	9 28.2	6.0	25 19.0	8.4	58.8
D	09	314 12.9	. . 33.5	23 53.2	6.1	25 10.6	8.5	58.8
N	10	329 13.1	34.5	38 18.3	6.2	25 02.1	8.6	58.9
E	11	344 13.2	35.4	52 43.5	6.2	24 53.5	8.9	58.9
S	12	359 13.4	N 5 36.4	67 08.7	6.2	S24 44.6	9.0	58.9
D	13	14 13.6	37.3	81 33.9	6.3	24 35.6	9.1	59.0
A	14	29 13.8	38.3	95 59.2	6.4	24 26.5	9.3	59.0
Y	15	44 14.0	. . 39.2	110 24.6	6.4	24 17.2	9.5	59.0
	16	59 14.1	40.2	124 50.0	6.4	24 07.7	9.6	59.1
	17	74 14.3	41.2	139 15.4	6.5	23 58.1	9.8	59.1
	18	89 14.5	N 5 42.1	153 40.9	6.5	S23 48.3	10.0	59.1
	19	104 14.7	43.1	168 06.4	6.6	23 38.3	10.1	59.2
	20	119 14.9	44.0	182 32.0	6.6	23 28.2	10.3	59.2
	21	134 15.1	. . 45.0	196 57.6	6.7	23 17.9	10.4	59.2
	22	149 15.2	45.9	211 23.3	6.8	23 07.5	10.6	59.3
	23	164 15.4	46.9	225 49.1	6.8	22 56.9	10.7	59.3
4	00	179 15.6	N 5 47.8	240 14.9	6.8	S22 46.2	10.9	59.3
	01	194 15.8	48.8	254 40.7	6.9	22 35.3	11.0	59.4
	02	209 16.0	49.7	269 06.6	7.0	22 24.3	11.2	59.4
	03	224 16.1	. . 50.7	283 32.6	7.0	22 13.1	11.3	59.4
	04	239 16.3	51.6	297 58.6	7.1	22 01.8	11.5	59.5
	05	254 16.5	52.6	312 24.7	7.1	21 50.3	11.7	59.5
	06	269 16.7	N 5 53.5	326 50.8	7.2	S21 38.6	11.7	59.5
T	07	284 16.9	54.5	341 17.0	7.2	21 26.9	11.9	59.6
H	08	299 17.0	55.4	355 43.2	7.3	21 15.0	12.1	59.6
U	09	314 17.2	. . 56.4	10 09.5	7.4	21 02.9	12.2	59.6
R	10	329 17.4	57.3	24 35.9	7.4	20 50.7	12.3	59.7
S	11	344 17.6	58.3	39 02.3	7.5	20 38.4	12.5	59.7
D	12	359 17.8	N 5 59.3	53 28.8	7.5	S20 25.9	12.6	59.7
A	13	14 17.9	6 00.2	67 55.3	7.6	20 13.3	12.8	59.7
Y	14	29 18.1	01.2	82 21.9	7.7	20 00.5	12.8	59.8
	15	44 18.3	. . 02.1	96 48.6	7.7	19 47.7	13.0	59.8
	16	59 18.5	03.1	111 15.3	7.7	19 34.7	13.2	59.8
	17	74 18.6	04.0	125 42.0	7.9	19 21.5	13.3	59.9
	18	89 18.8	N 6 05.0	140 08.9	7.9	S19 08.2	13.4	59.9
	19	104 19.0	05.9	154 35.8	7.9	18 54.8	13.5	59.9
	20	119 19.2	06.9	169 02.7	8.0	18 41.3	13.7	60.0
	21	134 19.4	. . 07.8	183 29.7	8.1	18 27.6	13.7	60.0
	22	149 19.5	08.7	197 56.8	8.1	18 13.9	13.9	60.0
	23	164 19.7	09.7	212 23.9	8.1	18 00.0	14.1	60.0
5	00	179 19.9	N 6 10.6	226 51.0	8.3	S17 45.9	14.1	60.1
	01	194 20.1	11.6	241 18.3	8.3	17 31.8	14.3	60.1
	02	209 20.3	12.5	255 45.6	8.3	17 17.5	14.3	60.1
	03	224 20.4	. . 13.5	270 12.9	8.4	17 03.2	14.5	60.2
	04	239 20.6	14.4	284 40.3	8.5	16 48.7	14.6	60.2
	05	254 20.8	15.4	299 07.8	8.5	16 34.1	14.7	60.2
	06	269 21.0	N 6 16.3	313 35.3	8.5	S16 19.4	14.9	60.2
	07	284 21.1	17.3	328 02.8	8.7	16 04.5	14.9	60.3
	08	299 21.3	18.2	342 30.5	8.6	15 49.6	15.0	60.3
F	09	314 21.5	. . 19.2	356 58.1	8.8	15 34.6	15.2	60.3
R	10	329 21.7	20.1	11 25.9	8.7	15 19.4	15.2	60.3
I	11	344 21.9	21.1	25 53.6	8.9	15 04.2	15.4	60.4
D	12	359 22.0	N 6 22.0	40 21.5	8.8	S14 48.8	15.4	60.4
A	13	14 22.2	23.0	54 49.3	9.0	14 33.4	15.6	60.4
Y	14	29 22.4	23.9	69 17.3	9.0	14 17.8	15.6	60.4
	15	44 22.6	. . 24.9	83 45.3	9.0	14 02.2	15.7	60.5
	16	59 22.7	25.8	98 13.3	9.1	13 46.5	15.9	60.5
	17	74 22.9	26.7	112 41.4	9.1	13 30.6	15.9	60.5
	18	89 23.1	N 6 27.7	127 09.5	9.2	S13 14.7	16.0	60.5
	19	104 23.3	28.6	141 37.7	9.2	12 58.7	16.1	60.6
	20	119 23.4	29.6	156 05.9	9.2	12 42.6	16.2	60.6
	21	134 23.6	. . 30.5	170 34.1	9.4	12 26.4	16.2	60.6
	22	149 23.8	31.5	185 02.5	9.3	12 10.2	16.4	60.6
	23	164 24.0	32.4	199 30.8	9.4	S11 53.8	16.4	60.6
		SD 16.0	*d* 1.0	SD	16.1	16.3		16.5

Lat.	Twilight Naut.	Twilight Civil	Sunrise	Moonrise 3	Moonrise 4	Moonrise 5	Moonrise 6
°	h m	h m	h m	h m	h m	h m	h m
N 72	00 37	03 19	04 38	▬	▬	07 21	06 10
N 70	01 51	03 39	04 47	▬	▬	06 41	05 54
68	02 26	03 54	04 55	▬	07 25	06 14	05 42
66	02 51	04 06	05 01	▬	06 27	05 52	05 32
64	03 09	04 16	05 06	06 38	05 53	05 35	05 23
62	03 24	04 24	05 11	05 38	05 28	05 21	05 15
60	03 37	04 32	05 15	05 04	05 08	05 09	05 09
N 58	03 47	04 38	05 19	04 38	04 51	04 59	05 03
56	03 56	04 43	05 22	04 18	04 37	04 49	04 58
54	04 04	04 48	05 25	04 02	04 25	04 41	04 53
52	04 11	04 53	05 27	03 47	04 14	04 34	04 49
50	04 17	04 56	05 29	03 34	04 05	04 27	04 45
45	04 29	05 05	05 34	03 08	03 44	04 13	04 37
N 40	04 39	05 11	05 39	02 47	03 28	04 01	04 30
35	04 47	05 17	05 42	02 30	03 14	03 51	04 24
30	04 53	05 21	05 45	02 15	03 01	03 42	04 18
20	05 03	05 29	05 51	01 49	02 40	03 26	04 09
N 10	05 10	05 34	05 55	01 27	02 22	03 13	04 01
0	05 15	05 39	06 00	01 07	02 04	03 00	03 53
S 10	05 18	05 43	06 04	00 46	01 47	02 47	03 45
20	05 20	05 46	06 08	00 24	01 28	02 33	03 37
30	05 21	05 49	06 13	25 07	01 07	02 17	03 27
35	05 21	05 50	06 15	24 54	00 54	02 08	03 22
40	05 20	05 51	06 18	24 39	00 39	01 57	03 15
45	05 18	05 52	06 22	24 22	00 22	01 45	03 08
S 50	05 16	05 54	06 26	24 00	00 00	01 29	02 59
52	05 15	05 54	06 28	23 50	25 22	01 22	02 55
54	05 14	05 54	06 30	23 38	25 14	01 14	02 50
56	05 12	05 55	06 32	23 24	25 05	01 05	02 45
58	05 10	05 55	06 35	23 08	24 54	00 54	02 39
S 60	05 07	05 56	06 37	22 49	24 42	00 42	02 33

Lat.	Sunset	Twilight Civil	Twilight Naut.	Moonset 3	Moonset 4	Moonset 5	Moonset 6
°	h m	h m	h m	h m	h m	h m	h m
N 72	19 31	20 51	////	▬	▬	11 33	14 37
N 70	19 21	20 31	22 23	▬	▬	12 10	14 49
68	19 13	20 15	21 45	▬	09 29	12 36	14 59
66	19 07	20 02	21 19	▬	10 26	12 56	15 06
64	19 01	19 52	21 00	08 14	10 59	13 11	15 13
62	18 56	19 43	20 44	09 14	11 23	13 24	15 19
60	18 52	19 36	20 31	09 48	11 42	13 35	15 24
N 58	18 49	19 29	20 21	10 12	11 58	13 44	15 28
56	18 45	19 24	20 12	10 32	12 11	13 52	15 32
54	18 42	19 19	20 04	10 48	12 23	13 59	15 35
52	18 40	19 14	19 57	11 02	12 33	14 06	15 38
50	18 37	19 10	19 50	11 14	12 42	14 12	15 41
45	18 32	19 02	19 38	11 40	13 01	14 24	15 47
N 40	18 28	18 55	19 28	11 59	13 16	14 34	15 52
35	18 24	18 50	19 20	12 16	13 29	14 43	15 56
30	18 21	18 45	19 13	12 30	13 40	14 51	16 00
20	18 15	18 37	19 03	12 54	13 59	15 04	16 07
N 10	18 10	18 32	18 56	13 15	14 16	15 15	16 12
0	18 06	18 27	18 51	13 34	14 31	15 25	16 17
S 10	18 02	18 23	18 47	13 54	14 46	15 36	16 22
20	17 57	18 20	18 45	14 14	15 02	15 46	16 28
30	17 53	18 16	18 44	14 37	15 21	15 59	16 34
35	17 50	18 15	18 44	14 51	15 31	16 06	16 37
40	17 47	18 14	18 45	15 07	15 43	16 14	16 41
45	17 43	18 12	18 46	15 25	15 57	16 23	16 46
S 50	17 39	18 11	18 48	15 48	16 14	16 34	16 51
52	17 37	18 11	18 50	15 59	16 22	16 40	16 53
54	17 35	18 10	18 51	16 12	16 31	16 45	16 56
56	17 32	18 10	18 53	16 26	16 41	16 51	16 59
58	17 30	18 09	18 54	16 42	16 52	16 58	17 02
S 60	17 27	18 09	18 57	17 02	17 05	17 06	17 06

Day	SUN Eqn. of Time 00^h	SUN Eqn. of Time 12^h	SUN Mer. Pass.	MOON Mer. Pass. Upper	MOON Mer. Pass. Lower	Age	Phase
d	m s	m s	h m	h m	h m	d %	
3	03 15	03 07	12 03	07 21	19 49	24 35	
4	02 58	02 49	12 03	08 18	20 45	25 25	
5	02 41	02 32	12 03	09 13	21 39	26 15	

© British Crown Copyright 2023. All rights reserved.

	UT	ARIES	VENUS −3·9		MARS +1·2		JUPITER −2·0		SATURN +1·0	
	d h	GHA ° ′	GHA ° ′	Dec ° ′	GHA ° ′	Dec ° ′	GHA ° ′	Dec ° ′	GHA ° ′	Dec ° ′
	6 00	194 46.4	193 14.1	S 0 57.6	211 55.4	S 8 37.4	148 33.7	N16 32.3	208 43.0	S 7 47.0
	01	209 48.9	208 13.7	56.4	226 56.0	36.7	163 35.7	32.4	223 45.2	46.9
	02	224 51.3	223 13.3	55.2	241 56.7	35.9	178 37.6	32.6	238 47.5	46.8
	03	239 53.8	238 13.0	. . 54.0	256 57.3	. . 35.2	193 39.5	. . 32.7	253 49.7	. . 46.7
	04	254 56.3	253 12.6	52.8	271 58.0	34.5	208 41.4	32.9	268 51.9	46.6
	05	269 58.7	268 12.2	51.5	286 58.6	33.7	223 43.3	33.1	283 54.1	46.5
	06	285 01.2	283 11.9	S 0 50.3	301 59.2	S 8 33.0	238 45.2	N16 33.2	298 56.3	S 7 46.4
	07	300 03.7	298 11.5	49.1	316 59.9	32.3	253 47.2	33.4	313 58.5	46.3
S	08	315 06.1	313 11.1	47.9	332 00.5	31.5	268 49.1	33.5	329 00.7	46.2
A	09	330 08.6	328 10.7	. . 46.6	347 01.2	. . 30.8	283 51.0	. . 33.7	344 02.9	. . 46.1
T	10	345 11.1	343 10.4	45.4	2 01.8	30.0	298 52.9	33.8	359 05.1	46.0
U	11	0 13.5	358 10.0	44.2	17 02.5	29.3	313 54.8	34.0	14 07.3	45.9
R	12	15 16.0	13 09.6	S 0 43.0	32 03.1	S 8 28.6	328 56.7	N16 34.2	29 09.5	S 7 45.8
D	13	30 18.4	28 09.3	41.8	47 03.7	27.8	343 58.7	34.3	44 11.7	45.7
A	14	45 20.9	43 08.9	40.5	62 04.4	27.1	359 00.6	34.5	59 13.9	45.6
Y	15	60 23.4	58 08.5	. . 39.3	77 05.0	. . 26.4	14 02.5	. . 34.6	74 16.1	. . 45.5
	16	75 25.8	73 08.1	38.1	92 05.7	25.6	29 04.4	34.8	89 18.4	45.4
	17	90 28.3	88 07.8	36.9	107 06.3	24.9	44 06.3	34.9	104 20.6	45.3
	18	105 30.8	103 07.4	S 0 35.6	122 07.0	S 8 24.2	59 08.2	N16 35.1	119 22.8	S 7 45.2
	19	120 33.2	118 07.0	34.4	137 07.6	23.4	74 10.1	35.3	134 25.0	45.1
	20	135 35.7	133 06.7	33.2	152 08.3	22.7	89 12.1	35.4	149 27.2	45.0
	21	150 38.2	148 06.3	. . 32.0	167 08.9	. . 22.0	104 14.0	. . 35.6	164 29.4	. . 44.9
	22	165 40.6	163 05.9	30.7	182 09.5	21.2	119 15.9	35.7	179 31.6	44.8
	23	180 43.1	178 05.5	29.5	197 10.2	20.5	134 17.8	35.9	194 33.8	44.7
	7 00	195 45.5	193 05.2	S 0 28.3	212 10.8	S 8 19.8	149 19.7	N16 36.0	209 36.0	S 7 44.6
	01	210 48.0	208 04.8	27.1	227 11.5	19.0	164 21.6	36.2	224 38.2	44.5
	02	225 50.5	223 04.4	25.8	242 12.1	18.3	179 23.5	36.3	239 40.4	44.4
	03	240 52.9	238 04.1	. . 24.6	257 12.8	. . 17.6	194 25.5	. . 36.5	254 42.7	. . 44.3
	04	255 55.4	253 03.7	23.4	272 13.4	16.8	209 27.4	36.7	269 44.9	44.2
	05	270 57.9	268 03.3	22.2	287 14.1	16.1	224 29.3	36.8	284 47.1	44.1
	06	286 00.3	283 02.9	S 0 20.9	302 14.7	S 8 15.3	239 31.2	N16 37.0	299 49.3	S 7 44.0
	07	301 02.8	298 02.6	19.7	317 15.4	14.6	254 33.1	37.1	314 51.5	43.9
	08	316 05.3	313 02.2	18.5	332 16.0	13.9	269 35.0	37.3	329 53.7	43.8
S	09	331 07.7	328 01.8	. . 17.3	347 16.7	. . 13.1	284 36.9	. . 37.4	344 55.9	. . 43.7
U	10	346 10.2	343 01.5	16.1	2 17.3	12.4	299 38.9	37.6	359 58.1	43.6
N	11	1 12.7	358 01.1	14.8	17 17.9	11.7	314 40.8	37.8	15 00.3	43.5
D	12	16 15.1	13 00.7	S 0 13.6	32 18.6	S 8 10.9	329 42.7	N16 37.9	30 02.5	S 7 43.4
A	13	31 17.6	28 00.3	12.4	47 19.2	10.2	344 44.6	38.1	45 04.7	43.3
Y	14	46 20.0	43 00.0	11.2	62 19.9	09.4	359 46.5	38.2	60 07.0	43.2
	15	61 22.5	57 59.6	. . 09.9	77 20.5	. . 08.7	14 48.4	. . 38.4	75 09.2	. . 43.1
	16	76 25.0	72 59.2	08.7	92 21.2	08.0	29 50.3	38.5	90 11.4	43.0
	17	91 27.4	87 58.9	07.5	107 21.8	07.2	44 52.2	38.7	105 13.6	42.9
	18	106 29.9	102 58.5	S 0 06.3	122 22.5	S 8 06.5	59 54.2	N16 38.8	120 15.8	S 7 42.8
	19	121 32.4	117 58.1	05.0	137 23.1	05.8	74 56.1	39.0	135 18.0	42.7
	20	136 34.8	132 57.8	03.8	152 23.8	05.0	89 58.0	39.2	150 20.2	42.6
	21	151 37.3	147 57.4	. . 02.6	167 24.4	. . 04.3	104 59.9	. . 39.3	165 22.4	. . 42.5
	22	166 39.8	162 57.0	01.4	182 25.1	03.5	120 01.8	39.5	180 24.6	42.4
	23	181 42.2	177 56.6	S 00.1	197 25.7	02.8	135 03.7	39.6	195 26.8	42.3
	8 00	196 44.7	192 56.3	N 0 01.1	212 26.4	S 8 02.1	150 05.6	N16 39.8	210 29.1	S 7 42.2
	01	211 47.1	207 55.9	02.3	227 27.0	01.3	165 07.5	39.9	225 31.3	42.1
	02	226 49.6	222 55.5	03.5	242 27.7	8 00.6	180 09.5	40.1	240 33.5	42.0
	03	241 52.1	237 55.2	. . 04.8	257 28.3	7 59.8	195 11.4	. . 40.3	255 35.7	. . 41.9
	04	256 54.5	252 54.8	06.0	272 29.0	59.1	210 13.3	40.4	270 37.9	41.8
	05	271 57.0	267 54.4	07.2	287 29.6	58.4	225 15.2	40.6	285 40.1	41.7
	06	286 59.5	282 54.1	N 0 08.4	302 30.3	S 7 57.6	240 17.1	N16 40.7	300 42.3	S 7 41.6
	07	302 01.9	297 53.7	09.7	317 30.9	56.9	255 19.0	40.9	315 44.5	41.5
	08	317 04.4	312 53.3	10.9	332 31.6	56.2	270 20.9	41.0	330 46.7	41.4
M	09	332 06.9	327 52.9	. . 12.1	347 32.2	. . 55.4	285 22.8	. . 41.2	345 48.9	. . 41.3
O	10	347 09.3	342 52.6	13.3	2 32.9	54.7	300 24.7	41.3	0 51.2	41.2
N	11	2 11.8	357 52.2	14.6	17 33.5	53.9	315 26.6	41.5	15 53.4	41.1
D	12	17 14.3	12 51.8	N 0 15.8	32 34.2	S 7 53.2	330 28.6	N16 41.7	30 55.6	S 7 41.0
A	13	32 16.7	27 51.5	17.0	47 34.8	52.5	345 30.5	41.8	45 57.8	40.9
Y	14	47 19.2	42 51.1	18.2	62 35.5	51.7	0 32.4	42.0	61 00.0	40.8
	15	62 21.6	57 50.7	. . 19.5	77 36.1	. . 51.0	15 34.3	. . 42.1	76 02.2	. . 40.7
	16	77 24.1	72 50.4	20.7	92 36.8	50.2	30 36.2	42.3	91 04.4	40.6
	17	92 26.6	87 50.0	21.9	107 37.4	49.5	45 38.1	42.4	106 06.6	40.5
	18	107 29.0	102 49.6	N 0 23.1	122 38.1	S 7 48.8	60 40.0	N16 42.6	121 08.8	S 7 40.4
	19	122 31.5	117 49.3	24.4	137 38.7	48.0	75 41.9	42.8	136 11.1	40.3
	20	137 34.0	132 48.9	25.6	152 39.4	47.3	90 43.8	42.9	151 13.3	40.2
	21	152 36.4	147 48.5	. . 26.8	167 40.0	. . 46.5	105 45.7	. . 43.1	166 15.5	. . 40.1
	22	167 38.9	162 48.1	28.0	182 40.7	45.8	120 47.7	43.2	181 17.7	40.0
	23	182 41.4	177 47.8	29.3	197 41.3	45.0	135 49.6	43.4	196 19.9	39.9
	Mer. Pass.	h m 10 55.2	*v* −0.4	*d* 1.2	*v* 0.6	*d* 0.7	*v* 1.9	*d* 0.2	*v* 2.2	*d* 0.1

STARS Name	SHA ° ′	Dec ° ′
Acamar	315 12.6	S40 12.6
Achernar	335 21.2	S57 06.9
Acrux	173 00.2	S63 14.1
Adhara	255 06.4	S29 00.5
Aldebaran	290 40.6	N16 33.4
Alioth	166 12.9	N55 49.7
Alkaid	152 52.0	N49 11.4
Alnair	27 34.0	S46 50.6
Alnilam	275 38.5	S 1 11.3
Alphard	217 48.2	S 8 45.9
Alphecca	126 04.0	N26 37.8
Alpheratz	357 35.8	N29 13.3
Altair	62 00.6	N 8 55.7
Ankaa	353 08.2	S42 10.5
Antares	112 16.4	S26 29.2
Arcturus	145 48.2	N19 03.2
Atria	107 10.9	S69 04.1
Avior	234 14.9	S59 35.5
Bellatrix	278 23.7	N 6 22.2
Betelgeuse	270 52.9	N 7 24.6
Canopus	263 52.8	S52 42.8
Capella	280 23.1	N46 01.5
Deneb	49 26.4	N45 21.6
Denebola	182 25.3	N14 26.1
Diphda	348 48.3	S17 51.3
Dubhe	193 41.2	N61 37.3
Elnath	278 02.9	N28 37.7
Eltanin	90 42.3	N51 28.7
Enif	33 39.6	N 9 58.9
Fomalhaut	15 15.5	S29 29.7
Gacrux	171 51.8	S57 15.0
Gienah	175 43.9	S17 40.7
Hadar	148 36.3	S60 29.4
Hamal	327 52.3	N23 34.5
Kaus Aust.	83 33.3	S34 22.3
Kochab	137 18.6	N74 03.1
Markab	13 30.8	N15 19.9
Menkar	314 07.1	N 4 11.0
Menkent	147 58.0	S36 29.4
Miaplacidus	221 38.0	S69 49.2
Mirfak	308 29.6	N49 56.9
Nunki	75 48.5	S26 16.0
Peacock	53 06.9	S56 39.3
Pollux	243 18.0	N27 58.1
Procyon	244 51.5	N 5 09.7
Rasalhague	95 59.0	N12 32.3
Regulus	207 34.9	N11 50.9
Rigel	281 04.6	S 8 10.5
Rigil Kent.	139 40.6	S60 56.1
Sabik	102 03.4	S15 45.4
Schedar	349 32.4	N56 40.1
Shaula	96 11.1	S37 07.2
Sirius	258 26.9	S16 45.1
Spica	158 22.7	S11 17.4
Suhail	222 46.6	S43 32.0
Vega	80 33.6	N38 48.0
Zuben'ubi	136 56.4	S16 08.6
	SHA ° ′	**Mer. Pass.** h m
Venus	357 19.6	11 08
Mars	16 25.3	9 51
Jupiter	313 34.2	14 01
Saturn	13 50.5	10 00

© British Crown Copyright 2023. All rights reserved.

UT	SUN GHA	SUN Dec	MOON GHA	*v*	MOON Dec	*d*	HP
d h	° ′	° ′	° ′	′	° ′	′	′
6 00	179 24.2	N 6 33.4	213 59.2	9.4	S11 37.4	16.5	60.7
01	194 24.3	34.3	228 27.6	9.5	11 20.9	16.6	60.7
02	209 24.5	35.2	242 56.1	9.5	11 04.3	16.7	60.7
03	224 24.7	. . 36.2	257 24.6	9.6	10 47.6	16.7	60.7
04	239 24.9	37.1	271 53.2	9.6	10 30.9	16.8	60.7
05	254 25.0	38.1	286 21.8	9.6	10 14.1	16.9	60.8
06	269 25.2	N 6 39.0	300 50.4	9.7	S 9 57.2	16.9	60.8
S 07	284 25.4	40.0	315 19.1	9.7	9 40.3	17.1	60.8
A 08	299 25.6	40.9	329 47.8	9.8	9 23.2	17.0	60.8
T 09	314 25.7	. . 41.8	344 16.6	9.7	9 06.2	17.2	60.8
U 10	329 25.9	42.8	358 45.3	9.8	8 49.0	17.2	60.8
R 11	344 26.1	43.7	13 14.1	9.9	8 31.8	17.2	60.9
D 12	359 26.3	N 6 44.7	27 43.0	9.8	S 8 14.6	17.3	60.9
A 13	14 26.4	45.6	42 11.8	9.9	7 57.3	17.4	60.9
Y 14	29 26.6	46.6	56 40.7	10.0	7 39.9	17.4	60.9
15	44 26.8	. . 47.5	71 09.7	9.9	7 22.5	17.5	60.9
16	59 27.0	48.4	85 38.6	10.0	7 05.0	17.5	60.9
17	74 27.1	49.4	100 07.6	10.0	6 47.5	17.5	60.9
18	89 27.3	N 6 50.3	114 36.6	10.0	S 6 30.0	17.7	61.0
19	104 27.5	51.3	129 05.6	10.1	6 12.3	17.6	61.0
20	119 27.7	52.2	143 34.7	10.0	5 54.7	17.7	61.0
21	134 27.8	. . 53.1	158 03.7	10.1	5 37.0	17.7	61.0
22	149 28.0	54.1	172 32.8	10.1	5 19.3	17.8	61.0
23	164 28.2	55.0	187 01.9	10.1	5 01.5	17.8	61.0
7 00	179 28.4	N 6 56.0	201 31.0	10.2	S 4 43.7	17.8	61.0
01	194 28.5	56.9	216 00.2	10.1	4 25.9	17.9	61.0
02	209 28.7	57.8	230 29.3	10.2	4 08.0	17.9	61.0
03	224 28.9	. . 58.8	244 58.5	10.2	3 50.1	17.9	61.0
04	239 29.0	6 59.7	259 27.7	10.2	3 32.2	18.0	61.1
05	254 29.2	7 00.7	273 56.9	10.2	3 14.2	17.9	61.1
06	269 29.4	N 7 01.6	288 26.1	10.2	S 2 56.3	18.0	61.1
07	284 29.6	02.5	302 55.3	10.2	2 38.3	18.0	61.1
08	299 29.7	03.5	317 24.5	10.3	2 20.3	18.0	61.1
S 09	314 29.9	. . 04.4	331 53.8	10.2	2 02.3	18.1	61.1
U 10	329 30.1	05.3	346 23.0	10.2	1 44.2	18.0	61.1
N 11	344 30.3	06.3	0 52.2	10.3	1 26.2	18.1	61.1
D 12	359 30.4	N 7 07.2	15 21.5	10.2	S 1 08.1	18.1	61.1
A 13	14 30.6	08.2	29 50.7	10.3	0 50.0	18.1	61.1
Y 14	29 30.8	09.1	44 20.0	10.2	0 31.9	18.0	61.1
15	44 30.9	. . 10.0	58 49.2	10.3	S 0 13.9	18.1	61.1
16	59 31.1	11.0	73 18.5	10.2	N 0 04.2	18.1	61.1
17	74 31.3	11.9	87 47.7	10.2	0 22.3	18.1	61.1
18	89 31.5	N 7 12.8	102 16.9	10.3	N 0 40.4	18.1	61.1
19	104 31.6	13.8	116 46.2	10.2	0 58.5	18.1	61.1
20	119 31.8	14.7	131 15.4	10.2	1 16.6	18.1	61.1
21	134 32.0	. . 15.6	145 44.6	10.2	1 34.7	18.0	61.1
22	149 32.2	16.6	160 13.8	10.2	1 52.7	18.1	61.1
23	164 32.3	17.5	174 43.0	10.2	2 10.8	18.0	61.1
8 00	179 32.5	N 7 18.4	189 12.2	10.2	N 2 28.8	18.0	61.1
01	194 32.7	19.4	203 41.4	10.2	2 46.8	18.0	61.1
02	209 32.8	20.3	218 10.6	10.1	3 04.8	18.0	61.1
03	224 33.0	. . 21.2	232 39.7	10.2	3 22.8	18.0	61.1
04	239 33.2	22.2	247 08.9	10.1	3 40.8	17.9	61.1
05	254 33.4	23.1	261 38.0	10.1	3 58.7	17.9	61.1
06	269 33.5	N 7 24.0	276 07.1	10.0	N 4 16.6	17.9	61.1
07	284 33.7	25.0	290 36.1	10.1	4 34.5	17.9	61.1
M 08	299 33.9	25.9	305 05.2	10.0	4 52.4	17.8	61.1
O 09	314 34.0	. . 26.8	319 34.2	10.1	5 10.2	17.8	61.0
N 10	329 34.2	27.8	334 03.3	9.9	5 28.0	17.8	61.0
D 11	344 34.4	28.7	348 32.2	10.0	5 45.8	17.7	61.0
A 12	359 34.5	N 7 29.6	3 01.2	9.9	N 6 03.5	17.7	61.0
Y 13	14 34.7	30.6	17 30.1	10.0	6 21.2	17.6	61.0
14	29 34.9	31.5	31 59.1	9.8	6 38.8	17.6	61.0
15	44 35.1	. . 32.4	46 27.9	9.9	6 56.4	17.5	61.0
16	59 35.2	33.4	60 56.8	9.8	7 13.9	17.5	61.0
17	74 35.4	34.3	75 25.6	9.8	N 7 31.4	17.5	61.0
18	89 35.6	N 7 35.2					
19	104 35.7	36.2					
20	119 35.9	37.1					
21	134 36.1	. . 38.0					
22	149 36.2	38.9					
23	164 36.4	39.9					
	SD 16.0	*d* 0.9	SD 16.6		16.6		16.6

A total eclipse of the Sun occurs on this date. See page 5.

Lat.	Twilight Naut.	Twilight Civil	Sunrise	Moonrise 6	Moonrise 7	Moonrise 8	Moonrise 9
°	h m	h m	h m	h m	h m	h m	h m
N 72	////	02 59	04 21	06 10	05 26	04 47	04 02
N 70	01 17	03 22	04 33	05 54	05 22	04 52	04 18
68	02 04	03 39	04 42	05 42	05 18	04 56	04 32
66	02 33	03 53	04 49	05 32	05 15	04 59	04 42
64	02 55	04 04	04 56	05 23	05 12	05 02	04 52
62	03 12	04 14	05 01	05 15	05 10	05 05	05 00
60	03 26	04 22	05 06	05 09	05 08	05 07	05 07
N 58	03 37	04 29	05 10	05 03	05 06	05 09	05 13
56	03 47	04 35	05 14	04 58	05 05	05 11	05 18
54	03 55	04 41	05 17	04 53	05 03	05 13	05 23
52	04 03	04 45	05 20	04 49	05 02	05 14	05 27
50	04 09	04 50	05 23	04 45	05 01	05 16	05 32
45	04 23	04 59	05 29	04 37	04 58	05 19	05 40
N 40	04 34	05 06	05 34	04 30	04 56	05 21	05 48
35	04 42	05 12	05 38	04 24	04 54	05 24	05 54
30	04 49	05 18	05 42	04 18	04 52	05 26	06 00
20	05 00	05 26	05 48	04 09	04 49	05 29	06 10
N 10	05 08	05 32	05 54	04 01	04 47	05 32	06 19
0	05 14	05 38	05 59	03 53	04 44	05 35	06 27
S 10	05 18	05 42	06 04	03 45	04 42	05 38	06 36
20	05 21	05 47	06 09	03 37	04 39	05 42	06 45
30	05 23	05 50	06 14	03 27	04 36	05 46	06 55
35	05 23	05 52	06 18	03 22	04 35	05 48	07 01
40	05 23	05 54	06 21	03 15	04 33	05 50	07 08
45	05 22	05 56	06 26	03 08	04 31	05 53	07 17
S 50	05 21	05 58	06 31	02 59	04 28	05 57	07 26
52	05 20	05 59	06 33	02 55	04 27	05 59	07 31
54	05 19	06 00	06 35	02 50	04 25	06 00	07 36
56	05 18	06 01	06 38	02 45	04 24	06 02	07 42
58	05 16	06 02	06 41	02 39	04 22	06 05	07 48
S 60	05 15	06 03	06 45	02 33	04 20	06 07	07 56

Lat.	Sunset	Twilight Civil	Twilight Naut.	Moonset 6	Moonset 7	Moonset 8	Moonset 9
°	h m	h m	h m	h m	h m	h m	h m
N 72	19 46	21 11	////	14 37	17 12	19 49	22 58
N 70	19 34	20 46	23 01	14 49	17 12	19 36	22 17
68	19 25	20 28	22 06	14 59	17 12	19 25	21 49
66	19 17	20 14	21 35	15 06	17 11	19 17	21 29
64	19 10	20 02	21 13	15 13	17 11	19 09	21 12
62	19 05	19 52	20 55	15 19	17 11	19 03	20 59
60	19 00	19 44	20 41	15 24	17 11	18 58	20 48
N 58	18 55	19 37	20 29	15 28	17 11	18 53	20 38
56	18 51	19 30	20 19	15 32	17 10	18 49	20 29
54	18 48	19 25	20 10	15 35	17 10	18 46	20 22
52	18 45	19 20	20 03	15 38	17 10	18 42	20 15
50	18 42	19 15	19 56	15 41	17 10	18 39	20 09
45	18 36	19 06	19 42	15 47	17 10	18 33	19 56
N 40	18 31	18 58	19 31	15 52	17 10	18 27	19 46
35	18 26	18 52	19 23	15 56	17 09	18 23	19 37
30	18 23	18 47	19 15	16 00	17 09	18 19	19 29
20	18 16	18 38	19 04	16 07	17 09	18 12	19 15
N 10	18 10	18 32	18 56	16 12	17 09	18 05	19 03
0	18 05	18 26	18 50	16 17	17 08	18 00	18 52
S 10	18 00	18 21	18 46	16 22	17 08	17 54	18 41
20	17 55	18 17	18 43	16 28	17 08	17 48	18 30
30	17 49	18 13	18 41	16 34	17 07	17 41	18 16
35	17 46	18 11	18 40	16 37	17 07	17 37	18 09
40	17 42	18 09	18 40	16 41	17 07	17 33	18 00
45	17 38	18 07	18 41	16 46	17 06	17 27	17 50
S 50	17 33	18 05	18 42	16 51	17 06	17 21	17 38
52	17 30	18 04	18 43	16 53	17 06	17 18	17 33
54	17 28	18 03	18 44	16 56	17 06	17 15	17 26
56	17 25	18 02	18 45	16 59	17 05	17 12	17 20
58	17 22	18 01	18 46	17 02	17 05	17 08	17 12
S 60	17 18	18 00	18 48	17 06	17 05	17 04	17 03

Day	SUN Eqn. of Time 00h	SUN Eqn. of Time 12h	SUN Mer. Pass.	MOON Mer. Pass. Upper	MOON Mer. Pass. Lower	Age	Phase
d	m s	m s	h m	h m	h m	d	%
6	02 24	02 15	12 02	10 05	22 31	27	8
7	02 07	01 59	12 02	10 56	23 22	28	2
8	01 50	01 42	12 02	11 47	24 13	29	0

© British Crown Copyright 2023. All rights reserved.

	UT	ARIES	VENUS −3·9		MARS +1·2		JUPITER −2·0		SATURN +1·0		STARS		
	d h	GHA	GHA	Dec	GHA	Dec	GHA	Dec	GHA	Dec	Name	SHA	Dec
		° ′	° ′	° ′	° ′	° ′	° ′	° ′	° ′	° ′		° ′	° ′
	9 00	197 43.8	192 47.4	N 0 30.5	212 42.0	S 7 44.3	150 51.5	N16 43.5	211 22.1	S 7 39.8	Acamar	315 12.6	S40 12.6
	01	212 46.3	207 47.0	31.7	227 42.6	43.6	165 53.4	43.7	226 24.3	39.7	Achernar	335 21.2	S57 06.9
	02	227 48.7	222 46.7	33.0	242 43.3	42.8	180 55.3	43.8	241 26.5	39.6	Acrux	173 00.2	S63 14.1
	03	242 51.2	237 46.3	. . 34.2	257 43.9	. . 42.1	195 57.2	. . 44.0	256 28.8	. . 39.5	Adhara	255 06.4	S29 00.5
	04	257 53.7	252 45.9	35.4	272 44.6	41.3	210 59.1	44.2	271 31.0	39.4	Aldebaran	290 40.6	N16 33.4
	05	272 56.1	267 45.6	36.6	287 45.2	40.6	226 01.0	44.3	286 33.2	39.3			
	06	287 58.6	282 45.2	N 0 37.9	302 45.9	S 7 39.9	241 02.9	N16 44.5	301 35.4	S 7 39.2	Alioth	166 12.9	N55 49.7
	07	303 01.1	297 44.8	39.1	317 46.5	39.1	256 04.8	44.6	316 37.6	39.1	Alkaid	152 52.0	N49 11.4
T	08	318 03.5	312 44.4	40.3	332 47.2	38.4	271 06.7	44.8	331 39.8	39.0	Alnair	27 34.0	S46 50.6
U	09	333 06.0	327 44.1	. . 41.5	347 47.8	. . 37.6	286 08.7	. . 44.9	346 42.0	. . 38.9	Alnilam	275 38.5	S 1 11.3
E	10	348 08.5	342 43.7	42.8	2 48.5	36.9	301 10.6	45.1	1 44.2	38.8	Alphard	217 48.2	S 8 45.9
S	11	3 10.9	357 43.3	44.0	17 49.1	36.1	316 12.5	45.2	16 46.5	38.8			
D	12	18 13.4	12 43.0	N 0 45.2	32 49.8	S 7 35.4	331 14.4	N16 45.4	31 48.7	S 7 38.7	Alphecca	126 04.0	N26 37.8
	13	33 15.9	27 42.6	46.4	47 50.4	34.7	346 16.3	45.6	46 50.9	38.6	Alpheratz	357 35.8	N29 13.3
A	14	48 18.3	42 42.2	47.7	62 51.1	33.9	1 18.2	45.7	61 53.1	38.5	Altair	62 00.6	N 8 55.7
Y	15	63 20.8	57 41.9	. . 48.9	77 51.8	. . 33.2	16 20.1	. . 45.9	76 55.3	. . 38.4	Ankaa	353 08.2	S42 10.5
	16	78 23.2	72 41.5	50.1	92 52.4	32.4	31 22.0	46.0	91 57.5	38.3	Antares	112 16.4	S26 29.2
	17	93 25.7	87 41.1	51.3	107 53.1	31.7	46 23.9	46.2	106 59.7	38.2			
	18	108 28.2	102 40.8	N 0 52.6	122 53.7	S 7 30.9	61 25.8	N16 46.3	122 01.9	S 7 38.1	Arcturus	145 48.2	N19 03.2
	19	123 30.6	117 40.4	53.8	137 54.4	30.2	76 27.7	46.5	137 04.2	38.0	Atria	107 10.9	S69 04.1
	20	138 33.1	132 40.0	55.0	152 55.0	29.5	91 29.6	46.7	152 06.4	37.9	Avior	234 14.9	S59 35.5
	21	153 35.6	147 39.6	. . 56.2	167 55.7	. . 28.7	106 31.5	. . 46.8	167 08.6	. . 37.8	Bellatrix	278 23.7	N 6 22.2
	22	168 38.0	162 39.3	57.5	182 56.3	28.0	121 33.5	47.0	182 10.8	37.7	Betelgeuse	270 52.9	N 7 24.6
	23	183 40.5	177 38.9	58.7	197 57.0	27.2	136 35.4	47.1	197 13.0	37.6			
	10 00	198 43.0	192 38.5	N 0 59.9	212 57.6	S 7 26.5	151 37.3	N16 47.3	212 15.2	S 7 37.5	Canopus	263 52.8	S52 42.7
	01	213 45.4	207 38.2	1 01.1	227 58.3	25.7	166 39.2	47.4	227 17.4	37.4	Capella	280 23.1	N46 01.4
	02	228 47.9	222 37.8	02.4	242 58.9	25.0	181 41.1	47.6	242 19.7	37.3	Deneb	49 26.4	N45 21.6
	03	243 50.4	237 37.4	. . 03.6	257 59.6	. . 24.2	196 43.0	. . 47.7	257 21.9	. . 37.2	Denebola	182 25.3	N14 26.1
	04	258 52.8	252 37.1	04.8	273 00.3	23.5	211 44.9	47.9	272 24.1	37.1	Diphda	348 48.3	S17 51.3
	05	273 55.3	267 36.7	06.0	288 00.9	22.8	226 46.8	48.1	287 26.3	37.0			
	06	288 57.7	282 36.3	N 1 07.3	303 01.6	S 7 22.0	241 48.7	N16 48.2	302 28.5	S 7 36.9	Dubhe	193 41.2	N61 37.4
W	07	304 00.2	297 35.9	08.5	318 02.2	21.3	256 50.6	48.4	317 30.7	36.8	Elnath	278 02.9	N28 37.7
E	08	319 02.7	312 35.6	09.7	333 02.9	20.5	271 52.5	48.5	332 32.9	36.7	Eltanin	90 42.3	N51 28.8
D	09	334 05.1	327 35.2	. . 10.9	348 03.5	. . 19.8	286 54.4	. . 48.7	347 35.1	. . 36.6	Enif	33 39.6	N 9 59.0
N	10	349 07.6	342 34.8	12.2	3 04.2	19.0	301 56.3	48.8	2 37.4	36.5	Fomalhaut	15 15.5	S29 29.7
E	11	4 10.1	357 34.5	13.4	18 04.8	18.3	316 58.2	49.0	17 39.6	36.4			
S	12	19 12.5	12 34.1	N 1 14.6	33 05.5	S 7 17.5	332 00.1	N16 49.1	32 41.8	S 7 36.3	Gacrux	171 51.8	S57 15.0
D	13	34 15.0	27 33.7	15.8	48 06.2	16.8	347 02.1	49.3	47 44.0	36.2	Gienah	175 43.9	S17 40.7
	14	49 17.5	42 33.4	17.1	63 06.8	16.1	2 04.0	49.5	62 46.2	36.1	Hadar	148 36.3	S60 29.4
A	15	64 19.9	57 33.0	. . 18.3	78 07.5	. . 15.3	17 05.9	. . 49.6	77 48.4	. . 36.0	Hamal	327 52.3	N23 34.5
Y	16	79 22.4	72 32.6	19.5	93 08.1	14.6	32 07.8	49.8	92 50.7	35.9	Kaus Aust.	83 33.3	S34 22.3
	17	94 24.8	87 32.3	20.7	108 08.8	13.8	47 09.7	49.9	107 52.9	35.8			
	18	109 27.3	102 31.9	N 1 22.0	123 09.4	S 7 13.1	62 11.6	N16 50.1	122 55.1	S 7 35.7	Kochab	137 18.6	N74 03.2
	19	124 29.8	117 31.5	23.2	138 10.1	12.3	77 13.5	50.2	137 57.3	35.6	Markab	13 30.8	N15 19.9
	20	139 32.2	132 31.1	24.4	153 10.7	11.6	92 15.4	50.4	152 59.5	35.5	Menkar	314 07.1	N 4 11.0
	21	154 34.7	147 30.8	. . 25.6	168 11.4	. . 10.8	107 17.3	. . 50.6	168 01.7	. . 35.4	Menkent	147 58.0	S36 29.4
	22	169 37.2	162 30.4	26.9	183 12.1	10.1	122 19.2	50.7	183 03.9	35.3	Miaplacidus	221 38.1	S69 49.2
	23	184 39.6	177 30.0	28.1	198 12.7	09.3	137 21.1	50.9	198 06.2	35.2			
	11 00	199 42.1	192 29.7	N 1 29.3	213 13.4	S 7 08.6	152 23.0	N16 51.0	213 08.4	S 7 35.1	Mirfak	308 29.6	N49 56.9
	01	214 44.6	207 29.3	30.5	228 14.0	07.8	167 24.9	51.2	228 10.6	35.0	Nunki	75 48.5	S26 16.0
	02	229 47.0	222 28.9	31.8	243 14.7	07.1	182 26.8	51.3	243 12.8	35.0	Peacock	53 06.9	S56 39.3
	03	244 49.5	237 28.6	. . 33.0	258 15.3	. . 06.4	197 28.7	. . 51.5	258 15.0	. . 34.9	Pollux	243 18.1	N27 58.1
	04	259 52.0	252 28.2	34.2	273 16.0	05.6	212 30.6	51.6	273 17.2	34.8	Procyon	244 51.5	N 5 09.7
	05	274 54.4	267 27.8	35.4	288 16.7	04.9	227 32.5	51.8	288 19.5	34.7			
	06	289 56.9	282 27.4	N 1 36.7	303 17.3	S 7 04.1	242 34.4	N16 52.0	303 21.7	S 7 34.6	Rasalhague	95 59.0	N12 32.3
	07	304 59.3	297 27.1	37.9	318 18.0	03.4	257 36.3	52.1	318 23.9	34.5	Regulus	207 34.9	N11 50.9
T	08	320 01.8	312 26.7	39.1	333 18.6	02.6	272 38.2	52.3	333 26.1	34.4	Rigel	281 04.7	S 8 10.5
H	09	335 04.3	327 26.3	. . 40.3	348 19.3	. . 01.9	287 40.1	. . 52.4	348 28.3	. . 34.3	Rigil Kent.	139 40.6	S60 56.1
U	10	350 06.7	342 26.0	41.6	3 20.0	01.1	302 42.0	52.6	3 30.5	34.2	Sabik	102 03.3	S15 45.4
R	11	5 09.2	357 25.6	42.8	18 20.6	7 00.4	317 44.0	52.7	18 32.7	34.1			
S	12	20 11.7	12 25.2	N 1 44.0	33 21.3	S 6 59.6	332 45.9	N16 52.9	33 35.0	S 7 34.0	Schedar	349 32.4	N56 40.1
D	13	35 14.1	27 24.9	45.2	48 21.9	58.9	347 47.8	53.0	48 37.2	33.9	Shaula	96 11.1	S37 07.2
A	14	50 16.6	42 24.5	46.5	63 22.6	58.1	2 49.7	53.2	63 39.4	33.8	Sirius	258 26.9	S16 45.1
Y	15	65 19.1	57 24.1	. . 47.7	78 23.2	. . 57.4	17 51.6	. . 53.4	78 41.6	. . 33.7	Spica	158 22.7	S11 17.4
	16	80 21.5	72 23.7	48.9	93 23.9	56.6	32 53.5	53.5	93 43.8	33.6	Suhail	222 46.6	S43 32.0
	17	95 24.0	87 23.4	50.1	108 24.6	55.9	47 55.4	53.7	108 46.0	33.5			
	18	110 26.5	102 23.0	N 1 51.4	123 25.2	S 6 55.1	62 57.3	N16 53.8	123 48.3	S 7 33.4	Vega	80 33.6	N38 48.0
	19	125 28.9	117 22.6	52.6	138 25.9	54.4	77 59.2	54.0	138 50.5	33.3	Zuben'ubi	136 56.4	S16 08.6
	20	140 31.4	132 22.3	53.8	153 26.5	53.6	93 01.1	54.1	153 52.7	33.2		SHA	Mer. Pass.
	21	155 33.8	147 21.9	. . 55.0	168 27.2	. . 52.9	108 03.0	. . 54.3	168 54.9	. . 33.1		° ′	h m
	22	170 36.3	162 21.5	56.3	183 27.9	52.1	123 04.9	54.4	183 57.1	33.0	Venus	353 55.6	11 10
	23	185 38.8	177 21.2	57.5	198 28.5	51.4	138 06.8	54.6	198 59.3	32.9	Mars	14 14.7	9 48
	Mer. Pass. (h m)	10 43.4	*v* −0.4	*d* 1.2	*v* 0.7	*d* 0.7	*v* 1.9	*d* 0.2	*v* 2.2	*d* 0.1	Jupiter	312 54.3	13 52
											Saturn	13 32.3	9 50

© British Crown Copyright 2023. All rights reserved.

UT		SUN GHA	SUN Dec	MOON GHA	v	MOON Dec	d	HP
d	h	° ′	° ′	° ′	′	° ′	′	′
9	00	179 36.6	N 7 40.8	176 46.4	9.6	N 9 32.4	17.1	60.9
	01	194 36.7	41.7	191 15.0	9.5	9 49.5	16.9	60.8
	02	209 36.9	42.7	205 43.5	9.4	10 06.4	17.0	60.8
	03	224 37.1	. . 43.6	220 11.9	9.5	10 23.4	16.8	60.8
	04	239 37.2	44.5	234 40.4	9.3	10 40.2	16.8	60.8
	05	254 37.4	45.4	249 08.7	9.4	10 57.0	16.7	60.8
	06	269 37.6	N 7 46.4	263 37.1	9.3	N11 13.7	16.6	60.8
	07	284 37.8	47.3	278 05.4	9.2	11 30.3	16.5	60.7
T	08	299 37.9	48.2	292 33.6	9.2	11 46.8	16.5	60.7
U	09	314 38.1	. . 49.2	307 01.8	9.2	12 03.3	16.4	60.7
E	10	329 38.3	50.1	321 30.0	9.1	12 19.7	16.3	60.7
S	11	344 38.4	51.0	335 58.1	9.1	12 36.0	16.2	60.7
D	12	359 38.6	N 7 51.9	350 26.2	9.0	N12 52.2	16.1	60.6
A	13	14 38.8	52.9	4 54.2	9.0	13 08.3	16.0	60.6
Y	14	29 38.9	53.8	19 22.2	8.9	13 24.3	16.0	60.6
	15	44 39.1	. . 54.7	33 50.1	8.8	13 40.3	15.8	60.6
	16	59 39.3	55.6	48 17.9	8.9	13 56.1	15.8	60.5
	17	74 39.4	56.6	62 45.8	8.7	14 11.9	15.7	60.5
	18	89 39.6	N 7 57.5	77 13.5	8.7	N14 27.6	15.5	60.5
	19	104 39.8	58.4	91 41.2	8.7	14 43.1	15.5	60.5
	20	119 39.9	7 59.3	106 08.9	8.6	14 58.6	15.4	60.4
	21	134 40.1	8 00.3	120 36.5	8.5	15 14.0	15.2	60.4
	22	149 40.3	01.2	135 04.0	8.5	15 29.2	15.2	60.4
	23	164 40.4	02.1	149 31.5	8.5	15 44.4	15.0	60.4
10	00	179 40.6	N 8 03.0	163 59.0	8.4	N15 59.4	15.0	60.3
	01	194 40.8	04.0	178 26.4	8.3	16 14.4	14.8	60.3
	02	209 40.9	04.9	192 53.7	8.3	16 29.2	14.7	60.3
	03	224 41.1	. . 05.8	207 21.0	8.2	16 43.9	14.6	60.3
	04	239 41.3	06.7	221 48.2	8.2	16 58.5	14.5	60.2
	05	254 41.4	07.6	236 15.4	8.1	17 13.0	14.4	60.2
	06	269 41.6	N 8 08.6	250 42.5	8.1	N17 27.4	14.2	60.2
W	07	284 41.7	09.5	265 09.6	8.0	17 41.6	14.2	60.1
E	08	299 41.9	10.4	279 36.6	7.9	17 55.8	14.0	60.1
D	09	314 42.1	. . 11.3	294 03.5	7.9	18 09.8	13.8	60.1
N	10	329 42.2	12.3	308 30.4	7.8	18 23.6	13.8	60.0
E	11	344 42.4	13.2	322 57.2	7.8	18 37.4	13.6	60.0
S	12	359 42.6	N 8 14.1	337 24.0	7.7	N18 51.0	13.5	60.0
D	13	14 42.7	15.0	351 50.7	7.7	19 04.5	13.4	60.0
A	14	29 42.9	15.9	6 17.4	7.6	19 17.9	13.3	59.9
Y	15	44 43.1	. . 16.9	20 44.0	7.5	19 31.2	13.1	59.9
	16	59 43.2	17.8	35 10.5	7.5	19 44.3	12.9	59.9
	17	74 43.4	18.7	49 37.0	7.4	19 57.2	12.9	59.8
	18	89 43.6	N 8 19.6	64 03.4	7.4	N20 10.1	12.7	59.8
	19	104 43.7	20.5	78 29.8	7.3	20 22.8	12.5	59.8
	20	119 43.9	21.4	92 56.1	7.3	20 35.3	12.5	59.7
	21	134 44.0	. . 22.4	107 22.4	7.2	20 47.8	12.3	59.7
	22	149 44.2	23.3	121 48.6	7.2	21 00.1	12.1	59.7
	23	164 44.4	24.2	136 14.8	7.1	21 12.2	12.0	59.6
11	00	179 44.5	N 8 25.1	150 40.9	7.0	N21 24.2	11.8	59.6
	01	194 44.7	26.0	165 06.9	7.0	21 36.0	11.7	59.5
	02	209 44.9	27.0	179 32.9	6.9	21 47.7	11.6	59.5
	03	224 45.0	. . 27.9	193 58.8	6.9	21 59.3	11.4	59.5
	04	239 45.2	28.8	208 24.7	6.9	22 10.7	11.2	59.4
	05	254 45.3	29.7	222 50.6	6.7	22 21.9	11.1	59.4
	06	269 45.5	N 8 30.6	237 16.3	6.8	N22 33.0	11.0	59.4
T	07	284 45.7	31.5	251 42.1	6.7	22 44.0	10.8	59.3
H	08	299 45.8	32.5	266 07.8	6.6	22 54.8	10.6	59.3
U	09	314 46.0	. . 33.4	280 33.4	6.6	23 05.4	10.5	59.3
R	10	329 46.2	34.3	294 59.0	6.5	23 15.9	10.3	59.2
S	11	344 46.3	35.2	309 24.5	6.5	23 26.2	10.2	59.2
D	12	359 46.5	N 8 36.1	323 50.0	6.5	N23 36.4	10.0	59.1
A	13	14 46.6	37.0	338 15.5	6.4	23 46.4	9.8	59.1
Y	14	29 46.8	37.9	352 40.9	6.3	23 56.2	9.7	59.1
	15	44 47.0	. . 38.9	7 06.2	6.4	24 05.9	9.5	59.0
	16	59 47.1	39.8	21 31.6	6.2	24 15.4	9.4	59.0
	17	74 47.3	40.7	35 56.8	6.3	24 24.8	9.2	59.0
	18	89 47.4	N 8 41.6	50 22.1	6.2	N24 34.0	9.0	58.9
	19	104 47.6	42.5	64 47.3	6.1	24 43.0	8.9	58.9
	20	119 47.8	43.4	79 12.4	6.1	24 51.9	8.7	58.8
	21	134 47.9	. . 44.3	93 37.5	6.1	25 00.6	8.5	58.8
	22	149 48.1	45.2	108 02.6	6.1	25 09.1	8.4	58.8
	23	164 48.3	46.2	122 27.7	6.0	N25 17.5	8.2	58.7
		SD 16.0	*d* 0.9	SD 16.5		16.3		16.1

Lat.	Twilight Naut.	Twilight Civil	Sunrise	Moonrise 9	Moonrise 10	Moonrise 11	Moonrise 12
°	h m	h m	h m	h m	h m	h m	h m
N 72	////	02 37	04 05	04 02	02 47	▭	▭
N 70	////	03 04	04 18	04 18	03 30	▭	▭
68	01 38	03 24	04 29	04 32	03 59	02 38	▭
66	02 15	03 40	04 38	04 42	04 22	03 46	▭
64	02 40	03 52	04 45	04 52	04 39	04 22	03 35
62	02 59	04 03	04 51	05 00	04 54	04 48	04 40
60	03 14	04 12	04 57	05 07	05 07	05 09	05 15
N 58	03 27	04 20	05 02	05 13	05 18	05 26	05 41
56	03 38	04 27	05 06	05 18	05 27	05 40	06 01
54	03 47	04 33	05 10	05 23	05 36	05 53	06 18
52	03 55	04 38	05 14	05 27	05 43	06 04	06 33
50	04 02	04 43	05 17	05 32	05 50	06 14	06 45
45	04 17	04 53	05 24	05 40	06 05	06 35	07 12
N 40	04 28	05 02	05 29	05 48	06 17	06 52	07 33
35	04 38	05 08	05 34	05 54	06 28	07 06	07 50
30	04 45	05 14	05 38	06 00	06 37	07 19	08 05
20	04 57	05 23	05 46	06 10	06 53	07 40	08 31
N 10	05 06	05 31	05 52	06 19	07 07	07 59	08 54
0	05 13	05 37	05 58	06 27	07 21	08 17	09 15
S 10	05 18	05 42	06 04	06 36	07 34	08 35	09 36
20	05 22	05 47	06 10	06 45	07 49	08 54	09 59
30	05 24	05 52	06 16	06 55	08 06	09 16	10 25
35	05 25	05 55	06 20	07 01	08 16	09 30	10 41
40	05 26	05 57	06 24	07 08	08 27	09 45	10 59
45	05 26	06 00	06 29	07 17	08 40	10 03	11 21
S 50	05 25	06 03	06 35	07 26	08 57	10 26	11 50
52	05 25	06 04	06 38	07 31	09 05	10 37	12 04
54	05 24	06 05	06 41	07 36	09 13	10 50	12 20
56	05 24	06 07	06 44	07 42	09 23	11 04	12 39
58	05 23	06 08	06 48	07 48	09 34	11 21	13 03
S 60	05 22	06 10	06 52	07 56	09 47	11 42	13 35

Lat.	Sunset	Twilight Civil	Twilight Naut.	Moonset 9	Moonset 10	Moonset 11	Moonset 12
°	h m	h m	h m	h m	h m	h m	h m
N 72	20 01	21 32	////	22 58	▭	▭	▭
N 70	19 47	21 03	////	22 17	▭	▭	▭
68	19 36	20 42	22 33	21 49	25 07	01 07	▭
66	19 27	20 26	21 53	21 29	24 01	00 01	▭
64	19 19	20 12	21 27	21 12	23 26	26 13	02 13
62	19 13	20 01	21 07	20 59	23 00	25 09	01 09
60	19 07	19 52	20 51	20 48	22 41	24 34	00 34
N 58	19 02	19 44	20 38	20 38	22 24	24 09	00 09
56	18 58	19 37	20 27	20 29	22 11	23 49	25 17
54	18 54	19 31	20 17	20 22	21 59	23 33	24 57
52	18 50	19 25	20 09	20 15	21 49	23 19	24 40
50	18 47	19 20	20 02	20 09	21 39	23 06	24 25
45	18 40	19 10	19 47	19 56	21 20	22 41	23 55
N 40	18 34	19 02	19 35	19 46	21 04	22 21	23 32
35	18 29	18 55	19 25	19 37	20 51	22 04	23 13
30	18 24	18 49	19 18	19 29	20 39	21 49	22 56
20	18 17	18 39	19 05	19 15	20 20	21 25	22 29
N 10	18 10	18 32	18 56	19 03	20 03	21 04	22 05
0	18 04	18 25	18 50	18 52	19 47	20 44	21 43
S 10	17 59	18 20	18 44	18 41	19 31	20 25	21 21
20	17 52	18 15	18 40	18 30	19 15	20 04	20 57
30	17 46	18 10	18 37	18 16	18 56	19 40	20 30
35	17 42	18 07	18 37	18 09	18 44	19 26	20 13
40	17 37	18 05	18 36	18 00	18 32	19 09	19 54
45	17 32	18 02	18 36	17 50	18 17	18 50	19 32
S 50	17 26	17 59	18 36	17 38	17 59	18 26	19 03
52	17 24	17 57	18 36	17 33	17 50	18 14	18 49
54	17 21	17 56	18 37	17 26	17 41	18 01	18 32
56	17 17	17 55	18 38	17 20	17 30	17 46	18 12
58	17 14	17 53	18 38	17 12	17 18	17 28	17 48
S 60	17 09	17 51	18 39	17 03	17 04	17 07	17 16

Day	SUN Eqn. of Time 00^h	SUN Eqn. of Time 12^h	SUN Mer. Pass.	MOON Mer. Pass. Upper	MOON Mer. Pass. Lower	MOON Age	MOON Phase
d	m s	m s	h m	h m	h m	d	%
9	01 34	01 26	12 01	12 40	00 13	01	1
10	01 18	01 10	12 01	13 34	01 06	02	4 ●
11	01 02	00 54	12 01	14 30	02 02	03	10

© British Crown Copyright 2023. All rights reserved.

UT	ARIES	VENUS −3·9		MARS +1·2		JUPITER −2·0		SATURN +1·0	
	GHA	GHA	Dec	GHA	Dec	GHA	Dec	GHA	Dec
d h	° ′	° ′	° ′	° ′	° ′	° ′	° ′	° ′	° ′
12 00	200 41.2	192 20.8	N 1 58.7	213 29.2	S 6 50.7	153 08.7	N16 54.8	214 01.6	S 7 32.8
01	215 43.7	207 20.4	1 59.9	228 29.8	49.9	168 10.6	54.9	229 03.8	32.7
02	230 46.2	222 20.0	2 01.2	243 30.5	49.2	183 12.5	55.1	244 06.0	32.6
03	245 48.6	237 19.7	. . 02.4	258 31.2	. . 48.4	198 14.4	. . 55.2	259 08.2	. . 32.5
04	260 51.1	252 19.3	03.6	273 31.8	47.7	213 16.3	55.4	274 10.4	32.4
05	275 53.6	267 18.9	04.8	288 32.5	46.9	228 18.2	55.5	289 12.7	32.3
06	290 56.0	282 18.6	N 2 06.1	303 33.1	S 6 46.2	243 20.1	N16 55.7	304 14.9	S 7 32.3
07	305 58.5	297 18.2	07.3	318 33.8	45.4	258 22.0	55.8	319 17.1	32.2
08	321 00.9	312 17.8	08.5	333 34.5	44.7	273 23.9	56.0	334 19.3	32.1
F 09	336 03.4	327 17.5	. . 09.7	348 35.1	. . 43.9	288 25.8	. . 56.2	349 21.5	. . 32.0
R 10	351 05.9	342 17.1	11.0	3 35.8	43.2	303 27.7	56.3	4 23.7	31.9
I 11	6 08.3	357 16.7	12.2	18 36.4	42.4	318 29.6	56.5	19 26.0	31.8
D 12	21 10.8	12 16.3	N 2 13.4	33 37.1	S 6 41.7	333 31.5	N16 56.6	34 28.2	S 7 31.7
A 13	36 13.3	27 16.0	14.6	48 37.8	40.9	348 33.4	56.8	49 30.4	31.6
Y 14	51 15.7	42 15.6	15.8	63 38.4	40.2	3 35.3	56.9	64 32.6	31.5
15	66 18.2	57 15.2	. . 17.1	78 39.1	. . 39.4	18 37.2	. . 57.1	79 34.8	. . 31.4
16	81 20.7	72 14.9	18.3	93 39.8	38.7	33 39.1	57.2	94 37.1	31.3
17	96 23.1	87 14.5	19.5	108 40.4	37.9	48 41.0	57.4	109 39.3	31.2
18	111 25.6	102 14.1	N 2 20.7	123 41.1	S 6 37.2	63 42.9	N16 57.6	124 41.5	S 7 31.1
19	126 28.1	117 13.7	22.0	138 41.7	36.4	78 44.8	57.7	139 43.7	31.0
20	141 30.5	132 13.4	23.2	153 42.4	35.7	93 46.7	57.9	154 45.9	30.9
21	156 33.0	147 13.0	. . 24.4	168 43.1	. . 34.9	108 48.6	. . 58.0	169 48.1	. . 30.8
22	171 35.4	162 12.6	25.6	183 43.7	34.2	123 50.5	58.2	184 50.4	30.7
23	186 37.9	177 12.3	26.9	198 44.4	33.4	138 52.4	58.3	199 52.6	30.6
13 00	201 40.4	192 11.9	N 2 28.1	213 45.0	S 6 32.7	153 54.3	N16 58.5	214 54.8	S 7 30.5
01	216 42.8	207 11.5	29.3	228 45.7	31.9	168 56.2	58.6	229 57.0	30.4
02	231 45.3	222 11.1	30.5	243 46.4	31.2	183 58.1	58.8	244 59.2	30.3
03	246 47.8	237 10.8	. . 31.7	258 47.0	. . 30.4	199 00.0	. . 59.0	260 01.5	. . 30.2
04	261 50.2	252 10.4	33.0	273 47.7	29.6	214 01.9	59.1	275 03.7	30.2
05	276 52.7	267 10.0	34.2	288 48.4	28.9	229 03.8	59.3	290 05.9	30.1
06	291 55.2	282 09.7	N 2 35.4	303 49.0	S 6 28.1	244 05.7	N16 59.4	305 08.1	S 7 30.0
07	306 57.6	297 09.3	36.6	318 49.7	27.4	259 07.6	59.6	320 10.3	29.9
S 08	322 00.1	312 08.9	37.9	333 50.4	26.6	274 09.5	59.7	335 12.6	29.8
A 09	337 02.6	327 08.5	. . 39.1	348 51.0	. . 25.9	289 11.4	16 59.9	350 14.8	. . 29.7
T 10	352 05.0	342 08.2	40.3	3 51.7	25.1	304 13.3	17 00.0	5 17.0	29.6
U 11	7 07.5	357 07.8	41.5	18 52.3	24.4	319 15.2	00.2	20 19.2	29.5
R 12	22 09.9	12 07.4	N 2 42.7	33 53.0	S 6 23.6	334 17.1	N17 00.3	35 21.4	S 7 29.4
D 13	37 12.4	27 07.1	44.0	48 53.7	22.9	349 19.0	00.5	50 23.7	29.3
A 14	52 14.9	42 06.7	45.2	63 54.3	22.1	4 20.9	00.7	65 25.9	29.2
Y 15	67 17.3	57 06.3	. . 46.4	78 55.0	. . 21.4	19 22.8	. . 00.8	80 28.1	. . 29.1
16	82 19.8	72 05.9	47.6	93 55.7	20.6	34 24.7	01.0	95 30.3	29.0
17	97 22.3	87 05.6	48.9	108 56.3	19.9	49 26.6	01.1	110 32.5	28.9
18	112 24.7	102 05.2	N 2 50.1	123 57.0	S 6 19.1	64 28.5	N17 01.3	125 34.8	S 7 28.8
19	127 27.2	117 04.8	51.3	138 57.7	18.4	79 30.4	01.4	140 37.0	28.7
20	142 29.7	132 04.4	52.5	153 58.3	17.6	94 32.3	01.6	155 39.2	28.6
21	157 32.1	147 04.1	. . 53.7	168 59.0	. . 16.9	109 34.2	. . 01.7	170 41.4	. . 28.5
22	172 34.6	162 03.7	55.0	183 59.7	16.1	124 36.1	01.9	185 43.6	28.4
23	187 37.1	177 03.3	56.2	199 00.3	15.4	139 38.0	02.1	200 45.9	28.4
14 00	202 39.5	192 03.0	N 2 57.4	214 01.0	S 6 14.6	154 39.9	N17 02.2	215 48.1	S 7 28.3
01	217 42.0	207 02.6	58.6	229 01.6	13.9	169 41.8	02.4	230 50.3	28.2
02	232 44.4	222 02.2	2 59.8	244 02.3	13.1	184 43.7	02.5	245 52.5	28.1
03	247 46.9	237 01.8	3 01.1	259 03.0	. . 12.3	199 45.6	. . 02.7	260 54.7	. . 28.0
04	262 49.4	252 01.5	02.3	274 03.6	11.6	214 47.5	02.8	275 57.0	27.9
05	277 51.8	267 01.1	03.5	289 04.3	10.8	229 49.4	03.0	290 59.2	27.8
06	292 54.3	282 00.7	N 3 04.7	304 05.0	S 6 10.1	244 51.3	N17 03.1	306 01.4	S 7 27.7
07	307 56.8	297 00.3	05.9	319 05.6	09.3	259 53.2	03.3	321 03.6	27.6
08	322 59.2	312 00.0	07.2	334 06.3	08.6	274 55.1	03.5	336 05.9	27.5
S 09	338 01.7	326 59.6	. . 08.4	349 07.0	. . 07.8	289 57.0	. . 03.6	351 08.1	. . 27.4
U 10	353 04.2	341 59.2	09.6	4 07.6	07.1	304 58.9	03.8	6 10.3	27.3
N 11	8 06.6	356 58.8	10.8	19 08.3	06.3	320 00.8	03.9	21 12.5	27.2
D 12	23 09.1	11 58.5	N 3 12.0	34 09.0	S 6 05.6	335 02.7	N17 04.1	36 14.7	S 7 27.1
A 13	38 11.6	26 58.1	13.3	49 09.6	04.8	350 04.6	04.2	51 17.0	27.0
Y 14	53 14.0	41 57.7	14.5	64 10.3	04.1	5 06.5	04.4	66 19.2	26.9
15	68 16.5	56 57.4	. . 15.7	79 11.0	. . 03.3	20 08.4	. . 04.5	81 21.4	. . 26.8
16	83 18.9	71 57.0	16.9	94 11.6	02.6	35 10.3	04.7	96 23.6	26.7
17	98 21.4	86 56.6	18.1	109 12.3	01.8	50 12.1	04.8	111 25.9	26.7
18	113 23.9	101 56.2	N 3 19.4	124 13.0	S 6 01.0	65 14.0	N17 05.0	126 28.1	S 7 26.6
19	128 26.3	116 55.9	20.6	139 13.6	6 00.3	80 15.9	05.2	141 30.3	26.5
20	143 28.8	131 55.5	21.8	154 14.3	5 59.5	95 17.8	05.3	156 32.5	26.4
21	158 31.3	146 55.1	. . 23.0	169 15.0	. . 58.8	110 19.7	. . 05.5	171 34.7	. . 26.3
22	173 33.7	161 54.7	24.2	184 15.6	58.0	125 21.6	05.6	186 37.0	26.2
23	188 36.2	176 54.4	25.5	199 16.3	57.3	140 23.5	05.8	201 39.2	26.1
Mer. Pass. (h m)	10 31.6	v −0.4	d 1.2	v 0.7	d 0.8	v 1.9	d 0.2	v 2.2	d 0.1

STARS

Name	SHA	Dec
	° ′	° ′
Acamar	315 12.6	S40 12.6
Achernar	335 21.2	S57 06.9
Acrux	173 00.2	S63 14.1
Adhara	255 06.4	S29 00.5
Aldebaran	290 40.6	N16 33.4
Alioth	166 12.9	N55 49.7
Alkaid	152 52.0	N49 11.4
Alnair	27 34.0	S46 50.5
Alnilam	275 38.5	S 1 11.3
Alphard	217 48.2	S 8 45.9
Alphecca	126 04.0	N26 37.8
Alpheratz	357 35.8	N29 13.3
Altair	62 00.6	N 8 55.7
Ankaa	353 08.2	S42 10.5
Antares	112 16.4	S26 29.2
Arcturus	145 48.2	N19 03.2
Atria	107 10.8	S69 04.1
Avior	234 14.9	S59 35.5
Bellatrix	278 23.7	N 6 22.2
Betelgeuse	270 52.9	N 7 24.6
Canopus	263 52.9	S52 42.7
Capella	280 23.1	N46 01.4
Deneb	49 26.4	N45 21.6
Denebola	182 25.3	N14 26.1
Diphda	348 48.2	S17 51.3
Dubhe	193 41.2	N61 37.4
Elnath	278 02.9	N28 37.7
Eltanin	90 42.2	N51 28.8
Enif	33 39.6	N 9 59.0
Fomalhaut	15 15.5	S29 29.7
Gacrux	171 51.8	S57 15.1
Gienah	175 43.9	S17 40.7
Hadar	148 36.3	S60 29.4
Hamal	327 52.3	N23 34.5
Kaus Aust.	83 33.2	S34 22.3
Kochab	137 18.6	N74 03.2
Markab	13 30.8	N15 19.9
Menkar	314 07.1	N 4 11.0
Menkent	147 58.0	S36 29.4
Miaplacidus	221 38.1	S69 49.2
Mirfak	308 29.6	N49 56.9
Nunki	75 48.5	S26 16.0
Peacock	53 06.8	S56 39.2
Pollux	243 18.1	N27 58.1
Procyon	244 51.5	N 5 09.7
Rasalhague	95 59.0	N12 32.3
Regulus	207 34.9	N11 50.9
Rigel	281 04.7	S 8 10.5
Rigil Kent.	139 40.6	S60 56.1
Sabik	102 03.3	S15 45.4
Schedar	349 32.4	N56 40.1
Shaula	96 11.0	S37 07.2
Sirius	258 26.9	S16 45.1
Spica	158 22.7	S11 17.4
Suhail	222 46.6	S43 32.1
Vega	80 33.5	N38 48.0
Zuben'ubi	136 56.4	S16 08.6

	SHA	Mer. Pass.
	° ′	h m
Venus	350 31.5	11 11
Mars	12 04.7	9 45
Jupiter	312 13.9	13 43
Saturn	13 14.4	9 39

© British Crown Copyright 2023. All rights reserved.

UT	SUN GHA	SUN Dec	MOON GHA	v	MOON Dec	d	HP
d h	° ′	° ′	° ′	′	° ′	′	′
12 00	179 48.4	N 8 47.1	136 52.7	6.0	N25 25.7	8.0	58.7
01	194 48.6	48.0	151 17.7	6.0	25 33.7	7.8	58.7
02	209 48.7	48.9	165 42.7	5.9	25 41.5	7.7	58.6
03	224 48.9	. . 49.8	180 07.6	5.9	25 49.2	7.5	58.6
04	239 49.1	50.7	194 32.5	5.9	25 56.7	7.4	58.5
05	254 49.2	51.6	208 57.4	5.8	26 04.1	7.1	58.5
06	269 49.4	N 8 52.5	223 22.2	5.9	N26 11.2	7.0	58.5
07	284 49.5	53.4	237 47.1	5.8	26 18.2	6.8	58.4
08	299 49.7	54.4	252 11.9	5.8	26 25.0	6.7	58.4
F 09	314 49.8	. . 55.3	266 36.7	5.7	26 31.7	6.4	58.3
R 10	329 50.0	56.2	281 01.4	5.8	26 38.1	6.3	58.3
I 11	344 50.2	57.1	295 26.2	5.7	26 44.4	6.1	58.3
D 12	359 50.3	N 8 58.0	309 50.9	5.8	N26 50.5	6.0	58.2
A 13	14 50.5	58.9	324 15.7	5.7	26 56.5	5.8	58.2
Y 14	29 50.6	8 59.8	338 40.4	5.7	27 02.3	5.5	58.1
15	44 50.8	9 00.7	353 05.1	5.7	27 07.8	5.5	58.1
16	59 51.0	01.6	7 29.8	5.7	27 13.3	5.2	58.1
17	74 51.1	02.5	21 54.5	5.7	27 18.5	5.1	58.0
18	89 51.3	N 9 03.4	36 19.2	5.7	N27 23.6	4.8	58.0
19	104 51.4	04.3	50 43.9	5.6	27 28.4	4.7	57.9
20	119 51.6	05.3	65 08.5	5.7	27 33.1	4.6	57.9
21	134 51.7	. . 06.2	79 33.2	5.7	27 37.7	4.3	57.9
22	149 51.9	07.1	93 57.9	5.7	27 42.0	4.2	57.8
23	164 52.1	08.0	108 22.6	5.7	27 46.2	4.0	57.8
13 00	179 52.2	N 9 08.9	122 47.3	5.7	N27 50.2	3.8	57.7
01	194 52.4	09.8	137 12.0	5.8	27 54.0	3.7	57.7
02	209 52.5	10.7	151 36.8	5.7	27 57.7	3.4	57.7
03	224 52.7	. . 11.6	166 01.5	5.8	28 01.1	3.3	57.6
04	239 52.8	12.5	180 26.3	5.7	28 04.4	3.2	57.6
05	254 53.0	13.4	194 51.0	5.8	28 07.6	2.9	57.5
06	269 53.2	N 9 14.3	209 15.8	5.8	N28 10.5	2.8	57.5
S 07	284 53.3	15.2	223 40.6	5.8	28 13.3	2.6	57.5
A 08	299 53.5	16.1	238 05.4	5.9	28 15.9	2.4	57.4
T 09	314 53.6	. . 17.0	252 30.3	5.9	28 18.3	2.2	57.4
U 10	329 53.8	17.9	266 55.2	5.9	28 20.5	2.1	57.4
R 11	344 53.9	18.8	281 20.1	5.9	28 22.6	1.9	57.3
D 12	359 54.1	N 9 19.7	295 45.0	6.0	N28 24.5	1.7	57.3
A 13	14 54.2	20.6	310 10.0	6.0	28 26.2	1.5	57.2
Y 14	29 54.4	21.5	324 35.0	6.0	28 27.7	1.4	57.2
15	44 54.6	. . 22.4	339 00.0	6.1	28 29.1	1.2	57.2
16	59 54.7	23.3	353 25.1	6.1	28 30.3	1.0	57.1
17	74 54.9	24.2	7 50.2	6.1	28 31.3	0.9	57.1
18	89 55.0	N 9 25.1	22 15.3	6.2	N28 32.2	0.6	57.0
19	104 55.2	26.0	36 40.5	6.3	28 32.8	0.6	57.0
20	119 55.3	26.9	51 05.8	6.3	28 33.4	0.3	57.0
21	134 55.5	. . 27.8	65 31.1	6.3	28 33.7	0.2	56.9
22	149 55.6	28.7	79 56.4	6.4	28 33.9	0.0	56.9
23	164 55.8	29.6	94 21.8	6.4	28 33.9	0.2	56.9
14 00	179 55.9	N 9 30.5	108 47.2	6.5	N28 33.7	0.3	56.8
01	194 56.1	31.4	123 12.7	6.5	28 33.4	0.5	56.8
02	209 56.2	32.3	137 38.2	6.6	28 32.9	0.7	56.8
03	224 56.4	. . 33.2	152 03.8	6.7	28 32.2	0.8	56.7
04	239 56.6	34.1	166 29.5	6.7	28 31.4	1.0	56.7
05	254 56.7	35.0	180 55.2	6.8	28 30.4	1.1	56.6
06	269 56.9	N 9 35.9	195 21.0	6.8	N28 29.3	1.4	56.6
07	284 57.0	36.8	209 46.8	6.9	28 27.9	1.4	56.6
08	299 57.2	37.7	224 12.7	7.0	28 26.5	1.7	56.5
S 09	314 57.3	. . 38.6	238 38.7	7.0	28 24.8	1.8	56.5
U 10	329 57.5	39.5	253 04.7	7.1	28 23.0	1.9	56.5
N 11	344 57.6	40.4	267 30.8	7.2	28 21.1	2.1	56.4
D 12	359 57.8	N 9 41.3	281 57.0	7.2	N28 19.0	2.3	56.4
A 13	14 57.9	42.2	296 23.2	7.3	28 16.7	2.4	56.4
Y 14	29 58.1	43.1	310 49.5	7.4	28 14.3	2.6	56.3
15	44 58.2	. . 44.0	325 15.9	7.5	28 11.7	2.7	56.3
16	59 58.4	44.9	339 42.4	7.5	28 09.0	2.9	56.3
17	74 58.5	45.8	354 08.9	7.6	28 06.1	3.1	56.2
18	89 58.7	N 9 46.7	8 35.5	7.7	N28 03.0	3.2	56.2
19	104 58.8	47.6	23 02.2	7.8	27 59.8	3.3	56.2
20	119 59.0	48.4	37 29.0	7.8	27 56.5	3.5	56.1
21	134 59.1	. . 49.3	51 55.8	8.0	27 53.0	3.6	56.1
22	149 59.3	50.2	66 22.8	8.0	27 49.4	3.8	56.1
23	164 59.4	51.1	80 49.8	8.1	N27 45.6	4.0	56.0
	SD 16.0	*d* 0.9	SD 15.9		15.6		15.4

Lat.	Twilight Naut.	Twilight Civil	Sunrise	Moonrise 12	13	14	15
°	h m	h m	h m	h m	h m	h m	h m
N 72	////	02 12	03 48	□	□	□	□
N 70	////	02 45	04 04	□	□	□	□
68	01 04	03 08	04 16	□	□	□	□
66	01 54	03 26	04 26	□	□	□	□
64	02 23	03 40	04 35	03 35	□	□	□
62	02 45	03 52	04 42	04 40	04 13	□	06 58
60	03 02	04 02	04 48	05 15	05 33	06 23	07 48
N 58	03 16	04 11	04 54	05 41	06 09	07 02	08 19
56	03 28	04 19	04 59	06 01	06 35	07 30	08 43
54	03 38	04 25	05 03	06 18	06 56	07 51	09 02
52	03 47	04 31	05 07	06 33	07 14	08 09	09 17
50	03 55	04 37	05 10	06 45	07 28	08 24	09 31
45	04 11	04 48	05 18	07 12	07 58	08 55	09 59
N 40	04 23	04 57	05 25	07 33	08 22	09 19	10 21
35	04 33	05 04	05 30	07 50	08 41	09 39	10 39
30	04 42	05 11	05 35	08 05	08 58	09 55	10 55
20	04 55	05 21	05 43	08 31	09 26	10 24	11 22
N 10	05 04	05 29	05 50	08 54	09 51	10 48	11 44
0	05 12	05 36	05 57	09 15	10 13	11 11	12 05
S 10	05 18	05 42	06 04	09 36	10 36	11 34	12 27
20	05 22	05 48	06 10	09 59	11 01	11 58	12 49
30	05 26	05 54	06 18	10 25	11 29	12 26	13 15
35	05 27	05 57	06 22	10 41	11 46	12 43	13 31
40	05 29	06 00	06 27	10 59	12 06	13 03	13 48
45	05 29	06 03	06 33	11 21	12 30	13 26	14 10
S 50	05 30	06 07	06 40	11 50	13 01	13 57	14 37
52	05 30	06 09	06 43	12 04	13 17	14 12	14 50
54	05 30	06 10	06 46	12 20	13 35	14 30	15 05
56	05 29	06 12	06 50	12 39	13 57	14 51	15 23
58	05 29	06 14	06 54	13 03	14 26	15 18	15 44
S 60	05 28	06 17	06 59	13 35	15 08	15 56	16 11

Lat.	Sunset	Twilight Civil	Twilight Naut.	Moonset 12	13	14	15
°	h m	h m	h m	h m	h m	h m	h m
N 72	20 17	21 56	////	□	□	□	□
N 70	20 00	21 21	////	□	□	□	□
68	19 48	20 57	23 11	□	□	□	□
66	19 37	20 38	22 14	□	□	□	□
64	19 28	20 23	21 42	02 13	□	□	□
62	19 21	20 11	21 19	01 09	03 39	□	04 51
60	19 14	20 00	21 01	00 34	02 19	03 31	04 01
N 58	19 09	19 51	20 47	00 09	01 43	02 51	03 30
56	19 04	19 44	20 35	25 17	01 17	02 24	03 06
54	18 59	19 37	20 24	24 57	00 57	02 02	02 47
52	18 55	19 31	20 15	24 40	00 40	01 44	02 31
50	18 51	19 25	20 07	24 25	00 25	01 29	02 16
45	18 43	19 14	19 51	23 55	24 58	00 58	01 48
N 40	18 37	19 05	19 38	23 32	24 34	00 34	01 25
35	18 31	18 57	19 28	23 13	24 14	00 14	01 07
30	18 26	18 51	19 20	22 56	23 57	24 50	00 50
20	18 18	18 40	19 07	22 29	23 29	24 23	00 23
N 10	18 10	18 32	18 57	22 05	23 04	24 00	00 00
0	18 04	18 25	18 49	21 43	22 41	23 38	24 30
S 10	17 57	18 18	18 43	21 21	22 18	23 15	24 10
20	17 50	18 12	18 38	20 57	21 54	22 52	23 49
30	17 42	18 06	18 34	20 30	21 25	22 24	23 24
35	17 38	18 03	18 33	20 13	21 08	22 07	23 09
40	17 33	18 00	18 32	19 54	20 48	21 48	22 52
45	17 27	17 57	18 31	19 32	20 24	21 25	22 31
S 50	17 20	17 53	18 30	19 03	19 52	20 55	22 05
52	17 17	17 51	18 30	18 49	19 37	20 40	21 52
54	17 14	17 49	18 30	18 32	19 19	20 22	21 38
56	17 10	17 47	18 30	18 12	18 56	20 01	21 20
58	17 05	17 45	18 31	17 48	18 28	19 35	21 00
S 60	17 01	17 43	18 31	17 16	17 46	18 57	20 33

Day	SUN Eqn. of Time 00ʰ	SUN Eqn. of Time 12ʰ	SUN Mer. Pass.	MOON Mer. Pass. Upper	MOON Mer. Pass. Lower	Age	Phase
d	m s	m s	h m	h m	h m	d %	
12	00 47	00 39	12 01	15 29	02 59	04 18	
13	00 31	00 24	12 00	16 27	03 58	05 27	◐
14	00 17	00 09	12 00	17 24	04 56	06 37	

© British Crown Copyright 2023. All rights reserved.

UT	ARIES	VENUS −3·9		MARS +1·2		JUPITER −2·0		SATURN +1·0		STARS		
	GHA	GHA	Dec	GHA	Dec	GHA	Dec	GHA	Dec	Name	SHA	Dec
d h	° ′	° ′	° ′	° ′	° ′	° ′	° ′	° ′	° ′		° ′	° ′
15 00 MONDAY	203 38.7	191 54.0	N 3 26.7	214 17.0	S 5 56.5	155 25.4	N17 05.9	216 41.4	S 7 26.0	Acamar	315 12.6	S40 12.6
01	218 41.1	206 53.6	27.9	229 17.6	55.8	170 27.3	06.1	231 43.6	25.9	Achernar	335 21.2	S57 06.9
02	233 43.6	221 53.2	29.1	244 18.3	55.0	185 29.2	06.2	246 45.9	25.8	Acrux	173 00.2	S63 14.2
03	248 46.1	236 52.9	. . 30.3	259 19.0	. . 54.3	200 31.1	. . 06.4	261 48.1	. . 25.7	Adhara	255 06.4	S29 00.5
04	263 48.5	251 52.5	31.5	274 19.7	53.5	215 33.0	06.5	276 50.3	25.6	Aldebaran	290 40.6	N16 33.4
05	278 51.0	266 52.1	32.8	289 20.3	52.7	230 34.9	06.7	291 52.5	25.5			
06	293 53.4	281 51.7	N 3 34.0	304 21.0	S 5 52.0	245 36.8	N17 06.9	306 54.7	S 7 25.4	Alioth	166 12.9	N55 49.7
07	308 55.9	296 51.4	35.2	319 21.7	51.2	260 38.7	07.0	321 57.0	25.3	Alkaid	152 52.0	N49 11.4
08	323 58.4	311 51.0	36.4	334 22.3	50.5	275 40.6	07.2	336 59.2	25.3	Alnair	27 33.9	S46 50.5
09	339 00.8	326 50.6	. . 37.6	349 23.0	. . 49.7	290 42.5	. . 07.3	352 01.4	. . 25.2	Alnilam	275 38.5	S 1 11.3
10	354 03.3	341 50.2	38.8	4 23.7	49.0	305 44.4	07.5	7 03.6	25.1	Alphard	217 48.2	S 8 45.9
11	9 05.8	356 49.9	40.1	19 24.3	48.2	320 46.3	07.6	22 05.9	25.0			
12	24 08.2	11 49.5	N 3 41.3	34 25.0	S 5 47.5	335 48.2	N17 07.8	37 08.1	S 7 24.9	Alphecca	126 03.9	N26 37.8
13	39 10.7	26 49.1	42.5	49 25.7	46.7	350 50.1	07.9	52 10.3	24.8	Alpheratz	357 35.8	N29 13.3
14	54 13.2	41 48.7	43.7	64 26.3	45.9	5 52.0	08.1	67 12.5	24.7	Altair	62 00.6	N 8 55.7
15	69 15.6	56 48.3	. . 44.9	79 27.0	. . 45.2	20 53.9	. . 08.2	82 14.8	. . 24.6	Ankaa	353 08.1	S42 10.5
16	84 18.1	71 48.0	46.1	94 27.7	44.4	35 55.7	08.4	97 17.0	24.5	Antares	112 16.3	S26 29.2
17	99 20.5	86 47.6	47.4	109 28.3	43.7	50 57.6	08.6	112 19.2	24.4			
18	114 23.0	101 47.2	N 3 48.6	124 29.0	S 5 42.9	65 59.5	N17 08.7	127 21.4	S 7 24.3	Arcturus	145 48.1	N19 03.2
19	129 25.5	116 46.8	49.8	139 29.7	42.2	81 01.4	08.9	142 23.7	24.2	Atria	107 10.8	S69 04.1
20	144 27.9	131 46.5	51.0	154 30.4	41.4	96 03.3	09.0	157 25.9	24.1	Avior	234 14.9	S59 35.5
21	159 30.4	146 46.1	. . 52.2	169 31.0	. . 40.6	111 05.2	. . 09.2	172 28.1	. . 24.0	Bellatrix	278 23.7	N 6 22.2
22	174 32.9	161 45.7	53.4	184 31.7	39.9	126 07.1	09.3	187 30.3	24.0	Betelgeuse	270 52.9	N 7 24.6
23	189 35.3	176 45.3	54.7	199 32.4	39.1	141 09.0	09.5	202 32.6	23.9			
16 00 TUESDAY	204 37.8	191 45.0	N 3 55.9	214 33.0	S 5 38.4	156 10.9	N17 09.6	217 34.8	S 7 23.8	Canopus	263 52.9	S52 42.7
01	219 40.3	206 44.6	57.1	229 33.7	37.6	171 12.8	09.8	232 37.0	23.7	Capella	280 23.1	N46 01.4
02	234 42.7	221 44.2	58.3	244 34.4	36.9	186 14.7	09.9	247 39.2	23.6	Deneb	49 26.3	N45 21.6
03	249 45.2	236 43.8	3 59.5	259 35.0	. . 36.1	201 16.6	. . 10.1	262 41.5	. . 23.5	Denebola	182 25.3	N14 26.1
04	264 47.7	251 43.4	4 00.7	274 35.7	35.4	216 18.5	10.3	277 43.7	23.4	Diphda	348 48.2	S17 51.3
05	279 50.1	266 43.1	02.0	289 36.4	34.6	231 20.4	10.4	292 45.9	23.3			
06	294 52.6	281 42.7	N 4 03.2	304 37.1	S 5 33.8	246 22.3	N17 10.6	307 48.1	S 7 23.2	Dubhe	193 41.2	N61 37.4
07	309 55.0	296 42.3	04.4	319 37.7	33.1	261 24.2	10.7	322 50.4	23.1	Elnath	278 02.9	N28 37.7
08	324 57.5	311 41.9	05.6	334 38.4	32.3	276 26.0	10.9	337 52.6	23.0	Eltanin	90 42.2	N51 28.8
09	340 00.0	326 41.6	. . 06.8	349 39.1	. . 31.6	291 27.9	. . 11.0	352 54.8	. . 22.9	Enif	33 39.6	N 9 59.0
10	355 02.4	341 41.2	08.0	4 39.7	30.8	306 29.8	11.2	7 57.0	22.8	Fomalhaut	15 15.5	S29 29.6
11	10 04.9	356 40.8	09.2	19 40.4	30.1	321 31.7	11.3	22 59.3	22.7			
12	25 07.4	11 40.4	N 4 10.5	34 41.1	S 5 29.3	336 33.6	N17 11.5	38 01.5	S 7 22.7	Gacrux	171 51.8	S57 15.1
13	40 09.8	26 40.0	11.7	49 41.8	28.5	351 35.5	11.6	53 03.7	22.6	Gienah	175 43.9	S17 40.7
14	55 12.3	41 39.7	12.9	64 42.4	27.8	6 37.4	11.8	68 05.9	22.5	Hadar	148 36.3	S60 29.4
15	70 14.8	56 39.3	. . 14.1	79 43.1	. . 27.0	21 39.3	. . 12.0	83 08.2	. . 22.4	Hamal	327 52.3	N23 34.5
16	85 17.2	71 38.9	15.3	94 43.8	26.3	36 41.2	12.1	98 10.4	22.3	Kaus Aust.	83 33.2	S34 22.3
17	100 19.7	86 38.5	16.5	109 44.4	25.5	51 43.1	12.3	113 12.6	22.2			
18	115 22.2	101 38.1	N 4 17.7	124 45.1	S 5 24.7	66 45.0	N17 12.4	128 14.8	S 7 22.1	Kochab	137 18.6	N74 03.2
19	130 24.6	116 37.8	18.9	139 45.8	24.0	81 46.9	12.6	143 17.1	22.0	Markab	13 30.8	N15 19.9
20	145 27.1	131 37.4	20.2	154 46.5	23.2	96 48.8	12.7	158 19.3	21.9	Menkar	314 07.1	N 4 11.0
21	160 29.5	146 37.0	. . 21.4	169 47.1	. . 22.5	111 50.7	. . 12.9	173 21.5	. . 21.8	Menkent	147 58.0	S36 29.4
22	175 32.0	161 36.6	22.6	184 47.8	21.7	126 52.5	13.0	188 23.8	21.7	Miaplacidus	221 38.2	S69 49.2
23	190 34.5	176 36.3	23.8	199 48.5	21.0	141 54.4	13.2	203 26.0	21.6			
17 00 WEDNESDAY	205 36.9	191 35.9	N 4 25.0	214 49.2	S 5 20.2	156 56.3	N17 13.3	218 28.2	S 7 21.6	Mirfak	308 29.6	N49 56.8
01	220 39.4	206 35.5	26.2	229 49.8	19.4	171 58.2	13.5	233 30.4	21.5	Nunki	75 48.4	S26 16.0
02	235 41.9	221 35.1	27.4	244 50.5	18.7	187 00.1	13.7	248 32.7	21.4	Peacock	53 06.8	S56 39.2
03	250 44.3	236 34.7	. . 28.6	259 51.2	. . 17.9	202 02.0	. . 13.8	263 34.9	. . 21.3	Pollux	243 18.1	N27 58.1
04	265 46.8	251 34.4	29.9	274 51.8	17.2	217 03.9	14.0	278 37.1	21.2	Procyon	244 51.5	N 5 09.7
05	280 49.3	266 34.0	31.1	289 52.5	16.4	232 05.8	14.1	293 39.3	21.1			
06	295 51.7	281 33.6	N 4 32.3	304 53.2	S 5 15.7	247 07.7	N17 14.3	308 41.6	S 7 21.0	Rasalhague	95 58.9	N12 32.3
07	310 54.2	296 33.2	33.5	319 53.9	14.9	262 09.6	14.4	323 43.8	20.9	Regulus	207 34.9	N11 50.9
08	325 56.6	311 32.8	34.7	334 54.5	14.1	277 11.5	14.6	338 46.0	20.8	Rigel	281 04.7	S 8 10.5
09	340 59.1	326 32.4	. . 35.9	349 55.2	. . 13.4	292 13.4	. . 14.7	353 48.2	. . 20.7	Rigil Kent.	139 40.5	S60 56.1
10	356 01.6	341 32.1	37.1	4 55.9	12.6	307 15.2	14.9	8 50.5	20.6	Sabik	102 03.3	S15 45.4
11	11 04.0	356 31.7	38.3	19 56.6	11.9	322 17.1	15.0	23 52.7	20.5			
12	26 06.5	11 31.3	N 4 39.5	34 57.2	S 5 11.1	337 19.0	N17 15.2	38 54.9	S 7 20.5	Schedar	349 32.3	N56 40.1
13	41 09.0	26 30.9	40.8	49 57.9	10.3	352 20.9	15.3	53 57.2	20.4	Shaula	96 11.0	S37 07.2
14	56 11.4	41 30.5	42.0	64 58.6	09.6	7 22.8	15.5	68 59.4	20.3	Sirius	258 26.9	S16 45.1
15	71 13.9	56 30.2	. . 43.2	79 59.3	. . 08.8	22 24.7	. . 15.7	84 01.6	. . 20.2	Spica	158 22.6	S11 17.4
16	86 16.4	71 29.8	44.4	94 59.9	08.1	37 26.6	15.8	99 03.8	20.1	Suhail	222 46.7	S43 32.1
17	101 18.8	86 29.4	45.6	110 00.6	07.3	52 28.5	16.0	114 06.1	20.0			
18	116 21.3	101 29.0	N 4 46.8	125 01.3	S 5 06.5	67 30.4	N17 16.1	129 08.3	S 7 19.9	Vega	80 33.5	N38 48.0
19	131 23.8	116 28.6	48.0	140 02.0	05.8	82 32.3	16.3	144 10.5	19.8	Zuben'ubi	136 56.4	S16 08.7
20	146 26.2	131 28.2	49.2	155 02.6	05.0	97 34.2	16.4	159 12.8	19.7			
21	161 28.7	146 27.9	. . 50.4	170 03.3	. . 04.3	112 36.0	. . 16.6	174 15.0	. . 19.6			
22	176 31.1	161 27.5	51.6	185 04.0	03.5	127 37.9	16.7	189 17.2	19.5			
23	191 33.6	176 27.1	52.8	200 04.6	02.7	142 39.8	16.9	204 19.4	19.4			
Mer. Pass.	h m 10 19.8	v −0.4	d 1.2	v 0.7	d 0.8	v 1.9	d 0.2	v 2.2	d 0.1			

	SHA	Mer. Pass.
	° ′	h m
Venus	347 07.2	11 13
Mars	9 55.2	9 41
Jupiter	311 33.1	13 34
Saturn	12 57.0	9 28

© British Crown Copyright 2023. All rights reserved.

UT d h	SUN GHA	SUN Dec	MOON GHA	v	MOON Dec	d	HP
	° ′	° ′	° ′	′	° ′	′	′
15 00	179 59.6	N 9 52.0	95 16.9	8.2	N27 41.6	4.0	56.0
01	194 59.7	52.9	109 44.1	8.2	27 37.6	4.2	56.0
02	209 59.9	53.8	124 11.3	8.4	27 33.4	4.4	55.9
03	225 00.0	. . 54.7	138 38.7	8.4	27 29.0	4.5	55.9
04	240 00.2	55.6	153 06.1	8.6	27 24.5	4.7	55.9
05	255 00.3	56.5	167 33.7	8.6	27 19.8	4.7	55.8
06	270 00.5	N 9 57.4	182 01.3	8.7	N27 15.1	5.0	55.8
07	285 00.6	58.3	196 29.0	8.8	27 10.1	5.0	55.8
08	300 00.8	9 59.1	210 56.8	8.9	27 05.1	5.2	55.7
MONDAY 09	315 00.9	10 00.0	225 24.7	9.0	26 59.9	5.3	55.7
10	330 01.1	00.9	239 52.7	9.0	26 54.6	5.5	55.7
11	345 01.2	01.8	254 20.7	9.2	26 49.1	5.6	55.7
12	0 01.4	N10 02.7	268 48.9	9.3	N26 43.5	5.7	55.6
13	15 01.5	03.6	283 17.2	9.3	26 37.8	5.9	55.6
14	30 01.7	04.5	297 45.5	9.5	26 31.9	6.0	55.6
15	45 01.8	. . 05.4	312 14.0	9.5	26 25.9	6.1	55.5
16	60 02.0	06.3	326 42.5	9.6	26 19.8	6.2	55.5
17	75 02.1	07.1	341 11.1	9.8	26 13.6	6.4	55.5
18	90 02.3	N10 08.0	355 39.9	9.8	N26 07.2	6.4	55.5
19	105 02.4	08.9	10 08.7	9.9	26 00.8	6.7	55.4
20	120 02.6	09.8	24 37.6	10.0	25 54.1	6.7	55.4
21	135 02.7	. . 10.7	39 06.6	10.2	25 47.4	6.8	55.4
22	150 02.8	11.6	53 35.8	10.2	25 40.6	7.0	55.3
23	165 03.0	12.5	68 05.0	10.3	25 33.6	7.1	55.3
16 00	180 03.1	N10 13.3	82 34.3	10.4	N25 26.5	7.2	55.3
01	195 03.3	14.2	97 03.7	10.5	25 19.3	7.3	55.3
02	210 03.4	15.1	111 33.2	10.6	25 12.0	7.5	55.2
03	225 03.6	. . 16.0	126 02.8	10.7	25 04.5	7.5	55.2
04	240 03.7	16.9	140 32.5	10.8	24 57.0	7.7	55.2
05	255 03.9	17.8	155 02.3	10.8	24 49.3	7.7	55.2
06	270 04.0	N10 18.6	169 32.1	11.0	N24 41.6	7.9	55.1
07	285 04.2	19.5	184 02.1	11.1	24 33.7	8.0	55.1
TUESDAY 08	300 04.3	20.4	198 32.2	11.2	24 25.7	8.1	55.1
09	315 04.4	. . 21.3	213 02.4	11.3	24 17.6	8.2	55.1
10	330 04.6	22.2	227 32.7	11.3	24 09.4	8.3	55.0
11	345 04.7	23.1	242 03.0	11.5	24 01.1	8.5	55.0
12	0 04.9	N10 23.9	256 33.5	11.5	N23 52.6	8.5	55.0
13	15 05.0	24.8	271 04.0	11.7	23 44.1	8.6	55.0
14	30 05.2	25.7	285 34.7	11.7	23 35.5	8.7	55.0
15	45 05.3	. . 26.6	300 05.4	11.9	23 26.8	8.8	54.9
16	60 05.5	27.5	314 36.3	11.9	23 18.0	9.0	54.9
17	75 05.6	28.3	329 07.2	12.1	23 09.0	9.0	54.9
18	90 05.7	N10 29.2	343 38.3	12.1	N23 00.0	9.1	54.9
19	105 05.9	30.1	358 09.4	12.2	22 50.9	9.2	54.9
20	120 06.0	31.0	12 40.6	12.3	22 41.7	9.3	54.8
21	135 06.2	. . 31.9	27 11.9	12.4	22 32.4	9.4	54.8
22	150 06.3	32.7	41 43.3	12.5	22 23.0	9.5	54.8
23	165 06.5	33.6	56 14.8	12.6	22 13.5	9.6	54.8
17 00	180 06.6	N10 34.5	70 46.4	12.7	N22 03.9	9.6	54.8
01	195 06.7	35.4	85 18.1	12.7	21 54.3	9.8	54.7
02	210 06.9	36.2	99 49.8	12.9	21 44.5	9.8	54.7
03	225 07.0	. . 37.1	114 21.7	12.9	21 34.7	10.0	54.7
04	240 07.2	38.0	128 53.6	13.1	21 24.7	10.0	54.7
05	255 07.3	38.9	143 25.7	13.1	21 14.7	10.1	54.7
06	270 07.5	N10 39.8	157 57.8	13.2	N21 04.6	10.2	54.6
WEDNESDAY 07	285 07.6	40.6	172 30.0	13.3	20 54.4	10.2	54.6
08	300 07.7	41.5	187 02.3	13.4	20 44.2	10.4	54.6
09	315 07.9	. . 42.4	201 34.7	13.4	20 33.8	10.4	54.6
10	330 08.0	43.3	216 07.1	13.6	20 23.4	10.5	54.6
11	345 08.2	44.1	230 39.7	13.6	20 12.9	10.6	54.6
12	0 08.3	N10 45.0	245 12.3	13.7	N20 02.3	10.7	54.5
13	15 08.4	45.9	259 45.0	13.8	19 51.6	10.7	54.5
14	30 08.6	46.8	274 17.8	13.9	19 40.9	10.9	54.5
15	45 08.7	. . 47.6	288 50.7	13.9	19 30.0	10.8	54.5
16	60 08.9	48.5	303 23.6	14.1	19 19.2	11.0	54.5
17	75 09.0	49.4	317 56.7	14.1	19 08.2	11.0	54.5
18	90 09.1	N10 50.2	332 29.8	14.2	N18 57.2	11.2	54.4
19	105 09.3	51.1	347 03.0	14.3	18 46.0	11.1	54.4
20	120 09.4	52.0	1 36.3	14.3	18 34.9	11.3	54.4
21	135 09.6	. . 52.9	16 09.6	14.5	18 23.6	11.3	54.4
22	150 09.7	53.7	30 43.1	14.5	18 12.3	11.4	54.4
23	165 09.8	54.6	45 16.6	14.5	N18 00.9	11.4	54.4
	SD 16.0	*d* 0.9	SD 15.2		15.0		14.9

Lat.	Twilight Naut.	Twilight Civil	Sunrise	Moonrise 15	16	17	18
°	h m	h m	h m	h m	h m	h m	h m
N 72	////	01 43	03 31	▭	▭	▭	10 19
N 70	////	02 24	03 49	▭	▭	▭	11 00
68	////	02 52	04 03	▭	▭	09 04	11 28
66	01 29	03 12	04 14	▭	▭	09 50	11 48
64	02 06	03 28	04 24	▭	08 16	10 20	12 05
62	02 31	03 42	04 32	06 58	08 57	10 42	12 18
60	02 50	03 53	04 39	07 48	09 25	11 00	12 30
N 58	03 06	04 02	04 45	08 19	09 47	11 15	12 39
56	03 19	04 10	04 51	08 43	10 04	11 27	12 48
54	03 30	04 18	04 56	09 02	10 19	11 38	12 55
52	03 39	04 24	05 00	09 17	10 32	11 48	13 02
50	03 48	04 30	05 04	09 31	10 44	11 57	13 08
45	04 05	04 42	05 13	09 59	11 07	12 15	13 21
N 40	04 18	04 52	05 20	10 21	11 26	12 30	13 32
35	04 29	05 00	05 26	10 39	11 41	12 42	13 41
30	04 38	05 07	05 32	10 55	11 55	12 53	13 49
20	04 52	05 18	05 41	11 22	12 18	13 12	14 03
N 10	05 03	05 28	05 49	11 44	12 38	13 28	14 15
0	05 11	05 35	05 56	12 05	12 56	13 43	14 26
S 10	05 18	05 42	06 04	12 27	13 14	13 58	14 37
20	05 23	05 49	06 11	12 49	13 34	14 14	14 49
30	05 28	05 56	06 20	13 15	13 57	14 32	15 02
35	05 30	05 59	06 25	13 31	14 10	14 42	15 10
40	05 31	06 03	06 30	13 48	14 25	14 54	15 19
45	05 33	06 07	06 37	14 10	14 43	15 08	15 29
S 50	05 34	06 12	06 44	14 37	15 05	15 25	15 41
52	05 34	06 14	06 48	14 50	15 16	15 34	15 47
54	05 35	06 16	06 52	15 05	15 28	15 42	15 53
56	05 35	06 18	06 56	15 23	15 41	15 52	16 00
58	05 35	06 21	07 01	15 44	15 57	16 04	16 08
S 60	05 35	06 23	07 06	16 11	16 16	16 17	16 17

Lat.	Sunset	Twilight Civil	Twilight Naut.	Moonset 15	16	17	18
°	h m	h m	h m	h m	h m	h m	h m
N 72	20 33	22 26	////	▭	▭	▭	06 33
N 70	20 14	21 41	////	▭	▭	▭	05 51
68	19 59	21 12	////	▭	▭	06 14	05 22
66	19 47	20 51	22 39	▭	▭	05 27	05 00
64	19 37	20 34	21 59	▭	05 22	04 56	04 42
62	19 29	20 20	21 32	04 51	04 40	04 33	04 27
60	19 22	20 09	21 12	04 01	04 11	04 14	04 15
N 58	19 15	19 59	20 56	03 30	03 49	03 59	04 04
56	19 10	19 51	20 43	03 06	03 31	03 46	03 55
54	19 05	19 43	20 32	02 47	03 15	03 34	03 47
52	19 00	19 36	20 22	02 31	03 02	03 24	03 39
50	18 56	19 31	20 13	02 16	02 50	03 14	03 32
45	18 47	19 18	19 56	01 48	02 26	02 55	03 18
N 40	18 40	19 08	19 42	01 25	02 06	02 39	03 06
35	18 34	19 00	19 31	01 07	01 50	02 26	02 56
30	18 28	18 53	19 22	00 50	01 36	02 14	02 46
20	18 19	18 41	19 08	00 23	01 11	01 53	02 31
N 10	18 11	18 32	18 57	00 00	00 50	01 36	02 17
0	18 03	18 24	18 48	24 30	00 30	01 19	02 04
S 10	17 56	18 17	18 42	24 10	00 10	01 02	01 51
20	17 48	18 10	18 36	23 49	24 44	00 44	01 37
30	17 39	18 03	18 31	23 24	24 23	00 23	01 20
35	17 34	18 00	18 29	23 09	24 11	00 11	01 11
40	17 28	17 56	18 27	22 52	23 57	25 00	01 00
45	17 22	17 52	18 26	22 31	23 40	24 47	00 47
S 50	17 14	17 47	18 24	22 05	23 19	24 31	00 31
52	17 11	17 45	18 24	21 52	23 09	24 24	00 24
54	17 07	17 43	18 24	21 38	22 57	24 16	00 16
56	17 02	17 40	18 23	21 20	22 44	24 06	00 06
58	16 57	17 38	18 23	21 00	22 29	23 56	25 19
S 60	16 52	17 35	18 23	20 33	22 11	23 43	25 11

Day	SUN Eqn. of Time 00^h	SUN Eqn. of Time 12^h	SUN Mer. Pass.	MOON Mer. Pass. Upper	MOON Mer. Pass. Lower	Age	Phase
d	m s	m s	h m	h m	h m	d %	
15	00 02	00 05	12 00	18 18	05 52	07 47	
16	00 12	00 19	12 00	19 08	06 43	08 57	◐
17	00 26	00 33	11 59	19 53	07 31	09 66	

© British Crown Copyright 2023. All rights reserved.

UT	ARIES GHA	VENUS −3·9 GHA	VENUS Dec	MARS +1·1 GHA	MARS Dec	JUPITER −2·0 GHA	JUPITER Dec	SATURN +1·0 GHA	SATURN Dec
d h	° ′	° ′	° ′	° ′	° ′	° ′	° ′	° ′	° ′
THURSDAY 18 00	206 36.1	191 26.7	N 4 54.1	215 05.3	S 5 02.0	157 41.7	N17 17.0	219 21.7	S 7 19.4
01	221 38.5	206 26.3	55.3	230 06.0	01.2	172 43.6	17.2	234 23.9	19.3
02	236 41.0	221 25.9	56.5	245 06.7	5 00.5	187 45.5	17.3	249 26.1	19.2
03	251 43.5	236 25.6	57.7	260 07.3	4 59.7	202 47.4	17.5	264 28.4	19.1
04	266 45.9	251 25.2	4 58.9	275 08.0	58.9	217 49.3	17.7	279 30.6	19.0
05	281 48.4	266 24.8	5 00.1	290 08.7	58.2	232 51.2	17.8	294 32.8	18.9
06	296 50.9	281 24.4	N 5 01.3	305 09.4	S 4 57.4	247 53.1	N17 18.0	309 35.0	S 7 18.8
07	311 53.3	296 24.0	02.5	320 10.1	56.7	262 54.9	18.1	324 37.3	18.7
08	326 55.8	311 23.6	03.7	335 10.7	55.9	277 56.8	18.3	339 39.5	18.6
09	341 58.3	326 23.3	04.9	350 11.4	55.1	292 58.7	18.4	354 41.7	18.5
10	357 00.7	341 22.9	06.1	5 12.1	54.4	308 00.6	18.6	9 44.0	18.5
11	12 03.2	356 22.5	07.3	20 12.8	53.6	323 02.5	18.7	24 46.2	18.4
12	27 05.6	11 22.1	N 5 08.5	35 13.4	S 4 52.9	338 04.4	N17 18.9	39 48.4	S 7 18.3
13	42 08.1	26 21.7	09.7	50 14.1	52.1	353 06.3	19.0	54 50.7	18.2
14	57 10.6	41 21.3	10.9	65 14.8	51.3	8 08.2	19.2	69 52.9	18.1
15	72 13.0	56 21.0	12.2	80 15.5	50.6	23 10.1	19.3	84 55.1	18.0
16	87 15.5	71 20.6	13.4	95 16.1	49.8	38 11.9	19.5	99 57.3	17.9
17	102 18.0	86 20.2	14.6	110 16.8	49.1	53 13.8	19.6	114 59.6	17.8
18	117 20.4	101 19.8	N 5 15.8	125 17.5	S 4 48.3	68 15.7	N17 19.8	130 01.8	S 7 17.7
19	132 22.9	116 19.4	17.0	140 18.2	47.5	83 17.6	20.0	145 04.0	17.6
20	147 25.4	131 19.0	18.2	155 18.8	46.8	98 19.5	20.1	160 06.3	17.5
21	162 27.8	146 18.6	19.4	170 19.5	46.0	113 21.4	20.3	175 08.5	17.5
22	177 30.3	161 18.3	20.6	185 20.2	45.3	128 23.3	20.4	190 10.7	17.4
23	192 32.7	176 17.9	21.8	200 20.9	44.5	143 25.2	20.6	205 13.0	17.3
FRIDAY 19 00	207 35.2	191 17.5	N 5 23.0	215 21.5	S 4 43.7	158 27.1	N17 20.7	220 15.2	S 7 17.2
01	222 37.7	206 17.1	24.2	230 22.2	43.0	173 28.9	20.9	235 17.4	17.1
02	237 40.1	221 16.7	25.4	245 22.9	42.2	188 30.8	21.0	250 19.7	17.0
03	252 42.6	236 16.3	26.6	260 23.6	41.5	203 32.7	21.2	265 21.9	16.9
04	267 45.1	251 15.9	27.8	275 24.3	40.7	218 34.6	21.3	280 24.1	16.8
05	282 47.5	266 15.5	29.0	290 24.9	39.9	233 36.5	21.5	295 26.3	16.7
06	297 50.0	281 15.2	N 5 30.2	305 25.6	S 4 39.2	248 38.4	N17 21.6	310 28.6	S 7 16.6
07	312 52.5	296 14.8	31.4	320 26.3	38.4	263 40.3	21.8	325 30.8	16.6
08	327 54.9	311 14.4	32.6	335 27.0	37.6	278 42.2	21.9	340 33.0	16.5
09	342 57.4	326 14.0	33.8	350 27.6	36.9	293 44.0	22.1	355 35.3	16.4
10	357 59.9	341 13.6	35.0	5 28.3	36.1	308 45.9	22.3	10 37.5	16.3
11	13 02.3	356 13.2	36.2	20 29.0	35.4	323 47.8	22.4	25 39.7	16.2
12	28 04.8	11 12.8	N 5 37.4	35 29.7	S 4 34.6	338 49.7	N17 22.6	40 42.0	S 7 16.1
13	43 07.2	26 12.4	38.6	50 30.4	33.8	353 51.6	22.7	55 44.2	16.0
14	58 09.7	41 12.0	39.8	65 31.0	33.1	8 53.5	22.9	70 46.4	15.9
15	73 12.2	56 11.7	41.0	80 31.7	32.3	23 55.4	23.0	85 48.7	15.8
16	88 14.6	71 11.3	42.2	95 32.4	31.6	38 57.3	23.2	100 50.9	15.8
17	103 17.1	86 10.9	43.4	110 33.1	30.8	53 59.1	23.3	115 53.1	15.7
18	118 19.6	101 10.5	N 5 44.6	125 33.8	S 4 30.0	69 01.0	N17 23.5	130 55.4	S 7 15.6
19	133 22.0	116 10.1	45.8	140 34.4	29.3	84 02.9	23.6	145 57.6	15.5
20	148 24.5	131 09.7	47.0	155 35.1	28.5	99 04.8	23.8	160 59.8	15.4
21	163 27.0	146 09.3	48.2	170 35.8	27.7	114 06.7	23.9	176 02.1	15.3
22	178 29.4	161 08.9	49.4	185 36.5	27.0	129 08.6	24.1	191 04.3	15.2
23	193 31.9	176 08.5	50.6	200 37.1	26.2	144 10.5	24.2	206 06.5	15.1
SATURDAY 20 00	208 34.3	191 08.2	N 5 51.8	215 37.8	S 4 25.5	159 12.4	N17 24.4	221 08.8	S 7 15.0
01	223 36.8	206 07.8	53.0	230 38.5	24.7	174 14.2	24.5	236 11.0	15.0
02	238 39.3	221 07.4	54.2	245 39.2	23.9	189 16.1	24.7	251 13.2	14.9
03	253 41.7	236 07.0	55.4	260 39.9	23.2	204 18.0	24.9	266 15.5	14.8
04	268 44.2	251 06.6	56.6	275 40.5	22.4	219 19.9	25.0	281 17.7	14.7
05	283 46.7	266 06.2	57.8	290 41.2	21.6	234 21.8	25.2	296 19.9	14.6
06	298 49.1	281 05.8	N 5 59.0	305 41.9	S 4 20.9	249 23.7	N17 25.3	311 22.2	S 7 14.5
07	313 51.6	296 05.4	6 00.2	320 42.6	20.1	264 25.6	25.5	326 24.4	14.4
08	328 54.1	311 05.0	01.4	335 43.3	19.4	279 27.4	25.6	341 26.6	14.3
09	343 56.5	326 04.6	02.6	350 43.9	18.6	294 29.3	25.8	356 28.9	14.2
10	358 59.0	341 04.2	03.8	5 44.6	17.8	309 31.2	25.9	11 31.1	14.2
11	14 01.5	356 03.8	05.0	20 45.3	17.1	324 33.1	26.1	26 33.3	14.1
12	29 03.9	11 03.4	N 6 06.2	35 46.0	S 4 16.3	339 35.0	N17 26.2	41 35.6	S 7 14.0
13	44 06.4	26 03.1	07.4	50 46.7	15.5	354 36.9	26.4	56 37.8	13.9
14	59 08.8	41 02.7	08.6	65 47.3	14.8	9 38.8	26.5	71 40.0	13.8
15	74 11.3	56 02.3	09.8	80 48.0	14.0	24 40.6	26.7	86 42.3	13.7
16	89 13.8	71 01.9	11.0	95 48.7	13.3	39 42.5	26.8	101 44.5	13.6
17	104 16.2	86 01.5	12.2	110 49.4	12.5	54 44.4	27.0	116 46.7	13.5
18	119 18.7	101 01.1	N 6 13.4	125 50.1	S 4 11.7	69 46.3	N17 27.1	131 49.0	S 7 13.4
19	134 21.2	116 00.7	14.6	140 50.8	11.0	84 48.2	27.3	146 51.2	13.4
20	149 23.6	131 00.3	15.8	155 51.4	10.2	99 50.1	27.5	161 53.4	13.3
21	164 26.1	145 59.9	17.0	170 52.1	09.4	114 52.0	27.6	176 55.7	13.2
22	179 28.6	160 59.5	18.2	185 52.8	08.7	129 53.8	27.8	191 57.9	13.1
23	194 31.0	175 59.1	19.3	200 53.5	07.9	144 55.7	27.9	207 00.1	13.0
Mer. Pass.	h m 10 08.0	v −0.4	d 1.2	v 0.7	d 0.8	v 1.9	d 0.2	v 2.2	d 0.1

STARS

Name	SHA ° ′	Dec ° ′
Acamar	315 12.6	S40 12.6
Achernar	335 21.2	S57 06.8
Acrux	173 00.2	S63 14.2
Adhara	255 06.5	S29 00.5
Aldebaran	290 40.6	N16 33.4
Alioth	166 12.9	N55 49.7
Alkaid	152 52.0	N49 11.5
Alnair	27 33.9	S46 50.5
Alnilam	275 38.6	S 1 11.3
Alphard	217 48.3	S 8 45.9
Alphecca	126 03.9	N26 37.8
Alpheratz	357 35.7	N29 13.3
Altair	62 00.5	N 8 55.7
Ankaa	353 08.1	S42 10.5
Antares	112 16.3	S26 29.2
Arcturus	145 48.1	N19 03.2
Atria	107 10.7	S69 04.1
Avior	234 15.0	S59 35.5
Bellatrix	278 23.8	N 6 22.2
Betelgeuse	270 52.9	N 7 24.6
Canopus	263 52.9	S52 42.7
Capella	280 23.1	N46 01.4
Deneb	49 26.3	N45 21.6
Denebola	182 25.3	N14 26.1
Diphda	348 48.2	S17 51.3
Dubhe	193 41.2	N61 37.4
Elnath	278 02.9	N28 37.7
Eltanin	90 42.2	N51 28.8
Enif	33 39.5	N 9 59.0
Fomalhaut	15 15.4	S29 29.6
Gacrux	171 51.8	S57 15.1
Gienah	175 43.9	S17 40.7
Hadar	148 36.3	S60 29.4
Hamal	327 52.3	N23 34.5
Kaus Aust.	83 33.2	S34 22.3
Kochab	137 18.6	N74 03.2
Markab	13 30.8	N15 19.9
Menkar	314 07.1	N 4 11.0
Menkent	147 58.0	S36 29.4
Miaplacidus	221 38.2	S69 49.3
Mirfak	308 29.6	N49 56.8
Nunki	75 48.4	S26 16.0
Peacock	53 06.7	S56 39.2
Pollux	243 18.1	N27 58.1
Procyon	244 51.5	N 5 09.7
Rasalhague	95 58.9	N12 32.3
Regulus	207 34.9	N11 50.9
Rigel	281 04.7	S 8 10.5
Rigil Kent.	139 40.5	S60 56.1
Sabik	102 03.3	S15 45.4
Schedar	349 32.3	N56 40.0
Shaula	96 11.0	S37 07.2
Sirius	258 26.9	S16 45.1
Spica	158 22.6	S11 17.4
Suhail	222 46.7	S43 32.1
Vega	80 33.5	N38 48.0
Zuben'ubi	136 56.4	S16 08.7

	SHA ° ′	Mer. Pass. h m
Venus	343 42.3	11 15
Mars	7 46.3	9 38
Jupiter	310 51.8	13 25
Saturn	12 40.0	9 18

© British Crown Copyright 2023. All rights reserved.

UT d	h	SUN GHA	SUN Dec	MOON GHA	v	MOON Dec	d	HP
d	h	° ′	° ′	° ′	′	° ′	′	′
18	00	180 10.0	N10 55.5	59 50.1	14.7	N17 49.5	11.6	54.4
	01	195 10.1	56.3	74 23.8	14.7	17 37.9	11.5	54.4
	02	210 10.3	57.2	88 57.5	14.8	17 26.4	11.7	54.3
	03	225 10.4	. . 58.1	103 31.3	14.9	17 14.7	11.7	54.3
	04	240 10.5	58.9	118 05.2	14.9	17 03.0	11.8	54.3
	05	255 10.7	10 59.8	132 39.1	15.0	16 51.2	11.8	54.3
	06	270 10.8	N11 00.7	147 13.1	15.1	N16 39.4	11.9	54.3
T	07	285 10.9	01.6	161 47.2	15.1	16 27.5	12.0	54.3
H	08	300 11.1	02.4	176 21.3	15.3	16 15.5	12.0	54.3
U	09	315 11.2	. . 03.3	190 55.6	15.2	16 03.5	12.0	54.3
R	10	330 11.4	04.2	205 29.8	15.4	15 51.5	12.2	54.3
S	11	345 11.5	05.0	220 04.2	15.4	15 39.3	12.2	54.2
D	12	0 11.6	N11 05.9	234 38.6	15.4	N15 27.1	12.2	54.2
A	13	15 11.8	06.8	249 13.0	15.6	15 14.9	12.3	54.2
Y	14	30 11.9	07.6	263 47.6	15.5	15 02.6	12.3	54.2
	15	45 12.0	. . 08.5	278 22.1	15.7	14 50.3	12.4	54.2
	16	60 12.2	09.4	292 56.8	15.7	14 37.9	12.5	54.2
	17	75 12.3	10.2	307 31.5	15.8	14 25.4	12.5	54.2
	18	90 12.4	N11 11.1	322 06.3	15.8	N14 12.9	12.6	54.2
	19	105 12.6	11.9	336 41.1	15.9	14 00.3	12.6	54.2
	20	120 12.7	12.8	351 16.0	15.9	13 47.7	12.6	54.2
	21	135 12.9	. . 13.7	5 50.9	16.0	13 35.1	12.7	54.2
	22	150 13.0	14.5	20 25.9	16.0	13 22.4	12.8	54.2
	23	165 13.1	15.4	35 00.9	16.1	13 09.6	12.8	54.1
19	00	180 13.3	N11 16.3	49 36.0	16.1	N12 56.8	12.8	54.1
	01	195 13.4	17.1	64 11.1	16.2	12 44.0	12.9	54.1
	02	210 13.5	18.0	78 46.3	16.3	12 31.1	12.9	54.1
	03	225 13.7	. . 18.8	93 21.6	16.2	12 18.2	13.0	54.1
	04	240 13.8	19.7	107 56.8	16.4	12 05.2	13.0	54.1
	05	255 13.9	20.6	122 32.2	16.4	11 52.2	13.0	54.1
	06	270 14.1	N11 21.4	137 07.6	16.4	N11 39.2	13.1	54.1
	07	285 14.2	22.3	151 43.0	16.5	11 26.1	13.2	54.1
	08	300 14.3	23.2	166 18.5	16.5	11 12.9	13.2	54.1
F	09	315 14.5	. . 24.0	180 54.0	16.5	10 59.7	13.2	54.1
R	10	330 14.6	24.9	195 29.5	16.6	10 46.5	13.2	54.1
I	11	345 14.7	25.7	210 05.1	16.6	10 33.3	13.3	54.1
D	12	0 14.9	N11 26.6	224 40.7	16.7	N10 20.0	13.3	54.1
A	13	15 15.0	27.4	239 16.4	16.7	10 06.7	13.4	54.1
Y	14	30 15.1	28.3	253 52.1	16.8	9 53.3	13.4	54.1
	15	45 15.3	. . 29.2	268 27.9	16.8	9 39.9	13.4	54.1
	16	60 15.4	30.0	283 03.7	16.8	9 26.5	13.5	54.1
	17	75 15.5	30.9	297 39.5	16.8	9 13.0	13.5	54.1
	18	90 15.7	N11 31.7	312 15.3	16.9	N 8 59.5	13.5	54.1
	19	105 15.8	32.6	326 51.2	16.9	8 46.0	13.6	54.1
	20	120 15.9	33.4	341 27.1	17.0	8 32.4	13.6	54.1
	21	135 16.0	. . 34.3	356 03.1	16.9	8 18.8	13.6	54.1
	22	150 16.2	35.2	10 39.0	17.1	8 05.2	13.6	54.1
	23	165 16.3	36.0	25 15.1	17.0	7 51.6	13.7	54.1
20	00	180 16.4	N11 36.9	39 51.1	17.0	N 7 37.9	13.7	54.1
	01	195 16.6	37.7	54 27.1	17.1	7 24.2	13.8	54.1
	02	210 16.7	38.6	69 03.2	17.1	7 10.4	13.7	54.1
	03	225 16.8	. . 39.4	83 39.3	17.2	6 56.7	13.8	54.1
	04	240 17.0	40.3	98 15.5	17.1	6 42.9	13.8	54.1
	05	255 17.1	41.1	112 51.6	17.2	6 29.1	13.8	54.1
	06	270 17.2	N11 42.0	127 27.8	17.2	N 6 15.3	13.9	54.1
	07	285 17.3	42.8	142 04.0	17.2	6 01.4	13.9	54.1
S	08	300 17.5	43.7	156 40.2	17.2	5 47.5	13.9	54.1
A	09	315 17.6	. . 44.5	171 16.4	17.3	5 33.6	13.9	54.1
T	10	330 17.7	45.4	185 52.7	17.2	5 19.7	13.9	54.1
U	11	345 17.9	46.2	200 28.9	17.3	5 05.8	14.0	54.1
R	12	0 18.0	N11 47.1	215 05.2	17.3	N 4 51.8	14.0	54.1
D	13	15 18.1	48.0	229 41.5	17.3	4 37.8	14.0	54.1
A	14	30 18.2	48.8	244 17.8	17.3	4 23.8	14.0	54.1
Y	15	45 18.4	. . 49.7	258 54.1	17.3	4 09.8	14.0	54.1
	16	60 18.5	50.5	273 30.4	17.4	3 55.8	14.1	54.1
	17	75 18.6	51.3	288 06.8	17.3	3 41.7	14.0	54.1
	18	90 18.8	N11 52.2	302 43.1	17.4	N 3 27.7	14.1	54.1
	19	105 18.9	53.0	317 19.5	17.3	3 13.6	14.1	54.1
	20	120 19.0	53.9	331 55.8	17.4	2 59.5	14.1	54.1
	21	135 19.1	. . 54.7	346 32.2	17.4	2 45.4	14.1	54.1
	22	150 19.3	55.6	1 08.6	17.3	2 31.3	14.2	54.1
	23	165 19.4	56.4	15 44.9	17.4	N 2 17.1	14.1	54.1
		SD 15.9	*d* 0.9	SD 14.8		14.7		14.7

Lat.	Twilight Naut.	Twilight Civil	Sunrise	Moonrise 18	Moonrise 19	Moonrise 20	Moonrise 21
°	h m	h m	h m	h m	h m	h m	h m
N 72	////	01 05	03 13	10 19	12 50	14 53	16 50
N 70	////	02 02	03 33	11 00	13 07	14 59	16 47
68	////	02 34	03 50	11 28	13 21	15 04	16 45
66	00 56	02 58	04 03	11 48	13 31	15 08	16 43
64	01 46	03 16	04 13	12 05	13 40	15 12	16 41
62	02 16	03 31	04 23	12 18	13 48	15 14	16 40
60	02 38	03 43	04 31	12 30	13 55	15 17	16 39
N 58	02 55	03 53	04 37	12 39	14 00	15 19	16 38
56	03 09	04 02	04 44	12 48	14 06	15 21	16 37
54	03 21	04 10	04 49	12 55	14 10	15 23	16 36
52	03 31	04 17	04 54	13 02	14 14	15 25	16 35
50	03 40	04 24	04 58	13 08	14 18	15 26	16 34
45	03 59	04 37	05 08	13 21	14 26	15 29	16 33
N 40	04 13	04 47	05 16	13 32	14 33	15 32	16 31
35	04 25	04 56	05 23	13 41	14 38	15 34	16 30
30	04 35	05 04	05 28	13 49	14 43	15 36	16 29
20	04 50	05 16	05 39	14 03	14 52	15 40	16 28
N 10	05 01	05 26	05 47	14 15	15 00	15 43	16 26
0	05 10	05 35	05 56	14 26	15 07	15 46	16 25
S 10	05 18	05 42	06 04	14 37	15 14	15 49	16 24
20	05 24	05 50	06 12	14 49	15 21	15 52	16 22
30	05 29	05 57	06 22	15 02	15 30	15 55	16 21
35	05 32	06 01	06 27	15 10	15 35	15 57	16 20
40	05 34	06 06	06 33	15 19	15 40	16 00	16 19
45	05 36	06 11	06 41	15 29	15 46	16 02	16 18
S 50	05 38	06 16	06 49	15 41	15 54	16 05	16 16
52	05 39	06 18	06 53	15 47	15 58	16 07	16 16
54	05 40	06 21	06 57	15 53	16 01	16 08	16 15
56	05 40	06 24	07 02	16 00	16 06	16 10	16 14
58	05 41	06 27	07 07	16 08	16 10	16 12	16 13
S 60	05 42	06 30	07 13	16 17	16 15	16 14	16 13

Lat.	Sunset	Twilight Civil	Twilight Naut.	Moonset 18	Moonset 19	Moonset 20	Moonset 21
°	h m	h m	h m	h m	h m	h m	h m
N 72	20 50	23 10	////	06 33	05 29	04 49	04 17
N 70	20 28	22 03	////	05 51	05 09	04 41	04 16
68	20 11	21 28	////	05 22	04 54	04 33	04 15
66	19 58	21 04	23 17	05 00	04 42	04 27	04 14
64	19 47	20 45	22 18	04 42	04 31	04 22	04 13
62	19 37	20 30	21 46	04 27	04 22	04 17	04 12
60	19 29	20 17	21 24	04 15	04 14	04 13	04 12
N 58	19 22	20 07	21 06	04 04	04 08	04 10	04 11
56	19 16	19 57	20 51	03 55	04 02	04 07	04 11
54	19 10	19 49	20 39	03 47	03 56	04 04	04 10
52	19 05	19 42	20 28	03 39	03 51	04 01	04 10
50	19 01	19 36	20 19	03 32	03 47	03 59	04 10
45	18 51	19 22	20 00	03 18	03 37	03 53	04 09
N 40	18 43	19 11	19 46	03 06	03 29	03 49	04 08
35	18 36	19 02	19 34	02 56	03 22	03 45	04 08
30	18 30	18 55	19 24	02 46	03 15	03 42	04 07
20	18 20	18 42	19 09	02 31	03 04	03 36	04 06
N 10	18 11	18 32	18 57	02 17	02 55	03 31	04 05
0	18 02	18 23	18 48	02 04	02 46	03 26	04 05
S 10	17 54	18 16	18 40	01 51	02 37	03 21	04 04
20	17 46	18 08	18 34	01 37	02 27	03 15	04 03
30	17 36	18 00	18 28	01 20	02 16	03 09	04 02
35	17 30	17 56	18 26	01 11	02 09	03 06	04 01
40	17 24	17 52	18 23	01 00	02 02	03 01	04 01
45	17 17	17 47	18 21	00 47	01 53	02 57	04 00
S 50	17 08	17 41	18 19	00 31	01 42	02 51	03 59
52	17 04	17 39	18 18	00 24	01 37	02 48	03 59
54	17 00	17 36	18 17	00 16	01 32	02 45	03 58
56	16 55	17 33	18 17	00 06	01 26	02 42	03 58
58	16 50	17 30	18 16	25 19	01 19	02 39	03 57
S 60	16 44	17 27	18 15	25 11	01 11	02 35	03 56

Day	SUN Eqn. of Time 00^h	SUN Eqn. of Time 12^h	SUN Mer. Pass.	MOON Mer. Pass. Upper	MOON Mer. Pass. Lower	MOON Age	MOON Phase
d	m s	m s	h m	h m	h m	d	%
18	00 40	00 46	11 59	20 36	08 15	10	75
19	00 53	00 59	11 59	21 16	08 56	11	83
20	01 05	01 12	11 59	21 55	09 36	12	89

© British Crown Copyright 2023. All rights reserved.

	UT	ARIES	VENUS −3·9		MARS +1·1		JUPITER −2·0		SATURN +1·0		STARS		
	d h	GHA ° ′	GHA ° ′	Dec ° ′	GHA ° ′	Dec ° ′	GHA ° ′	Dec ° ′	GHA ° ′	Dec ° ′	Name	SHA ° ′	Dec ° ′
	21 00	209 33.5	190 58.7	N 6 20.5	215 54.2	S 4 07.2	159 57.6	N17 28.1	222 02.4	S 7 12.9	Acamar	315 12.6	S40 12.5
	01	224 36.0	205 58.3	21.7	230 54.8	06.4	174 59.5	28.2	237 04.6	12.8	Achernar	335 21.2	S57 06.8
	02	239 38.4	220 57.9	22.9	245 55.5	05.6	190 01.4	28.4	252 06.9	12.7	Acrux	173 00.2	S63 14.2
	03	254 40.9	235 57.5	24.1	260 56.2	04.9	205 03.3	28.5	267 09.1	12.6	Adhara	255 06.5	S29 00.5
	04	269 43.3	250 57.1	25.3	275 56.9	04.1	220 05.1	28.7	282 11.3	12.6	Aldebaran	290 40.6	N16 33.4
	05	284 45.8	265 56.7	26.5	290 57.6	03.3	235 07.0	28.8	297 13.6	12.5			
	06	299 48.3	280 56.3	N 6 27.7	305 58.2	S 4 02.6	250 08.9	N17 29.0	312 15.8	S 7 12.4	Alioth	166 12.9	N55 49.7
	07	314 50.7	295 56.0	28.9	320 58.9	01.8	265 10.8	29.1	327 18.0	12.3	Alkaid	152 52.0	N49 11.5
	08	329 53.2	310 55.6	30.1	335 59.6	01.0	280 12.7	29.3	342 20.3	12.2	Alnair	27 33.9	S46 50.5
S	09	344 55.7	325 55.2	31.3	351 00.3	4 00.3	295 14.6	29.4	357 22.5	12.1	Alnilam	275 38.6	S 1 11.3
U	10	359 58.1	340 54.8	32.5	6 01.0	3 59.5	310 16.5	29.6	12 24.7	12.0	Alphard	217 48.3	S 8 45.9
N	11	15 00.6	355 54.4	33.7	21 01.7	58.8	325 18.3	29.7	27 27.0	11.9			
D	12	30 03.1	10 54.0	N 6 34.8	36 02.3	S 3 58.0	340 20.2	N17 29.9	42 29.2	S 7 11.9	Alphecca	126 03.9	N26 37.8
A	13	45 05.5	25 53.6	36.0	51 03.0	57.2	355 22.1	30.0	57 31.4	11.8	Alpheratz	357 35.7	N29 13.3
Y	14	60 08.0	40 53.2	37.2	66 03.7	56.5	10 24.0	30.2	72 33.7	11.7	Altair	62 00.5	N 8 55.7
	15	75 10.4	55 52.8	38.4	81 04.4	55.7	25 25.9	30.3	87 35.9	11.6	Ankaa	353 08.1	S42 10.4
	16	90 12.9	70 52.4	39.6	96 05.1	54.9	40 27.8	30.5	102 38.2	11.5	Antares	112 16.3	S26 29.2
	17	105 15.4	85 52.0	40.8	111 05.8	54.2	55 29.6	30.7	117 40.4	11.4			
	18	120 17.8	100 51.6	N 6 42.0	126 06.4	S 3 53.4	70 31.5	N17 30.8	132 42.6	S 7 11.3	Arcturus	145 48.1	N19 03.2
	19	135 20.3	115 51.2	43.2	141 07.1	52.6	85 33.4	31.0	147 44.9	11.2	Atria	107 10.7	S69 04.1
	20	150 22.8	130 50.8	44.4	156 07.8	51.9	100 35.3	31.1	162 47.1	11.2	Avior	234 15.0	S59 35.5
	21	165 25.2	145 50.4	45.6	171 08.5	51.1	115 37.2	31.3	177 49.3	11.1	Bellatrix	278 23.8	N 6 22.2
	22	180 27.7	160 50.0	46.7	186 09.2	50.3	130 39.1	31.4	192 51.6	11.0	Betelgeuse	270 52.9	N 7 24.6
	23	195 30.2	175 49.6	47.9	201 09.8	49.6	145 40.9	31.6	207 53.8	10.9			
	22 00	210 32.6	190 49.2	N 6 49.1	216 10.5	S 3 48.8	160 42.8	N17 31.7	222 56.1	S 7 10.8	Canopus	263 52.9	S52 42.7
	01	225 35.1	205 48.8	50.3	231 11.2	48.1	175 44.7	31.9	237 58.3	10.7	Capella	280 23.1	N46 01.4
	02	240 37.6	220 48.4	51.5	246 11.9	47.3	190 46.6	32.0	253 00.5	10.6	Deneb	49 26.3	N45 21.6
	03	255 40.0	235 48.0	52.7	261 12.6	46.5	205 48.5	32.2	268 02.8	10.5	Denebola	182 25.3	N14 26.1
	04	270 42.5	250 47.6	53.9	276 13.3	45.8	220 50.4	32.3	283 05.0	10.5	Diphda	348 48.2	S17 51.3
	05	285 44.9	265 47.2	55.1	291 13.9	45.0	235 52.2	32.5	298 07.2	10.4			
	06	300 47.4	280 46.8	N 6 56.2	306 14.6	S 3 44.2	250 54.1	N17 32.6	313 09.5	S 7 10.3	Dubhe	193 41.3	N61 37.4
	07	315 49.9	295 46.4	57.4	321 15.3	43.5	265 56.0	32.8	328 11.7	10.2	Elnath	278 02.9	N28 37.7
	08	330 52.3	310 46.0	58.6	336 16.0	42.7	280 57.9	32.9	343 14.0	10.1	Eltanin	90 42.2	N51 28.8
M	09	345 54.8	325 45.6	6 59.8	351 16.7	41.9	295 59.8	33.1	358 16.2	10.0	Enif	33 39.5	N 9 59.0
O	10	0 57.3	340 45.2	7 01.0	6 17.4	41.2	311 01.7	33.2	13 18.4	09.9	Fomalhaut	15 15.4	S29 29.6
N	11	15 59.7	355 44.8	02.2	21 18.1	40.4	326 03.5	33.4	28 20.7	09.9			
D	12	31 02.2	10 44.4	N 7 03.4	36 18.7	S 3 39.6	341 05.4	N17 33.5	43 22.9	S 7 09.8	Gacrux	171 51.9	S57 15.1
A	13	46 04.7	25 44.0	04.5	51 19.4	38.9	356 07.3	33.7	58 25.1	09.7	Gienah	175 43.9	S17 40.7
Y	14	61 07.1	40 43.6	05.7	66 20.1	38.1	11 09.2	33.8	73 27.4	09.6	Hadar	148 36.3	S60 29.5
	15	76 09.6	55 43.2	06.9	81 20.8	37.3	26 11.1	34.0	88 29.6	09.5	Hamal	327 52.3	N23 34.5
	16	91 12.0	70 42.8	08.1	96 21.5	36.6	41 12.9	34.1	103 31.9	09.4	Kaus Aust.	83 33.1	S34 22.3
	17	106 14.5	85 42.4	09.3	111 22.2	35.8	56 14.8	34.3	118 34.1	09.3			
	18	121 17.0	100 41.9	N 7 10.5	126 22.8	S 3 35.1	71 16.7	N17 34.4	133 36.3	S 7 09.2	Kochab	137 18.6	N74 03.2
	19	136 19.4	115 41.5	11.6	141 23.5	34.3	86 18.6	34.6	148 38.6	09.2	Markab	13 30.7	N15 19.9
	20	151 21.9	130 41.1	12.8	156 24.2	33.5	101 20.5	34.8	163 40.8	09.1	Menkar	314 07.1	N 4 11.0
	21	166 24.4	145 40.7	14.0	171 24.9	32.8	116 22.4	34.9	178 43.1	09.0	Menkent	147 58.0	S36 29.5
	22	181 26.8	160 40.3	15.2	186 25.6	32.0	131 24.2	35.1	193 45.3	08.9	Miaplacidus	221 38.3	S69 49.3
	23	196 29.3	175 39.9	16.4	201 26.3	31.2	146 26.1	35.2	208 47.5	08.8			
	23 00	211 31.8	190 39.5	N 7 17.6	216 27.0	S 3 30.5	161 28.0	N17 35.4	223 49.8	S 7 08.7	Mirfak	308 29.6	N49 56.8
	01	226 34.2	205 39.1	18.7	231 27.6	29.7	176 29.9	35.5	238 52.0	08.6	Nunki	75 48.4	S26 16.0
	02	241 36.7	220 38.7	19.9	246 28.3	28.9	191 31.8	35.7	253 54.3	08.6	Peacock	53 06.7	S56 39.2
	03	256 39.2	235 38.3	21.1	261 29.0	28.2	206 33.6	35.8	268 56.5	08.5	Pollux	243 18.1	N27 58.1
	04	271 41.6	250 37.9	22.3	276 29.7	27.4	221 35.5	36.0	283 58.7	08.4	Procyon	244 51.5	N 5 09.7
	05	286 44.1	265 37.5	23.5	291 30.4	26.6	236 37.4	36.1	299 01.0	08.3			
	06	301 46.5	280 37.1	N 7 24.6	306 31.1	S 3 25.9	251 39.3	N17 36.3	314 03.2	S 7 08.2	Rasalhague	95 58.9	N12 32.3
	07	316 49.0	295 36.7	25.8	321 31.8	25.1	266 41.2	36.4	329 05.5	08.1	Regulus	207 34.9	N11 50.9
T	08	331 51.5	310 36.3	27.0	336 32.4	24.3	281 43.0	36.6	344 07.7	08.0	Rigel	281 04.7	S 8 10.5
U	09	346 53.9	325 35.9	28.2	351 33.1	23.6	296 44.9	36.7	359 09.9	08.0	Rigil Kent.	139 40.5	S60 56.1
E	10	1 56.4	340 35.5	29.4	6 33.8	22.8	311 46.8	36.9	14 12.2	07.9	Sabik	102 03.3	S15 45.4
S	11	16 58.9	355 35.0	30.5	21 34.5	22.0	326 48.7	37.0	29 14.4	07.8			
D	12	32 01.3	10 34.6	N 7 31.7	36 35.2	S 3 21.3	341 50.6	N17 37.2	44 16.7	S 7 07.7	Schedar	349 32.3	N56 40.0
	13	47 03.8	25 34.2	32.9	51 35.9	20.5	356 52.5	37.3	59 18.9	07.6	Shaula	96 10.9	S37 07.2
A	14	62 06.3	40 33.8	34.1	66 36.6	19.7	11 54.3	37.5	74 21.1	07.5	Sirius	258 26.9	S16 45.1
Y	15	77 08.7	55 33.4	35.2	81 37.2	19.0	26 56.2	37.6	89 23.4	07.4	Spica	158 22.6	S11 17.4
	16	92 11.2	70 33.0	36.4	96 37.9	18.2	41 58.1	37.8	104 25.6	07.4	Suhail	222 46.7	S43 32.1
	17	107 13.7	85 32.6	37.6	111 38.6	17.4	57 00.0	37.9	119 27.9	07.3			
	18	122 16.1	100 32.2	N 7 38.8	126 39.3	S 3 16.7	72 01.9	N17 38.1	134 30.1	S 7 07.2	Vega	80 33.5	N38 48.0
	19	137 18.6	115 31.8	39.9	141 40.0	15.9	87 03.7	38.2	149 32.3	07.1	Zuben'ubi	136 56.4	S16 08.7
	20	152 21.0	130 31.4	41.1	156 40.7	15.1	102 05.6	38.4	164 34.6	07.0			
	21	167 23.5	145 31.0	42.3	171 41.4	14.4	117 07.5	38.5	179 36.8	06.9			
	22	182 26.0	160 30.5	43.5	186 42.0	13.6	132 09.4	38.7	194 39.1	06.8			
	23	197 28.4	175 30.1	44.7	201 42.7	12.9	147 11.3	38.8	209 41.3	06.8			
	Mer. Pass.	h m 9 56.2	v −0.4	d 1.2	v 0.7	d 0.8	v 1.9	d 0.2	v 2.2	d 0.1			

	SHA ° ′	Mer. Pass. h m
Venus	340 16.6	11 17
Mars	5 37.9	9 35
Jupiter	310 10.2	13 15
Saturn	12 23.4	9 07

© British Crown Copyright 2023. All rights reserved.

Day	UT d h	SUN GHA ° ′	SUN Dec ° ′	MOON GHA ° ′	v ′	Dec ° ′	d ′	HP ′
SUNDAY	21 00	180 19.5	N11 57.3	30 21.3	17.4	N 2 03.0	14.2	54.1
	01	195 19.6	58.1	44 57.7	17.4	1 48.8	14.1	54.1
	02	210 19.8	59.0	59 34.1	17.3	1 34.7	14.2	54.1
	03	225 19.9	11 59.8	74 10.4	17.4	1 20.5	14.2	54.1
	04	240 20.0	12 00.7	88 46.8	17.4	1 06.3	14.2	54.1
	05	255 20.1	01.5	103 23.2	17.3	0 52.1	14.2	54.1
	06	270 20.3	N12 02.4	117 59.5	17.4	N 0 37.9	14.2	54.1
	07	285 20.4	03.2	132 35.9	17.3	0 23.7	14.2	54.1
	08	300 20.5	04.0	147 12.2	17.4	N 0 09.5	14.2	54.2
	09	315 20.6	. . 04.9	161 48.6	17.3	S 0 04.7	14.2	54.2
	10	330 20.8	05.7	176 24.9	17.4	0 18.9	14.2	54.2
	11	345 20.9	06.6	191 01.3	17.3	0 33.1	14.2	54.2
	12	0 21.0	N12 07.4	205 37.6	17.3	S 0 47.3	14.3	54.2
	13	15 21.1	08.3	220 13.9	17.3	1 01.6	14.2	54.2
	14	30 21.3	09.1	234 50.2	17.2	1 15.8	14.2	54.2
	15	45 21.4	. . 09.9	249 26.4	17.3	1 30.0	14.2	54.2
	16	60 21.5	10.8	264 02.7	17.3	1 44.2	14.3	54.2
	17	75 21.6	11.6	278 39.0	17.2	1 58.5	14.2	54.2
	18	90 21.7	N12 12.5	293 15.2	17.2	S 2 12.7	14.2	54.2
	19	105 21.9	13.3	307 51.4	17.2	2 26.9	14.2	54.2
	20	120 22.0	14.1	322 27.6	17.2	2 41.1	14.2	54.2
	21	135 22.1	. . 15.0	337 03.8	17.1	2 55.3	14.2	54.2
	22	150 22.2	15.8	351 39.9	17.2	3 09.5	14.2	54.3
	23	165 22.4	16.7	6 16.1	17.1	3 23.7	14.2	54.3
MONDAY	22 00	180 22.5	N12 17.5	20 52.2	17.1	S 3 37.9	14.2	54.3
	01	195 22.6	18.3	35 28.3	17.0	3 52.1	14.2	54.3
	02	210 22.7	19.2	50 04.3	17.1	4 06.3	14.1	54.3
	03	225 22.8	. . 20.0	64 40.4	17.0	4 20.4	14.2	54.3
	04	240 23.0	20.8	79 16.4	17.0	4 34.6	14.2	54.3
	05	255 23.1	21.7	93 52.4	16.9	4 48.8	14.1	54.3
	06	270 23.2	N12 22.5	108 28.3	16.9	S 5 02.9	14.1	54.3
	07	285 23.3	23.4	123 04.2	16.9	5 17.0	14.1	54.3
	08	300 23.4	24.2	137 40.1	16.9	5 31.1	14.1	54.3
	09	315 23.6	. . 25.0	152 16.0	16.8	5 45.2	14.1	54.4
	10	330 23.7	25.9	166 51.8	16.8	5 59.3	14.1	54.4
	11	345 23.8	26.7	181 27.6	16.8	6 13.4	14.0	54.4
	12	0 23.9	N12 27.5	196 03.4	16.7	S 6 27.4	14.0	54.4
	13	15 24.0	28.4	210 39.1	16.7	6 41.4	14.1	54.4
	14	30 24.2	29.2	225 14.8	16.6	6 55.5	14.0	54.4
	15	45 24.3	. . 30.0	239 50.4	16.6	7 09.5	13.9	54.4
	16	60 24.4	30.9	254 26.0	16.6	7 23.4	14.0	54.4
	17	75 24.5	31.7	269 01.6	16.5	7 37.4	13.9	54.4
	18	90 24.6	N12 32.5	283 37.1	16.5	S 7 51.3	13.9	54.5
	19	105 24.8	33.4	298 12.6	16.4	8 05.2	13.9	54.5
	20	120 24.9	34.2	312 48.0	16.4	8 19.1	13.9	54.5
	21	135 25.0	. . 35.0	327 23.4	16.3	8 33.0	13.8	54.5
	22	150 25.1	35.9	341 58.7	16.3	8 46.8	13.8	54.5
	23	165 25.2	36.7	356 34.0	16.3	9 00.6	13.8	54.5
TUESDAY	23 00	180 25.3	N12 37.5	11 09.3	16.2	S 9 14.4	13.8	54.5
	01	195 25.5	38.3	25 44.5	16.1	9 28.2	13.7	54.5
	02	210 25.6	39.2	40 19.6	16.1	9 41.9	13.7	54.5
	03	225 25.7	. . 40.0	54 54.7	16.1	9 55.6	13.7	54.6
	04	240 25.8	40.8	69 29.8	16.0	10 09.3	13.6	54.6
	05	255 25.9	41.7	84 04.8	15.9	10 22.9	13.6	54.6
	06	270 26.0	N12 42.5	98 39.7	15.9	S10 36.5	13.6	54.6
	07	285 26.1	43.3	113 14.6	15.8	10 50.1	13.5	54.6
	08	300 26.3	44.1	127 49.4	15.8	11 03.6	13.5	54.6
	09	315 26.4	. . 45.0	142 24.2	15.7	11 17.1	13.5	54.6
	10	330 26.5	45.8	156 58.9	15.7	11 30.6	13.4	54.7
	11	345 26.6	46.6	171 33.6	15.6	11 44.0	13.4	54.7
	12	0 26.7	N12 47.4	186 08.2	15.5	S11 57.4	13.4	54.7
	13	15 26.8	48.3	200 42.7	15.5	12 10.8	13.3	54.7
	14	30 26.9	49.1	215 17.2	15.4	12 24.1	13.3	54.7
	15	45 27.1	. . 49.9	229 51.6	15.4	12 37.4	13.2	54.7
	16	60 27.2	50.7	244 26.0	15.3	12 50.6	13.2	54.7
	17	75 27.3	51.6	259 00.3	15.2	13 03.8	13.1	54.7
	18	90 27.4	N12 52.4	273 34.5	15.2	S13 16.9	13.1	54.8
	19	105 27.5	53.2	288 08.7	15.1	13 30.0	13.1	54.8
	20	120 27.6	54.0	302 42.8	15.0	13 43.1	13.0	54.8
	21	135 27.7	. . 54.9	317 16.8	14.9	13 56.1	12.9	54.8
	22	150 27.9	55.7	331 50.7	14.9	14 09.0	12.9	54.8
	23	165 28.0	56.5	346 24.6	14.8	S14 21.9	12.9	54.8
		SD 15.9	d 0.8	SD 14.8		14.8		14.9

Lat. °	Twilight Naut. h m	Twilight Civil h m	Sunrise h m	Moonrise 21 h m	22 h m	23 h m	24 h m
N 72	////	////	02 54	16 50	18 52	21 13	■
N 70	////	01 35	03 18	16 47	18 39	20 43	23 44
68	////	02 16	03 36	16 45	18 28	20 21	22 36
66	////	02 43	03 51	16 43	18 20	20 04	22 01
64	01 23	03 03	04 03	16 41	18 13	19 50	21 36
62	01 59	03 20	04 13	16 40	18 07	19 38	21 16
60	02 24	03 33	04 22	16 39	18 02	19 28	21 00
N 58	02 44	03 44	04 29	16 38	17 57	19 20	20 47
56	02 59	03 54	04 36	16 37	17 53	19 12	20 35
54	03 12	04 03	04 42	16 36	17 49	19 06	20 25
52	03 24	04 10	04 48	16 35	17 46	19 00	20 16
50	03 33	04 17	04 52	16 34	17 43	18 54	20 08
45	03 53	04 32	05 03	16 33	17 37	18 43	19 51
N 40	04 09	04 43	05 12	16 31	17 31	18 33	19 38
35	04 21	04 52	05 19	16 30	17 27	18 25	19 26
30	04 31	05 01	05 25	16 29	17 23	18 18	19 16
20	04 47	05 14	05 37	16 28	17 16	18 06	18 59
N 10	04 59	05 25	05 46	16 26	17 10	17 56	18 44
0	05 09	05 34	05 55	16 25	17 04	17 46	18 30
S 10	05 18	05 42	06 04	16 24	16 59	17 36	18 16
20	05 25	05 51	06 13	16 22	16 53	17 26	18 01
30	05 31	05 59	06 24	16 21	16 46	17 14	17 45
35	05 34	06 04	06 30	16 20	16 43	17 07	17 35
40	05 37	06 09	06 36	16 19	16 38	17 00	17 24
45	05 40	06 14	06 44	16 18	16 33	16 51	17 11
S 50	05 42	06 20	06 54	16 16	16 28	16 40	16 56
52	05 44	06 23	06 58	16 16	16 25	16 35	16 48
54	05 45	06 26	07 03	16 15	16 22	16 30	16 40
56	05 46	06 29	07 08	16 14	16 19	16 24	16 32
58	05 47	06 33	07 14	16 13	16 15	16 18	16 21
S 60	05 48	06 37	07 21	16 13	16 11	16 10	16 10

Lat. °	Sunset h m	Twilight Civil h m	Twilight Naut. h m	Moonset 21 h m	22 h m	23 h m	24 h m
N 72	21 08	////	////	04 17	03 45	03 08	02 14
N 70	20 43	22 31	////	04 16	03 51	03 24	02 47
68	20 24	21 46	////	04 15	03 56	03 36	03 10
66	20 08	21 18	////	04 14	04 01	03 46	03 29
64	19 56	20 57	22 42	04 13	04 04	03 55	03 44
62	19 46	20 40	22 02	04 12	04 07	04 02	03 57
60	19 37	20 26	21 36	04 12	04 10	04 09	04 08
N 58	19 29	20 14	21 16	04 11	04 13	04 15	04 17
56	19 22	20 04	21 00	04 11	04 15	04 20	04 26
54	19 16	19 55	20 46	04 10	04 17	04 24	04 33
52	19 10	19 48	20 35	04 10	04 19	04 29	04 40
50	19 05	19 41	20 25	04 10	04 21	04 32	04 46
45	18 55	19 26	20 05	04 09	04 24	04 41	04 59
N 40	18 46	19 15	19 49	04 08	04 27	04 48	05 10
35	18 38	19 05	19 37	04 08	04 30	04 54	05 20
30	18 32	18 57	19 26	04 07	04 32	04 59	05 28
20	18 21	18 43	19 10	04 06	04 37	05 08	05 42
N 10	18 11	18 32	18 58	04 05	04 40	05 16	05 55
0	18 02	18 23	18 48	04 05	04 44	05 24	06 06
S 10	17 53	18 14	18 39	04 04	04 47	05 32	06 18
20	17 43	18 06	18 32	04 03	04 51	05 40	06 31
30	17 33	17 57	18 25	04 02	04 55	05 49	06 46
35	17 27	17 53	18 22	04 01	04 57	05 55	06 54
40	17 20	17 48	18 19	04 01	05 00	06 01	07 04
45	17 12	17 42	18 16	04 00	05 03	06 08	07 15
S 50	17 02	17 36	18 14	03 59	05 07	06 17	07 29
52	16 58	17 33	18 12	03 59	05 09	06 21	07 36
54	16 53	17 30	18 11	03 58	05 11	06 26	07 43
56	16 48	17 27	18 10	03 58	05 13	06 31	07 51
58	16 42	17 23	18 09	03 57	05 16	06 36	08 01
S 60	16 35	17 19	18 08	03 56	05 18	06 43	08 11

Day	SUN Eqn. of Time 00^h	SUN Eqn. of Time 12^h	SUN Mer. Pass.	MOON Mer. Pass. Upper	MOON Mer. Pass. Lower	Age	Phase
d	m s	m s	h m	h m	h m	d %	
21	01 18	01 24	11 59	22 34	10 15	13 94	
22	01 30	01 35	11 58	23 14	10 54	14 98	
23	01 41	01 47	11 58	23 56	11 35	15 100	

© British Crown Copyright 2023. All rights reserved.

UT	ARIES	VENUS −3·9		MARS +1·1		JUPITER −2·0		SATURN +1·0		STARS		
d h	GHA ° ′	GHA ° ′	Dec ° ′	GHA ° ′	Dec ° ′	GHA ° ′	Dec ° ′	GHA ° ′	Dec ° ′	Name	SHA ° ′	Dec ° ′
24 00	212 30.9	190 29.7	N 7 45.8	216 43.4	S 3 12.1	162 13.1	N17 39.0	224 43.6	S 7 06.7	Acamar	315 12.6	S40 12.5
01	227 33.4	205 29.3	47.0	231 44.1	11.3	177 15.0	39.1	239 45.8	06.6	Achernar	335 21.2	S57 06.8
02	242 35.8	220 28.9	48.2	246 44.8	10.6	192 16.9	39.3	254 48.0	06.5	Acrux	173 00.2	S63 14.2
03	257 38.3	235 28.5	49.3	261 45.5	09.8	207 18.8	39.4	269 50.3	06.4	Adhara	255 06.5	S29 00.5
04	272 40.8	250 28.1	50.5	276 46.2	09.0	222 20.7	39.6	284 52.5	06.3	Aldebaran	290 40.6	N16 33.4
05	287 43.2	265 27.7	51.7	291 46.9	08.3	237 22.5	39.7	299 54.8	06.2			
06	302 45.7	280 27.3	N 7 52.9	306 47.5	S 3 07.5	252 24.4	N17 39.9	314 57.0	S 7 06.2	Alioth	166 13.0	N55 49.7
W 07	317 48.1	295 26.8	54.0	321 48.2	06.7	267 26.3	40.0	329 59.2	06.1	Alkaid	152 52.0	N49 11.5
E 08	332 50.6	310 26.4	55.2	336 48.9	06.0	282 28.2	40.2	345 01.5	06.0	Alnair	27 33.9	S46 50.5
D 09	347 53.1	325 26.0	56.4	351 49.6	05.2	297 30.1	40.3	0 03.7	05.9	Alnilam	275 38.6	S 1 11.3
N 10	2 55.5	340 25.6	57.6	6 50.3	04.4	312 31.9	40.5	15 06.0	05.8	Alphard	217 48.3	S 8 45.9
E 11	17 58.0	355 25.2	58.7	21 51.0	03.7	327 33.8	40.7	30 08.2	05.7			
S 12	33 00.5	10 24.8	N 7 59.9	36 51.7	S 3 02.9	342 35.7	N17 40.8	45 10.5	S 7 05.7	Alphecca	126 03.9	N26 37.8
D 13	48 02.9	25 24.4	8 01.1	51 52.4	02.1	357 37.6	41.0	60 12.7	05.6	Alpheratz	357 35.7	N29 13.3
A 14	63 05.4	40 24.0	02.2	66 53.0	01.4	12 39.4	41.1	75 14.9	05.5	Altair	62 00.5	N 8 55.7
Y 15	78 07.9	55 23.5	03.4	81 53.7	3 00.6	27 41.3	41.3	90 17.2	05.4	Ankaa	353 08.1	S42 10.4
16	93 10.3	70 23.1	04.6	96 54.4	2 59.8	42 43.2	41.4	105 19.4	05.3	Antares	112 16.3	S26 29.2
17	108 12.8	85 22.7	05.8	111 55.1	59.1	57 45.1	41.6	120 21.7	05.2			
18	123 15.3	100 22.3	N 8 06.9	126 55.8	S 2 58.3	72 47.0	N17 41.7	135 23.9	S 7 05.1	Arcturus	145 48.1	N19 03.3
19	138 17.7	115 21.9	08.1	141 56.5	57.5	87 48.8	41.9	150 26.2	05.1	Atria	107 10.7	S69 04.1
20	153 20.2	130 21.5	09.3	156 57.2	56.8	102 50.7	42.0	165 28.4	05.0	Avior	234 15.0	S59 35.5
21	168 22.6	145 21.0	10.4	171 57.9	56.0	117 52.6	42.2	180 30.7	04.9	Bellatrix	278 23.8	N 6 22.2
22	183 25.1	160 20.6	11.6	186 58.6	55.2	132 54.5	42.3	195 32.9	04.8	Betelgeuse	270 53.0	N 7 24.6
23	198 27.6	175 20.2	12.8	201 59.2	54.5	147 56.4	42.5	210 35.1	04.7			
25 00	213 30.0	190 19.8	N 8 13.9	216 59.9	S 2 53.7	162 58.2	N17 42.6	225 37.4	S 7 04.6	Canopus	263 53.0	S52 42.7
01	228 32.5	205 19.4	15.1	232 00.6	52.9	178 00.1	42.8	240 39.6	04.6	Capella	280 23.2	N46 01.4
02	243 35.0	220 19.0	16.3	247 01.3	52.2	193 02.0	42.9	255 41.9	04.5	Deneb	49 26.3	N45 21.6
03	258 37.4	235 18.5	17.4	262 02.0	51.4	208 03.9	43.1	270 44.1	04.4	Denebola	182 25.3	N14 26.2
04	273 39.9	250 18.1	18.6	277 02.7	50.6	223 05.7	43.2	285 46.4	04.3	Diphda	348 48.2	S17 51.3
05	288 42.4	265 17.7	19.8	292 03.4	49.9	238 07.6	43.4	300 48.6	04.2			
06	303 44.8	280 17.3	N 8 20.9	307 04.1	S 2 49.1	253 09.5	N17 43.5	315 50.9	S 7 04.1	Dubhe	193 41.3	N61 37.4
T 07	318 47.3	295 16.9	22.1	322 04.8	48.3	268 11.4	43.7	330 53.1	04.1	Elnath	278 02.9	N28 37.7
H 08	333 49.7	310 16.5	23.3	337 05.4	47.6	283 13.3	43.8	345 55.3	04.0	Eltanin	90 42.1	N51 28.8
U 09	348 52.2	325 16.0	24.4	352 06.1	46.8	298 15.1	44.0	0 57.6	03.9	Enif	33 39.5	N 9 59.0
R 10	3 54.7	340 15.6	25.6	7 06.8	46.0	313 17.0	44.1	15 59.8	03.8	Fomalhaut	15 15.4	S29 29.6
S 11	18 57.1	355 15.2	26.8	22 07.5	45.3	328 18.9	44.3	31 02.1	03.7			
D 12	33 59.6	10 14.8	N 8 27.9	37 08.2	S 2 44.5	343 20.8	N17 44.4	46 04.3	S 7 03.6	Gacrux	171 51.9	S57 15.1
A 13	49 02.1	25 14.4	29.1	52 08.9	43.7	358 22.6	44.6	61 06.6	03.5	Gienah	175 44.0	S17 40.7
Y 14	64 04.5	40 13.9	30.2	67 09.6	43.0	13 24.5	44.7	76 08.8	03.5	Hadar	148 36.3	S60 29.5
15	79 07.0	55 13.5	31.4	82 10.3	42.2	28 26.4	44.9	91 11.1	03.4	Hamal	327 52.3	N23 34.5
16	94 09.5	70 13.1	32.6	97 11.0	41.4	43 28.3	45.0	106 13.3	03.3	Kaus Aust.	83 33.1	S34 22.3
17	109 11.9	85 12.7	33.7	112 11.6	40.7	58 30.2	45.2	121 15.6	03.2			
18	124 14.4	100 12.2	N 8 34.9	127 12.3	S 2 39.9	73 32.0	N17 45.3	136 17.8	S 7 03.1	Kochab	137 18.6	N74 03.2
19	139 16.9	115 11.8	36.1	142 13.0	39.1	88 33.9	45.5	151 20.0	03.0	Markab	13 30.7	N15 19.9
20	154 19.3	130 11.4	37.2	157 13.7	38.4	103 35.8	45.6	166 22.3	03.0	Menkar	314 07.1	N 4 11.0
21	169 21.8	145 11.0	38.4	172 14.4	37.6	118 37.7	45.8	181 24.5	02.9	Menkent	147 58.0	S36 29.5
22	184 24.2	160 10.6	39.5	187 15.1	36.8	133 39.5	45.9	196 26.8	02.8	Miaplacidus	221 38.3	S69 49.3
23	199 26.7	175 10.1	40.7	202 15.8	36.1	148 41.4	46.1	211 29.0	02.7			
26 00	214 29.2	190 09.7	N 8 41.9	217 16.5	S 2 35.3	163 43.3	N17 46.2	226 31.3	S 7 02.6	Mirfak	308 29.6	N49 56.8
01	229 31.6	205 09.3	43.0	232 17.2	34.5	178 45.2	46.4	241 33.5	02.5	Nunki	75 48.4	S26 16.0
02	244 34.1	220 08.9	44.2	247 17.9	33.7	193 47.0	46.5	256 35.8	02.5	Peacock	53 06.7	S56 39.2
03	259 36.6	235 08.4	45.3	262 18.5	33.0	208 48.9	46.7	271 38.0	02.4	Pollux	243 18.1	N27 58.1
04	274 39.0	250 08.0	46.5	277 19.2	32.2	223 50.8	46.8	286 40.3	02.3	Procyon	244 51.6	N 5 09.7
05	289 41.5	265 07.6	47.7	292 19.9	31.4	238 52.7	47.0	301 42.5	02.2			
06	304 44.0	280 07.2	N 8 48.8	307 20.6	S 2 30.7	253 54.6	N17 47.1	316 44.8	S 7 02.1	Rasalhague	95 58.9	N12 32.3
07	319 46.4	295 06.7	50.0	322 21.3	29.9	268 56.4	47.3	331 47.0	02.0	Regulus	207 35.0	N11 50.9
08	334 48.9	310 06.3	51.1	337 22.0	29.1	283 58.3	47.4	346 49.2	02.0	Rigel	281 04.7	S 8 10.5
F 09	349 51.4	325 05.9	52.3	352 22.7	28.4	299 00.2	47.6	1 51.5	01.9	Rigil Kent.	139 40.5	S60 56.1
R 10	4 53.8	340 05.5	53.4	7 23.4	27.6	314 02.1	47.7	16 53.7	01.8	Sabik	102 03.2	S15 45.4
I 11	19 56.3	355 05.0	54.6	22 24.1	26.8	329 03.9	47.9	31 56.0	01.7			
D 12	34 58.7	10 04.6	N 8 55.8	37 24.8	S 2 26.1	344 05.8	N17 48.0	46 58.2	S 7 01.6	Schedar	349 32.3	N56 40.0
A 13	50 01.2	25 04.2	56.9	52 25.5	25.3	359 07.7	48.2	62 00.5	01.6	Shaula	96 10.9	S37 07.2
Y 14	65 03.7	40 03.8	58.1	67 26.1	24.5	14 09.6	48.3	77 02.7	01.5	Sirius	258 26.9	S16 45.1
15	80 06.1	55 03.3	8 59.2	82 26.8	23.8	29 11.4	48.5	92 05.0	01.4	Spica	158 22.6	S11 17.4
16	95 08.6	70 02.9	9 00.4	97 27.5	23.0	44 13.3	48.6	107 07.2	01.3	Suhail	222 46.7	S43 32.1
17	110 11.1	85 02.5	01.5	112 28.2	22.2	59 15.2	48.8	122 09.5	01.2			
18	125 13.5	100 02.0	N 9 02.7	127 28.9	S 2 21.5	74 17.1	N17 48.9	137 11.7	S 7 01.1	Vega	80 33.4	N38 48.0
19	140 16.0	115 01.6	03.8	142 29.6	20.7	89 18.9	49.1	152 14.0	01.1	Zuben'ubi	136 56.4	S16 08.7
20	155 18.5	130 01.2	05.0	157 30.3	19.9	104 20.8	49.2	167 16.2	01.0			
21	170 20.9	145 00.8	06.1	172 31.0	19.2	119 22.7	49.4	182 18.5	00.9			
22	185 23.4	160 00.3	07.3	187 31.7	18.4	134 24.6	49.5	197 20.7	00.8			
23	200 25.9	174 59.9	08.4	202 32.4	17.6	149 26.4	49.7	212 23.0	00.7			
Mer. Pass.	h m 9 44.4	v −0.4	d 1.2	v 0.7	d 0.8	v 1.9	d 0.2	v 2.2	d 0.1			

	SHA ° ′	Mer. Pass. h m
Venus	336 49.8	11 19
Mars	3 29.9	9 32
Jupiter	309 28.2	13 06
Saturn	12 07.3	8 56

© British Crown Copyright 2023. All rights reserved.

	UT	SUN GHA	SUN Dec	MOON GHA	v	MOON Dec	d	HP
	d h	° ′	° ′	° ′	′	° ′	′	′
WEDNESDAY	24 00	180 28.1	N12 57.3	0 58.4	14.8	S14 34.8	12.8	54.9
	01	195 28.2	58.1	15 32.2	14.7	14 47.6	12.7	54.9
	02	210 28.3	59.0	30 05.9	14.6	15 00.3	12.7	54.9
	03	225 28.4	12 59.8	44 39.5	14.5	15 13.0	12.7	54.9
	04	240 28.5	13 00.6	59 13.0	14.4	15 25.7	12.6	54.9
	05	255 28.6	01.4	73 46.4	14.4	15 38.3	12.5	54.9
	06	270 28.7	N13 02.2	88 19.8	14.3	S15 50.8	12.5	54.9
	07	285 28.9	03.1	102 53.1	14.2	16 03.3	12.4	55.0
	08	300 29.0	03.9	117 26.3	14.2	16 15.7	12.3	55.0
	09	315 29.1	. . 04.7	131 59.5	14.0	16 28.0	12.3	55.0
	10	330 29.2	05.5	146 32.5	14.0	16 40.3	12.3	55.0
	11	345 29.3	06.3	161 05.5	13.9	16 52.6	12.1	55.0
	12	0 29.4	N13 07.1	175 38.4	13.8	S17 04.7	12.1	55.0
	13	15 29.5	08.0	190 11.2	13.8	17 16.8	12.1	55.1
	14	30 29.6	08.8	204 44.0	13.6	17 28.9	11.9	55.1
	15	45 29.7	. . 09.6	219 16.6	13.6	17 40.8	11.9	55.1
	16	60 29.8	10.4	233 49.2	13.5	17 52.7	11.9	55.1
	17	75 29.9	11.2	248 21.7	13.4	18 04.6	11.7	55.1
	18	90 30.1	N13 12.0	262 54.1	13.3	S18 16.3	11.7	55.1
	19	105 30.2	12.8	277 26.4	13.3	18 28.0	11.6	55.2
	20	120 30.3	13.7	291 58.7	13.1	18 39.6	11.6	55.2
	21	135 30.4	. . 14.5	306 30.8	13.1	18 51.2	11.4	55.2
	22	150 30.5	15.3	321 02.9	13.0	19 02.6	11.4	55.2
	23	165 30.6	16.1	335 34.9	12.8	19 14.0	11.3	55.2
THURSDAY	25 00	180 30.7	N13 16.9	350 06.7	12.8	S19 25.3	11.2	55.2
	01	195 30.8	17.7	4 38.5	12.7	19 36.5	11.2	55.3
	02	210 30.9	18.5	19 10.2	12.7	19 47.7	11.1	55.3
	03	225 31.0	. . 19.3	33 41.9	12.5	19 58.8	11.0	55.3
	04	240 31.1	20.2	48 13.4	12.4	20 09.8	10.9	55.3
	05	255 31.2	21.0	62 44.8	12.4	20 20.7	10.8	55.3
	06	270 31.3	N13 21.8	77 16.2	12.2	S20 31.5	10.7	55.3
	07	285 31.4	22.6	91 47.4	12.2	20 42.2	10.6	55.4
	08	300 31.5	23.4	106 18.6	12.1	20 52.8	10.6	55.4
	09	315 31.7	. . 24.2	120 49.7	11.9	21 03.4	10.5	55.4
	10	330 31.8	25.0	135 20.6	11.9	21 13.9	10.3	55.4
	11	345 31.9	25.8	149 51.5	11.8	21 24.2	10.3	55.4
	12	0 32.0	N13 26.6	164 22.3	11.7	S21 34.5	10.2	55.4
	13	15 32.1	27.4	178 53.0	11.6	21 44.7	10.1	55.5
	14	30 32.2	28.2	193 23.6	11.5	21 54.8	10.0	55.5
	15	45 32.3	. . 29.0	207 54.1	11.4	22 04.8	9.9	55.5
	16	60 32.4	29.9	222 24.5	11.3	22 14.7	9.8	55.5
	17	75 32.5	30.7	236 54.8	11.2	22 24.5	9.7	55.5
	18	90 32.6	N13 31.5	251 25.0	11.2	S22 34.2	9.6	55.6
	19	105 32.7	32.3	265 55.2	11.0	22 43.8	9.5	55.6
	20	120 32.8	33.1	280 25.2	10.9	22 53.3	9.4	55.6
	21	135 32.9	. . 33.9	294 55.1	10.9	23 02.7	9.2	55.6
	22	150 33.0	34.7	309 25.0	10.7	23 11.9	9.2	55.6
	23	165 33.1	35.5	323 54.7	10.7	23 21.1	9.1	55.7
FRIDAY	26 00	180 33.2	N13 36.3	338 24.4	10.5	S23 30.2	8.9	55.7
	01	195 33.3	37.1	352 53.9	10.5	23 39.1	8.9	55.7
	02	210 33.4	37.9	7 23.4	10.3	23 48.0	8.7	55.7
	03	225 33.5	. . 38.7	21 52.7	10.3	23 56.7	8.6	55.7
	04	240 33.6	39.5	36 22.0	10.2	24 05.3	8.5	55.7
	05	255 33.7	40.3	50 51.2	10.0	24 13.8	8.4	55.8
	06	270 33.8	N13 41.1	65 20.2	10.0	S24 22.2	8.3	55.8
	07	285 33.9	41.9	79 49.2	9.9	24 30.5	8.2	55.8
	08	300 34.0	42.7	94 18.1	9.8	24 38.7	8.0	55.8
	09	315 34.1	. . 43.5	108 46.9	9.7	24 46.7	7.9	55.8
	10	330 34.2	44.3	123 15.6	9.6	24 54.6	7.8	55.9
	11	345 34.3	45.1	137 44.2	9.5	25 02.4	7.7	55.9
	12	0 34.4	N13 45.9	152 12.7	9.4	S25 10.1	7.5	55.9
	13	15 34.5	46.7	166 41.1	9.4	25 17.6	7.4	55.9
	14	30 34.6	47.5	181 09.5	9.2	25 25.0	7.3	55.9
	15	45 34.7	. . 48.3	195 37.7	9.2	25 32.3	7.2	56.0
	16	60 34.8	49.1	210 05.9	9.0	25 39.5	7.0	56.0
	17	75 34.9	49.9	224 33.9	9.0	25 46.5	6.9	56.0
	18	90 35.0	N13 50.7	239 01.9	8.8	S25 53.4	6.8	56.0
	19	105 35.1	51.5	253 29.7	8.8	26 00.2	6.6	56.0
	20	120 35.2	52.3	267 57.5	8.7	26 06.8	6.5	56.1
	21	135 35.3	. . 53.1	282 25.2	8.6	26 13.3	6.4	56.1
	22	150 35.4	53.8	296 52.8	8.6	26 19.7	6.2	56.1
	23	165 35.5	54.6	311 20.4	8.4	S26 25.9	6.1	56.1
		SD 15.9	*d* 0.8	SD		15.0	15.1	15.2

Lat.	Twilight Naut.	Twilight Civil	Sunrise	Moonrise 24	25	26	27
°	h m	h m	h m	h m	h m	h m	h m
N 72	////	////	02 34	▬	▬	▬	▬
N 70	////	01 00	03 02	23 44	▬	▬	▬
68	////	01 55	03 23	22 36	▬	▬	▬
66	////	02 27	03 39	22 01	24 53	00 53	▬
64	00 53	02 50	03 53	21 36	23 39	▬	▬
62	01 41	03 08	04 04	21 16	23 03	25 05	01 05
60	02 11	03 23	04 13	21 00	22 38	24 20	00 20
N 58	02 32	03 36	04 22	20 47	22 18	23 50	25 13
56	02 49	03 46	04 29	20 35	22 01	23 27	24 45
54	03 04	03 56	04 36	20 25	21 47	23 09	24 23
52	03 16	04 04	04 41	20 16	21 35	22 53	24 06
50	03 26	04 11	04 47	20 08	21 24	22 40	23 50
45	03 47	04 26	04 58	19 51	21 02	22 13	23 20
N 40	04 04	04 39	05 07	19 38	20 44	21 51	22 56
35	04 17	04 49	05 15	19 26	20 29	21 33	22 36
30	04 28	04 57	05 22	19 16	20 16	21 18	22 19
20	04 45	05 12	05 34	18 59	19 54	20 52	21 51
N 10	04 58	05 23	05 45	18 44	19 35	20 30	21 27
0	05 09	05 33	05 54	18 30	19 17	20 09	21 04
S 10	05 18	05 42	06 04	18 16	19 00	19 48	20 42
20	05 25	05 52	06 14	18 01	18 41	19 27	20 18
30	05 33	06 01	06 25	17 45	18 20	19 01	19 50
35	05 36	06 06	06 32	17 35	18 07	18 46	19 33
40	05 40	06 11	06 39	17 24	17 53	18 29	19 14
45	05 43	06 18	06 48	17 11	17 36	18 09	18 51
S 50	05 47	06 25	06 58	16 56	17 16	17 43	18 22
52	05 48	06 28	07 03	16 48	17 06	17 31	18 07
54	05 50	06 31	07 08	16 40	16 55	17 17	17 50
56	05 51	06 35	07 14	16 32	16 43	17 00	17 30
58	05 53	06 39	07 20	16 21	16 28	16 41	17 05
S 60	05 54	06 43	07 28	16 10	16 11	16 16	16 31

Lat.	Sunset	Twilight Civil	Twilight Naut.	Moonset 24	25	26	27
°	h m	h m	h m	h m	h m	h m	h m
N 72	21 27	////	////	02 14	▬	▬	▬
N 70	20 58	23 11	////	02 47	01 18	▬	▬
68	20 36	22 07	////	03 10	02 27	▬	▬
66	20 19	21 33	////	03 29	03 04	01 53	▬
64	20 05	21 09	23 16	03 44	03 31	03 07	▬
62	19 54	20 50	22 20	03 57	03 51	03 44	03 31
60	19 44	20 35	21 49	04 08	04 08	04 10	04 17
N 58	19 36	20 22	21 27	04 17	04 22	04 31	04 47
56	19 28	20 11	21 09	04 26	04 34	04 48	05 10
54	19 21	20 02	20 54	04 33	04 45	05 02	05 29
52	19 16	19 53	20 42	04 40	04 55	05 15	05 45
50	19 10	19 46	20 31	04 46	05 03	05 26	05 59
45	18 59	19 30	20 10	04 59	05 22	05 50	06 27
N 40	18 49	19 18	19 53	05 10	05 37	06 09	06 49
35	18 41	19 08	19 40	05 20	05 49	06 25	07 07
30	18 34	18 59	19 29	05 28	06 00	06 38	07 23
20	18 22	18 44	19 11	05 42	06 20	07 02	07 50
N 10	18 11	18 33	18 58	05 55	06 36	07 23	08 13
0	18 01	18 23	18 47	06 06	06 52	07 42	08 35
S 10	17 52	18 13	18 38	06 18	07 08	08 01	08 57
20	17 41	18 04	18 30	06 31	07 25	08 22	09 20
30	17 30	17 54	18 23	06 46	07 45	08 46	09 47
35	17 23	17 49	18 19	06 54	07 56	09 00	10 03
40	17 16	17 44	18 16	07 04	08 09	09 16	10 22
45	17 07	17 38	18 12	07 15	08 25	09 36	10 45
S 50	16 57	17 30	18 08	07 29	08 44	10 00	11 14
52	16 52	17 27	18 07	07 36	08 54	10 13	11 28
54	16 47	17 24	18 05	07 43	09 04	10 26	11 45
56	16 41	17 20	18 04	07 51	09 16	10 42	12 05
58	16 34	17 16	18 02	08 01	09 30	11 01	12 30
S 60	16 27	17 11	18 00	08 11	09 46	11 25	13 04

Day	SUN Eqn. of Time 00h	SUN Eqn. of Time 12h	SUN Mer. Pass.	MOON Mer. Pass. Upper	MOON Mer. Pass. Lower	Age	Phase
d	m s	m s	h m	h m	h m	d %	
24	01 52	01 57	11 58	24 41	12 18	16 100	○
25	02 03	02 08	11 58	00 41	13 05	17 98	
26	02 13	02 17	11 58	01 29	13 55	18 94	

© British Crown Copyright 2023. All rights reserved.

UT (d h)	ARIES GHA	VENUS −3·9 GHA	VENUS Dec	MARS +1·1 GHA	MARS Dec	JUPITER −2·0 GHA	JUPITER Dec	SATURN +1·0 GHA	SATURN Dec
	° ′	° ′	° ′	° ′	° ′	° ′	° ′	° ′	° ′
27 00 (Saturday)	215 28.3	189 59.5	N 9 09.6	217 33.1	S 2 16.9	164 28.3	N17 49.8	227 25.2	S 7 00.6
01	230 30.8	204 59.0	10.7	232 33.8	16.1	179 30.2	50.0	242 27.5	00.6
02	245 33.2	219 58.6	11.9	247 34.4	15.3	194 32.1	50.1	257 29.7	00.5
03	260 35.7	234 58.2	13.0	262 35.1	14.6	209 33.9	50.3	272 32.0	00.4
04	275 38.2	249 57.8	14.2	277 35.8	13.8	224 35.8	50.4	287 34.2	00.3
05	290 40.6	264 57.3	15.3	292 36.5	13.0	239 37.7	50.6	302 36.5	00.2
06	305 43.1	279 56.9	N 9 16.5	307 37.2	S 2 12.3	254 39.6	N17 50.7	317 38.7	S 7 00.2
07	320 45.6	294 56.5	17.6	322 37.9	11.5	269 41.4	50.9	332 41.0	00.1
08	335 48.0	309 56.0	18.8	337 38.6	10.7	284 43.3	51.0	347 43.2	7 00.0
09	350 50.5	324 55.6	19.9	352 39.3	10.0	299 45.2	51.2	2 45.5	6 59.9
10	5 53.0	339 55.2	21.1	7 40.0	09.2	314 47.1	51.3	17 47.7	59.8
11	20 55.4	354 54.7	22.2	22 40.7	08.4	329 48.9	51.5	32 50.0	59.7
12	35 57.9	9 54.3	N 9 23.4	37 41.4	S 2 07.7	344 50.8	N17 51.6	47 52.2	S 6 59.7
13	51 00.4	24 53.9	24.5	52 42.1	06.9	359 52.7	51.8	62 54.5	59.6
14	66 02.8	39 53.4	25.7	67 42.8	06.1	14 54.6	51.9	77 56.7	59.5
15	81 05.3	54 53.0	26.8	82 43.4	05.3	29 56.4	52.1	92 59.0	59.4
16	96 07.7	69 52.6	28.0	97 44.1	04.6	44 58.3	52.2	108 01.2	59.3
17	111 10.2	84 52.1	29.1	112 44.8	03.8	60 00.2	52.4	123 03.5	59.3
18	126 12.7	99 51.7	N 9 30.3	127 45.5	S 2 03.0	75 02.1	N17 52.5	138 05.7	S 6 59.2
19	141 15.1	114 51.2	31.4	142 46.2	02.3	90 03.9	52.7	153 08.0	59.1
20	156 17.6	129 50.8	32.6	157 46.9	01.5	105 05.8	52.8	168 10.2	59.0
21	171 20.1	144 50.4	33.7	172 47.6	00.7	120 07.7	52.9	183 12.5	58.9
22	186 22.5	159 49.9	34.8	187 48.3	2 00.0	135 09.6	53.1	198 14.7	58.8
23	201 25.0	174 49.5	36.0	202 49.0	1 59.2	150 11.4	53.2	213 17.0	58.8
28 00 (Sunday)	216 27.5	189 49.1	N 9 37.1	217 49.7	S 1 58.4	165 13.3	N17 53.4	228 19.2	S 6 58.7
01	231 29.9	204 48.6	38.3	232 50.4	57.7	180 15.2	53.5	243 21.5	58.6
02	246 32.4	219 48.2	39.4	247 51.1	56.9	195 17.1	53.7	258 23.7	58.5
03	261 34.8	234 47.8	40.6	262 51.8	56.1	210 18.9	53.8	273 26.0	58.4
04	276 37.3	249 47.3	41.7	277 52.5	55.4	225 20.8	54.0	288 28.2	58.4
05	291 39.8	264 46.9	42.8	292 53.2	54.6	240 22.7	54.1	303 30.5	58.3
06	306 42.2	279 46.4	N 9 44.0	307 53.8	S 1 53.8	255 24.6	N17 54.3	318 32.7	S 6 58.2
07	321 44.7	294 46.0	45.1	322 54.5	53.1	270 26.4	54.4	333 35.0	58.1
08	336 47.2	309 45.6	46.3	337 55.2	52.3	285 28.3	54.6	348 37.2	58.0
09	351 49.6	324 45.1	47.4	352 55.9	51.5	300 30.2	54.7	3 39.5	58.0
10	6 52.1	339 44.7	48.5	7 56.6	50.8	315 32.0	54.9	18 41.7	57.9
11	21 54.6	354 44.2	49.7	22 57.3	50.0	330 33.9	55.0	33 44.0	57.8
12	36 57.0	9 43.8	N 9 50.8	37 58.0	S 1 49.2	345 35.8	N17 55.2	48 46.2	S 6 57.7
13	51 59.5	24 43.4	51.9	52 58.7	48.5	0 37.7	55.3	63 48.5	57.6
14	67 02.0	39 42.9	53.1	67 59.4	47.7	15 39.5	55.5	78 50.7	57.6
15	82 04.4	54 42.5	54.2	83 00.1	46.9	30 41.4	55.6	93 53.0	57.5
16	97 06.9	69 42.0	55.4	98 00.8	46.2	45 43.3	55.8	108 55.2	57.4
17	112 09.3	84 41.6	56.5	113 01.5	45.4	60 45.2	55.9	123 57.5	57.3
18	127 11.8	99 41.1	N 9 57.6	128 02.2	S 1 44.6	75 47.0	N17 56.1	138 59.8	S 6 57.2
19	142 14.3	114 40.7	58.8	143 02.9	43.8	90 48.9	56.2	154 02.0	57.2
20	157 16.7	129 40.3	9 59.9	158 03.6	43.1	105 50.8	56.4	169 04.3	57.1
21	172 19.2	144 39.8	10 01.0	173 04.3	42.3	120 52.7	56.5	184 06.5	57.0
22	187 21.7	159 39.4	02.2	188 05.0	41.5	135 54.5	56.7	199 08.8	56.9
23	202 24.1	174 38.9	03.3	203 05.6	40.8	150 56.4	56.8	214 11.0	56.8
29 00 (Monday)	217 26.6	189 38.5	N10 04.4	218 06.3	S 1 40.0	165 58.3	N17 57.0	229 13.3	S 6 56.8
01	232 29.1	204 38.0	05.6	233 07.0	39.2	181 00.1	57.1	244 15.5	56.7
02	247 31.5	219 37.6	06.7	248 07.7	38.5	196 02.0	57.3	259 17.8	56.6
03	262 34.0	234 37.1	07.8	263 08.4	37.7	211 03.9	57.4	274 20.0	56.5
04	277 36.5	249 36.7	09.0	278 09.1	36.9	226 05.8	57.6	289 22.3	56.4
05	292 38.9	264 36.3	10.1	293 09.8	36.2	241 07.6	57.7	304 24.5	56.4
06	307 41.4	279 35.8	N10 11.2	308 10.5	S 1 35.4	256 09.5	N17 57.9	319 26.8	S 6 56.3
07	322 43.8	294 35.4	12.4	323 11.2	34.6	271 11.4	58.0	334 29.0	56.2
08	337 46.3	309 34.9	13.5	338 11.9	33.9	286 13.2	58.2	349 31.3	56.1
09	352 48.8	324 34.5	14.6	353 12.6	33.1	301 15.1	58.3	4 33.6	56.0
10	7 51.2	339 34.0	15.8	8 13.3	32.3	316 17.0	58.4	19 35.8	56.0
11	22 53.7	354 33.6	16.9	23 14.0	31.6	331 18.9	58.6	34 38.1	55.9
12	37 56.2	9 33.1	N10 18.0	38 14.7	S 1 30.8	346 20.7	N17 58.7	49 40.3	S 6 55.8
13	52 58.6	24 32.7	19.1	53 15.4	30.0	1 22.6	58.9	64 42.6	55.7
14	68 01.1	39 32.2	20.3	68 16.1	29.3	16 24.5	59.0	79 44.8	55.6
15	83 03.6	54 31.8	21.4	83 16.8	28.5	31 26.4	59.2	94 47.1	55.6
16	98 06.0	69 31.3	22.5	98 17.5	27.7	46 28.2	59.3	109 49.3	55.5
17	113 08.5	84 30.9	23.6	113 18.2	26.9	61 30.1	59.5	124 51.6	55.4
18	128 11.0	99 30.4	N10 24.8	128 18.9	S 1 26.2	76 32.0	N17 59.6	139 53.9	S 6 55.3
19	143 13.4	114 30.0	25.9	143 19.5	25.4	91 33.8	59.8	154 56.1	55.2
20	158 15.9	129 29.5	27.0	158 20.2	24.6	106 35.7	17 59.9	169 58.4	55.2
21	173 18.3	144 29.1	28.2	173 20.9	23.9	121 37.6	18 00.1	185 00.6	55.1
22	188 20.8	159 28.6	29.3	188 21.6	23.1	136 39.5	00.2	200 02.9	55.0
23	203 23.3	174 28.2	30.4	203 22.3	22.3	151 41.3	00.4	215 05.1	54.9
Mer. Pass. (h m)	9 32.6	v −0.4	d 1.1	v 0.7	d 0.8	v 1.9	d 0.1	v 2.3	d 0.1

STARS

Name	SHA	Dec
	° ′	° ′
Acamar	315 12.6	S40 12.5
Achernar	335 21.2	S57 06.8
Acrux	173 00.2	S63 14.2
Adhara	255 06.5	S29 00.5
Aldebaran	290 40.6	N16 33.4
Alioth	166 13.0	N55 49.8
Alkaid	152 52.0	N49 11.5
Alnair	27 33.8	S46 50.5
Alnilam	275 38.6	S 1 11.3
Alphard	217 48.3	S 8 45.9
Alphecca	126 03.9	N26 37.8
Alpheratz	357 35.7	N29 13.3
Altair	62 00.5	N 8 55.8
Ankaa	353 08.1	S42 10.4
Antares	112 16.3	S26 29.2
Arcturus	145 48.1	N19 03.3
Atria	107 10.6	S69 04.1
Avior	234 15.1	S59 35.5
Bellatrix	278 23.8	N 6 22.2
Betelgeuse	270 53.0	N 7 24.6
Canopus	263 53.0	S52 42.7
Capella	280 23.2	N46 01.4
Deneb	49 26.2	N45 21.7
Denebola	182 25.3	N14 26.2
Diphda	348 48.2	S17 51.3
Dubhe	193 41.3	N61 37.4
Elnath	278 02.9	N28 37.7
Eltanin	90 42.1	N51 28.8
Enif	33 39.5	N 9 59.0
Fomalhaut	15 15.4	S29 29.6
Gacrux	171 51.9	S57 15.1
Gienah	175 43.9	S17 40.7
Hadar	148 36.3	S60 29.5
Hamal	327 52.2	N23 34.5
Kaus Aust.	83 33.1	S34 22.3
Kochab	137 18.6	N74 03.2
Markab	13 30.7	N15 20.0
Menkar	314 07.1	N 4 11.0
Menkent	147 58.0	S36 29.5
Miaplacidus	221 38.3	S69 49.3
Mirfak	308 29.6	N49 56.8
Nunki	75 48.3	S26 16.0
Peacock	53 06.6	S56 39.2
Pollux	243 18.1	N27 58.1
Procyon	244 51.6	N 5 09.7
Rasalhague	95 58.9	N12 32.4
Regulus	207 35.0	N11 50.9
Rigel	281 04.7	S 8 10.5
Rigil Kent.	139 40.5	S60 56.2
Sabik	102 03.2	S15 45.4
Schedar	349 32.3	N56 40.0
Shaula	96 10.9	S37 07.2
Sirius	258 26.9	S16 45.1
Spica	158 22.6	S11 17.4
Suhail	222 46.7	S43 32.1
Vega	80 33.4	N38 48.0
Zuben'ubi	136 56.4	S16 08.7
	SHA	**Mer. Pass.**
	° ′	h m
Venus	333 21.6	11 21
Mars	1 22.2	9 28
Jupiter	308 45.9	12 57
Saturn	11 51.8	8 45

© British Crown Copyright 2023. All rights reserved.

UT d h		SUN GHA ° ′	SUN Dec ° ′	MOON GHA ° ′	v ′	MOON Dec ° ′	d ′	HP ′
27 00		180 35.6	N13 55.4	325 47.8	8.4	S26 32.0	6.0	56.2
01		195 35.7	56.2	340 15.2	8.2	26 38.0	5.8	56.2
02		210 35.8	57.0	354 42.4	8.2	26 43.8	5.7	56.2
03		225 35.9	. . 57.8	9 09.6	8.1	26 49.5	5.5	56.2
04		240 36.0	58.6	23 36.7	8.1	26 55.0	5.4	56.2
05		255 36.0	13 59.4	38 03.8	7.9	27 00.4	5.2	56.3
06		270 36.1	N14 00.2	52 30.7	7.9	S27 05.6	5.1	56.3
07		285 36.2	01.0	66 57.6	7.8	27 10.7	5.0	56.3
08	S	300 36.3	01.8	81 24.4	7.7	27 15.7	4.8	56.3
09	A	315 36.4	. . 02.6	95 51.1	7.6	27 20.5	4.6	56.3
10	T	330 36.5	03.3	110 17.7	7.6	27 25.1	4.5	56.4
11	U	345 36.6	04.1	124 44.3	7.5	27 29.6	4.4	56.4
12	R	0 36.7	N14 04.9	139 10.8	7.4	S27 34.0	4.2	56.4
13	D	15 36.8	05.7	153 37.2	7.3	27 38.2	4.0	56.4
14	A	30 36.9	06.5	168 03.5	7.3	27 42.2	3.9	56.4
15	Y	45 37.0	. . 07.3	182 29.8	7.2	27 46.1	3.8	56.5
16		60 37.1	08.1	196 56.0	7.2	27 49.9	3.5	56.5
17		75 37.2	08.9	211 22.2	7.1	27 53.4	3.5	56.5
18		90 37.3	N14 09.7	225 48.3	7.0	S27 56.9	3.2	56.5
19		105 37.4	10.4	240 14.3	6.9	28 00.1	3.1	56.6
20		120 37.5	11.2	254 40.2	6.9	28 03.2	3.0	56.6
21		135 37.5	. . 12.0	269 06.1	6.9	28 06.2	2.8	56.6
22		150 37.6	12.8	283 32.0	6.8	28 09.0	2.6	56.6
23		165 37.7	13.6	297 57.8	6.7	28 11.6	2.5	56.6
28 00		180 37.8	N14 14.4	312 23.5	6.7	S28 14.1	2.3	56.7
01		195 37.9	15.1	326 49.2	6.6	28 16.4	2.1	56.7
02		210 38.0	15.9	341 14.8	6.6	28 18.5	2.0	56.7
03		225 38.1	. . 16.7	355 40.4	6.5	28 20.5	1.8	56.7
04		240 38.2	17.5	10 05.9	6.5	28 22.3	1.7	56.8
05		255 38.3	18.3	24 31.4	6.4	28 24.0	1.5	56.8
06		270 38.4	N14 19.1	38 56.8	6.4	S28 25.5	1.3	56.8
07		285 38.4	19.8	53 22.2	6.4	28 26.8	1.1	56.8
08		300 38.5	20.6	67 47.6	6.3	28 27.9	1.0	56.8
09	S	315 38.6	. . 21.4	82 12.9	6.2	28 28.9	0.8	56.9
10	U	330 38.7	22.2	96 38.1	6.3	28 29.7	0.7	56.9
11	N	345 38.8	23.0	111 03.4	6.2	28 30.4	0.5	56.9
12	D	0 38.9	N14 23.7	125 28.6	6.1	S28 30.9	0.3	56.9
13	A	15 39.0	24.5	139 53.7	6.2	28 31.2	0.1	57.0
14	Y	30 39.1	25.3	154 18.9	6.1	28 31.3	0.0	57.0
15		45 39.2	. . 26.1	168 44.0	6.1	28 31.3	0.2	57.0
16		60 39.2	26.8	183 09.1	6.0	28 31.1	0.4	57.0
17		75 39.3	27.6	197 34.1	6.1	28 30.7	0.6	57.1
18		90 39.4	N14 28.4	211 59.2	6.0	S28 30.1	0.7	57.1
19		105 39.5	29.2	226 24.2	6.0	28 29.4	0.9	57.1
20		120 39.6	30.0	240 49.2	6.0	28 28.5	1.0	57.1
21		135 39.7	. . 30.7	255 14.2	6.0	28 27.5	1.2	57.1
22		150 39.8	31.5	269 39.2	5.9	28 26.3	1.5	57.2
23		165 39.8	32.3	284 04.1	6.0	28 24.8	1.5	57.2
29 00		180 39.9	N14 33.1	298 29.1	5.9	S28 23.3	1.8	57.2
01		195 40.0	33.8	312 54.0	5.9	28 21.5	1.9	57.2
02		210 40.1	34.6	327 18.9	5.9	28 19.6	2.1	57.3
03		225 40.2	. . 35.4	341 43.8	6.0	28 17.5	2.3	57.3
04		240 40.3	36.1	356 08.8	5.9	28 15.2	2.4	57.3
05		255 40.4	36.9	10 33.7	5.9	28 12.8	2.6	57.3
06		270 40.4	N14 37.7	24 58.6	5.9	S28 10.2	2.8	57.4
07		285 40.5	38.5	39 23.5	6.0	28 07.4	3.0	57.4
08		300 40.6	39.2	53 48.5	5.9	28 04.4	3.1	57.4
09	M	315 40.7	. . 40.0	68 13.4	5.9	28 01.3	3.3	57.4
10	O	330 40.8	40.8	82 38.3	6.0	27 58.0	3.5	57.5
11	N	345 40.9	41.5	97 03.3	6.0	27 54.5	3.6	57.5
12	D	0 40.9	N14 42.3	111 28.3	5.9	S27 50.9	3.8	57.5
13	A	15 41.0	43.1	125 53.2	6.0	27 47.1	4.0	57.5
14	Y	30 41.1	43.8	140 18.2	6.0	27 43.1	4.2	57.6
15		45 41.2	. . 44.6	154 43.2	6.1	27 38.9	4.3	57.6
16		60 41.3	45.4	169 08.3	6.0	27 34.6	4.5	57.6
17		75 41.3	46.1	183 33.3	6.1	27 30.1	4.7	57.6
18		90 41.4	N14 46.9	197 58.4	6.1	S27 25.4	4.9	57.7
19		105 41.5	47.7	212 23.5	6.1	27 20.5	5.0	57.7
20		120 41.6	48.4	226 48.6	6.1	27 15.5	5.2	57.7
21		135 41.7	. . 49.2	241 13.7	6.2	27 10.3	5.3	57.7
22		150 41.7	50.0	255 38.9	6.2	27 05.0	5.5	57.8
23		165 41.8	50.7	270 04.1	6.3	S26 59.5	5.7	57.8
		SD 15.9	*d* 0.8	SD	15.4		15.5	15.7

Lat. °	Twilight Naut. h m	Twilight Civil h m	Sunrise h m	Moonrise 27 h m	28 h m	29 h m	30 h m
N 72	////	////	02 13	■	■	■	■
N 70	////	////	02 46	■	■	■	■
68	////	01 32	03 09	■	■	■	■
66	////	02 10	03 27	■	■	■	■
64	////	02 37	03 42	■	■	■	■
62	01 21	02 57	03 55	01 05	■	■	03 54
60	01 56	03 13	04 05	00 20	01 53	02 51	03 12
N 58	02 20	03 27	04 14	25 13	01 13	02 12	02 44
56	02 39	03 38	04 22	24 45	00 45	01 44	02 22
54	02 55	03 48	04 29	24 23	00 23	01 23	02 03
52	03 08	03 57	04 35	24 06	00 06	01 05	01 48
50	03 19	04 05	04 41	23 50	24 49	00 49	01 34
45	03 42	04 21	04 53	23 20	24 19	00 19	01 07
N 40	03 59	04 34	05 03	22 56	23 55	24 45	00 45
35	04 13	04 45	05 12	22 36	23 35	24 27	00 27
30	04 24	04 54	05 20	22 19	23 18	24 11	00 11
20	04 43	05 10	05 32	21 51	22 49	23 45	24 36
N 10	04 57	05 22	05 44	21 27	22 25	23 22	24 16
0	05 08	05 33	05 54	21 04	22 02	23 00	23 57
S 10	05 18	05 43	06 04	20 42	21 39	22 39	23 39
20	05 26	05 52	06 15	20 18	21 15	22 16	23 19
30	05 34	06 03	06 27	19 50	20 46	21 49	22 56
35	05 38	06 08	06 34	19 33	20 29	21 33	22 42
40	05 42	06 14	06 42	19 14	20 10	21 15	22 26
45	05 46	06 21	06 52	18 51	19 46	20 52	22 07
S 50	05 51	06 29	07 03	18 22	19 15	20 24	21 44
52	05 52	06 32	07 08	18 07	19 00	20 09	21 32
54	05 54	06 36	07 14	17 50	18 42	19 53	21 19
56	05 56	06 40	07 20	17 30	18 20	19 34	21 04
58	05 58	06 45	07 27	17 05	17 53	19 10	20 46
S 60	06 00	06 50	07 35	16 31	17 13	18 37	20 24

Lat. °	Sunset h m	Twilight Civil h m	Twilight Naut. h m	Moonset 27 h m	28 h m	29 h m	30 h m
N 72	21 48	////	////	■	■	■	■
N 70	21 14	////	////	■	■	■	■
68	20 49	22 31	////	■	■	■	■
66	20 30	21 49	////	■	■	■	■
64	20 15	21 21	////	■	■	■	■
62	20 02	21 01	22 41	03 31	■	■	06 44
60	19 52	20 44	22 03	04 17	04 40	05 44	07 25
N 58	19 42	20 30	21 38	04 47	05 21	06 23	07 52
56	19 34	20 18	21 18	05 10	05 49	06 51	08 14
54	19 27	20 08	21 02	05 29	06 11	07 12	08 32
52	19 21	19 59	20 49	05 45	06 29	07 30	08 47
50	19 15	19 51	20 37	05 59	06 44	07 45	09 00
45	19 02	19 34	20 14	06 27	07 15	08 16	09 27
N 40	18 52	19 21	19 57	06 49	07 39	08 39	09 48
35	18 43	19 10	19 43	07 07	07 59	08 59	10 05
30	18 36	19 01	19 31	07 23	08 16	09 15	10 20
20	18 23	18 46	19 13	07 50	08 44	09 44	10 46
N 10	18 11	18 33	18 59	08 13	09 09	10 08	11 08
0	18 01	18 22	18 47	08 35	09 32	10 30	11 28
S 10	17 50	18 12	18 37	08 57	09 55	10 52	11 48
20	17 39	18 02	18 28	09 20	10 19	11 16	12 09
30	17 27	17 52	18 20	09 47	10 48	11 44	12 34
35	17 20	17 46	18 16	10 03	11 05	12 00	12 49
40	17 12	17 40	18 12	10 22	11 24	12 19	13 05
45	17 03	17 33	18 08	10 45	11 48	12 42	13 25
S 50	16 51	17 25	18 03	11 14	12 19	13 11	13 50
52	16 46	17 22	18 02	11 28	12 34	13 26	14 02
54	16 40	17 18	18 00	11 45	12 52	13 42	14 15
56	16 34	17 14	17 58	12 05	13 14	14 02	14 31
58	16 27	17 09	17 56	12 30	13 42	14 26	14 49
S 60	16 19	17 04	17 53	13 04	14 21	14 59	15 12

Day d	SUN Eqn. of Time 00^h m s	12^h m s	Mer. Pass. h m	MOON Mer. Pass. Upper h m	Lower h m	Age d	%	Phase
27	02 22	02 27	11 58	02 22	14 50	19	88	
28	02 31	02 35	11 57	03 18	15 47	20	80	
29	02 40	02 44	11 57	04 16	16 45	21	71	

© British Crown Copyright 2023. All rights reserved.

UT d	UT h	ARIES GHA	VENUS −3·9 GHA	VENUS Dec	MARS +1·1 GHA	MARS Dec	JUPITER −2·0 GHA	JUPITER Dec	SATURN +1·0 GHA	SATURN Dec	STARS Name	SHA	Dec
		° ′	° ′	° ′	° ′	° ′	° ′	° ′	° ′	° ′		° ′	° ′
30	00	218 25.7	189 27.7	N10 31.5	218 23.0	S 1 21.6	166 43.2	N18 00.5	230 07.4	S 6 54.8	Acamar	315 12.6	S40 12.5
	01	233 28.2	204 27.3	32.6	233 23.7	20.8	181 45.1	00.7	245 09.6	54.8	Achernar	335 21.2	S57 06.8
	02	248 30.7	219 26.8	33.8	248 24.4	20.0	196 46.9	00.8	260 11.9	54.7	Acrux	173 00.2	S63 14.2
	03	263 33.1	234 26.3	. . 34.9	263 25.1	. . 19.3	211 48.8	. . 01.0	275 14.2	. . 54.6	Adhara	255 06.5	S29 00.5
	04	278 35.6	249 25.9	36.0	278 25.8	18.5	226 50.7	01.1	290 16.4	54.5	Aldebaran	290 40.6	N16 33.4
	05	293 38.1	264 25.4	37.1	293 26.5	17.7	241 52.5	01.3	305 18.7	54.4			
	06	308 40.5	279 25.0	N10 38.3	308 27.2	S 1 17.0	256 54.4	N18 01.4	320 20.9	S 6 54.4	Alioth	166 13.0	N55 49.8
	07	323 43.0	294 24.5	39.4	323 27.9	16.2	271 56.3	01.6	335 23.2	54.3	Alkaid	152 52.0	N49 11.5
TUESDAY	08	338 45.5	309 24.1	40.5	338 28.6	15.4	286 58.2	01.7	350 25.4	54.2	Alnair	27 33.8	S46 50.5
	09	353 47.9	324 23.6	. . 41.6	353 29.3	. . 14.7	302 00.0	. . 01.9	5 27.7	. . 54.1	Alnilam	275 38.6	S 1 11.3
	10	8 50.4	339 23.2	42.7	8 30.0	13.9	317 01.9	02.0	20 30.0	54.1	Alphard	217 48.3	S 8 45.9
	11	23 52.8	354 22.7	43.9	23 30.7	13.1	332 03.8	02.1	35 32.2	54.0			
	12	38 55.3	9 22.3	N10 45.0	38 31.4	S 1 12.4	347 05.6	N18 02.3	50 34.5	S 6 53.9	Alphecca	126 03.9	N26 37.8
	13	53 57.8	24 21.8	46.1	53 32.1	11.6	2 07.5	02.4	65 36.7	53.8	Alpheratz	357 35.7	N29 13.3
	14	69 00.2	39 21.3	47.2	68 32.8	10.8	17 09.4	02.6	80 39.0	53.7	Altair	62 00.4	N 8 55.8
	15	84 02.7	54 20.9	. . 48.3	83 33.5	. . 10.1	32 11.3	. . 02.7	95 41.2	. . 53.7	Ankaa	353 08.1	S42 10.4
	16	99 05.2	69 20.4	49.5	98 34.2	09.3	47 13.1	02.9	110 43.5	53.6	Antares	112 16.2	S26 29.2
	17	114 07.6	84 20.0	50.6	113 34.9	08.5	62 15.0	03.0	125 45.8	53.5			
	18	129 10.1	99 19.5	N10 51.7	128 35.6	S 1 07.7	77 16.9	N18 03.2	140 48.0	S 6 53.4	Arcturus	145 48.1	N19 03.3
	19	144 12.6	114 19.0	52.8	143 36.3	07.0	92 18.7	03.3	155 50.3	53.3	Atria	107 10.6	S69 04.1
	20	159 15.0	129 18.6	53.9	158 37.0	06.2	107 20.6	03.5	170 52.5	53.3	Avior	234 15.1	S59 35.5
	21	174 17.5	144 18.1	. . 55.0	173 37.7	. . 05.4	122 22.5	. . 03.6	185 54.8	. . 53.2	Bellatrix	278 23.8	N 6 22.2
	22	189 19.9	159 17.7	56.1	188 38.4	04.7	137 24.3	03.8	200 57.0	53.1	Betelgeuse	270 53.0	N 7 24.7
	23	204 22.4	174 17.2	57.3	203 39.0	03.9	152 26.2	03.9	215 59.3	53.0			
1	00	219 24.9	189 16.7	N10 58.4	218 39.7	S 1 03.1	167 28.1	N18 04.1	231 01.6	S 6 53.0	Canopus	263 53.0	S52 42.7
	01	234 27.3	204 16.3	10 59.5	233 40.4	02.4	182 30.0	04.2	246 03.8	52.9	Capella	280 23.2	N46 01.4
	02	249 29.8	219 15.8	11 00.6	248 41.1	01.6	197 31.8	04.4	261 06.1	52.8	Deneb	49 26.2	N45 21.7
	03	264 32.3	234 15.4	. . 01.7	263 41.8	. . 00.8	212 33.7	. . 04.5	276 08.3	. . 52.7	Denebola	182 25.3	N14 26.2
	04	279 34.7	249 14.9	02.8	278 42.5	1 00.1	227 35.6	04.7	291 10.6	52.6	Diphda	348 48.2	S17 51.3
	05	294 37.2	264 14.4	03.9	293 43.2	0 59.3	242 37.4	04.8	306 12.9	52.6			
	06	309 39.7	279 14.0	N11 05.0	308 43.9	S 0 58.5	257 39.3	N18 04.9	321 15.1	S 6 52.5	Dubhe	193 41.3	N61 37.4
WEDNESDAY	07	324 42.1	294 13.5	06.2	323 44.6	57.8	272 41.2	05.1	336 17.4	52.4	Elnath	278 02.9	N28 37.7
	08	339 44.6	309 13.0	07.3	338 45.3	57.0	287 43.0	05.2	351 19.6	52.3	Eltanin	90 42.1	N51 28.8
	09	354 47.1	324 12.6	. . 08.4	353 46.0	. . 56.2	302 44.9	. . 05.4	6 21.9	. . 52.3	Enif	33 39.5	N 9 59.0
	10	9 49.5	339 12.1	09.5	8 46.7	55.5	317 46.8	05.5	21 24.2	52.2	Fomalhaut	15 15.3	S29 29.6
	11	24 52.0	354 11.7	10.6	23 47.4	54.7	332 48.7	05.7	36 26.4	52.1			
	12	39 54.4	9 11.2	N11 11.7	38 48.1	S 0 53.9	347 50.5	N18 05.8	51 28.7	S 6 52.0	Gacrux	171 51.9	S57 15.1
	13	54 56.9	24 10.7	12.8	53 48.8	53.2	2 52.4	06.0	66 30.9	52.0	Gienah	175 43.9	S17 40.7
	14	69 59.4	39 10.3	13.9	68 49.5	52.4	17 54.3	06.1	81 33.2	51.9	Hadar	148 36.2	S60 29.5
	15	85 01.8	54 09.8	. . 15.0	83 50.2	. . 51.6	32 56.1	. . 06.3	96 35.4	. . 51.8	Hamal	327 52.2	N23 34.5
	16	100 04.3	69 09.3	16.1	98 50.9	50.9	47 58.0	06.4	111 37.7	51.7	Kaus Aust.	83 33.1	S34 22.3
	17	115 06.8	84 08.9	17.2	113 51.6	50.1	62 59.9	06.6	126 40.0	51.6			
	18	130 09.2	99 08.4	N11 18.3	128 52.3	S 0 49.3	78 01.7	N18 06.7	141 42.2	S 6 51.6	Kochab	137 18.5	N74 03.3
	19	145 11.7	114 07.9	19.4	143 53.0	48.6	93 03.6	06.9	156 44.5	51.5	Markab	13 30.7	N15 20.0
	20	160 14.2	129 07.5	20.6	158 53.7	47.8	108 05.5	07.0	171 46.8	51.4	Menkar	314 07.1	N 4 11.0
	21	175 16.6	144 07.0	. . 21.7	173 54.4	. . 47.0	123 07.3	. . 07.2	186 49.0	. . 51.3	Menkent	147 57.9	S36 29.5
	22	190 19.1	159 06.5	22.8	188 55.1	46.2	138 09.2	07.3	201 51.3	51.3	Miaplacidus	221 38.4	S69 49.3
	23	205 21.6	174 06.0	23.9	203 55.8	45.5	153 11.1	07.4	216 53.5	51.2			
2	00	220 24.0	189 05.6	N11 25.0	218 56.5	S 0 44.7	168 13.0	N18 07.6	231 55.8	S 6 51.1	Mirfak	308 29.6	N49 56.8
	01	235 26.5	204 05.1	26.1	233 57.2	43.9	183 14.8	07.7	246 58.1	51.0	Nunki	75 48.3	S26 16.0
	02	250 28.9	219 04.6	27.2	248 57.9	43.2	198 16.7	07.9	262 00.3	51.0	Peacock	53 06.6	S56 39.2
	03	265 31.4	234 04.2	. . 28.3	263 58.6	. . 42.4	213 18.6	. . 08.0	277 02.6	. . 50.9	Pollux	243 18.1	N27 58.1
	04	280 33.9	249 03.7	29.4	278 59.3	41.6	228 20.4	08.2	292 04.8	50.8	Procyon	244 51.6	N 5 09.7
	05	295 36.3	264 03.2	30.5	294 00.0	40.9	243 22.3	08.3	307 07.1	50.7			
	06	310 38.8	279 02.8	N11 31.6	309 00.7	S 0 40.1	258 24.2	N18 08.5	322 09.4	S 6 50.6	Rasalhague	95 58.8	N12 32.4
	07	325 41.3	294 02.3	32.7	324 01.4	39.3	273 26.0	08.6	337 11.6	50.6	Regulus	207 35.0	N11 50.9
THURSDAY	08	340 43.7	309 01.8	33.8	339 02.1	38.6	288 27.9	08.8	352 13.9	50.5	Rigel	281 04.7	S 8 10.5
	09	355 46.2	324 01.3	. . 34.9	354 02.8	. . 37.8	303 29.8	. . 08.9	7 16.1	. . 50.4	Rigil Kent.	139 40.5	S60 56.2
	10	10 48.7	339 00.9	36.0	9 03.5	37.0	318 31.6	09.1	22 18.4	50.3	Sabik	102 03.2	S15 45.4
	11	25 51.1	354 00.4	37.1	24 04.2	36.3	333 33.5	09.2	37 20.7	50.3			
	12	40 53.6	8 59.9	N11 38.2	39 04.9	S 0 35.5	348 35.4	N18 09.3	52 22.9	S 6 50.2	Schedar	349 32.2	N56 40.0
	13	55 56.1	23 59.4	39.3	54 05.6	34.7	3 37.2	09.5	67 25.2	50.1	Shaula	96 10.9	S37 07.2
	14	70 58.5	38 59.0	40.4	69 06.3	34.0	18 39.1	09.6	82 27.5	50.0	Sirius	258 27.0	S16 45.1
	15	86 01.0	53 58.5	. . 41.5	84 07.0	. . 33.2	33 41.0	. . 09.8	97 29.7	. . 50.0	Spica	158 22.6	S11 17.4
	16	101 03.4	68 58.0	42.6	99 07.7	32.4	48 42.8	09.9	112 32.0	49.9	Suhail	222 46.7	S43 32.1
	17	116 05.9	83 57.5	43.6	114 08.4	31.7	63 44.7	10.1	127 34.2	49.8			
	18	131 08.4	98 57.1	N11 44.7	129 09.1	S 0 30.9	78 46.6	N18 10.2	142 36.5	S 6 49.7	Vega	80 33.4	N38 48.1
	19	146 10.8	113 56.6	45.8	144 09.8	30.1	93 48.4	10.4	157 38.8	49.7	Zuben'ubi	136 56.3	S16 08.7
	20	161 13.3	128 56.1	46.9	159 10.5	29.4	108 50.3	10.5	172 41.0	49.6			
	21	176 15.8	143 55.6	. . 48.0	174 11.2	. . 28.6	123 52.2	. . 10.7	187 43.3	. . 49.5			
	22	191 18.2	158 55.2	49.1	189 11.9	27.8	138 54.1	10.8	202 45.6	49.4			
	23	206 20.7	173 54.7	50.2	204 12.6	27.1	153 55.9	11.0	217 47.8	49.4			
Mer. Pass.		h m 9 20.8	v −0.5	d 1.1	v 0.7	d 0.8	v 1.9	d 0.1	v 2.3	d 0.1			

	SHA	Mer. Pass.
	° ′	h m
Venus	329 51.9	11 23
Mars	359 14.9	9 25
Jupiter	308 03.2	12 49
Saturn	11 36.7	8 35

© British Crown Copyright 2023. All rights reserved.

2024 APR. 30, MAY 1, 2 (TUES., WED., THURS.)

UT d h	Day	SUN GHA ° ′	SUN Dec ° ′	MOON GHA ° ′	MOON v ′	MOON Dec ° ′	MOON d ′	MOON HP ′
30 00		180 41.9	N14 51.5	284 29.4	6.2	S26 53.8	5.9	57.8
01		195 42.0	52.3	298 54.6	6.3	26 47.9	6.0	57.8
02		210 42.1	53.0	313 19.9	6.4	26 41.9	6.2	57.9
03		225 42.1	. . 53.8	327 45.3	6.4	26 35.7	6.3	57.9
04		240 42.2	54.6	342 10.7	6.4	26 29.4	6.6	57.9
05		255 42.3	55.3	356 36.1	6.4	26 22.8	6.7	57.9
06		270 42.4	N14 56.1	11 01.5	6.5	S26 16.1	6.8	58.0
07		285 42.5	56.8	25 27.0	6.6	26 09.3	7.0	58.0
08	TUESDAY	300 42.5	57.6	39 52.6	6.6	26 02.3	7.2	58.0
09		315 42.6	. . 58.4	54 18.2	6.6	25 55.1	7.3	58.0
10		330 42.7	59.1	68 43.8	6.7	25 47.8	7.5	58.1
11		345 42.8	14 59.9	83 09.5	6.7	25 40.3	7.7	58.1
12		0 42.8	N15 00.6	97 35.2	6.8	S25 32.6	7.8	58.1
13		15 42.9	01.4	112 01.0	6.8	25 24.8	7.9	58.1
14		30 43.0	02.2	126 26.8	6.9	25 16.9	8.2	58.2
15		45 43.1	. . 02.9	140 52.7	6.9	25 08.7	8.3	58.2
16		60 43.1	03.7	155 18.6	7.0	25 00.4	8.4	58.2
17		75 43.2	04.4	169 44.6	7.0	24 52.0	8.6	58.2
18		90 43.3	N15 05.2	184 10.6	7.1	S24 43.4	8.7	58.3
19		105 43.4	05.9	198 36.7	7.1	24 34.7	8.9	58.3
20		120 43.5	06.7	213 02.8	7.2	24 25.8	9.1	58.3
21		135 43.5	. . 07.5	227 29.0	7.3	24 16.7	9.2	58.3
22		150 43.6	08.2	241 55.3	7.3	24 07.5	9.4	58.4
23		165 43.7	09.0	256 21.6	7.4	23 58.1	9.5	58.4
1 00		180 43.7	N15 09.7	270 48.0	7.4	S23 48.6	9.6	58.4
01		195 43.8	10.5	285 14.4	7.5	23 39.0	9.8	58.4
02		210 43.9	11.2	299 40.9	7.5	23 29.2	10.0	58.5
03		225 44.0	. . 12.0	314 07.4	7.6	23 19.2	10.0	58.5
04		240 44.0	12.7	328 34.0	7.7	23 09.2	10.3	58.5
05		255 44.1	13.5	343 00.7	7.7	22 58.9	10.4	58.5
06		270 44.2	N15 14.2	357 27.4	7.8	S22 48.5	10.5	58.6
07	WEDNESDAY	285 44.3	15.0	11 54.2	7.9	22 38.0	10.6	58.6
08		300 44.3	15.7	26 21.1	7.9	22 27.4	10.8	58.6
09		315 44.4	. . 16.5	40 48.0	7.9	22 16.6	11.0	58.6
10		330 44.5	17.2	55 14.9	8.1	22 05.6	11.0	58.7
11		345 44.5	18.0	69 42.0	8.1	21 54.6	11.2	58.7
12		0 44.6	N15 18.7	84 09.1	8.1	S21 43.4	11.4	58.7
13		15 44.7	19.5	98 36.2	8.3	21 32.0	11.4	58.7
14		30 44.8	20.2	113 03.5	8.2	21 20.6	11.6	58.8
15		45 44.8	. . 21.0	127 30.7	8.4	21 09.0	11.8	58.8
16		60 44.9	21.7	141 58.1	8.4	20 57.2	11.8	58.8
17		75 45.0	22.5	156 25.5	8.5	20 45.4	12.0	58.8
18		90 45.0	N15 23.2	170 53.0	8.5	S20 33.4	12.2	58.8
19		105 45.1	24.0	185 20.5	8.6	20 21.2	12.2	58.9
20		120 45.2	24.7	199 48.1	8.7	20 09.0	12.4	58.9
21		135 45.2	. . 25.4	214 15.8	8.7	19 56.6	12.5	58.9
22		150 45.3	26.2	228 43.5	8.8	19 44.1	12.6	58.9
23		165 45.4	26.9	243 11.3	8.8	19 31.5	12.7	59.0
2 00		180 45.4	N15 27.7	257 39.1	8.9	S19 18.8	12.9	59.0
01		195 45.5	28.4	272 07.0	9.0	19 05.9	12.9	59.0
02		210 45.6	29.2	286 35.0	9.0	18 53.0	13.1	59.0
03		225 45.7	. . 29.9	301 03.0	9.1	18 39.9	13.2	59.1
04		240 45.7	30.6	315 31.1	9.2	18 26.7	13.4	59.1
05		255 45.8	31.4	329 59.3	9.2	18 13.3	13.4	59.1
06		270 45.9	N15 32.1	344 27.5	9.3	S17 59.9	13.5	59.1
07		285 45.9	32.9	358 55.8	9.3	17 46.4	13.7	59.2
08	THURSDAY	300 46.0	33.6	13 24.1	9.4	17 32.7	13.7	59.2
09		315 46.1	. . 34.3	27 52.5	9.4	17 19.0	13.9	59.2
10		330 46.1	35.1	42 20.9	9.5	17 05.1	14.0	59.2
11		345 46.2	35.8	56 49.4	9.6	16 51.1	14.1	59.3
12		0 46.2	N15 36.6	71 18.0	9.6	S16 37.0	14.1	59.3
13		15 46.3	37.3	85 46.6	9.7	16 22.9	14.3	59.3
14		30 46.4	38.0	100 15.3	9.7	16 08.6	14.4	59.3
15		45 46.4	. . 38.8	114 44.0	9.8	15 54.2	14.5	59.3
16		60 46.5	39.5	129 12.8	9.8	15 39.7	14.6	59.4
17		75 46.6	40.2	143 41.6	9.9	15 25.1	14.6	59.4
18		90 46.6	N15 41.0	158 10.5	9.9	S15 10.5	14.8	59.4
19		105 46.7	41.7	172 39.4	10.0	14 55.7	14.8	59.4
20		120 46.8	42.4	187 08.4	10.1	14 40.9	15.0	59.5
21		135 46.8	. . 43.2	201 37.5	10.0	14 25.9	15.0	59.5
22		150 46.9	43.9	216 06.5	10.2	14 10.9	15.2	59.5
23		165 46.9	44.7	230 35.7	10.2	S13 55.7	15.2	59.5
		SD 15.9	*d* 0.7	SD 15.8		16.0		16.2

Lat. °	Twilight Naut. h m	Twilight Civil h m	Sunrise h m	Moonrise 30 h m	Moonrise 1 h m	Moonrise 2 h m	Moonrise 3 h m
N 72	////	////	01 49	■	■	06 49	04 43
N 70	////	////	02 28	■	■	05 22	04 22
68	////	01 02	02 55	■	■	04 42	04 05
66	////	01 52	03 16	■	05 02	04 14	03 51
64	////	02 23	03 32	■	04 13	03 53	03 39
62	00 54	02 46	03 45	03 54	03 42	03 35	03 29
60	01 40	03 03	03 57	03 12	03 19	03 21	03 21
N 58	02 08	03 18	04 07	02 44	03 00	03 08	03 13
56	02 29	03 31	04 15	02 22	02 44	02 57	03 06
54	02 46	03 41	04 23	02 03	02 30	02 48	03 00
52	03 00	03 51	04 30	01 48	02 18	02 39	02 55
50	03 12	03 59	04 36	01 34	02 07	02 31	02 50
45	03 36	04 16	04 49	01 07	01 45	02 15	02 39
N 40	03 55	04 30	05 00	00 45	01 27	02 01	02 30
35	04 09	04 42	05 09	00 27	01 12	01 50	02 23
30	04 21	04 51	05 17	00 11	00 58	01 39	02 16
20	04 40	05 08	05 31	24 36	00 36	01 22	02 04
N 10	04 55	05 21	05 43	24 16	00 16	01 06	01 54
0	05 07	05 32	05 54	23 57	24 52	00 52	01 44
S 10	05 18	05 43	06 05	23 39	24 37	00 37	01 34
20	05 27	05 53	06 16	23 19	24 22	00 22	01 23
30	05 36	06 04	06 29	22 56	24 04	00 04	01 11
35	05 40	06 10	06 37	22 42	23 53	25 04	01 04
40	05 45	06 17	06 45	22 26	23 41	24 56	00 56
45	05 50	06 24	06 55	22 07	23 27	24 47	00 47
S 50	05 55	06 33	07 07	21 44	23 09	24 35	00 35
52	05 57	06 37	07 13	21 32	23 00	24 30	00 30
54	05 59	06 41	07 19	21 19	22 51	24 24	00 24
56	06 01	06 46	07 26	21 04	22 40	24 17	00 17
58	06 04	06 51	07 33	20 46	22 28	24 10	00 10
S 60	06 06	06 56	07 42	20 24	22 14	24 01	00 01

Lat. °	Sunset h m	Twilight Civil h m	Twilight Naut. h m	Moonset 30 h m	Moonset 1 h m	Moonset 2 h m	Moonset 3 h m
N 72	22 13	////	////	■	■	07 45	11 40
N 70	21 30	////	////	■	■	09 10	11 59
68	21 02	23 04	////	■	■	09 49	12 14
66	20 41	22 07	////	■	07 35	10 15	12 26
64	20 24	21 35	////	■	08 22	10 35	12 36
62	20 11	21 11	23 10	06 44	08 53	10 52	12 44
60	19 59	20 53	22 19	07 25	09 15	11 05	12 51
N 58	19 49	20 38	21 49	07 52	09 34	11 16	12 57
56	19 40	20 25	21 28	08 14	09 49	11 26	13 03
54	19 33	20 14	21 10	08 32	10 02	11 35	13 08
52	19 26	20 05	20 56	08 47	10 13	11 43	13 12
50	19 19	19 56	20 43	09 00	10 23	11 50	13 16
45	19 06	19 39	20 19	09 27	10 45	12 05	13 25
N 40	18 55	19 25	20 00	09 48	11 02	12 17	13 32
35	18 46	19 13	19 46	10 05	11 16	12 27	13 38
30	18 38	19 03	19 33	10 20	11 28	12 36	13 43
20	18 24	18 47	19 14	10 46	11 49	12 51	13 52
N 10	18 12	18 34	18 59	11 08	12 07	13 05	14 00
0	18 00	18 22	18 47	11 28	12 24	13 17	14 08
S 10	17 49	18 11	18 36	11 48	12 40	13 29	14 15
20	17 38	18 00	18 27	12 09	12 58	13 42	14 23
30	17 24	17 49	18 18	12 34	13 18	13 57	14 31
35	17 17	17 43	18 13	12 49	13 30	14 05	14 36
40	17 08	17 37	18 09	13 05	13 43	14 15	14 42
45	16 58	17 29	18 04	13 25	13 59	14 26	14 49
S 50	16 46	17 20	17 59	13 50	14 18	14 39	14 56
52	16 41	17 16	17 57	14 02	14 27	14 45	15 00
54	16 34	17 12	17 54	14 15	14 37	14 52	15 04
56	16 28	17 08	17 52	14 31	14 48	15 00	15 08
58	16 20	17 03	17 49	14 49	15 01	15 08	15 13
S 60	16 11	16 57	17 47	15 12	15 17	15 18	15 18

Day d	SUN Eqn. of Time 00h m s	SUN Eqn. of Time 12h m s	SUN Mer. Pass. h m	MOON Mer. Pass. Upper h m	MOON Mer. Pass. Lower h m	MOON Age d	MOON %	MOON Phase
30	02 47	02 51	11 57	05 14	17 43	22	61	◑
1	02 55	02 58	11 57	06 11	18 38	23	50	
2	03 02	03 05	11 57	07 04	19 30	24	39	

© British Crown Copyright 2023. All rights reserved.

UT	ARIES	VENUS −3·9		MARS +1·1		JUPITER −2·0		SATURN +1·0	
	GHA	GHA	Dec	GHA	Dec	GHA	Dec	GHA	Dec
d h	° ′	° ′	° ′	° ′	° ′	° ′	° ′	° ′	° ′
3 00	221 23.2	188 54.2	N11 51.3	219 13.3	S 0 26.3	168 57.8	N18 11.1	232 50.1	S 6 49.3
01	236 25.6	203 53.7	52.4	234 14.0	25.5	183 59.7	11.2	247 52.4	49.2
02	251 28.1	218 53.2	53.5	249 14.7	24.8	199 01.5	11.4	262 54.6	49.1
03	266 30.5	233 52.8	. . 54.6	264 15.4	. . 24.0	214 03.4	. . 11.5	277 56.9	. . 49.0
04	281 33.0	248 52.3	55.7	279 16.1	23.2	229 05.3	11.7	292 59.1	49.0
05	296 35.5	263 51.8	56.7	294 16.8	22.5	244 07.1	11.8	308 01.4	48.9
06	311 37.9	278 51.3	N11 57.8	309 17.5	S 0 21.7	259 09.0	N18 12.0	323 03.7	S 6 48.8
07	326 40.4	293 50.8	11 58.9	324 18.2	20.9	274 10.9	12.1	338 05.9	48.7
08	341 42.9	308 50.4	12 00.0	339 18.9	20.2	289 12.7	12.3	353 08.2	48.7
F 09	356 45.3	323 49.9	. . 01.1	354 19.6	. . 19.4	304 14.6	. . 12.4	8 10.5	. . 48.6
R 10	11 47.8	338 49.4	02.2	9 20.3	18.6	319 16.5	12.6	23 12.7	48.5
I 11	26 50.3	353 48.9	03.3	24 21.0	17.9	334 18.3	12.7	38 15.0	48.4
D 12	41 52.7	8 48.4	N12 04.4	39 21.7	S 0 17.1	349 20.2	N18 12.9	53 17.3	S 6 48.4
A 13	56 55.2	23 48.0	05.4	54 22.4	16.3	4 22.1	13.0	68 19.5	48.3
Y 14	71 57.7	38 47.5	06.5	69 23.1	15.6	19 23.9	13.1	83 21.8	48.2
15	87 00.1	53 47.0	. . 07.6	84 23.8	. . 14.8	34 25.8	. . 13.3	98 24.1	. . 48.1
16	102 02.6	68 46.5	08.7	99 24.5	14.0	49 27.7	13.4	113 26.3	48.1
17	117 05.0	83 46.0	09.8	114 25.2	13.3	64 29.5	13.6	128 28.6	48.0
18	132 07.5	98 45.5	N12 10.9	129 25.9	S 0 12.5	79 31.4	N18 13.7	143 30.9	S 6 47.9
19	147 10.0	113 45.0	11.9	144 26.6	11.7	94 33.3	13.9	158 33.1	47.8
20	162 12.4	128 44.6	13.0	159 27.3	11.0	109 35.1	14.0	173 35.4	47.8
21	177 14.9	143 44.1	. . 14.1	174 28.0	. . 10.2	124 37.0	. . 14.2	188 37.6	. . 47.7
22	192 17.4	158 43.6	15.2	189 28.7	09.4	139 38.9	14.3	203 39.9	47.6
23	207 19.8	173 43.1	16.3	204 29.4	08.7	154 40.7	14.5	218 42.2	47.5
4 00	222 22.3	188 42.6	N12 17.4	219 30.1	S 0 07.9	169 42.6	N18 14.6	233 44.4	S 6 47.5
01	237 24.8	203 42.1	18.4	234 30.8	07.1	184 44.5	14.7	248 46.7	47.4
02	252 27.2	218 41.6	19.5	249 31.5	06.4	199 46.3	14.9	263 49.0	47.3
03	267 29.7	233 41.1	. . 20.6	264 32.2	. . 05.6	214 48.2	. . 15.0	278 51.2	. . 47.3
04	282 32.1	248 40.7	21.7	279 32.9	04.8	229 50.1	15.2	293 53.5	47.2
05	297 34.6	263 40.2	22.7	294 33.6	04.1	244 51.9	15.3	308 55.8	47.1
06	312 37.1	278 39.7	N12 23.8	309 34.3	S 0 03.3	259 53.8	N18 15.5	323 58.0	S 6 47.0
S 07	327 39.5	293 39.2	24.9	324 35.0	02.5	274 55.7	15.6	339 00.3	47.0
A 08	342 42.0	308 38.7	26.0	339 35.7	01.8	289 57.5	15.8	354 02.6	46.9
T 09	357 44.5	323 38.2	. . 27.0	354 36.4	. . 01.0	304 59.4	. . 15.9	9 04.8	. . 46.8
U 10	12 46.9	338 37.7	28.1	9 37.1	S 00.2	320 01.3	16.0	24 07.1	46.7
R 11	27 49.4	353 37.2	29.2	24 37.8	N 00.5	335 03.1	16.2	39 09.4	46.7
D 12	42 51.9	8 36.7	N12 30.3	39 38.5	N 0 01.3	350 05.0	N18 16.3	54 11.6	S 6 46.6
A 13	57 54.3	23 36.2	31.3	54 39.2	02.1	5 06.9	16.5	69 13.9	46.5
Y 14	72 56.8	38 35.7	32.4	69 39.9	02.8	20 08.7	16.6	84 16.2	46.4
15	87 59.3	53 35.3	. . 33.5	84 40.6	. . 03.6	35 10.6	. . 16.8	99 18.5	. . 46.4
16	103 01.7	68 34.8	34.6	99 41.3	04.4	50 12.5	16.9	114 20.7	46.3
17	118 04.2	83 34.3	35.6	114 42.0	05.1	65 14.3	17.1	129 23.0	46.2
18	133 06.6	98 33.8	N12 36.7	129 42.7	N 0 05.9	80 16.2	N18 17.2	144 25.3	S 6 46.1
19	148 09.1	113 33.3	37.8	144 43.4	06.7	95 18.0	17.4	159 27.5	46.1
20	163 11.6	128 32.8	38.8	159 44.1	07.4	110 19.9	17.5	174 29.8	46.0
21	178 14.0	143 32.3	. . 39.9	174 44.8	. . 08.2	125 21.8	. . 17.6	189 32.1	. . 45.9
22	193 16.5	158 31.8	41.0	189 45.5	09.0	140 23.6	17.8	204 34.3	45.8
23	208 19.0	173 31.3	42.0	204 46.2	09.7	155 25.5	17.9	219 36.6	45.8
5 00	223 21.4	188 30.8	N12 43.1	219 46.9	N 0 10.5	170 27.4	N18 18.1	234 38.9	S 6 45.7
01	238 23.9	203 30.3	44.2	234 47.6	11.3	185 29.2	18.2	249 41.1	45.6
02	253 26.4	218 29.8	45.2	249 48.3	12.0	200 31.1	18.4	264 43.4	45.6
03	268 28.8	233 29.3	. . 46.3	264 49.0	. . 12.8	215 33.0	. . 18.5	279 45.7	. . 45.5
04	283 31.3	248 28.8	47.4	279 49.7	13.6	230 34.8	18.7	294 47.9	45.4
05	298 33.8	263 28.3	48.4	294 50.4	14.3	245 36.7	18.8	309 50.2	45.3
06	313 36.2	278 27.8	N12 49.5	309 51.1	N 0 15.1	260 38.6	N18 18.9	324 52.5	S 6 45.3
07	328 38.7	293 27.3	50.6	324 51.8	15.9	275 40.4	19.1	339 54.8	45.2
08	343 41.1	308 26.8	51.6	339 52.5	16.6	290 42.3	19.2	354 57.0	45.1
S 09	358 43.6	323 26.3	. . 52.7	354 53.2	. . 17.4	305 44.2	. . 19.4	9 59.3	. . 45.0
U 10	13 46.1	338 25.8	53.8	9 53.9	18.2	320 46.0	19.5	25 01.6	45.0
N 11	28 48.5	353 25.3	54.8	24 54.6	18.9	335 47.9	19.7	40 03.8	44.9
D 12	43 51.0	8 24.8	N12 55.9	39 55.3	N 0 19.7	350 49.8	N18 19.8	55 06.1	S 6 44.8
A 13	58 53.5	23 24.3	56.9	54 56.0	20.5	5 51.6	20.0	70 08.4	44.8
Y 14	73 55.9	38 23.8	58.0	69 56.7	21.2	20 53.5	20.1	85 10.6	44.7
15	88 58.4	53 23.3	12 59.1	84 57.4	. . 22.0	35 55.3	. . 20.2	100 12.9	. . 44.6
16	104 00.9	68 22.8	13 00.1	99 58.1	22.8	50 57.2	20.4	115 15.2	44.5
17	119 03.3	83 22.3	01.2	114 58.8	23.5	65 59.1	20.5	130 17.5	44.5
18	134 05.8	98 21.8	N13 02.2	129 59.5	N 0 24.3	81 00.9	N18 20.7	145 19.7	S 6 44.4
19	149 08.2	113 21.3	03.3	145 00.2	25.1	96 02.8	20.8	160 22.0	44.3
20	164 10.7	128 20.8	04.4	160 00.9	25.8	111 04.7	21.0	175 24.3	44.2
21	179 13.2	143 20.3	. . 05.4	175 01.6	. . 26.6	126 06.5	. . 21.1	190 26.5	. . 44.2
22	194 15.6	158 19.8	06.5	190 02.3	27.3	141 08.4	21.3	205 28.8	44.1
23	209 18.1	173 19.3	07.5	205 03.0	28.1	156 10.3	21.4	220 31.1	44.0
Mer. Pass.	h m 9 09.0	v −0.5	d 1.1	v 0.7	d 0.8	v 1.9	d 0.1	v 2.3	d 0.1

STARS

Name	SHA	Dec
	° ′	° ′
Acamar	315 12.6	S40 12.5
Achernar	335 21.1	S57 06.7
Acrux	173 00.2	S63 14.2
Adhara	255 06.5	S29 00.5
Aldebaran	290 40.6	N16 33.4
Alioth	166 13.0	N55 49.8
Alkaid	152 52.0	N49 11.5
Alnair	27 33.8	S46 50.5
Alnilam	275 38.6	S 1 11.3
Alphard	217 48.3	S 8 45.9
Alphecca	126 03.9	N26 37.8
Alpheratz	357 35.7	N29 13.3
Altair	62 00.4	N 8 55.8
Ankaa	353 08.0	S42 10.4
Antares	112 16.2	S26 29.2
Arcturus	145 48.1	N19 03.3
Atria	107 10.5	S69 04.2
Avior	234 15.1	S59 35.5
Bellatrix	278 23.8	N 6 22.3
Betelgeuse	270 53.0	N 7 24.7
Canopus	263 53.0	S52 42.7
Capella	280 23.2	N46 01.4
Deneb	49 26.2	N45 21.7
Denebola	182 25.3	N14 26.2
Diphda	348 48.2	S17 51.2
Dubhe	193 41.4	N61 37.4
Elnath	278 02.9	N28 37.7
Eltanin	90 42.1	N51 28.8
Enif	33 39.4	N 9 59.0
Fomalhaut	15 15.3	S29 29.6
Gacrux	171 51.9	S57 15.2
Gienah	175 44.0	S17 40.8
Hadar	148 36.2	S60 29.5
Hamal	327 52.2	N23 34.5
Kaus Aust.	83 33.0	S34 22.3
Kochab	137 18.5	N74 03.3
Markab	13 30.7	N15 20.0
Menkar	314 07.1	N 4 11.0
Menkent	147 57.9	S36 29.5
Miaplacidus	221 38.4	S69 49.3
Mirfak	308 29.6	N49 56.8
Nunki	75 48.3	S26 16.0
Peacock	53 06.5	S56 39.2
Pollux	243 18.2	N27 58.1
Procyon	244 51.6	N 5 09.7
Rasalhague	95 58.8	N12 32.4
Regulus	207 35.0	N11 50.9
Rigel	281 04.7	S 8 10.5
Rigil Kent.	139 40.5	S60 56.2
Sabik	102 03.2	S15 45.4
Schedar	349 32.2	N56 40.0
Shaula	96 10.8	S37 07.2
Sirius	258 27.0	S16 45.1
Spica	158 22.6	S11 17.4
Suhail	222 46.8	S43 32.1
Vega	80 33.4	N38 48.1
Zuben'ubi	136 56.3	S16 08.7

	SHA	Mer. Pass.
	° ′	h m
Venus	326 20.3	11 26
Mars	357 07.8	9 22
Jupiter	307 20.3	12 40
Saturn	11 22.2	8 24

© British Crown Copyright 2023. All rights reserved.

UT		SUN GHA	SUN Dec	MOON GHA	*v*	MOON Dec	*d*	HP
d	h	° ′	° ′	° ′	′	° ′	′	′
3	00	180 47.0	N15 45.4	245 04.9	10.2	S13 40.5	15.3	59.5
	01	195 47.1	46.1	259 34.1	10.3	13 25.2	15.4	59.6
	02	210 47.1	46.8	274 03.4	10.3	13 09.8	15.4	59.6
	03	225 47.2	. . 47.6	288 32.7	10.4	12 54.4	15.6	59.6
	04	240 47.3	48.3	303 02.1	10.4	12 38.8	15.6	59.6
	05	255 47.3	49.0	317 31.5	10.4	12 23.2	15.7	59.6
	06	270 47.4	N15 49.8	332 00.9	10.5	S12 07.5	15.8	59.7
	07	285 47.4	50.5	346 30.4	10.5	11 51.7	15.8	59.7
	08	300 47.5	51.2	0 59.9	10.6	11 35.9	16.0	59.7
F	09	315 47.6	. . 52.0	15 29.5	10.6	11 19.9	16.0	59.7
R	10	330 47.6	52.7	29 59.1	10.7	11 03.9	16.0	59.7
I	11	345 47.7	53.4	44 28.8	10.6	10 47.9	16.2	59.8
D	12	0 47.7	N15 54.1	58 58.4	10.7	S10 31.7	16.2	59.8
A	13	15 47.8	54.9	73 28.1	10.8	10 15.5	16.3	59.8
Y	14	30 47.9	55.6	87 57.9	10.8	9 59.2	16.3	59.8
	15	45 47.9	. . 56.3	102 27.7	10.8	9 42.9	16.4	59.8
	16	60 48.0	57.0	116 57.5	10.8	9 26.5	16.5	59.9
	17	75 48.0	57.8	131 27.3	10.9	9 10.0	16.5	59.9
	18	90 48.1	N15 58.5	145 57.2	10.9	S 8 53.5	16.5	59.9
	19	105 48.1	59.2	160 27.1	10.9	8 37.0	16.7	59.9
	20	120 48.2	15 59.9	174 57.0	11.0	8 20.3	16.7	59.9
	21	135 48.3	16 00.7	189 27.0	11.0	8 03.6	16.7	59.9
	22	150 48.3	01.4	203 57.0	11.0	7 46.9	16.8	60.0
	23	165 48.4	02.1	218 27.0	11.0	7 30.1	16.8	60.0
4	00	180 48.4	N16 02.8	232 57.0	11.0	S 7 13.3	16.9	60.0
	01	195 48.5	03.6	247 27.0	11.1	6 56.4	17.0	60.0
	02	210 48.5	04.3	261 57.1	11.1	6 39.4	16.9	60.0
	03	225 48.6	. . 05.0	276 27.2	11.1	6 22.5	17.1	60.0
	04	240 48.6	05.7	290 57.3	11.1	6 05.4	17.0	60.0
	05	255 48.7	06.4	305 27.4	11.1	5 48.4	17.1	60.1
	06	270 48.8	N16 07.2	319 57.5	11.2	S 5 31.3	17.2	60.1
S	07	285 48.8	07.9	334 27.7	11.1	5 14.1	17.2	60.1
A	08	300 48.9	08.6	348 57.8	11.2	4 56.9	17.2	60.1
T	09	315 48.9	. . 09.3	3 28.0	11.2	4 39.7	17.2	60.1
U	10	330 49.0	10.0	17 58.2	11.2	4 22.5	17.3	60.1
R	11	345 49.0	10.7	32 28.4	11.2	4 05.2	17.3	60.1
D	12	0 49.1	N16 11.5	46 58.6	11.2	S 3 47.9	17.3	60.2
A	13	15 49.1	12.2	61 28.8	11.2	3 30.6	17.4	60.2
Y	14	30 49.2	12.9	75 59.0	11.2	3 13.2	17.4	60.2
	15	45 49.2	. . 13.6	90 29.2	11.2	2 55.8	17.4	60.2
	16	60 49.3	14.3	104 59.4	11.2	2 38.4	17.4	60.2
	17	75 49.3	15.0	119 29.6	11.2	2 21.0	17.5	60.2
	18	90 49.4	N16 15.7	133 59.8	11.2	S 2 03.5	17.5	60.2
	19	105 49.4	16.5	148 30.0	11.2	1 46.0	17.4	60.2
	20	120 49.5	17.2	163 00.2	11.2	1 28.6	17.6	60.2
	21	135 49.6	. . 17.9	177 30.4	11.2	1 11.0	17.5	60.3
	22	150 49.6	18.6	192 00.6	11.2	0 53.5	17.5	60.3
	23	165 49.7	19.3	206 30.8	11.2	0 36.0	17.5	60.3
5	00	180 49.7	N16 20.0	221 01.0	11.1	S 0 18.5	17.6	60.3
	01	195 49.8	20.7	235 31.1	11.2	S 0 00.9	17.5	60.3
	02	210 49.8	21.4	250 01.3	11.1	N 0 16.6	17.6	60.3
	03	225 49.9	. . 22.1	264 31.4	11.2	0 34.2	17.5	60.3
	04	240 49.9	22.8	279 01.6	11.1	0 51.7	17.6	60.3
	05	255 49.9	23.6	293 31.7	11.1	1 09.3	17.5	60.3
	06	270 50.0	N16 24.3	308 01.8	11.1	N 1 26.8	17.6	60.3
	07	285 50.0	25.0	322 31.9	11.0	1 44.4	17.5	60.3
	08	300 50.1	25.7	337 01.9	11.1	2 01.9	17.6	60.3
S	09	315 50.1	. . 26.4	351 32.0	11.0	2 19.5	17.5	60.3
U	10	330 50.2	27.1	6 02.0	11.0	2 37.0	17.5	60.4
N	11	345 50.2	27.8	20 32.0	11.0	2 54.5	17.5	60.4
D	12	0 50.3	N16 28.5	35 02.0	11.0	N 3 12.0	17.5	60.4
A	13	15 50.3	29.2	49 32.0	10.9	3 29.5	17.5	60.4
Y	14	30 50.4	29.9	64 01.9	10.9	3 47.0	17.5	60.4
	15	45 50.4	. . 30.6	78 31.8	10.8	4 04.5	17.4	60.4
	16	60 50.5	31.3	93 01.6	10.9	4 21.9	17.5	60.4
	17	75 50.5	32.0	107 31.5	10.8	4 39.4	17.3	60.4
	18	90 50.6	N16 32.7	122 01.3	10.8	N 4 56.7	17.4	60.4
	19	105 50.6	33.4	136 31.1	10.7	5 14.1	17.4	60.4
	20	120 50.7	34.1	151 00.8	10.7	5 31.5	17.3	60.4
	21	135 50.7	. . 34.8	165 30.5	10.7	5 48.8	17.3	60.4
	22	150 50.7	35.5	180 00.2	10.6	6 06.1	17.2	60.4
	23	165 50.8	36.2	194 29.8	10.6	N 6 23.3	17.3	60.4
		SD 15.9	*d* 0.7	SD 16.3		16.4		16.4

Lat.	Twilight Naut.	Twilight Civil	Sunrise	Moonrise 3	Moonrise 4	Moonrise 5	Moonrise 6
°	h m	h m	h m	h m	h m	h m	h m
N 72	////	////	01 20	04 43	03 55	03 17	02 37
N 70	////	////	02 10	04 22	03 47	03 17	02 47
68	////	////	02 41	04 05	03 40	03 18	02 56
66	////	01 32	03 04	03 51	03 34	03 18	03 03
64	////	02 09	03 22	03 39	03 28	03 19	03 09
62	////	02 34	03 36	03 29	03 24	03 19	03 14
60	01 22	02 54	03 49	03 21	03 20	03 19	03 19
N 58	01 55	03 09	03 59	03 13	03 17	03 20	03 23
56	02 19	03 23	04 09	03 06	03 14	03 20	03 26
54	02 37	03 34	04 17	03 00	03 11	03 20	03 30
52	02 52	03 44	04 24	02 55	03 08	03 20	03 33
50	03 05	03 53	04 30	02 50	03 06	03 20	03 35
45	03 31	04 12	04 44	02 39	03 01	03 21	03 41
N 40	03 50	04 26	04 56	02 30	02 56	03 21	03 46
35	04 06	04 38	05 06	02 23	02 53	03 22	03 51
30	04 18	04 49	05 14	02 16	02 49	03 22	03 55
20	04 38	05 06	05 29	02 04	02 44	03 22	04 01
N 10	04 54	05 20	05 42	01 54	02 39	03 23	04 08
0	05 07	05 32	05 53	01 44	02 34	03 23	04 13
S 10	05 18	05 43	06 05	01 34	02 29	03 24	04 19
20	05 28	05 54	06 17	01 23	02 24	03 24	04 25
30	05 38	06 06	06 31	01 11	02 18	03 25	04 33
35	05 43	06 13	06 39	01 04	02 15	03 25	04 37
40	05 48	06 20	06 48	00 56	02 11	03 26	04 42
45	05 53	06 28	06 59	00 47	02 07	03 27	04 47
S 50	05 59	06 37	07 12	00 35	02 01	03 27	04 54
52	06 01	06 41	07 18	00 30	01 59	03 27	04 57
54	06 04	06 46	07 24	00 24	01 56	03 28	05 01
56	06 06	06 51	07 32	00 17	01 53	03 28	05 04
58	06 09	06 56	07 40	00 10	01 50	03 29	05 09
S 60	06 12	07 03	07 49	00 01	01 46	03 29	05 14

Lat.	Sunset	Twilight Civil	Twilight Naut.	Moonset 3	Moonset 4	Moonset 5	Moonset 6
°	h m	h m	h m	h m	h m	h m	h m
N 72	22 44	////	////	11 40	14 15	16 44	19 26
N 70	21 49	////	////	11 59	14 20	16 38	19 04
68	21 16	////	////	12 14	14 24	16 32	18 47
66	20 52	22 27	////	12 26	14 28	16 28	18 33
64	20 34	21 49	////	12 36	14 30	16 24	18 22
62	20 19	21 22	////	12 44	14 33	16 21	18 12
60	20 06	21 02	22 37	12 51	14 35	16 18	18 04
N 58	19 56	20 46	22 02	12 57	14 37	16 16	17 57
56	19 46	20 32	21 37	13 03	14 38	16 14	17 51
54	19 38	20 21	21 18	13 08	14 40	16 12	17 45
52	19 31	20 10	21 03	13 12	14 41	16 10	17 40
50	19 24	20 01	20 50	13 16	14 42	16 08	17 36
45	19 10	19 43	20 24	13 25	14 45	16 05	17 26
N 40	18 58	19 28	20 04	13 32	14 47	16 02	17 18
35	18 48	19 16	19 49	13 38	14 49	15 59	17 11
30	18 40	19 05	19 36	13 43	14 50	15 57	17 05
20	18 25	18 48	19 15	13 52	14 53	15 53	16 55
N 10	18 12	18 34	19 00	14 00	14 55	15 50	16 46
0	18 00	18 22	18 47	14 08	14 57	15 47	16 38
S 10	17 48	18 10	18 36	14 15	14 59	15 44	16 29
20	17 36	17 59	18 25	14 23	15 02	15 40	16 20
30	17 22	17 47	18 15	14 31	15 04	15 37	16 10
35	17 14	17 40	18 10	14 36	15 06	15 34	16 04
40	17 05	17 33	18 05	14 42	15 07	15 32	15 58
45	16 54	17 25	18 00	14 49	15 09	15 29	15 50
S 50	16 41	17 16	17 54	14 56	15 11	15 26	15 41
52	16 35	17 11	17 52	15 00	15 12	15 24	15 37
54	16 29	17 07	17 49	15 04	15 13	15 22	15 32
56	16 21	17 02	17 46	15 08	15 14	15 21	15 27
58	16 13	16 56	17 43	15 13	15 16	15 18	15 22
S 60	16 03	16 50	17 40	15 18	15 17	15 16	15 16

Day	SUN Eqn. of Time 00ʰ	SUN Eqn. of Time 12ʰ	SUN Mer. Pass.	MOON Mer. Pass. Upper	MOON Mer. Pass. Lower	MOON Age	MOON Phase
d	m s	m s	h m	h m	h m	d	%
3	03 08	03 11	11 57	07 56	20 21	25	28
4	03 14	03 16	11 57	08 46	21 10	26	18
5	03 19	03 21	11 57	09 35	22 00	27	10

© British Crown Copyright 2023. All rights reserved.

UT d	UT h	ARIES GHA	VENUS −3·9 GHA	VENUS Dec	MARS +1·1 GHA	MARS Dec	JUPITER −2·0 GHA	JUPITER Dec	SATURN +1·0 GHA	SATURN Dec
		° ′	° ′	° ′	° ′	° ′	° ′	° ′	° ′	° ′
6 MONDAY	00	224 20.6	188 18.8	N13 08.6	220 03.7	N 0 28.9	171 12.1	N18 21.5	235 33.4	S 6 44.0
	01	239 23.0	203 18.2	09.6	235 04.5	29.6	186 14.0	21.7	250 35.6	43.9
	02	254 25.5	218 17.7	10.7	250 05.2	30.4	201 15.9	21.8	265 37.9	43.8
	03	269 28.0	233 17.2	. . 11.7	265 05.9	. . 31.2	216 17.7	. . 22.0	280 40.2	. . 43.7
	04	284 30.4	248 16.7	12.8	280 06.6	31.9	231 19.6	22.1	295 42.4	43.7
	05	299 32.9	263 16.2	13.8	295 07.3	32.7	246 21.5	22.3	310 44.7	43.6
	06	314 35.4	278 15.7	N13 14.9	310 08.0	N 0 33.5	261 23.3	N18 22.4	325 47.0	S 6 43.5
	07	329 37.8	293 15.2	15.9	325 08.7	34.2	276 25.2	22.5	340 49.3	43.5
	08	344 40.3	308 14.7	17.0	340 09.4	35.0	291 27.0	22.7	355 51.5	43.4
	09	359 42.7	323 14.2	. . 18.0	355 10.1	. . 35.8	306 28.9	. . 22.8	10 53.8	. . 43.3
	10	14 45.2	338 13.7	19.1	10 10.8	36.5	321 30.8	23.0	25 56.1	43.2
	11	29 47.7	353 13.2	20.1	25 11.5	37.3	336 32.6	23.1	40 58.3	43.2
	12	44 50.1	8 12.6	N13 21.2	40 12.2	N 0 38.1	351 34.5	N18 23.3	56 00.6	S 6 43.1
	13	59 52.6	23 12.1	22.2	55 12.9	38.8	6 36.4	23.4	71 02.9	43.0
	14	74 55.1	38 11.6	23.3	70 13.6	39.6	21 38.2	23.6	86 05.2	43.0
	15	89 57.5	53 11.1	. . 24.3	85 14.3	. . 40.4	36 40.1	. . 23.7	101 07.4	. . 42.9
	16	105 00.0	68 10.6	25.4	100 15.0	41.1	51 42.0	23.8	116 09.7	42.8
	17	120 02.5	83 10.1	26.4	115 15.7	41.9	66 43.8	24.0	131 12.0	42.7
	18	135 04.9	98 09.6	N13 27.5	130 16.4	N 0 42.6	81 45.7	N18 24.1	146 14.3	S 6 42.7
	19	150 07.4	113 09.1	28.5	145 17.1	43.4	96 47.5	24.3	161 16.5	42.6
	20	165 09.8	128 08.5	29.6	160 17.8	44.2	111 49.4	24.4	176 18.8	42.5
	21	180 12.3	143 08.0	. . 30.6	175 18.5	. . 44.9	126 51.3	. . 24.6	191 21.1	. . 42.5
	22	195 14.8	158 07.5	31.6	190 19.2	45.7	141 53.1	24.7	206 23.4	42.4
	23	210 17.2	173 07.0	32.7	205 19.9	46.5	156 55.0	24.8	221 25.6	42.3
7 TUESDAY	00	225 19.7	188 06.5	N13 33.7	220 20.6	N 0 47.2	171 56.9	N18 25.0	236 27.9	S 6 42.2
	01	240 22.2	203 06.0	34.8	235 21.3	48.0	186 58.7	25.1	251 30.2	42.2
	02	255 24.6	218 05.4	35.8	250 22.0	48.8	202 00.6	25.3	266 32.5	42.1
	03	270 27.1	233 04.9	. . 36.8	265 22.7	. . 49.5	217 02.4	. . 25.4	281 34.7	. . 42.0
	04	285 29.6	248 04.4	37.9	280 23.4	50.3	232 04.3	25.6	296 37.0	42.0
	05	300 32.0	263 03.9	38.9	295 24.1	51.1	247 06.2	25.7	311 39.3	41.9
	06	315 34.5	278 03.4	N13 40.0	310 24.8	N 0 51.8	262 08.0	N18 25.8	326 41.6	S 6 41.8
	07	330 37.0	293 02.9	41.0	325 25.5	52.6	277 09.9	26.0	341 43.8	41.7
	08	345 39.4	308 02.3	42.0	340 26.3	53.3	292 11.8	26.1	356 46.1	41.7
	09	0 41.9	323 01.8	. . 43.1	355 27.0	. . 54.1	307 13.6	. . 26.3	11 48.4	. . 41.6
	10	15 44.3	338 01.3	44.1	10 27.7	54.9	322 15.5	26.4	26 50.7	41.5
	11	30 46.8	353 00.8	45.1	25 28.4	55.6	337 17.4	26.6	41 52.9	41.5
	12	45 49.3	8 00.2	N13 46.2	40 29.1	N 0 56.4	352 19.2	N18 26.7	56 55.2	S 6 41.4
	13	60 51.7	22 59.7	47.2	55 29.8	57.2	7 21.1	26.8	71 57.5	41.3
	14	75 54.2	37 59.2	48.2	70 30.5	57.9	22 22.9	27.0	86 59.8	41.3
	15	90 56.7	52 58.7	. . 49.3	85 31.2	. . 58.7	37 24.8	. . 27.1	102 02.0	. . 41.2
	16	105 59.1	67 58.2	50.3	100 31.9	0 59.5	52 26.7	27.3	117 04.3	41.1
	17	121 01.6	82 57.6	51.3	115 32.6	1 00.2	67 28.5	27.4	132 06.6	41.0
	18	136 04.1	97 57.1	N13 52.4	130 33.3	N 1 01.0	82 30.4	N18 27.6	147 08.9	S 6 41.0
	19	151 06.5	112 56.6	53.4	145 34.0	01.7	97 32.3	27.7	162 11.1	40.9
	20	166 09.0	127 56.1	54.4	160 34.7	02.5	112 34.1	27.8	177 13.4	40.8
	21	181 11.5	142 55.5	. . 55.5	175 35.4	. . 03.3	127 36.0	. . 28.0	192 15.7	. . 40.8
	22	196 13.9	157 55.0	56.5	190 36.1	04.0	142 37.8	28.1	207 18.0	40.7
	23	211 16.4	172 54.5	57.5	205 36.8	04.8	157 39.7	28.3	222 20.2	40.6
8 WEDNESDAY	00	226 18.8	187 54.0	N13 58.5	220 37.5	N 1 05.6	172 41.6	N18 28.4	237 22.5	S 6 40.6
	01	241 21.3	202 53.4	13 59.6	235 38.2	06.3	187 43.4	28.6	252 24.8	40.5
	02	256 23.8	217 52.9	14 00.6	250 38.9	07.1	202 45.3	28.7	267 27.1	40.4
	03	271 26.2	232 52.4	. . 01.6	265 39.6	. . 07.9	217 47.2	. . 28.8	282 29.4	. . 40.3
	04	286 28.7	247 51.8	02.6	280 40.3	08.6	232 49.0	29.0	297 31.6	40.3
	05	301 31.2	262 51.3	03.7	295 41.0	09.4	247 50.9	29.1	312 33.9	40.2
	06	316 33.6	277 50.8	N14 04.7	310 41.7	N 1 10.1	262 52.7	N18 29.3	327 36.2	S 6 40.1
	07	331 36.1	292 50.3	05.7	325 42.4	10.9	277 54.6	29.4	342 38.5	40.1
	08	346 38.6	307 49.7	06.7	340 43.2	11.7	292 56.5	29.6	357 40.7	40.0
	09	1 41.0	322 49.2	. . 07.8	355 43.9	. . 12.4	307 58.3	. . 29.7	12 43.0	. . 39.9
	10	16 43.5	337 48.7	08.8	10 44.6	13.2	323 00.2	29.8	27 45.3	39.9
	11	31 46.0	352 48.1	09.8	25 45.3	14.0	338 02.1	30.0	42 47.6	39.8
	12	46 48.4	7 47.6	N14 10.8	40 46.0	N 1 14.7	353 03.9	N18 30.1	57 49.9	S 6 39.7
	13	61 50.9	22 47.1	11.8	55 46.7	15.5	8 05.8	30.3	72 52.1	39.7
	14	76 53.3	37 46.5	12.9	70 47.4	16.2	23 07.6	30.4	87 54.4	39.6
	15	91 55.8	52 46.0	. . 13.9	85 48.1	. . 17.0	38 09.5	. . 30.5	102 56.7	. . 39.5
	16	106 58.3	67 45.5	14.9	100 48.8	17.8	53 11.4	30.7	117 59.0	39.4
	17	122 00.7	82 44.9	15.9	115 49.5	18.5	68 13.2	30.8	133 01.2	39.4
	18	137 03.2	97 44.4	N14 16.9	130 50.2	N 1 19.3	83 15.1	N18 31.0	148 03.5	S 6 39.3
	19	152 05.7	112 43.9	18.0	145 50.9	20.1	98 16.9	31.1	163 05.8	39.2
	20	167 08.1	127 43.3	19.0	160 51.6	20.8	113 18.8	31.3	178 08.1	39.2
	21	182 10.6	142 42.8	. . 20.0	175 52.3	. . 21.6	128 20.7	. . 31.4	193 10.4	. . 39.1
	22	197 13.1	157 42.3	21.0	190 53.0	22.3	143 22.5	31.5	208 12.6	39.0
	23	212 15.5	172 41.7	22.0	205 53.7	23.1	158 24.4	31.7	223 14.9	39.0
Mer. Pass.		h m 8 57.2	v −0.5	d 1.0	v 0.7	d 0.8	v 1.9	d 0.1	v 2.3	d 0.1

STARS

Name	SHA	Dec
	° ′	° ′
Acamar	315 12.6	S40 12.5
Achernar	335 21.1	S57 06.7
Acrux	173 00.2	S63 14.3
Adhara	255 06.5	S29 00.5
Aldebaran	290 40.6	N16 33.4
Alioth	166 13.0	N55 49.8
Alkaid	152 52.0	N49 11.5
Alnair	27 33.7	S46 50.5
Alnilam	275 38.6	S 1 11.2
Alphard	217 48.3	S 8 45.9
Alphecca	126 03.9	N26 37.9
Alpheratz	357 35.6	N29 13.3
Altair	62 00.4	N 8 55.8
Ankaa	353 08.0	S42 10.4
Antares	112 16.2	S26 29.2
Arcturus	145 48.1	N19 03.3
Atria	107 10.5	S69 04.2
Avior	234 15.2	S59 35.5
Bellatrix	278 23.8	N 6 22.3
Betelgeuse	270 53.0	N 7 24.7
Canopus	263 53.0	S52 42.7
Capella	280 23.2	N46 01.4
Deneb	49 26.1	N45 21.7
Denebola	182 25.3	N14 26.2
Diphda	348 48.1	S17 51.2
Dubhe	193 41.4	N61 37.4
Elnath	278 02.9	N28 37.7
Eltanin	90 42.0	N51 28.8
Enif	33 39.4	N 9 59.0
Fomalhaut	15 15.3	S29 29.6
Gacrux	171 51.9	S57 15.2
Gienah	175 44.0	S17 40.8
Hadar	148 36.2	S60 29.5
Hamal	327 52.2	N23 34.5
Kaus Aust.	83 33.0	S34 22.3
Kochab	137 18.5	N74 03.3
Markab	13 30.6	N15 20.0
Menkar	314 07.1	N 4 11.0
Menkent	147 57.9	S36 29.5
Miaplacidus	221 38.5	S69 49.3
Mirfak	308 29.6	N49 56.8
Nunki	75 48.3	S26 16.0
Peacock	53 06.5	S56 39.2
Pollux	243 18.2	N27 58.1
Procyon	244 51.6	N 5 09.7
Rasalhague	95 58.8	N12 32.4
Regulus	207 35.0	N11 50.9
Rigel	281 04.7	S 8 10.5
Rigil Kent.	139 40.5	S60 56.2
Sabik	102 03.2	S15 45.4
Schedar	349 32.2	N56 40.0
Shaula	96 10.8	S37 07.3
Sirius	258 27.0	S16 45.1
Spica	158 22.6	S11 17.4
Suhail	222 46.8	S43 32.1
Vega	80 33.4	N38 48.1
Zuben'ubi	136 56.3	S16 08.7

	SHA	Mer. Pass.
	° ′	h m
Venus	322 46.8	11 28
Mars	355 00.9	9 18
Jupiter	306 37.2	12 31
Saturn	11 08.2	8 13

© British Crown Copyright 2023. All rights reserved.

UT	SUN GHA	SUN Dec	MOON GHA	v	MOON Dec	d	HP
d h	° ′	° ′	° ′	′	° ′	′	′
6 00	180 50.8	N16 36.9	208 59.4	10.6	N 6 40.6	17.2	60.4
01	195 50.9	37.6	223 29.0	10.5	6 57.8	17.1	60.4
02	210 50.9	38.3	237 58.5	10.5	7 14.9	17.1	60.4
03	225 51.0	. . 39.0	252 28.0	10.4	7 32.0	17.1	60.4
04	240 51.0	39.7	266 57.4	10.4	7 49.1	17.0	60.4
05	255 51.0	40.4	281 26.8	10.3	8 06.1	17.0	60.4
06	270 51.1	N16 41.1	295 56.1	10.3	N 8 23.1	16.9	60.4
07	285 51.1	41.8	310 25.4	10.3	8 40.0	16.9	60.4
M 08	300 51.2	42.5	324 54.7	10.2	8 56.9	16.8	60.4
O 09	315 51.2	. . 43.2	339 23.9	10.1	9 13.7	16.8	60.4
N 10	330 51.3	43.9	353 53.0	10.1	9 30.5	16.7	60.3
D 11	345 51.3	44.6	8 22.1	10.0	9 47.2	16.7	60.3
A 12	0 51.3	N16 45.3	22 51.1	10.0	N10 03.9	16.6	60.3
Y 13	15 51.4	46.0	37 20.1	10.0	10 20.5	16.6	60.3
14	30 51.4	46.7	51 49.1	9.9	10 37.1	16.4	60.3
15	45 51.5	. . 47.4	66 18.0	9.8	10 53.5	16.5	60.3
16	60 51.5	48.0	80 46.8	9.8	11 10.0	16.3	60.3
17	75 51.5	48.7	95 15.6	9.7	11 26.3	16.3	60.3
18	90 51.6	N16 49.4	109 44.3	9.6	N11 42.6	16.2	60.3
19	105 51.6	50.1	124 12.9	9.6	11 58.8	16.2	60.3
20	120 51.7	50.8	138 41.5	9.6	12 15.0	16.0	60.3
21	135 51.7	. . 51.5	153 10.1	9.4	12 31.0	16.0	60.3
22	150 51.7	52.2	167 38.5	9.4	12 47.0	16.0	60.3
23	165 51.8	52.9	182 06.9	9.4	13 03.0	15.8	60.2
7 00	180 51.8	N16 53.6	196 35.3	9.3	N13 18.8	15.8	60.2
01	195 51.9	54.2	211 03.6	9.2	13 34.6	15.6	60.2
02	210 51.9	54.9	225 31.8	9.2	13 50.2	15.6	60.2
03	225 51.9	. . 55.6	240 00.0	9.1	14 05.8	15.5	60.2
04	240 52.0	56.3	254 28.1	9.0	14 21.3	15.4	60.2
05	255 52.0	57.0	268 56.1	8.9	14 36.7	15.4	60.2
06	270 52.0	N16 57.7	283 24.0	8.9	N14 52.1	15.2	60.2
07	285 52.1	58.4	297 51.9	8.9	15 07.3	15.1	60.2
T 08	300 52.1	59.0	312 19.8	8.7	15 22.4	15.1	60.1
U 09	315 52.2	16 59.7	326 47.5	8.7	15 37.5	14.9	60.1
E 10	330 52.2	17 00.4	341 15.2	8.6	15 52.4	14.9	60.1
S 11	345 52.2	01.1	355 42.8	8.6	16 07.3	14.7	60.1
D 12	0 52.3	N17 01.8	10 10.4	8.5	N16 22.0	14.6	60.1
A 13	15 52.3	02.4	24 37.9	8.4	16 36.6	14.6	60.1
Y 14	30 52.3	03.1	39 05.3	8.3	16 51.2	14.4	60.0
15	45 52.4	. . 03.8	53 32.6	8.3	17 05.6	14.3	60.0
16	60 52.4	04.5	67 59.9	8.2	17 19.9	14.2	60.0
17	75 52.4	05.2	82 27.1	8.1	17 34.1	14.1	60.0
18	90 52.5	N17 05.8	96 54.2	8.0	N17 48.2	14.0	60.0
19	105 52.5	06.5	111 21.2	8.0	18 02.2	13.8	60.0
20	120 52.5	07.2	125 48.2	7.9	18 16.0	13.8	59.9
21	135 52.6	. . 07.9	140 15.1	7.9	18 29.8	13.6	59.9
22	150 52.6	08.6	154 42.0	7.7	18 43.4	13.5	59.9
23	165 52.6	09.2	169 08.7	7.7	18 56.9	13.4	59.9
8 00	180 52.7	N17 09.9	183 35.4	7.6	N19 10.3	13.2	59.9
01	195 52.7	10.6	198 02.0	7.6	19 23.5	13.1	59.8
02	210 52.7	11.3	212 28.6	7.4	19 36.6	13.0	59.8
03	225 52.8	. . 11.9	226 55.0	7.4	19 49.6	12.9	59.8
04	240 52.8	12.6	241 21.4	7.4	20 02.5	12.7	59.8
05	255 52.8	13.3	255 47.8	7.2	20 15.2	12.6	59.8
06	270 52.8	N17 14.0	270 14.0	7.2	N20 27.8	12.5	59.7
W 07	285 52.9	14.6	284 40.2	7.1	20 40.3	12.3	59.7
E 08	300 52.9	15.3	299 06.3	7.1	20 52.6	12.2	59.7
D 09	315 52.9	. . 16.0	313 32.4	7.0	21 04.8	12.1	59.7
N 10	330 53.0	16.6	327 58.4	6.9	21 16.9	11.9	59.6
E 11	345 53.0	17.3	342 24.3	6.8	21 28.8	11.8	59.6
S 12	0 53.0	N17 18.0	356 50.1	6.8	N21 40.6	11.6	59.6
D 13	15 53.1	18.6	11 15.9	6.7	21 52.2	11.5	59.6
A 14	30 53.1	19.3	25 41.6	6.6	22 03.7	11.3	59.5
Y 15	45 53.1	. . 20.0	40 07.2	6.6	22 15.0	11.2	59.5
16	60 53.1	20.7	54 32.8	6.5	22 26.2	11.0	59.5
17	75 53.2	21.3	68 58.3	6.4	22 37.2	10.9	59.5
18	90 53.2	N17 22.0	83 23.7	6.4	N22 48.1	10.7	59.4
19	105 53.2	22.7	97 49.1	6.3	22 58.8	10.6	59.4
20	120 53.3	23.3	112 14.4	6.2	23 09.4	10.4	59.4
21	135 53.3	. . 24.0	126 39.6	6.2	23 19.8	10.3	59.4
22	150 53.3	24.6	141 04.8	6.2	23 30.1	10.1	59.3
23	165 53.3	25.3	155 30.0	6.0	N23 40.2	9.9	59.3
	SD 15.9	*d* 0.7	SD		16.4	16.4	16.2

Lat.	Twilight Naut.	Twilight Civil	Sunrise	Moonrise 6	Moonrise 7	Moonrise 8	Moonrise 9
°	h m	h m	h m	h m	h m	h m	h m
N 72	////	////	00 37	02 37	01 45	▭	▭
N 70	////	////	01 50	02 47	02 10	00 55	▭
68	////	////	02 26	02 56	02 29	01 47	▭
66	////	01 08	02 52	03 03	02 45	02 20	01 08
64	////	01 53	03 12	03 09	02 58	02 44	02 21
62	////	02 22	03 28	03 14	03 09	03 03	02 57
60	01 01	02 44	03 41	03 19	03 18	03 19	03 24
N 58	01 42	03 01	03 52	03 23	03 27	03 33	03 44
56	02 08	03 15	04 02	03 26	03 34	03 45	04 02
54	02 28	03 28	04 11	03 30	03 41	03 55	04 16
52	02 45	03 38	04 19	03 33	03 47	04 05	04 29
50	02 59	03 48	04 26	03 35	03 52	04 13	04 40
45	03 26	04 07	04 40	03 41	04 04	04 31	05 04
N 40	03 46	04 23	04 53	03 46	04 14	04 45	05 23
35	04 02	04 35	05 03	03 51	04 22	04 58	05 39
30	04 15	04 46	05 12	03 55	04 30	05 09	05 53
20	04 36	05 04	05 27	04 01	04 43	05 28	06 17
N 10	04 53	05 19	05 41	04 08	04 54	05 44	06 38
0	05 06	05 31	05 53	04 13	05 05	06 00	06 57
S 10	05 18	05 43	06 05	04 19	05 16	06 15	07 17
20	05 29	05 55	06 18	04 25	05 28	06 32	07 38
30	05 39	06 08	06 33	04 33	05 42	06 52	08 03
35	05 45	06 15	06 42	04 37	05 50	07 04	08 17
40	05 50	06 23	06 51	04 42	05 59	07 17	08 34
45	05 56	06 31	07 02	04 47	06 09	07 33	08 55
S 50	06 02	06 41	07 16	04 54	06 23	07 52	09 20
52	06 05	06 46	07 22	04 57	06 29	08 02	09 33
54	06 08	06 51	07 29	05 01	06 36	08 12	09 47
56	06 11	06 56	07 37	05 04	06 43	08 24	10 04
58	06 14	07 02	07 46	05 09	06 52	08 38	10 25
S 60	06 18	07 09	07 56	05 14	07 02	08 55	10 50

Lat.	Sunset	Twilight Civil	Twilight Naut.	Moonset 6	Moonset 7	Moonset 8	Moonset 9
°	h m	h m	h m	h m	h m	h m	h m
N 72	23 52	////	////	19 26	▭	▭	▭
N 70	22 09	////	////	19 04	22 12	▭	▭
68	21 30	////	////	18 47	21 22	▭	▭
66	21 04	22 53	////	18 33	20 50	24 01	00 01
64	20 44	22 04	////	18 22	20 27	22 49	▭
62	20 27	21 34	////	18 12	20 09	22 14	24 28
60	20 14	21 12	23 00	18 04	19 54	21 48	23 40
N 58	20 02	20 54	22 15	17 57	19 42	21 28	23 10
56	19 52	20 39	21 48	17 51	19 31	21 12	22 47
54	19 43	20 27	21 27	17 45	19 21	20 57	22 28
52	19 36	20 16	21 10	17 40	19 13	20 45	22 13
50	19 28	20 06	20 56	17 36	19 05	20 34	21 59
45	19 13	19 47	20 29	17 26	18 49	20 12	21 31
N 40	19 01	19 31	20 08	17 18	18 36	19 54	21 09
35	18 51	19 18	19 52	17 11	18 25	19 39	20 51
30	18 42	19 07	19 38	17 05	18 15	19 26	20 36
20	18 26	18 49	19 17	16 55	17 58	19 04	20 09
N 10	18 12	18 35	19 00	16 46	17 44	18 45	19 47
0	18 00	18 22	18 47	16 38	17 31	18 27	19 26
S 10	17 48	18 10	18 35	16 29	17 17	18 09	19 05
20	17 35	17 58	18 24	16 20	17 03	17 50	18 42
30	17 20	17 45	18 13	16 10	16 47	17 28	18 16
35	17 11	17 38	18 08	16 04	16 38	17 16	18 01
40	17 01	17 30	18 02	15 58	16 27	17 01	17 43
45	16 50	17 21	17 57	15 50	16 15	16 44	17 22
S 50	16 36	17 11	17 50	15 41	16 00	16 23	16 55
52	16 30	17 07	17 47	15 37	15 53	16 13	16 42
54	16 23	17 02	17 44	15 32	15 45	16 02	16 27
56	16 15	16 56	17 41	15 27	15 36	15 49	16 10
58	16 06	16 50	17 38	15 22	15 27	15 35	15 49
S 60	15 56	16 43	17 34	15 16	15 16	15 17	15 23

Day	SUN Eqn. of Time 00^h	SUN Eqn. of Time 12^h	SUN Mer. Pass.	MOON Mer. Pass. Upper	MOON Mer. Pass. Lower	MOON Age	MOON Phase
d	m s	m s	h m	h m	h m	d	%
6	03 23	03 25	11 57	10 25	22 51	28	4
7	03 27	03 29	11 57	11 18	23 45	29	1 ●
8	03 31	03 32	11 56	12 13	24 42	00	0

© British Crown Copyright 2023. All rights reserved.

UT		ARIES	VENUS −3·9		MARS +1·1		JUPITER −2·0		SATURN +1·0		STARS		
		GHA	GHA	Dec	GHA	Dec	GHA	Dec	GHA	Dec	Name	SHA	Dec
d	h	° ′	° ′	° ′	° ′	° ′	° ′	° ′	° ′	° ′		° ′	° ′
9	00	227 18.0	187 41.2	N14 23.0	220 54.4	N 1 23.9	173 26.3	N18 31.8	238 17.2	S 6 38.9	Acamar	315 12.6	S40 12.4
	01	242 20.4	202 40.7	24.0	235 55.1	24.6	188 28.1	32.0	253 19.5	38.8	Achernar	335 21.1	S57 06.7
	02	257 22.9	217 40.1	25.0	250 55.8	25.4	203 30.0	32.1	268 21.8	38.8	Acrux	173 00.2	S63 14.3
	03	272 25.4	232 39.6	. . 26.1	265 56.6	. . 26.1	218 31.8	. . 32.2	283 24.0	. . 38.7	Adhara	255 06.6	S29 00.5
	04	287 27.8	247 39.0	27.1	280 57.3	26.9	233 33.7	32.4	298 26.3	38.6	Aldebaran	290 40.6	N16 33.4
	05	302 30.3	262 38.5	28.1	295 58.0	27.7	248 35.6	32.5	313 28.6	38.6			
	06	317 32.8	277 38.0	N14 29.1	310 58.7	N 1 28.4	263 37.4	N18 32.7	328 30.9	S 6 38.5	Alioth	166 13.0	N55 49.8
	07	332 35.2	292 37.4	30.1	325 59.4	29.2	278 39.3	32.8	343 33.2	38.4	Alkaid	152 52.0	N49 11.6
T	08	347 37.7	307 36.9	31.1	341 00.1	30.0	293 41.1	33.0	358 35.4	38.4	Alnair	27 33.7	S46 50.4
H	09	2 40.2	322 36.3	. . 32.1	356 00.8	. . 30.7	308 43.0	. . 33.1	13 37.7	. . 38.3	Alnilam	275 38.6	S 1 11.2
U	10	17 42.6	337 35.8	33.1	11 01.5	31.5	323 44.9	33.2	28 40.0	38.2	Alphard	217 48.3	S 8 45.9
R	11	32 45.1	352 35.3	34.1	26 02.2	32.2	338 46.7	33.4	43 42.3	38.1			
S	12	47 47.6	7 34.7	N14 35.1	41 02.9	N 1 33.0	353 48.6	N18 33.5	58 44.6	S 6 38.1	Alphecca	126 03.9	N26 37.9
D	13	62 50.0	22 34.2	36.1	56 03.6	33.8	8 50.5	33.7	73 46.9	38.0	Alpheratz	357 35.6	N29 13.3
A	14	77 52.5	37 33.6	37.1	71 04.3	34.5	23 52.3	33.8	88 49.1	37.9	Altair	62 00.4	N 8 55.8
	15	92 54.9	52 33.1	. . 38.1	86 05.0	. . 35.3	38 54.2	. . 33.9	103 51.4	. . 37.9	Ankaa	353 08.0	S42 10.3
Y	16	107 57.4	67 32.5	39.2	101 05.7	36.0	53 56.0	34.1	118 53.7	37.8	Antares	112 16.2	S26 29.2
	17	122 59.9	82 32.0	40.2	116 06.4	36.8	68 57.9	34.2	133 56.0	37.7			
	18	138 02.3	97 31.5	N14 41.2	131 07.1	N 1 37.6	83 59.8	N18 34.4	148 58.3	S 6 37.7	Arcturus	145 48.1	N19 03.3
	19	153 04.8	112 30.9	42.2	146 07.8	38.3	99 01.6	34.5	164 00.5	37.6	Atria	107 10.4	S69 04.2
	20	168 07.3	127 30.4	43.2	161 08.5	39.1	114 03.5	34.6	179 02.8	37.5	Avior	234 15.2	S59 35.5
	21	183 09.7	142 29.8	. . 44.2	176 09.3	. . 39.9	129 05.3	. . 34.8	194 05.1	. . 37.5	Bellatrix	278 23.8	N 6 22.3
	22	198 12.2	157 29.3	45.2	191 10.0	40.6	144 07.2	34.9	209 07.4	37.4	Betelgeuse	270 53.0	N 7 24.7
	23	213 14.7	172 28.7	46.2	206 10.7	41.4	159 09.1	35.1	224 09.7	37.3			
10	00	228 17.1	187 28.2	N14 47.2	221 11.4	N 1 42.1	174 10.9	N18 35.2	239 12.0	S 6 37.3	Canopus	263 53.0	S52 42.7
	01	243 19.6	202 27.6	48.2	236 12.1	42.9	189 12.8	35.4	254 14.2	37.2	Capella	280 23.2	N46 01.4
	02	258 22.1	217 27.1	49.1	251 12.8	43.7	204 14.6	35.5	269 16.5	37.1	Deneb	49 26.1	N45 21.7
	03	273 24.5	232 26.5	. . 50.1	266 13.5	. . 44.4	219 16.5	. . 35.6	284 18.8	. . 37.1	Denebola	182 25.3	N14 26.2
	04	288 27.0	247 26.0	51.1	281 14.2	45.2	234 18.4	35.8	299 21.1	37.0	Diphda	348 48.1	S17 51.2
	05	303 29.4	262 25.4	52.1	296 14.9	45.9	249 20.2	35.9	314 23.4	36.9			
	06	318 31.9	277 24.9	N14 53.1	311 15.6	N 1 46.7	264 22.1	N18 36.1	329 25.7	S 6 36.9	Dubhe	193 41.4	N61 37.4
	07	333 34.4	292 24.3	54.1	326 16.3	47.5	279 23.9	36.2	344 27.9	36.8	Elnath	278 02.9	N28 37.7
	08	348 36.8	307 23.8	55.1	341 17.0	48.2	294 25.8	36.3	359 30.2	36.7	Eltanin	90 42.0	N51 28.9
F	09	3 39.3	322 23.2	. . 56.1	356 17.7	. . 49.0	309 27.7	. . 36.5	14 32.5	. . 36.7	Enif	33 39.4	N 9 59.0
R	10	18 41.8	337 22.7	57.1	11 18.4	49.7	324 29.5	36.6	29 34.8	36.6	Fomalhaut	15 15.3	S29 29.6
I	11	33 44.2	352 22.1	58.1	26 19.1	50.5	339 31.4	36.8	44 37.1	36.5			
D	12	48 46.7	7 21.6	N14 59.1	41 19.8	N 1 51.3	354 33.3	N18 36.9	59 39.4	S 6 36.5	Gacrux	171 51.9	S57 15.2
A	13	63 49.2	22 21.0	15 00.1	56 20.6	52.0	9 35.1	37.0	74 41.6	36.4	Gienah	175 44.0	S17 40.8
Y	14	78 51.6	37 20.5	01.1	71 21.3	52.8	24 37.0	37.2	89 43.9	36.3	Hadar	148 36.2	S60 29.5
	15	93 54.1	52 19.9	. . 02.1	86 22.0	. . 53.5	39 38.8	. . 37.3	104 46.2	. . 36.3	Hamal	327 52.2	N23 34.5
	16	108 56.6	67 19.4	03.0	101 22.7	54.3	54 40.7	37.5	119 48.5	36.2	Kaus Aust.	83 33.0	S34 22.3
	17	123 59.0	82 18.8	04.0	116 23.4	55.1	69 42.6	37.6	134 50.8	36.1			
	18	139 01.5	97 18.3	N15 05.0	131 24.1	N 1 55.8	84 44.4	N18 37.7	149 53.1	S 6 36.1	Kochab	137 18.6	N74 03.3
	19	154 03.9	112 17.7	06.0	146 24.8	56.6	99 46.3	37.9	164 55.3	36.0	Markab	13 30.6	N15 20.0
	20	169 06.4	127 17.1	07.0	161 25.5	57.3	114 48.1	38.0	179 57.6	35.9	Menkar	314 07.1	N 4 11.0
	21	184 08.9	142 16.6	. . 08.0	176 26.2	. . 58.1	129 50.0	. . 38.2	194 59.9	. . 35.9	Menkent	147 57.9	S36 29.5
	22	199 11.3	157 16.0	09.0	191 26.9	58.9	144 51.9	38.3	210 02.2	35.8	Miaplacidus	221 38.5	S69 49.3
	23	214 13.8	172 15.5	09.9	206 27.6	1 59.6	159 53.7	38.4	225 04.5	35.7			
11	00	229 16.3	187 14.9	N15 10.9	221 28.3	N 2 00.4	174 55.6	N18 38.6	240 06.8	S 6 35.7	Mirfak	308 29.6	N49 56.8
	01	244 18.7	202 14.4	11.9	236 29.0	01.1	189 57.4	38.7	255 09.1	35.6	Nunki	75 48.2	S26 16.0
	02	259 21.2	217 13.8	12.9	251 29.7	01.9	204 59.3	38.9	270 11.3	35.5	Peacock	53 06.5	S56 39.2
	03	274 23.7	232 13.2	. . 13.9	266 30.4	. . 02.6	220 01.2	. . 39.0	285 13.6	. . 35.5	Pollux	243 18.2	N27 58.1
	04	289 26.1	247 12.7	14.8	281 31.2	03.4	235 03.0	39.1	300 15.9	35.4	Procyon	244 51.6	N 5 09.7
	05	304 28.6	262 12.1	15.8	296 31.9	04.2	250 04.9	39.3	315 18.2	35.3			
	06	319 31.1	277 11.6	N15 16.8	311 32.6	N 2 04.9	265 06.7	N18 39.4	330 20.5	S 6 35.3	Rasalhague	95 58.8	N12 32.4
	07	334 33.5	292 11.0	17.8	326 33.3	05.7	280 08.6	39.6	345 22.8	35.2	Regulus	207 35.0	N11 50.9
S	08	349 36.0	307 10.4	18.8	341 34.0	06.4	295 10.5	39.7	0 25.1	35.1	Rigel	281 04.7	S 8 10.5
A	09	4 38.4	322 09.9	. . 19.7	356 34.7	. . 07.2	310 12.3	. . 39.8	15 27.3	. . 35.1	Rigil Kent.	139 40.5	S60 56.2
T	10	19 40.9	337 09.3	20.7	11 35.4	08.0	325 14.2	40.0	30 29.6	35.0	Sabik	102 03.1	S15 45.4
U	11	34 43.4	352 08.7	21.7	26 36.1	08.7	340 16.0	40.1	45 31.9	34.9			
R	12	49 45.8	7 08.2	N15 22.7	41 36.8	N 2 09.5	355 17.9	N18 40.3	60 34.2	S 6 34.9	Schedar	349 32.2	N56 40.0
D	13	64 48.3	22 07.6	23.6	56 37.5	10.2	10 19.8	40.4	75 36.5	34.8	Shaula	96 10.8	S37 07.3
A	14	79 50.8	37 07.0	24.6	71 38.2	11.0	25 21.6	40.5	90 38.8	34.8	Sirius	258 27.0	S16 45.1
Y	15	94 53.2	52 06.5	. . 25.6	86 38.9	. . 11.8	40 23.5	. . 40.7	105 41.1	. . 34.7	Spica	158 22.6	S11 17.4
	16	109 55.7	67 05.9	26.6	101 39.6	12.5	55 25.3	40.8	120 43.4	34.6	Suhail	222 46.8	S43 32.1
	17	124 58.2	82 05.4	27.5	116 40.3	13.3	70 27.2	41.0	135 45.6	34.6			
	18	140 00.6	97 04.8	N15 28.5	131 41.1	N 2 14.0	85 29.0	N18 41.1	150 47.9	S 6 34.5	Vega	80 33.3	N38 48.1
	19	155 03.1	112 04.2	29.5	146 41.8	14.8	100 30.9	41.2	165 50.2	34.4	Zuben'ubi	136 56.3	S16 08.7
	20	170 05.6	127 03.7	30.4	161 42.5	15.5	115 32.8	41.4	180 52.5	34.4		SHA	Mer. Pass.
	21	185 08.0	142 03.1	. . 31.4	176 43.2	. . 16.3	130 34.6	. . 41.5	195 54.8	. . 34.3		° ′	h m
	22	200 10.5	157 02.5	32.4	191 43.9	17.1	145 36.5	41.7	210 57.1	34.2	Venus	319 11.1	11 31
	23	215 12.9	172 02.0	33.3	206 44.6	17.8	160 38.3	41.8	225 59.4	34.2	Mars	352 54.2	9 15
Mer. Pass.		h m 8 45.4	*v* −0.6	*d* 1.0	*v* 0.7	*d* 0.8	*v* 1.9	*d* 0.1	*v* 2.3	*d* 0.1	Jupiter	305 53.8	12 22
											Saturn	10 54.8	8 02

© British Crown Copyright 2023. All rights reserved.

	UT	SUN GHA	SUN Dec	MOON GHA	v	MOON Dec	d	HP
	d h	° ′	° ′	° ′	′	° ′	′	′
THURSDAY	9 00	180 53.4	N17 26.0	169 55.0	6.0	N23 50.1	9.8	59.3
	01	195 53.4	26.6	184 20.0	6.0	23 59.9	9.6	59.2
	02	210 53.4	27.3	198 45.0	5.9	24 09.5	9.5	59.2
	03	225 53.4	. . 28.0	213 09.9	5.8	24 19.0	9.3	59.2
	04	240 53.5	28.6	227 34.7	5.8	24 28.3	9.1	59.2
	05	255 53.5	29.3	241 59.5	5.7	24 37.4	9.0	59.1
	06	270 53.5	N17 29.9	256 24.2	5.7	N24 46.4	8.8	59.1
	07	285 53.5	30.6	270 48.9	5.6	24 55.2	8.6	59.1
	08	300 53.6	31.3	285 13.5	5.6	25 03.8	8.5	59.0
	09	315 53.6	. . 31.9	299 38.1	5.6	25 12.3	8.3	59.0
	10	330 53.6	32.6	314 02.7	5.5	25 20.6	8.1	59.0
	11	345 53.6	33.2	328 27.2	5.4	25 28.7	7.9	58.9
	12	0 53.7	N17 33.9	342 51.6	5.4	N25 36.6	7.8	58.9
	13	15 53.7	34.6	357 16.0	5.4	25 44.4	7.6	58.9
	14	30 53.7	35.2	11 40.4	5.3	25 52.0	7.4	58.9
	15	45 53.7	. . 35.9	26 04.7	5.3	25 59.4	7.3	58.8
	16	60 53.7	36.5	40 29.0	5.3	26 06.7	7.1	58.8
	17	75 53.8	37.2	54 53.3	5.2	26 13.8	6.8	58.8
	18	90 53.8	N17 37.8	69 17.5	5.2	N26 20.6	6.8	58.7
	19	105 53.8	38.5	83 41.7	5.2	26 27.4	6.5	58.7
	20	120 53.8	39.1	98 05.9	5.1	26 33.9	6.4	58.7
	21	135 53.9	. . 39.8	112 30.0	5.1	26 40.3	6.2	58.6
	22	150 53.9	40.4	126 54.1	5.1	26 46.5	6.0	58.6
	23	165 53.9	41.1	141 18.2	5.1	26 52.5	5.8	58.6
FRIDAY	10 00	180 53.9	N17 41.7	155 42.3	5.1	N26 58.3	5.6	58.5
	01	195 53.9	42.4	170 06.4	5.0	27 03.9	5.5	58.5
	02	210 54.0	43.0	184 30.4	5.0	27 09.4	5.3	58.5
	03	225 54.0	. . 43.7	198 54.4	5.0	27 14.7	5.1	58.4
	04	240 54.0	44.3	213 18.4	5.0	27 19.8	4.9	58.4
	05	255 54.0	45.0	227 42.4	5.0	27 24.7	4.7	58.4
	06	270 54.0	N17 45.6	242 06.4	5.0	N27 29.4	4.6	58.3
	07	285 54.1	46.3	256 30.4	4.9	27 34.0	4.4	58.3
	08	300 54.1	46.9	270 54.3	5.0	27 38.4	4.1	58.3
	09	315 54.1	. . 47.6	285 18.3	5.0	27 42.5	4.0	58.2
	10	330 54.1	48.2	299 42.3	5.0	27 46.5	3.9	58.2
	11	345 54.1	48.9	314 06.3	4.9	27 50.4	3.6	58.2
	12	0 54.1	N17 49.5	328 30.2	5.0	N27 54.0	3.5	58.1
	13	15 54.2	50.2	342 54.2	5.0	27 57.5	3.2	58.1
	14	30 54.2	50.8	357 18.2	5.0	28 00.7	3.1	58.1
	15	45 54.2	. . 51.5	11 42.2	5.0	28 03.8	2.9	58.0
	16	60 54.2	52.1	26 06.2	5.1	28 06.7	2.8	58.0
	17	75 54.2	52.7	40 30.3	5.0	28 09.5	2.5	57.9
	18	90 54.2	N17 53.4	54 54.3	5.1	N28 12.0	2.4	57.9
	19	105 54.3	54.0	69 18.4	5.1	28 14.4	2.2	57.9
	20	120 54.3	54.7	83 42.5	5.1	28 16.6	2.0	57.8
	21	135 54.3	. . 55.3	98 06.6	5.1	28 18.6	1.8	57.8
	22	150 54.3	55.9	112 30.7	5.2	28 20.4	1.6	57.8
	23	165 54.3	56.6	126 54.9	5.2	28 22.0	1.5	57.7
SATURDAY	11 00	180 54.3	N17 57.2	141 19.1	5.3	N28 23.5	1.2	57.7
	01	195 54.3	57.9	155 43.4	5.2	28 24.7	1.1	57.7
	02	210 54.4	58.5	170 07.6	5.3	28 25.8	1.0	57.6
	03	225 54.4	. . 59.1	184 31.9	5.4	28 26.8	0.7	57.6
	04	240 54.4	17 59.8	198 56.3	5.4	28 27.5	0.6	57.6
	05	255 54.4	18 00.4	213 20.7	5.4	28 28.1	0.3	57.5
	06	270 54.4	N18 01.0	227 45.1	5.5	N28 28.4	0.3	57.5
	07	285 54.4	01.7	242 09.6	5.5	28 28.7	0.0	57.5
	08	300 54.4	02.3	256 34.1	5.6	28 28.7	0.2	57.4
	09	315 54.5	. . 03.0	270 58.7	5.6	28 28.5	0.3	57.4
	10	330 54.5	03.6	285 23.3	5.7	28 28.2	0.5	57.3
	11	345 54.5	04.2	299 48.0	5.8	28 27.7	0.6	57.3
	12	0 54.5	N18 04.8	314 12.8	5.8	N28 27.1	0.9	57.3
	13	15 54.5	05.5	328 37.6	5.8	28 26.2	1.0	57.2
	14	30 54.5	06.1	343 02.4	5.9	28 25.2	1.2	57.2
	15	45 54.5	. . 06.7	357 27.3	6.0	28 24.0	1.3	57.2
	16	60 54.5	07.4	11 52.3	6.1	28 22.7	1.5	57.1
	17	75 54.5	08.0	26 17.4	6.1	28 21.2	1.7	57.1
	18	90 54.6	N18 08.6	40 42.5	6.2	N28 19.5	1.9	57.1
	19	105 54.6	09.3	55 07.7	6.2	28 17.6	2.0	57.0
	20	120 54.6	09.9	69 32.9	6.4	28 15.6	2.2	57.0
	21	135 54.6	. . 10.5	83 58.3	6.4	28 13.4	2.3	57.0
	22	150 54.6	11.1	98 23.7	6.5	28 11.1	2.5	56.9
	23	165 54.6	11.8	112 49.2	6.5	N28 08.6	2.7	56.9
		SD 15.9	*d* 0.6	SD 16.1		15.8		15.6

Lat.	Twilight Naut.	Twilight Civil	Sunrise	Moonrise 9	10	11	12
°	h m	h m	h m	h m	h m	h m	h m
N 72	▭	▭	▭	▭	▭	▭	▭
N 70	////	////	01 27	▭	▭	▭	▭
68	////	////	02 11	▭	▭	▭	▭
66	////	00 34	02 40	01 08	▭	▭	▭
64	////	01 37	03 02	02 21	▭	▭	▭
62	////	02 10	03 19	02 57	02 47	▭	04 13
60	00 30	02 34	03 33	03 24	03 35	04 09	05 22
N 58	01 27	02 53	03 45	03 44	04 06	04 48	05 57
56	01 57	03 08	03 56	04 02	04 29	05 15	06 22
54	02 20	03 21	04 05	04 16	04 48	05 36	06 42
52	02 37	03 32	04 13	04 29	05 04	05 54	06 59
50	02 52	03 42	04 21	04 40	05 18	06 10	07 14
45	03 21	04 03	04 36	05 04	05 47	06 40	07 43
N 40	03 42	04 19	04 49	05 23	06 09	07 04	08 06
35	03 59	04 32	05 00	05 39	06 28	07 24	08 25
30	04 13	04 44	05 10	05 53	06 44	07 41	08 41
20	04 35	05 02	05 26	06 17	07 11	08 09	09 09
N 10	04 52	05 18	05 40	06 38	07 35	08 34	09 32
0	05 06	05 31	05 53	06 57	07 57	08 57	09 54
S 10	05 18	05 44	06 06	07 17	08 19	09 19	10 16
20	05 30	05 56	06 19	07 38	08 43	09 44	10 39
30	05 41	06 10	06 35	08 03	09 11	10 13	11 07
35	05 47	06 17	06 44	08 17	09 27	10 30	11 23
40	05 53	06 25	06 54	08 34	09 46	10 49	11 41
45	05 59	06 34	07 06	08 55	10 10	11 14	12 04
S 50	06 06	06 45	07 20	09 20	10 40	11 45	12 32
52	06 09	06 50	07 27	09 33	10 55	12 00	12 46
54	06 12	06 55	07 35	09 47	11 12	12 18	13 03
56	06 16	07 01	07 43	10 04	11 33	12 40	13 22
58	06 20	07 08	07 52	10 25	12 00	13 08	13 45
S 60	06 24	07 15	08 03	10 50	12 38	13 49	14 17

Lat.	Sunset	Twilight Civil	Twilight Naut.	Moonset 9	10	11	12
°	h m	h m	h m	h m	h m	h m	h m
N 72	▭	▭	▭	▭	▭	▭	▭
N 70	22 33	////	////	▭	▭	▭	▭
68	21 46	////	////	▭	▭	▭	▭
66	21 16	23 41	////	00 01	▭	▭	▭
64	20 53	22 21	////	▭	▭	▭	▭
62	20 36	21 46	////	24 28	00 28	▭	03 10
60	20 21	21 21	23 43	23 40	25 13	01 13	02 01
N 58	20 09	21 02	22 30	23 10	24 34	00 34	01 26
56	19 58	20 46	21 58	22 47	24 06	00 06	01 00
54	19 49	20 33	21 36	22 28	23 45	24 40	00 40
52	19 40	20 22	21 17	22 13	23 27	24 23	00 23
50	19 33	20 12	21 02	21 59	23 12	24 08	00 08
45	19 17	19 51	20 33	21 31	22 41	23 38	24 22
N 40	19 04	19 34	20 12	21 09	22 17	23 15	24 02
35	18 53	19 21	19 55	20 51	21 58	22 56	23 44
30	18 43	19 09	19 41	20 36	21 41	22 39	23 29
20	18 27	18 51	19 18	20 09	21 13	22 11	23 03
N 10	18 13	18 35	19 01	19 47	20 48	21 47	22 41
0	18 00	18 22	18 47	19 26	20 26	21 24	22 20
S 10	17 47	18 09	18 34	19 05	20 03	21 02	21 59
20	17 33	17 56	18 23	18 42	19 38	20 38	21 37
30	17 18	17 43	18 11	18 16	19 10	20 09	21 11
35	17 09	17 35	18 06	18 01	18 53	19 52	20 55
40	16 58	17 27	18 00	17 43	18 34	19 33	20 37
45	16 46	17 18	17 53	17 22	18 10	19 09	20 15
S 50	16 32	17 07	17 46	16 55	17 40	18 38	19 47
52	16 25	17 02	17 43	16 42	17 24	18 22	19 33
54	16 18	16 57	17 40	16 27	17 07	18 04	19 17
56	16 09	16 51	17 36	16 10	16 46	17 42	18 58
58	16 00	16 44	17 32	15 49	16 19	17 14	18 35
S 60	15 49	16 37	17 28	15 23	15 41	16 33	18 04

Day	SUN Eqn. of Time 00^h	SUN Eqn. of Time 12^h	SUN Mer. Pass.	MOON Mer Pass. Upper	MOON Mer Pass. Lower	Age	Phase
d	m s	m s	h m	h m	h m	d	%
9	03 33	03 35	11 56	13 11	00 42	01	3
10	03 36	03 37	11 56	14 11	01 41	02	7
11	03 37	03 38	11 56	15 11	02 41	03	14

© British Crown Copyright 2023. All rights reserved.

	UT d h	ARIES GHA	VENUS −3·9 GHA	VENUS Dec	MARS +1·1 GHA	MARS Dec	JUPITER −2·0 GHA	JUPITER Dec	SATURN +1·0 GHA	SATURN Dec
		° ′	° ′	° ′	° ′	° ′	° ′	° ′	° ′	° ′
	12 00	230 15.4	187 01.4	N15 34.3	221 45.3	N 2 18.6	175 40.2	N18 41.9	241 01.7	S 6 34.1
	01	245 17.9	202 00.8	35.3	236 46.0	19.3	190 42.1	42.1	256 04.0	34.0
	02	260 20.3	217 00.2	36.2	251 46.7	20.1	205 43.9	42.2	271 06.2	34.0
	03	275 22.8	231 59.7	. . 37.2	266 47.4	. . 20.8	220 45.8	. . 42.4	286 08.5	. . 33.9
	04	290 25.3	246 59.1	38.2	281 48.1	21.6	235 47.6	42.5	301 10.8	33.8
	05	305 27.7	261 58.5	39.1	296 48.8	22.4	250 49.5	42.6	316 13.1	33.8
	06	320 30.2	276 58.0	N15 40.1	311 49.5	N 2 23.1	265 51.4	N18 42.8	331 15.4	S 6 33.7
	07	335 32.7	291 57.4	41.1	326 50.2	23.9	280 53.2	42.9	346 17.7	33.7
	08	350 35.1	306 56.8	42.0	341 51.0	24.6	295 55.1	43.1	1 20.0	33.6
S	09	5 37.6	321 56.2	. . 43.0	356 51.7	. . 25.4	310 56.9	. . 43.2	16 22.3	. . 33.5
U	10	20 40.0	336 55.7	43.9	11 52.4	26.1	325 58.8	43.3	31 24.6	33.5
N	11	35 42.5	351 55.1	44.9	26 53.1	26.9	341 00.7	43.5	46 26.8	33.4
D	12	50 45.0	6 54.5	N15 45.9	41 53.8	N 2 27.7	356 02.5	N18 43.6	61 29.1	S 6 33.3
A	13	65 47.4	21 53.9	46.8	56 54.5	28.4	11 04.4	43.8	76 31.4	33.3
Y	14	80 49.9	36 53.4	47.8	71 55.2	29.2	26 06.2	43.9	91 33.7	33.2
	15	95 52.4	51 52.8	. . 48.7	86 55.9	. . 29.9	41 08.1	. . 44.0	106 36.0	. . 33.1
	16	110 54.8	66 52.2	49.7	101 56.6	30.7	56 10.0	44.2	121 38.3	33.1
	17	125 57.3	81 51.6	50.6	116 57.3	31.4	71 11.8	44.3	136 40.6	33.0
	18	140 59.8	96 51.1	N15 51.6	131 58.0	N 2 32.2	86 13.7	N18 44.4	151 42.9	S 6 32.9
	19	156 02.2	111 50.5	52.6	146 58.7	33.0	101 15.5	44.6	166 45.2	32.9
	20	171 04.7	126 49.9	53.5	161 59.4	33.7	116 17.4	44.7	181 47.5	32.8
	21	186 07.2	141 49.3	. . 54.5	177 00.2	. . 34.5	131 19.2	. . 44.9	196 49.7	. . 32.8
	22	201 09.6	156 48.8	55.4	192 00.9	35.2	146 21.1	45.0	211 52.0	32.7
	23	216 12.1	171 48.2	56.4	207 01.6	36.0	161 23.0	45.1	226 54.3	32.6
	13 00	231 14.5	186 47.6	N15 57.3	222 02.3	N 2 36.7	176 24.8	N18 45.3	241 56.6	S 6 32.6
	01	246 17.0	201 47.0	58.3	237 03.0	37.5	191 26.7	45.4	256 58.9	32.5
	02	261 19.5	216 46.4	15 59.2	252 03.7	38.2	206 28.5	45.6	272 01.2	32.4
	03	276 21.9	231 45.8	16 00.2	267 04.4	. . 39.0	221 30.4	. . 45.7	287 03.5	. . 32.4
	04	291 24.4	246 45.3	01.1	282 05.1	39.8	236 32.3	45.8	302 05.8	32.3
	05	306 26.9	261 44.7	02.1	297 05.8	40.5	251 34.1	46.0	317 08.1	32.3
	06	321 29.3	276 44.1	N16 03.0	312 06.5	N 2 41.3	266 36.0	N18 46.1	332 10.4	S 6 32.2
	07	336 31.8	291 43.5	03.9	327 07.2	42.0	281 37.8	46.2	347 12.7	32.1
	08	351 34.3	306 42.9	04.9	342 07.9	42.8	296 39.7	46.4	2 15.0	32.1
M	09	6 36.7	321 42.4	. . 05.8	357 08.7	. . 43.5	311 41.6	. . 46.5	17 17.2	. . 32.0
O	10	21 39.2	336 41.8	06.8	12 09.4	44.3	326 43.4	46.7	32 19.5	31.9
N	11	36 41.7	351 41.2	07.7	27 10.1	45.0	341 45.3	46.8	47 21.8	31.9
D	12	51 44.1	6 40.6	N16 08.7	42 10.8	N 2 45.8	356 47.1	N18 46.9	62 24.1	S 6 31.8
A	13	66 46.6	21 40.0	09.6	57 11.5	46.6	11 49.0	47.1	77 26.4	31.7
Y	14	81 49.0	36 39.4	10.5	72 12.2	47.3	26 50.8	47.2	92 28.7	31.7
	15	96 51.5	51 38.8	. . 11.5	87 12.9	. . 48.1	41 52.7	. . 47.4	107 31.0	. . 31.6
	16	111 54.0	66 38.3	12.4	102 13.6	48.8	56 54.6	47.5	122 33.3	31.6
	17	126 56.4	81 37.7	13.4	117 14.3	49.6	71 56.4	47.6	137 35.6	31.5
	18	141 58.9	96 37.1	N16 14.3	132 15.0	N 2 50.3	86 58.3	N18 47.8	152 37.9	S 6 31.4
	19	157 01.4	111 36.5	15.2	147 15.7	51.1	102 00.1	47.9	167 40.2	31.4
	20	172 03.8	126 35.9	16.2	162 16.4	51.8	117 02.0	48.0	182 42.5	31.3
	21	187 06.3	141 35.3	. . 17.1	177 17.2	. . 52.6	132 03.9	. . 48.2	197 44.8	. . 31.2
	22	202 08.8	156 34.7	18.0	192 17.9	53.3	147 05.7	48.3	212 47.1	31.2
	23	217 11.2	171 34.1	19.0	207 18.6	54.1	162 07.6	48.5	227 49.4	31.1
	14 00	232 13.7	186 33.5	N16 19.9	222 19.3	N 2 54.8	177 09.4	N18 48.6	242 51.7	S 6 31.1
	01	247 16.2	201 32.9	20.8	237 20.0	55.6	192 11.3	48.7	257 53.9	31.0
	02	262 18.6	216 32.4	21.8	252 20.7	56.4	207 13.1	48.9	272 56.2	30.9
	03	277 21.1	231 31.8	. . 22.7	267 21.4	. . 57.1	222 15.0	. . 49.0	287 58.5	. . 30.9
	04	292 23.5	246 31.2	23.6	282 22.1	57.9	237 16.9	49.1	303 00.8	30.8
	05	307 26.0	261 30.6	24.6	297 22.8	58.6	252 18.7	49.3	318 03.1	30.8
	06	322 28.5	276 30.0	N16 25.5	312 23.5	N 2 59.4	267 20.6	N18 49.4	333 05.4	S 6 30.7
	07	337 30.9	291 29.4	26.4	327 24.2	3 00.1	282 22.4	49.6	348 07.7	30.6
T	08	352 33.4	306 28.8	27.4	342 24.9	00.9	297 24.3	49.7	3 10.0	30.6
U	09	7 35.9	321 28.2	. . 28.3	357 25.7	. . 01.6	312 26.2	. . 49.8	18 12.3	. . 30.5
E	10	22 38.3	336 27.6	29.2	12 26.4	02.4	327 28.0	50.0	33 14.6	30.4
S	11	37 40.8	351 27.0	30.1	27 27.1	03.1	342 29.9	50.1	48 16.9	30.4
D	12	52 43.3	6 26.4	N16 31.1	42 27.8	N 3 03.9	357 31.7	N18 50.2	63 19.2	S 6 30.3
A	13	67 45.7	21 25.8	32.0	57 28.5	04.6	12 33.6	50.4	78 21.5	30.3
Y	14	82 48.2	36 25.2	32.9	72 29.2	05.4	27 35.4	50.5	93 23.8	30.2
	15	97 50.7	51 24.6	. . 33.8	87 29.9	. . 06.1	42 37.3	. . 50.7	108 26.1	. . 30.1
	16	112 53.1	66 24.0	34.8	102 30.6	06.9	57 39.2	50.8	123 28.4	30.1
	17	127 55.6	81 23.4	35.7	117 31.3	07.7	72 41.0	50.9	138 30.7	30.0
	18	142 58.0	96 22.8	N16 36.6	132 32.0	N 3 08.4	87 42.9	N18 51.1	153 33.0	S 6 30.0
	19	158 00.5	111 22.2	37.5	147 32.7	09.2	102 44.7	51.2	168 35.3	29.9
	20	173 03.0	126 21.6	38.4	162 33.5	09.9	117 46.6	51.3	183 37.6	29.8
	21	188 05.4	141 21.0	. . 39.4	177 34.2	. . 10.7	132 48.4	. . 51.5	198 39.9	. . 29.8
	22	203 07.9	156 20.4	40.3	192 34.9	11.4	147 50.3	51.6	213 42.2	29.7
	23	218 10.4	171 19.8	41.2	207 35.6	12.2	162 52.2	51.7	228 44.5	29.7
	Mer. Pass.	h m 8 33.6	v −0.6	d 0.9	v 0.7	d 0.8	v 1.9	d 0.1	v 2.3	d 0.1

STARS

Name	SHA	Dec
	° ′	° ′
Acamar	315 12.6	S40 12.4
Achernar	335 21.1	S57 06.7
Acrux	173 00.2	S63 14.3
Adhara	255 06.6	S29 00.4
Aldebaran	290 40.6	N16 33.4
Alioth	166 13.0	N55 49.8
Alkaid	152 52.0	N49 11.6
Alnair	27 33.7	S46 50.4
Alnilam	275 38.6	S 1 11.2
Alphard	217 48.3	S 8 45.9
Alphecca	126 03.8	N26 37.9
Alpheratz	357 35.6	N29 13.3
Altair	62 00.4	N 8 55.8
Ankaa	353 08.0	S42 10.3
Antares	112 16.2	S26 29.2
Arcturus	145 48.1	N19 03.3
Atria	107 10.4	S69 04.2
Avior	234 15.2	S59 35.5
Bellatrix	278 23.8	N 6 22.3
Betelgeuse	270 53.0	N 7 24.7
Canopus	263 53.1	S52 42.7
Capella	280 23.2	N46 01.4
Deneb	49 26.1	N45 21.7
Denebola	182 25.3	N14 26.2
Diphda	348 48.1	S17 51.2
Dubhe	193 41.4	N61 37.4
Elnath	278 02.9	N28 37.7
Eltanin	90 42.0	N51 28.9
Enif	33 39.4	N 9 59.0
Fomalhaut	15 15.3	S29 29.5
Gacrux	171 51.9	S57 15.2
Gienah	175 44.0	S17 40.8
Hadar	148 36.2	S60 29.6
Hamal	327 52.2	N23 34.5
Kaus Aust.	83 33.0	S34 22.3
Kochab	137 18.6	N74 03.3
Markab	13 30.6	N15 20.0
Menkar	314 07.1	N 4 11.0
Menkent	147 57.9	S36 29.5
Miaplacidus	221 38.6	S69 49.3
Mirfak	308 29.6	N49 56.8
Nunki	75 48.2	S26 16.0
Peacock	53 06.4	S56 39.2
Pollux	243 18.2	N27 58.1
Procyon	244 51.6	N 5 09.7
Rasalhague	95 58.8	N12 32.4
Regulus	207 35.0	N11 50.9
Rigel	281 04.7	S 8 10.5
Rigil Kent.	139 40.5	S60 56.2
Sabik	102 03.1	S15 45.4
Schedar	349 32.1	N56 40.0
Shaula	96 10.8	S37 07.3
Sirius	258 27.0	S16 45.1
Spica	158 22.6	S11 17.4
Suhail	222 46.8	S43 32.1
Vega	80 33.3	N38 48.1
Zuben'ubi	136 56.3	S16 08.7

	SHA	Mer. Pass.
	° ′	h m
Venus	315 33.0	11 33
Mars	350 47.7	9 11
Jupiter	305 10.3	12 13
Saturn	10 42.1	7 51

© British Crown Copyright 2023. All rights reserved.

Day	UT d h	SUN GHA ° ′	SUN Dec ° ′	MOON GHA ° ′	v ′	MOON Dec ° ′	d ′	HP ′
SUNDAY	12 00	180 54.6	N18 12.4	127 14.7	6.7	N28 05.9	2.8	56.9
	01	195 54.6	13.0	141 40.4	6.7	28 03.1	3.0	56.8
	02	210 54.6	13.6	156 06.1	6.8	28 00.1	3.2	56.8
	03	225 54.6	. . 14.3	170 31.9	6.9	27 56.9	3.3	56.8
	04	240 54.6	14.9	184 57.8	6.9	27 53.6	3.5	56.7
	05	255 54.6	15.5	199 23.7	7.1	27 50.1	3.6	56.7
	06	270 54.7	N18 16.1	213 49.8	7.1	N27 46.5	3.8	56.7
	07	285 54.7	16.8	228 15.9	7.3	27 42.7	3.9	56.6
	08	300 54.7	17.4	242 42.2	7.3	27 38.8	4.1	56.6
	09	315 54.7	. . 18.0	257 08.5	7.4	27 34.7	4.2	56.6
	10	330 54.7	18.6	271 34.9	7.5	27 30.5	4.4	56.5
	11	345 54.7	19.3	286 01.4	7.6	27 26.1	4.5	56.5
	12	0 54.7	N18 19.9	300 28.0	7.7	N27 21.6	4.7	56.5
	13	15 54.7	20.5	314 54.7	7.8	27 16.9	4.8	56.4
	14	30 54.7	21.1	329 21.5	7.9	27 12.1	5.0	56.4
	15	45 54.7	. . 21.7	343 48.4	7.9	27 07.1	5.1	56.4
	16	60 54.7	22.3	358 15.3	8.1	27 02.0	5.2	56.3
	17	75 54.7	23.0	12 42.4	8.2	26 56.8	5.4	56.3
	18	90 54.7	N18 23.6	27 09.6	8.3	N26 51.4	5.6	56.3
	19	105 54.7	24.2	41 36.9	8.3	26 45.8	5.6	56.2
	20	120 54.7	24.8	56 04.2	8.5	26 40.2	5.8	56.2
	21	135 54.7	. . 25.4	70 31.7	8.6	26 34.4	6.0	56.2
	22	150 54.7	26.0	84 59.3	8.7	26 28.4	6.0	56.1
	23	165 54.7	26.7	99 27.0	8.8	26 22.4	6.2	56.1
MONDAY	13 00	180 54.7	N18 27.3	113 54.8	8.8	N26 16.2	6.4	56.1
	01	195 54.7	27.9	128 22.6	9.0	26 09.8	6.4	56.0
	02	210 54.7	28.5	142 50.6	9.1	26 03.4	6.6	56.0
	03	225 54.8	. . 29.1	157 18.7	9.2	25 56.8	6.8	56.0
	04	240 54.8	29.7	171 46.9	9.3	25 50.0	6.8	55.9
	05	255 54.8	30.3	186 15.2	9.4	25 43.2	7.0	55.9
	06	270 54.8	N18 30.9	200 43.6	9.5	N25 36.2	7.1	55.9
	07	285 54.8	31.5	215 12.1	9.7	25 29.1	7.2	55.9
	08	300 54.8	32.1	229 40.8	9.7	25 21.9	7.3	55.8
	09	315 54.8	. . 32.8	244 09.5	9.8	25 14.6	7.5	55.8
	10	330 54.8	33.4	258 38.3	9.9	25 07.1	7.6	55.8
	11	345 54.8	34.0	273 07.2	10.1	24 59.5	7.7	55.7
	12	0 54.8	N18 34.6	287 36.3	10.1	N24 51.8	7.8	55.7
	13	15 54.8	35.2	302 05.4	10.3	24 44.0	7.9	55.7
	14	30 54.8	35.8	316 34.7	10.3	24 36.1	8.0	55.7
	15	45 54.8	. . 36.4	331 04.0	10.5	24 28.1	8.2	55.6
	16	60 54.8	37.0	345 33.5	10.6	24 19.9	8.2	55.6
	17	75 54.8	37.6	0 03.1	10.6	24 11.7	8.4	55.6
	18	90 54.8	N18 38.2	14 32.7	10.8	N24 03.3	8.5	55.5
	19	105 54.8	38.8	29 02.5	10.9	23 54.8	8.5	55.5
	20	120 54.8	39.4	43 32.4	11.0	23 46.3	8.7	55.5
	21	135 54.7	. . 40.0	58 02.4	11.1	23 37.6	8.8	55.5
	22	150 54.7	40.6	72 32.5	11.2	23 28.8	8.9	55.4
	23	165 54.7	41.2	87 02.7	11.3	23 19.9	9.0	55.4
TUESDAY	14 00	180 54.7	N18 41.8	101 33.0	11.4	N23 10.9	9.1	55.4
	01	195 54.7	42.4	116 03.4	11.5	23 01.8	9.2	55.4
	02	210 54.7	43.0	130 33.9	11.6	22 52.6	9.2	55.3
	03	225 54.7	. . 43.6	145 04.5	11.8	22 43.4	9.4	55.3
	04	240 54.7	44.2	159 35.3	11.8	22 34.0	9.5	55.3
	05	255 54.7	44.8	174 06.1	11.9	22 24.5	9.6	55.3
	06	270 54.7	N18 45.4	188 37.0	12.0	N22 14.9	9.6	55.2
	07	285 54.7	46.0	203 08.0	12.1	22 05.3	9.8	55.2
	08	300 54.7	46.6	217 39.1	12.3	21 55.5	9.8	55.2
	09	315 54.7	. . 47.2	232 10.4	12.3	21 45.7	10.0	55.2
	10	330 54.7	47.8	246 41.7	12.4	21 35.7	10.0	55.1
	11	345 54.7	48.4	261 13.1	12.5	21 25.7	10.1	55.1
	12	0 54.7	N18 49.0	275 44.6	12.6	N21 15.6	10.2	55.1
	13	15 54.7	49.6	290 16.2	12.7	21 05.4	10.2	55.1
	14	30 54.7	50.2	304 47.9	12.8	20 55.2	10.4	55.0
	15	45 54.7	. . 50.8	319 19.7	13.0	20 44.8	10.4	55.0
	16	60 54.7	51.3	333 51.7	12.9	20 34.4	10.6	55.0
	17	75 54.7	51.9	348 23.6	13.1	20 23.8	10.6	55.0
	18	90 54.7	N18 52.5	2 55.7	13.2	N20 13.2	10.6	55.0
	19	105 54.6	53.1	17 27.9	13.3	20 02.6	10.8	54.9
	20	120 54.6	53.7	32 00.2	13.4	19 51.8	10.8	54.9
	21	135 54.6	. . 54.3	46 32.6	13.4	19 41.0	10.9	54.9
	22	150 54.6	54.9	61 05.0	13.6	19 30.1	11.0	54.9
	23	165 54.6	55.5	75 37.6	13.6	N19 19.1	11.1	54.9
		SD 15.9	*d* 0.6	SD	15.4		15.2	15.0

Lat. °	Twilight Naut. h m	Twilight Civil h m	Sunrise h m	Moonrise 12 h m	Moonrise 13 h m	Moonrise 14 h m	Moonrise 15 h m
N 72	▭	▭	▭	▭	▭	▭	06 52
N 70	////	////	01 00	▭	▭	▭	08 15
68	////	////	01 56	▭	▭	▭	08 53
66	////	////	02 28	▭	▭	07 08	09 19
64	////	01 19	02 52	▭	05 21	07 48	09 39
62	////	01 58	03 11	04 13	06 24	08 15	09 55
60	////	02 24	03 26	05 22	06 58	08 36	10 09
N 58	01 11	02 44	03 39	05 57	07 23	08 53	10 20
56	01 46	03 01	03 50	06 22	07 43	09 08	10 30
54	02 11	03 15	04 00	06 42	07 59	09 20	10 39
52	02 30	03 27	04 09	06 59	08 14	09 31	10 47
50	02 46	03 37	04 16	07 14	08 26	09 40	10 54
45	03 16	03 59	04 33	07 43	08 51	10 01	11 09
N 40	03 38	04 16	04 46	08 06	09 11	10 17	11 21
35	03 56	04 30	04 58	08 25	09 28	10 31	11 31
30	04 10	04 42	05 08	08 41	09 43	10 43	11 40
20	04 33	05 01	05 25	09 09	10 07	11 03	11 56
N 10	04 51	05 17	05 39	09 32	10 28	11 20	12 09
0	05 06	05 31	05 53	09 54	10 48	11 37	12 22
S 10	05 19	05 44	06 06	10 16	11 07	11 53	12 34
20	05 31	05 57	06 21	10 39	11 28	12 10	12 48
30	05 43	06 12	06 37	11 07	11 52	12 30	13 03
35	05 49	06 19	06 46	11 23	12 06	12 42	13 12
40	05 55	06 28	06 57	11 41	12 22	12 55	13 22
45	06 02	06 38	07 09	12 04	12 42	13 11	13 33
S 50	06 10	06 49	07 25	12 32	13 06	13 30	13 47
52	06 13	06 54	07 32	12 46	13 17	13 39	13 54
54	06 17	07 00	07 40	13 03	13 31	13 49	14 01
56	06 20	07 06	07 48	13 22	13 46	14 00	14 09
58	06 24	07 13	07 58	13 45	14 04	14 13	14 18
S 60	06 29	07 21	08 10	14 17	14 25	14 28	14 28

Lat. °	Sunset h m	Twilight Civil h m	Twilight Naut. h m	Moonset 12 h m	Moonset 13 h m	Moonset 14 h m	Moonset 15 h m
N 72	▭	▭	▭	▭	▭	▭	05 50
N 70	23 04	////	////	▭	▭	▭	04 26
68	22 02	////	////	▭	▭	▭	03 46
66	21 28	////	////	▭	▭	03 55	03 19
64	21 03	22 40	////	▭	03 57	03 14	02 58
62	20 44	21 59	////	03 10	02 53	02 46	02 40
60	20 28	21 31	////	02 01	02 18	02 24	02 26
N 58	20 15	21 10	22 48	01 26	01 53	02 07	02 14
56	20 04	20 53	22 10	01 00	01 33	01 51	02 03
54	19 54	20 39	21 44	00 40	01 16	01 39	01 54
52	19 45	20 27	21 25	00 23	01 01	01 27	01 45
50	19 37	20 16	21 09	00 08	00 49	01 17	01 37
45	19 21	19 55	20 38	24 22	00 22	00 56	01 21
N 40	19 07	19 38	20 15	24 02	00 02	00 38	01 08
35	18 55	19 23	19 57	23 44	24 24	00 24	00 56
30	18 45	19 12	19 43	23 29	24 11	00 11	00 46
20	18 28	18 52	19 20	23 03	23 49	24 29	00 29
N 10	18 14	18 36	19 02	22 41	23 30	24 13	00 13
0	18 00	18 22	18 47	22 20	23 12	23 59	24 42
S 10	17 46	18 08	18 34	21 59	22 54	23 44	24 32
20	17 32	17 55	18 22	21 37	22 34	23 29	24 20
30	17 16	17 41	18 10	21 11	22 12	23 11	24 07
35	17 06	17 33	18 04	20 55	21 58	23 00	24 00
40	16 55	17 24	17 57	20 37	21 43	22 48	23 51
45	16 43	17 15	17 50	20 15	21 24	22 34	23 41
S 50	16 28	17 03	17 42	19 47	21 01	22 16	23 28
52	16 20	16 58	17 39	19 33	20 50	22 07	23 22
54	16 13	16 52	17 36	19 17	20 38	21 58	23 16
56	16 04	16 46	17 32	18 58	20 23	21 47	23 09
58	15 54	16 39	17 28	18 35	20 06	21 35	23 00
S 60	15 42	16 31	17 23	18 04	19 44	21 21	22 51

Day	SUN Eqn. of Time 00^h m s	SUN Eqn. of Time 12^h m s	SUN Mer. Pass. h m	MOON Mer. Pass. Upper h m	MOON Mer. Pass. Lower h m	MOON Age d	MOON Phase %
12	03 38	03 39	11 56	16 07	03 39	04	22
13	03 39	03 39	11 56	17 00	04 34	05	31
14	03 39	03 39	11 56	17 48	05 24	06	41

© British Crown Copyright 2023. All rights reserved.

UT d	h	ARIES GHA ° ′	VENUS −3·9 GHA ° ′	VENUS Dec ° ′	MARS +1·1 GHA ° ′	MARS Dec ° ′	JUPITER −2·0 GHA ° ′	JUPITER Dec ° ′	SATURN +1·0 GHA ° ′	SATURN Dec ° ′
15	00	233 12.8	186 19.2	N16 42.1	222 36.3	N 3 12.9	177 54.0	N18 51.9	243 46.8	S 6 29.6
	01	248 15.3	201 18.6	43.0	237 37.0	13.7	192 55.9	52.0	258 49.0	29.5
	02	263 17.8	216 18.0	43.9	252 37.7	14.4	207 57.7	52.2	273 51.3	29.5
	03	278 20.2	231 17.4	. . 44.8	267 38.4	. . 15.2	222 59.6	. . 52.3	288 53.6	. . 29.4
	04	293 22.7	246 16.8	45.8	282 39.1	15.9	238 01.4	52.4	303 55.9	29.3
	05	308 25.1	261 16.2	46.7	297 39.8	16.7	253 03.3	52.6	318 58.2	29.3
	06	323 27.6	276 15.6	N16 47.6	312 40.5	N 3 17.4	268 05.2	N18 52.7	334 00.5	S 6 29.2
W	07	338 30.1	291 15.0	48.5	327 41.3	18.2	283 07.0	52.8	349 02.8	29.2
E	08	353 32.5	306 14.4	49.4	342 42.0	18.9	298 08.9	53.0	4 05.1	29.1
D	09	8 35.0	321 13.8	. . 50.3	357 42.7	. . 19.7	313 10.7	. . 53.1	19 07.4	. . 29.0
N	10	23 37.5	336 13.2	51.2	12 43.4	20.4	328 12.6	53.3	34 09.7	29.0
E	11	38 39.9	351 12.6	52.1	27 44.1	21.2	343 14.5	53.4	49 12.0	28.9
S	12	53 42.4	6 11.9	N16 53.0	42 44.8	N 3 21.9	358 16.3	N18 53.5	64 14.3	S 6 28.9
D	13	68 44.9	21 11.3	53.9	57 45.5	22.7	13 18.2	53.7	79 16.6	28.8
A	14	83 47.3	36 10.7	54.8	72 46.2	23.4	28 20.0	53.8	94 18.9	28.7
Y	15	98 49.8	51 10.1	. . 55.8	87 46.9	. . 24.2	43 21.9	. . 53.9	109 21.2	. . 28.7
	16	113 52.3	66 09.5	56.7	102 47.6	24.9	58 23.7	54.1	124 23.5	28.6
	17	128 54.7	81 08.9	57.6	117 48.3	25.7	73 25.6	54.2	139 25.8	28.6
	18	143 57.2	96 08.3	N16 58.5	132 49.1	N 3 26.4	88 27.5	N18 54.3	154 28.1	S 6 28.5
	19	158 59.6	111 07.7	16 59.4	147 49.8	27.2	103 29.3	54.5	169 30.4	28.4
	20	174 02.1	126 07.1	17 00.3	162 50.5	27.9	118 31.2	54.6	184 32.7	28.4
	21	189 04.6	141 06.5	. . 01.2	177 51.2	. . 28.7	133 33.0	. . 54.8	199 35.0	. . 28.3
	22	204 07.0	156 05.8	02.1	192 51.9	29.4	148 34.9	54.9	214 37.3	28.3
	23	219 09.5	171 05.2	03.0	207 52.6	30.2	163 36.7	55.0	229 39.6	28.2
16	00	234 12.0	186 04.6	N17 03.9	222 53.3	N 3 30.9	178 38.6	N18 55.2	244 41.9	S 6 28.1
	01	249 14.4	201 04.0	04.8	237 54.0	31.7	193 40.5	55.3	259 44.2	28.1
	02	264 16.9	216 03.4	05.7	252 54.7	32.4	208 42.3	55.4	274 46.5	28.0
	03	279 19.4	231 02.8	. . 06.6	267 55.4	. . 33.2	223 44.2	. . 55.6	289 48.8	. . 28.0
	04	294 21.8	246 02.2	07.5	282 56.1	33.9	238 46.0	55.7	304 51.1	27.9
	05	309 24.3	261 01.5	08.3	297 56.9	34.7	253 47.9	55.8	319 53.4	27.9
	06	324 26.8	276 00.9	N17 09.2	312 57.6	N 3 35.4	268 49.7	N18 56.0	334 55.7	S 6 27.8
	07	339 29.2	291 00.3	10.1	327 58.3	36.2	283 51.6	56.1	349 58.0	27.7
T	08	354 31.7	305 59.7	11.0	342 59.0	36.9	298 53.5	56.2	5 00.3	27.7
H	09	9 34.1	320 59.1	. . 11.9	357 59.7	. . 37.7	313 55.3	. . 56.4	20 02.6	. . 27.6
U	10	24 36.6	335 58.5	12.8	13 00.4	38.4	328 57.2	56.5	35 04.9	27.6
R	11	39 39.1	350 57.8	13.7	28 01.1	39.2	343 59.0	56.7	50 07.2	27.5
S	12	54 41.5	5 57.2	N17 14.6	43 01.8	N 3 39.9	359 00.9	N18 56.8	65 09.5	S 6 27.4
D	13	69 44.0	20 56.6	15.5	58 02.5	40.7	14 02.7	56.9	80 11.8	27.4
A	14	84 46.5	35 56.0	16.4	73 03.2	41.4	29 04.6	57.1	95 14.1	27.3
Y	15	99 48.9	50 55.4	. . 17.2	88 04.0	. . 42.2	44 06.5	. . 57.2	110 16.4	. . 27.3
	16	114 51.4	65 54.7	18.1	103 04.7	42.9	59 08.3	57.3	125 18.7	27.2
	17	129 53.9	80 54.1	19.0	118 05.4	43.7	74 10.2	57.5	140 21.0	27.1
	18	144 56.3	95 53.5	N17 19.9	133 06.1	N 3 44.4	89 12.0	N18 57.6	155 23.4	S 6 27.1
	19	159 58.8	110 52.9	20.8	148 06.8	45.2	104 13.9	57.7	170 25.7	27.0
	20	175 01.2	125 52.2	21.7	163 07.5	45.9	119 15.7	57.9	185 28.0	27.0
	21	190 03.7	140 51.6	. . 22.6	178 08.2	. . 46.7	134 17.6	. . 58.0	200 30.3	. . 26.9
	22	205 06.2	155 51.0	23.4	193 08.9	47.4	149 19.5	58.1	215 32.6	26.9
	23	220 08.6	170 50.4	24.3	208 09.6	48.2	164 21.3	58.3	230 34.9	26.8
17	00	235 11.1	185 49.7	N17 25.2	223 10.3	N 3 48.9	179 23.2	N18 58.4	245 37.2	S 6 26.7
	01	250 13.6	200 49.1	26.1	238 11.0	49.7	194 25.0	58.5	260 39.5	26.7
	02	265 16.0	215 48.5	26.9	253 11.8	50.4	209 26.9	58.7	275 41.8	26.6
	03	280 18.5	230 47.9	. . 27.8	268 12.5	. . 51.2	224 28.7	. . 58.8	290 44.1	. . 26.6
	04	295 21.0	245 47.2	28.7	283 13.2	51.9	239 30.6	59.0	305 46.4	26.5
	05	310 23.4	260 46.6	29.6	298 13.9	52.6	254 32.5	59.1	320 48.7	26.5
	06	325 25.9	275 46.0	N17 30.5	313 14.6	N 3 53.4	269 34.3	N18 59.2	335 51.0	S 6 26.4
	07	340 28.4	290 45.4	31.3	328 15.3	54.1	284 36.2	59.4	350 53.3	26.3
	08	355 30.8	305 44.7	32.2	343 16.0	54.9	299 38.0	59.5	5 55.6	26.3
F	09	10 33.3	320 44.1	. . 33.1	358 16.7	. . 55.6	314 39.9	. . 59.6	20 57.9	. . 26.2
R	10	25 35.7	335 43.5	33.9	13 17.4	56.4	329 41.7	59.8	36 00.2	26.2
I	11	40 38.2	350 42.8	34.8	28 18.1	57.1	344 43.6	18 59.9	51 02.5	26.1
D	12	55 40.7	5 42.2	N17 35.7	43 18.9	N 3 57.9	359 45.4	N19 00.0	66 04.8	S 6 26.0
A	13	70 43.1	20 41.6	36.6	58 19.6	58.6	14 47.3	00.2	81 07.1	26.0
Y	14	85 45.6	35 40.9	37.4	73 20.3	3 59.4	29 49.2	00.3	96 09.4	25.9
	15	100 48.1	50 40.3	. . 38.3	88 21.0	4 00.1	44 51.0	. . 00.4	111 11.7	. . 25.9
	16	115 50.5	65 39.7	39.2	103 21.7	00.9	59 52.9	00.6	126 14.0	25.8
	17	130 53.0	80 39.0	40.0	118 22.4	01.6	74 54.7	00.7	141 16.3	25.8
	18	145 55.5	95 38.4	N17 40.9	133 23.1	N 4 02.4	89 56.6	N19 00.8	156 18.7	S 6 25.7
	19	160 57.9	110 37.8	41.8	148 23.8	03.1	104 58.4	01.0	171 21.0	25.6
	20	176 00.4	125 37.1	42.6	163 24.5	03.8	120 00.3	01.1	186 23.3	25.6
	21	191 02.8	140 36.5	. . 43.5	178 25.2	. . 04.6	135 02.2	. . 01.2	201 25.6	. . 25.5
	22	206 05.3	155 35.9	44.3	193 26.0	05.3	150 04.0	01.4	216 27.9	25.5
	23	221 07.8	170 35.2	45.2	208 26.7	06.1	165 05.9	01.5	231 30.2	25.4
Mer. Pass.		h m 8 21.8	v −0.6	d 0.9	v 0.7	d 0.7	v 1.9	d 0.1	v 2.3	d 0.1

STARS Name	SHA ° ′	Dec ° ′
Acamar	315 12.6	S40 12.4
Achernar	335 21.1	S57 06.7
Acrux	173 00.3	S63 14.3
Adhara	255 06.6	S29 00.4
Aldebaran	290 40.6	N16 33.4
Alioth	166 13.0	N55 49.8
Alkaid	152 52.0	N49 11.6
Alnair	27 33.6	S46 50.4
Alnilam	275 38.6	S 1 11.2
Alphard	217 48.3	S 8 45.9
Alphecca	126 03.8	N26 37.9
Alpheratz	357 35.6	N29 13.3
Altair	62 00.3	N 8 55.8
Ankaa	353 08.0	S42 10.3
Antares	112 16.2	S26 29.2
Arcturus	145 48.1	N19 03.3
Atria	107 10.4	S69 04.2
Avior	234 15.2	S59 35.5
Bellatrix	278 23.8	N 6 22.3
Betelgeuse	270 53.0	N 7 24.7
Canopus	263 53.1	S52 42.6
Capella	280 23.2	N46 01.4
Deneb	49 26.1	N45 21.7
Denebola	182 25.4	N14 26.2
Diphda	348 48.1	S17 51.2
Dubhe	193 41.4	N61 37.4
Elnath	278 02.9	N28 37.7
Eltanin	90 42.0	N51 28.9
Enif	33 39.3	N 9 59.0
Fomalhaut	15 15.2	S29 29.5
Gacrux	171 51.9	S57 15.2
Gienah	175 44.0	S17 40.8
Hadar	148 36.2	S60 29.6
Hamal	327 52.2	N23 34.5
Kaus Aust.	83 32.9	S34 22.3
Kochab	137 18.6	N74 03.3
Markab	13 30.6	N15 20.0
Menkar	314 07.1	N 4 11.0
Menkent	147 57.9	S36 29.5
Miaplacidus	221 38.6	S69 49.3
Mirfak	308 29.6	N49 56.8
Nunki	75 48.2	S26 16.0
Peacock	53 06.4	S56 39.2
Pollux	243 18.2	N27 58.1
Procyon	244 51.6	N 5 09.7
Rasalhague	95 58.8	N12 32.4
Regulus	207 35.0	N11 50.9
Rigel	281 04.7	S 8 10.5
Rigil Kent.	139 40.5	S60 56.2
Sabik	102 03.1	S15 45.4
Schedar	349 32.1	N56 40.0
Shaula	96 10.8	S37 07.3
Sirius	258 27.0	S16 45.1
Spica	158 22.6	S11 17.4
Suhail	222 46.8	S43 32.1
Vega	80 33.3	N38 48.1
Zuben'ubi	136 56.3	S16 08.7

	SHA ° ′	Mer. Pass. h m
Venus	311 52.6	11 36
Mars	348 41.3	9 08
Jupiter	304 26.6	12 04
Saturn	10 30.0	7 40

© British Crown Copyright 2023. All rights reserved.

UT d h	SUN GHA	SUN Dec	MOON GHA	v	MOON Dec	d	HP
	° ′	° ′	° ′	′	° ′	′	′
15 00 (WEDNESDAY)	180 54.6	N18 56.1	90 10.2	13.7	N19 08.0	11.1	54.8
01	195 54.6	56.6	104 42.9	13.9	18 56.9	11.2	54.8
02	210 54.6	57.2	119 15.8	13.9	18 45.7	11.3	54.8
03	225 54.6	. . 57.8	133 48.7	13.9	18 34.4	11.3	54.8
04	240 54.6	58.4	148 21.6	14.1	18 23.1	11.4	54.8
05	255 54.6	59.0	162 54.7	14.2	18 11.7	11.5	54.7
06	270 54.5	N18 59.6	177 27.9	14.2	N18 00.2	11.5	54.7
07	285 54.5	19 00.1	192 01.1	14.3	17 48.7	11.6	54.7
08	300 54.5	00.7	206 34.4	14.4	17 37.1	11.7	54.7
09	315 54.5	. . 01.3	221 07.8	14.5	17 25.4	11.7	54.7
10	330 54.5	01.9	235 41.3	14.6	17 13.7	11.8	54.7
11	345 54.5	02.5	250 14.9	14.6	17 01.9	11.8	54.6
12	0 54.5	N19 03.0	264 48.5	14.7	N16 50.1	11.9	54.6
13	15 54.5	03.6	279 22.2	14.8	16 38.2	12.0	54.6
14	30 54.5	04.2	293 56.0	14.9	16 26.2	12.0	54.6
15	45 54.4	. . 04.8	308 29.9	14.9	16 14.2	12.1	54.6
16	60 54.4	05.4	323 03.8	15.0	16 02.1	12.1	54.6
17	75 54.4	05.9	337 37.8	15.1	15 50.0	12.2	54.5
18	90 54.4	N19 06.5	352 11.9	15.2	N15 37.8	12.3	54.5
19	105 54.4	07.1	6 46.1	15.2	15 25.5	12.3	54.5
20	120 54.4	07.7	21 20.3	15.3	15 13.2	12.3	54.5
21	135 54.4	. . 08.2	35 54.6	15.4	15 00.9	12.4	54.5
22	150 54.4	08.8	50 29.0	15.4	14 48.5	12.5	54.5
23	165 54.3	09.4	65 03.4	15.5	14 36.0	12.5	54.5
16 00 (THURSDAY)	180 54.3	N19 10.0	79 37.9	15.5	N14 23.5	12.6	54.5
01	195 54.3	10.5	94 12.4	15.7	14 10.9	12.6	54.4
02	210 54.3	11.1	108 47.1	15.6	13 58.3	12.6	54.4
03	225 54.3	. . 11.7	123 21.7	15.8	13 45.7	12.7	54.4
04	240 54.3	12.3	137 56.5	15.8	13 33.0	12.8	54.4
05	255 54.3	12.8	152 31.3	15.9	13 20.2	12.8	54.4
06	270 54.2	N19 13.4	167 06.2	15.9	N13 07.4	12.8	54.4
07	285 54.2	14.0	181 41.1	16.0	12 54.6	12.9	54.4
08	300 54.2	14.5	196 16.1	16.0	12 41.7	12.9	54.4
09	315 54.2	. . 15.1	210 51.1	16.1	12 28.8	12.9	54.4
10	330 54.2	15.7	225 26.2	16.1	12 15.9	13.0	54.3
11	345 54.2	16.2	240 01.3	16.2	12 02.9	13.1	54.3
12	0 54.1	N19 16.8	254 36.5	16.3	N11 49.8	13.1	54.3
13	15 54.1	17.4	269 11.8	16.3	11 36.7	13.1	54.3
14	30 54.1	17.9	283 47.1	16.3	11 23.6	13.1	54.3
15	45 54.1	. . 18.5	298 22.4	16.4	11 10.5	13.2	54.3
16	60 54.1	19.1	312 57.8	16.5	10 57.3	13.3	54.3
17	75 54.0	19.6	327 33.3	16.5	10 44.0	13.2	54.3
18	90 54.0	N19 20.2	342 08.8	16.5	N10 30.8	13.3	54.3
19	105 54.0	20.7	356 44.3	16.6	10 17.5	13.4	54.3
20	120 54.0	21.3	11 19.9	16.6	10 04.1	13.3	54.3
21	135 54.0	. . 21.9	25 55.5	16.6	9 50.8	13.4	54.3
22	150 54.0	22.4	40 31.1	16.7	9 37.4	13.5	54.3
23	165 53.9	23.0	55 06.8	16.8	9 23.9	13.4	54.2
17 00 (FRIDAY)	180 53.9	N19 23.6	69 42.6	16.8	N 9 10.5	13.5	54.2
01	195 53.9	24.1	84 18.4	16.8	8 57.0	13.6	54.2
02	210 53.9	24.7	98 54.2	16.8	8 43.4	13.5	54.2
03	225 53.9	. . 25.2	113 30.0	16.9	8 29.9	13.6	54.2
04	240 53.8	25.8	128 05.9	16.9	8 16.3	13.6	54.2
05	255 53.8	26.3	142 41.8	17.0	8 02.7	13.6	54.2
06	270 53.8	N19 26.9	157 17.8	17.0	N 7 49.1	13.7	54.2
07	285 53.8	27.5	171 53.8	17.0	7 35.4	13.7	54.2
08	300 53.7	28.0	186 29.8	17.0	7 21.7	13.7	54.2
09	315 53.7	. . 28.6	201 05.8	17.1	7 08.0	13.8	54.2
10	330 53.7	29.1	215 41.9	17.1	6 54.2	13.7	54.2
11	345 53.7	29.7	230 18.0	17.1	6 40.5	13.8	54.2
12	0 53.7	N19 30.2	244 54.1	17.1	N 6 26.7	13.8	54.2
13	15 53.6	30.8	259 30.2	17.2	6 12.9	13.8	54.2
14	30 53.6	31.3	274 06.4	17.2	5 59.1	13.9	54.2
15	45 53.6	. . 31.9	288 42.6	17.2	5 45.2	13.9	54.2
16	60 53.6	32.4	303 18.8	17.2	5 31.3	13.9	54.2
17	75 53.5	33.0	317 55.0	17.3	5 17.4	13.9	54.2
18	90 53.5	N19 33.5	332 31.3	17.2	N 5 03.5	13.9	54.2
19	105 53.5	34.1	347 07.5	17.3	4 49.6	13.9	54.2
20	120 53.5	34.6	1 43.8	17.3	4 35.7	14.0	54.2
21	135 53.4	. . 35.2	16 20.1	17.3	4 21.7	14.0	54.2
22	150 53.4	35.7	30 56.4	17.3	4 07.7	14.0	54.2
23	165 53.4	36.3	45 32.7	17.4	N 3 53.7	14.0	54.2
	SD 15.8	d 0.6	SD 14.9		14.8		14.8

Lat.	Twilight Naut.	Twilight Civil	Sunrise	Moonrise 15	16	17	18
°	h m	h m	h m	h m	h m	h m	h m
N 72	▭	▭	▭	06 52	10 13	12 22	14 19
N 70	▭	▭	▭	08 15	10 36	12 31	14 20
68	////	////	01 39	08 53	10 53	12 39	14 20
66	////	////	02 16	09 19	11 07	12 45	14 20
64	////	00 57	02 42	09 39	11 18	12 51	14 20
62	////	01 45	03 03	09 55	11 28	12 55	14 21
60	////	02 14	03 19	10 09	11 36	12 59	14 21
N 58	00 51	02 36	03 33	10 20	11 43	13 03	14 21
56	01 35	02 54	03 45	10 30	11 49	13 06	14 21
54	02 02	03 09	03 55	10 39	11 55	13 09	14 21
52	02 23	03 22	04 04	10 47	12 00	13 11	14 21
50	02 39	03 33	04 12	10 54	12 05	13 13	14 21
45	03 11	03 55	04 29	11 09	12 14	13 18	14 21
N 40	03 35	04 13	04 44	11 21	12 22	13 22	14 22
35	03 53	04 27	04 55	11 31	12 29	13 26	14 22
30	04 08	04 40	05 06	11 40	12 36	13 29	14 22
20	04 32	05 00	05 23	11 56	12 46	13 34	14 22
N 10	04 50	05 16	05 39	12 09	12 55	13 39	14 22
0	05 06	05 31	05 53	12 22	13 04	13 44	14 22
S 10	05 19	05 45	06 07	12 34	13 12	13 48	14 23
20	05 32	05 58	06 22	12 48	13 21	13 53	14 23
30	05 44	06 13	06 39	13 03	13 31	13 58	14 23
35	05 51	06 21	06 49	13 12	13 37	14 01	14 23
40	05 58	06 30	07 00	13 22	13 44	14 04	14 23
45	06 05	06 41	07 13	13 33	13 52	14 08	14 24
S 50	06 13	06 53	07 29	13 47	14 01	14 13	14 24
52	06 17	06 58	07 36	13 54	14 05	14 15	14 24
54	06 21	07 04	07 44	14 01	14 10	14 17	14 24
56	06 25	07 11	07 54	14 09	14 15	14 20	14 24
58	06 29	07 18	08 04	14 18	14 21	14 23	14 25
S 60	06 34	07 26	08 16	14 28	14 27	14 26	14 25

Lat.	Sunset	Twilight Civil	Twilight Naut.	Moonset 15	16	17	18
°	h m	h m	h m	h m	h m	h m	h m
N 72	▭	▭	▭	05 50	03 58	03 14	02 40
N 70	▭	▭	▭	04 26	03 33	03 02	02 36
68	22 19	////	////	03 46	03 14	02 52	02 33
66	21 40	////	////	03 19	02 59	02 44	02 30
64	21 13	23 04	////	02 58	02 46	02 37	02 28
62	20 52	22 12	////	02 40	02 35	02 31	02 26
60	20 35	21 41	////	02 26	02 26	02 25	02 24
N 58	20 21	21 18	23 09	02 14	02 18	02 21	02 22
56	20 09	21 00	22 22	02 03	02 11	02 16	02 21
54	19 59	20 45	21 53	01 54	02 04	02 13	02 20
52	19 50	20 33	21 32	01 45	01 58	02 09	02 18
50	19 41	20 21	21 15	01 37	01 53	02 06	02 17
45	19 24	19 59	20 43	01 21	01 42	01 59	02 15
N 40	19 10	19 41	20 19	01 08	01 32	01 53	02 13
35	18 58	19 26	20 00	00 56	01 24	01 48	02 11
30	18 47	19 14	19 45	00 46	01 17	01 44	02 10
20	18 30	18 53	19 21	00 29	01 04	01 36	02 07
N 10	18 14	18 37	19 03	00 13	00 53	01 29	02 05
0	18 00	18 22	18 47	24 42	00 42	01 23	02 02
S 10	17 46	18 08	18 34	24 32	00 32	01 17	02 00
20	17 31	17 54	18 21	24 20	00 20	01 10	01 57
30	17 14	17 39	18 08	24 07	00 07	01 02	01 55
35	17 04	17 31	18 02	24 00	00 00	00 57	01 53
40	16 53	17 22	17 55	23 51	24 52	00 52	01 51
45	16 40	17 12	17 47	23 41	24 45	00 45	01 49
S 50	16 24	17 00	17 39	23 28	24 38	00 38	01 46
52	16 16	16 54	17 35	23 22	24 34	00 34	01 45
54	16 08	16 48	17 32	23 16	24 31	00 31	01 44
56	15 58	16 41	17 27	23 09	24 26	00 26	01 42
58	15 48	16 34	17 23	23 00	24 22	00 22	01 40
S 60	15 36	16 26	17 18	22 51	24 16	00 16	01 38

Day	SUN Eqn. of Time 00^h	SUN Eqn. of Time 12^h	SUN Mer. Pass.	MOON Mer. Pass. Upper	MOON Mer. Pass. Lower	Age	Phase
d	m s	m s	h m	h m	h m	d	%
15	03 38	03 38	11 56	18 32	06 10	07	50
16	03 37	03 37	11 56	19 13	06 53	08	60
17	03 36	03 35	11 56	19 53	07 33	09	69

© British Crown Copyright 2023. All rights reserved.

UT d h	ARIES GHA	VENUS −3·9 GHA	VENUS Dec	MARS +1·1 GHA	MARS Dec	JUPITER −2·0 GHA	JUPITER Dec	SATURN +1·0 GHA	SATURN Dec
	° ′	° ′	° ′	° ′	° ′	° ′	° ′	° ′	° ′
18 00	236 10.2	185 34.6	N17 46.1	223 27.4	N 4 06.8	180 07.7	N19 01.6	246 32.5	S 6 25.4
01	251 12.7	200 34.0	46.9	238 28.1	07.6	195 09.6	01.8	261 34.8	25.3
02	266 15.2	215 33.3	47.8	253 28.8	08.3	210 11.4	01.9	276 37.1	25.3
03	281 17.6	230 32.7	. . 48.6	268 29.5	. . 09.1	225 13.3	. . 02.0	291 39.4	. . 25.2
04	296 20.1	245 32.0	49.5	283 30.2	09.8	240 15.2	02.2	306 41.7	25.1
05	311 22.6	260 31.4	50.4	298 30.9	10.6	255 17.0	02.3	321 44.0	25.1
06	326 25.0	275 30.8	N17 51.2	313 31.6	N 4 11.3	270 18.9	N19 02.4	336 46.3	S 6 25.0
S 07	341 27.5	290 30.1	52.1	328 32.3	12.0	285 20.7	02.6	351 48.6	25.0
A 08	356 30.0	305 29.5	52.9	343 33.1	12.8	300 22.6	02.7	6 50.9	24.9
T 09	11 32.4	320 28.8	. . 53.8	358 33.8	. . 13.5	315 24.4	. . 02.8	21 53.3	. . 24.9
U 10	26 34.9	335 28.2	54.6	13 34.5	14.3	330 26.3	03.0	36 55.6	24.8
R 11	41 37.3	350 27.6	55.5	28 35.2	15.0	345 28.1	03.1	51 57.9	24.7
D 12	56 39.8	5 26.9	N17 56.3	43 35.9	N 4 15.8	0 30.0	N19 03.2	67 00.2	S 6 24.7
A 13	71 42.3	20 26.3	57.2	58 36.6	16.5	15 31.9	03.4	82 02.5	24.6
Y 14	86 44.7	35 25.6	58.0	73 37.3	17.3	30 33.7	03.5	97 04.8	24.6
15	101 47.2	50 25.0	. . 58.9	88 38.0	. . 18.0	45 35.6	. . 03.6	112 07.1	. . 24.5
16	116 49.7	65 24.3	17 59.7	103 38.7	18.7	60 37.4	03.8	127 09.4	24.5
17	131 52.1	80 23.7	18 00.6	118 39.4	19.5	75 39.3	03.9	142 11.7	24.4
18	146 54.6	95 23.1	N18 01.4	133 40.2	N 4 20.2	90 41.1	N19 04.0	157 14.0	S 6 24.4
19	161 57.1	110 22.4	02.3	148 40.9	21.0	105 43.0	04.2	172 16.3	24.3
20	176 59.5	125 21.8	03.1	163 41.6	21.7	120 44.9	04.3	187 18.6	24.2
21	192 02.0	140 21.1	. . 04.0	178 42.3	. . 22.5	135 46.7	. . 04.4	202 21.0	. . 24.2
22	207 04.5	155 20.5	04.8	193 43.0	23.2	150 48.6	04.6	217 23.3	24.1
23	222 06.9	170 19.8	05.6	208 43.7	23.9	165 50.4	04.7	232 25.6	24.1
19 00	237 09.4	185 19.2	N18 06.5	223 44.4	N 4 24.7	180 52.3	N19 04.8	247 27.9	S 6 24.0
01	252 11.8	200 18.5	07.3	238 45.1	25.4	195 54.1	05.0	262 30.2	24.0
02	267 14.3	215 17.9	08.2	253 45.8	26.2	210 56.0	05.1	277 32.5	23.9
03	282 16.8	230 17.2	. . 09.0	268 46.5	. . 26.9	225 57.9	. . 05.2	292 34.8	. . 23.9
04	297 19.2	245 16.6	09.8	283 47.3	27.7	240 59.7	05.4	307 37.1	23.8
05	312 21.7	260 15.9	10.7	298 48.0	28.4	256 01.6	05.5	322 39.4	23.7
06	327 24.2	275 15.3	N18 11.5	313 48.7	N 4 29.1	271 03.4	N19 05.6	337 41.7	S 6 23.7
07	342 26.6	290 14.6	12.4	328 49.4	29.9	286 05.3	05.8	352 44.1	23.6
S 08	357 29.1	305 14.0	13.2	343 50.1	30.6	301 07.1	05.9	7 46.4	23.6
U 09	12 31.6	320 13.3	. . 14.0	358 50.8	. . 31.4	316 09.0	. . 06.0	22 48.7	. . 23.5
N 10	27 34.0	335 12.7	14.9	13 51.5	32.1	331 10.8	06.2	37 51.0	23.5
D 11	42 36.5	350 12.0	15.7	28 52.2	32.9	346 12.7	06.3	52 53.3	23.4
A 12	57 38.9	5 11.4	N18 16.5	43 52.9	N 4 33.6	1 14.6	N19 06.4	67 55.6	S 6 23.4
Y 13	72 41.4	20 10.7	17.4	58 53.6	34.3	16 16.4	06.6	82 57.9	23.3
14	87 43.9	35 10.1	18.2	73 54.4	35.1	31 18.3	06.7	98 00.2	23.3
15	102 46.3	50 09.4	. . 19.0	88 55.1	. . 35.8	46 20.1	. . 06.8	113 02.5	. . 23.2
16	117 48.8	65 08.7	19.8	103 55.8	36.6	61 22.0	07.0	128 04.9	23.1
17	132 51.3	80 08.1	20.7	118 56.5	37.3	76 23.8	07.1	143 07.2	23.1
18	147 53.7	95 07.4	N18 21.5	133 57.2	N 4 38.0	91 25.7	N19 07.2	158 09.5	S 6 23.0
19	162 56.2	110 06.8	22.3	148 57.9	38.8	106 27.6	07.4	173 11.8	23.0
20	177 58.7	125 06.1	23.1	163 58.6	39.5	121 29.4	07.5	188 14.1	22.9
21	193 01.1	140 05.5	. . 24.0	178 59.3	. . 40.3	136 31.3	. . 07.6	203 16.4	. . 22.9
22	208 03.6	155 04.8	24.8	194 00.0	41.0	151 33.1	07.8	218 18.7	22.8
23	223 06.1	170 04.1	25.6	209 00.7	41.7	166 35.0	07.9	233 21.0	22.8
20 00	238 08.5	185 03.5	N18 26.4	224 01.5	N 4 42.5	181 36.8	N19 08.0	248 23.4	S 6 22.7
01	253 11.0	200 02.8	27.3	239 02.2	43.2	196 38.7	08.2	263 25.7	22.7
02	268 13.4	215 02.2	28.1	254 02.9	44.0	211 40.5	08.3	278 28.0	22.6
03	283 15.9	230 01.5	. . 28.9	269 03.6	. . 44.7	226 42.4	. . 08.4	293 30.3	. . 22.6
04	298 18.4	245 00.8	29.7	284 04.3	45.4	241 44.3	08.6	308 32.6	22.5
05	313 20.8	260 00.2	30.5	299 05.0	46.2	256 46.1	08.7	323 34.9	22.4
06	328 23.3	274 59.5	N18 31.3	314 05.7	N 4 46.9	271 48.0	N19 08.8	338 37.2	S 6 22.4
07	343 25.8	289 58.8	32.2	329 06.4	47.7	286 49.8	09.0	353 39.5	22.3
08	358 28.2	304 58.2	33.0	344 07.1	48.4	301 51.7	09.1	8 41.9	22.3
M 09	13 30.7	319 57.5	. . 33.8	359 07.8	. . 49.1	316 53.5	. . 09.2	23 44.2	. . 22.2
O 10	28 33.2	334 56.8	34.6	14 08.6	49.9	331 55.4	09.4	38 46.5	22.2
N 11	43 35.6	349 56.2	35.4	29 09.3	50.6	346 57.2	09.5	53 48.8	22.1
D 12	58 38.1	4 55.5	N18 36.2	44 10.0	N 4 51.4	1 59.1	N19 09.6	68 51.1	S 6 22.1
A 13	73 40.5	19 54.9	37.0	59 10.7	52.1	17 01.0	09.8	83 53.4	22.0
Y 14	88 43.0	34 54.2	37.8	74 11.4	52.8	32 02.8	09.9	98 55.7	22.0
15	103 45.5	49 53.5	. . 38.7	89 12.1	. . 53.6	47 04.7	. . 10.0	113 58.1	. . 21.9
16	118 47.9	64 52.9	39.5	104 12.8	54.3	62 06.5	10.1	129 00.4	21.9
17	133 50.4	79 52.2	40.3	119 13.5	55.1	77 08.4	10.3	144 02.7	21.8
18	148 52.9	94 51.5	N18 41.1	134 14.2	N 4 55.8	92 10.2	N19 10.4	159 05.0	S 6 21.8
19	163 55.3	109 50.8	41.9	149 14.9	56.5	107 12.1	10.5	174 07.3	21.7
20	178 57.8	124 50.2	42.7	164 15.7	57.3	122 13.9	10.7	189 09.6	21.6
21	194 00.3	139 49.5	. . 43.5	179 16.4	. . 58.0	137 15.8	. . 10.8	204 12.0	. . 21.6
22	209 02.7	154 48.8	44.3	194 17.1	58.8	152 17.7	10.9	219 14.3	21.5
23	224 05.2	169 48.2	45.1	209 17.8	59.5	167 19.5	11.1	234 16.6	21.5
Mer. Pass.	h m 8 10.0	v −0.7	d 0.8	v 0.7	d 0.7	v 1.9	d 0.1	v 2.3	d 0.1

STARS

Name	SHA	Dec
	° ′	° ′
Acamar	315 12.6	S40 12.4
Achernar	335 21.1	S57 06.7
Acrux	173 00.3	S63 14.3
Adhara	255 06.6	S29 00.4
Aldebaran	290 40.6	N16 33.4
Alioth	166 13.0	N55 49.8
Alkaid	152 52.0	N49 11.6
Alnair	27 33.6	S46 50.4
Alnilam	275 38.6	S 1 11.2
Alphard	217 48.4	S 8 45.9
Alphecca	126 03.8	N26 37.9
Alpheratz	357 35.6	N29 13.3
Altair	62 00.3	N 8 55.8
Ankaa	353 07.9	S42 10.3
Antares	112 16.2	S26 29.2
Arcturus	145 48.1	N19 03.3
Atria	107 10.4	S69 04.2
Avior	234 15.3	S59 35.5
Bellatrix	278 23.8	N 6 22.3
Betelgeuse	270 53.0	N 7 24.7
Canopus	263 53.1	S52 42.6
Capella	280 23.2	N46 01.4
Deneb	49 26.0	N45 21.7
Denebola	182 25.4	N14 26.2
Diphda	348 48.1	S17 51.2
Dubhe	193 41.5	N61 37.5
Elnath	278 02.9	N28 37.7
Eltanin	90 42.0	N51 28.9
Enif	33 39.3	N 9 59.0
Fomalhaut	15 15.2	S29 29.5
Gacrux	171 51.9	S57 15.2
Gienah	175 44.0	S17 40.8
Hadar	148 36.2	S60 29.6
Hamal	327 52.2	N23 34.5
Kaus Aust.	83 32.9	S34 22.3
Kochab	137 18.6	N74 03.4
Markab	13 30.6	N15 20.0
Menkar	314 07.1	N 4 11.0
Menkent	147 57.9	S36 29.5
Miaplacidus	221 38.7	S69 49.3
Mirfak	308 29.6	N49 56.8
Nunki	75 48.2	S26 16.0
Peacock	53 06.3	S56 39.2
Pollux	243 18.2	N27 58.1
Procyon	244 51.6	N 5 09.7
Rasalhague	95 58.8	N12 32.4
Regulus	207 35.0	N11 50.9
Rigel	281 04.7	S 8 10.5
Rigil Kent.	139 40.5	S60 56.3
Sabik	102 03.1	S15 45.4
Schedar	349 32.1	N56 40.0
Shaula	96 10.7	S37 07.3
Sirius	258 27.0	S16 45.1
Spica	158 22.6	S11 17.4
Suhail	222 46.8	S43 32.1
Vega	80 33.3	N38 48.1
Zuben'ubi	136 56.3	S16 08.7

	SHA	Mer. Pass.
	° ′	h m
Venus	308 09.8	11 39
Mars	346 35.0	9 05
Jupiter	303 42.9	11 55
Saturn	10 18.5	7 29

© British Crown Copyright 2023. All rights reserved.

UT (d h)	SUN GHA ° ′	SUN Dec ° ′	MOON GHA ° ′	v ′	MOON Dec ° ′	d ′	HP ′
18 00 (SATURDAY)	180 53.4	N19 36.8	60 09.1	17.3	N 3 39.7	14.0	54.2
01	195 53.3	37.4	74 45.4	17.3	3 25.7	14.0	54.2
02	210 53.3	37.9	89 21.7	17.4	3 11.7	14.1	54.2
03	225 53.3	. . 38.4	103 58.1	17.4	2 57.6	14.0	54.2
04	240 53.3	39.0	118 34.5	17.3	2 43.6	14.1	54.2
05	255 53.2	39.5	133 10.8	17.4	2 29.5	14.1	54.2
06	270 53.2	N19 40.1	147 47.2	17.4	N 2 15.4	14.1	54.2
07	285 53.2	40.6	162 23.6	17.4	2 01.3	14.1	54.2
08	300 53.2	41.2	177 00.0	17.4	1 47.2	14.1	54.2
09	315 53.1	. . 41.7	191 36.4	17.4	1 33.1	14.1	54.2
10	330 53.1	42.2	206 12.8	17.3	1 19.0	14.2	54.2
11	345 53.1	42.8	220 49.1	17.4	1 04.8	14.1	54.2
12	0 53.0	N19 43.3	235 25.5	17.4	N 0 50.7	14.1	54.2
13	15 53.0	43.8	250 01.9	17.4	0 36.6	14.2	54.2
14	30 53.0	44.4	264 38.3	17.3	0 22.4	14.1	54.2
15	45 53.0	. . 44.9	279 14.6	17.4	N 0 08.3	14.2	54.2
16	60 52.9	45.5	293 51.0	17.4	S 0 05.9	14.1	54.2
17	75 52.9	46.0	308 27.4	17.3	0 20.0	14.2	54.3
18	90 52.9	N19 46.5	323 03.7	17.3	S 0 34.2	14.2	54.3
19	105 52.8	47.1	337 40.0	17.4	0 48.4	14.1	54.3
20	120 52.8	47.6	352 16.4	17.3	1 02.5	14.2	54.3
21	135 52.8	. . 48.1	6 52.7	17.3	1 16.7	14.2	54.3
22	150 52.7	48.7	21 29.0	17.3	1 30.9	14.1	54.3
23	165 52.7	49.2	36 05.3	17.2	1 45.0	14.2	54.3
19 00 (SUNDAY)	180 52.7	N19 49.7	50 41.5	17.3	S 1 59.2	14.2	54.3
01	195 52.7	50.3	65 17.8	17.2	2 13.4	14.1	54.3
02	210 52.6	50.8	79 54.0	17.2	2 27.5	14.2	54.3
03	225 52.6	. . 51.3	94 30.2	17.2	2 41.7	14.1	54.3
04	240 52.6	51.8	109 06.4	17.2	2 55.8	14.2	54.3
05	255 52.5	52.4	123 42.6	17.1	3 10.0	14.1	54.3
06	270 52.5	N19 52.9	138 18.7	17.1	S 3 24.1	14.2	54.4
07	285 52.5	53.4	152 54.8	17.1	3 38.3	14.1	54.4
08	300 52.4	54.0	167 30.9	17.1	3 52.4	14.1	54.4
09	315 52.4	. . 54.5	182 07.0	17.1	4 06.5	14.1	54.4
10	330 52.4	55.0	196 43.1	17.0	4 20.6	14.1	54.4
11	345 52.3	55.5	211 19.1	17.0	4 34.7	14.1	54.4
12	0 52.3	N19 56.1	225 55.1	16.9	S 4 48.8	14.1	54.4
13	15 52.3	56.6	240 31.0	17.0	5 02.9	14.1	54.4
14	30 52.2	57.1	255 07.0	16.8	5 17.0	14.0	54.4
15	45 52.2	. . 57.6	269 42.8	16.9	5 31.0	14.1	54.4
16	60 52.2	58.2	284 18.7	16.8	5 45.1	14.0	54.4
17	75 52.1	58.7	298 54.5	16.8	5 59.1	14.0	54.5
18	90 52.1	N19 59.2	313 30.3	16.8	S 6 13.1	14.0	54.5
19	105 52.1	19 59.7	328 06.1	16.7	6 27.1	14.0	54.5
20	120 52.0	20 00.2	342 41.8	16.7	6 41.1	14.0	54.5
21	135 52.0	. . 00.8	357 17.5	16.6	6 55.1	13.9	54.5
22	150 51.9	01.3	11 53.1	16.6	7 09.0	13.9	54.5
23	165 51.9	01.8	26 28.7	16.5	7 22.9	14.0	54.5
20 00 (MONDAY)	180 51.9	N20 02.3	41 04.2	16.5	S 7 36.9	13.9	54.5
01	195 51.8	02.8	55 39.7	16.5	7 50.8	13.8	54.6
02	210 51.8	03.3	70 15.2	16.4	8 04.6	13.9	54.6
03	225 51.8	. . 03.9	84 50.6	16.4	8 18.5	13.8	54.6
04	240 51.7	04.4	99 26.0	16.3	8 32.3	13.8	54.6
05	255 51.7	04.9	114 01.3	16.2	8 46.1	13.8	54.6
06	270 51.6	N20 05.4	128 36.5	16.3	S 8 59.9	13.7	54.6
07	285 51.6	05.9	143 11.8	16.1	9 13.6	13.8	54.6
08	300 51.6	06.4	157 46.9	16.1	9 27.4	13.7	54.7
09	315 51.5	. . 06.9	172 22.0	16.1	9 41.1	13.6	54.7
10	330 51.5	07.5	186 57.1	16.0	9 54.7	13.7	54.7
11	345 51.5	08.0	201 32.1	15.9	10 08.4	13.6	54.7
12	0 51.4	N20 08.5	216 07.0	15.9	S10 22.0	13.6	54.7
13	15 51.4	09.0	230 41.9	15.9	10 35.6	13.5	54.7
14	30 51.3	09.5	245 16.8	15.7	10 49.1	13.5	54.7
15	45 51.3	. . 10.0	259 51.5	15.7	11 02.6	13.5	54.8
16	60 51.3	10.5	274 26.2	15.7	11 16.1	13.4	54.8
17	75 51.2	11.0	289 00.9	15.6	11 29.5	13.5	54.8
18	90 51.2	N20 11.5	303 35.5	15.5	S11 43.0	13.3	54.8
19	105 51.1	12.0	318 10.0	15.5	11 56.3	13.4	54.8
20	120 51.1	12.5	332 44.5	15.4	12 09.7	13.3	54.8
21	135 51.1	. . 13.0	347 18.9	15.3	12 23.0	13.2	54.9
22	150 51.0	13.5	1 53.2	15.2	12 36.2	13.3	54.9
23	165 51.0	14.0	16 27.4	15.2	S12 49.5	13.1	54.9
	SD 15.8	*d* 0.5	SD 14.8		14.8		14.9

Lat. °	Twilight Naut. h m	Twilight Civil h m	Sunrise h m	Moonrise 18 h m	Moonrise 19 h m	Moonrise 20 h m	Moonrise 21 h m
N 72	▭	▭	▭	14 19	16 18	18 29	21 56
N 70	▭	▭	▭	14 20	16 09	18 07	20 32
68	////	////	01 20	14 20	16 02	17 50	19 54
66	////	////	02 04	14 20	15 56	17 36	19 27
64	////	00 24	02 33	14 20	15 51	17 25	19 07
62	////	01 31	02 55	14 21	15 46	17 16	18 51
60	////	02 05	03 12	14 21	15 43	17 08	18 38
N 58	00 21	02 29	03 27	14 21	15 39	17 01	18 26
56	01 23	02 48	03 39	14 21	15 37	16 55	18 16
54	01 53	03 03	03 50	14 21	15 34	16 49	18 08
52	02 16	03 16	04 00	14 21	15 32	16 44	18 00
50	02 34	03 28	04 08	14 21	15 30	16 40	17 53
45	03 07	03 52	04 26	14 21	15 25	16 30	17 38
N 40	03 31	04 10	04 41	14 22	15 21	16 22	17 26
35	03 50	04 25	04 53	14 22	15 18	16 15	17 15
30	04 06	04 38	05 04	14 22	15 15	16 09	17 06
20	04 30	04 59	05 22	14 22	15 10	15 59	16 51
N 10	04 49	05 16	05 38	14 22	15 06	15 50	16 38
0	05 05	05 31	05 53	14 22	15 02	15 42	16 25
S 10	05 19	05 45	06 08	14 23	14 58	15 34	16 13
20	05 33	06 00	06 23	14 23	14 53	15 25	16 00
30	05 46	06 15	06 41	14 23	14 49	15 15	15 45
35	05 53	06 24	06 51	14 23	14 46	15 10	15 36
40	06 00	06 33	07 02	14 23	14 43	15 03	15 27
45	06 08	06 44	07 16	14 24	14 39	14 56	15 15
S 50	06 16	06 56	07 33	14 24	14 35	14 47	15 02
52	06 20	07 02	07 40	14 24	14 33	14 43	14 55
54	06 24	07 08	07 49	14 24	14 31	14 39	14 48
56	06 29	07 15	07 59	14 24	14 29	14 34	14 41
58	06 34	07 23	08 10	14 25	14 26	14 29	14 32
S 60	06 39	07 32	08 23	14 25	14 23	14 22	14 22

Lat. °	Sunset h m	Twilight Civil h m	Twilight Naut. h m	Moonset 18 h m	Moonset 19 h m	Moonset 20 h m	Moonset 21 h m
N 72	▭	▭	▭	02 40	02 09	01 35	{00 50 / 22 55}
N 70	▭	▭	▭	02 36	02 12	01 46	01 14
68	22 39	////	////	02 33	02 15	01 56	01 33
66	21 52	////	////	02 30	02 17	02 04	01 48
64	21 22	////	////	02 28	02 19	02 10	02 00
62	21 00	22 26	////	02 26	02 21	02 16	02 11
60	20 42	21 51	////	02 24	02 23	02 21	02 20
N 58	20 27	21 26	////	02 22	02 24	02 26	02 28
56	20 15	21 07	22 34	02 21	02 25	02 30	02 35
54	20 04	20 51	22 02	02 20	02 26	02 33	02 42
52	19 54	20 38	21 39	02 18	02 27	02 37	02 48
50	19 46	20 26	21 21	02 17	02 28	02 40	02 53
45	19 27	20 02	20 47	02 15	02 30	02 46	03 04
N 40	19 13	19 44	20 22	02 13	02 32	02 52	03 14
35	19 00	19 29	20 03	02 11	02 34	02 57	03 22
30	18 49	19 16	19 48	02 10	02 35	03 01	03 29
20	18 31	18 55	19 23	02 07	02 37	03 08	03 41
N 10	18 15	18 37	19 04	02 05	02 39	03 15	03 52
0	18 00	18 22	18 48	02 02	02 41	03 21	04 02
S 10	17 45	18 08	18 33	02 00	02 43	03 27	04 13
20	17 30	17 53	18 20	01 57	02 45	03 34	04 24
30	17 12	17 38	18 07	01 55	02 47	03 41	04 37
35	17 02	17 29	18 00	01 53	02 49	03 45	04 44
40	16 50	17 20	17 53	01 51	02 50	03 50	04 52
45	16 37	17 09	17 45	01 49	02 52	03 56	05 02
S 50	16 20	16 56	17 36	01 46	02 54	04 03	05 14
52	16 12	16 50	17 32	01 45	02 55	04 06	05 20
54	16 03	16 44	17 28	01 44	02 56	04 10	05 26
56	15 54	16 37	17 24	01 42	02 57	04 14	05 33
58	15 42	16 29	17 19	01 40	02 58	04 18	05 41
S 60	15 30	16 20	17 13	01 38	03 00	04 23	05 50

Day	SUN Eqn. of Time 00^h	SUN Eqn. of Time 12^h	SUN Mer. Pass.	MOON Mer. Pass. Upper	MOON Mer. Pass. Lower	MOON Age	MOON Phase
d	m s	m s	h m	h m	h m	d	%
18	03 34	03 32	11 56	20 32	08 12	10	77
19	03 31	03 29	11 57	21 11	08 51	11	85
20	03 28	03 26	11 57	21 52	09 31	12	91

© British Crown Copyright 2023. All rights reserved.

UT d h	ARIES GHA	VENUS −3·9 GHA	VENUS Dec	MARS +1·1 GHA	MARS Dec	JUPITER −2·0 GHA	JUPITER Dec	SATURN +1·0 GHA	SATURN Dec
	° ′	° ′	° ′	° ′	° ′	° ′	° ′	° ′	° ′
21 00	239 07.7	184 47.5	N18 45.9	224 18.5	N 5 00.2	182 21.4	N19 11.2	249 18.9	S 6 21.4
01	254 10.1	199 46.8	46.7	239 19.2	01.0	197 23.2	11.3	264 21.2	21.4
02	269 12.6	214 46.2	47.5	254 19.9	01.7	212 25.1	11.5	279 23.5	21.3
03	284 15.0	229 45.5	. . 48.3	269 20.6	. . 02.4	227 26.9	. . 11.6	294 25.8	. . 21.3
04	299 17.5	244 44.8	49.1	284 21.3	03.2	242 28.8	11.7	309 28.2	21.2
05	314 20.0	259 44.1	49.9	299 22.1	03.9	257 30.7	11.9	324 30.5	21.2
06	329 22.4	274 43.5	N18 50.7	314 22.8	N 5 04.7	272 32.5	N19 12.0	339 32.8	S 6 21.1
T 07	344 24.9	289 42.8	51.5	329 23.5	05.4	287 34.4	12.1	354 35.1	21.1
U 08	359 27.4	304 42.1	52.3	344 24.2	06.1	302 36.2	12.3	9 37.4	21.0
E 09	14 29.8	319 41.4	. . 53.1	359 24.9	. . 06.9	317 38.1	. . 12.4	24 39.7	. . 21.0
S 10	29 32.3	334 40.8	53.9	14 25.6	07.6	332 39.9	12.5	39 42.1	20.9
D 11	44 34.8	349 40.1	54.7	29 26.3	08.3	347 41.8	12.6	54 44.4	20.9
A 12	59 37.2	4 39.4	N18 55.4	44 27.0	N 5 09.1	2 43.6	N19 12.8	69 46.7	S 6 20.8
Y 13	74 39.7	19 38.7	56.2	59 27.7	09.8	17 45.5	12.9	84 49.0	20.8
14	89 42.2	34 38.0	57.0	74 28.4	10.5	32 47.4	13.0	99 51.3	20.7
15	104 44.6	49 37.4	. . 57.8	89 29.2	. . 11.3	47 49.2	. . 13.2	114 53.7	. . 20.7
16	119 47.1	64 36.7	58.6	104 29.9	12.0	62 51.1	13.3	129 56.0	20.6
17	134 49.5	79 36.0	18 59.4	119 30.6	12.8	77 52.9	13.4	144 58.3	20.6
18	149 52.0	94 35.3	N19 00.2	134 31.3	N 5 13.5	92 54.8	N19 13.6	160 00.6	S 6 20.5
19	164 54.5	109 34.6	01.0	149 32.0	14.2	107 56.6	13.7	175 02.9	20.4
20	179 56.9	124 34.0	01.7	164 32.7	15.0	122 58.5	13.8	190 05.2	20.4
21	194 59.4	139 33.3	. . 02.5	179 33.4	. . 15.7	138 00.3	. . 14.0	205 07.6	. . 20.3
22	210 01.9	154 32.6	03.3	194 34.1	16.4	153 02.2	14.1	220 09.9	20.3
23	225 04.3	169 31.9	04.1	209 34.8	17.2	168 04.1	14.2	235 12.2	20.2
22 00	240 06.8	184 31.2	N19 04.9	224 35.5	N 5 17.9	183 05.9	N19 14.3	250 14.5	S 6 20.2
01	255 09.3	199 30.6	05.6	239 36.3	18.6	198 07.8	14.5	265 16.8	20.1
02	270 11.7	214 29.9	06.4	254 37.0	19.4	213 09.6	14.6	280 19.2	20.1
03	285 14.2	229 29.2	. . 07.2	269 37.7	. . 20.1	228 11.5	. . 14.7	295 21.5	. . 20.0
04	300 16.7	244 28.5	08.0	284 38.4	20.8	243 13.3	14.9	310 23.8	20.0
05	315 19.1	259 27.8	08.8	299 39.1	21.6	258 15.2	15.0	325 26.1	19.9
06	330 21.6	274 27.1	N19 09.5	314 39.8	N 5 22.3	273 17.0	N19 15.1	340 28.4	S 6 19.9
W 07	345 24.0	289 26.4	10.3	329 40.5	23.0	288 18.9	15.3	355 30.8	19.8
E 08	0 26.5	304 25.8	11.1	344 41.2	23.8	303 20.8	15.4	10 33.1	19.8
D 09	15 29.0	319 25.1	. . 11.8	359 41.9	. . 24.5	318 22.6	. . 15.5	25 35.4	. . 19.7
N 10	30 31.4	334 24.4	12.6	14 42.6	25.2	333 24.5	15.6	40 37.7	19.7
E 11	45 33.9	349 23.7	13.4	29 43.4	26.0	348 26.3	15.8	55 40.0	19.6
S 12	60 36.4	4 23.0	N19 14.2	44 44.1	N 5 26.7	3 28.2	N19 15.9	70 42.4	S 6 19.6
D 13	75 38.8	19 22.3	14.9	59 44.8	27.4	18 30.0	16.0	85 44.7	19.5
A 14	90 41.3	34 21.6	15.7	74 45.5	28.2	33 31.9	16.2	100 47.0	19.5
Y 15	105 43.8	49 20.9	. . 16.5	89 46.2	. . 28.9	48 33.7	. . 16.3	115 49.3	. . 19.4
16	120 46.2	64 20.2	17.2	104 46.9	29.6	63 35.6	16.4	130 51.6	19.4
17	135 48.7	79 19.6	18.0	119 47.6	30.4	78 37.5	16.6	145 54.0	19.3
18	150 51.1	94 18.9	N19 18.8	134 48.3	N 5 31.1	93 39.3	N19 16.7	160 56.3	S 6 19.3
19	165 53.6	109 18.2	19.5	149 49.0	31.8	108 41.2	16.8	175 58.6	19.2
20	180 56.1	124 17.5	20.3	164 49.7	32.6	123 43.0	16.9	191 00.9	19.2
21	195 58.5	139 16.8	. . 21.0	179 50.5	. . 33.3	138 44.9	. . 17.1	206 03.2	. . 19.1
22	211 01.0	154 16.1	21.8	194 51.2	34.0	153 46.7	17.2	221 05.6	19.1
23	226 03.5	169 15.4	22.6	209 51.9	34.8	168 48.6	17.3	236 07.9	19.0
23 00	241 05.9	184 14.7	N19 23.3	224 52.6	N 5 35.5	183 50.4	N19 17.5	251 10.2	S 6 19.0
01	256 08.4	199 14.0	24.1	239 53.3	36.2	198 52.3	17.6	266 12.5	18.9
02	271 10.9	214 13.3	24.8	254 54.0	37.0	213 54.1	17.7	281 14.9	18.9
03	286 13.3	229 12.6	. . 25.6	269 54.7	. . 37.7	228 56.0	. . 17.9	296 17.2	. . 18.8
04	301 15.8	244 11.9	26.4	284 55.4	38.4	243 57.9	18.0	311 19.5	18.8
05	316 18.3	259 11.2	27.1	299 56.1	39.2	258 59.7	18.1	326 21.8	18.7
06	331 20.7	274 10.5	N19 27.9	314 56.8	N 5 39.9	274 01.6	N19 18.2	341 24.2	S 6 18.7
07	346 23.2	289 09.8	28.6	329 57.6	40.6	289 03.4	18.4	356 26.5	18.6
T 08	1 25.6	304 09.1	29.4	344 58.3	41.4	304 05.3	18.5	11 28.8	18.6
H 09	16 28.1	319 08.4	. . 30.1	359 59.0	. . 42.1	319 07.1	. . 18.6	26 31.1	. . 18.5
U 10	31 30.6	334 07.7	30.9	14 59.7	42.8	334 09.0	18.8	41 33.4	18.5
R 11	46 33.0	349 07.0	31.6	30 00.4	43.6	349 10.8	18.9	56 35.8	18.4
S 12	61 35.5	4 06.3	N19 32.4	45 01.1	N 5 44.3	4 12.7	N19 19.0	71 38.1	S 6 18.4
D 13	76 38.0	19 05.6	33.1	60 01.8	45.0	19 14.6	19.1	86 40.4	18.3
A 14	91 40.4	34 04.9	33.9	75 02.5	45.7	34 16.4	19.3	101 42.7	18.3
Y 15	106 42.9	49 04.2	. . 34.6	90 03.2	. . 46.5	49 18.3	. . 19.4	116 45.1	. . 18.2
16	121 45.4	64 03.5	35.3	105 03.9	47.2	64 20.1	19.5	131 47.4	18.2
17	136 47.8	79 02.8	36.1	120 04.6	47.9	79 22.0	19.7	146 49.7	18.1
18	151 50.3	94 02.1	N19 36.8	135 05.4	N 5 48.7	94 23.8	N19 19.8	161 52.0	S 6 18.1
19	166 52.8	109 01.4	37.6	150 06.1	49.4	109 25.7	19.9	176 54.4	18.0
20	181 55.2	124 00.7	38.3	165 06.8	50.1	124 27.5	20.0	191 56.7	18.0
21	196 57.7	139 00.0	. . 39.1	180 07.5	. . 50.9	139 29.4	. . 20.2	206 59.0	. . 18.0
22	212 00.1	153 59.3	39.8	195 08.2	51.6	154 31.3	20.3	222 01.3	17.9
23	227 02.6	168 58.6	40.5	210 08.9	52.3	169 33.1	20.4	237 03.7	17.9
Mer. Pass.	h m 7 58.2	v −0.7	d 0.8	v 0.7	d 0.7	v 1.9	d 0.1	v 2.3	d 0.1

STARS

Name	SHA	Dec
	° ′	° ′
Acamar	315 12.6	S40 12.4
Achernar	335 21.1	S57 06.6
Acrux	173 00.3	S63 14.3
Adhara	255 06.6	S29 00.4
Aldebaran	290 40.6	N16 33.4
Alioth	166 13.1	N55 49.8
Alkaid	152 52.0	N49 11.6
Alnair	27 33.6	S46 50.4
Alnilam	275 38.6	S 1 11.2
Alphard	217 48.4	S 8 45.9
Alphecca	126 03.8	N26 37.9
Alpheratz	357 35.5	N29 13.3
Altair	62 00.3	N 8 55.8
Ankaa	353 07.9	S42 10.3
Antares	112 16.1	S26 29.2
Arcturus	145 48.1	N19 03.3
Atria	107 10.3	S69 04.2
Avior	234 15.3	S59 35.5
Bellatrix	278 23.8	N 6 22.3
Betelgeuse	270 53.0	N 7 24.7
Canopus	263 53.1	S52 42.6
Capella	280 23.2	N46 01.4
Deneb	49 26.0	N45 21.7
Denebola	182 25.4	N14 26.2
Diphda	348 48.1	S17 51.2
Dubhe	193 41.5	N61 37.5
Elnath	278 02.9	N28 37.7
Eltanin	90 42.0	N51 28.9
Enif	33 39.3	N 9 59.0
Fomalhaut	15 15.2	S29 29.5
Gacrux	171 51.9	S57 15.2
Gienah	175 44.0	S17 40.8
Hadar	148 36.2	S60 29.6
Hamal	327 52.1	N23 34.5
Kaus Aust.	83 32.9	S34 22.3
Kochab	137 18.6	N74 03.4
Markab	13 30.5	N15 20.0
Menkar	314 07.0	N 4 11.0
Menkent	147 57.9	S36 29.5
Miaplacidus	221 38.7	S69 49.3
Mirfak	308 29.6	N49 56.8
Nunki	75 48.2	S26 16.0
Peacock	53 06.3	S56 39.2
Pollux	243 18.2	N27 58.1
Procyon	244 51.6	N 5 09.7
Rasalhague	95 58.7	N12 32.4
Regulus	207 35.0	N11 50.9
Rigel	281 04.7	S 8 10.5
Rigil Kent.	139 40.5	S60 56.3
Sabik	102 03.1	S15 45.4
Schedar	349 32.1	N56 40.0
Shaula	96 10.7	S37 07.3
Sirius	258 27.0	S16 45.0
Spica	158 22.6	S11 17.4
Suhail	222 46.9	S43 32.1
Vega	80 33.2	N38 48.1
Zuben'ubi	136 56.3	S16 08.7

	SHA	Mer. Pass.
	° ′	h m
Venus	304 24.4	11 42
Mars	344 28.7	9 01
Jupiter	302 59.1	11 46
Saturn	10 07.7	7 18

© British Crown Copyright 2023. All rights reserved.

	UT	SUN		MOON				
		GHA	Dec	GHA	*v*	Dec	*d*	HP
	d h	° ′	° ′	° ′	′	° ′	′	′
	21 00	180 50.9	N20 14.5	31 01.6	15.2	S13 02.6	13.2	54.9
	01	195 50.9	15.1	45 35.8	15.0	13 15.8	13.1	54.9
	02	210 50.8	15.6	60 09.8	15.0	13 28.9	13.0	54.9
	03	225 50.8	. . 16.1	74 43.8	14.9	13 41.9	13.0	55.0
	04	240 50.8	16.6	89 17.7	14.8	13 54.9	13.0	55.0
	05	255 50.7	17.1	103 51.5	14.8	14 07.9	12.9	55.0
	06	270 50.7	N20 17.6	118 25.3	14.7	S14 20.8	12.8	55.0
	07	285 50.6	18.1	132 59.0	14.6	14 33.6	12.8	55.0
T	08	300 50.6	18.6	147 32.6	14.5	14 46.4	12.8	55.0
U	09	315 50.5	. . 19.0	162 06.1	14.5	14 59.2	12.7	55.1
E	10	330 50.5	19.5	176 39.6	14.3	15 11.9	12.7	55.1
S	11	345 50.4	20.0	191 12.9	14.3	15 24.6	12.5	55.1
	12	0 50.4	N20 20.5	205 46.2	14.2	S15 37.1	12.6	55.1
D	13	15 50.4	21.0	220 19.4	14.2	15 49.7	12.5	55.1
A	14	30 50.3	21.5	234 52.6	14.0	16 02.2	12.4	55.1
Y	15	45 50.3	. . 22.0	249 25.6	14.0	16 14.6	12.4	55.2
	16	60 50.2	22.5	263 58.6	13.9	16 27.0	12.3	55.2
	17	75 50.2	23.0	278 31.5	13.7	16 39.3	12.2	55.2
	18	90 50.1	N20 23.5	293 04.2	13.8	S16 51.5	12.2	55.2
	19	105 50.1	24.0	307 37.0	13.6	17 03.7	12.1	55.2
	20	120 50.0	24.5	322 09.6	13.5	17 15.8	12.1	55.3
	21	135 50.0	. . 25.0	336 42.1	13.4	17 27.9	12.0	55.3
	22	150 49.9	25.5	351 14.5	13.4	17 39.9	11.9	55.3
	23	165 49.9	26.0	5 46.9	13.3	17 51.8	11.9	55.3
	22 00	180 49.8	N20 26.4	20 19.2	13.1	S18 03.7	11.7	55.3
	01	195 49.8	26.9	34 51.3	13.1	18 15.4	11.8	55.4
	02	210 49.8	27.4	49 23.4	13.0	18 27.2	11.6	55.4
	03	225 49.7	. . 27.9	63 55.4	12.9	18 38.8	11.6	55.4
	04	240 49.7	28.4	78 27.3	12.8	18 50.4	11.5	55.4
	05	255 49.6	28.9	92 59.1	12.7	19 01.9	11.4	55.4
	06	270 49.6	N20 29.4	107 30.8	12.6	S19 13.3	11.3	55.5
W	07	285 49.5	29.8	122 02.4	12.5	19 24.6	11.3	55.5
E	08	300 49.5	30.3	136 33.9	12.5	19 35.9	11.2	55.5
D	09	315 49.4	. . 30.8	151 05.4	12.3	19 47.1	11.1	55.5
N	10	330 49.4	31.3	165 36.7	12.2	19 58.2	11.0	55.5
E	11	345 49.3	31.8	180 07.9	12.1	20 09.2	10.9	55.6
	12	0 49.3	N20 32.3	194 39.0	12.1	S20 20.1	10.9	55.6
S	13	15 49.2	32.7	209 10.1	11.9	20 31.0	10.7	55.6
D	14	30 49.2	33.2	223 41.0	11.8	20 41.7	10.7	55.6
A	15	45 49.1	. . 33.7	238 11.8	11.8	20 52.4	10.6	55.6
Y	16	60 49.1	34.2	252 42.6	11.6	21 03.0	10.5	55.7
	17	75 49.0	34.7	267 13.2	11.5	21 13.5	10.4	55.7
	18	90 49.0	N20 35.1	281 43.7	11.5	S21 23.9	10.3	55.7
	19	105 48.9	35.6	296 14.2	11.3	21 34.2	10.2	55.7
	20	120 48.9	36.1	310 44.5	11.2	21 44.4	10.1	55.7
	21	135 48.8	. . 36.6	325 14.7	11.2	21 54.5	10.0	55.8
	22	150 48.8	37.0	339 44.9	11.0	22 04.5	9.9	55.8
	23	165 48.7	37.5	354 14.9	10.9	22 14.4	9.9	55.8
	23 00	180 48.6	N20 38.0	8 44.8	10.9	S22 24.3	9.7	55.8
	01	195 48.6	38.5	23 14.7	10.7	22 34.0	9.6	55.9
	02	210 48.5	38.9	37 44.4	10.6	22 43.6	9.5	55.9
	03	225 48.5	. . 39.4	52 14.0	10.5	22 53.1	9.4	55.9
	04	240 48.4	39.9	66 43.5	10.4	23 02.5	9.3	55.9
	05	255 48.4	40.3	81 12.9	10.4	23 11.8	9.2	55.9
	06	270 48.3	N20 40.8	95 42.3	10.2	S23 21.0	9.1	56.0
	07	285 48.3	41.3	110 11.5	10.1	23 30.1	9.0	56.0
T	08	300 48.2	41.8	124 40.6	10.0	23 39.1	8.8	56.0
H	09	315 48.2	. . 42.2	139 09.6	9.9	23 47.9	8.8	56.0
U	10	330 48.1	42.7	153 38.5	9.8	23 56.7	8.6	56.0
R	11	345 48.1	43.2	168 07.3	9.7	24 05.3	8.5	56.1
S	12	0 48.0	N20 43.6	182 36.0	9.6	S24 13.8	8.4	56.1
D	13	15 47.9	44.1	197 04.6	9.5	24 22.2	8.3	56.1
A	14	30 47.9	44.6	211 33.1	9.4	24 30.5	8.1	56.1
Y	15	45 47.8	. . 45.0	226 01.5	9.3	24 38.6	8.0	56.2
	16	60 47.8	45.5	240 29.8	9.2	24 46.6	8.0	56.2
	17	75 47.7	45.9	254 58.0	9.1	24 54.6	7.7	56.2
	18	90 47.7	N20 46.4	269 26.1	9.0	S25 02.3	7.7	56.2
	19	105 47.6	46.9	283 54.1	8.9	25 10.0	7.5	56.2
	20	120 47.5	47.3	298 22.0	8.8	25 17.5	7.4	56.3
	21	135 47.5	. . 47.8	312 49.8	8.8	25 24.9	7.3	56.3
	22	150 47.4	48.3	327 17.6	8.6	25 32.2	7.1	56.3
	23	165 47.4	48.7	341 45.2	8.5	S25 39.3	7.0	56.3
		SD 15.8	*d* 0.5	SD	15.0		15.1	15.3

Lat.	Twilight		Sunrise	Moonrise			
	Naut.	Civil		21	22	23	24
°	h m	h m	h m	h m	h m	h m	h m
N 72	□	□	□	21 56	■	■	■
N 70	□	□	□	20 32	■	■	■
68	////	////	00 58	19 54	■	■	■
66	////	////	01 52	19 27	21 45	■	■
64	////	////	02 24	19 07	21 03	23 50	■
62	////	01 17	02 47	18 51	20 35	22 32	■
60	////	01 55	03 06	18 38	20 14	21 56	23 35
N 58	////	02 21	03 21	18 26	19 57	21 30	22 59
56	01 10	02 41	03 35	18 16	19 42	21 10	22 32
54	01 45	02 58	03 46	18 08	19 29	20 53	22 12
52	02 09	03 12	03 56	18 00	19 18	20 38	21 54
50	02 28	03 24	04 05	17 53	19 09	20 26	21 40
45	03 03	03 48	04 24	17 38	18 48	20 00	21 10
N 40	03 28	04 07	04 39	17 26	18 32	19 40	20 47
35	03 48	04 23	04 52	17 15	18 18	19 23	20 27
30	04 04	04 36	05 03	17 06	18 06	19 08	20 11
20	04 29	04 58	05 22	16 51	17 46	18 44	19 44
N 10	04 49	05 15	05 38	16 38	17 28	18 23	19 20
0	05 05	05 31	05 53	16 25	17 12	18 03	18 58
S 10	05 20	05 46	06 08	16 13	16 56	17 43	18 36
20	05 34	06 01	06 24	16 00	16 39	17 22	18 13
30	05 47	06 17	06 42	15 45	16 19	16 58	17 45
35	05 55	06 26	06 53	15 36	16 07	16 44	17 29
40	06 02	06 35	07 05	15 27	15 54	16 28	17 11
45	06 10	06 47	07 19	15 15	15 39	16 09	16 49
S 50	06 20	07 00	07 36	15 02	15 20	15 45	16 20
52	06 24	07 06	07 45	14 55	15 11	15 34	16 06
54	06 28	07 12	07 54	14 48	15 02	15 21	15 50
56	06 33	07 20	08 04	14 41	14 50	15 06	15 32
58	06 38	07 28	08 16	14 32	14 38	14 48	15 08
S 60	06 44	07 37	08 29	14 22	14 23	14 27	14 38

Lat.	Sunset	Twilight		Moonset			
		Civil	Naut.	21	22	23	24
°	h m	h m	h m	h m	h m	h m	h m
N 72	□	□	□	{00 50 / 22 55}	■	■	■
N 70	□	□	□	01 14	00 20	■	■
68	23 03	////	////	01 33	01 00	■	■
66	22 05	////	////	01 48	01 27	00 48	■
64	21 32	////	////	02 00	01 48	01 31	00 32
62	21 08	22 41	////	02 11	02 06	01 59	01 51
60	20 49	22 01	////	02 20	02 20	02 22	02 27
N 58	20 33	21 34	////	02 28	02 32	02 40	02 53
56	20 20	21 14	22 48	02 35	02 43	02 55	03 14
54	20 09	20 57	22 11	02 42	02 53	03 08	03 31
52	19 58	20 43	21 46	02 48	03 01	03 20	03 46
50	19 49	20 31	21 27	02 53	03 09	03 30	03 59
45	19 31	20 06	20 51	03 04	03 25	03 51	04 26
N 40	19 15	19 47	20 26	03 14	03 39	04 09	04 47
35	19 02	19 31	20 06	03 22	03 50	04 24	05 04
30	18 51	19 18	19 50	03 29	04 00	04 37	05 20
20	18 32	18 56	19 24	03 41	04 18	04 59	05 46
N 10	18 16	18 38	19 05	03 52	04 33	05 18	06 08
0	18 00	18 22	18 48	04 02	04 47	05 36	06 29
S 10	17 45	18 08	18 33	04 13	05 02	05 54	06 50
20	17 29	17 53	18 20	04 24	05 17	06 13	07 12
30	17 11	17 37	18 06	04 37	05 35	06 36	07 38
35	17 00	17 28	17 59	04 44	05 45	06 49	07 54
40	16 48	17 18	17 51	04 52	05 57	07 04	08 12
45	16 34	17 06	17 43	05 02	06 11	07 23	08 34
S 50	16 17	16 53	17 33	05 14	06 29	07 46	09 01
52	16 08	16 47	17 29	05 20	06 37	07 57	09 15
54	15 59	16 40	17 25	05 26	06 46	08 09	09 31
56	15 49	16 33	17 20	05 33	06 57	08 23	09 49
58	15 37	16 25	17 15	05 41	07 09	08 40	10 12
S 60	15 24	16 16	17 09	05 50	07 23	09 01	10 42

Day	SUN			MOON			
	Eqn. of Time		Mer.	Mer. Pass.		Age	Phase
	00^h	12^h	Pass.	Upper	Lower		
d	m s	m s	h m	h m	h m	d %	
21	03 24	03 22	11 57	22 36	10 14	13 96	
22	03 19	03 17	11 57	23 24	10 59	14 99	○
23	03 15	03 12	11 57	24 16	11 49	15 100	

© British Crown Copyright 2023. All rights reserved.

	UT	ARIES	VENUS −3·9		MARS +1·1		JUPITER −2·0		SATURN +1·0	
		GHA	GHA	Dec	GHA	Dec	GHA	Dec	GHA	Dec
	d h	° ′	° ′	° ′	° ′	° ′	° ′	° ′	° ′	° ′
	24 00	242 05.1	183 57.9	N19 41.3	225 09.6	N 5 53.0	184 35.0	N19 20.6	252 06.0	S 6 17.8
	01	257 07.5	198 57.2	42.0	240 10.3	53.8	199 36.8	20.7	267 08.3	17.8
	02	272 10.0	213 56.5	42.7	255 11.0	54.5	214 38.7	20.8	282 10.6	17.7
	03	287 12.5	228 55.8	. . 43.5	270 11.7	. . 55.2	229 40.5	. . 20.9	297 13.0	. . 17.7
	04	302 14.9	243 55.1	44.2	285 12.5	56.0	244 42.4	21.1	312 15.3	17.6
	05	317 17.4	258 54.3	44.9	300 13.2	56.7	259 44.2	21.2	327 17.6	17.6
	06	332 19.9	273 53.6	N19 45.7	315 13.9	N 5 57.4	274 46.1	N19 21.3	342 19.9	S 6 17.5
	07	347 22.3	288 52.9	46.4	330 14.6	58.2	289 48.0	21.5	357 22.3	17.5
	08	2 24.8	303 52.2	47.1	345 15.3	58.9	304 49.8	21.6	12 24.6	17.4
F	09	17 27.3	318 51.5	. . 47.9	0 16.0	5 59.6	319 51.7	. . 21.7	27 26.9	. . 17.4
R	10	32 29.7	333 50.8	48.6	15 16.7	6 00.3	334 53.5	21.8	42 29.3	17.3
I	11	47 32.2	348 50.1	49.3	30 17.4	01.1	349 55.4	22.0	57 31.6	17.3
D	12	62 34.6	3 49.4	N19 50.0	45 18.1	N 6 01.8	4 57.2	N19 22.1	72 33.9	S 6 17.2
A	13	77 37.1	18 48.7	50.8	60 18.8	02.5	19 59.1	22.2	87 36.2	17.2
Y	14	92 39.6	33 48.0	51.5	75 19.6	03.2	35 00.9	22.4	102 38.6	17.1
	15	107 42.0	48 47.2	. . 52.2	90 20.3	. . 04.0	50 02.8	. . 22.5	117 40.9	. . 17.1
	16	122 44.5	63 46.5	52.9	105 21.0	04.7	65 04.7	22.6	132 43.2	17.0
	17	137 47.0	78 45.8	53.7	120 21.7	05.4	80 06.5	22.7	147 45.5	17.0
	18	152 49.4	93 45.1	N19 54.4	135 22.4	N 6 06.2	95 08.4	N19 22.9	162 47.9	S 6 16.9
	19	167 51.9	108 44.4	55.1	150 23.1	06.9	110 10.2	23.0	177 50.2	16.9
	20	182 54.4	123 43.7	55.8	165 23.8	07.6	125 12.1	23.1	192 52.5	16.9
	21	197 56.8	138 43.0	. . 56.5	180 24.5	. . 08.3	140 13.9	. . 23.3	207 54.9	. . 16.8
	22	212 59.3	153 42.2	57.3	195 25.2	09.1	155 15.8	23.4	222 57.2	16.8
	23	228 01.8	168 41.5	58.0	210 25.9	09.8	170 17.6	23.5	237 59.5	16.7
	25 00	243 04.2	183 40.8	N19 58.7	225 26.6	N 6 10.5	185 19.5	N19 23.6	253 01.8	S 6 16.7
	01	258 06.7	198 40.1	19 59.4	240 27.4	11.2	200 21.3	23.8	268 04.2	16.6
	02	273 09.1	213 39.4	20 00.1	255 28.1	12.0	215 23.2	23.9	283 06.5	16.6
	03	288 11.6	228 38.6	. . 00.8	270 28.8	. . 12.7	230 25.1	. . 24.0	298 08.8	. . 16.5
	04	303 14.1	243 37.9	01.5	285 29.5	13.4	245 26.9	24.1	313 11.2	16.5
	05	318 16.5	258 37.2	02.3	300 30.2	14.1	260 28.8	24.3	328 13.5	16.4
	06	333 19.0	273 36.5	N20 03.0	315 30.9	N 6 14.9	275 30.6	N19 24.4	343 15.8	S 6 16.4
S	07	348 21.5	288 35.8	03.7	330 31.6	15.6	290 32.5	24.5	358 18.1	16.3
	08	3 23.9	303 35.0	04.4	345 32.3	16.3	305 34.3	24.7	13 20.5	16.3
A	09	18 26.4	318 34.3	. . 05.1	0 33.0	. . 17.0	320 36.2	. . 24.8	28 22.8	. . 16.2
T	10	33 28.9	333 33.6	05.8	15 33.7	17.8	335 38.0	24.9	43 25.1	16.2
U	11	48 31.3	348 32.9	06.5	30 34.4	18.5	350 39.9	25.0	58 27.5	16.2
R	12	63 33.8	3 32.2	N20 07.2	45 35.2	N 6 19.2	5 41.8	N19 25.2	73 29.8	S 6 16.1
D	13	78 36.2	18 31.4	07.9	60 35.9	19.9	20 43.6	25.3	88 32.1	16.1
A	14	93 38.7	33 30.7	08.6	75 36.6	20.7	35 45.5	25.4	103 34.5	16.0
Y	15	108 41.2	48 30.0	. . 09.3	90 37.3	. . 21.4	50 47.3	. . 25.5	118 36.8	. . 16.0
	16	123 43.6	63 29.3	10.0	105 38.0	22.1	65 49.2	25.7	133 39.1	15.9
	17	138 46.1	78 28.5	10.7	120 38.7	22.8	80 51.0	25.8	148 41.5	15.9
	18	153 48.6	93 27.8	N20 11.4	135 39.4	N 6 23.6	95 52.9	N19 25.9	163 43.8	S 6 15.8
	19	168 51.0	108 27.1	12.1	150 40.1	24.3	110 54.7	26.1	178 46.1	15.8
	20	183 53.5	123 26.4	12.8	165 40.8	25.0	125 56.6	26.2	193 48.4	15.7
	21	198 56.0	138 25.6	. . 13.5	180 41.5	. . 25.7	140 58.5	. . 26.3	208 50.8	. . 15.7
	22	213 58.4	153 24.9	14.2	195 42.2	26.5	156 00.3	26.4	223 53.1	15.6
	23	229 00.9	168 24.2	14.9	210 43.0	27.2	171 02.2	26.6	238 55.4	15.6
	26 00	244 03.4	183 23.4	N20 15.6	225 43.7	N 6 27.9	186 04.0	N19 26.7	253 57.8	S 6 15.6
	01	259 05.8	198 22.7	16.3	240 44.4	28.6	201 05.9	26.8	269 00.1	15.5
	02	274 08.3	213 22.0	17.0	255 45.1	29.4	216 07.7	26.9	284 02.4	15.5
	03	289 10.7	228 21.2	. . 17.6	270 45.8	. . 30.1	231 09.6	. . 27.1	299 04.8	. . 15.4
	04	304 13.2	243 20.5	18.3	285 46.5	30.8	246 11.4	27.2	314 07.1	15.4
	05	319 15.7	258 19.8	19.0	300 47.2	31.5	261 13.3	27.3	329 09.4	15.3
	06	334 18.1	273 19.1	N20 19.7	315 47.9	N 6 32.2	276 15.2	N19 27.5	344 11.8	S 6 15.3
	07	349 20.6	288 18.3	20.4	330 48.6	33.0	291 17.0	27.6	359 14.1	15.2
	08	4 23.1	303 17.6	21.1	345 49.3	33.7	306 18.9	27.7	14 16.4	15.2
S	09	19 25.5	318 16.9	. . 21.8	0 50.0	. . 34.4	321 20.7	. . 27.8	29 18.8	. . 15.1
U	10	34 28.0	333 16.1	22.4	15 50.8	35.1	336 22.6	28.0	44 21.1	15.1
N	11	49 30.5	348 15.4	23.1	30 51.5	35.9	351 24.4	28.1	59 23.4	15.1
D	12	64 32.9	3 14.7	N20 23.8	45 52.2	N 6 36.6	6 26.3	N19 28.2	74 25.8	S 6 15.0
A	13	79 35.4	18 13.9	24.5	60 52.9	37.3	21 28.1	28.3	89 28.1	15.0
Y	14	94 37.9	33 13.2	25.2	75 53.6	38.0	36 30.0	28.5	104 30.4	14.9
	15	109 40.3	48 12.5	. . 25.8	90 54.3	. . 38.7	51 31.9	. . 28.6	119 32.8	. . 14.9
	16	124 42.8	63 11.7	26.5	105 55.0	39.5	66 33.7	28.7	134 35.1	14.8
	17	139 45.2	78 11.0	27.2	120 55.7	40.2	81 35.6	28.8	149 37.4	14.8
	18	154 47.7	93 10.2	N20 27.9	135 56.4	N 6 40.9	96 37.4	N19 29.0	164 39.8	S 6 14.7
	19	169 50.2	108 09.5	28.5	150 57.1	41.6	111 39.3	29.1	179 42.1	14.7
	20	184 52.6	123 08.8	29.2	165 57.8	42.3	126 41.1	29.2	194 44.4	14.7
	21	199 55.1	138 08.0	. . 29.9	180 58.6	. . 43.1	141 43.0	. . 29.3	209 46.8	. . 14.6
	22	214 57.6	153 07.3	30.6	195 59.3	43.8	156 44.8	29.5	224 49.1	14.6
	23	230 00.0	168 06.5	31.2	211 00.0	44.5	171 46.7	29.6	239 51.5	14.5
	Mer. Pass.	h m 7 46.4	v −0.7	d 0.7	v 0.7	d 0.7	v 1.9	d 0.1	v 2.3	d 0.0

STARS

Name	SHA	Dec
	° ′	° ′
Acamar	315 12.6	S40 12.4
Achernar	335 21.0	S57 06.6
Acrux	173 00.3	S63 14.3
Adhara	255 06.6	S29 00.4
Aldebaran	290 40.6	N16 33.4
Alioth	166 13.1	N55 49.8
Alkaid	152 52.0	N49 11.6
Alnair	27 33.5	S46 50.4
Alnilam	275 38.6	S 1 11.2
Alphard	217 48.4	S 8 45.9
Alphecca	126 03.8	N26 37.9
Alpheratz	357 35.5	N29 13.3
Altair	62 00.3	N 8 55.8
Ankaa	353 07.9	S42 10.3
Antares	112 16.1	S26 29.2
Arcturus	145 48.1	N19 03.3
Atria	107 10.3	S69 04.2
Avior	234 15.3	S59 35.5
Bellatrix	278 23.8	N 6 22.3
Betelgeuse	270 53.0	N 7 24.7
Canopus	263 53.1	S52 42.6
Capella	280 23.2	N46 01.4
Deneb	49 26.0	N45 21.7
Denebola	182 25.4	N14 26.2
Diphda	348 48.0	S17 51.2
Dubhe	193 41.5	N61 37.5
Elnath	278 02.9	N28 37.7
Eltanin	90 41.9	N51 28.9
Enif	33 39.3	N 9 59.1
Fomalhaut	15 15.2	S29 29.5
Gacrux	171 52.0	S57 15.2
Gienah	175 44.0	S17 40.8
Hadar	148 36.2	S60 29.6
Hamal	327 52.1	N23 34.5
Kaus Aust.	83 32.9	S34 22.3
Kochab	137 18.6	N74 03.4
Markab	13 30.5	N15 20.0
Menkar	314 07.0	N 4 11.1
Menkent	147 57.9	S36 29.5
Miaplacidus	221 38.7	S69 49.3
Mirfak	308 29.5	N49 56.7
Nunki	75 48.1	S26 16.0
Peacock	53 06.3	S56 39.2
Pollux	243 18.2	N27 58.1
Procyon	244 51.6	N 5 09.7
Rasalhague	95 58.7	N12 32.4
Regulus	207 35.0	N11 50.9
Rigel	281 04.7	S 8 10.5
Rigil Kent.	139 40.5	S60 56.3
Sabik	102 03.1	S15 45.3
Schedar	349 32.0	N56 40.0
Shaula	96 10.7	S37 07.3
Sirius	258 27.0	S16 45.0
Spica	158 22.6	S11 17.4
Suhail	222 46.9	S43 32.1
Vega	80 33.2	N38 48.2
Zuben'ubi	136 56.3	S16 08.7

	SHA	Mer. Pass.
	° ′	h m
Venus	300 36.6	11 46
Mars	342 22.4	8 58
Jupiter	302 15.3	11 37
Saturn	9 57.6	7 07

© British Crown Copyright 2023. All rights reserved.

UT		SUN		MOON				
		GHA	Dec	GHA	*v*	Dec	*d*	HP
d	h	° ′	° ′	° ′	′	° ′	′	′
24	00	180 47.3	N20 49.2	356 12.7	8.4	S25 46.3	6.9	56.4
	01	195 47.3	49.6	10 40.1	8.3	25 53.2	6.7	56.4
	02	210 47.2	50.1	25 07.4	8.3	25 59.9	6.6	56.4
	03	225 47.1	. . 50.5	39 34.7	8.1	26 06.5	6.5	56.4
	04	240 47.1	51.0	54 01.8	8.1	26 13.0	6.3	56.4
	05	255 47.0	51.5	68 28.9	8.0	26 19.3	6.2	56.5
	06	270 47.0	N20 51.9	82 55.9	7.8	S26 25.5	6.0	56.5
	07	285 46.9	52.4	97 22.7	7.8	26 31.5	5.9	56.5
	08	300 46.8	52.8	111 49.5	7.7	26 37.4	5.7	56.5
F	09	315 46.8	. . 53.3	126 16.2	7.6	26 43.1	5.6	56.5
R	10	330 46.7	53.7	140 42.8	7.6	26 48.7	5.5	56.6
I	11	345 46.7	54.2	155 09.4	7.4	26 54.2	5.3	56.6
D	12	0 46.6	N20 54.6	169 35.8	7.4	S26 59.5	5.1	56.6
A	13	15 46.5	55.1	184 02.2	7.2	27 04.6	5.0	56.6
Y	14	30 46.5	55.5	198 28.4	7.3	27 09.6	4.9	56.7
	15	45 46.4	. . 56.0	212 54.7	7.1	27 14.5	4.7	56.7
	16	60 46.4	56.4	227 20.8	7.0	27 19.2	4.5	56.7
	17	75 46.3	56.9	241 46.8	7.0	27 23.7	4.4	56.7
	18	90 46.2	N20 57.3	256 12.8	6.9	S27 28.1	4.2	56.7
	19	105 46.2	57.8	270 38.7	6.8	27 32.3	4.1	56.8
	20	120 46.1	58.2	285 04.5	6.8	27 36.4	3.9	56.8
	21	135 46.0	. . 58.7	299 30.3	6.7	27 40.3	3.8	56.8
	22	150 46.0	59.1	313 56.0	6.6	27 44.1	3.6	56.8
	23	165 45.9	20 59.6	328 21.6	6.5	27 47.7	3.4	56.8
25	00	180 45.9	N21 00.0	342 47.1	6.5	S27 51.1	3.3	56.9
	01	195 45.8	00.4	357 12.6	6.4	27 54.4	3.1	56.9
	02	210 45.7	00.9	11 38.0	6.4	27 57.5	3.0	56.9
	03	225 45.7	. . 01.3	26 03.4	6.3	28 00.5	2.8	56.9
	04	240 45.6	01.8	40 28.7	6.2	28 03.3	2.6	57.0
	05	255 45.5	02.2	54 53.9	6.2	28 05.9	2.4	57.0
	06	270 45.5	N21 02.7	69 19.1	6.2	S28 08.3	2.3	57.0
S	07	285 45.4	03.1	83 44.3	6.1	28 10.6	2.1	57.0
A	08	300 45.3	03.5	98 09.4	6.0	28 12.7	2.0	57.0
T	09	315 45.3	. . 04.0	112 34.4	6.0	28 14.7	1.8	57.1
U	10	330 45.2	04.4	126 59.4	5.9	28 16.5	1.6	57.1
R	11	345 45.1	04.8	141 24.3	5.9	28 18.1	1.4	57.1
D	12	0 45.1	N21 05.3	155 49.2	5.9	S28 19.5	1.3	57.1
A	13	15 45.0	05.7	170 14.1	5.8	28 20.8	1.1	57.1
Y	14	30 44.9	06.2	184 38.9	5.8	28 21.9	0.9	57.2
	15	45 44.9	. . 06.6	199 03.7	5.7	28 22.8	0.8	57.2
	16	60 44.8	07.0	213 28.4	5.8	28 23.6	0.6	57.2
	17	75 44.7	07.5	227 53.2	5.6	28 24.2	0.4	57.2
	18	90 44.7	N21 07.9	242 17.8	5.7	S28 24.6	0.2	57.2
	19	105 44.6	08.3	256 42.5	5.6	28 24.8	0.0	57.3
	20	120 44.5	08.8	271 07.1	5.6	28 24.8	0.1	57.3
	21	135 44.5	. . 09.2	285 31.7	5.6	28 24.7	0.3	57.3
	22	150 44.4	09.6	299 56.3	5.6	28 24.4	0.4	57.3
	23	165 44.3	10.0	314 20.9	5.5	28 24.0	0.7	57.3
26	00	180 44.3	N21 10.5	328 45.4	5.6	S28 23.3	0.8	57.4
	01	195 44.2	10.9	343 10.0	5.5	28 22.5	1.0	57.4
	02	210 44.1	11.3	357 34.5	5.5	28 21.5	1.1	57.4
	03	225 44.1	. . 11.8	11 59.0	5.5	28 20.4	1.4	57.4
	04	240 44.0	12.2	26 23.5	5.5	28 19.0	1.5	57.5
	05	255 43.9	12.6	40 48.0	5.4	28 17.5	1.7	57.5
	06	270 43.9	N21 13.0	55 12.4	5.5	S28 15.8	1.9	57.5
	07	285 43.8	13.5	69 36.9	5.5	28 13.9	2.0	57.5
	08	300 43.7	13.9	84 01.4	5.5	28 11.9	2.3	57.5
S	09	315 43.7	. . 14.3	98 25.9	5.5	28 09.6	2.4	57.5
U	10	330 43.6	14.7	112 50.4	5.5	28 07.2	2.6	57.6
N	11	345 43.5	15.1	127 14.9	5.5	28 04.6	2.7	57.6
D	12	0 43.4	N21 15.6	141 39.4	5.5	S28 01.9	2.9	57.6
A	13	15 43.4	16.0	156 03.9	5.5	27 59.0	3.2	57.6
Y	14	30 43.3	16.4	170 28.4	5.6	27 55.8	3.2	57.6
	15	45 43.2	. . 16.8	184 53.0	5.5	27 52.6	3.5	57.7
	16	60 43.2	17.2	199 17.5	5.6	27 49.1	3.6	57.7
	17	75 43.1	17.7	213 42.1	5.6	27 45.5	3.8	57.7
	18	90 43.0	N21 18.1	228 06.7	5.6	S27 41.7	4.0	57.7
	19	105 42.9	18.5	242 31.3	5.6	27 37.7	4.2	57.7
	20	120 42.9	18.9	256 55.9	5.7	27 33.5	4.3	57.8
	21	135 42.8	. . 19.3	271 20.6	5.7	27 29.2	4.5	57.8
	22	150 42.7	19.7	285 45.3	5.7	27 24.7	4.7	57.8
	23	165 42.6	20.2	300 10.0	5.8	S27 20.0	4.8	57.8
		SD 15.8	*d* 0.4	SD 15.4		15.6		15.7

Lat.	Twilight Naut.	Twilight Civil	Sunrise	Moonrise 24	Moonrise 25	Moonrise 26	Moonrise 27
°	h m	h m	h m	h m	h m	h m	h m
N 72	▭	▭	▭	▬	▬	▬	▬
N 70	▭	▭	▭	▬	▬	▬	▬
68	////	////	00 26	▬	▬	▬	▬
66	////	////	01 40	▬	▬	▬	▬
64	////	////	02 15	▬	▬	▬	▬
62	////	01 01	02 41	▬	▬	▬	02 07
60	////	01 46	03 00	23 35	24 48	00 48	01 18
N 58	////	02 14	03 16	22 59	24 07	00 07	00 47
56	00 55	02 36	03 30	22 32	23 39	24 23	00 23
54	01 36	02 53	03 42	22 12	23 17	24 04	00 04
52	02 03	03 08	03 52	21 54	22 59	23 48	24 21
50	02 23	03 20	04 02	21 40	22 44	23 34	24 10
45	02 59	03 45	04 21	21 10	22 13	23 05	23 46
N 40	03 26	04 05	04 37	20 47	21 49	22 42	23 27
35	03 46	04 21	04 50	20 27	21 29	22 24	23 11
30	04 02	04 35	05 01	20 11	21 12	22 08	22 57
20	04 28	04 57	05 21	19 44	20 43	21 40	22 33
N 10	04 49	05 15	05 38	19 20	20 19	21 17	22 12
0	05 05	05 31	05 53	18 58	19 56	20 55	21 53
S 10	05 21	05 46	06 09	18 36	19 33	20 33	21 33
20	05 35	06 02	06 25	18 13	19 09	20 10	21 13
30	05 49	06 18	06 44	17 45	18 40	19 42	20 48
35	05 56	06 27	06 55	17 29	18 23	19 26	20 34
40	06 04	06 38	07 07	17 11	18 04	19 07	20 17
45	06 13	06 49	07 22	16 49	17 40	18 44	19 57
S 50	06 23	07 03	07 40	16 20	17 09	18 15	19 32
52	06 27	07 09	07 48	16 06	16 54	18 00	19 20
54	06 32	07 16	07 58	15 50	16 37	17 43	19 06
56	06 37	07 24	08 09	15 32	16 15	17 23	18 50
58	06 42	07 32	08 21	15 08	15 48	16 58	18 30
S 60	06 48	07 42	08 35	14 38	15 10	16 23	18 06

Lat.	Sunset	Twilight Civil	Twilight Naut.	Moonset 24	Moonset 25	Moonset 26	Moonset 27
°	h m	h m	h m	h m	h m	h m	h m
N 72	▭	▭	▭	▬	▬	▬	▬
N 70	▭	▭	▭	▬	▬	▬	▬
68	▭	▭	▭	▬	▬	▬	▬
66	22 18	////	////	▬	▬	▬	▬
64	21 41	////	////	00 32	▬	▬	▬
62	21 15	22 58	////	01 51	▬	▬	04 18
60	20 55	22 11	////	02 27	02 44	03 34	05 07
N 58	20 39	21 42	////	02 53	03 21	04 15	05 38
56	20 25	21 20	23 03	03 14	03 47	04 43	06 01
54	20 13	21 02	22 20	03 31	04 08	05 04	06 20
52	20 02	20 48	21 53	03 46	04 26	05 22	06 36
50	19 53	20 35	21 33	03 59	04 41	05 38	06 50
45	19 34	20 09	20 55	04 26	05 11	06 08	07 18
N 40	19 18	19 49	20 29	04 47	05 34	06 32	07 40
35	19 04	19 33	20 09	05 04	05 54	06 52	07 58
30	18 53	19 20	19 52	05 20	06 10	07 09	08 13
20	18 33	18 57	19 26	05 46	06 39	07 37	08 40
N 10	18 16	18 39	19 06	06 08	07 03	08 02	09 02
0	18 01	18 23	18 49	06 29	07 25	08 24	09 23
S 10	17 45	18 07	18 33	06 50	07 48	08 47	09 44
20	17 29	17 52	18 19	07 12	08 12	09 11	10 06
30	17 10	17 36	18 05	07 38	08 41	09 39	10 32
35	16 59	17 26	17 57	07 54	08 57	09 56	10 47
40	16 46	17 16	17 49	08 12	09 17	10 15	11 04
45	16 32	17 04	17 41	08 34	09 40	10 38	11 25
S 50	16 14	16 51	17 31	09 01	10 11	11 08	11 51
52	16 05	16 44	17 27	09 15	10 26	11 23	12 04
54	15 56	16 37	17 22	09 31	10 44	11 40	12 18
56	15 45	16 30	17 17	09 49	11 05	12 00	12 35
58	15 33	16 21	17 11	10 12	11 32	12 26	12 55
S 60	15 19	16 11	17 05	10 42	12 10	13 01	13 20

Day	SUN Eqn. of Time 00^h	SUN Eqn. of Time 12^h	SUN Mer. Pass.	MOON Mer. Pass. Upper	MOON Mer. Pass. Lower	MOON Age	MOON Phase
d	m s	m s	h m	h m	h m	d %	
24	03 09	03 07	11 57	00 16	12 43	16 99	○
25	03 04	03 00	11 57	01 12	13 41	17 96	
26	02 57	02 54	11 57	02 10	14 40	18 90	

© British Crown Copyright 2023. All rights reserved.

Day	UT d h	ARIES GHA ° ′	VENUS −3·9 GHA ° ′	VENUS Dec ° ′	MARS +1·1 GHA ° ′	MARS Dec ° ′	JUPITER −2·0 GHA ° ′	JUPITER Dec ° ′	SATURN +1·0 GHA ° ′	SATURN Dec ° ′
MONDAY	27 00	245 02.5	183 05.8	N20 31.9	226 00.7	N 6 45.2	186 48.5	N19 29.7	254 53.8	S 6 14.5
	27 01	260 05.0	198 05.1	32.6	241 01.4	45.9	201 50.4	29.8	269 56.1	14.4
	27 02	275 07.4	213 04.3	33.2	256 02.1	46.7	216 52.3	30.0	284 58.5	14.4
	27 03	290 09.9	228 03.6	. . 33.9	271 02.8	. . 47.4	231 54.1	. . 30.1	300 00.8	. . 14.3
	27 04	305 12.4	243 02.8	34.6	286 03.5	48.1	246 56.0	30.2	315 03.1	14.3
	27 05	320 14.8	258 02.1	35.2	301 04.2	48.8	261 57.8	30.3	330 05.5	14.3
	27 06	335 17.3	273 01.4	N20 35.9	316 04.9	N 6 49.5	276 59.7	N19 30.5	345 07.8	S 6 14.2
	27 07	350 19.7	288 00.6	36.6	331 05.6	50.3	292 01.5	30.6	0 10.1	14.2
	27 08	5 22.2	302 59.9	37.2	346 06.3	51.0	307 03.4	30.7	15 12.5	14.1
	27 09	20 24.7	317 59.1	. . 37.9	1 07.1	. . 51.7	322 05.2	. . 30.9	30 14.8	. . 14.1
	27 10	35 27.1	332 58.4	38.5	16 07.8	52.4	337 07.1	31.0	45 17.1	14.0
	27 11	50 29.6	347 57.6	39.2	31 08.5	53.1	352 09.0	31.1	60 19.5	14.0
	27 12	65 32.1	2 56.9	N20 39.9	46 09.2	N 6 53.9	7 10.8	N19 31.2	75 21.8	S 6 14.0
	27 13	80 34.5	17 56.1	40.5	61 09.9	54.6	22 12.7	31.4	90 24.2	13.9
	27 14	95 37.0	32 55.4	41.2	76 10.6	55.3	37 14.5	31.5	105 26.5	13.9
	27 15	110 39.5	47 54.7	. . 41.8	91 11.3	. . 56.0	52 16.4	. . 31.6	120 28.8	. . 13.8
	27 16	125 41.9	62 53.9	42.5	106 12.0	56.7	67 18.2	31.7	135 31.2	13.8
	27 17	140 44.4	77 53.2	43.1	121 12.7	57.4	82 20.1	31.9	150 33.5	13.7
	27 18	155 46.9	92 52.4	N20 43.8	136 13.4	N 6 58.2	97 21.9	N19 32.0	165 35.8	S 6 13.7
	27 19	170 49.3	107 51.7	44.4	151 14.1	58.9	112 23.8	32.1	180 38.2	13.7
	27 20	185 51.8	122 50.9	45.1	166 14.8	6 59.6	127 25.7	32.2	195 40.5	13.6
	27 21	200 54.2	137 50.2	. . 45.7	181 15.6	7 00.3	142 27.5	. . 32.4	210 42.9	. . 13.6
	27 22	215 56.7	152 49.4	46.4	196 16.3	01.0	157 29.4	32.5	225 45.2	13.5
	27 23	230 59.2	167 48.7	47.0	211 17.0	01.7	172 31.2	32.6	240 47.5	13.5
TUESDAY	28 00	246 01.6	182 47.9	N20 47.7	226 17.7	N 7 02.5	187 33.1	N19 32.7	255 49.9	S 6 13.4
	28 01	261 04.1	197 47.2	48.3	241 18.4	03.2	202 34.9	32.9	270 52.2	13.4
	28 02	276 06.6	212 46.4	49.0	256 19.1	03.9	217 36.8	33.0	285 54.6	13.4
	28 03	291 09.0	227 45.7	. . 49.6	271 19.8	. . 04.6	232 38.6	. . 33.1	300 56.9	. . 13.3
	28 04	306 11.5	242 44.9	50.2	286 20.5	05.3	247 40.5	33.2	315 59.2	13.3
	28 05	321 14.0	257 44.1	50.9	301 21.2	06.0	262 42.4	33.3	331 01.6	13.2
	28 06	336 16.4	272 43.4	N20 51.5	316 21.9	N 7 06.8	277 44.2	N19 33.5	346 03.9	S 6 13.2
	28 07	351 18.9	287 42.6	52.2	331 22.6	07.5	292 46.1	33.6	1 06.3	13.1
	28 08	6 21.4	302 41.9	52.8	346 23.3	08.2	307 47.9	33.7	16 08.6	13.1
	28 09	21 23.8	317 41.1	. . 53.4	1 24.1	. . 08.9	322 49.8	. . 33.8	31 10.9	. . 13.1
	28 10	36 26.3	332 40.4	54.1	16 24.8	09.6	337 51.6	34.0	46 13.3	13.0
	28 11	51 28.7	347 39.6	54.7	31 25.5	10.3	352 53.5	34.1	61 15.6	13.0
	28 12	66 31.2	2 38.9	N20 55.3	46 26.2	N 7 11.0	7 55.3	N19 34.2	76 18.0	S 6 12.9
	28 13	81 33.7	17 38.1	56.0	61 26.9	11.8	22 57.2	34.3	91 20.3	12.9
	28 14	96 36.1	32 37.4	56.6	76 27.6	12.5	37 59.1	34.5	106 22.6	12.9
	28 15	111 38.6	47 36.6	. . 57.2	91 28.3	. . 13.2	53 00.9	. . 34.6	121 25.0	. . 12.8
	28 16	126 41.1	62 35.8	57.9	106 29.0	13.9	68 02.8	34.7	136 27.3	12.8
	28 17	141 43.5	77 35.1	58.5	121 29.7	14.6	83 04.6	34.8	151 29.7	12.7
	28 18	156 46.0	92 34.3	N20 59.1	136 30.4	N 7 15.3	98 06.5	N19 35.0	166 32.0	S 6 12.7
	28 19	171 48.5	107 33.6	20 59.8	151 31.1	16.0	113 08.3	35.1	181 34.3	12.6
	28 20	186 50.9	122 32.8	21 00.4	166 31.8	16.8	128 10.2	35.2	196 36.7	12.6
	28 21	201 53.4	137 32.0	. . 01.0	181 32.6	. . 17.5	143 12.0	. . 35.3	211 39.0	. . 12.6
	28 22	216 55.8	152 31.3	01.6	196 33.3	18.2	158 13.9	35.5	226 41.4	12.5
	28 23	231 58.3	167 30.5	02.3	211 34.0	18.9	173 15.8	35.6	241 43.7	12.5
WEDNESDAY	29 00	247 00.8	182 29.8	N21 02.9	226 34.7	N 7 19.6	188 17.6	N19 35.7	256 46.0	S 6 12.4
	29 01	262 03.2	197 29.0	03.5	241 35.4	20.3	203 19.5	35.8	271 48.4	12.4
	29 02	277 05.7	212 28.2	04.1	256 36.1	21.0	218 21.3	36.0	286 50.7	12.4
	29 03	292 08.2	227 27.5	. . 04.7	271 36.8	. . 21.8	233 23.2	. . 36.1	301 53.1	. . 12.3
	29 04	307 10.6	242 26.7	05.4	286 37.5	22.5	248 25.0	36.2	316 55.4	12.3
	29 05	322 13.1	257 25.9	06.0	301 38.2	23.2	263 26.9	36.3	331 57.8	12.2
	29 06	337 15.6	272 25.2	N21 06.6	316 38.9	N 7 23.9	278 28.7	N19 36.4	347 00.1	S 6 12.2
	29 07	352 18.0	287 24.4	07.2	331 39.6	24.6	293 30.6	36.6	2 02.4	12.2
	29 08	7 20.5	302 23.6	07.8	346 40.3	25.3	308 32.5	36.7	17 04.8	12.1
	29 09	22 23.0	317 22.9	. . 08.4	1 41.0	. . 26.0	323 34.3	. . 36.8	32 07.1	. . 12.1
	29 10	37 25.4	332 22.1	09.0	16 41.7	26.7	338 36.2	36.9	47 09.5	12.0
	29 11	52 27.9	347 21.3	09.7	31 42.5	27.4	353 38.0	37.1	62 11.8	12.0
	29 12	67 30.3	2 20.6	N21 10.3	46 43.2	N 7 28.2	8 39.9	N19 37.2	77 14.2	S 6 12.0
	29 13	82 32.8	17 19.8	10.9	61 43.9	28.9	23 41.7	37.3	92 16.5	11.9
	29 14	97 35.3	32 19.0	11.5	76 44.6	29.6	38 43.6	37.4	107 18.9	11.9
	29 15	112 37.7	47 18.3	. . 12.1	91 45.3	. . 30.3	53 45.4	. . 37.6	122 21.2	. . 11.8
	29 16	127 40.2	62 17.5	12.7	106 46.0	31.0	68 47.3	37.7	137 23.5	11.8
	29 17	142 42.7	77 16.7	13.3	121 46.7	31.7	83 49.2	37.8	152 25.9	11.8
	29 18	157 45.1	92 16.0	N21 13.9	136 47.4	N 7 32.4	98 51.0	N19 37.9	167 28.2	S 6 11.7
	29 19	172 47.6	107 15.2	14.5	151 48.1	33.1	113 52.9	38.1	182 30.6	11.7
	29 20	187 50.1	122 14.4	15.1	166 48.8	33.8	128 54.7	38.2	197 32.9	11.6
	29 21	202 52.5	137 13.7	. . 15.7	181 49.5	. . 34.6	143 56.6	. . 38.3	212 35.3	. . 11.6
	29 22	217 55.0	152 12.9	16.3	196 50.2	35.3	158 58.4	38.4	227 37.6	11.6
	29 23	232 57.5	167 12.1	16.9	211 50.9	36.0	174 00.3	38.5	242 40.0	11.5
	Mer. Pass. (h m)	7 34.6	v −0.8	d 0.6	v 0.7	d 0.7	v 1.9	d 0.1	v 2.3	d 0.0

STARS

Name	SHA ° ′	Dec ° ′
Acamar	315 12.6	S40 12.3
Achernar	335 21.0	S57 06.6
Acrux	173 00.3	S63 14.3
Adhara	255 06.6	S29 00.4
Aldebaran	290 40.6	N16 33.5
Alioth	166 13.1	N55 49.9
Alkaid	152 52.0	N49 11.6
Alnair	27 33.5	S46 50.4
Alnilam	275 38.6	S 1 11.2
Alphard	217 48.4	S 8 45.9
Alphecca	126 03.8	N26 37.9
Alpheratz	357 35.5	N29 13.3
Altair	62 00.2	N 8 55.8
Ankaa	353 07.9	S42 10.3
Antares	112 16.1	S26 29.2
Arcturus	145 48.1	N19 03.3
Atria	107 10.3	S69 04.3
Avior	234 15.3	S59 35.5
Bellatrix	278 23.8	N 6 22.3
Betelgeuse	270 53.0	N 7 24.7
Canopus	263 53.1	S52 42.6
Capella	280 23.1	N46 01.3
Deneb	49 25.9	N45 21.7
Denebola	182 25.4	N14 26.2
Diphda	348 48.0	S17 51.1
Dubhe	193 41.5	N61 37.5
Elnath	278 02.9	N28 37.7
Eltanin	90 41.9	N51 28.9
Enif	33 39.2	N 9 59.1
Fomalhaut	15 15.1	S29 29.5
Gacrux	171 52.0	S57 15.2
Gienah	175 44.0	S17 40.8
Hadar	148 36.2	S60 29.6
Hamal	327 52.1	N23 34.5
Kaus Aust.	83 32.9	S34 22.3
Kochab	137 18.7	N74 03.4
Markab	13 30.5	N15 20.0
Menkar	314 07.0	N 4 11.1
Menkent	147 57.9	S36 29.5
Miaplacidus	221 38.8	S69 49.3
Mirfak	308 29.5	N49 56.7
Nunki	75 48.1	S26 16.0
Peacock	53 06.2	S56 39.2
Pollux	243 18.2	N27 58.1
Procyon	244 51.6	N 5 09.7
Rasalhague	95 58.7	N12 32.4
Regulus	207 35.0	N11 50.9
Rigel	281 04.7	S 8 10.4
Rigil Kent.	139 40.5	S60 56.3
Sabik	102 03.0	S15 45.3
Schedar	349 32.0	N56 40.0
Shaula	96 10.7	S37 07.3
Sirius	258 27.0	S16 45.0
Spica	158 22.6	S11 17.4
Suhail	222 46.9	S43 32.1
Vega	80 33.2	N38 48.2
Zuben'ubi	136 56.3	S16 08.7

	SHA ° ′	Mer. Pass. h m
Venus	296 46.3	11 49
Mars	340 16.0	8 54
Jupiter	301 31.4	11 28
Saturn	9 48.2	6 56

© British Crown Copyright 2023. All rights reserved.

UT		SUN GHA	SUN Dec	MOON GHA	v	Dec	d	HP
d h		° ′	° ′	° ′	′	° ′	′	′
27 00		180 42.6	N21 20.6	314 34.8	5.8	S27 15.2	5.1	57.8
01		195 42.5	21.0	328 59.6	5.8	27 10.1	5.1	57.9
02		210 42.4	21.4	343 24.4	5.9	27 05.0	5.4	57.9
03		225 42.4	. . 21.8	357 49.3	5.9	26 59.6	5.5	57.9
04		240 42.3	22.2	12 14.2	5.9	26 54.1	5.7	57.9
05		255 42.2	22.6	26 39.1	6.0	26 48.4	5.9	57.9
06		270 42.1	N21 23.0	41 04.1	6.1	S26 42.5	6.0	58.0
07		285 42.1	23.5	55 29.2	6.1	26 36.5	6.2	58.0
08		300 42.0	23.9	69 54.3	6.1	26 30.3	6.4	58.0
09	MONDAY	315 41.9	. . 24.3	84 19.4	6.2	26 23.9	6.5	58.0
10		330 41.8	24.7	98 44.6	6.2	26 17.4	6.7	58.0
11		345 41.8	25.1	113 09.8	6.3	26 10.7	6.9	58.0
12		0 41.7	N21 25.5	127 35.1	6.3	S26 03.8	7.0	58.1
13		15 41.6	25.9	142 00.4	6.4	25 56.8	7.2	58.1
14		30 41.5	26.3	156 25.8	6.4	25 49.6	7.3	58.1
15		45 41.4	. . 26.7	170 51.2	6.5	25 42.3	7.5	58.1
16		60 41.4	27.1	185 16.7	6.6	25 34.8	7.7	58.1
17		75 41.3	27.5	199 42.3	6.6	25 27.1	7.8	58.1
18		90 41.2	N21 27.9	214 07.9	6.7	S25 19.3	8.0	58.2
19		105 41.1	28.3	228 33.6	6.7	25 11.3	8.1	58.2
20		120 41.1	28.7	242 59.3	6.8	25 03.2	8.3	58.2
21		135 41.0	. . 29.1	257 25.1	6.9	24 54.9	8.4	58.2
22		150 40.9	29.5	271 51.0	6.9	24 46.5	8.6	58.2
23		165 40.8	29.9	286 16.9	7.0	24 37.9	8.8	58.3
28 00		180 40.7	N21 30.3	300 42.9	7.1	S24 29.1	8.9	58.3
01		195 40.7	30.7	315 09.0	7.1	24 20.2	9.0	58.3
02		210 40.6	31.1	329 35.1	7.2	24 11.2	9.2	58.3
03		225 40.5	. . 31.5	344 01.3	7.3	24 02.0	9.3	58.3
04		240 40.4	31.9	358 27.6	7.3	23 52.7	9.5	58.3
05		255 40.4	32.3	12 53.9	7.4	23 43.2	9.6	58.4
06		270 40.3	N21 32.7	27 20.3	7.5	S23 33.6	9.8	58.4
07		285 40.2	33.1	41 46.8	7.6	23 23.8	9.9	58.4
08		300 40.1	33.5	56 13.4	7.6	23 13.9	10.1	58.4
09	TUESDAY	315 40.0	. . 33.9	70 40.0	7.7	23 03.8	10.2	58.4
10		330 40.0	34.3	85 06.7	7.8	22 53.6	10.3	58.4
11		345 39.9	34.7	99 33.5	7.8	22 43.3	10.5	58.5
12		0 39.8	N21 35.0	114 00.3	7.9	S22 32.8	10.6	58.5
13		15 39.7	35.4	128 27.2	8.0	22 22.2	10.7	58.5
14		30 39.6	35.8	142 54.2	8.0	22 11.5	10.9	58.5
15		45 39.6	. . 36.2	157 21.2	8.2	22 00.6	11.0	58.5
16		60 39.5	36.6	171 48.4	8.2	21 49.6	11.1	58.5
17		75 39.4	37.0	186 15.6	8.3	21 38.5	11.3	58.5
18		90 39.3	N21 37.4	200 42.9	8.3	S21 27.2	11.4	58.6
19		105 39.2	37.8	215 10.2	8.5	21 15.8	11.5	58.6
20		120 39.1	38.1	229 37.7	8.5	21 04.3	11.7	58.6
21		135 39.1	. . 38.5	244 05.2	8.5	20 52.6	11.7	58.6
22		150 39.0	38.9	258 32.7	8.7	20 40.9	11.9	58.6
23		165 38.9	39.3	273 00.4	8.7	20 29.0	12.0	58.6
29 00		180 38.8	N21 39.7	287 28.1	8.8	S20 17.0	12.2	58.7
01		195 38.7	40.1	301 55.9	8.9	20 04.8	12.2	58.7
02		210 38.6	40.4	316 23.8	8.9	19 52.6	12.4	58.7
03		225 38.6	. . 40.8	330 51.7	9.1	19 40.2	12.5	58.7
04		240 38.5	41.2	345 19.8	9.1	19 27.7	12.6	58.7
05		255 38.4	41.6	359 47.9	9.1	19 15.1	12.7	58.7
06		270 38.3	N21 42.0	14 16.0	9.3	S19 02.4	12.8	58.7
07		285 38.2	42.3	28 44.3	9.3	18 49.6	12.9	58.8
08		300 38.1	42.7	43 12.6	9.4	18 36.7	13.1	58.8
09		315 38.1	. . 43.1	57 41.0	9.4	18 23.6	13.1	58.8
10		330 38.0	43.5	72 09.4	9.5	18 10.5	13.3	58.8
11		345 37.9	43.9	86 37.9	9.6	17 57.2	13.3	58.8
12	WEDNESDAY	0 37.8	N21 44.2	101 06.5	9.7	S17 43.9	13.5	58.8
13		15 37.7	44.6	115 35.2	9.7	17 30.4	13.5	58.8
14		30 37.6	45.0	130 03.9	9.8	17 16.9	13.7	58.9
15		45 37.5	. . 45.3	144 32.7	9.9	17 03.2	13.7	58.9
16		60 37.5	45.7	159 01.6	10.0	16 49.5	13.9	58.9
17		75 37.4	46.1	173 30.6	10.0	16 35.6	13.9	58.9
18		90 37.3	N21 46.5	187 59.6	10.0	S16 21.7	14.1	58.9
19		105 37.2	46.8	202 28.6	10.2	16 07.6	14.1	58.9
20		120 37.1	47.2	216 57.8	10.2	15 53.5	14.2	58.9
21		135 37.0	. . 47.6	231 27.0	10.2	15 39.3	14.4	59.0
22		150 36.9	47.9	245 56.2	10.4	15 24.9	14.4	59.0
23		165 36.8	48.3	260 25.6	10.3	S15 10.5	14.4	59.0
		SD 15.8	*d* 0.4	SD	15.8	15.9		16.0

Lat.	Twilight Naut.	Twilight Civil	Sunrise	Moonrise 27	28	29	30
°	h m	h m	h m	h m	h m	h m	h m
N 72	▭	▭	▭	▬	▬	▬	03 13
N 70	▭	▭	▭	▬	▬	04 10	02 46
68	▭	▭	▭	▬	▬	03 09	02 24
66	////	////	01 27	▬	04 06	02 33	02 08
64	////	////	02 07	▬	02 33	02 08	01 54
62	////	00 43	02 34	02 07	01 55	01 48	01 42
60	////	01 37	02 55	01 18	01 28	01 31	01 32
N 58	////	02 07	03 12	00 47	01 07	01 17	01 23
56	00 38	02 30	03 26	00 23	00 49	01 05	01 15
54	01 28	02 48	03 38	00 04	00 34	00 54	01 08
52	01 57	03 04	03 49	24 21	00 21	00 45	01 02
50	02 18	03 17	03 59	24 10	00 10	00 36	00 56
45	02 56	03 43	04 19	23 46	24 18	00 18	00 44
N 40	03 23	04 03	04 35	23 27	24 03	00 03	00 34
35	03 44	04 20	04 49	23 11	23 51	24 25	00 25
30	04 01	04 33	05 00	22 57	23 40	24 17	00 17
20	04 28	04 56	05 20	22 33	23 21	24 03	00 03
N 10	04 48	05 15	05 38	22 12	23 04	23 51	24 36
0	05 06	05 32	05 54	21 53	22 48	23 40	24 30
S 10	05 21	05 47	06 10	21 33	22 32	23 29	24 23
20	05 36	06 03	06 27	21 13	22 16	23 17	24 17
30	05 50	06 20	06 46	20 48	21 56	23 03	24 09
35	05 58	06 29	06 57	20 34	21 45	22 55	24 04
40	06 06	06 40	07 10	20 17	21 31	22 46	23 59
45	06 15	06 52	07 25	19 57	21 16	22 35	23 53
S 50	06 26	07 06	07 43	19 32	20 56	22 22	23 46
52	06 30	07 13	07 52	19 20	20 47	22 16	23 43
54	06 35	07 20	08 02	19 06	20 37	22 09	23 39
56	06 40	07 28	08 13	18 50	20 25	22 01	23 35
58	06 46	07 37	08 26	18 30	20 11	21 52	23 30
S 60	06 52	07 47	08 40	18 06	19 55	21 42	23 25

Lat.	Sunset	Twilight Civil	Twilight Naut.	Moonset 27	28	29	30
°	h m	h m	h m	h m	h m	h m	h m
N 72	▭	▭	▭	▬	▬	▬	09 00
N 70	▭	▭	▭	▬	▬	06 14	09 26
68	▭	▭	▭	▬	▬	07 13	09 45
66	22 31	////	////	▬	04 21	07 47	10 00
64	21 50	////	////	▬	05 53	08 12	10 12
62	21 22	23 20	////	04 18	06 30	08 31	10 23
60	21 01	22 21	////	05 07	06 57	08 46	10 31
N 58	20 44	21 49	////	05 38	07 17	08 59	10 39
56	20 30	21 26	23 23	06 01	07 34	09 11	10 46
54	20 17	21 07	22 29	06 20	07 48	09 20	10 52
52	20 06	20 52	22 00	06 36	08 01	09 29	10 57
50	19 57	20 39	21 38	06 50	08 12	09 37	11 02
45	19 36	20 12	20 59	07 18	08 34	09 53	11 12
N 40	19 20	19 52	20 32	07 40	08 52	10 07	11 21
35	19 06	19 35	20 11	07 58	09 08	10 18	11 28
30	18 55	19 21	19 54	08 13	09 21	10 28	11 35
20	18 34	18 59	19 27	08 40	09 43	10 45	11 46
N 10	18 17	18 40	19 07	09 02	10 02	11 00	11 55
0	18 01	18 23	18 49	09 23	10 20	11 13	12 04
S 10	17 45	18 08	18 34	09 44	10 37	11 27	12 13
20	17 28	17 52	18 19	10 06	10 56	11 41	12 22
30	17 09	17 35	18 04	10 32	11 18	11 57	12 33
35	16 57	17 25	17 56	10 47	11 30	12 07	12 39
40	16 45	17 15	17 48	11 04	11 44	12 17	12 45
45	16 30	17 02	17 39	11 25	12 01	12 30	12 53
S 50	16 11	16 48	17 29	11 51	12 22	12 45	13 03
52	16 02	16 42	17 24	12 04	12 32	12 52	13 07
54	15 52	16 34	17 19	12 18	12 43	12 59	13 12
56	15 41	16 26	17 14	12 35	12 55	13 08	13 17
58	15 29	16 18	17 08	12 55	13 10	13 18	13 23
S 60	15 14	16 07	17 02	13 20	13 26	13 29	13 29

Day	SUN Eqn. of Time 00ʰ	12ʰ	Mer. Pass.	MOON Mer. Pass. Upper	Lower	Age	Phase
d	m s	m s	h m	h m	h m	d %	
27	02 50	02 47	11 57	03 09	15 38	19 83	
28	02 43	02 39	11 57	04 06	16 34	20 74	
29	02 35	02 31	11 57	05 01	17 27	21 64	

© British Crown Copyright 2023. All rights reserved.

	UT (d h)	ARIES GHA	VENUS −3·9 GHA	VENUS Dec	MARS +1·1 GHA	MARS Dec	JUPITER −2·0 GHA	JUPITER Dec	SATURN +1·0 GHA	SATURN Dec
		° ′	° ′	° ′	° ′	° ′	° ′	° ′	° ′	° ′
	30 00	247 59.9	182 11.3	N21 17.5	226 51.7	N 7 36.7	189 02.1	N19 38.7	257 42.3	S 6 11.5
	01	263 02.4	197 10.6	18.1	241 52.4	37.4	204 04.0	38.8	272 44.6	11.4
	02	278 04.8	212 09.8	18.7	256 53.1	38.1	219 05.9	38.9	287 47.0	11.4
	03	293 07.3	227 09.0	. . 19.3	271 53.8	. . 38.8	234 07.7	. . 39.0	302 49.3	. . 11.4
	04	308 09.8	242 08.2	19.9	286 54.5	39.5	249 09.6	39.2	317 51.7	11.3
	05	323 12.2	257 07.5	20.5	301 55.2	40.2	264 11.4	39.3	332 54.0	11.3
	06	338 14.7	272 06.7	N21 21.1	316 55.9	N 7 40.9	279 13.3	N19 39.4	347 56.4	S 6 11.2
	07	353 17.2	287 05.9	21.7	331 56.6	41.6	294 15.1	39.5	2 58.7	11.2
T	08	8 19.6	302 05.1	22.2	346 57.3	42.4	309 17.0	39.6	18 01.1	11.2
H	09	23 22.1	317 04.4	. . 22.8	1 58.0	. . 43.1	324 18.8	. . 39.8	33 03.4	. . 11.1
U	10	38 24.6	332 03.6	23.4	16 58.7	43.8	339 20.7	39.9	48 05.8	11.1
R	11	53 27.0	347 02.8	24.0	31 59.4	44.5	354 22.6	40.0	63 08.1	11.0
S	12	68 29.5	2 02.0	N21 24.6	47 00.1	N 7 45.2	9 24.4	N19 40.1	78 10.5	S 6 11.0
D	13	83 32.0	17 01.3	25.2	62 00.8	45.9	24 26.3	40.3	93 12.8	11.0
A	14	98 34.4	32 00.5	25.8	77 01.5	46.6	39 28.1	40.4	108 15.2	10.9
Y	15	113 36.9	46 59.7	. . 26.3	92 02.3	. . 47.3	54 30.0	. . 40.5	123 17.5	. . 10.9
	16	128 39.3	61 58.9	26.9	107 03.0	48.0	69 31.8	40.6	138 19.8	10.8
	17	143 41.8	76 58.1	27.5	122 03.7	48.7	84 33.7	40.7	153 22.2	10.8
	18	158 44.3	91 57.4	N21 28.1	137 04.4	N 7 49.4	99 35.6	N19 40.9	168 24.5	S 6 10.8
	19	173 46.7	106 56.6	28.7	152 05.1	50.1	114 37.4	41.0	183 26.9	10.7
	20	188 49.2	121 55.8	29.2	167 05.8	50.8	129 39.3	41.1	198 29.2	10.7
	21	203 51.7	136 55.0	. . 29.8	182 06.5	. . 51.5	144 41.1	. . 41.2	213 31.6	. . 10.7
	22	218 54.1	151 54.2	30.4	197 07.2	52.3	159 43.0	41.4	228 33.9	10.6
	23	233 56.6	166 53.5	31.0	212 07.9	53.0	174 44.8	41.5	243 36.3	10.6
	31 00	248 59.1	181 52.7	N21 31.5	227 08.6	N 7 53.7	189 46.7	N19 41.6	258 38.6	S 6 10.5
	01	264 01.5	196 51.9	32.1	242 09.3	54.4	204 48.5	41.7	273 41.0	10.5
	02	279 04.0	211 51.1	32.7	257 10.0	55.1	219 50.4	41.8	288 43.3	10.5
	03	294 06.4	226 50.3	. . 33.2	272 10.7	. . 55.8	234 52.3	. . 42.0	303 45.7	. . 10.4
	04	309 08.9	241 49.5	33.8	287 11.4	56.5	249 54.1	42.1	318 48.0	10.4
	05	324 11.4	256 48.7	34.4	302 12.1	57.2	264 56.0	42.2	333 50.4	10.4
	06	339 13.8	271 48.0	N21 34.9	317 12.9	N 7 57.9	279 57.8	N19 42.3	348 52.7	S 6 10.3
	07	354 16.3	286 47.2	35.5	332 13.6	58.6	294 59.7	42.4	3 55.1	10.3
	08	9 18.8	301 46.4	36.1	347 14.3	7 59.3	310 01.5	42.6	18 57.4	10.2
F	09	24 21.2	316 45.6	. . 36.6	2 15.0	8 00.0	325 03.4	. . 42.7	33 59.8	. . 10.2
R	10	39 23.7	331 44.8	37.2	17 15.7	00.7	340 05.2	42.8	49 02.1	10.2
I	11	54 26.2	346 44.0	37.8	32 16.4	01.4	355 07.1	42.9	64 04.5	10.1
D	12	69 28.6	1 43.2	N21 38.3	47 17.1	N 8 02.1	10 09.0	N19 43.1	79 06.8	S 6 10.1
A	13	84 31.1	16 42.5	38.9	62 17.8	02.8	25 10.8	43.2	94 09.2	10.1
Y	14	99 33.6	31 41.7	39.4	77 18.5	03.5	40 12.7	43.3	109 11.5	10.0
	15	114 36.0	46 40.9	. . 40.0	92 19.2	. . 04.2	55 14.5	. . 43.4	124 13.9	. . 10.0
	16	129 38.5	61 40.1	40.6	107 19.9	04.9	70 16.4	43.5	139 16.2	09.9
	17	144 40.9	76 39.3	41.1	122 20.6	05.6	85 18.2	43.7	154 18.6	09.9
	18	159 43.4	91 38.5	N21 41.7	137 21.3	N 8 06.3	100 20.1	N19 43.8	169 20.9	S 6 09.9
	19	174 45.9	106 37.7	42.2	152 22.0	07.0	115 22.0	43.9	184 23.3	09.8
	20	189 48.3	121 36.9	42.8	167 22.7	07.7	130 23.8	44.0	199 25.6	09.8
	21	204 50.8	136 36.1	. . 43.3	182 23.4	. . 08.4	145 25.7	. . 44.1	214 28.0	. . 09.8
	22	219 53.3	151 35.3	43.9	197 24.2	09.1	160 27.5	44.3	229 30.3	09.7
	23	234 55.7	166 34.6	44.4	212 24.9	09.8	175 29.4	44.4	244 32.7	09.7
	1 00	249 58.2	181 33.8	N21 45.0	227 25.6	N 8 10.6	190 31.2	N19 44.5	259 35.1	S 6 09.7
	01	265 00.7	196 33.0	45.5	242 26.3	11.3	205 33.1	44.6	274 37.4	09.6
	02	280 03.1	211 32.2	46.1	257 27.0	12.0	220 34.9	44.7	289 39.8	09.6
	03	295 05.6	226 31.4	. . 46.6	272 27.7	. . 12.7	235 36.8	. . 44.9	304 42.1	. . 09.5
	04	310 08.0	241 30.6	47.1	287 28.4	13.4	250 38.7	45.0	319 44.5	09.5
	05	325 10.5	256 29.8	47.7	302 29.1	14.1	265 40.5	45.1	334 46.8	09.5
	06	340 13.0	271 29.0	N21 48.2	317 29.8	N 8 14.8	280 42.4	N19 45.2	349 49.2	S 6 09.4
	07	355 15.4	286 28.2	48.8	332 30.5	15.5	295 44.2	45.3	4 51.5	09.4
S	08	10 17.9	301 27.4	49.3	347 31.2	16.2	310 46.1	45.5	19 53.9	09.4
A	09	25 20.4	316 26.6	. . 49.8	2 31.9	. . 16.9	325 47.9	. . 45.6	34 56.2	. . 09.3
T	10	40 22.8	331 25.8	50.4	17 32.6	17.6	340 49.8	45.7	49 58.6	09.3
U	11	55 25.3	346 25.0	50.9	32 33.3	18.3	355 51.7	45.8	65 00.9	09.3
R	12	70 27.8	1 24.2	N21 51.5	47 34.0	N 8 19.0	10 53.5	N19 45.9	80 03.3	S 6 09.2
D	13	85 30.2	16 23.4	52.0	62 34.7	19.7	25 55.4	46.1	95 05.6	09.2
A	14	100 32.7	31 22.6	52.5	77 35.4	20.4	40 57.2	46.2	110 08.0	09.1
Y	15	115 35.2	46 21.8	. . 53.1	92 36.2	. . 21.1	55 59.1	. . 46.3	125 10.4	. . 09.1
	16	130 37.6	61 21.0	53.6	107 36.9	21.8	71 00.9	46.4	140 12.7	09.1
	17	145 40.1	76 20.2	54.1	122 37.6	22.5	86 02.8	46.5	155 15.1	09.0
	18	160 42.5	91 19.4	N21 54.6	137 38.3	N 8 23.2	101 04.7	N19 46.7	170 17.4	S 6 09.0
	19	175 45.0	106 18.6	55.2	152 39.0	23.9	116 06.5	46.8	185 19.8	09.0
	20	190 47.5	121 17.8	55.7	167 39.7	24.6	131 08.4	46.9	200 22.1	08.9
	21	205 49.9	136 17.0	. . 56.2	182 40.4	. . 25.2	146 10.2	. . 47.0	215 24.5	. . 08.9
	22	220 52.4	151 16.2	56.7	197 41.1	25.9	161 12.1	47.1	230 26.8	08.9
	23	235 54.9	166 15.4	57.3	212 41.8	26.6	176 13.9	47.3	245 29.2	08.8
	Mer. Pass.	h m 7 22.9	v −0.8	d 0.6	v 0.7	d 0.7	v 1.9	d 0.1	v 2.4	d 0.0

STARS

Name	SHA	Dec
	° ′	° ′
Acamar	315 12.6	S40 12.3
Achernar	335 21.0	S57 06.6
Acrux	173 00.4	S63 14.3
Adhara	255 06.6	S29 00.4
Aldebaran	290 40.6	N16 33.5
Alioth	166 13.1	N55 49.9
Alkaid	152 52.0	N49 11.6
Alnair	27 33.5	S46 50.4
Alnilam	275 38.6	S 1 11.2
Alphard	217 48.4	S 8 45.9
Alphecca	126 03.8	N26 37.9
Alpheratz	357 35.5	N29 13.3
Altair	62 00.2	N 8 55.8
Ankaa	353 07.8	S42 10.2
Antares	112 16.1	S26 29.2
Arcturus	145 48.1	N19 03.3
Atria	107 10.2	S69 04.3
Avior	234 15.4	S59 35.4
Bellatrix	278 23.8	N 6 22.3
Betelgeuse	270 53.0	N 7 24.7
Canopus	263 53.1	S52 42.6
Capella	280 23.1	N46 01.3
Deneb	49 25.9	N45 21.7
Denebola	182 25.4	N14 26.2
Diphda	348 48.0	S17 51.1
Dubhe	193 41.6	N61 37.5
Elnath	278 02.9	N28 37.7
Eltanin	90 41.9	N51 29.0
Enif	33 39.2	N 9 59.1
Fomalhaut	15 15.1	S29 29.5
Gacrux	171 52.0	S57 15.2
Gienah	175 44.0	S17 40.8
Hadar	148 36.3	S60 29.6
Hamal	327 52.1	N23 34.5
Kaus Aust.	83 32.8	S34 22.3
Kochab	137 18.7	N74 03.4
Markab	13 30.5	N15 20.0
Menkar	314 07.0	N 4 11.1
Menkent	147 57.9	S36 29.5
Miaplacidus	221 38.8	S69 49.3
Mirfak	308 29.5	N49 56.7
Nunki	75 48.1	S26 16.0
Peacock	53 06.2	S56 39.2
Pollux	243 18.2	N27 58.1
Procyon	244 51.6	N 5 09.8
Rasalhague	95 58.7	N12 32.4
Regulus	207 35.1	N11 50.9
Rigel	281 04.7	S 8 10.4
Rigil Kent.	139 40.5	S60 56.3
Sabik	102 03.0	S15 45.3
Schedar	349 32.0	N56 40.0
Shaula	96 10.7	S37 07.3
Sirius	258 27.0	S16 45.0
Spica	158 22.6	S11 17.4
Suhail	222 46.9	S43 32.0
Vega	80 33.2	N38 48.2
Zuben'ubi	136 56.3	S16 08.7

	SHA	Mer. Pass.
	° ′	h m
Venus	292 53.6	11 53
Mars	338 09.6	8 51
Jupiter	300 47.6	11 19
Saturn	9 39.6	6 44

© British Crown Copyright 2023. All rights reserved.

UT d	h	SUN GHA ° ′	SUN Dec ° ′	MOON GHA ° ′	v ′	MOON Dec ° ′	d ′	HP ′
30	00	180 36.8	N21 48.7	274 54.9	10.5	S14 56.1	14.6	59.0
	01	195 36.7	49.0	289 24.4	10.5	14 41.5	14.7	59.0
	02	210 36.6	49.4	303 53.9	10.6	14 26.8	14.7	59.0
	03	225 36.5	. . 49.8	318 23.5	10.6	14 12.1	14.8	59.0
	04	240 36.4	50.1	332 53.1	10.7	13 57.3	14.9	59.0
	05	255 36.3	50.5	347 22.8	10.7	13 42.4	15.0	59.1
	06	270 36.2	N21 50.9	1 52.5	10.8	S13 27.4	15.1	59.1
	07	285 36.1	51.2	16 22.3	10.9	13 12.3	15.1	59.1
T	08	300 36.0	51.6	30 52.2	10.9	12 57.2	15.2	59.1
H	09	315 36.0	. . 51.9	45 22.1	10.9	12 42.0	15.3	59.1
U	10	330 35.9	52.3	59 52.0	11.0	12 26.7	15.3	59.1
R	11	345 35.8	52.7	74 22.0	11.1	12 11.4	15.4	59.1
S	12	0 35.7	N21 53.0	88 52.1	11.1	S11 56.0	15.5	59.1
D	13	15 35.6	53.4	103 22.2	11.1	11 40.5	15.6	59.1
A	14	30 35.5	53.7	117 52.3	11.2	11 24.9	15.6	59.2
Y	15	45 35.4	. . 54.1	132 22.5	11.3	11 09.3	15.7	59.2
	16	60 35.3	54.5	146 52.8	11.3	10 53.6	15.7	59.2
	17	75 35.2	54.8	161 23.1	11.3	10 37.9	15.8	59.2
	18	90 35.1	N21 55.2	175 53.4	11.4	S10 22.1	15.9	59.2
	19	105 35.1	55.5	190 23.8	11.4	10 06.2	15.9	59.2
	20	120 35.0	55.9	204 54.2	11.4	9 50.3	15.9	59.2
	21	135 34.9	. . 56.2	219 24.6	11.5	9 34.4	16.1	59.2
	22	150 34.8	56.6	233 55.1	11.6	9 18.3	16.0	59.2
	23	165 34.7	56.9	248 25.7	11.5	9 02.3	16.2	59.3
31	00	180 34.6	N21 57.3	262 56.2	11.7	S 8 46.1	16.2	59.3
	01	195 34.5	57.6	277 26.9	11.6	8 29.9	16.2	59.3
	02	210 34.4	58.0	291 57.5	11.7	8 13.7	16.3	59.3
	03	225 34.3	. . 58.3	306 28.2	11.7	7 57.4	16.3	59.3
	04	240 34.2	58.7	320 58.9	11.7	7 41.1	16.3	59.3
	05	255 34.1	59.0	335 29.6	11.8	7 24.8	16.5	59.3
	06	270 34.0	N21 59.4	350 00.4	11.8	S 7 08.3	16.4	59.3
	07	285 33.9	21 59.7	4 31.2	11.8	6 51.9	16.5	59.3
	08	300 33.8	22 00.1	19 02.0	11.8	6 35.4	16.5	59.3
F	09	315 33.8	. . 00.4	33 32.8	11.9	6 18.9	16.6	59.4
R	10	330 33.7	00.8	48 03.7	11.9	6 02.3	16.6	59.4
I	11	345 33.6	01.1	62 34.6	11.9	5 45.7	16.6	59.4
D	12	0 33.5	N22 01.5	77 05.5	11.9	S 5 29.1	16.7	59.4
A	13	15 33.4	01.8	91 36.4	11.9	5 12.4	16.7	59.4
Y	14	30 33.3	02.1	106 07.3	12.0	4 55.7	16.7	59.4
	15	45 33.2	. . 02.5	120 38.3	12.0	4 39.0	16.8	59.4
	16	60 33.1	02.8	135 09.3	12.0	4 22.2	16.8	59.4
	17	75 33.0	03.2	149 40.3	12.0	4 05.4	16.8	59.4
	18	90 32.9	N22 03.5	164 11.3	12.0	S 3 48.6	16.8	59.4
	19	105 32.8	03.8	178 42.3	12.0	3 31.8	16.9	59.4
	20	120 32.7	04.2	193 13.3	12.1	3 14.9	16.8	59.4
	21	135 32.6	. . 04.5	207 44.4	12.0	2 58.1	16.9	59.4
	22	150 32.5	04.8	222 15.4	12.1	2 41.2	16.9	59.5
	23	165 32.4	05.2	236 46.5	12.0	2 24.3	17.0	59.5
1	00	180 32.3	N22 05.5	251 17.5	12.1	S 2 07.3	16.9	59.5
	01	195 32.2	05.9	265 48.6	12.0	1 50.4	17.0	59.5
	02	210 32.1	06.2	280 19.6	12.1	1 33.4	16.9	59.5
	03	225 32.0	. . 06.5	294 50.7	12.1	1 16.5	17.0	59.5
	04	240 31.9	06.9	309 21.8	12.0	0 59.5	17.0	59.5
	05	255 31.8	07.2	323 52.8	12.1	0 42.5	17.0	59.5
	06	270 31.7	N22 07.5	338 23.9	12.0	S 0 25.5	17.0	59.5
S	07	285 31.6	07.8	352 54.9	12.1	S 0 08.5	17.0	59.5
A	08	300 31.5	08.2	7 26.0	12.0	N 0 08.5	17.0	59.5
T	09	315 31.4	. . 08.5	21 57.0	12.0	0 25.5	17.0	59.5
U	10	330 31.3	08.8	36 28.0	12.1	0 42.5	17.0	59.5
R	11	345 31.2	09.2	50 59.1	12.0	0 59.5	17.0	59.5
D	12	0 31.1	N22 09.5	65 30.1	12.0	N 1 16.5	17.0	59.5
A	13	15 31.0	09.8	80 01.1	11.9	1 33.5	17.0	59.5
Y	14	30 30.9	10.1	94 32.0	12.0	1 50.5	17.0	59.5
	15	45 30.8	. . 10.5	109 03.0	12.0	2 07.5	17.0	59.5
	16	60 30.7	10.8	123 34.0	11.9	2 24.5	17.0	59.5
	17	75 30.6	11.1	138 04.9	11.9	2 41.5	16.9	59.5
	18	90 30.5	N22 11.4	152 35.8	11.9	N 2 58.4	17.0	59.5
	19	105 30.4	11.8	167 06.7	11.8	3 15.4	16.9	59.6
	20	120 30.3	12.1	181 37.5	11.9	3 32.3	16.9	59.6
	21	135 30.2	. . 12.4	196 08.4	11.8	3 49.2	17.0	59.6
	22	150 30.1	12.7	210 39.2	11.8	4 06.2	16.8	59.6
	23	165 30.0	13.0	225 10.0	11.8	N 4 23.0	16.9	59.6
		SD 15.8	*d* 0.3	SD 16.1		16.2		16.2

Lat. °	Twilight Naut. h m	Twilight Civil h m	Sunrise h m	Moonrise 30 h m	Moonrise 31 h m	Moonrise 1 h m	Moonrise 2 h m
N 72	▭	▭	▭	03 13	02 19	01 40	01 03
N 70	▭	▭	▭	02 46	02 08	01 38	01 10
68	▭	▭	▭	02 24	01 58	01 36	01 15
66	////	////	01 15	02 08	01 50	01 34	01 20
64	////	////	01 59	01 54	01 43	01 33	01 24
62	////	00 11	02 28	01 42	01 37	01 32	01 27
60	////	01 28	02 50	01 32	01 31	01 31	01 30
N 58	////	02 01	03 08	01 23	01 27	01 30	01 33
56	00 10	02 25	03 23	01 15	01 23	01 29	01 35
54	01 20	02 44	03 35	01 08	01 19	01 28	01 37
52	01 51	03 00	03 46	01 02	01 15	01 27	01 39
50	02 14	03 14	03 56	00 56	01 12	01 27	01 41
45	02 53	03 41	04 17	00 44	01 06	01 25	01 45
N 40	03 21	04 01	04 34	00 34	01 00	01 24	01 48
35	03 43	04 18	04 47	00 25	00 55	01 23	01 51
30	04 00	04 33	05 00	00 17	00 51	01 22	01 54
20	04 27	04 56	05 20	00 03	00 43	01 21	01 58
N 10	04 48	05 15	05 38	24 36	00 36	01 19	02 02
0	05 06	05 32	05 54	24 30	00 30	01 18	02 06
S 10	05 22	05 48	06 10	24 23	00 23	01 17	02 10
20	05 37	06 04	06 28	24 17	00 17	01 15	02 14
30	05 52	06 21	06 47	24 09	00 09	01 14	02 19
35	06 00	06 31	06 59	24 04	00 04	01 13	02 22
40	06 08	06 42	07 12	23 59	25 12	01 12	02 25
45	06 18	06 54	07 28	23 53	25 11	01 11	02 29
S 50	06 28	07 09	07 47	23 46	25 09	01 09	02 33
52	06 33	07 16	07 56	23 43	25 09	01 09	02 35
54	06 38	07 23	08 06	23 39	25 08	01 08	02 37
56	06 43	07 31	08 17	23 35	25 07	01 07	02 40
58	06 49	07 41	08 30	23 30	25 07	01 07	02 43
S 60	06 56	07 51	08 46	23 25	25 06	01 06	02 46

Lat. °	Sunset h m	Twilight Civil h m	Twilight Naut. h m	Moonset 30 h m	Moonset 31 h m	Moonset 1 h m	Moonset 2 h m
N 72	▭	▭	▭	09 00	11 39	14 03	16 32
N 70	▭	▭	▭	09 26	11 48	14 00	16 17
68	▭	▭	▭	09 45	11 55	13 58	16 05
66	22 45	////	////	10 00	12 00	13 57	15 55
64	21 59	////	////	10 12	12 05	13 55	15 47
62	21 29	////	////	10 23	12 09	13 54	15 40
60	21 07	22 31	////	10 31	12 13	13 53	15 34
N 58	20 49	21 56	////	10 39	12 16	13 52	15 29
56	20 34	21 32	////	10 46	12 19	13 51	15 24
54	20 21	21 12	22 38	10 52	12 21	13 50	15 20
52	20 10	20 56	22 06	10 57	12 24	13 50	15 17
50	20 00	20 43	21 43	11 02	12 26	13 49	15 13
45	19 39	20 15	21 03	11 12	12 30	13 48	15 06
N 40	19 22	19 55	20 35	11 21	12 34	13 47	15 00
35	19 08	19 38	20 13	11 28	12 37	13 46	14 55
30	18 56	19 23	19 56	11 35	12 40	13 45	14 50
20	18 36	19 00	19 29	11 46	12 45	13 43	14 42
N 10	18 18	18 41	19 07	11 55	12 49	13 42	14 36
0	18 01	18 24	18 50	12 04	12 53	13 41	14 29
S 10	17 45	18 08	18 34	12 13	12 57	13 39	14 23
20	17 28	17 52	18 19	12 22	13 01	13 38	14 16
30	17 08	17 34	18 04	12 33	13 05	13 36	14 08
35	16 56	17 24	17 56	12 39	13 08	13 35	14 04
40	16 43	17 13	17 47	12 45	13 10	13 34	13 59
45	16 28	17 01	17 38	12 53	13 14	13 33	13 53
S 50	16 09	16 46	17 27	13 03	13 18	13 32	13 46
52	16 00	16 39	17 22	13 07	13 20	13 31	13 43
54	15 50	16 32	17 17	13 12	13 21	13 30	13 40
56	15 38	16 24	17 12	13 17	13 24	13 30	13 36
58	15 25	16 15	17 06	13 23	13 26	13 29	13 32
S 60	15 10	16 04	16 59	13 29	13 29	13 28	13 27

Day	SUN Eqn. of Time 00h	SUN Eqn. of Time 12h	SUN Mer. Pass.	MOON Mer. Pass. Upper	MOON Mer. Pass. Lower	MOON Age	MOON Phase
d	m s	m s	h m	h m	h m	d %	
30	02 27	02 23	11 58	05 52	18 17	22 53	
31	02 19	02 14	11 58	06 41	19 05	23 41	
1	02 09	02 05	11 58	07 29	19 53	24 30	

© British Crown Copyright 2023. All rights reserved.

UT d h	ARIES GHA ° ′	VENUS −3·9 GHA ° ′	VENUS Dec ° ′	MARS +1·0 GHA ° ′	MARS Dec ° ′	JUPITER −2·0 GHA ° ′	JUPITER Dec ° ′	SATURN +1·0 GHA ° ′	SATURN Dec ° ′
2 00 (SUNDAY)	250 57.3	181 14.6	N21 57.8	227 42.5	N 8 27.3	191 15.8	N19 47.4	260 31.6	S 6 08.8
01	265 59.8	196 13.8	58.3	242 43.2	28.0	206 17.6	47.5	275 33.9	08.8
02	281 02.3	211 13.0	58.8	257 43.9	28.7	221 19.5	47.6	290 36.3	08.7
03	296 04.7	226 12.2	. . 59.4	272 44.6	. . 29.4	236 21.4	. . 47.7	305 38.6	. . 08.7
04	311 07.2	241 11.4	21 59.9	287 45.3	30.1	251 23.2	47.9	320 41.0	08.7
05	326 09.7	256 10.6	22 00.4	302 46.0	30.8	266 25.1	48.0	335 43.3	08.6
06	341 12.1	271 09.8	N22 00.9	317 46.7	N 8 31.5	281 26.9	N19 48.1	350 45.7	S 6 08.6
07	356 14.6	286 09.0	01.4	332 47.4	32.2	296 28.8	48.2	5 48.1	08.6
08	11 17.0	301 08.2	01.9	347 48.1	32.9	311 30.6	48.3	20 50.4	08.5
09	26 19.5	316 07.4	. . 02.4	2 48.9	. . 33.6	326 32.5	. . 48.5	35 52.8	. . 08.5
10	41 22.0	331 06.6	03.0	17 49.6	34.3	341 34.4	48.6	50 55.1	08.4
11	56 24.4	346 05.8	03.5	32 50.3	35.0	356 36.2	48.7	65 57.5	08.4
12	71 26.9	1 04.9	N22 04.0	47 51.0	N 8 35.7	11 38.1	N19 48.8	80 59.8	S 6 08.4
13	86 29.4	16 04.1	04.5	62 51.7	36.4	26 39.9	48.9	96 02.2	08.3
14	101 31.8	31 03.3	05.0	77 52.4	37.1	41 41.8	49.1	111 04.6	08.3
15	116 34.3	46 02.5	. . 05.5	92 53.1	. . 37.8	56 43.6	. . 49.2	126 06.9	. . 08.3
16	131 36.8	61 01.7	06.0	107 53.8	38.5	71 45.5	49.3	141 09.3	08.2
17	146 39.2	76 00.9	06.5	122 54.5	39.2	86 47.4	49.4	156 11.6	08.2
18	161 41.7	91 00.1	N22 07.0	137 55.2	N 8 39.9	101 49.2	N19 49.5	171 14.0	S 6 08.2
19	176 44.1	105 59.3	07.5	152 55.9	40.6	116 51.1	49.7	186 16.3	08.1
20	191 46.6	120 58.5	08.0	167 56.6	41.3	131 52.9	49.8	201 18.7	08.1
21	206 49.1	135 57.7	. . 08.5	182 57.3	. . 42.0	146 54.8	. . 49.9	216 21.1	. . 08.1
22	221 51.5	150 56.9	09.0	197 58.0	42.7	161 56.6	50.0	231 23.4	08.0
23	236 54.0	165 56.0	09.5	212 58.7	43.3	176 58.5	50.1	246 25.8	08.0
3 00 (MONDAY)	251 56.5	180 55.2	N22 10.0	227 59.4	N 8 44.0	192 00.4	N19 50.2	261 28.1	S 6 08.0
01	266 58.9	195 54.4	10.5	243 00.1	44.7	207 02.2	50.4	276 30.5	07.9
02	282 01.4	210 53.6	11.0	258 00.8	45.4	222 04.1	50.5	291 32.9	07.9
03	297 03.9	225 52.8	. . 11.5	273 01.5	. . 46.1	237 05.9	. . 50.6	306 35.2	. . 07.9
04	312 06.3	240 52.0	12.0	288 02.2	46.8	252 07.8	50.7	321 37.6	07.8
05	327 08.8	255 51.2	12.5	303 02.9	47.5	267 09.6	50.8	336 39.9	07.8
06	342 11.3	270 50.3	N22 13.0	318 03.7	N 8 48.2	282 11.5	N19 51.0	351 42.3	S 6 07.8
07	357 13.7	285 49.5	13.4	333 04.4	48.9	297 13.4	51.1	6 44.7	07.7
08	12 16.2	300 48.7	13.9	348 05.1	49.6	312 15.2	51.2	21 47.0	07.7
09	27 18.6	315 47.9	. . 14.4	3 05.8	. . 50.3	327 17.1	. . 51.3	36 49.4	. . 07.7
10	42 21.1	330 47.1	14.9	18 06.5	51.0	342 18.9	51.4	51 51.7	07.6
11	57 23.6	345 46.3	15.4	33 07.2	51.7	357 20.8	51.5	66 54.1	07.6
12	72 26.0	0 45.5	N22 15.9	48 07.9	N 8 52.4	12 22.6	N19 51.7	81 56.5	S 6 07.6
13	87 28.5	15 44.6	16.3	63 08.6	53.0	27 24.5	51.8	96 58.8	07.5
14	102 31.0	30 43.8	16.8	78 09.3	53.7	42 26.4	51.9	112 01.2	07.5
15	117 33.4	45 43.0	. . 17.3	93 10.0	. . 54.4	57 28.2	. . 52.0	127 03.6	. . 07.5
16	132 35.9	60 42.2	17.8	108 10.7	55.1	72 30.1	52.1	142 05.9	07.4
17	147 38.4	75 41.4	18.3	123 11.4	55.8	87 31.9	52.3	157 08.3	07.4
18	162 40.8	90 40.6	N22 18.7	138 12.1	N 8 56.5	102 33.8	N19 52.4	172 10.6	S 6 07.4
19	177 43.3	105 39.7	19.2	153 12.8	57.2	117 35.6	52.5	187 13.0	07.3
20	192 45.8	120 38.9	19.7	168 13.5	57.9	132 37.5	52.6	202 15.4	07.3
21	207 48.2	135 38.1	. . 20.2	183 14.2	. . 58.6	147 39.4	. . 52.7	217 17.7	. . 07.3
22	222 50.7	150 37.3	20.6	198 14.9	59.3	162 41.2	52.8	232 20.1	07.3
23	237 53.1	165 36.5	21.1	213 15.6	8 59.9	177 43.1	53.0	247 22.5	07.2
4 00 (TUESDAY)	252 55.6	180 35.6	N22 21.6	228 16.3	N 9 00.6	192 44.9	N19 53.1	262 24.8	S 6 07.2
01	267 58.1	195 34.8	22.0	243 17.0	01.3	207 46.8	53.2	277 27.2	07.2
02	283 00.5	210 34.0	22.5	258 17.7	02.0	222 48.6	53.3	292 29.5	07.1
03	298 03.0	225 33.2	. . 23.0	273 18.4	. . 02.7	237 50.5	. . 53.4	307 31.9	. . 07.1
04	313 05.5	240 32.3	23.4	288 19.1	03.4	252 52.4	53.5	322 34.3	07.1
05	328 07.9	255 31.5	23.9	303 19.9	04.1	267 54.2	53.7	337 36.6	07.0
06	343 10.4	270 30.7	N22 24.4	318 20.6	N 9 04.8	282 56.1	N19 53.8	352 39.0	S 6 07.0
07	358 12.9	285 29.9	24.8	333 21.3	05.5	297 57.9	53.9	7 41.4	07.0
08	13 15.3	300 29.1	25.3	348 22.0	06.1	312 59.8	54.0	22 43.7	06.9
09	28 17.8	315 28.2	. . 25.7	3 22.7	. . 06.8	328 01.6	. . 54.1	37 46.1	. . 06.9
10	43 20.2	330 27.4	26.2	18 23.4	07.5	343 03.5	54.2	52 48.5	06.9
11	58 22.7	345 26.6	26.6	33 24.1	08.2	358 05.4	54.4	67 50.8	06.8
12	73 25.2	0 25.8	N22 27.1	48 24.8	N 9 08.9	13 07.2	N19 54.5	82 53.2	S 6 06.8
13	88 27.6	15 24.9	27.5	63 25.5	09.6	28 09.1	54.6	97 55.5	06.8
14	103 30.1	30 24.1	28.0	78 26.2	10.3	43 10.9	54.7	112 57.9	06.7
15	118 32.6	45 23.3	. . 28.4	93 26.9	. . 11.0	58 12.8	. . 54.8	128 00.3	. . 06.7
16	133 35.0	60 22.4	28.9	108 27.6	11.6	73 14.7	54.9	143 02.6	06.7
17	148 37.5	75 21.6	29.3	123 28.3	12.3	88 16.5	55.1	158 05.0	06.7
18	163 40.0	90 20.7	N22 29.8	138 29.0	N 9 13.0	103 18.4	N19 55.2	173 07.4	S 6 06.6
19	178 42.4	105 19.9	30.3	153 29.7	13.7	118 20.2	55.3	188 09.7	06.6
20	193 44.9	120 19.1	30.7	168 30.4	14.4	133 22.1	55.4	203 12.1	06.6
21	208 47.4	135 18.3	. . 31.2	183 31.1	. . 15.1	148 23.9	. . 55.5	218 14.5	. . 06.5
22	223 49.8	150 17.4	31.6	198 31.8	15.8	163 25.8	55.6	233 16.8	06.5
23	238 52.3	165 16.6	32.1	213 32.5	16.4	178 27.7	55.8	248 19.2	06.5
Mer. Pass. (h m)	7 11.1	v −0.8	d 0.5	v 0.7	d 0.7	v 1.9	d 0.1	v 2.4	d 0.0

STARS

Name	SHA ° ′	Dec ° ′
Acamar	315 12.5	S40 12.3
Achernar	335 21.0	S57 06.6
Acrux	173 00.4	S63 14.3
Adhara	255 06.6	S29 00.4
Aldebaran	290 40.6	N16 33.5
Alioth	166 13.1	N55 49.9
Alkaid	152 52.1	N49 11.6
Alnair	27 33.4	S46 50.4
Alnilam	275 38.6	S 1 11.2
Alphard	217 48.4	S 8 45.9
Alphecca	126 03.8	N26 37.9
Alpheratz	357 35.4	N29 13.3
Altair	62 00.2	N 8 55.9
Ankaa	353 07.8	S42 10.2
Antares	112 16.1	S26 29.2
Arcturus	145 48.1	N19 03.4
Atria	107 10.2	S69 04.3
Avior	234 15.4	S59 35.4
Bellatrix	278 23.8	N 6 22.3
Betelgeuse	270 53.0	N 7 24.7
Canopus	263 53.1	S52 42.6
Capella	280 23.1	N46 01.3
Deneb	49 25.9	N45 21.8
Denebola	182 25.4	N14 26.2
Diphda	348 48.0	S17 51.1
Dubhe	193 41.6	N61 37.5
Elnath	278 02.9	N28 37.7
Eltanin	90 41.9	N51 29.0
Enif	33 39.2	N 9 59.1
Fomalhaut	15 15.1	S29 29.5
Gacrux	171 52.0	S57 15.2
Gienah	175 44.0	S17 40.8
Hadar	148 36.3	S60 29.6
Hamal	327 52.1	N23 34.5
Kaus Aust.	83 32.8	S34 22.3
Kochab	137 18.7	N74 03.4
Markab	13 30.4	N15 20.0
Menkar	314 07.0	N 4 11.1
Menkent	147 57.9	S36 29.6
Miaplacidus	221 38.9	S69 49.3
Mirfak	308 29.5	N49 56.7
Nunki	75 48.1	S26 16.0
Peacock	53 06.2	S56 39.2
Pollux	243 18.2	N27 58.1
Procyon	244 51.6	N 5 09.8
Rasalhague	95 58.7	N12 32.5
Regulus	207 35.1	N11 50.9
Rigel	281 04.7	S 8 10.4
Rigil Kent.	139 40.5	S60 56.3
Sabik	102 03.0	S15 45.3
Schedar	349 31.9	N56 40.0
Shaula	96 10.7	S37 07.3
Sirius	258 27.0	S16 45.0
Spica	158 22.6	S11 17.4
Suhail	222 46.9	S43 32.0
Vega	80 33.2	N38 48.2
Zuben'ubi	136 56.3	S16 08.7

	SHA ° ′	Mer. Pass. h m
Venus	288 58.8	11 57
Mars	336 03.0	8 48
Jupiter	300 03.9	11 11
Saturn	9 31.7	6 33

© British Crown Copyright 2023. All rights reserved.

UT		SUN GHA	SUN Dec	MOON GHA	MOON v	MOON Dec	MOON d	MOON HP
d h		° ′	° ′	° ′	′	° ′	′	′
2 00		180 29.9	N22 13.4	239 40.8	11.7	N 4 39.9	16.8	59.6
01		195 29.8	13.7	254 11.5	11.7	4 56.7	16.9	59.6
02		210 29.7	14.0	268 42.2	11.7	5 13.6	16.8	59.6
03		225 29.6	. . 14.3	283 12.9	11.6	5 30.4	16.7	59.6
04		240 29.5	14.6	297 43.5	11.6	5 47.1	16.8	59.6
05		255 29.4	15.0	312 14.1	11.6	6 03.9	16.7	59.6
06		270 29.3	N22 15.3	326 44.7	11.5	N 6 20.6	16.7	59.6
07		285 29.2	15.6	341 15.2	11.5	6 37.3	16.6	59.6
08		300 29.1	15.9	355 45.7	11.4	6 53.9	16.6	59.6
09	S	315 29.0	. . 16.2	10 16.1	11.5	7 10.5	16.6	59.6
10	U	330 28.9	16.5	24 46.6	11.3	7 27.1	16.5	59.6
11	N	345 28.8	16.8	39 16.9	11.4	7 43.6	16.5	59.6
12	D	0 28.7	N22 17.1	53 47.3	11.2	N 8 00.1	16.5	59.6
13	A	15 28.6	17.5	68 17.5	11.3	8 16.6	16.4	59.6
14	Y	30 28.5	17.8	82 47.8	11.2	8 33.0	16.4	59.6
15		45 28.4	. . 18.1	97 18.0	11.1	8 49.4	16.3	59.6
16		60 28.3	18.4	111 48.1	11.1	9 05.7	16.2	59.6
17		75 28.2	18.7	126 18.2	11.0	9 21.9	16.3	59.6
18		90 28.1	N22 19.0	140 48.2	11.0	N 9 38.2	16.1	59.6
19		105 28.0	19.3	155 18.2	11.0	9 54.3	16.2	59.6
20		120 27.9	19.6	169 48.2	10.9	10 10.5	16.0	59.5
21		135 27.8	. . 19.9	184 18.1	10.8	10 26.5	16.0	59.5
22		150 27.7	20.2	198 47.9	10.8	10 42.5	16.0	59.5
23		165 27.6	20.5	213 17.7	10.7	10 58.5	15.9	59.5
3 00		180 27.5	N22 20.8	227 47.4	10.6	N11 14.4	15.8	59.5
01		195 27.4	21.1	242 17.0	10.6	11 30.2	15.8	59.5
02		210 27.3	21.4	256 46.6	10.6	11 46.0	15.7	59.5
03		225 27.1	. . 21.7	271 16.2	10.4	12 01.7	15.6	59.5
04		240 27.0	22.0	285 45.6	10.5	12 17.3	15.6	59.5
05		255 26.9	22.3	300 15.1	10.3	12 32.9	15.5	59.5
06		270 26.8	N22 22.6	314 44.4	10.3	N12 48.4	15.4	59.5
07		285 26.7	22.9	329 13.7	10.2	13 03.8	15.4	59.5
08		300 26.6	23.2	343 42.9	10.2	13 19.2	15.3	59.5
09	M	315 26.5	. . 23.5	358 12.1	10.1	13 34.5	15.2	59.5
10	O	330 26.4	23.8	12 41.2	10.0	13 49.7	15.1	59.5
11	N	345 26.3	24.1	27 10.2	10.0	14 04.8	15.1	59.5
12	D	0 26.2	N22 24.4	41 39.2	9.8	N14 19.9	14.9	59.5
13	A	15 26.1	24.7	56 08.0	9.9	14 34.8	14.9	59.5
14	Y	30 26.0	25.0	70 36.9	9.7	14 49.7	14.8	59.5
15		45 25.9	. . 25.3	85 05.6	9.7	15 04.5	14.7	59.4
16		60 25.8	25.6	99 34.3	9.6	15 19.2	14.7	59.4
17		75 25.7	25.9	114 02.9	9.5	15 33.9	14.5	59.4
18		90 25.5	N22 26.2	128 31.4	9.5	N15 48.4	14.5	59.4
19		105 25.4	26.5	142 59.9	9.3	16 02.9	14.3	59.4
20		120 25.3	26.7	157 28.2	9.4	16 17.2	14.3	59.4
21		135 25.2	. . 27.0	171 56.6	9.2	16 31.5	14.1	59.4
22		150 25.1	27.3	186 24.8	9.1	16 45.6	14.1	59.4
23		165 25.0	27.6	200 52.9	9.1	16 59.7	13.9	59.4
4 00		180 24.9	N22 27.9	215 21.0	9.0	N17 13.6	13.9	59.4
01		195 24.8	28.2	229 49.0	9.0	17 27.5	13.8	59.4
02		210 24.7	28.5	244 17.0	8.8	17 41.3	13.6	59.3
03		225 24.6	. . 28.7	258 44.8	8.8	17 54.9	13.6	59.3
04		240 24.5	29.0	273 12.6	8.7	18 08.5	13.4	59.3
05		255 24.4	29.3	287 40.3	8.6	18 21.9	13.3	59.3
06		270 24.2	N22 29.6	302 07.9	8.5	N18 35.2	13.2	59.3
07		285 24.1	29.9	316 35.4	8.5	18 48.4	13.1	59.3
08	T	300 24.0	30.2	331 02.9	8.4	19 01.5	13.0	59.3
09	U	315 23.9	. . 30.4	345 30.3	8.3	19 14.5	12.9	59.3
10	E	330 23.8	30.7	359 57.6	8.2	19 27.4	12.7	59.2
11	S	345 23.7	31.0	14 24.8	8.1	19 40.1	12.7	59.2
12	D	0 23.6	N22 31.3	28 51.9	8.1	N19 52.8	12.5	59.2
13	A	15 23.5	31.6	43 19.0	8.0	20 05.3	12.4	59.2
14	Y	30 23.4	31.8	57 46.0	7.9	20 17.7	12.2	59.2
15		45 23.2	. . 32.1	72 12.9	7.8	20 29.9	12.1	59.2
16		60 23.1	32.4	86 39.7	7.7	20 42.0	12.1	59.2
17		75 23.0	32.7	101 06.4	7.7	20 54.1	11.8	59.1
18		90 22.9	N22 32.9	115 33.1	7.6	N21 05.9	11.8	59.1
19		105 22.8	33.2	129 59.7	7.5	21 17.7	11.6	59.1
20		120 22.7	33.5	144 26.2	7.4	21 29.3	11.5	59.1
21		135 22.6	. . 33.8	158 52.6	7.4	21 40.8	11.3	59.1
22		150 22.5	34.0	173 19.0	7.2	21 52.1	11.2	59.1
23		165 22.4	34.3	187 45.2	7.2	N22 03.3	11.1	59.1
		SD 15.8	*d* 0.3	SD 16.2		16.2		16.1

Lat.	Twilight Naut.	Twilight Civil	Sunrise	Moonrise 2	Moonrise 3	Moonrise 4	Moonrise 5
°	h m	h m	h m	h m	h m	h m	h m
N 72	▭	▭	▭	01 03	{00 20 / 23 02}	▭	▭
N 70	▭	▭	▭	01 10	{00 38 / 23 49}	▭	▭
68	▭	▭	▭	01 15	00 52	{00 20 / 22 53}	▭
66	////	////	01 01	01 20	01 04	00 43	00 08
64	////	////	01 52	01 24	01 14	01 02	00 45
62	////	////	02 23	01 27	01 22	01 17	01 12
60	////	01 19	02 46	01 30	01 30	01 30	01 33
N 58	////	01 56	03 04	01 33	01 36	01 41	01 50
56	////	02 21	03 20	01 35	01 42	01 51	02 05
54	01 12	02 41	03 33	01 37	01 47	02 00	02 18
52	01 46	02 57	03 44	01 39	01 52	02 08	02 29
50	02 10	03 11	03 54	01 41	01 56	02 15	02 39
45	02 51	03 39	04 15	01 45	02 06	02 30	03 00
N 40	03 19	04 00	04 32	01 48	02 14	02 43	03 17
35	03 41	04 17	04 47	01 51	02 21	02 53	03 31
30	03 59	04 32	04 59	01 54	02 27	03 03	03 44
20	04 27	04 56	05 20	01 58	02 37	03 19	04 06
N 10	04 48	05 15	05 38	02 02	02 47	03 34	04 25
0	05 06	05 32	05 55	02 06	02 55	03 47	04 43
S 10	05 22	05 49	06 11	02 10	03 04	04 01	05 01
20	05 38	06 05	06 29	02 14	03 14	04 16	05 20
30	05 53	06 23	06 49	02 19	03 25	04 33	05 42
35	06 01	06 33	07 01	02 22	03 32	04 43	05 56
40	06 10	06 44	07 14	02 25	03 39	04 55	06 11
45	06 20	06 57	07 30	02 29	03 48	05 08	06 29
S 50	06 31	07 12	07 49	02 33	03 58	05 25	06 53
52	06 35	07 19	07 59	02 35	04 03	05 33	07 04
54	06 41	07 26	08 09	02 37	04 08	05 42	07 16
56	06 46	07 35	08 21	02 40	04 14	05 52	07 31
58	06 53	07 44	08 34	02 43	04 21	06 03	07 48
S 60	06 59	07 55	08 50	02 46	04 29	06 17	08 09

Lat.	Sunset	Twilight Civil	Twilight Naut.	Moonset 2	Moonset 3	Moonset 4	Moonset 5
°	h m	h m	h m	h m	h m	h m	h m
N 72	▭	▭	▭	16 32	19 38	▭	▭
N 70	▭	▭	▭	16 17	18 53	▭	▭
68	▭	▭	▭	16 05	18 24	21 44	▭
66	22 59	////	////	15 55	18 02	20 31	▭
64	22 07	////	////	15 47	17 45	19 55	22 41
62	21 35	////	////	15 40	17 31	19 29	21 35
60	21 12	22 40	////	15 34	17 19	19 09	21 01
N 58	20 53	22 02	////	15 29	17 09	18 52	20 36
56	20 38	21 37	////	15 24	17 00	18 38	20 16
54	20 24	21 17	22 47	15 20	16 52	18 26	19 59
52	20 13	21 00	22 12	15 17	16 45	18 16	19 45
50	20 03	20 46	21 48	15 13	16 39	18 07	19 32
45	19 42	20 18	21 06	15 06	16 26	17 47	19 07
N 40	19 24	19 57	20 38	15 00	16 15	17 31	18 47
35	19 10	19 39	20 16	14 55	16 05	17 18	18 30
30	18 58	19 25	19 58	14 50	15 57	17 06	18 15
20	18 37	19 01	19 30	14 42	15 43	16 46	17 51
N 10	18 19	18 42	19 08	14 36	15 31	16 29	17 30
0	18 02	18 24	18 50	14 29	15 20	16 13	17 10
S 10	17 45	18 08	18 34	14 23	15 08	15 57	16 50
20	17 28	17 51	18 19	14 16	14 56	15 40	16 29
30	17 07	17 34	18 03	14 08	14 43	15 21	16 05
35	16 56	17 24	17 55	14 04	14 35	15 10	15 51
40	16 42	17 12	17 46	13 59	14 26	14 57	15 35
45	16 26	17 00	17 37	13 53	14 15	14 42	15 15
S 50	16 07	16 45	17 26	13 46	14 03	14 24	14 51
52	15 58	16 38	17 21	13 43	13 57	14 15	14 40
54	15 47	16 30	17 16	13 40	13 51	14 05	14 26
56	15 35	16 22	17 10	13 36	13 44	13 55	14 11
58	15 22	16 12	17 04	13 32	13 36	13 42	13 53
S 60	15 06	16 01	16 57	13 27	13 27	13 28	13 32

Day	SUN Eqn. of Time 00^h	SUN Eqn. of Time 12^h	SUN Mer. Pass.	MOON Mer. Pass. Upper	MOON Mer. Pass. Lower	MOON Age	MOON Phase
d	m s	m s	h m	h m	h m	d %	
2	02 00	01 55	11 58	08 18	20 42	25 20	
3	01 50	01 45	11 58	09 07	21 33	26 12	◐
4	01 40	01 35	11 58	10 00	22 28	27 5	

© British Crown Copyright 2023. All rights reserved.

UT		ARIES	VENUS −3·9		MARS +1·0		JUPITER −2·0		SATURN +1·0	
d h		GHA ° ′	GHA ° ′	Dec ° ′	GHA ° ′	Dec ° ′	GHA ° ′	Dec ° ′	GHA ° ′	Dec ° ′
5 00	WEDNESDAY	253 54.7	180 15.8	N22 32.5	228 33.2	N 9 17.1	193 29.5	N19 55.9	263 21.6	S 6 06.4
01		268 57.2	195 14.9	33.0	243 33.9	17.8	208 31.4	56.0	278 23.9	06.4
02		283 59.7	210 14.1	33.4	258 34.6	18.5	223 33.2	56.1	293 26.3	06.4
03		299 02.1	225 13.3	. . 33.8	273 35.3	. . 19.2	238 35.1	. . 56.2	308 28.7	. . 06.4
04		314 04.6	240 12.5	34.3	288 36.0	19.9	253 36.9	56.3	323 31.0	06.3
05		329 07.1	255 11.6	34.7	303 36.7	20.6	268 38.8	56.5	338 33.4	06.3
06		344 09.5	270 10.8	N22 35.2	318 37.4	N 9 21.2	283 40.7	N19 56.6	353 35.8	S 6 06.3
07		359 12.0	285 10.0	35.6	333 38.1	21.9	298 42.5	56.7	8 38.1	06.2
08		14 14.5	300 09.1	36.0	348 38.8	22.6	313 44.4	56.8	23 40.5	06.2
09		29 16.9	315 08.3	. . 36.5	3 39.6	. . 23.3	328 46.2	. . 56.9	38 42.9	. . 06.2
10		44 19.4	330 07.5	36.9	18 40.3	24.0	343 48.1	57.0	53 45.2	06.1
11		59 21.9	345 06.6	37.3	33 41.0	24.7	358 50.0	57.2	68 47.6	06.1
12		74 24.3	0 05.8	N22 37.8	48 41.7	N 9 25.3	13 51.8	N19 57.3	83 50.0	S 6 06.1
13		89 26.8	15 05.0	38.2	63 42.4	26.0	28 53.7	57.4	98 52.4	06.1
14		104 29.2	30 04.1	38.6	78 43.1	26.7	43 55.5	57.5	113 54.7	06.0
15		119 31.7	45 03.3	. . 39.0	93 43.8	. . 27.4	58 57.4	. . 57.6	128 57.1	. . 06.0
16		134 34.2	60 02.5	39.5	108 44.5	28.1	73 59.2	57.7	143 59.5	06.0
17		149 36.6	75 01.6	39.9	123 45.2	28.8	89 01.1	57.9	159 01.8	05.9
18		164 39.1	90 00.8	N22 40.3	138 45.9	N 9 29.4	104 03.0	N19 58.0	174 04.2	S 6 05.9
19		179 41.6	105 00.0	40.7	153 46.6	30.1	119 04.8	58.1	189 06.6	05.9
20		194 44.0	119 59.1	41.2	168 47.3	30.8	134 06.7	58.2	204 08.9	05.8
21		209 46.5	134 58.3	. . 41.6	183 48.0	. . 31.5	149 08.5	. . 58.3	219 11.3	. . 05.8
22		224 49.0	149 57.5	42.0	198 48.7	32.2	164 10.4	58.4	234 13.7	05.8
23		239 51.4	164 56.6	42.4	213 49.4	32.8	179 12.3	58.5	249 16.0	05.8
6 00	THURSDAY	254 53.9	179 55.8	N22 42.8	228 50.1	N 9 33.5	194 14.1	N19 58.7	264 18.4	S 6 05.7
01		269 56.4	194 54.9	43.2	243 50.8	34.2	209 16.0	58.8	279 20.8	05.7
02		284 58.8	209 54.1	43.7	258 51.5	34.9	224 17.8	58.9	294 23.2	05.7
03		300 01.3	224 53.3	. . 44.1	273 52.2	. . 35.6	239 19.7	. . 59.0	309 25.5	. . 05.6
04		315 03.7	239 52.4	44.5	288 52.9	36.2	254 21.5	59.1	324 27.9	05.6
05		330 06.2	254 51.6	44.9	303 53.6	36.9	269 23.4	59.2	339 30.3	05.6
06		345 08.7	269 50.7	N22 45.3	318 54.3	N 9 37.6	284 25.3	N19 59.4	354 32.6	S 6 05.6
07		0 11.1	284 49.9	45.7	333 55.0	38.3	299 27.1	59.5	9 35.0	05.5
08		15 13.6	299 49.1	46.1	348 55.7	39.0	314 29.0	59.6	24 37.4	05.5
09		30 16.1	314 48.2	. . 46.5	3 56.4	. . 39.6	329 30.8	. . 59.7	39 39.8	. . 05.5
10		45 18.5	329 47.4	46.9	18 57.1	40.3	344 32.7	59.8	54 42.1	05.4
11		60 21.0	344 46.5	47.3	33 57.8	41.0	359 34.6	19 59.9	69 44.5	05.4
12		75 23.5	359 45.7	N22 47.7	48 58.5	N 9 41.7	14 36.4	N20 00.0	84 46.9	S 6 05.4
13		90 25.9	14 44.9	48.1	63 59.2	42.4	29 38.3	00.2	99 49.2	05.4
14		105 28.4	29 44.0	48.5	78 59.9	43.0	44 40.1	00.3	114 51.6	05.3
15		120 30.9	44 43.2	. . 48.9	94 00.6	. . 43.7	59 42.0	. . 00.4	129 54.0	. . 05.3
16		135 33.3	59 42.3	49.3	109 01.3	44.4	74 43.9	00.5	144 56.4	05.3
17		150 35.8	74 41.5	49.7	124 02.0	45.1	89 45.7	00.6	159 58.7	05.3
18		165 38.2	89 40.6	N22 50.1	139 02.7	N 9 45.7	104 47.6	N20 00.7	175 01.1	S 6 05.2
19		180 40.7	104 39.8	50.5	154 03.4	46.4	119 49.4	00.8	190 03.5	05.2
20		195 43.2	119 39.0	50.9	169 04.1	47.1	134 51.3	01.0	205 05.9	05.2
21		210 45.6	134 38.1	. . 51.3	184 04.9	. . 47.8	149 53.2	. . 01.1	220 08.2	. . 05.1
22		225 48.1	149 37.3	51.7	199 05.6	48.5	164 55.0	01.2	235 10.6	05.1
23		240 50.6	164 36.4	52.1	214 06.3	49.1	179 56.9	01.3	250 13.0	05.1
7 00	FRIDAY	255 53.0	179 35.6	N22 52.5	229 07.0	N 9 49.8	194 58.7	N20 01.4	265 15.3	S 6 05.1
01		270 55.5	194 34.7	52.9	244 07.7	50.5	210 00.6	01.5	280 17.7	05.0
02		285 58.0	209 33.9	53.3	259 08.4	51.2	225 02.4	01.6	295 20.1	05.0
03		301 00.4	224 33.0	. . 53.6	274 09.1	. . 51.8	240 04.3	. . 01.8	310 22.5	. . 05.0
04		316 02.9	239 32.2	54.0	289 09.8	52.5	255 06.2	01.9	325 24.8	05.0
05		331 05.4	254 31.3	54.4	304 10.5	53.2	270 08.0	02.0	340 27.2	04.9
06		346 07.8	269 30.5	N22 54.8	319 11.2	N 9 53.9	285 09.9	N20 02.1	355 29.6	S 6 04.9
07		1 10.3	284 29.7	55.2	334 11.9	54.5	300 11.7	02.2	10 32.0	04.9
08		16 12.7	299 28.8	55.5	349 12.6	55.2	315 13.6	02.3	25 34.3	04.8
09		31 15.2	314 28.0	. . 55.9	4 13.3	. . 55.9	330 15.5	. . 02.4	40 36.7	. . 04.8
10		46 17.7	329 27.1	56.3	19 14.0	56.6	345 17.3	02.6	55 39.1	04.8
11		61 20.1	344 26.3	56.7	34 14.7	57.2	0 19.2	02.7	70 41.5	04.8
12		76 22.6	359 25.4	N22 57.1	49 15.4	N 9 57.9	15 21.0	N20 02.8	85 43.8	S 6 04.7
13		91 25.1	14 24.6	57.4	64 16.1	58.6	30 22.9	02.9	100 46.2	04.7
14		106 27.5	29 23.7	57.8	79 16.8	59.3	45 24.8	03.0	115 48.6	04.7
15		121 30.0	44 22.9	. . 58.2	94 17.5	9 59.9	60 26.6	. . 03.1	130 51.0	. . 04.7
16		136 32.5	59 22.0	58.5	109 18.2	10 00.6	75 28.5	03.2	145 53.3	04.6
17		151 34.9	74 21.2	58.9	124 18.9	01.3	90 30.3	03.4	160 55.7	04.6
18		166 37.4	89 20.3	N22 59.3	139 19.6	N10 01.9	105 32.2	N20 03.5	175 58.1	S 6 04.6
19		181 39.9	104 19.5	22 59.6	154 20.3	02.6	120 34.1	03.6	191 00.5	04.6
20		196 42.3	119 18.6	23 00.0	169 21.0	03.3	135 35.9	03.7	206 02.9	04.5
21		211 44.8	134 17.8	. . 00.4	184 21.7	. . 04.0	150 37.8	. . 03.8	221 05.2	. . 04.5
22		226 47.2	149 16.9	00.7	199 22.4	04.6	165 39.6	03.9	236 07.6	04.5
23		241 49.7	164 16.0	01.1	214 23.1	05.3	180 41.5	04.0	251 10.0	04.5
Mer. Pass.		h m 6 59.3	v −0.8	d 0.4	v 0.7	d 0.7	v 1.9	d 0.1	v 2.4	d 0.0

STARS

Name	SHA ° ′	Dec ° ′
Acamar	315 12.5	S40 12.3
Achernar	335 20.9	S57 06.6
Acrux	173 00.4	S63 14.3
Adhara	255 06.6	S29 00.4
Aldebaran	290 40.6	N16 33.5
Alioth	166 13.1	N55 49.9
Alkaid	152 52.1	N49 11.7
Alnair	27 33.4	S46 50.4
Alnilam	275 38.6	S 1 11.2
Alphard	217 48.4	S 8 45.9
Alphecca	126 03.8	N26 38.0
Alpheratz	357 35.4	N29 13.3
Altair	62 00.2	N 8 55.9
Ankaa	353 07.8	S42 10.2
Antares	112 16.1	S26 29.2
Arcturus	145 48.1	N19 03.4
Atria	107 10.2	S69 04.3
Avior	234 15.4	S59 35.4
Bellatrix	278 23.8	N 6 22.3
Betelgeuse	270 53.0	N 7 24.7
Canopus	263 53.2	S52 42.6
Capella	280 23.1	N46 01.3
Deneb	49 25.9	N45 21.8
Denebola	182 25.4	N14 26.2
Diphda	348 47.9	S17 51.1
Dubhe	193 41.6	N61 37.5
Elnath	278 02.9	N28 37.7
Eltanin	90 41.9	N51 29.0
Enif	33 39.2	N 9 59.1
Fomalhaut	15 15.1	S29 29.5
Gacrux	171 52.0	S57 15.3
Gienah	175 44.0	S17 40.8
Hadar	148 36.3	S60 29.6
Hamal	327 52.0	N23 34.5
Kaus Aust.	83 32.8	S34 22.3
Kochab	137 18.7	N74 03.4
Markab	13 30.4	N15 20.0
Menkar	314 07.0	N 4 11.1
Menkent	147 57.9	S36 29.6
Miaplacidus	221 38.9	S69 49.3
Mirfak	308 29.5	N49 56.7
Nunki	75 48.1	S26 16.0
Peacock	53 06.1	S56 39.2
Pollux	243 18.2	N27 58.1
Procyon	244 51.6	N 5 09.8
Rasalhague	95 58.7	N12 32.5
Regulus	207 35.1	N11 50.9
Rigel	281 04.7	S 8 10.4
Rigil Kent.	139 40.5	S60 56.3
Sabik	102 03.0	S15 45.3
Schedar	349 31.9	N56 40.0
Shaula	96 10.6	S37 07.3
Sirius	258 27.0	S16 45.0
Spica	158 22.6	S11 17.4
Suhail	222 46.9	S43 32.0
Vega	80 33.2	N38 48.2
Zuben'ubi	136 56.3	S16 08.7

	SHA ° ′	Mer. Pass. h m
Venus	285 01.9	12 01
Mars	333 56.2	8 44
Jupiter	299 20.2	11 02
Saturn	9 24.5	6 22

© British Crown Copyright 2023. All rights reserved.

UT d h	SUN GHA ° ′	SUN Dec ° ′	MOON GHA ° ′	v ′	MOON Dec ° ′	d ′	HP ′
WEDNESDAY 5 00	180 22.2	N22 34.6	202 11.4	7.2	N22 14.4	10.9	59.0
01	195 22.1	34.8	216 37.6	7.0	22 25.3	10.8	59.0
02	210 22.0	35.1	231 03.6	7.0	22 36.1	10.6	59.0
03	225 21.9	. . 35.4	245 29.6	6.9	22 46.7	10.5	59.0
04	240 21.8	35.6	259 55.5	6.8	22 57.2	10.3	59.0
05	255 21.7	35.9	274 21.3	6.8	23 07.5	10.2	58.9
06	270 21.6	N22 36.2	288 47.1	6.7	N23 17.7	10.1	58.9
07	285 21.4	36.4	303 12.8	6.6	23 27.8	9.9	58.9
08	300 21.3	36.7	317 38.4	6.5	23 37.7	9.7	58.9
09	315 21.2	. . 37.0	332 03.9	6.5	23 47.4	9.6	58.9
10	330 21.1	37.2	346 29.4	6.4	23 57.0	9.5	58.9
11	345 21.0	37.5	0 54.8	6.3	24 06.5	9.3	58.8
12	0 20.9	N22 37.8	15 20.1	6.3	N24 15.8	9.1	58.8
13	15 20.8	38.0	29 45.4	6.2	24 24.9	9.0	58.8
14	30 20.7	38.3	44 10.6	6.1	24 33.9	8.8	58.8
15	45 20.5	. . 38.5	58 35.7	6.1	24 42.7	8.6	58.8
16	60 20.4	38.8	73 00.8	6.0	24 51.3	8.5	58.7
17	75 20.3	39.1	87 25.8	6.0	24 59.8	8.4	58.7
18	90 20.2	N22 39.3	101 50.8	5.9	N25 08.2	8.1	58.7
19	105 20.1	39.6	116 15.7	5.8	25 16.3	8.0	58.7
20	120 20.0	39.8	130 40.5	5.8	25 24.3	7.9	58.6
21	135 19.8	. . 40.1	145 05.3	5.8	25 32.2	7.6	58.6
22	150 19.7	40.3	159 30.1	5.6	25 39.8	7.5	58.6
23	165 19.6	40.6	173 54.7	5.7	25 47.3	7.3	58.6
THURSDAY 6 00	180 19.5	N22 40.8	188 19.4	5.5	N25 54.6	7.2	58.6
01	195 19.4	41.1	202 43.9	5.6	26 01.8	7.0	58.5
02	210 19.3	41.4	217 08.5	5.5	26 08.8	6.8	58.5
03	225 19.2	. . 41.6	231 33.0	5.4	26 15.6	6.7	58.5
04	240 19.0	41.9	245 57.4	5.4	26 22.3	6.4	58.5
05	255 18.9	42.1	260 21.8	5.4	26 28.7	6.3	58.4
06	270 18.8	N22 42.4	274 46.2	5.3	N26 35.0	6.2	58.4
07	285 18.7	42.6	289 10.5	5.3	26 41.2	5.9	58.4
08	300 18.6	42.9	303 34.8	5.2	26 47.1	5.8	58.4
09	315 18.5	. . 43.1	317 59.0	5.3	26 52.9	5.6	58.4
10	330 18.3	43.3	332 23.3	5.2	26 58.5	5.4	58.3
11	345 18.2	43.6	346 47.5	5.1	27 03.9	5.2	58.3
12	0 18.1	N22 43.8	1 11.6	5.1	N27 09.1	5.1	58.3
13	15 18.0	44.1	15 35.7	5.2	27 14.2	4.9	58.3
14	30 17.9	44.3	29 59.9	5.0	27 19.1	4.7	58.2
15	45 17.8	. . 44.6	44 23.9	5.1	27 23.8	4.5	58.2
16	60 17.6	44.8	58 48.0	5.1	27 28.3	4.4	58.2
17	75 17.5	45.1	73 12.1	5.0	27 32.7	4.1	58.1
18	90 17.4	N22 45.3	87 36.1	5.0	N27 36.8	4.0	58.1
19	105 17.3	45.5	102 00.1	5.0	27 40.8	3.8	58.1
20	120 17.2	45.8	116 24.1	5.0	27 44.6	3.6	58.1
21	135 17.0	. . 46.0	130 48.1	5.0	27 48.2	3.5	58.0
22	150 16.9	46.3	145 12.1	5.0	27 51.7	3.3	58.0
23	165 16.8	46.5	159 36.1	5.0	27 55.0	3.0	58.0
FRIDAY 7 00	180 16.7	N22 46.7	174 00.1	5.0	N27 58.0	2.9	58.0
01	195 16.6	47.0	188 24.1	5.0	28 00.9	2.7	57.9
02	210 16.4	47.2	202 48.1	5.0	28 03.6	2.6	57.9
03	225 16.3	. . 47.4	217 12.1	5.0	28 06.2	2.3	57.9
04	240 16.2	47.7	231 36.1	5.0	28 08.5	2.2	57.9
05	255 16.1	47.9	246 00.1	5.1	28 10.7	2.0	57.8
06	270 16.0	N22 48.1	260 24.2	5.0	N28 12.7	1.8	57.8
07	285 15.9	48.4	274 48.2	5.1	28 14.5	1.6	57.8
08	300 15.7	48.6	289 12.3	5.0	28 16.1	1.5	57.7
09	315 15.6	. . 48.8	303 36.3	5.1	28 17.6	1.3	57.7
10	330 15.5	49.1	318 00.4	5.2	28 18.9	1.0	57.7
11	345 15.4	49.3	332 24.6	5.1	28 19.9	0.9	57.7
12	0 15.3	N22 49.5	346 48.7	5.2	N28 20.8	0.8	57.6
13	15 15.1	49.7	1 12.9	5.2	28 21.6	0.5	57.6
14	30 15.0	50.0	15 37.1	5.3	28 22.1	0.4	57.6
15	45 14.9	. . 50.2	30 01.4	5.2	28 22.5	0.2	57.6
16	60 14.8	50.4	44 25.6	5.4	28 22.7	0.0	57.5
17	75 14.7	50.6	58 50.0	5.3	28 22.7	0.2	57.5
18	90 14.5	N22 50.9	73 14.3	5.4	N28 22.5	0.3	57.5
19	105 14.4	51.1	87 38.7	5.5	28 22.2	0.5	57.4
20	120 14.3	51.3	102 03.2	5.5	28 21.7	0.7	57.4
21	135 14.2	. . 51.5	116 27.7	5.5	28 21.0	0.9	57.4
22	150 14.0	51.8	130 52.2	5.6	28 20.1	1.0	57.4
23	165 13.9	52.0	145 16.8	5.7	N28 19.1	1.2	57.3
	SD 15.8	*d* 0.2	SD 16.0		15.9		15.7

Lat.	Twilight Naut.	Twilight Civil	Sunrise	Moonrise 5	6	7	8
°	h m	h m	h m	h m	h m	h m	h m
N 72	▭	▭	▭	▭	▭	▭	▭
N 70	▭	▭	▭	▭	▭	▭	▭
68	▭	▭	▭	▭	▭	▭	▭
66	////	////	00 47	00 08	▭	▭	▭
64	////	////	01 46	00 45	00 00	▭	▭
62	////	////	02 18	01 12	01 06	00 50	▭
60	////	01 11	02 42	01 33	01 41	02 02	02 58
N 58	////	01 51	03 01	01 50	02 06	02 38	03 35
56	////	02 17	03 17	02 05	02 27	03 04	04 02
54	01 05	02 38	03 31	02 18	02 44	03 24	04 23
52	01 41	02 55	03 42	02 29	02 58	03 42	04 40
50	02 06	03 09	03 53	02 39	03 11	03 56	04 55
45	02 49	03 37	04 14	03 00	03 38	04 26	05 26
N 40	03 18	03 59	04 31	03 17	03 59	04 50	05 49
35	03 40	04 17	04 46	03 31	04 16	05 09	06 09
30	03 58	04 31	04 59	03 44	04 31	05 26	06 25
20	04 26	04 55	05 20	04 06	04 57	05 54	06 53
N 10	04 48	05 15	05 38	04 25	05 20	06 18	07 17
0	05 07	05 33	05 55	04 43	05 41	06 41	07 40
S 10	05 23	05 49	06 12	05 01	06 02	07 03	08 02
20	05 39	06 06	06 30	05 20	06 25	07 28	08 26
30	05 54	06 24	06 50	05 42	06 51	07 56	08 54
35	06 03	06 34	07 02	05 56	07 07	08 13	09 11
40	06 12	06 46	07 16	06 11	07 25	08 33	09 30
45	06 22	06 59	07 32	06 29	07 47	08 57	09 53
S 50	06 33	07 14	07 52	06 53	08 16	09 28	10 23
52	06 38	07 21	08 01	07 04	08 30	09 43	10 38
54	06 43	07 29	08 12	07 16	08 46	10 01	10 55
56	06 49	07 38	08 24	07 31	09 05	10 23	11 16
58	06 55	07 47	08 38	07 48	09 29	10 51	11 41
S 60	07 02	07 58	08 54	08 09	10 01	11 31	12 17

Lat.	Sunset	Twilight Civil	Twilight Naut.	Moonset 5	6	7	8
°	h m	h m	h m	h m	h m	h m	h m
N 72	▭	▭	▭	▭	▭	▭	▭
N 70	▭	▭	▭	▭	▭	▭	▭
68	▭	▭	▭	▭	▭	▭	▭
66	23 15	////	////	▭	▭	▭	▭
64	22 14	////	////	22 41	▭	▭	▭
62	21 40	////	////	21 35	23 56	▭	▭
60	21 16	22 49	////	21 01	22 44	23 53	24 22
N 58	20 57	22 08	////	20 36	22 09	23 16	23 53
56	20 41	21 41	////	20 16	21 43	22 49	23 30
54	20 28	21 20	22 55	19 59	21 23	22 28	23 12
52	20 16	21 04	22 17	19 45	21 05	22 10	22 56
50	20 05	20 49	21 52	19 32	20 51	21 55	22 43
45	19 44	20 21	21 09	19 07	20 21	21 25	22 15
N 40	19 26	19 59	20 40	18 47	19 58	21 01	21 53
35	19 12	19 41	20 18	18 30	19 39	20 41	21 35
30	18 59	19 26	20 00	18 15	19 23	20 25	21 19
20	18 38	19 02	19 31	17 51	18 55	19 56	20 52
N 10	18 19	18 42	19 09	17 30	18 31	19 32	20 29
0	18 02	18 25	18 51	17 10	18 09	19 09	20 07
S 10	17 46	18 08	18 35	16 50	17 47	18 46	19 45
20	17 28	17 51	18 19	16 29	17 24	18 22	19 22
30	17 07	17 33	18 03	16 05	16 56	17 53	18 55
35	16 55	17 23	17 55	15 51	16 40	17 36	18 38
40	16 41	17 12	17 46	15 35	16 21	17 17	18 20
45	16 25	16 59	17 36	15 15	15 58	16 53	17 57
S 50	16 05	16 43	17 25	14 51	15 29	16 22	17 27
52	15 56	16 36	17 20	14 40	15 15	16 06	17 13
54	15 45	16 28	17 14	14 26	14 59	15 48	16 56
56	15 33	16 20	17 08	14 11	14 39	15 26	16 35
58	15 19	16 10	17 02	13 53	14 15	14 58	16 10
S 60	15 03	15 59	16 55	13 32	13 43	14 18	15 35

Day	SUN Eqn. of Time 00^h	SUN Eqn. of Time 12^h	SUN Mer. Pass.	MOON Mer. Pass. Upper	MOON Mer. Pass. Lower	Age	Phase
d	m s	m s	h m	h m	h m	d	%
5	01 29	01 24	11 59	10 56	23 25	28	1
6	01 18	01 13	11 59	11 55	24 25	29	0
7	01 07	01 01	11 59	12 55	00 25	01	1

© British Crown Copyright 2023. All rights reserved.

UT	ARIES	VENUS −3·9		MARS +1·0		JUPITER −2·0		SATURN +1·0	
d h	GHA ° ′	GHA ° ′	Dec ° ′	GHA ° ′	Dec ° ′	GHA ° ′	Dec ° ′	GHA ° ′	Dec ° ′
8 00 (SATURDAY)	256 52.2	179 15.2	N23 01.5	229 23.8	N10 06.0	195 43.4	N20 04.1	266 12.4	S 6 04.4
01	271 54.6	194 14.3	01.8	244 24.5	06.7	210 45.2	04.3	281 14.7	04.4
02	286 57.1	209 13.5	02.2	259 25.2	07.3	225 47.1	04.4	296 17.1	04.4
03	301 59.6	224 12.6	. . 02.5	274 25.9	. . 08.0	240 48.9	. . 04.5	311 19.5	. . 04.4
04	317 02.0	239 11.8	02.9	289 26.6	08.7	255 50.8	04.6	326 21.9	04.3
05	332 04.5	254 10.9	03.3	304 27.3	09.3	270 52.7	04.7	341 24.3	04.3
06	347 07.0	269 10.1	N23 03.6	319 28.0	N10 10.0	285 54.5	N20 04.8	356 26.6	S 6 04.3
07	2 09.4	284 09.2	04.0	334 28.7	10.7	300 56.4	04.9	11 29.0	04.2
08	17 11.9	299 08.4	04.3	349 29.4	11.3	315 58.2	05.0	26 31.4	04.2
09	32 14.3	314 07.5	. . 04.7	4 30.1	. . 12.0	331 00.1	. . 05.2	41 33.8	. . 04.2
10	47 16.8	329 06.6	05.0	19 30.8	12.7	346 02.0	05.3	56 36.1	04.2
11	62 19.3	344 05.8	05.4	34 31.5	13.4	1 03.8	05.4	71 38.5	04.1
12	77 21.7	359 04.9	N23 05.7	49 32.2	N10 14.0	16 05.7	N20 05.5	86 40.9	S 6 04.1
13	92 24.2	14 04.1	06.1	64 32.9	14.7	31 07.5	05.6	101 43.3	04.1
14	107 26.7	29 03.2	06.4	79 33.6	15.4	46 09.4	05.7	116 45.7	04.1
15	122 29.1	44 02.4	. . 06.8	94 34.3	. . 16.0	61 11.3	. . 05.8	131 48.0	. . 04.1
16	137 31.6	59 01.5	07.1	109 35.0	16.7	76 13.1	05.9	146 50.4	04.0
17	152 34.1	74 00.7	07.4	124 35.7	17.4	91 15.0	06.1	161 52.8	04.0
18	167 36.5	88 59.8	N23 07.8	139 36.4	N10 18.0	106 16.8	N20 06.2	176 55.2	S 6 04.0
19	182 39.0	103 58.9	08.1	154 37.1	18.7	121 18.7	06.3	191 57.6	04.0
20	197 41.5	118 58.1	08.5	169 37.8	19.4	136 20.6	06.4	206 59.9	03.9
21	212 43.9	133 57.2	. . 08.8	184 38.5	. . 20.0	151 22.4	. . 06.5	222 02.3	. . 03.9
22	227 46.4	148 56.4	09.1	199 39.2	20.7	166 24.3	06.6	237 04.7	03.9
23	242 48.8	163 55.5	09.5	214 39.9	21.4	181 26.1	06.7	252 07.1	03.9
9 00 (SUNDAY)	257 51.3	178 54.6	N23 09.8	229 40.6	N10 22.0	196 28.0	N20 06.8	267 09.5	S 6 03.8
01	272 53.8	193 53.8	10.1	244 41.3	22.7	211 29.9	07.0	282 11.8	03.8
02	287 56.2	208 52.9	10.5	259 42.0	23.4	226 31.7	07.1	297 14.2	03.8
03	302 58.7	223 52.1	. . 10.8	274 42.7	. . 24.0	241 33.6	. . 07.2	312 16.6	. . 03.8
04	318 01.2	238 51.2	11.1	289 43.4	24.7	256 35.5	07.3	327 19.0	03.7
05	333 03.6	253 50.3	11.4	304 44.1	25.4	271 37.3	07.4	342 21.4	03.7
06	348 06.1	268 49.5	N23 11.8	319 44.8	N10 26.0	286 39.2	N20 07.5	357 23.8	S 6 03.7
07	3 08.6	283 48.6	12.1	334 45.5	26.7	301 41.0	07.6	12 26.1	03.7
08	18 11.0	298 47.8	12.4	349 46.2	27.4	316 42.9	07.7	27 28.5	03.6
09	33 13.5	313 46.9	. . 12.7	4 46.9	. . 28.0	331 44.8	. . 07.9	42 30.9	. . 03.6
10	48 16.0	328 46.0	13.1	19 47.6	28.7	346 46.6	08.0	57 33.3	03.6
11	63 18.4	343 45.2	13.4	34 48.3	29.4	1 48.5	08.1	72 35.7	03.6
12	78 20.9	358 44.3	N23 13.7	49 49.0	N10 30.0	16 50.3	N20 08.2	87 38.1	S 6 03.5
13	93 23.3	13 43.4	14.0	64 49.7	30.7	31 52.2	08.3	102 40.4	03.5
14	108 25.8	28 42.6	14.3	79 50.4	31.4	46 54.1	08.4	117 42.8	03.5
15	123 28.3	43 41.7	. . 14.7	94 51.1	. . 32.0	61 55.9	. . 08.5	132 45.2	. . 03.5
16	138 30.7	58 40.9	15.0	109 51.8	32.7	76 57.8	08.6	147 47.6	03.5
17	153 33.2	73 40.0	15.3	124 52.5	33.3	91 59.6	08.7	162 50.0	03.4
18	168 35.7	88 39.1	N23 15.6	139 53.2	N10 34.0	107 01.5	N20 08.9	177 52.4	S 6 03.4
19	183 38.1	103 38.3	15.9	154 53.9	34.7	122 03.4	09.0	192 54.7	03.4
20	198 40.6	118 37.4	16.2	169 54.6	35.3	137 05.2	09.1	207 57.1	03.4
21	213 43.1	133 36.5	. . 16.5	184 55.3	. . 36.0	152 07.1	. . 09.2	222 59.5	. . 03.3
22	228 45.5	148 35.7	16.8	199 56.0	36.7	167 09.0	09.3	238 01.9	03.3
23	243 48.0	163 34.8	17.1	214 56.7	37.3	182 10.8	09.4	253 04.3	03.3
10 00 (MONDAY)	258 50.5	178 33.9	N23 17.5	229 57.4	N10 38.0	197 12.7	N20 09.5	268 06.7	S 6 03.3
01	273 52.9	193 33.1	17.8	244 58.1	38.6	212 14.5	09.6	283 09.0	03.3
02	288 55.4	208 32.2	18.1	259 58.8	39.3	227 16.4	09.7	298 11.4	03.2
03	303 57.8	223 31.3	. . 18.4	274 59.5	. . 40.0	242 18.3	. . 09.9	313 13.8	. . 03.2
04	319 00.3	238 30.5	18.7	290 00.2	40.6	257 20.1	10.0	328 16.2	03.2
05	334 02.8	253 29.6	19.0	305 00.9	41.3	272 22.0	10.1	343 18.6	03.2
06	349 05.2	268 28.7	N23 19.3	320 01.6	N10 41.9	287 23.8	N20 10.2	358 21.0	S 6 03.1
07	4 07.7	283 27.9	19.6	335 02.3	42.6	302 25.7	10.3	13 23.4	03.1
08	19 10.2	298 27.0	19.9	350 03.0	43.3	317 27.6	10.4	28 25.7	03.1
09	34 12.6	313 26.1	. . 20.2	5 03.7	. . 43.9	332 29.4	. . 10.5	43 28.1	. . 03.1
10	49 15.1	328 25.3	20.4	20 04.4	44.6	347 31.3	10.6	58 30.5	03.1
11	64 17.6	343 24.4	20.7	35 05.1	45.2	2 33.2	10.7	73 32.9	03.0
12	79 20.0	358 23.5	N23 21.0	50 05.8	N10 45.9	17 35.0	N20 10.9	88 35.3	S 6 03.0
13	94 22.5	13 22.7	21.3	65 06.5	46.6	32 36.9	11.0	103 37.7	03.0
14	109 25.0	28 21.8	21.6	80 07.2	47.2	47 38.7	11.1	118 40.1	03.0
15	124 27.4	43 20.9	. . 21.9	95 07.9	. . 47.9	62 40.6	. . 11.2	133 42.5	. . 02.9
16	139 29.9	58 20.0	22.2	110 08.6	48.5	77 42.5	11.3	148 44.8	02.9
17	154 32.3	73 19.2	22.5	125 09.3	49.2	92 44.3	11.4	163 47.2	02.9
18	169 34.8	88 18.3	N23 22.8	140 10.0	N10 49.9	107 46.2	N20 11.5	178 49.6	S 6 02.9
19	184 37.3	103 17.4	23.0	155 10.7	50.5	122 48.1	11.6	193 52.0	02.9
20	199 39.7	118 16.6	23.3	170 11.4	51.2	137 49.9	11.7	208 54.4	02.8
21	214 42.2	133 15.7	. . 23.6	185 12.1	. . 51.8	152 51.8	. . 11.8	223 56.8	. . 02.8
22	229 44.7	148 14.8	23.9	200 12.8	52.5	167 53.6	12.0	238 59.2	02.8
23	244 47.1	163 14.0	24.2	215 13.5	53.2	182 55.5	12.1	254 01.6	02.8
Mer. Pass.	h m 6 47.5	v −0.9	d 0.3	v 0.7	d 0.7	v 1.9	d 0.1	v 2.4	d 0.0

STARS

Name	SHA ° ′	Dec ° ′
Acamar	315 12.5	S40 12.3
Achernar	335 20.9	S57 06.5
Acrux	173 00.4	S63 14.4
Adhara	255 06.6	S29 00.4
Aldebaran	290 40.5	N16 33.5
Alioth	166 13.1	N55 49.9
Alkaid	152 52.1	N49 11.7
Alnair	27 33.4	S46 50.4
Alnilam	275 38.6	S 1 11.2
Alphard	217 48.4	S 8 45.9
Alphecca	126 03.8	N26 38.0
Alpheratz	357 35.4	N29 13.3
Altair	62 00.2	N 8 55.9
Ankaa	353 07.8	S42 10.2
Antares	112 16.1	S26 29.2
Arcturus	145 48.1	N19 03.4
Atria	107 10.2	S69 04.3
Avior	234 15.4	S59 35.4
Bellatrix	278 23.8	N 6 22.3
Betelgeuse	270 53.0	N 7 24.7
Canopus	263 53.2	S52 42.5
Capella	280 23.1	N46 01.3
Deneb	49 25.8	N45 21.8
Denebola	182 25.4	N14 26.2
Diphda	348 47.9	S17 51.1
Dubhe	193 41.6	N61 37.5
Elnath	278 02.9	N28 37.7
Eltanin	90 41.9	N51 29.0
Enif	33 39.1	N 9 59.1
Fomalhaut	15 15.0	S29 29.5
Gacrux	171 52.0	S57 15.3
Gienah	175 44.0	S17 40.8
Hadar	148 36.3	S60 29.7
Hamal	327 52.0	N23 34.5
Kaus Aust.	83 32.8	S34 22.3
Kochab	137 18.8	N74 03.4
Markab	13 30.4	N15 20.1
Menkar	314 06.9	N 4 11.1
Menkent	147 57.9	S36 29.6
Miaplacidus	221 38.9	S69 49.3
Mirfak	308 29.4	N49 56.7
Nunki	75 48.0	S26 16.0
Peacock	53 06.1	S56 39.2
Pollux	243 18.2	N27 58.1
Procyon	244 51.6	N 5 09.8
Rasalhague	95 58.7	N12 32.5
Regulus	207 35.1	N11 50.9
Rigel	281 04.7	S 8 10.4
Rigil Kent.	139 40.5	S60 56.3
Sabik	102 03.0	S15 45.3
Schedar	349 31.8	N56 40.0
Shaula	96 10.6	S37 07.3
Sirius	258 27.0	S16 45.0
Spica	158 22.6	S11 17.4
Suhail	222 46.9	S43 32.0
Vega	80 33.1	N38 48.2
Zuben'ubi	136 56.3	S16 08.7

	SHA ° ′	Mer. Pass. h m
Venus	281 03.3	12 05
Mars	331 49.3	8 41
Jupiter	298 36.7	10 53
Saturn	9 18.2	6 10

© British Crown Copyright 2023. All rights reserved.

UT d h	SUN GHA ° ′	SUN Dec ° ′	MOON GHA ° ′	v ′	MOON Dec ° ′	d ′	HP ′
8 00	180 13.8	N22 52.2	159 41.5	5.7	N28 17.9	1.4	57.3
01	195 13.7	52.4	174 06.2	5.7	28 16.5	1.6	57.3
02	210 13.6	52.6	188 30.9	5.8	28 14.9	1.7	57.2
03	225 13.4	. . 52.9	202 55.7	5.9	28 13.2	1.9	57.2
04	240 13.3	53.1	217 20.6	6.0	28 11.3	2.1	57.2
05	255 13.2	53.3	231 45.6	6.0	28 09.2	2.2	57.1
06	270 13.1	N22 53.5	246 10.6	6.0	N28 07.0	2.4	57.1
07	285 12.9	53.7	260 35.6	6.2	28 04.6	2.6	57.1
S 08	300 12.8	53.9	275 00.8	6.2	28 02.0	2.7	57.1
A 09	315 12.7	. . 54.2	289 26.0	6.3	27 59.3	2.9	57.0
T 10	330 12.6	54.4	303 51.3	6.4	27 56.4	3.1	57.0
U 11	345 12.5	54.6	318 16.7	6.4	27 53.3	3.2	57.0
R 12	0 12.3	N22 54.8	332 42.1	6.5	N27 50.1	3.4	56.9
D 13	15 12.2	55.0	347 07.6	6.6	27 46.7	3.5	56.9
A 14	30 12.1	55.2	1 33.2	6.7	27 43.2	3.7	56.9
Y 15	45 12.0	. . 55.4	15 58.9	6.8	27 39.5	3.9	56.9
16	60 11.8	55.6	30 24.7	6.8	27 35.6	4.0	56.8
17	75 11.7	55.8	44 50.5	6.9	27 31.6	4.2	56.8
18	90 11.6	N22 56.1	59 16.4	7.1	N27 27.4	4.3	56.8
19	105 11.5	56.3	73 42.5	7.1	27 23.1	4.5	56.7
20	120 11.4	56.5	88 08.6	7.2	27 18.6	4.6	56.7
21	135 11.2	. . 56.7	102 34.8	7.3	27 14.0	4.8	56.7
22	150 11.1	56.9	117 01.1	7.3	27 09.2	4.9	56.6
23	165 11.0	57.1	131 27.4	7.5	27 04.3	5.1	56.6
9 00	180 10.9	N22 57.3	145 53.9	7.6	N26 59.2	5.2	56.6
01	195 10.7	57.5	160 20.5	7.6	26 54.0	5.4	56.6
02	210 10.6	57.7	174 47.1	7.8	26 48.6	5.5	56.5
03	225 10.5	. . 57.9	189 13.9	7.9	26 43.1	5.6	56.5
04	240 10.4	58.1	203 40.8	7.9	26 37.5	5.8	56.5
05	255 10.2	58.3	218 07.7	8.1	26 31.7	6.0	56.4
06	270 10.1	N22 58.5	232 34.8	8.1	N26 25.7	6.1	56.4
07	285 10.0	58.7	247 01.9	8.3	26 19.6	6.2	56.4
08	300 09.9	58.9	261 29.2	8.3	26 13.4	6.3	56.4
S 09	315 09.7	. . 59.1	275 56.5	8.5	26 07.1	6.5	56.3
U 10	330 09.6	59.3	290 24.0	8.5	26 00.6	6.6	56.3
N 11	345 09.5	59.5	304 51.5	8.7	25 54.0	6.8	56.3
D 12	0 09.4	N22 59.7	319 19.2	8.8	N25 47.2	6.9	56.2
A 13	15 09.2	22 59.9	333 47.0	8.9	25 40.3	7.0	56.2
Y 14	30 09.1	23 00.1	348 14.9	8.9	25 33.3	7.1	56.2
15	45 09.0	. . 00.3	2 42.8	9.1	25 26.2	7.3	56.2
16	60 08.9	00.4	17 10.9	9.2	25 18.9	7.4	56.1
17	75 08.7	00.6	31 39.1	9.3	25 11.5	7.5	56.1
18	90 08.6	N23 00.8	46 07.4	9.4	N25 04.0	7.6	56.1
19	105 08.5	01.0	60 35.8	9.5	24 56.4	7.8	56.1
20	120 08.4	01.2	75 04.3	9.6	24 48.6	7.8	56.0
21	135 08.2	. . 01.4	89 32.9	9.8	24 40.8	8.0	56.0
22	150 08.1	01.6	104 01.7	9.8	24 32.8	8.1	56.0
23	165 08.0	01.8	118 30.5	9.9	24 24.7	8.3	55.9
10 00	180 07.9	N23 02.0	132 59.4	10.1	N24 16.4	8.3	55.9
01	195 07.7	02.1	147 28.5	10.2	24 08.1	8.5	55.9
02	210 07.6	02.3	161 57.7	10.2	23 59.6	8.5	55.9
03	225 07.5	. . 02.5	176 26.9	10.4	23 51.1	8.7	55.8
04	240 07.3	02.7	190 56.3	10.5	23 42.4	8.8	55.8
05	255 07.2	02.9	205 25.8	10.6	23 33.6	8.9	55.8
06	270 07.1	N23 03.1	219 55.4	10.7	N23 24.7	8.9	55.8
07	285 07.0	03.2	234 25.1	10.8	23 15.8	9.1	55.7
08	300 06.8	03.4	248 54.9	10.9	23 06.7	9.2	55.7
M 09	315 06.7	. . 03.6	263 24.8	11.0	22 57.5	9.3	55.7
O 10	330 06.6	03.8	277 54.8	11.1	22 48.2	9.4	55.7
N 11	345 06.5	04.0	292 24.9	11.2	22 38.8	9.5	55.6
D 12	0 06.3	N23 04.1	306 55.1	11.4	N22 29.3	9.6	55.6
A 13	15 06.2	04.3	321 25.5	11.4	22 19.7	9.7	55.6
Y 14	30 06.1	04.5	335 55.9	11.6	22 10.0	9.8	55.6
15	45 05.9	. . 04.7	350 26.5	11.6	22 00.2	9.9	55.5
16	60 05.8	04.8	4 57.1	11.8	21 50.3	10.0	55.5
17	75 05.7	05.0	19 27.9	11.8	21 40.3	10.0	55.5
18	90 05.6	N23 05.2	33 58.7	12.0	N21 30.3	10.2	55.5
19	105 05.4	05.4	48 29.7	12.0	21 20.1	10.2	55.4
20	120 05.3	05.5	63 00.7	12.2	21 09.9	10.3	55.4
21	135 05.2	. . 05.7	77 31.9	12.3	20 59.6	10.5	55.4
22	150 05.1	05.9	92 03.2	12.3	20 49.1	10.5	55.4
23	165 04.9	06.1	106 34.5	12.5	N20 38.6	10.5	55.3
	SD 15.8	*d* 0.2	SD	15.5	15.3		15.1

Lat.	Twilight Naut. h m	Twilight Civil h m	Sunrise h m	Moonrise 8 h m	Moonrise 9 h m	Moonrise 10 h m	Moonrise 11 h m
N 72	▭	▭	▭	▭	▭	▭	▭
N 70	▭	▭	▭	▭	▭	▭	05 01
68	▭	▭	▭	▭	▭	▭	06 08
66	////	////	00 31	▭	▭	04 01	06 43
64	////	////	01 40	▭	▭	05 08	07 09
62	////	////	02 15	▭	03 45	05 43	07 28
60	////	01 04	02 39	02 58	04 28	06 08	07 44
N 58	////	01 47	02 59	03 35	04 57	06 28	07 58
56	////	02 14	03 15	04 02	05 19	06 44	08 09
54	00 58	02 36	03 29	04 23	05 37	06 58	08 19
52	01 38	02 53	03 41	04 40	05 52	07 10	08 28
50	02 04	03 07	03 51	04 55	06 06	07 21	08 36
45	02 47	03 36	04 13	05 26	06 33	07 43	08 53
N 40	03 17	03 58	04 31	05 49	06 54	08 01	09 07
35	03 40	04 16	04 46	06 09	07 12	08 16	09 18
30	03 58	04 31	04 58	06 25	07 27	08 29	09 29
20	04 26	04 55	05 20	06 53	07 53	08 51	09 46
N 10	04 49	05 15	05 38	07 17	08 15	09 10	10 01
0	05 07	05 33	05 56	07 40	08 36	09 28	10 15
S 10	05 24	05 50	06 13	08 02	08 56	09 45	10 29
20	05 40	06 07	06 31	08 26	09 19	10 04	10 44
30	05 56	06 25	06 52	08 54	09 44	10 26	11 01
35	06 04	06 36	07 04	09 11	09 59	10 38	11 11
40	06 13	06 47	07 18	09 30	10 16	10 53	11 22
45	06 23	07 00	07 34	09 53	10 37	11 10	11 35
S 50	06 35	07 16	07 54	10 23	11 03	11 31	11 51
52	06 40	07 23	08 04	10 38	11 16	11 41	11 59
54	06 45	07 31	08 15	10 55	11 30	11 52	12 07
56	06 51	07 40	08 27	11 16	11 47	12 05	12 16
58	06 58	07 50	08 41	11 41	12 07	12 20	12 26
S 60	07 05	08 01	08 58	12 17	12 32	12 37	12 38

Lat.	Sunset h m	Twilight Civil h m	Twilight Naut. h m	Moonset 8 h m	Moonset 9 h m	Moonset 10 h m	Moonset 11 h m
N 72	▭	▭	▭	▭	▭	▭	▭
N 70	▭	▭	▭	▭	▭	▭	03 24
68	▭	▭	▭	▭	▭	▭	02 16
66	23 34	////	////	▭	▭	02 41	01 39
64	22 20	////	////	▭	▭	01 33	01 13
62	21 45	////	////	▭	01 05	00 58	00 52
60	21 20	22 57	////	24 22	00 22	00 32	00 36
N 58	21 00	22 13	////	23 53	24 12	00 12	00 21
56	20 44	21 45	////	23 30	23 55	24 09	00 09
54	20 30	21 24	23 03	23 12	23 40	23 58	24 11
52	20 18	21 06	22 22	22 56	23 28	23 49	24 04
50	20 08	20 52	21 56	22 43	23 16	23 40	23 58
45	19 46	20 23	21 12	22 15	22 53	23 22	23 45
N 40	19 28	20 01	20 42	21 53	22 34	23 07	23 34
35	19 13	19 43	20 19	21 35	22 18	22 54	23 24
30	19 01	19 28	20 01	21 19	22 05	22 43	23 16
20	18 39	19 03	19 33	20 52	21 41	22 24	23 01
N 10	18 20	18 43	19 10	20 29	21 21	22 07	22 49
0	18 03	18 26	18 52	20 07	21 01	21 51	22 37
S 10	17 46	18 09	18 35	19 45	20 42	21 35	22 24
20	17 28	17 52	18 19	19 22	20 21	21 18	22 11
30	17 07	17 33	18 03	18 55	19 57	20 58	21 56
35	16 55	17 23	17 54	18 38	19 43	20 46	21 48
40	16 41	17 11	17 45	18 20	19 26	20 33	21 38
45	16 25	16 58	17 35	17 57	19 06	20 17	21 26
S 50	16 04	16 42	17 24	17 27	18 41	19 57	21 11
52	15 55	16 35	17 19	17 13	18 29	19 48	21 05
54	15 44	16 27	17 13	16 56	18 15	19 37	20 57
56	15 32	16 18	17 07	16 35	17 59	19 25	20 49
58	15 17	16 08	17 01	16 10	17 39	19 11	20 39
S 60	15 00	15 57	16 53	15 35	17 14	18 54	20 28

Day	SUN Eqn. of Time 00ʰ m s	SUN Eqn. of Time 12ʰ m s	SUN Mer. Pass. h m	MOON Mer. Pass. Upper h m	MOON Mer. Pass. Lower h m	MOON Age d	MOON Phase %
8	00 55	00 50	11 59	13 54	01 25	02	5
9	00 44	00 38	11 59	14 49	02 22	03	10
10	00 32	00 26	12 00	15 40	03 15	04	17

© British Crown Copyright 2023. All rights reserved.

Day	UT d h	ARIES GHA	VENUS −3·9 GHA	VENUS Dec	MARS +1·0 GHA	MARS Dec	JUPITER −2·0 GHA	JUPITER Dec	SATURN +1·0 GHA	SATURN Dec
		° ′	° ′	° ′	° ′	° ′	° ′	° ′	° ′	° ′
	11 00	259 49.6	178 13.1	N23 24.4	230 14.2	N10 53.8	197 57.4	N20 12.2	269 03.9	S 6 02.8
	01	274 52.1	193 12.2	24.7	245 14.9	54.5	212 59.2	12.3	284 06.3	02.7
	02	289 54.5	208 11.3	25.0	260 15.6	55.1	228 01.1	12.4	299 08.7	02.7
	03	304 57.0	223 10.5	. . 25.3	275 16.3	. . 55.8	243 03.0	. . 12.5	314 11.1	. . 02.7
	04	319 59.5	238 09.6	25.5	290 17.0	56.4	258 04.8	12.6	329 13.5	02.7
	05	335 01.9	253 08.7	25.8	305 17.7	57.1	273 06.7	12.7	344 15.9	02.7
	06	350 04.4	268 07.8	N23 26.1	320 18.4	N10 57.7	288 08.5	N20 12.8	359 18.3	S 6 02.6
	07	5 06.8	283 07.0	26.3	335 19.1	58.4	303 10.4	12.9	14 20.7	02.6
T	08	20 09.3	298 06.1	26.6	350 19.8	59.1	318 12.3	13.0	29 23.1	02.6
U	09	35 11.8	313 05.2	. . 26.9	5 20.5	10 59.7	333 14.1	. . 13.2	44 25.4	. . 02.6
E	10	50 14.2	328 04.4	27.1	20 21.2	11 00.4	348 16.0	13.3	59 27.8	02.6
S	11	65 16.7	343 03.5	27.4	35 21.9	01.0	3 17.9	13.4	74 30.2	02.5
D	12	80 19.2	358 02.6	N23 27.7	50 22.6	N11 01.7	18 19.7	N20 13.5	89 32.6	S 6 02.5
A	13	95 21.6	13 01.7	27.9	65 23.3	02.3	33 21.6	13.6	104 35.0	02.5
Y	14	110 24.1	28 00.9	28.2	80 24.0	03.0	48 23.4	13.7	119 37.4	02.5
	15	125 26.6	43 00.0	. . 28.4	95 24.7	. . 03.6	63 25.3	. . 13.8	134 39.8	. . 02.5
	16	140 29.0	57 59.1	28.7	110 25.4	04.3	78 27.2	13.9	149 42.2	02.4
	17	155 31.5	72 58.2	29.0	125 26.1	04.9	93 29.0	14.0	164 44.6	02.4
	18	170 33.9	87 57.4	N23 29.2	140 26.8	N11 05.6	108 30.9	N20 14.1	179 47.0	S 6 02.4
	19	185 36.4	102 56.5	29.5	155 27.5	06.3	123 32.8	14.3	194 49.4	02.4
	20	200 38.9	117 55.6	29.7	170 28.2	06.9	138 34.6	14.4	209 51.7	02.4
	21	215 41.3	132 54.7	. . 30.0	185 28.9	. . 07.6	153 36.5	. . 14.5	224 54.1	. . 02.3
	22	230 43.8	147 53.9	30.2	200 29.6	08.2	168 38.3	14.6	239 56.5	02.3
	23	245 46.3	162 53.0	30.5	215 30.3	08.9	183 40.2	14.7	254 58.9	02.3
	12 00	260 48.7	177 52.1	N23 30.7	230 31.0	N11 09.5	198 42.1	N20 14.8	270 01.3	S 6 02.3
	01	275 51.2	192 51.2	31.0	245 31.7	10.2	213 43.9	14.9	285 03.7	02.3
	02	290 53.7	207 50.3	31.2	260 32.4	10.8	228 45.8	15.0	300 06.1	02.2
	03	305 56.1	222 49.5	. . 31.5	275 33.1	. . 11.5	243 47.7	. . 15.1	315 08.5	. . 02.2
	04	320 58.6	237 48.6	31.7	290 33.8	12.1	258 49.5	15.2	330 10.9	02.2
	05	336 01.1	252 47.7	32.0	305 34.5	12.8	273 51.4	15.3	345 13.3	02.2
	06	351 03.5	267 46.8	N23 32.2	320 35.2	N11 13.4	288 53.3	N20 15.4	0 15.7	S 6 02.2
W	07	6 06.0	282 46.0	32.4	335 35.9	14.1	303 55.1	15.6	15 18.1	02.1
E	08	21 08.4	297 45.1	32.7	350 36.6	14.7	318 57.0	15.7	30 20.5	02.1
D	09	36 10.9	312 44.2	. . 32.9	5 37.3	. . 15.4	333 58.8	. . 15.8	45 22.9	. . 02.1
N	10	51 13.4	327 43.3	33.2	20 38.0	16.0	349 00.7	15.9	60 25.2	02.1
E	11	66 15.8	342 42.4	33.4	35 38.7	16.7	4 02.6	16.0	75 27.6	02.1
S	12	81 18.3	357 41.6	N23 33.6	50 39.4	N11 17.3	19 04.4	N20 16.1	90 30.0	S 6 02.1
D	13	96 20.8	12 40.7	33.9	65 40.1	18.0	34 06.3	16.2	105 32.4	02.0
A	14	111 23.2	27 39.8	34.1	80 40.8	18.6	49 08.2	16.3	120 34.8	02.0
Y	15	126 25.7	42 38.9	. . 34.3	95 41.5	. . 19.3	64 10.0	. . 16.4	135 37.2	. . 02.0
	16	141 28.2	57 38.0	34.5	110 42.2	19.9	79 11.9	16.5	150 39.6	02.0
	17	156 30.6	72 37.2	34.8	125 42.9	20.6	94 13.8	16.6	165 42.0	02.0
	18	171 33.1	87 36.3	N23 35.0	140 43.6	N11 21.2	109 15.6	N20 16.7	180 44.4	S 6 01.9
	19	186 35.6	102 35.4	35.2	155 44.3	21.9	124 17.5	16.9	195 46.8	01.9
	20	201 38.0	117 34.5	35.5	170 45.0	22.5	139 19.4	17.0	210 49.2	01.9
	21	216 40.5	132 33.6	. . 35.7	185 45.7	. . 23.2	154 21.2	. . 17.1	225 51.6	. . 01.9
	22	231 42.9	147 32.8	35.9	200 46.4	23.8	169 23.1	17.2	240 54.0	01.9
	23	246 45.4	162 31.9	36.1	215 47.1	24.4	184 24.9	17.3	255 56.4	01.9
	13 00	261 47.9	177 31.0	N23 36.3	230 47.8	N11 25.1	199 26.8	N20 17.4	270 58.8	S 6 01.8
	01	276 50.3	192 30.1	36.6	245 48.5	25.7	214 28.7	17.5	286 01.2	01.8
	02	291 52.8	207 29.2	36.8	260 49.2	26.4	229 30.5	17.6	301 03.6	01.8
	03	306 55.3	222 28.4	. . 37.0	275 49.9	. . 27.0	244 32.4	. . 17.7	316 06.0	. . 01.8
	04	321 57.7	237 27.5	37.2	290 50.6	27.7	259 34.3	17.8	331 08.4	01.8
	05	337 00.2	252 26.6	37.4	305 51.2	28.3	274 36.1	17.9	346 10.8	01.7
	06	352 02.7	267 25.7	N23 37.6	320 51.9	N11 29.0	289 38.0	N20 18.0	1 13.2	S 6 01.7
	07	7 05.1	282 24.8	37.8	335 52.6	29.6	304 39.9	18.1	16 15.5	01.7
T	08	22 07.6	297 23.9	38.1	350 53.3	30.3	319 41.7	18.2	31 17.9	01.7
H	09	37 10.0	312 23.1	. . 38.3	5 54.0	. . 30.9	334 43.6	. . 18.4	46 20.3	. . 01.7
U	10	52 12.5	327 22.2	38.5	20 54.7	31.6	349 45.5	18.5	61 22.7	01.7
R	11	67 15.0	342 21.3	38.7	35 55.4	32.2	4 47.3	18.6	76 25.1	01.6
S	12	82 17.4	357 20.4	N23 38.9	50 56.1	N11 32.8	19 49.2	N20 18.7	91 27.5	S 6 01.6
D	13	97 19.9	12 19.5	39.1	65 56.8	33.5	34 51.1	18.8	106 29.9	01.6
A	14	112 22.4	27 18.6	39.3	80 57.5	34.1	49 52.9	18.9	121 32.3	01.6
Y	15	127 24.8	42 17.8	. . 39.5	95 58.2	. . 34.8	64 54.8	. . 19.0	136 34.7	. . 01.6
	16	142 27.3	57 16.9	39.7	110 58.9	35.4	79 56.6	19.1	151 37.1	01.6
	17	157 29.8	72 16.0	39.9	125 59.6	36.1	94 58.5	19.2	166 39.5	01.5
	18	172 32.2	87 15.1	N23 40.1	141 00.3	N11 36.7	110 00.4	N20 19.3	181 41.9	S 6 01.5
	19	187 34.7	102 14.2	40.3	156 01.0	37.3	125 02.2	19.4	196 44.3	01.5
	20	202 37.2	117 13.3	40.5	171 01.7	38.0	140 04.1	19.5	211 46.7	01.5
	21	217 39.6	132 12.5	. . 40.7	186 02.4	. . 38.6	155 06.0	. . 19.6	226 49.1	. . 01.5
	22	232 42.1	147 11.6	40.9	201 03.1	39.3	170 07.8	19.7	241 51.5	01.5
	23	247 44.5	162 10.7	41.1	216 03.8	39.9	185 09.7	19.8	256 53.9	01.5
	Mer. Pass.	h m 6 35.7	v −0.9	d 0.2	v 0.7	d 0.6	v 1.9	d 0.1	v 2.4	d 0.0

STARS

Name	SHA	Dec
	° ′	° ′
Acamar	315 12.5	S40 12.3
Achernar	335 20.9	S57 06.5
Acrux	173 00.4	S63 14.4
Adhara	255 06.6	S29 00.3
Aldebaran	290 40.5	N16 33.5
Alioth	166 13.2	N55 49.9
Alkaid	152 52.1	N49 11.7
Alnair	27 33.3	S46 50.4
Alnilam	275 38.6	S 1 11.2
Alphard	217 48.4	S 8 45.9
Alphecca	126 03.8	N26 38.0
Alpheratz	357 35.4	N29 13.3
Altair	62 00.2	N 8 55.9
Ankaa	353 07.7	S42 10.2
Antares	112 16.1	S26 29.2
Arcturus	145 48.1	N19 03.4
Atria	107 10.2	S69 04.3
Avior	234 15.4	S59 35.4
Bellatrix	278 23.7	N 6 22.3
Betelgeuse	270 53.0	N 7 24.7
Canopus	263 53.2	S52 42.5
Capella	280 23.1	N46 01.3
Deneb	49 25.8	N45 21.8
Denebola	182 25.4	N14 26.2
Diphda	348 47.9	S17 51.1
Dubhe	193 41.7	N61 37.5
Elnath	278 02.9	N28 37.7
Eltanin	90 41.9	N51 29.0
Enif	33 39.1	N 9 59.1
Fomalhaut	15 15.0	S29 29.4
Gacrux	171 52.1	S57 15.3
Gienah	175 44.0	S17 40.8
Hadar	148 36.3	S60 29.7
Hamal	327 52.0	N23 34.5
Kaus Aust.	83 32.8	S34 22.4
Kochab	137 18.8	N74 03.5
Markab	13 30.3	N15 20.1
Menkar	314 06.9	N 4 11.1
Menkent	147 57.9	S36 29.6
Miaplacidus	221 39.0	S69 49.2
Mirfak	308 29.4	N49 56.7
Nunki	75 48.0	S26 16.0
Peacock	53 06.0	S56 39.2
Pollux	243 18.2	N27 58.1
Procyon	244 51.6	N 5 09.8
Rasalhague	95 58.7	N12 32.5
Regulus	207 35.1	N11 50.9
Rigel	281 04.7	S 8 10.4
Rigil Kent.	139 40.5	S60 56.3
Sabik	102 03.0	S15 45.3
Schedar	349 31.8	N56 40.0
Shaula	96 10.6	S37 07.3
Sirius	258 27.0	S16 45.0
Spica	158 22.7	S11 17.4
Suhail	222 47.0	S43 32.0
Vega	80 33.1	N38 48.2
Zuben'ubi	136 56.3	S16 08.7

	SHA	Mer. Pass.
	° ′	h m
Venus	277 03.4	12 09
Mars	329 42.3	8 38
Jupiter	297 53.3	10 44
Saturn	9 12.6	5 59

© British Crown Copyright 2023. All rights reserved.

UT d h	SUN GHA	SUN Dec	MOON GHA	*v*	MOON Dec	*d*	HP
	° ′	° ′	° ′	′	° ′	′	′
11 00	180 04.8	N23 06.2	121 06.0	12.6	N20 28.1	10.7	55.3
01	195 04.7	06.4	135 37.6	12.6	20 17.4	10.7	55.3
02	210 04.5	06.6	150 09.2	12.8	20 06.7	10.9	55.3
03	225 04.4	. . 06.7	164 41.0	12.9	19 55.8	10.9	55.2
04	240 04.3	06.9	179 12.9	12.9	19 44.9	10.9	55.2
05	255 04.2	07.1	193 44.8	13.1	19 34.0	11.1	55.2
06	270 04.0	N23 07.2	208 16.9	13.1	N19 22.9	11.1	55.2
T 07	285 03.9	07.4	222 49.0	13.3	19 11.8	11.2	55.2
U 08	300 03.8	07.6	237 21.3	13.3	19 00.6	11.3	55.1
E 09	315 03.6	. . 07.7	251 53.6	13.4	18 49.3	11.3	55.1
S 10	330 03.5	07.9	266 26.0	13.6	18 38.0	11.4	55.1
D 11	345 03.4	08.0	280 58.6	13.6	18 26.6	11.5	55.1
A 12	0 03.3	N23 08.2	295 31.2	13.7	N18 15.1	11.6	55.0
Y 13	15 03.1	08.4	310 03.9	13.8	18 03.5	11.6	55.0
14	30 03.0	08.5	324 36.7	13.9	17 51.9	11.7	55.0
15	45 02.9	. . 08.7	339 09.6	13.9	17 40.2	11.7	55.0
16	60 02.7	08.8	353 42.5	14.1	17 28.5	11.8	55.0
17	75 02.6	09.0	8 15.6	14.1	17 16.7	11.9	55.0
18	90 02.5	N23 09.2	22 48.7	14.3	N17 04.8	11.9	54.9
19	105 02.3	09.3	37 22.0	14.3	16 52.9	12.0	54.9
20	120 02.2	09.5	51 55.3	14.4	16 40.9	12.1	54.9
21	135 02.1	. . 09.6	66 28.7	14.4	16 28.8	12.1	54.9
22	150 02.0	09.8	81 02.1	14.6	16 16.7	12.2	54.9
23	165 01.8	09.9	95 35.7	14.6	16 04.5	12.2	54.8
12 00	180 01.7	N23 10.1	110 09.3	14.7	N15 52.3	12.3	54.8
01	195 01.6	10.2	124 43.0	14.8	15 40.0	12.3	54.8
02	210 01.4	10.4	139 16.8	14.9	15 27.7	12.4	54.8
03	225 01.3	. . 10.5	153 50.7	14.9	15 15.3	12.4	54.8
04	240 01.2	10.7	168 24.6	15.1	15 02.9	12.5	54.8
05	255 01.0	10.8	182 58.7	15.1	14 50.4	12.6	54.7
06	270 00.9	N23 11.0	197 32.8	15.1	N14 37.8	12.5	54.7
W 07	285 00.8	11.1	212 06.9	15.2	14 25.3	12.7	54.7
E 08	300 00.7	11.3	226 41.1	15.4	14 12.6	12.7	54.7
D 09	315 00.5	. . 11.4	241 15.5	15.3	13 59.9	12.7	54.7
N 10	330 00.4	11.6	255 49.8	15.5	13 47.2	12.8	54.7
E 11	345 00.3	11.7	270 24.3	15.5	13 34.4	12.8	54.6
S 12	0 00.1	N23 11.9	284 58.8	15.6	N13 21.6	12.8	54.6
D 13	15 00.0	12.0	299 33.4	15.6	13 08.8	13.0	54.6
A 14	29 59.9	12.1	314 08.0	15.7	12 55.8	12.9	54.6
Y 15	44 59.7	. . 12.3	328 42.7	15.8	12 42.9	13.0	54.6
16	59 59.6	12.4	343 17.5	15.8	12 29.9	13.0	54.6
17	74 59.5	12.6	357 52.3	15.9	12 16.9	13.1	54.6
18	89 59.3	N23 12.7	12 27.2	15.9	N12 03.8	13.1	54.5
19	104 59.2	12.8	27 02.1	16.0	11 50.7	13.1	54.5
20	119 59.1	13.0	41 37.1	16.1	11 37.6	13.2	54.5
21	134 59.0	. . 13.1	56 12.2	16.1	11 24.4	13.2	54.5
22	149 58.8	13.3	70 47.3	16.2	11 11.2	13.3	54.5
23	164 58.7	13.4	85 22.5	16.2	10 57.9	13.3	54.5
13 00	179 58.6	N23 13.5	99 57.7	16.3	N10 44.6	13.3	54.5
01	194 58.4	13.7	114 33.0	16.3	10 31.3	13.4	54.5
02	209 58.3	13.8	129 08.3	16.4	10 17.9	13.3	54.5
03	224 58.2	. . 13.9	143 43.7	16.4	10 04.6	13.5	54.4
04	239 58.0	14.1	158 19.1	16.5	9 51.1	13.4	54.4
05	254 57.9	14.2	172 54.6	16.5	9 37.7	13.5	54.4
06	269 57.8	N23 14.3	187 30.1	16.6	N 9 24.2	13.5	54.4
T 07	284 57.6	14.5	202 05.7	16.6	9 10.7	13.5	54.4
H 08	299 57.5	14.6	216 41.3	16.6	8 57.2	13.6	54.4
U 09	314 57.4	. . 14.7	231 16.9	16.7	8 43.6	13.6	54.4
R 10	329 57.2	14.8	245 52.6	16.7	8 30.0	13.6	54.4
S 11	344 57.1	15.0	260 28.3	16.8	8 16.4	13.6	54.4
D 12	359 57.0	N23 15.1	275 04.1	16.8	N 8 02.8	13.7	54.4
A 13	14 56.8	15.2	289 39.9	16.9	7 49.1	13.7	54.4
Y 14	29 56.7	15.4	304 15.8	16.9	7 35.4	13.7	54.3
15	44 56.6	. . 15.5	318 51.7	16.9	7 21.7	13.7	54.3
16	59 56.4	15.6	333 27.6	16.9	7 08.0	13.8	54.3
17	74 56.3	15.7	348 03.5	17.0	6 54.2	13.8	54.3
18	89 56.2	N23 15.8	2 39.5	17.0	N 6 40.4	13.8	54.3
19	104 56.0	16.0	17 15.5	17.1	6 26.6	13.8	54.3
20	119 55.9	16.1	31 51.6	17.0	6 12.8	13.8	54.3
21	134 55.8	. . 16.2	46 27.6	17.1	5 59.0	13.9	54.3
22	149 55.6	16.3	61 03.7	17.2	5 45.1	13.8	54.3
23	164 55.5	16.4	75 39.9	17.1	N 5 31.3	13.9	54.3
	SD 15.8	*d* 0.1	SD 15.0		14.9		14.8

Lat.	Twilight Naut.	Twilight Civil	Sunrise	Moonrise 11	Moonrise 12	Moonrise 13	Moonrise 14
°	h m	h m	h m	h m	h m	h m	h m
N 72	▭	▭	▭	▭	07 27	09 47	11 47
N 70	▭	▭	▭	05 01	07 58	10 01	11 51
68	▭	▭	▭	06 08	08 21	10 12	11 54
66	▭	▭	▭	06 43	08 38	10 20	11 56
64	////	////	01 36	07 09	08 53	10 28	11 58
62	////	////	02 12	07 28	09 04	10 34	12 00
60	////	00 57	02 37	07 44	09 14	10 39	12 01
N 58	////	01 44	02 57	07 58	09 23	10 44	12 03
56	////	02 12	03 14	08 09	09 31	10 48	12 04
54	00 52	02 34	03 28	08 19	09 37	10 52	12 05
52	01 35	02 51	03 40	08 28	09 43	10 56	12 06
50	02 02	03 06	03 51	08 36	09 49	10 59	12 07
45	02 46	03 36	04 13	08 53	10 00	11 05	12 09
N 40	03 16	03 58	04 31	09 07	10 10	11 11	12 10
35	03 39	04 16	04 45	09 18	10 18	11 16	12 12
30	03 58	04 31	04 58	09 29	10 26	11 20	12 13
20	04 26	04 56	05 20	09 46	10 38	11 27	12 15
N 10	04 49	05 16	05 39	10 01	10 49	11 34	12 17
0	05 08	05 34	05 56	10 15	10 59	11 40	12 19
S 10	05 24	05 51	06 14	10 29	11 09	11 45	12 21
20	05 40	06 08	06 32	10 44	11 19	11 52	12 22
30	05 57	06 27	06 53	11 01	11 32	11 59	12 25
35	06 05	06 37	07 05	11 11	11 38	12 03	12 26
40	06 15	06 49	07 19	11 22	11 46	12 08	12 27
45	06 25	07 02	07 36	11 35	11 56	12 13	12 29
S 50	06 36	07 18	07 56	11 51	12 07	12 19	12 31
52	06 42	07 25	08 06	11 59	12 12	12 22	12 31
54	06 47	07 33	08 17	12 07	12 17	12 25	12 32
56	06 53	07 42	08 29	12 16	12 23	12 29	12 33
58	07 00	07 52	08 44	12 26	12 30	12 33	12 35
S 60	07 07	08 04	09 01	12 38	12 38	12 37	12 36

Lat.	Sunset	Twilight Civil	Twilight Naut.	Moonset 11	Moonset 12	Moonset 13	Moonset 14
°	h m	h m	h m	h m	h m	h m	h m
N 72	▭	▭	▭	▭	02 32	01 39	01 02
N 70	▭	▭	▭	03 24	01 59	01 23	00 56
68	▭	▭	▭	02 16	01 35	01 10	00 50
66	▭	▭	▭	01 39	01 16	00 59	00 46
64	22 25	////	////	01 13	01 00	00 50	00 42
62	21 49	////	////	00 52	00 47	00 43	00 38
60	21 23	23 04	////	00 36	00 36	00 36	00 35
N 58	21 03	22 17	////	00 21	00 27	00 30	00 32
56	20 47	21 48	////	00 09	00 18	00 25	00 30
54	20 33	21 27	23 09	24 11	00 11	00 20	00 28
52	20 20	21 09	22 26	24 04	00 04	00 16	00 26
50	20 10	20 54	21 59	23 58	24 12	00 12	00 24
45	19 47	20 25	21 14	23 45	24 03	00 03	00 20
N 40	19 30	20 02	20 44	23 34	23 56	24 16	00 16
35	19 15	19 44	20 21	23 24	23 50	24 14	00 14
30	19 02	19 29	20 02	23 16	23 45	24 11	00 11
20	18 40	19 04	19 34	23 01	23 35	24 06	00 06
N 10	18 21	18 44	19 11	22 49	23 27	24 02	00 02
0	18 04	18 26	18 52	22 37	23 19	23 59	24 37
S 10	17 46	18 09	18 36	22 24	23 11	23 55	24 38
20	17 28	17 52	18 19	22 11	23 02	23 51	24 38
30	17 07	17 33	18 03	21 56	22 52	23 46	24 38
35	16 55	17 23	17 55	21 48	22 46	23 43	24 39
40	16 41	17 11	17 45	21 38	22 40	23 40	24 39
45	16 24	16 58	17 35	21 26	22 32	23 36	24 39
S 50	16 04	16 42	17 23	21 11	22 23	23 32	24 40
52	15 54	16 35	17 18	21 05	22 18	23 30	24 40
54	15 43	16 27	17 13	20 57	22 14	23 27	24 40
56	15 30	16 18	17 07	20 49	22 08	23 25	24 40
58	15 16	16 07	17 00	20 39	22 02	23 22	24 40
S 60	14 59	15 56	16 53	20 28	21 56	23 19	24 40

Day	SUN Eqn. of Time 00^h	SUN Eqn. of Time 12^h	SUN Mer. Pass.	MOON Mer. Pass. Upper	MOON Mer. Pass. Lower	MOON Age	MOON Phase
d	m s	m s	h m	h m	h m	d	%
11	00 19	00 13	12 00	16 26	04 03	05	25
12	00 07	00 01	12 00	17 09	04 48	06	34
13	00 06	00 12	12 00	17 49	05 29	07	43

© British Crown Copyright 2023. All rights reserved.

UT d	UT h	ARIES GHA	VENUS −3·9 GHA	VENUS Dec	MARS +1·0 GHA	MARS Dec	JUPITER −2·0 GHA	JUPITER Dec	SATURN +1·0 GHA	SATURN Dec
		° ′	° ′	° ′	° ′	° ′	° ′	° ′	° ′	° ′
14	00	262 47.0	177 09.8	N23 41.3	231 04.5	N11 40.6	200 11.6	N20 20.0	271 56.3	S 6 01.4
	01	277 49.5	192 08.9	41.4	246 05.2	41.2	215 13.4	20.1	286 58.7	01.4
	02	292 51.9	207 08.0	41.6	261 05.9	41.8	230 15.3	20.2	302 01.1	01.4
	03	307 54.4	222 07.1	. . 41.8	276 06.6	. . 42.5	245 17.2	. . 20.3	317 03.5	. . 01.4
	04	322 56.9	237 06.3	42.0	291 07.3	43.1	260 19.0	20.4	332 05.9	01.4
	05	337 59.3	252 05.4	42.2	306 08.0	43.8	275 20.9	20.5	347 08.3	01.4
	06	353 01.8	267 04.5	N23 42.4	321 08.7	N11 44.4	290 22.8	N20 20.6	2 10.7	S 6 01.3
	07	8 04.3	282 03.6	42.6	336 09.4	45.0	305 24.6	20.7	17 13.1	01.3
	08	23 06.7	297 02.7	42.7	351 10.1	45.7	320 26.5	20.8	32 15.5	01.3
F	09	38 09.2	312 01.8	. . 42.9	6 10.8	. . 46.3	335 28.4	. . 20.9	47 17.9	. . 01.3
R	10	53 11.7	327 00.9	43.1	21 11.5	47.0	350 30.2	21.0	62 20.3	01.3
I	11	68 14.1	342 00.0	43.3	36 12.2	47.6	5 32.1	21.1	77 22.7	01.3
D	12	83 16.6	356 59.2	N23 43.5	51 12.9	N11 48.2	20 34.0	N20 21.2	92 25.1	S 6 01.2
A	13	98 19.0	11 58.3	43.6	66 13.6	48.9	35 35.8	21.3	107 27.5	01.2
Y	14	113 21.5	26 57.4	43.8	81 14.3	49.5	50 37.7	21.4	122 29.9	01.2
	15	128 24.0	41 56.5	. . 44.0	96 14.9	. . 50.1	65 39.6	. . 21.5	137 32.3	. . 01.2
	16	143 26.4	56 55.6	44.1	111 15.6	50.8	80 41.4	21.7	152 34.7	01.2
	17	158 28.9	71 54.7	44.3	126 16.3	51.4	95 43.3	21.8	167 37.1	01.2
	18	173 31.4	86 53.8	N23 44.5	141 17.0	N11 52.1	110 45.2	N20 21.9	182 39.5	S 6 01.2
	19	188 33.8	101 52.9	44.7	156 17.7	52.7	125 47.0	22.0	197 41.9	01.1
	20	203 36.3	116 52.1	44.8	171 18.4	53.3	140 48.9	22.1	212 44.3	01.1
	21	218 38.8	131 51.2	. . 45.0	186 19.1	. . 54.0	155 50.8	. . 22.2	227 46.8	. . 01.1
	22	233 41.2	146 50.3	45.2	201 19.8	54.6	170 52.6	22.3	242 49.2	01.1
	23	248 43.7	161 49.4	45.3	216 20.5	55.2	185 54.5	22.4	257 51.6	01.1
15	00	263 46.1	176 48.5	N23 45.5	231 21.2	N11 55.9	200 56.4	N20 22.5	272 54.0	S 6 01.1
	01	278 48.6	191 47.6	45.6	246 21.9	56.5	215 58.2	22.6	287 56.4	01.1
	02	293 51.1	206 46.7	45.8	261 22.6	57.2	231 00.1	22.7	302 58.8	01.0
	03	308 53.5	221 45.8	. . 46.0	276 23.3	. . 57.8	246 02.0	. . 22.8	318 01.2	. . 01.0
	04	323 56.0	236 44.9	46.1	291 24.0	58.4	261 03.8	22.9	333 03.6	01.0
	05	338 58.5	251 44.1	46.3	306 24.7	59.1	276 05.7	23.0	348 06.0	01.0
	06	354 00.9	266 43.2	N23 46.4	321 25.4	N11 59.7	291 07.6	N20 23.1	3 08.4	S 6 01.0
S	07	9 03.4	281 42.3	46.6	336 26.1	12 00.3	306 09.4	23.2	18 10.8	01.0
A	08	24 05.9	296 41.4	46.7	351 26.8	01.0	321 11.3	23.3	33 13.2	01.0
T	09	39 08.3	311 40.5	. . 46.9	6 27.5	. . 01.6	336 13.2	. . 23.4	48 15.6	. . 00.9
U	10	54 10.8	326 39.6	47.0	21 28.2	02.2	351 15.0	23.5	63 18.0	00.9
R	11	69 13.3	341 38.7	47.2	36 28.9	02.9	6 16.9	23.6	78 20.4	00.9
D	12	84 15.7	356 37.8	N23 47.3	51 29.6	N12 03.5	21 18.8	N20 23.8	93 22.8	S 6 00.9
A	13	99 18.2	11 36.9	47.5	66 30.3	04.1	36 20.6	23.9	108 25.2	00.9
Y	14	114 20.6	26 36.0	47.6	81 31.0	04.8	51 22.5	24.0	123 27.6	00.9
	15	129 23.1	41 35.2	. . 47.8	96 31.7	. . 05.4	66 24.4	. . 24.1	138 30.0	. . 00.9
	16	144 25.6	56 34.3	47.9	111 32.3	06.0	81 26.2	24.2	153 32.4	00.9
	17	159 28.0	71 33.4	48.0	126 33.0	06.7	96 28.1	24.3	168 34.8	00.8
	18	174 30.5	86 32.5	N23 48.2	141 33.7	N12 07.3	111 30.0	N20 24.4	183 37.3	S 6 00.8
	19	189 33.0	101 31.6	48.3	156 34.4	07.9	126 31.8	24.5	198 39.7	00.8
	20	204 35.4	116 30.7	48.5	171 35.1	08.6	141 33.7	24.6	213 42.1	00.8
	21	219 37.9	131 29.8	. . 48.6	186 35.8	. . 09.2	156 35.6	. . 24.7	228 44.5	. . 00.8
	22	234 40.4	146 28.9	48.7	201 36.5	09.8	171 37.4	24.8	243 46.9	00.8
	23	249 42.8	161 28.0	48.9	216 37.2	10.5	186 39.3	24.9	258 49.3	00.8
16	00	264 45.3	176 27.1	N23 49.0	231 37.9	N12 11.1	201 41.2	N20 25.0	273 51.7	S 6 00.7
	01	279 47.7	191 26.2	49.1	246 38.6	11.7	216 43.0	25.1	288 54.1	00.7
	02	294 50.2	206 25.4	49.3	261 39.3	12.3	231 44.9	25.2	303 56.5	00.7
	03	309 52.7	221 24.5	. . 49.4	276 40.0	. . 13.0	246 46.8	. . 25.3	318 58.9	. . 00.7
	04	324 55.1	236 23.6	49.5	291 40.7	13.6	261 48.6	25.4	334 01.3	00.7
	05	339 57.6	251 22.7	49.6	306 41.4	14.2	276 50.5	25.5	349 03.7	00.7
	06	355 00.1	266 21.8	N23 49.8	321 42.1	N12 14.9	291 52.4	N20 25.6	4 06.1	S 6 00.7
	07	10 02.5	281 20.9	49.9	336 42.8	15.5	306 54.2	25.7	19 08.5	00.7
	08	25 05.0	296 20.0	50.0	351 43.5	16.1	321 56.1	25.8	34 11.0	00.6
S	09	40 07.5	311 19.1	. . 50.1	6 44.2	. . 16.8	336 58.0	. . 25.9	49 13.4	. . 00.6
U	10	55 09.9	326 18.2	50.3	21 44.9	17.4	351 59.8	26.0	64 15.8	00.6
N	11	70 12.4	341 17.3	50.4	36 45.6	18.0	7 01.7	26.1	79 18.2	00.6
D	12	85 14.9	356 16.4	N23 50.5	51 46.2	N12 18.6	22 03.6	N20 26.3	94 20.6	S 6 00.6
A	13	100 17.3	11 15.5	50.6	66 46.9	19.3	37 05.5	26.4	109 23.0	00.6
Y	14	115 19.8	26 14.6	50.7	81 47.6	19.9	52 07.3	26.5	124 25.4	00.6
	15	130 22.2	41 13.7	. . 50.8	96 48.3	. . 20.5	67 09.2	. . 26.6	139 27.8	. . 00.6
	16	145 24.7	56 12.9	51.0	111 49.0	21.1	82 11.1	26.7	154 30.2	00.6
	17	160 27.2	71 12.0	51.1	126 49.7	21.8	97 12.9	26.8	169 32.6	00.5
	18	175 29.6	86 11.1	N23 51.2	141 50.4	N12 22.4	112 14.8	N20 26.9	184 35.0	S 6 00.5
	19	190 32.1	101 10.2	51.3	156 51.1	23.0	127 16.7	27.0	199 37.5	00.5
	20	205 34.6	116 09.3	51.4	171 51.8	23.7	142 18.5	27.1	214 39.9	00.5
	21	220 37.0	131 08.4	. . 51.5	186 52.5	. . 24.3	157 20.4	. . 27.2	229 42.3	. . 00.5
	22	235 39.5	146 07.5	51.6	201 53.2	24.9	172 22.3	27.3	244 44.7	00.5
	23	250 42.0	161 06.6	51.7	216 53.9	25.5	187 24.1	27.4	259 47.1	00.5
Mer. Pass.		h m 6 23.9	v −0.9	d 0.1	v 0.7	d 0.6	v 1.9	d 0.1	v 2.4	d 0.0

STARS

Name	SHA	Dec
	° ′	° ′
Acamar	315 12.5	S40 12.3
Achernar	335 20.8	S57 06.5
Acrux	173 00.5	S63 14.4
Adhara	255 06.6	S29 00.3
Aldebaran	290 40.5	N16 33.5
Alioth	166 13.2	N55 49.9
Alkaid	152 52.1	N49 11.7
Alnair	27 33.3	S46 50.4
Alnilam	275 38.6	S 1 11.2
Alphard	217 48.4	S 8 45.9
Alphecca	126 03.8	N26 38.0
Alpheratz	357 35.3	N29 13.3
Altair	62 00.1	N 8 55.9
Ankaa	353 07.7	S42 10.2
Antares	112 16.1	S26 29.2
Arcturus	145 48.1	N19 03.4
Atria	107 10.2	S69 04.3
Avior	234 15.5	S59 35.4
Bellatrix	278 23.7	N 6 22.3
Betelgeuse	270 53.0	N 7 24.7
Canopus	263 53.2	S52 42.5
Capella	280 23.1	N46 01.3
Deneb	49 25.8	N45 21.8
Denebola	182 25.4	N14 26.2
Diphda	348 47.9	S17 51.1
Dubhe	193 41.7	N61 37.5
Elnath	278 02.9	N28 37.7
Eltanin	90 41.9	N51 29.0
Enif	33 39.1	N 9 59.1
Fomalhaut	15 15.0	S29 29.4
Gacrux	171 52.1	S57 15.3
Gienah	175 44.0	S17 40.8
Hadar	148 36.3	S60 29.7
Hamal	327 52.0	N23 34.6
Kaus Aust.	83 32.8	S34 22.4
Kochab	137 18.8	N74 03.5
Markab	13 30.3	N15 20.1
Menkar	314 06.9	N 4 11.1
Menkent	147 57.9	S36 29.6
Miaplacidus	221 39.0	S69 49.2
Mirfak	308 29.4	N49 56.7
Nunki	75 48.0	S26 16.0
Peacock	53 06.0	S56 39.2
Pollux	243 18.2	N27 58.1
Procyon	244 51.6	N 5 09.8
Rasalhague	95 58.6	N12 32.5
Regulus	207 35.1	N11 50.9
Rigel	281 04.7	S 8 10.4
Rigil Kent.	139 40.5	S60 56.3
Sabik	102 03.0	S15 45.3
Schedar	349 31.8	N56 40.0
Shaula	96 10.6	S37 07.3
Sirius	258 27.0	S16 45.0
Spica	158 22.7	S11 17.4
Suhail	222 47.0	S43 32.0
Vega	80 33.1	N38 48.3
Zuben'ubi	136 56.3	S16 08.7

	SHA	Mer. Pass.
	° ′	h m
Venus	273 02.4	12 13
Mars	327 35.1	8 34
Jupiter	297 10.2	10 35
Saturn	9 07.8	5 47

© British Crown Copyright 2023. All rights reserved.

Day	UT d h	SUN GHA ° ′	SUN Dec ° ′	MOON GHA ° ′	v ′	Dec ° ′	d ′	HP ′
	14 00	179 55.4	N23 16.6	90 16.0	17.2	N 5 17.4	13.9	54.3
	01	194 55.3	16.7	104 52.2	17.2	5 03.5	13.9	54.3
	02	209 55.1	16.8	119 28.4	17.2	4 49.6	14.0	54.3
	03	224 55.0	. . 16.9	134 04.6	17.2	4 35.6	13.9	54.3
	04	239 54.9	17.0	148 40.8	17.3	4 21.7	14.0	54.3
	05	254 54.7	17.1	163 17.1	17.3	4 07.7	14.0	54.3
	06	269 54.6	N23 17.3	177 53.4	17.3	N 3 53.7	14.0	54.3
	07	284 54.5	17.4	192 29.7	17.3	3 39.7	14.0	54.3
	08	299 54.3	17.5	207 06.0	17.3	3 25.7	14.0	54.3
FRIDAY	09	314 54.2	. . 17.6	221 42.3	17.3	3 11.7	14.0	54.3
	10	329 54.1	17.7	236 18.6	17.4	2 57.7	14.0	54.3
	11	344 53.9	17.8	250 55.0	17.3	2 43.7	14.1	54.3
	12	359 53.8	N23 17.9	265 31.3	17.4	N 2 29.6	14.0	54.3
	13	14 53.7	18.0	280 07.7	17.4	2 15.6	14.1	54.3
	14	29 53.5	18.1	294 44.1	17.4	2 01.5	14.0	54.3
	15	44 53.4	. . 18.3	309 20.5	17.3	1 47.5	14.1	54.3
	16	59 53.3	18.4	323 56.8	17.4	1 33.4	14.1	54.3
	17	74 53.1	18.5	338 33.2	17.4	1 19.3	14.1	54.3
	18	89 53.0	N23 18.6	353 09.6	17.4	N 1 05.2	14.1	54.3
	19	104 52.9	18.7	7 46.0	17.4	0 51.1	14.1	54.3
	20	119 52.7	18.8	22 22.4	17.4	0 37.0	14.1	54.3
	21	134 52.6	. . 18.9	36 58.8	17.4	0 22.9	14.0	54.3
	22	149 52.5	19.0	51 35.2	17.4	N 0 08.9	14.1	54.3
	23	164 52.3	19.1	66 11.6	17.4	S 0 05.2	14.1	54.3
	15 00	179 52.2	N23 19.2	80 48.0	17.4	S 0 19.3	14.2	54.3
	01	194 52.1	19.3	95 24.4	17.4	0 33.5	14.1	54.3
	02	209 51.9	19.4	110 00.8	17.4	0 47.6	14.1	54.3
	03	224 51.8	. . 19.5	124 37.2	17.3	1 01.7	14.1	54.3
	04	239 51.6	19.6	139 13.5	17.4	1 15.8	14.1	54.3
	05	254 51.5	19.7	153 49.9	17.3	1 29.9	14.0	54.3
	06	269 51.4	N23 19.8	168 26.2	17.4	S 1 43.9	14.1	54.3
SATURDAY	07	284 51.2	19.9	183 02.6	17.3	1 58.0	14.1	54.3
	08	299 51.1	20.0	197 38.9	17.3	2 12.1	14.1	54.3
	09	314 51.0	. . 20.1	212 15.2	17.3	2 26.2	14.1	54.3
	10	329 50.8	20.2	226 51.5	17.3	2 40.3	14.1	54.3
	11	344 50.7	20.3	241 27.8	17.2	2 54.4	14.0	54.3
	12	359 50.6	N23 20.4	256 04.0	17.3	S 3 08.4	14.1	54.3
	13	14 50.4	20.4	270 40.3	17.2	3 22.5	14.0	54.3
	14	29 50.3	20.5	285 16.5	17.2	3 36.5	14.1	54.4
	15	44 50.2	. . 20.6	299 52.7	17.1	3 50.6	14.0	54.4
	16	59 50.0	20.7	314 28.8	17.2	4 04.6	14.1	54.4
	17	74 49.9	20.8	329 05.0	17.1	4 18.7	14.0	54.4
	18	89 49.8	N23 20.9	343 41.1	17.1	S 4 32.7	14.0	54.4
	19	104 49.6	21.0	358 17.2	17.1	4 46.7	14.0	54.4
	20	119 49.5	21.1	12 53.3	17.0	5 00.7	13.9	54.4
	21	134 49.4	. . 21.2	27 29.3	17.0	5 14.6	14.0	54.4
	22	149 49.2	21.2	42 05.3	17.0	5 28.6	14.0	54.4
	23	164 49.1	21.3	56 41.3	16.9	5 42.6	13.9	54.4
	16 00	179 49.0	N23 21.4	71 17.2	17.0	S 5 56.5	13.9	54.4
	01	194 48.8	21.5	85 53.2	16.8	6 10.4	13.9	54.4
	02	209 48.7	21.6	100 29.0	16.9	6 24.3	13.9	54.5
	03	224 48.6	. . 21.7	115 04.9	16.8	6 38.2	13.9	54.5
	04	239 48.4	21.7	129 40.7	16.7	6 52.1	13.8	54.5
	05	254 48.3	21.8	144 16.4	16.8	7 05.9	13.9	54.5
	06	269 48.2	N23 21.9	158 52.2	16.7	S 7 19.8	13.8	54.5
	07	284 48.0	22.0	173 27.9	16.6	7 33.6	13.8	54.5
	08	299 47.9	22.1	188 03.5	16.6	7 47.4	13.8	54.5
SUNDAY	09	314 47.8	. . 22.1	202 39.1	16.6	8 01.2	13.7	54.5
	10	329 47.6	22.2	217 14.7	16.5	8 14.9	13.7	54.6
	11	344 47.5	22.3	231 50.2	16.4	8 28.6	13.7	54.6
	12	359 47.3	N23 22.4	246 25.6	16.4	S 8 42.3	13.7	54.6
	13	14 47.2	22.4	261 01.0	16.4	8 56.0	13.7	54.6
	14	29 47.1	22.5	275 36.4	16.3	9 09.7	13.6	54.6
	15	44 46.9	. . 22.6	290 11.7	16.3	9 23.3	13.6	54.6
	16	59 46.8	22.7	304 47.0	16.2	9 36.9	13.6	54.6
	17	74 46.7	22.7	319 22.2	16.2	9 50.5	13.5	54.6
	18	89 46.5	N23 22.8	333 57.4	16.1	S10 04.0	13.5	54.7
	19	104 46.4	22.9	348 32.5	16.0	10 17.5	13.5	54.7
	20	119 46.3	22.9	3 07.5	16.0	10 31.0	13.5	54.7
	21	134 46.1	. . 23.0	17 42.5	15.9	10 44.5	13.4	54.7
	22	149 46.0	23.1	32 17.4	15.9	10 57.9	13.4	54.7
	23	164 45.9	23.1	46 52.3	15.8	S11 11.3	13.4	54.7
		SD 15.8	*d* 0.1	SD 14.8		14.8		14.9

Lat. °	Twilight Naut. h m	Twilight Civil h m	Sunrise h m	Moonrise 14 h m	Moonrise 15 h m	Moonrise 16 h m	Moonrise 17 h m
N 72	□	□	□	11 47	13 44	15 47	18 19
N 70	□	□	□	11 51	13 38	15 31	17 40
68	□	□	□	11 54	13 34	15 18	17 14
66	□	□	□	11 56	13 31	15 08	16 53
64	////	////	01 33	11 58	13 28	14 59	16 37
62	////	////	02 10	12 00	13 25	14 52	16 24
60	////	00 53	02 36	12 01	13 23	14 46	16 13
N 58	////	01 41	02 56	12 03	13 21	14 40	16 03
56	////	02 11	03 13	12 04	13 19	14 35	15 55
54	00 48	02 33	03 27	12 05	13 17	14 31	15 48
52	01 33	02 51	03 39	12 06	13 16	14 27	15 41
50	02 01	03 06	03 50	12 07	13 15	14 24	15 35
45	02 46	03 35	04 13	12 09	13 12	14 16	15 22
N 40	03 16	03 58	04 31	12 10	13 10	14 10	15 12
35	03 39	04 16	04 46	12 12	13 08	14 04	15 03
30	03 58	04 31	04 59	12 13	13 06	13 59	14 55
20	04 27	04 56	05 21	12 15	13 03	13 51	14 42
N 10	04 49	05 16	05 39	12 17	13 00	13 44	14 30
0	05 08	05 34	05 57	12 19	12 58	13 37	14 19
S 10	05 25	05 52	06 14	12 21	12 55	13 31	14 08
20	05 41	06 09	06 33	12 22	12 53	13 24	13 57
30	05 58	06 28	06 54	12 25	12 50	13 16	13 44
35	06 06	06 38	07 06	12 26	12 48	13 11	13 37
40	06 16	06 50	07 20	12 27	12 46	13 06	13 28
45	06 26	07 03	07 37	12 29	12 44	13 00	13 18
S 50	06 38	07 19	07 58	12 31	12 42	12 53	13 07
52	06 43	07 27	08 08	12 31	12 40	12 50	13 01
54	06 49	07 35	08 19	12 32	12 39	12 47	12 55
56	06 55	07 44	08 31	12 33	12 38	12 43	12 49
58	07 02	07 54	08 46	12 35	12 36	12 38	12 41
S 60	07 09	08 06	09 03	12 36	12 35	12 34	12 33

Lat. °	Sunset h m	Twilight Civil h m	Twilight Naut. h m	Moonset 14 h m	Moonset 15 h m	Moonset 16 h m	Moonset 17 h m
N 72	□	□	□	01 02	{00 31 / 23 59}	23 20	22 16
N 70	□	□	□	00 56	00 32	{00 07 / 23 39}	22 57
68	□	□	□	00 50	00 32	{00 14 / 23 53}	23 26
66	□	□	□	00 46	00 33	00 20	{00 05 / 23 47}
64	22 29	////	////	00 42	00 33	00 25	00 15
62	21 52	////	////	00 38	00 33	00 29	00 24
60	21 26	23 10	////	00 35	00 34	00 33	00 31
N 58	21 05	22 20	////	00 32	00 34	00 36	00 38
56	20 48	21 51	////	00 30	00 34	00 39	00 44
54	20 34	21 29	23 14	00 28	00 35	00 41	00 49
52	20 22	21 11	22 29	00 26	00 35	00 44	00 54
50	20 11	20 56	22 01	00 24	00 35	00 46	00 58
45	19 49	20 26	21 16	00 20	00 35	00 51	01 08
N 40	19 31	20 04	20 45	00 16	00 36	00 55	01 16
35	19 16	19 45	20 22	00 14	00 36	00 59	01 23
30	19 03	19 30	20 04	00 11	00 36	01 02	01 29
20	18 41	19 05	19 35	00 06	00 37	01 07	01 39
N 10	18 22	18 45	19 12	00 02	00 37	01 12	01 48
0	18 04	18 27	18 53	24 37	00 37	01 17	01 57
S 10	17 47	18 10	18 36	24 38	00 38	01 21	02 06
20	17 28	17 52	18 20	24 38	00 38	01 26	02 15
30	17 07	17 34	18 03	24 38	00 38	01 31	02 26
35	16 55	17 23	17 55	24 39	00 39	01 35	02 32
40	16 41	17 11	17 45	24 39	00 39	01 38	02 39
45	16 24	16 58	17 35	24 39	00 39	01 43	02 48
S 50	16 03	16 42	17 23	24 40	00 40	01 48	02 58
52	15 54	16 34	17 18	24 40	00 40	01 50	03 02
54	15 42	16 26	17 12	24 40	00 40	01 53	03 07
56	15 30	16 17	17 06	24 40	00 40	01 55	03 13
58	15 15	16 07	17 00	24 40	00 40	01 59	03 20
S 60	14 58	15 55	16 52	24 40	00 40	02 02	03 27

Day	SUN Eqn. of Time 00^h	SUN Eqn. of Time 12^h	SUN Mer. Pass.	MOON Mer. Pass. Upper	MOON Mer. Pass. Lower	MOON Age	MOON Phase
d	m s	m s	h m	h m	h m	d %	
14	00 18	00 25	12 00	18 28	06 09	08 53	◐
15	00 31	00 37	12 01	19 07	06 47	09 62	
16	00 44	00 50	12 01	19 47	07 27	10 71	

© British Crown Copyright 2023. All rights reserved.

UT d h	ARIES GHA ° ′	VENUS −3·9 GHA ° ′	VENUS Dec ° ′	MARS +1·0 GHA ° ′	MARS Dec ° ′	JUPITER −2·0 GHA ° ′	JUPITER Dec ° ′	SATURN +0·9 GHA ° ′	SATURN Dec ° ′
17 00	265 44.4	176 05.7	N23 51.8	231 54.6	N12 26.2	202 26.0	N20 27.5	274 49.5	S 6 00.5
01	280 46.9	191 04.8	51.9	246 55.3	26.8	217 27.9	27.6	289 51.9	00.5
02	295 49.4	206 03.9	52.0	261 56.0	27.4	232 29.7	27.7	304 54.3	00.4
03	310 51.8	221 03.0	. . 52.1	276 56.7	. . 28.0	247 31.6	. . 27.8	319 56.7	. . 00.4
04	325 54.3	236 02.1	52.2	291 57.4	28.7	262 33.5	27.9	334 59.2	00.4
05	340 56.7	251 01.2	52.3	306 58.1	29.3	277 35.4	28.0	350 01.6	00.4
06	355 59.2	266 00.3	N23 52.4	321 58.7	N12 29.9	292 37.2	N20 28.1	5 04.0	S 6 00.4
07	11 01.7	280 59.4	52.5	336 59.4	30.5	307 39.1	28.2	20 06.4	00.4
08	26 04.1	295 58.6	52.6	352 00.1	31.1	322 41.0	28.3	35 08.8	00.4
M 09	41 06.6	310 57.7	. . 52.7	7 00.8	. . 31.8	337 42.8	. . 28.4	50 11.2	. . 00.4
O 10	56 09.1	325 56.8	52.8	22 01.5	32.4	352 44.7	28.5	65 13.6	00.4
N 11	71 11.5	340 55.9	52.9	37 02.2	33.0	7 46.6	28.6	80 16.0	00.3
D 12	86 14.0	355 55.0	N23 53.0	52 02.9	N12 33.6	22 48.4	N20 28.7	95 18.5	S 6 00.3
A 13	101 16.5	10 54.1	53.1	67 03.6	34.3	37 50.3	28.8	110 20.9	00.3
Y 14	116 18.9	25 53.2	53.1	82 04.3	34.9	52 52.2	28.9	125 23.3	00.3
15	131 21.4	40 52.3	. . 53.2	97 05.0	. . 35.5	67 54.1	. . 29.0	140 25.7	. . 00.3
16	146 23.8	55 51.4	53.3	112 05.7	36.1	82 55.9	29.1	155 28.1	00.3
17	161 26.3	70 50.5	53.4	127 06.4	36.7	97 57.8	29.2	170 30.5	00.3
18	176 28.8	85 49.6	N23 53.5	142 07.1	N12 37.4	112 59.7	N20 29.3	185 32.9	S 6 00.3
19	191 31.2	100 48.7	53.6	157 07.8	38.0	128 01.5	29.4	200 35.3	00.3
20	206 33.7	115 47.8	53.6	172 08.5	38.6	143 03.4	29.5	215 37.8	00.3
21	221 36.2	130 46.9	. . 53.7	187 09.2	. . 39.2	158 05.3	. . 29.6	230 40.2	. . 00.2
22	236 38.6	145 46.0	53.8	202 09.8	39.9	173 07.1	29.7	245 42.6	00.2
23	251 41.1	160 45.1	53.9	217 10.5	40.5	188 09.0	29.8	260 45.0	00.2
18 00	266 43.6	175 44.2	N23 53.9	232 11.2	N12 41.1	203 10.9	N20 29.9	275 47.4	S 6 00.2
01	281 46.0	190 43.3	54.0	247 11.9	41.7	218 12.8	30.0	290 49.8	00.2
02	296 48.5	205 42.4	54.1	262 12.6	42.3	233 14.6	30.1	305 52.3	00.2
03	311 51.0	220 41.5	. . 54.1	277 13.3	. . 42.9	248 16.5	. . 30.2	320 54.7	. . 00.2
04	326 53.4	235 40.6	54.2	292 14.0	43.6	263 18.4	30.4	335 57.1	00.2
05	341 55.9	250 39.8	54.3	307 14.7	44.2	278 20.2	30.5	350 59.5	00.2
06	356 58.3	265 38.9	N23 54.4	322 15.4	N12 44.8	293 22.1	N20 30.6	6 01.9	S 6 00.2
07	12 00.8	280 38.0	54.4	337 16.1	45.4	308 24.0	30.7	21 04.3	00.2
T 08	27 03.3	295 37.1	54.5	352 16.8	46.0	323 25.8	30.8	36 06.7	00.1
U 09	42 05.7	310 36.2	. . 54.5	7 17.5	. . 46.7	338 27.7	. . 30.9	51 09.2	. . 00.1
E 10	57 08.2	325 35.3	54.6	22 18.2	47.3	353 29.6	31.0	66 11.6	00.1
S 11	72 10.7	340 34.4	54.7	37 18.9	47.9	8 31.5	31.1	81 14.0	00.1
D 12	87 13.1	355 33.5	N23 54.7	52 19.6	N12 48.5	23 33.3	N20 31.2	96 16.4	S 6 00.1
A 13	102 15.6	10 32.6	54.8	67 20.2	49.1	38 35.2	31.3	111 18.8	00.1
Y 14	117 18.1	25 31.7	54.8	82 20.9	49.7	53 37.1	31.4	126 21.2	00.1
15	132 20.5	40 30.8	. . 54.9	97 21.6	. . 50.4	68 38.9	. . 31.5	141 23.7	. . 00.1
16	147 23.0	55 29.9	55.0	112 22.3	51.0	83 40.8	31.6	156 26.1	00.1
17	162 25.5	70 29.0	55.0	127 23.0	51.6	98 42.7	31.7	171 28.5	00.1
18	177 27.9	85 28.1	N23 55.1	142 23.7	N12 52.2	113 44.6	N20 31.8	186 30.9	S 6 00.1
19	192 30.4	100 27.2	55.1	157 24.4	52.8	128 46.4	31.9	201 33.3	00.0
20	207 32.8	115 26.3	55.2	172 25.1	53.4	143 48.3	32.0	216 35.7	00.0
21	222 35.3	130 25.4	. . 55.2	187 25.8	. . 54.1	158 50.2	. . 32.1	231 38.2	. . 00.0
22	237 37.8	145 24.5	55.3	202 26.5	54.7	173 52.0	32.2	246 40.6	00.0
23	252 40.2	160 23.6	55.3	217 27.2	55.3	188 53.9	32.3	261 43.0	00.0
19 00	267 42.7	175 22.7	N23 55.3	232 27.9	N12 55.9	203 55.8	N20 32.4	276 45.4	S 6 00.0
01	282 45.2	190 21.8	55.4	247 28.6	56.5	218 57.7	32.5	291 47.8	00.0
02	297 47.6	205 20.9	55.4	262 29.3	57.1	233 59.5	32.6	306 50.3	00.0
03	312 50.1	220 20.0	. . 55.5	277 29.9	. . 57.7	249 01.4	. . 32.7	321 52.7	. . 00.0
04	327 52.6	235 19.1	55.5	292 30.6	58.3	264 03.3	32.8	336 55.1	00.0
05	342 55.0	250 18.2	55.5	307 31.3	59.0	279 05.1	32.9	351 57.5	00.0
06	357 57.5	265 17.3	N23 55.6	322 32.0	N12 59.6	294 07.0	N20 33.0	6 59.9	S 6 00.0
W 07	13 00.0	280 16.4	55.6	337 32.7	13 00.2	309 08.9	33.1	22 02.4	6 00.0
E 08	28 02.4	295 15.5	55.7	352 33.4	00.8	324 10.8	33.2	37 04.8	5 59.9
D 09	43 04.9	310 14.6	. . 55.7	7 34.1	. . 01.4	339 12.6	. . 33.3	52 07.2	. . 59.9
N 10	58 07.3	325 13.7	55.7	22 34.8	02.0	354 14.5	33.4	67 09.6	59.9
E 11	73 09.8	340 12.9	55.8	37 35.5	02.6	9 16.4	33.5	82 12.0	59.9
S 12	88 12.3	355 12.0	N23 55.8	52 36.2	N13 03.2	24 18.2	N20 33.6	97 14.5	S 5 59.9
D 13	103 14.7	10 11.1	55.8	67 36.9	03.9	39 20.1	33.7	112 16.9	59.9
A 14	118 17.2	25 10.2	55.8	82 37.6	04.5	54 22.0	33.8	127 19.3	59.9
Y 15	133 19.7	40 09.3	. . 55.9	97 38.2	. . 05.1	69 23.9	. . 33.9	142 21.7	. . 59.9
16	148 22.1	55 08.4	55.9	112 38.9	05.7	84 25.7	34.0	157 24.1	59.9
17	163 24.6	70 07.5	55.9	127 39.6	06.3	99 27.6	34.1	172 26.6	59.9
18	178 27.1	85 06.6	N23 55.9	142 40.3	N13 06.9	114 29.5	N20 34.2	187 29.0	S 5 59.9
19	193 29.5	100 05.7	56.0	157 41.0	07.5	129 31.4	34.3	202 31.4	59.9
20	208 32.0	115 04.8	56.0	172 41.7	08.1	144 33.2	34.4	217 33.8	59.9
21	223 34.4	130 03.9	. . 56.0	187 42.4	. . 08.7	159 35.1	. . 34.5	232 36.2	. . 59.9
22	238 36.9	145 03.0	56.0	202 43.1	09.3	174 37.0	34.6	247 38.7	59.9
23	253 39.4	160 02.1	56.0	217 43.8	10.0	189 38.8	34.7	262 41.1	59.8
Mer. Pass.	h m 6 12.1	v −0.9	d 0.1	v 0.7	d 0.6	v 1.9	d 0.1	v 2.4	d 0.0

STARS

Name	SHA ° ′	Dec ° ′
Acamar	315 12.5	S40 12.2
Achernar	335 20.8	S57 06.5
Acrux	173 00.5	S63 14.4
Adhara	255 06.6	S29 00.3
Aldebaran	290 40.5	N16 33.5
Alioth	166 13.2	N55 49.9
Alkaid	152 52.1	N49 11.7
Alnair	27 33.3	S46 50.4
Alnilam	275 38.6	S 1 11.2
Alphard	217 48.4	S 8 45.9
Alphecca	126 03.8	N26 38.0
Alpheratz	357 35.3	N29 13.3
Altair	62 00.1	N 8 55.9
Ankaa	353 07.7	S42 10.2
Antares	112 16.1	S26 29.2
Arcturus	145 48.1	N19 03.4
Atria	107 10.2	S69 04.3
Avior	234 15.5	S59 35.4
Bellatrix	278 23.7	N 6 22.3
Betelgeuse	270 52.9	N 7 24.7
Canopus	263 53.2	S52 42.5
Capella	280 23.1	N46 01.3
Deneb	49 25.8	N45 21.8
Denebola	182 25.4	N14 26.2
Diphda	348 47.9	S17 51.1
Dubhe	193 41.7	N61 37.5
Elnath	278 02.9	N28 37.7
Eltanin	90 41.9	N51 29.1
Enif	33 39.1	N 9 59.1
Fomalhaut	15 14.9	S29 29.4
Gacrux	171 52.1	S57 15.3
Gienah	175 44.0	S17 40.7
Hadar	148 36.3	S60 29.7
Hamal	327 51.9	N23 34.6
Kaus Aust.	83 32.7	S34 22.4
Kochab	137 18.9	N74 03.5
Markab	13 30.3	N15 20.1
Menkar	314 06.9	N 4 11.1
Menkent	147 58.0	S36 29.6
Miaplacidus	221 39.0	S69 49.2
Mirfak	308 29.4	N49 56.7
Nunki	75 48.0	S26 16.0
Peacock	53 06.0	S56 39.2
Pollux	243 18.2	N27 58.1
Procyon	244 51.6	N 5 09.8
Rasalhague	95 58.6	N12 32.5
Regulus	207 35.1	N11 50.9
Rigel	281 04.7	S 8 10.4
Rigil Kent.	139 40.5	S60 56.4
Sabik	102 03.0	S15 45.3
Schedar	349 31.7	N56 40.0
Shaula	96 10.6	S37 07.3
Sirius	258 27.0	S16 45.0
Spica	158 22.7	S11 17.4
Suhail	222 47.0	S43 32.0
Vega	80 33.1	N38 48.3
Zuben'ubi	136 56.3	S16 08.7

	SHA ° ′	Mer. Pass. h m
Venus	269 00.7	12 18
Mars	325 27.7	8 31
Jupiter	296 27.3	10 26
Saturn	9 03.9	5 36

© British Crown Copyright 2023. All rights reserved.

UT (d h)	SUN GHA (° ′)	SUN Dec (° ′)	MOON GHA (° ′)	v (′)	MOON Dec (° ′)	d (′)	HP (′)
17 00 (MONDAY)	179 45.7	N23 23.2	61 27.1	15.8	S11 24.7	13.3	54.8
01	194 45.6	23.3	76 01.9	15.7	11 38.0	13.3	54.8
02	209 45.5	23.3	90 36.6	15.6	11 51.3	13.2	54.8
03	224 45.3	. . 23.4	105 11.2	15.5	12 04.5	13.2	54.8
04	239 45.2	23.5	119 45.7	15.5	12 17.7	13.2	54.8
05	254 45.1	23.5	134 20.2	15.5	12 30.9	13.1	54.8
06	269 44.9	N23 23.6	148 54.7	15.3	S12 44.0	13.1	54.9
07	284 44.8	23.7	163 29.0	15.3	12 57.1	13.1	54.9
08	299 44.6	23.7	178 03.3	15.2	13 10.2	13.0	54.9
09	314 44.5	. . 23.8	192 37.5	15.2	13 23.2	13.0	54.9
10	329 44.4	23.8	207 11.7	15.0	13 36.2	12.9	54.9
11	344 44.2	23.9	221 45.7	15.0	13 49.1	12.9	54.9
12	359 44.1	N23 24.0	236 19.7	15.0	S14 02.0	12.8	55.0
13	14 44.0	24.0	250 53.7	14.8	14 14.8	12.8	55.0
14	29 43.8	24.1	265 27.5	14.8	14 27.6	12.7	55.0
15	44 43.7	. . 24.1	280 01.3	14.7	14 40.3	12.7	55.0
16	59 43.6	24.2	294 35.0	14.6	14 53.0	12.7	55.0
17	74 43.4	24.2	309 08.6	14.5	15 05.7	12.6	55.1
18	89 43.3	N23 24.3	323 42.1	14.4	S15 18.3	12.5	55.1
19	104 43.2	24.3	338 15.5	14.4	15 30.8	12.5	55.1
20	119 43.0	24.4	352 48.9	14.3	15 43.3	12.4	55.1
21	134 42.9	. . 24.4	7 22.2	14.2	15 55.7	12.4	55.1
22	149 42.8	24.5	21 55.4	14.1	16 08.1	12.3	55.2
23	164 42.6	24.5	36 28.5	14.0	16 20.4	12.3	55.2
18 00 (TUESDAY)	179 42.5	N23 24.6	51 01.5	13.9	S16 32.7	12.2	55.2
01	194 42.3	24.6	65 34.4	13.9	16 44.9	12.1	55.2
02	209 42.2	24.7	80 07.3	13.8	16 57.0	12.1	55.3
03	224 42.1	. . 24.7	94 40.1	13.6	17 09.1	12.0	55.3
04	239 41.9	24.8	109 12.7	13.6	17 21.1	11.9	55.3
05	254 41.8	24.8	123 45.3	13.5	17 33.0	11.9	55.3
06	269 41.7	N23 24.9	138 17.8	13.4	S17 44.9	11.9	55.3
07	284 41.5	24.9	152 50.2	13.3	17 56.8	11.8	55.4
08	299 41.4	25.0	167 22.5	13.2	18 08.5	11.7	55.4
09	314 41.3	. . 25.0	181 54.7	13.1	18 20.2	11.6	55.4
10	329 41.1	25.1	196 26.8	13.0	18 31.8	11.6	55.4
11	344 41.0	25.1	210 58.8	12.9	18 43.4	11.4	55.5
12	359 40.9	N23 25.1	225 30.7	12.8	S18 54.8	11.4	55.5
13	14 40.7	25.2	240 02.5	12.7	19 06.2	11.4	55.5
14	29 40.6	25.2	254 34.2	12.6	19 17.6	11.2	55.5
15	44 40.4	. . 25.3	269 05.8	12.6	19 28.8	11.2	55.5
16	59 40.3	25.3	283 37.4	12.4	19 40.0	11.1	55.6
17	74 40.2	25.3	298 08.8	12.3	19 51.1	11.0	55.6
18	89 40.0	N23 25.4	312 40.1	12.2	S20 02.1	10.9	55.6
19	104 39.9	25.4	327 11.3	12.1	20 13.0	10.9	55.6
20	119 39.8	25.4	341 42.4	12.0	20 23.9	10.8	55.7
21	134 39.6	. . 25.5	356 13.4	11.9	20 34.7	10.7	55.7
22	149 39.5	25.5	10 44.3	11.8	20 45.4	10.5	55.7
23	164 39.4	25.5	25 15.1	11.7	20 55.9	10.6	55.7
19 00 (WEDNESDAY)	179 39.2	N23 25.6	39 45.8	11.6	S21 06.5	10.4	55.8
01	194 39.1	25.6	54 16.4	11.5	21 16.9	10.3	55.8
02	209 39.0	25.6	68 46.9	11.3	21 27.2	10.2	55.8
03	224 38.8	. . 25.7	83 17.2	11.3	21 37.4	10.2	55.8
04	239 38.7	25.7	97 47.5	11.1	21 47.6	10.0	55.9
05	254 38.5	25.7	112 17.6	11.1	21 57.6	10.0	55.9
06	269 38.4	N23 25.8	126 47.7	10.9	S22 07.6	9.9	55.9
07	284 38.3	25.8	141 17.6	10.9	22 17.5	9.7	55.9
08	299 38.1	25.8	155 47.5	10.7	22 27.2	9.7	56.0
09	314 38.0	. . 25.8	170 17.2	10.6	22 36.9	9.5	56.0
10	329 37.9	25.9	184 46.8	10.5	22 46.4	9.5	56.0
11	344 37.7	25.9	199 16.3	10.4	22 55.9	9.3	56.0
12	359 37.6	N23 25.9	213 45.7	10.3	S23 05.2	9.3	56.1
13	14 37.5	25.9	228 15.0	10.2	23 14.5	9.1	56.1
14	29 37.3	26.0	242 44.2	10.0	23 23.6	9.0	56.1
15	44 37.2	. . 26.0	257 13.2	10.0	23 32.6	8.9	56.2
16	59 37.1	26.0	271 42.2	9.8	23 41.5	8.8	56.2
17	74 36.9	26.0	286 11.0	9.8	23 50.3	8.7	56.2
18	89 36.8	N23 26.0	300 39.8	9.6	S23 59.0	8.6	56.2
19	104 36.7	26.1	315 08.4	9.5	24 07.6	8.5	56.3
20	119 36.5	26.1	329 36.9	9.4	24 16.1	8.3	56.3
21	134 36.4	. . 26.1	344 05.3	9.3	24 24.4	8.2	56.3
22	149 36.2	26.1	358 33.6	9.1	24 32.6	8.1	56.3
23	164 36.1	26.1	13 01.8	9.1	S24 40.7	8.0	56.4
	SD 15.8	*d* 0.0	SD		15.0	15.1	15.3

Lat. (°)	Twilight Naut. (h m)	Twilight Civil (h m)	Sunrise (h m)	Moonrise 17 (h m)	Moonrise 18 (h m)	Moonrise 19 (h m)	Moonrise 20 (h m)
N 72	▭	▭	▭	18 19	▬	▬	▬
N 70	▭	▭	▭	17 40	▬	▬	▬
68	▭	▭	▭	17 14	19 42	▬	▬
66	▭	▭	▭	16 53	18 56	▬	▬
64	////	////	01 31	16 37	18 26	20 39	▬
62	////	////	02 09	16 24	18 04	19 55	22 03
60	////	00 50	02 36	16 13	17 46	19 26	21 09
N 58	////	01 40	02 56	16 03	17 32	19 04	20 37
56	////	02 10	03 13	15 55	17 19	18 46	20 13
54	00 45	02 33	03 27	15 48	17 08	18 31	19 53
52	01 32	02 51	03 39	15 41	16 58	18 18	19 37
50	02 00	03 06	03 50	15 35	16 50	18 07	19 23
45	02 46	03 35	04 13	15 22	16 31	17 43	18 54
N 40	03 16	03 58	04 31	15 12	16 17	17 24	18 32
35	03 39	04 16	04 46	15 03	16 04	17 08	18 14
30	03 58	04 31	04 59	14 55	15 53	16 55	17 58
20	04 27	04 56	05 21	14 42	15 35	16 32	17 31
N 10	04 50	05 17	05 40	14 30	15 19	16 12	17 09
0	05 09	05 35	05 58	14 19	15 04	15 53	16 47
S 10	05 26	05 52	06 15	14 08	14 49	15 35	16 26
20	05 42	06 10	06 34	13 57	14 34	15 16	16 04
30	05 59	06 28	06 55	13 44	14 16	14 53	15 38
35	06 07	06 39	07 07	13 37	14 06	14 40	15 22
40	06 17	06 51	07 21	13 28	13 54	14 25	15 05
45	06 27	07 04	07 38	13 18	13 40	14 07	14 43
S 50	06 39	07 20	07 59	13 07	13 23	13 46	14 17
52	06 44	07 28	08 09	13 01	13 16	13 35	14 04
54	06 50	07 36	08 20	12 55	13 07	13 23	13 49
56	06 56	07 45	08 33	12 49	12 57	13 10	13 31
58	07 03	07 55	08 47	12 41	12 46	12 55	13 10
S 60	07 10	08 07	09 05	12 33	12 33	12 36	12 44

Lat. (°)	Sunset (h m)	Twilight Civil (h m)	Twilight Naut. (h m)	Moonset 17 (h m)	Moonset 18 (h m)	Moonset 19 (h m)	Moonset 20 (h m)
N 72	▭	▭	▭	22 16	▬	▬	▬
N 70	▭	▭	▭	22 57	▬	▬	▬
68	▭	▭	▭	23 26	22 32	▬	▬
66	▭	▭	▭	{00 05 / 23 47}	23 19	▬	▬
64	22 32	////	////	00 15	{00 05 / 23 50}	23 22	▬
62	21 54	////	////	00 24	00 19	00 13	{00 06 / 23 52}
60	21 27	23 14	////	00 31	00 31	00 32	00 36
N 58	21 07	22 22	////	00 38	00 42	00 47	00 58
56	20 50	21 52	////	00 44	00 51	01 01	01 17
54	20 36	21 30	23 18	00 49	00 59	01 12	01 32
52	20 23	21 12	22 31	00 54	01 06	01 23	01 46
50	20 12	20 57	22 03	00 58	01 13	01 32	01 58
45	19 50	20 27	21 17	01 08	01 27	01 51	02 22
N 40	19 32	20 05	20 46	01 16	01 39	02 07	02 42
35	19 17	19 46	20 23	01 23	01 49	02 21	02 59
30	19 04	19 31	20 04	01 29	01 58	02 33	03 13
20	18 42	19 06	19 35	01 39	02 14	02 53	03 38
N 10	18 23	18 46	19 13	01 48	02 28	03 11	03 59
0	18 05	18 27	18 54	01 57	02 40	03 27	04 19
S 10	17 47	18 10	18 37	02 06	02 53	03 44	04 39
20	17 29	17 53	18 20	02 15	03 07	04 02	05 00
30	17 08	17 34	18 04	02 26	03 23	04 23	05 25
35	16 55	17 24	17 55	02 32	03 32	04 35	05 40
40	16 41	17 12	17 46	02 39	03 43	04 49	05 57
45	16 24	16 58	17 35	02 48	03 55	05 05	06 17
S 50	16 04	16 42	17 24	02 58	04 10	05 26	06 43
52	15 54	16 35	17 18	03 02	04 18	05 36	06 56
54	15 43	16 26	17 13	03 07	04 26	05 47	07 10
56	15 30	16 17	17 06	03 13	04 35	06 00	07 27
58	15 15	16 07	17 00	03 20	04 45	06 15	07 48
S 60	14 58	15 55	16 52	03 27	04 57	06 33	08 14

Day	SUN Eqn. of Time 00^h	SUN Eqn. of Time 12^h	SUN Mer. Pass.	MOON Mer. Pass. Upper	MOON Mer. Pass. Lower	MOON Age	MOON Phase
d	m s	m s	h m	h m	h m	d	%
17	00 57	01 03	12 01	20 30	08 08	11	79
18	01 10	01 16	12 01	21 16	08 52	12	87
19	01 23	01 29	12 01	22 06	09 40	13	93

© British Crown Copyright 2023. All rights reserved.

UT d h	ARIES GHA	VENUS −3·9 GHA	VENUS Dec	MARS +1·0 GHA	MARS Dec	JUPITER −2·0 GHA	JUPITER Dec	SATURN +0·9 GHA	SATURN Dec
	° ′	° ′	° ′	° ′	° ′	° ′	° ′	° ′	° ′
20 00 (THURSDAY)	268 41.8	175 01.2	N23 56.0	232 44.5	N13 10.6	204 40.7	N20 34.8	277 43.5	S 5 59.8
01	283 44.3	190 00.3	56.1	247 45.2	11.2	219 42.6	34.9	292 45.9	59.8
02	298 46.8	204 59.4	56.1	262 45.9	11.8	234 44.5	35.0	307 48.4	59.8
03	313 49.2	219 58.5	56.1	277 46.5	12.4	249 46.3	35.1	322 50.8	59.8
04	328 51.7	234 57.6	56.1	292 47.2	13.0	264 48.2	35.2	337 53.2	59.8
05	343 54.2	249 56.7	56.1	307 47.9	13.6	279 50.1	35.3	352 55.6	59.8
06	358 56.6	264 55.8	N23 56.1	322 48.6	N13 14.2	294 52.0	N20 35.4	7 58.1	S 5 59.8
07	13 59.1	279 54.9	56.1	337 49.3	14.8	309 53.8	35.5	23 00.5	59.8
08	29 01.6	294 54.0	56.1	352 50.0	15.4	324 55.7	35.6	38 02.9	59.8
09	44 04.0	309 53.1	56.1	7 50.7	16.0	339 57.6	35.7	53 05.3	59.8
10	59 06.5	324 52.2	56.1	22 51.4	16.6	354 59.5	35.8	68 07.7	59.8
11	74 08.9	339 51.3	56.1	37 52.1	17.2	10 01.3	35.9	83 10.2	59.8
12	89 11.4	354 50.4	N23 56.1	52 52.8	N13 17.8	25 03.2	N20 36.0	98 12.6	S 5 59.8
13	104 13.9	9 49.5	56.1	67 53.5	18.4	40 05.1	36.1	113 15.0	59.8
14	119 16.3	24 48.6	56.1	82 54.2	19.1	55 06.9	36.2	128 17.4	59.8
15	134 18.8	39 47.7	56.1	97 54.8	19.7	70 08.8	36.3	143 19.9	59.8
16	149 21.3	54 46.8	56.1	112 55.5	20.3	85 10.7	36.4	158 22.3	59.7
17	164 23.7	69 45.9	56.1	127 56.2	20.9	100 12.6	36.5	173 24.7	59.7
18	179 26.2	84 45.0	N23 56.1	142 56.9	N13 21.5	115 14.4	N20 36.6	188 27.1	S 5 59.7
19	194 28.7	99 44.1	56.1	157 57.6	22.1	130 16.3	36.7	203 29.6	59.7
20	209 31.1	114 43.2	56.1	172 58.3	22.7	145 18.2	36.8	218 32.0	59.7
21	224 33.6	129 42.3	56.1	187 59.0	23.3	160 20.1	36.9	233 34.4	59.7
22	239 36.1	144 41.4	56.1	202 59.7	23.9	175 21.9	36.9	248 36.8	59.7
23	254 38.5	159 40.6	56.0	218 00.4	24.5	190 23.8	37.0	263 39.3	59.7
21 00 (FRIDAY)	269 41.0	174 39.7	N23 56.0	233 01.1	N13 25.1	205 25.7	N20 37.1	278 41.7	S 5 59.7
01	284 43.4	189 38.8	56.0	248 01.7	25.7	220 27.6	37.2	293 44.1	59.7
02	299 45.9	204 37.9	56.0	263 02.4	26.3	235 29.4	37.3	308 46.6	59.7
03	314 48.4	219 37.0	56.0	278 03.1	26.9	250 31.3	37.4	323 49.0	59.7
04	329 50.8	234 36.1	56.0	293 03.8	27.5	265 33.2	37.5	338 51.4	59.7
05	344 53.3	249 35.2	55.9	308 04.5	28.1	280 35.1	37.6	353 53.8	59.7
06	359 55.8	264 34.3	N23 55.9	323 05.2	N13 28.7	295 36.9	N20 37.7	8 56.3	S 5 59.7
07	14 58.2	279 33.4	55.9	338 05.9	29.3	310 38.8	37.8	23 58.7	59.7
08	30 00.7	294 32.5	55.9	353 06.6	29.9	325 40.7	37.9	39 01.1	59.7
09	45 03.2	309 31.6	55.8	8 07.3	30.5	340 42.6	38.0	54 03.5	59.7
10	60 05.6	324 30.7	55.8	23 08.0	31.1	355 44.4	38.1	69 06.0	59.7
11	75 08.1	339 29.8	55.8	38 08.7	31.7	10 46.3	38.2	84 08.4	59.7
12	90 10.6	354 28.9	N23 55.8	53 09.3	N13 32.3	25 48.2	N20 38.3	99 10.8	S 5 59.7
13	105 13.0	9 28.0	55.7	68 10.0	32.9	40 50.1	38.4	114 13.3	59.7
14	120 15.5	24 27.1	55.7	83 10.7	33.5	55 51.9	38.5	129 15.7	59.6
15	135 17.9	39 26.2	55.7	98 11.4	34.1	70 53.8	38.6	144 18.1	59.6
16	150 20.4	54 25.3	55.6	113 12.1	34.7	85 55.7	38.7	159 20.5	59.6
17	165 22.9	69 24.4	55.6	128 12.8	35.3	100 57.6	38.8	174 23.0	59.6
18	180 25.3	84 23.5	N23 55.6	143 13.5	N13 35.9	115 59.4	N20 38.9	189 25.4	S 5 59.6
19	195 27.8	99 22.6	55.5	158 14.2	36.5	131 01.3	39.0	204 27.8	59.6
20	210 30.3	114 21.7	55.5	173 14.9	37.1	146 03.2	39.1	219 30.3	59.6
21	225 32.7	129 20.8	55.4	188 15.5	37.7	161 05.1	39.2	234 32.7	59.6
22	240 35.2	144 19.9	55.4	203 16.2	38.3	176 06.9	39.3	249 35.1	59.6
23	255 37.7	159 19.0	55.4	218 16.9	38.9	191 08.8	39.4	264 37.5	59.6
22 00 (SATURDAY)	270 40.1	174 18.1	N23 55.3	233 17.6	N13 39.5	206 10.7	N20 39.5	279 40.0	S 5 59.6
01	285 42.6	189 17.2	55.3	248 18.3	40.1	221 12.6	39.6	294 42.4	59.6
02	300 45.1	204 16.3	55.2	263 19.0	40.7	236 14.4	39.7	309 44.8	59.6
03	315 47.5	219 15.4	55.2	278 19.7	41.3	251 16.3	39.8	324 47.3	59.6
04	330 50.0	234 14.5	55.1	293 20.4	41.9	266 18.2	39.9	339 49.7	59.6
05	345 52.4	249 13.6	55.1	308 21.1	42.5	281 20.1	40.0	354 52.1	59.6
06	0 54.9	264 12.8	N23 55.0	323 21.8	N13 43.1	296 21.9	N20 40.1	9 54.6	S 5 59.6
07	15 57.4	279 11.9	55.0	338 22.4	43.6	311 23.8	40.2	24 57.0	59.6
08	30 59.8	294 11.0	54.9	353 23.1	44.2	326 25.7	40.3	39 59.4	59.6
09	46 02.3	309 10.1	54.9	8 23.8	44.8	341 27.6	40.4	55 01.8	59.6
10	61 04.8	324 09.2	54.8	23 24.5	45.4	356 29.5	40.5	70 04.3	59.6
11	76 07.2	339 08.3	54.7	38 25.2	46.0	11 31.3	40.6	85 06.7	59.6
12	91 09.7	354 07.4	N23 54.7	53 25.9	N13 46.6	26 33.2	N20 40.7	100 09.1	S 5 59.6
13	106 12.2	9 06.5	54.6	68 26.6	47.2	41 35.1	40.8	115 11.6	59.6
14	121 14.6	24 05.6	54.6	83 27.3	47.8	56 37.0	40.8	130 14.0	59.6
15	136 17.1	39 04.7	54.5	98 28.0	48.4	71 38.8	40.9	145 16.4	59.6
16	151 19.6	54 03.8	54.4	113 28.6	49.0	86 40.7	41.0	160 18.9	59.6
17	166 22.0	69 02.9	54.4	128 29.3	49.6	101 42.6	41.1	175 21.3	59.6
18	181 24.5	84 02.0	N23 54.3	143 30.0	N13 50.2	116 44.5	N20 41.2	190 23.7	S 5 59.6
19	196 26.9	99 01.1	54.2	158 30.7	50.8	131 46.3	41.3	205 26.2	59.6
20	211 29.4	114 00.2	54.2	173 31.4	51.4	146 48.2	41.4	220 28.6	59.6
21	226 31.9	128 59.3	54.1	188 32.1	52.0	161 50.1	41.5	235 31.0	59.6
22	241 34.3	143 58.4	54.0	203 32.8	52.5	176 52.0	41.6	250 33.5	59.6
23	256 36.8	158 57.5	54.0	218 33.5	53.1	191 53.8	41.7	265 35.9	59.6
Mer. Pass.	h m 6 00.3	v −0.9	d 0.0	v 0.7	d 0.6	v 1.9	d 0.1	v 2.4	d 0.0

STARS

Name	SHA ° ′	Dec ° ′
Acamar	315 12.4	S40 12.2
Achernar	335 20.8	S57 06.5
Acrux	173 00.5	S63 14.4
Adhara	255 06.6	S29 00.3
Aldebaran	290 40.5	N16 33.5
Alioth	166 13.2	N55 49.9
Alkaid	152 52.1	N49 11.7
Alnair	27 33.3	S46 50.4
Alnilam	275 38.5	S 1 11.2
Alphard	217 48.4	S 8 45.9
Alphecca	126 03.8	N26 38.0
Alpheratz	357 35.3	N29 13.3
Altair	62 00.1	N 8 55.9
Ankaa	353 07.6	S42 10.2
Antares	112 16.1	S26 29.2
Arcturus	145 48.1	N19 03.4
Atria	107 10.2	S69 04.4
Avior	234 15.5	S59 35.4
Bellatrix	278 23.7	N 6 22.3
Betelgeuse	270 52.9	N 7 24.7
Canopus	263 53.2	S52 42.5
Capella	280 23.1	N46 01.3
Deneb	49 25.8	N45 21.9
Denebola	182 25.4	N14 26.2
Diphda	348 47.8	S17 51.1
Dubhe	193 41.7	N61 37.5
Elnath	278 02.8	N28 37.7
Eltanin	90 41.9	N51 29.1
Enif	33 39.1	N 9 59.2
Fomalhaut	15 14.9	S29 29.4
Gacrux	171 52.1	S57 15.3
Gienah	175 44.1	S17 40.7
Hadar	148 36.3	S60 29.7
Hamal	327 51.9	N23 34.6
Kaus Aust.	83 32.7	S34 22.4
Kochab	137 18.9	N74 03.5
Markab	13 30.3	N15 20.1
Menkar	314 06.9	N 4 11.1
Menkent	147 58.0	S36 29.6
Miaplacidus	221 39.1	S69 49.2
Mirfak	308 29.3	N49 56.7
Nunki	75 48.0	S26 15.9
Peacock	53 06.0	S56 39.2
Pollux	243 18.2	N27 58.1
Procyon	244 51.6	N 5 09.8
Rasalhague	95 58.6	N12 32.5
Regulus	207 35.1	N11 50.9
Rigel	281 04.7	S 8 10.4
Rigil Kent.	139 40.5	S60 56.4
Sabik	102 03.0	S15 45.3
Schedar	349 31.7	N56 40.0
Shaula	96 10.6	S37 07.3
Sirius	258 27.0	S16 45.0
Spica	158 22.7	S11 17.4
Suhail	222 47.0	S43 32.0
Vega	80 33.1	N38 48.3
Zuben'ubi	136 56.3	S16 08.7

	SHA ° ′	Mer. Pass. h m
Venus	264 58.7	12 22
Mars	323 20.1	8 28
Jupiter	295 44.7	10 17
Saturn	9 00.7	5 24

© British Crown Copyright 2023. All rights reserved.

UT d	UT h	SUN GHA ° ′	SUN Dec ° ′	MOON GHA ° ′	MOON *v* ′	MOON Dec ° ′	MOON *d* ′	MOON HP ′
20	00	179 36.0	N23 26.1	27 29.9	8.9	S24 48.7	7.8	56.4
	01	194 35.8	26.2	41 57.8	8.9	24 56.5	7.8	56.4
	02	209 35.7	26.2	56 25.7	8.8	25 04.3	7.6	56.4
	03	224 35.6	. . 26.2	70 53.5	8.6	25 11.9	7.5	56.5
	04	239 35.4	26.2	85 21.1	8.5	25 19.4	7.3	56.5
	05	254 35.3	26.2	99 48.6	8.5	25 26.7	7.2	56.5
	06	269 35.2	N23 26.2	114 16.1	8.3	S25 33.9	7.1	56.6
	07	284 35.0	26.2	128 43.4	8.2	25 41.0	6.9	56.6
T	08	299 34.9	26.2	143 10.6	8.2	25 47.9	6.8	56.6
H	09	314 34.8	. . 26.2	157 37.8	8.0	25 54.7	6.7	56.6
U	10	329 34.6	26.3	172 04.8	7.9	26 01.4	6.6	56.7
R	11	344 34.5	26.3	186 31.7	7.8	26 08.0	6.3	56.7
S	12	359 34.4	N23 26.3	200 58.5	7.7	S26 14.3	6.3	56.7
D	13	14 34.2	26.3	215 25.2	7.6	26 20.6	6.1	56.7
A	14	29 34.1	26.3	229 51.8	7.6	26 26.7	6.0	56.8
Y	15	44 33.9	. . 26.3	244 18.4	7.4	26 32.7	5.8	56.8
	16	59 33.8	26.3	258 44.8	7.3	26 38.5	5.7	56.8
	17	74 33.7	26.3	273 11.1	7.2	26 44.2	5.5	56.9
	18	89 33.5	N23 26.3	287 37.3	7.2	S26 49.7	5.4	56.9
	19	104 33.4	26.3	302 03.5	7.0	26 55.1	5.2	56.9
	20	119 33.3	26.3	316 29.5	6.9	27 00.3	5.1	56.9
	21	134 33.1	. . 26.3	330 55.4	6.9	27 05.4	4.9	57.0
	22	149 33.0	26.3	345 21.3	6.8	27 10.3	4.8	57.0
	23	164 32.9	26.3	359 47.1	6.6	27 15.1	4.6	57.0
21	00	179 32.7	N23 26.3	14 12.7	6.6	S27 19.7	4.5	57.0
	01	194 32.6	26.3	28 38.3	6.5	27 24.2	4.3	57.1
	02	209 32.5	26.3	43 03.8	6.5	27 28.5	4.1	57.1
	03	224 32.3	. . 26.3	57 29.3	6.3	27 32.6	4.0	57.1
	04	239 32.2	26.3	71 54.6	6.3	27 36.6	3.8	57.1
	05	254 32.1	26.3	86 19.9	6.2	27 40.4	3.6	57.2
	06	269 31.9	N23 26.3	100 45.1	6.1	S27 44.0	3.5	57.2
	07	284 31.8	26.3	115 10.2	6.0	27 47.5	3.4	57.2
	08	299 31.6	26.2	129 35.2	6.0	27 50.9	3.1	57.3
F	09	314 31.5	. . 26.2	144 00.2	5.9	27 54.0	3.0	57.3
R	10	329 31.4	26.2	158 25.1	5.8	27 57.0	2.8	57.3
I	11	344 31.2	26.2	172 49.9	5.7	27 59.8	2.7	57.3
D	12	359 31.1	N23 26.2	187 14.6	5.7	S28 02.5	2.5	57.4
A	13	14 31.0	26.2	201 39.3	5.7	28 05.0	2.3	57.4
Y	14	29 30.8	26.2	216 04.0	5.5	28 07.3	2.1	57.4
	15	44 30.7	. . 26.2	230 28.5	5.5	28 09.4	2.0	57.4
	16	59 30.6	26.2	244 53.0	5.5	28 11.4	1.8	57.5
	17	74 30.4	26.1	259 17.5	5.4	28 13.2	1.6	57.5
	18	89 30.3	N23 26.1	273 41.9	5.3	S28 14.8	1.5	57.5
	19	104 30.2	26.1	288 06.2	5.3	28 16.3	1.3	57.5
	20	119 30.0	26.1	302 30.5	5.2	28 17.6	1.0	57.6
	21	134 29.9	. . 26.1	316 54.7	5.2	28 18.6	1.0	57.6
	22	149 29.8	26.1	331 18.9	5.2	28 19.6	0.7	57.6
	23	164 29.6	26.0	345 43.1	5.1	28 20.3	0.6	57.6
22	00	179 29.5	N23 26.0	0 07.2	5.1	S28 20.9	0.4	57.7
	01	194 29.4	26.0	14 31.3	5.0	28 21.3	0.2	57.7
	02	209 29.2	26.0	28 55.3	5.0	28 21.5	0.0	57.7
	03	224 29.1	. . 26.0	43 19.3	5.0	28 21.5	0.2	57.7
	04	239 29.0	25.9	57 43.3	4.9	28 21.3	0.3	57.8
	05	254 28.8	25.9	72 07.2	4.9	28 21.0	0.5	57.8
	06	269 28.7	N23 25.9	86 31.1	4.9	S28 20.5	0.7	57.8
	07	284 28.5	25.9	100 55.0	4.9	28 19.8	0.9	57.8
S	08	299 28.4	25.8	115 18.9	4.8	28 18.9	1.1	57.9
A	09	314 28.3	. . 25.8	129 42.7	4.9	28 17.8	1.2	57.9
T	10	329 28.1	25.8	144 06.6	4.8	28 16.6	1.5	57.9
U	11	344 28.0	25.8	158 30.4	4.8	28 15.1	1.6	57.9
R	12	359 27.9	N23 25.7	172 54.2	4.8	S28 13.5	1.8	58.0
D	13	14 27.7	25.7	187 18.0	4.8	28 11.7	2.0	58.0
A	14	29 27.6	25.7	201 41.8	4.7	28 09.7	2.1	58.0
Y	15	44 27.5	. . 25.7	216 05.5	4.8	28 07.6	2.4	58.0
	16	59 27.3	25.6	230 29.3	4.8	28 05.2	2.5	58.1
	17	74 27.2	25.6	244 53.1	4.8	28 02.7	2.7	58.1
	18	89 27.1	N23 25.6	259 16.9	4.7	S28 00.0	2.9	58.1
	19	104 26.9	25.5	273 40.6	4.8	27 57.1	3.1	58.1
	20	119 26.8	25.5	288 04.4	4.8	27 54.0	3.2	58.1
	21	134 26.7	. . 25.5	302 28.2	4.8	27 50.8	3.5	58.2
	22	149 26.5	25.4	316 52.0	4.9	27 47.3	3.6	58.2
	23	164 26.4	25.4	331 15.9	4.8	S27 43.7	3.8	58.2
		SD 15.8	*d* 0.0	SD	15.5	15.6		15.8

Lat. °	Twilight Naut. h m	Twilight Civil h m	Sunrise h m	Moonrise 20 h m	Moonrise 21 h m	Moonrise 22 h m	Moonrise 23 h m
N 72	□	□	□	■	■	■	■
N 70	□	□	□	■	■	■	■
68	□	□	□	■	■	■	■
66	□	□	□	■	■	■	■
64	////	////	01 31	■	■	■	■
62	////	////	02 09	22 03	■	■	00 27
60	////	00 49	02 36	21 09	22 36	23 21	23 36
N 58	////	01 40	02 56	20 37	21 55	22 46	23 12
56	////	02 11	03 13	20 13	21 27	22 20	22 53
54	00 45	02 33	03 28	19 53	21 05	22 00	22 36
52	01 32	02 51	03 40	19 37	20 47	21 43	22 22
50	02 00	03 06	03 51	19 23	20 32	21 28	22 10
45	02 46	03 36	04 13	18 54	20 01	20 59	21 44
N 40	03 17	03 59	04 31	18 32	19 37	20 35	21 24
35	03 40	04 17	04 47	18 14	19 18	20 16	21 07
30	03 59	04 32	05 00	17 58	19 01	20 00	20 52
20	04 28	04 57	05 22	17 31	18 32	19 32	20 27
N 10	04 50	05 18	05 41	17 09	18 08	19 08	20 06
0	05 09	05 36	05 58	16 47	17 45	18 45	19 45
S 10	05 27	05 53	06 16	16 26	17 23	18 23	19 25
20	05 43	06 10	06 34	16 04	16 58	17 59	19 03
30	05 59	06 29	06 56	15 38	16 30	17 31	18 37
35	06 08	06 40	07 08	15 22	16 14	17 14	18 22
40	06 17	06 52	07 22	15 05	15 54	16 55	18 05
45	06 28	07 05	07 39	14 43	15 31	16 31	17 44
S 50	06 40	07 21	08 00	14 17	15 01	16 01	17 17
52	06 45	07 29	08 10	14 04	14 46	15 46	17 04
54	06 51	07 37	08 21	13 49	14 29	15 29	16 49
56	06 57	07 46	08 34	13 31	14 08	15 08	16 31
58	07 04	07 56	08 48	13 10	13 42	14 42	16 10
S 60	07 11	08 08	09 06	12 44	13 06	14 05	15 42

Lat. °	Sunset h m	Twilight Civil h m	Twilight Naut. h m	Moonset 20 h m	Moonset 21 h m	Moonset 22 h m	Moonset 23 h m
N 72	□	□	□	■	■	■	■
N 70	□	□	□	■	■	■	■
68	□	□	□	■	■	■	■
66	□	□	□	■	■	■	■
64	22 33	////	////	■	■	■	■
62	21 54	////	////	{00 06 / 23 52}	■	■	01 38
60	21 28	23 15	////	00 36	00 47	01 23	02 44
N 58	21 07	22 23	////	00 58	01 20	02 03	03 19
56	20 51	21 53	////	01 17	01 44	02 31	03 44
54	20 36	21 31	23 19	01 32	02 04	02 53	04 04
52	20 24	21 13	22 31	01 46	02 20	03 11	04 21
50	20 13	20 58	22 03	01 58	02 34	03 26	04 35
45	19 50	20 28	21 18	02 22	03 03	03 57	05 04
N 40	19 32	20 05	20 47	02 42	03 26	04 21	05 27
35	19 17	19 47	20 24	02 59	03 45	04 41	05 46
30	19 04	19 32	20 05	03 13	04 01	04 58	06 02
20	18 42	19 07	19 36	03 38	04 29	05 27	06 29
N 10	18 23	18 46	19 13	03 59	04 53	05 51	06 53
0	18 06	18 28	18 54	04 19	05 15	06 14	07 14
S 10	17 48	18 11	18 37	04 39	05 37	06 37	07 36
20	17 30	17 54	18 21	05 00	06 01	07 01	07 59
30	17 08	17 35	18 05	05 25	06 28	07 29	08 25
35	16 56	17 24	17 56	05 40	06 45	07 46	08 41
40	16 42	17 12	17 46	05 57	07 04	08 06	08 59
45	16 25	16 59	17 36	06 17	07 27	08 29	09 21
S 50	16 04	16 43	17 24	06 43	07 56	09 00	09 48
52	15 54	16 35	17 19	06 56	08 11	09 15	10 02
54	15 43	16 27	17 13	07 10	08 28	09 32	10 17
56	15 30	16 18	17 07	07 27	08 49	09 53	10 35
58	15 16	16 08	17 00	07 48	09 14	10 20	10 57
S 60	14 58	15 56	16 53	08 14	09 50	10 57	11 25

Day	SUN Eqn. of Time 00^h	SUN Eqn. of Time 12^h	SUN Mer. Pass.	MOON Mer. Pass. Upper	MOON Mer. Pass. Lower	MOON Age	MOON Phase
d	m s	m s	h m	h m	h m	d %	
20	01 36	01 42	12 02	23 01	10 33	14 97	
21	01 49	01 55	12 02	23 59	11 30	15 99	○
22	02 02	02 08	12 02	25 00	12 30	16 100	

© British Crown Copyright 2023. All rights reserved.

UT d	h	ARIES GHA ° ′	VENUS −3·9 GHA ° ′	VENUS Dec ° ′	MARS +1·0 GHA ° ′	MARS Dec ° ′	JUPITER −2·0 GHA ° ′	JUPITER Dec ° ′	SATURN +0·9 GHA ° ′	SATURN Dec ° ′
23 SUNDAY	00	271 39.3	173 56.6	N23 53.9	233 34.2	N13 53.7	206 55.7	N20 41.8	280 38.3	S 5 59.6
	01	286 41.7	188 55.7	53.8	248 34.8	54.3	221 57.6	41.9	295 40.8	59.6
	02	301 44.2	203 54.8	53.7	263 35.5	54.9	236 59.5	42.0	310 43.2	59.6
	03	316 46.7	218 53.9	. . 53.7	278 36.2	. . 55.5	252 01.4	. . 42.1	325 45.6	. . 59.6
	04	331 49.1	233 53.0	53.6	293 36.9	56.1	267 03.2	42.2	340 48.1	59.6
	05	346 51.6	248 52.2	53.5	308 37.6	56.7	282 05.1	42.3	355 50.5	59.6
	06	1 54.1	263 51.3	N23 53.4	323 38.3	N13 57.3	297 07.0	N20 42.4	10 52.9	S 5 59.6
	07	16 56.5	278 50.4	53.3	338 39.0	57.9	312 08.9	42.5	25 55.4	59.6
	08	31 59.0	293 49.5	53.3	353 39.7	58.4	327 10.7	42.6	40 57.8	59.6
	09	47 01.4	308 48.6	. . 53.2	8 40.3	. . 59.0	342 12.6	. . 42.7	56 00.2	. . 59.6
	10	62 03.9	323 47.7	53.1	23 41.0	13 59.6	357 14.5	42.8	71 02.7	59.6
	11	77 06.4	338 46.8	53.0	38 41.7	14 00.2	12 16.4	42.9	86 05.1	59.6
	12	92 08.8	353 45.9	N23 52.9	53 42.4	N14 00.8	27 18.3	N20 43.0	101 07.6	S 5 59.5
	13	107 11.3	8 45.0	52.8	68 43.1	01.4	42 20.1	43.1	116 10.0	59.5
	14	122 13.8	23 44.1	52.7	83 43.8	02.0	57 22.0	43.2	131 12.4	59.5
	15	137 16.2	38 43.2	. . 52.6	98 44.5	. . 02.6	72 23.9	. . 43.2	146 14.9	. . 59.5
	16	152 18.7	53 42.3	52.5	113 45.2	03.1	87 25.8	43.3	161 17.3	59.5
	17	167 21.2	68 41.4	52.4	128 45.8	03.7	102 27.7	43.4	176 19.7	59.5
	18	182 23.6	83 40.5	N23 52.3	143 46.5	N14 04.3	117 29.5	N20 43.5	191 22.2	S 5 59.5
	19	197 26.1	98 39.6	52.3	158 47.2	04.9	132 31.4	43.6	206 24.6	59.5
	20	212 28.6	113 38.7	52.2	173 47.9	05.5	147 33.3	43.7	221 27.0	59.5
	21	227 31.0	128 37.8	. . 52.1	188 48.6	. . 06.1	162 35.2	. . 43.8	236 29.5	. . 59.5
	22	242 33.5	143 37.0	52.0	203 49.3	06.7	177 37.0	43.9	251 31.9	59.5
	23	257 35.9	158 36.1	51.9	218 50.0	07.2	192 38.9	44.0	266 34.4	59.5
24 MONDAY	00	272 38.4	173 35.2	N23 51.7	233 50.7	N14 07.8	207 40.8	N20 44.1	281 36.8	S 5 59.5
	01	287 40.9	188 34.3	51.6	248 51.4	08.4	222 42.7	44.2	296 39.2	59.5
	02	302 43.3	203 33.4	51.5	263 52.0	09.0	237 44.6	44.3	311 41.7	59.5
	03	317 45.8	218 32.5	. . 51.4	278 52.7	. . 09.6	252 46.4	. . 44.4	326 44.1	. . 59.5
	04	332 48.3	233 31.6	51.3	293 53.4	10.2	267 48.3	44.5	341 46.5	59.5
	05	347 50.7	248 30.7	51.2	308 54.1	10.7	282 50.2	44.6	356 49.0	59.5
	06	2 53.2	263 29.8	N23 51.1	323 54.8	N14 11.3	297 52.1	N20 44.7	11 51.4	S 5 59.6
	07	17 55.7	278 28.9	51.0	338 55.5	11.9	312 54.0	44.8	26 53.9	59.6
	08	32 58.1	293 28.0	50.9	353 56.2	12.5	327 55.8	44.9	41 56.3	59.6
	09	48 00.6	308 27.1	. . 50.8	8 56.8	. . 13.1	342 57.7	. . 45.0	56 58.7	. . 59.6
	10	63 03.0	323 26.2	50.6	23 57.5	13.7	357 59.6	45.0	72 01.2	59.6
	11	78 05.5	338 25.3	50.5	38 58.2	14.2	13 01.5	45.1	87 03.6	59.6
	12	93 08.0	353 24.5	N23 50.4	53 58.9	N14 14.8	28 03.4	N20 45.2	102 06.1	S 5 59.6
	13	108 10.4	8 23.6	50.3	68 59.6	15.4	43 05.2	45.3	117 08.5	59.6
	14	123 12.9	23 22.7	50.2	84 00.3	16.0	58 07.1	45.4	132 10.9	59.6
	15	138 15.4	38 21.8	. . 50.1	99 01.0	. . 16.6	73 09.0	. . 45.5	147 13.4	. . 59.6
	16	153 17.8	53 20.9	49.9	114 01.7	17.1	88 10.9	45.6	162 15.8	59.6
	17	168 20.3	68 20.0	49.8	129 02.3	17.7	103 12.8	45.7	177 18.3	59.6
	18	183 22.8	83 19.1	N23 49.7	144 03.0	N14 18.3	118 14.6	N20 45.8	192 20.7	S 5 59.6
	19	198 25.2	98 18.2	49.6	159 03.7	18.9	133 16.5	45.9	207 23.1	59.6
	20	213 27.7	113 17.3	49.4	174 04.4	19.5	148 18.4	46.0	222 25.6	59.6
	21	228 30.2	128 16.4	. . 49.3	189 05.1	. . 20.0	163 20.3	. . 46.1	237 28.0	. . 59.6
	22	243 32.6	143 15.5	49.2	204 05.8	20.6	178 22.2	46.2	252 30.5	59.6
	23	258 35.1	158 14.6	49.0	219 06.5	21.2	193 24.0	46.3	267 32.9	59.6
25 TUESDAY	00	273 37.5	173 13.8	N23 48.9	234 07.1	N14 21.8	208 25.9	N20 46.4	282 35.3	S 5 59.6
	01	288 40.0	188 12.9	48.8	249 07.8	22.4	223 27.8	46.5	297 37.8	59.6
	02	303 42.5	203 12.0	48.6	264 08.5	22.9	238 29.7	46.6	312 40.2	59.6
	03	318 44.9	218 11.1	. . 48.5	279 09.2	. . 23.5	253 31.6	. . 46.6	327 42.7	. . 59.6
	04	333 47.4	233 10.2	48.4	294 09.9	24.1	268 33.4	46.7	342 45.1	59.6
	05	348 49.9	248 09.3	48.2	309 10.6	24.7	283 35.3	46.8	357 47.6	59.6
	06	3 52.3	263 08.4	N23 48.1	324 11.3	N14 25.3	298 37.2	N20 46.9	12 50.0	S 5 59.6
	07	18 54.8	278 07.5	47.9	339 12.0	25.8	313 39.1	47.0	27 52.4	59.6
	08	33 57.3	293 06.6	47.8	354 12.6	26.4	328 41.0	47.1	42 54.9	59.6
	09	48 59.7	308 05.7	. . 47.7	9 13.3	. . 27.0	343 42.8	. . 47.2	57 57.3	. . 59.6
	10	64 02.2	323 04.9	47.5	24 14.0	27.6	358 44.7	47.3	72 59.8	59.6
	11	79 04.7	338 04.0	47.4	39 14.7	28.1	13 46.6	47.4	88 02.2	59.6
	12	94 07.1	353 03.1	N23 47.2	54 15.4	N14 28.7	28 48.5	N20 47.5	103 04.7	S 5 59.6
	13	109 09.6	8 02.2	47.1	69 16.1	29.3	43 50.4	47.6	118 07.1	59.6
	14	124 12.0	23 01.3	46.9	84 16.8	29.9	58 52.2	47.7	133 09.5	59.6
	15	139 14.5	38 00.4	. . 46.8	99 17.4	. . 30.4	73 54.1	. . 47.8	148 12.0	. . 59.6
	16	154 17.0	52 59.5	46.6	114 18.1	31.0	88 56.0	47.9	163 14.4	59.6
	17	169 19.4	67 58.6	46.5	129 18.8	31.6	103 57.9	48.0	178 16.9	59.6
	18	184 21.9	82 57.7	N23 46.3	144 19.5	N14 32.2	118 59.8	N20 48.0	193 19.3	S 5 59.6
	19	199 24.4	97 56.8	46.1	159 20.2	32.7	134 01.7	48.1	208 21.8	59.6
	20	214 26.8	112 56.0	46.0	174 20.9	33.3	149 03.5	48.2	223 24.2	59.6
	21	229 29.3	127 55.1	. . 45.8	189 21.6	. . 33.9	164 05.4	. . 48.3	238 26.6	. . 59.6
	22	244 31.8	142 54.2	45.7	204 22.2	34.4	179 07.3	48.4	253 29.1	59.6
	23	259 34.2	157 53.3	45.5	219 22.9	35.0	194 09.2	48.5	268 31.5	59.6
Mer. Pass.		h m 5 48.5	v −0.9	d 0.1	v 0.7	d 0.6	v 1.9	d 0.1	v 2.4	d 0.0

STARS

Name	SHA ° ′	Dec ° ′
Acamar	315 12.4	S40 12.2
Achernar	335 20.7	S57 06.5
Acrux	173 00.5	S63 14.4
Adhara	255 06.6	S29 00.3
Aldebaran	290 40.5	N16 33.5
Alioth	166 13.2	N55 49.9
Alkaid	152 52.1	N49 11.7
Alnair	27 33.2	S46 50.3
Alnilam	275 38.5	S 1 11.1
Alphard	217 48.4	S 8 45.9
Alphecca	126 03.8	N26 38.0
Alpheratz	357 35.2	N29 13.4
Altair	62 00.1	N 8 55.9
Ankaa	353 07.6	S42 10.2
Antares	112 16.1	S26 29.2
Arcturus	145 48.1	N19 03.4
Atria	107 10.1	S69 04.4
Avior	234 15.5	S59 35.4
Bellatrix	278 23.7	N 6 22.3
Betelgeuse	270 52.9	N 7 24.7
Canopus	263 53.2	S52 42.5
Capella	280 23.0	N46 01.3
Deneb	49 25.7	N45 21.9
Denebola	182 25.4	N14 26.2
Diphda	348 47.8	S17 51.0
Dubhe	193 41.7	N61 37.4
Elnath	278 02.8	N28 37.7
Eltanin	90 41.8	N51 29.1
Enif	33 39.0	N 9 59.2
Fomalhaut	15 14.9	S29 29.4
Gacrux	171 52.1	S57 15.3
Gienah	175 44.1	S17 40.7
Hadar	148 36.3	S60 29.7
Hamal	327 51.9	N23 34.6
Kaus Aust.	83 32.7	S34 22.4
Kochab	137 19.0	N74 03.5
Markab	13 30.3	N15 20.1
Menkar	314 06.9	N 4 11.1
Menkent	147 58.0	S36 29.6
Miaplacidus	221 39.1	S69 49.2
Mirfak	308 29.3	N49 56.7
Nunki	75 47.9	S26 15.9
Peacock	53 05.9	S56 39.2
Pollux	243 18.2	N27 58.1
Procyon	244 51.6	N 5 09.8
Rasalhague	95 58.6	N12 32.5
Regulus	207 35.1	N11 50.9
Rigel	281 04.6	S 8 10.4
Rigil Kent.	139 40.5	S60 56.4
Sabik	102 03.0	S15 45.3
Schedar	349 31.7	N56 40.0
Shaula	96 10.6	S37 07.3
Sirius	258 27.0	S16 44.9
Spica	158 22.7	S11 17.4
Suhail	222 47.0	S43 32.0
Vega	80 33.1	N38 48.3
Zuben'ubi	136 56.3	S16 08.7

	SHA ° ′	Mer. Pass. h m
Venus	260 56.8	12 26
Mars	321 12.3	8 24
Jupiter	295 02.4	10 08
Saturn	8 58.4	5 13

© British Crown Copyright 2023. All rights reserved.

	UT d h	SUN GHA ° ′	SUN Dec ° ′	MOON GHA ° ′	v ′	Dec ° ′	d ′	HP ′
	23 00	179 26.3	N23 25.4	345 39.7	4.9	S27 39.9	4.0	58.2
	01	194 26.1	25.3	0 03.6	4.8	27 35.9	4.2	58.3
	02	209 26.0	25.3	14 27.4	4.9	27 31.7	4.3	58.3
	03	224 25.9	. . 25.2	28 51.3	5.0	27 27.4	4.6	58.3
	04	239 25.7	25.2	43 15.3	4.9	27 22.8	4.7	58.3
	05	254 25.6	25.2	57 39.2	5.0	27 18.1	4.9	58.3
	06	269 25.5	N23 25.1	72 03.2	5.0	S27 13.2	5.0	58.4
	07	284 25.3	25.1	86 27.2	5.1	27 08.2	5.3	58.4
	08	299 25.2	25.0	100 51.3	5.0	27 02.9	5.4	58.4
S	09	314 25.1	. . 25.0	115 15.3	5.2	26 57.5	5.6	58.4
U	10	329 24.9	25.0	129 39.5	5.1	26 51.9	5.8	58.4
N	11	344 24.8	24.9	144 03.6	5.2	26 46.1	5.9	58.5
D	12	359 24.7	N23 24.9	158 27.8	5.3	S26 40.2	6.2	58.5
A	13	14 24.5	24.8	172 52.1	5.3	26 34.0	6.3	58.5
Y	14	29 24.4	24.8	187 16.4	5.3	26 27.7	6.4	58.5
	15	44 24.3	. . 24.7	201 40.7	5.4	26 21.3	6.7	58.5
	16	59 24.1	24.7	216 05.1	5.5	26 14.6	6.8	58.6
	17	74 24.0	24.6	230 29.6	5.5	26 07.8	7.0	58.6
	18	89 23.9	N23 24.6	244 54.1	5.5	S26 00.8	7.2	58.6
	19	104 23.7	24.5	259 18.6	5.6	25 53.6	7.3	58.6
	20	119 23.6	24.5	273 43.2	5.7	25 46.3	7.5	58.6
	21	134 23.5	. . 24.4	288 07.9	5.7	25 38.8	7.6	58.6
	22	149 23.3	24.4	302 32.6	5.8	25 31.2	7.9	58.7
	23	164 23.2	24.3	316 57.4	5.8	25 23.3	8.0	58.7
	24 00	179 23.1	N23 24.3	331 22.2	6.0	S25 15.3	8.1	58.7
	01	194 22.9	24.2	345 47.2	5.9	25 07.2	8.3	58.7
	02	209 22.8	24.2	0 12.1	6.1	24 58.9	8.5	58.7
	03	224 22.7	. . 24.1	14 37.2	6.1	24 50.4	8.6	58.7
	04	239 22.5	24.0	29 02.3	6.2	24 41.8	8.8	58.8
	05	254 22.4	24.0	43 27.5	6.2	24 33.0	9.0	58.8
	06	269 22.3	N23 23.9	57 52.7	6.3	S24 24.0	9.1	58.8
	07	284 22.1	23.9	72 18.0	6.4	24 14.9	9.3	58.8
	08	299 22.0	23.8	86 43.4	6.5	24 05.6	9.4	58.8
M	09	314 21.9	. . 23.8	101 08.9	6.5	23 56.2	9.5	58.8
O	10	329 21.7	23.7	115 34.4	6.6	23 46.7	9.8	58.9
N	11	344 21.6	23.6	130 00.0	6.7	23 36.9	9.8	58.9
D	12	359 21.5	N23 23.6	144 25.7	6.8	S23 27.1	10.0	58.9
A	13	14 21.3	23.5	158 51.5	6.8	23 17.1	10.2	58.9
Y	14	29 21.2	23.4	173 17.3	7.0	23 06.9	10.3	58.9
	15	44 21.1	. . 23.4	187 43.3	7.0	22 56.6	10.5	58.9
	16	59 20.9	23.3	202 09.3	7.0	22 46.1	10.6	58.9
	17	74 20.8	23.3	216 35.3	7.2	22 35.5	10.7	59.0
	18	89 20.7	N23 23.2	231 01.5	7.3	S22 24.8	10.9	59.0
	19	104 20.5	23.1	245 27.8	7.3	22 13.9	11.0	59.0
	20	119 20.4	23.1	259 54.1	7.4	22 02.9	11.1	59.0
	21	134 20.3	. . 23.0	274 20.5	7.5	21 51.8	11.3	59.0
	22	149 20.2	22.9	288 47.0	7.5	21 40.5	11.4	59.0
	23	164 20.0	22.8	303 13.5	7.7	21 29.1	11.6	59.0
	25 00	179 19.9	N23 22.8	317 40.2	7.7	S21 17.5	11.6	59.0
	01	194 19.8	22.7	332 06.9	7.8	21 05.9	11.9	59.1
	02	209 19.6	22.6	346 33.7	7.9	20 54.0	11.9	59.1
	03	224 19.5	. . 22.6	1 00.6	8.0	20 42.1	12.0	59.1
	04	239 19.4	22.5	15 27.6	8.1	20 30.1	12.2	59.1
	05	254 19.2	22.4	29 54.7	8.1	20 17.9	12.3	59.1
	06	269 19.1	N23 22.3	44 21.8	8.2	S20 05.6	12.5	59.1
	07	284 19.0	22.3	58 49.0	8.3	19 53.1	12.5	59.1
T	08	299 18.8	22.2	73 16.3	8.4	19 40.6	12.7	59.1
U	09	314 18.7	. . 22.1	87 43.7	8.5	19 27.9	12.7	59.1
E	10	329 18.6	22.0	102 11.2	8.6	19 15.2	12.9	59.1
S	11	344 18.4	22.0	116 38.8	8.6	19 02.3	13.0	59.2
D	12	359 18.3	N23 21.9	131 06.4	8.7	S18 49.3	13.1	59.2
A	13	14 18.2	21.8	145 34.1	8.8	18 36.2	13.3	59.2
Y	14	29 18.0	21.7	160 01.9	8.9	18 22.9	13.3	59.2
	15	44 17.9	. . 21.6	174 29.8	9.0	18 09.6	13.4	59.2
	16	59 17.8	21.5	188 57.8	9.0	17 56.2	13.6	59.2
	17	74 17.7	21.5	203 25.8	9.2	17 42.6	13.6	59.2
	18	89 17.5	N23 21.4	217 54.0	9.2	S17 29.0	13.8	59.2
	19	104 17.4	21.3	232 22.2	9.2	17 15.2	13.8	59.2
	20	119 17.3	21.2	246 50.4	9.4	17 01.4	14.0	59.2
	21	134 17.1	. . 21.1	261 18.8	9.4	16 47.4	14.0	59.2
	22	149 17.0	21.0	275 47.2	9.6	16 33.4	14.1	59.2
	23	164 16.9	21.0	290 15.8	9.6	S16 19.3	14.3	59.3
		SD 15.8	*d* 0.1	SD 15.9		16.0		16.1

Lat.	Twilight Naut.	Twilight Civil	Sunrise	Moonrise 23	Moonrise 24	Moonrise 25	Moonrise 26
°	h m	h m	h m	h m	h m	h m	h m
N 72	□	□	□	■	■	■	01 47
N 70	□	□	□	■	■	■	01 11
68	□	□	□	■	■	01 44	00 44
66	□	□	□	■	■	00 55	00 24
64	////	////	01 33	■	00 58	00 24	{00 08 / 23 56}
62	////	////	02 11	00 27	00 08	{00 00 / 23 54}	23 49
60	////	00 51	02 37	23 36	23 41	23 42	23 42
N 58	////	01 42	02 57	23 12	23 25	23 32	23 37
56	////	02 12	03 14	22 53	23 11	23 23	23 32
54	00 47	02 34	03 28	22 36	23 00	23 15	23 27
52	01 34	02 52	03 41	22 22	22 49	23 08	23 23
50	02 01	03 07	03 52	22 10	22 40	23 02	23 19
45	02 47	03 37	04 14	21 44	22 20	22 48	23 11
N 40	03 18	03 59	04 32	21 24	22 04	22 36	23 04
35	03 41	04 18	04 47	21 07	21 50	22 26	22 58
30	03 59	04 33	05 00	20 52	21 38	22 18	22 52
20	04 29	04 58	05 22	20 27	21 17	22 02	22 43
N 10	04 51	05 18	05 41	20 06	20 59	21 49	22 35
0	05 10	05 36	05 59	19 45	20 43	21 37	22 27
S 10	05 27	05 53	06 16	19 25	20 26	21 24	22 20
20	05 43	06 11	06 35	19 03	20 07	21 11	22 12
30	06 00	06 30	06 56	18 37	19 46	20 55	22 02
35	06 09	06 40	07 08	18 22	19 34	20 46	21 57
40	06 18	06 52	07 23	18 05	19 20	20 36	21 50
45	06 28	07 06	07 39	17 44	19 03	20 23	21 43
S 50	06 40	07 22	08 00	17 17	18 42	20 09	21 34
52	06 45	07 29	08 10	17 04	18 31	20 02	21 30
54	06 51	07 37	08 21	16 49	18 20	19 54	21 26
56	06 57	07 46	08 34	16 31	18 07	19 45	21 21
58	07 04	07 57	08 48	16 10	17 52	19 35	21 15
S 60	07 11	08 08	09 06	15 42	17 33	19 23	21 09

Lat.	Sunset	Twilight Civil	Twilight Naut.	Moonset 23	Moonset 24	Moonset 25	Moonset 26
°	h m	h m	h m	h m	h m	h m	h m
N 72	□	□	□	■	■	■	06 19
N 70	□	□	□	■	■	■	06 53
68	□	□	□	■	■	04 26	07 17
66	□	□	□	■	■	05 14	07 36
64	22 32	////	////	■	03 12	05 45	07 51
62	21 54	////	////	01 38	04 02	06 07	08 03
60	21 28	23 13	////	02 44	04 33	06 25	08 14
N 58	21 07	22 23	////	03 19	04 56	06 40	08 23
56	20 51	21 53	////	03 44	05 15	06 53	08 31
54	20 37	21 31	23 17	04 04	05 31	07 04	08 38
52	20 24	21 13	22 31	04 21	05 44	07 14	08 44
50	20 13	20 58	22 03	04 35	05 56	07 23	08 50
45	19 51	20 28	21 18	05 04	06 21	07 41	09 02
N 40	19 33	20 06	20 47	05 27	06 40	07 56	09 12
35	19 18	19 48	20 24	05 46	06 56	08 09	09 20
30	19 05	19 32	20 06	06 02	07 10	08 19	09 27
20	18 43	19 07	19 37	06 29	07 34	08 38	09 40
N 10	18 24	18 47	19 14	06 53	07 54	08 54	09 51
0	18 06	18 29	18 55	07 14	08 13	09 09	10 01
S 10	17 49	18 12	18 38	07 36	08 32	09 24	10 11
20	17 30	17 54	18 22	07 59	08 52	09 39	10 22
30	17 09	17 35	18 05	08 25	09 14	09 57	10 34
35	16 57	17 25	17 57	08 41	09 28	10 07	10 41
40	16 43	17 13	17 47	08 59	09 43	10 19	10 49
45	16 26	17 00	17 37	09 21	10 01	10 33	10 58
S 50	16 05	16 44	17 25	09 48	10 24	10 49	11 09
52	15 55	16 36	17 20	10 02	10 34	10 57	11 14
54	15 44	16 28	17 14	10 17	10 46	11 06	11 19
56	15 31	16 19	17 08	10 35	11 00	11 15	11 25
58	15 17	16 09	17 01	10 57	11 16	11 26	11 32
S 60	14 59	15 57	16 54	11 25	11 35	11 39	11 40

Day	SUN Eqn. of Time 00h	SUN Eqn. of Time 12h	SUN Mer. Pass.	MOON Mer. Pass. Upper	MOON Mer. Pass. Lower	Age	Phase
d	m s	m s	h m	h m	h m	d %	
23	02 15	02 21	12 02	01 00	13 30	17 97	
24	02 27	02 34	12 03	01 59	14 28	18 92	
25	02 40	02 46	12 03	02 56	15 23	19 85	

© British Crown Copyright 2023. All rights reserved.

UT	ARIES	VENUS −3·9		MARS +1·0		JUPITER −2·0		SATURN +0·9		STARS		
	GHA	GHA	Dec	GHA	Dec	GHA	Dec	GHA	Dec	Name	SHA	Dec
d h	° ′	° ′	° ′	° ′	° ′	° ′	° ′	° ′	° ′		° ′	° ′
26 00	274 36.7	172 52.4	N23 45.4	234 23.6	N14 35.6	209 11.1	N20 48.6	283 34.0	S 5 59.6	Acamar	315 12.4	S40 12.2
01	289 39.2	187 51.5	45.2	249 24.3	36.2	224 13.0	48.7	298 36.4	59.6	Achernar	335 20.7	S57 06.5
02	304 41.6	202 50.6	45.0	264 25.0	36.7	239 14.8	48.8	313 38.9	59.6	Acrux	173 00.6	S63 14.4
03	319 44.1	217 49.7	. . 44.9	279 25.7	. . 37.3	254 16.7	. . 48.9	328 41.3	. . 59.6	Adhara	255 06.6	S29 00.3
04	334 46.5	232 48.9	44.7	294 26.4	37.9	269 18.6	49.0	343 43.8	59.7	Aldebaran	290 40.4	N16 33.5
05	349 49.0	247 48.0	44.5	309 27.0	38.4	284 20.5	49.1	358 46.2	59.7			
06	4 51.5	262 47.1	N23 44.4	324 27.7	N14 39.0	299 22.4	N20 49.2	13 48.7	S 5 59.7	Alioth	166 13.3	N55 49.9
W 07	19 53.9	277 46.2	44.2	339 28.4	39.6	314 24.2	49.2	28 51.1	59.7	Alkaid	152 52.2	N49 11.7
E 08	34 56.4	292 45.3	44.0	354 29.1	40.2	329 26.1	49.3	43 53.5	59.7	Alnair	27 33.2	S46 50.3
D 09	49 58.9	307 44.4	. . 43.8	9 29.8	. . 40.7	344 28.0	. . 49.4	58 56.0	. . 59.7	Alnilam	275 38.5	S 1 11.1
N 10	65 01.3	322 43.5	43.7	24 30.5	41.3	359 29.9	49.5	73 58.4	59.7	Alphard	217 48.4	S 8 45.9
11	80 03.8	337 42.7	43.5	39 31.1	41.9	14 31.8	49.6	89 00.9	59.7			
E 12	95 06.3	352 41.8	N23 43.3	54 31.8	N14 42.4	29 33.7	N20 49.7	104 03.3	S 5 59.7	Alphecca	126 03.8	N26 38.0
S 13	110 08.7	7 40.9	43.1	69 32.5	43.0	44 35.5	49.8	119 05.8	59.7	Alpheratz	357 35.2	N29 13.4
D 14	125 11.2	22 40.0	43.0	84 33.2	43.6	59 37.4	49.9	134 08.2	59.7	Altair	62 00.1	N 8 55.9
A 15	140 13.6	37 39.1	. . 42.8	99 33.9	. . 44.1	74 39.3	. . 50.0	149 10.7	. . 59.7	Ankaa	353 07.6	S42 10.1
Y 16	155 16.1	52 38.2	42.6	114 34.6	44.7	89 41.2	50.1	164 13.1	59.7	Antares	112 16.1	S26 29.2
17	170 18.6	67 37.3	42.4	129 35.3	45.3	104 43.1	50.2	179 15.6	59.7			
18	185 21.0	82 36.5	N23 42.2	144 35.9	N14 45.8	119 45.0	N20 50.3	194 18.0	S 5 59.7	Arcturus	145 48.1	N19 03.4
19	200 23.5	97 35.6	42.0	159 36.6	46.4	134 46.8	50.3	209 20.5	59.7	Atria	107 10.1	S69 04.4
20	215 26.0	112 34.7	41.9	174 37.3	47.0	149 48.7	50.4	224 22.9	59.7	Avior	234 15.5	S59 35.3
21	230 28.4	127 33.8	. . 41.7	189 38.0	. . 47.6	164 50.6	. . 50.5	239 25.4	. . 59.7	Bellatrix	278 23.7	N 6 22.3
22	245 30.9	142 32.9	41.5	204 38.7	48.1	179 52.5	50.6	254 27.8	59.7	Betelgeuse	270 52.9	N 7 24.7
23	260 33.4	157 32.0	41.3	219 39.4	48.7	194 54.4	50.7	269 30.3	59.7			
27 00	275 35.8	172 31.1	N23 41.1	234 40.0	N14 49.2	209 56.3	N20 50.8	284 32.7	S 5 59.7	Canopus	263 53.2	S52 42.4
01	290 38.3	187 30.3	40.9	249 40.7	49.8	224 58.1	50.9	299 35.2	59.7	Capella	280 23.0	N46 01.3
02	305 40.8	202 29.4	40.7	264 41.4	50.4	240 00.0	51.0	314 37.6	59.8	Deneb	49 25.7	N45 21.9
03	320 43.2	217 28.5	. . 40.5	279 42.1	. . 50.9	255 01.9	. . 51.1	329 40.1	. . 59.8	Denebola	182 25.5	N14 26.2
04	335 45.7	232 27.6	40.3	294 42.8	51.5	270 03.8	51.2	344 42.5	59.8	Diphda	348 47.8	S17 51.0
05	350 48.1	247 26.7	40.1	309 43.5	52.1	285 05.7	51.3	359 45.0	59.8			
06	5 50.6	262 25.8	N23 39.9	324 44.2	N14 52.6	300 07.6	N20 51.4	14 47.4	S 5 59.8	Dubhe	193 41.8	N61 37.4
07	20 53.1	277 25.0	39.7	339 44.8	53.2	315 09.5	51.4	29 49.9	59.8	Elnath	278 02.8	N28 37.7
T 08	35 55.5	292 24.1	39.5	354 45.5	53.8	330 11.3	51.5	44 52.3	59.8	Eltanin	90 41.8	N51 29.1
H 09	50 58.0	307 23.2	. . 39.3	9 46.2	. . 54.3	345 13.2	. . 51.6	59 54.8	. . 59.8	Enif	33 39.0	N 9 59.2
U 10	66 00.5	322 22.3	39.1	24 46.9	54.9	0 15.1	51.7	74 57.2	59.8	Fomalhaut	15 14.9	S29 29.4
R 11	81 02.9	337 21.4	38.9	39 47.6	55.5	15 17.0	51.8	89 59.7	59.8			
S 12	96 05.4	352 20.5	N23 38.7	54 48.3	N14 56.0	30 18.9	N20 51.9	105 02.1	S 5 59.8	Gacrux	171 52.1	S57 15.3
D 13	111 07.9	7 19.7	38.5	69 48.9	56.6	45 20.8	52.0	120 04.6	59.8	Gienah	175 44.1	S17 40.7
A 14	126 10.3	22 18.8	38.3	84 49.6	57.1	60 22.6	52.1	135 07.0	59.8	Hadar	148 36.4	S60 29.7
Y 15	141 12.8	37 17.9	. . 38.1	99 50.3	. . 57.7	75 24.5	. . 52.2	150 09.5	. . 59.8	Hamal	327 51.9	N23 34.6
16	156 15.3	52 17.0	37.9	114 51.0	58.3	90 26.4	52.3	165 11.9	59.8	Kaus Aust.	83 32.7	S34 22.4
17	171 17.7	67 16.1	37.7	129 51.7	58.8	105 28.3	52.4	180 14.4	59.8			
18	186 20.2	82 15.3	N23 37.4	144 52.4	N14 59.4	120 30.2	N20 52.4	195 16.8	S 5 59.8	Kochab	137 19.0	N74 03.5
19	201 22.6	97 14.4	37.2	159 53.0	15 00.0	135 32.1	52.5	210 19.3	59.9	Markab	13 30.2	N15 20.1
20	216 25.1	112 13.5	37.0	174 53.7	00.5	150 34.0	52.6	225 21.7	59.9	Menkar	314 06.8	N 4 11.1
21	231 27.6	127 12.6	. . 36.8	189 54.4	. . 01.1	165 35.8	. . 52.7	240 24.2	. . 59.9	Menkent	147 58.0	S36 29.6
22	246 30.0	142 11.7	36.6	204 55.1	01.6	180 37.7	52.8	255 26.6	59.9	Miaplacidus	221 39.1	S69 49.2
23	261 32.5	157 10.9	36.4	219 55.8	02.2	195 39.6	52.9	270 29.1	59.9			
28 00	276 35.0	172 10.0	N23 36.1	234 56.5	N15 02.8	210 41.5	N20 53.0	285 31.5	S 5 59.9	Mirfak	308 29.3	N49 56.7
01	291 37.4	187 09.1	35.9	249 57.1	03.3	225 43.4	53.1	300 34.0	59.9	Nunki	75 47.9	S26 16.0
02	306 39.9	202 08.2	35.7	264 57.8	03.9	240 45.3	53.2	315 36.4	59.9	Peacock	53 05.9	S56 39.2
03	321 42.4	217 07.3	. . 35.5	279 58.5	. . 04.4	255 47.2	. . 53.3	330 38.9	. . 59.9	Pollux	243 18.2	N27 58.1
04	336 44.8	232 06.5	35.2	294 59.2	05.0	270 49.0	53.3	345 41.4	59.9	Procyon	244 51.6	N 5 09.8
05	351 47.3	247 05.6	35.0	309 59.9	05.5	285 50.9	53.4	0 43.8	59.9			
06	6 49.7	262 04.7	N23 34.8	325 00.6	N15 06.1	300 52.8	N20 53.5	15 46.3	S 5 59.9	Rasalhague	95 58.6	N12 32.5
07	21 52.2	277 03.8	34.6	340 01.2	06.7	315 54.7	53.6	30 48.7	59.9	Regulus	207 35.1	N11 51.0
08	36 54.7	292 02.9	34.3	355 01.9	07.2	330 56.6	53.7	45 51.2	59.9	Rigel	281 04.6	S 8 10.3
F 09	51 57.1	307 02.1	. . 34.1	10 02.6	. . 07.8	345 58.5	. . 53.8	60 53.6	5 59.9	Rigil Kent.	139 40.6	S60 56.4
R 10	66 59.6	322 01.2	33.9	25 03.3	08.3	1 00.4	53.9	75 56.1	6 00.0	Sabik	102 03.0	S15 45.3
I 11	82 02.1	337 00.3	33.6	40 04.0	08.9	16 02.2	54.0	90 58.5	00.0			
D 12	97 04.5	351 59.4	N23 33.4	55 04.7	N15 09.4	31 04.1	N20 54.1	106 01.0	S 6 00.0	Schedar	349 31.6	N56 40.0
A 13	112 07.0	6 58.5	33.2	70 05.3	10.0	46 06.0	54.2	121 03.4	00.0	Shaula	96 10.6	S37 07.3
Y 14	127 09.5	21 57.7	32.9	85 06.0	10.6	61 07.9	54.2	136 05.9	00.0	Sirius	258 27.0	S16 44.9
15	142 11.9	36 56.8	. . 32.7	100 06.7	. . 11.1	76 09.8	. . 54.3	151 08.4	. . 00.0	Spica	158 22.7	S11 17.4
16	157 14.4	51 55.9	32.4	115 07.4	11.7	91 11.7	54.4	166 10.8	00.0	Suhail	222 47.0	S43 32.0
17	172 16.9	66 55.0	32.2	130 08.1	12.2	106 13.6	54.5	181 13.3	00.0			
18	187 19.3	81 54.2	N23 32.0	145 08.8	N15 12.8	121 15.5	N20 54.6	196 15.7	S 6 00.0	Vega	80 33.1	N38 48.3
19	202 21.8	96 53.3	31.7	160 09.4	13.3	136 17.3	54.7	211 18.2	00.0	Zuben'ubi	136 56.3	S16 08.7
20	217 24.2	111 52.4	31.5	175 10.1	13.9	151 19.2	54.8	226 20.6	00.0		SHA	Mer. Pass.
21	232 26.7	126 51.5	. . 31.2	190 10.8	. . 14.4	166 21.1	. . 54.9	241 23.1	. . 00.0		° ′	h m
22	247 29.2	141 50.7	31.0	205 11.5	15.0	181 23.0	55.0	256 25.5	00.1	Venus	256 55.3	12 31
23	262 31.6	156 49.8	30.7	220 12.2	15.6	196 24.9	55.0	271 28.0	00.1	Mars	319 04.2	8 21
	h m									Jupiter	294 20.4	9 59
Mer. Pass.	5 36.7	v −0.9	d 0.2	v 0.7	d 0.6	v 1.9	d 0.1	v 2.5	d 0.0	Saturn	8 56.9	5 01

© British Crown Copyright 2023. All rights reserved.

UT d h	SUN GHA ° ′	SUN Dec ° ′	MOON GHA ° ′	v ′	Dec ° ′	d ′	HP ′
26 00	179 16.7	N23 20.9	304 44.4	9.6	S16 05.0	14.3	59.3
01	194 16.6	20.8	319 13.0	9.8	15 50.7	14.4	59.3
02	209 16.5	20.7	333 41.8	9.8	15 36.3	14.5	59.3
03	224 16.4	. . 20.6	348 10.6	9.9	15 21.8	14.6	59.3
04	239 16.2	20.5	2 39.5	9.9	15 07.2	14.6	59.3
05	254 16.1	20.4	17 08.4	10.1	14 52.6	14.8	59.3
06	269 16.0	N23 20.3	31 37.5	10.1	S14 37.8	14.8	59.3
W 07	284 15.8	20.2	46 06.6	10.2	14 23.0	14.9	59.3
E 08	299 15.7	20.1	60 35.8	10.2	14 08.1	15.0	59.3
D 09	314 15.6	. . 20.0	75 05.0	10.3	13 53.1	15.1	59.3
N 10	329 15.4	20.0	89 34.3	10.4	13 38.0	15.1	59.3
E 11	344 15.3	19.9	104 03.7	10.5	13 22.9	15.2	59.3
S 12	359 15.2	N23 19.8	118 33.2	10.5	S13 07.7	15.3	59.3
D 13	14 15.0	19.7	133 02.7	10.6	12 52.4	15.3	59.3
A 14	29 14.9	19.6	147 32.3	10.6	12 37.1	15.5	59.3
Y 15	44 14.8	. . 19.5	162 01.9	10.7	12 21.6	15.5	59.3
16	59 14.7	19.4	176 31.6	10.8	12 06.1	15.5	59.3
17	74 14.5	19.3	191 01.4	10.8	11 50.6	15.6	59.3
18	89 14.4	N23 19.2	205 31.2	10.9	S11 35.0	15.7	59.4
19	104 14.3	19.1	220 01.1	10.9	11 19.3	15.7	59.4
20	119 14.1	19.0	234 31.0	11.1	11 03.6	15.8	59.4
21	134 14.0	. . 18.9	249 01.1	11.0	10 47.8	15.9	59.4
22	149 13.9	18.8	263 31.1	11.1	10 31.9	15.9	59.4
23	164 13.8	18.7	278 01.2	11.2	10 16.0	16.0	59.4
27 00	179 13.6	N23 18.6	292 31.4	11.2	S10 00.0	16.0	59.4
01	194 13.5	18.4	307 01.6	11.3	9 44.0	16.0	59.4
02	209 13.4	18.3	321 31.9	11.3	9 28.0	16.2	59.4
03	224 13.2	. . 18.2	336 02.2	11.4	9 11.8	16.1	59.4
04	239 13.1	18.1	350 32.6	11.4	8 55.7	16.2	59.4
05	254 13.0	18.0	5 03.0	11.5	8 39.5	16.3	59.4
06	269 12.9	N23 17.9	19 33.5	11.5	S 8 23.2	16.3	59.4
T 07	284 12.7	17.8	34 04.0	11.5	8 06.9	16.3	59.4
H 08	299 12.6	17.7	48 34.5	11.6	7 50.6	16.4	59.4
U 09	314 12.5	. . 17.6	63 05.1	11.7	7 34.2	16.4	59.4
R 10	329 12.3	17.5	77 35.8	11.6	7 17.8	16.4	59.4
S 11	344 12.2	17.4	92 06.4	11.8	7 01.4	16.5	59.4
D 12	359 12.1	N23 17.2	106 37.2	11.7	S 6 44.9	16.5	59.4
A 13	14 12.0	17.1	121 07.9	11.8	6 28.4	16.6	59.4
Y 14	29 11.8	17.0	135 38.7	11.8	6 11.8	16.6	59.4
15	44 11.7	. . 16.9	150 09.5	11.9	5 55.2	16.6	59.4
16	59 11.6	16.8	164 40.4	11.9	5 38.6	16.6	59.4
17	74 11.4	16.7	179 11.3	11.9	5 22.0	16.7	59.4
18	89 11.3	N23 16.5	193 42.2	12.0	S 5 05.3	16.7	59.4
19	104 11.2	16.4	208 13.2	11.9	4 48.6	16.7	59.4
20	119 11.1	16.3	222 44.1	12.1	4 31.9	16.7	59.4
21	134 10.9	. . 16.2	237 15.2	12.0	4 15.2	16.8	59.4
22	149 10.8	16.1	251 46.2	12.0	3 58.4	16.7	59.4
23	164 10.7	15.9	266 17.2	12.1	3 41.7	16.8	59.4
28 00	179 10.6	N23 15.8	280 48.3	12.1	S 3 24.9	16.8	59.4
01	194 10.4	15.7	295 19.4	12.2	3 08.1	16.9	59.4
02	209 10.3	15.6	309 50.6	12.1	2 51.2	16.8	59.4
03	224 10.2	. . 15.5	324 21.7	12.2	2 34.4	16.8	59.4
04	239 10.0	15.3	338 52.9	12.1	2 17.6	16.9	59.4
05	254 09.9	15.2	353 24.0	12.2	2 00.7	16.8	59.4
06	269 09.8	N23 15.1	7 55.2	12.2	S 1 43.9	16.9	59.3
07	284 09.7	15.0	22 26.4	12.2	1 27.0	16.9	59.3
08	299 09.5	14.8	36 57.6	12.3	1 10.1	16.8	59.3
F 09	314 09.4	. . 14.7	51 28.9	12.2	0 53.3	16.9	59.3
R 10	329 09.3	14.6	66 00.1	12.2	0 36.4	16.9	59.3
I 11	344 09.2	14.4	80 31.3	12.3	0 19.5	16.9	59.3
D 12	359 09.0	N23 14.3	95 02.6	12.2	S 0 02.6	16.8	59.3
A 13	14 08.9	14.2	109 33.8	12.3	N 0 14.2	16.9	59.3
Y 14	29 08.8	14.0	124 05.1	12.2	0 31.1	16.9	59.3
15	44 08.7	. . 13.9	138 36.3	12.3	0 48.0	16.8	59.3
16	59 08.5	13.8	153 07.6	12.2	1 04.8	16.9	59.3
17	74 08.4	13.6	167 38.8	12.3	1 21.7	16.8	59.3
18	89 08.3	N23 13.5	182 10.1	12.3	N 1 38.5	16.9	59.3
19	104 08.1	13.4	196 41.4	12.2	1 55.4	16.8	59.3
20	119 08.0	13.2	211 12.6	12.2	2 12.2	16.8	59.3
21	134 07.9	. . 13.1	225 43.8	12.3	2 29.0	16.8	59.3
22	149 07.8	13.0	240 15.1	12.2	2 45.8	16.7	59.3
23	164 07.6	12.8	254 46.3	12.2	N 3 02.5	16.8	59.3
	SD 15.8	*d* 0.1	SD	16.2	16.2		16.2

Lat. °	Twilight Naut. h m	Twilight Civil h m	Sunrise h m	Moonrise 26 h m	Moonrise 27 h m	Moonrise 28 h m	Moonrise 29 h m
N 72	□	□	□	01 47	00 42	{00 01 / 23 25}	22 45
N 70	□	□	□	01 11	{00 27 / 23 56}	23 29	22 59
68	□	□	□	00 44	{00 15 / 23 53}	23 32	23 10
66	□	□	□	00 24	{00 05 / 23 49}	23 35	23 19
64	////	////	01 36	{00 08 / 23 56}	23 46	23 37	23 27
62	////	////	02 13	23 49	23 44	23 39	23 34
60	////	00 56	02 39	23 42	23 42	23 41	23 40
N 58	////	01 44	02 59	23 37	23 40	23 43	23 46
56	////	02 14	03 16	23 32	23 38	23 44	23 51
54	00 51	02 36	03 30	23 27	23 37	23 45	23 55
52	01 36	02 53	03 42	23 23	23 35	23 47	23 59
50	02 03	03 08	03 53	23 19	23 34	23 48	24 02
45	02 48	03 38	04 15	23 11	23 31	23 50	24 10
N 40	03 19	04 00	04 33	23 04	23 29	23 52	24 17
35	03 42	04 19	04 48	22 58	23 26	23 54	24 23
30	04 00	04 34	05 01	22 52	23 25	23 56	24 28
20	04 29	04 59	05 23	22 43	23 21	23 59	24 36
N 10	04 52	05 19	05 42	22 35	23 19	24 01	00 01
0	05 11	05 37	06 00	22 27	23 16	24 04	00 04
S 10	05 28	05 54	06 17	22 20	23 13	24 06	00 06
20	05 44	06 11	06 35	22 12	23 11	24 09	00 09
30	06 00	06 30	06 56	22 02	23 07	24 12	00 12
35	06 09	06 41	07 09	21 57	23 05	24 14	00 14
40	06 18	06 52	07 23	21 50	23 03	24 16	00 16
45	06 29	07 06	07 40	21 43	23 01	24 18	00 18
S 50	06 40	07 22	08 00	21 34	22 58	24 21	00 21
52	06 45	07 29	08 10	21 30	22 57	24 22	00 22
54	06 51	07 37	08 21	21 26	22 55	24 24	00 24
56	06 57	07 46	08 34	21 21	22 54	24 25	00 25
58	07 04	07 56	08 48	21 15	22 52	24 27	00 27
S 60	07 11	08 08	09 05	21 09	22 50	24 29	00 29

Lat. °	Sunset h m	Twilight Civil h m	Twilight Naut. h m	Moonset 26 h m	Moonset 27 h m	Moonset 28 h m	Moonset 29 h m
N 72	□	□	□	06 19	09 10	11 35	13 59
N 70	□	□	□	06 53	09 22	11 36	13 48
68	□	□	□	07 17	09 32	11 36	13 39
66	□	□	□	07 36	09 40	11 36	13 32
64	22 30	////	////	07 51	09 46	11 36	13 26
62	21 53	////	////	08 03	09 52	11 37	13 21
60	21 27	23 09	////	08 14	09 57	11 37	13 16
N 58	21 07	22 21	////	08 23	10 01	11 37	13 12
56	20 50	21 52	////	08 31	10 05	11 37	13 09
54	20 36	21 30	23 14	08 38	10 08	11 37	13 06
52	20 24	21 13	22 30	08 44	10 12	11 37	13 03
50	20 13	20 58	22 03	08 50	10 14	11 37	13 00
45	19 51	20 28	21 18	09 02	10 20	11 38	12 55
N 40	19 33	20 06	20 47	09 12	10 25	11 38	12 50
35	19 18	19 48	20 24	09 20	10 30	11 38	12 46
30	19 05	19 33	20 06	09 27	10 33	11 38	12 42
20	18 43	19 08	19 37	09 40	10 40	11 38	12 36
N 10	18 24	18 47	19 14	09 51	10 45	11 38	12 31
0	18 07	18 29	18 56	10 01	10 51	11 39	12 26
S 10	17 50	18 12	18 39	10 11	10 56	11 39	12 21
20	17 31	17 55	18 23	10 22	11 01	11 39	12 16
30	17 10	17 36	18 06	10 34	11 07	11 39	12 10
35	16 58	17 26	17 58	10 41	11 11	11 39	12 07
40	16 44	17 14	17 48	10 49	11 15	11 39	12 03
45	16 27	17 01	17 38	10 58	11 19	11 39	11 58
S 50	16 06	16 45	17 26	11 09	11 25	11 39	11 53
52	15 57	16 37	17 21	11 14	11 27	11 39	11 51
54	15 46	16 29	17 15	11 19	11 30	11 39	11 48
56	15 33	16 20	17 09	11 25	11 33	11 39	11 45
58	15 18	16 10	17 03	11 32	11 36	11 39	11 42
S 60	15 01	15 59	16 55	11 40	11 40	11 39	11 38

Day d	SUN Eqn. of Time 00^h m s	SUN Eqn. of Time 12^h m s	SUN Mer. Pass. h m	MOON Mer. Pass. Upper h m	MOON Mer. Pass. Lower h m	MOON Age d	MOON Phase %
26	02 53	02 59	12 03	03 49	16 14	20	76
27	03 05	03 11	12 03	04 39	17 03	21	66
28	03 18	03 24	12 03	05 27	17 51	22	55

© British Crown Copyright 2023. All rights reserved.

UT	ARIES	VENUS −3·9		MARS +1·0		JUPITER −2·0		SATURN +0·9	
	GHA	GHA	Dec	GHA	Dec	GHA	Dec	GHA	Dec
d h	° ′	° ′	° ′	° ′	° ′	° ′	° ′	° ′	° ′
29 00 SATURDAY	277 34.1	171 48.9	N23 30.5	235 12.9	N15 16.1	211 26.8	N20 55.1	286 30.5	S 6 00.1
01	292 36.6	186 48.0	30.2	250 13.5	16.7	226 28.7	55.2	301 32.9	00.1
02	307 39.0	201 47.2	30.0	265 14.2	17.2	241 30.6	55.3	316 35.4	00.1
03	322 41.5	216 46.3	. . 29.7	280 14.9	. . 17.8	256 32.4	. . 55.4	331 37.8	. . 00.1
04	337 44.0	231 45.4	29.5	295 15.6	18.3	271 34.3	55.5	346 40.3	00.1
05	352 46.4	246 44.5	29.2	310 16.3	18.9	286 36.2	55.6	1 42.7	00.1
06	7 48.9	261 43.7	N23 29.0	325 16.9	N15 19.4	301 38.1	N20 55.7	16 45.2	S 6 00.1
07	22 51.4	276 42.8	28.7	340 17.6	20.0	316 40.0	55.8	31 47.7	00.1
08	37 53.8	291 41.9	28.4	355 18.3	20.5	331 41.9	55.8	46 50.1	00.1
09	52 56.3	306 41.0	. . 28.2	10 19.0	. . 21.1	346 43.8	. . 55.9	61 52.6	. . 00.1
10	67 58.7	321 40.2	27.9	25 19.7	21.6	1 45.7	56.0	76 55.0	00.2
11	83 01.2	336 39.3	27.7	40 20.4	22.2	16 47.5	56.1	91 57.5	00.2
12	98 03.7	351 38.4	N23 27.4	55 21.0	N15 22.7	31 49.4	N20 56.2	107 00.0	S 6 00.2
13	113 06.1	6 37.5	27.1	70 21.7	23.3	46 51.3	56.3	122 02.4	00.2
14	128 08.6	21 36.7	26.9	85 22.4	23.8	61 53.2	56.4	137 04.9	00.2
15	143 11.1	36 35.8	. . 26.6	100 23.1	. . 24.4	76 55.1	. . 56.5	152 07.3	. . 00.2
16	158 13.5	51 34.9	26.3	115 23.8	24.9	91 57.0	56.6	167 09.8	00.2
17	173 16.0	66 34.1	26.0	130 24.4	25.5	106 58.9	56.6	182 12.2	00.2
18	188 18.5	81 33.2	N23 25.8	145 25.1	N15 26.0	122 00.8	N20 56.7	197 14.7	S 6 00.2
19	203 20.9	96 32.3	25.5	160 25.8	26.6	137 02.7	56.8	212 17.2	00.2
20	218 23.4	111 31.4	25.2	175 26.5	27.1	152 04.5	56.9	227 19.6	00.3
21	233 25.8	126 30.6	. . 25.0	190 27.2	. . 27.7	167 06.4	. . 57.0	242 22.1	. . 00.3
22	248 28.3	141 29.7	24.7	205 27.9	28.2	182 08.3	57.1	257 24.5	00.3
23	263 30.8	156 28.8	24.4	220 28.5	28.8	197 10.2	57.2	272 27.0	00.3
30 00 SUNDAY	278 33.2	171 28.0	N23 24.1	235 29.2	N15 29.3	212 12.1	N20 57.3	287 29.5	S 6 00.3
01	293 35.7	186 27.1	23.8	250 29.9	29.8	227 14.0	57.3	302 31.9	00.3
02	308 38.2	201 26.2	23.6	265 30.6	30.4	242 15.9	57.4	317 34.4	00.3
03	323 40.6	216 25.4	. . 23.3	280 31.3	. . 30.9	257 17.8	. . 57.5	332 36.9	. . 00.3
04	338 43.1	231 24.5	23.0	295 31.9	31.5	272 19.7	57.6	347 39.3	00.3
05	353 45.6	246 23.6	22.7	310 32.6	32.0	287 21.5	57.7	2 41.8	00.3
06	8 48.0	261 22.8	N23 22.4	325 33.3	N15 32.6	302 23.4	N20 57.8	17 44.2	S 6 00.4
07	23 50.5	276 21.9	22.1	340 34.0	33.1	317 25.3	57.9	32 46.7	00.4
08	38 53.0	291 21.0	21.9	355 34.7	33.7	332 27.2	58.0	47 49.2	00.4
09	53 55.4	306 20.1	. . 21.6	10 35.4	. . 34.2	347 29.1	. . 58.0	62 51.6	. . 00.4
10	68 57.9	321 19.3	21.3	25 36.0	34.7	2 31.0	58.1	77 54.1	00.4
11	84 00.3	336 18.4	21.0	40 36.7	35.3	17 32.9	58.2	92 56.5	00.4
12	99 02.8	351 17.5	N23 20.7	55 37.4	N15 35.8	32 34.8	N20 58.3	107 59.0	S 6 00.4
13	114 05.3	6 16.7	20.4	70 38.1	36.4	47 36.7	58.4	123 01.5	00.4
14	129 07.7	21 15.8	20.1	85 38.8	36.9	62 38.6	58.5	138 03.9	00.4
15	144 10.2	36 14.9	. . 19.8	100 39.4	. . 37.5	77 40.5	. . 58.6	153 06.4	. . 00.4
16	159 12.7	51 14.1	19.5	115 40.1	38.0	92 42.3	58.7	168 08.9	00.5
17	174 15.1	66 13.2	19.2	130 40.8	38.5	107 44.2	58.7	183 11.3	00.5
18	189 17.6	81 12.3	N23 18.9	145 41.5	N15 39.1	122 46.1	N20 58.8	198 13.8	S 6 00.5
19	204 20.1	96 11.5	18.6	160 42.2	39.6	137 48.0	58.9	213 16.3	00.5
20	219 22.5	111 10.6	18.3	175 42.8	40.2	152 49.9	59.0	228 18.7	00.5
21	234 25.0	126 09.8	. . 18.0	190 43.5	. . 40.7	167 51.8	. . 59.1	243 21.2	. . 00.5
22	249 27.5	141 08.9	17.7	205 44.2	41.3	182 53.7	59.2	258 23.6	00.5
23	264 29.9	156 08.0	17.4	220 44.9	41.8	197 55.6	59.3	273 26.1	00.5
1 00 MONDAY	279 32.4	171 07.2	N23 17.1	235 45.6	N15 42.3	212 57.5	N20 59.3	288 28.6	S 6 00.6
01	294 34.8	186 06.3	16.8	250 46.2	42.9	227 59.4	59.4	303 31.0	00.6
02	309 37.3	201 05.4	16.5	265 46.9	43.4	243 01.3	59.5	318 33.5	00.6
03	324 39.8	216 04.6	. . 16.1	280 47.6	. . 44.0	258 03.1	. . 59.6	333 36.0	. . 00.6
04	339 42.2	231 03.7	15.8	295 48.3	44.5	273 05.0	59.7	348 38.4	00.6
05	354 44.7	246 02.8	15.5	310 49.0	45.0	288 06.9	59.8	3 40.9	00.6
06	9 47.2	261 02.0	N23 15.2	325 49.7	N15 45.6	303 08.8	N20 59.9	18 43.4	S 6 00.6
07	24 49.6	276 01.1	14.9	340 50.3	46.1	318 10.7	21 00.0	33 45.8	00.6
08	39 52.1	291 00.3	14.6	355 51.0	46.6	333 12.6	00.0	48 48.3	00.6
09	54 54.6	305 59.4	. . 14.3	10 51.7	. . 47.2	348 14.5	. . 00.1	63 50.8	. . 00.7
10	69 57.0	320 58.5	13.9	25 52.4	47.7	3 16.4	00.2	78 53.2	00.7
11	84 59.5	335 57.7	13.6	40 53.1	48.3	18 18.3	00.3	93 55.7	00.7
12	100 01.9	350 56.8	N23 13.3	55 53.7	N15 48.8	33 20.2	N21 00.4	108 58.2	S 6 00.7
13	115 04.4	5 55.9	13.0	70 54.4	49.3	48 22.1	00.5	124 00.6	00.7
14	130 06.9	20 55.1	12.6	85 55.1	49.9	63 24.0	00.6	139 03.1	00.7
15	145 09.3	35 54.2	. . 12.3	100 55.8	. . 50.4	78 25.9	. . 00.6	154 05.6	. . 00.7
16	160 11.8	50 53.4	12.0	115 56.5	50.9	93 27.7	00.7	169 08.0	00.7
17	175 14.3	65 52.5	11.7	130 57.1	51.5	108 29.6	00.8	184 10.5	00.8
18	190 16.7	80 51.6	N23 11.3	145 57.8	N15 52.0	123 31.5	N21 00.9	199 13.0	S 6 00.8
19	205 19.2	95 50.8	11.0	160 58.5	52.5	138 33.4	01.0	214 15.4	00.8
20	220 21.7	110 49.9	10.7	175 59.2	53.1	153 35.3	01.1	229 17.9	00.8
21	235 24.1	125 49.1	. . 10.3	190 59.9	. . 53.6	168 37.2	. . 01.2	244 20.4	. . 00.8
22	250 26.6	140 48.2	10.0	206 00.5	54.1	183 39.1	01.2	259 22.8	00.8
23	265 29.1	155 47.4	09.7	221 01.2	54.7	198 41.0	01.3	274 25.3	00.8
Mer. Pass.	h m 5 24.9	v −0.9	d 0.3	v 0.7	d 0.5	v 1.9	d 0.1	v 2.5	d 0.0

STARS Name	SHA	Dec
	° ′	° ′
Acamar	315 12.4	S40 12.2
Achernar	335 20.7	S57 06.5
Acrux	173 00.6	S63 14.4
Adhara	255 06.6	S29 00.3
Aldebaran	290 40.4	N16 33.5
Alioth	166 13.3	N55 49.9
Alkaid	152 52.2	N49 11.7
Alnair	27 33.2	S46 50.3
Alnilam	275 38.5	S 1 11.1
Alphard	217 48.4	S 8 45.9
Alphecca	126 03.8	N26 38.0
Alpheratz	357 35.2	N29 13.4
Altair	62 00.1	N 8 55.9
Ankaa	353 07.6	S42 10.1
Antares	112 16.1	S26 29.2
Arcturus	145 48.2	N19 03.4
Atria	107 10.2	S69 04.4
Avior	234 15.5	S59 35.3
Bellatrix	278 23.7	N 6 22.3
Betelgeuse	270 52.9	N 7 24.7
Canopus	263 53.2	S52 42.4
Capella	280 23.0	N46 01.3
Deneb	49 25.7	N45 21.9
Denebola	182 25.5	N14 26.2
Diphda	348 47.8	S17 51.0
Dubhe	193 41.8	N61 37.4
Elnath	278 02.8	N28 37.7
Eltanin	90 41.8	N51 29.1
Enif	33 39.0	N 9 59.2
Fomalhaut	15 14.8	S29 29.4
Gacrux	171 52.2	S57 15.3
Gienah	175 44.1	S17 40.7
Hadar	148 36.4	S60 29.7
Hamal	327 51.8	N23 34.6
Kaus Aust.	83 32.7	S34 22.4
Kochab	137 19.1	N74 03.5
Markab	13 30.2	N15 20.1
Menkar	314 06.8	N 4 11.2
Menkent	147 58.0	S36 29.6
Miaplacidus	221 39.2	S69 49.2
Mirfak	308 29.3	N49 56.7
Nunki	75 47.9	S26 16.0
Peacock	53 05.9	S56 39.2
Pollux	243 18.2	N27 58.1
Procyon	244 51.6	N 5 09.8
Rasalhague	95 58.6	N12 32.5
Regulus	207 35.1	N11 51.0
Rigel	281 04.6	S 8 10.3
Rigil Kent.	139 40.6	S60 56.4
Sabik	102 03.0	S15 45.3
Schedar	349 31.6	N56 40.0
Shaula	96 10.6	S37 07.3
Sirius	258 27.0	S16 44.9
Spica	158 22.7	S11 17.4
Suhail	222 47.0	S43 32.0
Vega	80 33.1	N38 48.3
Zuben'ubi	136 56.3	S16 08.7

	SHA	Mer. Pass.
	° ′	h m
Venus	252 54.7	12 35
Mars	316 56.0	8 18
Jupiter	293 38.9	9 50
Saturn	8 56.2	4 49

© British Crown Copyright 2023. All rights reserved.

UT d	UT h	SUN GHA ° ′	SUN Dec ° ′	MOON GHA ° ′	v ′	MOON Dec ° ′	d ′	HP ′
29	00	179 07.5	N23 12.7	269 17.5	12.2	N 3 19.3	16.7	59.3
	01	194 07.4	12.5	283 48.7	12.2	3 36.0	16.7	59.3
	02	209 07.3	12.4	298 19.9	12.2	3 52.7	16.7	59.3
	03	224 07.1	. . 12.3	312 51.1	12.1	4 09.4	16.7	59.3
	04	239 07.0	12.1	327 22.2	12.2	4 26.1	16.6	59.2
	05	254 06.9	12.0	341 53.4	12.1	4 42.7	16.7	59.2
	06	269 06.8	N23 11.8	356 24.5	12.1	N 4 59.4	16.6	59.2
S	07	284 06.6	11.7	10 55.6	12.1	5 16.0	16.5	59.2
A	08	299 06.5	11.6	25 26.7	12.0	5 32.5	16.5	59.2
T	09	314 06.4	. . 11.4	39 57.7	12.0	5 49.0	16.5	59.2
U	10	329 06.3	11.3	54 28.7	12.0	6 05.5	16.5	59.2
R	11	344 06.1	11.1	68 59.7	12.0	6 22.0	16.4	59.2
D	12	359 06.0	N23 11.0	83 30.7	12.0	N 6 38.4	16.4	59.2
A	13	14 05.9	10.8	98 01.7	11.9	6 54.8	16.3	59.2
Y	14	29 05.8	10.7	112 32.6	11.9	7 11.1	16.4	59.2
	15	44 05.7	. . 10.5	127 03.5	11.9	7 27.5	16.2	59.2
	16	59 05.5	10.4	141 34.4	11.8	7 43.7	16.3	59.2
	17	74 05.4	10.2	156 05.2	11.8	8 00.0	16.1	59.2
	18	89 05.3	N23 10.1	170 36.0	11.7	N 8 16.1	16.2	59.2
	19	104 05.2	09.9	185 06.7	11.8	8 32.3	16.1	59.1
	20	119 05.0	09.8	199 37.5	11.6	8 48.4	16.0	59.1
	21	134 04.9	. . 09.6	214 08.1	11.7	9 04.4	16.0	59.1
	22	149 04.8	09.5	228 38.8	11.6	9 20.4	15.9	59.1
	23	164 04.7	09.3	243 09.4	11.5	9 36.3	15.9	59.1
30	00	179 04.5	N23 09.1	257 39.9	11.6	N 9 52.2	15.8	59.1
	01	194 04.4	09.0	272 10.5	11.4	10 08.0	15.8	59.1
	02	209 04.3	08.8	286 40.9	11.5	10 23.8	15.7	59.1
	03	224 04.2	. . 08.7	301 11.4	11.3	10 39.5	15.7	59.1
	04	239 04.0	08.5	315 41.7	11.4	10 55.2	15.6	59.1
	05	254 03.9	08.4	330 12.1	11.3	11 10.8	15.5	59.1
	06	269 03.8	N23 08.2	344 42.4	11.2	N11 26.3	15.5	59.0
	07	284 03.7	08.0	359 12.6	11.2	11 41.8	15.4	59.0
	08	299 03.6	07.9	13 42.8	11.1	11 57.2	15.4	59.0
S	09	314 03.4	. . 07.7	28 12.9	11.1	12 12.6	15.2	59.0
U	10	329 03.3	07.6	42 43.0	11.0	12 27.8	15.2	59.0
N	11	344 03.2	07.4	57 13.0	11.0	12 43.0	15.2	59.0
D	12	359 03.1	N23 07.2	71 43.0	10.9	N12 58.2	15.0	59.0
A	13	14 02.9	07.1	86 12.9	10.9	13 13.2	15.0	59.0
Y	14	29 02.8	06.9	100 42.8	10.8	13 28.2	15.0	59.0
	15	44 02.7	. . 06.7	115 12.6	10.7	13 43.2	14.8	59.0
	16	59 02.6	06.6	129 42.3	10.7	13 58.0	14.8	58.9
	17	74 02.5	06.4	144 12.0	10.6	14 12.8	14.6	58.9
	18	89 02.3	N23 06.2	158 41.6	10.6	N14 27.4	14.6	58.9
	19	104 02.2	06.1	173 11.2	10.5	14 42.0	14.6	58.9
	20	119 02.1	05.9	187 40.7	10.4	14 56.6	14.4	58.9
	21	134 02.0	. . 05.7	202 10.1	10.4	15 11.0	14.4	58.9
	22	149 01.9	05.5	216 39.5	10.3	15 25.4	14.2	58.9
	23	164 01.7	05.4	231 08.8	10.2	15 39.6	14.2	58.9
1	00	179 01.6	N23 05.2	245 38.0	10.2	N15 53.8	14.1	58.9
	01	194 01.5	05.0	260 07.2	10.1	16 07.9	14.0	58.8
	02	209 01.4	04.9	274 36.3	10.0	16 21.9	13.9	58.8
	03	224 01.3	. . 04.7	289 05.3	10.0	16 35.8	13.8	58.8
	04	239 01.1	04.5	303 34.3	9.9	16 49.6	13.7	58.8
	05	254 01.0	04.3	318 03.2	9.8	17 03.3	13.6	58.8
	06	269 00.9	N23 04.1	332 32.0	9.8	N17 16.9	13.5	58.8
	07	284 00.8	04.0	347 00.8	9.6	17 30.4	13.4	58.8
	08	299 00.7	03.8	1 29.4	9.7	17 43.8	13.4	58.8
M	09	314 00.5	. . 03.6	15 58.1	9.5	17 57.2	13.2	58.7
O	10	329 00.4	03.4	30 26.6	9.5	18 10.4	13.1	58.7
N	11	344 00.3	03.3	44 55.1	9.4	18 23.5	13.0	58.7
D	12	359 00.2	N23 03.1	59 23.5	9.3	N18 36.5	12.9	58.7
A	13	14 00.1	02.9	73 51.8	9.2	18 49.4	12.7	58.7
Y	14	28 59.9	02.7	88 20.0	9.2	19 02.1	12.7	58.7
	15	43 59.8	. . 02.5	102 48.2	9.1	19 14.8	12.6	58.7
	16	58 59.7	02.3	117 16.3	9.0	19 27.4	12.4	58.6
	17	73 59.6	02.2	131 44.3	9.0	19 39.8	12.4	58.6
	18	88 59.5	N23 02.0	146 12.3	8.9	N19 52.2	12.2	58.6
	19	103 59.3	01.8	160 40.2	8.8	20 04.4	12.1	58.6
	20	118 59.2	01.6	175 08.0	8.7	20 16.5	12.0	58.6
	21	133 59.1	. . 01.4	189 35.7	8.6	20 28.5	11.8	58.6
	22	148 59.0	01.2	204 03.3	8.6	20 40.3	11.8	58.6
	23	163 58.9	01.0	218 30.9	8.5	N20 52.1	11.6	58.6
		SD 15.8	d 0.2	SD 16.1		16.1		16.0

Lat. °	Twilight Naut. h m	Twilight Civil h m	Sunrise h m	Moonrise 29 h m	Moonrise 30 h m	Moonrise 1 h m	Moonrise 2 h m
N 72	▭	▭	▭	22 45	21 46	▭	▭
N 70	▭	▭	▭	22 59	22 18	▭	▭
68	▭	▭	▭	23 10	22 42	21 53	▭
66	////	////	00 12	23 19	23 01	22 34	▭
64	////	////	01 40	23 27	23 17	23 03	22 36
62	////	////	02 16	23 34	23 30	23 25	23 19
60	////	01 02	02 42	23 40	23 41	23 42	23 48
N 58	////	01 48	03 01	23 46	23 50	23 57	24 10
56	////	02 16	03 18	23 51	23 59	24 10	00 10
54	00 57	02 38	03 32	23 55	24 06	00 06	00 22
52	01 39	02 56	03 44	23 59	24 13	00 13	00 32
50	02 06	03 10	03 55	24 02	00 02	00 19	00 41
45	02 50	03 40	04 17	24 10	00 10	00 33	01 00
N 40	03 20	04 02	04 35	24 17	00 17	00 44	01 15
35	03 43	04 20	04 49	24 23	00 23	00 53	01 29
30	04 02	04 35	05 02	24 28	00 28	01 02	01 40
20	04 30	05 00	05 24	24 36	00 36	01 16	02 00
N 10	04 53	05 20	05 43	00 01	00 44	01 29	02 18
0	05 11	05 38	06 00	00 04	00 52	01 42	02 34
S 10	05 28	05 55	06 17	00 06	00 59	01 54	02 51
20	05 44	06 12	06 36	00 09	01 07	02 07	03 09
30	06 00	06 30	06 57	00 12	01 16	02 22	03 30
35	06 09	06 41	07 09	00 14	01 22	02 31	03 42
40	06 18	06 52	07 23	00 16	01 28	02 42	03 56
45	06 28	07 06	07 39	00 18	01 35	02 54	04 13
S 50	06 40	07 21	08 00	00 21	01 44	03 08	04 34
52	06 45	07 29	08 09	00 22	01 48	03 15	04 44
54	06 51	07 37	08 20	00 24	01 52	03 23	04 55
56	06 57	07 46	08 33	00 25	01 57	03 32	05 08
58	07 03	07 56	08 47	00 27	02 03	03 42	05 23
S 60	07 11	08 07	09 04	00 29	02 09	03 53	05 41

Lat. °	Sunset h m	Twilight Civil h m	Twilight Naut. h m	Moonset 29 h m	Moonset 30 h m	Moonset 1 h m	Moonset 2 h m
N 72	▭	▭	▭	13 59	16 43	▭	▭
N 70	▭	▭	▭	13 48	16 12	▭	▭
68	▭	▭	▭	13 39	15 50	18 29	▭
66	23 44	////	////	13 32	15 33	17 49	▭
64	22 26	////	////	13 26	15 19	17 21	19 42
62	21 51	////	////	13 21	15 08	17 00	19 01
60	21 25	23 04	////	13 16	14 58	16 43	18 32
N 58	21 06	22 19	////	13 12	14 49	16 29	18 11
56	20 49	21 50	////	13 09	14 42	16 17	17 53
54	20 35	21 29	23 09	13 06	14 35	16 06	17 38
52	20 23	21 12	22 27	13 03	14 29	15 57	17 25
50	20 13	20 57	22 01	13 00	14 24	15 49	17 14
45	19 51	20 28	21 17	12 55	14 12	15 31	16 50
N 40	19 33	20 06	20 47	12 50	14 03	15 17	16 31
35	19 18	19 48	20 24	12 46	13 55	15 05	16 16
30	19 05	19 33	20 06	12 42	13 48	14 54	16 02
20	18 43	19 08	19 37	12 36	13 36	14 36	15 39
N 10	18 25	18 48	19 15	12 31	13 25	14 21	15 19
0	18 07	18 30	18 56	12 26	13 15	14 06	15 01
S 10	17 50	18 13	18 39	12 21	13 05	13 52	14 42
20	17 32	17 56	18 23	12 16	12 55	13 36	14 23
30	17 11	17 37	18 07	12 10	12 43	13 19	14 00
35	16 59	17 27	17 59	12 07	12 36	13 09	13 47
40	16 45	17 15	17 49	12 03	12 28	12 57	13 32
45	16 28	17 02	17 39	11 58	12 19	12 44	13 14
S 50	16 08	16 46	17 28	11 53	12 09	12 27	12 51
52	15 58	16 39	17 23	11 51	12 04	12 19	12 41
54	15 47	16 31	17 17	11 48	11 58	12 11	12 29
56	15 35	16 22	17 11	11 45	11 52	12 01	12 15
58	15 21	16 12	17 04	11 42	11 45	11 51	12 00
S 60	15 04	16 01	16 57	11 38	11 38	11 38	11 41

Day	SUN Eqn. of Time 00h	SUN Eqn. of Time 12h	SUN Mer. Pass.	MOON Mer. Pass. Upper	MOON Mer. Pass. Lower	MOON Age	MOON Phase
d	m s	m s	h m	h m	h m	d	%
29	03 30	03 36	12 04	06 15	18 39	23	43
30	03 42	03 47	12 04	07 03	19 28	24	32
1	03 53	03 59	12 04	07 54	20 20	25	22

© British Crown Copyright 2023. All rights reserved.

UT d	UT h	ARIES GHA	VENUS −3·9 GHA	VENUS Dec	MARS +1·0 GHA	MARS Dec	JUPITER −2·0 GHA	JUPITER Dec	SATURN +0·9 GHA	SATURN Dec	STARS Name	SHA	Dec
		° ′	° ′	° ′	° ′	° ′	° ′	° ′	° ′	° ′		° ′	° ′
2 TUESDAY	00	280 31.5	170 46.5	N23 09.3	236 01.9	N15 55.2	213 42.9	N21 01.4	289 27.8	S 6 00.8	Acamar	315 12.3	S40 12.2
	01	295 34.0	185 45.6	09.0	251 02.6	55.7	228 44.8	01.5	304 30.2	00.9	Achernar	335 20.6	S57 06.4
	02	310 36.4	200 44.8	08.7	266 03.3	56.3	243 46.7	01.6	319 32.7	00.9	Acrux	173 00.6	S63 14.4
	03	325 38.9	215 43.9	. . 08.3	281 03.9	. . 56.8	258 48.6	. . 01.7	334 35.2	. . 00.9	Adhara	255 06.6	S29 00.3
	04	340 41.4	230 43.1	08.0	296 04.6	57.3	273 50.5	01.8	349 37.6	00.9	Aldebaran	290 40.4	N16 33.5
	05	355 43.8	245 42.2	07.6	311 05.3	57.9	288 52.4	01.8	4 40.1	00.9			
	06	10 46.3	260 41.4	N23 07.3	326 06.0	N15 58.4	303 54.3	N21 01.9	19 42.6	S 6 00.9	Alioth	166 13.3	N55 49.9
	07	25 48.8	275 40.5	07.0	341 06.7	58.9	318 56.1	02.0	34 45.1	00.9	Alkaid	152 52.2	N49 11.7
	08	40 51.2	290 39.6	06.6	356 07.3	15 59.5	333 58.0	02.1	49 47.5	01.0	Alnair	27 33.1	S46 50.3
	09	55 53.7	305 38.8	. . 06.3	11 08.0	16 00.0	348 59.9	. . 02.2	64 50.0	. . 01.0	Alnilam	275 38.5	S 1 11.1
	10	70 56.2	320 37.9	05.9	26 08.7	00.5	4 01.8	02.3	79 52.5	01.0	Alphard	217 48.4	S 8 45.9
	11	85 58.6	335 37.1	05.6	41 09.4	01.1	19 03.7	02.3	94 54.9	01.0			
	12	101 01.1	350 36.2	N23 05.2	56 10.1	N16 01.6	34 05.6	N21 02.4	109 57.4	S 6 01.0	Alphecca	126 03.8	N26 38.0
	13	116 03.6	5 35.4	04.9	71 10.7	02.1	49 07.5	02.5	124 59.9	01.0	Alpheratz	357 35.2	N29 13.4
	14	131 06.0	20 34.5	04.5	86 11.4	02.6	64 09.4	02.6	140 02.3	01.0	Altair	62 00.1	N 8 56.0
	15	146 08.5	35 33.7	. . 04.2	101 12.1	. . 03.2	79 11.3	. . 02.7	155 04.8	. . 01.1	Ankaa	353 07.5	S42 10.1
	16	161 10.9	50 32.8	03.8	116 12.8	03.7	94 13.2	02.8	170 07.3	01.1	Antares	112 16.1	S26 29.2
	17	176 13.4	65 32.0	03.5	131 13.5	04.2	109 15.1	02.9	185 09.8	01.1			
	18	191 15.9	80 31.1	N23 03.1	146 14.1	N16 04.8	124 17.0	N21 02.9	200 12.2	S 6 01.1	Arcturus	145 48.2	N19 03.4
	19	206 18.3	95 30.3	02.7	161 14.8	05.3	139 18.9	03.0	215 14.7	01.1	Atria	107 10.2	S69 04.4
	20	221 20.8	110 29.4	02.4	176 15.5	05.8	154 20.8	03.1	230 17.2	01.1	Avior	234 15.5	S59 35.3
	21	236 23.3	125 28.5	. . 02.0	191 16.2	. . 06.3	169 22.7	. . 03.2	245 19.6	. . 01.1	Bellatrix	278 23.7	N 6 22.3
	22	251 25.7	140 27.7	01.7	206 16.8	06.9	184 24.6	03.3	260 22.1	01.2	Betelgeuse	270 52.9	N 7 24.7
	23	266 28.2	155 26.8	01.3	221 17.5	07.4	199 26.5	03.4	275 24.6	01.2			
3 WEDNESDAY	00	281 30.7	170 26.0	N23 00.9	236 18.2	N16 07.9	214 28.4	N21 03.4	290 27.1	S 6 01.2	Canopus	263 53.1	S52 42.4
	01	296 33.1	185 25.1	00.6	251 18.9	08.4	229 30.3	03.5	305 29.5	01.2	Capella	280 23.0	N46 01.3
	02	311 35.6	200 24.3	23 00.2	266 19.6	09.0	244 32.2	03.6	320 32.0	01.2	Deneb	49 25.7	N45 21.9
	03	326 38.1	215 23.4	22 59.8	281 20.2	. . 09.5	259 34.0	. . 03.7	335 34.5	. . 01.2	Denebola	182 25.5	N14 26.2
	04	341 40.5	230 22.6	59.5	296 20.9	10.0	274 35.9	03.8	350 36.9	01.2	Diphda	348 47.7	S17 51.0
	05	356 43.0	245 21.7	59.1	311 21.6	10.5	289 37.8	03.9	5 39.4	01.3			
	06	11 45.4	260 20.9	N22 58.7	326 22.3	N16 11.1	304 39.7	N21 04.0	20 41.9	S 6 01.3	Dubhe	193 41.8	N61 37.4
	07	26 47.9	275 20.0	58.3	341 23.0	11.6	319 41.6	04.0	35 44.4	01.3	Elnath	278 02.8	N28 37.7
	08	41 50.4	290 19.2	58.0	356 23.6	12.1	334 43.5	04.1	50 46.8	01.3	Eltanin	90 41.9	N51 29.1
	09	56 52.8	305 18.4	. . 57.6	11 24.3	. . 12.6	349 45.4	. . 04.2	65 49.3	. . 01.3	Enif	33 39.0	N 9 59.2
	10	71 55.3	320 17.5	57.2	26 25.0	13.2	4 47.3	04.3	80 51.8	01.3	Fomalhaut	15 14.8	S29 29.4
	11	86 57.8	335 16.7	56.8	41 25.7	13.7	19 49.2	04.4	95 54.3	01.4			
	12	102 00.2	350 15.8	N22 56.5	56 26.4	N16 14.2	34 51.1	N21 04.5	110 56.7	S 6 01.4	Gacrux	171 52.2	S57 15.3
	13	117 02.7	5 15.0	56.1	71 27.0	14.7	49 53.0	04.5	125 59.2	01.4	Gienah	175 44.1	S17 40.7
	14	132 05.2	20 14.1	55.7	86 27.7	15.3	64 54.9	04.6	141 01.7	01.4	Hadar	148 36.4	S60 29.7
	15	147 07.6	35 13.3	. . 55.3	101 28.4	. . 15.8	79 56.8	. . 04.7	156 04.2	. . 01.4	Hamal	327 51.8	N23 34.6
	16	162 10.1	50 12.4	54.9	116 29.1	16.3	94 58.7	04.8	171 06.6	01.4	Kaus Aust.	83 32.7	S34 22.4
	17	177 12.6	65 11.6	54.6	131 29.7	16.8	110 00.6	04.9	186 09.1	01.4			
	18	192 15.0	80 10.7	N22 54.2	146 30.4	N16 17.3	125 02.5	N21 05.0	201 11.6	S 6 01.5	Kochab	137 19.1	N74 03.5
	19	207 17.5	95 09.9	53.8	161 31.1	17.9	140 04.4	05.0	216 14.1	01.5	Markab	13 30.2	N15 20.1
	20	222 19.9	110 09.0	53.4	176 31.8	18.4	155 06.3	05.1	231 16.5	01.5	Menkar	314 06.8	N 4 11.2
	21	237 22.4	125 08.2	. . 53.0	191 32.5	. . 18.9	170 08.2	. . 05.2	246 19.0	. . 01.5	Menkent	147 58.0	S36 29.6
	22	252 24.9	140 07.4	52.6	206 33.1	19.4	185 10.1	05.3	261 21.5	01.5	Miaplacidus	221 39.2	S69 49.2
	23	267 27.3	155 06.5	52.2	221 33.8	20.0	200 12.0	05.4	276 24.0	01.5			
4 THURSDAY	00	282 29.8	170 05.7	N22 51.8	236 34.5	N16 20.5	215 13.9	N21 05.5	291 26.4	S 6 01.6	Mirfak	308 29.2	N49 56.7
	01	297 32.3	185 04.8	51.4	251 35.2	21.0	230 15.8	05.5	306 28.9	01.6	Nunki	75 47.9	S26 16.0
	02	312 34.7	200 04.0	51.0	266 35.9	21.5	245 17.7	05.6	321 31.4	01.6	Peacock	53 05.8	S56 39.2
	03	327 37.2	215 03.1	. . 50.6	281 36.5	. . 22.0	260 19.6	. . 05.7	336 33.9	. . 01.6	Pollux	243 18.2	N27 58.1
	04	342 39.7	230 02.3	50.3	296 37.2	22.5	275 21.5	05.8	351 36.3	01.6	Procyon	244 51.6	N 5 09.8
	05	357 42.1	245 01.5	49.9	311 37.9	23.1	290 23.4	05.9	6 38.8	01.6			
	06	12 44.6	260 00.6	N22 49.5	326 38.6	N16 23.6	305 25.3	N21 06.0	21 41.3	S 6 01.7	Rasalhague	95 58.6	N12 32.6
	07	27 47.1	274 59.8	49.1	341 39.2	24.1	320 27.2	06.0	36 43.8	01.7	Regulus	207 35.1	N11 51.0
	08	42 49.5	289 58.9	48.7	356 39.9	24.6	335 29.1	06.1	51 46.3	01.7	Rigel	281 04.6	S 8 10.3
	09	57 52.0	304 58.1	. . 48.2	11 40.6	. . 25.1	350 31.0	. . 06.2	66 48.7	. . 01.7	Rigil Kent.	139 40.6	S60 56.4
	10	72 54.4	319 57.3	47.8	26 41.3	25.7	5 32.9	06.3	81 51.2	01.7	Sabik	102 03.0	S15 45.3
	11	87 56.9	334 56.4	47.4	41 42.0	26.2	20 34.8	06.4	96 53.7	01.7			
	12	102 59.4	349 55.6	N22 47.0	56 42.6	N16 26.7	35 36.7	N21 06.5	111 56.2	S 6 01.8	Schedar	349 31.5	N56 40.0
	13	118 01.8	4 54.7	46.6	71 43.3	27.2	50 38.6	06.5	126 58.6	01.8	Shaula	96 10.6	S37 07.3
	14	133 04.3	19 53.9	46.2	86 44.0	27.7	65 40.5	06.6	142 01.1	01.8	Sirius	258 27.0	S16 44.9
	15	148 06.8	34 53.1	. . 45.8	101 44.7	. . 28.2	80 42.4	. . 06.7	157 03.6	. . 01.8	Spica	158 22.7	S11 17.4
	16	163 09.2	49 52.2	45.4	116 45.4	28.7	95 44.3	06.8	172 06.1	01.8	Suhail	222 47.0	S43 32.0
	17	178 11.7	64 51.4	45.0	131 46.0	29.3	110 46.2	06.9	187 08.6	01.9			
	18	193 14.2	79 50.5	N22 44.6	146 46.7	N16 29.8	125 48.1	N21 06.9	202 11.0	S 6 01.9	Vega	80 33.1	N38 48.4
	19	208 16.6	94 49.7	44.2	161 47.4	30.3	140 50.0	07.0	217 13.5	01.9	Zuben'ubi	136 56.3	S16 08.7
	20	223 19.1	109 48.9	43.7	176 48.1	30.8	155 51.9	07.1	232 16.0	01.9			
	21	238 21.5	124 48.0	. . 43.3	191 48.7	. . 31.3	170 53.8	. . 07.2	247 18.5	. . 01.9			
	22	253 24.0	139 47.2	42.9	206 49.4	31.8	185 55.7	07.3	262 21.0	01.9			
	23	268 26.5	154 46.4	42.5	221 50.1	32.3	200 57.6	07.4	277 23.4	02.0			
Mer. Pass.		h m 5 13.1	v −0.8	d 0.4	v 0.7	d 0.5	v 1.9	d 0.1	v 2.5	d 0.0			

	SHA	Mer. Pass.
	° ′	h m
Venus	248 55.3	12 39
Mars	314 47.5	8 14
Jupiter	292 57.7	9 41
Saturn	8 56.4	4 37

© British Crown Copyright 2023. All rights reserved.

UT (d h)	SUN GHA	SUN Dec	MOON GHA	v	MOON Dec	d	HP
	° ′	° ′	° ′	′	° ′	′	′
2 00 (TUESDAY)	178 58.7	N23 00.8	232 58.4	8.4	N21 03.7	11.5	58.5
01	193 58.6	00.7	247 25.8	8.4	21 15.2	11.3	58.5
02	208 58.5	00.5	261 53.2	8.2	21 26.5	11.3	58.5
03	223 58.4	. . 00.3	276 20.4	8.2	21 37.8	11.1	58.5
04	238 58.3	23 00.1	290 47.6	8.1	21 48.9	10.9	58.5
05	253 58.2	22 59.9	305 14.7	8.1	21 59.8	10.9	58.5
06	268 58.0	N22 59.7	319 41.8	8.0	N22 10.7	10.7	58.4
07	283 57.9	59.5	334 08.8	7.9	22 21.4	10.6	58.4
08	298 57.8	59.3	348 35.7	7.8	22 32.0	10.4	58.4
09	313 57.7	. . 59.1	3 02.5	7.7	22 42.4	10.3	58.4
10	328 57.6	58.9	17 29.2	7.7	22 52.7	10.2	58.4
11	343 57.5	58.7	31 55.9	7.6	23 02.9	10.0	58.4
12	358 57.3	N22 58.5	46 22.5	7.5	N23 12.9	9.9	58.4
13	13 57.2	58.3	60 49.0	7.5	23 22.8	9.8	58.3
14	28 57.1	58.1	75 15.5	7.4	23 32.6	9.6	58.3
15	43 57.0	. . 57.9	89 41.9	7.3	23 42.2	9.4	58.3
16	58 56.9	57.7	104 08.2	7.3	23 51.6	9.3	58.3
17	73 56.8	57.5	118 34.5	7.1	24 00.9	9.2	58.3
18	88 56.6	N22 57.3	133 00.6	7.2	N24 10.1	9.0	58.3
19	103 56.5	57.1	147 26.8	7.0	24 19.1	8.9	58.2
20	118 56.4	56.9	161 52.8	7.0	24 28.0	8.7	58.2
21	133 56.3	. . 56.7	176 18.8	6.9	24 36.7	8.5	58.2
22	148 56.2	56.5	190 44.7	6.9	24 45.2	8.4	58.2
23	163 56.1	56.3	205 10.6	6.7	24 53.6	8.3	58.2
3 00 (WEDNESDAY)	178 56.0	N22 56.1	219 36.3	6.8	N25 01.9	8.1	58.1
01	193 55.8	55.9	234 02.1	6.6	25 10.0	8.0	58.1
02	208 55.7	55.7	248 27.7	6.6	25 18.0	7.7	58.1
03	223 55.6	. . 55.5	262 53.3	6.6	25 25.7	7.7	58.1
04	238 55.5	55.3	277 18.9	6.5	25 33.4	7.4	58.1
05	253 55.4	55.0	291 44.4	6.4	25 40.8	7.4	58.1
06	268 55.3	N22 54.8	306 09.8	6.4	N25 48.2	7.1	58.0
07	283 55.1	54.6	320 35.2	6.3	25 55.3	7.0	58.0
08	298 55.0	54.4	335 00.5	6.3	26 02.3	6.8	58.0
09	313 54.9	. . 54.2	349 25.8	6.2	26 09.1	6.7	58.0
10	328 54.8	54.0	3 51.0	6.2	26 15.8	6.5	58.0
11	343 54.7	53.8	18 16.2	6.1	26 22.3	6.3	57.9
12	358 54.6	N22 53.6	32 41.3	6.1	N26 28.6	6.2	57.9
13	13 54.5	53.3	47 06.4	6.0	26 34.8	6.0	57.9
14	28 54.4	53.1	61 31.4	6.0	26 40.8	5.8	57.9
15	43 54.2	. . 52.9	75 56.4	6.0	26 46.6	5.7	57.9
16	58 54.1	52.7	90 21.4	5.9	26 52.3	5.5	57.9
17	73 54.0	52.5	104 46.3	5.9	26 57.8	5.3	57.8
18	88 53.9	N22 52.3	119 11.2	5.8	N27 03.1	5.1	57.8
19	103 53.8	52.0	133 36.0	5.8	27 08.2	5.0	57.8
20	118 53.7	51.8	148 00.8	5.8	27 13.2	4.8	57.8
21	133 53.6	. . 51.6	162 25.6	5.8	27 18.0	4.7	57.8
22	148 53.5	51.4	176 50.4	5.7	27 22.7	4.4	57.7
23	163 53.3	51.2	191 15.1	5.7	27 27.1	4.3	57.7
4 00 (THURSDAY)	178 53.2	N22 50.9	205 39.8	5.7	N27 31.4	4.2	57.7
01	193 53.1	50.7	220 04.5	5.6	27 35.6	3.9	57.7
02	208 53.0	50.5	234 29.1	5.6	27 39.5	3.8	57.7
03	223 52.9	. . 50.3	248 53.7	5.7	27 43.3	3.6	57.6
04	238 52.8	50.0	263 18.4	5.5	27 46.9	3.4	57.6
05	253 52.7	49.8	277 42.9	5.6	27 50.3	3.3	57.6
06	268 52.6	N22 49.6	292 07.5	5.6	N27 53.6	3.0	57.6
07	283 52.4	49.4	306 32.1	5.6	27 56.6	2.9	57.5
08	298 52.3	49.1	320 56.7	5.5	27 59.5	2.8	57.5
09	313 52.2	. . 48.9	335 21.2	5.6	28 02.3	2.5	57.5
10	328 52.1	48.7	349 45.8	5.5	28 04.8	2.4	57.5
11	343 52.0	48.4	4 10.3	5.6	28 07.2	2.2	57.5
12	358 51.9	N22 48.2	18 34.9	5.5	N28 09.4	2.0	57.4
13	13 51.8	48.0	32 59.4	5.6	28 11.4	1.8	57.4
14	28 51.7	47.7	47 24.0	5.5	28 13.2	1.7	57.4
15	43 51.6	. . 47.5	61 48.5	5.6	28 14.9	1.5	57.4
16	58 51.5	47.3	76 13.1	5.6	28 16.4	1.3	57.4
17	73 51.3	47.0	90 37.7	5.5	28 17.7	1.2	57.3
18	88 51.2	N22 46.8	105 02.2	5.7	N28 18.9	0.9	57.3
19	103 51.1	46.6	119 26.9	5.6	28 19.8	0.8	57.3
20	118 51.0	46.3	133 51.5	5.6	28 20.6	0.6	57.3
21	133 50.9	. . 46.1	148 16.1	5.7	28 21.2	0.5	57.2
22	148 50.8	45.9	162 40.8	5.7	28 21.7	0.2	57.2
23	163 50.7	45.6	177 05.5	5.7	N28 21.9	0.1	57.2
	SD 15.8	d 0.2	SD 15.9		15.8		15.7

Lat.	Twilight Naut.	Twilight Civil	Sunrise	Moonrise 2	Moonrise 3	Moonrise 4	Moonrise 5
°	h m	h m	h m	h m	h m	h m	h m
N 72	▭	▭	▭	▭	▭	▭	▭
N 70	▭	▭	▭	▭	▭	▭	▭
68	▭	▭	▭	▭	▭	▭	▭
66	////	////	00 38	▭	▭	▭	▭
64	////	////	01 46	22 36	▭	▭	▭
62	////	////	02 20	23 19	23 10	▭	▭
60	////	01 10	02 45	23 48	24 02	00 02	00 42
N 58	////	01 52	03 04	24 10	00 10	00 34	01 20
56	////	02 20	03 21	00 10	00 28	00 58	01 47
54	01 04	02 41	03 34	00 22	00 44	01 18	02 09
52	01 43	02 58	03 46	00 32	00 57	01 34	02 26
50	02 09	03 13	03 57	00 41	01 09	01 48	02 41
45	02 53	03 42	04 19	01 00	01 34	02 17	03 12
N 40	03 22	04 04	04 36	01 15	01 53	02 40	03 36
35	03 45	04 21	04 51	01 29	02 10	02 59	03 55
30	04 03	04 36	05 03	01 40	02 24	03 15	04 12
20	04 31	05 01	05 25	02 00	02 49	03 43	04 40
N 10	04 54	05 21	05 44	02 18	03 10	04 06	05 05
0	05 12	05 38	06 01	02 34	03 30	04 29	05 27
S 10	05 29	05 55	06 18	02 51	03 50	04 51	05 50
20	05 44	06 12	06 36	03 09	04 12	05 15	06 14
30	06 01	06 30	06 57	03 30	04 37	05 43	06 43
35	06 09	06 41	07 09	03 42	04 52	05 59	07 00
40	06 18	06 52	07 22	03 56	05 10	06 19	07 19
45	06 28	07 05	07 39	04 13	05 31	06 42	07 43
S 50	06 39	07 21	07 59	04 34	05 57	07 12	08 14
52	06 44	07 28	08 08	04 44	06 10	07 28	08 29
54	06 50	07 36	08 19	04 55	06 25	07 45	08 47
56	06 56	07 45	08 31	05 08	06 43	08 06	09 08
58	07 02	07 54	08 45	05 23	07 04	08 33	09 36
S 60	07 09	08 06	09 02	05 41	07 32	09 11	10 14

Lat.	Sunset	Twilight Civil	Twilight Naut.	Moonset 2	Moonset 3	Moonset 4	Moonset 5
°	h m	h m	h m	h m	h m	h m	h m
N 72	▭	▭	▭	▭	▭	▭	▭
N 70	▭	▭	▭	▭	▭	▭	▭
68	▭	▭	▭	▭	▭	▭	▭
66	23 25	////	////	▭	▭	▭	▭
64	22 21	////	////	19 42	▭	▭	▭
62	21 47	////	////	19 01	21 10	▭	23 20
60	21 23	22 57	////	18 32	20 18	21 42	22 24
N 58	21 04	22 15	////	18 11	19 47	21 04	21 51
56	20 48	21 48	////	17 53	19 23	20 37	21 27
54	20 34	21 27	23 03	17 38	19 04	20 15	21 07
52	20 22	21 10	22 24	17 25	18 48	19 58	20 51
50	20 12	20 55	21 59	17 14	18 34	19 43	20 36
45	19 50	20 27	21 16	16 50	18 05	19 12	20 07
N 40	19 32	20 05	20 46	16 31	17 43	18 48	19 44
35	19 18	19 47	20 24	16 16	17 25	18 29	19 25
30	19 05	19 32	20 05	16 02	17 09	18 12	19 09
20	18 44	19 08	19 37	15 39	16 42	17 44	18 41
N 10	18 25	18 48	19 15	15 19	16 19	17 19	18 17
0	18 08	18 30	18 57	15 01	15 58	16 57	17 55
S 10	17 51	18 14	18 40	14 42	15 37	16 34	17 33
20	17 33	17 57	18 24	14 23	15 14	16 10	17 09
30	17 12	17 39	18 08	14 00	14 47	15 41	16 41
35	17 00	17 28	18 00	13 47	14 32	15 25	16 24
40	16 46	17 17	17 51	13 32	14 14	15 05	16 05
45	16 30	17 04	17 41	13 14	13 52	14 41	15 41
S 50	16 10	16 48	17 29	12 51	13 25	14 11	15 11
52	16 01	16 41	17 24	12 41	13 11	13 55	14 56
54	15 50	16 33	17 19	12 29	12 56	13 38	14 38
56	15 38	16 24	17 13	12 15	12 38	13 16	14 17
58	15 24	16 15	17 07	12 00	12 16	12 49	13 49
S 60	15 07	16 03	16 59	11 41	11 48	12 11	13 11

Day	SUN Eqn. of Time 00^h	SUN Eqn. of Time 12^h	SUN Mer. Pass.	MOON Mer. Pass. Upper	MOON Mer. Pass. Lower	MOON Age	MOON Phase
d	m s	m s	h m	h m	h m	d	%
2	04 05	04 10	12 04	08 47	21 15	26	14
3	04 16	04 21	12 04	09 44	22 13	27	7
4	04 27	04 32	12 05	10 43	23 12	28	3

© British Crown Copyright 2023. All rights reserved.

UT d	UT h		ARIES GHA	VENUS −3·9 GHA	VENUS Dec	MARS +1·0 GHA	MARS Dec	JUPITER −2·0 GHA	JUPITER Dec	SATURN +0·9 GHA	SATURN Dec
			° ′	° ′	° ′	° ′	° ′	° ′	° ′	° ′	° ′
5	00		283 28.9	169 45.5	N22 42.1	236 50.8	N16 32.9	215 59.5	N21 07.4	292 25.9	S 6 02.0
	01		298 31.4	184 44.7	41.6	251 51.5	33.4	231 01.4	07.5	307 28.4	02.0
	02		313 33.9	199 43.9	41.2	266 52.1	33.9	246 03.3	07.6	322 30.9	02.0
	03		328 36.3	214 43.0	. . 40.8	281 52.8	. . 34.4	261 05.2	. . 07.7	337 33.4	. . 02.0
	04		343 38.8	229 42.2	40.4	296 53.5	34.9	276 07.1	07.8	352 35.8	02.1
	05		358 41.3	244 41.4	39.9	311 54.2	35.4	291 09.0	07.8	7 38.3	02.1
	06		13 43.7	259 40.5	N22 39.5	326 54.8	N16 35.9	306 10.9	N21 07.9	22 40.8	S 6 02.1
	07		28 46.2	274 39.7	39.1	341 55.5	36.4	321 12.8	08.0	37 43.3	02.1
	08		43 48.7	289 38.9	38.7	356 56.2	36.9	336 14.7	08.1	52 45.8	02.1
	09	F	58 51.1	304 38.0	. . 38.2	11 56.9	. . 37.5	351 16.6	. . 08.2	67 48.2	. . 02.1
	10	R	73 53.6	319 37.2	37.8	26 57.6	38.0	6 18.5	08.3	82 50.7	02.2
	11	I	88 56.0	334 36.4	37.4	41 58.2	38.5	21 20.4	08.3	97 53.2	02.2
	12	D	103 58.5	349 35.5	N22 36.9	56 58.9	N16 39.0	36 22.3	N21 08.4	112 55.7	S 6 02.2
	13	A	119 01.0	4 34.7	36.5	71 59.6	39.5	51 24.2	08.5	127 58.2	02.2
	14	Y	134 03.4	19 33.9	36.1	87 00.3	40.0	66 26.1	08.6	143 00.6	02.2
	15		149 05.9	34 33.0	. . 35.6	102 00.9	. . 40.5	81 28.0	. . 08.7	158 03.1	. . 02.3
	16		164 08.4	49 32.2	35.2	117 01.6	41.0	96 29.9	08.7	173 05.6	02.3
	17		179 10.8	64 31.4	34.7	132 02.3	41.5	111 31.8	08.8	188 08.1	02.3
	18		194 13.3	79 30.5	N22 34.3	147 03.0	N16 42.0	126 33.7	N21 08.9	203 10.6	S 6 02.3
	19		209 15.8	94 29.7	33.9	162 03.7	42.5	141 35.6	09.0	218 13.1	02.3
	20		224 18.2	109 28.9	33.4	177 04.3	43.0	156 37.5	09.1	233 15.5	02.4
	21		239 20.7	124 28.1	. . 33.0	192 05.0	. . 43.6	171 39.4	. . 09.1	248 18.0	. . 02.4
	22		254 23.2	139 27.2	32.5	207 05.7	44.1	186 41.3	09.2	263 20.5	02.4
	23		269 25.6	154 26.4	32.1	222 06.4	44.6	201 43.2	09.3	278 23.0	02.4
6	00		284 28.1	169 25.6	N22 31.6	237 07.0	N16 45.1	216 45.1	N21 09.4	293 25.5	S 6 02.4
	01		299 30.5	184 24.8	31.2	252 07.7	45.6	231 47.0	09.5	308 28.0	02.5
	02		314 33.0	199 23.9	30.7	267 08.4	46.1	246 48.9	09.6	323 30.4	02.5
	03		329 35.5	214 23.1	. . 30.3	282 09.1	. . 46.6	261 50.8	. . 09.6	338 32.9	. . 02.5
	04		344 37.9	229 22.3	29.8	297 09.8	47.1	276 52.7	09.7	353 35.4	02.5
	05		359 40.4	244 21.4	29.4	312 10.4	47.6	291 54.6	09.8	8 37.9	02.5
	06		14 42.9	259 20.6	N22 28.9	327 11.1	N16 48.1	306 56.5	N21 09.9	23 40.4	S 6 02.6
	07		29 45.3	274 19.8	28.5	342 11.8	48.6	321 58.4	10.0	38 42.9	02.6
	08	S	44 47.8	289 19.0	28.0	357 12.5	49.1	337 00.3	10.0	53 45.4	02.6
	09	A	59 50.3	304 18.2	. . 27.6	12 13.1	. . 49.6	352 02.2	. . 10.1	68 47.8	. . 02.6
	10	T	74 52.7	319 17.3	27.1	27 13.8	50.1	7 04.1	10.2	83 50.3	02.6
	11	U	89 55.2	334 16.5	26.6	42 14.5	50.6	22 06.0	10.3	98 52.8	02.7
	12	R	104 57.7	349 15.7	N22 26.2	57 15.2	N16 51.1	37 07.9	N21 10.4	113 55.3	S 6 02.7
	13	D	120 00.1	4 14.9	25.7	72 15.8	51.6	52 09.8	10.4	128 57.8	02.7
	14	A	135 02.6	19 14.0	25.2	87 16.5	52.1	67 11.7	10.5	144 00.3	02.7
	15	Y	150 05.0	34 13.2	. . 24.8	102 17.2	. . 52.6	82 13.6	. . 10.6	159 02.8	. . 02.7
	16		165 07.5	49 12.4	24.3	117 17.9	53.1	97 15.5	10.7	174 05.2	02.8
	17		180 10.0	64 11.6	23.9	132 18.6	53.6	112 17.4	10.8	189 07.7	02.8
	18		195 12.4	79 10.8	N22 23.4	147 19.2	N16 54.1	127 19.3	N21 10.8	204 10.2	S 6 02.8
	19		210 14.9	94 09.9	22.9	162 19.9	54.6	142 21.2	10.9	219 12.7	02.8
	20		225 17.4	109 09.1	22.4	177 20.6	55.1	157 23.2	11.0	234 15.2	02.8
	21		240 19.8	124 08.3	. . 22.0	192 21.3	. . 55.6	172 25.1	. . 11.1	249 17.7	. . 02.9
	22		255 22.3	139 07.5	21.5	207 21.9	56.1	187 27.0	11.2	264 20.2	02.9
	23		270 24.8	154 06.7	21.0	222 22.6	56.6	202 28.9	11.2	279 22.7	02.9
7	00		285 27.2	169 05.8	N22 20.6	237 23.3	N16 57.1	217 30.8	N21 11.3	294 25.1	S 6 02.9
	01		300 29.7	184 05.0	20.1	252 24.0	57.6	232 32.7	11.4	309 27.6	02.9
	02		315 32.2	199 04.2	19.6	267 24.7	58.1	247 34.6	11.5	324 30.1	03.0
	03		330 34.6	214 03.4	. . 19.1	282 25.3	. . 58.6	262 36.5	. . 11.6	339 32.6	. . 03.0
	04		345 37.1	229 02.6	18.6	297 26.0	59.1	277 38.4	11.6	354 35.1	03.0
	05		0 39.5	244 01.8	18.2	312 26.7	16 59.6	292 40.3	11.7	9 37.6	03.0
	06		15 42.0	259 00.9	N22 17.7	327 27.4	N17 00.1	307 42.2	N21 11.8	24 40.1	S 6 03.1
	07		30 44.5	274 00.1	17.2	342 28.0	00.6	322 44.1	11.9	39 42.6	03.1
	08		45 46.9	288 59.3	16.7	357 28.7	01.1	337 46.0	12.0	54 45.0	03.1
	09	S	60 49.4	303 58.5	. . 16.2	12 29.4	. . 01.6	352 47.9	. . 12.0	69 47.5	. . 03.1
	10	U	75 51.9	318 57.7	15.7	27 30.1	02.1	7 49.8	12.1	84 50.0	03.1
	11	N	90 54.3	333 56.9	15.3	42 30.7	02.6	22 51.7	12.2	99 52.5	03.2
	12	D	105 56.8	348 56.1	N22 14.8	57 31.4	N17 03.1	37 53.6	N21 12.3	114 55.0	S 6 03.2
	13	A	120 59.3	3 55.2	14.3	72 32.1	03.6	52 55.5	12.3	129 57.5	03.2
	14	Y	136 01.7	18 54.4	13.8	87 32.8	04.1	67 57.4	12.4	145 00.0	03.2
	15		151 04.2	33 53.6	. . 13.3	102 33.5	. . 04.6	82 59.4	. . 12.5	160 02.5	. . 03.3
	16		166 06.7	48 52.8	12.8	117 34.1	05.1	98 01.3	12.6	175 05.0	03.3
	17		181 09.1	63 52.0	12.3	132 34.8	05.5	113 03.2	12.7	190 07.5	03.3
	18		196 11.6	78 51.2	N22 11.8	147 35.5	N17 06.0	128 05.1	N21 12.7	205 09.9	S 6 03.3
	19		211 14.0	93 50.4	11.3	162 36.2	06.5	143 07.0	12.8	220 12.4	03.3
	20		226 16.5	108 49.6	10.8	177 36.8	07.0	158 08.9	12.9	235 14.9	03.4
	21		241 19.0	123 48.8	. . 10.3	192 37.5	. . 07.5	173 10.8	. . 13.0	250 17.4	. . 03.4
	22		256 21.4	138 47.9	09.8	207 38.2	08.0	188 12.7	13.1	265 19.9	03.4
	23		271 23.9	153 47.1	09.3	222 38.9	08.5	203 14.6	13.1	280 22.4	03.4
Mer. Pass.			h m 5 01.3	v −0.8	d 0.5	v 0.7	d 0.5	v 1.9	d 0.1	v 2.5	d 0.0

STARS Name	SHA	Dec
	° ′	° ′
Acamar	315 12.3	S40 12.2
Achernar	335 20.6	S57 06.4
Acrux	173 00.6	S63 14.4
Adhara	255 06.6	S29 00.2
Aldebaran	290 40.4	N16 33.5
Alioth	166 13.3	N55 49.9
Alkaid	152 52.2	N49 11.7
Alnair	27 33.1	S46 50.3
Alnilam	275 38.5	S 1 11.1
Alphard	217 48.4	S 8 45.9
Alphecca	126 03.9	N26 38.1
Alpheratz	357 35.1	N29 13.4
Altair	62 00.0	N 8 56.0
Ankaa	353 07.5	S42 10.1
Antares	112 16.0	S26 29.2
Arcturus	145 48.2	N19 03.4
Atria	107 10.1	S69 04.4
Avior	234 15.5	S59 35.3
Bellatrix	278 23.6	N 6 22.4
Betelgeuse	270 52.9	N 7 24.7
Canopus	263 53.1	S52 42.4
Capella	280 23.0	N46 01.3
Deneb	49 25.7	N45 21.9
Denebola	182 25.5	N14 26.2
Diphda	348 47.7	S17 51.0
Dubhe	193 41.8	N61 37.4
Elnath	278 02.8	N28 37.7
Eltanin	90 41.9	N51 29.2
Enif	33 39.0	N 9 59.2
Fomalhaut	15 14.8	S29 29.4
Gacrux	171 52.2	S57 15.3
Gienah	175 44.1	S17 40.7
Hadar	148 36.4	S60 29.7
Hamal	327 51.8	N23 34.6
Kaus Aust.	83 32.7	S34 22.4
Kochab	137 19.2	N74 03.5
Markab	13 30.2	N15 20.2
Menkar	314 06.8	N 4 11.2
Menkent	147 58.0	S36 29.6
Miaplacidus	221 39.2	S69 49.2
Mirfak	308 29.2	N49 56.7
Nunki	75 47.9	S26 16.0
Peacock	53 05.8	S56 39.2
Pollux	243 18.2	N27 58.1
Procyon	244 51.6	N 5 09.8
Rasalhague	95 58.6	N12 32.6
Regulus	207 35.1	N11 51.0
Rigel	281 04.6	S 8 10.3
Rigil Kent.	139 40.6	S60 56.4
Sabik	102 02.9	S15 45.3
Schedar	349 31.5	N56 40.0
Shaula	96 10.5	S37 07.3
Sirius	258 27.0	S16 44.9
Spica	158 22.7	S11 17.4
Suhail	222 47.0	S43 31.9
Vega	80 33.1	N38 48.4
Zuben'ubi	136 56.3	S16 08.7

	SHA	Mer. Pass.
	° ′	h m
Venus	244 57.5	12 43
Mars	312 39.0	8 11
Jupiter	292 17.0	9 32
Saturn	8 57.4	4 26

© British Crown Copyright 2023. All rights reserved.

UT	SUN GHA	SUN Dec	MOON GHA	v	MOON Dec	d	HP
d h	° ′	° ′	° ′	′	° ′	′	′
5 00	178 50.6	N22 45.4	191 30.2	5.7	N28 22.0	0.0	57.2
01	193 50.5	45.1	205 54.9	5.8	28 22.0	0.3	57.2
02	208 50.4	44.9	220 19.7	5.8	28 21.7	0.4	57.1
03	223 50.3	. . 44.7	234 44.5	5.8	28 21.3	0.6	57.1
04	238 50.1	44.4	249 09.3	5.9	28 20.7	0.8	57.1
05	253 50.0	44.2	263 34.2	5.9	28 19.9	0.9	57.1
06	268 49.9	N22 43.9	277 59.1	6.0	N28 19.0	1.1	57.0
07	283 49.8	43.7	292 24.1	6.0	28 17.9	1.3	57.0
08	298 49.7	43.4	306 49.1	6.0	28 16.6	1.5	57.0
F 09	313 49.6	. . 43.2	321 14.1	6.1	28 15.1	1.6	57.0
R 10	328 49.5	42.9	335 39.2	6.1	28 13.5	1.8	57.0
I 11	343 49.4	42.7	350 04.3	6.2	28 11.7	1.9	56.9
D 12	358 49.3	N22 42.5	4 29.5	6.3	N28 09.8	2.2	56.9
A 13	13 49.2	42.2	18 54.8	6.3	28 07.6	2.3	56.9
Y 14	28 49.1	42.0	33 20.1	6.3	28 05.3	2.4	56.9
15	43 49.0	. . 41.7	47 45.4	6.4	28 02.9	2.6	56.8
16	58 48.9	41.5	62 10.8	6.5	28 00.3	2.8	56.8
17	73 48.8	41.2	76 36.3	6.5	27 57.5	3.0	56.8
18	88 48.7	N22 41.0	91 01.8	6.6	N27 54.5	3.1	56.8
19	103 48.5	40.7	105 27.4	6.7	27 51.4	3.2	56.7
20	118 48.4	40.4	119 53.1	6.7	27 48.2	3.5	56.7
21	133 48.3	. . 40.2	134 18.8	6.9	27 44.7	3.5	56.7
22	148 48.2	39.9	148 44.7	6.8	27 41.2	3.8	56.7
23	163 48.1	39.7	163 10.5	7.0	27 37.4	3.9	56.7
6 00	178 48.0	N22 39.4	177 36.5	7.0	N27 33.5	4.0	56.6
01	193 47.9	39.2	192 02.5	7.1	27 29.5	4.3	56.6
02	208 47.8	38.9	206 28.6	7.2	27 25.2	4.3	56.6
03	223 47.7	. . 38.7	220 54.8	7.2	27 20.9	4.5	56.6
04	238 47.6	38.4	235 21.0	7.4	27 16.4	4.7	56.5
05	253 47.5	38.1	249 47.4	7.4	27 11.7	4.8	56.5
06	268 47.4	N22 37.9	264 13.8	7.5	N27 06.9	5.0	56.5
S 07	283 47.3	37.6	278 40.3	7.6	27 01.9	5.1	56.5
A 08	298 47.2	37.4	293 06.9	7.6	26 56.8	5.3	56.4
T 09	313 47.1	. . 37.1	307 33.5	7.8	26 51.5	5.4	56.4
U 10	328 47.0	36.8	322 00.3	7.8	26 46.1	5.6	56.4
R 11	343 46.9	36.6	336 27.1	8.0	26 40.5	5.7	56.4
D 12	358 46.8	N22 36.3	350 54.1	8.0	N26 34.8	5.8	56.4
A 13	13 46.7	36.0	5 21.1	8.1	26 29.0	6.0	56.3
Y 14	28 46.6	35.8	19 48.2	8.2	26 23.0	6.1	56.3
15	43 46.5	. . 35.5	34 15.4	8.3	26 16.9	6.3	56.3
16	58 46.4	35.2	48 42.7	8.4	26 10.6	6.4	56.3
17	73 46.3	35.0	63 10.1	8.5	26 04.2	6.5	56.2
18	88 46.2	N22 34.7	77 37.6	8.5	N25 57.7	6.7	56.2
19	103 46.1	34.4	92 05.1	8.7	25 51.0	6.8	56.2
20	118 46.0	34.2	106 32.8	8.8	25 44.2	6.9	56.2
21	133 45.9	. . 33.9	121 00.6	8.9	25 37.3	7.1	56.1
22	148 45.8	33.6	135 28.5	8.9	25 30.2	7.1	56.1
23	163 45.7	33.4	149 56.4	9.1	25 23.1	7.4	56.1
7 00	178 45.6	N22 33.1	164 24.5	9.2	N25 15.7	7.4	56.1
01	193 45.5	32.8	178 52.7	9.2	25 08.3	7.6	56.0
02	208 45.4	32.5	193 20.9	9.4	25 00.7	7.7	56.0
03	223 45.3	. . 32.3	207 49.3	9.5	24 53.0	7.8	56.0
04	238 45.2	32.0	222 17.8	9.5	24 45.2	7.9	56.0
05	253 45.1	31.7	236 46.3	9.7	24 37.3	8.1	56.0
06	268 45.0	N22 31.4	251 15.0	9.8	N24 29.2	8.2	55.9
07	283 44.9	31.2	265 43.8	9.8	24 21.0	8.3	55.9
08	298 44.8	30.9	280 12.6	10.0	24 12.7	8.4	55.9
S 09	313 44.7	. . 30.6	294 41.6	10.1	24 04.3	8.5	55.9
U 10	328 44.6	30.3	309 10.7	10.2	23 55.8	8.6	55.8
N 11	343 44.5	30.1	323 39.9	10.3	23 47.2	8.8	55.8
D 12	358 44.4	N22 29.8	338 09.2	10.3	N23 38.4	8.8	55.8
A 13	13 44.3	29.5	352 38.5	10.5	23 29.6	9.0	55.8
Y 14	28 44.2	29.2	7 08.0	10.6	23 20.6	9.1	55.8
15	43 44.1	. . 28.9	21 37.6	10.7	23 11.5	9.2	55.7
16	58 44.0	28.6	36 07.3	10.8	23 02.3	9.2	55.7
17	73 43.9	28.4	50 37.1	10.9	22 53.1	9.4	55.7
18	88 43.8	N22 28.1	65 07.0	11.0	N22 43.7	9.5	55.7
19	103 43.7	27.8	79 37.0	11.1	22 34.2	9.6	55.6
20	118 43.6	27.5	94 07.1	11.2	22 24.6	9.7	55.6
21	133 43.5	. . 27.2	108 37.3	11.3	22 14.9	9.8	55.6
22	148 43.4	26.9	123 07.6	11.5	22 05.1	9.9	55.6
23	163 43.3	26.6	137 38.1	11.5	N21 55.2	10.0	55.6
	SD 15.8	*d* 0.3	SD 15.5		15.4		15.2

Lat.	Twilight Naut.	Twilight Civil	Sunrise	Moonrise 5	Moonrise 6	Moonrise 7	Moonrise 8
°	h m	h m	h m	h m	h m	h m	h m
N 72	□	□	□	□	□	□	□
N 70	□	□	□	□	□	□	□
68	□	□	□	□	□	□	03 06
66	////	////	00 55	□	□	□	04 02
64	////	////	01 53	□	□	02 20	04 35
62	////	////	02 25	□	01 05	03 09	04 59
60	////	01 18	02 49	00 42	02 01	03 39	05 18
N 58	////	01 58	03 08	01 20	02 33	04 02	05 34
56	////	02 24	03 24	01 47	02 57	04 21	05 47
54	01 12	02 45	03 37	02 09	03 17	04 36	05 58
52	01 48	03 01	03 49	02 26	03 33	04 50	06 09
50	02 13	03 16	03 59	02 41	03 47	05 02	06 18
45	02 55	03 44	04 21	03 12	04 16	05 26	06 37
N 40	03 24	04 05	04 38	03 36	04 39	05 45	06 52
35	03 47	04 23	04 52	03 55	04 57	06 01	07 05
30	04 05	04 38	05 05	04 12	05 13	06 15	07 16
20	04 33	05 02	05 26	04 40	05 40	06 39	07 35
N 10	04 54	05 21	05 44	05 05	06 03	06 59	07 52
0	05 13	05 39	06 01	05 27	06 25	07 18	08 08
S 10	05 29	05 55	06 18	05 50	06 46	07 37	08 23
20	05 45	06 12	06 36	06 14	07 09	07 57	08 40
30	06 00	06 30	06 56	06 43	07 36	08 20	08 58
35	06 09	06 40	07 08	07 00	07 51	08 34	09 09
40	06 18	06 51	07 22	07 19	08 10	08 50	09 22
45	06 27	07 04	07 38	07 43	08 32	09 08	09 36
S 50	06 39	07 20	07 58	08 14	08 59	09 31	09 54
52	06 43	07 27	08 07	08 29	09 13	09 42	10 03
54	06 49	07 34	08 17	08 47	09 28	09 55	10 12
56	06 55	07 43	08 29	09 08	09 47	10 09	10 23
58	07 01	07 53	08 43	09 36	10 09	10 26	10 34
S 60	07 08	08 04	08 59	10 14	10 38	10 46	10 48

Lat.	Sunset	Twilight Civil	Twilight Naut.	Moonset 5	Moonset 6	Moonset 7	Moonset 8
°	h m	h m	h m	h m	h m	h m	h m
N 72	□	□	□	□	□	□	□
N 70	□	□	□	□	□	□	□
68	□	□	□	□	□	□	{01 01 / 23 57}
66	23 10	////	////	□	□	□	{00 03 / 23 34}
64	22 15	////	////	□	23 59	23 30	23 15
62	21 43	////	////	23 20	23 11	23 05	23 00
60	21 20	22 49	////	22 24	22 39	22 45	22 47
N 58	21 01	22 11	////	21 51	22 16	22 29	22 35
56	20 45	21 45	////	21 27	21 57	22 15	22 26
54	20 32	21 24	22 56	21 07	21 41	22 02	22 17
52	20 20	21 08	22 20	20 51	21 27	21 52	22 09
50	20 10	20 54	21 56	20 36	21 15	21 42	22 02
45	19 49	20 26	21 14	20 07	20 50	21 22	21 47
N 40	19 32	20 04	20 45	19 44	20 29	21 05	21 34
35	19 17	19 47	20 23	19 25	20 12	20 51	21 24
30	19 05	19 32	20 05	19 09	19 58	20 39	21 14
20	18 44	19 08	19 37	18 41	19 33	20 18	20 58
N 10	18 25	18 48	19 15	18 17	19 11	20 00	20 43
0	18 09	18 31	18 57	17 55	18 51	19 42	20 30
S 10	17 52	18 14	18 41	17 33	18 30	19 25	20 16
20	17 34	17 58	18 25	17 09	18 08	19 06	20 02
30	17 14	17 40	18 09	16 41	17 43	18 45	19 45
35	17 02	17 30	18 01	16 24	17 28	18 32	19 35
40	16 48	17 18	17 52	16 05	17 10	18 17	19 23
45	16 32	17 06	17 43	15 41	16 49	18 00	19 10
S 50	16 12	16 50	17 31	15 11	16 22	17 38	18 54
52	16 03	16 43	17 27	14 56	16 09	17 27	18 46
54	15 53	16 36	17 21	14 38	15 53	17 15	18 37
56	15 41	16 27	17 16	14 17	15 35	17 02	18 27
58	15 27	16 17	17 09	13 49	15 13	16 45	18 16
S 60	15 11	16 06	17 02	13 11	14 45	16 26	18 03

Day	SUN Eqn. of Time 00^h	SUN Eqn. of Time 12^h	SUN Mer. Pass.	MOON Mer. Pass. Upper	MOON Mer. Pass. Lower	Age	Phase
d	m s	m s	h m	h m	h m	d	%
5	04 37	04 43	12 05	11 41	24 10	29	0
6	04 48	04 53	12 05	12 38	00 10	01	1 ●
7	04 58	05 02	12 05	13 30	01 05	02	3

© British Crown Copyright 2023. All rights reserved.

UT d h	ARIES GHA	VENUS −3·9 GHA	VENUS Dec	MARS +1·0 GHA	MARS Dec	JUPITER −2·0 GHA	JUPITER Dec	SATURN +0·8 GHA	SATURN Dec
	° ′	° ′	° ′	° ′	° ′	° ′	° ′	° ′	° ′
8 00 MONDAY	286 26.4	168 46.3	N22 08.8	237 39.5	N17 09.0	218 16.5	N21 13.2	295 24.9	S 6 03.5
01	301 28.8	183 45.5	08.3	252 40.2	09.5	233 18.4	13.3	310 27.4	03.5
02	316 31.3	198 44.7	07.8	267 40.9	10.0	248 20.3	13.4	325 29.9	03.5
03	331 33.8	213 43.9	. . 07.3	282 41.6	. . 10.5	263 22.2	. . 13.4	340 32.4	. . 03.5
04	346 36.2	228 43.1	06.8	297 42.2	11.0	278 24.1	13.5	355 34.9	03.5
05	1 38.7	243 42.3	06.3	312 42.9	11.4	293 26.1	13.6	10 37.3	03.6
06	16 41.1	258 41.5	N22 05.8	327 43.6	N17 11.9	308 28.0	N21 13.7	25 39.8	S 6 03.6
07	31 43.6	273 40.7	05.3	342 44.3	12.4	323 29.9	13.8	40 42.3	03.6
08	46 46.1	288 39.9	04.8	357 45.0	12.9	338 31.8	13.8	55 44.8	03.6
09	61 48.5	303 39.1	. . 04.2	12 45.6	. . 13.4	353 33.7	. . 13.9	70 47.3	. . 03.7
10	76 51.0	318 38.3	03.7	27 46.3	13.9	8 35.6	14.0	85 49.8	03.7
11	91 53.5	333 37.5	03.2	42 47.0	14.4	23 37.5	14.1	100 52.3	03.7
12	106 55.9	348 36.7	N22 02.7	57 47.7	N17 14.9	38 39.4	N21 14.1	115 54.8	S 6 03.7
13	121 58.4	3 35.8	02.2	72 48.3	15.4	53 41.3	14.2	130 57.3	03.8
14	137 00.9	18 35.0	01.7	87 49.0	15.8	68 43.2	14.3	145 59.8	03.8
15	152 03.3	33 34.2	. . 01.2	102 49.7	. . 16.3	83 45.1	. . 14.4	161 02.3	. . 03.8
16	167 05.8	48 33.4	00.6	117 50.4	16.8	98 47.0	14.5	176 04.8	03.8
17	182 08.3	63 32.6	22 00.1	132 51.0	17.3	113 49.0	14.5	191 07.3	03.9
18	197 10.7	78 31.8	N21 59.6	147 51.7	N17 17.8	128 50.9	N21 14.6	206 09.8	S 6 03.9
19	212 13.2	93 31.0	59.1	162 52.4	18.3	143 52.8	14.7	221 12.3	03.9
20	227 15.6	108 30.2	58.5	177 53.1	18.8	158 54.7	14.8	236 14.8	03.9
21	242 18.1	123 29.4	. . 58.0	192 53.7	. . 19.2	173 56.6	. . 14.8	251 17.2	. . 04.0
22	257 20.6	138 28.6	57.5	207 54.4	19.7	188 58.5	14.9	266 19.7	04.0
23	272 23.0	153 27.8	57.0	222 55.1	20.2	204 00.4	15.0	281 22.2	04.0
9 00 TUESDAY	287 25.5	168 27.0	N21 56.4	237 55.8	N17 20.7	219 02.3	N21 15.1	296 24.7	S 6 04.0
01	302 28.0	183 26.2	55.9	252 56.5	21.2	234 04.2	15.2	311 27.2	04.0
02	317 30.4	198 25.4	55.4	267 57.1	21.7	249 06.1	15.2	326 29.7	04.1
03	332 32.9	213 24.6	. . 54.8	282 57.8	. . 22.1	264 08.1	. . 15.3	341 32.2	. . 04.1
04	347 35.4	228 23.8	54.3	297 58.5	22.6	279 10.0	15.4	356 34.7	04.1
05	2 37.8	243 23.0	53.8	312 59.2	23.1	294 11.9	15.5	11 37.2	04.1
06	17 40.3	258 22.3	N21 53.2	327 59.8	N17 23.6	309 13.8	N21 15.5	26 39.7	S 6 04.2
07	32 42.8	273 21.5	52.7	343 00.5	24.1	324 15.7	15.6	41 42.2	04.2
08	47 45.2	288 20.7	52.2	358 01.2	24.6	339 17.6	15.7	56 44.7	04.2
09	62 47.7	303 19.9	. . 51.6	13 01.9	. . 25.0	354 19.5	. . 15.8	71 47.2	. . 04.2
10	77 50.1	318 19.1	51.1	28 02.5	25.5	9 21.4	15.8	86 49.7	04.3
11	92 52.6	333 18.3	50.5	43 03.2	26.0	24 23.3	15.9	101 52.2	04.3
12	107 55.1	348 17.5	N21 50.0	58 03.9	N17 26.5	39 25.2	N21 16.0	116 54.7	S 6 04.3
13	122 57.5	3 16.7	49.5	73 04.6	27.0	54 27.2	16.1	131 57.2	04.3
14	138 00.0	18 15.9	48.9	88 05.2	27.4	69 29.1	16.2	146 59.7	04.4
15	153 02.5	33 15.1	. . 48.4	103 05.9	. . 27.9	84 31.0	. . 16.2	162 02.2	. . 04.4
16	168 04.9	48 14.3	47.8	118 06.6	28.4	99 32.9	16.3	177 04.7	04.4
17	183 07.4	63 13.5	47.3	133 07.3	28.9	114 34.8	16.4	192 07.2	04.5
18	198 09.9	78 12.7	N21 46.7	148 07.9	N17 29.4	129 36.7	N21 16.5	207 09.7	S 6 04.5
19	213 12.3	93 11.9	46.2	163 08.6	29.8	144 38.6	16.5	222 12.2	04.5
20	228 14.8	108 11.1	45.6	178 09.3	30.3	159 40.5	16.6	237 14.7	04.5
21	243 17.3	123 10.4	. . 45.1	193 10.0	. . 30.8	174 42.5	. . 16.7	252 17.2	. . 04.6
22	258 19.7	138 09.6	44.5	208 10.6	31.3	189 44.4	16.8	267 19.7	04.6
23	273 22.2	153 08.8	44.0	223 11.3	31.8	204 46.3	16.8	282 22.2	04.6
10 00 WEDNESDAY	288 24.6	168 08.0	N21 43.4	238 12.0	N17 32.2	219 48.2	N21 16.9	297 24.7	S 6 04.6
01	303 27.1	183 07.2	42.9	253 12.7	32.7	234 50.1	17.0	312 27.2	04.7
02	318 29.6	198 06.4	42.3	268 13.4	33.2	249 52.0	17.1	327 29.7	04.7
03	333 32.0	213 05.6	. . 41.7	283 14.0	. . 33.7	264 53.9	. . 17.1	342 32.2	. . 04.7
04	348 34.5	228 04.8	41.2	298 14.7	34.1	279 55.8	17.2	357 34.7	04.7
05	3 37.0	243 04.0	40.6	313 15.4	34.6	294 57.8	17.3	12 37.2	04.8
06	18 39.4	258 03.3	N21 40.1	328 16.1	N17 35.1	309 59.7	N21 17.4	27 39.7	S 6 04.8
07	33 41.9	273 02.5	39.5	343 16.7	35.6	325 01.6	17.4	42 42.2	04.8
08	48 44.4	288 01.7	38.9	358 17.4	36.0	340 03.5	17.5	57 44.7	04.8
09	63 46.8	303 00.9	. . 38.4	13 18.1	. . 36.5	355 05.4	. . 17.6	72 47.2	. . 04.9
10	78 49.3	318 00.1	37.8	28 18.8	37.0	10 07.3	17.7	87 49.7	04.9
11	93 51.7	332 59.3	37.2	43 19.4	37.5	25 09.2	17.8	102 52.2	04.9
12	108 54.2	347 58.6	N21 36.7	58 20.1	N17 37.9	40 11.1	N21 17.8	117 54.7	S 6 05.0
13	123 56.7	2 57.8	36.1	73 20.8	38.4	55 13.1	17.9	132 57.2	05.0
14	138 59.1	17 57.0	35.5	88 21.5	38.9	70 15.0	18.0	147 59.7	05.0
15	154 01.6	32 56.2	. . 35.0	103 22.1	. . 39.3	85 16.9	. . 18.1	163 02.2	. . 05.0
16	169 04.1	47 55.4	34.4	118 22.8	39.8	100 18.8	18.1	178 04.7	05.1
17	184 06.5	62 54.6	33.8	133 23.5	40.3	115 20.7	18.2	193 07.2	05.1
18	199 09.0	77 53.9	N21 33.2	148 24.2	N17 40.8	130 22.6	N21 18.3	208 09.7	S 6 05.1
19	214 11.5	92 53.1	32.7	163 24.8	41.2	145 24.5	18.4	223 12.2	05.1
20	229 13.9	107 52.3	32.1	178 25.5	41.7	160 26.5	18.4	238 14.7	05.2
21	244 16.4	122 51.5	. . 31.5	193 26.2	. . 42.2	175 28.4	. . 18.5	253 17.2	. . 05.2
22	259 18.9	137 50.7	30.9	208 26.9	42.6	190 30.3	18.6	268 19.7	05.2
23	274 21.3	152 50.0	30.4	223 27.5	43.1	205 32.2	18.7	283 22.2	05.2
Mer. Pass.	h m 4 49.5	v −0.8	d 0.5	v 0.7	d 0.5	v 1.9	d 0.1	v 2.5	d 0.0

STARS

Name	SHA	Dec
	° ′	° ′
Acamar	315 12.3	S40 12.1
Achernar	335 20.6	S57 06.4
Acrux	173 00.7	S63 14.4
Adhara	255 06.6	S29 00.2
Aldebaran	290 40.4	N16 33.5
Alioth	166 13.3	N55 49.9
Alkaid	152 52.2	N49 11.7
Alnair	27 33.1	S46 50.3
Alnilam	275 38.5	S 1 11.1
Alphard	217 48.4	S 8 45.9
Alphecca	126 03.9	N26 38.1
Alpheratz	357 35.1	N29 13.4
Altair	62 00.0	N 8 56.0
Ankaa	353 07.5	S42 10.1
Antares	112 16.0	S26 29.2
Arcturus	145 48.2	N19 03.4
Atria	107 10.2	S69 04.4
Avior	234 15.6	S59 35.3
Bellatrix	278 23.6	N 6 22.4
Betelgeuse	270 52.9	N 7 24.7
Canopus	263 53.1	S52 42.4
Capella	280 22.9	N46 01.3
Deneb	49 25.7	N45 22.0
Denebola	182 25.5	N14 26.2
Diphda	348 47.7	S17 51.0
Dubhe	193 41.8	N61 37.4
Elnath	278 02.7	N28 37.7
Eltanin	90 41.9	N51 29.2
Enif	33 38.9	N 9 59.2
Fomalhaut	15 14.8	S29 29.4
Gacrux	171 52.2	S57 15.3
Gienah	175 44.1	S17 40.7
Hadar	148 36.4	S60 29.7
Hamal	327 51.8	N23 34.6
Kaus Aust.	83 32.7	S34 22.4
Kochab	137 19.2	N74 03.5
Markab	13 30.1	N15 20.2
Menkar	314 06.7	N 4 11.2
Menkent	147 58.0	S36 29.6
Miaplacidus	221 39.2	S69 49.2
Mirfak	308 29.2	N49 56.7
Nunki	75 47.9	S26 16.0
Peacock	53 05.8	S56 39.3
Pollux	243 18.2	N27 58.1
Procyon	244 51.6	N 5 09.8
Rasalhague	95 58.6	N12 32.6
Regulus	207 35.1	N11 51.0
Rigel	281 04.6	S 8 10.3
Rigil Kent.	139 40.6	S60 56.4
Sabik	102 02.9	S15 45.3
Schedar	349 31.5	N56 40.0
Shaula	96 10.5	S37 07.3
Sirius	258 27.0	S16 44.9
Spica	158 22.7	S11 17.4
Suhail	222 47.0	S43 31.9
Vega	80 33.1	N38 48.4
Zuben'ubi	136 56.3	S16 08.7

	SHA	Mer. Pass.
	° ′	h m
Venus	241 01.5	12 47
Mars	310 30.3	8 08
Jupiter	291 36.8	9 23
Saturn	8 59.2	4 14

© British Crown Copyright 2023. All rights reserved.

	UT	SUN GHA	SUN Dec	MOON GHA	*v*	MOON Dec	*d*	HP
	d h	° ′	° ′	° ′	′	° ′	′	′
	8 00	178 43.2	N22 26.4	152 08.6	11.6	N21 45.2	10.0	55.5
	01	193 43.1	26.1	166 39.2	11.7	21 35.2	10.2	55.5
	02	208 43.0	25.8	181 09.9	11.8	21 25.0	10.3	55.5
	03	223 42.9	. . 25.5	195 40.7	11.9	21 14.7	10.3	55.5
	04	238 42.8	25.2	210 11.6	12.0	21 04.4	10.4	55.4
	05	253 42.7	24.9	224 42.6	12.2	20 54.0	10.6	55.4
	06	268 42.6	N22 24.6	239 13.8	12.2	N20 43.4	10.6	55.4
	07	283 42.5	24.3	253 45.0	12.3	20 32.8	10.7	55.4
	08	298 42.4	24.0	268 16.3	12.4	20 22.1	10.7	55.4
MONDAY	09	313 42.3	. . 23.7	282 47.7	12.5	20 11.4	10.9	55.3
	10	328 42.2	23.4	297 19.2	12.6	20 00.5	10.9	55.3
	11	343 42.1	23.1	311 50.8	12.7	19 49.6	11.1	55.3
	12	358 42.0	N22 22.8	326 22.5	12.8	N19 38.5	11.1	55.3
	13	13 41.9	22.5	340 54.3	12.9	19 27.4	11.1	55.3
	14	28 41.9	22.2	355 26.2	13.0	19 16.3	11.3	55.2
	15	43 41.8	. . 21.9	9 58.2	13.0	19 05.0	11.3	55.2
	16	58 41.7	21.6	24 30.2	13.2	18 53.7	11.4	55.2
	17	73 41.6	21.4	39 02.4	13.3	18 42.3	11.5	55.2
	18	88 41.5	N22 21.0	53 34.7	13.3	N18 30.8	11.5	55.2
	19	103 41.4	20.7	68 07.0	13.5	18 19.3	11.6	55.1
	20	118 41.3	20.4	82 39.5	13.5	18 07.7	11.7	55.1
	21	133 41.2	. . 20.1	97 12.0	13.6	17 56.0	11.8	55.1
	22	148 41.1	19.8	111 44.6	13.7	17 44.2	11.8	55.1
	23	163 41.0	19.5	126 17.3	13.8	17 32.4	11.9	55.1
	9 00	178 40.9	N22 19.2	140 50.1	13.9	N17 20.5	11.9	55.0
	01	193 40.8	18.9	155 23.0	14.0	17 08.6	12.0	55.0
	02	208 40.7	18.6	169 56.0	14.0	16 56.6	12.1	55.0
	03	223 40.6	. . 18.3	184 29.0	14.2	16 44.5	12.1	55.0
	04	238 40.6	18.0	199 02.2	14.2	16 32.4	12.2	55.0
	05	253 40.5	17.7	213 35.4	14.3	16 20.2	12.3	55.0
	06	268 40.4	N22 17.4	228 08.7	14.4	N16 07.9	12.3	54.9
	07	283 40.3	17.1	242 42.1	14.4	15 55.6	12.3	54.9
TUESDAY	08	298 40.2	16.8	257 15.5	14.6	15 43.3	12.4	54.9
	09	313 40.1	. . 16.5	271 49.1	14.6	15 30.9	12.5	54.9
	10	328 40.0	16.2	286 22.7	14.7	15 18.4	12.5	54.9
	11	343 39.9	15.8	300 56.4	14.8	15 05.9	12.6	54.9
	12	358 39.8	N22 15.5	315 30.2	14.8	N14 53.3	12.6	54.8
	13	13 39.7	15.2	330 04.0	15.0	14 40.7	12.7	54.8
	14	28 39.6	14.9	344 38.0	15.0	14 28.0	12.7	54.8
	15	43 39.6	. . 14.6	359 12.0	15.0	14 15.3	12.8	54.8
	16	58 39.5	14.3	13 46.0	15.2	14 02.5	12.8	54.8
	17	73 39.4	14.0	28 20.2	15.2	13 49.7	12.9	54.8
	18	88 39.3	N22 13.6	42 54.4	15.3	N13 36.8	12.9	54.7
	19	103 39.2	13.3	57 28.7	15.3	13 23.9	12.9	54.7
	20	118 39.1	13.0	72 03.0	15.5	13 11.0	13.0	54.7
	21	133 39.0	. . 12.7	86 37.5	15.4	12 58.0	13.1	54.7
	22	148 38.9	12.4	101 11.9	15.6	12 44.9	13.1	54.7
	23	163 38.8	12.0	115 46.5	15.6	12 31.8	13.1	54.7
	10 00	178 38.8	N22 11.7	130 21.1	15.7	N12 18.7	13.1	54.6
	01	193 38.7	11.4	144 55.8	15.7	12 05.6	13.2	54.6
	02	208 38.6	11.1	159 30.5	15.8	11 52.4	13.3	54.6
	03	223 38.5	. . 10.8	174 05.3	15.9	11 39.1	13.2	54.6
	04	238 38.4	10.4	188 40.2	15.9	11 25.9	13.4	54.6
	05	253 38.3	10.1	203 15.1	16.0	11 12.5	13.3	54.6
	06	268 38.2	N22 09.8	217 50.1	16.1	N10 59.2	13.4	54.6
WEDNESDAY	07	283 38.2	09.5	232 25.2	16.1	10 45.8	13.4	54.6
	08	298 38.1	09.1	247 00.3	16.1	10 32.4	13.4	54.5
	09	313 38.0	. . 08.8	261 35.4	16.2	10 19.0	13.5	54.5
	10	328 37.9	08.5	276 10.6	16.3	10 05.5	13.5	54.5
	11	343 37.8	08.2	290 45.9	16.3	9 52.0	13.5	54.5
	12	358 37.7	N22 07.8	305 21.2	16.3	N 9 38.5	13.6	54.5
	13	13 37.6	07.5	319 56.5	16.4	9 24.9	13.6	54.5
	14	28 37.6	07.2	334 31.9	16.5	9 11.3	13.6	54.5
	15	43 37.5	. . 06.8	349 07.4	16.5	8 57.7	13.6	54.5
	16	58 37.4	06.5	3 42.9	16.5	8 44.1	13.7	54.4
	17	73 37.3	06.2	18 18.4	16.6	8 30.4	13.7	54.4
	18	88 37.2	N22 05.8	32 54.0	16.7	N 8 16.7	13.7	54.4
	19	103 37.1	05.5	47 29.7	16.6	8 03.0	13.7	54.4
	20	118 37.0	05.2	62 05.3	16.8	7 49.3	13.8	54.4
	21	133 37.0	. . 04.8	76 41.1	16.7	7 35.5	13.8	54.4
	22	148 36.9	04.5	91 16.8	16.8	7 21.7	13.8	54.4
	23	163 36.8	04.2	105 52.6	16.8	N 7 07.9	13.8	54.4
		SD 15.8	*d* 0.3	SD	15.1	14.9		14.8

Lat.	Twilight Naut.	Twilight Civil	Sunrise	Moonrise 8	Moonrise 9	Moonrise 10	Moonrise 11
°	h m	h m	h m	h m	h m	h m	h m
N 72	▭	▭	▭	▭	04 27	07 09	09 15
N 70	▭	▭	▭	▭	05 15	07 28	09 22
68	▭	▭	▭	03 06	05 45	07 42	09 27
66	////	////	01 10	04 02	06 07	07 54	09 32
64	////	////	02 00	04 35	06 25	08 03	09 36
62	////	////	02 31	04 59	06 39	08 12	09 39
60	////	01 27	02 54	05 18	06 51	08 19	09 42
N 58	////	02 03	03 12	05 34	07 01	08 25	09 45
56	////	02 29	03 27	05 47	07 10	08 30	09 47
54	01 20	02 49	03 40	05 58	07 18	08 35	09 49
52	01 54	03 05	03 52	06 09	07 25	08 39	09 51
50	02 17	03 19	04 02	06 18	07 32	08 43	09 52
45	02 58	03 46	04 23	06 37	07 46	08 52	09 56
N 40	03 27	04 08	04 40	06 52	07 57	08 59	09 59
35	03 49	04 25	04 54	07 05	08 06	09 05	10 02
30	04 06	04 39	05 06	07 16	08 15	09 10	10 04
20	04 34	05 03	05 27	07 35	08 29	09 19	10 08
N 10	04 55	05 22	05 45	07 52	08 41	09 28	10 12
0	05 13	05 39	06 02	08 08	08 53	09 35	10 15
S 10	05 29	05 56	06 18	08 23	09 04	09 42	10 18
20	05 45	06 12	06 36	08 40	09 17	09 50	10 22
30	06 00	06 30	06 56	08 58	09 31	09 59	10 26
35	06 08	06 40	07 07	09 09	09 39	10 04	10 28
40	06 17	06 51	07 21	09 22	09 48	10 10	10 30
45	06 26	07 03	07 37	09 36	09 59	10 17	10 33
S 50	06 37	07 18	07 56	09 54	10 11	10 25	10 37
52	06 42	07 25	08 05	10 03	10 17	10 29	10 38
54	06 47	07 33	08 15	10 12	10 24	10 33	10 40
56	06 53	07 41	08 27	10 23	10 31	10 37	10 42
58	06 59	07 50	08 40	10 34	10 39	10 42	10 44
S 60	07 06	08 01	08 56	10 48	10 49	10 48	10 47

Lat.	Sunset	Twilight Civil	Twilight Naut.	Moonset 8	Moonset 9	Moonset 10	Moonset 11
°	h m	h m	h m	h m	h m	h m	h m
N 72	▭	▭	▭	▭	01 19	{00 05 / 23 25}	22 53
N 70	▭	▭	▭	▭	{00 29 / 23 45}	23 15	22 51
68	▭	▭	▭	{01 01 / 23 57}	23 29	23 08	22 49
66	22 57	////	////	{00 03 / 23 34}	23 15	23 01	22 48
64	22 09	////	////	23 15	23 04	22 55	22 47
62	21 38	////	////	23 00	22 55	22 50	22 45
60	21 16	22 41	////	22 47	22 47	22 46	22 45
N 58	20 58	22 06	////	22 35	22 39	22 42	22 44
56	20 43	21 41	////	22 26	22 33	22 39	22 43
54	20 30	21 21	22 48	22 17	22 27	22 35	22 42
52	20 18	21 05	22 16	22 09	22 22	22 33	22 42
50	20 08	20 51	21 52	22 02	22 17	22 30	22 41
45	19 47	20 24	21 12	21 47	22 07	22 24	22 40
N 40	19 31	20 03	20 43	21 34	21 58	22 20	22 39
35	19 16	19 46	20 22	21 24	21 51	22 15	22 38
30	19 04	19 31	20 04	21 14	21 44	22 12	22 37
20	18 43	19 08	19 37	20 58	21 33	22 05	22 36
N 10	18 26	18 48	19 15	20 43	21 23	22 00	22 35
0	18 09	18 31	18 57	20 30	21 13	21 54	22 34
S 10	17 53	18 15	18 41	20 16	21 04	21 49	22 32
20	17 35	17 59	18 26	20 02	20 54	21 43	22 31
30	17 15	17 41	18 11	19 45	20 42	21 36	22 30
35	17 03	17 31	18 03	19 35	20 35	21 33	22 29
40	16 50	17 20	17 54	19 23	20 27	21 28	22 28
45	16 34	17 08	17 44	19 10	20 18	21 23	22 27
S 50	16 15	16 53	17 34	18 54	20 07	21 17	22 25
52	16 06	16 46	17 29	18 46	20 01	21 14	22 25
54	15 56	16 38	17 24	18 37	19 56	21 11	22 24
56	15 44	16 30	17 18	18 27	19 49	21 07	22 23
58	15 31	16 21	17 12	18 16	19 42	21 03	22 22
S 60	15 15	16 10	17 05	18 03	19 34	20 59	22 21

Day	SUN Eqn. of Time 00^h	SUN Eqn. of Time 12^h	SUN Mer. Pass.	MOON Mer. Pass. Upper	MOON Mer. Pass. Lower	MOON Age	MOON Phase
d	m s	m s	h m	h m	h m	d	%
8	05 07	05 12	12 05	14 19	01 55	03	7
9	05 16	05 21	12 05	15 03	02 42	04	13
10	05 25	05 29	12 05	15 45	03 24	05	20

© British Crown Copyright 2023. All rights reserved.

UT d	UT h	ARIES GHA	VENUS −3·9 GHA	VENUS Dec	MARS +0·9 GHA	MARS Dec	JUPITER −2·1 GHA	JUPITER Dec	SATURN +0·8 GHA	SATURN Dec
		° ′	° ′	° ′	° ′	° ′	° ′	° ′	° ′	° ′
11	00	289 23.8	167 49.2	N21 29.8	238 28.2	N17 43.6	220 34.1	N21 18.7	298 24.7	S 6 05.3
	01	304 26.2	182 48.4	29.2	253 28.9	44.1	235 36.0	18.8	313 27.2	05.3
	02	319 28.7	197 47.6	28.6	268 29.6	44.5	250 38.0	18.9	328 29.7	05.3
	03	334 31.2	212 46.9	. . 28.0	283 30.2	. . 45.0	265 39.9	. . 19.0	343 32.2	. . 05.4
	04	349 33.6	227 46.1	27.4	298 30.9	45.5	280 41.8	19.0	358 34.7	05.4
	05	4 36.1	242 45.3	26.9	313 31.6	45.9	295 43.7	19.1	13 37.2	05.4
	06	19 38.6	257 44.5	N21 26.3	328 32.3	N17 46.4	310 45.6	N21 19.2	28 39.7	S 6 05.4
	07	34 41.0	272 43.7	25.7	343 32.9	46.9	325 47.5	19.2	43 42.2	05.5
T	08	49 43.5	287 43.0	25.1	358 33.6	47.3	340 49.4	19.3	58 44.7	05.5
H	09	64 46.0	302 42.2	. . 24.5	13 34.3	. . 47.8	355 51.4	. . 19.4	73 47.2	. . 05.5
U	10	79 48.4	317 41.4	23.9	28 35.0	48.3	10 53.3	19.5	88 49.7	05.6
R	11	94 50.9	332 40.7	23.3	43 35.7	48.7	25 55.2	19.5	103 52.2	05.6
S	12	109 53.3	347 39.9	N21 22.7	58 36.3	N17 49.2	40 57.1	N21 19.6	118 54.7	S 6 05.6
D	13	124 55.8	2 39.1	22.1	73 37.0	49.7	55 59.0	19.7	133 57.2	05.6
A	14	139 58.3	17 38.3	21.5	88 37.7	50.1	71 00.9	19.8	148 59.7	05.7
Y	15	155 00.7	32 37.6	. . 20.9	103 38.4	. . 50.6	86 02.9	. . 19.8	164 02.2	. . 05.7
	16	170 03.2	47 36.8	20.3	118 39.0	51.1	101 04.8	19.9	179 04.8	05.7
	17	185 05.7	62 36.0	19.7	133 39.7	51.5	116 06.7	20.0	194 07.3	05.8
	18	200 08.1	77 35.3	N21 19.1	148 40.4	N17 52.0	131 08.6	N21 20.1	209 09.8	S 6 05.8
	19	215 10.6	92 34.5	18.5	163 41.1	52.4	146 10.5	20.1	224 12.3	05.8
	20	230 13.1	107 33.7	17.9	178 41.7	52.9	161 12.4	20.2	239 14.8	05.8
	21	245 15.5	122 32.9	. . 17.3	193 42.4	. . 53.4	176 14.4	. . 20.3	254 17.3	. . 05.9
	22	260 18.0	137 32.2	16.7	208 43.1	53.8	191 16.3	20.4	269 19.8	05.9
	23	275 20.5	152 31.4	16.1	223 43.8	54.3	206 18.2	20.4	284 22.3	05.9
12	00	290 22.9	167 30.6	N21 15.5	238 44.4	N17 54.8	221 20.1	N21 20.5	299 24.8	S 6 06.0
	01	305 25.4	182 29.9	14.9	253 45.1	55.2	236 22.0	20.6	314 27.3	06.0
	02	320 27.8	197 29.1	14.3	268 45.8	55.7	251 24.0	20.7	329 29.8	06.0
	03	335 30.3	212 28.3	. . 13.7	283 46.5	. . 56.1	266 25.9	. . 20.7	344 32.3	. . 06.0
	04	350 32.8	227 27.6	13.1	298 47.1	56.6	281 27.8	20.8	359 34.8	06.1
	05	5 35.2	242 26.8	12.5	313 47.8	57.1	296 29.7	20.9	14 37.3	06.1
	06	20 37.7	257 26.0	N21 11.9	328 48.5	N17 57.5	311 31.6	N21 20.9	29 39.8	S 6 06.1
	07	35 40.2	272 25.3	11.2	343 49.2	58.0	326 33.5	21.0	44 42.4	06.2
	08	50 42.6	287 24.5	10.6	358 49.8	58.5	341 35.5	21.1	59 44.9	06.2
F	09	65 45.1	302 23.8	. . 10.0	13 50.5	. . 58.9	356 37.4	. . 21.2	74 47.4	. . 06.2
R	10	80 47.6	317 23.0	09.4	28 51.2	59.4	11 39.3	21.2	89 49.9	06.3
I	11	95 50.0	332 22.2	08.8	43 51.9	17 59.8	26 41.2	21.3	104 52.4	06.3
D	12	110 52.5	347 21.5	N21 08.2	58 52.5	N18 00.3	41 43.1	N21 21.4	119 54.9	S 6 06.3
A	13	125 55.0	2 20.7	07.5	73 53.2	00.7	56 45.1	21.5	134 57.4	06.3
Y	14	140 57.4	17 19.9	06.9	88 53.9	01.2	71 47.0	21.5	149 59.9	06.4
	15	155 59.9	32 19.2	. . 06.3	103 54.6	. . 01.7	86 48.9	. . 21.6	165 02.4	. . 06.4
	16	171 02.3	47 18.4	05.7	118 55.2	02.1	101 50.8	21.7	180 04.9	06.4
	17	186 04.8	62 17.7	05.0	133 55.9	02.6	116 52.7	21.8	195 07.4	06.5
	18	201 07.3	77 16.9	N21 04.4	148 56.6	N18 03.0	131 54.7	N21 21.8	210 09.9	S 6 06.5
	19	216 09.7	92 16.1	03.8	163 57.3	03.5	146 56.6	21.9	225 12.5	06.5
	20	231 12.2	107 15.4	03.2	178 57.9	03.9	161 58.5	22.0	240 15.0	06.6
	21	246 14.7	122 14.6	. . 02.5	193 58.6	. . 04.4	177 00.4	. . 22.0	255 17.5	. . 06.6
	22	261 17.1	137 13.9	01.9	208 59.3	04.9	192 02.3	22.1	270 20.0	06.6
	23	276 19.6	152 13.1	01.3	224 00.0	05.3	207 04.3	22.2	285 22.5	06.6
13	00	291 22.1	167 12.4	N21 00.6	239 00.6	N18 05.8	222 06.2	N21 22.3	300 25.0	S 6 06.7
	01	306 24.5	182 11.6	21 00.0	254 01.3	06.2	237 08.1	22.3	315 27.5	06.7
	02	321 27.0	197 10.8	20 59.4	269 02.0	06.7	252 10.0	22.4	330 30.0	06.7
	03	336 29.4	212 10.1	. . 58.7	284 02.7	. . 07.1	267 11.9	. . 22.5	345 32.5	. . 06.8
	04	351 31.9	227 09.3	58.1	299 03.3	07.6	282 13.9	22.6	0 35.0	06.8
	05	6 34.4	242 08.6	57.5	314 04.0	08.0	297 15.8	22.6	15 37.6	06.8
	06	21 36.8	257 07.8	N20 56.8	329 04.7	N18 08.5	312 17.7	N21 22.7	30 40.1	S 6 06.9
	07	36 39.3	272 07.1	56.2	344 05.4	08.9	327 19.6	22.8	45 42.6	06.9
S	08	51 41.8	287 06.3	55.6	359 06.0	09.4	342 21.5	22.8	60 45.1	06.9
A	09	66 44.2	302 05.6	. . 54.9	14 06.7	. . 09.8	357 23.5	. . 22.9	75 47.6	. . 07.0
T	10	81 46.7	317 04.8	54.3	29 07.4	10.3	12 25.4	23.0	90 50.1	07.0
U	11	96 49.2	332 04.1	53.6	44 08.1	10.7	27 27.3	23.1	105 52.6	07.0
R	12	111 51.6	347 03.3	N20 53.0	59 08.7	N18 11.2	42 29.2	N21 23.1	120 55.1	S 6 07.1
D	13	126 54.1	2 02.6	52.3	74 09.4	11.6	57 31.2	23.2	135 57.7	07.1
A	14	141 56.6	17 01.8	51.7	89 10.1	12.1	72 33.1	23.3	151 00.2	07.1
Y	15	156 59.0	32 01.1	. . 51.0	104 10.8	. . 12.6	87 35.0	. . 23.3	166 02.7	. . 07.1
	16	172 01.5	47 00.3	50.4	119 11.4	13.0	102 36.9	23.4	181 05.2	07.2
	17	187 03.9	61 59.6	49.8	134 12.1	13.5	117 38.8	23.5	196 07.7	07.2
	18	202 06.4	76 58.8	N20 49.1	149 12.8	N18 13.9	132 40.8	N21 23.6	211 10.2	S 6 07.2
	19	217 08.9	91 58.1	48.5	164 13.5	14.3	147 42.7	23.6	226 12.7	07.3
	20	232 11.3	106 57.3	47.8	179 14.1	14.8	162 44.6	23.7	241 15.2	07.3
	21	247 13.8	121 56.6	. . 47.1	194 14.8	. . 15.2	177 46.5	. . 23.8	256 17.8	. . 07.3
	22	262 16.3	136 55.8	46.5	209 15.5	15.7	192 48.5	23.8	271 20.3	07.4
	23	277 18.7	151 55.1	45.8	224 16.2	16.1	207 50.4	23.9	286 22.8	07.4
Mer. Pass.		h m 4 37.7	v −0.8	d 0.6	v 0.7	d 0.5	v 1.9	d 0.1	v 2.5	d 0.0

STARS

Name	SHA	Dec
	° ′	° ′
Acamar	315 12.3	S40 12.1
Achernar	335 20.5	S57 06.4
Acrux	173 00.7	S63 14.4
Adhara	255 06.6	S29 00.2
Aldebaran	290 40.4	N16 33.5
Alioth	166 13.4	N55 49.9
Alkaid	152 52.2	N49 11.7
Alnair	27 33.0	S46 50.4
Alnilam	275 38.4	S 1 11.1
Alphard	217 48.4	S 8 45.8
Alphecca	126 03.9	N26 38.1
Alpheratz	357 35.1	N29 13.4
Altair	62 00.0	N 8 56.0
Ankaa	353 07.4	S42 10.1
Antares	112 16.1	S26 29.2
Arcturus	145 48.2	N19 03.4
Atria	107 10.2	S69 04.4
Avior	234 15.6	S59 35.3
Bellatrix	278 23.6	N 6 22.4
Betelgeuse	270 52.8	N 7 24.8
Canopus	263 53.1	S52 42.4
Capella	280 22.9	N46 01.3
Deneb	49 25.6	N45 22.0
Denebola	182 25.5	N14 26.2
Diphda	348 47.6	S17 51.0
Dubhe	193 41.9	N61 37.4
Elnath	278 02.7	N28 37.7
Eltanin	90 41.9	N51 29.2
Enif	33 38.9	N 9 59.2
Fomalhaut	15 14.7	S29 29.4
Gacrux	171 52.3	S57 15.3
Gienah	175 44.1	S17 40.7
Hadar	148 36.5	S60 29.7
Hamal	327 51.7	N23 34.6
Kaus Aust.	83 32.7	S34 22.4
Kochab	137 19.3	N74 03.5
Markab	13 30.1	N15 20.2
Menkar	314 06.7	N 4 11.2
Menkent	147 58.0	S36 29.6
Miaplacidus	221 39.3	S69 49.1
Mirfak	308 29.1	N49 56.7
Nunki	75 47.9	S26 16.0
Peacock	53 05.8	S56 39.3
Pollux	243 18.2	N27 58.1
Procyon	244 51.6	N 5 09.8
Rasalhague	95 58.6	N12 32.6
Regulus	207 35.1	N11 51.0
Rigel	281 04.6	S 8 10.3
Rigil Kent.	139 40.7	S60 56.4
Sabik	102 03.0	S15 45.3
Schedar	349 31.4	N56 40.0
Shaula	96 10.5	S37 07.3
Sirius	258 26.9	S16 44.9
Spica	158 22.7	S11 17.4
Suhail	222 47.0	S43 31.9
Vega	80 33.1	N38 48.4
Zuben'ubi	136 56.3	S16 08.7

	SHA	Mer. Pass.
	° ′	h m
Venus	237 07.7	12 51
Mars	308 21.5	8 05
Jupiter	290 57.2	9 13
Saturn	9 01.9	4 02

© British Crown Copyright 2023. All rights reserved.

UT d	UT h	SUN GHA ° ′	SUN Dec ° ′	MOON GHA ° ′	v ′	MOON Dec ° ′	d ′	HP ′
11 THURSDAY	00	178 36.7	N22 03.8	120 28.4	16.9	N 6 54.1	13.9	54.4
	01	193 36.6	03.5	135 04.3	16.9	6 40.2	13.8	54.4
	02	208 36.5	03.2	149 40.2	17.0	6 26.4	13.9	54.4
	03	223 36.5	. . 02.8	164 16.2	16.9	6 12.5	13.9	54.3
	04	238 36.4	02.5	178 52.1	17.0	5 58.6	13.9	54.3
	05	253 36.3	02.1	193 28.1	17.1	5 44.7	13.9	54.3
	06	268 36.2	N22 01.8	208 04.2	17.0	N 5 30.8	14.0	54.3
	07	283 36.1	01.5	222 40.2	17.1	5 16.8	13.9	54.3
	08	298 36.1	01.1	237 16.3	17.2	5 02.9	14.0	54.3
	09	313 36.0	. . 00.8	251 52.5	17.1	4 48.9	14.0	54.3
	10	328 35.9	00.4	266 28.6	17.2	4 34.9	14.0	54.3
	11	343 35.8	22 00.1	281 04.8	17.2	4 20.9	14.0	54.3
	12	358 35.7	N21 59.8	295 41.0	17.2	N 4 06.9	14.0	54.3
	13	13 35.7	59.4	310 17.2	17.2	3 52.9	14.0	54.3
	14	28 35.6	59.1	324 53.4	17.3	3 38.9	14.1	54.3
	15	43 35.5	. . 58.7	339 29.7	17.3	3 24.8	14.0	54.3
	16	58 35.4	58.4	354 06.0	17.3	3 10.8	14.1	54.3
	17	73 35.3	58.0	8 42.3	17.3	2 56.7	14.0	54.3
	18	88 35.3	N21 57.7	23 18.6	17.3	N 2 42.7	14.1	54.3
	19	103 35.2	57.3	37 54.9	17.4	2 28.6	14.1	54.3
	20	118 35.1	57.0	52 31.3	17.3	2 14.5	14.1	54.2
	21	133 35.0	. . 56.6	67 07.6	17.4	2 00.4	14.1	54.2
	22	148 34.9	56.3	81 44.0	17.4	1 46.3	14.0	54.2
	23	163 34.9	55.9	96 20.4	17.4	1 32.3	14.1	54.2
12 FRIDAY	00	178 34.8	N21 55.6	110 56.8	17.4	N 1 18.2	14.1	54.2
	01	193 34.7	55.2	125 33.2	17.4	1 04.1	14.1	54.2
	02	208 34.6	54.9	140 09.6	17.4	0 50.0	14.1	54.2
	03	223 34.6	. . 54.5	154 46.0	17.4	0 35.9	14.1	54.2
	04	238 34.5	54.2	169 22.4	17.5	0 21.8	14.1	54.2
	05	253 34.4	53.8	183 58.9	17.4	N 0 07.7	14.1	54.2
	06	268 34.3	N21 53.4	198 35.3	17.4	S 0 06.4	14.1	54.2
	07	283 34.2	53.1	213 11.7	17.4	0 20.5	14.1	54.2
	08	298 34.2	52.7	227 48.1	17.5	0 34.6	14.1	54.2
	09	313 34.1	. . 52.4	242 24.6	17.4	0 48.7	14.1	54.2
	10	328 34.0	52.0	257 01.0	17.4	1 02.8	14.1	54.2
	11	343 33.9	51.7	271 37.4	17.4	1 16.9	14.0	54.2
	12	358 33.9	N21 51.3	286 13.8	17.5	S 1 30.9	14.1	54.2
	13	13 33.8	50.9	300 50.3	17.4	1 45.0	14.1	54.2
	14	28 33.7	50.6	315 26.7	17.4	1 59.1	14.0	54.2
	15	43 33.6	. . 50.2	330 03.1	17.4	2 13.1	14.1	54.2
	16	58 33.6	49.9	344 39.5	17.3	2 27.2	14.0	54.2
	17	73 33.5	49.5	359 15.8	17.4	2 41.2	14.1	54.2
	18	88 33.4	N21 49.1	13 52.2	17.4	S 2 55.3	14.0	54.2
	19	103 33.3	48.8	28 28.6	17.3	3 09.3	14.0	54.2
	20	118 33.3	48.4	43 04.9	17.3	3 23.3	14.0	54.2
	21	133 33.2	. . 48.0	57 41.2	17.3	3 37.3	14.0	54.3
	22	148 33.1	47.7	72 17.5	17.3	3 51.3	14.0	54.3
	23	163 33.1	47.3	86 53.8	17.3	4 05.3	14.0	54.3
13 SATURDAY	00	178 33.0	N21 46.9	101 30.1	17.3	S 4 19.3	14.0	54.3
	01	193 32.9	46.6	116 06.4	17.2	4 33.3	13.9	54.3
	02	208 32.8	46.2	130 42.6	17.2	4 47.2	13.9	54.3
	03	223 32.8	. . 45.8	145 18.8	17.2	5 01.1	14.0	54.3
	04	238 32.7	45.5	159 55.0	17.2	5 15.1	13.9	54.3
	05	253 32.6	45.1	174 31.2	17.1	5 29.0	13.9	54.3
	06	268 32.5	N21 44.7	189 07.3	17.1	S 5 42.9	13.8	54.3
	07	283 32.5	44.3	203 43.4	17.1	5 56.7	13.9	54.3
	08	298 32.4	44.0	218 19.5	17.0	6 10.6	13.8	54.3
	09	313 32.3	. . 43.6	232 55.5	17.1	6 24.4	13.8	54.3
	10	328 32.3	43.2	247 31.6	17.0	6 38.2	13.8	54.3
	11	343 32.2	42.8	262 07.6	16.9	6 52.0	13.8	54.3
	12	358 32.1	N21 42.5	276 43.5	16.9	S 7 05.8	13.7	54.3
	13	13 32.1	42.1	291 19.4	16.9	7 19.5	13.8	54.3
	14	28 32.0	41.7	305 55.3	16.9	7 33.3	13.7	54.4
	15	43 31.9	. . 41.3	320 31.2	16.8	7 47.0	13.7	54.4
	16	58 31.8	41.0	335 07.0	16.8	8 00.7	13.6	54.4
	17	73 31.8	40.6	349 42.8	16.7	8 14.3	13.7	54.4
	18	88 31.7	N21 40.2	4 18.5	16.7	S 8 28.0	13.6	54.4
	19	103 31.6	39.8	18 54.2	16.7	8 41.6	13.6	54.4
	20	118 31.6	39.4	33 29.9	16.6	8 55.2	13.5	54.4
	21	133 31.5	. . 39.1	48 05.5	16.5	9 08.7	13.6	54.4
	22	148 31.4	38.7	62 41.0	16.6	9 22.3	13.5	54.4
	23	163 31.4	38.3	77 16.6	16.4	S 9 35.8	13.4	54.4
		SD 15.8	*d* 0.4	SD 14.8		14.8		14.8

Lat. °	Twilight Naut. h m	Twilight Civil h m	Sunrise h m	Moonrise 11 h m	Moonrise 12 h m	Moonrise 13 h m	Moonrise 14 h m
N 72	▭	▭	▭	09 15	11 11	13 10	15 25
N 70	▭	▭	▭	09 22	11 09	12 58	14 58
68	▭	▭	▭	09 27	11 08	12 49	14 38
66	////	////	01 24	09 32	11 06	12 42	14 22
64	////	////	02 08	09 36	11 05	12 35	14 10
62	////	00 24	02 37	09 39	11 04	12 30	13 59
60	////	01 37	02 59	09 42	11 03	12 25	13 50
N 58	////	02 10	03 16	09 45	11 03	12 21	13 42
56	00 22	02 34	03 31	09 47	11 02	12 17	13 35
54	01 29	02 53	03 44	09 49	11 01	12 14	13 28
52	02 00	03 09	03 55	09 51	11 01	12 11	13 23
50	02 22	03 22	04 05	09 52	11 00	12 08	13 18
45	03 02	03 49	04 25	09 56	10 59	12 02	13 07
N 40	03 30	04 10	04 42	09 59	10 58	11 57	12 58
35	03 51	04 27	04 56	10 02	10 57	11 53	12 51
30	04 08	04 41	05 08	10 04	10 57	11 50	12 44
20	04 35	05 04	05 28	10 08	10 56	11 43	12 32
N 10	04 56	05 23	05 46	10 12	10 55	11 38	12 22
0	05 14	05 40	06 02	10 15	10 54	11 33	12 13
S 10	05 30	05 56	06 18	10 18	10 53	11 28	12 04
20	05 45	06 12	06 35	10 22	10 52	11 22	11 54
30	06 00	06 29	06 55	10 26	10 51	11 16	11 43
35	06 07	06 39	07 06	10 28	10 50	11 13	11 37
40	06 16	06 50	07 20	10 30	10 50	11 09	11 30
45	06 25	07 02	07 35	10 33	10 49	11 04	11 21
S 50	06 36	07 16	07 54	10 37	10 48	10 59	11 11
52	06 40	07 23	08 03	10 38	10 47	10 57	11 07
54	06 45	07 30	08 13	10 40	10 47	10 54	11 02
56	06 51	07 39	08 24	10 42	10 47	10 51	10 56
58	06 57	07 48	08 37	10 44	10 46	10 48	10 50
S 60	07 03	07 58	08 52	10 47	10 45	10 44	10 43

Lat. °	Sunset h m	Twilight Civil h m	Twilight Naut. h m	Moonset 11 h m	Moonset 12 h m	Moonset 13 h m	Moonset 14 h m
N 72	▭	▭	▭	22 53	22 21	21 46	20 57
N 70	▭	▭	▭	22 51	22 27	22 00	21 26
68	▭	▭	▭	22 49	22 31	22 12	21 48
66	22 44	////	////	22 48	22 35	22 21	22 05
64	22 01	////	////	22 47	22 38	22 29	22 19
62	21 33	23 36	////	22 45	22 41	22 36	22 31
60	21 11	22 32	////	22 45	22 43	22 42	22 41
N 58	20 54	22 00	////	22 44	22 45	22 47	22 50
56	20 39	21 36	23 38	22 43	22 47	22 52	22 58
54	20 27	21 17	22 40	22 42	22 49	22 56	23 05
52	20 16	21 02	22 10	22 42	22 51	23 00	23 11
50	20 06	20 49	21 48	22 41	22 52	23 04	23 17
45	19 46	20 22	21 09	22 40	22 55	23 12	23 30
N 40	19 29	20 01	20 41	22 39	22 58	23 18	23 40
35	19 15	19 45	20 20	22 38	23 00	23 24	23 49
30	19 03	19 30	20 03	22 37	23 03	23 29	23 57
20	18 43	19 07	19 36	22 36	23 06	23 37	24 10
N 10	18 26	18 48	19 15	22 35	23 09	23 45	24 22
0	18 09	18 32	18 58	22 34	23 12	23 52	24 33
S 10	17 53	18 16	18 42	22 32	23 15	23 59	24 45
20	17 36	18 00	18 27	22 31	23 19	24 07	00 07
30	17 17	17 43	18 12	22 30	23 22	24 16	00 16
35	17 05	17 33	18 04	22 29	23 24	24 21	00 21
40	16 52	17 22	17 56	22 28	23 27	24 27	00 27
45	16 37	17 10	17 47	22 27	23 30	24 33	00 33
S 50	16 18	16 55	17 36	22 25	23 33	24 41	00 41
52	16 09	16 49	17 32	22 25	23 34	24 45	00 45
54	15 59	16 41	17 27	22 24	23 36	24 49	00 49
56	15 48	16 33	17 21	22 23	23 38	24 54	00 54
58	15 35	16 24	17 15	22 22	23 40	24 59	00 59
S 60	15 20	16 14	17 09	22 21	23 42	25 05	01 05

Day d	SUN Eqn. of Time 00^h m s	SUN Eqn. of Time 12^h m s	SUN Mer. Pass. h m	MOON Mer. Pass. Upper h m	MOON Mer. Pass. Lower h m	MOON Age d	MOON Phase %
11	05 33	05 37	12 06	16 24	04 05	06	28
12	05 41	05 44	12 06	17 03	04 44	07	37
13	05 48	05 51	12 06	17 42	05 23	08	46

© British Crown Copyright 2023. All rights reserved.

UT d h	ARIES GHA	VENUS −3·9 GHA	Dec	MARS +0·9 GHA	Dec	JUPITER −2·1 GHA	Dec	SATURN +0·8 GHA	Dec
	° ′	° ′	° ′	° ′	° ′	° ′	° ′	° ′	° ′
14 00 (SUNDAY)	292 21.2	166 54.3	N20 45.2	239 16.8	N18 16.6	222 52.3	N21 24.0	301 25.3	S 6 07.4
01	307 23.7	181 53.6	44.5	254 17.5	17.0	237 54.2	24.1	316 27.8	07.5
02	322 26.1	196 52.9	43.9	269 18.2	17.5	252 56.2	24.1	331 30.3	07.5
03	337 28.6	211 52.1	. . 43.2	284 18.9	. . 17.9	267 58.1	. . 24.2	346 32.8	. . 07.5
04	352 31.1	226 51.4	42.5	299 19.5	18.4	283 00.0	24.3	1 35.4	07.6
05	7 33.5	241 50.6	41.9	314 20.2	18.8	298 01.9	24.3	16 37.9	07.6
06	22 36.0	256 49.9	N20 41.2	329 20.9	N18 19.3	313 03.9	N21 24.4	31 40.4	S 6 07.6
07	37 38.4	271 49.1	40.6	344 21.6	19.7	328 05.8	24.5	46 42.9	07.7
08	52 40.9	286 48.4	39.9	359 22.2	20.2	343 07.7	24.6	61 45.4	07.7
09	67 43.4	301 47.7	. . 39.2	14 22.9	. . 20.6	358 09.6	. . 24.6	76 47.9	. . 07.7
10	82 45.8	316 46.9	38.6	29 23.6	21.0	13 11.6	24.7	91 50.4	07.8
11	97 48.3	331 46.2	37.9	44 24.3	21.5	28 13.5	24.8	106 53.0	07.8
12	112 50.8	346 45.4	N20 37.2	59 24.9	N18 21.9	43 15.4	N21 24.8	121 55.5	S 6 07.8
13	127 53.2	1 44.7	36.6	74 25.6	22.4	58 17.3	24.9	136 58.0	07.9
14	142 55.7	16 44.0	35.9	89 26.3	22.8	73 19.3	25.0	152 00.5	07.9
15	157 58.2	31 43.2	. . 35.2	104 27.0	. . 23.3	88 21.2	. . 25.1	167 03.0	. . 07.9
16	173 00.6	46 42.5	34.5	119 27.7	23.7	103 23.1	25.1	182 05.5	08.0
17	188 03.1	61 41.8	33.9	134 28.3	24.1	118 25.0	25.2	197 08.1	08.0
18	203 05.5	76 41.0	N20 33.2	149 29.0	N18 24.6	133 27.0	N21 25.3	212 10.6	S 6 08.0
19	218 08.0	91 40.3	32.5	164 29.7	25.0	148 28.9	25.3	227 13.1	08.1
20	233 10.5	106 39.5	31.8	179 30.4	25.5	163 30.8	25.4	242 15.6	08.1
21	248 12.9	121 38.8	. . 31.2	194 31.0	. . 25.9	178 32.7	. . 25.5	257 18.1	. . 08.1
22	263 15.4	136 38.1	30.5	209 31.7	26.4	193 34.7	25.5	272 20.6	08.2
23	278 17.9	151 37.3	29.8	224 32.4	26.8	208 36.6	25.6	287 23.2	08.2
15 00 (MONDAY)	293 20.3	166 36.6	N20 29.1	239 33.1	N18 27.2	223 38.5	N21 25.7	302 25.7	S 6 08.2
01	308 22.8	181 35.9	28.4	254 33.7	27.7	238 40.4	25.8	317 28.2	08.3
02	323 25.3	196 35.1	27.8	269 34.4	28.1	253 42.4	25.8	332 30.7	08.3
03	338 27.7	211 34.4	. . 27.1	284 35.1	. . 28.6	268 44.3	. . 25.9	347 33.2	. . 08.3
04	353 30.2	226 33.7	26.4	299 35.8	29.0	283 46.2	26.0	2 35.7	08.4
05	8 32.7	241 33.0	25.7	314 36.4	29.4	298 48.1	26.0	17 38.3	08.4
06	23 35.1	256 32.2	N20 25.0	329 37.1	N18 29.9	313 50.1	N21 26.1	32 40.8	S 6 08.4
07	38 37.6	271 31.5	24.3	344 37.8	30.3	328 52.0	26.2	47 43.3	08.5
08	53 40.0	286 30.8	23.6	359 38.5	30.7	343 53.9	26.2	62 45.8	08.5
09	68 42.5	301 30.0	. . 22.9	14 39.1	. . 31.2	358 55.9	. . 26.3	77 48.3	. . 08.5
10	83 45.0	316 29.3	22.3	29 39.8	31.6	13 57.8	26.4	92 50.9	08.6
11	98 47.4	331 28.6	21.6	44 40.5	32.1	28 59.7	26.5	107 53.4	08.6
12	113 49.9	346 27.8	N20 20.9	59 41.2	N18 32.5	44 01.6	N21 26.5	122 55.9	S 6 08.6
13	128 52.4	1 27.1	20.2	74 41.8	32.9	59 03.6	26.6	137 58.4	08.7
14	143 54.8	16 26.4	19.5	89 42.5	33.4	74 05.5	26.7	153 00.9	08.7
15	158 57.3	31 25.7	. . 18.8	104 43.2	. . 33.8	89 07.4	. . 26.7	168 03.5	. . 08.7
16	173 59.8	46 24.9	18.1	119 43.9	34.2	104 09.4	26.8	183 06.0	08.8
17	189 02.2	61 24.2	17.4	134 44.5	34.7	119 11.3	26.9	198 08.5	08.8
18	204 04.7	76 23.5	N20 16.7	149 45.2	N18 35.1	134 13.2	N21 26.9	213 11.0	S 6 08.8
19	219 07.2	91 22.8	16.0	164 45.9	35.5	149 15.1	27.0	228 13.5	08.9
20	234 09.6	106 22.0	15.3	179 46.6	36.0	164 17.1	27.1	243 16.1	08.9
21	249 12.1	121 21.3	. . 14.6	194 47.2	. . 36.4	179 19.0	. . 27.1	258 18.6	. . 08.9
22	264 14.5	136 20.6	13.9	209 47.9	36.8	194 20.9	27.2	273 21.1	09.0
23	279 17.0	151 19.9	13.2	224 48.6	37.3	209 22.9	27.3	288 23.6	09.0
16 00 (TUESDAY)	294 19.5	166 19.2	N20 12.5	239 49.3	N18 37.7	224 24.8	N21 27.4	303 26.1	S 6 09.0
01	309 21.9	181 18.4	11.8	254 49.9	38.1	239 26.7	27.4	318 28.7	09.1
02	324 24.4	196 17.7	11.1	269 50.6	38.6	254 28.6	27.5	333 31.2	09.1
03	339 26.9	211 17.0	. . 10.4	284 51.3	. . 39.0	269 30.6	. . 27.6	348 33.7	. . 09.2
04	354 29.3	226 16.3	09.7	299 52.0	39.4	284 32.5	27.6	3 36.2	09.2
05	9 31.8	241 15.6	08.9	314 52.6	39.9	299 34.4	27.7	18 38.8	09.2
06	24 34.3	256 14.8	N20 08.2	329 53.3	N18 40.3	314 36.4	N21 27.8	33 41.3	S 6 09.3
07	39 36.7	271 14.1	07.5	344 54.0	40.7	329 38.3	27.8	48 43.8	09.3
08	54 39.2	286 13.4	06.8	359 54.7	41.1	344 40.2	27.9	63 46.3	09.3
09	69 41.6	301 12.7	. . 06.1	14 55.3	. . 41.6	359 42.2	. . 28.0	78 48.8	. . 09.4
10	84 44.1	316 12.0	05.4	29 56.0	42.0	14 44.1	28.0	93 51.4	09.4
11	99 46.6	331 11.3	04.7	44 56.7	42.4	29 46.0	28.1	108 53.9	09.4
12	114 49.0	346 10.5	N20 03.9	59 57.4	N18 42.9	44 47.9	N21 28.2	123 56.4	S 6 09.5
13	129 51.5	1 09.8	03.2	74 58.0	43.3	59 49.9	28.2	138 58.9	09.5
14	144 54.0	16 09.1	02.5	89 58.7	43.7	74 51.8	28.3	154 01.5	09.5
15	159 56.4	31 08.4	. . 01.8	104 59.4	. . 44.1	89 53.7	. . 28.4	169 04.0	. . 09.6
16	174 58.9	46 07.7	01.1	120 00.1	44.6	104 55.7	28.5	184 06.5	09.6
17	190 01.4	61 07.0	20 00.4	135 00.7	45.0	119 57.6	28.5	199 09.0	09.7
18	205 03.8	76 06.3	N19 59.6	150 01.4	N18 45.4	134 59.5	N21 28.6	214 11.6	S 6 09.7
19	220 06.3	91 05.5	58.9	165 02.1	45.9	150 01.5	28.7	229 14.1	09.7
20	235 08.8	106 04.8	58.2	180 02.8	46.3	165 03.4	28.7	244 16.6	09.8
21	250 11.2	121 04.1	. . 57.5	195 03.4	. . 46.7	180 05.3	. . 28.8	259 19.1	. . 09.8
22	265 13.7	136 03.4	56.7	210 04.1	47.1	195 07.3	28.9	274 21.7	09.8
23	280 16.1	151 02.7	56.0	225 04.8	47.6	210 09.2	28.9	289 24.2	09.9
Mer. Pass.	h m 4 25.9	v −0.7	d 0.7	v 0.7	d 0.4	v 1.9	d 0.1	v 2.5	d 0.0

STARS

Name	SHA	Dec
	° ′	° ′
Acamar	315 12.2	S40 12.1
Achernar	335 20.5	S57 06.4
Acrux	173 00.7	S63 14.4
Adhara	255 06.6	S29 00.2
Aldebaran	290 40.3	N16 33.5
Alioth	166 13.4	N55 49.9
Alkaid	152 52.3	N49 11.7
Alnair	27 33.0	S46 50.4
Alnilam	275 38.4	S 1 11.1
Alphard	217 48.4	S 8 45.8
Alphecca	126 03.9	N26 38.1
Alpheratz	357 35.1	N29 13.4
Altair	62 00.0	N 8 56.0
Ankaa	353 07.4	S42 10.1
Antares	112 16.1	S26 29.2
Arcturus	145 48.2	N19 03.4
Atria	107 10.2	S69 04.4
Avior	234 15.6	S59 35.3
Bellatrix	278 23.6	N 6 22.4
Betelgeuse	270 52.8	N 7 24.8
Canopus	263 53.1	S52 42.3
Capella	280 22.9	N46 01.3
Deneb	49 25.6	N45 22.0
Denebola	182 25.5	N14 26.2
Diphda	348 47.6	S17 51.0
Dubhe	193 41.9	N61 37.4
Elnath	278 02.7	N28 37.7
Eltanin	90 41.9	N51 29.2
Enif	33 38.9	N 9 59.2
Fomalhaut	15 14.7	S29 29.4
Gacrux	171 52.3	S57 15.3
Gienah	175 44.1	S17 40.7
Hadar	148 36.5	S60 29.7
Hamal	327 51.7	N23 34.6
Kaus Aust.	83 32.7	S34 22.4
Kochab	137 19.3	N74 03.5
Markab	13 30.1	N15 20.2
Menkar	314 06.7	N 4 11.2
Menkent	147 58.0	S36 29.6
Miaplacidus	221 39.3	S69 49.1
Mirfak	308 29.1	N49 56.7
Nunki	75 47.9	S26 16.0
Peacock	53 05.8	S56 39.3
Pollux	243 18.2	N27 58.1
Procyon	244 51.6	N 5 09.8
Rasalhague	95 58.6	N12 32.6
Regulus	207 35.1	N11 51.0
Rigel	281 04.5	S 8 10.3
Rigil Kent.	139 40.7	S60 56.4
Sabik	102 03.0	S15 45.3
Schedar	349 31.4	N56 40.1
Shaula	96 10.5	S37 07.3
Sirius	258 26.9	S16 44.9
Spica	158 22.7	S11 17.4
Suhail	222 47.0	S43 31.9
Vega	80 33.1	N38 48.4
Zuben'ubi	136 56.3	S16 08.7

	SHA	Mer. Pass.
	° ′	h m
Venus	233 16.3	12 54
Mars	306 12.7	8 01
Jupiter	290 18.2	9 04
Saturn	9 05.3	3 50

© British Crown Copyright 2023. All rights reserved.

	UT d h	SUN GHA ° ′	SUN Dec ° ′	MOON GHA ° ′	MOON *v* ′	MOON Dec ° ′	MOON *d* ′	MOON HP ′
SUNDAY	14 00	178 31.3	N21 37.9	91 52.0	16.5	S 9 49.2	13.5	54.5
	01	193 31.2	37.5	106 27.5	16.3	10 02.7	13.4	54.5
	02	208 31.2	37.1	121 02.8	16.4	10 16.1	13.4	54.5
	03	223 31.1	. . 36.8	135 38.2	16.2	10 29.5	13.3	54.5
	04	238 31.0	36.4	150 13.4	16.3	10 42.8	13.3	54.5
	05	253 31.0	36.0	164 48.7	16.1	10 56.1	13.3	54.5
	06	268 30.9	N21 35.6	179 23.8	16.1	S11 09.4	13.3	54.5
	07	283 30.8	35.2	193 58.9	16.1	11 22.7	13.2	54.5
	08	298 30.8	34.8	208 34.0	16.0	11 35.9	13.2	54.6
	09	313 30.7	. . 34.4	223 09.0	15.9	11 49.1	13.1	54.6
	10	328 30.6	34.1	237 43.9	15.9	12 02.2	13.1	54.6
	11	343 30.6	33.7	252 18.8	15.8	12 15.3	13.1	54.6
	12	358 30.5	N21 33.3	266 53.6	15.8	S12 28.4	13.0	54.6
	13	13 30.4	32.9	281 28.4	15.6	12 41.4	13.0	54.6
	14	28 30.4	32.5	296 03.0	15.7	12 54.4	12.9	54.7
	15	43 30.3	. . 32.1	310 37.7	15.5	13 07.3	12.9	54.7
	16	58 30.2	31.7	325 12.2	15.5	13 20.2	12.9	54.7
	17	73 30.2	31.3	339 46.7	15.4	13 33.1	12.8	54.7
	18	88 30.1	N21 30.9	354 21.1	15.4	S13 45.9	12.8	54.7
	19	103 30.1	30.5	8 55.5	15.3	13 58.7	12.7	54.7
	20	118 30.0	30.1	23 29.8	15.2	14 11.4	12.7	54.8
	21	133 29.9	. . 29.7	38 04.0	15.1	14 24.1	12.6	54.8
	22	148 29.9	29.3	52 38.1	15.1	14 36.7	12.6	54.8
	23	163 29.8	28.9	67 12.2	15.0	14 49.3	12.5	54.8
MONDAY	15 00	178 29.7	N21 28.5	81 46.2	14.9	S15 01.8	12.5	54.8
	01	193 29.7	28.1	96 20.1	14.8	15 14.3	12.4	54.8
	02	208 29.6	27.7	110 53.9	14.8	15 26.7	12.4	54.9
	03	223 29.6	. . 27.3	125 27.7	14.7	15 39.1	12.3	54.9
	04	238 29.5	26.9	140 01.4	14.6	15 51.4	12.3	54.9
	05	253 29.4	26.5	154 35.0	14.5	16 03.7	12.2	54.9
	06	268 29.4	N21 26.1	169 08.5	14.4	S16 15.9	12.1	54.9
	07	283 29.3	25.7	183 41.9	14.4	16 28.0	12.1	55.0
	08	298 29.3	25.3	198 15.3	14.2	16 40.1	12.1	55.0
	09	313 29.2	. . 24.9	212 48.5	14.2	16 52.2	12.0	55.0
	10	328 29.1	24.5	227 21.7	14.1	17 04.2	11.9	55.0
	11	343 29.1	24.1	241 54.8	14.0	17 16.1	11.9	55.0
	12	358 29.0	N21 23.7	256 27.8	13.9	S17 28.0	11.7	55.1
	13	13 29.0	23.3	271 00.7	13.9	17 39.7	11.8	55.1
	14	28 28.9	22.9	285 33.6	13.7	17 51.5	11.7	55.1
	15	43 28.8	. . 22.5	300 06.3	13.7	18 03.2	11.6	55.1
	16	58 28.8	22.1	314 39.0	13.5	18 14.8	11.5	55.2
	17	73 28.7	21.7	329 11.5	13.5	18 26.3	11.5	55.2
	18	88 28.7	N21 21.3	343 44.0	13.3	S18 37.8	11.4	55.2
	19	103 28.6	20.8	358 16.3	13.3	18 49.2	11.3	55.2
	20	118 28.5	20.4	12 48.6	13.2	19 00.5	11.2	55.3
	21	133 28.5	. . 20.0	27 20.8	13.1	19 11.7	11.2	55.3
	22	148 28.4	19.6	41 52.9	12.9	19 22.9	11.1	55.3
	23	163 28.4	19.2	56 24.8	12.9	19 34.0	11.1	55.3
TUESDAY	16 00	178 28.3	N21 18.8	70 56.7	12.8	S19 45.1	10.9	55.3
	01	193 28.3	18.4	85 28.5	12.7	19 56.0	10.9	55.4
	02	208 28.2	18.0	100 00.2	12.6	20 06.9	10.8	55.4
	03	223 28.1	. . 17.5	114 31.8	12.4	20 17.7	10.7	55.4
	04	238 28.1	17.1	129 03.2	12.4	20 28.4	10.7	55.4
	05	253 28.0	16.7	143 34.6	12.3	20 39.1	10.5	55.5
	06	268 28.0	N21 16.3	158 05.9	12.2	S20 49.6	10.5	55.5
	07	283 27.9	15.9	172 37.1	12.0	21 00.1	10.4	55.5
	08	298 27.9	15.5	187 08.1	12.0	21 10.5	10.3	55.6
	09	313 27.8	. . 15.0	201 39.1	11.8	21 20.8	10.2	55.6
	10	328 27.8	14.6	216 09.9	11.8	21 31.0	10.1	55.6
	11	343 27.7	14.2	230 40.7	11.6	21 41.1	10.0	55.6
	12	358 27.7	N21 13.8	245 11.3	11.5	S21 51.1	10.0	55.7
	13	13 27.6	13.4	259 41.8	11.5	22 01.1	9.8	55.7
	14	28 27.5	12.9	274 12.3	11.3	22 10.9	9.8	55.7
	15	43 27.5	. . 12.5	288 42.6	11.2	22 20.7	9.6	55.7
	16	58 27.4	12.1	303 12.8	11.1	22 30.3	9.6	55.8
	17	73 27.4	11.7	317 42.9	10.9	22 39.9	9.4	55.8
	18	88 27.3	N21 11.2	332 12.8	10.9	S22 49.3	9.4	55.8
	19	103 27.3	10.8	346 42.7	10.8	22 58.7	9.3	55.9
	20	118 27.2	10.4	1 12.5	10.6	23 08.0	9.1	55.9
	21	133 27.2	. . 10.0	15 42.1	10.6	23 17.1	9.1	55.9
	22	148 27.1	09.5	30 11.7	10.4	23 26.2	8.9	55.9
	23	163 27.1	09.1	44 41.1	10.3	S23 35.1	8.9	56.0
		SD 15.8	*d* 0.4	SD 14.9		15.0		15.2

Lat. °	Twilight Naut. h m	Twilight Civil h m	Sunrise h m	Moonrise 14 h m	Moonrise 15 h m	Moonrise 16 h m	Moonrise 17 h m
N 72	□	□	□	15 25	■	■	■
N 70	□	□	□	14 58	17 37	■	■
68	□	□	□	14 38	16 46	■	■
66	////	////	01 37	14 22	16 15	18 44	■
64	////	////	02 17	14 10	15 52	17 51	■
62	////	00 53	02 44	13 59	15 34	17 19	19 18
60	////	01 46	03 04	13 50	15 19	16 56	18 37
N 58	////	02 17	03 21	13 42	15 07	16 37	18 09
56	00 49	02 40	03 36	13 35	14 56	16 21	17 48
54	01 38	02 58	03 48	13 28	14 46	16 08	17 30
52	02 06	03 13	03 58	13 23	14 38	15 56	17 15
50	02 27	03 26	04 08	13 18	14 30	15 46	17 02
45	03 05	03 52	04 28	13 07	14 14	15 24	16 35
N 40	03 32	04 12	04 44	12 58	14 01	15 07	16 14
35	03 53	04 29	04 58	12 51	13 50	14 52	15 57
30	04 10	04 43	05 09	12 44	13 40	14 40	15 42
20	04 37	05 05	05 29	12 32	13 24	14 19	15 16
N 10	04 57	05 24	05 47	12 22	13 10	14 00	14 55
0	05 14	05 40	06 02	12 13	12 56	13 43	14 34
S 10	05 30	05 56	06 18	12 04	12 43	13 26	14 14
20	05 44	06 11	06 35	11 54	12 29	13 08	13 53
30	05 59	06 28	06 54	11 43	12 13	12 47	13 28
35	06 07	06 38	07 05	11 37	12 04	12 35	13 14
40	06 15	06 48	07 18	11 30	11 53	12 22	12 57
45	06 24	07 00	07 33	11 21	11 41	12 06	12 37
S 50	06 34	07 14	07 51	11 11	11 26	11 46	12 12
52	06 38	07 21	08 00	11 07	11 20	11 36	12 00
54	06 43	07 28	08 10	11 02	11 12	11 26	11 47
56	06 48	07 36	08 21	10 56	11 03	11 14	11 31
58	06 54	07 44	08 33	10 50	10 54	11 00	11 12
S 60	07 00	07 54	08 48	10 43	10 43	10 44	10 49

Lat. °	Sunset h m	Twilight Civil h m	Twilight Naut. h m	Moonset 14 h m	Moonset 15 h m	Moonset 16 h m	Moonset 17 h m
N 72	□	□	□	20 57	■	■	■
N 70	□	□	□	21 26	20 18	■	■
68	□	□	□	21 48	21 10	■	■
66	22 31	////	////	22 05	21 42	20 52	■
64	21 53	////	////	22 19	22 06	21 46	■
62	21 27	23 13	////	22 31	22 25	22 19	22 09
60	21 06	22 23	////	22 41	22 41	22 43	22 50
N 58	20 50	21 53	////	22 50	22 55	23 03	23 18
56	20 36	21 31	23 18	22 58	23 06	23 19	23 40
54	20 23	21 13	22 32	23 05	23 16	23 33	23 58
52	20 13	20 58	22 04	23 11	23 26	23 45	24 14
50	20 03	20 45	21 43	23 17	23 34	23 56	24 27
45	19 44	20 19	21 06	23 30	23 51	24 19	00 19
N 40	19 28	19 59	20 39	23 40	24 06	00 06	00 37
35	19 14	19 43	20 18	23 49	24 18	00 18	00 52
30	19 03	19 29	20 02	23 57	24 28	00 28	01 06
20	18 43	19 07	19 35	24 10	00 10	00 47	01 29
N 10	18 26	18 48	19 15	24 22	00 22	01 03	01 49
0	18 10	18 32	18 58	24 33	00 33	01 18	02 07
S 10	17 54	18 16	18 42	24 45	00 45	01 33	02 26
20	17 37	18 01	18 28	00 07	00 57	01 50	02 46
30	17 18	17 44	18 13	00 16	01 11	02 09	03 09
35	17 07	17 35	18 06	00 21	01 19	02 20	03 23
40	16 54	17 24	17 58	00 27	01 28	02 32	03 39
45	16 39	17 12	17 49	00 33	01 39	02 47	03 58
S 50	16 21	16 58	17 39	00 41	01 52	03 06	04 22
52	16 13	16 52	17 34	00 45	01 58	03 15	04 34
54	16 03	16 45	17 30	00 49	02 05	03 25	04 47
56	15 52	16 37	17 24	00 54	02 13	03 36	05 02
58	15 40	16 28	17 19	00 59	02 22	03 49	05 20
S 60	15 25	16 18	17 13	01 05	02 32	04 04	05 43

Day d	SUN Eqn. of Time 00^h m s	SUN Eqn. of Time 12^h m s	SUN Mer. Pass. h m	MOON Mer. Pass. Upper h m	MOON Mer. Pass. Lower h m	MOON Age d	MOON Phase %
14	05 55	05 58	12 06	18 23	06 02	09	55
15	06 01	06 04	12 06	19 07	06 45	10	65
16	06 07	06 09	12 06	19 55	07 31	11	74

© British Crown Copyright 2023. All rights reserved.

UT (d h)	ARIES GHA (° ′)	VENUS −3·9 GHA (° ′)	VENUS Dec (° ′)	MARS +0·9 GHA (° ′)	MARS Dec (° ′)	JUPITER −2·1 GHA (° ′)	JUPITER Dec (° ′)	SATURN +0·8 GHA (° ′)	SATURN Dec (° ′)
17 00	295 18.6	166 02.0	N19 55.3	240 05.5	N18 48.0	225 11.1	N21 29.0	304 26.7	S 6 09.9
01	310 21.1	181 01.3	54.5	255 06.1	48.4	240 13.1	29.1	319 29.2	09.9
02	325 23.5	196 00.6	53.8	270 06.8	48.8	255 15.0	29.1	334 31.8	10.0
03	340 26.0	210 59.9	. . 53.1	285 07.5	. . 49.3	270 16.9	. . 29.2	349 34.3	. . 10.0
04	355 28.5	225 59.2	52.3	300 08.2	49.7	285 18.9	29.3	4 36.8	10.1
05	10 30.9	240 58.4	51.6	315 08.8	50.1	300 20.8	29.3	19 39.3	10.1
06	25 33.4	255 57.7	N19 50.9	330 09.5	N18 50.5	315 22.7	N21 29.4	34 41.9	S 6 10.1
W 07	40 35.9	270 57.0	50.1	345 10.2	50.9	330 24.7	29.5	49 44.4	10.2
E 08	55 38.3	285 56.3	49.4	0 10.9	51.4	345 26.6	29.5	64 46.9	10.2
D 09	70 40.8	300 55.6	. . 48.7	15 11.5	. . 51.8	0 28.5	. . 29.6	79 49.4	. . 10.2
N 10	85 43.3	315 54.9	47.9	30 12.2	52.2	15 30.5	29.7	94 52.0	10.3
E 11	100 45.7	330 54.2	47.2	45 12.9	52.6	30 32.4	29.7	109 54.5	10.3
S 12	115 48.2	345 53.5	N19 46.5	60 13.6	N18 53.1	45 34.3	N21 29.8	124 57.0	S 6 10.4
D 13	130 50.6	0 52.8	45.7	75 14.2	53.5	60 36.3	29.9	139 59.5	10.4
A 14	145 53.1	15 52.1	45.0	90 14.9	53.9	75 38.2	29.9	155 02.1	10.4
Y 15	160 55.6	30 51.4	. . 44.2	105 15.6	. . 54.3	90 40.1	. . 30.0	170 04.6	. . 10.5
16	175 58.0	45 50.7	43.5	120 16.3	54.7	105 42.1	30.1	185 07.1	10.5
17	191 00.5	60 50.0	42.7	135 16.9	55.2	120 44.0	30.1	200 09.6	10.5
18	206 03.0	75 49.3	N19 42.0	150 17.6	N18 55.6	135 45.9	N21 30.2	215 12.2	S 6 10.6
19	221 05.4	90 48.6	41.3	165 18.3	56.0	150 47.9	30.3	230 14.7	10.6
20	236 07.9	105 47.9	40.5	180 19.0	56.4	165 49.8	30.3	245 17.2	10.7
21	251 10.4	120 47.2	. . 39.8	195 19.6	. . 56.8	180 51.7	. . 30.4	260 19.8	. . 10.7
22	266 12.8	135 46.5	39.0	210 20.3	57.3	195 53.7	30.5	275 22.3	10.7
23	281 15.3	150 45.8	38.3	225 21.0	57.7	210 55.6	30.5	290 24.8	10.8
18 00	296 17.8	165 45.1	N19 37.5	240 21.7	N18 58.1	225 57.5	N21 30.6	305 27.3	S 6 10.8
01	311 20.2	180 44.4	36.8	255 22.3	58.5	240 59.5	30.7	320 29.9	10.8
02	326 22.7	195 43.7	36.0	270 23.0	58.9	256 01.4	30.7	335 32.4	10.9
03	341 25.1	210 43.0	. . 35.2	285 23.7	. . 59.3	271 03.4	. . 30.8	350 34.9	. . 10.9
04	356 27.6	225 42.3	34.5	300 24.4	18 59.8	286 05.3	30.9	5 37.5	11.0
05	11 30.1	240 41.6	33.7	315 25.0	19 00.2	301 07.2	30.9	20 40.0	11.0
06	26 32.5	255 40.9	N19 33.0	330 25.7	N19 00.6	316 09.2	N21 31.0	35 42.5	S 6 11.0
T 07	41 35.0	270 40.2	32.2	345 26.4	01.0	331 11.1	31.1	50 45.0	11.1
H 08	56 37.5	285 39.6	31.5	0 27.1	01.4	346 13.0	31.1	65 47.6	11.1
U 09	71 39.9	300 38.9	. . 30.7	15 27.7	. . 01.8	1 15.0	. . 31.2	80 50.1	. . 11.2
R 10	86 42.4	315 38.2	29.9	30 28.4	02.2	16 16.9	31.3	95 52.6	11.2
S 11	101 44.9	330 37.5	29.2	45 29.1	02.7	31 18.8	31.3	110 55.2	11.2
D 12	116 47.3	345 36.8	N19 28.4	60 29.8	N19 03.1	46 20.8	N21 31.4	125 57.7	S 6 11.3
A 13	131 49.8	0 36.1	27.6	75 30.4	03.5	61 22.7	31.5	141 00.2	11.3
Y 14	146 52.3	15 35.4	26.9	90 31.1	03.9	76 24.7	31.5	156 02.8	11.3
15	161 54.7	30 34.7	. . 26.1	105 31.8	. . 04.3	91 26.6	. . 31.6	171 05.3	. . 11.4
16	176 57.2	45 34.0	25.4	120 32.5	04.7	106 28.5	31.7	186 07.8	11.4
17	191 59.6	60 33.3	24.6	135 33.1	05.1	121 30.5	31.7	201 10.4	11.5
18	207 02.1	75 32.6	N19 23.8	150 33.8	N19 05.5	136 32.4	N21 31.8	216 12.9	S 6 11.5
19	222 04.6	90 32.0	23.0	165 34.5	06.0	151 34.3	31.9	231 15.4	11.5
20	237 07.0	105 31.3	22.3	180 35.2	06.4	166 36.3	31.9	246 17.9	11.6
21	252 09.5	120 30.6	. . 21.5	195 35.8	. . 06.8	181 38.2	. . 32.0	261 20.5	. . 11.6
22	267 12.0	135 29.9	20.7	210 36.5	07.2	196 40.2	32.1	276 23.0	11.7
23	282 14.4	150 29.2	20.0	225 37.2	07.6	211 42.1	32.1	291 25.5	11.7
19 00	297 16.9	165 28.5	N19 19.2	240 37.9	N19 08.0	226 44.0	N21 32.2	306 28.1	S 6 11.7
01	312 19.4	180 27.8	18.4	255 38.5	08.4	241 46.0	32.3	321 30.6	11.8
02	327 21.8	195 27.2	17.6	270 39.2	08.8	256 47.9	32.3	336 33.1	11.8
03	342 24.3	210 26.5	. . 16.9	285 39.9	. . 09.2	271 49.9	. . 32.4	351 35.7	. . 11.9
04	357 26.7	225 25.8	16.1	300 40.6	09.6	286 51.8	32.5	6 38.2	11.9
05	12 29.2	240 25.1	15.3	315 41.2	10.1	301 53.7	32.5	21 40.7	11.9
06	27 31.7	255 24.4	N19 14.5	330 41.9	N19 10.5	316 55.7	N21 32.6	36 43.3	S 6 12.0
07	42 34.1	270 23.7	13.7	345 42.6	10.9	331 57.6	32.7	51 45.8	12.0
08	57 36.6	285 23.1	13.0	0 43.3	11.3	346 59.6	32.7	66 48.3	12.1
F 09	72 39.1	300 22.4	. . 12.2	15 43.9	. . 11.7	2 01.5	. . 32.8	81 50.9	. . 12.1
R 10	87 41.5	315 21.7	11.4	30 44.6	12.1	17 03.4	32.8	96 53.4	12.1
I 11	102 44.0	330 21.0	10.6	45 45.3	12.5	32 05.4	32.9	111 55.9	12.2
D 12	117 46.5	345 20.4	N19 09.8	60 46.0	N19 12.9	47 07.3	N21 33.0	126 58.5	S 6 12.2
A 13	132 48.9	0 19.7	09.0	75 46.6	13.3	62 09.3	33.0	142 01.0	12.3
Y 14	147 51.4	15 19.0	08.3	90 47.3	13.7	77 11.2	33.1	157 03.5	12.3
15	162 53.9	30 18.3	. . 07.5	105 48.0	. . 14.1	92 13.1	. . 33.2	172 06.1	. . 12.3
16	177 56.3	45 17.6	06.7	120 48.7	14.5	107 15.1	33.2	187 08.6	12.4
17	192 58.8	60 17.0	05.9	135 49.4	14.9	122 17.0	33.3	202 11.1	12.4
18	208 01.2	75 16.3	N19 05.1	150 50.0	N19 15.3	137 19.0	N21 33.4	217 13.7	S 6 12.5
19	223 03.7	90 15.6	04.3	165 50.7	15.7	152 20.9	33.4	232 16.2	12.5
20	238 06.2	105 14.9	03.5	180 51.4	16.1	167 22.8	33.5	247 18.7	12.5
21	253 08.6	120 14.3	. . 02.7	195 52.1	. . 16.5	182 24.8	. . 33.6	262 21.3	. . 12.6
22	268 11.1	135 13.6	01.9	210 52.7	16.9	197 26.7	33.6	277 23.8	12.6
23	283 13.6	150 12.9	01.1	225 53.4	17.3	212 28.7	33.7	292 26.3	12.7
Mer. Pass.	h m 4 14.1	v −0.7	d 0.8	v 0.7	d 0.4	v 1.9	d 0.1	v 2.5	d 0.0

STARS

Name	SHA (° ′)	Dec (° ′)
Acamar	315 12.2	S40 12.1
Achernar	335 20.5	S57 06.4
Acrux	173 00.8	S63 14.4
Adhara	255 06.6	S29 00.2
Aldebaran	290 40.3	N16 33.5
Alioth	166 13.4	N55 49.9
Alkaid	152 52.3	N49 11.7
Alnair	27 33.0	S46 50.4
Alnilam	275 38.4	S 1 11.1
Alphard	217 48.4	S 8 45.8
Alphecca	126 03.9	N26 38.1
Alpheratz	357 35.0	N29 13.4
Altair	62 00.0	N 8 56.0
Ankaa	353 07.4	S42 10.1
Antares	112 16.1	S26 29.2
Arcturus	145 48.2	N19 03.4
Atria	107 10.2	S69 04.5
Avior	234 15.6	S59 35.2
Bellatrix	278 23.6	N 6 22.4
Betelgeuse	270 52.8	N 7 24.8
Canopus	263 53.1	S52 42.3
Capella	280 22.9	N46 01.3
Deneb	49 25.6	N45 22.0
Denebola	182 25.5	N14 26.2
Diphda	348 47.6	S17 51.0
Dubhe	193 41.9	N61 37.4
Elnath	278 02.7	N28 37.7
Eltanin	90 41.9	N51 29.2
Enif	33 38.9	N 9 59.3
Fomalhaut	15 14.7	S29 29.4
Gacrux	171 52.3	S57 15.3
Gienah	175 44.1	S17 40.7
Hadar	148 36.5	S60 29.7
Hamal	327 51.7	N23 34.6
Kaus Aust.	83 32.6	S34 22.4
Kochab	137 19.4	N74 03.5
Markab	13 30.1	N15 20.2
Menkar	314 06.7	N 4 11.2
Menkent	147 58.0	S36 29.6
Miaplacidus	221 39.3	S69 49.1
Mirfak	308 29.1	N49 56.7
Nunki	75 47.9	S26 16.0
Peacock	53 05.7	S56 39.3
Pollux	243 18.2	N27 58.1
Procyon	244 51.6	N 5 09.8
Rasalhague	95 58.6	N12 32.6
Regulus	207 35.1	N11 51.0
Rigel	281 04.5	S 8 10.3
Rigil Kent.	139 40.7	S60 56.4
Sabik	102 03.0	S15 45.3
Schedar	349 31.4	N56 40.1
Shaula	96 10.5	S37 07.3
Sirius	258 26.9	S16 44.9
Spica	158 22.7	S11 17.4
Suhail	222 47.0	S43 31.9
Vega	80 33.1	N38 48.4
Zuben'ubi	136 56.3	S16 08.7

	SHA (° ′)	Mer. Pass. (h m)
Venus	229 27.4	12 58
Mars	304 03.9	7 58
Jupiter	289 39.8	8 55
Saturn	9 09.6	3 38

© British Crown Copyright 2023. All rights reserved.

UT	SUN GHA	SUN Dec	MOON GHA	v	MOON Dec	d	HP
d h	° ′	° ′	° ′	′	° ′	′	′
17 00 (WEDNESDAY)	178 27.0	N21 08.7	59 10.4	10.2	S23 44.0	8.7	56.0
01	193 27.0	08.2	73 39.6	10.1	23 52.7	8.6	56.0
02	208 26.9	07.8	88 08.7	10.0	24 01.3	8.5	56.1
03	223 26.9	. . 07.4	102 37.7	9.8	24 09.8	8.4	56.1
04	238 26.8	07.0	117 06.5	9.8	24 18.2	8.3	56.1
05	253 26.8	06.5	131 35.3	9.6	24 26.5	8.2	56.2
06	268 26.7	N21 06.1	146 03.9	9.6	S24 34.7	8.0	56.2
07	283 26.7	05.7	160 32.5	9.4	24 42.7	8.0	56.2
08	298 26.6	05.2	175 00.9	9.3	24 50.7	7.8	56.2
09	313 26.6	. . 04.8	189 29.2	9.2	24 58.5	7.7	56.3
10	328 26.5	04.4	203 57.4	9.0	25 06.2	7.5	56.3
11	343 26.5	03.9	218 25.4	9.0	25 13.7	7.5	56.3
12	358 26.4	N21 03.5	232 53.4	8.9	S25 21.2	7.3	56.4
13	13 26.4	03.1	247 21.3	8.7	25 28.5	7.2	56.4
14	28 26.3	02.6	261 49.0	8.6	25 35.7	7.0	56.4
15	43 26.3	. . 02.2	276 16.6	8.6	25 42.7	7.0	56.5
16	58 26.2	01.7	290 44.2	8.4	25 49.7	6.8	56.5
17	73 26.2	01.3	305 11.6	8.3	25 56.5	6.6	56.5
18	88 26.2	N21 00.9	319 38.9	8.2	S26 03.1	6.6	56.6
19	103 26.1	00.4	334 06.1	8.1	26 09.7	6.4	56.6
20	118 26.1	21 00.0	348 33.2	7.9	26 16.1	6.2	56.6
21	133 26.0	20 59.5	3 00.1	7.9	26 22.3	6.1	56.7
22	148 26.0	59.1	17 27.0	7.8	26 28.4	6.0	56.7
23	163 25.9	58.7	31 53.8	7.6	26 34.4	5.8	56.7
18 00 (THURSDAY)	178 25.9	N20 58.2	46 20.4	7.6	S26 40.2	5.7	56.8
01	193 25.8	57.8	60 47.0	7.5	26 45.9	5.6	56.8
02	208 25.8	57.3	75 13.5	7.3	26 51.5	5.4	56.8
03	223 25.7	. . 56.9	89 39.8	7.3	26 56.9	5.2	56.9
04	238 25.7	56.4	104 06.1	7.1	27 02.1	5.1	56.9
05	253 25.7	56.0	118 32.2	7.1	27 07.2	5.0	56.9
06	268 25.6	N20 55.5	132 58.3	6.9	S27 12.2	4.8	56.9
07	283 25.6	55.1	147 24.2	6.9	27 17.0	4.7	57.0
08	298 25.5	54.6	161 50.1	6.7	27 21.7	4.5	57.0
09	313 25.5	. . 54.2	176 15.8	6.7	27 26.2	4.3	57.0
10	328 25.4	53.7	190 41.5	6.6	27 30.5	4.2	57.1
11	343 25.4	53.3	205 07.1	6.4	27 34.7	4.0	57.1
12	358 25.4	N20 52.8	219 32.5	6.4	S27 38.7	3.9	57.1
13	13 25.3	52.4	233 57.9	6.3	27 42.6	3.7	57.2
14	28 25.3	51.9	248 23.2	6.2	27 46.3	3.5	57.2
15	43 25.2	. . 51.5	262 48.4	6.2	27 49.8	3.4	57.2
16	58 25.2	51.0	277 13.6	6.0	27 53.2	3.2	57.3
17	73 25.1	50.6	291 38.6	6.0	27 56.4	3.1	57.3
18	88 25.1	N20 50.1	306 03.6	5.8	S27 59.5	2.9	57.3
19	103 25.1	49.7	320 28.4	5.8	28 02.4	2.7	57.4
20	118 25.0	49.2	334 53.2	5.8	28 05.1	2.5	57.4
21	133 25.0	. . 48.8	349 18.0	5.6	28 07.6	2.4	57.4
22	148 24.9	48.3	3 42.6	5.6	28 10.0	2.2	57.5
23	163 24.9	47.9	18 07.2	5.5	28 12.2	2.0	57.5
19 00 (FRIDAY)	178 24.9	N20 47.4	32 31.7	5.4	S28 14.2	1.9	57.5
01	193 24.8	46.9	46 56.1	5.4	28 16.1	1.7	57.6
02	208 24.8	46.5	61 20.5	5.3	28 17.8	1.5	57.6
03	223 24.7	. . 46.0	75 44.8	5.2	28 19.3	1.3	57.6
04	238 24.7	45.6	90 09.0	5.2	28 20.6	1.2	57.7
05	253 24.7	45.1	104 33.2	5.1	28 21.8	1.0	57.7
06	268 24.6	N20 44.6	118 57.3	5.1	S28 22.8	0.8	57.7
07	283 24.6	44.2	133 21.4	5.0	28 23.6	0.6	57.8
08	298 24.6	43.7	147 45.4	4.9	28 24.2	0.5	57.8
09	313 24.5	. . 43.2	162 09.3	4.9	28 24.7	0.2	57.8
10	328 24.5	42.8	176 33.2	4.9	28 24.9	0.1	57.9
11	343 24.4	42.3	190 57.1	4.8	28 25.0	0.1	57.9
12	358 24.4	N20 41.9	205 20.9	4.8	S28 24.9	0.3	57.9
13	13 24.4	41.4	219 44.7	4.7	28 24.6	0.4	58.0
14	28 24.3	40.9	234 08.4	4.7	28 24.2	0.7	58.0
15	43 24.3	. . 40.5	248 32.1	4.6	28 23.5	0.8	58.0
16	58 24.3	40.0	262 55.7	4.7	28 22.7	1.0	58.1
17	73 24.2	39.5	277 19.4	4.5	28 21.7	1.2	58.1
18	88 24.2	N20 39.1	291 42.9	4.6	S28 20.5	1.4	58.1
19	103 24.2	38.6	306 06.5	4.5	28 19.1	1.6	58.2
20	118 24.1	38.1	320 30.0	4.5	28 17.5	1.8	58.2
21	133 24.1	. . 37.6	334 53.5	4.5	28 15.7	1.9	58.2
22	148 24.1	37.2	349 17.0	4.5	28 13.8	2.1	58.3
23	163 24.0	36.7	3 40.5	4.4	S28 11.7	2.4	58.3
	SD 15.8	*d* 0.5	SD 15.4		15.6		15.8

Lat.	Twilight Naut.	Twilight Civil	Sunrise	Moonrise 17	Moonrise 18	Moonrise 19	Moonrise 20
°	h m	h m	h m	h m	h m	h m	h m
N 72	□	□	□	■	■	■	■
N 70	□	□	□	■	■	■	■
68	////	////	00 39	■	■	■	■
66	////	////	01 50	■	■	■	■
64	////	////	02 26	■	■	■	■
62	////	01 12	02 51	19 18	■	■	22 24
60	////	01 56	03 10	18 37	20 15	21 19	21 43
N 58	////	02 24	03 27	18 09	19 36	20 40	21 15
56	01 06	02 46	03 40	17 48	19 09	20 12	20 52
54	01 46	03 03	03 52	17 30	18 48	19 50	20 34
52	02 13	03 17	04 02	17 15	18 30	19 33	20 19
50	02 33	03 30	04 11	17 02	18 15	19 17	20 05
45	03 09	03 55	04 31	16 35	17 44	18 47	19 38
N 40	03 35	04 15	04 46	16 14	17 21	18 23	19 16
35	03 56	04 31	05 00	15 57	17 01	18 03	18 58
30	04 12	04 44	05 11	15 42	16 45	17 46	18 42
20	04 38	05 06	05 30	15 16	16 17	17 17	18 15
N 10	04 58	05 25	05 47	14 55	15 53	16 53	17 53
0	05 15	05 41	06 03	14 34	15 31	16 30	17 31
S 10	05 30	05 56	06 18	14 14	15 08	16 07	17 10
20	05 44	06 11	06 34	13 53	14 45	15 43	16 46
30	05 58	06 27	06 53	13 28	14 17	15 14	16 20
35	06 05	06 36	07 04	13 14	14 01	14 58	16 04
40	06 13	06 47	07 16	12 57	13 42	14 38	15 45
45	06 22	06 58	07 31	12 37	13 19	14 14	15 23
S 50	06 31	07 12	07 48	12 12	12 50	13 44	14 54
52	06 36	07 18	07 57	12 00	12 36	13 28	14 40
54	06 40	07 25	08 06	11 47	12 19	13 11	14 24
56	06 45	07 32	08 17	11 31	12 00	12 49	14 04
58	06 51	07 41	08 29	11 12	11 35	12 22	13 40
S 60	06 56	07 50	08 43	10 49	11 03	11 43	13 08

Lat.	Sunset	Twilight Civil	Twilight Naut.	Moonset 17	Moonset 18	Moonset 19	Moonset 20
°	h m	h m	h m	h m	h m	h m	h m
N 72	□	□	□	■	■	■	■
N 70	□	□	□	■	■	■	■
68	23 22	////	////	■	■	■	■
66	22 19	////	////	■	■	■	■
64	21 45	////	////	■	■	■	■
62	21 20	22 55	////	22 09	■	■	■
60	21 01	22 14	////	22 50	23 12	24 13	00 13
N 58	20 45	21 46	////	23 18	23 50	24 52	00 52
56	20 31	21 25	23 02	23 40	24 18	00 18	01 20
54	20 20	21 08	22 24	23 58	24 39	00 39	01 41
52	20 10	20 54	21 58	24 14	00 14	00 57	01 59
50	20 00	20 42	21 38	24 27	00 27	01 12	02 14
45	19 41	20 17	21 02	00 19	00 55	01 43	02 45
N 40	19 26	19 57	20 37	00 37	01 16	02 07	03 08
35	19 13	19 41	20 16	00 52	01 35	02 26	03 28
30	19 01	19 28	20 00	01 06	01 50	02 43	03 45
20	18 42	19 06	19 34	01 29	02 17	03 12	04 13
N 10	18 25	18 48	19 14	01 49	02 39	03 36	04 37
0	18 10	18 32	18 58	02 07	03 01	03 59	04 59
S 10	17 55	18 17	18 43	02 26	03 22	04 21	05 22
20	17 38	18 02	18 29	02 46	03 45	04 46	05 45
30	17 20	17 46	18 15	03 09	04 12	05 14	06 13
35	17 09	17 36	18 07	03 23	04 28	05 31	06 30
40	16 57	17 26	18 00	03 39	04 46	05 51	06 48
45	16 42	17 15	17 51	03 58	05 09	06 15	07 11
S 50	16 25	17 01	17 42	04 22	05 37	06 45	07 41
52	16 16	16 55	17 37	04 34	05 51	07 00	07 55
54	16 07	16 48	17 33	04 47	06 07	07 18	08 11
56	15 56	16 41	17 28	05 02	06 27	07 40	08 31
58	15 44	16 32	17 23	05 20	06 51	08 07	08 55
S 60	15 31	16 23	17 17	05 43	07 23	08 46	09 28

Day	SUN Eqn. of Time 00ʰ	SUN Eqn. of Time 12ʰ	SUN Mer. Pass.	MOON Mer. Pass. Upper	MOON Mer. Pass. Lower	MOON Age	MOON Phase
d	m s	m s	h m	h m	h m	d %	
17	06 12	06 14	12 06	20 48	08 21	12 82	
18	06 16	06 18	12 06	21 45	09 16	13 89	◐
19	06 20	06 22	12 06	22 45	10 14	14 95	

© British Crown Copyright 2023. All rights reserved.

2024 JULY 20, 21, 22 (SAT., SUN., MON.)

Day	UT d h	ARIES GHA ° ′	VENUS −3·9 GHA ° ′	VENUS Dec ° ′	MARS +0·9 GHA ° ′	MARS Dec ° ′	JUPITER −2·1 GHA ° ′	JUPITER Dec ° ′	SATURN +0·8 GHA ° ′	SATURN Dec ° ′
	20 00	298 16.0	165 12.2	N19 00.3	240 54.1	N19 17.7	227 30.6	N21 33.8	307 28.9	S 6 12.7
	01	313 18.5	180 11.6	18 59.5	255 54.8	18.1	242 32.6	33.8	322 31.4	12.7
	02	328 21.0	195 10.9	58.7	270 55.4	18.5	257 34.5	33.9	337 34.0	12.8
	03	343 23.4	210 10.2	. . 57.9	285 56.1	. . 18.9	272 36.4	. . 33.9	352 36.5	. . 12.8
	04	358 25.9	225 09.6	57.1	300 56.8	19.3	287 38.4	34.0	7 39.0	12.9
	05	13 28.4	240 08.9	56.3	315 57.5	19.8	302 40.3	34.1	22 41.6	12.9
	06	28 30.8	255 08.2	N18 55.5	330 58.1	N19 20.2	317 42.3	N21 34.1	37 44.1	S 6 12.9
	07	43 33.3	270 07.6	54.7	345 58.8	20.6	332 44.2	34.2	52 46.6	13.0
S	08	58 35.7	285 06.9	53.9	0 59.5	20.9	347 46.2	34.3	67 49.2	13.0
A	09	73 38.2	300 06.2	. . 53.1	16 00.2	. . 21.3	2 48.1	. . 34.3	82 51.7	. . 13.1
T	10	88 40.7	315 05.5	52.3	31 00.8	21.7	17 50.0	34.4	97 54.2	13.1
U	11	103 43.1	330 04.9	51.5	46 01.5	22.1	32 52.0	34.5	112 56.8	13.2
R	12	118 45.6	345 04.2	N18 50.7	61 02.2	N19 22.5	47 53.9	N21 34.5	127 59.3	S 6 13.2
D	13	133 48.1	0 03.5	49.9	76 02.9	22.9	62 55.9	34.6	143 01.9	13.2
A	14	148 50.5	15 02.9	49.1	91 03.5	23.3	77 57.8	34.7	158 04.4	13.3
Y	15	163 53.0	30 02.2	. . 48.3	106 04.2	. . 23.7	92 59.8	. . 34.7	173 06.9	. . 13.3
	16	178 55.5	45 01.6	47.5	121 04.9	24.1	108 01.7	34.8	188 09.5	13.4
	17	193 57.9	60 00.9	46.7	136 05.6	24.5	123 03.6	34.8	203 12.0	13.4
	18	209 00.4	75 00.2	N18 45.8	151 06.2	N19 24.9	138 05.6	N21 34.9	218 14.6	S 6 13.4
	19	224 02.9	89 59.6	45.0	166 06.9	25.3	153 07.5	35.0	233 17.1	13.5
	20	239 05.3	104 58.9	44.2	181 07.6	25.7	168 09.5	35.0	248 19.6	13.5
	21	254 07.8	119 58.2	. . 43.4	196 08.3	. . 26.1	183 11.4	. . 35.1	263 22.2	. . 13.6
	22	269 10.2	134 57.6	42.6	211 08.9	26.5	198 13.4	35.2	278 24.7	13.6
	23	284 12.7	149 56.9	41.8	226 09.6	26.9	213 15.3	35.2	293 27.2	13.7
	21 00	299 15.2	164 56.3	N18 40.9	241 10.3	N19 27.3	228 17.3	N21 35.3	308 29.8	S 6 13.7
	01	314 17.6	179 55.6	40.1	256 11.0	27.7	243 19.2	35.4	323 32.3	13.7
	02	329 20.1	194 54.9	39.3	271 11.6	28.1	258 21.1	35.4	338 34.9	13.8
	03	344 22.6	209 54.3	. . 38.5	286 12.3	. . 28.5	273 23.1	. . 35.5	353 37.4	. . 13.8
	04	359 25.0	224 53.6	37.7	301 13.0	28.9	288 25.0	35.5	8 39.9	13.9
	05	14 27.5	239 53.0	36.8	316 13.7	29.3	303 27.0	35.6	23 42.5	13.9
	06	29 30.0	254 52.3	N18 36.0	331 14.4	N19 29.7	318 28.9	N21 35.7	38 45.0	S 6 14.0
	07	44 32.4	269 51.6	35.2	346 15.0	30.1	333 30.9	35.7	53 47.6	14.0
	08	59 34.9	284 51.0	34.4	1 15.7	30.4	348 32.8	35.8	68 50.1	14.0
S	09	74 37.4	299 50.3	. . 33.5	16 16.4	. . 30.8	3 34.8	. . 35.9	83 52.6	. . 14.1
U	10	89 39.8	314 49.7	32.7	31 17.1	31.2	18 36.7	35.9	98 55.2	14.1
N	11	104 42.3	329 49.0	31.9	46 17.7	31.6	33 38.7	36.0	113 57.7	14.2
D	12	119 44.7	344 48.4	N18 31.1	61 18.4	N19 32.0	48 40.6	N21 36.0	129 00.3	S 6 14.2
A	13	134 47.2	359 47.7	30.2	76 19.1	32.4	63 42.6	36.1	144 02.8	14.3
Y	14	149 49.7	14 47.1	29.4	91 19.8	32.8	78 44.5	36.2	159 05.3	14.3
	15	164 52.1	29 46.4	. . 28.6	106 20.4	. . 33.2	93 46.5	. . 36.2	174 07.9	. . 14.3
	16	179 54.6	44 45.8	27.7	121 21.1	33.6	108 48.4	36.3	189 10.4	14.4
	17	194 57.1	59 45.1	26.9	136 21.8	34.0	123 50.4	36.4	204 13.0	14.4
	18	209 59.5	74 44.5	N18 26.1	151 22.5	N19 34.3	138 52.3	N21 36.4	219 15.5	S 6 14.5
	19	225 02.0	89 43.8	25.2	166 23.1	34.7	153 54.2	36.5	234 18.1	14.5
	20	240 04.5	104 43.2	24.4	181 23.8	35.1	168 56.2	36.5	249 20.6	14.6
	21	255 06.9	119 42.5	. . 23.6	196 24.5	. . 35.5	183 58.1	. . 36.6	264 23.1	. . 14.6
	22	270 09.4	134 41.9	22.7	211 25.2	35.9	199 00.1	36.7	279 25.7	14.6
	23	285 11.9	149 41.2	21.9	226 25.8	36.3	214 02.0	36.7	294 28.2	14.7
	22 00	300 14.3	164 40.6	N18 21.0	241 26.5	N19 36.7	229 04.0	N21 36.8	309 30.8	S 6 14.7
	01	315 16.8	179 39.9	20.2	256 27.2	37.1	244 05.9	36.9	324 33.3	14.8
	02	330 19.2	194 39.3	19.4	271 27.9	37.4	259 07.9	36.9	339 35.8	14.8
	03	345 21.7	209 38.6	. . 18.5	286 28.5	. . 37.8	274 09.8	. . 37.0	354 38.4	. . 14.9
	04	0 24.2	224 38.0	17.7	301 29.2	38.2	289 11.8	37.0	9 40.9	14.9
	05	15 26.6	239 37.3	16.8	316 29.9	38.6	304 13.7	37.1	24 43.5	14.9
	06	30 29.1	254 36.7	N18 16.0	331 30.6	N19 39.0	319 15.7	N21 37.2	39 46.0	S 6 15.0
	07	45 31.6	269 36.0	15.1	346 31.3	39.4	334 17.6	37.2	54 48.6	15.0
	08	60 34.0	284 35.4	14.3	1 31.9	39.8	349 19.6	37.3	69 51.1	15.1
M	09	75 36.5	299 34.8	. . 13.5	16 32.6	. . 40.1	4 21.5	. . 37.4	84 53.7	. . 15.1
O	10	90 39.0	314 34.1	12.6	31 33.3	40.5	19 23.5	37.4	99 56.2	15.2
N	11	105 41.4	329 33.5	11.8	46 34.0	40.9	34 25.4	37.5	114 58.7	15.2
D	12	120 43.9	344 32.8	N18 10.9	61 34.6	N19 41.3	49 27.4	N21 37.5	130 01.3	S 6 15.3
A	13	135 46.4	359 32.2	10.1	76 35.3	41.7	64 29.3	37.6	145 03.8	15.3
Y	14	150 48.8	14 31.6	09.2	91 36.0	42.1	79 31.3	37.7	160 06.4	15.3
	15	165 51.3	29 30.9	. . 08.4	106 36.7	. . 42.4	94 33.2	. . 37.7	175 08.9	. . 15.4
	16	180 53.7	44 30.3	07.5	121 37.3	42.8	109 35.2	37.8	190 11.5	15.4
	17	195 56.2	59 29.6	06.6	136 38.0	43.2	124 37.1	37.8	205 14.0	15.5
	18	210 58.7	74 29.0	N18 05.8	151 38.7	N19 43.6	139 39.1	N21 37.9	220 16.6	S 6 15.5
	19	226 01.1	89 28.4	04.9	166 39.4	44.0	154 41.0	38.0	235 19.1	15.6
	20	241 03.6	104 27.7	04.1	181 40.0	44.3	169 43.0	38.0	250 21.6	15.6
	21	256 06.1	119 27.1	. . 03.2	196 40.7	. . 44.7	184 44.9	. . 38.1	265 24.2	. . 15.7
	22	271 08.5	134 26.5	02.4	211 41.4	45.1	199 46.9	38.2	280 26.7	15.7
	23	286 11.0	149 25.8	01.5	226 42.1	45.5	214 48.8	38.2	295 29.3	15.7
	Mer. Pass.	h m 4 02.3	v −0.7	d 0.8	v 0.7	d 0.4	v 1.9	d 0.1	v 2.5	d 0.0

STARS

Name	SHA ° ′	Dec ° ′
Acamar	315 12.2	S40 12.1
Achernar	335 20.4	S57 06.4
Acrux	173 00.8	S63 14.4
Adhara	255 06.5	S29 00.2
Aldebaran	290 40.3	N16 33.5
Alioth	166 13.4	N55 49.9
Alkaid	152 52.3	N49 11.7
Alnair	27 33.0	S46 50.4
Alnilam	275 38.4	S 1 11.1
Alphard	217 48.4	S 8 45.8
Alphecca	126 03.9	N26 38.1
Alpheratz	357 35.0	N29 13.5
Altair	62 00.0	N 8 56.0
Ankaa	353 07.3	S42 10.1
Antares	112 16.1	S26 29.2
Arcturus	145 48.2	N19 03.4
Atria	107 10.2	S69 04.5
Avior	234 15.6	S59 35.2
Bellatrix	278 23.6	N 6 22.4
Betelgeuse	270 52.8	N 7 24.8
Canopus	263 53.1	S52 42.3
Capella	280 22.8	N46 01.3
Deneb	49 25.6	N45 22.0
Denebola	182 25.5	N14 26.2
Diphda	348 47.6	S17 51.0
Dubhe	193 41.9	N61 37.4
Elnath	278 02.7	N28 37.7
Eltanin	90 41.9	N51 29.2
Enif	33 38.9	N 9 59.3
Fomalhaut	15 14.7	S29 29.4
Gacrux	171 52.3	S57 15.3
Gienah	175 44.1	S17 40.7
Hadar	148 36.5	S60 29.7
Hamal	327 51.7	N23 34.6
Kaus Aust.	83 32.6	S34 22.4
Kochab	137 19.4	N74 03.5
Markab	13 30.1	N15 20.2
Menkar	314 06.7	N 4 11.2
Menkent	147 58.0	S36 29.6
Miaplacidus	221 39.3	S69 49.1
Mirfak	308 29.0	N49 56.7
Nunki	75 47.9	S26 16.0
Peacock	53 05.7	S56 39.3
Pollux	243 18.1	N27 58.1
Procyon	244 51.6	N 5 09.8
Rasalhague	95 58.6	N12 32.6
Regulus	207 35.1	N11 51.0
Rigel	281 04.5	S 8 10.3
Rigil Kent.	139 40.7	S60 56.4
Sabik	102 03.0	S15 45.3
Schedar	349 31.3	N56 40.1
Shaula	96 10.5	S37 07.4
Sirius	258 26.9	S16 44.9
Spica	158 22.7	S11 17.4
Suhail	222 47.0	S43 31.9
Vega	80 33.1	N38 48.4
Zuben'ubi	136 56.3	S16 08.7

	SHA ° ′	Mer. Pass. h m
Venus	225 41.1	13 01
Mars	301 55.1	7 55
Jupiter	289 02.1	8 46
Saturn	9 14.6	3 25

© British Crown Copyright 2023. All rights reserved.

UT d h	SUN GHA ° ′	SUN Dec ° ′	MOON GHA ° ′	v ′	MOON Dec ° ′	d ′	HP ′
20 00	178 24.0	N20 36.2	18 03.9	4.5	S28 09.3	2.5	58.3
01	193 24.0	35.8	32 27.4	4.4	28 06.8	2.7	58.4
02	208 23.9	35.3	46 50.8	4.4	28 04.1	2.9	58.4
03	223 23.9	. . 34.8	61 14.2	4.4	28 01.2	3.0	58.4
04	238 23.9	34.3	75 37.6	4.4	27 58.2	3.3	58.4
05	253 23.8	33.9	90 01.0	4.4	27 54.9	3.4	58.5
06	268 23.8	N20 33.4	104 24.4	4.4	S27 51.5	3.7	58.5
07	283 23.8	32.9	118 47.8	4.4	27 47.8	3.8	58.5
S 08	298 23.7	32.4	133 11.2	4.5	27 44.0	4.0	58.6
A 09	313 23.7	. . 32.0	147 34.7	4.4	27 40.0	4.2	58.6
T 10	328 23.7	31.5	161 58.1	4.4	27 35.8	4.4	58.6
U 11	343 23.6	31.0	176 21.5	4.5	27 31.4	4.6	58.7
R 12	358 23.6	N20 30.5	190 45.0	4.4	S27 26.8	4.7	58.7
D 13	13 23.6	30.0	205 08.4	4.5	27 22.1	5.0	58.7
A 14	28 23.5	29.6	219 31.9	4.5	27 17.1	5.1	58.7
Y 15	43 23.5	. . 29.1	233 55.4	4.5	27 12.0	5.3	58.8
16	58 23.5	28.6	248 18.9	4.6	27 06.7	5.5	58.8
17	73 23.5	28.1	262 42.5	4.5	27 01.2	5.7	58.8
18	88 23.4	N20 27.6	277 06.0	4.6	S26 55.5	5.8	58.9
19	103 23.4	27.1	291 29.6	4.7	26 49.7	6.1	58.9
20	118 23.4	26.7	305 53.3	4.6	26 43.6	6.2	58.9
21	133 23.3	. . 26.2	320 16.9	4.7	26 37.4	6.4	58.9
22	148 23.3	25.7	334 40.6	4.8	26 31.0	6.6	59.0
23	163 23.3	25.2	349 04.4	4.7	26 24.4	6.8	59.0
21 00	178 23.3	N20 24.7	3 28.1	4.9	S26 17.6	6.9	59.0
01	193 23.2	24.2	17 52.0	4.8	26 10.7	7.2	59.0
02	208 23.2	23.7	32 15.8	4.9	26 03.5	7.3	59.1
03	223 23.2	. . 23.3	46 39.7	5.0	25 56.2	7.5	59.1
04	238 23.2	22.8	61 03.7	5.0	25 48.7	7.6	59.1
05	253 23.1	22.3	75 27.7	5.0	25 41.1	7.9	59.1
06	268 23.1	N20 21.8	89 51.7	5.1	S25 33.2	8.0	59.2
07	283 23.1	21.3	104 15.8	5.2	25 25.2	8.2	59.2
08	298 23.1	20.8	118 40.0	5.2	25 17.0	8.3	59.2
S 09	313 23.0	. . 20.3	133 04.2	5.3	25 08.7	8.5	59.2
U 10	328 23.0	19.8	147 28.5	5.3	25 00.2	8.7	59.3
N 11	343 23.0	19.3	161 52.8	5.4	24 51.5	8.9	59.3
D 12	358 23.0	N20 18.8	176 17.2	5.5	S24 42.6	9.0	59.3
A 13	13 22.9	18.3	190 41.7	5.5	24 33.6	9.2	59.3
Y 14	28 22.9	17.8	205 06.2	5.6	24 24.4	9.4	59.4
15	43 22.9	. . 17.4	219 30.8	5.6	24 15.0	9.5	59.4
16	58 22.9	16.9	233 55.4	5.7	24 05.5	9.7	59.4
17	73 22.8	16.4	248 20.1	5.8	23 55.8	9.8	59.4
18	88 22.8	N20 15.9	262 44.9	5.8	S23 46.0	10.0	59.4
19	103 22.8	15.4	277 09.7	6.0	23 36.0	10.2	59.5
20	118 22.8	14.9	291 34.7	6.0	23 25.8	10.3	59.5
21	133 22.7	. . 14.4	305 59.7	6.0	23 15.5	10.5	59.5
22	148 22.7	13.9	320 24.7	6.2	23 05.0	10.6	59.5
23	163 22.7	13.4	334 49.9	6.2	22 54.4	10.8	59.5
22 00	178 22.7	N20 12.9	349 15.1	6.3	S22 43.6	10.9	59.6
01	193 22.7	12.4	3 40.4	6.3	22 32.7	11.1	59.6
02	208 22.6	11.9	18 05.7	6.5	22 21.6	11.3	59.6
03	223 22.6	. . 11.4	32 31.2	6.5	22 10.3	11.3	59.6
04	238 22.6	10.9	46 56.7	6.6	21 59.0	11.6	59.6
05	253 22.6	10.4	61 22.3	6.7	21 47.4	11.6	59.7
06	268 22.6	N20 09.9	75 48.0	6.7	S21 35.8	11.8	59.7
07	283 22.5	09.3	90 13.7	6.9	21 24.0	12.0	59.7
08	298 22.5	08.8	104 39.6	6.9	21 12.0	12.1	59.7
M 09	313 22.5	. . 08.3	119 05.5	7.0	20 59.9	12.2	59.7
O 10	328 22.5	07.8	133 31.5	7.0	20 47.7	12.3	59.7
N 11	343 22.5	07.3	147 57.5	7.2	20 35.4	12.5	59.8
D 12	358 22.4	N20 06.8	162 23.7	7.2	S20 22.9	12.6	59.8
A 13	13 22.4	06.3	176 49.9	7.4	20 10.3	12.8	59.8
Y 14	28 22.4	05.8	191 16.3	7.4	19 57.5	12.9	59.8
15	43 22.4	. . 05.3	205 42.7	7.5	19 44.6	13.0	59.8
16	58 22.4	04.8	220 09.2	7.5	19 31.6	13.1	59.8
17	73 22.3	04.3	234 35.7	7.7	19 18.5	13.2	59.8
18	88 22.3	N20 03.8	249 02.4	7.7	S19 05.3	13.4	59.9
19	103 22.3	03.2	263 29.1	7.8	18 51.9	13.5	59.9
20	118 22.3	02.7	277 55.9	7.9	18 38.4	13.6	59.9
21	133 22.3	. . 02.2	292 22.8	8.0	18 24.8	13.7	59.9
22	148 22.3	01.7	306 49.8	8.0	18 11.1	13.8	59.9
23	163 22.2	01.2	321 16.8	8.2	S17 57.3	14.0	59.9
	SD 15.8	*d* 0.5	SD 16.0		16.2		16.3

Lat. °	Twilight Naut. h m	Twilight Civil h m	Sunrise h m	Moonrise 20 h m	Moonrise 21 h m	Moonrise 22 h m	Moonrise 23 h m
N 72	□	□	□	■	■	■	{00 54 / 23 11}
N 70	□	□	□	■	■	23 48	22 51
68	////	////	01 10	■	■	23 11	22 35
66	////	////	02 03	■	23 31	22 44	22 22
64	////	////	02 35	■	22 44	22 24	22 11
62	////	01 28	02 58	22 24	22 14	22 07	22 02
60	////	02 06	03 17	21 43	21 51	21 53	21 53
N 58	////	02 32	03 32	21 15	21 32	21 41	21 46
56	01 21	02 52	03 45	20 52	21 16	21 30	21 40
54	01 55	03 08	03 56	20 34	21 03	21 21	21 34
52	02 20	03 22	04 06	20 19	20 51	21 13	21 29
50	02 38	03 34	04 15	20 05	20 40	21 05	21 24
45	03 13	03 59	04 34	19 38	20 18	20 49	21 14
N 40	03 39	04 18	04 49	19 16	20 00	20 36	21 06
35	03 58	04 33	05 02	18 58	19 45	20 24	20 58
30	04 14	04 46	05 13	18 42	19 32	20 14	20 52
20	04 39	05 08	05 32	18 15	19 09	19 57	20 41
N 10	04 59	05 25	05 48	17 53	18 49	19 42	20 31
0	05 15	05 41	06 03	17 31	18 31	19 28	20 21
S 10	05 30	05 56	06 18	17 10	18 12	19 13	20 12
20	05 43	06 10	06 34	16 46	17 52	18 58	20 02
30	05 57	06 26	06 52	16 20	17 29	18 40	19 50
35	06 04	06 35	07 02	16 04	17 16	18 30	19 43
40	06 11	06 45	07 14	15 45	17 00	18 18	19 36
45	06 20	06 56	07 28	15 23	16 41	18 04	19 27
S 50	06 29	07 09	07 45	14 54	16 18	17 47	19 16
52	06 33	07 15	07 53	14 40	16 06	17 39	19 11
54	06 37	07 21	08 02	14 24	15 53	17 29	19 05
56	06 42	07 29	08 12	14 04	15 38	17 19	18 59
58	06 47	07 37	08 24	13 40	15 21	17 07	18 52
S 60	06 52	07 46	08 37	13 08	14 59	16 53	18 44

Lat. °	Sunset h m	Twilight Civil h m	Twilight Naut. h m	Moonset 20 h m	Moonset 21 h m	Moonset 22 h m	Moonset 23 h m
N 72	□	□	□	■	■	■	02 54
N 70	□	□	□	■	■	■	03 58
68	22 56	////	////	■	■	■	04 34
66	22 06	////	////	■	■	02 15	04 58
64	21 36	////	////	■	■	03 00	05 18
62	21 13	22 40	////	■	01 16	03 30	05 33
60	20 55	22 04	////	00 13	01 57	03 52	05 46
N 58	20 40	21 39	////	00 52	02 25	04 10	05 57
56	20 27	21 19	22 48	01 20	02 46	04 25	06 07
54	20 16	21 03	22 15	01 41	03 04	04 38	06 15
52	20 06	20 50	21 52	01 59	03 19	04 50	06 22
50	19 57	20 38	21 33	02 14	03 32	04 59	06 29
45	19 39	20 14	20 59	02 45	03 59	05 20	06 44
N 40	19 24	19 55	20 34	03 08	04 20	05 37	06 55
35	19 11	19 39	20 14	03 28	04 38	05 51	07 05
30	19 00	19 26	19 58	03 45	04 53	06 03	07 14
20	18 41	19 05	19 33	04 13	05 18	06 24	07 29
N 10	18 25	18 48	19 14	04 37	05 40	06 42	07 42
0	18 10	18 32	18 58	04 59	06 00	06 58	07 53
S 10	17 55	18 17	18 43	05 22	06 20	07 15	08 05
20	17 39	18 03	18 30	05 45	06 41	07 32	08 18
30	17 21	17 47	18 16	06 13	07 06	07 52	08 32
35	17 11	17 38	18 09	06 30	07 20	08 04	08 40
40	16 59	17 29	18 02	06 48	07 37	08 17	08 49
45	16 45	17 18	17 54	07 11	07 57	08 32	09 00
S 50	16 28	17 05	17 45	07 41	08 22	08 51	09 13
52	16 20	16 59	17 41	07 55	08 33	09 00	09 19
54	16 11	16 52	17 36	08 11	08 47	09 10	09 26
56	16 01	16 45	17 32	08 31	09 02	09 21	09 33
58	15 50	16 37	17 27	08 55	09 21	09 34	09 41
S 60	15 36	16 28	17 21	09 28	09 43	09 49	09 50

Day	SUN Eqn. of Time 00^h	SUN Eqn. of Time 12^h	SUN Mer. Pass.	MOON Mer. Pass. Upper	MOON Mer. Pass. Lower	Age	Phase
d	m s	m s	h m	h m	h m	d %	
20	06 24	06 25	12 06	23 46	11 15	15 99	○
21	06 27	06 28	12 06	24 45	12 15	16 100	
22	06 29	06 30	12 07	00 45	13 13	17 98	

© British Crown Copyright 2023. All rights reserved.

UT		ARIES	VENUS −3·9		MARS +0·9		JUPITER −2·1		SATURN +0·8		STARS		
		GHA	GHA	Dec	GHA	Dec	GHA	Dec	GHA	Dec	Name	SHA	Dec
d	h	° ′	° ′	° ′	° ′	° ′	° ′	° ′	° ′	° ′		° ′	° ′
23	00	301 13.5	164 25.2	N18 00.6	241 42.7	N19 45.9	229 50.8	N21 38.3	310 31.8	S 6 15.8	Acamar	315 12.2	S40 12.1
	01	316 15.9	179 24.5	17 59.8	256 43.4	46.2	244 52.8	38.3	325 34.4	15.8	Achernar	335 20.4	S57 06.4
	02	331 18.4	194 23.9	58.9	271 44.1	46.6	259 54.7	38.4	340 36.9	15.9	Acrux	173 00.8	S63 14.4
	03	346 20.8	209 23.3	58.1	286 44.8	47.0	274 56.7	38.5	355 39.5	15.9	Adhara	255 06.5	S29 00.2
	04	1 23.3	224 22.6	57.2	301 45.5	47.4	289 58.6	38.5	10 42.0	16.0	Aldebaran	290 40.3	N16 33.5
	05	16 25.8	239 22.0	56.3	316 46.1	47.7	305 00.6	38.6	25 44.6	16.0			
	06	31 28.2	254 21.4	N17 55.5	331 46.8	N19 48.1	320 02.5	N21 38.6	40 47.1	S 6 16.1	Alioth	166 13.4	N55 49.9
	07	46 30.7	269 20.7	54.6	346 47.5	48.5	335 04.5	38.7	55 49.7	16.1	Alkaid	152 52.3	N49 11.7
T	08	61 33.2	284 20.1	53.7	1 48.2	48.9	350 06.4	38.8	70 52.2	16.2	Alnair	27 32.9	S46 50.4
U	09	76 35.6	299 19.5	52.9	16 48.8	49.3	5 08.4	38.8	85 54.7	16.2	Alnilam	275 38.4	S 1 11.1
E	10	91 38.1	314 18.9	52.0	31 49.5	49.6	20 10.3	38.9	100 57.3	16.2	Alphard	217 48.4	S 8 45.8
S	11	106 40.6	329 18.2	51.1	46 50.2	50.0	35 12.3	38.9	115 59.8	16.3			
	12	121 43.0	344 17.6	N17 50.3	61 50.9	N19 50.4	50 14.2	N21 39.0	131 02.4	S 6 16.3	Alphecca	126 03.9	N26 38.1
D	13	136 45.5	359 17.0	49.4	76 51.5	50.8	65 16.2	39.1	146 04.9	16.4	Alpheratz	357 35.0	N29 13.5
A	14	151 48.0	14 16.3	48.5	91 52.2	51.1	80 18.1	39.1	161 07.5	16.4	Altair	62 00.0	N 8 56.0
Y	15	166 50.4	29 15.7	47.6	106 52.9	51.5	95 20.1	39.2	176 10.0	16.5	Ankaa	353 07.3	S42 10.1
	16	181 52.9	44 15.1	46.8	121 53.6	51.9	110 22.1	39.2	191 12.6	16.5	Antares	112 16.1	S26 29.2
	17	196 55.3	59 14.5	45.9	136 54.3	52.2	125 24.0	39.3	206 15.1	16.6			
	18	211 57.8	74 13.8	N17 45.0	151 54.9	N19 52.6	140 26.0	N21 39.4	221 17.7	S 6 16.6	Arcturus	145 48.2	N19 03.4
	19	227 00.3	89 13.2	44.1	166 55.6	53.0	155 27.9	39.4	236 20.2	16.7	Atria	107 10.2	S69 04.5
	20	242 02.7	104 12.6	43.3	181 56.3	53.4	170 29.9	39.5	251 22.8	16.7	Avior	234 15.6	S59 35.2
	21	257 05.2	119 12.0	42.4	196 57.0	53.7	185 31.8	39.5	266 25.3	16.8	Bellatrix	278 23.5	N 6 22.4
	22	272 07.7	134 11.3	41.5	211 57.6	54.1	200 33.8	39.6	281 27.9	16.8	Betelgeuse	270 52.8	N 7 24.8
	23	287 10.1	149 10.7	40.6	226 58.3	54.5	215 35.7	39.7	296 30.4	16.8			
24	00	302 12.6	164 10.1	N17 39.7	241 59.0	N19 54.9	230 37.7	N21 39.7	311 33.0	S 6 16.9	Canopus	263 53.1	S52 42.3
	01	317 15.1	179 09.5	38.9	256 59.7	55.2	245 39.6	39.8	326 35.5	16.9	Capella	280 22.8	N46 01.3
	02	332 17.5	194 08.8	38.0	272 00.3	55.6	260 41.6	39.8	341 38.1	17.0	Deneb	49 25.6	N45 22.0
	03	347 20.0	209 08.2	37.1	287 01.0	56.0	275 43.6	39.9	356 40.6	17.0	Denebola	182 25.5	N14 26.2
	04	2 22.5	224 07.6	36.2	302 01.7	56.3	290 45.5	40.0	11 43.2	17.1	Diphda	348 47.5	S17 51.0
	05	17 24.9	239 07.0	35.3	317 02.4	56.7	305 47.5	40.0	26 45.7	17.1			
	06	32 27.4	254 06.4	N17 34.4	332 03.1	N19 57.1	320 49.4	N21 40.1	41 48.3	S 6 17.2	Dubhe	193 41.9	N61 37.4
W	07	47 29.8	269 05.7	33.6	347 03.7	57.4	335 51.4	40.1	56 50.8	17.2	Elnath	278 02.6	N28 37.7
E	08	62 32.3	284 05.1	32.7	2 04.4	57.8	350 53.3	40.2	71 53.4	17.3	Eltanin	90 41.9	N51 29.2
D	09	77 34.8	299 04.5	31.8	17 05.1	58.2	5 55.3	40.3	86 55.9	17.3	Enif	33 38.9	N 9 59.3
N	10	92 37.2	314 03.9	30.9	32 05.8	58.5	20 57.3	40.3	101 58.5	17.4	Fomalhaut	15 14.6	S29 29.4
E	11	107 39.7	329 03.3	30.0	47 06.4	58.9	35 59.2	40.4	117 01.0	17.4			
S	12	122 42.2	344 02.7	N17 29.1	62 07.1	N19 59.3	51 01.2	N21 40.4	132 03.6	S 6 17.5	Gacrux	171 52.3	S57 15.3
	13	137 44.6	359 02.0	28.2	77 07.8	19 59.6	66 03.1	40.5	147 06.1	17.5	Gienah	175 44.1	S17 40.7
D	14	152 47.1	14 01.4	27.3	92 08.5	20 00.0	81 05.1	40.6	162 08.7	17.5	Hadar	148 36.6	S60 29.7
A	15	167 49.6	29 00.8	26.4	107 09.1	00.4	96 07.0	40.6	177 11.2	17.6	Hamal	327 51.6	N23 34.6
Y	16	182 52.0	44 00.2	25.5	122 09.8	00.7	111 09.0	40.7	192 13.8	17.6	Kaus Aust.	83 32.6	S34 22.4
	17	197 54.5	58 59.6	24.6	137 10.5	01.1	126 11.0	40.7	207 16.3	17.7			
	18	212 56.9	73 59.0	N17 23.7	152 11.2	N20 01.5	141 12.9	N21 40.8	222 18.9	S 6 17.7	Kochab	137 19.5	N74 03.5
	19	227 59.4	88 58.4	22.9	167 11.9	01.8	156 14.9	40.9	237 21.4	17.8	Markab	13 30.0	N15 20.2
	20	243 01.9	103 57.7	22.0	182 12.5	02.2	171 16.8	40.9	252 24.0	17.8	Menkar	314 06.6	N 4 11.2
	21	258 04.3	118 57.1	21.1	197 13.2	02.6	186 18.8	41.0	267 26.5	17.9	Menkent	147 58.1	S36 29.6
	22	273 06.8	133 56.5	20.2	212 13.9	02.9	201 20.8	41.0	282 29.1	17.9	Miaplacidus	221 39.3	S69 49.1
	23	288 09.3	148 55.9	19.3	227 14.6	03.3	216 22.7	41.1	297 31.6	18.0			
25	00	303 11.7	163 55.3	N17 18.4	242 15.2	N20 03.7	231 24.7	N21 41.2	312 34.2	S 6 18.0	Mirfak	308 29.0	N49 56.7
	01	318 14.2	178 54.7	17.5	257 15.9	04.0	246 26.6	41.2	327 36.8	18.1	Nunki	75 47.9	S26 16.0
	02	333 16.7	193 54.1	16.6	272 16.6	04.4	261 28.6	41.3	342 39.3	18.1	Peacock	53 05.7	S56 39.3
	03	348 19.1	208 53.5	15.6	287 17.3	04.8	276 30.5	41.3	357 41.9	18.2	Pollux	243 18.1	N27 58.1
	04	3 21.6	223 52.9	14.7	302 18.0	05.1	291 32.5	41.4	12 44.4	18.2	Procyon	244 51.6	N 5 09.8
	05	18 24.1	238 52.3	13.8	317 18.6	05.5	306 34.5	41.4	27 47.0	18.3			
	06	33 26.5	253 51.6	N17 12.9	332 19.3	N20 05.8	321 36.4	N21 41.5	42 49.5	S 6 18.3	Rasalhague	95 58.6	N12 32.6
	07	48 29.0	268 51.0	12.0	347 20.0	06.2	336 38.4	41.6	57 52.1	18.4	Regulus	207 35.1	N11 51.0
T	08	63 31.4	283 50.4	11.1	2 20.7	06.6	351 40.3	41.6	72 54.6	18.4	Rigel	281 04.5	S 8 10.3
H	09	78 33.9	298 49.8	10.2	17 21.3	06.9	6 42.3	41.7	87 57.2	18.5	Rigil Kent.	139 40.7	S60 56.4
U	10	93 36.4	313 49.2	09.3	32 22.0	07.3	21 44.3	41.7	102 59.7	18.5	Sabik	102 03.0	S15 45.3
R	11	108 38.8	328 48.6	08.4	47 22.7	07.6	36 46.2	41.8	118 02.3	18.5			
S	12	123 41.3	343 48.0	N17 07.5	62 23.4	N20 08.0	51 48.2	N21 41.9	133 04.8	S 6 18.6	Schedar	349 31.3	N56 40.1
D	13	138 43.8	358 47.4	06.6	77 24.1	08.4	66 50.2	41.9	148 07.4	18.6	Shaula	96 10.5	S37 07.4
A	14	153 46.2	13 46.8	05.7	92 24.7	08.7	81 52.1	42.0	163 10.0	18.7	Sirius	258 26.9	S16 44.8
	15	168 48.7	28 46.2	04.8	107 25.4	09.1	96 54.1	42.0	178 12.5	18.7	Spica	158 22.7	S11 17.4
Y	16	183 51.2	43 45.6	03.8	122 26.1	09.4	111 56.0	42.1	193 15.1	18.8	Suhail	222 47.0	S43 31.9
	17	198 53.6	58 45.0	02.9	137 26.8	09.8	126 58.0	42.1	208 17.6	18.8			
	18	213 56.1	73 44.4	N17 02.0	152 27.4	N20 10.2	142 00.0	N21 42.2	223 20.2	S 6 18.9	Vega	80 33.1	N38 48.5
	19	228 58.5	88 43.8	01.1	167 28.1	10.5	157 01.9	42.3	238 22.7	18.9	Zuben'ubi	136 56.4	S16 08.7
	20	244 01.0	103 43.2	17 00.2	182 28.8	10.9	172 03.9	42.3	253 25.3	19.0		SHA	Mer. Pass.
	21	259 03.5	118 42.6	16 59.3	197 29.5	11.2	187 05.8	42.4	268 27.8	19.0		° ′	h m
	22	274 05.9	133 42.0	58.3	212 30.2	11.6	202 07.8	42.4	283 30.4	19.1	Venus	221 57.5	13 04
	23	289 08.4	148 41.4	57.4	227 30.8	11.9	217 09.8	42.5	298 33.0	19.1	Mars	299 46.4	7 52
Mer. Pass.	h m	3 50.5	*v* −0.6	*d* 0.9	*v* 0.7	*d* 0.4	*v* 2.0	*d* 0.1	*v* 2.6	*d* 0.0	Jupiter	288 25.1	8 36
											Saturn	9 20.4	3 13

© British Crown Copyright 2023. All rights reserved.

UT d h	SUN GHA ° ′	SUN Dec ° ′	MOON GHA ° ′	v ′	MOON Dec ° ′	d ′	HP ′
23 00 (TUESDAY)	178 22.2	N20 00.7	335 44.0	8.2	S17 43.3	14.0	59.9
01	193 22.2	20 00.2	350 11.2	8.3	17 29.3	14.2	59.9
02	208 22.2	19 59.7	4 38.5	8.4	17 15.1	14.3	60.0
03	223 22.2	. . 59.1	19 05.9	8.4	17 00.8	14.3	60.0
04	238 22.2	58.6	33 33.3	8.6	16 46.5	14.5	60.0
05	253 22.2	58.1	48 00.9	8.6	16 32.0	14.6	60.0
06	268 22.1	N19 57.6	62 28.5	8.7	S16 17.4	14.7	60.0
07	283 22.1	57.1	76 56.2	8.8	16 02.7	14.7	60.0
08	298 22.1	56.5	91 24.0	8.8	15 48.0	14.9	60.0
09	313 22.1	. . 56.0	105 51.8	8.9	15 33.1	15.0	60.0
10	328 22.1	55.5	120 19.7	9.0	15 18.1	15.0	60.0
11	343 22.1	55.0	134 47.7	9.1	15 03.1	15.1	60.0
12	358 22.1	N19 54.5	149 15.8	9.2	S14 48.0	15.3	60.0
13	13 22.1	53.9	163 44.0	9.2	14 32.7	15.3	60.0
14	28 22.0	53.4	178 12.2	9.3	14 17.4	15.4	60.0
15	43 22.0	. . 52.9	192 40.5	9.4	14 02.0	15.5	60.1
16	58 22.0	52.4	207 08.9	9.4	13 46.5	15.5	60.1
17	73 22.0	51.8	221 37.3	9.6	13 31.0	15.6	60.1
18	88 22.0	N19 51.3	236 05.9	9.5	S13 15.4	15.8	60.1
19	103 22.0	50.8	250 34.4	9.7	12 59.6	15.7	60.1
20	118 22.0	50.3	265 03.1	9.7	12 43.9	15.9	60.1
21	133 22.0	. . 49.7	279 31.8	9.8	12 28.0	15.9	60.1
22	148 22.0	49.2	294 00.6	9.9	12 12.1	16.0	60.1
23	163 21.9	48.7	308 29.5	9.9	11 56.1	16.1	60.1
24 00 (WEDNESDAY)	178 21.9	N19 48.2	322 58.4	10.0	S11 40.0	16.1	60.1
01	193 21.9	47.6	337 27.4	10.1	11 23.9	16.2	60.1
02	208 21.9	47.1	351 56.5	10.1	11 07.7	16.3	60.1
03	223 21.9	. . 46.6	6 25.6	10.2	10 51.4	16.3	60.1
04	238 21.9	46.0	20 54.8	10.2	10 35.1	16.3	60.1
05	253 21.9	45.5	35 24.0	10.3	10 18.8	16.5	60.1
06	268 21.9	N19 45.0	49 53.3	10.4	S10 02.3	16.5	60.1
07	283 21.9	44.4	64 22.7	10.4	9 45.8	16.5	60.1
08	298 21.9	43.9	78 52.1	10.5	9 29.3	16.6	60.1
09	313 21.9	. . 43.4	93 21.6	10.5	9 12.7	16.6	60.1
10	328 21.8	42.8	107 51.1	10.6	8 56.1	16.7	60.1
11	343 21.8	42.3	122 20.7	10.6	8 39.4	16.7	60.1
12	358 21.8	N19 41.8	136 50.3	10.7	S 8 22.7	16.8	60.1
13	13 21.8	41.2	151 20.0	10.8	8 05.9	16.8	60.1
14	28 21.8	40.7	165 49.8	10.7	7 49.1	16.8	60.1
15	43 21.8	. . 40.2	180 19.5	10.9	7 32.3	16.9	60.1
16	58 21.8	39.6	194 49.4	10.9	7 15.4	16.9	60.1
17	73 21.8	39.1	209 19.3	10.9	6 58.5	17.0	60.1
18	88 21.8	N19 38.6	223 49.2	11.0	S 6 41.5	17.0	60.1
19	103 21.8	38.0	238 19.2	11.0	6 24.5	17.0	60.1
20	118 21.8	37.5	252 49.2	11.0	6 07.5	17.0	60.1
21	133 21.8	. . 36.9	267 19.2	11.1	5 50.5	17.1	60.0
22	148 21.8	36.4	281 49.3	11.2	5 33.4	17.1	60.0
23	163 21.8	35.9	296 19.5	11.2	5 16.3	17.1	60.0
25 00 (THURSDAY)	178 21.8	N19 35.3	310 49.7	11.2	S 4 59.2	17.2	60.0
01	193 21.8	34.8	325 19.9	11.2	4 42.0	17.1	60.0
02	208 21.8	34.2	339 50.1	11.3	4 24.9	17.2	60.0
03	223 21.8	. . 33.7	354 20.4	11.3	4 07.7	17.2	60.0
04	238 21.8	33.1	8 50.7	11.4	3 50.5	17.2	60.0
05	253 21.8	32.6	23 21.1	11.4	3 33.3	17.3	60.0
06	268 21.8	N19 32.0	37 51.5	11.4	S 3 16.0	17.2	60.0
07	283 21.8	31.5	52 21.9	11.4	2 58.8	17.3	60.0
08	298 21.8	31.0	66 52.3	11.5	2 41.5	17.2	60.0
09	313 21.8	. . 30.4	81 22.8	11.5	2 24.3	17.3	60.0
10	328 21.8	29.9	95 53.3	11.5	2 07.0	17.2	60.0
11	343 21.8	29.3	110 23.8	11.5	1 49.8	17.3	59.9
12	358 21.8	N19 28.8	124 54.3	11.5	S 1 32.5	17.3	59.9
13	13 21.8	28.2	139 24.8	11.6	1 15.2	17.3	59.9
14	28 21.8	27.7	153 55.4	11.6	0 57.9	17.2	59.9
15	43 21.8	. . 27.1	168 26.0	11.6	0 40.7	17.3	59.9
16	58 21.8	26.6	182 56.6	11.6	0 23.4	17.3	59.9
17	73 21.8	26.0	197 27.2	11.7	S 0 06.1	17.2	59.9
18	88 21.8	N19 25.5	211 57.9	11.6	N 0 11.1	17.3	59.9
19	103 21.8	24.9	226 28.5	11.7	0 28.4	17.2	59.9
20	118 21.8	24.4	240 59.2	11.7	0 45.6	17.2	59.9
21	133 21.8	. . 23.8	255 29.9	11.7	1 02.8	17.3	59.8
22	148 21.8	23.2	270 00.6	11.6	1 20.1	17.2	59.8
23	163 21.8	22.7	284 31.2	11.7	N 1 37.3	17.1	59.8
	SD 15.8	*d* 0.5	SD 16.4		16.4		16.3

Lat. °	Twilight Naut. h m	Twilight Civil h m	Sunrise h m	Moonrise 23 h m	Moonrise 24 h m	Moonrise 25 h m	Moonrise 26 h m
N 72	▭	▭	▭	{00 54 / 23 11}	22 24	21 46	21 07
N 70	▭	▭	▭	22 51	22 16	21 47	21 18
68	////	////	01 32	22 35	22 10	21 49	21 27
66	////	////	02 15	22 22	22 05	21 50	21 34
64	////	00 36	02 44	22 11	22 00	21 51	21 41
62	////	01 43	03 06	22 02	21 56	21 51	21 46
60	////	02 16	03 23	21 53	21 53	21 52	21 51
N 58	00 34	02 40	03 38	21 46	21 50	21 53	21 56
56	01 34	02 58	03 50	21 40	21 47	21 53	21 59
54	02 04	03 14	04 01	21 34	21 45	21 54	22 03
52	02 27	03 27	04 10	21 29	21 42	21 54	22 06
50	02 44	03 39	04 19	21 24	21 40	21 55	22 09
45	03 18	04 02	04 37	21 14	21 36	21 55	22 15
N 40	03 42	04 20	04 52	21 06	21 32	21 56	22 21
35	04 01	04 35	05 04	20 58	21 29	21 57	22 25
30	04 16	04 48	05 14	20 52	21 26	21 58	22 29
20	04 41	05 09	05 33	20 41	21 20	21 59	22 37
N 10	05 00	05 26	05 48	20 31	21 16	22 00	22 43
0	05 15	05 41	06 03	20 21	21 12	22 01	22 49
S 10	05 29	05 55	06 17	20 12	21 08	22 02	22 55
20	05 43	06 09	06 33	20 02	21 03	22 03	23 02
30	05 56	06 25	06 50	19 50	20 58	22 04	23 10
35	06 02	06 33	07 00	19 43	20 55	22 05	23 14
40	06 09	06 42	07 12	19 36	20 51	22 06	23 19
45	06 17	06 53	07 25	19 27	20 47	22 07	23 25
S 50	06 26	07 06	07 42	19 16	20 43	22 08	23 32
52	06 30	07 11	07 49	19 11	20 41	22 08	23 35
54	06 34	07 18	07 58	19 05	20 38	22 09	23 39
56	06 38	07 24	08 08	18 59	20 35	22 10	23 43
58	06 43	07 32	08 19	18 52	20 32	22 10	23 48
S 60	06 48	07 41	08 31	18 44	20 29	22 11	23 53

Lat. °	Sunset h m	Twilight Civil h m	Twilight Naut. h m	Moonset 23 h m	Moonset 24 h m	Moonset 25 h m	Moonset 26 h m
N 72	▭	▭	▭	02 54	06 29	09 03	11 29
N 70	▭	▭	▭	03 58	06 46	09 07	11 21
68	22 36	////	////	04 34	07 00	09 10	11 15
66	21 54	////	////	04 58	07 11	09 12	11 10
64	21 26	23 24	////	05 18	07 20	09 14	11 06
62	21 05	22 26	////	05 33	07 27	09 16	11 02
60	20 48	21 55	////	05 46	07 34	09 18	10 59
N 58	20 34	21 31	23 28	05 57	07 40	09 19	10 56
56	20 22	21 13	22 36	06 07	07 45	09 20	10 54
54	20 11	20 58	22 06	06 15	07 50	09 21	10 52
52	20 02	20 45	21 45	06 22	07 54	09 22	10 50
50	19 53	20 33	21 27	06 29	07 57	09 23	10 48
45	19 36	20 10	20 54	06 44	08 05	09 25	10 44
N 40	19 21	19 52	20 30	06 55	08 12	09 27	10 41
35	19 09	19 37	20 12	07 05	08 18	09 28	10 38
30	18 58	19 25	19 56	07 14	08 23	09 29	10 35
20	18 40	19 04	19 32	07 29	08 31	09 32	10 31
N 10	18 25	18 47	19 13	07 42	08 39	09 33	10 27
0	18 10	18 32	18 58	07 53	08 45	09 35	10 24
S 10	17 56	18 18	18 44	08 05	08 52	09 37	10 20
20	17 40	18 04	18 31	08 18	08 59	09 38	10 16
30	17 23	17 49	18 18	08 32	09 07	09 40	10 12
35	17 13	17 40	18 11	08 40	09 12	09 41	10 09
40	17 02	17 31	18 04	08 49	09 17	09 42	10 07
45	16 48	17 20	17 56	09 00	09 23	09 44	10 03
S 50	16 32	17 08	17 48	09 13	09 30	09 45	10 00
52	16 24	17 02	17 44	09 19	09 34	09 46	09 58
54	16 16	16 56	17 40	09 26	09 37	09 47	09 56
56	16 06	16 49	17 36	09 33	09 41	09 48	09 54
58	15 55	16 42	17 31	09 41	09 46	09 49	09 52
S 60	15 42	16 33	17 26	09 50	09 50	09 50	09 49

Day	SUN Eqn. of Time 00ʰ	SUN Eqn. of Time 12ʰ	SUN Mer. Pass.	MOON Mer. Pass. Upper	MOON Mer. Pass. Lower	MOON Age	MOON Phase
d	m s	m s	h m	h m	h m	d	%
23	06 31	06 32	12 07	01 41	14 07	18	94
24	06 32	06 33	12 07	02 33	14 59	19	87
25	06 33	06 33	12 07	03 23	15 48	20	79

© British Crown Copyright 2023. All rights reserved.

UT d h	ARIES GHA ° ′	VENUS −3·9 GHA ° ′	VENUS Dec ° ′	MARS +0·9 GHA ° ′	MARS Dec ° ′	JUPITER −2·1 GHA ° ′	JUPITER Dec ° ′	SATURN +0·8 GHA ° ′	SATURN Dec ° ′
26 00 (FRIDAY)	304 10.9	163 40.8	N16 56.5	242 31.5	N20 12.3	232 11.7	N21 42.6	313 35.5	S 6 19.2
01	319 13.3	178 40.2	55.6	257 32.2	12.6	247 13.7	42.6	328 38.1	19.2
02	334 15.8	193 39.6	54.7	272 32.9	13.0	262 15.7	42.7	343 40.6	19.3
03	349 18.3	208 39.0	53.7	287 33.5	13.4	277 17.6	42.7	358 43.2	19.3
04	4 20.7	223 38.4	52.8	302 34.2	13.7	292 19.6	42.8	13 45.7	19.4
05	19 23.2	238 37.8	51.9	317 34.9	14.1	307 21.5	42.8	28 48.3	19.4
06	34 25.7	253 37.2	N16 51.0	332 35.6	N20 14.4	322 23.5	N21 42.9	43 50.8	S 6 19.5
07	49 28.1	268 36.6	50.0	347 36.3	14.8	337 25.5	43.0	58 53.4	19.5
08	64 30.6	283 36.0	49.1	2 36.9	15.1	352 27.4	43.0	73 56.0	19.6
09	79 33.0	298 35.5	48.2	17 37.6	15.5	7 29.4	43.1	88 58.5	19.6
10	94 35.5	313 34.9	47.3	32 38.3	15.8	22 31.4	43.1	104 01.1	19.7
11	109 38.0	328 34.3	46.3	47 39.0	16.2	37 33.3	43.2	119 03.6	19.7
12	124 40.4	343 33.7	N16 45.4	62 39.6	N20 16.5	52 35.3	N21 43.2	134 06.2	S 6 19.8
13	139 42.9	358 33.1	44.5	77 40.3	16.9	67 37.3	43.3	149 08.8	19.8
14	154 45.4	13 32.5	43.5	92 41.0	17.2	82 39.2	43.4	164 11.3	19.9
15	169 47.8	28 31.9	42.6	107 41.7	17.6	97 41.2	43.4	179 13.9	19.9
16	184 50.3	43 31.3	41.7	122 42.4	17.9	112 43.2	43.5	194 16.4	20.0
17	199 52.8	58 30.7	40.7	137 43.0	18.3	127 45.1	43.5	209 19.0	20.0
18	214 55.2	73 30.1	N16 39.8	152 43.7	N20 18.6	142 47.1	N21 43.6	224 21.5	S 6 20.1
19	229 57.7	88 29.5	38.9	167 44.4	19.0	157 49.1	43.6	239 24.1	20.1
20	245 00.2	103 29.0	37.9	182 45.1	19.3	172 51.0	43.7	254 26.7	20.2
21	260 02.6	118 28.4	37.0	197 45.8	19.7	187 53.0	43.8	269 29.2	20.2
22	275 05.1	133 27.8	36.1	212 46.4	20.0	202 55.0	43.8	284 31.8	20.3
23	290 07.5	148 27.2	35.1	227 47.1	20.4	217 56.9	43.9	299 34.3	20.3
27 00 (SATURDAY)	305 10.0	163 26.6	N16 34.2	242 47.8	N20 20.7	232 58.9	N21 43.9	314 36.9	S 6 20.4
01	320 12.5	178 26.0	33.2	257 48.5	21.1	248 00.9	44.0	329 39.5	20.4
02	335 14.9	193 25.4	32.3	272 49.1	21.4	263 02.8	44.0	344 42.0	20.5
03	350 17.4	208 24.9	31.4	287 49.8	21.8	278 04.8	44.1	359 44.6	20.5
04	5 19.9	223 24.3	30.4	302 50.5	22.1	293 06.8	44.2	14 47.1	20.6
05	20 22.3	238 23.7	29.5	317 51.2	22.5	308 08.7	44.2	29 49.7	20.6
06	35 24.8	253 23.1	N16 28.5	332 51.9	N20 22.8	323 10.7	N21 44.3	44 52.3	S 6 20.7
07	50 27.3	268 22.5	27.6	347 52.5	23.1	338 12.7	44.3	59 54.8	20.7
08	65 29.7	283 21.9	26.6	2 53.2	23.5	353 14.6	44.4	74 57.4	20.8
09	80 32.2	298 21.4	25.7	17 53.9	23.8	8 16.6	44.4	89 59.9	20.8
10	95 34.6	313 20.8	24.7	32 54.6	24.2	23 18.6	44.5	105 02.5	20.9
11	110 37.1	328 20.2	23.8	47 55.3	24.5	38 20.5	44.5	120 05.1	20.9
12	125 39.6	343 19.6	N16 22.9	62 55.9	N20 24.9	53 22.5	N21 44.6	135 07.6	S 6 21.0
13	140 42.0	358 19.0	21.9	77 56.6	25.2	68 24.5	44.7	150 10.2	21.0
14	155 44.5	13 18.5	21.0	92 57.3	25.6	83 26.4	44.7	165 12.7	21.1
15	170 47.0	28 17.9	20.0	107 58.0	25.9	98 28.4	44.8	180 15.3	21.1
16	185 49.4	43 17.3	19.1	122 58.7	26.2	113 30.4	44.8	195 17.9	21.2
17	200 51.9	58 16.7	18.1	137 59.3	26.6	128 32.3	44.9	210 20.4	21.2
18	215 54.4	73 16.2	N16 17.1	153 00.0	N20 26.9	143 34.3	N21 44.9	225 23.0	S 6 21.3
19	230 56.8	88 15.6	16.2	168 00.7	27.3	158 36.3	45.0	240 25.6	21.3
20	245 59.3	103 15.0	15.2	183 01.4	27.6	173 38.2	45.0	255 28.1	21.4
21	261 01.8	118 14.4	14.3	198 02.1	28.0	188 40.2	45.1	270 30.7	21.4
22	276 04.2	133 13.9	13.3	213 02.7	28.3	203 42.2	45.2	285 33.2	21.5
23	291 06.7	148 13.3	12.4	228 03.4	28.6	218 44.2	45.2	300 35.8	21.5
28 00 (SUNDAY)	306 09.1	163 12.7	N16 11.4	243 04.1	N20 29.0	233 46.1	N21 45.3	315 38.4	S 6 21.6
01	321 11.6	178 12.1	10.5	258 04.8	29.3	248 48.1	45.3	330 40.9	21.7
02	336 14.1	193 11.6	09.5	273 05.5	29.7	263 50.1	45.4	345 43.5	21.7
03	351 16.5	208 11.0	08.5	288 06.1	30.0	278 52.0	45.4	0 46.1	21.8
04	6 19.0	223 10.4	07.6	303 06.8	30.3	293 54.0	45.5	15 48.6	21.8
05	21 21.5	238 09.9	06.6	318 07.5	30.7	308 56.0	45.5	30 51.2	21.9
06	36 23.9	253 09.3	N16 05.7	333 08.2	N20 31.0	323 58.0	N21 45.6	45 53.7	S 6 21.9
07	51 26.4	268 08.7	04.7	348 08.9	31.3	338 59.9	45.7	60 56.3	22.0
08	66 28.9	283 08.1	03.7	3 09.5	31.7	354 01.9	45.7	75 58.9	22.0
09	81 31.3	298 07.6	02.8	18 10.2	32.0	9 03.9	45.8	91 01.4	22.1
10	96 33.8	313 07.0	01.8	33 10.9	32.4	24 05.8	45.8	106 04.0	22.1
11	111 36.3	328 06.4	16 00.8	48 11.6	32.7	39 07.8	45.9	121 06.6	22.2
12	126 38.7	343 05.9	N15 59.9	63 12.3	N20 33.0	54 09.8	N21 45.9	136 09.1	S 6 22.2
13	141 41.2	358 05.3	58.9	78 12.9	33.4	69 11.8	46.0	151 11.7	22.3
14	156 43.6	13 04.7	57.9	93 13.6	33.7	84 13.7	46.0	166 14.3	22.3
15	171 46.1	28 04.2	57.0	108 14.3	34.0	99 15.7	46.1	181 16.8	22.4
16	186 48.6	43 03.6	56.0	123 15.0	34.4	114 17.7	46.2	196 19.4	22.4
17	201 51.0	58 03.0	55.0	138 15.7	34.7	129 19.6	46.2	211 22.0	22.5
18	216 53.5	73 02.5	N15 54.0	153 16.3	N20 35.0	144 21.6	N21 46.3	226 24.5	S 6 22.5
19	231 56.0	88 01.9	53.1	168 17.0	35.4	159 23.6	46.3	241 27.1	22.6
20	246 58.4	103 01.3	52.1	183 17.7	35.7	174 25.6	46.4	256 29.6	22.6
21	262 00.9	118 00.8	51.1	198 18.4	36.0	189 27.5	46.4	271 32.2	22.7
22	277 03.4	133 00.2	50.2	213 19.1	36.4	204 29.5	46.5	286 34.8	22.7
23	292 05.8	147 59.7	49.2	228 19.7	36.7	219 31.5	46.5	301 37.3	22.8
Mer. Pass. (h m)	3 38.7	v −0.6	d 0.9	v 0.7	d 0.3	v 2.0	d 0.1	v 2.6	d 0.1

STARS

Name	SHA ° ′	Dec ° ′
Acamar	315 12.1	S40 12.1
Achernar	335 20.3	S57 06.4
Acrux	173 00.8	S63 14.3
Adhara	255 06.5	S29 00.2
Aldebaran	290 40.2	N16 33.5
Alioth	166 13.5	N55 49.9
Alkaid	152 52.3	N49 11.7
Alnair	27 32.9	S46 50.4
Alnilam	275 38.4	S 1 11.1
Alphard	217 48.4	S 8 45.8
Alphecca	126 03.9	N26 38.1
Alpheratz	357 35.0	N29 13.5
Altair	62 00.0	N 8 56.0
Ankaa	353 07.3	S42 10.1
Antares	112 16.1	S26 29.2
Arcturus	145 48.2	N19 03.4
Atria	107 10.3	S69 04.5
Avior	234 15.6	S59 35.2
Bellatrix	278 23.5	N 6 22.4
Betelgeuse	270 52.8	N 7 24.8
Canopus	263 53.0	S52 42.3
Capella	280 22.8	N46 01.2
Deneb	49 25.6	N45 22.0
Denebola	182 25.5	N14 26.2
Diphda	348 47.5	S17 50.9
Dubhe	193 41.9	N61 37.4
Elnath	278 02.6	N28 37.7
Eltanin	90 41.9	N51 29.3
Enif	33 38.9	N 9 59.3
Fomalhaut	15 14.6	S29 29.4
Gacrux	171 52.4	S57 15.2
Gienah	175 44.1	S17 40.7
Hadar	148 36.6	S60 29.7
Hamal	327 51.6	N23 34.7
Kaus Aust.	83 32.6	S34 22.4
Kochab	137 19.5	N74 03.5
Markab	13 30.0	N15 20.2
Menkar	314 06.6	N 4 11.2
Menkent	147 58.1	S36 29.6
Miaplacidus	221 39.3	S69 49.1
Mirfak	308 29.0	N49 56.7
Nunki	75 47.9	S26 16.0
Peacock	53 05.7	S56 39.3
Pollux	243 18.1	N27 58.1
Procyon	244 51.6	N 5 09.8
Rasalhague	95 58.6	N12 32.6
Regulus	207 35.1	N11 51.0
Rigel	281 04.5	S 8 10.3
Rigil Kent.	139 40.8	S60 56.4
Sabik	102 03.0	S15 45.3
Schedar	349 31.3	N56 40.1
Shaula	96 10.5	S37 07.4
Sirius	258 26.9	S16 44.8
Spica	158 22.8	S11 17.4
Suhail	222 47.0	S43 31.9
Vega	80 33.1	N38 48.5
Zuben'ubi	136 56.4	S16 08.7

	SHA ° ′	Mer. Pass. h m
Venus	218 16.6	13 07
Mars	297 37.8	7 48
Jupiter	287 48.9	8 27
Saturn	9 26.9	3 01

© British Crown Copyright 2023. All rights reserved.

UT	SUN GHA	SUN Dec	MOON GHA	v	MOON Dec	d	HP
d h	° ′	° ′	° ′	′	° ′	′	′
26 00	178 21.8	N19 22.1	299 01.9	11.7	N 1 54.4	17.2	59.8
01	193 21.8	21.6	313 32.6	11.7	2 11.6	17.1	59.8
02	208 21.8	21.0	328 03.3	11.7	2 28.7	17.2	59.8
03	223 21.8	. . 20.5	342 34.0	11.7	2 45.9	17.1	59.8
04	238 21.8	19.9	357 04.7	11.8	3 03.0	17.1	59.8
05	253 21.8	19.3	11 35.5	11.7	3 20.1	17.0	59.7
06	268 21.8	N19 18.8	26 06.2	11.7	N 3 37.1	17.0	59.7
07	283 21.8	18.2	40 36.9	11.6	3 54.1	17.0	59.7
08	298 21.8	17.7	55 07.5	11.7	4 11.1	17.0	59.7
F 09	313 21.8	. . 17.1	69 38.2	11.7	4 28.1	16.9	59.7
R 10	328 21.8	16.5	84 08.9	11.7	4 45.0	16.9	59.7
I 11	343 21.8	16.0	98 39.6	11.7	5 01.9	16.9	59.7
D 12	358 21.8	N19 15.4	113 10.3	11.6	N 5 18.8	16.8	59.6
A 13	13 21.8	14.9	127 40.9	11.6	5 35.6	16.8	59.6
Y 14	28 21.8	14.3	142 11.5	11.7	5 52.4	16.8	59.6
15	43 21.8	. . 13.7	156 42.2	11.6	6 09.2	16.7	59.6
16	58 21.8	13.2	171 12.8	11.6	6 25.9	16.7	59.6
17	73 21.8	12.6	185 43.4	11.5	6 42.6	16.6	59.6
18	88 21.8	N19 12.0	200 13.9	11.6	N 6 59.2	16.6	59.5
19	103 21.9	11.5	214 44.5	11.5	7 15.8	16.5	59.5
20	118 21.9	10.9	229 15.0	11.5	7 32.3	16.5	59.5
21	133 21.9	. . 10.3	243 45.5	11.5	7 48.8	16.4	59.5
22	148 21.9	09.8	258 16.0	11.5	8 05.2	16.4	59.5
23	163 21.9	09.2	272 46.5	11.4	8 21.6	16.4	59.5
27 00	178 21.9	N19 08.6	287 16.9	11.5	N 8 38.0	16.2	59.4
01	193 21.9	08.1	301 47.4	11.3	8 54.2	16.3	59.4
02	208 21.9	07.5	316 17.7	11.4	9 10.5	16.1	59.4
03	223 21.9	. . 06.9	330 48.1	11.3	9 26.6	16.1	59.4
04	238 21.9	06.4	345 18.4	11.3	9 42.7	16.1	59.4
05	253 21.9	05.8	359 48.7	11.3	9 58.8	16.0	59.4
06	268 22.0	N19 05.2	14 19.0	11.2	N10 14.8	15.9	59.3
S 07	283 22.0	04.6	28 49.2	11.2	10 30.7	15.8	59.3
A 08	298 22.0	04.1	43 19.4	11.2	10 46.5	15.8	59.3
T 09	313 22.0	. . 03.5	57 49.6	11.1	11 02.3	15.8	59.3
U 10	328 22.0	02.9	72 19.7	11.1	11 18.1	15.6	59.3
R 11	343 22.0	02.3	86 49.8	11.0	11 33.7	15.6	59.2
D 12	358 22.0	N19 01.8	101 19.8	11.1	N11 49.3	15.5	59.2
A 13	13 22.0	01.2	115 49.9	10.9	12 04.8	15.5	59.2
Y 14	28 22.0	00.6	130 19.8	10.9	12 20.3	15.3	59.2
15	43 22.1	19 00.0	144 49.7	10.9	12 35.6	15.3	59.2
16	58 22.1	18 59.5	159 19.6	10.9	12 50.9	15.2	59.2
17	73 22.1	58.9	173 49.5	10.7	13 06.1	15.2	59.1
18	88 22.1	N18 58.3	188 19.2	10.8	N13 21.3	15.0	59.1
19	103 22.1	57.7	202 49.0	10.7	13 36.3	15.0	59.1
20	118 22.1	57.1	217 18.7	10.6	13 51.3	14.9	59.1
21	133 22.1	. . 56.6	231 48.3	10.6	14 06.2	14.8	59.1
22	148 22.1	56.0	246 17.9	10.6	14 21.0	14.7	59.0
23	163 22.2	55.4	260 47.5	10.5	14 35.7	14.7	59.0
28 00	178 22.2	N18 54.8	275 17.0	10.4	N14 50.4	14.5	59.0
01	193 22.2	54.2	289 46.4	10.4	15 04.9	14.5	59.0
02	208 22.2	53.7	304 15.8	10.4	15 19.4	14.3	59.0
03	223 22.2	. . 53.1	318 45.2	10.3	15 33.7	14.3	58.9
04	238 22.2	52.5	333 14.5	10.2	15 48.0	14.2	58.9
05	253 22.3	51.9	347 43.7	10.2	16 02.2	14.1	58.9
06	268 22.3	N18 51.3	2 12.9	10.1	N16 16.3	14.0	58.9
07	283 22.3	50.7	16 42.0	10.1	16 30.3	13.9	58.9
08	298 22.3	50.1	31 11.1	10.0	16 44.2	13.7	58.8
S 09	313 22.3	. . 49.6	45 40.1	9.9	16 57.9	13.7	58.8
U 10	328 22.3	49.0	60 09.0	9.9	17 11.6	13.6	58.8
N 11	343 22.4	48.4	74 37.9	9.8	17 25.2	13.5	58.8
D 12	358 22.4	N18 47.8	89 06.7	9.8	N17 38.7	13.4	58.8
A 13	13 22.4	47.2	103 35.5	9.7	17 52.1	13.3	58.7
Y 14	28 22.4	46.6	118 04.2	9.7	18 05.4	13.1	58.7
15	43 22.4	. . 46.0	132 32.9	9.6	18 18.5	13.1	58.7
16	58 22.4	45.4	147 01.5	9.5	18 31.6	12.9	58.7
17	73 22.5	44.8	161 30.0	9.4	18 44.5	12.9	58.6
18	88 22.5	N18 44.3	175 58.4	9.4	N18 57.4	12.7	58.6
19	103 22.5	43.7	190 26.8	9.4	19 10.1	12.6	58.6
20	118 22.5	43.1	204 55.2	9.2	19 22.7	12.5	58.6
21	133 22.5	. . 42.5	219 23.4	9.3	19 35.2	12.4	58.6
22	148 22.6	41.9	233 51.7	9.1	19 47.6	12.2	58.5
23	163 22.6	41.3	248 19.8	9.1	N19 59.8	12.2	58.5
	SD 15.8	*d* 0.6	SD 16.3		16.1		16.0

Lat.	Twilight Naut.	Twilight Civil	Sunrise	Moonrise 26	Moonrise 27	Moonrise 28	Moonrise 29
°	h m	h m	h m	h m	h m	h m	h m
N 72	□	□	□	21 07	20 16	□	□
N 70	////	////	00 19	21 18	20 41	19 30	□
68	////	////	01 50	21 27	21 01	20 21	□
66	////	////	02 28	21 34	21 17	20 53	19 54
64	////	01 08	02 54	21 41	21 30	21 17	20 55
62	////	01 56	03 14	21 46	21 41	21 36	21 30
60	////	02 25	03 30	21 51	21 51	21 52	21 55
N 58	01 02	02 47	03 44	21 56	21 59	22 05	22 16
56	01 46	03 05	03 56	21 59	22 07	22 17	22 32
54	02 13	03 20	04 06	22 03	22 14	22 27	22 47
52	02 34	03 32	04 15	22 06	22 20	22 36	22 59
50	02 50	03 43	04 23	22 09	22 25	22 45	23 10
45	03 22	04 06	04 40	22 15	22 37	23 02	23 34
N 40	03 45	04 23	04 54	22 21	22 47	23 17	23 52
35	04 04	04 38	05 06	22 25	22 55	23 29	24 08
30	04 19	04 50	05 16	22 29	23 03	23 40	24 22
20	04 42	05 10	05 34	22 37	23 16	23 59	24 45
N 10	05 00	05 27	05 49	22 43	23 28	24 15	00 15
0	05 16	05 41	06 03	22 49	23 39	24 30	00 30
S 10	05 29	05 55	06 17	22 55	23 50	24 46	00 46
20	05 42	06 08	06 32	23 02	24 02	00 02	01 03
30	05 54	06 23	06 48	23 10	24 15	00 15	01 22
35	06 01	06 31	06 58	23 14	24 23	00 23	01 34
40	06 07	06 40	07 09	23 19	24 33	00 33	01 47
45	06 15	06 50	07 22	23 25	24 43	00 43	02 02
S 50	06 23	07 02	07 38	23 32	24 57	00 57	02 22
52	06 26	07 08	07 45	23 35	25 03	01 03	02 31
54	06 30	07 13	07 53	23 39	25 10	01 10	02 41
56	06 34	07 20	08 03	23 43	25 17	01 17	02 53
58	06 38	07 27	08 13	23 48	25 26	01 26	03 07
S 60	06 43	07 35	08 25	23 53	25 36	01 36	03 23

Lat.	Sunset	Twilight Civil	Twilight Naut.	Moonset 26	Moonset 27	Moonset 28	Moonset 29
°	h m	h m	h m	h m	h m	h m	h m
N 72	□	□	□	11 29	14 06	□	□
N 70	23 29	////	////	11 21	13 43	16 42	□
68	22 18	////	////	11 15	13 25	15 52	□
66	21 42	////	////	11 10	13 11	15 21	18 13
64	21 17	22 58	////	11 06	12 59	14 59	17 12
62	20 57	22 13	////	11 02	12 49	14 41	16 38
60	20 41	21 45	////	10 59	12 41	14 26	16 14
N 58	20 28	21 24	23 04	10 56	12 34	14 13	15 54
56	20 16	21 06	22 24	10 54	12 28	14 02	15 38
54	20 06	20 52	21 58	10 52	12 22	13 53	15 24
52	19 57	20 39	21 38	10 50	12 17	13 45	15 12
50	19 49	20 29	21 21	10 48	12 12	13 37	15 02
45	19 32	20 06	20 50	10 44	12 02	13 21	14 40
N 40	19 18	19 49	20 27	10 41	11 54	13 08	14 22
35	19 07	19 35	20 09	10 38	11 47	12 57	14 07
30	18 56	19 23	19 54	10 35	11 41	12 47	13 54
20	18 39	19 03	19 31	10 31	11 30	12 31	13 32
N 10	18 24	18 46	19 12	10 27	11 21	12 16	13 14
0	18 10	18 32	18 57	10 24	11 12	12 03	12 56
S 10	17 56	18 18	18 44	10 20	11 04	11 50	12 39
20	17 42	18 05	18 32	10 16	10 55	11 36	12 20
30	17 25	17 50	18 19	10 12	10 44	11 19	11 59
35	17 15	17 42	18 13	10 09	10 39	11 10	11 46
40	17 04	17 33	18 06	10 07	10 32	11 00	11 32
45	16 51	17 23	17 59	10 03	10 24	10 47	11 15
S 50	16 36	17 11	17 51	10 00	10 15	10 32	10 54
52	16 28	17 06	17 47	09 58	10 10	10 25	10 45
54	16 20	17 00	17 44	09 56	10 06	10 18	10 34
56	16 11	16 54	17 40	09 54	10 01	10 09	10 21
58	16 01	16 47	17 35	09 52	09 55	09 59	10 07
S 60	15 49	16 38	17 31	09 49	09 48	09 48	09 50

Day	SUN Eqn. of Time 00^h	SUN Eqn. of Time 12^h	SUN Mer. Pass.	MOON Mer. Pass. Upper	MOON Mer. Pass. Lower	Age	Phase
d	m s	m s	h m	h m	h m	d	%
26	06 33	06 33	12 07	04 12	16 36	21	68
27	06 32	06 32	12 07	05 01	17 26	22	57
28	06 31	06 31	12 07	05 51	18 17	23	46

© British Crown Copyright 2023. All rights reserved.

	UT d h	ARIES GHA ° ′	VENUS −3·9 GHA ° ′	VENUS Dec ° ′	MARS +0·9 GHA ° ′	MARS Dec ° ′	JUPITER −2·1 GHA ° ′	JUPITER Dec ° ′	SATURN +0·7 GHA ° ′	SATURN Dec ° ′
	29 00	307 08.3	162 59.1	N15 48.2	243 20.4	N20 37.0	234 33.5	N21 46.6	316 39.9	S 6 22.9
	01	322 10.7	177 58.5	47.2	258 21.1	37.4	249 35.4	46.6	331 42.5	22.9
	02	337 13.2	192 58.0	46.3	273 21.8	37.7	264 37.4	46.7	346 45.0	23.0
	03	352 15.7	207 57.4	. . 45.3	288 22.5	. . 38.0	279 39.4	. . 46.8	1 47.6	. . 23.0
	04	7 18.1	222 56.9	44.3	303 23.1	38.4	294 41.4	46.8	16 50.2	23.1
	05	22 20.6	237 56.3	43.3	318 23.8	38.7	309 43.3	46.9	31 52.7	23.1
	06	37 23.1	252 55.7	N15 42.3	333 24.5	N20 39.0	324 45.3	N21 46.9	46 55.3	S 6 23.2
	07	52 25.5	267 55.2	41.4	348 25.2	39.3	339 47.3	47.0	61 57.9	23.2
	08	67 28.0	282 54.6	40.4	3 25.9	39.7	354 49.3	47.0	77 00.4	23.3
M	09	82 30.5	297 54.1	. . 39.4	18 26.5	. . 40.0	9 51.2	. . 47.1	92 03.0	. . 23.3
O	10	97 32.9	312 53.5	38.4	33 27.2	40.3	24 53.2	47.1	107 05.6	23.4
N	11	112 35.4	327 53.0	37.4	48 27.9	40.7	39 55.2	47.2	122 08.1	23.4
D	12	127 37.9	342 52.4	N15 36.4	63 28.6	N20 41.0	54 57.2	N21 47.2	137 10.7	S 6 23.5
A	13	142 40.3	357 51.8	35.5	78 29.3	41.3	69 59.1	47.3	152 13.3	23.5
Y	14	157 42.8	12 51.3	34.5	93 30.0	41.6	85 01.1	47.3	167 15.8	23.6
	15	172 45.2	27 50.7	. . 33.5	108 30.6	. . 42.0	100 03.1	. . 47.4	182 18.4	. . 23.7
	16	187 47.7	42 50.2	32.5	123 31.3	42.3	115 05.1	47.5	197 21.0	23.7
	17	202 50.2	57 49.6	31.5	138 32.0	42.6	130 07.0	47.5	212 23.6	23.8
	18	217 52.6	72 49.1	N15 30.5	153 32.7	N20 42.9	145 09.0	N21 47.6	227 26.1	S 6 23.8
	19	232 55.1	87 48.5	29.5	168 33.4	43.3	160 11.0	47.6	242 28.7	23.9
	20	247 57.6	102 48.0	28.5	183 34.0	43.6	175 13.0	47.7	257 31.3	23.9
	21	263 00.0	117 47.4	. . 27.5	198 34.7	. . 43.9	190 15.0	. . 47.7	272 33.8	. . 24.0
	22	278 02.5	132 46.9	26.6	213 35.4	44.2	205 16.9	47.8	287 36.4	24.0
	23	293 05.0	147 46.3	25.6	228 36.1	44.6	220 18.9	47.8	302 39.0	24.1
	30 00	308 07.4	162 45.8	N15 24.6	243 36.8	N20 44.9	235 20.9	N21 47.9	317 41.5	S 6 24.1
	01	323 09.9	177 45.2	23.6	258 37.5	45.2	250 22.9	47.9	332 44.1	24.2
	02	338 12.4	192 44.7	22.6	273 38.1	45.5	265 24.8	48.0	347 46.7	24.2
	03	353 14.8	207 44.1	. . 21.6	288 38.8	. . 45.9	280 26.8	. . 48.0	2 49.2	. . 24.3
	04	8 17.3	222 43.6	20.6	303 39.5	46.2	295 28.8	48.1	17 51.8	24.4
	05	23 19.7	237 43.0	19.6	318 40.2	46.5	310 30.8	48.2	32 54.4	24.4
	06	38 22.2	252 42.5	N15 18.6	333 40.9	N20 46.8	325 32.8	N21 48.2	47 57.0	S 6 24.5
	07	53 24.7	267 41.9	17.6	348 41.5	47.2	340 34.7	48.3	62 59.5	24.5
T	08	68 27.1	282 41.4	16.6	3 42.2	47.5	355 36.7	48.3	78 02.1	24.6
U	09	83 29.6	297 40.9	. . 15.6	18 42.9	. . 47.8	10 38.7	. . 48.4	93 04.7	. . 24.6
E	10	98 32.1	312 40.3	14.6	33 43.6	48.1	25 40.7	48.4	108 07.2	24.7
S	11	113 34.5	327 39.8	13.6	48 44.3	48.4	40 42.7	48.5	123 09.8	24.7
D	12	128 37.0	342 39.2	N15 12.6	63 45.0	N20 48.8	55 44.6	N21 48.5	138 12.4	S 6 24.8
A	13	143 39.5	357 38.7	11.6	78 45.6	49.1	70 46.6	48.6	153 14.9	24.8
Y	14	158 41.9	12 38.1	10.6	93 46.3	49.4	85 48.6	48.6	168 17.5	24.9
	15	173 44.4	27 37.6	. . 09.6	108 47.0	. . 49.7	100 50.6	. . 48.7	183 20.1	. . 25.0
	16	188 46.9	42 37.1	08.6	123 47.7	50.0	115 52.6	48.7	198 22.7	25.0
	17	203 49.3	57 36.5	07.6	138 48.4	50.4	130 54.5	48.8	213 25.2	25.1
	18	218 51.8	72 36.0	N15 06.6	153 49.1	N20 50.7	145 56.5	N21 48.8	228 27.8	S 6 25.1
	19	233 54.2	87 35.4	05.6	168 49.7	51.0	160 58.5	48.9	243 30.4	25.2
	20	248 56.7	102 34.9	04.6	183 50.4	51.3	176 00.5	48.9	258 32.9	25.2
	21	263 59.2	117 34.4	. . 03.6	198 51.1	. . 51.6	191 02.5	. . 49.0	273 35.5	. . 25.3
	22	279 01.6	132 33.8	02.5	213 51.8	51.9	206 04.4	49.0	288 38.1	25.3
	23	294 04.1	147 33.3	01.5	228 52.5	52.3	221 06.4	49.1	303 40.7	25.4
	31 00	309 06.6	162 32.7	N15 00.5	243 53.2	N20 52.6	236 08.4	N21 49.2	318 43.2	S 6 25.4
	01	324 09.0	177 32.2	14 59.5	258 53.8	52.9	251 10.4	49.2	333 45.8	25.5
	02	339 11.5	192 31.7	58.5	273 54.5	53.2	266 12.4	49.3	348 48.4	25.6
	03	354 14.0	207 31.1	. . 57.5	288 55.2	. . 53.5	281 14.4	. . 49.3	3 51.0	. . 25.6
	04	9 16.4	222 30.6	56.5	303 55.9	53.8	296 16.3	49.4	18 53.5	25.7
	05	24 18.9	237 30.1	55.5	318 56.6	54.2	311 18.3	49.4	33 56.1	25.7
	06	39 21.4	252 29.5	N14 54.4	333 57.3	N20 54.5	326 20.3	N21 49.5	48 58.7	S 6 25.8
W	07	54 23.8	267 29.0	53.4	348 57.9	54.8	341 22.3	49.5	64 01.2	25.8
E	08	69 26.3	282 28.5	52.4	3 58.6	55.1	356 24.3	49.6	79 03.8	25.9
D	09	84 28.7	297 27.9	. . 51.4	18 59.3	. . 55.4	11 26.3	. . 49.6	94 06.4	. . 25.9
N	10	99 31.2	312 27.4	50.4	34 00.0	55.7	26 28.2	49.7	109 09.0	26.0
E	11	114 33.7	327 26.9	49.4	49 00.7	56.0	41 30.2	49.7	124 11.5	26.1
S	12	129 36.1	342 26.3	N14 48.3	64 01.4	N20 56.3	56 32.2	N21 49.8	139 14.1	S 6 26.1
D	13	144 38.6	357 25.8	47.3	79 02.0	56.7	71 34.2	49.8	154 16.7	26.2
A	14	159 41.1	12 25.3	46.3	94 02.7	57.0	86 36.2	49.9	169 19.3	26.2
Y	15	174 43.5	27 24.7	. . 45.3	109 03.4	. . 57.3	101 38.2	. . 49.9	184 21.8	. . 26.3
	16	189 46.0	42 24.2	44.3	124 04.1	57.6	116 40.1	50.0	199 24.4	26.3
	17	204 48.5	57 23.7	43.2	139 04.8	57.9	131 42.1	50.0	214 27.0	26.4
	18	219 50.9	72 23.2	N14 42.2	154 05.5	N20 58.2	146 44.1	N21 50.1	229 29.6	S 6 26.5
	19	234 53.4	87 22.6	41.2	169 06.1	58.5	161 46.1	50.1	244 32.1	26.5
	20	249 55.8	102 22.1	40.2	184 06.8	58.8	176 48.1	50.2	259 34.7	26.6
	21	264 58.3	117 21.6	. . 39.2	199 07.5	. . 59.1	191 50.1	. . 50.2	274 37.3	. . 26.6
	22	280 00.8	132 21.0	38.1	214 08.2	59.4	206 52.1	50.3	289 39.9	26.7
	23	295 03.2	147 20.5	37.1	229 08.9	59.8	221 54.0	50.3	304 42.4	26.7
	Mer. Pass.	h m 3 26.9	v −0.5	d 1.0	v 0.7	d 0.3	v 2.0	d 0.1	v 2.6	d 0.1

STARS

Name	SHA ° ′	Dec ° ′
Acamar	315 12.1	S40 12.1
Achernar	335 20.3	S57 06.4
Acrux	173 00.9	S63 14.3
Adhara	255 06.5	S29 00.1
Aldebaran	290 40.2	N16 33.5
Alioth	166 13.5	N55 49.9
Alkaid	152 52.3	N49 11.7
Alnair	27 32.9	S46 50.4
Alnilam	275 38.3	S 1 11.1
Alphard	217 48.4	S 8 45.8
Alphecca	126 03.9	N26 38.1
Alpheratz	357 34.9	N29 13.5
Altair	62 00.0	N 8 56.0
Ankaa	353 07.3	S42 10.1
Antares	112 16.1	S26 29.2
Arcturus	145 48.2	N19 03.4
Atria	107 10.3	S69 04.5
Avior	234 15.6	S59 35.2
Bellatrix	278 23.5	N 6 22.4
Betelgeuse	270 52.7	N 7 24.8
Canopus	263 53.0	S52 42.3
Capella	280 22.8	N46 01.2
Deneb	49 25.6	N45 22.1
Denebola	182 25.5	N14 26.2
Diphda	348 47.5	S17 50.9
Dubhe	193 41.9	N61 37.3
Elnath	278 02.6	N28 37.7
Eltanin	90 41.9	N51 29.3
Enif	33 38.8	N 9 59.3
Fomalhaut	15 14.6	S29 29.4
Gacrux	171 52.4	S57 15.2
Gienah	175 44.1	S17 40.7
Hadar	148 36.6	S60 29.7
Hamal	327 51.6	N23 34.7
Kaus Aust.	83 32.6	S34 22.4
Kochab	137 19.6	N74 03.5
Markab	13 30.0	N15 20.3
Menkar	314 06.6	N 4 11.2
Menkent	147 58.1	S36 29.6
Miaplacidus	221 39.3	S69 49.1
Mirfak	308 28.9	N49 56.7
Nunki	75 47.9	S26 16.0
Peacock	53 05.7	S56 39.3
Pollux	243 18.1	N27 58.1
Procyon	244 51.5	N 5 09.8
Rasalhague	95 58.6	N12 32.6
Regulus	207 35.1	N11 51.0
Rigel	281 04.4	S 8 10.2
Rigil Kent.	139 40.8	S60 56.4
Sabik	102 03.0	S15 45.3
Schedar	349 31.2	N56 40.1
Shaula	96 10.6	S37 07.4
Sirius	258 26.9	S16 44.8
Spica	158 22.8	S11 17.4
Suhail	222 47.0	S43 31.8
Vega	80 33.1	N38 48.5
Zuben'ubi	136 56.4	S16 08.7

	SHA ° ′	Mer. Pass. h m
Venus	214 38.4	13 09
Mars	295 29.3	7 45
Jupiter	287 13.5	8 18
Saturn	9 34.1	2 49

© British Crown Copyright 2023. All rights reserved.

UT d	h	SUN GHA ° ′	SUN Dec ° ′	MOON GHA ° ′	v ′	MOON Dec ° ′	d ′	HP ′
29 MONDAY	00	178 22.6	N18 40.7	262 47.9	9.0	N20 12.0	12.0	58.5
	01	193 22.6	40.1	277 15.9	8.9	20 24.0	11.9	58.5
	02	208 22.6	39.5	291 43.8	8.9	20 35.9	11.8	58.5
	03	223 22.7	. . 38.9	306 11.7	8.8	20 47.7	11.6	58.4
	04	238 22.7	38.3	320 39.5	8.8	20 59.3	11.6	58.4
	05	253 22.7	37.7	335 07.3	8.7	21 10.9	11.4	58.4
	06	268 22.7	N18 37.1	349 35.0	8.6	N21 22.3	11.2	58.4
	07	283 22.8	36.5	4 02.6	8.6	21 33.5	11.2	58.3
	08	298 22.8	35.9	18 30.2	8.5	21 44.7	11.0	58.3
	09	313 22.8	. . 35.3	32 57.7	8.4	21 55.7	10.9	58.3
	10	328 22.8	34.7	47 25.1	8.4	22 06.6	10.7	58.3
	11	343 22.8	34.1	61 52.5	8.3	22 17.3	10.7	58.3
	12	358 22.9	N18 33.5	76 19.8	8.2	N22 28.0	10.4	58.2
	13	13 22.9	32.9	90 47.0	8.2	22 38.4	10.4	58.2
	14	28 22.9	32.3	105 14.2	8.1	22 48.8	10.2	58.2
	15	43 22.9	. . 31.7	119 41.3	8.0	22 59.0	10.1	58.2
	16	58 23.0	31.1	134 08.3	8.0	23 09.1	9.9	58.1
	17	73 23.0	30.5	148 35.3	7.9	23 19.0	9.8	58.1
	18	88 23.0	N18 29.9	163 02.2	7.9	N23 28.8	9.6	58.1
	19	103 23.0	29.3	177 29.1	7.8	23 38.4	9.6	58.1
	20	118 23.1	28.7	191 55.9	7.7	23 48.0	9.3	58.1
	21	133 23.1	. . 28.1	206 22.6	7.7	23 57.3	9.2	58.0
	22	148 23.1	27.5	220 49.3	7.6	24 06.5	9.1	58.0
	23	163 23.1	26.9	235 15.9	7.5	24 15.6	8.9	58.0
30 TUESDAY	00	178 23.2	N18 26.3	249 42.4	7.5	N24 24.5	8.8	58.0
	01	193 23.2	25.6	264 08.9	7.5	24 33.3	8.6	57.9
	02	208 23.2	25.0	278 35.4	7.3	24 41.9	8.5	57.9
	03	223 23.3	. . 24.4	293 01.7	7.4	24 50.4	8.4	57.9
	04	238 23.3	23.8	307 28.1	7.2	24 58.8	8.1	57.9
	05	253 23.3	23.2	321 54.3	7.2	25 06.9	8.1	57.9
	06	268 23.3	N18 22.6	336 20.5	7.2	N25 15.0	7.8	57.8
	07	283 23.4	22.0	350 46.7	7.1	25 22.8	7.7	57.8
	08	298 23.4	21.4	5 12.8	7.1	25 30.5	7.6	57.8
	09	313 23.4	. . 20.8	19 38.9	7.0	25 38.1	7.4	57.8
	10	328 23.5	20.1	34 04.9	6.9	25 45.5	7.3	57.8
	11	343 23.5	19.5	48 30.8	6.9	25 52.8	7.1	57.7
	12	358 23.5	N18 18.9	62 56.7	6.9	N25 59.9	6.9	57.7
	13	13 23.5	18.3	77 22.6	6.8	26 06.8	6.8	57.7
	14	28 23.6	17.7	91 48.4	6.8	26 13.6	6.6	57.7
	15	43 23.6	. . 17.1	106 14.2	6.7	26 20.2	6.4	57.6
	16	58 23.6	16.5	120 39.9	6.7	26 26.6	6.3	57.6
	17	73 23.7	15.8	135 05.6	6.6	26 32.9	6.1	57.6
	18	88 23.7	N18 15.2	149 31.2	6.6	N26 39.0	6.0	57.6
	19	103 23.7	14.6	163 56.8	6.6	26 45.0	5.8	57.6
	20	118 23.8	14.0	178 22.4	6.5	26 50.8	5.7	57.5
	21	133 23.8	. . 13.4	192 47.9	6.5	26 56.5	5.4	57.5
	22	148 23.8	12.8	207 13.4	6.4	27 01.9	5.3	57.5
	23	163 23.9	12.1	221 38.8	6.5	27 07.2	5.2	57.5
31 WEDNESDAY	00	178 23.9	N18 11.5	236 04.3	6.4	N27 12.4	5.0	57.4
	01	193 23.9	10.9	250 29.7	6.3	27 17.4	4.8	57.4
	02	208 24.0	10.3	264 55.0	6.4	27 22.2	4.6	57.4
	03	223 24.0	. . 09.6	279 20.4	6.3	27 26.8	4.5	57.4
	04	238 24.0	09.0	293 45.7	6.3	27 31.3	4.3	57.4
	05	253 24.1	08.4	308 11.0	6.2	27 35.6	4.1	57.3
	06	268 24.1	N18 07.8	322 36.2	6.3	N27 39.7	4.0	57.3
	07	283 24.1	07.2	337 01.5	6.2	27 43.7	3.8	57.3
	08	298 24.2	06.5	351 26.7	6.2	27 47.5	3.7	57.3
	09	313 24.2	. . 05.9	5 51.9	6.2	27 51.2	3.4	57.2
	10	328 24.2	05.3	20 17.1	6.2	27 54.6	3.3	57.2
	11	343 24.3	04.7	34 42.3	6.2	27 57.9	3.1	57.2
	12	358 24.3	N18 04.0	49 07.5	6.1	N28 01.0	3.0	57.2
	13	13 24.3	03.4	63 32.6	6.2	28 04.0	2.8	57.2
	14	28 24.4	02.8	77 57.8	6.1	28 06.8	2.6	57.1
	15	43 24.4	. . 02.1	92 22.9	6.2	28 09.4	2.4	57.1
	16	58 24.5	01.5	106 48.1	6.1	28 11.8	2.3	57.1
	17	73 24.5	00.9	121 13.2	6.1	28 14.1	2.1	57.1
	18	88 24.5	N18 00.3	135 38.3	6.2	N28 16.2	1.9	57.1
	19	103 24.6	17 59.6	150 03.5	6.1	28 18.1	1.8	57.0
	20	118 24.6	59.0	164 28.6	6.2	28 19.9	1.6	57.0
	21	133 24.6	. . 58.4	178 53.8	6.2	28 21.5	1.4	57.0
	22	148 24.7	57.7	193 19.0	6.1	28 22.9	1.3	57.0
	23	163 24.7	57.1	207 44.1	6.2	N28 24.2	1.0	56.9
		SD 15.8	*d* 0.6	SD 15.9		15.7		15.6

Lat. °	Twilight Naut. h m	Twilight Civil h m	Sunrise h m	Moonrise 29 h m	Moonrise 30 h m	Moonrise 31 h m	Moonrise 1 h m
N 72	□	□	□	□	□	□	□
N 70	////	////	01 11	□	□	□	□
68	////	////	02 07	□	□	□	□
66	////	////	02 39	19 54	□	□	□
64	////	01 30	03 03	20 55	□	□	□
62	////	02 09	03 22	21 30	21 21	□	22 11
60	////	02 35	03 37	21 55	22 05	22 33	23 39
N 58	01 22	02 55	03 50	22 16	22 35	23 12	24 16
56	01 57	03 12	04 01	22 32	22 57	23 39	24 42
54	02 22	03 26	04 11	22 47	23 16	24 00	00 00
52	02 41	03 38	04 19	22 59	23 32	24 18	00 18
50	02 56	03 48	04 27	23 10	23 45	24 33	00 33
45	03 27	04 10	04 43	23 34	24 13	00 13	01 04
N 40	03 49	04 26	04 57	23 52	24 35	00 35	01 27
35	04 06	04 40	05 08	24 08	00 08	00 54	01 47
30	04 21	04 52	05 18	24 22	00 22	01 10	02 04
20	04 43	05 11	05 35	24 45	00 45	01 37	02 32
N 10	05 01	05 27	05 49	00 15	01 06	02 00	02 57
0	05 16	05 41	06 03	00 30	01 25	02 22	03 20
S 10	05 29	05 54	06 16	00 46	01 44	02 44	03 43
20	05 41	06 07	06 30	01 03	02 05	03 07	04 07
30	05 52	06 21	06 47	01 22	02 29	03 35	04 36
35	05 58	06 29	06 56	01 34	02 44	03 51	04 53
40	06 05	06 37	07 06	01 47	03 00	04 10	05 13
45	06 12	06 47	07 19	02 02	03 20	04 33	05 37
S 50	06 19	06 58	07 34	02 22	03 45	05 03	06 08
52	06 22	07 03	07 41	02 31	03 58	05 17	06 23
54	06 26	07 09	07 48	02 41	04 12	05 34	06 41
56	06 30	07 15	07 57	02 53	04 28	05 55	07 03
58	06 34	07 22	08 07	03 07	04 48	06 21	07 32
S 60	06 38	07 30	08 18	03 23	05 12	06 57	08 13

Lat. °	Sunset h m	Twilight Civil h m	Twilight Naut. h m	Moonset 29 h m	Moonset 30 h m	Moonset 31 h m	Moonset 1 h m
N 72	□	□	□	□	□	□	□
N 70	22 52	////	////	□	□	□	□
68	22 02	////	////	□	□	□	□
66	21 30	////	////	18 13	□	□	□
64	21 07	22 37	////	17 12	□	□	□
62	20 49	22 01	////	16 38	18 45	□	21 57
60	20 34	21 35	////	16 14	18 01	19 34	20 28
N 58	20 22	21 15	22 46	15 54	17 32	18 56	19 52
56	20 11	20 59	22 13	15 38	17 10	18 29	19 25
54	20 01	20 46	21 49	15 24	16 52	18 07	19 05
52	19 53	20 34	21 30	15 12	16 36	17 50	18 47
50	19 45	20 24	21 15	15 02	16 23	17 35	18 32
45	19 29	20 02	20 45	14 40	15 55	17 04	18 02
N 40	19 15	19 46	20 23	14 22	15 34	16 41	17 39
35	19 04	19 32	20 06	14 07	15 16	16 21	17 19
30	18 54	19 20	19 52	13 54	15 01	16 04	17 02
20	18 38	19 01	19 29	13 32	14 35	15 36	16 34
N 10	18 23	18 46	19 12	13 14	14 13	15 12	16 10
0	18 10	18 32	18 57	12 56	13 52	14 49	15 47
S 10	17 57	18 19	18 44	12 39	13 31	14 27	15 25
20	17 43	18 06	18 32	12 20	13 09	14 03	15 00
30	17 27	17 52	18 21	11 59	12 43	13 35	14 32
35	17 17	17 44	18 15	11 46	12 28	13 18	14 15
40	17 07	17 36	18 08	11 32	12 11	12 59	13 55
45	16 55	17 26	18 02	11 15	11 50	12 35	13 31
S 50	16 40	17 15	17 54	10 54	11 24	12 05	13 00
52	16 33	17 10	17 51	10 45	11 11	11 50	12 44
54	16 25	17 04	17 48	10 34	10 57	11 33	12 26
56	16 16	16 58	17 44	10 21	10 40	11 12	12 04
58	16 07	16 52	17 40	10 07	10 20	10 46	11 36
S 60	15 55	16 44	17 36	09 50	09 55	10 10	10 55

Day d	SUN Eqn. of Time 00h m s	SUN Eqn. of Time 12h m s	SUN Mer. Pass. h m	MOON Mer. Pass. Upper h m	MOON Mer. Pass. Lower h m	MOON Age d	MOON Phase %
29	06 30	06 29	12 06	06 43	19 10	24	35
30	06 27	06 26	12 06	07 38	20 07	25	25
31	06 25	06 23	12 06	08 36	21 05	26	16

© British Crown Copyright 2023. All rights reserved.

UT d	h	ARIES GHA	VENUS −3·9 GHA	VENUS Dec	MARS +0·9 GHA	MARS Dec	JUPITER −2·1 GHA	JUPITER Dec	SATURN +0·7 GHA	SATURN Dec
		° ′	° ′	° ′	° ′	° ′	° ′	° ′	° ′	° ′
1 THURSDAY	00	310 05.7	162 20.0	N14 36.1	244 09.6	N21 00.1	236 56.0	N21 50.4	319 45.0	S 6 26.8
	01	325 08.2	177 19.5	35.0	259 10.2	00.4	251 58.0	50.4	334 47.6	26.8
	02	340 10.6	192 18.9	34.0	274 10.9	00.7	267 00.0	50.5	349 50.2	26.9
	03	355 13.1	207 18.4	. . 33.0	289 11.6	. . 01.0	282 02.0	. . 50.5	4 52.7	. . 27.0
	04	10 15.6	222 17.9	32.0	304 12.3	01.3	297 04.0	50.6	19 55.3	27.0
	05	25 18.0	237 17.4	30.9	319 13.0	01.6	312 06.0	50.7	34 57.9	27.1
	06	40 20.5	252 16.8	N14 29.9	334 13.7	N21 01.9	327 08.0	N21 50.7	50 00.5	S 6 27.1
	07	55 23.0	267 16.3	28.9	349 14.4	02.2	342 09.9	50.8	65 03.0	27.2
	08	70 25.4	282 15.8	27.8	4 15.0	02.5	357 11.9	50.8	80 05.6	27.2
	09	85 27.9	297 15.3	. . 26.8	19 15.7	. . 02.8	12 13.9	. . 50.9	95 08.2	. . 27.3
	10	100 30.3	312 14.8	25.8	34 16.4	03.1	27 15.9	50.9	110 10.8	27.4
	11	115 32.8	327 14.2	24.7	49 17.1	03.4	42 17.9	51.0	125 13.3	27.4
	12	130 35.3	342 13.7	N14 23.7	64 17.8	N21 03.7	57 19.9	N21 51.0	140 15.9	S 6 27.5
	13	145 37.7	357 13.2	22.7	79 18.5	04.0	72 21.9	51.1	155 18.5	27.5
	14	160 40.2	12 12.7	21.6	94 19.2	04.3	87 23.9	51.1	170 21.1	27.6
	15	175 42.7	27 12.2	. . 20.6	109 19.8	. . 04.6	102 25.8	. . 51.2	185 23.7	. . 27.6
	16	190 45.1	42 11.6	19.6	124 20.5	04.9	117 27.8	51.2	200 26.2	27.7
	17	205 47.6	57 11.1	18.5	139 21.2	05.2	132 29.8	51.3	215 28.8	27.8
	18	220 50.1	72 10.6	N14 17.5	154 21.9	N21 05.6	147 31.8	N21 51.3	230 31.4	S 6 27.8
	19	235 52.5	87 10.1	16.4	169 22.6	05.9	162 33.8	51.4	245 34.0	27.9
	20	250 55.0	102 09.6	15.4	184 23.3	06.2	177 35.8	51.4	260 36.5	27.9
	21	265 57.5	117 09.1	. . 14.4	199 24.0	. . 06.5	192 37.8	. . 51.5	275 39.1	. . 28.0
	22	280 59.9	132 08.5	13.3	214 24.6	06.8	207 39.8	51.5	290 41.7	28.0
	23	296 02.4	147 08.0	12.3	229 25.3	07.1	222 41.8	51.6	305 44.3	28.1
2 FRIDAY	00	311 04.8	162 07.5	N14 11.2	244 26.0	N21 07.4	237 43.8	N21 51.6	320 46.9	S 6 28.2
	01	326 07.3	177 07.0	10.2	259 26.7	07.7	252 45.7	51.7	335 49.4	28.2
	02	341 09.8	192 06.5	09.1	274 27.4	08.0	267 47.7	51.7	350 52.0	28.3
	03	356 12.2	207 06.0	. . 08.1	289 28.1	. . 08.3	282 49.7	. . 51.8	5 54.6	. . 28.3
	04	11 14.7	222 05.5	07.1	304 28.8	08.6	297 51.7	51.8	20 57.2	28.4
	05	26 17.2	237 04.9	06.0	319 29.4	08.9	312 53.7	51.9	35 59.7	28.4
	06	41 19.6	252 04.4	N14 05.0	334 30.1	N21 09.2	327 55.7	N21 51.9	51 02.3	S 6 28.5
	07	56 22.1	267 03.9	03.9	349 30.8	09.5	342 57.7	52.0	66 04.9	28.6
	08	71 24.6	282 03.4	02.9	4 31.5	09.7	357 59.7	52.0	81 07.5	28.6
	09	86 27.0	297 02.9	. . 01.8	19 32.2	. . 10.0	13 01.7	. . 52.1	96 10.1	. . 28.7
	10	101 29.5	312 02.4	14 00.8	34 32.9	10.3	28 03.7	52.1	111 12.6	28.7
	11	116 32.0	327 01.9	13 59.7	49 33.6	10.6	43 05.7	52.2	126 15.2	28.8
	12	131 34.4	342 01.4	N13 58.7	64 34.3	N21 10.9	58 07.7	N21 52.2	141 17.8	S 6 28.9
	13	146 36.9	357 00.9	57.6	79 34.9	11.2	73 09.6	52.3	156 20.4	28.9
	14	161 39.3	12 00.4	56.6	94 35.6	11.5	88 11.6	52.3	171 23.0	29.0
	15	176 41.8	26 59.9	. . 55.5	109 36.3	. . 11.8	103 13.6	. . 52.4	186 25.5	. . 29.0
	16	191 44.3	41 59.3	54.5	124 37.0	12.1	118 15.6	52.4	201 28.1	29.1
	17	206 46.7	56 58.8	53.4	139 37.7	12.4	133 17.6	52.5	216 30.7	29.1
	18	221 49.2	71 58.3	N13 52.4	154 38.4	N21 12.7	148 19.6	N21 52.5	231 33.3	S 6 29.2
	19	236 51.7	86 57.8	51.3	169 39.1	13.0	163 21.6	52.6	246 35.9	29.3
	20	251 54.1	101 57.3	50.2	184 39.8	13.3	178 23.6	52.6	261 38.5	29.3
	21	266 56.6	116 56.8	. . 49.2	199 40.4	. . 13.6	193 25.6	. . 52.7	276 41.0	. . 29.4
	22	281 59.1	131 56.3	48.1	214 41.1	13.9	208 27.6	52.7	291 43.6	29.4
	23	297 01.5	146 55.8	47.1	229 41.8	14.2	223 29.6	52.8	306 46.2	29.5
3 SATURDAY	00	312 04.0	161 55.3	N13 46.0	244 42.5	N21 14.5	238 31.6	N21 52.8	321 48.8	S 6 29.6
	01	327 06.5	176 54.8	45.0	259 43.2	14.8	253 33.6	52.9	336 51.4	29.6
	02	342 08.9	191 54.3	43.9	274 43.9	15.0	268 35.6	52.9	351 53.9	29.7
	03	357 11.4	206 53.8	. . 42.8	289 44.6	. . 15.3	283 37.6	. . 53.0	6 56.5	. . 29.7
	04	12 13.8	221 53.3	41.8	304 45.3	15.6	298 39.6	53.0	21 59.1	29.8
	05	27 16.3	236 52.8	40.7	319 45.9	15.9	313 41.6	53.0	37 01.7	29.8
	06	42 18.8	251 52.3	N13 39.7	334 46.6	N21 16.2	328 43.6	N21 53.1	52 04.3	S 6 29.9
	07	57 21.2	266 51.8	38.6	349 47.3	16.5	343 45.5	53.1	67 06.8	30.0
	08	72 23.7	281 51.3	37.5	4 48.0	16.8	358 47.5	53.2	82 09.4	30.0
	09	87 26.2	296 50.8	. . 36.5	19 48.7	. . 17.1	13 49.5	. . 53.2	97 12.0	. . 30.1
	10	102 28.6	311 50.3	35.4	34 49.4	17.4	28 51.5	53.3	112 14.6	30.1
	11	117 31.1	326 49.8	34.3	49 50.1	17.7	43 53.5	53.3	127 17.2	30.2
	12	132 33.6	341 49.3	N13 33.3	64 50.8	N21 17.9	58 55.5	N21 53.4	142 19.8	S 6 30.3
	13	147 36.0	356 48.8	32.2	79 51.5	18.2	73 57.5	53.4	157 22.3	30.3
	14	162 38.5	11 48.3	31.1	94 52.1	18.5	88 59.5	53.5	172 24.9	30.4
	15	177 41.0	26 47.8	. . 30.1	109 52.8	. . 18.8	104 01.5	. . 53.5	187 27.5	. . 30.4
	16	192 43.4	41 47.3	29.0	124 53.5	19.1	119 03.5	53.6	202 30.1	30.5
	17	207 45.9	56 46.8	27.9	139 54.2	19.4	134 05.5	53.6	217 32.7	30.6
	18	222 48.3	71 46.3	N13 26.9	154 54.9	N21 19.7	149 07.5	N21 53.7	232 35.3	S 6 30.6
	19	237 50.8	86 45.8	25.8	169 55.6	20.0	164 09.5	53.7	247 37.8	30.7
	20	252 53.3	101 45.4	24.7	184 56.3	20.2	179 11.5	53.8	262 40.4	30.7
	21	267 55.7	116 44.9	. . 23.7	199 57.0	. . 20.5	194 13.5	. . 53.8	277 43.0	. . 30.8
	22	282 58.2	131 44.4	22.6	214 57.7	20.8	209 15.5	53.9	292 45.6	30.9
	23	298 00.7	146 43.9	21.5	229 58.3	21.1	224 17.5	53.9	307 48.2	30.9
Mer. Pass.		h m 3 15.1	*v* −0.5	*d* 1.1	*v* 0.7	*d* 0.3	*v* 2.0	*d* 0.0	*v* 2.6	*d* 0.1

STARS

Name	SHA	Dec
	° ′	° ′
Acamar	315 12.1	S40 12.1
Achernar	335 20.3	S57 06.4
Acrux	173 00.9	S63 14.3
Adhara	255 06.5	S29 00.1
Aldebaran	290 40.2	N16 33.5
Alioth	166 13.5	N55 49.9
Alkaid	152 52.4	N49 11.7
Alnair	27 32.9	S46 50.4
Alnilam	275 38.3	S 1 11.0
Alphard	217 48.4	S 8 45.8
Alphecca	126 03.9	N26 38.1
Alpheratz	357 34.9	N29 13.5
Altair	62 00.0	N 8 56.1
Ankaa	353 07.2	S42 10.1
Antares	112 16.1	S26 29.2
Arcturus	145 48.3	N19 03.4
Atria	107 10.3	S69 04.5
Avior	234 15.6	S59 35.2
Bellatrix	278 23.5	N 6 22.4
Betelgeuse	270 52.7	N 7 24.8
Canopus	263 53.0	S52 42.3
Capella	280 22.7	N46 01.2
Deneb	49 25.6	N45 22.1
Denebola	182 25.5	N14 26.2
Diphda	348 47.5	S17 50.9
Dubhe	193 41.9	N61 37.3
Elnath	278 02.6	N28 37.7
Eltanin	90 41.9	N51 29.3
Enif	33 38.8	N 9 59.3
Fomalhaut	15 14.6	S29 29.4
Gacrux	171 52.4	S57 15.2
Gienah	175 44.1	S17 40.7
Hadar	148 36.6	S60 29.7
Hamal	327 51.6	N23 34.7
Kaus Aust.	83 32.6	S34 22.4
Kochab	137 19.7	N74 03.5
Markab	13 30.0	N15 20.3
Menkar	314 06.6	N 4 11.2
Menkent	147 58.1	S36 29.6
Miaplacidus	221 39.3	S69 49.0
Mirfak	308 28.9	N49 56.7
Nunki	75 47.9	S26 16.0
Peacock	53 05.7	S56 39.3
Pollux	243 18.1	N27 58.1
Procyon	244 51.5	N 5 09.8
Rasalhague	95 58.6	N12 32.6
Regulus	207 35.1	N11 51.0
Rigel	281 04.4	S 8 10.2
Rigil Kent.	139 40.8	S60 56.4
Sabik	102 03.0	S15 45.3
Schedar	349 31.2	N56 40.1
Shaula	96 10.6	S37 07.4
Sirius	258 26.9	S16 44.8
Spica	158 22.8	S11 17.4
Suhail	222 47.0	S43 31.8
Vega	80 33.1	N38 48.5
Zuben'ubi	136 56.4	S16 08.7

	SHA	Mer. Pass.
	° ′	h m
Venus	211 02.7	13 12
Mars	293 21.2	7 42
Jupiter	286 38.9	8 08
Saturn	9 42.0	2 36

© British Crown Copyright 2023. All rights reserved.

UT		SUN		MOON				
		GHA	Dec	GHA	*v*	Dec	*d*	HP
d h		° ′	° ′	° ′	′	° ′	′	′
1 00	THURSDAY	178 24.8	N17 56.5	222 09.3	6.2	N28 25.2	0.9	56.9
01		193 24.8	55.8	236 34.5	6.2	28 26.1	0.8	56.9
02		208 24.8	55.2	250 59.7	6.2	28 26.9	0.6	56.9
03		223 24.9	. . 54.6	265 24.9	6.3	28 27.5	0.4	56.9
04		238 24.9	53.9	279 50.2	6.3	28 27.9	0.2	56.8
05		253 25.0	53.3	294 15.5	6.3	28 28.1	0.0	56.8
06		268 25.0	N17 52.7	308 40.8	6.3	N28 28.1	0.1	56.8
07		283 25.0	52.0	323 06.1	6.3	28 28.0	0.2	56.8
08		298 25.1	51.4	337 31.4	6.4	28 27.8	0.5	56.7
09		313 25.1	. . 50.8	351 56.8	6.4	28 27.3	0.6	56.7
10		328 25.2	50.1	6 22.2	6.4	28 26.7	0.8	56.7
11		343 25.2	49.5	20 47.6	6.5	28 25.9	0.9	56.7
12		358 25.2	N17 48.8	35 13.1	6.5	N28 25.0	1.1	56.7
13		13 25.3	48.2	49 38.6	6.6	28 23.9	1.3	56.6
14		28 25.3	47.6	64 04.2	6.6	28 22.6	1.4	56.6
15		43 25.4	. . 46.9	78 29.8	6.6	28 21.2	1.6	56.6
16		58 25.4	46.3	92 55.4	6.7	28 19.6	1.8	56.6
17		73 25.5	45.6	107 21.1	6.7	28 17.8	1.9	56.6
18		88 25.5	N17 45.0	121 46.8	6.8	N28 15.9	2.1	56.5
19		103 25.5	44.4	136 12.6	6.8	28 13.8	2.3	56.5
20		118 25.6	43.7	150 38.4	6.9	28 11.5	2.4	56.5
21		133 25.6	. . 43.1	165 04.3	6.9	28 09.1	2.6	56.5
22		148 25.7	42.4	179 30.2	7.0	28 06.5	2.7	56.5
23		163 25.7	41.8	193 56.2	7.0	28 03.8	2.9	56.4
2 00	FRIDAY	178 25.8	N17 41.1	208 22.2	7.1	N28 00.9	3.1	56.4
01		193 25.8	40.5	222 48.3	7.2	27 57.8	3.2	56.4
02		208 25.9	39.8	237 14.5	7.2	27 54.6	3.4	56.4
03		223 25.9	. . 39.2	251 40.7	7.3	27 51.2	3.5	56.3
04		238 26.0	38.6	266 07.0	7.3	27 47.7	3.7	56.3
05		253 26.0	37.9	280 33.3	7.4	27 44.0	3.8	56.3
06		268 26.1	N17 37.3	294 59.7	7.5	N27 40.2	4.0	56.3
07		283 26.1	36.6	309 26.2	7.5	27 36.2	4.1	56.3
08		298 26.1	36.0	323 52.7	7.6	27 32.1	4.3	56.2
09		313 26.2	. . 35.3	338 19.3	7.7	27 27.8	4.4	56.2
10		328 26.2	34.7	352 46.0	7.8	27 23.4	4.6	56.2
11		343 26.3	34.0	7 12.8	7.8	27 18.8	4.8	56.2
12		358 26.3	N17 33.4	21 39.6	7.9	N27 14.0	4.9	56.2
13		13 26.4	32.7	36 06.5	8.0	27 09.1	5.0	56.1
14		28 26.4	32.1	50 33.5	8.1	27 04.1	5.2	56.1
15		43 26.5	. . 31.4	65 00.6	8.1	26 58.9	5.3	56.1
16		58 26.5	30.8	79 27.7	8.2	26 53.6	5.4	56.1
17		73 26.6	30.1	93 54.9	8.3	26 48.2	5.6	56.1
18		88 26.6	N17 29.4	108 22.2	8.4	N26 42.6	5.8	56.0
19		103 26.7	28.8	122 49.6	8.5	26 36.8	5.9	56.0
20		118 26.7	28.1	137 17.1	8.5	26 30.9	6.0	56.0
21		133 26.8	. . 27.5	151 44.6	8.7	26 24.9	6.1	56.0
22		148 26.8	26.8	166 12.3	8.7	26 18.8	6.3	56.0
23		163 26.9	26.2	180 40.0	8.8	26 12.5	6.5	55.9
3 00	SATURDAY	178 26.9	N17 25.5	195 07.8	8.9	N26 06.0	6.5	55.9
01		193 27.0	24.9	209 35.7	9.0	25 59.5	6.7	55.9
02		208 27.0	24.2	224 03.7	9.0	25 52.8	6.9	55.9
03		223 27.1	. . 23.5	238 31.7	9.2	25 45.9	6.9	55.9
04		238 27.1	22.9	252 59.9	9.3	25 39.0	7.1	55.8
05		253 27.2	22.2	267 28.2	9.3	25 31.9	7.2	55.8
06		268 27.3	N17 21.6	281 56.5	9.4	N25 24.7	7.4	55.8
07		283 27.3	20.9	296 24.9	9.6	25 17.3	7.4	55.8
08		298 27.4	20.2	310 53.5	9.6	25 09.9	7.6	55.8
09		313 27.4	. . 19.6	325 22.1	9.7	25 02.3	7.7	55.7
10		328 27.5	18.9	339 50.8	9.8	24 54.6	7.9	55.7
11		343 27.5	18.3	354 19.6	9.9	24 46.7	7.9	55.7
12		358 27.6	N17 17.6	8 48.5	10.0	N24 38.8	8.1	55.7
13		13 27.6	16.9	23 17.5	10.1	24 30.7	8.2	55.7
14		28 27.7	16.3	37 46.6	10.1	24 22.5	8.3	55.6
15		43 27.7	. . 15.6	52 15.7	10.3	24 14.2	8.4	55.6
16		58 27.8	14.9	66 45.0	10.4	24 05.8	8.5	55.6
17		73 27.9	14.3	81 14.4	10.4	23 57.3	8.7	55.6
18		88 27.9	N17 13.6	95 43.8	10.6	N23 48.6	8.7	55.6
19		103 28.0	12.9	110 13.4	10.7	23 39.9	8.9	55.6
20		118 28.0	12.3	124 43.1	10.7	23 31.0	9.0	55.5
21		133 28.1	. . 11.6	139 12.8	10.9	23 22.0	9.1	55.5
22		148 28.1	10.9	153 42.7	10.9	23 12.9	9.2	55.5
23		163 28.2	10.3	168 12.6	11.0	N23 03.7	9.3	55.5
		SD 15.8	*d* 0.7	SD 15.4		15.3		15.2

Lat.	Twilight Naut.	Twilight Civil	Sunrise	Moonrise 1	Moonrise 2	Moonrise 3	Moonrise 4
°	h m	h m	h m	h m	h m	h m	h m
N 72	▭	▭	▭	▭	▭	▭	▭
N 70	////	////	01 39	▭	▭	▭	▭
68	////	////	02 22	▭	▭	▭	▭
66	////	00 45	02 51	▭	▭	▭	01 15
64	////	01 48	03 13	▭	▭	▭	02 01
62	////	02 21	03 30	22 11	24 36	00 36	02 31
60	00 41	02 45	03 44	23 39	25 14	01 14	02 53
N 58	01 38	03 03	03 56	24 16	00 16	01 40	03 12
56	02 08	03 19	04 07	24 42	00 42	02 01	03 27
54	02 30	03 32	04 16	00 00	01 02	02 18	03 40
52	02 48	03 43	04 24	00 18	01 20	02 33	03 51
50	03 02	03 53	04 31	00 33	01 34	02 46	04 01
45	03 31	04 13	04 47	01 04	02 04	03 12	04 22
N 40	03 52	04 29	05 00	01 27	02 27	03 32	04 39
35	04 09	04 43	05 10	01 47	02 47	03 50	04 53
30	04 23	04 54	05 20	02 04	03 03	04 04	05 06
20	04 45	05 13	05 36	02 32	03 31	04 29	05 27
N 10	05 02	05 28	05 50	02 57	03 55	04 51	05 45
0	05 16	05 41	06 03	03 20	04 17	05 11	06 02
S 10	05 28	05 54	06 16	03 43	04 39	05 31	06 18
20	05 40	06 06	06 29	04 07	05 03	05 52	06 36
30	05 51	06 19	06 44	04 36	05 30	06 17	06 57
35	05 56	06 27	06 53	04 53	05 46	06 31	07 09
40	06 02	06 35	07 03	05 13	06 05	06 48	07 22
45	06 08	06 44	07 15	05 37	06 28	07 08	07 39
S 50	06 15	06 54	07 29	06 08	06 57	07 33	07 58
52	06 18	06 59	07 36	06 23	07 12	07 45	08 08
54	06 21	07 04	07 43	06 41	07 28	07 59	08 18
56	06 25	07 10	07 51	07 03	07 48	08 14	08 30
58	06 28	07 16	08 01	07 32	08 13	08 33	08 44
S 60	06 32	07 23	08 11	08 13	08 46	08 56	08 59

Lat.	Sunset	Twilight Civil	Twilight Naut.	Moonset 1	Moonset 2	Moonset 3	Moonset 4
°	h m	h m	h m	h m	h m	h m	h m
N 72	▭	▭	▭	▭	▭	▭	▭
N 70	22 27	////	////	▭	▭	▭	23 10
68	21 46	////	////	▭	▭	▭	22 24
66	21 18	23 15	////	▭	▭	22 37	21 54
64	20 57	22 20	////	▭	▭	21 49	21 31
62	20 41	21 48	////	21 57	21 26	21 19	21 13
60	20 27	21 25	23 20	20 28	20 48	20 56	20 58
N 58	20 15	21 07	22 30	19 52	20 22	20 37	20 45
56	20 05	20 52	22 02	19 25	20 00	20 21	20 34
54	19 56	20 39	21 40	19 05	19 43	20 07	20 24
52	19 47	20 28	21 23	18 47	19 28	19 56	20 15
50	19 40	20 18	21 08	18 32	19 15	19 45	20 07
45	19 25	19 58	20 40	18 02	18 48	19 23	19 50
N 40	19 12	19 42	20 19	17 39	18 26	19 05	19 36
35	19 02	19 29	20 03	17 19	18 09	18 50	19 24
30	18 52	19 18	19 49	17 02	17 53	18 37	19 13
20	18 36	19 00	19 27	16 34	17 27	18 14	18 55
N 10	18 23	18 45	19 11	16 10	17 04	17 54	18 39
0	18 10	18 31	18 57	15 47	16 43	17 36	18 24
S 10	17 57	18 19	18 44	15 25	16 22	17 17	18 09
20	17 44	18 07	18 33	15 00	15 59	16 57	17 53
30	17 28	17 54	18 22	14 32	15 32	16 34	17 34
35	17 20	17 46	18 17	14 15	15 16	16 20	17 23
40	17 10	17 38	18 11	13 55	14 58	16 04	17 11
45	16 58	17 29	18 05	13 31	14 36	15 45	16 56
S 50	16 44	17 19	17 58	13 00	14 07	15 21	16 37
52	16 37	17 14	17 55	12 44	13 53	15 10	16 28
54	16 30	17 09	17 52	12 26	13 37	14 57	16 19
56	16 22	17 03	17 48	12 04	13 17	14 41	16 07
58	16 13	16 57	17 45	11 36	12 53	14 23	15 55
S 60	16 02	16 50	17 41	10 55	12 20	14 01	15 39

Day	SUN Eqn. of Time 00^h	SUN Eqn. of Time 12^h	SUN Mer. Pass.	MOON Mer. Pass. Upper	MOON Mer. Pass. Lower	MOON Age	MOON Phase
d	m s	m s	h m	h m	h m	d	%
1	06 21	06 19	12 06	09 34	22 02	27	9
2	06 17	06 15	12 06	10 30	22 57	28	4
3	06 12	06 10	12 06	11 24	23 49	29	1

© British Crown Copyright 2023. All rights reserved.

	UT	ARIES	VENUS −3·9		MARS +0·9		JUPITER −2·1		SATURN +0·7	
	d h	GHA ° ′	GHA ° ′	Dec ° ′	GHA ° ′	Dec ° ′	GHA ° ′	Dec ° ′	GHA ° ′	Dec ° ′
	4 00	313 03.1	161 43.4	N13 20.4	244 59.0	N21 21.4	239 19.5	N21 54.0	322 50.8	S 6 31.0
	01	328 05.6	176 42.9	19.4	259 59.7	21.7	254 21.5	54.0	337 53.4	31.0
	02	343 08.1	191 42.4	18.3	275 00.4	21.9	269 23.5	54.1	352 55.9	31.1
	03	358 10.5	206 41.9	. . 17.2	290 01.1	. . 22.2	284 25.5	. . 54.1	7 58.5	. . 31.2
	04	13 13.0	221 41.4	16.1	305 01.8	22.5	299 27.5	54.2	23 01.1	31.2
	05	28 15.4	236 40.9	15.1	320 02.5	22.8	314 29.5	54.2	38 03.7	31.3
	06	43 17.9	251 40.4	N13 14.0	335 03.2	N21 23.1	329 31.5	N21 54.3	53 06.3	S 6 31.3
	07	58 20.4	266 40.0	12.9	350 03.9	23.4	344 33.5	54.3	68 08.9	31.4
	08	73 22.8	281 39.5	11.8	5 04.6	23.6	359 35.5	54.4	83 11.4	31.5
S	09	88 25.3	296 39.0	. . 10.7	20 05.2	. . 23.9	14 37.5	. . 54.4	98 14.0	. . 31.5
U	10	103 27.8	311 38.5	09.7	35 05.9	24.2	29 39.5	54.4	113 16.6	31.6
N	11	118 30.2	326 38.0	08.6	50 06.6	24.5	44 41.5	54.5	128 19.2	31.6
D	12	133 32.7	341 37.5	N13 07.5	65 07.3	N21 24.8	59 43.5	N21 54.5	143 21.8	S 6 31.7
A	13	148 35.2	356 37.0	06.4	80 08.0	25.0	74 45.5	54.6	158 24.4	31.8
Y	14	163 37.6	11 36.5	05.3	95 08.7	25.3	89 47.5	54.6	173 27.0	31.8
	15	178 40.1	26 36.1	. . 04.3	110 09.4	. . 25.6	104 49.5	. . 54.7	188 29.5	. . 31.9
	16	193 42.6	41 35.6	03.2	125 10.1	25.9	119 51.5	54.7	203 32.1	31.9
	17	208 45.0	56 35.1	02.1	140 10.8	26.2	134 53.5	54.8	218 34.7	32.0
	18	223 47.5	71 34.6	N13 01.0	155 11.5	N21 26.4	149 55.5	N21 54.8	233 37.3	S 6 32.1
	19	238 49.9	86 34.1	12 59.9	170 12.2	26.7	164 57.5	54.9	248 39.9	32.1
	20	253 52.4	101 33.6	58.8	185 12.8	27.0	179 59.5	54.9	263 42.5	32.2
	21	268 54.9	116 33.2	. . 57.8	200 13.5	. . 27.3	195 01.5	. . 55.0	278 45.1	. . 32.2
	22	283 57.3	131 32.7	56.7	215 14.2	27.5	210 03.5	55.0	293 47.7	32.3
	23	298 59.8	146 32.2	55.6	230 14.9	27.8	225 05.5	55.1	308 50.2	32.4
	5 00	314 02.3	161 31.7	N12 54.5	245 15.6	N21 28.1	240 07.5	N21 55.1	323 52.8	S 6 32.4
	01	329 04.7	176 31.2	53.4	260 16.3	28.4	255 09.5	55.2	338 55.4	32.5
	02	344 07.2	191 30.8	52.3	275 17.0	28.7	270 11.5	55.2	353 58.0	32.5
	03	359 09.7	206 30.3	. . 51.2	290 17.7	. . 28.9	285 13.6	. . 55.3	9 00.6	. . 32.6
	04	14 12.1	221 29.8	50.1	305 18.4	29.2	300 15.6	55.3	24 03.2	32.7
	05	29 14.6	236 29.3	49.1	320 19.1	29.5	315 17.6	55.3	39 05.8	32.7
	06	44 17.1	251 28.8	N12 48.0	335 19.8	N21 29.8	330 19.6	N21 55.4	54 08.4	S 6 32.8
	07	59 19.5	266 28.4	46.9	350 20.5	30.0	345 21.6	55.4	69 10.9	32.9
	08	74 22.0	281 27.9	45.8	5 21.1	30.3	0 23.6	55.5	84 13.5	32.9
M	09	89 24.4	296 27.4	. . 44.7	20 21.8	. . 30.6	15 25.6	. . 55.5	99 16.1	. . 33.0
O	10	104 26.9	311 26.9	43.6	35 22.5	30.8	30 27.6	55.6	114 18.7	33.0
N	11	119 29.4	326 26.5	42.5	50 23.2	31.1	45 29.6	55.6	129 21.3	33.1
D	12	134 31.8	341 26.0	N12 41.4	65 23.9	N21 31.4	60 31.6	N21 55.7	144 23.9	S 6 33.2
A	13	149 34.3	356 25.5	40.3	80 24.6	31.7	75 33.6	55.7	159 26.5	33.2
Y	14	164 36.8	11 25.0	39.2	95 25.3	31.9	90 35.6	55.8	174 29.1	33.3
	15	179 39.2	26 24.6	. . 38.1	110 26.0	. . 32.2	105 37.6	. . 55.8	189 31.7	. . 33.3
	16	194 41.7	41 24.1	37.0	125 26.7	32.5	120 39.6	55.9	204 34.2	33.4
	17	209 44.2	56 23.6	35.9	140 27.4	32.7	135 41.6	55.9	219 36.8	33.5
	18	224 46.6	71 23.1	N12 34.8	155 28.1	N21 33.0	150 43.6	N21 56.0	234 39.4	S 6 33.5
	19	239 49.1	86 22.7	33.7	170 28.8	33.3	165 45.6	56.0	249 42.0	33.6
	20	254 51.5	101 22.2	32.6	185 29.5	33.6	180 47.7	56.0	264 44.6	33.7
	21	269 54.0	116 21.7	. . 31.5	200 30.2	. . 33.8	195 49.7	. . 56.1	279 47.2	. . 33.7
	22	284 56.5	131 21.2	30.4	215 30.9	34.1	210 51.7	56.1	294 49.8	33.8
	23	299 58.9	146 20.8	29.3	230 31.5	34.4	225 53.7	56.2	309 52.4	33.8
	6 00	315 01.4	161 20.3	N12 28.2	245 32.2	N21 34.6	240 55.7	N21 56.2	324 55.0	S 6 33.9
	01	330 03.9	176 19.8	27.1	260 32.9	34.9	255 57.7	56.3	339 57.5	34.0
	02	345 06.3	191 19.4	26.0	275 33.6	35.2	270 59.7	56.3	355 00.1	34.0
	03	0 08.8	206 18.9	. . 24.9	290 34.3	. . 35.4	286 01.7	. . 56.4	10 02.7	. . 34.1
	04	15 11.3	221 18.4	23.8	305 35.0	35.7	301 03.7	56.4	25 05.3	34.2
	05	30 13.7	236 18.0	22.7	320 35.7	36.0	316 05.7	56.5	40 07.9	34.2
	06	45 16.2	251 17.5	N12 21.6	335 36.4	N21 36.2	331 07.7	N21 56.5	55 10.5	S 6 34.3
	07	60 18.7	266 17.0	20.5	350 37.1	36.5	346 09.7	56.5	70 13.1	34.3
T	08	75 21.1	281 16.6	19.4	5 37.8	36.8	1 11.8	56.6	85 15.7	34.4
U	09	90 23.6	296 16.1	. . 18.3	20 38.5	. . 37.0	16 13.8	. . 56.6	100 18.3	. . 34.5
E	10	105 26.0	311 15.6	17.2	35 39.2	37.3	31 15.8	56.7	115 20.9	34.5
S	11	120 28.5	326 15.2	16.1	50 39.9	37.6	46 17.8	56.7	130 23.5	34.6
	12	135 31.0	341 14.7	N12 15.0	65 40.6	N21 37.8	61 19.8	N21 56.8	145 26.0	S 6 34.7
D	13	150 33.4	356 14.2	13.9	80 41.3	38.1	76 21.8	56.8	160 28.6	34.7
A	14	165 35.9	11 13.8	12.7	95 42.0	38.4	91 23.8	56.9	175 31.2	34.8
Y	15	180 38.4	26 13.3	. . 11.6	110 42.7	. . 38.6	106 25.8	. . 56.9	190 33.8	. . 34.8
	16	195 40.8	41 12.8	10.5	125 43.4	38.9	121 27.8	57.0	205 36.4	34.9
	17	210 43.3	56 12.4	09.4	140 44.0	39.1	136 29.9	57.0	220 39.0	35.0
	18	225 45.8	71 11.9	N12 08.3	155 44.7	N21 39.4	151 31.9	N21 57.0	235 41.6	S 6 35.0
	19	240 48.2	86 11.5	07.2	170 45.4	39.7	166 33.9	57.1	250 44.2	35.1
	20	255 50.7	101 11.0	06.1	185 46.1	39.9	181 35.9	57.1	265 46.8	35.2
	21	270 53.2	116 10.5	. . 05.0	200 46.8	. . 40.2	196 37.9	. . 57.2	280 49.4	. . 35.2
	22	285 55.6	131 10.1	03.8	215 47.5	40.5	211 39.9	57.2	295 52.0	35.3
	23	300 58.1	146 09.6	02.7	230 48.2	40.7	226 41.9	57.3	310 54.6	35.3
	Mer. Pass.	h m 3 03.3	v −0.5	d 1.1	v 0.7	d 0.3	v 2.0	d 0.0	v 2.6	d 0.1

STARS

Name	SHA ° ′	Dec ° ′
Acamar	315 12.0	S40 12.0
Achernar	335 20.2	S57 06.4
Acrux	173 00.9	S63 14.3
Adhara	255 06.5	S29 00.1
Aldebaran	290 40.2	N16 33.5
Alioth	166 13.5	N55 49.9
Alkaid	152 52.4	N49 11.7
Alnair	27 32.9	S46 50.4
Alnilam	275 38.3	S 1 11.0
Alphard	217 48.4	S 8 45.8
Alphecca	126 03.9	N26 38.1
Alpheratz	357 34.9	N29 13.5
Altair	62 00.0	N 8 56.1
Ankaa	353 07.2	S42 10.1
Antares	112 16.1	S26 29.2
Arcturus	145 48.3	N19 03.4
Atria	107 10.3	S69 04.5
Avior	234 15.5	S59 35.2
Bellatrix	278 23.5	N 6 22.4
Betelgeuse	270 52.7	N 7 24.8
Canopus	263 53.0	S52 42.2
Capella	280 22.7	N46 01.2
Deneb	49 25.6	N45 22.1
Denebola	182 25.5	N14 26.2
Diphda	348 47.5	S17 50.9
Dubhe	193 41.9	N61 37.3
Elnath	278 02.5	N28 37.7
Eltanin	90 41.9	N51 29.3
Enif	33 38.8	N 9 59.3
Fomalhaut	15 14.6	S29 29.4
Gacrux	171 52.4	S57 15.2
Gienah	175 44.2	S17 40.7
Hadar	148 36.6	S60 29.7
Hamal	327 51.5	N23 34.7
Kaus Aust.	83 32.6	S34 22.4
Kochab	137 19.7	N74 03.5
Markab	13 30.0	N15 20.3
Menkar	314 06.5	N 4 11.3
Menkent	147 58.1	S36 29.6
Miaplacidus	221 39.3	S69 49.0
Mirfak	308 28.8	N49 56.7
Nunki	75 47.9	S26 16.0
Peacock	53 05.6	S56 39.3
Pollux	243 18.1	N27 58.1
Procyon	244 51.5	N 5 09.8
Rasalhague	95 58.6	N12 32.6
Regulus	207 35.1	N11 51.0
Rigel	281 04.4	S 8 10.2
Rigil Kent.	139 40.8	S60 56.4
Sabik	102 03.0	S15 45.3
Schedar	349 31.2	N56 40.1
Shaula	96 10.6	S37 07.4
Sirius	258 26.8	S16 44.8
Spica	158 22.8	S11 17.4
Suhail	222 47.0	S43 31.8
Vega	80 33.1	N38 48.5
Zuben'ubi	136 56.4	S16 08.6

	SHA ° ′	Mer. Pass. h m
Venus	207 29.4	13 14
Mars	291 13.3	7 39
Jupiter	286 05.3	7 58
Saturn	9 50.6	2 24

© British Crown Copyright 2023. All rights reserved.

UT		SUN GHA	SUN Dec	MOON GHA	v	MOON Dec	d	HP
d	h	° ′	° ′	° ′	′	° ′	′	′
4	00	178 28.3	N17 09.6	182 42.6	11.2	N22 54.4	9.4	55.5
	01	193 28.3	08.9	197 12.8	11.2	22 45.0	9.5	55.4
	02	208 28.4	08.3	211 43.0	11.3	22 35.5	9.6	55.4
	03	223 28.4	. . 07.6	226 13.3	11.4	22 25.9	9.7	55.4
	04	238 28.5	06.9	240 43.7	11.6	22 16.2	9.8	55.4
	05	253 28.5	06.3	255 14.3	11.6	22 06.4	9.9	55.4
	06	268 28.6	N17 05.6	269 44.9	11.7	N21 56.5	10.0	55.3
	07	283 28.7	04.9	284 15.6	11.8	21 46.5	10.1	55.3
	08	298 28.7	04.2	298 46.4	11.9	21 36.4	10.1	55.3
S	09	313 28.8	. . 03.6	313 17.3	12.0	21 26.3	10.3	55.3
U	10	328 28.8	02.9	327 48.3	12.0	21 16.0	10.4	55.3
N	11	343 28.9	02.2	342 19.3	12.2	21 05.6	10.4	55.3
D	12	358 29.0	N17 01.6	356 50.5	12.3	N20 55.2	10.6	55.2
A	13	13 29.0	00.9	11 21.8	12.4	20 44.6	10.6	55.2
Y	14	28 29.1	17 00.2	25 53.2	12.4	20 34.0	10.7	55.2
	15	43 29.2	16 59.5	40 24.6	12.6	20 23.3	10.8	55.2
	16	58 29.2	58.9	54 56.2	12.6	20 12.5	10.9	55.2
	17	73 29.3	58.2	69 27.8	12.7	20 01.6	11.0	55.2
	18	88 29.3	N16 57.5	83 59.5	12.8	N19 50.6	11.0	55.1
	19	103 29.4	56.8	98 31.3	12.9	19 39.6	11.2	55.1
	20	118 29.5	56.1	113 03.2	13.0	19 28.4	11.2	55.1
	21	133 29.5	. . 55.5	127 35.2	13.1	19 17.2	11.2	55.1
	22	148 29.6	54.8	142 07.3	13.2	19 06.0	11.4	55.1
	23	163 29.7	54.1	156 39.5	13.3	18 54.6	11.4	55.1
5	00	178 29.7	N16 53.4	171 11.8	13.3	N18 43.2	11.5	55.0
	01	193 29.8	52.7	185 44.1	13.5	18 31.7	11.6	55.0
	02	208 29.9	52.1	200 16.6	13.5	18 20.1	11.7	55.0
	03	223 29.9	. . 51.4	214 49.1	13.6	18 08.4	11.7	55.0
	04	238 30.0	50.7	229 21.7	13.7	17 56.7	11.8	55.0
	05	253 30.0	50.0	243 54.4	13.8	17 44.9	11.8	55.0
	06	268 30.1	N16 49.3	258 27.2	13.8	N17 33.1	12.0	54.9
	07	283 30.2	48.7	273 00.0	14.0	17 21.1	11.9	54.9
	08	298 30.2	48.0	287 33.0	14.0	17 09.2	12.1	54.9
M	09	313 30.3	. . 47.3	302 06.0	14.1	16 57.1	12.1	54.9
O	10	328 30.4	46.6	316 39.1	14.2	16 45.0	12.2	54.9
N	11	343 30.4	45.9	331 12.3	14.2	16 32.8	12.2	54.9
D	12	358 30.5	N16 45.2	345 45.5	14.4	N16 20.6	12.3	54.8
A	13	13 30.6	44.5	0 18.9	14.4	16 08.3	12.4	54.8
Y	14	28 30.6	43.9	14 52.3	14.5	15 55.9	12.4	54.8
	15	43 30.7	. . 43.2	29 25.8	14.6	15 43.5	12.5	54.8
	16	58 30.8	42.5	43 59.4	14.6	15 31.0	12.5	54.8
	17	73 30.9	41.8	58 33.0	14.7	15 18.5	12.6	54.8
	18	88 30.9	N16 41.1	73 06.7	14.8	N15 05.9	12.6	54.8
	19	103 31.0	40.4	87 40.5	14.9	14 53.3	12.7	54.7
	20	118 31.1	39.7	102 14.4	14.9	14 40.6	12.8	54.7
	21	133 31.1	. . 39.0	116 48.3	15.1	14 27.8	12.7	54.7
	22	148 31.2	38.4	131 22.4	15.0	14 15.1	12.9	54.7
	23	163 31.3	37.7	145 56.4	15.2	14 02.2	12.9	54.7
6	00	178 31.3	N16 37.0	160 30.6	15.2	N13 49.3	12.9	54.7
	01	193 31.4	36.3	175 04.8	15.3	13 36.4	13.0	54.7
	02	208 31.5	35.6	189 39.1	15.3	13 23.4	13.0	54.6
	03	223 31.6	. . 34.9	204 13.4	15.5	13 10.4	13.1	54.6
	04	238 31.6	34.2	218 47.9	15.4	12 57.3	13.1	54.6
	05	253 31.7	33.5	233 22.3	15.6	12 44.2	13.1	54.6
	06	268 31.8	N16 32.8	247 56.9	15.6	N12 31.1	13.2	54.6
	07	283 31.8	32.1	262 31.5	15.7	12 17.9	13.3	54.6
T	08	298 31.9	31.4	277 06.2	15.7	12 04.6	13.3	54.6
U	09	313 32.0	. . 30.7	291 40.9	15.8	11 51.3	13.3	54.5
E	10	328 32.1	30.0	306 15.7	15.8	11 38.0	13.3	54.5
S	11	343 32.1	29.3	320 50.5	15.9	11 24.7	13.4	54.5
D	12	358 32.2	N16 28.6	335 25.4	16.0	N11 11.3	13.4	54.5
A	13	13 32.3	27.9	350 00.4	16.0	10 57.9	13.5	54.5
Y	14	28 32.4	27.3	4 35.4	16.1	10 44.4	13.5	54.5
	15	43 32.4	. . 26.6	19 10.5	16.1	10 30.9	13.5	54.5
	16	58 32.5	25.9	33 45.6	16.2	10 17.4	13.6	54.5
	17	73 32.6	25.2	48 20.8	16.2	10 03.8	13.5	54.4
	18	88 32.7	N16 24.5	62 56.0	16.3	N 9 50.3	13.7	54.4
	19	103 32.7	23.8	77 31.3	16.3	9 36.6	13.6	54.4
	20	118 32.8	23.1	92 06.6	16.4	9 23.0	13.7	54.4
	21	133 32.9	. . 22.4	106 42.0	16.4	9 09.3	13.7	54.4
	22	148 33.0	21.7	121 17.4	16.5	8 55.6	13.7	54.4
	23	163 33.0	21.0	135 52.9	16.5	N 8 41.9	13.8	54.4
		SD 15.8	d 0.7	SD		15.1	14.9	14.9

Lat.	Twilight Naut.	Twilight Civil	Sunrise	Moonrise 4	5	6	7
°	h m	h m	h m	h m	h m	h m	h m
N 72	////	////	00 48	▭	▭	04 29	06 43
N 70	////	////	02 01	▭	02 22	04 54	06 53
68	////	////	02 37	▭	03 07	05 13	07 01
66	////	01 19	03 02	01 15	03 36	05 27	07 08
64	////	02 04	03 22	02 01	03 57	05 40	07 14
62	////	02 32	03 38	02 31	04 15	05 50	07 19
60	01 11	02 54	03 51	02 53	04 29	05 59	07 23
N 58	01 52	03 11	04 02	03 12	04 41	06 06	07 27
56	02 18	03 26	04 12	03 27	04 51	06 13	07 31
54	02 38	03 38	04 21	03 40	05 01	06 19	07 34
52	02 55	03 48	04 29	03 51	05 09	06 24	07 36
50	03 09	03 58	04 36	04 01	05 16	06 29	07 39
45	03 36	04 17	04 50	04 22	05 32	06 39	07 44
N 40	03 56	04 33	05 02	04 39	05 45	06 48	07 49
35	04 12	04 45	05 13	04 53	05 55	06 55	07 53
30	04 25	04 56	05 22	05 06	06 05	07 01	07 56
20	04 46	05 14	05 37	05 27	06 21	07 13	08 02
N 10	05 02	05 28	05 50	05 45	06 35	07 22	08 07
0	05 16	05 41	06 03	06 02	06 48	07 31	08 12
S 10	05 27	05 53	06 15	06 18	07 01	07 40	08 17
20	05 38	06 05	06 28	06 36	07 15	07 50	08 22
30	05 49	06 17	06 42	06 57	07 31	08 00	08 27
35	05 54	06 24	06 51	07 09	07 40	08 07	08 31
40	05 59	06 31	07 00	07 22	07 50	08 14	08 34
45	06 05	06 40	07 11	07 39	08 02	08 22	08 39
S 50	06 11	06 50	07 25	07 58	08 17	08 32	08 44
52	06 14	06 54	07 31	08 08	08 24	08 36	08 46
54	06 17	06 59	07 38	08 18	08 31	08 41	08 49
56	06 20	07 05	07 45	08 30	08 40	08 46	08 52
58	06 23	07 10	07 54	08 44	08 49	08 53	08 55
S 60	06 26	07 17	08 04	08 59	09 00	08 59	08 58

Lat.	Sunset	Twilight Civil	Twilight Naut.	Moonset 4	5	6	7
°	h m	h m	h m	h m	h m	h m	h m
N 72	23 08	////	////	▭	22 37	21 49	21 15
N 70	22 06	////	////	23 10	22 10	21 36	21 10
68	21 31	////	////	22 24	21 49	21 26	21 06
66	21 07	22 46	////	21 54	21 33	21 17	21 03
64	20 47	22 04	////	21 31	21 19	21 09	21 00
62	20 32	21 36	////	21 13	21 08	21 03	20 58
60	20 19	21 16	22 54	20 58	20 58	20 57	20 56
N 58	20 08	20 59	22 16	20 45	20 49	20 52	20 54
56	19 58	20 45	21 51	20 34	20 42	20 48	20 52
54	19 50	20 33	21 31	20 24	20 35	20 44	20 51
52	19 42	20 22	21 15	20 15	20 29	20 40	20 50
50	19 35	20 13	21 02	20 07	20 23	20 37	20 48
45	19 21	19 54	20 35	19 50	20 11	20 29	20 45
N 40	19 09	19 39	20 15	19 36	20 01	20 23	20 43
35	18 59	19 26	19 59	19 24	19 53	20 18	20 41
30	18 50	19 15	19 46	19 13	19 45	20 13	20 39
20	18 35	18 58	19 25	18 55	19 32	20 05	20 36
N 10	18 22	18 44	19 09	18 39	19 20	19 58	20 33
0	18 09	18 31	18 56	18 24	19 09	19 51	20 31
S 10	17 57	18 19	18 45	18 09	18 58	19 44	20 28
20	17 45	18 08	18 34	17 53	18 46	19 37	20 25
30	17 30	17 55	18 24	17 34	18 32	19 28	20 22
35	17 22	17 48	18 19	17 23	18 24	19 23	20 20
40	17 12	17 41	18 13	17 11	18 15	19 17	20 18
45	17 01	17 32	18 08	16 56	18 05	19 11	20 15
S 50	16 48	17 23	18 01	16 37	17 51	19 03	20 12
52	16 42	17 18	17 59	16 28	17 45	18 59	20 11
54	16 35	17 13	17 56	16 19	17 39	18 55	20 09
56	16 27	17 08	17 53	16 07	17 31	18 51	20 07
58	16 19	17 02	17 50	15 55	17 22	18 45	20 05
S 60	16 09	16 56	17 46	15 39	17 12	18 40	20 03

Day	SUN Eqn. of Time 00ʰ	SUN Eqn. of Time 12ʰ	SUN Mer. Pass.	MOON Mer. Pass. Upper	MOON Mer. Pass. Lower	Age	Phase
d	m s	m s	h m	h m	h m	d	%
4	06 07	06 04	12 06	12 13	24 36	00	0
5	06 01	05 58	12 06	12 59	00 36	01	1 ●
6	05 55	05 51	12 06	13 41	01 20	02	4

© British Crown Copyright 2023. All rights reserved.

UT	ARIES	VENUS −3·9		MARS +0·8		JUPITER −2·1		SATURN +0·7	
	GHA	GHA	Dec	GHA	Dec	GHA	Dec	GHA	Dec
d h	° ′	° ′	° ′	° ′	° ′	° ′	° ′	° ′	° ′
7 00 (Wednesday)	316 00.5	161 09.2	N12 01.6	245 48.9	N21 41.0	241 43.9	N21 57.3	325 57.2	S 6 35.4
01	331 03.0	176 08.7	12 00.5	260 49.6	41.2	256 45.9	57.4	340 59.7	35.5
02	346 05.5	191 08.2	11 59.4	275 50.3	41.5	271 48.0	57.4	356 02.3	35.5
03	1 07.9	206 07.8	. . 58.3	290 51.0	. . 41.8	286 50.0	. . 57.5	11 04.9	. . 35.6
04	16 10.4	221 07.3	57.2	305 51.7	42.0	301 52.0	57.5	26 07.5	35.7
05	31 12.9	236 06.9	56.0	320 52.4	42.3	316 54.0	57.5	41 10.1	35.7
06	46 15.3	251 06.4	N11 54.9	335 53.1	N21 42.5	331 56.0	N21 57.6	56 12.7	S 6 35.8
07	61 17.8	266 06.0	53.8	350 53.8	42.8	346 58.0	57.6	71 15.3	35.8
08	76 20.3	281 05.5	52.7	5 54.5	43.0	2 00.0	57.7	86 17.9	35.9
09	91 22.7	296 05.0	. . 51.6	20 55.2	. . 43.3	17 02.1	. . 57.7	101 20.5	. . 36.0
10	106 25.2	311 04.6	50.4	35 55.9	43.6	32 04.1	57.8	116 23.1	36.0
11	121 27.6	326 04.1	49.3	50 56.6	43.8	47 06.1	57.8	131 25.7	36.1
12	136 30.1	341 03.7	N11 48.2	65 57.3	N21 44.1	62 08.1	N21 57.9	146 28.3	S 6 36.2
13	151 32.6	356 03.2	47.1	80 58.0	44.3	77 10.1	57.9	161 30.9	36.2
14	166 35.0	11 02.8	46.0	95 58.7	44.6	92 12.1	57.9	176 33.5	36.3
15	181 37.5	26 02.3	. . 44.8	110 59.4	. . 44.8	107 14.1	. . 58.0	191 36.1	. . 36.4
16	196 40.0	41 01.9	43.7	126 00.1	45.1	122 16.2	58.0	206 38.7	36.4
17	211 42.4	56 01.4	42.6	141 00.8	45.4	137 18.2	58.1	221 41.2	36.5
18	226 44.9	71 01.0	N11 41.5	156 01.5	N21 45.6	152 20.2	N21 58.1	236 43.8	S 6 36.5
19	241 47.4	86 00.5	40.3	171 02.2	45.9	167 22.2	58.2	251 46.4	36.6
20	256 49.8	101 00.1	39.2	186 02.9	46.1	182 24.2	58.2	266 49.0	36.7
21	271 52.3	115 59.6	. . 38.1	201 03.6	. . 46.4	197 26.2	. . 58.3	281 51.6	. . 36.7
22	286 54.8	130 59.2	37.0	216 04.3	46.6	212 28.3	58.3	296 54.2	36.8
23	301 57.2	145 58.7	35.8	231 05.0	46.9	227 30.3	58.3	311 56.8	36.9
8 00 (Thursday)	316 59.7	160 58.3	N11 34.7	246 05.7	N21 47.1	242 32.3	N21 58.4	326 59.4	S 6 36.9
01	332 02.1	175 57.8	33.6	261 06.4	47.4	257 34.3	58.4	342 02.0	37.0
02	347 04.6	190 57.4	32.4	276 07.1	47.6	272 36.3	58.5	357 04.6	37.1
03	2 07.1	205 56.9	. . 31.3	291 07.7	. . 47.9	287 38.4	. . 58.5	12 07.2	. . 37.1
04	17 09.5	220 56.5	30.2	306 08.4	48.1	302 40.4	58.6	27 09.8	37.2
05	32 12.0	235 56.0	29.0	321 09.1	48.4	317 42.4	58.6	42 12.4	37.2
06	47 14.5	250 55.6	N11 27.9	336 09.8	N21 48.6	332 44.4	N21 58.6	57 15.0	S 6 37.3
07	62 16.9	265 55.1	26.8	351 10.5	48.9	347 46.4	58.7	72 17.6	37.4
08	77 19.4	280 54.7	25.7	6 11.2	49.1	2 48.4	58.7	87 20.2	37.4
09	92 21.9	295 54.2	. . 24.5	21 11.9	. . 49.4	17 50.5	. . 58.8	102 22.8	. . 37.5
10	107 24.3	310 53.8	23.4	36 12.6	49.6	32 52.5	58.8	117 25.4	37.6
11	122 26.8	325 53.3	22.3	51 13.3	49.9	47 54.5	58.9	132 28.0	37.6
12	137 29.2	340 52.9	N11 21.1	66 14.0	N21 50.1	62 56.5	N21 58.9	147 30.6	S 6 37.7
13	152 31.7	355 52.4	20.0	81 14.7	50.4	77 58.5	59.0	162 33.2	37.8
14	167 34.2	10 52.0	18.9	96 15.4	50.6	93 00.6	59.0	177 35.8	37.8
15	182 36.6	25 51.6	. . 17.7	111 16.1	. . 50.9	108 02.6	. . 59.0	192 38.4	. . 37.9
16	197 39.1	40 51.1	16.6	126 16.8	51.1	123 04.6	59.1	207 41.0	38.0
17	212 41.6	55 50.7	15.4	141 17.5	51.4	138 06.6	59.1	222 43.6	38.0
18	227 44.0	70 50.2	N11 14.3	156 18.2	N21 51.6	153 08.6	N21 59.2	237 46.2	S 6 38.1
19	242 46.5	85 49.8	13.2	171 18.9	51.9	168 10.7	59.2	252 48.7	38.2
20	257 49.0	100 49.4	12.0	186 19.6	52.1	183 12.7	59.3	267 51.3	38.2
21	272 51.4	115 48.9	. . 10.9	201 20.3	. . 52.4	198 14.7	. . 59.3	282 53.9	. . 38.3
22	287 53.9	130 48.5	09.8	216 21.0	52.6	213 16.7	59.3	297 56.5	38.3
23	302 56.4	145 48.0	08.6	231 21.7	52.8	228 18.8	59.4	312 59.1	38.4
9 00 (Friday)	317 58.8	160 47.6	N11 07.5	246 22.4	N21 53.1	243 20.8	N21 59.4	328 01.7	S 6 38.5
01	333 01.3	175 47.2	06.3	261 23.1	53.3	258 22.8	59.5	343 04.3	38.5
02	348 03.7	190 46.7	05.2	276 23.8	53.6	273 24.8	59.5	358 06.9	38.6
03	3 06.2	205 46.3	. . 04.0	291 24.5	. . 53.8	288 26.8	. . 59.6	13 09.5	. . 38.7
04	18 08.7	220 45.8	02.9	306 25.3	54.1	303 28.9	59.6	28 12.1	38.7
05	33 11.1	235 45.4	01.8	321 26.0	54.3	318 30.9	59.6	43 14.7	38.8
06	48 13.6	250 45.0	N11 00.6	336 26.7	N21 54.5	333 32.9	N21 59.7	58 17.3	S 6 38.9
07	63 16.1	265 44.5	10 59.5	351 27.4	54.8	348 34.9	59.7	73 19.9	38.9
08	78 18.5	280 44.1	58.3	6 28.1	55.0	3 37.0	59.8	88 22.5	39.0
09	93 21.0	295 43.7	. . 57.2	21 28.8	. . 55.3	18 39.0	. . 59.8	103 25.1	. . 39.1
10	108 23.5	310 43.2	56.0	36 29.5	55.5	33 41.0	59.9	118 27.7	39.1
11	123 25.9	325 42.8	54.9	51 30.2	55.8	48 43.0	59.9	133 30.3	39.2
12	138 28.4	340 42.4	N10 53.7	66 30.9	N21 56.0	63 45.1	N21 59.9	148 32.9	S 6 39.3
13	153 30.8	355 41.9	52.6	81 31.6	56.2	78 47.1	22 00.0	163 35.5	39.3
14	168 33.3	10 41.5	51.5	96 32.3	56.5	93 49.1	00.0	178 38.1	39.4
15	183 35.8	25 41.0	. . 50.3	111 33.0	. . 56.7	108 51.1	. . 00.1	193 40.7	. . 39.5
16	198 38.2	40 40.6	49.2	126 33.7	57.0	123 53.2	00.1	208 43.3	39.5
17	213 40.7	55 40.2	48.0	141 34.4	57.2	138 55.2	00.1	223 45.9	39.6
18	228 43.2	70 39.8	N10 46.9	156 35.1	N21 57.4	153 57.2	N22 00.2	238 48.5	S 6 39.7
19	243 45.6	85 39.3	45.7	171 35.8	57.7	168 59.2	00.2	253 51.1	39.7
20	258 48.1	100 38.9	44.6	186 36.5	57.9	184 01.3	00.3	268 53.7	39.8
21	273 50.6	115 38.5	. . 43.4	201 37.2	. . 58.1	199 03.3	. . 00.3	283 56.3	. . 39.8
22	288 53.0	130 38.0	42.3	216 37.9	58.4	214 05.3	00.4	298 58.9	39.9
23	303 55.5	145 37.6	41.1	231 38.6	58.6	229 07.3	00.4	314 01.5	40.0
Mer. Pass.	h m 2 51.6	*v* −0.4	*d* 1.1	*v* 0.7	*d* 0.2	*v* 2.0	*d* 0.0	*v* 2.6	*d* 0.1

STARS

Name	SHA	Dec
	° ′	° ′
Acamar	315 12.0	S40 12.0
Achernar	335 20.2	S57 06.4
Acrux	173 00.9	S63 14.3
Adhara	255 06.5	S29 00.1
Aldebaran	290 40.2	N16 33.6
Alioth	166 13.5	N55 49.9
Alkaid	152 52.4	N49 11.7
Alnair	27 32.9	S46 50.4
Alnilam	275 38.3	S 1 11.0
Alphard	217 48.4	S 8 45.8
Alphecca	126 04.0	N26 38.1
Alpheratz	357 34.9	N29 13.5
Altair	62 00.0	N 8 56.1
Ankaa	353 07.2	S42 10.1
Antares	112 16.1	S26 29.3
Arcturus	145 48.3	N19 03.4
Atria	107 10.4	S69 04.5
Avior	234 15.5	S59 35.1
Bellatrix	278 23.4	N 6 22.4
Betelgeuse	270 52.7	N 7 24.8
Canopus	263 53.0	S52 42.2
Capella	280 22.7	N46 01.2
Deneb	49 25.6	N45 22.1
Denebola	182 25.5	N14 26.2
Diphda	348 47.4	S17 50.9
Dubhe	193 42.0	N61 37.3
Elnath	278 02.5	N28 37.7
Eltanin	90 42.0	N51 29.3
Enif	33 38.8	N 9 59.3
Fomalhaut	15 14.6	S29 29.4
Gacrux	171 52.4	S57 15.2
Gienah	175 44.2	S17 40.7
Hadar	148 36.7	S60 29.7
Hamal	327 51.5	N23 34.7
Kaus Aust.	83 32.6	S34 22.4
Kochab	137 19.8	N74 03.5
Markab	13 30.0	N15 20.3
Menkar	314 06.5	N 4 11.3
Menkent	147 58.1	S36 29.6
Miaplacidus	221 39.3	S69 49.0
Mirfak	308 28.8	N49 56.7
Nunki	75 47.9	S26 16.0
Peacock	53 05.6	S56 39.3
Pollux	243 18.1	N27 58.1
Procyon	244 51.5	N 5 09.8
Rasalhague	95 58.6	N12 32.6
Regulus	207 35.1	N11 51.0
Rigel	281 04.4	S 8 10.2
Rigil Kent.	139 40.9	S60 56.4
Sabik	102 03.0	S15 45.3
Schedar	349 31.1	N56 40.2
Shaula	96 10.6	S37 07.4
Sirius	258 26.8	S16 44.8
Spica	158 22.8	S11 17.3
Suhail	222 47.0	S43 31.8
Vega	80 33.1	N38 48.5
Zuben'ubi	136 56.4	S16 08.6

	SHA	Mer. Pass.
	° ′	h m
Venus	203 58.6	13 17
Mars	289 06.0	7 35
Jupiter	285 32.6	7 49
Saturn	9 59.7	2 12

© British Crown Copyright 2023. All rights reserved.

UT		SUN		MOON				
	d h	GHA	Dec	GHA	v	Dec	d	HP
		° ′	° ′	° ′	′	° ′	′	′
WEDNESDAY	7 00	178 33.1	N16 20.2	150 28.4	16.6	N 8 28.1	13.7	54.4
	01	193 33.2	19.5	165 04.0	16.6	8 14.4	13.8	54.4
	02	208 33.3	18.8	179 39.6	16.7	8 00.6	13.9	54.4
	03	223 33.3	. . 18.1	194 15.3	16.6	7 46.7	13.8	54.3
	04	238 33.4	17.4	208 50.9	16.8	7 32.9	13.9	54.3
	05	253 33.5	16.7	223 26.7	16.7	7 19.0	13.9	54.3
	06	268 33.6	N16 16.0	238 02.4	16.9	N 7 05.1	13.9	54.3
	07	283 33.7	15.3	252 38.3	16.8	6 51.2	13.9	54.3
	08	298 33.7	14.6	267 14.1	16.9	6 37.3	13.9	54.3
	09	313 33.8	. . 13.9	281 50.0	16.9	6 23.4	14.0	54.3
	10	328 33.9	13.2	296 25.9	16.9	6 09.4	14.0	54.3
	11	343 34.0	12.5	311 01.8	17.0	5 55.4	14.0	54.3
	12	358 34.0	N16 11.8	325 37.8	17.0	N 5 41.4	14.0	54.3
	13	13 34.1	11.1	340 13.8	17.1	5 27.4	14.0	54.3
	14	28 34.2	10.4	354 49.9	17.1	5 13.4	14.1	54.2
	15	43 34.3	. . 09.7	9 26.0	17.1	4 59.3	14.0	54.2
	16	58 34.4	09.0	24 02.1	17.1	4 45.3	14.1	54.2
	17	73 34.4	08.2	38 38.2	17.1	4 31.2	14.0	54.2
	18	88 34.5	N16 07.5	53 14.3	17.2	N 4 17.2	14.1	54.2
	19	103 34.6	06.8	67 50.5	17.2	4 03.1	14.1	54.2
	20	118 34.7	06.1	82 26.7	17.3	3 49.0	14.1	54.2
	21	133 34.8	. . 05.4	97 03.0	17.2	3 34.9	14.1	54.2
	22	148 34.9	04.7	111 39.2	17.3	3 20.8	14.2	54.2
	23	163 34.9	04.0	126 15.5	17.3	3 06.6	14.1	54.2
THURSDAY	8 00	178 35.0	N16 03.3	140 51.8	17.3	N 2 52.5	14.1	54.2
	01	193 35.1	02.6	155 28.1	17.3	2 38.4	14.1	54.2
	02	208 35.2	01.8	170 04.4	17.3	2 24.3	14.2	54.2
	03	223 35.3	. . 01.1	184 40.7	17.4	2 10.1	14.1	54.2
	04	238 35.4	16 00.4	199 17.1	17.4	1 56.0	14.2	54.2
	05	253 35.4	15 59.7	213 53.5	17.4	1 41.8	14.1	54.2
	06	268 35.5	N15 59.0	228 29.9	17.4	N 1 27.7	14.2	54.1
	07	283 35.6	58.3	243 06.3	17.4	1 13.5	14.1	54.1
	08	298 35.7	57.5	257 42.7	17.4	0 59.4	14.2	54.1
	09	313 35.8	. . 56.8	272 19.1	17.4	0 45.2	14.2	54.1
	10	328 35.9	56.1	286 55.5	17.5	0 31.0	14.1	54.1
	11	343 36.0	55.4	301 32.0	17.4	0 16.9	14.2	54.1
	12	358 36.0	N15 54.7	316 08.4	17.5	N 0 02.7	14.1	54.1
	13	13 36.1	54.0	330 44.9	17.4	S 0 11.4	14.1	54.1
	14	28 36.2	53.2	345 21.3	17.5	0 25.5	14.2	54.1
	15	43 36.3	. . 52.5	359 57.8	17.4	0 39.7	14.1	54.1
	16	58 36.4	51.8	14 34.2	17.5	0 53.8	14.2	54.1
	17	73 36.5	51.1	29 10.7	17.4	1 08.0	14.1	54.1
	18	88 36.6	N15 50.4	43 47.1	17.5	S 1 22.1	14.1	54.1
	19	103 36.6	49.6	58 23.6	17.5	1 36.2	14.1	54.1
	20	118 36.7	48.9	73 00.1	17.4	1 50.3	14.1	54.1
	21	133 36.8	. . 48.2	87 36.5	17.5	2 04.4	14.1	54.1
	22	148 36.9	47.5	102 13.0	17.4	2 18.5	14.1	54.1
	23	163 37.0	46.7	116 49.4	17.4	2 32.6	14.1	54.1
FRIDAY	9 00	178 37.1	N15 46.0	131 25.8	17.5	S 2 46.7	14.0	54.1
	01	193 37.2	45.3	146 02.3	17.4	3 00.7	14.1	54.1
	02	208 37.3	44.6	160 38.7	17.4	3 14.8	14.0	54.1
	03	223 37.4	. . 43.8	175 15.1	17.4	3 28.8	14.1	54.1
	04	238 37.5	43.1	189 51.5	17.4	3 42.9	14.0	54.1
	05	253 37.5	42.4	204 27.9	17.4	3 56.9	14.0	54.1
	06	268 37.6	N15 41.7	219 04.3	17.3	S 4 10.9	14.0	54.1
	07	283 37.7	40.9	233 40.6	17.4	4 24.9	13.9	54.1
	08	298 37.8	40.2	248 17.0	17.3	4 38.8	14.0	54.1
	09	313 37.9	. . 39.5	262 53.3	17.3	4 52.8	13.9	54.1
	10	328 38.0	38.8	277 29.6	17.3	5 06.7	13.9	54.1
	11	343 38.1	38.0	292 05.9	17.3	5 20.6	13.9	54.1
	12	358 38.2	N15 37.3	306 42.2	17.2	S 5 34.5	13.9	54.1
	13	13 38.3	36.6	321 18.4	17.3	5 48.4	13.9	54.1
	14	28 38.4	35.8	335 54.7	17.2	6 02.3	13.8	54.1
	15	43 38.5	. . 35.1	350 30.9	17.1	6 16.1	13.9	54.1
	16	58 38.6	34.4	5 07.0	17.2	6 30.0	13.8	54.1
	17	73 38.6	33.7	19 43.2	17.1	6 43.8	13.7	54.1
	18	88 38.7	N15 32.9	34 19.3	17.1	S 6 57.5	13.8	54.1
	19	103 38.8	32.2	48 55.4	17.1	7 11.3	13.7	54.1
	20	118 38.9	31.5	63 31.5	17.0	7 25.0	13.7	54.1
	21	133 39.0	. . 30.7	78 07.5	17.1	7 38.7	13.7	54.1
	22	148 39.1	30.0	92 43.6	16.9	7 52.4	13.7	54.2
	23	163 39.2	29.3	107 19.5	17.0	S 8 06.1	13.6	54.2
		SD 15.8	*d* 0.7	SD		14.8	14.7	14.7

Lat.	Twilight Naut.	Twilight Civil	Sunrise	Moonrise 7	Moonrise 8	Moonrise 9	Moonrise 10
°	h m	h m	h m	h m	h m	h m	h m
N 72	////	////	01 30	06 43	08 41	10 38	12 44
N 70	////	////	02 20	06 53	08 42	10 30	12 24
68	////	////	02 51	07 01	08 43	10 24	12 09
66	////	01 42	03 14	07 08	08 44	10 18	11 56
64	////	02 18	03 32	07 14	08 44	10 14	11 46
62	////	02 44	03 46	07 19	08 45	10 10	11 37
60	01 32	03 03	03 58	07 23	08 45	10 07	11 30
N 58	02 05	03 19	04 09	07 27	08 46	10 04	11 23
56	02 28	03 32	04 18	07 31	08 46	10 01	11 17
54	02 47	03 44	04 26	07 34	08 47	09 59	11 12
52	03 02	03 54	04 33	07 36	08 47	09 57	11 08
50	03 15	04 03	04 40	07 39	08 47	09 55	11 03
45	03 40	04 21	04 54	07 44	08 48	09 51	10 54
N 40	03 59	04 36	05 05	07 49	08 48	09 47	10 47
35	04 15	04 48	05 15	07 53	08 49	09 44	10 41
30	04 27	04 58	05 23	07 56	08 49	09 42	10 35
20	04 47	05 15	05 38	08 02	08 50	09 37	10 25
N 10	05 03	05 29	05 51	08 07	08 50	09 33	10 17
0	05 16	05 41	06 02	08 12	08 51	09 30	10 09
S 10	05 27	05 52	06 14	08 17	08 51	09 26	10 01
20	05 37	06 03	06 26	08 22	08 52	09 22	09 53
30	05 46	06 15	06 40	08 27	08 53	09 18	09 44
35	05 51	06 21	06 48	08 31	08 53	09 15	09 39
40	05 56	06 28	06 57	08 34	08 54	09 13	09 33
45	06 01	06 36	07 07	08 39	08 54	09 09	09 26
S 50	06 07	06 45	07 20	08 44	08 55	09 06	09 17
52	06 09	06 49	07 26	08 46	08 55	09 04	09 13
54	06 12	06 54	07 32	08 49	08 55	09 02	09 09
56	06 14	06 59	07 39	08 52	08 56	09 00	09 05
58	06 17	07 04	07 47	08 55	08 56	08 58	09 00
S 60	06 20	07 10	07 56	08 58	08 57	08 55	08 54

Lat.	Sunset	Twilight Civil	Twilight Naut.	Moonset 7	Moonset 8	Moonset 9	Moonset 10
°	h m	h m	h m	h m	h m	h m	h m
N 72	22 33	////	////	21 15	20 43	20 10	19 28
N 70	21 46	////	////	21 10	20 46	20 21	19 50
68	21 17	23 32	////	21 06	20 48	20 29	20 07
66	20 55	22 23	////	21 03	20 50	20 37	20 21
64	20 37	21 49	////	21 00	20 52	20 43	20 33
62	20 23	21 25	23 35	20 58	20 53	20 48	20 43
60	20 11	21 06	22 34	20 56	20 54	20 53	20 52
N 58	20 01	20 50	22 03	20 54	20 56	20 57	20 59
56	19 52	20 37	21 40	20 52	20 57	21 01	21 06
54	19 44	20 26	21 22	20 51	20 58	21 04	21 12
52	19 37	20 16	21 08	20 50	20 58	21 07	21 18
50	19 30	20 07	20 55	20 48	20 59	21 10	21 22
45	19 17	19 49	20 30	20 45	21 01	21 16	21 33
N 40	19 05	19 35	20 11	20 43	21 02	21 21	21 42
35	18 56	19 23	19 56	20 41	21 03	21 26	21 50
30	18 47	19 13	19 43	20 39	21 04	21 30	21 57
20	18 33	18 56	19 23	20 36	21 06	21 37	22 09
N 10	18 21	18 42	19 08	20 33	21 08	21 43	22 19
0	18 09	18 31	18 55	20 31	21 09	21 48	22 29
S 10	17 58	18 19	18 45	20 28	21 11	21 54	22 39
20	17 46	18 08	18 35	20 25	21 13	22 00	22 49
30	17 32	17 57	18 25	20 22	21 14	22 07	23 01
35	17 24	17 50	18 21	20 20	21 16	22 11	23 08
40	17 15	17 43	18 16	20 18	21 17	22 16	23 16
45	17 05	17 36	18 11	20 15	21 18	22 21	23 26
S 50	16 52	17 27	18 05	20 12	21 20	22 28	23 37
52	16 46	17 22	18 03	20 11	21 21	22 31	23 42
54	16 40	17 18	18 00	20 09	21 21	22 34	23 48
56	16 33	17 13	17 58	20 07	21 22	22 38	23 55
58	16 25	17 08	17 55	20 05	21 23	22 42	24 02
S 60	16 16	17 02	17 52	20 03	21 25	22 46	24 11

Day	SUN Eqn. of Time 00^h	SUN Eqn. of Time 12^h	SUN Mer. Pass.	MOON Mer. Pass. Upper	MOON Mer. Pass. Lower	MOON Age	MOON Phase
d	m s	m s	h m	h m	h m	d	%
7	05 48	05 44	12 06	14 21	02 01	03	9
8	05 40	05 36	12 06	15 00	02 41	04	15
9	05 32	05 27	12 05	15 39	03 19	05	22

© British Crown Copyright 2023. All rights reserved.

	UT	ARIES	VENUS −3·9		MARS +0·8		JUPITER −2·2		SATURN +0·7		STARS		
		GHA	GHA	Dec	GHA	Dec	GHA	Dec	GHA	Dec	Name	SHA	Dec
	d h	° ′	° ′	° ′	° ′	° ′	° ′	° ′	° ′	° ′		° ′	° ′
	10 00	318 58.0	160 37.2	N10 40.0	246 39.3	N21 58.9	244 09.4	N22 00.4	329 04.1	S 6 40.0	Acamar	315 12.0	S40 12.0
	01	334 00.4	175 36.7	38.8	261 40.0	59.1	259 11.4	00.5	344 06.7	40.1	Achernar	335 20.2	S57 06.4
	02	349 02.9	190 36.3	37.6	276 40.7	59.3	274 13.4	00.5	359 09.3	40.2	Acrux	173 00.9	S63 14.3
	03	4 05.3	205 35.9	. . 36.5	291 41.4	. . 59.6	289 15.5	. . 00.6	14 11.9	. . 40.2	Adhara	255 06.4	S29 00.1
	04	19 07.8	220 35.5	35.3	306 42.1	21 59.8	304 17.5	00.6	29 14.5	40.3	Aldebaran	290 40.1	N16 33.6
	05	34 10.3	235 35.0	34.2	321 42.8	22 00.0	319 19.5	00.7	44 17.1	40.4			
	06	49 12.7	250 34.6	N10 33.0	336 43.5	N22 00.3	334 21.5	N22 00.7	59 19.7	S 6 40.4	Alioth	166 13.5	N55 49.9
	07	64 15.2	265 34.2	31.9	351 44.2	00.5	349 23.6	00.7	74 22.3	40.5	Alkaid	152 52.4	N49 11.7
S	08	79 17.7	280 33.7	30.7	6 44.9	00.7	4 25.6	00.8	89 24.9	40.6	Alnair	27 32.9	S46 50.4
A	09	94 20.1	295 33.3	. . 29.6	21 45.6	. . 01.0	19 27.6	. . 00.8	104 27.5	. . 40.6	Alnilam	275 38.3	S 1 11.0
T	10	109 22.6	310 32.9	28.4	36 46.3	01.2	34 29.7	00.9	119 30.1	40.7	Alphard	217 48.4	S 8 45.8
U	11	124 25.1	325 32.5	27.2	51 47.0	01.4	49 31.7	00.9	134 32.7	40.8			
R	12	139 27.5	340 32.0	N10 26.1	66 47.8	N22 01.7	64 33.7	N22 00.9	149 35.3	S 6 40.8	Alphecca	126 04.0	N26 38.1
D	13	154 30.0	355 31.6	24.9	81 48.5	01.9	79 35.7	01.0	164 37.9	40.9	Alpheratz	357 34.9	N29 13.5
A	14	169 32.5	10 31.2	23.8	96 49.2	02.1	94 37.8	01.0	179 40.5	41.0	Altair	62 00.0	N 8 56.1
Y	15	184 34.9	25 30.8	. . 22.6	111 49.9	. . 02.4	109 39.8	. . 01.1	194 43.1	. . 41.0	Ankaa	353 07.2	S42 10.1
	16	199 37.4	40 30.3	21.5	126 50.6	02.6	124 41.8	01.1	209 45.7	41.1	Antares	112 16.1	S26 29.2
	17	214 39.8	55 29.9	20.3	141 51.3	02.8	139 43.9	01.1	224 48.4	41.2			
	18	229 42.3	70 29.5	N10 19.1	156 52.0	N22 03.1	154 45.9	N22 01.2	239 51.0	S 6 41.2	Arcturus	145 48.3	N19 03.4
	19	244 44.8	85 29.1	18.0	171 52.7	03.3	169 47.9	01.2	254 53.6	41.3	Atria	107 10.4	S69 04.5
	20	259 47.2	100 28.7	16.8	186 53.4	03.5	184 50.0	01.3	269 56.2	41.4	Avior	234 15.5	S59 35.1
	21	274 49.7	115 28.2	. . 15.6	201 54.1	. . 03.7	199 52.0	. . 01.3	284 58.8	. . 41.4	Bellatrix	278 23.4	N 6 22.4
	22	289 52.2	130 27.8	14.5	216 54.8	04.0	214 54.0	01.4	300 01.4	41.5	Betelgeuse	270 52.7	N 7 24.8
	23	304 54.6	145 27.4	13.3	231 55.5	04.2	229 56.1	01.4	315 04.0	41.6			
	11 00	319 57.1	160 27.0	N10 12.2	246 56.2	N22 04.4	244 58.1	N22 01.4	330 06.6	S 6 41.6	Canopus	263 53.0	S52 42.2
	01	334 59.6	175 26.5	11.0	261 56.9	04.7	260 00.1	01.5	345 09.2	41.7	Capella	280 22.6	N46 01.2
	02	350 02.0	190 26.1	09.8	276 57.6	04.9	275 02.1	01.5	0 11.8	41.8	Deneb	49 25.6	N45 22.1
	03	5 04.5	205 25.7	. . 08.7	291 58.3	. . 05.1	290 04.2	. . 01.6	15 14.4	. . 41.8	Denebola	182 25.5	N14 26.2
	04	20 06.9	220 25.3	07.5	306 59.0	05.3	305 06.2	01.6	30 17.0	41.9	Diphda	348 47.4	S17 50.9
	05	35 09.4	235 24.9	06.3	321 59.8	05.6	320 08.2	01.6	45 19.6	42.0			
	06	50 11.9	250 24.5	N10 05.2	337 00.5	N22 05.8	335 10.3	N22 01.7	60 22.2	S 6 42.0	Dubhe	193 42.0	N61 37.3
	07	65 14.3	265 24.0	04.0	352 01.2	06.0	350 12.3	01.7	75 24.8	42.1	Elnath	278 02.5	N28 37.7
	08	80 16.8	280 23.6	02.8	7 01.9	06.3	5 14.3	01.8	90 27.4	42.2	Eltanin	90 42.0	N51 29.3
S	09	95 19.3	295 23.2	. . 01.7	22 02.6	. . 06.5	20 16.4	. . 01.8	105 30.0	. . 42.2	Enif	33 38.8	N 9 59.3
U	10	110 21.7	310 22.8	10 00.5	37 03.3	06.7	35 18.4	01.8	120 32.6	42.3	Fomalhaut	15 14.5	S29 29.4
N	11	125 24.2	325 22.4	9 59.3	52 04.0	06.9	50 20.4	01.9	135 35.2	42.4			
D	12	140 26.7	340 22.0	N 9 58.2	67 04.7	N22 07.2	65 22.5	N22 01.9	150 37.8	S 6 42.4	Gacrux	171 52.4	S57 15.2
A	13	155 29.1	355 21.5	57.0	82 05.4	07.4	80 24.5	02.0	165 40.4	42.5	Gienah	175 44.2	S17 40.7
Y	14	170 31.6	10 21.1	55.8	97 06.1	07.6	95 26.6	02.0	180 43.0	42.6	Hadar	148 36.7	S60 29.7
	15	185 34.1	25 20.7	. . 54.6	112 06.8	. . 07.8	110 28.6	. . 02.0	195 45.6	. . 42.6	Hamal	327 51.5	N23 34.7
	16	200 36.5	40 20.3	53.5	127 07.5	08.1	125 30.6	02.1	210 48.2	42.7	Kaus Aust.	83 32.7	S34 22.4
	17	215 39.0	55 19.9	52.3	142 08.2	08.3	140 32.7	02.1	225 50.8	42.8			
	18	230 41.4	70 19.5	N 9 51.1	157 08.9	N22 08.5	155 34.7	N22 02.2	240 53.4	S 6 42.8	Kochab	137 19.8	N74 03.5
	19	245 43.9	85 19.1	50.0	172 09.7	08.7	170 36.7	02.2	255 56.1	42.9	Markab	13 29.9	N15 20.3
	20	260 46.4	100 18.6	48.8	187 10.4	08.9	185 38.8	02.2	270 58.7	43.0	Menkar	314 06.5	N 4 11.3
	21	275 48.8	115 18.2	. . 47.6	202 11.1	. . 09.2	200 40.8	. . 02.3	286 01.3	. . 43.0	Menkent	147 58.1	S36 29.6
	22	290 51.3	130 17.8	46.4	217 11.8	09.4	215 42.8	02.3	301 03.9	43.1	Miaplacidus	221 39.3	S69 49.0
	23	305 53.8	145 17.4	45.3	232 12.5	09.6	230 44.9	02.4	316 06.5	43.2			
	12 00	320 56.2	160 17.0	N 9 44.1	247 13.2	N22 09.8	245 46.9	N22 02.4	331 09.1	S 6 43.2	Mirfak	308 28.8	N49 56.7
	01	335 58.7	175 16.6	42.9	262 13.9	10.0	260 49.0	02.4	346 11.7	43.3	Nunki	75 47.9	S26 16.0
	02	351 01.2	190 16.2	41.7	277 14.6	10.3	275 51.0	02.5	1 14.3	43.4	Peacock	53 05.7	S56 39.4
	03	6 03.6	205 15.8	. . 40.6	292 15.3	. . 10.5	290 53.0	. . 02.5	16 16.9	. . 43.4	Pollux	243 18.1	N27 58.1
	04	21 06.1	220 15.3	39.4	307 16.0	10.7	305 55.1	02.6	31 19.5	43.5	Procyon	244 51.5	N 5 09.8
	05	36 08.6	235 14.9	38.2	322 16.7	10.9	320 57.1	02.6	46 22.1	43.6			
	06	51 11.0	250 14.5	N 9 37.0	337 17.5	N22 11.1	335 59.1	N22 02.6	61 24.7	S 6 43.7	Rasalhague	95 58.7	N12 32.6
	07	66 13.5	265 14.1	35.9	352 18.2	11.4	351 01.2	02.7	76 27.3	43.7	Regulus	207 35.1	N11 51.0
	08	81 15.9	280 13.7	34.7	7 18.9	11.6	6 03.2	02.7	91 29.9	43.8	Rigel	281 04.4	S 8 10.2
M	09	96 18.4	295 13.3	. . 33.5	22 19.6	. . 11.8	21 05.3	. . 02.8	106 32.5	. . 43.9	Rigil Kent.	139 40.9	S60 56.4
O	10	111 20.9	310 12.9	32.3	37 20.3	12.0	36 07.3	02.8	121 35.1	43.9	Sabik	102 03.0	S15 45.3
N	11	126 23.3	325 12.5	31.1	52 21.0	12.2	51 09.3	02.8	136 37.7	44.0			
D	12	141 25.8	340 12.1	N 9 30.0	67 21.7	N22 12.5	66 11.4	N22 02.9	151 40.4	S 6 44.1	Schedar	349 31.1	N56 40.2
A	13	156 28.3	355 11.7	28.8	82 22.4	12.7	81 13.4	02.9	166 43.0	44.1	Shaula	96 10.6	S37 07.4
Y	14	171 30.7	10 11.3	27.6	97 23.1	12.9	96 15.5	03.0	181 45.6	44.2	Sirius	258 26.8	S16 44.8
	15	186 33.2	25 10.9	. . 26.4	112 23.9	. . 13.1	111 17.5	. . 03.0	196 48.2	. . 44.3	Spica	158 22.8	S11 17.3
	16	201 35.7	40 10.5	25.2	127 24.6	13.3	126 19.5	03.0	211 50.8	44.3	Suhail	222 47.0	S43 31.8
	17	216 38.1	55 10.1	24.1	142 25.3	13.5	141 21.6	03.1	226 53.4	44.4			
	18	231 40.6	70 09.6	N 9 22.9	157 26.0	N22 13.7	156 23.6	N22 03.1	241 56.0	S 6 44.5	Vega	80 33.1	N38 48.5
	19	246 43.0	85 09.2	21.7	172 26.7	14.0	171 25.7	03.2	256 58.6	44.5	Zuben'ubi	136 56.4	S16 08.6
	20	261 45.5	100 08.8	20.5	187 27.4	14.2	186 27.7	03.2	272 01.2	44.6		SHA	Mer. Pass.
	21	276 48.0	115 08.4	. . 19.3	202 28.1	. . 14.4	201 29.7	. . 03.2	287 03.8	. . 44.7		° ′	h m
	22	291 50.4	130 08.0	18.1	217 28.8	14.6	216 31.8	03.3	302 06.4	44.7	Venus	200 29.9	13 19
	23	306 52.9	145 07.6	17.0	232 29.5	14.8	231 33.8	03.3	317 09.0	44.8	Mars	286 59.1	7 32
	Mer. Pass.	h m 2 39.8	v −0.4	d 1.2	v 0.7	d 0.2	v 2.0	d 0.0	v 2.6	d 0.1	Jupiter	285 01.0	7 39
											Saturn	10 09.5	1 59

© British Crown Copyright 2023. All rights reserved.

UT d h	SUN GHA ° ′	SUN Dec ° ′	MOON GHA ° ′	v ′	Dec ° ′	d ′	HP ′
10 00 (SATURDAY)	178 39.3	N15 28.5	121 55.5	16.9	S 8 19.7	13.6	54.2
01	193 39.4	27.8	136 31.4	16.9	8 33.3	13.6	54.2
02	208 39.5	27.1	151 07.3	16.8	8 46.9	13.5	54.2
03	223 39.6	. . 26.3	165 43.1	16.8	9 00.4	13.5	54.2
04	238 39.7	25.6	180 18.9	16.8	9 13.9	13.5	54.2
05	253 39.8	24.9	194 54.7	16.7	9 27.4	13.5	54.2
06	268 39.9	N15 24.1	209 30.4	16.7	S 9 40.9	13.4	54.2
07	283 40.0	23.4	224 06.1	16.6	9 54.3	13.4	54.2
08	298 40.1	22.6	238 41.7	16.6	10 07.7	13.3	54.2
09	313 40.2	. . 21.9	253 17.3	16.6	10 21.0	13.4	54.2
10	328 40.3	21.2	267 52.9	16.5	10 34.4	13.3	54.2
11	343 40.4	20.4	282 28.4	16.4	10 47.7	13.2	54.2
12	358 40.5	N15 19.7	297 03.8	16.4	S11 00.9	13.2	54.3
13	13 40.6	18.9	311 39.2	16.4	11 14.1	13.2	54.3
14	28 40.7	18.2	326 14.6	16.3	11 27.3	13.2	54.3
15	43 40.8	. . 17.5	340 49.9	16.3	11 40.5	13.1	54.3
16	58 40.9	16.7	355 25.2	16.2	11 53.6	13.0	54.3
17	73 41.0	16.0	10 00.4	16.1	12 06.6	13.1	54.3
18	88 41.1	N15 15.2	24 35.5	16.1	S12 19.7	12.9	54.3
19	103 41.2	14.5	39 10.6	16.1	12 32.6	13.0	54.3
20	118 41.3	13.8	53 45.7	16.0	12 45.6	12.9	54.3
21	133 41.4	. . 13.0	68 20.7	15.9	12 58.5	12.8	54.3
22	148 41.5	12.3	82 55.6	15.9	13 11.3	12.9	54.4
23	163 41.6	11.5	97 30.5	15.8	13 24.2	12.7	54.4
11 00 (SUNDAY)	178 41.7	N15 10.8	112 05.3	15.7	S13 36.9	12.7	54.4
01	193 41.8	10.0	126 40.0	15.7	13 49.6	12.7	54.4
02	208 41.9	09.3	141 14.7	15.6	14 02.3	12.7	54.4
03	223 42.0	. . 08.6	155 49.3	15.6	14 15.0	12.5	54.4
04	238 42.1	07.8	170 23.9	15.5	14 27.5	12.6	54.4
05	253 42.2	07.1	184 58.4	15.4	14 40.1	12.4	54.5
06	268 42.3	N15 06.3	199 32.8	15.4	S14 52.5	12.5	54.5
07	283 42.4	05.6	214 07.2	15.3	15 05.0	12.4	54.5
08	298 42.5	04.8	228 41.5	15.2	15 17.4	12.3	54.5
09	313 42.6	. . 04.1	243 15.7	15.2	15 29.7	12.3	54.5
10	328 42.7	03.3	257 49.9	15.1	15 42.0	12.2	54.5
11	343 42.8	02.6	272 24.0	15.0	15 54.2	12.1	54.5
12	358 42.9	N15 01.8	286 58.0	14.9	S16 06.3	12.1	54.6
13	13 43.0	01.1	301 31.9	14.9	16 18.4	12.1	54.6
14	28 43.1	15 00.3	316 05.8	14.7	16 30.5	12.0	54.6
15	43 43.2	14 59.6	330 39.5	14.8	16 42.5	11.9	54.6
16	58 43.3	58.8	345 13.3	14.6	16 54.4	11.9	54.6
17	73 43.4	58.1	359 46.9	14.5	17 06.3	11.8	54.6
18	88 43.5	N14 57.3	14 20.4	14.5	S17 18.1	11.8	54.7
19	103 43.6	56.6	28 53.9	14.4	17 29.9	11.6	54.7
20	118 43.7	55.8	43 27.3	14.3	17 41.5	11.7	54.7
21	133 43.9	. . 55.1	58 00.6	14.2	17 53.2	11.5	54.7
22	148 44.0	54.3	72 33.8	14.2	18 04.7	11.5	54.7
23	163 44.1	53.6	87 07.0	14.1	18 16.2	11.4	54.7
12 00 (MONDAY)	178 44.2	N14 52.8	101 40.1	13.9	S18 27.6	11.4	54.8
01	193 44.3	52.0	116 13.0	13.9	18 39.0	11.3	54.8
02	208 44.4	51.3	130 45.9	13.8	18 50.3	11.2	54.8
03	223 44.5	. . 50.5	145 18.7	13.7	19 01.5	11.2	54.8
04	238 44.6	49.8	159 51.4	13.7	19 12.7	11.0	54.8
05	253 44.7	49.0	174 24.1	13.5	19 23.7	11.0	54.9
06	268 44.8	N14 48.3	188 56.6	13.4	S19 34.7	11.0	54.9
07	283 44.9	47.5	203 29.0	13.4	19 45.7	10.8	54.9
08	298 45.0	46.8	218 01.4	13.2	19 56.5	10.8	54.9
09	313 45.2	. . 46.0	232 33.6	13.2	20 07.3	10.7	55.0
10	328 45.3	45.2	247 05.8	13.1	20 18.0	10.6	55.0
11	343 45.4	44.5	261 37.9	13.0	20 28.6	10.6	55.0
12	358 45.5	N14 43.7	276 09.9	12.9	S20 39.2	10.4	55.0
13	13 45.6	43.0	290 41.8	12.7	20 49.6	10.4	55.0
14	28 45.7	42.2	305 13.5	12.7	21 00.0	10.3	55.1
15	43 45.8	. . 41.4	319 45.2	12.6	21 10.3	10.2	55.1
16	58 45.9	40.7	334 16.8	12.5	21 20.5	10.1	55.1
17	73 46.0	39.9	348 48.3	12.4	21 30.6	10.1	55.1
18	88 46.1	N14 39.2	3 19.7	12.3	S21 40.7	9.9	55.2
19	103 46.3	38.4	17 51.0	12.2	21 50.6	9.9	55.2
20	118 46.4	37.6	32 22.2	12.1	22 00.5	9.8	55.2
21	133 46.5	. . 36.9	46 53.3	12.0	22 10.3	9.6	55.2
22	148 46.6	36.1	61 24.3	11.9	22 19.9	9.6	55.3
23	163 46.7	35.3	75 55.2	11.8	S22 29.5	9.5	55.3
	SD 15.8	d 0.7	SD 14.8		14.9		15.0

Lat. °	Twilight Naut. h m	Twilight Civil h m	Sunrise h m	Moonrise 10 h m	Moonrise 11 h m	Moonrise 12 h m	Moonrise 13 h m
N 72	////	////	01 57	12 44	15 36	▬	▬
N 70	////	////	02 37	12 24	14 40	▬	▬
68	////	01 10	03 04	12 09	14 06	16 59	▬
66	////	02 01	03 25	11 56	13 43	15 50	▬
64	////	02 32	03 41	11 46	13 24	15 14	17 35
62	01 03	02 54	03 54	11 37	13 09	14 49	16 40
60	01 49	03 12	04 06	11 30	12 56	14 29	16 07
N 58	02 17	03 27	04 15	11 23	12 46	14 12	15 43
56	02 38	03 39	04 24	11 17	12 36	13 59	15 24
54	02 55	03 50	04 31	11 12	12 28	13 47	15 08
52	03 09	03 59	04 38	11 08	12 21	13 36	14 54
50	03 21	04 08	04 44	11 03	12 14	13 27	14 42
45	03 45	04 25	04 57	10 54	12 00	13 08	14 17
N 40	04 03	04 39	05 08	10 47	11 48	12 52	13 58
35	04 18	04 50	05 17	10 41	11 38	12 39	13 41
30	04 30	05 00	05 25	10 35	11 30	12 27	13 27
20	04 49	05 16	05 39	10 25	11 15	12 08	13 03
N 10	05 03	05 29	05 51	10 17	11 02	11 51	12 43
0	05 15	05 40	06 02	10 09	10 51	11 35	12 23
S 10	05 26	05 51	06 13	10 01	10 39	11 19	12 04
20	05 35	06 01	06 24	09 53	10 26	11 03	11 44
30	05 44	06 12	06 37	09 44	10 12	10 44	11 21
35	05 48	06 18	06 44	09 39	10 04	10 33	11 07
40	05 53	06 25	06 53	09 33	09 55	10 20	10 52
45	05 57	06 32	07 03	09 26	09 44	10 06	10 33
S 50	06 02	06 40	07 15	09 17	09 31	09 48	10 10
52	06 04	06 44	07 20	09 13	09 25	09 39	09 59
54	06 06	06 48	07 26	09 09	09 18	09 30	09 47
56	06 09	06 53	07 33	09 05	09 11	09 19	09 32
58	06 11	06 58	07 40	09 00	09 02	09 07	09 16
S 60	06 14	07 03	07 49	08 54	08 53	08 53	08 56

Lat. °	Sunset h m	Twilight Civil h m	Twilight Naut. h m	Moonset 10 h m	Moonset 11 h m	Moonset 12 h m	Moonset 13 h m
N 72	22 06	////	////	19 28	18 04	▬	▬
N 70	21 29	////	////	19 50	19 02	▬	▬
68	21 03	22 50	////	20 07	19 37	18 17	▬
66	20 43	22 04	////	20 21	20 02	19 28	▬
64	20 27	21 35	////	20 33	20 21	20 05	19 26
62	20 14	21 13	22 59	20 43	20 38	20 31	20 22
60	20 03	20 56	22 17	20 52	20 51	20 52	20 55
N 58	19 53	20 41	21 50	20 59	21 03	21 09	21 20
56	19 45	20 29	21 30	21 06	21 13	21 23	21 39
54	19 38	20 19	21 14	21 12	21 22	21 35	21 56
52	19 31	20 10	21 00	21 18	21 30	21 46	22 10
50	19 25	20 01	20 48	21 22	21 37	21 56	22 22
45	19 12	19 44	20 24	21 33	21 53	22 17	22 48
N 40	19 01	19 31	20 06	21 42	22 06	22 34	23 09
35	18 52	19 19	19 52	21 50	22 17	22 48	23 26
30	18 45	19 10	19 40	21 57	22 26	23 00	23 41
20	18 31	18 54	19 21	22 09	22 43	23 22	24 06
N 10	18 19	18 41	19 07	22 19	22 58	23 40	24 28
0	18 09	18 30	18 55	22 29	23 11	23 58	24 48
S 10	17 58	18 19	18 45	22 39	23 25	24 15	00 15
20	17 46	18 09	18 35	22 49	23 40	24 34	00 34
30	17 34	17 58	18 27	23 01	23 57	24 56	00 56
35	17 26	17 52	18 22	23 08	24 07	00 07	01 08
40	17 18	17 46	18 18	23 16	24 19	00 19	01 23
45	17 08	17 39	18 14	23 26	24 32	00 32	01 41
S 50	16 56	17 31	18 09	23 37	24 49	00 49	02 03
52	16 51	17 27	18 07	23 42	24 57	00 57	02 13
54	16 45	17 23	18 05	23 48	25 05	01 05	02 25
56	16 38	17 18	18 03	23 55	25 15	01 15	02 39
58	16 31	17 13	18 00	24 02	00 02	01 26	02 55
S 60	16 22	17 08	17 58	24 11	00 11	01 40	03 14

Day	SUN Eqn. of Time 00^h m s	SUN Eqn. of Time 12^h m s	SUN Mer. Pass. h m	MOON Mer. Pass. Upper h m	MOON Mer. Pass. Lower h m	Age d	Phase %
10	05 23	05 18	12 05	16 19	03 59	06	30
11	05 14	05 09	12 05	17 01	04 40	07	39 ◐
12	05 04	04 58	12 05	17 46	05 23	08	49

© British Crown Copyright 2023. All rights reserved.

UT d h	ARIES GHA	VENUS −3·9 GHA	VENUS Dec	MARS +0·8 GHA	MARS Dec	JUPITER −2·2 GHA	JUPITER Dec	SATURN +0·7 GHA	SATURN Dec
	° ′	° ′	° ′	° ′	° ′	° ′	° ′	° ′	° ′
13 00 (TUESDAY)	321 55.4	160 07.2	N 9 15.8	247 30.3	N22 15.0	246 35.9	N22 03.4	332 11.6	S 6 44.9
01	336 57.8	175 06.8	14.6	262 31.0	15.2	261 37.9	03.4	347 14.2	44.9
02	352 00.3	190 06.4	13.4	277 31.7	15.5	276 40.0	03.4	2 16.9	45.0
03	7 02.8	205 06.0	. . 12.2	292 32.4	. . 15.7	291 42.0	. . 03.5	17 19.5	. . 45.1
04	22 05.2	220 05.6	11.0	307 33.1	15.9	306 44.0	03.5	32 22.1	45.2
05	37 07.7	235 05.2	09.8	322 33.8	16.1	321 46.1	03.5	47 24.7	45.2
06	52 10.2	250 04.8	N 9 08.7	337 34.5	N22 16.3	336 48.1	N22 03.6	62 27.3	S 6 45.3
07	67 12.6	265 04.4	07.5	352 35.2	16.5	351 50.2	03.6	77 29.9	45.4
08	82 15.1	280 04.0	06.3	7 36.0	16.7	6 52.2	03.7	92 32.5	45.4
09	97 17.5	295 03.6	. . 05.1	22 36.7	. . 16.9	21 54.3	. . 03.7	107 35.1	. . 45.5
10	112 20.0	310 03.2	03.9	37 37.4	17.1	36 56.3	03.7	122 37.7	45.6
11	127 22.5	325 02.8	02.7	52 38.1	17.4	51 58.3	03.8	137 40.3	45.6
12	142 24.9	340 02.4	N 9 01.5	67 38.8	N22 17.6	67 00.4	N22 03.8	152 42.9	S 6 45.7
13	157 27.4	355 02.0	9 00.3	82 39.5	17.8	82 02.4	03.9	167 45.6	45.8
14	172 29.9	10 01.6	8 59.1	97 40.2	18.0	97 04.5	03.9	182 48.2	45.8
15	187 32.3	25 01.2	. . 58.0	112 41.0	. . 18.2	112 06.5	. . 03.9	197 50.8	. . 45.9
16	202 34.8	40 00.8	56.8	127 41.7	18.4	127 08.6	04.0	212 53.4	46.0
17	217 37.3	55 00.4	55.6	142 42.4	18.6	142 10.6	04.0	227 56.0	46.0
18	232 39.7	70 00.0	N 8 54.4	157 43.1	N22 18.8	157 12.7	N22 04.0	242 58.6	S 6 46.1
19	247 42.2	84 59.6	53.2	172 43.8	19.0	172 14.7	04.1	258 01.2	46.2
20	262 44.7	99 59.2	52.0	187 44.5	19.2	187 16.8	04.1	273 03.8	46.3
21	277 47.1	114 58.8	. . 50.8	202 45.2	. . 19.4	202 18.8	. . 04.2	288 06.4	. . 46.3
22	292 49.6	129 58.5	49.6	217 46.0	19.6	217 20.8	04.2	303 09.0	46.4
23	307 52.0	144 58.1	48.4	232 46.7	19.8	232 22.9	04.2	318 11.6	46.5
14 00 (WEDNESDAY)	322 54.5	159 57.7	N 8 47.2	247 47.4	N22 20.0	247 24.9	N22 04.3	333 14.3	S 6 46.5
01	337 57.0	174 57.3	46.0	262 48.1	20.3	262 27.0	04.3	348 16.9	46.6
02	352 59.4	189 56.9	44.8	277 48.8	20.5	277 29.0	04.4	3 19.5	46.7
03	8 01.9	204 56.5	. . 43.6	292 49.5	. . 20.7	292 31.1	. . 04.4	18 22.1	. . 46.7
04	23 04.4	219 56.1	42.4	307 50.2	20.9	307 33.1	04.4	33 24.7	46.8
05	38 06.8	234 55.7	41.2	322 51.0	21.1	322 35.2	04.5	48 27.3	46.9
06	53 09.3	249 55.3	N 8 40.0	337 51.7	N22 21.3	337 37.2	N22 04.5	63 29.9	S 6 46.9
07	68 11.8	264 54.9	38.8	352 52.4	21.5	352 39.3	04.5	78 32.5	47.0
08	83 14.2	279 54.5	37.6	7 53.1	21.7	7 41.3	04.6	93 35.1	47.1
09	98 16.7	294 54.1	. . 36.4	22 53.8	. . 21.9	22 43.4	. . 04.6	108 37.8	. . 47.1
10	113 19.2	309 53.7	35.2	37 54.5	22.1	37 45.4	04.7	123 40.4	47.2
11	128 21.6	324 53.3	34.0	52 55.3	22.3	52 47.5	04.7	138 43.0	47.3
12	143 24.1	339 53.0	N 8 32.8	67 56.0	N22 22.5	67 49.5	N22 04.7	153 45.6	S 6 47.4
13	158 26.5	354 52.6	31.6	82 56.7	22.7	82 51.6	04.8	168 48.2	47.4
14	173 29.0	9 52.2	30.4	97 57.4	22.9	97 53.6	04.8	183 50.8	47.5
15	188 31.5	24 51.8	. . 29.2	112 58.1	. . 23.1	112 55.7	. . 04.8	198 53.4	. . 47.6
16	203 33.9	39 51.4	28.0	127 58.8	23.3	127 57.7	04.9	213 56.0	47.6
17	218 36.4	54 51.0	26.8	142 59.6	23.5	142 59.8	04.9	228 58.6	47.7
18	233 38.9	69 50.6	N 8 25.6	158 00.3	N22 23.7	158 01.8	N22 05.0	244 01.3	S 6 47.8
19	248 41.3	84 50.2	24.4	173 01.0	23.9	173 03.9	05.0	259 03.9	47.8
20	263 43.8	99 49.8	23.2	188 01.7	24.1	188 05.9	05.0	274 06.5	47.9
21	278 46.3	114 49.5	. . 22.0	203 02.4	. . 24.3	203 08.0	. . 05.1	289 09.1	. . 48.0
22	293 48.7	129 49.1	20.8	218 03.1	24.5	218 10.0	05.1	304 11.7	48.1
23	308 51.2	144 48.7	19.6	233 03.9	24.7	233 12.1	05.1	319 14.3	48.1
15 00 (THURSDAY)	323 53.6	159 48.3	N 8 18.4	248 04.6	N22 24.9	248 14.1	N22 05.2	334 16.9	S 6 48.2
01	338 56.1	174 47.9	17.2	263 05.3	25.1	263 16.2	05.2	349 19.5	48.3
02	353 58.6	189 47.5	16.0	278 06.0	25.3	278 18.2	05.2	4 22.2	48.3
03	9 01.0	204 47.1	. . 14.8	293 06.7	. . 25.5	293 20.3	. . 05.3	19 24.8	. . 48.4
04	24 03.5	219 46.8	13.6	308 07.5	25.7	308 22.4	05.3	34 27.4	48.5
05	39 06.0	234 46.4	12.4	323 08.2	25.9	323 24.4	05.4	49 30.0	48.5
06	54 08.4	249 46.0	N 8 11.2	338 08.9	N22 26.1	338 26.5	N22 05.4	64 32.6	S 6 48.6
07	69 10.9	264 45.6	10.0	353 09.6	26.3	353 28.5	05.4	79 35.2	48.7
08	84 13.4	279 45.2	08.8	8 10.3	26.4	8 30.6	05.5	94 37.8	48.8
09	99 15.8	294 44.8	. . 07.6	23 11.1	. . 26.6	23 32.6	. . 05.5	109 40.4	. . 48.8
10	114 18.3	309 44.5	06.4	38 11.8	26.8	38 34.7	05.5	124 43.1	48.9
11	129 20.8	324 44.1	05.2	53 12.5	27.0	53 36.7	05.6	139 45.7	49.0
12	144 23.2	339 43.7	N 8 03.9	68 13.2	N22 27.2	68 38.8	N22 05.6	154 48.3	S 6 49.0
13	159 25.7	354 43.3	02.7	83 13.9	27.4	83 40.8	05.7	169 50.9	49.1
14	174 28.1	9 42.9	01.5	98 14.7	27.6	98 42.9	05.7	184 53.5	49.2
15	189 30.6	24 42.5	8 00.3	113 15.4	. . 27.8	113 45.0	. . 05.7	199 56.1	. . 49.2
16	204 33.1	39 42.2	7 59.1	128 16.1	28.0	128 47.0	05.8	214 58.7	49.3
17	219 35.5	54 41.8	57.9	143 16.8	28.2	143 49.1	05.8	230 01.4	49.4
18	234 38.0	69 41.4	N 7 56.7	158 17.5	N22 28.4	158 51.1	N22 05.8	245 04.0	S 6 49.5
19	249 40.5	84 41.0	55.5	173 18.3	28.6	173 53.2	05.9	260 06.6	49.5
20	264 42.9	99 40.6	54.3	188 19.0	28.8	188 55.2	05.9	275 09.2	49.6
21	279 45.4	114 40.3	. . 53.0	203 19.7	. . 29.0	203 57.3	. . 05.9	290 11.8	. . 49.7
22	294 47.9	129 39.9	51.8	218 20.4	29.1	218 59.4	06.0	305 14.4	49.7
23	309 50.3	144 39.5	50.6	233 21.1	29.3	234 01.4	06.0	320 17.0	49.8
Mer. Pass.	h m 2 28.0	*v* −0.4	*d* 1.2	*v* 0.7	*d* 0.2	*v* 2.0	*d* 0.0	*v* 2.6	*d* 0.1

STARS

Name	SHA	Dec
	° ′	° ′
Acamar	315 12.0	S40 12.0
Achernar	335 20.1	S57 06.4
Acrux	173 01.0	S63 14.3
Adhara	255 06.4	S29 00.1
Aldebaran	290 40.1	N16 33.6
Alioth	166 13.6	N55 49.8
Alkaid	152 52.4	N49 11.7
Alnair	27 32.8	S46 50.4
Alnilam	275 38.2	S 1 11.0
Alphard	217 48.4	S 8 45.8
Alphecca	126 04.0	N26 38.1
Alpheratz	357 34.9	N29 13.6
Altair	62 00.0	N 8 56.1
Ankaa	353 07.1	S42 10.1
Antares	112 16.1	S26 29.2
Arcturus	145 48.3	N19 03.4
Atria	107 10.4	S69 04.5
Avior	234 15.5	S59 35.1
Bellatrix	278 23.4	N 6 22.4
Betelgeuse	270 52.6	N 7 24.8
Canopus	263 52.9	S52 42.2
Capella	280 22.6	N46 01.2
Deneb	49 25.6	N45 22.1
Denebola	182 25.5	N14 26.2
Diphda	348 47.4	S17 50.9
Dubhe	193 42.0	N61 37.3
Elnath	278 02.5	N28 37.7
Eltanin	90 42.0	N51 29.3
Enif	33 38.8	N 9 59.3
Fomalhaut	15 14.5	S29 29.4
Gacrux	171 52.5	S57 15.2
Gienah	175 44.2	S17 40.7
Hadar	148 36.7	S60 29.7
Hamal	327 51.5	N23 34.7
Kaus Aust.	83 32.7	S34 22.4
Kochab	137 19.9	N74 03.5
Markab	13 29.9	N15 20.3
Menkar	314 06.5	N 4 11.3
Menkent	147 58.1	S36 29.6
Miaplacidus	221 39.3	S69 49.0
Mirfak	308 28.8	N49 56.7
Nunki	75 47.9	S26 16.0
Peacock	53 05.6	S56 39.4
Pollux	243 18.0	N27 58.1
Procyon	244 51.5	N 5 09.8
Rasalhague	95 58.7	N12 32.6
Regulus	207 35.1	N11 51.0
Rigel	281 04.3	S 8 10.2
Rigil Kent.	139 40.9	S60 56.4
Sabik	102 03.0	S15 45.3
Schedar	349 31.1	N56 40.2
Shaula	96 10.6	S37 07.4
Sirius	258 26.8	S16 44.8
Spica	158 22.8	S11 17.3
Suhail	222 47.0	S43 31.8
Vega	80 33.1	N38 48.5
Zuben'ubi	136 56.4	S16 08.6

	SHA	Mer. Pass.
	° ′	h m
Venus	197 03.2	13 21
Mars	284 52.9	7 28
Jupiter	284 30.4	7 29
Saturn	10 19.8	1 47

© British Crown Copyright 2023. All rights reserved.

UT (d h)	Day	SUN GHA ° ′	SUN Dec ° ′	MOON GHA ° ′	v ′	MOON Dec ° ′	d ′	HP ′
13 00	TUESDAY	178 46.8	N14 34.6	90 26.0	11.7	S22 39.0	9.4	55.3
01		193 46.9	33.8	104 56.7	11.5	22 48.4	9.3	55.3
02		208 47.1	33.1	119 27.2	11.5	22 57.7	9.2	55.4
03		223 47.2	. . 32.3	133 57.7	11.4	23 06.9	9.1	55.4
04		238 47.3	31.5	148 28.1	11.3	23 16.0	9.0	55.4
05		253 47.4	30.8	162 58.4	11.1	23 25.0	8.9	55.4
06		268 47.5	N14 30.0	177 28.5	11.1	S23 33.9	8.8	55.5
07		283 47.6	29.2	191 58.6	10.9	23 42.7	8.7	55.5
08		298 47.7	28.5	206 28.5	10.9	23 51.4	8.6	55.5
09		313 47.9	. . 27.7	220 58.4	10.7	24 00.0	8.5	55.6
10		328 48.0	26.9	235 28.1	10.7	24 08.5	8.4	55.6
11		343 48.1	26.2	249 57.8	10.5	24 16.9	8.3	55.6
12		358 48.2	N14 25.4	264 27.3	10.4	S24 25.2	8.1	55.6
13		13 48.3	24.6	278 56.7	10.3	24 33.3	8.1	55.7
14		28 48.4	23.9	293 26.0	10.2	24 41.4	7.9	55.7
15		43 48.6	. . 23.1	307 55.2	10.1	24 49.3	7.8	55.7
16		58 48.7	22.3	322 24.3	10.0	24 57.1	7.7	55.8
17		73 48.8	21.5	336 53.3	9.9	25 04.8	7.6	55.8
18		88 48.9	N14 20.8	351 22.2	9.8	S25 12.4	7.5	55.8
19		103 49.0	20.0	5 51.0	9.6	25 19.9	7.3	55.9
20		118 49.1	19.2	20 19.6	9.6	25 27.2	7.3	55.9
21		133 49.3	. . 18.5	34 48.2	9.5	25 34.5	7.1	55.9
22		148 49.4	17.7	49 16.7	9.3	25 41.6	7.0	55.9
23		163 49.5	16.9	63 45.0	9.3	25 48.6	6.8	56.0
14 00	WEDNESDAY	178 49.6	N14 16.1	78 13.3	9.1	S25 55.4	6.7	56.0
01		193 49.7	15.4	92 41.4	9.0	26 02.1	6.6	56.0
02		208 49.9	14.6	107 09.4	8.9	26 08.7	6.5	56.1
03		223 50.0	. . 13.8	121 37.3	8.9	26 15.2	6.4	56.1
04		238 50.1	13.0	136 05.2	8.7	26 21.6	6.2	56.1
05		253 50.2	12.3	150 32.9	8.6	26 27.8	6.0	56.2
06		268 50.3	N14 11.5	165 00.5	8.5	S26 33.8	6.0	56.2
07		283 50.5	10.7	179 28.0	8.4	26 39.8	5.8	56.2
08		298 50.6	09.9	193 55.4	8.3	26 45.6	5.7	56.3
09		313 50.7	. . 09.2	208 22.7	8.2	26 51.3	5.5	56.3
10		328 50.8	08.4	222 49.9	8.1	26 56.8	5.4	56.3
11		343 50.9	07.6	237 17.0	8.0	27 02.2	5.2	56.4
12		358 51.1	N14 06.8	251 44.0	7.9	S27 07.4	5.2	56.4
13		13 51.2	06.0	266 10.9	7.8	27 12.6	4.9	56.4
14		28 51.3	05.3	280 37.7	7.7	27 17.5	4.8	56.5
15		43 51.4	. . 04.5	295 04.4	7.6	27 22.3	4.7	56.5
16		58 51.6	03.7	309 31.0	7.5	27 27.0	4.5	56.5
17		73 51.7	02.9	323 57.5	7.4	27 31.5	4.4	56.6
18		88 51.8	N14 02.2	338 23.9	7.3	S27 35.9	4.2	56.6
19		103 51.9	01.4	352 50.2	7.2	27 40.1	4.1	56.6
20		118 52.0	14 00.6	7 16.4	7.2	27 44.2	3.9	56.7
21		133 52.2	13 59.8	21 42.6	7.0	27 48.1	3.8	56.7
22		148 52.3	59.0	36 08.6	7.0	27 51.9	3.6	56.8
23		163 52.4	58.2	50 34.6	6.8	27 55.5	3.5	56.8
15 00	THURSDAY	178 52.5	N13 57.5	65 00.4	6.8	S27 59.0	3.3	56.8
01		193 52.7	56.7	79 26.2	6.7	28 02.3	3.1	56.9
02		208 52.8	55.9	93 51.9	6.6	28 05.4	3.0	56.9
03		223 52.9	. . 55.1	108 17.5	6.5	28 08.4	2.8	56.9
04		238 53.0	54.3	122 43.0	6.4	28 11.2	2.7	57.0
05		253 53.2	53.5	137 08.4	6.4	28 13.9	2.5	57.0
06		268 53.3	N13 52.8	151 33.8	6.3	S28 16.4	2.3	57.0
07		283 53.4	52.0	165 59.1	6.2	28 18.7	2.2	57.1
08		298 53.6	51.2	180 24.3	6.1	28 20.9	2.0	57.1
09		313 53.7	. . 50.4	194 49.4	6.1	28 22.9	1.8	57.2
10		328 53.8	49.6	209 14.5	5.9	28 24.7	1.7	57.2
11		343 53.9	48.8	223 39.4	5.9	28 26.4	1.5	57.2
12		358 54.1	N13 48.0	238 04.3	5.9	S28 27.9	1.3	57.3
13		13 54.2	47.3	252 29.2	5.8	28 29.2	1.1	57.3
14		28 54.3	46.5	266 54.0	5.7	28 30.3	1.0	57.3
15		43 54.4	. . 45.7	281 18.7	5.6	28 31.3	0.8	57.4
16		58 54.6	44.9	295 43.3	5.6	28 32.1	0.6	57.4
17		73 54.7	44.1	310 07.9	5.5	28 32.7	0.5	57.5
18		88 54.8	N13 43.3	324 32.4	5.5	S28 33.2	0.3	57.5
19		103 55.0	42.5	338 56.9	5.4	28 33.5	0.1	57.5
20		118 55.1	41.7	353 21.3	5.4	28 33.6	0.1	57.6
21		133 55.2	. . 40.9	7 45.7	5.3	28 33.5	0.2	57.6
22		148 55.4	40.2	22 10.0	5.2	28 33.3	0.5	57.7
23		163 55.5	39.4	36 34.2	5.3	S28 32.8	0.6	57.7
		SD 15.8	*d* 0.8	SD 15.2		15.4		15.6

Lat. °	Twilight Naut. h m	Twilight Civil h m	Sunrise h m	Moonrise 13 h m	Moonrise 14 h m	Moonrise 15 h m	Moonrise 16 h m
N 72	////	////	02 20	▬	▬	▬	▬
N 70	////	////	02 54	▬	▬	▬	▬
68	////	01 39	03 17	▬	▬	▬	▬
66	////	02 18	03 35	▬	▬	▬	▬
64	////	02 45	03 50	17 35	▬	▬	▬
62	01 28	03 05	04 02	16 40	18 58	▬	20 55
60	02 03	03 21	04 13	16 07	17 48	19 10	19 49
N 58	02 28	03 35	04 22	15 43	17 13	18 27	19 14
56	02 47	03 46	04 30	15 24	16 47	17 59	18 49
54	03 02	03 56	04 37	15 08	16 27	17 36	18 28
52	03 16	04 05	04 43	14 54	16 10	17 18	18 11
50	03 27	04 13	04 49	14 42	15 56	17 02	17 57
45	03 49	04 29	05 01	14 17	15 26	16 31	17 27
N 40	04 07	04 42	05 11	13 58	15 04	16 07	17 04
35	04 20	04 53	05 20	13 41	14 45	15 47	16 44
30	04 32	05 02	05 27	13 27	14 29	15 30	16 28
20	04 50	05 17	05 40	13 03	14 01	15 01	16 00
N 10	05 04	05 29	05 51	12 43	13 38	14 36	15 36
0	05 15	05 40	06 01	12 23	13 16	14 14	15 13
S 10	05 25	05 50	06 11	12 04	12 55	13 51	14 51
20	05 33	05 59	06 22	11 44	12 32	13 26	14 27
30	05 41	06 10	06 34	11 21	12 05	12 58	13 59
35	05 45	06 15	06 41	11 07	11 49	12 41	13 42
40	05 49	06 21	06 49	10 52	11 31	12 21	13 23
45	05 53	06 28	06 58	10 33	11 09	11 57	12 59
S 50	05 57	06 35	07 09	10 10	10 42	11 27	12 29
52	05 59	06 39	07 14	09 59	10 28	11 12	12 14
54	06 01	06 42	07 20	09 47	10 13	10 54	11 56
56	06 03	06 47	07 26	09 32	09 54	10 33	11 35
58	06 05	06 51	07 33	09 16	09 32	10 06	11 08
S 60	06 07	06 56	07 41	08 56	09 04	09 27	10 31

Lat. °	Sunset h m	Twilight Civil h m	Twilight Naut. h m	Moonset 13 h m	Moonset 14 h m	Moonset 15 h m	Moonset 16 h m
N 72	21 43	////	////	▬	▬	▬	▬
N 70	21 12	23 50	////	▬	▬	▬	▬
68	20 49	22 23	////	▬	▬	▬	▬
66	20 31	21 47	////	▬	▬	▬	▬
64	20 17	21 21	23 51	19 26	▬	▬	▬
62	20 05	21 02	22 35	20 22	19 56	▬	22 07
60	19 55	20 46	22 02	20 55	21 07	21 45	23 13
N 58	19 46	20 33	21 38	21 20	21 42	22 28	23 47
56	19 38	20 21	21 20	21 39	22 08	22 57	24 12
54	19 31	20 12	21 05	21 56	22 28	23 19	24 32
52	19 25	20 03	20 52	22 10	22 45	23 37	24 49
50	19 19	19 55	20 41	22 22	23 00	23 53	25 03
45	19 07	19 39	20 19	22 48	23 30	24 24	00 24
N 40	18 58	19 27	20 02	23 09	23 53	24 49	00 49
35	18 49	19 16	19 48	23 26	24 12	00 12	01 09
30	18 42	19 07	19 37	23 41	24 29	00 29	01 26
20	18 29	18 52	19 19	24 06	00 06	00 57	01 54
N 10	18 18	18 40	19 05	24 28	00 28	01 21	02 19
0	18 08	18 29	18 54	24 48	00 48	01 43	02 42
S 10	17 58	18 20	18 45	00 15	01 09	02 06	03 05
20	17 47	18 10	18 36	00 34	01 31	02 30	03 29
30	17 35	18 00	18 28	00 56	01 56	02 58	03 58
35	17 28	17 55	18 24	01 08	02 12	03 15	04 15
40	17 21	17 49	18 21	01 23	02 29	03 34	04 34
45	17 12	17 42	18 17	01 41	02 50	03 58	04 58
S 50	17 01	17 35	18 13	02 03	03 17	04 28	05 29
52	16 56	17 31	18 11	02 13	03 31	04 43	05 44
54	16 50	17 28	18 09	02 25	03 46	05 01	06 01
56	16 44	17 24	18 07	02 39	04 04	05 22	06 23
58	16 37	17 19	18 06	02 55	04 25	05 49	06 50
S 60	16 29	17 14	18 04	03 14	04 54	06 27	07 28

Day	SUN Eqn. of Time 00^h	SUN Eqn. of Time 12^h	SUN Mer. Pass.	MOON Mer. Pass. Upper	MOON Mer. Pass. Lower	MOON Age	MOON Phase
d	m s	m s	h m	h m	h m	d	%
13	04 53	04 47	12 05	18 36	06 10	09	59
14	04 42	04 36	12 05	19 30	07 02	10	68
15	04 30	04 24	12 04	20 28	07 58	11	78

© British Crown Copyright 2023. All rights reserved.

UT d	h		ARIES GHA ° ′	VENUS −3·9 GHA ° ′	VENUS Dec ° ′	MARS +0·8 GHA ° ′	MARS Dec ° ′	JUPITER −2·2 GHA ° ′	JUPITER Dec ° ′	SATURN +0·6 GHA ° ′	SATURN Dec ° ′
16	00		324 52.8	159 39.1	N 7 49.4	248 21.9	N22 29.5	249 03.5	N22 06.1	335 19.7	S 6 49.9
	01		339 55.3	174 38.7	48.2	263 22.6	29.7	264 05.5	06.1	350 22.3	49.9
	02		354 57.7	189 38.4	47.0	278 23.3	29.9	279 07.6	06.1	5 24.9	50.0
	03		10 00.2	204 38.0	. . 45.8	293 24.0	. . 30.1	294 09.6	. . 06.2	20 27.5	. . 50.1
	04		25 02.6	219 37.6	44.6	308 24.7	30.3	309 11.7	06.2	35 30.1	50.2
	05		40 05.1	234 37.2	43.3	323 25.5	30.5	324 13.8	06.2	50 32.7	50.2
	06		55 07.6	249 36.9	N 7 42.1	338 26.2	N22 30.7	339 15.8	N22 06.3	65 35.3	S 6 50.3
	07		70 10.0	264 36.5	40.9	353 26.9	30.8	354 17.9	06.3	80 38.0	50.4
	08		85 12.5	279 36.1	39.7	8 27.6	31.0	9 19.9	06.3	95 40.6	50.4
	09	F	100 15.0	294 35.7	. . 38.5	23 28.4	. . 31.2	24 22.0	. . 06.4	110 43.2	. . 50.5
	10	R	115 17.4	309 35.4	37.3	38 29.1	31.4	39 24.1	06.4	125 45.8	50.6
	11	I	130 19.9	324 35.0	36.0	53 29.8	31.6	54 26.1	06.4	140 48.4	50.7
	12	D	145 22.4	339 34.6	N 7 34.8	68 30.5	N22 31.8	69 28.2	N22 06.5	155 51.0	S 6 50.7
	13	A	160 24.8	354 34.2	33.6	83 31.3	32.0	84 30.2	06.5	170 53.7	50.8
	14	Y	175 27.3	9 33.9	32.4	98 32.0	32.1	99 32.3	06.6	185 56.3	50.9
	15		190 29.8	24 33.5	. . 31.2	113 32.7	. . 32.3	114 34.4	. . 06.6	200 58.9	. . 50.9
	16		205 32.2	39 33.1	30.0	128 33.4	32.5	129 36.4	06.6	216 01.5	51.0
	17		220 34.7	54 32.7	28.7	143 34.1	32.7	144 38.5	06.7	231 04.1	51.1
	18		235 37.1	69 32.4	N 7 27.5	158 34.9	N22 32.9	159 40.5	N22 06.7	246 06.7	S 6 51.2
	19		250 39.6	84 32.0	26.3	173 35.6	33.1	174 42.6	06.7	261 09.3	51.2
	20		265 42.1	99 31.6	25.1	188 36.3	33.3	189 44.7	06.8	276 12.0	51.3
	21		280 44.5	114 31.2	. . 23.9	203 37.0	. . 33.4	204 46.7	. . 06.8	291 14.6	. . 51.4
	22		295 47.0	129 30.9	22.6	218 37.8	33.6	219 48.8	06.8	306 17.2	51.4
	23		310 49.5	144 30.5	21.4	233 38.5	33.8	234 50.9	06.9	321 19.8	51.5
17	00		325 51.9	159 30.1	N 7 20.2	248 39.2	N22 34.0	249 52.9	N22 06.9	336 22.4	S 6 51.6
	01		340 54.4	174 29.8	19.0	263 39.9	34.2	264 55.0	06.9	351 25.0	51.7
	02		355 56.9	189 29.4	17.8	278 40.7	34.3	279 57.0	07.0	6 27.7	51.7
	03		10 59.3	204 29.0	. . 16.5	293 41.4	. . 34.5	294 59.1	. . 07.0	21 30.3	. . 51.8
	04		26 01.8	219 28.6	15.3	308 42.1	34.7	310 01.2	07.1	36 32.9	51.9
	05		41 04.3	234 28.3	14.1	323 42.8	34.9	325 03.2	07.1	51 35.5	51.9
	06		56 06.7	249 27.9	N 7 12.9	338 43.6	N22 35.1	340 05.3	N22 07.1	66 38.1	S 6 52.0
	07		71 09.2	264 27.5	11.6	353 44.3	35.3	355 07.4	07.2	81 40.7	52.1
	08	S	86 11.6	279 27.2	10.4	8 45.0	35.4	10 09.4	07.2	96 43.4	52.1
	09	A	101 14.1	294 26.8	. . 09.2	23 45.7	. . 35.6	25 11.5	. . 07.2	111 46.0	. . 52.2
	10	T	116 16.6	309 26.4	08.0	38 46.5	35.8	40 13.6	07.3	126 48.6	52.3
	11	U	131 19.0	324 26.1	06.7	53 47.2	36.0	55 15.6	07.3	141 51.2	52.4
	12	R	146 21.5	339 25.7	N 7 05.5	68 47.9	N22 36.1	70 17.7	N22 07.3	156 53.8	S 6 52.4
	13	D	161 24.0	354 25.3	04.3	83 48.7	36.3	85 19.8	07.4	171 56.5	52.5
	14	A	176 26.4	9 25.0	03.1	98 49.4	36.5	100 21.8	07.4	186 59.1	52.6
	15	Y	191 28.9	24 24.6	. . 01.8	113 50.1	. . 36.7	115 23.9	. . 07.4	202 01.7	. . 52.7
	16		206 31.4	39 24.2	7 00.6	128 50.8	36.9	130 26.0	07.5	217 04.3	52.7
	17		221 33.8	54 23.9	6 59.4	143 51.6	37.0	145 28.0	07.5	232 06.9	52.8
	18		236 36.3	69 23.5	N 6 58.2	158 52.3	N22 37.2	160 30.1	N22 07.5	247 09.5	S 6 52.9
	19		251 38.8	84 23.1	56.9	173 53.0	37.4	175 32.2	07.6	262 12.2	52.9
	20		266 41.2	99 22.8	55.7	188 53.7	37.6	190 34.2	07.6	277 14.8	53.0
	21		281 43.7	114 22.4	. . 54.5	203 54.5	. . 37.7	205 36.3	. . 07.6	292 17.4	. . 53.1
	22		296 46.1	129 22.0	53.2	218 55.2	37.9	220 38.4	07.7	307 20.0	53.2
	23		311 48.6	144 21.7	52.0	233 55.9	38.1	235 40.4	07.7	322 22.6	53.2
18	00		326 51.1	159 21.3	N 6 50.8	248 56.7	N22 38.3	250 42.5	N22 07.7	337 25.2	S 6 53.3
	01		341 53.5	174 20.9	49.6	263 57.4	38.4	265 44.6	07.8	352 27.9	53.4
	02		356 56.0	189 20.6	48.3	278 58.1	38.6	280 46.6	07.8	7 30.5	53.4
	03		11 58.5	204 20.2	. . 47.1	293 58.8	. . 38.8	295 48.7	. . 07.8	22 33.1	. . 53.5
	04		27 00.9	219 19.8	45.9	308 59.6	39.0	310 50.8	07.9	37 35.7	53.6
	05		42 03.4	234 19.5	44.6	324 00.3	39.1	325 52.9	07.9	52 38.3	53.7
	06		57 05.9	249 19.1	N 6 43.4	339 01.0	N22 39.3	340 54.9	N22 08.0	67 41.0	S 6 53.7
	07		72 08.3	264 18.8	42.2	354 01.8	39.5	355 57.0	08.0	82 43.6	53.8
	08		87 10.8	279 18.4	40.9	9 02.5	39.6	10 59.1	08.0	97 46.2	53.9
	09	S	102 13.2	294 18.0	. . 39.7	24 03.2	. . 39.8	26 01.1	. . 08.1	112 48.8	. . 53.9
	10	U	117 15.7	309 17.7	38.5	39 04.0	40.0	41 03.2	08.1	127 51.4	54.0
	11	N	132 18.2	324 17.3	37.2	54 04.7	40.2	56 05.3	08.1	142 54.1	54.1
	12	D	147 20.6	339 17.0	N 6 36.0	69 05.4	N22 40.3	71 07.3	N22 08.2	157 56.7	S 6 54.2
	13	A	162 23.1	354 16.6	34.8	84 06.1	40.5	86 09.4	08.2	172 59.3	54.2
	14	Y	177 25.6	9 16.2	33.5	99 06.9	40.7	101 11.5	08.2	188 01.9	54.3
	15		192 28.0	24 15.9	. . 32.3	114 07.6	. . 40.8	116 13.6	. . 08.3	203 04.5	. . 54.4
	16		207 30.5	39 15.5	31.1	129 08.3	41.0	131 15.6	08.3	218 07.2	54.4
	17		222 33.0	54 15.1	29.8	144 09.1	41.2	146 17.7	08.3	233 09.8	54.5
	18		237 35.4	69 14.8	N 6 28.6	159 09.8	N22 41.4	161 19.8	N22 08.4	248 12.4	S 6 54.6
	19		252 37.9	84 14.4	27.4	174 10.5	41.5	176 21.9	08.4	263 15.0	54.7
	20		267 40.4	99 14.1	26.1	189 11.3	41.7	191 23.9	08.4	278 17.6	54.7
	21		282 42.8	114 13.7	. . 24.9	204 12.0	. . 41.9	206 26.0	. . 08.5	293 20.3	. . 54.8
	22		297 45.3	129 13.4	23.7	219 12.7	42.0	221 28.1	08.5	308 22.9	54.9
	23		312 47.7	144 13.0	22.4	234 13.5	42.2	236 30.1	08.5	323 25.5	55.0
Mer. Pass.			h m 2 16.2	v −0.4	d 1.2	v 0.7	d 0.2	v 2.1	d 0.0	v 2.6	d 0.1

STARS

Name	SHA ° ′	Dec ° ′
Acamar	315 11.9	S40 12.0
Achernar	335 20.1	S57 06.4
Acrux	173 01.0	S63 14.3
Adhara	255 06.4	S29 00.1
Aldebaran	290 40.1	N16 33.6
Alioth	166 13.6	N55 49.8
Alkaid	152 52.4	N49 11.7
Alnair	27 32.8	S46 50.4
Alnilam	275 38.2	S 1 11.0
Alphard	217 48.4	S 8 45.8
Alphecca	126 04.0	N26 38.1
Alpheratz	357 34.8	N29 13.6
Altair	62 00.0	N 8 56.1
Ankaa	353 07.1	S42 10.1
Antares	112 16.1	S26 29.2
Arcturus	145 48.3	N19 03.4
Atria	107 10.4	S69 04.5
Avior	234 15.5	S59 35.1
Bellatrix	278 23.4	N 6 22.4
Betelgeuse	270 52.6	N 7 24.8
Canopus	263 52.9	S52 42.2
Capella	280 22.6	N46 01.2
Deneb	49 25.6	N45 22.2
Denebola	182 25.5	N14 26.2
Diphda	348 47.4	S17 50.9
Dubhe	193 42.0	N61 37.3
Elnath	278 02.4	N28 37.7
Eltanin	90 42.0	N51 29.3
Enif	33 38.8	N 9 59.4
Fomalhaut	15 14.5	S29 29.4
Gacrux	171 52.5	S57 15.2
Gienah	175 44.2	S17 40.7
Hadar	148 36.7	S60 29.7
Hamal	327 51.4	N23 34.7
Kaus Aust.	83 32.7	S34 22.4
Kochab	137 19.9	N74 03.5
Markab	13 29.9	N15 20.3
Menkar	314 06.4	N 4 11.3
Menkent	147 58.2	S36 29.6
Miaplacidus	221 39.3	S69 49.0
Mirfak	308 28.7	N49 56.7
Nunki	75 47.9	S26 16.0
Peacock	53 05.6	S56 39.4
Pollux	243 18.0	N27 58.1
Procyon	244 51.5	N 5 09.8
Rasalhague	95 58.7	N12 32.7
Regulus	207 35.1	N11 51.0
Rigel	281 04.3	S 8 10.2
Rigil Kent.	139 40.9	S60 56.4
Sabik	102 03.0	S15 45.3
Schedar	349 31.0	N56 40.2
Shaula	96 10.6	S37 07.4
Sirius	258 26.8	S16 44.8
Spica	158 22.8	S11 17.3
Suhail	222 47.0	S43 31.8
Vega	80 33.1	N38 48.5
Zuben'ubi	136 56.4	S16 08.6

	SHA ° ′	Mer. Pass. h m
Venus	193 38.2	13 22
Mars	282 47.3	7 25
Jupiter	284 01.0	7 19
Saturn	10 30.5	1 34

© British Crown Copyright 2023. All rights reserved.

UT d	UT h	SUN GHA ° ′	SUN Dec ° ′	MOON GHA ° ′	*v* ′	MOON Dec ° ′	*d* ′	HP ′
16	00	178 55.6	N13 38.6	50 58.5	5.1	S28 32.2	0.8	57.7
	01	193 55.7	37.8	65 22.6	5.1	28 31.4	0.9	57.8
	02	208 55.9	37.0	79 46.7	5.1	28 30.5	1.2	57.8
	03	223 56.0	. . 36.2	94 10.8	5.1	28 29.3	1.3	57.8
	04	238 56.1	35.4	108 34.9	5.0	28 28.0	1.5	57.9
	05	253 56.3	34.6	122 58.9	5.0	28 26.5	1.7	57.9
	06	268 56.4	N13 33.8	137 22.9	4.9	S28 24.8	1.9	58.0
	07	283 56.5	33.0	151 46.8	4.9	28 22.9	2.1	58.0
	08	298 56.7	32.2	166 10.7	4.9	28 20.8	2.2	58.0
F	09	313 56.8	. . 31.4	180 34.6	4.9	28 18.6	2.4	58.1
R	10	328 56.9	30.6	194 58.5	4.8	28 16.2	2.7	58.1
I	11	343 57.1	29.8	209 22.3	4.8	28 13.5	2.8	58.1
D	12	358 57.2	N13 29.0	223 46.1	4.8	S28 10.7	3.0	58.2
A	13	13 57.3	28.2	238 09.9	4.8	28 07.7	3.1	58.2
Y	14	28 57.5	27.5	252 33.7	4.8	28 04.6	3.4	58.3
	15	43 57.6	. . 26.7	266 57.5	4.7	28 01.2	3.5	58.3
	16	58 57.7	25.9	281 21.2	4.8	27 57.7	3.8	58.3
	17	73 57.9	25.1	295 45.0	4.7	27 53.9	3.9	58.4
	18	88 58.0	N13 24.3	310 08.7	4.7	S27 50.0	4.1	58.4
	19	103 58.1	23.5	324 32.4	4.8	27 45.9	4.3	58.5
	20	118 58.3	22.7	338 56.2	4.7	27 41.6	4.4	58.5
	21	133 58.4	. . 21.9	353 19.9	4.7	27 37.2	4.7	58.5
	22	148 58.5	21.1	7 43.6	4.7	27 32.5	4.8	58.6
	23	163 58.7	20.3	22 07.3	4.8	27 27.7	5.1	58.6
17	00	178 58.8	N13 19.5	36 31.1	4.7	S27 22.6	5.2	58.6
	01	193 58.9	18.7	50 54.8	4.8	27 17.4	5.4	58.7
	02	208 59.1	17.9	65 18.6	4.7	27 12.0	5.6	58.7
	03	223 59.2	. . 17.1	79 42.3	4.8	27 06.4	5.7	58.8
	04	238 59.4	16.3	94 06.1	4.8	27 00.7	6.0	58.8
	05	253 59.5	15.5	108 29.9	4.8	26 54.7	6.1	58.8
	06	268 59.6	N13 14.7	122 53.7	4.9	S26 48.6	6.3	58.9
	07	283 59.8	13.9	137 17.6	4.8	26 42.3	6.6	58.9
S	08	298 59.9	13.0	151 41.4	4.9	26 35.7	6.6	58.9
A	09	314 00.0	. . 12.2	166 05.3	4.9	26 29.1	6.9	59.0
T	10	329 00.2	11.4	180 29.2	5.0	26 22.2	7.1	59.0
U	11	344 00.3	10.6	194 53.2	4.9	26 15.1	7.2	59.0
R	12	359 00.5	N13 09.8	209 17.1	5.0	S26 07.9	7.4	59.1
D	13	14 00.6	09.0	223 41.1	5.1	26 00.5	7.6	59.1
A	14	29 00.7	08.2	238 05.2	5.0	25 52.9	7.7	59.1
Y	15	44 00.9	. . 07.4	252 29.2	5.2	25 45.2	8.0	59.2
	16	59 01.0	06.6	266 53.4	5.1	25 37.2	8.1	59.2
	17	74 01.2	05.8	281 17.5	5.2	25 29.1	8.3	59.3
	18	89 01.3	N13 05.0	295 41.7	5.2	S25 20.8	8.5	59.3
	19	104 01.4	04.2	310 05.9	5.3	25 12.3	8.6	59.3
	20	119 01.6	03.4	324 30.2	5.3	25 03.7	8.8	59.4
	21	134 01.7	. . 02.6	338 54.5	5.4	24 54.9	9.0	59.4
	22	149 01.9	01.8	353 18.9	5.4	24 45.9	9.2	59.4
	23	164 02.0	01.0	7 43.3	5.4	24 36.7	9.3	59.5
18	00	179 02.1	N13 00.1	22 07.7	5.5	S24 27.4	9.5	59.5
	01	194 02.3	12 59.3	36 32.2	5.6	24 17.9	9.7	59.5
	02	209 02.4	58.5	50 56.8	5.6	24 08.2	9.8	59.6
	03	224 02.6	. . 57.7	65 21.4	5.7	23 58.4	10.0	59.6
	04	239 02.7	56.9	79 46.1	5.7	23 48.4	10.2	59.6
	05	254 02.9	56.1	94 10.8	5.8	23 38.2	10.3	59.6
	06	269 03.0	N12 55.3	108 35.6	5.8	S23 27.9	10.5	59.7
	07	284 03.1	54.5	123 00.4	5.9	23 17.4	10.7	59.7
	08	299 03.3	53.7	137 25.3	6.0	23 06.7	10.8	59.7
S	09	314 03.4	. . 52.9	151 50.3	6.0	22 55.9	11.0	59.8
U	10	329 03.6	52.0	166 15.3	6.1	22 44.9	11.1	59.8
N	11	344 03.7	51.2	180 40.4	6.1	22 33.8	11.3	59.8
D	12	359 03.9	N12 50.4	195 05.5	6.2	S22 22.5	11.4	59.9
A	13	14 04.0	49.6	209 30.7	6.3	22 11.1	11.6	59.9
Y	14	29 04.1	48.8	223 56.0	6.3	21 59.5	11.8	59.9
	15	44 04.3	. . 48.0	238 21.3	6.5	21 47.7	11.9	59.9
	16	59 04.4	47.2	252 46.8	6.4	21 35.8	12.0	60.0
	17	74 04.6	46.3	267 12.2	6.6	21 23.8	12.2	60.0
	18	89 04.7	N12 45.5	281 37.8	6.6	S21 11.6	12.3	60.0
	19	104 04.9	44.7	296 03.4	6.6	20 59.3	12.5	60.1
	20	119 05.0	43.9	310 29.0	6.8	20 46.8	12.6	60.1
	21	134 05.2	. . 43.1	324 54.8	6.8	20 34.2	12.8	60.1
	22	149 05.3	42.3	339 20.6	6.9	20 21.4	12.9	60.1
	23	164 05.5	41.4	353 46.5	6.9	S20 08.5	13.0	60.2
		SD 15.8	*d* 0.8	SD		15.9	16.1	16.3

Lat. °	Twilight Naut. h m	Twilight Civil h m	Sunrise h m	Moonrise 16 h m	Moonrise 17 h m	Moonrise 18 h m	Moonrise 19 h m
N 72	////	////	02 41	▬	▬	▬	21 54
N 70	////	01 06	03 09	▬	▬	▬	21 24
68	////	02 01	03 30	▬	▬	21 55	21 01
66	////	02 34	03 46	▬	▬	21 13	20 43
64	00 58	02 57	03 59	▬	21 18	20 44	20 28
62	01 48	03 15	04 11	20 55	20 31	20 22	20 16
60	02 17	03 30	04 20	19 49	20 01	20 04	20 05
N 58	02 39	03 42	04 28	19 14	19 37	19 49	19 56
56	02 56	03 53	04 36	18 49	19 19	19 36	19 48
54	03 10	04 02	04 42	18 28	19 03	19 25	19 40
52	03 22	04 10	04 48	18 11	18 49	19 15	19 34
50	03 33	04 18	04 53	17 57	18 37	19 06	19 28
45	03 54	04 33	05 05	17 27	18 12	18 47	19 15
N 40	04 10	04 45	05 14	17 04	17 52	18 31	19 04
35	04 23	04 55	05 22	16 44	17 35	18 18	18 55
30	04 34	05 04	05 29	16 28	17 20	18 06	18 47
20	04 51	05 18	05 41	16 00	16 55	17 46	18 32
N 10	05 04	05 29	05 51	15 36	16 34	17 29	18 20
0	05 15	05 39	06 01	15 13	16 14	17 12	18 08
S 10	05 24	05 49	06 10	14 51	15 53	16 56	17 56
20	05 31	05 57	06 20	14 27	15 32	16 38	17 44
30	05 39	06 07	06 31	13 59	15 06	16 18	17 29
35	05 42	06 12	06 38	13 42	14 52	16 06	17 21
40	05 45	06 17	06 45	13 23	14 34	15 52	17 11
45	05 49	06 23	06 53	12 59	14 13	15 35	17 00
S 50	05 52	06 30	07 04	12 29	13 47	15 15	16 46
52	05 54	06 33	07 08	12 14	13 34	15 05	16 39
54	05 55	06 36	07 13	11 56	13 19	14 54	16 32
56	05 56	06 40	07 19	11 35	13 02	14 41	16 24
58	05 58	06 44	07 25	11 08	12 41	14 27	16 15
S 60	06 00	06 48	07 33	10 31	12 14	14 09	16 04

Lat. °	Sunset h m	Twilight Civil h m	Twilight Naut. h m	Moonset 16 h m	Moonset 17 h m	Moonset 18 h m	Moonset 19 h m
N 72	21 22	////	////	▬	▬	▬	▬
N 70	20 55	22 50	////	▬	▬	▬	▬
68	20 35	22 01	////	▬	▬	▬	01 18
66	20 19	21 30	////	▬	▬	▬	01 58
64	20 06	21 08	22 59	▬	23 51	26 26	02 26
62	19 56	20 50	22 15	22 07	24 37	00 37	02 47
60	19 46	20 36	21 47	23 13	25 06	01 06	03 04
N 58	19 38	20 24	21 26	23 47	25 29	01 29	03 18
56	19 31	20 13	21 10	24 12	00 12	01 47	03 30
54	19 25	20 04	20 56	24 32	00 32	02 03	03 40
52	19 19	19 56	20 44	24 49	00 49	02 16	03 50
50	19 14	19 49	20 34	25 03	01 03	02 27	03 58
45	19 03	19 34	20 13	00 24	01 33	02 51	04 15
N 40	18 53	19 22	19 57	00 49	01 55	03 11	04 30
35	18 46	19 12	19 44	01 09	02 14	03 26	04 41
30	18 39	19 04	19 33	01 26	02 30	03 40	04 52
20	18 27	18 50	19 17	01 54	02 57	04 03	05 10
N 10	18 17	18 38	19 04	02 19	03 21	04 23	05 25
0	18 07	18 29	18 53	02 42	03 42	04 42	05 39
S 10	17 58	18 20	18 44	03 05	04 04	05 00	05 53
20	17 48	18 11	18 37	03 29	04 27	05 20	06 08
30	17 37	18 02	18 30	03 58	04 53	05 42	06 25
35	17 31	17 57	18 26	04 15	05 09	05 55	06 35
40	17 23	17 51	18 23	04 34	05 27	06 10	06 46
45	17 15	17 45	18 20	04 58	05 48	06 28	06 59
S 50	17 05	17 39	18 17	05 29	06 16	06 50	07 15
52	17 00	17 36	18 15	05 44	06 29	07 00	07 22
54	16 55	17 32	18 14	06 01	06 44	07 12	07 31
56	16 50	17 29	18 12	06 23	07 02	07 25	07 40
58	16 43	17 25	18 11	06 50	07 24	07 41	07 50
S 60	16 36	17 21	18 10	07 28	07 51	07 59	08 01

Day d	SUN Eqn. of Time 00^h m s	SUN Eqn. of Time 12^h m s	SUN Mer. Pass. h m	MOON Mer. Pass. Upper h m	MOON Mer. Pass. Lower h m	MOON Age d	MOON Phase %
16	04 18	04 11	12 04	21 28	08 58	12	86
17	04 05	03 58	12 04	22 28	09 58	13	93
18	03 52	03 45	12 04	23 26	10 57	14	98

© British Crown Copyright 2023. All rights reserved.

UT d h	ARIES GHA	VENUS −3·9 GHA	VENUS Dec	MARS +0·8 GHA	MARS Dec	JUPITER −2·2 GHA	JUPITER Dec	SATURN +0·6 GHA	SATURN Dec
	° ′	° ′	° ′	° ′	° ′	° ′	° ′	° ′	° ′
19 00 (MONDAY)	327 50.2	159 12.6	N 6 21.2	249 14.2	N22 42.4	251 32.2	N22 08.6	338 28.1	S 6 55.0
01	342 52.7	174 12.3	20.0	264 14.9	42.5	266 34.3	08.6	353 30.7	55.1
02	357 55.1	189 11.9	18.7	279 15.6	42.7	281 36.4	08.6	8 33.4	55.2
03	12 57.6	204 11.6	. . 17.5	294 16.4	. . 42.9	296 38.4	. . 08.7	23 36.0	. . 55.2
04	28 00.1	219 11.2	16.2	309 17.1	43.0	311 40.5	08.7	38 38.6	55.3
05	43 02.5	234 10.9	15.0	324 17.8	43.2	326 42.6	08.7	53 41.2	55.4
06	58 05.0	249 10.5	N 6 13.8	339 18.6	N22 43.4	341 44.7	N22 08.8	68 43.8	S 6 55.5
07	73 07.5	264 10.1	12.5	354 19.3	43.5	356 46.7	08.8	83 46.5	55.5
08	88 09.9	279 09.8	11.3	9 20.0	43.7	11 48.8	08.8	98 49.1	55.6
09	103 12.4	294 09.4	. . 10.1	24 20.8	. . 43.8	26 50.9	. . 08.9	113 51.7	. . 55.7
10	118 14.9	309 09.1	08.8	39 21.5	44.0	41 53.0	08.9	128 54.3	55.8
11	133 17.3	324 08.7	07.6	54 22.2	44.2	56 55.1	08.9	143 56.9	55.8
12	148 19.8	339 08.4	N 6 06.3	69 23.0	N22 44.3	71 57.1	N22 09.0	158 59.6	S 6 55.9
13	163 22.2	354 08.0	05.1	84 23.7	44.5	86 59.2	09.0	174 02.2	56.0
14	178 24.7	9 07.7	03.9	99 24.4	44.7	102 01.3	09.0	189 04.8	56.0
15	193 27.2	24 07.3	. . 02.6	114 25.2	. . 44.8	117 03.4	. . 09.1	204 07.4	. . 56.1
16	208 29.6	39 06.9	01.4	129 25.9	45.0	132 05.4	09.1	219 10.1	56.2
17	223 32.1	54 06.6	6 00.1	144 26.7	45.1	147 07.5	09.1	234 12.7	56.3
18	238 34.6	69 06.2	N 5 58.9	159 27.4	N22 45.3	162 09.6	N22 09.2	249 15.3	S 6 56.3
19	253 37.0	84 05.9	57.6	174 28.1	45.5	177 11.7	09.2	264 17.9	56.4
20	268 39.5	99 05.5	56.4	189 28.9	45.6	192 13.8	09.2	279 20.5	56.5
21	283 42.0	114 05.2	. . 55.2	204 29.6	. . 45.8	207 15.8	. . 09.3	294 23.2	. . 56.6
22	298 44.4	129 04.8	53.9	219 30.3	46.0	222 17.9	09.3	309 25.8	56.6
23	313 46.9	144 04.5	52.7	234 31.1	46.1	237 20.0	09.3	324 28.4	56.7
20 00 (TUESDAY)	328 49.3	159 04.1	N 5 51.4	249 31.8	N22 46.3	252 22.1	N22 09.4	339 31.0	S 6 56.8
01	343 51.8	174 03.8	50.2	264 32.5	46.4	267 24.1	09.4	354 33.7	56.8
02	358 54.3	189 03.4	48.9	279 33.3	46.6	282 26.2	09.4	9 36.3	56.9
03	13 56.7	204 03.1	. . 47.7	294 34.0	. . 46.7	297 28.3	. . 09.4	24 38.9	. . 57.0
04	28 59.2	219 02.7	46.5	309 34.7	46.9	312 30.4	09.5	39 41.5	57.1
05	44 01.7	234 02.4	45.2	324 35.5	47.1	327 32.5	09.5	54 44.1	57.1
06	59 04.1	249 02.0	N 5 44.0	339 36.2	N22 47.2	342 34.6	N22 09.5	69 46.8	S 6 57.2
07	74 06.6	264 01.7	42.7	354 37.0	47.4	357 36.6	09.6	84 49.4	57.3
08	89 09.1	279 01.3	41.5	9 37.7	47.5	12 38.7	09.6	99 52.0	57.4
09	104 11.5	294 01.0	. . 40.2	24 38.4	. . 47.7	27 40.8	. . 09.6	114 54.6	. . 57.4
10	119 14.0	309 00.6	39.0	39 39.2	47.8	42 42.9	09.7	129 57.3	57.5
11	134 16.5	324 00.3	37.7	54 39.9	48.0	57 45.0	09.7	144 59.9	57.6
12	149 18.9	338 59.9	N 5 36.5	69 40.6	N22 48.2	72 47.0	N22 09.7	160 02.5	S 6 57.7
13	164 21.4	353 59.6	35.2	84 41.4	48.3	87 49.1	09.8	175 05.1	57.7
14	179 23.8	8 59.2	34.0	99 42.1	48.5	102 51.2	09.8	190 07.7	57.8
15	194 26.3	23 58.9	. . 32.7	114 42.9	. . 48.6	117 53.3	. . 09.8	205 10.4	. . 57.9
16	209 28.8	38 58.5	31.5	129 43.6	48.8	132 55.4	09.9	220 13.0	57.9
17	224 31.2	53 58.2	30.3	144 44.3	48.9	147 57.5	09.9	235 15.6	58.0
18	239 33.7	68 57.8	N 5 29.0	159 45.1	N22 49.1	162 59.5	N22 09.9	250 18.2	S 6 58.1
19	254 36.2	83 57.5	27.8	174 45.8	49.2	178 01.6	10.0	265 20.9	58.2
20	269 38.6	98 57.1	26.5	189 46.5	49.4	193 03.7	10.0	280 23.5	58.2
21	284 41.1	113 56.8	. . 25.3	204 47.3	. . 49.5	208 05.8	. . 10.0	295 26.1	. . 58.3
22	299 43.6	128 56.4	24.0	219 48.0	49.7	223 07.9	10.1	310 28.7	58.4
23	314 46.0	143 56.1	22.8	234 48.8	49.9	238 10.0	10.1	325 31.4	58.5
21 00 (WEDNESDAY)	329 48.5	158 55.7	N 5 21.5	249 49.5	N22 50.0	253 12.1	N22 10.1	340 34.0	S 6 58.5
01	344 51.0	173 55.4	20.3	264 50.2	50.2	268 14.1	10.2	355 36.6	58.6
02	359 53.4	188 55.1	19.0	279 51.0	50.3	283 16.2	10.2	10 39.2	58.7
03	14 55.9	203 54.7	. . 17.8	294 51.7	. . 50.5	298 18.3	. . 10.2	25 41.9	. . 58.8
04	29 58.3	218 54.4	16.5	309 52.5	50.6	313 20.4	10.2	40 44.5	58.8
05	45 00.8	233 54.0	15.3	324 53.2	50.8	328 22.5	10.3	55 47.1	58.9
06	60 03.3	248 53.7	N 5 14.0	339 53.9	N22 50.9	343 24.6	N22 10.3	70 49.7	S 6 59.0
07	75 05.7	263 53.3	12.8	354 54.7	51.1	358 26.7	10.3	85 52.4	59.1
08	90 08.2	278 53.0	11.5	9 55.4	51.2	13 28.7	10.4	100 55.0	59.1
09	105 10.7	293 52.6	. . 10.2	24 56.2	. . 51.4	28 30.8	. . 10.4	115 57.6	. . 59.2
10	120 13.1	308 52.3	09.0	39 56.9	51.5	43 32.9	10.4	131 00.2	59.3
11	135 15.6	323 52.0	07.7	54 57.6	51.7	58 35.0	10.5	146 02.9	59.3
12	150 18.1	338 51.6	N 5 06.5	69 58.4	N22 51.8	73 37.1	N22 10.5	161 05.5	S 6 59.4
13	165 20.5	353 51.3	05.2	84 59.1	51.9	88 39.2	10.5	176 08.1	59.5
14	180 23.0	8 50.9	04.0	99 59.9	52.1	103 41.3	10.6	191 10.7	59.6
15	195 25.4	23 50.6	. . 02.7	115 00.6	. . 52.2	118 43.4	. . 10.6	206 13.4	. . 59.6
16	210 27.9	38 50.2	01.5	130 01.4	52.4	133 45.5	10.6	221 16.0	59.7
17	225 30.4	53 49.9	5 00.2	145 02.1	52.5	148 47.5	10.7	236 18.6	59.8
18	240 32.8	68 49.6	N 4 59.0	160 02.8	N22 52.7	163 49.6	N22 10.7	251 21.2	S 6 59.9
19	255 35.3	83 49.2	57.7	175 03.6	52.8	178 51.7	10.7	266 23.9	6 59.9
20	270 37.8	98 48.9	56.5	190 04.3	53.0	193 53.8	10.7	281 26.5	7 00.0
21	285 40.2	113 48.5	. . 55.2	205 05.1	. . 53.1	208 55.9	. . 10.8	296 29.1	. . 00.1
22	300 42.7	128 48.2	54.0	220 05.8	53.3	223 58.0	10.8	311 31.7	00.2
23	315 45.2	143 47.8	52.7	235 06.6	53.4	239 00.1	10.8	326 34.4	00.2
Mer. Pass. h m	2 04.4	v −0.3	d 1.2	v 0.7	d 0.2	v 2.1	d 0.0	v 2.6	d 0.1

STARS

Name	SHA	Dec
	° ′	° ′
Acamar	315 11.9	S40 12.0
Achernar	335 20.1	S57 06.4
Acrux	173 01.0	S63 14.3
Adhara	255 06.4	S29 00.1
Aldebaran	290 40.1	N16 33.6
Alioth	166 13.6	N55 49.8
Alkaid	152 52.5	N49 11.7
Alnair	27 32.8	S46 50.4
Alnilam	275 38.2	S 1 11.0
Alphard	217 48.4	S 8 45.8
Alphecca	126 04.0	N26 38.1
Alpheratz	357 34.8	N29 13.6
Altair	62 00.0	N 8 56.1
Ankaa	353 07.1	S42 10.1
Antares	112 16.1	S26 29.3
Arcturus	145 48.3	N19 03.4
Atria	107 10.5	S69 04.5
Avior	234 15.5	S59 35.1
Bellatrix	278 23.4	N 6 22.4
Betelgeuse	270 52.6	N 7 24.8
Canopus	263 52.9	S52 42.2
Capella	280 22.5	N46 01.2
Deneb	49 25.6	N45 22.2
Denebola	182 25.5	N14 26.2
Diphda	348 47.4	S17 50.9
Dubhe	193 42.0	N61 37.3
Elnath	278 02.4	N28 37.7
Eltanin	90 42.0	N51 29.3
Enif	33 38.8	N 9 59.4
Fomalhaut	15 14.5	S29 29.4
Gacrux	171 52.5	S57 15.2
Gienah	175 44.2	S17 40.7
Hadar	148 36.8	S60 29.7
Hamal	327 51.4	N23 34.7
Kaus Aust.	83 32.7	S34 22.4
Kochab	137 20.0	N74 03.5
Markab	13 29.9	N15 20.3
Menkar	314 06.4	N 4 11.3
Menkent	147 58.2	S36 29.6
Miaplacidus	221 39.3	S69 48.9
Mirfak	308 28.7	N49 56.8
Nunki	75 47.9	S26 16.0
Peacock	53 05.6	S56 39.4
Pollux	243 18.0	N27 58.0
Procyon	244 51.4	N 5 09.8
Rasalhague	95 58.7	N12 32.7
Regulus	207 35.1	N11 51.0
Rigel	281 04.3	S 8 10.2
Rigil Kent.	139 41.0	S60 56.4
Sabik	102 03.0	S15 45.3
Schedar	349 31.0	N56 40.2
Shaula	96 10.6	S37 07.4
Sirius	258 26.7	S16 44.8
Spica	158 22.8	S11 17.3
Suhail	222 47.0	S43 31.7
Vega	80 33.2	N38 48.6
Zuben'ubi	136 56.4	S16 08.6

	SHA	Mer. Pass.
	° ′	h m
Venus	190 14.8	13 24
Mars	280 42.4	7 22
Jupiter	283 32.7	7 10
Saturn	10 41.7	1 22

© British Crown Copyright 2023. All rights reserved.

Day	UT (d h)	SUN GHA (° ′)	SUN Dec (° ′)	MOON GHA (° ′)	v (′)	MOON Dec (° ′)	d (′)	HP (′)
MONDAY	19 00	179 05.6	N12 40.6	8 12.4	7.0	S19 55.5	13.2	60.2
	01	194 05.7	39.8	22 38.4	7.1	19 42.3	13.3	60.2
	02	209 05.9	39.0	37 04.5	7.2	19 29.0	13.4	60.2
	03	224 06.0	. . 38.2	51 30.7	7.2	19 15.6	13.6	60.3
	04	239 06.2	37.4	65 56.9	7.3	19 02.0	13.7	60.3
	05	254 06.3	36.5	80 23.2	7.4	18 48.3	13.8	60.3
	06	269 06.5	N12 35.7	94 49.6	7.4	S18 34.5	14.0	60.3
	07	284 06.6	34.9	109 16.0	7.5	18 20.5	14.1	60.4
	08	299 06.8	34.1	123 42.5	7.6	18 06.4	14.1	60.4
	09	314 06.9	. . 33.3	138 09.1	7.6	17 52.3	14.4	60.4
	10	329 07.1	32.4	152 35.7	7.8	17 37.9	14.4	60.4
	11	344 07.2	31.6	167 02.5	7.8	17 23.5	14.5	60.4
	12	359 07.4	N12 30.8	181 29.3	7.8	S17 09.0	14.7	60.5
	13	14 07.5	30.0	195 56.1	7.9	16 54.3	14.8	60.5
	14	29 07.7	29.2	210 23.0	8.0	16 39.5	14.9	60.5
	15	44 07.8	. . 28.3	224 50.0	8.1	16 24.6	15.0	60.5
	16	59 08.0	27.5	239 17.1	8.1	16 09.6	15.1	60.5
	17	74 08.1	26.7	253 44.2	8.2	15 54.5	15.2	60.6
	18	89 08.3	N12 25.9	268 11.4	8.3	S15 39.3	15.3	60.6
	19	104 08.4	25.0	282 38.7	8.4	15 24.0	15.4	60.6
	20	119 08.6	24.2	297 06.1	8.4	15 08.6	15.5	60.6
	21	134 08.7	. . 23.4	311 33.5	8.4	14 53.1	15.6	60.6
	22	149 08.9	22.6	326 00.9	8.6	14 37.5	15.7	60.6
	23	164 09.0	21.7	340 28.5	8.6	14 21.8	15.8	60.7
TUESDAY	20 00	179 09.2	N12 20.9	354 56.1	8.6	S14 06.0	15.9	60.7
	01	194 09.3	20.1	9 23.7	8.8	13 50.1	15.9	60.7
	02	209 09.5	19.3	23 51.5	8.8	13 34.2	16.1	60.7
	03	224 09.6	. . 18.4	38 19.3	8.8	13 18.1	16.1	60.7
	04	239 09.8	17.6	52 47.1	8.9	13 02.0	16.3	60.7
	05	254 09.9	16.8	67 15.0	9.0	12 45.7	16.3	60.7
	06	269 10.1	N12 15.9	81 43.0	9.0	S12 29.4	16.4	60.7
	07	284 10.2	15.1	96 11.0	9.1	12 13.0	16.4	60.8
	08	299 10.4	14.3	110 39.1	9.2	11 56.6	16.6	60.8
	09	314 10.5	. . 13.5	125 07.3	9.2	11 40.0	16.6	60.8
	10	329 10.7	12.6	139 35.5	9.3	11 23.4	16.7	60.8
	11	344 10.9	11.8	154 03.8	9.3	11 06.7	16.7	60.8
	12	359 11.0	N12 11.0	168 32.1	9.4	S10 50.0	16.8	60.8
	13	14 11.2	10.1	183 00.5	9.4	10 33.2	16.9	60.8
	14	29 11.3	09.3	197 28.9	9.5	10 16.3	17.0	60.8
	15	44 11.5	. . 08.5	211 57.4	9.6	9 59.3	17.0	60.8
	16	59 11.6	07.7	226 26.0	9.6	9 42.3	17.0	60.8
	17	74 11.8	06.8	240 54.6	9.6	9 25.3	17.2	60.8
	18	89 11.9	N12 06.0	255 23.2	9.7	S 9 08.1	17.1	60.8
	19	104 12.1	05.2	269 51.9	9.7	8 51.0	17.3	60.9
	20	119 12.2	04.3	284 20.6	9.8	8 33.7	17.3	60.9
	21	134 12.4	. . 03.5	298 49.4	9.9	8 16.4	17.3	60.9
	22	149 12.6	02.7	313 18.3	9.8	7 59.1	17.4	60.9
	23	164 12.7	01.8	327 47.1	10.0	7 41.7	17.4	60.9
WEDNESDAY	21 00	179 12.9	N12 01.0	342 16.1	9.9	S 7 24.3	17.5	60.9
	01	194 13.0	12 00.2	356 45.0	10.0	7 06.8	17.5	60.9
	02	209 13.2	11 59.3	11 14.0	10.1	6 49.3	17.5	60.9
	03	224 13.3	. . 58.5	25 43.1	10.1	6 31.8	17.6	60.9
	04	239 13.5	57.7	40 12.2	10.1	6 14.2	17.6	60.9
	05	254 13.7	56.8	54 41.3	10.2	5 56.6	17.7	60.9
	06	269 13.8	N11 56.0	69 10.5	10.2	S 5 38.9	17.7	60.9
	07	284 14.0	55.2	83 39.7	10.2	5 21.2	17.7	60.9
	08	299 14.1	54.3	98 08.9	10.3	5 03.5	17.7	60.9
	09	314 14.3	. . 53.5	112 38.2	10.3	4 45.8	17.8	60.9
	10	329 14.4	52.6	127 07.5	10.3	4 28.0	17.8	60.9
	11	344 14.6	51.8	141 36.8	10.3	4 10.2	17.8	60.9
	12	359 14.8	N11 51.0	156 06.1	10.4	S 3 52.4	17.8	60.9
	13	14 14.9	50.1	170 35.5	10.5	3 34.6	17.8	60.9
	14	29 15.1	49.3	185 05.0	10.4	3 16.8	17.9	60.9
	15	44 15.2	. . 48.5	199 34.4	10.5	2 58.9	17.8	60.9
	16	59 15.4	47.6	214 03.9	10.5	2 41.1	17.9	60.8
	17	74 15.6	46.8	228 33.4	10.5	2 23.2	17.9	60.8
	18	89 15.7	N11 45.9	243 02.9	10.5	S 2 05.3	17.9	60.8
	19	104 15.9	45.1	257 32.4	10.6	1 47.4	17.9	60.8
	20	119 16.0	44.3	272 02.0	10.5	1 29.5	17.9	60.8
	21	134 16.2	. . 43.4	286 31.5	10.6	1 11.6	17.9	60.8
	22	149 16.4	42.6	301 01.1	10.6	0 53.7	17.9	60.8
	23	164 16.5	41.7	315 30.7	10.7	S 0 35.8	17.9	60.8
		SD 15.8	*d* 0.8	SD 16.5		16.6		16.6

Lat. (°)	Twilight Naut. (h m)	Twilight Civil (h m)	Sunrise (h m)	Moonrise 19 (h m)	Moonrise 20 (h m)	Moonrise 21 (h m)	Moonrise 22 (h m)
N 72	////	////	02 59	21 54	20 54	20 12	19 33
N 70	////	01 40	03 23	21 24	20 42	20 10	19 40
68	////	02 21	03 42	21 01	20 32	20 08	19 46
66	////	02 48	03 56	20 43	20 23	20 07	19 51
64	01 27	03 08	04 08	20 28	20 16	20 06	19 56
62	02 04	03 25	04 19	20 16	20 10	20 05	19 59
60	02 29	03 38	04 27	20 05	20 05	20 04	20 03
N 58	02 49	03 50	04 35	19 56	20 00	20 03	20 06
56	03 04	04 00	04 42	19 48	19 55	20 02	20 08
54	03 17	04 08	04 47	19 40	19 52	20 01	20 11
52	03 29	04 16	04 53	19 34	19 48	20 01	20 13
50	03 38	04 22	04 58	19 28	19 45	20 00	20 15
45	03 58	04 37	05 08	19 15	19 38	19 59	20 19
N 40	04 14	04 48	05 17	19 04	19 32	19 58	20 23
35	04 26	04 58	05 24	18 55	19 27	19 57	20 26
30	04 36	05 06	05 31	18 47	19 23	19 56	20 29
20	04 52	05 19	05 42	18 32	19 15	19 55	20 34
N 10	05 04	05 30	05 51	18 20	19 08	19 53	20 38
0	05 14	05 39	06 00	18 08	19 01	19 52	20 43
S 10	05 22	05 47	06 09	17 56	18 55	19 51	20 47
20	05 29	05 55	06 18	17 44	18 48	19 50	20 51
30	05 36	06 04	06 28	17 29	18 40	19 49	20 57
35	05 39	06 08	06 34	17 21	18 35	19 48	21 00
40	05 41	06 13	06 41	17 11	18 30	19 47	21 03
45	05 44	06 18	06 49	17 00	18 24	19 46	21 08
S 50	05 47	06 25	06 58	16 46	18 16	19 45	21 12
52	05 48	06 27	07 02	16 39	18 13	19 44	21 15
54	05 49	06 30	07 07	16 32	18 09	19 44	21 17
56	05 50	06 33	07 12	16 24	18 05	19 43	21 20
58	05 51	06 37	07 18	16 15	18 00	19 42	21 23
S 60	05 52	06 41	07 24	16 04	17 55	19 42	21 27

Lat. (°)	Sunset (h m)	Twilight Civil (h m)	Twilight Naut. (h m)	Moonset 19 (h m)	Moonset 20 (h m)	Moonset 21 (h m)	Moonset 22 (h m)
N 72	21 03	////	////	■	03 19	06 11	08 44
N 70	20 40	22 19	////	■	03 47	06 20	08 41
68	20 22	21 41	////	01 18	04 08	06 27	08 38
66	20 08	21 15	////	01 58	04 24	06 33	08 36
64	19 56	20 55	22 32	02 26	04 37	06 38	08 34
62	19 46	20 39	21 58	02 47	04 48	06 42	08 33
60	19 38	20 26	21 34	03 04	04 57	06 46	08 31
N 58	19 30	20 15	21 15	03 18	05 05	06 49	08 30
56	19 24	20 05	21 00	03 30	05 12	06 52	08 29
54	19 18	19 57	20 47	03 40	05 18	06 54	08 28
52	19 13	19 50	20 36	03 50	05 24	06 56	08 27
50	19 08	19 43	20 27	03 58	05 29	06 59	08 27
45	18 58	19 29	20 07	04 15	05 40	07 03	08 25
N 40	18 49	19 18	19 52	04 30	05 49	07 07	08 23
35	18 42	19 08	19 40	04 41	05 56	07 10	08 22
30	18 36	19 00	19 30	04 52	06 03	07 13	08 21
20	18 25	18 47	19 14	05 10	06 15	07 18	08 19
N 10	18 15	18 37	19 02	05 25	06 24	07 22	08 18
0	18 07	18 28	18 52	05 39	06 34	07 26	08 16
S 10	17 58	18 19	18 44	05 53	06 43	07 29	08 14
20	17 49	18 11	18 37	06 08	06 52	07 33	08 13
30	17 39	18 03	18 31	06 25	07 03	07 38	08 11
35	17 33	17 59	18 28	06 35	07 09	07 40	08 10
40	17 26	17 54	18 26	06 46	07 17	07 43	08 08
45	17 19	17 49	18 23	06 59	07 25	07 47	08 07
S 50	17 09	17 43	18 21	07 15	07 34	07 50	08 05
52	17 05	17 40	18 20	07 22	07 39	07 52	08 04
54	17 01	17 37	18 19	07 31	07 44	07 54	08 04
56	16 55	17 34	18 18	07 40	07 49	07 56	08 03
58	16 50	17 31	18 17	07 50	07 55	07 59	08 01
S 60	16 43	17 27	18 16	08 01	08 02	08 01	08 00

Day (d)	SUN Eqn. of Time 00h (m s)	SUN Eqn. of Time 12h (m s)	SUN Mer. Pass. (h m)	MOON Mer. Pass. Upper (h m)	MOON Mer. Pass. Lower (h m)	MOON Age (d)	MOON Age (%)	Phase
19	03 38	03 31	12 04	24 21	11 54	15	100	
20	03 24	03 16	12 03	00 21	12 48	16	99	○
21	03 09	03 01	12 03	01 13	13 39	17	96	

© British Crown Copyright 2023. All rights reserved.

UT d h	ARIES GHA ° ′	VENUS −3·9 GHA ° ′	VENUS Dec ° ′	MARS +0·8 GHA ° ′	MARS Dec ° ′	JUPITER −2·2 GHA ° ′	JUPITER Dec ° ′	SATURN +0·6 GHA ° ′	SATURN Dec ° ′
22 00 (THURSDAY)	330 47.6	158 47.5	N 4 51.4	250 07.3	N22 53.6	254 02.2	N22 10.9	341 37.0	S 7 00.3
01	345 50.1	173 47.2	50.2	265 08.0	53.7	269 04.3	10.9	356 39.6	00.4
02	0 52.6	188 46.8	48.9	280 08.8	53.8	284 06.4	10.9	11 42.2	00.5
03	15 55.0	203 46.5	47.7	295 09.5	54.0	299 08.5	11.0	26 44.9	00.5
04	30 57.5	218 46.1	46.4	310 10.3	54.1	314 10.5	11.0	41 47.5	00.6
05	45 59.9	233 45.8	45.2	325 11.0	54.3	329 12.6	11.0	56 50.1	00.7
06	61 02.4	248 45.5	N 4 43.9	340 11.8	N22 54.4	344 14.7	N22 11.1	71 52.7	S 7 00.8
07	76 04.9	263 45.1	42.6	355 12.5	54.6	359 16.8	11.1	86 55.4	00.8
08	91 07.3	278 44.8	41.4	10 13.3	54.7	14 18.9	11.1	101 58.0	00.9
09	106 09.8	293 44.4	40.1	25 14.0	54.8	29 21.0	11.1	117 00.6	01.0
10	121 12.3	308 44.1	38.9	40 14.7	55.0	44 23.1	11.2	132 03.2	01.0
11	136 14.7	323 43.8	37.6	55 15.5	55.1	59 25.2	11.2	147 05.9	01.1
12	151 17.2	338 43.4	N 4 36.4	70 16.2	N22 55.3	74 27.3	N22 11.2	162 08.5	S 7 01.2
13	166 19.7	353 43.1	35.1	85 17.0	55.4	89 29.4	11.3	177 11.1	01.3
14	181 22.1	8 42.7	33.8	100 17.7	55.5	104 31.5	11.3	192 13.7	01.3
15	196 24.6	23 42.4	32.6	115 18.5	55.7	119 33.6	11.3	207 16.4	01.4
16	211 27.0	38 42.1	31.3	130 19.2	55.8	134 35.7	11.4	222 19.0	01.5
17	226 29.5	53 41.7	30.1	145 20.0	56.0	149 37.8	11.4	237 21.6	01.6
18	241 32.0	68 41.4	N 4 28.8	160 20.7	N22 56.1	164 39.9	N22 11.4	252 24.3	S 7 01.6
19	256 34.4	83 41.1	27.5	175 21.5	56.2	179 42.0	11.4	267 26.9	01.7
20	271 36.9	98 40.7	26.3	190 22.2	56.4	194 44.1	11.5	282 29.5	01.8
21	286 39.4	113 40.4	25.0	205 23.0	56.5	209 46.1	11.5	297 32.1	01.9
22	301 41.8	128 40.0	23.8	220 23.7	56.7	224 48.2	11.5	312 34.8	01.9
23	316 44.3	143 39.7	22.5	235 24.4	56.8	239 50.3	11.6	327 37.4	02.0
23 00 (FRIDAY)	331 46.8	158 39.4	N 4 21.2	250 25.2	N22 56.9	254 52.4	N22 11.6	342 40.0	S 7 02.1
01	346 49.2	173 39.0	20.0	265 25.9	57.1	269 54.5	11.6	357 42.6	02.2
02	1 51.7	188 38.7	18.7	280 26.7	57.2	284 56.6	11.7	12 45.3	02.2
03	16 54.2	203 38.4	17.4	295 27.4	57.3	299 58.7	11.7	27 47.9	02.3
04	31 56.6	218 38.0	16.2	310 28.2	57.5	315 00.8	11.7	42 50.5	02.4
05	46 59.1	233 37.7	14.9	325 28.9	57.6	330 02.9	11.7	57 53.2	02.5
06	62 01.5	248 37.4	N 4 13.7	340 29.7	N22 57.7	345 05.0	N22 11.8	72 55.8	S 7 02.5
07	77 04.0	263 37.0	12.4	355 30.4	57.9	0 07.1	11.8	87 58.4	02.6
08	92 06.5	278 36.7	11.1	10 31.2	58.0	15 09.2	11.8	103 01.0	02.7
09	107 08.9	293 36.4	09.9	25 31.9	58.1	30 11.3	11.9	118 03.7	02.8
10	122 11.4	308 36.0	08.6	40 32.7	58.3	45 13.4	11.9	133 06.3	02.8
11	137 13.9	323 35.7	07.3	55 33.4	58.4	60 15.5	11.9	148 08.9	02.9
12	152 16.3	338 35.4	N 4 06.1	70 34.2	N22 58.5	75 17.6	N22 12.0	163 11.6	S 7 03.0
13	167 18.8	353 35.0	04.8	85 34.9	58.7	90 19.7	12.0	178 14.2	03.1
14	182 21.3	8 34.7	03.6	100 35.7	58.8	105 21.8	12.0	193 16.8	03.1
15	197 23.7	23 34.4	02.3	115 36.4	58.9	120 23.9	12.0	208 19.4	03.2
16	212 26.2	38 34.0	4 01.0	130 37.2	59.1	135 26.0	12.1	223 22.1	03.3
17	227 28.6	53 33.7	3 59.8	145 37.9	59.2	150 28.1	12.1	238 24.7	03.4
18	242 31.1	68 33.4	N 3 58.5	160 38.7	N22 59.3	165 30.2	N22 12.1	253 27.3	S 7 03.4
19	257 33.6	83 33.0	57.2	175 39.4	59.5	180 32.3	12.2	268 29.9	03.5
20	272 36.0	98 32.7	56.0	190 40.2	59.6	195 34.4	12.2	283 32.6	03.6
21	287 38.5	113 32.4	54.7	205 40.9	59.7	210 36.5	12.2	298 35.2	03.7
22	302 41.0	128 32.0	53.4	220 41.7	22 59.9	225 38.6	12.2	313 37.8	03.7
23	317 43.4	143 31.7	52.2	235 42.4	23 00.0	240 40.7	12.3	328 40.5	03.8
24 00 (SATURDAY)	332 45.9	158 31.4	N 3 50.9	250 43.2	N23 00.1	255 42.8	N22 12.3	343 43.1	S 7 03.9
01	347 48.4	173 31.0	49.6	265 43.9	00.2	270 44.9	12.3	358 45.7	04.0
02	2 50.8	188 30.7	48.4	280 44.7	00.4	285 47.0	12.4	13 48.4	04.0
03	17 53.3	203 30.4	47.1	295 45.4	00.5	300 49.2	12.4	28 51.0	04.1
04	32 55.8	218 30.0	45.8	310 46.2	00.6	315 51.3	12.4	43 53.6	04.2
05	47 58.2	233 29.7	44.6	325 47.0	00.8	330 53.4	12.4	58 56.2	04.3
06	63 00.7	248 29.4	N 3 43.3	340 47.7	N23 00.9	345 55.5	N22 12.5	73 58.9	S 7 04.3
07	78 03.1	263 29.0	42.0	355 48.5	01.0	0 57.6	12.5	89 01.5	04.4
08	93 05.6	278 28.7	40.8	10 49.2	01.1	15 59.7	12.5	104 04.1	04.5
09	108 08.1	293 28.4	39.5	25 50.0	01.3	31 01.8	12.6	119 06.8	04.6
10	123 10.5	308 28.0	38.2	40 50.7	01.4	46 03.9	12.6	134 09.4	04.6
11	138 13.0	323 27.7	37.0	55 51.5	01.5	61 06.0	12.6	149 12.0	04.7
12	153 15.5	338 27.4	N 3 35.7	70 52.2	N23 01.7	76 08.1	N22 12.6	164 14.6	S 7 04.8
13	168 17.9	353 27.1	34.4	85 53.0	01.8	91 10.2	12.7	179 17.3	04.9
14	183 20.4	8 26.7	33.2	100 53.7	01.9	106 12.3	12.7	194 19.9	04.9
15	198 22.9	23 26.4	31.9	115 54.5	02.0	121 14.4	12.7	209 22.5	05.0
16	213 25.3	38 26.1	30.6	130 55.2	02.2	136 16.5	12.8	224 25.2	05.1
17	228 27.8	53 25.7	29.4	145 56.0	02.3	151 18.6	12.8	239 27.8	05.2
18	243 30.3	68 25.4	N 3 28.1	160 56.8	N23 02.4	166 20.7	N22 12.8	254 30.4	S 7 05.2
19	258 32.7	83 25.1	26.8	175 57.5	02.5	181 22.8	12.8	269 33.1	05.3
20	273 35.2	98 24.8	25.5	190 58.3	02.6	196 25.0	12.9	284 35.7	05.4
21	288 37.6	113 24.4	24.3	205 59.0	02.8	211 27.1	12.9	299 38.3	05.5
22	303 40.1	128 24.1	23.0	220 59.8	02.9	226 29.2	12.9	314 40.9	05.5
23	318 42.6	143 23.8	21.7	236 00.5	03.0	241 31.3	13.0	329 43.6	05.6
Mer. Pass. (h m)	1 52.6	v −0.3	d 1.3	v 0.7	d 0.1	v 2.1	d 0.0	v 2.6	d 0.1

STARS

Name	SHA ° ′	Dec ° ′
Acamar	315 11.9	S40 12.0
Achernar	335 20.0	S57 06.4
Acrux	173 01.0	S63 14.3
Adhara	255 06.4	S29 00.1
Aldebaran	290 40.0	N16 33.6
Alioth	166 13.6	N55 49.8
Alkaid	152 52.5	N49 11.7
Alnair	27 32.8	S46 50.4
Alnilam	275 38.2	S 1 11.0
Alphard	217 48.4	S 8 45.8
Alphecca	126 04.0	N26 38.1
Alpheratz	357 34.8	N29 13.6
Altair	62 00.0	N 8 56.1
Ankaa	353 07.1	S42 10.1
Antares	112 16.2	S26 29.2
Arcturus	145 48.3	N19 03.4
Atria	107 10.5	S69 04.5
Avior	234 15.5	S59 35.1
Bellatrix	278 23.3	N 6 22.4
Betelgeuse	270 52.6	N 7 24.8
Canopus	263 52.9	S52 42.2
Capella	280 22.5	N46 01.2
Deneb	49 25.6	N45 22.2
Denebola	182 25.5	N14 26.2
Diphda	348 47.3	S17 50.9
Dubhe	193 42.0	N61 37.2
Elnath	278 02.4	N28 37.7
Eltanin	90 42.1	N51 29.3
Enif	33 38.8	N 9 59.4
Fomalhaut	15 14.5	S29 29.4
Gacrux	171 52.5	S57 15.2
Gienah	175 44.2	S17 40.7
Hadar	148 36.8	S60 29.7
Hamal	327 51.4	N23 34.7
Kaus Aust.	83 32.7	S34 22.4
Kochab	137 20.0	N74 03.5
Markab	13 29.9	N15 20.3
Menkar	314 06.4	N 4 11.3
Menkent	147 58.2	S36 29.5
Miaplacidus	221 39.3	S69 48.9
Mirfak	308 28.7	N49 56.8
Nunki	75 47.9	S26 16.0
Peacock	53 05.6	S56 39.4
Pollux	243 18.0	N27 58.0
Procyon	244 51.4	N 5 09.8
Rasalhague	95 58.7	N12 32.7
Regulus	207 35.1	N11 51.0
Rigel	281 04.3	S 8 10.2
Rigil Kent.	139 41.0	S60 56.4
Sabik	102 03.0	S15 45.3
Schedar	349 31.0	N56 40.2
Shaula	96 10.6	S37 07.4
Sirius	258 26.7	S16 44.8
Spica	158 22.8	S11 17.3
Suhail	222 47.0	S43 31.7
Vega	80 33.2	N38 48.6
Zuben'ubi	136 56.5	S16 08.6

	SHA ° ′	Mer. Pass. h m
Venus	186 52.6	13 26
Mars	278 38.4	7 18
Jupiter	283 05.7	7 00
Saturn	10 53.3	1 09

© British Crown Copyright 2023. All rights reserved.

UT d	h	SUN GHA ° ′	SUN Dec ° ′	MOON GHA ° ′	v ′	MOON Dec ° ′	d ′	HP ′
22 THURSDAY	00	179 16.7	N11 40.9	330 00.4	10.6	S 0 17.9	17.9	60.8
	01	194 16.8	40.1	344 30.0	10.6	0 00.0	17.9	60.8
	02	209 17.0	39.2	358 59.6	10.7	N 0 17.9	17.9	60.8
	03	224 17.2	. . 38.4	13 29.3	10.7	0 35.8	17.9	60.8
	04	239 17.3	37.5	27 59.0	10.7	0 53.7	17.8	60.7
	05	254 17.5	36.7	42 28.7	10.6	1 11.5	17.9	60.7
	06	269 17.6	N11 35.8	56 58.3	10.7	N 1 29.4	17.8	60.7
	07	284 17.8	35.0	71 28.0	10.7	1 47.2	17.8	60.7
	08	299 18.0	34.2	85 57.7	10.7	2 05.0	17.8	60.7
	09	314 18.1	. . 33.3	100 27.4	10.7	2 22.8	17.8	60.7
	10	329 18.3	32.5	114 57.1	10.7	2 40.6	17.7	60.7
	11	344 18.5	31.6	129 26.8	10.7	2 58.3	17.8	60.7
	12	359 18.6	N11 30.8	143 56.5	10.7	N 3 16.1	17.6	60.6
	13	14 18.8	29.9	158 26.2	10.7	3 33.7	17.7	60.6
	14	29 19.0	29.1	172 55.9	10.7	3 51.4	17.6	60.6
	15	44 19.1	. . 28.2	187 25.6	10.7	4 09.0	17.6	60.6
	16	59 19.3	27.4	201 55.3	10.7	4 26.6	17.6	60.6
	17	74 19.4	26.5	216 25.0	10.7	4 44.2	17.6	60.6
	18	89 19.6	N11 25.7	230 54.7	10.7	N 5 01.8	17.4	60.6
	19	104 19.8	24.8	245 24.4	10.6	5 19.2	17.5	60.5
	20	119 19.9	24.0	259 54.0	10.7	5 36.7	17.4	60.5
	21	134 20.1	. . 23.1	274 23.7	10.6	5 54.1	17.4	60.5
	22	149 20.3	22.3	288 53.3	10.6	6 11.5	17.3	60.5
	23	164 20.4	21.5	303 22.9	10.6	6 28.8	17.3	60.5
23 FRIDAY	00	179 20.6	N11 20.6	317 52.5	10.6	N 6 46.1	17.2	60.4
	01	194 20.8	19.8	332 22.1	10.6	7 03.3	17.2	60.4
	02	209 20.9	18.9	346 51.7	10.5	7 20.5	17.1	60.4
	03	224 21.1	. . 18.1	1 21.2	10.5	7 37.6	17.1	60.4
	04	239 21.3	17.2	15 50.7	10.5	7 54.7	17.0	60.4
	05	254 21.4	16.4	30 20.2	10.5	8 11.7	17.0	60.4
	06	269 21.6	N11 15.5	44 49.7	10.5	N 8 28.7	16.9	60.3
	07	284 21.8	14.7	59 19.2	10.4	8 45.6	16.8	60.3
	08	299 21.9	13.8	73 48.6	10.4	9 02.4	16.8	60.3
	09	314 22.1	. . 12.9	88 18.0	10.4	9 19.2	16.7	60.3
	10	329 22.3	12.1	102 47.4	10.4	9 35.9	16.7	60.2
	11	344 22.4	11.2	117 16.8	10.3	9 52.6	16.5	60.2
	12	359 22.6	N11 10.4	131 46.1	10.3	N10 09.1	16.6	60.2
	13	14 22.8	09.5	146 15.4	10.3	10 25.7	16.4	60.2
	14	29 22.9	08.7	160 44.7	10.2	10 42.1	16.4	60.2
	15	44 23.1	. . 07.8	175 13.9	10.2	10 58.5	16.3	60.1
	16	59 23.3	07.0	189 43.1	10.2	11 14.8	16.2	60.1
	17	74 23.4	06.1	204 12.3	10.1	11 31.0	16.1	60.1
	18	89 23.6	N11 05.3	218 41.4	10.1	N11 47.1	16.1	60.1
	19	104 23.8	04.4	233 10.5	10.1	12 03.2	16.0	60.0
	20	119 23.9	03.6	247 39.6	10.0	12 19.2	15.9	60.0
	21	134 24.1	. . 02.7	262 08.6	10.0	12 35.1	15.8	60.0
	22	149 24.3	01.8	276 37.6	10.0	12 50.9	15.7	60.0
	23	164 24.4	01.0	291 06.6	9.9	13 06.6	15.7	59.9
24 SATURDAY	00	179 24.6	N11 00.1	305 35.5	9.8	N13 22.3	15.6	59.9
	01	194 24.8	10 59.3	320 04.3	9.9	13 37.9	15.4	59.9
	02	209 25.0	58.4	334 33.2	9.7	13 53.3	15.4	59.9
	03	224 25.1	. . 57.6	349 01.9	9.8	14 08.7	15.3	59.8
	04	239 25.3	56.7	3 30.7	9.7	14 24.0	15.2	59.8
	05	254 25.5	55.8	17 59.4	9.6	14 39.2	15.1	59.8
	06	269 25.6	N10 55.0	32 28.0	9.6	N14 54.3	15.0	59.7
	07	284 25.8	54.1	46 56.6	9.6	15 09.3	14.9	59.7
	08	299 26.0	53.3	61 25.2	9.5	15 24.2	14.8	59.7
	09	314 26.2	. . 52.4	75 53.7	9.4	15 39.0	14.7	59.7
	10	329 26.3	51.6	90 22.1	9.4	15 53.7	14.6	59.6
	11	344 26.5	50.7	104 50.5	9.4	16 08.3	14.5	59.6
	12	359 26.7	N10 49.8	119 18.9	9.3	N16 22.8	14.4	59.6
	13	14 26.8	49.0	133 47.2	9.3	16 37.2	14.2	59.6
	14	29 27.0	48.1	148 15.5	9.2	16 51.4	14.2	59.5
	15	44 27.2	. . 47.2	162 43.7	9.1	17 05.6	14.1	59.5
	16	59 27.4	46.4	177 11.8	9.1	17 19.7	13.9	59.5
	17	74 27.5	45.5	191 39.9	9.1	17 33.6	13.9	59.4
	18	89 27.7	N10 44.7	206 08.0	9.0	N17 47.5	13.7	59.4
	19	104 27.9	43.8	220 36.0	8.9	18 01.2	13.6	59.4
	20	119 28.0	42.9	235 03.9	8.9	18 14.8	13.5	59.4
	21	134 28.2	. . 42.1	249 31.8	8.8	18 28.3	13.3	59.3
	22	149 28.4	41.2	263 59.6	8.8	18 41.6	13.3	59.3
	23	164 28.6	40.4	278 27.4	8.7	N18 54.9	13.1	59.3
		SD 15.8	d 0.9	SD	16.5		16.4	16.2

Lat.	Twilight Naut.	Twilight Civil	Sunrise	Moonrise 22	Moonrise 23	Moonrise 24	Moonrise 25
°	h m	h m	h m	h m	h m	h m	h m
N 72	////	01 06	03 17	19 33	18 46	17 12	▭
N 70	////	02 05	03 37	19 40	19 06	18 11	▭
68	////	02 38	03 54	19 46	19 21	18 46	▭
66	00 58	03 01	04 07	19 51	19 34	19 12	18 31
64	01 49	03 20	04 17	19 56	19 45	19 32	19 13
62	02 19	03 34	04 27	19 59	19 54	19 48	19 42
60	02 41	03 47	04 34	20 03	20 02	20 02	20 04
N 58	02 58	03 57	04 41	20 06	20 09	20 14	20 22
56	03 13	04 06	04 47	20 08	20 15	20 24	20 38
54	03 25	04 14	04 53	20 11	20 21	20 33	20 51
52	03 35	04 21	04 58	20 13	20 26	20 42	21 02
50	03 44	04 27	05 02	20 15	20 30	20 49	21 13
45	04 03	04 41	05 12	20 19	20 40	21 05	21 34
N 40	04 17	04 51	05 20	20 23	20 49	21 18	21 52
35	04 29	05 00	05 26	20 26	20 56	21 29	22 07
30	04 38	05 07	05 32	20 29	21 03	21 39	22 20
20	04 53	05 20	05 42	20 34	21 14	21 56	22 42
N 10	05 05	05 30	05 51	20 38	21 24	22 11	23 02
0	05 14	05 38	05 59	20 43	21 33	22 26	23 20
S 10	05 21	05 46	06 07	20 47	21 43	22 40	23 39
20	05 27	05 53	06 16	20 51	21 53	22 55	23 59
30	05 33	06 01	06 25	20 57	22 05	23 13	24 22
35	05 35	06 05	06 30	21 00	22 12	23 24	24 35
40	05 37	06 09	06 36	21 03	22 19	23 36	24 51
45	05 39	06 14	06 44	21 08	22 29	23 50	25 10
S 50	05 41	06 19	06 52	21 12	22 40	24 08	00 08
52	05 42	06 21	06 56	21 15	22 45	24 16	00 16
54	05 43	06 24	07 00	21 17	22 51	24 25	00 25
56	05 43	06 27	07 05	21 20	22 57	24 36	00 36
58	05 44	06 29	07 10	21 23	23 05	24 48	00 48
S 60	05 44	06 33	07 16	21 27	23 13	25 02	01 02

Lat.	Sunset	Twilight Civil	Twilight Naut.	Moonset 22	Moonset 23	Moonset 24	Moonset 25
°	h m	h m	h m	h m	h m	h m	h m
N 72	20 44	22 45	////	08 44	11 20	14 45	▭
N 70	20 24	21 54	////	08 41	11 03	13 48	▭
68	20 09	21 23	////	08 38	10 50	13 14	▭
66	19 56	21 00	22 56	08 36	10 40	12 50	15 25
64	19 45	20 43	22 10	08 34	10 31	12 32	14 43
62	19 37	20 28	21 42	08 33	10 23	12 17	14 15
60	19 29	20 16	21 21	08 31	10 17	12 04	13 54
N 58	19 22	20 06	21 04	08 30	10 11	11 53	13 37
56	19 16	19 57	20 50	08 29	10 06	11 44	13 22
54	19 11	19 49	20 38	08 28	10 02	11 35	13 09
52	19 06	19 43	20 28	08 27	09 58	11 28	12 58
50	19 02	19 36	20 19	08 27	09 54	11 21	12 49
45	18 52	19 23	20 01	08 25	09 46	11 07	12 28
N 40	18 45	19 13	19 47	08 23	09 40	10 56	12 12
35	18 38	19 04	19 36	08 22	09 34	10 46	11 58
30	18 32	18 57	19 26	08 21	09 29	10 37	11 46
20	18 22	18 45	19 11	08 19	09 21	10 23	11 25
N 10	18 14	18 35	19 00	08 18	09 13	10 10	11 08
0	18 06	18 27	18 51	08 16	09 06	09 58	10 51
S 10	17 58	18 19	18 44	08 14	08 59	09 46	10 35
20	17 50	18 12	18 38	08 13	08 52	09 33	10 17
30	17 40	18 05	18 33	08 11	08 44	09 19	09 57
35	17 35	18 01	18 30	08 10	08 39	09 11	09 46
40	17 29	17 57	18 28	08 08	08 34	09 01	09 33
45	17 22	17 52	18 26	08 07	08 28	08 50	09 17
S 50	17 14	17 47	18 25	08 05	08 20	08 37	08 58
52	17 10	17 45	18 24	08 04	08 17	08 31	08 49
54	17 06	17 42	18 23	08 04	08 13	08 24	08 39
56	17 01	17 39	18 23	08 03	08 09	08 17	08 27
58	16 56	17 37	18 22	08 01	08 04	08 08	08 14
S 60	16 50	17 33	18 22	08 00	07 59	07 59	07 59

Day	SUN Eqn. of Time 00^h	SUN Eqn. of Time 12^h	SUN Mer. Pass.	MOON Mer. Pass. Upper	MOON Mer. Pass. Lower	MOON Age	MOON Phase
d	m s	m s	h m	h m	h m	d %	
22	02 54	02 46	12 03	02 04	14 29	18 89	
23	02 38	02 30	12 02	02 54	15 20	19 81	
24	02 22	02 14	12 02	03 45	16 12	20 71	

© British Crown Copyright 2023. All rights reserved.

UT (d h)	ARIES GHA	VENUS −3·9 GHA	VENUS Dec	MARS +0·7 GHA	MARS Dec	JUPITER −2·2 GHA	JUPITER Dec	SATURN +0·6 GHA	SATURN Dec
	° ′	° ′	° ′	° ′	° ′	° ′	° ′	° ′	° ′
25 00	333 45.0	158 23.4	N 3 20.5	251 01.3	N23 03.1	256 33.4	N22 13.0	344 46.2	S 7 05.7
01	348 47.5	173 23.1	19.2	266 02.0	03.3	271 35.5	13.0	359 48.8	05.8
02	3 50.0	188 22.8	17.9	281 02.8	03.4	286 37.6	13.0	14 51.5	05.8
03	18 52.4	203 22.5	. . 16.6	296 03.6	. . 03.5	301 39.7	. . 13.1	29 54.1	. . 05.9
04	33 54.9	218 22.1	15.4	311 04.3	03.6	316 41.8	13.1	44 56.7	06.0
05	48 57.4	233 21.8	14.1	326 05.1	03.7	331 43.9	13.1	59 59.4	06.1
06	63 59.8	248 21.5	N 3 12.8	341 05.8	N23 03.9	346 46.0	N22 13.2	75 02.0	S 7 06.1
07	79 02.3	263 21.1	11.6	356 06.6	04.0	1 48.2	13.2	90 04.6	06.2
08	94 04.7	278 20.8	10.3	11 07.3	04.1	16 50.3	13.2	105 07.2	06.3
S 09	109 07.2	293 20.5	. . 09.0	26 08.1	. . 04.2	31 52.4	. . 13.2	120 09.9	. . 06.4
U 10	124 09.7	308 20.2	07.7	41 08.9	04.3	46 54.5	13.3	135 12.5	06.4
N 11	139 12.1	323 19.8	06.5	56 09.6	04.5	61 56.6	13.3	150 15.1	06.5
D 12	154 14.6	338 19.5	N 3 05.2	71 10.4	N23 04.6	76 58.7	N22 13.3	165 17.8	S 7 06.6
A 13	169 17.1	353 19.2	03.9	86 11.1	04.7	92 00.8	13.3	180 20.4	06.7
Y 14	184 19.5	8 18.9	02.7	101 11.9	04.8	107 02.9	13.4	195 23.0	06.7
15	199 22.0	23 18.5	. . 01.4	116 12.7	. . 04.9	122 05.1	. . 13.4	210 25.7	. . 06.8
16	214 24.5	38 18.2	3 00.1	131 13.4	05.1	137 07.2	13.4	225 28.3	06.9
17	229 26.9	53 17.9	2 58.8	146 14.2	05.2	152 09.3	13.5	240 30.9	07.0
18	244 29.4	68 17.6	N 2 57.6	161 14.9	N23 05.3	167 11.4	N22 13.5	255 33.6	S 7 07.0
19	259 31.9	83 17.2	56.3	176 15.7	05.4	182 13.5	13.5	270 36.2	07.1
20	274 34.3	98 16.9	55.0	191 16.5	05.5	197 15.6	13.5	285 38.8	07.2
21	289 36.8	113 16.6	. . 53.7	206 17.2	. . 05.6	212 17.7	. . 13.6	300 41.5	. . 07.3
22	304 39.2	128 16.3	52.5	221 18.0	05.7	227 19.8	13.6	315 44.1	07.4
23	319 41.7	143 15.9	51.2	236 18.7	05.9	242 22.0	13.6	330 46.7	07.4
26 00	334 44.2	158 15.6	N 2 49.9	251 19.5	N23 06.0	257 24.1	N22 13.7	345 49.3	S 7 07.5
01	349 46.6	173 15.3	48.6	266 20.3	06.1	272 26.2	13.7	0 52.0	07.6
02	4 49.1	188 15.0	47.4	281 21.0	06.2	287 28.3	13.7	15 54.6	07.7
03	19 51.6	203 14.6	. . 46.1	296 21.8	. . 06.3	302 30.4	. . 13.7	30 57.2	. . 07.7
04	34 54.0	218 14.3	44.8	311 22.5	06.4	317 32.5	13.8	45 59.9	07.8
05	49 56.5	233 14.0	43.5	326 23.3	06.5	332 34.7	13.8	61 02.5	07.9
06	64 59.0	248 13.7	N 2 42.3	341 24.1	N23 06.7	347 36.8	N22 13.8	76 05.1	S 7 08.0
07	80 01.4	263 13.3	41.0	356 24.8	06.8	2 38.9	13.8	91 07.8	08.0
08	95 03.9	278 13.0	39.7	11 25.6	06.9	17 41.0	13.9	106 10.4	08.1
M 09	110 06.4	293 12.7	. . 38.4	26 26.4	. . 07.0	32 43.1	. . 13.9	121 13.0	. . 08.2
O 10	125 08.8	308 12.4	37.2	41 27.1	07.1	47 45.2	13.9	136 15.7	08.3
N 11	140 11.3	323 12.0	35.9	56 27.9	07.2	62 47.4	13.9	151 18.3	08.3
D 12	155 13.7	338 11.7	N 2 34.6	71 28.6	N23 07.3	77 49.5	N22 14.0	166 20.9	S 7 08.4
A 13	170 16.2	353 11.4	33.3	86 29.4	07.4	92 51.6	14.0	181 23.6	08.5
Y 14	185 18.7	8 11.1	32.1	101 30.2	07.6	107 53.7	14.0	196 26.2	08.6
15	200 21.1	23 10.8	. . 30.8	116 30.9	. . 07.7	122 55.8	. . 14.1	211 28.8	. . 08.6
16	215 23.6	38 10.4	29.5	131 31.7	07.8	137 58.0	14.1	226 31.5	08.7
17	230 26.1	53 10.1	28.2	146 32.5	07.9	153 00.1	14.1	241 34.1	08.8
18	245 28.5	68 09.8	N 2 26.9	161 33.2	N23 08.0	168 02.2	N22 14.1	256 36.7	S 7 08.9
19	260 31.0	83 09.5	25.7	176 34.0	08.1	183 04.3	14.2	271 39.4	08.9
20	275 33.5	98 09.1	24.4	191 34.8	08.2	198 06.4	14.2	286 42.0	09.0
21	290 35.9	113 08.8	. . 23.1	206 35.5	. . 08.3	213 08.6	. . 14.2	301 44.6	. . 09.1
22	305 38.4	128 08.5	21.8	221 36.3	08.4	228 10.7	14.2	316 47.3	09.2
23	320 40.9	143 08.2	20.6	236 37.1	08.5	243 12.8	14.3	331 49.9	09.2
27 00	335 43.3	158 07.9	N 2 19.3	251 37.8	N23 08.6	258 14.9	N22 14.3	346 52.5	S 7 09.3
01	350 45.8	173 07.5	18.0	266 38.6	08.8	273 17.0	14.3	1 55.2	09.4
02	5 48.2	188 07.2	16.7	281 39.4	08.9	288 19.2	14.3	16 57.8	09.5
03	20 50.7	203 06.9	. . 15.4	296 40.1	. . 09.0	303 21.3	. . 14.4	32 00.4	. . 09.6
04	35 53.2	218 06.6	14.2	311 40.9	09.1	318 23.4	14.4	47 03.1	09.6
05	50 55.6	233 06.2	12.9	326 41.7	09.2	333 25.5	14.4	62 05.7	09.7
06	65 58.1	248 05.9	N 2 11.6	341 42.4	N23 09.3	348 27.6	N22 14.5	77 08.3	S 7 09.8
07	81 00.6	263 05.6	10.3	356 43.2	09.4	3 29.8	14.5	92 11.0	09.9
T 08	96 03.0	278 05.3	09.0	11 44.0	09.5	18 31.9	14.5	107 13.6	09.9
U 09	111 05.5	293 05.0	. . 07.8	26 44.7	. . 09.6	33 34.0	. . 14.5	122 16.2	. . 10.0
E 10	126 08.0	308 04.6	06.5	41 45.5	09.7	48 36.1	14.6	137 18.9	10.1
S 11	141 10.4	323 04.3	05.2	56 46.3	09.8	63 38.3	14.6	152 21.5	10.2
D 12	156 12.9	338 04.0	N 2 03.9	71 47.0	N23 09.9	78 40.4	N22 14.6	167 24.1	S 7 10.2
A 13	171 15.4	353 03.7	02.7	86 47.8	10.0	93 42.5	14.6	182 26.8	10.3
Y 14	186 17.8	8 03.4	01.4	101 48.6	10.1	108 44.6	14.7	197 29.4	10.4
15	201 20.3	23 03.0	2 00.1	116 49.3	. . 10.2	123 46.8	. . 14.7	212 32.0	. . 10.5
16	216 22.7	38 02.7	1 58.8	131 50.1	10.3	138 48.9	14.7	227 34.7	10.5
17	231 25.2	53 02.4	57.5	146 50.9	10.4	153 51.0	14.7	242 37.3	10.6
18	246 27.7	68 02.1	N 1 56.2	161 51.6	N23 10.5	168 53.1	N22 14.8	257 39.9	S 7 10.7
19	261 30.1	83 01.8	55.0	176 52.4	10.6	183 55.3	14.8	272 42.6	10.8
20	276 32.6	98 01.4	53.7	191 53.2	10.7	198 57.4	14.8	287 45.2	10.8
21	291 35.1	113 01.1	. . 52.4	206 54.0	. . 10.8	213 59.5	. . 14.8	302 47.8	. . 10.9
22	306 37.5	128 00.8	51.1	221 54.7	10.9	229 01.7	14.9	317 50.5	11.0
23	321 40.0	143 00.5	49.8	236 55.5	11.0	244 03.8	14.9	332 53.1	11.1
Mer. Pass. (h m)	1 40.8	v −0.3	d 1.3	v 0.8	d 0.1	v 2.1	d 0.0	v 2.6	d 0.1

STARS

Name	SHA ° ′	Dec ° ′
Acamar	315 11.9	S40 12.0
Achernar	335 20.0	S57 06.4
Acrux	173 01.0	S63 14.2
Adhara	255 06.4	S29 00.1
Aldebaran	290 40.0	N16 33.6
Alioth	166 13.6	N55 49.8
Alkaid	152 52.5	N49 11.7
Alnair	27 32.8	S46 50.4
Alnilam	275 38.2	S 1 11.0
Alphard	217 48.4	S 8 45.8
Alphecca	126 04.0	N26 38.1
Alpheratz	357 34.8	N29 13.6
Altair	62 00.0	N 8 56.1
Ankaa	353 07.1	S42 10.1
Antares	112 16.2	S26 29.2
Arcturus	145 48.3	N19 03.4
Atria	107 10.6	S69 04.5
Avior	234 15.5	S59 35.0
Bellatrix	278 23.3	N 6 22.4
Betelgeuse	270 52.6	N 7 24.8
Canopus	263 52.8	S52 42.2
Capella	280 22.5	N46 01.2
Deneb	49 25.6	N45 22.2
Denebola	182 25.6	N14 26.2
Diphda	348 47.3	S17 50.9
Dubhe	193 42.0	N61 37.2
Elnath	278 02.4	N28 37.7
Eltanin	90 42.1	N51 29.4
Enif	33 38.8	N 9 59.4
Fomalhaut	15 14.5	S29 29.4
Gacrux	171 52.5	S57 15.2
Gienah	175 44.2	S17 40.7
Hadar	148 36.8	S60 29.7
Hamal	327 51.4	N23 34.7
Kaus Aust.	83 32.7	S34 22.4
Kochab	137 20.1	N74 03.5
Markab	13 29.9	N15 20.3
Menkar	314 06.4	N 4 11.3
Menkent	147 58.2	S36 29.5
Miaplacidus	221 39.3	S69 48.9
Mirfak	308 28.6	N49 56.8
Nunki	75 47.9	S26 16.0
Peacock	53 05.7	S56 39.4
Pollux	243 18.0	N27 58.0
Procyon	244 51.4	N 5 09.8
Rasalhague	95 58.7	N12 32.7
Regulus	207 35.1	N11 50.9
Rigel	281 04.3	S 8 10.2
Rigil Kent.	139 41.0	S60 56.4
Sabik	102 03.0	S15 45.3
Schedar	349 31.0	N56 40.2
Shaula	96 10.6	S37 07.4
Sirius	258 26.7	S16 44.8
Spica	158 22.8	S11 17.3
Suhail	222 47.0	S43 31.7
Vega	80 33.2	N38 48.6
Zuben'ubi	136 56.5	S16 08.6

	SHA ° ′	Mer. Pass. h m
Venus	183 31.4	13 27
Mars	276 35.3	7 14
Jupiter	282 39.9	6 49
Saturn	11 05.2	0 57

© British Crown Copyright 2023. All rights reserved.

Day	UT d h	SUN GHA ° ′	SUN Dec ° ′	MOON GHA ° ′	v ′	MOON Dec ° ′	d ′	HP ′
	25 00	179 28.7	N10 39.5	292 55.1	8.7	N19 08.0	13.0	59.2
	01	194 28.9	38.6	307 22.8	8.6	19 21.0	12.9	59.2
	02	209 29.1	37.8	321 50.4	8.6	19 33.9	12.8	59.2
	03	224 29.3	. . 36.9	336 18.0	8.5	19 46.7	12.6	59.1
	04	239 29.4	36.0	350 45.5	8.4	19 59.3	12.5	59.1
	05	254 29.6	35.2	5 12.9	8.4	20 11.8	12.4	59.1
	06	269 29.8	N10 34.3	19 40.3	8.4	N20 24.2	12.2	59.1
	07	284 30.0	33.4	34 07.7	8.2	20 36.4	12.1	59.0
	08	299 30.1	32.6	48 34.9	8.3	20 48.5	12.0	59.0
S	09	314 30.3	. . 31.7	63 02.2	8.1	21 00.5	11.9	59.0
U	10	329 30.5	30.8	77 29.3	8.1	21 12.4	11.7	58.9
N	11	344 30.7	30.0	91 56.4	8.1	21 24.1	11.5	58.9
D	12	359 30.8	N10 29.1	106 23.5	8.0	N21 35.6	11.5	58.9
A	13	14 31.0	28.2	120 50.5	7.9	21 47.1	11.3	58.8
Y	14	29 31.2	27.4	135 17.4	7.9	21 58.4	11.1	58.8
	15	44 31.4	. . 26.5	149 44.3	7.8	22 09.5	11.1	58.8
	16	59 31.5	25.6	164 11.1	7.8	22 20.6	10.8	58.7
	17	74 31.7	24.8	178 37.9	7.7	22 31.4	10.8	58.7
	18	89 31.9	N10 23.9	193 04.6	7.7	N22 42.2	10.6	58.7
	19	104 32.1	23.0	207 31.3	7.6	22 52.8	10.4	58.7
	20	119 32.3	22.2	221 57.9	7.6	23 03.2	10.3	58.6
	21	134 32.4	. . 21.3	236 24.5	7.5	23 13.5	10.1	58.6
	22	149 32.6	20.4	250 51.0	7.4	23 23.6	10.1	58.6
	23	164 32.8	19.5	265 17.4	7.4	23 33.7	9.8	58.5
	26 00	179 33.0	N10 18.7	279 43.8	7.4	N23 43.5	9.7	58.5
	01	194 33.1	17.8	294 10.2	7.3	23 53.2	9.6	58.5
	02	209 33.3	16.9	308 36.5	7.2	24 02.8	9.4	58.4
	03	224 33.5	. . 16.1	323 02.7	7.2	24 12.2	9.2	58.4
	04	239 33.7	15.2	337 28.9	7.2	24 21.4	9.1	58.4
	05	254 33.9	14.3	351 55.1	7.1	24 30.5	9.0	58.3
	06	269 34.0	N10 13.4	6 21.2	7.0	N24 39.5	8.7	58.3
	07	284 34.2	12.6	20 47.2	7.1	24 48.2	8.7	58.3
	08	299 34.4	11.7	35 13.3	6.9	24 56.9	8.4	58.3
M	09	314 34.6	. . 10.8	49 39.2	6.9	25 05.3	8.4	58.2
O	10	329 34.7	09.9	64 05.1	6.9	25 13.7	8.1	58.2
N	11	344 34.9	09.1	78 31.0	6.9	25 21.8	8.0	58.2
D	12	359 35.1	N10 08.2	92 56.9	6.7	N25 29.8	7.8	58.1
A	13	14 35.3	07.3	107 22.6	6.8	25 37.6	7.7	58.1
Y	14	29 35.5	06.4	121 48.4	6.7	25 45.3	7.5	58.1
	15	44 35.6	. . 05.6	136 14.1	6.7	25 52.8	7.4	58.0
	16	59 35.8	04.7	150 39.8	6.6	26 00.2	7.2	58.0
	17	74 36.0	03.8	165 05.4	6.6	26 07.4	7.0	58.0
	18	89 36.2	N10 02.9	179 31.0	6.6	N26 14.4	6.9	57.9
	19	104 36.4	02.1	193 56.6	6.5	26 21.3	6.6	57.9
	20	119 36.5	01.2	208 22.1	6.5	26 27.9	6.6	57.9
	21	134 36.7	10 00.3	222 47.6	6.5	26 34.5	6.3	57.9
	22	149 36.9	9 59.4	237 13.1	6.4	26 40.8	6.2	57.8
	23	164 37.1	58.6	251 38.5	6.4	26 47.0	6.1	57.8
	27 00	179 37.3	N 9 57.7	266 03.9	6.4	N26 53.1	5.8	57.8
	01	194 37.5	56.8	280 29.3	6.4	26 58.9	5.7	57.7
	02	209 37.6	55.9	294 54.7	6.3	27 04.6	5.6	57.7
	03	224 37.8	. . 55.1	309 20.0	6.3	27 10.2	5.3	57.7
	04	239 38.0	54.2	323 45.3	6.3	27 15.5	5.2	57.6
	05	254 38.2	53.3	338 10.6	6.3	27 20.7	5.0	57.6
	06	269 38.4	N 9 52.4	352 35.9	6.2	N27 25.7	4.9	57.6
	07	284 38.5	51.5	7 01.1	6.2	27 30.6	4.7	57.6
T	08	299 38.7	50.7	21 26.3	6.3	27 35.3	4.5	57.5
U	09	314 38.9	. . 49.8	35 51.6	6.2	27 39.8	4.3	57.5
E	10	329 39.1	48.9	50 16.8	6.2	27 44.1	4.2	57.5
S	11	344 39.3	48.0	64 42.0	6.2	27 48.3	4.0	57.4
D	12	359 39.5	N 9 47.1	79 07.2	6.1	N27 52.3	3.8	57.4
A	13	14 39.6	46.3	93 32.3	6.2	27 56.1	3.7	57.4
Y	14	29 39.8	45.4	107 57.5	6.2	27 59.8	3.4	57.3
	15	44 40.0	. . 44.5	122 22.7	6.1	28 03.2	3.4	57.3
	16	59 40.2	43.6	136 47.8	6.2	28 06.6	3.1	57.3
	17	74 40.4	42.7	151 13.0	6.2	28 09.7	3.0	57.3
	18	89 40.6	N 9 41.8	165 38.2	6.1	N28 12.7	2.8	57.2
	19	104 40.7	41.0	180 03.3	6.2	28 15.5	2.6	57.2
	20	119 40.9	40.1	194 28.5	6.2	28 18.1	2.5	57.2
	21	134 41.1	. . 39.2	208 53.7	6.2	28 20.6	2.2	57.1
	22	149 41.3	38.3	223 18.9	6.1	28 22.8	2.2	57.1
	23	164 41.5	37.4	237 44.0	6.3	N28 25.0	1.9	57.1
		SD 15.9	*d* 0.9	SD 16.0		15.8		15.6

Lat. °	Twilight Naut. h m	Twilight Civil h m	Sunrise h m	Moonrise 25 h m	Moonrise 26 h m	Moonrise 27 h m	Moonrise 28 h m
N 72	////	01 44	03 33	▭	▭	▭	▭
N 70	////	02 26	03 51	▭	▭	▭	▭
68	////	02 54	04 05	▭	▭	▭	▭
66	01 30	03 14	04 17	18 31	▭	▭	▭
64	02 07	03 30	04 26	19 13	▭	▭	▭
62	02 33	03 44	04 35	19 42	19 33	▭	▭
60	02 52	03 55	04 42	20 04	20 11	20 30	21 24
N 58	03 08	04 04	04 48	20 22	20 38	21 08	22 04
56	03 21	04 13	04 53	20 38	20 59	21 35	22 31
54	03 32	04 20	04 58	20 51	21 17	21 56	22 53
52	03 41	04 26	05 03	21 02	21 32	22 13	23 11
50	03 50	04 32	05 07	21 13	21 45	22 29	23 26
45	04 07	04 44	05 15	21 34	22 12	22 59	23 56
N 40	04 21	04 54	05 22	21 52	22 33	23 23	24 20
35	04 31	05 02	05 29	22 07	22 51	23 42	24 40
30	04 40	05 09	05 34	22 20	23 07	23 59	24 57
20	04 54	05 21	05 43	22 42	23 33	24 28	00 28
N 10	05 05	05 30	05 51	23 02	23 56	24 52	00 52
0	05 13	05 37	05 58	23 20	24 17	00 17	01 15
S 10	05 20	05 44	06 06	23 39	24 38	00 38	01 38
20	05 25	05 51	06 13	23 59	25 01	01 01	02 02
30	05 30	05 57	06 22	24 22	00 22	01 28	02 31
35	05 32	06 01	06 27	24 35	00 35	01 44	02 48
40	05 33	06 05	06 32	24 51	00 51	02 03	03 08
45	05 35	06 09	06 38	25 10	01 10	02 26	03 32
S 50	05 36	06 13	06 46	00 08	01 34	02 54	04 04
52	05 36	06 15	06 49	00 16	01 45	03 09	04 19
54	05 36	06 17	06 53	00 25	01 58	03 25	04 38
56	05 36	06 19	06 57	00 36	02 14	03 45	05 00
58	05 37	06 22	07 02	00 48	02 32	04 10	05 29
S 60	05 36	06 25	07 07	01 02	02 54	04 43	06 12

Lat. °	Sunset h m	Twilight Civil h m	Twilight Naut. h m	Moonset 25 h m	Moonset 26 h m	Moonset 27 h m	Moonset 28 h m
N 72	20 27	22 11	////	▭	▭	▭	▭
N 70	20 09	21 32	////	▭	▭	▭	▭
68	19 55	21 06	23 48	▭	▭	▭	▭
66	19 44	20 46	22 26	15 25	▭	▭	▭
64	19 35	20 30	21 51	14 43	▭	▭	▭
62	19 27	20 17	21 27	14 15	16 22	▭	▭
60	19 20	20 06	21 08	13 54	15 45	17 26	18 32
N 58	19 14	19 57	20 53	13 37	15 18	16 48	17 53
56	19 09	19 49	20 41	13 22	14 57	16 22	17 25
54	19 04	19 42	20 30	13 09	14 40	16 01	17 03
52	19 00	19 36	20 20	12 58	14 25	15 43	16 46
50	18 56	19 30	20 12	12 49	14 13	15 28	16 30
45	18 47	19 18	19 55	12 28	13 46	14 58	15 59
N 40	18 40	19 08	19 42	12 12	13 26	14 35	15 35
35	18 34	19 00	19 31	11 58	13 09	14 15	15 16
30	18 29	18 54	19 23	11 46	12 54	13 59	14 59
20	18 20	18 42	19 09	11 25	12 29	13 31	14 30
N 10	18 12	18 34	18 58	11 08	12 07	13 07	14 05
0	18 05	18 26	18 50	10 51	11 47	12 45	13 42
S 10	17 58	18 19	18 44	10 35	11 27	12 22	13 20
20	17 50	18 13	18 38	10 17	11 06	11 58	12 55
30	17 42	18 06	18 34	09 57	10 41	11 31	12 26
35	17 37	18 03	18 32	09 46	10 27	11 14	12 09
40	17 32	17 59	18 31	09 33	10 10	10 55	11 49
45	17 26	17 55	18 30	09 17	09 50	10 32	11 25
S 50	17 18	17 51	18 29	08 58	09 25	10 03	10 53
52	17 15	17 49	18 28	08 49	09 13	09 48	10 38
54	17 11	17 47	18 28	08 39	09 00	09 31	10 19
56	17 07	17 45	18 28	08 27	08 44	09 11	09 57
58	17 02	17 42	18 28	08 14	08 25	08 46	09 28
S 60	16 57	17 40	18 28	07 59	08 02	08 12	08 45

Day	SUN Eqn. of Time 00^h	SUN Eqn. of Time 12^h	SUN Mer. Pass.	MOON Mer. Pass. Upper	MOON Mer. Pass. Lower	Age	Phase
d	m s	m s	h m	h m	h m	d	%
25	02 05	01 57	12 02	04 38	17 06	21	60
26	01 49	01 40	12 02	05 34	18 02	22	49
27	01 31	01 23	12 01	06 31	19 00	23	38

© British Crown Copyright 2023. All rights reserved.

	UT d h	ARIES GHA ° ′	VENUS −3·9 GHA ° ′	VENUS Dec ° ′	MARS +0·7 GHA ° ′	MARS Dec ° ′	JUPITER −2·2 GHA ° ′	JUPITER Dec ° ′	SATURN +0·6 GHA ° ′	SATURN Dec ° ′
WEDNESDAY	28 00	336 42.5	158 00.2	N 1 48.6	251 56.3	N23 11.1	259 05.9	N22 14.9	347 55.7	S 7 11.2
	01	351 44.9	172 59.8	47.3	266 57.0	11.2	274 08.0	14.9	2 58.4	11.2
	02	6 47.4	187 59.5	46.0	281 57.8	11.3	289 10.2	15.0	18 01.0	11.3
	03	21 49.8	202 59.2	44.7	296 58.6	11.4	304 12.3	15.0	33 03.6	11.4
	04	36 52.3	217 58.9	43.4	311 59.4	11.5	319 14.4	15.0	48 06.3	11.5
	05	51 54.8	232 58.6	42.2	327 00.1	11.6	334 16.5	15.0	63 08.9	11.5
	06	66 57.2	247 58.3	N 1 40.9	342 00.9	N23 11.7	349 18.7	N22 15.1	78 11.5	S 7 11.6
	07	81 59.7	262 57.9	39.6	357 01.7	11.8	4 20.8	15.1	93 14.2	11.7
	08	97 02.2	277 57.6	38.3	12 02.4	11.9	19 22.9	15.1	108 16.8	11.8
	09	112 04.6	292 57.3	37.0	27 03.2	12.0	34 25.1	15.2	123 19.4	11.8
	10	127 07.1	307 57.0	35.7	42 04.0	12.1	49 27.2	15.2	138 22.1	11.9
	11	142 09.6	322 56.7	34.5	57 04.8	12.2	64 29.3	15.2	153 24.7	12.0
	12	157 12.0	337 56.3	N 1 33.2	72 05.5	N23 12.3	79 31.5	N22 15.2	168 27.3	S 7 12.1
	13	172 14.5	352 56.0	31.9	87 06.3	12.4	94 33.6	15.3	183 30.0	12.1
	14	187 17.0	7 55.7	30.6	102 07.1	12.5	109 35.7	15.3	198 32.6	12.2
	15	202 19.4	22 55.4	29.3	117 07.9	12.6	124 37.9	15.3	213 35.2	12.3
	16	217 21.9	37 55.1	28.0	132 08.6	12.7	139 40.0	15.3	228 37.9	12.4
	17	232 24.3	52 54.8	26.8	147 09.4	12.8	154 42.1	15.4	243 40.5	12.5
	18	247 26.8	67 54.4	N 1 25.5	162 10.2	N23 12.9	169 44.2	N22 15.4	258 43.2	S 7 12.5
	19	262 29.3	82 54.1	24.2	177 11.0	13.0	184 46.4	15.4	273 45.8	12.6
	20	277 31.7	97 53.8	22.9	192 11.7	13.1	199 48.5	15.4	288 48.4	12.7
	21	292 34.2	112 53.5	21.6	207 12.5	13.2	214 50.6	15.5	303 51.1	12.8
	22	307 36.7	127 53.2	20.4	222 13.3	13.3	229 52.8	15.5	318 53.7	12.8
	23	322 39.1	142 52.8	19.1	237 14.1	13.4	244 54.9	15.5	333 56.3	12.9
THURSDAY	29 00	337 41.6	157 52.5	N 1 17.8	252 14.8	N23 13.5	259 57.0	N22 15.5	348 59.0	S 7 13.0
	01	352 44.1	172 52.2	16.5	267 15.6	13.6	274 59.2	15.6	4 01.6	13.1
	02	7 46.5	187 51.9	15.2	282 16.4	13.7	290 01.3	15.6	19 04.2	13.1
	03	22 49.0	202 51.6	13.9	297 17.2	13.7	305 03.5	15.6	34 06.9	13.2
	04	37 51.5	217 51.3	12.6	312 17.9	13.8	320 05.6	15.6	49 09.5	13.3
	05	52 53.9	232 50.9	11.4	327 18.7	13.9	335 07.7	15.7	64 12.1	13.4
	06	67 56.4	247 50.6	N 1 10.1	342 19.5	N23 14.0	350 09.9	N22 15.7	79 14.8	S 7 13.4
	07	82 58.8	262 50.3	08.8	357 20.3	14.1	5 12.0	15.7	94 17.4	13.5
	08	98 01.3	277 50.0	07.5	12 21.0	14.2	20 14.1	15.7	109 20.0	13.6
	09	113 03.8	292 49.7	06.2	27 21.8	14.3	35 16.3	15.8	124 22.7	13.7
	10	128 06.2	307 49.4	04.9	42 22.6	14.4	50 18.4	15.8	139 25.3	13.8
	11	143 08.7	322 49.0	03.7	57 23.4	14.5	65 20.5	15.8	154 28.0	13.8
	12	158 11.2	337 48.7	N 1 02.4	72 24.2	N23 14.6	80 22.7	N22 15.8	169 30.6	S 7 13.9
	13	173 13.6	352 48.4	1 01.1	87 24.9	14.7	95 24.8	15.8	184 33.2	14.0
	14	188 16.1	7 48.1	0 59.8	102 25.7	14.7	110 27.0	15.9	199 35.9	14.1
	15	203 18.6	22 47.8	58.5	117 26.5	14.8	125 29.1	15.9	214 38.5	14.1
	16	218 21.0	37 47.5	57.2	132 27.3	14.9	140 31.2	15.9	229 41.1	14.2
	17	233 23.5	52 47.2	55.9	147 28.1	15.0	155 33.4	15.9	244 43.8	14.3
	18	248 26.0	67 46.8	N 0 54.7	162 28.8	N23 15.1	170 35.5	N22 16.0	259 46.4	S 7 14.4
	19	263 28.4	82 46.5	53.4	177 29.6	15.2	185 37.6	16.0	274 49.0	14.4
	20	278 30.9	97 46.2	52.1	192 30.4	15.3	200 39.8	16.0	289 51.7	14.5
	21	293 33.3	112 45.9	50.8	207 31.2	15.4	215 41.9	16.0	304 54.3	14.6
	22	308 35.8	127 45.6	49.5	222 32.0	15.4	230 44.1	16.1	319 56.9	14.7
	23	323 38.3	142 45.3	48.2	237 32.7	15.5	245 46.2	16.1	334 59.6	14.8
FRIDAY	30 00	338 40.7	157 44.9	N 0 46.9	252 33.5	N23 15.6	260 48.3	N22 16.1	350 02.2	S 7 14.8
	01	353 43.2	172 44.6	45.7	267 34.3	15.7	275 50.5	16.1	5 04.9	14.9
	02	8 45.7	187 44.3	44.4	282 35.1	15.8	290 52.6	16.2	20 07.5	15.0
	03	23 48.1	202 44.0	43.1	297 35.9	15.9	305 54.8	16.2	35 10.1	15.1
	04	38 50.6	217 43.7	41.8	312 36.7	16.0	320 56.9	16.2	50 12.8	15.1
	05	53 53.1	232 43.4	40.5	327 37.4	16.0	335 59.1	16.2	65 15.4	15.2
	06	68 55.5	247 43.1	N 0 39.2	342 38.2	N23 16.1	351 01.2	N22 16.3	80 18.0	S 7 15.3
	07	83 58.0	262 42.7	37.9	357 39.0	16.2	6 03.3	16.3	95 20.7	15.4
	08	99 00.4	277 42.4	36.7	12 39.8	16.3	21 05.5	16.3	110 23.3	15.4
	09	114 02.9	292 42.1	35.4	27 40.6	16.4	36 07.6	16.3	125 25.9	15.5
	10	129 05.4	307 41.8	34.1	42 41.4	16.5	51 09.8	16.4	140 28.6	15.6
	11	144 07.8	322 41.5	32.8	57 42.1	16.6	66 11.9	16.4	155 31.2	15.7
	12	159 10.3	337 41.2	N 0 31.5	72 42.9	N23 16.6	81 14.1	N22 16.4	170 33.9	S 7 15.7
	13	174 12.8	352 40.9	30.2	87 43.7	16.7	96 16.2	16.4	185 36.5	15.8
	14	189 15.2	7 40.5	28.9	102 44.5	16.8	111 18.3	16.4	200 39.1	15.9
	15	204 17.7	22 40.2	27.7	117 45.3	16.9	126 20.5	16.5	215 41.8	16.0
	16	219 20.2	37 39.9	26.4	132 46.1	17.0	141 22.6	16.5	230 44.4	16.1
	17	234 22.6	52 39.6	25.1	147 46.8	17.0	156 24.8	16.5	245 47.0	16.1
	18	249 25.1	67 39.3	N 0 23.8	162 47.6	N23 17.1	171 26.9	N22 16.5	260 49.7	S 7 16.2
	19	264 27.6	82 39.0	22.5	177 48.4	17.2	186 29.1	16.6	275 52.3	16.3
	20	279 30.0	97 38.6	21.2	192 49.2	17.3	201 31.2	16.6	290 55.0	16.4
	21	294 32.5	112 38.3	19.9	207 50.0	17.4	216 33.4	16.6	305 57.6	16.4
	22	309 34.9	127 38.0	18.6	222 50.8	17.5	231 35.5	16.6	321 00.2	16.5
	23	324 37.4	142 37.7	17.4	237 51.6	17.5	246 37.7	16.7	336 02.9	16.6
	Mer. Pass.	h m 1 29.0	v −0.3	d 1.3	v 0.8	d 0.1	v 2.1	d 0.0	v 2.6	d 0.1

STARS

Name	SHA ° ′	Dec ° ′
Acamar	315 11.8	S40 12.0
Achernar	335 20.0	S57 06.4
Acrux	173 01.0	S63 14.2
Adhara	255 06.3	S29 00.0
Aldebaran	290 40.0	N16 33.6
Alioth	166 13.6	N55 49.8
Alkaid	152 52.5	N49 11.7
Alnair	27 32.8	S46 50.4
Alnilam	275 38.1	S 1 11.0
Alphard	217 48.4	S 8 45.8
Alphecca	126 04.1	N26 38.1
Alpheratz	357 34.8	N29 13.6
Altair	62 00.0	N 8 56.1
Ankaa	353 07.0	S42 10.1
Antares	112 16.2	S26 29.2
Arcturus	145 48.3	N19 03.4
Atria	107 10.6	S69 04.5
Avior	234 15.4	S59 35.0
Bellatrix	278 23.3	N 6 22.4
Betelgeuse	270 52.5	N 7 24.8
Canopus	263 52.8	S52 42.2
Capella	280 22.4	N46 01.2
Deneb	49 25.6	N45 22.2
Denebola	182 25.5	N14 26.2
Diphda	348 47.3	S17 50.9
Dubhe	193 42.0	N61 37.2
Elnath	278 02.3	N28 37.7
Eltanin	90 42.1	N51 29.4
Enif	33 38.8	N 9 59.4
Fomalhaut	15 14.5	S29 29.4
Gacrux	171 52.5	S57 15.1
Gienah	175 44.2	S17 40.7
Hadar	148 36.8	S60 29.7
Hamal	327 51.3	N23 34.8
Kaus Aust.	83 32.7	S34 22.4
Kochab	137 20.2	N74 03.5
Markab	13 29.9	N15 20.4
Menkar	314 06.4	N 4 11.3
Menkent	147 58.2	S36 29.5
Miaplacidus	221 39.3	S69 48.9
Mirfak	308 28.6	N49 56.8
Nunki	75 47.9	S26 16.0
Peacock	53 05.7	S56 39.4
Pollux	243 17.9	N27 58.0
Procyon	244 51.4	N 5 09.8
Rasalhague	95 58.7	N12 32.7
Regulus	207 35.1	N11 50.9
Rigel	281 04.2	S 8 10.2
Rigil Kent.	139 41.0	S60 56.4
Sabik	102 03.0	S15 45.3
Schedar	349 30.9	N56 40.3
Shaula	96 10.6	S37 07.4
Sirius	258 26.7	S16 44.8
Spica	158 22.8	S11 17.3
Suhail	222 47.0	S43 31.7
Vega	80 33.2	N38 48.6
Zuben'ubi	136 56.5	S16 08.6

	SHA ° ′	Mer. Pass. h m
Venus	180 10.9	13 29
Mars	274 33.2	7 11
Jupiter	282 15.5	6 39
Saturn	11 17.4	0 44

© British Crown Copyright 2023. All rights reserved.

	UT	SUN GHA	SUN Dec	MOON GHA	v	MOON Dec	d	HP
	d h	° ′	° ′	° ′	′	° ′	′	′
	28 00	179 41.7	N 9 36.5	252 09.3	6.2	N28 26.9	1.8	57.1
	01	194 41.9	35.7	266 34.5	6.2	28 28.7	1.6	57.0
	02	209 42.0	34.8	280 59.7	6.3	28 30.3	1.4	57.0
	03	224 42.2	. . 33.9	295 25.0	6.2	28 31.7	1.3	57.0
	04	239 42.4	33.0	309 50.2	6.3	28 33.0	1.1	56.9
	05	254 42.6	32.1	324 15.5	6.3	28 34.1	0.9	56.9
	06	269 42.8	N 9 31.2	338 40.8	6.3	N28 35.0	0.7	56.9
W	07	284 43.0	30.3	353 06.1	6.4	28 35.7	0.6	56.9
E	08	299 43.2	29.5	7 31.5	6.4	28 36.3	0.4	56.8
D	09	314 43.3	. . 28.6	21 56.9	6.4	28 36.7	0.3	56.8
N	10	329 43.5	27.7	36 22.3	6.5	28 37.0	0.1	56.8
	11	344 43.7	26.8	50 47.8	6.4	28 37.1	0.1	56.8
E	12	359 43.9	N 9 25.9	65 13.2	6.6	N28 37.0	0.3	56.7
S	13	14 44.1	25.0	79 38.8	6.5	28 36.7	0.4	56.7
D	14	29 44.3	24.1	94 04.3	6.6	28 36.3	0.6	56.7
A	15	44 44.5	. . 23.2	108 29.9	6.6	28 35.7	0.8	56.6
Y	16	59 44.7	22.4	122 55.5	6.7	28 34.9	0.9	56.6
	17	74 44.8	21.5	137 21.2	6.7	28 34.0	1.1	56.6
	18	89 45.0	N 9 20.6	151 46.9	6.8	N28 32.9	1.2	56.6
	19	104 45.2	19.7	166 12.7	6.8	28 31.7	1.4	56.5
	20	119 45.4	18.8	180 38.5	6.8	28 30.3	1.6	56.5
	21	134 45.6	. . 17.9	195 04.3	6.9	28 28.7	1.7	56.5
	22	149 45.8	17.0	209 30.2	7.0	28 27.0	1.9	56.5
	23	164 46.0	16.1	223 56.2	7.0	28 25.1	2.1	56.4
	29 00	179 46.2	N 9 15.2	238 22.2	7.1	N28 23.0	2.2	56.4
	01	194 46.3	14.4	252 48.3	7.1	28 20.8	2.4	56.4
	02	209 46.5	13.5	267 14.4	7.1	28 18.4	2.5	56.4
	03	224 46.7	. . 12.6	281 40.5	7.3	28 15.9	2.7	56.3
	04	239 46.9	11.7	296 06.8	7.3	28 13.2	2.9	56.3
	05	254 47.1	10.8	310 33.1	7.3	28 10.3	3.0	56.3
	06	269 47.3	N 9 09.9	324 59.4	7.5	N28 07.3	3.1	56.3
	07	284 47.5	09.0	339 25.9	7.4	28 04.2	3.3	56.2
T	08	299 47.7	08.1	353 52.3	7.6	28 00.9	3.5	56.2
H	09	314 47.9	. . 07.2	8 18.9	7.6	27 57.4	3.6	56.2
U	10	329 48.1	06.3	22 45.5	7.7	27 53.8	3.8	56.2
R	11	344 48.2	05.4	37 12.2	7.8	27 50.0	3.9	56.1
S	12	359 48.4	N 9 04.5	51 39.0	7.8	N27 46.1	4.1	56.1
D	13	14 48.6	03.6	66 05.8	7.9	27 42.0	4.2	56.1
A	14	29 48.8	02.8	80 32.7	8.0	27 37.8	4.4	56.1
Y	15	44 49.0	. . 01.9	94 59.7	8.0	27 33.4	4.5	56.1
	16	59 49.2	01.0	109 26.7	8.1	27 28.9	4.7	56.0
	17	74 49.4	9 00.1	123 53.8	8.2	27 24.2	4.8	56.0
	18	89 49.6	N 8 59.2	138 21.0	8.3	N27 19.4	4.9	56.0
	19	104 49.8	58.3	152 48.3	8.4	27 14.5	5.1	56.0
	20	119 50.0	57.4	167 15.7	8.4	27 09.4	5.3	55.9
	21	134 50.2	. . 56.5	181 43.1	8.5	27 04.1	5.3	55.9
	22	149 50.3	55.6	196 10.6	8.6	26 58.8	5.5	55.9
	23	164 50.5	54.7	210 38.2	8.7	26 53.3	5.7	55.9
	30 00	179 50.7	N 8 53.8	225 05.9	8.8	N26 47.6	5.8	55.8
	01	194 50.9	52.9	239 33.7	8.8	26 41.8	5.9	55.8
	02	209 51.1	52.0	254 01.5	9.0	26 35.9	6.1	55.8
	03	224 51.3	. . 51.1	268 29.5	9.0	26 29.8	6.2	55.8
	04	239 51.5	50.2	282 57.5	9.1	26 23.6	6.3	55.8
	05	254 51.7	49.3	297 25.6	9.2	26 17.3	6.5	55.7
	06	269 51.9	N 8 48.4	311 53.8	9.3	N26 10.8	6.5	55.7
	07	284 52.1	47.5	326 22.1	9.3	26 04.3	6.8	55.7
	08	299 52.3	46.6	340 50.4	9.5	25 57.5	6.8	55.7
F	09	314 52.5	. . 45.7	355 18.9	9.5	25 50.7	7.0	55.7
R	10	329 52.7	44.8	9 47.4	9.7	25 43.7	7.1	55.6
I	11	344 52.8	43.9	24 16.1	9.7	25 36.6	7.2	55.6
D	12	359 53.0	N 8 43.0	38 44.8	9.8	N25 29.4	7.4	55.6
A	13	14 53.2	42.1	53 13.6	9.9	25 22.0	7.4	55.6
Y	14	29 53.4	41.2	67 42.5	10.0	25 14.6	7.6	55.5
	15	44 53.6	. . 40.3	82 11.5	10.1	25 07.0	7.7	55.5
	16	59 53.8	39.4	96 40.6	10.2	24 59.3	7.9	55.5
	17	74 54.0	38.5	111 09.8	10.3	24 51.4	7.9	55.5
	18	89 54.2	N 8 37.6	125 39.1	10.3	N24 43.5	8.1	55.5
	19	104 54.4	36.7	140 08.4	10.5	24 35.4	8.2	55.4
	20	119 54.6	35.8	154 37.9	10.5	24 27.2	8.3	55.4
	21	134 54.8	. . 34.9	169 07.4	10.7	24 18.9	8.4	55.4
	22	149 55.0	34.0	183 37.1	10.7	24 10.5	8.5	55.4
	23	164 55.2	33.1	198 06.8	10.8	N24 02.0	8.6	55.4
		SD 15.9	*d* 0.9	SD	15.5	15.3		15.1

Lat.	Twilight Naut.	Twilight Civil	Sunrise	Moonrise 28	29	30	31
°	h m	h m	h m	h m	h m	h m	h m
N 72	////	02 11	03 49	□	□	□	□
N 70	////	02 45	04 04	□	□	□	□
68	01 02	03 08	04 17	□	□	□	□
66	01 53	03 26	04 27	□	□	□	□
64	02 23	03 41	04 35	□	□	23 28	25 32
62	02 45	03 53	04 42	□	22 06	24 06	00 06
60	03 03	04 03	04 49	21 24	22 53	24 33	00 33
N 58	03 17	04 12	04 54	22 04	23 23	24 53	00 53
56	03 29	04 19	04 59	22 31	23 46	25 10	01 10
54	03 39	04 26	05 04	22 53	24 05	00 05	01 25
52	03 48	04 32	05 08	23 11	24 21	00 21	01 37
50	03 55	04 37	05 11	23 26	24 34	00 34	01 48
45	04 11	04 48	05 19	23 56	25 02	01 02	02 11
N 40	04 24	04 57	05 25	24 20	00 20	01 24	02 29
35	04 34	05 05	05 31	24 40	00 40	01 42	02 45
30	04 42	05 11	05 36	24 57	00 57	01 57	02 58
20	04 55	05 21	05 44	00 28	01 25	02 23	03 20
N 10	05 05	05 30	05 51	00 52	01 49	02 46	03 40
0	05 12	05 37	05 57	01 15	02 12	03 07	03 58
S 10	05 18	05 43	06 04	01 38	02 35	03 28	04 16
20	05 23	05 48	06 11	02 02	02 59	03 50	04 35
30	05 26	05 54	06 18	02 31	03 27	04 16	04 57
35	05 28	05 57	06 23	02 48	03 44	04 31	05 10
40	05 29	06 00	06 28	03 08	04 03	04 49	05 25
45	05 30	06 04	06 33	03 32	04 27	05 10	05 42
S 50	05 30	06 07	06 40	04 04	04 57	05 36	06 04
52	05 30	06 09	06 43	04 19	05 12	05 49	06 14
54	05 30	06 10	06 46	04 38	05 30	06 04	06 26
56	05 29	06 12	06 50	05 00	05 51	06 21	06 39
58	05 29	06 14	06 54	05 29	06 18	06 42	06 54
S 60	05 28	06 16	06 59	06 12	06 55	07 08	07 12

Lat.	Sunset	Twilight Civil	Twilight Naut.	Moonset 28	29	30	31
°	h m	h m	h m	h m	h m	h m	h m
N 72	20 09	21 43	////	□	□	□	□
N 70	19 54	21 12	////	□	□	□	□
68	19 42	20 50	22 48	□	□	□	20 58
66	19 33	20 32	22 03	□	□	□	20 18
64	19 24	20 18	21 34	□	□	20 14	19 50
62	19 17	20 06	21 13	□	19 46	19 35	19 28
60	19 11	19 57	20 56	18 32	18 59	19 08	19 10
N 58	19 06	19 48	20 43	17 53	18 29	18 46	18 56
56	19 01	19 41	20 31	17 25	18 05	18 29	18 43
54	18 57	19 34	20 21	17 03	17 46	18 14	18 32
52	18 53	19 28	20 12	16 46	17 30	18 01	18 22
50	18 49	19 23	20 05	16 30	17 16	17 49	18 13
45	18 42	19 12	19 49	15 59	16 48	17 26	17 54
N 40	18 36	19 03	19 37	15 35	16 26	17 06	17 39
35	18 30	18 56	19 27	15 16	16 07	16 50	17 26
30	18 26	18 50	19 19	14 59	15 51	16 36	17 14
20	18 17	18 40	19 06	14 30	15 24	16 12	16 55
N 10	18 11	18 32	18 57	14 05	15 01	15 51	16 37
0	18 04	18 25	18 49	13 42	14 39	15 32	16 21
S 10	17 58	18 19	18 44	13 20	14 17	15 12	16 05
20	17 51	18 13	18 39	12 55	13 53	14 51	15 47
30	17 44	18 08	18 36	12 26	13 25	14 26	15 27
35	17 39	18 05	18 34	12 09	13 09	14 12	15 15
40	17 35	18 02	18 33	11 49	12 50	13 55	15 01
45	17 29	17 59	18 33	11 25	12 27	13 35	14 45
S 50	17 23	17 55	18 33	10 53	11 57	13 09	14 24
52	17 20	17 54	18 33	10 38	11 42	12 56	14 15
54	17 16	17 52	18 33	10 19	11 25	12 42	14 04
56	17 13	17 50	18 33	09 57	11 04	12 25	13 51
58	17 09	17 48	18 34	09 28	10 37	12 05	13 36
S 60	17 04	17 46	18 35	08 45	10 00	11 39	13 19

Day	SUN Eqn. of Time 00h	12h	Mer. Pass.	MOON Mer. Pass. Upper	Lower	Age	Phase
d	m s	m s	h m	h m	h m	d %	
28	01 14	01 05	12 01	07 29	19 57	24 28	
29	00 56	00 47	12 01	08 25	20 53	25 19	
30	00 37	00 28	12 00	09 19	21 45	26 12	

© British Crown Copyright 2023. All rights reserved.

	UT	ARIES	VENUS −3·9		MARS +0·7		JUPITER −2·3		SATURN +0·6	
	d h	GHA	GHA	Dec	GHA	Dec	GHA	Dec	GHA	Dec
		° ′	° ′	° ′	° ′	° ′	° ′	° ′	° ′	° ′
	31 00	339 39.9	157 37.4	N 0 16.1	252 52.3	N23 17.6	261 39.8	N22 16.7	351 05.5	S 7 16.7
	01	354 42.3	172 37.1	14.8	267 53.1	17.7	276 41.9	16.7	6 08.1	16.7
	02	9 44.8	187 36.8	13.5	282 53.9	17.8	291 44.1	16.7	21 10.8	16.8
	03	24 47.3	202 36.5	. . 12.2	297 54.7	. . 17.8	306 46.2	. . 16.8	36 13.4	. . 16.9
	04	39 49.7	217 36.1	10.9	312 55.5	17.9	321 48.4	16.8	51 16.1	17.0
	05	54 52.2	232 35.8	09.6	327 56.3	18.0	336 50.5	16.8	66 18.7	17.1
	06	69 54.7	247 35.5	N 0 08.3	342 57.1	N23 18.1	351 52.7	N22 16.8	81 21.3	S 7 17.1
	07	84 57.1	262 35.2	07.1	357 57.9	18.2	6 54.8	16.8	96 24.0	17.2
S	08	99 59.6	277 34.9	05.8	12 58.7	18.2	21 57.0	16.9	111 26.6	17.3
A	09	115 02.1	292 34.6	. . 04.5	27 59.4	. . 18.3	36 59.1	. . 16.9	126 29.2	. . 17.4
T	10	130 04.5	307 34.3	03.2	43 00.2	18.4	52 01.3	16.9	141 31.9	17.4
U	11	145 07.0	322 33.9	01.9	58 01.0	18.5	67 03.4	16.9	156 34.5	17.5
R	12	160 09.4	337 33.6	N 0 00.6	73 01.8	N23 18.5	82 05.6	N22 17.0	171 37.2	S 7 17.6
D	13	175 11.9	352 33.3	S 00.7	88 02.6	18.6	97 07.7	17.0	186 39.8	17.7
A	14	190 14.4	7 33.0	02.0	103 03.4	18.7	112 09.9	17.0	201 42.4	17.8
Y	15	205 16.8	22 32.7	. . 03.2	118 04.2	. . 18.8	127 12.0	. . 17.0	216 45.1	. . 17.8
	16	220 19.3	37 32.4	04.5	133 05.0	18.8	142 14.2	17.1	231 47.7	17.9
	17	235 21.8	52 32.1	05.8	148 05.8	18.9	157 16.3	17.1	246 50.3	18.0
	18	250 24.2	67 31.7	S 0 07.1	163 06.6	N23 19.0	172 18.5	N22 17.1	261 53.0	S 7 18.1
	19	265 26.7	82 31.4	08.4	178 07.3	19.1	187 20.6	17.1	276 55.6	18.1
	20	280 29.2	97 31.1	09.7	193 08.1	19.1	202 22.8	17.1	291 58.3	18.2
	21	295 31.6	112 30.8	. . 11.0	208 08.9	. . 19.2	217 25.0	. . 17.2	307 00.9	. . 18.3
	22	310 34.1	127 30.5	12.3	223 09.7	19.3	232 27.1	17.2	322 03.5	18.4
	23	325 36.6	142 30.2	13.6	238 10.5	19.4	247 29.3	17.2	337 06.2	18.4
	1 00	340 39.0	157 29.9	S 0 14.8	253 11.3	N23 19.4	262 31.4	N22 17.2	352 08.8	S 7 18.5
	01	355 41.5	172 29.6	16.1	268 12.1	19.5	277 33.6	17.3	7 11.4	18.6
	02	10 43.9	187 29.2	17.4	283 12.9	19.6	292 35.7	17.3	22 14.1	18.7
	03	25 46.4	202 28.9	. . 18.7	298 13.7	. . 19.6	307 37.9	. . 17.3	37 16.7	. . 18.8
	04	40 48.9	217 28.6	20.0	313 14.5	19.7	322 40.0	17.3	52 19.4	18.8
	05	55 51.3	232 28.3	21.3	328 15.3	19.8	337 42.2	17.3	67 22.0	18.9
	06	70 53.8	247 28.0	S 0 22.6	343 16.1	N23 19.9	352 44.3	N22 17.4	82 24.6	S 7 19.0
	07	85 56.3	262 27.7	23.9	358 16.9	19.9	7 46.5	17.4	97 27.3	19.1
	08	100 58.7	277 27.4	25.1	13 17.7	20.0	22 48.7	17.4	112 29.9	19.1
S	09	116 01.2	292 27.0	. . 26.4	28 18.5	. . 20.1	37 50.8	. . 17.4	127 32.5	. . 19.2
U	10	131 03.7	307 26.7	27.7	43 19.3	20.1	52 53.0	17.5	142 35.2	19.3
N	11	146 06.1	322 26.4	29.0	58 20.0	20.2	67 55.1	17.5	157 37.8	19.4
D	12	161 08.6	337 26.1	S 0 30.3	73 20.8	N23 20.3	82 57.3	N22 17.5	172 40.5	S 7 19.4
A	13	176 11.0	352 25.8	31.6	88 21.6	20.3	97 59.4	17.5	187 43.1	19.5
Y	14	191 13.5	7 25.5	32.9	103 22.4	20.4	113 01.6	17.5	202 45.7	19.6
	15	206 16.0	22 25.2	. . 34.2	118 23.2	. . 20.5	128 03.8	. . 17.6	217 48.4	. . 19.7
	16	221 18.4	37 24.9	35.5	133 24.0	20.6	143 05.9	17.6	232 51.0	19.8
	17	236 20.9	52 24.5	36.7	148 24.8	20.6	158 08.1	17.6	247 53.7	19.8
	18	251 23.4	67 24.2	S 0 38.0	163 25.6	N23 20.7	173 10.2	N22 17.6	262 56.3	S 7 19.9
	19	266 25.8	82 23.9	39.3	178 26.4	20.8	188 12.4	17.7	277 58.9	20.0
	20	281 28.3	97 23.6	40.6	193 27.2	20.8	203 14.5	17.7	293 01.6	20.1
	21	296 30.8	112 23.3	. . 41.9	208 28.0	. . 20.9	218 16.7	. . 17.7	308 04.2	. . 20.1
	22	311 33.2	127 23.0	43.2	223 28.8	21.0	233 18.9	17.7	323 06.8	20.2
	23	326 35.7	142 22.7	44.5	238 29.6	21.0	248 21.0	17.7	338 09.5	20.3
	2 00	341 38.2	157 22.4	S 0 45.8	253 30.4	N23 21.1	263 23.2	N22 17.8	353 12.1	S 7 20.4
	01	356 40.6	172 22.0	47.1	268 31.2	21.2	278 25.4	17.8	8 14.8	20.4
	02	11 43.1	187 21.7	48.3	283 32.0	21.2	293 27.5	17.8	23 17.4	20.5
	03	26 45.5	202 21.4	. . 49.6	298 32.8	. . 21.3	308 29.7	. . 17.8	38 20.0	. . 20.6
	04	41 48.0	217 21.1	50.9	313 33.6	21.3	323 31.8	17.9	53 22.7	20.7
	05	56 50.5	232 20.8	52.2	328 34.4	21.4	338 34.0	17.9	68 25.3	20.8
	06	71 52.9	247 20.5	S 0 53.5	343 35.2	N23 21.5	353 36.2	N22 17.9	83 28.0	S 7 20.8
	07	86 55.4	262 20.2	54.8	358 36.0	21.5	8 38.3	17.9	98 30.6	20.9
	08	101 57.9	277 19.9	56.1	13 36.8	21.6	23 40.5	17.9	113 33.2	21.0
M	09	117 00.3	292 19.5	. . 57.4	28 37.6	. . 21.7	38 42.6	. . 18.0	128 35.9	. . 21.1
O	10	132 02.8	307 19.2	58.7	43 38.4	21.7	53 44.8	18.0	143 38.5	21.1
N	11	147 05.3	322 18.9	0 59.9	58 39.2	21.8	68 47.0	18.0	158 41.2	21.2
D	12	162 07.7	337 18.6	S 1 01.2	73 40.0	N23 21.9	83 49.1	N22 18.0	173 43.8	S 7 21.3
A	13	177 10.2	352 18.3	02.5	88 40.8	21.9	98 51.3	18.0	188 46.4	21.4
Y	14	192 12.6	7 18.0	03.8	103 41.6	22.0	113 53.5	18.1	203 49.1	21.5
	15	207 15.1	22 17.7	. . 05.1	118 42.4	. . 22.0	128 55.6	. . 18.1	218 51.7	. . 21.5
	16	222 17.6	37 17.4	06.4	133 43.2	22.1	143 57.8	18.1	233 54.4	21.6
	17	237 20.0	52 17.0	07.7	148 44.0	22.2	159 00.0	18.1	248 57.0	21.7
	18	252 22.5	67 16.7	S 1 09.0	163 44.8	N23 22.2	174 02.1	N22 18.2	263 59.6	S 7 21.8
	19	267 25.0	82 16.4	10.3	178 45.6	22.3	189 04.3	18.2	279 02.3	21.8
	20	282 27.4	97 16.1	11.5	193 46.4	22.3	204 06.5	18.2	294 04.9	21.9
	21	297 29.9	112 15.8	. . 12.8	208 47.2	. . 22.4	219 08.6	. . 18.2	309 07.5	. . 22.0
	22	312 32.4	127 15.5	14.1	223 48.0	22.5	234 10.8	18.2	324 10.2	22.1
	23	327 34.8	142 15.2	15.4	238 48.9	22.5	249 13.0	18.3	339 12.8	22.1
	Mer. Pass.	h m 1 17.2	*v* −0.3	*d* 1.3	*v* 0.8	*d* 0.1	*v* 2.2	*d* 0.0	*v* 2.6	*d* 0.1

STARS

Name	SHA	Dec
	° ′	° ′
Acamar	315 11.8	S40 12.0
Achernar	335 20.0	S57 06.4
Acrux	173 01.1	S63 14.2
Adhara	255 06.3	S29 00.0
Aldebaran	290 40.0	N16 33.6
Alioth	166 13.6	N55 49.8
Alkaid	152 52.5	N49 11.6
Alnair	27 32.8	S46 50.4
Alnilam	275 38.1	S 1 11.0
Alphard	217 48.4	S 8 45.8
Alphecca	126 04.1	N26 38.1
Alpheratz	357 34.8	N29 13.6
Altair	62 00.0	N 8 56.1
Ankaa	353 07.0	S42 10.1
Antares	112 16.2	S26 29.2
Arcturus	145 48.4	N19 03.4
Atria	107 10.6	S69 04.5
Avior	234 15.4	S59 35.0
Bellatrix	278 23.3	N 6 22.4
Betelgeuse	270 52.5	N 7 24.8
Canopus	263 52.8	S52 42.1
Capella	280 22.4	N46 01.2
Deneb	49 25.6	N45 22.2
Denebola	182 25.5	N14 26.2
Diphda	348 47.3	S17 50.9
Dubhe	193 42.0	N61 37.2
Elnath	278 02.3	N28 37.7
Eltanin	90 42.1	N51 29.4
Enif	33 38.8	N 9 59.4
Fomalhaut	15 14.5	S29 29.4
Gacrux	171 52.5	S57 15.1
Gienah	175 44.2	S17 40.6
Hadar	148 36.8	S60 29.7
Hamal	327 51.3	N23 34.8
Kaus Aust.	83 32.7	S34 22.4
Kochab	137 20.2	N74 03.5
Markab	13 29.9	N15 20.4
Menkar	314 06.3	N 4 11.3
Menkent	147 58.2	S36 29.5
Miaplacidus	221 39.3	S69 48.9
Mirfak	308 28.5	N49 56.8
Nunki	75 47.9	S26 16.0
Peacock	53 05.7	S56 39.4
Pollux	243 17.9	N27 58.0
Procyon	244 51.4	N 5 09.8
Rasalhague	95 58.7	N12 32.7
Regulus	207 35.1	N11 50.9
Rigel	281 04.2	S 8 10.2
Rigil Kent.	139 41.1	S60 56.4
Sabik	102 03.1	S15 45.3
Schedar	349 30.9	N56 40.3
Shaula	96 10.7	S37 07.4
Sirius	258 26.7	S16 44.7
Spica	158 22.8	S11 17.3
Suhail	222 47.0	S43 31.7
Vega	80 33.2	N38 48.6
Zuben'ubi	136 56.5	S16 08.6

	SHA	Mer. Pass.
	° ′	h m
Venus	176 50.9	13 30
Mars	272 32.3	7 07
Jupiter	281 52.4	6 29
Saturn	11 29.8	0 31

© British Crown Copyright 2023. All rights reserved.

UT	SUN GHA	SUN Dec	MOON GHA	v	MOON Dec	d	HP
d h	° ′	° ′	° ′	′	° ′	′	′
31 00	179 55.4	N 8 32.2	212 36.6	10.9	N23 53.4	8.8	55.4
01	194 55.6	31.3	227 06.5	11.1	23 44.6	8.8	55.3
02	209 55.8	30.4	241 36.6	11.1	23 35.8	9.0	55.3
03	224 56.0	. . 29.5	256 06.7	11.2	23 26.8	9.0	55.3
04	239 56.2	28.6	270 36.9	11.3	23 17.8	9.2	55.3
05	254 56.4	27.7	285 07.2	11.3	23 08.6	9.3	55.3
06	269 56.6	N 8 26.8	299 37.5	11.5	N22 59.3	9.3	55.2
07	284 56.7	25.9	314 08.0	11.6	22 50.0	9.5	55.2
S 08	299 56.9	25.0	328 38.6	11.7	22 40.5	9.6	55.2
A 09	314 57.1	. . 24.1	343 09.3	11.7	22 30.9	9.7	55.2
T 10	329 57.3	23.2	357 40.0	11.9	22 21.2	9.7	55.2
U 11	344 57.5	22.3	12 10.9	11.9	22 11.5	9.9	55.1
R 12	359 57.7	N 8 21.4	26 41.8	12.0	N22 01.6	9.9	55.1
D 13	14 57.9	20.5	41 12.8	12.1	21 51.7	10.1	55.1
A 14	29 58.1	19.5	55 43.9	12.3	21 41.6	10.1	55.1
Y 15	44 58.3	. . 18.6	70 15.2	12.3	21 31.5	10.3	55.1
16	59 58.5	17.7	84 46.5	12.3	21 21.2	10.3	55.1
17	74 58.7	16.8	99 17.8	12.5	21 10.9	10.4	55.0
18	89 58.9	N 8 15.9	113 49.3	12.6	N21 00.5	10.5	55.0
19	104 59.1	15.0	128 20.9	12.6	20 50.0	10.6	55.0
20	119 59.3	14.1	142 52.5	12.8	20 39.4	10.7	55.0
21	134 59.5	. . 13.2	157 24.3	12.8	20 28.7	10.7	55.0
22	149 59.7	12.3	171 56.1	13.0	20 18.0	10.9	55.0
23	164 59.9	11.4	186 28.1	13.0	20 07.1	10.9	54.9
1 00	180 00.1	N 8 10.5	201 00.1	13.1	N19 56.2	11.0	54.9
01	195 00.3	09.6	215 32.2	13.1	19 45.2	11.1	54.9
02	210 00.5	08.7	230 04.3	13.3	19 34.1	11.1	54.9
03	225 00.7	. . 07.8	244 36.6	13.3	19 23.0	11.3	54.9
04	240 00.9	06.8	259 08.9	13.5	19 11.7	11.3	54.9
05	255 01.1	05.9	273 41.4	13.5	19 00.4	11.4	54.9
06	270 01.3	N 8 05.0	288 13.9	13.6	N18 49.0	11.5	54.8
07	285 01.5	04.1	302 46.5	13.7	18 37.5	11.5	54.8
08	300 01.7	03.2	317 19.2	13.7	18 26.0	11.6	54.8
S 09	315 01.9	. . 02.3	331 51.9	13.9	18 14.4	11.7	54.8
U 10	330 02.1	01.4	346 24.8	13.9	18 02.7	11.7	54.8
N 11	345 02.3	8 00.5	0 57.7	14.0	17 51.0	11.8	54.8
D 12	0 02.5	N 7 59.6	15 30.7	14.1	N17 39.2	11.9	54.7
A 13	15 02.7	58.7	30 03.8	14.2	17 27.3	12.0	54.7
Y 14	30 02.9	57.7	44 37.0	14.2	17 15.3	12.0	54.7
15	45 03.1	. . 56.8	59 10.2	14.3	17 03.3	12.1	54.7
16	60 03.3	55.9	73 43.5	14.4	16 51.2	12.1	54.7
17	75 03.5	55.0	88 16.9	14.5	16 39.1	12.2	54.7
18	90 03.7	N 7 54.1	102 50.4	14.5	N16 26.9	12.3	54.7
19	105 03.9	53.2	117 23.9	14.6	16 14.6	12.3	54.6
20	120 04.1	52.3	131 57.5	14.7	16 02.3	12.4	54.6
21	135 04.3	. . 51.4	146 31.2	14.8	15 49.9	12.4	54.6
22	150 04.5	50.4	161 05.0	14.8	15 37.5	12.5	54.6
23	165 04.7	49.5	175 38.8	14.9	15 25.0	12.6	54.6
2 00	180 04.9	N 7 48.6	190 12.7	15.0	N15 12.4	12.6	54.6
01	195 05.1	47.7	204 46.7	15.0	14 59.8	12.6	54.6
02	210 05.3	46.8	219 20.7	15.1	14 47.2	12.8	54.6
03	225 05.5	. . 45.9	233 54.8	15.2	14 34.4	12.7	54.5
04	240 05.7	45.0	248 29.0	15.2	14 21.7	12.8	54.5
05	255 05.9	44.0	263 03.2	15.3	14 08.9	12.9	54.5
06	270 06.1	N 7 43.1	277 37.5	15.4	N13 56.0	12.9	54.5
07	285 06.3	42.2	292 11.9	15.4	13 43.1	13.0	54.5
08	300 06.5	41.3	306 46.3	15.5	13 30.1	13.0	54.5
M 09	315 06.7	. . 40.4	321 20.8	15.6	13 17.1	13.0	54.5
O 10	330 06.9	39.5	335 55.4	15.6	13 04.1	13.1	54.5
N 11	345 07.1	38.6	350 30.0	15.7	12 51.0	13.2	54.4
D 12	0 07.3	N 7 37.6	5 04.7	15.7	N12 37.8	13.2	54.4
A 13	15 07.5	36.7	19 39.4	15.8	12 24.6	13.2	54.4
Y 14	30 07.7	35.8	34 14.2	15.8	12 11.4	13.3	54.4
15	45 07.9	. . 34.9	48 49.0	15.9	11 58.1	13.3	54.4
16	60 08.1	34.0	63 23.9	16.0	11 44.8	13.3	54.4
17	75 08.3	33.1	77 58.9	16.0	11 31.5	13.4	54.4
18	90 08.5	N 7 32.1	92 33.9	16.1	N11 18.1	13.4	54.4
19	105 08.7	31.2	107 09.0	16.1	11 04.7	13.5	54.4
20	120 08.9	30.3	121 44.1	16.2	10 51.2	13.5	54.3
21	135 09.1	. . 29.4	136 19.3	16.2	10 37.7	13.5	54.3
22	150 09.4	28.5	150 54.5	16.3	10 24.2	13.6	54.3
23	165 09.6	27.5	165 29.8	16.3	N10 10.6	13.6	54.3
	SD 15.9	*d* 0.9	SD 15.0		14.9		14.8

Lat.	Twilight Naut.	Twilight Civil	Sunrise	Moonrise 31	Moonrise 1	Moonrise 2	Moonrise 3
°	h m	h m	h m	h m	h m	h m	h m
N 72	////	02 34	04 04	▭	▭	01 46	04 11
N 70	////	03 02	04 17	▭	▭	02 20	04 26
68	01 35	03 22	04 28	▭	00 26	02 44	04 37
66	02 12	03 38	04 37	▭	01 05	03 03	04 46
64	02 38	03 51	04 44	25 32	01 32	03 18	04 54
62	02 57	04 02	04 50	00 06	01 53	03 30	05 01
60	03 13	04 11	04 56	00 33	02 09	03 41	05 07
N 58	03 25	04 19	05 01	00 53	02 23	03 50	05 12
56	03 36	04 26	05 05	01 10	02 35	03 57	05 16
54	03 45	04 32	05 09	01 25	02 46	04 04	05 20
52	03 54	04 37	05 12	01 37	02 55	04 11	05 24
50	04 01	04 42	05 16	01 48	03 03	04 16	05 27
45	04 16	04 52	05 22	02 11	03 21	04 29	05 34
N 40	04 27	05 00	05 28	02 29	03 35	04 39	05 40
35	04 36	05 07	05 33	02 45	03 47	04 47	05 45
30	04 44	05 13	05 37	02 58	03 57	04 55	05 50
20	04 56	05 22	05 44	03 20	04 15	05 07	05 57
N 10	05 05	05 30	05 51	03 40	04 31	05 19	06 04
0	05 11	05 36	05 57	03 58	04 45	05 29	06 10
S 10	05 17	05 41	06 02	04 16	05 00	05 39	06 16
20	05 20	05 46	06 08	04 35	05 15	05 50	06 23
30	05 23	05 51	06 15	04 57	05 32	06 03	06 30
35	05 24	05 53	06 19	05 10	05 42	06 10	06 35
40	05 24	05 56	06 23	05 25	05 54	06 18	06 40
45	05 24	05 58	06 28	05 42	06 07	06 28	06 45
S 50	05 24	06 01	06 34	06 04	06 24	06 39	06 52
52	05 23	06 02	06 36	06 14	06 32	06 45	06 55
54	05 23	06 04	06 39	06 26	06 40	06 50	06 58
56	05 22	06 05	06 42	06 39	06 50	06 57	07 02
58	05 21	06 06	06 46	06 54	07 00	07 04	07 06
S 60	05 20	06 08	06 50	07 12	07 13	07 12	07 11

Lat.	Sunset	Twilight Civil	Twilight Naut.	Moonset 31	Moonset 1	Moonset 2	Moonset 3
°	h m	h m	h m	h m	h m	h m	h m
N 72	19 53	21 20	////	▭	21 14	20 16	19 38
N 70	19 40	20 54	23 29	▭	20 38	19 59	19 31
68	19 29	20 34	22 17	20 58	20 12	19 45	19 25
66	19 21	20 19	21 42	20 18	19 52	19 34	19 20
64	19 14	20 06	21 18	19 50	19 36	19 25	19 16
62	19 08	19 56	21 00	19 28	19 22	19 17	19 12
60	19 02	19 47	20 45	19 10	19 11	19 10	19 09
N 58	18 58	19 39	20 32	18 56	19 01	19 04	19 06
56	18 53	19 33	20 22	18 43	18 52	18 58	19 03
54	18 50	19 27	20 12	18 32	18 44	18 53	19 01
52	18 46	19 21	20 04	18 22	18 37	18 49	18 58
50	18 43	19 17	19 57	18 13	18 31	18 45	18 56
45	18 36	19 07	19 43	17 54	18 17	18 36	18 52
N 40	18 31	18 59	19 32	17 39	18 06	18 28	18 49
35	18 26	18 52	19 22	17 26	17 56	18 22	18 45
30	18 22	18 46	19 15	17 14	17 47	18 16	18 43
20	18 15	18 37	19 03	16 55	17 32	18 06	18 38
N 10	18 09	18 30	18 55	16 37	17 19	17 57	18 33
0	18 03	18 24	18 48	16 21	17 07	17 49	18 29
S 10	17 58	18 19	18 43	16 05	16 54	17 41	18 25
20	17 52	18 14	18 40	15 47	16 41	17 32	18 21
30	17 45	18 09	18 37	15 27	16 25	17 21	18 15
35	17 42	18 07	18 36	15 15	16 16	17 15	18 13
40	17 37	18 05	18 36	15 01	16 06	17 09	18 09
45	17 33	18 02	18 36	14 45	15 54	17 00	18 05
S 50	17 27	17 59	18 37	14 24	15 39	16 51	18 00
52	17 24	17 58	18 37	14 15	15 32	16 46	17 58
54	17 21	17 57	18 38	14 04	15 24	16 41	17 56
56	17 18	17 56	18 39	13 51	15 15	16 36	17 53
58	17 15	17 54	18 40	13 36	15 05	16 29	17 50
S 60	17 11	17 53	18 41	13 19	14 54	16 22	17 47

Day	SUN Eqn. of Time 00^h	SUN Eqn. of Time 12^h	SUN Mer. Pass.	MOON Mer. Pass. Upper	MOON Mer. Pass. Lower	Age	Phase
d	m s	m s	h m	h m	h m	d	%
31	00 19	00 09	12 00	10 10	22 33	27	6
1	00 00	00 10	12 00	10 56	23 18	28	2
2	00 19	00 29	12 00	11 39	24 00	29	0

© British Crown Copyright 2023. All rights reserved.

UT d	UT h	ARIES GHA	VENUS −3·9 GHA	VENUS Dec	MARS +0·7 GHA	MARS Dec	JUPITER −2·3 GHA	JUPITER Dec	SATURN +0·6 GHA	SATURN Dec
d	h	° ′	° ′	° ′	° ′	° ′	° ′	° ′	° ′	° ′
3	00	342 37.3	157 14.8	S 1 16.7	253 49.7	N23 22.6	264 15.1	N22 18.3	354 15.5	S 7 22.2
	01	357 39.8	172 14.5	18.0	268 50.5	22.6	279 17.3	18.3	9 18.1	22.3
	02	12 42.2	187 14.2	19.3	283 51.3	22.7	294 19.5	18.3	24 20.7	22.4
	03	27 44.7	202 13.9	. . 20.6	298 52.1	. . 22.8	309 21.6	. . 18.3	39 23.4	. . 22.5
	04	42 47.1	217 13.6	21.9	313 52.9	22.8	324 23.8	18.4	54 26.0	22.5
	05	57 49.6	232 13.3	23.1	328 53.7	22.9	339 26.0	18.4	69 28.7	22.6
	06	72 52.1	247 13.0	S 1 24.4	343 54.5	N23 22.9	354 28.1	N22 18.4	84 31.3	S 7 22.7
	07	87 54.5	262 12.7	25.7	358 55.3	23.0	9 30.3	18.4	99 33.9	22.8
TUESDAY	08	102 57.0	277 12.3	27.0	13 56.1	23.0	24 32.5	18.4	114 36.6	22.8
	09	117 59.5	292 12.0	. . 28.3	28 56.9	. . 23.1	39 34.6	. . 18.5	129 39.2	. . 22.9
	10	133 01.9	307 11.7	29.6	43 57.7	23.2	54 36.8	18.5	144 41.9	23.0
	11	148 04.4	322 11.4	30.9	58 58.5	23.2	69 39.0	18.5	159 44.5	23.1
	12	163 06.9	337 11.1	S 1 32.2	73 59.3	N23 23.3	84 41.2	N22 18.5	174 47.1	S 7 23.2
	13	178 09.3	352 10.8	33.5	89 00.1	23.3	99 43.3	18.5	189 49.8	23.2
	14	193 11.8	7 10.5	34.7	104 01.0	23.4	114 45.5	18.6	204 52.4	23.3
	15	208 14.3	22 10.2	. . 36.0	119 01.8	. . 23.4	129 47.7	. . 18.6	219 55.1	. . 23.4
	16	223 16.7	37 09.8	37.3	134 02.6	23.5	144 49.8	18.6	234 57.7	23.5
	17	238 19.2	52 09.5	38.6	149 03.4	23.5	159 52.0	18.6	250 00.3	23.5
	18	253 21.6	67 09.2	S 1 39.9	164 04.2	N23 23.6	174 54.2	N22 18.6	265 03.0	S 7 23.6
	19	268 24.1	82 08.9	41.2	179 05.0	23.7	189 56.4	18.7	280 05.6	23.7
	20	283 26.6	97 08.6	42.5	194 05.8	23.7	204 58.5	18.7	295 08.3	23.8
	21	298 29.0	112 08.3	. . 43.8	209 06.6	. . 23.8	220 00.7	. . 18.7	310 10.9	. . 23.8
	22	313 31.5	127 08.0	45.1	224 07.4	23.8	235 02.9	18.7	325 13.5	23.9
	23	328 34.0	142 07.6	46.3	239 08.2	23.9	250 05.1	18.8	340 16.2	24.0
4	00	343 36.4	157 07.3	S 1 47.6	254 09.1	N23 23.9	265 07.2	N22 18.8	355 18.8	S 7 24.1
	01	358 38.9	172 07.0	48.9	269 09.9	24.0	280 09.4	18.8	10 21.5	24.2
	02	13 41.4	187 06.7	50.2	284 10.7	24.0	295 11.6	18.8	25 24.1	24.2
	03	28 43.8	202 06.4	. . 51.5	299 11.5	. . 24.1	310 13.8	. . 18.8	40 26.7	. . 24.3
	04	43 46.3	217 06.1	52.8	314 12.3	24.1	325 15.9	18.9	55 29.4	24.4
	05	58 48.7	232 05.8	54.1	329 13.1	24.2	340 18.1	18.9	70 32.0	24.5
	06	73 51.2	247 05.5	S 1 55.4	344 13.9	N23 24.2	355 20.3	N22 18.9	85 34.7	S 7 24.5
WEDNESDAY	07	88 53.7	262 05.1	56.6	359 14.7	24.3	10 22.5	18.9	100 37.3	24.6
	08	103 56.1	277 04.8	57.9	14 15.5	24.3	25 24.6	18.9	115 39.9	24.7
	09	118 58.6	292 04.5	1 59.2	29 16.4	. . 24.4	40 26.8	. . 19.0	130 42.6	. . 24.8
	10	134 01.1	307 04.2	2 00.5	44 17.2	24.4	55 29.0	19.0	145 45.2	24.9
	11	149 03.5	322 03.9	01.8	59 18.0	24.5	70 31.2	19.0	160 47.9	24.9
	12	164 06.0	337 03.6	S 2 03.1	74 18.8	N23 24.5	85 33.4	N22 19.0	175 50.5	S 7 25.0
	13	179 08.5	352 03.3	04.4	89 19.6	24.6	100 35.5	19.0	190 53.1	25.1
	14	194 10.9	7 02.9	05.7	104 20.4	24.6	115 37.7	19.0	205 55.8	25.2
	15	209 13.4	22 02.6	. . 06.9	119 21.2	. . 24.7	130 39.9	. . 19.1	220 58.4	. . 25.2
	16	224 15.9	37 02.3	08.2	134 22.1	24.7	145 42.1	19.1	236 01.1	25.3
	17	239 18.3	52 02.0	09.5	149 22.9	24.8	160 44.2	19.1	251 03.7	25.4
	18	254 20.8	67 01.7	S 2 10.8	164 23.7	N23 24.8	175 46.4	N22 19.1	266 06.3	S 7 25.5
	19	269 23.2	82 01.4	12.1	179 24.5	24.9	190 48.6	19.1	281 09.0	25.5
	20	284 25.7	97 01.1	13.4	194 25.3	24.9	205 50.8	19.2	296 11.6	25.6
	21	299 28.2	112 00.8	. . 14.7	209 26.1	. . 25.0	220 53.0	. . 19.2	311 14.3	. . 25.7
	22	314 30.6	127 00.4	16.0	224 27.0	25.0	235 55.1	19.2	326 16.9	25.8
	23	329 33.1	142 00.1	17.3	239 27.8	25.0	250 57.3	19.2	341 19.5	25.9
5	00	344 35.6	156 59.8	S 2 18.5	254 28.6	N23 25.1	265 59.5	N22 19.2	356 22.2	S 7 25.9
	01	359 38.0	171 59.5	19.8	269 29.4	25.1	281 01.7	19.3	11 24.8	26.0
	02	14 40.5	186 59.2	21.1	284 30.2	25.2	296 03.9	19.3	26 27.5	26.1
	03	29 43.0	201 58.9	. . 22.4	299 31.1	. . 25.2	311 06.1	. . 19.3	41 30.1	. . 26.2
	04	44 45.4	216 58.6	23.7	314 31.9	25.3	326 08.2	19.3	56 32.7	26.2
	05	59 47.9	231 58.2	25.0	329 32.7	25.3	341 10.4	19.3	71 35.4	26.3
	06	74 50.3	246 57.9	S 2 26.3	344 33.5	N23 25.4	356 12.6	N22 19.4	86 38.0	S 7 26.4
	07	89 52.8	261 57.6	27.5	359 34.3	25.4	11 14.8	19.4	101 40.7	26.5
THURSDAY	08	104 55.3	276 57.3	28.8	14 35.1	25.5	26 17.0	19.4	116 43.3	26.5
	09	119 57.7	291 57.0	. . 30.1	29 36.0	. . 25.5	41 19.2	. . 19.4	131 45.9	. . 26.6
	10	135 00.2	306 56.7	31.4	44 36.8	25.5	56 21.3	19.4	146 48.6	26.7
	11	150 02.7	321 56.3	32.7	59 37.6	25.6	71 23.5	19.5	161 51.2	26.8
	12	165 05.1	336 56.0	S 2 34.0	74 38.4	N23 25.6	86 25.7	N22 19.5	176 53.9	S 7 26.9
	13	180 07.6	351 55.7	35.3	89 39.3	25.7	101 27.9	19.5	191 56.5	26.9
	14	195 10.1	6 55.4	36.6	104 40.1	25.7	116 30.1	19.5	206 59.1	27.0
	15	210 12.5	21 55.1	. . 37.8	119 40.9	. . 25.7	131 32.3	. . 19.5	222 01.8	. . 27.1
	16	225 15.0	36 54.8	39.1	134 41.7	25.8	146 34.5	19.6	237 04.4	27.2
	17	240 17.5	51 54.5	40.4	149 42.5	25.8	161 36.6	19.6	252 07.1	27.2
	18	255 19.9	66 54.1	S 2 41.7	164 43.4	N23 25.9	176 38.8	N22 19.6	267 09.7	S 7 27.3
	19	270 22.4	81 53.8	43.0	179 44.2	25.9	191 41.0	19.6	282 12.4	27.4
	20	285 24.8	96 53.5	44.3	194 45.0	26.0	206 43.2	19.6	297 15.0	27.5
	21	300 27.3	111 53.2	. . 45.6	209 45.8	. . 26.0	221 45.4	. . 19.6	312 17.6	. . 27.6
	22	315 29.8	126 52.9	46.8	224 46.7	26.0	236 47.6	19.7	327 20.3	27.6
	23	330 32.2	141 52.6	48.1	239 47.5	26.1	251 49.8	19.7	342 22.9	27.7
Mer. Pass.		h m 1 05.4	v −0.3	d 1.3	v 0.8	d 0.0	v 2.2	d 0.0	v 2.6	d 0.1

STARS

Name	SHA	Dec
	° ′	° ′
Acamar	315 11.8	S40 12.0
Achernar	335 19.9	S57 06.4
Acrux	173 01.1	S63 14.2
Adhara	255 06.3	S29 00.0
Aldebaran	290 39.9	N16 33.6
Alioth	166 13.6	N55 49.8
Alkaid	152 52.5	N49 11.6
Alnair	27 32.8	S46 50.5
Alnilam	275 38.1	S 1 11.0
Alphard	217 48.3	S 8 45.8
Alphecca	126 04.1	N26 38.1
Alpheratz	357 34.7	N29 13.6
Altair	62 00.0	N 8 56.1
Ankaa	353 07.0	S42 10.1
Antares	112 16.2	S26 29.2
Arcturus	145 48.4	N19 03.4
Atria	107 10.7	S69 04.6
Avior	234 15.4	S59 35.0
Bellatrix	278 23.2	N 6 22.5
Betelgeuse	270 52.5	N 7 24.8
Canopus	263 52.7	S52 42.1
Capella	280 22.4	N46 01.2
Deneb	49 25.6	N45 22.2
Denebola	182 25.5	N14 26.2
Diphda	348 47.3	S17 50.9
Dubhe	193 42.0	N61 37.2
Elnath	278 02.3	N28 37.7
Eltanin	90 42.2	N51 29.4
Enif	33 38.8	N 9 59.4
Fomalhaut	15 14.5	S29 29.4
Gacrux	171 52.5	S57 15.1
Gienah	175 44.2	S17 40.6
Hadar	148 36.9	S60 29.7
Hamal	327 51.3	N23 34.8
Kaus Aust.	83 32.7	S34 22.4
Kochab	137 20.3	N74 03.5
Markab	13 29.9	N15 20.4
Menkar	314 06.3	N 4 11.3
Menkent	147 58.2	S36 29.5
Miaplacidus	221 39.3	S69 48.9
Mirfak	308 28.5	N49 56.8
Nunki	75 47.9	S26 16.0
Peacock	53 05.7	S56 39.4
Pollux	243 17.9	N27 58.0
Procyon	244 51.3	N 5 09.9
Rasalhague	95 58.7	N12 32.7
Regulus	207 35.1	N11 50.9
Rigel	281 04.2	S 8 10.2
Rigil Kent.	139 41.1	S60 56.4
Sabik	102 03.1	S15 45.3
Schedar	349 30.9	N56 40.3
Shaula	96 10.7	S37 07.4
Sirius	258 26.7	S16 44.7
Spica	158 22.9	S11 17.3
Suhail	222 46.9	S43 31.7
Vega	80 33.2	N38 48.6
Zuben'ubi	136 56.5	S16 08.6

	SHA	Mer. Pass.
	° ′	h m
Venus	173 30.9	13 32
Mars	270 32.6	7 03
Jupiter	281 30.8	6 19
Saturn	11 42.4	0 19

© British Crown Copyright 2023. All rights reserved.

UT d	UT h	SUN GHA	SUN Dec	MOON GHA	MOON v	MOON Dec	MOON d	MOON HP
		° ′	° ′	° ′	′	° ′	′	′
3	00	180 09.8	N 7 26.6	180 05.1	16.4	N 9 57.0	13.6	54.3
	01	195 10.0	25.7	194 40.5	16.4	9 43.4	13.6	54.3
	02	210 10.2	24.8	209 15.9	16.4	9 29.8	13.7	54.3
	03	225 10.4	. . 23.9	223 51.3	16.5	9 16.1	13.7	54.3
	04	240 10.6	23.0	238 26.8	16.6	9 02.4	13.8	54.3
	05	255 10.8	22.0	253 02.4	16.6	8 48.6	13.7	54.3
	06	270 11.0	N 7 21.1	267 38.0	16.6	N 8 34.9	13.8	54.3
	07	285 11.2	20.2	282 13.6	16.7	8 21.1	13.9	54.2
T	08	300 11.4	19.3	296 49.3	16.7	8 07.2	13.8	54.2
U	09	315 11.6	. . 18.4	311 25.0	16.8	7 53.4	13.9	54.2
E	10	330 11.8	17.4	326 00.8	16.7	7 39.5	13.9	54.2
S	11	345 12.0	16.5	340 36.5	16.9	7 25.6	13.9	54.2
D	12	0 12.2	N 7 15.6	355 12.4	16.8	N 7 11.7	13.9	54.2
A	13	15 12.4	14.7	9 48.2	16.9	6 57.8	14.0	54.2
Y	14	30 12.6	13.7	24 24.1	17.0	6 43.8	14.0	54.2
	15	45 12.8	. . 12.8	39 00.1	16.9	6 29.8	14.0	54.2
	16	60 13.0	11.9	53 36.0	17.0	6 15.8	14.0	54.2
	17	75 13.2	11.0	68 12.0	17.0	6 01.8	14.0	54.2
	18	90 13.4	N 7 10.1	82 48.0	17.1	N 5 47.8	14.1	54.2
	19	105 13.7	09.1	97 24.1	17.1	5 33.7	14.0	54.1
	20	120 13.9	08.2	112 00.2	17.1	5 19.7	14.1	54.1
	21	135 14.1	. . 07.3	126 36.3	17.1	5 05.6	14.1	54.1
	22	150 14.3	06.4	141 12.4	17.2	4 51.5	14.1	54.1
	23	165 14.5	05.4	155 48.6	17.2	4 37.4	14.1	54.1
4	00	180 14.7	N 7 04.5	170 24.8	17.2	N 4 23.3	14.2	54.1
	01	195 14.9	03.6	185 01.0	17.2	4 09.1	14.1	54.1
	02	210 15.1	02.7	199 37.2	17.3	3 55.0	14.1	54.1
	03	225 15.3	. . 01.7	214 13.5	17.3	3 40.9	14.2	54.1
	04	240 15.5	7 00.8	228 49.8	17.3	3 26.7	14.2	54.1
	05	255 15.7	6 59.9	243 26.1	17.3	3 12.5	14.2	54.1
	06	270 15.9	N 6 59.0	258 02.4	17.3	N 2 58.3	14.1	54.1
W	07	285 16.1	58.1	272 38.7	17.4	2 44.2	14.2	54.1
E	08	300 16.3	57.1	287 15.1	17.3	2 30.0	14.2	54.1
D	09	315 16.6	. . 56.2	301 51.4	17.4	2 15.8	14.2	54.1
N	10	330 16.8	55.3	316 27.8	17.4	2 01.6	14.2	54.1
E	11	345 17.0	54.3	331 04.2	17.4	1 47.4	14.2	54.0
S	12	0 17.2	N 6 53.4	345 40.6	17.4	N 1 33.2	14.2	54.0
D	13	15 17.4	52.5	0 17.0	17.5	1 19.0	14.3	54.0
A	14	30 17.6	51.6	14 53.5	17.4	1 04.7	14.2	54.0
Y	15	45 17.8	. . 50.6	29 29.9	17.5	0 50.5	14.2	54.0
	16	60 18.0	49.7	44 06.4	17.4	0 36.3	14.2	54.0
	17	75 18.2	48.8	58 42.8	17.5	0 22.1	14.2	54.0
	18	90 18.4	N 6 47.9	73 19.3	17.4	N 0 07.9	14.2	54.0
	19	105 18.6	46.9	87 55.7	17.5	S 0 06.3	14.2	54.0
	20	120 18.8	46.0	102 32.2	17.5	0 20.5	14.2	54.0
	21	135 19.0	. . 45.1	117 08.7	17.5	0 34.7	14.2	54.0
	22	150 19.3	44.2	131 45.2	17.4	0 48.9	14.2	54.0
	23	165 19.5	43.2	146 21.6	17.5	1 03.1	14.2	54.0
5	00	180 19.7	N 6 42.3	160 58.1	17.5	S 1 17.3	14.2	54.0
	01	195 19.9	41.4	175 34.6	17.5	1 31.5	14.2	54.0
	02	210 20.1	40.4	190 11.1	17.5	1 45.7	14.1	54.0
	03	225 20.3	. . 39.5	204 47.6	17.4	1 59.8	14.2	54.0
	04	240 20.5	38.6	219 24.0	17.5	2 14.0	14.1	54.0
	05	255 20.7	37.7	234 00.5	17.5	2 28.1	14.2	54.0
	06	270 20.9	N 6 36.7	248 37.0	17.4	S 2 42.3	14.1	54.0
T	07	285 21.1	35.8	263 13.4	17.4	2 56.4	14.1	54.0
H	08	300 21.4	34.9	277 49.8	17.5	3 10.5	14.1	54.0
U	09	315 21.6	. . 33.9	292 26.3	17.4	3 24.6	14.1	54.0
R	10	330 21.8	33.0	307 02.7	17.4	3 38.7	14.1	54.0
S	11	345 22.0	32.1	321 39.1	17.4	3 52.8	14.0	54.0
D	12	0 22.2	N 6 31.1	336 15.5	17.4	S 4 06.8	14.1	54.0
A	13	15 22.4	30.2	350 51.9	17.4	4 20.9	14.0	54.0
Y	14	30 22.6	29.3	5 28.3	17.4	4 34.9	14.0	54.0
	15	45 22.8	. . 28.4	20 04.7	17.3	4 48.9	14.0	54.0
	16	60 23.0	27.4	34 41.0	17.3	5 02.9	14.0	54.0
	17	75 23.2	26.5	49 17.3	17.3	5 16.9	14.0	54.0
	18	90 23.5	N 6 25.6	63 53.6	17.3	S 5 30.9	13.9	54.0
	19	105 23.7	24.6	78 29.9	17.3	5 44.8	13.9	54.0
	20	120 23.9	23.7	93 06.2	17.3	5 58.7	13.9	54.0
	21	135 24.1	. . 22.8	107 42.5	17.2	6 12.6	13.9	54.0
	22	150 24.3	21.8	122 18.7	17.2	6 26.5	13.8	54.0
	23	165 24.5	20.9	136 54.9	17.2	S 6 40.3	13.9	54.0
		SD 15.9	*d* 0.9	SD 14.8		14.7		14.7

Lat.	Twilight Naut.	Twilight Civil	Sunrise	Moonrise 3	Moonrise 4	Moonrise 5	Moonrise 6
°	h m	h m	h m	h m	h m	h m	h m
N 72	////	02 55	04 18	04 11	06 13	08 10	10 12
N 70	01 10	03 18	04 30	04 26	06 17	08 05	09 56
68	01 59	03 36	04 39	04 37	06 21	08 01	09 44
66	02 29	03 50	04 46	04 46	06 23	07 58	09 34
64	02 51	04 01	04 53	04 54	06 26	07 55	09 26
62	03 08	04 11	04 58	05 01	06 28	07 53	09 19
60	03 22	04 19	05 03	05 07	06 30	07 51	09 13
N 58	03 34	04 26	05 07	05 12	06 31	07 49	09 08
56	03 44	04 32	05 11	05 16	06 32	07 48	09 03
54	03 52	04 37	05 14	05 20	06 34	07 46	08 59
52	04 00	04 42	05 17	05 24	06 35	07 45	08 55
50	04 06	04 47	05 20	05 27	06 36	07 44	08 52
45	04 20	04 56	05 26	05 34	06 38	07 41	08 44
N 40	04 30	05 03	05 31	05 40	06 40	07 39	08 38
35	04 39	05 09	05 35	05 45	06 41	07 37	08 33
30	04 46	05 15	05 39	05 50	06 43	07 36	08 28
20	04 57	05 23	05 45	05 57	06 45	07 33	08 21
N 10	05 05	05 29	05 51	06 04	06 47	07 30	08 14
0	05 11	05 35	05 56	06 10	06 49	07 28	08 07
S 10	05 15	05 39	06 00	06 16	06 52	07 26	08 01
20	05 18	05 43	06 06	06 23	06 54	07 24	07 54
30	05 20	05 47	06 11	06 30	06 56	07 21	07 47
35	05 20	05 49	06 14	06 35	06 57	07 20	07 42
40	05 20	05 51	06 18	06 40	06 59	07 18	07 37
45	05 19	05 53	06 22	06 45	07 01	07 16	07 32
S 50	05 18	05 55	06 27	06 52	07 03	07 14	07 25
52	05 17	05 56	06 29	06 55	07 04	07 13	07 22
54	05 16	05 57	06 32	06 58	07 05	07 12	07 18
56	05 15	05 57	06 35	07 02	07 06	07 10	07 15
58	05 13	05 58	06 38	07 06	07 08	07 09	07 10
S 60	05 11	05 59	06 41	07 11	07 09	07 07	07 06

Lat.	Sunset	Twilight Civil	Twilight Naut.	Moonset 3	Moonset 4	Moonset 5	Moonset 6
°	h m	h m	h m	h m	h m	h m	h m
N 72	19 36	20 58	////	19 38	19 06	18 33	17 55
N 70	19 25	20 36	22 36	19 31	19 06	18 41	18 13
68	19 17	20 19	21 52	19 25	19 06	18 48	18 27
66	19 09	20 05	21 24	19 20	19 06	18 53	18 38
64	19 03	19 54	21 03	19 16	19 07	18 58	18 48
62	18 58	19 45	20 47	19 12	19 07	19 02	18 56
60	18 53	19 37	20 33	19 09	19 07	19 05	19 04
N 58	18 49	19 30	20 22	19 06	19 07	19 08	19 10
56	18 46	19 24	20 12	19 03	19 07	19 11	19 16
54	18 42	19 19	20 04	19 01	19 07	19 14	19 21
52	18 39	19 14	19 57	18 58	19 07	19 16	19 25
50	18 37	19 10	19 50	18 56	19 07	19 18	19 30
45	18 31	19 01	19 37	18 52	19 07	19 23	19 39
N 40	18 26	18 54	19 26	18 49	19 08	19 27	19 46
35	18 22	18 48	19 18	18 45	19 08	19 30	19 53
30	18 18	18 43	19 11	18 43	19 08	19 33	19 59
20	18 12	18 35	19 00	18 38	19 08	19 38	20 09
N 10	18 07	18 28	18 53	18 33	19 08	19 43	20 18
0	18 02	18 23	18 47	18 29	19 08	19 47	20 26
S 10	17 57	18 18	18 43	18 25	19 08	19 51	20 35
20	17 52	18 15	18 40	18 21	19 08	19 56	20 44
30	17 47	18 11	18 39	18 15	19 08	20 01	20 54
35	17 44	18 09	18 38	18 13	19 08	20 04	21 00
40	17 40	18 07	18 39	18 09	19 09	20 08	21 07
45	17 36	18 06	18 40	18 05	19 09	20 12	21 15
S 50	17 31	18 04	18 41	18 00	19 09	20 16	21 25
52	17 29	18 03	18 42	17 58	19 09	20 19	21 30
54	17 27	18 02	18 43	17 56	19 09	20 21	21 35
56	17 24	18 01	18 44	17 53	19 09	20 24	21 40
58	17 21	18 01	18 46	17 50	19 09	20 27	21 46
S 60	17 18	18 00	18 48	17 47	19 09	20 30	21 54

Day	SUN Eqn. of Time 00^h	SUN Eqn. of Time 12^h	SUN Mer. Pass.	MOON Mer. Pass. Upper	MOON Mer. Pass. Lower	MOON Age	MOON Phase
d	m s	m s	h m	h m	h m	d	%
3	00 39	00 48	11 59	12 20	00 00	00	0
4	00 58	01 08	11 59	12 59	00 39	01	2 ●
5	01 18	01 28	11 59	13 38	01 18	02	5

© British Crown Copyright 2023. All rights reserved.

UT (d h)	Day	ARIES GHA (° ′)	VENUS −3·9 GHA (° ′)	VENUS Dec (° ′)	MARS +0·7 GHA (° ′)	MARS Dec (° ′)	JUPITER −2·3 GHA (° ′)	JUPITER Dec (° ′)	SATURN +0·5 GHA (° ′)	SATURN Dec (° ′)
6 00		345 34.7	156 52.3	S 2 49.4	254 48.3	N23 26.1	266 52.0	N22 19.7	357 25.6	S 7 27.8
01		0 37.2	171 51.9	50.7	269 49.1	26.2	281 54.1	19.7	12 28.2	27.9
02		15 39.6	186 51.6	52.0	284 50.0	26.2	296 56.3	19.7	27 30.8	27.9
03		30 42.1	201 51.3	. . 53.3	299 50.8	. . 26.2	311 58.5	. . 19.8	42 33.5	. . 28.0
04		45 44.6	216 51.0	54.6	314 51.6	26.3	327 00.7	19.8	57 36.1	28.1
05		60 47.0	231 50.7	55.8	329 52.4	26.3	342 02.9	19.8	72 38.8	28.2
06		75 49.5	246 50.4	S 2 57.1	344 53.3	N23 26.3	357 05.1	N22 19.8	87 41.4	S 7 28.2
07		90 51.9	261 50.0	58.4	359 54.1	26.4	12 07.3	19.8	102 44.0	28.3
08		105 54.4	276 49.7	2 59.7	14 54.9	26.4	27 09.5	19.9	117 46.7	28.4
09	F	120 56.9	291 49.4	3 01.0	29 55.7	. . 26.5	42 11.7	. . 19.9	132 49.3	. . 28.5
10	R	135 59.3	306 49.1	02.3	44 56.6	26.5	57 13.9	19.9	147 52.0	28.6
11	I	151 01.8	321 48.8	03.6	59 57.4	26.5	72 16.0	19.9	162 54.6	28.6
12	D	166 04.3	336 48.5	S 3 04.8	74 58.2	N23 26.6	87 18.2	N22 19.9	177 57.2	S 7 28.7
13	A	181 06.7	351 48.1	06.1	89 59.0	26.6	102 20.4	19.9	192 59.9	28.8
14	Y	196 09.2	6 47.8	07.4	104 59.9	26.6	117 22.6	20.0	208 02.5	28.9
15		211 11.7	21 47.5	. . 08.7	120 00.7	. . 26.7	132 24.8	. . 20.0	223 05.2	. . 28.9
16		226 14.1	36 47.2	10.0	135 01.5	26.7	147 27.0	20.0	238 07.8	29.0
17		241 16.6	51 46.9	11.3	150 02.4	26.7	162 29.2	20.0	253 10.4	29.1
18		256 19.1	66 46.6	S 3 12.6	165 03.2	N23 26.8	177 31.4	N22 20.0	268 13.1	S 7 29.2
19		271 21.5	81 46.2	13.8	180 04.0	26.8	192 33.6	20.1	283 15.7	29.2
20		286 24.0	96 45.9	15.1	195 04.8	26.8	207 35.8	20.1	298 18.4	29.3
21		301 26.4	111 45.6	. . 16.4	210 05.7	. . 26.9	222 38.0	. . 20.1	313 21.0	. . 29.4
22		316 28.9	126 45.3	17.7	225 06.5	26.9	237 40.2	20.1	328 23.7	29.5
23		331 31.4	141 45.0	19.0	240 07.3	26.9	252 42.4	20.1	343 26.3	29.6
7 00		346 33.8	156 44.7	S 3 20.3	255 08.2	N23 27.0	267 44.6	N22 20.1	358 28.9	S 7 29.6
01		1 36.3	171 44.3	21.5	270 09.0	27.0	282 46.8	20.2	13 31.6	29.7
02		16 38.8	186 44.0	22.8	285 09.8	27.0	297 49.0	20.2	28 34.2	29.8
03		31 41.2	201 43.7	. . 24.1	300 10.7	. . 27.1	312 51.2	. . 20.2	43 36.9	. . 29.9
04		46 43.7	216 43.4	25.4	315 11.5	27.1	327 53.4	20.2	58 39.5	29.9
05		61 46.2	231 43.1	26.7	330 12.3	27.1	342 55.5	20.2	73 42.1	30.0
06		76 48.6	246 42.8	S 3 28.0	345 13.2	N23 27.2	357 57.7	N22 20.3	88 44.8	S 7 30.1
07		91 51.1	261 42.4	29.2	0 14.0	27.2	12 59.9	20.3	103 47.4	30.2
08	S	106 53.5	276 42.1	30.5	15 14.8	27.2	28 02.1	20.3	118 50.1	30.2
09	A	121 56.0	291 41.8	. . 31.8	30 15.7	. . 27.3	43 04.3	. . 20.3	133 52.7	. . 30.3
10	T	136 58.5	306 41.5	33.1	45 16.5	27.3	58 06.5	20.3	148 55.3	30.4
11	U	152 00.9	321 41.2	34.4	60 17.3	27.3	73 08.7	20.3	163 58.0	30.5
12	R	167 03.4	336 40.9	S 3 35.7	75 18.2	N23 27.4	88 10.9	N22 20.4	179 00.6	S 7 30.6
13	D	182 05.9	351 40.5	36.9	90 19.0	27.4	103 13.1	20.4	194 03.3	30.6
14	A	197 08.3	6 40.2	38.2	105 19.8	27.4	118 15.3	20.4	209 05.9	30.7
15	Y	212 10.8	21 39.9	. . 39.5	120 20.7	. . 27.4	133 17.5	. . 20.4	224 08.6	. . 30.8
16		227 13.3	36 39.6	40.8	135 21.5	27.5	148 19.7	20.4	239 11.2	30.9
17		242 15.7	51 39.3	42.1	150 22.3	27.5	163 21.9	20.4	254 13.8	30.9
18		257 18.2	66 38.9	S 3 43.4	165 23.2	N23 27.5	178 24.1	N22 20.5	269 16.5	S 7 31.0
19		272 20.7	81 38.6	44.6	180 24.0	27.6	193 26.3	20.5	284 19.1	31.1
20		287 23.1	96 38.3	45.9	195 24.8	27.6	208 28.5	20.5	299 21.8	31.2
21		302 25.6	111 38.0	. . 47.2	210 25.7	. . 27.6	223 30.7	. . 20.5	314 24.4	. . 31.2
22		317 28.0	126 37.7	48.5	225 26.5	27.6	238 32.9	20.5	329 27.0	31.3
23		332 30.5	141 37.3	49.8	240 27.4	27.7	253 35.1	20.5	344 29.7	31.4
8 00		347 33.0	156 37.0	S 3 51.0	255 28.2	N23 27.7	268 37.4	N22 20.6	359 32.3	S 7 31.5
01		2 35.4	171 36.7	52.3	270 29.0	27.7	283 39.6	20.6	14 35.0	31.6
02		17 37.9	186 36.4	53.6	285 29.9	27.7	298 41.8	20.6	29 37.6	31.6
03		32 40.4	201 36.1	. . 54.9	300 30.7	. . 27.8	313 44.0	. . 20.6	44 40.2	. . 31.7
04		47 42.8	216 35.7	56.2	315 31.6	27.8	328 46.2	20.6	59 42.9	31.8
05		62 45.3	231 35.4	57.5	330 32.4	27.8	343 48.4	20.7	74 45.5	31.9
06		77 47.8	246 35.1	S 3 58.7	345 33.2	N23 27.8	358 50.6	N22 20.7	89 48.2	S 7 31.9
07		92 50.2	261 34.8	4 00.0	0 34.1	27.9	13 52.8	20.7	104 50.8	32.0
08		107 52.7	276 34.5	01.3	15 34.9	27.9	28 55.0	20.7	119 53.5	32.1
09	S	122 55.2	291 34.1	. . 02.6	30 35.8	. . 27.9	43 57.2	. . 20.7	134 56.1	. . 32.2
10	U	137 57.6	306 33.8	03.9	45 36.6	27.9	58 59.4	20.7	149 58.7	32.2
11	N	153 00.1	321 33.5	05.1	60 37.4	28.0	74 01.6	20.8	165 01.4	32.3
12	D	168 02.5	336 33.2	S 4 06.4	75 38.3	N23 28.0	89 03.8	N22 20.8	180 04.0	S 7 32.4
13	A	183 05.0	351 32.9	07.7	90 39.1	28.0	104 06.0	20.8	195 06.7	32.5
14	Y	198 07.5	6 32.5	09.0	105 40.0	28.0	119 08.2	20.8	210 09.3	32.5
15		213 09.9	21 32.2	. . 10.3	120 40.8	. . 28.1	134 10.4	. . 20.8	225 11.9	. . 32.6
16		228 12.4	36 31.9	11.5	135 41.6	28.1	149 12.6	20.8	240 14.6	32.7
17		243 14.9	51 31.6	12.8	150 42.5	28.1	164 14.8	20.9	255 17.2	32.8
18		258 17.3	66 31.3	S 4 14.1	165 43.3	N23 28.1	179 17.1	N22 20.9	270 19.9	S 7 32.9
19		273 19.8	81 30.9	15.4	180 44.2	28.2	194 19.3	20.9	285 22.5	32.9
20		288 22.3	96 30.6	16.7	195 45.0	28.2	209 21.5	20.9	300 25.1	33.0
21		303 24.7	111 30.3	. . 17.9	210 45.9	. . 28.2	224 23.7	. . 20.9	315 27.8	. . 33.1
22		318 27.2	126 30.0	19.2	225 46.7	28.2	239 25.9	20.9	330 30.4	33.2
23		333 29.6	141 29.7	20.5	240 47.5	28.2	254 28.1	21.0	345 33.1	33.2
Mer. Pass.		h m 0 53.6	v −0.3	d 1.3	v 0.8	d 0.0	v 2.2	d 0.0	v 2.6	d 0.1

STARS

Name	SHA (° ′)	Dec (° ′)
Acamar	315 11.8	S40 12.0
Achernar	335 19.9	S57 06.4
Acrux	173 01.1	S63 14.2
Adhara	255 06.3	S29 00.0
Aldebaran	290 39.9	N16 33.6
Alioth	166 13.7	N55 49.7
Alkaid	152 52.6	N49 11.6
Alnair	27 32.8	S46 50.5
Alnilam	275 38.1	S 1 11.0
Alphard	217 48.3	S 8 45.7
Alphecca	126 04.1	N26 38.1
Alpheratz	357 34.7	N29 13.7
Altair	62 00.0	N 8 56.1
Ankaa	353 07.0	S42 10.1
Antares	112 16.2	S26 29.2
Arcturus	145 48.4	N19 03.4
Atria	107 10.7	S69 04.5
Avior	234 15.4	S59 35.0
Bellatrix	278 23.2	N 6 22.5
Betelgeuse	270 52.5	N 7 24.8
Canopus	263 52.7	S52 42.1
Capella	280 22.4	N46 01.2
Deneb	49 25.6	N45 22.3
Denebola	182 25.6	N14 26.2
Diphda	348 47.3	S17 50.9
Dubhe	193 42.0	N61 37.2
Elnath	278 02.3	N28 37.7
Eltanin	90 42.2	N51 29.4
Enif	33 38.8	N 9 59.4
Fomalhaut	15 14.4	S29 29.4
Gacrux	171 52.6	S57 15.1
Gienah	175 44.2	S17 40.6
Hadar	148 36.9	S60 29.7
Hamal	327 51.3	N23 34.8
Kaus Aust.	83 32.7	S34 22.4
Kochab	137 20.3	N74 03.5
Markab	13 29.9	N15 20.4
Menkar	314 06.3	N 4 11.3
Menkent	147 58.2	S36 29.5
Miaplacidus	221 39.2	S69 48.9
Mirfak	308 28.5	N49 56.8
Nunki	75 47.9	S26 16.0
Peacock	53 05.7	S56 39.4
Pollux	243 17.9	N27 58.0
Procyon	244 51.3	N 5 09.9
Rasalhague	95 58.8	N12 32.7
Regulus	207 35.1	N11 50.9
Rigel	281 04.2	S 8 10.2
Rigil Kent.	139 41.1	S60 56.4
Sabik	102 03.1	S15 45.3
Schedar	349 30.9	N56 40.3
Shaula	96 10.7	S37 07.4
Sirius	258 26.6	S16 44.7
Spica	158 22.9	S11 17.3
Suhail	222 46.9	S43 31.7
Vega	80 33.3	N38 48.6
Zuben'ubi	136 56.5	S16 08.6

	SHA (° ′)	Mer. Pass. (h m)
Venus	170 10.8	13 33
Mars	268 34.3	6 59
Jupiter	281 10.7	6 08
Saturn	11 55.1	0 06

© British Crown Copyright 2023. All rights reserved.

Day	UT h	SUN GHA ° ′	SUN Dec ° ′	MOON GHA ° ′	v ′	MOON Dec ° ′	d ′	HP ′
6 FRIDAY	00	180 24.7	N 6 20.0	151 31.1	17.1	S 6 54.2	13.8	54.0
	01	195 24.9	19.0	166 07.2	17.2	7 08.0	13.8	54.0
	02	210 25.1	18.1	180 43.4	17.1	7 21.8	13.7	54.0
	03	225 25.4	. . 17.2	195 19.5	17.0	7 35.5	13.7	54.0
	04	240 25.6	16.2	209 55.5	17.1	7 49.2	13.7	54.0
	05	255 25.8	15.3	224 31.6	17.0	8 02.9	13.7	54.0
	06	270 26.0	N 6 14.4	239 07.6	17.0	S 8 16.6	13.7	54.0
	07	285 26.2	13.4	253 43.6	16.9	8 30.3	13.6	54.0
	08	300 26.4	12.5	268 19.5	17.0	8 43.9	13.6	54.0
	09	315 26.6	. . 11.6	282 55.5	16.8	8 57.5	13.5	54.0
	10	330 26.8	10.6	297 31.3	16.9	9 11.0	13.6	54.0
	11	345 27.1	09.7	312 07.2	16.8	9 24.6	13.4	54.0
	12	0 27.3	N 6 08.8	326 43.0	16.8	S 9 38.0	13.5	54.0
	13	15 27.5	07.8	341 18.8	16.7	9 51.5	13.4	54.0
	14	30 27.7	06.9	355 54.5	16.7	10 04.9	13.4	54.0
	15	45 27.9	. . 06.0	10 30.2	16.7	10 18.3	13.4	54.0
	16	60 28.1	05.0	25 05.9	16.6	10 31.7	13.3	54.0
	17	75 28.3	04.1	39 41.5	16.6	10 45.0	13.3	54.0
	18	90 28.5	N 6 03.1	54 17.1	16.5	S10 58.3	13.2	54.1
	19	105 28.8	02.2	68 52.6	16.5	11 11.5	13.2	54.1
	20	120 29.0	01.3	83 28.1	16.4	11 24.7	13.2	54.1
	21	135 29.2	6 00.3	98 03.5	16.4	11 37.9	13.1	54.1
	22	150 29.4	5 59.4	112 38.9	16.4	11 51.0	13.1	54.1
	23	165 29.6	58.5	127 14.3	16.3	12 04.1	13.1	54.1
7 SATURDAY	00	180 29.8	N 5 57.5	141 49.6	16.2	S12 17.2	13.0	54.1
	01	195 30.0	56.6	156 24.8	16.2	12 30.2	12.9	54.1
	02	210 30.2	55.7	171 00.0	16.2	12 43.1	12.9	54.1
	03	225 30.5	. . 54.7	185 35.2	16.0	12 56.0	12.9	54.1
	04	240 30.7	53.8	200 10.2	16.1	13 08.9	12.8	54.1
	05	255 30.9	52.8	214 45.3	16.0	13 21.7	12.8	54.1
	06	270 31.1	N 5 51.9	229 20.3	15.9	S13 34.5	12.7	54.1
	07	285 31.3	51.0	243 55.2	15.9	13 47.2	12.7	54.1
	08	300 31.5	50.0	258 30.1	15.8	13 59.9	12.6	54.2
	09	315 31.7	. . 49.1	273 04.9	15.8	14 12.5	12.6	54.2
	10	330 32.0	48.2	287 39.7	15.7	14 25.1	12.6	54.2
	11	345 32.2	47.2	302 14.4	15.6	14 37.7	12.4	54.2
	12	0 32.4	N 5 46.3	316 49.0	15.6	S14 50.1	12.5	54.2
	13	15 32.6	45.3	331 23.6	15.5	15 02.6	12.3	54.2
	14	30 32.8	44.4	345 58.1	15.5	15 14.9	12.4	54.2
	15	45 33.0	. . 43.5	0 32.6	15.4	15 27.3	12.2	54.2
	16	60 33.2	42.5	15 07.0	15.3	15 39.5	12.2	54.2
	17	75 33.5	41.6	29 41.3	15.3	15 51.7	12.2	54.2
	18	90 33.7	N 5 40.6	44 15.6	15.2	S16 03.9	12.1	54.2
	19	105 33.9	39.7	58 49.8	15.1	16 16.0	12.0	54.3
	20	120 34.1	38.8	73 23.9	15.1	16 28.0	12.0	54.3
	21	135 34.3	. . 37.8	87 58.0	15.0	16 40.0	11.9	54.3
	22	150 34.5	36.9	102 32.0	14.9	16 51.9	11.9	54.3
	23	165 34.8	35.9	117 05.9	14.8	17 03.8	11.8	54.3
8 SUNDAY	00	180 35.0	N 5 35.0	131 39.7	14.8	S17 15.6	11.7	54.3
	01	195 35.2	34.1	146 13.5	14.7	17 27.3	11.7	54.3
	02	210 35.4	33.1	160 47.2	14.7	17 39.0	11.6	54.3
	03	225 35.6	. . 32.2	175 20.9	14.5	17 50.6	11.5	54.4
	04	240 35.8	31.2	189 54.4	14.5	18 02.1	11.5	54.4
	05	255 36.0	30.3	204 27.9	14.4	18 13.6	11.4	54.4
	06	270 36.3	N 5 29.3	219 01.3	14.4	S18 25.0	11.3	54.4
	07	285 36.5	28.4	233 34.7	14.2	18 36.3	11.3	54.4
	08	300 36.7	27.5	248 07.9	14.2	18 47.6	11.2	54.4
	09	315 36.9	. . 26.5	262 41.1	14.1	18 58.8	11.1	54.4
	10	330 37.1	25.6	277 14.2	14.0	19 09.9	11.0	54.5
	11	345 37.3	24.6	291 47.2	14.0	19 20.9	11.0	54.5
	12	0 37.6	N 5 23.7	306 20.2	13.8	S19 31.9	10.9	54.5
	13	15 37.8	22.8	320 53.0	13.8	19 42.8	10.8	54.5
	14	30 38.0	21.8	335 25.8	13.7	19 53.6	10.8	54.5
	15	45 38.2	. . 20.9	349 58.5	13.6	20 04.4	10.6	54.5
	16	60 38.4	19.9	4 31.1	13.5	20 15.0	10.6	54.6
	17	75 38.6	19.0	19 03.6	13.5	20 25.6	10.5	54.6
	18	90 38.9	N 5 18.0	33 36.1	13.3	S20 36.1	10.5	54.6
	19	105 39.1	17.1	48 08.4	13.3	20 46.6	10.3	54.6
	20	120 39.3	16.1	62 40.7	13.2	20 56.9	10.3	54.6
	21	135 39.5	. . 15.2	77 12.9	13.1	21 07.2	10.2	54.6
	22	150 39.7	14.3	91 45.0	13.0	21 17.4	10.0	54.7
	23	165 39.9	13.3	106 17.0	12.9	S21 27.4	10.1	54.7
		SD 15.9	d 0.9	SD 14.7		14.8		14.8

Lat. °	Twilight Naut. h m	Twilight Civil h m	Sunrise h m	Moonrise 6 h m	Moonrise 7 h m	Moonrise 8 h m	Moonrise 9 h m
N 72	00 14	03 13	04 32	10 12	12 37	■	■
N 70	01 43	03 33	04 42	09 56	12 01	■	■
68	02 20	03 48	04 50	09 44	11 36	13 54	■
66	02 45	04 01	04 56	09 34	11 17	13 14	■
64	03 04	04 11	05 01	09 26	11 02	12 46	14 49
62	03 19	04 19	05 06	09 19	10 49	12 25	14 10
60	03 31	04 26	05 10	09 13	10 38	12 08	13 43
N 58	03 42	04 33	05 14	09 08	10 29	11 54	13 22
56	03 51	04 38	05 17	09 03	10 21	11 41	13 05
54	03 59	04 43	05 20	08 59	10 14	11 31	12 50
52	04 05	04 47	05 22	08 55	10 07	11 21	12 38
50	04 11	04 51	05 25	08 52	10 01	11 13	12 27
45	04 24	05 00	05 30	08 44	09 49	10 55	12 04
N 40	04 34	05 06	05 34	08 38	09 39	10 41	11 45
35	04 42	05 12	05 37	08 33	09 30	10 29	11 30
30	04 48	05 16	05 40	08 28	09 23	10 19	11 17
20	04 58	05 24	05 46	08 21	09 10	10 01	10 54
N 10	05 05	05 29	05 50	08 14	08 58	09 45	10 35
0	05 10	05 34	05 55	08 07	08 48	09 31	10 17
S 10	05 13	05 38	05 59	08 01	08 37	09 16	09 59
20	05 15	05 41	06 03	07 54	08 26	09 01	09 40
30	05 16	05 44	06 08	07 47	08 14	08 44	09 18
35	05 16	05 45	06 10	07 42	08 06	08 33	09 05
40	05 15	05 46	06 13	07 37	07 58	08 22	08 51
45	05 14	05 47	06 17	07 32	07 49	08 09	08 33
S 50	05 11	05 49	06 21	07 25	07 37	07 52	08 12
52	05 10	05 49	06 23	07 22	07 32	07 45	08 02
54	05 09	05 49	06 25	07 18	07 26	07 36	07 50
56	05 07	05 50	06 27	07 15	07 20	07 27	07 38
58	05 05	05 50	06 29	07 10	07 13	07 16	07 23
S 60	05 02	05 51	06 32	07 06	07 05	07 04	07 05

Lat. °	Sunset h m	Twilight Civil h m	Twilight Naut. h m	Moonset 6 h m	Moonset 7 h m	Moonset 8 h m	Moonset 9 h m
N 72	19 20	20 38	23 09	17 55	16 55	■	■
N 70	19 11	20 19	22 05	18 13	17 33	■	■
68	19 04	20 04	21 31	18 27	18 00	17 12	■
66	18 58	19 53	21 07	18 38	18 20	17 54	■
64	18 53	19 43	20 49	18 48	18 37	18 22	17 56
62	18 48	19 35	20 34	18 56	18 51	18 44	18 36
60	18 44	19 27	20 22	19 04	19 02	19 02	19 04
N 58	18 41	19 21	20 12	19 10	19 13	19 17	19 25
56	18 38	19 16	20 03	19 16	19 22	19 30	19 43
54	18 35	19 11	19 56	19 21	19 29	19 41	19 58
52	18 32	19 07	19 49	19 25	19 37	19 51	20 11
50	18 30	19 03	19 43	19 30	19 43	20 00	20 23
45	18 25	18 55	19 31	19 39	19 57	20 19	20 47
N 40	18 21	18 49	19 21	19 46	20 09	20 34	21 06
35	18 18	18 43	19 13	19 53	20 19	20 48	21 22
30	18 15	18 39	19 07	19 59	20 27	20 59	21 36
20	18 10	18 32	18 58	20 09	20 42	21 19	22 00
N 10	18 05	18 26	18 51	20 18	20 56	21 36	22 21
0	18 01	18 22	18 46	20 26	21 08	21 52	22 40
S 10	17 57	18 18	18 43	20 35	21 20	22 09	23 00
20	17 53	18 15	18 41	20 44	21 34	22 26	23 21
30	17 48	18 12	18 40	20 54	21 49	22 46	23 45
35	17 46	18 11	18 41	21 00	21 58	22 58	24 00
40	17 43	18 10	18 41	21 07	22 09	23 12	24 16
45	17 40	18 09	18 43	21 15	22 21	23 28	24 36
S 50	17 36	18 08	18 45	21 25	22 36	23 48	25 02
52	17 34	18 08	18 47	21 30	22 43	23 58	25 14
54	17 32	18 07	18 48	21 35	22 50	24 09	00 09
56	17 30	18 07	18 50	21 40	22 59	24 21	00 21
58	17 27	18 07	18 52	21 46	23 09	24 35	00 35
S 60	17 25	18 06	18 55	21 54	23 20	24 52	00 52

Day d	SUN Eqn. of Time 00h m s	SUN Eqn. of Time 12h m s	SUN Mer. Pass. h m	MOON Mer. Pass. Upper h m	MOON Mer. Pass. Lower h m	MOON Age d	MOON Phase %
6	01 38	01 49	11 58	14 17	01 57	03	10
7	01 59	02 09	11 58	14 58	02 37	04	17
8	02 19	02 30	11 58	15 41	03 19	05	24

© British Crown Copyright 2023. All rights reserved.

UT (d h)	ARIES GHA	VENUS −3·9 GHA	VENUS Dec	MARS +0·6 GHA	MARS Dec	JUPITER −2·3 GHA	JUPITER Dec	SATURN +0·6 GHA	SATURN Dec
	° ′	° ′	° ′	° ′	° ′	° ′	° ′	° ′	° ′
9 00 (MONDAY)	348 32.1	156 29.3	S 4 21.8	255 48.4	N23 28.3	269 30.3	N22 21.0	0 35.7	S 7 33.3
01	3 34.6	171 29.0	23.0	270 49.2	28.3	284 32.5	21.0	15 38.4	33.4
02	18 37.0	186 28.7	24.3	285 50.1	28.3	299 34.7	21.0	30 41.0	33.5
03	33 39.5	201 28.4	. . 25.6	300 50.9	. . 28.3	314 36.9	. . 21.0	45 43.6	. . 33.5
04	48 42.0	216 28.0	26.9	315 51.8	28.3	329 39.2	21.0	60 46.3	33.6
05	63 44.4	231 27.7	28.2	330 52.6	28.4	344 41.4	21.1	75 48.9	33.7
06	78 46.9	246 27.4	S 4 29.4	345 53.5	N23 28.4	359 43.6	N22 21.1	90 51.6	S 7 33.8
07	93 49.4	261 27.1	30.7	0 54.3	28.4	14 45.8	21.1	105 54.2	33.8
08	108 51.8	276 26.8	32.0	15 55.2	28.4	29 48.0	21.1	120 56.8	33.9
09	123 54.3	291 26.4	. . 33.3	30 56.0	. . 28.4	44 50.2	. . 21.1	135 59.5	. . 34.0
10	138 56.8	306 26.1	34.5	45 56.9	28.4	59 52.4	21.1	151 02.1	34.1
11	153 59.2	321 25.8	35.8	60 57.7	28.5	74 54.6	21.2	166 04.8	34.2
12	169 01.7	336 25.5	S 4 37.1	75 58.6	N23 28.5	89 56.9	N22 21.2	181 07.4	S 7 34.2
13	184 04.1	351 25.1	38.4	90 59.4	28.5	104 59.1	21.2	196 10.0	34.3
14	199 06.6	6 24.8	39.7	106 00.3	28.5	120 01.3	21.2	211 12.7	34.4
15	214 09.1	21 24.5	. . 40.9	121 01.1	. . 28.5	135 03.5	. . 21.2	226 15.3	. . 34.5
16	229 11.5	36 24.2	42.2	136 02.0	28.6	150 05.7	21.2	241 18.0	34.5
17	244 14.0	51 23.8	43.5	151 02.8	28.6	165 07.9	21.3	256 20.6	34.6
18	259 16.5	66 23.5	S 4 44.8	166 03.7	N23 28.6	180 10.2	N22 21.3	271 23.3	S 7 34.7
19	274 18.9	81 23.2	46.0	181 04.5	28.6	195 12.4	21.3	286 25.9	34.8
20	289 21.4	96 22.9	47.3	196 05.4	28.6	210 14.6	21.3	301 28.5	34.8
21	304 23.9	111 22.5	. . 48.6	211 06.2	. . 28.6	225 16.8	. . 21.3	316 31.2	. . 34.9
22	319 26.3	126 22.2	49.9	226 07.1	28.6	240 19.0	21.3	331 33.8	35.0
23	334 28.8	141 21.9	51.1	241 07.9	28.7	255 21.2	21.3	346 36.5	35.1
10 00 (TUESDAY)	349 31.3	156 21.6	S 4 52.4	256 08.8	N23 28.7	270 23.5	N22 21.4	1 39.1	S 7 35.1
01	4 33.7	171 21.3	53.7	271 09.6	28.7	285 25.7	21.4	16 41.7	35.2
02	19 36.2	186 20.9	55.0	286 10.5	28.7	300 27.9	21.4	31 44.4	35.3
03	34 38.6	201 20.6	. . 56.2	301 11.3	. . 28.7	315 30.1	. . 21.4	46 47.0	. . 35.4
04	49 41.1	216 20.3	57.5	316 12.2	28.7	330 32.3	21.4	61 49.7	35.4
05	64 43.6	231 19.9	4 58.8	331 13.0	28.7	345 34.5	21.4	76 52.3	35.5
06	79 46.0	246 19.6	S 5 00.1	346 13.9	N23 28.8	0 36.8	N22 21.5	91 54.9	S 7 35.6
07	94 48.5	261 19.3	01.3	1 14.7	28.8	15 39.0	21.5	106 57.6	35.7
08	109 51.0	276 19.0	02.6	16 15.6	28.8	30 41.2	21.5	122 00.2	35.8
09	124 53.4	291 18.6	. . 03.9	31 16.4	. . 28.8	45 43.4	. . 21.5	137 02.9	. . 35.8
10	139 55.9	306 18.3	05.2	46 17.3	28.8	60 45.6	21.5	152 05.5	35.9
11	154 58.4	321 18.0	06.4	61 18.2	28.8	75 47.9	21.5	167 08.2	36.0
12	170 00.8	336 17.7	S 5 07.7	76 19.0	N23 28.8	90 50.1	N22 21.6	182 10.8	S 7 36.1
13	185 03.3	351 17.3	09.0	91 19.9	28.8	105 52.3	21.6	197 13.4	36.1
14	200 05.8	6 17.0	10.2	106 20.7	28.9	120 54.5	21.6	212 16.1	36.2
15	215 08.2	21 16.7	. . 11.5	121 21.6	. . 28.9	135 56.8	. . 21.6	227 18.7	. . 36.3
16	230 10.7	36 16.4	12.8	136 22.4	28.9	150 59.0	21.6	242 21.4	36.4
17	245 13.1	51 16.0	14.1	151 23.3	28.9	166 01.2	21.6	257 24.0	36.4
18	260 15.6	66 15.7	S 5 15.3	166 24.2	N23 28.9	181 03.4	N22 21.6	272 26.6	S 7 36.5
19	275 18.1	81 15.4	16.6	181 25.0	28.9	196 05.7	21.7	287 29.3	36.6
20	290 20.5	96 15.1	17.9	196 25.9	28.9	211 07.9	21.7	302 31.9	36.7
21	305 23.0	111 14.7	. . 19.1	211 26.7	. . 28.9	226 10.1	. . 21.7	317 34.6	. . 36.7
22	320 25.5	126 14.4	20.4	226 27.6	28.9	241 12.3	21.7	332 37.2	36.8
23	335 27.9	141 14.1	21.7	241 28.4	28.9	256 14.5	21.7	347 39.8	36.9
11 00 (WEDNESDAY)	350 30.4	156 13.7	S 5 23.0	256 29.3	N23 28.9	271 16.8	N22 21.7	2 42.5	S 7 37.0
01	5 32.9	171 13.4	24.2	271 30.2	29.0	286 19.0	21.8	17 45.1	37.0
02	20 35.3	186 13.1	25.5	286 31.0	29.0	301 21.2	21.8	32 47.8	37.1
03	35 37.8	201 12.8	. . 26.8	301 31.9	. . 29.0	316 23.5	. . 21.8	47 50.4	. . 37.2
04	50 40.2	216 12.4	28.0	316 32.7	29.0	331 25.7	21.8	62 53.0	37.3
05	65 42.7	231 12.1	29.3	331 33.6	29.0	346 27.9	21.8	77 55.7	37.4
06	80 45.2	246 11.8	S 5 30.6	346 34.5	N23 29.0	1 30.1	N22 21.8	92 58.3	S 7 37.4
07	95 47.6	261 11.4	31.9	1 35.3	29.0	16 32.4	21.8	108 01.0	37.5
08	110 50.1	276 11.1	33.1	16 36.2	29.0	31 34.6	21.9	123 03.6	37.6
09	125 52.6	291 10.8	. . 34.4	31 37.1	. . 29.0	46 36.8	. . 21.9	138 06.3	. . 37.7
10	140 55.0	306 10.5	35.7	46 37.9	29.0	61 39.0	21.9	153 08.9	37.7
11	155 57.5	321 10.1	36.9	61 38.8	29.0	76 41.3	21.9	168 11.5	37.8
12	171 00.0	336 09.8	S 5 38.2	76 39.6	N23 29.0	91 43.5	N22 21.9	183 14.2	S 7 37.9
13	186 02.4	351 09.5	39.5	91 40.5	29.0	106 45.7	21.9	198 16.8	38.0
14	201 04.9	6 09.1	40.7	106 41.4	29.0	121 48.0	21.9	213 19.5	38.0
15	216 07.4	21 08.8	. . 42.0	121 42.2	. . 29.0	136 50.2	. . 22.0	228 22.1	. . 38.1
16	231 09.8	36 08.5	43.3	136 43.1	29.1	151 52.4	22.0	243 24.7	38.2
17	246 12.3	51 08.1	44.5	151 44.0	29.1	166 54.7	22.0	258 27.4	38.3
18	261 14.7	66 07.8	S 5 45.8	166 44.8	N23 29.1	181 56.9	N22 22.0	273 30.0	S 7 38.3
19	276 17.2	81 07.5	47.1	181 45.7	29.1	196 59.1	22.0	288 32.7	38.4
20	291 19.7	96 07.1	48.3	196 46.6	29.1	212 01.3	22.0	303 35.3	38.5
21	306 22.1	111 06.8	. . 49.6	211 47.4	. . 29.1	227 03.6	. . 22.1	318 37.9	. . 38.6
22	321 24.6	126 06.5	50.9	226 48.3	29.1	242 05.8	22.1	333 40.6	38.6
23	336 27.1	141 06.2	52.1	241 49.2	29.1	257 08.0	22.1	348 43.2	38.7
Mer. Pass. (h m)	0 41.8	v −0.3	d 1.3	v 0.9	d 0.0	v 2.2	d 0.0	v 2.6	d 0.1

STARS

Name	SHA	Dec
	° ′	° ′
Acamar	315 11.7	S40 12.0
Achernar	335 19.9	S57 06.4
Acrux	173 01.1	S63 14.2
Adhara	255 06.3	S29 00.0
Aldebaran	290 39.9	N16 33.6
Alioth	166 13.7	N55 49.7
Alkaid	152 52.6	N49 11.6
Alnair	27 32.8	S46 50.5
Alnilam	275 38.0	S 1 11.0
Alphard	217 48.3	S 8 45.7
Alphecca	126 04.1	N26 38.1
Alpheratz	357 34.7	N29 13.7
Altair	62 00.0	N 8 56.1
Ankaa	353 07.0	S42 10.1
Antares	112 16.2	S26 29.2
Arcturus	145 48.4	N19 03.4
Atria	107 10.8	S69 04.5
Avior	234 15.3	S59 35.0
Bellatrix	278 23.2	N 6 22.5
Betelgeuse	270 52.5	N 7 24.8
Canopus	263 52.7	S52 42.1
Capella	280 22.3	N46 01.2
Deneb	49 25.7	N45 22.3
Denebola	182 25.5	N14 26.2
Diphda	348 47.3	S17 50.9
Dubhe	193 42.0	N61 37.1
Elnath	278 02.2	N28 37.7
Eltanin	90 42.2	N51 29.4
Enif	33 38.8	N 9 59.4
Fomalhaut	15 14.4	S29 29.4
Gacrux	171 52.6	S57 15.1
Gienah	175 44.2	S17 40.6
Hadar	148 36.9	S60 29.6
Hamal	327 51.3	N23 34.8
Kaus Aust.	83 32.8	S34 22.4
Kochab	137 20.4	N74 03.5
Markab	13 29.9	N15 20.4
Menkar	314 06.3	N 4 11.3
Menkent	147 58.2	S36 29.5
Miaplacidus	221 39.2	S69 48.8
Mirfak	308 28.5	N49 56.8
Nunki	75 47.9	S26 16.0
Peacock	53 05.7	S56 39.5
Pollux	243 17.9	N27 58.0
Procyon	244 51.3	N 5 09.8
Rasalhague	95 58.8	N12 32.7
Regulus	207 35.0	N11 50.9
Rigel	281 04.1	S 8 10.2
Rigil Kent.	139 41.1	S60 56.4
Sabik	102 03.1	S15 45.3
Schedar	349 30.9	N56 40.3
Shaula	96 10.7	S37 07.4
Sirius	258 26.6	S16 44.7
Spica	158 22.9	S11 17.3
Suhail	222 46.9	S43 31.7
Vega	80 33.3	N38 48.6
Zuben'ubi	136 56.5	S16 08.6

	SHA	Mer. Pass.
	° ′	h m
Venus	166 50.3	13 35
Mars	266 37.5	6 55
Jupiter	280 52.2	5 58
Saturn	12 07.8	23 49

© British Crown Copyright 2023. All rights reserved.

UT d h	SUN GHA ° ′	SUN Dec ° ′	MOON GHA ° ′	v ′	Dec ° ′	d ′	HP ′
9 00 MONDAY	180 40.2	N 5 12.4	120 48.9	12.8	S21 37.5	9.9	54.7
01	195 40.4	11.4	135 20.7	12.8	21 47.4	9.8	54.7
02	210 40.6	10.5	149 52.5	12.6	21 57.2	9.8	54.7
03	225 40.8	. . 09.5	164 24.1	12.6	22 07.0	9.6	54.7
04	240 41.0	08.6	178 55.7	12.5	22 16.6	9.6	54.8
05	255 41.3	07.6	193 27.2	12.3	22 26.2	9.5	54.8
06	270 41.5	N 5 06.7	207 58.5	12.3	S22 35.7	9.3	54.8
07	285 41.7	05.8	222 29.8	12.2	22 45.0	9.3	54.8
08	300 41.9	04.8	237 01.0	12.1	22 54.3	9.2	54.8
09	315 42.1	. . 03.9	251 32.1	12.0	23 03.5	9.1	54.9
10	330 42.3	02.9	266 03.1	11.9	23 12.6	9.0	54.9
11	345 42.6	02.0	280 34.0	11.9	23 21.6	8.9	54.9
12	0 42.8	N 5 01.0	295 04.9	11.7	S23 30.5	8.8	54.9
13	15 43.0	5 00.1	309 35.6	11.6	23 39.3	8.7	55.0
14	30 43.2	4 59.1	324 06.2	11.6	23 48.0	8.5	55.0
15	45 43.4	. . 58.2	338 36.8	11.4	23 56.5	8.5	55.0
16	60 43.7	57.2	353 07.2	11.3	24 05.0	8.4	55.0
17	75 43.9	56.3	7 37.5	11.3	24 13.4	8.3	55.0
18	90 44.1	N 4 55.3	22 07.8	11.2	S24 21.7	8.2	55.1
19	105 44.3	54.4	36 38.0	11.0	24 29.9	8.0	55.1
20	120 44.5	53.5	51 08.0	11.0	24 37.9	8.0	55.1
21	135 44.7	. . 52.5	65 38.0	10.8	24 45.9	7.8	55.1
22	150 45.0	51.6	80 07.8	10.8	24 53.7	7.7	55.2
23	165 45.2	50.6	94 37.6	10.7	25 01.4	7.6	55.2
10 00 TUESDAY	180 45.4	N 4 49.7	109 07.3	10.6	S25 09.0	7.5	55.2
01	195 45.6	48.7	123 36.9	10.5	25 16.5	7.4	55.2
02	210 45.8	47.8	138 06.4	10.4	25 23.9	7.3	55.3
03	225 46.1	. . 46.8	152 35.8	10.2	25 31.2	7.1	55.3
04	240 46.3	45.9	167 05.0	10.2	25 38.3	7.1	55.3
05	255 46.5	44.9	181 34.2	10.1	25 45.4	6.9	55.3
06	270 46.7	N 4 44.0	196 03.3	10.0	S25 52.3	6.8	55.4
07	285 46.9	43.0	210 32.3	10.0	25 59.1	6.6	55.4
08	300 47.2	42.1	225 01.3	9.8	26 05.7	6.6	55.4
09	315 47.4	. . 41.1	239 30.1	9.7	26 12.3	6.4	55.4
10	330 47.6	40.2	253 58.8	9.6	26 18.7	6.3	55.5
11	345 47.8	39.2	268 27.4	9.6	26 25.0	6.2	55.5
12	0 48.0	N 4 38.3	282 56.0	9.4	S26 31.2	6.0	55.5
13	15 48.3	37.3	297 24.4	9.3	26 37.2	5.9	55.6
14	30 48.5	36.4	311 52.7	9.3	26 43.1	5.8	55.6
15	45 48.7	. . 35.4	326 21.0	9.2	26 48.9	5.6	55.6
16	60 48.9	34.5	340 49.2	9.0	26 54.5	5.6	55.6
17	75 49.1	33.5	355 17.2	9.0	27 00.1	5.3	55.7
18	90 49.4	N 4 32.6	9 45.2	8.9	S27 05.4	5.3	55.7
19	105 49.6	31.6	24 13.1	8.8	27 10.7	5.1	55.7
20	120 49.8	30.7	38 40.9	8.7	27 15.8	5.0	55.8
21	135 50.0	. . 29.7	53 08.6	8.6	27 20.8	4.8	55.8
22	150 50.2	28.8	67 36.2	8.6	27 25.6	4.7	55.8
23	165 50.5	27.8	82 03.8	8.4	27 30.3	4.6	55.9
11 00 WEDNESDAY	180 50.7	N 4 26.9	96 31.2	8.4	S27 34.9	4.4	55.9
01	195 50.9	25.9	110 58.6	8.2	27 39.3	4.2	55.9
02	210 51.1	25.0	125 25.8	8.2	27 43.5	4.2	55.9
03	225 51.3	. . 24.0	139 53.0	8.1	27 47.7	3.9	56.0
04	240 51.6	23.1	154 20.1	8.1	27 51.6	3.9	56.0
05	255 51.8	22.1	168 47.2	7.9	27 55.5	3.7	56.0
06	270 52.0	N 4 21.2	183 14.1	7.9	S27 59.2	3.5	56.1
07	285 52.2	20.2	197 41.0	7.7	28 02.7	3.4	56.1
08	300 52.4	19.3	212 07.7	7.7	28 06.1	3.2	56.1
09	315 52.7	. . 18.3	226 34.4	7.7	28 09.3	3.1	56.2
10	330 52.9	17.3	241 01.1	7.5	28 12.4	2.9	56.2
11	345 53.1	16.4	255 27.6	7.5	28 15.3	2.8	56.2
12	0 53.3	N 4 15.4	269 54.1	7.4	S28 18.1	2.7	56.3
13	15 53.5	14.5	284 20.5	7.3	28 20.8	2.4	56.3
14	30 53.8	13.5	298 46.8	7.3	28 23.2	2.3	56.3
15	45 54.0	. . 12.6	313 13.1	7.2	28 25.5	2.2	56.4
16	60 54.2	11.6	327 39.3	7.1	28 27.7	2.0	56.4
17	75 54.4	10.7	342 05.4	7.0	28 29.7	1.8	56.4
18	90 54.6	N 4 09.7	356 31.4	7.0	S28 31.5	1.7	56.5
19	105 54.9	08.8	10 57.4	6.9	28 33.2	1.5	56.5
20	120 55.1	07.8	25 23.3	6.9	28 34.7	1.4	56.5
21	135 55.3	. . 06.9	39 49.2	6.8	28 36.1	1.2	56.6
22	150 55.5	05.9	54 15.0	6.7	28 37.3	1.0	56.6
23	165 55.8	05.0	68 40.7	6.7	S28 38.3	0.9	56.7
	SD 15.9	*d* 0.9	SD 15.0		15.1		15.3

Lat. °	Twilight Naut. h m	Twilight Civil h m	Sunrise h m	Moonrise 9 h m	Moonrise 10 h m	Moonrise 11 h m	Moonrise 12 h m
N 72	01 21	03 30	04 46	■	■	■	■
N 70	02 08	03 47	04 54	■	■	■	■
68	02 38	04 01	05 00	■	■	■	■
66	02 59	04 11	05 06	■	■	■	■
64	03 16	04 20	05 10	14 49	■	■	■
62	03 29	04 28	05 14	14 10	16 12	■	■
60	03 40	04 34	05 17	13 43	15 22	16 55	17 51
N 58	03 50	04 40	05 20	13 22	14 52	16 13	17 10
56	03 58	04 44	05 23	13 05	14 28	15 44	16 42
54	04 05	04 49	05 25	12 50	14 10	15 22	16 20
52	04 11	04 53	05 27	12 38	13 54	15 04	16 02
50	04 17	04 56	05 29	12 27	13 40	14 48	15 47
45	04 28	05 03	05 33	12 04	13 12	14 17	15 16
N 40	04 37	05 09	05 37	11 45	12 50	13 53	14 51
35	04 44	05 14	05 39	11 30	12 32	13 33	14 32
30	04 50	05 18	05 42	11 17	12 16	13 17	14 14
20	04 58	05 24	05 46	10 54	11 50	12 48	13 46
N 10	05 05	05 29	05 50	10 35	11 28	12 24	13 21
0	05 09	05 33	05 54	10 17	11 07	12 01	12 58
S 10	05 11	05 36	05 57	09 59	10 46	11 38	12 35
20	05 13	05 38	06 00	09 40	10 24	11 14	12 11
30	05 12	05 40	06 04	09 18	09 58	10 46	11 42
35	05 12	05 41	06 06	09 05	09 43	10 29	11 25
40	05 10	05 41	06 08	08 51	09 26	10 10	11 05
45	05 08	05 42	06 11	08 33	09 05	09 47	10 41
S 50	05 05	05 42	06 14	08 12	08 39	09 17	10 10
52	05 03	05 42	06 16	08 02	08 26	09 02	09 54
54	05 01	05 42	06 17	07 50	08 12	08 45	09 36
56	04 59	05 42	06 19	07 38	07 55	08 24	09 14
58	04 56	05 42	06 21	07 23	07 35	07 58	08 46
S 60	04 53	05 42	06 23	07 05	07 09	07 23	08 05

Lat. °	Sunset h m	Twilight Civil h m	Twilight Naut. h m	Moonset 9 h m	Moonset 10 h m	Moonset 11 h m	Moonset 12 h m
N 72	19 04	20 19	22 22	■	■	■	■
N 70	18 57	20 03	21 39	■	■	■	■
68	18 51	19 50	21 11	■	■	■	■
66	18 46	19 40	20 51	■	■	■	■
64	18 42	19 31	20 35	17 56	■	■	■
62	18 38	19 24	20 22	18 36	18 20	■	■
60	18 35	19 18	20 11	19 04	19 10	19 32	20 36
N 58	18 32	19 12	20 02	19 25	19 41	20 14	21 17
56	18 30	19 08	19 54	19 43	20 05	20 43	21 45
54	18 28	19 03	19 47	19 58	20 24	21 05	22 07
52	18 25	19 00	19 41	20 11	20 40	21 23	22 25
50	18 24	18 56	19 36	20 23	20 54	21 39	22 40
45	18 20	18 49	19 25	20 47	21 23	22 10	23 11
N 40	18 16	18 44	19 16	21 06	21 45	22 34	23 35
35	18 14	18 39	19 09	21 22	22 04	22 54	23 54
30	18 11	18 35	19 03	21 36	22 20	23 12	24 11
20	18 07	18 29	18 55	22 00	22 47	23 40	24 39
N 10	18 03	18 24	18 49	22 21	23 11	24 05	00 05
0	18 00	18 21	18 45	22 40	23 32	24 28	00 28
S 10	17 57	18 18	18 42	23 00	23 54	24 51	00 51
20	17 54	18 16	18 41	23 21	24 18	00 18	01 16
30	17 50	18 14	18 42	23 45	24 45	00 45	01 45
35	17 48	18 13	18 43	24 00	00 00	01 02	02 02
40	17 46	18 13	18 44	24 16	00 16	01 21	02 21
45	17 43	18 13	18 47	24 36	00 36	01 44	02 46
S 50	17 40	18 12	18 50	25 02	01 02	02 13	03 17
52	17 39	18 12	18 52	25 14	01 14	02 28	03 32
54	17 37	18 13	18 54	00 09	01 28	02 45	03 50
56	17 36	18 13	18 56	00 21	01 45	03 05	04 12
58	17 34	18 13	18 59	00 35	02 04	03 30	04 41
S 60	17 32	18 13	19 02	00 52	02 29	04 06	05 22

Day	SUN Eqn. of Time 00h	SUN Eqn. of Time 12h	SUN Mer. Pass.	MOON Mer. Pass. Upper	MOON Mer. Pass. Lower	MOON Age	MOON Phase
d	m s	m s	h m	h m	h m	d %	
9	02 40	02 51	11 57	16 28	04 04	06 33	
10	03 01	03 12	11 57	17 20	04 53	07 43	
11	03 22	03 33	11 56	18 14	05 47	08 53	

© British Crown Copyright 2023. All rights reserved.

UT d	h	ARIES GHA	VENUS −3·9 GHA	VENUS Dec	MARS +0·6 GHA	MARS Dec	JUPITER −2·3 GHA	JUPITER Dec	SATURN +0·6 GHA	SATURN Dec
		° ′	° ′	° ′	° ′	° ′	° ′	° ′	° ′	° ′
12 THURSDAY	00	351 29.5	156 05.8	S 5 53.4	256 50.0	N23 29.1	272 10.3	N22 22.1	3 45.9	S 7 38.8
	01	6 32.0	171 05.5	54.7	271 50.9	29.1	287 12.5	22.1	18 48.5	38.9
	02	21 34.5	186 05.2	55.9	286 51.8	29.1	302 14.7	22.1	33 51.1	38.9
	03	36 36.9	201 04.8	57.2	301 52.6	29.1	317 17.0	22.1	48 53.8	39.0
	04	51 39.4	216 04.5	58.5	316 53.5	29.1	332 19.2	22.2	63 56.4	39.1
	05	66 41.9	231 04.2	5 59.7	331 54.4	29.1	347 21.4	22.2	78 59.1	39.2
	06	81 44.3	246 03.8	S 6 01.0	346 55.2	N23 29.1	2 23.7	N22 22.2	94 01.7	S 7 39.2
	07	96 46.8	261 03.5	02.3	1 56.1	29.1	17 25.9	22.2	109 04.4	39.3
	08	111 49.2	276 03.2	03.5	16 57.0	29.1	32 28.1	22.2	124 07.0	39.4
	09	126 51.7	291 02.8	04.8	31 57.8	29.1	47 30.4	22.2	139 09.6	39.5
	10	141 54.2	306 02.5	06.1	46 58.7	29.1	62 32.6	22.2	154 12.3	39.5
	11	156 56.6	321 02.2	07.3	61 59.6	29.1	77 34.9	22.3	169 14.9	39.6
	12	171 59.1	336 01.8	S 6 08.6	77 00.5	N23 29.1	92 37.1	N22 22.3	184 17.6	S 7 39.7
	13	187 01.6	351 01.5	09.9	92 01.3	29.1	107 39.3	22.3	199 20.2	39.8
	14	202 04.0	6 01.2	11.1	107 02.2	29.1	122 41.6	22.3	214 22.8	39.8
	15	217 06.5	21 00.8	12.4	122 03.1	29.1	137 43.8	22.3	229 25.5	39.9
	16	232 09.0	36 00.5	13.7	137 03.9	29.1	152 46.0	22.3	244 28.1	40.0
	17	247 11.4	51 00.2	14.9	152 04.8	29.1	167 48.3	22.3	259 30.8	40.1
	18	262 13.9	65 59.8	S 6 16.2	167 05.7	N23 29.1	182 50.5	N22 22.4	274 33.4	S 7 40.1
	19	277 16.4	80 59.5	17.4	182 06.6	29.1	197 52.8	22.4	289 36.0	40.2
	20	292 18.8	95 59.1	18.7	197 07.4	29.1	212 55.0	22.4	304 38.7	40.3
	21	307 21.3	110 58.8	20.0	212 08.3	29.1	227 57.2	22.4	319 41.3	40.4
	22	322 23.7	125 58.5	21.2	227 09.2	29.1	242 59.5	22.4	334 44.0	40.4
	23	337 26.2	140 58.1	22.5	242 10.0	29.1	258 01.7	22.4	349 46.6	40.5
13 FRIDAY	00	352 28.7	155 57.8	S 6 23.8	257 10.9	N23 29.1	273 04.0	N22 22.4	4 49.2	S 7 40.6
	01	7 31.1	170 57.5	25.0	272 11.8	29.1	288 06.2	22.5	19 51.9	40.7
	02	22 33.6	185 57.1	26.3	287 12.7	29.1	303 08.4	22.5	34 54.5	40.7
	03	37 36.1	200 56.8	27.5	302 13.5	29.1	318 10.7	22.5	49 57.2	40.8
	04	52 38.5	215 56.5	28.8	317 14.4	29.1	333 12.9	22.5	64 59.8	40.9
	05	67 41.0	230 56.1	30.1	332 15.3	29.1	348 15.2	22.5	80 02.4	41.0
	06	82 43.5	245 55.8	S 6 31.3	347 16.2	N23 29.1	3 17.4	N22 22.5	95 05.1	S 7 41.0
	07	97 45.9	260 55.4	32.6	2 17.1	29.0	18 19.6	22.5	110 07.7	41.1
	08	112 48.4	275 55.1	33.8	17 17.9	29.0	33 21.9	22.5	125 10.4	41.2
	09	127 50.8	290 54.8	35.1	32 18.8	29.0	48 24.1	22.6	140 13.0	41.3
	10	142 53.3	305 54.4	36.4	47 19.7	29.0	63 26.4	22.6	155 15.6	41.3
	11	157 55.8	320 54.1	37.6	62 20.6	29.0	78 28.6	22.6	170 18.3	41.4
	12	172 58.2	335 53.8	S 6 38.9	77 21.4	N23 29.0	93 30.9	N22 22.6	185 20.9	S 7 41.5
	13	188 00.7	350 53.4	40.1	92 22.3	29.0	108 33.1	22.6	200 23.6	41.6
	14	203 03.2	5 53.1	41.4	107 23.2	29.0	123 35.4	22.6	215 26.2	41.6
	15	218 05.6	20 52.7	42.6	122 24.1	29.0	138 37.6	22.6	230 28.8	41.7
	16	233 08.1	35 52.4	43.9	137 25.0	29.0	153 39.8	22.7	245 31.5	41.8
	17	248 10.6	50 52.1	45.2	152 25.8	29.0	168 42.1	22.7	260 34.1	41.9
	18	263 13.0	65 51.7	S 6 46.4	167 26.7	N23 29.0	183 44.3	N22 22.7	275 36.8	S 7 41.9
	19	278 15.5	80 51.4	47.7	182 27.6	29.0	198 46.6	22.7	290 39.4	42.0
	20	293 18.0	95 51.0	48.9	197 28.5	29.0	213 48.8	22.7	305 42.0	42.1
	21	308 20.4	110 50.7	50.2	212 29.4	29.0	228 51.1	22.7	320 44.7	42.2
	22	323 22.9	125 50.4	51.4	227 30.2	29.0	243 53.3	22.7	335 47.3	42.2
	23	338 25.3	140 50.0	52.7	242 31.1	28.9	258 55.6	22.8	350 50.0	42.3
14 SATURDAY	00	353 27.8	155 49.7	S 6 54.0	257 32.0	N23 28.9	273 57.8	N22 22.8	5 52.6	S 7 42.4
	01	8 30.3	170 49.3	55.2	272 32.9	28.9	289 00.1	22.8	20 55.2	42.5
	02	23 32.7	185 49.0	56.5	287 33.8	28.9	304 02.3	22.8	35 57.9	42.5
	03	38 35.2	200 48.7	57.7	302 34.7	28.9	319 04.6	22.8	51 00.5	42.6
	04	53 37.7	215 48.3	6 59.0	317 35.5	28.9	334 06.8	22.8	66 03.2	42.7
	05	68 40.1	230 48.0	7 00.2	332 36.4	28.9	349 09.1	22.8	81 05.8	42.8
	06	83 42.6	245 47.6	S 7 01.5	347 37.3	N23 28.9	4 11.3	N22 22.8	96 08.4	S 7 42.8
	07	98 45.1	260 47.3	02.7	2 38.2	28.9	19 13.6	22.9	111 11.1	42.9
	08	113 47.5	275 46.9	04.0	17 39.1	28.9	34 15.8	22.9	126 13.7	43.0
	09	128 50.0	290 46.6	05.3	32 40.0	28.8	49 18.1	22.9	141 16.4	43.1
	10	143 52.5	305 46.3	06.5	47 40.8	28.8	64 20.3	22.9	156 19.0	43.1
	11	158 54.9	320 45.9	07.8	62 41.7	28.8	79 22.6	22.9	171 21.6	43.2
	12	173 57.4	335 45.6	S 7 09.0	77 42.6	N23 28.8	94 24.8	N22 22.9	186 24.3	S 7 43.3
	13	188 59.8	350 45.2	10.3	92 43.5	28.8	109 27.1	22.9	201 26.9	43.4
	14	204 02.3	5 44.9	11.5	107 44.4	28.8	124 29.3	22.9	216 29.6	43.4
	15	219 04.8	20 44.5	12.8	122 45.3	28.8	139 31.6	23.0	231 32.2	43.5
	16	234 07.2	35 44.2	14.0	137 46.2	28.8	154 33.8	23.0	246 34.8	43.6
	17	249 09.7	50 43.9	15.3	152 47.1	28.8	169 36.1	23.0	261 37.5	43.7
	18	264 12.2	65 43.5	S 7 16.5	167 47.9	N23 28.7	184 38.3	N22 23.0	276 40.1	S 7 43.7
	19	279 14.6	80 43.2	17.8	182 48.8	28.7	199 40.6	23.0	291 42.8	43.8
	20	294 17.1	95 42.8	19.0	197 49.7	28.7	214 42.8	23.0	306 45.4	43.9
	21	309 19.6	110 42.5	20.3	212 50.6	28.7	229 45.1	23.0	321 48.0	44.0
	22	324 22.0	125 42.1	21.5	227 51.5	28.7	244 47.4	23.1	336 50.7	44.0
	23	339 24.5	140 41.8	22.8	242 52.4	28.7	259 49.6	23.1	351 53.3	44.1
Mer. Pass.		h m 0 30.0	v −0.3	d 1.3	v 0.9	d 0.0	v 2.2	d 0.0	v 2.6	d 0.1

STARS

Name	SHA	Dec
	° ′	° ′
Acamar	315 11.7	S40 12.0
Achernar	335 19.9	S57 06.4
Acrux	173 01.1	S63 14.2
Adhara	255 06.2	S29 00.0
Aldebaran	290 39.9	N16 33.6
Alioth	166 13.7	N55 49.7
Alkaid	152 52.6	N49 11.6
Alnair	27 32.8	S46 50.5
Alnilam	275 38.0	S 1 11.0
Alphard	217 48.3	S 8 45.7
Alphecca	126 04.1	N26 38.1
Alpheratz	357 34.7	N29 13.7
Altair	62 00.0	N 8 56.1
Ankaa	353 07.0	S42 10.1
Antares	112 16.3	S26 29.2
Arcturus	145 48.4	N19 03.4
Atria	107 10.8	S69 04.5
Avior	234 15.3	S59 35.0
Bellatrix	278 23.2	N 6 22.5
Betelgeuse	270 52.4	N 7 24.8
Canopus	263 52.7	S52 42.1
Capella	280 22.3	N46 01.2
Deneb	49 25.7	N45 22.3
Denebola	182 25.5	N14 26.2
Diphda	348 47.2	S17 50.9
Dubhe	193 41.9	N61 37.1
Elnath	278 02.2	N28 37.7
Eltanin	90 42.2	N51 29.4
Enif	33 38.8	N 9 59.4
Fomalhaut	15 14.4	S29 29.4
Gacrux	171 52.6	S57 15.1
Gienah	175 44.2	S17 40.6
Hadar	148 36.9	S60 29.6
Hamal	327 51.3	N23 34.8
Kaus Aust.	83 32.8	S34 22.4
Kochab	137 20.4	N74 03.4
Markab	13 29.9	N15 20.4
Menkar	314 06.3	N 4 11.3
Menkent	147 58.3	S36 29.5
Miaplacidus	221 39.2	S69 48.8
Mirfak	308 28.4	N49 56.8
Nunki	75 48.0	S26 16.0
Peacock	53 05.7	S56 39.5
Pollux	243 17.8	N27 58.0
Procyon	244 51.3	N 5 09.8
Rasalhague	95 58.8	N12 32.7
Regulus	207 35.0	N11 50.9
Rigel	281 04.1	S 8 10.2
Rigil Kent.	139 41.1	S60 56.3
Sabik	102 03.1	S15 45.3
Schedar	349 30.9	N56 40.3
Shaula	96 10.7	S37 07.4
Sirius	258 26.6	S16 44.7
Spica	158 22.9	S11 17.3
Suhail	222 46.9	S43 31.7
Vega	80 33.3	N38 48.6
Zuben'ubi	136 56.5	S16 08.6

	SHA	Mer. Pass.
	° ′	h m
Venus	163 29.1	13 36
Mars	264 42.3	6 51
Jupiter	280 35.3	5 47
Saturn	12 20.6	23 37

© British Crown Copyright 2023. All rights reserved.

UT		SUN GHA	SUN Dec	MOON GHA	v	MOON Dec	d	HP
d h		° ′	° ′	° ′	′	° ′	′	′
THURSDAY	12 00	180 56.0	N 4 04.0	83 06.4	6.6	S28 39.2	0.7	56.7
	01	195 56.2	03.0	97 32.0	6.6	28 39.9	0.5	56.7
	02	210 56.4	02.1	111 57.6	6.5	28 40.4	0.4	56.8
	03	225 56.6	. . 01.1	126 23.1	6.5	28 40.8	0.2	56.8
	04	240 56.9	4 00.2	140 48.6	6.4	28 41.0	0.0	56.8
	05	255 57.1	3 59.2	155 14.0	6.3	28 41.0	0.1	56.9
	06	270 57.3	N 3 58.3	169 39.3	6.3	S28 40.9	0.3	56.9
	07	285 57.5	57.3	184 04.6	6.3	28 40.6	0.5	56.9
	08	300 57.7	56.4	198 29.9	6.2	28 40.1	0.6	57.0
	09	315 58.0	. . 55.4	212 55.1	6.2	28 39.5	0.8	57.0
	10	330 58.2	54.5	227 20.3	6.2	28 38.7	1.0	57.1
	11	345 58.4	53.5	241 45.5	6.1	28 37.7	1.1	57.1
	12	0 58.6	N 3 52.5	256 10.6	6.0	S28 36.6	1.4	57.1
	13	15 58.9	51.6	270 35.6	6.1	28 35.2	1.5	57.2
	14	30 59.1	50.6	285 00.7	6.0	28 33.7	1.7	57.2
	15	45 59.3	. . 49.7	299 25.7	5.9	28 32.0	1.8	57.2
	16	60 59.5	48.7	313 50.6	6.0	28 30.2	2.0	57.3
	17	75 59.7	47.8	328 15.6	5.9	28 28.2	2.2	57.3
	18	91 00.0	N 3 46.8	342 40.5	5.9	S28 26.0	2.4	57.4
	19	106 00.2	45.8	357 05.4	5.8	28 23.6	2.5	57.4
	20	121 00.4	44.9	11 30.2	5.9	28 21.1	2.8	57.4
	21	136 00.6	. . 43.9	25 55.1	5.8	28 18.3	2.9	57.5
	22	151 00.9	43.0	40 19.9	5.8	28 15.4	3.0	57.5
	23	166 01.1	42.0	54 44.7	5.8	28 12.4	3.3	57.6
FRIDAY	13 00	181 01.3	N 3 41.1	69 09.5	5.8	S28 09.1	3.4	57.6
	01	196 01.5	40.1	83 34.3	5.7	28 05.7	3.6	57.6
	02	211 01.7	39.1	97 59.0	5.8	28 02.1	3.8	57.7
	03	226 02.0	. . 38.2	112 23.8	5.7	27 58.3	4.0	57.7
	04	241 02.2	37.2	126 48.5	5.8	27 54.3	4.1	57.8
	05	256 02.4	36.3	141 13.3	5.7	27 50.2	4.3	57.8
	06	271 02.6	N 3 35.3	155 38.0	5.7	S27 45.9	4.5	57.8
	07	286 02.9	34.4	170 02.7	5.7	27 41.4	4.7	57.9
	08	301 03.1	33.4	184 27.4	5.8	27 36.7	4.8	57.9
	09	316 03.3	. . 32.4	198 52.2	5.7	27 31.9	5.1	58.0
	10	331 03.5	31.5	213 16.9	5.7	27 26.8	5.2	58.0
	11	346 03.8	30.5	227 41.6	5.7	27 21.6	5.3	58.0
	12	1 04.0	N 3 29.6	242 06.3	5.8	S27 16.3	5.6	58.1
	13	16 04.2	28.6	256 31.1	5.7	27 10.7	5.7	58.1
	14	31 04.4	27.7	270 55.8	5.8	27 05.0	5.9	58.2
	15	46 04.6	. . 26.7	285 20.6	5.8	26 59.1	6.1	58.2
	16	61 04.9	25.7	299 45.4	5.8	26 53.0	6.3	58.2
	17	76 05.1	24.8	314 10.2	5.8	26 46.7	6.4	58.3
	18	91 05.3	N 3 23.8	328 35.0	5.8	S26 40.3	6.6	58.3
	19	106 05.5	22.9	342 59.8	5.8	26 33.7	6.8	58.4
	20	121 05.8	21.9	357 24.6	5.9	26 26.9	6.9	58.4
	21	136 06.0	. . 20.9	11 49.5	5.9	26 20.0	7.2	58.4
	22	151 06.2	20.0	26 14.4	5.9	26 12.8	7.3	58.5
	23	166 06.4	19.0	40 39.3	5.9	26 05.5	7.5	58.5
SATURDAY	14 00	181 06.7	N 3 18.1	55 04.2	5.9	S25 58.0	7.6	58.6
	01	196 06.9	17.1	69 29.1	6.0	25 50.4	7.8	58.6
	02	211 07.1	16.1	83 54.1	6.0	25 42.6	8.0	58.6
	03	226 07.3	. . 15.2	98 19.1	6.1	25 34.6	8.2	58.7
	04	241 07.5	14.2	112 44.2	6.1	25 26.4	8.3	58.7
	05	256 07.8	13.3	127 09.3	6.1	25 18.1	8.5	58.8
	06	271 08.0	N 3 12.3	141 34.4	6.1	S25 09.6	8.7	58.8
	07	286 08.2	11.3	155 59.5	6.2	25 00.9	8.8	58.8
	08	301 08.4	10.4	170 24.7	6.2	24 52.1	9.0	58.9
	09	316 08.7	. . 09.4	184 49.9	6.2	24 43.1	9.2	58.9
	10	331 08.9	08.5	199 15.1	6.3	24 33.9	9.3	59.0
	11	346 09.1	07.5	213 40.4	6.4	24 24.6	9.5	59.0
	12	1 09.3	N 3 06.5	228 05.8	6.3	S24 15.1	9.7	59.0
	13	16 09.6	05.6	242 31.1	6.4	24 05.4	9.8	59.1
	14	31 09.8	04.6	256 56.5	6.5	23 55.6	10.0	59.1
	15	46 10.0	. . 03.7	271 22.0	6.5	23 45.6	10.2	59.2
	16	61 10.2	02.7	285 47.5	6.5	23 35.4	10.3	59.2
	17	76 10.5	01.7	300 13.0	6.6	23 25.1	10.4	59.2
	18	91 10.7	N 3 00.8	314 38.6	6.6	S23 14.7	10.7	59.3
	19	106 10.9	2 59.8	329 04.2	6.7	23 04.0	10.7	59.3
	20	121 11.1	58.9	343 29.9	6.8	22 53.3	11.0	59.4
	21	136 11.4	. . 57.9	357 55.7	6.7	22 42.3	11.1	59.4
	22	151 11.6	56.9	12 21.4	6.9	22 31.2	11.2	59.4
	23	166 11.8	56.0	26 47.3	6.8	S22 20.0	11.4	59.5
		SD 15.9	*d* 1.0	SD 15.6		15.8		16.1

Lat.	Twilight Naut.	Twilight Civil	Sunrise	Moonrise 12	13	14	15
°	h m	h m	h m	h m	h m	h m	h m
N 72	01 54	03 47	05 00	▬	▬	▬	21 19
N 70	02 29	04 01	05 06	▬	▬	▬	20 12
68	02 54	04 12	05 11	▬	▬	▬	19 35
66	03 12	04 22	05 15	▬	▬	19 57	19 09
64	03 27	04 29	05 18	▬	▬	19 10	18 48
62	03 39	04 36	05 21	▬	18 53	18 39	18 31
60	03 49	04 42	05 24	17 51	18 10	18 16	18 17
N 58	03 57	04 46	05 26	17 10	17 41	17 57	18 05
56	04 05	04 51	05 28	16 42	17 19	17 41	17 54
54	04 11	04 54	05 30	16 20	17 01	17 27	17 45
52	04 17	04 58	05 32	16 02	16 45	17 15	17 37
50	04 22	05 01	05 33	15 47	16 32	17 05	17 29
45	04 32	05 07	05 37	15 16	16 04	16 42	17 13
N 40	04 40	05 12	05 39	14 51	15 42	16 24	17 00
35	04 46	05 16	05 42	14 32	15 24	16 09	16 48
30	04 52	05 20	05 44	14 14	15 08	15 56	16 38
20	04 59	05 25	05 47	13 46	14 41	15 33	16 21
N 10	05 04	05 29	05 50	13 21	14 18	15 13	16 06
0	05 08	05 32	05 52	12 58	13 57	14 55	15 51
S 10	05 10	05 34	05 55	12 35	13 35	14 36	15 37
20	05 10	05 36	05 58	12 11	13 12	14 16	15 22
30	05 09	05 36	06 00	11 42	12 45	13 53	15 04
35	05 07	05 37	06 02	11 25	12 29	13 40	14 54
40	05 05	05 37	06 04	11 05	12 10	13 24	14 42
45	05 02	05 36	06 05	10 41	11 48	13 05	14 27
S 50	04 58	05 36	06 08	10 10	11 19	12 41	14 10
52	04 56	05 35	06 09	09 54	11 05	12 30	14 02
54	04 54	05 35	06 10	09 36	10 48	12 17	13 53
56	04 51	05 34	06 11	09 14	10 29	12 02	13 42
58	04 48	05 34	06 13	08 46	10 04	11 44	13 30
S 60	04 44	05 33	06 14	08 05	09 31	11 22	13 16

Lat.	Sunset	Twilight Civil	Twilight Naut.	Moonset 12	13	14	15
°	h m	h m	h m	h m	h m	h m	h m
N 72	18 49	20 01	21 50	▬	▬	▬	23 17
N 70	18 43	19 47	21 17	▬	▬	▬	▬
68	18 38	19 36	20 54	▬	▬	▬	▬
66	18 35	19 27	20 36	▬	▬	22 36	25 22
64	18 31	19 20	20 22	▬	▬	23 23	25 41
62	18 28	19 14	20 10	▬	21 38	23 53	25 57
60	18 26	19 08	20 01	20 36	22 20	24 15	00 15
N 58	18 24	19 04	19 52	21 17	22 48	24 33	00 33
56	18 22	18 59	19 45	21 45	23 10	24 48	00 48
54	18 20	18 56	19 39	22 07	23 28	25 01	01 01
52	18 18	18 53	19 33	22 25	23 43	25 13	01 13
50	18 17	18 50	19 29	22 40	23 56	25 23	01 23
45	18 14	18 43	19 18	23 11	24 23	00 23	01 44
N 40	18 11	18 39	19 11	23 35	24 44	00 44	02 01
35	18 09	18 35	19 04	23 54	25 02	01 02	02 15
30	18 07	18 31	18 59	24 11	00 11	01 17	02 27
20	18 04	18 26	18 52	24 39	00 39	01 43	02 48
N 10	18 01	18 22	18 47	00 05	01 04	02 04	03 05
0	17 59	18 20	18 44	00 28	01 26	02 25	03 22
S 10	17 57	18 18	18 42	00 51	01 49	02 45	03 39
20	17 54	18 16	18 42	01 16	02 13	03 06	03 56
30	17 52	18 16	18 43	01 45	02 40	03 31	04 16
35	17 50	18 15	18 45	02 02	02 57	03 46	04 28
40	17 49	18 16	18 47	02 21	03 16	04 02	04 41
45	17 47	18 16	18 50	02 46	03 39	04 22	04 56
S 50	17 45	18 17	18 54	03 17	04 08	04 47	05 15
52	17 44	18 17	18 57	03 32	04 23	04 59	05 24
54	17 43	18 18	18 59	03 50	04 40	05 13	05 34
56	17 41	18 18	19 02	04 12	04 59	05 28	05 45
58	17 40	18 19	19 05	04 41	05 24	05 47	05 58
S 60	17 39	18 20	19 09	05 22	05 58	06 09	06 13

Day	SUN Eqn. of Time 00ʰ	SUN Eqn. of Time 12ʰ	SUN Mer. Pass.	MOON Mer. Pass. Upper	MOON Mer. Pass. Lower	Age	Phase
d	m s	m s	h m	h m	h m	d %	
12	03 43	03 54	11 56	19 12	06 43	09 63	◐
13	04 05	04 15	11 56	20 11	07 41	10 73	
14	04 26	04 37	11 55	21 09	08 40	11 82	

© British Crown Copyright 2023. All rights reserved.

UT		ARIES	VENUS −3·9		MARS +0·6		JUPITER −2·4		SATURN +0·6	
	d h	GHA	GHA	Dec	GHA	Dec	GHA	Dec	GHA	Dec
		° ′	° ′	° ′	° ′	° ′	° ′	° ′	° ′	° ′
	15 00	354 27.0	155 41.4	S 7 24.0	257 53.3	N23 28.7	274 51.9	N22 23.1	6 56.0	S 7 44.2
	01	9 29.4	170 41.1	25.3	272 54.2	28.6	289 54.1	23.1	21 58.6	44.3
	02	24 31.9	185 40.7	26.5	287 55.1	28.6	304 56.4	23.1	37 01.2	44.3
	03	39 34.3	200 40.4	· · 27.8	302 56.0	· · 28.6	319 58.6	· · 23.1	52 03.9	· · 44.4
	04	54 36.8	215 40.1	29.0	317 56.8	28.6	335 00.9	23.1	67 06.5	44.5
	05	69 39.3	230 39.7	30.3	332 57.7	28.6	350 03.2	23.1	82 09.2	44.6
	06	84 41.7	245 39.4	S 7 31.5	347 58.6	N23 28.6	5 05.4	N22 23.2	97 11.8	S 7 44.6
	07	99 44.2	260 39.0	32.8	2 59.5	28.6	20 07.7	23.2	112 14.4	44.7
	08	114 46.7	275 38.7	34.0	18 00.4	28.5	35 09.9	23.2	127 17.1	44.8
S	09	129 49.1	290 38.3	· · 35.3	33 01.3	· · 28.5	50 12.2	· · 23.2	142 19.7	· · 44.9
U	10	144 51.6	305 38.0	36.5	48 02.2	28.5	65 14.4	23.2	157 22.4	44.9
N	11	159 54.1	320 37.6	37.8	63 03.1	28.5	80 16.7	23.2	172 25.0	45.0
D	12	174 56.5	335 37.3	S 7 39.0	78 04.0	N23 28.5	95 19.0	N22 23.2	187 27.6	S 7 45.1
A	13	189 59.0	350 36.9	40.3	93 04.9	28.5	110 21.2	23.2	202 30.3	45.2
Y	14	205 01.4	5 36.6	41.5	108 05.8	28.4	125 23.5	23.3	217 32.9	45.2
	15	220 03.9	20 36.2	· · 42.8	123 06.7	· · 28.4	140 25.7	· · 23.3	232 35.6	· · 45.3
	16	235 06.4	35 35.9	44.0	138 07.6	28.4	155 28.0	23.3	247 38.2	45.4
	17	250 08.8	50 35.5	45.2	153 08.5	28.4	170 30.3	23.3	262 40.8	45.4
	18	265 11.3	65 35.2	S 7 46.5	168 09.4	N23 28.4	185 32.5	N22 23.3	277 43.5	S 7 45.5
	19	280 13.8	80 34.8	47.7	183 10.3	28.3	200 34.8	23.3	292 46.1	45.6
	20	295 16.2	95 34.5	49.0	198 11.2	28.3	215 37.1	23.3	307 48.7	45.7
	21	310 18.7	110 34.1	· · 50.2	213 12.1	· · 28.3	230 39.3	· · 23.3	322 51.4	· · 45.7
	22	325 21.2	125 33.8	51.5	228 12.9	28.3	245 41.6	23.4	337 54.0	45.8
	23	340 23.6	140 33.4	52.7	243 13.8	28.3	260 43.8	23.4	352 56.7	45.9
	16 00	355 26.1	155 33.1	S 7 54.0	258 14.7	N23 28.2	275 46.1	N22 23.4	7 59.3	S 7 46.0
	01	10 28.6	170 32.7	55.2	273 15.6	28.2	290 48.4	23.4	23 01.9	46.0
	02	25 31.0	185 32.4	56.4	288 16.5	28.2	305 50.6	23.4	38 04.6	46.1
	03	40 33.5	200 32.0	· · 57.7	303 17.4	· · 28.2	320 52.9	· · 23.4	53 07.2	· · 46.2
	04	55 35.9	215 31.7	7 58.9	318 18.3	28.2	335 55.2	23.4	68 09.9	46.3
	05	70 38.4	230 31.3	8 00.2	333 19.2	28.1	350 57.4	23.4	83 12.5	46.3
	06	85 40.9	245 31.0	S 8 01.4	348 20.1	N23 28.1	5 59.7	N22 23.4	98 15.1	S 7 46.4
	07	100 43.3	260 30.6	02.7	3 21.0	28.1	21 02.0	23.5	113 17.8	46.5
	08	115 45.8	275 30.3	03.9	18 21.9	28.1	36 04.2	23.5	128 20.4	46.6
M	09	130 48.3	290 29.9	· · 05.1	33 22.8	· · 28.1	51 06.5	· · 23.5	143 23.1	· · 46.6
O	10	145 50.7	305 29.6	06.4	48 23.7	28.0	66 08.8	23.5	158 25.7	46.7
N	11	160 53.2	320 29.2	07.6	63 24.6	28.0	81 11.0	23.5	173 28.3	46.8
D	12	175 55.7	335 28.8	S 8 08.9	78 25.5	N23 28.0	96 13.3	N22 23.5	188 31.0	S 7 46.9
A	13	190 58.1	350 28.5	10.1	93 26.5	28.0	111 15.6	23.5	203 33.6	46.9
Y	14	206 00.6	5 28.1	11.3	108 27.4	28.0	126 17.8	23.5	218 36.2	47.0
	15	221 03.1	20 27.8	· · 12.6	123 28.3	· · 27.9	141 20.1	· · 23.6	233 38.9	· · 47.1
	16	236 05.5	35 27.4	13.8	138 29.2	27.9	156 22.4	23.6	248 41.5	47.1
	17	251 08.0	50 27.1	15.0	153 30.1	27.9	171 24.6	23.6	263 44.2	47.2
	18	266 10.4	65 26.7	S 8 16.3	168 31.0	N23 27.9	186 26.9	N22 23.6	278 46.8	S 7 47.3
	19	281 12.9	80 26.4	17.5	183 31.9	27.8	201 29.2	23.6	293 49.4	47.4
	20	296 15.4	95 26.0	18.8	198 32.8	27.8	216 31.4	23.6	308 52.1	47.4
	21	311 17.8	110 25.6	· · 20.0	213 33.7	· · 27.8	231 33.7	· · 23.6	323 54.7	· · 47.5
	22	326 20.3	125 25.3	21.2	228 34.6	27.8	246 36.0	23.6	338 57.4	47.6
	23	341 22.8	140 24.9	22.5	243 35.5	27.7	261 38.3	23.6	354 00.0	47.7
	17 00	356 25.2	155 24.6	S 8 23.7	258 36.4	N23 27.7	276 40.5	N22 23.7	9 02.6	S 7 47.7
	01	11 27.7	170 24.2	24.9	273 37.3	27.7	291 42.8	23.7	24 05.3	47.8
	02	26 30.2	185 23.9	26.2	288 38.2	27.7	306 45.1	23.7	39 07.9	47.9
	03	41 32.6	200 23.5	· · 27.4	303 39.1	· · 27.6	321 47.3	· · 23.7	54 10.5	· · 48.0
	04	56 35.1	215 23.1	28.7	318 40.0	27.6	336 49.6	23.7	69 13.2	48.0
	05	71 37.5	230 22.8	29.9	333 40.9	27.6	351 51.9	23.7	84 15.8	48.1
	06	86 40.0	245 22.4	S 8 31.1	348 41.8	N23 27.6	6 54.2	N22 23.7	99 18.5	S 7 48.2
	07	101 42.5	260 22.1	32.4	3 42.8	27.5	21 56.4	23.7	114 21.1	48.2
T	08	116 44.9	275 21.7	33.6	18 43.7	27.5	36 58.7	23.7	129 23.7	48.3
U	09	131 47.4	290 21.4	· · 34.8	33 44.6	· · 27.5	52 01.0	· · 23.8	144 26.4	· · 48.4
E	10	146 49.9	305 21.0	36.1	48 45.5	27.5	67 03.3	23.8	159 29.0	48.5
S	11	161 52.3	320 20.6	37.3	63 46.4	27.4	82 05.5	23.8	174 31.6	48.5
D	12	176 54.8	335 20.3	S 8 38.5	78 47.3	N23 27.4	97 07.8	N22 23.8	189 34.3	S 7 48.6
A	13	191 57.3	350 19.9	39.8	93 48.2	27.4	112 10.1	23.8	204 36.9	48.7
Y	14	206 59.7	5 19.6	41.0	108 49.1	27.3	127 12.4	23.8	219 39.6	48.8
	15	222 02.2	20 19.2	· · 42.2	123 50.0	· · 27.3	142 14.6	· · 23.8	234 42.2	· · 48.8
	16	237 04.7	35 18.8	43.5	138 50.9	27.3	157 16.9	23.8	249 44.8	48.9
	17	252 07.1	50 18.5	44.7	153 51.9	27.3	172 19.2	23.8	264 47.5	49.0
	18	267 09.6	65 18.1	S 8 45.9	168 52.8	N23 27.2	187 21.5	N22 23.9	279 50.1	S 7 49.1
	19	282 12.0	80 17.7	47.1	183 53.7	27.2	202 23.8	23.9	294 52.7	49.1
	20	297 14.5	95 17.4	48.4	198 54.6	27.2	217 26.0	23.9	309 55.4	49.2
	21	312 17.0	110 17.0	· · 49.6	213 55.5	· · 27.1	232 28.3	· · 23.9	324 58.0	· · 49.3
	22	327 19.4	125 16.7	50.8	228 56.4	27.1	247 30.6	23.9	340 00.7	49.3
	23	342 21.9	140 16.3	52.1	243 57.3	27.1	262 32.9	23.9	355 03.3	49.4
	Mer. Pass.	h m 0 18.2	*v* −0.4	*d* 1.2	*v* 0.9	*d* 0.0	*v* 2.3	*d* 0.0	*v* 2.6	*d* 0.1

STARS

Name	SHA	Dec
	° ′	° ′
Acamar	315 11.7	S40 12.0
Achernar	335 19.8	S57 06.5
Acrux	173 01.1	S63 14.2
Adhara	255 06.2	S29 00.0
Aldebaran	290 39.8	N16 33.6
Alioth	166 13.7	N55 49.7
Alkaid	152 52.6	N49 11.6
Alnair	27 32.8	S46 50.5
Alnilam	275 38.0	S 1 11.0
Alphard	217 48.3	S 8 45.7
Alphecca	126 04.1	N26 38.1
Alpheratz	357 34.7	N29 13.7
Altair	62 00.0	N 8 56.1
Ankaa	353 07.0	S42 10.2
Antares	112 16.3	S26 29.2
Arcturus	145 48.4	N19 03.4
Atria	107 10.8	S69 04.5
Avior	234 15.3	S59 35.0
Bellatrix	278 23.1	N 6 22.5
Betelgeuse	270 52.4	N 7 24.8
Canopus	263 52.6	S52 42.1
Capella	280 22.2	N46 01.2
Deneb	49 25.7	N45 22.3
Denebola	182 25.5	N14 26.2
Diphda	348 47.2	S17 50.9
Dubhe	193 41.9	N61 37.1
Elnath	278 02.2	N28 37.7
Eltanin	90 42.3	N51 29.4
Enif	33 38.8	N 9 59.4
Fomalhaut	15 14.4	S29 29.4
Gacrux	171 52.6	S57 15.1
Gienah	175 44.2	S17 40.6
Hadar	148 36.9	S60 29.6
Hamal	327 51.2	N23 34.8
Kaus Aust.	83 32.8	S34 22.5
Kochab	137 20.5	N74 03.4
Markab	13 29.8	N15 20.4
Menkar	314 06.2	N 4 11.3
Menkent	147 58.3	S36 29.5
Miaplacidus	221 39.1	S69 48.8
Mirfak	308 28.4	N49 56.8
Nunki	75 48.0	S26 16.0
Peacock	53 05.7	S56 39.5
Pollux	243 17.8	N27 58.0
Procyon	244 51.3	N 5 09.8
Rasalhague	95 58.8	N12 32.7
Regulus	207 35.0	N11 50.9
Rigel	281 04.1	S 8 10.2
Rigil Kent.	139 41.2	S60 56.3
Sabik	102 03.1	S15 45.3
Schedar	349 30.8	N56 40.4
Shaula	96 10.7	S37 07.4
Sirius	258 26.6	S16 44.7
Spica	158 22.9	S11 17.3
Suhail	222 46.9	S43 31.7
Vega	80 33.3	N38 48.6
Zuben'ubi	136 56.5	S16 08.6

	SHA	Mer. Pass.
	° ′	h m
Venus	160 07.0	13 38
Mars	262 48.7	6 47
Jupiter	280 20.0	5 36
Saturn	12 33.2	23 24

© British Crown Copyright 2023. All rights reserved.

UT		SUN GHA	SUN Dec	MOON GHA	v	MOON Dec	d	HP
d h		° ′	° ′	° ′	′	° ′	′	′
15 00	SUNDAY	181 12.0	N 2 55.0	41 13.1	7.0	S22 08.6	11.6	59.5
01		196 12.2	54.0	55 39.1	6.9	21 57.0	11.7	59.5
02		211 12.5	53.1	70 05.0	7.1	21 45.3	11.8	59.6
03		226 12.7	. . 52.1	84 31.1	7.0	21 33.5	12.0	59.6
04		241 12.9	51.2	98 57.1	7.2	21 21.5	12.1	59.7
05		256 13.1	50.2	113 23.3	7.2	21 09.4	12.3	59.7
06		271 13.4	N 2 49.2	127 49.5	7.2	S20 57.1	12.5	59.7
07		286 13.6	48.3	142 15.7	7.3	20 44.6	12.5	59.8
08		301 13.8	47.3	156 42.0	7.3	20 32.1	12.8	59.8
09		316 14.0	. . 46.3	171 08.3	7.4	20 19.3	12.8	59.8
10		331 14.3	45.4	185 34.7	7.5	20 06.5	13.0	59.9
11		346 14.5	44.4	200 01.2	7.5	19 53.5	13.1	59.9
12		1 14.7	N 2 43.5	214 27.7	7.6	S19 40.4	13.3	59.9
13		16 14.9	42.5	228 54.3	7.6	19 27.1	13.4	60.0
14		31 15.2	41.5	243 20.9	7.6	19 13.7	13.5	60.0
15		46 15.4	. . 40.6	257 47.5	7.8	19 00.2	13.7	60.0
16		61 15.6	39.6	272 14.3	7.8	18 46.5	13.8	60.1
17		76 15.8	38.6	286 41.1	7.8	18 32.7	13.9	60.1
18		91 16.1	N 2 37.7	301 07.9	7.9	S18 18.8	14.1	60.1
19		106 16.3	36.7	315 34.8	7.9	18 04.7	14.1	60.2
20		121 16.5	35.7	330 01.7	8.0	17 50.6	14.3	60.2
21		136 16.7	. . 34.8	344 28.7	8.1	17 36.3	14.4	60.2
22		151 17.0	33.8	358 55.8	8.1	17 21.9	14.6	60.3
23		166 17.2	32.9	13 22.9	8.1	17 07.3	14.6	60.3
16 00	MONDAY	181 17.4	N 2 31.9	27 50.0	8.2	S16 52.7	14.8	60.3
01		196 17.6	30.9	42 17.2	8.3	16 37.9	14.9	60.4
02		211 17.9	30.0	56 44.5	8.3	16 23.0	15.0	60.4
03		226 18.1	. . 29.0	71 11.8	8.4	16 08.0	15.1	60.4
04		241 18.3	28.0	85 39.2	8.4	15 52.9	15.2	60.5
05		256 18.5	27.1	100 06.6	8.5	15 37.7	15.3	60.5
06		271 18.7	N 2 26.1	114 34.1	8.5	S15 22.4	15.5	60.5
07		286 19.0	25.1	129 01.6	8.6	15 06.9	15.5	60.6
08		301 19.2	24.2	143 29.2	8.6	14 51.4	15.7	60.6
09		316 19.4	. . 23.2	157 56.8	8.6	14 35.7	15.7	60.6
10		331 19.6	22.2	172 24.4	8.8	14 20.0	15.9	60.6
11		346 19.9	21.3	186 52.2	8.7	14 04.1	15.9	60.7
12		1 20.1	N 2 20.3	201 19.9	8.8	S13 48.2	16.0	60.7
13		16 20.3	19.4	215 47.7	8.9	13 32.2	16.2	60.7
14		31 20.5	18.4	230 15.6	8.9	13 16.0	16.2	60.7
15		46 20.8	. . 17.4	244 43.5	9.0	12 59.8	16.3	60.8
16		61 21.0	16.5	259 11.5	9.0	12 43.5	16.4	60.8
17		76 21.2	15.5	273 39.5	9.0	12 27.1	16.5	60.8
18		91 21.4	N 2 14.5	288 07.5	9.1	S12 10.6	16.6	60.8
19		106 21.7	13.6	302 35.6	9.1	11 54.0	16.6	60.9
20		121 21.9	12.6	317 03.7	9.2	11 37.4	16.8	60.9
21		136 22.1	. . 11.6	331 31.9	9.2	11 20.6	16.8	60.9
22		151 22.3	10.7	346 00.1	9.2	11 03.8	16.9	60.9
23		166 22.6	09.7	0 28.3	9.3	10 46.9	17.0	61.0
17 00	TUESDAY	181 22.8	N 2 08.7	14 56.6	9.3	S10 29.9	17.0	61.0
01		196 23.0	07.8	29 24.9	9.4	10 12.9	17.1	61.0
02		211 23.2	06.8	43 53.3	9.4	9 55.8	17.2	61.0
03		226 23.5	. . 05.8	58 21.7	9.4	9 38.6	17.3	61.0
04		241 23.7	04.9	72 50.1	9.5	9 21.3	17.3	61.1
05		256 23.9	03.9	87 18.6	9.5	9 04.0	17.4	61.1
06		271 24.1	N 2 02.9	101 47.1	9.5	S 8 46.6	17.4	61.1
07		286 24.4	02.0	116 15.6	9.6	8 29.2	17.5	61.1
08		301 24.6	01.0	130 44.2	9.6	8 11.7	17.5	61.1
09		316 24.8	2 00.0	145 12.8	9.6	7 54.2	17.7	61.1
10		331 25.0	1 59.1	159 41.4	9.7	7 36.5	17.6	61.2
11		346 25.3	58.1	174 10.1	9.6	7 18.9	17.7	61.2
12		1 25.5	N 1 57.1	188 38.7	9.8	S 7 01.2	17.8	61.2
13		16 25.7	56.2	203 07.5	9.7	6 43.4	17.8	61.2
14		31 25.9	55.2	217 36.2	9.7	6 25.6	17.9	61.2
15		46 26.2	. . 54.2	232 04.9	9.8	6 07.7	17.9	61.2
16		61 26.4	53.3	246 33.7	9.8	5 49.8	17.9	61.2
17		76 26.6	52.3	261 02.5	9.8	5 31.9	18.0	61.3
18		91 26.8	N 1 51.3	275 31.3	9.9	S 5 13.9	18.0	61.3
19		106 27.1	50.4	290 00.2	9.8	4 55.9	18.1	61.3
20		121 27.3	49.4	304 29.0	9.9	4 37.8	18.1	61.3
21		136 27.5	. . 48.4	318 57.9	9.9	4 19.7	18.1	61.3
22		151 27.7	47.5	333 26.8	9.9	4 01.6	18.1	61.3
23		166 27.9	46.5	347 55.7	9.9	S 3 43.5	18.2	61.3
		SD 15.9	*d* 1.0	SD 16.3		16.5		16.7

Lat.	Twilight Naut.	Twilight Civil	Sunrise	Moonrise 15	Moonrise 16	Moonrise 17	Moonrise 18
°	h m	h m	h m	h m	h m	h m	h m
N 72	02 19	04 02	05 14	21 19	19 33	18 44	18 04
N 70	02 48	04 14	05 18	20 12	19 13	18 38	18 07
68	03 09	04 24	05 22	19 35	18 58	18 32	18 09
66	03 25	04 32	05 24	19 09	18 45	18 27	18 11
64	03 38	04 39	05 27	18 48	18 34	18 23	18 12
62	03 48	04 44	05 29	18 31	18 25	18 19	18 14
60	03 57	04 49	05 31	18 17	18 17	18 16	18 15
N 58	04 05	04 53	05 33	18 05	18 10	18 13	18 16
56	04 11	04 57	05 34	17 54	18 03	18 10	18 17
54	04 17	05 00	05 36	17 45	17 58	18 08	18 18
52	04 22	05 03	05 37	17 37	17 53	18 06	18 18
50	04 27	05 05	05 38	17 29	17 48	18 04	18 19
45	04 36	05 11	05 40	17 13	17 38	18 00	18 21
N 40	04 43	05 15	05 42	17 00	17 30	17 56	18 22
35	04 49	05 18	05 44	16 48	17 22	17 53	18 23
30	04 53	05 21	05 45	16 38	17 16	17 51	18 24
20	05 00	05 26	05 48	16 21	17 05	17 46	18 26
N 10	05 04	05 29	05 50	16 06	16 55	17 42	18 28
0	05 07	05 31	05 51	15 51	16 46	17 38	18 29
S 10	05 08	05 32	05 53	15 37	16 36	17 34	18 31
20	05 07	05 33	05 55	15 22	16 26	17 30	18 33
30	05 05	05 33	05 57	15 04	16 15	17 25	18 35
35	05 03	05 32	05 58	14 54	16 08	17 22	18 36
40	05 00	05 32	05 59	14 42	16 00	17 19	18 37
45	04 57	05 31	06 00	14 27	15 52	17 15	18 39
S 50	04 51	05 29	06 01	14 10	15 41	17 11	18 41
52	04 49	05 28	06 02	14 02	15 36	17 09	18 42
54	04 46	05 27	06 02	13 53	15 30	17 07	18 43
56	04 43	05 26	06 03	13 42	15 24	17 04	18 44
58	04 39	05 25	06 04	13 30	15 17	17 02	18 45
S 60	04 35	05 24	06 05	13 16	15 09	16 59	18 47

Lat.	Sunset	Twilight Civil	Twilight Naut.	Moonset 15	Moonset 16	Moonset 17	Moonset 18
°	h m	h m	h m	h m	h m	h m	h m
N 72	18 33	19 43	21 24	23 17	26 58	02 58	05 39
N 70	18 29	19 32	20 57	▬	00 22	03 14	05 41
68	18 26	19 23	20 37	▬	00 57	03 27	05 44
66	18 23	19 15	20 21	25 22	01 22	03 38	05 46
64	18 21	19 09	20 09	25 41	01 41	03 47	05 47
62	18 19	19 03	19 59	25 57	01 57	03 54	05 48
60	18 17	18 59	19 50	00 15	02 10	04 01	05 50
N 58	18 15	18 55	19 43	00 33	02 21	04 07	05 51
56	18 14	18 51	19 36	00 48	02 30	04 12	05 51
54	18 13	18 48	19 31	01 01	02 39	04 16	05 52
52	18 11	18 45	19 26	01 13	02 46	04 20	05 53
50	18 10	18 43	19 21	01 23	02 53	04 24	05 54
45	18 08	18 38	19 12	01 44	03 07	04 31	05 55
N 40	18 06	18 34	19 05	02 01	03 19	04 38	05 56
35	18 05	18 30	19 00	02 15	03 29	04 43	05 57
30	18 04	18 28	18 55	02 27	03 38	04 48	05 58
20	18 01	18 23	18 49	02 48	03 53	04 57	06 00
N 10	18 00	18 21	18 45	03 05	04 05	05 04	06 01
0	17 58	18 19	18 43	03 22	04 17	05 10	06 02
S 10	17 56	18 17	18 42	03 39	04 29	05 17	06 03
20	17 55	18 17	18 42	03 56	04 42	05 24	06 04
30	17 53	18 17	18 45	04 16	04 56	05 32	06 06
35	17 52	18 18	18 47	04 28	05 04	05 36	06 06
40	17 51	18 18	18 50	04 41	05 13	05 41	06 07
45	17 50	18 20	18 54	04 56	05 24	05 47	06 08
S 50	17 49	18 21	18 59	05 15	05 37	05 54	06 09
52	17 48	18 22	19 02	05 24	05 43	05 57	06 10
54	17 48	18 23	19 05	05 34	05 49	06 01	06 10
56	17 47	18 24	19 08	05 45	05 57	06 04	06 11
58	17 46	18 26	19 12	05 58	06 05	06 09	06 12
S 60	17 46	18 27	19 16	06 13	06 14	06 13	06 12

Day	SUN Eqn. of Time 00h	SUN Eqn. of Time 12h	SUN Mer. Pass.	MOON Mer. Pass. Upper	MOON Mer. Pass. Lower	Age	Phase
d	m s	m s	h m	h m	h m	d %	
15	04 48	04 58	11 55	22 04	09 37	12 90	○
16	05 09	05 20	11 55	22 58	10 31	13 96	
17	05 31	05 41	11 54	23 50	11 24	14 99	

© British Crown Copyright 2023. All rights reserved.

2024 SEPTEMBER 18, 19, 20 (WED., THURS., FRI.)

UT (d h)	ARIES GHA (° ′)	VENUS −3·9 GHA (° ′)	VENUS Dec (° ′)	MARS +0·6 GHA (° ′)	MARS Dec (° ′)	JUPITER −2·4 GHA (° ′)	JUPITER Dec (° ′)	SATURN +0·6 GHA (° ′)	SATURN Dec (° ′)
18 00 WEDNESDAY	357 24.4	155 15.9	S 8 53.3	258 58.3	N23 27.0	277 35.1	N22 23.9	10 05.9	S 7 49.5
01	12 26.8	170 15.6	54.5	273 59.2	27.0	292 37.4	23.9	25 08.6	49.6
02	27 29.3	185 15.2	55.8	289 00.1	27.0	307 39.7	23.9	40 11.2	49.6
03	42 31.8	200 14.8	. . 57.0	304 01.0	. . 27.0	322 42.0	. . 24.0	55 13.8	. . 49.7
04	57 34.2	215 14.5	58.2	319 01.9	26.9	337 44.3	24.0	70 16.5	49.8
05	72 36.7	230 14.1	8 59.4	334 02.8	26.9	352 46.6	24.0	85 19.1	49.9
06	87 39.1	245 13.7	S 9 00.7	349 03.7	N23 26.9	7 48.8	N22 24.0	100 21.8	S 7 49.9
07	102 41.6	260 13.4	01.9	4 04.7	26.8	22 51.1	24.0	115 24.4	50.0
08	117 44.1	275 13.0	03.1	19 05.6	26.8	37 53.4	24.0	130 27.0	50.1
09	132 46.5	290 12.7	. . 04.3	34 06.5	. . 26.8	52 55.7	. . 24.0	145 29.7	. . 50.1
10	147 49.0	305 12.3	05.6	49 07.4	26.7	67 58.0	24.0	160 32.3	50.2
11	162 51.5	320 11.9	06.8	64 08.3	26.7	83 00.2	24.0	175 34.9	50.3
12	177 53.9	335 11.6	S 9 08.0	79 09.3	N23 26.7	98 02.5	N22 24.1	190 37.6	S 7 50.4
13	192 56.4	350 11.2	09.2	94 10.2	26.6	113 04.8	24.1	205 40.2	50.4
14	207 58.9	5 10.8	10.5	109 11.1	26.6	128 07.1	24.1	220 42.9	50.5
15	223 01.3	20 10.5	. . 11.7	124 12.0	. . 26.6	143 09.4	. . 24.1	235 45.5	. . 50.6
16	238 03.8	35 10.1	12.9	139 12.9	26.5	158 11.7	24.1	250 48.1	50.7
17	253 06.3	50 09.7	14.1	154 13.9	26.5	173 14.0	24.1	265 50.8	50.7
18	268 08.7	65 09.3	S 9 15.4	169 14.8	N23 26.5	188 16.2	N22 24.1	280 53.4	S 7 50.8
19	283 11.2	80 09.0	16.6	184 15.7	26.4	203 18.5	24.1	295 56.0	50.9
20	298 13.6	95 08.6	17.8	199 16.6	26.4	218 20.8	24.1	310 58.7	50.9
21	313 16.1	110 08.2	. . 19.0	214 17.5	. . 26.4	233 23.1	. . 24.1	326 01.3	. . 51.0
22	328 18.6	125 07.9	20.2	229 18.5	26.3	248 25.4	24.2	341 04.0	51.1
23	343 21.0	140 07.5	21.5	244 19.4	26.3	263 27.7	24.2	356 06.6	51.2
19 00 THURSDAY	358 23.5	155 07.1	S 9 22.7	259 20.3	N23 26.3	278 30.0	N22 24.2	11 09.2	S 7 51.2
01	13 26.0	170 06.8	23.9	274 21.2	26.2	293 32.2	24.2	26 11.9	51.3
02	28 28.4	185 06.4	25.1	289 22.2	26.2	308 34.5	24.2	41 14.5	51.4
03	43 30.9	200 06.0	. . 26.3	304 23.1	. . 26.2	323 36.8	. . 24.2	56 17.1	. . 51.4
04	58 33.4	215 05.7	27.6	319 24.0	26.1	338 39.1	24.2	71 19.8	51.5
05	73 35.8	230 05.3	28.8	334 24.9	26.1	353 41.4	24.2	86 22.4	51.6
06	88 38.3	245 04.9	S 9 30.0	349 25.9	N23 26.0	8 43.7	N22 24.2	101 25.0	S 7 51.7
07	103 40.7	260 04.5	31.2	4 26.8	26.0	23 46.0	24.2	116 27.7	51.7
08	118 43.2	275 04.2	32.4	19 27.7	26.0	38 48.3	24.3	131 30.3	51.8
09	133 45.7	290 03.8	. . 33.7	34 28.6	. . 25.9	53 50.6	. . 24.3	146 33.0	. . 51.9
10	148 48.1	305 03.4	34.9	49 29.6	25.9	68 52.8	24.3	161 35.6	51.9
11	163 50.6	320 03.0	36.1	64 30.5	25.9	83 55.1	24.3	176 38.2	52.0
12	178 53.1	335 02.7	S 9 37.3	79 31.4	N23 25.8	98 57.4	N22 24.3	191 40.9	S 7 52.1
13	193 55.5	350 02.3	38.5	94 32.3	25.8	113 59.7	24.3	206 43.5	52.2
14	208 58.0	5 01.9	39.7	109 33.3	25.7	129 02.0	24.3	221 46.1	52.2
15	224 00.5	20 01.6	. . 41.0	124 34.2	. . 25.7	144 04.3	. . 24.3	236 48.8	. . 52.3
16	239 02.9	35 01.2	42.2	139 35.1	25.7	159 06.6	24.3	251 51.4	52.4
17	254 05.4	50 00.8	43.4	154 36.0	25.6	174 08.9	24.3	266 54.0	52.5
18	269 07.9	65 00.4	S 9 44.6	169 37.0	N23 25.6	189 11.2	N22 24.4	281 56.7	S 7 52.5
19	284 10.3	80 00.1	45.8	184 37.9	25.6	204 13.5	24.4	296 59.3	52.6
20	299 12.8	94 59.7	47.0	199 38.8	25.5	219 15.8	24.4	312 02.0	52.7
21	314 15.2	109 59.3	. . 48.2	214 39.8	. . 25.5	234 18.1	. . 24.4	327 04.6	. . 52.7
22	329 17.7	124 58.9	49.5	229 40.7	25.4	249 20.4	24.4	342 07.2	52.8
23	344 20.2	139 58.5	50.7	244 41.6	25.4	264 22.7	24.4	357 09.9	52.9
20 00 FRIDAY	359 22.6	154 58.2	S 9 51.9	259 42.6	N23 25.4	279 25.0	N22 24.4	12 12.5	S 7 53.0
01	14 25.1	169 57.8	53.1	274 43.5	25.3	294 27.3	24.4	27 15.1	53.0
02	29 27.6	184 57.4	54.3	289 44.4	25.3	309 29.5	24.4	42 17.8	53.1
03	44 30.0	199 57.0	. . 55.5	304 45.4	. . 25.2	324 31.8	. . 24.4	57 20.4	. . 53.2
04	59 32.5	214 56.7	56.7	319 46.3	25.2	339 34.1	24.5	72 23.0	53.2
05	74 35.0	229 56.3	57.9	334 47.2	25.1	354 36.4	24.5	87 25.7	53.3
06	89 37.4	244 55.9	S 9 59.2	349 48.2	N23 25.1	9 38.7	N22 24.5	102 28.3	S 7 53.4
07	104 39.9	259 55.5	10 00.4	4 49.1	25.1	24 41.0	24.5	117 30.9	53.5
08	119 42.4	274 55.1	01.6	19 50.0	25.0	39 43.3	24.5	132 33.6	53.5
09	134 44.8	289 54.8	. . 02.8	34 51.0	. . 25.0	54 45.6	. . 24.5	147 36.2	. . 53.6
10	149 47.3	304 54.4	04.0	49 51.9	24.9	69 47.9	24.5	162 38.8	53.7
11	164 49.7	319 54.0	05.2	64 52.8	24.9	84 50.2	24.5	177 41.5	53.7
12	179 52.2	334 53.6	S10 06.4	79 53.8	N23 24.9	99 52.5	N22 24.5	192 44.1	S 7 53.8
13	194 54.7	349 53.2	07.6	94 54.7	24.8	114 54.8	24.5	207 46.8	53.9
14	209 57.1	4 52.9	08.8	109 55.6	24.8	129 57.1	24.5	222 49.4	54.0
15	224 59.6	19 52.5	. . 10.0	124 56.6	. . 24.7	144 59.4	. . 24.6	237 52.0	. . 54.0
16	240 02.1	34 52.1	11.2	139 57.5	24.7	160 01.7	24.6	252 54.7	54.1
17	255 04.5	49 51.7	12.4	154 58.5	24.6	175 04.0	24.6	267 57.3	54.2
18	270 07.0	64 51.3	S10 13.6	169 59.4	N23 24.6	190 06.3	N22 24.6	282 59.9	S 7 54.2
19	285 09.5	79 50.9	14.9	185 00.3	24.5	205 08.6	24.6	298 02.6	54.3
20	300 11.9	94 50.6	16.1	200 01.3	24.5	220 10.9	24.6	313 05.2	54.4
21	315 14.4	109 50.2	. . 17.3	215 02.2	. . 24.5	235 13.2	. . 24.6	328 07.8	. . 54.5
22	330 16.8	124 49.8	18.5	230 03.1	24.4	250 15.5	24.6	343 10.5	54.5
23	345 19.3	139 49.4	19.7	245 04.1	24.4	265 17.8	24.6	358 13.1	54.6
Mer. Pass.	h m 0 06.4	*v* −0.4	*d* 1.2	*v* 0.9	*d* 0.0	*v* 2.3	*d* 0.0	*v* 2.6	*d* 0.1

STARS

Name	SHA (° ′)	Dec (° ′)
Acamar	315 11.7	S40 12.0
Achernar	335 19.8	S57 06.5
Acrux	173 01.1	S63 14.1
Adhara	255 06.2	S29 00.0
Aldebaran	290 39.8	N16 33.6
Alioth	166 13.7	N55 49.7
Alkaid	152 52.6	N49 11.6
Alnair	27 32.8	S46 50.5
Alnilam	275 38.0	S 1 11.0
Alphard	217 48.3	S 8 45.7
Alphecca	126 04.1	N26 38.1
Alpheratz	357 34.7	N29 13.7
Altair	62 00.1	N 8 56.1
Ankaa	353 07.0	S42 10.2
Antares	112 16.3	S26 29.2
Arcturus	145 48.4	N19 03.4
Atria	107 10.9	S69 04.5
Avior	234 15.3	S59 35.0
Bellatrix	278 23.1	N 6 22.5
Betelgeuse	270 52.4	N 7 24.8
Canopus	263 52.6	S52 42.1
Capella	280 22.2	N46 01.3
Deneb	49 25.7	N45 22.3
Denebola	182 25.5	N14 26.2
Diphda	348 47.2	S17 50.9
Dubhe	193 41.9	N61 37.1
Elnath	278 02.2	N28 37.7
Eltanin	90 42.3	N51 29.4
Enif	33 38.8	N 9 59.4
Fomalhaut	15 14.4	S29 29.4
Gacrux	171 52.6	S57 15.1
Gienah	175 44.2	S17 40.6
Hadar	148 37.0	S60 29.6
Hamal	327 51.2	N23 34.8
Kaus Aust.	83 32.8	S34 22.5
Kochab	137 20.5	N74 03.4
Markab	13 29.8	N15 20.4
Menkar	314 06.2	N 4 11.3
Menkent	147 58.3	S36 29.5
Miaplacidus	221 39.1	S69 48.8
Mirfak	308 28.4	N49 56.8
Nunki	75 48.0	S26 16.0
Peacock	53 05.7	S56 39.5
Pollux	243 17.8	N27 58.0
Procyon	244 51.3	N 5 09.8
Rasalhague	95 58.8	N12 32.7
Regulus	207 35.0	N11 50.9
Rigel	281 04.1	S 8 10.2
Rigil Kent.	139 41.2	S60 56.3
Sabik	102 03.1	S15 45.3
Schedar	349 30.8	N56 40.4
Shaula	96 10.7	S37 07.4
Sirius	258 26.5	S16 44.7
Spica	158 22.9	S11 17.3
Suhail	222 46.9	S43 31.6
Vega	80 33.3	N38 48.6
Zuben'ubi	136 56.5	S16 08.6

	SHA (° ′)	Mer. Pass. (h m)
Venus	156 43.6	13 40
Mars	260 56.8	6 42
Jupiter	280 06.5	5 25
Saturn	12 45.7	23 11

© British Crown Copyright 2023. All rights reserved.

UT		SUN		MOON				
		GHA	Dec	GHA	*v*	Dec	*d*	HP
	d h	° ′	° ′	° ′	′	° ′	′	′
	18 00	181 28.2	N 1 45.5	2 24.6	10.0	S 3 25.3	18.2	61.3
	01	196 28.4	44.6	16 53.6	9.9	3 07.1	18.2	61.3
	02	211 28.6	43.6	31 22.5	10.0	2 48.9	18.2	61.3
	03	226 28.8 . .	42.6	45 51.5	9.9	2 30.7	18.3	61.3
	04	241 29.1	41.7	60 20.4	10.0	2 12.4	18.3	61.3
	05	256 29.3	40.7	74 49.4	10.0	1 54.1	18.2	61.4
	06	271 29.5	N 1 39.7	89 18.4	10.0	S 1 35.9	18.3	61.4
W	07	286 29.7	38.8	103 47.4	9.9	1 17.6	18.3	61.4
E	08	301 30.0	37.8	118 16.3	10.0	0 59.3	18.4	61.4
D	09	316 30.2 . .	36.8	132 45.3	10.0	0 40.9	18.3	61.4
N	10	331 30.4	35.9	147 14.3	10.0	0 22.6	18.3	61.4
E	11	346 30.6	34.9	161 43.3	10.0	S 0 04.3	18.3	61.4
S	12	1 30.9	N 1 33.9	176 12.3	10.0	N 0 14.0	18.3	61.4
D	13	16 31.1	32.9	190 41.3	10.0	0 32.3	18.4	61.4
A	14	31 31.3	32.0	205 10.3	10.0	0 50.7	18.3	61.4
Y	15	46 31.5 . .	31.0	219 39.3	10.0	1 09.0	18.3	61.4
	16	61 31.8	30.0	234 08.3	9.9	1 27.3	18.3	61.4
	17	76 32.0	29.1	248 37.2	10.0	1 45.6	18.3	61.4
	18	91 32.2	N 1 28.1	263 06.2	9.9	N 2 03.9	18.2	61.4
	19	106 32.4	27.1	277 35.1	10.0	2 22.1	18.3	61.4
	20	121 32.7	26.2	292 04.1	9.9	2 40.4	18.2	61.4
	21	136 32.9 . .	25.2	306 33.0	9.9	2 58.6	18.2	61.4
	22	151 33.1	24.2	321 01.9	9.9	3 16.8	18.2	61.4
	23	166 33.3	23.3	335 30.8	9.9	3 35.0	18.2	61.3
	19 00	181 33.5	N 1 22.3	349 59.7	9.9	N 3 53.2	18.2	61.3
	01	196 33.8	21.3	4 28.6	9.9	4 11.4	18.1	61.3
	02	211 34.0	20.4	18 57.5	9.8	4 29.5	18.1	61.3
	03	226 34.2 . .	19.4	33 26.3	9.8	4 47.6	18.0	61.3
	04	241 34.4	18.4	47 55.1	9.8	5 05.6	18.0	61.3
	05	256 34.7	17.4	62 23.9	9.8	5 23.6	18.0	61.3
	06	271 34.9	N 1 16.5	76 52.7	9.7	N 5 41.6	18.0	61.3
	07	286 35.1	15.5	91 21.4	9.8	5 59.6	17.9	61.3
T	08	301 35.3	14.5	105 50.2	9.7	6 17.5	17.8	61.3
H	09	316 35.6 . .	13.6	120 18.9	9.6	6 35.3	17.8	61.3
U	10	331 35.8	12.6	134 47.5	9.7	6 53.1	17.8	61.2
R	11	346 36.0	11.6	149 16.2	9.6	7 10.9	17.7	61.2
S	12	1 36.2	N 1 10.7	163 44.8	9.6	N 7 28.6	17.7	61.2
D	13	16 36.5	09.7	178 13.4	9.5	7 46.3	17.6	61.2
A	14	31 36.7	08.7	192 41.9	9.6	8 03.9	17.6	61.2
Y	15	46 36.9 . .	07.7	207 10.5	9.5	8 21.5	17.5	61.2
	16	61 37.1	06.8	221 39.0	9.4	8 39.0	17.4	61.2
	17	76 37.3	05.8	236 07.4	9.4	8 56.4	17.4	61.2
	18	91 37.6	N 1 04.8	250 35.8	9.4	N 9 13.8	17.3	61.1
	19	106 37.8	03.9	265 04.2	9.4	9 31.1	17.3	61.1
	20	121 38.0	02.9	279 32.6	9.3	9 48.4	17.1	61.1
	21	136 38.2 . .	01.9	294 00.9	9.3	10 05.5	17.2	61.1
	22	151 38.5	01.0	308 29.2	9.2	10 22.7	17.0	61.1
	23	166 38.7	1 00.0	322 57.4	9.2	10 39.7	17.0	61.1
	20 00	181 38.9	N 0 59.0	337 25.6	9.1	N10 56.7	16.9	61.0
	01	196 39.1	58.0	351 53.7	9.1	11 13.6	16.8	61.0
	02	211 39.4	57.1	6 21.8	9.1	11 30.4	16.7	61.0
	03	226 39.6 . .	56.1	20 49.9	9.0	11 47.1	16.7	61.0
	04	241 39.8	55.1	35 17.9	9.0	12 03.8	16.6	61.0
	05	256 40.0	54.2	49 45.9	8.9	12 20.4	16.5	60.9
	06	271 40.3	N 0 53.2	64 13.8	8.9	N12 36.9	16.4	60.9
	07	286 40.5	52.2	78 41.7	8.8	12 53.3	16.3	60.9
	08	301 40.7	51.3	93 09.5	8.8	13 09.6	16.2	60.9
F	09	316 40.9 . .	50.3	107 37.3	8.7	13 25.8	16.1	60.8
R	10	331 41.1	49.3	122 05.0	8.7	13 41.9	16.1	60.8
I	11	346 41.4	48.3	136 32.7	8.6	13 58.0	15.9	60.8
D	12	1 41.6	N 0 47.4	151 00.3	8.6	N14 13.9	15.9	60.8
A	13	16 41.8	46.4	165 27.9	8.5	14 29.8	15.7	60.7
Y	14	31 42.0	45.4	179 55.4	8.5	14 45.5	15.6	60.7
	15	46 42.3 . .	44.5	194 22.9	8.4	15 01.1	15.6	60.7
	16	61 42.5	43.5	208 50.3	8.4	15 16.7	15.4	60.7
	17	76 42.7	42.5	223 17.7	8.3	15 32.1	15.3	60.6
	18	91 42.9	N 0 41.5	237 45.0	8.3	N15 47.4	15.3	60.6
	19	106 43.1	40.6	252 12.3	8.2	16 02.7	15.1	60.6
	20	121 43.4	39.6	266 39.5	8.1	16 17.8	15.0	60.6
	21	136 43.6 . .	38.6	281 06.6	8.1	16 32.8	14.8	60.5
	22	151 43.8	37.7	295 33.7	8.0	16 47.6	14.8	60.5
	23	166 44.0	36.7	310 00.7	8.0	N17 02.4	14.7	60.5
		SD 15.9	*d* 1.0	SD 16.7		16.7		16.6

Lat.	Twilight		Sunrise	Moonrise			
	Naut.	Civil		18	19	20	21
°	h m	h m	h m	h m	h m	h m	h m
N 72	02 41	04 17	05 27	18 04	17 22	16 19	▭
N 70	03 05	04 27	05 30	18 07	17 35	16 51	▭
68	03 23	04 35	05 32	18 09	17 45	17 15	16 18
66	03 37	04 42	05 34	18 11	17 54	17 34	17 03
64	03 48	04 48	05 36	18 12	18 02	17 49	17 33
62	03 57	04 52	05 37	18 14	18 08	18 02	17 56
60	04 05	04 56	05 38	18 15	18 14	18 13	18 14
N 58	04 12	05 00	05 39	18 16	18 19	18 23	18 30
56	04 18	05 03	05 40	18 17	18 23	18 31	18 43
54	04 23	05 05	05 41	18 18	18 27	18 39	18 55
52	04 28	05 08	05 42	18 18	18 31	18 46	19 05
50	04 32	05 10	05 42	18 19	18 34	18 52	19 14
45	04 40	05 14	05 44	18 21	18 42	19 05	19 34
N 40	04 46	05 18	05 45	18 22	18 48	19 17	19 50
35	04 51	05 21	05 46	18 23	18 53	19 26	20 03
30	04 55	05 23	05 47	18 24	18 58	19 35	20 15
20	05 01	05 26	05 48	18 26	19 07	19 49	20 36
N 10	05 04	05 28	05 49	18 28	19 14	20 02	20 53
0	05 06	05 30	05 50	18 29	19 21	20 15	21 10
S 10	05 06	05 30	05 51	18 31	19 28	20 27	21 27
20	05 04	05 30	05 52	18 33	19 36	20 40	21 46
30	05 01	05 29	05 53	18 35	19 45	20 56	22 07
35	04 59	05 28	05 53	18 36	19 50	21 05	22 19
40	04 55	05 27	05 54	18 37	19 56	21 15	22 34
45	04 51	05 25	05 54	18 39	20 03	21 27	22 51
S 50	04 45	05 22	05 55	18 41	20 11	21 42	23 13
52	04 42	05 21	05 55	18 42	20 15	21 49	23 23
54	04 38	05 20	05 55	18 43	20 19	21 57	23 35
56	04 35	05 18	05 55	18 44	20 24	22 06	23 48
58	04 30	05 17	05 56	18 45	20 29	22 16	24 04
S 60	04 25	05 14	05 56	18 47	20 35	22 27	24 23

Lat.	Sunset	Twilight		Moonset			
		Civil	Naut.	18	19	20	21
°	h m	h m	h m	h m	h m	h m	h m
N 72	18 18	19 27	21 00	05 39	08 15	11 12	▭
N 70	18 15	19 17	20 38	05 41	08 06	10 41	▭
68	18 13	19 09	20 21	05 44	07 58	10 20	13 13
66	18 11	19 03	20 08	05 46	07 52	10 03	12 29
64	18 10	18 58	19 57	05 47	07 46	09 49	12 00
62	18 09	18 53	19 48	05 48	07 42	09 37	11 39
60	18 08	18 49	19 40	05 50	07 38	09 28	11 21
N 58	18 07	18 46	19 33	05 51	07 34	09 19	11 07
56	18 06	18 43	19 28	05 51	07 31	09 12	10 54
54	18 05	18 40	19 23	05 52	07 28	09 05	10 43
52	18 04	18 38	19 18	05 53	07 26	08 59	10 34
50	18 04	18 36	19 14	05 54	07 24	08 54	10 25
45	18 03	18 32	19 06	05 55	07 19	08 43	10 07
N 40	18 01	18 29	19 00	05 56	07 15	08 33	09 53
35	18 01	18 26	18 55	05 57	07 11	08 25	09 40
30	18 00	18 24	18 52	05 58	07 08	08 18	09 30
20	17 59	18 21	18 46	06 00	07 03	08 06	09 11
N 10	17 58	18 19	18 43	06 01	06 58	07 56	08 55
0	17 57	18 18	18 41	06 02	06 54	07 46	08 41
S 10	17 56	18 17	18 41	06 03	06 49	07 36	08 26
20	17 55	18 17	18 43	06 04	06 45	07 26	08 10
30	17 55	18 19	18 47	06 06	06 39	07 14	07 53
35	17 55	18 20	18 49	06 06	06 36	07 08	07 42
40	17 54	18 21	18 53	06 07	06 33	07 00	07 30
45	17 54	18 23	18 57	06 08	06 29	06 51	07 17
S 50	17 54	18 26	19 04	06 09	06 24	06 41	07 00
52	17 53	18 27	19 07	06 10	06 22	06 36	06 52
54	17 53	18 28	19 10	06 10	06 20	06 30	06 43
56	17 53	18 30	19 14	06 11	06 17	06 24	06 34
58	17 53	18 32	19 19	06 12	06 14	06 18	06 23
S 60	17 53	18 34	19 24	06 12	06 11	06 10	06 10

Day	SUN			MOON			
	Eqn. of Time		Mer.	Mer. Pass.		Age	Phase
	00^h	12^h	Pass.	Upper	Lower		
d	m s	m s	h m	h m	h m	d %	
18	05 52	06 03	11 54	24 41	12 16	15 100	○
19	06 14	06 24	11 54	00 41	13 07	16 97	
20	06 35	06 46	11 53	01 34	14 00	17 92	

© British Crown Copyright 2023. All rights reserved.

UT		ARIES	VENUS −3·9		MARS +0·5		JUPITER −2·4		SATURN +0·6	
	d h	GHA ° ′	GHA ° ′	Dec ° ′	GHA ° ′	Dec ° ′	GHA ° ′	Dec ° ′	GHA ° ′	Dec ° ′
	21 00	0 21.8	154 49.0	S10 20.9	260 05.0	N23 24.3	280 20.2	N22 24.6	13 15.7	S 7 54.7
	01	15 24.2	169 48.6	22.1	275 06.0	24.3	295 22.5	24.6	28 18.4	54.7
	02	30 26.7	184 48.3	23.3	290 06.9	24.2	310 24.8	24.7	43 21.0	54.8
	03	45 29.2	199 47.9	24.5	305 07.9	24.2	325 27.1	24.7	58 23.6	54.9
	04	60 31.6	214 47.5	25.7	320 08.8	24.1	340 29.4	24.7	73 26.3	54.9
	05	75 34.1	229 47.1	26.9	335 09.7	24.1	355 31.7	24.7	88 28.9	55.0
	06	90 36.6	244 46.7	S10 28.1	350 10.7	N23 24.0	10 34.0	N22 24.7	103 31.5	S 7 55.1
	07	105 39.0	259 46.3	29.3	5 11.6	24.0	25 36.3	24.7	118 34.2	55.2
S	08	120 41.5	274 45.9	30.5	20 12.6	24.0	40 38.6	24.7	133 36.8	55.2
A	09	135 44.0	289 45.6	31.7	35 13.5	23.9	55 40.9	24.7	148 39.4	55.3
T	10	150 46.4	304 45.2	32.9	50 14.5	23.9	70 43.2	24.7	163 42.1	55.4
U	11	165 48.9	319 44.8	34.1	65 15.4	23.8	85 45.5	24.7	178 44.7	55.4
R	12	180 51.3	334 44.4	S10 35.3	80 16.3	N23 23.8	100 47.8	N22 24.7	193 47.3	S 7 55.5
D	13	195 53.8	349 44.0	36.5	95 17.3	23.7	115 50.1	24.8	208 50.0	55.6
A	14	210 56.3	4 43.6	37.7	110 18.2	23.7	130 52.4	24.8	223 52.6	55.7
Y	15	225 58.7	19 43.2	38.9	125 19.2	23.6	145 54.8	24.8	238 55.3	55.7
	16	241 01.2	34 42.8	40.1	140 20.1	23.6	160 57.1	24.8	253 57.9	55.8
	17	256 03.7	49 42.4	41.3	155 21.1	23.5	175 59.4	24.8	269 00.5	55.9
	18	271 06.1	64 42.1	S10 42.5	170 22.0	N23 23.5	191 01.7	N22 24.8	284 03.2	S 7 55.9
	19	286 08.6	79 41.7	43.7	185 23.0	23.4	206 04.0	24.8	299 05.8	56.0
	20	301 11.1	94 41.3	44.9	200 23.9	23.4	221 06.3	24.8	314 08.4	56.1
	21	316 13.5	109 40.9	46.1	215 24.9	23.3	236 08.6	24.8	329 11.1	56.1
	22	331 16.0	124 40.5	47.2	230 25.8	23.3	251 10.9	24.8	344 13.7	56.2
	23	346 18.5	139 40.1	48.4	245 26.8	23.2	266 13.2	24.8	359 16.3	56.3
	22 00	1 20.9	154 39.7	S10 49.6	260 27.7	N23 23.2	281 15.5	N22 24.8	14 19.0	S 7 56.4
	01	16 23.4	169 39.3	50.8	275 28.7	23.1	296 17.9	24.9	29 21.6	56.4
	02	31 25.8	184 38.9	52.0	290 29.6	23.1	311 20.2	24.9	44 24.2	56.5
	03	46 28.3	199 38.5	53.2	305 30.6	23.0	326 22.5	24.9	59 26.9	56.6
	04	61 30.8	214 38.1	54.4	320 31.5	23.0	341 24.8	24.9	74 29.5	56.6
	05	76 33.2	229 37.7	55.6	335 32.5	22.9	356 27.1	24.9	89 32.1	56.7
	06	91 35.7	244 37.3	S10 56.8	350 33.4	N23 22.9	11 29.4	N22 24.9	104 34.8	S 7 56.8
	07	106 38.2	259 36.9	58.0	5 34.4	22.8	26 31.7	24.9	119 37.4	56.8
	08	121 40.6	274 36.6	10 59.2	20 35.3	22.8	41 34.1	24.9	134 40.0	56.9
S	09	136 43.1	289 36.2	11 00.4	35 36.3	22.7	56 36.4	24.9	149 42.7	57.0
U	10	151 45.6	304 35.8	01.6	50 37.2	22.7	71 38.7	24.9	164 45.3	57.1
N	11	166 48.0	319 35.4	02.7	65 38.2	22.6	86 41.0	24.9	179 47.9	57.1
D	12	181 50.5	334 35.0	S11 03.9	80 39.1	N23 22.6	101 43.3	N22 24.9	194 50.6	S 7 57.2
A	13	196 52.9	349 34.6	05.1	95 40.1	22.5	116 45.6	25.0	209 53.2	57.3
Y	14	211 55.4	4 34.2	06.3	110 41.0	22.5	131 47.9	25.0	224 55.8	57.3
	15	226 57.9	19 33.8	07.5	125 42.0	22.4	146 50.3	25.0	239 58.5	57.4
	16	242 00.3	34 33.4	08.7	140 42.9	22.4	161 52.6	25.0	255 01.1	57.5
	17	257 02.8	49 33.0	09.9	155 43.9	22.3	176 54.9	25.0	270 03.7	57.5
	18	272 05.3	64 32.6	S11 11.1	170 44.9	N23 22.3	191 57.2	N22 25.0	285 06.3	S 7 57.6
	19	287 07.7	79 32.2	12.2	185 45.8	22.2	206 59.5	25.0	300 09.0	57.7
	20	302 10.2	94 31.8	13.4	200 46.8	22.1	222 01.9	25.0	315 11.6	57.8
	21	317 12.7	109 31.4	14.6	215 47.7	22.1	237 04.2	25.0	330 14.2	57.8
	22	332 15.1	124 31.0	15.8	230 48.7	22.0	252 06.5	25.0	345 16.9	57.9
	23	347 17.6	139 30.6	17.0	245 49.6	22.0	267 08.8	25.0	0 19.5	58.0
	23 00	2 20.1	154 30.2	S11 18.2	260 50.6	N23 21.9	282 11.1	N22 25.0	15 22.1	S 7 58.0
	01	17 22.5	169 29.8	19.3	275 51.6	21.9	297 13.5	25.1	30 24.8	58.1
	02	32 25.0	184 29.4	20.5	290 52.5	21.8	312 15.8	25.1	45 27.4	58.2
	03	47 27.4	199 29.0	21.7	305 53.5	21.8	327 18.1	25.1	60 30.0	58.2
	04	62 29.9	214 28.6	22.9	320 54.4	21.7	342 20.4	25.1	75 32.7	58.3
	05	77 32.4	229 28.2	24.1	335 55.4	21.7	357 22.7	25.1	90 35.3	58.4
	06	92 34.8	244 27.8	S11 25.3	350 56.4	N23 21.6	12 25.1	N22 25.1	105 37.9	S 7 58.4
	07	107 37.3	259 27.4	26.4	5 57.3	21.5	27 27.4	25.1	120 40.6	58.5
	08	122 39.8	274 27.0	27.6	20 58.3	21.5	42 29.7	25.1	135 43.2	58.6
M	09	137 42.2	289 26.6	28.8	35 59.2	21.4	57 32.0	25.1	150 45.8	58.7
O	10	152 44.7	304 26.2	30.0	51 00.2	21.4	72 34.4	25.1	165 48.5	58.7
N	11	167 47.2	319 25.8	31.2	66 01.2	21.3	87 36.7	25.1	180 51.1	58.8
D	12	182 49.6	334 25.3	S11 32.3	81 02.1	N23 21.3	102 39.0	N22 25.1	195 53.7	S 7 58.9
A	13	197 52.1	349 24.9	33.5	96 03.1	21.2	117 41.3	25.1	210 56.4	58.9
Y	14	212 54.6	4 24.5	34.7	111 04.1	21.1	132 43.7	25.2	225 59.0	59.0
	15	227 57.0	19 24.1	35.9	126 05.0	21.1	147 46.0	25.2	241 01.6	59.1
	16	242 59.5	34 23.7	37.1	141 06.0	21.0	162 48.3	25.2	256 04.3	59.1
	17	258 01.9	49 23.3	38.2	156 07.0	21.0	177 50.6	25.2	271 06.9	59.2
	18	273 04.4	64 22.9	S11 39.4	171 07.9	N23 20.9	192 53.0	N22 25.2	286 09.5	S 7 59.3
	19	288 06.9	79 22.5	40.6	186 08.9	20.9	207 55.3	25.2	301 12.1	59.3
	20	303 09.3	94 22.1	41.8	201 09.8	20.8	222 57.6	25.2	316 14.8	59.4
	21	318 11.8	109 21.7	42.9	216 10.8	20.7	237 59.9	25.2	331 17.4	59.5
	22	333 14.3	124 21.3	44.1	231 11.8	20.7	253 02.3	25.2	346 20.0	59.6
	23	348 16.7	139 20.9	45.3	246 12.8	20.6	268 04.6	25.2	1 22.7	59.6
Mer. Pass.		h m 23 50.7	*v* −0.4	*d* 1.2	*v* 1.0	*d* 0.1	*v* 2.3	*d* 0.0	*v* 2.6	*d* 0.1

STARS

Name	SHA ° ′	Dec ° ′
Acamar	315 11.7	S40 12.1
Achernar	335 19.8	S57 06.5
Acrux	173 01.1	S63 14.1
Adhara	255 06.2	S29 00.0
Aldebaran	290 39.8	N16 33.6
Alioth	166 13.7	N55 49.7
Alkaid	152 52.6	N49 11.6
Alnair	27 32.8	S46 50.5
Alnilam	275 38.0	S 1 11.0
Alphard	217 48.3	S 8 45.7
Alphecca	126 04.2	N26 38.1
Alpheratz	357 34.7	N29 13.7
Altair	62 00.1	N 8 56.1
Ankaa	353 06.9	S42 10.2
Antares	112 16.3	S26 29.2
Arcturus	145 48.4	N19 03.4
Atria	107 10.9	S69 04.5
Avior	234 15.2	S59 35.0
Bellatrix	278 23.1	N 6 22.5
Betelgeuse	270 52.4	N 7 24.8
Canopus	263 52.6	S52 42.1
Capella	280 22.2	N46 01.2
Deneb	49 25.7	N45 22.3
Denebola	182 25.5	N14 26.2
Diphda	348 47.2	S17 50.9
Dubhe	193 41.9	N61 37.1
Elnath	278 02.1	N28 37.7
Eltanin	90 42.3	N51 29.4
Enif	33 38.8	N 9 59.4
Fomalhaut	15 14.4	S29 29.4
Gacrux	171 52.6	S57 15.0
Gienah	175 44.2	S17 40.6
Hadar	148 37.0	S60 29.6
Hamal	327 51.2	N23 34.8
Kaus Aust.	83 32.8	S34 22.5
Kochab	137 20.6	N74 03.4
Markab	13 29.8	N15 20.4
Menkar	314 06.2	N 4 11.3
Menkent	147 58.3	S36 29.5
Miaplacidus	221 39.1	S69 48.8
Mirfak	308 28.3	N49 56.8
Nunki	75 48.0	S26 16.0
Peacock	53 05.8	S56 39.5
Pollux	243 17.8	N27 58.0
Procyon	244 51.2	N 5 09.8
Rasalhague	95 58.8	N12 32.7
Regulus	207 35.0	N11 50.9
Rigel	281 04.1	S 8 10.2
Rigil Kent.	139 41.2	S60 56.3
Sabik	102 03.2	S15 45.3
Schedar	349 30.8	N56 40.4
Shaula	96 10.8	S37 07.4
Sirius	258 26.5	S16 44.7
Spica	158 22.9	S11 17.3
Suhail	222 46.8	S43 31.6
Vega	80 33.3	N38 48.6
Zuben'ubi	136 56.6	S16 08.6

	SHA ° ′	Mer. Pass. h m
Venus	153 18.8	13 42
Mars	259 06.8	6 38
Jupiter	279 54.6	5 14
Saturn	12 58.0	22 59

© British Crown Copyright 2023. All rights reserved.

	UT d h	SUN GHA ° ′	SUN Dec ° ′	MOON GHA ° ′	v ′	MOON Dec ° ′	d ′	HP ′
SATURDAY	21 00	181 44.3	N 0 35.7	324 27.7	7.9	N17 17.1	14.5	60.5
	01	196 44.5	34.7	338 54.6	7.9	17 31.6	14.4	60.4
	02	211 44.7	33.8	353 21.5	7.8	17 46.0	14.3	60.4
	03	226 44.9	. . 32.8	7 48.3	7.7	18 00.3	14.1	60.4
	04	241 45.1	31.8	22 15.0	7.7	18 14.4	14.1	60.3
	05	256 45.4	30.9	36 41.7	7.7	18 28.5	13.9	60.3
	06	271 45.6	N 0 29.9	51 08.4	7.5	N18 42.4	13.8	60.3
	07	286 45.8	28.9	65 34.9	7.5	18 56.2	13.6	60.2
	08	301 46.0	27.9	80 01.4	7.5	19 09.8	13.5	60.2
	09	316 46.3	. . 27.0	94 27.9	7.4	19 23.3	13.4	60.2
	10	331 46.5	26.0	108 54.3	7.3	19 36.7	13.3	60.1
	11	346 46.7	25.0	123 20.6	7.3	19 50.0	13.1	60.1
	12	1 46.9	N 0 24.1	137 46.9	7.2	N20 03.1	13.0	60.1
	13	16 47.1	23.1	152 13.1	7.2	20 16.1	12.8	60.0
	14	31 47.4	22.1	166 39.3	7.1	20 28.9	12.7	60.0
	15	46 47.6	. . 21.1	181 05.4	7.0	20 41.6	12.5	60.0
	16	61 47.8	20.2	195 31.4	7.0	20 54.1	12.5	59.9
	17	76 48.0	19.2	209 57.4	7.0	21 06.6	12.2	59.9
	18	91 48.2	N 0 18.2	224 23.4	6.8	N21 18.8	12.1	59.9
	19	106 48.5	17.2	238 49.2	6.8	21 30.9	12.0	59.8
	20	121 48.7	16.3	253 15.0	6.8	21 42.9	11.8	59.8
	21	136 48.9	. . 15.3	267 40.8	6.7	21 54.7	11.7	59.8
	22	151 49.1	14.3	282 06.5	6.7	22 06.4	11.5	59.7
	23	166 49.4	13.4	296 32.2	6.6	22 17.9	11.4	59.7
SUNDAY	22 00	181 49.6	N 0 12.4	310 57.8	6.5	N22 29.3	11.2	59.7
	01	196 49.8	11.4	325 23.3	6.5	22 40.5	11.1	59.6
	02	211 50.0	10.4	339 48.8	6.4	22 51.6	10.9	59.6
	03	226 50.2	. . 09.5	354 14.2	6.4	23 02.5	10.7	59.6
	04	241 50.5	08.5	8 39.6	6.3	23 13.2	10.6	59.5
	05	256 50.7	07.5	23 04.9	6.3	23 23.8	10.4	59.5
	06	271 50.9	N 0 06.6	37 30.2	6.2	N23 34.2	10.3	59.5
	07	286 51.1	05.6	51 55.4	6.2	23 44.5	10.1	59.4
	08	301 51.3	04.6	66 20.6	6.2	23 54.6	9.9	59.4
	09	316 51.6	. . 03.6	80 45.8	6.0	24 04.5	9.8	59.3
	10	331 51.8	02.7	95 10.8	6.1	24 14.3	9.6	59.3
	11	346 52.0	01.7	109 35.9	6.0	24 23.9	9.4	59.3
	12	1 52.2	N 0 00.7	124 00.9	5.9	N24 33.3	9.3	59.2
	13	16 52.4	S 00.3	138 25.8	5.9	24 42.6	9.1	59.2
	14	31 52.7	01.2	152 50.7	5.9	24 51.7	9.0	59.2
	15	46 52.9	. . 02.2	167 15.6	5.8	25 00.7	8.7	59.1
	16	61 53.1	03.2	181 40.4	5.8	25 09.4	8.6	59.1
	17	76 53.3	04.1	196 05.2	5.8	25 18.0	8.5	59.1
	18	91 53.5	S 0 05.1	210 30.0	5.7	N25 26.5	8.2	59.0
	19	106 53.8	06.1	224 54.7	5.7	25 34.7	8.1	59.0
	20	121 54.0	07.1	239 19.4	5.6	25 42.8	7.9	58.9
	21	136 54.2	. . 08.0	253 44.0	5.6	25 50.7	7.8	58.9
	22	151 54.4	09.0	268 08.6	5.6	25 58.5	7.5	58.9
	23	166 54.6	10.0	282 33.2	5.5	26 06.0	7.4	58.8
MONDAY	23 00	181 54.9	S 0 11.0	296 57.7	5.5	N26 13.4	7.2	58.8
	01	196 55.1	11.9	311 22.2	5.5	26 20.6	7.1	58.7
	02	211 55.3	12.9	325 46.7	5.5	26 27.7	6.8	58.7
	03	226 55.5	. . 13.9	340 11.2	5.4	26 34.5	6.7	58.7
	04	241 55.7	14.8	354 35.6	5.5	26 41.2	6.5	58.6
	05	256 56.0	15.8	9 00.1	5.4	26 47.7	6.4	58.6
	06	271 56.2	S 0 16.8	23 24.5	5.3	N26 54.1	6.1	58.6
	07	286 56.4	17.8	37 48.8	5.4	27 00.2	6.0	58.5
	08	301 56.6	18.7	52 13.2	5.3	27 06.2	5.8	58.5
	09	316 56.8	. . 19.7	66 37.5	5.4	27 12.0	5.6	58.4
	10	331 57.1	20.7	81 01.9	5.3	27 17.6	5.4	58.4
	11	346 57.3	21.7	95 26.2	5.3	27 23.0	5.3	58.4
	12	1 57.5	S 0 22.6	109 50.5	5.3	N27 28.3	5.0	58.3
	13	16 57.7	23.6	124 14.8	5.3	27 33.3	4.9	58.3
	14	31 57.9	24.6	138 39.1	5.3	27 38.2	4.7	58.3
	15	46 58.1	. . 25.6	153 03.4	5.3	27 42.9	4.6	58.2
	16	61 58.4	26.5	167 27.7	5.3	27 47.5	4.3	58.2
	17	76 58.6	27.5	181 52.0	5.3	27 51.8	4.2	58.1
	18	91 58.8	S 0 28.5	196 16.3	5.2	N27 56.0	4.0	58.1
	19	106 59.0	29.4	210 40.5	5.3	28 00.0	3.8	58.1
	20	121 59.2	30.4	225 04.8	5.3	28 03.8	3.6	58.0
	21	136 59.5	. . 31.4	239 29.1	5.4	28 07.4	3.5	58.0
	22	151 59.7	32.4	253 53.5	5.3	28 10.9	3.2	58.0
	23	166 59.9	33.3	268 17.8	5.3	N28 14.1	3.1	57.9
		SD 16.0	*d* 1.0	SD 16.4		16.1		15.9

Lat. °	Twilight Naut. h m	Twilight Civil h m	Sunrise h m	Moonrise 21 h m	Moonrise 22 h m	Moonrise 23 h m	Moonrise 24 h m
N 72	03 01	04 32	05 40	□	□	□	□
N 70	03 21	04 40	05 42	□	□	□	□
68	03 36	04 46	05 43	16 18	□	□	□
66	03 48	04 52	05 43	17 03	□	□	□
64	03 58	04 56	05 44	17 33	16 59	□	□
62	04 06	05 00	05 45	17 56	17 47	17 26	□
60	04 13	05 03	05 45	18 14	18 18	18 32	19 12
N 58	04 19	05 06	05 46	18 30	18 42	19 06	19 54
56	04 24	05 09	05 46	18 43	19 01	19 32	20 22
54	04 29	05 11	05 46	18 55	19 17	19 52	20 44
52	04 33	05 13	05 47	19 05	19 31	20 09	21 02
50	04 36	05 15	05 47	19 14	19 43	20 24	21 18
45	04 44	05 18	05 47	19 34	20 09	20 54	21 49
N 40	04 49	05 21	05 48	19 50	20 29	21 17	22 13
35	04 53	05 23	05 48	20 03	20 46	21 36	22 33
30	04 57	05 25	05 49	20 15	21 01	21 53	22 50
20	05 01	05 27	05 49	20 36	21 26	22 21	23 19
N 10	05 04	05 28	05 49	20 53	21 48	22 45	23 44
0	05 05	05 29	05 49	21 10	22 08	23 08	24 06
S 10	05 04	05 28	05 49	21 27	22 29	23 30	24 29
20	05 02	05 27	05 49	21 46	22 51	23 55	24 54
30	04 57	05 25	05 49	22 07	23 17	24 23	00 23
35	04 54	05 24	05 49	22 19	23 32	24 40	00 40
40	04 50	05 22	05 49	22 34	23 50	25 00	01 00
45	04 45	05 19	05 48	22 51	24 12	00 12	01 24
S 50	04 38	05 16	05 48	23 13	24 39	00 39	01 55
52	04 34	05 14	05 48	23 23	24 53	00 53	02 11
54	04 31	05 12	05 48	23 35	25 08	01 08	02 29
56	04 26	05 10	05 47	23 48	25 27	01 27	02 51
58	04 21	05 08	05 47	24 04	00 04	01 49	03 20
S 60	04 15	05 05	05 47	24 23	00 23	02 19	04 02

Lat. °	Sunset h m	Twilight Civil h m	Twilight Naut. h m	Moonset 21 h m	Moonset 22 h m	Moonset 23 h m	Moonset 24 h m
N 72	18 02	19 10	20 39	□	□	□	□
N 70	18 01	19 02	20 20	□	□	□	□
68	18 00	18 56	20 06	13 13	□	□	□
66	18 00	18 51	19 54	12 29	□	□	□
64	17 59	18 47	19 45	12 00	14 35	□	□
62	17 59	18 43	19 37	11 39	13 47	16 12	□
60	17 59	18 40	19 30	11 21	13 17	15 07	16 31
N 58	17 58	18 37	19 24	11 07	12 54	14 33	15 49
56	17 58	18 35	19 19	10 54	12 35	14 08	15 21
54	17 58	18 33	19 15	10 43	12 20	13 48	14 59
52	17 57	18 31	19 11	10 34	12 06	13 31	14 41
50	17 57	18 29	19 07	10 25	11 54	13 16	14 25
45	17 57	18 26	19 00	10 07	11 30	12 47	13 54
N 40	17 57	18 23	18 55	09 53	11 11	12 24	13 30
35	17 56	18 22	18 51	09 40	10 55	12 05	13 10
30	17 56	18 20	18 48	09 30	10 41	11 49	12 53
20	17 56	18 18	18 43	09 11	10 17	11 22	12 24
N 10	17 56	18 17	18 41	08 55	09 57	10 59	11 59
0	17 56	18 16	18 40	08 41	09 38	10 37	11 36
S 10	17 56	18 17	18 41	08 26	09 19	10 15	11 13
20	17 56	18 18	18 44	08 10	08 59	09 52	10 48
30	17 56	18 20	18 48	07 53	08 36	09 25	10 19
35	17 57	18 22	18 52	07 42	08 22	09 09	10 02
40	17 57	18 24	18 56	07 30	08 06	08 50	09 42
45	17 57	18 27	19 01	07 17	07 48	08 28	09 18
S 50	17 58	18 30	19 08	07 00	07 25	08 00	08 47
52	17 58	18 32	19 12	06 52	07 14	07 46	08 31
54	17 59	18 34	19 16	06 43	07 02	07 30	08 13
56	17 59	18 36	19 20	06 34	06 48	07 11	07 50
58	17 59	18 39	19 26	06 23	06 31	06 48	07 22
S 60	18 00	18 41	19 32	06 10	06 12	06 18	06 39

Day	SUN Eqn. of Time 00^h m s	SUN Eqn. of Time 12^h m s	SUN Mer. Pass. h m	MOON Mer. Pass. Upper h m	MOON Mer. Pass. Lower h m	MOON Age d	%	Phase
21	06 57	07 07	11 53	02 28	14 55	18	84	
22	07 18	07 28	11 53	03 24	15 53	19	74	◐
23	07 39	07 50	11 52	04 23	16 52	20	64	

© British Crown Copyright 2023. All rights reserved.

UT d h	ARIES GHA	VENUS −3·9 GHA	VENUS Dec	MARS +0·5 GHA	MARS Dec	JUPITER −2·4 GHA	JUPITER Dec	SATURN +0·6 GHA	SATURN Dec
	° ′	° ′	° ′	° ′	° ′	° ′	° ′	° ′	° ′
24 00 TUESDAY	3 19.2	154 20.5	S11 46.4	261 13.7	N23 20.6	283 06.9	N22 25.2	16 25.3	S 7 59.7
01	18 21.7	169 20.1	47.6	276 14.7	20.5	298 09.3	25.2	31 27.9	59.8
02	33 24.1	184 19.6	48.8	291 15.7	20.4	313 11.6	25.2	46 30.6	59.8
03	48 26.6	199 19.2	. . 50.0	306 16.6	. . 20.4	328 13.9	. . 25.2	61 33.2	7 59.9
04	63 29.1	214 18.8	51.1	321 17.6	20.3	343 16.2	25.3	76 35.8	8 00.0
05	78 31.5	229 18.4	52.3	336 18.6	20.3	358 18.6	25.3	91 38.5	00.0
06	93 34.0	244 18.0	S11 53.5	351 19.5	N23 20.2	13 20.9	N22 25.3	106 41.1	S 8 00.1
07	108 36.4	259 17.6	54.7	6 20.5	20.1	28 23.2	25.3	121 43.7	00.2
08	123 38.9	274 17.2	55.8	21 21.5	20.1	43 25.6	25.3	136 46.3	00.2
09	138 41.4	289 16.8	. . 57.0	36 22.4	. . 20.0	58 27.9	. . 25.3	151 49.0	. . 00.3
10	153 43.8	304 16.3	58.2	51 23.4	20.0	73 30.2	25.3	166 51.6	00.4
11	168 46.3	319 15.9	11 59.3	66 24.4	19.9	88 32.6	25.3	181 54.2	00.4
12	183 48.8	334 15.5	S12 00.5	81 25.4	N23 19.8	103 34.9	N22 25.3	196 56.9	S 8 00.5
13	198 51.2	349 15.1	01.7	96 26.3	19.8	118 37.2	25.3	211 59.5	00.6
14	213 53.7	4 14.7	02.8	111 27.3	19.7	133 39.6	25.3	227 02.1	00.6
15	228 56.2	19 14.3	. . 04.0	126 28.3	. . 19.7	148 41.9	. . 25.3	242 04.8	. . 00.7
16	243 58.6	34 13.9	05.2	141 29.3	19.6	163 44.2	25.3	257 07.4	00.8
17	259 01.1	49 13.4	06.3	156 30.2	19.5	178 46.6	25.3	272 10.0	00.9
18	274 03.5	64 13.0	S12 07.5	171 31.2	N23 19.5	193 48.9	N22 25.4	287 12.7	S 8 00.9
19	289 06.0	79 12.6	08.7	186 32.2	19.4	208 51.2	25.4	302 15.3	01.0
20	304 08.5	94 12.2	09.8	201 33.2	19.3	223 53.6	25.4	317 17.9	01.1
21	319 10.9	109 11.8	. . 11.0	216 34.1	. . 19.3	238 55.9	. . 25.4	332 20.5	. . 01.1
22	334 13.4	124 11.4	12.1	231 35.1	19.2	253 58.3	25.4	347 23.2	01.2
23	349 15.9	139 10.9	13.3	246 36.1	19.2	269 00.6	25.4	2 25.8	01.3
25 00 WEDNESDAY	4 18.3	154 10.5	S12 14.5	261 37.1	N23 19.1	284 02.9	N22 25.4	17 28.4	S 8 01.3
01	19 20.8	169 10.1	15.6	276 38.0	19.0	299 05.3	25.4	32 31.1	01.4
02	34 23.3	184 09.7	16.8	291 39.0	19.0	314 07.6	25.4	47 33.7	01.5
03	49 25.7	199 09.3	. . 18.0	306 40.0	. . 18.9	329 09.9	. . 25.4	62 36.3	. . 01.5
04	64 28.2	214 08.9	19.1	321 41.0	18.8	344 12.3	25.4	77 38.9	01.6
05	79 30.7	229 08.4	20.3	336 42.0	18.8	359 14.6	25.4	92 41.6	01.7
06	94 33.1	244 08.0	S12 21.4	351 42.9	N23 18.7	14 17.0	N22 25.4	107 44.2	S 8 01.7
07	109 35.6	259 07.6	22.6	6 43.9	18.6	29 19.3	25.4	122 46.8	01.8
08	124 38.0	274 07.2	23.8	21 44.9	18.6	44 21.6	25.4	137 49.5	01.9
09	139 40.5	289 06.7	. . 24.9	36 45.9	. . 18.5	59 24.0	. . 25.5	152 52.1	. . 01.9
10	154 43.0	304 06.3	26.1	51 46.9	18.4	74 26.3	25.5	167 54.7	02.0
11	169 45.4	319 05.9	27.2	66 47.8	18.4	89 28.7	25.5	182 57.4	02.1
12	184 47.9	334 05.5	S12 28.4	81 48.8	N23 18.3	104 31.0	N22 25.5	198 00.0	S 8 02.1
13	199 50.4	349 05.1	29.5	96 49.8	18.3	119 33.3	25.5	213 02.6	02.2
14	214 52.8	4 04.6	30.7	111 50.8	18.2	134 35.7	25.5	228 05.2	02.3
15	229 55.3	19 04.2	. . 31.9	126 51.8	. . 18.1	149 38.0	. . 25.5	243 07.9	. . 02.3
16	244 57.8	34 03.8	33.0	141 52.8	18.1	164 40.4	25.5	258 10.5	02.4
17	260 00.2	49 03.4	34.2	156 53.7	18.0	179 42.7	25.5	273 13.1	02.5
18	275 02.7	64 02.9	S12 35.3	171 54.7	N23 17.9	194 45.1	N22 25.5	288 15.8	S 8 02.5
19	290 05.2	79 02.5	36.5	186 55.7	17.9	209 47.4	25.5	303 18.4	02.6
20	305 07.6	94 02.1	37.6	201 56.7	17.8	224 49.7	25.5	318 21.0	02.7
21	320 10.1	109 01.7	. . 38.8	216 57.7	. . 17.7	239 52.1	. . 25.5	333 23.6	. . 02.7
22	335 12.5	124 01.2	39.9	231 58.7	17.7	254 54.4	25.5	348 26.3	02.8
23	350 15.0	139 00.8	41.1	246 59.7	17.6	269 56.8	25.5	3 28.9	02.9
26 00 THURSDAY	5 17.5	154 00.4	S12 42.2	262 00.6	N23 17.5	284 59.1	N22 25.6	18 31.5	S 8 02.9
01	20 19.9	168 59.9	43.4	277 01.6	17.5	300 01.5	25.6	33 34.2	03.0
02	35 22.4	183 59.5	44.5	292 02.6	17.4	315 03.8	25.6	48 36.8	03.1
03	50 24.9	198 59.1	. . 45.7	307 03.6	. . 17.3	330 06.2	. . 25.6	63 39.4	. . 03.1
04	65 27.3	213 58.7	46.8	322 04.6	17.2	345 08.5	25.6	78 42.0	03.2
05	80 29.8	228 58.2	48.0	337 05.6	17.2	0 10.9	25.6	93 44.7	03.3
06	95 32.3	243 57.8	S12 49.1	352 06.6	N23 17.1	15 13.2	N22 25.6	108 47.3	S 8 03.3
07	110 34.7	258 57.4	50.3	7 07.6	17.0	30 15.6	25.6	123 49.9	03.4
08	125 37.2	273 56.9	51.4	22 08.6	17.0	45 17.9	25.6	138 52.5	03.5
09	140 39.7	288 56.5	. . 52.6	37 09.5	. . 16.9	60 20.3	. . 25.6	153 55.2	. . 03.5
10	155 42.1	303 56.1	53.7	52 10.5	16.8	75 22.6	25.6	168 57.8	03.6
11	170 44.6	318 55.6	54.9	67 11.5	16.8	90 25.0	25.6	184 00.4	03.7
12	185 47.0	333 55.2	S12 56.0	82 12.5	N23 16.7	105 27.3	N22 25.6	199 03.1	S 8 03.7
13	200 49.5	348 54.8	57.1	97 13.5	16.6	120 29.7	25.6	214 05.7	03.8
14	215 52.0	3 54.3	58.3	112 14.5	16.6	135 32.0	25.6	229 08.3	03.9
15	230 54.4	18 53.9	12 59.4	127 15.5	. . 16.5	150 34.4	. . 25.6	244 10.9	. . 03.9
16	245 56.9	33 53.5	13 00.6	142 16.5	16.4	165 36.7	25.6	259 13.6	04.0
17	260 59.4	48 53.0	01.7	157 17.5	16.3	180 39.1	25.7	274 16.2	04.1
18	276 01.8	63 52.6	S13 02.9	172 18.5	N23 16.3	195 41.4	N22 25.7	289 18.8	S 8 04.1
19	291 04.3	78 52.2	04.0	187 19.5	16.2	210 43.8	25.7	304 21.4	04.2
20	306 06.8	93 51.7	05.1	202 20.5	16.1	225 46.1	25.7	319 24.1	04.3
21	321 09.2	108 51.3	. . 06.3	217 21.5	. . 16.1	240 48.5	. . 25.7	334 26.7	. . 04.3
22	336 11.7	123 50.9	07.4	232 22.5	16.0	255 50.8	25.7	349 29.3	04.4
23	351 14.1	138 50.4	08.6	247 23.5	15.9	270 53.2	25.7	4 32.0	04.5
Mer. Pass. h m	23 38.9	v −0.4	d 1.2	v 1.0	d 0.1	v 2.3	d 0.0	v 2.6	d 0.1

STARS

Name	SHA	Dec
	° ′	° ′
Acamar	315 11.6	S40 12.1
Achernar	335 19.8	S57 06.5
Acrux	173 01.1	S63 14.1
Adhara	255 06.1	S29 00.0
Aldebaran	290 39.8	N16 33.6
Alioth	166 13.7	N55 49.7
Alkaid	152 52.6	N49 11.5
Alnair	27 32.8	S46 50.5
Alnilam	275 37.9	S 1 11.0
Alphard	217 48.2	S 8 45.7
Alphecca	126 04.2	N26 38.1
Alpheratz	357 34.7	N29 13.7
Altair	62 00.1	N 8 56.1
Ankaa	353 06.9	S42 10.2
Antares	112 16.3	S26 29.2
Arcturus	145 48.4	N19 03.4
Atria	107 10.9	S69 04.5
Avior	234 15.2	S59 34.9
Bellatrix	278 23.1	N 6 22.5
Betelgeuse	270 52.3	N 7 24.8
Canopus	263 52.5	S52 42.1
Capella	280 22.2	N46 01.3
Deneb	49 25.7	N45 22.3
Denebola	182 25.5	N14 26.2
Diphda	348 47.2	S17 50.9
Dubhe	193 41.9	N61 37.1
Elnath	278 02.1	N28 37.7
Eltanin	90 42.3	N51 29.4
Enif	33 38.8	N 9 59.4
Fomalhaut	15 14.4	S29 29.4
Gacrux	171 52.6	S57 15.0
Gienah	175 44.2	S17 40.6
Hadar	148 37.0	S60 29.6
Hamal	327 51.2	N23 34.8
Kaus Aust.	83 32.8	S34 22.5
Kochab	137 20.6	N74 03.4
Markab	13 29.8	N15 20.4
Menkar	314 06.2	N 4 11.3
Menkent	147 58.3	S36 29.5
Miaplacidus	221 39.0	S69 48.8
Mirfak	308 28.3	N49 56.9
Nunki	75 48.0	S26 16.0
Peacock	53 05.8	S56 39.5
Pollux	243 17.7	N27 58.0
Procyon	244 51.2	N 5 09.8
Rasalhague	95 58.8	N12 32.7
Regulus	207 35.0	N11 50.9
Rigel	281 04.0	S 8 10.2
Rigil Kent.	139 41.2	S60 56.3
Sabik	102 03.2	S15 45.3
Schedar	349 30.8	N56 40.4
Shaula	96 10.8	S37 07.4
Sirius	258 26.5	S16 44.7
Spica	158 22.9	S11 17.3
Suhail	222 46.8	S43 31.6
Vega	80 33.4	N38 48.6
Zuben'ubi	136 56.6	S16 08.6

	SHA	Mer. Pass.
	° ′	h m
Venus	149 52.2	13 44
Mars	257 18.7	6 33
Jupiter	279 44.6	5 03
Saturn	13 10.1	22 46

© British Crown Copyright 2023. All rights reserved.

UT		SUN GHA	SUN Dec	MOON GHA	v	MOON Dec	d	HP
d	h	° ′	° ′	° ′	′	° ′	′	′
24	00	182 00.1	S 0 34.3	282 42.1	5.4	N28 17.2	2.9	57.9
	01	197 00.3	35.3	297 06.5	5.3	28 20.1	2.7	57.8
	02	212 00.5	36.3	311 30.8	5.4	28 22.8	2.6	57.8
	03	227 00.8	. . 37.2	325 55.2	5.4	28 25.4	2.3	57.8
	04	242 01.0	38.2	340 19.6	5.4	28 27.7	2.2	57.7
	05	257 01.2	39.2	354 44.0	5.5	28 29.9	2.0	57.7
	06	272 01.4	S 0 40.2	9 08.5	5.4	N28 31.9	1.9	57.7
T	07	287 01.6	41.1	23 32.9	5.5	28 33.8	1.6	57.6
U	08	302 01.9	42.1	37 57.4	5.6	28 35.4	1.5	57.6
E	09	317 02.1	. . 43.1	52 22.0	5.5	28 36.9	1.3	57.5
S	10	332 02.3	44.1	66 46.5	5.6	28 38.2	1.1	57.5
D	11	347 02.5	45.0	81 11.1	5.7	28 39.3	0.9	57.5
A	12	2 02.7	S 0 46.0	95 35.8	5.6	N28 40.2	0.8	57.4
Y	13	17 02.9	47.0	110 00.4	5.8	28 41.0	0.6	57.4
	14	32 03.2	47.9	124 25.2	5.7	28 41.6	0.4	57.4
	15	47 03.4	. . 48.9	138 49.9	5.8	28 42.0	0.2	57.3
	16	62 03.6	49.9	153 14.7	5.8	28 42.2	0.1	57.3
	17	77 03.8	50.9	167 39.5	5.9	28 42.3	0.1	57.3
	18	92 04.0	S 0 51.8	182 04.4	6.0	N28 42.2	0.3	57.2
	19	107 04.2	52.8	196 29.4	5.9	28 41.9	0.5	57.2
	20	122 04.5	53.8	210 54.3	6.1	28 41.4	0.6	57.2
	21	137 04.7	. . 54.8	225 19.4	6.1	28 40.8	0.8	57.1
	22	152 04.9	55.7	239 44.5	6.1	28 40.0	0.9	57.1
	23	167 05.1	56.7	254 09.6	6.2	28 39.1	1.2	57.1
25	00	182 05.3	S 0 57.7	268 34.8	6.3	N28 37.9	1.3	57.0
	01	197 05.5	58.7	283 00.1	6.3	28 36.6	1.4	57.0
	02	212 05.8	0 59.6	297 25.4	6.4	28 35.2	1.7	56.9
	03	227 06.0	1 00.6	311 50.8	6.5	28 33.5	1.8	56.9
	04	242 06.2	01.6	326 16.3	6.5	28 31.7	1.9	56.9
	05	257 06.4	02.5	340 41.8	6.6	28 29.8	2.2	56.8
	06	272 06.6	S 1 03.5	355 07.4	6.6	N28 27.6	2.3	56.8
W	07	287 06.8	04.5	9 33.0	6.7	28 25.3	2.4	56.8
E	08	302 07.0	05.5	23 58.7	6.8	28 22.9	2.6	56.7
D	09	317 07.3	. . 06.4	38 24.5	6.9	28 20.3	2.8	56.7
N	10	332 07.5	07.4	52 50.4	6.9	28 17.5	3.0	56.7
E	11	347 07.7	08.4	67 16.3	7.0	28 14.5	3.0	56.6
S	12	2 07.9	S 1 09.4	81 42.3	7.1	N28 11.5	3.3	56.6
D	13	17 08.1	10.3	96 08.4	7.2	28 08.2	3.4	56.6
A	14	32 08.3	11.3	110 34.6	7.3	28 04.8	3.6	56.6
Y	15	47 08.6	. . 12.3	125 00.9	7.3	28 01.2	3.7	56.5
	16	62 08.8	13.3	139 27.2	7.4	27 57.5	3.8	56.5
	17	77 09.0	14.2	153 53.6	7.5	27 53.7	4.1	56.5
	18	92 09.2	S 1 15.2	168 20.1	7.6	N27 49.6	4.1	56.4
	19	107 09.4	16.2	182 46.7	7.6	27 45.5	4.4	56.4
	20	122 09.6	17.2	197 13.3	7.8	27 41.1	4.4	56.4
	21	137 09.8	. . 18.1	211 40.1	7.8	27 36.7	4.6	56.3
	22	152 10.1	19.1	226 06.9	7.9	27 32.1	4.8	56.3
	23	167 10.3	20.1	240 33.8	8.1	27 27.3	4.9	56.3
26	00	182 10.5	S 1 21.0	255 00.9	8.1	N27 22.4	5.1	56.2
	01	197 10.7	22.0	269 28.0	8.1	27 17.3	5.1	56.2
	02	212 10.9	23.0	283 55.1	8.3	27 12.2	5.4	56.2
	03	227 11.1	. . 24.0	298 22.4	8.4	27 06.8	5.5	56.2
	04	242 11.3	24.9	312 49.8	8.5	27 01.3	5.6	56.1
	05	257 11.6	25.9	327 17.3	8.5	26 55.7	5.7	56.1
	06	272 11.8	S 1 26.9	341 44.8	8.7	N26 50.0	5.9	56.1
T	07	287 12.0	27.9	356 12.5	8.7	26 44.1	6.0	56.0
H	08	302 12.2	28.8	10 40.2	8.9	26 38.1	6.2	56.0
U	09	317 12.4	. . 29.8	25 08.1	8.9	26 31.9	6.3	56.0
R	10	332 12.6	30.8	39 36.0	9.1	26 25.6	6.4	56.0
S	11	347 12.8	31.8	54 04.1	9.1	26 19.2	6.6	55.9
D	12	2 13.0	S 1 32.7	68 32.2	9.2	N26 12.6	6.6	55.9
A	13	17 13.3	33.7	83 00.4	9.4	26 06.0	6.8	55.9
Y	14	32 13.5	34.7	97 28.8	9.4	25 59.2	7.0	55.8
	15	47 13.7	. . 35.6	111 57.2	9.5	25 52.2	7.0	55.8
	16	62 13.9	36.6	126 25.7	9.6	25 45.2	7.2	55.8
	17	77 14.1	37.6	140 54.3	9.8	25 38.0	7.3	55.8
	18	92 14.3	S 1 38.6	155 23.1	9.8	N25 30.7	7.5	55.7
	19	107 14.5	39.5	169 51.9	9.9	25 23.2	7.5	55.7
	20	122 14.7	40.5	184 20.8	10.0	25 15.7	7.7	55.7
	21	137 15.0	. . 41.5	198 49.8	10.1	25 08.0	7.8	55.7
	22	152 15.2	42.5	213 18.9	10.3	25 00.2	7.9	55.6
	23	167 15.4	43.4	227 48.2	10.3	N24 52.3	8.0	55.6
		SD 16.0	*d* 1.0	SD 15.7		15.4		15.2

Lat.	Twilight Naut.	Twilight Civil	Sunrise	Moonrise 24	Moonrise 25	Moonrise 26	Moonrise 27
°	h m	h m	h m	h m	h m	h m	h m
N 72	03 19	04 46	05 54	☐	☐	☐	☐
N 70	03 36	04 52	05 53	☐	☐	☐	☐
68	03 49	04 57	05 53	☐	☐	☐	21 33
66	03 59	05 02	05 53	☐	☐	☐	22 34
64	04 08	05 05	05 53	☐	☐	20 51	23 08
62	04 15	05 08	05 52	☐	19 32	21 42	23 33
60	04 21	05 11	05 52	19 12	20 34	22 14	23 52
N 58	04 26	05 13	05 52	19 54	21 08	22 37	24 08
56	04 31	05 15	05 52	20 22	21 33	22 56	24 21
54	04 35	05 16	05 52	20 44	21 53	23 12	24 33
52	04 38	05 18	05 52	21 02	22 10	23 25	24 43
50	04 41	05 19	05 51	21 18	22 24	23 37	24 52
45	04 48	05 22	05 51	21 49	22 53	24 02	00 02
N 40	04 52	05 24	05 51	22 13	23 16	24 21	00 21
35	04 56	05 25	05 50	22 33	23 35	24 38	00 38
30	04 58	05 26	05 50	22 50	23 51	24 52	00 52
20	05 02	05 28	05 50	23 19	24 18	00 18	01 16
N 10	05 04	05 28	05 49	23 44	24 41	00 41	01 36
0	05 04	05 28	05 48	24 06	00 06	01 03	01 55
S 10	05 02	05 26	05 47	24 29	00 29	01 24	02 14
20	04 59	05 24	05 46	24 54	00 54	01 48	02 35
30	04 54	05 21	05 45	00 23	01 23	02 14	02 58
35	04 50	05 19	05 45	00 40	01 40	02 30	03 12
40	04 45	05 17	05 44	01 00	02 00	02 49	03 27
45	04 39	05 13	05 43	01 24	02 24	03 11	03 46
S 50	04 31	05 09	05 41	01 55	02 55	03 39	04 09
52	04 27	05 07	05 41	02 11	03 11	03 53	04 21
54	04 23	05 05	05 40	02 29	03 29	04 08	04 33
56	04 18	05 02	05 39	02 51	03 51	04 27	04 48
58	04 12	04 59	05 39	03 20	04 19	04 50	05 04
S 60	04 05	04 56	05 38	04 02	05 01	05 20	05 25

Lat.	Sunset	Twilight Civil	Twilight Naut.	Moonset 24	Moonset 25	Moonset 26	Moonset 27
°	h m	h m	h m	h m	h m	h m	h m
N 72	17 47	18 54	20 20	☐	☐	☐	☐
N 70	17 47	18 48	20 04	☐	☐	☐	☐
68	17 48	18 43	19 51	☐	☐	☐	19 46
66	17 48	18 39	19 41	☐	☐	☐	18 44
64	17 49	18 36	19 33	☐	☐	18 43	18 09
62	17 49	18 33	19 26	☐	18 11	17 52	17 43
60	17 49	18 31	19 20	16 31	17 08	17 20	17 23
N 58	17 50	18 29	19 15	15 49	16 34	16 56	17 07
56	17 50	18 27	19 11	15 21	16 08	16 36	16 52
54	17 50	18 25	19 07	14 59	15 48	16 20	16 40
52	17 50	18 24	19 03	14 41	15 31	16 06	16 29
50	17 51	18 23	19 01	14 25	15 17	15 54	16 20
45	17 51	18 20	18 55	13 54	14 47	15 28	15 59
N 40	17 52	18 19	18 50	13 30	14 24	15 08	15 42
35	17 52	18 17	18 47	13 10	14 05	14 51	15 28
30	17 52	18 16	18 44	12 53	13 48	14 36	15 16
20	17 53	18 15	18 41	12 24	13 20	14 11	14 55
N 10	17 54	18 15	18 39	11 59	12 56	13 49	14 36
0	17 55	18 15	18 39	11 36	12 34	13 28	14 19
S 10	17 56	18 17	18 41	11 13	12 11	13 08	14 01
20	17 57	18 19	18 44	10 48	11 47	12 46	13 43
30	17 58	18 22	18 50	10 19	11 19	12 20	13 21
35	17 59	18 24	18 54	10 02	11 02	12 05	13 08
40	18 00	18 27	18 59	09 42	10 42	11 47	12 53
45	18 01	18 31	19 05	09 18	10 18	11 25	12 35
S 50	18 03	18 35	19 13	08 47	09 47	10 58	12 13
52	18 03	18 37	19 17	08 31	09 32	10 45	12 03
54	18 04	18 39	19 22	08 13	09 14	10 29	11 50
56	18 05	18 42	19 27	07 50	08 52	10 11	11 37
58	18 06	18 45	19 33	07 22	08 24	09 49	11 20
S 60	18 07	18 49	19 40	06 39	07 43	09 19	11 01

Day	SUN Eqn. of Time 00^h	SUN Eqn. of Time 12^h	SUN Mer. Pass.	MOON Mer. Pass. Upper	MOON Mer. Pass. Lower	MOON Age	MOON Phase
d	m s	m s	h m	h m	h m	d %	
24	08 00	08 10	11 52	05 22	17 51	21 53	
25	08 21	08 31	11 51	06 20	18 48	22 43	◑
26	08 42	08 52	11 51	07 16	19 42	23 33	

© British Crown Copyright 2023. All rights reserved.

	UT	ARIES	VENUS −3·9		MARS +0·5		JUPITER −2·4		SATURN +0·6	
	d h	GHA ° ′	GHA ° ′	Dec ° ′	GHA ° ′	Dec ° ′	GHA ° ′	Dec ° ′	GHA ° ′	Dec ° ′
	27 00	6 16.6	153 50.0	S13 09.7	262 24.5	N23 15.8	285 55.5	N22 25.7	19 34.6	S 8 04.5
	01	21 19.1	168 49.6	10.8	277 25.5	15.8	300 57.9	25.7	34 37.2	04.6
	02	36 21.5	183 49.1	12.0	292 26.5	15.7	316 00.2	25.7	49 39.8	04.7
	03	51 24.0	198 48.7	. . 13.1	307 27.5	. . 15.6	331 02.6	. . 25.7	64 42.5	. . 04.7
	04	66 26.5	213 48.2	14.2	322 28.5	15.6	346 05.0	25.7	79 45.1	04.8
	05	81 28.9	228 47.8	15.4	337 29.5	15.5	1 07.3	25.7	94 47.7	04.9
	06	96 31.4	243 47.4	S13 16.5	352 30.5	N23 15.4	16 09.7	N22 25.7	109 50.3	S 8 04.9
	07	111 33.9	258 46.9	17.7	7 31.5	15.3	31 12.0	25.7	124 53.0	05.0
	08	126 36.3	273 46.5	18.8	22 32.5	15.3	46 14.4	25.7	139 55.6	05.1
F	09	141 38.8	288 46.0	. . 19.9	37 33.5	. . 15.2	61 16.7	. . 25.7	154 58.2	. . 05.1
R	10	156 41.3	303 45.6	21.1	52 34.5	15.1	76 19.1	25.8	170 00.8	05.2
I	11	171 43.7	318 45.2	22.2	67 35.5	15.1	91 21.5	25.8	185 03.5	05.3
D	12	186 46.2	333 44.7	S13 23.3	82 36.5	N23 15.0	106 23.8	N22 25.8	200 06.1	S 8 05.3
A	13	201 48.6	348 44.3	24.5	97 37.5	14.9	121 26.2	25.8	215 08.7	05.4
Y	14	216 51.1	3 43.8	25.6	112 38.5	14.8	136 28.5	25.8	230 11.3	05.5
	15	231 53.6	18 43.4	. . 26.7	127 39.5	. . 14.8	151 30.9	. . 25.8	245 14.0	. . 05.5
	16	246 56.0	33 42.9	27.8	142 40.5	14.7	166 33.2	25.8	260 16.6	05.6
	17	261 58.5	48 42.5	29.0	157 41.5	14.6	181 35.6	25.8	275 19.2	05.7
	18	277 01.0	63 42.1	S13 30.1	172 42.5	N23 14.5	196 38.0	N22 25.8	290 21.8	S 8 05.7
	19	292 03.4	78 41.6	31.2	187 43.5	14.5	211 40.3	25.8	305 24.5	05.8
	20	307 05.9	93 41.2	32.4	202 44.5	14.4	226 42.7	25.8	320 27.1	05.9
	21	322 08.4	108 40.7	. . 33.5	217 45.5	. . 14.3	241 45.1	. . 25.8	335 29.7	. . 05.9
	22	337 10.8	123 40.3	34.6	232 46.5	14.2	256 47.4	25.8	350 32.3	06.0
	23	352 13.3	138 39.8	35.7	247 47.5	14.2	271 49.8	25.8	5 35.0	06.1
	28 00	7 15.8	153 39.4	S13 36.9	262 48.5	N23 14.1	286 52.1	N22 25.8	20 37.6	S 8 06.1
	01	22 18.2	168 38.9	38.0	277 49.5	14.0	301 54.5	25.8	35 40.2	06.2
	02	37 20.7	183 38.5	39.1	292 50.5	13.9	316 56.9	25.8	50 42.8	06.3
	03	52 23.1	198 38.0	. . 40.2	307 51.6	. . 13.9	331 59.2	. . 25.8	65 45.5	. . 06.3
	04	67 25.6	213 37.6	41.4	322 52.6	13.8	347 01.6	25.8	80 48.1	06.4
	05	82 28.1	228 37.1	42.5	337 53.6	13.7	2 04.0	25.9	95 50.7	06.4
	06	97 30.5	243 36.7	S13 43.6	352 54.6	N23 13.6	17 06.3	N22 25.9	110 53.3	S 8 06.5
S	07	112 33.0	258 36.2	44.7	7 55.6	13.6	32 08.7	25.9	125 56.0	06.6
	08	127 35.5	273 35.8	45.9	22 56.6	13.5	47 11.1	25.9	140 58.6	06.6
A	09	142 37.9	288 35.3	. . 47.0	37 57.6	. . 13.4	62 13.4	. . 25.9	156 01.2	. . 06.7
T	10	157 40.4	303 34.9	48.1	52 58.6	13.3	77 15.8	25.9	171 03.8	06.8
U	11	172 42.9	318 34.4	49.2	67 59.6	13.2	92 18.2	25.9	186 06.5	06.8
R	12	187 45.3	333 34.0	S13 50.3	83 00.6	N23 13.2	107 20.5	N22 25.9	201 09.1	S 8 06.9
D	13	202 47.8	348 33.5	51.5	98 01.7	13.1	122 22.9	25.9	216 11.7	07.0
A	14	217 50.3	3 33.1	52.6	113 02.7	13.0	137 25.3	25.9	231 14.3	07.0
Y	15	232 52.7	18 32.6	. . 53.7	128 03.7	. . 12.9	152 27.6	. . 25.9	246 17.0	. . 07.1
	16	247 55.2	33 32.2	54.8	143 04.7	12.9	167 30.0	25.9	261 19.6	07.2
	17	262 57.6	48 31.7	55.9	158 05.7	12.8	182 32.4	25.9	276 22.2	07.2
	18	278 00.1	63 31.3	S13 57.0	173 06.7	N23 12.7	197 34.7	N22 25.9	291 24.8	S 8 07.3
	19	293 02.6	78 30.8	58.2	188 07.8	12.6	212 37.1	25.9	306 27.5	07.4
	20	308 05.0	93 30.3	13 59.3	203 08.8	12.5	227 39.5	25.9	321 30.1	07.4
	21	323 07.5	108 29.9	14 00.4	218 09.8	. . 12.5	242 41.9	. . 25.9	336 32.7	. . 07.5
	22	338 10.0	123 29.4	01.5	233 10.8	12.4	257 44.2	25.9	351 35.3	07.5
	23	353 12.4	138 29.0	02.6	248 11.8	12.3	272 46.6	25.9	6 37.9	07.6
	29 00	8 14.9	153 28.5	S14 03.7	263 12.8	N23 12.2	287 49.0	N22 25.9	21 40.6	S 8 07.7
	01	23 17.4	168 28.1	04.8	278 13.9	12.1	302 51.3	25.9	36 43.2	07.7
	02	38 19.8	183 27.6	06.0	293 14.9	12.1	317 53.7	26.0	51 45.8	07.8
	03	53 22.3	198 27.1	. . 07.1	308 15.9	. . 12.0	332 56.1	. . 26.0	66 48.4	. . 07.9
	04	68 24.7	213 26.7	08.2	323 16.9	11.9	347 58.5	26.0	81 51.1	07.9
	05	83 27.2	228 26.2	09.3	338 17.9	11.8	3 00.8	26.0	96 53.7	08.0
	06	98 29.7	243 25.8	S14 10.4	353 19.0	N23 11.7	18 03.2	N22 26.0	111 56.3	S 8 08.1
	07	113 32.1	258 25.3	11.5	8 20.0	11.7	33 05.6	26.0	126 58.9	08.1
	08	128 34.6	273 24.8	12.6	23 21.0	11.6	48 08.0	26.0	142 01.6	08.2
S	09	143 37.1	288 24.4	. . 13.7	38 22.0	. . 11.5	63 10.3	. . 26.0	157 04.2	. . 08.3
U	10	158 39.5	303 23.9	14.8	53 23.0	11.4	78 12.7	26.0	172 06.8	08.3
N	11	173 42.0	318 23.5	15.9	68 24.1	11.3	93 15.1	26.0	187 09.4	08.4
D	12	188 44.5	333 23.0	S14 17.0	83 25.1	N23 11.3	108 17.5	N22 26.0	202 12.0	S 8 08.4
A	13	203 46.9	348 22.5	18.2	98 26.1	11.2	123 19.8	26.0	217 14.7	08.5
Y	14	218 49.4	3 22.1	19.3	113 27.1	11.1	138 22.2	26.0	232 17.3	08.6
	15	233 51.9	18 21.6	. . 20.4	128 28.2	. . 11.0	153 24.6	. . 26.0	247 19.9	. . 08.6
	16	248 54.3	33 21.1	21.5	143 29.2	10.9	168 27.0	26.0	262 22.5	08.7
	17	263 56.8	48 20.7	22.6	158 30.2	10.9	183 29.3	26.0	277 25.2	08.8
	18	278 59.2	63 20.2	S14 23.7	173 31.2	N23 10.8	198 31.7	N22 26.0	292 27.8	S 8 08.8
	19	294 01.7	78 19.7	24.8	188 32.3	10.7	213 34.1	26.0	307 30.4	08.9
	20	309 04.2	93 19.3	25.9	203 33.3	10.6	228 36.5	26.0	322 33.0	09.0
	21	324 06.6	108 18.8	. . 27.0	218 34.3	. . 10.5	243 38.9	. . 26.0	337 35.6	. . 09.0
	22	339 09.1	123 18.3	28.1	233 35.3	10.4	258 41.2	26.0	352 38.3	09.1
	23	354 11.6	138 17.9	29.2	248 36.4	10.4	273 43.6	26.0	7 40.9	09.1
	Mer. Pass.	h m 23 27.1	*v* −0.5	*d* 1.1	*v* 1.0	*d* 0.1	*v* 2.4	*d* 0.0	*v* 2.6	*d* 0.1

STARS

Name	SHA ° ′	Dec ° ′
Acamar	315 11.6	S40 12.1
Achernar	335 19.8	S57 06.5
Acrux	173 01.1	S63 14.1
Adhara	255 06.1	S29 00.0
Aldebaran	290 39.7	N16 33.6
Alioth	166 13.7	N55 49.6
Alkaid	152 52.6	N49 11.5
Alnair	27 32.8	S46 50.5
Alnilam	275 37.9	S 1 11.0
Alphard	217 48.2	S 8 45.7
Alphecca	126 04.2	N26 38.1
Alpheratz	357 34.7	N29 13.7
Altair	62 00.1	N 8 56.1
Ankaa	353 06.9	S42 10.2
Antares	112 16.3	S26 29.2
Arcturus	145 48.4	N19 03.4
Atria	107 11.0	S69 04.5
Avior	234 15.2	S59 34.9
Bellatrix	278 23.1	N 6 22.5
Betelgeuse	270 52.3	N 7 24.8
Canopus	263 52.5	S52 42.1
Capella	280 22.1	N46 01.3
Deneb	49 25.7	N45 22.3
Denebola	182 25.5	N14 26.2
Diphda	348 47.2	S17 50.9
Dubhe	193 41.9	N61 37.0
Elnath	278 02.1	N28 37.7
Eltanin	90 42.4	N51 29.4
Enif	33 38.8	N 9 59.4
Fomalhaut	15 14.4	S29 29.4
Gacrux	171 52.6	S57 15.0
Gienah	175 44.2	S17 40.6
Hadar	148 37.0	S60 29.6
Hamal	327 51.2	N23 34.8
Kaus Aust.	83 32.8	S34 22.5
Kochab	137 20.6	N74 03.4
Markab	13 29.8	N15 20.4
Menkar	314 06.2	N 4 11.3
Menkent	147 58.3	S36 29.5
Miaplacidus	221 39.0	S69 48.8
Mirfak	308 28.3	N49 56.9
Nunki	75 48.0	S26 16.0
Peacock	53 05.8	S56 39.5
Pollux	243 17.7	N27 58.0
Procyon	244 51.2	N 5 09.8
Rasalhague	95 58.8	N12 32.7
Regulus	207 35.0	N11 50.9
Rigel	281 04.0	S 8 10.2
Rigil Kent.	139 41.2	S60 56.3
Sabik	102 03.2	S15 45.3
Schedar	349 30.8	N56 40.4
Shaula	96 10.8	S37 07.4
Sirius	258 26.5	S16 44.7
Spica	158 22.9	S11 17.3
Suhail	222 46.8	S43 31.6
Vega	80 33.4	N38 48.6
Zuben'ubi	136 56.6	S16 08.6

	SHA ° ′	Mer. Pass. h m
Venus	146 23.6	13 46
Mars	255 32.8	6 28
Jupiter	279 36.4	4 52
Saturn	13 21.8	22 34

© British Crown Copyright 2023. All rights reserved.

UT d	h	SUN GHA ° ′	SUN Dec ° ′	MOON GHA ° ′	v ′	MOON Dec ° ′	d ′	HP ′
27	00	182 15.6	S 1 44.4	242 17.5	10.4	N24 44.3	8.1	55.6
	01	197 15.8	45.4	256 46.9	10.5	24 36.2	8.3	55.6
	02	212 16.0	46.4	271 16.4	10.6	24 27.9	8.4	55.5
	03	227 16.2	. . 47.3	285 46.0	10.7	24 19.5	8.4	55.5
	04	242 16.4	48.3	300 15.7	10.8	24 11.1	8.6	55.5
	05	257 16.7	49.3	314 45.5	11.0	24 02.5	8.7	55.5
	06	272 16.9	S 1 50.2	329 15.5	11.0	N23 53.8	8.8	55.4
	07	287 17.1	51.2	343 45.5	11.1	23 45.0	8.9	55.4
	08	302 17.3	52.2	358 15.6	11.2	23 36.1	9.0	55.4
F	09	317 17.5	. . 53.2	12 45.8	11.3	23 27.1	9.1	55.4
R	10	332 17.7	54.1	27 16.1	11.4	23 18.0	9.2	55.3
I	11	347 17.9	55.1	41 46.5	11.5	23 08.8	9.3	55.3
D	12	2 18.1	S 1 56.1	56 17.0	11.6	N22 59.5	9.4	55.3
A	13	17 18.3	57.1	70 47.6	11.7	22 50.1	9.5	55.3
Y	14	32 18.5	58.0	85 18.3	11.8	22 40.6	9.7	55.2
	15	47 18.8	1 59.0	99 49.1	11.9	22 30.9	9.7	55.2
	16	62 19.0	2 00.0	114 20.0	12.0	22 21.2	9.8	55.2
	17	77 19.2	00.9	128 51.0	12.1	22 11.4	9.8	55.2
	18	92 19.4	S 2 01.9	143 22.1	12.2	N22 01.6	10.0	55.2
	19	107 19.6	02.9	157 53.3	12.2	21 51.6	10.1	55.1
	20	122 19.8	03.9	172 24.5	12.4	21 41.5	10.2	55.1
	21	137 20.0	. . 04.8	186 55.9	12.5	21 31.3	10.2	55.1
	22	152 20.2	05.8	201 27.4	12.5	21 21.1	10.4	55.1
	23	167 20.4	06.8	215 58.9	12.7	21 10.7	10.4	55.1
28	00	182 20.6	S 2 07.8	230 30.6	12.7	N21 00.3	10.5	55.0
	01	197 20.9	08.7	245 02.3	12.8	20 49.8	10.6	55.0
	02	212 21.1	09.7	259 34.1	12.9	20 39.2	10.7	55.0
	03	227 21.3	. . 10.7	274 06.0	13.1	20 28.5	10.7	55.0
	04	242 21.5	11.6	288 38.1	13.1	20 17.8	10.9	55.0
	05	257 21.7	12.6	303 10.2	13.1	20 06.9	10.9	54.9
	06	272 21.9	S 2 13.6	317 42.3	13.3	N19 56.0	11.0	54.9
S	07	287 22.1	14.6	332 14.6	13.4	19 45.0	11.1	54.9
	08	302 22.3	15.5	346 47.0	13.4	19 33.9	11.1	54.9
A	09	317 22.5	. . 16.5	1 19.4	13.6	19 22.8	11.3	54.9
T	10	332 22.7	17.5	15 52.0	13.6	19 11.5	11.3	54.8
U	11	347 22.9	18.5	30 24.6	13.7	19 00.2	11.4	54.8
R	12	2 23.1	S 2 19.4	44 57.3	13.8	N18 48.8	11.4	54.8
D	13	17 23.4	20.4	59 30.1	13.9	18 37.4	11.5	54.8
A	14	32 23.6	21.4	74 03.0	13.9	18 25.9	11.6	54.8
Y	15	47 23.8	. . 22.3	88 35.9	14.1	18 14.3	11.7	54.8
	16	62 24.0	23.3	103 09.0	14.1	18 02.6	11.7	54.7
	17	77 24.2	24.3	117 42.1	14.2	17 50.9	11.8	54.7
	18	92 24.4	S 2 25.3	132 15.3	14.3	N17 39.1	11.9	54.7
	19	107 24.6	26.2	146 48.6	14.3	17 27.2	11.9	54.7
	20	122 24.8	27.2	161 21.9	14.4	17 15.3	12.0	54.7
	21	137 25.0	. . 28.2	175 55.3	14.6	17 03.3	12.0	54.7
	22	152 25.2	29.1	190 28.9	14.5	16 51.3	12.1	54.6
	23	167 25.4	30.1	205 02.4	14.7	16 39.2	12.2	54.6
29	00	182 25.6	S 2 31.1	219 36.1	14.7	N16 27.0	12.3	54.6
	01	197 25.8	32.1	234 09.8	14.8	16 14.7	12.2	54.6
	02	212 26.1	33.0	248 43.6	14.9	16 02.5	12.4	54.6
	03	227 26.3	. . 34.0	263 17.5	15.0	15 50.1	12.4	54.6
	04	242 26.5	35.0	277 51.5	15.0	15 37.7	12.5	54.5
	05	257 26.7	36.0	292 25.5	15.1	15 25.2	12.5	54.5
	06	272 26.9	S 2 36.9	306 59.6	15.1	N15 12.7	12.5	54.5
	07	287 27.1	37.9	321 33.7	15.3	15 00.2	12.7	54.5
	08	302 27.3	38.9	336 08.0	15.3	14 47.5	12.6	54.5
S	09	317 27.5	. . 39.8	350 42.3	15.3	14 34.9	12.8	54.5
U	10	332 27.7	40.8	5 16.6	15.4	14 22.1	12.7	54.5
N	11	347 27.9	41.8	19 51.0	15.5	14 09.4	12.9	54.5
D	12	2 28.1	S 2 42.8	34 25.5	15.6	N13 56.5	12.8	54.4
A	13	17 28.3	43.7	49 00.1	15.6	13 43.7	13.0	54.4
Y	14	32 28.5	44.7	63 34.7	15.7	13 30.7	12.9	54.4
	15	47 28.7	. . 45.7	78 09.4	15.7	13 17.8	13.0	54.4
	16	62 28.9	46.6	92 44.1	15.8	13 04.8	13.1	54.4
	17	77 29.1	47.6	107 18.9	15.8	12 51.7	13.1	54.4
	18	92 29.3	S 2 48.6	121 53.7	15.9	N12 38.6	13.1	54.4
	19	107 29.5	49.5	136 28.6	16.0	12 25.5	13.2	54.4
	20	122 29.7	50.5	151 03.6	16.0	12 12.3	13.2	54.3
	21	137 30.0	. . 51.5	165 38.6	16.1	11 59.1	13.3	54.3
	22	152 30.2	52.5	180 13.7	16.1	11 45.8	13.3	54.3
	23	167 30.4	53.4	194 48.8	16.2	N11 32.5	13.3	54.3
		SD 16.0	*d* 1.0	SD	15.1	14.9		14.8

Lat.	Twilight Naut.	Twilight Civil	Sunrise	Moonrise 27	28	29	30
°	h m	h m	h m	h m	h m	h m	h m
N 72	03 36	05 00	06 07	□	22 54	25 41	01 41
N 70	03 50	05 04	06 05	□	23 45	26 00	02 00
68	04 01	05 08	06 04	21 33	24 17	00 17	02 14
66	04 10	05 11	06 02	22 34	24 40	00 40	02 26
64	04 17	05 14	06 01	23 08	24 58	00 58	02 36
62	04 23	05 16	06 00	23 33	25 12	01 12	02 44
60	04 29	05 18	05 59	23 52	25 24	01 24	02 52
N 58	04 33	05 19	05 59	24 08	00 08	01 35	02 58
56	04 37	05 21	05 58	24 21	00 21	01 44	03 03
54	04 40	05 22	05 57	24 33	00 33	01 52	03 08
52	04 43	05 23	05 57	24 43	00 43	01 59	03 13
50	04 46	05 24	05 56	24 52	00 52	02 06	03 17
45	04 51	05 25	05 55	00 02	01 12	02 20	03 26
N 40	04 55	05 27	05 54	00 21	01 27	02 31	03 33
35	04 58	05 27	05 53	00 38	01 40	02 41	03 39
30	05 00	05 28	05 52	00 52	01 52	02 49	03 44
20	05 03	05 28	05 50	01 16	02 11	03 04	03 54
N 10	05 03	05 28	05 49	01 36	02 28	03 16	04 02
0	05 03	05 27	05 47	01 55	02 44	03 28	04 10
S 10	05 00	05 25	05 46	02 14	02 59	03 40	04 17
20	04 56	05 22	05 44	02 35	03 16	03 52	04 25
30	04 50	05 18	05 42	02 58	03 35	04 06	04 34
35	04 45	05 15	05 40	03 12	03 46	04 14	04 40
40	04 40	05 12	05 39	03 27	03 58	04 24	04 46
45	04 33	05 08	05 37	03 46	04 13	04 35	04 53
S 50	04 24	05 02	05 35	04 09	04 31	04 48	05 01
52	04 19	05 00	05 34	04 21	04 40	04 54	05 05
54	04 15	04 57	05 33	04 33	04 49	05 00	05 09
56	04 09	04 54	05 31	04 48	05 00	05 08	05 13
58	04 03	04 50	05 30	05 04	05 12	05 16	05 18
S 60	03 55	04 46	05 28	05 25	05 26	05 25	05 24

Lat.	Sunset	Twilight Civil	Twilight Naut.	Moonset 27	28	29	30
°	h m	h m	h m	h m	h m	h m	h m
N 72	17 31	18 38	20 02	□	20 02	18 44	18 02
N 70	17 34	18 34	19 48	□	19 09	18 23	17 52
68	17 35	18 31	19 37	19 46	18 36	18 06	17 44
66	17 37	18 28	19 29	18 44	18 12	17 52	17 37
64	17 38	18 25	19 21	18 09	17 53	17 41	17 31
62	17 39	18 23	19 16	17 43	17 37	17 31	17 26
60	17 40	18 22	19 10	17 23	17 24	17 23	17 22
N 58	17 41	18 20	19 06	17 07	17 12	17 16	17 18
56	17 42	18 19	19 02	16 52	17 02	17 09	17 14
54	17 43	18 18	18 59	16 40	16 54	17 03	17 11
52	17 43	18 17	18 56	16 29	16 46	16 58	17 08
50	17 44	18 16	18 54	16 20	16 39	16 53	17 05
45	17 45	18 15	18 49	15 59	16 23	16 43	17 00
N 40	17 47	18 14	18 45	15 42	16 10	16 34	16 55
35	17 48	18 13	18 42	15 28	16 00	16 27	16 51
30	17 49	18 12	18 40	15 16	15 50	16 20	16 47
20	17 50	18 12	18 38	14 55	15 34	16 08	16 40
N 10	17 52	18 13	18 37	14 36	15 19	15 58	16 34
0	17 54	18 14	18 38	14 19	15 05	15 48	16 29
S 10	17 55	18 16	18 41	14 01	14 52	15 39	16 23
20	17 57	18 20	18 45	13 43	14 37	15 28	16 17
30	18 00	18 24	18 52	13 21	14 20	15 16	16 11
35	18 01	18 27	18 56	13 08	14 10	15 09	16 07
40	18 03	18 30	19 02	12 53	13 58	15 01	16 02
45	18 05	18 34	19 09	12 35	13 45	14 52	15 57
S 50	18 07	18 40	19 18	12 13	13 28	14 40	15 50
52	18 08	18 42	19 23	12 03	13 20	14 35	15 47
54	18 09	18 45	19 28	11 50	13 11	14 29	15 44
56	18 11	18 48	19 34	11 37	13 01	14 23	15 41
58	18 12	18 52	19 40	11 20	12 50	14 15	15 37
S 60	18 14	18 56	19 48	11 01	12 37	14 07	15 32

Day	SUN Eqn. of Time 00^h	SUN Eqn. of Time 12^h	SUN Mer. Pass.	MOON Mer. Pass. Upper	MOON Mer. Pass. Lower	MOON Age	MOON Phase
d	m s	m s	h m	h m	h m	d	%
27	09 02	09 12	11 51	08 07	20 31	24	24
28	09 22	09 32	11 50	08 55	21 17	25	16
29	09 42	09 52	11 50	09 38	21 59	26	9

© British Crown Copyright 2023. All rights reserved.

Day	UT d h	ARIES GHA	VENUS −3·9 GHA	VENUS Dec	MARS +0·5 GHA	MARS Dec	JUPITER −2·5 GHA	JUPITER Dec	SATURN +0·6 GHA	SATURN Dec
		° ′	° ′	° ′	° ′	° ′	° ′	° ′	° ′	° ′
MONDAY	30 00	9 14.0	153 17.4	S14 30.3	263 37.4	N23 10.3	288 46.0	N22 26.0	22 43.5	S 8 09.2
	01	24 16.5	168 16.9	31.4	278 38.4	10.2	303 48.4	26.0	37 46.1	09.3
	02	39 19.0	183 16.5	32.5	293 39.5	10.1	318 50.8	26.1	52 48.7	09.3
	03	54 21.4	198 16.0	33.6	308 40.5	10.0	333 53.1	26.1	67 51.4	09.4
	04	69 23.9	213 15.5	34.7	323 41.5	09.9	348 55.5	26.1	82 54.0	09.5
	05	84 26.3	228 15.1	35.8	338 42.6	09.9	3 57.9	26.1	97 56.6	09.5
	06	99 28.8	243 14.6	S14 36.9	353 43.6	N23 09.8	19 00.3	N22 26.1	112 59.2	S 8 09.6
	07	114 31.3	258 14.1	38.0	8 44.6	09.7	34 02.7	26.1	128 01.9	09.7
	08	129 33.7	273 13.6	39.0	23 45.7	09.6	49 05.1	26.1	143 04.5	09.7
	09	144 36.2	288 13.2	40.1	38 46.7	09.5	64 07.4	26.1	158 07.1	09.8
	10	159 38.7	303 12.7	41.2	53 47.7	09.4	79 09.8	26.1	173 09.7	09.8
	11	174 41.1	318 12.2	42.3	68 48.7	09.4	94 12.2	26.1	188 12.3	09.9
	12	189 43.6	333 11.8	S14 43.4	83 49.8	N23 09.3	109 14.6	N22 26.1	203 15.0	S 8 10.0
	13	204 46.1	348 11.3	44.5	98 50.8	09.2	124 17.0	26.1	218 17.6	10.0
	14	219 48.5	3 10.8	45.6	113 51.9	09.1	139 19.4	26.1	233 20.2	10.1
	15	234 51.0	18 10.3	46.7	128 52.9	09.0	154 21.7	26.1	248 22.8	10.2
	16	249 53.5	33 09.9	47.8	143 53.9	08.9	169 24.1	26.1	263 25.4	10.2
	17	264 55.9	48 09.4	48.9	158 55.0	08.8	184 26.5	26.1	278 28.1	10.3
	18	279 58.4	63 08.9	S14 50.0	173 56.0	N23 08.8	199 28.9	N22 26.1	293 30.7	S 8 10.3
	19	295 00.8	78 08.4	51.0	188 57.0	08.7	214 31.3	26.1	308 33.3	10.4
	20	310 03.3	93 08.0	52.1	203 58.1	08.6	229 33.7	26.1	323 35.9	10.5
	21	325 05.8	108 07.5	53.2	218 59.1	08.5	244 36.1	26.1	338 38.5	10.5
	22	340 08.2	123 07.0	54.3	234 00.2	08.4	259 38.5	26.1	353 41.2	10.6
	23	355 10.7	138 06.5	55.4	249 01.2	08.3	274 40.9	26.1	8 43.8	10.7
TUESDAY	1 00	10 13.2	153 06.0	S14 56.5	264 02.2	N23 08.2	289 43.2	N22 26.1	23 46.4	S 8 10.7
	01	25 15.6	168 05.6	57.6	279 03.3	08.2	304 45.6	26.1	38 49.0	10.8
	02	40 18.1	183 05.1	58.6	294 04.3	08.1	319 48.0	26.1	53 51.6	10.8
	03	55 20.6	198 04.6	14 59.7	309 05.4	08.0	334 50.4	26.1	68 54.2	10.9
	04	70 23.0	213 04.1	15 00.8	324 06.4	07.9	349 52.8	26.1	83 56.9	11.0
	05	85 25.5	228 03.6	01.9	339 07.4	07.8	4 55.2	26.2	98 59.5	11.0
	06	100 27.9	243 03.2	S15 03.0	354 08.5	N23 07.7	19 57.6	N22 26.2	114 02.1	S 8 11.1
	07	115 30.4	258 02.7	04.1	9 09.5	07.6	35 00.0	26.2	129 04.7	11.2
	08	130 32.9	273 02.2	05.1	24 10.6	07.5	50 02.4	26.2	144 07.3	11.2
	09	145 35.3	288 01.7	06.2	39 11.6	07.5	65 04.8	26.2	159 10.0	11.3
	10	160 37.8	303 01.2	07.3	54 12.7	07.4	80 07.2	26.2	174 12.6	11.3
	11	175 40.3	318 00.7	08.4	69 13.7	07.3	95 09.5	26.2	189 15.2	11.4
	12	190 42.7	333 00.3	S15 09.5	84 14.7	N23 07.2	110 11.9	N22 26.2	204 17.8	S 8 11.5
	13	205 45.2	347 59.8	10.5	99 15.8	07.1	125 14.3	26.2	219 20.4	11.5
	14	220 47.7	2 59.3	11.6	114 16.8	07.0	140 16.7	26.2	234 23.1	11.6
	15	235 50.1	17 58.8	12.7	129 17.9	06.9	155 19.1	26.2	249 25.7	11.6
	16	250 52.6	32 58.3	13.8	144 18.9	06.8	170 21.5	26.2	264 28.3	11.7
	17	265 55.1	47 57.8	14.8	159 20.0	06.8	185 23.9	26.2	279 30.9	11.8
	18	280 57.5	62 57.4	S15 15.9	174 21.0	N23 06.7	200 26.3	N22 26.2	294 33.5	S 8 11.8
	19	296 00.0	77 56.9	17.0	189 22.1	06.6	215 28.7	26.2	309 36.1	11.9
	20	311 02.4	92 56.4	18.1	204 23.1	06.5	230 31.1	26.2	324 38.8	12.0
	21	326 04.9	107 55.9	19.1	219 24.2	06.4	245 33.5	26.2	339 41.4	12.0
	22	341 07.4	122 55.4	20.2	234 25.2	06.3	260 35.9	26.2	354 44.0	12.1
	23	356 09.8	137 54.9	21.3	249 26.3	06.2	275 38.3	26.2	9 46.6	12.1
WEDNESDAY	2 00	11 12.3	152 54.4	S15 22.3	264 27.3	N23 06.1	290 40.7	N22 26.2	24 49.2	S 8 12.2
	01	26 14.8	167 53.9	23.4	279 28.4	06.0	305 43.1	26.2	39 51.8	12.3
	02	41 17.2	182 53.4	24.5	294 29.4	06.0	320 45.5	26.2	54 54.5	12.3
	03	56 19.7	197 52.9	25.5	309 30.5	05.9	335 47.9	26.2	69 57.1	12.4
	04	71 22.2	212 52.5	26.6	324 31.5	05.8	350 50.3	26.2	84 59.7	12.4
	05	86 24.6	227 52.0	27.7	339 32.6	05.7	5 52.7	26.2	100 02.3	12.5
	06	101 27.1	242 51.5	S15 28.7	354 33.6	N23 05.6	20 55.1	N22 26.2	115 04.9	S 8 12.6
	07	116 29.5	257 51.0	29.8	9 34.7	05.5	35 57.5	26.2	130 07.6	12.6
	08	131 32.0	272 50.5	30.9	24 35.7	05.4	50 59.9	26.2	145 10.2	12.7
	09	146 34.5	287 50.0	31.9	39 36.8	05.3	66 02.3	26.2	160 12.8	12.8
	10	161 36.9	302 49.5	33.0	54 37.9	05.2	81 04.7	26.2	175 15.4	12.8
	11	176 39.4	317 49.0	34.1	69 38.9	05.1	96 07.1	26.2	190 18.0	12.9
	12	191 41.9	332 48.5	S15 35.1	84 40.0	N23 05.0	111 09.5	N22 26.2	205 20.6	S 8 12.9
	13	206 44.3	347 48.0	36.2	99 41.0	05.0	126 11.9	26.2	220 23.2	13.0
	14	221 46.8	2 47.5	37.3	114 42.1	04.9	141 14.3	26.3	235 25.9	13.1
	15	236 49.3	17 47.0	38.3	129 43.1	04.8	156 16.7	26.3	250 28.5	13.1
	16	251 51.7	32 46.5	39.4	144 44.2	04.7	171 19.1	26.3	265 31.1	13.2
	17	266 54.2	47 46.0	40.4	159 45.3	04.6	186 21.5	26.3	280 33.7	13.2
	18	281 56.7	62 45.5	S15 41.5	174 46.3	N23 04.5	201 23.9	N22 26.3	295 36.3	S 8 13.3
	19	296 59.1	77 45.0	42.6	189 47.4	04.4	216 26.3	26.3	310 38.9	13.4
	20	312 01.6	92 44.5	43.6	204 48.4	04.3	231 28.7	26.3	325 41.6	13.4
	21	327 04.0	107 44.0	44.7	219 49.5	04.2	246 31.1	26.3	340 44.2	13.5
	22	342 06.5	122 43.5	45.7	234 50.6	04.1	261 33.6	26.3	355 46.8	13.5
	23	357 09.0	137 43.0	46.8	249 51.6	04.0	276 36.0	26.3	10 49.4	13.6
	Mer. Pass.	h m 23 15.3	v −0.5	d 1.1	v 1.0	d 0.1	v 2.4	d 0.0	v 2.6	d 0.1

STARS

Name	SHA	Dec
	° ′	° ′
Acamar	315 11.6	S40 12.1
Achernar	335 19.8	S57 06.5
Acrux	173 01.1	S63 14.1
Adhara	255 06.1	S29 00.0
Aldebaran	290 39.7	N16 33.6
Alioth	166 13.7	N55 49.6
Alkaid	152 52.6	N49 11.5
Alnair	27 32.8	S46 50.5
Alnilam	275 37.9	S 1 11.0
Alphard	217 48.2	S 8 45.7
Alphecca	126 04.2	N26 38.1
Alpheratz	357 34.7	N29 13.7
Altair	62 00.1	N 8 56.1
Ankaa	353 06.9	S42 10.2
Antares	112 16.3	S26 29.2
Arcturus	145 48.4	N19 03.4
Atria	107 11.0	S69 04.5
Avior	234 15.1	S59 34.9
Bellatrix	278 23.0	N 6 22.5
Betelgeuse	270 52.3	N 7 24.8
Canopus	263 52.5	S52 42.1
Capella	280 22.1	N46 01.3
Deneb	49 25.8	N45 22.3
Denebola	182 25.5	N14 26.2
Diphda	348 47.2	S17 50.9
Dubhe	193 41.8	N61 37.0
Elnath	278 02.1	N28 37.7
Eltanin	90 42.4	N51 29.4
Enif	33 38.8	N 9 59.4
Fomalhaut	15 14.4	S29 29.4
Gacrux	171 52.6	S57 15.0
Gienah	175 44.2	S17 40.6
Hadar	148 37.0	S60 29.6
Hamal	327 51.2	N23 34.8
Kaus Aust.	83 32.9	S34 22.5
Kochab	137 20.7	N74 03.4
Markab	13 29.8	N15 20.4
Menkar	314 06.1	N 4 11.3
Menkent	147 58.3	S36 29.5
Miaplacidus	221 39.0	S69 48.8
Mirfak	308 28.3	N49 56.9
Nunki	75 48.0	S26 16.0
Peacock	53 05.8	S56 39.5
Pollux	243 17.7	N27 58.0
Procyon	244 51.2	N 5 09.8
Rasalhague	95 58.9	N12 32.7
Regulus	207 34.9	N11 50.9
Rigel	281 04.0	S 8 10.2
Rigil Kent.	139 41.2	S60 56.3
Sabik	102 03.2	S15 45.3
Schedar	349 30.8	N56 40.4
Shaula	96 10.8	S37 07.4
Sirius	258 26.5	S16 44.7
Spica	158 22.9	S11 17.3
Suhail	222 46.8	S43 31.6
Vega	80 33.4	N38 48.6
Zuben'ubi	136 56.6	S16 08.6

	SHA	Mer. Pass.
	° ′	h m
Venus	142 52.9	13 48
Mars	253 49.1	6 23
Jupiter	279 30.1	4 40
Saturn	13 33.2	22 21

© British Crown Copyright 2023. All rights reserved.

UT d	h	SUN GHA ° ′	SUN Dec ° ′	MOON GHA ° ′	v ′	MOON Dec ° ′	d ′	HP ′
30 MONDAY	00	182 30.6	S 2 54.4	209 24.0	16.2	N11 19.2	13.4	54.3
	01	197 30.8	55.4	223 59.2	16.3	11 05.8	13.4	54.3
	02	212 31.0	56.3	238 34.5	16.3	10 52.4	13.5	54.3
	03	227 31.2	. . 57.3	253 09.8	16.4	10 38.9	13.5	54.3
	04	242 31.4	58.3	267 45.2	16.4	10 25.4	13.5	54.3
	05	257 31.6	2 59.3	282 20.6	16.5	10 11.9	13.5	54.2
	06	272 31.8	S 3 00.2	296 56.1	16.5	N 9 58.4	13.6	54.2
	07	287 32.0	01.2	311 31.6	16.6	9 44.8	13.6	54.2
	08	302 32.2	02.2	326 07.2	16.6	9 31.2	13.7	54.2
	09	317 32.4	. . 03.1	340 42.8	16.6	9 17.5	13.7	54.2
	10	332 32.6	04.1	355 18.4	16.7	9 03.8	13.7	54.2
	11	347 32.8	05.1	9 54.1	16.7	8 50.1	13.7	54.2
	12	2 33.0	S 3 06.0	24 29.8	16.8	N 8 36.4	13.8	54.2
	13	17 33.2	07.0	39 05.6	16.8	8 22.6	13.7	54.2
	14	32 33.4	08.0	53 41.4	16.8	8 08.9	13.9	54.2
	15	47 33.6	. . 09.0	68 17.2	16.9	7 55.0	13.8	54.2
	16	62 33.8	09.9	82 53.1	16.9	7 41.2	13.9	54.1
	17	77 34.0	10.9	97 29.0	17.0	7 27.3	13.8	54.1
	18	92 34.2	S 3 11.9	112 05.0	17.0	N 7 13.5	13.9	54.1
	19	107 34.4	12.8	126 41.0	17.0	6 59.6	14.0	54.1
	20	122 34.6	13.8	141 17.0	17.0	6 45.6	13.9	54.1
	21	137 34.8	. . 14.8	155 53.0	17.1	6 31.7	14.0	54.1
	22	152 35.0	15.7	170 29.1	17.1	6 17.7	14.0	54.1
	23	167 35.2	16.7	185 05.2	17.1	6 03.7	14.0	54.1
1 TUESDAY	00	182 35.4	S 3 17.7	199 41.3	17.2	N 5 49.7	14.0	54.1
	01	197 35.6	18.7	214 17.5	17.2	5 35.7	14.0	54.1
	02	212 35.8	19.6	228 53.7	17.2	5 21.7	14.1	54.1
	03	227 36.0	. . 20.6	243 29.9	17.2	5 07.6	14.1	54.1
	04	242 36.2	21.6	258 06.1	17.2	4 53.5	14.1	54.1
	05	257 36.4	22.5	272 42.3	17.3	4 39.4	14.1	54.1
	06	272 36.6	S 3 23.5	287 18.6	17.3	N 4 25.3	14.1	54.0
	07	287 36.8	24.5	301 54.9	17.3	4 11.2	14.1	54.0
	08	302 37.0	25.4	316 31.2	17.4	3 57.1	14.1	54.0
	09	317 37.2	. . 26.4	331 07.6	17.3	3 43.0	14.2	54.0
	10	332 37.4	27.4	345 43.9	17.4	3 28.8	14.1	54.0
	11	347 37.6	28.3	0 20.3	17.4	3 14.7	14.2	54.0
	12	2 37.8	S 3 29.3	14 56.7	17.4	N 3 00.5	14.2	54.0
	13	17 38.0	30.3	29 33.1	17.4	2 46.3	14.2	54.0
	14	32 38.2	31.3	44 09.5	17.4	2 32.1	14.1	54.0
	15	47 38.4	. . 32.2	58 45.9	17.5	2 18.0	14.2	54.0
	16	62 38.6	33.2	73 22.4	17.4	2 03.8	14.2	54.0
	17	77 38.8	34.2	87 58.8	17.5	1 49.6	14.2	54.0
	18	92 39.0	S 3 35.1	102 35.3	17.4	N 1 35.4	14.3	54.0
	19	107 39.2	36.1	117 11.7	17.5	1 21.1	14.2	54.0
	20	122 39.4	37.1	131 48.2	17.5	1 06.9	14.2	54.0
	21	137 39.6	. . 38.0	146 24.7	17.5	0 52.7	14.2	54.0
	22	152 39.8	39.0	161 01.2	17.5	0 38.5	14.2	54.0
	23	167 40.0	40.0	175 37.7	17.5	0 24.3	14.2	54.0
2 WEDNESDAY	00	182 40.2	S 3 40.9	190 14.2	17.5	N 0 10.1	14.3	54.0
	01	197 40.4	41.9	204 50.7	17.5	S 0 04.2	14.2	54.0
	02	212 40.6	42.9	219 27.2	17.5	0 18.4	14.2	54.0
	03	227 40.8	. . 43.8	234 03.7	17.5	0 32.6	14.2	54.0
	04	242 41.0	44.8	248 40.2	17.5	0 46.8	14.2	54.0
	05	257 41.2	45.8	263 16.7	17.5	1 01.0	14.2	54.0
	06	272 41.4	S 3 46.7	277 53.2	17.5	S 1 15.2	14.2	54.0
	07	287 41.6	47.7	292 29.7	17.5	1 29.4	14.2	54.0
	08	302 41.8	48.7	307 06.2	17.5	1 43.6	14.2	53.9
	09	317 42.0	. . 49.6	321 42.7	17.5	1 57.8	14.2	53.9
	10	332 42.2	50.6	336 19.2	17.4	2 12.0	14.1	53.9
	11	347 42.4	51.6	350 55.6	17.5	2 26.1	14.2	53.9
	12	2 42.6	S 3 52.5	5 32.1	17.5	S 2 40.3	14.1	53.9
	13	17 42.8	53.5	20 08.6	17.4	2 54.4	14.2	53.9
	14	32 43.0	54.5	34 45.0	17.4	3 08.6	14.1	53.9
	15	47 43.1	. . 55.4	49 21.4	17.5	3 22.7	14.1	53.9
	16	62 43.3	56.4	63 57.9	17.4	3 36.8	14.1	53.9
	17	77 43.5	57.4	78 34.3	17.4	S 3 50.9	14.1	53.9
	18	92 43.7	S 3 58.3					
	19	107 43.9	3 59.3					
	20	122 44.1	4 00.3					
	21	137 44.3	. . 01.2					
	22	152 44.5	02.2					
	23	167 44.7	03.2					
		SD 16.0	*d* 1.0	SD 14.8		14.7		14.7

An annular eclipse of the Sun occurs on this date. See page 5.

Lat. °	Twilight Naut. h m	Twilight Civil h m	Sunrise h m	Moonrise 30 h m	Moonrise 1 h m	Moonrise 2 h m	Moonrise 3 h m
N 72	03 51	05 13	06 21	01 41	03 47	05 44	07 43
N 70	04 03	05 16	06 17	02 00	03 54	05 42	07 31
68	04 13	05 19	06 14	02 14	04 00	05 41	07 22
66	04 20	05 21	06 12	02 26	04 04	05 39	07 15
64	04 27	05 23	06 10	02 36	04 08	05 38	07 08
62	04 32	05 24	06 08	02 44	04 12	05 37	07 03
60	04 36	05 25	06 06	02 52	04 15	05 37	06 58
N 58	04 40	05 26	06 05	02 58	04 18	05 36	06 54
56	04 43	05 27	06 04	03 03	04 20	05 35	06 51
54	04 46	05 27	06 03	03 08	04 22	05 35	06 47
52	04 49	05 28	06 02	03 13	04 24	05 34	06 44
50	04 51	05 28	06 01	03 17	04 26	05 34	06 42
45	04 55	05 29	05 58	03 26	04 30	05 33	06 36
N 40	04 58	05 30	05 57	03 33	04 33	05 32	06 31
35	05 00	05 30	05 55	03 39	04 36	05 31	06 27
30	05 02	05 30	05 54	03 44	04 38	05 31	06 23
20	05 03	05 29	05 51	03 54	04 42	05 30	06 17
N 10	05 03	05 28	05 49	04 02	04 46	05 29	06 12
0	05 01	05 26	05 46	04 10	04 49	05 28	06 07
S 10	04 58	05 23	05 44	04 17	04 53	05 27	06 02
20	04 53	05 19	05 41	04 25	04 56	05 26	05 56
30	04 46	05 14	05 38	04 34	05 00	05 25	05 51
35	04 41	05 11	05 36	04 40	05 03	05 25	05 47
40	04 35	05 07	05 34	04 46	05 05	05 24	05 43
45	04 27	05 02	05 31	04 53	05 08	05 24	05 39
S 50	04 17	04 56	05 28	05 01	05 12	05 23	05 34
52	04 12	04 53	05 27	05 05	05 14	05 22	05 31
54	04 06	04 49	05 25	05 09	05 16	05 22	05 28
56	04 00	04 46	05 23	05 13	05 18	05 22	05 26
58	03 53	04 42	05 22	05 18	05 20	05 21	05 22
S 60	03 45	04 37	05 19	05 24	05 22	05 21	05 19

Lat. °	Sunset h m	Twilight Civil h m	Twilight Naut. h m	Moonset 30 h m	Moonset 1 h m	Moonset 2 h m	Moonset 3 h m
N 72	17 16	18 23	19 44	18 02	17 29	16 57	16 21
N 70	17 20	18 20	19 33	17 52	17 27	17 02	16 35
68	17 23	18 18	19 24	17 44	17 25	17 06	16 46
66	17 25	18 16	19 16	17 37	17 23	17 10	16 56
64	17 28	18 15	19 10	17 31	17 22	17 13	17 04
62	17 30	18 14	19 05	17 26	17 21	17 16	17 11
60	17 31	18 13	19 01	17 22	17 20	17 18	17 17
N 58	17 33	18 12	18 57	17 18	17 19	17 20	17 22
56	17 34	18 11	18 54	17 14	17 18	17 22	17 27
54	17 35	18 10	18 52	17 11	17 18	17 24	17 31
52	17 36	18 10	18 49	17 08	17 17	17 26	17 35
50	17 38	18 10	18 47	17 05	17 16	17 27	17 38
45	17 40	18 09	18 43	17 00	17 15	17 30	17 46
N 40	17 42	18 09	18 40	16 55	17 14	17 33	17 52
35	17 43	18 09	18 38	16 51	17 13	17 35	17 58
30	17 45	18 09	18 37	16 47	17 12	17 37	18 03
20	17 48	18 10	18 35	16 40	17 11	17 41	18 11
N 10	17 50	18 11	18 36	16 34	17 09	17 44	18 19
0	17 53	18 13	18 37	16 29	17 08	17 47	18 26
S 10	17 55	18 16	18 41	16 23	17 07	17 50	18 33
20	17 58	18 20	18 46	16 17	17 05	17 53	18 41
30	18 02	18 26	18 54	16 11	17 04	17 56	18 49
35	18 04	18 29	18 59	16 07	17 03	17 58	18 54
40	18 06	18 33	19 05	16 02	17 02	18 01	19 00
45	18 09	18 38	19 13	15 57	17 00	18 03	19 07
S 50	18 12	18 44	19 24	15 50	16 59	18 07	19 15
52	18 13	18 47	19 28	15 47	16 58	18 08	19 19
54	18 15	18 51	19 34	15 44	16 57	18 10	19 23
56	18 17	18 55	19 41	15 41	16 56	18 12	19 27
58	18 19	18 59	19 48	15 37	16 55	18 14	19 33
S 60	18 21	19 04	19 56	15 32	16 54	18 16	19 38

Day	SUN Eqn. of Time 00ʰ	SUN Eqn. of Time 12ʰ	SUN Mer. Pass.	MOON Mer. Pass. Upper	MOON Mer. Pass. Lower	Age	Phase
d	m s	m s	h m	h m	h m	d	%
30	10 02	10 12	11 50	10 19	22 39	27	5
1	10 21	10 31	11 49	10 59	23 18	28	1
2	10 40	10 50	11 49	11 37	23 57	29	0 ●

© British Crown Copyright 2023. All rights reserved.

UT d h	ARIES GHA ° ′	VENUS −3·9 GHA ° ′	VENUS Dec ° ′	MARS +0·4 GHA ° ′	MARS Dec ° ′	JUPITER −2·5 GHA ° ′	JUPITER Dec ° ′	SATURN +0·6 GHA ° ′	SATURN Dec ° ′
3 00	12 11.4	152 42.5	S15 47.8	264 52.7	N23 03.9	291 38.4	N22 26.3	25 52.0	S 8 13.7
01	27 13.9	167 42.0	48.9	279 53.7	03.8	306 40.8	26.3	40 54.6	13.7
02	42 16.4	182 41.5	49.9	294 54.8	03.8	321 43.2	26.3	55 57.3	13.8
03	57 18.8	197 41.0	. . 51.0	309 55.9	. . 03.7	336 45.6	. . 26.3	70 59.9	. . 13.8
04	72 21.3	212 40.5	52.0	324 56.9	03.6	351 48.0	26.3	86 02.5	13.9
05	87 23.8	227 40.0	53.1	339 58.0	03.5	6 50.4	26.3	101 05.1	14.0
06	102 26.2	242 39.5	S15 54.1	354 59.1	N23 03.4	21 52.8	N22 26.3	116 07.7	S 8 14.0
07	117 28.7	257 39.0	55.2	10 00.1	03.3	36 55.2	26.3	131 10.3	14.1
08	132 31.2	272 38.5	56.2	25 01.2	03.2	51 57.6	26.3	146 12.9	14.1
09	147 33.6	287 38.0	. . 57.3	40 02.3	. . 03.1	67 00.1	. . 26.3	161 15.6	. . 14.2
10	162 36.1	302 37.5	58.3	55 03.3	03.0	82 02.5	26.3	176 18.2	14.3
11	177 38.5	317 37.0	15 59.4	70 04.4	02.9	97 04.9	26.3	191 20.8	14.3
12	192 41.0	332 36.5	S16 00.4	85 05.5	N23 02.8	112 07.3	N22 26.3	206 23.4	S 8 14.4
13	207 43.5	347 36.0	01.5	100 06.5	02.7	127 09.7	26.3	221 26.0	14.4
14	222 45.9	2 35.5	02.5	115 07.6	02.6	142 12.1	26.3	236 28.6	14.5
15	237 48.4	17 35.0	. . 03.6	130 08.7	. . 02.5	157 14.5	. . 26.3	251 31.2	. . 14.6
16	252 50.9	32 34.5	04.6	145 09.7	02.4	172 16.9	26.3	266 33.9	14.6
17	267 53.3	47 33.9	05.7	160 10.8	02.3	187 19.3	26.3	281 36.5	14.7
18	282 55.8	62 33.4	S16 06.7	175 11.9	N23 02.2	202 21.8	N22 26.3	296 39.1	S 8 14.7
19	297 58.3	77 32.9	07.8	190 13.0	02.2	217 24.2	26.3	311 41.7	14.8
20	313 00.7	92 32.4	08.8	205 14.0	02.1	232 26.6	26.3	326 44.3	14.9
21	328 03.2	107 31.9	. . 09.8	220 15.1	. . 02.0	247 29.0	. . 26.3	341 46.9	. . 14.9
22	343 05.6	122 31.4	10.9	235 16.2	01.9	262 31.4	26.3	356 49.5	15.0
23	358 08.1	137 30.9	11.9	250 17.2	01.8	277 33.8	26.3	11 52.1	15.0
4 00	13 10.6	152 30.4	S16 13.0	265 18.3	N23 01.7	292 36.3	N22 26.3	26 54.8	S 8 15.1
01	28 13.0	167 29.9	14.0	280 19.4	01.6	307 38.7	26.3	41 57.4	15.2
02	43 15.5	182 29.3	15.0	295 20.5	01.5	322 41.1	26.3	57 00.0	15.2
03	58 18.0	197 28.8	. . 16.1	310 21.5	. . 01.4	337 43.5	. . 26.3	72 02.6	. . 15.3
04	73 20.4	212 28.3	17.1	325 22.6	01.3	352 45.9	26.3	87 05.2	15.3
05	88 22.9	227 27.8	18.1	340 23.7	01.2	7 48.3	26.3	102 07.8	15.4
06	103 25.4	242 27.3	S16 19.2	355 24.8	N23 01.1	22 50.8	N22 26.3	117 10.4	S 8 15.4
07	118 27.8	257 26.8	20.2	10 25.8	01.0	37 53.2	26.3	132 13.1	15.5
08	133 30.3	272 26.3	21.2	25 26.9	00.9	52 55.6	26.3	147 15.7	15.6
09	148 32.8	287 25.7	. . 22.3	40 28.0	. . 00.8	67 58.0	. . 26.3	162 18.3	. . 15.6
10	163 35.2	302 25.2	23.3	55 29.1	00.7	83 00.4	26.3	177 20.9	15.7
11	178 37.7	317 24.7	24.3	70 30.2	00.6	98 02.9	26.3	192 23.5	15.7
12	193 40.1	332 24.2	S16 25.4	85 31.2	N23 00.5	113 05.3	N22 26.4	207 26.1	S 8 15.8
13	208 42.6	347 23.7	26.4	100 32.3	00.4	128 07.7	26.4	222 28.7	15.9
14	223 45.1	2 23.2	27.4	115 33.4	00.3	143 10.1	26.4	237 31.3	15.9
15	238 47.5	17 22.6	. . 28.5	130 34.5	. . 00.2	158 12.5	. . 26.4	252 33.9	. . 16.0
16	253 50.0	32 22.1	29.5	145 35.6	00.1	173 15.0	26.4	267 36.6	16.0
17	268 52.5	47 21.6	30.5	160 36.6	23 00.0	188 17.4	26.4	282 39.2	16.1
18	283 54.9	62 21.1	S16 31.5	175 37.7	N22 59.9	203 19.8	N22 26.4	297 41.8	S 8 16.1
19	298 57.4	77 20.6	32.6	190 38.8	59.8	218 22.2	26.4	312 44.4	16.2
20	313 59.9	92 20.0	33.6	205 39.9	59.7	233 24.7	26.4	327 47.0	16.3
21	329 02.3	107 19.5	. . 34.6	220 41.0	. . 59.6	248 27.1	. . 26.4	342 49.6	. . 16.3
22	344 04.8	122 19.0	35.6	235 42.1	59.5	263 29.5	26.4	357 52.2	16.4
23	359 07.2	137 18.5	36.7	250 43.1	59.4	278 31.9	26.4	12 54.8	16.4
5 00	14 09.7	152 17.9	S16 37.7	265 44.2	N22 59.3	293 34.4	N22 26.4	27 57.4	S 8 16.5
01	29 12.2	167 17.4	38.7	280 45.3	59.2	308 36.8	26.4	43 00.1	16.6
02	44 14.6	182 16.9	39.7	295 46.4	59.1	323 39.2	26.4	58 02.7	16.6
03	59 17.1	197 16.4	. . 40.8	310 47.5	. . 59.0	338 41.6	. . 26.4	73 05.3	. . 16.7
04	74 19.6	212 15.8	41.8	325 48.6	58.9	353 44.1	26.4	88 07.9	16.7
05	89 22.0	227 15.3	42.8	340 49.7	58.8	8 46.5	26.4	103 10.5	16.8
06	104 24.5	242 14.8	S16 43.8	355 50.8	N22 58.7	23 48.9	N22 26.4	118 13.1	S 8 16.8
07	119 27.0	257 14.3	44.8	10 51.8	58.6	38 51.3	26.4	133 15.7	16.9
08	134 29.4	272 13.7	45.8	25 52.9	58.5	53 53.8	26.4	148 18.3	17.0
09	149 31.9	287 13.2	. . 46.9	40 54.0	. . 58.4	68 56.2	. . 26.4	163 20.9	. . 17.0
10	164 34.4	302 12.7	47.9	55 55.1	58.3	83 58.6	26.4	178 23.5	17.1
11	179 36.8	317 12.2	48.9	70 56.2	58.2	99 01.1	26.4	193 26.2	17.1
12	194 39.3	332 11.6	S16 49.9	85 57.3	N22 58.1	114 03.5	N22 26.4	208 28.8	S 8 17.2
13	209 41.7	347 11.1	50.9	100 58.4	58.0	129 05.9	26.4	223 31.4	17.2
14	224 44.2	2 10.6	51.9	115 59.5	57.9	144 08.3	26.4	238 34.0	17.3
15	239 46.7	17 10.0	. . 52.9	131 00.6	. . 57.8	159 10.8	. . 26.4	253 36.6	. . 17.4
16	254 49.1	32 09.5	54.0	146 01.7	57.7	174 13.2	26.4	268 39.2	17.4
17	269 51.6	47 09.0	55.0	161 02.8	57.6	189 15.6	26.4	283 41.8	17.5
18	284 54.1	62 08.4	S16 56.0	176 03.8	N22 57.5	204 18.1	N22 26.4	298 44.4	S 8 17.5
19	299 56.5	77 07.9	57.0	191 04.9	57.4	219 20.5	26.4	313 47.0	17.6
20	314 59.0	92 07.4	58.0	206 06.0	57.3	234 22.9	26.4	328 49.6	17.6
21	330 01.5	107 06.8	16 59.0	221 07.1	. . 57.2	249 25.4	. . 26.4	343 52.3	. . 17.7
22	345 03.9	122 06.3	17 00.0	236 08.2	57.1	264 27.8	26.4	358 54.9	17.8
23	0 06.4	137 05.8	S17 01.0	251 09.3	57.0	279 30.2	26.4	13 57.5	17.8
Mer. Pass. (h m)	23 03.5	v −0.5	d 1.0	v 1.1	d 0.1	v 2.4	d 0.0	v 2.6	d 0.1

STARS

Name	SHA ° ′	Dec ° ′
Acamar	315 11.6	S40 12.1
Achernar	335 19.7	S57 06.5
Acrux	173 01.1	S63 14.1
Adhara	255 06.1	S29 00.0
Aldebaran	290 39.7	N16 33.6
Alioth	166 13.7	N55 49.6
Alkaid	152 52.6	N49 11.5
Alnair	27 32.8	S46 50.6
Alnilam	275 37.9	S 1 11.0
Alphard	217 48.2	S 8 45.7
Alphecca	126 04.2	N26 38.1
Alpheratz	357 34.7	N29 13.8
Altair	62 00.1	N 8 56.1
Ankaa	353 06.9	S42 10.2
Antares	112 16.3	S26 29.2
Arcturus	145 48.4	N19 03.4
Atria	107 11.0	S69 04.5
Avior	234 15.1	S59 34.9
Bellatrix	278 23.0	N 6 22.5
Betelgeuse	270 52.3	N 7 24.8
Canopus	263 52.4	S52 42.1
Capella	280 22.1	N46 01.3
Deneb	49 25.8	N45 22.3
Denebola	182 25.5	N14 26.1
Diphda	348 47.2	S17 50.9
Dubhe	193 41.8	N61 37.0
Elnath	278 02.0	N28 37.7
Eltanin	90 42.4	N51 29.4
Enif	33 38.8	N 9 59.4
Fomalhaut	15 14.4	S29 29.5
Gacrux	171 52.6	S57 15.0
Gienah	175 44.2	S17 40.6
Hadar	148 37.0	S60 29.6
Hamal	327 51.2	N23 34.9
Kaus Aust.	83 32.9	S34 22.5
Kochab	137 20.7	N74 03.3
Markab	13 29.9	N15 20.4
Menkar	314 06.1	N 4 11.3
Menkent	147 58.3	S36 29.5
Miaplacidus	221 38.9	S69 48.8
Mirfak	308 28.2	N49 56.9
Nunki	75 48.0	S26 16.0
Peacock	53 05.8	S56 39.5
Pollux	243 17.7	N27 58.0
Procyon	244 51.1	N 5 09.8
Rasalhague	95 58.9	N12 32.7
Regulus	207 34.9	N11 50.9
Rigel	281 04.0	S 8 10.2
Rigil Kent.	139 41.3	S60 56.3
Sabik	102 03.2	S15 45.3
Schedar	349 30.8	N56 40.5
Shaula	96 10.8	S37 07.4
Sirius	258 26.4	S16 44.7
Spica	158 22.9	S11 17.3
Suhail	222 46.8	S43 31.6
Vega	80 33.4	N38 48.6
Zuben'ubi	136 56.6	S16 08.6

	SHA ° ′	Mer. Pass. h m
Venus	139 19.8	13 50
Mars	252 07.7	6 18
Jupiter	279 25.7	4 29
Saturn	13 44.2	22 08

© British Crown Copyright 2023. All rights reserved.

UT d h	SUN GHA	SUN Dec	MOON GHA	v	MOON Dec	d	HP
	° ′	° ′	° ′	′	° ′	′	′
3 00 THURSDAY	182 44.9	S 4 04.1	180 48.7	17.3	S 5 29.2	14.0	53.9
01	197 45.1	05.1	195 25.0	17.2	5 43.2	14.0	53.9
02	212 45.3	06.1	210 01.2	17.2	5 57.2	13.9	53.9
03	227 45.5	. . 07.0	224 37.4	17.2	6 11.1	13.9	53.9
04	242 45.7	08.0	239 13.6	17.2	6 25.0	13.9	53.9
05	257 45.9	09.0	253 49.8	17.2	6 38.9	13.9	53.9
06	272 46.1	S 4 09.9	268 26.0	17.1	S 6 52.8	13.8	53.9
07	287 46.3	10.9	283 02.1	17.1	7 06.6	13.9	53.9
08	302 46.5	11.9	297 38.2	17.1	7 20.5	13.7	54.0
09	317 46.6	. . 12.8	312 14.3	17.0	7 34.2	13.8	54.0
10	332 46.8	13.8	326 50.3	17.0	7 48.0	13.8	54.0
11	347 47.0	14.8	341 26.3	17.0	8 01.8	13.7	54.0
12	2 47.2	S 4 15.7	356 02.3	16.9	S 8 15.5	13.7	54.0
13	17 47.4	16.7	10 38.2	16.9	8 29.2	13.6	54.0
14	32 47.6	17.7	25 14.1	16.9	8 42.8	13.7	54.0
15	47 47.8	. . 18.6	39 50.0	16.8	8 56.5	13.6	54.0
16	62 48.0	19.6	54 25.8	16.9	9 10.1	13.5	54.0
17	77 48.2	20.5	69 01.7	16.7	9 23.6	13.6	54.0
18	92 48.4	S 4 21.5	83 37.4	16.7	S 9 37.2	13.5	54.0
19	107 48.6	22.5	98 13.1	16.7	9 50.7	13.4	54.0
20	122 48.8	23.4	112 48.8	16.7	10 04.1	13.5	54.0
21	137 48.9	. . 24.4	127 24.5	16.6	10 17.6	13.4	54.0
22	152 49.1	25.4	142 00.1	16.6	10 31.0	13.3	54.0
23	167 49.3	26.3	156 35.7	16.5	10 44.3	13.4	54.0
4 00 FRIDAY	182 49.5	S 4 27.3	171 11.2	16.5	S10 57.7	13.3	54.0
01	197 49.7	28.3	185 46.7	16.4	11 11.0	13.2	54.0
02	212 49.9	29.2	200 22.1	16.4	11 24.2	13.2	54.0
03	227 50.1	. . 30.2	214 57.5	16.3	11 37.4	13.2	54.0
04	242 50.3	31.1	229 32.8	16.3	11 50.6	13.1	54.0
05	257 50.5	32.1	244 08.1	16.3	12 03.7	13.1	54.0
06	272 50.7	S 4 33.1	258 43.4	16.2	S12 16.8	13.1	54.0
07	287 50.9	34.0	273 18.6	16.1	12 29.9	13.0	54.0
08	302 51.0	35.0	287 53.7	16.1	12 42.9	12.9	54.0
09	317 51.2	. . 36.0	302 28.8	16.1	12 55.8	12.9	54.0
10	332 51.4	36.9	317 03.9	16.0	13 08.7	12.9	54.1
11	347 51.6	37.9	331 38.9	15.9	13 21.6	12.8	54.1
12	2 51.8	S 4 38.9	346 13.8	15.9	S13 34.4	12.8	54.1
13	17 52.0	39.8	0 48.7	15.8	13 47.2	12.7	54.1
14	32 52.2	40.8	15 23.5	15.8	13 59.9	12.7	54.1
15	47 52.4	. . 41.7	29 58.3	15.7	14 12.6	12.6	54.1
16	62 52.5	42.7	44 33.0	15.7	14 25.2	12.5	54.1
17	77 52.7	43.7	59 07.7	15.6	14 37.7	12.6	54.1
18	92 52.9	S 4 44.6	73 42.3	15.5	S14 50.3	12.4	54.1
19	107 53.1	45.6	88 16.8	15.5	15 02.7	12.4	54.1
20	122 53.3	46.5	102 51.3	15.4	15 15.1	12.4	54.1
21	137 53.5	. . 47.5	117 25.7	15.4	15 27.5	12.3	54.1
22	152 53.7	48.5	132 00.1	15.3	15 39.8	12.2	54.1
23	167 53.9	49.4	146 34.4	15.2	15 52.0	12.2	54.1
5 00 SATURDAY	182 54.1	S 4 50.4	161 08.6	15.2	S16 04.2	12.1	54.2
01	197 54.2	51.4	175 42.8	15.1	16 16.3	12.1	54.2
02	212 54.4	52.3	190 16.9	15.0	16 28.4	12.0	54.2
03	227 54.6	. . 53.3	204 50.9	15.0	16 40.4	11.9	54.2
04	242 54.8	54.2	219 24.9	14.9	16 52.3	11.9	54.2
05	257 55.0	55.2	233 58.8	14.8	17 04.2	11.8	54.2
06	272 55.2	S 4 56.2	248 32.6	14.8	S17 16.0	11.7	54.2
07	287 55.4	57.1	263 06.4	14.7	17 27.7	11.7	54.2
08	302 55.5	58.1	277 40.1	14.6	17 39.4	11.6	54.2
09	317 55.7	4 59.0	292 13.7	14.6	17 51.0	11.6	54.2
10	332 55.9	5 00.0	306 47.3	14.5	18 02.6	11.5	54.2
11	347 56.1	01.0	321 20.8	14.4	18 14.1	11.4	54.3
12	2 56.3	S 5 01.9	335 54.2	14.3	S18 25.5	11.3	54.3
13	17 56.5	02.9	350 27.5	14.3	18 36.8	11.3	54.3
14	32 56.7	03.8	5 00.8	14.2	18 48.1	11.2	54.3
15	47 56.8	. . 04.8	19 34.0	14.1	18 59.3	11.1	54.3
16	62 57.0	05.8	34 07.1	14.0	19 10.4	11.0	54.3
17	77 57.2	06.7	48 40.1	14.0	19 21.4	11.0	54.3
18	92 57.4	S 5 07.7	63 13.1	13.9	S19 32.4	10.9	54.3
19	107 57.6	08.6	77 46.0	13.8	19 43.3	10.8	54.3
20	122 57.8	09.6	92 18.8	13.7	19 54.1	10.8	54.4
21	137 57.9	. . 10.6	106 51.5	13.7	20 04.9	10.6	54.4
22	152 58.1	11.5	121 24.2	13.6	20 15.5	10.6	54.4
23	167 58.3	12.5	135 56.8	13.5	S20 26.1	10.5	54.4
	SD 16.0	*d* 1.0	SD 14.7		14.7		14.8

Lat.	Twilight Naut.	Twilight Civil	Sunrise	Moonrise 3	Moonrise 4	Moonrise 5	Moonrise 6
°	h m	h m	h m	h m	h m	h m	h m
N 72	04 06	05 27	06 34	07 43	09 57	■	■
N 70	04 16	05 28	06 29	07 31	09 30	12 05	■
68	04 24	05 30	06 25	07 22	09 11	11 16	■
66	04 30	05 30	06 22	07 15	08 55	10 46	13 08
64	04 36	05 31	06 19	07 08	08 42	10 23	12 18
62	04 40	05 32	06 16	07 03	08 32	10 05	11 47
60	04 44	05 32	06 14	06 58	08 22	09 51	11 24
N 58	04 47	05 32	06 12	06 54	08 15	09 38	11 05
56	04 49	05 33	06 10	06 51	08 08	09 27	10 50
54	04 52	05 33	06 08	06 47	08 02	09 18	10 37
52	04 54	05 33	06 07	06 44	07 56	09 10	10 25
50	04 55	05 33	06 05	06 42	07 51	09 02	10 15
45	04 59	05 33	06 02	06 36	07 40	08 46	09 54
N 40	05 01	05 33	06 00	06 31	07 31	08 33	09 37
35	05 03	05 32	05 57	06 27	07 24	08 22	09 22
30	05 04	05 31	05 55	06 23	07 17	08 13	09 10
20	05 04	05 30	05 52	06 17	07 06	07 56	08 49
N 10	05 03	05 27	05 48	06 12	06 56	07 42	08 31
0	05 00	05 25	05 45	06 07	06 47	07 29	08 14
S 10	04 56	05 21	05 42	06 02	06 38	07 16	07 57
20	04 51	05 16	05 38	05 56	06 28	07 02	07 39
30	04 42	05 10	05 34	05 51	06 17	06 46	07 19
35	04 36	05 06	05 32	05 47	06 11	06 37	07 07
40	04 29	05 02	05 29	05 43	06 04	06 26	06 53
45	04 21	04 56	05 26	05 39	05 55	06 14	06 37
S 50	04 10	04 49	05 22	05 34	05 45	05 59	06 17
52	04 04	04 46	05 20	05 31	05 41	05 53	06 08
54	03 58	04 42	05 18	05 28	05 36	05 45	05 58
56	03 51	04 38	05 16	05 26	05 30	05 37	05 46
58	03 43	04 33	05 13	05 22	05 24	05 27	05 32
S 60	03 34	04 27	05 10	05 19	05 17	05 16	05 17

Lat.	Sunset	Twilight Civil	Twilight Naut.	Moonset 3	Moonset 4	Moonset 5	Moonset 6
°	h m	h m	h m	h m	h m	h m	h m
N 72	17 01	18 08	19 27	16 21	15 32	■	■
N 70	17 06	18 07	19 18	16 35	16 00	14 55	■
68	17 10	18 06	19 11	16 46	16 22	15 45	■
66	17 14	18 05	19 05	16 56	16 39	16 16	15 29
64	17 17	18 04	19 00	17 04	16 53	16 40	16 20
62	17 20	18 04	18 55	17 11	17 05	16 59	16 51
60	17 22	18 04	18 52	17 17	17 15	17 14	17 15
N 58	17 24	18 03	18 49	17 22	17 24	17 28	17 34
56	17 26	18 03	18 46	17 27	17 32	17 39	17 50
54	17 28	18 03	18 44	17 31	17 39	17 49	18 04
52	17 30	18 03	18 42	17 35	17 45	17 58	18 16
50	17 31	18 03	18 41	17 38	17 51	18 06	18 27
45	17 34	18 03	18 37	17 46	18 03	18 24	18 49
N 40	17 37	18 04	18 35	17 52	18 14	18 38	19 07
35	17 39	18 05	18 34	17 58	18 22	18 50	19 22
30	17 41	18 05	18 33	18 03	18 30	19 01	19 36
20	17 45	18 07	18 33	18 11	18 44	19 19	19 58
N 10	17 49	18 10	18 34	18 19	18 56	19 35	20 18
0	17 52	18 13	18 37	18 26	19 07	19 50	20 37
S 10	17 55	18 16	18 41	18 33	19 18	20 05	20 55
20	17 59	18 21	18 47	18 41	19 30	20 21	21 15
30	18 03	18 27	18 56	18 49	19 44	20 40	21 38
35	18 06	18 31	19 01	18 54	19 52	20 51	21 52
40	18 09	18 36	19 09	19 00	20 01	21 04	22 08
45	18 12	18 42	19 17	19 07	20 12	21 19	22 26
S 50	18 16	18 49	19 29	19 15	20 25	21 37	22 50
52	18 18	18 53	19 34	19 19	20 31	21 46	23 02
54	18 20	18 57	19 41	19 23	20 38	21 55	23 15
56	18 23	19 01	19 48	19 27	20 46	22 07	23 30
58	18 25	19 06	19 56	19 33	20 54	22 19	23 48
S 60	18 28	19 11	20 05	19 38	21 04	22 34	24 10

Day	SUN Eqn. of Time 00^h	SUN Eqn. of Time 12^h	SUN Mer. Pass.	MOON Mer. Pass. Upper	MOON Mer. Pass. Lower	Age	Phase
d	m s	m s	h m	h m	h m	d %	
3	10 59	11 09	11 49	12 16	24 36	01 0	●
4	11 18	11 27	11 49	12 57	00 36	02 3	
5	11 36	11 45	11 48	13 39	01 18	03 7	

© British Crown Copyright 2023. All rights reserved.

	UT	ARIES	VENUS −3·9		MARS +0·4		JUPITER −2·5		SATURN +0·7	
	d h	GHA ° ′	GHA ° ′	Dec ° ′	GHA ° ′	Dec ° ′	GHA ° ′	Dec ° ′	GHA ° ′	Dec ° ′
	6 00	15 08.9	152 05.2	S17 02.0	266 10.4	N22 56.9	294 32.7	N22 26.4	29 00.1	S 8 17.9
	01	30 11.3	167 04.7	03.0	281 11.5	56.8	309 35.1	26.4	44 02.7	17.9
	02	45 13.8	182 04.2	04.0	296 12.6	56.7	324 37.5	26.4	59 05.3	18.0
	03	60 16.2	197 03.6	. . 05.0	311 13.7	. . 56.6	339 40.0	. . 26.4	74 07.9	. . 18.0
	04	75 18.7	212 03.1	06.0	326 14.8	56.5	354 42.4	26.4	89 10.5	18.1
	05	90 21.2	227 02.5	07.0	341 15.9	56.4	9 44.8	26.4	104 13.1	18.2
	06	105 23.6	242 02.0	S17 08.0	356 17.0	N22 56.3	24 47.3	N22 26.4	119 15.7	S 8 18.2
	07	120 26.1	257 01.5	09.0	11 18.1	56.2	39 49.7	26.4	134 18.3	18.3
	08	135 28.6	272 00.9	10.0	26 19.2	56.1	54 52.2	26.4	149 20.9	18.3
S	09	150 31.0	287 00.4	. . 11.0	41 20.3	. . 56.0	69 54.6	. . 26.4	164 23.5	. . 18.4
U	10	165 33.5	301 59.9	12.0	56 21.4	55.9	84 57.0	26.4	179 26.2	18.4
N	11	180 36.0	316 59.3	13.0	71 22.5	55.8	99 59.5	26.4	194 28.8	18.5
D	12	195 38.4	331 58.8	S17 14.0	86 23.6	N22 55.7	115 01.9	N22 26.4	209 31.4	S 8 18.6
A	13	210 40.9	346 58.2	15.0	101 24.7	55.6	130 04.3	26.4	224 34.0	18.6
Y	14	225 43.3	1 57.7	16.0	116 25.8	55.5	145 06.8	26.4	239 36.6	18.7
	15	240 45.8	16 57.1	. . 17.0	131 26.9	. . 55.4	160 09.2	. . 26.4	254 39.2	. . 18.7
	16	255 48.3	31 56.6	18.0	146 28.0	55.3	175 11.7	26.4	269 41.8	18.8
	17	270 50.7	46 56.1	19.0	161 29.2	55.2	190 14.1	26.4	284 44.4	18.8
	18	285 53.2	61 55.5	S17 20.0	176 30.3	N22 55.1	205 16.5	N22 26.4	299 47.0	S 8 18.9
	19	300 55.7	76 55.0	21.0	191 31.4	55.0	220 19.0	26.4	314 49.6	18.9
	20	315 58.1	91 54.4	22.0	206 32.5	54.9	235 21.4	26.4	329 52.2	19.0
	21	331 00.6	106 53.9	. . 23.0	221 33.6	. . 54.8	250 23.9	. . 26.4	344 54.8	. . 19.1
	22	346 03.1	121 53.3	24.0	236 34.7	54.7	265 26.3	26.4	359 57.4	19.1
	23	1 05.5	136 52.8	25.0	251 35.8	54.6	280 28.8	26.4	15 00.0	19.2
	7 00	16 08.0	151 52.2	S17 25.9	266 36.9	N22 54.5	295 31.2	N22 26.4	30 02.6	S 8 19.2
	01	31 10.5	166 51.7	26.9	281 38.0	54.4	310 33.6	26.4	45 05.3	19.3
	02	46 12.9	181 51.1	27.9	296 39.1	54.3	325 36.1	26.4	60 07.9	19.3
	03	61 15.4	196 50.6	. . 28.9	311 40.2	. . 54.2	340 38.5	. . 26.4	75 10.5	. . 19.4
	04	76 17.8	211 50.0	29.9	326 41.4	54.1	355 41.0	26.4	90 13.1	19.4
	05	91 20.3	226 49.5	30.9	341 42.5	54.0	10 43.4	26.4	105 15.7	19.5
	06	106 22.8	241 48.9	S17 31.9	356 43.6	N22 53.8	25 45.9	N22 26.4	120 18.3	S 8 19.6
	07	121 25.2	256 48.4	32.8	11 44.7	53.7	40 48.3	26.4	135 20.9	19.6
	08	136 27.7	271 47.8	33.8	26 45.8	53.6	55 50.8	26.4	150 23.5	19.7
M	09	151 30.2	286 47.3	. . 34.8	41 46.9	. . 53.5	70 53.2	. . 26.4	165 26.1	. . 19.7
O	10	166 32.6	301 46.7	35.8	56 48.0	53.4	85 55.7	26.4	180 28.7	19.8
N	11	181 35.1	316 46.2	36.8	71 49.1	53.3	100 58.1	26.4	195 31.3	19.8
D	12	196 37.6	331 45.6	S17 37.8	86 50.3	N22 53.2	116 00.6	N22 26.4	210 33.9	S 8 19.9
A	13	211 40.0	346 45.1	38.7	101 51.4	53.1	131 03.0	26.4	225 36.5	19.9
Y	14	226 42.5	1 44.5	39.7	116 52.5	53.0	146 05.4	26.4	240 39.1	20.0
	15	241 45.0	16 44.0	. . 40.7	131 53.6	. . 52.9	161 07.9	. . 26.4	255 41.7	. . 20.0
	16	256 47.4	31 43.4	41.7	146 54.7	52.8	176 10.3	26.4	270 44.3	20.1
	17	271 49.9	46 42.9	42.6	161 55.8	52.7	191 12.8	26.4	285 46.9	20.2
	18	286 52.3	61 42.3	S17 43.6	176 57.0	N22 52.6	206 15.2	N22 26.4	300 49.5	S 8 20.2
	19	301 54.8	76 41.8	44.6	191 58.1	52.5	221 17.7	26.4	315 52.1	20.3
	20	316 57.3	91 41.2	45.6	206 59.2	52.4	236 20.1	26.4	330 54.7	20.3
	21	331 59.7	106 40.6	. . 46.5	222 00.3	. . 52.3	251 22.6	. . 26.4	345 57.4	. . 20.4
	22	347 02.2	121 40.1	47.5	237 01.4	52.2	266 25.0	26.4	1 00.0	20.4
	23	2 04.7	136 39.5	48.5	252 02.6	52.1	281 27.5	26.4	16 02.6	20.5
	8 00	17 07.1	151 39.0	S17 49.4	267 03.7	N22 52.0	296 30.0	N22 26.4	31 05.2	S 8 20.5
	01	32 09.6	166 38.4	50.4	282 04.8	51.8	311 32.4	26.4	46 07.8	20.6
	02	47 12.1	181 37.8	51.4	297 05.9	51.7	326 34.9	26.4	61 10.4	20.6
	03	62 14.5	196 37.3	. . 52.4	312 07.1	. . 51.6	341 37.3	. . 26.4	76 13.0	. . 20.7
	04	77 17.0	211 36.7	53.3	327 08.2	51.5	356 39.8	26.4	91 15.6	20.8
	05	92 19.4	226 36.2	54.3	342 09.3	51.4	11 42.2	26.4	106 18.2	20.8
	06	107 21.9	241 35.6	S17 55.3	357 10.4	N22 51.3	26 44.7	N22 26.4	121 20.8	S 8 20.9
	07	122 24.4	256 35.0	56.2	12 11.6	51.2	41 47.1	26.4	136 23.4	20.9
T	08	137 26.8	271 34.5	57.2	27 12.7	51.1	56 49.6	26.4	151 26.0	21.0
U	09	152 29.3	286 33.9	. . 58.1	42 13.8	. . 51.0	71 52.0	. . 26.4	166 28.6	. . 21.0
E	10	167 31.8	301 33.4	17 59.1	57 14.9	50.9	86 54.5	26.4	181 31.2	21.1
S	11	182 34.2	316 32.8	18 00.1	72 16.1	50.8	101 57.0	26.4	196 33.8	21.1
D	12	197 36.7	331 32.2	S18 01.0	87 17.2	N22 50.7	116 59.4	N22 26.4	211 36.4	S 8 21.2
A	13	212 39.2	346 31.7	02.0	102 18.3	50.6	132 01.9	26.4	226 39.0	21.2
Y	14	227 41.6	1 31.1	03.0	117 19.4	50.5	147 04.3	26.4	241 41.6	21.3
	15	242 44.1	16 30.5	. . 03.9	132 20.6	. . 50.3	162 06.8	. . 26.4	256 44.2	. . 21.3
	16	257 46.6	31 30.0	04.9	147 21.7	50.2	177 09.2	26.4	271 46.8	21.4
	17	272 49.0	46 29.4	05.8	162 22.8	50.1	192 11.7	26.4	286 49.4	21.5
	18	287 51.5	61 28.8	S18 06.8	177 24.0	N22 50.0	207 14.2	N22 26.4	301 52.0	S 8 21.5
	19	302 53.9	76 28.3	07.7	192 25.1	49.9	222 16.6	26.4	316 54.6	21.6
	20	317 56.4	91 27.7	08.7	207 26.2	49.8	237 19.1	26.4	331 57.2	21.6
	21	332 58.9	106 27.1	. . 09.6	222 27.4	. . 49.7	252 21.5	. . 26.4	346 59.8	. . 21.7
	22	348 01.3	121 26.5	10.6	237 28.5	49.6	267 24.0	26.4	2 02.4	21.7
	23	3 03.8	136 26.0	11.6	252 29.6	49.5	282 26.5	26.4	17 05.0	21.8
	Mer. Pass.	h m 22 51.7	*v* −0.6	*d* 1.0	*v* 1.1	*d* 0.1	*v* 2.4	*d* 0.0	*v* 2.6	*d* 0.1

STARS

Name	SHA ° ′	Dec ° ′
Acamar	315 11.6	S40 12.1
Achernar	335 19.7	S57 06.5
Acrux	173 01.1	S63 14.1
Adhara	255 06.0	S29 00.0
Aldebaran	290 39.7	N16 33.6
Alioth	166 13.7	N55 49.6
Alkaid	152 52.6	N49 11.5
Alnair	27 32.8	S46 50.6
Alnilam	275 37.8	S 1 11.0
Alphard	217 48.2	S 8 45.7
Alphecca	126 04.2	N26 38.0
Alpheratz	357 34.7	N29 13.8
Altair	62 00.1	N 8 56.2
Ankaa	353 06.9	S42 10.2
Antares	112 16.4	S26 29.2
Arcturus	145 48.4	N19 03.3
Atria	107 11.1	S69 04.5
Avior	234 15.1	S59 34.9
Bellatrix	278 23.0	N 6 22.5
Betelgeuse	270 52.2	N 7 24.8
Canopus	263 52.4	S52 42.1
Capella	280 22.0	N46 01.3
Deneb	49 25.8	N45 22.4
Denebola	182 25.5	N14 26.1
Diphda	348 47.2	S17 50.9
Dubhe	193 41.8	N61 37.0
Elnath	278 02.0	N28 37.7
Eltanin	90 42.4	N51 29.4
Enif	33 38.8	N 9 59.4
Fomalhaut	15 14.4	S29 29.5
Gacrux	171 52.5	S57 15.0
Gienah	175 44.2	S17 40.6
Hadar	148 37.0	S60 29.5
Hamal	327 51.1	N23 34.9
Kaus Aust.	83 32.9	S34 22.5
Kochab	137 20.7	N74 03.3
Markab	13 29.9	N15 20.5
Menkar	314 06.1	N 4 11.3
Menkent	147 58.3	S36 29.4
Miaplacidus	221 38.9	S69 48.7
Mirfak	308 28.2	N49 56.9
Nunki	75 48.1	S26 16.0
Peacock	53 05.9	S56 39.5
Pollux	243 17.7	N27 58.0
Procyon	244 51.1	N 5 09.8
Rasalhague	95 58.9	N12 32.7
Regulus	207 34.9	N11 50.9
Rigel	281 03.9	S 8 10.2
Rigil Kent.	139 41.3	S60 56.3
Sabik	102 03.2	S15 45.3
Schedar	349 30.8	N56 40.5
Shaula	96 10.8	S37 07.4
Sirius	258 26.4	S16 44.7
Spica	158 22.9	S11 17.3
Suhail	222 46.7	S43 31.6
Vega	80 33.4	N38 48.6
Zuben'ubi	136 56.6	S16 08.6

	SHA ° ′	Mer. Pass. h m
Venus	135 44.3	13 53
Mars	250 28.9	6 13
Jupiter	279 23.2	4 17
Saturn	13 54.7	21 56

© British Crown Copyright 2023. All rights reserved.

UT		SUN GHA	SUN Dec	MOON GHA	*v*	MOON Dec	*d*	HP
d	h	° ′	° ′	° ′	′	° ′	′	′
6 SUNDAY	00	182 58.5	S 5 13.4	150 29.3	13.4	S20 36.6	10.4	54.4
	01	197 58.7	14.4	165 01.7	13.3	20 47.0	10.4	54.4
	02	212 58.9	15.4	179 34.0	13.3	20 57.4	10.2	54.4
	03	227 59.0	. . 16.3	194 06.3	13.1	21 07.6	10.2	54.4
	04	242 59.2	17.3	208 38.4	13.1	21 17.8	10.1	54.5
	05	257 59.4	18.2	223 10.5	13.0	21 27.9	9.9	54.5
	06	272 59.6	S 5 19.2	237 42.5	13.0	S21 37.8	9.9	54.5
	07	287 59.8	20.1	252 14.5	12.8	21 47.7	9.9	54.5
	08	302 59.9	21.1	266 46.3	12.8	21 57.6	9.7	54.5
	09	318 00.1	. . 22.1	281 18.1	12.7	22 07.3	9.6	54.5
	10	333 00.3	23.0	295 49.8	12.5	22 16.9	9.5	54.5
	11	348 00.5	24.0	310 21.3	12.6	22 26.4	9.5	54.5
	12	3 00.7	S 5 24.9	324 52.9	12.4	S22 35.9	9.3	54.6
	13	18 00.9	25.9	339 24.3	12.3	22 45.2	9.3	54.6
	14	33 01.0	26.8	353 55.6	12.3	22 54.5	9.1	54.6
	15	48 01.2	. . 27.8	8 26.9	12.1	23 03.6	9.1	54.6
	16	63 01.4	28.8	22 58.0	12.1	23 12.7	8.9	54.6
	17	78 01.6	29.7	37 29.1	12.0	23 21.6	8.9	54.6
	18	93 01.8	S 5 30.7	52 00.1	11.9	S23 30.5	8.8	54.7
	19	108 01.9	31.6	66 31.0	11.9	23 39.3	8.6	54.7
	20	123 02.1	32.6	81 01.9	11.7	23 47.9	8.6	54.7
	21	138 02.3	. . 33.5	95 32.6	11.6	23 56.5	8.4	54.7
	22	153 02.5	34.5	110 03.2	11.6	24 04.9	8.3	54.7
	23	168 02.7	35.5	124 33.8	11.5	24 13.2	8.3	54.7
7 MONDAY	00	183 02.8	S 5 36.4	139 04.3	11.4	S24 21.5	8.1	54.8
	01	198 03.0	37.4	153 34.7	11.3	24 29.6	8.0	54.8
	02	213 03.2	38.3	168 05.0	11.2	24 37.6	7.9	54.8
	03	228 03.4	. . 39.3	182 35.2	11.2	24 45.5	7.8	54.8
	04	243 03.5	40.2	197 05.4	11.0	24 53.3	7.7	54.8
	05	258 03.7	41.2	211 35.4	11.0	25 01.0	7.6	54.8
	06	273 03.9	S 5 42.1	226 05.4	10.8	S25 08.6	7.4	54.9
	07	288 04.1	43.1	240 35.2	10.8	25 16.0	7.4	54.9
	08	303 04.3	44.1	255 05.0	10.7	25 23.4	7.2	54.9
	09	318 04.4	. . 45.0	269 34.7	10.7	25 30.6	7.1	54.9
	10	333 04.6	46.0	284 04.4	10.5	25 37.7	7.0	54.9
	11	348 04.8	46.9	298 33.9	10.5	25 44.7	6.9	55.0
	12	3 05.0	S 5 47.9	313 03.4	10.3	S25 51.6	6.7	55.0
	13	18 05.1	48.8	327 32.7	10.3	25 58.3	6.6	55.0
	14	33 05.3	49.8	342 02.0	10.2	26 04.9	6.5	55.0
	15	48 05.5	. . 50.7	356 31.2	10.1	26 11.4	6.4	55.0
	16	63 05.7	51.7	11 00.3	10.1	26 17.8	6.3	55.1
	17	78 05.8	52.6	25 29.4	9.9	26 24.1	6.1	55.1
	18	93 06.0	S 5 53.6	39 58.3	9.9	S26 30.2	6.0	55.1
	19	108 06.2	54.6	54 27.2	9.8	26 36.2	5.9	55.1
	20	123 06.4	55.5	68 56.0	9.7	26 42.1	5.7	55.1
	21	138 06.5	. . 56.5	83 24.7	9.6	26 47.8	5.7	55.2
	22	153 06.7	57.4	97 53.3	9.6	26 53.5	5.4	55.2
	23	168 06.9	58.4	112 21.9	9.4	26 58.9	5.4	55.2
8 TUESDAY	00	183 07.1	S 5 59.3	126 50.3	9.4	S27 04.3	5.2	55.2
	01	198 07.2	6 00.3	141 18.7	9.3	27 09.5	5.1	55.2
	02	213 07.4	01.2	155 47.0	9.3	27 14.6	5.0	55.3
	03	228 07.6	. . 02.2	170 15.3	9.1	27 19.6	4.8	55.3
	04	243 07.8	03.1	184 43.4	9.1	27 24.4	4.7	55.3
	05	258 07.9	04.1	199 11.5	9.0	27 29.1	4.5	55.3
	06	273 08.1	S 6 05.0	213 39.5	9.0	S27 33.6	4.4	55.4
	07	288 08.3	06.0	228 07.5	8.8	27 38.0	4.3	55.4
	08	303 08.5	06.9	242 35.3	8.8	27 42.3	4.1	55.4
	09	318 08.6	. . 07.9	257 03.1	8.7	27 46.4	4.0	55.4
	10	333 08.8	08.8	271 30.8	8.7	27 50.4	3.8	55.5
	11	348 09.0	09.8	285 58.5	8.6	27 54.2	3.7	55.5
	12	3 09.2	S 6 10.7	300 26.1	8.5	S27 57.9	3.6	55.5
	13	18 09.3	11.7	314 53.6	8.4	28 01.5	3.4	55.5
	14	33 09.5	12.6	329 21.0	8.4	28 04.9	3.3	55.6
	15	48 09.7	. . 13.6	343 48.4	8.4	28 08.2	3.1	55.6
	16	63 09.8	14.5	358 15.8	8.2	28 11.3	3.0	55.6
	17	78 10.0	15.5	12 43.0	8.2	28 14.3	2.8	55.6
	18	93 10.2	S 6 16.4	27 10.2	8.1	S28 17.1	2.6	55.7
	19	108 10.4	17.4	41 37.3	8.1	28 19.7	2.6	55.7
	20	123 10.5	18.3	56 04.4	8.0	28 22.3	2.3	55.7
	21	138 10.7	. . 19.3	70 31.4	8.0	28 24.6	2.3	55.7
	22	153 10.9	20.2	84 58.4	7.9	28 26.9	2.0	55.8
	23	168 11.0	21.2	99 25.3	7.8	S28 28.9	2.0	55.8
		SD 16.0	*d* 1.0	SD 14.9		15.0		15.1

Lat.	Twilight Naut.	Twilight Civil	Sunrise	Moonrise 6	Moonrise 7	Moonrise 8	Moonrise 9
°	h m	h m	h m	h m	h m	h m	h m
N 72	04 21	05 40	06 48	▬	▬	▬	▬
N 70	04 29	05 40	06 41	▬	▬	▬	▬
68	04 35	05 40	06 36	▬	▬	▬	▬
66	04 40	05 40	06 31	13 08	▬	▬	▬
64	04 44	05 40	06 27	12 18	▬	▬	▬
62	04 48	05 39	06 24	11 47	13 41	▬	▬
60	04 51	05 39	06 21	11 24	13 02	14 37	15 48
N 58	04 53	05 39	06 18	11 05	12 35	13 59	15 05
56	04 56	05 39	06 16	10 50	12 13	13 32	14 36
54	04 57	05 38	06 14	10 37	11 56	13 11	14 13
52	04 59	05 38	06 12	10 25	11 41	12 53	13 55
50	05 00	05 38	06 10	10 15	11 28	12 38	13 39
45	05 03	05 37	06 06	09 54	11 02	12 08	13 07
N 40	05 04	05 35	06 03	09 37	10 41	11 44	12 43
35	05 05	05 34	06 00	09 22	10 24	11 25	12 23
30	05 05	05 33	05 57	09 10	10 09	11 08	12 06
20	05 05	05 30	05 53	08 49	09 44	10 40	11 37
N 10	05 03	05 27	05 48	08 31	09 22	10 16	11 12
0	05 00	05 24	05 44	08 14	09 02	09 54	10 49
S 10	04 55	05 19	05 40	07 57	08 42	09 32	10 26
20	04 48	05 14	05 36	07 39	08 21	09 08	10 01
30	04 38	05 07	05 31	07 19	07 56	08 41	09 33
35	04 32	05 02	05 28	07 07	07 42	08 25	09 16
40	04 24	04 57	05 24	06 53	07 26	08 06	08 56
45	04 15	04 50	05 20	06 37	07 06	07 43	08 32
S 50	04 02	04 42	05 15	06 17	06 41	07 14	08 01
52	03 57	04 38	05 13	06 08	06 29	07 00	07 45
54	03 50	04 34	05 10	05 58	06 16	06 44	07 27
56	03 42	04 29	05 08	05 46	06 00	06 24	07 05
58	03 33	04 24	05 05	05 32	05 42	06 00	06 37
S 60	03 23	04 18	05 01	05 17	05 19	05 28	05 56

Lat.	Sunset	Twilight Civil	Twilight Naut.	Moonset 6	Moonset 7	Moonset 8	Moonset 9
°	h m	h m	h m	h m	h m	h m	h m
N 72	16 45	17 53	19 11	▬	▬	▬	▬
N 70	16 52	17 53	19 04	▬	▬	▬	▬
68	16 58	17 53	18 58	▬	▬	▬	▬
66	17 03	17 54	18 53	15 29	▬	▬	▬
64	17 07	17 54	18 49	16 20	▬	▬	▬
62	17 10	17 54	18 46	16 51	16 40	▬	▬
60	17 13	17 55	18 43	17 15	17 19	17 33	18 18
N 58	17 16	17 55	18 41	17 34	17 47	18 12	19 02
56	17 19	17 56	18 39	17 50	18 08	18 39	19 31
54	17 21	17 56	18 37	18 04	18 26	19 01	19 53
52	17 23	17 56	18 35	18 16	18 41	19 18	20 12
50	17 25	17 57	18 34	18 27	18 55	19 34	20 27
45	17 29	17 58	18 32	18 49	19 22	20 04	20 59
N 40	17 32	17 59	18 31	19 07	19 43	20 28	21 23
35	17 35	18 00	18 30	19 22	20 01	20 48	21 43
30	17 38	18 02	18 29	19 36	20 17	21 05	22 00
20	17 43	18 05	18 30	19 58	20 43	21 33	22 29
N 10	17 47	18 08	18 32	20 18	21 06	21 58	22 53
0	17 51	18 12	18 36	20 37	21 27	22 20	23 16
S 10	17 55	18 16	18 41	20 55	21 48	22 43	23 39
20	18 00	18 22	18 48	21 15	22 11	23 08	24 04
30	18 05	18 29	18 58	21 38	22 37	23 36	24 32
35	18 08	18 34	19 04	21 52	22 53	23 53	24 49
40	18 12	18 39	19 12	22 08	23 12	24 13	00 13
45	18 16	18 46	19 22	22 26	23 34	24 37	00 37
S 50	18 21	18 54	19 34	22 50	24 02	00 02	01 08
52	18 24	18 58	19 40	23 02	24 16	00 16	01 23
54	18 26	19 03	19 47	23 15	24 32	00 32	01 41
56	18 29	19 07	19 55	23 30	24 51	00 51	02 03
58	18 32	19 13	20 04	23 48	25 15	01 15	02 31
S 60	18 36	19 19	20 14	24 10	00 10	01 46	03 12

Day	SUN Eqn. of Time 00ʰ	SUN Eqn. of Time 12ʰ	SUN Mer. Pass.	MOON Mer. Pass. Upper	MOON Mer. Pass. Lower	Age	Phase
d	m s	m s	h m	h m	h m	d %	
6	11 54	12 02	11 48	14 25	02 02	04 12	
7	12 11	12 20	11 48	15 14	02 49	05 19	
8	12 28	12 36	11 47	16 07	03 40	06 27	

© British Crown Copyright 2023. All rights reserved.

	UT	ARIES	VENUS −3·9		MARS +0·4		JUPITER −2·5		SATURN +0·7	
		GHA	GHA	Dec	GHA	Dec	GHA	Dec	GHA	Dec
	d h	° ′	° ′	° ′	° ′	° ′	° ′	° ′	° ′	° ′
WEDNESDAY	9 00	18 06.3	151 25.4	S18 12.5	267 30.8	N22 49.4	297 28.9	N22 26.4	32 07.6	S 8 21.8
	01	33 08.7	166 24.8	13.5	282 31.9	49.3	312 31.4	26.4	47 10.2	21.9
	02	48 11.2	181 24.3	14.4	297 33.0	49.2	327 33.8	26.4	62 12.8	21.9
	03	63 13.7	196 23.7	. . 15.4	312 34.2	. . 49.0	342 36.3	. . 26.4	77 15.4	. . 22.0
	04	78 16.1	211 23.1	16.3	327 35.3	48.9	357 38.8	26.4	92 18.0	22.0
	05	93 18.6	226 22.5	17.3	342 36.4	48.8	12 41.2	26.4	107 20.6	22.1
	06	108 21.1	241 22.0	S18 18.2	357 37.6	N22 48.7	27 43.7	N22 26.4	122 23.2	S 8 22.1
	07	123 23.5	256 21.4	19.1	12 38.7	48.6	42 46.2	26.4	137 25.8	22.2
	08	138 26.0	271 20.8	20.1	27 39.9	48.5	57 48.6	26.4	152 28.4	22.2
	09	153 28.4	286 20.2	. . 21.0	42 41.0	. . 48.4	72 51.1	. . 26.4	167 31.0	. . 22.3
	10	168 30.9	301 19.7	22.0	57 42.1	48.3	87 53.6	26.4	182 33.6	22.4
	11	183 33.4	316 19.1	22.9	72 43.3	48.2	102 56.0	26.4	197 36.2	22.4
	12	198 35.8	331 18.5	S18 23.9	87 44.4	N22 48.1	117 58.5	N22 26.4	212 38.8	S 8 22.5
	13	213 38.3	346 17.9	24.8	102 45.6	48.0	133 00.9	26.4	227 41.4	22.5
	14	228 40.8	1 17.4	25.8	117 46.7	47.8	148 03.4	26.4	242 44.0	22.6
	15	243 43.2	16 16.8	. . 26.7	132 47.8	. . 47.7	163 05.9	. . 26.4	257 46.6	. . 22.6
	16	258 45.7	31 16.2	27.6	147 49.0	47.6	178 08.3	26.4	272 49.2	22.7
	17	273 48.2	46 15.6	28.6	162 50.1	47.5	193 10.8	26.4	287 51.8	22.7
	18	288 50.6	61 15.0	S18 29.5	177 51.3	N22 47.4	208 13.3	N22 26.4	302 54.4	S 8 22.8
	19	303 53.1	76 14.5	30.4	192 52.4	47.3	223 15.8	26.4	317 57.0	22.8
	20	318 55.6	91 13.9	31.4	207 53.6	47.2	238 18.2	26.4	332 59.6	22.9
	21	333 58.0	106 13.3	. . 32.3	222 54.7	. . 47.1	253 20.7	. . 26.4	348 02.2	. . 22.9
	22	349 00.5	121 12.7	33.2	237 55.8	47.0	268 23.2	26.4	3 04.8	23.0
	23	4 02.9	136 12.1	34.2	252 57.0	46.9	283 25.6	26.4	18 07.4	23.0
THURSDAY	10 00	19 05.4	151 11.6	S18 35.1	267 58.1	N22 46.7	298 28.1	N22 26.4	33 10.0	S 8 23.1
	01	34 07.9	166 11.0	36.0	282 59.3	46.6	313 30.6	26.4	48 12.6	23.1
	02	49 10.3	181 10.4	37.0	298 00.4	46.5	328 33.0	26.4	63 15.2	23.2
	03	64 12.8	196 09.8	. . 37.9	313 01.6	. . 46.4	343 35.5	. . 26.4	78 17.8	. . 23.2
	04	79 15.3	211 09.2	38.8	328 02.7	46.3	358 38.0	26.4	93 20.4	23.3
	05	94 17.7	226 08.6	39.8	343 03.9	46.2	13 40.5	26.4	108 23.0	23.3
	06	109 20.2	241 08.1	S18 40.7	358 05.0	N22 46.1	28 42.9	N22 26.4	123 25.6	S 8 23.4
	07	124 22.7	256 07.5	41.6	13 06.2	46.0	43 45.4	26.4	138 28.2	23.4
	08	139 25.1	271 06.9	42.6	28 07.3	45.9	58 47.9	26.4	153 30.8	23.5
	09	154 27.6	286 06.3	. . 43.5	43 08.5	. . 45.8	73 50.4	. . 26.4	168 33.4	. . 23.5
	10	169 30.1	301 05.7	44.4	58 09.6	45.6	88 52.8	26.4	183 36.0	23.6
	11	184 32.5	316 05.1	45.3	73 10.8	45.5	103 55.3	26.4	198 38.6	23.6
	12	199 35.0	331 04.5	S18 46.2	88 11.9	N22 45.4	118 57.8	N22 26.4	213 41.2	S 8 23.7
	13	214 37.4	346 03.9	47.2	103 13.1	45.3	134 00.3	26.4	228 43.8	23.7
	14	229 39.9	1 03.4	48.1	118 14.3	45.2	149 02.7	26.4	243 46.4	23.8
	15	244 42.4	16 02.8	. . 49.0	133 15.4	. . 45.1	164 05.2	. . 26.4	258 49.0	. . 23.9
	16	259 44.8	31 02.2	49.9	148 16.6	45.0	179 07.7	26.4	273 51.6	23.9
	17	274 47.3	46 01.6	50.9	163 17.7	44.9	194 10.2	26.4	288 54.2	24.0
	18	289 49.8	61 01.0	S18 51.8	178 18.9	N22 44.8	209 12.6	N22 26.4	303 56.7	S 8 24.0
	19	304 52.2	76 00.4	52.7	193 20.0	44.6	224 15.1	26.4	318 59.3	24.1
	20	319 54.7	90 59.8	53.6	208 21.2	44.5	239 17.6	26.4	334 01.9	24.1
	21	334 57.2	105 59.2	. . 54.5	223 22.3	. . 44.4	254 20.1	. . 26.4	349 04.5	. . 24.2
	22	349 59.6	120 58.6	55.4	238 23.5	44.3	269 22.5	26.4	4 07.1	24.2
	23	5 02.1	135 58.0	56.3	253 24.7	44.2	284 25.0	26.4	19 09.7	24.3
FRIDAY	11 00	20 04.5	150 57.4	S18 57.3	268 25.8	N22 44.1	299 27.5	N22 26.4	34 12.3	S 8 24.3
	01	35 07.0	165 56.8	58.2	283 27.0	44.0	314 30.0	26.4	49 14.9	24.4
	02	50 09.5	180 56.2	18 59.1	298 28.1	43.9	329 32.5	26.4	64 17.5	24.4
	03	65 11.9	195 55.6	19 00.0	313 29.3	. . 43.7	344 34.9	. . 26.4	79 20.1	. . 24.5
	04	80 14.4	210 55.0	00.9	328 30.5	43.6	359 37.4	26.3	94 22.7	24.5
	05	95 16.9	225 54.4	01.8	343 31.6	43.5	14 39.9	26.3	109 25.3	24.6
	06	110 19.3	240 53.8	S19 02.7	358 32.8	N22 43.4	29 42.4	N22 26.3	124 27.9	S 8 24.6
	07	125 21.8	255 53.3	03.6	13 34.0	43.3	44 44.9	26.3	139 30.5	24.7
	08	140 24.3	270 52.7	04.5	28 35.1	43.2	59 47.4	26.3	154 33.1	24.7
	09	155 26.7	285 52.1	. . 05.4	43 36.3	. . 43.1	74 49.8	. . 26.3	169 35.7	. . 24.8
	10	170 29.2	300 51.5	06.3	58 37.4	43.0	89 52.3	26.3	184 38.3	24.8
	11	185 31.7	315 50.9	07.3	73 38.6	42.8	104 54.8	26.3	199 40.9	24.9
	12	200 34.1	330 50.3	S19 08.2	88 39.8	N22 42.7	119 57.3	N22 26.3	214 43.5	S 8 24.9
	13	215 36.6	345 49.7	09.1	103 40.9	42.6	134 59.8	26.3	229 46.1	25.0
	14	230 39.0	0 49.0	10.0	118 42.1	42.5	150 02.3	26.3	244 48.6	25.0
	15	245 41.5	15 48.4	. . 10.9	133 43.3	. . 42.4	165 04.7	. . 26.3	259 51.2	. . 25.1
	16	260 44.0	30 47.8	11.8	148 44.4	42.3	180 07.2	26.3	274 53.8	25.1
	17	275 46.4	45 47.2	12.7	163 45.6	42.2	195 09.7	26.3	289 56.4	25.2
	18	290 48.9	60 46.6	S19 13.6	178 46.8	N22 42.0	210 12.2	N22 26.3	304 59.0	S 8 25.2
	19	305 51.4	75 46.0	14.5	193 48.0	41.9	225 14.7	26.3	320 01.6	25.3
	20	320 53.8	90 45.4	15.4	208 49.1	41.8	240 17.2	26.3	335 04.2	25.3
	21	335 56.3	105 44.8	. . 16.2	223 50.3	. . 41.7	255 19.7	. . 26.3	350 06.8	. . 25.4
	22	350 58.8	120 44.2	17.1	238 51.5	41.6	270 22.1	26.3	5 09.4	25.4
	23	6 01.2	135 43.6	18.0	253 52.6	41.5	285 24.6	26.3	20 12.0	25.5
	Mer. Pass.	h m 22 39.9	v −0.6	d 0.9	v 1.2	d 0.1	v 2.5	d 0.0	v 2.6	d 0.1

STARS

Name	SHA	Dec
	° ′	° ′
Acamar	315 11.5	S40 12.1
Achernar	335 19.7	S57 06.6
Acrux	173 01.1	S63 14.1
Adhara	255 06.0	S29 00.0
Aldebaran	290 39.7	N16 33.6
Alioth	166 13.7	N55 49.6
Alkaid	152 52.6	N49 11.5
Alnair	27 32.9	S46 50.6
Alnilam	275 37.8	S 1 11.0
Alphard	217 48.2	S 8 45.7
Alphecca	126 04.2	N26 38.0
Alpheratz	357 34.7	N29 13.8
Altair	62 00.1	N 8 56.2
Ankaa	353 06.9	S42 10.2
Antares	112 16.4	S26 29.2
Arcturus	145 48.4	N19 03.3
Atria	107 11.1	S69 04.5
Avior	234 15.0	S59 34.9
Bellatrix	278 23.0	N 6 22.5
Betelgeuse	270 52.2	N 7 24.8
Canopus	263 52.4	S52 42.1
Capella	280 22.0	N46 01.3
Deneb	49 25.8	N45 22.4
Denebola	182 25.5	N14 26.1
Diphda	348 47.2	S17 50.9
Dubhe	193 41.8	N61 37.0
Elnath	278 02.0	N28 37.7
Eltanin	90 42.5	N51 29.4
Enif	33 38.8	N 9 59.4
Fomalhaut	15 14.5	S29 29.5
Gacrux	171 52.5	S57 15.0
Gienah	175 44.2	S17 40.6
Hadar	148 37.0	S60 29.5
Hamal	327 51.1	N23 34.9
Kaus Aust.	83 32.9	S34 22.5
Kochab	137 20.8	N74 03.3
Markab	13 29.9	N15 20.5
Menkar	314 06.1	N 4 11.3
Menkent	147 58.3	S36 29.4
Miaplacidus	221 38.8	S69 48.7
Mirfak	308 28.2	N49 56.9
Nunki	75 48.1	S26 16.0
Peacock	53 05.9	S56 39.5
Pollux	243 17.6	N27 58.0
Procyon	244 51.1	N 5 09.8
Rasalhague	95 58.9	N12 32.7
Regulus	207 34.9	N11 50.9
Rigel	281 03.9	S 8 10.2
Rigil Kent.	139 41.3	S60 56.3
Sabik	102 03.2	S15 45.3
Schedar	349 30.8	N56 40.5
Shaula	96 10.8	S37 07.4
Sirius	258 26.4	S16 44.7
Spica	158 22.9	S11 17.3
Suhail	222 46.7	S43 31.6
Vega	80 33.5	N38 48.6
Zuben'ubi	136 56.6	S16 08.6

	SHA	Mer. Pass.
	° ′	h m
Venus	132 06.2	13 56
Mars	248 52.7	6 08
Jupiter	279 22.7	4 05
Saturn	14 04.6	21 44

© British Crown Copyright 2023. All rights reserved.

	UT (d h)	SUN GHA (° ′)	SUN Dec (° ′)	MOON GHA (° ′)	v (′)	MOON Dec (° ′)	d (′)	HP (′)
	9 00	183 11.2	S 6 22.1	113 52.1	7.8	S28 30.9	1.7	55.8
	01	198 11.4	23.1	128 18.9	7.8	28 32.6	1.6	55.8
	02	213 11.5	24.0	142 45.7	7.6	28 34.2	1.5	55.9
	03	228 11.7	. . 25.0	157 12.3	7.7	28 35.7	1.3	55.9
	04	243 11.9	25.9	171 39.0	7.6	28 37.0	1.1	55.9
	05	258 12.1	26.9	186 05.6	7.5	28 38.1	1.0	56.0
	06	273 12.2	S 6 27.8	200 32.1	7.5	S28 39.1	0.9	56.0
W	07	288 12.4	28.8	214 58.6	7.5	28 40.0	0.6	56.0
E	08	303 12.6	29.7	229 25.1	7.4	28 40.6	0.5	56.0
D	09	318 12.7	. . 30.7	243 51.5	7.4	28 41.1	0.4	56.1
N	10	333 12.9	31.6	258 17.9	7.3	28 41.5	0.2	56.1
E	11	348 13.1	32.6	272 44.2	7.3	28 41.7	0.0	56.1
S	12	3 13.2	S 6 33.5	287 10.5	7.2	S28 41.7	0.1	56.2
D	13	18 13.4	34.5	301 36.7	7.3	28 41.6	0.3	56.2
A	14	33 13.6	35.4	316 03.0	7.2	28 41.3	0.4	56.2
Y	15	48 13.7	. . 36.4	330 29.2	7.1	28 40.9	0.6	56.3
	16	63 13.9	37.3	344 55.3	7.1	28 40.3	0.8	56.3
	17	78 14.1	38.3	359 21.4	7.1	28 39.5	0.9	56.3
	18	93 14.2	S 6 39.2	13 47.5	7.1	S28 38.6	1.1	56.3
	19	108 14.4	40.1	28 13.6	7.1	28 37.5	1.3	56.4
	20	123 14.6	41.1	42 39.7	7.0	28 36.2	1.4	56.4
	21	138 14.7	. . 42.0	57 05.7	7.0	28 34.8	1.6	56.4
	22	153 14.9	43.0	71 31.7	7.0	28 33.2	1.8	56.5
	23	168 15.1	43.9	85 57.7	6.9	28 31.4	1.9	56.5
	10 00	183 15.2	S 6 44.9	100 23.6	7.0	S28 29.5	2.1	56.5
	01	198 15.4	45.8	114 49.6	6.9	28 27.4	2.2	56.6
	02	213 15.6	46.8	129 15.5	6.9	28 25.2	2.4	56.6
	03	228 15.7	. . 47.7	143 41.4	6.9	28 22.8	2.6	56.6
	04	243 15.9	48.7	158 07.3	6.9	28 20.2	2.7	56.7
	05	258 16.1	49.6	172 33.2	6.9	28 17.5	2.9	56.7
	06	273 16.2	S 6 50.5	186 59.1	6.9	S28 14.6	3.1	56.7
T	07	288 16.4	51.5	201 25.0	6.8	28 11.5	3.3	56.8
H	08	303 16.6	52.4	215 50.8	6.9	28 08.2	3.4	56.8
U	09	318 16.7	. . 53.4	230 16.7	6.9	28 04.8	3.5	56.8
R	10	333 16.9	54.3	244 42.6	6.8	28 01.3	3.8	56.9
S	11	348 17.0	55.3	259 08.4	6.9	27 57.5	3.9	56.9
D	12	3 17.2	S 6 56.2	273 34.3	6.8	S27 53.6	4.0	56.9
A	13	18 17.4	57.2	288 00.1	6.9	27 49.6	4.3	57.0
Y	14	33 17.5	58.1	302 26.0	6.9	27 45.3	4.4	57.0
	15	48 17.7	6 59.0	316 51.9	6.8	27 40.9	4.5	57.0
	16	63 17.9	7 00.0	331 17.7	6.9	27 36.4	4.8	57.1
	17	78 18.0	00.9	345 43.6	6.9	27 31.6	4.9	57.1
	18	93 18.2	S 7 01.9	0 09.5	6.9	S27 26.7	5.0	57.1
	19	108 18.3	02.8	14 35.4	6.9	27 21.7	5.3	57.2
	20	123 18.5	03.8	29 01.3	6.9	27 16.4	5.4	57.2
	21	138 18.7	. . 04.7	43 27.2	7.0	27 11.0	5.5	57.2
	22	153 18.8	05.6	57 53.2	6.9	27 05.5	5.7	57.3
	23	168 19.0	06.6	72 19.1	7.0	26 59.8	5.9	57.3
	11 00	183 19.1	S 7 07.5	86 45.1	7.0	S26 53.9	6.1	57.4
	01	198 19.3	08.5	101 11.1	7.0	26 47.8	6.2	57.4
	02	213 19.5	09.4	115 37.1	7.0	26 41.6	6.4	57.4
	03	228 19.6	. . 10.3	130 03.1	7.1	26 35.2	6.5	57.5
	04	243 19.8	11.3	144 29.2	7.0	26 28.7	6.7	57.5
	05	258 19.9	12.2	158 55.2	7.1	26 22.0	6.9	57.5
	06	273 20.1	S 7 13.2	173 21.3	7.2	S26 15.1	7.0	57.6
	07	288 20.3	14.1	187 47.5	7.1	26 08.1	7.2	57.6
	08	303 20.4	15.0	202 13.6	7.2	26 00.9	7.3	57.6
F	09	318 20.6	. . 16.0	216 39.8	7.2	25 53.6	7.5	57.7
R	10	333 20.7	16.9	231 06.0	7.2	25 46.1	7.7	57.7
I	11	348 20.9	17.9	245 32.2	7.3	25 38.4	7.8	57.8
D	12	3 21.1	S 7 18.8	259 58.5	7.3	S25 30.6	8.0	57.8
A	13	18 21.2	19.7	274 24.8	7.3	25 22.6	8.1	57.8
Y	14	33 21.4	20.7	288 51.1	7.4	25 14.5	8.3	57.9
	15	48 21.5	. . 21.6	303 17.5	7.4	25 06.2	8.5	57.9
	16	63 21.7	22.6	317 43.9	7.4	24 57.7	8.6	57.9
	17	78 21.8	23.5	332 10.3	7.5	24 49.1	8.8	58.0
	18	93 22.0	S 7 24.4	346 36.8	7.5	S24 40.3	8.9	58.0
	19	108 22.2	25.4	1 03.3	7.6	24 31.4	9.1	58.1
	20	123 22.3	26.3	15 29.9	7.6	24 22.3	9.2	58.1
	21	138 22.5	. . 27.3	29 56.5	7.6	24 13.1	9.4	58.1
	22	153 22.6	28.2	44 23.1	7.6	24 03.7	9.5	58.2
	23	168 22.8	29.1	58 49.7	7.8	S23 54.2	9.7	58.2
		SD 16.0	d 0.9	SD	15.3	15.5		15.7

Lat. (°)	Twilight Naut. (h m)	Twilight Civil (h m)	Sunrise (h m)	Moonrise 9 (h m)	Moonrise 10 (h m)	Moonrise 11 (h m)	Moonrise 12 (h m)
N 72	04 35	05 53	07 02	■	■	■	■
N 70	04 41	05 52	06 54	■	■	■	■
68	04 46	05 51	06 47	■	■	■	18 18
66	04 50	05 49	06 41	■	■	■	17 37
64	04 53	05 48	06 36	■	■	17 40	17 08
62	04 56	05 47	06 32	■	17 17	16 56	16 46
60	04 58	05 46	06 28	15 48	16 17	16 26	16 29
N 58	05 00	05 45	06 25	15 05	15 44	16 03	16 14
56	05 01	05 45	06 22	14 36	15 19	15 45	16 01
54	05 03	05 44	06 19	14 13	14 59	15 29	15 49
52	05 04	05 43	06 17	13 55	14 42	15 16	15 39
50	05 05	05 42	06 15	13 39	14 28	15 04	15 31
45	05 06	05 40	06 10	13 07	13 58	14 39	15 11
N 40	05 07	05 38	06 06	12 43	13 35	14 19	14 56
35	05 07	05 37	06 02	12 23	13 16	14 03	14 43
30	05 07	05 35	05 59	12 06	13 00	13 48	14 31
20	05 06	05 31	05 53	11 37	12 32	13 24	14 11
N 10	05 03	05 27	05 48	11 12	12 08	13 02	13 54
0	04 59	05 23	05 44	10 49	11 46	12 42	13 37
S 10	04 53	05 18	05 39	10 26	11 23	12 22	13 21
20	04 45	05 11	05 33	10 01	10 59	12 01	13 03
30	04 35	05 03	05 27	09 33	10 32	11 36	12 43
35	04 28	04 58	05 24	09 16	10 15	11 21	12 31
40	04 19	04 52	05 19	08 56	09 56	11 04	12 17
45	04 09	04 45	05 15	08 32	09 32	10 43	12 01
S 50	03 55	04 36	05 09	08 01	09 02	10 17	11 41
52	03 49	04 31	05 06	07 45	08 47	10 04	11 31
54	03 41	04 27	05 03	07 27	08 30	09 50	11 20
56	03 33	04 21	05 00	07 05	08 09	09 33	11 07
58	03 23	04 15	04 56	06 37	07 42	09 12	10 53
S 60	03 12	04 08	04 52	05 56	07 05	08 46	10 36

Lat. (°)	Sunset (h m)	Twilight Civil (h m)	Twilight Naut. (h m)	Moonset 9 (h m)	Moonset 10 (h m)	Moonset 11 (h m)	Moonset 12 (h m)
N 72	16 30	17 38	18 56	■	■	■	■
N 70	16 38	17 40	18 50	■	■	■	■
68	16 45	17 41	18 46	■	■	■	21 42
66	16 51	17 43	18 42	■	■	■	22 22
64	16 56	17 44	18 39	■	■	20 24	22 50
62	17 01	17 45	18 36	■	18 48	21 07	23 11
60	17 04	17 46	18 34	18 18	19 47	21 36	23 27
N 58	17 08	17 47	18 32	19 02	20 21	21 58	23 42
56	17 11	17 48	18 31	19 31	20 45	22 16	23 54
54	17 14	17 49	18 30	19 53	21 05	22 31	24 04
52	17 16	17 50	18 29	20 12	21 22	22 44	24 13
50	17 18	17 51	18 28	20 27	21 36	22 56	24 22
45	17 23	17 53	18 27	20 59	22 05	23 19	24 39
N 40	17 27	17 55	18 26	21 23	22 27	23 38	24 53
35	17 31	17 56	18 26	21 43	22 46	23 54	25 05
30	17 34	17 58	18 26	22 00	23 02	24 08	00 08
20	17 40	18 02	18 28	22 29	23 29	24 31	00 31
N 10	17 45	18 06	18 31	22 53	23 52	24 50	00 50
0	17 50	18 11	18 35	23 16	24 13	00 13	01 09
S 10	17 55	18 16	18 41	23 39	24 34	00 34	01 27
20	18 01	18 23	18 49	24 04	00 04	00 57	01 47
30	18 07	18 31	19 00	24 32	00 32	01 23	02 09
35	18 11	18 36	19 07	24 49	00 49	01 39	02 22
40	18 15	18 43	19 15	00 13	01 08	01 56	02 37
45	18 20	18 50	19 26	00 37	01 32	02 18	02 54
S 50	18 26	18 59	19 40	01 08	02 03	02 45	03 16
52	18 29	19 04	19 46	01 23	02 18	02 58	03 26
54	18 32	19 09	19 54	01 41	02 35	03 13	03 38
56	18 35	19 14	20 03	02 03	02 56	03 30	03 51
58	18 39	19 20	20 12	02 31	03 23	03 52	04 06
S 60	18 43	19 27	20 24	03 12	04 01	04 18	04 24

Day	SUN Eqn. of Time 00^h	SUN Eqn. of Time 12^h	SUN Mer. Pass.	MOON Mer. Pass. Upper	MOON Mer. Pass. Lower	MOON Age	MOON Phase
d	m s	m s	h m	h m	h m	d %	
9	12 44	12 53	11 47	17 03	04 35	07 37	
10	13 01	13 08	11 47	17 59	05 31	08 47	◐
11	13 16	13 24	11 47	18 56	06 28	09 58	

© British Crown Copyright 2023. All rights reserved.

UT		ARIES	VENUS −3·9		MARS +0·3		JUPITER −2·6		SATURN +0·7	
		GHA	GHA	Dec	GHA	Dec	GHA	Dec	GHA	Dec
d h		° ′	° ′	° ′	° ′	° ′	° ′	° ′	° ′	° ′
12 00		21 03.7	150 43.0	S19 18.9	268 53.8	N22 41.4	300 27.1	N22 26.3	35 14.6	S 8 25.5
01		36 06.2	165 42.4	19.8	283 55.0	41.3	315 29.6	26.3	50 17.2	25.6
02		51 08.6	180 41.8	20.7	298 56.2	41.1	330 32.1	26.3	65 19.8	25.6
03		66 11.1	195 41.2	. . 21.6	313 57.3	. . 41.0	345 34.6	. . 26.3	80 22.4	. . 25.6
04		81 13.5	210 40.6	22.5	328 58.5	40.9	0 37.1	26.3	95 25.0	25.7
05		96 16.0	225 40.0	23.4	343 59.7	40.8	15 39.6	26.3	110 27.5	25.7
06		111 18.5	240 39.4	S19 24.3	359 00.9	N22 40.7	30 42.1	N22 26.3	125 30.1	S 8 25.8
07		126 20.9	255 38.7	25.2	14 02.0	40.6	45 44.6	26.3	140 32.7	25.8
08	S	141 23.4	270 38.1	26.0	29 03.2	40.5	60 47.0	26.3	155 35.3	25.9
09	A	156 25.9	285 37.5	. . 26.9	44 04.4	. . 40.3	75 49.5	. . 26.3	170 37.9	. . 25.9
10	T	171 28.3	300 36.9	27.8	59 05.6	40.2	90 52.0	26.3	185 40.5	26.0
11	U	186 30.8	315 36.3	28.7	74 06.8	40.1	105 54.5	26.3	200 43.1	26.0
12	R	201 33.3	330 35.7	S19 29.6	89 07.9	N22 40.0	120 57.0	N22 26.3	215 45.7	S 8 26.1
13	D	216 35.7	345 35.1	30.5	104 09.1	39.9	135 59.5	26.3	230 48.3	26.1
14	A	231 38.2	0 34.5	31.3	119 10.3	39.8	151 02.0	26.3	245 50.9	26.2
15	Y	246 40.7	15 33.8	. . 32.2	134 11.5	. . 39.7	166 04.5	. . 26.3	260 53.5	. . 26.2
16		261 43.1	30 33.2	33.1	149 12.7	39.5	181 07.0	26.3	275 56.0	26.3
17		276 45.6	45 32.6	34.0	164 13.8	39.4	196 09.5	26.3	290 58.6	26.3
18		291 48.0	60 32.0	S19 34.9	179 15.0	N22 39.3	211 12.0	N22 26.3	306 01.2	S 8 26.4
19		306 50.5	75 31.4	35.7	194 16.2	39.2	226 14.5	26.3	321 03.8	26.4
20		321 53.0	90 30.8	36.6	209 17.4	39.1	241 17.0	26.3	336 06.4	26.5
21		336 55.4	105 30.2	. . 37.5	224 18.6	. . 39.0	256 19.5	. . 26.3	351 09.0	. . 26.5
22		351 57.9	120 29.5	38.4	239 19.8	38.8	271 22.0	26.3	6 11.6	26.6
23		7 00.4	135 28.9	39.2	254 20.9	38.7	286 24.5	26.3	21 14.2	26.6
13 00		22 02.8	150 28.3	S19 40.1	269 22.1	N22 38.6	301 27.0	N22 26.3	36 16.8	S 8 26.7
01		37 05.3	165 27.7	41.0	284 23.3	38.5	316 29.5	26.3	51 19.4	26.7
02		52 07.8	180 27.1	41.9	299 24.5	38.4	331 32.0	26.3	66 22.0	26.8
03		67 10.2	195 26.4	. . 42.7	314 25.7	. . 38.3	346 34.5	. . 26.3	81 24.5	. . 26.8
04		82 12.7	210 25.8	43.6	329 26.9	38.2	1 36.9	26.2	96 27.1	26.9
05		97 15.1	225 25.2	44.5	344 28.1	38.0	16 39.4	26.2	111 29.7	26.9
06		112 17.6	240 24.6	S19 45.3	359 29.2	N22 37.9	31 41.9	N22 26.2	126 32.3	S 8 26.9
07		127 20.1	255 24.0	46.2	14 30.4	37.8	46 44.4	26.2	141 34.9	27.0
08		142 22.5	270 23.3	47.1	29 31.6	37.7	61 46.9	26.2	156 37.5	27.0
09	S	157 25.0	285 22.7	. . 47.9	44 32.8	. . 37.6	76 49.5	. . 26.2	171 40.1	. . 27.1
10	U	172 27.5	300 22.1	48.8	59 34.0	37.5	91 52.0	26.2	186 42.7	27.1
11	N	187 29.9	315 21.5	49.7	74 35.2	37.3	106 54.5	26.2	201 45.3	27.2
12	D	202 32.4	330 20.8	S19 50.5	89 36.4	N22 37.2	121 57.0	N22 26.2	216 47.8	S 8 27.2
13	A	217 34.9	345 20.2	51.4	104 37.6	37.1	136 59.5	26.2	231 50.4	27.3
14	Y	232 37.3	0 19.6	52.2	119 38.8	37.0	152 02.0	26.2	246 53.0	27.3
15		247 39.8	15 19.0	. . 53.1	134 40.0	. . 36.9	167 04.5	. . 26.2	261 55.6	. . 27.4
16		262 42.3	30 18.3	54.0	149 41.2	36.8	182 07.0	26.2	276 58.2	27.4
17		277 44.7	45 17.7	54.8	164 42.4	36.6	197 09.5	26.2	292 00.8	27.5
18		292 47.2	60 17.1	S19 55.7	179 43.6	N22 36.5	212 12.0	N22 26.2	307 03.4	S 8 27.5
19		307 49.6	75 16.5	56.5	194 44.8	36.4	227 14.5	26.2	322 06.0	27.6
20		322 52.1	90 15.8	57.4	209 46.0	36.3	242 17.0	26.2	337 08.5	27.6
21		337 54.6	105 15.2	. . 58.2	224 47.2	. . 36.2	257 19.5	. . 26.2	352 11.1	. . 27.7
22		352 57.0	120 14.6	59.1	239 48.4	36.1	272 22.0	26.2	7 13.7	27.7
23		7 59.5	135 13.9	19 59.9	254 49.5	35.9	287 24.5	26.2	22 16.3	27.7
14 00		23 02.0	150 13.3	S20 00.8	269 50.7	N22 35.8	302 27.0	N22 26.2	37 18.9	S 8 27.8
01		38 04.4	165 12.7	01.6	284 51.9	35.7	317 29.5	26.2	52 21.5	27.8
02		53 06.9	180 12.0	02.5	299 53.1	35.6	332 32.0	26.2	67 24.1	27.9
03		68 09.4	195 11.4	. . 03.3	314 54.3	. . 35.5	347 34.5	. . 26.2	82 26.7	. . 27.9
04		83 11.8	210 10.8	04.2	329 55.6	35.4	2 37.0	26.2	97 29.2	28.0
05		98 14.3	225 10.1	05.0	344 56.8	35.2	17 39.5	26.2	112 31.8	28.0
06		113 16.8	240 09.5	S20 05.9	359 58.0	N22 35.1	32 42.1	N22 26.2	127 34.4	S 8 28.1
07		128 19.2	255 08.9	06.7	14 59.2	35.0	47 44.6	26.2	142 37.0	28.1
08		143 21.7	270 08.2	07.6	30 00.4	34.9	62 47.1	26.2	157 39.6	28.2
09	M	158 24.1	285 07.6	. . 08.4	45 01.6	. . 34.8	77 49.6	. . 26.2	172 42.2	. . 28.2
10	O	173 26.6	300 07.0	09.3	60 02.8	34.7	92 52.1	26.2	187 44.8	28.3
11	N	188 29.1	315 06.3	10.1	75 04.0	34.5	107 54.6	26.2	202 47.3	28.3
12	D	203 31.5	330 05.7	S20 10.9	90 05.2	N22 34.4	122 57.1	N22 26.2	217 49.9	S 8 28.3
13	A	218 34.0	345 05.1	11.8	105 06.4	34.3	137 59.6	26.2	232 52.5	28.4
14	Y	233 36.5	0 04.4	12.6	120 07.6	34.2	153 02.1	26.1	247 55.1	28.4
15		248 38.9	15 03.8	. . 13.5	135 08.8	. . 34.1	168 04.7	. . 26.1	262 57.7	. . 28.5
16		263 41.4	30 03.1	14.3	150 10.0	34.0	183 07.2	26.1	278 00.3	28.5
17		278 43.9	45 02.5	15.1	165 11.2	33.8	198 09.7	26.1	293 02.8	28.6
18		293 46.3	60 01.9	S20 16.0	180 12.4	N22 33.7	213 12.2	N22 26.1	308 05.4	S 8 28.6
19		308 48.8	75 01.2	16.8	195 13.6	33.6	228 14.7	26.1	323 08.0	28.7
20		323 51.2	90 00.6	17.6	210 14.9	33.5	243 17.2	26.1	338 10.6	28.7
21		338 53.7	104 59.9	. . 18.5	225 16.1	. . 33.4	258 19.7	. . 26.1	353 13.2	. . 28.8
22		353 56.2	119 59.3	19.3	240 17.3	33.3	273 22.2	26.1	8 15.8	28.8
23		8 58.6	134 58.7	20.1	255 18.5	33.1	288 24.8	26.1	23 18.4	28.8
Mer. Pass.		h m 22 28.1	v −0.6	d 0.9	v 1.2	d 0.1	v 2.5	d 0.0	v 2.6	d 0.0

STARS

Name	SHA	Dec
	° ′	° ′
Acamar	315 11.5	S40 12.1
Achernar	335 19.7	S57 06.6
Acrux	173 01.0	S63 14.0
Adhara	255 06.0	S29 00.0
Aldebaran	290 39.6	N16 33.6
Alioth	166 13.7	N55 49.5
Alkaid	152 52.6	N49 11.5
Alnair	27 32.9	S46 50.6
Alnilam	275 37.8	S 1 11.0
Alphard	217 48.1	S 8 45.8
Alphecca	126 04.2	N26 38.0
Alpheratz	357 34.7	N29 13.8
Altair	62 00.1	N 8 56.2
Ankaa	353 06.9	S42 10.2
Antares	112 16.4	S26 29.2
Arcturus	145 48.4	N19 03.3
Atria	107 11.1	S69 04.5
Avior	234 15.0	S59 34.9
Bellatrix	278 22.9	N 6 22.5
Betelgeuse	270 52.2	N 7 24.8
Canopus	263 52.3	S52 42.1
Capella	280 22.0	N46 01.3
Deneb	49 25.8	N45 22.4
Denebola	182 25.5	N14 26.1
Diphda	348 47.2	S17 50.9
Dubhe	193 41.8	N61 37.0
Elnath	278 02.0	N28 37.7
Eltanin	90 42.5	N51 29.4
Enif	33 38.8	N 9 59.4
Fomalhaut	15 14.5	S29 29.5
Gacrux	171 52.5	S57 15.0
Gienah	175 44.1	S17 40.6
Hadar	148 37.0	S60 29.5
Hamal	327 51.1	N23 34.9
Kaus Aust.	83 32.9	S34 22.5
Kochab	137 20.8	N74 03.3
Markab	13 29.9	N15 20.5
Menkar	314 06.1	N 4 11.3
Menkent	147 58.3	S36 29.4
Miaplacidus	221 38.8	S69 48.7
Mirfak	308 28.2	N49 56.9
Nunki	75 48.1	S26 16.0
Peacock	53 05.9	S56 39.5
Pollux	243 17.6	N27 58.0
Procyon	244 51.1	N 5 09.8
Rasalhague	95 58.9	N12 32.7
Regulus	207 34.9	N11 50.9
Rigel	281 03.9	S 8 10.2
Rigil Kent.	139 41.3	S60 56.2
Sabik	102 03.2	S15 45.3
Schedar	349 30.8	N56 40.5
Shaula	96 10.9	S37 07.4
Sirius	258 26.4	S16 44.7
Spica	158 22.9	S11 17.3
Suhail	222 46.7	S43 31.6
Vega	80 33.5	N38 48.6
Zuben'ubi	136 56.6	S16 08.6

	SHA	Mer. Pass.
	° ′	h m
Venus	128 25.5	13 59
Mars	247 19.3	6 02
Jupiter	279 24.1	3 54
Saturn	14 13.9	21 31

© British Crown Copyright 2023. All rights reserved.

UT d h	SUN GHA ° ′	SUN Dec ° ′	MOON GHA ° ′	MOON v ′	MOON Dec ° ′	MOON d ′	MOON HP ′
12 00	183 22.9	S 7 30.1	73 16.5	7.7	S23 44.5	9.8	58.2
01	198 23.1	31.0	87 43.2	7.8	23 34.7	10.0	58.3
02	213 23.3	31.9	102 10.0	7.8	23 24.7	10.1	58.3
03	228 23.4	. . 32.9	116 36.8	7.9	23 14.6	10.3	58.4
04	243 23.6	33.8	131 03.7	7.9	23 04.3	10.4	58.4
05	258 23.7	34.7	145 30.6	8.0	22 53.9	10.6	58.4
06	273 23.9	S 7 35.7	159 57.6	8.0	S22 43.3	10.7	58.5
07	288 24.0	36.6	174 24.6	8.0	22 32.6	10.9	58.5
S 08	303 24.2	37.6	188 51.6	8.1	22 21.7	11.0	58.5
A 09	318 24.3	. . 38.5	203 18.7	8.2	22 10.7	11.1	58.6
T 10	333 24.5	39.4	217 45.9	8.1	21 59.6	11.3	58.6
U 11	348 24.6	40.4	232 13.0	8.3	21 48.3	11.4	58.7
R 12	3 24.8	S 7 41.3	246 40.3	8.2	S21 36.9	11.6	58.7
D 13	18 24.9	42.2	261 07.5	8.4	21 25.3	11.7	58.7
A 14	33 25.1	43.2	275 34.9	8.3	21 13.6	11.8	58.8
Y 15	48 25.3	. . 44.1	290 02.2	8.4	21 01.8	12.0	58.8
16	63 25.4	45.0	304 29.6	8.5	20 49.8	12.1	58.9
17	78 25.6	46.0	318 57.1	8.5	20 37.7	12.2	58.9
18	93 25.7	S 7 46.9	333 24.6	8.6	S20 25.5	12.4	58.9
19	108 25.9	47.8	347 52.2	8.6	20 13.1	12.5	59.0
20	123 26.0	48.8	2 19.8	8.6	20 00.6	12.7	59.0
21	138 26.2	. . 49.7	16 47.4	8.7	19 47.9	12.7	59.0
22	153 26.3	50.6	31 15.1	8.7	19 35.2	12.9	59.1
23	168 26.5	51.6	45 42.8	8.8	19 22.3	13.0	59.1
13 00	183 26.6	S 7 52.5	60 10.6	8.8	S19 09.3	13.2	59.2
01	198 26.8	53.4	74 38.4	8.9	18 56.1	13.3	59.2
02	213 26.9	54.4	89 06.3	8.9	18 42.8	13.3	59.2
03	228 27.1	. . 55.3	103 34.2	9.0	18 29.5	13.6	59.3
04	243 27.2	56.2	118 02.2	9.0	18 15.9	13.6	59.3
05	258 27.4	57.2	132 30.2	9.0	18 02.3	13.8	59.3
06	273 27.5	S 7 58.1	146 58.2	9.1	S17 48.5	13.8	59.4
07	288 27.7	7 59.0	161 26.3	9.2	17 34.7	14.0	59.4
08	303 27.8	8 00.0	175 54.5	9.2	17 20.7	14.1	59.5
S 09	318 28.0	. . 00.9	190 22.7	9.2	17 06.6	14.2	59.5
U 10	333 28.1	01.8	204 50.9	9.2	16 52.4	14.4	59.5
N 11	348 28.3	02.8	219 19.1	9.3	16 38.0	14.4	59.6
D 12	3 28.4	S 8 03.7	233 47.4	9.4	S16 23.6	14.6	59.6
A 13	18 28.5	04.6	248 15.8	9.4	16 09.0	14.6	59.6
Y 14	33 28.7	05.5	262 44.2	9.4	15 54.4	14.8	59.7
15	48 28.8	. . 06.5	277 12.6	9.5	15 39.6	14.9	59.7
16	63 29.0	07.4	291 41.1	9.5	15 24.7	15.0	59.7
17	78 29.1	08.3	306 09.6	9.5	15 09.7	15.1	59.8
18	93 29.3	S 8 09.3	320 38.1	9.6	S14 54.6	15.2	59.8
19	108 29.4	10.2	335 06.7	9.6	14 39.4	15.2	59.8
20	123 29.6	11.1	349 35.3	9.7	14 24.2	15.4	59.9
21	138 29.7	. . 12.0	4 04.0	9.7	14 08.8	15.5	59.9
22	153 29.9	13.0	18 32.7	9.7	13 53.3	15.6	59.9
23	168 30.0	13.9	33 01.4	9.8	13 37.7	15.7	60.0
14 00	183 30.2	S 8 14.8	47 30.2	9.8	S13 22.0	15.7	60.0
01	198 30.3	15.8	61 59.0	9.8	13 06.3	15.9	60.0
02	213 30.4	16.7	76 27.8	9.9	12 50.4	15.9	60.1
03	228 30.6	. . 17.6	90 56.7	9.8	12 34.5	16.1	60.1
04	243 30.7	18.5	105 25.5	10.0	12 18.4	16.1	60.1
05	258 30.9	19.5	119 54.5	9.9	12 02.3	16.2	60.2
06	273 31.0	S 8 20.4	134 23.4	10.0	S11 46.1	16.3	60.2
07	288 31.2	21.3	148 52.4	10.0	11 29.8	16.4	60.2
08	303 31.3	22.3	163 21.4	10.0	11 13.4	16.4	60.3
M 09	318 31.5	. . 23.2	177 50.4	10.1	10 57.0	16.6	60.3
O 10	333 31.6	24.1	192 19.5	10.0	10 40.4	16.6	60.3
N 11	348 31.7	25.0	206 48.5	10.2	10 23.8	16.6	60.4
D 12	3 31.9	S 8 26.0	221 17.7	10.1	S10 07.2	16.8	60.4
A 13	18 32.0	26.9	235 46.8	10.1	9 50.4	16.8	60.4
Y 14	33 32.2	27.8	250 15.9	10.2	9 33.6	16.9	60.5
15	48 32.3	. . 28.7	264 45.1	10.2	9 16.7	17.0	60.5
16	63 32.4	29.7	279 14.3	10.2	8 59.7	17.0	60.5
17	78 32.6	30.6	293 43.5	10.2	8 42.7	17.1	60.5
18	93 32.7	S 8 31.5	308 12.7	10.2	S 8 25.6	17.2	60.6
19	108 32.9	32.4	322 41.9	10.3	8 08.4	17.2	60.6
20	123 33.0	33.4	337 11.2	10.2	7 51.2	17.3	60.6
21	138 33.2	. . 34.3	351 40.4	10.3	7 33.9	17.4	60.7
22	153 33.3	35.2	6 09.7	10.3	7 16.5	17.4	60.7
23	168 33.4	36.1	20 39.0	10.3	S 6 59.1	17.4	60.7
	SD 16.1	*d* 0.9	SD		16.0	16.2	16.5

Lat. °	Twilight Naut. h m	Twilight Civil h m	Sunrise h m	Moonrise 12 h m	Moonrise 13 h m	Moonrise 14 h m	Moonrise 15 h m
N 72	04 48	06 07	07 17	■	18 20	17 20	16 37
N 70	04 53	06 04	07 06	■	17 49	17 07	16 35
68	04 57	06 01	06 58	18 18	17 26	16 56	16 33
66	04 59	05 59	06 51	17 37	17 07	16 48	16 31
64	05 02	05 57	06 45	17 08	16 52	16 40	16 30
62	05 04	05 55	06 40	16 46	16 40	16 34	16 28
60	05 05	05 53	06 35	16 29	16 29	16 28	16 27
N 58	05 06	05 52	06 32	16 14	16 19	16 23	16 26
56	05 07	05 50	06 28	16 01	16 11	16 19	16 25
54	05 08	05 49	06 25	15 49	16 04	16 15	16 24
52	05 09	05 48	06 22	15 39	15 57	16 11	16 23
50	05 09	05 47	06 19	15 31	15 51	16 08	16 23
45	05 10	05 44	06 14	15 11	15 38	16 00	16 21
N 40	05 10	05 41	06 09	14 56	15 27	15 54	16 20
35	05 10	05 39	06 05	14 43	15 18	15 49	16 19
30	05 09	05 37	06 01	14 31	15 09	15 44	16 18
20	05 06	05 32	05 54	14 11	14 55	15 36	16 16
N 10	05 03	05 27	05 48	13 54	14 43	15 29	16 15
0	04 58	05 22	05 43	13 37	14 31	15 22	16 13
S 10	04 51	05 16	05 37	13 21	14 19	15 16	16 12
20	04 43	05 09	05 31	13 03	14 06	15 08	16 11
30	04 31	04 59	05 24	12 43	13 52	15 00	16 09
35	04 23	04 54	05 20	12 31	13 43	14 55	16 08
40	04 14	04 47	05 15	12 17	13 33	14 50	16 07
45	04 03	04 39	05 09	12 01	13 22	14 43	16 06
S 50	03 48	04 29	05 03	11 41	13 08	14 36	16 04
52	03 41	04 24	04 59	11 31	13 01	14 32	16 04
54	03 33	04 19	04 56	11 20	12 54	14 28	16 03
56	03 24	04 13	04 52	11 07	12 46	14 24	16 02
58	03 13	04 06	04 48	10 53	12 36	14 19	16 01
S 60	03 01	03 59	04 43	10 36	12 26	14 13	16 00

Lat. °	Sunset h m	Twilight Civil h m	Twilight Naut. h m	Moonset 12 h m	Moonset 13 h m	Moonset 14 h m	Moonset 15 h m
N 72	16 14	17 23	18 41	■	23 36	26 27	02 27
N 70	16 24	17 27	18 37	■	■	00 05	02 36
68	16 33	17 29	18 34	21 42	24 26	00 26	02 44
66	16 40	17 32	18 31	22 22	24 43	00 43	02 50
64	16 46	17 34	18 29	22 50	24 56	00 56	02 55
62	16 51	17 36	18 27	23 11	25 07	01 07	03 00
60	16 56	17 38	18 26	23 27	25 17	01 17	03 04
N 58	17 00	17 39	18 24	23 42	25 25	01 25	03 07
56	17 03	17 41	18 24	23 54	25 32	01 32	03 10
54	17 06	17 42	18 23	24 04	00 04	01 39	03 13
52	17 09	17 43	18 22	24 13	00 13	01 44	03 15
50	17 12	17 45	18 22	24 22	00 22	01 49	03 18
45	17 18	17 47	18 21	24 39	00 39	02 01	03 22
N 40	17 23	17 50	18 21	24 53	00 53	02 10	03 26
35	17 27	17 53	18 22	25 05	01 05	02 17	03 30
30	17 31	17 55	18 23	00 08	01 16	02 24	03 33
20	17 38	18 00	18 26	00 31	01 33	02 36	03 38
N 10	17 44	18 05	18 29	00 50	01 49	02 46	03 42
0	17 49	18 10	18 35	01 09	02 03	02 55	03 46
S 10	17 55	18 17	18 41	01 27	02 17	03 05	03 51
20	18 02	18 24	18 50	01 47	02 32	03 15	03 55
30	18 09	18 33	19 02	02 09	02 49	03 26	04 00
35	18 13	18 39	19 10	02 22	02 59	03 32	04 02
40	18 18	18 46	19 19	02 37	03 10	03 39	04 05
45	18 24	18 54	19 31	02 54	03 23	03 48	04 09
S 50	18 31	19 04	19 46	03 16	03 39	03 57	04 13
52	18 34	19 09	19 53	03 26	03 46	04 02	04 15
54	18 37	19 15	20 01	03 38	03 55	04 07	04 17
56	18 41	19 21	20 10	03 51	04 04	04 13	04 19
58	18 46	19 28	20 21	04 06	04 14	04 19	04 22
S 60	18 51	19 36	20 34	04 24	04 26	04 26	04 25

Day	SUN Eqn. of Time 00ʰ m s	SUN Eqn. of Time 12ʰ m s	SUN Mer. Pass. h m	MOON Mer. Pass. Upper h m	MOON Mer. Pass. Lower h m	MOON Age d	MOON Phase %
12	13 31	13 39	11 46	19 50	07 23	10	68
13	13 46	13 53	11 46	20 43	08 17	11	78
14	14 00	14 07	11 46	21 34	09 09	12	87

© British Crown Copyright 2023. All rights reserved.

2024 OCTOBER 15, 16, 17 (TUES., WED., THURS.)

UT	ARIES	VENUS −4·0		MARS +0·3		JUPITER −2·6		SATURN +0·7	
d h	GHA ° ′	GHA ° ′	Dec ° ′	GHA ° ′	Dec ° ′	GHA ° ′	Dec ° ′	GHA ° ′	Dec ° ′
15 00	24 01.1	149 58.0	S20 21.0	270 19.7	N22 33.0	303 27.3	N22 26.1	38 20.9	S 8 28.9
01	39 03.6	164 57.4	21.8	285 20.9	32.9	318 29.8	26.1	53 23.5	28.9
02	54 06.0	179 56.7	22.6	300 22.1	32.8	333 32.3	26.1	68 26.1	29.0
03	69 08.5	194 56.1	. . 23.4	315 23.3	. . 32.7	348 34.8	. . 26.1	83 28.7	. . 29.0
04	84 11.0	209 55.4	24.3	330 24.6	32.5	3 37.3	26.1	98 31.3	29.1
05	99 13.4	224 54.8	25.1	345 25.8	32.4	18 39.9	26.1	113 33.9	29.1
06	114 15.9	239 54.2	S20 25.9	0 27.0	N22 32.3	33 42.4	N22 26.1	128 36.4	S 8 29.2
07	129 18.4	254 53.5	26.7	15 28.2	32.2	48 44.9	26.1	143 39.0	29.2
T 08	144 20.8	269 52.9	27.6	30 29.4	32.1	63 47.4	26.1	158 41.6	29.2
U 09	159 23.3	284 52.2	. . 28.4	45 30.6	. . 32.0	78 49.9	. . 26.1	173 44.2	. . 29.3
E 10	174 25.7	299 51.6	29.2	60 31.9	31.8	93 52.5	26.1	188 46.8	29.3
S 11	189 28.2	314 50.9	30.0	75 33.1	31.7	108 55.0	26.1	203 49.4	29.4
D 12	204 30.7	329 50.3	S20 30.8	90 34.3	N22 31.6	123 57.5	N22 26.1	218 51.9	S 8 29.4
A 13	219 33.1	344 49.6	31.7	105 35.5	31.5	139 00.0	26.1	233 54.5	29.5
Y 14	234 35.6	359 49.0	32.5	120 36.7	31.4	154 02.5	26.1	248 57.1	29.5
15	249 38.1	14 48.3	. . 33.3	135 38.0	. . 31.2	169 05.1	. . 26.1	263 59.7	. . 29.6
16	264 40.5	29 47.7	34.1	150 39.2	31.1	184 07.6	26.1	279 02.3	29.6
17	279 43.0	44 47.0	34.9	165 40.4	31.0	199 10.1	26.1	294 04.8	29.6
18	294 45.5	59 46.4	S20 35.7	180 41.6	N22 30.9	214 12.6	N22 26.0	309 07.4	S 8 29.7
19	309 47.9	74 45.7	36.6	195 42.8	30.8	229 15.1	26.0	324 10.0	29.7
20	324 50.4	89 45.1	37.4	210 44.1	30.6	244 17.7	26.0	339 12.6	29.8
21	339 52.8	104 44.4	. . 38.2	225 45.3	. . 30.5	259 20.2	. . 26.0	354 15.2	. . 29.8
22	354 55.3	119 43.8	39.0	240 46.5	30.4	274 22.7	26.0	9 17.8	29.9
23	9 57.8	134 43.1	39.8	255 47.7	30.3	289 25.2	26.0	24 20.3	29.9
16 00	25 00.2	149 42.5	S20 40.6	270 49.0	N22 30.2	304 27.8	N22 26.0	39 22.9	S 8 30.0
01	40 02.7	164 41.8	41.4	285 50.2	30.1	319 30.3	26.0	54 25.5	30.0
02	55 05.2	179 41.2	42.2	300 51.4	29.9	334 32.8	26.0	69 28.1	30.0
03	70 07.6	194 40.5	. . 43.0	315 52.7	. . 29.8	349 35.3	. . 26.0	84 30.7	. . 30.1
04	85 10.1	209 39.8	43.8	330 53.9	29.7	4 37.9	26.0	99 33.2	30.1
05	100 12.6	224 39.2	44.6	345 55.1	29.6	19 40.4	26.0	114 35.8	30.2
06	115 15.0	239 38.5	S20 45.4	0 56.3	N22 29.5	34 42.9	N22 26.0	129 38.4	S 8 30.2
W 07	130 17.5	254 37.9	46.2	15 57.6	29.3	49 45.4	26.0	144 41.0	30.3
E 08	145 20.0	269 37.2	47.0	30 58.8	29.2	64 48.0	26.0	159 43.6	30.3
D 09	160 22.4	284 36.6	. . 47.8	46 00.0	. . 29.1	79 50.5	. . 26.0	174 46.1	. . 30.3
N 10	175 24.9	299 35.9	48.6	61 01.3	29.0	94 53.0	26.0	189 48.7	30.4
E 11	190 27.3	314 35.2	49.4	76 02.5	28.9	109 55.6	26.0	204 51.3	30.4
S 12	205 29.8	329 34.6	S20 50.2	91 03.7	N22 28.7	124 58.1	N22 26.0	219 53.9	S 8 30.5
D 13	220 32.3	344 33.9	51.0	106 05.0	28.6	140 00.6	26.0	234 56.5	30.5
A 14	235 34.7	359 33.3	51.8	121 06.2	28.5	155 03.1	26.0	249 59.0	30.6
Y 15	250 37.2	14 32.6	. . 52.6	136 07.4	. . 28.4	170 05.7	. . 26.0	265 01.6	. . 30.6
16	265 39.7	29 31.9	53.4	151 08.7	28.3	185 08.2	26.0	280 04.2	30.6
17	280 42.1	44 31.3	54.2	166 09.9	28.1	200 10.7	26.0	295 06.8	30.7
18	295 44.6	59 30.6	S20 55.0	181 11.2	N22 28.0	215 13.3	N22 25.9	310 09.4	S 8 30.7
19	310 47.1	74 29.9	55.8	196 12.4	27.9	230 15.8	25.9	325 11.9	30.8
20	325 49.5	89 29.3	56.6	211 13.6	27.8	245 18.3	25.9	340 14.5	30.8
21	340 52.0	104 28.6	. . 57.3	226 14.9	. . 27.7	260 20.9	. . 25.9	355 17.1	. . 30.9
22	355 54.4	119 27.9	58.1	241 16.1	27.5	275 23.4	25.9	10 19.7	30.9
23	10 56.9	134 27.3	58.9	256 17.3	27.4	290 25.9	25.9	25 22.2	30.9
17 00	25 59.4	149 26.6	S20 59.7	271 18.6	N22 27.3	305 28.5	N22 25.9	40 24.8	S 8 31.0
01	41 01.8	164 25.9	21 00.5	286 19.8	27.2	320 31.0	25.9	55 27.4	31.0
02	56 04.3	179 25.3	01.3	301 21.1	27.1	335 33.5	25.9	70 30.0	31.1
03	71 06.8	194 24.6	. . 02.1	316 22.3	. . 26.9	350 36.1	. . 25.9	85 32.6	. . 31.1
04	86 09.2	209 23.9	02.8	331 23.6	26.8	5 38.6	25.9	100 35.1	31.1
05	101 11.7	224 23.3	03.6	346 24.8	26.7	20 41.1	25.9	115 37.7	31.2
06	116 14.2	239 22.6	S21 04.4	1 26.0	N22 26.6	35 43.7	N22 25.9	130 40.3	S 8 31.2
07	131 16.6	254 21.9	05.2	16 27.3	26.5	50 46.2	25.9	145 42.9	31.3
T 08	146 19.1	269 21.3	06.0	31 28.5	26.3	65 48.7	25.9	160 45.4	31.3
H 09	161 21.6	284 20.6	. . 06.7	46 29.8	. . 26.2	80 51.3	. . 25.9	175 48.0	. . 31.4
U 10	176 24.0	299 19.9	07.5	61 31.0	26.1	95 53.8	25.9	190 50.6	31.4
R 11	191 26.5	314 19.3	08.3	76 32.3	26.0	110 56.4	25.9	205 53.2	31.4
S 12	206 28.9	329 18.6	S21 09.1	91 33.5	N22 25.9	125 58.9	N22 25.9	220 55.7	S 8 31.5
D 13	221 31.4	344 17.9	09.8	106 34.8	25.7	141 01.4	25.9	235 58.3	31.5
A 14	236 33.9	359 17.2	10.6	121 36.0	25.6	156 04.0	25.9	251 00.9	31.6
Y 15	251 36.3	14 16.6	. . 11.4	136 37.3	. . 25.5	171 06.5	. . 25.9	266 03.5	. . 31.6
16	266 38.8	29 15.9	12.1	151 38.5	25.4	186 09.1	25.8	281 06.0	31.6
17	281 41.3	44 15.2	12.9	166 39.8	25.3	201 11.6	25.8	296 08.6	31.7
18	296 43.7	59 14.5	S21 13.7	181 41.0	N22 25.1	216 14.1	N22 25.8	311 11.2	S 8 31.7
19	311 46.2	74 13.9	14.4	196 42.3	25.0	231 16.7	25.8	326 13.8	31.8
20	326 48.7	89 13.2	15.2	211 43.5	24.9	246 19.2	25.8	341 16.4	31.8
21	341 51.1	104 12.5	. . 16.0	226 44.8	. . 24.8	261 21.8	. . 25.8	356 18.9	. . 31.9
22	356 53.6	119 11.8	16.7	241 46.0	24.7	276 24.3	25.8	11 21.5	31.9
23	11 56.1	134 11.2	17.5	256 47.3	24.5	291 26.8	25.8	26 24.1	31.9
Mer. Pass.	h m 22 16.3	v −0.7	d 0.8	v 1.2	d 0.1	v 2.5	d 0.0	v 2.6	d 0.0

STARS Name	SHA ° ′	Dec ° ′
Acamar	315 11.5	S40 12.1
Achernar	335 19.7	S57 06.6
Acrux	173 01.0	S63 14.0
Adhara	255 06.0	S29 00.0
Aldebaran	290 39.6	N16 33.6
Alioth	166 13.7	N55 49.5
Alkaid	152 52.6	N49 11.4
Alnair	27 32.9	S46 50.6
Alnilam	275 37.8	S 1 11.0
Alphard	217 48.1	S 8 45.8
Alphecca	126 04.2	N26 38.0
Alpheratz	357 34.7	N29 13.8
Altair	62 00.2	N 8 56.1
Ankaa	353 06.9	S42 10.3
Antares	112 16.4	S26 29.2
Arcturus	145 48.4	N19 03.3
Atria	107 11.2	S69 04.5
Avior	234 15.0	S59 34.9
Bellatrix	278 22.9	N 6 22.5
Betelgeuse	270 52.2	N 7 24.8
Canopus	263 52.3	S52 42.1
Capella	280 21.9	N46 01.3
Deneb	49 25.9	N45 22.4
Denebola	182 25.5	N14 26.1
Diphda	348 47.2	S17 51.0
Dubhe	193 41.7	N61 36.9
Elnath	278 01.9	N28 37.7
Eltanin	90 42.5	N51 29.4
Enif	33 38.8	N 9 59.4
Fomalhaut	15 14.5	S29 29.5
Gacrux	171 52.5	S57 15.0
Gienah	175 44.1	S17 40.6
Hadar	148 37.0	S60 29.5
Hamal	327 51.1	N23 34.9
Kaus Aust.	83 32.9	S34 22.5
Kochab	137 20.8	N74 03.3
Markab	13 29.9	N15 20.5
Menkar	314 06.1	N 4 11.3
Menkent	147 58.3	S36 29.4
Miaplacidus	221 38.7	S69 48.7
Mirfak	308 28.1	N49 56.9
Nunki	75 48.1	S26 16.0
Peacock	53 05.9	S56 39.5
Pollux	243 17.6	N27 58.0
Procyon	244 51.1	N 5 09.8
Rasalhague	95 58.9	N12 32.6
Regulus	207 34.9	N11 50.9
Rigel	281 03.9	S 8 10.2
Rigil Kent.	139 41.3	S60 56.2
Sabik	102 03.2	S15 45.3
Schedar	349 30.8	N56 40.5
Shaula	96 10.9	S37 07.4
Sirius	258 26.3	S16 44.7
Spica	158 22.9	S11 17.3
Suhail	222 46.7	S43 31.6
Vega	80 33.5	N38 48.6
Zuben'ubi	136 56.6	S16 08.6

	SHA ° ′	Mer. Pass. h m
Venus	124 42.2	14 02
Mars	245 48.7	5 56
Jupiter	279 27.5	3 42
Saturn	14 22.7	21 19

© British Crown Copyright 2023. All rights reserved.

UT		SUN GHA	SUN Dec	MOON GHA	v	MOON Dec	d	HP
d h		° ′	° ′	° ′	′	° ′	′	′
15 00		183 33.6	S 8 37.0	35 08.3	10.3	S 6 41.7	17.5	60.7
01		198 33.7	38.0	49 37.6	10.3	6 24.2	17.6	60.8
02		213 33.8	38.9	64 06.9	10.4	6 06.6	17.6	60.8
03		228 34.0	. . 39.8	78 36.3	10.3	5 49.0	17.7	60.8
04		243 34.1	40.7	93 05.6	10.3	5 31.3	17.7	60.8
05		258 34.3	41.7	107 34.9	10.4	5 13.6	17.7	60.9
06		273 34.4	S 8 42.6	122 04.3	10.3	S 4 55.9	17.8	60.9
07		288 34.5	43.5	136 33.6	10.4	4 38.1	17.8	60.9
08	T	303 34.7	44.4	151 03.0	10.3	4 20.3	17.9	60.9
09	U	318 34.8	. . 45.3	165 32.3	10.4	4 02.4	17.9	60.9
10	E	333 35.0	46.3	180 01.7	10.3	3 44.5	17.9	61.0
11	S	348 35.1	47.2	194 31.0	10.3	3 26.6	18.0	61.0
12	D	3 35.2	S 8 48.1	209 00.3	10.4	S 3 08.6	18.0	61.0
13	A	18 35.4	49.0	223 29.7	10.3	2 50.6	18.0	61.0
14	Y	33 35.5	49.9	237 59.0	10.3	2 32.6	18.1	61.0
15		48 35.6	. . 50.9	252 28.3	10.3	2 14.5	18.0	61.1
16		63 35.8	51.8	266 57.6	10.3	1 56.5	18.1	61.1
17		78 35.9	52.7	281 26.9	10.3	1 38.4	18.2	61.1
18		93 36.0	S 8 53.6	295 56.2	10.3	S 1 20.2	18.1	61.1
19		108 36.2	54.5	310 25.5	10.2	1 02.1	18.2	61.1
20		123 36.3	55.5	324 54.7	10.3	0 43.9	18.1	61.2
21		138 36.4	. . 56.4	339 24.0	10.2	0 25.8	18.2	61.2
22		153 36.6	57.3	353 53.2	10.2	S 0 07.6	18.2	61.2
23		168 36.7	58.2	8 22.4	10.2	N 0 10.6	18.2	61.2
16 00		183 36.8	S 8 59.1	22 51.6	10.2	N 0 28.8	18.2	61.2
01		198 37.0	9 00.0	37 20.8	10.1	0 47.0	18.2	61.2
02		213 37.1	01.0	51 49.9	10.2	1 05.2	18.2	61.2
03		228 37.2	. . 01.9	66 19.1	10.1	1 23.4	18.2	61.3
04		243 37.4	02.8	80 48.2	10.1	1 41.6	18.3	61.3
05		258 37.5	03.7	95 17.3	10.0	1 59.9	18.2	61.3
06		273 37.6	S 9 04.6	109 46.3	10.0	N 2 18.1	18.2	61.3
07	W	288 37.8	05.6	124 15.3	10.0	2 36.3	18.2	61.3
08	E	303 37.9	06.5	138 44.3	10.0	2 54.5	18.2	61.3
09	D	318 38.0	. . 07.4	153 13.3	9.9	3 12.7	18.1	61.3
10	N	333 38.2	08.3	167 42.2	10.0	3 30.8	18.2	61.3
11	E	348 38.3	09.2	182 11.2	9.8	3 49.0	18.1	61.3
12	S	3 38.4	S 9 10.1	196 40.0	9.9	N 4 07.1	18.2	61.3
13	D	18 38.6	11.0	211 08.9	9.8	4 25.3	18.1	61.4
14	A	33 38.7	12.0	225 37.7	9.7	4 43.4	18.0	61.4
15	Y	48 38.8	. . 12.9	240 06.4	9.7	5 01.4	18.1	61.4
16		63 38.9	13.8	254 35.1	9.7	5 19.5	18.0	61.4
17		78 39.1	14.7	269 03.8	9.7	5 37.5	18.0	61.4
18		93 39.2	S 9 15.6	283 32.5	9.6	N 5 55.5	18.0	61.4
19		108 39.3	16.5	298 01.1	9.5	6 13.5	17.9	61.4
20		123 39.5	17.4	312 29.6	9.6	6 31.4	17.9	61.4
21		138 39.6	. . 18.4	326 58.2	9.4	6 49.3	17.9	61.4
22		153 39.7	19.3	341 26.6	9.4	7 07.2	17.8	61.4
23		168 39.8	20.2	355 55.0	9.4	7 25.0	17.8	61.4
17 00		183 40.0	S 9 21.1	10 23.4	9.3	N 7 42.8	17.7	61.4
01		198 40.1	22.0	24 51.7	9.3	8 00.5	17.7	61.4
02		213 40.2	22.9	39 20.0	9.2	8 18.2	17.6	61.4
03		228 40.4	. . 23.8	53 48.2	9.2	8 35.8	17.6	61.4
04		243 40.5	24.7	68 16.4	9.1	8 53.4	17.5	61.4
05		258 40.6	25.6	82 44.5	9.1	9 10.9	17.5	61.4
06		273 40.7	S 9 26.6	97 12.6	9.0	N 9 28.4	17.4	61.4
07		288 40.9	27.5	111 40.6	9.0	9 45.8	17.4	61.4
08	T	303 41.0	28.4	126 08.6	8.9	10 03.2	17.3	61.4
09	H	318 41.1	. . 29.3	140 36.5	8.8	10 20.5	17.2	61.4
10	U	333 41.2	30.2	155 04.3	8.8	10 37.7	17.2	61.4
11	R	348 41.4	31.1	169 32.1	8.7	10 54.9	17.1	61.4
12	S	3 41.5	S 9 32.0	183 59.8	8.7	N11 12.0	17.0	61.4
13	D	18 41.6	32.9	198 27.5	8.6	11 29.0	17.0	61.3
14	A	33 41.7	33.8	212 55.1	8.5	11 46.0	16.8	61.3
15	Y	48 41.9	. . 34.7	227 22.6	8.5	12 02.8	16.8	61.3
16		63 42.0	35.7	241 50.1	8.4	12 19.6	16.8	61.3
17		78 42.1	36.6	256 17.5	8.3	12 36.4	16.6	61.3
18		93 42.2	S 9 37.5	270 44.8	8.3	N12 53.0	16.6	61.3
19		108 42.3	38.4	285 12.1	8.2	13 09.6	16.4	61.3
20		123 42.5	39.3	299 39.3	8.1	13 26.0	16.4	61.3
21		138 42.6	. . 40.2	314 06.4	8.1	13 42.4	16.3	61.3
22		153 42.7	41.1	328 33.5	8.0	13 58.7	16.2	61.3
23		168 42.8	42.0	343 00.5	7.9	N14 14.9	16.1	61.2
		SD 16.1	*d* 0.9	SD 16.6		16.7		16.7

Lat.	Twilight Naut.	Twilight Civil	Sunrise	Moonrise 15	Moonrise 16	Moonrise 17	Moonrise 18
°	h m	h m	h m	h m	h m	h m	h m
N 72	05 02	06 20	07 31	16 37	15 57	15 09	13 19
N 70	05 05	06 15	07 19	16 35	16 04	15 29	14 29
68	05 07	06 11	07 09	16 33	16 10	15 44	15 07
66	05 09	06 08	07 01	16 31	16 15	15 57	15 33
64	05 10	06 05	06 54	16 30	16 19	16 08	15 54
62	05 11	06 03	06 48	16 28	16 23	16 17	16 11
60	05 12	06 00	06 43	16 27	16 26	16 25	16 26
N 58	05 13	05 58	06 38	16 26	16 29	16 32	16 38
56	05 13	05 56	06 34	16 25	16 31	16 39	16 49
54	05 14	05 55	06 30	16 24	16 34	16 44	16 58
52	05 14	05 53	06 27	16 23	16 36	16 49	17 06
50	05 14	05 51	06 24	16 23	16 38	16 54	17 14
45	05 14	05 48	06 17	16 21	16 42	17 04	17 30
N 40	05 13	05 45	06 12	16 20	16 45	17 13	17 44
35	05 12	05 42	06 07	16 19	16 49	17 20	17 56
30	05 11	05 39	06 03	16 18	16 51	17 27	18 06
20	05 07	05 33	05 55	16 16	16 56	17 38	18 23
N 10	05 03	05 27	05 49	16 15	17 01	17 48	18 39
0	04 57	05 21	05 42	16 13	17 05	17 58	18 53
S 10	04 50	05 14	05 36	16 12	17 09	18 07	19 08
20	04 40	05 06	05 29	16 11	17 13	18 18	19 24
30	04 27	04 56	05 20	16 09	17 18	18 30	19 42
35	04 19	04 50	05 16	16 08	17 21	18 37	19 53
40	04 09	04 42	05 10	16 07	17 25	18 45	20 06
45	03 57	04 33	05 04	16 06	17 29	18 54	20 20
S 50	03 41	04 22	04 56	16 04	17 34	19 05	20 39
52	03 33	04 17	04 53	16 04	17 36	19 11	20 47
54	03 25	04 11	04 49	16 03	17 39	19 17	20 57
56	03 15	04 05	04 45	16 02	17 41	19 23	21 08
58	03 03	03 57	04 40	16 01	17 44	19 31	21 21
S 60	02 49	03 49	04 34	16 00	17 48	19 39	21 36

Lat.	Sunset	Twilight Civil	Twilight Naut.	Moonset 15	Moonset 16	Moonset 17	Moonset 18
°	h m	h m	h m	h m	h m	h m	h m
N 72	15 58	17 09	18 27	02 27	05 01	07 43	11 30
N 70	16 10	17 14	18 24	02 36	04 59	07 26	10 22
68	16 20	17 18	18 22	02 44	04 57	07 13	09 47
66	16 29	17 21	18 20	02 50	04 55	07 03	09 21
64	16 36	17 24	18 19	02 55	04 53	06 54	09 02
62	16 42	17 27	18 18	03 00	04 52	06 46	08 46
60	16 47	17 29	18 17	03 04	04 51	06 40	08 33
N 58	16 52	17 31	18 17	03 07	04 50	06 34	08 22
56	16 56	17 33	18 16	03 10	04 49	06 29	08 12
54	16 59	17 35	18 16	03 13	04 48	06 25	08 04
52	17 03	17 37	18 16	03 15	04 47	06 21	07 56
50	17 06	17 39	18 16	03 18	04 47	06 17	07 49
45	17 13	17 42	18 16	03 22	04 45	06 09	07 35
N 40	17 18	17 46	18 17	03 26	04 44	06 03	07 23
35	17 23	17 49	18 18	03 30	04 43	05 57	07 13
30	17 28	17 52	18 20	03 33	04 42	05 52	07 04
20	17 35	17 58	18 23	03 38	04 40	05 44	06 49
N 10	17 42	18 03	18 28	03 42	04 39	05 36	06 36
0	17 49	18 10	18 34	03 46	04 37	05 29	06 24
S 10	17 55	18 17	18 42	03 51	04 36	05 22	06 11
20	18 03	18 25	18 51	03 55	04 34	05 15	05 59
30	18 11	18 35	19 04	04 00	04 33	05 07	05 44
35	18 16	18 42	19 13	04 02	04 32	05 02	05 35
40	18 21	18 49	19 23	04 05	04 31	04 57	05 26
45	18 28	18 58	19 35	04 09	04 29	04 51	05 15
S 50	18 36	19 10	19 51	04 13	04 28	04 43	05 01
52	18 39	19 15	19 59	04 15	04 27	04 40	04 55
54	18 43	19 21	20 08	04 17	04 26	04 36	04 48
56	18 48	19 28	20 18	04 19	04 26	04 32	04 40
58	18 53	19 35	20 30	04 22	04 25	04 28	04 32
S 60	18 58	19 44	20 45	04 25	04 24	04 22	04 22

Day	SUN Eqn. of Time 00ʰ	SUN Eqn. of Time 12ʰ	SUN Mer. Pass.	MOON Mer. Pass. Upper	MOON Mer. Pass. Lower	MOON Age	MOON Phase
d	m s	m s	h m	h m	h m	d %	
15	14 14	14 21	11 46	22 25	10 00	13 94	
16	14 27	14 33	11 45	23 17	10 51	14 99	○
17	14 40	14 46	11 45	24 11	11 43	15 100	

© British Crown Copyright 2023. All rights reserved.

Day	UT d h	ARIES GHA ° ′	VENUS −4·0 GHA ° ′	VENUS Dec ° ′	MARS +0·3 GHA ° ′	MARS Dec ° ′	JUPITER −2·6 GHA ° ′	JUPITER Dec ° ′	SATURN +0·7 GHA ° ′	SATURN Dec ° ′
FRIDAY	18 00	26 58.5	149 10.5	S21 18.3	271 48.5	N22 24.4	306 29.4	N22 25.8	41 26.7	S 8 32.0
	01	42 01.0	164 09.8	19.0	286 49.8	24.3	321 31.9	25.8	56 29.2	32.0
	02	57 03.4	179 09.1	19.8	301 51.0	24.2	336 34.5	25.8	71 31.8	32.1
	03	72 05.9	194 08.5	. . 20.5	316 52.3	. . 24.1	351 37.0	. . 25.8	86 34.4	. . 32.1
	04	87 08.4	209 07.8	21.3	331 53.6	23.9	6 39.6	25.8	101 36.9	32.1
	05	102 10.8	224 07.1	22.1	346 54.8	23.8	21 42.1	25.8	116 39.5	32.2
	06	117 13.3	239 06.4	S21 22.8	1 56.1	N22 23.7	36 44.6	N22 25.8	131 42.1	S 8 32.2
	07	132 15.8	254 05.7	23.6	16 57.3	23.6	51 47.2	25.8	146 44.7	32.3
	08	147 18.2	269 05.1	24.3	31 58.6	23.5	66 49.7	25.8	161 47.2	32.3
	09	162 20.7	284 04.4	. . 25.1	46 59.9	. . 23.3	81 52.3	. . 25.8	176 49.8	. . 32.3
	10	177 23.2	299 03.7	25.8	62 01.1	23.2	96 54.8	25.8	191 52.4	32.4
	11	192 25.6	314 03.0	26.6	77 02.4	23.1	111 57.4	25.7	206 55.0	32.4
	12	207 28.1	329 02.3	S21 27.3	92 03.6	N22 23.0	126 59.9	N22 25.7	221 57.5	S 8 32.5
	13	222 30.5	344 01.6	28.1	107 04.9	22.9	142 02.5	25.7	237 00.1	32.5
	14	237 33.0	359 01.0	28.8	122 06.2	22.7	157 05.0	25.7	252 02.7	32.5
	15	252 35.5	14 00.3	. . 29.6	137 07.4	. . 22.6	172 07.6	. . 25.7	267 05.3	. . 32.6
	16	267 37.9	28 59.6	30.3	152 08.7	22.5	187 10.1	25.7	282 07.8	32.6
	17	282 40.4	43 58.9	31.1	167 10.0	22.4	202 12.7	25.7	297 10.4	32.7
	18	297 42.9	58 58.2	S21 31.8	182 11.2	N22 22.3	217 15.2	N22 25.7	312 13.0	S 8 32.7
	19	312 45.3	73 57.5	32.6	197 12.5	22.1	232 17.8	25.7	327 15.5	32.7
	20	327 47.8	88 56.8	33.3	212 13.8	22.0	247 20.3	25.7	342 18.1	32.8
	21	342 50.3	103 56.2	. . 34.0	227 15.0	. . 21.9	262 22.9	. . 25.7	357 20.7	. . 32.8
	22	357 52.7	118 55.5	34.8	242 16.3	21.8	277 25.4	25.7	12 23.3	32.9
	23	12 55.2	133 54.8	35.5	257 17.6	21.7	292 28.0	25.7	27 25.8	32.9
SATURDAY	19 00	27 57.7	148 54.1	S21 36.3	272 18.8	N22 21.5	307 30.5	N22 25.7	42 28.4	S 8 32.9
	01	43 00.1	163 53.4	37.0	287 20.1	21.4	322 33.1	25.7	57 31.0	33.0
	02	58 02.6	178 52.7	37.7	302 21.4	21.3	337 35.6	25.7	72 33.5	33.0
	03	73 05.0	193 52.0	. . 38.5	317 22.6	. . 21.2	352 38.2	. . 25.7	87 36.1	. . 33.1
	04	88 07.5	208 51.3	39.2	332 23.9	21.0	7 40.7	25.7	102 38.7	33.1
	05	103 10.0	223 50.6	39.9	347 25.2	20.9	22 43.3	25.7	117 41.3	33.1
	06	118 12.4	238 49.9	S21 40.7	2 26.5	N22 20.8	37 45.8	N22 25.6	132 43.8	S 8 33.2
	07	133 14.9	253 49.3	41.4	17 27.7	20.7	52 48.4	25.6	147 46.4	33.2
	08	148 17.4	268 48.6	42.1	32 29.0	20.6	67 50.9	25.6	162 49.0	33.2
	09	163 19.8	283 47.9	. . 42.9	47 30.3	. . 20.4	82 53.5	. . 25.6	177 51.5	. . 33.3
	10	178 22.3	298 47.2	43.6	62 31.5	20.3	97 56.0	25.6	192 54.1	33.3
	11	193 24.8	313 46.5	44.3	77 32.8	20.2	112 58.6	25.6	207 56.7	33.4
	12	208 27.2	328 45.8	S21 45.0	92 34.1	N22 20.1	128 01.2	N22 25.6	222 59.3	S 8 33.4
	13	223 29.7	343 45.1	45.8	107 35.4	20.0	143 03.7	25.6	238 01.8	33.4
	14	238 32.2	358 44.4	46.5	122 36.7	19.8	158 06.3	25.6	253 04.4	33.5
	15	253 34.6	13 43.7	. . 47.2	137 37.9	. . 19.7	173 08.8	. . 25.6	268 07.0	. . 33.5
	16	268 37.1	28 43.0	47.9	152 39.2	19.6	188 11.4	25.6	283 09.5	33.6
	17	283 39.5	43 42.3	48.7	167 40.5	19.5	203 13.9	25.6	298 12.1	33.6
	18	298 42.0	58 41.6	S21 49.4	182 41.8	N22 19.4	218 16.5	N22 25.6	313 14.7	S 8 33.6
	19	313 44.5	73 40.9	50.1	197 43.1	19.2	233 19.1	25.6	328 17.2	33.7
	20	328 46.9	88 40.2	50.8	212 44.3	19.1	248 21.6	25.6	343 19.8	33.7
	21	343 49.4	103 39.5	. . 51.5	227 45.6	. . 19.0	263 24.2	. . 25.6	358 22.4	. . 33.7
	22	358 51.9	118 38.8	52.3	242 46.9	18.9	278 26.7	25.6	13 24.9	33.8
	23	13 54.3	133 38.1	53.0	257 48.2	18.7	293 29.3	25.5	28 27.5	33.8
SUNDAY	20 00	28 56.8	148 37.4	S21 53.7	272 49.5	N22 18.6	308 31.9	N22 25.5	43 30.1	S 8 33.9
	01	43 59.3	163 36.7	54.4	287 50.8	18.5	323 34.4	25.5	58 32.6	33.9
	02	59 01.7	178 36.0	55.1	302 52.0	18.4	338 37.0	25.5	73 35.2	33.9
	03	74 04.2	193 35.3	. . 55.8	317 53.3	. . 18.3	353 39.5	. . 25.5	88 37.8	. . 34.0
	04	89 06.6	208 34.6	56.5	332 54.6	18.1	8 42.1	25.5	103 40.4	34.0
	05	104 09.1	223 33.9	57.2	347 55.9	18.0	23 44.7	25.5	118 42.9	34.0
	06	119 11.6	238 33.2	S21 58.0	2 57.2	N22 17.9	38 47.2	N22 25.5	133 45.5	S 8 34.1
	07	134 14.0	253 32.5	58.7	17 58.5	17.8	53 49.8	25.5	148 48.1	34.1
	08	149 16.5	268 31.8	21 59.4	32 59.8	17.7	68 52.4	25.5	163 50.6	34.2
	09	164 19.0	283 31.1	22 00.1	48 01.0	. . 17.5	83 54.9	. . 25.5	178 53.2	. . 34.2
	10	179 21.4	298 30.4	00.8	63 02.3	17.4	98 57.5	25.5	193 55.8	34.2
	11	194 23.9	313 29.7	01.5	78 03.6	17.3	114 00.0	25.5	208 58.3	34.3
	12	209 26.4	328 29.0	S22 02.2	93 04.9	N22 17.2	129 02.6	N22 25.5	224 00.9	S 8 34.3
	13	224 28.8	343 28.3	02.9	108 06.2	17.0	144 05.2	25.5	239 03.5	34.3
	14	239 31.3	358 27.6	03.6	123 07.5	16.9	159 07.7	25.5	254 06.0	34.4
	15	254 33.8	13 26.9	. . 04.3	138 08.8	. . 16.8	174 10.3	. . 25.4	269 08.6	. . 34.4
	16	269 36.2	28 26.2	05.0	153 10.1	16.7	189 12.9	25.4	284 11.2	34.5
	17	284 38.7	43 25.4	05.7	168 11.4	16.6	204 15.4	25.4	299 13.7	34.5
	18	299 41.1	58 24.7	S22 06.4	183 12.7	N22 16.4	219 18.0	N22 25.4	314 16.3	S 8 34.5
	19	314 43.6	73 24.0	07.1	198 14.0	16.3	234 20.6	25.4	329 18.9	34.6
	20	329 46.1	88 23.3	07.8	213 15.3	16.2	249 23.1	25.4	344 21.4	34.6
	21	344 48.5	103 22.6	. . 08.5	228 16.6	. . 16.1	264 25.7	. . 25.4	359 24.0	. . 34.6
	22	359 51.0	118 21.9	09.2	243 17.9	16.0	279 28.3	25.4	14 26.5	34.7
	23	14 53.5	133 21.2	09.8	258 19.2	15.8	294 30.8	25.4	29 29.1	34.7
	Mer. Pass. (h m)	22 04.5	v −0.7	d 0.7	v 1.3	d 0.1	v 2.6	d 0.0	v 2.6	d 0.0

STARS

Name	SHA ° ′	Dec ° ′
Acamar	315 11.5	S40 12.1
Achernar	335 19.7	S57 06.6
Acrux	173 01.0	S63 14.0
Adhara	255 05.9	S29 00.0
Aldebaran	290 39.6	N16 33.6
Alioth	166 13.7	N55 49.5
Alkaid	152 52.6	N49 11.4
Alnair	27 32.9	S46 50.6
Alnilam	275 37.8	S 1 11.0
Alphard	217 48.1	S 8 45.8
Alphecca	126 04.2	N26 38.0
Alpheratz	357 34.7	N29 13.8
Altair	62 00.2	N 8 56.1
Ankaa	353 06.9	S42 10.3
Antares	112 16.4	S26 29.2
Arcturus	145 48.4	N19 03.3
Atria	107 11.2	S69 04.5
Avior	234 14.9	S59 34.9
Bellatrix	278 22.9	N 6 22.5
Betelgeuse	270 52.2	N 7 24.8
Canopus	263 52.3	S52 42.1
Capella	280 21.9	N46 01.3
Deneb	49 25.9	N45 22.4
Denebola	182 25.4	N14 26.1
Diphda	348 47.2	S17 51.0
Dubhe	193 41.7	N61 36.9
Elnath	278 01.9	N28 37.7
Eltanin	90 42.5	N51 29.3
Enif	33 38.9	N 9 59.5
Fomalhaut	15 14.5	S29 29.5
Gacrux	171 52.5	S57 14.9
Gienah	175 44.1	S17 40.6
Hadar	148 37.0	S60 29.5
Hamal	327 51.1	N23 34.9
Kaus Aust.	83 32.9	S34 22.5
Kochab	137 20.9	N74 03.3
Markab	13 29.9	N15 20.5
Menkar	314 06.1	N 4 11.3
Menkent	147 58.3	S36 29.4
Miaplacidus	221 38.7	S69 48.7
Mirfak	308 28.1	N49 56.9
Nunki	75 48.1	S26 16.0
Peacock	53 06.0	S56 39.5
Pollux	243 17.5	N27 58.0
Procyon	244 51.0	N 5 09.8
Rasalhague	95 58.9	N12 32.6
Regulus	207 34.8	N11 50.9
Rigel	281 03.9	S 8 10.2
Rigil Kent.	139 41.3	S60 56.2
Sabik	102 03.2	S15 45.3
Schedar	349 30.8	N56 40.5
Shaula	96 10.9	S37 07.4
Sirius	258 26.3	S16 44.8
Spica	158 22.9	S11 17.3
Suhail	222 46.6	S43 31.6
Vega	80 33.5	N38 48.6
Zuben'ubi	136 56.6	S16 08.6

	SHA ° ′	Mer. Pass. h m
Venus	120 56.4	14 05
Mars	244 21.2	5 50
Jupiter	279 32.9	3 29
Saturn	14 30.8	21 06

© British Crown Copyright 2023. All rights reserved.

d	h	SUN GHA	SUN Dec	MOON GHA	v	MOON Dec	d	HP
		° ′	° ′	° ′	′	° ′	′	′
18	00	183 43.0	S 9 42.9	357 27.4	7.9	N14 31.0	16.0	61.2
	01	198 43.1	43.8	11 54.3	7.8	14 47.0	15.9	61.2
	02	213 43.2	44.7	26 21.1	7.7	15 02.9	15.8	61.2
	03	228 43.3	. . 45.6	40 47.8	7.7	15 18.7	15.7	61.2
	04	243 43.4	46.5	55 14.5	7.6	15 34.4	15.6	61.2
	05	258 43.6	47.4	69 41.1	7.5	15 50.0	15.5	61.2
	06	273 43.7	S 9 48.4	84 07.6	7.4	N16 05.5	15.4	61.1
	07	288 43.8	49.3	98 34.0	7.4	16 20.9	15.3	61.1
	08	303 43.9	50.2	113 00.4	7.3	16 36.2	15.1	61.1
FRIDAY	09	318 44.0	. . 51.1	127 26.7	7.2	16 51.3	15.1	61.1
	10	333 44.2	52.0	141 52.9	7.1	17 06.4	14.9	61.1
	11	348 44.3	52.9	156 19.0	7.1	17 21.3	14.8	61.1
	12	3 44.4	S 9 53.8	170 45.1	7.0	N17 36.1	14.7	61.0
	13	18 44.5	54.7	185 11.1	6.9	17 50.8	14.5	61.0
	14	33 44.6	55.6	199 37.0	6.9	18 05.3	14.5	61.0
	15	48 44.7	. . 56.5	214 02.9	6.7	18 19.8	14.3	61.0
	16	63 44.9	57.4	228 28.6	6.7	18 34.1	14.2	60.9
	17	78 45.0	58.3	242 54.3	6.6	18 48.3	14.0	60.9
	18	93 45.1	S 9 59.2	257 19.9	6.6	N19 02.3	13.9	60.9
	19	108 45.2	10 00.1	271 45.5	6.5	19 16.2	13.8	60.9
	20	123 45.3	01.0	286 11.0	6.4	19 30.0	13.6	60.9
	21	138 45.4	. . 01.9	300 36.4	6.3	19 43.6	13.5	60.8
	22	153 45.6	02.8	315 01.7	6.2	19 57.1	13.4	60.8
	23	168 45.7	03.7	329 26.9	6.2	20 10.5	13.2	60.8
19	00	183 45.8	S10 04.6	343 52.1	6.1	N20 23.7	13.1	60.8
	01	198 45.9	05.5	358 17.2	6.1	20 36.8	12.9	60.7
	02	213 46.0	06.4	12 42.3	5.9	20 49.7	12.8	60.7
	03	228 46.1	. . 07.3	27 07.2	5.9	21 02.5	12.6	60.7
	04	243 46.2	08.2	41 32.1	5.8	21 15.1	12.5	60.7
	05	258 46.3	09.1	55 56.9	5.8	21 27.6	12.3	60.6
	06	273 46.5	S10 10.0	70 21.7	5.7	N21 39.9	12.2	60.6
	07	288 46.6	10.9	84 46.4	5.6	21 52.1	12.0	60.6
SATURDAY	08	303 46.7	11.8	99 11.0	5.5	22 04.1	11.9	60.5
	09	318 46.8	. . 12.7	113 35.5	5.5	22 16.0	11.7	60.5
	10	333 46.9	13.6	128 00.0	5.4	22 27.7	11.5	60.5
	11	348 47.0	14.5	142 24.4	5.4	22 39.2	11.4	60.5
	12	3 47.1	S10 15.4	156 48.8	5.2	N22 50.6	11.2	60.4
	13	18 47.2	16.3	171 13.0	5.3	23 01.8	11.1	60.4
	14	33 47.4	17.2	185 37.3	5.1	23 12.9	10.8	60.4
	15	48 47.5	. . 18.1	200 01.4	5.1	23 23.7	10.7	60.3
	16	63 47.6	19.0	214 25.5	5.0	23 34.4	10.6	60.3
	17	78 47.7	19.9	228 49.5	5.0	23 45.0	10.4	60.3
	18	93 47.8	S10 20.8	243 13.5	4.9	N23 55.4	10.2	60.2
	19	108 47.9	21.7	257 37.4	4.9	24 05.6	10.0	60.2
	20	123 48.0	22.6	272 01.3	4.8	24 15.6	9.8	60.2
	21	138 48.1	. . 23.5	286 25.1	4.7	24 25.4	9.7	60.1
	22	153 48.2	24.4	300 48.8	4.7	24 35.1	9.5	60.1
	23	168 48.3	25.2	315 12.5	4.7	24 44.6	9.3	60.1
20	00	183 48.4	S10 26.1	329 36.2	4.6	N24 53.9	9.2	60.0
	01	198 48.6	27.0	343 59.8	4.5	25 03.1	9.0	60.0
	02	213 48.7	27.9	358 23.3	4.5	25 12.1	8.7	60.0
	03	228 48.8	. . 28.8	12 46.8	4.5	25 20.8	8.6	59.9
	04	243 48.9	29.7	27 10.3	4.4	25 29.4	8.5	59.9
	05	258 49.0	30.6	41 33.7	4.4	25 37.9	8.2	59.9
	06	273 49.1	S10 31.5	55 57.1	4.3	N25 46.1	8.0	59.8
	07	288 49.2	32.4	70 20.4	4.3	25 54.1	7.9	59.8
	08	303 49.3	33.3	84 43.7	4.3	26 02.0	7.7	59.7
SUNDAY	09	318 49.4	. . 34.2	99 07.0	4.2	26 09.7	7.5	59.7
	10	333 49.5	35.1	113 30.2	4.2	26 17.2	7.3	59.7
	11	348 49.6	36.0	127 53.4	4.2	26 24.5	7.1	59.6
	12	3 49.7	S10 36.9	142 16.6	4.1	N26 31.6	6.9	59.6
	13	18 49.8	37.7	156 39.7	4.1	26 38.5	6.7	59.6
	14	33 49.9	38.6	171 02.8	4.1	26 45.2	6.6	59.5
	15	48 50.0	. . 39.5	185 25.9	4.1	26 51.8	6.3	59.5
	16	63 50.1	40.4	199 49.0	4.0	26 58.1	6.2	59.4
	17	78 50.2	41.3	214 12.0	4.0	27 04.3	6.0	59.4
	18	93 50.3	S10 42.2	228 35.0	4.1	N27 10.3	5.7	59.4
	19	108 50.4	43.1	242 58.1	4.0	27 16.0	5.6	59.3
	20	123 50.5	44.0	257 21.1	4.0	27 21.6	5.4	59.3
	21	138 50.6	. . 44.9	271 44.1	3.9	27 27.0	5.2	59.2
	22	153 50.7	45.8	286 07.0	4.0	27 32.2	5.0	59.2
	23	168 50.8	46.6	300 30.0	4.0	N27 37.2	4.9	59.2
		SD 16.1	*d* 0.9	SD 16.6		16.5		16.2

Lat.	Twilight Naut.	Twilight Civil	Sunrise	Moonrise 18	Moonrise 19	Moonrise 20	Moonrise 21
°	h m	h m	h m	h m	h m	h m	h m
N 72	05 15	06 33	07 46	13 19	▭	▭	▭
N 70	05 16	06 27	07 32	14 29	▭	▭	▭
68	05 17	06 22	07 21	15 07	▭	▭	▭
66	05 18	06 18	07 11	15 33	14 43	▭	▭
64	05 19	06 14	07 03	15 54	15 33	▭	▭
62	05 19	06 10	06 56	16 11	16 04	15 53	▭
60	05 19	06 07	06 50	16 26	16 28	16 37	17 04
N 58	05 19	06 05	06 45	16 38	16 47	17 06	17 44
56	05 19	06 02	06 40	16 49	17 04	17 29	18 11
54	05 19	06 00	06 36	16 58	17 17	17 47	18 33
52	05 19	05 58	06 32	17 06	17 30	18 03	18 51
50	05 18	05 56	06 29	17 14	17 40	18 17	19 07
45	05 17	05 52	06 21	17 30	18 03	18 45	19 37
N 40	05 16	05 48	06 15	17 44	18 21	19 07	20 02
35	05 14	05 44	06 10	17 56	18 37	19 25	20 21
30	05 13	05 41	06 05	18 06	18 50	19 41	20 38
20	05 08	05 34	05 56	18 23	19 13	20 08	21 07
N 10	05 03	05 27	05 49	18 39	19 33	20 32	21 32
0	04 56	05 21	05 42	18 53	19 52	20 53	21 55
S 10	04 48	05 13	05 34	19 08	20 11	21 15	22 18
20	04 38	05 04	05 26	19 24	20 32	21 39	22 43
30	04 24	04 53	05 17	19 42	20 56	22 07	23 12
35	04 15	04 46	05 12	19 53	21 10	22 23	23 29
40	04 04	04 38	05 06	20 06	21 26	22 42	23 49
45	03 51	04 28	04 59	20 20	21 46	23 06	24 14
S 50	03 34	04 16	04 50	20 39	22 11	23 35	24 45
52	03 25	04 10	04 46	20 47	22 23	23 50	25 01
54	03 16	04 04	04 42	20 57	22 37	24 08	00 08
56	03 05	03 57	04 37	21 08	22 53	24 28	00 28
58	02 52	03 49	04 32	21 21	23 12	24 55	00 55
S 60	02 37	03 39	04 26	21 36	23 36	25 32	01 32

Lat.	Sunset	Twilight Civil	Twilight Naut.	Moonset 18	Moonset 19	Moonset 20	Moonset 21
°	h m	h m	h m	h m	h m	h m	h m
N 72	15 42	16 55	18 13	11 30	▭	▭	▭
N 70	15 56	17 01	18 12	10 22	▭	▭	▭
68	16 08	17 06	18 11	09 47	▭	▭	▭
66	16 17	17 11	18 10	09 21	12 14	▭	▭
64	16 25	17 15	18 10	09 02	11 25	▭	▭
62	16 32	17 18	18 09	08 46	10 54	13 13	▭
60	16 38	17 21	18 09	08 33	10 31	12 30	14 12
N 58	16 44	17 24	18 09	08 22	10 13	12 01	13 32
56	16 48	17 26	18 09	08 12	09 57	11 39	13 05
54	16 53	17 29	18 10	08 04	09 44	11 21	12 43
52	16 57	17 31	18 10	07 56	09 33	11 05	12 25
50	17 00	17 33	18 10	07 49	09 23	10 52	12 10
45	17 08	17 37	18 12	07 35	09 01	10 25	11 39
N 40	17 14	17 42	18 13	07 23	08 44	10 03	11 15
35	17 20	17 45	18 15	07 13	08 30	09 45	10 55
30	17 25	17 49	18 17	07 04	08 17	09 30	10 39
20	17 33	17 56	18 21	06 49	07 56	09 04	10 10
N 10	17 41	18 02	18 27	06 36	07 38	08 42	09 46
0	17 48	18 09	18 34	06 24	07 21	08 21	09 23
S 10	17 56	18 17	18 42	06 11	07 04	08 01	09 00
20	18 04	18 26	18 53	05 59	06 46	07 39	08 36
30	18 13	18 38	19 07	05 44	06 25	07 13	08 07
35	18 18	18 45	19 16	05 35	06 13	06 58	07 51
40	18 25	18 53	19 27	05 26	06 00	06 41	07 31
45	18 32	19 03	19 40	05 15	05 43	06 20	07 07
S 50	18 41	19 15	19 57	05 01	05 24	05 54	06 37
52	18 45	19 21	20 06	04 55	05 14	05 42	06 22
54	18 49	19 27	20 16	04 48	05 04	05 27	06 04
56	18 54	19 35	20 27	04 40	04 52	05 11	05 43
58	19 00	19 43	20 40	04 32	04 38	04 51	05 17
S 60	19 06	19 53	20 56	04 22	04 23	04 26	04 39

Day	SUN Eqn. of Time 00^h	SUN Eqn. of Time 12^h	SUN Mer. Pass.	MOON Mer. Pass. Upper	MOON Mer. Pass. Lower	MOON Age	MOON Phase
d	m s	m s	h m	h m	h m	d %	
18	14 52	14 57	11 45	00 11	12 38	16 98	○
19	15 03	15 08	11 45	01 07	13 37	17 94	
20	15 14	15 19	11 45	02 07	14 37	18 87	

© British Crown Copyright 2023. All rights reserved.

UT	ARIES	VENUS −4·0		MARS +0·2		JUPITER −2·6		SATURN +0·7	
d h	GHA ° ′	GHA ° ′	Dec ° ′	GHA ° ′	Dec ° ′	GHA ° ′	Dec ° ′	GHA ° ′	Dec ° ′
21 00 (MONDAY)	29 55.9	148 20.5	S22 10.5	273 20.5	N22 15.7	309 33.4	N22 25.4	44 31.7	S 8 34.7
01	44 58.4	163 19.8	11.2	288 21.8	15.6	324 36.0	25.4	59 34.2	34.8
02	60 00.9	178 19.1	11.9	303 23.1	15.5	339 38.6	25.4	74 36.8	34.8
03	75 03.3	193 18.3	. . 12.6	318 24.4	. . 15.3	354 41.1	. . 25.4	89 39.4	. . 34.9
04	90 05.8	208 17.6	13.3	333 25.7	15.2	9 43.7	25.4	104 41.9	34.9
05	105 08.3	223 16.9	14.0	348 27.0	15.1	24 46.3	25.4	119 44.5	34.9
06	120 10.7	238 16.2	S22 14.7	3 28.3	N22 15.0	39 48.8	N22 25.3	134 47.1	S 8 35.0
07	135 13.2	253 15.5	15.3	18 29.6	14.9	54 51.4	25.3	149 49.6	35.0
08	150 15.6	268 14.8	16.0	33 30.9	14.7	69 54.0	25.3	164 52.2	35.0
09	165 18.1	283 14.1	. . 16.7	48 32.2	. . 14.6	84 56.6	. . 25.3	179 54.8	. . 35.1
10	180 20.6	298 13.3	17.4	63 33.5	14.5	99 59.1	25.3	194 57.3	35.1
11	195 23.0	313 12.6	18.1	78 34.8	14.4	115 01.7	25.3	209 59.9	35.1
12	210 25.5	328 11.9	S22 18.7	93 36.1	N22 14.3	130 04.3	N22 25.3	225 02.4	S 8 35.2
13	225 28.0	343 11.2	19.4	108 37.4	14.1	145 06.9	25.3	240 05.0	35.2
14	240 30.4	358 10.5	20.1	123 38.7	14.0	160 09.4	25.3	255 07.6	35.2
15	255 32.9	13 09.8	. . 20.8	138 40.0	. . 13.9	175 12.0	. . 25.3	270 10.1	. . 35.3
16	270 35.4	28 09.0	21.4	153 41.3	13.8	190 14.6	25.3	285 12.7	35.3
17	285 37.8	43 08.3	22.1	168 42.6	13.7	205 17.2	25.3	300 15.3	35.3
18	300 40.3	58 07.6	S22 22.8	183 44.0	N22 13.5	220 19.7	N22 25.3	315 17.8	S 8 35.4
19	315 42.8	73 06.9	23.5	198 45.3	13.4	235 22.3	25.3	330 20.4	35.4
20	330 45.2	88 06.2	24.1	213 46.6	13.3	250 24.9	25.3	345 22.9	35.5
21	345 47.7	103 05.4	. . 24.8	228 47.9	. . 13.2	265 27.5	. . 25.2	0 25.5	. . 35.5
22	0 50.1	118 04.7	25.5	243 49.2	13.0	280 30.0	25.2	15 28.1	35.5
23	15 52.6	133 04.0	26.1	258 50.5	12.9	295 32.6	25.2	30 30.6	35.6
22 00 (TUESDAY)	30 55.1	148 03.3	S22 26.8	273 51.8	N22 12.8	310 35.2	N22 25.2	45 33.2	S 8 35.6
01	45 57.5	163 02.6	27.5	288 53.1	12.7	325 37.8	25.2	60 35.8	35.6
02	61 00.0	178 01.8	28.1	303 54.5	12.6	340 40.3	25.2	75 38.3	35.7
03	76 02.5	193 01.1	. . 28.8	318 55.8	. . 12.4	355 42.9	. . 25.2	90 40.9	. . 35.7
04	91 04.9	208 00.4	29.4	333 57.1	12.3	10 45.5	25.2	105 43.4	35.7
05	106 07.4	222 59.7	30.1	348 58.4	12.2	25 48.1	25.2	120 46.0	35.8
06	121 09.9	237 58.9	S22 30.8	3 59.7	N22 12.1	40 50.7	N22 25.2	135 48.6	S 8 35.8
07	136 12.3	252 58.2	31.4	19 01.0	12.0	55 53.2	25.2	150 51.1	35.8
08	151 14.8	267 57.5	32.1	34 02.4	11.8	70 55.8	25.2	165 53.7	35.9
09	166 17.3	282 56.8	. . 32.7	49 03.7	. . 11.7	85 58.4	. . 25.2	180 56.2	. . 35.9
10	181 19.7	297 56.0	33.4	64 05.0	11.6	101 01.0	25.2	195 58.8	35.9
11	196 22.2	312 55.3	34.0	79 06.3	11.5	116 03.6	25.1	211 01.4	36.0
12	211 24.6	327 54.6	S22 34.7	94 07.6	N22 11.4	131 06.2	N22 25.1	226 03.9	S 8 36.0
13	226 27.1	342 53.8	35.4	109 09.0	11.2	146 08.7	25.1	241 06.5	36.0
14	241 29.6	357 53.1	36.0	124 10.3	11.1	161 11.3	25.1	256 09.0	36.1
15	256 32.0	12 52.4	. . 36.7	139 11.6	. . 11.0	176 13.9	. . 25.1	271 11.6	. . 36.1
16	271 34.5	27 51.7	37.3	154 12.9	10.9	191 16.5	25.1	286 14.2	36.1
17	286 37.0	42 50.9	37.9	169 14.3	10.7	206 19.1	25.1	301 16.7	36.2
18	301 39.4	57 50.2	S22 38.6	184 15.6	N22 10.6	221 21.7	N22 25.1	316 19.3	S 8 36.2
19	316 41.9	72 49.5	39.2	199 16.9	10.5	236 24.2	25.1	331 21.8	36.2
20	331 44.4	87 48.7	39.9	214 18.2	10.4	251 26.8	25.1	346 24.4	36.3
21	346 46.8	102 48.0	. . 40.5	229 19.6	. . 10.3	266 29.4	. . 25.1	1 27.0	. . 36.3
22	1 49.3	117 47.3	41.2	244 20.9	10.1	281 32.0	25.1	16 29.5	36.3
23	16 51.8	132 46.5	41.8	259 22.2	10.0	296 34.6	25.1	31 32.1	36.4
23 00 (WEDNESDAY)	31 54.2	147 45.8	S22 42.5	274 23.6	N22 09.9	311 37.2	N22 25.1	46 34.6	S 8 36.4
01	46 56.7	162 45.1	43.1	289 24.9	09.8	326 39.8	25.0	61 37.2	36.4
02	61 59.1	177 44.3	43.7	304 26.2	09.7	341 42.4	25.0	76 39.7	36.5
03	77 01.6	192 43.6	. . 44.4	319 27.6	. . 09.5	356 44.9	. . 25.0	91 42.3	. . 36.5
04	92 04.1	207 42.9	45.0	334 28.9	09.4	11 47.5	25.0	106 44.9	36.5
05	107 06.5	222 42.1	45.6	349 30.2	09.3	26 50.1	25.0	121 47.4	36.6
06	122 09.0	237 41.4	S22 46.3	4 31.6	N22 09.2	41 52.7	N22 25.0	136 50.0	S 8 36.6
07	137 11.5	252 40.7	46.9	19 32.9	09.1	56 55.3	25.0	151 52.5	36.6
08	152 13.9	267 39.9	47.5	34 34.2	08.9	71 57.9	25.0	166 55.1	36.7
09	167 16.4	282 39.2	. . 48.2	49 35.6	. . 08.8	87 00.5	. . 25.0	181 57.6	. . 36.7
10	182 18.9	297 38.5	48.8	64 36.9	08.7	102 03.1	25.0	197 00.2	36.7
11	197 21.3	312 37.7	49.4	79 38.2	08.6	117 05.7	25.0	212 02.8	36.8
12	212 23.8	327 37.0	S22 50.1	94 39.6	N22 08.5	132 08.3	N22 25.0	227 05.3	S 8 36.8
13	227 26.2	342 36.2	50.7	109 40.9	08.3	147 10.8	25.0	242 07.9	36.8
14	242 28.7	357 35.5	51.3	124 42.3	08.2	162 13.4	24.9	257 10.4	36.9
15	257 31.2	12 34.8	. . 51.9	139 43.6	. . 08.1	177 16.0	. . 24.9	272 13.0	. . 36.9
16	272 33.6	27 34.0	52.6	154 44.9	08.0	192 18.6	24.9	287 15.5	36.9
17	287 36.1	42 33.3	53.2	169 46.3	07.8	207 21.2	24.9	302 18.1	37.0
18	302 38.6	57 32.5	S22 53.8	184 47.6	N22 07.7	222 23.8	N22 24.9	317 20.7	S 8 37.0
19	317 41.0	72 31.8	54.4	199 49.0	07.6	237 26.4	24.9	332 23.2	37.0
20	332 43.5	87 31.1	55.0	214 50.3	07.5	252 29.0	24.9	347 25.8	37.1
21	347 46.0	102 30.3	. . 55.7	229 51.6	. . 07.4	267 31.6	. . 24.9	2 28.3	. . 37.1
22	2 48.4	117 29.6	56.3	244 53.0	07.2	282 34.2	24.9	17 30.9	37.1
23	17 50.9	132 28.8	56.9	259 54.3	07.1	297 36.8	24.9	32 33.4	37.2
Mer. Pass. h m	21 52.7	v −0.7	d 0.7	v 1.3	d 0.1	v 2.6	d 0.0	v 2.6	d 0.0

STARS

Name	SHA ° ′	Dec ° ′
Acamar	315 11.5	S40 12.1
Achernar	335 19.7	S57 06.6
Acrux	173 01.0	S63 14.0
Adhara	255 05.9	S29 00.0
Aldebaran	290 39.6	N16 33.6
Alioth	166 13.7	N55 49.5
Alkaid	152 52.6	N49 11.4
Alnair	27 32.9	S46 50.6
Alnilam	275 37.7	S 1 11.0
Alphard	217 48.1	S 8 45.8
Alphecca	126 04.2	N26 38.0
Alpheratz	357 34.7	N29 13.8
Altair	62 00.2	N 8 56.2
Ankaa	353 06.9	S42 10.3
Antares	112 16.4	S26 29.2
Arcturus	145 48.4	N19 03.3
Atria	107 11.2	S69 04.5
Avior	234 14.9	S59 34.9
Bellatrix	278 22.9	N 6 22.4
Betelgeuse	270 52.1	N 7 24.8
Canopus	263 52.3	S52 42.1
Capella	280 21.9	N46 01.3
Deneb	49 25.9	N45 22.4
Denebola	182 25.4	N14 26.1
Diphda	348 47.2	S17 51.0
Dubhe	193 41.7	N61 36.9
Elnath	278 01.9	N28 37.7
Eltanin	90 42.6	N51 29.3
Enif	33 38.9	N 9 59.5
Fomalhaut	15 14.5	S29 29.5
Gacrux	171 52.5	S57 14.9
Gienah	175 44.1	S17 40.6
Hadar	148 37.0	S60 29.5
Hamal	327 51.1	N23 34.9
Kaus Aust.	83 32.9	S34 22.4
Kochab	137 20.9	N74 03.2
Markab	13 29.9	N15 20.5
Menkar	314 06.0	N 4 11.3
Menkent	147 58.3	S36 29.4
Miaplacidus	221 38.6	S69 48.7
Mirfak	308 28.1	N49 56.9
Nunki	75 48.1	S26 16.0
Peacock	53 06.0	S56 39.5
Pollux	243 17.5	N27 58.0
Procyon	244 51.0	N 5 09.8
Rasalhague	95 58.9	N12 32.6
Regulus	207 34.8	N11 50.8
Rigel	281 03.8	S 8 10.2
Rigil Kent.	139 41.3	S60 56.2
Sabik	102 03.2	S15 45.3
Schedar	349 30.8	N56 40.6
Shaula	96 10.9	S37 07.4
Sirius	258 26.3	S16 44.8
Spica	158 22.8	S11 17.3
Suhail	222 46.6	S43 31.6
Vega	80 33.5	N38 48.6
Zuben'ubi	136 56.6	S16 08.6

	SHA ° ′	Mer. Pass. h m
Venus	117 08.2	14 08
Mars	242 56.8	5 44
Jupiter	279 40.1	3 17
Saturn	14 38.1	20 54

© British Crown Copyright 2023. All rights reserved.

UT d	h	SUN GHA ° ′	SUN Dec ° ′	MOON GHA ° ′	v ′	MOON Dec ° ′	d ′	HP ′
21	00	183 51.0	S10 47.5	314 53.0	4.0	N27 42.1	4.6	59.1
	01	198 51.1	48.4	329 16.0	3.9	27 46.7	4.4	59.1
	02	213 51.2	49.3	343 38.9	4.0	27 51.1	4.2	59.1
	03	228 51.3	. . 50.2	358 01.9	4.0	27 55.3	4.1	59.0
	04	243 51.4	51.1	12 24.9	4.0	27 59.4	3.8	59.0
	05	258 51.5	52.0	26 47.9	4.0	28 03.2	3.7	58.9
	06	273 51.5	S10 52.9	41 10.9	4.0	N28 06.9	3.4	58.9
	07	288 51.6	53.7	55 33.9	4.1	28 10.3	3.3	58.9
	08	303 51.7	54.6	69 57.0	4.0	28 13.6	3.1	58.8
M	09	318 51.8	. . 55.5	84 20.0	4.1	28 16.7	2.8	58.8
O	10	333 51.9	56.4	98 43.1	4.1	28 19.5	2.7	58.7
N	11	348 52.0	57.3	113 06.2	4.1	28 22.2	2.5	58.7
D	12	3 52.1	S10 58.2	127 29.3	4.1	N28 24.7	2.3	58.6
A	13	18 52.2	59.0	141 52.4	4.2	28 27.0	2.1	58.6
Y	14	33 52.3	10 59.9	156 15.6	4.2	28 29.1	2.0	58.6
	15	48 52.4	11 00.8	170 38.8	4.3	28 31.1	1.7	58.5
	16	63 52.5	01.7	185 02.1	4.2	28 32.8	1.5	58.5
	17	78 52.6	02.6	199 25.3	4.4	28 34.3	1.4	58.4
	18	93 52.7	S11 03.5	213 48.7	4.3	N28 35.7	1.1	58.4
	19	108 52.8	04.3	228 12.0	4.4	28 36.8	1.0	58.4
	20	123 52.9	05.2	242 35.4	4.5	28 37.8	0.8	58.3
	21	138 53.0	. . 06.1	256 58.9	4.5	28 38.6	0.6	58.3
	22	153 53.1	07.0	271 22.4	4.5	28 39.2	0.4	58.2
	23	168 53.2	07.9	285 45.9	4.6	28 39.6	0.2	58.2
22	00	183 53.3	S11 08.8	300 09.5	4.7	N28 39.8	0.1	58.2
	01	198 53.4	09.6	314 33.2	4.7	28 39.9	0.2	58.1
	02	213 53.5	10.5	328 56.9	4.8	28 39.7	0.3	58.1
	03	228 53.6	. . 11.4	343 20.7	4.8	28 39.4	0.5	58.0
	04	243 53.7	12.3	357 44.5	4.9	28 38.9	0.7	58.0
	05	258 53.7	13.2	12 08.4	5.0	28 38.2	0.9	58.0
	06	273 53.8	S11 14.0	26 32.4	5.0	N28 37.3	1.0	57.9
	07	288 53.9	14.9	40 56.4	5.1	28 36.3	1.2	57.9
T	08	303 54.0	15.8	55 20.5	5.2	28 35.1	1.4	57.8
U	09	318 54.1	. . 16.7	69 44.7	5.2	28 33.7	1.6	57.8
E	10	333 54.2	17.6	84 08.9	5.4	28 32.1	1.8	57.8
S	11	348 54.3	18.4	98 33.3	5.3	28 30.3	1.9	57.7
D	12	3 54.4	S11 19.3	112 57.6	5.5	N28 28.4	2.1	57.7
A	13	18 54.5	20.2	127 22.1	5.6	28 26.3	2.3	57.6
Y	14	33 54.6	21.1	141 46.7	5.6	28 24.0	2.5	57.6
	15	48 54.7	. . 21.9	156 11.3	5.8	28 21.5	2.6	57.6
	16	63 54.7	22.8	170 36.1	5.8	28 18.9	2.8	57.5
	17	78 54.8	23.7	185 00.9	5.9	28 16.1	2.9	57.5
	18	93 54.9	S11 24.6	199 25.8	5.9	N28 13.2	3.2	57.4
	19	108 55.0	25.4	213 50.7	6.1	28 10.0	3.2	57.4
	20	123 55.1	26.3	228 15.8	6.2	28 06.8	3.5	57.4
	21	138 55.2	. . 27.2	242 41.0	6.3	28 03.3	3.6	57.3
	22	153 55.3	28.1	257 06.3	6.3	27 59.7	3.8	57.3
	23	168 55.4	28.9	271 31.6	6.5	27 55.9	3.9	57.2
23	00	183 55.4	S11 29.8	285 57.1	6.5	N27 52.0	4.1	57.2
	01	198 55.5	30.7	300 22.6	6.7	27 47.9	4.3	57.2
	02	213 55.6	31.6	314 48.3	6.7	27 43.6	4.4	57.1
	03	228 55.7	. . 32.4	329 14.0	6.8	27 39.2	4.5	57.1
	04	243 55.8	33.3	343 39.8	7.0	27 34.7	4.8	57.1
	05	258 55.9	34.2	358 05.8	7.0	27 29.9	4.8	57.0
	06	273 56.0	S11 35.1	12 31.8	7.2	N27 25.1	5.1	57.0
W	07	288 56.0	35.9	26 58.0	7.3	27 20.0	5.1	56.9
E	08	303 56.1	36.8	41 24.3	7.3	27 14.9	5.3	56.9
D	09	318 56.2	. . 37.7	55 50.6	7.5	27 09.6	5.5	56.9
N	10	333 56.3	38.5	70 17.1	7.6	27 04.1	5.6	56.8
E	11	348 56.4	39.4	84 43.7	7.6	26 58.5	5.8	56.8
S	12	3 56.5	S11 40.3	99 10.3	7.8	N26 52.7	5.9	56.8
D	13	18 56.5	41.2	113 37.1	7.9	26 46.8	6.0	56.7
A	14	33 56.6	42.0	128 04.0	8.0	26 40.8	6.2	56.7
Y	15	48 56.7	. . 42.9	142 31.0	8.2	26 34.6	6.3	56.7
	16	63 56.8	43.8	156 58.2	8.2	26 28.3	6.4	56.6
	17	78 56.9	44.6	171 25.4	8.3	26 21.9	6.6	56.6
	18	93 56.9	S11 45.5	185 52.7	8.5	N26 15.3	6.7	56.5
	19	108 57.0	46.4	200 20.2	8.6	26 08.6	6.9	56.5
	20	123 57.1	47.2	214 47.8	8.6	26 01.7	6.9	56.5
	21	138 57.2	. . 48.1	229 15.4	8.8	25 54.8	7.2	56.4
	22	153 57.3	49.0	243 43.2	8.9	25 47.6	7.2	56.4
	23	168 57.3	49.8	258 11.1	9.1	N25 40.4	7.4	56.4
		SD 16.1	*d* 0.9	SD		16.0	15.7	15.5

Lat. °	Twilight Naut. h m	Twilight Civil h m	Sunrise h m	Moonrise 21 h m	Moonrise 22 h m	Moonrise 23 h m	Moonrise 24 h m
N 72	05 27	06 46	08 02	▭	▭	▭	▭
N 70	05 27	06 39	07 45	▭	▭	▭	▭
68	05 27	06 32	07 32	▭	▭	▭	▭
66	05 27	06 27	07 21	▭	▭	▭	19 53
64	05 27	06 22	07 12	▭	▭	▭	20 40
62	05 26	06 18	07 05	▭	▭	19 13	21 10
60	05 26	06 15	06 58	17 04	18 13	19 51	21 32
N 58	05 26	06 11	06 52	17 44	18 50	20 18	21 50
56	05 25	06 08	06 47	18 11	19 17	20 39	22 05
54	05 24	06 06	06 42	18 33	19 38	20 56	22 18
52	05 24	06 03	06 38	18 51	19 55	21 11	22 30
50	05 23	06 01	06 34	19 07	20 10	21 24	22 40
45	05 21	05 55	06 25	19 37	20 41	21 50	23 01
N 40	05 19	05 51	06 18	20 02	21 04	22 11	23 18
35	05 17	05 46	06 12	20 21	21 23	22 28	23 32
30	05 14	05 42	06 07	20 38	21 40	22 43	23 44
20	05 09	05 35	05 57	21 07	22 08	23 08	24 05
N 10	05 03	05 28	05 49	21 32	22 32	23 29	24 23
0	04 55	05 20	05 41	21 55	22 54	23 50	24 40
S 10	04 46	05 11	05 33	22 18	23 17	24 10	00 10
20	04 35	05 02	05 24	22 43	23 40	24 31	00 31
30	04 20	04 49	05 14	23 12	24 08	00 08	00 56
35	04 11	04 42	05 08	23 29	24 25	00 25	01 10
40	03 59	04 33	05 02	23 49	24 44	00 44	01 27
45	03 45	04 23	04 54	24 14	00 14	01 07	01 47
S 50	03 27	04 10	04 44	24 45	00 45	01 36	02 12
52	03 18	04 03	04 40	25 01	01 01	01 51	02 24
54	03 07	03 56	04 35	00 08	01 19	02 08	02 38
56	02 55	03 49	04 30	00 28	01 42	02 28	02 54
58	02 41	03 40	04 24	00 55	02 11	02 53	03 12
S 60	02 24	03 29	04 17	01 32	02 55	03 27	03 36

Lat. °	Sunset h m	Twilight Civil h m	Twilight Naut. h m	Moonset 21 h m	Moonset 22 h m	Moonset 23 h m	Moonset 24 h m
N 72	15 25	16 41	17 59	▭	▭	▭	▭
N 70	15 42	16 48	17 59	▭	▭	▭	▭
68	15 55	16 55	18 00	▭	▭	▭	▭
66	16 06	17 00	18 00	▭	▭	▭	17 15
64	16 15	17 05	18 00	▭	▭	▭	16 28
62	16 23	17 09	18 01	▭	▭	16 07	15 57
60	16 30	17 13	18 01	14 12	15 09	15 28	15 34
N 58	16 36	17 16	18 02	13 32	14 31	15 01	15 15
56	16 41	17 19	18 03	13 05	14 04	14 40	15 00
54	16 46	17 22	18 03	12 43	13 43	14 22	14 46
52	16 50	17 25	18 04	12 25	13 26	14 07	14 34
50	16 54	17 27	18 05	12 10	13 10	13 54	14 24
45	17 03	17 33	18 07	11 39	12 40	13 27	14 01
N 40	17 10	17 37	18 09	11 15	12 16	13 05	13 44
35	17 16	17 42	18 11	10 55	11 57	12 47	13 28
30	17 22	17 46	18 14	10 39	11 40	12 32	13 15
20	17 31	17 54	18 19	10 10	11 11	12 05	12 53
N 10	17 40	18 01	18 26	09 46	10 47	11 43	12 33
0	17 48	18 09	18 33	09 23	10 24	11 21	12 14
S 10	17 56	18 17	18 42	09 00	10 01	11 00	11 56
20	18 05	18 27	18 54	08 36	09 36	10 37	11 36
30	18 15	18 40	19 09	08 07	09 07	10 10	11 12
35	18 21	18 47	19 19	07 51	08 50	09 54	10 59
40	18 28	18 56	19 30	07 31	08 30	09 35	10 43
45	18 36	19 07	19 45	07 07	08 06	09 13	10 24
S 50	18 46	19 20	20 04	06 37	07 34	08 44	10 00
52	18 50	19 27	20 13	06 22	07 19	08 30	09 48
54	18 55	19 34	20 23	06 04	07 00	08 13	09 35
56	19 00	19 42	20 36	05 43	06 38	07 53	09 20
58	19 07	19 51	20 50	05 17	06 08	07 29	09 01
S 60	19 14	20 02	21 08	04 39	05 25	06 55	08 39

Day	SUN Eqn. of Time 00ʰ	SUN Eqn. of Time 12ʰ	SUN Mer. Pass.	MOON Mer. Pass. Upper	MOON Mer. Pass. Lower	MOON Age	MOON Phase
d	m s	m s	h m	h m	h m	d %	
21	15 24	15 28	11 45	03 08	15 39	19 79	
22	15 33	15 37	11 44	04 09	16 39	20 69	◐
23	15 42	15 46	11 44	05 08	17 36	21 59	

© British Crown Copyright 2023. All rights reserved.

	UT	ARIES	VENUS −4·0		MARS +0·2		JUPITER −2·6		SATURN +0·7	
	d h	GHA ° ′	GHA ° ′	Dec ° ′	GHA ° ′	Dec ° ′	GHA ° ′	Dec ° ′	GHA ° ′	Dec ° ′
	24 00	32 53.4	147 28.1	S22 57.5	274 55.7	N22 07.0	312 39.4	N22 24.9	47 36.0	S 8 37.2
	01	47 55.8	162 27.4	58.1	289 57.0	06.9	327 42.0	24.9	62 38.5	37.2
	02	62 58.3	177 26.6	58.7	304 58.4	06.8	342 44.6	24.8	77 41.1	37.2
	03	78 00.7	192 25.9	. . 59.3	319 59.7	. . 06.6	357 47.2	. . 24.8	92 43.6	. . 37.3
	04	93 03.2	207 25.1	22 59.9	335 01.1	06.5	12 49.8	24.8	107 46.2	37.3
	05	108 05.7	222 24.4	23 00.6	350 02.4	06.4	27 52.4	24.8	122 48.8	37.3
	06	123 08.1	237 23.6	S23 01.2	5 03.8	N22 06.3	42 55.0	N22 24.8	137 51.3	S 8 37.4
	07	138 10.6	252 22.9	01.8	20 05.1	06.2	57 57.6	24.8	152 53.9	37.4
T	08	153 13.1	267 22.1	02.4	35 06.5	06.0	73 00.2	24.8	167 56.4	37.4
H	09	168 15.5	282 21.4	. . 03.0	50 07.8	. . 05.9	88 02.8	. . 24.8	182 59.0	. . 37.5
U	10	183 18.0	297 20.6	03.6	65 09.2	05.8	103 05.4	24.8	198 01.5	37.5
R	11	198 20.5	312 19.9	04.2	80 10.5	05.7	118 08.0	24.8	213 04.1	37.5
S	12	213 22.9	327 19.1	S23 04.8	95 11.9	N22 05.6	133 10.6	N22 24.8	228 06.6	S 8 37.6
D	13	228 25.4	342 18.4	05.4	110 13.2	05.4	148 13.2	24.8	243 09.2	37.6
A	14	243 27.9	357 17.7	06.0	125 14.6	05.3	163 15.8	24.8	258 11.7	37.6
Y	15	258 30.3	12 16.9	. . 06.6	140 15.9	. . 05.2	178 18.4	. . 24.7	273 14.3	. . 37.6
	16	273 32.8	27 16.2	07.2	155 17.3	05.1	193 21.0	24.7	288 16.8	37.7
	17	288 35.2	42 15.4	07.8	170 18.7	05.0	208 23.6	24.7	303 19.4	37.7
	18	303 37.7	57 14.7	S23 08.4	185 20.0	N22 04.8	223 26.2	N22 24.7	318 21.9	S 8 37.7
	19	318 40.2	72 13.9	09.0	200 21.4	04.7	238 28.8	24.7	333 24.5	37.8
	20	333 42.6	87 13.1	09.6	215 22.7	04.6	253 31.4	24.7	348 27.0	37.8
	21	348 45.1	102 12.4	. . 10.2	230 24.1	. . 04.5	268 34.0	. . 24.7	3 29.6	. . 37.8
	22	3 47.6	117 11.6	10.7	245 25.5	04.4	283 36.6	24.7	18 32.2	37.9
	23	18 50.0	132 10.9	11.3	260 26.8	04.2	298 39.2	24.7	33 34.7	37.9
	25 00	33 52.5	147 10.1	S23 11.9	275 28.2	N22 04.1	313 41.8	N22 24.7	48 37.3	S 8 37.9
	01	48 55.0	162 09.4	12.5	290 29.5	04.0	328 44.4	24.7	63 39.8	38.0
	02	63 57.4	177 08.6	13.1	305 30.9	03.9	343 47.0	24.6	78 42.4	38.0
	03	78 59.9	192 07.9	. . 13.7	320 32.3	. . 03.8	358 49.6	. . 24.6	93 44.9	. . 38.0
	04	94 02.4	207 07.1	14.3	335 33.6	03.7	13 52.2	24.6	108 47.5	38.0
	05	109 04.8	222 06.4	14.8	350 35.0	03.5	28 54.8	24.6	123 50.0	38.1
	06	124 07.3	237 05.6	S23 15.4	5 36.4	N22 03.4	43 57.4	N22 24.6	138 52.6	S 8 38.1
	07	139 09.7	252 04.9	16.0	20 37.7	03.3	59 00.0	24.6	153 55.1	38.1
	08	154 12.2	267 04.1	16.6	35 39.1	03.2	74 02.6	24.6	168 57.7	38.2
F	09	169 14.7	282 03.3	. . 17.2	50 40.5	. . 03.1	89 05.2	. . 24.6	184 00.2	. . 38.2
R	10	184 17.1	297 02.6	17.7	65 41.8	02.9	104 07.9	24.6	199 02.8	38.2
I	11	199 19.6	312 01.8	18.3	80 43.2	02.8	119 10.5	24.6	214 05.3	38.2
D	12	214 22.1	327 01.1	S23 18.9	95 44.6	N22 02.7	134 13.1	N22 24.6	229 07.9	S 8 38.3
A	13	229 24.5	342 00.3	19.5	110 46.0	02.6	149 15.7	24.6	244 10.4	38.3
Y	14	244 27.0	356 59.6	20.0	125 47.3	02.5	164 18.3	24.5	259 13.0	38.3
	15	259 29.5	11 58.8	. . 20.6	140 48.7	. . 02.3	179 20.9	. . 24.5	274 15.5	. . 38.4
	16	274 31.9	26 58.0	21.2	155 50.1	02.2	194 23.5	24.5	289 18.1	38.4
	17	289 34.4	41 57.3	21.8	170 51.4	02.1	209 26.1	24.5	304 20.6	38.4
	18	304 36.8	56 56.5	S23 22.3	185 52.8	N22 02.0	224 28.7	N22 24.5	319 23.1	S 8 38.5
	19	319 39.3	71 55.8	22.9	200 54.2	01.9	239 31.3	24.5	334 25.7	38.5
	20	334 41.8	86 55.0	23.5	215 55.6	01.7	254 34.0	24.5	349 28.2	38.5
	21	349 44.2	101 54.2	. . 24.0	230 56.9	. . 01.6	269 36.6	. . 24.5	4 30.8	. . 38.5
	22	4 46.7	116 53.5	24.6	245 58.3	01.5	284 39.2	24.5	19 33.3	38.6
	23	19 49.2	131 52.7	25.2	260 59.7	01.4	299 41.8	24.5	34 35.9	38.6
	26 00	34 51.6	146 51.9	S23 25.7	276 01.1	N22 01.3	314 44.4	N22 24.5	49 38.4	S 8 38.6
	01	49 54.1	161 51.2	26.3	291 02.5	01.2	329 47.0	24.4	64 41.0	38.7
	02	64 56.6	176 50.4	26.8	306 03.8	01.0	344 49.6	24.4	79 43.5	38.7
	03	79 59.0	191 49.7	. . 27.4	321 05.2	. . 00.9	359 52.2	. . 24.4	94 46.1	. . 38.7
	04	95 01.5	206 48.9	28.0	336 06.6	00.8	14 54.9	24.4	109 48.6	38.7
	05	110 04.0	221 48.1	28.5	351 08.0	00.7	29 57.5	24.4	124 51.2	38.8
	06	125 06.4	236 47.4	S23 29.1	6 09.4	N22 00.6	45 00.1	N22 24.4	139 53.7	S 8 38.8
	07	140 08.9	251 46.6	29.6	21 10.8	00.4	60 02.7	24.4	154 56.3	38.8
S	08	155 11.3	266 45.8	30.2	36 12.1	00.3	75 05.3	24.4	169 58.8	38.8
A	09	170 13.8	281 45.1	. . 30.7	51 13.5	. . 00.2	90 07.9	. . 24.4	185 01.4	. . 38.9
T	10	185 16.3	296 44.3	31.3	66 14.9	00.1	105 10.6	24.4	200 03.9	38.9
U	11	200 18.7	311 43.5	31.8	81 16.3	22 00.0	120 13.2	24.4	215 06.5	38.9
R	12	215 21.2	326 42.8	S23 32.4	96 17.7	N21 59.9	135 15.8	N22 24.3	230 09.0	S 8 39.0
D	13	230 23.7	341 42.0	32.9	111 19.1	59.7	150 18.4	24.3	245 11.5	39.0
A	14	245 26.1	356 41.2	33.5	126 20.5	59.6	165 21.0	24.3	260 14.1	39.0
Y	15	260 28.6	11 40.5	. . 34.0	141 21.9	. . 59.5	180 23.6	. . 24.3	275 16.6	. . 39.0
	16	275 31.1	26 39.7	34.6	156 23.2	59.4	195 26.3	24.3	290 19.2	39.1
	17	290 33.5	41 38.9	35.1	171 24.6	59.3	210 28.9	24.3	305 21.7	39.1
	18	305 36.0	56 38.2	S23 35.6	186 26.0	N21 59.1	225 31.5	N22 24.3	320 24.3	S 8 39.1
	19	320 38.5	71 37.4	36.2	201 27.4	59.0	240 34.1	24.3	335 26.8	39.2
	20	335 40.9	86 36.6	36.7	216 28.8	58.9	255 36.7	24.3	350 29.4	39.2
	21	350 43.4	101 35.8	. . 37.3	231 30.2	. . 58.8	270 39.4	. . 24.3	5 31.9	. . 39.2
	22	5 45.8	116 35.1	37.8	246 31.6	58.7	285 42.0	24.3	20 34.4	39.2
	23	20 48.3	131 34.3	38.3	261 33.0	58.6	300 44.6	24.2	35 37.0	39.3
	Mer. Pass.	h m 21 40.9	*v* −0.8	*d* 0.6	*v* 1.4	*d* 0.1	*v* 2.6	*d* 0.0	*v* 2.5	*d* 0.0

STARS

Name	SHA ° ′	Dec ° ′
Acamar	315 11.5	S40 12.2
Achernar	335 19.7	S57 06.6
Acrux	173 01.0	S63 14.0
Adhara	255 05.9	S29 00.0
Aldebaran	290 39.6	N16 33.6
Alioth	166 13.6	N55 49.5
Alkaid	152 52.6	N49 11.4
Alnair	27 32.9	S46 50.6
Alnilam	275 37.7	S 1 11.0
Alphard	217 48.0	S 8 45.8
Alphecca	126 04.2	N26 38.0
Alpheratz	357 34.7	N29 13.8
Altair	62 00.2	N 8 56.1
Ankaa	353 06.9	S42 10.3
Antares	112 16.4	S26 29.2
Arcturus	145 48.4	N19 03.3
Atria	107 11.2	S69 04.5
Avior	234 14.9	S59 34.9
Bellatrix	278 22.9	N 6 22.4
Betelgeuse	270 52.1	N 7 24.8
Canopus	263 52.2	S52 42.2
Capella	280 21.8	N46 01.3
Deneb	49 25.9	N45 22.4
Denebola	182 25.4	N14 26.1
Diphda	348 47.2	S17 51.0
Dubhe	193 41.6	N61 36.9
Elnath	278 01.9	N28 37.7
Eltanin	90 42.6	N51 29.3
Enif	33 38.9	N 9 59.5
Fomalhaut	15 14.5	S29 29.5
Gacrux	171 52.4	S57 14.9
Gienah	175 44.1	S17 40.6
Hadar	148 37.0	S60 29.5
Hamal	327 51.1	N23 34.9
Kaus Aust.	83 33.0	S34 22.4
Kochab	137 20.9	N74 03.2
Markab	13 29.9	N15 20.5
Menkar	314 06.0	N 4 11.3
Menkent	147 58.3	S36 29.4
Miaplacidus	221 38.6	S69 48.7
Mirfak	308 28.1	N49 57.0
Nunki	75 48.1	S26 16.0
Peacock	53 06.0	S56 39.5
Pollux	243 17.5	N27 57.9
Procyon	244 51.0	N 5 09.8
Rasalhague	95 58.9	N12 32.6
Regulus	207 34.8	N11 50.8
Rigel	281 03.8	S 8 10.2
Rigil Kent.	139 41.3	S60 56.2
Sabik	102 03.3	S15 45.3
Schedar	349 30.8	N56 40.6
Shaula	96 10.9	S37 07.4
Sirius	258 26.3	S16 44.8
Spica	158 22.8	S11 17.3
Suhail	222 46.6	S43 31.6
Vega	80 33.5	N38 48.6
Zuben'ubi	136 56.6	S16 08.6

	SHA ° ′	Mer. Pass. h m
Venus	113 17.6	14 12
Mars	241 35.7	5 38
Jupiter	279 49.3	3 05
Saturn	14 44.8	20 42

© British Crown Copyright 2023. All rights reserved.

UT d h	SUN GHA	SUN Dec	MOON GHA	MOON v	MOON Dec	MOON d	MOON HP
	° ′	° ′	° ′	′	° ′	′	′
24 00 (THURSDAY)	183 57.4	S11 50.7	272 39.2	9.1	N25 33.0	7.4	56.3
01	198 57.5	51.6	287 07.3	9.2	25 25.6	7.6	56.3
02	213 57.6	52.4	301 35.5	9.4	25 18.0	7.8	56.3
03	228 57.7	. . 53.3	316 03.9	9.4	25 10.2	7.8	56.2
04	243 57.7	54.2	330 32.3	9.6	25 02.4	8.0	56.2
05	258 57.8	55.0	345 00.9	9.7	24 54.4	8.1	56.2
06	273 57.9	S11 55.9	359 29.6	9.8	N24 46.3	8.2	56.1
07	288 58.0	56.8	13 58.4	10.0	24 38.1	8.3	56.1
08	303 58.0	57.6	28 27.4	10.0	24 29.8	8.5	56.1
09	318 58.1	. . 58.5	42 56.4	10.1	24 21.3	8.5	56.0
10	333 58.2	11 59.4	57 25.5	10.3	24 12.8	8.7	56.0
11	348 58.3	12 00.2	71 54.8	10.4	24 04.1	8.7	56.0
12	3 58.3	S12 01.1	86 24.2	10.5	N23 55.4	8.9	55.9
13	18 58.4	02.0	100 53.7	10.6	23 46.5	9.0	55.9
14	33 58.5	02.8	115 23.3	10.7	23 37.5	9.1	55.9
15	48 58.6	. . 03.7	129 53.0	10.8	23 28.4	9.1	55.8
16	63 58.6	04.5	144 22.8	10.9	23 19.3	9.3	55.8
17	78 58.7	05.4	158 52.7	11.0	23 10.0	9.4	55.8
18	93 58.8	S12 06.3	173 22.7	11.2	N23 00.6	9.5	55.8
19	108 58.9	07.1	187 52.9	11.3	22 51.1	9.6	55.7
20	123 58.9	08.0	202 23.2	11.3	22 41.5	9.7	55.7
21	138 59.0	. . 08.9	216 53.5	11.5	22 31.8	9.8	55.7
22	153 59.1	09.7	231 24.0	11.6	22 22.0	9.9	55.6
23	168 59.2	10.6	245 54.6	11.7	22 12.1	9.9	55.6
25 00 (FRIDAY)	183 59.2	S12 11.4	260 25.3	11.8	N22 02.2	10.1	55.6
01	198 59.3	12.3	274 56.1	11.9	21 52.1	10.1	55.6
02	213 59.4	13.2	289 27.0	12.0	21 42.0	10.3	55.5
03	228 59.4	. . 14.0	303 58.0	12.1	21 31.7	10.3	55.5
04	243 59.5	14.9	318 29.1	12.2	21 21.4	10.4	55.5
05	258 59.6	15.7	333 00.3	12.3	21 11.0	10.5	55.4
06	273 59.6	S12 16.6	347 31.6	12.5	N21 00.5	10.6	55.4
07	288 59.7	17.4	2 03.1	12.5	20 49.9	10.7	55.4
08	303 59.8	18.3	16 34.6	12.6	20 39.2	10.7	55.4
09	318 59.9	. . 19.2	31 06.2	12.7	20 28.5	10.9	55.3
10	333 59.9	20.0	45 37.9	12.9	20 17.6	10.9	55.3
11	349 00.0	20.9	60 09.8	12.9	20 06.7	11.0	55.3
12	4 00.1	S12 21.7	74 41.7	13.0	N19 55.7	11.0	55.3
13	19 00.1	22.6	89 13.7	13.1	19 44.7	11.2	55.2
14	34 00.2	23.4	103 45.8	13.2	19 33.5	11.2	55.2
15	49 00.3	. . 24.3	118 18.0	13.4	19 22.3	11.3	55.2
16	64 00.3	25.1	132 50.4	13.4	19 11.0	11.3	55.2
17	79 00.4	26.0	147 22.8	13.5	18 59.7	11.5	55.1
18	94 00.5	S12 26.8	161 55.3	13.5	N18 48.2	11.5	55.1
19	109 00.5	27.7	176 27.8	13.7	18 36.7	11.5	55.1
20	124 00.6	28.6	191 00.5	13.8	18 25.2	11.7	55.1
21	139 00.6	. . 29.4	205 33.3	13.9	18 13.5	11.7	55.0
22	154 00.7	30.3	220 06.2	13.9	18 01.8	11.7	55.0
23	169 00.8	31.1	234 39.1	14.0	17 50.1	11.9	55.0
26 00 (SATURDAY)	184 00.8	S12 32.0	249 12.1	14.2	N17 38.2	11.9	55.0
01	199 00.9	32.8	263 45.3	14.2	17 26.3	11.9	55.0
02	214 01.0	33.7	278 18.5	14.3	17 14.4	12.1	54.9
03	229 01.0	. . 34.5	292 51.8	14.3	17 02.3	12.0	54.9
04	244 01.1	35.4	307 25.1	14.5	16 50.3	12.2	54.9
05	259 01.2	36.2	321 58.6	14.5	16 38.1	12.2	54.9
06	274 01.2	S12 37.1	336 32.1	14.7	N16 25.9	12.2	54.8
07	289 01.3	37.9	351 05.8	14.7	16 13.7	12.4	54.8
08	304 01.3	38.8	5 39.5	14.7	16 01.3	12.3	54.8
09	319 01.4	. . 39.6	20 13.2	14.9	15 49.0	12.5	54.8
10	334 01.5	40.5	34 47.1	14.9	15 36.5	12.4	54.8
11	349 01.5	41.3	49 21.0	15.0	15 24.1	12.6	54.7
12	4 01.6	S12 42.2	63 55.0	15.1	N15 11.5	12.5	54.7
13	19 01.6	43.0	78 29.1	15.2	14 59.0	12.7	54.7
14	34 01.7	43.9	93 03.3	15.2	14 46.3	12.7	54.7
15	49 01.8	. . 44.7	107 37.5	15.3	14 33.6	12.7	54.7
16	64 01.8	45.5	122 11.8	15.4	14 20.9	12.8	54.7
17	79 01.9	46.4	136 46.2	15.4	14 08.1	12.8	54.6
18	94 01.9	S12 47.2	151 20.6	15.5	N13 55.3	12.9	54.6
19	109 02.0	48.1	165 55.1	15.6	13 42.4	12.9	54.6
20	124 02.0	48.9	180 29.7	15.6	13 29.5	12.9	54.6
21	139 02.1	. . 49.8	195 04.3	15.7	13 16.6	13.0	54.6
22	154 02.2	50.6	209 39.0	15.8	13 03.6	13.1	54.5
23	169 02.2	51.5	224 13.8	15.8	N12 50.5	13.1	54.5
	SD 16.1	*d* 0.9	SD 15.2		15.1		14.9

Lat.	Twilight Naut.	Twilight Civil	Sunrise	Moonrise 24	Moonrise 25	Moonrise 26	Moonrise 27
°	h m	h m	h m	h m	h m	h m	h m
N 72	05 40	07 00	08 18	▭	▭	23 07	25 20
N 70	05 38	06 50	07 59	▭	21 02	23 32	25 30
68	05 37	06 43	07 44	▭	21 45	23 51	25 39
66	05 36	06 36	07 32	19 53	22 14	24 05	00 05
64	05 35	06 31	07 22	20 40	22 36	24 18	00 18
62	05 34	06 26	07 13	21 10	22 53	24 28	00 28
60	05 33	06 22	07 05	21 32	23 07	24 36	00 36
N 58	05 32	06 18	06 59	21 50	23 19	24 44	00 44
56	05 31	06 14	06 53	22 05	23 30	24 51	00 51
54	05 30	06 11	06 48	22 18	23 39	24 56	00 56
52	05 29	06 08	06 43	22 30	23 47	25 02	01 02
50	05 28	06 05	06 39	22 40	23 55	25 07	01 07
45	05 25	05 59	06 29	23 01	24 10	00 10	01 17
N 40	05 22	05 54	06 22	23 18	24 23	00 23	01 25
35	05 19	05 49	06 15	23 32	24 34	00 34	01 33
30	05 16	05 45	06 09	23 44	24 43	00 43	01 39
20	05 10	05 36	05 59	24 05	00 05	00 59	01 50
N 10	05 03	05 28	05 49	24 23	00 23	01 13	02 00
0	04 55	05 19	05 41	24 40	00 40	01 26	02 09
S 10	04 45	05 10	05 32	00 10	00 57	01 39	02 18
20	04 33	05 00	05 22	00 31	01 15	01 53	02 27
30	04 17	04 46	05 11	00 56	01 35	02 09	02 38
35	04 07	04 38	05 05	01 10	01 47	02 18	02 44
40	03 55	04 29	04 57	01 27	02 01	02 28	02 51
45	03 39	04 18	04 49	01 47	02 17	02 40	02 59
S 50	03 20	04 03	04 38	02 12	02 37	02 55	03 09
52	03 10	03 57	04 34	02 24	02 46	03 02	03 13
54	02 59	03 49	04 28	02 38	02 57	03 09	03 18
56	02 46	03 41	04 22	02 54	03 08	03 18	03 24
58	02 30	03 31	04 16	03 12	03 22	03 27	03 30
S 60	02 11	03 20	04 08	03 36	03 38	03 38	03 37

Lat.	Sunset	Twilight Civil	Twilight Naut.	Moonset 24	Moonset 25	Moonset 26	Moonset 27
°	h m	h m	h m	h m	h m	h m	h m
N 72	15 08	16 26	17 46	▭	▭	17 14	16 26
N 70	15 27	16 36	17 48	▭	17 47	16 47	16 13
68	15 43	16 44	17 49	▭	17 02	16 26	16 03
66	15 55	16 50	17 50	17 15	16 32	16 10	15 54
64	16 05	16 56	17 52	16 28	16 09	15 57	15 47
62	16 14	17 01	17 53	15 57	15 51	15 45	15 40
60	16 22	17 05	17 54	15 34	15 36	15 36	15 34
N 58	16 28	17 09	17 55	15 15	15 23	15 27	15 29
56	16 34	17 13	17 56	15 00	15 12	15 19	15 25
54	16 39	17 16	17 57	14 46	15 02	15 13	15 21
52	16 44	17 19	17 58	14 34	14 53	15 07	15 17
50	16 49	17 22	18 00	14 24	14 45	15 01	15 14
45	16 58	17 28	18 02	14 01	14 28	14 49	15 07
N 40	17 06	17 34	18 05	13 44	14 14	14 39	15 01
35	17 13	17 39	18 08	13 28	14 02	14 30	14 55
30	17 19	17 43	18 11	13 15	13 52	14 23	14 51
20	17 29	17 52	18 18	12 53	13 34	14 10	14 42
N 10	17 39	18 00	18 25	12 33	13 18	13 58	14 35
0	17 47	18 09	18 33	12 14	13 03	13 47	14 28
S 10	17 56	18 18	18 43	11 56	12 48	13 36	14 21
20	18 06	18 29	18 55	11 36	12 32	13 24	14 14
30	18 17	18 42	19 12	11 12	12 13	13 10	14 05
35	18 24	18 50	19 22	10 59	12 02	13 02	14 00
40	18 31	19 00	19 34	10 43	11 49	12 53	13 55
45	18 40	19 11	19 50	10 24	11 34	12 43	13 48
S 50	18 51	19 26	20 10	10 00	11 16	12 30	13 40
52	18 55	19 33	20 20	09 48	11 07	12 23	13 37
54	19 01	19 40	20 31	09 35	10 57	12 17	13 33
56	19 07	19 49	20 45	09 20	10 46	12 09	13 28
58	19 14	19 59	21 01	09 01	10 33	12 00	13 23
S 60	19 21	20 11	21 20	08 39	10 18	11 51	13 17

Day	SUN Eqn. of Time 00^h	SUN Eqn. of Time 12^h	SUN Mer. Pass.	MOON Mer. Pass. Upper	MOON Mer. Pass. Lower	MOON Age	MOON Phase
d	m s	m s	h m	h m	h m	d	%
24	15 50	15 53	11 44	06 02	18 27	22	48
25	15 57	16 00	11 44	06 52	19 15	23	39
26	16 03	16 06	11 44	07 37	19 58	24	29

© British Crown Copyright 2023. All rights reserved.

	UT	ARIES	VENUS −4·0		MARS +0·1		JUPITER −2·7		SATURN +0·8		STARS		
		GHA	GHA	Dec	GHA	Dec	GHA	Dec	GHA	Dec	Name	SHA	Dec
	d h	° ′	° ′	° ′	° ′	° ′	° ′	° ′	° ′	° ′		° ′	° ′
	27 00	35 50.8	146 33.5	S23 38.9	276 34.4	N21 58.4	315 47.2	N22 24.2	50 39.5	S 8 39.3	Acamar	315 11.5	S40 12.2
	01	50 53.2	161 32.8	39.4	291 35.8	58.3	330 49.9	24.2	65 42.1	39.3	Achernar	335 19.7	S57 06.6
	02	65 55.7	176 32.0	39.9	306 37.2	58.2	345 52.5	24.2	80 44.6	39.3	Acrux	173 00.9	S63 14.0
	03	80 58.2	191 31.2	. . 40.5	321 38.6	. . 58.1	0 55.1	. . 24.2	95 47.2	. . 39.4	Adhara	255 05.9	S29 00.0
	04	96 00.6	206 30.4	41.0	336 40.0	58.0	15 57.7	24.2	110 49.7	39.4	Aldebaran	290 39.5	N16 33.6
	05	111 03.1	221 29.7	41.5	351 41.4	57.9	31 00.3	24.2	125 52.3	39.4			
	06	126 05.6	236 28.9	S23 42.1	6 42.8	N21 57.7	46 03.0	N22 24.2	140 54.8	S 8 39.4	Alioth	166 13.6	N55 49.5
	07	141 08.0	251 28.1	42.6	21 44.2	57.6	61 05.6	24.2	155 57.3	39.5	Alkaid	152 52.6	N49 11.4
	08	156 10.5	266 27.3	43.1	36 45.6	57.5	76 08.2	24.2	170 59.9	39.5	Alnair	27 32.9	S46 50.6
S	09	171 12.9	281 26.6	. . 43.6	51 47.0	. . 57.4	91 10.8	. . 24.1	186 02.4	. . 39.5	Alnilam	275 37.7	S 1 11.0
U	10	186 15.4	296 25.8	44.2	66 48.4	57.3	106 13.5	24.1	201 05.0	39.6	Alphard	217 48.0	S 8 45.8
N	11	201 17.9	311 25.0	44.7	81 49.8	57.2	121 16.1	24.1	216 07.5	39.6			
D	12	216 20.3	326 24.2	S23 45.2	96 51.2	N21 57.0	136 18.7	N22 24.1	231 10.1	S 8 39.6	Alphecca	126 04.2	N26 38.0
A	13	231 22.8	341 23.5	45.7	111 52.6	56.9	151 21.3	24.1	246 12.6	39.6	Alpheratz	357 34.7	N29 13.8
Y	14	246 25.3	356 22.7	46.2	126 54.0	56.8	166 24.0	24.1	261 15.1	39.7	Altair	62 00.2	N 8 56.1
	15	261 27.7	11 21.9	. . 46.8	141 55.4	. . 56.7	181 26.6	. . 24.1	276 17.7	. . 39.7	Ankaa	353 06.9	S42 10.3
	16	276 30.2	26 21.1	47.3	156 56.8	56.6	196 29.2	24.1	291 20.2	39.7	Antares	112 16.4	S26 29.2
	17	291 32.7	41 20.4	47.8	171 58.2	56.5	211 31.9	24.1	306 22.8	39.7			
	18	306 35.1	56 19.6	S23 48.3	186 59.6	N21 56.3	226 34.5	N22 24.1	321 25.3	S 8 39.8	Arcturus	145 48.4	N19 03.3
	19	321 37.6	71 18.8	48.8	202 01.0	56.2	241 37.1	24.0	336 27.8	39.8	Atria	107 11.2	S69 04.4
	20	336 40.1	86 18.0	49.3	217 02.5	56.1	256 39.7	24.0	351 30.4	39.8	Avior	234 14.8	S59 34.9
	21	351 42.5	101 17.2	. . 49.8	232 03.9	. . 56.0	271 42.4	. . 24.0	6 32.9	. . 39.8	Bellatrix	278 22.8	N 6 22.4
	22	6 45.0	116 16.5	50.4	247 05.3	55.9	286 45.0	24.0	21 35.5	39.9	Betelgeuse	270 52.1	N 7 24.8
	23	21 47.4	131 15.7	50.9	262 06.7	55.8	301 47.6	24.0	36 38.0	39.9			
	28 00	36 49.9	146 14.9	S23 51.4	277 08.1	N21 55.6	316 50.3	N22 24.0	51 40.5	S 8 39.9	Canopus	263 52.2	S52 42.2
	01	51 52.4	161 14.1	51.9	292 09.5	55.5	331 52.9	24.0	66 43.1	39.9	Capella	280 21.8	N46 01.3
	02	66 54.8	176 13.3	52.4	307 10.9	55.4	346 55.5	24.0	81 45.6	40.0	Deneb	49 25.9	N45 22.4
	03	81 57.3	191 12.6	. . 52.9	322 12.3	. . 55.3	1 58.2	. . 24.0	96 48.2	. . 40.0	Denebola	182 25.4	N14 26.1
	04	96 59.8	206 11.8	53.4	337 13.8	55.2	17 00.8	24.0	111 50.7	40.0	Diphda	348 47.2	S17 51.0
	05	112 02.2	221 11.0	53.9	352 15.2	55.1	32 03.4	23.9	126 53.2	40.0			
	06	127 04.7	236 10.2	S23 54.4	7 16.6	N21 54.9	47 06.1	N22 23.9	141 55.8	S 8 40.1	Dubhe	193 41.6	N61 36.9
	07	142 07.2	251 09.4	54.9	22 18.0	54.8	62 08.7	23.9	156 58.3	40.1	Elnath	278 01.8	N28 37.7
	08	157 09.6	266 08.6	55.4	37 19.4	54.7	77 11.3	23.9	172 00.9	40.1	Eltanin	90 42.6	N51 29.3
M	09	172 12.1	281 07.9	. . 55.9	52 20.9	. . 54.6	92 14.0	. . 23.9	187 03.4	. . 40.1	Enif	33 38.9	N 9 59.5
O	10	187 14.5	296 07.1	56.4	67 22.3	54.5	107 16.6	23.9	202 05.9	40.2	Fomalhaut	15 14.5	S29 29.5
N	11	202 17.0	311 06.3	56.9	82 23.7	54.4	122 19.2	23.9	217 08.5	40.2			
D	12	217 19.5	326 05.5	S23 57.4	97 25.1	N21 54.3	137 21.9	N22 23.9	232 11.0	S 8 40.2	Gacrux	171 52.4	S57 14.9
A	13	232 21.9	341 04.7	57.9	112 26.5	54.1	152 24.5	23.9	247 13.6	40.2	Gienah	175 44.1	S17 40.6
Y	14	247 24.4	356 03.9	58.4	127 28.0	54.0	167 27.1	23.9	262 16.1	40.3	Hadar	148 37.0	S60 29.5
	15	262 26.9	11 03.1	. . 58.8	142 29.4	. . 53.9	182 29.8	. . 23.8	277 18.6	. . 40.3	Hamal	327 51.1	N23 34.9
	16	277 29.3	26 02.4	59.3	157 30.8	53.8	197 32.4	23.8	292 21.2	40.3	Kaus Aust.	83 33.0	S34 22.4
	17	292 31.8	41 01.6	23 59.8	172 32.2	53.7	212 35.0	23.8	307 23.7	40.3			
	18	307 34.3	56 00.8	S24 00.3	187 33.7	N21 53.6	227 37.7	N22 23.8	322 26.2	S 8 40.4	Kochab	137 20.9	N74 03.2
	19	322 36.7	71 00.0	00.8	202 35.1	53.4	242 40.3	23.8	337 28.8	40.4	Markab	13 29.9	N15 20.5
	20	337 39.2	85 59.2	01.3	217 36.5	53.3	257 42.9	23.8	352 31.3	40.4	Menkar	314 06.0	N 4 11.3
	21	352 41.7	100 58.4	. . 01.8	232 37.9	. . 53.2	272 45.6	. . 23.8	7 33.9	. . 40.4	Menkent	147 58.3	S36 29.4
	22	7 44.1	115 57.6	02.2	247 39.4	53.1	287 48.2	23.8	22 36.4	40.5	Miaplacidus	221 38.5	S69 48.7
	23	22 46.6	130 56.8	02.7	262 40.8	53.0	302 50.9	23.8	37 38.9	40.5			
	29 00	37 49.0	145 56.1	S24 03.2	277 42.2	N21 52.9	317 53.5	N22 23.7	52 41.5	S 8 40.5	Mirfak	308 28.1	N49 57.0
	01	52 51.5	160 55.3	03.7	292 43.7	52.8	332 56.1	23.7	67 44.0	40.5	Nunki	75 48.1	S26 16.0
	02	67 54.0	175 54.5	04.2	307 45.1	52.6	347 58.8	23.7	82 46.5	40.5	Peacock	53 06.0	S56 39.5
	03	82 56.4	190 53.7	. . 04.6	322 46.5	. . 52.5	3 01.4	. . 23.7	97 49.1	. . 40.6	Pollux	243 17.5	N27 57.9
	04	97 58.9	205 52.9	05.1	337 48.0	52.4	18 04.1	23.7	112 51.6	40.6	Procyon	244 51.0	N 5 09.8
	05	113 01.4	220 52.1	05.6	352 49.4	52.3	33 06.7	23.7	127 54.2	40.6			
	06	128 03.8	235 51.3	S24 06.1	7 50.8	N21 52.2	48 09.3	N22 23.7	142 56.7	S 8 40.6	Rasalhague	95 59.0	N12 32.6
	07	143 06.3	250 50.5	06.5	22 52.3	52.1	63 12.0	23.7	157 59.2	40.7	Regulus	207 34.8	N11 50.8
T	08	158 08.8	265 49.7	07.0	37 53.7	52.0	78 14.6	23.7	173 01.8	40.7	Rigel	281 03.8	S 8 10.2
U	09	173 11.2	280 48.9	. . 07.5	52 55.2	. . 51.8	93 17.3	. . 23.6	188 04.3	. . 40.7	Rigil Kent.	139 41.3	S60 56.2
E	10	188 13.7	295 48.1	07.9	67 56.6	51.7	108 19.9	23.6	203 06.8	40.7	Sabik	102 03.3	S15 45.3
	11	203 16.1	310 47.4	08.4	82 58.0	51.6	123 22.6	23.6	218 09.4	40.8			
S	12	218 18.6	325 46.6	S24 08.9	97 59.5	N21 51.5	138 25.2	N22 23.6	233 11.9	S 8 40.8	Schedar	349 30.8	N56 40.6
D	13	233 21.1	340 45.8	09.3	113 00.9	51.4	153 27.8	23.6	248 14.4	40.8	Shaula	96 10.9	S37 07.4
A	14	248 23.5	355 45.0	09.8	128 02.3	51.3	168 30.5	23.6	263 17.0	40.8	Sirius	258 26.3	S16 44.8
Y	15	263 26.0	10 44.2	. . 10.3	143 03.8	. . 51.2	183 33.1	. . 23.6	278 19.5	. . 40.8	Spica	158 22.8	S11 17.3
	16	278 28.5	25 43.4	10.7	158 05.2	51.1	198 35.8	23.6	293 22.0	40.9	Suhail	222 46.5	S43 31.6
	17	293 30.9	40 42.6	11.2	173 06.7	50.9	213 38.4	23.6	308 24.6	40.9			
	18	308 33.4	55 41.8	S24 11.7	188 08.1	N21 50.8	228 41.1	N22 23.5	323 27.1	S 8 40.9	Vega	80 33.6	N38 48.6
	19	323 35.9	70 41.0	12.1	203 09.6	50.7	243 43.7	23.5	338 29.6	40.9	Zuben'ubi	136 56.6	S16 08.6
	20	338 38.3	85 40.2	12.6	218 11.0	50.6	258 46.4	23.5	353 32.2	41.0			
	21	353 40.8	100 39.4	. . 13.0	233 12.5	. . 50.5	273 49.0	. . 23.5	8 34.7	. . 41.0			
	22	8 43.3	115 38.6	13.5	248 13.9	50.4	288 51.6	23.5	23 37.2	41.0			
	23	23 45.7	130 37.8	13.9	263 15.4	50.3	303 54.3	23.5	38 39.8	41.0			
	Mer. Pass.	h m 21 29.1	v −0.8	d 0.5	v 1.4	d 0.1	v 2.6	d 0.0	v 2.5	d 0.0			

	SHA	Mer. Pass.
	° ′	h m
Venus	109 25.0	14 16
Mars	240 18.2	5 31
Jupiter	280 00.4	2 52
Saturn	14 50.6	20 30

© British Crown Copyright 2023. All rights reserved.

UT d	h	SUN GHA ° ′	SUN Dec ° ′	MOON GHA ° ′	v ′	MOON Dec ° ′	d ′	HP ′
27 SUNDAY	00	184 02.3	S12 52.3	238 48.6	15.9	N12 37.4	13.1	54.5
	01	199 02.3	53.1	253 23.5	15.9	12 24.3	13.2	54.5
	02	214 02.4	54.0	267 58.4	16.1	12 11.1	13.2	54.5
	03	229 02.4	. . 54.8	282 33.5	16.0	11 57.9	13.2	54.5
	04	244 02.5	55.7	297 08.5	16.1	11 44.7	13.3	54.5
	05	259 02.5	56.5	311 43.6	16.2	11 31.4	13.3	54.4
	06	274 02.6	S12 57.4	326 18.8	16.2	N11 18.1	13.4	54.4
	07	289 02.6	58.2	340 54.0	16.3	11 04.7	13.4	54.4
	08	304 02.7	59.0	355 29.3	16.4	10 51.3	13.4	54.4
	09	319 02.8	12 59.9	10 04.7	16.4	10 37.9	13.4	54.4
	10	334 02.8	13 00.7	24 40.1	16.4	10 24.5	13.5	54.4
	11	349 02.9	01.6	39 15.5	16.5	10 11.0	13.5	54.4
	12	4 02.9	S13 02.4	53 51.0	16.5	N 9 57.5	13.6	54.3
	13	19 03.0	03.2	68 26.5	16.6	9 43.9	13.6	54.3
	14	34 03.0	04.1	83 02.1	16.6	9 30.3	13.6	54.3
	15	49 03.1	. . 04.9	97 37.7	16.7	9 16.7	13.6	54.3
	16	64 03.1	05.8	112 13.4	16.7	9 03.1	13.7	54.3
	17	79 03.2	06.6	126 49.1	16.7	8 49.4	13.7	54.3
	18	94 03.2	S13 07.4	141 24.8	16.8	N 8 35.7	13.7	54.3
	19	109 03.3	08.3	156 00.6	16.9	8 22.0	13.7	54.3
	20	124 03.3	09.1	170 36.5	16.8	8 08.3	13.8	54.3
	21	139 03.4	. . 09.9	185 12.3	17.0	7 54.5	13.8	54.2
	22	154 03.4	10.8	199 48.3	16.9	7 40.7	13.8	54.2
	23	169 03.5	11.6	214 24.2	17.0	7 26.9	13.8	54.2
28 MONDAY	00	184 03.5	S13 12.4	229 00.2	17.0	N 7 13.1	13.9	54.2
	01	199 03.6	13.3	243 36.2	17.1	6 59.2	13.9	54.2
	02	214 03.6	14.1	258 12.3	17.0	6 45.3	13.9	54.2
	03	229 03.6	. . 14.9	272 48.3	17.1	6 31.4	13.9	54.2
	04	244 03.7	15.8	287 24.4	17.2	6 17.5	13.9	54.2
	05	259 03.7	16.6	302 00.6	17.2	6 03.6	14.0	54.2
	06	274 03.8	S13 17.4	316 36.8	17.2	N 5 49.6	13.9	54.2
	07	289 03.8	18.3	331 13.0	17.2	5 35.7	14.0	54.1
	08	304 03.9	19.1	345 49.2	17.2	5 21.7	14.0	54.1
	09	319 03.9	. . 19.9	0 25.4	17.3	5 07.7	14.0	54.1
	10	334 04.0	20.8	15 01.7	17.3	4 53.7	14.1	54.1
	11	349 04.0	21.6	29 38.0	17.3	4 39.6	14.0	54.1
	12	4 04.1	S13 22.4	44 14.3	17.4	N 4 25.6	14.1	54.1
	13	19 04.1	23.3	58 50.7	17.3	4 11.5	14.0	54.1
	14	34 04.1	24.1	73 27.0	17.4	3 57.5	14.1	54.1
	15	49 04.2	. . 24.9	88 03.4	17.4	3 43.4	14.1	54.1
	16	64 04.2	25.8	102 39.8	17.4	3 29.3	14.1	54.1
	17	79 04.3	26.6	117 16.2	17.5	3 15.2	14.1	54.1
	18	94 04.3	S13 27.4	131 52.7	17.4	N 3 01.1	14.1	54.1
	19	109 04.3	28.2	146 29.1	17.5	2 47.0	14.1	54.1
	20	124 04.4	29.1	161 05.6	17.4	2 32.9	14.2	54.1
	21	139 04.4	. . 29.9	175 42.0	17.5	2 18.7	14.1	54.1
	22	154 04.5	30.7	190 18.5	17.5	2 04.6	14.2	54.0
	23	169 04.5	31.5	204 55.0	17.5	1 50.4	14.1	54.0
29 TUESDAY	00	184 04.6	S13 32.4	219 31.5	17.5	N 1 36.3	14.2	54.0
	01	199 04.6	33.2	234 08.0	17.5	1 22.1	14.1	54.0
	02	214 04.6	34.0	248 44.5	17.5	1 08.0	14.2	54.0
	03	229 04.7	. . 34.9	263 21.0	17.6	0 53.8	14.1	54.0
	04	244 04.7	35.7	277 57.6	17.5	0 39.7	14.2	54.0
	05	259 04.7	36.5	292 34.1	17.5	0 25.5	14.2	54.0
	06	274 04.8	S13 37.3	307 10.6	17.6	N 0 11.3	14.1	54.0
	07	289 04.8	38.2	321 47.2	17.5	S 0 02.8	14.2	54.0
	08	304 04.9	39.0	336 23.7	17.5	0 17.0	14.2	54.0
	09	319 04.9	. . 39.8	351 00.2	17.6	0 31.2	14.1	54.0
	10	334 04.9	40.6	5 36.8	17.5	0 45.3	14.2	54.0
	11	349 05.0	41.4	20 13.3	17.5	0 59.5	14.1	54.0
	12	4 05.0	S13 42.3	34 49.8	17.5	S 1 13.6	14.2	54.0
	13	19 05.0	43.1	49 26.3	17.5	1 27.8	14.1	54.0
	14	34 05.1	43.9	64 02.8	17.5	1 41.9	14.2	54.0
	15	49 05.1	. . 44.7	78 39.3	17.5	1 56.1	14.1	54.0
	16	64 05.1	45.5	93 15.8	17.5	2 10.2	14.1	54.0
	17	79 05.2	46.4	107 52.3	17.5	2 24.3	14.1	54.0
	18	94 05.2	S13 47.2	122 28.8	17.5	S 2 38.4	14.1	54.0
	19	109 05.2	48.0	137 05.3	17.4	2 52.5	14.1	54.0
	20	124 05.3	48.8	151 41.7	17.5	3 06.6	14.1	54.0
	21	139 05.3	. . 49.6	166 18.2	17.4	3 20.7	14.1	54.0
	22	154 05.3	50.5	180 54.6	17.4	3 34.8	14.1	54.0
	23	169 05.4	51.3	195 31.0	17.4	S 3 48.9	14.0	54.0
		SD 16.1	*d* 0.8	SD 14.8		14.7		14.7

Lat. °	Twilight Naut. h m	Twilight Civil h m	Sunrise h m	Moonrise 27 h m	Moonrise 28 h m	Moonrise 29 h m	Moonrise 30 h m
N 72	05 52	07 13	08 35	25 20	01 20	03 18	05 15
N 70	05 49	07 02	08 13	25 30	01 30	03 19	05 07
68	05 47	06 53	07 56	25 39	01 39	03 20	05 01
66	05 45	06 46	07 42	00 05	01 45	03 21	04 55
64	05 43	06 39	07 31	00 18	01 51	03 21	04 51
62	05 41	06 34	07 21	00 28	01 56	03 22	04 47
60	05 40	06 29	07 13	00 36	02 01	03 22	04 44
N 58	05 38	06 24	07 06	00 44	02 04	03 23	04 41
56	05 36	06 20	06 59	00 51	02 08	03 23	04 38
54	05 35	06 17	06 54	00 56	02 11	03 23	04 36
52	05 33	06 13	06 48	01 02	02 14	03 24	04 34
50	05 32	06 10	06 44	01 07	02 16	03 24	04 32
45	05 29	06 03	06 33	01 17	02 21	03 25	04 27
N 40	05 25	05 57	06 25	01 25	02 26	03 25	04 24
35	05 22	05 52	06 18	01 33	02 30	03 25	04 21
30	05 18	05 47	06 11	01 39	02 33	03 26	04 18
20	05 11	05 37	06 00	01 50	02 39	03 27	04 14
N 10	05 03	05 28	05 50	02 00	02 44	03 27	04 10
0	04 54	05 19	05 40	02 09	02 49	03 28	04 06
S 10	04 44	05 09	05 31	02 18	02 54	03 28	04 03
20	04 31	04 58	05 20	02 27	02 59	03 29	03 59
30	04 14	04 43	05 08	02 38	03 04	03 30	03 55
35	04 03	04 35	05 01	02 44	03 08	03 30	03 52
40	03 50	04 25	04 54	02 51	03 11	03 30	03 49
45	03 34	04 13	04 44	02 59	03 16	03 31	03 46
S 50	03 13	03 57	04 33	03 09	03 21	03 32	03 42
52	03 02	03 50	04 28	03 13	03 23	03 32	03 41
54	02 50	03 42	04 22	03 18	03 26	03 32	03 39
56	02 36	03 33	04 15	03 24	03 29	03 33	03 37
58	02 19	03 22	04 08	03 30	03 32	03 33	03 34
S 60	01 57	03 10	04 00	03 37	03 35	03 33	03 32

Lat. °	Sunset h m	Twilight Civil h m	Twilight Naut. h m	Moonset 27 h m	Moonset 28 h m	Moonset 29 h m	Moonset 30 h m
N 72	14 51	16 13	17 34	16 26	15 52	15 20	14 46
N 70	15 13	16 24	17 36	16 13	15 47	15 23	14 57
68	15 30	16 33	17 39	16 03	15 43	15 25	15 06
66	15 44	16 40	17 41	15 54	15 40	15 27	15 13
64	15 55	16 47	17 43	15 47	15 37	15 29	15 19
62	16 05	16 53	17 45	15 40	15 35	15 30	15 25
60	16 13	16 58	17 47	15 34	15 33	15 31	15 30
N 58	16 21	17 02	17 48	15 29	15 31	15 32	15 34
56	16 27	17 06	17 50	15 25	15 29	15 33	15 38
54	16 33	17 10	17 52	15 21	15 28	15 34	15 41
52	16 38	17 14	17 53	15 17	15 26	15 35	15 44
50	16 43	17 17	17 55	15 14	15 25	15 36	15 47
45	16 53	17 24	17 58	15 07	15 22	15 38	15 53
N 40	17 02	17 30	18 02	15 01	15 20	15 39	15 58
35	17 09	17 35	18 05	14 55	15 18	15 40	16 03
30	17 16	17 41	18 09	14 51	15 16	15 41	16 07
20	17 27	17 50	18 16	14 42	15 13	15 43	16 13
N 10	17 38	17 59	18 24	14 35	15 10	15 45	16 19
0	17 47	18 08	18 33	14 28	15 08	15 46	16 25
S 10	17 57	18 19	18 44	14 21	15 05	15 48	16 31
20	18 07	18 30	18 57	14 14	15 02	15 49	16 37
30	18 19	18 45	19 14	14 05	14 59	15 51	16 44
35	18 27	18 53	19 25	14 00	14 57	15 52	16 48
40	18 35	19 04	19 39	13 55	14 55	15 54	16 53
45	18 44	19 16	19 55	13 48	14 52	15 55	16 58
S 50	18 56	19 31	20 17	13 40	14 49	15 57	17 05
52	19 01	19 39	20 27	13 37	14 47	15 57	17 08
54	19 07	19 47	20 40	13 33	14 46	15 58	17 11
56	19 14	19 57	20 54	13 28	14 44	15 59	17 15
58	19 21	20 07	21 12	13 23	14 42	16 00	17 19
S 60	19 29	20 20	21 34	13 17	14 40	16 01	17 23

Day	SUN Eqn. of Time 00^h m s	SUN Eqn. of Time 12^h m s	SUN Mer. Pass. h m	MOON Mer. Pass. Upper h m	MOON Mer. Pass. Lower h m	Age d	Phase %
27	16 09	16 12	11 44	08 19	20 39	25	21
28	16 14	16 16	11 44	08 58	21 18	26	14
29	16 18	16 20	11 44	09 37	21 56	27	8

© British Crown Copyright 2023. All rights reserved.

UT d	UT h	ARIES GHA	VENUS −4·0 GHA	VENUS Dec	MARS +0·1 GHA	MARS Dec	JUPITER −2·7 GHA	JUPITER Dec	SATURN +0·8 GHA	SATURN Dec	STARS Name	SHA	Dec
		° ′	° ′	° ′	° ′	° ′	° ′	° ′	° ′	° ′		° ′	° ′
30	00	38 48.2	145 37.0	S24 14.4	278 16.8	N21 50.1	318 56.9	N22 23.5	53 42.3	S 8 41.0	Acamar	315 11.5	S40 12.2
	01	53 50.6	160 36.2	14.8	293 18.3	50.0	333 59.6	23.5	68 44.8	41.1	Achernar	335 19.7	S57 06.7
	02	68 53.1	175 35.4	15.3	308 19.7	49.9	349 02.2	23.5	83 47.4	41.1	Acrux	173 00.9	S63 14.0
	03	83 55.6	190 34.6	. . 15.7	323 21.2	. . 49.8	4 04.9	. . 23.4	98 49.9	. . 41.1	Adhara	255 05.9	S29 00.1
	04	98 58.0	205 33.8	16.2	338 22.6	49.7	19 07.5	23.4	113 52.4	41.1	Aldebaran	290 39.5	N16 33.6
	05	114 00.5	220 33.0	16.6	353 24.1	49.6	34 10.2	23.4	128 55.0	41.2			
	06	129 03.0	235 32.2	S24 17.1	8 25.5	N21 49.5	49 12.8	N22 23.4	143 57.5	S 8 41.2	Alioth	166 13.6	N55 49.4
W	07	144 05.4	250 31.4	17.5	23 27.0	49.4	64 15.5	23.4	159 00.0	41.2	Alkaid	152 52.6	N49 11.4
E	08	159 07.9	265 30.6	18.0	38 28.4	49.2	79 18.1	23.4	174 02.6	41.2	Alnair	27 33.0	S46 50.6
D	09	174 10.4	280 29.8	. . 18.4	53 29.9	. . 49.1	94 20.8	. . 23.4	189 05.1	. . 41.2	Alnilam	275 37.7	S 1 11.0
N	10	189 12.8	295 29.0	18.8	68 31.3	49.0	109 23.4	23.4	204 07.6	41.3	Alphard	217 48.0	S 8 45.8
E	11	204 15.3	310 28.2	19.3	83 32.8	48.9	124 26.1	23.4	219 10.2	41.3			
S	12	219 17.8	325 27.4	S24 19.7	98 34.2	N21 48.8	139 28.7	N22 23.3	234 12.7	S 8 41.3	Alphecca	126 04.3	N26 38.0
D	13	234 20.2	340 26.6	20.2	113 35.7	48.7	154 31.4	23.3	249 15.2	41.3	Alpheratz	357 34.7	N29 13.8
A	14	249 22.7	355 25.8	20.6	128 37.2	48.6	169 34.0	23.3	264 17.8	41.3	Altair	62 00.2	N 8 56.1
Y	15	264 25.1	10 25.0	. . 21.0	143 38.6	. . 48.5	184 36.7	. . 23.3	279 20.3	. . 41.4	Ankaa	353 06.9	S42 10.3
	16	279 27.6	25 24.2	21.5	158 40.1	48.4	199 39.3	23.3	294 22.8	41.4	Antares	112 16.4	S26 29.2
	17	294 30.1	40 23.4	21.9	173 41.5	48.2	214 42.0	23.3	309 25.3	41.4			
	18	309 32.5	55 22.6	S24 22.3	188 43.0	N21 48.1	229 44.7	N22 23.3	324 27.9	S 8 41.4	Arcturus	145 48.4	N19 03.3
	19	324 35.0	70 21.8	22.8	203 44.5	48.0	244 47.3	23.3	339 30.4	41.5	Atria	107 11.3	S69 04.4
	20	339 37.5	85 21.0	23.2	218 45.9	47.9	259 50.0	23.3	354 32.9	41.5	Avior	234 14.8	S59 34.9
	21	354 39.9	100 20.2	. . 23.6	233 47.4	. . 47.8	274 52.6	. . 23.2	9 35.5	. . 41.5	Bellatrix	278 22.8	N 6 22.4
	22	9 42.4	115 19.4	24.0	248 48.9	47.7	289 55.3	23.2	24 38.0	41.5	Betelgeuse	270 52.1	N 7 24.8
	23	24 44.9	130 18.6	24.5	263 50.3	47.6	304 57.9	23.2	39 40.5	41.5			
31	00	39 47.3	145 17.8	S24 24.9	278 51.8	N21 47.5	320 00.6	N22 23.2	54 43.1	S 8 41.6	Canopus	263 52.2	S52 42.2
	01	54 49.8	160 17.0	25.3	293 53.3	47.4	335 03.2	23.2	69 45.6	41.6	Capella	280 21.8	N46 01.3
	02	69 52.2	175 16.2	25.7	308 54.7	47.2	350 05.9	23.2	84 48.1	41.6	Deneb	49 26.0	N45 22.4
	03	84 54.7	190 15.4	. . 26.1	323 56.2	. . 47.1	5 08.5	. . 23.2	99 50.6	. . 41.6	Denebola	182 25.4	N14 26.1
	04	99 57.2	205 14.6	26.6	338 57.7	47.0	20 11.2	23.2	114 53.2	41.6	Diphda	348 47.2	S17 51.0
	05	114 59.6	220 13.8	27.0	353 59.2	46.9	35 13.9	23.1	129 55.7	41.7			
	06	130 02.1	235 13.0	S24 27.4	9 00.6	N21 46.8	50 16.5	N22 23.1	144 58.2	S 8 41.7	Dubhe	193 41.6	N61 36.9
T	07	145 04.6	250 12.2	27.8	24 02.1	46.7	65 19.2	23.1	160 00.8	41.7	Elnath	278 01.8	N28 37.7
H	08	160 07.0	265 11.4	28.2	39 03.6	46.6	80 21.8	23.1	175 03.3	41.7	Eltanin	90 42.6	N51 29.3
U	09	175 09.5	280 10.6	. . 28.6	54 05.0	. . 46.5	95 24.5	. . 23.1	190 05.8	. . 41.7	Enif	33 38.9	N 9 59.5
R	10	190 12.0	295 09.8	29.1	69 06.5	46.4	110 27.2	23.1	205 08.3	41.8	Fomalhaut	15 14.5	S29 29.5
S	11	205 14.4	310 08.9	29.5	84 08.0	46.3	125 29.8	23.1	220 10.9	41.8			
D	12	220 16.9	325 08.1	S24 29.9	99 09.5	N21 46.1	140 32.5	N22 23.1	235 13.4	S 8 41.8	Gacrux	171 52.4	S57 14.9
A	13	235 19.4	340 07.3	30.3	114 10.9	46.0	155 35.1	23.1	250 15.9	41.8	Gienah	175 44.1	S17 40.6
Y	14	250 21.8	355 06.5	30.7	129 12.4	45.9	170 37.8	23.0	265 18.4	41.8	Hadar	148 37.0	S60 29.4
	15	265 24.3	10 05.7	. . 31.1	144 13.9	. . 45.8	185 40.5	. . 23.0	280 21.0	. . 41.9	Hamal	327 51.1	N23 34.9
	16	280 26.7	25 04.9	31.5	159 15.4	45.7	200 43.1	23.0	295 23.5	41.9	Kaus Aust.	83 33.0	S34 22.4
	17	295 29.2	40 04.1	31.9	174 16.9	45.6	215 45.8	23.0	310 26.0	41.9			
	18	310 31.7	55 03.3	S24 32.3	189 18.3	N21 45.5	230 48.4	N22 23.0	325 28.5	S 8 41.9	Kochab	137 20.9	N74 03.2
	19	325 34.1	70 02.5	32.7	204 19.8	45.4	245 51.1	23.0	340 31.1	41.9	Markab	13 29.9	N15 20.5
	20	340 36.6	85 01.7	33.1	219 21.3	45.3	260 53.8	23.0	355 33.6	41.9	Menkar	314 06.0	N 4 11.3
	21	355 39.1	100 00.9	. . 33.5	234 22.8	. . 45.2	275 56.4	. . 23.0	10 36.1	. . 42.0	Menkent	147 58.3	S36 29.4
	22	10 41.5	115 00.0	33.9	249 24.3	45.1	290 59.1	22.9	25 38.7	42.0	Miaplacidus	221 38.5	S69 48.7
	23	25 44.0	129 59.2	34.3	264 25.8	44.9	306 01.8	22.9	40 41.2	42.0			
1	00	40 46.5	144 58.4	S24 34.7	279 27.2	N21 44.8	321 04.4	N22 22.9	55 43.7	S 8 42.0	Mirfak	308 28.0	N49 57.0
	01	55 48.9	159 57.6	35.1	294 28.7	44.7	336 07.1	22.9	70 46.2	42.0	Nunki	75 48.2	S26 16.0
	02	70 51.4	174 56.8	35.5	309 30.2	44.6	351 09.7	22.9	85 48.8	42.1	Peacock	53 06.0	S56 39.5
	03	85 53.8	189 56.0	. . 35.9	324 31.7	. . 44.5	6 12.4	. . 22.9	100 51.3	. . 42.1	Pollux	243 17.4	N27 57.9
	04	100 56.3	204 55.2	36.3	339 33.2	44.4	21 15.1	22.9	115 53.8	42.1	Procyon	244 50.9	N 5 09.8
	05	115 58.8	219 54.4	36.7	354 34.7	44.3	36 17.7	22.9	130 56.3	42.1			
	06	131 01.2	234 53.6	S24 37.0	9 36.2	N21 44.2	51 20.4	N22 22.8	145 58.9	S 8 42.1	Rasalhague	95 59.0	N12 32.6
	07	146 03.7	249 52.7	37.4	24 37.7	44.1	66 23.1	22.8	161 01.4	42.2	Regulus	207 34.8	N11 50.8
	08	161 06.2	264 51.9	37.8	39 39.2	44.0	81 25.7	22.8	176 03.9	42.2	Rigel	281 03.8	S 8 10.2
F	09	176 08.6	279 51.1	. . 38.2	54 40.7	. . 43.9	96 28.4	. . 22.8	191 06.4	. . 42.2	Rigil Kent.	139 41.3	S60 56.2
R	10	191 11.1	294 50.3	38.6	69 42.1	43.8	111 31.1	22.8	206 08.9	42.2	Sabik	102 03.3	S15 45.3
I	11	206 13.6	309 49.5	39.0	84 43.6	43.7	126 33.7	22.8	221 11.5	42.2			
D	12	221 16.0	324 48.7	S24 39.3	99 45.1	N21 43.5	141 36.4	N22 22.8	236 14.0	S 8 42.2	Schedar	349 30.8	N56 40.6
A	13	236 18.5	339 47.9	39.7	114 46.6	43.4	156 39.1	22.8	251 16.5	42.3	Shaula	96 10.9	S37 07.4
Y	14	251 21.0	354 47.1	40.1	129 48.1	43.3	171 41.7	22.7	266 19.0	42.3	Sirius	258 26.2	S16 44.8
	15	266 23.4	9 46.2	. . 40.5	144 49.6	. . 43.2	186 44.4	. . 22.7	281 21.6	. . 42.3	Spica	158 22.8	S11 17.3
	16	281 25.9	24 45.4	40.9	159 51.1	43.1	201 47.1	22.7	296 24.1	42.3	Suhail	222 46.5	S43 31.6
	17	296 28.3	39 44.6	41.2	174 52.6	43.0	216 49.8	22.7	311 26.6	42.3			
	18	311 30.8	54 43.8	S24 41.6	189 54.1	N21 42.9	231 52.4	N22 22.7	326 29.1	S 8 42.3	Vega	80 33.6	N38 48.6
	19	326 33.3	69 43.0	42.0	204 55.6	42.8	246 55.1	22.7	341 31.7	42.4	Zuben'ubi	136 56.6	S16 08.6
	20	341 35.7	84 42.2	42.4	219 57.1	42.7	261 57.8	22.7	356 34.2	42.4			
	21	356 38.2	99 41.3	. . 42.7	234 58.6	. . 42.6	277 00.4	. . 22.7	11 36.7	. . 42.4			
	22	11 40.7	114 40.5	43.1	250 00.1	42.5	292 03.1	22.6	26 39.2	42.4			
	23	26 43.1	129 39.7	43.5	265 01.6	42.4	307 05.8	22.6	41 41.7	42.4			
Mer. Pass.		h m 21 17.3	*v* −0.8	*d* 0.4	*v* 1.5	*d* 0.1	*v* 2.7	*d* 0.0	*v* 2.5	*d* 0.0			

	SHA	Mer. Pass.
	° ′	h m
Venus	105 30.5	14 20
Mars	239 04.5	5 24
Jupiter	280 13.3	2 39
Saturn	14 55.7	20 18

© British Crown Copyright 2023. All rights reserved.

UT	SUN GHA	SUN Dec	MOON GHA	v	MOON Dec	d	HP
d h	° ′	° ′	° ′	′	° ′	′	′
30 00 (Wednesday)	184 05.4	S13 52.1	210 07.4	17.4	S 4 02.9	14.1	54.0
01	199 05.4	52.9	224 43.8	17.4	4 17.0	14.0	54.0
02	214 05.5	53.7	239 20.2	17.3	4 31.0	14.0	54.0
03	229 05.5	. . 54.5	253 56.5	17.3	4 45.0	14.0	54.0
04	244 05.5	55.4	268 32.8	17.3	4 59.0	14.0	54.0
05	259 05.6	56.2	283 09.1	17.3	5 13.0	14.0	54.0
06	274 05.6	S13 57.0	297 45.4	17.3	S 5 27.0	13.9	54.0
07	289 05.6	57.8	312 21.7	17.2	5 40.9	13.9	54.0
08	304 05.6	58.6	326 57.9	17.2	5 54.8	13.9	54.0
09	319 05.7	13 59.4	341 34.1	17.2	6 08.7	13.9	54.0
10	334 05.7	14 00.2	356 10.3	17.1	6 22.6	13.9	54.0
11	349 05.7	01.1	10 46.4	17.1	6 36.5	13.9	54.0
12	4 05.8	S14 01.9	25 22.5	17.1	S 6 50.4	13.8	54.0
13	19 05.8	02.7	39 58.6	17.1	7 04.2	13.8	54.0
14	34 05.8	03.5	54 34.7	17.0	7 18.0	13.8	54.0
15	49 05.8	. . 04.3	69 10.7	17.0	7 31.8	13.7	54.0
16	64 05.9	05.1	83 46.7	17.0	7 45.5	13.8	54.0
17	79 05.9	05.9	98 22.7	16.9	7 59.3	13.7	54.0
18	94 05.9	S14 06.7	112 58.6	16.9	S 8 13.0	13.6	54.0
19	109 05.9	07.6	127 34.5	16.9	8 26.6	13.7	54.0
20	124 06.0	08.4	142 10.4	16.8	8 40.3	13.6	54.0
21	139 06.0	. . 09.2	156 46.2	16.8	8 53.9	13.6	54.0
22	154 06.0	10.0	171 22.0	16.7	9 07.5	13.6	54.0
23	169 06.0	10.8	185 57.7	16.7	9 21.1	13.5	54.0
31 00 (Thursday)	184 06.1	S14 11.6	200 33.4	16.7	S 9 34.6	13.5	54.0
01	199 06.1	12.4	215 09.1	16.6	9 48.1	13.5	54.0
02	214 06.1	13.2	229 44.7	16.6	10 01.6	13.4	54.1
03	229 06.1	. . 14.0	244 20.3	16.5	10 15.0	13.4	54.1
04	244 06.1	14.8	258 55.8	16.5	10 28.4	13.4	54.1
05	259 06.2	15.6	273 31.3	16.4	10 41.8	13.3	54.1
06	274 06.2	S14 16.4	288 06.7	16.4	S10 55.1	13.3	54.1
07	289 06.2	17.2	302 42.1	16.4	11 08.4	13.3	54.1
08	304 06.2	18.0	317 17.5	16.3	11 21.7	13.2	54.1
09	319 06.2	. . 18.9	331 52.8	16.2	11 34.9	13.2	54.1
10	334 06.3	19.7	346 28.0	16.2	11 48.1	13.1	54.1
11	349 06.3	20.5	1 03.2	16.2	12 01.2	13.1	54.1
12	4 06.3	S14 21.3	15 38.4	16.1	S12 14.3	13.0	54.1
13	19 06.3	22.1	30 13.5	16.0	12 27.3	13.1	54.1
14	34 06.3	22.9	44 48.5	16.0	12 40.4	12.9	54.1
15	49 06.4	. . 23.7	59 23.5	15.9	12 53.3	13.0	54.1
16	64 06.4	24.5	73 58.4	15.9	13 06.3	12.8	54.1
17	79 06.4	25.3	88 33.3	15.8	13 19.1	12.9	54.1
18	94 06.4	S14 26.1	103 08.1	15.8	S13 32.0	12.8	54.1
19	109 06.4	26.9	117 42.9	15.7	13 44.8	12.7	54.2
20	124 06.4	27.7	132 17.6	15.6	13 57.5	12.7	54.2
21	139 06.5	. . 28.5	146 52.2	15.6	14 10.2	12.6	54.2
22	154 06.5	29.3	161 26.8	15.5	14 22.8	12.6	54.2
23	169 06.5	30.1	176 01.3	15.5	14 35.4	12.5	54.2
1 00 (Friday)	184 06.5	S14 30.9	190 35.8	15.4	S14 47.9	12.5	54.2
01	199 06.5	31.7	205 10.2	15.3	15 00.4	12.4	54.2
02	214 06.5	32.5	219 44.5	15.3	15 12.8	12.4	54.2
03	229 06.5	. . 33.3	234 18.8	15.2	15 25.2	12.3	54.2
04	244 06.6	34.1	248 53.0	15.1	15 37.5	12.3	54.2
05	259 06.6	34.9	263 27.1	15.1	15 49.8	12.2	54.2
06	274 06.6	S14 35.7	278 01.2	15.0	S16 02.0	12.1	54.2
07	289 06.6	36.5	292 35.2	14.9	16 14.1	12.1	54.2
08	304 06.6	37.2	307 09.1	14.9	16 26.2	12.1	54.3
09	319 06.6	. . 38.0	321 43.0	14.8	16 38.3	11.9	54.3
10	334 06.6	38.8	336 16.8	14.7	16 50.2	11.9	54.3
11	349 06.6	39.6	350 50.5	14.7	17 02.1	11.9	54.3
12	4 06.7	S14 40.4	5 24.2	14.6	S17 14.0	11.7	54.3
13	19 06.7	41.2	19 57.8	14.5	17 25.7	11.7	54.3
14	34 06.7	42.0	34 31.3	14.4	17 37.4	11.7	54.3
15	49 06.7	. . 42.8	49 04.7	14.4	17 49.1	11.5	54.3
16	64 06.7	43.6	63 38.1	14.3	18 00.6	11.6	54.3
17	79 06.7	44.4	78 11.4	14.2	18 12.2	11.4	54.3
18	94 06.7	S14 45.2	92 44.6	14.2	S18 23.6	11.3	54.3
19	109 06.7	46.0	107 17.8	14.0	18 34.9	11.3	54.4
20	124 06.7	46.8	121 50.8	14.0	18 46.2	11.3	54.4
21	139 06.7	. . 47.5	136 23.8	13.9	18 57.5	11.1	54.4
22	154 06.7	48.3	150 56.7	13.9	19 08.6	11.1	54.4
23	169 06.7	49.1	165 29.6	13.7	S19 19.7	11.0	54.4
	SD 16.1	*d* 0.8	SD 14.7		14.7		14.8

Lat.	Twilight Naut.	Twilight Civil	Sunrise	Moonrise 30	Moonrise 31	Moonrise 1	Moonrise 2
°	h m	h m	h m	h m	h m	h m	h m
N 72	06 04	07 27	08 53	05 15	07 22	10 15	■
N 70	06 00	07 14	08 28	05 07	07 02	09 18	■
68	05 57	07 04	08 08	05 01	06 46	08 44	11 38
66	05 54	06 55	07 53	04 55	06 33	08 20	10 27
64	05 51	06 48	07 40	04 51	06 23	08 01	09 51
62	05 48	06 41	07 30	04 47	06 14	07 46	09 26
60	05 46	06 36	07 21	04 44	06 07	07 34	09 06
N 58	05 44	06 31	07 13	04 41	06 00	07 23	08 49
56	05 42	06 26	07 06	04 38	05 54	07 13	08 36
54	05 40	06 22	06 59	04 36	05 49	07 05	08 24
52	05 38	06 18	06 54	04 34	05 45	06 58	08 13
50	05 37	06 15	06 49	04 32	05 40	06 51	08 04
45	05 32	06 07	06 38	04 27	05 31	06 37	07 44
N 40	05 28	06 00	06 28	04 24	05 24	06 25	07 29
35	05 24	05 54	06 20	04 21	05 17	06 15	07 15
30	05 20	05 49	06 13	04 18	05 12	06 07	07 04
20	05 12	05 38	06 01	04 14	05 02	05 52	06 44
N 10	05 04	05 29	05 50	04 10	04 54	05 39	06 27
0	04 54	05 19	05 40	04 06	04 46	05 27	06 12
S 10	04 43	05 08	05 30	04 03	04 38	05 16	05 56
20	04 29	04 56	05 19	03 59	04 30	05 03	05 39
30	04 11	04 41	05 06	03 55	04 21	04 49	05 20
35	03 59	04 31	04 58	03 52	04 15	04 40	05 09
40	03 45	04 21	04 50	03 49	04 09	04 31	04 57
45	03 28	04 08	04 40	03 46	04 02	04 20	04 42
S 50	03 06	03 51	04 27	03 42	03 54	04 07	04 24
52	02 54	03 44	04 22	03 41	03 50	04 01	04 15
54	02 41	03 35	04 15	03 39	03 46	03 55	04 06
56	02 26	03 25	04 08	03 37	03 41	03 47	03 55
58	02 07	03 13	04 01	03 34	03 36	03 39	03 43
S 60	01 43	03 00	03 52	03 32	03 30	03 29	03 29

Lat.	Sunset	Twilight Civil	Twilight Naut.	Moonset 30	Moonset 31	Moonset 1	Moonset 2
°	h m	h m	h m	h m	h m	h m	h m
N 72	14 32	15 59	17 21	14 46	14 04	12 38	■
N 70	14 58	16 12	17 25	14 57	14 26	13 38	■
68	15 17	16 22	17 29	15 06	14 44	14 13	12 52
66	15 33	16 31	17 32	15 13	14 58	14 38	14 04
64	15 46	16 38	17 35	15 19	15 10	14 58	14 41
62	15 56	16 45	17 37	15 25	15 20	15 14	15 07
60	16 06	16 51	17 40	15 30	15 28	15 27	15 28
N 58	16 14	16 56	17 42	15 34	15 36	15 39	15 45
56	16 21	17 00	17 44	15 38	15 43	15 49	15 59
54	16 27	17 04	17 46	15 41	15 49	15 58	16 12
52	16 33	17 08	17 48	15 44	15 54	16 06	16 23
50	16 38	17 12	17 50	15 47	15 59	16 14	16 33
45	16 49	17 20	17 54	15 53	16 10	16 29	16 53
N 40	16 58	17 26	17 58	15 58	16 19	16 42	17 10
35	17 06	17 32	18 02	16 03	16 27	16 53	17 24
30	17 13	17 38	18 06	16 07	16 33	17 03	17 37
20	17 26	17 48	18 15	16 13	16 45	17 20	17 58
N 10	17 37	17 58	18 23	16 19	16 56	17 34	18 17
0	17 47	18 08	18 33	16 25	17 06	17 48	18 34
S 10	17 57	18 19	18 45	16 31	17 15	18 02	18 52
20	18 09	18 32	18 59	16 37	17 26	18 17	19 10
30	18 22	18 47	19 17	16 44	17 38	18 34	19 32
35	18 29	18 56	19 29	16 48	17 45	18 44	19 45
40	18 38	19 07	19 43	16 53	17 53	18 56	20 00
45	18 48	19 20	20 00	16 58	18 03	19 09	20 17
S 50	19 01	19 37	20 23	17 05	18 14	19 26	20 39
52	19 07	19 45	20 35	17 08	18 20	19 34	20 50
54	19 13	19 54	20 48	17 11	18 25	19 43	21 02
56	19 20	20 04	21 04	17 15	18 32	19 52	21 15
58	19 28	20 16	21 23	17 19	18 39	20 04	21 31
S 60	19 37	20 30	21 49	17 23	18 48	20 17	21 51

Day	SUN Eqn. of Time 00^h	SUN Eqn. of Time 12^h	SUN Mer. Pass.	MOON Mer. Pass. Upper	MOON Mer. Pass. Lower	Age	Phase
d	m s	m s	h m	h m	h m	d %	
30	16 22	16 23	11 44	10 16	22 35	28 4	●
31	16 24	16 25	11 44	10 56	23 16	29 1	
1	16 26	16 27	11 44	11 38	24 00	30 0	

© British Crown Copyright 2023. All rights reserved.

	UT	ARIES	VENUS −4·0		MARS +0·0		JUPITER −2·7		SATURN +0·8	
	d h	GHA ° ′	GHA ° ′	Dec ° ′	GHA ° ′	Dec ° ′	GHA ° ′	Dec ° ′	GHA ° ′	Dec ° ′
SATURDAY	2 00	41 45.6	144 38.9	S24 43.8	280 03.1	N21 42.3	322 08.4	N22 22.6	56 44.3	S 8 42.4
	01	56 48.1	159 38.1	44.2	295 04.7	42.2	337 11.1	22.6	71 46.8	42.5
	02	71 50.5	174 37.3	44.6	310 06.2	42.1	352 13.8	22.6	86 49.3	42.5
	03	86 53.0	189 36.4	. . 44.9	325 07.7	. . 42.0	7 16.5	. . 22.6	101 51.8	. . 42.5
	04	101 55.5	204 35.6	45.3	340 09.2	41.8	22 19.1	22.6	116 54.3	42.5
	05	116 57.9	219 34.8	45.6	355 10.7	41.7	37 21.8	22.6	131 56.9	42.5
	06	132 00.4	234 34.0	S24 46.0	10 12.2	N21 41.6	52 24.5	N22 22.5	146 59.4	S 8 42.5
	07	147 02.8	249 33.2	46.4	25 13.7	41.5	67 27.2	22.5	162 01.9	42.6
	08	162 05.3	264 32.3	46.7	40 15.2	41.4	82 29.8	22.5	177 04.4	42.6
	09	177 07.8	279 31.5	. . 47.1	55 16.7	. . 41.3	97 32.5	. . 22.5	192 06.9	. . 42.6
	10	192 10.2	294 30.7	47.4	70 18.2	41.2	112 35.2	22.5	207 09.5	42.6
	11	207 12.7	309 29.9	47.8	85 19.8	41.1	127 37.9	22.5	222 12.0	42.6
	12	222 15.2	324 29.1	S24 48.1	100 21.3	N21 41.0	142 40.5	N22 22.5	237 14.5	S 8 42.6
	13	237 17.6	339 28.3	48.5	115 22.8	40.9	157 43.2	22.4	252 17.0	42.7
	14	252 20.1	354 27.4	48.8	130 24.3	40.8	172 45.9	22.4	267 19.5	42.7
	15	267 22.6	9 26.6	. . 49.2	145 25.8	. . 40.7	187 48.6	. . 22.4	282 22.1	. . 42.7
	16	282 25.0	24 25.8	49.5	160 27.3	40.6	202 51.2	22.4	297 24.6	42.7
	17	297 27.5	39 25.0	49.9	175 28.8	40.5	217 53.9	22.4	312 27.1	42.7
	18	312 29.9	54 24.1	S24 50.2	190 30.4	N21 40.4	232 56.6	N22 22.4	327 29.6	S 8 42.7
	19	327 32.4	69 23.3	50.6	205 31.9	40.3	247 59.3	22.4	342 32.1	42.8
	20	342 34.9	84 22.5	50.9	220 33.4	40.2	263 02.0	22.4	357 34.7	42.8
	21	357 37.3	99 21.7	. . 51.2	235 34.9	. . 40.1	278 04.6	. . 22.3	12 37.2	. . 42.8
	22	12 39.8	114 20.9	51.6	250 36.5	40.0	293 07.3	22.3	27 39.7	42.8
	23	27 42.3	129 20.0	51.9	265 38.0	39.9	308 10.0	22.3	42 42.2	42.8
SUNDAY	3 00	42 44.7	144 19.2	S24 52.3	280 39.5	N21 39.8	323 12.7	N22 22.3	57 44.7	S 8 42.8
	01	57 47.2	159 18.4	52.6	295 41.0	39.7	338 15.3	22.3	72 47.2	42.9
	02	72 49.7	174 17.6	52.9	310 42.6	39.6	353 18.0	22.3	87 49.8	42.9
	03	87 52.1	189 16.8	. . 53.3	325 44.1	. . 39.4	8 20.7	. . 22.3	102 52.3	. . 42.9
	04	102 54.6	204 15.9	53.6	340 45.6	39.3	23 23.4	22.2	117 54.8	42.9
	05	117 57.1	219 15.1	53.9	355 47.1	39.2	38 26.1	22.2	132 57.3	42.9
	06	132 59.5	234 14.3	S24 54.3	10 48.7	N21 39.1	53 28.8	N22 22.2	147 59.8	S 8 42.9
	07	148 02.0	249 13.5	54.6	25 50.2	39.0	68 31.4	22.2	163 02.4	42.9
	08	163 04.4	264 12.6	54.9	40 51.7	38.9	83 34.1	22.2	178 04.9	43.0
	09	178 06.9	279 11.8	. . 55.2	55 53.3	. . 38.8	98 36.8	. . 22.2	193 07.4	. . 43.0
	10	193 09.4	294 11.0	55.6	70 54.8	38.7	113 39.5	22.2	208 09.9	43.0
	11	208 11.8	309 10.2	55.9	85 56.3	38.6	128 42.2	22.2	223 12.4	43.0
	12	223 14.3	324 09.3	S24 56.2	100 57.9	N21 38.5	143 44.8	N22 22.1	238 14.9	S 8 43.0
	13	238 16.8	339 08.5	56.5	115 59.4	38.4	158 47.5	22.1	253 17.4	43.0
	14	253 19.2	354 07.7	56.8	131 00.9	38.3	173 50.2	22.1	268 20.0	43.0
	15	268 21.7	9 06.9	. . 57.2	146 02.5	. . 38.2	188 52.9	. . 22.1	283 22.5	. . 43.1
	16	283 24.2	24 06.0	57.5	161 04.0	38.1	203 55.6	22.1	298 25.0	43.1
	17	298 26.6	39 05.2	57.8	176 05.5	38.0	218 58.3	22.1	313 27.5	43.1
	18	313 29.1	54 04.4	S24 58.1	191 07.1	N21 37.9	234 01.0	N22 22.1	328 30.0	S 8 43.1
	19	328 31.6	69 03.6	58.4	206 08.6	37.8	249 03.6	22.0	343 32.5	43.1
	20	343 34.0	84 02.7	58.7	221 10.2	37.7	264 06.3	22.0	358 35.0	43.1
	21	358 36.5	99 01.9	. . 59.1	236 11.7	. . 37.6	279 09.0	. . 22.0	13 37.6	. . 43.1
	22	13 38.9	114 01.1	59.4	251 13.2	37.5	294 11.7	22.0	28 40.1	43.2
	23	28 41.4	129 00.2	24 59.7	266 14.8	37.4	309 14.4	22.0	43 42.6	43.2
MONDAY	4 00	43 43.9	143 59.4	S25 00.0	281 16.3	N21 37.3	324 17.1	N22 22.0	58 45.1	S 8 43.2
	01	58 46.3	158 58.6	00.3	296 17.9	37.2	339 19.8	22.0	73 47.6	43.2
	02	73 48.8	173 57.8	00.6	311 19.4	37.1	354 22.5	21.9	88 50.1	43.2
	03	88 51.3	188 56.9	. . 00.9	326 21.0	. . 37.0	9 25.1	. . 21.9	103 52.6	. . 43.2
	04	103 53.7	203 56.1	01.2	341 22.5	36.9	24 27.8	21.9	118 55.2	43.2
	05	118 56.2	218 55.3	01.5	356 24.1	36.8	39 30.5	21.9	133 57.7	43.2
	06	133 58.7	233 54.5	S25 01.8	11 25.6	N21 36.7	54 33.2	N22 21.9	149 00.2	S 8 43.3
	07	149 01.1	248 53.6	02.1	26 27.2	36.6	69 35.9	21.9	164 02.7	43.3
	08	164 03.6	263 52.8	02.4	41 28.7	36.5	84 38.6	21.9	179 05.2	43.3
	09	179 06.1	278 52.0	. . 02.7	56 30.3	. . 36.4	99 41.3	. . 21.8	194 07.7	. . 43.3
	10	194 08.5	293 51.1	03.0	71 31.8	36.3	114 44.0	21.8	209 10.2	43.3
	11	209 11.0	308 50.3	03.3	86 33.4	36.2	129 46.7	21.8	224 12.7	43.3
	12	224 13.4	323 49.5	S25 03.6	101 34.9	N21 36.1	144 49.4	N22 21.8	239 15.3	S 8 43.3
	13	239 15.9	338 48.7	03.9	116 36.5	36.0	159 52.0	21.8	254 17.8	43.4
	14	254 18.4	353 47.8	04.2	131 38.0	35.9	174 54.7	21.8	269 20.3	43.4
	15	269 20.8	8 47.0	. . 04.5	146 39.6	. . 35.8	189 57.4	. . 21.8	284 22.8	. . 43.4
	16	284 23.3	23 46.2	04.7	161 41.1	35.7	205 00.1	21.7	299 25.3	43.4
	17	299 25.8	38 45.3	05.0	176 42.7	35.6	220 02.8	21.7	314 27.8	43.4
	18	314 28.2	53 44.5	S25 05.3	191 44.3	N21 35.5	235 05.5	N22 21.7	329 30.3	S 8 43.4
	19	329 30.7	68 43.7	05.6	206 45.8	35.4	250 08.2	21.7	344 32.8	43.4
	20	344 33.2	83 42.8	05.9	221 47.4	35.3	265 10.9	21.7	359 35.3	43.4
	21	359 35.6	98 42.0	. . 06.2	236 48.9	. . 35.2	280 13.6	. . 21.7	14 37.9	. . 43.4
	22	14 38.1	113 41.2	06.4	251 50.5	35.1	295 16.3	21.7	29 40.4	43.5
	23	29 40.6	128 40.3	06.7	266 52.1	35.0	310 19.0	21.6	44 42.9	43.5
	Mer. Pass.	h m 21 05.6	v −0.8	d 0.3	v 1.5	d 0.1	v 2.7	d 0.0	v 2.5	d 0.0

STARS

Name	SHA ° ′	Dec ° ′
Acamar	315 11.5	S40 12.2
Achernar	335 19.7	S57 06.7
Acrux	173 00.9	S63 14.0
Adhara	255 05.8	S29 00.1
Aldebaran	290 39.5	N16 33.6
Alioth	166 13.6	N55 49.4
Alkaid	152 52.6	N49 11.3
Alnair	27 33.0	S46 50.6
Alnilam	275 37.7	S 1 11.0
Alphard	217 48.0	S 8 45.8
Alphecca	126 04.3	N26 37.9
Alpheratz	357 34.7	N29 13.8
Altair	62 00.2	N 8 56.1
Ankaa	353 07.0	S42 10.3
Antares	112 16.4	S26 29.2
Arcturus	145 48.4	N19 03.2
Atria	107 11.3	S69 04.4
Avior	234 14.7	S59 34.9
Bellatrix	278 22.8	N 6 22.4
Betelgeuse	270 52.0	N 7 24.8
Canopus	263 52.1	S52 42.2
Capella	280 21.8	N46 01.3
Deneb	49 26.0	N45 22.4
Denebola	182 25.4	N14 26.1
Diphda	348 47.2	S17 51.0
Dubhe	193 41.6	N61 36.8
Elnath	278 01.8	N28 37.7
Eltanin	90 42.6	N51 29.3
Enif	33 38.9	N 9 59.5
Fomalhaut	15 14.5	S29 29.5
Gacrux	171 52.4	S57 14.9
Gienah	175 44.0	S17 40.6
Hadar	148 37.0	S60 29.4
Hamal	327 51.1	N23 34.9
Kaus Aust.	83 33.0	S34 22.4
Kochab	137 20.9	N74 03.2
Markab	13 29.9	N15 20.5
Menkar	314 06.0	N 4 11.3
Menkent	147 58.2	S36 29.4
Miaplacidus	221 38.4	S69 48.7
Mirfak	308 28.0	N49 57.0
Nunki	75 48.2	S26 16.0
Peacock	53 06.1	S56 39.5
Pollux	243 17.4	N27 57.9
Procyon	244 50.9	N 5 09.8
Rasalhague	95 59.0	N12 32.6
Regulus	207 34.7	N11 50.8
Rigel	281 03.8	S 8 10.2
Rigil Kent.	139 41.3	S60 56.2
Sabik	102 03.3	S15 45.3
Schedar	349 30.8	N56 40.6
Shaula	96 10.9	S37 07.4
Sirius	258 26.2	S16 44.8
Spica	158 22.8	S11 17.3
Suhail	222 46.5	S43 31.6
Vega	80 33.6	N38 48.6
Zuben'ubi	136 56.6	S16 08.6

	SHA ° ′	Mer. Pass. h m
Venus	101 34.5	14 24
Mars	237 54.8	5 17
Jupiter	280 27.9	2 27
Saturn	15 00.0	20 06

© British Crown Copyright 2023. All rights reserved.

Day	UT (d h)	SUN GHA (° ′)	SUN Dec (° ′)	MOON GHA (° ′)	v (′)	MOON Dec (° ′)	d (′)	HP (′)
SATURDAY	2 00	184 06.8	S14 49.9	180 02.3	13.7	S19 30.7	10.9	54.4
	01	199 06.8	50.7	194 35.0	13.6	19 41.6	10.8	54.4
	02	214 06.8	51.5	209 07.6	13.5	19 52.4	10.8	54.4
	03	229 06.8	. . 52.3	223 40.1	13.5	20 03.2	10.7	54.4
	04	244 06.8	53.1	238 12.6	13.3	20 13.9	10.6	54.5
	05	259 06.8	53.9	252 44.9	13.3	20 24.5	10.5	54.5
	06	274 06.8	S14 54.6	267 17.2	13.2	S20 35.0	10.4	54.5
	07	289 06.8	55.4	281 49.4	13.1	20 45.4	10.3	54.5
	08	304 06.8	56.2	296 21.5	13.1	20 55.7	10.3	54.5
	09	319 06.8	. . 57.0	310 53.6	12.9	21 06.0	10.2	54.5
	10	334 06.8	57.8	325 25.5	12.9	21 16.2	10.1	54.5
	11	349 06.8	58.6	339 57.4	12.8	21 26.3	10.0	54.5
	12	4 06.8	S14 59.3	354 29.2	12.7	S21 36.3	9.9	54.6
	13	19 06.8	15 00.1	9 00.9	12.6	21 46.2	9.8	54.6
	14	34 06.8	00.9	23 32.5	12.5	21 56.0	9.7	54.6
	15	49 06.8	. . 01.7	38 04.0	12.5	22 05.7	9.6	54.6
	16	64 06.8	02.5	52 35.5	12.4	22 15.3	9.6	54.6
	17	79 06.8	03.3	67 06.9	12.2	22 24.9	9.4	54.6
	18	94 06.8	S15 04.0	81 38.1	12.2	S22 34.3	9.4	54.6
	19	109 06.8	04.8	96 09.3	12.1	22 43.7	9.2	54.6
	20	124 06.8	05.6	110 40.4	12.1	22 52.9	9.2	54.7
	21	139 06.8	. . 06.4	125 11.5	11.9	23 02.1	9.0	54.7
	22	154 06.8	07.2	139 42.4	11.9	23 11.1	9.0	54.7
	23	169 06.8	07.9	154 13.3	11.7	23 20.1	8.8	54.7
SUNDAY	3 00	184 06.8	S15 08.7	168 44.0	11.7	S23 28.9	8.7	54.7
	01	199 06.8	09.5	183 14.7	11.6	23 37.6	8.7	54.7
	02	214 06.8	10.3	197 45.3	11.5	23 46.3	8.5	54.7
	03	229 06.8	. . 11.0	212 15.8	11.5	23 54.8	8.4	54.8
	04	244 06.8	11.8	226 46.3	11.3	24 03.2	8.4	54.8
	05	259 06.8	12.6	241 16.6	11.3	24 11.6	8.2	54.8
	06	274 06.8	S15 13.4	255 46.9	11.2	S24 19.8	8.1	54.8
	07	289 06.8	14.2	270 17.1	11.1	24 27.9	7.9	54.8
	08	304 06.8	14.9	284 47.2	11.0	24 35.8	7.9	54.8
	09	319 06.8	. . 15.7	299 17.2	10.9	24 43.7	7.8	54.8
	10	334 06.8	16.5	313 47.1	10.8	24 51.5	7.6	54.9
	11	349 06.8	17.2	328 16.9	10.8	24 59.1	7.6	54.9
	12	4 06.8	S15 18.0	342 46.7	10.7	S25 06.7	7.4	54.9
	13	19 06.7	18.8	357 16.4	10.6	25 14.1	7.3	54.9
	14	34 06.7	19.6	11 46.0	10.5	25 21.4	7.2	54.9
	15	49 06.7	. . 20.3	26 15.5	10.4	25 28.6	7.0	54.9
	16	64 06.7	21.1	40 44.9	10.3	25 35.6	7.0	54.9
	17	79 06.7	21.9	55 14.2	10.3	25 42.6	6.8	55.0
	18	94 06.7	S15 22.7	69 43.5	10.2	S25 49.4	6.7	55.0
	19	109 06.7	23.4	84 12.7	10.1	25 56.1	6.5	55.0
	20	124 06.7	24.2	98 41.8	10.0	26 02.6	6.5	55.0
	21	139 06.7	. . 25.0	113 10.8	10.0	26 09.1	6.3	55.0
	22	154 06.7	25.7	127 39.8	9.8	26 15.4	6.2	55.0
	23	169 06.7	26.5	142 08.6	9.8	26 21.6	6.1	55.1
MONDAY	4 00	184 06.6	S15 27.3	156 37.4	9.7	S26 27.7	5.9	55.1
	01	199 06.6	28.0	171 06.1	9.7	26 33.6	5.8	55.1
	02	214 06.6	28.8	185 34.8	9.5	26 39.4	5.7	55.1
	03	229 06.6	. . 29.6	200 03.3	9.5	26 45.1	5.5	55.1
	04	244 06.6	30.3	214 31.8	9.5	26 50.6	5.4	55.1
	05	259 06.6	31.1	229 00.3	9.3	26 56.0	5.3	55.2
	06	274 06.6	S15 31.9	243 28.6	9.3	S27 01.3	5.2	55.2
	07	289 06.6	32.6	257 56.9	9.2	27 06.5	5.0	55.2
	08	304 06.6	33.4	272 25.1	9.1	27 11.5	4.8	55.2
	09	319 06.5	. . 34.2	286 53.2	9.1	27 16.3	4.8	55.2
	10	334 06.5	34.9	301 21.3	9.0	27 21.1	4.6	55.3
	11	349 06.5	35.7	315 49.3	8.9	27 25.7	4.4	55.3
	12	4 06.5	S15 36.4	330 17.2	8.8	S27 30.1	4.3	55.3
	13	19 06.5	37.2	344 45.0	8.8	27 34.4	4.2	55.3
	14	34 06.5	38.0	359 12.8	8.8	27 38.6	4.0	55.3
	15	49 06.4	. . 38.7	13 40.6	8.6	27 42.6	3.9	55.3
	16	64 06.4	39.5	28 08.2	8.6	27 46.5	3.8	55.4
	17	79 06.4	40.3	42 35.8	8.6	27 50.3	3.6	55.4
	18	94 06.4	S15 41.0	57 03.4	8.5	S27 53.9	3.4	55.4
	19	109 06.4	41.8	71 30.9	8.4	27 57.3	3.3	55.4
	20	124 06.4	42.5	85 58.3	8.4	28 00.6	3.2	55.4
	21	139 06.3	. . 43.3	100 25.7	8.3	28 03.8	3.0	55.5
	22	154 06.3	44.0	114 53.0	8.3	28 06.8	2.9	55.5
	23	169 06.3	44.8	129 20.3	8.2	S28 09.7	2.7	55.5
		SD 16.2	*d* 0.8	SD 14.9		15.0		15.1

Lat. (°)	Twilight Naut. (h m)	Twilight Civil (h m)	Sunrise (h m)	Moonrise 2 (h m)	Moonrise 3 (h m)	Moonrise 4 (h m)	Moonrise 5 (h m)
N 72	06 16	07 40	09 13	▬	▬	▬	▬
N 70	06 11	07 26	08 43	▬	▬	▬	▬
68	06 06	07 14	08 21	11 38	▬	▬	▬
66	06 02	07 04	08 04	10 27	▬	▬	▬
64	05 59	06 56	07 50	09 51	12 09	▬	▬
62	05 56	06 49	07 38	09 26	11 15	13 26	▬
60	05 53	06 43	07 28	09 06	10 43	12 20	13 41
N 58	05 50	06 37	07 20	08 49	10 19	11 45	12 58
56	05 48	06 32	07 12	08 36	09 59	11 20	12 29
54	05 45	06 27	07 05	08 24	09 43	11 00	12 07
52	05 43	06 23	06 59	08 13	09 30	10 43	11 49
50	05 41	06 19	06 54	08 04	09 18	10 29	11 33
45	05 36	06 11	06 42	07 44	08 53	10 00	11 02
N 40	05 31	06 03	06 32	07 29	08 33	09 37	10 38
35	05 27	05 57	06 23	07 15	08 17	09 18	10 18
30	05 22	05 51	06 16	07 04	08 03	09 02	10 01
20	05 14	05 40	06 03	06 44	07 39	08 35	09 32
N 10	05 04	05 29	05 51	06 27	07 18	08 12	09 07
0	04 54	05 19	05 40	06 12	06 59	07 50	08 45
S 10	04 42	05 07	05 29	05 56	06 40	07 29	08 22
20	04 27	04 54	05 17	05 39	06 20	07 06	07 57
30	04 08	04 38	05 03	05 20	05 57	06 39	07 29
35	03 56	04 28	04 55	05 09	05 43	06 24	07 12
40	03 41	04 17	04 46	04 57	05 28	06 06	06 53
45	03 23	04 03	04 35	04 42	05 09	05 44	06 29
S 50	02 59	03 46	04 22	04 24	04 46	05 16	05 58
52	02 47	03 37	04 16	04 15	04 35	05 03	05 43
54	02 33	03 28	04 09	04 06	04 23	04 47	05 26
56	02 16	03 17	04 02	03 55	04 08	04 29	05 04
58	01 55	03 05	03 53	03 43	03 52	04 07	04 37
S 60	01 27	02 50	03 43	03 29	03 32	03 39	03 59

Lat. (°)	Sunset (h m)	Twilight Civil (h m)	Twilight Naut. (h m)	Moonset 2 (h m)	Moonset 3 (h m)	Moonset 4 (h m)	Moonset 5 (h m)
N 72	14 13	15 45	17 09	▬	▬	▬	▬
N 70	14 43	16 00	17 15	▬	▬	▬	▬
68	15 05	16 12	17 20	12 52	▬	▬	▬
66	15 22	16 22	17 24	14 04	▬	▬	▬
64	15 36	16 30	17 27	14 41	14 03	▬	▬
62	15 48	16 37	17 30	15 07	14 58	14 35	▬
60	15 58	16 44	17 33	15 28	15 31	15 42	16 15
N 58	16 06	16 49	17 36	15 45	15 56	16 16	16 58
56	16 14	16 54	17 39	15 59	16 15	16 42	17 26
54	16 21	16 59	17 41	16 12	16 32	17 02	17 49
52	16 27	17 03	17 43	16 23	16 46	17 19	18 07
50	16 33	17 07	17 45	16 33	16 58	17 34	18 22
45	16 45	17 16	17 50	16 53	17 24	18 03	18 54
N 40	16 55	17 23	17 55	17 10	17 44	18 26	19 18
35	17 03	17 30	18 00	17 24	18 01	18 46	19 38
30	17 11	17 36	18 04	17 37	18 16	19 02	19 55
20	17 24	17 47	18 13	17 58	18 41	19 30	20 24
N 10	17 36	17 58	18 23	18 17	19 03	19 54	20 48
0	17 47	18 08	18 33	18 34	19 24	20 16	21 11
S 10	17 58	18 20	18 46	18 52	19 44	20 39	21 34
20	18 10	18 33	19 01	19 10	20 06	21 03	21 59
30	18 24	18 50	19 20	19 32	20 31	21 31	22 27
35	18 32	18 59	19 32	19 45	20 47	21 47	22 44
40	18 42	19 11	19 47	20 00	21 04	22 07	23 04
45	18 53	19 25	20 06	20 17	21 25	22 30	23 28
S 50	19 06	19 43	20 30	20 39	21 52	23 00	23 58
52	19 12	19 51	20 42	20 50	22 05	23 15	24 14
54	19 19	20 01	20 57	21 02	22 20	23 33	24 32
56	19 27	20 12	21 14	21 15	22 38	23 54	24 53
58	19 35	20 24	21 36	21 31	23 00	24 21	00 21
S 60	19 45	20 39	22 05	21 51	23 28	24 58	00 58

Day (d)	SUN Eqn. of Time 00^h (m s)	SUN Eqn. of Time 12^h (m s)	SUN Mer. Pass. (h m)	MOON Mer. Pass. Upper (h m)	MOON Mer. Pass. Lower (h m)	MOON Age (d)	MOON Phase (%)
2	16 27	16 27	11 44	12 23	00 00	01	1
3	16 27	16 27	11 44	13 11	00 47	02	4 ●
4	16 27	16 26	11 44	14 03	01 37	03	8

© British Crown Copyright 2023. All rights reserved.

UT		ARIES	VENUS −4·0		MARS +0·0		JUPITER −2·7		SATURN +0·8	
d	h	GHA	GHA	Dec	GHA	Dec	GHA	Dec	GHA	Dec
		° ′	° ′	° ′	° ′	° ′	° ′	° ′	° ′	° ′
5	00	44 43.0	143 39.5	S25 07.0	281 53.6	N21 34.9	325 21.7	N22 21.6	59 45.4	S 8 43.5
	01	59 45.5	158 38.7	07.3	296 55.2	34.8	340 24.4	21.6	74 47.9	43.5
	02	74 47.9	173 37.9	07.6	311 56.8	34.8	355 27.1	21.6	89 50.4	43.5
	03	89 50.4	188 37.0	07.8	326 58.3	34.7	10 29.8	21.6	104 52.9	43.5
	04	104 52.9	203 36.2	08.1	341 59.9	34.6	25 32.5	21.6	119 55.4	43.5
	05	119 55.3	218 35.4	08.4	357 01.5	34.5	40 35.2	21.6	134 57.9	43.5
	06	134 57.8	233 34.5	S25 08.6	12 03.0	N21 34.4	55 37.8	N22 21.5	150 00.4	S 8 43.6
	07	150 00.3	248 33.7	08.9	27 04.6	34.3	70 40.5	21.5	165 02.9	43.6
T	08	165 02.7	263 32.9	09.2	42 06.2	34.2	85 43.2	21.5	180 05.5	43.6
U	09	180 05.2	278 32.0	09.5	57 07.7	34.1	100 45.9	21.5	195 08.0	43.6
	10	195 07.7	293 31.2	09.7	72 09.3	34.0	115 48.6	21.5	210 10.5	43.6
E	11	210 10.1	308 30.4	10.0	87 10.9	33.9	130 51.3	21.5	225 13.0	43.6
S	12	225 12.6	323 29.5	S25 10.2	102 12.5	N21 33.8	145 54.0	N22 21.5	240 15.5	S 8 43.6
D	13	240 15.0	338 28.7	10.5	117 14.0	33.7	160 56.7	21.4	255 18.0	43.6
A	14	255 17.5	353 27.9	10.8	132 15.6	33.6	175 59.4	21.4	270 20.5	43.6
Y	15	270 20.0	8 27.0	11.0	147 17.2	33.5	191 02.1	21.4	285 23.0	43.7
	16	285 22.4	23 26.2	11.3	162 18.8	33.4	206 04.8	21.4	300 25.5	43.7
	17	300 24.9	38 25.4	11.5	177 20.3	33.3	221 07.5	21.4	315 28.0	43.7
	18	315 27.4	53 24.5	S25 11.8	192 21.9	N21 33.2	236 10.2	N22 21.4	330 30.5	S 8 43.7
	19	330 29.8	68 23.7	12.1	207 23.5	33.1	251 12.9	21.4	345 33.0	43.7
	20	345 32.3	83 22.9	12.3	222 25.1	33.0	266 15.6	21.3	0 35.5	43.7
	21	0 34.8	98 22.0	12.6	237 26.7	32.9	281 18.3	21.3	15 38.1	43.7
	22	15 37.2	113 21.2	12.8	252 28.3	32.8	296 21.0	21.3	30 40.6	43.7
	23	30 39.7	128 20.4	13.1	267 29.8	32.7	311 23.7	21.3	45 43.1	43.7
6	00	45 42.2	143 19.5	S25 13.3	282 31.4	N21 32.7	326 26.4	N22 21.3	60 45.6	S 8 43.7
	01	60 44.6	158 18.7	13.6	297 33.0	32.6	341 29.1	21.3	75 48.1	43.8
	02	75 47.1	173 17.8	13.8	312 34.6	32.5	356 31.9	21.3	90 50.6	43.8
	03	90 49.5	188 17.0	14.0	327 36.2	32.4	11 34.6	21.2	105 53.1	43.8
	04	105 52.0	203 16.2	14.3	342 37.8	32.3	26 37.3	21.2	120 55.6	43.8
	05	120 54.5	218 15.3	14.5	357 39.4	32.2	41 40.0	21.2	135 58.1	43.8
	06	135 56.9	233 14.5	S25 14.8	12 40.9	N21 32.1	56 42.7	N22 21.2	151 00.6	S 8 43.8
W	07	150 59.4	248 13.7	15.0	27 42.5	32.0	71 45.4	21.2	166 03.1	43.8
E	08	166 01.9	263 12.8	15.3	42 44.1	31.9	86 48.1	21.2	181 05.6	43.8
D	09	181 04.3	278 12.0	15.5	57 45.7	31.8	101 50.8	21.1	196 08.1	43.8
N	10	196 06.8	293 11.2	15.7	72 47.3	31.7	116 53.5	21.1	211 10.6	43.8
	11	211 09.3	308 10.3	16.0	87 48.9	31.6	131 56.2	21.1	226 13.1	43.9
E	12	226 11.7	323 09.5	S25 16.2	102 50.5	N21 31.5	146 58.9	N22 21.1	241 15.6	S 8 43.9
S	13	241 14.2	338 08.7	16.4	117 52.1	31.4	162 01.6	21.1	256 18.1	43.9
D	14	256 16.7	353 07.8	16.7	132 53.7	31.4	177 04.3	21.1	271 20.6	43.9
A	15	271 19.1	8 07.0	16.9	147 55.3	31.3	192 07.0	21.1	286 23.1	43.9
Y	16	286 21.6	23 06.1	17.1	162 56.9	31.2	207 09.7	21.0	301 25.6	43.9
	17	301 24.0	38 05.3	17.3	177 58.5	31.1	222 12.4	21.0	316 28.1	43.9
	18	316 26.5	53 04.5	S25 17.6	193 00.1	N21 31.0	237 15.1	N22 21.0	331 30.6	S 8 43.9
	19	331 29.0	68 03.6	17.8	208 01.7	30.9	252 17.9	21.0	346 33.1	43.9
	20	346 31.4	83 02.8	18.0	223 03.3	30.8	267 20.6	21.0	1 35.6	43.9
	21	1 33.9	98 02.0	18.2	238 04.9	30.7	282 23.3	21.0	16 38.2	43.9
	22	16 36.4	113 01.1	18.5	253 06.5	30.6	297 26.0	20.9	31 40.7	44.0
	23	31 38.8	128 00.3	18.7	268 08.1	30.5	312 28.7	20.9	46 43.2	44.0
7	00	46 41.3	142 59.4	S25 18.9	283 09.7	N21 30.4	327 31.4	N22 20.9	61 45.7	S 8 44.0
	01	61 43.8	157 58.6	19.1	298 11.3	30.4	342 34.1	20.9	76 48.2	44.0
	02	76 46.2	172 57.8	19.3	313 12.9	30.3	357 36.8	20.9	91 50.7	44.0
	03	91 48.7	187 56.9	19.5	328 14.5	30.2	12 39.5	20.9	106 53.2	44.0
	04	106 51.2	202 56.1	19.8	343 16.1	30.1	27 42.2	20.9	121 55.7	44.0
	05	121 53.6	217 55.3	20.0	358 17.7	30.0	42 45.0	20.8	136 58.2	44.0
	06	136 56.1	232 54.4	S25 20.2	13 19.3	N21 29.9	57 47.7	N22 20.8	152 00.7	S 8 44.0
	07	151 58.5	247 53.6	20.4	28 21.0	29.8	72 50.4	20.8	167 03.2	44.0
T	08	167 01.0	262 52.7	20.6	43 22.6	29.7	87 53.1	20.8	182 05.7	44.0
H	09	182 03.5	277 51.9	20.8	58 24.2	29.6	102 55.8	20.8	197 08.2	44.0
U	10	197 05.9	292 51.1	21.0	73 25.8	29.6	117 58.5	20.8	212 10.7	44.1
R	11	212 08.4	307 50.2	21.2	88 27.4	29.5	133 01.2	20.7	227 13.2	44.1
S	12	227 10.9	322 49.4	S25 21.4	103 29.0	N21 29.4	148 03.9	N22 20.7	242 15.7	S 8 44.1
D	13	242 13.3	337 48.6	21.6	118 30.6	29.3	163 06.7	20.7	257 18.2	44.1
A	14	257 15.8	352 47.7	21.8	133 32.3	29.2	178 09.4	20.7	272 20.7	44.1
Y	15	272 18.3	7 46.9	22.0	148 33.9	29.1	193 12.1	20.7	287 23.2	44.1
	16	287 20.7	22 46.0	22.2	163 35.5	29.0	208 14.8	20.7	302 25.7	44.1
	17	302 23.2	37 45.2	22.4	178 37.1	28.9	223 17.5	20.7	317 28.2	44.1
	18	317 25.7	52 44.4	S25 22.6	193 38.7	N21 28.8	238 20.2	N22 20.6	332 30.7	S 8 44.1
	19	332 28.1	67 43.5	22.8	208 40.4	28.8	253 22.9	20.6	347 33.2	44.1
	20	347 30.6	82 42.7	23.0	223 42.0	28.7	268 25.7	20.6	2 35.7	44.1
	21	2 33.0	97 41.8	23.2	238 43.6	28.6	283 28.4	20.6	17 38.2	44.1
	22	17 35.5	112 41.0	23.4	253 45.2	28.5	298 31.1	20.6	32 40.7	44.1
	23	32 38.0	127 40.2	23.6	268 46.9	28.4	313 33.8	20.6	47 43.2	44.1
Mer. Pass.		h m 20 53.8	v −0.8	d 0.2	v 1.6	d 0.1	v 2.7	d 0.0	v 2.5	d 0.0

STARS

Name	SHA	Dec
	° ′	° ′
Acamar	315 11.5	S40 12.2
Achernar	335 19.7	S57 06.7
Acrux	173 00.9	S63 14.0
Adhara	255 05.8	S29 00.1
Aldebaran	290 39.5	N16 33.6
Alioth	166 13.6	N55 49.4
Alkaid	152 52.6	N49 11.3
Alnair	27 33.0	S46 50.6
Alnilam	275 37.6	S 1 11.0
Alphard	217 48.0	S 8 45.8
Alphecca	126 04.2	N26 37.9
Alpheratz	357 34.7	N29 13.8
Altair	62 00.2	N 8 56.1
Ankaa	353 07.0	S42 10.3
Antares	112 16.4	S26 29.2
Arcturus	145 48.4	N19 03.2
Atria	107 11.3	S69 04.4
Avior	234 14.7	S59 34.9
Bellatrix	278 22.8	N 6 22.4
Betelgeuse	270 52.0	N 7 24.8
Canopus	263 52.1	S52 42.2
Capella	280 21.7	N46 01.3
Deneb	49 26.0	N45 22.4
Denebola	182 25.3	N14 26.0
Diphda	348 47.2	S17 51.0
Dubhe	193 41.5	N61 36.8
Elnath	278 01.8	N28 37.7
Eltanin	90 42.7	N51 29.3
Enif	33 38.9	N 9 59.5
Fomalhaut	15 14.5	S29 29.5
Gacrux	171 52.3	S57 14.9
Gienah	175 44.0	S17 40.6
Hadar	148 36.9	S60 29.4
Hamal	327 51.1	N23 34.9
Kaus Aust.	83 33.0	S34 22.4
Kochab	137 20.9	N74 03.1
Markab	13 29.9	N15 20.5
Menkar	314 06.0	N 4 11.3
Menkent	147 58.2	S36 29.4
Miaplacidus	221 38.4	S69 48.7
Mirfak	308 28.0	N49 57.0
Nunki	75 48.2	S26 16.0
Peacock	53 06.1	S56 39.5
Pollux	243 17.4	N27 57.9
Procyon	244 50.9	N 5 09.8
Rasalhague	95 59.0	N12 32.6
Regulus	207 34.7	N11 50.8
Rigel	281 03.7	S 8 10.2
Rigil Kent.	139 41.2	S60 56.1
Sabik	102 03.3	S15 45.3
Schedar	349 30.8	N56 40.6
Shaula	96 10.9	S37 07.4
Sirius	258 26.2	S16 44.8
Spica	158 22.8	S11 17.3
Suhail	222 46.5	S43 31.6
Vega	80 33.6	N38 48.6
Zuben'ubi	136 56.5	S16 08.6

	SHA	Mer. Pass.
	° ′	h m
Venus	97 37.4	14 28
Mars	236 49.3	5 09
Jupiter	280 44.3	2 14
Saturn	15 03.4	19 54

© British Crown Copyright 2023. All rights reserved.

Day	UT (d h)	SUN GHA (° ′)	SUN Dec (° ′)	MOON GHA (° ′)	MOON v (′)	MOON Dec (° ′)	MOON d (′)	MOON HP (′)
5 TUESDAY	00	184 06.3	S15 45.6	143 47.5	8.1	S28 12.4	2.6	55.5
	01	199 06.3	46.3	158 14.6	8.2	28 15.0	2.4	55.5
	02	214 06.3	47.1	172 41.8	8.0	28 17.4	2.3	55.6
	03	229 06.2	. . 47.8	187 08.8	8.0	28 19.7	2.1	55.6
	04	244 06.2	48.6	201 35.8	8.0	28 21.8	2.0	55.6
	05	259 06.2	49.3	216 02.8	7.9	28 23.8	1.8	55.6
	06	274 06.2	S15 50.1	230 29.7	7.9	S28 25.6	1.6	55.6
	07	289 06.1	50.9	244 56.6	7.9	28 27.2	1.6	55.7
	08	304 06.1	51.6	259 23.5	7.8	28 28.8	1.3	55.7
	09	319 06.1	. . 52.4	273 50.3	7.7	28 30.1	1.2	55.7
	10	334 06.1	53.1	288 17.0	7.8	28 31.3	1.1	55.7
	11	349 06.1	53.9	302 43.8	7.6	28 32.4	0.8	55.7
	12	4 06.0	S15 54.6	317 10.4	7.7	S28 33.2	0.8	55.8
	13	19 06.0	55.4	331 37.1	7.6	28 34.0	0.6	55.8
	14	34 06.0	56.1	346 03.7	7.6	28 34.6	0.4	55.8
	15	49 06.0	. . 56.9	0 30.3	7.6	28 35.0	0.2	55.8
	16	64 05.9	57.6	14 56.9	7.5	28 35.2	0.1	55.8
	17	79 05.9	58.4	29 23.4	7.6	28 35.3	0.0	55.9
	18	94 05.9	S15 59.1	43 50.0	7.4	S28 35.3	0.2	55.9
	19	109 05.9	15 59.9	58 16.4	7.5	28 35.1	0.4	55.9
	20	124 05.8	16 00.6	72 42.9	7.5	28 34.7	0.5	55.9
	21	139 05.8	. . 01.4	87 09.4	7.4	28 34.2	0.7	56.0
	22	154 05.8	02.1	101 35.8	7.4	28 33.5	0.9	56.0
	23	169 05.8	02.9	116 02.2	7.4	28 32.6	1.0	56.0
6 WEDNESDAY	00	184 05.7	S16 03.6	130 28.6	7.4	S28 31.6	1.1	56.0
	01	199 05.7	04.3	144 55.0	7.4	28 30.5	1.4	56.0
	02	214 05.7	05.1	159 21.4	7.3	28 29.1	1.5	56.1
	03	229 05.6	. . 05.8	173 47.7	7.4	28 27.6	1.6	56.1
	04	244 05.6	06.6	188 14.1	7.3	28 26.0	1.8	56.1
	05	259 05.6	07.3	202 40.4	7.4	28 24.2	2.0	56.1
	06	274 05.6	S16 08.1	217 06.8	7.3	S28 22.2	2.1	56.2
	07	289 05.5	08.8	231 33.1	7.3	28 20.1	2.3	56.2
	08	304 05.5	09.6	245 59.4	7.3	28 17.8	2.4	56.2
	09	319 05.5	. . 10.3	260 25.7	7.4	28 15.4	2.7	56.2
	10	334 05.4	11.0	274 52.1	7.3	28 12.7	2.7	56.3
	11	349 05.4	11.8	289 18.4	7.3	28 10.0	3.0	56.3
	12	4 05.4	S16 12.5	303 44.7	7.4	S28 07.0	3.1	56.3
	13	19 05.3	13.3	318 11.1	7.3	28 03.9	3.2	56.3
	14	34 05.3	14.0	332 37.4	7.4	28 00.7	3.4	56.4
	15	49 05.3	. . 14.7	347 03.8	7.4	27 57.3	3.6	56.4
	16	64 05.2	15.5	1 30.2	7.3	27 53.7	3.7	56.4
	17	79 05.2	16.2	15 56.5	7.4	27 50.0	3.9	56.4
	18	94 05.2	S16 17.0	30 22.9	7.4	S27 46.1	4.1	56.5
	19	109 05.1	17.7	44 49.3	7.4	27 42.0	4.2	56.5
	20	124 05.1	18.4	59 15.7	7.5	27 37.8	4.3	56.5
	21	139 05.1	. . 19.2	73 42.2	7.4	27 33.5	4.6	56.5
	22	154 05.0	19.9	88 08.6	7.5	27 28.9	4.7	56.6
	23	169 05.0	20.6	102 35.1	7.5	27 24.2	4.8	56.6
7 THURSDAY	00	184 05.0	S16 21.4	117 01.6	7.5	S27 19.4	5.0	56.6
	01	199 04.9	22.1	131 28.1	7.6	27 14.4	5.2	56.6
	02	214 04.9	22.8	145 54.7	7.5	27 09.2	5.3	56.7
	03	229 04.8	. . 23.6	160 21.2	7.6	27 03.9	5.5	56.7
	04	244 04.8	24.3	174 47.8	7.7	26 58.4	5.6	56.7
	05	259 04.8	25.0	189 14.5	7.6	26 52.8	5.8	56.7
	06	274 04.7	S16 25.8	203 41.1	7.7	S26 47.0	5.9	56.8
	07	289 04.7	26.5	218 07.8	7.7	26 41.1	6.1	56.8
	08	304 04.7	27.2	232 34.5	7.8	26 35.0	6.3	56.8
	09	319 04.6	. . 28.0	247 01.3	7.7	26 28.7	6.4	56.9
	10	334 04.6	28.7	261 28.0	7.9	26 22.3	6.5	56.9
	11	349 04.5	29.4	275 54.9	7.8	26 15.8	6.7	56.9
	12	4 04.5	S16 30.1	290 21.7	7.9	S26 09.1	6.9	56.9
	13	19 04.5	30.9	304 48.6	7.9	26 02.2	7.0	57.0
	14	34 04.4	31.6	319 15.5	8.0	25 55.2	7.2	57.0
	15	49 04.4	. . 32.3	333 42.5	8.0	25 48.0	7.3	57.0
	16	64 04.3	33.1	348 09.5	8.0	25 40.7	7.4	57.0
	17	79 04.3	33.8	2 36.5	8.1	25 33.3	7.6	57.1
	18	94 04.2	S16 34.5	17 03.6	8.1	S25 25.7	7.8	57.1
	19	109 04.2	35.2	31 30.7	8.2	25 17.9	7.9	57.1
	20	124 04.2	36.0	45 57.9	8.2	25 10.0	8.1	57.2
	21	139 04.1	. . 36.7	60 25.1	8.3	25 01.9	8.2	57.2
	22	154 04.1	37.4	74 52.4	8.3	24 53.7	8.3	57.2
	23	169 04.0	38.1	89 19.7	8.3	S24 45.4	8.5	57.2
		SD 16.2	*d* 0.7	SD 15.2		15.3		15.5

Lat. (°)	Twilight Naut. (h m)	Twilight Civil (h m)	Sunrise (h m)	Moonrise 5 (h m)	Moonrise 6 (h m)	Moonrise 7 (h m)	Moonrise 8 (h m)
N 72	06 27	07 54	09 34	▬	▬	▬	▬
N 70	06 21	07 38	08 59	▬	▬	▬	▬
68	06 15	07 25	08 34	▬	▬	▬	17 22
66	06 11	07 14	08 15	▬	▬	▬	16 04
64	06 06	07 04	08 00	▬	▬	16 15	15 27
62	06 03	06 57	07 47	▬	▬	15 10	15 00
60	05 59	06 50	07 36	13 41	14 21	14 35	14 39
N 58	05 56	06 43	07 27	12 58	13 44	14 09	14 22
56	05 53	06 38	07 19	12 29	13 18	13 49	14 07
54	05 50	06 33	07 11	12 07	12 57	13 32	13 54
52	05 48	06 28	07 05	11 49	12 40	13 17	13 43
50	05 45	06 24	06 59	11 33	12 25	13 04	13 33
45	05 40	06 15	06 46	11 02	11 55	12 38	13 12
N 40	05 34	06 07	06 35	10 38	11 31	12 17	12 55
35	05 29	06 00	06 26	10 18	11 12	12 00	12 41
30	05 25	05 53	06 18	10 01	10 55	11 45	12 28
20	05 15	05 41	06 04	09 32	10 27	11 19	12 07
N 10	05 05	05 30	05 52	09 07	10 03	10 57	11 48
0	04 54	05 19	05 40	08 45	09 40	10 36	11 30
S 10	04 41	05 06	05 28	08 22	09 18	10 15	11 13
20	04 25	04 53	05 16	07 57	08 53	09 53	10 54
30	04 05	04 36	05 01	07 29	08 25	09 27	10 32
35	03 52	04 25	04 53	07 12	08 08	09 11	10 19
40	03 37	04 13	04 43	06 53	07 49	08 54	10 04
45	03 18	03 59	04 31	06 29	07 25	08 32	09 46
S 50	02 52	03 40	04 17	05 58	06 55	08 05	09 24
52	02 39	03 31	04 11	05 43	06 40	07 51	09 13
54	02 24	03 21	04 03	05 26	06 22	07 36	09 01
56	02 05	03 10	03 55	05 04	06 00	07 17	08 47
58	01 42	02 56	03 46	04 37	05 33	06 55	08 30
S 60	01 09	02 40	03 36	03 59	04 54	06 25	08 10

Lat. (°)	Sunset (h m)	Twilight Civil (h m)	Twilight Naut. (h m)	Moonset 5 (h m)	Moonset 6 (h m)	Moonset 7 (h m)	Moonset 8 (h m)
N 72	13 52	15 32	16 58	▬	▬	▬	▬
N 70	14 27	15 48	17 05	▬	▬	▬	▬
68	14 52	16 01	17 10	▬	▬	▬	18 21
66	15 11	16 12	17 15	▬	▬	▬	19 38
64	15 27	16 22	17 20	▬	▬	17 33	20 14
62	15 39	16 30	17 24	▬	▬	18 39	20 40
60	15 50	16 37	17 27	16 15	17 31	19 13	21 00
N 58	16 00	16 43	17 30	16 58	18 07	19 38	21 17
56	16 08	16 49	17 33	17 26	18 33	19 58	21 31
54	16 15	16 54	17 36	17 49	18 54	20 15	21 43
52	16 22	16 58	17 39	18 07	19 11	20 29	21 53
50	16 28	17 03	17 41	18 22	19 26	20 41	22 03
45	16 41	17 12	17 47	18 54	19 56	21 06	22 22
N 40	16 52	17 20	17 52	19 18	20 19	21 26	22 38
35	17 01	17 27	17 57	19 38	20 38	21 43	22 51
30	17 09	17 34	18 02	19 55	20 54	21 58	23 03
20	17 23	17 46	18 12	20 24	21 22	22 22	23 23
N 10	17 35	17 57	18 22	20 48	21 45	22 43	23 40
0	17 47	18 09	18 34	21 11	22 07	23 02	23 55
S 10	17 59	18 21	18 47	21 34	22 29	23 22	24 11
20	18 12	18 35	19 02	21 59	22 52	23 42	24 28
30	18 27	18 52	19 23	22 27	23 19	24 06	00 06
35	18 35	19 03	19 36	22 44	23 35	24 20	00 20
40	18 45	19 15	19 51	23 04	23 54	24 35	00 35
45	18 57	19 30	20 11	23 28	24 16	00 16	00 54
S 50	19 11	19 48	20 37	23 58	24 44	00 44	01 18
52	19 18	19 57	20 50	24 14	00 14	00 58	01 29
54	19 25	20 08	21 06	24 32	00 32	01 14	01 42
56	19 33	20 19	21 25	24 53	00 53	01 32	01 56
58	19 43	20 33	21 49	00 21	01 20	01 55	02 13
S 60	19 54	20 49	22 25	00 58	02 00	02 25	02 34

Day	SUN Eqn. of Time 00^h	SUN Eqn. of Time 12^h	SUN Mer. Pass.	MOON Mer. Pass. Upper	MOON Mer. Pass. Lower	MOON Age	MOON Phase
d	m s	m s	h m	h m	h m	d %	
5	16 25	16 24	11 44	14 58	02 30	04 15	
6	16 23	16 22	11 44	15 54	03 26	05 23	
7	16 20	16 18	11 44	16 49	04 22	06 32	

© British Crown Copyright 2023. All rights reserved.

UT d	h	ARIES GHA	VENUS −4·0 GHA	VENUS Dec	MARS −0·1 GHA	MARS Dec	JUPITER −2·7 GHA	JUPITER Dec	SATURN +0·8 GHA	SATURN Dec
		° ′	° ′	° ′	° ′	° ′	° ′	° ′	° ′	° ′
8	00	47 40.4	142 39.3	S25 23.8	283 48.5	N21 28.3	328 36.5	N22 20.5	62 45.7	S 8 44.2
	01	62 42.9	157 38.5	24.0	298 50.1	28.2	343 39.2	20.5	77 48.1	44.2
	02	77 45.4	172 37.6	24.1	313 51.7	28.2	358 42.0	20.5	92 50.6	44.2
	03	92 47.8	187 36.8	. . 24.3	328 53.4	. . 28.1	13 44.7	. . 20.5	107 53.1	. . 44.2
	04	107 50.3	202 36.0	24.5	343 55.0	28.0	28 47.4	20.5	122 55.6	44.2
	05	122 52.8	217 35.1	24.7	358 56.6	27.9	43 50.1	20.5	137 58.1	44.2
	06	137 55.2	232 34.3	S25 24.9	13 58.3	N21 27.8	58 52.8	N22 20.4	153 00.6	S 8 44.2
	07	152 57.7	247 33.4	25.0	28 59.9	27.7	73 55.6	20.4	168 03.1	44.2
	08	168 00.1	262 32.6	25.2	44 01.5	27.6	88 58.3	20.4	183 05.6	44.2
F	09	183 02.6	277 31.8	. . 25.4	59 03.2	. . 27.6	104 01.0	. . 20.4	198 08.1	. . 44.2
R	10	198 05.1	292 30.9	25.6	74 04.8	27.5	119 03.7	20.4	213 10.6	44.2
I	11	213 07.5	307 30.1	25.8	89 06.4	27.4	134 06.4	20.4	228 13.1	44.2
D	12	228 10.0	322 29.2	S25 25.9	104 08.1	N21 27.3	149 09.2	N22 20.3	243 15.6	S 8 44.2
A	13	243 12.5	337 28.4	26.1	119 09.7	27.2	164 11.9	20.3	258 18.1	44.2
Y	14	258 14.9	352 27.6	26.3	134 11.3	27.1	179 14.6	20.3	273 20.6	44.2
	15	273 17.4	7 26.7	. . 26.4	149 13.0	. . 27.0	194 17.3	. . 20.3	288 23.1	. . 44.2
	16	288 19.9	22 25.9	26.6	164 14.6	27.0	209 20.0	20.3	303 25.6	44.2
	17	303 22.3	37 25.0	26.8	179 16.3	26.9	224 22.8	20.3	318 28.1	44.3
	18	318 24.8	52 24.2	S25 26.9	194 17.9	N21 26.8	239 25.5	N22 20.3	333 30.6	S 8 44.3
	19	333 27.3	67 23.4	27.1	209 19.5	26.7	254 28.2	20.2	348 33.1	44.3
	20	348 29.7	82 22.5	27.3	224 21.2	26.6	269 30.9	20.2	3 35.6	44.3
	21	3 32.2	97 21.7	. . 27.4	239 22.8	. . 26.5	284 33.6	. . 20.2	18 38.1	. . 44.3
	22	18 34.6	112 20.8	27.6	254 24.5	26.5	299 36.4	20.2	33 40.6	44.3
	23	33 37.1	127 20.0	27.7	269 26.1	26.4	314 39.1	20.2	48 43.1	44.3
9	00	48 39.6	142 19.2	S25 27.9	284 27.8	N21 26.3	329 41.8	N22 20.2	63 45.5	S 8 44.3
	01	63 42.0	157 18.3	28.1	299 29.4	26.2	344 44.5	20.1	78 48.0	44.3
	02	78 44.5	172 17.5	28.2	314 31.1	26.1	359 47.3	20.1	93 50.5	44.3
	03	93 47.0	187 16.6	. . 28.4	329 32.7	. . 26.1	14 50.0	. . 20.1	108 53.0	. . 44.3
	04	108 49.4	202 15.8	28.5	344 34.4	26.0	29 52.7	20.1	123 55.5	44.3
	05	123 51.9	217 15.0	28.7	359 36.0	25.9	44 55.4	20.1	138 58.0	44.3
	06	138 54.4	232 14.1	S25 28.8	14 37.7	N21 25.8	59 58.2	N22 20.1	154 00.5	S 8 44.3
S	07	153 56.8	247 13.3	29.0	29 39.3	25.7	75 00.9	20.0	169 03.0	44.3
	08	168 59.3	262 12.4	29.1	44 41.0	25.6	90 03.6	20.0	184 05.5	44.3
A	09	184 01.8	277 11.6	. . 29.3	59 42.6	. . 25.6	105 06.3	. . 20.0	199 08.0	. . 44.3
T	10	199 04.2	292 10.7	29.4	74 44.3	25.5	120 09.1	20.0	214 10.5	44.3
U	11	214 06.7	307 09.9	29.6	89 46.0	25.4	135 11.8	20.0	229 13.0	44.3
R	12	229 09.1	322 09.1	S25 29.7	104 47.6	N21 25.3	150 14.5	N22 20.0	244 15.5	S 8 44.3
D	13	244 11.6	337 08.2	29.8	119 49.3	25.2	165 17.3	19.9	259 18.0	44.4
A	14	259 14.1	352 07.4	30.0	134 50.9	25.2	180 20.0	19.9	274 20.4	44.4
Y	15	274 16.5	7 06.5	. . 30.1	149 52.6	. . 25.1	195 22.7	. . 19.9	289 22.9	. . 44.4
	16	289 19.0	22 05.7	30.3	164 54.3	25.0	210 25.4	19.9	304 25.4	44.4
	17	304 21.5	37 04.9	30.4	179 55.9	24.9	225 28.2	19.9	319 27.9	44.4
	18	319 23.9	52 04.0	S25 30.5	194 57.6	N21 24.8	240 30.9	N22 19.9	334 30.4	S 8 44.4
	19	334 26.4	67 03.2	30.7	209 59.2	24.8	255 33.6	19.8	349 32.9	44.4
	20	349 28.9	82 02.3	30.8	225 00.9	24.7	270 36.4	19.8	4 35.4	44.4
	21	4 31.3	97 01.5	. . 30.9	240 02.6	. . 24.6	285 39.1	. . 19.8	19 37.9	. . 44.4
	22	19 33.8	112 00.7	31.1	255 04.2	24.5	300 41.8	19.8	34 40.4	44.4
	23	34 36.3	126 59.8	31.2	270 05.9	24.5	315 44.5	19.8	49 42.9	44.4
10	00	49 38.7	141 59.0	S25 31.3	285 07.6	N21 24.4	330 47.3	N22 19.7	64 45.3	S 8 44.4
	01	64 41.2	156 58.1	31.4	300 09.3	24.3	345 50.0	19.7	79 47.8	44.4
	02	79 43.6	171 57.3	31.6	315 10.9	24.2	0 52.7	19.7	94 50.3	44.4
	03	94 46.1	186 56.4	. . 31.7	330 12.6	. . 24.1	15 55.5	. . 19.7	109 52.8	. . 44.4
	04	109 48.6	201 55.6	31.8	345 14.3	24.1	30 58.2	19.7	124 55.3	44.4
	05	124 51.0	216 54.8	31.9	0 15.9	24.0	46 00.9	19.7	139 57.8	44.4
	06	139 53.5	231 53.9	S25 32.1	15 17.6	N21 23.9	61 03.7	N22 19.6	155 00.3	S 8 44.4
	07	154 56.0	246 53.1	32.2	30 19.3	23.8	76 06.4	19.6	170 02.8	44.4
	08	169 58.4	261 52.2	32.3	45 21.0	23.8	91 09.1	19.6	185 05.3	44.4
S	09	185 00.9	276 51.4	. . 32.4	60 22.6	. . 23.7	106 11.9	. . 19.6	200 07.7	. . 44.4
U	10	200 03.4	291 50.6	32.5	75 24.3	23.6	121 14.6	19.6	215 10.2	44.4
N	11	215 05.8	306 49.7	32.6	90 26.0	23.5	136 17.3	19.6	230 12.7	44.4
D	12	230 08.3	321 48.9	S25 32.8	105 27.7	N21 23.4	151 20.1	N22 19.5	245 15.2	S 8 44.4
A	13	245 10.7	336 48.0	32.9	120 29.4	23.4	166 22.8	19.5	260 17.7	44.4
Y	14	260 13.2	351 47.2	33.0	135 31.0	23.3	181 25.5	19.5	275 20.2	44.4
	15	275 15.7	6 46.4	. . 33.1	150 32.7	. . 23.2	196 28.3	. . 19.5	290 22.7	. . 44.4
	16	290 18.1	21 45.5	33.2	165 34.4	23.1	211 31.0	19.5	305 25.2	44.4
	17	305 20.6	36 44.7	33.3	180 36.1	23.1	226 33.7	19.5	320 27.6	44.4
	18	320 23.1	51 43.8	S25 33.4	195 37.8	N21 23.0	241 36.5	N22 19.4	335 30.1	S 8 44.4
	19	335 25.5	66 43.0	33.5	210 39.5	22.9	256 39.2	19.4	350 32.6	44.4
	20	350 28.0	81 42.1	33.6	225 41.2	22.8	271 42.0	19.4	5 35.1	44.4
	21	5 30.5	96 41.3	. . 33.7	240 42.8	. . 22.8	286 44.7	. . 19.4	20 37.6	. . 44.4
	22	20 32.9	111 40.5	33.8	255 44.5	22.7	301 47.4	19.4	35 40.1	44.4
	23	35 35.4	126 39.6	33.9	270 46.2	22.6	316 50.2	19.4	50 42.6	44.4
Mer. Pass.		h m 20 42.0	v −0.8	d 0.1	v 1.7	d 0.1	v 2.7	d 0.0	v 2.5	d 0.0

STARS Name	SHA	Dec
	° ′	° ′
Acamar	315 11.4	S40 12.2
Achernar	335 19.7	S57 06.7
Acrux	173 00.8	S63 14.0
Adhara	255 05.8	S29 00.1
Aldebaran	290 39.5	N16 33.6
Alioth	166 13.6	N55 49.4
Alkaid	152 52.6	N49 11.3
Alnair	27 33.0	S46 50.6
Alnilam	275 37.6	S 1 11.0
Alphard	217 47.9	S 8 45.8
Alphecca	126 04.2	N26 37.9
Alpheratz	357 34.7	N29 13.8
Altair	62 00.2	N 8 56.1
Ankaa	353 07.0	S42 10.3
Antares	112 16.4	S26 29.2
Arcturus	145 48.4	N19 03.2
Atria	107 11.3	S69 04.4
Avior	234 14.7	S59 34.9
Bellatrix	278 22.8	N 6 22.4
Betelgeuse	270 52.0	N 7 24.8
Canopus	263 52.1	S52 42.2
Capella	280 21.7	N46 01.3
Deneb	49 26.0	N45 22.4
Denebola	182 25.3	N14 26.0
Diphda	348 47.2	S17 51.0
Dubhe	193 41.5	N61 36.8
Elnath	278 01.8	N28 37.7
Eltanin	90 42.7	N51 29.3
Enif	33 38.9	N 9 59.4
Fomalhaut	15 14.5	S29 29.5
Gacrux	171 52.3	S57 14.9
Gienah	175 44.0	S17 40.6
Hadar	148 36.9	S60 29.4
Hamal	327 51.0	N23 34.9
Kaus Aust.	83 33.0	S34 22.4
Kochab	137 20.9	N74 03.1
Markab	13 29.9	N15 20.5
Menkar	314 06.0	N 4 11.3
Menkent	147 58.2	S36 29.4
Miaplacidus	221 38.3	S69 48.7
Mirfak	308 28.0	N49 57.0
Nunki	75 48.2	S26 16.0
Peacock	53 06.1	S56 39.5
Pollux	243 17.4	N27 57.9
Procyon	244 50.9	N 5 09.8
Rasalhague	95 59.0	N12 32.6
Regulus	207 34.7	N11 50.8
Rigel	281 03.7	S 8 10.2
Rigil Kent.	139 41.2	S60 56.1
Sabik	102 03.3	S15 45.3
Schedar	349 30.8	N56 40.6
Shaula	96 10.9	S37 07.4
Sirius	258 26.2	S16 44.8
Spica	158 22.8	S11 17.3
Suhail	222 46.4	S43 31.6
Vega	80 33.6	N38 48.6
Zuben'ubi	136 56.5	S16 08.6

	SHA	Mer. Pass.
	° ′	h m
Venus	93 39.6	14 32
Mars	235 48.2	5 02
Jupiter	281 02.2	2 01
Saturn	15 06.0	19 42

© British Crown Copyright 2023. All rights reserved.

	UT	SUN GHA	SUN Dec	MOON GHA	*v*	MOON Dec	*d*	HP
	d h	° ′	° ′	° ′	′	° ′	′	′
	8 00	184 04.0	S16 38.9	103 47.0	8.4	S24 36.9	8.6	57.3
	01	199 03.9	39.6	118 14.4	8.5	24 28.3	8.8	57.3
	02	214 03.9	40.3	132 41.9	8.4	24 19.5	8.9	57.3
	03	229 03.8	. . 41.0	147 09.3	8.6	24 10.6	9.1	57.4
	04	244 03.8	41.7	161 36.9	8.6	24 01.5	9.2	57.4
	05	259 03.8	42.5	176 04.5	8.6	23 52.3	9.4	57.4
	06	274 03.7	S16 43.2	190 32.1	8.7	S23 42.9	9.4	57.4
	07	289 03.7	43.9	204 59.8	8.7	23 33.5	9.7	57.5
	08	304 03.6	44.6	219 27.5	8.8	23 23.8	9.7	57.5
F	09	319 03.6	. . 45.3	233 55.3	8.8	23 14.1	9.9	57.5
R	10	334 03.5	46.1	248 23.1	8.9	23 04.2	10.0	57.6
I	11	349 03.5	46.8	262 51.0	9.0	22 54.2	10.2	57.6
D	12	4 03.4	S16 47.5	277 19.0	8.9	S22 44.0	10.3	57.6
A	13	19 03.4	48.2	291 46.9	9.1	22 33.7	10.4	57.7
Y	14	34 03.3	48.9	306 15.0	9.1	22 23.3	10.6	57.7
	15	49 03.3	. . 49.6	320 43.1	9.1	22 12.7	10.7	57.7
	16	64 03.2	50.4	335 11.2	9.2	22 02.0	10.8	57.7
	17	79 03.2	51.1	349 39.4	9.2	21 51.2	11.0	57.8
	18	94 03.1	S16 51.8	4 07.6	9.3	S21 40.2	11.1	57.8
	19	109 03.1	52.5	18 35.9	9.4	21 29.1	11.2	57.8
	20	124 03.0	53.2	33 04.3	9.4	21 17.9	11.3	57.9
	21	139 03.0	. . 53.9	47 32.7	9.4	21 06.6	11.5	57.9
	22	154 02.9	54.6	62 01.1	9.5	20 55.1	11.5	57.9
	23	169 02.9	55.4	76 29.6	9.6	20 43.6	11.7	58.0
	9 00	184 02.8	S16 56.1	90 58.2	9.6	S20 31.9	11.9	58.0
	01	199 02.7	56.8	105 26.8	9.7	20 20.0	11.9	58.0
	02	214 02.7	57.5	119 55.5	9.7	20 08.1	12.1	58.1
	03	229 02.6	. . 58.2	134 24.2	9.7	19 56.0	12.2	58.1
	04	244 02.6	58.9	148 52.9	9.8	19 43.8	12.3	58.1
	05	259 02.5	16 59.6	163 21.7	9.9	19 31.5	12.4	58.1
	06	274 02.5	S17 00.3	177 50.6	9.9	S19 19.1	12.6	58.2
	07	289 02.4	01.0	192 19.5	10.0	19 06.5	12.6	58.2
S	08	304 02.4	01.7	206 48.5	10.0	18 53.9	12.8	58.2
A	09	319 02.3	. . 02.4	221 17.5	10.0	18 41.1	12.9	58.3
T	10	334 02.2	03.1	235 46.5	10.1	18 28.2	13.0	58.3
U	11	349 02.2	03.9	250 15.6	10.2	18 15.2	13.1	58.3
R	12	4 02.1	S17 04.6	264 44.8	10.2	S18 02.1	13.2	58.4
D	13	19 02.1	05.3	279 14.0	10.2	17 48.9	13.3	58.4
A	14	34 02.0	06.0	293 43.2	10.3	17 35.6	13.4	58.4
Y	15	49 02.0	. . 06.7	308 12.5	10.3	17 22.2	13.5	58.5
	16	64 01.9	07.4	322 41.8	10.4	17 08.7	13.7	58.5
	17	79 01.8	08.1	337 11.2	10.5	16 55.0	13.7	58.5
	18	94 01.8	S17 08.8	351 40.7	10.4	S16 41.3	13.9	58.5
	19	109 01.7	09.5	6 10.1	10.5	16 27.4	13.9	58.6
	20	124 01.7	10.2	20 39.6	10.6	16 13.5	14.0	58.6
	21	139 01.6	. . 10.9	35 09.2	10.6	15 59.5	14.2	58.6
	22	154 01.5	11.6	49 38.8	10.6	15 45.3	14.2	58.7
	23	169 01.5	12.3	64 08.4	10.7	15 31.1	14.4	58.7
	10 00	184 01.4	S17 13.0	78 38.1	10.7	S15 16.7	14.4	58.7
	01	199 01.3	13.7	93 07.8	10.8	15 02.3	14.5	58.8
	02	214 01.3	14.4	107 37.6	10.8	14 47.8	14.6	58.8
	03	229 01.2	. . 15.1	122 07.4	10.8	14 33.2	14.7	58.8
	04	244 01.2	15.8	136 37.2	10.9	14 18.5	14.8	58.9
	05	259 01.1	16.5	151 07.1	10.9	14 03.7	14.9	58.9
	06	274 01.0	S17 17.2	165 37.0	10.9	S13 48.8	15.0	58.9
	07	289 01.0	17.9	180 06.9	11.0	13 33.8	15.0	58.9
	08	304 00.9	18.6	194 36.9	11.0	13 18.8	15.2	59.0
S	09	319 00.8	. . 19.3	209 06.9	11.0	13 03.6	15.2	59.0
U	10	334 00.8	19.9	223 36.9	11.1	12 48.4	15.3	59.0
N	11	349 00.7	20.6	238 07.0	11.1	12 33.1	15.4	59.1
D	12	4 00.6	S17 21.3	252 37.1	11.1	S12 17.7	15.5	59.1
A	13	19 00.6	22.0	267 07.2	11.1	12 02.2	15.5	59.1
Y	14	34 00.5	22.7	281 37.3	11.2	11 46.7	15.6	59.2
	15	49 00.4	. . 23.4	296 07.5	11.2	11 31.1	15.7	59.2
	16	64 00.4	24.1	310 37.7	11.3	11 15.4	15.8	59.2
	17	79 00.3	24.8	325 08.0	11.2	10 59.6	15.9	59.3
	18	94 00.2	S17 25.5	339 38.2	11.3	S10 43.7	15.9	59.3
	19	109 00.2	26.2	354 08.5	11.3	10 27.8	16.0	59.3
	20	124 00.1	26.9	8 38.8	11.3	10 11.8	16.0	59.3
	21	139 00.0	. . 27.5	23 09.1	11.3	9 55.8	16.2	59.4
	22	154 00.0	28.2	37 39.4	11.4	9 39.6	16.2	59.4
	23	168 59.9	28.9	52 09.8	11.3	S 9 23.4	16.2	59.4
		SD 16.2	*d* 0.7	SD 15.7		15.9		16.1

Lat.	Twilight Naut.	Twilight Civil	Sunrise	Moonrise 8	9	10	11
°	h m	h m	h m	h m	h m	h m	h m
N 72	06 39	08 08	09 58	■	17 13	15 51	15 07
N 70	06 31	07 50	09 16	■	16 23	15 33	15 00
68	06 25	07 35	08 47	17 22	15 51	15 18	14 54
66	06 19	07 23	08 26	16 04	15 27	15 06	14 49
64	06 14	07 13	08 09	15 27	15 08	14 56	14 45
62	06 10	07 04	07 56	15 00	14 53	14 47	14 42
60	06 06	06 56	07 44	14 39	14 40	14 40	14 39
N 58	06 02	06 50	07 34	14 22	14 29	14 33	14 36
56	05 59	06 44	07 25	14 07	14 19	14 27	14 33
54	05 56	06 38	07 17	13 54	14 10	14 21	14 31
52	05 53	06 33	07 10	13 43	14 02	14 17	14 29
50	05 50	06 29	07 04	13 33	13 55	14 12	14 27
45	05 43	06 19	06 50	13 12	13 40	14 03	14 23
N 40	05 38	06 10	06 39	12 55	13 27	13 55	14 20
35	05 32	06 02	06 29	12 41	13 16	13 48	14 17
30	05 27	05 55	06 20	12 28	13 07	13 41	14 14
20	05 16	05 43	06 06	12 07	12 50	13 31	14 09
N 10	05 05	05 31	05 53	11 48	12 36	13 21	14 05
0	04 54	05 19	05 40	11 30	12 22	13 13	14 02
S 10	04 40	05 06	05 28	11 13	12 09	13 04	13 58
20	04 24	04 51	05 15	10 54	11 54	12 54	13 54
30	04 03	04 33	04 59	10 32	11 37	12 43	13 49
35	03 49	04 23	04 50	10 19	11 28	12 37	13 46
40	03 33	04 10	04 40	10 04	11 16	12 30	13 43
45	03 13	03 54	04 27	09 46	11 03	12 21	13 40
S 50	02 46	03 35	04 13	09 24	10 47	12 11	13 36
52	02 32	03 25	04 06	09 13	10 39	12 06	13 34
54	02 15	03 15	03 58	09 01	10 30	12 01	13 31
56	01 55	03 02	03 49	08 47	10 21	11 55	13 29
58	01 28	02 48	03 39	08 30	10 10	11 48	13 26
S 60	00 47	02 31	03 28	08 10	09 57	11 41	13 23

Lat.	Sunset	Twilight Civil	Twilight Naut.	Moonset 8	9	10	11
°	h m	h m	h m	h m	h m	h m	h m
N 72	13 29	15 18	16 47	■	20 22	23 30	26 01
N 70	14 11	15 37	16 55	■	21 10	23 45	26 03
68	14 39	15 52	17 02	18 21	21 40	23 58	26 06
66	15 00	16 04	17 08	19 38	22 02	24 08	00 08
64	15 17	16 14	17 13	20 14	22 20	24 16	00 16
62	15 31	16 23	17 17	20 40	22 34	24 23	00 23
60	15 43	16 30	17 21	21 00	22 46	24 29	00 29
N 58	15 53	16 37	17 25	21 17	22 56	24 35	00 35
56	16 02	16 43	17 28	21 31	23 05	24 40	00 40
54	16 10	16 49	17 31	21 43	23 13	24 44	00 44
52	16 17	16 54	17 34	21 53	23 20	24 48	00 48
50	16 23	16 58	17 37	22 03	23 27	24 51	00 51
45	16 37	17 09	17 44	22 22	23 40	24 59	00 59
N 40	16 49	17 17	17 50	22 38	23 51	25 05	01 05
35	16 58	17 25	17 55	22 51	24 01	00 01	01 10
30	17 07	17 32	18 01	23 03	24 09	00 09	01 15
20	17 22	17 45	18 11	23 23	24 23	00 23	01 23
N 10	17 35	17 57	18 22	23 40	24 35	00 35	01 29
0	17 47	18 09	18 34	23 55	24 46	00 46	01 36
S 10	18 00	18 22	18 48	24 11	00 11	00 58	01 42
20	18 13	18 37	19 04	24 28	00 28	01 10	01 49
30	18 29	18 55	19 26	00 06	00 47	01 23	01 56
35	18 38	19 06	19 39	00 20	00 58	01 31	02 01
40	18 49	19 19	19 56	00 35	01 10	01 40	02 06
45	19 01	19 34	20 16	00 54	01 25	01 50	02 11
S 50	19 16	19 54	20 44	01 18	01 43	02 02	02 18
52	19 23	20 04	20 58	01 29	01 51	02 08	02 21
54	19 31	20 15	21 15	01 42	02 00	02 14	02 24
56	19 40	20 27	21 36	01 56	02 11	02 21	02 28
58	19 50	20 42	22 04	02 13	02 23	02 28	02 32
S 60	20 02	21 00	22 49	02 34	02 36	02 37	02 36

Day	SUN Eqn. of Time 00ʰ	SUN Eqn. of Time 12ʰ	SUN Mer. Pass.	MOON Mer. Pass. Upper	MOON Mer. Pass. Lower	MOON Age	MOON Phase
d	m s	m s	h m	h m	h m	d	%
8	16 16	16 14	11 44	17 43	05 16	07	42
9	16 11	16 09	11 44	18 34	06 09	08	53
10	16 06	16 03	11 44	19 24	07 00	09	64

© British Crown Copyright 2023. All rights reserved.

UT d h	ARIES GHA	VENUS −4·1 GHA	Dec	MARS −0·1 GHA	Dec	JUPITER −2·8 GHA	Dec	SATURN +0·8 GHA	Dec
	° ′	° ′	° ′	° ′	° ′	° ′	° ′	° ′	° ′
11 00 MONDAY	50 37.9	141 38.8	S25 34.0	285 47.9	N21 22.5	331 52.9	N22 19.3	65 45.0	S 8 44.4
01	65 40.3	156 37.9	34.1	300 49.6	22.5	346 55.6	19.3	80 47.5	44.5
02	80 42.8	171 37.1	34.2	315 51.3	22.4	1 58.4	19.3	95 50.0	44.5
03	95 45.2	186 36.3	34.3	330 53.0	22.3	17 01.1	19.3	110 52.5	44.5
04	110 47.7	201 35.4	34.4	345 54.7	22.3	32 03.9	19.3	125 55.0	44.5
05	125 50.2	216 34.6	34.5	0 56.4	22.2	47 06.6	19.2	140 57.5	44.5
06	140 52.6	231 33.7	S25 34.6	15 58.1	N21 22.1	62 09.3	N22 19.2	156 00.0	S 8 44.5
07	155 55.1	246 32.9	34.6	30 59.8	22.0	77 12.1	19.2	171 02.4	44.5
08	170 57.6	261 32.1	34.7	46 01.5	22.0	92 14.8	19.2	186 04.9	44.5
09	186 00.0	276 31.2	34.8	61 03.2	21.9	107 17.5	19.2	201 07.4	44.5
10	201 02.5	291 30.4	34.9	76 04.9	21.8	122 20.3	19.2	216 09.9	44.5
11	216 05.0	306 29.5	35.0	91 06.6	21.7	137 23.0	19.1	231 12.4	44.5
12	231 07.4	321 28.7	S25 35.1	106 08.3	N21 21.7	152 25.8	N22 19.1	246 14.9	S 8 44.5
13	246 09.9	336 27.9	35.2	121 10.0	21.6	167 28.5	19.1	261 17.3	44.5
14	261 12.4	351 27.0	35.2	136 11.7	21.5	182 31.3	19.1	276 19.8	44.5
15	276 14.8	6 26.2	35.3	151 13.4	21.5	197 34.0	19.1	291 22.3	44.5
16	291 17.3	21 25.3	35.4	166 15.1	21.4	212 36.7	19.0	306 24.8	44.5
17	306 19.7	36 24.5	35.5	181 16.8	21.3	227 39.5	19.0	321 27.3	44.5
18	321 22.2	51 23.7	S25 35.5	196 18.5	N21 21.3	242 42.2	N22 19.0	336 29.8	S 8 44.5
19	336 24.7	66 22.8	35.6	211 20.2	21.2	257 45.0	19.0	351 32.2	44.5
20	351 27.1	81 22.0	35.7	226 21.9	21.1	272 47.7	19.0	6 34.7	44.5
21	6 29.6	96 21.1	35.8	241 23.7	21.0	287 50.4	19.0	21 37.2	44.5
22	21 32.1	111 20.3	35.8	256 25.4	21.0	302 53.2	18.9	36 39.7	44.5
23	36 34.5	126 19.5	35.9	271 27.1	20.9	317 55.9	18.9	51 42.2	44.5
12 00 TUESDAY	51 37.0	141 18.6	S25 36.0	286 28.8	N21 20.8	332 58.7	N22 18.9	66 44.7	S 8 44.5
01	66 39.5	156 17.8	36.0	301 30.5	20.8	348 01.4	18.9	81 47.1	44.5
02	81 41.9	171 16.9	36.1	316 32.2	20.7	3 04.2	18.9	96 49.6	44.5
03	96 44.4	186 16.1	36.1	331 33.9	20.6	18 06.9	18.9	111 52.1	44.5
04	111 46.8	201 15.3	36.2	346 35.7	20.6	33 09.7	18.8	126 54.6	44.5
05	126 49.3	216 14.4	36.3	1 37.4	20.5	48 12.4	18.8	141 57.1	44.5
06	141 51.8	231 13.6	S25 36.3	16 39.1	N21 20.4	63 15.1	N22 18.8	156 59.5	S 8 44.5
07	156 54.2	246 12.7	36.4	31 40.8	20.4	78 17.9	18.8	172 02.0	44.5
08	171 56.7	261 11.9	36.4	46 42.5	20.3	93 20.6	18.8	187 04.5	44.5
09	186 59.2	276 11.1	36.5	61 44.3	20.2	108 23.4	18.7	202 07.0	44.5
10	202 01.6	291 10.2	36.6	76 46.0	20.1	123 26.1	18.7	217 09.5	44.5
11	217 04.1	306 09.4	36.6	91 47.7	20.1	138 28.9	18.7	232 11.9	44.5
12	232 06.6	321 08.5	S25 36.7	106 49.4	N21 20.0	153 31.6	N22 18.7	247 14.4	S 8 44.5
13	247 09.0	336 07.7	36.7	121 51.2	19.9	168 34.4	18.7	262 16.9	44.5
14	262 11.5	351 06.9	36.8	136 52.9	19.9	183 37.1	18.6	277 19.4	44.5
15	277 14.0	6 06.0	36.8	151 54.6	19.8	198 39.9	18.6	292 21.9	44.5
16	292 16.4	21 05.2	36.8	166 56.3	19.7	213 42.6	18.6	307 24.3	44.5
17	307 18.9	36 04.4	36.9	181 58.1	19.7	228 45.4	18.6	322 26.8	44.5
18	322 21.3	51 03.5	S25 36.9	196 59.8	N21 19.6	243 48.1	N22 18.6	337 29.3	S 8 44.5
19	337 23.8	66 02.7	37.0	212 01.5	19.6	258 50.9	18.6	352 31.8	44.5
20	352 26.3	81 01.8	37.0	227 03.3	19.5	273 53.6	18.5	7 34.2	44.4
21	7 28.7	96 01.0	37.1	242 05.0	19.4	288 56.4	18.5	22 36.7	44.4
22	22 31.2	111 00.2	37.1	257 06.7	19.4	303 59.1	18.5	37 39.2	44.4
23	37 33.7	125 59.3	37.1	272 08.5	19.3	319 01.9	18.5	52 41.7	44.4
13 00 WEDNESDAY	52 36.1	140 58.5	S25 37.2	287 10.2	N21 19.2	334 04.6	N22 18.5	67 44.2	S 8 44.4
01	67 38.6	155 57.6	37.2	302 11.9	19.2	349 07.4	18.4	82 46.6	44.4
02	82 41.1	170 56.8	37.2	317 13.7	19.1	4 10.1	18.4	97 49.1	44.4
03	97 43.5	185 56.0	37.3	332 15.4	19.0	19 12.9	18.4	112 51.6	44.4
04	112 46.0	200 55.1	37.3	347 17.2	19.0	34 15.6	18.4	127 54.1	44.4
05	127 48.4	215 54.3	37.3	2 18.9	18.9	49 18.4	18.4	142 56.5	44.4
06	142 50.9	230 53.5	S25 37.4	17 20.6	N21 18.8	64 21.1	N22 18.4	157 59.0	S 8 44.4
07	157 53.4	245 52.6	37.4	32 22.4	18.8	79 23.9	18.3	173 01.5	44.4
08	172 55.8	260 51.8	37.4	47 24.1	18.7	94 26.6	18.3	188 04.0	44.4
09	187 58.3	275 50.9	37.4	62 25.9	18.7	109 29.4	18.3	203 06.5	44.4
10	203 00.8	290 50.1	37.5	77 27.6	18.6	124 32.1	18.3	218 08.9	44.4
11	218 03.2	305 49.3	37.5	92 29.4	18.5	139 34.9	18.3	233 11.4	44.4
12	233 05.7	320 48.4	S25 37.5	107 31.1	N21 18.5	154 37.6	N22 18.2	248 13.9	S 8 44.4
13	248 08.2	335 47.6	37.5	122 32.9	18.4	169 40.4	18.2	263 16.4	44.4
14	263 10.6	350 46.8	37.5	137 34.6	18.3	184 43.1	18.2	278 18.8	44.4
15	278 13.1	5 45.9	37.6	152 36.4	18.3	199 45.9	18.2	293 21.3	44.4
16	293 15.6	20 45.1	37.6	167 38.1	18.2	214 48.6	18.2	308 23.8	44.4
17	308 18.0	35 44.3	37.6	182 39.9	18.2	229 51.4	18.1	323 26.3	44.4
18	323 20.5	50 43.4	S25 37.6	197 41.6	N21 18.1	244 54.1	N22 18.1	338 28.7	S 8 44.4
19	338 22.9	65 42.6	37.6	212 43.4	18.0	259 56.9	18.1	353 31.2	44.4
20	353 25.4	80 41.7	37.6	227 45.1	18.0	274 59.7	18.1	8 33.7	44.4
21	8 27.9	95 40.9	37.6	242 46.9	17.9	290 02.4	18.1	23 36.1	44.4
22	23 30.3	110 40.1	37.6	257 48.7	17.9	305 05.2	18.0	38 38.6	44.4
23	38 32.8	125 39.2	37.7	272 50.4	17.8	320 07.9	18.0	53 41.1	44.4
Mer. Pass. (h m)	20 30.2	v −0.8	d 0.1	v 1.7	d 0.1	v 2.7	d 0.0	v 2.5	d 0.0

STARS

Name	SHA ° ′	Dec ° ′
Acamar	315 11.4	S40 12.2
Achernar	335 19.7	S57 06.7
Acrux	173 00.8	S63 14.0
Adhara	255 05.8	S29 00.1
Aldebaran	290 39.5	N16 33.6
Alioth	166 13.5	N55 49.4
Alkaid	152 52.6	N49 11.3
Alnair	27 33.0	S46 50.6
Alnilam	275 37.6	S 1 11.0
Alphard	217 47.9	S 8 45.8
Alphecca	126 04.2	N26 37.9
Alpheratz	357 34.7	N29 13.8
Altair	62 00.3	N 8 56.1
Ankaa	353 07.0	S42 10.4
Antares	112 16.4	S26 29.2
Arcturus	145 48.4	N19 03.2
Atria	107 11.3	S69 04.4
Avior	234 14.6	S59 35.0
Bellatrix	278 22.8	N 6 22.4
Betelgeuse	270 52.0	N 7 24.8
Canopus	263 52.1	S52 42.2
Capella	280 21.7	N46 01.3
Deneb	49 26.0	N45 22.4
Denebola	182 25.3	N14 26.0
Diphda	348 47.2	S17 51.0
Dubhe	193 41.4	N61 36.8
Elnath	278 01.7	N28 37.7
Eltanin	90 42.7	N51 29.3
Enif	33 38.9	N 9 59.4
Fomalhaut	15 14.5	S29 29.5
Gacrux	171 52.3	S57 14.9
Gienah	175 44.0	S17 40.6
Hadar	148 36.9	S60 29.4
Hamal	327 51.0	N23 34.9
Kaus Aust.	83 33.0	S34 22.4
Kochab	137 20.9	N74 03.1
Markab	13 29.9	N15 20.5
Menkar	314 06.0	N 4 11.3
Menkent	147 58.2	S36 29.4
Miaplacidus	221 38.3	S69 48.7
Mirfak	308 28.0	N49 57.0
Nunki	75 48.2	S26 16.0
Peacock	53 06.1	S56 39.5
Pollux	243 17.3	N27 57.9
Procyon	244 50.8	N 5 09.8
Rasalhague	95 59.0	N12 32.6
Regulus	207 34.7	N11 50.8
Rigel	281 03.7	S 8 10.2
Rigil Kent.	139 41.2	S60 56.1
Sabik	102 03.3	S15 45.3
Schedar	349 30.8	N56 40.6
Shaula	96 10.9	S37 07.3
Sirius	258 26.1	S16 44.8
Spica	158 22.8	S11 17.3
Suhail	222 46.4	S43 31.6
Vega	80 33.6	N38 48.6
Zuben'ubi	136 56.5	S16 08.6

	SHA ° ′	Mer. Pass. h m
Venus	89 41.6	14 36
Mars	234 51.8	4 54
Jupiter	281 21.7	1 48
Saturn	15 07.7	19 30

© British Crown Copyright 2023. All rights reserved.

Day	UT d h	SUN GHA	SUN Dec	MOON GHA	v	MOON Dec	d	HP
	d h	° ′	° ′	° ′	′	° ′	′	′
	11 00	183 59.8	S17 29.6	66 40.1	11.4	S 9 07.2	16.3	59.5
	01	198 59.7	30.3	81 10.5	11.4	8 50.9	16.4	59.5
	02	213 59.7	31.0	95 40.9	11.4	8 34.5	16.5	59.5
	03	228 59.6	. . 31.7	110 11.3	11.5	8 18.0	16.5	59.5
	04	243 59.5	32.3	124 41.8	11.4	8 01.5	16.5	59.6
	05	258 59.5	33.0	139 12.2	11.4	7 45.0	16.7	59.6
	06	273 59.4	S17 33.7	153 42.6	11.5	S 7 28.3	16.6	59.6
	07	288 59.3	34.4	168 13.1	11.5	7 11.7	16.8	59.7
	08	303 59.2	35.1	182 43.6	11.4	6 54.9	16.7	59.7
MONDAY	09	318 59.2	. . 35.8	197 14.0	11.5	6 38.2	16.9	59.7
	10	333 59.1	36.4	211 44.5	11.5	6 21.3	16.9	59.7
	11	348 59.0	37.1	226 15.0	11.5	6 04.4	16.9	59.8
	12	3 58.9	S17 37.8	240 45.5	11.4	S 5 47.5	17.0	59.8
	13	18 58.9	38.5	255 15.9	11.5	5 30.5	17.0	59.8
	14	33 58.8	39.2	269 46.4	11.5	5 13.5	17.0	59.8
	15	48 58.7	. . 39.8	284 16.9	11.5	4 56.5	17.1	59.9
	16	63 58.6	40.5	298 47.4	11.4	4 39.4	17.2	59.9
	17	78 58.6	41.2	313 17.8	11.5	4 22.2	17.2	59.9
	18	93 58.5	S17 41.9	327 48.3	11.5	S 4 05.0	17.2	60.0
	19	108 58.4	42.5	342 18.8	11.4	3 47.8	17.2	60.0
	20	123 58.3	43.2	356 49.2	11.4	3 30.6	17.3	60.0
	21	138 58.2	. . 43.9	11 19.6	11.5	3 13.3	17.3	60.0
	22	153 58.2	44.6	25 50.1	11.4	2 56.0	17.4	60.1
	23	168 58.1	45.2	40 20.5	11.4	2 38.6	17.4	60.1
	12 00	183 58.0	S17 45.9	54 50.9	11.4	S 2 21.2	17.4	60.1
	01	198 57.9	46.6	69 21.3	11.4	2 03.8	17.4	60.1
	02	213 57.9	47.3	83 51.7	11.3	1 46.4	17.5	60.2
	03	228 57.8	. . 47.9	98 22.0	11.3	1 28.9	17.4	60.2
	04	243 57.7	48.6	112 52.3	11.4	1 11.5	17.5	60.2
	05	258 57.6	49.3	127 22.7	11.3	0 54.0	17.6	60.2
	06	273 57.5	S17 50.0	141 53.0	11.2	S 0 36.4	17.5	60.2
	07	288 57.4	50.6	156 23.2	11.3	0 18.9	17.5	60.3
TUESDAY	08	303 57.4	51.3	170 53.5	11.2	S 0 01.4	17.6	60.3
	09	318 57.3	. . 52.0	185 23.7	11.2	N 0 16.2	17.6	60.3
	10	333 57.2	52.6	199 53.9	11.2	0 33.8	17.6	60.3
	11	348 57.1	53.3	214 24.1	11.1	0 51.4	17.6	60.4
	12	3 57.0	S17 54.0	228 54.2	11.1	N 1 09.0	17.6	60.4
	13	18 56.9	54.6	243 24.3	11.1	1 26.6	17.6	60.4
	14	33 56.9	55.3	257 54.4	11.0	1 44.2	17.6	60.4
	15	48 56.8	. . 56.0	272 24.4	11.0	2 01.8	17.6	60.4
	16	63 56.7	56.6	286 54.4	11.0	2 19.4	17.6	60.5
	17	78 56.6	57.3	301 24.4	10.9	2 37.0	17.6	60.5
	18	93 56.5	S17 58.0	315 54.3	10.9	N 2 54.6	17.6	60.5
	19	108 56.4	58.6	330 24.2	10.9	3 12.2	17.6	60.5
	20	123 56.4	59.3	344 54.1	10.8	3 29.8	17.6	60.5
	21	138 56.3	17 59.9	359 23.9	10.7	3 47.4	17.6	60.5
	22	153 56.2	18 00.6	13 53.6	10.7	4 05.0	17.6	60.6
	23	168 56.1	01.3	28 23.3	10.7	4 22.6	17.6	60.6
	13 00	183 56.0	S18 01.9	42 53.0	10.6	N 4 40.2	17.5	60.6
	01	198 55.9	02.6	57 22.6	10.6	4 57.7	17.5	60.6
	02	213 55.8	03.3	71 52.2	10.5	5 15.2	17.5	60.6
	03	228 55.7	. . 03.9	86 21.7	10.5	5 32.7	17.5	60.6
	04	243 55.6	04.6	100 51.2	10.4	5 50.2	17.5	60.7
	05	258 55.6	05.2	115 20.6	10.4	6 07.7	17.4	60.7
	06	273 55.5	S18 05.9	129 50.0	10.3	N 6 25.1	17.4	60.7
	07	288 55.4	06.5	144 19.3	10.3	6 42.5	17.4	60.7
	08	303 55.3	07.2	158 48.6	10.2	6 59.9	17.4	60.7
	09	318 55.2	. . 07.9	173 17.8	10.1	7 17.3	17.3	60.7
	10	333 55.1	08.5	187 46.9	10.1	7 34.6	17.3	60.7
WEDNESDAY	11	348 55.0	09.2	202 16.0	10.0	7 51.9	17.3	60.7
	12	3 54.9	S18 09.8	216 45.0	10.0	N 8 09.2	17.2	60.8
	13	18 54.8	10.5	231 14.0	9.9	8 26.4	17.1	60.8
	14	33 54.7	11.1	245 42.9	9.8	8 43.5	17.2	60.8
	15	48 54.6	. . 11.8	260 11.7	9.7	9 00.7	17.1	60.8
	16	63 54.5	12.4	274 40.4	9.7	9 17.8	17.0	60.8
	17	78 54.5	13.1	289 09.1	9.7	9 34.8	17.0	60.8
	18	93 54.4	S18 13.7	303 37.8	9.5	N 9 51.8	16.9	60.8
	19	108 54.3	14.4	318 06.3	9.5	10 08.7	16.9	60.8
	20	123 54.2	15.0	332 34.8	9.4	10 25.6	16.8	60.8
	21	138 54.1	. . 15.7	347 03.2	9.3	10 42.4	16.8	60.8
	22	153 54.0	16.3	1 31.5	9.3	10 59.2	16.7	60.8
	23	168 53.9	17.0	15 59.8	9.2	N11 15.9	16.7	60.9
		SD 16.2	*d* 0.7	SD		16.3	16.4	16.6

Lat.	Twilight Naut.	Twilight Civil	Sunrise	Moonrise 11	Moonrise 12	Moonrise 13	Moonrise 14
°	h m	h m	h m	h m	h m	h m	h m
N 72	06 50	08 22	10 27	15 07	14 28	13 47	12 48
N 70	06 41	08 01	09 33	15 00	14 31	14 00	13 18
68	06 33	07 45	09 01	14 54	14 32	14 10	13 41
66	06 27	07 32	08 38	14 49	14 34	14 18	13 59
64	06 21	07 21	08 19	14 45	14 35	14 25	14 14
62	06 16	07 11	08 04	14 42	14 37	14 31	14 26
60	06 12	07 03	07 51	14 39	14 38	14 37	14 37
N 58	06 08	06 56	07 41	14 36	14 39	14 42	14 46
56	06 04	06 49	07 31	14 33	14 39	14 46	14 54
54	06 00	06 44	07 23	14 31	14 40	14 50	15 02
52	05 57	06 38	07 15	14 29	14 41	14 53	15 08
50	05 54	06 33	07 09	14 27	14 42	14 57	15 14
45	05 47	06 22	06 54	14 23	14 43	15 04	15 27
N 40	05 41	06 13	06 42	14 20	14 44	15 10	15 38
35	05 35	06 05	06 32	14 17	14 45	15 15	15 48
30	05 29	05 58	06 23	14 14	14 46	15 19	15 56
20	05 18	05 44	06 07	14 09	14 48	15 27	16 10
N 10	05 06	05 32	05 54	14 05	14 49	15 35	16 23
0	04 54	05 19	05 41	14 02	14 51	15 41	16 35
S 10	04 39	05 05	05 28	13 58	14 52	15 48	16 47
20	04 22	04 50	05 14	13 54	14 54	15 56	17 00
30	04 00	04 31	04 57	13 49	14 56	16 04	17 15
35	03 46	04 20	04 48	13 46	14 57	16 09	17 24
40	03 29	04 07	04 37	13 43	14 58	16 15	17 34
45	03 08	03 50	04 24	13 40	14 59	16 21	17 46
S 50	02 39	03 30	04 08	13 36	15 01	16 29	18 00
52	02 24	03 20	04 01	13 34	15 02	16 33	18 07
54	02 07	03 08	03 52	13 31	15 03	16 37	18 15
56	01 44	02 55	03 43	13 29	15 04	16 41	18 23
58	01 13	02 40	03 33	13 26	15 05	16 47	18 33
S 60	00 14	02 21	03 20	13 23	15 06	16 52	18 44

Lat.	Sunset	Twilight Civil	Twilight Naut.	Moonset 11	Moonset 12	Moonset 13	Moonset 14
°	h m	h m	h m	h m	h m	h m	h m
N 72	13 00	15 05	16 37	26 01	02 01	04 31	07 22
N 70	13 54	15 26	16 46	26 03	02 03	04 22	06 54
68	14 26	15 42	16 54	26 06	02 06	04 15	06 34
66	14 50	15 55	17 00	00 08	02 08	04 09	06 17
64	15 08	16 07	17 06	00 16	02 09	04 04	06 04
62	15 23	16 16	17 11	00 23	02 11	03 59	05 53
60	15 36	16 24	17 16	00 29	02 12	03 56	05 44
N 58	15 47	16 32	17 20	00 35	02 13	03 52	05 36
56	15 57	16 38	17 24	00 40	02 14	03 50	05 29
54	16 05	16 44	17 27	00 44	02 15	03 47	05 23
52	16 12	16 50	17 30	00 48	02 15	03 45	05 17
50	16 19	16 55	17 34	00 51	02 16	03 43	05 12
45	16 34	17 05	17 41	00 59	02 17	03 38	05 01
N 40	16 46	17 15	17 47	01 05	02 19	03 34	04 52
35	16 56	17 23	17 53	01 10	02 20	03 31	04 44
30	17 05	17 30	17 59	01 15	02 21	03 28	04 37
20	17 21	17 44	18 11	01 23	02 22	03 23	04 26
N 10	17 35	17 57	18 22	01 29	02 23	03 18	04 16
0	17 48	18 09	18 35	01 36	02 25	03 14	04 06
S 10	18 01	18 23	18 49	01 42	02 26	03 10	03 57
20	18 15	18 39	19 06	01 49	02 27	03 06	03 47
30	18 32	18 57	19 29	01 56	02 29	03 01	03 35
35	18 41	19 09	19 43	02 01	02 29	02 58	03 29
40	18 52	19 23	20 00	02 06	02 30	02 55	03 22
45	19 05	19 39	20 22	02 11	02 31	02 51	03 13
S 50	19 21	20 00	20 51	02 18	02 32	02 47	03 03
52	19 29	20 10	21 06	02 21	02 33	02 45	02 58
54	19 37	20 22	21 24	02 24	02 33	02 43	02 53
56	19 47	20 35	21 47	02 28	02 34	02 40	02 47
58	19 57	20 51	22 20	02 32	02 35	02 37	02 41
S 60	20 10	21 10	////	02 36	02 35	02 34	02 34

Day	SUN Eqn. of Time 00ʰ	SUN Eqn. of Time 12ʰ	SUN Mer. Pass.	MOON Mer. Pass. Upper	MOON Mer. Pass. Lower	MOON Age	MOON Phase
d	m s	m s	h m	h m	h m	d	%
11	15 59	15 56	11 44	20 13	07 49	10	75
12	15 52	15 48	11 44	21 03	08 38	11	84
13	15 44	15 40	11 44	21 54	09 28	12	92

© British Crown Copyright 2023. All rights reserved.

UT		ARIES	VENUS −4·1		MARS −0·2		JUPITER −2·8		SATURN +0·8	
d	h	GHA ° ′	GHA ° ′	Dec ° ′	GHA ° ′	Dec ° ′	GHA ° ′	Dec ° ′	GHA ° ′	Dec ° ′
14	00	53 35.3	140 38.4	S25 37.7	287 52.2	N21 17.7	335 10.7	N22 18.0	68 43.6	S 8 44.4
	01	68 37.7	155 37.6	37.7	302 53.9	17.7	350 13.4	18.0	83 46.0	44.4
	02	83 40.2	170 36.7	37.7	317 55.7	17.6	5 16.2	18.0	98 48.5	44.4
	03	98 42.7	185 35.9	. . 37.7	332 57.5	. . 17.6	20 19.0	. . 17.9	113 51.0	. . 44.4
	04	113 45.1	200 35.1	37.7	347 59.2	17.5	35 21.7	17.9	128 53.5	44.4
	05	128 47.6	215 34.2	37.7	3 01.0	17.4	50 24.5	17.9	143 55.9	44.4
	06	143 50.1	230 33.4	S25 37.7	18 02.7	N21 17.4	65 27.2	N22 17.9	158 58.4	S 8 44.4
	07	158 52.5	245 32.6	37.7	33 04.5	17.3	80 30.0	17.9	174 00.9	44.3
T	08	173 55.0	260 31.7	37.7	48 06.3	17.3	95 32.7	17.9	189 03.4	44.3
H	09	188 57.4	275 30.9	. . 37.7	63 08.1	. . 17.2	110 35.5	. . 17.8	204 05.8	. . 44.3
U	10	203 59.9	290 30.1	37.6	78 09.8	17.2	125 38.3	17.8	219 08.3	44.3
R	11	219 02.4	305 29.2	37.6	93 11.6	17.1	140 41.0	17.8	234 10.8	44.3
S	12	234 04.8	320 28.4	S25 37.6	108 13.4	N21 17.0	155 43.8	N22 17.8	249 13.2	S 8 44.3
D	13	249 07.3	335 27.6	37.6	123 15.1	17.0	170 46.5	17.8	264 15.7	44.3
A	14	264 09.8	350 26.7	37.6	138 16.9	16.9	185 49.3	17.7	279 18.2	44.3
Y	15	279 12.2	5 25.9	. . 37.6	153 18.7	. . 16.9	200 52.1	. . 17.7	294 20.7	. . 44.3
	16	294 14.7	20 25.1	37.6	168 20.5	16.8	215 54.8	17.7	309 23.1	44.3
	17	309 17.2	35 24.2	37.6	183 22.2	16.8	230 57.6	17.7	324 25.6	44.3
	18	324 19.6	50 23.4	S25 37.5	198 24.0	N21 16.7	246 00.3	N22 17.7	339 28.1	S 8 44.3
	19	339 22.1	65 22.6	37.5	213 25.8	16.7	261 03.1	17.6	354 30.5	44.3
	20	354 24.5	80 21.7	37.5	228 27.6	16.6	276 05.9	17.6	9 33.0	44.3
	21	9 27.0	95 20.9	. . 37.5	243 29.4	. . 16.5	291 08.6	. . 17.6	24 35.5	. . 44.3
	22	24 29.5	110 20.1	37.5	258 31.1	16.5	306 11.4	17.6	39 37.9	44.3
	23	39 31.9	125 19.2	37.4	273 32.9	16.4	321 14.1	17.6	54 40.4	44.3
15	00	54 34.4	140 18.4	S25 37.4	288 34.7	N21 16.4	336 16.9	N22 17.5	69 42.9	S 8 44.3
	01	69 36.9	155 17.6	37.4	303 36.5	16.3	351 19.7	17.5	84 45.4	44.3
	02	84 39.3	170 16.7	37.4	318 38.3	16.3	6 22.4	17.5	99 47.8	44.3
	03	99 41.8	185 15.9	. . 37.3	333 40.1	. . 16.2	21 25.2	. . 17.5	114 50.3	. . 44.3
	04	114 44.3	200 15.1	37.3	348 41.8	16.2	36 28.0	17.5	129 52.8	44.2
	05	129 46.7	215 14.2	37.3	3 43.6	16.1	51 30.7	17.4	144 55.2	44.2
	06	144 49.2	230 13.4	S25 37.2	18 45.4	N21 16.1	66 33.5	N22 17.4	159 57.7	S 8 44.2
	07	159 51.7	245 12.6	37.2	33 47.2	16.0	81 36.2	17.4	175 00.2	44.2
	08	174 54.1	260 11.7	37.2	48 49.0	15.9	96 39.0	17.4	190 02.6	44.2
F	09	189 56.6	275 10.9	. . 37.1	63 50.8	. . 15.9	111 41.8	. . 17.4	205 05.1	. . 44.2
R	10	204 59.0	290 10.1	37.1	78 52.6	15.8	126 44.5	17.3	220 07.6	44.2
I	11	220 01.5	305 09.3	37.1	93 54.4	15.8	141 47.3	17.3	235 10.0	44.2
D	12	235 04.0	320 08.4	S25 37.0	108 56.2	N21 15.7	156 50.1	N22 17.3	250 12.5	S 8 44.2
A	13	250 06.4	335 07.6	37.0	123 58.0	15.7	171 52.8	17.3	265 15.0	44.2
Y	14	265 08.9	350 06.8	36.9	138 59.8	15.6	186 55.6	17.3	280 17.4	44.2
	15	280 11.4	5 05.9	. . 36.9	154 01.6	. . 15.6	201 58.4	. . 17.2	295 19.9	. . 44.2
	16	295 13.8	20 05.1	36.8	169 03.4	15.5	217 01.1	17.2	310 22.4	44.2
	17	310 16.3	35 04.3	36.8	184 05.2	15.5	232 03.9	17.2	325 24.8	44.2
	18	325 18.8	50 03.5	S25 36.7	199 07.0	N21 15.4	247 06.7	N22 17.2	340 27.3	S 8 44.2
	19	340 21.2	65 02.6	36.7	214 08.8	15.4	262 09.4	17.2	355 29.8	44.2
	20	355 23.7	80 01.8	36.6	229 10.6	15.3	277 12.2	17.1	10 32.2	44.1
	21	10 26.2	95 01.0	. . 36.6	244 12.4	. . 15.3	292 15.0	. . 17.1	25 34.7	. . 44.1
	22	25 28.6	110 00.1	36.5	259 14.2	15.2	307 17.7	17.1	40 37.2	44.1
	23	40 31.1	124 59.3	36.5	274 16.0	15.2	322 20.5	17.1	55 39.6	44.1
16	00	55 33.5	139 58.5	S25 36.4	289 17.8	N21 15.1	337 23.3	N22 17.1	70 42.1	S 8 44.1
	01	70 36.0	154 57.7	36.4	304 19.6	15.1	352 26.0	17.0	85 44.6	44.1
	02	85 38.5	169 56.8	36.3	319 21.4	15.0	7 28.8	17.0	100 47.0	44.1
	03	100 40.9	184 56.0	. . 36.3	334 23.2	. . 15.0	22 31.6	. . 17.0	115 49.5	. . 44.1
	04	115 43.4	199 55.2	36.2	349 25.0	14.9	37 34.3	17.0	130 52.0	44.1
	05	130 45.9	214 54.3	36.1	4 26.9	14.9	52 37.1	17.0	145 54.4	44.1
	06	145 48.3	229 53.5	S25 36.1	19 28.7	N21 14.9	67 39.9	N22 16.9	160 56.9	S 8 44.1
	07	160 50.8	244 52.7	36.0	34 30.5	14.8	82 42.6	16.9	175 59.3	44.1
S	08	175 53.3	259 51.9	35.9	49 32.3	14.8	97 45.4	16.9	191 01.8	44.1
A	09	190 55.7	274 51.0	. . 35.9	64 34.1	. . 14.7	112 48.2	. . 16.9	206 04.3	. . 44.1
T	10	205 58.2	289 50.2	35.8	79 35.9	14.7	127 50.9	16.9	221 06.7	44.0
U	11	221 00.7	304 49.4	35.7	94 37.7	14.6	142 53.7	16.8	236 09.2	44.0
R	12	236 03.1	319 48.6	S25 35.7	109 39.6	N21 14.6	157 56.5	N22 16.8	251 11.7	S 8 44.0
D	13	251 05.6	334 47.7	35.6	124 41.4	14.5	172 59.3	16.8	266 14.1	44.0
A	14	266 08.0	349 46.9	35.5	139 43.2	14.5	188 02.0	16.8	281 16.6	44.0
Y	15	281 10.5	4 46.1	. . 35.4	154 45.0	. . 14.4	203 04.8	. . 16.8	296 19.1	. . 44.0
	16	296 13.0	19 45.3	35.4	169 46.9	14.4	218 07.6	16.7	311 21.5	44.0
	17	311 15.4	34 44.4	35.3	184 48.7	14.3	233 10.3	16.7	326 24.0	44.0
	18	326 17.9	49 43.6	S25 35.2	199 50.5	N21 14.3	248 13.1	N22 16.7	341 26.4	S 8 44.0
	19	341 20.4	64 42.8	35.1	214 52.3	14.3	263 15.9	16.7	356 28.9	44.0
	20	356 22.8	79 42.0	35.1	229 54.2	14.2	278 18.7	16.6	11 31.4	44.0
	21	11 25.3	94 41.1	. . 35.0	244 56.0	. . 14.2	293 21.4	. . 16.6	26 33.8	. . 44.0
	22	26 27.8	109 40.3	34.9	259 57.8	14.1	308 24.2	16.6	41 36.3	43.9
	23	41 30.2	124 39.5	34.8	274 59.7	14.1	323 27.0	16.6	56 38.8	43.9
Mer. Pass.		h m 20 18.4	v −0.8	d 0.0	v 1.8	d 0.1	v 2.8	d 0.0	v 2.5	d 0.0

STARS

Name	SHA ° ′	Dec ° ′
Acamar	315 11.4	S40 12.3
Achernar	335 19.7	S57 06.7
Acrux	173 00.8	S63 13.9
Adhara	255 05.7	S29 00.1
Aldebaran	290 39.5	N16 33.6
Alioth	166 13.5	N55 49.4
Alkaid	152 52.6	N49 11.3
Alnair	27 33.0	S46 50.6
Alnilam	275 37.6	S 1 11.0
Alphard	217 47.9	S 8 45.8
Alphecca	126 04.2	N26 37.9
Alpheratz	357 34.7	N29 13.9
Altair	62 00.3	N 8 56.1
Ankaa	353 07.0	S42 10.4
Antares	112 16.4	S26 29.2
Arcturus	145 48.4	N19 03.2
Atria	107 11.3	S69 04.4
Avior	234 14.6	S59 35.0
Bellatrix	278 22.7	N 6 22.4
Betelgeuse	270 52.0	N 7 24.8
Canopus	263 52.0	S52 42.2
Capella	280 21.7	N46 01.3
Deneb	49 26.0	N45 22.4
Denebola	182 25.3	N14 26.0
Diphda	348 47.2	S17 51.0
Dubhe	193 41.4	N61 36.8
Elnath	278 01.7	N28 37.7
Eltanin	90 42.7	N51 29.3
Enif	33 38.9	N 9 59.4
Fomalhaut	15 14.6	S29 29.5
Gacrux	171 52.3	S57 14.9
Gienah	175 44.0	S17 40.6
Hadar	148 36.9	S60 29.4
Hamal	327 51.0	N23 34.9
Kaus Aust.	83 33.0	S34 22.4
Kochab	137 20.9	N74 03.1
Markab	13 29.9	N15 20.5
Menkar	314 06.0	N 4 11.3
Menkent	147 58.2	S36 29.4
Miaplacidus	221 38.2	S69 48.7
Mirfak	308 28.0	N49 57.0
Nunki	75 48.2	S26 16.0
Peacock	53 06.2	S56 39.5
Pollux	243 17.3	N27 57.9
Procyon	244 50.8	N 5 09.8
Rasalhague	95 59.0	N12 32.6
Regulus	207 34.6	N11 50.8
Rigel	281 03.7	S 8 10.2
Rigil Kent.	139 41.2	S60 56.1
Sabik	102 03.3	S15 45.3
Schedar	349 30.8	N56 40.7
Shaula	96 10.9	S37 07.3
Sirius	258 26.1	S16 44.8
Spica	158 22.8	S11 17.3
Suhail	222 46.4	S43 31.6
Vega	80 33.6	N38 48.5
Zuben'ubi	136 56.5	S16 08.6

	SHA ° ′	Mer. Pass. h m
Venus	85 44.0	14 40
Mars	234 00.3	4 45
Jupiter	281 42.5	1 35
Saturn	15 08.5	19 18

© British Crown Copyright 2023. All rights reserved.

	UT	SUN GHA	SUN Dec	MOON GHA	v	MOON Dec	d	HP
	d h	° ′	° ′	° ′	′	° ′	′	′
	14 00	183 53.8	S18 17.6	30 28.0	9.1	N11 32.6	16.6	60.9
	01	198 53.7	18.3	44 56.1	9.1	11 49.2	16.5	60.9
	02	213 53.6	18.9	59 24.2	8.9	12 05.7	16.5	60.9
	03	228 53.5	. . 19.6	73 52.1	8.9	12 22.2	16.3	60.9
	04	243 53.4	20.2	88 20.0	8.8	12 38.5	16.4	60.9
	05	258 53.3	20.9	102 47.8	8.7	12 54.9	16.2	60.9
	06	273 53.2	S18 21.5	117 15.5	8.6	N13 11.1	16.2	60.9
T	07	288 53.1	22.1	131 43.1	8.6	13 27.3	16.1	60.9
	08	303 53.0	22.8	146 10.7	8.5	13 43.4	16.0	60.9
H	09	318 52.9	. . 23.4	160 38.2	8.3	13 59.4	15.9	60.9
U	10	333 52.8	24.1	175 05.5	8.3	14 15.3	15.8	60.9
R	11	348 52.7	24.7	189 32.8	8.3	14 31.1	15.8	60.9
S	12	3 52.6	S18 25.4	204 00.1	8.1	N14 46.9	15.6	60.9
D	13	18 52.5	26.0	218 27.2	8.0	15 02.5	15.6	60.9
A	14	33 52.4	26.6	232 54.2	8.0	15 18.1	15.5	60.9
Y	15	48 52.3	. . 27.3	247 21.2	7.8	15 33.6	15.4	60.9
	16	63 52.2	27.9	261 48.0	7.8	15 49.0	15.3	60.9
	17	78 52.1	28.6	276 14.8	7.7	16 04.3	15.1	60.9
	18	93 52.0	S18 29.2	290 41.5	7.6	N16 19.4	15.1	60.9
	19	108 51.9	29.8	305 08.1	7.5	16 34.5	15.0	60.9
	20	123 51.8	30.5	319 34.6	7.4	16 49.5	14.9	60.9
	21	138 51.7	. . 31.1	334 01.0	7.4	17 04.4	14.7	60.9
	22	153 51.6	31.7	348 27.4	7.2	17 19.1	14.7	60.9
	23	168 51.5	32.4	2 53.6	7.1	17 33.8	14.5	60.9
	15 00	183 51.4	S18 33.0	17 19.7	7.1	N17 48.3	14.5	60.9
	01	198 51.2	33.6	31 45.8	6.9	18 02.8	14.3	60.8
	02	213 51.1	34.3	46 11.7	6.9	18 17.1	14.1	60.8
	03	228 51.0	. . 34.9	60 37.6	6.8	18 31.2	14.1	60.8
	04	243 50.9	35.5	75 03.4	6.7	18 45.3	14.0	60.8
	05	258 50.8	36.2	89 29.1	6.6	18 59.3	13.8	60.8
	06	273 50.7	S18 36.8	103 54.7	6.4	N19 13.1	13.7	60.8
	07	288 50.6	37.4	118 20.1	6.5	19 26.8	13.5	60.8
	08	303 50.5	38.1	132 45.6	6.3	19 40.3	13.5	60.8
F	09	318 50.4	. . 38.7	147 10.9	6.2	19 53.8	13.2	60.8
R	10	333 50.3	39.3	161 36.1	6.1	20 07.0	13.2	60.8
I	11	348 50.2	39.9	176 01.2	6.1	20 20.2	13.0	60.7
D	12	3 50.1	S18 40.6	190 26.3	5.9	N20 33.2	12.9	60.7
A	13	18 50.0	41.2	204 51.2	5.9	20 46.1	12.8	60.7
Y	14	33 49.8	41.8	219 16.1	5.7	20 58.9	12.5	60.7
	15	48 49.7	. . 42.4	233 40.8	5.7	21 11.4	12.5	60.7
	16	63 49.6	43.1	248 05.5	5.6	21 23.9	12.3	60.7
	17	78 49.5	43.7	262 30.1	5.5	21 36.2	12.2	60.7
	18	93 49.4	S18 44.3	276 54.6	5.4	N21 48.4	12.0	60.7
	19	108 49.3	44.9	291 19.0	5.3	22 00.4	11.8	60.6
	20	123 49.2	45.6	305 43.3	5.3	22 12.2	11.7	60.6
	21	138 49.1	. . 46.2	320 07.6	5.1	22 23.9	11.5	60.6
	22	153 48.9	46.8	334 31.7	5.1	22 35.4	11.4	60.6
	23	168 48.8	47.4	348 55.8	5.0	22 46.8	11.2	60.6
	16 00	183 48.7	S18 48.0	3 19.8	4.9	N22 58.0	11.1	60.5
	01	198 48.6	48.7	17 43.7	4.8	23 09.1	10.9	60.5
	02	213 48.5	49.3	32 07.5	4.7	23 20.0	10.7	60.5
	03	228 48.4	. . 49.9	46 31.2	4.7	23 30.7	10.6	60.5
	04	243 48.3	50.5	60 54.9	4.6	23 41.3	10.3	60.5
	05	258 48.1	51.1	75 18.5	4.5	23 51.6	10.3	60.5
	06	273 48.0	S18 51.8	89 42.0	4.4	N24 01.9	10.0	60.4
S	07	288 47.9	52.4	104 05.4	4.4	24 11.9	9.9	60.4
	08	303 47.8	53.0	118 28.8	4.3	24 21.8	9.7	60.4
A	09	318 47.7	. . 53.6	132 52.1	4.2	24 31.5	9.5	60.4
T	10	333 47.6	54.2	147 15.3	4.1	24 41.0	9.4	60.3
U	11	348 47.4	54.8	161 38.4	4.1	24 50.4	9.1	60.3
R	12	3 47.3	S18 55.4	176 01.5	4.0	N24 59.5	9.0	60.3
D	13	18 47.2	56.1	190 24.5	4.0	25 08.5	8.8	60.3
A	14	33 47.1	56.7	204 47.5	3.9	25 17.3	8.6	60.2
Y	15	48 47.0	. . 57.3	219 10.4	3.8	25 25.9	8.5	60.2
	16	63 46.8	57.9	233 33.2	3.8	25 34.4	8.2	60.2
	17	78 46.7	58.5	247 56.0	3.7	25 42.6	8.1	60.2
	18	93 46.6	S18 59.1	262 18.7	3.7	N25 50.7	7.8	60.1
	19	108 46.5	18 59.7	276 41.4	3.6	25 58.5	7.7	60.1
	20	123 46.4	19 00.3	291 04.0	3.5	26 06.2	7.5	60.1
	21	138 46.2	. . 00.9	305 26.5	3.6	26 13.7	7.3	60.1
	22	153 46.1	01.5	319 49.1	3.4	26 21.0	7.1	60.0
	23	168 46.0	02.2	334 11.5	3.5	N26 28.1	6.9	60.0
		SD 16.2	*d* 0.6	SD 16.6		16.5		16.4

Lat.	Twilight Naut.	Twilight Civil	Sunrise	Moonrise 14	Moonrise 15	Moonrise 16	Moonrise 17
°	h m	h m	h m	h m	h m	h m	h m
N 72	07 01	08 36	11 12	12 48	☐	☐	☐
N 70	06 51	08 13	09 52	13 18	☐	☐	☐
68	06 42	07 55	09 15	13 41	12 48	☐	☐
66	06 35	07 41	08 49	13 59	13 29	☐	☐
64	06 28	07 29	08 29	14 14	13 58	13 26	☐
62	06 23	07 19	08 13	14 26	14 20	14 13	13 58
60	06 18	07 10	07 59	14 37	14 38	14 44	15 01
N 58	06 13	07 02	07 47	14 46	14 54	15 07	15 35
56	06 09	06 55	07 37	14 54	15 07	15 26	16 00
54	06 05	06 49	07 28	15 02	15 18	15 42	16 20
52	06 02	06 43	07 21	15 08	15 28	15 56	16 37
50	05 58	06 38	07 13	15 14	15 37	16 08	16 52
45	05 51	06 26	06 58	15 27	15 56	16 34	17 22
N 40	05 44	06 16	06 46	15 38	16 12	16 54	17 45
35	05 37	06 08	06 35	15 48	16 26	17 11	18 04
30	05 31	06 00	06 25	15 56	16 37	17 25	18 21
20	05 19	05 46	06 09	16 10	16 58	17 51	18 49
N 10	05 07	05 33	05 55	16 23	17 15	18 12	19 13
0	04 54	05 19	05 41	16 35	17 32	18 33	19 36
S 10	04 39	05 05	05 27	16 47	17 49	18 53	19 58
20	04 21	04 49	05 13	17 00	18 07	19 16	20 23
30	03 58	04 30	04 56	17 15	18 28	19 41	20 51
35	03 44	04 18	04 46	17 24	18 40	19 57	21 08
40	03 26	04 04	04 34	17 34	18 55	20 15	21 28
45	03 04	03 47	04 21	17 46	19 12	20 36	21 52
S 50	02 33	03 25	04 04	18 00	19 33	21 04	22 23
52	02 17	03 14	03 56	18 07	19 43	21 17	22 39
54	01 58	03 02	03 47	18 15	19 55	21 33	22 57
56	01 33	02 48	03 38	18 23	20 08	21 51	23 19
58	00 56	02 32	03 26	18 33	20 24	22 14	23 47
S 60	////	02 11	03 13	18 44	20 42	22 43	24 29

Lat.	Sunset	Twilight Civil	Twilight Naut.	Moonset 14	Moonset 15	Moonset 16	Moonset 17
°	h m	h m	h m	h m	h m	h m	h m
N 72	12 16	14 52	16 27	07 22	☐	☐	☐
N 70	13 36	15 15	16 37	06 54	☐	☐	☐
68	14 13	15 33	16 46	06 34	09 25	☐	☐
66	14 40	15 47	16 53	06 17	08 44	☐	☐
64	15 00	16 00	17 00	06 04	08 17	10 54	☐
62	15 16	16 10	17 06	05 53	07 56	10 08	12 35
60	15 30	16 19	17 11	05 44	07 39	09 38	11 33
N 58	15 41	16 27	17 15	05 36	07 24	09 15	10 59
56	15 51	16 34	17 19	05 29	07 12	08 57	10 34
54	16 00	16 40	17 23	05 23	07 02	08 41	10 14
52	16 08	16 46	17 27	05 17	06 52	08 28	09 57
50	16 15	16 51	17 30	05 12	06 44	08 16	09 42
45	16 31	17 03	17 38	05 01	06 26	07 52	09 13
N 40	16 43	17 12	17 45	04 52	06 12	07 33	08 50
35	16 54	17 21	17 52	04 44	06 00	07 17	08 32
30	17 04	17 29	17 58	04 37	05 49	07 03	08 15
20	17 20	17 43	18 10	04 26	05 31	06 40	07 48
N 10	17 35	17 57	18 22	04 16	05 16	06 19	07 25
0	17 48	18 10	18 35	04 06	05 01	06 01	07 03
S 10	18 02	18 24	18 50	03 57	04 47	05 42	06 41
20	18 17	18 40	19 08	03 47	04 32	05 22	06 18
30	18 34	19 00	19 32	03 35	04 14	04 59	05 51
35	18 44	19 12	19 46	03 29	04 04	04 45	05 35
40	18 56	19 26	20 04	03 22	03 52	04 30	05 16
45	19 09	19 44	20 27	03 13	03 39	04 11	04 54
S 50	19 26	20 06	20 58	03 03	03 22	03 49	04 25
52	19 34	20 16	21 14	02 58	03 15	03 38	04 12
54	19 43	20 29	21 34	02 53	03 06	03 26	03 56
56	19 53	20 43	22 00	02 47	02 57	03 12	03 37
58	20 04	21 00	22 39	02 41	02 46	02 55	03 14
S 60	20 18	21 21	////	02 34	02 34	02 36	02 44

Day	SUN Eqn. of Time 00^h	SUN Eqn. of Time 12^h	SUN Mer. Pass.	MOON Mer. Pass. Upper	MOON Mer. Pass. Lower	MOON Age	MOON Phase
d	m s	m s	h m	h m	h m	d %	
14	15 35	15 31	11 44	22 48	10 20	13 97	○
15	15 26	15 20	11 45	23 46	11 17	14 100	
16	15 15	15 10	11 45	24 48	12 17	15 99	

© British Crown Copyright 2023. All rights reserved.

	UT	ARIES	VENUS −4·1		MARS −0·2		JUPITER −2·8		SATURN +0·9	
	d h	GHA ° ′	GHA ° ′	Dec ° ′	GHA ° ′	Dec ° ′	GHA ° ′	Dec ° ′	GHA ° ′	Dec ° ′
	17 00	56 32.7	139 38.7	S25 34.7	290 01.5	N21 14.0	338 29.7	N22 16.6	71 41.2	S 8 43.9
	01	71 35.1	154 37.9	34.6	305 03.3	14.0	353 32.5	16.5	86 43.7	43.9
	02	86 37.6	169 37.0	34.5	320 05.2	14.0	8 35.3	16.5	101 46.1	43.9
	03	101 40.1	184 36.2	. . 34.5	335 07.0	. . 13.9	23 38.1	. . 16.5	116 48.6	. . 43.9
	04	116 42.5	199 35.4	34.4	350 08.8	13.9	38 40.8	16.5	131 51.1	43.9
	05	131 45.0	214 34.6	34.3	5 10.7	13.8	53 43.6	16.5	146 53.5	43.9
	06	146 47.5	229 33.7	S25 34.2	20 12.5	N21 13.8	68 46.4	N22 16.4	161 56.0	S 8 43.9
	07	161 49.9	244 32.9	34.1	35 14.3	13.7	83 49.2	16.4	176 58.4	43.9
	08	176 52.4	259 32.1	34.0	50 16.2	13.7	98 51.9	16.4	192 00.9	43.9
S	09	191 54.9	274 31.3	. . 33.9	65 18.0	. . 13.7	113 54.7	. . 16.4	207 03.4	. . 43.8
U	10	206 57.3	289 30.5	33.8	80 19.9	13.6	128 57.5	16.4	222 05.8	43.8
N	11	221 59.8	304 29.6	33.7	95 21.7	13.6	144 00.3	16.3	237 08.3	43.8
D	12	237 02.3	319 28.8	S25 33.6	110 23.6	N21 13.5	159 03.0	N22 16.3	252 10.7	S 8 43.8
A	13	252 04.7	334 28.0	33.5	125 25.4	13.5	174 05.8	16.3	267 13.2	43.8
Y	14	267 07.2	349 27.2	33.4	140 27.2	13.5	189 08.6	16.3	282 15.7	43.8
	15	282 09.6	4 26.4	. . 33.3	155 29.1	. . 13.4	204 11.4	. . 16.2	297 18.1	. . 43.8
	16	297 12.1	19 25.5	33.2	170 30.9	13.4	219 14.1	16.2	312 20.6	43.8
	17	312 14.6	34 24.7	33.1	185 32.8	13.3	234 16.9	16.2	327 23.0	43.8
	18	327 17.0	49 23.9	S25 33.0	200 34.6	N21 13.3	249 19.7	N22 16.2	342 25.5	S 8 43.8
	19	342 19.5	64 23.1	32.8	215 36.5	13.3	264 22.5	16.2	357 27.9	43.7
	20	357 22.0	79 22.3	32.7	230 38.3	13.2	279 25.3	16.1	12 30.4	43.7
	21	12 24.4	94 21.4	. . 32.6	245 40.2	. . 13.2	294 28.0	. . 16.1	27 32.9	. . 43.7
	22	27 26.9	109 20.6	32.5	260 42.1	13.1	309 30.8	16.1	42 35.3	43.7
	23	42 29.4	124 19.8	32.4	275 43.9	13.1	324 33.6	16.1	57 37.8	43.7
	18 00	57 31.8	139 19.0	S25 32.3	290 45.8	N21 13.1	339 36.4	N22 16.1	72 40.2	S 8 43.7
	01	72 34.3	154 18.2	32.2	305 47.6	13.0	354 39.1	16.0	87 42.7	43.7
	02	87 36.8	169 17.4	32.0	320 49.5	13.0	9 41.9	16.0	102 45.1	43.7
	03	102 39.2	184 16.5	. . 31.9	335 51.3	. . 13.0	24 44.7	. . 16.0	117 47.6	. . 43.7
	04	117 41.7	199 15.7	31.8	350 53.2	12.9	39 47.5	16.0	132 50.1	43.7
	05	132 44.1	214 14.9	31.7	5 55.1	12.9	54 50.3	16.0	147 52.5	43.6
	06	147 46.6	229 14.1	S25 31.6	20 56.9	N21 12.9	69 53.0	N22 15.9	162 55.0	S 8 43.6
	07	162 49.1	244 13.3	31.4	35 58.8	12.8	84 55.8	15.9	177 57.4	43.6
	08	177 51.5	259 12.5	31.3	51 00.7	12.8	99 58.6	15.9	192 59.9	43.6
M	09	192 54.0	274 11.6	. . 31.2	66 02.5	. . 12.7	115 01.4	. . 15.9	208 02.3	. . 43.6
O	10	207 56.5	289 10.8	31.0	81 04.4	12.7	130 04.2	15.8	223 04.8	43.6
N	11	222 58.9	304 10.0	30.9	96 06.3	12.7	145 06.9	15.8	238 07.2	43.6
D	12	238 01.4	319 09.2	S25 30.8	111 08.1	N21 12.6	160 09.7	N22 15.8	253 09.7	S 8 43.6
A	13	253 03.9	334 08.4	30.7	126 10.0	12.6	175 12.5	15.8	268 12.2	43.6
Y	14	268 06.3	349 07.6	30.5	141 11.9	12.6	190 15.3	15.8	283 14.6	43.5
	15	283 08.8	4 06.8	. . 30.4	156 13.8	. . 12.5	205 18.1	. . 15.7	298 17.1	. . 43.5
	16	298 11.3	19 05.9	30.2	171 15.6	12.5	220 20.8	15.7	313 19.5	43.5
	17	313 13.7	34 05.1	30.1	186 17.5	12.5	235 23.6	15.7	328 22.0	43.5
	18	328 16.2	49 04.3	S25 30.0	201 19.4	N21 12.4	250 26.4	N22 15.7	343 24.4	S 8 43.5
	19	343 18.6	64 03.5	29.8	216 21.3	12.4	265 29.2	15.6	358 26.9	43.5
	20	358 21.1	79 02.7	29.7	231 23.1	12.4	280 32.0	15.6	13 29.3	43.5
	21	13 23.6	94 01.9	. . 29.5	246 25.0	. . 12.3	295 34.8	. . 15.6	28 31.8	. . 43.5
	22	28 26.0	109 01.1	29.4	261 26.9	12.3	310 37.5	15.6	43 34.2	43.4
	23	43 28.5	124 00.3	29.3	276 28.8	12.3	325 40.3	15.6	58 36.7	43.4
	19 00	58 31.0	138 59.4	S25 29.1	291 30.7	N21 12.3	340 43.1	N22 15.5	73 39.1	S 8 43.4
	01	73 33.4	153 58.6	29.0	306 32.5	12.2	355 45.9	15.5	88 41.6	43.4
	02	88 35.9	168 57.8	28.8	321 34.4	12.2	10 48.7	15.5	103 44.1	43.4
	03	103 38.4	183 57.0	. . 28.7	336 36.3	. . 12.2	25 51.5	. . 15.5	118 46.5	. . 43.4
	04	118 40.8	198 56.2	28.5	351 38.2	12.1	40 54.2	15.5	133 49.0	43.4
	05	133 43.3	213 55.4	28.4	6 40.1	12.1	55 57.0	15.4	148 51.4	43.4
	06	148 45.8	228 54.6	S25 28.2	21 42.0	N21 12.1	70 59.8	N22 15.4	163 53.9	S 8 43.4
	07	163 48.2	243 53.8	28.1	36 43.9	12.0	86 02.6	15.4	178 56.3	43.3
T	08	178 50.7	258 53.0	27.9	51 45.8	12.0	101 05.4	15.4	193 58.8	43.3
U	09	193 53.1	273 52.2	. . 27.7	66 47.7	. . 12.0	116 08.2	. . 15.3	209 01.2	. . 43.3
E	10	208 55.6	288 51.4	27.6	81 49.5	12.0	131 11.0	15.3	224 03.7	43.3
S	11	223 58.1	303 50.5	27.4	96 51.4	11.9	146 13.7	15.3	239 06.1	43.3
	12	239 00.5	318 49.7	S25 27.3	111 53.3	N21 11.9	161 16.5	N22 15.3	254 08.6	S 8 43.3
D	13	254 03.0	333 48.9	27.1	126 55.2	11.9	176 19.3	15.3	269 11.0	43.3
A	14	269 05.5	348 48.1	26.9	141 57.1	11.8	191 22.1	15.2	284 13.5	43.2
Y	15	284 07.9	3 47.3	. . 26.8	156 59.0	. . 11.8	206 24.9	. . 15.2	299 15.9	. . 43.2
	16	299 10.4	18 46.5	26.6	172 00.9	11.8	221 27.7	15.2	314 18.4	43.2
	17	314 12.9	33 45.7	26.4	187 02.8	11.8	236 30.5	15.2	329 20.8	43.2
	18	329 15.3	48 44.9	S25 26.3	202 04.7	N21 11.7	251 33.2	N22 15.1	344 23.3	S 8 43.2
	19	344 17.8	63 44.1	26.1	217 06.6	11.7	266 36.0	15.1	359 25.7	43.2
	20	359 20.3	78 43.3	25.9	232 08.5	11.7	281 38.8	15.1	14 28.2	43.2
	21	14 22.7	93 42.5	. . 25.8	247 10.4	. . 11.7	296 41.6	. . 15.1	29 30.6	. . 43.2
	22	29 25.2	108 41.7	25.6	262 12.4	11.6	311 44.4	15.1	44 33.1	43.1
	23	44 27.6	123 40.9	25.4	277 14.3	11.6	326 47.2	15.0	59 35.5	43.1
	Mer. Pass.	h m 20 06.6	*v* −0.8	*d* 0.1	*v* 1.9	*d* 0.0	*v* 2.8	*d* 0.0	*v* 2.5	*d* 0.0

STARS

Name	SHA ° ′	Dec ° ′
Acamar	315 11.4	S40 12.3
Achernar	335 19.8	S57 06.7
Acrux	173 00.7	S63 13.9
Adhara	255 05.7	S29 00.1
Aldebaran	290 39.4	N16 33.6
Alioth	166 13.5	N55 49.3
Alkaid	152 52.5	N49 11.2
Alnair	27 33.0	S46 50.6
Alnilam	275 37.6	S 1 11.1
Alphard	217 47.9	S 8 45.8
Alphecca	126 04.2	N26 37.9
Alpheratz	357 34.7	N29 13.9
Altair	62 00.3	N 8 56.1
Ankaa	353 07.0	S42 10.4
Antares	112 16.4	S26 29.2
Arcturus	145 48.4	N19 03.2
Atria	107 11.3	S69 04.4
Avior	234 14.6	S59 35.0
Bellatrix	278 22.7	N 6 22.4
Betelgeuse	270 51.9	N 7 24.8
Canopus	263 52.0	S52 42.3
Capella	280 21.6	N46 01.3
Deneb	49 26.1	N45 22.4
Denebola	182 25.3	N14 26.0
Diphda	348 47.2	S17 51.0
Dubhe	193 41.4	N61 36.8
Elnath	278 01.7	N28 37.7
Eltanin	90 42.7	N51 29.2
Enif	33 39.0	N 9 59.4
Fomalhaut	15 14.6	S29 29.5
Gacrux	171 52.2	S57 14.9
Gienah	175 43.9	S17 40.6
Hadar	148 36.8	S60 29.4
Hamal	327 51.0	N23 34.9
Kaus Aust.	83 33.0	S34 22.4
Kochab	137 20.9	N74 03.1
Markab	13 29.9	N15 20.5
Menkar	314 06.0	N 4 11.3
Menkent	147 58.2	S36 29.4
Miaplacidus	221 38.2	S69 48.8
Mirfak	308 27.9	N49 57.0
Nunki	75 48.2	S26 16.0
Peacock	53 06.2	S56 39.5
Pollux	243 17.3	N27 57.9
Procyon	244 50.8	N 5 09.7
Rasalhague	95 59.0	N12 32.6
Regulus	207 34.6	N11 50.8
Rigel	281 03.7	S 8 10.3
Rigil Kent.	139 41.2	S60 56.1
Sabik	102 03.3	S15 45.3
Schedar	349 30.8	N56 40.7
Shaula	96 10.9	S37 07.3
Sirius	258 26.1	S16 44.8
Spica	158 22.7	S11 17.4
Suhail	222 46.3	S43 31.6
Vega	80 33.6	N38 48.5
Zuben'ubi	136 56.5	S16 08.6

	SHA ° ′	Mer. Pass. h m
Venus	81 47.2	14 44
Mars	233 13.9	4 36
Jupiter	282 04.5	1 21
Saturn	15 08.4	19 06

© British Crown Copyright 2023. All rights reserved.

UT d	UT h	SUN GHA ° ′	SUN Dec ° ′	MOON GHA ° ′	v ′	MOON Dec ° ′	d ′	HP ′
17	00	183 45.9	S19 02.8	348 34.0	3.3	N26 35.0	6.8	60.0
	01	198 45.7	03.4	2 56.3	3.4	26 41.8	6.5	60.0
	02	213 45.6	04.0	17 18.7	3.3	26 48.3	6.3	59.9
	03	228 45.5	. . 04.6	31 41.0	3.3	26 54.6	6.2	59.9
	04	243 45.4	05.2	46 03.3	3.2	27 00.8	5.9	59.9
	05	258 45.2	05.8	60 25.5	3.3	27 06.7	5.8	59.8
	06	273 45.1	S19 06.4	74 47.8	3.2	N27 12.5	5.5	59.8
	07	288 45.0	07.0	89 10.0	3.1	27 18.0	5.3	59.8
	08	303 44.9	07.6	103 32.1	3.2	27 23.3	5.2	59.7
S	09	318 44.7	. . 08.2	117 54.3	3.1	27 28.5	4.9	59.7
U	10	333 44.6	08.8	132 16.4	3.2	27 33.4	4.8	59.7
N	11	348 44.5	09.4	146 38.6	3.1	27 38.2	4.5	59.7
D	12	3 44.4	S19 10.0	161 00.7	3.1	N27 42.7	4.4	59.6
A	13	18 44.2	10.6	175 22.8	3.1	27 47.1	4.1	59.6
Y	14	33 44.1	11.2	189 44.9	3.1	27 51.2	4.0	59.6
	15	48 44.0	. . 11.8	204 07.0	3.1	27 55.2	3.7	59.5
	16	63 43.9	12.4	218 29.1	3.1	27 58.9	3.6	59.5
	17	78 43.7	13.0	232 51.2	3.1	28 02.5	3.3	59.5
	18	93 43.6	S19 13.6	247 13.3	3.1	N28 05.8	3.2	59.4
	19	108 43.5	14.2	261 35.4	3.1	28 09.0	2.9	59.4
	20	123 43.3	14.8	275 57.5	3.1	28 11.9	2.7	59.4
	21	138 43.2	. . 15.4	290 19.6	3.2	28 14.6	2.6	59.3
	22	153 43.1	16.0	304 41.8	3.1	28 17.2	2.3	59.3
	23	168 42.9	16.5	319 03.9	3.2	28 19.5	2.2	59.2
18	00	183 42.8	S19 17.1	333 26.1	3.2	N28 21.7	1.9	59.2
	01	198 42.7	17.7	347 48.3	3.3	28 23.6	1.7	59.2
	02	213 42.5	18.3	2 10.6	3.2	28 25.3	1.6	59.1
	03	228 42.4	. . 18.9	16 32.8	3.3	28 26.9	1.3	59.1
	04	243 42.3	19.5	30 55.1	3.4	28 28.2	1.2	59.1
	05	258 42.1	20.1	45 17.5	3.4	28 29.4	0.9	59.0
	06	273 42.0	S19 20.7	59 39.9	3.4	N28 30.3	0.7	59.0
	07	288 41.9	21.3	74 02.3	3.4	28 31.0	0.6	59.0
	08	303 41.7	21.9	88 24.7	3.6	28 31.6	0.4	58.9
M	09	318 41.6	. . 22.4	102 47.3	3.5	28 32.0	0.1	58.9
O	10	333 41.5	23.0	117 09.8	3.6	28 32.1	0.0	58.9
N	11	348 41.3	23.6	131 32.4	3.7	28 32.1	0.2	58.8
D	12	3 41.2	S19 24.2	145 55.1	3.7	N28 31.9	0.5	58.8
A	13	18 41.1	24.8	160 17.8	3.8	28 31.4	0.6	58.7
Y	14	33 40.9	25.4	174 40.6	3.9	28 30.8	0.8	58.7
	15	48 40.8	. . 26.0	189 03.5	3.9	28 30.0	1.0	58.7
	16	63 40.7	26.5	203 26.4	3.9	28 29.0	1.2	58.6
	17	78 40.5	27.1	217 49.3	4.1	28 27.8	1.3	58.6
	18	93 40.4	S19 27.7	232 12.4	4.1	N28 26.5	1.6	58.6
	19	108 40.2	28.3	246 35.5	4.2	28 24.9	1.7	58.5
	20	123 40.1	28.9	260 58.7	4.3	28 23.2	2.0	58.5
	21	138 40.0	. . 29.4	275 22.0	4.3	28 21.2	2.1	58.4
	22	153 39.8	30.0	289 45.3	4.5	28 19.1	2.3	58.4
	23	168 39.7	30.6	304 08.8	4.5	28 16.8	2.5	58.4
19	00	183 39.5	S19 31.2	318 32.3	4.6	N28 14.3	2.6	58.3
	01	198 39.4	31.7	332 55.9	4.7	28 11.7	2.9	58.3
	02	213 39.3	32.3	347 19.6	4.8	28 08.8	3.0	58.2
	03	228 39.1	. . 32.9	1 43.4	4.8	28 05.8	3.2	58.2
	04	243 39.0	33.5	16 07.2	5.0	28 02.6	3.3	58.2
	05	258 38.8	34.1	30 31.2	5.1	27 59.3	3.6	58.1
	06	273 38.7	S19 34.6	44 55.3	5.1	N27 55.7	3.7	58.1
	07	288 38.6	35.2	59 19.4	5.3	27 52.0	3.9	58.1
T	08	303 38.4	35.8	73 43.7	5.3	27 48.1	4.0	58.0
U	09	318 38.3	. . 36.3	88 08.0	5.5	27 44.1	4.2	58.0
E	10	333 38.1	36.9	102 32.5	5.6	27 39.9	4.4	57.9
	11	348 38.0	37.5	116 57.1	5.6	27 35.5	4.6	57.9
S	12	3 37.8	S19 38.1	131 21.7	5.8	N27 30.9	4.7	57.9
D	13	18 37.7	38.6	145 46.5	5.9	27 26.2	4.9	57.8
A	14	33 37.5	39.2	160 11.4	6.0	27 21.3	5.0	57.8
Y	15	48 37.4	. . 39.8	174 36.4	6.1	27 16.3	5.2	57.7
	16	63 37.2	40.3	189 01.5	6.2	27 11.1	5.4	57.7
	17	78 37.1	40.9	203 26.7	6.3	27 05.7	5.5	57.7
	18	93 37.0	S19 41.5	217 52.0	6.5	N27 00.2	5.6	57.6
	19	108 36.8	42.0	232 17.5	6.5	26 54.6	5.9	57.6
	20	123 36.7	42.6	246 43.0	6.7	26 48.7	5.9	57.5
	21	138 36.5	. . 43.2	261 08.7	6.8	26 42.8	6.1	57.5
	22	153 36.4	43.7	275 34.5	6.9	26 36.7	6.3	57.5
	23	168 36.2	44.3	290 00.4	7.0	N26 30.4	6.4	57.4
		SD 16.2	*d* 0.6	SD		16.2	16.0	15.8

Lat. °	Twilight Naut. h m	Twilight Civil h m	Sunrise h m	Moonrise 17 h m	Moonrise 18 h m	Moonrise 19 h m	Moonrise 20 h m
N 72	07 12	08 51	■	□	□	□	□
N 70	07 00	08 25	10 14	□	□	□	□
68	06 51	08 05	09 29	□	□	□	□
66	06 42	07 50	09 00	□	□	□	□
64	06 35	07 37	08 38	□	□	□	17 59
62	06 29	07 26	08 21	13 58	□	16 31	18 37
60	06 24	07 16	08 06	15 01	15 49	17 20	19 05
N 58	06 19	07 08	07 54	15 35	16 29	17 51	19 26
56	06 14	07 00	07 43	16 00	16 57	18 15	19 43
54	06 10	06 54	07 34	16 20	17 18	18 34	19 57
52	06 06	06 48	07 26	16 37	17 36	18 49	20 10
50	06 03	06 42	07 18	16 52	17 51	19 03	20 21
45	05 54	06 30	07 02	17 22	18 22	19 31	20 44
N 40	05 47	06 20	06 49	17 45	18 46	19 53	21 03
35	05 40	06 11	06 38	18 04	19 06	20 11	21 18
30	05 33	06 02	06 28	18 21	19 23	20 27	21 31
20	05 21	05 47	06 11	18 49	19 51	20 54	21 54
N 10	05 08	05 34	05 56	19 13	20 15	21 16	22 13
0	04 54	05 20	05 42	19 36	20 38	21 37	22 32
S 10	04 39	05 05	05 27	19 58	21 01	21 59	22 50
20	04 20	04 48	05 12	20 23	21 26	22 21	23 09
30	03 56	04 28	04 54	20 51	21 54	22 47	23 31
35	03 41	04 16	04 44	21 08	22 11	23 03	23 44
40	03 23	04 01	04 32	21 28	22 31	23 20	23 59
45	02 59	03 43	04 18	21 52	22 54	23 42	24 17
S 50	02 27	03 21	04 00	22 23	23 25	24 09	00 09
52	02 10	03 09	03 52	22 39	23 40	24 22	00 22
54	01 49	02 57	03 43	22 57	23 58	24 37	00 37
56	01 21	02 42	03 32	23 19	24 19	00 19	00 54
58	00 36	02 24	03 21	23 47	24 47	00 47	01 15
S 60	////	02 01	03 07	24 29	00 29	01 25	01 42

Lat. °	Sunset h m	Twilight Civil h m	Twilight Naut. h m	Moonset 17 h m	Moonset 18 h m	Moonset 19 h m	Moonset 20 h m
N 72	■	14 39	16 18	□	□	□	□
N 70	13 16	15 05	16 29	□	□	□	□
68	14 00	15 24	16 39	□	□	□	□
66	14 29	15 40	16 47	□	□	□	□
64	14 51	15 53	16 54	□	□	□	14 49
62	15 09	16 04	17 00	12 35	□	14 20	14 10
60	15 23	16 14	17 06	11 33	12 56	13 31	13 42
N 58	15 36	16 22	17 11	10 59	12 16	13 00	13 20
56	15 46	16 29	17 16	10 34	11 49	12 36	13 03
54	15 56	16 36	17 20	10 14	11 27	12 17	12 48
52	16 04	16 42	17 24	09 57	11 09	12 01	12 34
50	16 12	16 48	17 27	09 42	10 54	11 46	12 23
45	16 28	17 00	17 36	09 13	10 23	11 18	11 59
N 40	16 41	17 10	17 43	08 50	09 59	10 55	11 39
35	16 52	17 20	17 50	08 32	09 39	10 36	11 23
30	17 02	17 28	17 57	08 15	09 22	10 20	11 09
20	17 20	17 43	18 10	07 48	08 54	09 53	10 45
N 10	17 35	17 57	18 23	07 25	08 29	09 29	10 24
0	17 49	18 11	18 36	07 03	08 06	09 07	10 04
S 10	18 03	18 26	18 52	06 41	07 43	08 45	09 44
20	18 19	18 42	19 11	06 18	07 18	08 21	09 23
30	18 37	19 03	19 35	05 51	06 49	07 53	08 58
35	18 47	19 15	19 50	05 35	06 32	07 37	08 43
40	18 59	19 30	20 08	05 16	06 12	07 17	08 26
45	19 14	19 48	20 32	04 54	05 48	06 54	08 06
S 50	19 31	20 11	21 05	04 25	05 17	06 23	07 40
52	19 39	20 22	21 22	04 12	05 01	06 08	07 27
54	19 49	20 35	21 44	03 56	04 43	05 51	07 12
56	19 59	20 51	22 13	03 37	04 21	05 30	06 55
58	20 11	21 09	23 03	03 14	03 53	05 03	06 35
S 60	20 26	21 32	////	02 44	03 11	04 25	06 08

Day	SUN Eqn. of Time 00^h	SUN Eqn. of Time 12^h	SUN Mer. Pass.	MOON Mer. Pass. Upper	MOON Mer. Pass. Lower	MOON Age	MOON Phase
d	m s	m s	h m	h m	h m	d	%
17	15 04	14 58	11 45	00 48	13 19	16	96
18	14 52	14 45	11 45	01 51	14 22	17	91
19	14 38	14 32	11 45	02 53	15 22	18	83

© British Crown Copyright 2023. All rights reserved.

UT d h	ARIES GHA ° ′	VENUS −4·1 GHA ° ′	VENUS Dec ° ′	MARS −0·3 GHA ° ′	MARS Dec ° ′	JUPITER −2·8 GHA ° ′	JUPITER Dec ° ′	SATURN +0·9 GHA ° ′	SATURN Dec ° ′
20 00 (WEDNESDAY)	59 30.1	138 40.1	S25 25.2	292 16.2	N21 11.6	341 50.0	N22 15.0	74 38.0	S 8 43.1
01	74 32.6	153 39.3	25.0	307 18.1	11.6	356 52.8	15.0	89 40.4	43.1
02	89 35.0	168 38.5	24.9	322 20.0	11.5	11 55.5	15.0	104 42.9	43.1
03	104 37.5	183 37.7	. . 24.7	337 21.9	. . 11.5	26 58.3	. . 14.9	119 45.3	. . 43.1
04	119 40.0	198 36.9	24.5	352 23.8	11.5	42 01.1	14.9	134 47.8	43.1
05	134 42.4	213 36.0	24.3	7 25.7	11.5	57 03.9	14.9	149 50.2	43.0
06	149 44.9	228 35.2	S25 24.1	22 27.7	N21 11.4	72 06.7	N22 14.9	164 52.7	S 8 43.0
07	164 47.4	243 34.4	24.0	37 29.6	11.4	87 09.5	14.9	179 55.1	43.0
08	179 49.8	258 33.6	23.8	52 31.5	11.4	102 12.3	14.8	194 57.6	43.0
09	194 52.3	273 32.8	. . 23.6	67 33.4	. . 11.4	117 15.1	. . 14.8	210 00.0	. . 43.0
10	209 54.8	288 32.0	23.4	82 35.3	11.4	132 17.9	14.8	225 02.5	43.0
11	224 57.2	303 31.2	23.2	97 37.2	11.3	147 20.7	14.8	240 04.9	43.0
12	239 59.7	318 30.4	S25 23.0	112 39.2	N21 11.3	162 23.4	N22 14.7	255 07.3	S 8 42.9
13	255 02.1	333 29.6	22.8	127 41.1	11.3	177 26.2	14.7	270 09.8	42.9
14	270 04.6	348 28.8	22.6	142 43.0	11.3	192 29.0	14.7	285 12.2	42.9
15	285 07.1	3 28.0	. . 22.4	157 44.9	. . 11.2	207 31.8	. . 14.7	300 14.7	. . 42.9
16	300 09.5	18 27.2	22.2	172 46.9	11.2	222 34.6	14.7	315 17.1	42.9
17	315 12.0	33 26.4	22.0	187 48.8	11.2	237 37.4	14.6	330 19.6	42.9
18	330 14.5	48 25.6	S25 21.8	202 50.7	N21 11.2	252 40.2	N22 14.6	345 22.0	S 8 42.9
19	345 16.9	63 24.8	21.6	217 52.7	11.2	267 43.0	14.6	0 24.5	42.8
20	0 19.4	78 24.0	21.4	232 54.6	11.1	282 45.8	14.6	15 26.9	42.8
21	15 21.9	93 23.2	. . 21.2	247 56.5	. . 11.1	297 48.6	. . 14.5	30 29.4	. . 42.8
22	30 24.3	108 22.5	21.0	262 58.5	11.1	312 51.4	14.5	45 31.8	42.8
23	45 26.8	123 21.7	20.8	278 00.4	11.1	327 54.1	14.5	60 34.2	42.8
21 00 (THURSDAY)	60 29.3	138 20.9	S25 20.6	293 02.3	N21 11.1	342 56.9	N22 14.5	75 36.7	S 8 42.8
01	75 31.7	153 20.1	20.4	308 04.3	11.1	357 59.7	14.4	90 39.1	42.7
02	90 34.2	168 19.3	20.2	323 06.2	11.0	13 02.5	14.4	105 41.6	42.7
03	105 36.6	183 18.5	. . 20.0	338 08.1	. . 11.0	28 05.3	. . 14.4	120 44.0	. . 42.7
04	120 39.1	198 17.7	19.8	353 10.1	11.0	43 08.1	14.4	135 46.5	42.7
05	135 41.6	213 16.9	19.6	8 12.0	11.0	58 10.9	14.4	150 48.9	42.7
06	150 44.0	228 16.1	S25 19.4	23 14.0	N21 11.0	73 13.7	N22 14.3	165 51.4	S 8 42.7
07	165 46.5	243 15.3	19.1	38 15.9	10.9	88 16.5	14.3	180 53.8	42.6
08	180 49.0	258 14.5	18.9	53 17.8	10.9	103 19.3	14.3	195 56.2	42.6
09	195 51.4	273 13.7	. . 18.7	68 19.8	. . 10.9	118 22.1	. . 14.3	210 58.7	. . 42.6
10	210 53.9	288 12.9	18.5	83 21.7	10.9	133 24.9	14.2	226 01.1	42.6
11	225 56.4	303 12.1	18.3	98 23.7	10.9	148 27.7	14.2	241 03.6	42.6
12	240 58.8	318 11.3	S25 18.0	113 25.6	N21 10.9	163 30.5	N22 14.2	256 06.0	S 8 42.6
13	256 01.3	333 10.5	17.8	128 27.6	10.9	178 33.3	14.2	271 08.5	42.5
14	271 03.7	348 09.7	17.6	143 29.5	10.8	193 36.1	14.1	286 10.9	42.5
15	286 06.2	3 09.0	. . 17.4	158 31.5	. . 10.8	208 38.9	. . 14.1	301 13.3	. . 42.5
16	301 08.7	18 08.2	17.1	173 33.4	10.8	223 41.7	14.1	316 15.8	42.5
17	316 11.1	33 07.4	16.9	188 35.4	10.8	238 44.4	14.1	331 18.2	42.5
18	331 13.6	48 06.6	S25 16.7	203 37.4	N21 10.8	253 47.2	N22 14.1	346 20.7	S 8 42.5
19	346 16.1	63 05.8	16.5	218 39.3	10.8	268 50.0	14.0	1 23.1	42.4
20	1 18.5	78 05.0	16.2	233 41.3	10.8	283 52.8	14.0	16 25.6	42.4
21	16 21.0	93 04.2	. . 16.0	248 43.2	. . 10.8	298 55.6	. . 14.0	31 28.0	. . 42.4
22	31 23.5	108 03.4	15.8	263 45.2	10.7	313 58.4	14.0	46 30.4	42.4
23	46 25.9	123 02.6	15.5	278 47.2	10.7	329 01.2	13.9	61 32.9	42.4
22 00 (FRIDAY)	61 28.4	138 01.8	S25 15.3	293 49.1	N21 10.7	344 04.0	N22 13.9	76 35.3	S 8 42.4
01	76 30.9	153 01.1	15.1	308 51.1	10.7	359 06.8	13.9	91 37.8	42.3
02	91 33.3	168 00.3	14.8	323 53.0	10.7	14 09.6	13.9	106 40.2	42.3
03	106 35.8	182 59.5	. . 14.6	338 55.0	. . 10.7	29 12.4	. . 13.8	121 42.6	. . 42.3
04	121 38.2	197 58.7	14.3	353 57.0	10.7	44 15.2	13.8	136 45.1	42.3
05	136 40.7	212 57.9	14.1	8 58.9	10.7	59 18.0	13.8	151 47.5	42.3
06	151 43.2	227 57.1	S25 13.9	24 00.9	N21 10.7	74 20.8	N22 13.8	166 50.0	S 8 42.3
07	166 45.6	242 56.3	13.6	39 02.9	10.6	89 23.6	13.8	181 52.4	42.2
08	181 48.1	257 55.6	13.4	54 04.9	10.6	104 26.4	13.7	196 54.8	42.2
09	196 50.6	272 54.8	. . 13.1	69 06.8	. . 10.6	119 29.2	. . 13.7	211 57.3	. . 42.2
10	211 53.0	287 54.0	12.9	84 08.8	10.6	134 32.0	13.7	226 59.7	42.2
11	226 55.5	302 53.2	12.6	99 10.8	10.6	149 34.8	13.7	242 02.2	42.2
12	241 58.0	317 52.4	S25 12.4	114 12.8	N21 10.6	164 37.6	N22 13.6	257 04.6	S 8 42.2
13	257 00.4	332 51.6	12.1	129 14.7	10.6	179 40.4	13.6	272 07.0	42.1
14	272 02.9	347 50.9	11.9	144 16.7	10.6	194 43.2	13.6	287 09.5	42.1
15	287 05.4	2 50.1	. . 11.6	159 18.7	. . 10.6	209 46.0	. . 13.6	302 11.9	. . 42.1
16	302 07.8	17 49.3	11.4	174 20.7	10.6	224 48.8	13.5	317 14.3	42.1
17	317 10.3	32 48.5	11.1	189 22.7	10.6	239 51.6	13.5	332 16.8	42.1
18	332 12.7	47 47.7	S25 10.8	204 24.6	N21 10.6	254 54.4	N22 13.5	347 19.2	S 8 42.0
19	347 15.2	62 46.9	10.6	219 26.6	10.6	269 57.2	13.5	2 21.7	42.0
20	2 17.7	77 46.2	10.3	234 28.6	10.5	285 00.0	13.4	17 24.1	42.0
21	17 20.1	92 45.4	. . 10.1	249 30.6	. . 10.5	300 02.8	. . 13.4	32 26.5	. . 42.0
22	32 22.6	107 44.6	09.8	264 32.6	10.5	315 05.6	13.4	47 29.0	42.0
23	47 25.1	122 43.8	09.5	279 34.6	10.5	330 08.4	13.4	62 31.4	41.9
Mer. Pass.	h m 19 54.8	*v* −0.8	*d* 0.2	*v* 1.9	*d* 0.0	*v* 2.8	*d* 0.0	*v* 2.4	*d* 0.0

STARS

Name	SHA ° ′	Dec ° ′
Acamar	315 11.4	S40 12.3
Achernar	335 19.8	S57 06.7
Acrux	173 00.7	S63 13.9
Adhara	255 05.7	S29 00.1
Aldebaran	290 39.4	N16 33.6
Alioth	166 13.5	N55 49.3
Alkaid	152 52.5	N49 11.2
Alnair	27 33.1	S46 50.6
Alnilam	275 37.5	S 1 11.1
Alphard	217 47.8	S 8 45.8
Alphecca	126 04.2	N26 37.9
Alpheratz	357 34.7	N29 13.9
Altair	62 00.3	N 8 56.1
Ankaa	353 07.0	S42 10.4
Antares	112 16.4	S26 29.2
Arcturus	145 48.3	N19 03.2
Atria	107 11.3	S69 04.3
Avior	234 14.5	S59 35.0
Bellatrix	278 22.7	N 6 22.4
Betelgeuse	270 51.9	N 7 24.8
Canopus	263 52.0	S52 42.3
Capella	280 21.6	N46 01.3
Deneb	49 26.1	N45 22.4
Denebola	182 25.2	N14 26.0
Diphda	348 47.2	S17 51.0
Dubhe	193 41.3	N61 36.8
Elnath	278 01.7	N28 37.7
Eltanin	90 42.7	N51 29.2
Enif	33 39.0	N 9 59.4
Fomalhaut	15 14.6	S29 29.5
Gacrux	171 52.2	S57 14.9
Gienah	175 43.9	S17 40.6
Hadar	148 36.8	S60 29.4
Hamal	327 51.0	N23 34.9
Kaus Aust.	83 33.0	S34 22.4
Kochab	137 20.9	N74 03.0
Markab	13 29.9	N15 20.5
Menkar	314 06.0	N 4 11.3
Menkent	147 58.1	S36 29.4
Miaplacidus	221 38.1	S69 48.8
Mirfak	308 27.9	N49 57.1
Nunki	75 48.2	S26 16.0
Peacock	53 06.2	S56 39.5
Pollux	243 17.2	N27 57.9
Procyon	244 50.8	N 5 09.7
Rasalhague	95 59.0	N12 32.6
Regulus	207 34.6	N11 50.8
Rigel	281 03.7	S 8 10.3
Rigil Kent.	139 41.1	S60 56.1
Sabik	102 03.3	S15 45.3
Schedar	349 30.8	N56 40.7
Shaula	96 10.9	S37 07.3
Sirius	258 26.1	S16 44.9
Spica	158 22.7	S11 17.4
Suhail	222 46.3	S43 31.7
Vega	80 33.7	N38 48.5
Zuben'ubi	136 56.5	S16 08.6

	SHA ° ′	Mer. Pass. h m
Venus	77 51.6	14 47
Mars	232 33.1	4 27
Jupiter	282 27.7	1 08
Saturn	15 07.4	18 54

© British Crown Copyright 2023. All rights reserved.

	UT	SUN GHA	SUN Dec	MOON GHA	v	MOON Dec	d	HP
	d h	° ′	° ′	° ′	′	° ′	′	′
	20 00	183 36.1	S19 44.9	304 26.4	7.2	N26 24.0	6.6	57.4
	01	198 35.9	45.4	318 52.6	7.2	26 17.4	6.7	57.4
	02	213 35.8	46.0	333 18.8	7.4	26 10.7	6.8	57.3
	03	228 35.6	. . 46.5	347 45.2	7.5	26 03.9	7.0	57.3
	04	243 35.5	47.1	2 11.7	7.7	25 56.9	7.1	57.2
	05	258 35.3	47.7	16 38.4	7.7	25 49.8	7.3	57.2
	06	273 35.2	S19 48.2	31 05.1	7.9	N25 42.5	7.3	57.2
W	07	288 35.0	48.8	45 32.0	8.0	25 35.2	7.6	57.1
E	08	303 34.9	49.3	59 59.0	8.1	25 27.6	7.6	57.1
D	09	318 34.7	. . 49.9	74 26.1	8.3	25 20.0	7.8	57.1
N	10	333 34.6	50.4	88 53.4	8.3	25 12.2	7.9	57.0
E	11	348 34.4	51.0	103 20.7	8.5	25 04.3	8.0	57.0
S	12	3 34.3	S19 51.6	117 48.2	8.6	N24 56.3	8.2	56.9
D	13	18 34.1	52.1	132 15.8	8.8	24 48.1	8.3	56.9
A	14	33 33.9	52.7	146 43.6	8.8	24 39.8	8.4	56.9
Y	15	48 33.8	. . 53.2	161 11.4	9.0	24 31.4	8.5	56.8
	16	63 33.6	53.8	175 39.4	9.2	24 22.9	8.6	56.8
	17	78 33.5	54.3	190 07.6	9.2	24 14.3	8.8	56.8
	18	93 33.3	S19 54.9	204 35.8	9.4	N24 05.5	8.9	56.7
	19	108 33.2	55.4	219 04.2	9.5	23 56.6	8.9	56.7
	20	123 33.0	56.0	233 32.7	9.6	23 47.7	9.1	56.7
	21	138 32.9	. . 56.5	248 01.3	9.7	23 38.6	9.3	56.6
	22	153 32.7	57.1	262 30.0	9.9	23 29.3	9.3	56.6
	23	168 32.5	57.6	276 58.9	10.0	23 20.0	9.4	56.5
	21 00	183 32.4	S19 58.2	291 27.9	10.1	N23 10.6	9.5	56.5
	01	198 32.2	58.7	305 57.0	10.2	23 01.1	9.6	56.5
	02	213 32.1	59.3	320 26.2	10.3	22 51.5	9.8	56.4
	03	228 31.9	19 59.8	334 55.5	10.5	22 41.7	9.8	56.4
	04	243 31.8	20 00.4	349 25.0	10.6	22 31.9	9.9	56.4
	05	258 31.6	00.9	3 54.6	10.7	22 22.0	10.1	56.3
	06	273 31.4	S20 01.5	18 24.3	10.8	N22 11.9	10.1	56.3
T	07	288 31.3	02.0	32 54.1	11.0	22 01.8	10.2	56.3
H	08	303 31.1	02.5	47 24.1	11.1	21 51.6	10.3	56.2
U	09	318 31.0	. . 03.1	61 54.2	11.2	21 41.3	10.4	56.2
R	10	333 30.8	03.6	76 24.4	11.3	21 30.9	10.5	56.2
S	11	348 30.6	04.2	90 54.7	11.4	21 20.4	10.6	56.1
D	12	3 30.5	S20 04.7	105 25.1	11.5	N21 09.8	10.7	56.1
A	13	18 30.3	05.2	119 55.6	11.7	20 59.1	10.8	56.1
Y	14	33 30.1	05.8	134 26.3	11.7	20 48.3	10.8	56.0
	15	48 30.0	. . 06.3	148 57.0	11.9	20 37.5	10.9	56.0
	16	63 29.8	06.9	163 27.9	12.0	20 26.6	11.0	56.0
	17	78 29.7	07.4	177 58.9	12.1	20 15.6	11.1	55.9
	18	93 29.5	S20 07.9	192 30.0	12.2	N20 04.5	11.2	55.9
	19	108 29.3	08.5	207 01.2	12.4	19 53.3	11.2	55.9
	20	123 29.2	09.0	221 32.6	12.4	19 42.1	11.4	55.8
	21	138 29.0	. . 09.5	236 04.0	12.5	19 30.7	11.4	55.8
	22	153 28.8	10.1	250 35.5	12.7	19 19.3	11.4	55.8
	23	168 28.7	10.6	265 07.2	12.7	19 07.9	11.6	55.8
	22 00	183 28.5	S20 11.1	279 38.9	12.9	N18 56.3	11.6	55.7
	01	198 28.3	11.7	294 10.8	13.0	18 44.7	11.7	55.7
	02	213 28.2	12.2	308 42.8	13.0	18 33.0	11.7	55.7
	03	228 28.0	. . 12.7	323 14.8	13.2	18 21.3	11.8	55.6
	04	243 27.8	13.3	337 47.0	13.3	18 09.5	11.9	55.6
	05	258 27.7	13.8	352 19.3	13.3	17 57.6	12.0	55.6
	06	273 27.5	S20 14.3	6 51.6	13.5	N17 45.6	12.0	55.5
	07	288 27.3	14.9	21 24.1	13.6	17 33.6	12.1	55.5
	08	303 27.2	15.4	35 56.7	13.6	17 21.5	12.1	55.5
F	09	318 27.0	. . 15.9	50 29.3	13.8	17 09.4	12.2	55.5
R	10	333 26.8	16.4	65 02.1	13.8	16 57.2	12.2	55.4
I	11	348 26.7	17.0	79 34.9	14.0	16 45.0	12.4	55.4
D	12	3 26.5	S20 17.5	94 07.9	14.0	N16 32.6	12.3	55.4
A	13	18 26.3	18.0	108 40.9	14.2	16 20.3	12.5	55.4
Y	14	33 26.1	18.5	123 14.1	14.2	16 07.8	12.4	55.3
	15	48 26.0	. . 19.1	137 47.3	14.3	15 55.4	12.6	55.3
	16	63 25.8	19.6	152 20.6	14.4	15 42.8	12.6	55.3
	17	78 25.6	20.1	166 54.0	14.5	15 30.2	12.6	55.2
	18	93 25.5	S20 20.6	181 27.5	14.5	N15 17.6	12.7	55.2
	19	108 25.3	21.1	196 01.0	14.7	15 04.9	12.7	55.2
	20	123 25.1	21.7	210 34.7	14.7	14 52.2	12.8	55.2
	21	138 24.9	. . 22.2	225 08.4	14.8	14 39.4	12.8	55.1
	22	153 24.8	22.7	239 42.2	14.9	14 26.6	12.9	55.1
	23	168 24.6	23.2	254 16.1	15.0	N14 13.7	12.9	55.1
		SD 16.2	*d* 0.5	SD		15.5	15.3	15.1

Lat.	Twilight Naut.	Twilight Civil	Sunrise	Moonrise 20	21	22	23
°	h m	h m	h m	h m	h m	h m	h m
N 72	07 22	09 05	■	□	□	20 23	22 49
N 70	07 09	08 36	10 40	□	□	20 57	23 03
68	06 59	08 15	09 44	□	19 00	21 21	23 14
66	06 50	07 58	09 12	□	19 40	21 40	23 24
64	06 42	07 44	08 48	17 59	20 07	21 54	23 31
62	06 35	07 33	08 29	18 37	20 28	22 07	23 38
60	06 29	07 23	08 14	19 05	20 44	22 17	23 44
N 58	06 24	07 14	08 01	19 26	20 59	22 26	23 49
56	06 19	07 06	07 49	19 43	21 11	22 34	23 53
54	06 15	06 59	07 40	19 57	21 21	22 41	23 57
52	06 10	06 52	07 31	20 10	21 30	22 47	24 01
50	06 07	06 47	07 23	20 21	21 39	22 53	24 04
45	05 58	06 34	07 06	20 44	21 56	23 05	24 11
N 40	05 50	06 23	06 52	21 03	22 10	23 15	24 17
35	05 42	06 13	06 41	21 18	22 22	23 23	24 22
30	05 36	06 05	06 30	21 31	22 33	23 31	24 26
20	05 22	05 49	06 13	21 54	22 51	23 44	24 34
N 10	05 09	05 35	05 57	22 13	23 06	23 55	24 40
0	04 55	05 20	05 42	22 32	23 21	24 05	00 05
S 10	04 39	05 05	05 28	22 50	23 35	24 16	00 16
20	04 20	04 48	05 12	23 09	23 50	24 27	00 27
30	03 55	04 27	04 53	23 31	24 08	00 08	00 39
35	03 39	04 14	04 42	23 44	24 18	00 18	00 46
40	03 20	03 59	04 30	23 59	24 30	00 30	00 54
45	02 55	03 40	04 15	24 17	00 17	00 43	01 04
S 50	02 22	03 16	03 57	00 09	00 38	00 59	01 15
52	02 04	03 05	03 48	00 22	00 49	01 07	01 21
54	01 41	02 51	03 39	00 37	01 00	01 16	01 26
56	01 09	02 36	03 28	00 54	01 14	01 25	01 33
58	////	02 16	03 15	01 15	01 29	01 36	01 40
S 60	////	01 52	03 00	01 42	01 47	01 48	01 48

Lat.	Sunset	Twilight Civil	Twilight Naut.	Moonset 20	21	22	23
°	h m	h m	h m	h m	h m	h m	h m
N 72	■	14 26	16 09	□	□	15 49	14 51
N 70	12 52	14 55	16 22	□	□	15 13	14 34
68	13 47	15 16	16 32	□	15 34	14 47	14 21
66	14 20	15 33	16 41	□	14 53	14 27	14 10
64	14 43	15 47	16 49	14 49	14 25	14 11	14 01
62	15 02	15 59	16 56	14 10	14 03	13 58	13 53
60	15 18	16 09	17 02	13 42	13 46	13 46	13 46
N 58	15 31	16 18	17 07	13 20	13 31	13 36	13 40
56	15 42	16 26	17 12	13 03	13 18	13 28	13 34
54	15 52	16 33	17 17	12 48	13 07	13 20	13 29
52	16 01	16 39	17 21	12 34	12 57	13 13	13 25
50	16 09	16 45	17 25	12 23	12 48	13 06	13 21
45	16 25	16 58	17 34	11 59	12 29	12 53	13 12
N 40	16 39	17 09	17 42	11 39	12 14	12 41	13 04
35	16 51	17 18	17 49	11 23	12 01	12 32	12 58
30	17 01	17 27	17 56	11 09	11 49	12 23	12 52
20	17 19	17 43	18 09	10 45	11 29	12 08	12 42
N 10	17 35	17 57	18 23	10 24	11 12	11 55	12 34
0	17 50	18 12	18 37	10 04	10 56	11 43	12 25
S 10	18 04	18 27	18 53	09 44	10 39	11 30	12 17
20	18 21	18 44	19 13	09 23	10 22	11 17	12 08
30	18 39	19 06	19 38	08 58	10 01	11 01	11 58
35	18 50	19 19	19 53	08 43	09 49	10 52	11 52
40	19 03	19 34	20 13	08 26	09 35	10 42	11 45
45	19 18	19 53	20 38	08 06	09 19	10 30	11 37
S 50	19 36	20 17	21 12	07 40	08 58	10 15	11 27
52	19 45	20 28	21 30	07 27	08 48	10 08	11 23
54	19 54	20 42	21 54	07 12	08 37	10 00	11 18
56	20 06	20 58	22 27	06 55	08 25	09 51	11 12
58	20 18	21 18	////	06 35	08 10	09 41	11 06
S 60	20 33	21 43	////	06 08	07 52	09 29	10 59

Day	SUN Eqn. of Time 00^h	12^h	Mer. Pass.	MOON Mer. Pass. Upper	Lower	Age	Phase
d	m s	m s	h m	h m	h m	d %	
20	14 25	14 17	11 46	03 51	16 18	19 75	
21	14 10	14 02	11 46	04 44	17 08	20 65	
22	13 54	13 46	11 46	05 32	17 54	21 56	

© British Crown Copyright 2023. All rights reserved.

UT	ARIES	VENUS −4·1		MARS −0·4		JUPITER −2·8		SATURN +0·9	
	GHA	GHA	Dec	GHA	Dec	GHA	Dec	GHA	Dec
d h	° ′	° ′	° ′	° ′	° ′	° ′	° ′	° ′	° ′
23 00	62 27.5	137 43.0	S25 09.3	294 36.6	N21 10.5	345 11.2	N22 13.3	77 33.8	S 8 41.9
01	77 30.0	152 42.3	09.0	309 38.6	10.5	0 14.0	13.3	92 36.3	41.9
02	92 32.5	167 41.5	08.7	324 40.6	10.5	15 16.8	13.3	107 38.7	41.9
03	107 34.9	182 40.7	. . 08.5	339 42.6	. . 10.5	30 19.6	. . 13.3	122 41.2	. . 41.9
04	122 37.4	197 39.9	08.2	354 44.5	10.5	45 22.4	13.3	137 43.6	41.9
05	137 39.8	212 39.2	07.9	9 46.5	10.5	60 25.2	13.2	152 46.0	41.8
06	152 42.3	227 38.4	S25 07.6	24 48.5	N21 10.5	75 28.0	N22 13.2	167 48.5	S 8 41.8
07	167 44.8	242 37.6	07.4	39 50.5	10.5	90 30.8	13.2	182 50.9	41.8
S 08	182 47.2	257 36.8	07.1	54 52.5	10.5	105 33.6	13.2	197 53.3	41.8
A 09	197 49.7	272 36.0	. . 06.8	69 54.5	. . 10.5	120 36.4	. . 13.1	212 55.8	. . 41.8
T 10	212 52.2	287 35.3	06.5	84 56.5	10.5	135 39.2	13.1	227 58.2	41.7
U 11	227 54.6	302 34.5	06.3	99 58.5	10.5	150 42.0	13.1	243 00.6	41.7
R 12	242 57.1	317 33.7	S25 06.0	115 00.6	N21 10.5	165 44.8	N22 13.1	258 03.1	S 8 41.7
D 13	257 59.6	332 33.0	05.7	130 02.6	10.5	180 47.6	13.0	273 05.5	41.7
A 14	273 02.0	347 32.2	05.4	145 04.6	10.5	195 50.4	13.0	288 07.9	41.7
15	288 04.5	2 31.4	. . 05.1	160 06.6	. . 10.5	210 53.2	. . 13.0	303 10.4	. . 41.6
Y 16	303 07.0	17 30.6	04.8	175 08.6	10.5	225 56.1	13.0	318 12.8	41.6
17	318 09.4	32 29.9	04.6	190 10.6	10.5	240 58.9	12.9	333 15.2	41.6
18	333 11.9	47 29.1	S25 04.3	205 12.6	N21 10.5	256 01.7	N22 12.9	348 17.7	S 8 41.6
19	348 14.3	62 28.3	04.0	220 14.6	10.5	271 04.5	12.9	3 20.1	41.6
20	3 16.8	77 27.5	03.7	235 16.6	10.5	286 07.3	12.9	18 22.5	41.5
21	18 19.3	92 26.8	. . 03.4	250 18.6	. . 10.5	301 10.1	. . 12.8	33 25.0	. . 41.5
22	33 21.7	107 26.0	03.1	265 20.7	10.5	316 12.9	12.8	48 27.4	41.5
23	48 24.2	122 25.2	02.8	280 22.7	10.5	331 15.7	12.8	63 29.8	41.5
24 00	63 26.7	137 24.5	S25 02.5	295 24.7	N21 10.5	346 18.5	N22 12.8	78 32.3	S 8 41.5
01	78 29.1	152 23.7	02.2	310 26.7	10.5	1 21.3	12.7	93 34.7	41.4
02	93 31.6	167 22.9	01.9	325 28.7	10.5	16 24.1	12.7	108 37.1	41.4
03	108 34.1	182 22.2	. . 01.6	340 30.8	. . 10.5	31 26.9	. . 12.7	123 39.6	. . 41.4
04	123 36.5	197 21.4	01.3	355 32.8	10.5	46 29.7	12.7	138 42.0	41.4
05	138 39.0	212 20.6	01.0	10 34.8	10.5	61 32.5	12.6	153 44.4	41.3
06	153 41.5	227 19.9	S25 00.7	25 36.8	N21 10.5	76 35.3	N22 12.6	168 46.9	S 8 41.3
07	168 43.9	242 19.1	00.4	40 38.9	10.5	91 38.1	12.6	183 49.3	41.3
08	183 46.4	257 18.3	25 00.1	55 40.9	10.5	106 40.9	12.6	198 51.7	41.3
S 09	198 48.8	272 17.6	24 59.8	70 42.9	. . 10.6	121 43.7	. . 12.6	213 54.2	. . 41.3
U 10	213 51.3	287 16.8	59.5	85 45.0	10.6	136 46.6	12.5	228 56.6	41.2
N 11	228 53.8	302 16.0	59.2	100 47.0	10.6	151 49.4	12.5	243 59.0	41.2
D 12	243 56.2	317 15.3	S24 58.9	115 49.0	N21 10.6	166 52.2	N22 12.5	259 01.4	S 8 41.2
A 13	258 58.7	332 14.5	58.6	130 51.1	10.6	181 55.0	12.5	274 03.9	41.2
Y 14	274 01.2	347 13.7	58.3	145 53.1	10.6	196 57.8	12.4	289 06.3	41.2
15	289 03.6	2 13.0	. . 57.9	160 55.1	. . 10.6	212 00.6	. . 12.4	304 08.7	. . 41.1
16	304 06.1	17 12.2	57.6	175 57.2	10.6	227 03.4	12.4	319 11.2	41.1
17	319 08.6	32 11.5	57.3	190 59.2	10.6	242 06.2	12.4	334 13.6	41.1
18	334 11.0	47 10.7	S24 57.0	206 01.2	N21 10.6	257 09.0	N22 12.3	349 16.0	S 8 41.1
19	349 13.5	62 09.9	56.7	221 03.3	10.6	272 11.8	12.3	4 18.5	41.0
20	4 15.9	77 09.2	56.4	236 05.3	10.6	287 14.6	12.3	19 20.9	41.0
21	19 18.4	92 08.4	. . 56.0	251 07.4	. . 10.6	302 17.4	. . 12.3	34 23.3	. . 41.0
22	34 20.9	107 07.7	55.7	266 09.4	10.7	317 20.2	12.2	49 25.7	41.0
23	49 23.3	122 06.9	55.4	281 11.5	10.7	332 23.1	12.2	64 28.2	41.0
25 00	64 25.8	137 06.1	S24 55.1	296 13.5	N21 10.7	347 25.9	N22 12.2	79 30.6	S 8 40.9
01	79 28.3	152 05.4	54.8	311 15.6	10.7	2 28.7	12.2	94 33.0	40.9
02	94 30.7	167 04.6	54.4	326 17.6	10.7	17 31.5	12.1	109 35.5	40.9
03	109 33.2	182 03.9	. . 54.1	341 19.7	. . 10.7	32 34.3	. . 12.1	124 37.9	. . 40.9
04	124 35.7	197 03.1	53.8	356 21.7	10.7	47 37.1	12.1	139 40.3	40.8
05	139 38.1	212 02.3	53.4	11 23.8	10.7	62 39.9	12.1	154 42.7	40.8
06	154 40.6	227 01.6	S24 53.1	26 25.8	N21 10.7	77 42.7	N22 12.0	169 45.2	S 8 40.8
07	169 43.1	242 00.8	52.8	41 27.9	10.8	92 45.5	12.0	184 47.6	40.8
08	184 45.5	257 00.1	52.4	56 29.9	10.8	107 48.3	12.0	199 50.0	40.8
M 09	199 48.0	271 59.3	. . 52.1	71 32.0	. . 10.8	122 51.1	. . 12.0	214 52.4	. . 40.7
O 10	214 50.4	286 58.6	51.8	86 34.1	10.8	137 54.0	11.9	229 54.9	40.7
N 11	229 52.9	301 57.8	51.4	101 36.1	10.8	152 56.8	11.9	244 57.3	40.7
D 12	244 55.4	316 57.1	S24 51.1	116 38.2	N21 10.8	167 59.6	N22 11.9	259 59.7	S 8 40.7
A 13	259 57.8	331 56.3	50.8	131 40.3	10.8	183 02.4	11.9	275 02.1	40.6
Y 14	275 00.3	346 55.6	50.4	146 42.3	10.8	198 05.2	11.8	290 04.6	40.6
15	290 02.8	1 54.8	. . 50.1	161 44.4	. . 10.9	213 08.0	. . 11.8	305 07.0	. . 40.6
16	305 05.2	16 54.1	49.7	176 46.5	10.9	228 10.8	11.8	320 09.4	40.6
17	320 07.7	31 53.3	49.4	191 48.5	10.9	243 13.6	11.8	335 11.9	40.5
18	335 10.2	46 52.6	S24 49.0	206 50.6	N21 10.9	258 16.4	N22 11.7	350 14.3	S 8 40.5
19	350 12.6	61 51.8	48.7	221 52.7	10.9	273 19.3	11.7	5 16.7	40.5
20	5 15.1	76 51.1	48.3	236 54.7	10.9	288 22.1	11.7	20 19.1	40.5
21	20 17.5	91 50.3	. . 48.0	251 56.8	. . 11.0	303 24.9	. . 11.7	35 21.6	. . 40.5
22	35 20.0	106 49.6	47.6	266 58.9	11.0	318 27.7	11.6	50 24.0	40.4
23	50 22.5	121 48.8	47.3	282 01.0	11.0	333 30.5	11.6	65 26.4	40.4
Mer. Pass.	h m 19 43.0	v −0.8	d 0.3	v 2.0	d 0.0	v 2.8	d 0.0	v 2.4	d 0.0

STARS

Name	SHA	Dec
	° ′	° ′
Acamar	315 11.4	S40 12.3
Achernar	335 19.8	S57 06.8
Acrux	173 00.6	S63 13.9
Adhara	255 05.7	S29 00.1
Aldebaran	290 39.4	N16 33.6
Alioth	166 13.4	N55 49.3
Alkaid	152 52.5	N49 11.2
Alnair	27 33.1	S46 50.6
Alnilam	275 37.5	S 1 11.1
Alphard	217 47.8	S 8 45.8
Alphecca	126 04.2	N26 37.8
Alpheratz	357 34.7	N29 13.9
Altair	62 00.3	N 8 56.1
Ankaa	353 07.0	S42 10.4
Antares	112 16.4	S26 29.2
Arcturus	145 48.3	N19 03.2
Atria	107 11.3	S69 04.3
Avior	234 14.5	S59 35.0
Bellatrix	278 22.7	N 6 22.4
Betelgeuse	270 51.9	N 7 24.8
Canopus	263 52.0	S52 42.3
Capella	280 21.6	N46 01.4
Deneb	49 26.1	N45 22.4
Denebola	182 25.2	N14 26.0
Diphda	348 47.2	S17 51.0
Dubhe	193 41.3	N61 36.8
Elnath	278 01.7	N28 37.7
Eltanin	90 42.7	N51 29.2
Enif	33 39.0	N 9 59.4
Fomalhaut	15 14.6	S29 29.5
Gacrux	171 52.2	S57 14.9
Gienah	175 43.9	S17 40.6
Hadar	148 36.8	S60 29.4
Hamal	327 51.0	N23 34.9
Kaus Aust.	83 33.0	S34 22.4
Kochab	137 20.9	N74 03.0
Markab	13 30.0	N15 20.5
Menkar	314 06.0	N 4 11.3
Menkent	147 58.1	S36 29.4
Miaplacidus	221 38.1	S69 48.8
Mirfak	308 27.9	N49 57.1
Nunki	75 48.2	S26 16.0
Peacock	53 06.2	S56 39.5
Pollux	243 17.2	N27 57.9
Procyon	244 50.7	N 5 09.7
Rasalhague	95 59.0	N12 32.6
Regulus	207 34.6	N11 50.7
Rigel	281 03.7	S 8 10.3
Rigil Kent.	139 41.1	S60 56.1
Sabik	102 03.3	S15 45.3
Schedar	349 30.9	N56 40.7
Shaula	96 10.9	S37 07.3
Sirius	258 26.1	S16 44.9
Spica	158 22.7	S11 17.4
Suhail	222 46.3	S43 31.7
Vega	80 33.7	N38 48.5
Zuben'ubi	136 56.5	S16 08.6

	SHA	Mer. Pass.
	° ′	h m
Venus	73 57.8	14 51
Mars	231 58.0	4 18
Jupiter	282 51.8	0 55
Saturn	15 05.6	18 43

© British Crown Copyright 2023. All rights reserved.

UT d	h	SUN GHA	SUN Dec	MOON GHA	v	MOON Dec	d	HP
		° ′	° ′	° ′	′	° ′	′	′
23 SATURDAY	00	183 24.4	S20 23.7	268 50.1	15.1	N14 00.8	13.0	55.1
	01	198 24.2	24.2	283 24.2	15.1	13 47.8	13.0	55.1
	02	213 24.1	24.8	297 58.3	15.2	13 34.8	13.1	55.0
	03	228 23.9	. . 25.3	312 32.5	15.3	13 21.7	13.1	55.0
	04	243 23.7	25.8	327 06.8	15.3	13 08.6	13.1	55.0
	05	258 23.5	26.3	341 41.1	15.5	12 55.5	13.2	55.0
	06	273 23.4	S20 26.8	356 15.6	15.5	N12 42.3	13.2	54.9
	07	288 23.2	27.3	10 50.1	15.5	12 29.1	13.2	54.9
	08	303 23.0	27.8	25 24.6	15.7	12 15.9	13.3	54.9
	09	318 22.8	. . 28.4	39 59.3	15.7	12 02.6	13.3	54.9
	10	333 22.6	28.9	54 34.0	15.7	11 49.3	13.4	54.9
	11	348 22.5	29.4	69 08.7	15.9	11 35.9	13.4	54.8
	12	3 22.3	S20 29.9	83 43.6	15.9	N11 22.5	13.4	54.8
	13	18 22.1	30.4	98 18.5	15.9	11 09.1	13.5	54.8
	14	33 21.9	30.9	112 53.4	16.0	10 55.6	13.5	54.8
	15	48 21.8	. . 31.4	127 28.4	16.1	10 42.1	13.5	54.8
	16	63 21.6	31.9	142 03.5	16.2	10 28.6	13.5	54.7
	17	78 21.4	32.4	156 38.7	16.2	10 15.1	13.6	54.7
	18	93 21.2	S20 32.9	171 13.9	16.2	N10 01.5	13.6	54.7
	19	108 21.0	33.4	185 49.1	16.3	9 47.9	13.6	54.7
	20	123 20.9	33.9	200 24.4	16.4	9 34.3	13.7	54.7
	21	138 20.7	. . 34.4	214 59.8	16.4	9 20.6	13.7	54.6
	22	153 20.5	34.9	229 35.2	16.4	9 06.9	13.7	54.6
	23	168 20.3	35.4	244 10.6	16.5	8 53.2	13.7	54.6
24 SUNDAY	00	183 20.1	S20 35.9	258 46.1	16.6	N 8 39.5	13.8	54.6
	01	198 19.9	36.5	273 21.7	16.6	8 25.7	13.8	54.6
	02	213 19.8	37.0	287 57.3	16.7	8 11.9	13.8	54.6
	03	228 19.6	. . 37.5	302 33.0	16.7	7 58.1	13.8	54.5
	04	243 19.4	37.9	317 08.7	16.7	7 44.3	13.8	54.5
	05	258 19.2	38.4	331 44.4	16.8	7 30.5	13.9	54.5
	06	273 19.0	S20 38.9	346 20.2	16.8	N 7 16.6	13.9	54.5
	07	288 18.8	39.4	0 56.0	16.9	7 02.7	13.9	54.5
	08	303 18.7	39.9	15 31.9	16.9	6 48.8	13.9	54.5
	09	318 18.5	. . 40.4	30 07.8	16.9	6 34.9	13.9	54.4
	10	333 18.3	40.9	44 43.7	17.0	6 21.0	14.0	54.4
	11	348 18.1	41.4	59 19.7	17.0	6 07.0	13.9	54.4
	12	3 17.9	S20 41.9	73 55.7	17.0	N 5 53.1	14.0	54.4
	13	18 17.7	42.4	88 31.7	17.1	5 39.1	14.0	54.4
	14	33 17.5	42.9	103 07.8	17.1	5 25.1	14.0	54.4
	15	48 17.3	. . 43.4	117 43.9	17.2	5 11.1	14.0	54.4
	16	63 17.2	43.9	132 20.1	17.1	4 57.1	14.1	54.4
	17	78 17.0	44.4	146 56.2	17.2	4 43.0	14.0	54.3
	18	93 16.8	S20 44.9	161 32.4	17.2	N 4 29.0	14.0	54.3
	19	108 16.6	45.4	176 08.6	17.3	4 15.0	14.1	54.3
	20	123 16.4	45.8	190 44.9	17.3	4 00.9	14.1	54.3
	21	138 16.2	. . 46.3	205 21.2	17.2	3 46.8	14.0	54.3
	22	153 16.0	46.8	219 57.4	17.4	3 32.8	14.1	54.3
	23	168 15.8	47.3	234 33.8	17.3	3 18.7	14.1	54.3
25 MONDAY	00	183 15.6	S20 47.8	249 10.1	17.4	N 3 04.6	14.1	54.3
	01	198 15.4	48.3	263 46.5	17.3	2 50.5	14.1	54.3
	02	213 15.3	48.8	278 22.8	17.4	2 36.4	14.1	54.3
	03	228 15.1	. . 49.2	292 59.2	17.4	2 22.3	14.2	54.2
	04	243 14.9	49.7	307 35.6	17.4	2 08.1	14.1	54.2
	05	258 14.7	50.2	322 12.0	17.5	1 54.0	14.1	54.2
	06	273 14.5	S20 50.7	336 48.5	17.4	N 1 39.9	14.1	54.2
	07	288 14.3	51.2	351 24.9	17.5	1 25.8	14.1	54.2
	08	303 14.1	51.6	6 01.4	17.4	1 11.7	14.2	54.2
	09	318 13.9	. . 52.1	20 37.8	17.5	0 57.5	14.1	54.2
	10	333 13.7	52.6	35 14.3	17.5	0 43.4	14.1	54.2
	11	348 13.5	53.1	49 50.8	17.5	0 29.3	14.1	54.2
	12	3 13.3	S20 53.6	64 27.3	17.5	N 0 15.2	14.2	54.2
	13	18 13.1	54.0	79 03.8	17.5	N 0 01.0	14.1	54.2
	14	33 12.9	54.5	93 40.3	17.5	S 0 13.1	14.1	54.2
	15	48 12.7	. . 55.0	108 16.8	17.5	0 27.2	14.1	54.2
	16	63 12.5	55.5	122 53.3	17.4	0 41.3	14.1	54.2
	17	78 12.3	55.9	137 29.7	17.5	0 55.4	14.1	54.1
	18	93 12.2	S20 56.4	152 06.2	17.5	S 1 09.5	14.1	54.1
	19	108 12.0	56.9	166 42.7	17.5	1 23.6	14.1	54.1
	20	123 11.8	57.4	181 19.2	17.5	1 37.7	14.1	54.1
	21	138 11.6	. . 57.8	195 55.7	17.5	1 51.8	14.1	54.1
	22	153 11.4	58.3	210 32.2	17.5	2 05.9	14.1	54.1
	23	168 11.2	58.8	225 08.7	17.5	S 2 20.0	14.0	54.1
		SD 16.2	d 0.5	SD 14.9		14.8		14.8

Lat.	Twilight Naut.	Twilight Civil	Sunrise	Moonrise 23	Moonrise 24	Moonrise 25	Moonrise 26
°	h m	h m	h m	h m	h m	h m	h m
N 72	07 32	09 19	■	22 49	24 50	00 50	02 46
N 70	07 18	08 48	11 18	23 03	24 54	00 54	02 42
68	07 06	08 25	10 00	23 14	24 58	00 58	02 38
66	06 57	08 06	09 23	23 24	25 00	01 00	02 35
64	06 48	07 52	08 57	23 31	25 03	01 03	02 32
62	06 41	07 39	08 37	23 38	25 05	01 05	02 29
60	06 35	07 29	08 21	23 44	25 06	01 06	02 27
N 58	06 29	07 19	08 07	23 49	25 08	01 08	02 26
56	06 24	07 11	07 55	23 53	25 09	01 09	02 24
54	06 19	07 04	07 45	23 57	25 10	01 10	02 23
52	06 15	06 57	07 36	24 01	00 01	01 11	02 21
50	06 10	06 51	07 27	24 04	00 04	01 12	02 20
45	06 01	06 37	07 10	24 11	00 11	01 15	02 18
N 40	05 53	06 26	06 56	24 17	00 17	01 16	02 15
35	05 45	06 16	06 43	24 22	00 22	01 18	02 14
30	05 38	06 07	06 33	24 26	00 26	01 19	02 12
20	05 24	05 51	06 14	24 34	00 34	01 22	02 09
N 10	05 10	05 36	05 58	24 40	00 40	01 24	02 07
0	04 55	05 21	05 43	00 05	00 47	01 26	02 05
S 10	04 39	05 05	05 28	00 16	00 53	01 28	02 02
20	04 19	04 47	05 11	00 27	00 59	01 30	02 00
30	03 54	04 26	04 52	00 39	01 07	01 32	01 57
35	03 37	04 12	04 41	00 46	01 11	01 34	01 56
40	03 18	03 57	04 28	00 54	01 16	01 35	01 54
45	02 52	03 37	04 13	01 04	01 21	01 37	01 52
S 50	02 16	03 13	03 54	01 15	01 28	01 39	01 50
52	01 57	03 01	03 45	01 21	01 31	01 40	01 49
54	01 32	02 46	03 35	01 26	01 34	01 41	01 48
56	00 56	02 30	03 23	01 33	01 38	01 43	01 47
58	////	02 09	03 10	01 40	01 42	01 44	01 45
S 60	////	01 43	02 54	01 48	01 47	01 45	01 44

Lat.	Sunset	Twilight Civil	Twilight Naut.	Moonset 23	Moonset 24	Moonset 25	Moonset 26
°	h m	h m	h m	h m	h m	h m	h m
N 72	■	14 13	16 01	14 51	14 14	13 42	13 10
N 70	12 14	14 45	16 15	14 34	14 07	13 42	13 18
68	13 33	15 08	16 26	14 21	14 01	13 42	13 24
66	14 10	15 26	16 36	14 10	13 56	13 43	13 29
64	14 36	15 41	16 44	14 01	13 52	13 43	13 34
62	14 56	15 54	16 52	13 53	13 48	13 43	13 38
60	15 12	16 04	16 58	13 46	13 45	13 43	13 42
N 58	15 26	16 14	17 04	13 40	13 42	13 43	13 45
56	15 38	16 22	17 09	13 34	13 39	13 43	13 48
54	15 48	16 30	17 14	13 29	13 37	13 43	13 50
52	15 58	16 36	17 18	13 25	13 35	13 44	13 52
50	16 06	16 42	17 23	13 21	13 33	13 44	13 55
45	16 23	16 56	17 32	13 12	13 28	13 44	13 59
N 40	16 38	17 07	17 41	13 04	13 25	13 44	14 03
35	16 50	17 17	17 48	12 58	13 22	13 44	14 06
30	17 01	17 26	17 56	12 52	13 19	13 44	14 09
20	17 19	17 43	18 10	12 42	13 14	13 44	14 14
N 10	17 35	17 58	18 23	12 34	13 10	13 44	14 19
0	17 50	18 13	18 38	12 25	13 06	13 45	14 23
S 10	18 06	18 28	18 55	12 17	13 02	13 45	14 28
20	18 22	18 46	19 15	12 08	12 57	13 45	14 32
30	18 42	19 08	19 40	11 58	12 52	13 45	14 37
35	18 53	19 22	19 57	11 52	12 49	13 45	14 41
40	19 06	19 37	20 17	11 45	12 46	13 45	14 44
45	19 21	19 57	20 43	11 37	12 42	13 45	14 48
S 50	19 41	20 22	21 19	11 27	12 37	13 45	14 53
52	19 50	20 34	21 38	11 23	12 35	13 45	14 55
54	20 00	20 49	22 04	11 18	12 33	13 45	14 57
56	20 12	21 06	22 42	11 12	12 30	13 45	15 00
58	20 25	21 27	////	11 06	12 27	13 45	15 03
S 60	20 41	21 54	////	10 59	12 24	13 45	15 07

Day	SUN Eqn. of Time 00^h	SUN Eqn. of Time 12^h	SUN Mer. Pass.	MOON Mer. Pass. Upper	MOON Mer. Pass. Lower	MOON Age	MOON Phase
d	m s	m s	h m	h m	h m	d %	
23	13 38	13 30	11 47	06 15	18 36	22 46	
24	13 21	13 12	11 47	06 56	19 16	23 37	
25	13 03	12 54	11 47	07 35	19 55	24 28	

© British Crown Copyright 2023. All rights reserved.

UT (d h)	ARIES GHA ° ′	VENUS −4·1 GHA ° ′	VENUS Dec ° ′	MARS −0·4 GHA ° ′	MARS Dec ° ′	JUPITER −2·8 GHA ° ′	JUPITER Dec ° ′	SATURN +0·9 GHA ° ′	SATURN Dec ° ′
26 00 (TUESDAY)	65 24.9	136 48.1	S24 46.9	297 03.0	N21 11.0	348 33.3	N22 11.6	80 28.8	S 8 40.4
01	80 27.4	151 47.3	46.6	312 05.1	11.0	3 36.1	11.6	95 31.2	40.4
02	95 29.9	166 46.6	46.2	327 07.2	11.0	18 38.9	11.5	110 33.7	40.3
03	110 32.3	181 45.8	. . 45.9	342 09.3	. . 11.1	33 41.8	. . 11.5	125 36.1	. . 40.3
04	125 34.8	196 45.1	45.5	357 11.4	11.1	48 44.6	11.5	140 38.5	40.3
05	140 37.3	211 44.3	45.2	12 13.4	11.1	63 47.4	11.5	155 40.9	40.3
06	155 39.7	226 43.6	S24 44.8	27 15.5	N21 11.1	78 50.2	N22 11.4	170 43.4	S 8 40.2
07	170 42.2	241 42.8	44.4	42 17.6	11.1	93 53.0	11.4	185 45.8	40.2
08	185 44.7	256 42.1	44.1	57 19.7	11.2	108 55.8	11.4	200 48.2	40.2
09	200 47.1	271 41.4	. . 43.7	72 21.8	. . 11.2	123 58.6	. . 11.4	215 50.6	. . 40.2
10	215 49.6	286 40.6	43.3	87 23.9	11.2	139 01.4	11.3	230 53.1	40.1
11	230 52.0	301 39.9	43.0	102 26.0	11.2	154 04.3	11.3	245 55.5	40.1
12	245 54.5	316 39.1	S24 42.6	117 28.1	N21 11.3	169 07.1	N22 11.3	260 57.9	S 8 40.1
13	260 57.0	331 38.4	42.2	132 30.2	11.3	184 09.9	11.3	276 00.3	40.1
14	275 59.4	346 37.6	41.9	147 32.2	11.3	199 12.7	11.2	291 02.7	40.0
15	291 01.9	1 36.9	. . 41.5	162 34.3	. . 11.3	214 15.5	. . 11.2	306 05.2	. . 40.0
16	306 04.4	16 36.2	41.1	177 36.4	11.3	229 18.3	11.2	321 07.6	40.0
17	321 06.8	31 35.4	40.8	192 38.5	11.4	244 21.1	11.1	336 10.0	40.0
18	336 09.3	46 34.7	S24 40.4	207 40.6	N21 11.4	259 24.0	N22 11.1	351 12.4	S 8 39.9
19	351 11.8	61 33.9	40.0	222 42.7	11.4	274 26.8	11.1	6 14.9	39.9
20	6 14.2	76 33.2	39.6	237 44.8	11.4	289 29.6	11.1	21 17.3	39.9
21	21 16.7	91 32.5	. . 39.3	252 46.9	. . 11.5	304 32.4	. . 11.0	36 19.7	. . 39.9
22	36 19.2	106 31.7	38.9	267 49.1	11.5	319 35.2	11.0	51 22.1	39.8
23	51 21.6	121 31.0	38.5	282 51.2	11.5	334 38.0	11.0	66 24.5	39.8
27 00 (WEDNESDAY)	66 24.1	136 30.3	S24 38.1	297 53.3	N21 11.5	349 40.8	N22 11.0	81 27.0	S 8 39.8
01	81 26.5	151 29.5	37.7	312 55.4	11.6	4 43.7	10.9	96 29.4	39.8
02	96 29.0	166 28.8	37.3	327 57.5	11.6	19 46.5	10.9	111 31.8	39.7
03	111 31.5	181 28.1	. . 37.0	342 59.6	. . 11.6	34 49.3	. . 10.9	126 34.2	. . 39.7
04	126 33.9	196 27.3	36.6	358 01.7	11.6	49 52.1	10.9	141 36.6	39.7
05	141 36.4	211 26.6	36.2	13 03.8	11.7	64 54.9	10.8	156 39.1	39.7
06	156 38.9	226 25.9	S24 35.8	28 05.9	N21 11.7	79 57.7	N22 10.8	171 41.5	S 8 39.6
07	171 41.3	241 25.1	35.4	43 08.1	11.7	95 00.6	10.8	186 43.9	39.6
08	186 43.8	256 24.4	35.0	58 10.2	11.8	110 03.4	10.8	201 46.3	39.6
09	201 46.3	271 23.7	. . 34.6	73 12.3	. . 11.8	125 06.2	. . 10.7	216 48.7	. . 39.5
10	216 48.7	286 22.9	34.2	88 14.4	11.8	140 09.0	10.7	231 51.1	39.5
11	231 51.2	301 22.2	33.8	103 16.5	11.8	155 11.8	10.7	246 53.6	39.5
12	246 53.6	316 21.5	S24 33.4	118 18.7	N21 11.9	170 14.6	N22 10.7	261 56.0	S 8 39.5
13	261 56.1	331 20.7	33.0	133 20.8	11.9	185 17.5	10.6	276 58.4	39.4
14	276 58.6	346 20.0	32.6	148 22.9	11.9	200 20.3	10.6	292 00.8	39.4
15	292 01.0	1 19.3	. . 32.2	163 25.0	. . 12.0	215 23.1	. . 10.6	307 03.2	. . 39.4
16	307 03.5	16 18.6	31.8	178 27.2	12.0	230 25.9	10.6	322 05.7	39.4
17	322 06.0	31 17.8	31.4	193 29.3	12.0	245 28.7	10.5	337 08.1	39.3
18	337 08.4	46 17.1	S24 31.0	208 31.4	N21 12.1	260 31.5	N22 10.5	352 10.5	S 8 39.3
19	352 10.9	61 16.4	30.6	223 33.5	12.1	275 34.4	10.5	7 12.9	39.3
20	7 13.4	76 15.6	30.2	238 35.7	12.1	290 37.2	10.5	22 15.3	39.3
21	22 15.8	91 14.9	. . 29.8	253 37.8	. . 12.2	305 40.0	. . 10.4	37 17.7	. . 39.2
22	37 18.3	106 14.2	29.4	268 39.9	12.2	320 42.8	10.4	52 20.2	39.2
23	52 20.8	121 13.5	29.0	283 42.1	12.2	335 45.6	10.4	67 22.6	39.2
28 00 (THURSDAY)	67 23.2	136 12.7	S24 28.6	298 44.2	N21 12.2	350 48.5	N22 10.3	82 25.0	S 8 39.1
01	82 25.7	151 12.0	28.2	313 46.4	12.3	5 51.3	10.3	97 27.4	39.1
02	97 28.1	166 11.3	27.8	328 48.5	12.3	20 54.1	10.3	112 29.8	39.1
03	112 30.6	181 10.6	. . 27.4	343 50.6	. . 12.4	35 56.9	. . 10.3	127 32.2	. . 39.1
04	127 33.1	196 09.9	27.0	358 52.8	12.4	50 59.7	10.2	142 34.7	39.0
05	142 35.5	211 09.1	26.5	13 54.9	12.4	66 02.5	10.2	157 37.1	39.0
06	157 38.0	226 08.4	S24 26.1	28 57.1	N21 12.5	81 05.4	N22 10.2	172 39.5	S 8 39.0
07	172 40.5	241 07.7	25.7	43 59.2	12.5	96 08.2	10.2	187 41.9	38.9
08	187 42.9	256 07.0	25.3	59 01.4	12.5	111 11.0	10.1	202 44.3	38.9
09	202 45.4	271 06.3	. . 24.9	74 03.5	. . 12.6	126 13.8	. . 10.1	217 46.7	. . 38.9
10	217 47.9	286 05.5	24.4	89 05.7	12.6	141 16.6	10.1	232 49.1	38.9
11	232 50.3	301 04.8	24.0	104 07.8	12.6	156 19.5	10.1	247 51.6	38.8
12	247 52.8	316 04.1	S24 23.6	119 10.0	N21 12.7	171 22.3	N22 10.0	262 54.0	S 8 38.8
13	262 55.3	331 03.4	23.2	134 12.1	12.7	186 25.1	10.0	277 56.4	38.8
14	277 57.7	346 02.7	22.7	149 14.3	12.8	201 27.9	10.0	292 58.8	38.8
15	293 00.2	1 02.0	. . 22.3	164 16.4	. . 12.8	216 30.7	. . 10.0	308 01.2	. . 38.7
16	308 02.6	16 01.2	21.9	179 18.6	12.8	231 33.6	09.9	323 03.6	38.7
17	323 05.1	31 00.5	21.5	194 20.8	12.9	246 36.4	09.9	338 06.0	38.7
18	338 07.6	45 59.8	S24 21.0	209 22.9	N21 12.9	261 39.2	N22 09.9	353 08.4	S 8 38.6
19	353 10.0	60 59.1	20.6	224 25.1	13.0	276 42.0	09.8	8 10.9	38.6
20	8 12.5	75 58.4	20.2	239 27.2	13.0	291 44.8	09.8	23 13.3	38.6
21	23 15.0	90 57.7	. . 19.7	254 29.4	. . 13.0	306 47.7	. . 09.8	38 15.7	. . 38.5
22	38 17.4	105 57.0	19.3	269 31.6	13.1	321 50.5	09.8	53 18.1	38.5
23	53 19.9	120 56.3	18.9	284 33.7	13.1	336 53.3	09.7	68 20.5	38.5
Mer. Pass. (h m)	19 31.2	v −0.7	d 0.4	v 2.1	d 0.0	v 2.8	d 0.0	v 2.4	d 0.0

STARS

Name	SHA ° ′	Dec ° ′
Acamar	315 11.4	S40 12.3
Achernar	335 19.8	S57 06.8
Acrux	173 00.6	S63 13.9
Adhara	255 05.7	S29 00.2
Aldebaran	290 39.4	N16 33.6
Alioth	166 13.4	N55 49.3
Alkaid	152 52.5	N49 11.2
Alnair	27 33.1	S46 50.6
Alnilam	275 37.5	S 1 11.1
Alphard	217 47.8	S 8 45.9
Alphecca	126 04.2	N26 37.8
Alpheratz	357 34.7	N29 13.9
Altair	62 00.3	N 8 56.1
Ankaa	353 07.0	S42 10.4
Antares	112 16.4	S26 29.2
Arcturus	145 48.3	N19 03.1
Atria	107 11.3	S69 04.3
Avior	234 14.5	S59 35.0
Bellatrix	278 22.7	N 6 22.4
Betelgeuse	270 51.9	N 7 24.8
Canopus	263 52.0	S52 42.3
Capella	280 21.6	N46 01.4
Deneb	49 26.1	N45 22.4
Denebola	182 25.2	N14 26.0
Diphda	348 47.2	S17 51.0
Dubhe	193 41.2	N61 36.7
Elnath	278 01.6	N28 37.7
Eltanin	90 42.7	N51 29.2
Enif	33 39.0	N 9 59.4
Fomalhaut	15 14.6	S29 29.6
Gacrux	171 52.1	S57 14.9
Gienah	175 43.9	S17 40.7
Hadar	148 36.8	S60 29.4
Hamal	327 51.0	N23 34.9
Kaus Aust.	83 33.0	S34 22.4
Kochab	137 20.9	N74 03.0
Markab	13 30.0	N15 20.5
Menkar	314 06.0	N 4 11.3
Menkent	147 58.1	S36 29.4
Miaplacidus	221 38.0	S69 48.8
Mirfak	308 27.9	N49 57.1
Nunki	75 48.2	S26 16.0
Peacock	53 06.2	S56 39.5
Pollux	243 17.2	N27 57.9
Procyon	244 50.7	N 5 09.7
Rasalhague	95 59.0	N12 32.6
Regulus	207 34.5	N11 50.7
Rigel	281 03.6	S 8 10.3
Rigil Kent.	139 41.1	S60 56.1
Sabik	102 03.3	S15 45.3
Schedar	349 30.9	N56 40.7
Shaula	96 10.9	S37 07.3
Sirius	258 26.0	S16 44.9
Spica	158 22.7	S11 17.4
Suhail	222 46.3	S43 31.7
Vega	80 33.7	N38 48.5
Zuben'ubi	136 56.5	S16 08.6

	SHA ° ′	Mer. Pass. h m
Venus	70 06.2	14 55
Mars	231 29.2	4 08
Jupiter	283 16.8	0 41
Saturn	15 02.9	18 31

© British Crown Copyright 2023. All rights reserved.

UT d h	SUN GHA ° ′	SUN Dec ° ′	MOON GHA ° ′	v ′	MOON Dec ° ′	d ′	HP ′
26 00 (TUESDAY)	183 11.0	S20 59.2	239 45.2	17.4	S 2 34.0	14.1	54.1
01	198 10.8	20 59.7	254 21.6	17.5	2 48.1	14.0	54.1
02	213 10.6	21 00.2	268 58.1	17.4	3 02.1	14.1	54.1
03	228 10.4	. . 00.6	283 34.5	17.4	3 16.2	14.0	54.1
04	243 10.2	01.1	298 10.9	17.5	3 30.2	14.0	54.1
05	258 10.0	01.6	312 47.4	17.4	3 44.2	14.0	54.1
06	273 09.8	S21 02.0	327 23.8	17.3	S 3 58.2	14.0	54.1
07	288 09.6	02.5	342 00.1	17.4	4 12.2	13.9	54.1
08	303 09.4	03.0	356 36.5	17.4	4 26.1	14.0	54.1
09	318 09.2	. . 03.4	11 12.9	17.3	4 40.1	13.9	54.1
10	333 09.0	03.9	25 49.2	17.3	4 54.0	14.0	54.1
11	348 08.8	04.4	40 25.5	17.3	5 08.0	13.9	54.1
12	3 08.6	S21 04.8	55 01.8	17.2	S 5 21.9	13.9	54.1
13	18 08.4	05.3	69 38.0	17.3	5 35.8	13.8	54.1
14	33 08.1	05.7	84 14.3	17.2	5 49.6	13.9	54.1
15	48 07.9	. . 06.2	98 50.5	17.2	6 03.5	13.8	54.1
16	63 07.7	06.6	113 26.7	17.2	6 17.3	13.8	54.1
17	78 07.5	07.1	128 02.9	17.1	6 31.1	13.8	54.1
18	93 07.3	S21 07.6	142 39.0	17.1	S 6 44.9	13.8	54.1
19	108 07.1	08.0	157 15.1	17.1	6 58.7	13.7	54.1
20	123 06.9	08.5	171 51.2	17.0	7 12.4	13.7	54.1
21	138 06.7	. . 08.9	186 27.2	17.1	7 26.1	13.7	54.1
22	153 06.5	09.4	201 03.3	16.9	7 39.8	13.7	54.1
23	168 06.3	09.8	215 39.2	17.0	7 53.5	13.7	54.1
27 00 (WEDNESDAY)	183 06.1	S21 10.3	230 15.2	16.9	S 8 07.2	13.6	54.1
01	198 05.9	10.7	244 51.1	16.9	8 20.8	13.6	54.1
02	213 05.7	11.2	259 27.0	16.8	8 34.4	13.5	54.1
03	228 05.5	. . 11.6	274 02.8	16.8	8 47.9	13.6	54.1
04	243 05.3	12.1	288 38.6	16.8	9 01.5	13.5	54.1
05	258 05.1	12.5	303 14.4	16.7	9 15.0	13.5	54.1
06	273 04.9	S21 13.0	317 50.1	16.7	S 9 28.5	13.4	54.1
07	288 04.6	13.4	332 25.8	16.6	9 41.9	13.4	54.1
08	303 04.4	13.9	347 01.4	16.6	9 55.3	13.4	54.1
09	318 04.2	. . 14.3	1 37.0	16.5	10 08.7	13.4	54.2
10	333 04.0	14.8	16 12.5	16.5	10 22.1	13.3	54.2
11	348 03.8	15.2	30 48.0	16.5	10 35.4	13.3	54.2
12	3 03.6	S21 15.7	45 23.5	16.4	S10 48.7	13.2	54.2
13	18 03.4	16.1	59 58.9	16.4	11 01.9	13.2	54.2
14	33 03.2	16.6	74 34.3	16.3	11 15.1	13.2	54.2
15	48 03.0	. . 17.0	89 09.6	16.2	11 28.3	13.2	54.2
16	63 02.8	17.4	103 44.8	16.2	11 41.5	13.1	54.2
17	78 02.5	17.9	118 20.0	16.2	11 54.6	13.0	54.2
18	93 02.3	S21 18.3	132 55.2	16.1	S12 07.6	13.0	54.2
19	108 02.1	18.8	147 30.3	16.0	12 20.6	13.0	54.2
20	123 01.9	19.2	162 05.3	16.0	12 33.6	12.9	54.2
21	138 01.7	. . 19.6	176 40.3	15.9	12 46.5	12.9	54.2
22	153 01.5	20.1	191 15.2	15.9	12 59.4	12.9	54.2
23	168 01.3	20.5	205 50.1	15.8	13 12.3	12.8	54.2
28 00 (THURSDAY)	183 01.1	S21 20.9	220 24.9	15.7	S13 25.1	12.7	54.3
01	198 00.8	21.4	234 59.6	15.7	13 37.8	12.8	54.3
02	213 00.6	21.8	249 34.3	15.6	13 50.6	12.6	54.3
03	228 00.4	. . 22.3	264 08.9	15.6	14 03.2	12.6	54.3
04	243 00.2	22.7	278 43.5	15.5	14 15.8	12.6	54.3
05	258 00.0	23.1	293 18.0	15.5	14 28.4	12.5	54.3
06	272 59.8	S21 23.6	307 52.5	15.3	S14 40.9	12.5	54.3
07	287 59.5	24.0	322 26.8	15.3	14 53.4	12.4	54.3
08	302 59.3	24.4	337 01.1	15.3	15 05.8	12.3	54.3
09	317 59.1	. . 24.8	351 35.4	15.1	15 18.1	12.3	54.3
10	332 58.9	25.3	6 09.5	15.1	15 30.4	12.3	54.3
11	347 58.7	25.7	20 43.6	15.1	15 42.7	12.2	54.4
12	2 58.5	S21 26.1	35 17.7	14.9	S15 54.9	12.1	54.4
13	17 58.2	26.6	49 51.6	14.9	16 07.0	12.1	54.4
14	32 58.0	27.0	64 25.5	14.8	16 19.1	12.0	54.4
15	47 57.8	. . 27.4	78 59.3	14.8	16 31.1	12.0	54.4
16	62 57.6	27.8	93 33.1	14.6	16 43.1	11.9	54.4
17	77 57.4	28.3	108 06.7	14.6	16 55.0	11.8	54.4
18	92 57.2	S21 28.7	122 40.3	14.6	S17 06.8	11.8	54.4
19	107 56.9	29.1	137 13.9	14.4	17 18.6	11.7	54.4
20	122 56.7	29.5	151 47.3	14.4	17 30.3	11.6	54.4
21	137 56.5	. . 29.9	166 20.7	14.2	17 41.9	11.6	54.5
22	152 56.3	30.4	180 53.9	14.3	17 53.5	11.5	54.5
23	167 56.0	30.8	195 27.2	14.1	S18 05.0	11.5	54.5
	SD 16.2	*d* 0.4	SD 14.7		14.8		14.8

Lat. °	Twilight Naut. h m	Twilight Civil h m	Sunrise h m	Moonrise 26 h m	Moonrise 27 h m	Moonrise 28 h m	Moonrise 29 h m
N 72	07 41	09 34	■	02 46	04 48	07 14	■
N 70	07 26	08 59	■	02 42	04 33	06 38	■
68	07 14	08 34	10 16	02 38	04 20	06 13	08 31
66	07 03	08 14	09 34	02 35	04 11	05 53	07 51
64	06 54	07 59	09 06	02 32	04 02	05 38	07 23
62	06 47	07 46	08 45	02 29	03 56	05 25	07 02
60	06 40	07 34	08 27	02 27	03 49	05 15	06 45
N 58	06 34	07 25	08 13	02 26	03 44	05 05	06 31
56	06 28	07 16	08 01	02 24	03 40	04 57	06 19
54	06 23	07 08	07 50	02 23	03 35	04 50	06 08
52	06 19	07 01	07 40	02 21	03 32	04 44	05 59
50	06 14	06 55	07 32	02 20	03 28	04 38	05 50
45	06 04	06 41	07 14	02 18	03 21	04 26	05 33
N 40	05 56	06 29	06 59	02 15	03 15	04 16	05 18
35	05 48	06 19	06 46	02 14	03 10	04 07	05 06
30	05 40	06 09	06 35	02 12	03 05	03 59	04 56
20	05 26	05 53	06 16	02 09	02 57	03 46	04 38
N 10	05 11	05 37	06 00	02 07	02 50	03 35	04 22
0	04 56	05 22	05 44	02 05	02 44	03 24	04 08
S 10	04 39	05 06	05 28	02 02	02 37	03 14	03 53
20	04 19	04 47	05 11	02 00	02 31	03 03	03 38
30	03 53	04 25	04 52	01 57	02 23	02 50	03 21
35	03 36	04 11	04 40	01 56	02 19	02 43	03 11
40	03 15	03 55	04 27	01 54	02 14	02 35	02 59
45	02 49	03 35	04 11	01 52	02 08	02 26	02 46
S 50	02 12	03 09	03 51	01 50	02 01	02 14	02 30
52	01 51	02 57	03 42	01 49	01 58	02 09	02 22
54	01 24	02 42	03 31	01 48	01 55	02 03	02 14
56	00 41	02 24	03 19	01 47	01 51	01 57	02 04
58	////	02 02	03 05	01 45	01 47	01 50	01 54
S 60	////	01 33	02 49	01 44	01 42	01 41	01 41

Lat. °	Sunset h m	Twilight Civil h m	Twilight Naut. h m	Moonset 26 h m	Moonset 27 h m	Moonset 28 h m	Moonset 29 h m
N 72	■	14 01	15 54	13 10	12 32	11 33	■
N 70	■	14 36	16 09	13 18	12 49	12 10	■
68	13 19	15 01	16 21	13 24	13 03	12 37	11 50
66	14 01	15 21	16 32	13 29	13 15	12 57	12 31
64	14 29	15 36	16 40	13 34	13 25	13 14	13 00
62	14 50	15 49	16 48	13 38	13 33	13 28	13 22
60	15 08	16 01	16 55	13 42	13 40	13 40	13 40
N 58	15 22	16 10	17 01	13 45	13 47	13 50	13 55
56	15 34	16 19	17 07	13 48	13 52	13 59	14 08
54	15 45	16 27	17 12	13 50	13 57	14 07	14 19
52	15 55	16 34	17 16	13 52	14 02	14 14	14 29
50	16 03	16 40	17 21	13 55	14 06	14 20	14 38
45	16 22	16 54	17 31	13 59	14 15	14 34	14 57
N 40	16 36	17 06	17 40	14 03	14 23	14 46	15 12
35	16 49	17 17	17 48	14 06	14 30	14 56	15 25
30	17 00	17 26	17 55	14 09	14 36	15 04	15 37
20	17 19	17 43	18 10	14 14	14 46	15 19	15 56
N 10	17 36	17 58	18 24	14 19	14 55	15 33	16 14
0	17 51	18 14	18 39	14 23	15 03	15 45	16 30
S 10	18 07	18 30	18 57	14 28	15 12	15 57	16 46
20	18 24	18 48	19 17	14 32	15 21	16 11	17 04
30	18 44	19 11	19 43	14 37	15 31	16 26	17 24
35	18 56	19 25	20 00	14 41	15 37	16 35	17 36
40	19 09	19 41	20 21	14 44	15 44	16 46	17 49
45	19 25	20 01	20 48	14 48	15 52	16 58	18 06
S 50	19 45	20 27	21 25	14 53	16 02	17 12	18 26
52	19 55	20 40	21 46	14 55	16 06	17 19	18 35
54	20 05	20 55	22 14	14 57	16 11	17 27	18 46
56	20 17	21 13	23 00	15 00	16 17	17 36	18 58
58	20 31	21 35	////	15 03	16 23	17 46	19 13
S 60	20 48	22 05	////	15 07	16 30	17 57	19 30

Day d	SUN Eqn. of Time 00^h m s	SUN Eqn. of Time 12^h m s	SUN Mer. Pass. h m	MOON Mer. Pass. Upper h m	MOON Mer. Pass. Lower h m	MOON Age d	MOON Phase %
26	12 44	12 35	11 47	08 14	20 33	25	20
27	12 25	12 15	11 48	08 53	21 14	26	13
28	12 05	11 54	11 48	09 35	21 56	27	7

© British Crown Copyright 2023. All rights reserved.

UT d	h	ARIES GHA	VENUS −4·2 GHA	VENUS Dec	MARS −0·5 GHA	MARS Dec	JUPITER −2·8 GHA	JUPITER Dec	SATURN +0·9 GHA	SATURN Dec	STARS Name	SHA	Dec
		° ′	° ′	° ′	° ′	° ′	° ′	° ′	° ′	° ′		° ′	° ′
29	00	68 22.4	135 55.5	S24 18.4	299 35.9	N21 13.2	351 56.1	N22 09.7	83 22.9	S 8 38.5	Acamar	315 11.4	S40 12.3
	01	83 24.8	150 54.8	18.0	314 38.1	13.2	6 58.9	09.7	98 25.3	38.4	Achernar	335 19.8	S57 06.8
	02	98 27.3	165 54.1	17.5	329 40.3	13.2	22 01.8	09.7	113 27.7	38.4	Acrux	173 00.6	S63 13.9
	03	113 29.7	180 53.4	. . 17.1	344 42.4	. . 13.3	37 04.6	. . 09.6	128 30.2	. . 38.4	Adhara	255 05.6	S29 00.2
	04	128 32.2	195 52.7	16.7	359 44.6	13.3	52 07.4	09.6	143 32.6	38.3	Aldebaran	290 39.4	N16 33.6
	05	143 34.7	210 52.0	16.2	14 46.8	13.4	67 10.2	09.6	158 35.0	38.3			
	06	158 37.1	225 51.3	S24 15.8	29 49.0	N21 13.4	82 13.0	N22 09.6	173 37.4	S 8 38.3	Alioth	166 13.4	N55 49.3
	07	173 39.6	240 50.6	15.3	44 51.1	13.5	97 15.9	09.5	188 39.8	38.3	Alkaid	152 52.5	N49 11.2
	08	188 42.1	255 49.9	14.9	59 53.3	13.5	112 18.7	09.5	203 42.2	38.2	Alnair	27 33.1	S46 50.6
F	09	203 44.5	270 49.2	. . 14.4	74 55.5	. . 13.5	127 21.5	. . 09.5	218 44.6	. . 38.2	Alnilam	275 37.5	S 1 11.1
R	10	218 47.0	285 48.5	14.0	89 57.7	13.6	142 24.3	09.4	233 47.0	38.2	Alphard	217 47.8	S 8 45.9
I	11	233 49.5	300 47.8	13.5	104 59.9	13.6	157 27.2	09.4	248 49.4	38.1			
D	12	248 51.9	315 47.1	S24 13.1	120 02.0	N21 13.7	172 30.0	N22 09.4	263 51.9	S 8 38.1	Alphecca	126 04.2	N26 37.8
A	13	263 54.4	330 46.4	12.6	135 04.2	13.7	187 32.8	09.4	278 54.3	38.1	Alpheratz	357 34.8	N29 13.9
Y	14	278 56.9	345 45.7	12.2	150 06.4	13.8	202 35.6	09.3	293 56.7	38.0	Altair	62 00.3	N 8 56.1
	15	293 59.3	0 45.0	. . 11.7	165 08.6	. . 13.8	217 38.4	. . 09.3	308 59.1	. . 38.0	Ankaa	353 07.0	S42 10.4
	16	309 01.8	15 44.3	11.3	180 10.8	13.9	232 41.3	09.3	324 01.5	38.0	Antares	112 16.4	S26 29.2
	17	324 04.2	30 43.5	10.8	195 13.0	13.9	247 44.1	09.3	339 03.9	38.0			
	18	339 06.7	45 42.8	S24 10.3	210 15.2	N21 14.0	262 46.9	N22 09.2	354 06.3	S 8 37.9	Arcturus	145 48.3	N19 03.1
	19	354 09.2	60 42.1	09.9	225 17.4	14.0	277 49.7	09.2	9 08.7	37.9	Atria	107 11.3	S69 04.3
	20	9 11.6	75 41.5	09.4	240 19.6	14.1	292 52.6	09.2	24 11.1	37.9	Avior	234 14.4	S59 35.0
	21	24 14.1	90 40.8	. . 09.0	255 21.8	. . 14.1	307 55.4	. . 09.2	39 13.5	. . 37.8	Bellatrix	278 22.7	N 6 22.4
	22	39 16.6	105 40.1	08.5	270 24.0	14.2	322 58.2	09.1	54 15.9	37.8	Betelgeuse	270 51.9	N 7 24.8
	23	54 19.0	120 39.4	08.0	285 26.2	14.2	338 01.0	09.1	69 18.3	37.8			
30	00	69 21.5	135 38.7	S24 07.6	300 28.4	N21 14.3	353 03.8	N22 09.1	84 20.8	S 8 37.7	Canopus	263 51.9	S52 42.3
	01	84 24.0	150 38.0	07.1	315 30.6	14.3	8 06.7	09.0	99 23.2	37.7	Capella	280 21.6	N46 01.4
	02	99 26.4	165 37.3	06.6	330 32.8	14.4	23 09.5	09.0	114 25.6	37.7	Deneb	49 26.1	N45 22.3
	03	114 28.9	180 36.6	. . 06.2	345 35.0	. . 14.4	38 12.3	. . 09.0	129 28.0	. . 37.6	Denebola	182 25.2	N14 25.9
	04	129 31.4	195 35.9	05.7	0 37.2	14.5	53 15.1	09.0	144 30.4	37.6	Diphda	348 47.2	S17 51.0
	05	144 33.8	210 35.2	05.2	15 39.4	14.5	68 18.0	08.9	159 32.8	37.6			
	06	159 36.3	225 34.5	S24 04.8	30 41.6	N21 14.6	83 20.8	N22 08.9	174 35.2	S 8 37.6	Dubhe	193 41.2	N61 36.7
S	07	174 38.7	240 33.8	04.3	45 43.8	14.6	98 23.6	08.9	189 37.6	37.5	Elnath	278 01.6	N28 37.7
A	08	189 41.2	255 33.1	03.8	60 46.0	14.7	113 26.4	08.9	204 40.0	37.5	Eltanin	90 42.8	N51 29.2
T	09	204 43.7	270 32.4	. . 03.3	75 48.2	. . 14.7	128 29.3	. . 08.8	219 42.4	. . 37.5	Enif	33 39.0	N 9 59.4
U	10	219 46.1	285 31.7	02.9	90 50.4	14.8	143 32.1	08.8	234 44.8	37.4	Fomalhaut	15 14.6	S29 29.6
R	11	234 48.6	300 31.0	02.4	105 52.6	14.8	158 34.9	08.8	249 47.2	37.4			
D	12	249 51.1	315 30.3	S24 01.9	120 54.9	N21 14.9	173 37.7	N22 08.8	264 49.6	S 8 37.4	Gacrux	171 52.1	S57 14.9
A	13	264 53.5	330 29.7	01.4	135 57.1	14.9	188 40.6	08.7	279 52.0	37.3	Gienah	175 43.9	S17 40.7
Y	14	279 56.0	345 29.0	00.9	150 59.3	15.0	203 43.4	08.7	294 54.5	37.3	Hadar	148 36.7	S60 29.4
	15	294 58.5	0 28.3	. . 00.5	166 01.5	. . 15.1	218 46.2	. . 08.7	309 56.9	. . 37.3	Hamal	327 51.0	N23 34.9
	16	310 00.9	15 27.6	24 00.0	181 03.7	15.1	233 49.0	08.6	324 59.3	37.2	Kaus Aust.	83 33.0	S34 22.4
	17	325 03.4	30 26.9	23 59.5	196 06.0	15.2	248 51.9	08.6	340 01.7	37.2			
	18	340 05.9	45 26.2	S23 59.0	211 08.2	N21 15.2	263 54.7	N22 08.6	355 04.1	S 8 37.2	Kochab	137 20.8	N74 03.0
	19	355 08.3	60 25.5	58.5	226 10.4	15.3	278 57.5	08.6	10 06.5	37.1	Markab	13 30.0	N15 20.5
	20	10 10.8	75 24.8	58.0	241 12.6	15.3	294 00.3	08.5	25 08.9	37.1	Menkar	314 06.0	N 4 11.3
	21	25 13.2	90 24.2	. . 57.5	256 14.9	. . 15.4	309 03.2	. . 08.5	40 11.3	. . 37.1	Menkent	147 58.1	S36 29.4
	22	40 15.7	105 23.5	57.1	271 17.1	15.4	324 06.0	08.5	55 13.7	37.0	Miaplacidus	221 38.0	S69 48.8
	23	55 18.2	120 22.8	56.6	286 19.3	15.5	339 08.8	08.5	70 16.1	37.0			
1	00	70 20.6	135 22.1	S23 56.1	301 21.6	N21 15.6	354 11.6	N22 08.4	85 18.5	S 8 37.0	Mirfak	308 27.9	N49 57.1
	01	85 23.1	150 21.4	55.6	316 23.8	15.6	9 14.5	08.4	100 20.9	36.9	Nunki	75 48.2	S26 16.0
	02	100 25.6	165 20.7	55.1	331 26.0	15.7	24 17.3	08.4	115 23.3	36.9	Peacock	53 06.2	S56 39.5
	03	115 28.0	180 20.1	. . 54.6	346 28.3	. . 15.7	39 20.1	. . 08.3	130 25.7	. . 36.9	Pollux	243 17.2	N27 57.9
	04	130 30.5	195 19.4	54.1	1 30.5	15.8	54 22.9	08.3	145 28.1	36.9	Procyon	244 50.7	N 5 09.7
	05	145 33.0	210 18.7	53.6	16 32.7	15.9	69 25.8	08.3	160 30.5	36.8			
	06	160 35.4	225 18.0	S23 53.1	31 35.0	N21 15.9	84 28.6	N22 08.3	175 32.9	S 8 36.8	Rasalhague	95 59.0	N12 32.5
	07	175 37.9	240 17.3	52.6	46 37.2	16.0	99 31.4	08.2	190 35.3	36.8	Regulus	207 34.5	N11 50.7
	08	190 40.4	255 16.7	52.1	61 39.5	16.0	114 34.2	08.2	205 37.7	36.7	Rigel	281 03.6	S 8 10.3
S	09	205 42.8	270 16.0	. . 51.6	76 41.7	. . 16.1	129 37.1	. . 08.2	220 40.1	. . 36.7	Rigil Kent.	139 41.1	S60 56.1
U	10	220 45.3	285 15.3	51.1	91 44.0	16.2	144 39.9	08.2	235 42.5	36.7	Sabik	102 03.3	S15 45.3
N	11	235 47.7	300 14.6	50.6	106 46.2	16.2	159 42.7	08.1	250 44.9	36.6			
D	12	250 50.2	315 14.0	S23 50.1	121 48.4	N21 16.3	174 45.5	N22 08.1	265 47.3	S 8 36.6	Schedar	349 30.9	N56 40.7
A	13	265 52.7	330 13.3	49.6	136 50.7	16.4	189 48.4	08.1	280 49.7	36.6	Shaula	96 10.9	S37 07.3
Y	14	280 55.1	345 12.6	49.1	151 52.9	16.4	204 51.2	08.0	295 52.1	36.5	Sirius	258 26.0	S16 44.9
	15	295 57.6	0 11.9	. . 48.5	166 55.2	. . 16.5	219 54.0	. . 08.0	310 54.5	. . 36.5	Spica	158 22.7	S11 17.4
	16	311 00.1	15 11.3	48.0	181 57.5	16.5	234 56.8	08.0	325 56.9	36.5	Suhail	222 46.2	S43 31.7
	17	326 02.5	30 10.6	47.5	196 59.7	16.6	249 59.7	08.0	340 59.3	36.4			
	18	341 05.0	45 09.9	S23 47.0	212 02.0	N21 16.7	265 02.5	N22 07.9	356 01.7	S 8 36.4	Vega	80 33.7	N38 48.5
	19	356 07.5	60 09.3	46.5	227 04.2	16.7	280 05.3	07.9	11 04.1	36.4	Zuben'ubi	136 56.5	S16 08.6
	20	11 09.9	75 08.6	46.0	242 06.5	16.8	295 08.1	07.9	26 06.5	36.3			
	21	26 12.4	90 07.9	. . 45.5	257 08.7	. . 16.9	310 11.0	. . 07.8	41 08.9	. . 36.3			
	22	41 14.8	105 07.2	45.0	272 11.0	16.9	325 13.8	07.8	56 11.3	36.2			
	23	56 17.3	120 06.6	44.4	287 13.3	17.0	340 16.6	07.8	71 13.7	36.2			
Mer. Pass.		h m 19 19.4	v −0.7	d 0.5	v 2.2	d 0.1	v 2.8	d 0.0	v 2.4	d 0.0			

	SHA	Mer. Pass.
	° ′	h m
Venus	66 17.2	14 58
Mars	231 06.9	3 58
Jupiter	283 42.4	0 28
Saturn	14 59.3	18 20

© British Crown Copyright 2023. All rights reserved.

UT (d h)	SUN GHA (° ′)	SUN Dec (° ′)	MOON GHA (° ′)	MOON v (′)	MOON Dec (° ′)	MOON d (′)	MOON HP (′)
29 00	182 55.8	S21 31.2	210 00.3	14.0	S18 16.5	11.4	54.5
01	197 55.6	31.6	224 33.3	14.0	18 27.9	11.3	54.5
02	212 55.4	32.0	239 06.3	13.9	18 39.2	11.2	54.5
03	227 55.2	. . 32.5	253 39.2	13.8	18 50.4	11.2	54.5
04	242 54.9	32.9	268 12.0	13.7	19 01.6	11.0	54.5
05	257 54.7	33.3	282 44.7	13.7	19 12.6	11.1	54.6
06	272 54.5	S21 33.7	297 17.4	13.5	S19 23.7	10.9	54.6
07	287 54.3	34.1	311 49.9	13.5	19 34.6	10.9	54.6
08	302 54.0	34.5	326 22.4	13.4	19 45.5	10.7	54.6
FRIDAY 09	317 53.8	. . 34.9	340 54.8	13.3	19 56.2	10.7	54.6
10	332 53.6	35.4	355 27.1	13.2	20 06.9	10.7	54.6
11	347 53.4	35.8	9 59.3	13.2	20 17.6	10.5	54.6
12	2 53.2	S21 36.2	24 31.5	13.0	S20 28.1	10.5	54.7
13	17 52.9	36.6	39 03.5	13.0	20 38.6	10.3	54.7
14	32 52.7	37.0	53 35.5	12.8	20 48.9	10.3	54.7
15	47 52.5	. . 37.4	68 07.3	12.8	20 59.2	10.2	54.7
16	62 52.2	37.8	82 39.1	12.7	21 09.4	10.2	54.7
17	77 52.0	38.2	97 10.8	12.6	21 19.6	10.0	54.7
18	92 51.8	S21 38.6	111 42.4	12.6	S21 29.6	9.9	54.7
19	107 51.6	39.0	126 14.0	12.4	21 39.5	9.9	54.8
20	122 51.3	39.4	140 45.4	12.3	21 49.4	9.7	54.8
21	137 51.1	. . 39.8	155 16.7	12.3	21 59.1	9.7	54.8
22	152 50.9	40.2	169 48.0	12.1	22 08.8	9.6	54.8
23	167 50.7	40.6	184 19.1	12.1	22 18.4	9.4	54.8
30 00	182 50.4	S21 41.1	198 50.2	12.0	S22 27.8	9.4	54.8
01	197 50.2	41.5	213 21.2	11.9	22 37.2	9.3	54.8
02	212 50.0	41.9	227 52.1	11.8	22 46.5	9.2	54.9
03	227 49.7	. . 42.3	242 22.9	11.7	22 55.7	9.1	54.9
04	242 49.5	42.7	256 53.6	11.6	23 04.8	9.0	54.9
05	257 49.3	43.1	271 24.2	11.5	23 13.8	8.8	54.9
06	272 49.1	S21 43.4	285 54.7	11.5	S23 22.6	8.8	54.9
07	287 48.8	43.8	300 25.2	11.3	23 31.4	8.7	54.9
08	302 48.6	44.2	314 55.5	11.3	23 40.1	8.6	55.0
SATURDAY 09	317 48.4	. . 44.6	329 25.8	11.1	23 48.7	8.4	55.0
10	332 48.1	45.0	343 55.9	11.1	23 57.1	8.4	55.0
11	347 47.9	45.4	358 26.0	11.0	24 05.5	8.2	55.0
12	2 47.7	S21 45.8	12 56.0	10.9	S24 13.7	8.2	55.0
13	17 47.4	46.2	27 25.9	10.8	24 21.9	8.0	55.0
14	32 47.2	46.6	41 55.7	10.7	24 29.9	7.9	55.1
15	47 47.0	. . 47.0	56 25.4	10.6	24 37.8	7.8	55.1
16	62 46.7	47.4	70 55.0	10.6	24 45.6	7.7	55.1
17	77 46.5	47.8	85 24.6	10.4	24 53.3	7.5	55.1
18	92 46.3	S21 48.2	99 54.0	10.4	S25 00.8	7.5	55.1
19	107 46.0	48.6	114 23.4	10.3	25 08.3	7.3	55.1
20	122 45.8	48.9	128 52.7	10.1	25 15.6	7.2	55.2
21	137 45.6	. . 49.3	143 21.8	10.1	25 22.8	7.1	55.2
22	152 45.3	49.7	157 50.9	10.0	25 29.9	7.0	55.2
23	167 45.1	50.1	172 19.9	10.0	25 36.9	6.8	55.2
1 00	182 44.9	S21 50.5	186 48.9	9.8	S25 43.7	6.7	55.2
01	197 44.6	50.9	201 17.7	9.8	25 50.4	6.6	55.2
02	212 44.4	51.3	215 46.5	9.6	25 57.0	6.5	55.3
03	227 44.2	. . 51.6	230 15.1	9.6	26 03.5	6.3	55.3
04	242 43.9	52.0	244 43.7	9.5	26 09.8	6.2	55.3
05	257 43.7	52.4	259 12.2	9.4	26 16.0	6.1	55.3
06	272 43.4	S21 52.8	273 40.6	9.4	S26 22.1	5.9	55.3
07	287 43.2	53.2	288 09.0	9.2	26 28.0	5.9	55.3
08	302 43.0	53.5	302 37.2	9.2	26 33.9	5.6	55.4
SUNDAY 09	317 42.7	. . 53.9	317 05.4	9.1	26 39.5	5.6	55.4
10	332 42.5	54.3	331 33.5	9.0	26 45.1	5.4	55.4
11	347 42.3	54.7	346 01.5	9.0	26 50.5	5.3	55.4
12	2 42.0	S21 55.0	0 29.5	8.9	S26 55.8	5.1	55.4
13	17 41.8	55.4	14 57.4	8.8	27 00.9	5.0	55.5
14	32 41.5	55.8	29 25.2	8.7	27 05.9	4.9	55.5
15	47 41.3	. . 56.2	43 52.9	8.6	27 10.8	4.7	55.5
16	62 41.1	56.5	58 20.5	8.6	27 15.5	4.6	55.5
17	77 40.8	56.9	72 48.1	8.5	27 20.1	4.4	55.5
18	92 40.6	S21 57.3	87 15.6	8.5	S27 24.5	4.3	55.5
19	107 40.3	57.7	101 43.1	8.3	27 28.8	4.2	55.6
20	122 40.1	58.0	116 10.4	8.3	27 33.0	4.0	55.6
21	137 39.9	. . 58.4	130 37.7	8.3	27 37.0	3.8	55.6
22	152 39.6	58.8	145 05.0	8.2	27 40.8	3.7	55.6
23	167 39.4	59.1	159 32.2	8.1	S27 44.5	3.6	55.6
	SD 16.2	*d* 0.4	SD 14.9		15.0		15.1

Lat. (°)	Twilight Naut. (h m)	Twilight Civil (h m)	Sunrise (h m)	Moonrise 29 (h m)	Moonrise 30 (h m)	Moonrise 1 (h m)	Moonrise 2 (h m)
N 72	07 49	09 48	▬	▬	▬	▬	▬
N 70	07 33	09 09	▬	▬	▬	▬	▬
68	07 20	08 42	10 33	08 31	▬	▬	▬
66	07 09	08 22	09 45	07 51	▬	▬	▬
64	07 00	08 05	09 15	07 23	09 26	▬	▬
62	06 52	07 51	08 52	07 02	08 47	10 47	▬
60	06 45	07 40	08 34	06 45	08 21	09 59	11 28
N 58	06 38	07 29	08 19	06 31	08 00	09 29	10 48
56	06 33	07 20	08 06	06 19	07 42	09 06	10 20
54	06 27	07 12	07 55	06 08	07 28	08 47	09 58
52	06 22	07 05	07 45	05 59	07 15	08 31	09 40
50	06 18	06 59	07 36	05 50	07 04	08 18	09 25
45	06 08	06 44	07 17	05 33	06 41	07 50	08 54
N 40	05 58	06 32	07 02	05 18	06 23	07 28	08 31
35	05 50	06 21	06 49	05 06	06 08	07 10	08 11
30	05 42	06 12	06 38	04 56	05 54	06 55	07 54
20	05 27	05 55	06 18	04 38	05 32	06 28	07 26
N 10	05 13	05 39	06 01	04 22	05 13	06 06	07 02
0	04 57	05 23	05 45	04 08	04 55	05 45	06 39
S 10	04 39	05 06	05 29	03 53	04 37	05 25	06 17
20	04 19	04 47	05 12	03 38	04 18	05 02	05 53
30	03 52	04 24	04 51	03 21	03 56	04 37	05 25
35	03 35	04 10	04 39	03 11	03 43	04 22	05 08
40	03 14	03 54	04 26	02 59	03 29	04 04	04 49
45	02 46	03 33	04 09	02 46	03 11	03 44	04 26
S 50	02 07	03 07	03 49	02 30	02 50	03 18	03 56
52	01 46	02 53	03 39	02 22	02 40	03 05	03 42
54	01 16	02 38	03 28	02 14	02 29	02 51	03 25
56	00 22	02 19	03 16	02 04	02 16	02 34	03 05
58	////	01 56	03 01	01 54	02 01	02 14	02 39
S 60	////	01 24	02 44	01 41	01 43	01 49	02 05

Lat. (°)	Sunset (h m)	Twilight Civil (h m)	Twilight Naut. (h m)	Moonset 29 (h m)	Moonset 30 (h m)	Moonset 1 (h m)	Moonset 2 (h m)
N 72	▬	13 49	15 47	▬	▬	▬	▬
N 70	▬	14 28	16 04	▬	▬	▬	▬
68	13 04	14 55	16 17	11 50	▬	▬	▬
66	13 52	15 15	16 28	12 31	▬	▬	▬
64	14 23	15 32	16 37	13 00	12 35	▬	▬
62	14 45	15 46	16 45	13 22	13 15	13 02	▬
60	15 03	15 57	16 52	13 40	13 42	13 51	14 16
N 58	15 18	16 08	16 59	13 55	14 04	14 21	14 56
56	15 31	16 17	17 05	14 08	14 21	14 45	15 24
54	15 43	16 25	17 10	14 19	14 36	15 04	15 45
52	15 53	16 32	17 15	14 29	14 50	15 20	16 03
50	16 01	16 39	17 19	14 38	15 01	15 33	16 19
45	16 20	16 53	17 30	14 57	15 25	16 02	16 50
N 40	16 35	17 05	17 39	15 12	15 44	16 24	17 14
35	16 48	17 16	17 47	15 25	16 00	16 43	17 33
30	17 00	17 26	17 55	15 37	16 14	16 59	17 50
20	17 19	17 43	18 10	15 56	16 38	17 26	18 19
N 10	17 36	17 59	18 25	16 14	16 59	17 49	18 43
0	17 52	18 15	18 41	16 30	17 19	18 11	19 06
S 10	18 09	18 32	18 58	16 46	17 38	18 33	19 29
20	18 26	18 50	19 19	17 04	17 59	18 56	19 53
30	18 47	19 14	19 46	17 24	18 23	19 23	20 22
35	18 59	19 28	20 03	17 36	18 38	19 40	20 39
40	19 12	19 44	20 25	17 49	18 54	19 58	20 58
45	19 29	20 05	20 52	18 06	19 14	20 21	21 22
S 50	19 49	20 32	21 32	18 26	19 39	20 50	21 53
52	19 59	20 45	21 54	18 35	19 52	21 05	22 08
54	20 10	21 01	22 24	18 46	20 06	21 22	22 26
56	20 23	21 20	23 25	18 58	20 22	21 42	22 47
58	20 37	21 43	////	19 13	20 42	22 07	23 15
S 60	20 55	22 16	////	19 30	21 06	22 41	23 54

Day (d)	SUN Eqn. of Time 00h (m s)	SUN Eqn. of Time 12h (m s)	SUN Mer. Pass. (h m)	MOON Mer. Pass. Upper (h m)	MOON Mer. Pass. Lower (h m)	MOON Age (d)	MOON Phase (%)
29	11 44	11 33	11 48	10 19	22 42	28	3
30	11 22	11 11	11 49	11 06	23 32	29	1 ●
1	11 00	10 49	11 49	11 58	24 25	00	0

© British Crown Copyright 2023. All rights reserved.

UT d h	ARIES GHA	VENUS −4·2 GHA	VENUS Dec	MARS −0·5 GHA	MARS Dec	JUPITER −2·8 GHA	JUPITER Dec	SATURN +0·9 GHA	SATURN Dec	STARS Name	SHA	Dec
	° ′	° ′	° ′	° ′	° ′	° ′	° ′	° ′	° ′		° ′	° ′
2 00 (MONDAY)	71 19.8	135 05.9	S23 43.9	302 15.5	N21 17.1	355 19.4	N22 07.8	86 16.1	S 8 36.2	Acamar	315 11.4	S40 12.3
01	86 22.2	150 05.2	43.4	317 17.8	17.1	10 22.3	07.7	101 18.5	36.1	Achernar	335 19.8	S57 06.8
02	101 24.7	165 04.6	42.9	332 20.1	17.2	25 25.1	07.7	116 20.9	36.1	Acrux	173 00.5	S63 13.9
03	116 27.2	180 03.9	. . 42.3	347 22.3	. . 17.3	40 27.9	. . 07.7	131 23.3	. . 36.1	Adhara	255 05.6	S29 00.2
04	131 29.6	195 03.2	41.8	2 24.6	17.3	55 30.8	07.7	146 25.7	36.0	Aldebaran	290 39.4	N16 33.6
05	146 32.1	210 02.6	41.3	17 26.9	17.4	70 33.6	07.6	161 28.1	36.0			
06	161 34.6	225 01.9	S23 40.8	32 29.2	N21 17.5	85 36.4	N22 07.6	176 30.5	S 8 36.0	Alioth	166 13.3	N55 49.3
07	176 37.0	240 01.3	40.2	47 31.4	17.6	100 39.2	07.6	191 32.9	35.9	Alkaid	152 52.4	N49 11.2
08	191 39.5	255 00.6	39.7	62 33.7	17.6	115 42.1	07.5	206 35.3	35.9	Alnair	27 33.1	S46 50.6
09	206 42.0	269 59.9	. . 39.2	77 36.0	. . 17.7	130 44.9	. . 07.5	221 37.7	. . 35.9	Alnilam	275 37.5	S 1 11.1
10	221 44.4	284 59.3	38.7	92 38.3	17.8	145 47.7	07.5	236 40.1	35.8	Alphard	217 47.7	S 8 45.9
11	236 46.9	299 58.6	38.1	107 40.5	17.8	160 50.5	07.5	251 42.5	35.8			
12	251 49.3	314 57.9	S23 37.6	122 42.8	N21 17.9	175 53.4	N22 07.4	266 44.9	S 8 35.8	Alphecca	126 04.2	N26 37.8
13	266 51.8	329 57.3	37.1	137 45.1	18.0	190 56.2	07.4	281 47.3	35.7	Alpheratz	357 34.8	N29 13.9
14	281 54.3	344 56.6	36.5	152 47.4	18.0	205 59.0	07.4	296 49.7	35.7	Altair	62 00.3	N 8 56.1
15	296 56.7	359 56.0	. . 36.0	167 49.7	. . 18.1	221 01.9	. . 07.4	311 52.1	. . 35.7	Ankaa	353 07.0	S42 10.4
16	311 59.2	14 55.3	35.5	182 52.0	18.2	236 04.7	07.3	326 54.5	35.6	Antares	112 16.3	S26 29.2
17	327 01.7	29 54.7	34.9	197 54.2	18.3	251 07.5	07.3	341 56.9	35.6			
18	342 04.1	44 54.0	S23 34.4	212 56.5	N21 18.3	266 10.3	N22 07.3	356 59.3	S 8 35.6	Arcturus	145 48.3	N19 03.1
19	357 06.6	59 53.3	33.8	227 58.8	18.4	281 13.2	07.2	12 01.7	35.5	Atria	107 11.2	S69 04.3
20	12 09.1	74 52.7	33.3	243 01.1	18.5	296 16.0	07.2	27 04.1	35.5	Avior	234 14.4	S59 35.0
21	27 11.5	89 52.0	. . 32.8	258 03.4	. . 18.6	311 18.8	. . 07.2	42 06.5	. . 35.4	Bellatrix	278 22.6	N 6 22.4
22	42 14.0	104 51.4	32.2	273 05.7	18.6	326 21.7	07.2	57 08.9	35.4	Betelgeuse	270 51.9	N 7 24.8
23	57 16.5	119 50.7	31.7	288 08.0	18.7	341 24.5	07.1	72 11.3	35.4			
3 00 (TUESDAY)	72 18.9	134 50.1	S23 31.1	303 10.3	N21 18.8	356 27.3	N22 07.1	87 13.7	S 8 35.3	Canopus	263 51.9	S52 42.3
01	87 21.4	149 49.4	30.6	318 12.6	18.9	11 30.1	07.1	102 16.1	35.3	Capella	280 21.6	N46 01.4
02	102 23.8	164 48.8	30.0	333 14.9	18.9	26 33.0	07.0	117 18.5	35.3	Deneb	49 26.1	N45 22.3
03	117 26.3	179 48.1	. . 29.5	348 17.2	. . 19.0	41 35.8	. . 07.0	132 20.9	. . 35.2	Denebola	182 25.1	N14 25.9
04	132 28.8	194 47.5	28.9	3 19.5	19.1	56 38.6	07.0	147 23.3	35.2	Diphda	348 47.2	S17 51.1
05	147 31.2	209 46.8	28.4	18 21.8	19.2	71 41.4	07.0	162 25.7	35.2			
06	162 33.7	224 46.2	S23 27.8	33 24.1	N21 19.2	86 44.3	N22 06.9	177 28.1	S 8 35.1	Dubhe	193 41.1	N61 36.7
07	177 36.2	239 45.5	27.3	48 26.4	19.3	101 47.1	06.9	192 30.4	35.1	Elnath	278 01.6	N28 37.7
08	192 38.6	254 44.9	26.7	63 28.7	19.4	116 49.9	06.9	207 32.8	35.1	Eltanin	90 42.8	N51 29.2
09	207 41.1	269 44.2	. . 26.2	78 31.0	. . 19.5	131 52.8	. . 06.9	222 35.2	. . 35.0	Enif	33 39.0	N 9 59.4
10	222 43.6	284 43.6	25.6	93 33.3	19.6	146 55.6	06.8	237 37.6	35.0	Fomalhaut	15 14.6	S29 29.6
11	237 46.0	299 42.9	25.0	108 35.7	19.6	161 58.4	06.8	252 40.0	34.9			
12	252 48.5	314 42.3	S23 24.5	123 38.0	N21 19.7	177 01.2	N22 06.8	267 42.4	S 8 34.9	Gacrux	171 52.0	S57 14.9
13	267 51.0	329 41.6	23.9	138 40.3	19.8	192 04.1	06.7	282 44.8	34.9	Gienah	175 43.8	S17 40.7
14	282 53.4	344 41.0	23.4	153 42.6	19.9	207 06.9	06.7	297 47.2	34.8	Hadar	148 36.7	S60 29.4
15	297 55.9	359 40.4	. . 22.8	168 44.9	. . 20.0	222 09.7	. . 06.7	312 49.6	. . 34.8	Hamal	327 51.0	N23 34.9
16	312 58.3	14 39.7	22.2	183 47.2	20.0	237 12.6	06.7	327 52.0	34.8	Kaus Aust.	83 33.0	S34 22.4
17	328 00.8	29 39.1	21.7	198 49.6	20.1	252 15.4	06.6	342 54.4	34.7			
18	343 03.3	44 38.4	S23 21.1	213 51.9	N21 20.2	267 18.2	N22 06.6	357 56.8	S 8 34.7	Kochab	137 20.8	N74 03.0
19	358 05.7	59 37.8	20.5	228 54.2	20.3	282 21.0	06.6	12 59.2	34.6	Markab	13 30.0	N15 20.5
20	13 08.2	74 37.2	20.0	243 56.5	20.4	297 23.9	06.5	28 01.6	34.6	Menkar	314 06.0	N 4 11.3
21	28 10.7	89 36.5	. . 19.4	258 58.9	. . 20.5	312 26.7	. . 06.5	43 04.0	. . 34.6	Menkent	147 58.1	S36 29.4
22	43 13.1	104 35.9	18.8	274 01.2	20.5	327 29.5	06.5	58 06.3	34.5	Miaplacidus	221 37.9	S69 48.8
23	58 15.6	119 35.2	18.3	289 03.5	20.6	342 32.4	06.5	73 08.7	34.5			
4 00 (WEDNESDAY)	73 18.1	134 34.6	S23 17.7	304 05.9	N21 20.7	357 35.2	N22 06.4	88 11.1	S 8 34.5	Mirfak	308 27.9	N49 57.1
01	88 20.5	149 34.0	17.1	319 08.2	20.8	12 38.0	06.4	103 13.5	34.4	Nunki	75 48.2	S26 16.0
02	103 23.0	164 33.3	16.6	334 10.5	20.9	27 40.9	06.4	118 15.9	34.4	Peacock	53 06.2	S56 39.5
03	118 25.5	179 32.7	. . 16.0	349 12.9	. . 21.0	42 43.7	. . 06.3	133 18.3	. . 34.3	Pollux	243 17.1	N27 57.9
04	133 27.9	194 32.1	15.4	4 15.2	21.1	57 46.5	06.3	148 20.7	34.3	Procyon	244 50.7	N 5 09.7
05	148 30.4	209 31.4	14.8	19 17.5	21.1	72 49.3	06.3	163 23.1	34.3			
06	163 32.8	224 30.8	S23 14.2	34 19.9	N21 21.2	87 52.2	N22 06.3	178 25.5	S 8 34.2	Rasalhague	95 59.0	N12 32.5
07	178 35.3	239 30.2	13.7	49 22.2	21.3	102 55.0	06.2	193 27.9	34.2	Regulus	207 34.5	N11 50.7
08	193 37.8	254 29.5	13.1	64 24.5	21.4	117 57.8	06.2	208 30.3	34.2	Rigel	281 03.6	S 8 10.3
09	208 40.2	269 28.9	. . 12.5	79 26.9	. . 21.5	133 00.7	. . 06.2	223 32.6	. . 34.1	Rigil Kent.	139 41.0	S60 56.1
10	223 42.7	284 28.3	11.9	94 29.2	21.6	148 03.5	06.1	238 35.0	34.1	Sabik	102 03.3	S15 45.3
11	238 45.2	299 27.6	11.3	109 31.6	21.7	163 06.3	06.1	253 37.4	34.0			
12	253 47.6	314 27.0	S23 10.8	124 33.9	N21 21.8	178 09.1	N22 06.1	268 39.8	S 8 34.0	Schedar	349 30.9	N56 40.7
13	268 50.1	329 26.4	10.2	139 36.3	21.8	193 12.0	06.1	283 42.2	34.0	Shaula	96 10.9	S37 07.3
14	283 52.6	344 25.8	09.6	154 38.6	21.9	208 14.8	06.0	298 44.6	33.9	Sirius	258 26.0	S16 44.9
15	298 55.0	359 25.1	. . 09.0	169 41.0	. . 22.0	223 17.6	. . 06.0	313 47.0	. . 33.9	Spica	158 22.6	S11 17.4
16	313 57.5	14 24.5	08.4	184 43.3	22.1	238 20.5	06.0	328 49.4	33.9	Suhail	222 46.2	S43 31.7
17	329 00.0	29 23.9	07.8	199 45.7	22.2	253 23.3	05.9	343 51.8	33.8			
18	344 02.4	44 23.3	S23 07.2	214 48.0	N21 22.3	268 26.1	N22 05.9	358 54.1	S 8 33.8	Vega	80 33.7	N38 48.5
19	359 04.9	59 22.6	06.6	229 50.4	22.4	283 29.0	05.9	13 56.5	33.7	Zuben'ubi	136 56.4	S16 08.6
20	14 07.3	74 22.0	06.0	244 52.8	22.5	298 31.8	05.9	28 58.9	33.7			
21	29 09.8	89 21.4	. . 05.4	259 55.1	. . 22.6	313 34.6	. . 05.8	44 01.3	. . 33.7			
22	44 12.3	104 20.8	04.9	274 57.5	22.7	328 37.4	05.8	59 03.7	33.6			
23	59 14.7	119 20.2	04.3	289 59.8	22.8	343 40.3	05.8	74 06.1	33.6			
Mer. Pass. (h m)	19 07.6	v −0.6	d 0.6	v 2.3	d 0.1	v 2.8	d 0.0	v 2.4	d 0.0			

	SHA (° ′)	Mer. Pass. (h m)
Venus	62 31.2	15 01
Mars	230 51.4	3 47
Jupiter	284 08.4	0 14
Saturn	14 54.8	18 08

© British Crown Copyright 2023. All rights reserved.

UT d h		SUN GHA	SUN Dec	MOON GHA	v	MOON Dec	d	HP
		° ′	° ′	° ′	′	° ′	′	′
2 00	MONDAY	182 39.1	S21 59.5	173 59.3	8.0	S27 48.1	3.4	55.7
01		197 38.9	21 59.9	188 26.3	8.0	27 51.5	3.3	55.7
02		212 38.7	22 00.2	202 53.3	8.0	27 54.8	3.1	55.7
03		227 38.4	. . 00.6	217 20.3	7.8	27 57.9	3.0	55.7
04		242 38.2	01.0	231 47.1	7.9	28 00.9	2.8	55.7
05		257 37.9	01.3	246 14.0	7.7	28 03.7	2.7	55.8
06		272 37.7	S22 01.7	260 40.7	7.7	S28 06.4	2.5	55.8
07		287 37.4	02.0	275 07.4	7.7	28 08.9	2.3	55.8
08		302 37.2	02.4	289 34.1	7.6	28 11.2	2.2	55.8
09		317 37.0	. . 02.8	304 00.7	7.6	28 13.4	2.1	55.8
10		332 36.7	03.1	318 27.3	7.5	28 15.5	1.9	55.8
11		347 36.5	03.5	332 53.8	7.5	28 17.4	1.7	55.9
12		2 36.2	S22 03.8	347 20.3	7.5	S28 19.1	1.6	55.9
13		17 36.0	04.2	1 46.8	7.4	28 20.7	1.4	55.9
14		32 35.7	04.6	16 13.2	7.3	28 22.1	1.3	55.9
15		47 35.5	. . 04.9	30 39.5	7.3	28 23.4	1.1	55.9
16		62 35.2	05.3	45 05.8	7.3	28 24.5	0.9	56.0
17		77 35.0	05.6	59 32.1	7.3	28 25.4	0.8	56.0
18		92 34.7	S22 06.0	73 58.4	7.2	S28 26.2	0.6	56.0
19		107 34.5	06.3	88 24.6	7.2	28 26.8	0.5	56.0
20		122 34.3	06.7	102 50.8	7.2	28 27.3	0.3	56.0
21		137 34.0	. . 07.0	117 17.0	7.1	28 27.6	0.1	56.1
22		152 33.8	07.4	131 43.1	7.1	28 27.7	0.0	56.1
23		167 33.5	07.7	146 09.2	7.1	28 27.7	0.2	56.1
3 00	TUESDAY	182 33.3	S22 08.1	160 35.3	7.1	S28 27.5	0.3	56.1
01		197 33.0	08.4	175 01.4	7.1	28 27.2	0.5	56.1
02		212 32.8	08.8	189 27.5	7.0	28 26.7	0.7	56.2
03		227 32.5	. . 09.1	203 53.5	7.0	28 26.0	0.8	56.2
04		242 32.3	09.5	218 19.5	7.0	28 25.2	1.0	56.2
05		257 32.0	09.8	232 45.5	7.0	28 24.2	1.1	56.2
06		272 31.8	S22 10.2	247 11.5	7.0	S28 23.1	1.3	56.2
07		287 31.5	10.5	261 37.5	7.0	28 21.8	1.5	56.3
08		302 31.3	10.9	276 03.5	7.0	28 20.3	1.7	56.3
09		317 31.0	. . 11.2	290 29.5	7.0	28 18.6	1.8	56.3
10		332 30.8	11.5	304 55.5	6.9	28 16.8	1.9	56.3
11		347 30.5	11.9	319 21.4	7.0	28 14.9	2.2	56.3
12		2 30.3	S22 12.2	333 47.4	7.0	S28 12.7	2.3	56.4
13		17 30.0	12.6	348 13.4	7.0	28 10.4	2.4	56.4
14		32 29.8	12.9	2 39.4	6.9	28 08.0	2.6	56.4
15		47 29.5	. . 13.2	17 05.3	7.0	28 05.4	2.8	56.4
16		62 29.3	13.6	31 31.3	7.0	28 02.6	3.0	56.4
17		77 29.0	13.9	45 57.3	7.0	27 59.6	3.1	56.5
18		92 28.8	S22 14.2	60 23.3	7.1	S27 56.5	3.2	56.5
19		107 28.5	14.6	74 49.4	7.0	27 53.3	3.5	56.5
20		122 28.2	14.9	89 15.4	7.1	27 49.8	3.6	56.5
21		137 28.0	. . 15.3	103 41.5	7.0	27 46.2	3.7	56.5
22		152 27.7	15.6	118 07.5	7.1	27 42.5	4.0	56.6
23		167 27.5	15.9	132 33.6	7.1	27 38.5	4.0	56.6
4 00	WEDNESDAY	182 27.2	S22 16.2	146 59.7	7.2	S27 34.5	4.3	56.6
01		197 27.0	16.6	161 25.9	7.1	27 30.2	4.4	56.6
02		212 26.7	16.9	175 52.0	7.2	27 25.8	4.5	56.6
03		227 26.5	. . 17.2	190 18.2	7.2	27 21.3	4.7	56.7
04		242 26.2	17.6	204 44.4	7.3	27 16.6	4.9	56.7
05		257 26.0	17.9	219 10.7	7.2	27 11.7	5.1	56.7
06		272 25.7	S22 18.2	233 36.9	7.3	S27 06.6	5.2	56.7
07		287 25.4	18.5	248 03.2	7.4	27 01.4	5.3	56.7
08		302 25.2	18.9	262 29.6	7.4	26 56.1	5.5	56.8
09		317 24.9	. . 19.2	276 56.0	7.4	26 50.6	5.7	56.8
10		332 24.7	19.5	291 22.4	7.4	26 44.9	5.8	56.8
11		347 24.4	19.8	305 48.8	7.5	26 39.1	6.0	56.8
12		2 24.2	S22 20.2	320 15.3	7.5	S26 33.1	6.1	56.8
13		17 23.9	20.5	334 41.8	7.6	26 27.0	6.3	56.9
14		32 23.7	20.8	349 08.4	7.6	26 20.7	6.4	56.9
15		47 23.4	. . 21.1	3 35.0	7.7	26 14.3	6.6	56.9
16		62 23.1	21.5	18 01.7	7.7	26 07.7	6.8	56.9
17		77 22.9	21.8	32 28.4	7.7	26 00.9	6.9	56.9
18		92 22.6	S22 22.1	46 55.1	7.8	S25 54.0	7.0	57.0
19		107 22.4	22.4	61 21.9	7.9	25 47.0	7.2	57.0
20		122 22.1	22.7	75 48.8	7.9	25 39.8	7.4	57.0
21		137 21.8	. . 23.0	90 15.7	7.9	25 32.4	7.4	57.0
22		152 21.6	23.4	104 42.6	8.0	25 25.0	7.7	57.0
23		167 21.3	23.7	119 09.6	8.0	S25 17.3	7.8	57.1
		SD 16.3	*d* 0.3	SD 15.2		15.4		15.5

Lat.	Twilight Naut.	Twilight Civil	Sunrise	Moonrise 2	Moonrise 3	Moonrise 4	Moonrise 5
°	h m	h m	h m	h m	h m	h m	h m
N 72	07 57	10 02	▬	▬	▬	▬	▬
N 70	07 40	09 19	▬	▬	▬	▬	▬
68	07 27	08 50	10 52	▬	▬	▬	▬
66	07 15	08 29	09 55	▬	▬	▬	14 32
64	07 05	08 11	09 23	▬	▬	▬	13 43
62	06 57	07 57	08 59	▬	▬	13 22	13 11
60	06 49	07 45	08 40	11 28	12 21	12 41	12 48
N 58	06 43	07 34	08 24	10 48	11 43	12 13	12 29
56	06 37	07 25	08 11	10 20	11 16	11 52	12 13
54	06 31	07 17	07 59	09 58	10 54	11 34	11 59
52	06 26	07 09	07 49	09 40	10 37	11 18	11 47
50	06 21	07 02	07 40	09 25	10 22	11 05	11 37
45	06 11	06 47	07 21	08 54	09 51	10 38	11 14
N 40	06 01	06 35	07 05	08 31	09 27	10 16	10 56
35	05 52	06 24	06 52	08 11	09 08	09 58	10 41
30	05 44	06 14	06 40	07 54	08 51	09 42	10 28
20	05 29	05 56	06 20	07 26	08 22	09 16	10 05
N 10	05 14	05 40	06 03	07 02	07 58	08 53	09 45
0	04 58	05 24	05 46	06 39	07 35	08 32	09 27
S 10	04 40	05 07	05 30	06 17	07 13	08 10	09 08
20	04 19	04 48	05 12	05 53	06 48	07 47	08 48
30	03 51	04 24	04 51	05 25	06 20	07 21	08 25
35	03 34	04 10	04 39	05 08	06 03	07 05	08 11
40	03 12	03 53	04 25	04 49	05 44	06 47	07 56
45	02 44	03 32	04 08	04 26	05 20	06 24	07 37
S 50	02 04	03 04	03 47	03 56	04 49	05 56	07 13
52	01 41	02 51	03 37	03 42	04 34	05 42	07 02
54	01 08	02 35	03 26	03 25	04 16	05 26	06 49
56	////	02 15	03 13	03 05	03 55	05 07	06 34
58	////	01 51	02 58	02 39	03 27	04 43	06 16
S 60	////	01 16	02 40	02 05	02 48	04 11	05 54

Lat.	Sunset	Twilight Civil	Twilight Naut.	Moonset 2	Moonset 3	Moonset 4	Moonset 5
°	h m	h m	h m	h m	h m	h m	h m
N 72	▬	13 38	15 42	▬	▬	▬	▬
N 70	▬	14 21	15 59	▬	▬	▬	▬
68	12 48	14 49	16 13	▬	▬	▬	▬
66	13 44	15 11	16 24	▬	▬	▬	17 02
64	14 17	15 28	16 34	▬	▬	▬	17 50
62	14 41	15 43	16 43	▬	▬	16 17	18 20
60	15 00	15 55	16 50	14 16	15 20	16 57	18 43
N 58	15 16	16 05	16 57	14 56	15 58	17 24	19 02
56	15 29	16 15	17 03	15 24	16 25	17 46	19 17
54	15 40	16 23	17 08	15 45	16 46	18 03	19 30
52	15 51	16 31	17 14	16 03	17 04	18 18	19 41
50	16 00	16 37	17 18	16 19	17 19	18 31	19 52
45	16 19	16 52	17 29	16 50	17 49	18 58	20 13
N 40	16 35	17 05	17 39	17 14	18 12	19 19	20 30
35	16 48	17 16	17 47	17 33	18 32	19 36	20 44
30	17 00	17 26	17 55	17 50	18 48	19 51	20 56
20	17 20	17 44	18 11	18 19	19 16	20 17	21 17
N 10	17 37	18 00	18 26	18 43	19 40	20 38	21 35
0	17 54	18 16	18 42	19 06	20 03	20 58	21 52
S 10	18 10	18 33	19 00	19 29	20 25	21 18	22 09
20	18 28	18 53	19 21	19 53	20 48	21 40	22 26
30	18 49	19 16	19 49	20 22	21 16	22 04	22 47
35	19 01	19 31	20 07	20 39	21 32	22 19	22 58
40	19 15	19 48	20 28	20 58	21 51	22 35	23 12
45	19 32	20 09	20 57	21 22	22 14	22 55	23 28
S 50	19 53	20 36	21 38	21 53	22 43	23 20	23 47
52	20 03	20 50	22 01	22 08	22 57	23 32	23 56
54	20 15	21 06	22 34	22 26	23 13	23 45	24 06
56	20 28	21 26	////	22 47	23 33	24 01	00 01
58	20 43	21 51	////	23 15	23 57	24 19	00 19
S 60	21 01	22 27	////	23 54	24 29	00 29	00 42

Day	SUN Eqn. of Time 00^h	SUN Eqn. of Time 12^h	SUN Mer. Pass.	MOON Mer. Pass. Upper	MOON Mer. Pass. Lower	Age	Phase
d	m s	m s	h m	h m	h m	d	%
2	10 37	10 25	11 50	12 53	00 25	01	2
3	10 14	10 02	11 50	13 49	01 21	02	5 ●
4	09 49	09 37	11 50	14 45	02 17	03	11

© British Crown Copyright 2023. All rights reserved.

UT d	h	ARIES GHA	VENUS −4·2 GHA	VENUS Dec	MARS −0·6 GHA	MARS Dec	JUPITER −2·8 GHA	JUPITER Dec	SATURN +0·9 GHA	SATURN Dec	STARS Name	SHA	Dec
		° ′	° ′	° ′	° ′	° ′	° ′	° ′	° ′	° ′		° ′	° ′
5 (THURSDAY)	00	74 17.2	134 19.5	S23 03.7	305 02.2	N21 22.8	358 43.1	N22 05.8	89 08.5	S 8 33.5	Acamar	315 11.4	S40 12.3
	01	89 19.7	149 18.9	03.1	320 04.6	22.9	13 45.9	05.7	104 10.9	33.5	Achernar	335 19.8	S57 06.8
	02	104 22.1	164 18.3	02.5	335 06.9	23.0	28 48.8	05.7	119 13.3	33.5	Acrux	173 00.5	S63 13.9
	03	119 24.6	179 17.7	. . 01.9	350 09.3	. . 23.1	43 51.6	. . 05.7	134 15.6	. . 33.4	Adhara	255 05.6	S29 00.2
	04	134 27.1	194 17.1	01.3	5 11.7	23.2	58 54.4	05.6	149 18.0	33.4	Aldebaran	290 39.4	N16 33.6
	05	149 29.5	209 16.4	00.7	20 14.1	23.3	73 57.3	05.6	164 20.4	33.3			
	06	164 32.0	224 15.8	S23 00.1	35 16.4	N21 23.4	89 00.1	N22 05.6	179 22.8	S 8 33.3	Alioth	166 13.3	N55 49.2
	07	179 34.5	239 15.2	22 59.4	50 18.8	23.5	104 02.9	05.6	194 25.2	33.3	Alkaid	152 52.4	N49 11.1
	08	194 36.9	254 14.6	58.8	65 21.2	23.6	119 05.7	05.5	209 27.6	33.2	Alnair	27 33.1	S46 50.6
	09	209 39.4	269 14.0	. . 58.2	80 23.6	. . 23.7	134 08.6	. . 05.5	224 30.0	. . 33.2	Alnilam	275 37.5	S 1 11.1
	10	224 41.8	284 13.4	57.6	95 25.9	23.8	149 11.4	05.5	239 32.3	33.1	Alphard	217 47.7	S 8 45.9
	11	239 44.3	299 12.8	57.0	110 28.3	23.9	164 14.2	05.4	254 34.7	33.1			
	12	254 46.8	314 12.1	S22 56.4	125 30.7	N21 24.0	179 17.1	N22 05.4	269 37.1	S 8 33.1	Alphecca	126 04.2	N26 37.8
	13	269 49.2	329 11.5	55.8	140 33.1	24.1	194 19.9	05.4	284 39.5	33.0	Alpheratz	357 34.8	N29 13.9
	14	284 51.7	344 10.9	55.2	155 35.5	24.2	209 22.7	05.4	299 41.9	33.0	Altair	62 00.3	N 8 56.1
	15	299 54.2	359 10.3	. . 54.6	170 37.8	. . 24.3	224 25.6	. . 05.3	314 44.3	. . 32.9	Ankaa	353 07.1	S42 10.4
	16	314 56.6	14 09.7	54.0	185 40.2	24.4	239 28.4	05.3	329 46.7	32.9	Antares	112 16.3	S26 29.2
	17	329 59.1	29 09.1	53.3	200 42.6	24.5	254 31.2	05.3	344 49.0	32.9			
	18	345 01.6	44 08.5	S22 52.7	215 45.0	N21 24.6	269 34.1	N22 05.2	359 51.4	S 8 32.8	Arcturus	145 48.3	N19 03.1
	19	0 04.0	59 07.9	52.1	230 47.4	24.7	284 36.9	05.2	14 53.8	32.8	Atria	107 11.2	S69 04.3
	20	15 06.5	74 07.3	51.5	245 49.8	24.8	299 39.7	05.2	29 56.2	32.7	Avior	234 14.4	S59 35.1
	21	30 08.9	89 06.7	. . 50.9	260 52.2	. . 24.9	314 42.5	. . 05.2	44 58.6	. . 32.7	Bellatrix	278 22.6	N 6 22.4
	22	45 11.4	104 06.1	50.3	275 54.6	25.0	329 45.4	05.1	60 01.0	32.7	Betelgeuse	270 51.8	N 7 24.7
	23	60 13.9	119 05.5	49.6	290 57.0	25.1	344 48.2	05.1	75 03.3	32.6			
6 (FRIDAY)	00	75 16.3	134 04.9	S22 49.0	305 59.4	N21 25.2	359 51.0	N22 05.1	90 05.7	S 8 32.6	Canopus	263 51.9	S52 42.4
	01	90 18.8	149 04.3	48.4	321 01.8	25.3	14 53.9	05.0	105 08.1	32.5	Capella	280 21.5	N46 01.4
	02	105 21.3	164 03.7	47.8	336 04.2	25.4	29 56.7	05.0	120 10.5	32.5	Deneb	49 26.2	N45 22.3
	03	120 23.7	179 03.1	. . 47.1	351 06.6	. . 25.5	44 59.5	. . 05.0	135 12.9	. . 32.5	Denebola	182 25.1	N14 25.9
	04	135 26.2	194 02.5	46.5	6 09.0	25.6	60 02.4	05.0	150 15.3	32.4	Diphda	348 47.2	S17 51.1
	05	150 28.7	209 01.9	45.9	21 11.4	25.7	75 05.2	04.9	165 17.6	32.4			
	06	165 31.1	224 01.3	S22 45.3	36 13.8	N21 25.8	90 08.0	N22 04.9	180 20.0	S 8 32.3	Dubhe	193 41.1	N61 36.7
	07	180 33.6	239 00.7	44.6	51 16.2	25.9	105 10.8	04.9	195 22.4	32.3	Elnath	278 01.6	N28 37.7
	08	195 36.1	254 00.1	44.0	66 18.6	26.0	120 13.7	04.8	210 24.8	32.3	Eltanin	90 42.8	N51 29.1
	09	210 38.5	268 59.5	. . 43.4	81 21.0	. . 26.1	135 16.5	. . 04.8	225 27.2	. . 32.2	Enif	33 39.0	N 9 59.4
	10	225 41.0	283 58.9	42.7	96 23.4	26.2	150 19.3	04.8	240 29.6	32.2	Fomalhaut	15 14.6	S29 29.6
	11	240 43.4	298 58.3	42.1	111 25.9	26.3	165 22.2	04.7	255 31.9	32.1			
	12	255 45.9	313 57.7	S22 41.5	126 28.3	N21 26.4	180 25.0	N22 04.7	270 34.3	S 8 32.1	Gacrux	171 52.0	S57 14.9
	13	270 48.4	328 57.1	40.8	141 30.7	26.5	195 27.8	04.7	285 36.7	32.0	Gienah	175 43.8	S17 40.7
	14	285 50.8	343 56.5	40.2	156 33.1	26.7	210 30.7	04.7	300 39.1	32.0	Hadar	148 36.7	S60 29.4
	15	300 53.3	358 55.9	. . 39.6	171 35.5	. . 26.8	225 33.5	. . 04.6	315 41.5	. . 32.0	Hamal	327 51.0	N23 34.9
	16	315 55.8	13 55.3	38.9	186 38.0	26.9	240 36.3	04.6	330 43.8	31.9	Kaus Aust.	83 33.0	S34 22.4
	17	330 58.2	28 54.7	38.3	201 40.4	27.0	255 39.2	04.6	345 46.2	31.9			
	18	346 00.7	43 54.1	S22 37.6	216 42.8	N21 27.1	270 42.0	N22 04.5	0 48.6	S 8 31.8	Kochab	137 20.8	N74 02.9
	19	1 03.2	58 53.5	37.0	231 45.2	27.2	285 44.8	04.5	15 51.0	31.8	Markab	13 30.0	N15 20.5
	20	16 05.6	73 52.9	36.3	246 47.7	27.3	300 47.6	04.5	30 53.4	31.8	Menkar	314 05.9	N 4 11.3
	21	31 08.1	88 52.4	. . 35.7	261 50.1	. . 27.4	315 50.5	. . 04.5	45 55.8	. . 31.7	Menkent	147 58.0	S36 29.4
	22	46 10.6	103 51.8	35.1	276 52.5	27.5	330 53.3	04.4	60 58.1	31.7	Miaplacidus	221 37.9	S69 48.8
	23	61 13.0	118 51.2	34.4	291 54.9	27.6	345 56.1	04.4	76 00.5	31.6			
7 (SATURDAY)	00	76 15.5	133 50.6	S22 33.8	306 57.4	N21 27.7	0 59.0	N22 04.4	91 02.9	S 8 31.6	Mirfak	308 27.9	N49 57.1
	01	91 17.9	148 50.0	33.1	321 59.8	27.9	16 01.8	04.3	106 05.3	31.5	Nunki	75 48.2	S26 16.0
	02	106 20.4	163 49.4	32.5	337 02.3	28.0	31 04.6	04.3	121 07.7	31.5	Peacock	53 06.2	S56 39.5
	03	121 22.9	178 48.8	. . 31.8	352 04.7	. . 28.1	46 07.5	. . 04.3	136 10.0	. . 31.5	Pollux	243 17.1	N27 57.9
	04	136 25.3	193 48.3	31.2	7 07.1	28.2	61 10.3	04.3	151 12.4	31.4	Procyon	244 50.7	N 5 09.7
	05	151 27.8	208 47.7	30.5	22 09.6	28.3	76 13.1	04.2	166 14.8	31.4			
	06	166 30.3	223 47.1	S22 29.9	37 12.0	N21 28.4	91 16.0	N22 04.2	181 17.2	S 8 31.3	Rasalhague	95 59.0	N12 32.5
	07	181 32.7	238 46.5	29.2	52 14.5	28.5	106 18.8	04.2	196 19.5	31.3	Regulus	207 34.5	N11 50.7
	08	196 35.2	253 45.9	28.6	67 16.9	28.6	121 21.6	04.1	211 21.9	31.2	Rigel	281 03.6	S 8 10.3
	09	211 37.7	268 45.4	. . 27.9	82 19.3	. . 28.8	136 24.4	. . 04.1	226 24.3	. . 31.2	Rigil Kent.	139 41.0	S60 56.1
	10	226 40.1	283 44.8	27.2	97 21.8	28.9	151 27.3	04.1	241 26.7	31.2	Sabik	102 03.2	S15 45.3
	11	241 42.6	298 44.2	26.6	112 24.2	29.0	166 30.1	04.1	256 29.1	31.1			
	12	256 45.1	313 43.6	S22 25.9	127 26.7	N21 29.1	181 32.9	N22 04.0	271 31.4	S 8 31.1	Schedar	349 30.9	N56 40.7
	13	271 47.5	328 43.1	25.3	142 29.1	29.2	196 35.8	04.0	286 33.8	31.0	Shaula	96 10.9	S37 07.3
	14	286 50.0	343 42.5	24.6	157 31.6	29.3	211 38.6	04.0	301 36.2	31.0	Sirius	258 26.0	S16 44.9
	15	301 52.4	358 41.9	. . 23.9	172 34.0	. . 29.5	226 41.4	. . 03.9	316 38.6	. . 30.9	Spica	158 22.6	S11 17.4
	16	316 54.9	13 41.3	23.3	187 36.5	29.6	241 44.3	03.9	331 40.9	30.9	Suhail	222 46.2	S43 31.7
	17	331 57.4	28 40.8	22.6	202 39.0	29.7	256 47.1	03.9	346 43.3	30.9			
	18	346 59.8	43 40.2	S22 21.9	217 41.4	N21 29.8	271 49.9	N22 03.9	1 45.7	S 8 30.8	Vega	80 33.7	N38 48.5
	19	2 02.3	58 39.6	21.3	232 43.9	29.9	286 52.8	03.8	16 48.1	30.8	Zuben'ubi	136 56.4	S16 08.6
	20	17 04.8	73 39.0	20.6	247 46.3	30.0	301 55.6	03.8	31 50.5	30.7			
	21	32 07.2	88 38.5	. . 19.9	262 48.8	. . 30.2	316 58.4	. . 03.8	46 52.8	. . 30.7			
	22	47 09.7	103 37.9	19.3	277 51.3	30.3	332 01.2	03.7	61 55.2	30.6			
	23	62 12.2	118 37.3	18.6	292 53.7	30.4	347 04.1	03.7	76 57.6	30.6			
Mer. Pass.		h m 18 55.8	v −0.6	d 0.6	v 2.4	d 0.1	v 2.8	d 0.0	v 2.4	d 0.0			

	SHA	Mer. Pass.
	° ′	h m
Venus	58 48.5	15 04
Mars	230 43.0	3 35
Jupiter	284 34.7	0 01
Saturn	14 49.4	17 57

© British Crown Copyright 2023. All rights reserved.

Day	UT (d h)	SUN GHA (° ′)	SUN Dec (° ′)	MOON GHA (° ′)	v (′)	MOON Dec (° ′)	d (′)	HP (′)
THURSDAY	5 00	182 21.1	S22 24.0	133 36.6	8.2	S25 09.5	7.9	57.1
	01	197 20.8	24.3	148 03.8	8.1	25 01.6	8.1	57.1
	02	212 20.5	24.6	162 30.9	8.2	24 53.5	8.2	57.1
	03	227 20.3	. . 24.9	176 58.1	8.3	24 45.3	8.4	57.2
	04	242 20.0	25.2	191 25.4	8.3	24 36.9	8.5	57.2
	05	257 19.8	25.5	205 52.7	8.4	24 28.4	8.6	57.2
	06	272 19.5	S22 25.8	220 20.1	8.4	S24 19.8	8.8	57.2
	07	287 19.2	26.2	234 47.5	8.5	24 11.0	8.9	57.2
	08	302 19.0	26.5	249 15.0	8.6	24 02.1	9.1	57.3
	09	317 18.7	. . 26.8	263 42.6	8.6	23 53.0	9.2	57.3
	10	332 18.5	27.1	278 10.2	8.7	23 43.8	9.3	57.3
	11	347 18.2	27.4	292 37.9	8.7	23 34.5	9.5	57.3
	12	2 17.9	S22 27.7	307 05.6	8.8	S23 25.0	9.6	57.3
	13	17 17.7	28.0	321 33.4	8.9	23 15.4	9.7	57.4
	14	32 17.4	28.3	336 01.3	8.9	23 05.7	9.9	57.4
	15	47 17.1	. . 28.6	350 29.2	9.0	22 55.8	10.0	57.4
	16	62 16.9	28.9	4 57.2	9.1	22 45.8	10.1	57.4
	17	77 16.6	29.2	19 25.3	9.1	22 35.7	10.3	57.4
	18	92 16.4	S22 29.5	33 53.4	9.1	S22 25.4	10.4	57.5
	19	107 16.1	29.8	48 21.5	9.3	22 15.0	10.5	57.5
	20	122 15.8	30.1	62 49.8	9.3	22 04.5	10.6	57.5
	21	137 15.6	. . 30.4	77 18.1	9.3	21 53.9	10.8	57.5
	22	152 15.3	30.7	91 46.4	9.5	21 43.1	10.9	57.5
	23	167 15.0	31.0	106 14.9	9.5	21 32.2	11.0	57.6
FRIDAY	6 00	182 14.8	S22 31.3	120 43.4	9.5	S21 21.2	11.1	57.6
	01	197 14.5	31.6	135 11.9	9.6	21 10.1	11.3	57.6
	02	212 14.2	31.9	149 40.5	9.7	20 58.8	11.3	57.6
	03	227 14.0	. . 32.2	164 09.2	9.8	20 47.5	11.5	57.6
	04	242 13.7	32.4	178 38.0	9.8	20 36.0	11.6	57.7
	05	257 13.4	32.7	193 06.8	9.9	20 24.4	11.7	57.7
	06	272 13.2	S22 33.0	207 35.7	9.9	S20 12.7	11.9	57.7
	07	287 12.9	33.3	222 04.6	10.0	20 00.8	11.9	57.7
	08	302 12.6	33.6	236 33.6	10.0	19 48.9	12.1	57.8
	09	317 12.4	. . 33.9	251 02.6	10.2	19 36.8	12.1	57.8
	10	332 12.1	34.2	265 31.8	10.2	19 24.7	12.3	57.8
	11	347 11.8	34.5	280 01.0	10.2	19 12.4	12.4	57.8
	12	2 11.6	S22 34.8	294 30.2	10.3	S19 00.0	12.5	57.8
	13	17 11.3	35.0	308 59.5	10.4	18 47.5	12.6	57.9
	14	32 11.0	35.3	323 28.9	10.4	18 34.9	12.7	57.9
	15	47 10.8	. . 35.6	337 58.3	10.5	18 22.2	12.8	57.9
	16	62 10.5	35.9	352 27.8	10.5	18 09.4	12.9	57.9
	17	77 10.2	36.2	6 57.3	10.6	17 56.5	13.0	57.9
	18	92 10.0	S22 36.5	21 26.9	10.7	S17 43.5	13.1	58.0
	19	107 09.7	36.7	35 56.6	10.7	17 30.4	13.2	58.0
	20	122 09.4	37.0	50 26.3	10.8	17 17.2	13.3	58.0
	21	137 09.1	. . 37.3	64 56.1	10.8	17 03.9	13.4	58.0
	22	152 08.9	37.6	79 25.9	10.9	16 50.5	13.5	58.0
	23	167 08.6	37.9	93 55.8	11.0	16 37.0	13.6	58.1
SATURDAY	7 00	182 08.3	S22 38.1	108 25.8	11.0	S16 23.4	13.7	58.1
	01	197 08.1	38.4	122 55.8	11.0	16 09.7	13.8	58.1
	02	212 07.8	38.7	137 25.8	11.1	15 55.9	13.8	58.1
	03	227 07.5	. . 39.0	151 55.9	11.2	15 42.1	14.0	58.2
	04	242 07.3	39.2	166 26.1	11.2	15 28.1	14.0	58.2
	05	257 07.0	39.5	180 56.3	11.2	15 14.1	14.1	58.2
	06	272 06.7	S22 39.8	195 26.5	11.3	S15 00.0	14.2	58.2
	07	287 06.4	40.0	209 56.8	11.4	14 45.8	14.3	58.2
	08	302 06.2	40.3	224 27.2	11.4	14 31.5	14.4	58.3
	09	317 05.9	. . 40.6	238 57.6	11.5	14 17.1	14.5	58.3
	10	332 05.6	40.9	253 28.1	11.5	14 02.6	14.5	58.3
	11	347 05.4	41.1	267 58.6	11.5	13 48.1	14.6	58.3
	12	2 05.1	S22 41.4	282 29.1	11.6	S13 33.5	14.7	58.3
	13	17 04.8	41.7	296 59.7	11.6	13 18.8	14.8	58.4
	14	32 04.5	41.9	311 30.3	11.7	13 04.0	14.8	58.4
	15	47 04.3	. . 42.2	326 01.0	11.7	12 49.2	14.9	58.4
	16	62 04.0	42.4	340 31.7	11.8	12 34.3	15.0	58.4
	17	77 03.7	42.7	355 02.5	11.8	12 19.3	15.1	58.4
	18	92 03.4	S22 43.0	9 33.3	11.8	S12 04.2	15.1	58.5
	19	107 03.2	43.2	24 04.1	11.9	11 49.1	15.2	58.5
	20	122 02.9	43.5	38 35.0	11.9	11 33.9	15.3	58.5
	21	137 02.6	. . 43.8	53 05.9	11.9	11 18.6	15.3	58.5
	22	152 02.3	44.0	67 36.8	12.0	11 03.3	15.4	58.5
	23	167 02.1	44.3	82 07.8	12.0	S10 47.9	15.5	58.6
		SD 16.3	d 0.3	SD 15.6		15.8		15.9

Lat.	Twilight Naut. (h m)	Twilight Civil (h m)	Sunrise (h m)	Moonrise 5 (h m)	Moonrise 6 (h m)	Moonrise 7 (h m)	Moonrise 8 (h m)
N 72	08 05	10 15	■	■	■	14 18	13 30
N 70	07 47	09 28	■	■	14 56	13 55	13 20
68	07 32	08 57	11 14	■	14 14	13 37	13 12
66	07 20	08 35	10 05	14 32	13 45	13 22	13 05
64	07 10	08 17	09 30	13 43	13 23	13 10	12 59
62	07 01	08 02	09 05	13 11	13 05	12 59	12 54
60	06 54	07 49	08 45	12 48	12 50	12 50	12 49
N 58	06 47	07 38	08 29	12 29	12 37	12 42	12 46
56	06 40	07 29	08 15	12 13	12 26	12 35	12 42
54	06 35	07 20	08 03	11 59	12 16	12 29	12 39
52	06 29	07 13	07 53	11 47	12 08	12 23	12 36
50	06 24	07 06	07 43	11 37	12 00	12 18	12 33
45	06 13	06 50	07 24	11 14	11 43	12 07	12 27
N 40	06 04	06 37	07 08	10 56	11 29	11 57	12 23
35	05 55	06 26	06 54	10 41	11 18	11 49	12 18
30	05 46	06 16	06 42	10 28	11 07	11 42	12 15
20	05 31	05 58	06 22	10 05	10 49	11 30	12 08
N 10	05 15	05 42	06 04	09 45	10 34	11 19	12 02
0	04 59	05 25	05 48	09 27	10 19	11 09	11 57
S 10	04 41	05 08	05 31	09 08	10 04	10 59	11 52
20	04 19	04 48	05 12	08 48	09 49	10 48	11 46
30	03 51	04 24	04 51	08 25	09 30	10 35	11 39
35	03 33	04 10	04 39	08 11	09 20	10 28	11 35
40	03 11	03 52	04 25	07 56	09 07	10 19	11 31
45	02 42	03 31	04 07	07 37	08 53	10 10	11 26
S 50	02 01	03 03	03 46	07 13	08 35	09 58	11 20
52	01 36	02 49	03 36	07 02	08 26	09 52	11 17
54	01 01	02 32	03 24	06 49	08 17	09 46	11 14
56	////	02 12	03 11	06 34	08 06	09 39	11 10
58	////	01 46	02 55	06 16	07 54	09 31	11 06
S 60	////	01 08	02 37	05 54	07 39	09 22	11 02

Lat.	Sunset (h m)	Twilight Civil (h m)	Twilight Naut. (h m)	Moonset 5 (h m)	Moonset 6 (h m)	Moonset 7 (h m)	Moonset 8 (h m)
N 72	■	13 27	15 37	■	■	20 52	23 23
N 70	■	14 14	15 55	■	18 29	21 13	23 30
68	12 28	14 45	16 10	■	19 09	21 30	23 35
66	13 37	15 07	16 22	17 02	19 37	21 42	23 39
64	14 12	15 25	16 32	17 50	19 58	21 53	23 43
62	14 37	15 40	16 41	18 20	20 14	22 02	23 46
60	14 57	15 53	16 48	18 43	20 28	22 10	23 49
N 58	15 13	16 04	16 55	19 02	20 40	22 17	23 51
56	15 27	16 13	17 02	19 17	20 50	22 22	23 54
54	15 39	16 22	17 08	19 30	20 59	22 28	23 55
52	15 49	16 30	17 13	19 41	21 07	22 32	23 57
50	15 59	16 37	17 18	19 52	21 14	22 37	23 59
45	16 18	16 52	17 29	20 13	21 29	22 46	24 02
N 40	16 35	17 05	17 39	20 30	21 42	22 54	24 05
35	16 48	17 16	17 48	20 44	21 52	23 00	24 07
30	17 00	17 26	17 56	20 56	22 01	23 06	24 10
20	17 20	17 44	18 12	21 17	22 17	23 16	24 13
N 10	17 38	18 01	18 27	21 35	22 31	23 24	24 16
0	17 55	18 17	18 43	21 52	22 43	23 32	24 19
S 10	18 12	18 35	19 02	22 09	22 56	23 40	24 22
20	18 30	18 54	19 23	22 26	23 09	23 48	24 25
30	18 51	19 19	19 52	22 47	23 24	23 57	24 29
35	19 04	19 33	20 09	22 58	23 33	24 03	00 03
40	19 18	19 51	20 32	23 12	23 42	24 09	00 09
45	19 35	20 12	21 01	23 28	23 54	24 16	00 16
S 50	19 57	20 40	21 43	23 47	24 07	00 07	00 24
52	20 07	20 55	22 08	23 56	24 14	00 14	00 28
54	20 19	21 11	22 44	24 06	00 06	00 21	00 32
56	20 32	21 32	////	00 01	00 18	00 29	00 37
58	20 48	21 58	////	00 19	00 31	00 38	00 42
S 60	21 07	22 38	////	00 42	00 46	00 47	00 47

Day	SUN Eqn. of Time 00ʰ (m s)	SUN Eqn. of Time 12ʰ (m s)	SUN Mer. Pass. (h m)	MOON Mer. Pass. Upper (h m)	MOON Mer. Pass. Lower (h m)	MOON Age (d)	MOON Age (%)	Phase
5	09 25	09 12	11 51	15 39	03 13	04	18	
6	09 00	08 47	11 51	16 31	04 06	05	27	
7	08 34	08 21	11 52	17 21	04 56	06	38	

© British Crown Copyright 2023. All rights reserved.

UT	ARIES	VENUS −4·2		MARS −0·7		JUPITER −2·8		SATURN +1·0	
	GHA	GHA	Dec	GHA	Dec	GHA	Dec	GHA	Dec
d h	° ′	° ′	° ′	° ′	° ′	° ′	° ′	° ′	° ′
8 00	77 14.6	133 36.8	S22 17.9	307 56.2	N21 30.5	2 06.9	N22 03.7	92 00.0	S 8 30.6
01	92 17.1	148 36.2	17.3	322 58.7	30.6	17 09.7	03.6	107 02.3	30.5
02	107 19.5	163 35.6	16.6	338 01.1	30.8	32 12.6	03.6	122 04.7	30.5
03	122 22.0	178 35.1	. . 15.9	353 03.6	. . 30.9	47 15.4	. . 03.6	137 07.1	. . 30.4
04	137 24.5	193 34.5	15.2	8 06.1	31.0	62 18.2	03.6	152 09.5	30.4
05	152 26.9	208 33.9	14.6	23 08.6	31.1	77 21.1	03.5	167 11.8	30.3
06	167 29.4	223 33.4	S22 13.9	38 11.0	N21 31.2	92 23.9	N22 03.5	182 14.2	S 8 30.3
07	182 31.9	238 32.8	13.2	53 13.5	31.4	107 26.7	03.5	197 16.6	30.2
S 08	197 34.3	253 32.3	12.5	68 16.0	31.5	122 29.6	03.4	212 19.0	30.2
U 09	212 36.8	268 31.7	. . 11.8	83 18.5	. . 31.6	137 32.4	. . 03.4	227 21.3	. . 30.2
N 10	227 39.3	283 31.1	11.2	98 21.0	31.7	152 35.2	03.4	242 23.7	30.1
D 11	242 41.7	298 30.6	10.5	113 23.4	31.9	167 38.0	03.4	257 26.1	30.1
A 12	257 44.2	313 30.0	S22 09.8	128 25.9	N21 32.0	182 40.9	N22 03.3	272 28.5	S 8 30.0
Y 13	272 46.7	328 29.5	09.1	143 28.4	32.1	197 43.7	03.3	287 30.8	30.0
14	287 49.1	343 28.9	08.4	158 30.9	32.2	212 46.5	03.3	302 33.2	29.9
15	302 51.6	358 28.3	. . 07.7	173 33.4	. . 32.4	227 49.4	. . 03.2	317 35.6	. . 29.9
16	317 54.0	13 27.8	07.1	188 35.9	32.5	242 52.2	03.2	332 37.9	29.8
17	332 56.5	28 27.2	06.4	203 38.4	32.6	257 55.0	03.2	347 40.3	29.8
18	347 59.0	43 26.7	S22 05.7	218 40.9	N21 32.7	272 57.9	N22 03.2	2 42.7	S 8 29.8
19	3 01.4	58 26.1	05.0	233 43.4	32.9	288 00.7	03.1	17 45.1	29.7
20	18 03.9	73 25.6	04.3	248 45.9	33.0	303 03.5	03.1	32 47.4	29.7
21	33 06.4	88 25.0	. . 03.6	263 48.4	. . 33.1	318 06.3	. . 03.1	47 49.8	. . 29.6
22	48 08.8	103 24.5	02.9	278 50.9	33.2	333 09.2	03.0	62 52.2	29.6
23	63 11.3	118 23.9	02.2	293 53.4	33.4	348 12.0	03.0	77 54.6	29.5
9 00	78 13.8	133 23.4	S22 01.5	308 55.9	N21 33.5	3 14.8	N22 03.0	92 56.9	S 8 29.5
01	93 16.2	148 22.8	00.8	323 58.4	33.6	18 17.7	02.9	107 59.3	29.4
02	108 18.7	163 22.3	22 00.1	339 00.9	33.8	33 20.5	02.9	123 01.7	29.4
03	123 21.2	178 21.7	21 59.4	354 03.4	. . 33.9	48 23.3	. . 02.9	138 04.0	. . 29.3
04	138 23.6	193 21.2	58.7	9 05.9	34.0	63 26.2	02.9	153 06.4	29.3
05	153 26.1	208 20.6	58.0	24 08.4	34.2	78 29.0	02.8	168 08.8	29.3
06	168 28.5	223 20.1	S21 57.3	39 10.9	N21 34.3	93 31.8	N22 02.8	183 11.2	S 8 29.2
07	183 31.0	238 19.5	56.6	54 13.4	34.4	108 34.7	02.8	198 13.5	29.2
M 08	198 33.5	253 19.0	55.9	69 15.9	34.5	123 37.5	02.7	213 15.9	29.1
O 09	213 35.9	268 18.5	. . 55.2	84 18.5	. . 34.7	138 40.3	. . 02.7	228 18.3	. . 29.1
N 10	228 38.4	283 17.9	54.5	99 21.0	34.8	153 43.1	02.7	243 20.6	29.0
D 11	243 40.9	298 17.4	53.8	114 23.5	34.9	168 46.0	02.7	258 23.0	29.0
A 12	258 43.3	313 16.8	S21 53.1	129 26.0	N21 35.1	183 48.8	N22 02.6	273 25.4	S 8 28.9
Y 13	273 45.8	328 16.3	52.4	144 28.5	35.2	198 51.6	02.6	288 27.7	28.9
14	288 48.3	343 15.8	51.7	159 31.1	35.3	213 54.5	02.6	303 30.1	28.8
15	303 50.7	358 15.2	. . 51.0	174 33.6	. . 35.5	228 57.3	. . 02.5	318 32.5	. . 28.8
16	318 53.2	13 14.7	50.3	189 36.1	35.6	244 00.1	02.5	333 34.9	28.7
17	333 55.6	28 14.1	49.6	204 38.6	35.7	259 03.0	02.5	348 37.2	28.7
18	348 58.1	43 13.6	S21 48.9	219 41.2	N21 35.9	274 05.8	N22 02.4	3 39.6	S 8 28.7
19	4 00.6	58 13.1	48.1	234 43.7	36.0	289 08.6	02.4	18 42.0	28.6
20	19 03.0	73 12.5	47.4	249 46.2	36.2	304 11.4	02.4	33 44.3	28.6
21	34 05.5	88 12.0	. . 46.7	264 48.8	. . 36.3	319 14.3	. . 02.4	48 46.7	. . 28.5
22	49 08.0	103 11.5	46.0	279 51.3	36.4	334 17.1	02.3	63 49.1	28.5
23	64 10.4	118 10.9	45.3	294 53.8	36.6	349 19.9	02.3	78 51.4	28.4
10 00	79 12.9	133 10.4	S21 44.6	309 56.4	N21 36.7	4 22.8	N22 02.3	93 53.8	S 8 28.4
01	94 15.4	148 09.9	43.8	324 58.9	36.8	19 25.6	02.2	108 56.2	28.3
02	109 17.8	163 09.4	43.1	340 01.5	37.0	34 28.4	02.2	123 58.5	28.3
03	124 20.3	178 08.8	. . 42.4	355 04.0	. . 37.1	49 31.2	. . 02.2	139 00.9	. . 28.2
04	139 22.8	193 08.3	41.7	10 06.5	37.3	64 34.1	02.2	154 03.3	28.2
05	154 25.2	208 07.8	41.0	25 09.1	37.4	79 36.9	02.1	169 05.6	28.1
06	169 27.7	223 07.3	S21 40.2	40 11.6	N21 37.5	94 39.7	N22 02.1	184 08.0	S 8 28.1
07	184 30.1	238 06.7	39.5	55 14.2	37.7	109 42.6	02.1	199 10.4	28.0
T 08	199 32.6	253 06.2	38.8	70 16.7	37.8	124 45.4	02.0	214 12.7	28.0
U 09	214 35.1	268 05.7	. . 38.1	85 19.3	. . 38.0	139 48.2	. . 02.0	229 15.1	. . 27.9
E 10	229 37.5	283 05.2	37.3	100 21.8	38.1	154 51.1	02.0	244 17.5	27.9
S 11	244 40.0	298 04.6	36.6	115 24.4	38.2	169 53.9	01.9	259 19.8	27.8
D 12	259 42.5	313 04.1	S21 35.9	130 27.0	N21 38.4	184 56.7	N22 01.9	274 22.2	S 8 27.8
A 13	274 44.9	328 03.6	35.1	145 29.5	38.5	199 59.5	01.9	289 24.6	27.8
Y 14	289 47.4	343 03.1	34.4	160 32.1	38.7	215 02.4	01.9	304 26.9	27.7
15	304 49.9	358 02.6	. . 33.7	175 34.6	. . 38.8	230 05.2	. . 01.8	319 29.3	. . 27.7
16	319 52.3	13 02.0	32.9	190 37.2	38.9	245 08.0	01.8	334 31.7	27.6
17	334 54.8	28 01.5	32.2	205 39.8	39.1	260 10.9	01.8	349 34.0	27.6
18	349 57.3	43 01.0	S21 31.5	220 42.3	N21 39.2	275 13.7	N22 01.7	4 36.4	S 8 27.5
19	4 59.7	58 00.5	30.7	235 44.9	39.4	290 16.5	01.7	19 38.8	27.5
20	20 02.2	73 00.0	30.0	250 47.5	39.5	305 19.3	01.7	34 41.1	27.4
21	35 04.6	87 59.5	. . 29.3	265 50.0	. . 39.7	320 22.2	. . 01.7	49 43.5	. . 27.4
22	50 07.1	102 58.9	28.5	280 52.6	39.8	335 25.0	01.6	64 45.9	27.3
23	65 09.6	117 58.4	27.8	295 55.2	40.0	350 27.8	01.6	79 48.2	27.3
Mer. Pass.	h m 18 44.0	*v* −0.5	*d* 0.7	*v* 2.5	*d* 0.1	*v* 2.8	*d* 0.0	*v* 2.4	*d* 0.0

STARS

Name	SHA	Dec
	° ′	° ′
Acamar	315 11.5	S40 12.4
Achernar	335 19.9	S57 06.8
Acrux	173 00.4	S63 13.9
Adhara	255 05.6	S29 00.2
Aldebaran	290 39.4	N16 33.6
Alioth	166 13.3	N55 49.2
Alkaid	152 52.4	N49 11.1
Alnair	27 33.1	S46 50.6
Alnilam	275 37.5	S 1 11.1
Alphard	217 47.7	S 8 45.9
Alphecca	126 04.2	N26 37.8
Alpheratz	357 34.8	N29 13.9
Altair	62 00.3	N 8 56.1
Ankaa	353 07.1	S42 10.4
Antares	112 16.3	S26 29.2
Arcturus	145 48.2	N19 03.1
Atria	107 11.2	S69 04.3
Avior	234 14.3	S59 35.1
Bellatrix	278 22.6	N 6 22.4
Betelgeuse	270 51.8	N 7 24.7
Canopus	263 51.9	S52 42.4
Capella	280 21.5	N46 01.4
Deneb	49 26.2	N45 22.3
Denebola	182 25.1	N14 25.9
Diphda	348 47.2	S17 51.1
Dubhe	193 41.0	N61 36.7
Elnath	278 01.6	N28 37.7
Eltanin	90 42.8	N51 29.1
Enif	33 39.0	N 9 59.4
Fomalhaut	15 14.6	S29 29.6
Gacrux	171 52.0	S57 14.9
Gienah	175 43.8	S17 40.7
Hadar	148 36.6	S60 29.4
Hamal	327 51.0	N23 34.9
Kaus Aust.	83 33.0	S34 22.4
Kochab	137 20.8	N74 02.9
Markab	13 30.0	N15 20.5
Menkar	314 05.9	N 4 11.3
Menkent	147 58.0	S36 29.4
Miaplacidus	221 37.8	S69 48.8
Mirfak	308 27.9	N49 57.1
Nunki	75 48.2	S26 16.0
Peacock	53 06.3	S56 39.5
Pollux	243 17.1	N27 57.9
Procyon	244 50.6	N 5 09.7
Rasalhague	95 59.0	N12 32.5
Regulus	207 34.4	N11 50.7
Rigel	281 03.6	S 8 10.3
Rigil Kent.	139 41.0	S60 56.1
Sabik	102 03.2	S15 45.3
Schedar	349 30.9	N56 40.7
Shaula	96 10.9	S37 07.3
Sirius	258 26.0	S16 44.9
Spica	158 22.6	S11 17.4
Suhail	222 46.1	S43 31.7
Vega	80 33.7	N38 48.4
Zuben'ubi	136 56.4	S16 08.6

	SHA	Mer. Pass.
	° ′	h m
Venus	55 09.6	15 07
Mars	230 42.1	3 24
Jupiter	285 01.1	23 43
Saturn	14 43.2	17 45

© British Crown Copyright 2023. All rights reserved.

	UT (d h)	SUN GHA	SUN Dec	MOON GHA	v	MOON Dec	d	HP
		° ′	° ′	° ′	′	° ′	′	′
8	00	182 01.8	S22 44.5	96 38.8	12.0	S10 32.4	15.5	58.6
	01	197 01.5	44.8	111 09.8	12.1	10 16.9	15.6	58.6
	02	212 01.2	45.0	125 40.9	12.1	10 01.3	15.6	58.6
	03	227 01.0	. . 45.3	140 12.0	12.1	9 45.7	15.7	58.6
	04	242 00.7	45.6	154 43.1	12.2	9 30.0	15.8	58.7
	05	257 00.4	45.8	169 14.3	12.2	9 14.2	15.8	58.7
	06	272 00.1	S22 46.1	183 45.5	12.2	S 8 58.4	15.8	58.7
	07	286 59.9	46.3	198 16.7	12.2	8 42.6	16.0	58.7
	08	301 59.6	46.6	212 47.9	12.3	8 26.6	15.9	58.7
S	09	316 59.3	. . 46.8	227 19.2	12.2	8 10.7	16.1	58.8
U	10	331 59.0	47.1	241 50.4	12.3	7 54.6	16.0	58.8
N	11	346 58.8	47.3	256 21.7	12.3	7 38.6	16.1	58.8
D	12	1 58.5	S22 47.6	270 53.0	12.4	S 7 22.5	16.2	58.8
A	13	16 58.2	47.8	285 24.4	12.3	7 06.3	16.2	58.8
Y	14	31 57.9	48.1	299 55.7	12.4	6 50.1	16.3	58.9
	15	46 57.6	. . 48.3	314 27.1	12.3	6 33.8	16.3	58.9
	16	61 57.4	48.6	328 58.4	12.4	6 17.5	16.3	58.9
	17	76 57.1	48.8	343 29.8	12.4	6 01.2	16.4	58.9
	18	91 56.8	S22 49.0	358 01.2	12.4	S 5 44.8	16.4	58.9
	19	106 56.5	49.3	12 32.6	12.4	5 28.4	16.5	59.0
	20	121 56.3	49.5	27 04.0	12.4	5 11.9	16.5	59.0
	21	136 56.0	. . 49.8	41 35.4	12.5	4 55.4	16.5	59.0
	22	151 55.7	50.0	56 06.9	12.4	4 38.9	16.6	59.0
	23	166 55.4	50.3	70 38.3	12.4	4 22.3	16.5	59.0
9	00	181 55.1	S22 50.5	85 09.7	12.4	S 4 05.8	16.7	59.1
	01	196 54.9	50.7	99 41.1	12.5	3 49.1	16.6	59.1
	02	211 54.6	51.0	114 12.6	12.4	3 32.5	16.7	59.1
	03	226 54.3	. . 51.2	128 44.0	12.4	3 15.8	16.7	59.1
	04	241 54.0	51.4	143 15.4	12.5	2 59.1	16.7	59.1
	05	256 53.7	51.7	157 46.9	12.4	2 42.4	16.8	59.1
	06	271 53.5	S22 51.9	172 18.3	12.4	S 2 25.6	16.8	59.2
	07	286 53.2	52.2	186 49.7	12.4	2 08.8	16.8	59.2
	08	301 52.9	52.4	201 21.1	12.4	1 52.0	16.8	59.2
M	09	316 52.6	. . 52.6	215 52.5	12.4	1 35.2	16.8	59.2
O	10	331 52.3	52.8	230 23.9	12.3	1 18.4	16.9	59.2
N	11	346 52.1	53.1	244 55.2	12.4	1 01.5	16.9	59.3
D	12	1 51.8	S22 53.3	259 26.6	12.3	S 0 44.6	16.9	59.3
A	13	16 51.5	53.5	273 57.9	12.3	0 27.7	16.8	59.3
Y	14	31 51.2	53.8	288 29.2	12.3	S 0 10.9	17.0	59.3
	15	46 50.9	. . 54.0	303 00.5	12.3	N 0 06.1	16.9	59.3
	16	61 50.6	54.2	317 31.8	12.3	0 23.0	16.9	59.3
	17	76 50.4	54.4	332 03.1	12.2	0 39.9	16.9	59.4
	18	91 50.1	S22 54.7	346 34.3	12.2	N 0 56.8	17.0	59.4
	19	106 49.8	54.9	1 05.5	12.2	1 13.8	16.9	59.4
	20	121 49.5	55.1	15 36.7	12.2	1 30.7	17.0	59.4
	21	136 49.2	. . 55.3	30 07.9	12.1	1 47.7	16.9	59.4
	22	151 48.9	55.6	44 39.0	12.1	2 04.6	17.0	59.4
	23	166 48.7	55.8	59 10.1	12.1	2 21.6	16.9	59.5
10	00	181 48.4	S22 56.0	73 41.2	12.1	N 2 38.5	16.9	59.5
	01	196 48.1	56.2	88 12.3	12.0	2 55.4	17.0	59.5
	02	211 47.8	56.4	102 43.3	12.0	3 12.4	16.9	59.5
	03	226 47.5	. . 56.7	117 14.3	11.9	3 29.3	16.9	59.5
	04	241 47.2	56.9	131 45.2	11.9	3 46.2	16.9	59.5
	05	256 47.0	57.1	146 16.1	11.8	4 03.1	16.9	59.5
	06	271 46.7	S22 57.3	160 46.9	11.9	N 4 20.0	16.9	59.6
	07	286 46.4	57.5	175 17.8	11.7	4 36.9	16.9	59.6
T	08	301 46.1	57.7	189 48.5	11.8	4 53.8	16.8	59.6
U	09	316 45.8	. . 58.0	204 19.3	11.7	5 10.6	16.9	59.6
E	10	331 45.5	58.2	218 50.0	11.6	5 27.5	16.8	59.6
S	11	346 45.3	58.4	233 20.6	11.6	5 44.3	16.8	59.6
D	12	1 45.0	S22 58.6	247 51.2	11.5	N 6 01.1	16.8	59.6
A	13	16 44.7	58.8	262 21.7	11.5	6 17.9	16.7	59.7
Y	14	31 44.4	59.0	276 52.2	11.5	6 34.6	16.7	59.7
	15	46 44.1	. . 59.2	291 22.7	11.4	6 51.3	16.7	59.7
	16	61 43.8	59.4	305 53.1	11.3	7 08.0	16.7	59.7
	17	76 43.5	59.6	320 23.4	11.3	7 24.7	16.7	59.7
	18	91 43.2	S22 59.8	334 53.7	11.2	N 7 41.4	16.6	59.7
	19	106 43.0	23 00.0	349 23.9	11.2	7 58.0	16.5	59.7
	20	121 42.7	00.3	3 54.1	11.1	8 14.5	16.6	59.8
	21	136 42.4	. . 00.5	18 24.2	11.0	8 31.1	16.5	59.8
	22	151 42.1	00.7	32 54.2	11.0	8 47.6	16.4	59.8
	23	166 41.8	00.9	47 24.2	10.9	N 9 04.0	16.5	59.8
		SD 16.3	d 0.2	SD 16.0		16.1		16.3

Lat.	Twilight Naut.	Twilight Civil	Sunrise	Moonrise 8	Moonrise 9	Moonrise 10	Moonrise 11
°	h m	h m	h m	h m	h m	h m	h m
N 72	08 11	10 27	■	13 30	12 52	12 15	11 28
N 70	07 52	09 36	■	13 20	12 51	12 23	11 49
68	07 37	09 04	■	13 12	12 50	12 29	12 05
66	07 25	08 40	10 14	13 05	12 50	12 35	12 18
64	07 14	08 22	09 37	12 59	12 49	12 40	12 30
62	07 05	08 06	09 10	12 54	12 49	12 44	12 39
60	06 57	07 53	08 50	12 49	12 49	12 48	12 47
N 58	06 50	07 42	08 33	12 46	12 48	12 51	12 55
56	06 44	07 32	08 19	12 42	12 48	12 54	13 01
54	06 38	07 24	08 07	12 39	12 48	12 57	13 07
52	06 32	07 16	07 56	12 36	12 47	12 59	13 12
50	06 27	07 09	07 47	12 33	12 47	13 01	13 17
45	06 16	06 53	07 27	12 27	12 47	13 06	13 28
N 40	06 06	06 40	07 10	12 23	12 46	13 10	13 36
35	05 57	06 29	06 57	12 18	12 46	13 14	13 44
30	05 49	06 18	06 45	12 15	12 46	13 17	13 51
20	05 33	06 00	06 24	12 08	12 45	13 23	14 02
N 10	05 17	05 43	06 06	12 02	12 45	13 28	14 13
0	05 00	05 26	05 49	11 57	12 44	13 32	14 22
S 10	04 42	05 09	05 32	11 52	12 44	13 37	14 32
20	04 20	04 49	05 13	11 46	12 43	13 42	14 43
30	03 51	04 24	04 52	11 39	12 43	13 48	14 55
35	03 33	04 10	04 39	11 35	12 43	13 51	15 02
40	03 11	03 52	04 24	11 31	12 43	13 55	15 10
45	02 41	03 30	04 07	11 26	12 42	14 00	15 20
S 50	01 58	03 01	03 45	11 20	12 42	14 05	15 32
52	01 33	02 47	03 35	11 17	12 42	14 08	15 37
54	00 54	02 30	03 23	11 14	12 42	14 11	15 43
56	////	02 09	03 09	11 10	12 41	14 14	15 50
58	////	01 42	02 53	11 06	12 41	14 17	15 57
S 60	////	01 00	02 34	11 02	12 41	14 21	16 06

Lat.	Sunset	Twilight Civil	Twilight Naut.	Moonset 8	Moonset 9	Moonset 10	Moonset 11
°	h m	h m	h m	h m	h m	h m	h m
N 72	■	13 17	15 34	23 23	25 45	01 45	04 18
N 70	■	14 09	15 52	23 30	25 41	01 41	04 00
68	■	14 41	16 07	23 35	25 38	01 38	03 46
66	13 31	15 04	16 20	23 39	25 35	01 35	03 34
64	14 08	15 23	16 30	23 43	25 32	01 32	03 25
62	14 34	15 38	16 39	23 46	25 30	01 30	03 17
60	14 55	15 51	16 47	23 49	25 28	01 28	03 10
N 58	15 12	16 03	16 55	23 51	25 26	01 26	03 04
56	15 26	16 12	17 01	23 54	25 25	01 25	02 59
54	15 38	16 21	17 07	23 55	25 24	01 24	02 54
52	15 49	16 29	17 12	23 57	25 22	01 22	02 50
50	15 58	16 36	17 18	23 59	25 21	01 21	02 46
45	16 18	16 52	17 29	24 02	00 02	01 19	02 38
N 40	16 35	17 05	17 39	24 05	00 05	01 17	02 31
35	16 48	17 16	17 48	24 07	00 07	01 15	02 25
30	17 00	17 27	17 56	24 10	00 10	01 14	02 20
20	17 21	17 45	18 12	24 13	00 13	01 11	02 11
N 10	17 39	18 02	18 28	24 16	00 16	01 09	02 03
0	17 56	18 19	18 45	24 19	00 19	01 07	01 56
S 10	18 13	18 36	19 03	24 22	00 22	01 05	01 48
20	18 32	18 56	19 26	24 25	00 25	01 02	01 41
30	18 53	19 21	19 54	24 29	00 29	01 00	01 32
35	19 06	19 36	20 12	00 03	00 31	00 58	01 27
40	19 21	19 53	20 35	00 09	00 33	00 56	01 21
45	19 38	20 15	21 04	00 16	00 35	00 55	01 15
S 50	20 00	20 44	21 48	00 24	00 38	00 52	01 07
52	20 11	20 59	22 14	00 28	00 40	00 51	01 03
54	20 23	21 16	22 53	00 32	00 41	00 50	00 59
56	20 36	21 37	////	00 37	00 43	00 49	00 55
58	20 53	22 05	////	00 42	00 45	00 47	00 50
S 60	21 12	22 47	////	00 47	00 47	00 46	00 45

Day	SUN Eqn. of Time 00ʰ	SUN Eqn. of Time 12ʰ	SUN Mer. Pass.	MOON Mer. Pass. Upper	MOON Mer. Pass. Lower	MOON Age	MOON Phase
d	m s	m s	h m	h m	h m	d	%
8	08 08	07 54	11 52	18 08	05 44	07	49
9	07 41	07 28	11 53	18 55	06 32	08	60
10	07 14	07 00	11 53	19 44	07 19	09	71

© British Crown Copyright 2023. All rights reserved.

2024 DECEMBER 11, 12, 13 (WED., THURS., FRI.)

UT d h	ARIES GHA ° ′	VENUS −4·3 GHA ° ′	VENUS Dec ° ′	MARS −0·8 GHA ° ′	MARS Dec ° ′	JUPITER −2·8 GHA ° ′	JUPITER Dec ° ′	SATURN +1·0 GHA ° ′	SATURN Dec ° ′
11 00	80 12.0	132 57.9	S21 27.0	310 57.7	N21 40.1	5 30.7	N22 01.6	94 50.6	S 8 27.2
01	95 14.5	147 57.4	26.3	326 00.3	40.3	20 33.5	01.5	109 53.0	27.2
02	110 17.0	162 56.9	25.6	341 02.9	40.4	35 36.3	01.5	124 55.3	27.1
03	125 19.4	177 56.4	. . 24.8	356 05.5	. . 40.5	50 39.1	. . 01.5	139 57.7	. . 27.1
04	140 21.9	192 55.9	24.1	11 08.0	40.7	65 42.0	01.4	155 00.0	27.0
05	155 24.4	207 55.4	23.3	26 10.6	40.8	80 44.8	01.4	170 02.4	27.0
06	170 26.8	222 54.9	S21 22.6	41 13.2	N21 41.0	95 47.6	N22 01.4	185 04.8	S 8 26.9
W 07	185 29.3	237 54.4	21.8	56 15.8	41.1	110 50.5	01.4	200 07.1	26.9
E 08	200 31.7	252 53.9	21.1	71 18.4	41.3	125 53.3	01.3	215 09.5	26.8
D 09	215 34.2	267 53.4	. . 20.3	86 21.0	. . 41.4	140 56.1	. . 01.3	230 11.9	. . 26.8
N 10	230 36.7	282 52.9	19.6	101 23.6	41.6	155 58.9	01.3	245 14.2	26.7
E 11	245 39.1	297 52.3	18.8	116 26.1	41.7	171 01.8	01.2	260 16.6	26.7
S 12	260 41.6	312 51.8	S21 18.1	131 28.7	N21 41.9	186 04.6	N22 01.2	275 19.0	S 8 26.6
D 13	275 44.1	327 51.3	17.3	146 31.3	42.0	201 07.4	01.2	290 21.3	26.6
A 14	290 46.5	342 50.8	16.6	161 33.9	42.2	216 10.3	01.1	305 23.7	26.5
Y 15	305 49.0	357 50.3	. . 15.8	176 36.5	. . 42.3	231 13.1	. . 01.1	320 26.0	. . 26.5
16	320 51.5	12 49.8	15.1	191 39.1	42.5	246 15.9	01.1	335 28.4	26.4
17	335 53.9	27 49.4	14.3	206 41.7	42.6	261 18.7	01.1	350 30.8	26.4
18	350 56.4	42 48.9	S21 13.6	221 44.3	N21 42.8	276 21.6	N22 01.0	5 33.1	S 8 26.3
19	5 58.9	57 48.4	12.8	236 46.9	43.0	291 24.4	01.0	20 35.5	26.3
20	21 01.3	72 47.9	12.0	251 49.5	43.1	306 27.2	01.0	35 37.8	26.2
21	36 03.8	87 47.4	. . 11.3	266 52.1	. . 43.3	321 30.1	. . 00.9	50 40.2	. . 26.2
22	51 06.2	102 46.9	10.5	281 54.7	43.4	336 32.9	00.9	65 42.6	26.1
23	66 08.7	117 46.4	09.8	296 57.3	43.6	351 35.7	00.9	80 44.9	26.1
12 00	81 11.2	132 45.9	S21 09.0	312 00.0	N21 43.7	6 38.5	N22 00.9	95 47.3	S 8 26.0
01	96 13.6	147 45.4	08.2	327 02.6	43.9	21 41.4	00.8	110 49.6	26.0
02	111 16.1	162 44.9	07.5	342 05.2	44.0	36 44.2	00.8	125 52.0	25.9
03	126 18.6	177 44.4	. . 06.7	357 07.8	. . 44.2	51 47.0	. . 00.8	140 54.4	. . 25.9
04	141 21.0	192 43.9	05.9	12 10.4	44.3	66 49.8	00.7	155 56.7	25.8
05	156 23.5	207 43.4	05.2	27 13.0	44.5	81 52.7	00.7	170 59.1	25.8
06	171 26.0	222 43.0	S21 04.4	42 15.6	N21 44.7	96 55.5	N22 00.7	186 01.4	S 8 25.7
T 07	186 28.4	237 42.5	03.6	57 18.3	44.8	111 58.3	00.6	201 03.8	25.7
H 08	201 30.9	252 42.0	02.9	72 20.9	45.0	127 01.2	00.6	216 06.2	25.6
U 09	216 33.4	267 41.5	. . 02.1	87 23.5	. . 45.1	142 04.0	. . 00.6	231 08.5	. . 25.6
R 10	231 35.8	282 41.0	01.3	102 26.1	45.3	157 06.8	00.6	246 10.9	25.5
S 11	246 38.3	297 40.5	21 00.5	117 28.8	45.4	172 09.6	00.5	261 13.2	25.5
D 12	261 40.7	312 40.0	S20 59.8	132 31.4	N21 45.6	187 12.5	N22 00.5	276 15.6	S 8 25.4
A 13	276 43.2	327 39.6	59.0	147 34.0	45.8	202 15.3	00.5	291 18.0	25.4
Y 14	291 45.7	342 39.1	58.2	162 36.6	45.9	217 18.1	00.4	306 20.3	25.3
15	306 48.1	357 38.6	. . 57.4	177 39.3	. . 46.1	232 20.9	. . 00.4	321 22.7	. . 25.3
16	321 50.6	12 38.1	56.7	192 41.9	46.2	247 23.8	00.4	336 25.0	25.2
17	336 53.1	27 37.7	55.9	207 44.5	46.4	262 26.6	00.3	351 27.4	25.2
18	351 55.5	42 37.2	S20 55.1	222 47.2	N21 46.6	277 29.4	N22 00.3	6 29.7	S 8 25.1
19	6 58.0	57 36.7	54.3	237 49.8	46.7	292 32.2	00.3	21 32.1	25.1
20	22 00.5	72 36.2	53.5	252 52.5	46.9	307 35.1	00.3	36 34.5	25.0
21	37 02.9	87 35.7	. . 52.8	267 55.1	. . 47.1	322 37.9	. . 00.2	51 36.8	. . 25.0
22	52 05.4	102 35.3	52.0	282 57.7	47.2	337 40.7	00.2	66 39.2	24.9
23	67 07.8	117 34.8	51.2	298 00.4	47.4	352 43.6	00.2	81 41.5	24.9
13 00	82 10.3	132 34.3	S20 50.4	313 03.0	N21 47.5	7 46.4	N22 00.1	96 43.9	S 8 24.8
01	97 12.8	147 33.9	49.6	328 05.7	47.7	22 49.2	00.1	111 46.2	24.8
02	112 15.2	162 33.4	48.8	343 08.3	47.9	37 52.0	00.1	126 48.6	24.7
03	127 17.7	177 32.9	. . 48.1	358 11.0	. . 48.0	52 54.9	. . 00.0	141 51.0	. . 24.7
04	142 20.2	192 32.4	47.3	13 13.6	48.2	67 57.7	00.0	156 53.3	24.6
05	157 22.6	207 32.0	46.5	28 16.3	48.4	83 00.5	00.0	171 55.7	24.6
06	172 25.1	222 31.5	S20 45.7	43 18.9	N21 48.5	98 03.3	N22 00.0	186 58.0	S 8 24.5
07	187 27.6	237 31.0	44.9	58 21.6	48.7	113 06.2	21 59.9	202 00.4	24.5
08	202 30.0	252 30.6	44.1	73 24.3	48.9	128 09.0	59.9	217 02.7	24.4
F 09	217 32.5	267 30.1	. . 43.3	88 26.9	. . 49.0	143 11.8	. . 59.9	232 05.1	. . 24.3
R 10	232 35.0	282 29.7	42.5	103 29.6	49.2	158 14.6	59.8	247 07.4	24.3
I 11	247 37.4	297 29.2	41.7	118 32.2	49.4	173 17.5	59.8	262 09.8	24.2
D 12	262 39.9	312 28.7	S20 40.9	133 34.9	N21 49.5	188 20.3	N21 59.8	277 12.2	S 8 24.2
A 13	277 42.3	327 28.3	40.1	148 37.6	49.7	203 23.1	59.8	292 14.5	24.1
Y 14	292 44.8	342 27.8	39.3	163 40.2	49.9	218 25.9	59.7	307 16.9	24.1
15	307 47.3	357 27.3	. . 38.5	178 42.9	. . 50.0	233 28.8	. . 59.7	322 19.2	. . 24.0
16	322 49.7	12 26.9	37.7	193 45.6	50.2	248 31.6	59.7	337 21.6	24.0
17	337 52.2	27 26.4	36.9	208 48.2	50.4	263 34.4	59.6	352 23.9	23.9
18	352 54.7	42 26.0	S20 36.1	223 50.9	N21 50.5	278 37.2	N21 59.6	7 26.3	S 8 23.9
19	7 57.1	57 25.5	35.3	238 53.6	50.7	293 40.1	59.6	22 28.6	23.8
20	22 59.6	72 25.1	34.5	253 56.3	50.9	308 42.9	59.5	37 31.0	23.8
21	38 02.1	87 24.6	. . 33.7	268 58.9	. . 51.1	323 45.7	. . 59.5	52 33.3	. . 23.7
22	53 04.5	102 24.2	32.9	284 01.6	51.2	338 48.5	59.5	67 35.7	23.7
23	68 07.0	117 23.7	32.1	299 04.3	51.4	353 51.4	59.5	82 38.1	23.6
Mer. Pass. (h m)	18 32.2	v −0.5	d 0.8	v 2.6	d 0.2	v 2.8	d 0.0	v 2.4	d 0.1

STARS

Name	SHA ° ′	Dec ° ′
Acamar	315 11.5	S40 12.4
Achernar	335 19.9	S57 06.8
Acrux	173 00.4	S63 13.9
Adhara	255 05.6	S29 00.2
Aldebaran	290 39.4	N16 33.6
Alioth	166 13.2	N55 49.2
Alkaid	152 52.4	N49 11.1
Alnair	27 33.2	S46 50.6
Alnilam	275 37.5	S 1 11.1
Alphard	217 47.7	S 8 45.9
Alphecca	126 04.1	N26 37.8
Alpheratz	357 34.8	N29 13.9
Altair	62 00.3	N 8 56.1
Ankaa	353 07.1	S42 10.4
Antares	112 16.3	S26 29.2
Arcturus	145 48.2	N19 03.1
Atria	107 11.2	S69 04.3
Avior	234 14.3	S59 35.1
Bellatrix	278 22.6	N 6 22.4
Betelgeuse	270 51.8	N 7 24.7
Canopus	263 51.9	S52 42.4
Capella	280 21.5	N46 01.4
Deneb	49 26.2	N45 22.3
Denebola	182 25.1	N14 25.9
Diphda	348 47.3	S17 51.1
Dubhe	193 41.0	N61 36.7
Elnath	278 01.6	N28 37.7
Eltanin	90 42.8	N51 29.1
Enif	33 39.0	N 9 59.4
Fomalhaut	15 14.6	S29 29.6
Gacrux	171 51.9	S57 14.9
Gienah	175 43.8	S17 40.7
Hadar	148 36.6	S60 29.3
Hamal	327 51.0	N23 34.9
Kaus Aust.	83 33.0	S34 22.4
Kochab	137 20.7	N74 02.9
Markab	13 30.0	N15 20.5
Menkar	314 06.0	N 4 11.3
Menkent	147 58.0	S36 29.4
Miaplacidus	221 37.8	S69 48.8
Mirfak	308 27.9	N49 57.1
Nunki	75 48.2	S26 16.0
Peacock	53 06.3	S56 39.5
Pollux	243 17.1	N27 57.9
Procyon	244 50.6	N 5 09.7
Rasalhague	95 59.0	N12 32.5
Regulus	207 34.4	N11 50.7
Rigel	281 03.6	S 8 10.3
Rigil Kent.	139 40.9	S60 56.0
Sabik	102 03.2	S15 45.3
Schedar	349 31.0	N56 40.7
Shaula	96 10.9	S37 07.3
Sirius	258 26.0	S16 44.9
Spica	158 22.6	S11 17.4
Suhail	222 46.1	S43 31.7
Vega	80 33.7	N38 48.4
Zuben'ubi	136 56.4	S16 08.6

	SHA ° ′	Mer. Pass. h m
Venus	51 34.7	15 09
Mars	230 48.8	3 11
Jupiter	285 27.4	23 29
Saturn	14 36.1	17 34

© British Crown Copyright 2023. All rights reserved.

UT d	h	SUN GHA	SUN Dec	MOON GHA	v	MOON Dec	d	HP
		° ′	° ′	° ′	′	° ′	′	′
11	00	181 41.5	S23 01.1	61 54.1	10.8	N 9 20.5	16.3	59.8
	01	196 41.2	01.3	76 23.9	10.8	9 36.8	16.4	59.8
	02	211 41.0	01.5	90 53.7	10.7	9 53.2	16.3	59.8
	03	226 40.7	. . 01.7	105 23.4	10.7	10 09.5	16.2	59.8
	04	241 40.4	01.9	119 53.1	10.5	10 25.7	16.2	59.8
	05	256 40.1	02.1	134 22.6	10.5	10 41.9	16.1	59.9
	06	271 39.8	S23 02.3	148 52.1	10.5	N10 58.0	16.1	59.9
W	07	286 39.5	02.5	163 21.6	10.3	11 14.1	16.0	59.9
E	08	301 39.2	02.6	177 50.9	10.3	11 30.1	16.0	59.9
D	09	316 38.9	. . 02.8	192 20.2	10.2	11 46.1	15.9	59.9
N	10	331 38.6	03.0	206 49.4	10.1	12 02.0	15.9	59.9
E	11	346 38.4	03.2	221 18.5	10.1	12 17.9	15.8	59.9
S	12	1 38.1	S23 03.4	235 47.6	9.9	N12 33.7	15.7	59.9
D	13	16 37.8	03.6	250 16.5	9.9	12 49.4	15.7	59.9
A	14	31 37.5	03.8	264 45.4	9.8	13 05.1	15.6	59.9
Y	15	46 37.2	. . 04.0	279 14.2	9.7	13 20.7	15.5	59.9
	16	61 36.9	04.2	293 42.9	9.7	13 36.2	15.4	59.9
	17	76 36.6	04.4	308 11.6	9.5	13 51.6	15.4	59.9
	18	91 36.3	S23 04.6	322 40.1	9.5	N14 07.0	15.3	60.0
	19	106 36.0	04.7	337 08.6	9.3	14 22.3	15.3	60.0
	20	121 35.7	04.9	351 36.9	9.3	14 37.6	15.1	60.0
	21	136 35.5	. . 05.1	6 05.2	9.2	14 52.7	15.1	60.0
	22	151 35.2	05.3	20 33.4	9.1	15 07.8	15.0	60.0
	23	166 34.9	05.5	35 01.5	9.1	15 22.8	14.9	60.0
12	00	181 34.6	S23 05.7	49 29.6	8.9	N15 37.7	14.8	60.0
	01	196 34.3	05.8	63 57.5	8.8	15 52.5	14.7	60.0
	02	211 34.0	06.0	78 25.3	8.8	16 07.2	14.6	60.0
	03	226 33.7	. . 06.2	92 53.1	8.6	16 21.8	14.6	60.0
	04	241 33.4	06.4	107 20.7	8.6	16 36.4	14.4	60.0
	05	256 33.1	06.6	121 48.3	8.5	16 50.8	14.4	60.0
	06	271 32.8	S23 06.7	136 15.8	8.3	N17 05.2	14.2	60.0
T	07	286 32.5	06.9	150 43.1	8.3	17 19.4	14.2	60.0
H	08	301 32.3	07.1	165 10.4	8.2	17 33.6	14.0	60.0
U	09	316 32.0	. . 07.3	179 37.6	8.1	17 47.6	14.0	60.0
R	10	331 31.7	07.4	194 04.7	7.9	18 01.6	13.8	60.0
S	11	346 31.4	07.6	208 31.6	7.9	18 15.4	13.7	60.0
D	12	1 31.1	S23 07.8	222 58.5	7.8	N18 29.1	13.6	60.0
A	13	16 30.8	08.0	237 25.3	7.7	18 42.7	13.6	60.0
Y	14	31 30.5	08.1	251 52.0	7.6	18 56.3	13.3	60.0
	15	46 30.2	. . 08.3	266 18.6	7.5	19 09.6	13.3	60.0
	16	61 29.9	08.5	280 45.1	7.4	19 22.9	13.2	60.0
	17	76 29.6	08.6	295 11.5	7.3	19 36.1	13.0	60.0
	18	91 29.3	S23 08.8	309 37.8	7.1	N19 49.1	12.9	60.0
	19	106 29.0	09.0	324 03.9	7.1	20 02.0	12.8	60.0
	20	121 28.7	09.2	338 30.0	7.0	20 14.8	12.7	60.0
	21	136 28.4	. . 09.3	352 56.0	6.9	20 27.5	12.5	60.0
	22	151 28.1	09.5	7 21.9	6.8	20 40.0	12.5	60.0
	23	166 27.9	09.6	21 47.7	6.7	20 52.5	12.2	60.0
13	00	181 27.6	S23 09.8	36 13.4	6.6	N21 04.7	12.2	60.0
	01	196 27.3	10.0	50 39.0	6.5	21 16.9	12.0	60.0
	02	211 27.0	10.1	65 04.5	6.4	21 28.9	11.9	60.0
	03	226 26.7	. . 10.3	79 29.9	6.3	21 40.8	11.7	60.0
	04	241 26.4	10.5	93 55.2	6.2	21 52.5	11.6	60.0
	05	256 26.1	10.6	108 20.4	6.1	22 04.1	11.4	60.0
	06	271 25.8	S23 10.8	122 45.5	6.0	N22 15.5	11.4	60.0
	07	286 25.5	10.9	137 10.5	5.9	22 26.9	11.1	60.0
F	08	301 25.2	11.1	151 35.4	5.9	22 38.0	11.0	60.0
R	09	316 24.9	. . 11.2	166 00.3	5.7	22 49.0	10.9	59.9
I	10	331 24.6	11.4	180 25.0	5.6	22 59.9	10.7	59.9
D	11	346 24.3	11.6	194 49.6	5.6	23 10.6	10.6	59.9
A	12	1 24.0	S23 11.7	209 14.2	5.4	N23 21.2	10.4	59.9
Y	13	16 23.7	11.9	223 38.6	5.4	23 31.6	10.2	59.9
	14	31 23.4	12.0	238 03.0	5.2	23 41.8	10.1	59.9
	15	46 23.1	. . 12.2	252 27.2	5.2	23 51.9	9.9	59.9
	16	61 22.8	12.3	266 51.4	5.1	24 01.8	9.8	59.9
	17	76 22.5	12.5	281 15.5	5.0	24 11.6	9.6	59.9
	18	91 22.2	S23 12.6	295 39.5	4.9	N24 21.2	9.4	59.9
	19	106 21.9	12.8	310 03.4	4.9	24 30.6	9.3	59.9
	20	121 21.6	12.9	324 27.3	4.7	24 39.9	9.1	59.8
	21	136 21.3	. . 13.1	338 51.0	4.7	24 49.0	8.9	59.8
	22	151 21.1	13.2	353 14.7	4.6	24 57.9	8.8	59.8
	23	166 20.8	13.3	7 38.3	4.5	N25 06.7	8.5	59.8
		SD 16.3	*d* 0.2	SD	16.3	16.4		16.3

Lat.	Twilight Naut.	Twilight Civil	Sunrise	Moonrise 11	12	13	14
°	h m	h m	h m	h m	h m	h m	h m
N 72	08 16	10 39	■	11 28	09 39	□	□
N 70	07 57	09 43	■	11 49	10 51	□	□
68	07 42	09 09	■	12 05	11 29	□	□
66	07 29	08 45	10 22	12 18	11 56	11 10	□
64	07 18	08 26	09 42	12 30	12 17	11 57	□
62	07 09	08 10	09 15	12 39	12 34	12 28	12 20
60	07 01	07 57	08 54	12 47	12 48	12 52	13 02
N 58	06 53	07 46	08 37	12 55	13 01	13 11	13 30
56	06 47	07 36	08 23	13 01	13 11	13 27	13 53
54	06 41	07 27	08 10	13 07	13 21	13 40	14 11
52	06 35	07 19	07 59	13 12	13 29	13 52	14 26
50	06 30	07 11	07 50	13 17	13 37	14 03	14 40
45	06 18	06 56	07 29	13 28	13 53	14 25	15 08
N 40	06 08	06 42	07 13	13 36	14 07	14 44	15 29
35	05 59	06 31	06 59	13 44	14 18	14 59	15 48
30	05 50	06 20	06 47	13 51	14 28	15 12	16 04
20	05 34	06 02	06 26	14 02	14 46	15 35	16 30
N 10	05 18	05 45	06 07	14 13	15 01	15 55	16 54
0	05 02	05 28	05 50	14 22	15 16	16 14	17 15
S 10	04 43	05 10	05 33	14 32	15 31	16 33	17 37
20	04 20	04 50	05 14	14 43	15 47	16 53	18 01
30	03 52	04 25	04 52	14 55	16 05	17 17	18 28
35	03 33	04 10	04 40	15 02	16 16	17 31	18 44
40	03 11	03 52	04 25	15 10	16 28	17 47	19 03
45	02 41	03 30	04 07	15 20	16 43	18 06	19 26
S 50	01 56	03 01	03 45	15 32	17 01	18 31	19 56
52	01 30	02 46	03 34	15 37	17 10	18 43	20 10
54	00 49	02 29	03 22	15 43	17 19	18 57	20 27
56	////	02 07	03 08	15 50	17 30	19 12	20 48
58	////	01 39	02 52	15 57	17 43	19 31	21 14
S 60	////	00 54	02 32	16 06	17 58	19 55	21 49

Lat.	Sunset	Twilight Civil	Twilight Naut.	Moonset 11	12	13	14
°	h m	h m	h m	h m	h m	h m	h m
N 72	■	13 09	15 31	04 18	07 57	□	□
N 70	■	14 05	15 51	04 00	06 48	□	□
68	■	14 38	16 06	03 46	06 12	□	□
66	13 26	15 02	16 19	03 34	05 46	08 31	□
64	14 05	15 22	16 29	03 25	05 27	07 44	□
62	14 33	15 37	16 39	03 17	05 11	07 14	09 29
60	14 54	15 51	16 47	03 10	04 58	06 51	08 48
N 58	15 11	16 02	16 54	03 04	04 46	06 33	08 20
56	15 25	16 12	17 01	02 59	04 37	06 18	07 58
54	15 37	16 21	17 07	02 54	04 28	06 05	07 40
52	15 48	16 29	17 13	02 50	04 20	05 54	07 25
50	15 58	16 36	17 18	02 46	04 14	05 44	07 12
45	16 18	16 52	17 29	02 38	03 59	05 22	06 45
N 40	16 35	17 05	17 39	02 31	03 47	05 06	06 24
35	16 49	17 17	17 49	02 25	03 37	04 51	06 06
30	17 01	17 27	17 57	02 20	03 28	04 39	05 51
20	17 22	17 46	18 14	02 11	03 13	04 18	05 25
N 10	17 40	18 03	18 30	02 03	03 00	04 00	05 03
0	17 58	18 20	18 46	01 56	02 47	03 43	04 43
S 10	18 15	18 38	19 05	01 48	02 35	03 26	04 22
20	18 34	18 58	19 27	01 41	02 22	03 08	04 00
30	18 56	19 23	19 56	01 32	02 07	02 48	03 35
35	19 08	19 38	20 15	01 27	01 59	02 36	03 20
40	19 23	19 56	20 37	01 21	01 49	02 22	03 03
45	19 41	20 18	21 08	01 15	01 38	02 06	02 43
S 50	20 03	20 48	21 52	01 07	01 24	01 46	02 17
52	20 14	21 02	22 19	01 03	01 18	01 37	02 05
54	20 26	21 20	23 01	00 59	01 11	01 27	01 51
56	20 40	21 42	////	00 55	01 03	01 15	01 34
58	20 56	22 10	////	00 50	00 54	01 01	01 15
S 60	21 16	22 56	////	00 45	00 45	00 46	00 51

Day	SUN Eqn. of Time 00ʰ	12ʰ	Mer. Pass.	MOON Mer. Pass. Upper	Lower	Age	Phase
d	m s	m s	h m	h m	h m	d	%
11	06 47	06 33	11 53	20 35	08 09	10	81
12	06 19	06 05	11 54	21 29	09 02	11	89
13	05 51	05 37	11 54	22 28	09 58	12	95

© British Crown Copyright 2023. All rights reserved.

UT	ARIES	VENUS −4·3		MARS −0·8		JUPITER −2·8		SATURN +1·0	
d h	GHA ° ′	GHA ° ′	Dec ° ′	GHA ° ′	Dec ° ′	GHA ° ′	Dec ° ′	GHA ° ′	Dec ° ′
14 00	83 09.5	132 23.2	S20 31.3	314 07.0	N21 51.6	8 54.2	N21 59.4	97 40.4	S 8 23.6
01	98 11.9	147 22.8	30.5	329 09.7	51.7	23 57.0	59.4	112 42.8	23.5
02	113 14.4	162 22.3	29.7	344 12.4	51.9	38 59.8	59.4	127 45.1	23.4
03	128 16.8	177 21.9	. . 28.9	359 15.0	. . 52.1	54 02.7	. . 59.3	142 47.5	. . 23.4
04	143 19.3	192 21.4	28.1	14 17.7	52.3	69 05.5	59.3	157 49.8	23.3
05	158 21.8	207 21.0	27.3	29 20.4	52.4	84 08.3	59.3	172 52.2	23.3
06	173 24.2	222 20.6	S20 26.5	44 23.1	N21 52.6	99 11.1	N21 59.2	187 54.5	S 8 23.2
07	188 26.7	237 20.1	25.7	59 25.8	52.8	114 14.0	59.2	202 56.9	23.2
S 08	203 29.2	252 19.7	24.9	74 28.5	53.0	129 16.8	59.2	217 59.2	23.1
A 09	218 31.6	267 19.2	. . 24.0	89 31.2	. . 53.1	144 19.6	. . 59.2	233 01.6	. . 23.1
T 10	233 34.1	282 18.8	23.2	104 33.9	53.3	159 22.4	59.1	248 03.9	23.0
U 11	248 36.6	297 18.3	22.4	119 36.6	53.5	174 25.2	59.1	263 06.3	23.0
R 12	263 39.0	312 17.9	S20 21.6	134 39.3	N21 53.7	189 28.1	N21 59.1	278 08.6	S 8 22.9
D 13	278 41.5	327 17.4	20.8	149 42.0	53.8	204 30.9	59.0	293 11.0	22.9
A 14	293 44.0	342 17.0	20.0	164 44.7	54.0	219 33.7	59.0	308 13.3	22.8
Y 15	308 46.4	357 16.6	. . 19.1	179 47.4	. . 54.2	234 36.5	. . 59.0	323 15.7	. . 22.7
16	323 48.9	12 16.1	18.3	194 50.1	54.4	249 39.4	58.9	338 18.0	22.7
17	338 51.3	27 15.7	17.5	209 52.8	54.5	264 42.2	58.9	353 20.4	22.6
18	353 53.8	42 15.3	S20 16.7	224 55.5	N21 54.7	279 45.0	N21 58.9	8 22.7	S 8 22.6
19	8 56.3	57 14.8	15.9	239 58.2	54.9	294 47.8	58.9	23 25.1	22.5
20	23 58.7	72 14.4	15.0	255 00.9	55.1	309 50.7	58.8	38 27.4	22.5
21	39 01.2	87 13.9	. . 14.2	270 03.7	. . 55.3	324 53.5	. . 58.8	53 29.8	. . 22.4
22	54 03.7	102 13.5	13.4	285 06.4	55.4	339 56.3	58.8	68 32.1	22.4
23	69 06.1	117 13.1	12.6	300 09.1	55.6	354 59.1	58.7	83 34.5	22.3
15 00	84 08.6	132 12.6	S20 11.7	315 11.8	N21 55.8	10 01.9	N21 58.7	98 36.8	S 8 22.3
01	99 11.1	147 12.2	10.9	330 14.5	56.0	25 04.8	58.7	113 39.2	22.2
02	114 13.5	162 11.8	10.1	345 17.3	56.2	40 07.6	58.7	128 41.5	22.1
03	129 16.0	177 11.4	. . 09.3	0 20.0	. . 56.3	55 10.4	. . 58.6	143 43.9	. . 22.1
04	144 18.5	192 10.9	08.4	15 22.7	56.5	70 13.2	58.6	158 46.2	22.0
05	159 20.9	207 10.5	07.6	30 25.4	56.7	85 16.1	58.6	173 48.6	22.0
06	174 23.4	222 10.1	S20 06.8	45 28.2	N21 56.9	100 18.9	N21 58.5	188 50.9	S 8 21.9
07	189 25.8	237 09.7	05.9	60 30.9	57.1	115 21.7	58.5	203 53.3	21.9
08	204 28.3	252 09.2	05.1	75 33.6	57.3	130 24.5	58.5	218 55.6	21.8
S 09	219 30.8	267 08.8	. . 04.3	90 36.3	. . 57.4	145 27.3	. . 58.4	233 58.0	. . 21.8
U 10	234 33.2	282 08.4	03.4	105 39.1	57.6	160 30.2	58.4	249 00.3	21.7
N 11	249 35.7	297 08.0	02.6	120 41.8	57.8	175 33.0	58.4	264 02.7	21.7
D 12	264 38.2	312 07.5	S20 01.8	135 44.6	N21 58.0	190 35.8	N21 58.4	279 05.0	S 8 21.6
A 13	279 40.6	327 07.1	00.9	150 47.3	58.2	205 38.6	58.3	294 07.4	21.5
Y 14	294 43.1	342 06.7	20 00.1	165 50.0	58.4	220 41.4	58.3	309 09.7	21.5
15	309 45.6	357 06.3	19 59.2	180 52.8	. . 58.5	235 44.3	. . 58.3	324 12.0	. . 21.4
16	324 48.0	12 05.9	58.4	195 55.5	58.7	250 47.1	58.2	339 14.4	21.4
17	339 50.5	27 05.4	57.6	210 58.3	58.9	265 49.9	58.2	354 16.7	21.3
18	354 53.0	42 05.0	S19 56.7	226 01.0	N21 59.1	280 52.7	N21 58.2	9 19.1	S 8 21.3
19	9 55.4	57 04.6	55.9	241 03.8	59.3	295 55.5	58.1	24 21.4	21.2
20	24 57.9	72 04.2	55.0	256 06.5	59.5	310 58.4	58.1	39 23.8	21.2
21	40 00.3	87 03.8	. . 54.2	271 09.3	. . 59.7	326 01.2	. . 58.1	54 26.1	. . 21.1
22	55 02.8	102 03.4	53.4	286 12.0	21 59.8	341 04.0	58.1	69 28.5	21.0
23	70 05.3	117 03.0	52.5	301 14.8	22 00.0	356 06.8	58.0	84 30.8	21.0
16 00	85 07.7	132 02.5	S19 51.7	316 17.5	N22 00.2	11 09.6	N21 58.0	99 33.2	S 8 20.9
01	100 10.2	147 02.1	50.8	331 20.3	00.4	26 12.5	58.0	114 35.5	20.9
02	115 12.7	162 01.7	50.0	346 23.0	00.6	41 15.3	57.9	129 37.9	20.8
03	130 15.1	177 01.3	. . 49.1	1 25.8	. . 00.8	56 18.1	. . 57.9	144 40.2	. . 20.8
04	145 17.6	192 00.9	48.3	16 28.6	01.0	71 20.9	57.9	159 42.5	20.7
05	160 20.1	207 00.5	47.4	31 31.3	01.2	86 23.7	57.8	174 44.9	20.6
06	175 22.5	222 00.1	S19 46.6	46 34.1	N22 01.4	101 26.6	N21 57.8	189 47.2	S 8 20.6
07	190 25.0	236 59.7	45.7	61 36.8	01.6	116 29.4	57.8	204 49.6	20.5
08	205 27.5	251 59.3	44.9	76 39.6	01.7	131 32.2	57.8	219 51.9	20.5
M 09	220 29.9	266 58.9	. . 44.0	91 42.4	. . 01.9	146 35.0	. . 57.7	234 54.3	. . 20.4
O 10	235 32.4	281 58.5	43.2	106 45.2	02.1	161 37.8	57.7	249 56.6	20.4
N 11	250 34.8	296 58.1	42.3	121 47.9	02.3	176 40.7	57.7	264 59.0	20.3
D 12	265 37.3	311 57.7	S19 41.5	136 50.7	N22 02.5	191 43.5	N21 57.6	280 01.3	S 8 20.2
A 13	280 39.8	326 57.3	40.6	151 53.5	02.7	206 46.3	57.6	295 03.6	20.2
Y 14	295 42.2	341 56.9	39.7	166 56.2	02.9	221 49.1	57.6	310 06.0	20.1
15	310 44.7	356 56.5	. . 38.9	181 59.0	. . 03.1	236 51.9	. . 57.6	325 08.3	. . 20.1
16	325 47.2	11 56.1	38.0	197 01.8	03.3	251 54.8	57.5	340 10.7	20.0
17	340 49.6	26 55.7	37.2	212 04.6	03.5	266 57.6	57.5	355 13.0	20.0
18	355 52.1	41 55.3	S19 36.3	227 07.4	N22 03.7	282 00.4	N21 57.5	10 15.4	S 8 19.9
19	10 54.6	56 54.9	35.4	242 10.2	03.9	297 03.2	57.4	25 17.7	19.8
20	25 57.0	71 54.5	34.6	257 12.9	04.1	312 06.0	57.4	40 20.0	19.8
21	40 59.5	86 54.1	. . 33.7	272 15.7	. . 04.3	327 08.8	. . 57.4	55 22.4	. . 19.7
22	56 02.0	101 53.7	32.8	287 18.5	04.5	342 11.7	57.3	70 24.7	19.7
23	71 04.4	116 53.3	32.0	302 21.3	04.7	357 14.5	57.3	85 27.1	19.6
Mer. Pass.	h m 18 20.4	v −0.4	d 0.8	v 2.7	d 0.2	v 2.8	d 0.0	v 2.3	d 0.1

STARS Name	SHA ° ′	Dec ° ′
Acamar	315 11.5	S40 12.4
Achernar	335 19.9	S57 06.8
Acrux	173 00.3	S63 13.9
Adhara	255 05.6	S29 00.2
Aldebaran	290 39.3	N16 33.6
Alioth	166 13.2	N55 49.2
Alkaid	152 52.3	N49 11.1
Alnair	27 33.2	S46 50.6
Alnilam	275 37.5	S 1 11.1
Alphard	217 47.6	S 8 45.9
Alphecca	126 04.1	N26 37.7
Alpheratz	357 34.8	N29 13.9
Altair	62 00.3	N 8 56.1
Ankaa	353 07.1	S42 10.4
Antares	112 16.3	S26 29.2
Arcturus	145 48.2	N19 03.1
Atria	107 11.1	S69 04.2
Avior	234 14.3	S59 35.1
Bellatrix	278 22.6	N 6 22.4
Betelgeuse	270 51.8	N 7 24.7
Canopus	263 51.9	S52 42.4
Capella	280 21.5	N46 01.4
Deneb	49 26.2	N45 22.3
Denebola	182 25.0	N14 25.9
Diphda	348 47.3	S17 51.1
Dubhe	193 41.0	N61 36.7
Elnath	278 01.6	N28 37.7
Eltanin	90 42.8	N51 29.1
Enif	33 39.0	N 9 59.4
Fomalhaut	15 14.7	S29 29.6
Gacrux	171 51.9	S57 14.9
Gienah	175 43.7	S17 40.7
Hadar	148 36.5	S60 29.3
Hamal	327 51.0	N23 34.9
Kaus Aust.	83 33.0	S34 22.4
Kochab	137 20.7	N74 02.9
Markab	13 30.0	N15 20.5
Menkar	314 05.9	N 4 11.3
Menkent	147 58.0	S36 29.4
Miaplacidus	221 37.7	S69 48.8
Mirfak	308 27.9	N49 57.1
Nunki	75 48.2	S26 16.0
Peacock	53 06.3	S56 39.5
Pollux	243 17.1	N27 57.9
Procyon	244 50.6	N 5 09.7
Rasalhague	95 59.0	N12 32.5
Regulus	207 34.4	N11 50.7
Rigel	281 03.6	S 8 10.3
Rigil Kent.	139 40.9	S60 56.0
Sabik	102 03.2	S15 45.3
Schedar	349 31.0	N56 40.7
Shaula	96 10.9	S37 07.3
Sirius	258 26.0	S16 44.9
Spica	158 22.5	S11 17.4
Suhail	222 46.1	S43 31.8
Vega	80 33.7	N38 48.4
Zuben'ubi	136 56.4	S16 08.7

	SHA ° ′	Mer. Pass. h m
Venus	48 04.1	15 12
Mars	231 03.2	2 59
Jupiter	285 53.3	23 15
Saturn	14 28.2	17 23

© British Crown Copyright 2023. All rights reserved.

d	h	SUN GHA	SUN Dec	MOON GHA	v	MOON Dec	d	HP
		° ′	° ′	° ′	′	° ′	′	′
14 SATURDAY	00	181 20.5	S23 13.5	22 01.8	4.4	N25 15.2	8.5	59.8
	01	196 20.2	13.6	36 25.2	4.4	25 23.7	8.2	59.8
	02	211 19.9	13.8	50 48.6	4.3	25 31.9	8.1	59.8
	03	226 19.6	. . 13.9	65 11.9	4.2	25 40.0	7.8	59.8
	04	241 19.3	14.1	79 35.1	4.1	25 47.8	7.7	59.7
	05	256 19.0	14.2	93 58.2	4.1	25 55.5	7.6	59.7
	06	271 18.7	S23 14.3	108 21.3	4.0	N26 03.1	7.3	59.7
	07	286 18.4	14.5	122 44.3	4.0	26 10.4	7.1	59.7
	08	301 18.1	14.6	137 07.3	3.8	26 17.5	7.0	59.7
	09	316 17.8	. . 14.8	151 30.1	3.9	26 24.5	6.8	59.7
	10	331 17.5	14.9	165 53.0	3.8	26 31.3	6.6	59.7
	11	346 17.2	15.0	180 15.8	3.7	26 37.9	6.4	59.6
	12	1 16.9	S23 15.2	194 38.5	3.6	N26 44.3	6.2	59.6
	13	16 16.6	15.3	209 01.1	3.6	26 50.5	6.1	59.6
	14	31 16.3	15.4	223 23.7	3.6	26 56.6	5.8	59.6
	15	46 16.0	. . 15.6	237 46.3	3.5	27 02.4	5.6	59.6
	16	61 15.7	15.7	252 08.8	3.5	27 08.0	5.5	59.6
	17	76 15.4	15.8	266 31.3	3.5	27 13.5	5.3	59.5
	18	91 15.1	S23 16.0	280 53.8	3.4	N27 18.8	5.0	59.5
	19	106 14.8	16.1	295 16.2	3.3	27 23.8	4.9	59.5
	20	121 14.5	16.2	309 38.5	3.4	27 28.7	4.7	59.5
	21	136 14.2	. . 16.3	324 00.9	3.3	27 33.4	4.5	59.5
	22	151 13.9	16.5	338 23.2	3.2	27 37.9	4.3	59.4
	23	166 13.6	16.6	352 45.4	3.3	27 42.2	4.1	59.4
15 SUNDAY	00	181 13.3	S23 16.7	7 07.7	3.2	N27 46.3	3.8	59.4
	01	196 13.0	16.8	21 29.9	3.2	27 50.1	3.7	59.4
	02	211 12.7	17.0	35 52.1	3.2	27 53.8	3.5	59.4
	03	226 12.4	. . 17.1	50 14.3	3.2	27 57.3	3.3	59.3
	04	241 12.1	17.2	64 36.5	3.2	28 00.6	3.1	59.3
	05	256 11.8	17.3	78 58.7	3.1	28 03.7	2.9	59.3
	06	271 11.5	S23 17.4	93 20.8	3.2	N28 06.6	2.8	59.3
	07	286 11.2	17.6	107 43.0	3.2	28 09.4	2.5	59.2
	08	301 10.9	17.7	122 05.2	3.1	28 11.9	2.3	59.2
	09	316 10.6	. . 17.8	136 27.3	3.2	28 14.2	2.1	59.2
	10	331 10.3	17.9	150 49.5	3.2	28 16.3	1.9	59.2
	11	346 10.0	18.0	165 11.7	3.1	28 18.2	1.7	59.2
	12	1 09.7	S23 18.2	179 33.8	3.2	N28 19.9	1.5	59.1
	13	16 09.4	18.3	193 56.0	3.2	28 21.4	1.3	59.1
	14	31 09.1	18.4	208 18.2	3.3	28 22.7	1.1	59.1
	15	46 08.8	. . 18.5	222 40.5	3.2	28 23.8	0.9	59.1
	16	61 08.5	18.6	237 02.7	3.3	28 24.7	0.7	59.0
	17	76 08.2	18.7	251 25.0	3.3	28 25.4	0.6	59.0
	18	91 07.9	S23 18.8	265 47.3	3.3	N28 26.0	0.3	59.0
	19	106 07.6	18.9	280 09.6	3.4	28 26.3	0.1	59.0
	20	121 07.3	19.0	294 32.0	3.4	28 26.4	0.1	58.9
	21	136 07.0	. . 19.2	308 54.4	3.4	28 26.3	0.2	58.9
	22	151 06.7	19.3	323 16.8	3.5	28 26.1	0.5	58.9
	23	166 06.4	19.4	337 39.3	3.6	28 25.6	0.6	58.8
16 MONDAY	00	181 06.1	S23 19.5	352 01.9	3.5	N28 25.0	0.9	58.8
	01	196 05.7	19.6	6 24.4	3.7	28 24.1	1.0	58.8
	02	211 05.4	19.7	20 47.1	3.7	28 23.1	1.3	58.8
	03	226 05.1	. . 19.8	35 09.8	3.7	28 21.8	1.4	58.7
	04	241 04.8	19.9	49 32.5	3.8	28 20.4	1.6	58.7
	05	256 04.5	20.0	63 55.3	3.8	28 18.8	1.8	58.7
	06	271 04.2	S23 20.1	78 18.1	4.0	N28 17.0	2.0	58.6
	07	286 03.9	20.2	92 41.1	4.0	28 15.0	2.2	58.6
	08	301 03.6	20.3	107 04.1	4.0	28 12.8	2.4	58.6
	09	316 03.3	. . 20.4	121 27.1	4.1	28 10.4	2.5	58.6
	10	331 03.0	20.5	135 50.2	4.2	28 07.9	2.8	58.5
	11	346 02.7	20.6	150 13.4	4.3	28 05.1	2.9	58.5
	12	1 02.4	S23 20.7	164 36.7	4.4	N28 02.2	3.1	58.5
	13	16 02.1	20.8	179 00.1	4.4	27 59.1	3.3	58.4
	14	31 01.8	20.9	193 23.5	4.5	27 55.8	3.4	58.4
	15	46 01.5	. . 21.0	207 47.0	4.6	27 52.4	3.7	58.4
	16	61 01.2	21.1	222 10.6	4.7	27 48.7	3.8	58.3
	17	76 00.9	21.1	236 34.3	4.8	27 44.9	4.0	58.3
	18	91 00.6	S23 21.2	250 58.1	4.9	N27 40.9	4.2	58.3
	19	106 00.3	21.3	265 22.0	4.9	27 36.7	4.3	58.3
	20	121 00.0	21.4	279 45.9	5.1	27 32.4	4.5	58.2
	21	135 59.7	. . 21.5	294 10.0	5.2	27 27.9	4.7	58.2
	22	150 59.4	21.6	308 34.2	5.2	27 23.2	4.9	58.2
	23	165 59.1	21.7	322 58.4	5.4	N27 18.3	5.0	58.1
		SD 16.3	*d* 0.1	SD 16.2		16.1		15.9

Lat.	Twilight Naut.	Twilight Civil	Sunrise	Moonrise 14	Moonrise 15	Moonrise 16	Moonrise 17
°	h m	h m	h m	h m	h m	h m	h m
N 72	08 21	10 48	■	□	□	□	□
N 70	08 01	09 48	■	□	□	□	□
68	07 45	09 14	■	□	□	□	□
66	07 32	08 49	10 28	□	□	□	□
64	07 21	08 29	09 47	□	□	□	14 51
62	07 12	08 14	09 19	12 20	□	13 34	15 54
60	07 03	08 00	08 58	13 02	13 32	14 46	16 28
N 58	06 56	07 49	08 40	13 30	14 10	15 21	16 53
56	06 49	07 38	08 26	13 53	14 37	15 47	17 13
54	06 43	07 29	08 13	14 11	14 59	16 07	17 29
52	06 37	07 21	08 02	14 26	15 16	16 24	17 44
50	06 32	07 14	07 52	14 40	15 31	16 39	17 56
45	06 21	06 58	07 32	15 08	16 02	17 08	18 21
N 40	06 10	06 44	07 15	15 29	16 26	17 31	18 41
35	06 01	06 33	07 01	15 48	16 46	17 50	18 58
30	05 52	06 22	06 48	16 04	17 02	18 07	19 13
20	05 36	06 03	06 27	16 30	17 31	18 34	19 37
N 10	05 20	05 46	06 09	16 54	17 55	18 58	19 58
0	05 03	05 29	05 52	17 15	18 18	19 20	20 18
S 10	04 44	05 11	05 34	17 37	18 41	19 42	20 37
20	04 21	04 51	05 15	18 01	19 06	20 06	20 58
30	03 53	04 26	04 53	18 28	19 34	20 33	21 22
35	03 34	04 11	04 40	18 44	19 52	20 49	21 36
40	03 11	03 53	04 25	19 03	20 11	21 08	21 52
45	02 41	03 30	04 07	19 26	20 36	21 31	22 12
S 50	01 56	03 01	03 45	19 56	21 07	21 59	22 36
52	01 28	02 46	03 34	20 10	21 22	22 14	22 47
54	00 44	02 28	03 22	20 27	21 41	22 30	23 00
56	////	02 06	03 08	20 48	22 03	22 49	23 16
58	////	01 37	02 51	21 14	22 31	23 13	23 33
S 60	////	00 49	02 31	21 49	23 12	23 45	23 55

Lat.	Sunset	Twilight Civil	Twilight Naut.	Moonset 14	Moonset 15	Moonset 16	Moonset 17
°	h m	h m	h m	h m	h m	h m	h m
N 72	■	13 02	15 30	□	□	□	□
N 70	■	14 02	15 50	□	□	□	□
68	■	14 37	16 05	□	□	□	□
66	13 23	15 02	16 18	□	□	□	□
64	14 04	15 21	16 29	□	□	□	13 25
62	14 32	15 37	16 39	09 29	□	12 38	12 22
60	14 53	15 50	16 47	08 48	10 29	11 27	11 47
N 58	15 10	16 02	16 55	08 20	09 51	10 51	11 21
56	15 25	16 12	17 01	07 58	09 24	10 25	11 01
54	15 38	16 21	17 07	07 40	09 03	10 05	10 44
52	15 49	16 29	17 13	07 25	08 46	09 48	10 30
50	15 58	16 37	17 18	07 12	08 31	09 33	10 17
45	16 19	16 53	17 30	06 45	08 00	09 03	09 51
N 40	16 36	17 06	17 40	06 24	07 37	08 39	09 30
35	16 50	17 18	17 50	06 06	07 17	08 20	09 12
30	17 02	17 28	17 58	05 51	07 00	08 03	08 57
20	17 23	17 47	18 15	05 25	06 32	07 35	08 31
N 10	17 42	18 05	18 31	05 03	06 08	07 11	08 09
0	17 59	18 22	18 48	04 43	05 45	06 48	07 48
S 10	18 17	18 40	19 07	04 22	05 23	06 25	07 27
20	18 35	19 00	19 29	04 00	04 59	06 01	07 05
30	18 57	19 25	19 58	03 35	04 30	05 32	06 38
35	19 10	19 40	20 17	03 20	04 14	05 15	06 23
40	19 25	19 58	20 40	03 03	03 54	04 56	06 04
45	19 43	20 21	21 10	02 43	03 31	04 32	05 42
S 50	20 06	20 50	21 56	02 17	03 01	04 01	05 14
52	20 17	21 05	22 23	02 05	02 46	03 45	05 00
54	20 29	21 23	23 08	01 51	02 29	03 27	04 44
56	20 43	21 45	////	01 34	02 08	03 05	04 25
58	21 00	22 15	////	01 15	01 42	02 37	04 02
S 60	21 20	23 04	////	00 51	01 06	01 55	03 30

Day	SUN Eqn. of Time 00h	SUN Eqn. of Time 12h	SUN Mer. Pass.	MOON Mer. Pass. Upper	MOON Mer. Pass. Lower	MOON Age	MOON Phase
d	m s	m s	h m	h m	h m	d %	
14	05 22	05 08	11 55	23 30	10 59	13 99	○
15	04 54	04 39	11 55	24 33	12 02	14 100	
16	04 25	04 10	11 56	00 33	13 04	15 98	

© British Crown Copyright 2023. All rights reserved.

UT	ARIES	VENUS −4·3		MARS −0·9		JUPITER −2·8		SATURN +1·0	
	GHA	GHA	Dec	GHA	Dec	GHA	Dec	GHA	Dec
d h	° ′	° ′	° ′	° ′	° ′	° ′	° ′	° ′	° ′
17 00	86 06.9	131 52.9	S19 31.1	317 24.1	N22 04.8	12 17.3	N21 57.3	100 29.4	S 8 19.6
01	101 09.3	146 52.5	30.3	332 26.9	05.0	27 20.1	57.3	115 31.7	19.5
02	116 11.8	161 52.2	29.4	347 29.7	05.2	42 22.9	57.2	130 34.1	19.4
03	131 14.3	176 51.8	. . 28.5	2 32.5	. . 05.4	57 25.8	. . 57.2	145 36.4	. . 19.4
04	146 16.7	191 51.4	27.7	17 35.3	05.6	72 28.6	57.2	160 38.8	19.3
05	161 19.2	206 51.0	26.8	32 38.1	05.8	87 31.4	57.1	175 41.1	19.3
06	176 21.7	221 50.6	S19 25.9	47 40.9	N22 06.0	102 34.2	N21 57.1	190 43.5	S 8 19.2
07	191 24.1	236 50.2	25.0	62 43.7	06.2	117 37.0	57.1	205 45.8	19.2
T 08	206 26.6	251 49.8	24.2	77 46.5	06.4	132 39.8	57.0	220 48.1	19.1
U 09	221 29.1	266 49.5	. . 23.3	92 49.3	. . 06.6	147 42.7	. . 57.0	235 50.5	. . 19.0
E 10	236 31.5	281 49.1	22.4	107 52.1	06.8	162 45.5	57.0	250 52.8	19.0
S 11	251 34.0	296 48.7	21.5	122 54.9	07.0	177 48.3	57.0	265 55.2	18.9
D 12	266 36.5	311 48.3	S19 20.7	137 57.7	N22 07.2	192 51.1	N21 56.9	280 57.5	S 8 18.9
A 13	281 38.9	326 47.9	19.8	153 00.5	07.4	207 53.9	56.9	295 59.8	18.8
Y 14	296 41.4	341 47.6	18.9	168 03.4	07.6	222 56.7	56.9	311 02.2	18.7
15	311 43.8	356 47.2	. . 18.0	183 06.2	. . 07.8	237 59.5	. . 56.8	326 04.5	. . 18.7
16	326 46.3	11 46.8	17.2	198 09.0	08.0	253 02.4	56.8	341 06.9	18.6
17	341 48.8	26 46.4	16.3	213 11.8	08.2	268 05.2	56.8	356 09.2	18.6
18	356 51.2	41 46.0	S19 15.4	228 14.6	N22 08.4	283 08.0	N21 56.7	11 11.5	S 8 18.5
19	11 53.7	56 45.7	14.5	243 17.4	08.6	298 10.8	56.7	26 13.9	18.5
20	26 56.2	71 45.3	13.6	258 20.3	08.8	313 13.6	56.7	41 16.2	18.4
21	41 58.6	86 44.9	. . 12.8	273 23.1	. . 09.1	328 16.4	. . 56.7	56 18.6	. . 18.3
22	57 01.1	101 44.6	11.9	288 25.9	09.3	343 19.3	56.6	71 20.9	18.3
23	72 03.6	116 44.2	11.0	303 28.7	09.5	358 22.1	56.6	86 23.2	18.2
18 00	87 06.0	131 43.8	S19 10.1	318 31.6	N22 09.7	13 24.9	N21 56.6	101 25.6	S 8 18.2
01	102 08.5	146 43.4	09.2	333 34.4	09.9	28 27.7	56.5	116 27.9	18.1
02	117 10.9	161 43.1	08.3	348 37.2	10.1	43 30.5	56.5	131 30.2	18.0
03	132 13.4	176 42.7	. . 07.5	3 40.1	. . 10.3	58 33.3	. . 56.5	146 32.6	. . 18.0
04	147 15.9	191 42.3	06.6	18 42.9	10.5	73 36.1	56.5	161 34.9	17.9
05	162 18.3	206 42.0	05.7	33 45.7	10.7	88 39.0	56.4	176 37.3	17.9
06	177 20.8	221 41.6	S19 04.8	48 48.6	N22 10.9	103 41.8	N21 56.4	191 39.6	S 8 17.8
W 07	192 23.3	236 41.3	03.9	63 51.4	11.1	118 44.6	56.4	206 41.9	17.7
E 08	207 25.7	251 40.9	03.0	78 54.3	11.3	133 47.4	56.3	221 44.3	17.7
D 09	222 28.2	266 40.5	. . 02.1	93 57.1	. . 11.5	148 50.2	. . 56.3	236 46.6	. . 17.6
N 10	237 30.7	281 40.2	01.2	108 59.9	11.7	163 53.0	56.3	251 48.9	17.6
E 11	252 33.1	296 39.8	19 00.3	124 02.8	11.9	178 55.8	56.2	266 51.3	17.5
S 12	267 35.6	311 39.4	S18 59.4	139 05.6	N22 12.1	193 58.7	N21 56.2	281 53.6	S 8 17.4
D 13	282 38.1	326 39.1	58.5	154 08.5	12.3	209 01.5	56.2	296 55.9	17.4
A 14	297 40.5	341 38.7	57.7	169 11.3	12.6	224 04.3	56.2	311 58.3	17.3
Y 15	312 43.0	356 38.4	. . 56.8	184 14.2	. . 12.8	239 07.1	. . 56.1	327 00.6	. . 17.3
16	327 45.4	11 38.0	55.9	199 17.0	13.0	254 09.9	56.1	342 03.0	17.2
17	342 47.9	26 37.7	55.0	214 19.9	13.2	269 12.7	56.1	357 05.3	17.1
18	357 50.4	41 37.3	S18 54.1	229 22.8	N22 13.4	284 15.5	N21 56.0	12 07.6	S 8 17.1
19	12 52.8	56 37.0	53.2	244 25.6	13.6	299 18.3	56.0	27 10.0	17.0
20	27 55.3	71 36.6	52.3	259 28.5	13.8	314 21.2	56.0	42 12.3	17.0
21	42 57.8	86 36.3	. . 51.4	274 31.3	. . 14.0	329 24.0	. . 56.0	57 14.6	. . 16.9
22	58 00.2	101 35.9	50.5	289 34.2	14.2	344 26.8	55.9	72 17.0	16.8
23	73 02.7	116 35.6	49.6	304 37.1	14.5	359 29.6	55.9	87 19.3	16.8
19 00	88 05.2	131 35.2	S18 48.7	319 39.9	N22 14.7	14 32.4	N21 55.9	102 21.6	S 8 16.7
01	103 07.6	146 34.9	47.8	334 42.8	14.9	29 35.2	55.8	117 24.0	16.7
02	118 10.1	161 34.5	46.9	349 45.7	15.1	44 38.0	55.8	132 26.3	16.6
03	133 12.6	176 34.2	. . 46.0	4 48.5	. . 15.3	59 40.8	. . 55.8	147 28.6	. . 16.5
04	148 15.0	191 33.8	45.0	19 51.4	15.5	74 43.7	55.7	162 31.0	16.5
05	163 17.5	206 33.5	44.1	34 54.3	15.7	89 46.5	55.7	177 33.3	16.4
06	178 19.9	221 33.1	S18 43.2	49 57.2	N22 15.9	104 49.3	N21 55.7	192 35.6	S 8 16.4
07	193 22.4	236 32.8	42.3	65 00.0	16.2	119 52.1	55.7	207 38.0	16.3
T 08	208 24.9	251 32.4	41.4	80 02.9	16.4	134 54.9	55.6	222 40.3	16.2
H 09	223 27.3	266 32.1	. . 40.5	95 05.8	. . 16.6	149 57.7	. . 55.6	237 42.6	. . 16.2
U 10	238 29.8	281 31.8	39.6	110 08.7	16.8	165 00.5	55.6	252 45.0	16.1
R 11	253 32.3	296 31.4	38.7	125 11.6	17.0	180 03.3	55.5	267 47.3	16.1
S 12	268 34.7	311 31.1	S18 37.8	140 14.4	N22 17.2	195 06.1	N21 55.5	282 49.6	S 8 16.0
D 13	283 37.2	326 30.8	36.9	155 17.3	17.4	210 08.9	55.5	297 52.0	15.9
A 14	298 39.7	341 30.4	35.9	170 20.2	17.7	225 11.8	55.5	312 54.3	15.9
Y 15	313 42.1	356 30.1	. . 35.0	185 23.1	. . 17.9	240 14.6	. . 55.4	327 56.6	. . 15.8
16	328 44.6	11 29.7	34.1	200 26.0	18.1	255 17.4	55.4	342 59.0	15.7
17	343 47.1	26 29.4	33.2	215 28.9	18.3	270 20.2	55.4	358 01.3	15.7
18	358 49.5	41 29.1	S18 32.3	230 31.8	N22 18.5	285 23.0	N21 55.3	13 03.6	S 8 15.6
19	13 52.0	56 28.7	31.4	245 34.7	18.7	300 25.8	55.3	28 06.0	15.6
20	28 54.4	71 28.4	30.5	260 37.6	19.0	315 28.6	55.3	43 08.3	15.5
21	43 56.9	86 28.1	. . 29.5	275 40.5	. . 19.2	330 31.4	. . 55.2	58 10.6	. . 15.4
22	58 59.4	101 27.8	28.6	290 43.4	19.4	345 34.2	55.2	73 13.0	15.4
23	74 01.8	116 27.4	27.7	305 46.3	19.6	0 37.0	55.2	88 15.3	15.3
Mer. Pass.	h m 18 08.6	v −0.4	d 0.9	v 2.8	d 0.2	v 2.8	d 0.0	v 2.3	d 0.1

STARS

Name	SHA	Dec
	° ′	° ′
Acamar	315 11.5	S40 12.4
Achernar	335 19.9	S57 06.8
Acrux	173 00.3	S63 13.9
Adhara	255 05.5	S29 00.3
Aldebaran	290 39.3	N16 33.6
Alioth	166 13.2	N55 49.2
Alkaid	152 52.3	N49 11.1
Alnair	27 33.2	S46 50.6
Alnilam	275 37.4	S 1 11.1
Alphard	217 47.6	S 8 45.9
Alphecca	126 04.1	N26 37.7
Alpheratz	357 34.8	N29 13.9
Altair	62 00.3	N 8 56.1
Ankaa	353 07.1	S42 10.4
Antares	112 16.3	S26 29.2
Arcturus	145 48.2	N19 03.0
Atria	107 11.1	S69 04.2
Avior	234 14.2	S59 35.1
Bellatrix	278 22.6	N 6 22.4
Betelgeuse	270 51.8	N 7 24.7
Canopus	263 51.9	S52 42.4
Capella	280 21.5	N46 01.4
Deneb	49 26.2	N45 22.3
Denebola	182 25.0	N14 25.9
Diphda	348 47.3	S17 51.1
Dubhe	193 40.9	N61 36.7
Elnath	278 01.5	N28 37.7
Eltanin	90 42.8	N51 29.1
Enif	33 39.0	N 9 59.4
Fomalhaut	15 14.7	S29 29.6
Gacrux	171 51.8	S57 14.9
Gienah	175 43.7	S17 40.7
Hadar	148 36.5	S60 29.3
Hamal	327 51.0	N23 35.0
Kaus Aust.	83 33.0	S34 22.4
Kochab	137 20.7	N74 02.9
Markab	13 30.0	N15 20.5
Menkar	314 05.9	N 4 11.3
Menkent	147 57.9	S36 29.4
Miaplacidus	221 37.7	S69 48.9
Mirfak	308 27.9	N49 57.1
Nunki	75 48.2	S26 16.0
Peacock	53 06.3	S56 39.5
Pollux	243 17.0	N27 57.9
Procyon	244 50.6	N 5 09.7
Rasalhague	95 58.9	N12 32.5
Regulus	207 34.3	N11 50.7
Rigel	281 03.6	S 8 10.3
Rigil Kent.	139 40.9	S60 56.0
Sabik	102 03.2	S15 45.3
Schedar	349 31.0	N56 40.7
Shaula	96 10.9	S37 07.3
Sirius	258 25.9	S16 45.0
Spica	158 22.5	S11 17.4
Suhail	222 46.1	S43 31.8
Vega	80 33.7	N38 48.4
Zuben'ubi	136 56.3	S16 08.7

	SHA	Mer. Pass.
	° ′	h m
Venus	44 37.8	15 13
Mars	231 25.6	2 45
Jupiter	286 18.9	23 02
Saturn	14 19.5	17 12

© British Crown Copyright 2023. All rights reserved.

Day	UT d h	SUN GHA ° ′	SUN Dec ° ′	MOON GHA ° ′	v ′	MOON Dec ° ′	d ′	HP ′
TUESDAY	17 00	180 58.8	S23 21.8	337 22.8	5.4	N27 13.3	5.2	58.1
	01	195 58.5	21.9	351 47.2	5.6	27 08.1	5.4	58.1
	02	210 58.2	21.9	6 11.8	5.6	27 02.7	5.5	58.0
	03	225 57.8	. . 22.0	20 36.4	5.8	26 57.2	5.7	58.0
	04	240 57.5	22.1	35 01.2	5.9	26 51.5	5.8	58.0
	05	255 57.2	22.2	49 26.1	6.0	26 45.7	6.0	57.9
	06	270 56.9	S23 22.3	63 51.1	6.1	N26 39.7	6.1	57.9
	07	285 56.6	22.3	78 16.2	6.2	26 33.6	6.4	57.9
	08	300 56.3	22.4	92 41.4	6.3	26 27.2	6.4	57.8
	09	315 56.0	. . 22.5	107 06.7	6.5	26 20.8	6.6	57.8
	10	330 55.7	22.6	121 32.2	6.5	26 14.2	6.8	57.8
	11	345 55.4	22.7	135 57.7	6.7	26 07.4	6.9	57.7
	12	0 55.1	S23 22.7	150 23.4	6.8	N26 00.5	7.1	57.7
	13	15 54.8	22.8	164 49.2	6.9	25 53.4	7.2	57.7
	14	30 54.5	22.9	179 15.1	7.0	25 46.2	7.3	57.6
	15	45 54.2	. . 23.0	193 41.1	7.2	25 38.9	7.5	57.6
	16	60 53.9	23.0	208 07.3	7.2	25 31.4	7.6	57.6
	17	75 53.6	23.1	222 33.5	7.4	25 23.8	7.8	57.5
	18	90 53.3	S23 23.2	236 59.9	7.5	N25 16.0	7.9	57.5
	19	105 53.0	23.3	251 26.4	7.7	25 08.1	8.0	57.5
	20	120 52.7	23.3	265 53.1	7.7	25 00.1	8.2	57.4
	21	135 52.3	. . 23.4	280 19.8	7.9	24 51.9	8.3	57.4
	22	150 52.0	23.5	294 46.7	8.0	24 43.6	8.4	57.4
	23	165 51.7	23.5	309 13.7	8.1	24 35.2	8.6	57.3
WEDNESDAY	18 00	180 51.4	S23 23.6	323 40.8	8.3	N24 26.6	8.7	57.3
	01	195 51.1	23.7	338 08.1	8.3	24 17.9	8.8	57.3
	02	210 50.8	23.7	352 35.4	8.5	24 09.1	8.9	57.2
	03	225 50.5	. . 23.8	7 02.9	8.7	24 00.2	9.1	57.2
	04	240 50.2	23.9	21 30.6	8.7	23 51.1	9.1	57.2
	05	255 49.9	23.9	35 58.3	8.9	23 42.0	9.3	57.1
	06	270 49.6	S23 24.0	50 26.2	9.0	N23 32.7	9.4	57.1
	07	285 49.3	24.0	64 54.2	9.1	23 23.3	9.6	57.1
	08	300 49.0	24.1	79 22.3	9.3	23 13.7	9.6	57.0
	09	315 48.7	. . 24.2	93 50.6	9.3	23 04.1	9.7	57.0
	10	330 48.4	24.2	108 18.9	9.5	22 54.4	9.9	57.0
	11	345 48.1	24.3	122 47.4	9.7	22 44.5	9.9	56.9
	12	0 47.7	S23 24.3	137 16.1	9.7	N22 34.6	10.1	56.9
	13	15 47.4	24.4	151 44.8	9.9	22 24.5	10.2	56.9
	14	30 47.1	24.4	166 13.7	10.0	22 14.3	10.2	56.8
	15	45 46.8	. . 24.5	180 42.7	10.1	22 04.1	10.4	56.8
	16	60 46.5	24.6	195 11.8	10.2	21 53.7	10.5	56.8
	17	75 46.2	24.6	209 41.0	10.4	21 43.2	10.5	56.7
	18	90 45.9	S23 24.7	224 10.4	10.5	N21 32.7	10.7	56.7
	19	105 45.6	24.7	238 39.9	10.6	21 22.0	10.8	56.7
	20	120 45.3	24.8	253 09.5	10.7	21 11.2	10.8	56.6
	21	135 45.0	. . 24.8	267 39.2	10.8	21 00.4	10.9	56.6
	22	150 44.7	24.9	282 09.0	11.0	20 49.5	11.1	56.6
	23	165 44.4	24.9	296 39.0	11.1	20 38.4	11.1	56.6
THURSDAY	19 00	180 44.0	S23 25.0	311 09.1	11.2	N20 27.3	11.2	56.5
	01	195 43.7	25.0	325 39.3	11.3	20 16.1	11.3	56.5
	02	210 43.4	25.0	340 09.6	11.4	20 04.8	11.4	56.5
	03	225 43.1	. . 25.1	354 40.0	11.6	19 53.4	11.4	56.4
	04	240 42.8	25.1	9 10.6	11.6	19 42.0	11.5	56.4
	05	255 42.5	25.2	23 41.2	11.8	19 30.5	11.7	56.4
	06	270 42.2	S23 25.2	38 12.0	11.9	N19 18.8	11.6	56.3
	07	285 41.9	25.3	52 42.9	12.0	19 07.2	11.8	56.3
	08	300 41.6	25.3	67 13.9	12.1	18 55.4	11.8	56.3
	09	315 41.3	. . 25.3	81 45.0	12.2	18 43.6	12.0	56.2
	10	330 41.0	25.4	96 16.2	12.4	18 31.6	11.9	56.2
	11	345 40.7	25.4	110 47.6	12.4	18 19.7	12.1	56.2
	12	0 40.3	S23 25.5	125 19.0	12.6	N18 07.6	12.1	56.1
	13	15 40.0	25.5	139 50.6	12.6	17 55.5	12.2	56.1
	14	30 39.7	25.5	154 22.2	12.8	17 43.3	12.2	56.1
	15	45 39.4	. . 25.6	168 54.0	12.9	17 31.1	12.4	56.1
	16	60 39.1	25.6	183 25.9	12.9	17 18.7	12.3	56.0
	17	75 38.8	25.6	197 57.8	13.1	17 06.4	12.5	56.0
	18	90 38.5	S23 25.7	212 29.9	13.2	N16 53.9	12.5	56.0
	19	105 38.2	25.7	227 02.1	13.3	16 41.4	12.6	55.9
	20	120 37.9	25.7	241 34.4	13.3	16 28.8	12.6	55.9
	21	135 37.6	. . 25.8	256 06.7	13.5	16 16.2	12.7	55.9
	22	150 37.3	25.8	270 39.2	13.6	16 03.5	12.7	55.8
	23	165 36.9	25.8	285 11.8	13.7	N15 50.8	12.8	55.8
		SD 16.3	d 0.1	SD	15.7		15.5	15.3

Lat. °	Twilight Naut. h m	Twilight Civil h m	Sunrise h m	Moonrise 17 h m	Moonrise 18 h m	Moonrise 19 h m	Moonrise 20 h m
N 72	08 24	10 55	■	□	□	17 09	20 08
N 70	08 04	09 52	■	□	□	18 07	20 28
68	07 48	09 17	■	□	15 23	18 40	20 43
66	07 35	08 52	10 33	□	16 49	19 04	20 55
64	07 24	08 32	09 50	14 51	17 26	19 23	21 06
62	07 14	08 16	09 22	15 54	17 53	19 38	21 14
60	07 06	08 03	09 00	16 28	18 13	19 51	21 21
N 58	06 58	07 51	08 43	16 53	18 30	20 02	21 28
56	06 51	07 41	08 28	17 13	18 44	20 11	21 34
54	06 45	07 31	08 15	17 29	18 56	20 19	21 39
52	06 40	07 23	08 04	17 44	19 06	20 27	21 43
50	06 34	07 16	07 54	17 56	19 16	20 34	21 47
45	06 22	07 00	07 34	18 21	19 36	20 48	21 56
N 40	06 12	06 46	07 17	18 41	19 52	20 59	22 04
35	06 03	06 34	07 03	18 58	20 05	21 09	22 10
30	05 54	06 24	06 50	19 13	20 17	21 18	22 16
20	05 37	06 05	06 29	19 37	20 37	21 33	22 25
N 10	05 21	05 48	06 10	19 58	20 54	21 46	22 33
0	05 04	05 31	05 53	20 18	21 10	21 58	22 41
S 10	04 45	05 12	05 35	20 37	21 26	22 10	22 49
20	04 23	04 52	05 17	20 58	21 43	22 23	22 57
30	03 54	04 27	04 54	21 22	22 03	22 37	23 07
35	03 35	04 12	04 41	21 36	22 14	22 45	23 12
40	03 12	03 54	04 26	21 52	22 27	22 55	23 18
45	02 41	03 31	04 08	22 12	22 42	23 06	23 25
S 50	01 56	03 01	03 46	22 36	23 01	23 19	23 34
52	01 28	02 46	03 35	22 47	23 10	23 25	23 37
54	00 42	02 28	03 23	23 00	23 20	23 32	23 42
56	////	02 06	03 08	23 16	23 31	23 40	23 46
58	////	01 36	02 52	23 33	23 43	23 48	23 51
S 60	////	00 46	02 31	23 55	23 58	23 58	23 57

Lat. °	Sunset h m	Twilight Civil h m	Twilight Naut. h m	Moonset 17 h m	Moonset 18 h m	Moonset 19 h m	Moonset 20 h m
N 72	■	12 59	15 30	□	□	14 46	13 19
N 70	■	14 01	15 50	□	□	13 46	12 57
68	■	14 36	16 06	□	14 47	13 11	12 40
66	13 21	15 02	16 19	□	13 20	12 46	12 26
64	14 03	15 21	16 30	13 25	12 42	12 26	12 14
62	14 32	15 37	16 39	12 22	12 15	12 09	12 04
60	14 53	15 51	16 48	11 47	11 54	11 56	11 56
N 58	15 11	16 03	16 55	11 21	11 36	11 44	11 48
56	15 26	16 13	17 02	11 01	11 22	11 34	11 42
54	15 38	16 22	17 08	10 44	11 09	11 25	11 36
52	15 49	16 30	17 14	10 30	10 58	11 16	11 30
50	15 59	16 38	17 19	10 17	10 48	11 09	11 25
45	16 20	16 54	17 31	09 51	10 26	10 53	11 15
N 40	16 37	17 07	17 41	09 30	10 09	10 40	11 06
35	16 51	17 19	17 51	09 12	09 55	10 29	10 58
30	17 03	17 30	18 00	08 57	09 42	10 19	10 51
20	17 25	17 49	18 16	08 31	09 20	10 02	10 39
N 10	17 43	18 06	18 32	08 09	09 01	09 48	10 29
0	18 01	18 23	18 49	07 48	08 44	09 34	10 19
S 10	18 18	18 41	19 08	07 27	08 26	09 19	10 09
20	18 37	19 02	19 31	07 05	08 06	09 04	09 58
30	18 59	19 27	20 00	06 38	07 44	08 47	09 46
35	19 12	19 42	20 19	06 23	07 31	08 36	09 39
40	19 27	20 00	20 42	06 04	07 15	08 25	09 31
45	19 45	20 23	21 13	05 42	06 57	08 11	09 21
S 50	20 08	20 53	21 58	05 14	06 34	07 53	09 09
52	20 19	21 08	22 26	05 00	06 23	07 45	09 04
54	20 31	21 26	23 13	04 44	06 10	07 36	08 58
56	20 45	21 48	////	04 25	05 56	07 26	08 51
58	21 02	22 18	////	04 02	05 39	07 14	08 44
S 60	21 23	23 09	////	03 30	05 18	07 00	08 35

Day d	SUN Eqn. of Time 00h m s	SUN Eqn. of Time 12h m s	SUN Mer. Pass. h m	MOON Mer. Pass. Upper h m	MOON Mer. Pass. Lower h m	MOON Age d	MOON Phase %
17	03 56	03 41	11 56	01 34	14 03	16	94
18	03 26	03 12	11 57	02 31	14 57	17	88
19	02 57	02 42	11 57	03 22	15 46	18	81

© British Crown Copyright 2023. All rights reserved.

2024 DECEMBER 20, 21, 22 (FRI., SAT., SUN.)

UT	ARIES	VENUS −4·3		MARS −1·0		JUPITER −2·8		SATURN +1·0	
	GHA	GHA	Dec	GHA	Dec	GHA	Dec	GHA	Dec
d h	° ′	° ′	° ′	° ′	° ′	° ′	° ′	° ′	° ′
20 00	89 04.3	131 27.1	S18 26.8	320 49.2	N22 19.8	15 39.8	N21 55.2	103 17.6	S 8 15.3
01	104 06.8	146 26.8	25.9	335 52.1	20.1	30 42.7	55.1	118 20.0	15.2
02	119 09.2	161 26.4	24.9	350 55.0	20.3	45 45.5	55.1	133 22.3	15.1
03	134 11.7	176 26.1	. . 24.0	5 57.9	. . 20.5	60 48.3	. . 55.1	148 24.6	. . 15.1
04	149 14.2	191 25.8	23.1	21 00.8	20.7	75 51.1	55.0	163 26.9	15.0
05	164 16.6	206 25.5	22.2	36 03.7	20.9	90 53.9	55.0	178 29.3	14.9
06	179 19.1	221 25.2	S18 21.2	51 06.6	N22 21.2	105 56.7	N21 55.0	193 31.6	S 8 14.9
07	194 21.5	236 24.8	20.3	66 09.5	21.4	120 59.5	55.0	208 33.9	14.8
08	209 24.0	251 24.5	19.4	81 12.5	21.6	136 02.3	54.9	223 36.3	14.8
F 09	224 26.5	266 24.2	. . 18.5	96 15.4	. . 21.8	151 05.1	. . 54.9	238 38.6	. . 14.7
R 10	239 28.9	281 23.9	17.5	111 18.3	22.1	166 07.9	54.9	253 40.9	14.6
I 11	254 31.4	296 23.6	16.6	126 21.2	22.3	181 10.7	54.8	268 43.3	14.6
D 12	269 33.9	311 23.2	S18 15.7	141 24.1	N22 22.5	196 13.5	N21 54.8	283 45.6	S 8 14.5
A 13	284 36.3	326 22.9	14.7	156 27.1	22.7	211 16.3	54.8	298 47.9	14.4
Y 14	299 38.8	341 22.6	13.8	171 30.0	22.9	226 19.2	54.7	313 50.2	14.4
15	314 41.3	356 22.3	. . 12.9	186 32.9	. . 23.2	241 22.0	. . 54.7	328 52.6	. . 14.3
16	329 43.7	11 22.0	12.0	201 35.8	23.4	256 24.8	54.7	343 54.9	14.3
17	344 46.2	26 21.7	11.0	216 38.8	23.6	271 27.6	54.7	358 57.2	14.2
18	359 48.7	41 21.4	S18 10.1	231 41.7	N22 23.8	286 30.4	N21 54.6	13 59.6	S 8 14.1
19	14 51.1	56 21.0	09.2	246 44.6	24.1	301 33.2	54.6	29 01.9	14.1
20	29 53.6	71 20.7	08.2	261 47.6	24.3	316 36.0	54.6	44 04.2	14.0
21	44 56.0	86 20.4	. . 07.3	276 50.5	. . 24.5	331 38.8	. . 54.5	59 06.5	. . 13.9
22	59 58.5	101 20.1	06.3	291 53.4	24.7	346 41.6	54.5	74 08.9	13.9
23	75 01.0	116 19.8	05.4	306 56.4	25.0	1 44.4	54.5	89 11.2	13.8
21 00	90 03.4	131 19.5	S18 04.5	321 59.3	N22 25.2	16 47.2	N21 54.5	104 13.5	S 8 13.7
01	105 05.9	146 19.2	03.5	337 02.2	25.4	31 50.0	54.4	119 15.9	13.7
02	120 08.4	161 18.9	02.6	352 05.2	25.6	46 52.8	54.4	134 18.2	13.6
03	135 10.8	176 18.6	. . 01.7	7 08.1	. . 25.9	61 55.6	. . 54.4	149 20.5	. . 13.6
04	150 13.3	191 18.3	18 00.7	22 11.1	26.1	76 58.4	54.3	164 22.8	13.5
05	165 15.8	206 18.0	17 59.8	37 14.0	26.3	92 01.2	54.3	179 25.2	13.4
06	180 18.2	221 17.7	S17 58.8	52 17.0	N22 26.6	107 04.0	N21 54.3	194 27.5	S 8 13.4
S 07	195 20.7	236 17.4	57.9	67 19.9	26.8	122 06.8	54.3	209 29.8	13.3
A 08	210 23.2	251 17.1	56.9	82 22.9	27.0	137 09.6	54.2	224 32.1	13.2
T 09	225 25.6	266 16.8	. . 56.0	97 25.8	. . 27.2	152 12.4	. . 54.2	239 34.5	. . 13.2
U 10	240 28.1	281 16.5	55.1	112 28.8	27.5	167 15.2	54.2	254 36.8	13.1
R 11	255 30.5	296 16.2	54.1	127 31.7	27.7	182 18.1	54.1	269 39.1	13.0
D 12	270 33.0	311 15.9	S17 53.2	142 34.7	N22 27.9	197 20.9	N21 54.1	284 41.4	S 8 13.0
A 13	285 35.5	326 15.6	52.2	157 37.7	28.2	212 23.7	54.1	299 43.8	12.9
Y 14	300 37.9	341 15.3	51.3	172 40.6	28.4	227 26.5	54.1	314 46.1	12.9
15	315 40.4	356 15.0	. . 50.3	187 43.6	. . 28.6	242 29.3	. . 54.0	329 48.4	. . 12.8
16	330 42.9	11 14.7	49.4	202 46.5	28.9	257 32.1	54.0	344 50.7	12.7
17	345 45.3	26 14.4	48.4	217 49.5	29.1	272 34.9	54.0	359 53.1	12.7
18	0 47.8	41 14.1	S17 47.5	232 52.5	N22 29.3	287 37.7	N21 53.9	14 55.4	S 8 12.6
19	15 50.3	56 13.9	46.5	247 55.4	29.5	302 40.5	53.9	29 57.7	12.5
20	30 52.7	71 13.6	45.6	262 58.4	29.8	317 43.3	53.9	45 00.0	12.5
21	45 55.2	86 13.3	. . 44.6	278 01.4	. . 30.0	332 46.1	. . 53.8	60 02.4	. . 12.4
22	60 57.6	101 13.0	43.7	293 04.4	30.2	347 48.9	53.8	75 04.7	12.3
23	76 00.1	116 12.7	42.7	308 07.3	30.5	2 51.7	53.8	90 07.0	12.3
22 00	91 02.6	131 12.4	S17 41.8	323 10.3	N22 30.7	17 54.5	N21 53.8	105 09.3	S 8 12.2
01	106 05.0	146 12.1	40.8	338 13.3	30.9	32 57.3	53.7	120 11.7	12.1
02	121 07.5	161 11.9	39.8	353 16.3	31.2	48 00.1	53.7	135 14.0	12.1
03	136 10.0	176 11.6	. . 38.9	8 19.3	. . 31.4	63 02.9	. . 53.7	150 16.3	. . 12.0
04	151 12.4	191 11.3	37.9	23 22.2	31.6	78 05.7	53.6	165 18.6	11.9
05	166 14.9	206 11.0	37.0	38 25.2	31.9	93 08.5	53.6	180 21.0	11.9
06	181 17.4	221 10.7	S17 36.0	53 28.2	N22 32.1	108 11.3	N21 53.6	195 23.3	S 8 11.8
07	196 19.8	236 10.5	35.1	68 31.2	32.3	123 14.1	53.6	210 25.6	11.8
08	211 22.3	251 10.2	34.1	83 34.2	32.6	138 16.9	53.5	225 27.9	11.7
S 09	226 24.8	266 09.9	. . 33.1	98 37.2	. . 32.8	153 19.7	. . 53.5	240 30.2	. . 11.6
U 10	241 27.2	281 09.6	32.2	113 40.2	33.1	168 22.5	53.5	255 32.6	11.6
N 11	256 29.7	296 09.3	31.2	128 43.2	33.3	183 25.3	53.4	270 34.9	11.5
D 12	271 32.1	311 09.1	S17 30.3	143 46.2	N22 33.5	198 28.1	N21 53.4	285 37.2	S 8 11.4
A 13	286 34.6	326 08.8	29.3	158 49.1	33.8	213 30.9	53.4	300 39.5	11.4
Y 14	301 37.1	341 08.5	28.3	173 52.1	34.0	228 33.7	53.4	315 41.9	11.3
15	316 39.5	356 08.3	. . 27.4	188 55.1	. . 34.2	243 36.5	. . 53.3	330 44.2	. . 11.2
16	331 42.0	11 08.0	26.4	203 58.1	34.5	258 39.3	53.3	345 46.5	11.2
17	346 44.5	26 07.7	25.4	219 01.1	34.7	273 42.1	53.3	0 48.8	11.1
18	1 46.9	41 07.4	S17 24.5	234 04.1	N22 35.0	288 44.9	N21 53.2	15 51.1	S 8 11.0
19	16 49.4	56 07.2	23.5	249 07.2	35.2	303 47.7	53.2	30 53.5	11.0
20	31 51.9	71 06.9	22.5	264 10.2	35.4	318 50.5	53.2	45 55.8	10.9
21	46 54.3	86 06.6	. . 21.6	279 13.2	. . 35.7	333 53.3	. . 53.2	60 58.1	. . 10.8
22	61 56.8	101 06.4	20.6	294 16.2	35.9	348 56.1	53.1	76 00.4	10.8
23	76 59.3	116 06.1	19.6	309 19.2	36.1	3 58.9	53.1	91 02.7	10.7
Mer. Pass. (h m)	17 56.8	v −0.3	d 0.9	v 3.0	d 0.2	v 2.8	d 0.0	v 2.3	d 0.1

STARS		
Name	SHA	Dec
	° ′	° ′
Acamar	315 11.5	S40 12.4
Achernar	335 19.9	S57 06.8
Acrux	173 00.2	S63 13.9
Adhara	255 05.5	S29 00.3
Aldebaran	290 39.3	N16 33.6
Alioth	166 13.1	N55 49.2
Alkaid	152 52.3	N49 11.1
Alnair	27 33.2	S46 50.6
Alnilam	275 37.4	S 1 11.1
Alphard	217 47.6	S 8 45.9
Alphecca	126 04.1	N26 37.7
Alpheratz	357 34.8	N29 13.9
Altair	62 00.3	N 8 56.1
Ankaa	353 07.1	S42 10.4
Antares	112 16.2	S26 29.2
Arcturus	145 48.2	N19 03.0
Atria	107 11.1	S69 04.2
Avior	234 14.2	S59 35.1
Bellatrix	278 22.6	N 6 22.4
Betelgeuse	270 51.8	N 7 24.7
Canopus	263 51.9	S52 42.4
Capella	280 21.5	N46 01.4
Deneb	49 26.2	N45 22.3
Denebola	182 25.0	N14 25.9
Diphda	348 47.3	S17 51.1
Dubhe	193 40.9	N61 36.7
Elnath	278 01.5	N28 37.7
Eltanin	90 42.8	N51 29.1
Enif	33 39.0	N 9 59.4
Fomalhaut	15 14.7	S29 29.6
Gacrux	171 51.8	S57 14.9
Gienah	175 43.7	S17 40.7
Hadar	148 36.5	S60 29.3
Hamal	327 51.1	N23 35.0
Kaus Aust.	83 33.0	S34 22.4
Kochab	137 20.6	N74 02.9
Markab	13 30.0	N15 20.5
Menkar	314 05.9	N 4 11.3
Menkent	147 57.9	S36 29.4
Miaplacidus	221 37.7	S69 48.9
Mirfak	308 27.9	N49 57.2
Nunki	75 48.2	S26 16.0
Peacock	53 06.3	S56 39.5
Pollux	243 17.0	N27 57.9
Procyon	244 50.6	N 5 09.7
Rasalhague	95 58.9	N12 32.5
Regulus	207 34.3	N11 50.7
Rigel	281 03.6	S 8 10.3
Rigil Kent.	139 40.8	S60 56.0
Sabik	102 03.2	S15 45.3
Schedar	349 31.0	N56 40.7
Shaula	96 10.9	S37 07.3
Sirius	258 25.9	S16 45.0
Spica	158 22.5	S11 17.4
Suhail	222 46.0	S43 31.8
Vega	80 33.7	N38 48.4
Zuben'ubi	136 56.3	S16 08.7

	SHA	Mer. Pass.
	° ′	h m
Venus	41 16.1	15 15
Mars	231 55.9	2 32
Jupiter	286 43.8	22 49
Saturn	14 10.1	17 00

© British Crown Copyright 2023. All rights reserved.

UT d h	SUN GHA ° ′	SUN Dec ° ′	MOON GHA ° ′	v ′	MOON Dec ° ′	d ′	HP ′
20 00	180 36.6	S23 25.8	299 44.5	13.7	N15 38.0	12.8	55.8
01	195 36.3	25.9	314 17.2	13.9	15 25.2	12.9	55.8
02	210 36.0	25.9	328 50.1	13.9	15 12.3	12.9	55.7
03	225 35.7	. . 25.9	343 23.0	14.1	14 59.4	13.0	55.7
04	240 35.4	25.9	357 56.1	14.1	14 46.4	13.1	55.7
05	255 35.1	26.0	12 29.2	14.2	14 33.3	13.1	55.6
06	270 34.8	S23 26.0	27 02.4	14.3	N14 20.2	13.1	55.6
F 07	285 34.5	26.0	41 35.7	14.4	14 07.1	13.2	55.6
R 08	300 34.2	26.0	56 09.1	14.5	13 53.9	13.2	55.6
I 09	315 33.9	. . 26.1	70 42.6	14.6	13 40.7	13.2	55.5
D 10	330 33.5	26.1	85 16.2	14.6	13 27.5	13.3	55.5
A 11	345 33.2	26.1	99 49.8	14.8	13 14.2	13.4	55.5
Y 12	0 32.9	S23 26.1	114 23.6	14.8	N13 00.8	13.4	55.5
13	15 32.6	26.1	128 57.4	14.9	12 47.4	13.4	55.4
14	30 32.3	26.1	143 31.3	14.9	12 34.0	13.5	55.4
15	45 32.0	. . 26.2	158 05.2	15.1	12 20.5	13.4	55.4
16	60 31.7	26.2	172 39.3	15.1	12 07.1	13.6	55.4
17	75 31.4	26.2	187 13.4	15.2	11 53.5	13.5	55.3
18	90 31.1	S23 26.2	201 47.6	15.3	N11 40.0	13.6	55.3
19	105 30.8	26.2	216 21.9	15.3	11 26.4	13.7	55.3
20	120 30.4	26.2	230 56.2	15.4	11 12.7	13.6	55.3
21	135 30.1	. . 26.2	245 30.6	15.5	10 59.1	13.7	55.2
22	150 29.8	26.3	260 05.1	15.6	10 45.4	13.7	55.2
23	165 29.5	26.3	274 39.7	15.6	10 31.7	13.8	55.2
21 00	180 29.2	S23 26.3	289 14.3	15.7	N10 17.9	13.7	55.2
01	195 28.9	26.3	303 49.0	15.7	10 04.2	13.8	55.1
02	210 28.6	26.3	318 23.7	15.9	9 50.4	13.9	55.1
03	225 28.3	. . 26.3	332 58.6	15.8	9 36.5	13.8	55.1
04	240 28.0	26.3	347 33.4	16.0	9 22.7	13.9	55.1
05	255 27.7	26.3	2 08.4	16.0	9 08.8	13.9	55.0
06	270 27.3	S23 26.3	16 43.4	16.0	N 8 54.9	13.9	55.0
S 07	285 27.0	26.3	31 18.4	16.1	8 41.0	14.0	55.0
A 08	300 26.7	26.3	45 53.5	16.2	8 27.0	13.9	55.0
T 09	315 26.4	. . 26.3	60 28.7	16.2	8 13.1	14.0	55.0
U 10	330 26.1	26.3	75 03.9	16.3	7 59.1	14.0	54.9
R 11	345 25.8	26.3	89 39.2	16.3	7 45.1	14.0	54.9
D 12	0 25.5	S23 26.3	104 14.5	16.4	N 7 31.1	14.0	54.9
A 13	15 25.2	26.3	118 49.9	16.4	7 17.1	14.1	54.9
Y 14	30 24.9	26.3	133 25.3	16.5	7 03.0	14.0	54.9
15	45 24.5	. . 26.3	148 00.8	16.5	6 49.0	14.1	54.8
16	60 24.2	26.3	162 36.3	16.6	6 34.9	14.1	54.8
17	75 23.9	26.3	177 11.9	16.6	6 20.8	14.1	54.8
18	90 23.6	S23 26.3	191 47.5	16.6	N 6 06.7	14.1	54.8
19	105 23.3	26.3	206 23.1	16.7	5 52.6	14.2	54.8
20	120 23.0	26.3	220 58.8	16.7	5 38.4	14.1	54.7
21	135 22.7	. . 26.2	235 34.5	16.8	5 24.3	14.2	54.7
22	150 22.4	26.2	250 10.3	16.8	5 10.1	14.1	54.7
23	165 22.1	26.2	264 46.1	16.9	4 56.0	14.2	54.7
22 00	180 21.8	S23 26.2	279 22.0	16.8	N 4 41.8	14.2	54.7
01	195 21.4	26.2	293 57.8	17.0	4 27.6	14.1	54.7
02	210 21.1	26.2	308 33.8	16.9	4 13.5	14.2	54.6
03	225 20.8	. . 26.2	323 09.7	17.0	3 59.3	14.2	54.6
04	240 20.5	26.2	337 45.7	17.0	3 45.1	14.2	54.6
05	255 20.2	26.1	352 21.7	17.0	3 30.9	14.2	54.6
06	270 19.9	S23 26.1	6 57.7	17.1	N 3 16.7	14.2	54.6
07	285 19.6	26.1	21 33.8	17.1	3 02.5	14.2	54.6
08	300 19.3	26.1	36 09.9	17.1	2 48.3	14.2	54.6
S 09	315 19.0	. . 26.1	50 46.0	17.2	2 34.1	14.3	54.5
U 10	330 18.6	26.1	65 22.2	17.1	2 19.8	14.2	54.5
N 11	345 18.3	26.0	79 58.3	17.2	2 05.6	14.2	54.5
D 12	0 18.0	S23 26.0	94 34.5	17.2	N 1 51.4	14.2	54.5
A 13	15 17.7	26.0	109 10.7	17.2	1 37.2	14.2	54.5
Y 14	30 17.4	26.0	123 46.9	17.3	1 23.0	14.2	54.5
15	45 17.1	. . 25.9	138 23.2	17.2	1 08.8	14.2	54.5
16	60 16.8	25.9	152 59.4	17.3	0 54.6	14.2	54.4
17	75 16.5	25.9	167 35.7	17.3	0 40.4	14.2	54.4
18	90 16.2	S23 25.9	182 12.0	17.3	N 0 26.2	14.2	54.4
19	105 15.8	25.8	196 48.3	17.3	N 0 12.0	14.2	54.4
20	120 15.5	25.8	211 24.6	17.3	S 0 02.2	14.2	54.4
21	135 15.2	. . 25.8	226 00.9	17.4	0 16.4	14.2	54.4
22	150 14.9	25.8	240 37.3	17.3	0 30.6	14.1	54.4
23	165 14.6	25.7	255 13.6	17.4	S 0 44.7	14.2	54.4
	SD 16.3	*d* 0.0	SD 15.1		15.0		14.8

Lat.	Twilight Naut.	Twilight Civil	Sunrise	Moonrise 20	Moonrise 21	Moonrise 22	Moonrise 23
°	h m	h m	h m	h m	h m	h m	h m
N 72	08 26	10 58	▬	20 08	22 17	24 15	00 15
N 70	08 06	09 55	▬	20 28	22 25	24 13	00 13
68	07 50	09 19	▬	20 43	22 31	24 12	00 12
66	07 37	08 54	10 35	20 55	22 36	24 11	00 11
64	07 26	08 34	09 52	21 06	22 40	24 10	00 10
62	07 16	08 18	09 24	21 14	22 43	24 09	00 09
60	07 07	08 04	09 02	21 21	22 47	24 09	00 09
N 58	07 00	07 53	08 45	21 28	22 49	24 08	00 08
56	06 53	07 42	08 30	21 34	22 52	24 08	00 08
54	06 47	07 33	08 17	21 39	22 54	24 07	00 07
52	06 41	07 25	08 06	21 43	22 56	24 07	00 07
50	06 36	07 18	07 56	21 47	22 58	24 06	00 06
45	06 24	07 01	07 35	21 56	23 02	24 05	00 05
N 40	06 14	06 48	07 18	22 04	23 05	24 05	00 05
35	06 04	06 36	07 04	22 10	23 08	24 04	00 04
30	05 56	06 25	06 52	22 16	23 10	24 03	00 03
20	05 39	06 07	06 31	22 25	23 15	24 03	00 03
N 10	05 23	05 49	06 12	22 33	23 18	24 02	00 02
0	05 06	05 32	05 55	22 41	23 22	24 01	00 01
S 10	04 47	05 14	05 37	22 49	23 25	24 00	00 00
20	04 24	04 53	05 18	22 57	23 29	24 00	00 00
30	03 55	04 28	04 56	23 07	23 33	23 59	24 24
35	03 36	04 13	04 43	23 12	23 36	23 58	24 21
40	03 13	03 55	04 28	23 18	23 39	23 58	24 17
45	02 42	03 32	04 10	23 25	23 42	23 57	24 13
S 50	01 57	03 02	03 47	23 34	23 46	23 57	24 08
52	01 29	02 47	03 36	23 37	23 47	23 56	24 05
54	00 41	02 29	03 24	23 42	23 49	23 56	24 03
56	////	02 07	03 10	23 46	23 51	23 55	24 00
58	////	01 37	02 53	23 51	23 53	23 55	23 57
S 60	////	00 45	02 32	23 57	23 56	23 55	23 53

Lat.	Sunset	Twilight Civil	Twilight Naut.	Moonset 20	Moonset 21	Moonset 22	Moonset 23
°	h m	h m	h m	h m	h m	h m	h m
N 72	▬	12 59	15 31	13 19	12 37	12 03	11 32
N 70	▬	14 02	15 51	12 57	12 26	12 01	11 37
68	▬	14 37	16 07	12 40	12 18	11 59	11 41
66	13 22	15 03	16 20	12 26	12 11	11 57	11 44
64	14 04	15 22	16 31	12 14	12 05	11 56	11 48
62	14 33	15 39	16 41	12 04	12 00	11 55	11 50
60	14 54	15 52	16 49	11 56	11 55	11 54	11 52
N 58	15 12	16 04	16 57	11 48	11 51	11 53	11 54
56	15 27	16 14	17 03	11 42	11 47	11 52	11 56
54	15 39	16 23	17 10	11 36	11 44	11 51	11 58
52	15 51	16 32	17 15	11 30	11 41	11 51	11 59
50	16 00	16 39	17 21	11 25	11 38	11 50	12 01
45	16 21	16 55	17 32	11 15	11 32	11 48	12 04
N 40	16 38	17 09	17 43	11 06	11 27	11 47	12 06
35	16 52	17 21	17 52	10 58	11 23	11 46	12 09
30	17 05	17 31	18 01	10 51	11 19	11 45	12 11
20	17 26	17 50	18 18	10 39	11 13	11 44	12 14
N 10	17 45	18 07	18 34	10 29	11 07	11 42	12 17
0	18 02	18 25	18 51	10 19	11 01	11 41	12 20
S 10	18 20	18 43	19 10	10 09	10 55	11 39	12 23
20	18 39	19 03	19 32	09 58	10 49	11 38	12 26
30	19 01	19 28	20 02	09 46	10 42	11 36	12 29
35	19 14	19 44	20 20	09 39	10 38	11 35	12 31
40	19 29	20 02	20 44	09 31	10 34	11 34	12 33
45	19 47	20 24	21 14	09 21	10 28	11 33	12 36
S 50	20 10	20 54	22 00	09 09	10 22	11 31	12 39
52	20 20	21 09	22 28	09 04	10 19	11 30	12 40
54	20 33	21 27	23 15	08 58	10 15	11 29	12 42
56	20 47	21 50	////	08 51	10 12	11 28	12 44
58	21 04	22 20	////	08 44	10 07	11 27	12 46
S 60	21 24	23 11	////	08 35	10 03	11 26	12 48

Day	SUN Eqn. of Time 00h	SUN Eqn. of Time 12h	SUN Mer. Pass.	MOON Mer. Pass. Upper	MOON Mer. Pass. Lower	MOON Age	MOON Phase
d	m s	m s	h m	h m	h m	d %	
20	02 27	02 12	11 58	04 09	16 30	19 73	
21	01 57	01 43	11 58	04 51	17 12	20 64	
22	01 28	01 13	11 59	05 31	17 51	21 54	

© British Crown Copyright 2023. All rights reserved.

UT	ARIES	VENUS −4·4		MARS −1·0		JUPITER −2·8		SATURN +1·0	
d h	GHA ° ′	GHA ° ′	Dec ° ′	GHA ° ′	Dec ° ′	GHA ° ′	Dec ° ′	GHA ° ′	Dec ° ′
23 00 (MONDAY)	92 01.7	131 05.9	S17 18.7	324 22.2	N22 36.4	19 01.7	N21 53.1	106 05.1	S 8 10.6
01	107 04.2	146 05.6	17.7	339 25.2	36.6	34 04.5	53.0	121 07.4	10.6
02	122 06.6	161 05.3	16.7	354 28.2	36.9	49 07.2	53.0	136 09.7	10.5
03	137 09.1	176 05.1	. . 15.7	9 31.2	. . 37.1	64 10.0	. . 53.0	151 12.0	. . 10.4
04	152 11.6	191 04.8	14.8	24 34.3	37.3	79 12.8	53.0	166 14.3	10.4
05	167 14.0	206 04.6	13.8	39 37.3	37.6	94 15.6	52.9	181 16.7	10.3
06	182 16.5	221 04.3	S17 12.8	54 40.3	N22 37.8	109 18.4	N21 52.9	196 19.0	S 8 10.2
07	197 19.0	236 04.0	11.8	69 43.3	38.1	124 21.2	52.9	211 21.3	10.2
08	212 21.4	251 03.8	10.9	84 46.4	38.3	139 24.0	52.8	226 23.6	10.1
09	227 23.9	266 03.5	. . 09.9	99 49.4	. . 38.5	154 26.8	. . 52.8	241 25.9	. . 10.0
10	242 26.4	281 03.3	08.9	114 52.4	38.8	169 29.6	52.8	256 28.3	10.0
11	257 28.8	296 03.0	07.9	129 55.4	39.0	184 32.4	52.8	271 30.6	09.9
12	272 31.3	311 02.8	S17 07.0	144 58.5	N22 39.3	199 35.2	N21 52.7	286 32.9	S 8 09.8
13	287 33.7	326 02.5	06.0	160 01.5	39.5	214 38.0	52.7	301 35.2	09.8
14	302 36.2	341 02.3	05.0	175 04.5	39.8	229 40.8	52.7	316 37.5	09.7
15	317 38.7	356 02.0	. . 04.0	190 07.6	. . 40.0	244 43.6	. . 52.6	331 39.9	. . 09.6
16	332 41.1	11 01.8	03.0	205 10.6	40.2	259 46.4	52.6	346 42.2	09.6
17	347 43.6	26 01.5	02.1	220 13.6	40.5	274 49.2	52.6	1 44.5	09.5
18	2 46.1	41 01.3	S17 01.1	235 16.7	N22 40.7	289 52.0	N21 52.6	16 46.8	S 8 09.4
19	17 48.5	56 01.0	17 00.1	250 19.7	41.0	304 54.8	52.5	31 49.1	09.4
20	32 51.0	71 00.8	16 59.1	265 22.8	41.2	319 57.6	52.5	46 51.4	09.3
21	47 53.5	86 00.5	. . 58.1	280 25.8	. . 41.5	335 00.4	. . 52.5	61 53.8	. . 09.2
22	62 55.9	101 00.3	57.1	295 28.9	41.7	350 03.1	52.4	76 56.1	09.2
23	77 58.4	116 00.0	56.2	310 31.9	42.0	5 05.9	52.4	91 58.4	09.1
24 00 (TUESDAY)	93 00.9	130 59.8	S16 55.2	325 35.0	N22 42.2	20 08.7	N21 52.4	107 00.7	S 8 09.0
01	108 03.3	145 59.6	54.2	340 38.0	42.4	35 11.5	52.4	122 03.0	09.0
02	123 05.8	160 59.3	53.2	355 41.1	42.7	50 14.3	52.3	137 05.4	08.9
03	138 08.2	175 59.1	. . 52.2	10 44.1	. . 42.9	65 17.1	. . 52.3	152 07.7	. . 08.8
04	153 10.7	190 58.8	51.2	25 47.2	43.2	80 19.9	52.3	167 10.0	08.8
05	168 13.2	205 58.6	50.2	40 50.2	43.4	95 22.7	52.2	182 12.3	08.7
06	183 15.6	220 58.4	S16 49.2	55 53.3	N22 43.7	110 25.5	N21 52.2	197 14.6	S 8 08.6
07	198 18.1	235 58.1	48.2	70 56.3	43.9	125 28.3	52.2	212 16.9	08.6
08	213 20.6	250 57.9	47.3	85 59.4	44.2	140 31.1	52.2	227 19.2	08.5
09	228 23.0	265 57.7	. . 46.3	101 02.5	. . 44.4	155 33.9	. . 52.1	242 21.6	. . 08.4
10	243 25.5	280 57.4	45.3	116 05.5	44.7	170 36.7	52.1	257 23.9	08.4
11	258 28.0	295 57.2	44.3	131 08.6	44.9	185 39.4	52.1	272 26.2	08.3
12	273 30.4	310 57.0	S16 43.3	146 11.7	N22 45.2	200 42.2	N21 52.0	287 28.5	S 8 08.2
13	288 32.9	325 56.7	42.3	161 14.7	45.4	215 45.0	52.0	302 30.8	08.1
14	303 35.4	340 56.5	41.3	176 17.8	45.7	230 47.8	52.0	317 33.1	08.1
15	318 37.8	355 56.3	. . 40.3	191 20.9	. . 45.9	245 50.6	. . 52.0	332 35.5	. . 08.0
16	333 40.3	10 56.1	39.3	206 23.9	46.2	260 53.4	51.9	347 37.8	07.9
17	348 42.7	25 55.8	38.3	221 27.0	46.4	275 56.2	51.9	2 40.1	07.9
18	3 45.2	40 55.6	S16 37.3	236 30.1	N22 46.7	290 59.0	N21 51.9	17 42.4	S 8 07.8
19	18 47.7	55 55.4	36.3	251 33.2	46.9	306 01.8	51.8	32 44.7	07.7
20	33 50.1	70 55.2	35.3	266 36.2	47.2	321 04.5	51.8	47 47.0	07.7
21	48 52.6	85 54.9	. . 34.3	281 39.3	. . 47.4	336 07.3	. . 51.8	62 49.3	. . 07.6
22	63 55.1	100 54.7	33.3	296 42.4	47.7	351 10.1	51.8	77 51.7	07.5
23	78 57.5	115 54.5	32.3	311 45.5	47.9	6 12.9	51.7	92 54.0	07.5
25 00 (WEDNESDAY)	94 00.0	130 54.3	S16 31.3	326 48.6	N22 48.2	21 15.7	N21 51.7	107 56.3	S 8 07.4
01	109 02.5	145 54.1	30.3	341 51.7	48.4	36 18.5	51.7	122 58.6	07.3
02	124 04.9	160 53.8	29.3	356 54.7	48.7	51 21.3	51.6	138 00.9	07.3
03	139 07.4	175 53.6	. . 28.3	11 57.8	. . 48.9	66 24.1	. . 51.6	153 03.2	. . 07.2
04	154 09.8	190 53.4	27.3	27 00.9	49.2	81 26.9	51.6	168 05.5	07.1
05	169 12.3	205 53.2	26.3	42 04.0	49.4	96 29.6	51.6	183 07.8	07.0
06	184 14.8	220 53.0	S16 25.3	57 07.1	N22 49.7	111 32.4	N21 51.5	198 10.2	S 8 07.0
07	199 17.2	235 52.8	24.3	72 10.2	49.9	126 35.2	51.5	213 12.5	06.9
08	214 19.7	250 52.5	23.3	87 13.3	50.2	141 38.0	51.5	228 14.8	06.8
09	229 22.2	265 52.3	. . 22.3	102 16.4	. . 50.4	156 40.8	. . 51.5	243 17.1	. . 06.8
10	244 24.6	280 52.1	21.3	117 19.5	50.7	171 43.6	51.4	258 19.4	06.7
11	259 27.1	295 51.9	20.3	132 22.6	50.9	186 46.4	51.4	273 21.7	06.6
12	274 29.6	310 51.7	S16 19.3	147 25.7	N22 51.2	201 49.1	N21 51.4	288 24.0	S 8 06.6
13	289 32.0	325 51.5	18.2	162 28.8	51.4	216 51.9	51.3	303 26.3	06.5
14	304 34.5	340 51.3	17.2	177 31.9	51.7	231 54.7	51.3	318 28.7	06.4
15	319 37.0	355 51.1	. . 16.2	192 35.0	. . 52.0	246 57.5	. . 51.3	333 31.0	. . 06.3
16	334 39.4	10 50.9	15.2	207 38.1	52.2	262 00.3	51.3	348 33.3	06.3
17	349 41.9	25 50.7	14.2	222 41.2	52.5	277 03.1	51.2	3 35.6	06.2
18	4 44.3	40 50.5	S16 13.2	237 44.3	N22 52.7	292 05.9	N21 51.2	18 37.9	S 8 06.1
19	19 46.8	55 50.3	12.2	252 47.4	53.0	307 08.6	51.2	33 40.2	06.1
20	34 49.3	70 50.1	11.2	267 50.6	53.2	322 11.4	51.1	48 42.5	06.0
21	49 51.7	85 49.9	. . 10.1	282 53.7	. . 53.5	337 14.2	. . 51.1	63 44.8	. . 05.9
22	64 54.2	100 49.7	09.1	297 56.8	53.7	352 17.0	51.1	78 47.1	05.9
23	79 56.7	115 49.5	08.1	312 59.9	54.0	7 19.8	51.1	93 49.5	05.8
Mer. Pass. (h m)	17 45.0	v −0.2	d 1.0	v 3.1	d 0.2	v 2.8	d 0.0	v 2.3	d 0.1

STARS

Name	SHA ° ′	Dec ° ′
Acamar	315 11.5	S40 12.4
Achernar	335 20.0	S57 06.9
Acrux	173 00.2	S63 14.0
Adhara	255 05.5	S29 00.3
Aldebaran	290 39.3	N16 33.6
Alioth	166 13.1	N55 49.2
Alkaid	152 52.2	N49 11.0
Alnair	27 33.2	S46 50.6
Alnilam	275 37.4	S 1 11.1
Alphard	217 47.6	S 8 46.0
Alphecca	126 04.1	N26 37.7
Alpheratz	357 34.8	N29 13.9
Altair	62 00.3	N 8 56.0
Ankaa	353 07.1	S42 10.4
Antares	112 16.2	S26 29.2
Arcturus	145 48.1	N19 03.0
Atria	107 11.1	S69 04.2
Avior	234 14.2	S59 35.2
Bellatrix	278 22.6	N 6 22.4
Betelgeuse	270 51.8	N 7 24.7
Canopus	263 51.8	S52 42.5
Capella	280 21.5	N46 01.4
Deneb	49 26.2	N45 22.3
Denebola	182 25.0	N14 25.9
Diphda	348 47.3	S17 51.1
Dubhe	193 40.8	N61 36.7
Elnath	278 01.5	N28 37.7
Eltanin	90 42.8	N51 29.0
Enif	33 39.0	N 9 59.4
Fomalhaut	15 14.7	S29 29.6
Gacrux	171 51.8	S57 14.9
Gienah	175 43.6	S17 40.7
Hadar	148 36.4	S60 29.3
Hamal	327 51.1	N23 34.9
Kaus Aust.	83 33.0	S34 22.4
Kochab	137 20.6	N74 02.8
Markab	13 30.0	N15 20.4
Menkar	314 06.0	N 4 11.3
Menkent	147 57.9	S36 29.4
Miaplacidus	221 37.6	S69 48.9
Mirfak	308 27.9	N49 57.2
Nunki	75 48.2	S26 16.0
Peacock	53 06.3	S56 39.4
Pollux	243 17.0	N27 57.9
Procyon	244 50.6	N 5 09.7
Rasalhague	95 58.9	N12 32.5
Regulus	207 34.3	N11 50.7
Rigel	281 03.6	S 8 10.4
Rigil Kent.	139 40.8	S60 56.0
Sabik	102 03.2	S15 45.3
Schedar	349 31.0	N56 40.7
Shaula	96 10.9	S37 07.3
Sirius	258 25.9	S16 45.0
Spica	158 22.5	S11 17.5
Suhail	222 46.0	S43 31.8
Vega	80 33.7	N38 48.4
Zuben'ubi	136 56.3	S16 08.7

	SHA ° ′	Mer. Pass. h m
Venus	37 59.0	15 16
Mars	232 34.1	2 17
Jupiter	287 07.9	22 35
Saturn	13 59.9	16 49

© British Crown Copyright 2023. All rights reserved.

UT d h	SUN GHA ° ′	SUN Dec ° ′	MOON GHA ° ′	v ′	Dec ° ′	d ′	HP ′
23 00	180 14.3	S23 25.7	269 50.0	17.3	S 0 58.9	14.2	54.4
01	195 14.0	25.7	284 26.3	17.4	1 13.1	14.1	54.4
02	210 13.7	25.6	299 02.7	17.3	1 27.2	14.1	54.3
03	225 13.4	. . 25.6	313 39.0	17.4	1 41.3	14.2	54.3
04	240 13.1	25.6	328 15.4	17.3	1 55.5	14.1	54.3
05	255 12.7	25.5	342 51.7	17.4	2 09.6	14.1	54.3
06	270 12.4	S23 25.5	357 28.1	17.4	S 2 23.7	14.1	54.3
07	285 12.1	25.5	12 04.5	17.3	2 37.8	14.1	54.3
M 08	300 11.8	25.4	26 40.8	17.4	2 51.9	14.0	54.3
O 09	315 11.5	. . 25.4	41 17.2	17.3	3 05.9	14.1	54.3
N 10	330 11.2	25.3	55 53.5	17.4	3 20.0	14.0	54.3
D 11	345 10.9	25.3	70 29.9	17.3	3 34.0	14.0	54.3
A 12	0 10.6	S23 25.3	85 06.2	17.3	S 3 48.0	14.0	54.3
Y 13	15 10.3	25.2	99 42.5	17.3	4 02.0	14.0	54.3
14	30 09.9	25.2	114 18.8	17.3	4 16.0	14.0	54.3
15	45 09.6	. . 25.1	128 55.1	17.3	4 30.0	13.9	54.3
16	60 09.3	25.1	143 31.4	17.3	4 43.9	14.0	54.2
17	75 09.0	25.0	158 07.7	17.3	4 57.9	13.9	54.2
18	90 08.7	S23 25.0	172 44.0	17.2	S 5 11.8	13.9	54.2
19	105 08.4	25.0	187 20.2	17.2	5 25.7	13.9	54.2
20	120 08.1	24.9	201 56.4	17.2	5 39.6	13.8	54.2
21	135 07.8	. . 24.9	216 32.6	17.2	5 53.4	13.9	54.2
22	150 07.5	24.8	231 08.8	17.2	6 07.3	13.8	54.2
23	165 07.1	24.8	245 45.0	17.1	6 21.1	13.8	54.2
24 00	180 06.8	S23 24.7	260 21.1	17.2	S 6 34.9	13.7	54.2
01	195 06.5	24.7	274 57.3	17.1	6 48.6	13.8	54.2
02	210 06.2	24.6	289 33.4	17.0	7 02.4	13.7	54.2
03	225 05.9	. . 24.5	304 09.4	17.1	7 16.1	13.7	54.2
04	240 05.6	24.5	318 45.5	17.0	7 29.8	13.6	54.2
05	255 05.3	24.4	333 21.5	17.0	7 43.4	13.7	54.2
06	270 05.0	S23 24.4	347 57.5	16.9	S 7 57.1	13.6	54.2
07	285 04.7	24.3	2 33.4	17.0	8 10.7	13.5	54.2
T 08	300 04.3	24.3	17 09.4	16.9	8 24.2	13.6	54.2
U 09	315 04.0	. . 24.2	31 45.3	16.8	8 37.8	13.5	54.2
E 10	330 03.7	24.2	46 21.1	16.9	8 51.3	13.5	54.2
S 11	345 03.4	24.1	60 57.0	16.7	9 04.8	13.5	54.2
D 12	0 03.1	S23 24.0	75 32.7	16.8	S 9 18.3	13.4	54.2
A 13	15 02.8	24.0	90 08.5	16.7	9 31.7	13.4	54.2
Y 14	30 02.5	23.9	104 44.2	16.7	9 45.1	13.3	54.2
15	45 02.2	. . 23.8	119 19.9	16.6	9 58.4	13.4	54.2
16	60 01.9	23.8	133 55.5	16.6	10 11.8	13.3	54.2
17	75 01.6	23.7	148 31.1	16.6	10 25.1	13.2	54.2
18	90 01.2	S23 23.7	163 06.7	16.5	S10 38.3	13.2	54.2
19	105 00.9	23.6	177 42.2	16.4	10 51.5	13.2	54.2
20	120 00.6	23.5	192 17.6	16.5	11 04.7	13.2	54.2
21	135 00.3	. . 23.5	206 53.1	16.3	11 17.9	13.1	54.2
22	150 00.0	23.4	221 28.4	16.4	11 31.0	13.1	54.2
23	164 59.7	23.3	236 03.8	16.2	11 44.1	13.0	54.2
25 00	179 59.4	S23 23.2	250 39.0	16.3	S11 57.1	13.0	54.3
01	194 59.1	23.2	265 14.3	16.1	12 10.1	12.9	54.3
02	209 58.8	23.1	279 49.4	16.1	12 23.0	12.9	54.3
03	224 58.5	. . 23.0	294 24.5	16.1	12 35.9	12.9	54.3
04	239 58.1	23.0	308 59.6	16.0	12 48.8	12.8	54.3
05	254 57.8	22.9	323 34.6	16.0	13 01.6	12.8	54.3
06	269 57.5	S23 22.8	338 09.6	15.9	S13 14.4	12.7	54.3
W 07	284 57.2	22.7	352 44.5	15.8	13 27.1	12.7	54.3
E 08	299 56.9	22.6	7 19.3	15.8	13 39.8	12.6	54.3
D 09	314 56.6	. . 22.6	21 54.1	15.7	13 52.4	12.6	54.3
N 10	329 56.3	22.5	36 28.8	15.7	14 05.0	12.6	54.3
E 11	344 56.0	22.4	51 03.5	15.6	14 17.6	12.4	54.3
S 12	359 55.7	S23 22.3	65 38.1	15.5	S14 30.0	12.5	54.3
D 13	14 55.4	22.3	80 12.6	15.5	14 42.5	12.4	54.3
A 14	29 55.0	22.2	94 47.1	15.4	14 54.9	12.3	54.3
Y 15	44 54.7	. . 22.1	109 21.5	15.3	15 07.2	12.3	54.4
16	59 54.4	22.0	123 55.8	15.3	15 19.5	12.2	54.4
17	74 54.1	21.9	138 30.1	15.2	15 31.7	12.2	54.4
18	89 53.8	S23 21.8	153 04.3	15.2	S15 43.9	12.1	54.4
19	104 53.5	21.8	167 38.5	15.0	15 56.0	12.1	54.4
20	119 53.2	21.7	182 12.5	15.0	16 08.1	12.0	54.4
21	134 52.9	. . 21.6	196 46.5	15.0	16 20.1	11.9	54.4
22	149 52.6	21.5	211 20.5	14.8	16 32.0	11.9	54.4
23	164 52.3	21.4	225 54.3	14.8	S16 43.9	11.8	54.4
	SD 16.3	*d* 0.1	SD	14.8		14.8	14.8

Lat. °	Twilight Naut. h m	Twilight Civil h m	Sunrise h m	Moonrise 23 h m	24 h m	25 h m	26 h m
N 72	08 27	10 58	■	00 15	02 13	04 26	■
N 70	08 07	09 55	■	00 13	02 02	04 00	06 30
68	07 51	09 20	■	00 12	01 54	03 41	05 45
66	07 38	08 55	10 35	00 11	01 46	03 26	05 16
64	07 27	08 35	09 53	00 10	01 40	03 13	04 54
62	07 17	08 19	09 25	00 09	01 35	03 03	04 36
60	07 09	08 06	09 03	00 09	01 30	02 54	04 22
N 58	07 01	07 54	08 46	00 08	01 26	02 46	04 09
56	06 54	07 44	08 31	00 08	01 23	02 39	03 59
54	06 48	07 34	08 18	00 07	01 20	02 33	03 50
52	06 43	07 26	08 07	00 07	01 17	02 28	03 41
50	06 37	07 19	07 57	00 06	01 14	02 23	03 34
45	06 25	07 03	07 37	00 05	01 08	02 13	03 18
N 40	06 15	06 49	07 20	00 05	01 04	02 04	03 06
35	06 06	06 37	07 06	00 04	01 00	01 56	02 55
30	05 57	06 27	06 53	00 03	00 56	01 50	02 45
20	05 40	06 08	06 32	00 03	00 50	01 39	02 29
N 10	05 24	05 51	06 13	00 02	00 45	01 29	02 15
0	05 07	05 33	05 56	00 01	00 40	01 20	02 02
S 10	04 48	05 15	05 38	00 00	00 35	01 11	01 49
20	04 26	04 55	05 19	00 00	00 30	01 01	01 35
30	03 57	04 30	04 57	24 24	00 24	00 51	01 20
35	03 38	04 15	04 44	24 21	00 21	00 45	01 11
40	03 15	03 56	04 29	24 17	00 17	00 38	01 00
45	02 44	03 34	04 11	24 13	00 13	00 29	00 49
S 50	01 58	03 04	03 49	24 08	00 08	00 20	00 34
52	01 31	02 49	03 38	24 05	00 05	00 15	00 27
54	00 44	02 31	03 26	24 03	00 03	00 10	00 20
56	////	02 09	03 11	24 00	00 00	00 05	00 12
58	////	01 39	02 54	23 57	23 59	24 02	00 02
S 60	////	00 48	02 34	23 53	23 52	23 52	23 53

Lat. °	Sunset h m	Twilight Civil h m	Twilight Naut. h m	Moonset 23 h m	24 h m	25 h m	26 h m
N 72	■	13 02	15 33	11 32	10 57	10 10	■
N 70	■	14 04	15 53	11 37	11 11	10 37	09 36
68	■	14 40	16 09	11 41	11 22	10 58	10 23
66	13 24	15 05	16 22	11 44	11 31	11 15	10 53
64	14 07	15 24	16 33	11 48	11 39	11 29	11 16
62	14 35	15 41	16 43	11 50	11 45	11 40	11 35
60	14 56	15 54	16 51	11 52	11 51	11 50	11 50
N 58	15 14	16 06	16 58	11 54	11 56	11 59	12 03
56	15 29	16 16	17 05	11 56	12 01	12 07	12 14
54	15 41	16 25	17 11	11 58	12 05	12 13	12 24
52	15 52	16 33	17 17	11 59	12 09	12 20	12 33
50	16 02	16 41	17 22	12 01	12 12	12 25	12 41
45	16 23	16 57	17 34	12 04	12 20	12 37	12 58
N 40	16 40	17 10	17 44	12 06	12 26	12 48	13 12
35	16 54	17 22	17 54	12 09	12 32	12 56	13 24
30	17 06	17 33	18 03	12 11	12 36	13 04	13 35
20	17 28	17 52	18 19	12 14	12 45	13 17	13 53
N 10	17 46	18 09	18 35	12 17	12 52	13 29	14 09
0	18 04	18 26	18 52	12 20	12 59	13 40	14 23
S 10	18 21	18 44	19 11	12 23	13 06	13 51	14 38
20	18 40	19 05	19 34	12 26	13 13	14 03	14 54
30	19 02	19 30	20 03	12 29	13 22	14 16	15 13
35	19 15	19 45	20 22	12 31	13 27	14 24	15 24
40	19 30	20 03	20 45	12 33	13 33	14 33	15 36
45	19 48	20 26	21 15	12 36	13 39	14 44	15 51
S 50	20 11	20 55	22 01	12 39	13 47	14 57	16 09
52	20 22	21 10	22 29	12 40	13 51	15 03	16 18
54	20 34	21 28	23 15	12 42	13 55	15 10	16 27
56	20 48	21 51	////	12 44	13 59	15 17	16 38
58	21 05	22 20	////	12 46	14 04	15 26	16 51
S 60	21 25	23 11	////	12 48	14 10	15 35	17 05

Day	SUN Eqn. of Time 00^h	SUN Eqn. of Time 12^h	SUN Mer. Pass.	MOON Mer. Pass. Upper	MOON Mer. Pass. Lower	MOON Age	MOON Phase
d	m s	m s	h m	h m	h m	d %	
23	00 58	00 43	11 59	06 10	18 30	22 45	◐
24	00 28	00 13	12 00	06 49	19 09	23 36	
25	00 02	00 17	12 00	07 30	19 51	24 27	

© British Crown Copyright 2023. All rights reserved.

UT		ARIES	VENUS −4·4		MARS −1·1		JUPITER −2·8		SATURN +1·0	
		GHA	GHA	Dec	GHA	Dec	GHA	Dec	GHA	Dec
	d h	° ′	° ′	° ′	° ′	° ′	° ′	° ′	° ′	° ′
	26 00	94 59.1	130 49.3	S16 07.1	328 03.0	N22 54.2	22 22.6	N21 51.0	108 51.8	S 8 05.7
	01	110 01.6	145 49.1	06.1	343 06.1	54.5	37 25.3	51.0	123 54.1	05.6
	02	125 04.1	160 48.9	05.1	358 09.3	54.8	52 28.1	51.0	138 56.4	05.6
	03	140 06.5	175 48.7	. . 04.1	13 12.4	. . 55.0	67 30.9	. . 51.0	153 58.7	. . 05.5
	04	155 09.0	190 48.5	03.0	28 15.5	55.3	82 33.7	50.9	169 01.0	05.4
	05	170 11.5	205 48.3	02.0	43 18.6	55.5	97 36.5	50.9	184 03.3	05.4
	06	185 13.9	220 48.1	S16 01.0	58 21.8	N22 55.8	112 39.3	N21 50.9	199 05.6	S 8 05.3
	07	200 16.4	235 47.9	16 00.0	73 24.9	56.0	127 42.0	50.8	214 07.9	05.2
T	08	215 18.8	250 47.7	15 59.0	88 28.0	56.3	142 44.8	50.8	229 10.2	05.2
H	09	230 21.3	265 47.5	. . 57.9	103 31.2	. . 56.6	157 47.6	. . 50.8	244 12.6	. . 05.1
U	10	245 23.8	280 47.3	56.9	118 34.3	56.8	172 50.4	50.8	259 14.9	05.0
R	11	260 26.2	295 47.2	55.9	133 37.4	57.1	187 53.2	50.7	274 17.2	04.9
S	12	275 28.7	310 47.0	S15 54.9	148 40.6	N22 57.3	202 55.9	N21 50.7	289 19.5	S 8 04.9
D	13	290 31.2	325 46.8	53.8	163 43.7	57.6	217 58.7	50.7	304 21.8	04.8
A	14	305 33.6	340 46.6	52.8	178 46.8	57.8	233 01.5	50.6	319 24.1	04.7
Y	15	320 36.1	355 46.4	. . 51.8	193 50.0	. . 58.1	248 04.3	. . 50.6	334 26.4	. . 04.7
	16	335 38.6	10 46.2	50.8	208 53.1	58.4	263 07.1	50.6	349 28.7	04.6
	17	350 41.0	25 46.0	49.7	223 56.3	58.6	278 09.8	50.6	4 31.0	04.5
	18	5 43.5	40 45.9	S15 48.7	238 59.4	N22 58.9	293 12.6	N21 50.5	19 33.3	S 8 04.4
	19	20 45.9	55 45.7	47.7	254 02.6	59.1	308 15.4	50.5	34 35.6	04.4
	20	35 48.4	70 45.5	46.7	269 05.7	59.4	323 18.2	50.5	49 37.9	04.3
	21	50 50.9	85 45.3	. . 45.6	284 08.9	. . 59.7	338 21.0	. . 50.5	64 40.2	. . 04.2
	22	65 53.3	100 45.1	44.6	299 12.0	22 59.9	353 23.7	50.4	79 42.6	04.2
	23	80 55.8	115 45.0	43.6	314 15.2	23 00.2	8 26.5	50.4	94 44.9	04.1
	27 00	95 58.3	130 44.8	S15 42.6	329 18.3	N23 00.4	23 29.3	N21 50.4	109 47.2	S 8 04.0
	01	111 00.7	145 44.6	41.5	344 21.5	00.7	38 32.1	50.3	124 49.5	03.9
	02	126 03.2	160 44.4	40.5	359 24.6	01.0	53 34.9	50.3	139 51.8	03.9
	03	141 05.7	175 44.3	. . 39.5	14 27.8	. . 01.2	68 37.6	. . 50.3	154 54.1	. . 03.8
	04	156 08.1	190 44.1	38.4	29 30.9	01.5	83 40.4	50.3	169 56.4	03.7
	05	171 10.6	205 43.9	37.4	44 34.1	01.8	98 43.2	50.2	184 58.7	03.7
	06	186 13.1	220 43.8	S15 36.4	59 37.3	N23 02.0	113 46.0	N21 50.2	200 01.0	S 8 03.6
	07	201 15.5	235 43.6	35.3	74 40.4	02.3	128 48.7	50.2	215 03.3	03.5
	08	216 18.0	250 43.4	34.3	89 43.6	02.5	143 51.5	50.2	230 05.6	03.4
F	09	231 20.4	265 43.2	. . 33.3	104 46.7	. . 02.8	158 54.3	. . 50.1	245 07.9	. . 03.4
R	10	246 22.9	280 43.1	32.2	119 49.9	03.1	173 57.1	50.1	260 10.2	03.3
I	11	261 25.4	295 42.9	31.2	134 53.1	03.3	188 59.9	50.1	275 12.5	03.2
D	12	276 27.8	310 42.7	S15 30.2	149 56.3	N23 03.6	204 02.6	N21 50.0	290 14.8	S 8 03.1
A	13	291 30.3	325 42.6	29.1	164 59.4	03.8	219 05.4	50.0	305 17.1	03.1
Y	14	306 32.8	340 42.4	28.1	180 02.6	04.1	234 08.2	50.0	320 19.4	03.0
	15	321 35.2	355 42.3	. . 27.0	195 05.8	. . 04.4	249 11.0	. . 50.0	335 21.8	. . 02.9
	16	336 37.7	10 42.1	26.0	210 08.9	04.6	264 13.7	49.9	350 24.1	02.9
	17	351 40.2	25 41.9	25.0	225 12.1	04.9	279 16.5	49.9	5 26.4	02.8
	18	6 42.6	40 41.8	S15 23.9	240 15.3	N23 05.2	294 19.3	N21 49.9	20 28.7	S 8 02.7
	19	21 45.1	55 41.6	22.9	255 18.5	05.4	309 22.1	49.9	35 31.0	02.6
	20	36 47.6	70 41.5	21.8	270 21.7	05.7	324 24.8	49.8	50 33.3	02.6
	21	51 50.0	85 41.3	. . 20.8	285 24.8	. . 06.0	339 27.6	. . 49.8	65 35.6	. . 02.5
	22	66 52.5	100 41.1	19.8	300 28.0	06.2	354 30.4	49.8	80 37.9	02.4
	23	81 54.9	115 41.0	18.7	315 31.2	06.5	9 33.1	49.8	95 40.2	02.3
	28 00	96 57.4	130 40.8	S15 17.7	330 34.4	N23 06.7	24 35.9	N21 49.7	110 42.5	S 8 02.3
	01	111 59.9	145 40.7	16.6	345 37.6	07.0	39 38.7	49.7	125 44.8	02.2
	02	127 02.3	160 40.5	15.6	0 40.8	07.3	54 41.5	49.7	140 47.1	02.1
	03	142 04.8	175 40.4	. . 14.5	15 44.0	. . 07.5	69 44.2	. . 49.6	155 49.4	. . 02.1
	04	157 07.3	190 40.2	13.5	30 47.2	07.8	84 47.0	49.6	170 51.7	02.0
	05	172 09.7	205 40.1	12.5	45 50.4	08.1	99 49.8	49.6	185 54.0	01.9
	06	187 12.2	220 39.9	S15 11.4	60 53.5	N23 08.3	114 52.6	N21 49.6	200 56.3	S 8 01.8
	07	202 14.7	235 39.8	10.4	75 56.7	08.6	129 55.3	49.5	215 58.6	01.8
S	08	217 17.1	250 39.6	09.3	90 59.9	08.9	144 58.1	49.5	231 00.9	01.7
A	09	232 19.6	265 39.5	. . 08.3	106 03.1	. . 09.1	160 00.9	. . 49.5	246 03.2	. . 01.6
T	10	247 22.1	280 39.3	07.2	121 06.3	09.4	175 03.6	49.5	261 05.5	01.5
U	11	262 24.5	295 39.2	06.2	136 09.5	09.7	190 06.4	49.4	276 07.8	01.5
R	12	277 27.0	310 39.1	S15 05.1	151 12.7	N23 09.9	205 09.2	N21 49.4	291 10.1	S 8 01.4
D	13	292 29.4	325 38.9	04.1	166 15.9	10.2	220 12.0	49.4	306 12.4	01.3
A	14	307 31.9	340 38.8	03.0	181 19.2	10.5	235 14.7	49.3	321 14.7	01.2
Y	15	322 34.4	355 38.6	. . 02.0	196 22.4	. . 10.7	250 17.5	. . 49.3	336 17.0	. . 01.2
	16	337 36.8	10 38.5	15 00.9	211 25.6	11.0	265 20.3	49.3	351 19.3	01.1
	17	352 39.3	25 38.4	14 59.9	226 28.8	11.3	280 23.0	49.3	6 21.6	01.0
	18	7 41.8	40 38.2	S14 58.8	241 32.0	N23 11.5	295 25.8	N21 49.2	21 23.9	S 8 00.9
	19	22 44.2	55 38.1	57.8	256 35.2	11.8	310 28.6	49.2	36 26.2	00.9
	20	37 46.7	70 37.9	56.7	271 38.4	12.1	325 31.3	49.2	51 28.5	00.8
	21	52 49.2	85 37.8	. . 55.7	286 41.6	. . 12.3	340 34.1	. . 49.2	66 30.8	. . 00.7
	22	67 51.6	100 37.7	54.6	301 44.8	12.6	355 36.9	49.1	81 33.1	00.7
	23	82 54.1	115 37.5	53.6	316 48.1	12.9	10 39.6	49.1	96 35.4	00.6
	Mer. Pass.	h m 17 33.2	*v* −0.2	*d* 1.0	*v* 3.2	*d* 0.3	*v* 2.8	*d* 0.0	*v* 2.3	*d* 0.1

STARS

Name	SHA	Dec
	° ′	° ′
Acamar	315 11.5	S40 12.4
Achernar	335 20.0	S57 06.9
Acrux	173 00.1	S63 14.0
Adhara	255 05.5	S29 00.3
Aldebaran	290 39.3	N16 33.6
Alioth	166 13.1	N55 49.2
Alkaid	152 52.2	N49 11.0
Alnair	27 33.2	S46 50.6
Alnilam	275 37.4	S 1 11.2
Alphard	217 47.6	S 8 46.0
Alphecca	126 04.1	N26 37.7
Alpheratz	357 34.8	N29 13.9
Altair	62 00.3	N 8 56.0
Ankaa	353 07.2	S42 10.4
Antares	112 16.2	S26 29.2
Arcturus	145 48.1	N19 03.0
Atria	107 11.0	S69 04.2
Avior	234 14.2	S59 35.2
Bellatrix	278 22.6	N 6 22.4
Betelgeuse	270 51.8	N 7 24.7
Canopus	263 51.8	S52 42.5
Capella	280 21.5	N46 01.4
Deneb	49 26.2	N45 22.3
Denebola	182 24.9	N14 25.8
Diphda	348 47.3	S17 51.1
Dubhe	193 40.8	N61 36.7
Elnath	278 01.5	N28 37.7
Eltanin	90 42.7	N51 29.0
Enif	33 39.1	N 9 59.4
Fomalhaut	15 14.7	S29 29.6
Gacrux	171 51.7	S57 14.9
Gienah	175 43.6	S17 40.7
Hadar	148 36.4	S60 29.3
Hamal	327 51.1	N23 34.9
Kaus Aust.	83 33.0	S34 22.4
Kochab	137 20.5	N74 02.8
Markab	13 30.1	N15 20.4
Menkar	314 06.0	N 4 11.3
Menkent	147 57.9	S36 29.4
Miaplacidus	221 37.6	S69 48.9
Mirfak	308 27.9	N49 57.2
Nunki	75 48.2	S26 16.0
Peacock	53 06.3	S56 39.4
Pollux	243 17.0	N27 57.9
Procyon	244 50.5	N 5 09.6
Rasalhague	95 58.9	N12 32.4
Regulus	207 34.3	N11 50.6
Rigel	281 03.6	S 8 10.4
Rigil Kent.	139 40.7	S60 56.0
Sabik	102 03.2	S15 45.3
Schedar	349 31.0	N56 40.7
Shaula	96 10.8	S37 07.3
Sirius	258 25.9	S16 45.0
Spica	158 22.4	S11 17.5
Suhail	222 46.0	S43 31.8
Vega	80 33.7	N38 48.4
Zuben'ubi	136 56.3	S16 08.7
	SHA	**Mer. Pass.**
	° ′	h m
Venus	34 46.5	15 17
Mars	233 20.0	2 02
Jupiter	287 31.0	22 22
Saturn	13 48.9	16 38

© British Crown Copyright 2023. All rights reserved.

UT d	h	SUN GHA ° ′	SUN Dec ° ′	MOON GHA ° ′	v ′	MOON Dec ° ′	d ′	HP ′
26 THURSDAY	00	179 52.0	S23 21.3	240 28.1	14.7	S16 55.7	11.8	54.4
	01	194 51.6	21.2	255 01.8	14.6	17 07.5	11.7	54.5
	02	209 51.3	21.1	269 35.4	14.6	17 19.2	11.6	54.5
	03	224 51.0	. . 21.0	284 09.0	14.5	17 30.8	11.6	54.5
	04	239 50.7	20.9	298 42.5	14.4	17 42.4	11.5	54.5
	05	254 50.4	20.8	313 15.9	14.3	17 53.9	11.5	54.5
	06	269 50.1	S23 20.8	327 49.2	14.2	S18 05.4	11.3	54.5
	07	284 49.8	20.7	342 22.4	14.2	18 16.7	11.3	54.5
	08	299 49.5	20.6	356 55.6	14.1	18 28.0	11.3	54.5
	09	314 49.2	. . 20.5	11 28.7	14.0	18 39.3	11.2	54.6
	10	329 48.9	20.4	26 01.7	13.9	18 50.5	11.1	54.6
	11	344 48.6	20.3	40 34.6	13.8	19 01.6	11.0	54.6
	12	359 48.2	S23 20.2	55 07.4	13.7	S19 12.6	10.9	54.6
	13	14 47.9	20.1	69 40.1	13.7	19 23.5	10.9	54.6
	14	29 47.6	20.0	84 12.8	13.6	19 34.4	10.8	54.6
	15	44 47.3	. . 19.9	98 45.4	13.5	19 45.2	10.7	54.6
	16	59 47.0	19.8	113 17.9	13.4	19 55.9	10.7	54.7
	17	74 46.7	19.7	127 50.3	13.3	20 06.6	10.6	54.7
	18	89 46.4	S23 19.6	142 22.6	13.2	S20 17.2	10.5	54.7
	19	104 46.1	19.4	156 54.8	13.2	20 27.7	10.4	54.7
	20	119 45.8	19.3	171 27.0	13.0	20 38.1	10.3	54.7
	21	134 45.5	. . 19.2	185 59.0	13.0	20 48.4	10.2	54.7
	22	149 45.2	19.1	200 31.0	12.8	20 58.6	10.2	54.7
	23	164 44.9	19.0	215 02.8	12.8	21 08.8	10.1	54.8
27 FRIDAY	00	179 44.5	S23 18.9	229 34.6	12.7	S21 18.9	10.0	54.8
	01	194 44.2	18.8	244 06.3	12.6	21 28.9	9.9	54.8
	02	209 43.9	18.7	258 37.9	12.5	21 38.8	9.8	54.8
	03	224 43.6	. . 18.6	273 09.4	12.4	21 48.6	9.7	54.8
	04	239 43.3	18.5	287 40.8	12.3	21 58.3	9.6	54.8
	05	254 43.0	18.3	302 12.1	12.3	22 07.9	9.6	54.9
	06	269 42.7	S23 18.2	316 43.4	12.1	S22 17.5	9.4	54.9
	07	284 42.4	18.1	331 14.5	12.0	22 26.9	9.4	54.9
	08	299 42.1	18.0	345 45.5	12.0	22 36.3	9.2	54.9
	09	314 41.8	. . 17.9	0 16.5	11.8	22 45.5	9.2	54.9
	10	329 41.5	17.8	14 47.3	11.7	22 54.7	9.1	55.0
	11	344 41.2	17.6	29 18.0	11.7	23 03.8	8.9	55.0
	12	359 40.9	S23 17.5	43 48.7	11.6	S23 12.7	8.9	55.0
	13	14 40.5	17.4	58 19.3	11.4	23 21.6	8.8	55.0
	14	29 40.2	17.3	72 49.7	11.4	23 30.4	8.6	55.0
	15	44 39.9	. . 17.2	87 20.1	11.3	23 39.0	8.6	55.1
	16	59 39.6	17.0	101 50.4	11.1	23 47.6	8.4	55.1
	17	74 39.3	16.9	116 20.5	11.1	23 56.0	8.4	55.1
	18	89 39.0	S23 16.8	130 50.6	11.0	S24 04.4	8.2	55.1
	19	104 38.7	16.7	145 20.6	10.9	24 12.6	8.1	55.1
	20	119 38.4	16.5	159 50.5	10.8	24 20.7	8.0	55.2
	21	134 38.1	. . 16.4	174 20.3	10.7	24 28.7	7.9	55.2
	22	149 37.8	16.3	188 50.0	10.6	24 36.6	7.8	55.2
	23	164 37.5	16.2	203 19.6	10.5	24 44.4	7.7	55.2
28 SATURDAY	00	179 37.2	S23 16.0	217 49.1	10.4	S24 52.1	7.6	55.2
	01	194 36.9	15.9	232 18.5	10.3	24 59.7	7.4	55.3
	02	209 36.6	15.8	246 47.8	10.2	25 07.1	7.4	55.3
	03	224 36.3	. . 15.6	261 17.0	10.1	25 14.5	7.2	55.3
	04	239 35.9	15.5	275 46.1	10.1	25 21.7	7.1	55.3
	05	254 35.6	15.4	290 15.2	9.9	25 28.8	6.9	55.3
	06	269 35.3	S23 15.2	304 44.1	9.8	S25 35.7	6.9	55.4
	07	284 35.0	15.1	319 12.9	9.8	25 42.6	6.7	55.4
	08	299 34.7	15.0	333 41.7	9.6	25 49.3	6.6	55.4
	09	314 34.4	. . 14.8	348 10.3	9.6	25 55.9	6.5	55.4
	10	329 34.1	14.7	2 38.9	9.5	26 02.4	6.3	55.4
	11	344 33.8	14.6	17 07.4	9.4	26 08.7	6.2	55.5
	12	359 33.5	S23 14.4	31 35.8	9.2	S26 14.9	6.1	55.5
	13	14 33.2	14.3	46 04.0	9.2	26 21.0	6.0	55.5
	14	29 32.9	14.1	60 32.2	9.2	26 27.0	5.8	55.5
	15	44 32.6	. . 14.0	75 00.4	9.0	26 32.8	5.7	55.6
	16	59 32.3	13.9	89 28.4	8.9	26 38.5	5.6	55.6
	17	74 32.0	13.7	103 56.3	8.9	26 44.1	5.4	55.6
	18	89 31.7	S23 13.6	118 24.2	8.7	S26 49.5	5.3	55.6
	19	104 31.4	13.4	132 51.9	8.7	26 54.8	5.1	55.6
	20	119 31.1	13.3	147 19.6	8.6	26 59.9	5.1	55.7
	21	134 30.8	. . 13.1	161 47.2	8.5	27 05.0	4.8	55.7
	22	149 30.5	13.0	176 14.7	8.5	27 09.8	4.8	55.7
	23	164 30.1	12.8	190 42.2	8.3	S27 14.6	4.6	55.7
		SD 16.3	*d* 0.1	SD 14.9		15.0		15.1

Lat. °	Twilight Naut. h m	Twilight Civil h m	Sunrise h m	Moonrise 26 h m	27 h m	28 h m	29 h m
N 72	08 27	10 54	▬	▬	▬	▬	▬
N 70	08 07	09 54	▬	06 30	▬	▬	▬
68	07 51	09 20	▬	05 45	▬	▬	▬
66	07 38	08 55	10 34	05 16	07 34	▬	▬
64	07 27	08 35	09 53	04 54	06 48	▬	▬
62	07 18	08 20	09 25	04 36	06 18	08 11	▬
60	07 09	08 06	09 04	04 22	05 55	07 33	09 08
N 58	07 02	07 54	08 46	04 09	05 37	07 07	08 31
56	06 55	07 44	08 32	03 59	05 22	06 46	08 05
54	06 49	07 35	08 19	03 50	05 09	06 29	07 44
52	06 43	07 27	08 08	03 41	04 57	06 14	07 27
50	06 38	07 20	07 58	03 34	04 47	06 01	07 12
45	06 27	07 04	07 38	03 18	04 26	05 35	06 42
N 40	06 16	06 50	07 21	03 06	04 09	05 15	06 19
35	06 07	06 39	07 07	02 55	03 55	04 57	06 00
30	05 58	06 28	06 54	02 45	03 43	04 43	05 43
20	05 42	06 09	06 33	02 29	03 22	04 18	05 15
N 10	05 26	05 52	06 15	02 15	03 04	03 56	04 52
0	05 09	05 35	05 58	02 02	02 47	03 37	04 30
S 10	04 50	05 17	05 40	01 49	02 31	03 17	04 08
20	04 27	04 57	05 21	01 35	02 13	02 56	03 44
30	03 58	04 32	04 59	01 20	01 53	02 31	03 17
35	03 40	04 17	04 46	01 11	01 41	02 17	03 01
40	03 17	03 58	04 31	01 00	01 28	02 01	02 42
45	02 46	03 36	04 13	00 49	01 12	01 41	02 20
S 50	02 01	03 06	03 51	00 34	00 52	01 17	01 51
52	01 34	02 51	03 40	00 27	00 43	01 05	01 37
54	00 49	02 34	03 28	00 20	00 33	00 52	01 21
56	////	02 11	03 14	00 12	00 21	00 37	01 02
58	////	01 42	02 57	00 02	00 08	00 19	00 39
S 60	////	00 53	02 37	23 53	23 57	24 08	00 08

Lat. °	Sunset h m	Twilight Civil h m	Twilight Naut. h m	Moonset 26 h m	27 h m	28 h m	29 h m
N 72	▬	13 09	15 36	▬	▬	▬	▬
N 70	▬	14 09	15 56	09 36	▬	▬	▬
68	▬	14 43	16 12	10 23	▬	▬	▬
66	13 29	15 08	16 25	10 53	10 10	▬	▬
64	14 10	15 27	16 35	11 16	10 58	▬	▬
62	14 38	15 43	16 45	11 35	11 28	11 19	▭
60	14 59	15 57	16 53	11 50	11 52	11 57	12 14
N 58	15 16	16 08	17 01	12 03	12 10	12 24	12 51
56	15 31	16 18	17 07	12 14	12 26	12 45	13 18
54	15 44	16 27	17 14	12 24	12 40	13 03	13 39
52	15 55	16 35	17 19	12 33	12 51	13 18	13 56
50	16 04	16 43	17 24	12 41	13 02	13 31	14 11
45	16 25	16 59	17 36	12 58	13 24	13 58	14 42
N 40	16 42	17 12	17 46	13 12	13 42	14 19	15 05
35	16 56	17 24	17 56	13 24	13 57	14 37	15 25
30	17 08	17 34	18 04	13 35	14 10	14 52	15 41
20	17 29	17 53	18 21	13 53	14 33	15 18	16 10
N 10	17 48	18 10	18 37	14 09	14 52	15 41	16 34
0	18 05	18 28	18 54	14 23	15 11	16 02	16 56
S 10	18 22	18 46	19 13	14 38	15 29	16 23	17 19
20	18 41	19 06	19 35	14 54	15 49	16 45	17 43
30	19 03	19 31	20 04	15 13	16 12	17 12	18 12
35	19 16	19 46	20 23	15 24	16 25	17 27	18 28
40	19 31	20 04	20 46	15 36	16 41	17 45	18 48
45	19 49	20 26	21 16	15 51	16 59	18 07	19 12
S 50	20 11	20 56	22 01	16 09	17 23	18 35	19 42
52	20 22	21 11	22 28	16 18	17 34	18 49	19 57
54	20 34	21 29	23 12	16 27	17 47	19 05	20 15
56	20 48	21 50	////	16 38	18 02	19 24	20 36
58	21 05	22 20	////	16 51	18 19	19 47	21 03
S 60	21 25	23 08	////	17 05	18 41	20 17	21 42

Day	SUN Eqn. of Time 00^h	SUN Eqn. of Time 12^h	SUN Mer. Pass.	MOON Mer. Pass. Upper	MOON Mer. Pass. Lower	MOON Age	MOON Phase
d	m s	m s	h m	h m	h m	d	%
26	00 32	00 46	12 01	08 13	20 35	25	19
27	01 01	01 16	12 01	08 59	21 23	26	12
28	01 31	01 45	12 02	09 49	22 16	27	6

© British Crown Copyright 2023. All rights reserved.

	UT	ARIES	VENUS −4·4		MARS −1·2		JUPITER −2·7		SATURN +1·0	
		GHA	GHA	Dec	GHA	Dec	GHA	Dec	GHA	Dec
	d h	° ′	° ′	° ′	° ′	° ′	° ′	° ′	° ′	° ′
	29 00	97 56.6	130 37.4	S14 52.5	331 51.3	N23 13.1	25 42.4	N21 49.1	111 37.7	S 8 00.5
	01	112 59.0	145 37.3	51.4	346 54.5	13.4	40 45.2	49.1	126 40.0	00.4
	02	128 01.5	160 37.2	50.4	1 57.7	13.7	55 47.9	49.0	141 42.3	00.4
	03	143 03.9	175 37.0	. . 49.3	17 00.9	. . 13.9	70 50.7	. . 49.0	156 44.6	. . 00.3
	04	158 06.4	190 36.9	48.3	32 04.2	14.2	85 53.5	49.0	171 46.9	00.2
	05	173 08.9	205 36.8	47.2	47 07.4	14.5	100 56.2	49.0	186 49.2	00.1
	06	188 11.3	220 36.6	S14 46.2	62 10.6	N23 14.7	115 59.0	N21 48.9	201 51.5	S 8 00.1
	07	203 13.8	235 36.5	45.1	77 13.9	15.0	131 01.8	48.9	216 53.8	8 00.0
	08	218 16.3	250 36.4	44.0	92 17.1	15.3	146 04.5	48.9	231 56.1	7 59.9
S	09	233 18.7	265 36.3	. . 43.0	107 20.3	. . 15.6	161 07.3	. . 48.8	246 58.4	. . 59.8
U	10	248 21.2	280 36.1	41.9	122 23.5	15.8	176 10.1	48.8	262 00.7	59.8
N	11	263 23.7	295 36.0	40.9	137 26.8	16.1	191 12.8	48.8	277 03.0	59.7
D	12	278 26.1	310 35.9	S14 39.8	152 30.0	N23 16.4	206 15.6	N21 48.8	292 05.3	S 7 59.6
A	13	293 28.6	325 35.8	38.7	167 33.3	16.6	221 18.4	48.7	307 07.6	59.5
Y	14	308 31.1	340 35.7	37.7	182 36.5	16.9	236 21.1	48.7	322 09.9	59.5
	15	323 33.5	355 35.5	. . 36.6	197 39.7	. . 17.2	251 23.9	. . 48.7	337 12.2	. . 59.4
	16	338 36.0	10 35.4	35.5	212 43.0	17.4	266 26.7	48.7	352 14.5	59.3
	17	353 38.4	25 35.3	34.5	227 46.2	17.7	281 29.4	48.6	7 16.8	59.2
	18	8 40.9	40 35.2	S14 33.4	242 49.5	N23 18.0	296 32.2	N21 48.6	22 19.1	S 7 59.2
	19	23 43.4	55 35.1	32.3	257 52.7	18.3	311 34.9	48.6	37 21.4	59.1
	20	38 45.8	70 35.0	31.3	272 55.9	18.5	326 37.7	48.6	52 23.7	59.0
	21	53 48.3	85 34.9	. . 30.2	287 59.2	. . 18.8	341 40.5	. . 48.5	67 26.0	. . 58.9
	22	68 50.8	100 34.7	29.1	303 02.4	19.1	356 43.2	48.5	82 28.3	58.9
	23	83 53.2	115 34.6	28.1	318 05.7	19.3	11 46.0	48.5	97 30.6	58.8
	30 00	98 55.7	130 34.5	S14 27.0	333 08.9	N23 19.6	26 48.8	N21 48.5	112 32.9	S 7 58.7
	01	113 58.2	145 34.4	25.9	348 12.2	19.9	41 51.5	48.4	127 35.2	58.6
	02	129 00.6	160 34.3	24.9	3 15.4	20.1	56 54.3	48.4	142 37.5	58.5
	03	144 03.1	175 34.2	. . 23.8	18 18.7	. . 20.4	71 57.0	. . 48.4	157 39.8	. . 58.5
	04	159 05.6	190 34.1	22.7	33 21.9	20.7	86 59.8	48.4	172 42.1	58.4
	05	174 08.0	205 34.0	21.7	48 25.2	21.0	102 02.6	48.3	187 44.4	58.3
	06	189 10.5	220 33.9	S14 20.6	63 28.5	N23 21.2	117 05.3	N21 48.3	202 46.7	S 7 58.2
	07	204 12.9	235 33.8	19.5	78 31.7	21.5	132 08.1	48.3	217 49.0	58.2
	08	219 15.4	250 33.7	18.5	93 35.0	21.8	147 10.8	48.3	232 51.3	58.1
M	09	234 17.9	265 33.6	. . 17.4	108 38.2	. . 22.0	162 13.6	. . 48.2	247 53.6	. . 58.0
O	10	249 20.3	280 33.5	16.3	123 41.5	22.3	177 16.4	48.2	262 55.9	57.9
N	11	264 22.8	295 33.4	15.2	138 44.8	22.6	192 19.1	48.2	277 58.2	57.9
D	12	279 25.3	310 33.3	S14 14.2	153 48.0	N23 22.9	207 21.9	N21 48.1	293 00.4	S 7 57.8
A	13	294 27.7	325 33.2	13.1	168 51.3	23.1	222 24.6	48.1	308 02.7	57.7
Y	14	309 30.2	340 33.1	12.0	183 54.6	23.4	237 27.4	48.1	323 05.0	57.6
	15	324 32.7	355 33.0	. . 10.9	198 57.8	. . 23.7	252 30.2	. . 48.1	338 07.3	. . 57.6
	16	339 35.1	10 32.9	09.9	214 01.1	24.0	267 32.9	48.0	353 09.6	57.5
	17	354 37.6	25 32.8	08.8	229 04.4	24.2	282 35.7	48.0	8 11.9	57.4
	18	9 40.0	40 32.7	S14 07.7	244 07.7	N23 24.5	297 38.4	N21 48.0	23 14.2	S 7 57.3
	19	24 42.5	55 32.6	06.6	259 10.9	24.8	312 41.2	48.0	38 16.5	57.3
	20	39 45.0	70 32.5	05.6	274 14.2	25.0	327 43.9	47.9	53 18.8	57.2
	21	54 47.4	85 32.4	. . 04.5	289 17.5	. . 25.3	342 46.7	. . 47.9	68 21.1	. . 57.1
	22	69 49.9	100 32.3	03.4	304 20.8	25.6	357 49.5	47.9	83 23.4	57.0
	23	84 52.4	115 32.3	02.3	319 24.0	25.9	12 52.2	47.9	98 25.7	56.9
	31 00	99 54.8	130 32.2	S14 01.2	334 27.3	N23 26.1	27 55.0	N21 47.8	113 28.0	S 7 56.9
	01	114 57.3	145 32.1	14 00.2	349 30.6	26.4	42 57.7	47.8	128 30.3	56.8
	02	129 59.8	160 32.0	13 59.1	4 33.9	26.7	58 00.5	47.8	143 32.6	56.7
	03	145 02.2	175 31.9	. . 58.0	19 37.2	. . 27.0	73 03.2	. . 47.8	158 34.9	. . 56.6
	04	160 04.7	190 31.8	56.9	34 40.5	27.2	88 06.0	47.7	173 37.2	56.6
	05	175 07.2	205 31.7	55.8	49 43.7	27.5	103 08.7	47.7	188 39.4	56.5
	06	190 09.6	220 31.7	S13 54.8	64 47.0	N23 27.8	118 11.5	N21 47.7	203 41.7	S 7 56.4
	07	205 12.1	235 31.6	53.7	79 50.3	28.1	133 14.3	47.7	218 44.0	56.3
T	08	220 14.5	250 31.5	52.6	94 53.6	28.3	148 17.0	47.6	233 46.3	56.3
U	09	235 17.0	265 31.4	. . 51.5	109 56.9	. . 28.6	163 19.8	. . 47.6	248 48.6	. . 56.2
E	10	250 19.5	280 31.3	50.4	125 00.2	28.9	178 22.5	47.6	263 50.9	56.1
S	11	265 21.9	295 31.3	49.3	140 03.5	29.1	193 25.3	47.6	278 53.2	56.0
D	12	280 24.4	310 31.2	S13 48.3	155 06.8	N23 29.4	208 28.0	N21 47.5	293 55.5	S 7 55.9
	13	295 26.9	325 31.1	47.2	170 10.1	29.7	223 30.8	47.5	308 57.8	55.9
A	14	310 29.3	340 31.0	46.1	185 13.4	30.0	238 33.5	47.5	324 00.1	55.8
Y	15	325 31.8	355 31.0	. . 45.0	200 16.7	. . 30.2	253 36.3	. . 47.5	339 02.4	. . 55.7
	16	340 34.3	10 30.9	43.9	215 20.0	30.5	268 39.0	47.4	354 04.7	55.6
	17	355 36.7	25 30.8	42.8	230 23.3	30.8	283 41.8	47.4	9 07.0	55.6
	18	10 39.2	40 30.8	S13 41.7	245 26.6	N23 31.1	298 44.5	N21 47.4	24 09.2	S 7 55.5
	19	25 41.7	55 30.7	40.7	260 29.9	31.3	313 47.3	47.4	39 11.5	55.4
	20	40 44.1	70 30.6	39.6	275 33.2	31.6	328 50.0	47.3	54 13.8	55.3
	21	55 46.6	85 30.6	. . 38.5	290 36.5	. . 31.9	343 52.8	. . 47.3	69 16.1	. . 55.2
	22	70 49.0	100 30.5	37.4	305 39.8	32.2	358 55.5	47.3	84 18.4	55.2
	23	85 51.5	115 30.4	36.3	320 43.1	32.4	13 58.3	47.3	99 20.7	55.1
	Mer. Pass.	h m 17 21.4	v −0.1	d 1.1	v 3.3	d 0.3	v 2.8	d 0.0	v 2.3	d 0.1

STARS		
Name	SHA	Dec
	° ′	° ′
Acamar	315 11.5	S40 12.4
Achernar	335 20.0	S57 06.9
Acrux	173 00.1	S63 14.0
Adhara	255 05.5	S29 00.3
Aldebaran	290 39.3	N16 33.6
Alioth	166 13.0	N55 49.1
Alkaid	152 52.2	N49 11.0
Alnair	27 33.2	S46 50.6
Alnilam	275 37.4	S 1 11.2
Alphard	217 47.5	S 8 46.0
Alphecca	126 04.0	N26 37.7
Alpheratz	357 34.8	N29 13.9
Altair	62 00.3	N 8 56.0
Ankaa	353 07.2	S42 10.4
Antares	112 16.2	S26 29.2
Arcturus	145 48.1	N19 03.0
Atria	107 11.0	S69 04.2
Avior	234 14.2	S59 35.2
Bellatrix	278 22.6	N 6 22.3
Betelgeuse	270 51.8	N 7 24.7
Canopus	263 51.8	S52 42.5
Capella	280 21.5	N46 01.4
Deneb	49 26.2	N45 22.2
Denebola	182 24.9	N14 25.8
Diphda	348 47.3	S17 51.1
Dubhe	193 40.7	N61 36.7
Elnath	278 01.5	N28 37.7
Eltanin	90 42.7	N51 29.0
Enif	33 39.1	N 9 59.4
Fomalhaut	15 14.7	S29 29.6
Gacrux	171 51.7	S57 14.9
Gienah	175 43.6	S17 40.8
Hadar	148 36.3	S60 29.3
Hamal	327 51.1	N23 34.9
Kaus Aust.	83 33.0	S34 22.4
Kochab	137 20.5	N74 02.8
Markab	13 30.1	N15 20.4
Menkar	314 06.0	N 4 11.3
Menkent	147 57.8	S36 29.4
Miaplacidus	221 37.6	S69 48.9
Mirfak	308 27.9	N49 57.2
Nunki	75 48.2	S26 16.0
Peacock	53 06.3	S56 39.4
Pollux	243 17.0	N27 57.9
Procyon	244 50.5	N 5 09.6
Rasalhague	95 58.9	N12 32.4
Regulus	207 34.3	N11 50.6
Rigel	281 03.6	S 8 10.4
Rigil Kent.	139 40.7	S60 56.0
Sabik	102 03.1	S15 45.3
Schedar	349 31.1	N56 40.7
Shaula	96 10.8	S37 07.3
Sirius	258 25.9	S16 45.0
Spica	158 22.4	S11 17.5
Suhail	222 46.0	S43 31.8
Vega	80 33.7	N38 48.3
Zuben'ubi	136 56.2	S16 08.7

	SHA	Mer. Pass.
	° ′	h m
Venus	31 38.8	15 18
Mars	234 13.2	1 47
Jupiter	287 53.1	22 09
Saturn	13 37.2	16 27

© British Crown Copyright 2023. All rights reserved.

Day	UT d h	SUN GHA ° ′	SUN Dec ° ′	MOON GHA ° ′	MOON v ′	MOON Dec ° ′	MOON d ′	MOON HP ′
	29 00	179 29.8	S23 12.7	205 09.5	8.3	S27 19.2	4.4	55.8
	01	194 29.5	12.5	219 36.8	8.2	27 23.6	4.3	55.8
	02	209 29.2	12.4	234 04.0	8.1	27 27.9	4.2	55.8
	03	224 28.9	. . 12.2	248 31.1	8.1	27 32.1	4.0	55.8
	04	239 28.6	12.1	262 58.2	8.0	27 36.1	3.8	55.9
	05	254 28.3	11.9	277 25.2	7.8	27 39.9	3.8	55.9
	06	269 28.0	S23 11.8	291 52.0	7.9	S27 43.7	3.5	55.9
	07	284 27.7	11.6	306 18.9	7.7	27 47.2	3.4	55.9
	08	299 27.4	11.5	320 45.6	7.7	27 50.6	3.3	55.9
SUNDAY	09	314 27.1	. . 11.3	335 12.3	7.6	27 53.9	3.1	56.0
	10	329 26.8	11.2	349 38.9	7.6	27 57.0	3.0	56.0
	11	344 26.5	11.0	4 05.5	7.5	28 00.0	2.8	56.0
	12	359 26.2	S23 10.9	18 32.0	7.4	S28 02.8	2.6	56.0
	13	14 25.9	10.7	32 58.4	7.4	28 05.4	2.5	56.1
	14	29 25.6	10.5	47 24.8	7.3	28 07.9	2.4	56.1
	15	44 25.3	. . 10.4	61 51.1	7.2	28 10.3	2.2	56.1
	16	59 25.0	10.2	76 17.3	7.2	28 12.5	2.0	56.1
	17	74 24.7	10.0	90 43.5	7.2	28 14.5	1.9	56.2
	18	89 24.4	S23 09.9	105 09.7	7.0	S28 16.4	1.7	56.2
	19	104 24.1	09.7	119 35.7	7.1	28 18.1	1.5	56.2
	20	119 23.8	09.6	134 01.8	7.0	28 19.6	1.4	56.2
	21	134 23.5	. . 09.4	148 27.8	6.9	28 21.0	1.3	56.3
	22	149 23.2	09.2	162 53.7	6.9	28 22.3	1.0	56.3
	23	164 22.9	09.1	177 19.6	6.8	28 23.3	0.9	56.3
	30 00	179 22.6	S23 08.9	191 45.4	6.8	S28 24.2	0.8	56.3
	01	194 22.3	08.7	206 11.2	6.8	28 25.0	0.5	56.4
	02	209 22.0	08.6	220 37.0	6.7	28 25.5	0.5	56.4
	03	224 21.7	. . 08.4	235 02.7	6.7	28 26.0	0.2	56.4
	04	239 21.4	08.2	249 28.4	6.7	28 26.2	0.1	56.4
	05	254 21.1	08.0	263 54.1	6.6	28 26.3	0.1	56.4
	06	269 20.8	S23 07.9	278 19.7	6.6	S28 26.2	0.2	56.5
	07	284 20.5	07.7	292 45.3	6.5	28 26.0	0.5	56.5
	08	299 20.2	07.5	307 10.8	6.6	28 25.5	0.5	56.5
MONDAY	09	314 19.9	. . 07.3	321 36.4	6.5	28 25.0	0.8	56.5
	10	329 19.6	07.2	336 01.9	6.5	28 24.2	0.9	56.6
	11	344 19.3	07.0	350 27.4	6.5	28 23.3	1.1	56.6
	12	359 19.0	S23 06.8	4 52.9	6.4	S28 22.2	1.2	56.6
	13	14 18.7	06.6	19 18.3	6.5	28 21.0	1.5	56.6
	14	29 18.4	06.5	33 43.8	6.4	28 19.5	1.6	56.7
	15	44 18.1	. . 06.3	48 09.2	6.4	28 17.9	1.7	56.7
	16	59 17.8	06.1	62 34.6	6.4	28 16.2	1.9	56.7
	17	74 17.5	05.9	77 00.0	6.4	28 14.3	2.1	56.7
	18	89 17.2	S23 05.7	91 25.4	6.4	S28 12.2	2.3	56.8
	19	104 16.9	05.5	105 50.8	6.4	28 09.9	2.4	56.8
	20	119 16.6	05.4	120 16.2	6.3	28 07.5	2.6	56.8
	21	134 16.3	. . 05.2	134 41.5	6.4	28 04.9	2.8	56.8
	22	149 16.0	05.0	149 06.9	6.4	28 02.1	2.9	56.9
	23	164 15.7	04.8	163 32.3	6.4	27 59.2	3.1	56.9
	31 00	179 15.4	S23 04.6	177 57.7	6.4	S27 56.1	3.3	56.9
	01	194 15.1	04.4	192 23.1	6.4	27 52.8	3.5	56.9
	02	209 14.8	04.2	206 48.5	6.4	27 49.3	3.6	56.9
	03	224 14.5	. . 04.1	221 13.9	6.4	27 45.7	3.8	57.0
	04	239 14.2	03.9	235 39.3	6.5	27 41.9	3.9	57.0
	05	254 13.9	03.7	250 04.8	6.4	27 38.0	4.1	57.0
	06	269 13.6	S23 03.5	264 30.2	6.5	S27 33.9	4.3	57.0
	07	284 13.3	03.3	278 55.7	6.5	27 29.6	4.5	57.1
	08	299 13.0	03.1	293 21.2	6.5	27 25.1	4.6	57.1
	09	314 12.7	. . 02.9	307 46.7	6.5	27 20.5	4.8	57.1
TUESDAY	10	329 12.4	02.7	322 12.2	6.6	27 15.7	4.9	57.1
	11	344 12.1	02.5	336 37.8	6.6	27 10.8	5.1	57.2
	12	359 11.8	S23 02.3	351 03.4	6.6	S27 05.7	5.3	57.2
	13	14 11.5	02.1	5 29.0	6.6	27 00.4	5.4	57.2
	14	29 11.2	01.9	19 54.6	6.7	26 55.0	5.7	57.2
	15	44 10.9	. . 01.7	34 20.3	6.7	26 49.3	5.7	57.2
	16	59 10.6	01.5	48 46.0	6.8	26 43.6	6.0	57.3
	17	74 10.3	01.3	63 11.8	6.8	26 37.6	6.0	57.3
	18	89 10.0	S23 01.1	77 37.6	6.8	S26 31.6	6.3	57.3
	19	104 09.7	00.9	92 03.4	6.9	26 25.3	6.4	57.3
	20	119 09.4	00.7	106 29.3	6.9	26 18.9	6.6	57.4
	21	134 09.1	. . 00.5	120 55.2	6.9	26 12.3	6.7	57.4
	22	149 08.8	00.3	135 21.1	7.0	26 05.6	6.9	57.4
	23	164 08.5	00.1	149 47.1	7.1	S25 58.7	7.1	57.4
		SD 16.3	*d* 0.2	SD 15.3		15.4		15.6

Lat. °	Twilight Naut. h m	Twilight Civil h m	Sunrise h m	Moonrise 29 h m	Moonrise 30 h m	Moonrise 31 h m	Moonrise 1 h m
N 72	08 25	10 47	▬	▬	▬	▬	▬
N 70	08 06	09 52	▬	▬	▬	▬	▬
68	07 51	09 18	▬	▬	▬	▬	▬
66	07 38	08 54	10 30	▬	▬	▬	▬
64	07 27	08 35	09 51	▬	▬	▬	12 03
62	07 18	08 19	09 24	▬	▬	11 38	11 24
60	07 09	08 06	09 03	09 08	10 18	10 47	10 57
N 58	07 02	07 55	08 46	08 31	09 37	10 16	10 35
56	06 56	07 44	08 32	08 05	09 09	09 52	10 18
54	06 50	07 36	08 19	07 44	08 47	09 33	10 03
52	06 44	07 28	08 08	07 27	08 29	09 16	09 50
50	06 39	07 20	07 59	07 12	08 14	09 02	09 38
45	06 27	07 04	07 38	06 42	07 43	08 34	09 14
N 40	06 17	06 51	07 22	06 19	07 19	08 11	08 55
35	06 08	06 40	07 08	06 00	06 59	07 52	08 39
30	05 59	06 29	06 55	05 43	06 42	07 36	08 25
20	05 43	06 11	06 34	05 15	06 13	07 09	08 01
N 10	05 27	05 53	06 16	04 52	05 49	06 45	07 40
0	05 10	05 36	05 59	04 30	05 26	06 23	07 20
S 10	04 52	05 19	05 42	04 08	05 03	06 02	07 01
20	04 29	04 58	05 23	03 44	04 39	05 38	06 40
30	04 01	04 34	05 01	03 17	04 10	05 10	06 15
35	03 42	04 19	04 48	03 01	03 53	04 54	06 01
40	03 19	04 01	04 33	02 42	03 34	04 35	05 44
45	02 49	03 38	04 16	02 20	03 10	04 12	05 24
S 50	02 05	03 09	03 54	01 51	02 39	03 43	04 59
52	01 38	02 54	03 43	01 37	02 24	03 28	04 46
54	00 56	02 37	03 31	01 21	02 06	03 11	04 32
56	////	02 15	03 17	01 02	01 45	02 51	04 16
58	////	01 47	03 00	00 39	01 18	02 26	03 56
S 60	////	01 01	02 40	00 08	00 39	01 51	03 31

Lat. °	Sunset h m	Twilight Civil h m	Twilight Naut. h m	Moonset 29 h m	Moonset 30 h m	Moonset 31 h m	Moonset 1 h m
N 72	▬	13 19	15 41	▬	▬	▬	▬
N 70	▬	14 14	16 00	▬	▬	▬	▬
68	▬	14 48	16 15	▬	▬	▬	▬
66	13 35	15 12	16 28	▬	▬	▬	▬
64	14 15	15 31	16 39	▬	▬	▬	15 16
62	14 42	15 47	16 48	▬	▬	13 44	15 55
60	15 03	16 00	16 56	12 14	13 03	14 34	16 21
N 58	15 20	16 11	17 03	12 51	13 44	15 05	16 42
56	15 34	16 21	17 10	13 18	14 12	15 28	16 59
54	15 47	16 30	17 16	13 39	14 34	15 47	17 14
52	15 57	16 38	17 22	13 56	14 52	16 03	17 26
50	16 07	16 45	17 27	14 11	15 07	16 17	17 37
45	16 27	17 01	17 38	14 42	15 38	16 45	18 00
N 40	16 44	17 14	17 48	15 05	16 02	17 07	18 19
35	16 58	17 26	17 58	15 25	16 21	17 25	18 34
30	17 10	17 36	18 06	15 41	16 38	17 41	18 47
20	17 31	17 55	18 22	16 10	17 07	18 07	19 09
N 10	17 49	18 12	18 38	16 34	17 31	18 30	19 29
0	18 06	18 29	18 55	16 56	17 53	18 51	19 47
S 10	18 24	18 47	19 14	17 19	18 16	19 12	20 04
20	18 42	19 07	19 36	17 43	18 40	19 34	20 23
30	19 04	19 32	20 05	18 12	19 08	20 00	20 45
35	19 17	19 47	20 23	18 28	19 25	20 15	20 58
40	19 32	20 04	20 46	18 48	19 44	20 32	21 12
45	19 50	20 27	21 16	19 12	20 07	20 53	21 29
S 50	20 12	20 56	22 00	19 42	20 37	21 19	21 50
52	20 22	21 10	22 26	19 57	20 52	21 32	22 00
54	20 34	21 28	23 08	20 15	21 09	21 47	22 11
56	20 48	21 49	////	20 36	21 30	22 03	22 24
58	21 04	22 18	////	21 03	21 55	22 24	22 38
S 60	21 24	23 02	////	21 42	22 30	22 49	22 55

Day d	SUN Eqn. of Time 00^h m s	SUN Eqn. of Time 12^h m s	SUN Mer. Pass. h m	MOON Mer. Pass. Upper h m	MOON Mer. Pass. Lower h m	MOON Age d	MOON Phase %
29	02 00	02 15	12 02	10 43	23 11	28	2
30	02 29	02 44	12 03	11 40	24 08	29	0 ●
31	02 58	03 12	12 03	12 37	00 08	01	1

© British Crown Copyright 2023. All rights reserved.

EXPLANATION

PRINCIPLE AND ARRANGEMENT

1. *Object.* The object of this Almanac is to provide, in a convenient form, the data required for the practice of astronomical navigation at sea.

2. *Principle.* The main contents of the Almanac consist of data from which the *Greenwich Hour Angle* (GHA) and the *Declination* (Dec) of all the bodies used for navigation can be obtained for any instant of *Universal Time* (UT, specifically UT1, or previously Greenwich Mean Time (GMT)).

The *Local Hour Angle* (LHA) can then be obtained by means of the formula:

$$\text{LHA} = \text{GHA} \begin{matrix} -\text{ west} \\ +\text{ east} \end{matrix} \text{ longitude}$$

The remaining data consist of: times of rising and setting of the Sun and Moon, and times of twilight; miscellaneous calendarial and planning data and auxiliary tables, including a list of Standard Times; corrections to be applied to observed altitude.

For the Sun, Moon, and planets, the GHA and Dec are tabulated directly for each hour of UT throughout the year. For the stars, the *Sidereal Hour Angle* (SHA) is given, and the GHA is obtained from:

$$\text{GHA Star} = \text{GHA Aries} + \text{SHA Star}$$

The SHA and Dec of the stars change slowly and may be regarded as constant over periods of several days. GHA Aries, or the Greenwich Hour Angle of the first point of Aries (the Vernal Equinox), is tabulated for each hour. Permanent tables give the appropriate increments and corrections to the tabulated hourly values of GHA and Dec for the minutes and seconds of UT.

The six-volume series of *Sight Reduction Tables for Marine Navigation* (published in U.S.A. as Pub. No. 229) has been designed for the solution of the navigational triangle and is intended for use with *The Nautical Almanac*.

Two alternative procedures for sight reduction are described on pages 277–318. The first requires the use of programmable calculators or computers, while the second uses a set of concise tables that is given on pages 286–317.

The tabular accuracy is $0'.1$ throughout. The time argument on the daily pages of this Almanac is UT1 denoted throughout by UT. This scale may differ from the broadcast time signals (UTC) by an amount which, if ignored, will introduce an error of up to $0'.2$ in longitude determined from astronomical observations. The difference arises because the time argument depends on the variable rate of rotation of the Earth while the broadcast time signals are based on an atomic time-scale. Step adjustments of exactly one second are made to the time signals as required (normally at 24^{h} on December 31 and June 30) so that the difference between the time signals and UT, as used in this Almanac, may not exceed $0^{s}.9$. Those who require to reduce observations to a precision of better than 1^{s} must therefore obtain the correction (DUT1) to the time signals from coding in the signal, or from other sources; the required time is given by UT1=UTC+DUT1 to a precision of $0^{s}.1$. Alternatively, the longitude, when determined from astronomical observations, may be corrected by the corresponding amount shown in the following table:

Correction to time signals	Correction to longitude
$-0^{s}.9$ to $-0^{s}.7$	$0'.2$ to east
$-0^{s}.6$ to $-0^{s}.3$	$0'.1$ to east
$-0^{s}.2$ to $+0^{s}.2$	no correction
$+0^{s}.3$ to $+0^{s}.6$	$0'.1$ to west
$+0^{s}.7$ to $+0^{s}.9$	$0'.2$ to west

© British Crown Copyright 2023. All rights reserved.

3. *Lay-out.* The ephemeral data for three days are presented on an opening of two pages: the left-hand page contains the data for the planets and stars; the right-hand page contains the data for the Sun and Moon, together with times of twilight, sunrise, sunset, moonrise and moonset.

The remaining contents are arranged as follows: for ease of reference the altitude-correction tables are given on pages A2, A3, A4, xxxiv and xxxv; calendar, Moon's phases, eclipses, and planet notes (i.e. data of general interest) precede the main tabulations. The Explanation is followed by information on standard times, star charts and list of star positions, sight reduction procedures and concise sight reduction tables, polar phenomena information and graphs, tables of increments and corrections and other auxiliary tables that are frequently used.

MAIN DATA

4. *Daily pages.* The daily pages give the GHA of Aries, the GHA and Dec of the Sun, Moon, and the four navigational planets, for each hour of UT. For the Moon, values of v and d are also tabulated for each hour to facilitate the correction of GHA and Dec to intermediate times; v and d for the Sun and planets change so slowly that they are given, at the foot of the appropriate columns, once only on the page; v is zero for Aries and negligible for the Sun, and is omitted. The SHA and Dec of the 57 selected stars, arranged in alphabetical order of proper name, are also given.

5. *Stars.* The SHA and Dec of 173 stars, including the 57 selected stars, are tabulated for each month on pages 268–273; no interpolation is required and the data can be used in precisely the same way as those for the selected stars on the daily pages. The stars are arranged in order of SHA.

The list of 173 includes all stars down to magnitude 3·0, together with a few fainter ones to fill the larger gaps. The 57 selected stars have been chosen from amongst these on account of brightness and distribution in the sky; they will suffice for the majority of observations.

The 57 selected stars are known by their proper names, but they are also numbered in descending order of SHA. In the list of 173 stars, the constellation names are always given on the left-hand page; on the facing page proper names are given where well-known names exist. Numbers for the selected stars are given in both columns.

An index to the selected stars, containing lists in both alphabetical and numerical order, is given on page xxxiii and is also reprinted on the bookmark.

6. *Increments and corrections.* The tables printed on tinted paper (pages ii–xxxi) at the back of the Almanac provide the increments and corrections for minutes and seconds to be applied to the hourly values of GHA and Dec. They consist of sixty tables, one for each minute, separated into two parts: increments to GHA for Sun and planets, Aries, and Moon for every minute and second; and, for each minute, corrections to be applied to GHA and Dec corresponding to the values of v and d given on the daily pages.

The increments are based on the following adopted hourly rates of increase of the GHA: Sun and planets, 15° precisely; Aries, 15° 02'.46; Moon, 14° 19'.0. The values of v on the daily pages are the excesses of the actual hourly motions over the adopted values; they are generally positive, except for Venus. The tabulated hourly values of the Sun's GHA have been adjusted to reduce to a minimum the error caused by treating v as negligible. The values of d on the daily pages are the hourly differences of the Dec. For the Moon, the true values of v and d are given for each hour; otherwise mean values are given for the three days on the page.

7. *Method of entry.* The UT of an observation is expressed as a day and hour, followed by a number of minutes and seconds. The tabular values of GHA and Dec, and, where necessary, the corresponding values of v and d, are taken directly from the daily pages for the day and hour of UT; this hour is always *before* the time of observation. SHA and Dec of the selected stars are also taken from the daily pages.

© British Crown Copyright 2023. All rights reserved.

The table of Increments and Corrections for the minute of UT is then selected. For the GHA, the increment for minutes and seconds is taken from the appropriate column opposite the seconds of UT; the *v*-correction is taken from the second part of the same table opposite the value of *v* as given on the daily pages. Both increment and *v*-correction are to be added to the GHA, except for Venus when *v* is prefixed by a minus sign and the *v*-correction is to be subtracted. For the Dec there is no increment, but a *d*-correction is applied in the same way as the *v*-correction; *d* is given without sign on the daily pages and the sign of the correction is to be supplied by inspection of the Dec column. In many cases the correction may be applied mentally.

8. *Examples.* (a) Sun and Moon. Required the GHA and Dec of the Sun and Moon on 2024 January 17 at 15^{h} 47^{m} 13^{s} UT.

		SUN			MOON			
		GHA	Dec	*d*	GHA	*v*	Dec	*d*
		° ′	° ′	′	° ′	′	° ′	′
Daily page, January 17^{d} 15^{h}		42 30·5	S 20 45·6	0·5	322 59·0	12·1	N 7 54·4	15·9
Increments for	47^{m} 13^{s}	11 48·3			11 16·0			
v or *d* corrections for	47^{m}		−0·4		+9·6		+12·6	
Sum for January 17^{d} 15^{h} 47^{m} 13^{s}		54 18·8	S 20 45·2		334 24·6		N 8 07·0	

(b) Planets. Required the LHA and Dec of (i) Venus on 2024 January 17 at 10^{h} 42^{m} 34^{s} UT in longitude W 83° 59′; (ii) Saturn on 2024 January 17 at 13^{h} 45^{m} 17^{s} UT in longitude E 77° 47′.

		VENUS					SATURN			
		GHA	*v*	Dec	*d*		GHA	*v*	Dec	*d*
		° ′	′	° ′	′		° ′	′	° ′	′
Daily page, Jan. 17^{d}	(10^{h})	4 13·1	−0·8	S21 54·5	0·3	(13^{h})	334 09·5	2·2	S11 14·3	0·1
Increments (planets)	(42^{m} 34^{s})	10 38·5				(45^{m} 17^{s})	11 19·3			
v or *d* corrections	(42^{m})	−0·6		+0·2		(45^{m})	+1·7		−0·1	
Sum = GHA and Dec.		14 51·0		S21 54·7			345 30·5		S11 14·2	
Longitude	(west)	− 83 59·0				(east)	+ 77 47·0			
Multiples of 360°		+360					−360			
LHA planet		290 52·0					63 17·5			

(c) Stars. Required the GHA and Dec of (i) *Aldebaran* on 2024 January 17 at 20^{h} 53^{m} 38^{s} UT; (ii) *Vega* on 2024 January 17 at 8^{h} 18^{m} 14^{s} UT.

		Aldebaran			*Vega*	
		GHA	Dec		GHA	Dec
		° ′	° ′		° ′	° ′
Daily page (SHA and Dec)		290 40·3	N 16 33.5		80 34·2	N 38 48.2
Daily page (GHA Aries)	(20^{h})	56 44·6		(8^{h})	236 15·0	
Increments (Aries)	(53^{m} 38^{s})	13 26·7		(18^{m} 14^{s})	4 34·2	
Sum = GHA star		360 51·6			321 23·4	
Multiples of 360°		−360				
GHA star		0 51·6			321 23·4	

9. *Polaris (Pole Star) tables.* The tables on pages 274–276 provide means by which the latitude can be deduced from an observed altitude of *Polaris*, and they also give its azimuth; their use is explained and illustrated on those pages. They are based on the following formula:

$$\text{Latitude} - H_{O} = -p \cos h + \tfrac{1}{2} p \sin p \sin^2 h \tan(\text{latitude})$$

where H_{O} = Apparent altitude (corrected for refraction)

p = polar distance of *Polaris* = 90° − Dec

h = local hour angle of *Polaris* = LHA Aries + SHA

a_0, which is a function of LHA Aries only, is the value of both terms of the above formula calculated for mean values of the SHA (314° 13′) and Dec (N 89° 22′.1) of *Polaris*, for a mean latitude of 50°, and adjusted by the addition of a constant (58′.8).

© British Crown Copyright 2023. All rights reserved.

a_1, which is a function of LHA Aries and latitude, is the excess of the value of the second term over its mean value for latitude 50°, increased by a constant (0′.6) to make it always positive. a_2, which is a function of LHA Aries and date, is the correction to the first term for the variation of *Polaris* from its adopted mean position; it is increased by a constant (0′.6) to make it positive. The sum of the added constants is 1°, so that:

$$\text{Latitude} = \text{Apparent altitude (corrected for refraction)} - 1^\circ + a_0 + a_1 + a_2$$

RISING AND SETTING PHENOMENA

10. *General.* On the right-hand daily pages are given the times of sunrise and sunset, of the beginning and end of civil and nautical twilights, and of moonrise and moonset for a range of latitudes from N 72° to S 60°. These times, which are given to the nearest minute, are strictly the UT of the phenomena on the Greenwich meridian; they are given for every day for moonrise and moonset, but only for the middle day of the three on each page for the solar phenomena.

They are approximately the Local Mean Times (LMT) of the corresponding phenomena on other meridians; they can be formally interpolated if desired. The UT of a phenomenon is obtained from the LMT by:

$$\text{UT} = \text{LMT} \begin{matrix} + \text{ west} \\ - \text{ east} \end{matrix} \text{ longitude}$$

in which the longitude must first be converted to time by the table on page i or otherwise. Interpolation for latitude can be done mentally or with the aid of Table I on page xxxii.

The following symbols are used to indicate the conditions under which, in high latitudes, some of the phenomena do not occur:

□ Sun or Moon remains continuously above the horizon;

■ Sun or Moon remains continuously below the horizon;

//// twilight lasts all night.

Basis of the tabulations. At sunrise and sunset 16′ is allowed for semi-diameter and 34′ for horizontal refraction, so that at the times given the Sun's upper limb is on the visible horizon; all times refer to phenomena as seen from sea level with a clear horizon.

At the times given for the beginning and end of twilight, the Sun's zenith distance is 96° for civil, and 102° for nautical twilight. The degree of illumination at the times given for civil twilight (in good conditions and in the absence of other illumination) is such that the brightest stars are visible and the horizon is clearly defined. At the times given for nautical twilight, the horizon is in general not visible, and it is too dark for observation with a marine sextant.

Times corresponding to other depressions of the Sun may be obtained by interpolation or, for depressions of more than 12°, less reliably, by extrapolation; times so obtained will be subject to considerable uncertainty near extreme conditions.

At moonrise and moonset, allowance is made for semi-diameter, parallax, and refraction (34′), so that at the times given the Moon's upper limb is on the visible horizon as seen from sea level.

Polar phenomena. Information and graphs concerning the rising and setting of the Sun and Moon and the duration of civil twilight for high latitudes are given on pages 320–325.

11. *Sunrise, sunset, twilight.* The tabulated times may be regarded, without serious error, as the LMT of the phenomena on any of the three days on the page and in any longitude. Precise times may normally be obtained by interpolating the tabular values for latitude and to the correct day and longitude, the latter being expressed as a fraction of a day by dividing it by 360°, positive for west and negative for east longitudes. In the extreme conditions near □, ■ or //// interpolation may not be possible in one direction, but accurate times are of little value in these circumstances.

Examples. Required the UT of (a) the beginning of morning twilights and sunrise on 2024 January 13 for latitude S 48° 55′, longitude E 75° 18′; (b) sunset and the end of evening twilights on 2024 January 15 for latitude N 67° 10′, longitude W 168° 05′.

© British Crown Copyright 2023. All rights reserved.

	(a)	Twilight Nautical	Twilight Civil	Sunrise	(b)	Sunset	Twilight Civil	Twilight Nautical
From p. 19		d h m	d h m	d h m		d h m	d h m	d h m
LMT for Lat	S 45°	13 03 08	13 03 55	13 04 31	N 66°	15 14 21	15 15 41	15 16 53
Corr. to (p. xxxii, Table I)	S 48° 55′	−30	−20	−16	N 67° 10′	−24	−12	−6
Long (p. i)	E 75° 18′	−5 01	−5 01	−5 01	W 168° 05′	+11 12	+11 12	+11 12
UT		12 21 37	12 22 34	12 23 14		16 01 09	16 02 41	16 03 59

The LMT are strictly for January 14 (middle date on page) and 0° longitude; for more precise times it is necessary to interpolate, but rounding errors may accumulate to about 2^{m}.

(a) to January $13^{d} - 75°/360°$ = Jan. $12^{d}8$, i.e. $\frac{1}{3}(1{\cdot}2) = 0{\cdot}4$ backwards towards the data for the same latitude interpolated similarly from page 17; the corrections are -2^{m} to nautical twilight, -2^{m} to civil twilight and -2^{m} to sunrise.

(b) to January $15^{d} + 168°/360°$ = Jan. $15^{d}5$, i.e. $\frac{1}{3}(1{\cdot}5) = 0{\cdot}5$ forwards towards the data for the same latitude interpolated similarly from page 21; the corrections are $+8^{m}$ to sunset, $+4^{m}$ to civil twilight, and $+3^{m}$ to nautical twilight.

12. *Moonrise, moonset.* Precise times of moonrise and moonset are rarely needed; a glance at the tables will generally give sufficient indication of whether the Moon is available for observation and of the hours of rising and setting. If needed, precise times may be obtained as follows. Interpolate for latitude, using Table I on page xxxii, on the day wanted and also on the preceding day in east longitudes or the following day in west longitudes; take the difference between these times and interpolate for longitude by applying to the time for the day wanted the correction from Table II on page xxxii, so that the resulting time is between the two times used. In extreme conditions near □ or ■ interpolation for latitude or longitude may be possible only in one direction; accurate times are of little value in these circumstances.

To facilitate this interpolation, the times of moonrise and moonset are given for four days on each page; where no phenomenon occurs during a particular day (as happens once a month) the time of the phenomenon on the following day, increased by 24^{h}, is given; extra care must be taken when interpolating between two values, when one of those values exceeds 24^{h}. In practice it suffices to use the daily difference between the times for the nearest tabular latitude, and generally, to enter Table II with the nearest tabular arguments as in the examples below.

Examples. Required the UT of moonrise and moonset in latitude S 47° 10′, longitudes E 124° 00′ and W 78° 31′ on 2024 January 17.

	Longitude E 124° 00′ Moonrise	Longitude E 124° 00′ Moonset	Longitude W 78° 31′ Moonrise	Longitude W 78° 31′ Moonset
	d h m	d h m	d h m	d h m
LMT for Lat. S 45°	17 11 51	17 23 02	17 11 51	17 23 02
Lat correction (p. xxxii, Table I)	+02	−04	+02	−04
Long correction (p. xxxii, Table II)	−27	−07	+18	+04
Correct LMT	17 11 26	17 22 51	17 12 11	17 23 02
Longitude (p. i)	−8 16	−8 16	+5 14	+5 14
UT	17 03 10	17 14 35	17 17 25	18 04 16

ALTITUDE CORRECTION TABLES

13. *General.* In general, two corrections are given for application to altitudes observed with a marine sextant; additional corrections are required for Venus and Mars and also for very low altitudes.

Tables of the correction for dip of the horizon, due to height of eye above sea level, are given on pages A2 and xxxiv. Strictly this correction should be applied first and subtracted from the sextant altitude to give apparent altitude, which is the correct argument for the other tables.

© British Crown Copyright 2023. All rights reserved.

Separate tables are given of the second correction for the Sun, for stars and planets (on pages A2 and A3), and for the Moon (on pages xxxiv and xxxv). For the Sun, values are given for both lower and upper limbs, for two periods of the year. The star tables are used for the planets, but additional corrections for parallax (page A2) are required for Venus and Mars. The Moon tables are in two parts: the main correction is a function of apparent altitude only and is tabulated for the lower limb (30′ must be subtracted to obtain the correction for the upper limb); the other, which is given for both lower and upper limbs, depends also on the horizontal parallax, which has to be taken from the daily pages.

An additional correction, given on page A4, is required for the change in the refraction, due to variations of pressure and temperature from the adopted standard conditions; it may generally be ignored for altitudes greater than 10°, except possibly in extreme conditions. The correction tables for the Sun, stars, and planets are in two parts; only those for altitudes greater than 10° are reprinted on the bookmark.

14. *Critical tables.* Some of the altitude correction tables are arranged as critical tables. In these, an interval of apparent altitude (or height of eye) corresponds to a single value of the correction; no interpolation is required. At a "critical" entry the upper of the two possible values of the correction is to be taken. For example, in the table of dip, a correction of −4′.1 corresponds to all values of the height of eye from 5·3 to 5·5 metres (17·5 to 18·3 feet) inclusive.

15. *Examples.* The following examples illustrate the use of the altitude correction tables; the sextant altitudes given are assumed to be taken on 2024 March 11 with a marine sextant at height 5·4 metres (18 feet), temperature −3°C and pressure 982 mb, the Moon sights being taken at about 10^h UT.

	SUN lower limb	SUN upper limb	MOON lower limb	MOON upper limb	VENUS	*Polaris*
	° ′	° ′	° ′	° ′	° ′	° ′
Sextant altitude	21 19·7	3 20·2	33 27·6	26 06·7	4 32·6	49 36·5
Dip, height 5·4 metres (18 feet)	−4·1	−4·1	−4·1	−4·1	−4·1	−4·1
Main correction ‡	+13·8	−29·6	+57·4	+60·5	−10·8	−0·8
−30′ for upper limb (Moon)	—	—	—	−30·0	—	—
L, U correction for Moon	—	—	+8·9	+5·8	—	—
Additional correction for Venus	—	—	—	—	+0·1	—
Additional refraction correction	−0·1	−0·6	−0·1	−0·1	−0·5	0·0
Corrected sextant altitude	21 29·3	2 45·9	34 29·7	26 38·8	4 17·3	49 31·6

‡ The main corrections have been taken out with apparent altitude (sextant altitude corrected for index error and dip) as argument, interpolating where possible. These refinements are rarely necessary.

16. *Composition of the Corrections.* The table for the dip of the sea horizon is based on the formula:

$$\text{Correction for dip} = -1'.76\sqrt{(\text{height of eye in metres})} = -0'.97\sqrt{(\text{height of eye in feet})}$$

The correction table for the Sun includes the effects of semi-diameter, parallax and mean refraction.

The correction tables for the stars and planets allow for the effect of mean refraction.

The phase correction for Venus has been incorporated in the tabulations for GHA and Dec, and no correction for phase is required. The additional corrections for Venus and Mars allow for parallax. Alternatively, the correction for parallax may be calculated from $p \cos H$, where p is the parallax and H is the altitude. In 2024 the values for p are:

	Jan. 1		Nov. 30		Dec. 31
Venus		0′.1		0′.2	

	Jan. 1		Nov. 6		Dec. 31
Mars		0′.1		0′.2	

The correction table for the Moon includes the effect of semi-diameter, parallax, augmentation and mean refraction.

© British Crown Copyright 2023. All rights reserved.

Mean refraction is calculated for a temperature of 10°C (50°F), a pressure of 1010 mb (29·83 inches), humidity of 80% and wavelength 0·50169 μm.

17. *Bubble sextant observations.* When observing with a bubble sextant, no correction is necessary for dip, semi-diameter, or augmentation. The altitude corrections for the stars and planets on page A2 and on the bookmark should be used for the Sun as well as for the stars and planets; for the Moon, it is easiest to take the mean of the corrections for lower and upper limbs and subtract 15′ from the altitude; the correction for dip must not be applied.

AUXILIARY AND PLANNING DATA

18. *Sun and Moon.* On the daily pages are given: hourly values of the horizontal parallax of the Moon; the semi-diameters and the times of meridian passage of both Sun and Moon over the Greenwich meridian; the equation of time; the age of the Moon, the percent (%) illuminated and a symbol indicating the phase. The times of the phases of the Moon are given in UT on page 4. For the Moon, the semi-diameters for each of the three days are given at the foot of the column; for the Sun a single value is sufficient. Table II on page xxxii may be used for interpolating the time of the Moon's meridian passage for longitude. The equation of time is given daily at 00^h and 12^h UT. The sign is *positive* for unshaded values and *negative* for shaded values. To obtain apparent time add the equation of time to mean time when the sign is *positive*. Subtract the equation of time from mean time when the sign is *negative*. At 12^h UT, when the sign is *positive*, meridian passage of the Sun occurs *before* 12^h UT, otherwise it occurs *after* 12^h UT.

19. *Planets.* The magnitudes of the planets are given immediately following their names in the headings on the daily pages; also given, for the middle day of the three on the page, are their SHA at 00^h UT and their times of meridian passage.

The planet notes and diagram on pages 8 and 9 provide descriptive information as to the suitability of the planets for observation during the year, and of their positions and movements.

20. *Stars.* The time of meridian passage of the first point of Aries over the Greenwich meridian is given on the daily pages, for the middle day of the three on the page, to $0^{m}\!.1$. The interval between successive meridian passages is $23^h\ 56^{m}\!.1$ (24^h less $3^{m}\!.9$), so that times for intermediate days and other meridians can readily be derived. If a precise time is required, it may be obtained by finding the UT at which LHA Aries is zero.

The meridian passage of a star occurs when its LHA is zero, that is when LHA Aries + SHA = 360°. An approximate time can be obtained from the planet diagram on page 9.

The star charts on pages 266 and 267 are intended to assist identification. They show the relative positions of the stars in the sky as seen from the Earth and include all 173 stars used in the Almanac, together with a few others to complete the main constellation configurations. The local meridian at any time may be located on the chart by means of its SHA which is 360° − LHA Aries, or west longitude − GHA Aries.

21. *Star globe.* To set a star globe on which is printed a scale of LHA Aries, first set the globe for latitude and then rotate about the polar axis until the scale under the edge of the meridian circle reads LHA Aries.

To mark the positions of the Sun, Moon, and planets on the star globe, take the difference GHA Aries − GHA body and use this along the LHA Aries scale, in conjunction with the declination, to plot the position. GHA Aries − GHA body is most conveniently found by taking the difference when the GHA of the body is small (less than 15°), which happens once a day.

22. *Calendar.* On page 4 are given lists of ecclesiastical festivals, and of the principal anniversaries and holidays in the United Kingdom and the United States of America. The calendar on page 5 includes the day of the year as well as the day of the week.

© British Crown Copyright 2023. All rights reserved.

Brief particulars are given, at the foot of page 5, of the solar and lunar eclipses occurring during the year; the times given are in UT. The principal features of the more important solar eclipses are shown on the maps on pages 6 and 7.

23. *Standard times.* The lists on pages 262–265 give the standard times used in most countries. In general no attempt is made to give details of the beginning and end of summer time, since they are liable to frequent changes at short notice. For the latest information consult Admiralty List of Radio Signals Volume 2 (NP 282) corrected by Section VI of the weekly edition of Admiralty Notices to Mariners.

The Date or Calendar Line is an arbitrary line, on either side of which the date differs by one day; when crossing this line on a westerly course, the date must be advanced one day; when crossing it on an easterly course, the date must be put back one day. The line is a modification of the line of the 180th meridian, and is drawn so as to include, as far as possible, islands of any one group, etc., on the same side of the line. It may be traced by starting at the South Pole and joining up to the following positions:

	°	°	°	°	°	°	°
Lat	S 51·0	S 45·0	S 15·0	S 5·0	N 48·0	N 53·0	N 65·5
Long	180·0	W 172·5	W 172·5	180·0	180·0	E 170·0	W 169·0

thence through the middle of the Diomede Islands to Lat N 68°.0, Long W 169°.0, passing east of Ostrov Vrangelya (Wrangel Island) to Lat N 75°.0, Long 180°.0, and thence to the North Pole.

ACCURACY

24. *Main data.* The quantities tabulated in this Almanac are generally correct to the nearest 0′.1; the exception is the Sun's GHA which is deliberately adjusted by up to 0′.15 to reduce the error due to ignoring the *v*-correction. The GHA and Dec at intermediate times cannot be obtained to this precision, since at least two quantities must be added; moreover, the *v*- and *d*-corrections are based on mean values of *v* and *d* and are taken from tables for the whole minute only. The largest error that can occur in the GHA or Dec of any body other than the Sun or Moon is less than 0′.2; it may reach 0′.25 for the GHA of the Sun and 0′.3 for that of the Moon.

In practice, it may be expected that only one third of the values of GHA and Dec taken out will have errors larger than 0′.05 and less than one tenth will have errors larger than 0′.1.

25. *Altitude corrections.* The errors in the altitude corrections are nominally of the same order as those in GHA and Dec, as they result from the addition of several quantities each correctly rounded off to 0′.1. But the actual values of the dip and of the refraction at low altitudes may, in extreme atmospheric conditions, differ considerably from the mean values used in the tables.

USE OF THIS ALMANAC IN 2025

This Almanac may be used for the Sun and stars in 2025 in the following manner.

For the Sun, take out the GHA and Dec for the same date but, for January and February, for a time $18^h\ 12^m\ 00^s$ *later* and, for March to December, for a time $5^h\ 48^m\ 00^s$ *earlier* than the UT of observation; in both cases add 87° 00′ to the GHA so obtained. The error, mainly due to planetary perturbations of the Earth, is unlikely to exceed 0′.4.

For the stars, calculate the GHA and Dec for the same date and the same time, but for January and February *add* 44′.0 and for March to December *subtract* 15′.1 from the GHA so found. The error due to incomplete correction for precession and nutation is unlikely to exceed 0′.4. If preferred, the same result can be obtained by using a time $18^h\ 12^m\ 00^s$ later for January and February, and $5^h\ 48^m\ 00^s$ earlier for March to December, than the UT of observation (as for the Sun) and adding 86° 59′.2 to the GHA (or adding 87° as for the Sun and subtracting 0′.8, for precession, from the SHA of the star).

The Almanac cannot be so used for the Moon or planets.

© British Crown Copyright 2023. All rights reserved.

LIST I — PLACES FAST ON UTC (mainly those EAST OF GREENWICH)

The times given below should be } *added* to UTC to give Standard Time / *subtracted* from Standard Time to give UTC.

	h	m
Admiralty Islands	10	
Afghanistan	04	30
Albania*	01	
Algeria	01	
Amirante Islands	04	
Andaman Islands	05	30
Angola	01	
Armenia	04	
Australia		
Australian Capital Territory*	10	
New South Wales*[1]	10	
Northern Territory	09	30
Queensland	10	
South Australia*	09	30
Tasmania*	10	
Victoria*	10	
Western Australia	08	
Whitsunday Islands	10	
Austria*†	01	
Azerbaijan	04	
Bahrain	03	
Balearic Islands*†	01	
Bangladesh	06	
Belarus	03	
Belgium*†	01	
Benin	01	
Bosnia and Herzegovina*	01	
Botswana, Republic of	02	
Brunei	08	
Bulgaria*†	02	
Burma (Myanmar)	06	30
Burundi	02	
Cambodia	07	
Cameroon Republic	01	
Caroline Islands[2]	10	
Central African Republic	01	
Chad	01	
Chagos Archipelago & Diego Garcia	06	
Chatham Islands*	12	45
China, People's Republic of	08	
Christmas Island, Indian Ocean	07	
Cocos (Keeling) Islands	06	30
Comoro Islands (Comoros)	03	
Congo, Democratic Republic		
West: Kinshasa, Equateur	01	
East: Orientale, Kasai, Kivu, Shaba	02	
Congo Republic	01	
Corsica*†	01	
Crete*†	02	
Croatia*†	01	
Cyprus†: Ercan*, Larnaca*	02	
Czech Republic*†	01	
Denmark*†	01	
Djibouti	03	
Egypt, Arab Republic of	02	
Equatorial Guinea, Republic of	01	
Bioko	01	
Eritrea	03	
Estonia*†	02	
Eswatini	02	
Ethiopia	03	
Fiji	12	
Finland*†	02	
France*†	01	
Gabon	01	
Georgia	04	
Germany*†	01	
Gibraltar*	01	
Greece*†	02	
Guam	10	
Hong Kong	08	
Hungary*†	01	
India	05	30
Indonesia, Republic of		
Bangka, Billiton, Java, West and Central Kalimantan, Madura, Sumatra	07	
Bali, Flores, South, North and East Kalimantan, Lombok, Sulawesi, Sumba, Sumbawa, West Timor	08	
Aru, Irian Jaya, Kai, Moluccas Tanimbar	09	
Iran*	03	30
Iraq	03	
Israel*	02	
Italy*†	01	
Jan Mayen Island*	01	
Japan	09	
Jordan‡	03	
Kazakhstan		
Western: Aktau, Uralsk, Atyrau	05	
Eastern & Central: Astana	06	
Kenya	03	
Kerguelen Islands	05	
Kiribati Republic		
Gilbert Islands	12	
Phoenix Islands[3]	13	
Line Islands[3]	14	
Korea, North	09	
Korea, South	09	
Kuwait	03	
Kyrgyzstan	06	
Laccadive Islands	05	30
Laos	07	

* Daylight-saving time may be kept in these places.
† For Summer time dates see List II footnotes.
‡ Standard time listed is permanent DST
1 Except Broken Hill Area* which keeps $09^h\ 30^m$.
2 Except Pohnpei, Pingelap and Kosrae which keep 11^h and Palau which keeps 09^h.
3 The Line and Phoenix Is. not part of the Kiribati Republic may keep other time zones.

© British Crown Copyright 2023. All rights reserved.

LIST I — (*continued*)

	h	m
Latvia*†	02	
Lebanon*	02	
Lesotho	02	
Libya	02	
Liechtenstein*	01	
Lithuania*†	02	
Lord Howe Island*	10	30
Luxembourg*†	01	
Macau	08	
Macedonia*, former Yugoslav Republic	01	
Madagascar, Democratic Republic of	03	
Malawi	02	
Malaysia, Malaya, Sabah, Sarawak	08	
Maldives, Republic of The	05	
Malta*†	01	
Mariana Islands	10	
Marshall Islands	12	
Mauritius	04	
Moldova*	02	
Monaco*	01	
Mongolia[4]	08	
Montenegro*	01	
Morocco[7]	01	
Mozambique	02	
Namibia	02	
Nauru	12	
Nepal	05	45
Netherlands, The*†	01	
New Caledonia	11	
New Zealand*	12	
Nicobar Islands	05	30
Niger	01	
Nigeria, Republic of	01	
Norfolk Island*	11	
Norway*	01	
Novaya Zemlya	03	
Okinawa	09	
Oman	04	
Pagalu (Annobon Islands)	01	
Pakistan	05	
Palau Islands	09	
Papua New Guinea[5]	10	
Pescadores Islands	08	
Philippine Republic	08	
Poland*†	01	
Qatar	03	
Reunion	04	
Romania*†	02	
Russia[6]		
Kaliningrad	02	
Moscow, St. Petersburg, Arkhangelsk	03	
Samara, Astrakhan, Saratov, Volgograd	04	
Ekaterinburg, Ufa, Perm, Novyy Port	05	
Omsk	06	
Norilsk, Krasnoyarsk, Dikson, Novosibirsk, Tomsk	07	
Irkutsk, Bratsk, Ulan-Ude	08	
Tiksi, Yakutsk, Chita	09	
Vladivostok, Khabarovsk, Okhotsk	10	
Severo-Kurilsk, Magadan, Sakhalin Island	11	
Petropavlovsk-K., Anadyr	12	
Rwanda	02	
Ryukyu Islands	09	
Samoa*	13	
Santa Cruz Islands	11	
Sardinia*†	01	
Saudi Arabia	03	
Schouten Islands	09	
Serbia*	01	
Seychelles	04	
Sicily*†	01	
Singapore	08	
Slovakia*†	01	
Slovenia*†	01	
Socotra	03	
Solomon Islands	11	
Somalia Republic	03	
South Africa, Republic of	02	
South Sudan	03	
Spain*†	01	
Spanish Possessions in North Africa*	01	
Spitsbergen (Svalbard)*	01	
Sri Lanka	05	30
Sudan, Republic of	02	
Sweden*†	01	
Switzerland*	01	
Syria (Syrian Arab Republic)‡	03	
Taiwan	08	
Tajikistan	05	
Tanzania	03	
Thailand	07	
Timor-Leste	09	
Tonga	13	
Tunisia	01	
Turkey	03	
Turkmenistan	05	
Tuvalu	12	
Uganda	03	
Ukraine*	02	
United Arab Emirates	04	
Uzbekistan	05	
Vanuatu, Republic of	11	
Vietnam, Socialist Republic of	07	
Yemen	03	
Zambia, Republic of	02	
Zimbabwe	02	

* Daylight-saving time may be kept in these places. † For Summer time dates see List II footnotes.

‡ Standard time listed is permanent DST

4 Western regions of Mongolia keep 07^h.

5 Excluding the Autonomous Region of Bougainville which keeps 11^h.

6 The boundaries between the zones are irregular; listed are chief towns in each zone.

7 During Ramadan, standard time reverts to UTC

© British Crown Copyright 2023. All rights reserved.

LIST II — PLACES NORMALLY KEEPING UTC

Ascension Island	Ghana	Irish Republic*†	Portugal*†	Togo Republic
Burkina-Faso	Great Britain†	Ivory Coast	Principe	Tristan da Cunha
Canary Islands*†	Guinea-Bissau	Liberia	St. Helena	
Channel Islands†	Guinea Republic	Madeira*†	São Tomé	
Faeroes*, The	Iceland	Mali	Senegal	
Gambia, The	Ireland, Northern†	Mauritania	Sierra Leone	

* Daylight-saving time may be kept in these places.

† Summer time (daylight-saving time), one hour in advance of UTC, will be kept from 2024 March 31^d 01^h to October 27^d 01^h UTC (Ninth Summer Time Directive of the European Union). Ratification by member countries has not been verified.

LIST III — PLACES SLOW ON UTC (WEST OF GREENWICH)

The times given below should be } *subtracted* from UTC to give Standard Time / *added* to Standard Time to give UTC.

	h	m
American Samoa	11	
Argentina	03	
Austral (Tubuai) Islands[1]	10	
Azores*†	01	
Bahamas*	05	
Barbados	04	
Belize	06	
Bermuda*	04	
Bolivia	04	
Brazil		
Fernando de Noronha I., Trindade I., Oceanic Is.	02	
N and NE coastal states, Tocantins, Minas Gerais, Goiás, Brasilia, S and E coastal states	03	
Amazonas[2], Mato Grosso do Sul, Mato Grosso, Rondônia, Roraima	04	
Acre	05	
British Antarctic Territory[3,4]	03	
Canada[4]‡		
Alberta*	07	
British Columbia*[4]	08	
Labrador*	04	
Manitoba*	06	
New Brunswick*	04	
Newfoundland*	03	30
Nunavut*		
east of long. W. 85°	05	
long. W. 85° to W. 102°	06	
west of long. W. 102°	07	
Northwest Territories*	07	
Nova Scotia*	04	
Ontario, east of long. W. 90°*	05	
Ontario, west of long. W. 90°*	06	

	h	m
Canada (*continued*)		
Prince Edward Island*	04	
Quebec, east of long. W. 63°	04	
west of long. W. 63°*	05	
Saskatchewan	06	
Yukon	07	
Cape Verde Islands	01	
Cayman Islands	05	
Chile		
General*	04	
Chilean Antarctic	03	
Colombia	05	
Cook Islands	10	
Costa Rica	06	
Cuba*	05	
Curaçao Island	04	
Dominican Republic	04	
Easter Island (I. de Pascua)*	06	
Ecuador	05	
El Salvador	06	
Falkland Islands	03	
Fernando de Noronha Island	02	
French Guiana	03	
Galápagos Islands	06	
Greenland		
Danmarkshavn, Mesters Vig	00	
General*	03	
Scoresby Sound*	01	
Thule*, Pituffik*	04	
Grenada	04	
Guadeloupe	04	
Guatemala	06	
Guyana, Republic of	04	

* Daylight-saving time may be kept in these places. ‡ Dates for DST are given at the end of List III.

1 This is the legal standard time, but local mean time is generally used.

2 Except the cities of Eirunepe, Benjamin Constant and Tabatinga which keep 05^h.

3 Stations may use UTC.

4 Some areas may keep another time zone.

© British Crown Copyright 2023. All rights reserved.

LIST III — (*continued*)

	h	m
Haiti*	05	
Honduras	06	
Jamaica	05	
Johnston Island	10	
Juan Fernandez Islands*	04	
Leeward Islands	04	
Marquesas Islands	09	30
Martinique	04	
Mexico		
General	06	
Quintana Roo	05	
Baja California Sur* Nayarit*, Sinaloa* and Sonara	07	
Baja California Norte*	08	
Midway Islands	11	
Nicaragua	06	
Niue	11	
Panama, Republic of	05	
Paraguay*	04	
Peru	05	
Pitcairn Island	08	
Puerto Rico	04	
St. Pierre and Miquelon*	03	
Society Islands	10	
South Georgia	02	
Suriname	03	
Trindade Island, South Atlantic	02	
Trinidad and Tobago	04	
Tuamotu Archipelago	10	
Tubuai (Austral) Islands	10	
Turks and Caicos Islands*	05	
United States of America‡		
Alabama	06	
Alaska	09	
Aleutian Islands, east of W. 169° 30′	09	
Aleutian Islands, west of W. 169° 30′	10	
Arizona[5]	07	
Arkansas	06	
California	08	
Colorado	07	
Connecticut	05	
Delaware	05	
District of Columbia	05	
Florida[6]	05	
Georgia	05	
Hawaii[5]	10	
United States of America‡(*continued*)		
Idaho, southern part	07	
northern part	08	
Illinois	06	
Indiana[6]	05	
Iowa	06	
Kansas[6]	06	
Kentucky, eastern part	05	
western part	06	
Louisiana	06	
Maine	05	
Maryland	05	
Massachusetts	05	
Michigan[6]	05	
Minnesota	06	
Mississippi	06	
Missouri	06	
Montana	07	
Nebraska, eastern part	06	
western part	07	
Nevada	08	
New Hampshire	05	
New Jersey	05	
New Mexico	07	
New York	05	
North Carolina	05	
North Dakota, eastern part	06	
western part	07	
Ohio	05	
Oklahoma	06	
Oregon[6]	08	
Pennsylvania	05	
Rhode Island	05	
South Carolina	05	
South Dakota, eastern part	06	
western part	07	
Tennessee, eastern part	05	
western part	06	
Texas[6]	06	
Utah	07	
Vermont	05	
Virginia	05	
Washington D.C.	05	
Washington	08	
West Virginia	05	
Wisconsin	06	
Wyoming	07	
Uruguay	03	
Venezuela	04	
Virgin Islands	04	
Windward Islands	04	

* Daylight-saving time may be kept in these places.

‡ Daylight-saving (Summer) time, one hour fast on the time given, is kept during 2024 from March 10 (second Sunday) to November 3 (first Sunday), changing at $02^{h} 00^{m}$ local clock time.

5 Exempt from keeping daylight-saving time, except for a portion of Arizona.

6 A small portion of the state is in another time zone.

© British Crown Copyright 2023. All rights reserved.

NORTHERN STARS

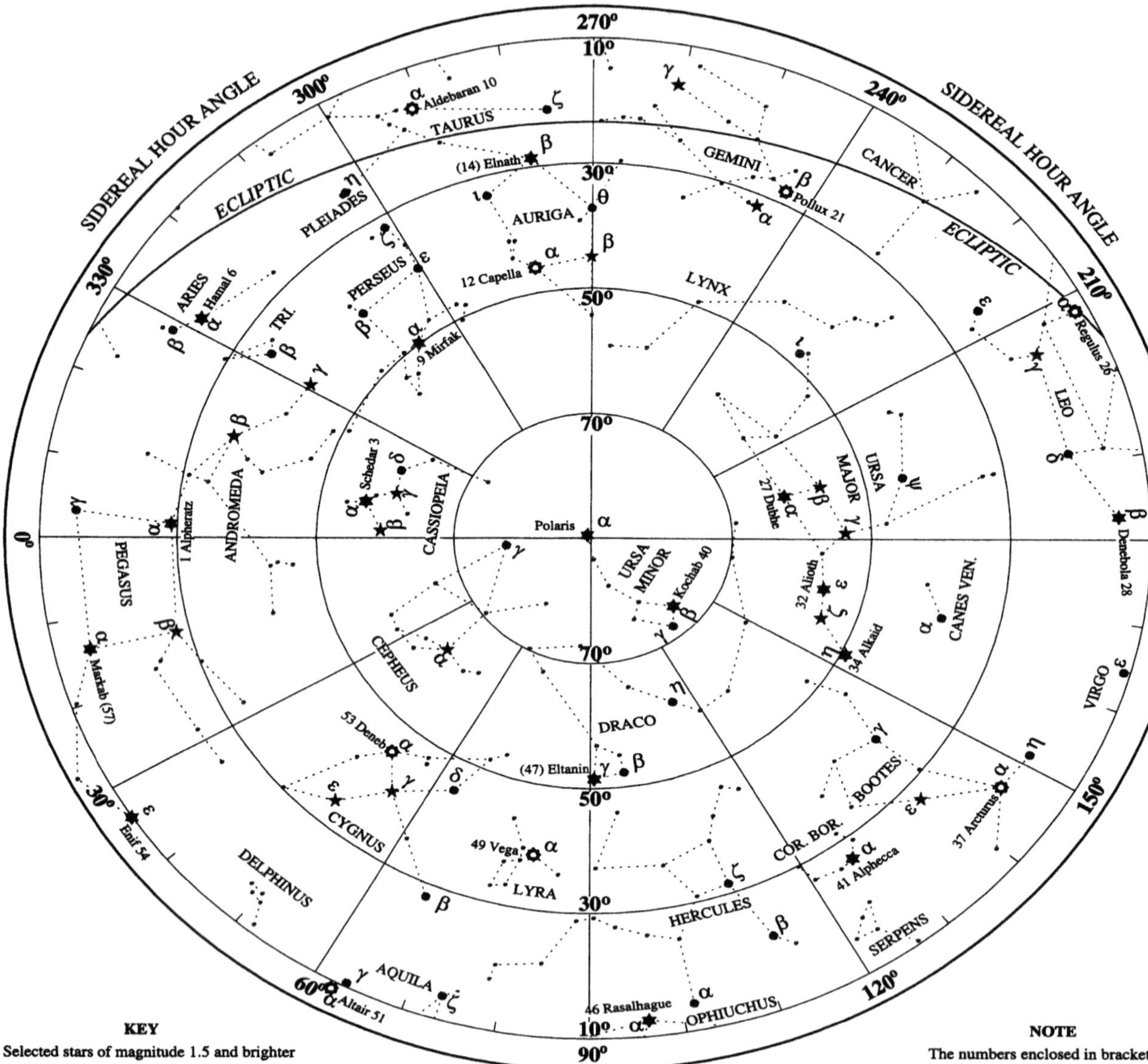

KEY

- Selected stars of magnitude 1.5 and brighter
- Selected stars of magnitude 1.6 and fainter
- Other tabulated stars of magnitude 2.5 and brighter
- Other tabulated stars of magnitude 2.6 and fainter
- Untabulated stars

NOTE

The numbers enclosed in brackets refer to those stars of the selected list which are not used in Sight Reduction Tables A.P. 3270, N.P. 303.

EQUATORIAL STARS (SHA 0° to 180°)

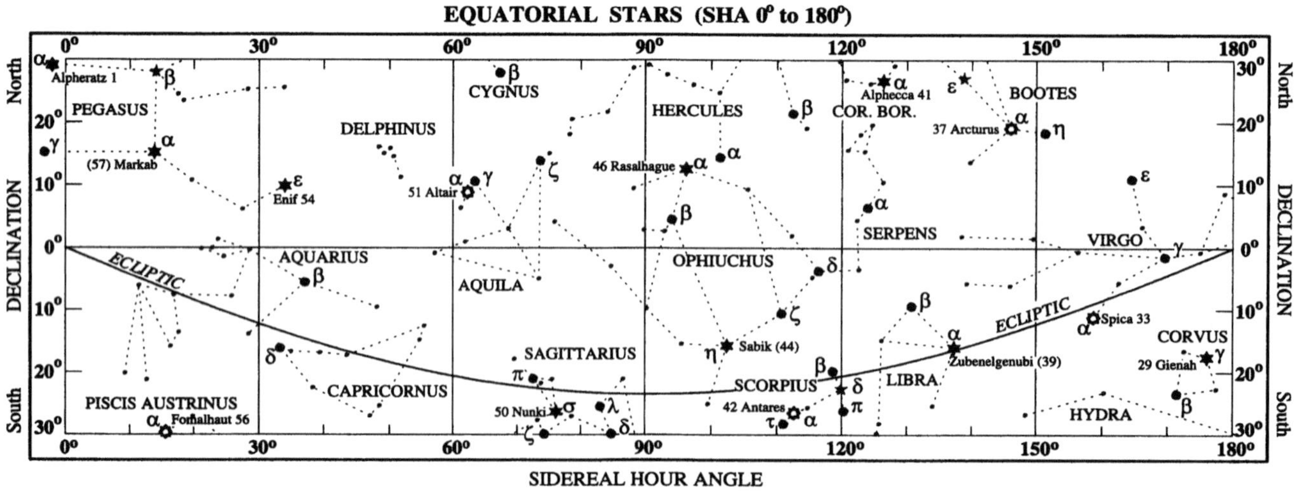

© British Crown Copyright 2023. All rights reserved.

SOUTHERN STARS

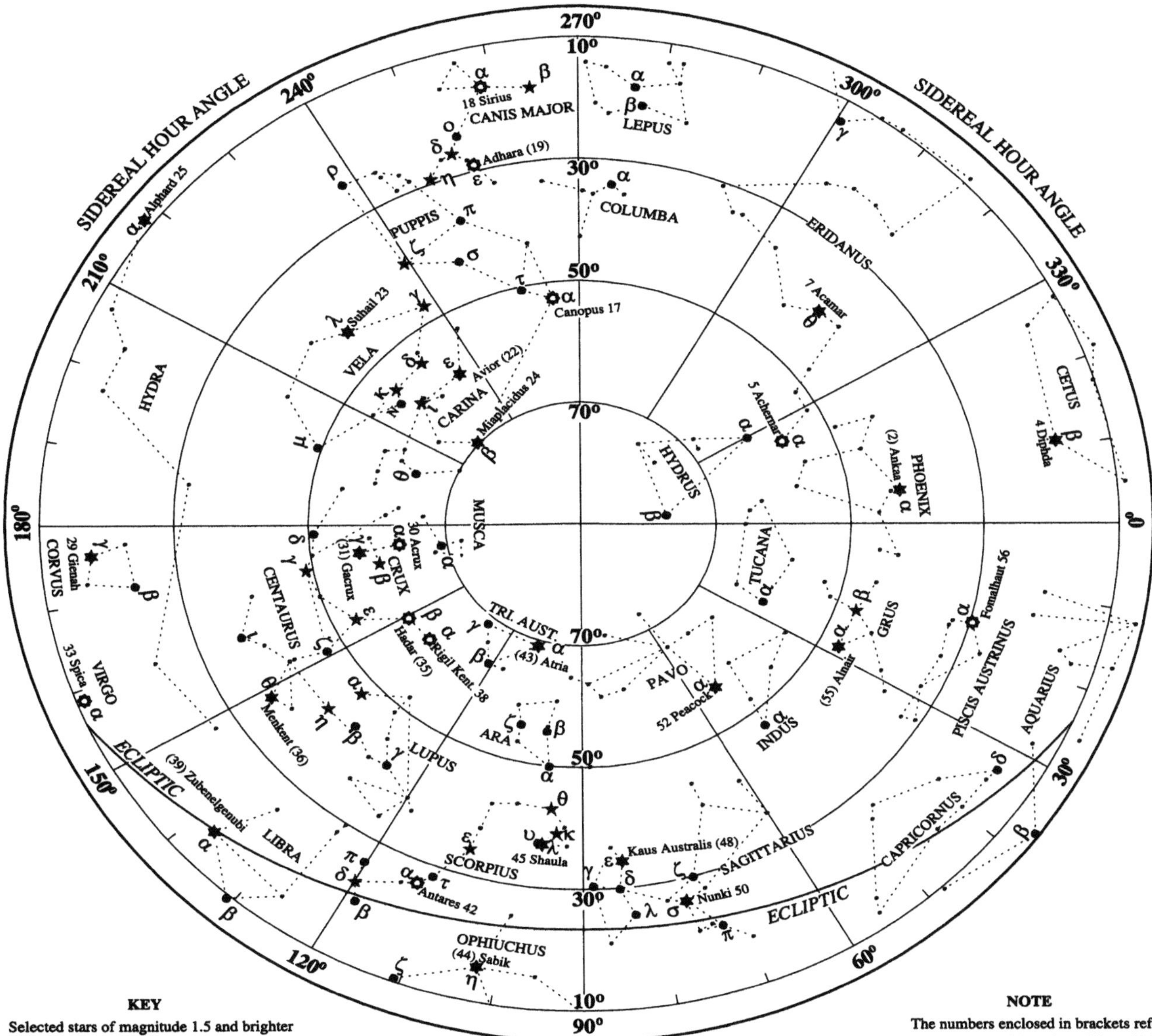

KEY

- Selected stars of magnitude 1.5 and brighter
- Selected stars of magnitude 1.6 and fainter
- Other tabulated stars of magnitude 2.5 and brighter
- Other tabulated stars of magnitude 2.6 and fainter
- Untabulated stars

NOTE

The numbers enclosed in brackets refer to those stars of the selected list which are not used in Sight Reduction Tables A.P. 3270, N.P. 303.

EQUATORIAL STARS (SHA 180° to 360°)

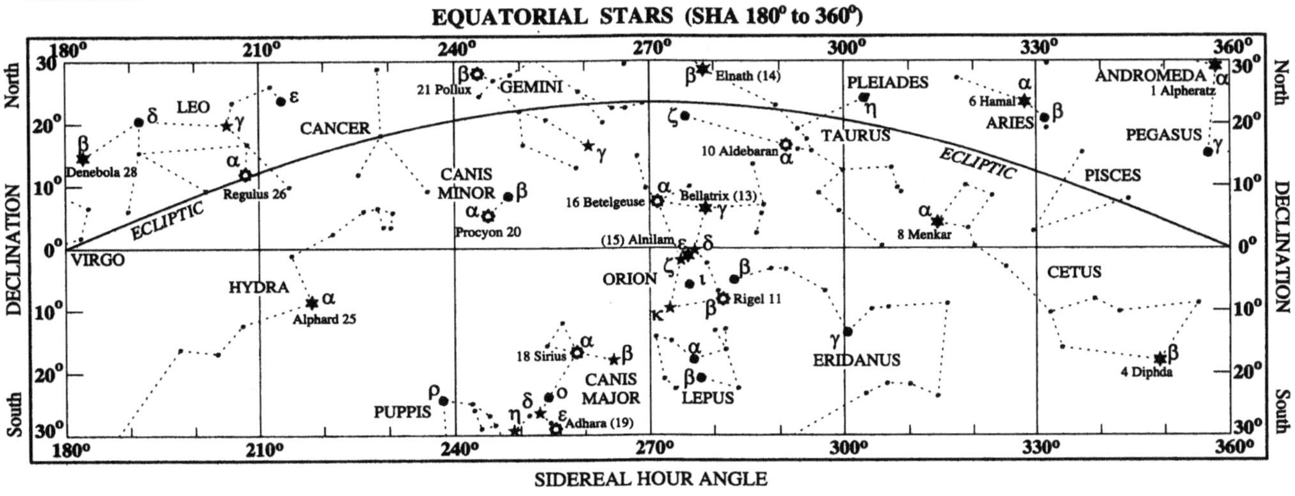

© British Crown Copyright 2023. All rights reserved.

Mag.	Name and Number		SHA							Declination						
				JAN.	FEB.	MAR.	APR.	MAY	JUNE		JAN.	FEB.	MAR.	APR.	MAY	JUNE
			°	′	′	′	′	′	′	°	′	′	′	′	′	′
3·2	γ Cephei		**4**	56·1	56·6	56·8	56·5	55·9	55·1	N **77**	46·2	46·1	46·0	45·8	45·8	45·8
2·5	α Pegasi	57	**13**	30·9	30·9	30·9	30·8	30·6	30·3	N **15**	20·1	20·0	19·9	19·9	20·0	20·1
2·4	β Pegasi		**13**	46·2	46·3	46·2	46·1	45·9	45·6	N **28**	12·8	12·7	12·7	12·6	12·6	12·7
1·2	α Piscis Aust.	56	**15**	15·6	15·7	15·6	15·5	15·2	15·0	S **29**	29·9	29·9	29·8	29·7	29·5	29·4
2·1	β Gruis		**18**	58·9	58·9	58·9	58·7	58·4	58·1	S **46**	45·8	45·7	45·6	45·4	45·3	45·2
2·9	α Tucanæ		**24**	58·5	58·5	58·4	58·1	57·7	57·3	S **60**	08·6	08·5	08·3	08·2	08·1	08·0
1·7	α Gruis	55	**27**	34·3	34·3	34·2	33·9	33·6	33·3	S **46**	50·9	50·8	50·7	50·5	50·4	50·4
2·9	δ Capricorni		**32**	54·9	54·8	54·7	54·5	54·3	54·1	S **16**	01·2	01·2	01·2	01·1	01·0	00·9
2·4	ε Pegasi	54	**33**	39·9	39·9	39·8	39·6	39·3	39·1	N **9**	59·0	59·0	58·9	59·0	59·0	59·1
2·9	β Aquarii		**36**	48·0	48·0	47·9	47·7	47·4	47·2	S **5**	28·0	28·1	28·1	28·0	27·9	27·8
2·4	α Cephei		**40**	13·6	13·7	13·5	13·2	12·8	12·4	N **62**	41·3	41·1	41·0	40·9	40·9	41·0
2·5	ε Cygni		**48**	12·7	12·7	12·5	12·3	12·0	11·8	N **34**	03·6	03·5	03·4	03·3	03·4	03·5
1·3	α Cygni	53	**49**	26·8	26·8	26·6	26·4	26·1	25·8	N **45**	21·9	21·8	21·7	21·6	21·7	21·8
3·1	α Indi		**50**	11·8	11·7	11·4	11·1	10·8	10·5	S **47**	12·6	12·5	12·4	12·3	12·2	12·2
1·9	α Pavonis	52	**53**	07·6	07·4	07·2	06·8	06·4	06·0	S **56**	39·6	39·5	39·3	39·2	39·2	39·2
2·2	γ Cygni		**54**	14·2	14·1	13·9	13·7	13·4	13·2	N **40**	20·0	19·8	19·7	19·7	19·8	19·9
0·8	α Aquilæ	51	**62**	01·1	01·0	00·8	00·6	00·3	00·1	N **8**	55·8	55·7	55·7	55·7	55·8	55·9
2·7	γ Aquilæ		**63**	09·4	09·3	09·1	08·9	08·6	08·4	N **10**	40·2	40·1	40·1	40·1	40·2	40·3
2·9	δ Cygni		**63**	34·7	34·6	34·4	34·1	33·8	33·6	N **45**	11·3	11·1	11·0	11·0	11·1	11·2
3·1	β Cygni		**67**	05·1	05·0	04·8	04·6	04·3	04·1	N **28**	00·5	00·4	00·3	00·3	00·4	00·5
2·9	π Sagittarii		**72**	12·6	12·4	12·2	11·9	11·7	11·5	S **20**	59·2	59·2	59·2	59·1	59·1	59·1
3·0	ζ Aquilæ		**73**	22·7	22·6	22·4	22·1	21·9	21·7	N **13**	53·8	53·8	53·7	53·7	53·8	53·9
2·6	ζ Sagittarii		**73**	58·4	58·2	58·0	57·7	57·4	57·2	S **29**	50·8	50·8	50·7	50·7	50·7	50·7
2·0	σ Sagittarii	50	**75**	49·1	49·0	48·7	48·5	48·2	48·0	S **26**	16·1	16·0	16·0	16·0	16·0	16·0
0·0	α Lyræ	49	**80**	34·2	34·0	33·8	33·5	33·3	33·1	N **38**	48·2	48·1	48·0	48·0	48·1	48·3
2·8	λ Sagittarii		**82**	38·6	38·4	38·2	37·9	37·7	37·5	S **25**	24·5	24·5	24·5	24·5	24·5	24·5
1·9	ε Sagittarii	48	**83**	34·0	33·8	33·5	33·2	33·0	32·8	S **34**	22·4	22·4	22·3	22·3	22·3	22·4
2·7	δ Sagittarii		**84**	22·5	22·3	22·0	21·7	21·5	21·3	S **29**	49·1	49·1	49·1	49·0	49·0	49·0
3·0	γ Sagittarii		**88**	10·2	10·0	09·7	09·4	09·2	09·0	S **30**	25·4	25·4	25·4	25·4	25·4	25·4
2·2	γ Draconis	47	**90**	43·1	42·8	42·5	42·2	42·0	41·9	N **51**	28·9	28·8	28·7	28·8	28·9	29·0
2·8	β Ophiuchi		**93**	50·5	50·3	50·0	49·8	49·6	49·5	N **4**	33·3	33·3	33·2	33·2	33·3	33·4
2·4	κ Scorpii		**93**	58·2	58·0	57·7	57·4	57·1	56·9	S **39**	02·5	02·5	02·5	02·5	02·5	02·5
1·9	θ Scorpii		**95**	14·8	14·5	14·2	13·9	13·6	13·5	S **43**	00·7	00·7	00·7	00·7	00·7	00·8
2·1	α Ophiuchi	46	**95**	59·6	59·4	59·2	59·0	58·8	58·6	N **12**	32·4	32·3	32·3	32·3	32·4	32·5
1·6	λ Scorpii	45	**96**	11·8	11·6	11·3	11·0	10·8	10·6	S **37**	07·2	07·2	07·2	07·2	07·3	07·3
3·0	α Aræ		**96**	35·0	34·7	34·4	34·0	33·7	33·6	S **49**	53·6	53·6	53·5	53·6	53·6	53·7
2·7	υ Scorpii		**96**	54·5	54·2	53·9	53·6	53·4	53·2	S **37**	18·8	18·8	18·8	18·8	18·9	18·9
2·8	β Draconis		**97**	15·8	15·6	15·3	15·0	14·8	14·7	N **52**	16·8	16·6	16·6	16·6	16·7	16·9
2·8	β Aræ		**98**	11·1	10·8	10·4	10·0	09·7	09·5	S **55**	33·0	33·0	33·0	33·0	33·1	33·2
Var.‡	α Herculis		**101**	04·2	04·0	03·7	03·5	03·3	03·2	N **14**	21·6	21·5	21·5	21·5	21·6	21·7
2·4	η Ophiuchi	44	**102**	04·0	03·8	03·5	03·3	03·1	03·0	S **15**	45·3	45·3	45·4	45·4	45·4	45·3
3·1	ζ Aræ		**104**	51·4	51·0	50·6	50·2	49·9	49·8	S **56**	01·5	01·5	01·5	01·5	01·6	01·7
2·3	ε Scorpii		**107**	04·6	04·3	04·0	03·8	03·6	03·4	S **34**	20·1	20·1	20·2	20·2	20·3	20·3
1·9	α Triang. Aust.	43	**107**	12·5	12·0	11·4	10·8	10·4	10·2	S **69**	04·0	04·0	04·0	04·1	04·2	04·3
2·8	ζ Herculis		**109**	27·4	27·2	26·9	26·7	26·6	26·5	N **31**	33·3	33·2	33·2	33·2	33·3	33·5
2·6	ζ Ophiuchi		**110**	23·1	22·8	22·6	22·4	22·2	22·1	S **10**	37·0	37·0	37·1	37·1	37·1	37·0
2·8	τ Scorpii		**110**	39·7	39·4	39·1	38·9	38·7	38·6	S **28**	15·9	15·9	16·0	16·0	16·0	16·1
2·8	β Herculis		**112**	11·5	11·3	11·0	10·8	10·7	10·6	N **21**	26·1	26·0	25·9	26·0	26·1	26·2
1·0	α Scorpii	42	**112**	17·1	16·8	16·6	16·3	16·2	16·1	S **26**	29·1	29·1	29·1	29·2	29·2	29·2
2·7	η Draconis		**113**	55·6	55·2	54·8	54·5	54·3	54·3	N **61**	27·3	27·1	27·1	27·2	27·4	27·5
2·7	δ Ophiuchi		**116**	06·2	06·0	05·7	05·5	05·4	05·3	S **3**	45·4	45·5	45·5	45·5	45·5	45·5
2·6	β Scorpii		**118**	17·8	17·5	17·3	17·0	16·9	16·8	S **19**	52·2	52·3	52·3	52·4	52·4	52·4
2·3	δ Scorpii		**119**	34·0	33·7	33·4	33·2	33·1	33·0	S **22**	41·4	41·4	41·5	41·5	41·5	41·5
2·9	π Scorpii		**119**	55·7	55·4	55·2	54·9	54·8	54·7	S **26**	10·9	11·0	11·0	11·1	11·1	11·1
2·8	β Trianguli Aust.		**120**	41·5	41·0	40·5	40·1	39·9	39·8	S **63**	30·0	30·0	30·1	30·2	30·3	30·5
2·6	α Serpentis		**123**	38·4	38·2	38·0	37·8	37·7	37·6	N **6**	20·9	20·8	20·8	20·8	20·8	20·9
2·8	γ Lupi		**125**	49·1	48·8	48·5	48·3	48·1	48·1	S **41**	14·7	14·7	14·8	14·9	15·0	15·0
2·2	α Coronæ Bor.	41	**126**	04·6	04·4	04·1	04·0	03·8	03·8	N **26**	37·8	37·7	37·7	37·8	37·9	38·0

‡ 2·9 — 3·6

© British Crown Copyright 2023. All rights reserved.

Mag.	Name and Number		SHA							Declination						
				JULY	AUG.	SEPT.	OCT.	NOV.	DEC.		JULY	AUG.	SEPT.	OCT.	NOV.	DEC.
			°	′	′	′	′	′	′	°	′	′	′	′	′	′
3·2	*Errai*		**4**	54·3	53·7	53·5	53·6	54·1	54·7	**N 77**	45·8	46·0	46·2	46·4	46·5	46·6
2·5	*Markab*	57	**13**	30·1	29·9	29·8	29·9	29·9	30·0	**N 15**	20·2	20·3	20·4	20·5	20·5	20·5
2·4	*Scheat*		**13**	45·4	45·2	45·1	45·1	45·2	45·3	**N 28**	12·8	13·0	13·1	13·2	13·3	13·2
1·2	*Fomalhaut*	56	**15**	14·7	14·5	14·4	14·5	14·6	14·7	**S 29**	29·4	29·4	29·4	29·5	29·5	29·6
2·1	*Tiaki*		**18**	57·8	57·5	57·5	57·5	57·7	57·8	**S 46**	45·2	45·2	45·3	45·4	45·5	45·5
2·9	α Tucanæ		**24**	56·9	56·7	56·6	56·7	57·0	57·2	**S 60**	08·0	08·1	08·2	08·3	08·4	08·4
1·7	*Alnair*	55	**27**	33·0	32·8	32·8	32·9	33·0	33·2	**S 46**	50·4	50·4	50·5	50·6	50·6	50·6
2·9	*Deneb Algedi*		**32**	53·9	53·7	53·7	53·7	53·9	53·9	**S 16**	00·9	00·8	00·8	00·9	00·9	00·9
2·4	*Enif*	54	**33**	38·9	38·8	38·8	38·8	38·9	39·0	**N 9**	59·2	59·3	59·4	59·4	59·4	59·4
2·9	*Sadalsuud*		**36**	47·0	46·9	46·9	46·9	47·1	47·1	**S 5**	27·8	27·7	27·7	27·7	27·7	27·7
2·4	*Alderamin*		**40**	12·1	12·1	12·2	12·4	12·8	13·0	**N 62**	41·2	41·4	41·6	41·7	41·7	41·7
2·5	*Aljanah*		**48**	11·6	11·6	11·6	11·8	11·9	12·0	**N 34**	03·7	03·8	03·9	04·0	04·0	03·9
1·3	*Deneb*	53	**49**	25·6	25·6	25·7	25·8	26·0	26·2	**N 45**	22·0	22·2	22·3	22·4	22·4	22·3
3·1	α Indi		**50**	10·3	10·2	10·2	10·3	10·5	10·6	**S 47**	12·2	12·3	12·4	12·5	12·5	12·4
1·9	*Peacock*	52	**53**	05·8	05·6	05·7	05·9	06·1	06·3	**S 56**	39·3	39·4	39·5	39·5	39·5	39·5
2·2	*Sadr*		**54**	13·0	13·0	13·1	13·2	13·4	13·6	**N 40**	20·0	20·2	20·3	20·4	20·4	20·3
0·8	*Altair*	51	**62**	00·0	00·0	00·0	00·2	00·3	00·3	**N 8**	56·0	56·1	56·1	56·1	56·1	56·1
2·7	γ Aquilæ		**63**	08·3	08·3	08·4	08·5	08·6	08·6	**N 10**	40·4	40·5	40·5	40·5	40·5	40·5
2·9	*Fawaris*		**63**	33·5	33·5	33·6	33·8	34·1	34·2	**N 45**	11·4	11·5	11·7	11·7	11·7	11·6
3·1	*Albireo*		**67**	04·0	04·0	04·1	04·3	04·4	04·5	**N 28**	00·7	00·8	00·9	00·9	00·9	00·8
2·9	*Albaldah*		**72**	11·4	11·3	11·4	11·5	11·6	11·7	**S 20**	59·1	59·1	59·1	59·1	59·1	59·1
3·0	ζ Aquilæ		**73**	21·6	21·6	21·7	21·9	22·0	22·0	**N 13**	54·0	54·1	54·2	54·2	54·1	54·0
2·6	*Ascella*		**73**	57·1	57·1	57·1	57·3	57·4	57·4	**S 29**	50·7	50·7	50·7	50·8	50·7	50·7
2·0	*Nunki*	50	**75**	47·9	47·9	48·0	48·1	48·2	48·2	**S 26**	16·0	16·0	16·0	16·0	16·0	16·0
0·0	*Vega*	49	**80**	33·1	33·1	33·3	33·5	33·6	33·7	**N 38**	48·4	48·5	48·6	48·6	48·5	48·4
2·8	*Kaus Borealis*		**82**	37·4	37·4	37·5	37·6	37·7	37·7	**S 25**	24·5	24·5	24·5	24·5	24·5	24·5
1·9	*Kaus Australis*	48	**83**	32·7	32·7	32·8	32·9	33·0	33·0	**S 34**	22·4	22·4	22·5	22·5	22·4	22·4
2·7	*Kaus Media*		**84**	21·2	21·2	21·3	21·5	21·6	21·5	**S 29**	49·1	49·1	49·1	49·1	49·1	49·1
3·0	*Alnasl*		**88**	08·9	08·9	09·0	09·2	09·3	09·2	**S 30**	25·4	25·5	25·5	25·5	25·5	25·4
2·2	*Eltanin*	47	**90**	41·9	42·0	42·2	42·5	42·7	42·8	**N 51**	29·2	29·3	29·4	29·4	29·3	29·1
2·8	*Cebalrai*		**93**	49·5	49·5	49·6	49·7	49·8	49·8	**N 4**	33·5	33·5	33·5	33·5	33·5	33·4
2·4	κ Scorpii		**93**	56·9	56·9	57·0	57·2	57·3	57·2	**S 39**	02·6	02·6	02·7	02·6	02·6	02·5
1·9	*Sargas*		**95**	13·4	13·5	13·6	13·8	13·9	13·8	**S 43**	00·9	00·9	00·9	00·9	00·9	00·8
2·1	*Rasalhague*	46	**95**	58·6	58·7	58·8	58·9	59·0	59·0	**N 12**	32·6	32·6	32·7	32·7	32·6	32·5
1·6	*Shaula*	45	**96**	10·5	10·6	10·7	10·9	10·9	10·9	**S 37**	07·3	07·4	07·4	07·4	07·3	07·3
3·0	α Aræ		**96**	33·5	33·6	33·7	33·9	34·0	34·0	**S 49**	53·8	53·9	53·9	53·9	53·8	53·7
2·7	*Lesath*		**96**	53·2	53·2	53·4	53·5	53·6	53·5	**S 37**	19·0	19·0	19·0	19·0	19·0	18·9
2·8	*Rastaban*		**97**	14·7	14·9	15·1	15·4	15·5	15·6	**N 52**	17·1	17·2	17·2	17·2	17·1	16·9
2·8	β Aræ		**98**	09·4	09·5	09·7	09·9	10·0	10·0	**S 55**	33·2	33·3	33·3	33·3	33·2	33·1
Var.‡	*Rasalgethi*		**101**	03·2	03·3	03·4	03·5	03·6	03·6	**N 14**	21·8	21·9	21·9	21·9	21·8	21·7
2·4	*Sabik*	44	**102**	03·0	03·0	03·1	03·2	03·3	03·2	**S 15**	45·3	45·3	45·3	45·3	45·3	45·3
3·1	ζ Aræ		**104**	49·8	49·9	50·1	50·3	50·4	50·3	**S 56**	01·8	01·9	01·9	01·9	01·8	01·7
2·3	*Larawag*		**107**	03·4	03·5	03·6	03·7	03·8	03·7	**S 34**	20·3	20·4	20·4	20·3	20·3	20·3
1·9	*Atria*	43	**107**	10·2	10·4	10·8	11·1	11·3	11·2	**S 69**	04·4	04·5	04·5	04·5	04·4	04·2
2·8	ζ Herculis		**109**	26·5	26·6	26·8	26·9	27·0	27·0	**N 31**	33·6	33·7	33·7	33·6	33·5	33·4
2·6	ζ Ophiuchi		**110**	22·1	22·2	22·3	22·4	22·4	22·3	**S 10**	37·0	37·0	37·0	37·0	37·0	37·0
2·8	*Paikauhale*		**110**	38·6	38·7	38·8	38·9	38·9	38·8	**S 28**	16·1	16·1	16·1	16·1	16·0	16·0
2·8	*Kornephoros*		**112**	10·6	10·7	10·8	11·0	11·0	10·9	**N 21**	26·3	26·3	26·3	26·3	26·2	26·1
1·0	*Antares*	42	**112**	16·1	16·1	16·3	16·4	16·4	16·3	**S 26**	29·2	29·2	29·2	29·2	29·2	29·2
2·7	*Athebyne*		**113**	54·5	54·8	55·1	55·4	55·6	55·6	**N 61**	27·7	27·7	27·7	27·6	27·5	27·3
2·7	*Yed Prior*		**116**	05·3	05·4	05·5	05·6	05·6	05·5	**S 3**	45·4	45·4	45·4	45·4	45·4	45·5
2·6	*Acrab*		**118**	16·8	16·9	17·0	17·1	17·1	17·0	**S 19**	52·4	52·4	52·4	52·4	52·4	52·4
2·3	*Dschubba*		**119**	33·0	33·1	33·2	33·3	33·3	33·2	**S 22**	41·6	41·5	41·5	41·5	41·5	41·5
2·9	*Fang*		**119**	54·7	54·8	54·9	55·0	55·0	54·9	**S 26**	11·2	11·1	11·1	11·1	11·1	11·1
2·8	β Trianguli Aust.		**120**	39·8	40·1	40·4	40·6	40·6	40·4	**S 63**	30·5	30·6	30·6	30·5	30·4	30·3
2·6	*Unukalhai*		**123**	37·7	37·7	37·9	37·9	37·9	37·8	**N 6**	21·0	21·0	21·0	21·0	20·9	20·8
2·8	γ Lupi		**125**	48·1	48·2	48·4	48·5	48·5	48·3	**S 41**	15·1	15·1	15·1	15·0	14·9	14·9
2·2	*Alphecca*	41	**126**	03·9	04·0	04·1	04·2	04·2	04·1	**N 26**	38·1	38·1	38·1	38·0	37·9	37·7

‡ 2·9 — 3·6

© British Crown Copyright 2023. All rights reserved.

Mag.	Name and Number			SHA							Declination						
					JAN.	FEB.	MAR.	APR.	MAY	JUNE		JAN.	FEB.	MAR.	APR.	MAY	JUNE
				°	′	′	′	′	′	′	°	′	′	′	′	′	′
2·9	γ	Trianguli Aust.		**129**	43·0	42·4	41·8	41·4	41·2	41·1	S **68**	45·8	45·8	45·9	46·0	46·2	46·3
3·1	γ	Ursæ Minoris		**129**	49·6	49·0	48·5	48·1	48·0	48·2	N **71**	44·5	44·4	44·5	44·6	44·8	44·9
2·6	β	Libræ		**130**	25·7	25·4	25·2	25·0	24·9	24·9	S **9**	28·3	28·4	28·4	28·5	28·5	28·4
2·7	β	Lupi		**134**	58·6	58·3	58·0	57·8	57·7	57·6	S **43**	13·6	13·7	13·8	13·9	14·0	14·1
2·8	α	Libræ	39	**136**	57·0	56·8	56·6	56·4	56·3	56·3	S **16**	08·5	08·5	08·6	08·6	08·7	08·7
2·1	β	Ursæ Minoris	40	**137**	20·2	19·5	19·0	18·6	18·6	18·8	N **74**	03·0	03·0	03·0	03·2	03·3	03·5
2·4	ε	Bootis		**138**	29·6	29·3	29·1	29·0	28·9	28·9	N **26**	58·2	58·1	58·1	58·2	58·3	58·4
2·3	α	Lupi		**139**	07·3	06·9	06·6	06·4	06·3	06·3	S **47**	29·3	29·3	29·4	29·6	29·7	29·7
−0·3	α	Centauri	38	**139**	41·6	41·2	40·8	40·6	40·5	40·5	S **60**	55·8	55·8	55·9	56·1	56·2	56·3
2·3	η	Centauri		**140**	44·7	44·4	44·1	43·9	43·8	43·8	S **42**	15·6	15·7	15·8	15·9	16·0	16·1
3·0	γ	Bootis		**141**	44·4	44·1	43·9	43·7	43·7	43·7	N **38**	11·9	11·9	11·9	12·0	12·1	12·2
0·0	α	Bootis	37	**145**	48·7	48·5	48·3	48·1	48·1	48·1	N **19**	03·3	03·2	03·2	03·2	03·3	03·4
2·1	θ	Centauri	36	**147**	58·7	58·4	58·1	58·0	57·9	57·9	S **36**	29·1	29·2	29·3	29·4	29·5	29·6
0·6	β	Centauri	35	**148**	37·3	36·9	36·5	36·3	36·2	36·3	S **60**	29·0	29·1	29·3	29·4	29·6	29·7
2·6	ζ	Centauri		**150**	44·5	44·2	43·9	43·8	43·7	43·8	S **47**	24·2	24·3	24·4	24·5	24·6	24·7
2·7	η	Bootis		**151**	02·6	02·4	02·2	02·1	02·0	02·1	N **18**	16·5	16·4	16·4	16·4	16·5	16·6
1·9	η	Ursæ Majoris	34	**152**	52·7	52·4	52·1	52·0	52·0	52·1	N **49**	11·3	11·3	11·3	11·4	11·6	11·7
2·3	ε	Centauri		**154**	38·9	38·5	38·3	38·1	38·1	38·2	S **53**	35·0	35·1	35·3	35·4	35·6	35·7
1·0	α	Virginis	33	**158**	23·2	22·9	22·7	22·6	22·6	22·7	S **11**	17·2	17·3	17·3	17·4	17·4	17·4
2·3	ζ	Ursæ Majoris		**158**	46·5	46·2	45·9	45·8	45·9	46·0	N **54**	47·7	47·7	47·7	47·9	48·0	48·1
2·8	ι	Centauri		**159**	30·8	30·5	30·4	30·2	30·2	30·3	S **36**	50·2	50·3	50·4	50·5	50·6	50·7
2·8	ε	Virginis		**164**	09·4	09·2	09·0	08·9	08·9	09·0	N **10**	49·7	49·6	49·6	49·6	49·7	49·7
2·9	α	Canum Venat.		**165**	42·7	42·4	42·2	42·2	42·2	42·3	N **38**	11·1	11·1	11·1	11·2	11·3	11·4
1·8	ε	Ursæ Majoris	32	**166**	13·6	13·2	13·0	12·9	13·0	13·2	N **55**	49·5	49·5	49·6	49·7	49·8	49·9
1·3	β	Crucis		**167**	43·0	42·7	42·5	42·4	42·4	42·6	S **59**	48·9	49·1	49·2	49·4	49·5	49·6
2·9	γ	Virginis		**169**	16·8	16·6	16·5	16·4	16·4	16·5	S **1**	34·9	35·0	35·1	35·1	35·1	35·0
2·2	γ	Centauri		**169**	17·3	17·0	16·8	16·8	16·8	16·9	S **49**	05·3	05·4	05·6	05·7	05·8	05·9
2·7	α	Muscæ		**170**	20·6	20·1	19·8	19·7	19·9	20·1	S **69**	15·8	15·9	16·1	16·3	16·4	16·5
2·7	β	Corvi		**171**	05·2	05·0	04·9	04·8	04·8	04·9	S **23**	31·7	31·8	31·9	32·0	32·0	32·0
1·6	γ	Crucis	31	**171**	52·4	52·1	51·9	51·8	51·9	52·1	S **57**	14·6	14·7	14·9	15·1	15·2	15·3
1·3	α	Crucis	30	**173**	00·8	00·4	00·2	00·2	00·3	00·5	S **63**	13·6	13·8	14·0	14·1	14·3	14·4
2·6	γ	Corvi	29	**175**	44·3	44·1	44·0	43·9	44·0	44·0	S **17**	40·4	40·6	40·7	40·7	40·8	40·8
2·6	δ	Centauri		**177**	35·8	35·6	35·4	35·4	35·5	35·6	S **50**	51·1	51·3	51·4	51·6	51·7	51·8
2·4	γ	Ursæ Majoris		**181**	13·4	13·1	12·9	12·9	13·0	13·2	N **53**	33·4	33·4	33·5	33·7	33·8	33·8
2·1	β	Leonis	28	**182**	25·6	25·4	25·3	25·3	25·3	25·4	N **14**	26·2	26·1	26·1	26·1	26·2	26·2
2·6	δ	Leonis		**191**	09·1	08·9	08·8	08·8	08·9	09·0	N **20**	23·4	23·4	23·4	23·4	23·5	23·5
3·0	ψ	Ursæ Majoris		**192**	14·6	14·4	14·3	14·3	14·4	14·5	N **44**	21·9	21·9	22·0	22·1	22·2	22·2
1·8	α	Ursæ Majoris	27	**193**	41·6	41·2	41·1	41·2	41·4	41·7	N **61**	37·0	37·1	37·2	37·4	37·4	37·5
2·4	β	Ursæ Majoris		**194**	10·4	10·1	10·0	10·1	10·2	10·4	N **56**	15·0	15·0	15·2	15·3	15·4	15·4
2·7	μ	Velorum		**198**	02·7	02·6	02·5	02·6	02·7	02·9	S **49**	32·6	32·8	33·0	33·1	33·2	33·2
2·8	θ	Carinæ		**199**	02·5	02·3	02·3	02·4	02·7	03·0	S **64**	31·0	31·1	31·3	31·5	31·6	31·6
2·3	γ	Leonis		**204**	40·4	40·2	40·2	40·2	40·3	40·4	N **19**	43·1	43·1	43·1	43·1	43·2	43·2
1·4	α	Leonis	26	**207**	35·0	34·9	34·9	34·9	35·0	35·1	N **11**	50·9	50·9	50·9	50·9	50·9	50·9
3·0	ε	Leonis		**213**	11·6	11·4	11·4	11·5	11·6	11·7	N **23**	39·7	39·7	39·7	39·8	39·8	39·8
3·1	N	Velorum		**217**	00·4	00·3	00·4	00·6	00·8	01·0	S **57**	08·2	08·4	08·6	08·7	08·8	08·7
2·0	α	Hydræ	25	**217**	48·3	48·2	48·2	48·2	48·3	48·4	S **8**	45·8	45·9	45·9	45·9	45·9	45·9
2·5	κ	Velorum		**219**	16·8	16·7	16·8	17·0	17·2	17·4	S **55**	06·6	06·8	07·0	07·1	07·1	07·1
2·2	ι	Carinæ		**220**	33·6	33·6	33·7	33·9	34·2	34·4	S **59**	22·4	22·6	22·7	22·9	22·9	22·8
1·7	β	Carinæ	24	**221**	37·6	37·5	37·7	38·1	38·6	39·0	S **69**	48·8	48·9	49·1	49·2	49·3	49·2
2·2	λ	Velorum	23	**222**	46·5	46·4	46·5	46·6	46·8	47·0	S **43**	31·7	31·8	32·0	32·1	32·1	32·0
3·1	ι	Ursæ Majoris		**224**	46·9	46·8	46·8	47·0	47·1	47·2	N **47**	56·7	56·8	56·9	57·0	57·0	56·9
2·0	δ	Velorum		**228**	39·1	39·1	39·2	39·4	39·7	39·9	S **54**	47·7	47·9	48·0	48·1	48·1	48·0
1·9	ε	Carinæ	22	**234**	14·4	14·5	14·6	14·9	15·2	15·5	S **59**	35·1	35·3	35·4	35·5	35·5	35·4
1·8	γ	Velorum		**237**	25·5	25·5	25·7	25·9	26·1	26·2	S **47**	24·4	24·5	24·7	24·7	24·7	24·6
2·8	ρ	Puppis		**237**	51·2	51·2	51·3	51·4	51·5	51·6	S **24**	22·4	22·5	22·6	22·6	22·6	22·5
2·3	ζ	Puppis		**238**	53·2	53·2	53·3	53·5	53·7	53·8	S **40**	04·2	04·3	04·5	04·5	04·5	04·4
1·1	β	Geminorum	21	**243**	17·9	17·9	18·0	18·1	18·2	18·2	N **27**	58·0	58·1	58·1	58·1	58·1	58·1
0·4	α	Canis Minoris	20	**244**	51·3	51·3	51·4	51·5	51·6	51·6	N **5**	09·8	09·7	09·7	09·7	09·7	09·8

© British Crown Copyright 2023. All rights reserved.

Mag.	Name and Number			SHA							Declination						
					JULY	AUG.	SEPT.	OCT.	NOV.	DEC.		JULY	AUG.	SEPT.	OCT.	NOV.	DEC.
				°	′	′	′	′	′	′	°	′	′	′	′	′	′
2·9	γ	Trianguli Aust.		**129**	41·3	41·6	42·0	42·2	42·2	41·9	S **68**	46·4	46·4	46·4	46·3	46·2	46·1
3·1		*Pherkad*		**129**	48·6	49·1	49·6	50·0	50·1	50·0	N **71**	45·0	45·0	44·9	44·8	44·6	44·4
2·6		*Zubeneschamali*		**130**	24·9	25·0	25·1	25·2	25·2	25·0	S **9**	28·4	28·4	28·4	28·4	28·4	28·5
2·7	β	Lupi		**134**	57·7	57·8	58·0	58·1	58·0	57·8	S **43**	14·1	14·1	14·1	14·0	13·9	13·9
2·8		*Zubenelgenubi*	39	**136**	56·3	56·4	56·5	56·6	56·5	56·4	S **16**	08·7	08·6	08·6	08·6	08·6	08·7
2·1		*Kochab*	40	**137**	19·3	19·9	20·4	20·8	20·9	20·7	N **74**	03·5	03·5	03·4	03·3	03·1	02·9
2·4		*Izar*		**138**	29·0	29·1	29·2	29·3	29·3	29·1	N **26**	58·5	58·5	58·4	58·4	58·2	58·1
2·3	α	Lupi		**139**	06·4	06·5	06·7	06·8	06·7	06·5	S **47**	29·8	29·8	29·7	29·7	29·6	29·5
−0·3		*Rigil Kent.*	38	**139**	40·7	40·9	41·2	41·3	41·2	40·9	S **60**	56·4	56·4	56·3	56·2	56·1	56·0
2·3	η	Centauri		**140**	43·9	44·0	44·1	44·2	44·1	43·9	S **42**	16·1	16·1	16·0	16·0	15·9	15·9
3·0		*Seginus*		**141**	43·8	44·0	44·1	44·2	44·2	44·0	N **38**	12·3	12·3	12·2	12·1	11·9	11·8
0·0		*Arcturus*	37	**145**	48·2	48·3	48·4	48·4	48·4	48·2	N **19**	03·4	03·4	03·4	03·3	03·2	03·1
2·1		*Menkent*	36	**147**	58·0	58·2	58·3	58·3	58·2	58·0	S **36**	29·6	29·6	29·5	29·4	29·4	29·4
0·6		*Hadar*	35	**148**	36·5	36·7	36·9	37·0	36·9	36·5	S **60**	29·7	29·7	29·6	29·5	29·4	29·3
2·6	ζ	Centauri		**150**	43·9	44·0	44·1	44·2	44·1	43·8	S **47**	24·7	24·7	24·6	24·6	24·5	24·4
2·7		*Muphrid*		**151**	02·2	02·2	02·3	02·4	02·3	02·1	N **18**	16·6	16·6	16·6	16·5	16·4	16·3
1·9		*Alkaid*	34	**152**	52·3	52·4	52·6	52·6	52·6	52·3	N **49**	11·7	11·7	11·6	11·4	11·3	11·1
2·3	ε	Centauri		**154**	38·3	38·5	38·6	38·7	38·5	38·2	S **53**	35·7	35·7	35·6	35·5	35·4	35·3
1·0		*Spica*	33	**158**	22·7	22·8	22·9	22·9	22·8	22·5	S **11**	17·4	17·3	17·3	17·3	17·3	17·4
2·3		*Mizar*		**158**	46·2	46·4	46·5	46·6	46·5	46·2	N **54**	48·1	48·1	48·0	47·8	47·6	47·4
2·8	ι	Centauri		**159**	30·4	30·5	30·6	30·6	30·4	30·2	S **36**	50·7	50·6	50·5	50·5	50·4	50·4
2·8		*Vindemiatrix*		**164**	09·1	09·2	09·2	09·2	09·1	08·8	N **10**	49·8	49·8	49·7	49·7	49·6	49·5
2·9		*Cor Caroli*		**165**	42·4	42·5	42·6	42·6	42·4	42·2	N **38**	11·4	11·4	11·3	11·1	11·0	10·8
1·8		*Alioth*	32	**166**	13·4	13·6	13·7	13·7	13·5	13·2	N **55**	49·9	49·8	49·7	49·5	49·4	49·2
1·3		*Mimosa*		**167**	42·8	43·0	43·1	43·1	42·9	42·5	S **59**	49·6	49·6	49·4	49·3	49·2	49·2
2·9		*Porrima*		**169**	16·5	16·6	16·6	16·6	16·5	16·2	S **1**	35·0	35·0	35·0	35·0	35·1	35·2
2·2		*Muhlifain*		**169**	17·1	17·2	17·3	17·3	17·1	16·7	S **49**	05·9	05·8	05·7	05·6	05·5	05·5
2·7	α	Muscæ		**170**	20·5	20·8	21·0	21·0	20·7	20·1	S **69**	16·5	16·5	16·3	16·2	16·1	16·1
2·7		*Kraz*		**171**	05·0	05·0	05·1	05·0	04·9	04·6	S **23**	32·0	32·0	31·9	31·9	31·9	31·9
1·6		*Gacrux*	31	**171**	52·3	52·5	52·6	52·5	52·3	51·9	S **57**	15·3	15·2	15·1	15·0	14·9	14·9
1·3		*Acrux*	30	**173**	00·7	01·0	01·1	01·0	00·8	00·3	S **63**	14·4	14·3	14·2	14·0	13·9	13·9
2·6		*Gienah*	29	**175**	44·1	44·2	44·2	44·1	44·0	43·7	S **17**	40·7	40·7	40·6	40·6	40·6	40·7
2·6	δ	Centauri		**177**	35·8	35·9	36·0	35·9	35·7	35·3	S **50**	51·7	51·7	51·5	51·4	51·4	51·4
2·4		*Phecda*		**181**	13·4	13·5	13·5	13·4	13·2	12·9	N **53**	33·8	33·7	33·6	33·4	33·2	33·1
2·1		*Denebola*	28	**182**	25·5	25·5	25·5	25·5	25·3	25·0	N **14**	26·2	26·2	26·2	26·1	26·0	25·9
2·6		*Zosma*		**191**	09·0	09·1	09·0	08·9	08·7	08·4	N **20**	23·5	23·5	23·4	23·4	23·2	23·1
3·0	ψ	Ursæ Majoris		**192**	14·7	14·7	14·7	14·5	14·3	14·0	N **44**	22·2	22·1	22·0	21·8	21·7	21·6
1·8		*Dubhe*	27	**193**	41·9	42·0	41·9	41·7	41·4	41·0	N **61**	37·4	37·3	37·1	36·9	36·8	36·7
2·4		*Merak*		**194**	10·6	10·7	10·6	10·4	10·1	09·8	N **56**	15·3	15·2	15·1	14·9	14·7	14·6
2·7	μ	Velorum		**198**	03·1	03·1	03·1	03·0	02·7	02·3	S **49**	33·1	33·0	32·9	32·8	32·8	32·8
2·8	θ	Carinæ		**199**	03·2	03·4	03·4	03·2	02·8	02·3	S **64**	31·5	31·4	31·3	31·2	31·1	31·2
2·3		*Algieba*		**204**	40·4	40·4	40·3	40·2	40·0	39·7	N **19**	43·2	43·2	43·1	43·0	42·9	42·8
1·4		*Regulus*	26	**207**	35·1	35·1	35·0	34·9	34·6	34·4	N **11**	51·0	51·0	50·9	50·9	50·8	50·7
3·0	ε	Leonis		**213**	11·7	11·7	11·5	11·4	11·1	10·8	N **23**	39·8	39·8	39·7	39·6	39·5	39·5
3·1	N	Velorum		**217**	01·2	01·2	01·1	00·9	00·5	00·1	S **57**	08·6	08·5	08·3	08·2	08·3	08·4
2·0		*Alphard*	25	**217**	48·4	48·4	48·3	48·1	47·9	47·6	S **8**	45·8	45·8	45·7	45·8	45·8	45·9
2·5		*Markeb*		**219**	17·6	17·6	17·5	17·2	16·9	16·5	S **55**	07·0	06·8	06·7	06·6	06·6	06·7
2·2		*Aspidiske*		**220**	34·6	34·6	34·5	34·2	33·8	33·4	S **59**	22·7	22·6	22·4	22·4	22·4	22·5
1·7		*Miaplacidus*	24	**221**	39·3	39·3	39·2	38·8	38·2	37·7	S **69**	49·1	49·0	48·8	48·7	48·7	48·8
2·2		*Suhail*	23	**222**	47·0	47·0	46·9	46·7	46·4	46·1	S **43**	31·9	31·8	31·7	31·6	31·6	31·8
3·1		*Talitha*		**224**	47·3	47·2	47·0	46·7	46·4	46·0	N **47**	56·9	56·8	56·7	56·6	56·5	56·4
2·0		*Alsephina*		**228**	40·0	39·9	39·8	39·5	39·2	38·8	S **54**	47·9	47·8	47·6	47·6	47·6	47·7
1·9		*Avior*	22	**234**	15·6	15·5	15·3	15·0	14·6	14·3	S **59**	35·3	35·1	35·0	34·9	35·0	35·1
1·8	γ	Velorum		**237**	26·3	26·2	26·0	25·7	25·4	25·2	S **47**	24·5	24·3	24·2	24·2	24·2	24·4
2·8		*Tureis*		**237**	51·6	51·5	51·3	51·1	50·9	50·6	S **24**	22·4	22·3	22·3	22·2	22·3	22·4
2·3		*Naos*		**238**	53·8	53·7	53·5	53·3	53·0	52·8	S **40**	04·3	04·1	04·0	04·0	04·1	04·2
1·1		*Pollux*	21	**243**	18·2	18·0	17·8	17·6	17·3	17·1	N **27**	58·1	58·1	58·0	58·0	57·9	57·9
0·4		*Procyon*	20	**244**	51·6	51·5	51·3	51·1	50·8	50·6	N **5**	09·8	09·8	09·8	09·8	09·8	09·7

© British Crown Copyright 2023. All rights reserved.

Mag.	Name and Number		SHA							Declination						
				JAN.	FEB.	MAR.	APR.	MAY	JUNE		JAN.	FEB.	MAR.	APR.	MAY	JUNE
			°	′	′	′	′	′	′	°	′	′	′	′	′	′
1·6	α Geminorum		**245**	57·7	57·7	57·8	57·9	58·0	58·1	N **31**	50·1	50·1	50·2	50·2	50·2	50·1
3·3	σ Puppis		**247**	29·7	29·8	29·9	30·1	30·3	30·4	S **43**	21·0	21·1	21·2	21·3	21·2	21·1
2·9	β Canis Minoris		**247**	52·9	52·9	53·0	53·1	53·2	53·2	N **8**	14·4	14·4	14·4	14·4	14·4	14·4
2·4	η Canis Majoris		**248**	44·0	44·0	44·1	44·3	44·4	44·5	S **29**	21·0	21·1	21·2	21·2	21·2	21·1
2·7	π Puppis		**250**	29·8	29·8	29·9	30·1	30·3	30·4	S **37**	08·4	08·6	08·7	08·7	08·6	08·5
1·8	δ Canis Majoris		**252**	39·2	39·2	39·3	39·4	39·6	39·6	S **26**	25·9	26·0	26·1	26·1	26·0	25·9
3·0	ο Canis Majoris		**253**	59·3	59·3	59·4	59·6	59·7	59·7	S **23**	52·1	52·2	52·3	52·3	52·2	52·2
1·5	ε Canis Majoris	19	**255**	06·1	06·2	06·3	06·4	06·6	06·6	S **29**	00·3	00·4	00·5	00·5	00·4	00·3
2·9	τ Puppis		**257**	21·5	21·6	21·9	22·1	22·3	22·4	S **50**	38·6	38·7	38·8	38·8	38·8	38·6
−1·5	α Canis Majoris	18	**258**	26·6	26·6	26·8	26·9	27·0	27·0	S **16**	45·0	45·1	45·1	45·1	45·1	45·0
1·9	γ Geminorum		**260**	13·2	13·3	13·4	13·5	13·6	13·6	N **16**	22·7	22·7	22·7	22·7	22·7	22·7
−0·7	α Carinæ	17	**263**	52·2	52·4	52·6	52·9	53·1	53·2	S **52**	42·5	42·7	42·8	42·7	42·7	42·5
2·0	β Canis Majoris		**264**	03·3	03·4	03·5	03·6	03·7	03·7	S **17**	58·1	58·2	58·2	58·2	58·2	58·1
2·6	θ Aurigæ		**269**	39·3	39·3	39·5	39·6	39·7	39·7	N **37**	12·9	12·9	12·9	12·9	12·9	12·9
1·9	β Aurigæ		**269**	40·3	40·3	40·5	40·6	40·7	40·7	N **44**	57·0	57·1	57·1	57·1	57·0	57·0
Var.‡	α Orionis	16	**270**	52·6	52·7	52·8	52·9	53·0	53·0	N **7**	24·7	24·6	24·6	24·6	24·7	24·7
2·1	κ Orionis		**272**	46·3	46·3	46·5	46·6	46·7	46·6	S **9**	39·7	39·8	39·8	39·8	39·7	39·6
1·9	ζ Orionis		**274**	30·2	30·2	30·3	30·5	30·5	30·5	S **1**	55·8	55·9	55·9	55·9	55·8	55·8
2·6	α Columbæ		**274**	51·9	52·0	52·1	52·3	52·4	52·4	S **34**	03·8	03·9	03·9	03·9	03·8	03·6
3·0	ζ Tauri		**275**	13·5	13·6	13·7	13·8	13·9	13·8	N **21**	09·4	09·4	09·4	09·4	09·4	09·4
1·7	ε Orionis	15	**275**	38·3	38·3	38·4	38·5	38·6	38·6	S **1**	11·2	11·3	11·3	11·3	11·2	11·2
2·8	ι Orionis		**275**	50·6	50·7	50·8	50·9	51·0	50·9	S **5**	53·7	53·7	53·8	53·8	53·7	53·6
2·6	α Leporis		**276**	32·9	32·9	33·1	33·2	33·3	33·2	S **17**	48·4	48·4	48·5	48·4	48·4	48·3
2·2	δ Orionis		**276**	41·2	41·3	41·4	41·5	41·6	41·5	S **0**	16·9	17·0	17·0	17·0	16·9	16·8
2·8	β Leporis		**277**	40·6	40·7	40·8	40·9	41·0	41·0	S **20**	44·5	44·6	44·6	44·6	44·5	44·4
1·7	β Tauri	14	**278**	02·6	02·6	02·8	02·9	02·9	02·9	N **28**	37·7	37·7	37·7	37·7	37·7	37·7
1·6	γ Orionis	13	**278**	23·5	23·5	23·6	23·7	23·8	23·7	N **6**	22·3	22·2	22·2	22·2	22·3	22·3
0·1	α Aurigæ	12	**280**	22·7	22·8	22·9	23·1	23·2	23·1	N **46**	01·4	01·5	01·5	01·4	01·4	01·3
0·1	β Orionis	11	**281**	04·4	04·4	04·6	04·7	04·7	04·7	S **8**	10·5	10·5	10·6	10·5	10·5	10·4
2·8	β Eridani		**282**	44·3	44·4	44·5	44·6	44·6	44·6	S **5**	03·4	03·4	03·4	03·4	03·4	03·3
2·7	ι Aurigæ		**285**	21·3	21·4	21·6	21·7	21·7	21·6	N **33**	12·3	12·3	12·3	12·3	12·3	12·2
0·9	α Tauri	10	**290**	40·3	40·4	40·5	40·6	40·6	40·5	N **16**	33·5	33·5	33·4	33·4	33·4	33·5
2·9	ε Persei		**300**	07·8	07·9	08·0	08·1	08·1	08·0	N **40**	04·9	04·9	04·9	04·8	04·8	04·7
3·0	γ Eridani		**300**	12·5	12·7	12·8	12·9	12·9	12·8	S **13**	26·5	26·6	26·6	26·5	26·4	26·3
2·9	ζ Persei		**301**	05·2	05·3	05·4	05·5	05·5	05·3	N **31**	57·4	57·4	57·4	57·3	57·3	57·3
2·9	η Tauri		**302**	46·1	46·2	46·4	46·4	46·4	46·3	N **24**	10·8	10·8	10·8	10·8	10·8	10·8
1·8	α Persei	9	**308**	29·2	29·3	29·5	29·6	29·6	29·4	N **49**	57·0	57·0	56·9	56·9	56·8	56·7
Var.§	β Persei		**312**	33·8	34·0	34·1	34·2	34·1	34·0	N **41**	03·0	03·0	03·0	02·9	02·9	02·8
2·5	α Ceti	8	**314**	06·9	07·0	07·1	07·1	07·1	06·9	N **4**	11·0	11·0	11·0	11·0	11·0	11·1
2·0	α Ursæ Minoris		**314**	14·8	28·3	40·6	47·8	47·0	38·9	N **89**	22·2	22·3	22·2	22·1	21·9	21·8
3·2	θ Eridani	7	**315**	12·2	12·4	12·5	12·6	12·6	12·5	S **40**	12·7	12·8	12·7	12·6	12·4	12·3
3·0	β Trianguli		**327**	15·3	15·5	15·6	15·6	15·5	15·3	N **35**	06·2	06·2	06·1	06·0	06·0	06·0
2·0	α Arietis	6	**327**	52·1	52·2	52·3	52·3	52·2	52·0	N **23**	34·6	34·6	34·6	34·5	34·5	34·5
2·3	γ Andromedæ		**328**	39·3	39·5	39·6	39·6	39·5	39·3	N **42**	26·9	26·8	26·8	26·7	26·6	26·6
2·9	α Hydri		**330**	06·8	07·1	07·4	07·5	07·4	07·1	S **61**	27·5	27·5	27·3	27·2	27·0	26·8
2·6	β Arietis		**331**	00·5	00·6	00·7	00·7	00·6	00·4	N **20**	55·6	55·5	55·5	55·5	55·5	55·5
0·5	α Eridani	5	**335**	20·7	21·0	21·2	21·2	21·1	20·8	S **57**	07·2	07·2	07·0	06·9	06·7	06·5
2·7	δ Cassiopeiæ		**338**	09·2	09·4	09·6	09·6	09·4	09·0	N **60**	21·9	21·8	21·7	21·6	21·5	21·5
2·1	β Andromedæ		**342**	13·9	14·0	14·1	14·1	13·9	13·7	N **35**	45·0	45·0	44·9	44·8	44·8	44·8
Var.‖	γ Cassiopeiæ		**345**	27·7	28·0	28·1	28·1	27·8	27·5	N **60**	51·1	51·0	50·9	50·7	50·7	50·6
2·0	β Ceti	4	**348**	48·2	48·3	48·3	48·2	48·1	47·9	S **17**	51·5	51·5	51·4	51·3	51·2	51·1
2·2	α Cassiopeiæ	3	**349**	32·1	32·3	32·4	32·4	32·1	31·8	N **56**	40·4	40·3	40·2	40·1	40·0	40·0
2·4	α Phœnicis	2	**353**	08·1	08·2	08·2	08·1	08·0	07·7	S **42**	10·8	10·7	10·6	10·5	10·3	10·2
2·8	β Hydri		**353**	15·2	15·7	15·9	15·8	15·4	14·7	S **77**	07·5	07·4	07·2	07·0	06·8	06·7
2·8	γ Pegasi		**356**	23·1	23·1	23·2	23·1	22·9	22·7	N **15**	19·0	19·0	18·9	18·9	19·0	19·0
2·3	β Cassiopeiæ		**357**	23·4	23·6	23·7	23·6	23·3	22·9	N **59**	17·2	17·1	16·9	16·8	16·8	16·8
2·1	α Andromedæ	1	**357**	35·8	35·8	35·9	35·8	35·6	35·3	N **29**	13·5	13·4	13·3	13·3	13·3	13·3

‡ 0·1 — 1·2 § 2·1 — 3·4 ‖ Irregular variable; 2022 mag. 2·1

© British Crown Copyright 2023. All rights reserved.

Mag.	Name and Number		SHA							Declination						
				JULY	AUG.	SEPT.	OCT.	NOV.	DEC.		JULY	AUG.	SEPT.	OCT.	NOV.	DEC.
			°	′	′	′	′	′	′	°	′	′	′	′	′	′
1·6	*Castor*		**245**	58·0	57·9	57·6	57·4	57·1	56·8	N **31**	50·1	50·1	50·0	50·0	49·9	49·9
3·3	σ Puppis		**247**	30·4	30·3	30·1	29·8	29·5	29·3	S **43**	21·0	20·8	20·7	20·7	20·8	20·9
2·9	*Gomeisa*		**247**	53·2	53·0	52·8	52·6	52·4	52·2	N **8**	14·5	14·5	14·5	14·5	14·4	14·4
2·4	*Aludra*		**248**	44·4	44·3	44·1	43·9	43·7	43·4	S **29**	21·0	20·8	20·8	20·8	20·8	21·0
2·7	π Puppis		**250**	30·3	30·2	30·0	29·8	29·5	29·3	S **37**	08·4	08·2	08·2	08·1	08·2	08·4
1·8	*Wezen*		**252**	39·6	39·4	39·2	39·0	38·8	38·6	S **26**	25·8	25·7	25·6	25·6	25·7	25·8
3·0	ο Canis Majoris		**253**	59·7	59·5	59·3	59·1	58·9	58·7	S **23**	52·0	51·9	51·9	51·9	51·9	52·1
1·5	*Adhara*	19	**255**	06·6	06·4	06·2	06·0	05·7	05·6	S **29**	00·2	00·1	00·0	00·0	00·1	00·2
2·9	τ Puppis		**257**	22·4	22·2	22·0	21·7	21·4	21·2	S **50**	38·5	38·3	38·2	38·2	38·3	38·5
−1·5	*Sirius*	18	**258**	26·9	26·8	26·6	26·4	26·1	26·0	S **16**	44·9	44·8	44·7	44·7	44·8	44·9
1·9	*Alhena*		**260**	13·5	13·3	13·1	12·8	12·6	12·4	N **16**	22·7	22·7	22·8	22·7	22·7	22·7
−0·7	*Canopus*	17	**263**	53·1	52·9	52·6	52·3	52·0	51·9	S **52**	42·3	42·2	42·1	42·1	42·2	42·4
2·0	*Mirzam*		**264**	03·7	03·5	03·3	03·1	02·8	02·7	S **17**	58·0	57·9	57·8	57·8	57·9	58·0
2·6	*Mahasim*		**269**	39·5	39·3	39·0	38·7	38·4	38·2	N **37**	12·8	12·8	12·8	12·8	12·8	12·8
1·9	*Menkalinan*		**269**	40·6	40·3	40·0	39·7	39·4	39·1	N **44**	56·9	56·9	56·9	56·9	56·9	57·0
Var.‡	*Betelgeuse*	16	**270**	52·8	52·6	52·4	52·2	52·0	51·8	N **7**	24·8	24·8	24·8	24·8	24·8	24·7
2·1	*Saiph*		**272**	46·5	46·3	46·1	45·9	45·7	45·5	S **9**	39·5	39·5	39·4	39·4	39·5	39·6
1·9	*Alnitak*		**274**	30·4	30·2	29·9	29·7	29·5	29·4	S **1**	55·7	55·6	55·6	55·6	55·6	55·7
2·6	*Phact*		**274**	52·3	52·1	51·9	51·6	51·4	51·3	S **34**	03·5	03·4	03·3	03·3	03·4	03·6
3·0	*Tianguan*		**275**	13·7	13·5	13·2	13·0	12·7	12·6	N **21**	09·5	09·5	09·5	09·5	09·5	09·5
1·7	*Alnilam*	15	**275**	38·4	38·2	38·0	37·8	37·6	37·5	S **1**	11·1	11·0	11·0	11·0	11·0	11·1
2·8	*Hatysa*		**275**	50·8	50·6	50·4	50·2	50·0	49·8	S **5**	53·5	53·5	53·4	53·4	53·5	53·6
2·6	*Arneb*		**276**	33·1	32·9	32·7	32·5	32·3	32·2	S **17**	48·1	48·0	48·0	48·0	48·1	48·2
2·2	*Mintaka*		**276**	41·4	41·2	41·0	40·8	40·6	40·4	S **0**	16·8	16·7	16·7	16·7	16·7	16·8
2·8	*Nihal*		**277**	40·9	40·7	40·4	40·2	40·0	39·9	S **20**	44·2	44·1	44·1	44·1	44·2	44·3
1·7	*Elnath*	14	**278**	02·7	02·5	02·2	01·9	01·7	01·6	N **28**	37·7	37·7	37·7	37·7	37·7	37·7
1·6	*Bellatrix*	13	**278**	23·6	23·4	23·2	22·9	22·7	22·6	N **6**	22·4	22·4	22·5	22·5	22·4	22·4
0·1	*Capella*	12	**280**	22·9	22·6	22·3	22·0	21·7	21·5	N **46**	01·3	01·2	01·2	01·3	01·3	01·4
0·1	*Rigel*	11	**281**	04·5	04·3	04·1	03·9	03·7	03·6	S **8**	10·3	10·2	10·2	10·2	10·2	10·3
2·8	*Cursa*		**282**	44·4	44·2	44·0	43·8	43·6	43·5	S **5**	03·2	03·1	03·1	03·1	03·1	03·2
2·7	*Hassaleh*		**285**	21·5	21·2	20·9	20·7	20·4	20·3	N **33**	12·2	12·2	12·3	12·3	12·3	12·4
0·9	*Aldebaran*	10	**290**	40·3	40·1	39·9	39·6	39·5	39·4	N **16**	33·5	33·6	33·6	33·6	33·6	33·6
2·9	ε Persei		**300**	07·8	07·5	07·1	06·9	06·7	06·6	N **40**	04·7	04·8	04·8	04·9	05·0	05·0
3·0	*Zaurak*		**300**	12·6	12·4	12·1	11·9	11·8	11·7	S **13**	26·2	26·1	26·1	26·1	26·2	26·2
2·9	ζ Persei		**301**	05·1	04·8	04·6	04·3	04·2	04·1	N **31**	57·3	57·3	57·4	57·5	57·5	57·5
2·9	*Alcyone*		**302**	46·1	45·8	45·5	45·3	45·2	45·1	N **24**	10·8	10·9	10·9	11·0	11·0	11·0
1·8	*Mirfak*	9	**308**	29·1	28·7	28·4	28·1	28·0	27·9	N **49**	56·7	56·7	56·8	56·9	57·0	57·1
Var.§	*Algol*		**312**	33·7	33·4	33·1	32·9	32·7	32·7	N **41**	02·8	02·9	03·0	03·1	03·2	03·2
2·5	*Menkar*	8	**314**	06·7	06·5	06·2	06·1	06·0	05·9	N **4**	11·2	11·3	11·3	11·3	11·3	11·3
2·0	*Polaris*		**313**	85·1	68·9	54·0	43·0	37·5	40·3	N **89**	21·7	21·8	21·9	22·0	22·2	22·4
3·2	*Acamar*	7	**315**	12·2	12·0	11·7	11·5	11·4	11·5	S **40**	12·1	12·0	12·0	12·1	12·3	12·4
3·0	β Trianguli		**327**	15·0	14·7	14·5	14·3	14·3	14·3	N **35**	06·0	06·1	06·2	06·3	06·4	06·5
2·0	*Hamal*	6	**327**	51·7	51·5	51·2	51·1	51·0	51·0	N **23**	34·6	34·7	34·8	34·9	34·9	34·9
2·3	*Almach*		**328**	39·0	38·7	38·4	38·3	38·2	38·2	N **42**	26·7	26·7	26·9	27·0	27·1	27·2
2·9	α Hydri		**330**	06·8	06·4	06·0	05·9	05·9	06·0	S **61**	26·7	26·7	26·7	26·8	27·0	27·1
2·6	*Sheratan*		**330**	60·1	59·9	59·7	59·5	59·5	59·5	N **20**	55·6	55·7	55·8	55·9	55·9	55·9
0·5	*Achernar*	5	**335**	20·5	20·1	19·8	19·7	19·7	19·9	S **57**	06·4	06·4	06·4	06·6	06·7	06·8
2·7	*Ruchbah*		**338**	08·6	08·2	07·9	07·8	07·8	07·9	N **60**	21·5	21·6	21·7	21·9	22·1	22·2
2·1	*Mirach*		**342**	13·4	13·1	12·9	12·8	12·8	12·9	N **35**	44·9	45·0	45·1	45·2	45·3	45·4
Var.‖	γ Cassiopeiæ		**345**	27·1	26·7	26·4	26·3	26·3	26·5	N **60**	50·7	50·8	51·0	51·2	51·3	51·4
2·0	*Diphda*	4	**348**	47·6	47·4	47·2	47·2	47·2	47·3	S **17**	51·0	50·9	50·9	50·9	51·0	51·1
2·2	*Schedar*	3	**349**	31·4	31·1	30·8	30·8	30·8	31·0	N **56**	40·1	40·2	40·4	40·5	40·7	40·7
2·4	*Ankaa*	2	**353**	07·4	07·1	07·0	06·9	07·0	07·1	S **42**	10·1	10·1	10·2	10·3	10·4	10·4
2·8	β Hydri		**353**	13·9	13·2	12·8	12·7	13·1	13·7	S **77**	06·7	06·7	06·8	07·0	07·1	07·2
2·8	*Algenib*		**356**	22·4	22·2	22·1	22·0	22·1	22·1	N **15**	19·2	19·3	19·4	19·4	19·4	19·4
2·3	*Caph*		**357**	22·5	22·2	22·0	22·0	22·1	22·3	N **59**	16·8	17·0	17·2	17·3	17·5	17·5
2·1	*Alpheratz*	1	**357**	35·1	34·8	34·7	34·7	34·7	34·8	N **29**	13·4	13·6	13·7	13·8	13·8	13·9

‡ 0·1 — 1·2 § 2·1 — 3·4 ‖ Irregular variable; 2022 mag. 2·1

© British Crown Copyright 2023. All rights reserved.

POLARIS (POLE STAR) TABLES, 2024

FOR DETERMINING LATITUDE FROM SEXTANT ALTITUDE AND FOR AZIMUTH

LHA ARIES	0° – 9°	10° – 19°	20° – 29°	30° – 39°	40° – 49°	50° – 59°	60° – 69°	70° – 79°	80° – 89°	90° – 99°	100° – 109°	110° – 119°
	a_0	a_0	a_0	a_0	a_0	a_0	a_0	a_0	a_0	a_0	a_0	a_0
°	° ′	° ′	° ′	° ′	° ′	° ′	° ′	° ′	° ′	° ′	° ′	° ′
0	0 32·5	0 28·1	0 24·7	0 22·3	0 21·1	0 21·0	0 22·1	0 24·3	0 27·5	0 31·8	0 36·8	0 42·5
1	32·0	27·8	24·4	22·2	21·0	21·1	22·2	24·6	27·9	32·2	37·3	43·1
2	31·6	27·4	24·2	22·0	21·0	21·1	22·4	24·8	28·3	32·7	37·9	43·7
3	31·1	27·0	23·9	21·9	20·9	21·2	22·6	25·1	28·7	33·2	38·5	44·3
4	30·6	26·7	23·6	21·7	20·9	21·3	22·8	25·5	29·1	33·7	39·0	45·0
5	0 30·2	0 26·3	0 23·4	0 21·6	0 20·9	0 21·4	0 23·0	0 25·8	0 29·5	0 34·2	0 39·6	0 45·6
6	29·8	26·0	23·2	21·5	20·9	21·5	23·3	26·1	30·0	34·7	40·2	46·2
7	29·4	25·6	22·9	21·4	20·9	21·6	23·5	26·5	30·4	35·2	40·7	46·8
8	28·9	25·3	22·7	21·3	20·9	21·8	23·7	26·8	30·8	35·7	41·3	47·5
9	28·5	25·0	22·5	21·2	21·0	21·9	24·0	27·2	31·3	36·3	41·9	48·1
10	0 28·1	0 24·7	0 22·3	0 21·1	0 21·0	0 22·1	0 24·3	0 27·5	0 31·8	0 36·8	0 42·5	0 48·7
Lat.	a_1	a_1	a_1	a_1	a_1	a_1	a_1	a_1	a_1	a_1	a_1	a_1
°	′	′	′	′	′	′	′	′	′	′	′	′
0	0·5	0·5	0·6	0·6	0·6	0·6	0·6	0·5	0·5	0·5	0·4	0·4
10	·5	·5	·6	·6	·6	·6	·6	·5	·5	·5	·4	·4
20	·5	·6	·6	·6	·6	·6	·6	·6	·5	·5	·5	·4
30	·5	·6	·6	·6	·6	·6	·6	·6	·5	·5	·5	·5
40	0·6	0·6	0·6	0·6	0·6	0·6	0·6	0·6	0·6	0·6	0·5	0·5
45	·6	·6	·6	·6	·6	·6	·6	·6	·6	·6	·6	·6
50	·6	·6	·6	·6	·6	·6	·6	·6	·6	·6	·6	·6
55	·6	·6	·6	·6	·6	·6	·6	·6	·6	·6	·6	·6
60	·6	·6	·6	·6	·6	·6	·6	·6	·6	·7	·7	·7
62	0·7	0·6	0·6	0·6	0·6	0·6	0·6	0·6	0·7	0·7	0·7	0·7
64	·7	·6	·6	·6	·6	·6	·6	·6	·7	·7	·7	·8
66	·7	·7	·6	·6	·6	·6	·6	·7	·7	·7	·8	·8
68	0·7	0·7	0·6	0·6	0·6	0·6	0·6	0·7	0·7	0·8	0·8	0·8
Month	a_2	a_2	a_2	a_2	a_2	a_2	a_2	a_2	a_2	a_2	a_2	a_2
	′	′	′	′	′	′	′	′	′	′	′	′
Jan.	0·7	0·7	0·7	0·7	0·7	0·7	0·7	0·7	0·7	0·7	0·7	0·7
Feb.	·6	·6	·7	·7	·7	·8	·8	·8	·8	·8	·8	·8
Mar.	·5	·5	·6	·6	·7	·7	·8	·8	·9	·9	·9	·9
Apr.	0·3	0·4	0·4	0·5	0·6	0·6	0·7	0·8	0·8	0·9	0·9	0·9
May	·2	·3	·3	·4	·4	·5	·6	·6	·7	·8	·8	·9
June	·2	·2	·2	·3	·3	·4	·4	·5	·6	·6	·7	·8
July	0·2	0·2	0·2	0·2	0·2	0·3	0·3	0·4	0·4	0·5	0·5	0·6
Aug.	·4	·3	·3	·3	·3	·3	·3	·3	·3	·3	·4	·4
Sept.	·6	·5	·4	·4	·4	·3	·3	·3	·3	·3	·3	·3
Oct.	0·7	0·7	0·6	0·6	0·5	0·5	0·4	0·4	0·3	0·3	0·3	0·3
Nov.	0·9	0·9	0·8	·8	·7	·6	·6	·5	·4	·4	·3	·3
Dec.	1·0	1·0	1·0	0·9	0·9	0·8	0·7	0·6	0·6	0·5	0·4	0·4
Lat.	AZIMUTH											
°	°	°	°	°	°	°	°	°	°	°	°	°
0	0·4	0·3	0·2	0·1	0·0	359·9	359·8	359·7	359·6	359·5	359·5	359·4
20	0·4	0·3	0·2	0·1	0·0	359·9	359·8	359·7	359·6	359·5	359·4	359·4
40	0·5	0·4	0·3	0·2	0·0	359·9	359·7	359·6	359·5	359·4	359·3	359·2
50	0·6	0·5	0·4	0·2	0·0	359·8	359·7	359·5	359·4	359·2	359·2	359·1
55	0·7	0·6	0·4	0·2	0·0	359·8	359·6	359·5	359·3	359·2	359·0	359·0
60	0·8	0·7	0·5	0·2	0·0	359·8	359·6	359·4	359·2	359·0	358·9	358·8
65	1·0	0·8	0·5	0·3	0·0	359·8	359·5	359·3	359·0	358·9	358·7	358·6

Latitude = Apparent altitude (corrected for refraction) $-1° + a_0 + a_1 + a_2$

The table is entered with LHA Aries to determine the column to be used; each column refers to a range of 10°. a_0 is taken, with mental interpolation, from the upper table with the units of LHA Aries in degrees as argument; a_1, a_2 are taken, without interpolation, from the second and third tables with arguments latitude and month respectively. a_0, a_1, a_2, are always positive. The final table gives the azimuth of *Polaris*.

© British Crown Copyright 2023. All rights reserved.

FOR DETERMINING LATITUDE FROM SEXTANT ALTITUDE AND FOR AZIMUTH

LHA ARIES	120°–129°	130°–139°	140°–149°	150°–159°	160°–169°	170°–179°	180°–189°	190°–199°	200°–209°	210°–219°	220°–229°	230°–239°
	a_0	a_0	a_0	a_0	a_0	a_0	a_0	a_0	a_0	a_0	a_0	a_0
°	° ′	° ′	° ′	° ′	° ′	° ′	° ′	° ′	° ′	° ′	° ′	° ′
0	0 48·7	0 55·2	1 01·8	1 08·3	1 14·6	1 20·3	1 25·4	1 29·6	1 33·0	1 35·3	1 36·5	1 36·6
1	49·4	55·9	02·5	09·0	15·2	20·8	25·8	30·0	33·3	35·5	36·6	36·5
2	50·0	56·5	03·2	09·6	15·7	21·4	26·3	30·4	33·5	35·6	36·6	36·5
3	50·7	57·2	03·8	10·2	16·3	21·9	26·7	30·7	33·8	35·8	36·7	36·4
4	51·3	57·9	04·5	10·9	16·9	22·4	27·2	31·1	34·0	35·9	36·7	36·3
5	0 51·9	0 58·5	1 05·1	1 11·5	1 17·5	1 22·9	1 27·6	1 31·4	1 34·3	1 36·0	1 36·7	1 36·2
6	52·6	59·2	05·8	12·1	18·1	23·4	28·0	31·8	34·5	36·2	36·7	36·1
7	53·3	0 59·9	06·4	12·7	18·6	23·9	28·4	32·1	34·7	36·3	36·7	36·0
8	53·9	1 00·5	07·1	13·3	19·2	24·4	28·8	32·4	34·9	36·4	36·7	35·9
9	54·6	01·2	07·7	14·0	19·7	24·9	29·2	32·7	35·1	36·4	36·6	35·7
10	0 55·2	1 01·8	1 08·3	1 14·6	1 20·3	1 25·4	1 29·6	1 33·0	1 35·3	1 36·5	1 36·6	1 35·6
Lat.	a_1	a_1	a_1	a_1	a_1	a_1	a_1	a_1	a_1	a_1	a_1	a_1
°	′	′	′	′	′	′	′	′	′	′	′	′
0	0·4	0·4	0·4	0·4	0·4	0·5	0·5	0·5	0·6	0·6	0·6	0·6
10	·4	·4	·4	·4	·4	·5	·5	·5	·6	·6	·6	·6
20	·4	·4	·4	·4	·5	·5	·5	·6	·6	·6	·6	·6
30	·5	·5	·5	·5	·5	·5	·5	·6	·6	·6	·6	·6
40	0·5	0·5	0·5	0·5	0·5	0·6	0·6	0·6	0·6	0·6	0·6	0·6
45	·6	·6	·6	·6	·6	·6	·6	·6	·6	·6	·6	·6
50	·6	·6	·6	·6	·6	·6	·6	·6	·6	·6	·6	·6
55	·6	·6	·6	·6	·6	·6	·6	·6	·6	·6	·6	·6
60	·7	·7	·7	·7	·7	·7	·6	·6	·6	·6	·6	·6
62	0·7	0·7	0·7	0·7	0·7	0·7	0·7	0·6	0·6	0·6	0·6	0·6
64	·8	·8	·8	·8	·7	·7	·7	·6	·6	·6	·6	·6
66	·8	·8	·8	·8	·8	·7	·7	·7	·6	·6	·6	·6
68	0·9	0·9	0·9	0·8	0·8	0·8	0·7	0·7	0·6	0·6	0·6	0·6
Month	a_2	a_2	a_2	a_2	a_2	a_2	a_2	a_2	a_2	a_2	a_2	a_2
	′	′	′	′	′	′	′	′	′	′	′	′
Jan.	0·6	0·6	0·6	0·6	0·6	0·5	0·5	0·5	0·5	0·5	0·5	0·5
Feb.	·8	·8	·7	·7	·7	·6	·6	·6	·5	·5	·5	·4
Mar.	0·9	0·9	0·9	0·9	·8	·8	·7	·7	·6	·6	·5	·5
Apr.	1·0	1·0	1·0	1·0	0·9	0·9	0·9	0·8	0·8	0·7	0·6	0·6
May	0·9	1·0	1·0	1·0	1·0	1·0	1·0	0·9	0·9	·8	·8	·7
June	·8	0·9	0·9	1·0	1·0	1·0	1·0	1·0	1·0	0·9	0·9	·8
July	0·7	0·7	0·8	0·8	0·9	0·9	1·0	1·0	1·0	1·0	1·0	0·9
Aug.	·5	·6	·6	·7	·7	·8	0·8	0·9	0·9	0·9	0·9	·9
Sept.	·3	·4	·4	·5	·5	·6	·6	·7	·8	·8	·8	·9
Oct.	0·3	0·3	0·3	0·3	0·4	0·4	0·5	0·5	0·6	0·6	0·7	0·7
Nov.	·2	·2	·2	·2	·2	·2	·3	·3	·4	·4	·5	·6
Dec.	0·3	0·2	0·2	0·2	0·2	0·2	0·2	0·2	0·2	0·3	0·3	0·4
Lat.						AZIMUTH						
°	°	°	°	°	°	°	°	°	°	°	°	°
0	359·4	359·4	359·4	359·4	359·4	359·5	359·6	359·7	359·8	359·9	0·0	0·1
20	359·3	359·3	359·3	359·4	359·4	359·5	359·6	359·7	359·8	359·9	0·0	0·1
40	359·2	359·2	359·2	359·2	359·3	359·4	359·5	359·6	359·7	359·8	0·0	0·1
50	359·0	359·0	359·0	359·1	359·1	359·2	359·4	359·5	359·7	359·8	0·0	0·2
55	358·9	358·9	358·9	359·0	359·0	359·2	359·3	359·4	359·6	359·8	0·0	0·2
60	358·8	358·7	358·8	358·8	358·9	359·0	359·2	359·4	359·6	359·8	0·0	0·2
65	358·5	358·5	358·5	358·6	358·7	358·9	359·0	359·3	359·5	359·7	0·0	0·2

ILLUSTRATION

On 2024 April 21 at $23^h\ 18^m\ 56^s$ UT in longitude W 37° 14′, the apparent altitude (corrected for refraction), H_O, of *Polaris* was 49° 31′.6

From the daily pages:	° ′
GHA Aries (23^h)	195 30·2
Increment ($18^m\ 56^s$)	4 44·8
Longitude (west)	−37 14
LHA Aries	163 01

	° ′
H_O	49 31·6
a_0 (argument 163° 01′)	1 16·3
a_1 (Lat 50° approx.)	0·6
a_2 (April)	0·9
Sum − 1° = Lat =	49 49·4

© British Crown Copyright 2023. All rights reserved.

POLARIS (POLE STAR) TABLES, 2024

FOR DETERMINING LATITUDE FROM SEXTANT ALTITUDE AND FOR AZIMUTH

LHA ARIES	240° – 249°	250° – 259°	260° – 269°	270° – 279°	280° – 289°	290° – 299°	300° – 309°	310° – 319°	320° – 329°	330° – 339°	340° – 349°	350° – 359°
	a_0	a_0	a_0	a_0	a_0	a_0	a_0	a_0	a_0	a_0	a_0	a_0
°	° ′	° ′	° ′	° ′	° ′	° ′	° ′	° ′	° ′	° ′	° ′	° ′
0	1 35·6	1 33·4	1 30·2	1 26·1	1 21·1	1 15·5	1 09·3	1 02·9	0 56·3	0 49·7	0 43·5	0 37·7
1	35·4	33·1	29·8	25·6	20·6	14·9	08·7	02·2	55·6	49·1	42·9	37·1
2	35·2	32·8	29·5	25·2	20·0	14·3	08·1	01·5	54·9	48·4	42·3	36·6
3	35·0	32·6	29·1	24·7	19·5	13·7	07·4	00·9	54·3	47·8	41·7	36·0
4	34·8	32·3	28·7	24·2	18·9	13·1	06·8	1 00·2	53·6	47·2	41·1	35·5
5	1 34·6	1 31·9	1 28·3	1 23·7	1 18·4	1 12·5	1 06·1	0 59·6	0 53·0	0 46·5	0 40·5	0 35·0
6	34·4	31·6	27·8	23·2	17·8	11·8	05·5	58·9	52·3	45·9	39·9	34·5
7	34·2	31·3	27·4	22·7	17·2	11·2	04·8	58·2	51·7	45·3	39·3	34·0
8	33·9	30·9	27·0	22·2	16·7	10·6	04·2	57·6	51·0	44·7	38·8	33·5
9	33·7	30·6	26·5	21·7	16·1	10·0	03·5	56·9	50·4	44·1	38·2	33·0
10	1 33·4	1 30·2	1 26·1	1 21·1	1 15·5	1 09·3	1 02·9	0 56·3	0 49·7	0 43·5	0 37·7	0 32·5
Lat.	a_1	a_1	a_1	a_1	a_1	a_1	a_1	a_1	a_1	a_1	a_1	a_1
°	′	′	′	′	′	′	′	′	′	′	′	′
0	0·6	0·5	0·5	0·5	0·4	0·4	0·4	0·4	0·4	0·4	0·4	0·5
10	·6	·5	·5	·5	·4	·4	·4	·4	·4	·4	·4	·5
20	·6	·6	·5	·5	·5	·4	·4	·4	·4	·4	·5	·5
30	·6	·6	·5	·5	·5	·5	·5	·5	·5	·5	·5	·5
40	0·6	0·6	0·6	0·6	0·5	0·5	0·5	0·5	0·5	0·5	0·5	0·6
45	·6	·6	·6	·6	·6	·6	·6	·6	·6	·6	·6	·6
50	·6	·6	·6	·6	·6	·6	·6	·6	·6	·6	·6	·6
55	·6	·6	·6	·6	·6	·6	·6	·6	·6	·6	·6	·6
60	·6	·6	·6	·7	·7	·7	·7	·7	·7	·7	·7	·7
62	0·6	0·6	0·7	0·7	0·7	0·7	0·7	0·7	0·7	0·7	0·7	0·7
64	·6	·6	·7	·7	·7	·8	·8	·8	·8	·8	·7	·7
66	·6	·7	·7	·7	·8	·8	·8	·8	·8	·8	·8	·7
68	0·6	0·7	0·7	0·8	0·8	0·8	0·9	0·9	0·9	0·8	0·8	0·8
Month	a_2	a_2	a_2	a_2	a_2	a_2	a_2	a_2	a_2	a_2	a_2	a_2
	′	′	′	′	′	′	′	′	′	′	′	′
Jan.	0·5	0·5	0·5	0·5	0·5	0·5	0·6	0·6	0·6	0·6	0·6	0·7
Feb.	·4	·4	·4	·4	·4	·4	·4	·4	·5	·5	·5	·6
Mar.	·4	·4	·3	·3	·3	·3	·3	·3	·3	·3	·4	·4
Apr.	0·5	0·4	0·4	0·3	0·3	0·3	0·2	0·2	0·2	0·2	0·3	0·3
May	·6	·6	·5	·4	·4	·3	·3	·2	·2	·2	·2	·2
June	·8	·7	·6	·6	·5	·4	·4	·3	·3	·2	·2	·2
July	0·9	0·8	0·8	0·7	0·7	0·6	0·5	0·5	0·4	0·4	0·3	0·3
Aug.	·9	·9	·9	·9	·8	·8	·7	·6	·6	·5	·5	·4
Sept.	·9	·9	·9	·9	·9	·9	·9	·8	·8	·7	·7	·6
Oct.	0·8	0·8	0·9	0·9	0·9	0·9	0·9	0·9	0·9	0·9	0·8	0·8
Nov.	·6	·7	·8	·8	·9	·9	1·0	1·0	1·0	1·0	1·0	1·0
Dec.	0·5	0·6	0·6	0·7	0·8	0·8	0·9	1·0	1·0	1·0	1·0	1·0
Lat.	AZIMUTH											
°	°	°	°	°	°	°	°	°	°	°	°	°
0	0·2	0·3	0·4	0·5	0·5	0·6	0·6	0·6	0·6	0·6	0·6	0·5
20	0·2	0·3	0·4	0·5	0·6	0·6	0·7	0·7	0·7	0·6	0·6	0·5
40	0·3	0·4	0·5	0·6	0·7	0·8	0·8	0·8	0·8	0·8	0·7	0·6
50	0·3	0·5	0·6	0·7	0·8	0·9	1·0	1·0	1·0	0·9	0·9	0·8
55	0·4	0·5	0·7	0·8	0·9	1·0	1·1	1·1	1·1	1·0	1·0	0·9
60	0·4	0·6	0·8	0·9	1·1	1·2	1·2	1·3	1·3	1·2	1·1	1·0
65	0·5	0·7	0·9	1·1	1·3	1·4	1·5	1·5	1·5	1·4	1·3	1·2

Latitude $=$ Apparent altitude (corrected for refraction) $-1° + a_0 + a_1 + a_2$

The table is entered with LHA Aries to determine the column to be used; each column refers to a range of 10°. a_0 is taken, with mental interpolation, from the upper table with the units of LHA Aries in degrees as argument; a_1, a_2 are taken, without interpolation, from the second and third tables with arguments latitude and month respectively. a_0, a_1, a_2, are always positive. The final table gives the azimuth of *Polaris*.

© British Crown Copyright 2023. All rights reserved.

SIGHT REDUCTION PROCEDURES

METHODS AND FORMULAE FOR DIRECT COMPUTATION

1. *Introduction.* In this section, formulae and methods are provided for *calculating* position at sea from observed altitudes taken with a marine sextant using a computer or programmable calculator.

The method uses analogous concepts and similar terminology as that used in *manual* methods of astro-navigation, where position is found by plotting position lines from their intercept and azimuth on a marine chart.

The algorithms are presented in standard algebra suitable for translating into the programming language of the user's computer. The basic ephemeris data may be taken directly from the main tabular pages of a current version of *The Nautical Almanac.* Formulae are given for calculating altitude and azimuth from the *GHA* and *Dec* of a body, and the estimated position of the observer. Formulae are also given for reducing sextant observations to observed altitudes by applying the corrections for dip, refraction, parallax and semi-diameter.

The intercept and azimuth obtained from each observation determine a position line, and the observer should lie on or close to each position line. The method of least squares is used to calculate the fix by finding the position where the sum of the squares of the distances from the position lines is a minimum. The use of least squares has other advantages. For example, it is possible to improve the estimated position at the time of fix by repeating the calculation. It is also possible to include more observations in the solution and to reject doubtful ones.

2. *Notation.*

GHA = Greenwich hour angle. The range of *GHA* is from 0° to 360° starting at 0° on the Greenwich meridian increasing to the west, back to 360° on the Greenwich meridian.

SHA = sidereal hour angle. The range is 0° to 360°.

Dec = declination. The sign convention for declination is north is positive, south is negative. The range is from −90° at the south celestial pole to +90° at the north celestial pole.

Long = longitude. The sign convention is east is positive, west is negative. The range is −180° to +180°.

Lat = latitude. The sign convention is north is positive, south is negative. The range is from −90° to +90°.

LHA = *GHA* + *Long* = local hour angle. The *LHA* increases to the west from 0° on the local meridian to 360°.

H_C = calculated altitude. Above the horizon is positive, below the horizon is negative. The range is from −90° in the nadir to +90° in the zenith.

H_S = sextant altitude.

H = apparent altitude = sextant altitude corrected for instrumental error and dip.

H_O = observed altitude = apparent altitude corrected for refraction and, in appropriate cases, corrected for parallax and semi-diameter.

Z = Z_n= true azimuth. Z is measured from true north through east, south, west and back to north. The range is from 0° to 360°.

I = sextant index error.

D = dip of horizon.

R = atmospheric refraction.

© British Crown Copyright 2023. All rights reserved.

HP = horizontal parallax of the Sun, Moon, Venus or Mars.
PA = parallax in altitude of the Sun, Moon, Venus or Mars.
SD = semi-diameter of the Sun or Moon.
p = intercept = $H_O - H_C$. Towards is positive, away is negative.
T = course or track, measured as for azimuth from the north.
V = speed in knots.

3. *Entering Basic Data.* When quantities such as *GHA* are entered, which in *The Nautical Almanac* are given in degrees and minutes, convert them to degrees and decimals of a degree by dividing the minutes by 60 and adding to the degrees; for example, if $GHA = 123° \ 45'.6$, enter the two numbers 123 and 45·6 into the memory and set $GHA = 123 + 45{\cdot}6/60 = 123°.7600$. Although four decimal places of a degree are shown in the examples, it is assumed that full precision is maintained in the calculations.

When using a computer or programmable calculator, write a subroutine to convert degrees and minutes to degrees and decimals. Scientific calculators usually have a special key for this purpose. For quantities like *Dec* which require a minus sign for southern declination, change the sign from plus to minus after the value has been converted to degrees and decimals, *e.g.* $Dec = \mathrm{S}\,0° \ 12'.3 = \mathrm{S}\,0°.2050 = -0°.2050$. Other quantities which require conversion are semi-diameter, horizontal parallax, longitude and latitude.

4. *Interpolation of GHA and Dec* The *GHA* and *Dec* of the Sun, Moon and planets are interpolated to the time of observation by direct calculation as follows: If the universal time is $a^{\mathrm{h}}\ b^{\mathrm{m}}\ c^{\mathrm{s}}$, form the interpolation factor $x = b/60 + c/3600$. Enter the tabular value GHA_0 for the preceding hour (a) and the tabular value GHA_1 for the following hour ($a + 1$) then the interpolated value *GHA* is given by

$$GHA = GHA_0 + x(GHA_1 - GHA_0)$$

If the *GHA* passes through 360° between tabular values, add 360° to GHA_1 before interpolation. If the interpolated value exceeds 360°, subtract 360° from *GHA*.

Similarly for declination, enter the tabular value Dec_0 for the preceding hour (a) and the tabular value Dec_1 for the following hour ($a + 1$), then the interpolated value *Dec* is given by

$$Dec = Dec_0 + x(Dec_1 - Dec_0)$$

5. *Example.* (a) Find the *GHA* and *Dec* of the Sun on 2024 January 17 at $15^{\mathrm{h}}\ 47^{\mathrm{m}}\ 13^{\mathrm{s}}$ UT.

The interpolation factor $x = 47/60 + 13/3600 = 0^{\mathrm{h}}.7869$

page 21 $15^{\mathrm{h}}\ GHA_0 = 42° \ 30'.5 = 42°.5083$

$16^{\mathrm{h}}\ GHA_1 = 57° \ 30'.3 = 57°.5050$

$15^{\mathrm{h}}.7869\ GHA = 42{\cdot}5083 + 0{\cdot}7869(57{\cdot}5050 - 42{\cdot}5083) = 54°.3099$

$15^{\mathrm{h}}\ Dec_0 = \mathrm{S}\,20° \ 45'.6 = -20°.7600$

$16^{\mathrm{h}}\ Dec_1 = \mathrm{S}\,20° \ 45'.1 = -20°.7517$

$15^{\mathrm{h}}.7869\ Dec = -20{\cdot}7600 + 0{\cdot}7869(-20{\cdot}7517 + 20{\cdot}7600) = -20°.7534$

GHA Aries is interpolated in the same way as *GHA* of a body. For a star the *SHA* and *Dec* are taken from the tabular page and do not require interpolation, then

$$GHA = GHA \text{ Aries} + SHA$$

where *GHA* Aries is interpolated to the time of observation.

© British Crown Copyright 2023. All rights reserved.

(b) Find the *GHA* and *Dec* of *Vega* on 2024 January 17 at $16^h\ 47^m\ 13^s$ UT.

The interpolation factor $x = 0^h\!.7869$ as in the previous example

page 20 16^h GHA Aries$_0 = 356°\ 34'\!.7 = 356°\!.5783$

17^h GHA Aries$_1 = 11°\ 37'\!.2 = 371°\!.6200$ (360° added)

$16^h\!.7869$ GHA Aries $= 356{\cdot}5783 + 0{\cdot}7869(371{\cdot}6200 - 356{\cdot}5783) = 368°\!.4153$

$SHA = 80°\ 34'\!.2 = 80°\!.5700$

$GHA = GHA$ Aries $+ SHA = 88°\!.9853$ (multiple of 360° removed)

$Dec = \text{N}\,38°\ 48'\!.2 = +38°\!.8033$

6. *The calculated altitude and azimuth.* The calculated altitude H_C and true azimuth Z are determined from the GHA and Dec interpolated to the time of observation and from the *Long* and *Lat* estimated at the time of observation as follows:

Step 1. Calculate the local hour angle

$$LHA = GHA + Long$$

Add or subtract multiples of 360° to set LHA in the range 0° to 360°.

Step 2. Calculate S, C and the altitude H_C from

$$S = \sin Dec$$
$$C = \cos Dec \cos LHA$$
$$H_C = \sin^{-1}(S \sin Lat + C \cos Lat)$$

where $\sin^{-1}$ is the inverse function of sine.

Step 3. Calculate X and A from

$$X = (S \cos Lat - C \sin Lat)/\cos H_C$$
$$\text{If } X > +1 \quad \text{set} \quad X = +1$$
$$\text{If } X < -1 \quad \text{set} \quad X = -1$$
$$A = \cos^{-1} X$$

where $\cos^{-1}$ is the inverse function of cosine.

Step 4. Determine the azimuth Z

$$\text{If } LHA > 180° \quad \text{then} \quad Z = A$$
$$\text{Otherwise} \quad Z = 360° - A$$

7. *Example.* Find the calculated altitude H_C and azimuth Z when

$$GHA = 53° \quad Dec = \text{S}\,15° \quad Lat = \text{N}\,32° \quad Long = \text{W}\,16°$$

For the calculation

$$GHA = 53°\!.0000 \quad Dec = -15°\!.0000 \quad Lat = +32°\!.0000 \quad Long = -16°\!.0000$$

Step 1. $LHA = 53{\cdot}0000 - 16{\cdot}0000 = 37{\cdot}0000$

Step 2. $S = -0{\cdot}2588$

$C = +0{\cdot}9659 \times 0{\cdot}7986 = 0{\cdot}7714$

$\sin H_C = -0{\cdot}2588 \times 0{\cdot}5299 + 0{\cdot}7714 \times 0{\cdot}8480 = 0{\cdot}5171$

$H_C = 31°\!.1346$

© British Crown Copyright 2023. All rights reserved.

Step 3. $X = (-0{\cdot}2588 \times 0{\cdot}8480 - 0{\cdot}7714 \times 0{\cdot}5299)/0{\cdot}8560 = -0{\cdot}7340$

$A = 137^{\circ}\!.2239$

Step 4. Since $LHA \leq 180^{\circ}$ then $Z = 360^{\circ} - A = 222^{\circ}\!.7761$

8. *Reduction from sextant altitude to observed altitude.* The sextant altitude H_S is corrected for both dip and index error to produce the apparent altitude. The observed altitude H_O is calculated by applying a correction for refraction. For the Sun, Moon, Venus and Mars a correction for parallax is also applied to H, and for the Sun and Moon a further correction for semi-diameter is required. The corrections are calculated as follows:

Step 1. Calculate dip

$$D = 0^{\circ}\!.0293\sqrt{h}$$

where h is the height of eye above the horizon in metres.

Step 2. Calculate apparent altitude

$$H = H_S + I - D$$

where I is the sextant index error.

Step 3. Calculate refraction (R) at a standard temperature of 10° Celsius (C) and pressure of 1010 millibars (mb)

$$R_0 = 0^{\circ}\!.0167/\tan(H + 7{\cdot}32/(H + 4{\cdot}32))$$

If the temperature T° C and pressure P mb are known calculate the refraction from

$$R = fR_0 \quad \text{where} \quad f = 0{\cdot}28P/(T + 273)$$

otherwise set $R = R_0$

Step 4. Calculate the parallax in altitude (PA) from the horizontal parallax (HP) and the apparent altitude (H) for the Sun, Moon, Venus and Mars as follows:

$$PA = HP\cos H$$

For the Sun $HP = 0^{\circ}\!.0024$. This correction is very small and could be ignored.

For the Moon HP is taken for the nearest hour from the main tabular page and converted to degrees.

For Venus and Mars the HP is taken from the critical table at the bottom of page 259 and converted to degrees.

For the navigational stars and the remaining planets, Jupiter and Saturn, set $PA = 0$.

If an error of 0′.2 is significant the expression for the parallax in altitude for the Moon should include a small correction OB for the oblateness of the Earth as follows:

$$PA = HP\cos H + OB$$

where $OB = -0^{\circ}\!.0032\sin^2 Lat\cos H + 0^{\circ}\!.0032\sin(2Lat)\cos Z\sin H$

At mid-latitudes and for altitudes of the Moon below 60° a simple approximation to OB is

$$OB = -0^{\circ}\!.0017\cos H$$

© British Crown Copyright 2023. All rights reserved.

Step 5. Calculate the semi-diameter for the Sun and Moon as follows:

Sun: SD is taken from the main tabular page and converted to degrees.

Moon: $SD = 0^\circ\!.2724HP$ where HP is taken for the nearest hour from the main tabular page and converted to degrees.

Step 6. Calculate the observed altitude

$$H_O = H - R + PA \pm SD$$

where the plus sign is used if the lower limb of the Sun or Moon was observed and the minus sign if the upper limb was observed.

9. *Example.* The following example illustrates how to use a calculator to reduce the sextant altitude (H_S) to observed altitude (H_O); the sextant altitudes given are assumed to be taken on 2024 March 11 with a marine sextant, zero index error, at height 5·4 m, temperature −3° C and pressure 982 mb, the Moon sights are assumed to be taken at 10^h UT.

Body limb	Sun lower	Sun upper	Moon lower	Moon upper	Venus —	*Polaris* —
Sextant altitude: H_S	21·3283	3·3367	33·4600	26·1117	4·5433	49·6083
Step 1. Dip: $D = 0{\cdot}0293\sqrt{h}$	0·0681	0·0681	0·0681	0·0681	0·0681	0·0681
Step 2. Apparent altitude: $H = H_S + I - D$	21·2602	3·2686	33·3919	26·0436	4·4752	49·5402
Step 3. Refraction:						
R_0	0·0423	0·2256	0·0251	0·0338	0·1798	0·0142
f	1·0184	1·0184	1·0184	1·0184	1·0184	1·0184
$R = fR_0$	0·0431	0·2298	0·0256	0·0344	0·1831	0·0144
Step 4. Parallax:			(61′.2)	(61′.2)	(0′.1)	
HP	0·0024	0·0024	1·0200	1·0200	0·0017	—
Parallax in altitude: $PA = HP\cos H$	0·0022	0·0024	0·8516	0·9164	0·0017	—
Step 5. Semi-diameter:						
Sun : $SD = 16{\cdot}1/60$	0·2683	0·2683	—	—	—	—
Moon : $SD = 0{\cdot}2724HP$	—	—	0·2778	0·2778	—	—
Step 6. Observed altitude: $H_O = H - R + PA \pm SD$	21·4877	2·7729	34·4958	26·6478	4·2938	49·5258

Note that for the Moon the correction for the oblateness of the Earth of about $-0^\circ\!.0017\cos H$, which equals $-0^\circ\!.0014$ for the lower limb and $-0^\circ\!.0015$ for the upper limb, has been ignored in the above calculation.

10. *Position from intercept and azimuth using a chart.* An estimate is made of the position at the adopted time of fix. The position at the time of observation is then calculated by dead reckoning from the time of fix. For example, if the course (track) T and the speed V (in knots) of the observer are constant, then *Long* and *Lat* at the time of observation are calculated from

© British Crown Copyright 2023. All rights reserved.

$$Long = L_F + t\,(V/60)\sin T\,/\cos B_F$$
$$Lat = B_F + t\,(V/60)\cos T$$

where L_F and B_F are the estimated longitude and latitude at the time of fix and t is the time interval in hours from the time of fix to the time of observation, t is positive if the time of observation is after the time of fix and negative if it was before.

The position line of an observation is plotted on a chart using the intercept

$$p = H_O - H_C$$

and azimuth Z with origin at the calculated position ($Long$, Lat) at the time of observation, where H_C and Z are calculated using the method in section 6, page 279. Starting from this calculated position a line is drawn on the chart along the direction of the azimuth to the body. Convert p to nautical miles by multiplying by 60. The position line is drawn at right angles to the azimuth line, distance p from ($Long, Lat$) towards the body if p is positive and distance p away from the body if p is negative. Provided there are no gross errors, the navigator should be somewhere on or near the position line at the time of observation. Two or more position lines are required to determine a fix.

11. *Position from intercept and azimuth by calculation.* The position of the fix may be calculated from two or more sextant observations as follows.

If p_1, Z_1, are the intercept and azimuth of the first observation, p_2, Z_2, of the second observation and so on, form the summations

$$A = \cos^2 Z_1 + \cos^2 Z_2 + \cdots$$
$$B = \cos Z_1 \sin Z_1 + \cos Z_2 \sin Z_2 + \cdots$$
$$C = \sin^2 Z_1 + \sin^2 Z_2 + \cdots$$
$$D = p_1 \cos Z_1 + p_2 \cos Z_2 + \cdots$$
$$E = p_1 \sin Z_1 + p_2 \sin Z_2 + \cdots$$

where the number of terms in each summation is equal to the number of observations.

With $G = A\,C - B^2$, an improved estimate of the position at the time of fix (L_I, B_I) is given by

$$L_I = L_F + (A\,E - B\,D)/(G\cos B_F), \qquad B_I = B_F + (C\,D - B\,E)/G$$

Calculate the distance d between the initial estimated position (L_F, B_F) at the time of fix and the improved estimated position (L_I, B_I) in nautical miles from

$$d = 60\sqrt{((L_I - L_F)^2\cos^2 B_F + (B_I - B_F)^2)}$$

If d exceeds about 20 nautical miles set $L_F = L_I$, $B_F = B_I$ and repeat the calculation until d, the distance between the position at the previous estimate and the improved estimate, is less than about 20 nautical miles.

12. *Example of direct computation.* Using the method described above, calculate the position of a ship on 2024 July 6 at $21^h\,00^m\,00^s$ UT from the marine sextant observations of the three stars *Regulus* (No. 26) at $20^h\,39^m\,23^s$ UT, *Antares* (No. 42) at $20^h\,45^m\,47^s$ UT and *Kochab* (No. 40) at $21^h\,10^m\,34^s$ UT, where the observed altitudes of the three stars corrected for the effects of refraction, dip and instrumental error, are 24°9918, 26°8756 and 47°5058 respectively. The ship was travelling at a constant speed of 20 knots on a course of 325° during the period of observation, and the position of the ship at the time of fix $21^h\,00^m\,00^s$ UT is only known to the nearest whole degree W 15°, N 32°.

© British Crown Copyright 2023. All rights reserved.

Intermediate values for the first iteration are shown in the table. *GHA* Aries was interpolated from the nearest tabular values on page 134. For the first iteration set $L_F = -15^\circ 0000$, $B_F = +32^\circ 0000$ at the time of fix at $21^h\ 00^m\ 00^s$ UT.

	First Iteration		
Body	*Regulus*	*Antares*	*Kochab*
No.	26	42	40
time of observation	$20^h\ 39^m\ 23^s$	$20^h\ 45^m\ 47^s$	$21^h\ 10^m\ 34^s$
H_O	24·9918	26·8756	47·5058
interpolation factor	0·6564	0·7631	0·1761
GHA Aries	235·1621	236·7664	242·9790
SHA (page 134)	207·5850	112·2667	137·3200
GHA	82·7471	349·0330	20·2990
Dec (page 134)	+11·8500	−26·4867	+74·0583
t	−0·3436	−0·2369	+0·1761
Long	−14·9225	−14·9466	−15·0397
Lat	+31·9062	+31·9353	+32·0481
Z	268·6780	154·0663	357·8477
H_C	24·9687	26·5698	47·9059
p	+0·0231	+0·3058	−0·4001

$$A = 1{\cdot}8079 \quad B = -0{\cdot}4078 \quad C = 1{\cdot}1921 \quad D = -0{\cdot}6754 \quad E = 0{\cdot}1257 \quad G = 1{\cdot}9890$$
$$(A\,E - B\,D)/(G\cos B_F) = -0{\cdot}0286, \qquad (C\,D - B\,E)/G = -0{\cdot}3790$$

An improved estimate of the position at the time of fix is

$$L_I = L_F - 0{\cdot}0286 = -15{\cdot}0286 \quad \text{and} \quad B_I = B_F - 0{\cdot}3790 = +31{\cdot}6210$$

Since the distance between the previous estimated position and the improved estimate is $d = 22{\cdot}8$ nautical miles, set $L_F = -15{\cdot}0286$, and $B_F = +31{\cdot}6210$ and repeat the calculation. The table shows the intermediate values of the calculation for the second iteration. In each iteration the quantities H_O, *GHA*, *Dec* and *t* do not change.

	Second Iteration		
Body	*Regulus*	*Antares*	*Kochab*
No.	26	42	40
Long	−14·9514	−14·9754	−15·0681
Lat	+31·5271	+31·5563	+31·6691
Z	268·8392	153·9564	357·8747
H_C	25·0015	26·8998	47·5281
p	−0·0097	−0·0242	−0·0222

$$A = 1{\cdot}8063 \quad B = -0{\cdot}4113 \quad C = 1{\cdot}1937 \quad D = -0{\cdot}0003 \quad E = -0{\cdot}0001 \quad G = 1{\cdot}9871$$
$$(A\,E - B\,D)/(G\cos B_F) = -0{\cdot}0002, \qquad (C\,D - B\,E)/G = -0{\cdot}0002$$

An improved estimate of the position at the time of fix is

$$L_I = L_F - 0{\cdot}0002 = -15{\cdot}0288 \quad \text{and} \quad B_I = B_F - 0{\cdot}0002 = +31{\cdot}6208$$

The distance between the previous estimated position and the improved estimated position, $d = 0{\cdot}02$ nautical miles, is so small that a third iteration would produce a negligible improvement to the estimate of the position.

© British Crown Copyright 2023. All rights reserved.

USE OF CONCISE SIGHT REDUCTION TABLES

1. *Introduction.* The concise sight reduction tables given on pages 286 to 317 are intended for use when neither more extensive tables nor electronic computing aids are available. These "NAO sight reduction tables" provide for the reduction of the local hour angle and declination of a celestial object to azimuth and altitude, referred to an assumed position on the Earth, for use in the intercept method of celestial navigation which is now standard practice.

2. *Form of tables.* Entries in the reduction table are at a fixed interval of one degree for all latitudes and hour angles. A compact arrangement results from division of the navigational triangle into two right spherical triangles, so that the table has to be entered twice. Assumed latitude and local hour angle are the arguments for the first entry. The reduction table responds with the intermediate arguments A, B, and Z_1, where A is used as one of the arguments for the second entry to the table, B has to be incremented by the declination to produce the quantity F, and Z_1 is a component of the azimuth angle. The reduction table is then reentered with A and F and yields H, P, and Z_2 where H is the altitude, P is the complement of the parallactic angle, and Z_2 is the second component of the azimuth angle. It is usually necessary to adjust the tabular altitude for the fractional parts of the intermediate entering arguments to derive computed altitude, and an auxiliary table is provided for the purpose. Rules governing signs of the quantities which must be added or subtracted are given in the instructions and summarized on each tabular page. Azimuth angle is the sum of two components and is converted to true azimuth by familiar rules, repeated at the bottom of the tabular pages.

Tabular altitude and intermediate quantities are given to the nearest minute of arc, although errors of 2′ in computed altitude may accrue during adjustment for the minutes parts of entering arguments. Components of azimuth angle are stated to 0°.1; for derived true azimuth, only whole degrees are warranted. Since objects near the zenith are difficult to observe with a marine sextant, they should be avoided; altitudes greater than about 80° are not suited to reduction by this method.

In many circumstances, the accuracy provided by these tables is sufficient. However, to maintain the full accuracy (0′.1) of the ephemeral data in the almanac throughout their reduction to altitude and azimuth, more extensive tables or a calculator should be used.

3. *Use of Tables.*

Step 1. Determine the Greenwich hour angle (*GHA*) and Declination (*Dec*) of the body from the almanac. Select an assumed latitude (*Lat*) of integral degrees nearest to the estimated latitude. Choose an assumed longitude nearest to the estimated longitude such that the local hour angle

$$LHA = GHA \begin{matrix} -\text{ west} \\ +\text{ east} \end{matrix} \text{ longitude}$$

has integral degrees.

Step 2. Enter the reduction table with *Lat* and *LHA* as arguments. Record the quantities A, B and Z_1. Apply the rules for the sign of B and Z_1: B is minus if $90° < LHA < 270°$: Z_1 has the same sign as B. Set $A°$ = nearest whole degree of A and A' = minutes part of A. This step may be repeated for all reductions before leaving the latitude opening of the table.

Step 3. Record the declination *Dec*. Apply the rules for the sign of *Dec*: *Dec* is minus if the name of *Dec* (*i.e.* N or S) is contrary to latitude. Add B and *Dec* algebraically to produce F. If F is negative, the object is below the horizon (in sight reduction, this can occur when the objects are close to the horizon). Regard F as positive until step 7. Set $F°$ = nearest whole degree of F and F' = minutes part of F.

© British Crown Copyright 2023. All rights reserved.

Step 4. Enter the reduction table a second time with A° and F° as arguments and record H, P, and Z_2. Set $P^\circ =$ nearest whole degree of P and $Z_2{}^\circ =$ nearest whole degree of Z_2.

Step 5. Enter the auxiliary table with F' and P° as arguments to obtain $corr_1$ to H for F'. Apply the rule for the sign of $corr_1$: $corr_1$ is minus if $F < 90^\circ$ and $F' > 29'$ or if $F > 90^\circ$ and $F' < 30'$, otherwise $corr_1$ is plus.

Step 6. Enter the auxiliary table with A' and $Z_2{}^\circ$ as arguments to obtain $corr_2$ to H for A'. Apply the rule for the sign of $corr_2$: $corr_2$ is minus if $A' < 30'$, otherwise $corr_2$ is plus.

Step 7. Calculate the computed altitude H_C as the sum of H, $corr_1$ and $corr_2$. Apply the rule for the sign of H_C: H_C is minus if F is negative.

Step 8. Apply the rule for the sign of Z_2: Z_2 is minus if $F > 90^\circ$. If F is negative, replace Z_2 by $180^\circ - Z_2$. Set the azimuth angle Z equal to the algebraic sum of Z_1 and Z_2 and ignore the resulting sign. Obtain the true azimuth Z_n from the rules

For N latitude, if	$LHA > 180^\circ$	$Z_n = Z$
if	$LHA < 180^\circ$	$Z_n = 360^\circ - Z$
For S latitude, if	$LHA > 180^\circ$	$Z_n = 180^\circ - Z$
if	$LHA < 180^\circ$	$Z_n = 180^\circ + Z$

Observed altitude H_O is compared with H_C to obtain the altitude difference, which, with Z_n, is used to plot the position line.

4. *Example.* (a) Required the altitude and azimuth of *Schedar* on 2024 February 4 at UT $06^h\ 34^m$ from the estimated position N 53°, E 5°.

1. Assumed latitude	$Lat =$ 53° N		
From the almanac	$GHA =$ 221° 58′		
Assumed longitude	5° 02′ E		
Local hour angle	$LHA =$ 227		
2. Reduction table, 1st entry $(Lat, LHA) = (53, 227)$	$A =$ 26 07	$A^\circ = 26$, $A' = 7$	
	$B = -27$ 12	$Z_1 = -49{\cdot}4$,	$90^\circ < LHA < 270^\circ$
3. From the almanac	$Dec = +56$ 40		*Lat* and *Dec* same
Sum $= B + Dec$	$F = +29$ 28	$F^\circ = 29$, $F' = 28$	
4. Reduction table, 2nd entry $(A^\circ, F^\circ) = (26, 29)$	$H =$ 25 50	$P^\circ = 61$	
		$Z_2 = 76{\cdot}3, Z_2{}^\circ = 76$	
5. Auxiliary table, 1st entry $(F', P^\circ) = (28, 61)$	$corr_1 =$ +24		$F < 90^\circ$, $F' < 29'$
Sum	26 14		
6. Auxiliary table, 2nd entry $(A', Z_2{}^\circ) = (7, 76)$	$corr_2 =$ −2		$A' < 30'$
7. Sum = computed altitude	$H_C = +26^\circ\ 12'$		$F > 0^\circ$
8. Azimuth, first component	$Z_1 = -49{\cdot}4$		same sign as B
second component	$Z_2 = +76{\cdot}3$		$F < 90^\circ$, $F > 0^\circ$
Sum = azimuth angle	$Z =$ 26·9		
True azimuth	$Z_n =$ 027°		N *Lat*, $LHA > 180^\circ$

continued on page 318

© British Crown Copyright 2023. All rights reserved.

SIGHT REDUCTION TABLE

B: (–) for 90° < LHA < 270°
Dec:(–) for Lat. contrary name

Z_1: same sign as B
Z_2: (–) for F > 90°

Lat. / A		0°			1°			2°			3°			4°			5°			Lat. / A	
LHA/F		A/H	B/P	Z_1/Z_2	A/H	B/P	Z_1/Z_2	A/H	B/P	Z_1/Z_2	A/H	B/P	Z_1/Z_2	A/H	B/P	Z_1/Z_2	A/H	B/P	Z_1/Z_2	LHA	
°	°	° ′	° ′	°	° ′	° ′	°	° ′	° ′	°	° ′	° ′	°	° ′	° ′	°	° ′	° ′	°	°	°
0	180	0 00	90 00	90·0	0 00	89 00	90·0	0 00	88 00	90·0	0 00	87 00	90·0	0 00	86 00	90·0	0 00	85 00	90·0	180	360
1	179	1 00	90 00	90·0	1 00	89 00	90·0	1 00	88 00	90·0	1 00	87 00	89·9	1 00	86 00	89·9	1 00	85 00	89·9	181	359
2	178	2 00	90 00	90·0	2 00	89 00	90·0	2 00	88 00	89·9	2 00	87 00	89·9	2 00	86 00	89·9	2 00	85 00	89·8	182	358
3	177	3 00	90 00	90·0	3 00	89 00	89·9	3 00	88 00	89·9	3 00	87 00	89·8	3 00	86 00	89·8	2 59	85 00	89·7	183	357
4	176	4 00	90 00	90·0	4 00	89 00	89·9	4 00	88 00	89·9	4 00	87 00	89·8	3 59	85 59	89·7	3 59	84 59	89·7	184	356
5	175	5 00	90 00	90·0	5 00	89 00	89·9	5 00	88 00	89·8	5 00	86 59	89·7	4 59	85 59	89·7	4 59	84 59	89·6	185	355
6	174	6 00	90 00	90·0	6 00	89 00	89·9	6 00	87 59	89·8	6 00	86 59	89·7	5 59	85 59	89·6	5 59	84 58	89·5	186	354
7	173	7 00	90 00	90·0	7 00	89 00	89·9	7 00	87 59	89·8	6 59	86 59	89·6	6 59	85 58	89·5	6 58	84 58	89·4	187	353
8	172	8 00	90 00	90·0	8 00	88 59	89·9	8 00	87 59	89·7	7 59	86 58	89·6	7 59	85 58	89·4	7 58	84 57	89·3	188	352
9	171	9 00	90 00	90·0	9 00	88 59	89·8	9 00	87 59	89·7	8 59	86 58	89·5	8 59	85 57	89·4	8 58	84 56	89·2	189	351
10	170	10 00	90 00	90·0	10 00	88 59	89·8	10 00	87 58	89·6	9 59	86 57	89·5	9 59	85 56	89·3	9 58	84 55	89·1	190	350
11	169	11 00	90 00	90·0	11 00	88 59	89·8	11 00	87 58	89·6	10 59	86 57	89·4	10 58	85 56	89·2	10 57	84 54	89·0	191	349
12	168	12 00	90 00	90·0	12 00	88 59	89·8	12 00	87 57	89·6	11 59	86 56	89·4	11 58	85 55	89·2	11 57	84 53	88·9	192	348
13	167	13 00	90 00	90·0	13 00	88 58	89·8	13 00	87 57	89·5	12 59	86 55	89·3	12 58	85 54	89·1	12 57	84 52	88·8	193	347
14	166	14 00	90 00	90·0	14 00	88 58	89·8	13 59	87 56	89·5	13 59	86 55	89·3	13 58	85 53	89·0	13 57	84 51	88·8	194	346
15	165	15 00	90 00	90·0	15 00	88 58	89·7	14 59	87 56	89·5	14 59	86 54	89·2	14 58	85 52	88·9	14 56	84 49	88·7	195	345
16	164	16 00	90 00	90·0	16 00	88 58	89·7	15 59	87 55	89·4	15 59	86 53	89·1	15 58	85 50	88·9	15 56	84 48	88·6	196	344
17	163	17 00	90 00	90·0	17 00	88 57	89·7	16 59	87 55	89·4	16 59	86 52	89·1	16 57	85 49	88·8	16 56	84 46	88·5	197	343
18	162	18 00	90 00	90·0	18 00	88 57	89·7	17 59	87 54	89·4	17 58	86 51	89·0	17 57	85 48	88·7	17 56	84 45	88·4	198	342
19	161	19 00	90 00	90·0	19 00	88 57	89·7	18 59	87 53	89·3	18 58	86 50	89·0	18 57	85 46	88·6	18 55	84 43	88·3	199	341
20	160	20 00	90 00	90·0	20 00	88 56	89·6	19 59	87 52	89·3	19 58	86 48	88·9	19 57	85 45	88·5	19 55	84 41	88·2	200	340
21	159	21 00	90 00	90·0	21 00	88 56	89·6	20 59	87 51	89·2	20 58	86 47	88·8	20 57	85 43	88·5	20 55	84 39	88·1	201	339
22	158	22 00	90 00	90·0	22 00	88 55	89·6	21 59	87 51	89·2	21 58	86 46	88·8	21 57	85 41	88·4	21 55	84 37	88·0	202	338
23	157	23 00	90 00	90·0	23 00	88 55	89·6	22 59	87 50	89·2	22 58	86 44	88·7	22 56	85 39	88·3	22 54	84 34	87·9	203	337
24	156	24 00	90 00	90·0	24 00	88 54	89·6	23 59	87 49	89·1	23 58	86 43	88·7	23 56	85 37	88·2	23 54	84 32	87·8	204	336
25	155	25 00	90 00	90·0	25 00	88 54	89·5	24 59	87 48	89·1	24 58	86 41	88·6	24 56	85 35	88·1	24 54	84 29	87·7	205	335
26	154	26 00	90 00	90·0	26 00	88 53	89·5	25 59	87 47	89·0	25 58	86 40	88·5	25 56	85 33	88·1	25 54	84 26	87·6	206	334
27	153	27 00	90 00	90·0	27 00	88 53	89·5	26 59	87 45	89·0	26 58	86 38	88·5	26 56	85 31	88·0	26 53	84 24	87·5	207	333
28	152	28 00	90 00	90·0	28 00	88 52	89·5	27 59	87 44	88·9	27 57	86 36	88·4	27 56	85 28	87·9	27 53	84 20	87·3	208	332
29	151	29 00	90 00	90·0	29 00	88 51	89·4	28 59	87 43	88·9	28 57	86 34	88·3	28 55	85 26	87·8	28 53	84 17	87·2	209	331
30	150	30 00	90 00	90·0	30 00	88 51	89·4	29 59	87 41	88·8	29 57	86 32	88·3	29 55	85 23	87·7	29 52	84 14	87·1	210	330
31	149	31 00	90 00	90·0	31 00	88 50	89·4	30 59	87 40	88·8	30 57	86 30	88·2	30 55	85 20	87·6	30 52	84 10	87·0	211	329
32	148	32 00	90 00	90·0	32 00	88 49	89·4	31 59	87 39	88·8	31 57	86 28	88·1	31 55	85 17	87·5	31 52	84 07	86·9	212	328
33	147	33 00	90 00	90·0	33 00	88 48	89·4	32 59	87 37	88·7	32 57	86 25	88·1	32 55	85 14	87·4	32 52	84 03	86·8	213	327
34	146	34 00	90 00	90·0	34 00	88 48	89·3	33 59	87 35	88·7	33 57	86 23	88·0	33 54	85 11	87·3	33 51	83 59	86·6	214	326
35	145	35 00	90 00	90·0	35 00	88 47	89·3	34 59	87 34	88·6	34 57	86 20	87·9	34 54	85 07	87·2	34 51	83 54	86·5	215	325
36	144	36 00	90 00	90·0	36 00	88 46	89·3	35 58	87 32	88·5	35 57	86 18	87·8	35 54	85 04	87·1	35 51	83 50	86·4	216	324
37	143	37 00	90 00	90·0	37 00	88 45	89·2	36 58	87 30	88·5	36 56	86 15	87·7	36 54	85 00	87·0	36 50	83 45	86·2	217	323
38	142	38 00	90 00	90·0	38 00	88 44	89·2	37 58	87 28	88·4	37 56	86 12	87·7	37 53	84 56	86·9	37 50	83 40	86·1	218	322
39	141	39 00	90 00	90·0	39 00	88 43	89·2	38 58	87 26	88·4	38 56	86 09	87·6	38 53	84 52	86·8	38 49	83 35	86·0	219	321
40	140	40 00	90 00	90·0	40 00	88 42	89·2	39 58	87 23	88·3	39 56	86 05	87·5	39 53	84 47	86·7	39 49	83 29	85·8	220	320
41	139	41 00	90 00	90·0	41 00	88 41	89·1	40 58	87 21	88·3	40 56	86 02	87·4	40 53	84 42	86·5	40 49	83 23	85·7	221	319
42	138	42 00	90 00	90·0	42 00	88 39	89·1	41 58	87 19	88·2	41 56	85 58	87·3	41 52	84 37	86·4	41 48	83 17	85·5	222	318
43	137	43 00	90 00	90·0	43 00	88 38	89·1	42 58	87 16	88·1	42 56	85 54	87·2	42 52	84 32	86·3	42 48	83 11	85·4	223	317
44	136	44 00	90 00	90·0	43 59	88 37	89·0	43 58	87 13	88·1	43 55	85 50	87·1	43 52	84 27	86·1	43 47	83 04	85·2	224	316
45	135	45 00	90 00	90·0	44 59	88 35	89·0	44 58	87 10	88·0	44 55	85 46	87·0	44 52	84 21	86·0	44 47	82 57	85·0	225	315

© British Crown Copyright 2023. All rights reserved.

Lat. / A		0°			1°			2°			3°			4°			5°			Lat. / A	
LHA/F		A/H	B/P	Z_1/Z_2	A/H	B/P	Z_1/Z_2	A/H	B/P	Z_1/Z_2	A/H	B/P	Z_1/Z_2	A/H	B/P	Z_1/Z_2	A/H	B/P	Z_1/Z_2	LHA	
°	°	° ′	° ′	°	° ′	° ′	°	° ′	° ′	°	° ′	° ′	°	° ′	° ′	°	° ′	° ′	°	°	°
45	135	45 00	90 00	90·0	44 59	88 35	89·0	44 58	87 10	88·0	44 55	85 46	87·0	44 52	84 21	86·0	44 47	82 57	85·0	225	315
46	134	46 00	90 00	90·0	45 59	88 34	89·0	45 58	87 07	87·9	45 55	85 41	86·9	45 51	84 15	85·9	45 46	82 49	84·8	226	314
47	133	47 00	90 00	90·0	46 59	88 32	88·9	46 58	87 04	87·9	46 55	85 36	86·8	46 51	84 09	85·7	46 46	82 41	84·7	227	313
48	132	48 00	90 00	90·0	47 59	88 30	88·9	47 58	87 01	87·8	47 55	85 31	86·7	47 51	84 02	85·6	47 46	82 33	84·5	228	312
49	131	49 00	90 00	90·0	48 59	88 29	88·8	48 58	86 57	87·7	48 55	85 26	86·6	48 50	83 55	85·4	48 45	82 24	84·3	229	311
50	130	50 00	90 00	90·0	49 59	88 27	88·8	49 58	86 53	87·6	49 54	85 20	86·4	49 50	83 47	85·2	49 44	82 15	84·1	230	310
51	129	51 00	90 00	90·0	50 59	88 25	88·8	50 57	86 49	87·5	50 54	85 14	86·3	50 50	83 40	85·1	50 44	82 05	83·9	231	309
52	128	52 00	90 00	90·0	51 59	88 23	88·7	51 57	86 45	87·4	51 54	85 08	86·2	51 49	83 31	84·9	51 43	81 55	83·6	232	308
53	127	53 00	90 00	90·0	52 59	88 20	88·7	52 57	86 41	87·3	52 54	85 01	86·0	52 49	83 22	84·7	52 43	81 44	83·4	233	307
54	126	54 00	90 00	90·0	53 59	88 18	88·6	53 57	86 36	87·2	53 54	84 54	85·9	53 49	83 13	84·5	53 42	81 32	83·2	234	306
55	125	55 00	90 00	90·0	54 59	88 15	88·6	54 57	86 31	87·1	54 53	84 47	85·7	54 48	83 03	84·3	54 41	81 20	82·9	235	305
56	124	56 00	90 00	90·0	55 59	88 13	88·5	55 57	86 26	87·0	55 53	84 39	85·6	55 48	82 52	84·1	55 41	81 06	82·6	236	304
57	123	57 00	90 00	90·0	56 59	88 10	88·5	56 57	86 20	86·9	56 53	84 30	85·4	56 47	82 41	83·9	56 40	80 52	82·4	237	303
58	122	58 00	90 00	90·0	57 59	88 07	88·4	57 57	86 14	86·8	57 52	84 21	85·2	57 47	82 29	83·6	57 39	80 38	82·1	238	302
59	121	59 00	90 00	90·0	58 59	88 04	88·3	58 57	86 07	86·7	58 52	84 11	85·0	58 46	82 16	83·4	58 38	80 22	81·7	239	301
60	120	60 00	90 00	90·0	59 59	88 00	88·3	59 56	86 00	86·5	59 52	84 01	84·8	59 46	82 02	83·1	59 37	80 05	81·4	240	300
61	119	61 00	90 00	90·0	60 59	87 56	88·2	60 56	85 53	86·4	60 52	83 50	84·6	60 45	81 48	82·8	60 37	79 46	81·1	241	299
62	118	62 00	90 00	90·0	61 59	87 52	88·1	61 56	85 45	86·2	61 51	83 38	84·4	61 44	81 32	82·5	61 36	79 27	80·7	242	298
63	117	63 00	90 00	90·0	62 59	87 48	88·0	62 56	85 36	86·1	62 51	83 25	84·1	62 44	81 15	82·2	62 35	79 06	80·3	243	297
64	116	64 00	90 00	90·0	63 59	87 43	88·0	63 56	85 27	85·9	63 50	83 11	83·9	63 43	80 56	81·9	63 33	78 43	79·9	244	296
65	115	65 00	90 00	90·0	64 59	87 38	87·9	64 56	85 17	85·7	64 50	82 56	83·6	64 42	80 36	81·5	64 32	78 18	79·4	245	295
66	114	66 00	90 00	90·0	65 59	87 33	87·8	65 55	85 06	85·5	65 49	82 39	83·3	65 41	80 15	81·1	65 31	77 52	78·9	246	294
67	113	67 00	90 00	90·0	66 59	87 27	87·6	66 55	84 54	85·3	66 49	82 22	83·0	66 40	79 51	80·7	66 29	77 23	78·4	247	293
68	112	68 00	90 00	90·0	67 59	87 20	87·5	67 55	84 40	85·1	67 48	82 02	82·6	67 39	79 26	80·2	67 28	76 51	77·8	248	292
69	111	69 00	90 00	90·0	68 59	87 13	87·4	68 55	84 26	84·8	68 48	81 41	82·2	68 38	78 58	79·7	68 26	76 17	77·2	249	291
70	110	70 00	90 00	90·0	69 59	87 05	87·3	69 54	84 10	84·5	69 47	81 17	81·8	69 37	78 27	79·2	69 25	75 39	76·5	250	290
71	109	71 00	90 00	90·0	70 58	86 56	87·1	70 54	83 53	84·2	70 46	80 51	81·4	70 36	77 53	78·5	70 23	74 58	75·8	251	289
72	108	72 00	90 00	90·0	71 58	86 46	86·9	71 54	83 33	83·9	71 46	80 22	80·8	71 35	77 15	77·9	71 20	74 12	75·0	252	288
73	107	73 00	90 00	90·0	72 58	86 35	86·7	72 53	83 11	83·5	72 45	79 50	80·3	72 33	76 33	77·1	72 18	73 20	74·1	253	287
74	106	74 00	90 00	90·0	73 58	86 23	86·5	73 53	82 47	83·1	73 44	79 14	79·7	73 31	75 46	76·3	73 15	72 23	73·1	254	286
75	105	75 00	90 00	90·0	74 58	86 09	86·3	74 52	82 19	82·6	74 43	78 33	78·9	74 29	74 53	75·4	74 12	71 19	72·0	255	285
76	104	76 00	90 00	90·0	75 58	85 52	86·0	75 52	81 47	82·0	75 41	77 47	78·1	75 27	73 53	74·4	75 09	70 07	70·7	256	284
77	103	77 00	90 00	90·0	76 58	85 34	85·7	76 51	81 11	81·4	76 40	76 53	77·2	76 25	72 44	73·2	76 05	68 45	69·3	257	283
78	102	78 00	90 00	90·0	77 58	85 12	85·3	77 50	80 28	80·7	77 38	75 51	76·2	77 22	71 25	71·8	77 01	67 11	67·7	258	282
79	101	79 00	90 00	90·0	78 57	84 46	84·9	78 49	79 38	79·8	78 36	74 39	74·9	78 18	69 52	70·3	77 56	65 22	65·8	259	281
80	100	80 00	90 00	90·0	79 57	84 16	84·3	79 48	78 38	78·8	79 34	73 12	73·5	79 14	68 04	68·4	78 50	63 16	63·7	260	280
81	99	81 00	90 00	90·0	80 57	83 38	83·7	80 47	77 25	77·6	80 31	71 29	71·7	80 09	65 55	66·2	79 43	60 47	61·2	261	279
82	98	82 00	90 00	90·0	81 56	82 51	82·9	81 45	75 55	76·1	81 28	69 22	69·6	81 04	63 19	63·6	80 34	57 51	58·2	262	278
83	97	83 00	90 00	90·0	82 56	81 51	81·9	82 43	74 01	74·1	82 23	66 44	66·9	81 57	60 09	60·4	81 24	54 20	54·6	263	277
84	96	84 00	90 00	90·0	83 55	80 31	80·6	83 41	71 32	71·6	83 18	63 22	63·5	82 48	56 13	56·4	82 12	50 04	50·3	264	276
85	95	85 00	90 00	90·0	84 54	78 40	78·7	84 37	68 10	68·3	84 10	58 59	59·1	83 36	51 16	51·4	82 56	44 53	45·1	265	275
86	94	86 00	90 00	90·0	85 53	75 57	76·0	85 32	63 24	63·5	85 00	53 05	53·2	84 21	44 56	45·1	83 36	38 34	38·7	266	274
87	93	87 00	90 00	90·0	86 50	71 33	71·6	86 24	56 17	56·3	85 45	44 58	45·0	85 00	36 49	36·9	84 10	30 53	31·0	267	273
88	92	88 00	90 00	90·0	87 46	63 26	63·4	87 10	44 59	45·0	86 24	33 40	33·7	85 32	26 31	26·6	84 37	21 45	21·8	268	272
89	91	89 00	90 00	90·0	88 35	45 00	45·0	87 46	26 33	26·6	86 50	18 25	18·4	85 53	14 01	14·0	84 54	11 17	11·3	269	271
90	90	90 00	0 00	0·0	89 00	0 00	0·0	88 00	0 00	0·0	87 00	0 00	0·0	86 00	0 00	0·0	85 00	0 00	0·0	270	270

N. Lat: for LHA > 180° … $Z_n = Z$
for LHA < 180° … $Z_n = 360° - Z$

S. Lat.: for LHA > 180° … $Z_n = 180° - Z$
for LHA < 180° … $Z_n = 180° + Z$

© British Crown Copyright 2023. All rights reserved.

SIGHT REDUCTION TABLE

B: (–) for 90° < LHA < 270°
Dec:(–) for Lat. contrary name

Z_1: same sign as B
Z_2: (–) for F > 90°

Lat. / A		6°			7°			8°			9°			10°			11°			Lat. / A	
LHA/F		A/H	B/P	Z_1/Z_2	A/H	B/P	Z_1/Z_2	A/H	B/P	Z_1/Z_2	A/H	B/P	Z_1/Z_2	A/H	B/P	Z_1/Z_2	A/H	B/P	Z_1/Z_2	LHA	
°	°	° ′	° ′	°	° ′	° ′	°	° ′	° ′	°	° ′	° ′	°	° ′	° ′	°	° ′	° ′	°	°	°
0	180	0 00	84 00	90·0	0 00	83 00	90·0	0 00	82 00	90·0	0 00	81 00	90·0	0 00	80 00	90·0	0 00	79 00	90·0	180	360
1	179	1 00	84 00	89·9	1 00	83 00	89·9	0 59	82 00	89·9	0 59	81 00	89·8	0 59	80 00	89·8	0 59	79 00	89·8	181	359
2	178	1 59	84 00	89·8	1 59	83 00	89·8	1 59	82 00	89·7	1 59	81 00	89·7	1 58	80 00	89·7	1 58	79 00	89·6	182	358
3	177	2 59	84 00	89·7	2 59	82 59	89·6	2 58	81 59	89·6	2 58	80 59	89·5	2 57	79 59	89·5	2 57	78 59	89·4	183	357
4	176	3 59	83 59	89·6	3 58	82 59	89·5	3 58	81 59	89·4	3 57	80 59	89·4	3 56	79 59	89·3	3 56	78 58	89·2	184	356
5	175	4 58	83 59	89·5	4 58	82 58	89·4	4 57	81 58	89·3	4 56	80 58	89·2	4 55	79 58	89·1	4 54	78 58	89·0	185	355
6	174	5 58	83 58	89·4	5 57	82 58	89·3	5 56	81 57	89·2	5 56	80 57	89·1	5 55	79 57	89·0	5 53	78 56	88·9	186	354
7	173	6 58	83 57	89·3	6 57	82 57	89·1	6 56	81 56	89·0	6 55	80 56	88·9	6 54	79 56	88·8	6 52	78 55	88·7	187	353
8	172	7 57	83 56	89·2	7 56	82 56	89·0	7 55	81 55	88·9	7 54	80 55	88·7	7 53	79 54	88·6	7 51	78 54	88·5	188	352
9	171	8 57	83 56	89·1	8 56	82 55	88·9	8 55	81 54	88·7	8 53	80 53	88·6	8 52	79 53	88·4	8 50	78 52	88·3	189	351
10	170	9 57	83 54	88·9	9 55	82 54	88·8	9 54	81 53	88·6	9 53	80 52	88·4	9 51	79 51	88·2	9 49	78 50	88·1	190	350
11	169	10 56	83 53	88·8	10 55	82 52	88·6	10 53	81 51	88·5	10 52	80 50	88·3	10 50	79 49	88·1	10 48	78 48	87·9	191	349
12	168	11 56	83 52	88·7	11 55	82 51	88·5	11 53	81 49	88·3	11 51	80 48	88·1	11 49	79 47	87·9	11 47	78 46	87·7	192	348
13	167	12 56	83 51	88·6	12 54	82 49	88·4	12 52	81 48	88·2	12 50	80 46	87·9	12 48	79 45	87·7	12 45	78 43	87·5	193	347
14	166	13 55	83 49	88·5	13 54	82 47	88·3	13 52	81 46	88·0	13 49	80 44	87·8	13 47	79 42	87·5	13 44	78 40	87·3	194	346
15	165	14 55	83 47	88·4	14 53	82 45	88·1	14 51	81 43	87·9	14 49	80 41	87·6	14 46	79 39	87·3	14 43	78 37	87·1	195	345
16	164	15 55	83 46	88·3	15 53	82 43	88·0	15 50	81 41	87·7	15 48	80 39	87·4	15 45	79 36	87·1	15 42	78 34	86·9	196	344
17	163	16 54	83 44	88·2	16 52	82 41	87·9	16 50	81 38	87·6	16 47	80 36	87·3	16 44	79 33	87·0	16 41	78 31	86·7	197	343
18	162	17 54	83 42	88·1	17 52	82 39	87·7	17 49	81 36	87·4	17 46	80 33	87·1	17 43	79 30	86·8	17 39	78 27	86·5	198	342
19	161	18 54	83 39	87·9	18 51	82 36	87·6	18 48	81 33	87·3	18 45	80 29	86·9	18 42	79 26	86·6	18 38	78 23	86·2	199	341
20	160	19 53	83 37	87·8	19 51	82 33	87·5	19 48	81 30	87·1	19 45	80 26	86·7	19 41	79 22	86·4	19 37	78 19	86·0	200	340
21	159	20 53	83 35	87·7	20 50	82 30	87·3	20 47	81 26	86·9	20 44	80 22	86·6	20 40	79 18	86·2	20 36	78 14	85·8	201	339
22	158	21 52	83 32	87·6	21 50	82 27	87·2	21 46	81 23	86·8	21 43	80 18	86·4	21 39	79 14	86·0	21 35	78 10	85·6	202	338
23	157	22 52	83 29	87·5	22 49	82 24	87·0	22 46	81 19	86·6	22 42	80 14	86·2	22 38	79 09	85·8	22 33	78 05	85·4	203	337
24	156	23 52	83 26	87·3	23 49	82 21	86·9	23 45	81 15	86·5	23 41	80 10	86·0	23 37	79 05	85·6	23 32	77 59	85·1	204	336
25	155	24 51	83 23	87·2	24 48	82 17	86·7	24 44	81 11	86·3	24 40	80 05	85·8	24 36	78 59	85·4	24 31	77 54	84·9	205	335
26	154	25 51	83 20	87·1	25 48	82 13	86·6	25 44	81 07	86·1	25 39	80 00	85·6	25 35	78 54	85·2	25 29	77 48	84·7	206	334
27	153	26 50	83 16	87·0	26 47	82 09	86·4	26 43	81 02	85·9	26 38	79 55	85·4	26 33	78 48	84·9	26 28	77 42	84·4	207	333
28	152	27 50	83 13	86·8	27 46	82 05	86·3	27 42	80 57	85·8	27 38	79 50	85·2	27 32	78 42	84·7	27 27	77 35	84·2	208	332
29	151	28 50	83 09	86·7	28 46	82 01	86·1	28 41	80 52	85·6	28 37	79 44	85·0	28 31	78 36	84·5	28 25	77 28	84·0	209	331
30	150	29 49	83 05	86·5	29 45	81 56	86·0	29 41	80 47	85·4	29 36	79 38	84·8	29 30	78 29	84·3	29 24	77 21	83·7	210	330
31	149	30 49	83 01	86·4	30 45	81 51	85·8	30 40	80 41	85·2	30 35	79 32	84·6	30 29	78 23	84·0	30 22	77 13	83·5	211	329
32	148	31 48	82 56	86·3	31 44	81 46	85·6	31 39	80 35	85·0	31 34	79 25	84·4	31 27	78 15	83·8	31 21	77 05	83·2	212	328
33	147	32 48	82 51	86·1	32 43	81 40	85·5	32 38	80 29	84·8	32 33	79 18	84·2	32 26	78 08	83·6	32 19	76 57	82·9	213	327
34	146	33 47	82 46	86·0	33 43	81 35	85·3	33 37	80 23	84·6	33 32	79 11	84·0	33 25	78 00	83·3	33 18	76 48	82·7	214	326
35	145	34 47	82 41	85·8	34 42	81 29	85·1	34 37	80 16	84·4	34 30	79 03	83·7	34 24	77 51	83·1	34 16	76 39	82·4	215	325
36	144	35 46	82 36	85·7	35 41	81 22	84·9	35 36	80 09	84·2	35 29	78 55	83·5	35 22	77 42	82·8	35 14	76 29	82·1	216	324
37	143	36 46	82 30	85·5	36 41	81 16	84·8	36 35	80 01	84·0	36 28	78 47	83·3	36 21	77 33	82·5	36 13	76 19	81·8	217	323
38	142	37 45	82 24	85·3	37 40	81 09	84·6	37 34	79 53	83·8	37 27	78 38	83·0	37 19	77 23	82·3	37 11	76 09	81·5	218	322
39	141	38 45	82 18	85·2	38 39	81 01	84·4	38 33	79 45	83·6	38 26	78 29	82·8	38 18	77 13	82·0	38 09	75 57	81·2	219	321
40	140	39 44	82 11	85·0	39 39	80 54	84·2	39 32	79 36	83·3	39 25	78 19	82·5	39 16	77 02	81·7	39 07	75 46	80·9	220	320
41	139	40 44	82 04	84·8	40 38	80 46	84·0	40 31	79 27	83·1	40 23	78 09	82·3	40 15	76 51	81·4	40 05	75 33	80·6	221	319
42	138	41 43	81 57	84·6	41 37	80 37	83·7	41 30	79 17	82·9	41 22	77 58	82·0	41 13	76 39	81·1	41 04	75 21	80·3	222	318
43	137	42 42	81 49	84·4	42 36	80 28	83·5	42 29	79 07	82·6	42 21	77 47	81·7	42 12	76 27	80·8	42 02	75 07	79·9	223	317
44	136	43 42	81 41	84·2	43 35	80 19	83·3	43 28	78 57	82·3	43 19	77 35	81·4	43 10	76 14	80·5	43 00	74 53	79·6	224	316
45	135	44 41	81 33	84·0	44 34	80 09	83·1	44 27	78 46	82·1	44 18	77 22	81·1	44 08	76 00	80·1	43 57	74 38	79·2	225	315

© British Crown Copyright 2023. All rights reserved.

Lat. / A		6°			7°			8°			9°			10°			11°			Lat. / A	
LHA/F		A/H	B/P	Z1/Z2	A/H	B/P	Z1/Z2	A/H	B/P	Z1/Z2	A/H	B/P	Z1/Z2	A/H	B/P	Z1/Z2	A/H	B/P	Z1/Z2	LHA	
°	°	° ′	° ′	°	° ′	° ′	°	° ′	° ′	°	° ′	° ′	°	° ′	° ′	°	° ′	° ′	°	°	°
45	135	44 41	81 33	84·0	44 34	80 09	83·1	44 27	78 46	82·1	44 18	77 22	81·1	44 08	76 00	80·1	43 57	74 38	79·2	225	315
46	134	45 41	81 24	83·8	45 34	79 59	82·8	45 26	78 34	81·8	45 16	77 09	80·8	45 06	75 45	79·8	44 55	74 22	78·8	226	314
47	133	46 40	81 14	83·6	46 33	79 48	82·6	46 24	78 21	81·5	46 15	76 56	80·5	46 04	75 30	79·5	45 53	74 05	78·4	227	313
48	132	47 39	81 04	83·4	47 32	79 36	82·3	47 23	78 08	81·2	47 13	76 41	80·1	47 03	75 14	79·1	46 51	73 48	78·0	228	312
49	131	48 38	80 54	83·1	48 31	79 24	82·0	48 22	77 55	80·9	48 12	76 26	79·8	48 01	74 57	78·7	47 48	73 30	77·6	229	311
50	130	49 38	80 43	82·9	49 30	79 11	81·7	49 20	77 40	80·6	49 10	76 09	79·4	48 58	74 40	78·3	48 46	73 10	77·2	230	310
51	129	50 37	80 31	82·6	50 29	78 58	81·4	50 19	77 25	80·2	50 08	75 52	79·1	49 56	74 21	77·9	49 43	72 50	76·7	231	309
52	128	51 36	80 19	82·4	51 27	78 43	81·1	51 18	77 08	79·9	51 06	75 34	78·7	50 54	74 01	77·5	50 40	72 29	76·3	232	308
53	127	52 35	80 06	82·1	52 26	78 28	80·8	52 16	76 51	79·5	52 04	75 15	78·3	51 52	73 40	77·0	51 37	72 06	75·8	233	307
54	126	53 34	79 52	81·8	53 25	78 12	80·5	53 14	76 33	79·2	53 02	74 55	77·8	52 49	73 18	76·6	52 35	71 42	75·3	234	306
55	125	54 33	79 37	81·5	54 24	77 55	80·1	54 13	76 14	78·8	54 00	74 34	77·4	53 47	72 55	76·1	53 31	71 17	74·8	235	305
56	124	55 32	79 21	81·2	55 22	77 37	79·8	55 11	75 54	78·3	54 58	74 11	76·9	54 44	72 30	75·6	54 28	70 50	74·2	236	304
57	123	56 31	79 05	80·9	56 21	77 18	79·4	56 09	75 32	77·9	55 56	73 47	76·5	55 41	72 04	75·0	55 25	70 22	73·6	237	303
58	122	57 30	78 47	80·5	57 19	76 57	79·0	57 07	75 09	77·4	56 53	73 22	75·9	56 38	71 36	74·5	56 21	69 51	73·0	238	302
59	121	58 29	78 28	80·1	58 18	76 35	78·5	58 05	74 44	77·0	57 51	72 54	75·4	57 35	71 06	73·9	57 17	69 19	72·4	239	301
60	120	59 28	78 08	79·7	59 16	76 12	78·1	59 03	74 18	76·4	58 48	72 25	74·8	58 32	70 34	73·3	58 13	68 45	71·7	240	300
61	119	60 26	77 46	79·3	60 14	75 47	77·6	60 01	73 50	75·9	59 45	71 54	74·2	59 28	70 01	72·6	59 09	68 09	71·0	241	299
62	118	61 25	77 23	78·9	61 12	75 21	77·1	60 58	73 20	75·3	60 42	71 21	73·6	60 24	69 25	71·9	60 05	67 31	70·3	242	298
63	117	62 23	76 58	78·4	62 10	74 52	76·5	61 56	72 48	74·7	61 39	70 46	72·9	61 20	68 46	71·2	61 00	66 49	69·5	243	297
64	116	63 22	76 31	77·9	63 08	74 21	76·0	62 53	72 13	74·1	62 35	70 08	72·2	62 16	68 05	70·4	61 55	66 05	68·6	244	296
65	115	64 20	76 02	77·4	64 06	73 48	75·4	63 50	71 36	73·4	63 32	69 27	71·5	63 12	67 21	69·6	62 50	65 18	67·7	245	295
66	114	65 18	75 31	76·8	65 03	73 12	74·7	64 47	70 56	72·6	64 28	68 43	70·6	64 07	66 34	68·7	63 44	64 27	66·8	246	294
67	113	66 16	74 57	76·2	66 01	72 33	74·0	65 43	70 13	71·8	65 23	67 56	69·8	65 02	65 43	67·8	64 38	63 33	65·8	247	293
68	112	67 14	74 20	75·5	66 58	71 51	73·2	66 40	69 26	71·0	66 19	67 05	68·8	65 56	64 48	66·7	65 32	62 35	64·7	248	292
69	111	68 12	73 39	74·8	67 55	71 05	72·4	67 36	68 35	70·1	67 14	66 09	67·8	66 50	63 48	65·7	66 25	61 31	63·6	249	291
70	110	69 09	72 55	74·0	68 51	70 15	71·5	68 31	67 40	69·1	68 09	65 09	66·7	67 44	62 44	64·5	67 17	60 23	62·3	250	290
71	109	70 07	72 06	73·1	69 48	69 20	70·5	69 27	66 39	68·0	69 03	64 03	65·6	68 37	61 34	63·2	68 09	59 10	61·0	251	289
72	108	71 03	71 13	72·2	70 44	68 20	69·4	70 21	65 33	66·8	69 57	62 52	64·3	69 29	60 17	61·9	69 00	57 50	59·6	252	288
73	107	72 00	70 14	71·1	71 39	67 13	68·3	71 16	64 20	65·5	70 50	61 33	62·9	70 21	58 54	60·4	69 50	56 23	58·0	253	287
74	106	72 56	69 08	70·0	72 34	65 59	67·0	72 09	62 59	64·1	71 42	60 07	61·4	71 12	57 24	58·8	70 40	54 49	56·4	254	286
75	105	73 52	67 54	68·7	73 29	64 37	65·5	73 03	61 30	62·6	72 34	58 32	59·7	72 02	55 44	57·1	71 28	53 06	54·5	255	285
76	104	74 48	66 31	67·3	74 23	63 05	64·0	73 55	59 51	60·8	73 24	56 47	57·9	72 51	53 55	55·1	72 16	51 13	52·6	256	284
77	103	75 42	64 57	65·6	75 16	61 22	62·2	74 46	58 00	58·9	74 14	54 51	55·9	73 39	51 55	53·1	73 02	49 10	50·4	257	283
78	102	76 36	63 11	63·8	76 08	59 26	60·2	75 37	55 57	56·8	75 02	52 42	53·6	74 26	49 42	50·8	73 47	46 56	48·1	258	282
79	101	77 29	61 09	61·7	76 59	57 14	57·9	76 26	53 38	54·4	75 49	50 18	51·2	75 11	47 16	48·2	74 30	44 28	45·5	259	281
80	100	78 21	58 49	59·3	77 49	54 44	55·3	77 13	51 01	51·7	76 35	47 38	48·4	75 54	44 34	45·4	75 11	41 47	42·7	260	280
81	99	79 12	56 06	56·6	78 37	51 52	52·4	77 59	48 04	48·7	77 18	44 39	45·4	76 35	41 35	42·4	75 49	38 50	39·7	261	279
82	98	80 01	52 56	53·4	79 23	48 35	49·1	78 42	44 43	45·3	77 59	41 18	41·9	77 13	38 17	39·0	76 26	35 36	36·4	262	278
83	97	80 47	49 13	49·6	80 07	44 47	45·2	79 23	40 56	41·4	78 37	37 35	38·1	77 49	34 39	35·3	76 59	32 05	32·8	263	277
84	96	81 31	44 51	45·2	80 47	40 24	40·8	80 01	36 38	37·1	79 12	33 25	33·9	78 21	30 40	31·2	77 29	28 16	28·8	264	276
85	95	82 12	39 40	39·9	81 24	35 22	35·7	80 34	31 48	32·2	79 43	28 49	29·2	78 50	26 18	26·7	77 56	24 09	24·6	265	275
86	94	82 48	33 34	33·8	81 57	29 36	29·8	81 04	26 24	26·7	80 09	23 46	24·1	79 14	21 35	21·9	78 18	19 44	20·1	266	274
87	93	83 18	26 28	26·6	82 23	23 05	23·3	81 28	20 25	20·6	80 31	18 17	18·5	79 34	16 32	16·8	78 36	15 04	15·4	267	273
88	92	83 41	18 22	18·5	82 43	15 52	16·0	81 45	13 57	14·1	80 47	12 26	12·6	79 48	11 12	11·4	78 49	10 11	10·4	268	272
89	91	83 55	9 26	9·5	82 56	8 05	8·2	81 56	7 05	7·1	80 57	6 17	6·4	79 57	5 39	5·7	78 57	5 08	5·2	269	271
90	90	84 00	0 00	0·0	83 00	0 00	0·0	82 00	0 00	0·0	81 00	0 00	0·0	80 00	0 00	0·0	79 00	0 00	0·0	270	270

N. Lat: for LHA > 180° … $Z_n = Z$
for LHA < 180° … $Z_n = 360° - Z$

S. Lat.: for LHA > 180° … $Z_n = 180° - Z$
for LHA < 180° … $Z_n = 180° + Z$

© British Crown Copyright 2023. All rights reserved.

SIGHT REDUCTION TABLE

B: (–) for 90° < LHA < 270°
Dec:(–) for Lat. contrary name

Z_1: same sign as B
Z_2: (–) for F > 90°

Lat. / A		12°			13°			14°			15°			16°			17°			Lat. / A	
LHA/F		A/H	B/P	Z_1/Z_2	A/H	B/P	Z_1/Z_2	A/H	B/P	Z_1/Z_2	A/H	B/P	Z_1/Z_2	A/H	B/P	Z_1/Z_2	A/H	B/P	Z_1/Z_2	LHA	
°	°	° ′	° ′	°	° ′	° ′	°	° ′	° ′	°	° ′	° ′	°	° ′	° ′	°	° ′	° ′	°	°	°
0	180	0 00	78 00	90·0	0 00	77 00	90·0	0 00	76 00	90·0	0 00	75 00	90·0	0 00	74 00	90·0	0 00	73 00	90·0	180	360
1	179	0 59	78 00	89·8	0 58	77 00	89·8	0 58	76 00	89·8	0 58	75 00	89·7	0 58	74 00	89·7	0 57	73 00	89·7	181	359
2	178	1 57	78 00	89·6	1 57	77 00	89·5	1 56	76 00	89·5	1 56	74 59	89·5	1 55	73 59	89·4	1 55	72 59	89·4	182	358
3	177	2 56	77 59	89·4	2 55	76 59	89·3	2 55	75 59	89·3	2 54	74 59	89·2	2 53	73 59	89·2	2 52	72 59	89·1	183	357
4	176	3 55	77 58	89·2	3 54	76 58	89·1	3 53	75 58	89·0	3 52	74 58	89·0	3 51	73 58	88·9	3 49	72 58	88·8	184	356
5	175	4 53	77 57	89·0	4 52	76 57	88·9	4 51	75 57	88·8	4 50	74 57	88·7	4 48	73 57	88·6	4 47	72 56	88·5	185	355
6	174	5 52	77 56	88·7	5 51	76 56	88·6	5 49	75 56	88·5	5 48	74 55	88·4	5 46	73 55	88·3	5 44	72 55	88·2	186	354
7	173	6 51	77 55	88·5	6 49	76 54	88·4	6 47	75 54	88·3	6 46	74 54	88·2	6 44	73 53	88·1	6 42	72 53	87·9	187	353
8	172	7 49	77 53	88·3	7 48	76 53	88·2	7 46	75 52	88·1	7 44	74 52	87·9	7 41	73 51	87·8	7 39	72 51	87·6	188	352
9	171	8 48	77 51	88·1	8 46	76 51	88·0	8 44	75 50	87·8	8 41	74 49	87·7	8 39	73 49	87·5	8 36	72 48	87·3	189	351
10	170	9 47	77 49	87·9	9 44	76 48	87·7	9 42	75 48	87·6	9 39	74 47	87·4	9 37	73 46	87·2	9 34	72 45	87·0	190	350
11	169	10 45	77 47	87·7	10 43	76 46	87·5	10 40	75 45	87·3	10 37	74 44	87·1	10 34	73 43	86·9	10 31	72 42	86·7	191	349
12	168	11 44	77 44	87·5	11 41	76 43	87·3	11 38	75 42	87·1	11 35	74 41	86·9	11 32	73 40	86·6	11 28	72 39	86·4	192	348
13	167	12 43	77 42	87·3	12 40	76 40	87·0	12 36	75 39	86·8	12 33	74 37	86·6	12 29	73 36	86·4	12 25	72 35	86·1	193	347
14	166	13 41	77 39	87·0	13 38	76 37	86·8	13 35	75 35	86·5	13 31	74 34	86·3	13 27	73 32	86·1	13 23	72 31	85·8	194	346
15	165	14 40	77 35	86·8	14 36	76 33	86·6	14 33	75 32	86·3	14 29	74 30	86·0	14 24	73 28	85·8	14 20	72 26	85·5	195	345
16	164	15 38	77 32	86·6	15 35	76 30	86·3	15 31	75 28	86·0	15 26	74 25	85·8	15 22	73 23	85·5	15 17	72 21	85·2	196	344
17	163	16 37	77 28	86·4	16 33	76 26	86·1	16 29	75 23	85·8	16 24	74 21	85·5	16 19	73 19	85·2	16 14	72 16	84·9	197	343
18	162	17 36	77 24	86·1	17 31	76 21	85·8	17 27	75 19	85·5	17 22	74 16	85·2	17 17	73 13	84·9	17 11	72 11	84·6	198	342
19	161	18 34	77 20	85·9	18 30	76 17	85·6	18 25	75 14	85·2	18 20	74 11	84·9	18 14	73 08	84·6	18 08	72 05	84·3	199	341
20	160	19 33	77 15	85·7	19 28	76 12	85·3	19 23	75 08	85·0	19 17	74 05	84·6	19 12	73 02	84·3	19 05	71 59	83·9	200	340
21	159	20 31	77 10	85·4	20 26	76 07	85·1	20 21	75 03	84·7	20 15	73 59	84·3	20 09	72 56	84·0	20 03	71 52	83·6	201	339
22	158	21 30	77 05	85·2	21 24	76 01	84·8	21 19	74 57	84·4	21 13	73 53	84·0	21 06	72 49	83·6	21 00	71 45	83·3	202	338
23	157	22 28	77 00	85·0	22 23	75 55	84·5	22 17	74 51	84·1	22 10	73 46	83·7	22 04	72 42	83·3	21 56	71 38	82·9	203	337
24	156	23 27	76 54	84·7	23 21	75 49	84·3	23 15	74 44	83·9	23 08	73 39	83·4	23 01	72 34	83·0	22 53	71 30	82·6	204	336
25	155	24 25	76 48	84·5	24 19	75 43	84·0	24 13	74 37	83·6	24 06	73 32	83·1	23 58	72 27	82·7	23 50	71 22	82·2	205	335
26	154	25 23	76 42	84·2	25 17	75 36	83·7	25 10	74 30	83·3	25 03	73 24	82·8	24 55	72 18	82·3	24 47	71 13	81·9	206	334
27	153	26 22	76 35	84·0	26 15	75 28	83·5	26 08	74 22	83·0	26 01	73 16	82·5	25 52	72 10	82·0	25 44	71 04	81·5	207	333
28	152	27 20	76 28	83·7	27 13	75 21	83·2	27 06	74 14	82·7	26 58	73 07	82·2	26 50	72 00	81·7	26 41	70 54	81·2	208	332
29	151	28 18	76 20	83·4	28 11	75 13	82·9	28 04	74 05	82·4	27 55	72 58	81·8	27 47	71 51	81·3	27 37	70 44	80·8	209	331
30	150	29 17	76 13	83·2	29 09	75 04	82·6	29 01	73 56	82·0	28 53	72 48	81·5	28 44	71 41	81·0	28 34	70 33	80·4	210	330
31	149	30 15	76 04	82·9	30 07	74 56	82·3	29 59	73 47	81·7	29 50	72 38	81·2	29 41	71 30	80·6	29 30	70 22	80·0	211	329
32	148	31 13	75 56	82·6	31 05	74 46	82·0	30 57	73 37	81·4	30 47	72 28	80·8	30 37	71 19	80·2	30 27	70 11	79·6	212	328
33	147	32 11	75 47	82·3	32 03	74 37	81·7	31 54	73 27	81·1	31 44	72 17	80·5	31 34	71 07	79·9	31 23	69 58	79·2	213	327
34	146	33 10	75 37	82·0	33 01	74 26	81·4	32 52	73 16	80·7	32 42	72 05	80·1	32 31	70 55	79·5	32 20	69 45	78·8	214	326
35	145	34 08	75 27	81·7	33 59	74 16	81·0	33 49	73 04	80·4	33 39	71 53	79·7	33 28	70 42	79·1	33 16	69 32	78·4	215	325
36	144	35 06	75 17	81·4	34 56	74 04	80·7	34 46	72 52	80·0	34 36	71 40	79·4	34 24	70 29	78·7	34 12	69 18	78·0	216	324
37	143	36 04	75 06	81·1	35 54	73 53	80·4	35 44	72 40	79·7	35 33	71 27	79·0	35 21	70 15	78·3	35 08	69 03	77·6	217	323
38	142	37 02	74 54	80·8	36 52	73 40	80·0	36 41	72 27	79·3	36 29	71 13	78·6	36 17	70 00	77·8	36 04	68 48	77·1	218	322
39	141	38 00	74 42	80·4	37 49	73 27	79·7	37 38	72 13	78·9	37 26	70 59	78·2	37 13	69 45	77·4	37 00	68 32	76·7	219	321
40	140	38 57	74 30	80·1	38 47	73 14	79·3	38 35	71 58	78·5	38 23	70 43	77·7	38 10	69 29	77·0	37 56	68 15	76·2	220	320
41	139	39 55	74 16	79·8	39 44	72 59	78·9	39 32	71 43	78·1	39 19	70 27	77·3	39 06	69 12	76·5	38 51	67 57	75·7	221	319
42	138	40 53	74 02	79·4	40 41	72 45	78·5	40 29	71 27	77·7	40 16	70 10	76·9	40 02	68 54	76·1	39 47	67 38	75·3	222	318
43	137	41 51	73 48	79·0	41 39	72 29	78·2	41 26	71 11	77·3	41 12	69 53	76·4	40 58	68 35	75·6	40 42	67 19	74·7	223	317
44	136	42 48	73 32	78·6	42 36	72 12	77·7	42 23	70 53	76·9	42 09	69 34	76·0	41 54	68 16	75·1	41 38	66 58	74·2	224	316
45	135	43 46	73 16	78·3	43 33	71 55	77·3	43 19	70 35	76·4	43 05	69 15	75·5	42 49	67 56	74·6	42 33	66 37	73·7	225	315

© British Crown Copyright 2023. All rights reserved.

Lat. / A		12°			13°			14°			15°			16°			17°			Lat. / A	
LHA/F		A/H	B/P	Z_1/Z_2	A/H	B/P	Z_1/Z_2	A/H	B/P	Z_1/Z_2	A/H	B/P	Z_1/Z_2	A/H	B/P	Z_1/Z_2	A/H	B/P	Z_1/Z_2	LHA	
°	°	° ′	° ′	°	° ′	° ′	°	° ′	° ′	°	° ′	° ′	°	° ′	° ′	°	° ′	° ′	°	°	°
45	135	43 46	73 16	78·3	43 33	71 55	77·3	43 19	70 35	76·4	43 05	69 15	75·5	42 49	67 56	74·6	42 33	66 37	73·7	225	315
46	134	44 43	72 59	77·8	44 30	71 37	76·9	44 16	70 15	75·9	44 01	68 54	75·0	43 45	67 34	74·1	43 28	66 15	73·2	226	314
47	133	45 40	72 41	77·4	45 27	71 18	76·4	45 12	69 55	75·5	44 57	68 33	74·5	44 40	67 12	73·5	44 23	65 51	72·6	227	313
48	132	46 38	72 23	77·0	46 24	70 58	76·0	46 09	69 34	75·0	45 53	68 11	74·0	45 35	66 48	73·0	45 17	65 27	72·0	228	312
49	131	47 35	72 03	76·5	47 20	70 37	75·5	47 05	69 11	74·4	46 48	67 47	73·4	46 30	66 23	72·4	46 12	65 01	71·4	229	311
50	130	48 32	71 42	76·1	48 17	70 15	75·0	48 01	68 48	73·9	47 44	67 22	72·9	47 25	65 58	71·8	47 06	64 34	70·8	230	310
51	129	49 29	71 20	75·6	49 13	69 51	74·5	48 57	68 23	73·4	48 39	66 56	72·3	48 20	65 30	71·2	48 00	64 05	70·1	231	309
52	128	50 25	70 57	75·1	50 09	69 27	73·9	49 52	67 57	72·8	49 34	66 29	71·7	49 15	65 02	70·6	48 54	63 35	69·5	232	308
53	127	51 22	70 33	74·6	51 06	69 01	73·4	50 48	67 30	72·2	50 29	66 00	71·0	50 09	64 31	69·9	49 48	63 04	68·8	233	307
54	126	52 19	70 07	74·0	52 02	68 33	72·8	51 43	67 01	71·6	51 24	65 30	70·4	51 03	64 00	69·2	50 41	62 31	68·1	234	306
55	125	53 15	69 40	73·5	52 57	68 04	72·2	52 38	66 30	70·9	52 18	64 58	69·7	51 57	63 26	68·5	51 34	61 56	67·3	235	305
56	124	54 11	69 11	72·9	53 53	67 34	71·6	53 33	65 58	70·3	53 12	64 24	69·0	52 50	62 51	67·8	52 27	61 20	66·6	236	304
57	123	55 07	68 41	72·2	54 48	67 02	70·9	54 28	65 24	69·6	54 06	63 48	68·3	53 43	62 14	67·0	53 19	60 42	65·8	237	303
58	122	56 03	68 09	71·6	55 43	66 28	70·2	55 22	64 48	68·8	55 00	63 11	67·5	54 36	61 35	66·2	54 12	60 01	64·9	238	302
59	121	56 59	67 34	70·9	56 38	65 51	69·5	56 16	64 10	68·1	55 53	62 31	66·7	55 29	60 54	65·4	55 03	59 18	64·1	239	301
60	120	57 54	66 58	70·2	57 33	65 13	68·7	57 10	63 30	67·3	56 46	61 49	65·9	56 21	60 10	64·5	55 55	58 33	63·1	240	300
61	119	58 49	66 20	69·4	58 27	64 32	67·9	58 04	62 47	66·4	57 39	61 04	65·0	57 13	59 24	63·6	56 46	57 46	62·2	241	299
62	118	59 44	65 38	68·6	59 21	63 49	67·1	58 57	62 02	65·5	58 31	60 17	64·0	58 05	58 35	62·6	57 36	56 56	61·2	242	298
63	117	60 38	64 55	67·8	60 15	63 03	66·2	59 50	61 13	64·6	59 23	59 27	63·1	58 55	57 43	61·6	58 26	56 03	60·2	243	297
64	116	61 32	64 08	66·9	61 08	62 14	65·2	60 42	60 22	63·6	60 15	58 34	62·0	59 46	56 49	60·5	59 16	55 06	59·1	244	296
65	115	62 26	63 18	66·0	62 01	61 21	64·2	61 34	59 28	62·6	61 06	57 37	61·0	60 36	55 51	59·4	60 05	54 07	57·9	245	295
66	114	63 20	62 25	65·0	62 53	60 25	63·2	62 26	58 30	61·5	61 56	56 37	59·8	61 25	54 49	58·2	60 53	53 04	56·7	246	294
67	113	64 13	61 27	63·9	63 45	59 25	62·1	63 16	57 27	60·3	62 46	55 34	58·6	62 14	53 44	57·0	61 41	51 57	55·4	247	293
68	112	65 05	60 26	62·8	64 37	58 21	60·9	64 07	56 21	59·1	63 35	54 25	57·4	63 02	52 34	55·7	62 27	50 47	54·1	248	292
69	111	65 57	59 20	61·6	65 27	57 13	59·6	64 56	55 10	57·8	64 23	53 13	56·0	63 49	51 20	54·3	63 14	49 32	52·7	249	291
70	110	66 48	58 08	60·3	66 18	55 59	58·3	65 45	53 55	56·4	65 11	51 55	54·6	64 36	50 01	52·9	63 59	48 12	51·2	250	290
71	109	67 39	56 52	58·9	67 07	54 40	56·8	66 33	52 33	54·9	65 58	50 33	53·1	65 21	48 38	51·3	64 43	46 48	49·7	251	289
72	108	68 29	55 29	57·4	67 55	53 14	55·3	67 20	51 06	53·3	66 44	49 04	51·5	66 06	47 08	49·7	65 26	45 18	48·0	252	288
73	107	69 18	53 59	55·8	68 43	51 42	53·7	68 07	49 33	51·6	67 29	47 30	49·8	66 49	45 33	48·0	66 08	43 43	46·3	253	287
74	106	70 06	52 22	54·1	69 30	50 03	51·9	68 52	47 52	49·8	68 12	45 49	47·9	67 31	43 52	46·1	66 49	42 02	44·4	254	286
75	105	70 53	50 36	52·2	70 15	48 16	50·0	69 36	46 04	47·9	68 55	44 00	46·0	68 12	42 04	44·2	67 29	40 15	42·5	255	285
76	104	71 38	48 42	50·2	70 59	46 20	47·9	70 18	44 08	45·9	69 36	42 05	43·9	68 52	40 09	42·1	68 07	38 21	40·5	256	284
77	103	72 23	46 37	48·0	71 42	44 15	45·7	70 59	42 03	43·7	70 15	40 01	41·7	69 30	38 07	39·9	68 43	36 21	38·3	257	283
78	102	73 06	44 22	45·6	72 23	42 00	43·4	71 38	39 49	41·3	70 53	37 49	39·4	70 06	35 57	37·6	69 18	34 13	36·0	258	282
79	101	73 47	41 55	43·1	73 02	39 34	40·8	72 16	37 26	38·8	71 28	35 27	36·9	70 40	33 38	35·2	69 50	31 58	33·6	259	281
80	100	74 26	39 15	40·3	73 39	36 57	38·1	72 51	34 51	36·1	72 02	32 57	34·3	71 12	31 12	32·6	70 21	29 36	31·1	260	280
81	99	75 02	36 21	37·3	74 14	34 07	35·1	73 24	32 06	33·2	72 34	30 17	31·5	71 42	28 37	29·9	70 50	27 06	28·4	261	279
82	98	75 37	33 13	34·1	74 46	31 05	32·0	73 55	29 10	30·2	73 03	27 27	28·5	72 09	25 53	27·0	71 16	24 29	25·7	262	278
83	97	76 08	29 50	30·6	75 16	27 50	28·6	74 23	26 03	26·9	73 29	24 27	25·4	72 34	23 02	24·0	71 39	21 44	22·8	263	277
84	96	76 36	26 11	26·8	75 42	24 22	25·0	74 48	22 45	23·5	73 52	21 19	22·1	72 56	20 02	20·9	72 00	18 53	19·8	264	276
85	95	77 01	22 18	22·8	76 05	20 41	21·3	75 09	19 16	19·9	74 12	18 01	18·7	73 15	16 54	17·6	72 18	15 55	16·7	265	275
86	94	77 22	18 10	18·6	76 25	16 49	17·3	75 27	15 38	16·1	74 29	14 36	15·1	73 31	13 40	14·2	72 33	12 51	13·5	266	274
87	93	77 38	13 50	14·1	76 40	12 46	13·1	75 41	11 51	12·2	74 43	11 03	11·4	73 44	10 21	10·8	72 45	9 43	10·2	267	273
88	92	77 50	9 19	9·5	76 51	8 36	8·8	75 52	7 58	8·2	74 52	7 25	7·7	73 53	6 56	7·2	72 53	6 31	6·8	268	272
89	91	77 58	4 42	4·8	76 58	4 19	4·4	75 58	4 00	4·1	74 58	3 44	3·9	73 58	3 29	3·6	72 58	3 16	3·4	269	271
90	90	78 00	0 00	0·0	77 00	0 00	0·0	76 00	0 00	0·0	75 00	0 00	0·0	74 00	0 00	0·0	73 00	0 00	0·0	270	270

N. Lat: for LHA > 180° … $Z_n = Z$
for LHA < 180° … $Z_n = 360° - Z$

S. Lat.: for LHA > 180° … $Z_n = 180° - Z$
for LHA < 180° … $Z_n = 180° + Z$

© British Crown Copyright 2023. All rights reserved.

SIGHT REDUCTION TABLE

B: (−) for 90° < LHA < 270°
Dec: (−) for Lat. contrary name

Z_1: same sign as B
Z_2: (−) for F > 90°

Lat. / A		18°			19°			20°			21°			22°			23°			Lat. / A	
LHA/F		A/H	B/P	Z_1/Z_2	A/H	B/P	Z_1/Z_2	A/H	B/P	Z_1/Z_2	A/H	B/P	Z_1/Z_2	A/H	B/P	Z_1/Z_2	A/H	B/P	Z_1/Z_2	LHA	
°	°	° ′	° ′	°	° ′	° ′	°	° ′	° ′	°	° ′	° ′	°	° ′	° ′	°	° ′	° ′	°	°	°
0	180	0 00	72 00	90·0	0 00	71 00	90·0	0 00	70 00	90·0	0 00	69 00	90·0	0 00	68 00	90·0	0 00	67 00	90·0	180	360
1	179	0 57	72 00	89·7	0 57	71 00	89·7	0 56	70 00	89·7	0 56	69 00	89·6	0 56	68 00	89·6	0 55	67 00	89·6	181	359
2	178	1 54	71 59	89·4	1 53	70 59	89·3	1 53	69 59	89·3	1 52	68 59	89·3	1 51	67 59	89·3	1 50	66 59	89·2	182	358
3	177	2 51	71 59	89·1	2 50	70 59	89·0	2 49	69 58	89·0	2 48	68 58	88·9	2 47	67 58	88·9	2 46	66 58	88·8	183	357
4	176	3 48	71 58	88·8	3 47	70 57	88·7	3 46	69 57	88·6	3 44	68 57	88·6	3 42	67 57	88·5	3 41	66 57	88·4	184	356
5	175	4 45	71 56	88·5	4 44	70 56	88·4	4 42	69 56	88·3	4 40	68 56	88·2	4 38	67 55	88·1	4 36	66 55	88·0	185	355
6	174	5 42	71 54	88·1	5 40	70 54	88·0	5 38	69 54	87·9	5 36	68 54	87·8	5 34	67 53	87·7	5 31	66 53	87·6	186	354
7	173	6 39	71 52	87·8	6 37	70 52	87·7	6 35	69 52	87·6	6 32	68 51	87·5	6 29	67 51	87·4	6 26	66 51	87·3	187	353
8	172	7 36	71 50	87·5	7 34	70 50	87·4	7 31	69 49	87·2	7 28	68 49	87·1	7 25	67 48	87·0	7 22	66 48	86·9	188	352
9	171	8 33	71 47	87·2	8 30	70 47	87·0	8 27	69 46	86·9	8 24	68 46	86·8	8 20	67 45	86·6	8 17	66 45	86·5	189	351
10	170	9 30	71 44	86·9	9 27	70 44	86·7	9 23	69 43	86·5	9 20	68 42	86·4	9 16	67 42	86·2	9 12	66 41	86·1	190	350
11	169	10 27	71 41	86·6	10 24	70 40	86·4	10 20	69 39	86·2	10 16	68 39	86·0	10 11	67 38	85·8	10 07	66 37	85·7	191	349
12	168	11 24	71 37	86·2	11 20	70 36	86·0	11 16	69 35	85·8	11 12	68 34	85·6	11 07	67 33	85·4	11 02	66 32	85·3	192	348
13	167	12 21	71 33	85·9	12 17	70 32	85·7	12 12	69 31	85·5	12 07	68 30	85·3	12 02	67 29	85·1	11 57	66 28	84·8	193	347
14	166	13 18	71 29	85·6	13 13	70 28	85·4	13 08	69 26	85·1	13 03	68 25	84·9	12 58	67 24	84·7	12 52	66 22	84·4	194	346
15	165	14 15	71 24	85·3	14 10	70 23	85·0	14 05	69 21	84·8	13 59	68 20	84·5	13 53	67 18	84·3	13 47	66 17	84·0	195	345
16	164	15 12	71 19	84·9	15 06	70 18	84·7	15 01	69 16	84·4	14 55	68 14	84·1	14 48	67 12	83·9	14 42	66 10	83·6	196	344
17	163	16 09	71 14	84·6	16 03	70 12	84·3	15 57	69 10	84·0	15 50	68 08	83·7	15 44	67 06	83·5	15 37	66 04	83·2	197	343
18	162	17 05	71 08	84·3	16 59	70 06	84·0	16 53	69 03	83·7	16 46	68 01	83·4	16 39	66 59	83·1	16 32	65 57	82·8	198	342
19	161	18 02	71 02	83·9	17 56	69 59	83·6	17 49	68 57	83·3	17 42	67 54	83·0	17 34	66 52	82·7	17 26	65 49	82·3	199	341
20	160	18 59	70 56	83·6	18 52	69 53	83·2	18 45	68 50	82·9	18 37	67 47	82·6	18 29	66 44	82·2	18 21	65 41	81·9	200	340
21	159	19 56	70 49	83·2	19 48	69 45	82·9	19 41	68 42	82·5	19 33	67 39	82·2	19 24	66 36	81·8	19 16	65 33	81·5	201	339
22	158	20 52	70 41	82·9	20 45	69 38	82·5	20 37	68 34	82·1	20 28	67 31	81·8	20 19	66 27	81·4	20 10	65 24	81·0	202	338
23	157	21 49	70 33	82·5	21 41	69 29	82·1	21 32	68 26	81·7	21 24	67 22	81·4	21 14	66 18	81·0	21 05	65 15	80·6	203	337
24	156	22 45	70 25	82·2	22 37	69 21	81·8	22 28	68 17	81·3	22 19	67 12	80·9	22 09	66 09	80·5	21 59	65 05	80·1	204	336
25	155	23 42	70 17	81·8	23 33	69 12	81·4	23 24	68 07	80·9	23 14	67 03	80·5	23 04	65 58	80·1	22 54	64 54	79·7	205	335
26	154	24 38	70 07	81·4	24 29	69 02	81·0	24 20	67 57	80·5	24 09	66 52	80·1	23 59	65 48	79·6	23 48	64 43	79·2	206	334
27	153	25 35	69 58	81·1	25 25	68 52	80·6	25 15	67 47	80·1	25 05	66 42	79·7	24 54	65 36	79·2	24 42	64 32	78·7	207	333
28	152	26 31	69 48	80·7	26 21	68 42	80·2	26 11	67 36	79·7	26 00	66 30	79·2	25 48	65 25	78·7	25 36	64 19	78·3	208	332
29	151	27 27	69 37	80·3	27 17	68 31	79·8	27 06	67 24	79·3	26 55	66 18	78·8	26 43	65 12	78·3	26 30	64 07	77·8	209	331
30	150	28 24	69 26	79·9	28 13	68 19	79·4	28 01	67 12	78·8	27 50	66 06	78·3	27 37	64 59	77·8	27 24	63 53	77·3	210	330
31	149	29 20	69 14	79·5	29 09	68 07	78·9	28 57	67 00	78·4	28 44	65 53	77·8	28 31	64 46	77·3	28 18	63 39	76·8	211	329
32	148	30 16	69 02	79·1	30 04	67 54	78·5	29 52	66 46	77·9	29 39	65 39	77·4	29 26	64 32	76·8	29 12	63 25	76·3	212	328
33	147	31 12	68 49	78·7	31 00	67 41	78·1	30 47	66 32	77·5	30 34	65 24	76·9	30 20	64 17	76·3	30 05	63 09	75·8	213	327
34	146	32 08	68 36	78·2	31 55	67 27	77·6	31 42	66 18	77·0	31 28	65 09	76·4	31 14	64 01	75·8	30 59	62 53	75·2	214	326
35	145	33 04	68 22	77·8	32 51	67 12	77·2	32 37	66 03	76·5	32 23	64 54	75·9	32 08	63 45	75·3	31 52	62 36	74·7	215	325
36	144	33 59	68 07	77·3	33 46	66 57	76·7	33 32	65 47	76·0	33 17	64 37	75·4	33 01	63 28	74·8	32 45	62 19	74·2	216	324
37	143	34 55	67 52	76·9	34 41	66 41	76·2	34 26	65 30	75·5	34 11	64 20	74·9	33 55	63 10	74·2	33 38	62 01	73·6	217	323
38	142	35 50	67 36	76·4	35 36	66 24	75·7	35 21	65 13	75·0	35 05	64 02	74·4	34 48	62 51	73·7	34 31	61 41	73·0	218	322
39	141	36 46	67 19	76·0	36 31	66 06	75·2	36 15	64 54	74·5	35 59	63 43	73·8	35 42	62 32	73·1	35 24	61 21	72·4	219	321
40	140	37 41	67 01	75·5	37 26	65 48	74·7	37 10	64 35	74·0	36 53	63 23	73·3	36 35	62 12	72·6	36 17	61 01	71·8	220	320
41	139	38 36	66 42	75·0	38 20	65 29	74·2	38 04	64 15	73·4	37 46	63 02	72·7	37 28	61 50	72·0	37 09	60 39	71·2	221	319
42	138	39 31	66 23	74·5	39 15	65 08	73·7	38 58	63 54	72·9	38 40	62 41	72·1	38 21	61 28	71·4	38 01	60 16	70·6	222	318
43	137	40 26	66 03	73·9	40 09	64 47	73·1	39 51	63 33	72·3	39 33	62 18	71·5	39 13	61 05	70·7	38 53	59 52	70·0	223	317
44	136	41 21	65 42	73·4	41 03	64 25	72·5	40 45	63 10	71·7	40 26	61 55	70·9	40 06	60 41	70·1	39 45	59 27	69·3	224	316
45	135	42 16	65 19	72·8	41 57	64 02	72·0	41 38	62 46	71·1	41 19	61 30	70·3	40 58	60 15	69·5	40 37	59 01	68·7	225	315

© British Crown Copyright 2023. All rights reserved.

Lat. / A		18°			19°			20°			21°			22°			23°			Lat. / A	
LHA/F		A/H	B/P	Z_1/Z_2	A/H	B/P	Z_1/Z_2	A/H	B/P	Z_1/Z_2	A/H	B/P	Z_1/Z_2	A/H	B/P	Z_1/Z_2	A/H	B/P	Z_1/Z_2	LHA	
°	°	° ′	° ′	°	° ′	° ′	°	° ′	° ′	°	° ′	° ′	°	° ′	° ′	°	° ′	° ′	°	°	°
45	135	42 16	65 19	72·8	41 57	64 02	72·0	41 38	62 46	71·1	41 19	61 30	70·3	40 58	60 15	69·5	40 37	59 01	68·7	225	315
46	134	43 10	64 56	72·3	42 51	63 38	71·4	42 32	62 21	70·5	42 11	61 05	69·6	41 50	59 49	68·8	41 28	58 34	68·0	226	314
47	133	44 04	64 32	71·7	43 45	63 13	70·8	43 25	61 55	69·9	43 04	60 38	69·0	42 42	59 21	68·1	42 19	58 06	67·3	227	313
48	132	44 58	64 06	71·1	44 38	62 46	70·1	44 18	61 27	69·2	43 56	60 09	68·3	43 33	58 53	67·4	43 10	57 37	66·5	228	312
49	131	45 52	63 39	70·4	45 32	62 18	69·5	45 10	60 59	68·5	44 48	59 40	67·6	44 24	58 22	66·7	44 00	57 06	65·8	229	311
50	130	46 46	63 11	69·8	46 25	61 49	68·8	46 03	60 29	67·8	45 39	59 09	66·9	45 15	57 51	65·9	44 50	56 34	65·0	230	310
51	129	47 39	62 42	69·1	47 17	61 19	68·1	46 55	59 57	67·1	46 31	58 37	66·1	46 06	57 18	65·2	45 40	56 00	64·2	231	309
52	128	48 33	62 11	68·4	48 10	60 47	67·4	47 46	59 25	66·4	47 22	58 03	65·4	46 56	56 44	64·4	46 30	55 25	63·4	232	308
53	127	49 25	61 38	67·7	49 02	60 13	66·6	48 38	58 50	65·6	48 13	57 28	64·6	47 46	56 07	63·6	47 19	54 48	62·6	233	307
54	126	50 18	61 04	67·0	49 54	59 38	65·9	49 29	58 14	64·8	49 03	56 51	63·7	48 36	55 30	62·7	48 08	54 10	61·7	234	306
55	125	51 10	60 28	66·2	50 46	59 01	65·1	50 20	57 36	64·0	49 53	56 12	62·9	49 25	54 50	61·9	48 56	53 30	60·8	235	305
56	124	52 03	59 50	65·4	51 37	58 23	64·2	51 10	56 56	63·1	50 43	55 32	62·0	50 14	54 09	61·0	49 44	52 48	59·9	236	304
57	123	52 54	59 11	64·6	52 28	57 42	63·4	52 00	56 15	62·2	51 32	54 49	61·1	51 02	53 26	60·0	50 32	52 04	59·0	237	303
58	122	53 46	58 29	63·7	53 18	56 59	62·5	52 50	55 31	61·3	52 21	54 05	60·2	51 50	52 41	59·1	51 19	51 18	58·0	238	302
59	121	54 37	57 45	62·8	54 08	56 14	61·5	53 39	54 45	60·4	53 09	53 18	59·2	52 38	51 53	58·1	52 06	50 30	57·0	239	301
60	120	55 27	56 59	61·8	54 58	55 27	60·6	54 28	53 57	59·4	53 57	52 29	58·2	53 25	51 04	57·0	52 52	49 40	55·9	240	300
61	119	56 17	56 10	60·9	55 47	54 37	59·6	55 16	53 06	58·3	54 44	51 38	57·1	54 11	50 12	55·9	53 37	48 48	54·8	241	299
62	118	57 07	55 19	59·8	56 36	53 45	58·5	56 04	52 13	57·2	55 31	50 44	56·0	54 57	49 17	54·8	54 22	47 53	53·7	242	298
63	117	57 56	54 25	58·8	57 24	52 49	57·4	56 51	51 17	56·1	56 17	49 47	54·9	55 42	48 20	53·7	55 06	46 55	52·5	243	297
64	116	58 44	53 27	57·6	58 12	51 51	56·3	57 38	50 18	55·0	57 03	48 48	53·7	56 27	47 20	52·5	55 50	45 55	51·3	244	296
65	115	59 32	52 27	56·5	58 58	50 50	55·1	58 24	49 16	53·7	57 47	47 45	52·5	57 10	46 17	51·2	56 32	44 52	50·0	245	295
66	114	60 19	51 23	55·2	59 45	49 45	53·8	59 09	48 11	52·5	58 32	46 39	51·2	57 53	45 11	49·9	57 14	43 47	48·7	246	294
67	113	61 06	50 15	53·9	60 30	48 37	52·5	59 53	47 02	51·1	59 15	45 30	49·8	58 36	44 02	48·6	57 55	42 38	47·4	247	293
68	112	61 52	49 04	52·6	61 15	47 25	51·1	60 36	45 50	49·8	59 57	44 18	48·4	59 17	42 50	47·2	58 36	41 26	46·0	248	292
69	111	62 37	47 48	51·2	61 58	46 09	49·7	61 19	44 33	48·3	60 39	43 02	47·0	59 57	41 34	45·7	59 15	40 10	44·5	249	291
70	110	63 21	46 28	49·7	62 41	44 48	48·2	62 01	43 13	46·8	61 19	41 42	45·4	60 36	40 15	44·2	59 53	38 52	43·0	250	290
71	109	64 04	45 03	48·1	63 23	43 24	46·6	62 41	41 49	45·2	61 58	40 18	43·9	61 15	38 52	42·6	60 30	37 29	41·4	251	289
72	108	64 45	43 34	46·4	64 04	41 54	44·9	63 21	40 20	43·5	62 37	38 50	42·2	61 52	37 25	40·9	61 06	36 03	39·7	252	288
73	107	65 26	41 59	44·7	64 43	40 20	43·2	63 59	38 46	41·8	63 14	37 18	40·5	62 27	35 53	39·2	61 41	34 34	38·0	253	287
74	106	66 06	40 19	42·9	65 21	38 41	41·4	64 36	37 08	40·0	63 49	35 41	38·7	63 02	34 18	37·4	62 14	33 00	36·3	254	286
75	105	66 44	38 32	40·9	65 58	36 56	39·5	65 11	35 25	38·1	64 23	33 59	36·8	63 35	32 39	35·6	62 46	31 22	34·4	255	285
76	104	67 20	36 40	38·9	66 33	35 05	37·4	65 45	33 37	36·1	64 56	32 13	34·8	64 07	30 55	33·6	63 16	29 41	32·5	256	284
77	103	67 55	34 42	36·8	67 07	33 09	35·3	66 18	31 43	34·0	65 27	30 22	32·8	64 37	29 06	31·6	63 45	27 55	30·6	257	283
78	102	68 29	32 37	34·5	67 39	31 07	33·1	66 48	29 44	31·9	65 57	28 26	30·7	65 05	27 14	29·6	64 13	26 06	28·5	258	282
79	101	69 00	30 25	32·2	68 09	29 00	30·8	67 17	27 40	29·6	66 25	26 26	28·5	65 32	25 17	27·4	64 38	24 12	26·4	259	281
80	100	69 29	28 07	29·7	68 37	26 46	28·4	67 44	25 30	27·3	66 50	24 20	26·2	65 56	23 15	25·2	65 02	22 15	24·3	260	280
81	99	69 57	25 43	27·1	69 03	24 26	25·9	68 09	23 15	24·8	67 14	22 10	23·8	66 19	21 10	22·9	65 23	20 14	22·1	261	279
82	98	70 21	23 11	24·5	69 27	22 00	23·3	68 31	20 56	22·3	67 36	19 56	21·4	66 40	19 00	20·6	65 43	18 09	19·8	262	278
83	97	70 44	20 34	21·7	69 48	19 29	20·7	68 51	18 31	19·7	67 55	17 37	18·9	66 58	16 47	18·1	66 01	16 01	17·4	263	277
84	96	71 03	17 50	18·8	70 07	16 53	17·9	69 09	16 01	17·1	68 12	15 14	16·3	67 14	14 30	15·7	66 16	13 50	15·1	264	276
85	95	71 20	15 01	15·8	70 23	14 12	15·0	69 25	13 28	14·3	68 26	12 48	13·7	67 28	12 10	13·1	66 29	11 36	12·6	265	275
86	94	71 35	12 07	12·8	70 36	11 27	12·1	69 37	10 51	11·6	68 38	10 18	11·0	67 39	9 48	10·6	66 40	9 20	10·1	266	274
87	93	71 46	9 09	9·6	70 46	8 39	9·1	69 47	8 11	8·7	68 48	7 46	8·3	67 48	7 23	8·0	66 49	7 02	7·6	267	273
88	92	71 54	6 08	6·4	70 54	5 47	6·1	69 54	5 29	5·8	68 55	5 12	5·6	67 55	4 56	5·3	66 55	4 42	5·1	268	272
89	91	71 58	3 04	3·2	70 58	2 54	3·1	69 59	2 45	2·9	68 59	2 36	2·8	67 59	2 28	2·7	66 59	2 21	2·6	269	271
90	90	72 00	0 00	0·0	71 00	0 00	0·0	70 00	0 00	0·0	69 00	0 00	0·0	68 00	0 00	0·0	67 00	0 00	0·0	270	270

N. Lat: for LHA > 180° … $Z_n = Z$
for LHA < 180° … $Z_n = 360° - Z$

S. Lat.: for LHA > 180° … $Z_n = 180° - Z$
for LHA < 180° … $Z_n = 180° + Z$

© British Crown Copyright 2023. All rights reserved.

SIGHT REDUCTION TABLE

B: (–) for 90° < LHA < 270°
Dec: (–) for Lat. contrary name

Z_1: same sign as B
Z_2: (–) for F > 90°

Lat. / A		24°			25°			26°			27°			28°			29°			Lat. / A	
LHA/F		A/H	B/P	Z_1/Z_2	A/H	B/P	Z_1/Z_2	A/H	B/P	Z_1/Z_2	A/H	B/P	Z_1/Z_2	A/H	B/P	Z_1/Z_2	A/H	B/P	Z_1/Z_2	LHA	
°	°	° ′	° ′	°	° ′	° ′	°	° ′	° ′	°	° ′	° ′	°	° ′	° ′	°	° ′	° ′	°	°	°
0	180	0 00	66 00	90·0	0 00	65 00	90·0	0 00	64 00	90·0	0 00	63 00	90·0	0 00	62 00	90·0	0 00	61 00	90·0	180	360
1	179	0 55	66 00	89·6	0 54	65 00	89·6	0 54	64 00	89·6	0 53	63 00	89·5	0 53	62 00	89·5	0 52	61 00	89·5	181	359
2	178	1 50	65 59	89·2	1 49	64 59	89·2	1 48	63 59	89·1	1 47	62 59	89·1	1 46	61 59	89·1	1 45	60 59	89·0	182	358
3	177	2 44	65 58	88·8	2 43	64 58	88·7	2 42	63 58	88·7	2 40	62 58	88·6	2 39	61 58	88·6	2 37	60 58	88·5	183	357
4	176	3 39	65 57	88·4	3 37	64 57	88·3	3 36	63 57	88·2	3 34	62 57	88·2	3 32	61 57	88·1	3 30	60 56	88·1	184	356
5	175	4 34	65 55	88·0	4 32	64 55	87·9	4 30	63 55	87·8	4 27	62 55	87·7	4 25	61 55	87·6	4 22	60 54	87·6	185	355
6	174	5 29	65 53	87·6	5 26	64 53	87·5	5 23	63 53	87·4	5 21	62 52	87·3	5 18	61 52	87·2	5 15	60 52	87·1	186	354
7	173	6 24	65 50	87·1	6 20	64 50	87·0	6 17	63 50	86·9	6 14	62 50	86·8	6 11	61 49	86·7	6 07	60 49	86·6	187	353
8	172	7 18	65 47	86·7	7 15	64 47	86·6	7 11	63 47	86·5	7 07	62 46	86·3	7 04	61 46	86·2	6 59	60 46	86·1	188	352
9	171	8 13	65 44	86·3	8 09	64 44	86·2	8 05	63 43	86·0	8 01	62 43	85·9	7 56	61 42	85·7	7 52	60 42	85·6	189	351
10	170	9 08	65 40	85·9	9 03	64 40	85·7	8 59	63 39	85·6	8 54	62 39	85·4	8 49	61 38	85·3	8 44	60 38	85·1	190	350
11	169	10 02	65 36	85·5	9 57	64 35	85·3	9 52	63 35	85·1	9 47	62 34	85·0	9 42	61 33	84·8	9 36	60 33	84·6	191	349
12	168	10 57	65 32	85·1	10 52	64 31	84·9	10 46	63 30	84·7	10 41	62 29	84·5	10 35	61 28	84·3	10 29	60 28	84·1	192	348
13	167	11 52	65 27	84·6	11 46	64 26	84·4	11 40	63 25	84·2	11 34	62 24	84·0	11 27	61 23	83·8	11 21	60 22	83·6	193	347
14	166	12 46	65 21	84·2	12 40	64 20	84·0	12 34	63 19	83·8	12 27	62 18	83·5	12 20	61 17	83·3	12 13	60 16	83·1	194	346
15	165	13 41	65 15	83·8	13 34	64 14	83·5	13 27	63 13	83·3	13 20	62 11	83·1	13 13	61 10	82·8	13 05	60 09	82·6	195	345
16	164	14 35	65 09	83·3	14 28	64 07	83·1	14 21	63 06	82·8	14 13	62 04	82·6	14 05	61 03	82·3	13 57	60 02	82·1	196	344
17	163	15 29	65 02	82·9	15 22	64 00	82·6	15 14	62 59	82·4	15 06	61 57	82·1	14 58	60 56	81·8	14 49	59 54	81·6	197	343
18	162	16 24	64 55	82·5	16 16	63 53	82·2	16 08	62 51	81·9	15 59	61 49	81·6	15 50	60 47	81·3	15 41	59 46	81·0	198	342
19	161	17 18	64 47	82·0	17 10	63 45	81·7	17 01	62 43	81·4	16 52	61 41	81·1	16 42	60 39	80·8	16 33	59 37	80·5	199	341
20	160	18 12	64 39	81·6	18 03	63 36	81·3	17 54	62 34	80·9	17 45	61 32	80·6	17 35	60 30	80·3	17 24	59 28	80·0	200	340
21	159	19 07	64 30	81·1	18 57	63 28	80·8	18 47	62 25	80·4	18 37	61 23	80·1	18 27	60 20	79·8	18 16	59 18	79·5	201	339
22	158	20 01	64 21	80·7	19 51	63 18	80·3	19 41	62 15	80·0	19 30	61 13	79·6	19 19	60 10	79·3	19 08	59 08	78·9	202	338
23	157	20 55	64 11	80·2	20 44	63 08	79·8	20 34	62 05	79·5	20 22	61 02	79·1	20 11	59 59	78·7	19 59	58 57	78·4	203	337
24	156	21 49	64 01	79·7	21 38	62 58	79·3	21 27	61 54	79·0	21 15	60 51	78·6	21 03	59 48	78·2	20 50	58 45	77·8	204	336
25	155	22 43	63 50	79·3	22 31	62 46	78·9	22 19	61 43	78·4	22 07	60 39	78·0	21 55	59 36	77·7	21 42	58 33	77·3	205	335
26	154	23 36	63 39	78·8	23 25	62 35	78·4	23 12	61 31	77·9	22 59	60 27	77·5	22 46	59 24	77·1	22 33	58 20	76·7	206	334
27	153	24 30	63 27	78·3	24 18	62 22	77·8	24 05	61 18	77·4	23 52	60 14	77·0	23 38	59 10	76·5	23 24	58 07	76·1	207	333
28	152	25 24	63 14	77·8	25 11	62 10	77·3	24 57	61 05	76·9	24 44	60 01	76·4	24 29	58 57	76·0	24 15	57 53	75·5	208	332
29	151	26 17	63 01	77·3	26 04	61 56	76·8	25 50	60 51	76·3	25 36	59 47	75·9	25 21	58 42	75·4	25 05	57 38	75·0	209	331
30	150	27 11	62 48	76·8	26 57	61 42	76·3	26 42	60 37	75·8	26 27	59 32	75·3	26 12	58 27	74·8	25 56	57 23	74·4	210	330
31	149	28 04	62 33	76·3	27 50	61 27	75·8	27 35	60 22	75·2	27 19	59 16	74·7	27 03	58 11	74·2	26 46	57 07	73·8	211	329
32	148	28 57	62 18	75·7	28 42	61 12	75·2	28 27	60 06	74·7	28 10	59 00	74·2	27 54	57 55	73·7	27 37	56 50	73·1	212	328
33	147	29 50	62 02	75·2	29 35	60 56	74·7	29 19	59 49	74·1	29 02	58 43	73·6	28 45	57 38	73·0	28 27	56 32	72·5	213	327
34	146	30 43	61 46	74·7	30 27	60 39	74·1	30 10	59 32	73·5	29 53	58 26	73·0	29 35	57 20	72·4	29 17	56 14	71·9	214	326
35	145	31 36	61 28	74·1	31 19	60 21	73·5	31 02	59 14	72·9	30 44	58 07	72·4	30 26	57 01	71·8	30 07	55 55	71·2	215	325
36	144	32 29	61 10	73·5	32 11	60 02	72·9	31 53	58 55	72·3	31 35	57 48	71·7	31 16	56 41	71·2	30 56	55 35	70·6	216	324
37	143	33 21	60 52	73·0	33 03	59 43	72·3	32 45	58 35	71·7	32 26	57 28	71·1	32 06	56 21	70·5	31 46	55 14	69·9	217	323
38	142	34 13	60 32	72·4	33 55	59 23	71·7	33 36	58 15	71·1	33 16	57 07	70·5	32 56	55 59	69·9	32 35	54 53	69·3	218	322
39	141	35 06	60 11	71·8	34 47	59 02	71·1	34 27	57 53	70·5	34 06	56 45	69·8	33 45	55 37	69·2	33 24	54 30	68·6	219	321
40	140	35 58	59 50	71·2	35 38	58 40	70·5	35 17	57 31	69·8	34 56	56 22	69·1	34 35	55 14	68·5	34 12	54 07	67·9	220	320
41	139	36 49	59 28	70·5	36 29	58 17	69·8	36 08	57 08	69·1	35 46	55 59	68·5	35 24	54 50	67·8	35 01	53 42	67·1	221	319
42	138	37 41	59 04	69·9	37 20	57 54	69·2	36 58	56 43	68·5	36 36	55 34	67·8	36 13	54 25	67·1	35 49	53 17	66·4	222	318
43	137	38 32	58 40	69·2	38 11	57 29	68·5	37 48	56 18	67·8	37 25	55 08	67·1	37 02	53 59	66·4	36 37	52 50	65·7	223	317
44	136	39 23	58 15	68·6	39 01	57 03	67·8	38 38	55 52	67·1	38 14	54 41	66·3	37 50	53 32	65·6	37 25	52 23	64·9	224	316
45	135	40 14	57 48	67·9	39 51	56 36	67·1	39 28	55 24	66·3	39 03	54 13	65·6	38 38	53 04	64·9	38 12	51 54	64·1	225	315

© British Crown Copyright 2023. All rights reserved.

Lat. / A		24°			25°			26°			27°			28°			29°			Lat. / A	
LHA/F		A/H	B/P	Z_1/Z_2	A/H	B/P	Z_1/Z_2	A/H	B/P	Z_1/Z_2	A/H	B/P	Z_1/Z_2	A/H	B/P	Z_1/Z_2	A/H	B/P	Z_1/Z_2	LHA	
°	°	° ′	° ′	°	° ′	° ′	°	° ′	° ′	°	° ′	° ′	°	° ′	° ′	°	° ′	° ′	°	°	°
45	135	40 14	57 48	67·9	39 51	56 36	67·1	39 28	55 24	66·3	39 03	54 13	65·6	38 38	53 04	64·9	38 12	51 54	64·1	225	315
46	134	41 05	57 21	67·2	40 41	56 08	66·4	40 17	54 56	65·6	39 52	53 44	64·8	39 26	52 34	64·1	38 59	51 25	63·3	226	314
47	133	41 55	56 52	66·4	41 31	55 38	65·6	41 06	54 26	64·8	40 40	53 14	64·0	40 13	52 04	63·3	39 46	50 54	62·5	227	313
48	132	42 45	56 22	65·7	42 20	55 08	64·9	41 54	53 55	64·0	41 28	52 43	63·2	41 00	51 32	62·5	40 32	50 22	61·7	228	312
49	131	43 35	55 50	64·9	43 09	54 36	64·1	42 43	53 22	63·2	42 15	52 10	62·4	41 47	50 59	61·6	41 18	49 48	60·9	229	311
50	130	44 25	55 17	64·1	43 58	54 02	63·3	43 31	52 49	62·4	43 03	51 36	61·6	42 34	50 24	60·8	42 04	49 14	60·0	230	310
51	129	45 14	54 43	63·3	44 47	53 28	62·4	44 18	52 13	61·6	43 49	51 00	60·7	43 20	49 48	59·9	42 49	48 38	59·1	231	309
52	128	46 03	54 08	62·5	45 35	52 52	61·6	45 06	51 37	60·7	44 36	50 23	59·8	44 05	49 11	59·0	43 34	48 00	58·2	232	308
53	127	46 51	53 30	61·6	46 22	52 14	60·7	45 52	50 59	59·8	45 22	49 45	58·9	44 51	48 32	58·1	44 18	47 21	57·2	233	307
54	126	47 39	52 51	60·8	47 09	51 34	59·8	46 39	50 19	58·9	46 07	49 05	58·0	45 35	47 52	57·1	45 02	46 41	56·3	234	306
55	125	48 27	52 11	59·8	47 56	50 53	58·9	47 25	49 37	58·0	46 53	48 23	57·0	46 19	47 10	56·2	45 46	45 59	55·3	235	305
56	124	49 14	51 28	58·9	48 43	50 11	57·9	48 10	48 54	57·0	47 37	47 40	56·1	47 03	46 27	55·2	46 29	45 15	54·3	236	304
57	123	50 01	50 44	57·9	49 28	49 26	56·9	48 55	48 09	56·0	48 21	46 54	55·0	47 46	45 41	54·1	47 11	44 30	53·3	237	303
58	122	50 47	49 58	56·9	50 14	48 39	55·9	49 40	47 22	54·9	49 05	46 07	54·0	48 29	44 54	53·1	47 53	43 43	52·2	238	302
59	121	51 33	49 09	55·9	50 58	47 51	54·9	50 23	46 34	53·9	49 48	45 18	52·9	49 11	44 05	52·0	48 34	42 54	51·1	239	301
60	120	52 18	48 19	54·8	51 43	47 00	53·8	51 07	45 43	52·8	50 30	44 28	51·8	49 53	43 14	50·9	49 14	42 03	50·0	240	300
61	119	53 02	47 26	53·7	52 26	46 07	52·7	51 49	44 50	51·7	51 12	43 35	50·7	50 33	42 22	49·7	49 54	41 10	48·8	241	299
62	118	53 46	46 31	52·6	53 09	45 12	51·5	52 31	43 54	50·5	51 53	42 39	49·5	51 13	41 27	48·6	50 33	40 16	47·6	242	298
63	117	54 29	45 33	51·4	53 51	44 14	50·3	53 13	42 57	49·3	52 33	41 42	48·3	51 53	40 30	47·3	51 12	39 19	46·4	243	297
64	116	55 12	44 33	50·2	54 33	43 14	49·1	53 53	41 57	48·1	53 13	40 42	47·1	52 31	39 30	46·1	51 49	38 20	45·2	244	296
65	115	55 53	43 30	48·9	55 13	42 11	47·8	54 33	40 55	46·8	53 51	39 40	45·8	53 09	38 29	44·8	52 26	37 19	43·9	245	295
66	114	56 34	42 25	47·6	55 53	41 06	46·5	55 12	39 50	45·4	54 29	38 36	44·4	53 46	37 25	43·5	53 02	36 16	42·6	246	294
67	113	57 14	41 16	46·2	56 32	39 58	45·1	55 50	38 42	44·1	55 06	37 29	43·1	54 22	36 19	42·1	53 37	35 11	41·2	247	293
68	112	57 53	40 05	44·8	57 10	38 47	43·7	56 27	37 32	42·7	55 42	36 19	41·7	54 57	35 10	40·7	54 11	34 03	39·8	248	292
69	111	58 32	38 50	43·3	57 47	37 33	42·2	57 03	36 18	41·2	56 17	35 07	40·2	55 31	33 59	39·3	54 44	32 53	38·4	249	291
70	110	59 09	37 32	41·8	58 24	36 16	40·7	57 38	35 02	39·7	56 51	33 52	38·7	56 04	32 45	37·8	55 16	31 41	36·9	250	290
71	109	59 45	36 11	40·2	58 58	34 55	39·2	58 12	33 43	38·1	57 24	32 35	37·2	56 36	31 29	36·3	55 47	30 26	35·4	251	289
72	108	60 19	34 46	38·6	59 32	33 32	37·6	58 44	32 21	36·5	57 56	31 14	35·6	57 07	30 10	34·7	56 17	29 08	33·8	252	288
73	107	60 53	33 18	36·9	60 05	32 05	35·9	59 16	30 56	34·9	58 26	29 51	34·0	57 36	28 48	33·1	56 46	27 49	32·2	253	287
74	106	61 25	31 46	35·2	60 36	30 35	34·2	59 46	29 28	33·2	58 55	28 25	32·3	58 05	27 24	31·4	57 13	26 26	30·6	254	286
75	105	61 56	30 10	33·4	61 06	29 02	32·4	60 15	27 57	31·4	59 23	26 56	30·5	58 31	25 57	29·7	57 39	25 02	28·9	255	285
76	104	62 26	28 31	31·5	61 34	27 25	30·5	60 42	26 23	29·6	59 50	25 24	28·8	58 57	24 28	28·0	58 04	23 35	27·2	256	284
77	103	62 53	26 48	29·6	62 01	25 45	28·6	61 08	24 46	27·8	60 15	23 49	27·0	59 21	22 56	26·2	58 27	22 05	25·5	257	283
78	102	63 20	25 02	27·6	62 26	24 02	26·7	61 32	23 05	25·9	60 38	22 12	25·1	59 44	21 21	24·4	58 49	20 34	23·7	258	282
79	101	63 44	23 12	25·5	62 50	22 15	24·7	61 55	21 22	23·9	61 00	20 32	23·2	60 05	19 44	22·5	59 09	19 00	21·8	259	281
80	100	64 07	21 18	23·4	63 12	20 25	22·6	62 16	19 36	21·9	61 20	18 49	21·2	60 24	18 05	20·6	59 28	17 24	20·0	260	280
81	99	64 28	19 22	21·3	63 32	18 33	20·5	62 35	17 47	19·9	61 39	17 04	19·2	60 42	16 24	18·6	59 45	15 46	18·1	261	279
82	98	64 47	17 22	19·1	63 50	16 37	18·4	62 53	15 56	17·8	61 56	15 17	17·2	60 58	14 40	16·7	60 01	14 06	16·2	262	278
83	97	65 03	15 18	16·8	64 06	14 39	16·2	63 08	14 02	15·6	62 10	13 27	15·1	61 12	12 55	14·7	60 14	12 24	14·2	263	277
84	96	65 18	13 13	14·5	64 20	12 38	14·0	63 22	12 06	13·5	62 23	11 36	13·0	61 25	11 07	12·6	60 26	10 41	12·2	264	276
85	95	65 31	11 05	12·1	64 32	10 35	11·7	63 33	10 08	11·3	62 35	9 42	10·9	61 36	9 19	10·6	60 37	8 56	10·2	265	275
86	94	65 41	8 54	9·8	64 42	8 30	9·4	63 43	8 08	9·1	62 44	7 48	8·8	61 44	7 28	8·5	60 45	7 10	8·2	266	274
87	93	65 49	6 42	7·3	64 50	6 24	7·1	63 50	6 07	6·8	62 51	5 52	6·6	61 51	5 37	6·4	60 52	5 24	6·2	267	273
88	92	65 55	4 29	4·9	64 56	4 17	4·7	63 56	4 06	4·6	62 56	3 55	4·4	61 56	3 45	4·3	60 56	3 36	4·1	268	272
89	91	65 59	2 15	2·5	64 59	2 09	2·4	63 59	2 03	2·3	62 59	1 58	2·2	61 59	1 53	2·1	60 59	1 48	2·1	269	271
90	90	66 00	0 00	0·0	65 00	0 00	0·0	64 00	0 00	0·0	63 00	0 00	0·0	62 00	0 00	0·0	61 00	0 00	0·0	270	270

N. Lat: for LHA > 180° ... $Z_n = Z$
for LHA < 180° ... $Z_n = 360° - Z$

S. Lat.: for LHA > 180° ... $Z_n = 180° - Z$
for LHA < 180° ... $Z_n = 180° + Z$

© British Crown Copyright 2023. All rights reserved.

SIGHT REDUCTION TABLE

B: (–) for 90° < LHA < 270°
Dec:(–) for Lat. contrary name

Z_1: same sign as B
Z_2: (–) for F > 90°

Lat. / A		30°			31°			32°			33°			34°			35°			Lat. / A	
LHA/F		A/H	B/P	Z_1/Z_2	A/H	B/P	Z_1/Z_2	A/H	B/P	Z_1/Z_2	A/H	B/P	Z_1/Z_2	A/H	B/P	Z_1/Z_2	A/H	B/P	Z_1/Z_2	LHA	
°	°	° ′	° ′	°	° ′	° ′	°	° ′	° ′	°	° ′	° ′	°	° ′	° ′	°	° ′	° ′	°	°	°
0	180	0 00	60 00	90·0	0 00	59 00	90·0	0 00	58 00	90·0	0 00	57 00	90·0	0 00	56 00	90·0	0 00	55 00	90·0	180	360
1	179	0 52	60 00	89·5	0 51	59 00	89·5	0 51	58 00	89·5	0 50	57 00	89·5	0 50	56 00	89·4	0 49	55 00	89·4	181	359
2	178	1 44	59 59	89·0	1 43	58 59	89·0	1 42	57 59	88·9	1 41	56 59	88·9	1 39	55 59	88·9	1 38	54 59	88·9	182	358
3	177	2 36	59 58	88·5	2 34	58 58	88·5	2 33	57 58	88·4	2 31	56 58	88·4	2 29	55 58	88·3	2 27	54 58	88·3	183	357
4	176	3 28	59 56	88·0	3 26	58 56	87·9	3 23	57 56	87·9	3 21	56 56	87·8	3 19	55 56	87·8	3 17	54 56	87·7	184	356
5	175	4 20	59 54	87·5	4 17	58 54	87·4	4 14	57 54	87·3	4 12	56 54	87·3	4 09	55 54	87·2	4 06	54 54	87·1	185	355
6	174	5 12	59 52	87·0	5 08	58 52	86·9	5 05	57 52	86·8	5 02	56 51	86·7	4 58	55 51	86·6	4 55	54 51	86·6	186	354
7	173	6 04	59 49	86·5	6 00	58 49	86·4	5 56	57 48	86·3	5 52	56 48	86·2	5 48	55 48	86·1	5 44	54 48	86·0	187	353
8	172	6 55	59 45	86·0	6 51	58 45	85·9	6 47	57 45	85·7	6 42	56 45	85·6	6 38	55 44	85·5	6 33	54 44	85·4	188	352
9	171	7 47	59 42	85·5	7 42	58 41	85·3	7 37	57 41	85·2	7 32	56 40	85·1	7 27	55 40	84·9	7 22	54 40	84·8	189	351
10	170	8 39	59 37	85·0	8 34	58 37	84·8	8 28	57 36	84·7	8 22	56 36	84·5	8 17	55 36	84·4	8 11	54 35	84·2	190	350
11	169	9 31	59 32	84·4	9 25	58 32	84·3	9 19	57 31	84·1	9 13	56 31	84·0	9 06	55 30	83·8	9 00	54 30	83·6	191	349
12	168	10 22	59 27	83·9	10 16	58 26	83·8	10 09	57 26	83·6	10 03	56 25	83·4	9 56	55 25	83·2	9 48	54 24	83·0	192	348
13	167	11 14	59 21	83·4	11 07	58 20	83·2	11 00	57 20	83·0	10 52	56 19	82·8	10 45	55 18	82·6	10 37	54 18	82·5	193	347
14	166	12 06	59 15	82·9	11 58	58 14	82·7	11 50	57 13	82·5	11 42	56 12	82·3	11 34	55 12	82·1	11 26	54 11	81·9	194	346
15	165	12 57	59 08	82·4	12 49	58 07	82·1	12 41	57 06	81·9	12 32	56 05	81·7	12 23	55 04	81·5	12 14	54 04	81·3	195	345
16	164	13 49	59 01	81·8	13 40	57 59	81·6	13 31	56 58	81·4	13 22	55 57	81·1	13 13	54 57	80·9	13 03	53 56	80·7	196	344
17	163	14 40	58 53	81·3	14 31	57 51	81·1	14 21	56 50	80·8	14 12	55 49	80·5	14 02	54 48	80·3	13 51	53 47	80·1	197	343
18	162	15 31	58 44	80·8	15 22	57 43	80·5	15 12	56 42	80·2	15 01	55 40	80·0	14 51	54 39	79·7	14 40	53 38	79·4	198	342
19	161	16 23	58 35	80·2	16 12	57 34	79·9	16 02	56 32	79·7	15 51	55 31	79·4	15 40	54 30	79·1	15 28	53 29	78·8	199	341
20	160	17 14	58 26	79·7	17 03	57 24	79·4	16 52	56 23	79·1	16 40	55 21	78·8	16 28	54 20	78·5	16 16	53 19	78·2	200	340
21	159	18 05	58 16	79·1	17 53	57 14	78·8	17 42	56 12	78·5	17 29	55 11	78·2	17 17	54 09	77·9	17 04	53 08	77·6	201	339
22	158	18 56	58 05	78·6	18 44	57 03	78·2	18 31	56 01	77·9	18 19	55 00	77·6	18 06	53 58	77·3	17 52	52 56	77·0	202	338
23	157	19 47	57 54	78·0	19 34	56 52	77·7	19 21	55 50	77·3	19 08	54 48	77·0	18 54	53 46	76·6	18 40	52 44	76·3	203	337
24	156	20 37	57 42	77·4	20 24	56 40	77·1	20 11	55 38	76·7	19 57	54 36	76·4	19 42	53 34	76·0	19 28	52 32	75·7	204	336
25	155	21 28	57 30	76·9	21 14	56 27	76·5	21 00	55 25	76·1	20 46	54 23	75·7	20 31	53 21	75·4	20 15	52 19	75·0	205	335
26	154	22 19	57 17	76·3	22 04	56 14	75·9	21 49	55 12	75·5	21 34	54 09	75·1	21 19	53 07	74·7	21 03	52 05	74·4	206	334
27	153	23 09	57 03	75·7	22 54	56 00	75·3	22 39	54 57	74·9	22 23	53 55	74·5	22 07	52 52	74·1	21 50	51 50	73·7	207	333
28	152	23 59	56 49	75·1	23 44	55 46	74·7	23 28	54 43	74·3	23 11	53 40	73·8	22 54	52 37	73·4	22 37	51 35	73·0	208	332
29	151	24 50	56 34	74·5	24 33	55 31	74·1	24 17	54 27	73·6	23 59	53 24	73·2	23 42	52 22	72·8	23 24	51 19	72·4	209	331
30	150	25 40	56 19	73·9	25 23	55 15	73·4	25 05	54 11	73·0	24 48	53 08	72·5	24 29	52 05	72·1	24 11	51 03	71·7	210	330
31	149	26 29	56 02	73·3	26 12	54 58	72·8	25 54	53 54	72·3	25 35	52 51	71·9	25 17	51 48	71·4	24 57	50 45	71·0	211	329
32	148	27 19	55 45	72·6	27 01	54 41	72·2	26 42	53 37	71·7	26 23	52 33	71·2	26 04	51 30	70·7	25 44	50 27	70·3	212	328
33	147	28 09	55 27	72·0	27 50	54 23	71·5	27 31	53 19	71·0	27 11	52 15	70·5	26 50	51 12	70·0	26 30	50 08	69·6	213	327
34	146	28 58	55 09	71·4	28 38	54 04	70·8	28 19	53 00	70·3	27 58	51 56	69·8	27 37	50 52	69·3	27 16	49 49	68·8	214	326
35	145	29 47	54 49	70·7	29 27	53 44	70·2	29 06	52 40	69·6	28 45	51 36	69·1	28 24	50 32	68·6	28 01	49 29	68·1	215	325
36	144	30 36	54 29	70·0	30 15	53 24	69·5	29 54	52 19	68·9	29 32	51 15	68·4	29 10	50 11	67·9	28 47	49 07	67·4	216	324
37	143	31 25	54 08	69·4	31 03	53 03	68·8	30 41	51 58	68·2	30 19	50 53	67·7	29 56	49 49	67·2	29 32	48 45	66·6	217	323
38	142	32 13	53 46	68·7	31 51	52 40	68·1	31 28	51 35	67·5	31 05	50 30	66·9	30 41	49 26	66·4	30 17	48 23	65·9	218	322
39	141	33 02	53 23	68·0	32 39	52 17	67·4	32 15	51 12	66·8	31 51	50 07	66·2	31 27	49 03	65·6	31 02	47 59	65·1	219	321
40	140	33 50	53 00	67·2	33 26	51 53	66·6	33 02	50 48	66·0	32 37	49 43	65·4	32 12	48 38	64·9	31 46	47 34	64·3	220	320
41	139	34 37	52 35	66·5	34 13	51 29	65·9	33 48	50 23	65·3	33 23	49 17	64·7	32 57	48 13	64·1	32 30	47 09	63·5	221	319
42	138	35 25	52 09	65·8	35 00	51 03	65·1	34 34	49 56	64·5	34 08	48 51	63·9	33 42	47 46	63·3	33 14	46 42	62·7	222	318
43	137	36 12	51 43	65·0	35 46	50 36	64·3	35 20	49 29	63·7	34 53	48 24	63·1	34 26	47 19	62·5	33 58	46 15	61·9	223	317
44	136	36 59	51 15	64·2	36 33	50 08	63·6	36 06	49 01	62·9	35 38	47 55	62·3	35 10	46 51	61·6	34 41	45 46	61·0	224	316
45	135	37 46	50 46	63·4	37 19	49 39	62·7	36 51	48 32	62·1	36 22	47 26	61·4	35 53	46 21	60·8	35 24	45 17	60·2	225	315

© British Crown Copyright 2023. All rights reserved.

Lat. / A		30°			31°			32°			33°			34°			35°			Lat. / A	
LHA/F		A/H	B/P	Z₁/Z₂	A/H	B/P	Z₁/Z₂	A/H	B/P	Z₁/Z₂	A/H	B/P	Z₁/Z₂	A/H	B/P	Z₁/Z₂	A/H	B/P	Z₁/Z₂	LHA	
°	°	° ′	° ′	°	° ′	° ′	°	° ′	° ′	°	° ′	° ′	°	° ′	° ′	°	° ′	° ′	°	°	°
45	135	37 46	50 46	63·4	37 19	49 39	62·7	36 51	48 32	62·1	36 22	47 26	61·4	35 53	46 21	60·8	35 24	45 17	60·2	225	315
46	134	38 32	50 16	62·6	38 04	49 08	61·9	37 36	48 02	61·2	37 06	46 56	60·6	36 37	45 51	59·9	36 06	44 46	59·3	226	314
47	133	39 18	49 45	61·8	38 49	48 37	61·1	38 20	47 30	60·4	37 50	46 24	59·7	37 19	45 19	59·1	36 48	44 15	58·4	227	313
48	132	40 04	49 13	61·0	39 34	48 05	60·2	39 04	46 58	59·5	38 33	45 51	58·8	38 02	44 46	58·2	37 30	43 42	57·5	228	312
49	131	40 49	48 39	60·1	40 19	47 31	59·4	39 48	46 24	58·6	39 16	45 18	57·9	38 44	44 12	57·2	38 11	43 08	56·6	229	311
50	130	41 34	48 04	59·2	41 03	46 56	58·5	40 31	45 49	57·7	39 59	44 42	57·0	39 26	43 37	56·3	38 52	42 33	55·6	230	310
51	129	42 18	47 28	58·3	41 46	46 20	57·5	41 14	45 12	56·8	40 41	44 06	56·1	40 07	43 01	55·4	39 32	41 57	54·7	231	309
52	128	43 02	46 50	57·4	42 29	45 42	56·6	41 56	44 34	55·9	41 22	43 28	55·1	40 47	42 23	54·4	40 12	41 19	53·7	232	308
53	127	43 46	46 11	56·4	43 12	45 03	55·6	42 38	43 55	54·9	42 03	42 49	54·1	41 28	41 44	53·4	40 52	40 41	52·7	233	307
54	126	44 29	45 31	55·5	43 54	44 22	54·7	43 19	43 15	53·9	42 44	42 09	53·1	42 07	41 04	52·4	41 30	40 01	51·7	234	306
55	125	45 11	44 49	54·5	44 36	43 40	53·7	44 00	42 33	52·9	43 24	41 27	52·1	42 46	40 23	51·4	42 09	39 19	50·7	235	305
56	124	45 53	44 05	53·5	45 17	42 57	52·6	44 40	41 50	51·8	44 03	40 44	51·1	43 25	39 40	50·3	42 46	38 37	49·6	236	304
57	123	46 35	43 20	52·4	45 58	42 11	51·6	45 20	41 05	50·8	44 42	39 59	50·0	44 03	38 55	49·3	43 24	37 53	48·5	237	303
58	122	47 16	42 33	51·3	46 38	41 25	50·5	45 59	40 18	49·7	45 20	39 13	48·9	44 40	38 09	48·2	44 00	37 07	47·5	238	302
59	121	47 56	41 44	50·2	47 17	40 36	49·4	46 38	39 30	48·6	45 58	38 25	47·8	45 17	37 22	47·1	44 36	36 20	46·3	239	301
60	120	48 35	40 54	49·1	47 56	39 46	48·3	47 16	38 40	47·5	46 35	37 36	46·7	45 53	36 33	45·9	45 11	35 32	45·2	240	300
61	119	49 14	40 01	47·9	48 34	38 54	47·1	47 53	37 48	46·3	47 11	36 45	45·5	46 29	35 42	44·7	45 46	34 42	44·0	241	299
62	118	49 53	39 07	46·8	49 11	38 00	45·9	48 29	36 55	45·1	47 46	35 52	44·3	47 03	34 50	43·6	46 19	33 50	42·8	242	298
63	117	50 30	38 11	45·5	49 48	37 04	44·7	49 05	36 00	43·9	48 21	34 57	43·1	47 37	33 57	42·3	46 53	32 57	41·6	243	297
64	116	51 07	37 13	44·3	50 23	36 07	43·4	49 40	35 03	42·6	48 55	34 01	41·8	48 10	33 01	41·1	47 25	32 03	40·4	244	296
65	115	51 43	36 12	43·0	50 58	35 07	42·2	50 14	34 04	41·3	49 28	33 03	40·6	48 43	32 04	39·8	47 56	31 07	39·1	245	295
66	114	52 18	35 10	41·7	51 33	34 06	40·8	50 47	33 04	40·0	50 01	32 04	39·3	49 14	31 05	38·5	48 27	30 09	37·8	246	294
67	113	52 52	34 05	40·3	52 06	33 02	39·5	51 19	32 01	38·7	50 32	31 02	37·9	49 44	30 05	37·2	48 56	29 10	36·5	247	293
68	112	53 25	32 59	38·9	52 38	31 56	38·1	51 50	30 57	37·3	51 02	29 59	36·6	50 14	29 03	35·8	49 25	28 09	35·2	248	292
69	111	53 57	31 50	37·5	53 09	30 49	36·7	52 21	29 50	35·9	51 32	28 53	35·2	50 43	27 59	34·5	49 53	27 06	33·8	249	291
70	110	54 28	30 39	36·1	53 39	29 39	35·2	52 50	28 42	34·5	52 00	27 46	33·8	51 10	26 53	33·1	50 20	26 02	32·4	250	290
71	109	54 58	29 25	34·6	54 08	28 27	33·8	53 18	27 31	33·0	52 28	26 38	32·3	51 37	25 46	31·6	50 46	24 56	31·0	251	289
72	108	55 27	28 09	33·0	54 37	27 13	32·2	53 46	26 19	31·5	52 54	25 27	30·8	52 03	24 37	30·2	51 10	23 49	29·5	252	288
73	107	55 55	26 51	31·4	55 03	25 57	30·7	54 12	25 04	30·0	53 19	24 14	29·3	52 27	23 26	28·7	51 34	22 40	28·1	253	287
74	106	56 21	25 31	29·8	55 29	24 39	29·1	54 36	23 48	28·4	53 43	23 00	27·8	52 50	22 14	27·1	51 57	21 29	26·6	254	286
75	105	56 46	24 09	28·2	55 53	23 18	27·5	55 00	22 30	26·8	54 06	21 44	26·2	53 12	21 00	25·6	52 18	20 17	25·0	255	285
76	104	57 10	22 44	26·5	56 16	21 56	25·8	55 22	21 10	25·2	54 28	20 26	24·6	53 33	19 44	24·0	52 38	19 04	23·5	256	284
77	103	57 33	21 17	24·8	56 38	20 31	24·1	55 43	19 48	23·5	54 48	19 06	23·0	53 53	18 27	22·4	52 57	17 49	21·9	257	283
78	102	57 54	19 48	23·0	56 59	19 05	22·4	56 03	18 24	21·9	55 07	17 45	21·3	54 11	17 08	20·8	53 15	16 32	20·3	258	282
79	101	58 13	18 17	21·2	57 17	17 37	20·7	56 21	16 59	20·1	55 25	16 22	19·6	54 28	15 48	19·2	53 31	15 15	18·7	259	281
80	100	58 32	16 44	19·4	57 35	16 07	18·9	56 38	15 32	18·4	55 41	14 58	17·9	54 44	14 26	17·5	53 47	13 56	17·1	260	280
81	99	58 48	15 10	17·6	57 51	14 36	17·1	56 53	14 03	16·6	55 56	13 33	16·2	54 58	13 03	15·8	54 00	12 36	15·4	261	279
82	98	59 03	13 33	15·7	58 05	13 02	15·3	57 07	12 33	14·9	56 09	12 06	14·5	55 11	11 40	14·1	54 13	11 14	13·8	262	278
83	97	59 16	11 55	13·8	58 18	11 28	13·4	57 19	11 02	13·0	56 21	10 38	12·7	55 22	10 14	12·4	54 24	9 52	12·1	263	277
84	96	59 28	10 16	11·9	58 29	9 52	11·5	57 30	9 30	11·2	56 31	9 09	10·9	55 32	8 49	10·6	54 33	8 29	10·4	264	276
85	95	59 37	8 35	9·9	58 38	8 15	9·6	57 39	7 56	9·4	56 40	7 39	9·1	55 41	7 22	8·9	54 41	7 06	8·7	265	275
86	94	59 46	6 53	8·0	58 46	6 37	7·7	57 47	6 22	7·5	56 47	6 08	7·3	55 48	5 54	7·1	54 48	5 41	7·0	266	274
87	93	59 52	5 11	6·0	58 52	4 59	5·8	57 52	4 47	5·6	56 53	4 36	5·5	55 53	4 26	5·4	54 53	4 16	5·2	267	273
88	92	59 56	3 28	4·0	58 57	3 19	3·9	57 57	3 12	3·8	56 57	3 05	3·7	55 57	2 58	3·6	54 57	2 51	3·5	268	272
89	91	59 59	1 44	2·0	58 59	1 40	1·9	57 59	1 36	1·9	56 59	1 32	1·8	55 59	1 29	1·8	54 59	1 26	1·7	269	271
90	90	60 00	0 00	0·0	59 00	0 00	0·0	58 00	0 00	0·0	57 00	0 00	0·0	56 00	0 00	0·0	55 00	0 00	0·0	270	270

N. Lat: for LHA > 180° … $Z_n = Z$
for LHA < 180° … $Z_n = 360° - Z$

S. Lat.: for LHA > 180° … $Z_n = 180° - Z$
for LHA < 180° … $Z_n = 180° + Z$

© British Crown Copyright 2023. All rights reserved.

SIGHT REDUCTION TABLE

B: (–) for 90° < LHA < 270°
Dec:(–) for Lat. contrary name

Z₁: same sign as B
Z₂: (–) for F > 90°

Lat. / A		36°			37°			38°			39°			40°			41°			Lat. / A	
LHA/F		A/H	B/P	Z₁/Z₂	A/H	B/P	Z₁/Z₂	A/H	B/P	Z₁/Z₂	A/H	B/P	Z₁/Z₂	A/H	B/P	Z₁/Z₂	A/H	B/P	Z₁/Z₂	LHA	
°	°	° ′	° ′	°	° ′	° ′	°	° ′	° ′	°	° ′	° ′	°	° ′	° ′	°	° ′	° ′	°	°	°
0	180	0 00	54 00	90·0	0 00	53 00	90·0	0 00	52 00	90·0	0 00	51 00	90·0	0 00	50 00	90·0	0 00	49 00	90·0	180	360
1	179	0 49	54 00	89·4	0 48	53 00	89·4	0 47	52 00	89·4	0 47	51 00	89·4	0 46	50 00	89·4	0 45	49 00	89·3	181	359
2	178	1 37	53 59	88·8	1 36	52 59	88·8	1 35	51 59	88·8	1 33	50 59	88·7	1 32	49 59	88·7	1 31	48 59	88·7	182	358
3	177	2 26	53 58	88·2	2 24	52 58	88·2	2 22	51 58	88·2	2 20	50 58	88·1	2 18	49 58	88·1	2 16	48 58	88·0	183	357
4	176	3 14	53 56	87·6	3 12	52 56	87·6	3 09	51 56	87·5	3 06	50 56	87·5	3 04	49 56	87·4	3 01	48 56	87·4	184	356
5	175	4 03	53 54	87·1	3 59	52 54	87·0	3 56	51 54	86·9	3 53	50 54	86·8	3 50	49 54	86·8	3 46	48 54	86·7	185	355
6	174	4 51	53 51	86·5	4 47	52 51	86·4	4 43	51 51	86·3	4 40	50 51	86·2	4 36	49 51	86·1	4 31	48 51	86·1	186	354
7	173	5 39	53 48	85·9	5 35	52 48	85·8	5 31	51 48	85·7	5 26	50 47	85·6	5 21	49 47	85·5	5 17	48 47	85·4	187	353
8	172	6 28	53 44	85·3	6 23	52 44	85·2	6 18	51 44	85·1	6 13	50 44	84·9	6 07	49 43	84·8	6 02	48 43	84·7	188	352
9	171	7 16	53 40	84·7	7 11	52 39	84·6	7 05	51 39	84·4	6 59	50 39	84·3	6 53	49 39	84·2	6 47	48 39	84·1	189	351
10	170	8 05	53 35	84·1	7 58	52 35	83·9	7 52	51 34	83·8	7 45	50 34	83·7	7 39	49 34	83·5	7 32	48 34	83·4	190	350
11	169	8 53	53 30	83·5	8 46	52 29	83·3	8 39	51 29	83·2	8 32	50 29	83·0	8 24	49 29	82·9	8 17	48 28	82·7	191	349
12	168	9 41	53 24	82·9	9 33	52 23	82·7	9 26	51 23	82·5	9 18	50 23	82·4	9 10	49 23	82·2	9 02	48 22	82·1	192	348
13	167	10 29	53 17	82·3	10 21	52 17	82·1	10 13	51 17	81·9	10 04	50 16	81·7	9 55	49 16	81·6	9 46	48 16	81·4	193	347
14	166	11 17	53 10	81·7	11 08	52 10	81·5	10 59	51 10	81·3	10 50	50 09	81·1	10 41	49 09	80·9	10 31	48 09	80·7	194	346
15	165	12 05	53 03	81·0	11 56	52 02	80·8	11 46	51 02	80·6	11 36	50 02	80·4	11 26	49 01	80·2	11 16	48 01	80·0	195	345
16	164	12 53	52 55	80·4	12 43	51 54	80·2	12 33	50 54	80·0	12 22	49 53	79·8	12 11	48 53	79·6	12 00	47 53	79·3	196	344
17	163	13 41	52 46	79·8	13 30	51 46	79·6	13 19	50 45	79·3	13 08	49 45	79·1	12 57	48 44	78·9	12 45	47 44	78·7	197	343
18	162	14 29	52 37	79·2	14 17	51 37	78·9	14 06	50 36	78·7	13 54	49 35	78·4	13 42	48 35	78·2	13 29	47 34	78·0	198	342
19	161	15 16	52 28	78·6	15 04	51 27	78·3	14 52	50 26	78·0	14 39	49 25	77·8	14 27	48 25	77·5	14 13	47 24	77·3	199	341
20	160	16 04	52 17	77·9	15 51	51 16	77·6	15 38	50 16	77·4	15 25	49 15	77·1	15 11	48 14	76·8	14 58	47 14	76·6	200	340
21	159	16 51	52 07	77·3	16 38	51 05	77·0	16 24	50 05	76·7	16 10	49 04	76·4	15 56	48 03	76·1	15 42	47 03	75·9	201	339
22	158	17 39	51 55	76·6	17 24	50 54	76·3	17 10	49 53	76·0	16 56	48 52	75·7	16 41	47 51	75·4	16 25	46 51	75·2	202	338
23	157	18 26	51 43	76·0	18 11	50 42	75·7	17 56	49 41	75·4	17 41	48 40	75·0	17 25	47 39	74·7	17 09	46 38	74·4	203	337
24	156	19 13	51 30	75·3	18 57	50 29	75·0	18 42	49 28	74·7	18 26	48 27	74·3	18 09	47 26	74·0	17 53	46 25	73·7	204	336
25	155	20 00	51 17	74·7	19 44	50 15	74·3	19 27	49 14	74·0	19 10	48 13	73·6	18 53	47 12	73·3	18 36	46 12	73·0	205	335
26	154	20 46	51 03	74·0	20 30	50 01	73·6	20 13	49 00	73·3	19 55	47 59	72·9	19 37	46 58	72·6	19 19	45 57	72·3	206	334
27	153	21 33	50 48	73·3	21 15	49 47	73·0	20 58	48 45	72·6	20 40	47 44	72·2	20 21	46 43	71·9	20 02	45 42	71·5	207	333
28	152	22 19	50 33	72·6	22 01	49 31	72·3	21 43	48 30	71·9	21 24	47 28	71·5	21 05	46 28	71·1	20 45	45 27	70·8	208	332
29	151	23 06	50 17	72·0	22 47	49 15	71·6	22 28	48 14	71·2	22 08	47 12	70·8	21 48	46 11	70·4	21 28	45 11	70·0	209	331
30	150	23 52	50 00	71·3	23 32	48 58	70·8	23 12	47 57	70·4	22 52	46 55	70·0	22 31	45 54	69·6	22 10	44 54	69·3	210	330
31	149	24 37	49 43	70·5	24 17	48 41	70·1	23 57	47 39	69·7	23 36	46 38	69·3	23 14	45 37	68·9	22 52	44 36	68·5	211	329
32	148	25 23	49 25	69·8	25 02	48 23	69·4	24 41	47 21	69·0	24 19	46 19	68·5	23 57	45 18	68·1	23 34	44 17	67·7	212	328
33	147	26 09	49 06	69·1	25 47	48 04	68·7	25 25	47 02	68·2	25 02	46 00	67·8	24 40	44 59	67·3	24 16	43 58	66·9	213	327
34	146	26 54	48 46	68·4	26 32	47 44	67·9	26 09	46 42	67·4	25 45	45 40	67·0	25 22	44 39	66·6	24 58	43 39	66·1	214	326
35	145	27 39	48 26	67·6	27 16	47 23	67·1	26 52	46 21	66·7	26 28	45 20	66·2	26 04	44 19	65·8	25 39	43 18	65·3	215	325
36	144	28 24	48 04	66·9	28 00	47 02	66·4	27 36	46 00	65·9	27 11	44 58	65·4	26 46	43 57	65·0	26 20	42 57	64·5	216	324
37	143	29 08	47 42	66·1	28 44	46 40	65·6	28 19	45 38	65·1	27 53	44 36	64·6	27 27	43 35	64·2	27 01	42 34	63·7	217	323
38	142	29 52	47 19	65·3	29 27	46 17	64·8	29 01	45 15	64·3	28 35	44 13	63·8	28 08	43 12	63·3	27 41	42 12	62·9	218	322
39	141	30 36	46 56	64·5	30 10	45 53	64·0	29 44	44 51	63·5	29 17	43 49	63·0	28 49	42 48	62·5	28 21	41 48	62·0	219	321
40	140	31 20	46 31	63·7	30 53	45 28	63·2	30 26	44 26	62·7	29 58	43 25	62·2	29 30	42 24	61·7	29 01	41 23	61·2	220	320
41	139	32 03	46 05	62·9	31 36	45 03	62·4	31 08	44 01	61·8	30 39	42 59	61·3	30 10	41 58	60·8	29 41	40 58	60·3	221	319
42	138	32 46	45 39	62·1	32 18	44 36	61·5	31 49	43 34	61·0	31 20	42 33	60·5	30 50	41 32	59·9	30 20	40 32	59·4	222	318
43	137	33 29	45 11	61·3	33 00	44 09	60·7	32 30	43 07	60·1	32 00	42 05	59·6	31 30	41 05	59·1	30 59	40 04	58·5	223	317
44	136	34 12	44 43	60·4	33 42	43 40	59·8	33 11	42 38	59·3	32 40	41 37	58·7	32 09	40 36	58·2	31 37	39 36	57·6	224	316
45	135	34 54	44 13	59·6	34 23	43 11	59·0	33 52	42 09	58·4	33 20	41 08	57·8	32 48	40 07	57·3	32 15	39 08	56·7	225	315

© British Crown Copyright 2023. All rights reserved.

Lat. / A		36°			37°			38°			39°			40°			41°			Lat. / A	
LHA/F		A/H	B/P	Z_1/Z_2	A/H	B/P	Z_1/Z_2	A/H	B/P	Z_1/Z_2	A/H	B/P	Z_1/Z_2	A/H	B/P	Z_1/Z_2	A/H	B/P	Z_1/Z_2	LHA	
°	°	° ′	° ′	°	° ′	° ′	°	° ′	° ′	°	° ′	° ′	°	° ′	° ′	°	° ′	° ′	°	°	°
45	135	34 54	44 13	59·6	34 23	43 11	59·0	33 52	42 09	58·4	33 20	41 08	57·8	32 48	40 07	57·3	32 15	39 08	56·7	225	315
46	134	35 35	43 43	58·7	35 04	42 40	58·1	34 32	41 38	57·5	33 59	40 37	56·9	33 26	39 37	56·4	32 53	38 38	55·8	226	314
47	133	36 17	43 11	57·8	35 44	42 09	57·2	35 12	41 07	56·6	34 38	40 06	56·0	34 04	39 06	55·4	33 30	38 07	54·9	227	313
48	132	36 57	42 39	56·9	36 24	41 36	56·2	35 51	40 35	55·6	35 17	39 34	55·0	34 42	38 34	54·5	34 07	37 35	53·9	228	312
49	131	37 38	42 05	55·9	37 04	41 03	55·3	36 30	40 01	54·7	35 55	39 01	54·1	35 19	38 01	53·5	34 43	37 03	53·0	229	311
50	130	38 18	41 30	55·0	37 43	40 28	54·4	37 08	39 27	53·7	36 32	38 27	53·1	35 56	37 27	52·5	35 19	36 29	52·0	230	310
51	129	38 57	40 54	54·0	38 22	39 52	53·4	37 46	38 51	52·8	37 09	37 51	52·1	36 32	36 52	51·6	35 55	35 54	51·0	231	309
52	128	39 36	40 17	53·0	39 00	39 15	52·4	38 23	38 14	51·8	37 46	37 15	51·1	37 08	36 16	50·6	36 30	35 18	50·0	232	308
53	127	40 15	39 38	52·0	39 38	38 37	51·4	39 00	37 36	50·8	38 22	36 37	50·1	37 43	35 39	49·5	37 04	34 42	49·0	233	307
54	126	40 53	38 58	51·0	40 15	37 57	50·4	39 36	36 57	49·7	38 57	35 58	49·1	38 18	35 01	48·5	37 38	34 04	47·9	234	306
55	125	41 30	38 17	50·0	40 52	37 17	49·3	40 12	36 17	48·7	39 32	35 19	48·1	38 52	34 21	47·4	38 11	33 25	46·9	235	305
56	124	42 07	37 35	48·9	41 28	36 35	48·3	40 47	35 36	47·6	40 07	34 38	47·0	39 26	33 41	46·4	38 44	32 45	45·8	236	304
57	123	42 44	36 51	47·9	42 03	35 51	47·2	41 22	34 53	46·5	40 41	33 55	45·9	39 59	32 59	45·3	39 16	32 04	44·7	237	303
58	122	43 19	36 06	46·8	42 38	35 07	46·1	41 56	34 09	45·4	41 14	33 12	44·8	40 31	32 16	44·2	39 48	31 22	43·6	238	302
59	121	43 54	35 20	45·6	43 12	34 21	45·0	42 29	33 24	44·3	41 46	32 27	43·7	41 03	31 32	43·1	40 19	30 39	42·5	239	301
60	120	44 29	34 32	44·5	43 46	33 34	43·8	43 02	32 37	43·2	42 18	31 42	42·5	41 34	30 47	41·9	40 49	29 54	41·3	240	300
61	119	45 02	33 43	43·3	44 18	32 45	42·6	43 34	31 49	42·0	42 49	30 55	41·4	42 04	30 01	40·8	41 18	29 09	40·2	241	299
62	118	45 35	32 52	42·1	44 51	31 55	41·5	44 05	31 00	40·8	43 20	30 06	40·2	42 34	29 14	39·6	41 47	28 22	39·0	242	298
63	117	46 07	32 00	40·9	45 22	31 04	40·3	44 36	30 10	39·6	43 49	29 17	39·0	43 03	28 25	38·4	42 15	27 35	37·8	243	297
64	116	46 39	31 06	39·7	45 52	30 11	39·0	45 06	29 18	38·4	44 18	28 26	37·8	43 31	27 35	37·2	42 43	26 46	36·6	244	296
65	115	47 09	30 11	38·4	46 22	29 17	37·8	45 35	28 25	37·1	44 47	27 34	36·5	43 58	26 44	36·0	43 09	25 56	35·4	245	295
66	114	47 39	29 14	37·1	46 51	28 21	36·5	46 03	27 30	35·9	45 14	26 40	35·3	44 25	25 52	34·7	43 35	25 04	34·2	246	294
67	113	48 08	28 16	35·8	47 19	27 24	35·2	46 30	26 34	34·6	45 40	25 45	34·0	44 50	24 58	33·4	44 00	24 12	32·9	247	293
68	112	48 36	27 17	34·5	47 46	26 26	33·9	46 56	25 37	33·3	46 06	24 50	32·7	45 15	24 03	32·2	44 24	23 19	31·6	248	292
69	111	49 03	26 15	33·1	48 13	25 26	32·5	47 22	24 38	31·9	46 31	23 52	31·4	45 39	23 08	30·8	44 48	22 24	30·3	249	291
70	110	49 29	25 13	31·8	48 38	24 25	31·2	47 46	23 39	30·6	46 55	22 54	30·0	46 03	22 11	29·5	45 10	21 29	29·0	250	290
71	109	49 54	24 08	30·4	49 02	23 22	29·8	48 10	22 37	29·2	47 17	21 54	28·7	46 25	21 12	28·2	45 32	20 32	27·7	251	289
72	108	50 18	23 02	28·9	49 25	22 18	28·4	48 33	21 35	27·8	47 39	20 53	27·3	46 46	20 13	26·8	45 52	19 34	26·3	252	288
73	107	50 41	21 55	27·5	49 48	21 12	26·9	48 54	20 31	26·4	48 00	19 51	25·9	47 06	19 13	25·4	46 12	18 35	25·0	253	287
74	106	51 03	20 47	26·0	50 09	20 06	25·5	49 15	19 26	25·0	48 20	18 48	24·5	47 25	18 11	24·0	46 30	17 36	23·6	254	286
75	105	51 24	19 36	24·5	50 29	18 57	24·0	49 34	18 20	23·5	48 39	17 43	23·1	47 44	17 09	22·6	46 48	16 35	22·2	255	285
76	104	51 43	18 25	23·0	50 48	17 48	22·5	49 52	17 12	22·0	48 57	16 38	21·6	48 01	16 05	21·2	47 05	15 33	20·8	256	284
77	103	52 02	17 12	21·4	51 06	16 37	21·0	50 09	16 04	20·6	49 13	15 31	20·1	48 17	15 00	19·8	47 20	14 31	19·4	257	283
78	102	52 19	15 58	19·9	51 22	15 25	19·5	50 25	14 54	19·0	49 29	14 24	18·7	48 32	13 55	18·3	47 35	13 27	18·0	258	282
79	101	52 35	14 43	18·3	51 37	14 13	17·9	50 40	13 43	17·5	49 43	13 16	17·2	48 46	12 49	16·8	47 48	12 23	16·5	259	281
80	100	52 49	13 27	16·7	51 52	12 59	16·3	50 54	12 32	16·0	49 56	12 06	15·7	48 58	11 42	15·3	48 01	11 18	15·0	260	280
81	99	53 02	12 09	15·1	52 04	11 44	14·7	51 06	11 19	14·4	50 08	10 56	14·1	49 10	10 34	13·8	48 12	10 12	13·6	261	279
82	98	53 14	10 51	13·4	52 16	10 28	13·1	51 18	10 06	12·9	50 19	9 45	12·6	49 20	9 25	12·3	48 22	9 06	12·1	262	278
83	97	53 25	9 31	11·8	52 26	9 11	11·5	51 27	8 52	11·3	50 29	8 34	11·0	49 30	8 16	10·8	48 31	7 59	10·6	263	277
84	96	53 34	8 11	10·1	52 35	7 54	9·9	51 36	7 37	9·7	50 37	7 21	9·5	49 38	7 06	9·3	48 38	6 51	9·1	264	276
85	95	53 42	6 50	8·5	52 43	6 36	8·3	51 43	6 22	8·1	50 44	6 09	7·9	49 44	5 56	7·8	48 45	5 44	7·6	265	275
86	94	53 49	5 29	6·8	52 49	5 17	6·6	51 49	5 06	6·5	50 50	4 55	6·3	49 50	4 45	6·2	48 50	4 35	6·1	266	274
87	93	53 54	4 07	5·1	52 54	3 58	5·0	51 54	3 50	4·9	50 54	3 42	4·8	49 54	3 34	4·7	48 55	3 27	4·6	267	273
88	92	53 57	2 45	3·4	52 57	2 39	3·3	51 57	2 33	3·2	50 57	2 28	3·2	49 58	2 23	3·1	48 58	2 18	3·0	268	272
89	91	53 59	1 23	1·7	52 59	1 20	1·7	51 59	1 17	1·6	50 59	1 14	1·6	49 59	1 11	1·6	48 59	1 09	1·5	269	271
90	90	54 00	0 00	0·0	53 00	0 00	0·0	52 00	0 00	0·0	51 00	0 00	0·0	50 00	0 00	0·0	49 00	0 00	0·0	270	270

N. Lat: for LHA > 180° … $Z_n = Z$
for LHA < 180° … $Z_n = 360° - Z$

S. Lat.: for LHA > 180° … $Z_n = 180° - Z$
for LHA < 180° … $Z_n = 180° + Z$

© British Crown Copyright 2023. All rights reserved.

SIGHT REDUCTION TABLE

B: (−) for 90° < LHA < 270°
Dec:(−) for Lat. contrary name

Z_1: same sign as B
Z_2: (−) for F > 90°

Lat. / A		42°			43°			44°			45°			46°			47°			Lat. / A	
LHA/F		A/H	B/P	Z_1/Z_2	A/H	B/P	Z_1/Z_2	A/H	B/P	Z_1/Z_2	A/H	B/P	Z_1/Z_2	A/H	B/P	Z_1/Z_2	A/H	B/P	Z_1/Z_2	LHA	
°	°	° ′	° ′	°	° ′	° ′	°	° ′	° ′	°	° ′	° ′	°	° ′	° ′	°	° ′	° ′	°	°	°
0	180	0 00	48 00	90·0	0 00	47 00	90·0	0 00	46 00	90·0	0 00	45 00	90·0	0 00	44 00	90·0	0 00	43 00	90·0	180	360
1	179	0 45	48 00	89·3	0 44	47 00	89·3	0 43	46 00	89·3	0 42	45 00	89·3	0 42	44 00	89·3	0 41	43 00	89·3	181	359
2	178	1 29	47 59	88·7	1 28	46 59	88·6	1 26	45 59	88·6	1 25	44 59	88·6	1 23	43 59	88·6	1 22	42 59	88·5	182	358
3	177	2 14	47 58	88·0	2 12	46 58	88·0	2 09	45 58	87·9	2 07	44 58	87·9	2 05	43 58	87·8	2 03	42 58	87·8	183	357
4	176	2 58	47 56	87·3	2 55	46 56	87·3	2 53	45 56	87·2	2 50	44 56	87·2	2 47	43 56	87·1	2 44	42 56	87·1	184	356
5	175	3 43	47 53	86·6	3 39	46 53	86·6	3 36	45 53	86·5	3 32	44 53	86·5	3 28	43 53	86·4	3 24	42 53	86·3	185	355
6	174	4 27	47 51	86·0	4 23	46 51	85·9	4 19	45 51	85·8	4 14	44 51	85·7	4 10	43 51	85·7	4 05	42 51	85·6	186	354
7	173	5 12	47 47	85·3	5 07	46 47	85·2	5 02	45 47	85·1	4 57	44 47	85·0	4 51	43 47	85·0	4 46	42 47	84·9	187	353
8	172	5 56	47 43	84·6	5 51	46 43	84·5	5 45	45 43	84·4	5 39	44 43	84·3	5 33	43 43	84·2	5 27	42 43	84·1	188	352
9	171	6 41	47 39	84·0	6 34	46 39	83·8	6 28	45 39	83·7	6 21	44 39	83·6	6 14	43 39	83·5	6 07	42 39	83·4	189	351
10	170	7 25	47 34	83·3	7 18	46 34	83·1	7 11	45 34	83·0	7 03	44 34	82·9	6 56	43 34	82·8	6 48	42 34	82·7	190	350
11	169	8 09	47 28	82·6	8 01	46 28	82·4	7 53	45 28	82·3	7 45	44 28	82·2	7 37	43 28	82·0	7 29	42 28	81·9	191	349
12	168	8 53	47 22	81·9	8 45	46 22	81·8	8 36	45 22	81·6	8 27	44 22	81·5	8 18	43 22	81·3	8 09	42 22	81·2	192	348
13	167	9 37	47 16	81·2	9 28	46 15	81·1	9 19	45 15	80·9	9 09	44 15	80·7	8 59	43 15	80·6	8 49	42 16	80·4	193	347
14	166	10 21	47 08	80·5	10 11	46 08	80·3	10 01	45 08	80·2	9 51	44 08	80·0	9 40	43 08	79·8	9 30	42 08	79·7	194	346
15	165	11 05	47 01	79·8	10 55	46 00	79·6	10 44	45 00	79·5	10 33	44 00	79·3	10 21	43 00	79·1	10 10	42 01	78·9	195	345
16	164	11 49	46 52	79·1	11 38	45 52	78·9	11 26	44 52	78·7	11 14	43 52	78·5	11 02	42 52	78·3	10 50	41 52	78·2	196	344
17	163	12 33	46 43	78·4	12 21	45 43	78·2	12 08	44 43	78·0	11 56	43 43	77·8	11 43	42 43	77·6	11 30	41 44	77·4	197	343
18	162	13 17	46 34	77·7	13 04	45 34	77·5	12 51	44 34	77·3	12 37	43 34	77·1	12 24	42 34	76·8	12 10	41 34	76·6	198	342
19	161	14 00	46 24	77·0	13 46	45 24	76·8	13 33	44 24	76·5	13 19	43 24	76·3	13 04	42 24	76·1	12 50	41 24	75·9	199	341
20	160	14 43	46 13	76·3	14 29	45 13	76·1	14 15	44 13	75·8	14 00	43 13	75·6	13 45	42 13	75·3	13 29	41 14	75·1	200	340
21	159	15 27	46 02	75·6	15 12	45 02	75·3	14 56	44 02	75·1	14 41	43 02	74·8	14 25	42 02	74·6	14 09	41 03	74·3	201	339
22	158	16 10	45 50	74·9	15 54	44 50	74·6	15 38	43 50	74·3	15 22	42 50	74·1	15 05	41 50	73·8	14 48	40 51	73·5	202	338
23	157	16 53	45 38	74·1	16 36	44 38	73·9	16 19	43 38	73·6	16 02	42 38	73·3	15 45	41 38	73·0	15 27	40 39	72·8	203	337
24	156	17 36	45 25	73·4	17 18	44 25	73·1	17 01	43 25	72·8	16 43	42 25	72·5	16 25	41 25	72·2	16 06	40 26	72·0	204	336
25	155	18 18	45 11	72·7	18 00	44 11	72·4	17 42	43 11	72·1	17 23	42 11	71·8	17 04	41 12	71·5	16 45	40 12	71·2	205	335
26	154	19 01	44 57	71·9	18 42	43 57	71·6	18 23	42 57	71·3	18 03	41 57	71·0	17 44	40 57	70·7	17 24	39 58	70·4	206	334
27	153	19 43	44 42	71·2	19 24	43 42	70·8	19 04	42 42	70·5	18 43	41 42	70·2	18 23	40 43	69·9	18 02	39 43	69·6	207	333
28	152	20 25	44 26	70·4	20 05	43 26	70·1	19 44	42 26	69·7	19 23	41 27	69·4	19 02	40 27	69·1	18 40	39 28	68·8	208	332
29	151	21 07	44 10	69·6	20 46	43 10	69·3	20 25	42 10	68·9	20 03	41 10	68·6	19 41	40 11	68·3	19 18	39 12	67·9	209	331
30	150	21 49	43 53	68·9	21 27	42 53	68·5	21 05	41 53	68·1	20 42	40 54	67·8	20 19	39 54	67·4	19 56	38 55	67·1	210	330
31	149	22 30	43 35	68·1	22 08	42 35	67·7	21 45	41 36	67·3	21 21	40 36	67·0	20 58	39 37	66·6	20 34	38 38	66·3	211	329
32	148	23 11	43 17	67·3	22 48	42 17	66·9	22 24	41 17	66·5	22 00	40 18	66·2	21 36	39 19	65·8	21 11	38 20	65·4	212	328
33	147	23 53	42 58	66·5	23 28	41 58	66·1	23 04	40 58	65·7	22 39	39 59	65·3	22 14	39 00	65·0	21 48	38 02	64·6	213	327
34	146	24 33	42 38	65·7	24 08	41 38	65·3	23 43	40 39	64·9	23 17	39 40	64·5	22 51	38 41	64·1	22 25	37 42	63·7	214	326
35	145	25 14	42 18	64·9	24 48	41 18	64·5	24 22	40 18	64·1	23 56	39 19	63·7	23 29	38 21	63·3	23 02	37 23	62·9	215	325
36	144	25 54	41 56	64·1	25 28	40 57	63·6	25 01	39 57	63·2	24 34	38 58	62·8	24 06	38 00	62·4	23 38	37 02	62·0	216	324
37	143	26 34	41 34	63·2	26 07	40 35	62·8	25 39	39 35	62·4	25 11	38 37	61·9	24 43	37 38	61·5	24 14	36 41	61·1	217	323
38	142	27 14	41 11	62·4	26 46	40 12	61·9	26 17	39 13	61·5	25 48	38 14	61·1	25 19	37 16	60·7	24 50	36 19	60·3	218	322
39	141	27 53	40 48	61·5	27 24	39 48	61·1	26 55	38 50	60·6	26 25	37 51	60·2	25 55	36 53	59·8	25 25	35 56	59·4	219	321
40	140	28 32	40 23	60·7	28 02	39 24	60·2	27 32	38 25	59·8	27 02	37 27	59·3	26 31	36 30	58·9	26 00	35 32	58·5	220	320
41	139	29 11	39 58	59·8	28 40	38 59	59·3	28 10	38 01	58·9	27 38	37 03	58·4	27 07	36 05	58·0	26 35	35 08	57·6	221	319
42	138	29 49	39 32	58·9	29 18	38 33	58·4	28 46	37 35	58·0	28 14	36 37	57·5	27 42	35 40	57·1	27 09	34 43	56·6	222	318
43	137	30 27	39 05	58·0	29 55	38 06	57·5	29 23	37 08	57·1	28 50	36 11	56·6	28 17	35 14	56·1	27 43	34 18	55·7	223	317
44	136	31 05	38 37	57·1	30 32	37 39	56·6	29 59	36 41	56·1	29 25	35 44	55·7	28 51	34 47	55·2	28 17	33 51	54·8	224	316
45	135	31 42	38 09	56·2	31 08	37 10	55·7	30 34	36 13	55·2	30 00	35 16	54·7	29 25	34 20	54·3	28 50	33 24	53·8	225	315

© British Crown Copyright 2023. All rights reserved.

Lat. / A		42°			43°			44°			45°			46°			47°			Lat. / A	
LHA/F		A/H	B/P	Z_1/Z_2	A/H	B/P	Z_1/Z_2	A/H	B/P	Z_1/Z_2	A/H	B/P	Z_1/Z_2	A/H	B/P	Z_1/Z_2	A/H	B/P	Z_1/Z_2	LHA	
°	°	° ′	° ′	°	° ′	° ′	°	° ′	° ′	°	° ′	° ′	°	° ′	° ′	°	° ′	° ′	°	°	°
45	135	31 42	38 09	56·2	31 08	37 10	55·7	30 34	36 13	55·2	30 00	35 16	54·7	29 25	34 20	54·3	28 50	33 24	53·8	225	315
46	134	32 19	37 39	55·3	31 45	36 41	54·8	31 10	35 44	54·3	30 34	34 47	53·8	29 59	33 51	53·3	29 23	32 56	52·9	226	314
47	133	32 55	37 08	54·3	32 20	36 11	53·8	31 45	35 14	53·3	31 08	34 18	52·8	30 32	33 22	52·4	29 55	32 27	51·9	227	313
48	132	33 31	36 37	53·4	32 55	35 40	52·9	32 19	34 43	52·3	31 42	33 47	51·9	31 05	32 52	51·4	30 27	31 58	50·9	228	312
49	131	34 07	36 05	52·4	33 30	35 08	51·9	32 53	34 11	51·4	32 15	33 16	50·9	31 37	32 21	50·4	30 59	31 27	49·9	229	311
50	130	34 42	35 31	51·4	34 04	34 35	50·9	33 26	33 39	50·4	32 48	32 44	49·9	32 09	31 50	49·4	31 30	30 56	48·9	230	310
51	129	35 17	34 57	50·4	34 38	34 01	49·9	33 59	33 05	49·4	33 20	32 11	48·9	32 40	31 17	48·4	32 00	30 24	47·9	231	309
52	128	35 51	34 22	49·4	35 12	33 26	48·9	34 32	32 31	48·4	33 52	31 37	47·9	33 11	30 44	47·4	32 30	29 52	46·9	232	308
53	127	36 24	33 45	48·4	35 44	32 50	47·9	35 04	31 56	47·3	34 23	31 02	46·8	33 42	30 10	46·3	33 00	29 18	45·9	233	307
54	126	36 57	33 08	47·4	36 17	32 13	46·8	35 35	31 20	46·3	34 54	30 27	45·8	34 12	29 35	45·3	33 29	28 44	44·8	234	306
55	125	37 30	32 30	46·3	36 48	31 36	45·8	36 06	30 43	45·2	35 24	29 50	44·7	34 41	28 59	44·2	33 58	28 08	43·8	235	305
56	124	38 02	31 51	45·2	37 19	30 57	44·7	36 37	30 04	44·2	35 53	29 13	43·6	35 10	28 22	43·2	34 26	27 32	42·7	236	304
57	123	38 33	31 10	44·1	37 50	30 17	43·6	37 06	29 25	43·1	36 22	28 34	42·6	35 38	27 45	42·1	34 53	26 56	41·6	237	303
58	122	39 04	30 29	43·0	38 20	29 36	42·5	37 36	28 45	42·0	36 51	27 55	41·5	36 06	27 06	41·0	35 20	26 18	40·5	238	302
59	121	39 34	29 46	41·9	38 49	28 55	41·4	38 04	28 04	40·9	37 19	27 15	40·4	36 33	26 27	39·9	35 46	25 39	39·4	239	301
60	120	40 04	29 03	40·8	39 18	28 12	40·2	38 32	27 22	39·7	37 46	26 34	39·2	36 59	25 46	38·8	36 12	25 00	38·3	240	300
61	119	40 32	28 18	39·6	39 46	27 28	39·1	38 59	26 39	38·6	38 12	25 52	38·1	37 25	25 05	37·6	36 37	24 20	37·2	241	299
62	118	41 00	27 32	38·5	40 13	26 43	37·9	39 26	25 56	37·4	38 38	25 09	36·9	37 50	24 23	36·5	37 02	23 39	36·0	242	298
63	117	41 28	26 45	37·3	40 40	25 58	36·8	39 52	25 11	36·3	39 03	24 25	35·8	38 14	23 40	35·3	37 25	22 57	34·9	243	297
64	116	41 54	25 58	36·1	41 06	25 11	35·6	40 17	24 25	35·1	39 28	23 40	34·6	38 38	22 57	34·1	37 48	22 14	33·7	244	296
65	115	42 20	25 09	34·9	41 31	24 23	34·4	40 41	23 38	33·9	39 51	22 55	33·4	39 01	22 12	33·0	38 11	21 31	32·5	245	295
66	114	42 45	24 19	33·6	41 55	23 34	33·1	41 05	22 50	32·7	40 14	22 08	32·2	39 23	21 27	31·8	38 32	20 46	31·3	246	294
67	113	43 10	23 28	32·4	42 19	22 44	31·9	41 28	22 02	31·4	40 37	21 21	31·0	39 45	20 40	30·5	38 53	20 01	30·1	247	293
68	112	43 33	22 35	31·1	42 42	21 53	30·6	41 50	21 12	30·2	40 58	20 32	29·7	40 06	19 53	29·3	39 13	19 15	28·9	248	292
69	111	43 56	21 42	29·8	43 04	21 01	29·4	42 11	20 22	28·9	41 19	19 43	28·5	40 26	19 05	28·1	39 33	18 29	27·7	249	291
70	110	44 18	20 48	28·5	43 25	20 08	28·1	42 32	19 30	27·7	41 38	18 53	27·2	40 45	18 17	26·8	39 51	17 41	26·5	250	290
71	109	44 38	19 53	27·2	43 45	19 15	26·8	42 51	18 38	26·4	41 57	18 02	26·0	41 03	17 27	25·6	40 09	16 53	25·2	251	289
72	108	44 58	18 57	25·9	44 04	18 20	25·5	43 10	17 45	25·1	42 16	17 10	24·7	41 21	16 37	24·3	40 26	16 05	24·0	252	288
73	107	45 17	17 59	24·6	44 23	17 24	24·1	43 28	16 51	23·8	42 33	16 18	23·4	41 38	15 46	23·0	40 42	15 15	22·7	253	287
74	106	45 35	17 01	23·2	44 40	16 28	22·8	43 45	15 56	22·4	42 49	15 25	22·1	41 54	14 54	21·7	40 58	14 25	21·4	254	286
75	105	45 53	16 02	21·8	44 57	15 31	21·4	44 01	15 00	21·1	43 05	14 31	20·8	42 09	14 02	20·4	41 12	13 34	20·1	255	285
76	104	46 09	15 02	20·4	45 12	14 33	20·1	44 16	14 04	19·7	43 19	13 36	19·4	42 23	13 09	19·1	41 26	12 43	18·8	256	284
77	103	46 24	14 02	19·0	45 27	13 34	18·7	44 30	13 07	18·4	43 33	12 41	18·1	42 36	12 15	17·8	41 39	11 51	17·5	257	283
78	102	46 38	13 00	17·6	45 40	12 34	17·3	44 43	12 09	17·0	43 46	11 45	16·7	42 48	11 21	16·5	41 51	10 58	16·2	258	282
79	101	46 51	11 58	16·2	45 53	11 34	15·9	44 55	11 11	15·6	43 57	10 48	15·4	43 00	10 26	15·1	42 02	10 05	14·9	259	281
80	100	47 03	10 55	14·8	46 04	10 33	14·5	45 06	10 12	14·2	44 08	9 51	14·0	43 10	9 31	13·8	42 12	9 12	13·6	260	280
81	99	47 13	9 51	13·3	46 15	9 31	13·1	45 16	9 12	12·8	44 18	8 53	12·6	43 19	8 35	12·4	42 21	8 18	12·2	261	279
82	98	47 23	8 47	11·9	46 24	8 29	11·6	45 26	8 12	11·4	44 27	7 55	11·2	43 28	7 39	11·1	42 29	7 24	10·9	262	278
83	97	47 32	7 42	10·4	46 33	7 27	10·2	45 34	7 12	10·0	44 34	6 57	9·9	43 35	6 43	9·7	42 36	6 29	9·5	263	277
84	96	47 39	6 37	8·9	46 40	6 24	8·8	45 41	6 11	8·6	44 41	5 58	8·5	43 42	5 46	8·3	42 42	5 34	8·2	264	276
85	95	47 46	5 32	7·4	46 46	5 20	7·3	45 46	5 09	7·2	44 47	4 59	7·1	43 47	4 49	6·9	42 48	4 39	6·8	265	275
86	94	47 51	4 26	6·0	46 51	4 17	5·9	45 51	4 08	5·7	44 52	3 59	5·6	43 52	3 51	5·6	42 52	3 43	5·5	266	274
87	93	47 55	3 20	4·5	46 55	3 13	4·4	45 55	3 06	4·3	44 55	3 00	4·2	43 55	2 54	4·2	42 56	2 48	4·1	267	273
88	92	47 58	2 13	3·0	46 58	2 09	2·9	45 58	2 04	2·9	44 58	2 00	2·8	43 58	1 56	2·8	42 58	1 52	2·7	268	272
89	91	47 59	1 07	1·5	46 59	1 04	1·5	45 59	1 02	1·4	44 59	1 00	1·4	43 59	0 58	1·4	43 00	0 56	1·4	269	271
90	90	48 00	0 00	0·0	47 00	0 00	0·0	46 00	0 00	0·0	45 00	0 00	0·0	44 00	0 00	0·0	43 00	0 00	0·0	270	270

N. Lat: for LHA > 180° … $Z_n = Z$
for LHA < 180° … $Z_n = 360° - Z$

S. Lat.: for LHA > 180° … $Z_n = 180° - Z$
for LHA < 180° … $Z_n = 180° + Z$

© British Crown Copyright 2023. All rights reserved.

SIGHT REDUCTION TABLE

B: (–) for 90° < LHA < 270°
Dec:(–) for Lat. contrary name

Z_1: same sign as B
Z_2: (–) for F > 90°

Lat. / A		48°			49°			50°			51°			52°			53°			Lat. / A	
LHA/F		A/H	B/P	Z_1/Z_2	A/H	B/P	Z_1/Z_2	A/H	B/P	Z_1/Z_2	A/H	B/P	Z_1/Z_2	A/H	B/P	Z_1/Z_2	A/H	B/P	Z_1/Z_2	LHA	
°	°	° ′	° ′	°	° ′	° ′	°	° ′	° ′	°	° ′	° ′	°	° ′	° ′	°	° ′	° ′	°	°	°
0	180	0 00	42 00	90·0	0 00	41 00	90·0	0 00	40 00	90·0	0 00	39 00	90·0	0 00	38 00	90·0	0 00	37 00	90·0	180	360
1	179	0 40	42 00	89·3	0 39	41 00	89·2	0 39	40 00	89·2	0 38	39 00	89·2	0 37	38 00	89·2	0 36	37 00	89·2	181	359
2	178	1 20	41 59	88·5	1 19	40 59	88·5	1 17	39 59	88·5	1 16	38 59	88·4	1 14	37 59	88·4	1 12	36 59	88·4	182	358
3	177	2 00	41 58	87·8	1 58	40 58	87·7	1 56	39 58	87·7	1 53	38 58	87·7	1 51	37 58	87·6	1 48	36 58	87·6	183	357
4	176	2 41	41 56	87·0	2 37	40 56	87·0	2 34	39 56	86·9	2 31	38 56	86·9	2 28	37 56	86·8	2 24	36 56	86·8	184	356
5	175	3 21	41 53	86·3	3 17	40 54	86·2	3 13	39 54	86·2	3 09	38 54	86·1	3 05	37 54	86·1	3 00	36 54	86·0	185	355
6	174	4 01	41 51	85·5	3 56	40 51	85·5	3 51	39 51	85·4	3 46	38 51	85·3	3 41	37 51	85·3	3 36	36 51	85·2	186	354
7	173	4 41	41 47	84·8	4 35	40 47	84·7	4 30	39 47	84·6	4 24	38 47	84·5	4 18	37 48	84·5	4 12	36 48	84·4	187	353
8	172	5 21	41 43	84·0	5 14	40 43	83·9	5 08	39 43	83·9	5 01	38 44	83·8	4 55	37 44	83·7	4 48	36 44	83·6	188	352
9	171	6 01	41 39	83·3	5 53	40 39	83·2	5 46	39 39	83·1	5 39	38 39	83·0	5 32	37 39	82·9	5 24	36 40	82·8	189	351
10	170	6 40	41 34	82·5	6 32	40 34	82·4	6 25	39 34	82·3	6 16	38 34	82·2	6 08	37 35	82·1	6 00	36 35	82·0	190	350
11	169	7 20	41 28	81·8	7 11	40 28	81·7	7 03	39 29	81·5	6 54	38 29	81·4	6 45	37 29	81·3	6 36	36 29	81·2	191	349
12	168	8 00	41 22	81·0	7 50	40 22	80·9	7 41	39 23	80·8	7 31	38 23	80·6	7 21	37 23	80·5	7 11	36 24	80·4	192	348
13	167	8 39	41 16	80·3	8 29	40 16	80·1	8 19	39 16	80·0	8 08	38 16	79·8	7 58	37 17	79·7	7 47	36 17	79·6	193	347
14	166	9 19	41 09	79·5	9 08	40 09	79·3	8 57	39 09	79·2	8 45	38 09	79·0	8 34	37 10	78·9	8 22	36 10	78·7	194	346
15	165	9 58	41 01	78·7	9 47	40 01	78·6	9 35	39 02	78·4	9 22	38 02	78·2	9 10	37 02	78·1	8 58	36 03	77·9	195	345
16	164	10 38	40 53	78·0	10 25	39 53	77·8	10 12	38 53	77·6	9 59	37 54	77·4	9 46	36 54	77·3	9 33	35 55	77·1	196	344
17	163	11 17	40 44	77·2	11 04	39 44	77·0	10 50	38 45	76·8	10 36	37 45	76·6	10 22	36 46	76·5	10 08	35 47	76·3	197	343
18	162	11 56	40 34	76·4	11 42	39 35	76·2	11 27	38 35	76·0	11 13	37 36	75·8	10 58	36 37	75·6	10 43	35 38	75·5	198	342
19	161	12 35	40 25	75·6	12 20	39 25	75·4	12 05	38 26	75·2	11 49	37 26	75·0	11 34	36 27	74·8	11 18	35 28	74·6	199	341
20	160	13 14	40 14	74·9	12 58	39 15	74·6	12 42	38 15	74·4	12 26	37 16	74·2	12 09	36 17	74·0	11 53	35 18	73·8	200	340
21	159	13 52	40 03	74·1	13 36	39 04	73·8	13 19	38 04	73·6	13 02	37 05	73·4	12 45	36 06	73·2	12 27	35 08	73·0	201	339
22	158	14 31	39 51	73·3	14 14	38 52	73·0	13 56	37 53	72·8	13 38	36 54	72·6	13 20	35 55	72·3	13 02	34 56	72·1	202	338
23	157	15 09	39 39	72·5	14 51	38 40	72·2	14 33	37 41	72·0	14 14	36 42	71·7	13 55	35 43	71·5	13 36	34 45	71·3	203	337
24	156	15 48	39 26	71·7	15 29	38 27	71·4	15 09	37 28	71·2	14 50	36 30	70·9	14 30	35 31	70·7	14 10	34 33	70·4	204	336
25	155	16 26	39 13	70·9	16 06	38 14	70·6	15 46	37 15	70·3	15 25	36 17	70·1	15 05	35 18	69·8	14 44	34 20	69·6	205	335
26	154	17 03	38 59	70·1	16 43	38 00	69·8	16 22	37 01	69·5	16 01	36 03	69·2	15 39	35 05	69·0	15 18	34 07	68·7	206	334
27	153	17 41	38 44	69·3	17 20	37 46	69·0	16 58	36 47	68·7	16 36	35 49	68·4	16 14	34 51	68·1	15 51	33 53	67·9	207	333
28	152	18 19	38 29	68·4	17 56	37 30	68·1	17 34	36 32	67·8	17 11	35 34	67·5	16 48	34 36	67·3	16 25	33 38	67·0	208	332
29	151	18 56	38 13	67·6	18 33	37 15	67·3	18 09	36 16	67·0	17 46	35 18	66·7	17 22	34 21	66·4	16 58	33 23	66·1	209	331
30	150	19 33	37 57	66·8	19 09	36 58	66·5	18 45	36 00	66·1	18 20	35 03	65·8	17 56	34 05	65·5	17 31	33 08	65·2	210	330
31	149	20 10	37 40	65·9	19 45	36 41	65·6	19 20	35 44	65·3	18 55	34 46	65·0	18 29	33 49	64·7	18 03	32 52	64·4	211	329
32	148	20 46	37 22	65·1	20 21	36 24	64·8	19 55	35 26	64·4	19 29	34 29	64·1	19 02	33 32	63·8	18 36	32 35	63·5	212	328
33	147	21 22	37 03	64·2	20 56	36 06	63·9	20 30	35 08	63·6	20 03	34 11	63·2	19 35	33 14	62·9	19 08	32 18	62·6	213	327
34	146	21 58	36 44	63·4	21 31	35 47	63·0	21 04	34 49	62·7	20 36	33 53	62·3	20 08	32 56	62·0	19 40	32 00	61·7	214	326
35	145	22 34	36 25	62·5	22 06	35 27	62·1	21 38	34 30	61·8	21 10	33 33	61·4	20 41	32 37	61·1	20 12	31 41	60·8	215	325
36	144	23 10	36 04	61·6	22 41	35 07	61·3	22 12	34 10	60·9	21 43	33 14	60·5	21 13	32 18	60·2	20 43	31 22	59·9	216	324
37	143	23 45	35 43	60·8	23 15	34 46	60·4	22 45	33 50	60·0	22 15	32 53	59·6	21 45	31 58	59·3	21 14	31 02	59·0	217	323
38	142	24 20	35 21	59·9	23 49	34 25	59·5	23 19	33 28	59·1	22 48	32 33	58·7	22 16	31 37	58·4	21 45	30 42	58·0	218	322
39	141	24 54	34 59	59·0	24 23	34 02	58·6	23 52	33 07	58·2	23 20	32 11	57·8	22 48	31 16	57·5	22 15	30 21	57·1	219	321
40	140	25 28	34 36	58·1	24 57	33 40	57·7	24 24	32 44	57·3	23 52	31 49	56·9	23 19	30 54	56·5	22 45	30 00	56·2	220	320
41	139	26 02	34 12	57·1	25 30	33 16	56·7	24 57	32 21	56·3	24 23	31 26	56·0	23 49	30 32	55·6	23 15	29 38	55·2	221	319
42	138	26 36	33 47	56·2	26 02	32 52	55·8	25 28	31 57	55·4	24 54	31 02	55·0	24 20	30 08	54·6	23 45	29 15	54·3	222	318
43	137	27 09	33 22	55·3	26 35	32 27	54·9	26 00	31 32	54·5	25 25	30 38	54·1	24 50	29 45	53·7	24 14	28 52	53·3	223	317
44	136	27 42	32 56	54·3	27 07	32 01	53·9	26 31	31 07	53·5	25 55	30 13	53·1	25 19	29 20	52·7	24 43	28 28	52·4	224	316
45	135	28 14	32 29	53·4	27 38	31 35	53·0	27 02	30 41	52·5	26 25	29 48	52·1	25 48	28 55	51·8	25 11	28 03	51·4	225	315

© British Crown Copyright 2023. All rights reserved.

Lat. / A		48°			49°			50°			51°			52°			53°			Lat. / A	
LHA/F		A/H	B/P	Z_1/Z_2	A/H	B/P	Z_1/Z_2	A/H	B/P	Z_1/Z_2	A/H	B/P	Z_1/Z_2	A/H	B/P	Z_1/Z_2	A/H	B/P	Z_1/Z_2	LHA	
°	°	° ′	° ′	°	° ′	° ′	°	° ′	° ′	°	° ′	° ′	°	° ′	° ′	°	° ′	° ′	°	°	°
45	135	28 14	32 29	53·4	27 38	31 35	53·0	27 02	30 41	52·5	26 25	29 48	52·1	25 48	28 55	51·8	25 11	28 03	51·4	225	315
46	134	28 46	32 01	52·4	28 10	31 08	52·0	27 32	30 14	51·6	26 55	29 22	51·2	26 17	28 29	50·8	25 39	27 38	50·4	226	314
47	133	29 18	31 33	51·4	28 40	30 40	51·0	28 02	29 47	50·6	27 24	28 55	50·2	26 46	28 03	49·8	26 07	27 12	49·4	227	313
48	132	29 49	31 04	50·5	29 11	30 11	50·0	28 32	29 19	49·6	27 53	28 27	49·2	27 14	27 36	48·8	26 34	26 46	48·4	228	312
49	131	30 20	30 34	49·5	29 41	29 42	49·0	29 01	28 50	48·6	28 21	27 59	48·2	27 41	27 08	47·8	27 01	26 18	47·4	229	311
50	130	30 50	30 04	48·5	30 10	29 12	48·0	29 30	28 20	47·6	28 49	27 30	47·2	28 08	26 40	46·8	27 27	25 51	46·4	230	310
51	129	31 20	29 32	47·5	30 39	28 41	47·0	29 58	27 50	46·6	29 17	27 00	46·2	28 35	26 11	45·8	27 53	25 22	45·4	231	309
52	128	31 49	29 00	46·4	31 08	28 09	46·0	30 26	27 19	45·6	29 44	26 30	45·2	29 01	25 41	44·8	28 19	24 53	44·4	232	308
53	127	32 18	28 27	45·4	31 36	27 37	45·0	30 53	26 48	44·5	30 10	25 59	44·1	29 27	25 11	43·7	28 44	24 24	43·3	233	307
54	126	32 46	27 53	44·4	32 03	27 04	43·9	31 20	26 15	43·5	30 36	25 27	43·1	29 52	24 40	42·7	29 08	23 53	42·3	234	306
55	125	33 14	27 19	43·3	32 30	26 30	42·9	31 46	25 42	42·4	31 02	24 55	42·0	30 17	24 08	41·6	29 32	23 23	41·2	235	305
56	124	33 42	26 44	42·2	32 57	25 55	41·8	32 12	25 08	41·4	31 27	24 22	41·0	30 41	23 36	40·6	29 56	22 51	40·2	236	304
57	123	34 08	26 07	41·1	33 23	25 20	40·7	32 37	24 34	40·3	31 51	23 48	39·9	31 05	23 03	39·5	30 19	22 19	39·1	237	303
58	122	34 34	25 30	40·1	33 48	24 44	39·6	33 02	23 58	39·2	32 15	23 14	38·8	31 28	22 29	38·4	30 41	21 46	38·0	238	302
59	121	35 00	24 53	39·0	34 13	24 07	38·5	33 26	23 22	38·1	32 39	22 38	37·7	31 51	21 55	37·3	31 03	21 13	37·0	239	301
60	120	35 25	24 14	37·8	34 37	23 30	37·4	33 50	22 46	37·0	33 02	22 03	36·6	32 13	21 20	36·2	31 25	20 39	35·9	240	300
61	119	35 49	23 35	36·7	35 01	22 51	36·3	34 12	22 08	35·9	33 24	21 26	35·5	32 35	20 45	35·1	31 46	20 04	34·8	241	299
62	118	36 13	22 55	35·6	35 24	22 12	35·2	34 35	21 30	34·8	33 45	20 49	34·4	32 56	20 09	34·0	32 06	19 29	33·7	242	298
63	117	36 36	22 14	34·4	35 46	21 32	34·0	34 56	20 51	33·6	34 06	20 11	33·3	33 16	19 32	32·9	32 26	18 53	32·5	243	297
64	116	36 58	21 32	33·3	36 08	20 52	32·9	35 17	20 12	32·5	34 27	19 33	32·1	33 36	18 54	31·8	32 45	18 17	31·4	244	296
65	115	37 20	20 50	32·1	36 29	20 10	31·7	35 38	19 32	31·3	34 47	18 54	31·0	33 55	18 16	30·6	33 03	17 40	30·3	245	295
66	114	37 41	20 07	30·9	36 49	19 28	30·5	35 58	18 51	30·2	35 06	18 14	29·8	34 13	17 38	29·5	33 21	17 02	29·1	246	294
67	113	38 01	19 23	29·7	37 09	18 46	29·4	36 17	18 09	29·0	35 24	17 33	28·6	34 31	16 59	28·3	33 38	16 24	28·0	247	293
68	112	38 21	18 38	28·5	37 28	18 02	28·2	36 35	17 27	27·8	35 42	16 53	27·5	34 48	16 19	27·1	33 55	15 46	26·8	248	292
69	111	38 40	17 53	27·3	37 46	17 18	27·0	36 53	16 44	26·6	35 59	16 11	26·3	35 05	15 38	26·0	34 11	15 07	25·7	249	291
70	110	38 58	17 07	26·1	38 04	16 33	25·7	37 10	16 01	25·4	36 15	15 29	25·1	35 21	14 58	24·8	34 26	14 27	24·5	250	290
71	109	39 15	16 20	24·9	38 20	15 48	24·5	37 26	15 17	24·2	36 31	14 46	23·9	35 36	14 16	23·6	34 41	13 47	23·3	251	289
72	108	39 31	15 33	23·6	38 36	15 02	23·3	37 41	14 32	23·0	36 46	14 03	22·7	35 50	13 34	22·4	34 55	13 07	22·1	252	288
73	107	39 47	14 45	22·4	38 51	14 16	22·1	37 56	13 47	21·8	37 00	13 19	21·5	36 04	12 52	21·2	35 08	12 25	20·9	253	287
74	106	40 02	13 56	21·1	39 06	13 28	20·8	38 10	13 01	20·5	37 13	12 35	20·3	36 17	12 09	20·0	35 21	11 44	19·8	254	286
75	105	40 16	13 07	19·8	39 19	12 41	19·5	38 23	12 15	19·3	37 26	11 50	19·0	36 29	11 26	18·8	35 33	11 02	18·5	255	285
76	104	40 29	12 17	18·5	39 32	11 53	18·3	38 35	11 28	18·0	37 38	11 05	17·8	36 41	10 42	17·6	35 44	10 20	17·3	256	284
77	103	40 41	11 27	17·3	39 44	11 04	17·0	38 47	10 41	16·8	37 49	10 19	16·5	36 52	9 58	16·3	35 54	9 37	16·1	257	283
78	102	40 53	10 36	16·0	39 55	10 15	15·7	38 57	9 54	15·5	38 00	9 33	15·3	37 02	9 14	15·1	36 04	8 54	14·9	258	282
79	101	41 04	9 45	14·7	40 05	9 25	14·4	39 07	9 06	14·2	38 09	8 47	14·0	37 11	8 29	13·9	36 13	8 11	13·7	259	281
80	100	41 13	8 53	13·3	40 15	8 35	13·2	39 16	8 17	13·0	38 18	8 00	12·8	37 19	7 44	12·6	36 21	7 27	12·5	260	280
81	99	41 22	8 01	12·0	40 23	7 45	11·9	39 25	7 29	11·7	38 26	7 13	11·5	37 27	6 58	11·4	36 28	6 43	11·2	261	279
82	98	41 30	7 09	10·7	40 31	6 54	10·5	39 32	6 40	10·4	38 33	6 26	10·3	37 34	6 12	10·1	36 35	5 59	10·0	262	278
83	97	41 37	6 16	9·4	40 38	6 03	9·2	39 39	5 50	9·1	38 39	5 38	9·0	37 40	5 26	8·9	36 41	5 15	8·7	263	277
84	96	41 43	5 23	8·1	40 44	5 12	7·9	39 44	5 01	7·8	38 45	4 50	7·7	37 45	4 40	7·6	36 46	4 30	7·5	264	276
85	95	41 48	4 29	6·7	40 49	4 20	6·6	39 49	4 11	6·5	38 49	4 02	6·4	37 50	3 54	6·3	36 50	3 45	6·3	265	275
86	94	41 52	3 36	5·4	40 53	3 28	5·3	39 53	3 21	5·2	38 53	3 14	5·1	37 53	3 07	5·1	36 54	3 01	5·0	266	274
87	93	41 56	2 42	4·0	40 56	2 36	4·0	39 56	2 31	3·9	38 56	2 26	3·9	37 56	2 20	3·8	36 56	2 16	3·8	267	273
88	92	41 58	1 48	2·7	40 58	1 44	2·6	39 58	1 41	2·6	38 58	1 37	2·6	37 58	1 34	2·5	36 58	1 30	2·5	268	272
89	91	42 00	0 54	1·3	41 00	0 52	1·3	40 00	0 50	1·3	39 00	0 49	1·3	38 00	0 47	1·3	37 00	0 45	1·3	269	271
90	90	42 00	0 00	0·0	41 00	0 00	0·0	40 00	0 00	0·0	39 00	0 00	0·0	38 00	0 00	0·0	37 00	0 00	0·0	270	270

N. Lat: for LHA > 180° … $Z_n = Z$
for LHA < 180° … $Z_n = 360° - Z$

S. Lat.: for LHA > 180° … $Z_n = 180° - Z$
for LHA < 180° … $Z_n = 180° + Z$

© British Crown Copyright 2023. All rights reserved.

SIGHT REDUCTION TABLE

B: (–) for 90° < LHA < 270°
Dec:(–) for Lat. contrary name

Z_1: same sign as B
Z_2: (–) for F > 90°

Lat. / A		54°			55°			56°			57°			58°			59°			Lat. / A	
LHA/F		A/H	B/P	Z_1/Z_2	A/H	B/P	Z_1/Z_2	A/H	B/P	Z_1/Z_2	A/H	B/P	Z_1/Z_2	A/H	B/P	Z_1/Z_2	A/H	B/P	Z_1/Z_2	LHA	
°	°	° ′	° ′	°	° ′	° ′	°	° ′	° ′	°	° ′	° ′	°	° ′	° ′	°	° ′	° ′	°	°	°
0	180	0 00	36 00	90·0	0 00	35 00	90·0	0 00	34 00	90·0	0 00	33 00	90·0	0 00	32 00	90·0	0 00	31 00	90·0	180	360
1	179	0 35	36 00	89·2	0 34	35 00	89·2	0 34	34 00	89·2	0 33	33 00	89·2	0 32	32 00	89·2	0 31	31 00	89·1	181	359
2	178	1 11	35 59	88·4	1 09	34 59	88·4	1 07	33 59	88·3	1 05	32 59	88·3	1 04	31 59	88·3	1 02	30 59	88·3	182	358
3	177	1 46	35 58	87·6	1 43	34 58	87·5	1 41	33 58	87·5	1 38	32 58	87·5	1 35	31 58	87·5	1 33	30 58	87·4	183	357
4	176	2 21	35 56	86·8	2 18	34 56	86·7	2 14	33 56	86·7	2 11	32 56	86·6	2 07	31 56	86·6	2 04	30 56	86·6	184	356
5	175	2 56	35 54	86·0	2 52	34 54	85·9	2 48	33 54	85·9	2 43	32 54	85·8	2 39	31 54	85·8	2 34	30 54	85·7	185	355
6	174	3 31	35 51	85·1	3 26	34 51	85·1	3 21	33 51	85·0	3 16	32 51	85·0	3 11	31 52	84·9	3 05	30 52	84·9	186	354
7	173	4 06	35 48	84·3	4 00	34 48	84·3	3 54	33 48	84·2	3 48	32 48	84·1	3 42	31 48	84·1	3 36	30 49	84·0	187	353
8	172	4 42	35 44	83·5	4 35	34 44	83·4	4 28	33 44	83·4	4 21	32 45	83·3	4 14	31 45	83·2	4 07	30 45	83·1	188	352
9	171	5 17	35 40	82·7	5 09	34 40	82·6	5 01	33 40	82·5	4 53	32 41	82·4	4 45	31 41	82·3	4 37	30 41	82·3	189	351
10	170	5 51	35 35	81·9	5 43	34 35	81·8	5 34	33 36	81·7	5 26	32 36	81·6	5 17	31 36	81·5	5 08	30 37	81·4	190	350
11	169	6 26	35 30	81·1	6 17	34 30	81·0	6 08	33 31	80·8	5 58	32 31	80·7	5 48	31 31	80·6	5 38	30 32	80·5	191	349
12	168	7 01	35 24	80·2	6 51	34 24	80·1	6 41	33 25	80·0	6 30	32 25	79·9	6 20	31 26	79·8	6 09	30 27	79·7	192	348
13	167	7 36	35 18	79·4	7 25	34 18	79·3	7 14	33 19	79·2	7 02	32 19	79·0	6 51	31 20	78·9	6 39	30 21	78·8	193	347
14	166	8 11	35 11	78·6	7 59	34 12	78·5	7 46	33 12	78·3	7 34	32 13	78·2	7 22	31 14	78·1	7 09	30 15	77·9	194	346
15	165	8 45	35 04	77·8	8 32	34 04	77·6	8 19	33 05	77·5	8 06	32 06	77·3	7 53	31 07	77·2	7 40	30 08	77·1	195	345
16	164	9 19	34 56	76·9	9 06	33 57	76·8	8 52	32 58	76·6	8 38	31 58	76·5	8 24	31 00	76·3	8 10	30 01	76·2	196	344
17	163	9 54	34 47	76·1	9 39	33 48	75·9	9 25	32 49	75·8	9 10	31 50	75·6	8 55	30 52	75·5	8 40	29 53	75·3	197	343
18	162	10 28	34 39	75·3	10 13	33 40	75·1	9 57	32 41	74·9	9 41	31 42	74·8	9 25	30 43	74·6	9 09	29 45	74·4	198	342
19	161	11 02	34 29	74·4	10 46	33 30	74·2	10 29	32 32	74·1	10 13	31 33	73·9	9 56	30 35	73·7	9 39	29 36	73·6	199	341
20	160	11 36	34 19	73·6	11 19	33 21	73·4	11 02	32 22	73·2	10 44	31 24	73·0	10 27	30 25	72·8	10 09	29 27	72·7	200	340
21	159	12 10	34 09	72·7	11 52	33 10	72·5	11 34	32 12	72·3	11 15	31 14	72·2	10 57	30 15	72·0	10 38	29 17	71·8	201	339
22	158	12 43	33 58	71·9	12 24	33 00	71·7	12 06	32 01	71·5	11 46	31 03	71·3	11 27	30 05	71·1	11 07	29 07	70·9	202	338
23	157	13 17	33 46	71·0	12 57	32 48	70·8	12 37	31 50	70·6	12 17	30 52	70·4	11 57	29 54	70·2	11 37	28 57	70·0	203	337
24	156	13 50	33 34	70·2	13 29	32 36	70·0	13 09	31 38	69·7	12 48	30 41	69·5	12 27	29 43	69·3	12 06	28 46	69·1	204	336
25	155	14 23	33 22	69·3	14 02	32 24	69·1	13 40	31 26	68·9	13 18	30 29	68·6	12 56	29 31	68·4	12 34	28 34	68·2	205	335
26	154	14 56	33 09	68·5	14 34	32 11	68·2	14 11	31 14	68·0	13 49	30 16	67·8	13 26	29 19	67·5	13 03	28 22	67·3	206	334
27	153	15 29	32 55	67·6	15 06	31 58	67·3	14 42	31 00	67·1	14 19	30 03	66·9	13 55	29 06	66·6	13 31	28 10	66·4	207	333
28	152	16 01	32 41	66·7	15 37	31 44	66·5	15 13	30 47	66·2	14 49	29 50	66·0	14 24	28 53	65·7	14 00	27 57	65·5	208	332
29	151	16 33	32 26	65·8	16 09	31 29	65·6	15 44	30 32	65·3	15 19	29 36	65·1	14 53	28 39	64·8	14 28	27 43	64·6	209	331
30	150	17 05	32 11	65·0	16 40	31 14	64·7	16 14	30 17	64·4	15 48	29 21	64·2	15 22	28 25	63·9	14 55	27 29	63·7	210	330
31	149	17 37	31 55	64·1	17 11	30 58	63·8	16 44	30 02	63·5	16 17	29 06	63·3	15 50	28 10	63·0	15 23	27 15	62·7	211	329
32	148	18 09	31 38	63·2	17 42	30 42	62·9	17 14	29 46	62·6	16 47	28 51	62·3	16 19	27 55	62·1	15 50	27 00	61·8	212	328
33	147	18 40	31 21	62·3	18 12	30 25	62·0	17 44	29 30	61·7	17 15	28 34	61·4	16 47	27 39	61·2	16 17	26 45	60·9	213	327
34	146	19 11	31 04	61·4	18 42	30 08	61·1	18 13	29 13	60·8	17 44	28 18	60·5	17 14	27 23	60·2	16 44	26 29	60·0	214	326
35	145	19 42	30 46	60·5	19 12	29 50	60·2	18 42	28 55	59·9	18 12	28 01	59·6	17 42	27 06	59·3	17 11	26 12	59·0	215	325
36	144	20 13	30 27	59·6	19 42	29 32	59·2	19 11	28 37	58·9	18 40	27 43	58·6	18 09	26 49	58·4	17 37	25 55	58·1	216	324
37	143	20 43	30 07	58·6	20 12	29 13	58·3	19 40	28 19	58·0	19 08	27 25	57·7	18 36	26 31	57·4	18 03	25 38	57·1	217	323
38	142	21 13	29 48	57·7	20 41	28 53	57·4	20 08	27 59	57·1	19 35	27 06	56·8	19 02	26 13	56·5	18 29	25 20	56·2	218	322
39	141	21 43	29 27	56·8	21 10	28 33	56·4	20 36	27 40	56·1	20 03	26 47	55·8	19 29	25 54	55·5	18 55	25 02	55·2	219	321
40	140	22 12	29 06	55·8	21 38	28 13	55·5	21 04	27 20	55·2	20 30	26 27	54·9	19 55	25 35	54·6	19 20	24 43	54·3	220	320
41	139	22 41	28 44	54·9	22 06	27 51	54·5	21 31	26 59	54·2	20 56	26 07	53·9	20 21	25 15	53·6	19 45	24 24	53·3	221	319
42	138	23 10	28 22	53·9	22 34	27 29	53·6	21 58	26 37	53·3	21 22	25 46	52·9	20 46	24 55	52·6	20 10	24 04	52·3	222	318
43	137	23 38	27 59	53·0	23 02	27 07	52·6	22 25	26 15	52·3	21 48	25 24	52·0	21 11	24 34	51·7	20 34	23 43	51·4	223	317
44	136	24 06	27 36	52·0	23 29	26 44	51·7	22 51	25 53	51·3	22 14	25 02	51·0	21 36	24 12	50·7	20 58	23 23	50·4	224	316
45	135	24 34	27 11	51·0	23 56	26 20	50·7	23 17	25 30	50·3	22 39	24 40	50·0	22 00	23 50	49·7	21 21	23 01	49·4	225	315

© British Crown Copyright 2023. All rights reserved.

Lat. / A		54°			55°			56°			57°			58°			59°			Lat. / A	
LHA/F		A/H	B/P	Z_1/Z_2	A/H	B/P	Z_1/Z_2	A/H	B/P	Z_1/Z_2	A/H	B/P	Z_1/Z_2	A/H	B/P	Z_1/Z_2	A/H	B/P	Z_1/Z_2	LHA	
°	°	° ′	° ′	°	° ′	° ′	°	° ′	° ′	°	° ′	° ′	°	° ′	° ′	°	° ′	° ′	°	°	°
45	135	24 34	27 11	51·0	23 56	26 20	50·7	23 17	25 30	50·3	22 39	24 40	50·0	22 00	23 50	49·7	21 21	23 01	49·4	225	315
46	134	25 01	26 47	50·0	24 22	25 56	49·7	23 43	25 06	49·4	23 04	24 17	49·0	22 24	23 28	48·7	21 45	22 39	48·4	226	314
47	133	25 28	26 22	49·1	24 48	25 32	48·7	24 08	24 42	48·4	23 28	23 53	48·0	22 48	23 05	47·7	22 08	22 17	47·4	227	313
48	132	25 54	25 56	48·1	25 14	25 06	47·7	24 33	24 17	47·4	23 53	23 29	47·0	23 11	22 41	46·7	22 30	21 54	46·4	228	312
49	131	26 20	25 29	47·1	25 39	24 40	46·7	24 58	23 52	46·4	24 16	23 05	46·0	23 34	22 17	45·7	22 52	21 31	45·4	229	311
50	130	26 46	25 02	46·0	26 04	24 14	45·7	25 22	23 26	45·3	24 40	22 39	45·0	23 57	21 53	44·7	23 14	21 07	44·4	230	310
51	129	27 11	24 34	45·0	26 28	23 47	44·7	25 45	23 00	44·3	25 02	22 14	44·0	24 19	21 28	43·7	23 36	20 43	43·4	231	309
52	128	27 36	24 06	44·0	26 52	23 19	43·6	26 09	22 33	43·3	25 25	21 48	43·0	24 41	21 03	42·7	23 57	20 18	42·3	232	308
53	127	28 00	23 37	43·0	27 16	22 51	42·6	26 32	22 06	42·3	25 47	21 21	41·9	25 02	20 37	41·6	24 17	19 53	41·3	233	307
54	126	28 24	23 07	41·9	27 39	22 22	41·6	26 54	21 38	41·2	26 09	20 54	40·9	25 23	20 10	40·6	24 37	19 27	40·3	234	306
55	125	28 47	22 37	40·9	28 01	21 53	40·5	27 16	21 09	40·2	26 30	20 26	39·9	25 44	19 43	39·5	24 57	19 01	39·2	235	305
56	124	29 10	22 07	39·8	28 24	21 23	39·5	27 37	20 40	39·1	26 50	19 57	38·8	26 04	19 16	38·5	25 17	18 34	38·2	236	304
57	123	29 32	21 35	38·8	28 45	20 52	38·4	27 58	20 10	38·1	27 11	19 29	37·8	26 23	18 48	37·4	25 35	18 07	37·1	237	303
58	122	29 54	21 03	37·7	29 06	20 21	37·3	28 19	19 40	37·0	27 31	18 59	36·7	26 42	18 19	36·4	25 54	17 40	36·1	238	302
59	121	30 15	20 31	36·6	29 27	19 50	36·3	28 38	19 09	35·9	27 50	18 30	35·6	27 01	17 50	35·3	26 12	17 12	35·0	239	301
60	120	30 36	19 58	35·5	29 47	19 18	35·2	28 58	18 38	34·9	28 09	17 59	34·5	27 19	17 21	34·2	26 29	16 43	34·0	240	300
61	119	30 56	19 24	34·4	30 07	18 45	34·1	29 17	18 06	33·8	28 27	17 29	33·5	27 37	16 51	33·2	26 46	16 14	32·9	241	299
62	118	31 16	18 50	33·3	30 26	18 12	33·0	29 35	17 34	32·7	28 45	16 57	32·4	27 54	16 21	32·1	27 03	15 45	31·8	242	298
63	117	31 35	18 15	32·2	30 44	17 38	31·9	29 53	17 02	31·6	29 02	16 26	31·3	28 10	15 50	31·0	27 19	15 15	30·7	243	297
64	116	31 53	17 40	31·1	31 02	17 04	30·8	30 10	16 28	30·5	29 19	15 53	30·2	28 27	15 19	29·9	27 35	14 45	29·6	244	296
65	115	32 11	17 04	30·0	31 19	16 29	29·7	30 27	15 55	29·4	29 35	15 21	29·1	28 42	14 48	28·8	27 50	14 15	28·5	245	295
66	114	32 29	16 28	28·8	31 36	15 54	28·5	30 43	15 20	28·2	29 50	14 48	28·0	28 57	14 16	27·7	28 04	13 44	27·4	246	294
67	113	32 45	15 51	27·7	31 52	15 18	27·4	30 59	14 46	27·1	30 05	14 14	26·8	29 12	13 43	26·6	28 18	13 13	26·3	247	293
68	112	33 01	15 14	26·5	32 08	14 42	26·3	31 14	14 11	26·0	30 20	13 40	25·7	29 26	13 10	25·5	28 31	12 41	25·2	248	292
69	111	33 17	14 36	25·4	32 23	14 05	25·1	31 28	13 35	24·8	30 34	13 06	24·6	29 39	12 37	24·4	28 44	12 09	24·1	249	291
70	110	33 32	13 57	24·2	32 37	13 28	24·0	31 42	12 59	23·7	30 47	12 31	23·5	29 52	12 04	23·2	28 57	11 37	23·0	250	290
71	109	33 46	13 18	23·1	32 51	12 51	22·8	31 55	12 23	22·6	31 00	11 56	22·3	30 04	11 30	22·1	29 09	11 04	21·9	251	289
72	108	33 59	12 39	21·9	33 04	12 13	21·6	32 08	11 46	21·4	31 12	11 21	21·2	30 16	10 56	21·0	29 20	10 31	20·8	252	288
73	107	34 12	12 00	20·7	33 16	11 34	20·5	32 20	11 09	20·2	31 23	10 45	20·0	30 27	10 21	19·8	29 30	9 58	19·6	253	287
74	106	34 24	11 19	19·5	33 28	10 55	19·3	32 31	10 32	19·1	31 34	10 09	18·9	30 37	9 46	18·7	29 41	9 24	18·5	254	286
75	105	34 36	10 39	18·3	33 39	10 16	18·1	32 42	9 54	17·9	31 44	9 32	17·7	30 47	9 11	17·5	29 50	8 50	17·4	255	285
76	104	34 46	9 58	17·1	33 49	9 37	16·9	32 52	9 16	16·7	31 54	8 56	16·6	30 57	8 36	16·4	29 59	8 16	16·2	256	284
77	103	34 56	9 17	15·9	33 59	8 57	15·7	33 01	8 38	15·6	32 03	8 19	15·4	31 05	8 00	15·2	30 07	7 42	15·1	257	283
78	102	35 06	8 35	14·7	34 08	8 17	14·5	33 10	7 59	14·4	32 11	7 41	14·2	31 13	7 24	14·1	30 15	7 07	13·9	258	282
79	101	35 14	7 54	13·5	34 16	7 37	13·3	33 18	7 20	13·2	32 19	7 04	13·0	31 21	6 48	12·9	30 22	6 32	12·8	259	281
80	100	35 22	7 11	12·3	34 24	6 56	12·1	33 25	6 41	12·0	32 26	6 26	11·9	31 27	6 12	11·7	30 29	5 57	11·6	260	280
81	99	35 29	6 29	11·1	34 30	6 15	10·9	33 32	6 01	10·8	32 33	5 48	10·7	31 34	5 35	10·6	30 35	5 22	10·5	261	279
82	98	35 36	5 46	9·9	34 37	5 34	9·7	33 37	5 22	9·6	32 38	5 10	9·5	31 39	4 58	9·4	30 40	4 47	9·3	262	278
83	97	35 41	5 04	8·6	34 42	4 53	8·5	33 43	4 42	8·4	32 43	4 32	8·3	31 44	4 21	8·2	30 45	4 11	8·2	263	277
84	96	35 46	4 21	7·4	34 47	4 11	7·3	33 47	4 02	7·2	32 48	3 53	7·1	31 48	3 44	7·1	30 49	3 36	7·0	264	276
85	95	35 51	3 37	6·2	34 51	3 30	6·1	33 51	3 22	6·0	32 52	3 14	6·0	31 52	3 07	5·9	30 52	3 00	5·8	265	275
86	94	35 54	2 54	4·9	34 54	2 48	4·9	33 54	2 42	4·8	32 55	2 36	4·8	31 55	2 30	4·7	30 55	2 24	4·7	266	274
87	93	35 57	2 11	3·7	34 57	2 06	3·7	33 57	2 01	3·6	32 57	1 57	3·6	31 57	1 52	3·5	30 57	1 48	3·5	267	273
88	92	35 58	1 27	2·5	34 59	1 24	2·4	33 59	1 21	2·4	32 59	1 18	2·4	31 59	1 15	2·4	30 59	1 12	2·3	268	272
89	91	36 00	0 44	1·2	35 00	0 42	1·2	34 00	0 40	1·2	33 00	0 39	1·2	32 00	0 37	1·2	31 00	0 36	1·2	269	271
90	90	36 00	0 00	0·0	35 00	0 00	0·0	34 00	0 00	0·0	33 00	0 00	0·0	32 00	0 00	0·0	31 00	0 00	0·0	270	270

N. Lat: for LHA > 180° … $Z_n = Z$
for LHA < 180° … $Z_n = 360° - Z$

S. Lat.: for LHA > 180° … $Z_n = 180° - Z$
for LHA < 180° … $Z_n = 180° + Z$

© British Crown Copyright 2023. All rights reserved.

SIGHT REDUCTION TABLE

B: (–) for 90° < LHA < 270°
Dec: (–) for Lat. contrary name

Z_1: same sign as B
Z_2: (–) for F > 90°

Lat. / A		60°			61°			62°			63°			64°			65°			Lat. / A	
LHA/F		A/H	B/P	Z_1/Z_2	A/H	B/P	Z_1/Z_2	A/H	B/P	Z_1/Z_2	A/H	B/P	Z_1/Z_2	A/H	B/P	Z_1/Z_2	A/H	B/P	Z_1/Z_2	LHA	
°	°	° ′	° ′	°	° ′	° ′	°	° ′	° ′	°	° ′	° ′	°	° ′	° ′	°	° ′	° ′	°	°	°
0	180	0 00	30 00	90·0	0 00	29 00	90·0	0 00	28 00	90·0	0 00	27 00	90·0	0 00	26 00	90·0	0 00	25 00	90·0	180	360
1	179	0 30	30 00	89·1	0 29	29 00	89·1	0 28	28 00	89·1	0 27	27 00	89·1	0 26	26 00	89·1	0 25	25 00	89·1	181	359
2	178	1 00	29 59	88·3	0 58	28 59	88·3	0 56	27 59	88·2	0 54	26 59	88·2	0 53	25 59	88·2	0 51	24 59	88·2	182	358
3	177	1 30	29 58	87·4	1 27	28 58	87·4	1 24	27 58	87·4	1 22	26 58	87·3	1 19	25 58	87·3	1 16	24 58	87·3	183	357
4	176	2 00	29 56	86·5	1 56	28 56	86·5	1 53	27 57	86·5	1 49	26 57	86·4	1 45	25 57	86·4	1 41	24 57	86·4	184	356
5	175	2 30	29 54	85·7	2 25	28 54	85·6	2 21	27 55	85·6	2 16	26 55	85·5	2 11	25 55	85·5	2 07	24 55	85·5	185	355
6	174	3 00	29 52	84·8	2 54	28 52	84·7	2 49	27 52	84·7	2 43	26 52	84·6	2 38	25 53	84·6	2 32	24 53	84·6	186	354
7	173	3 30	29 49	83·9	3 23	28 49	83·9	3 17	27 49	83·8	3 10	26 50	83·8	3 04	25 50	83·7	2 57	24 50	83·7	187	353
8	172	3 59	29 45	83·1	3 52	28 46	83·0	3 45	27 46	82·9	3 37	26 46	82·9	3 30	25 47	82·8	3 22	24 47	82·7	188	352
9	171	4 29	29 42	82·2	4 21	28 42	82·1	4 13	27 42	82·0	4 04	26 43	82·0	3 56	25 43	81·9	3 47	24 44	81·8	189	351
10	170	4 59	29 37	81·3	4 50	28 38	81·2	4 41	27 38	81·2	4 31	26 39	81·1	4 22	25 39	81·0	4 13	24 40	80·9	190	350
11	169	5 28	29 33	80·4	5 18	28 33	80·4	5 08	27 34	80·3	4 58	26 34	80·2	4 48	25 35	80·1	4 38	24 36	80·0	191	349
12	168	5 58	29 27	79·6	5 47	28 28	79·5	5 36	27 29	79·4	5 25	26 29	79·3	5 14	25 30	79·2	5 02	24 31	79·1	192	348
13	167	6 27	29 22	78·7	6 16	28 22	78·6	6 04	27 23	78·5	5 52	26 24	78·4	5 40	25 25	78·3	5 27	24 26	78·2	193	347
14	166	6 57	29 15	77·8	6 44	28 16	77·7	6 31	27 17	77·6	6 18	26 18	77·5	6 05	25 20	77·4	5 52	24 21	77·3	194	346
15	165	7 26	29 09	76·9	7 13	28 10	76·8	6 59	27 11	76·7	6 45	26 12	76·6	6 31	25 14	76·5	6 17	24 15	76·4	195	345
16	164	7 55	29 02	76·1	7 41	28 03	75·9	7 26	27 04	75·8	7 11	26 06	75·7	6 56	25 07	75·5	6 41	24 09	75·4	196	344
17	163	8 24	28 54	75·2	8 09	27 56	75·0	7 53	26 57	74·9	7 38	25 59	74·8	7 22	25 00	74·6	7 06	24 02	74·5	197	343
18	162	8 53	28 46	74·3	8 37	27 48	74·1	8 20	26 50	74·0	8 04	25 51	73·9	7 47	24 53	73·7	7 30	23 55	73·6	198	342
19	161	9 22	28 38	73·4	9 05	27 40	73·2	8 48	26 41	73·1	8 30	25 43	72·9	8 12	24 45	72·8	7 55	23 48	72·7	199	341
20	160	9 51	28 29	72·5	9 33	27 31	72·3	9 14	26 33	72·2	8 56	25 35	72·0	8 37	24 37	71·9	8 19	23 40	71·7	200	340
21	159	10 19	28 19	71·6	10 00	27 22	71·4	9 41	26 24	71·3	9 22	25 26	71·1	9 02	24 29	71·0	8 43	23 32	70·8	201	339
22	158	10 48	28 10	70·7	10 28	27 12	70·5	10 08	26 15	70·4	9 48	25 17	70·2	9 27	24 20	70·0	9 07	23 23	69·9	202	338
23	157	11 16	27 59	69·8	10 55	27 02	69·6	10 34	26 05	69·5	10 13	25 08	69·3	9 52	24 11	69·1	9 30	23 14	69·0	203	337
24	156	11 44	27 49	68·9	11 22	26 51	68·7	11 00	25 54	68·5	10 38	24 58	68·4	10 16	24 01	68·2	9 54	23 04	68·0	204	336
25	155	12 12	27 37	68·0	11 49	26 40	67·8	11 27	25 44	67·6	11 04	24 47	67·4	10 41	23 51	67·3	10 17	22 55	67·1	205	335
26	154	12 40	27 26	67·1	12 16	26 29	66·9	11 53	25 33	66·7	11 29	24 36	66·5	11 05	23 40	66·3	10 41	22 44	66·2	206	334
27	153	13 07	27 13	66·2	12 43	26 17	66·0	12 18	25 21	65·8	11 54	24 25	65·6	11 29	23 29	65·4	11 04	22 34	65·2	207	333
28	152	13 35	27 01	65·3	13 09	26 05	65·1	12 44	25 09	64·9	12 18	24 13	64·7	11 53	23 18	64·5	11 27	22 23	64·3	208	332
29	151	14 02	26 48	64·4	13 36	25 52	64·1	13 09	24 56	63·9	12 43	24 01	63·7	12 16	23 06	63·5	11 49	22 11	63·3	209	331
30	150	14 29	26 34	63·4	14 02	25 39	63·2	13 35	24 43	63·0	13 07	23 49	62·8	12 40	22 54	62·6	12 12	21 59	62·4	210	330
31	149	14 55	26 20	62·5	14 28	25 25	62·3	14 00	24 30	62·1	13 31	23 36	61·8	13 03	22 41	61·6	12 34	21 47	61·4	211	329
32	148	15 22	26 05	61·6	14 53	25 11	61·3	14 24	24 16	61·1	13 55	23 22	60·9	13 26	22 28	60·7	12 56	21 35	60·5	212	328
33	147	15 48	25 50	60·6	15 19	24 56	60·4	14 49	24 02	60·2	14 19	23 08	59·9	13 49	22 15	59·7	13 18	21 22	59·5	213	327
34	146	16 14	25 35	59·7	15 44	24 41	59·5	15 13	23 47	59·2	14 42	22 54	59·0	14 11	22 01	58·8	13 40	21 08	58·6	214	326
35	145	16 40	25 19	58·8	16 09	24 25	58·5	15 37	23 32	58·3	15 06	22 39	58·0	14 34	21 47	57·8	14 02	20 54	57·6	215	325
36	144	17 05	25 02	57·8	16 33	24 09	57·6	16 01	23 17	57·3	15 29	22 24	57·1	14 56	21 32	56·9	14 23	20 40	56·6	216	324
37	143	17 31	24 45	56·9	16 58	23 53	56·6	16 25	23 00	56·4	15 51	22 09	56·1	15 18	21 17	55·9	14 44	20 26	55·7	217	323
38	142	17 56	24 28	55·9	17 22	23 36	55·7	16 48	22 44	55·4	16 14	21 53	55·2	15 39	21 01	54·9	15 05	20 11	54·7	218	322
39	141	18 20	24 10	55·0	17 46	23 18	54·7	17 11	22 27	54·4	16 36	21 36	54·2	16 01	20 46	54·0	15 25	19 55	53·7	219	321
40	140	18 45	23 52	54·0	18 09	23 00	53·7	17 34	22 10	53·5	16 58	21 19	53·2	16 22	20 29	53·0	15 46	19 39	52·7	220	320
41	139	19 09	23 33	53·0	18 33	22 42	52·8	17 56	21 52	52·5	17 20	21 02	52·2	16 43	20 13	52·0	16 06	19 23	51·8	221	319
42	138	19 33	23 13	52·1	18 56	22 23	51·8	18 19	21 34	51·5	17 41	20 44	51·3	17 03	19 55	51·0	16 26	19 07	50·8	222	318
43	137	19 56	22 54	51·1	19 18	22 04	50·8	18 40	21 15	50·5	18 02	20 26	50·3	17 24	19 38	50·0	16 45	18 50	49·8	223	317
44	136	20 19	22 33	50·1	19 41	21 44	49·8	19 02	20 56	49·5	18 23	20 08	49·3	17 44	19 20	49·0	17 04	18 33	48·8	224	316
45	135	20 42	22 12	49·1	20 03	21 24	48·8	19 23	20 36	48·6	18 43	19 49	48·3	18 03	19 02	48·1	17 23	18 15	47·8	225	315

© British Crown Copyright 2023. All rights reserved.

Lat. / A		60°			61°			62°			63°			64°			65°			Lat. / A	
LHA/F		A/H	B/P	Z_1/Z_2	A/H	B/P	Z_1/Z_2	A/H	B/P	Z_1/Z_2	A/H	B/P	Z_1/Z_2	A/H	B/P	Z_1/Z_2	A/H	B/P	Z_1/Z_2	LHA	
°	°	° ′	° ′	°	° ′	° ′	°	° ′	° ′	°	° ′	° ′	°	° ′	° ′	°	° ′	° ′	°	°	°
45	135	20 42	22 12	49·1	20 03	21 24	48·8	19 23	20 36	48·6	18 43	19 49	48·3	18 03	19 02	48·1	17 23	18 15	47·8	225	315
46	134	21 05	21 51	48·1	20 25	21 04	47·8	19 44	20 16	47·6	19 04	19 29	47·3	18 23	18 43	47·1	17 42	17 57	46·8	226	314
47	133	21 27	21 30	47·1	20 46	20 43	46·8	20 05	19 56	46·6	19 24	19 10	46·3	18 42	18 24	46·1	18 00	17 39	45·8	227	313
48	132	21 49	21 07	46·1	21 07	20 21	45·8	20 25	19 35	45·6	19 43	18 50	45·3	19 01	18 04	45·1	18 18	17 20	44·8	228	312
49	131	22 10	20 45	45·1	21 28	19 59	44·8	20 45	19 14	44·6	20 02	18 29	44·3	19 19	17 45	44·0	18 36	17 01	43·8	229	311
50	130	22 31	20 22	44·1	21 48	19 37	43·8	21 05	18 52	43·5	20 21	18 08	43·3	19 37	17 24	43·0	18 53	16 41	42·8	230	310
51	129	22 52	19 58	43·1	22 08	19 14	42·8	21 24	18 30	42·5	20 40	17 47	42·3	19 55	17 04	42·0	19 10	16 21	41·8	231	309
52	128	23 12	19 34	42·1	22 28	18 51	41·8	21 43	18 08	41·5	20 58	17 25	41·2	20 13	16 43	41·0	19 27	16 01	40·8	232	308
53	127	23 32	19 10	41·0	22 47	18 27	40·7	22 01	17 45	40·5	21 15	17 03	40·2	20 30	16 21	40·0	19 44	15 41	39·7	233	307
54	126	23 52	18 45	40·0	23 06	18 03	39·7	22 19	17 21	39·4	21 33	16 40	39·2	20 46	16 00	39·0	20 00	15 20	38·7	234	306
55	125	24 11	18 19	39·0	23 24	17 38	38·7	22 37	16 58	38·4	21 50	16 17	38·2	21 03	15 38	37·9	20 15	14 58	37·7	235	305
56	124	24 29	17 54	37·9	23 42	17 13	37·6	22 54	16 34	37·4	22 07	15 54	37·1	21 19	15 15	36·9	20 31	14 37	36·7	236	304
57	123	24 48	17 27	36·9	23 59	16 48	36·6	23 11	16 09	36·3	22 23	15 31	36·1	21 34	14 53	35·8	20 46	14 15	35·6	237	303
58	122	25 05	17 01	35·8	24 17	16 22	35·5	23 28	15 44	35·3	22 39	15 07	35·0	21 49	14 29	34·8	21 00	13 53	34·6	238	302
59	121	25 23	16 34	34·8	24 33	15 56	34·5	23 44	15 19	34·2	22 54	14 42	34·0	22 04	14 06	33·8	21 14	13 30	33·5	239	301
60	120	25 40	16 06	33·7	24 50	15 29	33·4	23 59	14 53	33·2	23 09	14 18	32·9	22 19	13 42	32·7	21 28	13 07	32·5	240	300
61	119	25 56	15 38	32·6	25 05	15 03	32·4	24 15	14 27	32·1	23 24	13 53	31·9	22 33	13 18	31·7	21 42	12 44	31·5	241	299
62	118	26 12	15 10	31·5	25 21	14 35	31·3	24 29	14 01	31·1	23 38	13 27	30·8	22 46	12 54	30·6	21 55	12 21	30·4	242	298
63	117	26 27	14 41	30·5	25 36	14 08	30·2	24 44	13 34	30·0	23 52	13 01	29·8	22 59	12 29	29·5	22 07	11 57	29·3	243	297
64	116	26 42	14 12	29·4	25 50	13 39	29·1	24 57	13 07	28·9	24 05	12 35	28·7	23 12	12 04	28·5	22 19	11 33	28·3	244	296
65	115	26 57	13 43	28·3	26 04	13 11	28·1	25 11	12 40	27·8	24 18	12 09	27·6	23 25	11 39	27·4	22 31	11 09	27·2	245	295
66	114	27 11	13 13	27·2	26 17	12 42	27·0	25 24	12 12	26·8	24 30	11 43	26·6	23 36	11 13	26·4	22 43	10 44	26·2	246	294
67	113	27 24	12 43	26·1	26 30	12 13	25·9	25 36	11 44	25·7	24 42	11 16	25·5	23 48	10 47	25·3	22 54	10 20	25·1	247	293
68	112	27 37	12 12	25·0	26 43	11 44	24·8	25 48	11 16	24·6	24 54	10 48	24·4	23 59	10 21	24·2	23 04	9 55	24·0	248	292
69	111	27 50	11 41	23·9	26 55	11 14	23·7	26 00	10 47	23·5	25 05	10 21	23·3	24 09	9 55	23·1	23 14	9 29	23·0	249	291
70	110	28 01	11 10	22·8	27 06	10 44	22·6	26 11	10 18	22·4	25 15	9 53	22·2	24 20	9 28	22·0	23 24	9 04	21·9	250	290
71	109	28 13	10 39	21·7	27 17	10 14	21·5	26 21	9 49	21·3	25 25	9 25	21·1	24 29	9 01	21·0	23 33	8 38	20·8	251	289
72	108	28 24	10 07	20·6	27 27	9 43	20·4	26 31	9 20	20·2	25 35	8 57	20·0	24 38	8 34	19·9	23 42	8 12	19·7	252	288
73	107	28 34	9 35	19·4	27 37	9 12	19·3	26 41	8 50	19·1	25 44	8 28	18·9	24 47	8 07	18·8	23 50	7 46	18·6	253	287
74	106	28 44	9 03	18·3	27 47	8 41	18·2	26 50	8 20	18·0	25 52	8 00	17·8	24 55	7 39	17·7	23 58	7 19	17·6	254	286
75	105	28 53	8 30	17·2	27 55	8 10	17·0	26 58	7 50	16·9	26 01	7 31	16·7	25 03	7 12	16·6	24 06	6 53	16·5	255	285
76	104	29 01	7 57	16·1	28 04	7 38	15·9	27 06	7 20	15·8	26 08	7 02	15·6	25 10	6 44	15·5	24 13	6 26	15·4	256	284
77	103	29 09	7 24	14·9	28 11	7 06	14·8	27 13	6 49	14·7	26 15	6 32	14·5	25 17	6 16	14·4	24 19	5 59	14·3	257	283
78	102	29 17	6 51	13·8	28 18	6 34	13·7	27 20	6 19	13·5	26 22	6 03	13·4	25 23	5 47	13·3	24 25	5 32	13·2	258	282
79	101	29 24	6 17	12·7	28 25	6 02	12·5	27 27	5 48	12·4	26 28	5 33	12·3	25 29	5 19	12·2	24 31	5 05	12·1	259	281
80	100	29 30	5 44	11·5	28 31	5 30	11·4	27 32	5 17	11·3	26 33	5 03	11·2	25 35	4 50	11·1	24 36	4 38	11·0	260	280
81	99	29 36	5 10	10·4	28 37	4 57	10·3	27 38	4 45	10·2	26 38	4 33	10·1	25 39	4 22	10·0	24 40	4 10	9·9	261	279
82	98	29 41	4 36	9·2	28 41	4 25	9·1	27 42	4 14	9·0	26 43	4 03	9·0	25 44	3 53	8·9	24 44	3 43	8·8	262	278
83	97	29 45	4 01	8·1	28 46	3 52	8·0	27 46	3 42	7·9	26 47	3 33	7·8	25 48	3 24	7·8	24 48	3 15	7·7	263	277
84	96	29 49	3 27	6·9	28 50	3 19	6·9	27 50	3 11	6·8	26 50	3 03	6·7	25 51	2 55	6·7	24 51	2 47	6·6	264	276
85	95	29 52	2 53	5·8	28 53	2 46	5·7	27 53	2 39	5·7	26 53	2 33	5·6	25 54	2 26	5·6	24 54	2 20	5·5	265	275
86	94	29 55	2 18	4·6	28 55	2 13	4·6	27 56	2 07	4·5	26 56	2 02	4·5	25 56	1 57	4·4	24 56	1 52	4·4	266	274
87	93	29 57	1 44	3·5	28 57	1 40	3·4	27 57	1 36	3·4	26 58	1 32	3·4	25 58	1 28	3·3	24 58	1 24	3·3	267	273
88	92	29 59	1 09	2·3	28 59	1 06	2·3	27 59	1 04	2·3	26 59	1 01	2·2	25 59	0 59	2·2	24 59	0 56	2·2	268	272
89	91	30 00	0 35	1·2	29 00	0 33	1·1	28 00	0 32	1·1	27 00	0 31	1·1	26 00	0 29	1·1	25 00	0 28	1·1	269	271
90	90	30 00	0 00	0·0	29 00	0 00	0·0	28 00	0 00	0·0	27 00	0 00	0·0	26 00	0 00	0·0	25 00	0 00	0·0	270	270

N. Lat: for LHA > 180° … $Z_n = Z$
for LHA < 180° … $Z_n = 360° - Z$

S. Lat.: for LHA > 180° … $Z_n = 180° - Z$
for LHA < 180° … $Z_n = 180° + Z$

© British Crown Copyright 2023. All rights reserved.

SIGHT REDUCTION TABLE

B: (−) for 90° < LHA < 270°
Dec: (−) for Lat. contrary name

Z_1: same sign as B
Z_2: (−) for F > 90°

Lat. / A		66°			67°			68°			69°			70°			71°			Lat. / A	
LHA/F		A/H	B/P	Z_1/Z_2	A/H	B/P	Z_1/Z_2	A/H	B/P	Z_1/Z_2	A/H	B/P	Z_1/Z_2	A/H	B/P	Z_1/Z_2	A/H	B/P	Z_1/Z_2	LHA	
°	°	° ′	° ′	°	° ′	° ′	°	° ′	° ′	°	° ′	° ′	°	° ′	° ′	°	° ′	° ′	°	°	°
0	180	0 00	24 00	90·0	0 00	23 00	90·0	0 00	22 00	90·0	0 00	21 00	90·0	0 00	20 00	90·0	0 00	19 00	90·0	180	360
1	179	0 24	24 00	89·1	0 23	23 00	89·1	0 22	22 00	89·1	0 22	21 00	89·1	0 21	20 00	89·1	0 20	19 00	89·1	181	359
2	178	0 49	23 59	88·2	0 47	22 59	88·2	0 45	21 59	88·1	0 43	20 59	88·1	0 41	19 59	88·1	0 39	18 59	88·1	182	358
3	177	1 13	23 58	87·3	1 10	22 58	87·2	1 07	21 58	87·2	1 04	20 58	87·2	1 02	19 58	87·2	0 59	18 59	87·2	183	357
4	176	1 38	23 57	86·3	1 34	22 57	86·3	1 30	21 57	86·3	1 26	20 57	86·3	1 22	19 57	86·2	1 18	18 57	86·2	184	356
5	175	2 02	23 55	85·4	1 57	22 55	85·4	1 52	21 55	85·4	1 47	20 56	85·3	1 42	19 56	85·3	1 38	18 56	85·3	185	355
6	174	2 26	23 53	84·5	2 20	22 53	84·5	2 15	21 53	84·4	2 09	20 54	84·4	2 03	19 54	84·4	1 57	18 54	84·3	186	354
7	173	2 50	23 50	83·6	2 44	22 51	83·6	2 37	21 51	83·5	2 30	20 51	83·5	2 23	19 52	83·4	2 16	18 52	83·4	187	353
8	172	3 15	23 48	82·7	3 07	22 48	82·6	2 59	21 48	82·6	2 52	20 49	82·5	2 44	19 49	82·5	2 36	18 50	82·4	188	352
9	171	3 39	23 44	81·8	3 30	22 45	81·7	3 22	21 45	81·6	3 13	20 46	81·6	3 04	19 46	81·5	2 55	18 47	81·5	189	351
10	170	4 03	23 41	80·8	3 53	22 41	80·8	3 44	21 42	80·7	3 34	20 42	80·7	3 24	19 43	80·6	3 14	18 44	80·5	190	350
11	169	4 27	23 36	79·9	4 17	22 37	79·9	4 06	21 38	79·8	3 55	20 39	79·7	3 45	19 40	79·6	3 34	18 41	79·6	191	349
12	168	4 51	23 32	79·0	4 40	22 33	78·9	4 28	21 34	78·9	4 16	20 35	78·8	4 05	19 36	78·7	3 53	18 37	78·6	192	348
13	167	5 15	23 27	78·1	5 03	22 28	78·0	4 50	21 29	77·9	4 37	20 30	77·8	4 25	19 32	77·8	4 12	18 33	77·7	193	347
14	166	5 39	23 22	77·2	5 25	22 23	77·1	5 12	21 24	77·0	4 58	20 26	76·9	4 45	19 27	76·8	4 31	18 28	76·7	194	346
15	165	6 03	23 16	76·2	5 48	22 18	76·1	5 34	21 19	76·0	5 19	20 21	76·0	5 05	19 22	75·9	4 50	18 24	75·8	195	345
16	164	6 26	23 10	75·3	6 11	22 12	75·2	5 56	21 13	75·1	5 40	20 15	75·0	5 25	19 17	74·9	5 09	18 19	74·8	196	344
17	163	6 50	23 04	74·4	6 34	22 06	74·3	6 17	21 08	74·2	6 01	20 09	74·1	5 44	19 11	74·0	5 28	18 14	73·9	197	343
18	162	7 13	22 57	73·5	6 56	21 59	73·3	6 39	21 01	73·2	6 21	20 03	73·1	6 04	19 06	73·0	5 46	18 08	72·9	198	342
19	161	7 37	22 50	72·5	7 19	21 52	72·4	7 00	20 54	72·3	6 42	19 57	72·2	6 24	18 59	72·1	6 05	18 02	72·0	199	341
20	160	8 00	22 42	71·6	7 41	21 45	71·5	7 22	20 47	71·4	7 02	19 50	71·2	6 43	18 53	71·1	6 24	17 56	71·0	200	340
21	159	8 23	22 34	70·7	8 03	21 37	70·5	7 43	20 40	70·4	7 23	19 43	70·3	7 02	18 46	70·2	6 42	17 49	70·1	201	339
22	158	8 46	22 26	69·7	8 25	21 29	69·6	8 04	20 32	69·5	7 43	19 35	69·3	7 22	18 39	69·2	7 00	17 42	69·1	202	338
23	157	9 09	22 17	68·8	8 47	21 21	68·7	8 25	20 24	68·5	8 03	19 28	68·4	7 41	18 31	68·3	7 19	17 35	68·1	203	337
24	156	9 31	22 08	67·9	9 09	21 12	67·7	8 46	20 16	67·6	8 23	19 19	67·4	8 00	18 24	67·3	7 37	17 28	67·2	204	336
25	155	9 54	21 58	66·9	9 30	21 03	66·8	9 07	20 07	66·6	8 43	19 11	66·5	8 19	18 15	66·3	7 55	17 20	66·2	205	335
26	154	10 16	21 49	66·0	9 52	20 53	65·8	9 27	19 57	65·7	9 02	19 02	65·5	8 37	18 07	65·4	8 12	17 12	65·2	206	334
27	153	10 38	21 38	65·0	10 13	20 43	64·9	9 48	19 48	64·7	9 22	18 53	64·6	8 56	17 58	64·4	8 30	17 03	64·3	207	333
28	152	11 00	21 28	64·1	10 34	20 33	63·9	10 08	19 38	63·8	9 41	18 43	63·6	9 14	17 49	63·5	8 48	16 55	63·3	208	332
29	151	11 22	21 17	63·1	10 55	20 22	63·0	10 28	19 28	62·8	10 00	18 34	62·6	9 33	17 39	62·5	9 05	16 46	62·3	209	331
30	150	11 44	21 05	62·2	11 16	20 11	62·0	10 48	19 17	61·8	10 19	18 23	61·7	9 51	17 30	61·5	9 22	16 36	61·4	210	330
31	149	12 06	20 53	61·2	11 37	20 00	61·1	11 07	19 06	60·9	10 38	18 13	60·7	10 09	17 20	60·5	9 39	16 27	60·4	211	329
32	148	12 27	20 41	60·3	11 57	19 48	60·1	11 27	18 55	59·9	10 57	18 02	59·7	10 27	17 09	59·6	9 56	16 17	59·4	212	328
33	147	12 48	20 29	59·3	12 17	19 36	59·1	11 46	18 43	58·9	11 15	17 51	58·8	10 44	16 58	58·6	10 13	16 06	58·4	213	327
34	146	13 09	20 16	58·4	12 37	19 23	58·2	12 06	18 31	58·0	11 34	17 39	57·8	11 02	16 47	57·6	10 29	15 56	57·5	214	326
35	145	13 29	20 02	57·4	12 57	19 10	57·2	12 24	18 19	57·0	11 52	17 27	56·8	11 19	16 36	56·7	10 46	15 45	56·5	215	325
36	144	13 50	19 49	56·4	13 17	18 57	56·2	12 43	18 06	56·0	12 10	17 15	55·9	11 36	16 24	55·7	11 02	15 34	55·5	216	324
37	143	14 10	19 34	55·5	13 36	18 44	55·3	13 02	17 53	55·1	12 27	17 03	54·9	11 53	16 12	54·7	11 18	15 23	54·5	217	323
38	142	14 30	19 20	54·5	13 55	18 30	54·3	13 20	17 40	54·1	12 45	16 50	53·9	12 09	16 00	53·7	11 34	15 11	53·5	218	322
39	141	14 50	19 05	53·5	14 14	18 15	53·3	13 38	17 26	53·1	13 02	16 37	52·9	12 26	15 48	52·7	11 49	14 59	52·6	219	321
40	140	15 09	18 50	52·5	14 33	18 01	52·3	13 56	17 12	52·1	13 19	16 23	51·9	12 42	15 35	51·7	12 05	14 47	51·6	220	320
41	139	15 29	18 34	51·5	14 51	17 46	51·3	14 14	16 57	51·1	13 36	16 09	50·9	12 58	15 22	50·8	12 20	14 34	50·6	221	319
42	138	15 48	18 18	50·6	15 09	17 30	50·3	14 31	16 43	50·1	13 52	15 55	49·9	13 14	15 08	49·8	12 35	14 21	49·6	222	318
43	137	16 06	18 02	49·6	15 27	17 15	49·4	14 48	16 28	49·2	14 09	15 41	49·0	13 29	14 54	48·8	12 50	14 08	48·6	223	317
44	136	16 25	17 46	48·6	15 45	16 59	48·4	15 05	16 12	48·2	14 25	15 26	48·0	13 45	14 40	47·8	13 04	13 55	47·6	224	316
45	135	16 43	17 29	47·6	16 02	16 42	47·4	15 22	15 57	47·2	14 41	15 11	47·0	14 00	14 26	46·8	13 19	13 41	46·6	225	315

© British Crown Copyright 2023. All rights reserved.

Lat. / A		66°			67°			68°			69°			70°			71°			Lat. / A	
LHA/F		A/H	B/P	Z₁/Z₂	A/H	B/P	Z₁/Z₂	A/H	B/P	Z₁/Z₂	A/H	B/P	Z₁/Z₂	A/H	B/P	Z₁/Z₂	A/H	B/P	Z₁/Z₂	LHA	
°	°	° ′	° ′	°	° ′	° ′	°	° ′	° ′	°	° ′	° ′	°	° ′	° ′	°	° ′	° ′	°	°	°
45	135	16 43	17 29	47·6	16 02	16 42	47·4	15 22	15 57	47·2	14 41	15 11	47·0	14 00	14 26	46·8	13 19	13 41	46·6	225	315
46	134	17 01	17 11	46·6	16 19	16 26	46·4	15 38	15 41	46·2	14 56	14 56	46·0	14 15	14 11	45·8	13 33	13 27	45·6	226	314
47	133	17 18	16 53	45·6	16 36	16 09	45·4	15 54	15 24	45·2	15 12	14 40	45·0	14 29	13 56	44·8	13 46	13 13	44·6	227	313
48	132	17 36	16 35	44·6	16 53	15 51	44·4	16 10	15 08	44·2	15 27	14 24	44·0	14 43	13 41	43·8	14 00	12 58	43·6	228	312
49	131	17 53	16 17	43·6	17 09	15 34	43·4	16 25	14 51	43·2	15 42	14 08	43·0	14 58	13 26	42·8	14 13	12 44	42·6	229	311
50	130	18 09	15 58	42·6	17 25	15 16	42·4	16 41	14 33	42·1	15 56	13 52	41·9	15 11	13 10	41·8	14 27	12 29	41·6	230	310
51	129	18 26	15 39	41·6	17 41	14 57	41·3	16 56	14 16	41·1	16 10	13 35	40·9	15 25	12 54	40·8	14 39	12 14	40·6	231	309
52	128	18 42	15 20	40·5	17 56	14 39	40·3	17 10	13 58	40·1	16 24	13 18	39·9	15 38	12 38	39·7	14 52	11 58	39·6	232	308
53	127	18 57	15 00	39·5	18 11	14 20	39·3	17 24	13 40	39·1	16 38	13 00	38·9	15 51	12 21	38·7	15 04	11 42	38·6	233	307
54	126	19 13	14 40	38·5	18 26	14 01	38·3	17 39	13 22	38·1	16 51	12 43	37·9	16 04	12 05	37·7	15 16	11 26	37·5	234	306
55	125	19 28	14 20	37·5	18 40	13 41	37·3	17 52	13 03	37·1	17 04	12 25	36·9	16 16	11 48	36·7	15 28	11 10	36·5	235	305
56	124	19 42	13 59	36·4	18 54	13 21	36·2	18 06	12 44	36·0	17 17	12 07	35·8	16 28	11 30	35·7	15 40	10 54	35·5	236	304
57	123	19 57	13 38	35·4	19 08	13 01	35·2	18 19	12 25	35·0	17 29	11 49	34·8	16 40	11 13	34·6	15 51	10 37	34·5	237	303
58	122	20 11	13 17	34·4	19 21	12 41	34·2	18 31	12 05	34·0	17 42	11 30	33·8	16 52	10 55	33·6	16 02	10 20	33·5	238	302
59	121	20 24	12 55	33·3	19 34	12 20	33·1	18 44	11 45	32·9	17 53	11 11	32·8	17 03	10 37	32·6	16 12	10 03	32·4	239	301
60	120	20 37	12 33	32·3	19 47	11 59	32·1	18 56	11 25	31·9	18 05	10 52	31·7	17 14	10 19	31·6	16 23	9 46	31·4	240	300
61	119	20 50	12 11	31·2	19 59	11 38	31·1	19 08	11 05	30·9	18 16	10 33	30·7	17 24	10 00	30·5	16 33	9 29	30·4	241	299
62	118	21 03	11 48	30·2	20 11	11 16	30·0	19 19	10 44	29·8	18 27	10 13	29·7	17 35	9 42	29·5	16 42	9 11	29·4	242	298
63	117	21 15	11 26	29·2	20 22	10 54	29·0	19 30	10 24	28·8	18 37	9 53	28·6	17 45	9 23	28·5	16 52	8 53	28·3	243	297
64	116	21 27	11 03	28·1	20 34	10 32	27·9	19 41	10 03	27·7	18 47	9 33	27·6	17 54	9 04	27·4	17 01	8 35	27·3	244	296
65	115	21 38	10 39	27·0	20 44	10 10	26·9	19 51	9 41	26·7	18 57	9 13	26·5	18 03	8 45	26·4	17 10	8 17	26·3	245	295
66	114	21 49	10 16	26·0	20 55	9 48	25·8	20 01	9 20	25·7	19 07	8 52	25·5	18 12	8 25	25·4	17 18	7 58	25·2	246	294
67	113	21 59	9 52	24·9	21 05	9 25	24·8	20 10	8 58	24·6	19 16	8 32	24·5	18 21	8 06	24·3	17 26	7 40	24·2	247	293
68	112	22 09	9 28	23·9	21 14	9 02	23·7	20 19	8 36	23·5	19 24	8 11	23·4	18 29	7 46	23·3	17 34	7 21	23·1	248	292
69	111	22 19	9 04	22·8	21 24	8 39	22·6	20 28	8 14	22·5	19 33	7 50	22·4	18 37	7 26	22·2	17 42	7 02	22·1	249	291
70	110	22 28	8 39	21·7	21 32	8 16	21·6	20 37	7 52	21·4	19 41	7 29	21·3	18 45	7 06	21·2	17 49	6 43	21·1	250	290
71	109	22 37	8 15	20·7	21 41	7 52	20·5	20 45	7 30	20·4	19 48	7 07	20·2	18 52	6 45	20·1	17 56	6 24	20·0	251	289
72	108	22 45	7 50	19·6	21 49	7 28	19·4	20 52	7 07	19·3	19 56	6 46	19·2	18 59	6 25	19·1	18 02	6 04	19·0	252	288
73	107	22 53	7 25	18·5	21 56	7 04	18·4	21 00	6 44	18·2	20 03	6 24	18·1	19 05	6 04	18·0	18 08	5 45	17·9	253	287
74	106	23 01	7 00	17·4	22 04	6 40	17·3	21 06	6 21	17·2	20 09	6 02	17·1	19 12	5 44	17·0	18 14	5 25	16·9	254	286
75	105	23 08	6 34	16·3	22 10	6 16	16·2	21 13	5 58	16·1	20 15	5 40	16·0	19 17	5 23	15·9	18 20	5 06	15·8	255	285
76	104	23 15	6 09	15·3	22 17	5 52	15·2	21 19	5 35	15·1	20 21	5 18	15·0	19 23	5 02	14·9	18 25	4 46	14·8	256	284
77	103	23 21	5 43	14·2	22 23	5 27	14·1	21 24	5 12	14·0	20 26	4 56	13·9	19 28	4 41	13·8	18 30	4 26	13·7	257	283
78	102	23 27	5 17	13·1	22 28	5 03	13·0	21 30	4 48	12·9	20 31	4 34	12·8	19 33	4 20	12·7	18 34	4 06	12·7	258	282
79	101	23 32	4 51	12·0	22 33	4 38	11·9	21 35	4 24	11·8	20 36	4 11	11·8	19 37	3 58	11·7	18 38	3 46	11·6	259	281
80	100	23 37	4 25	10·9	22 38	4 13	10·8	21 39	4 01	10·8	20 40	3 49	10·7	19 41	3 37	10·6	18 42	3 25	10·6	260	280
81	99	23 41	3 59	9·8	22 42	3 48	9·8	21 43	3 37	9·7	20 44	3 26	9·6	19 45	3 16	9·6	18 45	3 05	9·5	261	279
82	98	23 45	3 33	8·7	22 46	3 23	8·7	21 46	3 13	8·6	20 47	3 03	8·6	19 48	2 54	8·5	18 48	2 45	8·5	262	278
83	97	23 49	3 06	7·7	22 49	2 58	7·6	21 50	2 49	7·5	20 50	2 41	7·5	19 51	2 32	7·4	18 51	2 24	7·4	263	277
84	96	23 52	2 40	6·6	22 52	2 32	6·5	21 52	2 25	6·5	20 53	2 18	6·4	19 53	2 11	6·4	18 54	2 04	6·3	264	276
85	95	23 54	2 13	5·5	22 54	2 07	5·4	21 55	2 01	5·4	20 55	1 55	5·4	19 55	1 49	5·3	18 55	1 43	5·3	265	275
86	94	23 56	1 47	4·4	22 56	1 42	4·3	21 57	1 37	4·3	20 57	1 32	4·3	19 57	1 27	4·3	18 57	1 23	4·2	266	274
87	93	23 58	1 20	3·3	22 58	1 16	3·3	21 58	1 13	3·2	20 58	1 09	3·2	19 58	1 05	3·2	18 58	1 02	3·2	267	273
88	92	23 59	0 53	2·2	22 59	0 51	2·2	21 59	0 48	2·2	20 59	0 46	2·1	19 59	0 44	2·1	18 59	0 41	2·1	268	272
89	91	24 00	0 27	1·1	23 00	0 25	1·1	22 00	0 24	1·1	21 00	0 23	1·1	20 00	0 22	1·1	19 00	0 21	1·1	269	271
90	90	24 00	0 00	0·0	23 00	0 00	0·0	22 00	0 00	0·0	21 00	0 00	0·0	20 00	0 00	0·0	19 00	0 00	0·0	270	270

N. Lat: for LHA > 180° … $Z_n = Z$
for LHA < 180° … $Z_n = 360° - Z$

S. Lat.: for LHA > 180° … $Z_n = 180° - Z$
for LHA < 180° … $Z_n = 180° + Z$

© British Crown Copyright 2023. All rights reserved.

SIGHT REDUCTION TABLE

B: (–) for 90° < LHA < 270°
Dec:(–) for Lat. contrary name

Z_1: same sign as B
Z_2: (–) for F > 90°

Lat. / A		72°			73°			74°			75°			76°			77°			Lat. / A	
LHA/F		A/H	B/P	Z_1/Z_2	A/H	B/P	Z_1/Z_2	A/H	B/P	Z_1/Z_2	A/H	B/P	Z_1/Z_2	A/H	B/P	Z_1/Z_2	A/H	B/P	Z_1/Z_2	LHA	
°	°	° ′	° ′	°	° ′	° ′	°	° ′	° ′	°	° ′	° ′	°	° ′	° ′	°	° ′	° ′	°	°	°
0	180	0 00	18 00	90·0	0 00	17 00	90·0	0 00	16 00	90·0	0 00	15 00	90·0	0 00	14 00	90·0	0 00	13 00	90·0	180	360
1	179	0 19	18 00	89·0	0 18	17 00	89·0	0 17	16 00	89·0	0 16	15 00	89·0	0 15	14 00	89·0	0 13	13 00	89·0	181	359
2	178	0 37	17 59	88·1	0 35	16 59	88·1	0 33	15 59	88·1	0 31	14 59	88·1	0 29	14 00	88·1	0 27	13 00	88·1	182	358
3	177	0 56	17 59	87·1	0 53	16 59	87·1	0 50	15 59	87·1	0 47	14 59	87·1	0 44	13 59	87·1	0 40	12 59	87·1	183	357
4	176	1 14	17 58	86·2	1 10	16 58	86·2	1 06	15 58	86·2	1 02	14 58	86·1	0 58	13 58	86·1	0 54	12 58	86·1	184	356
5	175	1 33	17 56	85·2	1 28	16 56	85·2	1 23	15 57	85·2	1 18	14 57	85·2	1 12	13 57	85·1	1 07	12 57	85·1	185	355
6	174	1 51	17 54	84·3	1 45	16 55	84·3	1 39	15 55	84·2	1 33	14 55	84·2	1 27	13 56	84·2	1 21	12 56	84·2	186	354
7	173	2 09	17 52	83·3	2 03	16 53	83·3	1 56	15 53	83·3	1 48	14 54	83·2	1 41	13 54	83·2	1 34	12 54	83·2	187	353
8	172	2 28	17 50	82·4	2 20	16 51	82·3	2 12	15 51	82·3	2 04	14 52	82·3	1 56	13 52	82·2	1 48	12 53	82·2	188	352
9	171	2 46	17 48	81·4	2 37	16 48	81·4	2 28	15 49	81·3	2 19	14 49	81·3	2 10	13 50	81·3	2 01	12 51	81·2	189	351
10	170	3 05	17 45	80·5	2 55	16 45	80·4	2 45	15 46	80·4	2 35	14 47	80·3	2 24	13 48	80·3	2 14	12 49	80·3	190	350
11	169	3 23	17 41	79·5	3 12	16 42	79·5	3 01	15 43	79·4	2 50	14 44	79·4	2 39	13 45	79·3	2 28	12 46	79·3	191	349
12	168	3 41	17 38	78·6	3 29	16 39	78·5	3 17	15 40	78·5	3 05	14 41	78·4	2 53	13 42	78·3	2 41	12 44	78·3	192	348
13	167	3 59	17 34	77·6	3 46	16 35	77·5	3 33	15 37	77·5	3 20	14 38	77·4	3 07	13 39	77·4	2 54	12 41	77·3	193	347
14	166	4 17	17 30	76·7	4 03	16 31	76·6	3 49	15 33	76·5	3 35	14 34	76·5	3 21	13 36	76·4	3 07	12 38	76·3	194	346
15	165	4 35	17 25	75·7	4 20	16 27	75·6	4 05	15 29	75·6	3 50	14 31	75·5	3 35	13 32	75·4	3 20	12 34	75·4	195	345
16	164	4 53	17 21	74·7	4 37	16 23	74·7	4 21	15 25	74·6	4 05	14 27	74·5	3 49	13 29	74·5	3 33	12 31	74·4	196	344
17	163	5 11	17 16	73·8	4 54	16 18	73·7	4 37	15 20	73·6	4 20	14 22	73·5	4 03	13 25	73·5	3 46	12 27	73·4	197	343
18	162	5 29	17 10	72·8	5 11	16 13	72·7	4 53	15 15	72·7	4 35	14 18	72·6	4 17	13 20	72·5	3 59	12 23	72·4	198	342
19	161	5 46	17 05	71·9	5 28	16 07	71·8	5 09	15 10	71·7	4 50	14 13	71·6	4 31	13 16	71·5	4 12	12 19	71·5	199	341
20	160	6 04	16 59	70·9	5 44	16 02	70·8	5 25	15 05	70·7	5 05	14 08	70·6	4 45	13 11	70·5	4 25	12 14	70·5	200	340
21	159	6 21	16 52	69·9	6 01	15 56	69·8	5 40	14 59	69·7	5 19	14 03	69·7	4 58	13 06	69·6	4 37	12 10	69·5	201	339
22	158	6 39	16 46	69·0	6 17	15 50	68·9	5 56	14 53	68·8	5 34	13 57	68·7	5 12	13 01	68·6	4 50	12 05	68·5	202	338
23	157	6 56	16 39	68·0	6 34	15 43	67·9	6 11	14 47	67·8	5 48	13 51	67·7	5 25	12 56	67·6	5 03	12 00	67·5	203	337
24	156	7 13	16 32	67·1	6 50	15 36	66·9	6 26	14 41	66·8	6 03	13 45	66·7	5 39	12 50	66·6	5 15	11 55	66·5	204	336
25	155	7 30	16 25	66·1	7 06	15 29	66·0	6 41	14 34	65·9	6 17	13 39	65·8	5 52	12 44	65·7	5 27	11 49	65·6	205	335
26	154	7 47	16 17	65·1	7 22	15 22	65·0	6 56	14 27	64·9	6 31	13 32	64·8	6 05	12 38	64·7	5 40	11 43	64·6	206	334
27	153	8 04	16 09	64·1	7 38	15 14	64·0	7 11	14 20	63·9	6 45	13 26	63·8	6 18	12 32	63·7	5 52	11 37	63·6	207	333
28	152	8 20	16 00	63·2	7 53	15 06	63·0	7 26	14 12	62·9	6 59	13 19	62·8	6 31	12 25	62·7	6 04	11 31	62·6	208	332
29	151	8 37	15 52	62·2	8 09	14 58	62·1	7 41	14 05	61·9	7 13	13 11	61·8	6 44	12 18	61·7	6 16	11 25	61·6	209	331
30	150	8 53	15 43	61·2	8 24	14 50	61·1	7 55	13 57	61·0	7 26	13 04	60·9	6 57	12 11	60·7	6 27	11 18	60·6	210	330
31	149	9 09	15 34	60·3	8 40	14 41	60·1	8 10	13 49	60·0	7 40	12 56	59·9	7 09	12 04	59·8	6 39	11 12	59·7	211	329
32	148	9 25	15 24	59·3	8 55	14 32	59·1	8 24	13 40	59·0	7 53	12 48	58·9	7 22	11 56	58·8	6 51	11 05	58·7	212	328
33	147	9 41	15 15	58·3	9 10	14 23	58·2	8 38	13 31	58·0	8 06	12 40	57·9	7 34	11 49	57·8	7 02	10 57	57·7	213	327
34	146	9 57	15 05	57·3	9 25	14 13	57·2	8 52	13 22	57·0	8 19	12 31	56·9	7 46	11 41	56·8	7 14	10 50	56·7	214	326
35	145	10 13	14 54	56·3	9 39	14 04	56·2	9 06	13 13	56·1	8 32	12 23	55·9	7 59	11 33	55·8	7 25	10 43	55·7	215	325
36	144	10 28	14 44	55·4	9 54	13 54	55·2	9 19	13 04	55·1	8 45	12 14	54·9	8 11	11 24	54·8	7 36	10 35	54·7	216	324
37	143	10 43	14 33	54·4	10 08	13 43	54·2	9 33	12 54	54·1	8 58	12 05	53·9	8 22	11 16	53·8	7 47	10 27	53·7	217	323
38	142	10 58	14 22	53·4	10 22	13 33	53·2	9 46	12 44	53·1	9 10	11 55	53·0	8 34	11 07	52·8	7 58	10 19	52·7	218	322
39	141	11 13	14 10	52·4	10 36	13 22	52·2	9 59	12 34	52·1	9 22	11 46	52·0	8 45	10 58	51·8	8 08	10 10	51·7	219	321
40	140	11 27	13 59	51·4	10 50	13 11	51·3	10 12	12 23	51·1	9 35	11 36	51·0	8 57	10 49	50·8	8 19	10 02	50·7	220	320
41	139	11 42	13 47	50·4	11 04	13 00	50·3	10 25	12 13	50·1	9 47	11 26	50·0	9 08	10 39	49·9	8 29	9 53	49·7	221	319
42	138	11 56	13 34	49·4	11 17	12 48	49·3	10 38	12 02	49·1	9 58	11 16	49·0	9 19	10 30	48·9	8 39	9 44	48·7	222	318
43	137	12 10	13 22	48·4	11 30	12 36	48·3	10 50	11 51	48·1	10 10	11 05	48·0	9 30	10 20	47·9	8 49	9 35	47·7	223	317
44	136	12 24	13 09	47·4	11 43	12 24	47·3	11 02	11 39	47·1	10 21	10 55	47·0	9 40	10 10	46·9	8 59	9 26	46·7	224	316
45	135	12 37	12 56	46·4	11 56	12 12	46·3	11 14	11 28	46·1	10 33	10 44	46·0	9 51	10 00	45·9	9 09	9 16	45·7	225	315

© British Crown Copyright 2023. All rights reserved.

Lat. / A		72°			73°			74°			75°			76°			77°			Lat. / A	
LHA/F		A/H	B/P	Z_1/Z_2	A/H	B/P	Z_1/Z_2	A/H	B/P	Z_1/Z_2	A/H	B/P	Z_1/Z_2	A/H	B/P	Z_1/Z_2	A/H	B/P	Z_1/Z_2	LHA	
°	°	° ′	° ′	°	° ′	° ′	°	° ′	° ′	°	° ′	° ′	°	° ′	° ′	°	° ′	° ′	°	°	°
45	135	12 37	12 56	46·4	11 56	12 12	46·3	11 14	11 28	46·1	10 33	10 44	46·0	9 51	10 00	45·9	9 09	9 16	45·7	225	315
46	134	12 51	12 43	45·4	12 08	11 59	45·3	11 26	11 16	45·1	10 44	10 33	45·0	10 01	9 50	44·9	9 19	9 07	44·7	226	314
47	133	13 04	12 30	44·4	12 21	11 47	44·3	11 38	11 04	44·1	10 55	10 21	44·0	10 11	9 39	43·9	9 28	8 57	43·7	227	313
48	132	13 17	12 16	43·4	12 33	11 34	43·3	11 49	10 52	43·1	11 05	10 10	43·0	10 21	9 28	42·9	9 37	8 47	42·7	228	312
49	131	13 29	12 02	42·4	12 45	11 21	42·3	12 00	10 39	42·1	11 16	9 58	42·0	10 31	9 17	41·9	9 46	8 37	41·7	229	311
50	130	13 42	11 48	41·4	12 57	11 07	41·3	12 11	10 27	41·1	11 26	9 46	41·0	10 41	9 06	40·9	9 55	8 26	40·7	230	310
51	129	13 54	11 33	40·4	13 08	10 53	40·3	12 22	10 14	40·1	11 36	9 34	40·0	10 50	8 55	39·8	10 04	8 16	39·7	231	309
52	128	14 06	11 19	39·4	13 19	10 40	39·2	12 33	10 01	39·1	11 46	9 22	39·0	10 59	8 44	38·8	10 13	8 05	38·7	232	308
53	127	14 17	11 04	38·4	13 30	10 26	38·2	12 43	9 47	38·1	11 56	9 10	38·0	11 08	8 32	37·8	10 21	7 55	37·7	233	307
54	126	14 29	10 49	37·4	13 41	10 11	37·2	12 53	9 34	37·1	12 05	8 57	36·9	11 17	8 20	36·8	10 29	7 44	36·7	234	306
55	125	14 40	10 33	36·4	13 51	9 57	36·2	13 03	9 20	36·1	12 14	8 44	35·9	11 26	8 08	35·8	10 37	7 33	35·7	235	305
56	124	14 51	10 18	35·3	14 02	9 42	35·2	13 13	9 07	35·1	12 23	8 31	34·9	11 34	7 56	34·8	10 45	7 21	34·7	236	304
57	123	15 01	10 02	34·3	14 12	9 27	34·2	13 22	8 53	34·0	12 32	8 18	33·9	11 42	7 44	33·8	10 52	7 10	33·7	237	303
58	122	15 12	9 46	33·3	14 21	9 12	33·2	13 31	8 38	33·0	12 41	8 05	32·9	11 50	7 32	32·8	11 00	6 58	32·7	238	302
59	121	15 22	9 30	32·3	14 31	8 57	32·1	13 40	8 24	32·0	12 49	7 51	31·9	11 58	7 19	31·8	11 07	6 47	31·7	239	301
60	120	15 31	9 14	31·3	14 40	8 41	31·1	13 49	8 10	31·0	12 57	7 38	30·9	12 06	7 06	30·8	11 14	6 35	30·6	240	300
61	119	15 41	8 57	30·2	14 49	8 26	30·1	13 57	7 55	30·0	13 05	7 24	29·8	12 13	6 54	29·7	11 21	6 23	29·6	241	299
62	118	15 50	8 40	29·2	14 58	8 10	29·1	14 05	7 40	28·9	13 13	7 10	28·8	12 20	6 41	28·7	11 27	6 11	28·6	242	298
63	117	15 59	8 23	28·2	15 06	7 54	28·0	14 13	7 25	27·9	13 20	6 56	27·8	12 27	6 27	27·7	11 34	5 59	27·6	243	297
64	116	16 08	8 06	27·2	15 14	7 38	27·0	14 21	7 10	26·9	13 27	6 42	26·8	12 34	6 14	26·7	11 40	5 47	26·6	244	296
65	115	16 16	7 49	26·1	15 22	7 22	26·0	14 28	6 55	25·9	13 34	6 28	25·8	12 40	6 01	25·7	11 46	5 34	25·6	245	295
66	114	16 24	7 32	25·1	15 29	7 05	25·0	14 35	6 39	24·9	13 41	6 13	24·7	12 46	5 47	24·6	11 52	5 22	24·6	246	294
67	113	16 32	7 14	24·1	15 37	6 49	23·9	14 42	6 24	23·8	13 47	5 59	23·7	12 52	5 34	23·6	11 57	5 09	23·5	247	293
68	112	16 39	6 56	23·0	15 44	6 32	22·9	14 48	6 08	22·8	13 53	5 44	22·7	12 58	5 20	22·6	12 02	4 57	22·5	248	292
69	111	16 46	6 38	22·0	15 50	6 15	21·9	14 55	5 52	21·8	13 59	5 29	21·7	13 03	5 06	21·6	12 07	4 44	21·5	249	291
70	110	16 53	6 20	20·9	15 57	5 58	20·8	15 01	5 36	20·7	14 05	5 14	20·6	13 08	4 52	20·6	12 12	4 31	20·5	250	290
71	109	16 59	6 02	19·9	16 03	5 41	19·8	15 06	5 20	19·7	14 10	4 59	19·6	13 13	4 38	19·5	12 17	4 18	19·5	251	289
72	108	17 05	5 44	18·9	16 09	5 24	18·8	15 12	5 04	18·7	14 15	4 44	18·6	13 18	4 24	18·5	12 21	4 05	18·4	252	288
73	107	17 11	5 26	17·8	16 14	5 06	17·7	15 17	4 48	17·6	14 20	4 29	17·6	13 23	4 10	17·5	12 25	3 52	17·4	253	287
74	106	17 17	5 07	16·8	16 19	4 49	16·7	15 22	4 31	16·6	14 24	4 13	16·5	13 27	3 56	16·5	12 29	3 38	16·4	254	286
75	105	17 22	4 48	15·7	16 24	4 31	15·7	15 26	4 15	15·6	14 29	3 58	15·5	13 31	3 42	15·4	12 33	3 25	15·4	255	285
76	104	17 27	4 30	14·7	16 29	4 14	14·6	15 31	3 58	14·5	14 33	3 43	14·5	13 35	3 27	14·4	12 36	3 12	14·4	256	284
77	103	17 31	4 11	13·6	16 33	3 56	13·6	15 35	3 41	13·5	14 36	3 27	13·4	13 38	3 13	13·4	12 40	2 58	13·3	257	283
78	102	17 36	3 52	12·6	16 37	3 38	12·5	15 38	3 25	12·5	14 40	3 11	12·4	13 41	2 58	12·4	12 43	2 45	12·3	258	282
79	101	17 39	3 33	11·6	16 41	3 20	11·5	15 42	3 08	11·4	14 43	2 56	11·4	13 44	2 43	11·3	12 45	2 31	11·3	259	281
80	100	17 43	3 14	10·5	16 44	3 02	10·4	15 45	2 51	10·4	14 46	2 40	10·3	13 47	2 29	10·3	12 48	2 18	10·3	260	280
81	99	17 46	2 55	9·5	16 47	2 44	9·4	15 48	2 34	9·4	14 49	2 24	9·3	13 49	2 14	9·3	12 50	2 04	9·2	261	279
82	98	17 49	2 35	8·4	16 50	2 26	8·4	15 50	2 17	8·3	14 51	2 08	8·3	13 52	1 59	8·2	12 52	1 50	8·2	262	278
83	97	17 52	2 16	7·4	16 52	2 08	7·3	15 53	2 00	7·3	14 53	1 52	7·2	13 54	1 44	7·2	12 54	1 37	7·2	263	277
84	96	17 54	1 57	6·3	16 54	1 50	6·3	15 55	1 43	6·2	14 55	1 36	6·2	13 55	1 30	6·2	12 56	1 23	6·2	264	276
85	95	17 56	1 37	5·3	16 56	1 32	5·2	15 56	1 26	5·2	14 56	1 20	5·2	13 57	1 15	5·2	12 57	1 09	5·1	265	275
86	94	17 57	1 18	4·2	16 57	1 13	4·2	15 58	1 09	4·2	14 58	1 04	4·1	13 58	1 00	4·1	12 58	0 55	4·1	266	274
87	93	17 58	0 58	3·2	16 59	0 55	3·1	15 59	0 52	3·1	14 59	0 48	3·1	13 59	0 45	3·1	12 59	0 42	3·1	267	273
88	92	17 59	0 39	2·1	16 59	0 37	2·1	15 59	0 34	2·1	14 59	0 32	2·1	13 59	0 30	2·1	13 00	0 28	2·1	268	272
89	91	18 00	0 19	1·1	17 00	0 18	1·0	16 00	0 17	1·0	15 00	0 16	1·0	14 00	0 15	1·0	13 00	0 14	1·0	269	271
90	90	18 00	0 00	0·0	17 00	0 00	0·0	16 00	0 00	0·0	15 00	0 00	0·0	14 00	0 00	0·0	13 00	0 00	0·0	270	270

N. Lat: for LHA > 180° … $Z_n = Z$
for LHA < 180° … $Z_n = 360° - Z$

S. Lat.: for LHA > 180° … $Z_n = 180° - Z$
for LHA < 180° … $Z_n = 180° + Z$

© British Crown Copyright 2023. All rights reserved.

SIGHT REDUCTION TABLE

B: (−) for 90° < LHA < 270°
Dec:(−) for Lat. contrary name

Z_1: same sign as B
Z_2: (−) for F > 90°

Lat. / A		78°			79°			80°			81°			82°			83°			Lat. / A	
LHA/F		A/H	B/P	Z_1/Z_2	A/H	B/P	Z_1/Z_2	A/H	B/P	Z_1/Z_2	A/H	B/P	Z_1/Z_2	A/H	B/P	Z_1/Z_2	A/H	B/P	Z_1/Z_2	LHA	
°	°	° ′	° ′	°	° ′	° ′	°	° ′	° ′	°	° ′	° ′	°	° ′	° ′	°	° ′	° ′	°	°	°
0	180	0 00	12 00	90·0	0 00	11 00	90·0	0 00	10 00	90·0	0 00	9 00	90·0	0 00	8 00	90·0	0 00	7 00	90·0	180	360
1	179	0 12	12 00	89·0	0 11	11 00	89·0	0 10	10 00	89·0	0 09	9 00	89·0	0 08	8 00	89·0	0 07	7 00	89·0	181	359
2	178	0 25	12 00	88·0	0 23	11 00	88·0	0 21	10 00	88·0	0 19	9 00	88·0	0 17	8 00	88·0	0 15	7 00	88·0	182	358
3	177	0 37	11 59	87·1	0 34	10 59	87·1	0 31	9 59	87·0	0 28	8 59	87·0	0 25	7 59	87·0	0 22	6 59	87·0	183	357
4	176	0 50	11 58	86·1	0 46	10 58	86·1	0 42	9 59	86·1	0 38	8 59	86·0	0 33	7 59	86·0	0 29	6 59	86·0	184	356
5	175	1 02	11 57	85·1	0 57	10 58	85·1	0 52	9 58	85·1	0 47	8 58	85·1	0 42	7 58	85·0	0 37	6 58	85·0	185	355
6	174	1 15	11 56	84·1	1 09	10 56	84·1	1 02	9 57	84·1	0 56	8 57	84·1	0 50	7 57	84·1	0 44	6 58	84·0	186	354
7	173	1 27	11 55	83·2	1 20	10 55	83·1	1 13	9 56	83·1	1 06	8 56	83·1	0 58	7 56	83·1	0 51	6 57	83·1	187	353
8	172	1 39	11 53	82·2	1 31	10 54	82·1	1 23	9 54	82·1	1 15	8 55	82·1	1 07	7 55	82·1	0 58	6 56	82·1	188	352
9	171	1 52	11 51	81·2	1 43	10 52	81·2	1 33	9 53	81·1	1 24	8 53	81·1	1 15	7 54	81·1	1 06	6 55	81·1	189	351
10	170	2 04	11 49	80·2	1 54	10 50	80·2	1 44	9 51	80·1	1 33	8 52	80·1	1 23	7 53	80·1	1 13	6 54	80·1	190	350
11	169	2 16	11 47	79·2	2 05	10 48	79·2	1 54	9 49	79·2	1 43	8 50	79·1	1 31	7 51	79·1	1 20	6 52	79·1	191	349
12	168	2 29	11 45	78·3	2 16	10 46	78·2	2 04	9 47	78·2	1 52	8 48	78·1	1 39	7 50	78·1	1 27	6 51	78·1	192	348
13	167	2 41	11 42	77·3	2 28	10 43	77·2	2 14	9 45	77·2	2 01	8 46	77·2	1 48	7 48	77·1	1 34	6 49	77·1	193	347
14	166	2 53	11 39	76·3	2 39	10 41	76·2	2 24	9 43	76·2	2 10	8 44	76·2	1 56	7 46	76·1	1 41	6 48	76·1	194	346
15	165	3 05	11 36	75·3	2 50	10 38	75·3	2 35	9 40	75·2	2 19	8 42	75·2	2 04	7 44	75·1	1 48	6 46	75·1	195	345
16	164	3 17	11 33	74·3	3 01	10 35	74·3	2 45	9 37	74·2	2 28	8 39	74·2	2 12	7 42	74·1	1 56	6 44	74·1	196	344
17	163	3 29	11 29	73·4	3 12	10 32	73·3	2 55	9 34	73·2	2 37	8 37	73·2	2 20	7 39	73·2	2 03	6 42	73·1	197	343
18	162	3 41	11 26	72·4	3 23	10 28	72·3	3 05	9 31	72·3	2 46	8 34	72·2	2 28	7 37	72·2	2 09	6 40	72·1	198	342
19	161	3 53	11 22	71·4	3 34	10 25	71·3	3 14	9 28	71·3	2 55	8 31	71·2	2 36	7 34	71·2	2 16	6 37	71·1	199	341
20	160	4 05	11 18	70·4	3 45	10 21	70·3	3 24	9 24	70·3	3 04	8 28	70·2	2 44	7 31	70·2	2 23	6 35	70·1	200	340
21	159	4 16	11 13	69·4	3 55	10 17	69·4	3 34	9 21	69·3	3 13	8 25	69·2	2 52	7 28	69·2	2 30	6 32	69·1	201	339
22	158	4 28	11 09	68·4	4 06	10 13	68·4	3 44	9 17	68·3	3 22	8 21	68·2	2 59	7 25	68·2	2 37	6 30	68·1	202	338
23	157	4 40	11 04	67·5	4 17	10 09	67·4	3 53	9 13	67·3	3 30	8 18	67·3	3 07	7 22	67·2	2 44	6 27	67·2	203	337
24	156	4 51	10 59	66·5	4 27	10 04	66·4	4 03	9 09	66·3	3 39	8 14	66·3	3 15	7 19	66·2	2 50	6 24	66·2	204	336
25	155	5 02	10 54	65·5	4 38	9 59	65·4	4 13	9 05	65·3	3 47	8 10	65·3	3 22	7 16	65·2	2 57	6 21	65·2	205	335
26	154	5 14	10 49	64·5	4 48	9 55	64·4	4 22	9 00	64·3	3 56	8 06	64·3	3 30	7 12	64·2	3 04	6 18	64·2	206	334
27	153	5 25	10 43	63·5	4 58	9 50	63·4	4 31	8 56	63·4	4 04	8 02	63·3	3 37	7 08	63·2	3 10	6 15	63·2	207	333
28	152	5 36	10 38	62·5	5 08	9 44	62·4	4 41	8 51	62·4	4 13	7 58	62·3	3 45	7 04	62·2	3 17	6 11	62·2	208	332
29	151	5 47	10 32	61·5	5 18	9 39	61·4	4 50	8 46	61·4	4 21	7 53	61·3	3 52	7 00	61·2	3 23	6 08	61·2	209	331
30	150	5 58	10 26	60·5	5 28	9 33	60·5	4 59	8 41	60·4	4 29	7 49	60·3	3 59	6 56	60·2	3 30	6 04	60·2	210	330
31	149	6 09	10 20	59·6	5 38	9 28	59·5	5 08	8 36	59·4	4 37	7 44	59·3	4 07	6 52	59·2	3 36	6 00	59·2	211	329
32	148	6 20	10 13	58·6	5 48	9 22	58·5	5 17	8 30	58·4	4 45	7 39	58·3	4 14	6 48	58·3	3 42	5 57	58·2	212	328
33	147	6 30	10 06	57·6	5 58	9 16	57·5	5 26	8 25	57·4	4 53	7 34	57·3	4 21	6 43	57·3	3 48	5 53	57·2	213	327
34	146	6 41	10 00	56·6	6 08	9 09	56·5	5 34	8 19	56·4	5 01	7 29	56·3	4 28	6 39	56·3	3 54	5 49	56·2	214	326
35	145	6 51	9 53	55·6	6 17	9 03	55·5	5 43	8 13	55·4	5 09	7 24	55·3	4 35	6 34	55·3	4 00	5 45	55·2	215	325
36	144	7 01	9 45	54·6	6 26	8 56	54·5	5 51	8 07	54·4	5 17	7 18	54·3	4 42	6 29	54·3	4 06	5 40	54·2	216	324
37	143	7 11	9 38	53·6	6 36	8 49	53·5	6 00	8 01	53·4	5 24	7 13	53·3	4 48	6 24	53·3	4 12	5 36	53·2	217	323
38	142	7 21	9 31	52·6	6 45	8 43	52·5	6 08	7 55	52·4	5 32	7 07	52·3	4 55	6 19	52·3	4 18	5 32	52·2	218	322
39	141	7 31	9 23	51·6	6 54	8 35	51·5	6 16	7 48	51·4	5 39	7 01	51·3	5 01	6 14	51·3	4 24	5 27	51·2	219	321
40	140	7 41	9 15	50·6	7 03	8 28	50·5	6 25	7 42	50·4	5 46	6 55	50·3	5 08	6 09	50·3	4 30	5 22	50·2	220	320
41	139	7 50	9 07	49·6	7 11	8 21	49·5	6 32	7 35	49·4	5 53	6 49	49·4	5 14	6 03	49·3	4 35	5 18	49·2	221	319
42	138	8 00	8 59	48·6	7 20	8 13	48·5	6 40	7 28	48·4	6 01	6 43	48·4	5 21	5 58	48·3	4 41	5 13	48·2	222	318
43	137	8 09	8 50	47·6	7 29	8 05	47·5	6 48	7 21	47·4	6 07	6 36	47·4	5 27	5 52	47·3	4 46	5 08	47·2	223	317
44	136	8 18	8 42	46·6	7 37	7 58	46·5	6 56	7 14	46·4	6 14	6 30	46·4	5 33	5 46	46·3	4 51	5 03	46·2	224	316
45	135	8 27	8 33	45·6	7 45	7 50	45·5	7 03	7 06	45·4	6 21	6 23	45·4	5 39	5 41	45·3	4 57	4 58	45·2	225	315

© British Crown Copyright 2023. All rights reserved.

Lat. / A		78°			79°			80°			81°			82°			83°			Lat. / A	
LHA/F		A/H	B/P	Z_1/Z_2	A/H	B/P	Z_1/Z_2	A/H	B/P	Z_1/Z_2	A/H	B/P	Z_1/Z_2	A/H	B/P	Z_1/Z_2	A/H	B/P	Z_1/Z_2	LHA	
°	°	° ′	° ′	°	° ′	° ′	°	° ′	° ′	°	° ′	° ′	°	° ′	° ′	°	° ′	° ′	°	°	°
45	135	8 27	8 33	45·6	7 45	7 50	45·5	7 03	7 06	45·4	6 21	6 23	45·4	5 39	5 41	45·3	4 57	4 58	45·2	225	315
46	134	8 36	8 24	44·6	7 53	7 41	44·5	7 11	6 59	44·4	6 28	6 17	44·4	5 45	5 35	44·3	5 02	4 53	44·2	226	314
47	133	8 45	8 15	43·6	8 01	7 33	43·5	7 18	6 51	43·4	6 34	6 10	43·4	5 51	5 28	43·3	5 07	4 47	43·2	227	313
48	132	8 53	8 06	42·6	8 09	7 25	42·5	7 25	6 44	42·4	6 41	6 03	42·4	5 56	5 22	42·3	5 12	4 42	42·2	228	312
49	131	9 02	7 56	41·6	8 17	7 16	41·5	7 32	6 36	41·4	6 47	5 56	41·4	6 02	5 16	41·3	5 17	4 36	41·2	229	311
50	130	9 10	7 47	40·6	8 24	7 07	40·5	7 39	6 28	40·4	6 53	5 49	40·3	6 07	5 10	40·3	5 21	4 31	40·2	230	310
51	129	9 18	7 37	39·6	8 32	6 58	39·5	7 45	6 20	39·4	6 59	5 42	39·3	6 13	5 03	39·3	5 26	4 25	39·2	231	309
52	128	9 26	7 27	38·6	8 39	6 49	38·5	7 52	6 12	38·4	7 05	5 34	38·3	6 18	4 57	38·3	5 31	4 19	38·2	232	308
53	127	9 33	7 17	37·6	8 46	6 40	37·5	7 58	6 03	37·4	7 11	5 27	37·3	6 23	4 50	37·3	5 35	4 14	37·2	233	307
54	126	9 41	7 07	36·6	8 53	6 31	36·5	8 05	5 55	36·4	7 16	5 19	36·3	6 28	4 43	36·3	5 39	4 08	36·2	234	306
55	125	9 48	6 57	35·6	9 00	6 22	35·5	8 11	5 47	35·4	7 22	5 11	35·3	6 33	4 37	35·3	5 44	4 02	35·2	235	305
56	124	9 56	6 47	34·6	9 06	6 12	34·5	8 17	5 38	34·4	7 27	5 04	34·3	6 38	4 30	34·3	5 48	3 56	34·2	236	304
57	123	10 03	6 36	33·6	9 13	6 03	33·5	8 22	5 29	33·4	7 32	4 56	33·3	6 42	4 23	33·3	5 52	3 50	33·2	237	303
58	122	10 09	6 26	32·6	9 19	5 53	32·5	8 28	5 20	32·4	7 37	4 48	32·3	6 47	4 16	32·3	5 56	3 43	32·2	238	302
59	121	10 16	6 15	31·6	9 25	5 43	31·5	8 34	5 11	31·4	7 42	4 40	31·3	6 51	4 08	31·2	6 00	3 37	31·2	239	301
60	120	10 22	6 04	30·6	9 31	5 33	30·5	8 39	5 02	30·4	7 47	4 32	30·3	6 55	4 01	30·2	6 04	3 31	30·2	240	300
61	119	10 29	5 53	29·5	9 36	5 23	29·5	8 44	4 53	29·4	7 52	4 23	29·3	6 59	3 54	29·2	6 07	3 24	29·2	241	299
62	118	10 35	5 42	28·5	9 42	5 13	28·4	8 49	4 44	28·4	7 56	4 15	28·3	7 04	3 46	28·2	6 11	3 18	28·2	242	298
63	117	10 41	5 31	27·5	9 47	5 03	27·4	8 54	4 35	27·4	8 01	4 07	27·3	7 07	3 39	27·2	6 14	3 11	27·2	243	297
64	116	10 46	5 19	26·5	9 52	4 52	26·4	8 59	4 25	26·3	8 05	3 58	26·3	7 11	3 32	26·2	6 17	3 05	26·2	244	296
65	115	10 52	5 08	25·5	9 57	4 42	25·4	9 03	4 16	25·3	8 09	3 50	25·3	7 15	3 24	25·2	6 20	2 58	25·2	245	295
66	114	10 57	4 56	24·5	10 02	4 31	24·4	9 08	4 06	24·3	8 13	3 41	24·3	7 18	3 16	24·2	6 24	2 52	24·2	246	294
67	113	11 02	4 45	23·5	10 07	4 21	23·4	9 12	3 56	23·3	8 17	3 32	23·3	7 22	3 09	23·2	6 26	2 45	23·2	247	293
68	112	11 07	4 33	22·4	10 11	4 10	22·4	9 16	3 47	22·3	8 20	3 24	22·2	7 25	3 01	22·2	6 29	2 38	22·1	248	292
69	111	11 12	4 21	21·4	10 16	3 59	21·4	9 20	3 37	21·3	8 24	3 15	21·2	7 28	2 53	21·2	6 32	2 31	21·1	249	291
70	110	11 16	4 09	20·4	10 20	3 48	20·3	9 23	3 27	20·3	8 27	3 06	20·2	7 31	2 45	20·2	6 35	2 24	20·1	250	290
71	109	11 20	3 58	19·4	10 24	3 37	19·3	9 27	3 17	19·3	8 30	2 57	19·2	7 34	2 37	19·2	6 37	2 17	19·1	251	289
72	108	11 24	3 45	18·4	10 27	3 26	18·3	9 30	3 07	18·3	8 33	2 48	18·2	7 36	2 29	18·2	6 39	2 10	18·1	252	288
73	107	11 28	3 33	17·4	10 31	3 15	17·3	9 34	2 57	17·2	8 36	2 39	17·2	7 39	2 21	17·2	6 42	2 03	17·1	253	287
74	106	11 32	3 21	16·3	10 34	3 04	16·3	9 37	2 47	16·2	8 39	2 30	16·2	7 41	2 13	16·1	6 44	1 56	16·1	254	286
75	105	11 35	3 09	15·3	10 37	2 53	15·3	9 39	2 37	15·2	8 41	2 21	15·2	7 44	2 05	15·1	6 46	1 49	15·1	255	285
76	104	11 38	2 57	14·3	10 40	2 42	14·3	9 42	2 27	14·2	8 44	2 12	14·2	7 46	1 57	14·1	6 47	1 42	14·1	256	284
77	103	11 41	2 44	13·3	10 43	2 30	13·2	9 44	2 16	13·2	8 46	2 02	13·2	7 48	1 49	13·1	6 49	1 35	13·1	257	283
78	102	11 44	2 32	12·3	10 45	2 19	12·2	9 47	2 06	12·2	8 48	1 53	12·1	7 49	1 40	12·1	6 51	1 28	12·1	258	282
79	101	11 47	2 19	11·2	10 48	2 07	11·2	9 49	1 56	11·2	8 50	1 44	11·1	7 51	1 32	11·1	6 52	1 21	11·1	259	281
80	100	11 49	2 07	10·2	10 50	1 56	10·2	9 51	1 45	10·2	8 52	1 35	10·1	7 53	1 24	10·1	6 54	1 13	10·1	260	280
81	99	11 51	1 54	9·2	10 52	1 45	9·2	9 53	1 35	9·1	8 53	1 25	9·1	7 54	1 16	9·1	6 55	1 06	9·1	261	279
82	98	11 53	1 42	8·2	10 53	1 33	8·1	9 54	1 24	8·1	8 55	1 16	8·1	7 55	1 07	8·1	6 56	0 59	8·1	262	278
83	97	11 55	1 29	7·2	10 55	1 21	7·1	9 55	1 14	7·1	8 56	1 06	7·1	7 56	0 59	7·1	6 57	0 51	7·1	263	277
84	96	11 56	1 16	6·1	10 56	1 10	6·1	9 57	1 03	6·1	8 57	0 57	6·1	7 57	0 50	6·1	6 58	0 44	6·0	264	276
85	95	11 57	1 04	5·1	10 57	0 58	5·1	9 58	0 53	5·1	8 58	0 47	5·1	7 58	0 42	5·0	6 58	0 37	5·0	265	275
86	94	11 58	0 51	4·1	10 58	0 47	4·1	9 59	0 42	4·1	8 59	0 38	4·0	7 59	0 34	4·0	6 59	0 29	4·0	266	274
87	93	11 59	0 38	3·1	10 59	0 35	3·1	9 59	0 32	3·0	8 59	0 28	3·0	7 59	0 25	3·0	6 59	0 22	3·0	267	273
88	92	12 00	0 26	2·0	11 00	0 23	2·0	10 00	0 21	2·0	9 00	0 19	2·0	8 00	0 17	2·0	7 00	0 15	2·0	268	272
89	91	12 00	0 13	1·0	11 00	0 12	1·0	10 00	0 11	1·0	9 00	0 10	1·0	8 00	0 08	1·0	7 00	0 07	1·0	269	271
90	90	12 00	0 00	0·0	11 00	0 00	0·0	10 00	0 00	0·0	9 00	0 00	0·0	8 00	0 00	0·0	7 00	0 00	0·0	270	270

N. Lat: for LHA > 180° … $Z_n = Z$
for LHA < 180° … $Z_n = 360° - Z$

S. Lat.: for LHA > 180° … $Z_n = 180° - Z$
for LHA < 180° … $Z_n = 180° + Z$

© British Crown Copyright 2023. All rights reserved.

SIGHT REDUCTION TABLE

B: (–) for 90° < LHA < 270°
Dec:(–) for Lat. contrary name

Z_1: same sign as B
Z_2: (–) for F > 90°

Lat. / A		84°			85°			86°			87°			88°			89°			Lat. / A	
LHA/F		A/H	B/P	Z_1/Z_2	A/H	B/P	Z_1/Z_2	A/H	B/P	Z_1/Z_2	A/H	B/P	Z_1/Z_2	A/H	B/P	Z_1/Z_2	A/H	B/P	Z_1/Z_2	LHA	
°	°	° ′	° ′	°	° ′	° ′	°	° ′	° ′	°	° ′	° ′	°	° ′	° ′	°	° ′	° ′	°	°	°
0	180	0 00	6 00	90·0	0 00	5 00	90·0	0 00	4 00	90·0	0 00	3 00	90·0	0 00	2 00	90·0	0 00	1 00	90·0	180	360
1	179	0 06	6 00	89·0	0 05	5 00	89·0	0 04	4 00	89·0	0 03	3 00	89·0	0 02	2 00	89·0	0 01	1 00	89·0	181	359
2	178	0 13	6 00	88·0	0 10	5 00	88·0	0 08	4 00	88·0	0 06	3 00	88·0	0 04	2 00	88·0	0 02	1 00	88·0	182	358
3	177	0 19	6 00	87·0	0 16	5 00	87·0	0 13	4 00	87·0	0 09	3 00	87·0	0 06	2 00	87·0	0 03	1 00	87·0	183	357
4	176	0 25	5 59	86·0	0 21	4 59	86·0	0 17	3 59	86·0	0 13	3 00	86·0	0 08	2 00	86·0	0 04	1 00	86·0	184	356
5	175	0 31	5 59	85·0	0 26	4 59	85·0	0 21	3 59	85·0	0 16	2 59	85·0	0 10	2 00	85·0	0 05	1 00	85·0	185	355
6	174	0 38	5 58	84·0	0 31	4 58	84·0	0 25	3 59	84·0	0 19	2 59	84·0	0 13	1 59	84·0	0 06	1 00	84·0	186	354
7	173	0 44	5 57	83·0	0 37	4 58	83·0	0 29	3 58	83·0	0 22	2 59	83·0	0 15	1 59	83·0	0 07	1 00	83·0	187	353
8	172	0 50	5 57	82·0	0 42	4 57	82·0	0 33	3 58	82·0	0 25	2 58	82·0	0 17	1 59	82·0	0 08	0 59	82·0	188	352
9	171	0 56	5 56	81·0	0 47	4 56	81·0	0 38	3 57	81·0	0 28	2 58	81·0	0 19	1 59	81·0	0 09	0 59	81·0	189	351
10	170	1 02	5 55	80·1	0 52	4 55	80·0	0 42	3 56	80·0	0 31	2 57	80·0	0 21	1 58	80·0	0 10	0 59	80·0	190	350
11	169	1 09	5 53	79·1	0 57	4 55	79·0	0 46	3 56	79·0	0 34	2 57	79·0	0 23	1 58	79·0	0 11	0 59	79·0	191	349
12	168	1 15	5 52	78·1	1 02	4 53	78·0	0 50	3 55	78·0	0 37	2 56	78·0	0 25	1 57	78·0	0 12	0 59	78·0	192	348
13	167	1 21	5 51	77·1	1 07	4 52	77·0	0 54	3 54	77·0	0 40	2 55	77·0	0 27	1 57	77·0	0 13	0 58	77·0	193	347
14	166	1 27	5 49	76·1	1 12	4 51	76·1	0 58	3 53	76·0	0 44	2 55	76·0	0 29	1 56	76·0	0 15	0 58	76·0	194	346
15	165	1 33	5 48	75·1	1 18	4 50	75·1	1 02	3 52	75·0	0 47	2 54	75·0	0 31	1 56	75·0	0 16	0 58	75·0	195	345
16	164	1 39	5 46	74·1	1 23	4 48	74·1	1 06	3 51	74·0	0 50	2 53	74·0	0 33	1 55	74·0	0 17	0 58	74·0	196	344
17	163	1 45	5 44	73·1	1 28	4 47	73·1	1 10	3 50	73·0	0 53	2 52	73·0	0 35	1 55	73·0	0 18	0 57	73·0	197	343
18	162	1 51	5 42	72·1	1 33	4 45	72·1	1 14	3 48	72·0	0 56	2 51	72·0	0 37	1 54	72·0	0 19	0 57	72·0	198	342
19	161	1 57	5 41	71·1	1 38	4 44	71·1	1 18	3 47	71·0	0 59	2 50	71·0	0 39	1 53	71·0	0 20	0 57	71·0	199	341
20	160	2 03	5 38	70·1	1 42	4 42	70·1	1 22	3 46	70·0	1 02	2 49	70·0	0 41	1 53	70·0	0 21	0 56	70·0	200	340
21	159	2 09	5 36	69·1	1 47	4 40	69·1	1 26	3 44	69·0	1 04	2 48	69·0	0 43	1 52	69·0	0 22	0 56	69·0	201	339
22	158	2 15	5 34	68·1	1 52	4 38	68·1	1 30	3 43	68·0	1 07	2 47	68·0	0 45	1 51	68·0	0 22	0 56	68·0	202	338
23	157	2 20	5 32	67·1	1 57	4 36	67·1	1 34	3 41	67·1	1 10	2 46	67·0	0 47	1 50	67·0	0 23	0 55	67·0	203	337
24	156	2 26	5 29	66·1	2 02	4 34	66·1	1 38	3 39	66·1	1 13	2 44	66·0	0 49	1 50	66·0	0 24	0 55	66·0	204	336
25	155	2 32	5 26	65·1	2 07	4 32	65·1	1 41	3 38	65·1	1 16	2 43	65·0	0 51	1 49	65·0	0 25	0 54	65·0	205	335
26	154	2 38	5 24	64·1	2 11	4 30	64·1	1 45	3 36	64·1	1 19	2 42	64·0	0 53	1 48	64·0	0 26	0 54	64·0	206	334
27	153	2 43	5 21	63·1	2 16	4 27	63·1	1 49	3 34	63·1	1 22	2 40	63·0	0 54	1 47	63·0	0 27	0 53	63·0	207	333
28	152	2 49	5 18	62·1	2 21	4 25	62·1	1 53	3 32	62·1	1 24	2 39	62·0	0 56	1 46	62·0	0 28	0 53	62·0	208	332
29	151	2 54	5 15	61·1	2 25	4 23	61·1	1 56	3 30	61·1	1 27	2 37	61·0	0 58	1 45	61·0	0 29	0 52	61·0	209	331
30	150	3 00	5 12	60·1	2 30	4 20	60·1	2 00	3 28	60·1	1 30	2 36	60·0	1 00	1 44	60·0	0 30	0 52	60·0	210	330
31	149	3 05	5 09	59·1	2 34	4 17	59·1	2 04	3 26	59·1	1 33	2 34	59·0	1 02	1 43	59·0	0 31	0 51	59·0	211	329
32	148	3 11	5 06	58·1	2 39	4 15	58·1	2 07	3 24	58·1	1 35	2 33	58·0	1 04	1 42	58·0	0 32	0 51	58·0	212	328
33	147	3 16	5 02	57·1	2 43	4 12	57·1	2 11	3 21	57·1	1 38	2 31	57·0	1 05	1 41	57·0	0 33	0 50	57·0	213	327
34	146	3 21	4 59	56·1	2 48	4 09	56·1	2 14	3 19	56·1	1 41	2 29	56·0	1 07	1 39	56·0	0 34	0 50	56·0	214	326
35	145	3 26	4 55	55·1	2 52	4 06	55·1	2 18	3 17	55·1	1 43	2 27	55·0	1 09	1 38	55·0	0 34	0 49	55·0	215	325
36	144	3 31	4 52	54·1	2 56	4 03	54·1	2 21	3 14	54·1	1 46	2 26	54·0	1 11	1 37	54·0	0 35	0 49	54·0	216	324
37	143	3 36	4 48	53·2	3 00	4 00	53·1	2 24	3 12	53·1	1 48	2 24	53·0	1 12	1 36	53·0	0 36	0 48	53·0	217	323
38	142	3 41	4 44	52·2	3 05	3 57	52·1	2 28	3 09	52·1	1 51	2 22	52·0	1 14	1 35	52·0	0 37	0 47	52·0	218	322
39	141	3 46	4 40	51·2	3 09	3 53	51·1	2 31	3 07	51·1	1 53	2 20	51·0	1 16	1 33	51·0	0 38	0 47	51·0	219	321
40	140	3 51	4 36	50·2	3 13	3 50	50·1	2 34	3 04	50·1	1 56	2 18	50·0	1 17	1 32	50·0	0 39	0 46	50·0	220	320
41	139	3 56	4 32	49·2	3 17	3 47	49·1	2 37	3 01	49·1	1 58	2 16	49·0	1 19	1 31	49·0	0 39	0 45	49·0	221	319
42	138	4 01	4 28	48·2	3 21	3 43	48·1	2 41	2 58	48·1	2 00	2 14	48·0	1 20	1 29	48·0	0 40	0 45	48·0	222	318
43	137	4 05	4 24	47·2	3 24	3 40	47·1	2 44	2 56	47·1	2 03	2 12	47·0	1 22	1 28	47·0	0 41	0 44	47·0	223	317
44	136	4 10	4 19	46·2	3 28	3 36	46·1	2 47	2 53	46·1	2 05	2 10	46·0	1 23	1 26	46·0	0 42	0 43	46·0	224	316
45	135	4 14	4 15	45·2	3 32	3 32	45·1	2 50	2 50	45·1	2 07	2 07	45·0	1 25	1 25	45·0	0 42	0 42	45·0	225	315

© British Crown Copyright 2023. All rights reserved.

Lat. / A		84°			85°			86°			87°			88°			89°			Lat. / A	
LHA/F		A/H	B/P	Z_1/Z_2	A/H	B/P	Z_1/Z_2	A/H	B/P	Z_1/Z_2	A/H	B/P	Z_1/Z_2	A/H	B/P	Z_1/Z_2	A/H	B/P	Z_1/Z_2	LHA	
°	°	° ′	° ′	°	° ′	° ′	°	° ′	° ′	°	° ′	° ′	°	° ′	° ′	°	° ′	° ′	°	°	°
45	135	4 14	4 15	45·2	3 32	3 32	45·1	2 50	2 50	45·1	2 07	2 07	45·0	1 25	1 25	45·0	0 42	0 42	45·0	225	315
46	134	4 19	4 11	44·2	3 36	3 29	44·1	2 53	2 47	44·1	2 09	2 05	44·0	1 26	1 23	44·0	0 43	0 42	44·0	226	314
47	133	4 23	4 06	43·2	3 39	3 25	43·1	2 55	2 44	43·1	2 12	2 03	43·0	1 28	1 22	43·0	0 44	0 41	43·0	227	313
48	132	4 27	4 01	42·2	3 43	3 21	42·1	2 58	2 41	42·1	2 14	2 01	42·0	1 29	1 20	42·0	0 45	0 40	42·0	228	312
49	131	4 31	3 57	41·2	3 46	3 17	41·1	3 01	2 38	41·1	2 16	1 58	41·0	1 31	1 19	41·0	0 45	0 39	41·0	229	311
50	130	4 36	3 52	40·2	3 50	3 13	40·1	3 04	2 34	40·1	2 18	1 56	40·0	1 32	1 17	40·0	0 46	0 39	40·0	230	310
51	129	4 40	3 47	39·2	3 53	3 09	39·1	3 06	2 31	39·1	2 20	1 53	39·0	1 33	1 16	39·0	0 47	0 38	39·0	231	309
52	128	4 43	3 42	38·2	3 56	3 05	38·1	3 09	2 28	38·1	2 22	1 51	38·0	1 35	1 14	38·0	0 47	0 37	38·0	232	308
53	127	4 47	3 37	37·2	3 59	3 01	37·1	3 12	2 25	37·1	2 24	1 48	37·0	1 36	1 12	37·0	0 48	0 36	37·0	233	307
54	126	4 51	3 32	36·1	4 03	2 57	36·1	3 14	2 21	36·1	2 26	1 46	36·0	1 37	1 11	36·0	0 49	0 35	36·0	234	306
55	125	4 55	3 27	35·1	4 06	2 52	35·1	3 17	2 18	35·1	2 27	1 43	35·0	1 38	1 09	35·0	0 49	0 34	35·0	235	305
56	124	4 58	3 22	34·1	4 09	2 48	34·1	3 19	2 14	34·1	2 29	1 41	34·0	1 39	1 07	34·0	0 50	0 34	34·0	236	304
57	123	5 02	3 17	33·1	4 12	2 44	33·1	3 21	2 11	33·1	2 31	1 38	33·0	1 41	1 05	33·0	0 50	0 33	33·0	237	303
58	122	5 05	3 11	32·1	4 14	2 39	32·1	3 23	2 07	32·1	2 33	1 35	32·0	1 42	1 04	32·0	0 51	0 32	32·0	238	302
59	121	5 08	3 06	31·1	4 17	2 35	31·1	3 26	2 04	31·1	2 34	1 33	31·0	1 43	1 02	31·0	0 51	0 31	31·0	239	301
60	120	5 12	3 00	30·1	4 20	2 30	30·1	3 28	2 00	30·1	2 36	1 30	30·0	1 44	1 00	30·0	0 52	0 30	30·0	240	300
61	119	5 15	2 55	29·1	4 22	2 26	29·1	3 30	1 56	29·1	2 37	1 27	29·0	1 45	0 58	29·0	0 52	0 29	29·0	241	299
62	118	5 18	2 49	28·1	4 25	2 21	28·1	3 32	1 53	28·1	2 39	1 25	28·0	1 46	0 56	28·0	0 53	0 28	28·0	242	298
63	117	5 21	2 44	27·1	4 27	2 16	27·1	3 34	1 49	27·1	2 40	1 22	27·0	1 47	0 54	27·0	0 53	0 27	27·0	243	297
64	116	5 23	2 38	26·1	4 30	2 12	26·1	3 36	1 45	26·1	2 42	1 19	26·0	1 48	0 53	26·0	0 54	0 26	26·0	244	296
65	115	5 26	2 33	25·1	4 32	2 07	25·1	3 37	1 42	25·1	2 43	1 16	25·0	1 49	0 51	25·0	0 54	0 25	25·0	245	295
66	114	5 29	2 27	24·1	4 34	2 02	24·1	3 39	1 38	24·1	2 44	1 13	24·0	1 50	0 49	24·0	0 55	0 24	24·0	246	294
67	113	5 31	2 21	23·1	4 36	1 57	23·1	3 41	1 34	23·1	2 46	1 10	23·0	1 50	0 47	23·0	0 55	0 23	23·0	247	293
68	112	5 34	2 15	22·1	4 38	1 53	22·1	3 42	1 30	22·0	2 47	1 07	22·0	1 51	0 45	22·0	0 56	0 22	22·0	248	292
69	111	5 36	2 09	21·1	4 40	1 48	21·1	3 44	1 26	21·0	2 48	1 05	21·0	1 52	0 43	21·0	0 56	0 22	21·0	249	291
70	110	5 38	2 04	20·1	4 42	1 43	20·1	3 46	1 22	20·0	2 49	1 02	20·0	1 53	0 41	20·0	0 56	0 21	20·0	250	290
71	109	5 40	1 58	19·1	4 44	1 38	19·1	3 47	1 18	19·0	2 50	0 59	19·0	1 53	0 39	19·0	0 57	0 20	19·0	251	289
72	108	5 42	1 52	18·1	4 45	1 33	18·1	3 48	1 14	18·0	2 51	0 56	18·0	1 54	0 37	18·0	0 57	0 19	18·0	252	288
73	107	5 44	1 46	17·1	4 47	1 28	17·1	3 49	1 10	17·0	2 52	0 53	17·0	1 55	0 35	17·0	0 57	0 18	17·0	253	287
74	106	5 46	1 40	16·1	4 48	1 23	16·1	3 51	1 06	16·0	2 53	0 50	16·0	1 55	0 33	16·0	0 58	0 17	16·0	254	286
75	105	5 48	1 33	15·1	4 50	1 18	15·1	3 52	1 02	15·0	2 54	0 47	15·0	1 56	0 31	15·0	0 58	0 16	15·0	255	285
76	104	5 49	1 27	14·1	4 51	1 13	14·1	3 53	0 58	14·0	2 55	0 44	14·0	1 56	0 29	14·0	0 58	0 15	14·0	256	284
77	103	5 51	1 21	13·1	4 52	1 08	13·0	3 54	0 54	13·0	2 55	0 41	13·0	1 57	0 27	13·0	0 58	0 13	13·0	257	283
78	102	5 52	1 15	12·1	4 53	1 03	12·0	3 55	0 50	12·0	2 56	0 37	12·0	1 57	0 25	12·0	0 59	0 12	12·0	258	282
79	101	5 53	1 09	11·1	4 54	0 57	11·0	3 56	0 46	11·0	2 57	0 34	11·0	1 58	0 23	11·0	0 59	0 11	11·0	259	281
80	100	5 55	1 03	10·1	4 55	0 52	10·0	3 56	0 42	10·0	2 57	0 31	10·0	1 58	0 21	10·0	0 59	0 10	10·0	260	280
81	99	5 56	0 57	9·0	4 56	0 47	9·0	3 57	0 38	9·0	2 58	0 28	9·0	1 59	0 19	9·0	0 59	0 09	9·0	261	279
82	98	5 56	0 50	8·0	4 57	0 42	8·0	3 58	0 33	8·0	2 58	0 25	8·0	1 59	0 17	8·0	0 59	0 08	8·0	262	278
83	97	5 57	0 44	7·0	4 58	0 37	7·0	3 58	0 29	7·0	2 59	0 22	7·0	1 59	0 15	7·0	1 00	0 07	7·0	263	277
84	96	5 58	0 38	6·0	4 58	0 31	6·0	3 59	0 25	6·0	2 59	0 19	6·0	1 59	0 13	6·0	1 00	0 06	6·0	264	276
85	95	5 59	0 31	5·0	4 59	0 26	5·0	3 59	0 21	5·0	2 59	0 16	5·0	2 00	0 10	5·0	1 00	0 05	5·0	265	275
86	94	5 59	0 25	4·0	4 59	0 21	4·0	3 59	0 17	4·0	3 00	0 13	4·0	2 00	0 08	4·0	1 00	0 04	4·0	266	274
87	93	6 00	0 19	3·0	5 00	0 16	3·0	4 00	0 13	3·0	3 00	0 09	3·0	2 00	0 06	3·0	1 00	0 03	3·0	267	273
88	92	6 00	0 13	2·0	5 00	0 10	2·0	4 00	0 08	2·0	3 00	0 06	2·0	2 00	0 04	2·0	1 00	0 02	2·0	268	272
89	91	6 00	0 06	1·0	5 00	0 05	1·0	4 00	0 04	1·0	3 00	0 03	1·0	2 00	0 02	1·0	1 00	0 01	1·0	269	271
90	90	6 00	0 00	0·0	5 00	0 00	0·0	4 00	0 00	0·0	3 00	0 00	0·0	2 00	0 00	0·0	1 00	0 00	0·0	270	270

N. Lat: for LHA > 180° … $Z_n = Z$
for LHA < 180° … $Z_n = 360° - Z$

S. Lat.: for LHA > 180° … $Z_n = 180° - Z$
for LHA < 180° … $Z_n = 180° + Z$

© British Crown Copyright 2023. All rights reserved.

AUXILIARY TABLE

Sign of $corr_1$ for F′. *Reverse* sign if $F > 90°$. ↓

Sign for $corr_2$ for A′. ↓

F′ +/−	1 / 59	2 / 58	3 / 57	4 / 56	5 / 55	6 / 54	7 / 53	8 / 52	9 / 51	10 / 50	11 / 49	12 / 48	13 / 47	14 / 46	15 / 45	16 / 44	17 / 43	18 / 42	19 / 41	20 / 40	21 / 39	22 / 38	23 / 37	24 / 36	25 / 35	26 / 34	27 / 33	28 / 32	29 / 31	□ / 30	−/+ A′
P°	′	′	′	′	′	′	′	′	′	′	′	′	′	′	′	′	′	′	′	′	′	′	′	′	′	′	′	′	′	′	$Z_2°$
1	0	0	0	0	0	0	0	0	0	0	0	0	0	0	0	0	0	0	0	0	0	0	0	0	0	0	0	0	1	1	89
2	0	0	0	0	0	0	0	0	0	0	0	0	0	0	1	1	1	1	1	1	1	1	1	1	1	1	1	1	1	1	88
3	0	0	0	0	0	0	0	0	0	1	1	1	1	1	1	1	1	1	1	1	1	1	1	1	1	1	1	1	2	2	87
4	0	0	0	0	0	0	0	1	1	1	1	1	1	1	1	1	1	1	1	1	1	2	2	2	2	2	2	2	2	2	86
5	0	0	0	0	0	1	1	1	1	1	1	1	1	1	1	1	1	2	2	2	2	2	2	2	2	2	2	2	3	3	85
6	0	0	0	0	1	1	1	1	1	1	1	1	1	1	2	2	2	2	2	2	2	2	2	3	3	3	3	3	3	3	84
7	0	0	0	0	1	1	1	1	1	1	1	1	2	2	2	2	2	2	2	2	3	3	3	3	3	3	3	3	4	4	83
8	0	0	0	1	1	1	1	1	1	1	2	2	2	2	2	2	2	3	3	3	3	3	3	3	3	4	4	4	4	4	82
9	0	0	0	1	1	1	1	1	1	2	2	2	2	2	2	3	3	3	3	3	3	3	4	4	4	4	4	4	5	5	81
10	0	0	1	1	1	1	1	1	2	2	2	2	2	2	3	3	3	3	3	3	4	4	4	4	4	5	5	5	5	5	80
11	0	0	1	1	1	1	1	2	2	2	2	2	2	3	3	3	3	3	4	4	4	4	4	5	5	5	5	5	6	6	79
12	0	0	1	1	1	1	1	2	2	2	2	2	3	3	3	3	4	4	4	4	4	5	5	5	5	5	6	6	6	6	78
13	0	0	1	1	1	1	2	2	2	2	2	3	3	3	3	4	4	4	4	4	5	5	5	5	6	6	6	6	7	7	77
14	0	0	1	1	1	1	2	2	2	2	3	3	3	3	4	4	4	4	5	5	5	5	6	6	6	6	7	7	7	7	76
15	0	1	1	1	1	2	2	2	2	3	3	3	3	4	4	4	4	5	5	5	5	6	6	6	6	7	7	7	8	8	75
16	0	1	1	1	1	2	2	2	2	3	3	3	4	4	4	4	5	5	5	6	6	6	6	7	7	7	7	8	8	8	74
17	0	1	1	1	1	2	2	2	3	3	3	4	4	4	4	5	5	5	6	6	6	6	7	7	7	8	8	8	8	9	73
18	0	1	1	1	2	2	2	2	3	3	3	4	4	4	5	5	5	6	6	6	6	7	7	7	8	8	8	9	9	9	72
19	0	1	1	1	2	2	2	3	3	3	4	4	4	5	5	5	6	6	6	7	7	7	7	8	8	8	9	9	9	10	71
20	0	1	1	1	2	2	2	3	3	3	4	4	4	5	5	5	6	6	6	7	7	8	8	8	9	9	9	10	10	10	70
21	0	1	1	1	2	2	3	3	3	4	4	4	5	5	5	6	6	6	7	7	8	8	8	9	9	9	10	10	10	11	69
22	0	1	1	1	2	2	3	3	3	4	4	4	5	5	6	6	6	7	7	7	8	8	9	9	9	10	10	10	11	11	68
23	0	1	1	2	2	2	3	3	4	4	4	5	5	5	6	6	7	7	7	8	8	9	9	9	10	10	11	11	11	12	67
24	0	1	1	2	2	2	3	3	4	4	4	5	5	6	6	7	7	7	8	8	9	9	9	10	10	11	11	11	12	12	66
25	0	1	1	2	2	3	3	3	4	4	5	5	5	6	6	7	7	8	8	8	9	9	10	10	11	11	11	12	12	13	65
26	0	1	1	2	2	3	3	4	4	4	5	5	6	6	7	7	7	8	8	9	9	10	10	11	11	11	12	12	13	13	64
27	0	1	1	2	2	3	3	4	4	5	5	5	6	6	7	7	8	8	9	9	10	10	10	11	11	12	12	13	13	14	63
28	0	1	1	2	2	3	3	4	4	5	5	6	6	7	7	8	8	8	9	9	10	10	11	11	12	12	13	13	14	14	62
29	0	1	1	2	2	3	3	4	4	5	5	6	6	7	7	8	8	9	9	10	10	11	11	12	12	13	13	14	14	15	61
30	0	1	1	2	2	3	3	4	4	5	5	6	6	7	7	8	8	9	9	10	10	11	11	12	12	13	13	14	14	15	60
31	1	1	2	2	3	3	4	4	5	5	6	6	7	7	8	8	9	9	10	10	11	11	12	12	13	13	14	14	15	15	59
32	1	1	2	2	3	3	4	4	5	5	6	6	7	7	8	8	9	10	10	11	11	12	12	13	13	14	14	15	15	16	58
33	1	1	2	2	3	3	4	4	5	5	6	7	7	8	8	9	9	10	10	11	11	12	13	13	14	14	15	15	16	16	57
34	1	1	2	2	3	3	4	4	5	6	6	7	7	8	8	9	10	10	11	11	12	12	13	13	14	15	15	16	16	17	56
35	1	1	2	2	3	3	4	5	5	6	6	7	7	8	9	9	10	10	11	11	12	13	13	14	14	15	15	16	17	17	55
36	1	1	2	2	3	4	4	5	5	6	6	7	8	8	9	9	10	11	11	12	12	13	14	14	15	15	16	16	17	18	54
37	1	1	2	2	3	4	4	5	5	6	7	7	8	8	9	10	10	11	11	12	13	13	14	14	15	16	16	17	17	18	53
38	1	1	2	2	3	4	4	5	6	6	7	7	8	9	9	10	10	11	12	12	13	14	14	15	15	16	17	17	18	18	52
39	1	1	2	3	3	4	4	5	6	6	7	8	8	9	9	10	11	11	12	13	13	14	14	15	16	16	17	18	18	19	51
40	1	1	2	3	3	4	4	5	6	6	7	8	8	9	10	10	11	12	12	13	13	14	15	15	16	17	17	18	19	19	50

© British Crown Copyright 2023. All rights reserved.

F' ±	1	2	3	4	5	6	7	8	9	10	11	12	13	14	15	16	17	18	19	20	21	22	23	24	25	26	27	28	29	□	∓ A'
	59	58	57	56	55	54	53	52	51	50	49	48	47	46	45	44	43	42	41	40	39	38	37	36	35	34	33	32	31	30	
P°	′	′	′	′	′	′	′	′	′	′	′	′	′	′	′	′	′	′	′	′	′	′	′	′	′	′	′	′	′	′	Z_2°
41	1	1	2	3	3	4	5	5	6	7	7	8	9	9	10	10	11	12	12	13	14	14	15	16	16	17	18	18	19	20	49
42	1	1	2	3	3	4	5	5	6	7	7	8	9	9	10	11	11	12	13	13	14	15	15	16	17	17	18	19	19	20	48
43	1	1	2	3	3	4	5	5	6	7	8	8	9	10	10	11	12	12	13	14	14	15	16	16	17	18	18	19	20	20	47
44	1	1	2	3	3	4	5	6	6	7	8	8	9	10	10	11	12	13	13	14	15	15	16	17	17	18	19	19	20	21	46
45	1	1	2	3	4	4	5	6	6	7	8	8	9	10	11	11	12	13	13	14	15	16	16	17	18	18	19	20	21	21	45
46	1	1	2	3	4	4	5	6	6	7	8	9	9	10	11	12	12	13	14	14	15	16	17	17	18	19	19	20	21	22	44
47	1	1	2	3	4	4	5	6	7	7	8	9	10	10	11	12	12	13	14	15	15	16	17	18	18	19	20	20	21	22	43
48	1	1	2	3	4	4	5	6	7	7	8	9	10	10	11	12	13	13	14	15	16	16	17	18	19	19	20	21	22	22	42
49	1	2	2	3	4	5	5	6	7	8	8	9	10	11	11	12	13	14	14	15	16	17	17	18	19	20	20	21	22	23	41
50	1	2	2	3	4	5	5	6	7	8	8	9	10	11	11	12	13	14	15	15	16	17	18	18	19	20	21	21	22	23	40
51	1	2	2	3	4	5	5	6	7	8	9	9	10	11	12	12	13	14	15	16	16	17	18	19	19	20	21	22	23	23	39
52	1	2	2	3	4	5	6	6	7	8	9	9	10	11	12	13	13	14	15	16	17	17	18	19	20	20	21	22	23	24	38
53	1	2	2	3	4	5	6	6	7	8	9	10	10	11	12	13	14	14	15	16	17	18	18	19	20	21	22	22	23	24	37
54	1	2	2	3	4	5	6	6	7	8	9	10	11	11	12	13	14	15	15	16	17	18	19	19	20	21	22	23	23	24	36
55	1	2	2	3	4	5	6	7	7	8	9	10	11	11	12	13	14	15	16	16	17	18	19	20	20	21	22	23	24	25	35
56	1	2	2	3	4	5	6	7	7	8	9	10	11	12	12	13	14	15	16	17	17	18	19	20	21	22	22	23	24	25	34
57	1	2	3	3	4	5	6	7	8	8	9	10	11	12	13	13	14	15	16	17	18	18	19	20	21	22	23	23	24	25	33
58	1	2	3	3	4	5	6	7	8	8	9	10	11	12	13	14	14	15	16	17	18	19	20	20	21	22	23	24	25	25	32
59	1	2	3	3	4	5	6	7	8	9	9	10	11	12	13	14	15	15	16	17	18	19	20	21	21	22	23	24	25	26	31
60	1	2	3	3	4	5	6	7	8	9	10	10	11	12	13	14	15	16	16	17	18	19	20	21	22	23	23	24	25	26	30
61	1	2	3	3	4	5	6	7	8	9	10	10	11	12	13	14	15	16	17	17	18	19	20	21	22	23	24	24	25	26	29
62	1	2	3	4	4	5	6	7	8	9	10	11	11	12	13	14	15	16	17	18	19	19	20	21	22	23	24	25	26	26	28
63	1	2	3	4	4	5	6	7	8	9	10	11	12	12	13	14	15	16	17	18	19	20	20	21	22	23	24	25	26	27	27
64	1	2	3	4	4	5	6	7	8	9	10	11	12	13	13	14	15	16	17	18	19	20	21	22	22	23	24	25	26	27	26
65	1	2	3	4	5	5	6	7	8	9	10	11	12	13	14	15	15	16	17	18	19	20	21	22	23	24	24	25	26	27	25
66	1	2	3	4	5	5	6	7	8	9	10	11	12	13	14	15	16	16	17	18	19	20	21	22	23	24	25	26	26	27	24
67	1	2	3	4	5	6	6	7	8	9	10	11	12	13	14	15	16	17	17	18	19	20	21	22	23	24	25	26	27	28	23
68	1	2	3	4	5	6	6	7	8	9	10	11	12	13	14	15	16	17	18	19	19	20	21	22	23	24	25	26	27	28	22
69	1	2	3	4	5	6	7	7	8	9	10	11	12	13	14	15	16	17	18	19	20	21	21	22	23	24	25	26	27	28	21
70	1	2	3	4	5	6	7	8	8	9	10	11	12	13	14	15	16	17	18	19	20	21	22	23	23	24	25	26	27	28	20
71	1	2	3	4	5	6	7	8	9	9	10	11	12	13	14	15	16	17	18	19	20	21	22	23	24	25	26	26	27	28	19
72	1	2	3	4	5	6	7	8	9	10	10	11	12	13	14	15	16	17	18	19	20	21	22	23	24	25	26	27	28	29	18
73	1	2	3	4	5	6	7	8	9	10	11	11	12	13	14	15	16	17	18	19	20	21	22	23	24	25	26	27	28	29	17
74	1	2	3	4	5	6	7	8	9	10	11	12	12	13	14	15	16	17	18	19	20	21	22	23	24	25	26	27	28	29	16
75	1	2	3	4	5	6	7	8	9	10	11	12	13	14	14	15	16	17	18	19	20	21	22	23	24	25	26	27	28	29	15
76	1	2	3	4	5	6	7	8	9	10	11	12	13	14	15	16	16	17	18	19	20	21	22	23	24	25	26	27	28	29	14
77	1	2	3	4	5	6	7	8	9	10	11	12	13	14	15	16	17	18	19	19	20	21	22	23	24	25	26	27	28	29	13
78	1	2	3	4	5	6	7	8	9	10	11	12	13	14	15	16	17	18	19	20	21	22	22	23	24	25	26	27	28	29	12
79	1	2	3	4	5	6	7	8	9	10	11	12	13	14	15	16	17	18	19	20	21	22	23	24	25	26	27	27	28	29	11
80	1	2	3	4	5	6	7	8	9	10	11	12	13	14	15	16	17	18	19	20	21	22	23	24	25	26	27	28	29	30	10

For P > 80°, use 80°

For $Z_2 < 10°$, use 10°

© British Crown Copyright 2023. All rights reserved.

USE OF CONCISE SIGHT REDUCTION TABLES (continued)

4. *Example.* (b) Required the altitude and azimuth of *Vega* on 2024 July 29 at UT $04^h\ 47^m$ from the estimated position S 15°, W 152°.

1.	Assumed latitude	$Lat =$ 15° S		
	From the almanac	$GHA =$ 99° 38′		
	Assumed longitude	151° 38′ W		
	Local hour angle	$LHA =$ 308		
2.	Reduction table, 1st entry $(Lat, LHA) = (15, 308)$	$A =$ 49 34	$A° = 50$, $A' = 34$	
		$B = +66$ 29	$Z_1 = +71{\cdot}7$,	$LHA > 270°$
3.	From the almanac	$Dec = -38$ 49		*Lat* and *Dec* contrary
	Sum $= B + Dec$	$F = +27$ 40	$F° = 28$, $F' = 40$	
4.	Reduction table, 2nd entry $(A°, F°) = (50, 28)$	$H =$ 17 34	$P° = 37$	
			$Z_2 = 67{\cdot}8, Z_2° = 68$	
5.	Auxiliary table, 1st entry $(F', P°) = (40, 37)$	$corr_1 =$ −12		$F < 90°$, $F' > 29'$
	Sum	17 22		
6.	Auxiliary table, 2nd entry $(A', Z_2°) = (34, 68)$	$corr_2 =$ +10		$A' > 30'$
7.	Sum = computed altitude	$H_C = +17°$ 32′		$F > 0°$
8.	Azimuth, first component	$Z_1 = +71{\cdot}7$		same sign as B
	second component	$Z_2 = +67{\cdot}8$		$F < 90°$, $F > 0°$
	Sum = azimuth angle	$Z =$ 139·5		
	True azimuth	$Z_n =$ 040°		S *Lat*, $LHA > 180°$

5. *Form for use with the Concise Sight Reduction Tables.* The form on the following page lays out the procedure explained on pages 284-285. Each step is shown, with notes and rules to ensure accuracy, rather than speed, throughout the calculation. The form is mainly intended for the calculation of star positions. It therefore includes the formation of the Greenwich hour of Aries (*GHA* Aries), and thus the Greenwich hour angle of the star (*GHA*) from its tabular sidereal hour angle (*SHA*). These calculations, included in step 1 of the form, can easily be replaced by the interpolation of *GHA* and *Dec* for the Sun, Moon or planets.

The form may be freely copied; however, acknowledgement of the source is requested.

© British Crown Copyright 2023. All rights reserved.

Date & UT of observation h m s	Body	Estimated Latitude & Longitude ° ′ ° ′

Step	Calculate Altitude & Azimuth	Summary of Rules & Notes
Assumed latitude	$Lat =$ °	Nearest estimated latitude, integral number of degrees.
Assumed longitude	$Long =$ ° ′	Choose *Long* so that *LHA* has integral number of degrees.
1. From the almanac:	$Dec =$ ° ′	Record the *Dec* for use in Step 3.
GHA Aries h	= ° ′	Needed if using *SHA*. Tabular value.
Increment m s	= ° ′	for minutes and seconds of time.
SHA	$SHA =$ ° ′	
$GHA = GHA\ Aries + SHA$	$GHA =$ ° ′	Remove multiples of 360°.
Assumed longitude	$Long =$ ° ′	West longitudes are negative.
$LHA = GHA + Long$	$LHA =$ °	Remove multiples of 360°.
2. Reduction table, 1st entry $(Lat, LHA) = (\quad°, \quad°)$ record A, B and Z_1.	$A =$ ° ′ $A° =$ °	nearest whole degree of A.
	$A' =$ ′	minutes part of A.
	$B =$ ° ′	B is minus if $90° < LHA < 270°$.
	$Z_1 =$ °	Z_1 has the same sign as B.
3. From step 1	$Dec =$ ° ′	*Dec* is minus if contrary to *Lat*.
$F = B + Dec$	$F =$ ° ′	Regard F as positive until step 7.
	$F° =$ °	nearest whole degree of F.
	$F' =$ ′	minutes part of F.
4. Reduction table, 2nd entry $(A°, F°) = (\quad°, \quad°)$ record H, P and Z_2.	$H =$ ° ′ $P° =$ °	nearest whole degree of P.
	$Z_2 =$ °	
5. Auxiliary table, 1st entry $(F', P°) = (\quad', \quad°)$ record $corr_1$	$corr_1 =$ ′	$corr_1$ is minus if $F < 90°$ & $F' > 29'$, or if $F > 90°$ & $F' < 30'$.
6. Auxiliary table, 2nd entry $(A', Z_2°) = (\quad', \quad°)$ record $corr_2$	$corr_2 =$ ′	$Z_2°$ nearest whole degree of Z_2. $corr_2$ is minus if $A' < 30'$.
7. Calculated altitude = $H_C = H + corr_1 + corr_2$	$H_C =$ ° ′	H_C is minus if F is negative, and object is below the horizon.
8. Azimuth, 1st component	$Z_1 =$ °	Z_1 has the same sign as B.
2nd component	$Z_2 =$ °	Z_2 is minus if $F > 90°$. If F is negative, $Z_2 = 180° - Z_2$
$Z = Z_1 + Z_2$	$Z =$ °	Ignore the sign of Z.
		N *Lat*: If $LHA > 180°$, $Z_n = Z$, or if $LHA < 180°$, $Z_n = 360° - Z$,
		S *Lat*: If $LHA > 180°$, $Z_n = 180° - Z$, or if $LHA < 180°$, $Z_n = 180° + Z$.
True azimuth	$Z_n =$ °	©HMNAO

For use with *The Nautical Almanac's* Concise Sight Reduction Tables pages 284-318.

© British Crown Copyright 2023. All rights reserved.

POLAR PHENOMENA

EXPLANATION

1. *Introduction.* The graphs on pages 322-325 give data concerning the rising and setting of the Sun and Moon and the duration of civil twilight for high latitudes. Graphs are given instead of tables for high latitudes because they give a clearer picture of the phenomena and of the attainable accuracy in any given case. In the regions of the graph that are difficult to read accurately, the phenomenon itself is generally uncertain.

2. *Semiduration of sunlight.* The graphs for the semiduration of sunlight (page 322) give for latitudes north of N 65° the number of hours from sunrise to meridian passage or from meridian passage to sunset. There is continuous daylight in an area marked "Sun above horizon", and no direct sunlight in an area marked "Sun below horizon". The figures near the top indicate, for several convenient dates, the local mean times of meridian passage; with the aid of the intermediate dots the LMT on any given day may be obtained to the nearest minute. The LMT of sunrise may be found by subtracting the semiduration from the time of meridian passage, and the time of sunset by adding. The equation of time is given by subtracting the time of meridian passage from noon.

Examples. (a) Estimate the time of sunrise and sunset on 2024 March 10 at latitude N 78°. The semiduration of sunlight (page 322) is about $5^{h}00^{m}$. The time of meridian passage is $12^{h}10^{m}$, and hence the LMT of sunrise is $07^{h}10^{m}$, and of sunset $17^{h}10^{m}$. (b) Estimate the dates, for the first half of 2024, when the Sun is continuously below and above the horizon at latitude N 80°. The semiduration of sunlight graph (page 322) indicates the Sun is continuously below the horizon until about February 21, and is continuously above the horizon after April 14.

3. *Duration of civil twilight.* The graphs for the duration of twilight (page 322) give the interval from the beginning of morning civil twilight (Sun 6° below the horizon) to the time of sunrise or from the time of sunset to the end of evening civil twilight. In a region marked "No twilight or sunlight", the Sun is continuously below the horizon by more than 6°. In a region marked "Continuous twilight or sunlight", the Sun never goes lower than 6° below the horizon.

Adjacent to a region marked "No twilight or sunlight" is a region in which the Sun is continuously below the horizon, but so near to the horizon during a portion of the day that there is twilight. This area is the shaded region. The value given by the graph in this shaded region is the interval from the beginning of morning twilight to meridian passage of the Sun, or from meridian passage to the end of evening twilight, the total duration of twilight being twice the value given by the graph. The border between this shaded region and the remainder of the graph indicates that the Sun only just rises at meridian passage at the date and latitude shown. The remainder of the graph gives the total duration of civil twilight.

Examples. (a) Estimate the time of the beginning of morning civil twilight at latitude N 78° on 2024 March 10. The duration of twilight (page 322) is about $1^{h}40^{m}$. Applying this to the time of sunrise, $07^{h}10^{m}$, found in the preceding example, the beginning of morning civil twilight is $05^{h}30^{m}$ LMT. (b) Estimate, for the first half of 2024, the limiting dates of civil twilight and sunlight at latitude N 80°. The graphs (page 322) indicate there is no sunlight or twilight till about February 6, there is twilight but no sunlight from February 6 until February 21, sunlight and twilight till March 31, continuous twilight or sunlight till April 14, and then continuous sunlight. (c) Estimate the time of the beginning and end of civil twilight on 2024 February 14 at latitude N 80°. The graph (page 322) indicates there is no direct sunlight at this date and latitude, but three hours of twilight before and after meridian passage occurring at $12^{h}14^{m}$. Thus civil twilight begins at about $09^{h}14^{m}$ and ends at about $15^{h}14^{m}$ LMT.

© British Crown Copyright 2023. All rights reserved.

4. *Semiduration of moonlight* The graphs, for each month, for the semiduration of moonlight give for the Moon the same data as the graphs for the semiduration of sunlight give for the Sun. The scale near the top gives the LMT of meridian passage. In addition, the phase symbols are placed on the graphs to show the day on which each phase occurs. Since the times of meridian passage and the semiduration change more rapidly from day to day for the Moon than for the Sun, special care will be required in reading the graphs accurately.

For most purposes, in these high latitudes, a rough idea of the time of moonrise or moonset is all that is required, and this may be obtained by a glance at the graph.

Example. Estimate the moon phase and the time of moonrise and moonset on 2024 October 3 at latitude N 75°. The phase is found from pages 323-325 to be near new moon, and the Moon crosses the meridian at 12^h LMT. The semiduration of moonlight taken for the time of meridian passage is 4 hours, giving moonrise at 08^h LMT on October 3 and moonset at 16^h on October 3.

If greater accuracy is required, it is necessary to read the graph for the UT of each phenomenon at the desired meridian. The dates indicated on the graph are for 00^h UT, and intermediate values of the UT may be located by estimation.

Example. Required to improve the results obtained in the preceding example, assuming the observer to be in longitude W 90° (6^h) west.

The values found previously were:

			d h				d h	
Time of meridian passage	2024	Oct.	3 12	LMT	=	Oct.	3 18	UT
Semiduration of moonlight			4					
Time of moonrise		Oct.	3 08	LMT	=	Oct.	3 14	UT
Time of moonset		Oct.	3 16	LMT	=	Oct.	3 22	UT

Returning to the graphs (pages 323-325) with these three values of the UT, the following results are obtained:

			d h m				d h m	
Time of meridian passage	2024	Oct.	3 12 10	LMT	=	Oct.	3 18 10	UT
Semiduration for moonrise			03 50					
Time of moonrise		Oct.	3 08 20	LMT	=	Oct.	3 14 20	UT
Semiduration for moonset			03 10					
Time of moonset		Oct.	3 15 20	LMT	=	Oct.	3 21 20	UT

© British Crown Copyright 2023. All rights reserved.

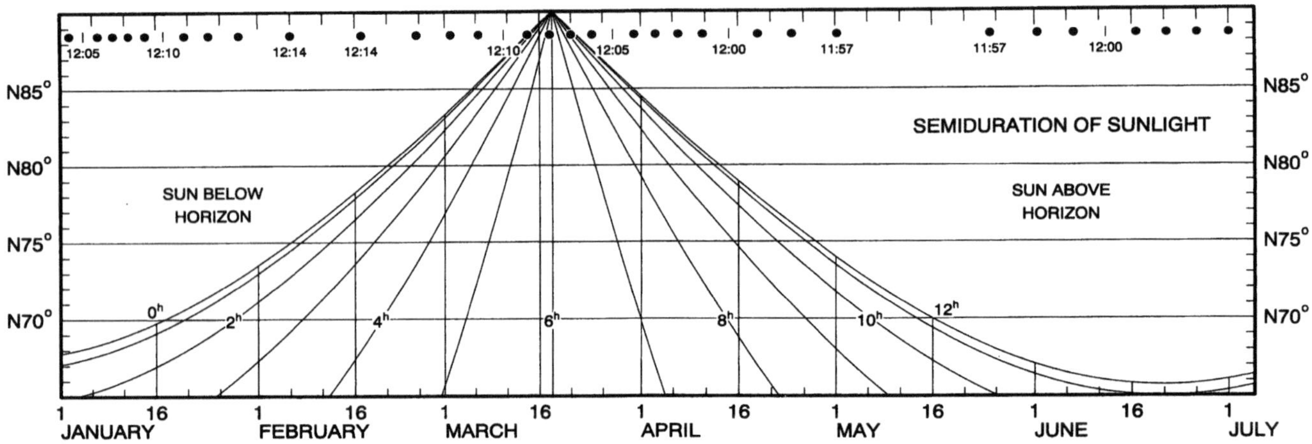

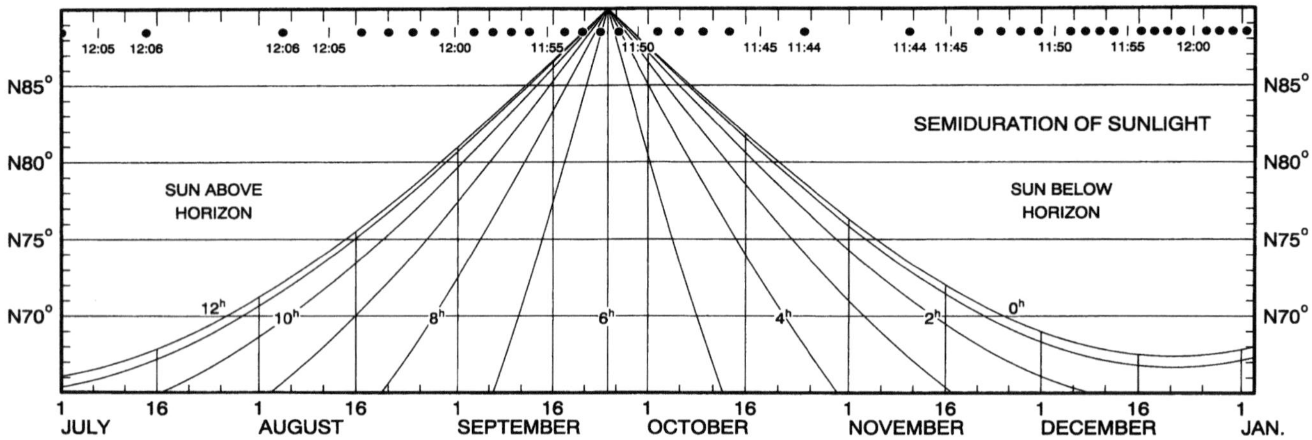

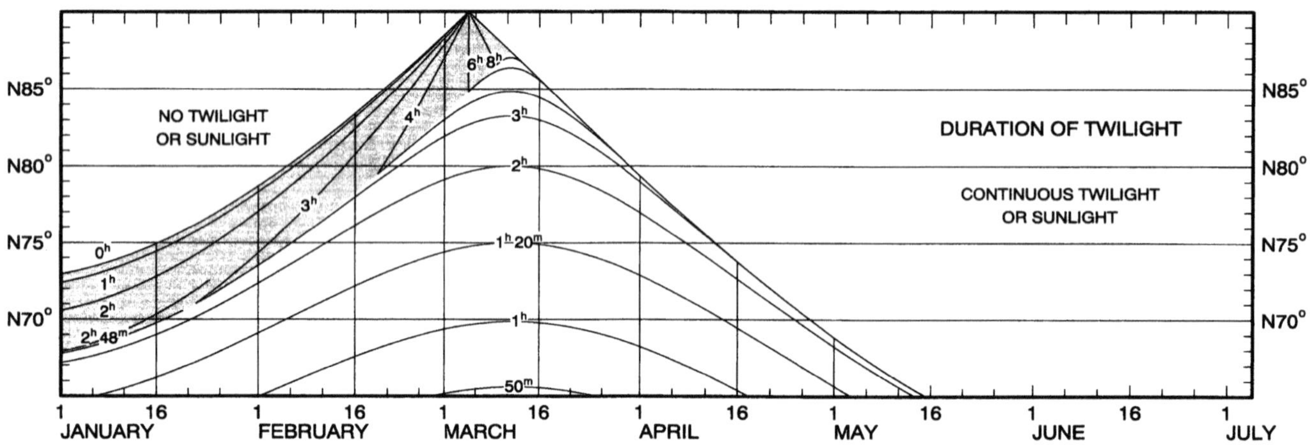

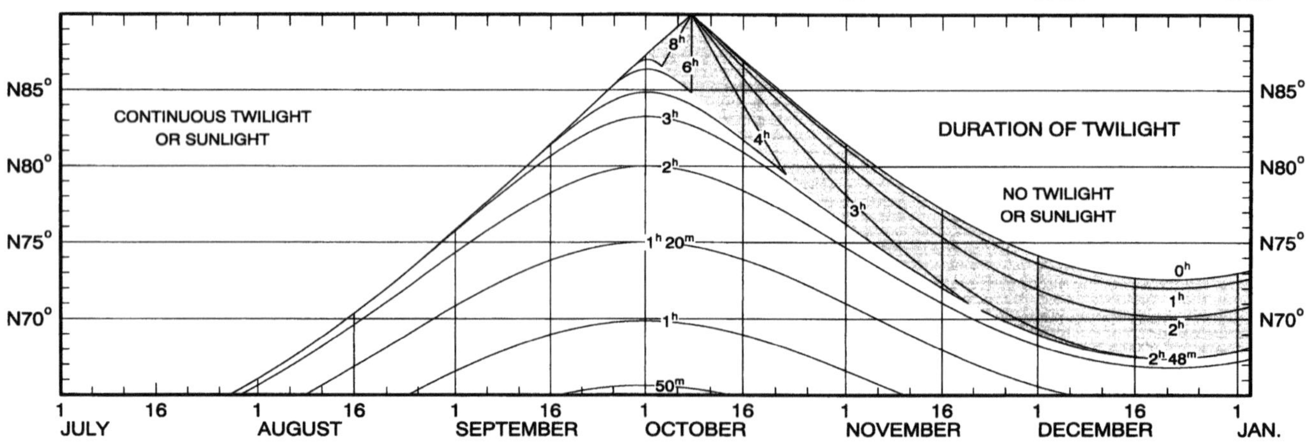

© British Crown Copyright 2023. All rights reserved.

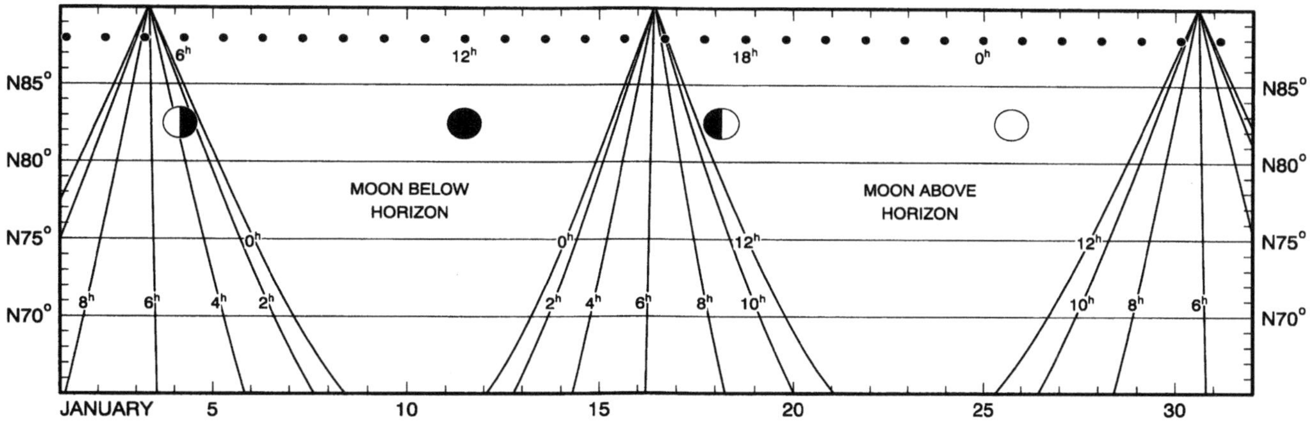

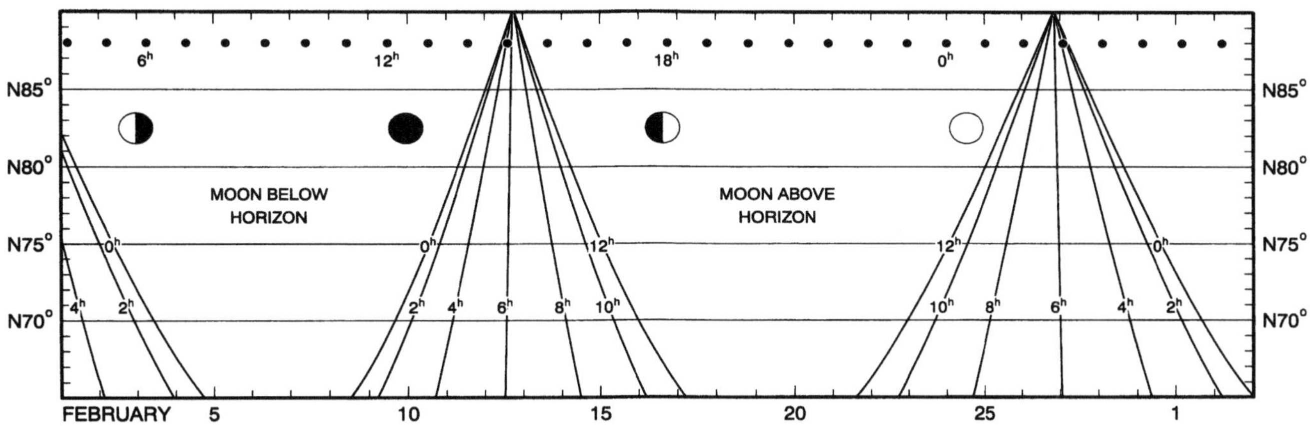

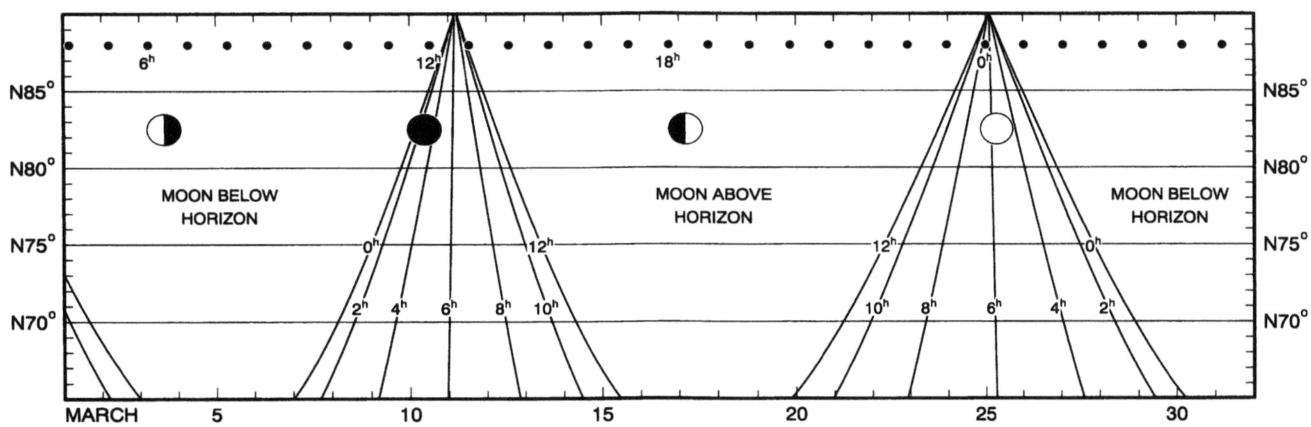

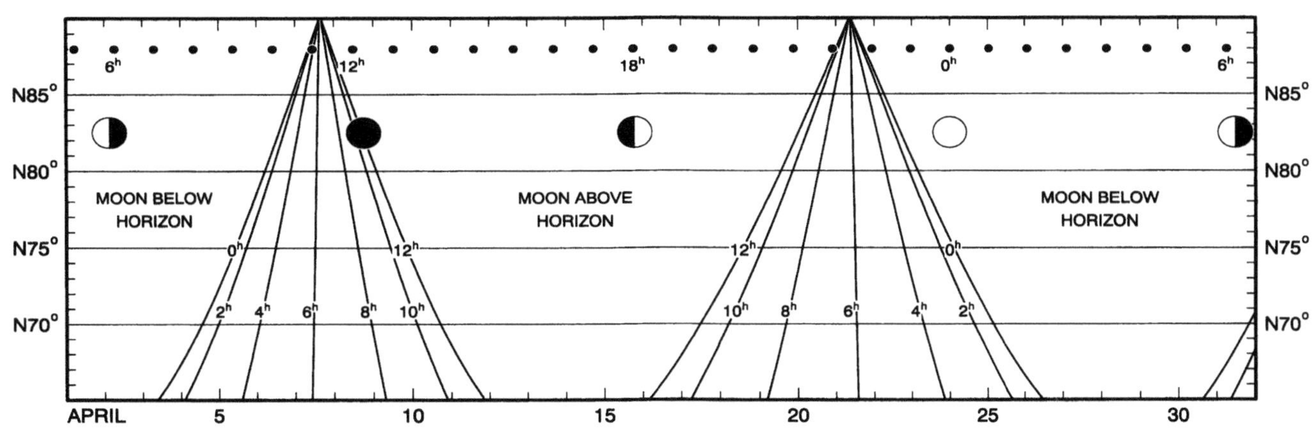

© British Crown Copyright 2023. All rights reserved.

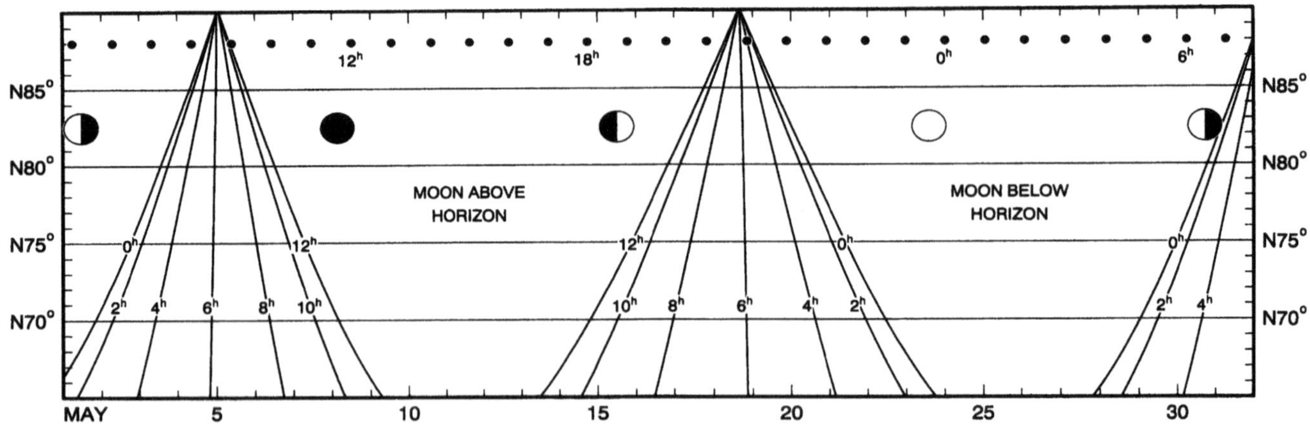

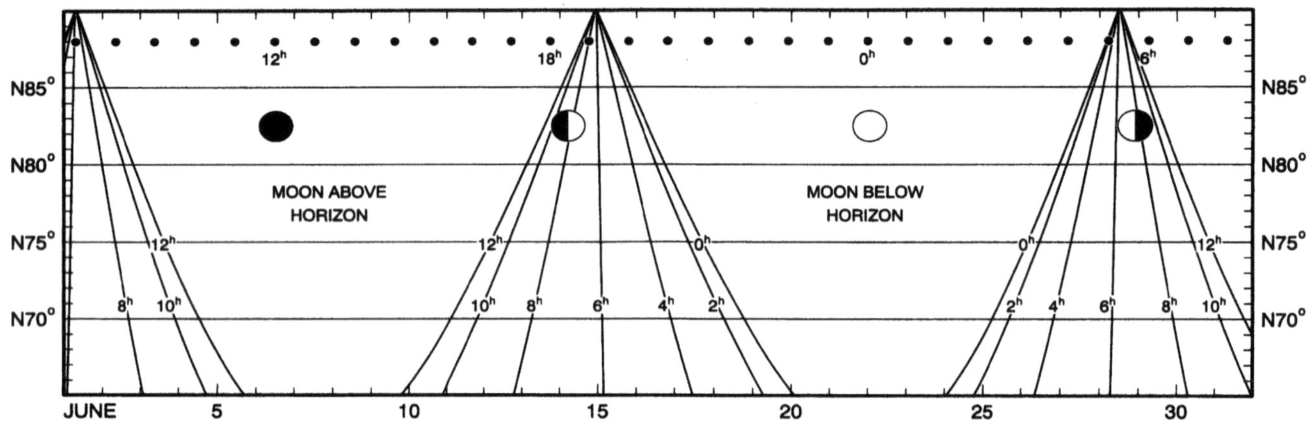

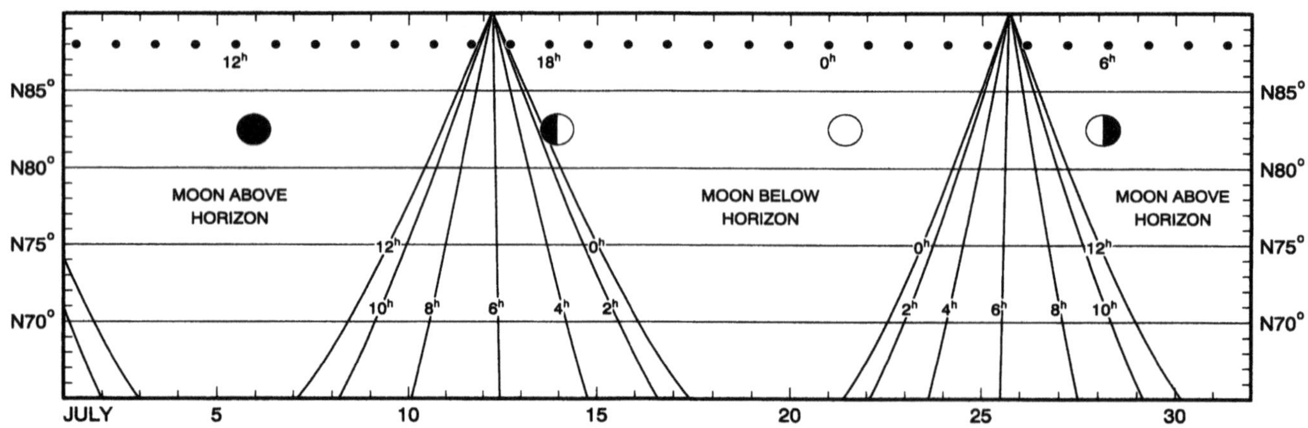

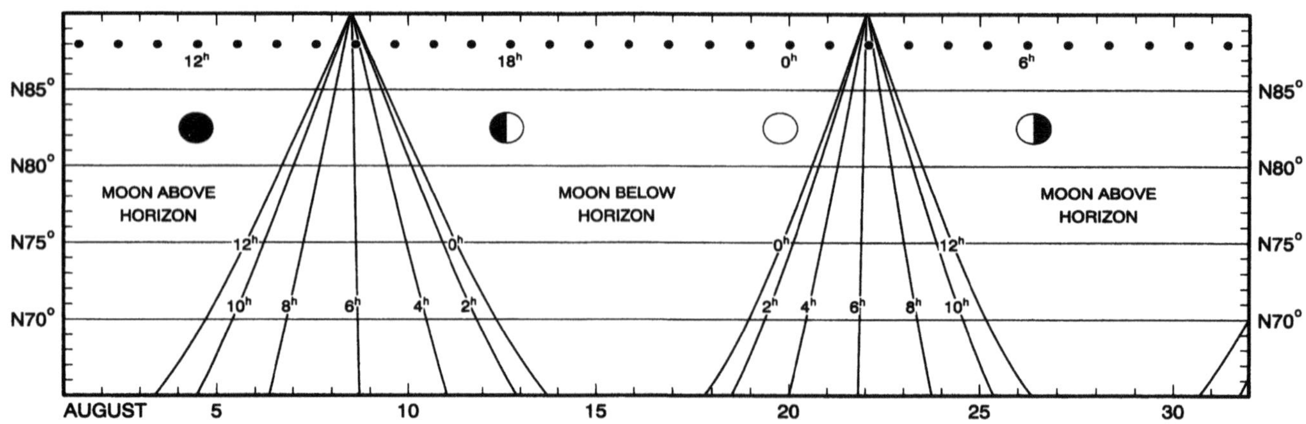

© British Crown Copyright 2023. All rights reserved.

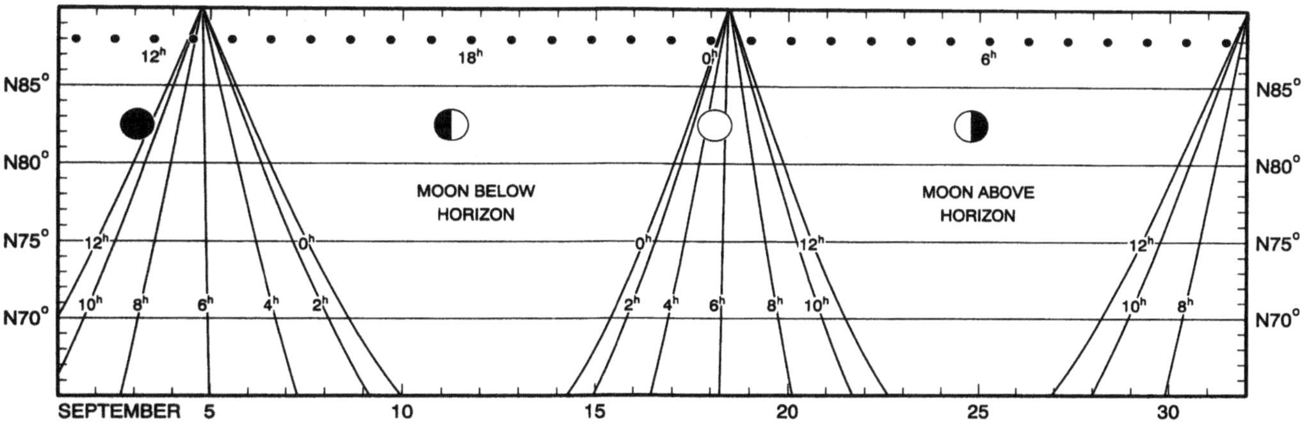

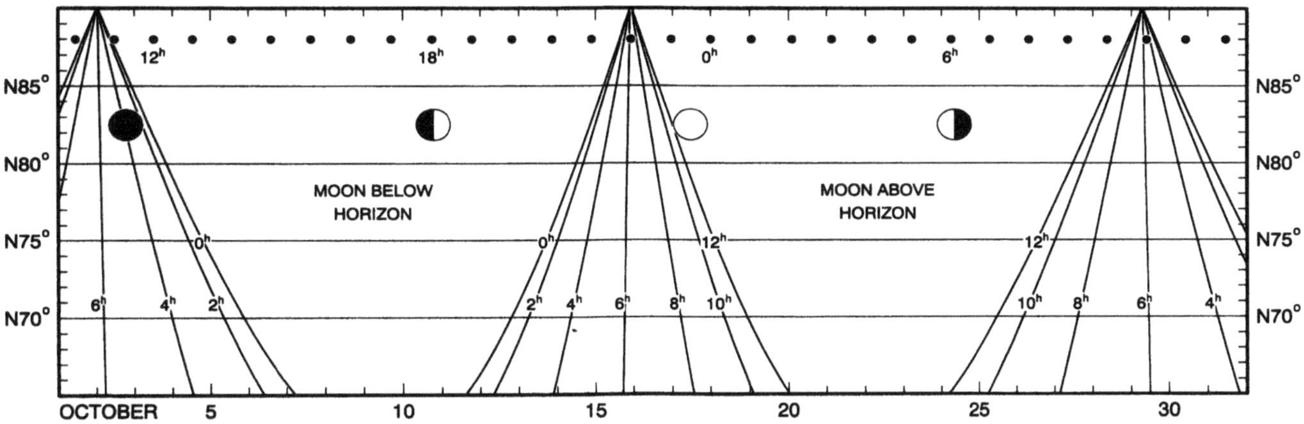

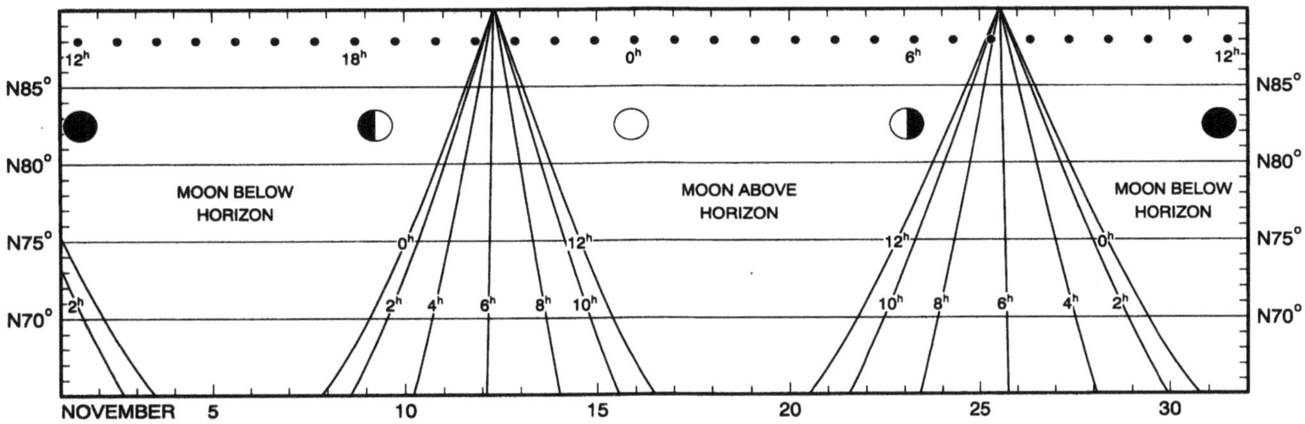

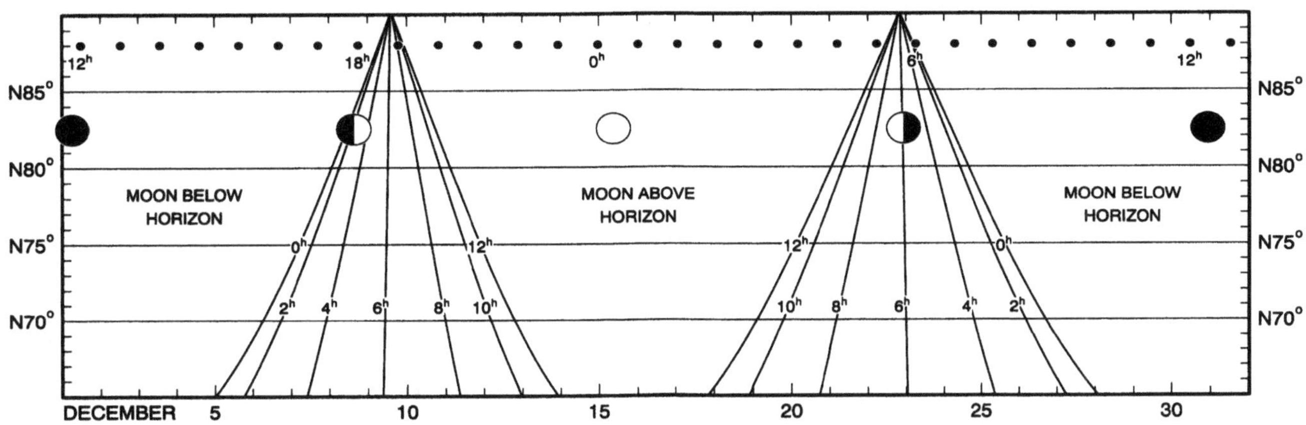

© British Crown Copyright 2023. All rights reserved.

NOTES

© British Crown Copyright 2023. All rights reserved.

CONVERSION OF ARC TO TIME

0°–59°		60°–119°		120°–179°		180°–239°		240°–299°		300°–359°			0′.00	0′.25	0′.50	0′.75
°	h m	°	h m	°	h m	°	h m	°	h m	°	h m	′	m s	m s	m s	m s
0	0 00	**60**	4 00	**120**	8 00	**180**	12 00	**240**	16 00	**300**	20 00	**0**	0 00	0 01	0 02	0 03
1	0 04	**61**	4 04	**121**	8 04	**181**	12 04	**241**	16 04	**301**	20 04	**1**	0 04	0 05	0 06	0 07
2	0 08	**62**	4 08	**122**	8 08	**182**	12 08	**242**	16 08	**302**	20 08	**2**	0 08	0 09	0 10	0 11
3	0 12	**63**	4 12	**123**	8 12	**183**	12 12	**243**	16 12	**303**	20 12	**3**	0 12	0 13	0 14	0 15
4	0 16	**64**	4 16	**124**	8 16	**184**	12 16	**244**	16 16	**304**	20 16	**4**	0 16	0 17	0 18	0 19
5	0 20	**65**	4 20	**125**	8 20	**185**	12 20	**245**	16 20	**305**	20 20	**5**	0 20	0 21	0 22	0 23
6	0 24	**66**	4 24	**126**	8 24	**186**	12 24	**246**	16 24	**306**	20 24	**6**	0 24	0 25	0 26	0 27
7	0 28	**67**	4 28	**127**	8 28	**187**	12 28	**247**	16 28	**307**	20 28	**7**	0 28	0 29	0 30	0 31
8	0 32	**68**	4 32	**128**	8 32	**188**	12 32	**248**	16 32	**308**	20 32	**8**	0 32	0 33	0 34	0 35
9	0 36	**69**	4 36	**129**	8 36	**189**	12 36	**249**	16 36	**309**	20 36	**9**	0 36	0 37	0 38	0 39
10	0 40	**70**	4 40	**130**	8 40	**190**	12 40	**250**	16 40	**310**	20 40	**10**	0 40	0 41	0 42	0 43
11	0 44	**71**	4 44	**131**	8 44	**191**	12 44	**251**	16 44	**311**	20 44	**11**	0 44	0 45	0 46	0 47
12	0 48	**72**	4 48	**132**	8 48	**192**	12 48	**252**	16 48	**312**	20 48	**12**	0 48	0 49	0 50	0 51
13	0 52	**73**	4 52	**133**	8 52	**193**	12 52	**253**	16 52	**313**	20 52	**13**	0 52	0 53	0 54	0 55
14	0 56	**74**	4 56	**134**	8 56	**194**	12 56	**254**	16 56	**314**	20 56	**14**	0 56	0 57	0 58	0 59
15	1 00	**75**	5 00	**135**	9 00	**195**	13 00	**255**	17 00	**315**	21 00	**15**	1 00	1 01	1 02	1 03
16	1 04	**76**	5 04	**136**	9 04	**196**	13 04	**256**	17 04	**316**	21 04	**16**	1 04	1 05	1 06	1 07
17	1 08	**77**	5 08	**137**	9 08	**197**	13 08	**257**	17 08	**317**	21 08	**17**	1 08	1 09	1 10	1 11
18	1 12	**78**	5 12	**138**	9 12	**198**	13 12	**258**	17 12	**318**	21 12	**18**	1 12	1 13	1 14	1 15
19	1 16	**79**	5 16	**139**	9 16	**199**	13 16	**259**	17 16	**319**	21 16	**19**	1 16	1 17	1 18	1 19
20	1 20	**80**	5 20	**140**	9 20	**200**	13 20	**260**	17 20	**320**	21 20	**20**	1 20	1 21	1 22	1 23
21	1 24	**81**	5 24	**141**	9 24	**201**	13 24	**261**	17 24	**321**	21 24	**21**	1 24	1 25	1 26	1 27
22	1 28	**82**	5 28	**142**	9 28	**202**	13 28	**262**	17 28	**322**	21 28	**22**	1 28	1 29	1 30	1 31
23	1 32	**83**	5 32	**143**	9 32	**203**	13 32	**263**	17 32	**323**	21 32	**23**	1 32	1 33	1 34	1 35
24	1 36	**84**	5 36	**144**	9 36	**204**	13 36	**264**	17 36	**324**	21 36	**24**	1 36	1 37	1 38	1 39
25	1 40	**85**	5 40	**145**	9 40	**205**	13 40	**265**	17 40	**325**	21 40	**25**	1 40	1 41	1 42	1 43
26	1 44	**86**	5 44	**146**	9 44	**206**	13 44	**266**	17 44	**326**	21 44	**26**	1 44	1 45	1 46	1 47
27	1 48	**87**	5 48	**147**	9 48	**207**	13 48	**267**	17 48	**327**	21 48	**27**	1 48	1 49	1 50	1 51
28	1 52	**88**	5 52	**148**	9 52	**208**	13 52	**268**	17 52	**328**	21 52	**28**	1 52	1 53	1 54	1 55
29	1 56	**89**	5 56	**149**	9 56	**209**	13 56	**269**	17 56	**329**	21 56	**29**	1 56	1 57	1 58	1 59
30	2 00	**90**	6 00	**150**	10 00	**210**	14 00	**270**	18 00	**330**	22 00	**30**	2 00	2 01	2 02	2 03
31	2 04	**91**	6 04	**151**	10 04	**211**	14 04	**271**	18 04	**331**	22 04	**31**	2 04	2 05	2 06	2 07
32	2 08	**92**	6 08	**152**	10 08	**212**	14 08	**272**	18 08	**332**	22 08	**32**	2 08	2 09	2 10	2 11
33	2 12	**93**	6 12	**153**	10 12	**213**	14 12	**273**	18 12	**333**	22 12	**33**	2 12	2 13	2 14	2 15
34	2 16	**94**	6 16	**154**	10 16	**214**	14 16	**274**	18 16	**334**	22 16	**34**	2 16	2 17	2 18	2 19
35	2 20	**95**	6 20	**155**	10 20	**215**	14 20	**275**	18 20	**335**	22 20	**35**	2 20	2 21	2 22	2 23
36	2 24	**96**	6 24	**156**	10 24	**216**	14 24	**276**	18 24	**336**	22 24	**36**	2 24	2 25	2 26	2 27
37	2 28	**97**	6 28	**157**	10 28	**217**	14 28	**277**	18 28	**337**	22 28	**37**	2 28	2 29	2 30	2 31
38	2 32	**98**	6 32	**158**	10 32	**218**	14 32	**278**	18 32	**338**	22 32	**38**	2 32	2 33	2 34	2 35
39	2 36	**99**	6 36	**159**	10 36	**219**	14 36	**279**	18 36	**339**	22 36	**39**	2 36	2 37	2 38	2 39
40	2 40	**100**	6 40	**160**	10 40	**220**	14 40	**280**	18 40	**340**	22 40	**40**	2 40	2 41	2 42	2 43
41	2 44	**101**	6 44	**161**	10 44	**221**	14 44	**281**	18 44	**341**	22 44	**41**	2 44	2 45	2 46	2 47
42	2 48	**102**	6 48	**162**	10 48	**222**	14 48	**282**	18 48	**342**	22 48	**42**	2 48	2 49	2 50	2 51
43	2 52	**103**	6 52	**163**	10 52	**223**	14 52	**283**	18 52	**343**	22 52	**43**	2 52	2 53	2 54	2 55
44	2 56	**104**	6 56	**164**	10 56	**224**	14 56	**284**	18 56	**344**	22 56	**44**	2 56	2 57	2 58	2 59
45	3 00	**105**	7 00	**165**	11 00	**225**	15 00	**285**	19 00	**345**	23 00	**45**	3 00	3 01	3 02	3 03
46	3 04	**106**	7 04	**166**	11 04	**226**	15 04	**286**	19 04	**346**	23 04	**46**	3 04	3 05	3 06	3 07
47	3 08	**107**	7 08	**167**	11 08	**227**	15 08	**287**	19 08	**347**	23 08	**47**	3 08	3 09	3 10	3 11
48	3 12	**108**	7 12	**168**	11 12	**228**	15 12	**288**	19 12	**348**	23 12	**48**	3 12	3 13	3 14	3 15
49	3 16	**109**	7 16	**169**	11 16	**229**	15 16	**289**	19 16	**349**	23 16	**49**	3 16	3 17	3 18	3 19
50	3 20	**110**	7 20	**170**	11 20	**230**	15 20	**290**	19 20	**350**	23 20	**50**	3 20	3 21	3 22	3 23
51	3 24	**111**	7 24	**171**	11 24	**231**	15 24	**291**	19 24	**351**	23 24	**51**	3 24	3 25	3 26	3 27
52	3 28	**112**	7 28	**172**	11 28	**232**	15 28	**292**	19 28	**352**	23 28	**52**	3 28	3 29	3 30	3 31
53	3 32	**113**	7 32	**173**	11 32	**233**	15 32	**293**	19 32	**353**	23 32	**53**	3 32	3 33	3 34	3 35
54	3 36	**114**	7 36	**174**	11 36	**234**	15 36	**294**	19 36	**354**	23 36	**54**	3 36	3 37	3 38	3 39
55	3 40	**115**	7 40	**175**	11 40	**235**	15 40	**295**	19 40	**355**	23 40	**55**	3 40	3 41	3 42	3 43
56	3 44	**116**	7 44	**176**	11 44	**236**	15 44	**296**	19 44	**356**	23 44	**56**	3 44	3 45	3 46	3 47
57	3 48	**117**	7 48	**177**	11 48	**237**	15 48	**297**	19 48	**357**	23 48	**57**	3 48	3 49	3 50	3 51
58	3 52	**118**	7 52	**178**	11 52	**238**	15 52	**298**	19 52	**358**	23 52	**58**	3 52	3 53	3 54	3 55
59	3 56	**119**	7 56	**179**	11 56	**239**	15 56	**299**	19 56	**359**	23 56	**59**	3 56	3 57	3 58	3 59

The above table is for converting expressions in arc to their equivalent in time; its main use in this Almanac is for the conversion of longitude for application to LMT (*added* if *west*, *subtracted* if *east*) to give UT or vice versa, particularly in the case of sunrise, sunset, etc.

0m s	SUN PLANETS ° ′	ARIES ° ′	MOON ° ′	v or d ′	Corrⁿ ′	v or d ′	Corrⁿ ′	v or d ′	Corrⁿ ′
00	0 00·0	0 00·0	0 00·0	0·0	0·0	6·0	0·1	12·0	0·1
01	0 00·3	0 00·3	0 00·2	0·1	0·0	6·1	0·1	12·1	0·1
02	0 00·5	0 00·5	0 00·5	0·2	0·0	6·2	0·1	12·2	0·1
03	0 00·8	0 00·8	0 00·7	0·3	0·0	6·3	0·1	12·3	0·1
04	0 01·0	0 01·0	0 01·0	0·4	0·0	6·4	0·1	12·4	0·1
05	0 01·3	0 01·3	0 01·2	0·5	0·0	6·5	0·1	12·5	0·1
06	0 01·5	0 01·5	0 01·4	0·6	0·0	6·6	0·1	12·6	0·1
07	0 01·8	0 01·8	0 01·7	0·7	0·0	6·7	0·1	12·7	0·1
08	0 02·0	0 02·0	0 01·9	0·8	0·0	6·8	0·1	12·8	0·1
09	0 02·3	0 02·3	0 02·1	0·9	0·0	6·9	0·1	12·9	0·1
10	0 02·5	0 02·5	0 02·4	1·0	0·0	7·0	0·1	13·0	0·1
11	0 02·8	0 02·8	0 02·6	1·1	0·0	7·1	0·1	13·1	0·1
12	0 03·0	0 03·0	0 02·9	1·2	0·0	7·2	0·1	13·2	0·1
13	0 03·3	0 03·3	0 03·1	1·3	0·0	7·3	0·1	13·3	0·1
14	0 03·5	0 03·5	0 03·3	1·4	0·0	7·4	0·1	13·4	0·1
15	0 03·8	0 03·8	0 03·6	1·5	0·0	7·5	0·1	13·5	0·1
16	0 04·0	0 04·0	0 03·8	1·6	0·0	7·6	0·1	13·6	0·1
17	0 04·3	0 04·3	0 04·1	1·7	0·0	7·7	0·1	13·7	0·1
18	0 04·5	0 04·5	0 04·3	1·8	0·0	7·8	0·1	13·8	0·1
19	0 04·8	0 04·8	0 04·5	1·9	0·0	7·9	0·1	13·9	0·1
20	0 05·0	0 05·0	0 04·8	2·0	0·0	8·0	0·1	14·0	0·1
21	0 05·3	0 05·3	0 05·0	2·1	0·0	8·1	0·1	14·1	0·1
22	0 05·5	0 05·5	0 05·2	2·2	0·0	8·2	0·1	14·2	0·1
23	0 05·8	0 05·8	0 05·5	2·3	0·0	8·3	0·1	14·3	0·1
24	0 06·0	0 06·0	0 05·7	2·4	0·0	8·4	0·1	14·4	0·1
25	0 06·3	0 06·3	0 06·0	2·5	0·0	8·5	0·1	14·5	0·1
26	0 06·5	0 06·5	0 06·2	2·6	0·0	8·6	0·1	14·6	0·1
27	0 06·8	0 06·8	0 06·4	2·7	0·0	8·7	0·1	14·7	0·1
28	0 07·0	0 07·0	0 06·7	2·8	0·0	8·8	0·1	14·8	0·1
29	0 07·3	0 07·3	0 06·9	2·9	0·0	8·9	0·1	14·9	0·1
30	0 07·5	0 07·5	0 07·2	3·0	0·0	9·0	0·1	15·0	0·1
31	0 07·8	0 07·8	0 07·4	3·1	0·0	9·1	0·1	15·1	0·1
32	0 08·0	0 08·0	0 07·6	3·2	0·0	9·2	0·1	15·2	0·1
33	0 08·3	0 08·3	0 07·9	3·3	0·0	9·3	0·1	15·3	0·1
34	0 08·5	0 08·5	0 08·1	3·4	0·0	9·4	0·1	15·4	0·1
35	0 08·8	0 08·8	0 08·4	3·5	0·0	9·5	0·1	15·5	0·1
36	0 09·0	0 09·0	0 08·6	3·6	0·0	9·6	0·1	15·6	0·1
37	0 09·3	0 09·3	0 08·8	3·7	0·0	9·7	0·1	15·7	0·1
38	0 09·5	0 09·5	0 09·1	3·8	0·0	9·8	0·1	15·8	0·1
39	0 09·8	0 09·8	0 09·3	3·9	0·0	9·9	0·1	15·9	0·1
40	0 10·0	0 10·0	0 09·5	4·0	0·0	10·0	0·1	16·0	0·1
41	0 10·3	0 10·3	0 09·8	4·1	0·0	10·1	0·1	16·1	0·1
42	0 10·5	0 10·5	0 10·0	4·2	0·0	10·2	0·1	16·2	0·1
43	0 10·8	0 10·8	0 10·3	4·3	0·0	10·3	0·1	16·3	0·1
44	0 11·0	0 11·0	0 10·5	4·4	0·0	10·4	0·1	16·4	0·1
45	0 11·3	0 11·3	0 10·7	4·5	0·0	10·5	0·1	16·5	0·1
46	0 11·5	0 11·5	0 11·0	4·6	0·0	10·6	0·1	16·6	0·1
47	0 11·8	0 11·8	0 11·2	4·7	0·0	10·7	0·1	16·7	0·1
48	0 12·0	0 12·0	0 11·5	4·8	0·0	10·8	0·1	16·8	0·1
49	0 12·3	0 12·3	0 11·7	4·9	0·0	10·9	0·1	16·9	0·1
50	0 12·5	0 12·5	0 11·9	5·0	0·0	11·0	0·1	17·0	0·1
51	0 12·8	0 12·8	0 12·2	5·1	0·0	11·1	0·1	17·1	0·1
52	0 13·0	0 13·0	0 12·4	5·2	0·0	11·2	0·1	17·2	0·1
53	0 13·3	0 13·3	0 12·6	5·3	0·0	11·3	0·1	17·3	0·1
54	0 13·5	0 13·5	0 12·9	5·4	0·0	11·4	0·1	17·4	0·1
55	0 13·8	0 13·8	0 13·1	5·5	0·0	11·5	0·1	17·5	0·1
56	0 14·0	0 14·0	0 13·4	5·6	0·0	11·6	0·1	17·6	0·1
57	0 14·3	0 14·3	0 13·6	5·7	0·0	11·7	0·1	17·7	0·1
58	0 14·5	0 14·5	0 13·8	5·8	0·0	11·8	0·1	17·8	0·1
59	0 14·8	0 14·8	0 14·1	5·9	0·0	11·9	0·1	17·9	0·1
60	0 15·0	0 15·0	0 14·3	6·0	0·1	12·0	0·1	18·0	0·2

1m s	SUN PLANETS ° ′	ARIES ° ′	MOON ° ′	v or d ′	Corrⁿ ′	v or d ′	Corrⁿ ′	v or d ′	Corrⁿ ′
00	0 15·0	0 15·0	0 14·3	0·0	0·0	6·0	0·2	12·0	0·3
01	0 15·3	0 15·3	0 14·6	0·1	0·0	6·1	0·2	12·1	0·3
02	0 15·5	0 15·5	0 14·8	0·2	0·0	6·2	0·2	12·2	0·3
03	0 15·8	0 15·8	0 15·0	0·3	0·0	6·3	0·2	12·3	0·3
04	0 16·0	0 16·0	0 15·3	0·4	0·0	6·4	0·2	12·4	0·3
05	0 16·3	0 16·3	0 15·5	0·5	0·0	6·5	0·2	12·5	0·3
06	0 16·5	0 16·5	0 15·7	0·6	0·0	6·6	0·2	12·6	0·3
07	0 16·8	0 16·8	0 16·0	0·7	0·0	6·7	0·2	12·7	0·3
08	0 17·0	0 17·0	0 16·2	0·8	0·0	6·8	0·2	12·8	0·3
09	0 17·3	0 17·3	0 16·5	0·9	0·0	6·9	0·2	12·9	0·3
10	0 17·5	0 17·5	0 16·7	1·0	0·0	7·0	0·2	13·0	0·3
11	0 17·8	0 17·8	0 16·9	1·1	0·0	7·1	0·2	13·1	0·3
12	0 18·0	0 18·0	0 17·2	1·2	0·0	7·2	0·2	13·2	0·3
13	0 18·3	0 18·3	0 17·4	1·3	0·0	7·3	0·2	13·3	0·3
14	0 18·5	0 18·6	0 17·7	1·4	0·0	7·4	0·2	13·4	0·3
15	0 18·8	0 18·8	0 17·9	1·5	0·0	7·5	0·2	13·5	0·3
16	0 19·0	0 19·1	0 18·1	1·6	0·0	7·6	0·2	13·6	0·3
17	0 19·3	0 19·3	0 18·4	1·7	0·0	7·7	0·2	13·7	0·3
18	0 19·5	0 19·6	0 18·6	1·8	0·0	7·8	0·2	13·8	0·3
19	0 19·8	0 19·8	0 18·9	1·9	0·0	7·9	0·2	13·9	0·3
20	0 20·0	0 20·1	0 19·1	2·0	0·1	8·0	0·2	14·0	0·4
21	0 20·3	0 20·3	0 19·3	2·1	0·1	8·1	0·2	14·1	0·4
22	0 20·5	0 20·6	0 19·6	2·2	0·1	8·2	0·2	14·2	0·4
23	0 20·8	0 20·8	0 19·8	2·3	0·1	8·3	0·2	14·3	0·4
24	0 21·0	0 21·1	0 20·0	2·4	0·1	8·4	0·2	14·4	0·4
25	0 21·3	0 21·3	0 20·3	2·5	0·1	8·5	0·2	14·5	0·4
26	0 21·5	0 21·6	0 20·5	2·6	0·1	8·6	0·2	14·6	0·4
27	0 21·8	0 21·8	0 20·8	2·7	0·1	8·7	0·2	14·7	0·4
28	0 22·0	0 22·1	0 21·0	2·8	0·1	8·8	0·2	14·8	0·4
29	0 22·3	0 22·3	0 21·2	2·9	0·1	8·9	0·2	14·9	0·4
30	0 22·5	0 22·6	0 21·5	3·0	0·1	9·0	0·2	15·0	0·4
31	0 22·8	0 22·8	0 21·7	3·1	0·1	9·1	0·2	15·1	0·4
32	0 23·0	0 23·1	0 22·0	3·2	0·1	9·2	0·2	15·2	0·4
33	0 23·3	0 23·3	0 22·2	3·3	0·1	9·3	0·2	15·3	0·4
34	0 23·5	0 23·6	0 22·4	3·4	0·1	9·4	0·2	15·4	0·4
35	0 23·8	0 23·8	0 22·7	3·5	0·1	9·5	0·2	15·5	0·4
36	0 24·0	0 24·1	0 22·9	3·6	0·1	9·6	0·2	15·6	0·4
37	0 24·3	0 24·3	0 23·1	3·7	0·1	9·7	0·2	15·7	0·4
38	0 24·5	0 24·6	0 23·4	3·8	0·1	9·8	0·2	15·8	0·4
39	0 24·8	0 24·8	0 23·6	3·9	0·1	9·9	0·2	15·9	0·4
40	0 25·0	0 25·1	0 23·9	4·0	0·1	10·0	0·3	16·0	0·4
41	0 25·3	0 25·3	0 24·1	4·1	0·1	10·1	0·3	16·1	0·4
42	0 25·5	0 25·6	0 24·3	4·2	0·1	10·2	0·3	16·2	0·4
43	0 25·8	0 25·8	0 24·6	4·3	0·1	10·3	0·3	16·3	0·4
44	0 26·0	0 26·1	0 24·8	4·4	0·1	10·4	0·3	16·4	0·4
45	0 26·3	0 26·3	0 25·1	4·5	0·1	10·5	0·3	16·5	0·4
46	0 26·5	0 26·6	0 25·3	4·6	0·1	10·6	0·3	16·6	0·4
47	0 26·8	0 26·8	0 25·5	4·7	0·1	10·7	0·3	16·7	0·4
48	0 27·0	0 27·1	0 25·8	4·8	0·1	10·8	0·3	16·8	0·4
49	0 27·3	0 27·3	0 26·0	4·9	0·1	10·9	0·3	16·9	0·4
50	0 27·5	0 27·6	0 26·2	5·0	0·1	11·0	0·3	17·0	0·4
51	0 27·8	0 27·8	0 26·5	5·1	0·1	11·1	0·3	17·1	0·4
52	0 28·0	0 28·1	0 26·7	5·2	0·1	11·2	0·3	17·2	0·4
53	0 28·3	0 28·3	0 27·0	5·3	0·1	11·3	0·3	17·3	0·4
54	0 28·5	0 28·6	0 27·2	5·4	0·1	11·4	0·3	17·4	0·4
55	0 28·8	0 28·8	0 27·4	5·5	0·1	11·5	0·3	17·5	0·4
56	0 29·0	0 29·1	0 27·7	5·6	0·1	11·6	0·3	17·6	0·4
57	0 29·3	0 29·3	0 27·9	5·7	0·1	11·7	0·3	17·7	0·4
58	0 29·5	0 29·6	0 28·2	5·8	0·1	11·8	0·3	17·8	0·4
59	0 29·8	0 29·8	0 28·4	5·9	0·1	11·9	0·3	17·9	0·4
60	0 30·0	0 30·1	0 28·6	6·0	0·2	12·0	0·3	18·0	0·5

2^m	SUN PLANETS	ARIES	MOON	v or d	Corrⁿ	v or d	Corrⁿ	v or d	Corrⁿ
s	° ′	° ′	° ′	′	′	′	′	′	′
00	0 30·0	0 30·1	0 28·6	0·0	0·0	6·0	0·3	12·0	0·5
01	0 30·3	0 30·3	0 28·9	0·1	0·0	6·1	0·3	12·1	0·5
02	0 30·5	0 30·6	0 29·1	0·2	0·0	6·2	0·3	12·2	0·5
03	0 30·8	0 30·8	0 29·3	0·3	0·0	6·3	0·3	12·3	0·5
04	0 31·0	0 31·1	0 29·6	0·4	0·0	6·4	0·3	12·4	0·5
05	0 31·3	0 31·3	0 29·8	0·5	0·0	6·5	0·3	12·5	0·5
06	0 31·5	0 31·6	0 30·1	0·6	0·0	6·6	0·3	12·6	0·5
07	0 31·8	0 31·8	0 30·3	0·7	0·0	6·7	0·3	12·7	0·5
08	0 32·0	0 32·1	0 30·5	0·8	0·0	6·8	0·3	12·8	0·5
09	0 32·3	0 32·3	0 30·8	0·9	0·0	6·9	0·3	12·9	0·5
10	0 32·5	0 32·6	0 31·0	1·0	0·0	7·0	0·3	13·0	0·5
11	0 32·8	0 32·8	0 31·3	1·1	0·0	7·1	0·3	13·1	0·5
12	0 33·0	0 33·1	0 31·5	1·2	0·1	7·2	0·3	13·2	0·6
13	0 33·3	0 33·3	0 31·7	1·3	0·1	7·3	0·3	13·3	0·6
14	0 33·5	0 33·6	0 32·0	1·4	0·1	7·4	0·3	13·4	0·6
15	0 33·8	0 33·8	0 32·2	1·5	0·1	7·5	0·3	13·5	0·6
16	0 34·0	0 34·1	0 32·5	1·6	0·1	7·6	0·3	13·6	0·6
17	0 34·3	0 34·3	0 32·7	1·7	0·1	7·7	0·3	13·7	0·6
18	0 34·5	0 34·6	0 32·9	1·8	0·1	7·8	0·3	13·8	0·6
19	0 34·8	0 34·8	0 33·2	1·9	0·1	7·9	0·3	13·9	0·6
20	0 35·0	0 35·1	0 33·4	2·0	0·1	8·0	0·3	14·0	0·6
21	0 35·3	0 35·3	0 33·6	2·1	0·1	8·1	0·3	14·1	0·6
22	0 35·5	0 35·6	0 33·9	2·2	0·1	8·2	0·3	14·2	0·6
23	0 35·8	0 35·8	0 34·1	2·3	0·1	8·3	0·3	14·3	0·6
24	0 36·0	0 36·1	0 34·4	2·4	0·1	8·4	0·4	14·4	0·6
25	0 36·3	0 36·3	0 34·6	2·5	0·1	8·5	0·4	14·5	0·6
26	0 36·5	0 36·6	0 34·8	2·6	0·1	8·6	0·4	14·6	0·6
27	0 36·8	0 36·9	0 35·1	2·7	0·1	8·7	0·4	14·7	0·6
28	0 37·0	0 37·1	0 35·3	2·8	0·1	8·8	0·4	14·8	0·6
29	0 37·3	0 37·4	0 35·6	2·9	0·1	8·9	0·4	14·9	0·6
30	0 37·5	0 37·6	0 35·8	3·0	0·1	9·0	0·4	15·0	0·6
31	0 37·8	0 37·9	0 36·0	3·1	0·1	9·1	0·4	15·1	0·6
32	0 38·0	0 38·1	0 36·3	3·2	0·1	9·2	0·4	15·2	0·6
33	0 38·3	0 38·4	0 36·5	3·3	0·1	9·3	0·4	15·3	0·6
34	0 38·5	0 38·6	0 36·7	3·4	0·1	9·4	0·4	15·4	0·6
35	0 38·8	0 38·9	0 37·0	3·5	0·1	9·5	0·4	15·5	0·6
36	0 39·0	0 39·1	0 37·2	3·6	0·2	9·6	0·4	15·6	0·7
37	0 39·3	0 39·4	0 37·5	3·7	0·2	9·7	0·4	15·7	0·7
38	0 39·5	0 39·6	0 37·7	3·8	0·2	9·8	0·4	15·8	0·7
39	0 39·8	0 39·9	0 37·9	3·9	0·2	9·9	0·4	15·9	0·7
40	0 40·0	0 40·1	0 38·2	4·0	0·2	10·0	0·4	16·0	0·7
41	0 40·3	0 40·4	0 38·4	4·1	0·2	10·1	0·4	16·1	0·7
42	0 40·5	0 40·6	0 38·7	4·2	0·2	10·2	0·4	16·2	0·7
43	0 40·8	0 40·9	0 38·9	4·3	0·2	10·3	0·4	16·3	0·7
44	0 41·0	0 41·1	0 39·1	4·4	0·2	10·4	0·4	16·4	0·7
45	0 41·3	0 41·4	0 39·4	4·5	0·2	10·5	0·4	16·5	0·7
46	0 41·5	0 41·6	0 39·6	4·6	0·2	10·6	0·4	16·6	0·7
47	0 41·8	0 41·9	0 39·8	4·7	0·2	10·7	0·4	16·7	0·7
48	0 42·0	0 42·1	0 40·1	4·8	0·2	10·8	0·5	16·8	0·7
49	0 42·3	0 42·4	0 40·3	4·9	0·2	10·9	0·5	16·9	0·7
50	0 42·5	0 42·6	0 40·6	5·0	0·2	11·0	0·5	17·0	0·7
51	0 42·8	0 42·9	0 40·8	5·1	0·2	11·1	0·5	17·1	0·7
52	0 43·0	0 43·1	0 41·0	5·2	0·2	11·2	0·5	17·2	0·7
53	0 43·3	0 43·4	0 41·3	5·3	0·2	11·3	0·5	17·3	0·7
54	0 43·5	0 43·6	0 41·5	5·4	0·2	11·4	0·5	17·4	0·7
55	0 43·8	0 43·9	0 41·8	5·5	0·2	11·5	0·5	17·5	0·7
56	0 44·0	0 44·1	0 42·0	5·6	0·2	11·6	0·5	17·6	0·7
57	0 44·3	0 44·4	0 42·2	5·7	0·2	11·7	0·5	17·7	0·7
58	0 44·5	0 44·6	0 42·5	5·8	0·2	11·8	0·5	17·8	0·7
59	0 44·8	0 44·9	0 42·7	5·9	0·2	11·9	0·5	17·9	0·7
60	0 45·0	0 45·1	0 43·0	6·0	0·3	12·0	0·5	18·0	0·8

3^m	SUN PLANETS	ARIES	MOON	v or d	Corrⁿ	v or d	Corrⁿ	v or d	Corrⁿ
s	° ′	° ′	° ′	′	′	′	′	′	′
00	0 45·0	0 45·1	0 43·0	0·0	0·0	6·0	0·4	12·0	0·7
01	0 45·3	0 45·4	0 43·2	0·1	0·0	6·1	0·4	12·1	0·7
02	0 45·5	0 45·6	0 43·4	0·2	0·0	6·2	0·4	12·2	0·7
03	0 45·8	0 45·9	0 43·7	0·3	0·0	6·3	0·4	12·3	0·7
04	0 46·0	0 46·1	0 43·9	0·4	0·0	6·4	0·4	12·4	0·7
05	0 46·3	0 46·4	0 44·1	0·5	0·0	6·5	0·4	12·5	0·7
06	0 46·5	0 46·6	0 44·4	0·6	0·0	6·6	0·4	12·6	0·7
07	0 46·8	0 46·9	0 44·6	0·7	0·0	6·7	0·4	12·7	0·7
08	0 47·0	0 47·1	0 44·9	0·8	0·0	6·8	0·4	12·8	0·7
09	0 47·3	0 47·4	0 45·1	0·9	0·1	6·9	0·4	12·9	0·8
10	0 47·5	0 47·6	0 45·3	1·0	0·1	7·0	0·4	13·0	0·8
11	0 47·8	0 47·9	0 45·6	1·1	0·1	7·1	0·4	13·1	0·8
12	0 48·0	0 48·1	0 45·8	1·2	0·1	7·2	0·4	13·2	0·8
13	0 48·3	0 48·4	0 46·1	1·3	0·1	7·3	0·4	13·3	0·8
14	0 48·5	0 48·6	0 46·3	1·4	0·1	7·4	0·4	13·4	0·8
15	0 48·8	0 48·9	0 46·5	1·5	0·1	7·5	0·4	13·5	0·8
16	0 49·0	0 49·1	0 46·8	1·6	0·1	7·6	0·4	13·6	0·8
17	0 49·3	0 49·4	0 47·0	1·7	0·1	7·7	0·4	13·7	0·8
18	0 49·5	0 49·6	0 47·2	1·8	0·1	7·8	0·5	13·8	0·8
19	0 49·8	0 49·9	0 47·5	1·9	0·1	7·9	0·5	13·9	0·8
20	0 50·0	0 50·1	0 47·7	2·0	0·1	8·0	0·5	14·0	0·8
21	0 50·3	0 50·4	0 48·0	2·1	0·1	8·1	0·5	14·1	0·8
22	0 50·5	0 50·6	0 48·2	2·2	0·1	8·2	0·5	14·2	0·8
23	0 50·8	0 50·9	0 48·4	2·3	0·1	8·3	0·5	14·3	0·8
24	0 51·0	0 51·1	0 48·7	2·4	0·1	8·4	0·5	14·4	0·8
25	0 51·3	0 51·4	0 48·9	2·5	0·1	8·5	0·5	14·5	0·8
26	0 51·5	0 51·6	0 49·2	2·6	0·2	8·6	0·5	14·6	0·9
27	0 51·8	0 51·9	0 49·4	2·7	0·2	8·7	0·5	14·7	0·9
28	0 52·0	0 52·1	0 49·6	2·8	0·2	8·8	0·5	14·8	0·9
29	0 52·3	0 52·4	0 49·9	2·9	0·2	8·9	0·5	14·9	0·9
30	0 52·5	0 52·6	0 50·1	3·0	0·2	9·0	0·5	15·0	0·9
31	0 52·8	0 52·9	0 50·3	3·1	0·2	9·1	0·5	15·1	0·9
32	0 53·0	0 53·1	0 50·6	3·2	0·2	9·2	0·5	15·2	0·9
33	0 53·3	0 53·4	0 50·8	3·3	0·2	9·3	0·5	15·3	0·9
34	0 53·5	0 53·6	0 51·1	3·4	0·2	9·4	0·5	15·4	0·9
35	0 53·8	0 53·9	0 51·3	3·5	0·2	9·5	0·6	15·5	0·9
36	0 54·0	0 54·1	0 51·5	3·6	0·2	9·6	0·6	15·6	0·9
37	0 54·3	0 54·4	0 51·8	3·7	0·2	9·7	0·6	15·7	0·9
38	0 54·5	0 54·6	0 52·0	3·8	0·2	9·8	0·6	15·8	0·9
39	0 54·8	0 54·9	0 52·3	3·9	0·2	9·9	0·6	15·9	0·9
40	0 55·0	0 55·2	0 52·5	4·0	0·2	10·0	0·6	16·0	0·9
41	0 55·3	0 55·4	0 52·7	4·1	0·2	10·1	0·6	16·1	0·9
42	0 55·5	0 55·7	0 53·0	4·2	0·2	10·2	0·6	16·2	0·9
43	0 55·8	0 55·9	0 53·2	4·3	0·3	10·3	0·6	16·3	1·0
44	0 56·0	0 56·2	0 53·4	4·4	0·3	10·4	0·6	16·4	1·0
45	0 56·3	0 56·4	0 53·7	4·5	0·3	10·5	0·6	16·5	1·0
46	0 56·5	0 56·7	0 53·9	4·6	0·3	10·6	0·6	16·6	1·0
47	0 56·8	0 56·9	0 54·2	4·7	0·3	10·7	0·6	16·7	1·0
48	0 57·0	0 57·2	0 54·4	4·8	0·3	10·8	0·6	16·8	1·0
49	0 57·3	0 57·4	0 54·6	4·9	0·3	10·9	0·6	16·9	1·0
50	0 57·5	0 57·7	0 54·9	5·0	0·3	11·0	0·6	17·0	1·0
51	0 57·8	0 57·9	0 55·1	5·1	0·3	11·1	0·6	17·1	1·0
52	0 58·0	0 58·2	0 55·4	5·2	0·3	11·2	0·7	17·2	1·0
53	0 58·3	0 58·4	0 55·6	5·3	0·3	11·3	0·7	17·3	1·0
54	0 58·5	0 58·7	0 55·8	5·4	0·3	11·4	0·7	17·4	1·0
55	0 58·8	0 58·9	0 56·1	5·5	0·3	11·5	0·7	17·5	1·0
56	0 59·0	0 59·2	0 56·3	5·6	0·3	11·6	0·7	17·6	1·0
57	0 59·3	0 59·4	0 56·6	5·7	0·3	11·7	0·7	17·7	1·0
58	0 59·5	0 59·7	0 56·8	5·8	0·3	11·8	0·7	17·8	1·0
59	0 59·8	0 59·9	0 57·0	5·9	0·3	11·9	0·7	17·9	1·0
60	1 00·0	1 00·2	0 57·3	6·0	0·4	12·0	0·7	18·0	1·1

4m s	SUN PLANETS ° ′	ARIES ° ′	MOON ° ′	v or d ′	Corrⁿ ′	v or d ′	Corrⁿ ′	v or d ′	Corrⁿ ′
00	1 00·0	1 00·2	0 57·3	0·0	0·0	6·0	0·5	12·0	0·9
01	1 00·3	1 00·4	0 57·5	0·1	0·0	6·1	0·5	12·1	0·9
02	1 00·5	1 00·7	0 57·7	0·2	0·0	6·2	0·5	12·2	0·9
03	1 00·8	1 00·9	0 58·0	0·3	0·0	6·3	0·5	12·3	0·9
•04	1 01·0	1 01·2	0 58·2	0·4	0·0	6·4	0·5	12·4	0·9
05	1 01·3	1 01·4	0 58·5	0·5	0·0	6·5	0·5	12·5	0·9
06	1 01·5	1 01·7	0 58·7	0·6	0·0	6·6	0·5	12·6	0·9
07	1 01·8	1 01·9	0 58·9	0·7	0·1	6·7	0·5	12·7	1·0
08	1 02·0	1 02·2	0 59·2	0·8	0·1	6·8	0·5	12·8	1·0
09	1 02·3	1 02·4	0 59·4	0·9	0·1	6·9	0·5	12·9	1·0
10	1 02·5	1 02·7	0 59·7	1·0	0·1	7·0	0·5	13·0	1·0
11	1 02·8	1 02·9	0 59·9	1·1	0·1	7·1	0·5	13·1	1·0
12	1 03·0	1 03·2	1 00·1	1·2	0·1	7·2	0·5	13·2	1·0
13	1 03·3	1 03·4	1 00·4	1·3	0·1	7·3	0·5	13·3	1·0
14	1 03·5	1 03·7	1 00·6	1·4	0·1	7·4	0·6	13·4	1·0
15	1 03·8	1 03·9	1 00·8	1·5	0·1	7·5	0·6	13·5	1·0
16	1 04·0	1 04·2	1 01·1	1·6	0·1	7·6	0·6	13·6	1·0
17	1 04·3	1 04·4	1 01·3	1·7	0·1	7·7	0·6	13·7	1·0
18	1 04·5	1 04·7	1 01·6	1·8	0·1	7·8	0·6	13·8	1·0
19	1 04·8	1 04·9	1 01·8	1·9	0·1	7·9	0·6	13·9	1·0
20	1 05·0	1 05·2	1 02·0	2·0	0·2	8·0	0·6	14·0	1·1
21	1 05·3	1 05·4	1 02·3	2·1	0·2	8·1	0·6	14·1	1·1
22	1 05·5	1 05·7	1 02·5	2·2	0·2	8·2	0·6	14·2	1·1
23	1 05·8	1 05·9	1 02·8	2·3	0·2	8·3	0·6	14·3	1·1
24	1 06·0	1 06·2	1 03·0	2·4	0·2	8·4	0·6	14·4	1·1
25	1 06·3	1 06·4	1 03·2	2·5	0·2	8·5	0·6	14·5	1·1
26	1 06·5	1 06·7	1 03·5	2·6	0·2	8·6	0·6	14·6	1·1
27	1 06·8	1 06·9	1 03·7	2·7	0·2	8·7	0·7	14·7	1·1
28	1 07·0	1 07·2	1 03·9	2·8	0·2	8·8	0·7	14·8	1·1
29	1 07·3	1 07·4	1 04·2	2·9	0·2	8·9	0·7	14·9	1·1
30	1 07·5	1 07·7	1 04·4	3·0	0·2	9·0	0·7	15·0	1·1
31	1 07·8	1 07·9	1 04·7	3·1	0·2	9·1	0·7	15·1	1·1
32	1 08·0	1 08·2	1 04·9	3·2	0·2	9·2	0·7	15·2	1·1
33	1 08·3	1 08·4	1 05·1	3·3	0·2	9·3	0·7	15·3	1·1
34	1 08·5	1 08·7	1 05·4	3·4	0·3	9·4	0·7	15·4	1·2
35	1 08·8	1 08·9	1 05·6	3·5	0·3	9·5	0·7	15·5	1·2
36	1 09·0	1 09·2	1 05·9	3·6	0·3	9·6	0·7	15·6	1·2
37	1 09·3	1 09·4	1 06·1	3·7	0·3	9·7	0·7	15·7	1·2
38	1 09·5	1 09·7	1 06·3	3·8	0·3	9·8	0·7	15·8	1·2
39	1 09·8	1 09·9	1 06·6	3·9	0·3	9·9	0·7	15·9	1·2
40	1 10·0	1 10·2	1 06·8	4·0	0·3	10·0	0·8	16·0	1·2
41	1 10·3	1 10·4	1 07·0	4·1	0·3	10·1	0·8	16·1	1·2
42	1 10·5	1 10·7	1 07·3	4·2	0·3	10·2	0·8	16·2	1·2
43	1 10·8	1 10·9	1 07·5	4·3	0·3	10·3	0·8	16·3	1·2
44	1 11·0	1 11·2	1 07·8	4·4	0·3	10·4	0·8	16·4	1·2
45	1 11·3	1 11·4	1 08·0	4·5	0·3	10·5	0·8	16·5	1·2
46	1 11·5	1 11·7	1 08·2	4·6	0·3	10·6	0·8	16·6	1·2
47	1 11·8	1 11·9	1 08·5	4·7	0·4	10·7	0·8	16·7	1·3
48	1 12·0	1 12·2	1 08·7	4·8	0·4	10·8	0·8	16·8	1·3
49	1 12·3	1 12·4	1 09·0	4·9	0·4	10·9	0·8	16·9	1·3
50	1 12·5	1 12·7	1 09·2	5·0	0·4	11·0	0·8	17·0	1·3
51	1 12·8	1 12·9	1 09·4	5·1	0·4	11·1	0·8	17·1	1·3
52	1 13·0	1 13·2	1 09·7	5·2	0·4	11·2	0·8	17·2	1·3
53	1 13·3	1 13·5	1 09·9	5·3	0·4	11·3	0·8	17·3	1·3
54	1 13·5	1 13·7	1 10·2	5·4	0·4	11·4	0·9	17·4	1·3
55	1 13·8	1 14·0	1 10·4	5·5	0·4	11·5	0·9	17·5	1·3
56	1 14·0	1 14·2	1 10·6	5·6	0·4	11·6	0·9	17·6	1·3
57	1 14·3	1 14·5	1 10·9	5·7	0·4	11·7	0·9	17·7	1·3
58	1 14·5	1 14·7	1 11·1	5·8	0·4	11·8	0·9	17·8	1·3
59	1 14·8	1 15·0	1 11·3	5·9	0·4	11·9	0·9	17·9	1·3
60	1 15·0	1 15·2	1 11·6	6·0	0·5	12·0	0·9	18·0	1·4

5m s	SUN PLANETS ° ′	ARIES ° ′	MOON ° ′	v or d ′	Corrⁿ ′	v or d ′	Corrⁿ ′	v or d ′	Corrⁿ ′
00	1 15·0	1 15·2	1 11·6	0·0	0·0	6·0	0·6	12·0	1·1
01	1 15·3	1 15·5	1 11·8	0·1	0·0	6·1	0·6	12·1	1·1
02	1 15·5	1 15·7	1 12·1	0·2	0·0	6·2	0·6	12·2	1·1
03	1 15·8	1 16·0	1 12·3	0·3	0·0	6·3	0·6	12·3	1·1
04	1 16·0	1 16·2	1 12·5	0·4	0·0	6·4	0·6	12·4	1·1
05	1 16·3	1 16·5	1 12·8	0·5	0·0	6·5	0·6	12·5	1·1
06	1 16·5	1 16·7	1 13·0	0·6	0·1	6·6	0·6	12·6	1·2
07	1 16·8	1 17·0	1 13·3	0·7	0·1	6·7	0·6	12·7	1·2
08	1 17·0	1 17·2	1 13·5	0·8	0·1	6·8	0·6	12·8	1·2
09	1 17·3	1 17·5	1 13·7	0·9	0·1	6·9	0·6	12·9	1·2
10	1 17·5	1 17·7	1 14·0	1·0	0·1	7·0	0·6	13·0	1·2
11	1 17·8	1 18·0	1 14·2	1·1	0·1	7·1	0·7	13·1	1·2
12	1 18·0	1 18·2	1 14·4	1·2	0·1	7·2	0·7	13·2	1·2
13	1 18·3	1 18·5	1 14·7	1·3	0·1	7·3	0·7	13·3	1·2
14	1 18·5	1 18·7	1 14·9	1·4	0·1	7·4	0·7	13·4	1·2
15	1 18·8	1 19·0	1 15·2	1·5	0·1	7·5	0·7	13·5	1·2
16	1 19·0	1 19·2	1 15·4	1·6	0·1	7·6	0·7	13·6	1·2
17	1 19·3	1 19·5	1 15·6	1·7	0·2	7·7	0·7	13·7	1·3
18	1 19·5	1 19·7	1 15·9	1·8	0·2	7·8	0·7	13·8	1·3
19	1 19·8	1 20·0	1 16·1	1·9	0·2	7·9	0·7	13·9	1·3
20	1 20·0	1 20·2	1 16·4	2·0	0·2	8·0	0·7	14·0	1·3
21	1 20·3	1 20·5	1 16·6	2·1	0·2	8·1	0·7	14·1	1·3
22	1 20·5	1 20·7	1 16·8	2·2	0·2	8·2	0·8	14·2	1·3
23	1 20·8	1 21·0	1 17·1	2·3	0·2	8·3	0·8	14·3	1·3
24	1 21·0	1 21·2	1 17·3	2·4	0·2	8·4	0·8	14·4	1·3
25	1 21·3	1 21·5	1 17·5	2·5	0·2	8·5	0·8	14·5	1·3
26	1 21·5	1 21·7	1 17·8	2·6	0·2	8·6	0·8	14·6	1·3
27	1 21·8	1 22·0	1 18·0	2·7	0·2	8·7	0·8	14·7	1·3
28	1 22·0	1 22·2	1 18·3	2·8	0·3	8·8	0·8	14·8	1·4
29	1 22·3	1 22·5	1 18·5	2·9	0·3	8·9	0·8	14·9	1·4
30	1 22·5	1 22·7	1 18·7	3·0	0·3	9·0	0·8	15·0	1·4
31	1 22·8	1 23·0	1 19·0	3·1	0·3	9·1	0·8	15·1	1·4
32	1 23·0	1 23·2	1 19·2	3·2	0·3	9·2	0·8	15·2	1·4
33	1 23·3	1 23·5	1 19·5	3·3	0·3	9·3	0·9	15·3	1·4
34	1 23·5	1 23·7	1 19·7	3·4	0·3	9·4	0·9	15·4	1·4
35	1 23·8	1 24·0	1 19·9	3·5	0·3	9·5	0·9	15·5	1·4
36	1 24·0	1 24·2	1 20·2	3·6	0·3	9·6	0·9	15·6	1·4
37	1 24·3	1 24·5	1 20·4	3·7	0·3	9·7	0·9	15·7	1·4
38	1 24·5	1 24·7	1 20·7	3·8	0·3	9·8	0·9	15·8	1·4
39	1 24·8	1 25·0	1 20·9	3·9	0·4	9·9	0·9	15·9	1·5
40	1 25·0	1 25·2	1 21·1	4·0	0·4	10·0	0·9	16·0	1·5
41	1 25·3	1 25·5	1 21·4	4·1	0·4	10·1	0·9	16·1	1·5
42	1 25·5	1 25·7	1 21·6	4·2	0·4	10·2	0·9	16·2	1·5
43	1 25·8	1 26·0	1 21·8	4·3	0·4	10·3	0·9	16·3	1·5
44	1 26·0	1 26·2	1 22·1	4·4	0·4	10·4	1·0	16·4	1·5
45	1 26·3	1 26·5	1 22·3	4·5	0·4	10·5	1·0	16·5	1·5
46	1 26·5	1 26·7	1 22·6	4·6	0·4	10·6	1·0	16·6	1·5
47	1 26·8	1 27·0	1 22·8	4·7	0·4	10·7	1·0	16·7	1·5
48	1 27·0	1 27·2	1 23·0	4·8	0·4	10·8	1·0	16·8	1·5
49	1 27·3	1 27·5	1 23·3	4·9	0·4	10·9	1·0	16·9	1·5
50	1 27·5	1 27·7	1 23·5	5·0	0·5	11·0	1·0	17·0	1·6
51	1 27·8	1 28·0	1 23·8	5·1	0·5	11·1	1·0	17·1	1·6
52	1 28·0	1 28·2	1 24·0	5·2	0·5	11·2	1·0	17·2	1·6
53	1 28·3	1 28·5	1 24·2	5·3	0·5	11·3	1·0	17·3	1·6
54	1 28·5	1 28·7	1 24·5	5·4	0·5	11·4	1·0	17·4	1·6
55	1 28·8	1 29·0	1 24·7	5·5	0·5	11·5	1·1	17·5	1·6
56	1 29·0	1 29·2	1 24·9	5·6	0·5	11·6	1·1	17·6	1·6
57	1 29·3	1 29·5	1 25·2	5·7	0·5	11·7	1·1	17·7	1·6
58	1 29·5	1 29·7	1 25·4	5·8	0·5	11·8	1·1	17·8	1·6
59	1 29·8	1 30·0	1 25·7	5·9	0·5	11·9	1·1	17·9	1·6
60	1 30·0	1 30·2	1 25·9	6·0	0·6	12·0	1·1	18·0	1·7

m 6 s	SUN PLANETS ° ′	ARIES ° ′	MOON ° ′	v or d ′	Corr^n ′	v or d ′	Corr^n ′	v or d ′	Corr^n ′
00	1 30·0	1 30·2	1 25·9	0·0	0·0	6·0	0·7	12·0	1·3
01	1 30·3	1 30·5	1 26·1	0·1	0·0	6·1	0·7	12·1	1·3
02	1 30·5	1 30·7	1 26·4	0·2	0·0	6·2	0·7	12·2	1·3
03	1 30·8	1 31·0	1 26·6	0·3	0·0	6·3	0·7	12·3	1·3
04	1 31·0	1 31·2	1 26·9	0·4	0·0	6·4	0·7	12·4	1·3
05	1 31·3	1 31·5	1 27·1	0·5	0·1	6·5	0·7	12·5	1·4
06	1 31·5	1 31·8	1 27·3	0·6	0·1	6·6	0·7	12·6	1·4
07	1 31·8	1 32·0	1 27·6	0·7	0·1	6·7	0·7	12·7	1·4
08	1 32·0	1 32·3	1 27·8	0·8	0·1	6·8	0·7	12·8	1·4
09	1 32·3	1 32·5	1 28·0	0·9	0·1	6·9	0·7	12·9	1·4
10	1 32·5	1 32·8	1 28·3	1·0	0·1	7·0	0·8	13·0	1·4
11	1 32·8	1 33·0	1 28·5	1·1	0·1	7·1	0·8	13·1	1·4
12	1 33·0	1 33·3	1 28·8	1·2	0·1	7·2	0·8	13·2	1·4
13	1 33·3	1 33·5	1 29·0	1·3	0·1	7·3	0·8	13·3	1·4
14	1 33·5	1 33·8	1 29·2	1·4	0·2	7·4	0·8	13·4	1·5
15	1 33·8	1 34·0	1 29·5	1·5	0·2	7·5	0·8	13·5	1·5
16	1 34·0	1 34·3	1 29·7	1·6	0·2	7·6	0·8	13·6	1·5
17	1 34·3	1 34·5	1 30·0	1·7	0·2	7·7	0·8	13·7	1·5
18	1 34·5	1 34·8	1 30·2	1·8	0·2	7·8	0·8	13·8	1·5
19	1 34·8	1 35·0	1 30·4	1·9	0·2	7·9	0·9	13·9	1·5
20	1 35·0	1 35·3	1 30·7	2·0	0·2	8·0	0·9	14·0	1·5
21	1 35·3	1 35·5	1 30·9	2·1	0·2	8·1	0·9	14·1	1·5
22	1 35·5	1 35·8	1 31·1	2·2	0·2	8·2	0·9	14·2	1·5
23	1 35·8	1 36·0	1 31·4	2·3	0·2	8·3	0·9	14·3	1·5
24	1 36·0	1 36·3	1 31·6	2·4	0·3	8·4	0·9	14·4	1·6
25	1 36·3	1 36·5	1 31·9	2·5	0·3	8·5	0·9	14·5	1·6
26	1 36·5	1 36·8	1 32·1	2·6	0·3	8·6	0·9	14·6	1·6
27	1 36·8	1 37·0	1 32·3	2·7	0·3	8·7	0·9	14·7	1·6
28	1 37·0	1 37·3	1 32·6	2·8	0·3	8·8	1·0	14·8	1·6
29	1 37·3	1 37·5	1 32·8	2·9	0·3	8·9	1·0	14·9	1·6
30	1 37·5	1 37·8	1 33·1	3·0	0·3	9·0	1·0	15·0	1·6
31	1 37·8	1 38·0	1 33·3	3·1	0·3	9·1	1·0	15·1	1·6
32	1 38·0	1 38·3	1 33·5	3·2	0·3	9·2	1·0	15·2	1·6
33	1 38·3	1 38·5	1 33·8	3·3	0·4	9·3	1·0	15·3	1·7
34	1 38·5	1 38·8	1 34·0	3·4	0·4	9·4	1·0	15·4	1·7
35	1 38·8	1 39·0	1 34·3	3·5	0·4	9·5	1·0	15·5	1·7
36	1 39·0	1 39·3	1 34·5	3·6	0·4	9·6	1·0	15·6	1·7
37	1 39·3	1 39·5	1 34·7	3·7	0·4	9·7	1·1	15·7	1·7
38	1 39·5	1 39·8	1 35·0	3·8	0·4	9·8	1·1	15·8	1·7
39	1 39·8	1 40·0	1 35·2	3·9	0·4	9·9	1·1	15·9	1·7
40	1 40·0	1 40·3	1 35·4	4·0	0·4	10·0	1·1	16·0	1·7
41	1 40·3	1 40·5	1 35·7	4·1	0·4	10·1	1·1	16·1	1·7
42	1 40·5	1 40·8	1 35·9	4·2	0·5	10·2	1·1	16·2	1·8
43	1 40·8	1 41·0	1 36·2	4·3	0·5	10·3	1·1	16·3	1·8
44	1 41·0	1 41·3	1 36·4	4·4	0·5	10·4	1·1	16·4	1·8
45	1 41·3	1 41·5	1 36·6	4·5	0·5	10·5	1·1	16·5	1·8
46	1 41·5	1 41·8	1 36·9	4·6	0·5	10·6	1·1	16·6	1·8
47	1 41·8	1 42·0	1 37·1	4·7	0·5	10·7	1·2	16·7	1·8
48	1 42·0	1 42·3	1 37·4	4·8	0·5	10·8	1·2	16·8	1·8
49	1 42·3	1 42·5	1 37·6	4·9	0·5	10·9	1·2	16·9	1·8
50	1 42·5	1 42·8	1 37·8	5·0	0·5	11·0	1·2	17·0	1·8
51	1 42·8	1 43·0	1 38·1	5·1	0·6	11·1	1·2	17·1	1·9
52	1 43·0	1 43·3	1 38·3	5·2	0·6	11·2	1·2	17·2	1·9
53	1 43·3	1 43·5	1 38·5	5·3	0·6	11·3	1·2	17·3	1·9
54	1 43·5	1 43·8	1 38·8	5·4	0·6	11·4	1·2	17·4	1·9
55	1 43·8	1 44·0	1 39·0	5·5	0·6	11·5	1·2	17·5	1·9
56	1 44·0	1 44·3	1 39·3	5·6	0·6	11·6	1·3	17·6	1·9
57	1 44·3	1 44·5	1 39·5	5·7	0·6	11·7	1·3	17·7	1·9
58	1 44·5	1 44·8	1 39·7	5·8	0·6	11·8	1·3	17·8	1·9
59	1 44·8	1 45·0	1 40·0	5·9	0·6	11·9	1·3	17·9	1·9
60	1 45·0	1 45·3	1 40·2	6·0	0·7	12·0	1·3	18·0	2·0

m 7 s	SUN PLANETS ° ′	ARIES ° ′	MOON ° ′	v or d ′	Corr^n ′	v or d ′	Corr^n ′	v or d ′	Corr^n ′
00	1 45·0	1 45·3	1 40·2	0·0	0·0	6·0	0·8	12·0	1·5
01	1 45·3	1 45·5	1 40·5	0·1	0·0	6·1	0·8	12·1	1·5
02	1 45·5	1 45·8	1 40·7	0·2	0·0	6·2	0·8	12·2	1·5
03	1 45·8	1 46·0	1 40·9	0·3	0·0	6·3	0·8	12·3	1·5
04	1 46·0	1 46·3	1 41·2	0·4	0·1	6·4	0·8	12·4	1·6
05	1 46·3	1 46·5	1 41·4	0·5	0·1	6·5	0·8	12·5	1·6
06	1 46·5	1 46·8	1 41·6	0·6	0·1	6·6	0·8	12·6	1·6
07	1 46·8	1 47·0	1 41·9	0·7	0·1	6·7	0·8	12·7	1·6
08	1 47·0	1 47·3	1 42·1	0·8	0·1	6·8	0·9	12·8	1·6
09	1 47·3	1 47·5	1 42·4	0·9	0·1	6·9	0·9	12·9	1·6
10	1 47·5	1 47·8	1 42·6	1·0	0·1	7·0	0·9	13·0	1·6
11	1 47·8	1 48·0	1 42·8	1·1	0·1	7·1	0·9	13·1	1·6
12	1 48·0	1 48·3	1 43·1	1·2	0·2	7·2	0·9	13·2	1·7
13	1 48·3	1 48·5	1 43·3	1·3	0·2	7·3	0·9	13·3	1·7
14	1 48·5	1 48·8	1 43·6	1·4	0·2	7·4	0·9	13·4	1·7
15	1 48·8	1 49·0	1 43·8	1·5	0·2	7·5	0·9	13·5	1·7
16	1 49·0	1 49·3	1 44·0	1·6	0·2	7·6	1·0	13·6	1·7
17	1 49·3	1 49·5	1 44·3	1·7	0·2	7·7	1·0	13·7	1·7
18	1 49·5	1 49·8	1 44·5	1·8	0·2	7·8	1·0	13·8	1·7
19	1 49·8	1 50·1	1 44·8	1·9	0·2	7·9	1·0	13·9	1·7
20	1 50·0	1 50·3	1 45·0	2·0	0·3	8·0	1·0	14·0	1·8
21	1 50·3	1 50·6	1 45·2	2·1	0·3	8·1	1·0	14·1	1·8
22	1 50·5	1 50·8	1 45·5	2·2	0·3	8·2	1·0	14·2	1·8
23	1 50·8	1 51·1	1 45·7	2·3	0·3	8·3	1·0	14·3	1·8
24	1 51·0	1 51·3	1 45·9	2·4	0·3	8·4	1·1	14·4	1·8
25	1 51·3	1 51·6	1 46·2	2·5	0·3	8·5	1·1	14·5	1·8
26	1 51·5	1 51·8	1 46·4	2·6	0·3	8·6	1·1	14·6	1·8
27	1 51·8	1 52·1	1 46·7	2·7	0·3	8·7	1·1	14·7	1·8
28	1 52·0	1 52·3	1 46·9	2·8	0·4	8·8	1·1	14·8	1·9
29	1 52·3	1 52·6	1 47·1	2·9	0·4	8·9	1·1	14·9	1·9
30	1 52·5	1 52·8	1 47·4	3·0	0·4	9·0	1·1	15·0	1·9
31	1 52·8	1 53·1	1 47·6	3·1	0·4	9·1	1·1	15·1	1·9
32	1 53·0	1 53·3	1 47·9	3·2	0·4	9·2	1·2	15·2	1·9
33	1 53·3	1 53·6	1 48·1	3·3	0·4	9·3	1·2	15·3	1·9
34	1 53·5	1 53·8	1 48·3	3·4	0·4	9·4	1·2	15·4	1·9
35	1 53·8	1 54·1	1 48·6	3·5	0·4	9·5	1·2	15·5	1·9
36	1 54·0	1 54·3	1 48·8	3·6	0·5	9·6	1·2	15·6	2·0
37	1 54·3	1 54·6	1 49·0	3·7	0·5	9·7	1·2	15·7	2·0
38	1 54·5	1 54·8	1 49·3	3·8	0·5	9·8	1·2	15·8	2·0
39	1 54·8	1 55·1	1 49·5	3·9	0·5	9·9	1·2	15·9	2·0
40	1 55·0	1 55·3	1 49·8	4·0	0·5	10·0	1·3	16·0	2·0
41	1 55·3	1 55·6	1 50·0	4·1	0·5	10·1	1·3	16·1	2·0
42	1 55·5	1 55·8	1 50·2	4·2	0·5	10·2	1·3	16·2	2·0
43	1 55·8	1 56·1	1 50·5	4·3	0·5	10·3	1·3	16·3	2·0
44	1 56·0	1 56·3	1 50·7	4·4	0·6	10·4	1·3	16·4	2·1
45	1 56·3	1 56·6	1 51·0	4·5	0·6	10·5	1·3	16·5	2·1
46	1 56·5	1 56·8	1 51·2	4·6	0·6	10·6	1·3	16·6	2·1
47	1 56·8	1 57·1	1 51·4	4·7	0·6	10·7	1·3	16·7	2·1
48	1 57·0	1 57·3	1 51·7	4·8	0·6	10·8	1·4	16·8	2·1
49	1 57·3	1 57·6	1 51·9	4·9	0·6	10·9	1·4	16·9	2·1
50	1 57·5	1 57·8	1 52·1	5·0	0·6	11·0	1·4	17·0	2·1
51	1 57·8	1 58·1	1 52·4	5·1	0·6	11·1	1·4	17·1	2·1
52	1 58·0	1 58·3	1 52·6	5·2	0·7	11·2	1·4	17·2	2·2
53	1 58·3	1 58·6	1 52·9	5·3	0·7	11·3	1·4	17·3	2·2
54	1 58·5	1 58·8	1 53·1	5·4	0·7	11·4	1·4	17·4	2·2
55	1 58·8	1 59·1	1 53·3	5·5	0·7	11·5	1·4	17·5	2·2
56	1 59·0	1 59·3	1 53·6	5·6	0·7	11·6	1·5	17·6	2·2
57	1 59·3	1 59·6	1 53·8	5·7	0·7	11·7	1·5	17·7	2·2
58	1 59·5	1 59·8	1 54·1	5·8	0·7	11·8	1·5	17·8	2·2
59	1 59·8	2 00·1	1 54·3	5·9	0·7	11·9	1·5	17·9	2·2
60	2 00·0	2 00·3	1 54·5	6·0	0·8	12·0	1·5	18·0	2·3

m 8 s	SUN PLANETS ° ′	ARIES ° ′	MOON ° ′	v or d ′	Corrⁿ ′	v or d ′	Corrⁿ ′	v or d ′	Corrⁿ ′
00	2 00·0	2 00·3	1 54·5	0·0	0·0	6·0	0·9	12·0	1·7
01	2 00·3	2 00·6	1 54·8	0·1	0·0	6·1	0·9	12·1	1·7
02	2 00·5	2 00·8	1 55·0	0·2	0·0	6·2	0·9	12·2	1·7
03	2 00·8	2 01·1	1 55·2	0·3	0·0	6·3	0·9	12·3	1·7
04	2 01·0	2 01·3	1 55·5	0·4	0·1	6·4	0·9	12·4	1·8
05	2 01·3	2 01·6	1 55·7	0·5	0·1	6·5	0·9	12·5	1·8
06	2 01·5	2 01·8	1 56·0	0·6	0·1	6·6	0·9	12·6	1·8
07	2 01·8	2 02·1	1 56·2	0·7	0·1	6·7	0·9	12·7	1·8
08	2 02·0	2 02·3	1 56·4	0·8	0·1	6·8	1·0	12·8	1·8
09	2 02·3	2 02·6	1 56·7	0·9	0·1	6·9	1·0	12·9	1·8
10	2 02·5	2 02·8	1 56·9	1·0	0·1	7·0	1·0	13·0	1·8
11	2 02·8	2 03·1	1 57·2	1·1	0·2	7·1	1·0	13·1	1·9
12	2 03·0	2 03·3	1 57·4	1·2	0·2	7·2	1·0	13·2	1·9
13	2 03·3	2 03·6	1 57·6	1·3	0·2	7·3	1·0	13·3	1·9
14	2 03·5	2 03·8	1 57·9	1·4	0·2	7·4	1·0	13·4	1·9
15	2 03·8	2 04·1	1 58·1	1·5	0·2	7·5	1·1	13·5	1·9
16	2 04·0	2 04·3	1 58·4	1·6	0·2	7·6	1·1	13·6	1·9
17	2 04·3	2 04·6	1 58·6	1·7	0·2	7·7	1·1	13·7	1·9
18	2 04·5	2 04·8	1 58·8	1·8	0·3	7·8	1·1	13·8	2·0
19	2 04·8	2 05·1	1 59·1	1·9	0·3	7·9	1·1	13·9	2·0
20	2 05·0	2 05·3	1 59·3	2·0	0·3	8·0	1·1	14·0	2·0
21	2 05·3	2 05·6	1 59·5	2·1	0·3	8·1	1·1	14·1	2·0
22	2 05·5	2 05·8	1 59·8	2·2	0·3	8·2	1·2	14·2	2·0
23	2 05·8	2 06·1	2 00·0	2·3	0·3	8·3	1·2	14·3	2·0
24	2 06·0	2 06·3	2 00·3	2·4	0·3	8·4	1·2	14·4	2·0
25	2 06·3	2 06·6	2 00·5	2·5	0·4	8·5	1·2	14·5	2·1
26	2 06·5	2 06·8	2 00·7	2·6	0·4	8·6	1·2	14·6	2·1
27	2 06·8	2 07·1	2 01·0	2·7	0·4	8·7	1·2	14·7	2·1
28	2 07·0	2 07·3	2 01·2	2·8	0·4	8·8	1·2	14·8	2·1
29	2 07·3	2 07·6	2 01·5	2·9	0·4	8·9	1·3	14·9	2·1
30	2 07·5	2 07·8	2 01·7	3·0	0·4	9·0	1·3	15·0	2·1
31	2 07·8	2 08·1	2 01·9	3·1	0·4	9·1	1·3	15·1	2·1
32	2 08·0	2 08·4	2 02·2	3·2	0·5	9·2	1·3	15·2	2·2
33	2 08·3	2 08·6	2 02·4	3·3	0·5	9·3	1·3	15·3	2·2
34	2 08·5	2 08·9	2 02·6	3·4	0·5	9·4	1·3	15·4	2·2
35	2 08·8	2 09·1	2 02·9	3·5	0·5	9·5	1·3	15·5	2·2
36	2 09·0	2 09·4	2 03·1	3·6	0·5	9·6	1·4	15·6	2·2
37	2 09·3	2 09·6	2 03·4	3·7	0·5	9·7	1·4	15·7	2·2
38	2 09·5	2 09·9	2 03·6	3·8	0·5	9·8	1·4	15·8	2·2
39	2 09·8	2 10·1	2 03·8	3·9	0·6	9·9	1·4	15·9	2·3
40	2 10·0	2 10·4	2 04·1	4·0	0·6	10·0	1·4	16·0	2·3
41	2 10·3	2 10·6	2 04·3	4·1	0·6	10·1	1·4	16·1	2·3
42	2 10·5	2 10·9	2 04·6	4·2	0·6	10·2	1·4	16·2	2·3
43	2 10·8	2 11·1	2 04·8	4·3	0·6	10·3	1·5	16·3	2·3
44	2 11·0	2 11·4	2 05·0	4·4	0·6	10·4	1·5	16·4	2·3
45	2 11·3	2 11·6	2 05·3	4·5	0·6	10·5	1·5	16·5	2·3
46	2 11·5	2 11·9	2 05·5	4·6	0·7	10·6	1·5	16·6	2·4
47	2 11·8	2 12·1	2 05·7	4·7	0·7	10·7	1·5	16·7	2·4
48	2 12·0	2 12·4	2 06·0	4·8	0·7	10·8	1·5	16·8	2·4
49	2 12·3	2 12·6	2 06·2	4·9	0·7	10·9	1·5	16·9	2·4
50	2 12·5	2 12·9	2 06·5	5·0	0·7	11·0	1·6	17·0	2·4
51	2 12·8	2 13·1	2 06·7	5·1	0·7	11·1	1·6	17·1	2·4
52	2 13·0	2 13·4	2 06·9	5·2	0·7	11·2	1·6	17·2	2·4
53	2 13·3	2 13·6	2 07·2	5·3	0·8	11·3	1·6	17·3	2·5
54	2 13·5	2 13·9	2 07·4	5·4	0·8	11·4	1·6	17·4	2·5
55	2 13·8	2 14·1	2 07·7	5·5	0·8	11·5	1·6	17·5	2·5
56	2 14·0	2 14·4	2 07·9	5·6	0·8	11·6	1·6	17·6	2·5
57	2 14·3	2 14·6	2 08·1	5·7	0·8	11·7	1·7	17·7	2·5
58	2 14·5	2 14·9	2 08·4	5·8	0·8	11·8	1·7	17·8	2·5
59	2 14·8	2 15·1	2 08·6	5·9	0·8	11·9	1·7	17·9	2·5
60	2 15·0	2 15·4	2 08·9	6·0	0·9	12·0	1·7	18·0	2·6

m 9 s	SUN PLANETS ° ′	ARIES ° ′	MOON ° ′	v or d ′	Corrⁿ ′	v or d ′	Corrⁿ ′	v or d ′	Corrⁿ ′
00	2 15·0	2 15·4	2 08·9	0·0	0·0	6·0	1·0	12·0	1·9
01	2 15·3	2 15·6	2 09·1	0·1	0·0	6·1	1·0	12·1	1·9
02	2 15·5	2 15·9	2 09·3	0·2	0·0	6·2	1·0	12·2	1·9
03	2 15·8	2 16·1	2 09·6	0·3	0·0	6·3	1·0	12·3	1·9
04	2 16·0	2 16·4	2 09·8	0·4	0·1	6·4	1·0	12·4	2·0
05	2 16·3	2 16·6	2 10·0	0·5	0·1	6·5	1·0	12·5	2·0
06	2 16·5	2 16·9	2 10·3	0·6	0·1	6·6	1·0	12·6	2·0
07	2 16·8	2 17·1	2 10·5	0·7	0·1	6·7	1·1	12·7	2·0
08	2 17·0	2 17·4	2 10·8	0·8	0·1	6·8	1·1	12·8	2·0
09	2 17·3	2 17·6	2 11·0	0·9	0·1	6·9	1·1	12·9	2·0
10	2 17·5	2 17·9	2 11·2	1·0	0·2	7·0	1·1	13·0	2·1
11	2 17·8	2 18·1	2 11·5	1·1	0·2	7·1	1·1	13·1	2·1
12	2 18·0	2 18·4	2 11·7	1·2	0·2	7·2	1·1	13·2	2·1
13	2 18·3	2 18·6	2 12·0	1·3	0·2	7·3	1·2	13·3	2·1
14	2 18·5	2 18·9	2 12·2	1·4	0·2	7·4	1·2	13·4	2·1
15	2 18·8	2 19·1	2 12·4	1·5	0·2	7·5	1·2	13·5	2·1
16	2 19·0	2 19·4	2 12·7	1·6	0·3	7·6	1·2	13·6	2·2
17	2 19·3	2 19·6	2 12·9	1·7	0·3	7·7	1·2	13·7	2·2
18	2 19·5	2 19·9	2 13·1	1·8	0·3	7·8	1·2	13·8	2·2
19	2 19·8	2 20·1	2 13·4	1·9	0·3	7·9	1·3	13·9	2·2
20	2 20·0	2 20·4	2 13·6	2·0	0·3	8·0	1·3	14·0	2·2
21	2 20·3	2 20·6	2 13·9	2·1	0·3	8·1	1·3	14·1	2·2
22	2 20·5	2 20·9	2 14·1	2·2	0·3	8·2	1·3	14·2	2·2
23	2 20·8	2 21·1	2 14·3	2·3	0·4	8·3	1·3	14·3	2·3
24	2 21·0	2 21·4	2 14·6	2·4	0·4	8·4	1·3	14·4	2·3
25	2 21·3	2 21·6	2 14·8	2·5	0·4	8·5	1·3	14·5	2·3
26	2 21·5	2 21·9	2 15·1	2·6	0·4	8·6	1·4	14·6	2·3
27	2 21·8	2 22·1	2 15·3	2·7	0·4	8·7	1·4	14·7	2·3
28	2 22·0	2 22·4	2 15·5	2·8	0·4	8·8	1·4	14·8	2·3
29	2 22·3	2 22·6	2 15·8	2·9	0·5	8·9	1·4	14·9	2·4
30	2 22·5	2 22·9	2 16·0	3·0	0·5	9·0	1·4	15·0	2·4
31	2 22·8	2 23·1	2 16·2	3·1	0·5	9·1	1·4	15·1	2·4
32	2 23·0	2 23·4	2 16·5	3·2	0·5	9·2	1·5	15·2	2·4
33	2 23·3	2 23·6	2 16·7	3·3	0·5	9·3	1·5	15·3	2·4
34	2 23·5	2 23·9	2 17·0	3·4	0·5	9·4	1·5	15·4	2·4
35	2 23·8	2 24·1	2 17·2	3·5	0·6	9·5	1·5	15·5	2·5
36	2 24·0	2 24·4	2 17·4	3·6	0·6	9·6	1·5	15·6	2·5
37	2 24·3	2 24·6	2 17·7	3·7	0·6	9·7	1·5	15·7	2·5
38	2 24·5	2 24·9	2 17·9	3·8	0·6	9·8	1·6	15·8	2·5
39	2 24·8	2 25·1	2 18·2	3·9	0·6	9·9	1·6	15·9	2·5
40	2 25·0	2 25·4	2 18·4	4·0	0·6	10·0	1·6	16·0	2·5
41	2 25·3	2 25·6	2 18·6	4·1	0·6	10·1	1·6	16·1	2·5
42	2 25·5	2 25·9	2 18·9	4·2	0·7	10·2	1·6	16·2	2·6
43	2 25·8	2 26·1	2 19·1	4·3	0·7	10·3	1·6	16·3	2·6
44	2 26·0	2 26·4	2 19·3	4·4	0·7	10·4	1·6	16·4	2·6
45	2 26·3	2 26·7	2 19·6	4·5	0·7	10·5	1·7	16·5	2·6
46	2 26·5	2 26·9	2 19·8	4·6	0·7	10·6	1·7	16·6	2·6
47	2 26·8	2 27·2	2 20·1	4·7	0·7	10·7	1·7	16·7	2·6
48	2 27·0	2 27·4	2 20·3	4·8	0·8	10·8	1·7	16·8	2·7
49	2 27·3	2 27·7	2 20·5	4·9	0·8	10·9	1·7	16·9	2·7
50	2 27·5	2 27·9	2 20·8	5·0	0·8	11·0	1·7	17·0	2·7
51	2 27·8	2 28·2	2 21·0	5·1	0·8	11·1	1·8	17·1	2·7
52	2 28·0	2 28·4	2 21·3	5·2	0·8	11·2	1·8	17·2	2·7
53	2 28·3	2 28·7	2 21·5	5·3	0·8	11·3	1·8	17·3	2·7
54	2 28·5	2 28·9	2 21·7	5·4	0·9	11·4	1·8	17·4	2·8
55	2 28·8	2 29·2	2 22·0	5·5	0·9	11·5	1·8	17·5	2·8
56	2 29·0	2 29·4	2 22·2	5·6	0·9	11·6	1·8	17·6	2·8
57	2 29·3	2 29·7	2 22·5	5·7	0·9	11·7	1·9	17·7	2·8
58	2 29·5	2 29·9	2 22·7	5·8	0·9	11·8	1·9	17·8	2·8
59	2 29·8	2 30·2	2 22·9	5·9	0·9	11·9	1·9	17·9	2·8
60	2 30·0	2 30·4	2 23·2	6·0	1·0	12·0	1·9	18·0	2·9

10m	SUN PLANETS	ARIES	MOON	v or d	Corrⁿ	v or d	Corrⁿ	v or d	Corrⁿ
s	° ′	° ′	° ′	′	′	′	′	′	′
00	2 30·0	2 30·4	2 23·2	0·0	0·0	6·0	1·1	12·0	2·1
01	2 30·3	2 30·7	2 23·4	0·1	0·0	6·1	1·1	12·1	2·1
02	2 30·5	2 30·9	2 23·6	0·2	0·0	6·2	1·1	12·2	2·1
03	2 30·8	2 31·2	2 23·9	0·3	0·1	6·3	1·1	12·3	2·2
04	2 31·0	2 31·4	2 24·1	0·4	0·1	6·4	1·1	12·4	2·2
05	2 31·3	2 31·7	2 24·4	0·5	0·1	6·5	1·1	12·5	2·2
06	2 31·5	2 31·9	2 24·6	0·6	0·1	6·6	1·2	12·6	2·2
07	2 31·8	2 32·2	2 24·8	0·7	0·1	6·7	1·2	12·7	2·2
08	2 32·0	2 32·4	2 25·1	0·8	0·1	6·8	1·2	12·8	2·2
09	2 32·3	2 32·7	2 25·3	0·9	0·2	6·9	1·2	12·9	2·3
10	2 32·5	2 32·9	2 25·6	1·0	0·2	7·0	1·2	13·0	2·3
11	2 32·8	2 33·2	2 25·8	1·1	0·2	7·1	1·2	13·1	2·3
12	2 33·0	2 33·4	2 26·0	1·2	0·2	7·2	1·3	13·2	2·3
13	2 33·3	2 33·7	2 26·3	1·3	0·2	7·3	1·3	13·3	2·3
14	2 33·5	2 33·9	2 26·5	1·4	0·2	7·4	1·3	13·4	2·3
15	2 33·8	2 34·2	2 26·7	1·5	0·3	7·5	1·3	13·5	2·4
16	2 34·0	2 34·4	2 27·0	1·6	0·3	7·6	1·3	13·6	2·4
17	2 34·3	2 34·7	2 27·2	1·7	0·3	7·7	1·3	13·7	2·4
18	2 34·5	2 34·9	2 27·5	1·8	0·3	7·8	1·4	13·8	2·4
19	2 34·8	2 35·2	2 27·7	1·9	0·3	7·9	1·4	13·9	2·4
20	2 35·0	2 35·4	2 27·9	2·0	0·4	8·0	1·4	14·0	2·5
21	2 35·3	2 35·7	2 28·2	2·1	0·4	8·1	1·4	14·1	2·5
22	2 35·5	2 35·9	2 28·4	2·2	0·4	8·2	1·4	14·2	2·5
23	2 35·8	2 36·2	2 28·7	2·3	0·4	8·3	1·5	14·3	2·5
24	2 36·0	2 36·4	2 28·9	2·4	0·4	8·4	1·5	14·4	2·5
25	2 36·3	2 36·7	2 29·1	2·5	0·4	8·5	1·5	14·5	2·5
26	2 36·5	2 36·9	2 29·4	2·6	0·5	8·6	1·5	14·6	2·6
27	2 36·8	2 37·2	2 29·6	2·7	0·5	8·7	1·5	14·7	2·6
28	2 37·0	2 37·4	2 29·8	2·8	0·5	8·8	1·5	14·8	2·6
29	2 37·3	2 37·7	2 30·1	2·9	0·5	8·9	1·6	14·9	2·6
30	2 37·5	2 37·9	2 30·3	3·0	0·5	9·0	1·6	15·0	2·6
31	2 37·8	2 38·2	2 30·6	3·1	0·5	9·1	1·6	15·1	2·6
32	2 38·0	2 38·4	2 30·8	3·2	0·6	9·2	1·6	15·2	2·7
33	2 38·3	2 38·7	2 31·0	3·3	0·6	9·3	1·6	15·3	2·7
34	2 38·5	2 38·9	2 31·3	3·4	0·6	9·4	1·6	15·4	2·7
35	2 38·8	2 39·2	2 31·5	3·5	0·6	9·5	1·7	15·5	2·7
36	2 39·0	2 39·4	2 31·8	3·6	0·6	9·6	1·7	15·6	2·7
37	2 39·3	2 39·7	2 32·0	3·7	0·6	9·7	1·7	15·7	2·7
38	2 39·5	2 39·9	2 32·2	3·8	0·7	9·8	1·7	15·8	2·8
39	2 39·8	2 40·2	2 32·5	3·9	0·7	9·9	1·7	15·9	2·8
40	2 40·0	2 40·4	2 32·7	4·0	0·7	10·0	1·8	16·0	2·8
41	2 40·3	2 40·7	2 32·9	4·1	0·7	10·1	1·8	16·1	2·8
42	2 40·5	2 40·9	2 33·2	4·2	0·7	10·2	1·8	16·2	2·8
43	2 40·8	2 41·2	2 33·4	4·3	0·8	10·3	1·8	16·3	2·9
44	2 41·0	2 41·4	2 33·7	4·4	0·8	10·4	1·8	16·4	2·9
45	2 41·3	2 41·7	2 33·9	4·5	0·8	10·5	1·8	16·5	2·9
46	2 41·5	2 41·9	2 34·1	4·6	0·8	10·6	1·9	16·6	2·9
47	2 41·8	2 42·2	2 34·4	4·7	0·8	10·7	1·9	16·7	2·9
48	2 42·0	2 42·4	2 34·6	4·8	0·8	10·8	1·9	16·8	2·9
49	2 42·3	2 42·7	2 34·9	4·9	0·9	10·9	1·9	16·9	3·0
50	2 42·5	2 42·9	2 35·1	5·0	0·9	11·0	1·9	17·0	3·0
51	2 42·8	2 43·2	2 35·3	5·1	0·9	11·1	1·9	17·1	3·0
52	2 43·0	2 43·4	2 35·6	5·2	0·9	11·2	2·0	17·2	3·0
53	2 43·3	2 43·7	2 35·8	5·3	0·9	11·3	2·0	17·3	3·0
54	2 43·5	2 43·9	2 36·1	5·4	0·9	11·4	2·0	17·4	3·0
55	2 43·8	2 44·2	2 36·3	5·5	1·0	11·5	2·0	17·5	3·1
56	2 44·0	2 44·4	2 36·5	5·6	1·0	11·6	2·0	17·6	3·1
57	2 44·3	2 44·7	2 36·8	5·7	1·0	11·7	2·0	17·7	3·1
58	2 44·5	2 45·0	2 37·0	5·8	1·0	11·8	2·1	17·8	3·1
59	2 44·8	2 45·2	2 37·2	5·9	1·0	11·9	2·1	17·9	3·1
60	2 45·0	2 45·5	2 37·5	6·0	1·1	12·0	2·1	18·0	3·2

11m	SUN PLANETS	ARIES	MOON	v or d	Corrⁿ	v or d	Corrⁿ	v or d	Corrⁿ
s	° ′	° ′	° ′	′	′	′	′	′	′
00	2 45·0	2 45·5	2 37·5	0·0	0·0	6·0	1·2	12·0	2·3
01	2 45·3	2 45·7	2 37·7	0·1	0·0	6·1	1·2	12·1	2·3
02	2 45·5	2 46·0	2 38·0	0·2	0·0	6·2	1·2	12·2	2·3
03	2 45·8	2 46·2	2 38·2	0·3	0·1	6·3	1·2	12·3	2·4
04	2 46·0	2 46·5	2 38·4	0·4	0·1	6·4	1·2	12·4	2·4
05	2 46·3	2 46·7	2 38·7	0·5	0·1	6·5	1·2	12·5	2·4
06	2 46·5	2 47·0	2 38·9	0·6	0·1	6·6	1·3	12·6	2·4
07	2 46·8	2 47·2	2 39·2	0·7	0·1	6·7	1·3	12·7	2·4
08	2 47·0	2 47·5	2 39·4	0·8	0·2	6·8	1·3	12·8	2·5
09	2 47·3	2 47·7	2 39·6	0·9	0·2	6·9	1·3	12·9	2·5
10	2 47·5	2 48·0	2 39·9	1·0	0·2	7·0	1·3	13·0	2·5
11	2 47·8	2 48·2	2 40·1	1·1	0·2	7·1	1·4	13·1	2·5
12	2 48·0	2 48·5	2 40·3	1·2	0·2	7·2	1·4	13·2	2·5
13	2 48·3	2 48·7	2 40·6	1·3	0·2	7·3	1·4	13·3	2·5
14	2 48·5	2 49·0	2 40·8	1·4	0·3	7·4	1·4	13·4	2·6
15	2 48·8	2 49·2	2 41·1	1·5	0·3	7·5	1·4	13·5	2·6
16	2 49·0	2 49·5	2 41·3	1·6	0·3	7·6	1·5	13·6	2·6
17	2 49·3	2 49·7	2 41·5	1·7	0·3	7·7	1·5	13·7	2·6
18	2 49·5	2 50·0	2 41·8	1·8	0·3	7·8	1·5	13·8	2·6
19	2 49·8	2 50·2	2 42·0	1·9	0·4	7·9	1·5	13·9	2·7
20	2 50·0	2 50·5	2 42·3	2·0	0·4	8·0	1·5	14·0	2·7
21	2 50·3	2 50·7	2 42·5	2·1	0·4	8·1	1·6	14·1	2·7
22	2 50·5	2 51·0	2 42·7	2·2	0·4	8·2	1·6	14·2	2·7
23	2 50·8	2 51·2	2 43·0	2·3	0·4	8·3	1·6	14·3	2·7
24	2 51·0	2 51·5	2 43·2	2·4	0·5	8·4	1·6	14·4	2·8
25	2 51·3	2 51·7	2 43·4	2·5	0·5	8·5	1·6	14·5	2·8
26	2 51·5	2 52·0	2 43·7	2·6	0·5	8·6	1·6	14·6	2·8
27	2 51·8	2 52·2	2 43·9	2·7	0·5	8·7	1·7	14·7	2·8
28	2 52·0	2 52·5	2 44·2	2·8	0·5	8·8	1·7	14·8	2·8
29	2 52·3	2 52·7	2 44·4	2·9	0·6	8·9	1·7	14·9	2·9
30	2 52·5	2 53·0	2 44·6	3·0	0·6	9·0	1·7	15·0	2·9
31	2 52·8	2 53·2	2 44·9	3·1	0·6	9·1	1·7	15·1	2·9
32	2 53·0	2 53·5	2 45·1	3·2	0·6	9·2	1·8	15·2	2·9
33	2 53·3	2 53·7	2 45·4	3·3	0·6	9·3	1·8	15·3	2·9
34	2 53·5	2 54·0	2 45·6	3·4	0·7	9·4	1·8	15·4	3·0
35	2 53·8	2 54·2	2 45·8	3·5	0·7	9·5	1·8	15·5	3·0
36	2 54·0	2 54·5	2 46·1	3·6	0·7	9·6	1·8	15·6	3·0
37	2 54·3	2 54·7	2 46·3	3·7	0·7	9·7	1·9	15·7	3·0
38	2 54·5	2 55·0	2 46·6	3·8	0·7	9·8	1·9	15·8	3·0
39	2 54·8	2 55·2	2 46·8	3·9	0·7	9·9	1·9	15·9	3·0
40	2 55·0	2 55·5	2 47·0	4·0	0·8	10·0	1·9	16·0	3·1
41	2 55·3	2 55·7	2 47·3	4·1	0·8	10·1	1·9	16·1	3·1
42	2 55·5	2 56·0	2 47·5	4·2	0·8	10·2	2·0	16·2	3·1
43	2 55·8	2 56·2	2 47·7	4·3	0·8	10·3	2·0	16·3	3·1
44	2 56·0	2 56·5	2 48·0	4·4	0·8	10·4	2·0	16·4	3·1
45	2 56·3	2 56·7	2 48·2	4·5	0·9	10·5	2·0	16·5	3·2
46	2 56·5	2 57·0	2 48·5	4·6	0·9	10·6	2·0	16·6	3·2
47	2 56·8	2 57·2	2 48·7	4·7	0·9	10·7	2·1	16·7	3·2
48	2 57·0	2 57·5	2 48·9	4·8	0·9	10·8	2·1	16·8	3·2
49	2 57·3	2 57·7	2 49·2	4·9	0·9	10·9	2·1	16·9	3·2
50	2 57·5	2 58·0	2 49·4	5·0	1·0	11·0	2·1	17·0	3·3
51	2 57·8	2 58·2	2 49·7	5·1	1·0	11·1	2·1	17·1	3·3
52	2 58·0	2 58·5	2 49·9	5·2	1·0	11·2	2·1	17·2	3·3
53	2 58·3	2 58·7	2 50·1	5·3	1·0	11·3	2·2	17·3	3·3
54	2 58·5	2 59·0	2 50·4	5·4	1·0	11·4	2·2	17·4	3·3
55	2 58·8	2 59·2	2 50·6	5·5	1·1	11·5	2·2	17·5	3·4
56	2 59·0	2 59·5	2 50·8	5·6	1·1	11·6	2·2	17·6	3·4
57	2 59·3	2 59·7	2 51·1	5·7	1·1	11·7	2·2	17·7	3·4
58	2 59·5	3 00·0	2 51·3	5·8	1·1	11·8	2·3	17·8	3·4
59	2 59·8	3 00·2	2 51·6	5·9	1·1	11·9	2·3	17·9	3·4
60	3 00·0	3 00·5	2 51·8	6·0	1·2	12·0	2·3	18·0	3·5

12m s	SUN PLANETS ° ′	ARIES ° ′	MOON ° ′	v or d ′	Corrn ′	v or d ′	Corrn ′	v or d ′	Corrn ′
00	3 00·0	3 00·5	2 51·8	0·0	0·0	6·0	1·3	12·0	2·5
01	3 00·3	3 00·7	2 52·0	0·1	0·0	6·1	1·3	12·1	2·5
02	3 00·5	3 01·0	2 52·3	0·2	0·0	6·2	1·3	12·2	2·5
03	3 00·8	3 01·2	2 52·5	0·3	0·1	6·3	1·3	12·3	2·6
04	3 01·0	3 01·5	2 52·8	0·4	0·1	6·4	1·3	12·4	2·6
05	3 01·3	3 01·7	2 53·0	0·5	0·1	6·5	1·4	12·5	2·6
06	3 01·5	3 02·0	2 53·2	0·6	0·1	6·6	1·4	12·6	2·6
07	3 01·8	3 02·2	2 53·5	0·7	0·1	6·7	1·4	12·7	2·6
08	3 02·0	3 02·5	2 53·7	0·8	0·2	6·8	1·4	12·8	2·7
09	3 02·3	3 02·7	2 53·9	0·9	0·2	6·9	1·4	12·9	2·7
10	3 02·5	3 03·0	2 54·2	1·0	0·2	7·0	1·5	13·0	2·7
11	3 02·8	3 03·3	2 54·4	1·1	0·2	7·1	1·5	13·1	2·7
12	3 03·0	3 03·5	2 54·7	1·2	0·3	7·2	1·5	13·2	2·8
13	3 03·3	3 03·8	2 54·9	1·3	0·3	7·3	1·5	13·3	2·8
14	3 03·5	3 04·0	2 55·1	1·4	0·3	7·4	1·5	13·4	2·8
15	3 03·8	3 04·3	2 55·4	1·5	0·3	7·5	1·6	13·5	2·8
16	3 04·0	3 04·5	2 55·6	1·6	0·3	7·6	1·6	13·6	2·8
17	3 04·3	3 04·8	2 55·9	1·7	0·4	7·7	1·6	13·7	2·9
18	3 04·5	3 05·0	2 56·1	1·8	0·4	7·8	1·6	13·8	2·9
19	3 04·8	3 05·3	2 56·3	1·9	0·4	7·9	1·6	13·9	2·9
20	3 05·0	3 05·5	2 56·6	2·0	0·4	8·0	1·7	14·0	2·9
21	3 05·3	3 05·8	2 56·8	2·1	0·4	8·1	1·7	14·1	2·9
22	3 05·5	3 06·0	2 57·0	2·2	0·5	8·2	1·7	14·2	3·0
23	3 05·8	3 06·3	2 57·3	2·3	0·5	8·3	1·7	14·3	3·0
24	3 06·0	3 06·5	2 57·5	2·4	0·5	8·4	1·8	14·4	3·0
25	3 06·3	3 06·8	2 57·8	2·5	0·5	8·5	1·8	14·5	3·0
26	3 06·5	3 07·0	2 58·0	2·6	0·5	8·6	1·8	14·6	3·0
27	3 06·8	3 07·3	2 58·2	2·7	0·6	8·7	1·8	14·7	3·1
28	3 07·0	3 07·5	2 58·5	2·8	0·6	8·8	1·8	14·8	3·1
29	3 07·3	3 07·8	2 58·7	2·9	0·6	8·9	1·9	14·9	3·1
30	3 07·5	3 08·0	2 59·0	3·0	0·6	9·0	1·9	15·0	3·1
31	3 07·8	3 08·3	2 59·2	3·1	0·6	9·1	1·9	15·1	3·1
32	3 08·0	3 08·5	2 59·4	3·2	0·7	9·2	1·9	15·2	3·2
33	3 08·3	3 08·8	2 59·7	3·3	0·7	9·3	1·9	15·3	3·2
34	3 08·5	3 09·0	2 59·9	3·4	0·7	9·4	2·0	15·4	3·2
35	3 08·8	3 09·3	3 00·2	3·5	0·7	9·5	2·0	15·5	3·2
36	3 09·0	3 09·5	3 00·4	3·6	0·8	9·6	2·0	15·6	3·3
37	3 09·3	3 09·8	3 00·6	3·7	0·8	9·7	2·0	15·7	3·3
38	3 09·5	3 10·0	3 00·9	3·8	0·8	9·8	2·0	15·8	3·3
39	3 09·8	3 10·3	3 01·1	3·9	0·8	9·9	2·1	15·9	3·3
40	3 10·0	3 10·5	3 01·3	4·0	0·8	10·0	2·1	16·0	3·3
41	3 10·3	3 10·8	3 01·6	4·1	0·9	10·1	2·1	16·1	3·4
42	3 10·5	3 11·0	3 01·8	4·2	0·9	10·2	2·1	16·2	3·4
43	3 10·8	3 11·3	3 02·1	4·3	0·9	10·3	2·1	16·3	3·4
44	3 11·0	3 11·5	3 02·3	4·4	0·9	10·4	2·2	16·4	3·4
45	3 11·3	3 11·8	3 02·5	4·5	0·9	10·5	2·2	16·5	3·4
46	3 11·5	3 12·0	3 02·8	4·6	1·0	10·6	2·2	16·6	3·5
47	3 11·8	3 12·3	3 03·0	4·7	1·0	10·7	2·2	16·7	3·5
48	3 12·0	3 12·5	3 03·3	4·8	1·0	10·8	2·3	16·8	3·5
49	3 12·3	3 12·8	3 03·5	4·9	1·0	10·9	2·3	16·9	3·5
50	3 12·5	3 13·0	3 03·7	5·0	1·0	11·0	2·3	17·0	3·5
51	3 12·8	3 13·3	3 04·0	5·1	1·1	11·1	2·3	17·1	3·6
52	3 13·0	3 13·5	3 04·2	5·2	1·1	11·2	2·3	17·2	3·6
53	3 13·3	3 13·8	3 04·4	5·3	1·1	11·3	2·4	17·3	3·6
54	3 13·5	3 14·0	3 04·7	5·4	1·1	11·4	2·4	17·4	3·6
55	3 13·8	3 14·3	3 04·9	5·5	1·1	11·5	2·4	17·5	3·6
56	3 14·0	3 14·5	3 05·2	5·6	1·2	11·6	2·4	17·6	3·7
57	3 14·3	3 14·8	3 05·4	5·7	1·2	11·7	2·4	17·7	3·7
58	3 14·5	3 15·0	3 05·6	5·8	1·2	11·8	2·5	17·8	3·7
59	3 14·8	3 15·3	3 05·9	5·9	1·2	11·9	2·5	17·9	3·7
60	3 15·0	3 15·5	3 06·1	6·0	1·3	12·0	2·5	18·0	3·8

13m s	SUN PLANETS ° ′	ARIES ° ′	MOON ° ′	v or d ′	Corrn ′	v or d ′	Corrn ′	v or d ′	Corrn ′
00	3 15·0	3 15·5	3 06·1	0·0	0·0	6·0	1·4	12·0	2·7
01	3 15·3	3 15·8	3 06·4	0·1	0·0	6·1	1·4	12·1	2·7
02	3 15·5	3 16·0	3 06·6	0·2	0·0	6·2	1·4	12·2	2·7
03	3 15·8	3 16·3	3 06·8	0·3	0·1	6·3	1·4	12·3	2·8
04	3 16·0	3 16·5	3 07·1	0·4	0·1	6·4	1·4	12·4	2·8
05	3 16·3	3 16·8	3 07·3	0·5	0·1	6·5	1·5	12·5	2·8
06	3 16·5	3 17·0	3 07·5	0·6	0·1	6·6	1·5	12·6	2·8
07	3 16·8	3 17·3	3 07·8	0·7	0·2	6·7	1·5	12·7	2·9
08	3 17·0	3 17·5	3 08·0	0·8	0·2	6·8	1·5	12·8	2·9
09	3 17·3	3 17·8	3 08·3	0·9	0·2	6·9	1·6	12·9	2·9
10	3 17·5	3 18·0	3 08·5	1·0	0·2	7·0	1·6	13·0	2·9
11	3 17·8	3 18·3	3 08·7	1·1	0·2	7·1	1·6	13·1	2·9
12	3 18·0	3 18·5	3 09·0	1·2	0·3	7·2	1·6	13·2	3·0
13	3 18·3	3 18·8	3 09·2	1·3	0·3	7·3	1·6	13·3	3·0
14	3 18·5	3 19·0	3 09·5	1·4	0·3	7·4	1·7	13·4	3·0
15	3 18·8	3 19·3	3 09·7	1·5	0·3	7·5	1·7	13·5	3·0
16	3 19·0	3 19·5	3 09·9	1·6	0·4	7·6	1·7	13·6	3·1
17	3 19·3	3 19·8	3 10·2	1·7	0·4	7·7	1·7	13·7	3·1
18	3 19·5	3 20·0	3 10·4	1·8	0·4	7·8	1·8	13·8	3·1
19	3 19·8	3 20·3	3 10·7	1·9	0·4	7·9	1·8	13·9	3·1
20	3 20·0	3 20·5	3 10·9	2·0	0·5	8·0	1·8	14·0	3·2
21	3 20·3	3 20·8	3 11·1	2·1	0·5	8·1	1·8	14·1	3·2
22	3 20·5	3 21·0	3 11·4	2·2	0·5	8·2	1·8	14·2	3·2
23	3 20·8	3 21·3	3 11·6	2·3	0·5	8·3	1·9	14·3	3·2
24	3 21·0	3 21·6	3 11·8	2·4	0·5	8·4	1·9	14·4	3·2
25	3 21·3	3 21·8	3 12·1	2·5	0·6	8·5	1·9	14·5	3·3
26	3 21·5	3 22·1	3 12·3	2·6	0·6	8·6	1·9	14·6	3·3
27	3 21·8	3 22·3	3 12·6	2·7	0·6	8·7	2·0	14·7	3·3
28	3 22·0	3 22·6	3 12·8	2·8	0·6	8·8	2·0	14·8	3·3
29	3 22·3	3 22·8	3 13·0	2·9	0·7	8·9	2·0	14·9	3·4
30	3 22·5	3 23·1	3 13·3	3·0	0·7	9·0	2·0	15·0	3·4
31	3 22·8	3 23·3	3 13·5	3·1	0·7	9·1	2·0	15·1	3·4
32	3 23·0	3 23·6	3 13·8	3·2	0·7	9·2	2·1	15·2	3·4
33	3 23·3	3 23·8	3 14·0	3·3	0·7	9·3	2·1	15·3	3·4
34	3 23·5	3 24·1	3 14·2	3·4	0·8	9·4	2·1	15·4	3·5
35	3 23·8	3 24·3	3 14·5	3·5	0·8	9·5	2·1	15·5	3·5
36	3 24·0	3 24·6	3 14·7	3·6	0·8	9·6	2·2	15·6	3·5
37	3 24·3	3 24·8	3 14·9	3·7	0·8	9·7	2·2	15·7	3·5
38	3 24·5	3 25·1	3 15·2	3·8	0·9	9·8	2·2	15·8	3·6
39	3 24·8	3 25·3	3 15·4	3·9	0·9	9·9	2·2	15·9	3·6
40	3 25·0	3 25·6	3 15·7	4·0	0·9	10·0	2·3	16·0	3·6
41	3 25·3	3 25·8	3 15·9	4·1	0·9	10·1	2·3	16·1	3·6
42	3 25·5	3 26·1	3 16·1	4·2	0·9	10·2	2·3	16·2	3·6
43	3 25·8	3 26·3	3 16·4	4·3	1·0	10·3	2·3	16·3	3·7
44	3 26·0	3 26·6	3 16·6	4·4	1·0	10·4	2·3	16·4	3·7
45	3 26·3	3 26·8	3 16·9	4·5	1·0	10·5	2·4	16·5	3·7
46	3 26·5	3 27·1	3 17·1	4·6	1·0	10·6	2·4	16·6	3·7
47	3 26·8	3 27·3	3 17·3	4·7	1·1	10·7	2·4	16·7	3·8
48	3 27·0	3 27·6	3 17·6	4·8	1·1	10·8	2·4	16·8	3·8
49	3 27·3	3 27·8	3 17·8	4·9	1·1	10·9	2·5	16·9	3·8
50	3 27·5	3 28·1	3 18·0	5·0	1·1	11·0	2·5	17·0	3·8
51	3 27·8	3 28·3	3 18·3	5·1	1·1	11·1	2·5	17·1	3·8
52	3 28·0	3 28·6	3 18·5	5·2	1·2	11·2	2·5	17·2	3·9
53	3 28·3	3 28·8	3 18·8	5·3	1·2	11·3	2·5	17·3	3·9
54	3 28·5	3 29·1	3 19·0	5·4	1·2	11·4	2·6	17·4	3·9
55	3 28·8	3 29·3	3 19·2	5·5	1·2	11·5	2·6	17·5	3·9
56	3 29·0	3 29·6	3 19·5	5·6	1·3	11·6	2·6	17·6	4·0
57	3 29·3	3 29·8	3 19·7	5·7	1·3	11·7	2·6	17·7	4·0
58	3 29·5	3 30·1	3 20·0	5·8	1·3	11·8	2·7	17·8	4·0
59	3 29·8	3 30·3	3 20·2	5·9	1·3	11·9	2·7	17·9	4·0
60	3 30·0	3 30·6	3 20·4	6·0	1·4	12·0	2·7	18·0	4·1

14^m	SUN PLANETS	ARIES	MOON	v or d	Corr^n	v or d	Corr^n	v or d	Corr^n
s	° ′	° ′	° ′	′	′	′	′	′	′
00	3 30·0	3 30·6	3 20·4	0·0	0·0	6·0	1·5	12·0	2·9
01	3 30·3	3 30·8	3 20·7	0·1	0·0	6·1	1·5	12·1	2·9
02	3 30·5	3 31·1	3 20·9	0·2	0·0	6·2	1·5	12·2	2·9
03	3 30·8	3 31·3	3 21·1	0·3	0·1	6·3	1·5	12·3	3·0
04	3 31·0	3 31·6	3 21·4	0·4	0·1	6·4	1·5	12·4	3·0
05	3 31·3	3 31·8	3 21·6	0·5	0·1	6·5	1·6	12·5	3·0
06	3 31·5	3 32·1	3 21·9	0·6	0·1	6·6	1·6	12·6	3·0
07	3 31·8	3 32·3	3 22·1	0·7	0·2	6·7	1·6	12·7	3·1
08	3 32·0	3 32·6	3 22·3	0·8	0·2	6·8	1·6	12·8	3·1
09	3 32·3	3 32·8	3 22·6	0·9	0·2	6·9	1·7	12·9	3·1
10	3 32·5	3 33·1	3 22·8	1·0	0·2	7·0	1·7	13·0	3·1
11	3 32·8	3 33·3	3 23·1	1·1	0·3	7·1	1·7	13·1	3·2
12	3 33·0	3 33·6	3 23·3	1·2	0·3	7·2	1·7	13·2	3·2
13	3 33·3	3 33·8	3 23·5	1·3	0·3	7·3	1·8	13·3	3·2
14	3 33·5	3 34·1	3 23·8	1·4	0·3	7·4	1·8	13·4	3·2
15	3 33·8	3 34·3	3 24·0	1·5	0·4	7·5	1·8	13·5	3·3
16	3 34·0	3 34·6	3 24·3	1·6	0·4	7·6	1·8	13·6	3·3
17	3 34·3	3 34·8	3 24·5	1·7	0·4	7·7	1·9	13·7	3·3
18	3 34·5	3 35·1	3 24·7	1·8	0·4	7·8	1·9	13·8	3·3
19	3 34·8	3 35·3	3 25·0	1·9	0·5	7·9	1·9	13·9	3·4
20	3 35·0	3 35·6	3 25·2	2·0	0·5	8·0	1·9	14·0	3·4
21	3 35·3	3 35·8	3 25·4	2·1	0·5	8·1	2·0	14·1	3·4
22	3 35·5	3 36·1	3 25·7	2·2	0·5	8·2	2·0	14·2	3·4
23	3 35·8	3 36·3	3 25·9	2·3	0·6	8·3	2·0	14·3	3·5
24	3 36·0	3 36·6	3 26·2	2·4	0·6	8·4	2·0	14·4	3·5
25	3 36·3	3 36·8	3 26·4	2·5	0·6	8·5	2·1	14·5	3·5
26	3 36·5	3 37·1	3 26·6	2·6	0·6	8·6	2·1	14·6	3·5
27	3 36·8	3 37·3	3 26·9	2·7	0·7	8·7	2·1	14·7	3·6
28	3 37·0	3 37·6	3 27·1	2·8	0·7	8·8	2·1	14·8	3·6
29	3 37·3	3 37·8	3 27·4	2·9	0·7	8·9	2·2	14·9	3·6
30	3 37·5	3 38·1	3 27·6	3·0	0·7	9·0	2·2	15·0	3·6
31	3 37·8	3 38·3	3 27·8	3·1	0·7	9·1	2·2	15·1	3·6
32	3 38·0	3 38·6	3 28·1	3·2	0·8	9·2	2·2	15·2	3·7
33	3 38·3	3 38·8	3 28·3	3·3	0·8	9·3	2·2	15·3	3·7
34	3 38·5	3 39·1	3 28·5	3·4	0·8	9·4	2·3	15·4	3·7
35	3 38·8	3 39·3	3 28·8	3·5	0·8	9·5	2·3	15·5	3·7
36	3 39·0	3 39·6	3 29·0	3·6	0·9	9·6	2·3	15·6	3·8
37	3 39·3	3 39·9	3 29·3	3·7	0·9	9·7	2·3	15·7	3·8
38	3 39·5	3 40·1	3 29·5	3·8	0·9	9·8	2·4	15·8	3·8
39	3 39·8	3 40·4	3 29·7	3·9	0·9	9·9	2·4	15·9	3·8
40	3 40·0	3 40·6	3 30·0	4·0	1·0	10·0	2·4	16·0	3·9
41	3 40·3	3 40·9	3 30·2	4·1	1·0	10·1	2·4	16·1	3·9
42	3 40·5	3 41·1	3 30·5	4·2	1·0	10·2	2·5	16·2	3·9
43	3 40·8	3 41·4	3 30·7	4·3	1·0	10·3	2·5	16·3	3·9
44	3 41·0	3 41·6	3 30·9	4·4	1·1	10·4	2·5	16·4	4·0
45	3 41·3	3 41·9	3 31·2	4·5	1·1	10·5	2·5	16·5	4·0
46	3 41·5	3 42·1	3 31·4	4·6	1·1	10·6	2·6	16·6	4·0
47	3 41·8	3 42·4	3 31·6	4·7	1·1	10·7	2·6	16·7	4·0
48	3 42·0	3 42·6	3 31·9	4·8	1·2	10·8	2·6	16·8	4·1
49	3 42·3	3 42·9	3 32·1	4·9	1·2	10·9	2·6	16·9	4·1
50	3 42·5	3 43·1	3 32·4	5·0	1·2	11·0	2·7	17·0	4·1
51	3 42·8	3 43·4	3 32·6	5·1	1·2	11·1	2·7	17·1	4·1
52	3 43·0	3 43·6	3 32·8	5·2	1·3	11·2	2·7	17·2	4·2
53	3 43·3	3 43·9	3 33·1	5·3	1·3	11·3	2·7	17·3	4·2
54	3 43·5	3 44·1	3 33·3	5·4	1·3	11·4	2·8	17·4	4·2
55	3 43·8	3 44·4	3 33·6	5·5	1·3	11·5	2·8	17·5	4·2
56	3 44·0	3 44·6	3 33·8	5·6	1·4	11·6	2·8	17·6	4·3
57	3 44·3	3 44·9	3 34·0	5·7	1·4	11·7	2·8	17·7	4·3
58	3 44·5	3 45·1	3 34·3	5·8	1·4	11·8	2·9	17·8	4·3
59	3 44·8	3 45·4	3 34·5	5·9	1·4	11·9	2·9	17·9	4·3
60	3 45·0	3 45·6	3 34·8	6·0	1·5	12·0	2·9	18·0	4·4

15^m	SUN PLANETS	ARIES	MOON	v or d	Corr^n	v or d	Corr^n	v or d	Corr^n
s	° ′	° ′	° ′	′	′	′	′	′	′
00	3 45·0	3 45·6	3 34·8	0·0	0·0	6·0	1·6	12·0	3·1
01	3 45·3	3 45·9	3 35·0	0·1	0·0	6·1	1·6	12·1	3·1
02	3 45·5	3 46·1	3 35·2	0·2	0·1	6·2	1·6	12·2	3·2
03	3 45·8	3 46·4	3 35·5	0·3	0·1	6·3	1·6	12·3	3·2
04	3 46·0	3 46·6	3 35·7	0·4	0·1	6·4	1·7	12·4	3·2
05	3 46·3	3 46·9	3 35·9	0·5	0·1	6·5	1·7	12·5	3·2
06	3 46·5	3 47·1	3 36·2	0·6	0·2	6·6	1·7	12·6	3·3
07	3 46·8	3 47·4	3 36·4	0·7	0·2	6·7	1·7	12·7	3·3
08	3 47·0	3 47·6	3 36·7	0·8	0·2	6·8	1·8	12·8	3·3
09	3 47·3	3 47·9	3 36·9	0·9	0·2	6·9	1·8	12·9	3·3
10	3 47·5	3 48·1	3 37·1	1·0	0·3	7·0	1·8	13·0	3·4
11	3 47·8	3 48·4	3 37·4	1·1	0·3	7·1	1·8	13·1	3·4
12	3 48·0	3 48·6	3 37·6	1·2	0·3	7·2	1·9	13·2	3·4
13	3 48·3	3 48·9	3 37·9	1·3	0·3	7·3	1·9	13·3	3·4
14	3 48·5	3 49·1	3 38·1	1·4	0·4	7·4	1·9	13·4	3·5
15	3 48·8	3 49·4	3 38·3	1·5	0·4	7·5	1·9	13·5	3·5
16	3 49·0	3 49·6	3 38·6	1·6	0·4	7·6	2·0	13·6	3·5
17	3 49·3	3 49·9	3 38·8	1·7	0·4	7·7	2·0	13·7	3·5
18	3 49·5	3 50·1	3 39·0	1·8	0·5	7·8	2·0	13·8	3·6
19	3 49·8	3 50·4	3 39·3	1·9	0·5	7·9	2·0	13·9	3·6
20	3 50·0	3 50·6	3 39·5	2·0	0·5	8·0	2·1	14·0	3·6
21	3 50·3	3 50·9	3 39·8	2·1	0·5	8·1	2·1	14·1	3·6
22	3 50·5	3 51·1	3 40·0	2·2	0·6	8·2	2·1	14·2	3·7
23	3 50·8	3 51·4	3 40·2	2·3	0·6	8·3	2·1	14·3	3·7
24	3 51·0	3 51·6	3 40·5	2·4	0·6	8·4	2·2	14·4	3·7
25	3 51·3	3 51·9	3 40·7	2·5	0·6	8·5	2·2	14·5	3·7
26	3 51·5	3 52·1	3 41·0	2·6	0·7	8·6	2·2	14·6	3·8
27	3 51·8	3 52·4	3 41·2	2·7	0·7	8·7	2·2	14·7	3·8
28	3 52·0	3 52·6	3 41·4	2·8	0·7	8·8	2·3	14·8	3·8
29	3 52·3	3 52·9	3 41·7	2·9	0·7	8·9	2·3	14·9	3·8
30	3 52·5	3 53·1	3 41·9	3·0	0·8	9·0	2·3	15·0	3·9
31	3 52·8	3 53·4	3 42·1	3·1	0·8	9·1	2·4	15·1	3·9
32	3 53·0	3 53·6	3 42·4	3·2	0·8	9·2	2·4	15·2	3·9
33	3 53·3	3 53·9	3 42·6	3·3	0·9	9·3	2·4	15·3	4·0
34	3 53·5	3 54·1	3 42·9	3·4	0·9	9·4	2·4	15·4	4·0
35	3 53·8	3 54·4	3 43·1	3·5	0·9	9·5	2·5	15·5	4·0
36	3 54·0	3 54·6	3 43·3	3·6	0·9	9·6	2·5	15·6	4·0
37	3 54·3	3 54·9	3 43·6	3·7	1·0	9·7	2·5	15·7	4·1
38	3 54·5	3 55·1	3 43·8	3·8	1·0	9·8	2·5	15·8	4·1
39	3 54·8	3 55·4	3 44·1	3·9	1·0	9·9	2·6	15·9	4·1
40	3 55·0	3 55·6	3 44·3	4·0	1·0	10·0	2·6	16·0	4·1
41	3 55·3	3 55·9	3 44·5	4·1	1·1	10·1	2·6	16·1	4·2
42	3 55·5	3 56·1	3 44·8	4·2	1·1	10·2	2·6	16·2	4·2
43	3 55·8	3 56·4	3 45·0	4·3	1·1	10·3	2·7	16·3	4·2
44	3 56·0	3 56·6	3 45·2	4·4	1·1	10·4	2·7	16·4	4·2
45	3 56·3	3 56·9	3 45·5	4·5	1·2	10·5	2·7	16·5	4·3
46	3 56·5	3 57·1	3 45·7	4·6	1·2	10·6	2·7	16·6	4·3
47	3 56·8	3 57·4	3 46·0	4·7	1·2	10·7	2·8	16·7	4·3
48	3 57·0	3 57·6	3 46·2	4·8	1·2	10·8	2·8	16·8	4·3
49	3 57·3	3 57·9	3 46·4	4·9	1·3	10·9	2·8	16·9	4·4
50	3 57·5	3 58·2	3 46·7	5·0	1·3	11·0	2·8	17·0	4·4
51	3 57·8	3 58·4	3 46·9	5·1	1·3	11·1	2·9	17·1	4·4
52	3 58·0	3 58·7	3 47·2	5·2	1·3	11·2	2·9	17·2	4·4
53	3 58·3	3 58·9	3 47·4	5·3	1·4	11·3	2·9	17·3	4·5
54	3 58·5	3 59·2	3 47·6	5·4	1·4	11·4	2·9	17·4	4·5
55	3 58·8	3 59·4	3 47·9	5·5	1·4	11·5	3·0	17·5	4·5
56	3 59·0	3 59·7	3 48·1	5·6	1·4	11·6	3·0	17·6	4·5
57	3 59·3	3 59·9	3 48·4	5·7	1·5	11·7	3·0	17·7	4·6
58	3 59·5	4 00·2	3 48·6	5·8	1·5	11·8	3·0	17·8	4·6
59	3 59·8	4 00·4	3 48·8	5·9	1·5	11·9	3·1	17·9	4·6
60	4 00·0	4 00·7	3 49·1	6·0	1·6	12·0	3·1	18·0	4·7

16^m	SUN PLANETS	ARIES	MOON	v or d	Corrⁿ	v or d	Corrⁿ	v or d	Corrⁿ
s	° ′	° ′	° ′	′	′	′	′	′	′
00	4 00·0	4 00·7	3 49·1	0·0	0·0	6·0	1·7	12·0	3·3
01	4 00·3	4 00·9	3 49·3	0·1	0·0	6·1	1·7	12·1	3·3
02	4 00·5	4 01·2	3 49·5	0·2	0·1	6·2	1·7	12·2	3·4
03	4 00·8	4 01·4	3 49·8	0·3	0·1	6·3	1·7	12·3	3·4
04	4 01·0	4 01·7	3 50·0	0·4	0·1	6·4	1·8	12·4	3·4
05	4 01·3	4 01·9	3 50·3	0·5	0·1	6·5	1·8	12·5	3·4
06	4 01·5	4 02·2	3 50·5	0·6	0·2	6·6	1·8	12·6	3·5
07	4 01·8	4 02·4	3 50·7	0·7	0·2	6·7	1·8	12·7	3·5
08	4 02·0	4 02·7	3 51·0	0·8	0·2	6·8	1·9	12·8	3·5
09	4 02·3	4 02·9	3 51·2	0·9	0·2	6·9	1·9	12·9	3·5
10	4 02·5	4 03·2	3 51·5	1·0	0·3	7·0	1·9	13·0	3·6
11	4 02·8	4 03·4	3 51·7	1·1	0·3	7·1	2·0	13·1	3·6
12	4 03·0	4 03·7	3 51·9	1·2	0·3	7·2	2·0	13·2	3·6
13	4 03·3	4 03·9	3 52·2	1·3	0·4	7·3	2·0	13·3	3·7
14	4 03·5	4 04·2	3 52·4	1·4	0·4	7·4	2·0	13·4	3·7
15	4 03·8	4 04·4	3 52·6	1·5	0·4	7·5	2·1	13·5	3·7
16	4 04·0	4 04·7	3 52·9	1·6	0·4	7·6	2·1	13·6	3·7
17	4 04·3	4 04·9	3 53·1	1·7	0·5	7·7	2·1	13·7	3·8
18	4 04·5	4 05·2	3 53·4	1·8	0·5	7·8	2·1	13·8	3·8
19	4 04·8	4 05·4	3 53·6	1·9	0·5	7·9	2·2	13·9	3·8
20	4 05·0	4 05·7	3 53·8	2·0	0·6	8·0	2·2	14·0	3·9
21	4 05·3	4 05·9	3 54·1	2·1	0·6	8·1	2·2	14·1	3·9
22	4 05·5	4 06·2	3 54·3	2·2	0·6	8·2	2·3	14·2	3·9
23	4 05·8	4 06·4	3 54·6	2·3	0·6	8·3	2·3	14·3	3·9
24	4 06·0	4 06·7	3 54·8	2·4	0·7	8·4	2·3	14·4	4·0
25	4 06·3	4 06·9	3 55·0	2·5	0·7	8·5	2·3	14·5	4·0
26	4 06·5	4 07·2	3 55·3	2·6	0·7	8·6	2·4	14·6	4·0
27	4 06·8	4 07·4	3 55·5	2·7	0·7	8·7	2·4	14·7	4·0
28	4 07·0	4 07·7	3 55·7	2·8	0·8	8·8	2·4	14·8	4·1
29	4 07·3	4 07·9	3 56·0	2·9	0·8	8·9	2·4	14·9	4·1
30	4 07·5	4 08·2	3 56·2	3·0	0·8	9·0	2·5	15·0	4·1
31	4 07·8	4 08·4	3 56·5	3·1	0·9	9·1	2·5	15·1	4·2
32	4 08·0	4 08·7	3 56·7	3·2	0·9	9·2	2·5	15·2	4·2
33	4 08·3	4 08·9	3 56·9	3·3	0·9	9·3	2·6	15·3	4·2
34	4 08·5	4 09·2	3 57·2	3·4	0·9	9·4	2·6	15·4	4·2
35	4 08·8	4 09·4	3 57·4	3·5	1·0	9·5	2·6	15·5	4·3
36	4 09·0	4 09·7	3 57·7	3·6	1·0	9·6	2·6	15·6	4·3
37	4 09·3	4 09·9	3 57·9	3·7	1·0	9·7	2·7	15·7	4·3
38	4 09·5	4 10·2	3 58·1	3·8	1·0	9·8	2·7	15·8	4·3
39	4 09·8	4 10·4	3 58·4	3·9	1·1	9·9	2·7	15·9	4·4
40	4 10·0	4 10·7	3 58·6	4·0	1·1	10·0	2·8	16·0	4·4
41	4 10·3	4 10·9	3 58·8	4·1	1·1	10·1	2·8	16·1	4·4
42	4 10·5	4 11·2	3 59·1	4·2	1·2	10·2	2·8	16·2	4·5
43	4 10·8	4 11·4	3 59·3	4·3	1·2	10·3	2·8	16·3	4·5
44	4 11·0	4 11·7	3 59·6	4·4	1·2	10·4	2·9	16·4	4·5
45	4 11·3	4 11·9	3 59·8	4·5	1·2	10·5	2·9	16·5	4·5
46	4 11·5	4 12·2	4 00·0	4·6	1·3	10·6	2·9	16·6	4·6
47	4 11·8	4 12·4	4 00·3	4·7	1·3	10·7	2·9	16·7	4·6
48	4 12·0	4 12·7	4 00·5	4·8	1·3	10·8	3·0	16·8	4·6
49	4 12·3	4 12·9	4 00·8	4·9	1·3	10·9	3·0	16·9	4·6
50	4 12·5	4 13·2	4 01·0	5·0	1·4	11·0	3·0	17·0	4·7
51	4 12·8	4 13·4	4 01·2	5·1	1·4	11·1	3·1	17·1	4·7
52	4 13·0	4 13·7	4 01·5	5·2	1·4	11·2	3·1	17·2	4·7
53	4 13·3	4 13·9	4 01·7	5·3	1·5	11·3	3·1	17·3	4·8
54	4 13·5	4 14·2	4 02·0	5·4	1·5	11·4	3·1	17·4	4·8
55	4 13·8	4 14·4	4 02·2	5·5	1·5	11·5	3·2	17·5	4·8
56	4 14·0	4 14·7	4 02·4	5·6	1·5	11·6	3·2	17·6	4·8
57	4 14·3	4 14·9	4 02·7	5·7	1·6	11·7	3·2	17·7	4·9
58	4 14·5	4 15·2	4 02·9	5·8	1·6	11·8	3·2	17·8	4·9
59	4 14·8	4 15·4	4 03·1	5·9	1·6	11·9	3·3	17·9	4·9
60	4 15·0	4 15·7	4 03·4	6·0	1·7	12·0	3·3	18·0	5·0

17^m	SUN PLANETS	ARIES	MOON	v or d	Corrⁿ	v or d	Corrⁿ	v or d	Corrⁿ
s	° ′	° ′	° ′	′	′	′	′	′	′
00	4 15·0	4 15·7	4 03·4	0·0	0·0	6·0	1·8	12·0	3·5
01	4 15·3	4 15·9	4 03·6	0·1	0·0	6·1	1·8	12·1	3·5
02	4 15·5	4 16·2	4 03·9	0·2	0·1	6·2	1·8	12·2	3·6
03	4 15·8	4 16·5	4 04·1	0·3	0·1	6·3	1·8	12·3	3·6
04	4 16·0	4 16·7	4 04·3	0·4	0·1	6·4	1·9	12·4	3·6
05	4 16·3	4 17·0	4 04·6	0·5	0·1	6·5	1·9	12·5	3·6
06	4 16·5	4 17·2	4 04·8	0·6	0·2	6·6	1·9	12·6	3·7
07	4 16·8	4 17·5	4 05·1	0·7	0·2	6·7	2·0	12·7	3·7
08	4 17·0	4 17·7	4 05·3	0·8	0·2	6·8	2·0	12·8	3·7
09	4 17·3	4 18·0	4 05·5	0·9	0·3	6·9	2·0	12·9	3·8
10	4 17·5	4 18·2	4 05·8	1·0	0·3	7·0	2·0	13·0	3·8
11	4 17·8	4 18·5	4 06·0	1·1	0·3	7·1	2·1	13·1	3·8
12	4 18·0	4 18·7	4 06·2	1·2	0·4	7·2	2·1	13·2	3·9
13	4 18·3	4 19·0	4 06·5	1·3	0·4	7·3	2·1	13·3	3·9
14	4 18·5	4 19·2	4 06·7	1·4	0·4	7·4	2·2	13·4	3·9
15	4 18·8	4 19·5	4 07·0	1·5	0·4	7·5	2·2	13·5	3·9
16	4 19·0	4 19·7	4 07·2	1·6	0·5	7·6	2·2	13·6	4·0
17	4 19·3	4 20·0	4 07·4	1·7	0·5	7·7	2·2	13·7	4·0
18	4 19·5	4 20·2	4 07·7	1·8	0·5	7·8	2·3	13·8	4·0
19	4 19·8	4 20·5	4 07·9	1·9	0·6	7·9	2·3	13·9	4·1
20	4 20·0	4 20·7	4 08·2	2·0	0·6	8·0	2·3	14·0	4·1
21	4 20·3	4 21·0	4 08·4	2·1	0·6	8·1	2·4	14·1	4·1
22	4 20·5	4 21·2	4 08·6	2·2	0·6	8·2	2·4	14·2	4·1
23	4 20·8	4 21·5	4 08·9	2·3	0·7	8·3	2·4	14·3	4·2
24	4 21·0	4 21·7	4 09·1	2·4	0·7	8·4	2·5	14·4	4·2
25	4 21·3	4 22·0	4 09·3	2·5	0·7	8·5	2·5	14·5	4·2
26	4 21·5	4 22·2	4 09·6	2·6	0·8	8·6	2·5	14·6	4·3
27	4 21·8	4 22·5	4 09·8	2·7	0·8	8·7	2·5	14·7	4·3
28	4 22·0	4 22·7	4 10·1	2·8	0·8	8·8	2·6	14·8	4·3
29	4 22·3	4 23·0	4 10·3	2·9	0·8	8·9	2·6	14·9	4·3
30	4 22·5	4 23·2	4 10·5	3·0	0·9	9·0	2·6	15·0	4·4
31	4 22·8	4 23·5	4 10·8	3·1	0·9	9·1	2·7	15·1	4·4
32	4 23·0	4 23·7	4 11·0	3·2	0·9	9·2	2·7	15·2	4·4
33	4 23·3	4 24·0	4 11·3	3·3	1·0	9·3	2·7	15·3	4·5
34	4 23·5	4 24·2	4 11·5	3·4	1·0	9·4	2·7	15·4	4·5
35	4 23·8	4 24·5	4 11·7	3·5	1·0	9·5	2·8	15·5	4·5
36	4 24·0	4 24·7	4 12·0	3·6	1·1	9·6	2·8	15·6	4·6
37	4 24·3	4 25·0	4 12·2	3·7	1·1	9·7	2·8	15·7	4·6
38	4 24·5	4 25·2	4 12·5	3·8	1·1	9·8	2·9	15·8	4·6
39	4 24·8	4 25·5	4 12·7	3·9	1·1	9·9	2·9	15·9	4·6
40	4 25·0	4 25·7	4 12·9	4·0	1·2	10·0	2·9	16·0	4·7
41	4 25·3	4 26·0	4 13·2	4·1	1·2	10·1	2·9	16·1	4·7
42	4 25·5	4 26·2	4 13·4	4·2	1·2	10·2	3·0	16·2	4·7
43	4 25·8	4 26·5	4 13·6	4·3	1·3	10·3	3·0	16·3	4·8
44	4 26·0	4 26·7	4 13·9	4·4	1·3	10·4	3·0	16·4	4·8
45	4 26·3	4 27·0	4 14·1	4·5	1·3	10·5	3·1	16·5	4·8
46	4 26·5	4 27·2	4 14·4	4·6	1·3	10·6	3·1	16·6	4·8
47	4 26·8	4 27·5	4 14·6	4·7	1·4	10·7	3·1	16·7	4·9
48	4 27·0	4 27·7	4 14·8	4·8	1·4	10·8	3·2	16·8	4·9
49	4 27·3	4 28·0	4 15·1	4·9	1·4	10·9	3·2	16·9	4·9
50	4 27·5	4 28·2	4 15·3	5·0	1·5	11·0	3·2	17·0	5·0
51	4 27·8	4 28·5	4 15·6	5·1	1·5	11·1	3·2	17·1	5·0
52	4 28·0	4 28·7	4 15·8	5·2	1·5	11·2	3·3	17·2	5·0
53	4 28·3	4 29·0	4 16·0	5·3	1·5	11·3	3·3	17·3	5·0
54	4 28·5	4 29·2	4 16·3	5·4	1·6	11·4	3·3	17·4	5·1
55	4 28·8	4 29·5	4 16·5	5·5	1·6	11·5	3·4	17·5	5·1
56	4 29·0	4 29·7	4 16·7	5·6	1·6	11·6	3·4	17·6	5·1
57	4 29·3	4 30·0	4 17·0	5·7	1·7	11·7	3·4	17·7	5·2
58	4 29·5	4 30·2	4 17·2	5·8	1·7	11·8	3·4	17·8	5·2
59	4 29·8	4 30·5	4 17·5	5·9	1·7	11·9	3·5	17·9	5·2
60	4 30·0	4 30·7	4 17·7	6·0	1·8	12·0	3·5	18·0	5·3

m 18	SUN PLANETS	ARIES	MOON	v or d	Corrⁿ	v or d	Corrⁿ	v or d	Corrⁿ
s	° ′	° ′	° ′	′	′	′	′	′	′
00	4 30·0	4 30·7	4 17·7	0·0	0·0	6·0	1·9	12·0	3·7
01	4 30·3	4 31·0	4 17·9	0·1	0·0	6·1	1·9	12·1	3·7
02	4 30·5	4 31·2	4 18·2	0·2	0·1	6·2	1·9	12·2	3·8
03	4 30·8	4 31·5	4 18·4	0·3	0·1	6·3	1·9	12·3	3·8
04	4 31·0	4 31·7	4 18·7	0·4	0·1	6·4	2·0	12·4	3·8
05	4 31·3	4 32·0	4 18·9	0·5	0·2	6·5	2·0	12·5	3·9
06	4 31·5	4 32·2	4 19·1	0·6	0·2	6·6	2·0	12·6	3·9
07	4 31·8	4 32·5	4 19·4	0·7	0·2	6·7	2·1	12·7	3·9
08	4 32·0	4 32·7	4 19·6	0·8	0·2	6·8	2·1	12·8	3·9
09	4 32·3	4 33·0	4 19·8	0·9	0·3	6·9	2·1	12·9	4·0
10	4 32·5	4 33·2	4 20·1	1·0	0·3	7·0	2·2	13·0	4·0
11	4 32·8	4 33·5	4 20·3	1·1	0·3	7·1	2·2	13·1	4·0
12	4 33·0	4 33·7	4 20·6	1·2	0·4	7·2	2·2	13·2	4·1
13	4 33·3	4 34·0	4 20·8	1·3	0·4	7·3	2·3	13·3	4·1
14	4 33·5	4 34·2	4 21·0	1·4	0·4	7·4	2·3	13·4	4·1
15	4 33·8	4 34·5	4 21·3	1·5	0·5	7·5	2·3	13·5	4·2
16	4 34·0	4 34·8	4 21·5	1·6	0·5	7·6	2·3	13·6	4·2
17	4 34·3	4 35·0	4 21·8	1·7	0·5	7·7	2·4	13·7	4·2
18	4 34·5	4 35·3	4 22·0	1·8	0·6	7·8	2·4	13·8	4·3
19	4 34·8	4 35·5	4 22·2	1·9	0·6	7·9	2·4	13·9	4·3
20	4 35·0	4 35·8	4 22·5	2·0	0·6	8·0	2·5	14·0	4·3
21	4 35·3	4 36·0	4 22·7	2·1	0·6	8·1	2·5	14·1	4·3
22	4 35·5	4 36·3	4 22·9	2·2	0·7	8·2	2·5	14·2	4·4
23	4 35·8	4 36·5	4 23·2	2·3	0·7	8·3	2·6	14·3	4·4
24	4 36·0	4 36·8	4 23·4	2·4	0·7	8·4	2·6	14·4	4·4
25	4 36·3	4 37·0	4 23·7	2·5	0·8	8·5	2·6	14·5	4·5
26	4 36·5	4 37·3	4 23·9	2·6	0·8	8·6	2·7	14·6	4·5
27	4 36·8	4 37·5	4 24·1	2·7	0·8	8·7	2·7	14·7	4·5
28	4 37·0	4 37·8	4 24·4	2·8	0·9	8·8	2·7	14·8	4·6
29	4 37·3	4 38·0	4 24·6	2·9	0·9	8·9	2·7	14·9	4·6
30	4 37·5	4 38·3	4 24·9	3·0	0·9	9·0	2·8	15·0	4·6
31	4 37·8	4 38·5	4 25·1	3·1	1·0	9·1	2·8	15·1	4·7
32	4 38·0	4 38·8	4 25·3	3·2	1·0	9·2	2·8	15·2	4·7
33	4 38·3	4 39·0	4 25·6	3·3	1·0	9·3	2·9	15·3	4·7
34	4 38·5	4 39·3	4 25·8	3·4	1·0	9·4	2·9	15·4	4·7
35	4 38·8	4 39·5	4 26·1	3·5	1·1	9·5	2·9	15·5	4·8
36	4 39·0	4 39·8	4 26·3	3·6	1·1	9·6	3·0	15·6	4·8
37	4 39·3	4 40·0	4 26·5	3·7	1·1	9·7	3·0	15·7	4·8
38	4 39·5	4 40·3	4 26·8	3·8	1·2	9·8	3·0	15·8	4·9
39	4 39·8	4 40·5	4 27·0	3·9	1·2	9·9	3·1	15·9	4·9
40	4 40·0	4 40·8	4 27·2	4·0	1·2	10·0	3·1	16·0	4·9
41	4 40·3	4 41·0	4 27·5	4·1	1·3	10·1	3·1	16·1	5·0
42	4 40·5	4 41·3	4 27·7	4·2	1·3	10·2	3·1	16·2	5·0
43	4 40·8	4 41·5	4 28·0	4·3	1·3	10·3	3·2	16·3	5·0
44	4 41·0	4 41·8	4 28·2	4·4	1·4	10·4	3·2	16·4	5·1
45	4 41·3	4 42·0	4 28·4	4·5	1·4	10·5	3·2	16·5	5·1
46	4 41·5	4 42·3	4 28·7	4·6	1·4	10·6	3·3	16·6	5·1
47	4 41·8	4 42·5	4 28·9	4·7	1·4	10·7	3·3	16·7	5·1
48	4 42·0	4 42·8	4 29·2	4·8	1·5	10·8	3·3	16·8	5·2
49	4 42·3	4 43·0	4 29·4	4·9	1·5	10·9	3·4	16·9	5·2
50	4 42·5	4 43·3	4 29·6	5·0	1·5	11·0	3·4	17·0	5·2
51	4 42·8	4 43·5	4 29·9	5·1	1·6	11·1	3·4	17·1	5·3
52	4 43·0	4 43·8	4 30·1	5·2	1·6	11·2	3·5	17·2	5·3
53	4 43·3	4 44·0	4 30·3	5·3	1·6	11·3	3·5	17·3	5·3
54	4 43·5	4 44·3	4 30·6	5·4	1·7	11·4	3·5	17·4	5·4
55	4 43·8	4 44·5	4 30·8	5·5	1·7	11·5	3·5	17·5	5·4
56	4 44·0	4 44·8	4 31·1	5·6	1·7	11·6	3·6	17·6	5·4
57	4 44·3	4 45·0	4 31·3	5·7	1·8	11·7	3·6	17·7	5·5
58	4 44·5	4 45·3	4 31·5	5·8	1·8	11·8	3·6	17·8	5·5
59	4 44·8	4 45·5	4 31·8	5·9	1·8	11·9	3·7	17·9	5·5
60	4 45·0	4 45·8	4 32·0	6·0	1·9	12·0	3·7	18·0	5·6

m 19	SUN PLANETS	ARIES	MOON	v or d	Corrⁿ	v or d	Corrⁿ	v or d	Corrⁿ
s	° ′	° ′	° ′	′	′	′	′	′	′
00	4 45·0	4 45·8	4 32·0	0·0	0·0	6·0	2·0	12·0	3·9
01	4 45·3	4 46·0	4 32·3	0·1	0·0	6·1	2·0	12·1	3·9
02	4 45·5	4 46·3	4 32·5	0·2	0·1	6·2	2·0	12·2	4·0
03	4 45·8	4 46·5	4 32·7	0·3	0·1	6·3	2·0	12·3	4·0
04	4 46·0	4 46·8	4 33·0	0·4	0·1	6·4	2·1	12·4	4·0
05	4 46·3	4 47·0	4 33·2	0·5	0·2	6·5	2·1	12·5	4·1
06	4 46·5	4 47·3	4 33·4	0·6	0·2	6·6	2·1	12·6	4·1
07	4 46·8	4 47·5	4 33·7	0·7	0·2	6·7	2·2	12·7	4·1
08	4 47·0	4 47·8	4 33·9	0·8	0·3	6·8	2·2	12·8	4·2
09	4 47·3	4 48·0	4 34·2	0·9	0·3	6·9	2·2	12·9	4·2
10	4 47·5	4 48·3	4 34·4	1·0	0·3	7·0	2·3	13·0	4·2
11	4 47·8	4 48·5	4 34·6	1·1	0·4	7·1	2·3	13·1	4·3
12	4 48·0	4 48·8	4 34·9	1·2	0·4	7·2	2·3	13·2	4·3
13	4 48·3	4 49·0	4 35·1	1·3	0·4	7·3	2·4	13·3	4·3
14	4 48·5	4 49·3	4 35·4	1·4	0·5	7·4	2·4	13·4	4·4
15	4 48·8	4 49·5	4 35·6	1·5	0·5	7·5	2·4	13·5	4·4
16	4 49·0	4 49·8	4 35·8	1·6	0·5	7·6	2·5	13·6	4·4
17	4 49·3	4 50·0	4 36·1	1·7	0·6	7·7	2·5	13·7	4·5
18	4 49·5	4 50·3	4 36·3	1·8	0·6	7·8	2·5	13·8	4·5
19	4 49·8	4 50·5	4 36·6	1·9	0·6	7·9	2·6	13·9	4·5
20	4 50·0	4 50·8	4 36·8	2·0	0·7	8·0	2·6	14·0	4·6
21	4 50·3	4 51·0	4 37·0	2·1	0·7	8·1	2·6	14·1	4·6
22	4 50·5	4 51·3	4 37·3	2·2	0·7	8·2	2·7	14·2	4·6
23	4 50·8	4 51·5	4 37·5	2·3	0·7	8·3	2·7	14·3	4·6
24	4 51·0	4 51·8	4 37·7	2·4	0·8	8·4	2·7	14·4	4·7
25	4 51·3	4 52·0	4 38·0	2·5	0·8	8·5	2·8	14·5	4·7
26	4 51·5	4 52·3	4 38·2	2·6	0·8	8·6	2·8	14·6	4·7
27	4 51·8	4 52·5	4 38·5	2·7	0·9	8·7	2·8	14·7	4·8
28	4 52·0	4 52·8	4 38·7	2·8	0·9	8·8	2·9	14·8	4·8
29	4 52·3	4 53·1	4 38·9	2·9	0·9	8·9	2·9	14·9	4·8
30	4 52·5	4 53·3	4 39·2	3·0	1·0	9·0	2·9	15·0	4·9
31	4 52·8	4 53·6	4 39·4	3·1	1·0	9·1	3·0	15·1	4·9
32	4 53·0	4 53·8	4 39·7	3·2	1·0	9·2	3·0	15·2	4·9
33	4 53·3	4 54·1	4 39·9	3·3	1·1	9·3	3·0	15·3	5·0
34	4 53·5	4 54·3	4 40·1	3·4	1·1	9·4	3·1	15·4	5·0
35	4 53·8	4 54·6	4 40·4	3·5	1·1	9·5	3·1	15·5	5·0
36	4 54·0	4 54·8	4 40·6	3·6	1·2	9·6	3·1	15·6	5·1
37	4 54·3	4 55·1	4 40·8	3·7	1·2	9·7	3·2	15·7	5·1
38	4 54·5	4 55·3	4 41·1	3·8	1·2	9·8	3·2	15·8	5·1
39	4 54·8	4 55·6	4 41·3	3·9	1·3	9·9	3·2	15·9	5·2
40	4 55·0	4 55·8	4 41·6	4·0	1·3	10·0	3·3	16·0	5·2
41	4 55·3	4 56·1	4 41·8	4·1	1·3	10·1	3·3	16·1	5·2
42	4 55·5	4 56·3	4 42·0	4·2	1·4	10·2	3·3	16·2	5·3
43	4 55·8	4 56·6	4 42·3	4·3	1·4	10·3	3·3	16·3	5·3
44	4 56·0	4 56·8	4 42·5	4·4	1·4	10·4	3·4	16·4	5·3
45	4 56·3	4 57·1	4 42·8	4·5	1·5	10·5	3·4	16·5	5·4
46	4 56·5	4 57·3	4 43·0	4·6	1·5	10·6	3·4	16·6	5·4
47	4 56·8	4 57·6	4 43·2	4·7	1·5	10·7	3·5	16·7	5·4
48	4 57·0	4 57·8	4 43·5	4·8	1·6	10·8	3·5	16·8	5·5
49	4 57·3	4 58·1	4 43·7	4·9	1·6	10·9	3·5	16·9	5·5
50	4 57·5	4 58·3	4 43·9	5·0	1·6	11·0	3·6	17·0	5·5
51	4 57·8	4 58·6	4 44·2	5·1	1·7	11·1	3·6	17·1	5·6
52	4 58·0	4 58·8	4 44·4	5·2	1·7	11·2	3·6	17·2	5·6
53	4 58·3	4 59·1	4 44·7	5·3	1·7	11·3	3·7	17·3	5·6
54	4 58·5	4 59·3	4 44·9	5·4	1·8	11·4	3·7	17·4	5·7
55	4 58·8	4 59·6	4 45·1	5·5	1·8	11·5	3·7	17·5	5·7
56	4 59·0	4 59·8	4 45·4	5·6	1·8	11·6	3·8	17·6	5·7
57	4 59·3	5 00·1	4 45·6	5·7	1·9	11·7	3·8	17·7	5·8
58	4 59·5	5 00·3	4 45·9	5·8	1·9	11·8	3·8	17·8	5·8
59	4 59·8	5 00·6	4 46·1	5·9	1·9	11·9	3·9	17·9	5·8
60	5 00·0	5 00·8	4 46·3	6·0	2·0	12·0	3·9	18·0	5·9

20^m	SUN PLANETS	ARIES	MOON	v or d	Corrⁿ	v or d	Corrⁿ	v or d	Corrⁿ
s	° ′	° ′	° ′	′	′	′	′	′	′
00	5 00·0	5 00·8	4 46·3	0·0	0·0	6·0	2·1	12·0	4·1
01	5 00·3	5 01·1	4 46·6	0·1	0·0	6·1	2·1	12·1	4·1
02	5 00·5	5 01·3	4 46·8	0·2	0·1	6·2	2·1	12·2	4·2
03	5 00·8	5 01·6	4 47·0	0·3	0·1	6·3	2·2	12·3	4·2
04	5 01·0	5 01·8	4 47·3	0·4	0·1	6·4	2·2	12·4	4·2
05	5 01·3	5 02·1	4 47·5	0·5	0·2	6·5	2·2	12·5	4·3
06	5 01·5	5 02·3	4 47·8	0·6	0·2	6·6	2·3	12·6	4·3
07	5 01·8	5 02·6	4 48·0	0·7	0·2	6·7	2·3	12·7	4·3
08	5 02·0	5 02·8	4 48·2	0·8	0·3	6·8	2·3	12·8	4·4
09	5 02·3	5 03·1	4 48·5	0·9	0·3	6·9	2·4	12·9	4·4
10	5 02·5	5 03·3	4 48·7	1·0	0·3	7·0	2·4	13·0	4·4
11	5 02·8	5 03·6	4 49·0	1·1	0·4	7·1	2·4	13·1	4·5
12	5 03·0	5 03·8	4 49·2	1·2	0·4	7·2	2·5	13·2	4·5
13	5 03·3	5 04·1	4 49·4	1·3	0·4	7·3	2·5	13·3	4·5
14	5 03·5	5 04·3	4 49·7	1·4	0·5	7·4	2·5	13·4	4·6
15	5 03·8	5 04·6	4 49·9	1·5	0·5	7·5	2·6	13·5	4·6
16	5 04·0	5 04·8	4 50·2	1·6	0·5	7·6	2·6	13·6	4·6
17	5 04·3	5 05·1	4 50·4	1·7	0·6	7·7	2·6	13·7	4·7
18	5 04·5	5 05·3	4 50·6	1·8	0·6	7·8	2·7	13·8	4·7
19	5 04·8	5 05·6	4 50·9	1·9	0·6	7·9	2·7	13·9	4·7
20	5 05·0	5 05·8	4 51·1	2·0	0·7	8·0	2·7	14·0	4·8
21	5 05·3	5 06·1	4 51·3	2·1	0·7	8·1	2·8	14·1	4·8
22	5 05·5	5 06·3	4 51·6	2·2	0·8	8·2	2·8	14·2	4·9
23	5 05·8	5 06·6	4 51·8	2·3	0·8	8·3	2·8	14·3	4·9
24	5 06·0	5 06·8	4 52·1	2·4	0·8	8·4	2·9	14·4	4·9
25	5 06·3	5 07·1	4 52·3	2·5	0·9	8·5	2·9	14·5	5·0
26	5 06·5	5 07·3	4 52·5	2·6	0·9	8·6	2·9	14·6	5·0
27	5 06·8	5 07·6	4 52·8	2·7	0·9	8·7	3·0	14·7	5·0
28	5 07·0	5 07·8	4 53·0	2·8	1·0	8·8	3·0	14·8	5·1
29	5 07·3	5 08·1	4 53·3	2·9	1·0	8·9	3·0	14·9	5·1
30	5 07·5	5 08·3	4 53·5	3·0	1·0	9·0	3·1	15·0	5·1
31	5 07·8	5 08·6	4 53·7	3·1	1·1	9·1	3·1	15·1	5·2
32	5 08·0	5 08·8	4 54·0	3·2	1·1	9·2	3·1	15·2	5·2
33	5 08·3	5 09·1	4 54·2	3·3	1·1	9·3	3·2	15·3	5·2
34	5 08·5	5 09·3	4 54·4	3·4	1·2	9·4	3·2	15·4	5·3
35	5 08·8	5 09·6	4 54·7	3·5	1·2	9·5	3·2	15·5	5·3
36	5 09·0	5 09·8	4 54·9	3·6	1·2	9·6	3·3	15·6	5·3
37	5 09·3	5 10·1	4 55·2	3·7	1·3	9·7	3·3	15·7	5·4
38	5 09·5	5 10·3	4 55·4	3·8	1·3	9·8	3·3	15·8	5·4
39	5 09·8	5 10·6	4 55·6	3·9	1·3	9·9	3·4	15·9	5·4
40	5 10·0	5 10·8	4 55·9	4·0	1·4	10·0	3·4	16·0	5·5
41	5 10·3	5 11·1	4 56·1	4·1	1·4	10·1	3·5	16·1	5·5
42	5 10·5	5 11·4	4 56·4	4·2	1·4	10·2	3·5	16·2	5·5
43	5 10·8	5 11·6	4 56·6	4·3	1·5	10·3	3·5	16·3	5·6
44	5 11·0	5 11·9	4 56·8	4·4	1·5	10·4	3·6	16·4	5·6
45	5 11·3	5 12·1	4 57·1	4·5	1·5	10·5	3·6	16·5	5·6
46	5 11·5	5 12·4	4 57·3	4·6	1·6	10·6	3·6	16·6	5·7
47	5 11·8	5 12·6	4 57·5	4·7	1·6	10·7	3·7	16·7	5·7
48	5 12·0	5 12·9	4 57·8	4·8	1·6	10·8	3·7	16·8	5·7
49	5 12·3	5 13·1	4 58·0	4·9	1·7	10·9	3·7	16·9	5·8
50	5 12·5	5 13·4	4 58·3	5·0	1·7	11·0	3·8	17·0	5·8
51	5 12·8	5 13·6	4 58·5	5·1	1·7	11·1	3·8	17·1	5·8
52	5 13·0	5 13·9	4 58·7	5·2	1·8	11·2	3·8	17·2	5·9
53	5 13·3	5 14·1	4 59·0	5·3	1·8	11·3	3·9	17·3	5·9
54	5 13·5	5 14·4	4 59·2	5·4	1·8	11·4	3·9	17·4	5·9
55	5 13·8	5 14·6	4 59·5	5·5	1·9	11·5	3·9	17·5	6·0
56	5 14·0	5 14·9	4 59·7	5·6	1·9	11·6	4·0	17·6	6·0
57	5 14·3	5 15·1	4 59·9	5·7	1·9	11·7	4·0	17·7	6·0
58	5 14·5	5 15·4	5 00·2	5·8	2·0	11·8	4·0	17·8	6·1
59	5 14·8	5 15·6	5 00·4	5·9	2·0	11·9	4·1	17·9	6·1
60	5 15·0	5 15·9	5 00·7	6·0	2·1	12·0	4·1	18·0	6·2

21^m	SUN PLANETS	ARIES	MOON	v or d	Corrⁿ	v or d	Corrⁿ	v or d	Corrⁿ
s	° ′	° ′	° ′	′	′	′	′	′	′
00	5 15·0	5 15·9	5 00·7	0·0	0·0	6·0	2·2	12·0	4·3
01	5 15·3	5 16·1	5 00·9	0·1	0·0	6·1	2·2	12·1	4·3
02	5 15·5	5 16·4	5 01·1	0·2	0·1	6·2	2·2	12·2	4·4
03	5 15·8	5 16·6	5 01·4	0·3	0·1	6·3	2·3	12·3	4·4
04	5 16·0	5 16·9	5 01·6	0·4	0·1	6·4	2·3	12·4	4·4
05	5 16·3	5 17·1	5 01·8	0·5	0·2	6·5	2·3	12·5	4·5
06	5 16·5	5 17·4	5 02·1	0·6	0·2	6·6	2·4	12·6	4·5
07	5 16·8	5 17·6	5 02·3	0·7	0·3	6·7	2·4	12·7	4·6
08	5 17·0	5 17·9	5 02·6	0·8	0·3	6·8	2·4	12·8	4·6
09	5 17·3	5 18·1	5 02·8	0·9	0·3	6·9	2·5	12·9	4·6
10	5 17·5	5 18·4	5 03·0	1·0	0·4	7·0	2·5	13·0	4·7
11	5 17·8	5 18·6	5 03·3	1·1	0·4	7·1	2·5	13·1	4·7
12	5 18·0	5 18·9	5 03·5	1·2	0·4	7·2	2·6	13·2	4·7
13	5 18·3	5 19·1	5 03·8	1·3	0·5	7·3	2·6	13·3	4·8
14	5 18·5	5 19·4	5 04·0	1·4	0·5	7·4	2·7	13·4	4·8
15	5 18·8	5 19·6	5 04·2	1·5	0·5	7·5	2·7	13·5	4·8
16	5 19·0	5 19·9	5 04·5	1·6	0·6	7·6	2·7	13·6	4·9
17	5 19·3	5 20·1	5 04·7	1·7	0·6	7·7	2·8	13·7	4·9
18	5 19·5	5 20·4	5 04·9	1·8	0·6	7·8	2·8	13·8	4·9
19	5 19·8	5 20·6	5 05·2	1·9	0·7	7·9	2·8	13·9	5·0
20	5 20·0	5 20·9	5 05·4	2·0	0·7	8·0	2·9	14·0	5·0
21	5 20·3	5 21·1	5 05·7	2·1	0·8	8·1	2·9	14·1	5·1
22	5 20·5	5 21·4	5 05·9	2·2	0·8	8·2	2·9	14·2	5·1
23	5 20·8	5 21·6	5 06·1	2·3	0·8	8·3	3·0	14·3	5·1
24	5 21·0	5 21·9	5 06·4	2·4	0·9	8·4	3·0	14·4	5·2
25	5 21·3	5 22·1	5 06·6	2·5	0·9	8·5	3·0	14·5	5·2
26	5 21·5	5 22·4	5 06·9	2·6	0·9	8·6	3·1	14·6	5·2
27	5 21·8	5 22·6	5 07·1	2·7	1·0	8·7	3·1	14·7	5·3
28	5 22·0	5 22·9	5 07·3	2·8	1·0	8·8	3·2	14·8	5·3
29	5 22·3	5 23·1	5 07·6	2·9	1·0	8·9	3·2	14·9	5·3
30	5 22·5	5 23·4	5 07·8	3·0	1·1	9·0	3·2	15·0	5·4
31	5 22·8	5 23·6	5 08·0	3·1	1·1	9·1	3·3	15·1	5·4
32	5 23·0	5 23·9	5 08·3	3·2	1·1	9·2	3·3	15·2	5·4
33	5 23·3	5 24·1	5 08·5	3·3	1·2	9·3	3·3	15·3	5·5
34	5 23·5	5 24·4	5 08·8	3·4	1·2	9·4	3·4	15·4	5·5
35	5 23·8	5 24·6	5 09·0	3·5	1·3	9·5	3·4	15·5	5·6
36	5 24·0	5 24·9	5 09·2	3·6	1·3	9·6	3·4	15·6	5·6
37	5 24·3	5 25·1	5 09·5	3·7	1·3	9·7	3·5	15·7	5·6
38	5 24·5	5 25·4	5 09·7	3·8	1·4	9·8	3·5	15·8	5·7
39	5 24·8	5 25·6	5 10·0	3·9	1·4	9·9	3·5	15·9	5·7
40	5 25·0	5 25·9	5 10·2	4·0	1·4	10·0	3·6	16·0	5·7
41	5 25·3	5 26·1	5 10·4	4·1	1·5	10·1	3·6	16·1	5·8
42	5 25·5	5 26·4	5 10·7	4·2	1·5	10·2	3·7	16·2	5·8
43	5 25·8	5 26·6	5 10·9	4·3	1·5	10·3	3·7	16·3	5·8
44	5 26·0	5 26·9	5 11·1	4·4	1·6	10·4	3·7	16·4	5·9
45	5 26·3	5 27·1	5 11·4	4·5	1·6	10·5	3·8	16·5	5·9
46	5 26·5	5 27·4	5 11·6	4·6	1·6	10·6	3·8	16·6	5·9
47	5 26·8	5 27·6	5 11·9	4·7	1·7	10·7	3·8	16·7	6·0
48	5 27·0	5 27·9	5 12·1	4·8	1·7	10·8	3·9	16·8	6·0
49	5 27·3	5 28·1	5 12·3	4·9	1·8	10·9	3·9	16·9	6·1
50	5 27·5	5 28·4	5 12·6	5·0	1·8	11·0	3·9	17·0	6·1
51	5 27·8	5 28·6	5 12·8	5·1	1·8	11·1	4·0	17·1	6·1
52	5 28·0	5 28·9	5 13·1	5·2	1·9	11·2	4·0	17·2	6·2
53	5 28·3	5 29·1	5 13·3	5·3	1·9	11·3	4·0	17·3	6·2
54	5 28·5	5 29·4	5 13·5	5·4	1·9	11·4	4·1	17·4	6·2
55	5 28·8	5 29·7	5 13·8	5·5	2·0	11·5	4·1	17·5	6·3
56	5 29·0	5 29·9	5 14·0	5·6	2·0	11·6	4·2	17·6	6·3
57	5 29·3	5 30·2	5 14·3	5·7	2·0	11·7	4·2	17·7	6·3
58	5 29·5	5 30·4	5 14·5	5·8	2·1	11·8	4·2	17·8	6·4
59	5 29·8	5 30·7	5 14·7	5·9	2·1	11·9	4·3	17·9	6·4
60	5 30·0	5 30·9	5 15·0	6·0	2·2	12·0	4·3	18·0	6·5

22m	SUN PLANETS	ARIES	MOON	v or d	Corrⁿ	v or d	Corrⁿ	v or d	Corrⁿ
s	° ′	° ′	° ′	′	′	′	′	′	′
00	5 30·0	5 30·9	5 15·0	0·0	0·0	6·0	2·3	12·0	4·5
01	5 30·3	5 31·2	5 15·2	0·1	0·0	6·1	2·3	12·1	4·5
02	5 30·5	5 31·4	5 15·4	0·2	0·1	6·2	2·3	12·2	4·6
03	5 30·8	5 31·7	5 15·7	0·3	0·1	6·3	2·4	12·3	4·6
04	5 31·0	5 31·9	5 15·9	0·4	0·2	6·4	2·4	12·4	4·7
05	5 31·3	5 32·2	5 16·2	0·5	0·2	6·5	2·4	12·5	4·7
06	5 31·5	5 32·4	5 16·4	0·6	0·2	6·6	2·5	12·6	4·7
07	5 31·8	5 32·7	5 16·6	0·7	0·3	6·7	2·5	12·7	4·8
08	5 32·0	5 32·9	5 16·9	0·8	0·3	6·8	2·6	12·8	4·8
09	5 32·3	5 33·2	5 17·1	0·9	0·3	6·9	2·6	12·9	4·8
10	5 32·5	5 33·4	5 17·4	1·0	0·4	7·0	2·6	13·0	4·9
11	5 32·8	5 33·7	5 17·6	1·1	0·4	7·1	2·7	13·1	4·9
12	5 33·0	5 33·9	5 17·8	1·2	0·5	7·2	2·7	13·2	5·0
13	5 33·3	5 34·2	5 18·1	1·3	0·5	7·3	2·7	13·3	5·0
14	5 33·5	5 34·4	5 18·3	1·4	0·5	7·4	2·8	13·4	5·0
15	5 33·8	5 34·7	5 18·5	1·5	0·6	7·5	2·8	13·5	5·1
16	5 34·0	5 34·9	5 18·8	1·6	0·6	7·6	2·9	13·6	5·1
17	5 34·3	5 35·2	5 19·0	1·7	0·6	7·7	2·9	13·7	5·1
18	5 34·5	5 35·4	5 19·3	1·8	0·7	7·8	2·9	13·8	5·2
19	5 34·8	5 35·7	5 19·5	1·9	0·7	7·9	3·0	13·9	5·2
20	5 35·0	5 35·9	5 19·7	2·0	0·8	8·0	3·0	14·0	5·3
21	5 35·3	5 36·2	5 20·0	2·1	0·8	8·1	3·0	14·1	5·3
22	5 35·5	5 36·4	5 20·2	2·2	0·8	8·2	3·1	14·2	5·3
23	5 35·8	5 36·7	5 20·5	2·3	0·9	8·3	3·1	14·3	5·4
24	5 36·0	5 36·9	5 20·7	2·4	0·9	8·4	3·2	14·4	5·4
25	5 36·3	5 37·2	5 20·9	2·5	0·9	8·5	3·2	14·5	5·4
26	5 36·5	5 37·4	5 21·2	2·6	1·0	8·6	3·2	14·6	5·5
27	5 36·8	5 37·7	5 21·4	2·7	1·0	8·7	3·3	14·7	5·5
28	5 37·0	5 37·9	5 21·6	2·8	1·0	8·8	3·3	14·8	5·6
29	5 37·3	5 38·2	5 21·9	2·9	1·1	8·9	3·3	14·9	5·6
30	5 37·5	5 38·4	5 22·1	3·0	1·1	9·0	3·4	15·0	5·6
31	5 37·8	5 38·7	5 22·4	3·1	1·2	9·1	3·4	15·1	5·7
32	5 38·0	5 38·9	5 22·6	3·2	1·2	9·2	3·5	15·2	5·7
33	5 38·3	5 39·2	5 22·8	3·3	1·2	9·3	3·5	15·3	5·7
34	5 38·5	5 39·4	5 23·1	3·4	1·3	9·4	3·5	15·4	5·8
35	5 38·8	5 39·7	5 23·3	3·5	1·3	9·5	3·6	15·5	5·8
36	5 39·0	5 39·9	5 23·6	3·6	1·4	9·6	3·6	15·6	5·9
37	5 39·3	5 40·2	5 23·8	3·7	1·4	9·7	3·6	15·7	5·9
38	5 39·5	5 40·4	5 24·0	3·8	1·4	9·8	3·7	15·8	5·9
39	5 39·8	5 40·7	5 24·3	3·9	1·5	9·9	3·7	15·9	6·0
40	5 40·0	5 40·9	5 24·5	4·0	1·5	10·0	3·8	16·0	6·0
41	5 40·3	5 41·2	5 24·7	4·1	1·5	10·1	3·8	16·1	6·0
42	5 40·5	5 41·4	5 25·0	4·2	1·6	10·2	3·8	16·2	6·1
43	5 40·8	5 41·7	5 25·2	4·3	1·6	10·3	3·9	16·3	6·1
44	5 41·0	5 41·9	5 25·5	4·4	1·7	10·4	3·9	16·4	6·1
45	5 41·3	5 42·2	5 25·7	4·5	1·7	10·5	3·9	16·5	6·2
46	5 41·5	5 42·4	5 25·9	4·6	1·7	10·6	4·0	16·6	6·2
47	5 41·8	5 42·7	5 26·2	4·7	1·8	10·7	4·0	16·7	6·3
48	5 42·0	5 42·9	5 26·4	4·8	1·8	10·8	4·1	16·8	6·3
49	5 42·3	5 43·2	5 26·7	4·9	1·8	10·9	4·1	16·9	6·3
50	5 42·5	5 43·4	5 26·9	5·0	1·9	11·0	4·1	17·0	6·4
51	5 42·8	5 43·7	5 27·1	5·1	1·9	11·1	4·2	17·1	6·4
52	5 43·0	5 43·9	5 27·4	5·2	2·0	11·2	4·2	17·2	6·5
53	5 43·3	5 44·2	5 27·6	5·3	2·0	11·3	4·2	17·3	6·5
54	5 43·5	5 44·4	5 27·9	5·4	2·0	11·4	4·3	17·4	6·5
55	5 43·8	5 44·7	5 28·1	5·5	2·1	11·5	4·3	17·5	6·6
56	5 44·0	5 44·9	5 28·3	5·6	2·1	11·6	4·4	17·6	6·6
57	5 44·3	5 45·2	5 28·6	5·7	2·1	11·7	4·4	17·7	6·6
58	5 44·5	5 45·4	5 28·8	5·8	2·2	11·8	4·4	17·8	6·7
59	5 44·8	5 45·7	5 29·0	5·9	2·2	11·9	4·5	17·9	6·7
60	5 45·0	5 45·9	5 29·3	6·0	2·3	12·0	4·5	18·0	6·8

23m	SUN PLANETS	ARIES	MOON	v or d	Corrⁿ	v or d	Corrⁿ	v or d	Corrⁿ
s	° ′	° ′	° ′	′	′	′	′	′	′
00	5 45·0	5 45·9	5 29·3	0·0	0·0	6·0	2·4	12·0	4·7
01	5 45·3	5 46·2	5 29·5	0·1	0·0	6·1	2·4	12·1	4·7
02	5 45·5	5 46·4	5 29·8	0·2	0·1	6·2	2·4	12·2	4·8
03	5 45·8	5 46·7	5 30·0	0·3	0·1	6·3	2·5	12·3	4·8
04	5 46·0	5 46·9	5 30·2	0·4	0·2	6·4	2·5	12·4	4·9
05	5 46·3	5 47·2	5 30·5	0·5	0·2	6·5	2·5	12·5	4·9
06	5 46·5	5 47·4	5 30·7	0·6	0·2	6·6	2·6	12·6	4·9
07	5 46·8	5 47·7	5 31·0	0·7	0·3	6·7	2·6	12·7	5·0
08	5 47·0	5 48·0	5 31·2	0·8	0·3	6·8	2·7	12·8	5·0
09	5 47·3	5 48·2	5 31·4	0·9	0·4	6·9	2·7	12·9	5·1
10	5 47·5	5 48·5	5 31·7	1·0	0·4	7·0	2·7	13·0	5·1
11	5 47·8	5 48·7	5 31·9	1·1	0·4	7·1	2·8	13·1	5·1
12	5 48·0	5 49·0	5 32·1	1·2	0·5	7·2	2·8	13·2	5·2
13	5 48·3	5 49·2	5 32·4	1·3	0·5	7·3	2·9	13·3	5·2
14	5 48·5	5 49·5	5 32·6	1·4	0·5	7·4	2·9	13·4	5·2
15	5 48·8	5 49·7	5 32·9	1·5	0·6	7·5	2·9	13·5	5·3
16	5 49·0	5 50·0	5 33·1	1·6	0·6	7·6	3·0	13·6	5·3
17	5 49·3	5 50·2	5 33·3	1·7	0·7	7·7	3·0	13·7	5·4
18	5 49·5	5 50·5	5 33·6	1·8	0·7	7·8	3·1	13·8	5·4
19	5 49·8	5 50·7	5 33·8	1·9	0·7	7·9	3·1	13·9	5·4
20	5 50·0	5 51·0	5 34·1	2·0	0·8	8·0	3·1	14·0	5·5
21	5 50·3	5 51·2	5 34·3	2·1	0·8	8·1	3·2	14·1	5·5
22	5 50·5	5 51·5	5 34·5	2·2	0·9	8·2	3·2	14·2	5·6
23	5 50·8	5 51·7	5 34·8	2·3	0·9	8·3	3·3	14·3	5·6
24	5 51·0	5 52·0	5 35·0	2·4	0·9	8·4	3·3	14·4	5·6
25	5 51·3	5 52·2	5 35·2	2·5	1·0	8·5	3·3	14·5	5·7
26	5 51·5	5 52·5	5 35·5	2·6	1·0	8·6	3·4	14·6	5·7
27	5 51·8	5 52·7	5 35·7	2·7	1·1	8·7	3·4	14·7	5·8
28	5 52·0	5 53·0	5 36·0	2·8	1·1	8·8	3·4	14·8	5·8
29	5 52·3	5 53·2	5 36·2	2·9	1·1	8·9	3·5	14·9	5·8
30	5 52·5	5 53·5	5 36·4	3·0	1·2	9·0	3·5	15·0	5·9
31	5 52·8	5 53·7	5 36·7	3·1	1·2	9·1	3·6	15·1	5·9
32	5 53·0	5 54·0	5 36·9	3·2	1·3	9·2	3·6	15·2	6·0
33	5 53·3	5 54·2	5 37·2	3·3	1·3	9·3	3·6	15·3	6·0
34	5 53·5	5 54·5	5 37·4	3·4	1·3	9·4	3·7	15·4	6·0
35	5 53·8	5 54·7	5 37·6	3·5	1·4	9·5	3·7	15·5	6·1
36	5 54·0	5 55·0	5 37·9	3·6	1·4	9·6	3·8	15·6	6·1
37	5 54·3	5 55·2	5 38·1	3·7	1·4	9·7	3·8	15·7	6·1
38	5 54·5	5 55·5	5 38·4	3·8	1·5	9·8	3·8	15·8	6·2
39	5 54·8	5 55·7	5 38·6	3·9	1·5	9·9	3·9	15·9	6·2
40	5 55·0	5 56·0	5 38·8	4·0	1·6	10·0	3·9	16·0	6·3
41	5 55·3	5 56·2	5 39·1	4·1	1·6	10·1	4·0	16·1	6·3
42	5 55·5	5 56·5	5 39·3	4·2	1·6	10·2	4·0	16·2	6·3
43	5 55·8	5 56·7	5 39·5	4·3	1·7	10·3	4·0	16·3	6·4
44	5 56·0	5 57·0	5 39·8	4·4	1·7	10·4	4·1	16·4	6·4
45	5 56·3	5 57·2	5 40·0	4·5	1·8	10·5	4·1	16·5	6·5
46	5 56·5	5 57·5	5 40·3	4·6	1·8	10·6	4·2	16·6	6·5
47	5 56·8	5 57·7	5 40·5	4·7	1·8	10·7	4·2	16·7	6·5
48	5 57·0	5 58·0	5 40·7	4·8	1·9	10·8	4·2	16·8	6·6
49	5 57·3	5 58·2	5 41·0	4·9	1·9	10·9	4·3	16·9	6·6
50	5 57·5	5 58·5	5 41·2	5·0	2·0	11·0	4·3	17·0	6·7
51	5 57·8	5 58·7	5 41·5	5·1	2·0	11·1	4·3	17·1	6·7
52	5 58·0	5 59·0	5 41·7	5·2	2·0	11·2	4·4	17·2	6·7
53	5 58·3	5 59·2	5 41·9	5·3	2·1	11·3	4·4	17·3	6·8
54	5 58·5	5 59·5	5 42·2	5·4	2·1	11·4	4·5	17·4	6·8
55	5 58·8	5 59·7	5 42·4	5·5	2·2	11·5	4·5	17·5	6·9
56	5 59·0	6 00·0	5 42·6	5·6	2·2	11·6	4·5	17·6	6·9
57	5 59·3	6 00·2	5 42·9	5·7	2·2	11·7	4·6	17·7	6·9
58	5 59·5	6 00·5	5 43·1	5·8	2·3	11·8	4·6	17·8	7·0
59	5 59·8	6 00·7	5 43·4	5·9	2·3	11·9	4·7	17·9	7·0
60	6 00·0	6 01·0	5 43·6	6·0	2·4	12·0	4·7	18·0	7·1

24m	SUN PLANETS	ARIES	MOON	v or d	Corrn	v or d	Corrn	v or d	Corrn
s	° ′	° ′	° ′	′	′	′	′	′	′
00	6 00·0	6 01·0	5 43·6	0·0	0·0	6·0	2·5	12·0	4·9
01	6 00·3	6 01·2	5 43·8	0·1	0·0	6·1	2·5	12·1	4·9
02	6 00·5	6 01·5	5 44·1	0·2	0·1	6·2	2·5	12·2	5·0
03	6 00·8	6 01·7	5 44·3	0·3	0·1	6·3	2·6	12·3	5·0
04	6 01·0	6 02·0	5 44·6	0·4	0·2	6·4	2·6	12·4	5·1
05	6 01·3	6 02·2	5 44·8	0·5	0·2	6·5	2·7	12·5	5·1
06	6 01·5	6 02·5	5 45·0	0·6	0·2	6·6	2·7	12·6	5·1
07	6 01·8	6 02·7	5 45·3	0·7	0·3	6·7	2·7	12·7	5·2
08	6 02·0	6 03·0	5 45·5	0·8	0·3	6·8	2·8	12·8	5·2
09	6 02·3	6 03·2	5 45·7	0·9	0·4	6·9	2·8	12·9	5·3
10	6 02·5	6 03·5	5 46·0	1·0	0·4	7·0	2·9	13·0	5·3
11	6 02·8	6 03·7	5 46·2	1·1	0·4	7·1	2·9	13·1	5·3
12	6 03·0	6 04·0	5 46·5	1·2	0·5	7·2	2·9	13·2	5·4
13	6 03·3	6 04·2	5 46·7	1·3	0·5	7·3	3·0	13·3	5·4
14	6 03·5	6 04·5	5 46·9	1·4	0·6	7·4	3·0	13·4	5·5
15	6 03·8	6 04·7	5 47·2	1·5	0·6	7·5	3·1	13·5	5·5
16	6 04·0	6 05·0	5 47·4	1·6	0·7	7·6	3·1	13·6	5·6
17	6 04·3	6 05·2	5 47·7	1·7	0·7	7·7	3·1	13·7	5·6
18	6 04·5	6 05·5	5 47·9	1·8	0·7	7·8	3·2	13·8	5·6
19	6 04·8	6 05·7	5 48·1	1·9	0·8	7·9	3·2	13·9	5·7
20	6 05·0	6 06·0	5 48·4	2·0	0·8	8·0	3·3	14·0	5·7
21	6 05·3	6 06·3	5 48·6	2·1	0·9	8·1	3·3	14·1	5·8
22	6 05·5	6 06·5	5 48·8	2·2	0·9	8·2	3·3	14·2	5·8
23	6 05·8	6 06·8	5 49·1	2·3	0·9	8·3	3·4	14·3	5·8
24	6 06·0	6 07·0	5 49·3	2·4	1·0	8·4	3·4	14·4	5·9
25	6 06·3	6 07·3	5 49·6	2·5	1·0	8·5	3·5	14·5	5·9
26	6 06·5	6 07·5	5 49·8	2·6	1·1	8·6	3·5	14·6	6·0
27	6 06·8	6 07·8	5 50·0	2·7	1·1	8·7	3·6	14·7	6·0
28	6 07·0	6 08·0	5 50·3	2·8	1·1	8·8	3·6	14·8	6·0
29	6 07·3	6 08·3	5 50·5	2·9	1·2	8·9	3·6	14·9	6·1
30	6 07·5	6 08·5	5 50·8	3·0	1·2	9·0	3·7	15·0	6·1
31	6 07·8	6 08·8	5 51·0	3·1	1·3	9·1	3·7	15·1	6·2
32	6 08·0	6 09·0	5 51·2	3·2	1·3	9·2	3·8	15·2	6·2
33	6 08·3	6 09·3	5 51·5	3·3	1·3	9·3	3·8	15·3	6·2
34	6 08·5	6 09·5	5 51·7	3·4	1·4	9·4	3·8	15·4	6·3
35	6 08·8	6 09·8	5 52·0	3·5	1·4	9·5	3·9	15·5	6·3
36	6 09·0	6 10·0	5 52·2	3·6	1·5	9·6	3·9	15·6	6·4
37	6 09·3	6 10·3	5 52·4	3·7	1·5	9·7	4·0	15·7	6·4
38	6 09·5	6 10·5	5 52·7	3·8	1·6	9·8	4·0	15·8	6·5
39	6 09·8	6 10·8	5 52·9	3·9	1·6	9·9	4·0	15·9	6·5
40	6 10·0	6 11·0	5 53·1	4·0	1·6	10·0	4·1	16·0	6·5
41	6 10·3	6 11·3	5 53·4	4·1	1·7	10·1	4·1	16·1	6·6
42	6 10·5	6 11·5	5 53·6	4·2	1·7	10·2	4·2	16·2	6·6
43	6 10·8	6 11·8	5 53·9	4·3	1·8	10·3	4·2	16·3	6·7
44	6 11·0	6 12·0	5 54·1	4·4	1·8	10·4	4·2	16·4	6·7
45	6 11·3	6 12·3	5 54·3	4·5	1·8	10·5	4·3	16·5	6·7
46	6 11·5	6 12·5	5 54·6	4·6	1·9	10·6	4·3	16·6	6·8
47	6 11·8	6 12·8	5 54·8	4·7	1·9	10·7	4·4	16·7	6·8
48	6 12·0	6 13·0	5 55·1	4·8	2·0	10·8	4·4	16·8	6·9
49	6 12·3	6 13·3	5 55·3	4·9	2·0	10·9	4·5	16·9	6·9
50	6 12·5	6 13·5	5 55·5	5·0	2·0	11·0	4·5	17·0	6·9
51	6 12·8	6 13·8	5 55·8	5·1	2·1	11·1	4·5	17·1	7·0
52	6 13·0	6 14·0	5 56·0	5·2	2·1	11·2	4·6	17·2	7·0
53	6 13·3	6 14·3	5 56·2	5·3	2·2	11·3	4·6	17·3	7·1
54	6 13·5	6 14·5	5 56·5	5·4	2·2	11·4	4·7	17·4	7·1
55	6 13·8	6 14·8	5 56·7	5·5	2·2	11·5	4·7	17·5	7·1
56	6 14·0	6 15·0	5 57·0	5·6	2·3	11·6	4·7	17·6	7·2
57	6 14·3	6 15·3	5 57·2	5·7	2·3	11·7	4·8	17·7	7·2
58	6 14·5	6 15·5	5 57·4	5·8	2·4	11·8	4·8	17·8	7·3
59	6 14·8	6 15·8	5 57·7	5·9	2·4	11·9	4·9	17·9	7·3
60	6 15·0	6 16·0	5 57·9	6·0	2·5	12·0	4·9	18·0	7·4

25m	SUN PLANETS	ARIES	MOON	v or d	Corrn	v or d	Corrn	v or d	Corrn
s	° ′	° ′	° ′	′	′	′	′	′	′
00	6 15·0	6 16·0	5 57·9	0·0	0·0	6·0	2·6	12·0	5·1
01	6 15·3	6 16·3	5 58·2	0·1	0·0	6·1	2·6	12·1	5·1
02	6 15·5	6 16·5	5 58·4	0·2	0·1	6·2	2·6	12·2	5·2
03	6 15·8	6 16·8	5 58·6	0·3	0·1	6·3	2·7	12·3	5·2
04	6 16·0	6 17·0	5 58·9	0·4	0·2	6·4	2·7	12·4	5·3
05	6 16·3	6 17·3	5 59·1	0·5	0·2	6·5	2·8	12·5	5·3
06	6 16·5	6 17·5	5 59·3	0·6	0·3	6·6	2·8	12·6	5·4
07	6 16·8	6 17·8	5 59·6	0·7	0·3	6·7	2·8	12·7	5·4
08	6 17·0	6 18·0	5 59·8	0·8	0·3	6·8	2·9	12·8	5·4
09	6 17·3	6 18·3	6 00·1	0·9	0·4	6·9	2·9	12·9	5·5
10	6 17·5	6 18·5	6 00·3	1·0	0·4	7·0	3·0	13·0	5·5
11	6 17·8	6 18·8	6 00·5	1·1	0·5	7·1	3·0	13·1	5·6
12	6 18·0	6 19·0	6 00·8	1·2	0·5	7·2	3·1	13·2	5·6
13	6 18·3	6 19·3	6 01·0	1·3	0·6	7·3	3·1	13·3	5·7
14	6 18·5	6 19·5	6 01·3	1·4	0·6	7·4	3·1	13·4	5·7
15	6 18·8	6 19·8	6 01·5	1·5	0·6	7·5	3·2	13·5	5·7
16	6 19·0	6 20·0	6 01·7	1·6	0·7	7·6	3·2	13·6	5·8
17	6 19·3	6 20·3	6 02·0	1·7	0·7	7·7	3·3	13·7	5·8
18	6 19·5	6 20·5	6 02·2	1·8	0·8	7·8	3·3	13·8	5·9
19	6 19·8	6 20·8	6 02·5	1·9	0·8	7·9	3·4	13·9	5·9
20	6 20·0	6 21·0	6 02·7	2·0	0·9	8·0	3·4	14·0	6·0
21	6 20·3	6 21·3	6 02·9	2·1	0·9	8·1	3·4	14·1	6·0
22	6 20·5	6 21·5	6 03·2	2·2	0·9	8·2	3·5	14·2	6·0
23	6 20·8	6 21·8	6 03·4	2·3	1·0	8·3	3·5	14·3	6·1
24	6 21·0	6 22·0	6 03·6	2·4	1·0	8·4	3·6	14·4	6·1
25	6 21·3	6 22·3	6 03·9	2·5	1·1	8·5	3·6	14·5	6·2
26	6 21·5	6 22·5	6 04·1	2·6	1·1	8·6	3·7	14·6	6·2
27	6 21·8	6 22·8	6 04·4	2·7	1·1	8·7	3·7	14·7	6·2
28	6 22·0	6 23·0	6 04·6	2·8	1·2	8·8	3·7	14·8	6·3
29	6 22·3	6 23·3	6 04·8	2·9	1·2	8·9	3·8	14·9	6·3
30	6 22·5	6 23·5	6 05·1	3·0	1·3	9·0	3·8	15·0	6·4
31	6 22·8	6 23·8	6 05·3	3·1	1·3	9·1	3·9	15·1	6·4
32	6 23·0	6 24·0	6 05·6	3·2	1·4	9·2	3·9	15·2	6·5
33	6 23·3	6 24·3	6 05·8	3·3	1·4	9·3	4·0	15·3	6·5
34	6 23·5	6 24·5	6 06·0	3·4	1·4	9·4	4·0	15·4	6·5
35	6 23·8	6 24·8	6 06·3	3·5	1·5	9·5	4·0	15·5	6·6
36	6 24·0	6 25·1	6 06·5	3·6	1·5	9·6	4·1	15·6	6·6
37	6 24·3	6 25·3	6 06·7	3·7	1·6	9·7	4·1	15·7	6·7
38	6 24·5	6 25·6	6 07·0	3·8	1·6	9·8	4·2	15·8	6·7
39	6 24·8	6 25·8	6 07·2	3·9	1·7	9·9	4·2	15·9	6·8
40	6 25·0	6 26·1	6 07·5	4·0	1·7	10·0	4·3	16·0	6·8
41	6 25·3	6 26·3	6 07·7	4·1	1·7	10·1	4·3	16·1	6·8
42	6 25·5	6 26·6	6 07·9	4·2	1·8	10·2	4·3	16·2	6·9
43	6 25·8	6 26·8	6 08·2	4·3	1·8	10·3	4·4	16·3	6·9
44	6 26·0	6 27·1	6 08·4	4·4	1·9	10·4	4·4	16·4	7·0
45	6 26·3	6 27·3	6 08·7	4·5	1·9	10·5	4·5	16·5	7·0
46	6 26·5	6 27·6	6 08·9	4·6	2·0	10·6	4·5	16·6	7·1
47	6 26·8	6 27·8	6 09·1	4·7	2·0	10·7	4·5	16·7	7·1
48	6 27·0	6 28·1	6 09·4	4·8	2·0	10·8	4·6	16·8	7·1
49	6 27·3	6 28·3	6 09·6	4·9	2·1	10·9	4·6	16·9	7·2
50	6 27·5	6 28·6	6 09·8	5·0	2·1	11·0	4·7	17·0	7·2
51	6 27·8	6 28·8	6 10·1	5·1	2·2	11·1	4·7	17·1	7·3
52	6 28·0	6 29·1	6 10·3	5·2	2·2	11·2	4·8	17·2	7·3
53	6 28·3	6 29·3	6 10·6	5·3	2·3	11·3	4·8	17·3	7·4
54	6 28·5	6 29·6	6 10·8	5·4	2·3	11·4	4·8	17·4	7·4
55	6 28·8	6 29·8	6 11·0	5·5	2·3	11·5	4·9	17·5	7·4
56	6 29·0	6 30·1	6 11·3	5·6	2·4	11·6	4·9	17·6	7·5
57	6 29·3	6 30·3	6 11·5	5·7	2·4	11·7	5·0	17·7	7·5
58	6 29·5	6 30·6	6 11·8	5·8	2·5	11·8	5·0	17·8	7·6
59	6 29·8	6 30·8	6 12·0	5·9	2·5	11·9	5·1	17·9	7·6
60	6 30·0	6 31·1	6 12·2	6·0	2·6	12·0	5·1	18·0	7·7

26m	SUN PLANETS	ARIES	MOON	v or d	Corrn	v or d	Corrn	v or d	Corrn
s	° ′	° ′	° ′	′	′	′	′	′	′
00	6 30·0	6 31·1	6 12·2	0·0	0·0	6·0	2·7	12·0	5·3
01	6 30·3	6 31·3	6 12·5	0·1	0·0	6·1	2·7	12·1	5·3
02	6 30·5	6 31·6	6 12·7	0·2	0·1	6·2	2·7	12·2	5·4
03	6 30·8	6 31·8	6 12·9	0·3	0·1	6·3	2·8	12·3	5·4
04	6 31·0	6 32·1	6 13·2	0·4	0·2	6·4	2·8	12·4	5·5
05	6 31·3	6 32·3	6 13·4	0·5	0·2	6·5	2·9	12·5	5·5
06	6 31·5	6 32·6	6 13·7	0·6	0·3	6·6	2·9	12·6	5·6
07	6 31·8	6 32·8	6 13·9	0·7	0·3	6·7	3·0	12·7	5·6
08	6 32·0	6 33·1	6 14·1	0·8	0·4	6·8	3·0	12·8	5·7
09	6 32·3	6 33·3	6 14·4	0·9	0·4	6·9	3·0	12·9	5·7
10	6 32·5	6 33·6	6 14·6	1·0	0·4	7·0	3·1	13·0	5·7
11	6 32·8	6 33·8	6 14·9	1·1	0·5	7·1	3·1	13·1	5·8
12	6 33·0	6 34·1	6 15·1	1·2	0·5	7·2	3·2	13·2	5·8
13	6 33·3	6 34·3	6 15·3	1·3	0·6	7·3	3·2	13·3	5·9
14	6 33·5	6 34·6	6 15·6	1·4	0·6	7·4	3·3	13·4	5·9
15	6 33·8	6 34·8	6 15·8	1·5	0·7	7·5	3·3	13·5	6·0
16	6 34·0	6 35·1	6 16·1	1·6	0·7	7·6	3·4	13·6	6·0
17	6 34·3	6 35·3	6 16·3	1·7	0·8	7·7	3·4	13·7	6·1
18	6 34·5	6 35·6	6 16·5	1·8	0·8	7·8	3·4	13·8	6·1
19	6 34·8	6 35·8	6 16·8	1·9	0·8	7·9	3·5	13·9	6·1
20	6 35·0	6 36·1	6 17·0	2·0	0·9	8·0	3·5	14·0	6·2
21	6 35·3	6 36·3	6 17·2	2·1	0·9	8·1	3·6	14·1	6·2
22	6 35·5	6 36·6	6 17·5	2·2	1·0	8·2	3·6	14·2	6·3
23	6 35·8	6 36·8	6 17·7	2·3	1·0	8·3	3·7	14·3	6·3
24	6 36·0	6 37·1	6 18·0	2·4	1·1	8·4	3·7	14·4	6·4
25	6 36·3	6 37·3	6 18·2	2·5	1·1	8·5	3·8	14·5	6·4
26	6 36·5	6 37·6	6 18·4	2·6	1·1	8·6	3·8	14·6	6·4
27	6 36·8	6 37·8	6 18·7	2·7	1·2	8·7	3·8	14·7	6·5
28	6 37·0	6 38·1	6 18·9	2·8	1·2	8·8	3·9	14·8	6·5
29	6 37·3	6 38·3	6 19·2	2·9	1·3	8·9	3·9	14·9	6·6
30	6 37·5	6 38·6	6 19·4	3·0	1·3	9·0	4·0	15·0	6·6
31	6 37·8	6 38·8	6 19·6	3·1	1·4	9·1	4·0	15·1	6·7
32	6 38·0	6 39·1	6 19·9	3·2	1·4	9·2	4·1	15·2	6·7
33	6 38·3	6 39·3	6 20·1	3·3	1·5	9·3	4·1	15·3	6·8
34	6 38·5	6 39·6	6 20·3	3·4	1·5	9·4	4·2	15·4	6·8
35	6 38·8	6 39·8	6 20·6	3·5	1·5	9·5	4·2	15·5	6·8
36	6 39·0	6 40·1	6 20·8	3·6	1·6	9·6	4·2	15·6	6·9
37	6 39·3	6 40·3	6 21·1	3·7	1·6	9·7	4·3	15·7	6·9
38	6 39·5	6 40·6	6 21·3	3·8	1·7	9·8	4·3	15·8	7·0
39	6 39·8	6 40·8	6 21·5	3·9	1·7	9·9	4·4	15·9	7·0
40	6 40·0	6 41·1	6 21·8	4·0	1·8	10·0	4·4	16·0	7·1
41	6 40·3	6 41·3	6 22·0	4·1	1·8	10·1	4·5	16·1	7·1
42	6 40·5	6 41·6	6 22·3	4·2	1·9	10·2	4·5	16·2	7·2
43	6 40·8	6 41·8	6 22·5	4·3	1·9	10·3	4·5	16·3	7·2
44	6 41·0	6 42·1	6 22·7	4·4	1·9	10·4	4·6	16·4	7·2
45	6 41·3	6 42·3	6 23·0	4·5	2·0	10·5	4·6	16·5	7·3
46	6 41·5	6 42·6	6 23·2	4·6	2·0	10·6	4·7	16·6	7·3
47	6 41·8	6 42·8	6 23·4	4·7	2·1	10·7	4·7	16·7	7·4
48	6 42·0	6 43·1	6 23·7	4·8	2·1	10·8	4·8	16·8	7·4
49	6 42·3	6 43·4	6 23·9	4·9	2·2	10·9	4·8	16·9	7·5
50	6 42·5	6 43·6	6 24·2	5·0	2·2	11·0	4·9	17·0	7·5
51	6 42·8	6 43·9	6 24·4	5·1	2·3	11·1	4·9	17·1	7·6
52	6 43·0	6 44·1	6 24·6	5·2	2·3	11·2	4·9	17·2	7·6
53	6 43·3	6 44·4	6 24·9	5·3	2·3	11·3	5·0	17·3	7·6
54	6 43·5	6 44·6	6 25·1	5·4	2·4	11·4	5·0	17·4	7·7
55	6 43·8	6 44·9	6 25·4	5·5	2·4	11·5	5·1	17·5	7·7
56	6 44·0	6 45·1	6 25·6	5·6	2·5	11·6	5·1	17·6	7·8
57	6 44·3	6 45·4	6 25·8	5·7	2·5	11·7	5·2	17·7	7·8
58	6 44·5	6 45·6	6 26·1	5·8	2·6	11·8	5·2	17·8	7·9
59	6 44·8	6 45·9	6 26·3	5·9	2·6	11·9	5·3	17·9	7·9
60	6 45·0	6 46·1	6 26·6	6·0	2·7	12·0	5·3	18·0	8·0

27m	SUN PLANETS	ARIES	MOON	v or d	Corrn	v or d	Corrn	v or d	Corrn
s	° ′	° ′	° ′	′	′	′	′	′	′
00	6 45·0	6 46·1	6 26·6	0·0	0·0	6·0	2·8	12·0	5·5
01	6 45·3	6 46·4	6 26·8	0·1	0·0	6·1	2·8	12·1	5·5
02	6 45·5	6 46·6	6 27·0	0·2	0·1	6·2	2·8	12·2	5·6
03	6 45·8	6 46·9	6 27·3	0·3	0·1	6·3	2·9	12·3	5·6
04	6 46·0	6 47·1	6 27·5	0·4	0·2	6·4	2·9	12·4	5·7
05	6 46·3	6 47·4	6 27·7	0·5	0·2	6·5	3·0	12·5	5·7
06	6 46·5	6 47·6	6 28·0	0·6	0·3	6·6	3·0	12·6	5·8
07	6 46·8	6 47·9	6 28·2	0·7	0·3	6·7	3·1	12·7	5·8
08	6 47·0	6 48·1	6 28·5	0·8	0·4	6·8	3·1	12·8	5·9
09	6 47·3	6 48·4	6 28·7	0·9	0·4	6·9	3·2	12·9	5·9
10	6 47·5	6 48·6	6 28·9	1·0	0·5	7·0	3·2	13·0	6·0
11	6 47·8	6 48·9	6 29·2	1·1	0·5	7·1	3·3	13·1	6·0
12	6 48·0	6 49·1	6 29·4	1·2	0·6	7·2	3·3	13·2	6·1
13	6 48·3	6 49·4	6 29·7	1·3	0·6	7·3	3·3	13·3	6·1
14	6 48·5	6 49·6	6 29·9	1·4	0·6	7·4	3·4	13·4	6·1
15	6 48·8	6 49·9	6 30·1	1·5	0·7	7·5	3·4	13·5	6·2
16	6 49·0	6 50·1	6 30·4	1·6	0·7	7·6	3·5	13·6	6·2
17	6 49·3	6 50·4	6 30·6	1·7	0·8	7·7	3·5	13·7	6·3
18	6 49·5	6 50·6	6 30·8	1·8	0·8	7·8	3·6	13·8	6·3
19	6 49·8	6 50·9	6 31·1	1·9	0·9	7·9	3·6	13·9	6·4
20	6 50·0	6 51·1	6 31·3	2·0	0·9	8·0	3·7	14·0	6·4
21	6 50·3	6 51·4	6 31·6	2·1	1·0	8·1	3·7	14·1	6·5
22	6 50·5	6 51·6	6 31·8	2·2	1·0	8·2	3·8	14·2	6·5
23	6 50·8	6 51·9	6 32·0	2·3	1·1	8·3	3·8	14·3	6·6
24	6 51·0	6 52·1	6 32·3	2·4	1·1	8·4	3·9	14·4	6·6
25	6 51·3	6 52·4	6 32·5	2·5	1·1	8·5	3·9	14·5	6·6
26	6 51·5	6 52·6	6 32·8	2·6	1·2	8·6	3·9	14·6	6·7
27	6 51·8	6 52·9	6 33·0	2·7	1·2	8·7	4·0	14·7	6·7
28	6 52·0	6 53·1	6 33·2	2·8	1·3	8·8	4·0	14·8	6·8
29	6 52·3	6 53·4	6 33·5	2·9	1·3	8·9	4·1	14·9	6·8
30	6 52·5	6 53·6	6 33·7	3·0	1·4	9·0	4·1	15·0	6·9
31	6 52·8	6 53·9	6 33·9	3·1	1·4	9·1	4·2	15·1	6·9
32	6 53·0	6 54·1	6 34·2	3·2	1·5	9·2	4·2	15·2	7·0
33	6 53·3	6 54·4	6 34·4	3·3	1·5	9·3	4·3	15·3	7·0
34	6 53·5	6 54·6	6 34·7	3·4	1·6	9·4	4·3	15·4	7·1
35	6 53·8	6 54·9	6 34·9	3·5	1·6	9·5	4·4	15·5	7·1
36	6 54·0	6 55·1	6 35·1	3·6	1·7	9·6	4·4	15·6	7·2
37	6 54·3	6 55·4	6 35·4	3·7	1·7	9·7	4·4	15·7	7·2
38	6 54·5	6 55·6	6 35·6	3·8	1·7	9·8	4·5	15·8	7·2
39	6 54·8	6 55·9	6 35·9	3·9	1·8	9·9	4·5	15·9	7·3
40	6 55·0	6 56·1	6 36·1	4·0	1·8	10·0	4·6	16·0	7·3
41	6 55·3	6 56·4	6 36·3	4·1	1·9	10·1	4·6	16·1	7·4
42	6 55·5	6 56·6	6 36·6	4·2	1·9	10·2	4·7	16·2	7·4
43	6 55·8	6 56·9	6 36·8	4·3	2·0	10·3	4·7	16·3	7·5
44	6 56·0	6 57·1	6 37·0	4·4	2·0	10·4	4·8	16·4	7·5
45	6 56·3	6 57·4	6 37·3	4·5	2·1	10·5	4·8	16·5	7·6
46	6 56·5	6 57·6	6 37·5	4·6	2·1	10·6	4·9	16·6	7·6
47	6 56·8	6 57·9	6 37·8	4·7	2·2	10·7	4·9	16·7	7·7
48	6 57·0	6 58·1	6 38·0	4·8	2·2	10·8	5·0	16·8	7·7
49	6 57·3	6 58·4	6 38·2	4·9	2·2	10·9	5·0	16·9	7·7
50	6 57·5	6 58·6	6 38·5	5·0	2·3	11·0	5·0	17·0	7·8
51	6 57·8	6 58·9	6 38·7	5·1	2·3	11·1	5·1	17·1	7·8
52	6 58·0	6 59·1	6 39·0	5·2	2·4	11·2	5·1	17·2	7·9
53	6 58·3	6 59·4	6 39·2	5·3	2·4	11·3	5·2	17·3	7·9
54	6 58·5	6 59·6	6 39·4	5·4	2·5	11·4	5·2	17·4	8·0
55	6 58·8	6 59·9	6 39·7	5·5	2·5	11·5	5·3	17·5	8·0
56	6 59·0	7 00·1	6 39·9	5·6	2·6	11·6	5·3	17·6	8·1
57	6 59·3	7 00·4	6 40·2	5·7	2·6	11·7	5·4	17·7	8·1
58	6 59·5	7 00·6	6 40·4	5·8	2·7	11·8	5·4	17·8	8·2
59	6 59·8	7 00·9	6 40·6	5·9	2·7	11·9	5·5	17·9	8·2
60	7 00·0	7 01·1	6 40·9	6·0	2·8	12·0	5·5	18·0	8·3

m 28	SUN PLANETS	ARIES	MOON	v or d	Corr^n	v or d	Corr^n	v or d	Corr^n
s	° ′	° ′	° ′	′	′	′	′	′	′
00	7 00·0	7 01·1	6 40·9	0·0	0·0	6·0	2·9	12·0	5·7
01	7 00·3	7 01·4	6 41·1	0·1	0·0	6·1	2·9	12·1	5·7
02	7 00·5	7 01·7	6 41·3	0·2	0·1	6·2	2·9	12·2	5·8
03	7 00·8	7 01·9	6 41·6	0·3	0·1	6·3	3·0	12·3	5·8
04	7 01·0	7 02·2	6 41·8	0·4	0·2	6·4	3·0	12·4	5·9
05	7 01·3	7 02·4	6 42·1	0·5	0·2	6·5	3·1	12·5	5·9
06	7 01·5	7 02·7	6 42·3	0·6	0·3	6·6	3·1	12·6	6·0
07	7 01·8	7 02·9	6 42·5	0·7	0·3	6·7	3·2	12·7	6·0
08	7 02·0	7 03·2	6 42·8	0·8	0·4	6·8	3·2	12·8	6·1
09	7 02·3	7 03·4	6 43·0	0·9	0·4	6·9	3·3	12·9	6·1
10	7 02·5	7 03·7	6 43·3	1·0	0·5	7·0	3·3	13·0	6·2
11	7 02·8	7 03·9	6 43·5	1·1	0·5	7·1	3·4	13·1	6·2
12	7 03·0	7 04·2	6 43·7	1·2	0·6	7·2	3·4	13·2	6·3
13	7 03·3	7 04·4	6 44·0	1·3	0·6	7·3	3·5	13·3	6·3
14	7 03·5	7 04·7	6 44·2	1·4	0·7	7·4	3·5	13·4	6·4
15	7 03·8	7 04·9	6 44·4	1·5	0·7	7·5	3·6	13·5	6·4
16	7 04·0	7 05·2	6 44·7	1·6	0·8	7·6	3·6	13·6	6·5
17	7 04·3	7 05·4	6 44·9	1·7	0·8	7·7	3·7	13·7	6·5
18	7 04·5	7 05·7	6 45·2	1·8	0·9	7·8	3·7	13·8	6·6
19	7 04·8	7 05·9	6 45·4	1·9	0·9	7·9	3·8	13·9	6·6
20	7 05·0	7 06·2	6 45·6	2·0	1·0	8·0	3·8	14·0	6·7
21	7 05·3	7 06·4	6 45·9	2·1	1·0	8·1	3·8	14·1	6·7
22	7 05·5	7 06·7	6 46·1	2·2	1·0	8·2	3·9	14·2	6·7
23	7 05·8	7 06·9	6 46·4	2·3	1·1	8·3	3·9	14·3	6·8
24	7 06·0	7 07·2	6 46·6	2·4	1·1	8·4	4·0	14·4	6·8
25	7 06·3	7 07·4	6 46·8	2·5	1·2	8·5	4·0	14·5	6·9
26	7 06·5	7 07·7	6 47·1	2·6	1·2	8·6	4·1	14·6	6·9
27	7 06·8	7 07·9	6 47·3	2·7	1·3	8·7	4·1	14·7	7·0
28	7 07·0	7 08·2	6 47·5	2·8	1·3	8·8	4·2	14·8	7·0
29	7 07·3	7 08·4	6 47·8	2·9	1·4	8·9	4·2	14·9	7·1
30	7 07·5	7 08·7	6 48·0	3·0	1·4	9·0	4·3	15·0	7·1
31	7 07·8	7 08·9	6 48·3	3·1	1·5	9·1	4·3	15·1	7·2
32	7 08·0	7 09·2	6 48·5	3·2	1·5	9·2	4·4	15·2	7·2
33	7 08·3	7 09·4	6 48·7	3·3	1·6	9·3	4·4	15·3	7·3
34	7 08·5	7 09·7	6 49·0	3·4	1·6	9·4	4·5	15·4	7·3
35	7 08·8	7 09·9	6 49·2	3·5	1·7	9·5	4·5	15·5	7·4
36	7 09·0	7 10·2	6 49·5	3·6	1·7	9·6	4·6	15·6	7·4
37	7 09·3	7 10·4	6 49·7	3·7	1·8	9·7	4·6	15·7	7·5
38	7 09·5	7 10·7	6 49·9	3·8	1·8	9·8	4·7	15·8	7·5
39	7 09·8	7 10·9	6 50·2	3·9	1·9	9·9	4·7	15·9	7·6
40	7 10·0	7 11·2	6 50·4	4·0	1·9	10·0	4·8	16·0	7·6
41	7 10·3	7 11·4	6 50·6	4·1	1·9	10·1	4·8	16·1	7·6
42	7 10·5	7 11·7	6 50·9	4·2	2·0	10·2	4·8	16·2	7·7
43	7 10·8	7 11·9	6 51·1	4·3	2·0	10·3	4·9	16·3	7·7
44	7 11·0	7 12·2	6 51·4	4·4	2·1	10·4	4·9	16·4	7·8
45	7 11·3	7 12·4	6 51·6	4·5	2·1	10·5	5·0	16·5	7·8
46	7 11·5	7 12·7	6 51·8	4·6	2·2	10·6	5·0	16·6	7·9
47	7 11·8	7 12·9	6 52·1	4·7	2·2	10·7	5·1	16·7	7·9
48	7 12·0	7 13·2	6 52·3	4·8	2·3	10·8	5·1	16·8	8·0
49	7 12·3	7 13·4	6 52·6	4·9	2·3	10·9	5·2	16·9	8·0
50	7 12·5	7 13·7	6 52·8	5·0	2·4	11·0	5·2	17·0	8·1
51	7 12·8	7 13·9	6 53·0	5·1	2·4	11·1	5·3	17·1	8·1
52	7 13·0	7 14·2	6 53·3	5·2	2·5	11·2	5·3	17·2	8·2
53	7 13·3	7 14·4	6 53·5	5·3	2·5	11·3	5·4	17·3	8·2
54	7 13·5	7 14·7	6 53·8	5·4	2·6	11·4	5·4	17·4	8·3
55	7 13·8	7 14·9	6 54·0	5·5	2·6	11·5	5·5	17·5	8·3
56	7 14·0	7 15·2	6 54·2	5·6	2·7	11·6	5·5	17·6	8·4
57	7 14·3	7 15·4	6 54·5	5·7	2·7	11·7	5·6	17·7	8·4
58	7 14·5	7 15·7	6 54·7	5·8	2·8	11·8	5·6	17·8	8·5
59	7 14·8	7 15·9	6 54·9	5·9	2·8	11·9	5·7	17·9	8·5
60	7 15·0	7 16·2	6 55·2	6·0	2·9	12·0	5·7	18·0	8·6

m 29	SUN PLANETS	ARIES	MOON	v or d	Corr^n	v or d	Corr^n	v or d	Corr^n
s	° ′	° ′	° ′	′	′	′	′	′	′
00	7 15·0	7 16·2	6 55·2	0·0	0·0	6·0	3·0	12·0	5·9
01	7 15·3	7 16·4	6 55·4	0·1	0·0	6·1	3·0	12·1	5·9
02	7 15·5	7 16·7	6 55·7	0·2	0·1	6·2	3·0	12·2	6·0
03	7 15·8	7 16·9	6 55·9	0·3	0·1	6·3	3·1	12·3	6·0
04	7 16·0	7 17·2	6 56·1	0·4	0·2	6·4	3·1	12·4	6·1
05	7 16·3	7 17·4	6 56·4	0·5	0·2	6·5	3·2	12·5	6·1
06	7 16·5	7 17·7	6 56·6	0·6	0·3	6·6	3·2	12·6	6·2
07	7 16·8	7 17·9	6 56·9	0·7	0·3	6·7	3·3	12·7	6·2
08	7 17·0	7 18·2	6 57·1	0·8	0·4	6·8	3·3	12·8	6·3
09	7 17·3	7 18·4	6 57·3	0·9	0·4	6·9	3·4	12·9	6·3
10	7 17·5	7 18·7	6 57·6	1·0	0·5	7·0	3·4	13·0	6·4
11	7 17·8	7 18·9	6 57·8	1·1	0·5	7·1	3·5	13·1	6·4
12	7 18·0	7 19·2	6 58·0	1·2	0·6	7·2	3·5	13·2	6·5
13	7 18·3	7 19·4	6 58·3	1·3	0·6	7·3	3·6	13·3	6·5
14	7 18·5	7 19·7	6 58·5	1·4	0·7	7·4	3·6	13·4	6·6
15	7 18·8	7 20·0	6 58·8	1·5	0·7	7·5	3·7	13·5	6·6
16	7 19·0	7 20·2	6 59·0	1·6	0·8	7·6	3·7	13·6	6·7
17	7 19·3	7 20·5	6 59·2	1·7	0·8	7·7	3·8	13·7	6·7
18	7 19·5	7 20·7	6 59·5	1·8	0·9	7·8	3·8	13·8	6·8
19	7 19·8	7 21·0	6 59·7	1·9	0·9	7·9	3·9	13·9	6·8
20	7 20·0	7 21·2	7 00·0	2·0	1·0	8·0	3·9	14·0	6·9
21	7 20·3	7 21·5	7 00·2	2·1	1·0	8·1	4·0	14·1	6·9
22	7 20·5	7 21·7	7 00·4	2·2	1·1	8·2	4·0	14·2	7·0
23	7 20·8	7 22·0	7 00·7	2·3	1·1	8·3	4·1	14·3	7·0
24	7 21·0	7 22·2	7 00·9	2·4	1·2	8·4	4·1	14·4	7·1
25	7 21·3	7 22·5	7 01·1	2·5	1·2	8·5	4·2	14·5	7·1
26	7 21·5	7 22·7	7 01·4	2·6	1·3	8·6	4·2	14·6	7·2
27	7 21·8	7 23·0	7 01·6	2·7	1·3	8·7	4·3	14·7	7·2
28	7 22·0	7 23·2	7 01·9	2·8	1·4	8·8	4·3	14·8	7·3
29	7 22·3	7 23·5	7 02·1	2·9	1·4	8·9	4·4	14·9	7·3
30	7 22·5	7 23·7	7 02·3	3·0	1·5	9·0	4·4	15·0	7·4
31	7 22·8	7 24·0	7 02·6	3·1	1·5	9·1	4·5	15·1	7·4
32	7 23·0	7 24·2	7 02·8	3·2	1·6	9·2	4·5	15·2	7·5
33	7 23·3	7 24·5	7 03·1	3·3	1·6	9·3	4·6	15·3	7·5
34	7 23·5	7 24·7	7 03·3	3·4	1·7	9·4	4·6	15·4	7·6
35	7 23·8	7 25·0	7 03·5	3·5	1·7	9·5	4·7	15·5	7·6
36	7 24·0	7 25·2	7 03·8	3·6	1·8	9·6	4·7	15·6	7·7
37	7 24·3	7 25·5	7 04·0	3·7	1·8	9·7	4·8	15·7	7·7
38	7 24·5	7 25·7	7 04·3	3·8	1·9	9·8	4·8	15·8	7·8
39	7 24·8	7 26·0	7 04·5	3·9	1·9	9·9	4·9	15·9	7·8
40	7 25·0	7 26·2	7 04·7	4·0	2·0	10·0	4·9	16·0	7·9
41	7 25·3	7 26·5	7 05·0	4·1	2·0	10·1	5·0	16·1	7·9
42	7 25·5	7 26·7	7 05·2	4·2	2·1	10·2	5·0	16·2	8·0
43	7 25·8	7 27·0	7 05·4	4·3	2·1	10·3	5·1	16·3	8·0
44	7 26·0	7 27·2	7 05·7	4·4	2·2	10·4	5·1	16·4	8·1
45	7 26·3	7 27·5	7 05·9	4·5	2·2	10·5	5·2	16·5	8·1
46	7 26·5	7 27·7	7 06·2	4·6	2·3	10·6	5·2	16·6	8·2
47	7 26·8	7 28·0	7 06·4	4·7	2·3	10·7	5·3	16·7	8·2
48	7 27·0	7 28·2	7 06·6	4·8	2·4	10·8	5·3	16·8	8·3
49	7 27·3	7 28·5	7 06·9	4·9	2·4	10·9	5·4	16·9	8·3
50	7 27·5	7 28·7	7 07·1	5·0	2·5	11·0	5·4	17·0	8·4
51	7 27·8	7 29·0	7 07·4	5·1	2·5	11·1	5·5	17·1	8·4
52	7 28·0	7 29·2	7 07·6	5·2	2·6	11·2	5·5	17·2	8·5
53	7 28·3	7 29·5	7 07·8	5·3	2·6	11·3	5·6	17·3	8·5
54	7 28·5	7 29·7	7 08·1	5·4	2·7	11·4	5·6	17·4	8·6
55	7 28·8	7 30·0	7 08·3	5·5	2·7	11·5	5·7	17·5	8·6
56	7 29·0	7 30·2	7 08·5	5·6	2·8	11·6	5·7	17·6	8·7
57	7 29·3	7 30·5	7 08·8	5·7	2·8	11·7	5·8	17·7	8·7
58	7 29·5	7 30·7	7 09·0	5·8	2·9	11·8	5·8	17·8	8·8
59	7 29·8	7 31·0	7 09·3	5·9	2·9	11·9	5·9	17·9	8·8
60	7 30·0	7 31·2	7 09·5	6·0	3·0	12·0	5·9	18·0	8·9

30^m	SUN PLANETS	ARIES	MOON	v or d	Corr^n	v or d	Corr^n	v or d	Corr^n
s	° ′	° ′	° ′	′	′	′	′	′	′
00	7 30·0	7 31·2	7 09·5	0·0	0·0	6·0	3·1	12·0	6·1
01	7 30·3	7 31·5	7 09·7	0·1	0·1	6·1	3·1	12·1	6·2
02	7 30·5	7 31·7	7 10·0	0·2	0·1	6·2	3·2	12·2	6·2
03	7 30·8	7 32·0	7 10·2	0·3	0·2	6·3	3·2	12·3	6·3
04	7 31·0	7 32·2	7 10·5	0·4	0·2	6·4	3·3	12·4	6·3
05	7 31·3	7 32·5	7 10·7	0·5	0·3	6·5	3·3	12·5	6·4
06	7 31·5	7 32·7	7 10·9	0·6	0·3	6·6	3·4	12·6	6·4
07	7 31·8	7 33·0	7 11·2	0·7	0·4	6·7	3·4	12·7	6·5
08	7 32·0	7 33·2	7 11·4	0·8	0·4	6·8	3·5	12·8	6·5
09	7 32·3	7 33·5	7 11·6	0·9	0·5	6·9	3·5	12·9	6·6
10	7 32·5	7 33·7	7 11·9	1·0	0·5	7·0	3·6	13·0	6·6
11	7 32·8	7 34·0	7 12·1	1·1	0·6	7·1	3·6	13·1	6·7
12	7 33·0	7 34·2	7 12·4	1·2	0·6	7·2	3·7	13·2	6·7
13	7 33·3	7 34·5	7 12·6	1·3	0·7	7·3	3·7	13·3	6·8
14	7 33·5	7 34·7	7 12·8	1·4	0·7	7·4	3·8	13·4	6·8
15	7 33·8	7 35·0	7 13·1	1·5	0·8	7·5	3·8	13·5	6·9
16	7 34·0	7 35·2	7 13·3	1·6	0·8	7·6	3·9	13·6	6·9
17	7 34·3	7 35·5	7 13·6	1·7	0·9	7·7	3·9	13·7	7·0
18	7 34·5	7 35·7	7 13·8	1·8	0·9	7·8	4·0	13·8	7·0
19	7 34·8	7 36·0	7 14·0	1·9	1·0	7·9	4·0	13·9	7·1
20	7 35·0	7 36·2	7 14·3	2·0	1·0	8·0	4·1	14·0	7·1
21	7 35·3	7 36·5	7 14·5	2·1	1·1	8·1	4·1	14·1	7·2
22	7 35·5	7 36·7	7 14·7	2·2	1·1	8·2	4·2	14·2	7·2
23	7 35·8	7 37·0	7 15·0	2·3	1·2	8·3	4·2	14·3	7·3
24	7 36·0	7 37·2	7 15·2	2·4	1·2	8·4	4·3	14·4	7·3
25	7 36·3	7 37·5	7 15·5	2·5	1·3	8·5	4·3	14·5	7·4
26	7 36·5	7 37·7	7 15·7	2·6	1·3	8·6	4·4	14·6	7·4
27	7 36·8	7 38·0	7 15·9	2·7	1·4	8·7	4·4	14·7	7·5
28	7 37·0	7 38·3	7 16·2	2·8	1·4	8·8	4·5	14·8	7·5
29	7 37·3	7 38·5	7 16·4	2·9	1·5	8·9	4·5	14·9	7·6
30	7 37·5	7 38·8	7 16·7	3·0	1·5	9·0	4·6	15·0	7·6
31	7 37·8	7 39·0	7 16·9	3·1	1·6	9·1	4·6	15·1	7·7
32	7 38·0	7 39·3	7 17·1	3·2	1·6	9·2	4·7	15·2	7·7
33	7 38·3	7 39·5	7 17·4	3·3	1·7	9·3	4·7	15·3	7·8
34	7 38·5	7 39·8	7 17·6	3·4	1·7	9·4	4·8	15·4	7·8
35	7 38·8	7 40·0	7 17·9	3·5	1·8	9·5	4·8	15·5	7·9
36	7 39·0	7 40·3	7 18·1	3·6	1·8	9·6	4·9	15·6	7·9
37	7 39·3	7 40·5	7 18·3	3·7	1·9	9·7	4·9	15·7	8·0
38	7 39·5	7 40·8	7 18·6	3·8	1·9	9·8	5·0	15·8	8·0
39	7 39·8	7 41·0	7 18·8	3·9	2·0	9·9	5·0	15·9	8·1
40	7 40·0	7 41·3	7 19·0	4·0	2·0	10·0	5·1	16·0	8·1
41	7 40·3	7 41·5	7 19·3	4·1	2·1	10·1	5·1	16·1	8·2
42	7 40·5	7 41·8	7 19·5	4·2	2·1	10·2	5·2	16·2	8·2
43	7 40·8	7 42·0	7 19·8	4·3	2·2	10·3	5·2	16·3	8·3
44	7 41·0	7 42·3	7 20·0	4·4	2·2	10·4	5·3	16·4	8·3
45	7 41·3	7 42·5	7 20·2	4·5	2·3	10·5	5·3	16·5	8·4
46	7 41·5	7 42·8	7 20·5	4·6	2·3	10·6	5·4	16·6	8·4
47	7 41·8	7 43·0	7 20·7	4·7	2·4	10·7	5·4	16·7	8·5
48	7 42·0	7 43·3	7 21·0	4·8	2·4	10·8	5·5	16·8	8·5
49	7 42·3	7 43·5	7 21·2	4·9	2·5	10·9	5·5	16·9	8·6
50	7 42·5	7 43·8	7 21·4	5·0	2·5	11·0	5·6	17·0	8·6
51	7 42·8	7 44·0	7 21·7	5·1	2·6	11·1	5·6	17·1	8·7
52	7 43·0	7 44·3	7 21·9	5·2	2·6	11·2	5·7	17·2	8·7
53	7 43·3	7 44·5	7 22·1	5·3	2·7	11·3	5·7	17·3	8·8
54	7 43·5	7 44·8	7 22·4	5·4	2·7	11·4	5·8	17·4	8·8
55	7 43·8	7 45·0	7 22·6	5·5	2·8	11·5	5·8	17·5	8·9
56	7 44·0	7 45·3	7 22·9	5·6	2·8	11·6	5·9	17·6	8·9
57	7 44·3	7 45·5	7 23·1	5·7	2·9	11·7	5·9	17·7	9·0
58	7 44·5	7 45·8	7 23·3	5·8	2·9	11·8	6·0	17·8	9·0
59	7 44·8	7 46·0	7 23·6	5·9	3·0	11·9	6·0	17·9	9·1
60	7 45·0	7 46·3	7 23·8	6·0	3·1	12·0	6·1	18·0	9·2

31^m	SUN PLANETS	ARIES	MOON	v or d	Corr^n	v or d	Corr^n	v or d	Corr^n
s	° ′	° ′	° ′	′	′	′	′	′	′
00	7 45·0	7 46·3	7 23·8	0·0	0·0	6·0	3·2	12·0	6·3
01	7 45·3	7 46·5	7 24·1	0·1	0·1	6·1	3·2	12·1	6·4
02	7 45·5	7 46·8	7 24·3	0·2	0·1	6·2	3·3	12·2	6·4
03	7 45·8	7 47·0	7 24·5	0·3	0·2	6·3	3·3	12·3	6·5
04	7 46·0	7 47·3	7 24·8	0·4	0·2	6·4	3·4	12·4	6·5
05	7 46·3	7 47·5	7 25·0	0·5	0·3	6·5	3·4	12·5	6·6
06	7 46·5	7 47·8	7 25·2	0·6	0·3	6·6	3·5	12·6	6·6
07	7 46·8	7 48·0	7 25·5	0·7	0·4	6·7	3·5	12·7	6·7
08	7 47·0	7 48·3	7 25·7	0·8	0·4	6·8	3·6	12·8	6·7
09	7 47·3	7 48·5	7 26·0	0·9	0·5	6·9	3·6	12·9	6·8
10	7 47·5	7 48·8	7 26·2	1·0	0·5	7·0	3·7	13·0	6·8
11	7 47·8	7 49·0	7 26·4	1·1	0·6	7·1	3·7	13·1	6·9
12	7 48·0	7 49·3	7 26·7	1·2	0·6	7·2	3·8	13·2	6·9
13	7 48·3	7 49·5	7 26·9	1·3	0·7	7·3	3·8	13·3	7·0
14	7 48·5	7 49·8	7 27·2	1·4	0·7	7·4	3·9	13·4	7·0
15	7 48·8	7 50·0	7 27·4	1·5	0·8	7·5	3·9	13·5	7·1
16	7 49·0	7 50·3	7 27·6	1·6	0·8	7·6	4·0	13·6	7·1
17	7 49·3	7 50·5	7 27·9	1·7	0·9	7·7	4·0	13·7	7·2
18	7 49·5	7 50·8	7 28·1	1·8	0·9	7·8	4·1	13·8	7·2
19	7 49·8	7 51·0	7 28·4	1·9	1·0	7·9	4·1	13·9	7·3
20	7 50·0	7 51·3	7 28·6	2·0	1·1	8·0	4·2	14·0	7·4
21	7 50·3	7 51·5	7 28·8	2·1	1·1	8·1	4·3	14·1	7·4
22	7 50·5	7 51·8	7 29·1	2·2	1·2	8·2	4·3	14·2	7·5
23	7 50·8	7 52·0	7 29·3	2·3	1·2	8·3	4·4	14·3	7·5
24	7 51·0	7 52·3	7 29·5	2·4	1·3	8·4	4·4	14·4	7·6
25	7 51·3	7 52·5	7 29·8	2·5	1·3	8·5	4·5	14·5	7·6
26	7 51·5	7 52·8	7 30·0	2·6	1·4	8·6	4·5	14·6	7·7
27	7 51·8	7 53·0	7 30·3	2·7	1·4	8·7	4·6	14·7	7·7
28	7 52·0	7 53·3	7 30·5	2·8	1·5	8·8	4·6	14·8	7·8
29	7 52·3	7 53·5	7 30·7	2·9	1·5	8·9	4·7	14·9	7·8
30	7 52·5	7 53·8	7 31·0	3·0	1·6	9·0	4·7	15·0	7·9
31	7 52·8	7 54·0	7 31·2	3·1	1·6	9·1	4·8	15·1	7·9
32	7 53·0	7 54·3	7 31·5	3·2	1·7	9·2	4·8	15·2	8·0
33	7 53·3	7 54·5	7 31·7	3·3	1·7	9·3	4·9	15·3	8·0
34	7 53·5	7 54·8	7 31·9	3·4	1·8	9·4	4·9	15·4	8·1
35	7 53·8	7 55·0	7 32·2	3·5	1·8	9·5	5·0	15·5	8·1
36	7 54·0	7 55·3	7 32·4	3·6	1·9	9·6	5·0	15·6	8·2
37	7 54·3	7 55·5	7 32·6	3·7	1·9	9·7	5·1	15·7	8·2
38	7 54·5	7 55·8	7 32·9	3·8	2·0	9·8	5·1	15·8	8·3
39	7 54·8	7 56·0	7 33·1	3·9	2·0	9·9	5·2	15·9	8·3
40	7 55·0	7 56·3	7 33·4	4·0	2·1	10·0	5·3	16·0	8·4
41	7 55·3	7 56·6	7 33·6	4·1	2·2	10·1	5·3	16·1	8·5
42	7 55·5	7 56·8	7 33·8	4·2	2·2	10·2	5·4	16·2	8·5
43	7 55·8	7 57·1	7 34·1	4·3	2·3	10·3	5·4	16·3	8·6
44	7 56·0	7 57·3	7 34·3	4·4	2·3	10·4	5·5	16·4	8·6
45	7 56·3	7 57·6	7 34·6	4·5	2·4	10·5	5·5	16·5	8·7
46	7 56·5	7 57·8	7 34·8	4·6	2·4	10·6	5·6	16·6	8·7
47	7 56·8	7 58·1	7 35·0	4·7	2·5	10·7	5·6	16·7	8·8
48	7 57·0	7 58·3	7 35·3	4·8	2·5	10·8	5·7	16·8	8·8
49	7 57·3	7 58·6	7 35·5	4·9	2·6	10·9	5·7	16·9	8·9
50	7 57·5	7 58·8	7 35·7	5·0	2·6	11·0	5·8	17·0	8·9
51	7 57·8	7 59·1	7 36·0	5·1	2·7	11·1	5·8	17·1	9·0
52	7 58·0	7 59·3	7 36·2	5·2	2·7	11·2	5·9	17·2	9·0
53	7 58·3	7 59·6	7 36·5	5·3	2·8	11·3	5·9	17·3	9·1
54	7 58·5	7 59·8	7 36·7	5·4	2·8	11·4	6·0	17·4	9·1
55	7 58·8	8 00·1	7 36·9	5·5	2·9	11·5	6·0	17·5	9·2
56	7 59·0	8 00·3	7 37·2	5·6	2·9	11·6	6·1	17·6	9·2
57	7 59·3	8 00·6	7 37·4	5·7	3·0	11·7	6·1	17·7	9·3
58	7 59·5	8 00·8	7 37·7	5·8	3·0	11·8	6·2	17·8	9·3
59	7 59·8	8 01·1	7 37·9	5·9	3·1	11·9	6·2	17·9	9·4
60	8 00·0	8 01·3	7 38·1	6·0	3·2	12·0	6·3	18·0	9·5

32m	SUN PLANETS	ARIES	MOON	v or d	Corrn	v or d	Corrn	v or d	Corrn
s	° ′	° ′	° ′	′	′	′	′	′	′
00	8 00·0	8 01·3	7 38·1	0·0	0·0	6·0	3·3	12·0	6·5
01	8 00·3	8 01·6	7 38·4	0·1	0·1	6·1	3·3	12·1	6·6
02	8 00·5	8 01·8	7 38·6	0·2	0·1	6·2	3·4	12·2	6·6
03	8 00·8	8 02·1	7 38·8	0·3	0·2	6·3	3·4	12·3	6·7
04	8 01·0	8 02·3	7 39·1	0·4	0·2	6·4	3·5	12·4	6·7
05	8 01·3	8 02·6	7 39·3	0·5	0·3	6·5	3·5	12·5	6·8
06	8 01·5	8 02·8	7 39·6	0·6	0·3	6·6	3·6	12·6	6·8
07	8 01·8	8 03·1	7 39·8	0·7	0·4	6·7	3·6	12·7	6·9
08	8 02·0	8 03·3	7 40·0	0·8	0·4	6·8	3·7	12·8	6·9
09	8 02·3	8 03·6	7 40·3	0·9	0·5	6·9	3·7	12·9	7·0
10	8 02·5	8 03·8	7 40·5	1·0	0·5	7·0	3·8	13·0	7·0
11	8 02·8	8 04·1	7 40·8	1·1	0·6	7·1	3·8	13·1	7·1
12	8 03·0	8 04·3	7 41·0	1·2	0·7	7·2	3·9	13·2	7·2
13	8 03·3	8 04·6	7 41·2	1·3	0·7	7·3	4·0	13·3	7·2
14	8 03·5	8 04·8	7 41·5	1·4	0·8	7·4	4·0	13·4	7·3
15	8 03·8	8 05·1	7 41·7	1·5	0·8	7·5	4·1	13·5	7·3
16	8 04·0	8 05·3	7 42·0	1·6	0·9	7·6	4·1	13·6	7·4
17	8 04·3	8 05·6	7 42·2	1·7	0·9	7·7	4·2	13·7	7·4
18	8 04·5	8 05·8	7 42·4	1·8	1·0	7·8	4·2	13·8	7·5
19	8 04·8	8 06·1	7 42·7	1·9	1·0	7·9	4·3	13·9	7·5
20	8 05·0	8 06·3	7 42·9	2·0	1·1	8·0	4·3	14·0	7·6
21	8 05·3	8 06·6	7 43·1	2·1	1·1	8·1	4·4	14·1	7·6
22	8 05·5	8 06·8	7 43·4	2·2	1·2	8·2	4·4	14·2	7·7
23	8 05·8	8 07·1	7 43·6	2·3	1·2	8·3	4·5	14·3	7·7
24	8 06·0	8 07·3	7 43·9	2·4	1·3	8·4	4·6	14·4	7·8
25	8 06·3	8 07·6	7 44·1	2·5	1·4	8·5	4·6	14·5	7·9
26	8 06·5	8 07·8	7 44·3	2·6	1·4	8·6	4·7	14·6	7·9
27	8 06·8	8 08·1	7 44·6	2·7	1·5	8·7	4·7	14·7	8·0
28	8 07·0	8 08·3	7 44·8	2·8	1·5	8·8	4·8	14·8	8·0
29	8 07·3	8 08·6	7 45·1	2·9	1·6	8·9	4·8	14·9	8·1
30	8 07·5	8 08·8	7 45·3	3·0	1·6	9·0	4·9	15·0	8·1
31	8 07·8	8 09·1	7 45·5	3·1	1·7	9·1	4·9	15·1	8·2
32	8 08·0	8 09·3	7 45·8	3·2	1·7	9·2	5·0	15·2	8·2
33	8 08·3	8 09·6	7 46·0	3·3	1·8	9·3	5·0	15·3	8·3
34	8 08·5	8 09·8	7 46·2	3·4	1·8	9·4	5·1	15·4	8·3
35	8 08·8	8 10·1	7 46·5	3·5	1·9	9·5	5·1	15·5	8·4
36	8 09·0	8 10·3	7 46·7	3·6	2·0	9·6	5·2	15·6	8·5
37	8 09·3	8 10·6	7 47·0	3·7	2·0	9·7	5·3	15·7	8·5
38	8 09·5	8 10·8	7 47·2	3·8	2·1	9·8	5·3	15·8	8·6
39	8 09·8	8 11·1	7 47·4	3·9	2·1	9·9	5·4	15·9	8·6
40	8 10·0	8 11·3	7 47·7	4·0	2·2	10·0	5·4	16·0	8·7
41	8 10·3	8 11·6	7 47·9	4·1	2·2	10·1	5·5	16·1	8·7
42	8 10·5	8 11·8	7 48·2	4·2	2·3	10·2	5·5	16·2	8·8
43	8 10·8	8 12·1	7 48·4	4·3	2·3	10·3	5·6	16·3	8·8
44	8 11·0	8 12·3	7 48·6	4·4	2·4	10·4	5·6	16·4	8·9
45	8 11·3	8 12·6	7 48·9	4·5	2·4	10·5	5·7	16·5	8·9
46	8 11·5	8 12·8	7 49·1	4·6	2·5	10·6	5·7	16·6	9·0
47	8 11·8	8 13·1	7 49·3	4·7	2·5	10·7	5·8	16·7	9·0
48	8 12·0	8 13·3	7 49·6	4·8	2·6	10·8	5·9	16·8	9·1
49	8 12·3	8 13·6	7 49·8	4·9	2·7	10·9	5·9	16·9	9·2
50	8 12·5	8 13·8	7 50·1	5·0	2·7	11·0	6·0	17·0	9·2
51	8 12·8	8 14·1	7 50·3	5·1	2·8	11·1	6·0	17·1	9·3
52	8 13·0	8 14·3	7 50·5	5·2	2·8	11·2	6·1	17·2	9·3
53	8 13·3	8 14·6	7 50·8	5·3	2·9	11·3	6·1	17·3	9·4
54	8 13·5	8 14·9	7 51·0	5·4	2·9	11·4	6·2	17·4	9·4
55	8 13·8	8 15·1	7 51·3	5·5	3·0	11·5	6·2	17·5	9·5
56	8 14·0	8 15·4	7 51·5	5·6	3·0	11·6	6·3	17·6	9·5
57	8 14·3	8 15·6	7 51·7	5·7	3·1	11·7	6·3	17·7	9·6
58	8 14·5	8 15·9	7 52·0	5·8	3·1	11·8	6·4	17·8	9·6
59	8 14·8	8 16·1	7 52·2	5·9	3·2	11·9	6·4	17·9	9·7
60	8 15·0	8 16·4	7 52·5	6·0	3·3	12·0	6·5	18·0	9·8

33m	SUN PLANETS	ARIES	MOON	v or d	Corrn	v or d	Corrn	v or d	Corrn
s	° ′	° ′	° ′	′	′	′	′	′	′
00	8 15·0	8 16·4	7 52·5	0·0	0·0	6·0	3·4	12·0	6·7
01	8 15·3	8 16·6	7 52·7	0·1	0·1	6·1	3·4	12·1	6·8
02	8 15·5	8 16·9	7 52·9	0·2	0·1	6·2	3·5	12·2	6·8
03	8 15·8	8 17·1	7 53·2	0·3	0·2	6·3	3·5	12·3	6·9
04	8 16·0	8 17·4	7 53·4	0·4	0·2	6·4	3·6	12·4	6·9
05	8 16·3	8 17·6	7 53·6	0·5	0·3	6·5	3·6	12·5	7·0
06	8 16·5	8 17·9	7 53·9	0·6	0·3	6·6	3·7	12·6	7·0
07	8 16·8	8 18·1	7 54·1	0·7	0·4	6·7	3·7	12·7	7·1
08	8 17·0	8 18·4	7 54·4	0·8	0·4	6·8	3·8	12·8	7·1
09	8 17·3	8 18·6	7 54·6	0·9	0·5	6·9	3·9	12·9	7·2
10	8 17·5	8 18·9	7 54·8	1·0	0·6	7·0	3·9	13·0	7·3
11	8 17·8	8 19·1	7 55·1	1·1	0·6	7·1	4·0	13·1	7·3
12	8 18·0	8 19·4	7 55·3	1·2	0·7	7·2	4·0	13·2	7·4
13	8 18·3	8 19·6	7 55·6	1·3	0·7	7·3	4·1	13·3	7·4
14	8 18·5	8 19·9	7 55·8	1·4	0·8	7·4	4·1	13·4	7·5
15	8 18·8	8 20·1	7 56·0	1·5	0·8	7·5	4·2	13·5	7·5
16	8 19·0	8 20·4	7 56·3	1·6	0·9	7·6	4·2	13·6	7·6
17	8 19·3	8 20·6	7 56·5	1·7	0·9	7·7	4·3	13·7	7·6
18	8 19·5	8 20·9	7 56·7	1·8	1·0	7·8	4·4	13·8	7·7
19	8 19·8	8 21·1	7 57·0	1·9	1·1	7·9	4·4	13·9	7·8
20	8 20·0	8 21·4	7 57·2	2·0	1·1	8·0	4·5	14·0	7·8
21	8 20·3	8 21·6	7 57·5	2·1	1·2	8·1	4·5	14·1	7·9
22	8 20·5	8 21·9	7 57·7	2·2	1·2	8·2	4·6	14·2	7·9
23	8 20·8	8 22·1	7 57·9	2·3	1·3	8·3	4·6	14·3	8·0
24	8 21·0	8 22·4	7 58·2	2·4	1·3	8·4	4·7	14·4	8·0
25	8 21·3	8 22·6	7 58·4	2·5	1·4	8·5	4·7	14·5	8·1
26	8 21·5	8 22·9	7 58·7	2·6	1·5	8·6	4·8	14·6	8·2
27	8 21·8	8 23·1	7 58·9	2·7	1·5	8·7	4·9	14·7	8·2
28	8 22·0	8 23·4	7 59·1	2·8	1·6	8·8	4·9	14·8	8·3
29	8 22·3	8 23·6	7 59·4	2·9	1·6	8·9	5·0	14·9	8·3
30	8 22·5	8 23·9	7 59·6	3·0	1·7	9·0	5·0	15·0	8·4
31	8 22·8	8 24·1	7 59·8	3·1	1·7	9·1	5·1	15·1	8·4
32	8 23·0	8 24·4	8 00·1	3·2	1·8	9·2	5·1	15·2	8·5
33	8 23·3	8 24·6	8 00·3	3·3	1·8	9·3	5·2	15·3	8·5
34	8 23·5	8 24·9	8 00·6	3·4	1·9	9·4	5·2	15·4	8·6
35	8 23·8	8 25·1	8 00·8	3·5	2·0	9·5	5·3	15·5	8·7
36	8 24·0	8 25·4	8 01·0	3·6	2·0	9·6	5·4	15·6	8·7
37	8 24·3	8 25·6	8 01·3	3·7	2·1	9·7	5·4	15·7	8·8
38	8 24·5	8 25·9	8 01·5	3·8	2·1	9·8	5·5	15·8	8·8
39	8 24·8	8 26·1	8 01·8	3·9	2·2	9·9	5·5	15·9	8·9
40	8 25·0	8 26·4	8 02·0	4·0	2·2	10·0	5·6	16·0	8·9
41	8 25·3	8 26·6	8 02·2	4·1	2·3	10·1	5·6	16·1	9·0
42	8 25·5	8 26·9	8 02·5	4·2	2·3	10·2	5·7	16·2	9·0
43	8 25·8	8 27·1	8 02·7	4·3	2·4	10·3	5·8	16·3	9·1
44	8 26·0	8 27·4	8 02·9	4·4	2·5	10·4	5·8	16·4	9·2
45	8 26·3	8 27·6	8 03·2	4·5	2·5	10·5	5·9	16·5	9·2
46	8 26·5	8 27·9	8 03·4	4·6	2·6	10·6	5·9	16·6	9·3
47	8 26·8	8 28·1	8 03·7	4·7	2·6	10·7	6·0	16·7	9·3
48	8 27·0	8 28·4	8 03·9	4·8	2·7	10·8	6·0	16·8	9·4
49	8 27·3	8 28·6	8 04·1	4·9	2·7	10·9	6·1	16·9	9·4
50	8 27·5	8 28·9	8 04·4	5·0	2·8	11·0	6·1	17·0	9·5
51	8 27·8	8 29·1	8 04·6	5·1	2·8	11·1	6·2	17·1	9·5
52	8 28·0	8 29·4	8 04·9	5·2	2·9	11·2	6·3	17·2	9·6
53	8 28·3	8 29·6	8 05·1	5·3	3·0	11·3	6·3	17·3	9·7
54	8 28·5	8 29·9	8 05·3	5·4	3·0	11·4	6·4	17·4	9·7
55	8 28·8	8 30·1	8 05·6	5·5	3·1	11·5	6·4	17·5	9·8
56	8 29·0	8 30·4	8 05·8	5·6	3·1	11·6	6·5	17·6	9·8
57	8 29·3	8 30·6	8 06·1	5·7	3·2	11·7	6·5	17·7	9·9
58	8 29·5	8 30·9	8 06·3	5·8	3·2	11·8	6·6	17·8	9·9
59	8 29·8	8 31·1	8 06·5	5·9	3·3	11·9	6·6	17·9	10·0
60	8 30·0	8 31·4	8 06·8	6·0	3·4	12·0	6·7	18·0	10·1

34^{m}	SUN PLANETS	ARIES	MOON	v or d	Corr^{n}	v or d	Corr^{n}	v or d	Corr^{n}
s	° ′	° ′	° ′	′	′	′	′	′	′
00	8 30·0	8 31·4	8 06·8	0·0	0·0	6·0	3·5	12·0	6·9
01	8 30·3	8 31·6	8 07·0	0·1	0·1	6·1	3·5	12·1	7·0
02	8 30·5	8 31·9	8 07·2	0·2	0·1	6·2	3·6	12·2	7·0
03	8 30·8	8 32·1	8 07·5	0·3	0·2	6·3	3·6	12·3	7·1
04	8 31·0	8 32·4	8 07·7	0·4	0·2	6·4	3·7	12·4	7·1
05	8 31·3	8 32·6	8 08·0	0·5	0·3	6·5	3·7	12·5	7·2
06	8 31·5	8 32·9	8 08·2	0·6	0·3	6·6	3·8	12·6	7·2
07	8 31·8	8 33·2	8 08·4	0·7	0·4	6·7	3·9	12·7	7·3
08	8 32·0	8 33·4	8 08·7	0·8	0·5	6·8	3·9	12·8	7·4
09	8 32·3	8 33·7	8 08·9	0·9	0·5	6·9	4·0	12·9	7·4
10	8 32·5	8 33·9	8 09·2	1·0	0·6	7·0	4·0	13·0	7·5
11	8 32·8	8 34·2	8 09·4	1·1	0·6	7·1	4·1	13·1	7·5
12	8 33·0	8 34·4	8 09·6	1·2	0·7	7·2	4·1	13·2	7·6
13	8 33·3	8 34·7	8 09·9	1·3	0·7	7·3	4·2	13·3	7·6
14	8 33·5	8 34·9	8 10·1	1·4	0·8	7·4	4·3	13·4	7·7
15	8 33·8	8 35·2	8 10·3	1·5	0·9	7·5	4·3	13·5	7·8
16	8 34·0	8 35·4	8 10·6	1·6	0·9	7·6	4·4	13·6	7·8
17	8 34·3	8 35·7	8 10·8	1·7	1·0	7·7	4·4	13·7	7·9
18	8 34·5	8 35·9	8 11·1	1·8	1·0	7·8	4·5	13·8	7·9
19	8 34·8	8 36·2	8 11·3	1·9	1·1	7·9	4·5	13·9	8·0
20	8 35·0	8 36·4	8 11·5	2·0	1·2	8·0	4·6	14·0	8·1
21	8 35·3	8 36·7	8 11·8	2·1	1·2	8·1	4·7	14·1	8·1
22	8 35·5	8 36·9	8 12·0	2·2	1·3	8·2	4·7	14·2	8·2
23	8 35·8	8 37·2	8 12·3	2·3	1·3	8·3	4·8	14·3	8·2
24	8 36·0	8 37·4	8 12·5	2·4	1·4	8·4	4·8	14·4	8·3
25	8 36·3	8 37·7	8 12·7	2·5	1·4	8·5	4·9	14·5	8·3
26	8 36·5	8 37·9	8 13·0	2·6	1·5	8·6	4·9	14·6	8·4
27	8 36·8	8 38·2	8 13·2	2·7	1·6	8·7	5·0	14·7	8·5
28	8 37·0	8 38·4	8 13·4	2·8	1·6	8·8	5·1	14·8	8·5
29	8 37·3	8 38·7	8 13·7	2·9	1·7	8·9	5·1	14·9	8·6
30	8 37·5	8 38·9	8 13·9	3·0	1·7	9·0	5·2	15·0	8·6
31	8 37·8	8 39·2	8 14·2	3·1	1·8	9·1	5·2	15·1	8·7
32	8 38·0	8 39·4	8 14·4	3·2	1·8	9·2	5·3	15·2	8·7
33	8 38·3	8 39·7	8 14·6	3·3	1·9	9·3	5·3	15·3	8·8
34	8 38·5	8 39·9	8 14·9	3·4	2·0	9·4	5·4	15·4	8·9
35	8 38·8	8 40·2	8 15·1	3·5	2·0	9·5	5·5	15·5	8·9
36	8 39·0	8 40·4	8 15·4	3·6	2·1	9·6	5·5	15·6	9·0
37	8 39·3	8 40·7	8 15·6	3·7	2·1	9·7	5·6	15·7	9·0
38	8 39·5	8 40·9	8 15·8	3·8	2·2	9·8	5·6	15·8	9·1
39	8 39·8	8 41·2	8 16·1	3·9	2·2	9·9	5·7	15·9	9·1
40	8 40·0	8 41·4	8 16·3	4·0	2·3	10·0	5·8	16·0	9·2
41	8 40·3	8 41·7	8 16·5	4·1	2·4	10·1	5·8	16·1	9·3
42	8 40·5	8 41·9	8 16·8	4·2	2·4	10·2	5·9	16·2	9·3
43	8 40·8	8 42·2	8 17·0	4·3	2·5	10·3	5·9	16·3	9·4
44	8 41·0	8 42·4	8 17·3	4·4	2·5	10·4	6·0	16·4	9·4
45	8 41·3	8 42·7	8 17·5	4·5	2·6	10·5	6·0	16·5	9·5
46	8 41·5	8 42·9	8 17·7	4·6	2·6	10·6	6·1	16·6	9·5
47	8 41·8	8 43·2	8 18·0	4·7	2·7	10·7	6·2	16·7	9·6
48	8 42·0	8 43·4	8 18·2	4·8	2·8	10·8	6·2	16·8	9·7
49	8 42·3	8 43·7	8 18·5	4·9	2·8	10·9	6·3	16·9	9·7
50	8 42·5	8 43·9	8 18·7	5·0	2·9	11·0	6·3	17·0	9·8
51	8 42·8	8 44·2	8 18·9	5·1	2·9	11·1	6·4	17·1	9·8
52	8 43·0	8 44·4	8 19·2	5·2	3·0	11·2	6·4	17·2	9·9
53	8 43·3	8 44·7	8 19·4	5·3	3·0	11·3	6·5	17·3	9·9
54	8 43·5	8 44·9	8 19·7	5·4	3·1	11·4	6·6	17·4	10·0
55	8 43·8	8 45·2	8 19·9	5·5	3·2	11·5	6·6	17·5	10·1
56	8 44·0	8 45·4	8 20·1	5·6	3·2	11·6	6·7	17·6	10·1
57	8 44·3	8 45·7	8 20·4	5·7	3·3	11·7	6·7	17·7	10·2
58	8 44·5	8 45·9	8 20·6	5·8	3·3	11·8	6·8	17·8	10·2
59	8 44·8	8 46·2	8 20·8	5·9	3·4	11·9	6·8	17·9	10·3
60	8 45·0	8 46·4	8 21·1	6·0	3·5	12·0	6·9	18·0	10·4

35^{m}	SUN PLANETS	ARIES	MOON	v or d	Corr^{n}	v or d	Corr^{n}	v or d	Corr^{n}
s	° ′	° ′	° ′	′	′	′	′	′	′
00	8 45·0	8 46·4	8 21·1	0·0	0·0	6·0	3·6	12·0	7·1
01	8 45·3	8 46·7	8 21·3	0·1	0·1	6·1	3·6	12·1	7·2
02	8 45·5	8 46·9	8 21·6	0·2	0·1	6·2	3·7	12·2	7·2
03	8 45·8	8 47·2	8 21·8	0·3	0·2	6·3	3·7	12·3	7·3
04	8 46·0	8 47·4	8 22·0	0·4	0·2	6·4	3·8	12·4	7·3
05	8 46·3	8 47·7	8 22·3	0·5	0·3	6·5	3·8	12·5	7·4
06	8 46·5	8 47·9	8 22·5	0·6	0·4	6·6	3·9	12·6	7·5
07	8 46·8	8 48·2	8 22·8	0·7	0·4	6·7	4·0	12·7	7·5
08	8 47·0	8 48·4	8 23·0	0·8	0·5	6·8	4·0	12·8	7·6
09	8 47·3	8 48·7	8 23·2	0·9	0·5	6·9	4·1	12·9	7·6
10	8 47·5	8 48·9	8 23·5	1·0	0·6	7·0	4·1	13·0	7·7
11	8 47·8	8 49·2	8 23·7	1·1	0·7	7·1	4·2	13·1	7·8
12	8 48·0	8 49·4	8 23·9	1·2	0·7	7·2	4·3	13·2	7·8
13	8 48·3	8 49·7	8 24·2	1·3	0·8	7·3	4·3	13·3	7·9
14	8 48·5	8 49·9	8 24·4	1·4	0·8	7·4	4·4	13·4	7·9
15	8 48·8	8 50·2	8 24·7	1·5	0·9	7·5	4·4	13·5	8·0
16	8 49·0	8 50·4	8 24·9	1·6	0·9	7·6	4·5	13·6	8·0
17	8 49·3	8 50·7	8 25·1	1·7	1·0	7·7	4·6	13·7	8·1
18	8 49·5	8 50·9	8 25·4	1·8	1·1	7·8	4·6	13·8	8·2
19	8 49·8	8 51·2	8 25·6	1·9	1·1	7·9	4·7	13·9	8·2
20	8 50·0	8 51·5	8 25·9	2·0	1·2	8·0	4·7	14·0	8·3
21	8 50·3	8 51·7	8 26·1	2·1	1·2	8·1	4·8	14·1	8·3
22	8 50·5	8 52·0	8 26·3	2·2	1·3	8·2	4·9	14·2	8·4
23	8 50·8	8 52·2	8 26·6	2·3	1·4	8·3	4·9	14·3	8·5
24	8 51·0	8 52·5	8 26·8	2·4	1·4	8·4	5·0	14·4	8·5
25	8 51·3	8 52·7	8 27·0	2·5	1·5	8·5	5·0	14·5	8·6
26	8 51·5	8 53·0	8 27·3	2·6	1·5	8·6	5·1	14·6	8·6
27	8 51·8	8 53·2	8 27·5	2·7	1·6	8·7	5·1	14·7	8·7
28	8 52·0	8 53·5	8 27·8	2·8	1·7	8·8	5·2	14·8	8·8
29	8 52·3	8 53·7	8 28·0	2·9	1·7	8·9	5·3	14·9	8·8
30	8 52·5	8 54·0	8 28·2	3·0	1·8	9·0	5·3	15·0	8·9
31	8 52·8	8 54·2	8 28·5	3·1	1·8	9·1	5·4	15·1	8·9
32	8 53·0	8 54·5	8 28·7	3·2	1·9	9·2	5·4	15·2	9·0
33	8 53·3	8 54·7	8 29·0	3·3	2·0	9·3	5·5	15·3	9·1
34	8 53·5	8 55·0	8 29·2	3·4	2·0	9·4	5·6	15·4	9·1
35	8 53·8	8 55·2	8 29·4	3·5	2·1	9·5	5·6	15·5	9·2
36	8 54·0	8 55·5	8 29·7	3·6	2·1	9·6	5·7	15·6	9·2
37	8 54·3	8 55·7	8 29·9	3·7	2·2	9·7	5·7	15·7	9·3
38	8 54·5	8 56·0	8 30·2	3·8	2·2	9·8	5·8	15·8	9·3
39	8 54·8	8 56·2	8 30·4	3·9	2·3	9·9	5·9	15·9	9·4
40	8 55·0	8 56·5	8 30·6	4·0	2·4	10·0	5·9	16·0	9·5
41	8 55·3	8 56·7	8 30·9	4·1	2·4	10·1	6·0	16·1	9·5
42	8 55·5	8 57·0	8 31·1	4·2	2·5	10·2	6·0	16·2	9·6
43	8 55·8	8 57·2	8 31·3	4·3	2·5	10·3	6·1	16·3	9·6
44	8 56·0	8 57·5	8 31·6	4·4	2·6	10·4	6·2	16·4	9·7
45	8 56·3	8 57·7	8 31·8	4·5	2·7	10·5	6·2	16·5	9·8
46	8 56·5	8 58·0	8 32·1	4·6	2·7	10·6	6·3	16·6	9·8
47	8 56·8	8 58·2	8 32·3	4·7	2·8	10·7	6·3	16·7	9·9
48	8 57·0	8 58·5	8 32·5	4·8	2·8	10·8	6·4	16·8	9·9
49	8 57·3	8 58·7	8 32·8	4·9	2·9	10·9	6·4	16·9	10·0
50	8 57·5	8 59·0	8 33·0	5·0	3·0	11·0	6·5	17·0	10·1
51	8 57·8	8 59·2	8 33·3	5·1	3·0	11·1	6·6	17·1	10·1
52	8 58·0	8 59·5	8 33·5	5·2	3·1	11·2	6·6	17·2	10·2
53	8 58·3	8 59·7	8 33·7	5·3	3·1	11·3	6·7	17·3	10·2
54	8 58·5	9 00·0	8 34·0	5·4	3·2	11·4	6·7	17·4	10·3
55	8 58·8	9 00·2	8 34·2	5·5	3·3	11·5	6·8	17·5	10·4
56	8 59·0	9 00·5	8 34·4	5·6	3·3	11·6	6·9	17·6	10·4
57	8 59·3	9 00·7	8 34·7	5·7	3·4	11·7	6·9	17·7	10·5
58	8 59·5	9 01·0	8 34·9	5·8	3·4	11·8	7·0	17·8	10·5
59	8 59·8	9 01·2	8 35·2	5·9	3·5	11·9	7·0	17·9	10·6
60	9 00·0	9 01·5	8 35·4	6·0	3·6	12·0	7·1	18·0	10·7

36^m s	SUN PLANETS	ARIES	MOON	v or d	Corr^n	v or d	Corr^n	v or d	Corr^n
s	° ′	° ′	° ′	′	′	′	′	′	′
00	9 00·0	9 01·5	8 35·4	0·0	0·0	6·0	3·7	12·0	7·3
01	9 00·3	9 01·7	8 35·6	0·1	0·1	6·1	3·7	12·1	7·4
02	9 00·5	9 02·0	8 35·9	0·2	0·1	6·2	3·8	12·2	7·4
03	9 00·8	9 02·2	8 36·1	0·3	0·2	6·3	3·8	12·3	7·5
04	9 01·0	9 02·5	8 36·4	0·4	0·2	6·4	3·9	12·4	7·5
05	9 01·3	9 02·7	8 36·6	0·5	0·3	6·5	4·0	12·5	7·6
06	9 01·5	9 03·0	8 36·8	0·6	0·4	6·6	4·0	12·6	7·7
07	9 01·8	9 03·2	8 37·1	0·7	0·4	6·7	4·1	12·7	7·7
08	9 02·0	9 03·5	8 37·3	0·8	0·5	6·8	4·1	12·8	7·8
09	9 02·3	9 03·7	8 37·5	0·9	0·5	6·9	4·2	12·9	7·8
10	9 02·5	9 04·0	8 37·8	1·0	0·6	7·0	4·3	13·0	7·9
11	9 02·8	9 04·2	8 38·0	1·1	0·7	7·1	4·3	13·1	8·0
12	9 03·0	9 04·5	8 38·3	1·2	0·7	7·2	4·4	13·2	8·0
13	9 03·3	9 04·7	8 38·5	1·3	0·8	7·3	4·4	13·3	8·1
14	9 03·5	9 05·0	8 38·7	1·4	0·9	7·4	4·5	13·4	8·2
15	9 03·8	9 05·2	8 39·0	1·5	0·9	7·5	4·6	13·5	8·2
16	9 04·0	9 05·5	8 39·2	1·6	1·0	7·6	4·6	13·6	8·3
17	9 04·3	9 05·7	8 39·5	1·7	1·0	7·7	4·7	13·7	8·3
18	9 04·5	9 06·0	8 39·7	1·8	1·1	7·8	4·7	13·8	8·4
19	9 04·8	9 06·2	8 39·9	1·9	1·2	7·9	4·8	13·9	8·5
20	9 05·0	9 06·5	8 40·2	2·0	1·2	8·0	4·9	14·0	8·5
21	9 05·3	9 06·7	8 40·4	2·1	1·3	8·1	4·9	14·1	8·6
22	9 05·5	9 07·0	8 40·6	2·2	1·3	8·2	5·0	14·2	8·6
23	9 05·8	9 07·2	8 40·9	2·3	1·4	8·3	5·0	14·3	8·7
24	9 06·0	9 07·5	8 41·1	2·4	1·5	8·4	5·1	14·4	8·8
25	9 06·3	9 07·7	8 41·4	2·5	1·5	8·5	5·2	14·5	8·8
26	9 06·5	9 08·0	8 41·6	2·6	1·6	8·6	5·2	14·6	8·9
27	9 06·8	9 08·2	8 41·8	2·7	1·6	8·7	5·3	14·7	8·9
28	9 07·0	9 08·5	8 42·1	2·8	1·7	8·8	5·4	14·8	9·0
29	9 07·3	9 08·7	8 42·3	2·9	1·8	8·9	5·4	14·9	9·1
30	9 07·5	9 09·0	8 42·6	3·0	1·8	9·0	5·5	15·0	9·1
31	9 07·8	9 09·2	8 42·8	3·1	1·9	9·1	5·5	15·1	9·2
32	9 08·0	9 09·5	8 43·0	3·2	1·9	9·2	5·6	15·2	9·2
33	9 08·3	9 09·8	8 43·3	3·3	2·0	9·3	5·7	15·3	9·3
34	9 08·5	9 10·0	8 43·5	3·4	2·1	9·4	5·7	15·4	9·4
35	9 08·8	9 10·3	8 43·8	3·5	2·1	9·5	5·8	15·5	9·4
36	9 09·0	9 10·5	8 44·0	3·6	2·2	9·6	5·8	15·6	9·5
37	9 09·3	9 10·8	8 44·2	3·7	2·3	9·7	5·9	15·7	9·6
38	9 09·5	9 11·0	8 44·5	3·8	2·3	9·8	6·0	15·8	9·6
39	9 09·8	9 11·3	8 44·7	3·9	2·4	9·9	6·0	15·9	9·7
40	9 10·0	9 11·5	8 44·9	4·0	2·4	10·0	6·1	16·0	9·7
41	9 10·3	9 11·8	8 45·2	4·1	2·5	10·1	6·1	16·1	9·8
42	9 10·5	9 12·0	8 45·4	4·2	2·6	10·2	6·2	16·2	9·9
43	9 10·8	9 12·3	8 45·7	4·3	2·6	10·3	6·3	16·3	9·9
44	9 11·0	9 12·5	8 45·9	4·4	2·7	10·4	6·3	16·4	10·0
45	9 11·3	9 12·8	8 46·1	4·5	2·7	10·5	6·4	16·5	10·0
46	9 11·5	9 13·0	8 46·4	4·6	2·8	10·6	6·4	16·6	10·1
47	9 11·8	9 13·3	8 46·6	4·7	2·9	10·7	6·5	16·7	10·2
48	9 12·0	9 13·5	8 46·9	4·8	2·9	10·8	6·6	16·8	10·2
49	9 12·3	9 13·8	8 47·1	4·9	3·0	10·9	6·6	16·9	10·3
50	9 12·5	9 14·0	8 47·3	5·0	3·0	11·0	6·7	17·0	10·3
51	9 12·8	9 14·3	8 47·6	5·1	3·1	11·1	6·8	17·1	10·4
52	9 13·0	9 14·5	8 47·8	5·2	3·2	11·2	6·8	17·2	10·5
53	9 13·3	9 14·8	8 48·0	5·3	3·2	11·3	6·9	17·3	10·5
54	9 13·5	9 15·0	8 48·3	5·4	3·3	11·4	6·9	17·4	10·6
55	9 13·8	9 15·3	8 48·5	5·5	3·3	11·5	7·0	17·5	10·6
56	9 14·0	9 15·5	8 48·8	5·6	3·4	11·6	7·1	17·6	10·7
57	9 14·3	9 15·8	8 49·0	5·7	3·5	11·7	7·1	17·7	10·8
58	9 14·5	9 16·0	8 49·2	5·8	3·5	11·8	7·2	17·8	10·8
59	9 14·8	9 16·3	8 49·5	5·9	3·6	11·9	7·2	17·9	10·9
60	9 15·0	9 16·5	8 49·7	6·0	3·7	12·0	7·3	18·0	11·0

37^m s	SUN PLANETS	ARIES	MOON	v or d	Corr^n	v or d	Corr^n	v or d	Corr^n
s	° ′	° ′	° ′	′	′	′	′	′	′
00	9 15·0	9 16·5	8 49·7	0·0	0·0	6·0	3·8	12·0	7·5
01	9 15·3	9 16·8	8 50·0	0·1	0·1	6·1	3·8	12·1	7·6
02	9 15·5	9 17·0	8 50·2	0·2	0·1	6·2	3·9	12·2	7·6
03	9 15·8	9 17·3	8 50·4	0·3	0·2	6·3	3·9	12·3	7·7
04	9 16·0	9 17·5	8 50·7	0·4	0·3	6·4	4·0	12·4	7·8
05	9 16·3	9 17·8	8 50·9	0·5	0·3	6·5	4·1	12·5	7·8
06	9 16·5	9 18·0	8 51·1	0·6	0·4	6·6	4·1	12·6	7·9
07	9 16·8	9 18·3	8 51·4	0·7	0·4	6·7	4·2	12·7	7·9
08	9 17·0	9 18·5	8 51·6	0·8	0·5	6·8	4·3	12·8	8·0
09	9 17·3	9 18·8	8 51·9	0·9	0·6	6·9	4·3	12·9	8·1
10	9 17·5	9 19·0	8 52·1	1·0	0·6	7·0	4·4	13·0	8·1
11	9 17·8	9 19·3	8 52·3	1·1	0·7	7·1	4·4	13·1	8·2
12	9 18·0	9 19·5	8 52·6	1·2	0·8	7·2	4·5	13·2	8·3
13	9 18·3	9 19·8	8 52·8	1·3	0·8	7·3	4·6	13·3	8·3
14	9 18·5	9 20·0	8 53·1	1·4	0·9	7·4	4·6	13·4	8·4
15	9 18·8	9 20·3	8 53·3	1·5	0·9	7·5	4·7	13·5	8·4
16	9 19·0	9 20·5	8 53·5	1·6	1·0	7·6	4·8	13·6	8·5
17	9 19·3	9 20·8	8 53·8	1·7	1·1	7·7	4·8	13·7	8·6
18	9 19·5	9 21·0	8 54·0	1·8	1·1	7·8	4·9	13·8	8·6
19	9 19·8	9 21·3	8 54·3	1·9	1·2	7·9	4·9	13·9	8·7
20	9 20·0	9 21·5	8 54·5	2·0	1·3	8·0	5·0	14·0	8·8
21	9 20·3	9 21·8	8 54·7	2·1	1·3	8·1	5·1	14·1	8·8
22	9 20·5	9 22·0	8 55·0	2·2	1·4	8·2	5·1	14·2	8·9
23	9 20·8	9 22·3	8 55·2	2·3	1·4	8·3	5·2	14·3	8·9
24	9 21·0	9 22·5	8 55·4	2·4	1·5	8·4	5·3	14·4	9·0
25	9 21·3	9 22·8	8 55·7	2·5	1·6	8·5	5·3	14·5	9·1
26	9 21·5	9 23·0	8 55·9	2·6	1·6	8·6	5·4	14·6	9·1
27	9 21·8	9 23·3	8 56·2	2·7	1·7	8·7	5·4	14·7	9·2
28	9 22·0	9 23·5	8 56·4	2·8	1·8	8·8	5·5	14·8	9·3
29	9 22·3	9 23·8	8 56·6	2·9	1·8	8·9	5·6	14·9	9·3
30	9 22·5	9 24·0	8 56·9	3·0	1·9	9·0	5·6	15·0	9·4
31	9 22·8	9 24·3	8 57·1	3·1	1·9	9·1	5·7	15·1	9·4
32	9 23·0	9 24·5	8 57·4	3·2	2·0	9·2	5·8	15·2	9·5
33	9 23·3	9 24·8	8 57·6	3·3	2·1	9·3	5·8	15·3	9·6
34	9 23·5	9 25·0	8 57·8	3·4	2·1	9·4	5·9	15·4	9·6
35	9 23·8	9 25·3	8 58·1	3·5	2·2	9·5	5·9	15·5	9·7
36	9 24·0	9 25·5	8 58·3	3·6	2·3	9·6	6·0	15·6	9·8
37	9 24·3	9 25·8	8 58·5	3·7	2·3	9·7	6·1	15·7	9·8
38	9 24·5	9 26·0	8 58·8	3·8	2·4	9·8	6·1	15·8	9·9
39	9 24·8	9 26·3	8 59·0	3·9	2·4	9·9	6·2	15·9	9·9
40	9 25·0	9 26·5	8 59·3	4·0	2·5	10·0	6·3	16·0	10·0
41	9 25·3	9 26·8	8 59·5	4·1	2·6	10·1	6·3	16·1	10·1
42	9 25·5	9 27·0	8 59·7	4·2	2·6	10·2	6·4	16·2	10·1
43	9 25·8	9 27·3	9 00·0	4·3	2·7	10·3	6·4	16·3	10·2
44	9 26·0	9 27·5	9 00·2	4·4	2·8	10·4	6·5	16·4	10·3
45	9 26·3	9 27·8	9 00·5	4·5	2·8	10·5	6·6	16·5	10·3
46	9 26·5	9 28·1	9 00·7	4·6	2·9	10·6	6·6	16·6	10·4
47	9 26·8	9 28·3	9 00·9	4·7	2·9	10·7	6·7	16·7	10·4
48	9 27·0	9 28·6	9 01·2	4·8	3·0	10·8	6·8	16·8	10·5
49	9 27·3	9 28·8	9 01·4	4·9	3·1	10·9	6·8	16·9	10·6
50	9 27·5	9 29·1	9 01·6	5·0	3·1	11·0	6·9	17·0	10·6
51	9 27·8	9 29·3	9 01·9	5·1	3·2	11·1	6·9	17·1	10·7
52	9 28·0	9 29·6	9 02·1	5·2	3·3	11·2	7·0	17·2	10·8
53	9 28·3	9 29·8	9 02·4	5·3	3·3	11·3	7·1	17·3	10·8
54	9 28·5	9 30·1	9 02·6	5·4	3·4	11·4	7·1	17·4	10·9
55	9 28·8	9 30·3	9 02·8	5·5	3·4	11·5	7·2	17·5	10·9
56	9 29·0	9 30·6	9 03·1	5·6	3·5	11·6	7·3	17·6	11·0
57	9 29·3	9 30·8	9 03·3	5·7	3·6	11·7	7·3	17·7	11·1
58	9 29·5	9 31·1	9 03·6	5·8	3·6	11·8	7·4	17·8	11·1
59	9 29·8	9 31·3	9 03·8	5·9	3·7	11·9	7·4	17·9	11·2
60	9 30·0	9 31·6	9 04·0	6·0	3·8	12·0	7·5	18·0	11·3

38m	SUN PLANETS	ARIES	MOON	v or d	Corrn	v or d	Corrn	v or d	Corrn
s	° ′	° ′	° ′	′	′	′	′	′	′
00	9 30·0	9 31·6	9 04·0	0·0	0·0	6·0	3·9	12·0	7·7
01	9 30·3	9 31·8	9 04·3	0·1	0·1	6·1	3·9	12·1	7·8
02	9 30·5	9 32·1	9 04·5	0·2	0·1	6·2	4·0	12·2	7·8
03	9 30·8	9 32·3	9 04·7	0·3	0·2	6·3	4·0	12·3	7·9
04	9 31·0	9 32·6	9 05·0	0·4	0·3	6·4	4·1	12·4	8·0
05	9 31·3	9 32·8	9 05·2	0·5	0·3	6·5	4·2	12·5	8·0
06	9 31·5	9 33·1	9 05·5	0·6	0·4	6·6	4·2	12·6	8·1
07	9 31·8	9 33·3	9 05·7	0·7	0·4	6·7	4·3	12·7	8·1
08	9 32·0	9 33·6	9 05·9	0·8	0·5	6·8	4·4	12·8	8·2
09	9 32·3	9 33·8	9 06·2	0·9	0·6	6·9	4·4	12·9	8·3
10	9 32·5	9 34·1	9 06·4	1·0	0·6	7·0	4·5	13·0	8·3
11	9 32·8	9 34·3	9 06·7	1·1	0·7	7·1	4·6	13·1	8·4
12	9 33·0	9 34·6	9 06·9	1·2	0·8	7·2	4·6	13·2	8·5
13	9 33·3	9 34·8	9 07·1	1·3	0·8	7·3	4·7	13·3	8·5
14	9 33·5	9 35·1	9 07·4	1·4	0·9	7·4	4·7	13·4	8·6
15	9 33·8	9 35·3	9 07·6	1·5	1·0	7·5	4·8	13·5	8·7
16	9 34·0	9 35·6	9 07·9	1·6	1·0	7·6	4·9	13·6	8·7
17	9 34·3	9 35·8	9 08·1	1·7	1·1	7·7	4·9	13·7	8·8
18	9 34·5	9 36·1	9 08·3	1·8	1·2	7·8	5·0	13·8	8·9
19	9 34·8	9 36·3	9 08·6	1·9	1·2	7·9	5·1	13·9	8·9
20	9 35·0	9 36·6	9 08·8	2·0	1·3	8·0	5·1	14·0	9·0
21	9 35·3	9 36·8	9 09·0	2·1	1·3	8·1	5·2	14·1	9·0
22	9 35·5	9 37·1	9 09·3	2·2	1·4	8·2	5·3	14·2	9·1
23	9 35·8	9 37·3	9 09·5	2·3	1·5	8·3	5·3	14·3	9·2
24	9 36·0	9 37·6	9 09·8	2·4	1·5	8·4	5·4	14·4	9·2
25	9 36·3	9 37·8	9 10·0	2·5	1·6	8·5	5·5	14·5	9·3
26	9 36·5	9 38·1	9 10·2	2·6	1·7	8·6	5·5	14·6	9·4
27	9 36·8	9 38·3	9 10·5	2·7	1·7	8·7	5·6	14·7	9·4
28	9 37·0	9 38·6	9 10·7	2·8	1·8	8·8	5·6	14·8	9·5
29	9 37·3	9 38·8	9 11·0	2·9	1·9	8·9	5·7	14·9	9·6
30	9 37·5	9 39·1	9 11·2	3·0	1·9	9·0	5·8	15·0	9·6
31	9 37·8	9 39·3	9 11·4	3·1	2·0	9·1	5·8	15·1	9·7
32	9 38·0	9 39·6	9 11·7	3·2	2·1	9·2	5·9	15·2	9·8
33	9 38·3	9 39·8	9 11·9	3·3	2·1	9·3	6·0	15·3	9·8
34	9 38·5	9 40·1	9 12·1	3·4	2·2	9·4	6·0	15·4	9·9
35	9 38·8	9 40·3	9 12·4	3·5	2·2	9·5	6·1	15·5	9·9
36	9 39·0	9 40·6	9 12·6	3·6	2·3	9·6	6·2	15·6	10·0
37	9 39·3	9 40·8	9 12·9	3·7	2·4	9·7	6·2	15·7	10·1
38	9 39·5	9 41·1	9 13·1	3·8	2·4	9·8	6·3	15·8	10·1
39	9 39·8	9 41·3	9 13·3	3·9	2·5	9·9	6·4	15·9	10·2
40	9 40·0	9 41·6	9 13·6	4·0	2·6	10·0	6·4	16·0	10·3
41	9 40·3	9 41·8	9 13·8	4·1	2·6	10·1	6·5	16·1	10·3
42	9 40·5	9 42·1	9 14·1	4·2	2·7	10·2	6·5	16·2	10·4
43	9 40·8	9 42·3	9 14·3	4·3	2·8	10·3	6·6	16·3	10·5
44	9 41·0	9 42·6	9 14·5	4·4	2·8	10·4	6·7	16·4	10·5
45	9 41·3	9 42·8	9 14·8	4·5	2·9	10·5	6·7	16·5	10·6
46	9 41·5	9 43·1	9 15·0	4·6	3·0	10·6	6·8	16·6	10·7
47	9 41·8	9 43·3	9 15·2	4·7	3·0	10·7	6·9	16·7	10·7
48	9 42·0	9 43·6	9 15·5	4·8	3·1	10·8	6·9	16·8	10·8
49	9 42·3	9 43·8	9 15·7	4·9	3·1	10·9	7·0	16·9	10·8
50	9 42·5	9 44·1	9 16·0	5·0	3·2	11·0	7·1	17·0	10·9
51	9 42·8	9 44·3	9 16·2	5·1	3·3	11·1	7·1	17·1	11·0
52	9 43·0	9 44·6	9 16·4	5·2	3·3	11·2	7·2	17·2	11·0
53	9 43·3	9 44·8	9 16·7	5·3	3·4	11·3	7·3	17·3	11·1
54	9 43·5	9 45·1	9 16·9	5·4	3·5	11·4	7·3	17·4	11·2
55	9 43·8	9 45·3	9 17·2	5·5	3·5	11·5	7·4	17·5	11·2
56	9 44·0	9 45·6	9 17·4	5·6	3·6	11·6	7·4	17·6	11·3
57	9 44·3	9 45·8	9 17·6	5·7	3·7	11·7	7·5	17·7	11·4
58	9 44·5	9 46·1	9 17·9	5·8	3·7	11·8	7·6	17·8	11·4
59	9 44·8	9 46·4	9 18·1	5·9	3·8	11·9	7·6	17·9	11·5
60	9 45·0	9 46·6	9 18·4	6·0	3·9	12·0	7·7	18·0	11·6

39m	SUN PLANETS	ARIES	MOON	v or d	Corrn	v or d	Corrn	v or d	Corrn
s	° ′	° ′	° ′	′	′	′	′	′	′
00	9 45·0	9 46·6	9 18·4	0·0	0·0	6·0	4·0	12·0	7·9
01	9 45·3	9 46·9	9 18·6	0·1	0·1	6·1	4·0	12·1	8·0
02	9 45·5	9 47·1	9 18·8	0·2	0·1	6·2	4·1	12·2	8·0
03	9 45·8	9 47·4	9 19·1	0·3	0·2	6·3	4·1	12·3	8·1
04	9 46·0	9 47·6	9 19·3	0·4	0·3	6·4	4·2	12·4	8·2
05	9 46·3	9 47·9	9 19·5	0·5	0·3	6·5	4·3	12·5	8·2
06	9 46·5	9 48·1	9 19·8	0·6	0·4	6·6	4·3	12·6	8·3
07	9 46·8	9 48·4	9 20·0	0·7	0·5	6·7	4·4	12·7	8·4
08	9 47·0	9 48·6	9 20·3	0·8	0·5	6·8	4·5	12·8	8·4
09	9 47·3	9 48·9	9 20·5	0·9	0·6	6·9	4·5	12·9	8·5
10	9 47·5	9 49·1	9 20·7	1·0	0·7	7·0	4·6	13·0	8·6
11	9 47·8	9 49·4	9 21·0	1·1	0·7	7·1	4·7	13·1	8·6
12	9 48·0	9 49·6	9 21·2	1·2	0·8	7·2	4·7	13·2	8·7
13	9 48·3	9 49·9	9 21·5	1·3	0·9	7·3	4·8	13·3	8·8
14	9 48·5	9 50·1	9 21·7	1·4	0·9	7·4	4·9	13·4	8·8
15	9 48·8	9 50·4	9 21·9	1·5	1·0	7·5	4·9	13·5	8·9
16	9 49·0	9 50·6	9 22·2	1·6	1·1	7·6	5·0	13·6	9·0
17	9 49·3	9 50·9	9 22·4	1·7	1·1	7·7	5·1	13·7	9·0
18	9 49·5	9 51·1	9 22·6	1·8	1·2	7·8	5·1	13·8	9·1
19	9 49·8	9 51·4	9 22·9	1·9	1·3	7·9	5·2	13·9	9·2
20	9 50·0	9 51·6	9 23·1	2·0	1·3	8·0	5·3	14·0	9·2
21	9 50·3	9 51·9	9 23·4	2·1	1·4	8·1	5·3	14·1	9·3
22	9 50·5	9 52·1	9 23·6	2·2	1·4	8·2	5·4	14·2	9·3
23	9 50·8	9 52·4	9 23·8	2·3	1·5	8·3	5·5	14·3	9·4
24	9 51·0	9 52·6	9 24·1	2·4	1·6	8·4	5·5	14·4	9·5
25	9 51·3	9 52·9	9 24·3	2·5	1·6	8·5	5·6	14·5	9·5
26	9 51·5	9 53·1	9 24·6	2·6	1·7	8·6	5·7	14·6	9·6
27	9 51·8	9 53·4	9 24·8	2·7	1·8	8·7	5·7	14·7	9·7
28	9 52·0	9 53·6	9 25·0	2·8	1·8	8·8	5·8	14·8	9·7
29	9 52·3	9 53·9	9 25·3	2·9	1·9	8·9	5·9	14·9	9·8
30	9 52·5	9 54·1	9 25·5	3·0	2·0	9·0	5·9	15·0	9·9
31	9 52·8	9 54·4	9 25·7	3·1	2·0	9·1	6·0	15·1	9·9
32	9 53·0	9 54·6	9 26·0	3·2	2·1	9·2	6·1	15·2	10·0
33	9 53·3	9 54·9	9 26·2	3·3	2·2	9·3	6·1	15·3	10·1
34	9 53·5	9 55·1	9 26·5	3·4	2·2	9·4	6·2	15·4	10·1
35	9 53·8	9 55·4	9 26·7	3·5	2·3	9·5	6·3	15·5	10·2
36	9 54·0	9 55·6	9 26·9	3·6	2·4	9·6	6·3	15·6	10·3
37	9 54·3	9 55·9	9 27·2	3·7	2·4	9·7	6·4	15·7	10·3
38	9 54·5	9 56·1	9 27·4	3·8	2·5	9·8	6·5	15·8	10·4
39	9 54·8	9 56·4	9 27·7	3·9	2·6	9·9	6·5	15·9	10·5
40	9 55·0	9 56·6	9 27·9	4·0	2·6	10·0	6·6	16·0	10·5
41	9 55·3	9 56·9	9 28·1	4·1	2·7	10·1	6·6	16·1	10·6
42	9 55·5	9 57·1	9 28·4	4·2	2·8	10·2	6·7	16·2	10·7
43	9 55·8	9 57·4	9 28·6	4·3	2·8	10·3	6·8	16·3	10·7
44	9 56·0	9 57·6	9 28·8	4·4	2·9	10·4	6·8	16·4	10·8
45	9 56·3	9 57·9	9 29·1	4·5	3·0	10·5	6·9	16·5	10·9
46	9 56·5	9 58·1	9 29·3	4·6	3·0	10·6	7·0	16·6	10·9
47	9 56·8	9 58·4	9 29·6	4·7	3·1	10·7	7·0	16·7	11·0
48	9 57·0	9 58·6	9 29·8	4·8	3·2	10·8	7·1	16·8	11·1
49	9 57·3	9 58·9	9 30·0	4·9	3·2	10·9	7·2	16·9	11·1
50	9 57·5	9 59·1	9 30·3	5·0	3·3	11·0	7·2	17·0	11·2
51	9 57·8	9 59·4	9 30·5	5·1	3·4	11·1	7·3	17·1	11·3
52	9 58·0	9 59·6	9 30·8	5·2	3·4	11·2	7·4	17·2	11·3
53	9 58·3	9 59·9	9 31·0	5·3	3·5	11·3	7·4	17·3	11·4
54	9 58·5	10 00·1	9 31·2	5·4	3·6	11·4	7·5	17·4	11·5
55	9 58·8	10 00·4	9 31·5	5·5	3·6	11·5	7·6	17·5	11·5
56	9 59·0	10 00·6	9 31·7	5·6	3·7	11·6	7·6	17·6	11·6
57	9 59·3	10 00·9	9 32·0	5·7	3·8	11·7	7·7	17·7	11·7
58	9 59·5	10 01·1	9 32·2	5·8	3·8	11·8	7·8	17·8	11·7
59	9 59·8	10 01·4	9 32·4	5·9	3·9	11·9	7·8	17·9	11·8
60	10 00·0	10 01·6	9 32·7	6·0	4·0	12·0	7·9	18·0	11·9

40m s	SUN PLANETS ° ′	ARIES ° ′	MOON ° ′	v or d ′	Corrⁿ ′	v or d ′	Corrⁿ ′	v or d ′	Corrⁿ ′
00	10 00·0	10 01·6	9 32·7	0·0	0·0	6·0	4·1	12·0	8·1
01	10 00·3	10 01·9	9 32·9	0·1	0·1	6·1	4·1	12·1	8·2
02	10 00·5	10 02·1	9 33·1	0·2	0·1	6·2	4·2	12·2	8·2
03	10 00·8	10 02·4	9 33·4	0·3	0·2	6·3	4·3	12·3	8·3
04	10 01·0	10 02·6	9 33·6	0·4	0·3	6·4	4·3	12·4	8·4
05	10 01·3	10 02·9	9 33·9	0·5	0·3	6·5	4·4	12·5	8·4
06	10 01·5	10 03·1	9 34·1	0·6	0·4	6·6	4·5	12·6	8·5
07	10 01·8	10 03·4	9 34·3	0·7	0·5	6·7	4·5	12·7	8·6
08	10 02·0	10 03·6	9 34·6	0·8	0·5	6·8	4·6	12·8	8·6
09	10 02·3	10 03·9	9 34·8	0·9	0·6	6·9	4·7	12·9	8·7
10	10 02·5	10 04·1	9 35·1	1·0	0·7	7·0	4·7	13·0	8·8
11	10 02·8	10 04·4	9 35·3	1·1	0·7	7·1	4·8	13·1	8·8
12	10 03·0	10 04·7	9 35·5	1·2	0·8	7·2	4·9	13·2	8·9
13	10 03·3	10 04·9	9 35·8	1·3	0·9	7·3	4·9	13·3	9·0
14	10 03·5	10 05·2	9 36·0	1·4	0·9	7·4	5·0	13·4	9·0
15	10 03·8	10 05·4	9 36·2	1·5	1·0	7·5	5·1	13·5	9·1
16	10 04·0	10 05·7	9 36·5	1·6	1·1	7·6	5·1	13·6	9·2
17	10 04·3	10 05·9	9 36·7	1·7	1·1	7·7	5·2	13·7	9·2
18	10 04·5	10 06·2	9 37·0	1·8	1·2	7·8	5·3	13·8	9·3
19	10 04·8	10 06·4	9 37·2	1·9	1·3	7·9	5·3	13·9	9·4
20	10 05·0	10 06·7	9 37·4	2·0	1·4	8·0	5·4	14·0	9·5
21	10 05·3	10 06·9	9 37·7	2·1	1·4	8·1	5·5	14·1	9·5
22	10 05·5	10 07·2	9 37·9	2·2	1·5	8·2	5·5	14·2	9·6
23	10 05·8	10 07·4	9 38·2	2·3	1·6	8·3	5·6	14·3	9·7
24	10 06·0	10 07·7	9 38·4	2·4	1·6	8·4	5·7	14·4	9·7
25	10 06·3	10 07·9	9 38·6	2·5	1·7	8·5	5·7	14·5	9·8
26	10 06·5	10 08·2	9 38·9	2·6	1·8	8·6	5·8	14·6	9·9
27	10 06·8	10 08·4	9 39·1	2·7	1·8	8·7	5·9	14·7	9·9
28	10 07·0	10 08·7	9 39·3	2·8	1·9	8·8	5·9	14·8	10·0
29	10 07·3	10 08·9	9 39·6	2·9	2·0	8·9	6·0	14·9	10·1
30	10 07·5	10 09·2	9 39·8	3·0	2·0	9·0	6·1	15·0	10·1
31	10 07·8	10 09·4	9 40·1	3·1	2·1	9·1	6·1	15·1	10·2
32	10 08·0	10 09·7	9 40·3	3·2	2·2	9·2	6·2	15·2	10·3
33	10 08·3	10 09·9	9 40·5	3·3	2·2	9·3	6·3	15·3	10·3
34	10 08·5	10 10·2	9 40·8	3·4	2·3	9·4	6·3	15·4	10·4
35	10 08·8	10 10·4	9 41·0	3·5	2·4	9·5	6·4	15·5	10·5
36	10 09·0	10 10·7	9 41·3	3·6	2·4	9·6	6·5	15·6	10·5
37	10 09·3	10 10·9	9 41·5	3·7	2·5	9·7	6·5	15·7	10·6
38	10 09·5	10 11·2	9 41·7	3·8	2·6	9·8	6·6	15·8	10·7
39	10 09·8	10 11·4	9 42·0	3·9	2·6	9·9	6·7	15·9	10·7
40	10 10·0	10 11·7	9 42·2	4·0	2·7	10·0	6·8	16·0	10·8
41	10 10·3	10 11·9	9 42·4	4·1	2·8	10·1	6·8	16·1	10·9
42	10 10·5	10 12·2	9 42·7	4·2	2·8	10·2	6·9	16·2	10·9
43	10 10·8	10 12·4	9 42·9	4·3	2·9	10·3	7·0	16·3	11·0
44	10 11·0	10 12·7	9 43·2	4·4	3·0	10·4	7·0	16·4	11·1
45	10 11·3	10 12·9	9 43·4	4·5	3·0	10·5	7·1	16·5	11·1
46	10 11·5	10 13·2	9 43·6	4·6	3·1	10·6	7·2	16·6	11·2
47	10 11·8	10 13·4	9 43·9	4·7	3·2	10·7	7·2	16·7	11·3
48	10 12·0	10 13·7	9 44·1	4·8	3·2	10·8	7·3	16·8	11·3
49	10 12·3	10 13·9	9 44·4	4·9	3·3	10·9	7·4	16·9	11·4
50	10 12·5	10 14·2	9 44·6	5·0	3·4	11·0	7·4	17·0	11·5
51	10 12·8	10 14·4	9 44·8	5·1	3·4	11·1	7·5	17·1	11·5
52	10 13·0	10 14·7	9 45·1	5·2	3·5	11·2	7·6	17·2	11·6
53	10 13·3	10 14·9	9 45·3	5·3	3·6	11·3	7·6	17·3	11·7
54	10 13·5	10 15·2	9 45·6	5·4	3·6	11·4	7·7	17·4	11·7
55	10 13·8	10 15·4	9 45·8	5·5	3·7	11·5	7·8	17·5	11·8
56	10 14·0	10 15·7	9 46·0	5·6	3·8	11·6	7·8	17·6	11·9
57	10 14·3	10 15·9	9 46·3	5·7	3·8	11·7	7·9	17·7	11·9
58	10 14·5	10 16·2	9 46·5	5·8	3·9	11·8	8·0	17·8	12·0
59	10 14·8	10 16·4	9 46·7	5·9	4·0	11·9	8·0	17·9	12·1
60	10 15·0	10 16·7	9 47·0	6·0	4·1	12·0	8·1	18·0	12·2

41m s	SUN PLANETS ° ′	ARIES ° ′	MOON ° ′	v or d ′	Corrⁿ ′	v or d ′	Corrⁿ ′	v or d ′	Corrⁿ ′
00	10 15·0	10 16·7	9 47·0	0·0	0·0	6·0	4·2	12·0	8·3
01	10 15·3	10 16·9	9 47·2	0·1	0·1	6·1	4·2	12·1	8·4
02	10 15·5	10 17·2	9 47·5	0·2	0·1	6·2	4·3	12·2	8·4
03	10 15·8	10 17·4	9 47·7	0·3	0·2	6·3	4·4	12·3	8·5
04	10 16·0	10 17·7	9 47·9	0·4	0·3	6·4	4·4	12·4	8·6
05	10 16·3	10 17·9	9 48·2	0·5	0·3	6·5	4·5	12·5	8·6
06	10 16·5	10 18·2	9 48·4	0·6	0·4	6·6	4·6	12·6	8·7
07	10 16·8	10 18·4	9 48·7	0·7	0·5	6·7	4·6	12·7	8·8
08	10 17·0	10 18·7	9 48·9	0·8	0·6	6·8	4·7	12·8	8·9
09	10 17·3	10 18·9	9 49·1	0·9	0·6	6·9	4·8	12·9	8·9
10	10 17·5	10 19·2	9 49·4	1·0	0·7	7·0	4·8	13·0	9·0
11	10 17·8	10 19·4	9 49·6	1·1	0·8	7·1	4·9	13·1	9·1
12	10 18·0	10 19·7	9 49·8	1·2	0·8	7·2	5·0	13·2	9·1
13	10 18·3	10 19·9	9 50·1	1·3	0·9	7·3	5·0	13·3	9·2
14	10 18·5	10 20·2	9 50·3	1·4	1·0	7·4	5·1	13·4	9·3
15	10 18·8	10 20·4	9 50·6	1·5	1·0	7·5	5·2	13·5	9·3
16	10 19·0	10 20·7	9 50·8	1·6	1·1	7·6	5·3	13·6	9·4
17	10 19·3	10 20·9	9 51·0	1·7	1·2	7·7	5·3	13·7	9·5
18	10 19·5	10 21·2	9 51·3	1·8	1·2	7·8	5·4	13·8	9·5
19	10 19·8	10 21·4	9 51·5	1·9	1·3	7·9	5·5	13·9	9·6
20	10 20·0	10 21·7	9 51·8	2·0	1·4	8·0	5·5	14·0	9·7
21	10 20·3	10 21·9	9 52·0	2·1	1·5	8·1	5·6	14·1	9·8
22	10 20·5	10 22·2	9 52·2	2·2	1·5	8·2	5·7	14·2	9·8
23	10 20·8	10 22·4	9 52·5	2·3	1·6	8·3	5·7	14·3	9·9
24	10 21·0	10 22·7	9 52·7	2·4	1·7	8·4	5·8	14·4	10·0
25	10 21·3	10 23·0	9 52·9	2·5	1·7	8·5	5·9	14·5	10·0
26	10 21·5	10 23·2	9 53·2	2·6	1·8	8·6	5·9	14·6	10·1
27	10 21·8	10 23·5	9 53·4	2·7	1·9	8·7	6·0	14·7	10·2
28	10 22·0	10 23·7	9 53·7	2·8	1·9	8·8	6·1	14·8	10·2
29	10 22·3	10 24·0	9 53·9	2·9	2·0	8·9	6·2	14·9	10·3
30	10 22·5	10 24·2	9 54·1	3·0	2·1	9·0	6·2	15·0	10·4
31	10 22·8	10 24·5	9 54·4	3·1	2·1	9·1	6·3	15·1	10·4
32	10 23·0	10 24·7	9 54·6	3·2	2·2	9·2	6·4	15·2	10·5
33	10 23·3	10 25·0	9 54·9	3·3	2·3	9·3	6·4	15·3	10·6
34	10 23·5	10 25·2	9 55·1	3·4	2·4	9·4	6·5	15·4	10·7
35	10 23·8	10 25·5	9 55·3	3·5	2·4	9·5	6·6	15·5	10·7
36	10 24·0	10 25·7	9 55·6	3·6	2·5	9·6	6·6	15·6	10·8
37	10 24·3	10 26·0	9 55·8	3·7	2·6	9·7	6·7	15·7	10·9
38	10 24·5	10 26·2	9 56·1	3·8	2·6	9·8	6·8	15·8	10·9
39	10 24·8	10 26·5	9 56·3	3·9	2·7	9·9	6·8	15·9	11·0
40	10 25·0	10 26·7	9 56·5	4·0	2·8	10·0	6·9	16·0	11·1
41	10 25·3	10 27·0	9 56·8	4·1	2·8	10·1	7·0	16·1	11·1
42	10 25·5	10 27·2	9 57·0	4·2	2·9	10·2	7·1	16·2	11·2
43	10 25·8	10 27·5	9 57·2	4·3	3·0	10·3	7·1	16·3	11·3
44	10 26·0	10 27·7	9 57·5	4·4	3·0	10·4	7·2	16·4	11·3
45	10 26·3	10 28·0	9 57·7	4·5	3·1	10·5	7·3	16·5	11·4
46	10 26·5	10 28·2	9 58·0	4·6	3·2	10·6	7·3	16·6	11·5
47	10 26·8	10 28·5	9 58·2	4·7	3·3	10·7	7·4	16·7	11·6
48	10 27·0	10 28·7	9 58·4	4·8	3·3	10·8	7·5	16·8	11·6
49	10 27·3	10 29·0	9 58·7	4·9	3·4	10·9	7·5	16·9	11·7
50	10 27·5	10 29·2	9 58·9	5·0	3·5	11·0	7·6	17·0	11·8
51	10 27·8	10 29·5	9 59·2	5·1	3·5	11·1	7·7	17·1	11·8
52	10 28·0	10 29·7	9 59·4	5·2	3·6	11·2	7·7	17·2	11·9
53	10 28·3	10 30·0	9 59·6	5·3	3·7	11·3	7·8	17·3	12·0
54	10 28·5	10 30·2	9 59·9	5·4	3·7	11·4	7·9	17·4	12·0
55	10 28·8	10 30·5	10 00·1	5·5	3·8	11·5	8·0	17·5	12·1
56	10 29·0	10 30·7	10 00·3	5·6	3·9	11·6	8·0	17·6	12·2
57	10 29·3	10 31·0	10 00·6	5·7	3·9	11·7	8·1	17·7	12·2
58	10 29·5	10 31·2	10 00·8	5·8	4·0	11·8	8·2	17·8	12·3
59	10 29·8	10 31·5	10 01·1	5·9	4·1	11·9	8·2	17·9	12·4
60	10 30·0	10 31·7	10 01·3	6·0	4·2	12·0	8·3	18·0	12·5

42m s	SUN PLANETS ° ′	ARIES ° ′	MOON ° ′	v or d ′	Corrⁿ ′	v or d ′	Corrⁿ ′	v or d ′	Corrⁿ ′
00	10 30·0	10 31·7	10 01·3	0·0	0·0	6·0	4·3	12·0	8·5
01	10 30·3	10 32·0	10 01·5	0·1	0·1	6·1	4·3	12·1	8·6
02	10 30·5	10 32·2	10 01·8	0·2	0·1	6·2	4·4	12·2	8·6
03	10 30·8	10 32·5	10 02·0	0·3	0·2	6·3	4·5	12·3	8·7
04	10 31·0	10 32·7	10 02·3	0·4	0·3	6·4	4·5	12·4	8·8
05	10 31·3	10 33·0	10 02·5	0·5	0·4	6·5	4·6	12·5	8·9
06	10 31·5	10 33·2	10 02·7	0·6	0·4	6·6	4·7	12·6	8·9
07	10 31·8	10 33·5	10 03·0	0·7	0·5	6·7	4·7	12·7	9·0
08	10 32·0	10 33·7	10 03·2	0·8	0·6	6·8	4·8	12·8	9·1
09	10 32·3	10 34·0	10 03·4	0·9	0·6	6·9	4·9	12·9	9·1
10	10 32·5	10 34·2	10 03·7	1·0	0·7	7·0	5·0	13·0	9·2
11	10 32·8	10 34·5	10 03·9	1·1	0·8	7·1	5·0	13·1	9·3
12	10 33·0	10 34·7	10 04·2	1·2	0·9	7·2	5·1	13·2	9·4
13	10 33·3	10 35·0	10 04·4	1·3	0·9	7·3	5·2	13·3	9·4
14	10 33·5	10 35·2	10 04·6	1·4	1·0	7·4	5·2	13·4	9·5
15	10 33·8	10 35·5	10 04·9	1·5	1·1	7·5	5·3	13·5	9·6
16	10 34·0	10 35·7	10 05·1	1·6	1·1	7·6	5·4	13·6	9·6
17	10 34·3	10 36·0	10 05·4	1·7	1·2	7·7	5·5	13·7	9·7
18	10 34·5	10 36·2	10 05·6	1·8	1·3	7·8	5·5	13·8	9·8
19	10 34·8	10 36·5	10 05·8	1·9	1·3	7·9	5·6	13·9	9·8
20	10 35·0	10 36·7	10 06·1	2·0	1·4	8·0	5·7	14·0	9·9
21	10 35·3	10 37·0	10 06·3	2·1	1·5	8·1	5·7	14·1	10·0
22	10 35·5	10 37·2	10 06·5	2·2	1·6	8·2	5·8	14·2	10·1
23	10 35·8	10 37·5	10 06·8	2·3	1·6	8·3	5·9	14·3	10·1
24	10 36·0	10 37·7	10 07·0	2·4	1·7	8·4	6·0	14·4	10·2
25	10 36·3	10 38·0	10 07·3	2·5	1·8	8·5	6·0	14·5	10·3
26	10 36·5	10 38·2	10 07·5	2·6	1·8	8·6	6·1	14·6	10·3
27	10 36·8	10 38·5	10 07·7	2·7	1·9	8·7	6·2	14·7	10·4
28	10 37·0	10 38·7	10 08·0	2·8	2·0	8·8	6·2	14·8	10·5
29	10 37·3	10 39·0	10 08·2	2·9	2·1	8·9	6·3	14·9	10·6
30	10 37·5	10 39·2	10 08·5	3·0	2·1	9·0	6·4	15·0	10·6
31	10 37·8	10 39·5	10 08·7	3·1	2·2	9·1	6·4	15·1	10·7
32	10 38·0	10 39·7	10 08·9	3·2	2·3	9·2	6·5	15·2	10·8
33	10 38·3	10 40·0	10 09·2	3·3	2·3	9·3	6·6	15·3	10·8
34	10 38·5	10 40·2	10 09·4	3·4	2·4	9·4	6·7	15·4	10·9
35	10 38·8	10 40·5	10 09·7	3·5	2·5	9·5	6·7	15·5	11·0
36	10 39·0	10 40·7	10 09·9	3·6	2·6	9·6	6·8	15·6	11·1
37	10 39·3	10 41·0	10 10·1	3·7	2·6	9·7	6·9	15·7	11·1
38	10 39·5	10 41·3	10 10·4	3·8	2·7	9·8	6·9	15·8	11·2
39	10 39·8	10 41·5	10 10·6	3·9	2·8	9·9	7·0	15·9	11·3
40	10 40·0	10 41·8	10 10·8	4·0	2·8	10·0	7·1	16·0	11·3
41	10 40·3	10 42·0	10 11·1	4·1	2·9	10·1	7·2	16·1	11·4
42	10 40·5	10 42·3	10 11·3	4·2	3·0	10·2	7·2	16·2	11·5
43	10 40·8	10 42·5	10 11·6	4·3	3·0	10·3	7·3	16·3	11·5
44	10 41·0	10 42·8	10 11·8	4·4	3·1	10·4	7·4	16·4	11·6
45	10 41·3	10 43·0	10 12·0	4·5	3·2	10·5	7·4	16·5	11·7
46	10 41·5	10 43·3	10 12·3	4·6	3·3	10·6	7·5	16·6	11·8
47	10 41·8	10 43·5	10 12·5	4·7	3·3	10·7	7·6	16·7	11·8
48	10 42·0	10 43·8	10 12·8	4·8	3·4	10·8	7·7	16·8	11·9
49	10 42·3	10 44·0	10 13·0	4·9	3·5	10·9	7·7	16·9	12·0
50	10 42·5	10 44·3	10 13·2	5·0	3·5	11·0	7·8	17·0	12·0
51	10 42·8	10 44·5	10 13·5	5·1	3·6	11·1	7·9	17·1	12·1
52	10 43·0	10 44·8	10 13·7	5·2	3·7	11·2	7·9	17·2	12·2
53	10 43·3	10 45·0	10 13·9	5·3	3·8	11·3	8·0	17·3	12·3
54	10 43·5	10 45·3	10 14·2	5·4	3·8	11·4	8·1	17·4	12·3
55	10 43·8	10 45·5	10 14·4	5·5	3·9	11·5	8·1	17·5	12·4
56	10 44·0	10 45·8	10 14·7	5·6	4·0	11·6	8·2	17·6	12·5
57	10 44·3	10 46·0	10 14·9	5·7	4·0	11·7	8·3	17·7	12·5
58	10 44·5	10 46·3	10 15·1	5·8	4·1	11·8	8·4	17·8	12·6
59	10 44·8	10 46·5	10 15·4	5·9	4·2	11·9	8·4	17·9	12·7
60	10 45·0	10 46·8	10 15·6	6·0	4·3	12·0	8·5	18·0	12·8

43m s	SUN PLANETS ° ′	ARIES ° ′	MOON ° ′	v or d ′	Corrⁿ ′	v or d ′	Corrⁿ ′	v or d ′	Corrⁿ ′
00	10 45·0	10 46·8	10 15·6	0·0	0·0	6·0	4·4	12·0	8·7
01	10 45·3	10 47·0	10 15·9	0·1	0·1	6·1	4·4	12·1	8·8
02	10 45·5	10 47·3	10 16·1	0·2	0·1	6·2	4·5	12·2	8·8
03	10 45·8	10 47·5	10 16·3	0·3	0·2	6·3	4·6	12·3	8·9
04	10 46·0	10 47·8	10 16·6	0·4	0·3	6·4	4·6	12·4	9·0
05	10 46·3	10 48·0	10 16·8	0·5	0·4	6·5	4·7	12·5	9·1
06	10 46·5	10 48·3	10 17·0	0·6	0·4	6·6	4·8	12·6	9·1
07	10 46·8	10 48·5	10 17·3	0·7	0·5	6·7	4·9	12·7	9·2
08	10 47·0	10 48·8	10 17·5	0·8	0·6	6·8	4·9	12·8	9·3
09	10 47·3	10 49·0	10 17·8	0·9	0·7	6·9	5·0	12·9	9·4
10	10 47·5	10 49·3	10 18·0	1·0	0·7	7·0	5·1	13·0	9·4
11	10 47·8	10 49·5	10 18·2	1·1	0·8	7·1	5·1	13·1	9·5
12	10 48·0	10 49·8	10 18·5	1·2	0·9	7·2	5·2	13·2	9·6
13	10 48·3	10 50·0	10 18·7	1·3	0·9	7·3	5·3	13·3	9·6
14	10 48·5	10 50·3	10 19·0	1·4	1·0	7·4	5·4	13·4	9·7
15	10 48·8	10 50·5	10 19·2	1·5	1·1	7·5	5·4	13·5	9·8
16	10 49·0	10 50·8	10 19·4	1·6	1·2	7·6	5·5	13·6	9·9
17	10 49·3	10 51·0	10 19·7	1·7	1·2	7·7	5·6	13·7	9·9
18	10 49·5	10 51·3	10 19·9	1·8	1·3	7·8	5·7	13·8	10·0
19	10 49·8	10 51·5	10 20·2	1·9	1·4	7·9	5·7	13·9	10·1
20	10 50·0	10 51·8	10 20·4	2·0	1·5	8·0	5·8	14·0	10·2
21	10 50·3	10 52·0	10 20·6	2·1	1·5	8·1	5·9	14·1	10·2
22	10 50·5	10 52·3	10 20·9	2·2	1·6	8·2	5·9	14·2	10·3
23	10 50·8	10 52·5	10 21·1	2·3	1·7	8·3	6·0	14·3	10·4
24	10 51·0	10 52·8	10 21·3	2·4	1·7	8·4	6·1	14·4	10·4
25	10 51·3	10 53·0	10 21·6	2·5	1·8	8·5	6·2	14·5	10·5
26	10 51·5	10 53·3	10 21·8	2·6	1·9	8·6	6·2	14·6	10·6
27	10 51·8	10 53·5	10 22·1	2·7	2·0	8·7	6·3	14·7	10·7
28	10 52·0	10 53·8	10 22·3	2·8	2·0	8·8	6·4	14·8	10·7
29	10 52·3	10 54·0	10 22·5	2·9	2·1	8·9	6·5	14·9	10·8
30	10 52·5	10 54·3	10 22·8	3·0	2·2	9·0	6·5	15·0	10·9
31	10 52·8	10 54·5	10 23·0	3·1	2·2	9·1	6·6	15·1	10·9
32	10 53·0	10 54·8	10 23·3	3·2	2·3	9·2	6·7	15·2	11·0
33	10 53·3	10 55·0	10 23·5	3·3	2·4	9·3	6·7	15·3	11·1
34	10 53·5	10 55·3	10 23·7	3·4	2·5	9·4	6·8	15·4	11·2
35	10 53·8	10 55·5	10 24·0	3·5	2·5	9·5	6·9	15·5	11·2
36	10 54·0	10 55·8	10 24·2	3·6	2·6	9·6	7·0	15·6	11·3
37	10 54·3	10 56·0	10 24·4	3·7	2·7	9·7	7·0	15·7	11·4
38	10 54·5	10 56·3	10 24·7	3·8	2·8	9·8	7·1	15·8	11·5
39	10 54·8	10 56·5	10 24·9	3·9	2·8	9·9	7·2	15·9	11·5
40	10 55·0	10 56·8	10 25·2	4·0	2·9	10·0	7·3	16·0	11·6
41	10 55·3	10 57·0	10 25·4	4·1	3·0	10·1	7·3	16·1	11·7
42	10 55·5	10 57·3	10 25·6	4·2	3·0	10·2	7·4	16·2	11·7
43	10 55·8	10 57·5	10 25·9	4·3	3·1	10·3	7·5	16·3	11·8
44	10 56·0	10 57·8	10 26·1	4·4	3·2	10·4	7·5	16·4	11·9
45	10 56·3	10 58·0	10 26·4	4·5	3·3	10·5	7·6	16·5	12·0
46	10 56·5	10 58·3	10 26·6	4·6	3·3	10·6	7·7	16·6	12·0
47	10 56·8	10 58·5	10 26·8	4·7	3·4	10·7	7·8	16·7	12·1
48	10 57·0	10 58·8	10 27·1	4·8	3·5	10·8	7·8	16·8	12·2
49	10 57·3	10 59·0	10 27·3	4·9	3·6	10·9	7·9	16·9	12·3
50	10 57·5	10 59·3	10 27·5	5·0	3·6	11·0	8·0	17·0	12·3
51	10 57·8	10 59·6	10 27·8	5·1	3·7	11·1	8·0	17·1	12·4
52	10 58·0	10 59·8	10 28·0	5·2	3·8	11·2	8·1	17·2	12·5
53	10 58·3	11 00·1	10 28·3	5·3	3·8	11·3	8·2	17·3	12·5
54	10 58·5	11 00·3	10 28·5	5·4	3·9	11·4	8·3	17·4	12·6
55	10 58·8	11 00·6	10 28·7	5·5	4·0	11·5	8·3	17·5	12·7
56	10 59·0	11 00·8	10 29·0	5·6	4·1	11·6	8·4	17·6	12·8
57	10 59·3	11 01·1	10 29·2	5·7	4·1	11·7	8·5	17·7	12·8
58	10 59·5	11 01·3	10 29·5	5·8	4·2	11·8	8·6	17·8	12·9
59	10 59·8	11 01·6	10 29·7	5·9	4·3	11·9	8·6	17·9	13·0
60	11 00·0	11 01·8	10 29·9	6·0	4·4	12·0	8·7	18·0	13·1

44m	SUN PLANETS	ARIES	MOON	v or d	Corrn	v or d	Corrn	v or d	Corrn
s	° ′	° ′	° ′	′	′	′	′	′	′
00	11 00·0	11 01·8	10 29·9	0·0	0·0	6·0	4·5	12·0	8·9
01	11 00·3	11 02·1	10 30·2	0·1	0·1	6·1	4·5	12·1	9·0
02	11 00·5	11 02·3	10 30·4	0·2	0·1	6·2	4·6	12·2	9·0
03	11 00·8	11 02·6	10 30·6	0·3	0·2	6·3	4·7	12·3	9·1
04	11 01·0	11 02·8	10 30·9	0·4	0·3	6·4	4·7	12·4	9·2
05	11 01·3	11 03·1	10 31·1	0·5	0·4	6·5	4·8	12·5	9·3
06	11 01·5	11 03·3	10 31·4	0·6	0·4	6·6	4·9	12·6	9·3
07	11 01·8	11 03·6	10 31·6	0·7	0·5	6·7	5·0	12·7	9·4
08	11 02·0	11 03·8	10 31·8	0·8	0·6	6·8	5·0	12·8	9·5
09	11 02·3	11 04·1	10 32·1	0·9	0·7	6·9	5·1	12·9	9·6
10	11 02·5	11 04·3	10 32·3	1·0	0·7	7·0	5·2	13·0	9·6
11	11 02·8	11 04·6	10 32·6	1·1	0·8	7·1	5·3	13·1	9·7
12	11 03·0	11 04·8	10 32·8	1·2	0·9	7·2	5·3	13·2	9·8
13	11 03·3	11 05·1	10 33·0	1·3	1·0	7·3	5·4	13·3	9·9
14	11 03·5	11 05·3	10 33·3	1·4	1·0	7·4	5·5	13·4	9·9
15	11 03·8	11 05·6	10 33·5	1·5	1·1	7·5	5·6	13·5	10·0
16	11 04·0	11 05·8	10 33·8	1·6	1·2	7·6	5·6	13·6	10·1
17	11 04·3	11 06·1	10 34·0	1·7	1·3	7·7	5·7	13·7	10·2
18	11 04·5	11 06·3	10 34·2	1·8	1·3	7·8	5·8	13·8	10·2
19	11 04·8	11 06·6	10 34·5	1·9	1·4	7·9	5·9	13·9	10·3
20	11 05·0	11 06·8	10 34·7	2·0	1·5	8·0	5·9	14·0	10·4
21	11 05·3	11 07·1	10 34·9	2·1	1·6	8·1	6·0	14·1	10·5
22	11 05·5	11 07·3	10 35·2	2·2	1·6	8·2	6·1	14·2	10·5
23	11 05·8	11 07·6	10 35·4	2·3	1·7	8·3	6·2	14·3	10·6
24	11 06·0	11 07·8	10 35·7	2·4	1·8	8·4	6·2	14·4	10·7
25	11 06·3	11 08·1	10 35·9	2·5	1·9	8·5	6·3	14·5	10·8
26	11 06·5	11 08·3	10 36·1	2·6	1·9	8·6	6·4	14·6	10·8
27	11 06·8	11 08·6	10 36·4	2·7	2·0	8·7	6·5	14·7	10·9
28	11 07·0	11 08·8	10 36·6	2·8	2·1	8·8	6·5	14·8	11·0
29	11 07·3	11 09·1	10 36·9	2·9	2·2	8·9	6·6	14·9	11·1
30	11 07·5	11 09·3	10 37·1	3·0	2·2	9·0	6·7	15·0	11·1
31	11 07·8	11 09·6	10 37·3	3·1	2·3	9·1	6·7	15·1	11·2
32	11 08·0	11 09·8	10 37·6	3·2	2·4	9·2	6·8	15·2	11·3
33	11 08·3	11 10·1	10 37·8	3·3	2·4	9·3	6·9	15·3	11·3
34	11 08·5	11 10·3	10 38·0	3·4	2·5	9·4	7·0	15·4	11·4
35	11 08·8	11 10·6	10 38·3	3·5	2·6	9·5	7·0	15·5	11·5
36	11 09·0	11 10·8	10 38·5	3·6	2·7	9·6	7·1	15·6	11·6
37	11 09·3	11 11·1	10 38·8	3·7	2·7	9·7	7·2	15·7	11·6
38	11 09·5	11 11·3	10 39·0	3·8	2·8	9·8	7·3	15·8	11·7
39	11 09·8	11 11·6	10 39·2	3·9	2·9	9·9	7·3	15·9	11·8
40	11 10·0	11 11·8	10 39·5	4·0	3·0	10·0	7·4	16·0	11·9
41	11 10·3	11 12·1	10 39·7	4·1	3·0	10·1	7·5	16·1	11·9
42	11 10·5	11 12·3	10 40·0	4·2	3·1	10·2	7·6	16·2	12·0
43	11 10·8	11 12·6	10 40·2	4·3	3·2	10·3	7·6	16·3	12·1
44	11 11·0	11 12·8	10 40·4	4·4	3·3	10·4	7·7	16·4	12·2
45	11 11·3	11 13·1	10 40·7	4·5	3·3	10·5	7·8	16·5	12·2
46	11 11·5	11 13·3	10 40·9	4·6	3·4	10·6	7·9	16·6	12·3
47	11 11·8	11 13·6	10 41·1	4·7	3·5	10·7	7·9	16·7	12·4
48	11 12·0	11 13·8	10 41·4	4·8	3·6	10·8	8·0	16·8	12·5
49	11 12·3	11 14·1	10 41·6	4·9	3·6	10·9	8·1	16·9	12·5
50	11 12·5	11 14·3	10 41·9	5·0	3·7	11·0	8·2	17·0	12·6
51	11 12·8	11 14·6	10 42·1	5·1	3·8	11·1	8·2	17·1	12·7
52	11 13·0	11 14·8	10 42·3	5·2	3·9	11·2	8·3	17·2	12·8
53	11 13·3	11 15·1	10 42·6	5·3	3·9	11·3	8·4	17·3	12·8
54	11 13·5	11 15·3	10 42·8	5·4	4·0	11·4	8·5	17·4	12·9
55	11 13·8	11 15·6	10 43·1	5·5	4·1	11·5	8·5	17·5	13·0
56	11 14·0	11 15·8	10 43·3	5·6	4·2	11·6	8·6	17·6	13·1
57	11 14·3	11 16·1	10 43·5	5·7	4·2	11·7	8·7	17·7	13·1
58	11 14·5	11 16·3	10 43·8	5·8	4·3	11·8	8·8	17·8	13·2
59	11 14·8	11 16·6	10 44·0	5·9	4·4	11·9	8·8	17·9	13·3
60	11 15·0	11 16·8	10 44·3	6·0	4·5	12·0	8·9	18·0	13·4

45m	SUN PLANETS	ARIES	MOON	v or d	Corrn	v or d	Corrn	v or d	Corrn
s	° ′	° ′	° ′	′	′	′	′	′	′
00	11 15·0	11 16·8	10 44·3	0·0	0·0	6·0	4·6	12·0	9·1
01	11 15·3	11 17·1	10 44·5	0·1	0·1	6·1	4·6	12·1	9·2
02	11 15·5	11 17·3	10 44·7	0·2	0·2	6·2	4·7	12·2	9·3
03	11 15·8	11 17·6	10 45·0	0·3	0·2	6·3	4·8	12·3	9·3
04	11 16·0	11 17·9	10 45·2	0·4	0·3	6·4	4·9	12·4	9·4
05	11 16·3	11 18·1	10 45·4	0·5	0·4	6·5	4·9	12·5	9·5
06	11 16·5	11 18·4	10 45·7	0·6	0·5	6·6	5·0	12·6	9·6
07	11 16·8	11 18·6	10 45·9	0·7	0·5	6·7	5·1	12·7	9·6
08	11 17·0	11 18·9	10 46·2	0·8	0·6	6·8	5·2	12·8	9·7
09	11 17·3	11 19·1	10 46·4	0·9	0·7	6·9	5·2	12·9	9·8
10	11 17·5	11 19·4	10 46·6	1·0	0·8	7·0	5·3	13·0	9·9
11	11 17·8	11 19·6	10 46·9	1·1	0·8	7·1	5·4	13·1	9·9
12	11 18·0	11 19·9	10 47·1	1·2	0·9	7·2	5·5	13·2	10·0
13	11 18·3	11 20·1	10 47·4	1·3	1·0	7·3	5·5	13·3	10·1
14	11 18·5	11 20·4	10 47·6	1·4	1·1	7·4	5·6	13·4	10·2
15	11 18·8	11 20·6	10 47·8	1·5	1·1	7·5	5·7	13·5	10·2
16	11 19·0	11 20·9	10 48·1	1·6	1·2	7·6	5·8	13·6	10·3
17	11 19·3	11 21·1	10 48·3	1·7	1·3	7·7	5·8	13·7	10·4
18	11 19·5	11 21·4	10 48·5	1·8	1·4	7·8	5·9	13·8	10·5
19	11 19·8	11 21·6	10 48·8	1·9	1·4	7·9	6·0	13·9	10·5
20	11 20·0	11 21·9	10 49·0	2·0	1·5	8·0	6·1	14·0	10·6
21	11 20·3	11 22·1	10 49·3	2·1	1·6	8·1	6·1	14·1	10·7
22	11 20·5	11 22·4	10 49·5	2·2	1·7	8·2	6·2	14·2	10·8
23	11 20·8	11 22·6	10 49·7	2·3	1·7	8·3	6·3	14·3	10·8
24	11 21·0	11 22·9	10 50·0	2·4	1·8	8·4	6·4	14·4	10·9
25	11 21·3	11 23·1	10 50·2	2·5	1·9	8·5	6·4	14·5	11·0
26	11 21·5	11 23·4	10 50·5	2·6	2·0	8·6	6·5	14·6	11·1
27	11 21·8	11 23·6	10 50·7	2·7	2·0	8·7	6·6	14·7	11·1
28	11 22·0	11 23·9	10 50·9	2·8	2·1	8·8	6·7	14·8	11·2
29	11 22·3	11 24·1	10 51·2	2·9	2·2	8·9	6·7	14·9	11·3
30	11 22·5	11 24·4	10 51·4	3·0	2·3	9·0	6·8	15·0	11·4
31	11 22·8	11 24·6	10 51·6	3·1	2·4	9·1	6·9	15·1	11·5
32	11 23·0	11 24·9	10 51·9	3·2	2·4	9·2	7·0	15·2	11·5
33	11 23·3	11 25·1	10 52·1	3·3	2·5	9·3	7·1	15·3	11·6
34	11 23·5	11 25·4	10 52·4	3·4	2·6	9·4	7·1	15·4	11·7
35	11 23·8	11 25·6	10 52·6	3·5	2·7	9·5	7·2	15·5	11·8
36	11 24·0	11 25·9	10 52·8	3·6	2·7	9·6	7·3	15·6	11·8
37	11 24·3	11 26·1	10 53·1	3·7	2·8	9·7	7·4	15·7	11·9
38	11 24·5	11 26·4	10 53·3	3·8	2·9	9·8	7·4	15·8	12·0
39	11 24·8	11 26·6	10 53·6	3·9	3·0	9·9	7·5	15·9	12·1
40	11 25·0	11 26·9	10 53·8	4·0	3·0	10·0	7·6	16·0	12·1
41	11 25·3	11 27·1	10 54·0	4·1	3·1	10·1	7·7	16·1	12·2
42	11 25·5	11 27·4	10 54·3	4·2	3·2	10·2	7·7	16·2	12·3
43	11 25·8	11 27·6	10 54·5	4·3	3·3	10·3	7·8	16·3	12·4
44	11 26·0	11 27·9	10 54·7	4·4	3·3	10·4	7·9	16·4	12·4
45	11 26·3	11 28·1	10 55·0	4·5	3·4	10·5	8·0	16·5	12·5
46	11 26·5	11 28·4	10 55·2	4·6	3·5	10·6	8·0	16·6	12·6
47	11 26·8	11 28·6	10 55·5	4·7	3·6	10·7	8·1	16·7	12·7
48	11 27·0	11 28·9	10 55·7	4·8	3·6	10·8	8·2	16·8	12·7
49	11 27·3	11 29·1	10 55·9	4·9	3·7	10·9	8·3	16·9	12·8
50	11 27·5	11 29·4	10 56·2	5·0	3·8	11·0	8·3	17·0	12·9
51	11 27·8	11 29·6	10 56·4	5·1	3·9	11·1	8·4	17·1	13·0
52	11 28·0	11 29·9	10 56·7	5·2	3·9	11·2	8·5	17·2	13·0
53	11 28·3	11 30·1	10 56·9	5·3	4·0	11·3	8·6	17·3	13·1
54	11 28·5	11 30·4	10 57·1	5·4	4·1	11·4	8·6	17·4	13·2
55	11 28·8	11 30·6	10 57·4	5·5	4·2	11·5	8·7	17·5	13·3
56	11 29·0	11 30·9	10 57·6	5·6	4·2	11·6	8·8	17·6	13·3
57	11 29·3	11 31·1	10 57·9	5·7	4·3	11·7	8·9	17·7	13·4
58	11 29·5	11 31·4	10 58·1	5·8	4·4	11·8	8·9	17·8	13·5
59	11 29·8	11 31·6	10 58·3	5·9	4·5	11·9	9·0	17·9	13·6
60	11 30·0	11 31·9	10 58·6	6·0	4·6	12·0	9·1	18·0	13·7

46m s	SUN PLANETS ° ′	ARIES ° ′	MOON ° ′	v or d ′	Corrn ′	v or d ′	Corrn ′	v or d ′	Corrn ′
00	11 30·0	11 31·9	10 58·6	0·0	0·0	6·0	4·7	12·0	9·3
01	11 30·3	11 32·1	10 58·8	0·1	0·1	6·1	4·7	12·1	9·4
02	11 30·5	11 32·4	10 59·0	0·2	0·2	6·2	4·8	12·2	9·5
03	11 30·8	11 32·6	10 59·3	0·3	0·2	6·3	4·9	12·3	9·5
04	11 31·0	11 32·9	10 59·5	0·4	0·3	6·4	5·0	12·4	9·6
05	11 31·3	11 33·1	10 59·8	0·5	0·4	6·5	5·0	12·5	9·7
06	11 31·5	11 33·4	11 00·0	0·6	0·5	6·6	5·1	12·6	9·8
07	11 31·8	11 33·6	11 00·2	0·7	0·5	6·7	5·2	12·7	9·8
08	11 32·0	11 33·9	11 00·5	0·8	0·6	6·8	5·3	12·8	9·9
09	11 32·3	11 34·1	11 00·7	0·9	0·7	6·9	5·3	12·9	10·0
10	11 32·5	11 34·4	11 01·0	1·0	0·8	7·0	5·4	13·0	10·1
11	11 32·8	11 34·6	11 01·2	1·1	0·9	7·1	5·5	13·1	10·2
12	11 33·0	11 34·9	11 01·4	1·2	0·9	7·2	5·6	13·2	10·2
13	11 33·3	11 35·1	11 01·7	1·3	1·0	7·3	5·7	13·3	10·3
14	11 33·5	11 35·4	11 01·9	1·4	1·1	7·4	5·7	13·4	10·4
15	11 33·8	11 35·6	11 02·1	1·5	1·2	7·5	5·8	13·5	10·5
16	11 34·0	11 35·9	11 02·4	1·6	1·2	7·6	5·9	13·6	10·5
17	11 34·3	11 36·2	11 02·6	1·7	1·3	7·7	6·0	13·7	10·6
18	11 34·5	11 36·4	11 02·9	1·8	1·4	7·8	6·0	13·8	10·7
19	11 34·8	11 36·7	11 03·1	1·9	1·5	7·9	6·1	13·9	10·8
20	11 35·0	11 36·9	11 03·3	2·0	1·6	8·0	6·2	14·0	10·9
21	11 35·3	11 37·2	11 03·6	2·1	1·6	8·1	6·3	14·1	10·9
22	11 35·5	11 37·4	11 03·8	2·2	1·7	8·2	6·4	14·2	11·0
23	11 35·8	11 37·7	11 04·1	2·3	1·8	8·3	6·4	14·3	11·1
24	11 36·0	11 37·9	11 04·3	2·4	1·9	8·4	6·5	14·4	11·2
25	11 36·3	11 38·2	11 04·5	2·5	1·9	8·5	6·6	14·5	11·2
26	11 36·5	11 38·4	11 04·8	2·6	2·0	8·6	6·7	14·6	11·3
27	11 36·8	11 38·7	11 05·0	2·7	2·1	8·7	6·7	14·7	11·4
28	11 37·0	11 38·9	11 05·2	2·8	2·2	8·8	6·8	14·8	11·5
29	11 37·3	11 39·2	11 05·5	2·9	2·2	8·9	6·9	14·9	11·5
30	11 37·5	11 39·4	11 05·7	3·0	2·3	9·0	7·0	15·0	11·6
31	11 37·8	11 39·7	11 06·0	3·1	2·4	9·1	7·1	15·1	11·7
32	11 38·0	11 39·9	11 06·2	3·2	2·5	9·2	7·1	15·2	11·8
33	11 38·3	11 40·2	11 06·4	3·3	2·6	9·3	7·2	15·3	11·9
34	11 38·5	11 40·4	11 06·7	3·4	2·6	9·4	7·3	15·4	11·9
35	11 38·8	11 40·7	11 06·9	3·5	2·7	9·5	7·4	15·5	12·0
36	11 39·0	11 40·9	11 07·2	3·6	2·8	9·6	7·4	15·6	12·1
37	11 39·3	11 41·2	11 07·4	3·7	2·9	9·7	7·5	15·7	12·2
38	11 39·5	11 41·4	11 07·6	3·8	2·9	9·8	7·6	15·8	12·2
39	11 39·8	11 41·7	11 07·9	3·9	3·0	9·9	7·7	15·9	12·3
40	11 40·0	11 41·9	11 08·1	4·0	3·1	10·0	7·8	16·0	12·4
41	11 40·3	11 42·2	11 08·3	4·1	3·2	10·1	7·8	16·1	12·5
42	11 40·5	11 42·4	11 08·6	4·2	3·3	10·2	7·9	16·2	12·6
43	11 40·8	11 42·7	11 08·8	4·3	3·3	10·3	8·0	16·3	12·6
44	11 41·0	11 42·9	11 09·1	4·4	3·4	10·4	8·1	16·4	12·7
45	11 41·3	11 43·2	11 09·3	4·5	3·5	10·5	8·1	16·5	12·8
46	11 41·5	11 43·4	11 09·5	4·6	3·6	10·6	8·2	16·6	12·9
47	11 41·8	11 43·7	11 09·8	4·7	3·6	10·7	8·3	16·7	12·9
48	11 42·0	11 43·9	11 10·0	4·8	3·7	10·8	8·4	16·8	13·0
49	11 42·3	11 44·2	11 10·3	4·9	3·8	10·9	8·4	16·9	13·1
50	11 42·5	11 44·4	11 10·5	5·0	3·9	11·0	8·5	17·0	13·2
51	11 42·8	11 44·7	11 10·7	5·1	4·0	11·1	8·6	17·1	13·3
52	11 43·0	11 44·9	11 11·0	5·2	4·0	11·2	8·7	17·2	13·3
53	11 43·3	11 45·2	11 11·2	5·3	4·1	11·3	8·8	17·3	13·4
54	11 43·5	11 45·4	11 11·5	5·4	4·2	11·4	8·8	17·4	13·5
55	11 43·8	11 45·7	11 11·7	5·5	4·3	11·5	8·9	17·5	13·6
56	11 44·0	11 45·9	11 11·9	5·6	4·3	11·6	9·0	17·6	13·6
57	11 44·3	11 46·2	11 12·2	5·7	4·4	11·7	9·1	17·7	13·7
58	11 44·5	11 46·4	11 12·4	5·8	4·5	11·8	9·1	17·8	13·8
59	11 44·8	11 46·7	11 12·6	5·9	4·6	11·9	9·2	17·9	13·9
60	11 45·0	11 46·9	11 12·9	6·0	4·7	12·0	9·3	18·0	14·0

47m s	SUN PLANETS ° ′	ARIES ° ′	MOON ° ′	v or d ′	Corrn ′	v or d ′	Corrn ′	v or d ′	Corrn ′
00	11 45·0	11 46·9	11 12·9	0·0	0·0	6·0	4·8	12·0	9·5
01	11 45·3	11 47·2	11 13·1	0·1	0·1	6·1	4·8	12·1	9·6
02	11 45·5	11 47·4	11 13·4	0·2	0·2	6·2	4·9	12·2	9·7
03	11 45·8	11 47·7	11 13·6	0·3	0·2	6·3	5·0	12·3	9·7
04	11 46·0	11 47·9	11 13·8	0·4	0·3	6·4	5·1	12·4	9·8
05	11 46·3	11 48·2	11 14·1	0·5	0·4	6·5	5·1	12·5	9·9
06	11 46·5	11 48·4	11 14·3	0·6	0·5	6·6	5·2	12·6	10·0
07	11 46·8	11 48·7	11 14·6	0·7	0·6	6·7	5·3	12·7	10·1
08	11 47·0	11 48·9	11 14·8	0·8	0·6	6·8	5·4	12·8	10·1
09	11 47·3	11 49·2	11 15·0	0·9	0·7	6·9	5·5	12·9	10·2
10	11 47·5	11 49·4	11 15·3	1·0	0·8	7·0	5·5	13·0	10·3
11	11 47·8	11 49·7	11 15·5	1·1	0·9	7·1	5·6	13·1	10·4
12	11 48·0	11 49·9	11 15·7	1·2	1·0	7·2	5·7	13·2	10·5
13	11 48·3	11 50·2	11 16·0	1·3	1·0	7·3	5·8	13·3	10·5
14	11 48·5	11 50·4	11 16·2	1·4	1·1	7·4	5·9	13·4	10·6
15	11 48·8	11 50·7	11 16·5	1·5	1·2	7·5	5·9	13·5	10·7
16	11 49·0	11 50·9	11 16·7	1·6	1·3	7·6	6·0	13·6	10·8
17	11 49·3	11 51·2	11 16·9	1·7	1·3	7·7	6·1	13·7	10·8
18	11 49·5	11 51·4	11 17·2	1·8	1·4	7·8	6·2	13·8	10·9
19	11 49·8	11 51·7	11 17·4	1·9	1·5	7·9	6·3	13·9	11·0
20	11 50·0	11 51·9	11 17·7	2·0	1·6	8·0	6·3	14·0	11·1
21	11 50·3	11 52·2	11 17·9	2·1	1·7	8·1	6·4	14·1	11·2
22	11 50·5	11 52·4	11 18·1	2·2	1·7	8·2	6·5	14·2	11·2
23	11 50·8	11 52·7	11 18·4	2·3	1·8	8·3	6·6	14·3	11·3
24	11 51·0	11 52·9	11 18·6	2·4	1·9	8·4	6·7	14·4	11·4
25	11 51·3	11 53·2	11 18·8	2·5	2·0	8·5	6·7	14·5	11·5
26	11 51·5	11 53·4	11 19·1	2·6	2·1	8·6	6·8	14·6	11·6
27	11 51·8	11 53·7	11 19·3	2·7	2·1	8·7	6·9	14·7	11·6
28	11 52·0	11 53·9	11 19·6	2·8	2·2	8·8	7·0	14·8	11·7
29	11 52·3	11 54·2	11 19·8	2·9	2·3	8·9	7·0	14·9	11·8
30	11 52·5	11 54·5	11 20·0	3·0	2·4	9·0	7·1	15·0	11·9
31	11 52·8	11 54·7	11 20·3	3·1	2·5	9·1	7·2	15·1	12·0
32	11 53·0	11 55·0	11 20·5	3·2	2·5	9·2	7·3	15·2	12·0
33	11 53·3	11 55·2	11 20·8	3·3	2·6	9·3	7·4	15·3	12·1
34	11 53·5	11 55·5	11 21·0	3·4	2·7	9·4	7·4	15·4	12·2
35	11 53·8	11 55·7	11 21·2	3·5	2·8	9·5	7·5	15·5	12·3
36	11 54·0	11 56·0	11 21·5	3·6	2·9	9·6	7·6	15·6	12·4
37	11 54·3	11 56·2	11 21·7	3·7	2·9	9·7	7·7	15·7	12·4
38	11 54·5	11 56·5	11 22·0	3·8	3·0	9·8	7·8	15·8	12·5
39	11 54·8	11 56·7	11 22·2	3·9	3·1	9·9	7·8	15·9	12·6
40	11 55·0	11 57·0	11 22·4	4·0	3·2	10·0	7·9	16·0	12·7
41	11 55·3	11 57·2	11 22·7	4·1	3·2	10·1	8·0	16·1	12·7
42	11 55·5	11 57·5	11 22·9	4·2	3·3	10·2	8·1	16·2	12·8
43	11 55·8	11 57·7	11 23·1	4·3	3·4	10·3	8·2	16·3	12·9
44	11 56·0	11 58·0	11 23·4	4·4	3·5	10·4	8·2	16·4	13·0
45	11 56·3	11 58·2	11 23·6	4·5	3·6	10·5	8·3	16·5	13·1
46	11 56·5	11 58·5	11 23·9	4·6	3·6	10·6	8·4	16·6	13·1
47	11 56·8	11 58·7	11 24·1	4·7	3·7	10·7	8·5	16·7	13·2
48	11 57·0	11 59·0	11 24·3	4·8	3·8	10·8	8·6	16·8	13·3
49	11 57·3	11 59·2	11 24·6	4·9	3·9	10·9	8·6	16·9	13·4
50	11 57·5	11 59·5	11 24·8	5·0	4·0	11·0	8·7	17·0	13·5
51	11 57·8	11 59·7	11 25·1	5·1	4·0	11·1	8·8	17·1	13·5
52	11 58·0	12 00·0	11 25·3	5·2	4·1	11·2	8·9	17·2	13·6
53	11 58·3	12 00·2	11 25·5	5·3	4·2	11·3	8·9	17·3	13·7
54	11 58·5	12 00·5	11 25·8	5·4	4·3	11·4	9·0	17·4	13·8
55	11 58·8	12 00·7	11 26·0	5·5	4·4	11·5	9·1	17·5	13·9
56	11 59·0	12 01·0	11 26·2	5·6	4·4	11·6	9·2	17·6	13·9
57	11 59·3	12 01·2	11 26·5	5·7	4·5	11·7	9·3	17·7	14·0
58	11 59·5	12 01·5	11 26·7	5·8	4·6	11·8	9·3	17·8	14·1
59	11 59·8	12 01·7	11 27·0	5·9	4·7	11·9	9·4	17·9	14·2
60	12 00·0	12 02·0	11 27·2	6·0	4·8	12·0	9·5	18·0	14·3

48m s	SUN PLANETS ° ′	ARIES ° ′	MOON ° ′	v or d ′	Corrⁿ ′	v or d ′	Corrⁿ ′	v or d ′	Corrⁿ ′
00	12 00·0	12 02·0	11 27·2	0·0	0·0	6·0	4·9	12·0	9·7
01	12 00·3	12 02·2	11 27·4	0·1	0·1	6·1	4·9	12·1	9·8
02	12 00·5	12 02·5	11 27·7	0·2	0·2	6·2	5·0	12·2	9·9
03	12 00·8	12 02·7	11 27·9	0·3	0·2	6·3	5·1	12·3	9·9
04	12 01·0	12 03·0	11 28·2	0·4	0·3	6·4	5·2	12·4	10·0
05	12 01·3	12 03·2	11 28·4	0·5	0·4	6·5	5·3	12·5	10·1
06	12 01·5	12 03·5	11 28·6	0·6	0·5	6·6	5·3	12·6	10·2
07	12 01·8	12 03·7	11 28·9	0·7	0·6	6·7	5·4	12·7	10·3
08	12 02·0	12 04·0	11 29·1	0·8	0·6	6·8	5·5	12·8	10·3
09	12 02·3	12 04·2	11 29·3	0·9	0·7	6·9	5·6	12·9	10·4
10	12 02·5	12 04·5	11 29·6	1·0	0·8	7·0	5·7	13·0	10·5
11	12 02·8	12 04·7	11 29·8	1·1	0·9	7·1	5·7	13·1	10·6
12	12 03·0	12 05·0	11 30·1	1·2	1·0	7·2	5·8	13·2	10·7
13	12 03·3	12 05·2	11 30·3	1·3	1·1	7·3	5·9	13·3	10·8
14	12 03·5	12 05·5	11 30·5	1·4	1·1	7·4	6·0	13·4	10·8
15	12 03·8	12 05·7	11 30·8	1·5	1·2	7·5	6·1	13·5	10·9
16	12 04·0	12 06·0	11 31·0	1·6	1·3	7·6	6·1	13·6	11·0
17	12 04·3	12 06·2	11 31·3	1·7	1·4	7·7	6·2	13·7	11·1
18	12 04·5	12 06·5	11 31·5	1·8	1·5	7·8	6·3	13·8	11·2
19	12 04·8	12 06·7	11 31·7	1·9	1·5	7·9	6·4	13·9	11·2
20	12 05·0	12 07·0	11 32·0	2·0	1·6	8·0	6·5	14·0	11·3
21	12 05·3	12 07·2	11 32·2	2·1	1·7	8·1	6·5	14·1	11·4
22	12 05·5	12 07·5	11 32·4	2·2	1·8	8·2	6·6	14·2	11·5
23	12 05·8	12 07·7	11 32·7	2·3	1·9	8·3	6·7	14·3	11·6
24	12 06·0	12 08·0	11 32·9	2·4	1·9	8·4	6·8	14·4	11·6
25	12 06·3	12 08·2	11 33·2	2·5	2·0	8·5	6·9	14·5	11·7
26	12 06·5	12 08·5	11 33·4	2·6	2·1	8·6	7·0	14·6	11·8
27	12 06·8	12 08·7	11 33·6	2·7	2·2	8·7	7·0	14·7	11·9
28	12 07·0	12 09·0	11 33·9	2·8	2·3	8·8	7·1	14·8	12·0
29	12 07·3	12 09·2	11 34·1	2·9	2·3	8·9	7·2	14·9	12·0
30	12 07·5	12 09·5	11 34·4	3·0	2·4	9·0	7·3	15·0	12·1
31	12 07·8	12 09·7	11 34·6	3·1	2·5	9·1	7·4	15·1	12·2
32	12 08·0	12 10·0	11 34·8	3·2	2·6	9·2	7·4	15·2	12·3
33	12 08·3	12 10·2	11 35·1	3·3	2·7	9·3	7·5	15·3	12·4
34	12 08·5	12 10·5	11 35·3	3·4	2·7	9·4	7·6	15·4	12·4
35	12 08·8	12 10·7	11 35·6	3·5	2·8	9·5	7·7	15·5	12·5
36	12 09·0	12 11·0	11 35·8	3·6	2·9	9·6	7·8	15·6	12·6
37	12 09·3	12 11·2	11 36·0	3·7	3·0	9·7	7·8	15·7	12·7
38	12 09·5	12 11·5	11 36·3	3·8	3·1	9·8	7·9	15·8	12·8
39	12 09·8	12 11·7	11 36·5	3·9	3·2	9·9	8·0	15·9	12·9
40	12 10·0	12 12·0	11 36·7	4·0	3·2	10·0	8·1	16·0	12·9
41	12 10·3	12 12·2	11 37·0	4·1	3·3	10·1	8·2	16·1	13·0
42	12 10·5	12 12·5	11 37·2	4·2	3·4	10·2	8·2	16·2	13·1
43	12 10·8	12 12·8	11 37·5	4·3	3·5	10·3	8·3	16·3	13·2
44	12 11·0	12 13·0	11 37·7	4·4	3·6	10·4	8·4	16·4	13·3
45	12 11·3	12 13·3	11 37·9	4·5	3·6	10·5	8·5	16·5	13·3
46	12 11·5	12 13·5	11 38·2	4·6	3·7	10·6	8·6	16·6	13·4
47	12 11·8	12 13·8	11 38·4	4·7	3·8	10·7	8·6	16·7	13·5
48	12 12·0	12 14·0	11 38·7	4·8	3·9	10·8	8·7	16·8	13·6
49	12 12·3	12 14·3	11 38·9	4·9	4·0	10·9	8·8	16·9	13·7
50	12 12·5	12 14·5	11 39·1	5·0	4·0	11·0	8·9	17·0	13·7
51	12 12·8	12 14·8	11 39·4	5·1	4·1	11·1	9·0	17·1	13·8
52	12 13·0	12 15·0	11 39·6	5·2	4·2	11·2	9·1	17·2	13·9
53	12 13·3	12 15·3	11 39·8	5·3	4·3	11·3	9·1	17·3	14·0
54	12 13·5	12 15·5	11 40·1	5·4	4·4	11·4	9·2	17·4	14·1
55	12 13·8	12 15·8	11 40·3	5·5	4·4	11·5	9·3	17·5	14·1
56	12 14·0	12 16·0	11 40·6	5·6	4·5	11·6	9·4	17·6	14·2
57	12 14·3	12 16·3	11 40·8	5·7	4·6	11·7	9·5	17·7	14·3
58	12 14·5	12 16·5	11 41·0	5·8	4·7	11·8	9·5	17·8	14·4
59	12 14·8	12 16·8	11 41·3	5·9	4·8	11·9	9·6	17·9	14·5
60	12 15·0	12 17·0	11 41·5	6·0	4·9	12·0	9·7	18·0	14·6

49m s	SUN PLANETS ° ′	ARIES ° ′	MOON ° ′	v or d ′	Corrⁿ ′	v or d ′	Corrⁿ ′	v or d ′	Corrⁿ ′
00	12 15·0	12 17·0	11 41·5	0·0	0·0	6·0	5·0	12·0	9·9
01	12 15·3	12 17·3	11 41·8	0·1	0·1	6·1	5·0	12·1	10·0
02	12 15·5	12 17·5	11 42·0	0·2	0·2	6·2	5·1	12·2	10·1
03	12 15·8	12 17·8	11 42·2	0·3	0·2	6·3	5·2	12·3	10·1
04	12 16·0	12 18·0	11 42·5	0·4	0·3	6·4	5·3	12·4	10·2
05	12 16·3	12 18·3	11 42·7	0·5	0·4	6·5	5·4	12·5	10·3
06	12 16·5	12 18·5	11 42·9	0·6	0·5	6·6	5·4	12·6	10·4
07	12 16·8	12 18·8	11 43·2	0·7	0·6	6·7	5·5	12·7	10·5
08	12 17·0	12 19·0	11 43·4	0·8	0·7	6·8	5·6	12·8	10·6
09	12 17·3	12 19·3	11 43·7	0·9	0·7	6·9	5·7	12·9	10·6
10	12 17·5	12 19·5	11 43·9	1·0	0·8	7·0	5·8	13·0	10·7
11	12 17·8	12 19·8	11 44·1	1·1	0·9	7·1	5·9	13·1	10·8
12	12 18·0	12 20·0	11 44·4	1·2	1·0	7·2	5·9	13·2	10·9
13	12 18·3	12 20·3	11 44·6	1·3	1·1	7·3	6·0	13·3	11·0
14	12 18·5	12 20·5	11 44·9	1·4	1·2	7·4	6·1	13·4	11·1
15	12 18·8	12 20·8	11 45·1	1·5	1·2	7·5	6·2	13·5	11·1
16	12 19·0	12 21·0	11 45·3	1·6	1·3	7·6	6·3	13·6	11·2
17	12 19·3	12 21·3	11 45·6	1·7	1·4	7·7	6·4	13·7	11·3
18	12 19·5	12 21·5	11 45·8	1·8	1·5	7·8	6·4	13·8	11·4
19	12 19·8	12 21·8	11 46·1	1·9	1·6	7·9	6·5	13·9	11·5
20	12 20·0	12 22·0	11 46·3	2·0	1·7	8·0	6·6	14·0	11·6
21	12 20·3	12 22·3	11 46·5	2·1	1·7	8·1	6·7	14·1	11·6
22	12 20·5	12 22·5	11 46·8	2·2	1·8	8·2	6·8	14·2	11·7
23	12 20·8	12 22·8	11 47·0	2·3	1·9	8·3	6·8	14·3	11·8
24	12 21·0	12 23·0	11 47·2	2·4	2·0	8·4	6·9	14·4	11·9
25	12 21·3	12 23·3	11 47·5	2·5	2·1	8·5	7·0	14·5	12·0
26	12 21·5	12 23·5	11 47·7	2·6	2·1	8·6	7·1	14·6	12·0
27	12 21·8	12 23·8	11 48·0	2·7	2·2	8·7	7·2	14·7	12·1
28	12 22·0	12 24·0	11 48·2	2·8	2·3	8·8	7·3	14·8	12·2
29	12 22·3	12 24·3	11 48·4	2·9	2·4	8·9	7·3	14·9	12·3
30	12 22·5	12 24·5	11 48·7	3·0	2·5	9·0	7·4	15·0	12·4
31	12 22·8	12 24·8	11 48·9	3·1	2·6	9·1	7·5	15·1	12·5
32	12 23·0	12 25·0	11 49·2	3·2	2·6	9·2	7·6	15·2	12·5
33	12 23·3	12 25·3	11 49·4	3·3	2·7	9·3	7·7	15·3	12·6
34	12 23·5	12 25·5	11 49·6	3·4	2·8	9·4	7·8	15·4	12·7
35	12 23·8	12 25·8	11 49·9	3·5	2·9	9·5	7·8	15·5	12·8
36	12 24·0	12 26·0	11 50·1	3·6	3·0	9·6	7·9	15·6	12·9
37	12 24·3	12 26·3	11 50·3	3·7	3·1	9·7	8·0	15·7	13·0
38	12 24·5	12 26·5	11 50·6	3·8	3·1	9·8	8·1	15·8	13·0
39	12 24·8	12 26·8	11 50·8	3·9	3·2	9·9	8·2	15·9	13·1
40	12 25·0	12 27·0	11 51·1	4·0	3·3	10·0	8·3	16·0	13·2
41	12 25·3	12 27·3	11 51·3	4·1	3·4	10·1	8·3	16·1	13·3
42	12 25·5	12 27·5	11 51·5	4·2	3·5	10·2	8·4	16·2	13·4
43	12 25·8	12 27·8	11 51·8	4·3	3·5	10·3	8·5	16·3	13·4
44	12 26·0	12 28·0	11 52·0	4·4	3·6	10·4	8·6	16·4	13·5
45	12 26·3	12 28·3	11 52·3	4·5	3·7	10·5	8·7	16·5	13·6
46	12 26·5	12 28·5	11 52·5	4·6	3·8	10·6	8·7	16·6	13·7
47	12 26·8	12 28·8	11 52·7	4·7	3·9	10·7	8·8	16·7	13·8
48	12 27·0	12 29·0	11 53·0	4·8	4·0	10·8	8·9	16·8	13·9
49	12 27·3	12 29·3	11 53·2	4·9	4·0	10·9	9·0	16·9	13·9
50	12 27·5	12 29·5	11 53·4	5·0	4·1	11·0	9·1	17·0	14·0
51	12 27·8	12 29·8	11 53·7	5·1	4·2	11·1	9·2	17·1	14·1
52	12 28·0	12 30·0	11 53·9	5·2	4·3	11·2	9·2	17·2	14·2
53	12 28·3	12 30·3	11 54·2	5·3	4·4	11·3	9·3	17·3	14·3
54	12 28·5	12 30·5	11 54·4	5·4	4·5	11·4	9·4	17·4	14·4
55	12 28·8	12 30·8	11 54·6	5·5	4·5	11·5	9·5	17·5	14·4
56	12 29·0	12 31·1	11 54·9	5·6	4·6	11·6	9·6	17·6	14·5
57	12 29·3	12 31·3	11 55·1	5·7	4·7	11·7	9·7	17·7	14·6
58	12 29·5	12 31·6	11 55·4	5·8	4·8	11·8	9·7	17·8	14·7
59	12 29·8	12 31·8	11 55·6	5·9	4·9	11·9	9·8	17·9	14·8
60	12 30·0	12 32·1	11 55·8	6·0	5·0	12·0	9·9	18·0	14·9

50m s	SUN PLANETS ° ′	ARIES ° ′	MOON ° ′	v or d ′	Corrn ′	v or d ′	Corrn ′	v or d ′	Corrn ′
00	12 30·0	12 32·1	11 55·8	0·0	0·0	6·0	5·1	12·0	10·1
01	12 30·3	12 32·3	11 56·1	0·1	0·1	6·1	5·1	12·1	10·2
02	12 30·5	12 32·6	11 56·3	0·2	0·2	6·2	5·2	12·2	10·3
03	12 30·8	12 32·8	11 56·5	0·3	0·3	6·3	5·3	12·3	10·4
04	12 31·0	12 33·1	11 56·8	0·4	0·3	6·4	5·4	12·4	10·4
05	12 31·3	12 33·3	11 57·0	0·5	0·4	6·5	5·5	12·5	10·5
06	12 31·5	12 33·6	11 57·3	0·6	0·5	6·6	5·6	12·6	10·6
07	12 31·8	12 33·8	11 57·5	0·7	0·6	6·7	5·6	12·7	10·7
08	12 32·0	12 34·1	11 57·7	0·8	0·7	6·8	5·7	12·8	10·8
09	12 32·3	12 34·3	11 58·0	0·9	0·8	6·9	5·8	12·9	10·9
10	12 32·5	12 34·6	11 58·2	1·0	0·8	7·0	5·9	13·0	10·9
11	12 32·8	12 34·8	11 58·5	1·1	0·9	7·1	6·0	13·1	11·0
12	12 33·0	12 35·1	11 58·7	1·2	1·0	7·2	6·1	13·2	11·1
13	12 33·3	12 35·3	11 58·9	1·3	1·1	7·3	6·1	13·3	11·2
14	12 33·5	12 35·6	11 59·2	1·4	1·2	7·4	6·2	13·4	11·3
15	12 33·8	12 35·8	11 59·4	1·5	1·3	7·5	6·3	13·5	11·4
16	12 34·0	12 36·1	11 59·7	1·6	1·3	7·6	6·4	13·6	11·4
17	12 34·3	12 36·3	11 59·9	1·7	1·4	7·7	6·5	13·7	11·5
18	12 34·5	12 36·6	12 00·1	1·8	1·5	7·8	6·6	13·8	11·6
19	12 34·8	12 36·8	12 00·4	1·9	1·6	7·9	6·6	13·9	11·7
20	12 35·0	12 37·1	12 00·6	2·0	1·7	8·0	6·7	14·0	11·8
21	12 35·3	12 37·3	12 00·8	2·1	1·8	8·1	6·8	14·1	11·9
22	12 35·5	12 37·6	12 01·1	2·2	1·9	8·2	6·9	14·2	12·0
23	12 35·8	12 37·8	12 01·3	2·3	1·9	8·3	7·0	14·3	12·0
24	12 36·0	12 38·1	12 01·6	2·4	2·0	8·4	7·1	14·4	12·1
25	12 36·3	12 38·3	12 01·8	2·5	2·1	8·5	7·2	14·5	12·2
26	12 36·5	12 38·6	12 02·0	2·6	2·2	8·6	7·2	14·6	12·3
27	12 36·8	12 38·8	12 02·3	2·7	2·3	8·7	7·3	14·7	12·4
28	12 37·0	12 39·1	12 02·5	2·8	2·4	8·8	7·4	14·8	12·5
29	12 37·3	12 39·3	12 02·8	2·9	2·4	8·9	7·5	14·9	12·5
30	12 37·5	12 39·6	12 03·0	3·0	2·5	9·0	7·6	15·0	12·6
31	12 37·8	12 39·8	12 03·2	3·1	2·6	9·1	7·7	15·1	12·7
32	12 38·0	12 40·1	12 03·5	3·2	2·7	9·2	7·7	15·2	12·8
33	12 38·3	12 40·3	12 03·7	3·3	2·8	9·3	7·8	15·3	12·9
34	12 38·5	12 40·6	12 03·9	3·4	2·9	9·4	7·9	15·4	13·0
35	12 38·8	12 40·8	12 04·2	3·5	2·9	9·5	8·0	15·5	13·0
36	12 39·0	12 41·1	12 04·4	3·6	3·0	9·6	8·1	15·6	13·1
37	12 39·3	12 41·3	12 04·7	3·7	3·1	9·7	8·2	15·7	13·2
38	12 39·5	12 41·6	12 04·9	3·8	3·2	9·8	8·2	15·8	13·3
39	12 39·8	12 41·8	12 05·1	3·9	3·3	9·9	8·3	15·9	13·4
40	12 40·0	12 42·1	12 05·4	4·0	3·4	10·0	8·4	16·0	13·5
41	12 40·3	12 42·3	12 05·6	4·1	3·5	10·1	8·5	16·1	13·6
42	12 40·5	12 42·6	12 05·9	4·2	3·5	10·2	8·6	16·2	13·6
43	12 40·8	12 42·8	12 06·1	4·3	3·6	10·3	8·7	16·3	13·7
44	12 41·0	12 43·1	12 06·3	4·4	3·7	10·4	8·8	16·4	13·8
45	12 41·3	12 43·3	12 06·6	4·5	3·8	10·5	8·8	16·5	13·9
46	12 41·5	12 43·6	12 06·8	4·6	3·9	10·6	8·9	16·6	14·0
47	12 41·8	12 43·8	12 07·0	4·7	4·0	10·7	9·0	16·7	14·1
48	12 42·0	12 44·1	12 07·3	4·8	4·0	10·8	9·1	16·8	14·1
49	12 42·3	12 44·3	12 07·5	4·9	4·1	10·9	9·2	16·9	14·2
50	12 42·5	12 44·6	12 07·8	5·0	4·2	11·0	9·3	17·0	14·3
51	12 42·8	12 44·8	12 08·0	5·1	4·3	11·1	9·3	17·1	14·4
52	12 43·0	12 45·1	12 08·2	5·2	4·4	11·2	9·4	17·2	14·5
53	12 43·3	12 45·3	12 08·5	5·3	4·5	11·3	9·5	17·3	14·6
54	12 43·5	12 45·6	12 08·7	5·4	4·5	11·4	9·6	17·4	14·6
55	12 43·8	12 45·8	12 09·0	5·5	4·6	11·5	9·7	17·5	14·7
56	12 44·0	12 46·1	12 09·2	5·6	4·7	11·6	9·8	17·6	14·8
57	12 44·3	12 46·3	12 09·4	5·7	4·8	11·7	9·8	17·7	14·9
58	12 44·5	12 46·6	12 09·7	5·8	4·9	11·8	9·9	17·8	15·0
59	12 44·8	12 46·8	12 09·9	5·9	5·0	11·9	10·0	17·9	15·1
60	12 45·0	12 47·1	12 10·2	6·0	5·1	12·0	10·1	18·0	15·2

51m s	SUN PLANETS ° ′	ARIES ° ′	MOON ° ′	v or d ′	Corrn ′	v or d ′	Corrn ′	v or d ′	Corrn ′
00	12 45·0	12 47·1	12 10·2	0·0	0·0	6·0	5·2	12·0	10·3
01	12 45·3	12 47·3	12 10·4	0·1	0·1	6·1	5·2	12·1	10·4
02	12 45·5	12 47·6	12 10·6	0·2	0·2	6·2	5·3	12·2	10·5
03	12 45·8	12 47·8	12 10·9	0·3	0·3	6·3	5·4	12·3	10·6
04	12 46·0	12 48·1	12 11·1	0·4	0·3	6·4	5·5	12·4	10·6
05	12 46·3	12 48·3	12 11·3	0·5	0·4	6·5	5·6	12·5	10·7
06	12 46·5	12 48·6	12 11·6	0·6	0·5	6·6	5·7	12·6	10·8
07	12 46·8	12 48·8	12 11·8	0·7	0·6	6·7	5·8	12·7	10·9
08	12 47·0	12 49·1	12 12·1	0·8	0·7	6·8	5·8	12·8	11·0
09	12 47·3	12 49·4	12 12·3	0·9	0·8	6·9	5·9	12·9	11·1
10	12 47·5	12 49·6	12 12·5	1·0	0·9	7·0	6·0	13·0	11·2
11	12 47·8	12 49·9	12 12·8	1·1	0·9	7·1	6·1	13·1	11·2
12	12 48·0	12 50·1	12 13·0	1·2	1·0	7·2	6·2	13·2	11·3
13	12 48·3	12 50·4	12 13·3	1·3	1·1	7·3	6·3	13·3	11·4
14	12 48·5	12 50·6	12 13·5	1·4	1·2	7·4	6·4	13·4	11·5
15	12 48·8	12 50·9	12 13·7	1·5	1·3	7·5	6·4	13·5	11·6
16	12 49·0	12 51·1	12 14·0	1·6	1·4	7·6	6·5	13·6	11·7
17	12 49·3	12 51·4	12 14·2	1·7	1·5	7·7	6·6	13·7	11·8
18	12 49·5	12 51·6	12 14·4	1·8	1·5	7·8	6·7	13·8	11·8
19	12 49·8	12 51·9	12 14·7	1·9	1·6	7·9	6·8	13·9	11·9
20	12 50·0	12 52·1	12 14·9	2·0	1·7	8·0	6·9	14·0	12·0
21	12 50·3	12 52·4	12 15·2	2·1	1·8	8·1	7·0	14·1	12·1
22	12 50·5	12 52·6	12 15·4	2·2	1·9	8·2	7·0	14·2	12·2
23	12 50·8	12 52·9	12 15·6	2·3	2·0	8·3	7·1	14·3	12·3
24	12 51·0	12 53·1	12 15·9	2·4	2·1	8·4	7·2	14·4	12·4
25	12 51·3	12 53·4	12 16·1	2·5	2·1	8·5	7·3	14·5	12·4
26	12 51·5	12 53·6	12 16·4	2·6	2·2	8·6	7·4	14·6	12·5
27	12 51·8	12 53·9	12 16·6	2·7	2·3	8·7	7·5	14·7	12·6
28	12 52·0	12 54·1	12 16·8	2·8	2·4	8·8	7·6	14·8	12·7
29	12 52·3	12 54·4	12 17·1	2·9	2·5	8·9	7·6	14·9	12·8
30	12 52·5	12 54·6	12 17·3	3·0	2·6	9·0	7·7	15·0	12·9
31	12 52·8	12 54·9	12 17·5	3·1	2·7	9·1	7·8	15·1	13·0
32	12 53·0	12 55·1	12 17·8	3·2	2·7	9·2	7·9	15·2	13·0
33	12 53·3	12 55·4	12 18·0	3·3	2·8	9·3	8·0	15·3	13·1
34	12 53·5	12 55·6	12 18·3	3·4	2·9	9·4	8·1	15·4	13·2
35	12 53·8	12 55·9	12 18·5	3·5	3·0	9·5	8·2	15·5	13·3
36	12 54·0	12 56·1	12 18·7	3·6	3·1	9·6	8·2	15·6	13·4
37	12 54·3	12 56·4	12 19·0	3·7	3·2	9·7	8·3	15·7	13·5
38	12 54·5	12 56·6	12 19·2	3·8	3·3	9·8	8·4	15·8	13·6
39	12 54·8	12 56·9	12 19·5	3·9	3·3	9·9	8·5	15·9	13·6
40	12 55·0	12 57·1	12 19·7	4·0	3·4	10·0	8·6	16·0	13·7
41	12 55·3	12 57·4	12 19·9	4·1	3·5	10·1	8·7	16·1	13·8
42	12 55·5	12 57·6	12 20·2	4·2	3·6	10·2	8·8	16·2	13·9
43	12 55·8	12 57·9	12 20·4	4·3	3·7	10·3	8·8	16·3	14·0
44	12 56·0	12 58·1	12 20·6	4·4	3·8	10·4	8·9	16·4	14·1
45	12 56·3	12 58·4	12 20·9	4·5	3·9	10·5	9·0	16·5	14·2
46	12 56·5	12 58·6	12 21·1	4·6	3·9	10·6	9·1	16·6	14·2
47	12 56·8	12 58·9	12 21·4	4·7	4·0	10·7	9·2	16·7	14·3
48	12 57·0	12 59·1	12 21·6	4·8	4·1	10·8	9·3	16·8	14·4
49	12 57·3	12 59·4	12 21·8	4·9	4·2	10·9	9·4	16·9	14·5
50	12 57·5	12 59·6	12 22·1	5·0	4·3	11·0	9·4	17·0	14·6
51	12 57·8	12 59·9	12 22·3	5·1	4·4	11·1	9·5	17·1	14·7
52	12 58·0	13 00·1	12 22·6	5·2	4·5	11·2	9·6	17·2	14·8
53	12 58·3	13 00·4	12 22·8	5·3	4·5	11·3	9·7	17·3	14·8
54	12 58·5	13 00·6	12 23·0	5·4	4·6	11·4	9·8	17·4	14·9
55	12 58·8	13 00·9	12 23·3	5·5	4·7	11·5	9·9	17·5	15·0
56	12 59·0	13 01·1	12 23·5	5·6	4·8	11·6	10·0	17·6	15·1
57	12 59·3	13 01·4	12 23·8	5·7	4·9	11·7	10·0	17·7	15·2
58	12 59·5	13 01·6	12 24·0	5·8	5·0	11·8	10·1	17·8	15·3
59	12 59·8	13 01·9	12 24·2	5·9	5·1	11·9	10·2	17·9	15·4
60	13 00·0	13 02·1	12 24·5	6·0	5·2	12·0	10·3	18·0	15·5

52m	SUN PLANETS	ARIES	MOON	v or d	Corrⁿ	v or d	Corrⁿ	v or d	Corrⁿ
s	° ′	° ′	° ′	′	′	′	′	′	′
00	13 00·0	13 02·1	12 24·5	0·0	0·0	6·0	5·3	12·0	10·5
01	13 00·3	13 02·4	12 24·7	0·1	0·1	6·1	5·3	12·1	10·6
02	13 00·5	13 02·6	12 24·9	0·2	0·2	6·2	5·4	12·2	10·7
03	13 00·8	13 02·9	12 25·2	0·3	0·3	6·3	5·5	12·3	10·8
04	13 01·0	13 03·1	12 25·4	0·4	0·4	6·4	5·6	12·4	10·9
05	13 01·3	13 03·4	12 25·7	0·5	0·4	6·5	5·7	12·5	10·9
06	13 01·5	13 03·6	12 25·9	0·6	0·5	6·6	5·8	12·6	11·0
07	13 01·8	13 03·9	12 26·1	0·7	0·6	6·7	5·9	12·7	11·1
08	13 02·0	13 04·1	12 26·4	0·8	0·7	6·8	6·0	12·8	11·2
09	13 02·3	13 04·4	12 26·6	0·9	0·8	6·9	6·0	12·9	11·3
10	13 02·5	13 04·6	12 26·9	1·0	0·9	7·0	6·1	13·0	11·4
11	13 02·8	13 04·9	12 27·1	1·1	1·0	7·1	6·2	13·1	11·5
12	13 03·0	13 05·1	12 27·3	1·2	1·1	7·2	6·3	13·2	11·6
13	13 03·3	13 05·4	12 27·6	1·3	1·1	7·3	6·4	13·3	11·6
14	13 03·5	13 05·6	12 27·8	1·4	1·2	7·4	6·5	13·4	11·7
15	13 03·8	13 05·9	12 28·0	1·5	1·3	7·5	6·6	13·5	11·8
16	13 04·0	13 06·1	12 28·3	1·6	1·4	7·6	6·7	13·6	11·9
17	13 04·3	13 06·4	12 28·5	1·7	1·5	7·7	6·7	13·7	12·0
18	13 04·5	13 06·6	12 28·8	1·8	1·6	7·8	6·8	13·8	12·1
19	13 04·8	13 06·9	12 29·0	1·9	1·7	7·9	6·9	13·9	12·2
20	13 05·0	13 07·1	12 29·2	2·0	1·8	8·0	7·0	14·0	12·3
21	13 05·3	13 07·4	12 29·5	2·1	1·8	8·1	7·1	14·1	12·3
22	13 05·5	13 07·7	12 29·7	2·2	1·9	8·2	7·2	14·2	12·4
23	13 05·8	13 07·9	12 30·0	2·3	2·0	8·3	7·3	14·3	12·5
24	13 06·0	13 08·2	12 30·2	2·4	2·1	8·4	7·4	14·4	12·6
25	13 06·3	13 08·4	12 30·4	2·5	2·2	8·5	7·4	14·5	12·7
26	13 06·5	13 08·7	12 30·7	2·6	2·3	8·6	7·5	14·6	12·8
27	13 06·8	13 08·9	12 30·9	2·7	2·4	8·7	7·6	14·7	12·9
28	13 07·0	13 09·2	12 31·1	2·8	2·5	8·8	7·7	14·8	13·0
29	13 07·3	13 09·4	12 31·4	2·9	2·5	8·9	7·8	14·9	13·0
30	13 07·5	13 09·7	12 31·6	3·0	2·6	9·0	7·9	15·0	13·1
31	13 07·8	13 09·9	12 31·9	3·1	2·7	9·1	8·0	15·1	13·2
32	13 08·0	13 10·2	12 32·1	3·2	2·8	9·2	8·0	15·2	13·3
33	13 08·3	13 10·4	12 32·3	3·3	2·9	9·3	8·1	15·3	13·4
34	13 08·5	13 10·7	12 32·6	3·4	3·0	9·4	8·2	15·4	13·5
35	13 08·8	13 10·9	12 32·8	3·5	3·1	9·5	8·3	15·5	13·6
36	13 09·0	13 11·2	12 33·1	3·6	3·2	9·6	8·4	15·6	13·7
37	13 09·3	13 11·4	12 33·3	3·7	3·2	9·7	8·5	15·7	13·7
38	13 09·5	13 11·7	12 33·5	3·8	3·3	9·8	8·6	15·8	13·8
39	13 09·8	13 11·9	12 33·8	3·9	3·4	9·9	8·7	15·9	13·9
40	13 10·0	13 12·2	12 34·0	4·0	3·5	10·0	8·8	16·0	14·0
41	13 10·3	13 12·4	12 34·2	4·1	3·6	10·1	8·8	16·1	14·1
42	13 10·5	13 12·7	12 34·5	4·2	3·7	10·2	8·9	16·2	14·2
43	13 10·8	13 12·9	12 34·7	4·3	3·8	10·3	9·0	16·3	14·3
44	13 11·0	13 13·2	12 35·0	4·4	3·9	10·4	9·1	16·4	14·3
45	13 11·3	13 13·4	12 35·2	4·5	3·9	10·5	9·2	16·5	14·4
46	13 11·5	13 13·7	12 35·4	4·6	4·0	10·6	9·3	16·6	14·5
47	13 11·8	13 13·9	12 35·7	4·7	4·1	10·7	9·4	16·7	14·6
48	13 12·0	13 14·2	12 35·9	4·8	4·2	10·8	9·5	16·8	14·7
49	13 12·3	13 14·4	12 36·2	4·9	4·3	10·9	9·5	16·9	14·8
50	13 12·5	13 14·7	12 36·4	5·0	4·4	11·0	9·6	17·0	14·9
51	13 12·8	13 14·9	12 36·6	5·1	4·5	11·1	9·7	17·1	15·0
52	13 13·0	13 15·2	12 36·9	5·2	4·6	11·2	9·8	17·2	15·1
53	13 13·3	13 15·4	12 37·1	5·3	4·6	11·3	9·9	17·3	15·1
54	13 13·5	13 15·7	12 37·4	5·4	4·7	11·4	10·0	17·4	15·2
55	13 13·8	13 15·9	12 37·6	5·5	4·8	11·5	10·1	17·5	15·3
56	13 14·0	13 16·2	12 37·8	5·6	4·9	11·6	10·2	17·6	15·4
57	13 14·3	13 16·4	12 38·1	5·7	5·0	11·7	10·2	17·7	15·5
58	13 14·5	13 16·7	12 38·3	5·8	5·1	11·8	10·3	17·8	15·6
59	13 14·8	13 16·9	12 38·5	5·9	5·2	11·9	10·4	17·9	15·7
60	13 15·0	13 17·2	12 38·8	6·0	5·3	12·0	10·5	18·0	15·8

53m	SUN PLANETS	ARIES	MOON	v or d	Corrⁿ	v or d	Corrⁿ	v or d	Corrⁿ
s	° ′	° ′	° ′	′	′	′	′	′	′
00	13 15·0	13 17·2	12 38·8	0·0	0·0	6·0	5·4	12·0	10·7
01	13 15·3	13 17·4	12 39·0	0·1	0·1	6·1	5·4	12·1	10·8
02	13 15·5	13 17·7	12 39·3	0·2	0·2	6·2	5·5	12·2	10·9
03	13 15·8	13 17·9	12 39·5	0·3	0·3	6·3	5·6	12·3	11·0
04	13 16·0	13 18·2	12 39·7	0·4	0·4	6·4	5·7	12·4	11·1
05	13 16·3	13 18·4	12 40·0	0·5	0·4	6·5	5·8	12·5	11·1
06	13 16·5	13 18·7	12 40·2	0·6	0·5	6·6	5·9	12·6	11·2
07	13 16·8	13 18·9	12 40·5	0·7	0·6	6·7	6·0	12·7	11·3
08	13 17·0	13 19·2	12 40·7	0·8	0·7	6·8	6·1	12·8	11·4
09	13 17·3	13 19·4	12 40·9	0·9	0·8	6·9	6·2	12·9	11·5
10	13 17·5	13 19·7	12 41·2	1·0	0·9	7·0	6·2	13·0	11·6
11	13 17·8	13 19·9	12 41·4	1·1	1·0	7·1	6·3	13·1	11·7
12	13 18·0	13 20·2	12 41·6	1·2	1·1	7·2	6·4	13·2	11·8
13	13 18·3	13 20·4	12 41·9	1·3	1·2	7·3	6·5	13·3	11·9
14	13 18·5	13 20·7	12 42·1	1·4	1·2	7·4	6·6	13·4	11·9
15	13 18·8	13 20·9	12 42·4	1·5	1·3	7·5	6·7	13·5	12·0
16	13 19·0	13 21·2	12 42·6	1·6	1·4	7·6	6·8	13·6	12·1
17	13 19·3	13 21·4	12 42·8	1·7	1·5	7·7	6·9	13·7	12·2
18	13 19·5	13 21·7	12 43·1	1·8	1·6	7·8	7·0	13·8	12·3
19	13 19·8	13 21·9	12 43·3	1·9	1·7	7·9	7·0	13·9	12·4
20	13 20·0	13 22·2	12 43·6	2·0	1·8	8·0	7·1	14·0	12·5
21	13 20·3	13 22·4	12 43·8	2·1	1·9	8·1	7·2	14·1	12·6
22	13 20·5	13 22·7	12 44·0	2·2	2·0	8·2	7·3	14·2	12·7
23	13 20·8	13 22·9	12 44·3	2·3	2·1	8·3	7·4	14·3	12·8
24	13 21·0	13 23·2	12 44·5	2·4	2·1	8·4	7·5	14·4	12·8
25	13 21·3	13 23·4	12 44·7	2·5	2·2	8·5	7·6	14·5	12·9
26	13 21·5	13 23·7	12 45·0	2·6	2·3	8·6	7·7	14·6	13·0
27	13 21·8	13 23·9	12 45·2	2·7	2·4	8·7	7·8	14·7	13·1
28	13 22·0	13 24·2	12 45·5	2·8	2·5	8·8	7·8	14·8	13·2
29	13 22·3	13 24·4	12 45·7	2·9	2·6	8·9	7·9	14·9	13·3
30	13 22·5	13 24·7	12 45·9	3·0	2·7	9·0	8·0	15·0	13·4
31	13 22·8	13 24·9	12 46·2	3·1	2·8	9·1	8·1	15·1	13·5
32	13 23·0	13 25·2	12 46·4	3·2	2·9	9·2	8·2	15·2	13·6
33	13 23·3	13 25·4	12 46·7	3·3	2·9	9·3	8·3	15·3	13·6
34	13 23·5	13 25·7	12 46·9	3·4	3·0	9·4	8·4	15·4	13·7
35	13 23·8	13 26·0	12 47·1	3·5	3·1	9·5	8·5	15·5	13·8
36	13 24·0	13 26·2	12 47·4	3·6	3·2	9·6	8·6	15·6	13·9
37	13 24·3	13 26·5	12 47·6	3·7	3·3	9·7	8·6	15·7	14·0
38	13 24·5	13 26·7	12 47·9	3·8	3·4	9·8	8·7	15·8	14·1
39	13 24·8	13 27·0	12 48·1	3·9	3·5	9·9	8·8	15·9	14·2
40	13 25·0	13 27·2	12 48·3	4·0	3·6	10·0	8·9	16·0	14·3
41	13 25·3	13 27·5	12 48·6	4·1	3·7	10·1	9·0	16·1	14·4
42	13 25·5	13 27·7	12 48·8	4·2	3·7	10·2	9·1	16·2	14·4
43	13 25·8	13 28·0	12 49·0	4·3	3·8	10·3	9·2	16·3	14·5
44	13 26·0	13 28·2	12 49·3	4·4	3·9	10·4	9·3	16·4	14·6
45	13 26·3	13 28·5	12 49·5	4·5	4·0	10·5	9·4	16·5	14·7
46	13 26·5	13 28·7	12 49·8	4·6	4·1	10·6	9·5	16·6	14·8
47	13 26·8	13 29·0	12 50·0	4·7	4·2	10·7	9·5	16·7	14·9
48	13 27·0	13 29·2	12 50·2	4·8	4·3	10·8	9·6	16·8	15·0
49	13 27·3	13 29·5	12 50·5	4·9	4·4	10·9	9·7	16·9	15·1
50	13 27·5	13 29·7	12 50·7	5·0	4·5	11·0	9·8	17·0	15·2
51	13 27·8	13 30·0	12 51·0	5·1	4·5	11·1	9·9	17·1	15·2
52	13 28·0	13 30·2	12 51·2	5·2	4·6	11·2	10·0	17·2	15·3
53	13 28·3	13 30·5	12 51·4	5·3	4·7	11·3	10·1	17·3	15·4
54	13 28·5	13 30·7	12 51·7	5·4	4·8	11·4	10·2	17·4	15·5
55	13 28·8	13 31·0	12 51·9	5·5	4·9	11·5	10·3	17·5	15·6
56	13 29·0	13 31·2	12 52·1	5·6	5·0	11·6	10·3	17·6	15·7
57	13 29·3	13 31·5	12 52·4	5·7	5·1	11·7	10·4	17·7	15·8
58	13 29·5	13 31·7	12 52·6	5·8	5·2	11·8	10·5	17·8	15·9
59	13 29·8	13 32·0	12 52·9	5·9	5·3	11·9	10·6	17·9	16·0
60	13 30·0	13 32·2	12 53·1	6·0	5·4	12·0	10·7	18·0	16·1

54m s	SUN PLANETS	ARIES	MOON	v or d	Corr^n	v or d	Corr^n	v or d	Corr^n
s	° ′	° ′	° ′	′	′	′	′	′	′
00	13 30·0	13 32·2	12 53·1	0·0	0·0	6·0	5·5	12·0	10·9
01	13 30·3	13 32·5	12 53·3	0·1	0·1	6·1	5·5	12·1	11·0
02	13 30·5	13 32·7	12 53·6	0·2	0·2	6·2	5·6	12·2	11·1
03	13 30·8	13 33·0	12 53·8	0·3	0·3	6·3	5·7	12·3	11·2
04	13 31·0	13 33·2	12 54·1	0·4	0·4	6·4	5·8	12·4	11·3
05	13 31·3	13 33·5	12 54·3	0·5	0·5	6·5	5·9	12·5	11·4
06	13 31·5	13 33·7	12 54·5	0·6	0·5	6·6	6·0	12·6	11·4
07	13 31·8	13 34·0	12 54·8	0·7	0·6	6·7	6·1	12·7	11·5
08	13 32·0	13 34·2	12 55·0	0·8	0·7	6·8	6·2	12·8	11·6
09	13 32·3	13 34·5	12 55·2	0·9	0·8	6·9	6·3	12·9	11·7
10	13 32·5	13 34·7	12 55·5	1·0	0·9	7·0	6·4	13·0	11·8
11	13 32·8	13 35·0	12 55·7	1·1	1·0	7·1	6·4	13·1	11·9
12	13 33·0	13 35·2	12 56·0	1·2	1·1	7·2	6·5	13·2	12·0
13	13 33·3	13 35·5	12 56·2	1·3	1·2	7·3	6·6	13·3	12·1
14	13 33·5	13 35·7	12 56·4	1·4	1·3	7·4	6·7	13·4	12·2
15	13 33·8	13 36·0	12 56·7	1·5	1·4	7·5	6·8	13·5	12·3
16	13 34·0	13 36·2	12 56·9	1·6	1·5	7·6	6·9	13·6	12·4
17	13 34·3	13 36·5	12 57·2	1·7	1·5	7·7	7·0	13·7	12·4
18	13 34·5	13 36·7	12 57·4	1·8	1·6	7·8	7·1	13·8	12·5
19	13 34·8	13 37·0	12 57·6	1·9	1·7	7·9	7·2	13·9	12·6
20	13 35·0	13 37·2	12 57·9	2·0	1·8	8·0	7·3	14·0	12·7
21	13 35·3	13 37·5	12 58·1	2·1	1·9	8·1	7·4	14·1	12·8
22	13 35·5	13 37·7	12 58·3	2·2	2·0	8·2	7·4	14·2	12·9
23	13 35·8	13 38·0	12 58·6	2·3	2·1	8·3	7·5	14·3	13·0
24	13 36·0	13 38·2	12 58·8	2·4	2·2	8·4	7·6	14·4	13·1
25	13 36·3	13 38·5	12 59·1	2·5	2·3	8·5	7·7	14·5	13·2
26	13 36·5	13 38·7	12 59·3	2·6	2·4	8·6	7·8	14·6	13·3
27	13 36·8	13 39·0	12 59·5	2·7	2·5	8·7	7·9	14·7	13·4
28	13 37·0	13 39·2	12 59·8	2·8	2·5	8·8	8·0	14·8	13·4
29	13 37·3	13 39·5	13 00·0	2·9	2·6	8·9	8·1	14·9	13·5
30	13 37·5	13 39·7	13 00·3	3·0	2·7	9·0	8·2	15·0	13·6
31	13 37·8	13 40·0	13 00·5	3·1	2·8	9·1	8·3	15·1	13·7
32	13 38·0	13 40·2	13 00·7	3·2	2·9	9·2	8·4	15·2	13·8
33	13 38·3	13 40·5	13 01·0	3·3	3·0	9·3	8·4	15·3	13·9
34	13 38·5	13 40·7	13 01·2	3·4	3·1	9·4	8·5	15·4	14·0
35	13 38·8	13 41·0	13 01·5	3·5	3·2	9·5	8·6	15·5	14·1
36	13 39·0	13 41·2	13 01·7	3·6	3·3	9·6	8·7	15·6	14·2
37	13 39·3	13 41·5	13 01·9	3·7	3·4	9·7	8·8	15·7	14·3
38	13 39·5	13 41·7	13 02·2	3·8	3·5	9·8	8·9	15·8	14·4
39	13 39·8	13 42·0	13 02·4	3·9	3·5	9·9	9·0	15·9	14·4
40	13 40·0	13 42·2	13 02·6	4·0	3·6	10·0	9·1	16·0	14·5
41	13 40·3	13 42·5	13 02·9	4·1	3·7	10·1	9·2	16·1	14·6
42	13 40·5	13 42·7	13 03·1	4·2	3·8	10·2	9·3	16·2	14·7
43	13 40·8	13 43·0	13 03·4	4·3	3·9	10·3	9·4	16·3	14·8
44	13 41·0	13 43·2	13 03·6	4·4	4·0	10·4	9·4	16·4	14·9
45	13 41·3	13 43·5	13 03·8	4·5	4·1	10·5	9·5	16·5	15·0
46	13 41·5	13 43·7	13 04·1	4·6	4·2	10·6	9·6	16·6	15·1
47	13 41·8	13 44·0	13 04·3	4·7	4·3	10·7	9·7	16·7	15·2
48	13 42·0	13 44·3	13 04·6	4·8	4·4	10·8	9·8	16·8	15·3
49	13 42·3	13 44·5	13 04·8	4·9	4·5	10·9	9·9	16·9	15·4
50	13 42·5	13 44·8	13 05·0	5·0	4·5	11·0	10·0	17·0	15·4
51	13 42·8	13 45·0	13 05·3	5·1	4·6	11·1	10·1	17·1	15·5
52	13 43·0	13 45·3	13 05·5	5·2	4·7	11·2	10·2	17·2	15·6
53	13 43·3	13 45·5	13 05·7	5·3	4·8	11·3	10·3	17·3	15·7
54	13 43·5	13 45·8	13 06·0	5·4	4·9	11·4	10·4	17·4	15·8
55	13 43·8	13 46·0	13 06·2	5·5	5·0	11·5	10·4	17·5	15·9
56	13 44·0	13 46·3	13 06·5	5·6	5·1	11·6	10·5	17·6	16·0
57	13 44·3	13 46·5	13 06·7	5·7	5·2	11·7	10·6	17·7	16·1
58	13 44·5	13 46·8	13 06·9	5·8	5·3	11·8	10·7	17·8	16·2
59	13 44·8	13 47·0	13 07·2	5·9	5·4	11·9	10·8	17·9	16·3
60	13 45·0	13 47·3	13 07·4	6·0	5·5	12·0	10·9	18·0	16·4

55m s	SUN PLANETS	ARIES	MOON	v or d	Corr^n	v or d	Corr^n	v or d	Corr^n
s	° ′	° ′	° ′	′	′	′	′	′	′
00	13 45·0	13 47·3	13 07·4	0·0	0·0	6·0	5·6	12·0	11·1
01	13 45·3	13 47·5	13 07·7	0·1	0·1	6·1	5·6	12·1	11·2
02	13 45·5	13 47·8	13 07·9	0·2	0·2	6·2	5·7	12·2	11·3
03	13 45·8	13 48·0	13 08·1	0·3	0·3	6·3	5·8	12·3	11·4
04	13 46·0	13 48·3	13 08·4	0·4	0·4	6·4	5·9	12·4	11·5
05	13 46·3	13 48·5	13 08·6	0·5	0·5	6·5	6·0	12·5	11·6
06	13 46·5	13 48·8	13 08·8	0·6	0·6	6·6	6·1	12·6	11·7
07	13 46·8	13 49·0	13 09·1	0·7	0·6	6·7	6·2	12·7	11·7
08	13 47·0	13 49·3	13 09·3	0·8	0·7	6·8	6·3	12·8	11·8
09	13 47·3	13 49·5	13 09·6	0·9	0·8	6·9	6·4	12·9	11·9
10	13 47·5	13 49·8	13 09·8	1·0	0·9	7·0	6·5	13·0	12·0
11	13 47·8	13 50·0	13 10·0	1·1	1·0	7·1	6·6	13·1	12·1
12	13 48·0	13 50·3	13 10·3	1·2	1·1	7·2	6·7	13·2	12·2
13	13 48·3	13 50·5	13 10·5	1·3	1·2	7·3	6·8	13·3	12·3
14	13 48·5	13 50·8	13 10·8	1·4	1·3	7·4	6·8	13·4	12·4
15	13 48·8	13 51·0	13 11·0	1·5	1·4	7·5	6·9	13·5	12·5
16	13 49·0	13 51·3	13 11·2	1·6	1·5	7·6	7·0	13·6	12·6
17	13 49·3	13 51·5	13 11·5	1·7	1·6	7·7	7·1	13·7	12·7
18	13 49·5	13 51·8	13 11·7	1·8	1·7	7·8	7·2	13·8	12·8
19	13 49·8	13 52·0	13 12·0	1·9	1·8	7·9	7·3	13·9	12·9
20	13 50·0	13 52·3	13 12·2	2·0	1·9	8·0	7·4	14·0	13·0
21	13 50·3	13 52·5	13 12·4	2·1	1·9	8·1	7·5	14·1	13·0
22	13 50·5	13 52·8	13 12·7	2·2	2·0	8·2	7·6	14·2	13·1
23	13 50·8	13 53·0	13 12·9	2·3	2·1	8·3	7·7	14·3	13·2
24	13 51·0	13 53·3	13 13·1	2·4	2·2	8·4	7·8	14·4	13·3
25	13 51·3	13 53·5	13 13·4	2·5	2·3	8·5	7·9	14·5	13·4
26	13 51·5	13 53·8	13 13·6	2·6	2·4	8·6	8·0	14·6	13·5
27	13 51·8	13 54·0	13 13·9	2·7	2·5	8·7	8·0	14·7	13·6
28	13 52·0	13 54·3	13 14·1	2·8	2·6	8·8	8·1	14·8	13·7
29	13 52·3	13 54·5	13 14·3	2·9	2·7	8·9	8·2	14·9	13·8
30	13 52·5	13 54·8	13 14·6	3·0	2·8	9·0	8·3	15·0	13·9
31	13 52·8	13 55·0	13 14·8	3·1	2·9	9·1	8·4	15·1	14·0
32	13 53·0	13 55·3	13 15·1	3·2	3·0	9·2	8·5	15·2	14·1
33	13 53·3	13 55·5	13 15·3	3·3	3·1	9·3	8·6	15·3	14·2
34	13 53·5	13 55·8	13 15·5	3·4	3·1	9·4	8·7	15·4	14·2
35	13 53·8	13 56·0	13 15·8	3·5	3·2	9·5	8·8	15·5	14·3
36	13 54·0	13 56·3	13 16·0	3·6	3·3	9·6	8·9	15·6	14·4
37	13 54·3	13 56·5	13 16·2	3·7	3·4	9·7	9·0	15·7	14·5
38	13 54·5	13 56·8	13 16·5	3·8	3·5	9·8	9·1	15·8	14·6
39	13 54·8	13 57·0	13 16·7	3·9	3·6	9·9	9·2	15·9	14·7
40	13 55·0	13 57·3	13 17·0	4·0	3·7	10·0	9·3	16·0	14·8
41	13 55·3	13 57·5	13 17·2	4·1	3·8	10·1	9·3	16·1	14·9
42	13 55·5	13 57·8	13 17·4	4·2	3·9	10·2	9·4	16·2	15·0
43	13 55·8	13 58·0	13 17·7	4·3	4·0	10·3	9·5	16·3	15·1
44	13 56·0	13 58·3	13 17·9	4·4	4·1	10·4	9·6	16·4	15·2
45	13 56·3	13 58·5	13 18·2	4·5	4·2	10·5	9·7	16·5	15·3
46	13 56·5	13 58·8	13 18·4	4·6	4·3	10·6	9·8	16·6	15·4
47	13 56·8	13 59·0	13 18·6	4·7	4·3	10·7	9·9	16·7	15·4
48	13 57·0	13 59·3	13 18·9	4·8	4·4	10·8	10·0	16·8	15·5
49	13 57·3	13 59·5	13 19·1	4·9	4·5	10·9	10·1	16·9	15·6
50	13 57·5	13 59·8	13 19·3	5·0	4·6	11·0	10·2	17·0	15·7
51	13 57·8	14 00·0	13 19·6	5·1	4·7	11·1	10·3	17·1	15·8
52	13 58·0	14 00·3	13 19·8	5·2	4·8	11·2	10·4	17·2	15·9
53	13 58·3	14 00·5	13 20·1	5·3	4·9	11·3	10·5	17·3	16·0
54	13 58·5	14 00·8	13 20·3	5·4	5·0	11·4	10·5	17·4	16·1
55	13 58·8	14 01·0	13 20·5	5·5	5·1	11·5	10·6	17·5	16·2
56	13 59·0	14 01·3	13 20·8	5·6	5·2	11·6	10·7	17·6	16·3
57	13 59·3	14 01·5	13 21·0	5·7	5·3	11·7	10·8	17·7	16·4
58	13 59·5	14 01·8	13 21·3	5·8	5·4	11·8	10·9	17·8	16·5
59	13 59·8	14 02·0	13 21·5	5·9	5·5	11·9	11·0	17·9	16·6
60	14 00·0	14 02·3	13 21·7	6·0	5·6	12·0	11·1	18·0	16·7

56m	SUN PLANETS	ARIES	MOON	v or d	Corrⁿ	v or d	Corrⁿ	v or d	Corrⁿ
s	° ′	° ′	° ′	′	′	′	′	′	′
00	14 00·0	14 02·3	13 21·7	0·0	0·0	6·0	5·7	12·0	11·3
01	14 00·3	14 02·6	13 22·0	0·1	0·1	6·1	5·7	12·1	11·4
02	14 00·5	14 02·8	13 22·2	0·2	0·2	6·2	5·8	12·2	11·5
03	14 00·8	14 03·1	13 22·4	0·3	0·3	6·3	5·9	12·3	11·6
04	14 01·0	14 03·3	13 22·7	0·4	0·4	6·4	6·0	12·4	11·7
05	14 01·3	14 03·6	13 22·9	0·5	0·5	6·5	6·1	12·5	11·8
06	14 01·5	14 03·8	13 23·2	0·6	0·6	6·6	6·2	12·6	11·9
07	14 01·8	14 04·1	13 23·4	0·7	0·7	6·7	6·3	12·7	12·0
08	14 02·0	14 04·3	13 23·6	0·8	0·8	6·8	6·4	12·8	12·1
09	14 02·3	14 04·6	13 23·9	0·9	0·8	6·9	6·5	12·9	12·1
10	14 02·5	14 04·8	13 24·1	1·0	0·9	7·0	6·6	13·0	12·2
11	14 02·8	14 05·1	13 24·4	1·1	1·0	7·1	6·7	13·1	12·3
12	14 03·0	14 05·3	13 24·6	1·2	1·1	7·2	6·8	13·2	12·4
13	14 03·3	14 05·6	13 24·8	1·3	1·2	7·3	6·9	13·3	12·5
14	14 03·5	14 05·8	13 25·1	1·4	1·3	7·4	7·0	13·4	12·6
15	14 03·8	14 06·1	13 25·3	1·5	1·4	7·5	7·1	13·5	12·7
16	14 04·0	14 06·3	13 25·6	1·6	1·5	7·6	7·2	13·6	12·8
17	14 04·3	14 06·6	13 25·8	1·7	1·6	7·7	7·3	13·7	12·9
18	14 04·5	14 06·8	13 26·0	1·8	1·7	7·8	7·3	13·8	13·0
19	14 04·8	14 07·1	13 26·3	1·9	1·8	7·9	7·4	13·9	13·1
20	14 05·0	14 07·3	13 26·5	2·0	1·9	8·0	7·5	14·0	13·2
21	14 05·3	14 07·6	13 26·7	2·1	2·0	8·1	7·6	14·1	13·3
22	14 05·5	14 07·8	13 27·0	2·2	2·1	8·2	7·7	14·2	13·4
23	14 05·8	14 08·1	13 27·2	2·3	2·2	8·3	7·8	14·3	13·5
24	14 06·0	14 08·3	13 27·5	2·4	2·3	8·4	7·9	14·4	13·6
25	14 06·3	14 08·6	13 27·7	2·5	2·4	8·5	8·0	14·5	13·7
26	14 06·5	14 08·8	13 27·9	2·6	2·4	8·6	8·1	14·6	13·7
27	14 06·8	14 09·1	13 28·2	2·7	2·5	8·7	8·2	14·7	13·8
28	14 07·0	14 09·3	13 28·4	2·8	2·6	8·8	8·3	14·8	13·9
29	14 07·3	14 09·6	13 28·7	2·9	2·7	8·9	8·4	14·9	14·0
30	14 07·5	14 09·8	13 28·9	3·0	2·8	9·0	8·5	15·0	14·1
31	14 07·8	14 10·1	13 29·1	3·1	2·9	9·1	8·6	15·1	14·2
32	14 08·0	14 10·3	13 29·4	3·2	3·0	9·2	8·7	15·2	14·3
33	14 08·3	14 10·6	13 29·6	3·3	3·1	9·3	8·8	15·3	14·4
34	14 08·5	14 10·8	13 29·8	3·4	3·2	9·4	8·9	15·4	14·5
35	14 08·8	14 11·1	13 30·1	3·5	3·3	9·5	8·9	15·5	14·6
36	14 09·0	14 11·3	13 30·3	3·6	3·4	9·6	9·0	15·6	14·7
37	14 09·3	14 11·6	13 30·6	3·7	3·5	9·7	9·1	15·7	14·8
38	14 09·5	14 11·8	13 30·8	3·8	3·6	9·8	9·2	15·8	14·9
39	14 09·8	14 12·1	13 31·0	3·9	3·7	9·9	9·3	15·9	15·0
40	14 10·0	14 12·3	13 31·3	4·0	3·8	10·0	9·4	16·0	15·1
41	14 10·3	14 12·6	13 31·5	4·1	3·9	10·1	9·5	16·1	15·2
42	14 10·5	14 12·8	13 31·8	4·2	4·0	10·2	9·6	16·2	15·3
43	14 10·8	14 13·1	13 32·0	4·3	4·0	10·3	9·7	16·3	15·3
44	14 11·0	14 13·3	13 32·2	4·4	4·1	10·4	9·8	16·4	15·4
45	14 11·3	14 13·6	13 32·5	4·5	4·2	10·5	9·9	16·5	15·5
46	14 11·5	14 13·8	13 32·7	4·6	4·3	10·6	10·0	16·6	15·6
47	14 11·8	14 14·1	13 32·9	4·7	4·4	10·7	10·1	16·7	15·7
48	14 12·0	14 14·3	13 33·2	4·8	4·5	10·8	10·2	16·8	15·8
49	14 12·3	14 14·6	13 33·4	4·9	4·6	10·9	10·3	16·9	15·9
50	14 12·5	14 14·8	13 33·7	5·0	4·7	11·0	10·4	17·0	16·0
51	14 12·8	14 15·1	13 33·9	5·1	4·8	11·1	10·5	17·1	16·1
52	14 13·0	14 15·3	13 34·1	5·2	4·9	11·2	10·5	17·2	16·2
53	14 13·3	14 15·6	13 34·4	5·3	5·0	11·3	10·6	17·3	16·3
54	14 13·5	14 15·8	13 34·6	5·4	5·1	11·4	10·7	17·4	16·4
55	14 13·8	14 16·1	13 34·9	5·5	5·2	11·5	10·8	17·5	16·5
56	14 14·0	14 16·3	13 35·1	5·6	5·3	11·6	10·9	17·6	16·6
57	14 14·3	14 16·6	13 35·3	5·7	5·4	11·7	11·0	17·7	16·7
58	14 14·5	14 16·8	13 35·6	5·8	5·5	11·8	11·1	17·8	16·8
59	14 14·8	14 17·1	13 35·8	5·9	5·6	11·9	11·2	17·9	16·9
60	14 15·0	14 17·3	13 36·1	6·0	5·7	12·0	11·3	18·0	17·0

57m	SUN PLANETS	ARIES	MOON	v or d	Corrⁿ	v or d	Corrⁿ	v or d	Corrⁿ
s	° ′	° ′	° ′	′	′	′	′	′	′
00	14 15·0	14 17·3	13 36·1	0·0	0·0	6·0	5·8	12·0	11·5
01	14 15·3	14 17·6	13 36·3	0·1	0·1	6·1	5·8	12·1	11·6
02	14 15·5	14 17·8	13 36·5	0·2	0·2	6·2	5·9	12·2	11·7
03	14 15·8	14 18·1	13 36·8	0·3	0·3	6·3	6·0	12·3	11·8
04	14 16·0	14 18·3	13 37·0	0·4	0·4	6·4	6·1	12·4	11·9
05	14 16·3	14 18·6	13 37·2	0·5	0·5	6·5	6·2	12·5	12·0
06	14 16·5	14 18·8	13 37·5	0·6	0·6	6·6	6·3	12·6	12·1
07	14 16·8	14 19·1	13 37·7	0·7	0·7	6·7	6·4	12·7	12·2
08	14 17·0	14 19·3	13 38·0	0·8	0·8	6·8	6·5	12·8	12·3
09	14 17·3	14 19·6	13 38·2	0·9	0·9	6·9	6·6	12·9	12·4
10	14 17·5	14 19·8	13 38·4	1·0	1·0	7·0	6·7	13·0	12·5
11	14 17·8	14 20·1	13 38·7	1·1	1·1	7·1	6·8	13·1	12·6
12	14 18·0	14 20·3	13 38·9	1·2	1·2	7·2	6·9	13·2	12·7
13	14 18·3	14 20·6	13 39·2	1·3	1·2	7·3	7·0	13·3	12·7
14	14 18·5	14 20·9	13 39·4	1·4	1·3	7·4	7·1	13·4	12·8
15	14 18·8	14 21·1	13 39·6	1·5	1·4	7·5	7·2	13·5	12·9
16	14 19·0	14 21·4	13 39·9	1·6	1·5	7·6	7·3	13·6	13·0
17	14 19·3	14 21·6	13 40·1	1·7	1·6	7·7	7·4	13·7	13·1
18	14 19·5	14 21·9	13 40·3	1·8	1·7	7·8	7·5	13·8	13·2
19	14 19·8	14 22·1	13 40·6	1·9	1·8	7·9	7·6	13·9	13·3
20	14 20·0	14 22·4	13 40·8	2·0	1·9	8·0	7·7	14·0	13·4
21	14 20·3	14 22·6	13 41·1	2·1	2·0	8·1	7·8	14·1	13·5
22	14 20·5	14 22·9	13 41·3	2·2	2·1	8·2	7·9	14·2	13·6
23	14 20·8	14 23·1	13 41·5	2·3	2·2	8·3	8·0	14·3	13·7
24	14 21·0	14 23·4	13 41·8	2·4	2·3	8·4	8·1	14·4	13·8
25	14 21·3	14 23·6	13 42·0	2·5	2·4	8·5	8·1	14·5	13·9
26	14 21·5	14 23·9	13 42·3	2·6	2·5	8·6	8·2	14·6	14·0
27	14 21·8	14 24·1	13 42·5	2·7	2·6	8·7	8·3	14·7	14·1
28	14 22·0	14 24·4	13 42·7	2·8	2·7	8·8	8·4	14·8	14·2
29	14 22·3	14 24·6	13 43·0	2·9	2·8	8·9	8·5	14·9	14·3
30	14 22·5	14 24·9	13 43·2	3·0	2·9	9·0	8·6	15·0	14·4
31	14 22·8	14 25·1	13 43·4	3·1	3·0	9·1	8·7	15·1	14·5
32	14 23·0	14 25·4	13 43·7	3·2	3·1	9·2	8·8	15·2	14·6
33	14 23·3	14 25·6	13 43·9	3·3	3·2	9·3	8·9	15·3	14·7
34	14 23·5	14 25·9	13 44·2	3·4	3·3	9·4	9·0	15·4	14·8
35	14 23·8	14 26·1	13 44·4	3·5	3·4	9·5	9·1	15·5	14·9
36	14 24·0	14 26·4	13 44·6	3·6	3·5	9·6	9·2	15·6	15·0
37	14 24·3	14 26·6	13 44·9	3·7	3·5	9·7	9·3	15·7	15·0
38	14 24·5	14 26·9	13 45·1	3·8	3·6	9·8	9·4	15·8	15·1
39	14 24·8	14 27·1	13 45·4	3·9	3·7	9·9	9·5	15·9	15·2
40	14 25·0	14 27·4	13 45·6	4·0	3·8	10·0	9·6	16·0	15·3
41	14 25·3	14 27·6	13 45·8	4·1	3·9	10·1	9·7	16·1	15·4
42	14 25·5	14 27·9	13 46·1	4·2	4·0	10·2	9·8	16·2	15·5
43	14 25·8	14 28·1	13 46·3	4·3	4·1	10·3	9·9	16·3	15·6
44	14 26·0	14 28·4	13 46·5	4·4	4·2	10·4	10·0	16·4	15·7
45	14 26·3	14 28·6	13 46·8	4·5	4·3	10·5	10·1	16·5	15·8
46	14 26·5	14 28·9	13 47·0	4·6	4·4	10·6	10·2	16·6	15·9
47	14 26·8	14 29·1	13 47·3	4·7	4·5	10·7	10·3	16·7	16·0
48	14 27·0	14 29·4	13 47·5	4·8	4·6	10·8	10·4	16·8	16·1
49	14 27·3	14 29·6	13 47·7	4·9	4·7	10·9	10·4	16·9	16·2
50	14 27·5	14 29·9	13 48·0	5·0	4·8	11·0	10·5	17·0	16·3
51	14 27·8	14 30·1	13 48·2	5·1	4·9	11·1	10·6	17·1	16·4
52	14 28·0	14 30·4	13 48·5	5·2	5·0	11·2	10·7	17·2	16·5
53	14 28·3	14 30·6	13 48·7	5·3	5·1	11·3	10·8	17·3	16·6
54	14 28·5	14 30·9	13 48·9	5·4	5·2	11·4	10·9	17·4	16·7
55	14 28·8	14 31·1	13 49·2	5·5	5·3	11·5	11·0	17·5	16·8
56	14 29·0	14 31·4	13 49·4	5·6	5·4	11·6	11·1	17·6	16·9
57	14 29·3	14 31·6	13 49·7	5·7	5·5	11·7	11·2	17·7	17·0
58	14 29·5	14 31·9	13 49·9	5·8	5·6	11·8	11·3	17·8	17·1
59	14 29·8	14 32·1	13 50·1	5·9	5·7	11·9	11·4	17·9	17·2
60	14 30·0	14 32·4	13 50·4	6·0	5·8	12·0	11·5	18·0	17·3

58m s	SUN PLANETS ° ′	ARIES ° ′	MOON ° ′	v or d ′	Corr^n ′	v or d ′	Corr^n ′	v or d ′	Corr^n ′
00	14 30·0	14 32·4	13 50·4	0·0	0·0	6·0	5·9	12·0	11·7
01	14 30·3	14 32·6	13 50·6	0·1	0·1	6·1	5·9	12·1	11·8
02	14 30·5	14 32·9	13 50·8	0·2	0·2	6·2	6·0	12·2	11·9
03	14 30·8	14 33·1	13 51·1	0·3	0·3	6·3	6·1	12·3	12·0
04	14 31·0	14 33·4	13 51·3	0·4	0·4	6·4	6·2	12·4	12·1
05	14 31·3	14 33·6	13 51·6	0·5	0·5	6·5	6·3	12·5	12·2
06	14 31·5	14 33·9	13 51·8	0·6	0·6	6·6	6·4	12·6	12·3
07	14 31·8	14 34·1	13 52·0	0·7	0·7	6·7	6·5	12·7	12·4
08	14 32·0	14 34·4	13 52·3	0·8	0·8	6·8	6·6	12·8	12·5
09	14 32·3	14 34·6	13 52·5	0·9	0·9	6·9	6·7	12·9	12·6
10	14 32·5	14 34·9	13 52·8	1·0	1·0	7·0	6·8	13·0	12·7
11	14 32·8	14 35·1	13 53·0	1·1	1·1	7·1	6·9	13·1	12·8
12	14 33·0	14 35·4	13 53·2	1·2	1·2	7·2	7·0	13·2	12·9
13	14 33·3	14 35·6	13 53·5	1·3	1·3	7·3	7·1	13·3	13·0
14	14 33·5	14 35·9	13 53·7	1·4	1·4	7·4	7·2	13·4	13·1
15	14 33·8	14 36·1	13 53·9	1·5	1·5	7·5	7·3	13·5	13·2
16	14 34·0	14 36·4	13 54·2	1·6	1·6	7·6	7·4	13·6	13·3
17	14 34·3	14 36·6	13 54·4	1·7	1·7	7·7	7·5	13·7	13·4
18	14 34·5	14 36·9	13 54·7	1·8	1·8	7·8	7·6	13·8	13·5
19	14 34·8	14 37·1	13 54·9	1·9	1·9	7·9	7·7	13·9	13·6
20	14 35·0	14 37·4	13 55·1	2·0	2·0	8·0	7·8	14·0	13·7
21	14 35·3	14 37·6	13 55·4	2·1	2·0	8·1	7·9	14·1	13·7
22	14 35·5	14 37·9	13 55·6	2·2	2·1	8·2	8·0	14·2	13·8
23	14 35·8	14 38·1	13 55·9	2·3	2·2	8·3	8·1	14·3	13·9
24	14 36·0	14 38·4	13 56·1	2·4	2·3	8·4	8·2	14·4	14·0
25	14 36·3	14 38·6	13 56·3	2·5	2·4	8·5	8·3	14·5	14·1
26	14 36·5	14 38·9	13 56·6	2·6	2·5	8·6	8·4	14·6	14·2
27	14 36·8	14 39·2	13 56·8	2·7	2·6	8·7	8·5	14·7	14·3
28	14 37·0	14 39·4	13 57·0	2·8	2·7	8·8	8·6	14·8	14·4
29	14 37·3	14 39·7	13 57·3	2·9	2·8	8·9	8·7	14·9	14·5
30	14 37·5	14 39·9	13 57·5	3·0	2·9	9·0	8·8	15·0	14·6
31	14 37·8	14 40·2	13 57·8	3·1	3·0	9·1	8·9	15·1	14·7
32	14 38·0	14 40·4	13 58·0	3·2	3·1	9·2	9·0	15·2	14·8
33	14 38·3	14 40·7	13 58·2	3·3	3·2	9·3	9·1	15·3	14·9
34	14 38·5	14 40·9	13 58·5	3·4	3·3	9·4	9·2	15·4	15·0
35	14 38·8	14 41·2	13 58·7	3·5	3·4	9·5	9·3	15·5	15·1
36	14 39·0	14 41·4	13 59·0	3·6	3·5	9·6	9·4	15·6	15·2
37	14 39·3	14 41·7	13 59·2	3·7	3·6	9·7	9·5	15·7	15·3
38	14 39·5	14 41·9	13 59·4	3·8	3·7	9·8	9·6	15·8	15·4
39	14 39·8	14 42·2	13 59·7	3·9	3·8	9·9	9·7	15·9	15·5
40	14 40·0	14 42·4	13 59·9	4·0	3·9	10·0	9·8	16·0	15·6
41	14 40·3	14 42·7	14 00·1	4·1	4·0	10·1	9·8	16·1	15·7
42	14 40·5	14 42·9	14 00·4	4·2	4·1	10·2	9·9	16·2	15·8
43	14 40·8	14 43·2	14 00·6	4·3	4·2	10·3	10·0	16·3	15·9
44	14 41·0	14 43·4	14 00·9	4·4	4·3	10·4	10·1	16·4	16·0
45	14 41·3	14 43·7	14 01·1	4·5	4·4	10·5	10·2	16·5	16·1
46	14 41·5	14 43·9	14 01·3	4·6	4·5	10·6	10·3	16·6	16·2
47	14 41·8	14 44·2	14 01·6	4·7	4·6	10·7	10·4	16·7	16·3
48	14 42·0	14 44·4	14 01·8	4·8	4·7	10·8	10·5	16·8	16·4
49	14 42·3	14 44·7	14 02·1	4·9	4·8	10·9	10·6	16·9	16·5
50	14 42·5	14 44·9	14 02·3	5·0	4·9	11·0	10·7	17·0	16·6
51	14 42·8	14 45·2	14 02·5	5·1	5·0	11·1	10·8	17·1	16·7
52	14 43·0	14 45·4	14 02·8	5·2	5·1	11·2	10·9	17·2	16·8
53	14 43·3	14 45·7	14 03·0	5·3	5·2	11·3	11·0	17·3	16·9
54	14 43·5	14 45·9	14 03·3	5·4	5·3	11·4	11·1	17·4	17·0
55	14 43·8	14 46·2	14 03·5	5·5	5·4	11·5	11·2	17·5	17·1
56	14 44·0	14 46·4	14 03·7	5·6	5·5	11·6	11·3	17·6	17·2
57	14 44·3	14 46·7	14 04·0	5·7	5·6	11·7	11·4	17·7	17·3
58	14 44·5	14 46·9	14 04·2	5·8	5·7	11·8	11·5	17·8	17·4
59	14 44·8	14 47·2	14 04·4	5·9	5·8	11·9	11·6	17·9	17·5
60	14 45·0	14 47·4	14 04·7	6·0	5·9	12·0	11·7	18·0	17·6

59m s	SUN PLANETS ° ′	ARIES ° ′	MOON ° ′	v or d ′	Corr^n ′	v or d ′	Corr^n ′	v or d ′	Corr^n ′
00	14 45·0	14 47·4	14 04·7	0·0	0·0	6·0	6·0	12·0	11·9
01	14 45·3	14 47·7	14 04·9	0·1	0·1	6·1	6·0	12·1	12·0
02	14 45·5	14 47·9	14 05·2	0·2	0·2	6·2	6·1	12·2	12·1
03	14 45·8	14 48·2	14 05·4	0·3	0·3	6·3	6·2	12·3	12·2
04	14 46·0	14 48·4	14 05·6	0·4	0·4	6·4	6·3	12·4	12·3
05	14 46·3	14 48·7	14 05·9	0·5	0·5	6·5	6·4	12·5	12·4
06	14 46·5	14 48·9	14 06·1	0·6	0·6	6·6	6·5	12·6	12·5
07	14 46·8	14 49·2	14 06·4	0·7	0·7	6·7	6·6	12·7	12·6
08	14 47·0	14 49·4	14 06·6	0·8	0·8	6·8	6·7	12·8	12·7
09	14 47·3	14 49·7	14 06·8	0·9	0·9	6·9	6·8	12·9	12·8
10	14 47·5	14 49·9	14 07·1	1·0	1·0	7·0	6·9	13·0	12·9
11	14 47·8	14 50·2	14 07·3	1·1	1·1	7·1	7·0	13·1	13·0
12	14 48·0	14 50·4	14 07·5	1·2	1·2	7·2	7·1	13·2	13·1
13	14 48·3	14 50·7	14 07·8	1·3	1·3	7·3	7·2	13·3	13·2
14	14 48·5	14 50·9	14 08·0	1·4	1·4	7·4	7·3	13·4	13·3
15	14 48·8	14 51·2	14 08·3	1·5	1·5	7·5	7·4	13·5	13·4
16	14 49·0	14 51·4	14 08·5	1·6	1·6	7·6	7·5	13·6	13·5
17	14 49·3	14 51·7	14 08·7	1·7	1·7	7·7	7·6	13·7	13·6
18	14 49·5	14 51·9	14 09·0	1·8	1·8	7·8	7·7	13·8	13·7
19	14 49·8	14 52·2	14 09·2	1·9	1·9	7·9	7·8	13·9	13·8
20	14 50·0	14 52·4	14 09·5	2·0	2·0	8·0	7·9	14·0	13·9
21	14 50·3	14 52·7	14 09·7	2·1	2·1	8·1	8·0	14·1	14·0
22	14 50·5	14 52·9	14 09·9	2·2	2·2	8·2	8·1	14·2	14·1
23	14 50·8	14 53·2	14 10·2	2·3	2·3	8·3	8·2	14·3	14·2
24	14 51·0	14 53·4	14 10·4	2·4	2·4	8·4	8·3	14·4	14·3
25	14 51·3	14 53·7	14 10·6	2·5	2·5	8·5	8·4	14·5	14·4
26	14 51·5	14 53·9	14 10·9	2·6	2·6	8·6	8·5	14·6	14·5
27	14 51·8	14 54·2	14 11·1	2·7	2·7	8·7	8·6	14·7	14·6
28	14 52·0	14 54·4	14 11·4	2·8	2·8	8·8	8·7	14·8	14·7
29	14 52·3	14 54·7	14 11·6	2·9	2·9	8·9	8·8	14·9	14·8
30	14 52·5	14 54·9	14 11·8	3·0	3·0	9·0	8·9	15·0	14·9
31	14 52·8	14 55·2	14 12·1	3·1	3·1	9·1	9·0	15·1	15·0
32	14 53·0	14 55·4	14 12·3	3·2	3·2	9·2	9·1	15·2	15·1
33	14 53·3	14 55·7	14 12·6	3·3	3·3	9·3	9·2	15·3	15·2
34	14 53·5	14 55·9	14 12·8	3·4	3·4	9·4	9·3	15·4	15·3
35	14 53·8	14 56·2	14 13·0	3·5	3·5	9·5	9·4	15·5	15·4
36	14 54·0	14 56·4	14 13·3	3·6	3·6	9·6	9·5	15·6	15·5
37	14 54·3	14 56·7	14 13·5	3·7	3·7	9·7	9·6	15·7	15·6
38	14 54·5	14 56·9	14 13·8	3·8	3·8	9·8	9·7	15·8	15·7
39	14 54·8	14 57·2	14 14·0	3·9	3·9	9·9	9·8	15·9	15·8
40	14 55·0	14 57·5	14 14·2	4·0	4·0	10·0	9·9	16·0	15·9
41	14 55·3	14 57·7	14 14·5	4·1	4·1	10·1	10·0	16·1	16·0
42	14 55·5	14 58·0	14 14·7	4·2	4·2	10·2	10·1	16·2	16·1
43	14 55·8	14 58·2	14 14·9	4·3	4·3	10·3	10·2	16·3	16·2
44	14 56·0	14 58·5	14 15·2	4·4	4·4	10·4	10·3	16·4	16·3
45	14 56·3	14 58·7	14 15·4	4·5	4·5	10·5	10·4	16·5	16·4
46	14 56·5	14 59·0	14 15·7	4·6	4·6	10·6	10·5	16·6	16·5
47	14 56·8	14 59·2	14 15·9	4·7	4·7	10·7	10·6	16·7	16·6
48	14 57·0	14 59·5	14 16·1	4·8	4·8	10·8	10·7	16·8	16·7
49	14 57·3	14 59·7	14 16·4	4·9	4·9	10·9	10·8	16·9	16·8
50	14 57·5	15 00·0	14 16·6	5·0	5·0	11·0	10·9	17·0	16·9
51	14 57·8	15 00·2	14 16·9	5·1	5·1	11·1	11·0	17·1	17·0
52	14 58·0	15 00·5	14 17·1	5·2	5·2	11·2	11·1	17·2	17·1
53	14 58·3	15 00·7	14 17·3	5·3	5·3	11·3	11·2	17·3	17·2
54	14 58·5	15 01·0	14 17·6	5·4	5·4	11·4	11·3	17·4	17·3
55	14 58·8	15 01·2	14 17·8	5·5	5·5	11·5	11·4	17·5	17·4
56	14 59·0	15 01·5	14 18·0	5·6	5·6	11·6	11·5	17·6	17·5
57	14 59·3	15 01·7	14 18·3	5·7	5·7	11·7	11·6	17·7	17·6
58	14 59·5	15 02·0	14 18·5	5·8	5·8	11·8	11·7	17·8	17·7
59	14 59·8	15 02·2	14 18·8	5·9	5·9	11·9	11·8	17·9	17·8
60	15 00·0	15 02·5	14 19·0	6·0	6·0	12·0	11·9	18·0	17·9

TABLES FOR INTERPOLATING SUNRISE, MOONRISE, ETC.

TABLE I—FOR LATITUDE

Tabular Interval 10°	5°	2°	Difference between the times for consecutive latitudes 5m	10m	15m	20m	25m	30m	35m	40m	45m	50m	55m	60m	1h05m	1h10m	1h15m	1h20m
° ′	° ′	° ′	m	m	m	m	m	m	m	m	m	m	m	m	h m	h m	h m	h m
0 30	0 15	0 06	0	0	1	1	1	1	1	2	2	2	2	2	0 02	0 02	0 02	0 02
1 00	0 30	0 12	0	1	1	2	2	3	3	3	4	4	4	5	05	05	05	05
1 30	0 45	0 18	1	1	2	3	3	4	4	5	5	6	7	7	07	07	07	07
2 00	1 00	0 24	1	2	3	4	5	5	6	7	7	8	9	10	10	10	10	10
2 30	1 15	0 30	1	2	4	5	6	7	8	9	9	10	11	12	12	13	13	13
3 00	1 30	0 36	1	3	4	6	7	8	9	10	11	12	13	14	0 15	0 15	0 16	0 16
3 30	1 45	0 42	2	3	5	7	8	10	11	12	13	14	16	17	18	18	19	19
4 00	2 00	0 48	2	4	6	8	9	11	13	14	15	16	18	19	20	21	22	22
4 30	2 15	0 54	2	4	7	9	11	13	15	16	18	19	21	22	23	24	25	26
5 00	2 30	1 00	2	5	7	10	12	14	16	18	20	22	23	25	26	27	28	29
5 30	2 45	1 06	3	5	8	11	13	16	18	20	22	24	26	28	0 29	0 30	0 31	0 32
6 00	3 00	1 12	3	6	9	12	14	17	20	22	24	26	29	31	32	33	34	36
6 30	3 15	1 18	3	6	10	13	16	19	22	24	26	29	31	34	36	37	38	40
7 00	3 30	1 24	3	7	10	14	17	20	23	26	29	31	34	37	39	41	42	44
7 30	3 45	1 30	4	7	11	15	18	22	25	28	31	34	37	40	43	44	46	48
8 00	4 00	1 36	4	8	12	16	20	23	27	30	34	37	41	44	0 47	0 48	0 51	0 53
8 30	4 15	1 42	4	8	13	17	21	25	29	33	36	40	44	48	0 51	0 53	0 56	0 58
9 00	4 30	1 48	4	9	13	18	22	27	31	35	39	43	47	52	0 55	0 58	1 01	1 04
9 30	4 45	1 54	5	9	14	19	24	28	33	38	42	47	51	56	1 00	1 04	1 08	1 12
10 00	5 00	2 00	5	10	15	20	25	30	35	40	45	50	55	60	1 05	1 10	1 15	1 20

Table I is for interpolating the LMT of sunrise, twilight, moonrise, etc., for latitude. It is to be entered, in the appropriate column on the left, with the difference between true latitude and the nearest tabular latitude which is *less* than the true latitude; and with the argument at the top which is the nearest value of the difference between the times for the tabular latitude and the next higher one; the correction so obtained is applied to the time for the tabular latitude; the sign of the correction can be seen by inspection. It is to be noted that the interpolation is not linear, so that when using this table it is essential to take out the tabular phenomenon for the latitude *less* than the true latitude.

TABLE II—FOR LONGITUDE

Long. East or West	Difference between the times for given date and preceding date (for east longitude) or for given date and following date (for west longitude) 10m	20m	30m	40m	50m	60m	1h + 10m	1h + 20m	1h + 30m	1h + 40m	1h + 50m	1h + 60m	2h10m	2h20m	2h30m	2h40m	2h50m	3h00m
°	m	m	m	m	m	m	m	m	m	m	m	m	h m	h m	h m	h m	h m	h m
0	0	0	0	0	0	0	0	0	0	0	0	0	0 00	0 00	0 00	0 00	0 00	0 00
10	0	1	1	1	1	2	2	2	2	3	3	3	04	04	04	04	05	05
20	1	1	2	2	3	3	4	4	5	6	6	7	07	08	08	09	09	10
30	1	2	2	3	4	5	6	7	7	8	9	10	11	12	12	13	14	15
40	1	2	3	4	6	7	8	9	10	11	12	13	14	16	17	18	19	20
50	1	3	4	6	7	8	10	11	12	14	15	17	0 18	0 19	0 21	0 22	0 24	0 25
60	2	3	5	7	8	10	12	13	15	17	18	20	22	23	25	27	28	30
70	2	4	6	8	10	12	14	16	17	19	21	23	25	27	29	31	33	35
80	2	4	7	9	11	13	16	18	20	22	24	27	29	31	33	36	38	40
90	2	5	7	10	12	15	17	20	22	25	27	30	32	35	37	40	42	45
100	3	6	8	11	14	17	19	22	25	28	31	33	0 36	0 39	0 42	0 44	0 47	0 50
110	3	6	9	12	15	18	21	24	27	31	34	37	40	43	46	49	0 52	0 55
120	3	7	10	13	17	20	23	27	30	33	37	40	43	47	50	53	0 57	1 00
130	4	7	11	14	18	22	25	29	32	36	40	43	47	51	54	0 58	1 01	1 05
140	4	8	12	16	19	23	27	31	35	39	43	47	51	54	0 58	1 02	1 06	1 10
150	4	8	13	17	21	25	29	33	38	42	46	50	0 54	0 58	1 03	1 07	1 11	1 15
160	4	9	13	18	22	27	31	36	40	44	49	53	0 58	1 02	1 07	1 11	1 16	1 20
170	5	9	14	19	24	28	33	38	42	47	52	57	1 01	1 06	1 11	1 16	1 20	1 25
180	5	10	15	20	25	30	35	40	45	50	55	60	1 05	1 10	1 15	1 20	1 25	1 30

Table II is for interpolating the LMT of moonrise, moonset and the Moon's meridian passage for longitude. It is entered with longitude and with the difference between the times for the given date and for the preceding date (in east longitudes) or following date (in west longitudes). The correction is normally *added* for west longitudes and *subtracted* for east longitudes, but if, as occasionally happens, the times become earlier each day instead of later, the signs of the corrections must be reversed.

INDEX TO SELECTED STARS, 2024

Name	No	Mag	SHA	Dec
			°	°
Acamar	**7**	3·2	315	S 40
Achernar	**5**	0·5	335	S 57
Acrux	**30**	1·3	173	S 63
Adhara	**19**	1·5	255	S 29
Aldebaran	**10**	0·9	291	N 17
Alioth	**32**	1·8	166	N 56
Alkaid	**34**	1·9	153	N 49
Alnair	**55**	1·7	28	S 47
Alnilam	**15**	1·7	276	S 1
Alphard	**25**	2·0	218	S 9
Alphecca	**41**	2·2	126	N 27
Alpheratz	**1**	2·1	358	N 29
Altair	**51**	0·8	62	N 9
Ankaa	**2**	2·4	353	S 42
Antares	**42**	1·0	112	S 26
Arcturus	**37**	0·0	146	N 19
Atria	**43**	1·9	107	S 69
Avior	**22**	1·9	234	S 60
Bellatrix	**13**	1·6	278	N 6
Betelgeuse	**16**	Var.*	271	N 7
Canopus	**17**	−0·7	264	S 53
Capella	**12**	0·1	280	N 46
Deneb	**53**	1·3	49	N 45
Denebola	**28**	2·1	182	N 14
Diphda	**4**	2·0	349	S 18
Dubhe	**27**	1·8	194	N 62
Elnath	**14**	1·7	278	N 29
Eltanin	**47**	2·2	91	N 51
Enif	**54**	2·4	34	N 10
Fomalhaut	**56**	1·2	15	S 29
Gacrux	**31**	1·6	172	S 57
Gienah	**29**	2·6	176	S 18
Hadar	**35**	0·6	149	S 60
Hamal	**6**	2·0	328	N 24
Kaus Australis	**48**	1·9	84	S 34
Kochab	**40**	2·1	137	N 74
Markab	**57**	2·5	14	N 15
Menkar	**8**	2·5	314	N 4
Menkent	**36**	2·1	148	S 36
Miaplacidus	**24**	1·7	222	S 70
Mirfak	**9**	1·8	308	N 50
Nunki	**50**	2·0	76	S 26
Peacock	**52**	1·9	53	S 57
Pollux	**21**	1·1	243	N 28
Procyon	**20**	0·4	245	N 5
Rasalhague	**46**	2·1	96	N 13
Regulus	**26**	1·4	208	N 12
Rigel	**11**	0·1	281	S 8
Rigil Kentaurus	**38**	−0·3	140	S 61
Sabik	**44**	2·4	102	S 16
Schedar	**3**	2·2	350	N 57
Shaula	**45**	1·6	96	S 37
Sirius	**18**	−1·5	258	S 17
Spica	**33**	1·0	158	S 11
Suhail	**23**	2·2	223	S 44
Vega	**49**	0·0	81	N 39
Zubenelgenubi	**39**	2·8	137	S 16

No	Name	Mag	SHA	Dec
			°	°
1	*Alpheratz*	2·1	358	N 29
2	*Ankaa*	2·4	353	S 42
3	*Schedar*	2·2	350	N 57
4	*Diphda*	2·0	349	S 18
5	*Achernar*	0·5	335	S 57
6	*Hamal*	2·0	328	N 24
7	*Acamar*	3·2	315	S 40
8	*Menkar*	2·5	314	N 4
9	*Mirfak*	1·8	308	N 50
10	*Aldebaran*	0·9	291	N 17
11	*Rigel*	0·1	281	S 8
12	*Capella*	0·1	280	N 46
13	*Bellatrix*	1·6	278	N 6
14	*Elnath*	1·7	278	N 29
15	*Alnilam*	1·7	276	S 1
16	*Betelgeuse*	Var.*	271	N 7
17	*Canopus*	−0·7	264	S 53
18	*Sirius*	−1·5	258	S 17
19	*Adhara*	1·5	255	S 29
20	*Procyon*	0·4	245	N 5
21	*Pollux*	1·1	243	N 28
22	*Avior*	1·9	234	S 60
23	*Suhail*	2·2	223	S 44
24	*Miaplacidus*	1·7	222	S 70
25	*Alphard*	2·0	218	S 9
26	*Regulus*	1·4	208	N 12
27	*Dubhe*	1·8	194	N 62
28	*Denebola*	2·1	182	N 14
29	*Gienah*	2·6	176	S 18
30	*Acrux*	1·3	173	S 63
31	*Gacrux*	1·6	172	S 57
32	*Alioth*	1·8	166	N 56
33	*Spica*	1·0	158	S 11
34	*Alkaid*	1·9	153	N 49
35	*Hadar*	0·6	149	S 60
36	*Menkent*	2·1	148	S 36
37	*Arcturus*	0·0	146	N 19
38	*Rigil Kentaurus*	−0·3	140	S 61
39	*Zubenelgenubi*	2·8	137	S 16
40	*Kochab*	2·1	137	N 74
41	*Alphecca*	2·2	126	N 27
42	*Antares*	1·0	112	S 26
43	*Atria*	1·9	107	S 69
44	*Sabik*	2·4	102	S 16
45	*Shaula*	1·6	96	S 37
46	*Rasalhague*	2·1	96	N 13
47	*Eltanin*	2·2	91	N 51
48	*Kaus Australis*	1·9	84	S 34
49	*Vega*	0·0	81	N 39
50	*Nunki*	2·0	76	S 26
51	*Altair*	0·8	62	N 9
52	*Peacock*	1·9	53	S 57
53	*Deneb*	1·3	49	N 45
54	*Enif*	2·4	34	N 10
55	*Alnair*	1·7	28	S 47
56	*Fomalhaut*	1·2	15	S 29
57	*Markab*	2·5	14	N 15

*0·1 — 1·2

ALTITUDE CORRECTION TABLES 0°–35°— MOON

App. Alt.	0°–4° Corrⁿ	5°–9° Corrⁿ	10°–14° Corrⁿ	15°–19° Corrⁿ	20°–24° Corrⁿ	25°–29° Corrⁿ	30°–34° Corrⁿ	App. Alt.
′	° ′	° ′	° ′	° ′	° ′	° ′	° ′	′
00	0 34·5	5 58·2	10 62·1	15 62·8	20 62·2	25 60·8	30 58·9	00
10	36·5	58·5	62·2	62·8	62·2	60·8	58·8	10
20	38·3	58·7	62·2	62·8	62·1	60·7	58·8	20
30	40·0	58·9	62·3	62·8	62·1	60·7	58·7	30
40	41·5	59·1	62·3	62·8	62·0	60·6	58·6	40
50	42·9	59·3	62·4	62·7	62·0	60·6	58·5	50
00	1 44·2	6 59·5	11 62·4	16 62·7	21 62·0	26 60·5	31 58·5	00
10	45·4	59·7	62·4	62·7	61·9	60·4	58·4	10
20	46·5	59·9	62·5	62·7	61·9	60·4	58·3	20
30	47·5	60·0	62·5	62·7	61·9	60·3	58·2	30
40	48·4	60·2	62·5	62·7	61·8	60·3	58·2	40
50	49·3	60·3	62·6	62·7	61·8	60·2	58·1	50
00	2 50·1	7 60·5	12 62·6	17 62·7	22 61·7	27 60·1	32 58·0	00
10	50·8	60·6	62·6	62·6	61·7	60·1	57·9	10
20	51·5	60·7	62·6	62·6	61·6	60·0	57·8	20
30	52·2	60·9	62·7	62·6	61·6	59·9	57·8	30
40	52·8	61·0	62·7	62·6	61·6	59·9	57·7	40
50	53·4	61·1	62·7	62·6	61·5	59·8	57·6	50
00	3 53·9	8 61·2	13 62·7	18 62·5	23 61·5	28 59·7	33 57·5	00
10	54·4	61·3	62·7	62·5	61·4	59·7	57·4	10
20	54·9	61·4	62·7	62·5	61·4	59·6	57·4	20
30	55·3	61·5	62·8	62·5	61·3	59·5	57·3	30
40	55·7	61·6	62·8	62·4	61·3	59·5	57·2	40
50	56·1	61·6	62·8	62·4	61·2	59·4	57·1	50
00	4 56·4	9 61·7	14 62·8	19 62·4	24 61·2	29 59·3	34 57·0	00
10	56·8	61·8	62·8	62·4	61·1	59·3	56·9	10
20	57·1	61·9	62·8	62·3	61·1	59·2	56·9	20
30	57·4	61·9	62·8	62·3	61·0	59·1	56·8	30
40	57·7	62·0	62·8	62·3	61·0	59·1	56·7	40
50	58·0	62·1	62·8	62·2	60·9	59·0	56·6	50

HP	L	U	L	U	L	U	L	U	L	U	L	U	L	U	HP
′	′	′	′	′	′	′	′	′	′	′	′	′	′	′	′
54·0	0·3	0·9	0·3	0·9	0·4	1·0	0·5	1·1	0·6	1·2	0·7	1·3	0·9	1·5	54·0
54·3	0·7	1·1	0·7	1·2	0·8	1·2	0·8	1·3	0·9	1·4	1·1	1·5	1·2	1·7	54·3
54·6	1·1	1·4	1·1	1·4	1·1	1·4	1·2	1·5	1·3	1·6	1·4	1·7	1·5	1·8	54·6
54·9	1·4	1·6	1·5	1·6	1·5	1·6	1·6	1·7	1·6	1·8	1·8	1·9	1·9	2·0	54·9
55·2	1·8	1·8	1·8	1·8	1·9	1·8	1·9	1·9	2·0	2·0	2·1	2·1	2·2	2·2	55·2
55·5	2·2	2·0	2·2	2·0	2·3	2·1	2·3	2·1	2·4	2·2	2·4	2·3	2·5	2·4	55·5
55·8	2·6	2·2	2·6	2·2	2·6	2·3	2·7	2·3	2·7	2·4	2·8	2·4	2·9	2·5	55·8
56·1	3·0	2·4	3·0	2·5	3·0	2·5	3·0	2·5	3·1	2·6	3·1	2·6	3·2	2·7	56·1
56·4	3·3	2·7	3·4	2·7	3·4	2·7	3·4	2·7	3·4	2·8	3·5	2·8	3·5	2·9	56·4
56·7	3·7	2·9	3·7	2·9	3·8	2·9	3·8	2·9	3·8	3·0	3·8	3·0	3·9	3·0	56·7
57·0	4·1	3·1	4·1	3·1	4·1	3·1	4·1	3·1	4·2	3·2	4·2	3·2	4·2	3·2	57·0
57·3	4·5	3·3	4·5	3·3	4·5	3·3	4·5	3·3	4·5	3·3	4·5	3·4	4·6	3·4	57·3
57·6	4·9	3·5	4·9	3·5	4·9	3·5	4·9	3·5	4·9	3·5	4·9	3·5	4·9	3·6	57·6
57·9	5·3	3·8	5·3	3·8	5·2	3·8	5·2	3·7	5·2	3·7	5·2	3·7	5·2	3·7	57·9
58·2	5·6	4·0	5·6	4·0	5·6	4·0	5·6	4·0	5·6	3·9	5·6	3·9	5·6	3·9	58·2
58·5	6·0	4·2	6·0	4·2	6·0	4·2	6·0	4·2	6·0	4·1	5·9	4·1	5·9	4·1	58·5
58·8	6·4	4·4	6·4	4·4	6·4	4·4	6·3	4·4	6·3	4·3	6·3	4·3	6·2	4·2	58·8
59·1	6·8	4·6	6·8	4·6	6·7	4·6	6·7	4·6	6·7	4·5	6·6	4·5	6·6	4·4	59·1
59·4	7·2	4·8	7·1	4·8	7·1	4·8	7·1	4·8	7·0	4·7	7·0	4·7	6·9	4·6	59·4
59·7	7·5	5·1	7·5	5·0	7·5	5·0	7·5	5·0	7·4	4·9	7·3	4·8	7·2	4·8	59·7
60·0	7·9	5·3	7·9	5·3	7·9	5·2	7·8	5·2	7·8	5·1	7·7	5·0	7·6	4·9	60·0
60·3	8·3	5·5	8·3	5·5	8·2	5·4	8·2	5·4	8·1	5·3	8·0	5·2	7·9	5·1	60·3
60·6	8·7	5·7	8·7	5·7	8·6	5·7	8·6	5·6	8·5	5·5	8·4	5·4	8·2	5·3	60·6
60·9	9·1	5·9	9·0	5·9	9·0	5·9	8·9	5·8	8·8	5·7	8·7	5·6	8·6	5·4	60·9
61·2	9·5	6·2	9·4	6·1	9·4	6·1	9·3	6·0	9·2	5·9	9·1	5·8	8·9	5·6	61·2
61·5	9·8	6·4	9·8	6·3	9·7	6·3	9·7	6·2	9·5	6·1	9·4	5·9	9·2	5·8	61·5

DIP

Ht. of Eye	Corrⁿ	Ht. of Eye	Ht. of Eye	Corrⁿ	Ht. of Eye
m		ft.	m		ft.
2·4		8·0	9·5		31·5
	−2·8			−5·5	
2·6		8·6	9·9		32·7
	−2·9			−5·6	
2·8		9·2	10·3		33·9
	−3·0			−5·7	
3·0		9·8	10·6		35·1
	−3·1			−5·8	
3·2		10·5	11·0		36·3
	−3·2			−5·9	
3·4		11·2	11·4		37·6
	−3·3			−6·0	
3·6		11·9	11·8		38·9
	−3·4			−6·1	
3·8		12·6	12·2		40·1
	−3·5			−6·2	
4·0		13·3	12·6		41·5
	−3·6			−6·3	
4·3		14·1	13·0		42·8
	−3·7			−6·4	
4·5		14·9	13·4		44·2
	−3·8			−6·5	
4·7		15·7	13·8		45·5
	−3·9			−6·6	
5·0		16·5	14·2		46·9
	−4·0			−6·7	
5·2		17·4	14·7		48·4
	−4·1			−6·8	
5·5		18·3	15·1		49·8
	−4·2			−6·9	
5·8		19·1	15·5		51·3
	−4·3			−7·0	
6·1		20·1	16·0		52·8
	−4·4			−7·1	
6·3		21·0	16·5		54·3
	−4·5			−7·2	
6·6		22·0	16·9		55·8
	−4·6			−7·3	
6·9		22·9	17·4		57·4
	−4·7			−7·4	
7·2		23·9	17·9		58·9
	−4·8			−7·5	
7·5		24·9	18·4		60·5
	−4·9			−7·6	
7·9		26·0	18·8		62·1
	−5·0			−7·7	
8·2		27·1	19·3		63·8
	−5·1			−7·8	
8·5		28·1	19·8		65·4
	−5·2			−7·9	
8·8		29·2	20·4		67·1
	−5·3			−8·0	
9·2		30·4	20·9		68·8
	−5·4			−8·1	
9·5		31·5	21·4		70·5

MOON CORRECTION TABLE

The correction is in two parts; the first correction is taken from the upper part of the table with argument apparent altitude, and the second from the lower part, with argument HP, in the same column as that from which the first correction was taken. Separate corrections are given in the lower part for lower (L) and upper(U) limbs. All corrections are to be **added** to apparent altitude, *but 30′ is to be subtracted from the altitude of the upper limb.*

For corrections for pressure and temperature see page A4.

For bubble sextant observations ignore dip, take the mean of upper and lower limb corrections and subtract 15′ from the altitude.

App. Alt. = Apparent altitude = Sextant altitude corrected for index error and dip.

ALTITUDE CORRECTION TABLES 35°–90°— MOON

App. Alt.	35°–39° Corrⁿ	40°–44° Corrⁿ	45°–49° Corrⁿ	50°–54° Corrⁿ	55°–59° Corrⁿ	60°–64° Corrⁿ	65°–69° Corrⁿ	70°–74° Corrⁿ	75°–79° Corrⁿ	80°–84° Corrⁿ	85°–89° Corrⁿ	App. Alt.
′	°	°	°	°	°	°	°	°	°	°	°	′
00	35 56′.5	40 53′.7	45 50′.5	50 46′.9	55 43′.1	60 38′.9	65 34′.6	70 30′.0	75 25′.3	80 20′.5	85 15′.6	00
10	56·4	53·6	50·4	46·8	42·9	38·8	34·4	29·9	25·2	20·4	15·5	10
20	56·3	53·5	50·2	46·7	42·8	38·7	34·3	29·7	25·0	20·2	15·3	20
30	56·2	53·4	50·1	46·5	42·7	38·5	34·1	29·6	24·9	20·0	15·1	30
40	56·2	53·3	50·0	46·4	42·5	38·4	34·0	29·4	24·7	19·9	15·0	40
50	56·1	53·2	49·9	46·3	42·4	38·2	33·8	29·3	24·5	19·7	14·8	50
00	36 56·0	41 53·1	46 49·8	51 46·2	56 42·3	61 38·1	66 33·7	71 29·1	76 24·4	81 19·6	86 14·6	00
10	55·9	53·0	49·7	46·0	42·1	37·9	33·5	29·0	24·2	19·4	14·5	10
20	55·8	52·9	49·5	45·9	42·0	37·8	33·4	28·8	24·1	19·2	14·3	20
30	55·7	52·8	49·4	45·8	41·9	37·7	33·2	28·7	23·9	19·1	14·2	30
40	55·6	52·6	49·3	45·7	41·7	37·5	33·1	28·5	23·8	18·9	14·0	40
50	55·5	52·5	49·2	45·5	41·6	37·4	32·9	28·3	23·6	18·7	13·8	50
00	37 55·4	42 52·4	47 49·1	52 45·4	57 41·4	62 37·2	67 32·8	72 28·2	77 23·4	82 18·6	87 13·7	00
10	55·3	52·3	49·0	45·3	41·3	37·1	32·6	28·0	23·3	18·4	13·5	10
20	55·2	52·2	48·8	45·2	41·2	36·9	32·5	27·9	23·1	18·2	13·3	20
30	55·1	52·1	48·7	45·0	41·0	36·8	32·3	27·7	22·9	18·1	13·2	30
40	55·0	52·0	48·6	44·9	40·9	36·6	32·2	27·6	22·8	17·9	13·0	40
50	55·0	51·9	48·5	44·8	40·8	36·5	32·0	27·4	22·6	17·8	12·8	50
00	38 54·9	43 51·8	48 48·4	53 44·6	58 40·6	63 36·4	68 31·9	73 27·2	78 22·5	83 17·6	88 12·7	00
10	54·8	51·7	48·3	44·5	40·5	36·2	31·7	27·1	22·3	17·4	12·5	10
20	54·7	51·6	48·1	44·4	40·3	36·1	31·6	26·9	22·1	17·3	12·3	20
30	54·6	51·5	48·0	44·2	40·2	35·9	31·4	26·8	22·0	17·1	12·2	30
40	54·5	51·4	47·9	44·1	40·1	35·8	31·3	26·6	21·8	16·9	12·0	40
50	54·4	51·2	47·8	44·0	39·9	35·6	31·1	26·5	21·7	16·8	11·8	50
00	39 54·3	44 51·1	49 47·7	54 43·9	59 39·8	64 35·5	69 31·0	74 26·3	79 21·5	84 16·6	89 11·7	00
10	54·2	51·0	47·5	43·7	39·6	35·3	30·8	26·1	21·3	16·4	11·5	10
20	54·1	50·9	47·4	43·6	39·5	35·2	30·7	26·0	21·2	16·3	11·4	20
30	54·0	50·8	47·3	43·5	39·4	35·0	30·5	25·8	21·0	16·1	11·2	30
40	53·9	50·7	47·2	43·3	39·2	34·9	30·4	25·7	20·9	16·0	11·0	40
50	53·8	50·6	47·0	43·2	39·1	34·7	30·2	25·5	20·7	15·8	10·9	50

HP	L	U	L	U	L	U	L	U	L	U	L	U	L	U	L	U	L	U	L	U	L	U	HP
′	′	′	′	′	′	′	′	′	′	′	′	′	′	′	′	′	′	′	′	′	′	′	′
54·0	1·1	1·7	1·3	1·9	1·5	2·1	1·7	2·4	2·0	2·6	2·3	2·9	2·6	3·2	2·9	3·5	3·2	3·8	3·5	4·1	3·8	4·5	54·0
54·3	1·4	1·8	1·6	2·0	1·8	2·2	2·0	2·5	2·2	2·7	2·5	3·0	2·8	3·2	3·1	3·5	3·3	3·8	3·6	4·1	3·9	4·4	54·3
54·6	1·7	2·0	1·9	2·2	2·1	2·4	2·3	2·6	2·5	2·8	2·7	3·0	3·0	3·3	3·2	3·5	3·5	3·8	3·8	4·0	4·0	4·3	54·6
54·9	2·0	2·2	2·2	2·3	2·3	2·5	2·5	2·7	2·7	2·9	2·9	3·1	3·2	3·3	3·4	3·5	3·6	3·8	3·9	4·0	4·1	4·3	54·9
55·2	2·3	2·3	2·5	2·4	2·6	2·6	2·8	2·8	3·0	2·9	3·2	3·1	3·4	3·3	3·6	3·5	3·8	3·7	4·0	4·0	4·2	4·2	55·2
55·5	2·7	2·5	2·8	2·6	2·9	2·7	3·1	2·9	3·2	3·0	3·4	3·2	3·6	3·4	3·7	3·5	3·9	3·7	4·1	3·9	4·3	4·1	55·5
55·8	3·0	2·6	3·1	2·7	3·2	2·8	3·3	3·0	3·5	3·1	3·6	3·3	3·8	3·4	3·9	3·6	4·1	3·7	4·2	3·9	4·4	4·0	55·8
56·1	3·3	2·8	3·4	2·9	3·5	3·0	3·6	3·1	3·7	3·2	3·8	3·3	4·0	3·4	4·1	3·6	4·2	3·7	4·4	3·8	4·5	4·0	56·1
56·4	3·6	2·9	3·7	3·0	3·8	3·1	3·9	3·2	3·9	3·3	4·0	3·4	4·1	3·5	4·3	3·6	4·4	3·7	4·5	3·8	4·6	3·9	56·4
56·7	3·9	3·1	4·0	3·1	4·1	3·2	4·1	3·3	4·2	3·3	4·3	3·4	4·3	3·5	4·4	3·6	4·5	3·7	4·6	3·8	4·7	3·8	56·7
57·0	4·3	3·2	4·3	3·3	4·3	3·3	4·4	3·4	4·4	3·4	4·5	3·5	4·5	3·5	4·6	3·6	4·7	3·6	4·7	3·7	4·8	3·8	57·0
57·3	4·6	3·4	4·6	3·4	4·6	3·4	4·6	3·5	4·7	3·5	4·7	3·5	4·7	3·6	4·8	3·6	4·8	3·6	4·8	3·7	4·9	3·7	57·3
57·6	4·9	3·6	4·9	3·6	4·9	3·6	4·9	3·6	4·9	3·6	4·9	3·6	4·9	3·6	4·9	3·6	5·0	3·6	5·0	3·6	5·0	3·6	57·6
57·9	5·2	3·7	5·2	3·7	5·2	3·7	5·2	3·7	5·2	3·7	5·1	3·6	5·1	3·6	5·1	3·6	5·1	3·6	5·1	3·6	5·1	3·6	57·9
58·2	5·5	3·9	5·5	3·8	5·5	3·8	5·4	3·8	5·4	3·7	5·4	3·7	5·3	3·7	5·3	3·6	5·2	3·6	5·2	3·5	5·2	3·5	58·2
58·5	5·9	4·0	5·8	4·0	5·8	3·9	5·7	3·9	5·6	3·8	5·6	3·8	5·5	3·7	5·5	3·6	5·4	3·6	5·3	3·5	5·3	3·4	58·5
58·8	6·2	4·2	6·1	4·1	6·0	4·1	6·0	4·0	5·9	3·9	5·8	3·8	5·7	3·7	5·6	3·6	5·5	3·5	5·4	3·5	5·3	3·4	58·8
59·1	6·5	4·3	6·4	4·3	6·3	4·2	6·2	4·1	6·1	4·0	6·0	3·9	5·9	3·8	5·8	3·6	5·7	3·5	5·6	3·4	5·4	3·3	59·1
59·4	6·8	4·5	6·7	4·4	6·6	4·3	6·5	4·2	6·4	4·1	6·2	3·9	6·1	3·8	6·0	3·7	5·8	3·5	5·7	3·4	5·5	3·2	59·4
59·7	7·1	4·7	7·0	4·5	6·9	4·4	6·8	4·3	6·6	4·1	6·5	4·0	6·3	3·8	6·1	3·7	6·0	3·5	5·8	3·3	5·6	3·2	59·7
60·0	7·5	4·8	7·3	4·7	7·2	4·5	7·0	4·4	6·9	4·2	6·7	4·0	6·5	3·9	6·3	3·7	6·1	3·5	5·9	3·3	5·7	3·1	60·0
60·3	7·8	5·0	7·6	4·8	7·5	4·7	7·3	4·5	7·1	4·3	6·9	4·1	6·7	3·9	6·5	3·7	6·3	3·5	6·0	3·2	5·8	3·0	60·3
60·6	8·1	5·1	7·9	5·0	7·7	4·8	7·6	4·6	7·3	4·4	7·1	4·2	6·9	3·9	6·7	3·7	6·4	3·4	6·2	3·2	5·9	2·9	60·6
60·9	8·4	5·3	8·2	5·1	8·0	4·9	7·8	4·7	7·6	4·5	7·3	4·2	7·1	4·0	6·8	3·7	6·6	3·4	6·3	3·2	6·0	2·9	60·9
61·2	8·7	5·4	8·5	5·2	8·3	5·0	8·1	4·8	7·8	4·5	7·6	4·3	7·3	4·0	7·0	3·7	6·7	3·4	6·4	3·1	6·1	2·8	61·2
61·5	9·1	5·6	8·8	5·4	8·6	5·1	8·3	4·9	8·1	4·6	7·8	4·3	7·5	4·0	7·2	3·7	6·9	3·4	6·5	3·1	6·2	2·7	61·5

LIST OF CONTENTS

Milton Keynes UK
Ingram Content Group UK Ltd.
UKHW050129270224
438497UK00014B/1675

9 787799 027432